W0231197

Vahlens Handbücher
der Wirtschafts- und Sozialwissenschaften

Technik des betrieblichen Rechnungswesens

Buchführung und Bilanzierung
Kosten- und Leistungsrechnung
Sonderbilanzen

von

Prof. em. Dr. Wolfgang Eisele
Universität Hohenheim, Stuttgart

und

Prof. Dr. Alois Paul Knobloch
Lehrstuhl für Betriebswirtschaftslehre, insb. Rechnungswesen
und Finanzwirtschaft,
Universität des Saarlandes, Saarbrücken,
vormals Stiftungslehrstuhl International Accounting, Universität Osnabrück

unter Mitarbeit von Dipl.-Kffr. Anna Katharina Disselkamp,
Dipl.-Kfm. Matthias Becker, Dipl.-Kfm. Peter Sossong

8., vollständig überarbeitete und erweiterte Auflage

Verlag Franz Vahlen München

ISBN 978 3 8006 3784 3

Wilhelmstr. 9, 80801 München

Satz: Fotosatz Buck
Zweikirchener Str. 7, 84036 Kumhausen

Druck u. Bindung: Berckers Graphischer Betrieb GmbH & Co. KG
Hooge Weg 100, 47623 Kevelaer

Gedruckt auf säurefreiem, aus chlorfrei gebleichtem Zellstoff
hergestellten Papier

Vorwort zur 8. Auflage

Die „Technik" war und ist ein **Gesamtwerk**: Es umfasst das betriebliche Rechnungswesen in der Breite ausgehend vom handels- und steuerrechtlichen Einzelabschluss und den dafür einschlägigen internationalen Rechnungslegungsgrundsätzen (IFRS), über die Grundlagen der Kosten- und Leistungsrechnung bis hin zu den Sonderfällen der Bilanzierung und in der Tiefe von der Auslegung der abstrakten Bilanzierungsnormen durch Rechtsprechung, Verwaltung und Schrifttum bis hin zum grundlegenden Buchungssatz. Aufgrund der abgedeckten Stofffülle haben die gravierenden Gesetzesänderungen seit der Vorauflage, allen voran durch das Bilanzrechtsmodernisierungsgesetz (BilMoG) verursacht, eine durchgängige und nahezu völlige Neu- und Überarbeitung der einschlägigen Rechnungslegungsteile erzwungen. Dabei wird der Charakter der „Technik" sowohl als Lehr- und Studienmaterial als auch für die Praxisanwendung gewahrt und in der Kontinuität durch die Aufnahme von Alois Paul Knobloch, welcher schon an den Vorauflagen mitgewirkt hat, als Mitautor gestärkt.

Die Präsentation des Inhaltes erfolgt in der seit der Erstauflage der „Technik" 1979 unveränderten Strukturtrilogie: **Buchführung und Bilanzierung** – Teil A – **Kosten- und Leistungsrechnung** – Teil B – **Sonderbilanzen** – Teil C. Diese Struktur hat einen bisher anhaltend hohen **Akzeptanzgrad** erfahren – und das soll auch weiterhin so bleiben.

Die mit dem Bilanzrechtsmodernisierungsgesetz verfolgte Erleichterung der Rechnungslegung für **mittelständische Unternehmen**, und die mit diesem Gesetz für diese Unternehmen beabsichtigte „echte Alternative" gegenüber einer Rechnungslegung nach internationalen Rechnungslegungsstandards, legt den Fokus auf die Interessen dieses zahlenmäßig dominierenden Kernbereichs der deutschen Wirtschaft. Dem trägt die betonte Orientierung der „Technik" an den handels- und steuerrechtlichen Rechnungslegungsanforderungen kleiner und mittlerer Unternehmen, den sog. **KMU**, in besonderer Weise Rechnung. Das schließt keineswegs die Berücksichtigung der internationalen Rechnungslegungsregeln aus: Überall dort, wo zentrale Regelungsbereiche des Handelsrechts angesprochen sind, werden die Bezüge zu den jeweils einschlägigen internationalen Rechnungslegungsgrundsätzen (**IFRS**) auch konsequent hergestellt. Ziel ist hierbei die Vermittlung eines kompakten und aktuellen Überblicks über die speziellen Bilanzierungsansätze der IFRS. Die Ausführungen können als Einstieg in deren Rechnungslegungsphilosophie ebenso verstanden werden wie als nützliche Hilfestellung für den Fall eines Hinauswachsens aus dem alleinigen handelsrechtlichen Anwendungsbereich oder einer bewussten Auswahlentscheidung für eines der beiden Systeme zur Erfüllung externer Rechenschafts- und Publizitätspflicht.

Auch das in früheren Vorworten dokumentierte **Lernziel** der „Technik" gilt unverändert: durch **anwendungsbezogenes Grundlagenwissen** die Fähigkeit zur **selbständigen Problemlösung** fördern – dies bleibt das besondere Anliegen dieses Lehr- und Handbuches. Es wendet sich deshalb nach wie vor sowohl an die Lehrenden und Lernenden der Wirtschaftswissenschaften an Universitäten und Hochschulen als auch an die Praktiker aus Wirtschaft, Beratung und Verwaltung, die Kenntnisse auf dem Gebiet des externen und des internen betrieblichen Rechnungswesens erwerben, vertiefen und auf den neuesten Stand bringen wollen. Mit ihrer besonderen Mittelstandsorientierung will die „Technik" zudem dazu beitragen, die noch in beträchtlichem Umfange bestehende, durch eine PWC-Umfrage aktuell bestätigte BilMoG-Anpassungslücke zu diesem Unternehmenssektor zu schließen.

Die grundlegende Überarbeitung betrifft sämtliche Buchteile, so dass eine gesonderte Hervorhebung nur für bestimmte Abschnitte gerechtfertigt erscheint.

In **Teil A** sind vor allem die folgenden Neuerungen zu nennen:

- Kapitel 3: Die Darstellung der Vermögens- und Erfolgsausweise für Industrie- und Handelsunternehmen nach den §§ 266, 275 HGB wird ergänzt um die grundlegend verschiedene Gestaltung **branchenspezifischer Bilanzen und GuV-Rechnungen** bei Kredit- und Finanzdienstleistungsinstituten sowie Versicherungsunternehmen.
- Kapitel 7: Die Behandlung von Finanzinstrumenten war nicht nur an die neuen handelsrechtlichen Vorgaben durch das Bilanzrechtsmodernisierungsgesetz (etwa bei **Bewertungseinheiten**) anzupassen, sondern erfuhr auch wesentliche Änderungen im Steuerrecht (bspw. durch das Unternehmensteuerreformgesetz 2008); darüber hinaus widmet sich ein eigener Abschnitt der Bilanzierung **mezzaninen Kapitals**.
- Kapitel 8: Die bilanzielle Abbildung des Personalaufwandes trägt den vielgestaltigen Änderungen der gesetzlichen Regelungen zur **Sozialversicherung** Rechnung.
- Kapitel 13: Es erfolgt eine Vertiefung des für die Praxis besonders bedeutsamen Themengebietes der **Pensionsrückstellungen**, deren handelsrechtliche Behandlung wesentlich von den Änderungen des Bilanzrechtsmodernisierungsgesetzes betroffen ist. Darüber hinaus wird der Systemwechsel bei den **latenten Steuern** vom **Timing- zum Temporary-Konzept** berücksichtigt.
- Die **IFRS-Ergänzungen** in verschiedenen Kapiteln betreffen die Mindestinhalte von IFRS-Bilanz und IFRS-Erfolgsrechnung, ferner die Bilanzierung von Vorräten, Sachanlagen und immateriellem Vermögen sowie von Finanzinstrumenten (inkl. finanzieller Verbindlichkeiten), Rückstellungen, anteilsbasierten Vergütungen, bereits entstandenen und latenten Steuern und von Leasingverhältnissen.

In **Teil B** betraf die Überarbeitung besonders die folgenden Themen:

- Kapitel 7: Die Erörterung der **strategischen** Erweiterung der Kosten- und Leistungsrechnung trägt dem deutlich geänderten aktuellen Stand der Verfahrensdiskussion Rechnung.
- Kapitel 9: Die Ausführungen zur **Harmonisierung** von internem und externem Rechnungswesen wurden grundlegend überarbeitet.

In **Teil C** sind hervorzuheben:

- Bei Gründung sowie Umwandlungsvorgängen Gesetzesänderungen u. a. durch:
  - das Gesetz zur Modernisierung des GmbH-Rechts und zur Bekämpfung von Missbräuchen (**MoMiG**) mit Änderungen bei der Kapitalaufbringung bei GmbHs sowie mit der Einführung der **Unternehmergesellschaft (haftungsbeschränkt)** als besondere Form der GmbH;
  - das Zweite Gesetz zur Änderung des Umwandlungsgesetzes, welches das Umwandlungsgesetz um Regelungen zur **grenzüberschreitenden Verschmelzung** im EU/EWR-Raum erweitert;
  - das Gesetz über steuerliche Begleitmaßnahmen zur Einführung der Europäischen Gesellschaft und zur Änderung weiterer steuerrechtlicher Vorschriften (**SEStEG**), welches das **Umwandlungssteuerrecht neu fasst** und dabei neben einer Europäisierung des Umwandlungssteuerrechts vor allem wesentliche Beschränkungen der Verlustverrechnung mit sich bringt.
- Ferner war der Einführung **europäischer Rechtsformen** Rechnung zu tragen.
- Bei der Sanierung wurde ein weiteres **Sanierungsbeispiel** in Gestalt der Nordex AG eingefügt; diverse Steuergesetzänderungen betreffen u. a. die Regelungen zur **Verlustfortführung**.
- Im Insolvenzrecht wurden u. a. **Vereinfachungen beim Insolvenzverfahren** eingeführt.

Unser Dank gehört allen, die durch kritische Anmerkungen und Vorschläge in den Jahren seit Erscheinen der Vorauflage zur Verbesserung des Buchinhalts beigetragen haben. Hierfür danken wir besonders Herrn Dr. Frank Moszka für die kritische Durchsicht der Sonderbilanzen. Unser Dank gilt ferner den studentischen Kräften am Stiftungslehrstuhl International Accounting der Universität Osnabrück, Frau Sabrina Ernst, den Herren Joachim Kramer und Hendrik Vanheiden, für intensive Literaturrecherchen und ihr sorgfältiges Korrekturlesen. Herrn Dennis Brunotte danken wir für die gute Betreuung seitens des Vahlen-Verlages.

Hohenheim und Osnabrück im März 2011

Wolfgang Eisele *Alois Paul Knobloch*

Inhaltsübersicht

Einleitung
Grundsachverhalte des betrieblichen Rechnungswesens

Teil A
Finanz-(Geschäfts-)Buchführung und Abschluss

Teil B
Kosten- und Leistungsrechnung

Teil C
Sonderbilanzen

Inhaltsverzeichnis

Anlage zu Teil A:

Teil B
Kosten- und Leistungsrechnung

Teil C
Sonderbilanzen

Einleitung

Grundsachverhalte des betrieblichen Rechnungswesens

1 Der Unternehmensprozess als Abrechnungsgegenstand des betrieblichen Rechnungswesens

Das betriebliche Rechnungswesen ist zentraler Bestandteil des **Informationssystems** eines Unternehmens. Es ist daher institutionell in Form eines Subsystems in die Gesamtorganisation des Unternehmens eingebunden. Durch einen Komplex funktional ausgerichteter, zielorientierter Abbildungsprozesse sollen die innerbetrieblichen ökonomischen Prozesse und die wirtschaftlich relevanten Beziehungen des Unternehmens zu seiner Umwelt **quantitativ erfasst, dokumentiert, aufbereitet** und **ausgewertet** werden. Die Qualität der daraus resultierenden Informationen ist von der realitätsnahen Abbildungsfähigkeit der Wirtschaftsabläufe und Wirtschaftstatbestände abhängig. Das Rechnungswesen ist demzufolge als ein System zu begreifen, das in zweckdienlicher Form **Informationen als Entscheidungshilfen für Bedarfsträger** liefert. Neben die **Informationsfunktion** tritt somit die **Kommunikationsfunktion** des Rechnungswesens i. S. einer **zweckorientierten Rechnungslegung.**

Das Unternehmensgeschehen in einer arbeitsteiligen Wirtschaft ist durch einen interdependenten **Umsatzprozess** charakterisiert: Den güterwirtschaftlichen Beschaffungs-, Erzeugungs- und Absatzvorgängen stehen die Zahlungsströme aus dem Erwerb bzw. dem Verkauf der Güter gegenüber, so dass der reale Unternehmensprozess auch durch dessen komplementäre monetäre Ströme abgebildet werden kann. Das Rechnungswesen ist jedoch nur dann in der Lage, das Unternehmensgeschehen realitätsgetreu zu erfassen, wenn es der zeitlichen und funktionalen Struktur des Unternehmensprozesses, also der Wertbewegung innerhalb jeder einzelnen Prozessphase, zu folgen vermag. Der Grundvorgang des Beziehungszusammenhangs zwischen den einzelnen **Prozessphasen** stellt sich wie folgt dar:

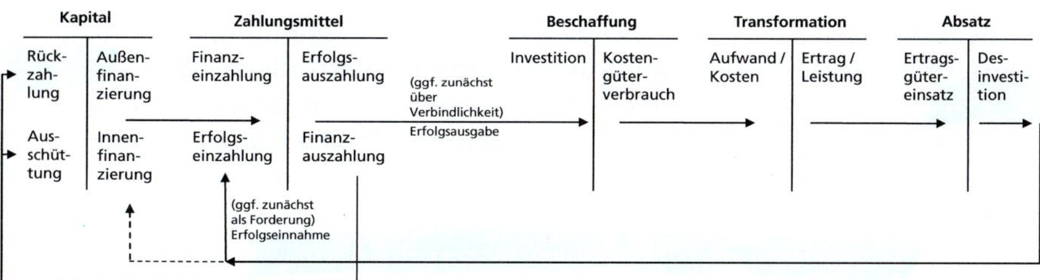

Rechentechnische Phasenverkettung des Unternehmensprozesses

Phase 1: Zahlungsmittelbeschaffung

Ausstattung des Unternehmens mit Zahlungsmitteln über den Kapital- bzw. Geldmarkt: Die liquiden Mittel schlagen sich dabei als konkreter Geldvermögensbestand nieder. Ein Zugang von Zahlungsmitteln (insbesondere Bargeld und Sichtguthaben bei Banken) wird als **Einzahlung** bezeichnet. Durch die Spezifizierung zur **Finanzeinzahlung** wird angezeigt, dass dieser Zufluss über den Geld- bzw. Kapitalmarkt erfolgt. Die Geldmehrung beruht somit nicht auf im Unternehmen erwirtschafteten Erfolgen, sondern auf reiner **Außenfinanzierung.**

Neben dem Niederschlag als konkreter Geldbestand wird im System der doppelten Buchführung (Doppik) der Zahlungsmittelzufluss ein zweites Mal aufgezeichnet. Die Finanzeinzahlung spiegelt sich im Kapital des Unternehmens wider. Hier übernimmt die Position die Funktion einer abstrakten Kontrollziffer. Sie dokumentiert die Herkunft der finanziellen Mittel, zeigt also die Ansprüche an das Vermögen des Unternehmens auf. Dabei werden die Ansprüche der Unternehmenseigner im Eigenkapital, die der Gläubiger im Fremdkapital erfasst.

Phase 2: Zahlungsmittelverwendung

Erwerb der zum Produktions- bzw. Transformationsprozess (Wertschöpfung) erforderlichen Einsatz-(Produktions-)Faktoren über den Beschaffungsmarkt: Die durch Außenfinanzierung aufgebrachten Zahlungsmittel werden für Fundierungs- und Gebrauchsgüter (Anlagen), Verbrauchsgüter (Stoffe) und Dienstleistungen verwendet. Es handelt sich hierbei um eine **Vermögensumschichtung:** Dem Nominalgutabfluss steht der Zugang an Realgütern gegenüber. Dieser Vorgang wird auch als **Investition** bezeichnet. Rechentechnisch entspricht diese Umschichtung einer **Erfolgsauszahlung.** Damit wird zugleich deutlich, dass die Zahlungsmittelverwendung durch die unmittelbare Anbindung an den Transformationsprozess den Erfolg, also den Gewinn oder den Verlust der Unternehmung, beeinflusst. Umfassender als das Begriffspaar der Ein- und Auszahlung sind die Termini der **Einnahme** und der **Ausgabe.** Letztere beziehen sich auf eine Erhöhung (Einnahme) beziehungsweise Verminderung (Ausgabe) des gesamten (Netto-)Geldvermögens (vgl. Teil B, Abschn. 2.2, S. 791 f.). Dieses umfasst neben Zahlungsmitteln auch Forderungen und als Abzugsposition Verbindlichkeiten. Im Rahmen des Beschaffungsvorganges kommt es üblicherweise zur Einräumung einer Zahlungsfrist, d. h. einer kurzfristigen Kaufpreisstundung. Dadurch entsteht zunächst eine Verbindlichkeit, welcher die Auszahlung später folgt. Mit dem Güter- oder Dienstleistungszugang findet insofern allgemein eine **Erfolgsausgabe** statt, die sowohl einen möglichen unmittelbaren Zahlungsmittelabfluss als auch eine mögliche Erhöhung der Verbindlichkeiten (aus Lieferungen und Leistungen) kennzeichnet.

Phase 3: Transformationsprozess (Wertschöpfung)

Kombinativer Einsatz der beschafften **Einsatzfaktoren** im betrieblichen Transformationsprozess (Kostengüterverbrauch) zur Erstellung von überwiegend für den Absatz bestimmten Fertigerzeugnissen. Da diese Produkte durch den kombinativen Prozess eine Wertsteigerung erfahren und sie die Grundlage für zukünftige Erfolge darstellen, werden sie als **Ertragsgüter** bezeichnet. Der Ertrag basiert dabei allerdings nicht auf zahlungswirksamen Einnahmen, sondern nur auf kalkulatorischen Größen, so dass sich in dieser Prozessphase die durch Realgüterbewegungen gekennzeichneten Transformationsvorgänge weitgehend losgelöst von marktmäßigen Verflechtungen vollziehen. Die Prozessabbildung könnte demnach in diesem Prozessbereich prinzipiell auch über rein technisch-physikalische Größen erfolgen. Dem steht jedoch die Notwendigkeit einer verursachungsgerechten Zurechnung der Einsatzfaktorverbräuche auf die Ertragsgüter entgegen: Diese erfordert eine einheitliche Recheneinheit, die über eine grundsätzlich marktorientierte Bewertung erreicht wird. Die Geldstromanalyse findet damit auch Eingang in den Innenbereich der Unternehmung: Nutzung und Verbrauch von Gütern und Diensten finden abrechnungstechnisch in **Aufwand** bzw. **Kosten** ihren wertmäßigen Niederschlag. Dabei unterscheiden sich Aufwand und Kosten dadurch, dass die Kosten nur jenen Wertverzehr beinhalten, der zur Erstellung und Vermarktung der betrieblichen Leistungen und zur Erhaltung der Leistungsbereitschaft dient. Dagegen wird im Aufwand zusätzlich der Wertverzehr erfasst, der nicht unmittelbar mit der betrieblichen Leistungserstellung zusammenhängt (z. B. Aufwendungen für soziale Einrichtungen). Die Dienstleistungs- und Gütererzeugung spiegelt sich wertmäßig im **Ertrag** bzw. in der **Leistung** wider. Analog zu den Kosten bezieht sich die Leistung unmittelbar auf den Erzeugungsvorgang; sie wird deshalb auch als Betriebsertrag bezeichnet. Der Ertrag erstreckt sich zudem auf Wertzuwächse nichtbetrieblicher Art (z. B. Beteiligungserträge). Unterschiede zwischen Aufwendungen/Erträgen auf der einen und Kosten/Leistungen auf der anderen Seite entstehen aber vor allem aufgrund verschiedener Maßstäbe, die der Bewertung des jeweiligen Sachverhaltes zugrunde gelegt werden. So basieren Aufwendungen/Erträge auf handelsrechtlichen Bewertungsvorschriften, während Kosten/Leistungen kalkulatorisch nach innerbetrieblichen Bewertungsregeln angesetzt werden. Der bei der Transformation erzielte Wertzuwachs ist die **Wertschöpfung.**

Phase 4: Zahlungsmittelfreisetzung

Verwertung der Ertragsgüter auf dem Absatzmarkt: Durch den realen Leistungsabgang der **Desinvestition** fließen dem Unternehmen liquide Mittel zu, die abrechnungstechnisch als **Erfolgseinzahlungen** zu spezifizieren sind. Sofern die Unternehmung korrespondierend zum Beschaffungsmarkt ihrerseits kundenseitig den Kaufpreis stundet, kommt es zu einem Forderungs- anstelle eines unmittelbaren Zahlungsmittelzugangs. In jedem Fall erhöht sich das (Netto-)Geldvermögen, so dass von einer **Erfolgseinnahme** gesprochen werden kann. Der Terminus Erfolgseinnahme bringt dabei zum Ausdruck, dass diese Einnahmen aus dem Unternehmen heraus durch den Transformationsprozess erwirtschaftet werden. Sie sind zunächst zur Deckung des Kostengütereinsatzes (Erfolgsausgaben-[Investitions-]Rückfluss) heranzuziehen; die verbleibende Differenz entspricht dem **Desinvestitionserfolg** (Erfolgsausgaben-[Investitions-]Überschuss), der, sofern positiv, dem Kapitalbereich als Verpflichtungszugang gegenüber Eignern (Rücklagen, Gewinn) und Gläubigern (Rückstellungen) zuwächst und, soweit er nicht zu einem Mittelabgang führt bzw. einen solchen verhindert, eine Innenfinanzierung der Unternehmung repräsentiert. Zugleich wird über den Vorgang der Erfolgseinnahmenzuteilung die enge rückkoppelnde Verbindung zwischen der vierten und der zweiten Prozessphase hergestellt.

Phase 5: Ablösung der finanziellen Verpflichtungen

Erschöpft sich die Unternehmenstätigkeit in einem einmaligen Ablauf des Unternehmensprozesses, so erfolgt die geldliche Abführung der über den Umsatzprozess erlangten Zuflüsse an den Geld- bzw. Kapitalmarkt. Als rechentechnische **Finanzauszahlung** hat dieser Vorgang einen kapitalmäßigen Verpflichtungsabgang zur Folge, der als Rückzahlung den Abgang außenfinanzierten, als Gewinnausschüttung den Abgang innenfinanzierten Kapitals charakterisiert.

Der Funktionsablauf des wirtschaftlichen Unternehmensprozesses ist also vornehmlich durch zwei **Nominal-Realgüter-Tauschakte** (Investition und Desinvestition) sowie einen **Transformationsprozess** gekennzeichnet. Darüber hinaus sind jedoch auch isolierte Nominalgüterbewegungen zu erfassen, so dass das Wirtschaftsgeschehen der Unternehmung mit Hilfe des Phasenschemas vollständig beschrieben und abrechnungstechnisch durch **fünf zentrale Verrechnungsbereiche** (Kontenreihen) abgebildet werden kann:

- Verrechnungsstellen für das **Kapital** zur Abwicklung der Verpflichtungstatbestände (sinnvollerweise einschließlich der aus Beschaffungsvorgängen resultierenden Verbindlichkeiten);
- Verrechnungsstellen für die **Zahlungsmittel,** die Erfolgseinzahlungen und Erfolgsauszahlungen aus dem Umsatzprozess sowie erfolgsunwirksame Finanzeinzahlungen und Finanzauszahlungen aus der Verbindung mit dem Kapitalbereich aufzeichnen (zweckmäßigerweise zuzüglich des Forderungsvermögens);
- Verrechnungsstellen zur bestandsmäßigen Registrierung der **Beschaffungs- bzw. Investitionstätigkeit** (Fundierungs-, Gebrauchs- und Verbrauchsgüter);
- Verrechnungsstellen für den **Transformationsprozess** zur Erfassung des Kostengütereinsatzes (Aufwand bzw. Kosten) und der Ertragsgütererstellung (wertmäßige Leistung bzw. Betriebsertrag);
- Verrechnungsstellen für die **Absatz- bzw. Desinvestitionstätigkeit** mit der Aufgabe der Erfolgsermittlung aus der Gegenüberstellung der Erfolgsquellen, insbesondere von Verwertungserlösen und Selbstkosten.

Da Unternehmen regelmäßig auf unbestimmte Zeit errichtet werden **(Going-Concern-Grundsatz),** ist die Realität durch eine kontinuierliche Wiederholung des Unternehmensprozesses gekennzeichnet, die die betriebliche Abrechnungstechnik erheblich kompliziert. Bei einer einmaligen Schlussrechnung am Ende der Unternehmenstätigkeit (Totalperiode) würde das Rechnungswesen seiner Funktion als aktuelles Informationsinstrument nicht gerecht werden können. Es sind daher **Zeitabschnitts-(Teilperioden-)Rechnungen** durchzuführen, die dann zwangsläufig zu Überschneidungen in der zeitlichen Struktur des betrieblichen Phasenschemas führen und damit erhebliche Abrechnungs- und Zuordnungsprobleme aufwerfen.

Da die Bewegung der Mittel ihrem Wesen nach die Bindung der Mittel in den einzelnen Prozessphasen erfordert, kommt der Umsatzprozess in einer laufenden mengen- und wertmäßigen Veränderung einzelner Vermögens- und Kapitalbestände zum Ausdruck. **Bestände** lassen sich somit, ablaufanalytisch betrachtet, als durch die Periodizität der Abrechnung bestimmte Querschnitte durch den Fluss der (Zahlungs-)Ströme charakterisieren.

2 Aufbau, Gliederung und Aufgaben des betrieblichen Rechnungswesens

Eine Vielzahl **interner** und **externer** Anlässe erzwingt die rechnerische Erfassung des Unternehmensprozesses. Unabhängig davon, ob damit den Anforderungen an die gesetzlichen Rechnungslegungspflichten – und damit den Ansprüchen bestimmter **Rechnungslegungsadressaten** – oder aber dem **Eigeninteresse** der Unternehmensführung zur Erfüllung von Planungs-, Kontroll- und Steuerungsaufgaben entsprochen werden soll, bleibt der grundsätzliche Aufbau des Rechnungswesens mit den aufgezeigten fünf Verrechnungsbereichen des Unternehmensprozesses stets gleich. Allerdings nimmt, wie die folgende Abbildung eröffnet, das betriebliche Umsystem erheblichen Einfluss auf den Abrechnungsverlauf. Dies wird besonders deutlich, wenn zur übersichtlicheren Darstellung die Verrechnungsstellen der Zahlungsmittel und des Kapitals doppelt aufgeführt werden:

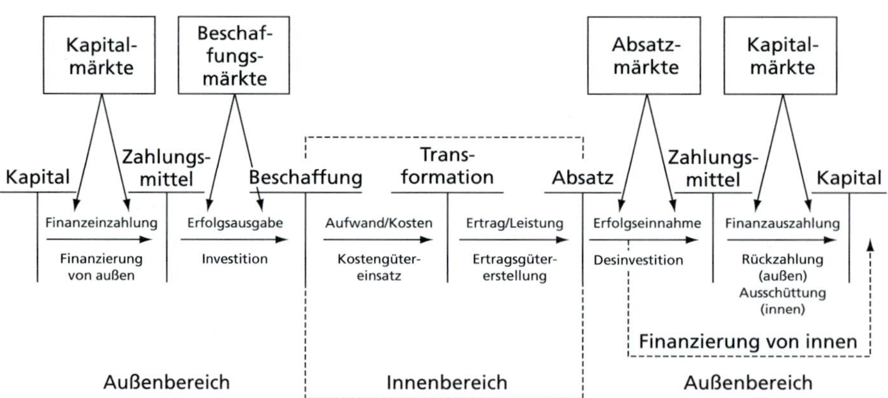

Abrechnungs- und Umsystem der Unternehmung

Die Abbildung zeigt, dass offenbar nur ein Teil der betrieblichen Verrechnungsstellen in unmittelbarem Kontakt mit den Märkten (betriebliches Umsystem) steht, auf denen das Unternehmen agiert. Diese Verrechnungsstellen gehören somit zum **Außenbereich** des Abrechnungssystems, das mit der Bereitstellung von Informationen für unternehmensexterne Adressaten zur Erfüllung von Aufgaben der **externen Unternehmensrechnung** beiträgt. Die keine oder keine direkte Marktverbindung aufweisenden, da die betriebsinternen Abläufe abbildenden Verrechnungsstellen bzw. Verrechnungsstellenseiten machen den **Innenbereich** des Abrechnungssystems aus; sie haben demgemäß die der **internen Unternehmensrechnung** zugewiesenen Aufgaben einer Informationsbereitstellung für unternehmensinterne Adressaten zu erfüllen.

Beide **Teilsysteme** sind in enger Abhängigkeit zu sehen: So wirken sich Störungen im Bereich der betrieblichen Außenbeziehungen etwa dergestalt auf den Innenbereich aus, dass auftretende Liquiditätsengpässe an sich erforderliche Investitionen verhindern können und somit der Transformationsprozess beschnitten oder gar lahm gelegt wird; umgekehrt sind Unwirtschaftlichkeiten des Innenbereichs als Ursache einer unrentablen Gütervermarktung denkbar, die alsbald Zahlungsschwierigkeiten und schließlich Kapitalschnitte (Verluste an Eigenkapital) zur Folge haben kann. Da gestörte Beziehungen zu den Beschaffungs- und Absatzmärkten – zumindest mittelfristig – regelmäßig auch Divergenzen im Bereich der Geld- und Kapitalmarktbeziehungen nach sich ziehen, wird sich das Unternehmen immer dann notwendiger Eingriffe im Zahlungs- und Kapitalbereich nicht entziehen können, wenn das Überleben von Anpassungsmaßnahmen an geänderte Marktgegebenheiten abhängig ist. Dem wird durch Umwandlungen, Fusionen, Sanierungen oder aber, wenn das Weiterbestehen des Unternehmens wirtschaftlich nicht mehr vertretbar erscheint, durch freiwillige oder zwangsweise (Insolvenz) Liquidation Rechnung getragen. Die Rechnungslegung des Außenbereichs ist daher zur Erfassung dieser **Sonderfälle der Finanzierung** um spezifische, außerordentliche Rechnungslegungsinstrumente, die **Sonderbilanzen,** zu ergänzen. Diese stellen dann häufig den Ausgangspunkt für ein neugeordnetes Rechnungssystem des Unternehmens dar.

Aus der Sicht dieser Aufgabenverteilung bietet sich eine an der Ziel- bzw. Zwecksetzung der Rechnungszweige orientierte **Gliederung des betrieblichen Rechnungswesens** an (s. Abb. S. 10).

Die **Außenbeziehungen** des Unternehmens werden durch die **Sonderbilanzen** und die **Finanz-(Geschäfts-)Buchführung** erfasst. Dienen die Sonderfälle der Finanzierung dem Unternehmenserhalt, so mündet die Neuordnung des Kapital- und Zahlungsmittelbereichs unmittelbar in die Finanzbuchführung, wobei dann lediglich die Vermögens- und Kapitalkonten tangiert und die Neuordnungsergebnisse in einer (Sonder-)Bilanz zusammengefasst werden. Führen die Finanzierungssonderfälle dagegen zu einer Unternehmensauflösung, so kommt der Unternehmensprozess zum Erliegen: Vermögen und Kapital werden nur noch durch eine **Nachweis-(Befund-)Rechnung,** den **Status,** ausgewiesen, um eine geregelte Unternehmensauflösung und Vermögensverteilung zu gewährleisten (im Einzelnen siehe Teil C des Buches).

Dagegen wird der laufende, ordentliche Unternehmensprozess, die Regelbeziehung des Unternehmens zu seiner Umwelt, auf den Kapital-, Vermögens-, Aufwands- und Ertragskonten erfasst und über einen regelmäßigen jährlichen Abschluss zur **Bilanz** und **Gewinn- und Verlustrechnung** verdichtet. Bilanz und Gewinn- und Verlustrechnung bilden den **Jahresabschluss.** Darüber hinaus zählt bei Kapitalgesellschaften ein die Ansätze in Bilanz und GuV erläuternder **Anhang** zum Jahresabschluss. Diese drei Bestandteile dienen einschließlich eines den Geschäftsverlauf und die Lage der Kapitalgesellschaft darstellenden **Lageberichts** als Instrumente **externer, finanzieller Rechnungslegung** der Erfüllung der mit der Übernahme von Vermögensverwaltungsaufgaben durch die Unternehmensleitung begründeten Rechenschaftspflicht gegenüber außenstehenden Adressaten der Rechnungslegung und als Grundlage für deren Ent-

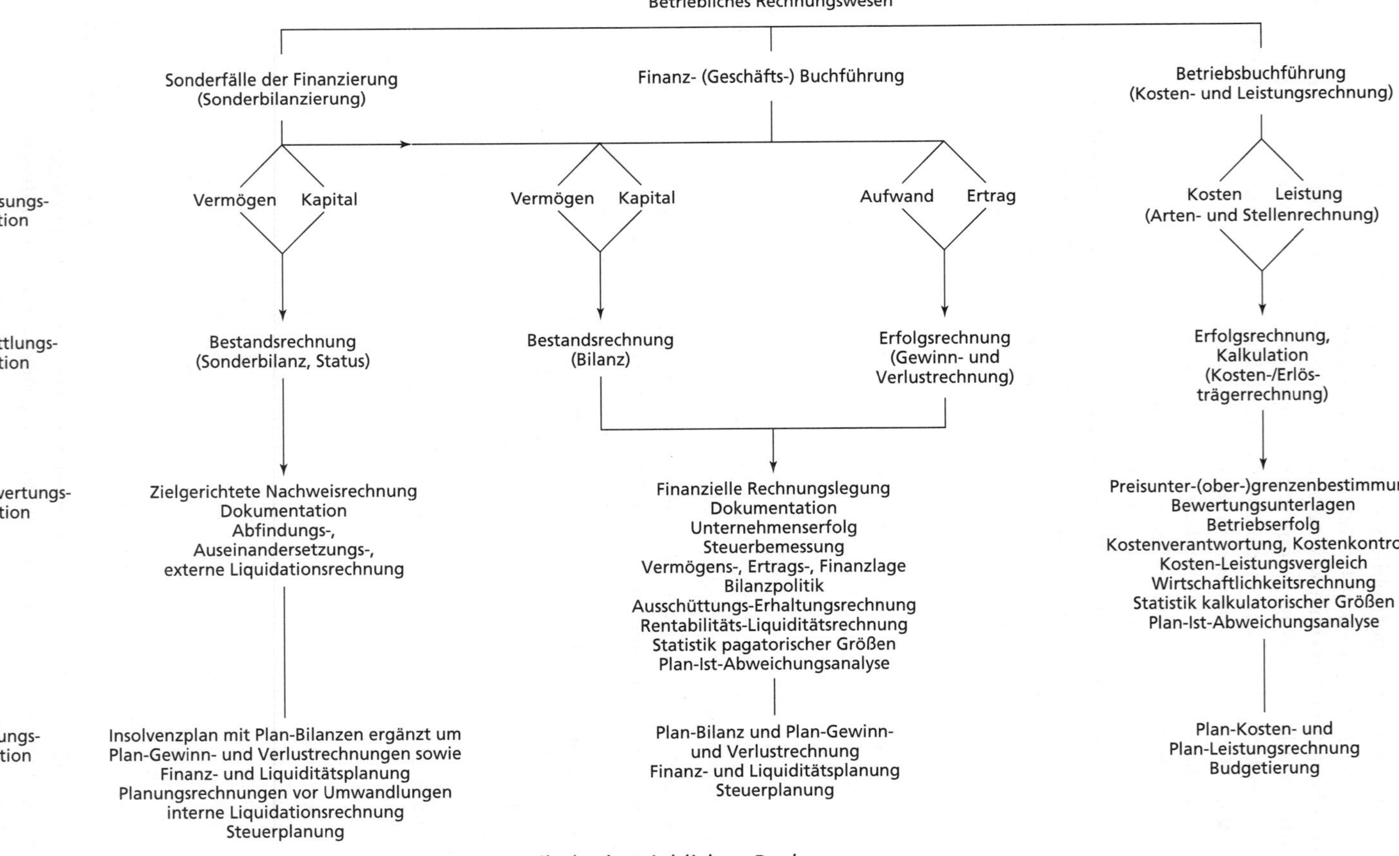

Systematik des betrieblichen Rechnungswesens

scheidungen. An das Informationspotential des Jahresabschlusses ist deshalb auch grundsätzlich die Forderung nach einer vom Ermessen des zur Rechnungslegung Verpflichteten weitestgehend unabhängigen Rechnung zu stellen. Obwohl die den Außenbereich betreffenden Geschäftsvorfälle im Wesentlichen auf marktmäßig objektivierten Zahlungsvorgängen (**pagatorische,** finanzielle Rechnung) beruhen, verbleiben bilanzpolitische Aktionsspielräume zwangsläufig immer dann, wenn Transformationsprozess und Abrechnungszeitraum divergieren: Noch nicht verkauften Halb- und Fertigfabrikaten fehlt bislang die marktseitige Objektivierung; das verbliebene Nutzungspotential langfristiger Gebrauchsgüter bedarf der Schätzung. Der Vermögens- und Ertragsausweis kann daher häufig erst nach Rückgriff auf die Bewertungsunterlagen des Innenbereichs konkretisiert werden. Es sind die **Normen des Handels- und Steuerrechts**, ggf. auch der **internationalen Rechnungslegungsgrundsätze**, die dafür den Rahmen der zulässigen Bilanzierungs- und Bewertungsspielräume vorgeben (im Einzelnen siehe Teil A des Buches).

Im Gegensatz dazu kann das Abrechnungssystem des Innenbereichs, die **Kosten- und Leistungsrechnung (Betriebsbuchführung),** weitgehend ohne gesetzliche Reglementierung nach betriebsindividuellen, zweckorientierten Erwägungen ausgestaltet werden. Die Aufzeichnung der Realgüterströme erfolgt dabei losgelöst von Zahlungsvorgängen. Kostengütereinsatz und Ertragsgütererstellung erfahren eine **wert-** und teilweise auch **mengenmäßige,** jedoch keine pagatorische Erfassung. Es entsteht eine kalkulatorische Rechnung, deren Ergebnisrechnung den **Betriebserfolg** ermittelt. Die numerische Abbildung des Leistungserstellungsprozesses knüpft daher an den wertmäßig registrierten Verbrauch der Produktionsfaktoren (Kostenartenrechnung) an, der dann den Entstehungsorten (Kostenstellen) weiterbelastet und schließlich den produzierten Gütern oder Leistungen (Kostenträger) verursachungsgerecht zugeordnet wird. Unter Einbeziehung der Leistungsseite stellt die Betriebsbuchführung das **Ergebnis des Produktionsprozesses** der Höhe nach fest und differenziert es nach Erfolgsquellen.

Während im Rahmen der Ermittlungsfunktion des Rechnungswesens lediglich **retrospektive,** faktische Daten über Situationszustände und prozessuale Ereignisse dokumentiert werden, benötigt die Unternehmensleitung zur effizienten Ausfüllung ihrer Steuerungs- und Kontrollfunktion auch **prospektive** Informationen, die mit Hilfe von Planungsrechnungen ermittelt werden. **Planungsrechnungen** werden sowohl für die Entscheidungsfindung als auch für den Entscheidungsvollzug eingesetzt, indem sie die voraussichtlichen Zielwirkungen möglicher Alternativen prognostizieren, über eine Alternativenbewertung analysieren und den Zielerreichungsgrad anhand von Zielvorgaben überwachen. Die geplanten Außenbeziehungen des Unternehmens finden ihre Entsprechung in **Plan-Bilanzen** und **Plan-Gewinn- und Verlustrechnungen,** die geplanten internen Vorgänge werden in **Plan-Kosten- und Plan-Leistungsrechnungen** berücksichtigt. Es ist der Zukunftsbezug, der die zentrale Bedeutung dieser Instrumente für das **entscheidungsorientierte** Rechnungswesen begründet. Die dem Planungsinstrumentarium zu entnehmenden Informationen stehen dabei ganz überwiegend nur den unternehmensinternen Bedarfsträgern (Adressaten) zur Verfügung (im Einzelnen siehe Teil B des Buches). Planungsrechnungen sind ebenfalls im Zusammenhang mit Sonderfällen der Bilanzierung bedeutsam. Im Insolvenzplan ist darzulegen, welche Maßnahmen, insbesondere bezüglich des Kapitalbereiches, die notleidende Unternehmung aus ihrer Krise führen können und wie sich hiernach die Unternehmung darstellt. Plan-Bilanzen und Plan-Gewinn- und Verlustrechnungen können neben ihrer Bedeutung im Insolvenzplan auch vor Umwandlungen besonders nützliche Instrumente darstellen, um sich das zukünftige Erscheinungsbild der entstehenden Unternehmensstruktur bzw. Alternativen hierfür zu veranschaulichen und dergestalt eine Entscheidungsfindung, insbesondere auch unter steuerlichen Gesichtspunkten, zu unterstützen.

Ergänzende Literatur zu: Grundsachverhalte des betrieblichen Rechnungswesens

Chmielewicz, Rechnungswesen 1, S. 13–16

Eisele/Kratz, Rechnungswesen

Engelhardt/Raffée/Wischermann, Buchhaltung, S. 1–5

Kosiol, Pagatorische Bilanz, S. 33–65

Menrad, Rechnungswesen, S. 19–53

Ruchti, Abschreibung, S. 24–28

Schildbach/Homburg, Kosten- und Leistungsrechnung, S. 1–13

Weber/Rogler, Rechnungswesen 1, S. 1–24

Wöhe/Kußmaul, Buchführung, S. 1–20

Teil A

Finanz-(Geschäfts-)Buchführung und Abschluss

1 Grundlagen der Buchführung

1.1 Wesen und Zweck der Buchführung

Als quantitatives Beschreibungs- bzw. Ermittlungsmodell wird die Buchführung von Maßgrößen, Definitionen, Axiomen und Rechenregeln bestimmt. Ihr **Wesen** besteht im Sammeln, Registrieren und Systematisieren realer, d. h. durch Beobachtung wahrnehmbarer und faktisch existenter Tatbestände der Zustands- und Vorgangserscheinungen (*Schweitzer,* Struktur, S. 28 f. und 32 f.). Die **Buchführung verzeichnet demnach chronologisch, systematisch, lückenlos und ordnungsmäßig alle in Zahlenwerten festgehaltenen, wirtschaftlich bedeutsamen Vorgänge (Geschäftsvorfälle),** die sich im Zeitablauf zwischen Gründung und Liquidation der Unternehmung ereignen. Wirtschaftlich bedeutsam sind dabei alle Vorgänge, welche die Höhe und/oder die Zusammensetzung des Vermögens oder des Kapitals eines Betriebes ändern.

Die Finanzbuchführung ist zuvorderst eine **Zeitabschnittsrechnung,** die prinzipiell am Anschaffungswert orientiert ist und im Jahresabschluss mündet. Für eine Abrechnungsperiode erfasst sie neben den unmittelbar mit Zahlungsvorgängen verbundenen Geschäftsvorfällen den Zugang und Abgang von Leistungsgütern bzw. Leistungswerten, also Aufwand und Ertrag. Die Gegenüberstellung von Aufwand und Ertrag geschieht in der **Erfolgsrechnung** (Gewinn- und Verlustrechnung); sie ist zeitraumbezogen und ermittelt durch Saldierung den Erfolg der Periode (Gewinn oder Verlust). Die Bestände des Betriebes an Vermögen und Kapital werden für einen bestimmten Stichtag in der **Bilanz** (Bestandsrechnung) erfasst; auch sie ermittelt indirekt den Erfolg, indem die periodische Veränderung der Differenz zwischen Vermögens- und Fremdkapitalteilen berechnet wird (s. dazu Teil A, Abschn. 3.1, S. 74 f.). Bilanz und Erfolgsrechnung zusammen bilden den **Jahresabschluss** einer Personengesellschaft. Bei einer Kapitalgesellschaft (sowie bei einer nicht unter die Ausnahme des § 264b HGB fallenden haftungsbeschränkten Personengesellschaft nach § 264a HGB) enthält der Jahresabschluss noch den Anhang; ist sie darüber hinaus kapitalmarktorientiert und nicht zur Aufstellung eines Konzernabschlusses verpflichtet, kommen eine Kapitalflussrechnung sowie ein Eigenkapitalspiegel und fakultativ eine Segmentberichterstattung hinzu (§ 264 Abs. 1 HGB). Ergänzt wird der Jahresabschluss ggf. noch um einen Lagebericht.

Buchführung und Jahresabschluss verarbeiten rationale Zahlen in einem formalen und geschlossenen System bestimmten Inhalts. Die Abgrenzung gegenüber anderen wirtschaftlichen Rechenwerken lässt sich demzufolge auch messtheoretisch, d. h. aus dem diesem Ermittlungsmodell eigenen **Formalismus** vornehmen (*Stützel,* Bemerkungen, S. 314 ff.; *Stehli,* Mathematische Betrachtungen, S. 13 f.; *Eisele,* Kontentheorien, Sp. 342 ff.):

- Als Rechenoperationen im geschlossenen Rechnungskreis der Buchführung kommen nur **Additionen** und **Subtraktionen** vor, also Rechenarten 1. Stufe.
- Buchführung und Jahresabschluss verzeichnen Geldgrößen, „**Währungsbeträge** gleicher Währung", in zweifacher Ausprägung: Zeitpunktorientierte Bestandsgrößen werden in Geldeinheiten, zeitraumbezogene Strom- bzw. Leistungsgrößen in Geldeinheiten pro Zeiteinheit (pro Abrechnungsperiode) gemessen.
- Hinsichtlich Herkunft und Bestimmtheit der in Buchführung und Jahresabschluss eingehenden Währungsbeträge ist zu unterscheiden zwischen:

  (1) Währungsbeträgen, die sich als einfache **Abzählergebnisse** darstellen, wie Kassenbestände oder Kassenumsätze,

  (2) Währungsbeträgen, die allein durch **Rechtsgeschäft** entstehen und vorwiegend dem Bereich der abstrakten Kontrollgrößen der Kapitalseite zugeordnet sind, und

  (3) Währungsbeträgen, die als Ergebnis von **Bewertungsmaßnahmen** zustande kommen und vorwiegend im Bereich des Vermögens zu den sog. ausgewiesenen Werten (Buchwerten) führen.

  Messtheoretisch entsprechen dieser Klassifizierung unterschiedliche Genauigkeitsgrade der Geldgrößenerfassung.
- Die Aufzeichnung der Währungsbeträge erfolgt in Buchführung und Jahresabschluss ausschließlich für nach **rechtlichen** Kriterien abzugrenzende Gebilde, also Unternehmen bzw. Rechtspersonen und Haftungssubjekte.

Der Buchführung und Bilanz innewohnende Formalismus lässt grundsätzlich unterschiedliche Vorgehensweisen bei der Aufzeichnung von Geschäftsvorfällen zu. Die dem Bereich der **Buchführungsorganisation** zuzuordnenden Systeme oder Stile der Buchführung werden an anderer Stelle und in Verbindung mit den **Buchführungsformen** zu behandeln und gegenüberzustellen sein (vgl. Teil A, Abschn. 15.3, S. 654 ff.). Der überragenden praktischen Bedeutung des Systems der **doppelten** Buchführung (Doppik) wegen folgen die weiteren Ausführungen zur buchungstechnischen Erfassung des Buchungsstoffes dem Formalismus einer doppelten Niederschrift jedes Buchungstatbestandes. Jede Aufzeichnung erfolgt demnach paarweise als Doppelbuchung, an der Sollposten und Habenposten mit gleichem absoluten Betrag beteiligt sind.

1.2 Die gesetzlichen Bestimmungen zur Buchführung

1.2.1 Handels- und steuerrechtliche Vorschriften

Dokumentation und Rechenschaftslegung gegenüber einem breiten Interessentenkreis erfordern einheitliche Regelungen hinsichtlich Erfassung und Darstellung des Buchungsstoffes sowie Vorschriften über dessen Sicherung gegen Verlust und Verfälschung. Insbesondere sind es die Interessenlagen von Gläubigern und Fiskus, die schwerpunktmäßig in den gesetzlichen Regelungen zur

Buchführung in Handels- und Steuerrecht berücksichtigt sind (*Leffson/Baetge*, Buchführungsvorschriften, Sp. 314 ff.; *Bea*, Bewertung, Sp. 821 ff.; *Wohlgemuth*, Bewertung, Sp. 482 f.).

Grundlegende Buchführungsvorschriften enthalten in erster Linie das **Handelsgesetzbuch (HGB)** in den §§ 238–263 und die **Abgabenordnung (AO)** in den §§ 140–148. Die **Buchführungspflicht** bestimmt § 238 Abs. 1 HGB: „Jeder Kaufmann ist verpflichtet, Bücher zu führen und in diesen seine Handelsgeschäfte und die Lage seines Vermögens nach den Grundsätzen ordnungsmäßiger Buchführung ersichtlich zu machen"; ferner wird gemäß §§ 240 Abs. 1 und 2, 242 Abs. 1 und 2 HGB eine jährliche Bestandsaufnahme, die Aufstellung einer Bilanz und einer Gewinn- und Verlustrechnung gefordert. Die zur Aufstellung erforderlichen Arbeiten (Erstellung) können, anders als die mit der Aufstellung verbundenen Entscheidungen und Rechtsakte – diese obliegen dem Kaufmann –, auch auf externe Sachverständige übertragen werden (z. B. auch auf Wirtschaftsprüfer, vgl. *HFA*, Erstellung von Jahresabschlüssen, S. 624). Diese Regelung gilt für Kaufleute im Sinne der §§ 1–3 und 6 HGB (vgl. dazu auch *HFA*, Gesetzliche Vertreter, S. 323 ff.). Danach ist derjenige Kaufmann, dessen Gewerbebetrieb nach Art und Umfang einen in kaufmännischer Weise eingerichteten Geschäftsbetrieb erfordert (Handelsgewerbe § 1 HGB). Das Handelsgewerbe ist in das (elektronische) Handelsregister einzutragen (vgl. EHUG v. 10. 11. 2006, in BGBl. I 2006, S. 2553). Nach § 2 HGB können auch Kleingewerbetreibende, deren Gewerbe einen in kaufmännischer Weise eingerichteten Geschäftsbetrieb nicht erfordert, freiwillig eine Handelsregistereintragung herbeiführen (Kannkaufleute). In diesem Fall wirkt die Eintragung konstitutiv für die Kaufmannseigenschaft. Für land- und forstwirtschaftliche Betriebe besteht keine Eintragungspflicht selbst dann, wenn das Gewerbe einen in kaufmännischer Weise eingerichteten Geschäftsbetrieb erfordert; sie haben analog den Kleingewerbetreibenden ein Wahlrecht zur Handelsregistereintragung (Kannkaufleute nach § 3 HGB). Ferner sind Handelsgesellschaften (OHG, KG, GmbH, AG und KGaA) kraft Rechtsform Kaufleute (Formkaufmann § 6 HGB); sie haben daher eine Handelsregistereintragung herbeizuführen. Das Recht der Kaufleute wurde durch das Handelsrechtsreformgesetz (BGBl. I 1998, S. 1474 ff.) zum 1. 7. 1998 geändert. Darin wurde zum einen die Trennung in Muss- und Sollkaufleute (§§ 1 und 2 HGB alter Fassung) aufgehoben, zum anderen entfiel die Figur des Minderkaufmanns bei Gewerbebetrieben, die einen kaufmännisch eingerichteten Betrieb nicht erfordern (Kleingewerbetreibende).

Die zuvor dargestellte Verknüpfung zwischen der Kaufmannseigenschaft und der **handelsrechtlichen Buchführungspflicht** wird durch die §§ 241a, 242 Abs. 4 HGB **teilweise aufgehoben**. Nach § 241a HGB brauchen all jene Einzelkaufleute, die an den Abschlussstichtagen zweier aufeinander folgender Geschäftsjahre nicht mehr als 500 tsd. Euro Umsatzerlöse und 50 tsd. Euro Jahresüberschuss erzielen, die §§ 238–241 HGB nicht anzuwenden. Bei Ausübung des Wahlrechts beschränkt sich die Rechnungslegungspflicht der betroffenen Kaufleute auf eine Einnahmen-Überschussrechnung für steuerliche Zwecke nach § 4 Abs. 3 EStG. Insofern decken sich die handelsrechtlichen Buchführungsgrenzen dem Betrage nach mit den steuerlichen des § 141 AO (vgl. dieser Abschn. S. 22; eine vollständige Kongruenz in der Anwendung ist jedoch nicht gegeben, *Winkeljohann/Lawall*, § 241a HGB, Rn. 10). Im Falle einer Neugründung treten die Rechtsfolgen des § 241a HGB bereits dann ein, wenn die oben genannten Schwellenwerte am ersten Bilanzstichtag nach der Neugründung nicht überschritten werden (§§ 241a Satz 2, 242 Abs. 4 HGB; vgl. hierzu Teil C, Abschn. 2.1.2.1, S. 1023).

Umfang und Qualität der handelsrechtlichen Buchführung sind unmittelbar von der **Rechtsform** des Unternehmens abhängig. Während für nicht publizitätspflichtige Einzelkaufleute und nicht publizitätspflichtige Personenhandelsgesellschaften von den Vorschriften über Handelsbücher im dritten Buch des HGB nur der erste Abschnitt (§§ 238–263 HGB) Bedeutung erlangt, sind für Kapitalgesellschaften darüber hinaus die ergänzenden Vorschriften des zweiten Abschnitts des dritten Buches des HGB (§§ 264 ff. HGB) anzuwenden. Für publizitätspflichtige Einzelkaufleute, publizitätspflichtige Personenhandelsgesellschaften und Genossenschaften sind neben den Vorschriften des ersten Abschnitts auch Teile der Vorschriften des zweiten Abschnitts des HGB sowie weitere gesellschaftsrechtliche Vorschriften (§§ 1 ff. PublG oder §§ 336 ff. HGB) relevant. Durch das Kapitalgesellschaften- und Co-Richtliniengesetz (KapCoRiLiG) vom 24. 2. 2000 (BGBl. I 2000, S. 154) wurden die Publizitätsvorschriften für Kapitalgesellschaften auch für solche offenen Handelsgesellschaften oder Kommanditgesellschaften verbindlich, bei denen nicht wenigstens eine natürliche Person, ggf. vermittelt über weitere Personengesellschaften als haftende Gesellschafter, persönlich haftender Gesellschafter ist (§ 264a HGB). Von besonderer Bedeutung für die Ausgestaltung der Buchführung von publizitätspflichtigen Einzelkaufleuten, publizitätspflichtigen Personenhandelsgesellschaften, Kapitalgesellschaften und Genossenschaften sind die dezidierten Ausweisvorschriften insbesondere zur Bilanz und GuV (§§ 266 und 275 HGB) sowie die Vorschriften über die Offenlegung und Prüfung des Jahresabschlusses. Um aber die Rechnungslegungsanforderungen nicht über Gebühr auszuweiten, hat der Gesetzgeber einerseits die Publizitätspflicht von Einzelkaufleuten und Personenhandelsgesellschaften erst ab einer bestimmten, hoch angesetzten Unternehmensgröße vorgeschrieben und andererseits größenabhängige Erleichterungen für (kleine und mittelgroße) Kapitalgesellschaften und Genossenschaften geschaffen. Maßgebend für die Publizitätspflicht von Einzelkaufleuten und Personenhandelsgesellschaften ist, dass jeweils zwei der in § 1 Abs. 1 PublG angeführten drei Abgrenzungsmerkmale an drei aufeinander folgenden Abschlussstichtagen zutreffen. Für die Größenklassenzurechnung von Kapitalgesellschaften und Genossenschaften müssen ebenfalls zwei von drei in § 267 Abs. 1 bzw. 2 HGB genannten Kriterien über- oder unterschritten werden; es genügt allerdings, dass dies an zwei aufeinander folgenden Abschlussstichtagen erfolgt (§ 267 Abs. 4 HGB). Für die Prüfungspflicht von Genossenschaften ist eine zusätzliche Klassenbildung zu beachten. Die **Größenkriterien** sowie die größen- und rechtsformabhängigen Vorschriften zur Aufstellung, Prüfung und Offenlegung sind der Abbildung auf S. 20 f. (vgl. auch *Schildbach*, Jahresabschluss, S. 76 f.) zu entnehmen. Zu beachten ist, dass die angegebenen Größenkriterien erst seit dem 1. 1. 2008 Gültigkeit besitzen; sie wurden durch das **Gesetz zur Modernisierung des Bilanzrechts (Bilanzrechtsmodernisierungsgesetz – BilMoG)** vom 25. 5. 2009 (BGBl. I 2009, S. 1102 ff.) deutlich angehoben. Die zuvor gültigen Grenzen betrugen 4,015 Mio. Euro und 16,06 Mio. Euro zur Trennung von kleinen und mittelgroßen sowie mittelgroßen und großen Kapitalgesellschaften nach der Bilanzsumme sowie 8,03 Mio. Euro und 32,12 Mio. Euro als Grenzwerte für die Umsatzerlöse der Kapitalgesellschaften.

Die Europäische Kommission veröffentlichte in diesem Zusammenhang am 26. 2. 2009 einen Vorschlag zur Änderung der Richtlinie 78/660/EWG des Europäischen Rates über den Jahresabschluss von Gesellschaften bestimmter Rechtsformen (4. EG-Richtlinie) im Hinblick auf sog. **Kleinstunternehmen („micro-entities")**. Nach dem Vorschlag der Kommission sollen die Mitgliedstaaten die Option erhalten, Kleinstunternehmen aus dem Anwendungsbereich der Vorschriften zur Umsetzung der EU-Bilanzrichtlinien herauszunehmen. Als konkrete Schwellenwerte schlägt die Kommission vor, Unternehmen mit einer Bilanzsumme von unter 500 tsd. Euro, einem Jahresumsatz von weniger als 1 Mio. Euro und weniger als 10 Mitarbeitern – zwei dieser drei Kriterien müssen an zwei aufeinanderfolgenden Bilanzstichtagen unterschritten sein – von der Pflicht zur Anwendung der Rechnungslegungs- und Publizitätsvorschriften, die auf der 4. EG-Richtlinie basieren, zu befreien. Der deutsche Gesetzgeber hätte dann die Möglichkeit, kleine GmbH und GmbH & Co. KG unterhalb dieser Schwellenwerte von den auf EU-Recht basierenden Vorschriften der §§ 264 ff. HGB zur Bilanzierung und Publizität auszunehmen. Nicht in den Anwendungsbereich des EU-Bilanzrechts fallen Personenhandelsgesellschaften (OHG, KG) und Einzelkaufleute, für die jedoch bereits durch das BilMoG Erleichterungen geschaffen wurden (§ 241a HGB; vgl. Teil A, Abschn. 1.2.1, S. 17 f.). Die Intention dieses Vorschlags besteht in der potentiellen Steigerung der Wettbewerbsfähigkeit von Kleinstunternehmen und der besseren Nutzung ihres Wachstumspotenzials. Zudem soll deren Verwaltungsaufwand verringert und gleichzeitig eine zweckmäßige Unterrichtung der Interessengruppen gewährleistet werden (vgl. *EWSA*, Stellungnahme, S. 67 ff.).

Seit dem Inkrafttreten des Gesetzes über elektronische Handelsregister und Genossenschaftsregister sowie das Unternehmensregister (EHUG) am 1. 1. 2007 sind publizitätspflichtige Gesellschaften dazu verpflichtet, ihre offen zu legenden Rechenwerke in elektronischer Form beim Betreiber des **elektronischen Bundesanzeigers** zur Bekanntmachung in diesem Bundesanzeiger einzureichen (vgl. §§ 8 Abs. 3 Satz 1 Nr. 2, 325 Abs. 1 Satz 1 HGB; EHUG v. 10. 11. 2006, in BGBl. I 2006, S. 2553). Den Unternehmen wurde eine Übergangsfrist bis zum 31. 12. 2009 eingeräumt, innerhalb derer sie die entsprechenden Unterlagen noch in Papierform einreichen konnten. Nach § 329 HGB prüft der Betreiber des elektronischen Bundesanzeigers (ggf. unter Zuhilfenahme von zusätzlichen Informationen des Betreibers des Handelsregisters) die eingereichten Unterlagen auf Einhaltung der Einreichungsfrist und auf Vollständigkeit. Bei diesbezüglichen Säumnissen der Gesellschaft drohen Sanktionen seitens des Bundesamts für Justiz. Um den Informationsinteressen der externen Bilanzadressaten gerecht zu werden, wurde im Zuge des EHUG ein sog. elektronisches Unternehmensregister eingerichtet. Dieses vom Bundesministerium der Justiz (BMJ) betriebene Register ist im Internet unter www.unternehmensregister.de allgemein einsehbar und enthält neben den Informationen aus dem Handelsregister und dem elektro-

		Größenkriterien	Aufstellung				Prüfungspflicht	Offenlegung				
			Bilanzschema	GuV-Schema	Anhang (ggf. Sonstiges)	Frist		Bilanzschema	GuV-Schema	Anhang	Elektronischer Bundesanzeiger (Unternehmensregister, § 8b Abs. 3 Nr. 1 HGB)	Frist
Einzelkaufmann, Personenhandelsgesellschaft und KapG & Co. mit unbeschränkt haftender natürlicher Person	nicht publizitätspflichtig	B ≤ 65 U ≤ 130 A ≤ 5000 (§ 1 I PublG)	nach GoB, klar und übersichtlich (§ 243 I u. II HGB), Mindestgliederung § 247 HGB (§ 242 HGB)	nach GoB, klar und übersichtlich § 243 I u. II HGB (§ 242 II HGB)	Anhang nicht aufzustellen	ordnungsgemäßer Geschäftsgang (§ 243 III HGB)	nein	keine Offenlegungspflicht				keine
	publizitätspflichtig (§ 3 PublG)	B > 65 U > 130 A > 5000 (§ 1 I PublG)	volle Schemata entsprechend §§ 266, 275 HGB (§ 5 I PublG)		Anhang nicht aufzustellen (§ 5 II PublG)	3 Monate (§ 5 I PublG)	ja (§ 6 PublG)	volles Schema nach § 266 HGB, nur Eigenkapital in einem Posten (§ 9 III PublG)	außer einigen Details (§ 5 V PublG) nicht offen zu legen (§ 9 II PublG)	nicht offen zu legen	Bilanz, GuV oder Anlage gem. § 5 V S. 3 PublG, Bestätigungsvermerk, Prüfungsbericht des Aufsichtsrats, Vorschlag und Beschluss über die Verwendung des Ergebnisses (§§ 9 I u. II PublG i. V. m. § 325 HGB)	12 Monate (§ 9 I PublG, § 325 HGB)
Kapitalgesellschaft und KapG & Co. ohne unbeschränkt haftende natürliche Person (§ 264a HGB)****	klein	B ≤ 4,84 U ≤ 9,68 A ≤ 50 (§ 267 I HGB)	verkürzt (§ 266 I S. 3 HGB)*	Posten 1 bis 5 bzw. 1 bis 3 u. 6 dürfen zum Rohergebnis zusammengefasst werden (§ 276 HGB*)	Anhang verkürzt (§§ 274a, 276 S. 2*, 288 I* HGB)	ordnungsgemäßer Geschäftsgang, max. 6 Monate (§ 264 I HGB)	nein (§ 316 I HGB)	wie aufgestellt (§ 326 HGB)*	nicht offen zu legen (§ 326 HGB)*	ohne GuV-Angaben (§ 326 HGB)*	Bilanz und Anhang (§ 326 HGB)	12 Monate (§ 325 I S. 2 HGB) Bei kapitalmarktorientierten Unternehmen nach 4 Monaten (§ 325 Abs. 4 HGB, Ausnahme in § 327a HGB)
	mittelgroß	4,84 < B ≤ 19,25 9,68 < U ≤ 38,5 50 < A ≤ 250 (§ 267 II HGB)	volles Schema nach § 266 HGB		Anhang verkürzt (§ 288 II HGB)*	3 Monate (§ 264 I HGB)	ja (§ 316 I HGB)	teilweise verkürzt (§ 327 Nr. 1 HGB)*	wie aufgestellt (ggf. Zusammenfassung der ersten Posten zum Rohergebnis § 276 HGB)*/**	verkürzt (§ 327 Nr. 2 HGB)*	Bilanz, GuV, Anhang, ggf. Pflicht bezüglich Kapitalflussrechnung und Eigenkapitalspiegel, ggf. Erklärung nach § 161 AktG, Vorschlag und Beschluss zur Gewinnverwendung**, Bestätigungsvermerk, Lagebericht (§ 289 HGB) und Bericht des Aufsichts-	

	groß***	B > 19,25 U > 38,5 A > 250 (§ 267 III HGB)		Anhang volles Schema nach § 275 HGB (kapitalmarktorientierte Gesellschaften*** ohne Verpflichtung zur Aufstellung eines Konzernabschlusses auch Kapitalflussrechnung und Eigenkapitalspiegel, fakultativ Segmentberichterstattung (§ 264 Abs. 1 HGB))	alle nach §§ 284–286 HGB erforderlichen Angaben			wie aufgestellt (volles Schema)	wie aufgestellt (volles Schema)	wie aufgestellt	rats (§ 325 HGB)	
Genossenschaft	klein	B ≤ 4,84 U ≤ 9,68 A ≤ 50 (§ 336 II HGB)	weitestgehend differenziert wie bei den Kapitalgesellschaften (§§ 336 II, 337 HGB)		teilweise verkürzt (§ 336 II HGB), teilweise zusätzliche Angaben (§ 338 HGB)	5 Monate (§ 336 I HGB)	B ≤ 2 alle 2 Jahre (§ 53 GenG) B > 2 jährlich (§ 53 GenG)	differenziert wie bei den Kapitalgesellschaften (§ 339 I, II HGB)			Bilanz und Anhang (§ 339 II i. V. m. §§ 326, 338 HGB)	unverzüglich nach der Generalversammlung, jedoch spätestens vor Ablauf von 12 Monaten (§ 339 I u. II HGB)
	mittelgroß	4,84 < B ≤ 19,25 9,68 < U ≤ 38,5 50 < A ≤ 250 (§ 336 II HGB)									Bilanz, GuV, Anhang (§ 338 beachten), Lagebericht (§ 289 HGB), Bericht des Aufsichtsrats (§ 339 I HGB)	
	groß***	B > 19,25 U > 38,5 A > 250 (§ 336 II HGB)									Zusätzlich noch: Bestätigungsvermerk (§ 339 I HGB i. V. m. § 58 II GenG)	

A = Anzahl der Arbeitnehmer im Jahresdurchschnitt
B = Bilanzsumme in Mio. €, ggf. nach Abzug des Fehlbetrags gemäß § 268 III HGB
U = Umsatzerlöse in Mio. € in den letzten zwölf Monaten vor dem Abschlussstichtag

* Auskunftsrecht nach § 131 AktG bzw. Recht der Feststellung des Jahresabschlusses durch die Gesellschafter nach § 46 Nr. 1 GmbHG.

** Angaben über Ergebnisverwendung bei Gesellschaften mit beschränkter Haftung nicht notwendig, wenn sich dadurch die Gewinnanteile von natürlichen Personen, die Gesellschafter sind, ermitteln ließen (§ 325 I Satz 4 HGB).

*** Eine Kapitalgesellschaft gilt stets als groß, wenn sie kapitalmarktorientiert ist (§ 267 Abs. 3 Satz 2 HGB). Dies wiederum ist sie nach § 264d HGB dann, wenn sie einen organisierten Markt i. S. d. § 2 V WpHG durch von ihr ausgegebene Wertpapiere i. S. d. § 2 I Satz 1 WpHG in Anspruch nimmt oder die Zulassung zum Handel an einem organisierten Markt beantragt worden ist.

**** Ausnahme: Befreiung von der Aufstellungspflicht nach § 264b HGB.

Unternehmensgrößen- und rechtsformabhängige Vorschriften zur Aufstellung, Prüfung und Offenlegung nischen Bundesanzeiger zusätzliche von den Unternehmen einzureichende Veröffentlichungen und Mitteilungen (vgl. *Schildbach*, Jahresabschluss, S. 79 f.).

Die Buchführungspflicht des Handelsrechts übernimmt das **Steuerrecht** in § 140 AO (sog. **allgemeine** oder **derivative Buchführungspflicht**); darüber hinaus erweitert es den Kreis der Buchführungspflichtigen unabhängig von der Kaufmannseigenschaft aus Gründen der Gerechtigkeit (Gleichmäßigkeit und Verhältnismäßigkeit) der Besteuerung um solche Unternehmer und Unternehmen, die im Veranlagungszeitraum **eines** der folgenden Merkmale erfüllen (§ 141 Abs. 1 AO, vgl. dieser Abschn. S. 17):

- Gesamtumsatz im Kalenderjahr von mehr als 500.000 €,
- Wirtschaftswert selbstbewirtschafteter land- und fortwirtschaftlicher Flächen nach § 46 Bewertungsgesetz von mehr als 25.000 €,
- Gewinn aus Gewerbebetrieb oder Land- und Forstwirtschaft im Wirtschafts- bzw. Kalenderjahr von mehr als 50.000 €.

Diese Grenzwerte beziehen sich auf den einzelnen Betrieb i. S. d. EStG, d. h. im Wesentlichen auf einen Betrieb gemäß §§ 14, 16 EStG (BFH v. 13. 10. 1988, BStBl. II 1989, S. 7 ff.). Der Kreis der steuerrechtlich zur Buchführung Verpflichteten ist damit exakt bestimmt: Soweit nicht bereits eine Buchführungspflicht nach Handelsrecht besteht (derivative, d. h. außerhalb des Steuerrechts vorgeschriebene Buchführungsverpflichtung), begründet das Vorliegen **einer** dieser Voraussetzungen eine originäre steuerliche Verpflichtung zur Führung von Büchern und zur Aufstellung regelmäßiger Abschlüsse (sog. **besondere** oder **originäre Buchführungspflicht**). Hiervon sind gewerbliche Unternehmer, insbesondere Kleingewerbetreibende, sowie Land- und Forstwirte betroffen, bei denen die steuerliche Verpflichtung zur Buchführung auch die **Art der Gewinnermittlung** bestimmt. Gewerbetreibende, die aufgrund genannter Voraussetzungen verpflichtet sind, Bücher zu führen, oder dies freiwillig tun, müssen ihren Gewinn durch einen **vollständigen Betriebsvermögensvergleich** (Reinvermögensvergleich, Eigenkapitalvergleich) feststellen (§ 5 Abs. 1 EStG); hierbei ist das Betriebsvermögen anzusetzen, das sich aufgrund handelsrechtlicher Grundsätze und der steuerspezifischen Modifikationen des § 5 Abs. 2–6 EStG ergibt. Buchführungspflichtige oder freiwillig buchführende Land- und Forstwirte ermitteln dagegen ihren Gewinn i. d. R. gemäß § 4 Abs. 1 EStG über einen **Teilbetriebsvermögensvergleich,** der anders als der vollständige Betriebsvermögensvergleich ausschließlich steuerlichen Vorschriften genügen muss. Diese Regelung gilt auch für die von der Buchführungspflicht grundsätzlich befreiten freiberuflich Tätigen, sofern sie freiwillig eine Buchführung betreiben (zu beachten ist bei der Gewinnermittlung nach den §§ 4 Abs. 1, 5, 5a EStG der § 5b EStG zur Datenfernübertragung).

Neben den Vermögensvergleichen nach § 4 Abs. 1 und § 5 EStG sieht das Steuerrecht eine vereinfachte Gewinnermittlung für solche Steuerpflichtige vor, die weder Bücher führen noch verpflichtet sind, jährliche Bestandsaufnahmen zu erstellen. Dazu zählen die Angehörigen der freien Berufe, nicht buchführungspflichtige Gewerbetreibende sowie nicht buchführungspflichtige Land- und Forstwirte, welche die Grenzen des § 13a Abs. 1 EStG überschreiten. Hiernach ergibt sich der Gewinn als Überschuss der Betriebseinnahmen über die Betriebsausgaben (sog. **Einnahmen-Überschussrechnung** nach §4 Abs. 3 EStG). Bei dieser Gewinnermittlungsart besteht deshalb die Pflicht zur Aufzeichnung der betrieblichen Einnahmen und Ausgaben.

Für Land- und Forstwirte, die nicht buchführungspflichtig sind und die Größenkriterien des §13a Abs. 1 EStG nicht überschreiten, ist der Gewinn – sofern nicht Gewinnermittlung nach §4 Abs. 1 bzw. §4 Abs. 3 EStG beantragt wird – nach **Durchschnittssätzen** festzustellen (§13a Abs. 3–6 EStG). Sie sind damit von fast allen Aufzeichnungspflichten entbunden.

Neben die Buchführungs- und Aufzeichnungspflichten der Gewinnermittlungsvorschriften treten die Aufzeichnungspflichten einzelner Steuergesetze und Verordnungen. Dabei handelt es sich teilweise um Vorschriften von allgemeiner Bedeutung, teilweise um Vorschriften, die auf spezifische Tatbestände abstellen, wie auf die Zugehörigkeit zu einer bestimmten Berufsgruppe (so z. B. die auf Vorschriften des Einkommensteuergesetzes EStG, der Einkommensteuerrichtlinien EStR und der Abgabenordnung AO beruhenden Aufzeichnungsbesonderheiten für Angehörige der freien Berufe) oder auf die besondere Art von Geschäftsvorfällen (so z. B. die besonderen Aufzeichnungspflichten im Handel mit gebrauchten Waren und mit Edelmetallen sowie im Kleinhandel mit Schrott gemäß landesrechtlichen Verordnungen). Die Mehrzahl dieser Bestimmungen stellen Vorschriften im Sinne einer gesetzlichen Pflicht dar; einige schaffen aber auch nur Pflichten gegen die Person des Betroffenen, deren Unterlassen für diesen steuerliche Nachteile zur Folge hat.

Aus der Vielzahl der Gesetze und Verordnungen, die Aufzeichnungspflichten begründen, seien lediglich diejenigen erwähnt, die maßgeblich auch die Technik der Buchführung beeinflussen (*Wöhe*, Steuerlehre I/2, S. 61 f.; *Kußmaul*, Betriebswirtschaftliche Steuerlehre, S. 6 ff.):

- Aufzeichnungspflichten nach dem **Einkommensteuergesetz** EStG und der **Einkommensteuerdurchführungsverordnung** EStDV (z. B. Aufzeichnungspflichten bei sog. Überschusseinkünften gemäß §2 Abs. 1 Nr. 4–7 EStG; Aufzeichnung von Betriebsausgaben, die die Lebensführung berühren, nach §4 Abs. 5 und 7 EStG; Aufzeichnungspflichten bei Steuervergünstigungen nach §6 Abs. 2 EStG, §6b EStG, §7a Abs. 8 EStG u. a.; Eintragungen bei der Führung von Lohnkonten gemäß §4 Lohnsteuerdurchführungsverordnung LStDV).
- Aufzeichnungspflichten nach dem **Umsatzsteuergesetz** UStG (Mehrwertsteuergesetz) und der **Umsatzsteuer-Durchführungsverordnung** UStDV (vor allem §22 UStG und §§63–68 UStDV). Die Aufzeichnungen sind unabhängig vom Bestehen oder Nichtbestehen einer Buchführungspflicht nach sonstigen handels- oder steuerrechtlichen Vorschriften vorzunehmen. Entscheidend ist, ob es sich um einen Unternehmer oder ein Unternehmen im Sinne des §2 Abs. 1 UStG handelt.
- Aufzeichnungspflichten des **Warenein- und -ausgangs** nach der **Abgabenordnung** AO. Ein wichtiges Kontrollmittel zur steuerlichen Überprüfung des Buchführungsergebnisses sind die gesonderten Aufzeichnungen über den Warenein- und -ausgang. Aus diesem Grunde schreibt §143 AO vor, dass

gewerbliche Unternehmer alle zur Weiterveräußerung oder zum Verbrauch bestimmten Waren, unabhängig ihres entgeltlichen oder unentgeltlichen Erwerbs, aufzuzeichnen haben. § 143 AO wendet sich dabei insbesondere an nicht buchführende Unternehmer, da buchführungspflichtige Gewerbetreibende ihre Aufzeichnungspflichten im Rahmen der handelsrechtlichen Vorschriften erfüllen. Die Aufzeichnungen müssen gemäß § 143 Abs. 3 AO bestimmte Mindestangaben enthalten; sie können aber auch, trotz unterschiedlich weitgefasster Anforderungen, mit umsatzsteuerlichen Aufzeichnungen nach § 22 UStG gemeinsam erfolgen, sofern sie den jeweiligen gesetzlichen Bestimmungen genügen.

Zur gesonderten Aufzeichnung des Warenausgangs sind nach § 144 AO nur solche gewerbliche Unternehmer verpflichtet, die nach der Art ihres Geschäftsbetriebes Waren regelmäßig an andere gewerbliche Unternehmer zur Weiterveräußerung oder zum Verbrauch als Hilfsstoffe liefern. Mit Hilfe der in § 144 Abs. 3 AO geforderten Angaben ist zum einen die Überwachung der Betriebsvorgänge beim aufzeichnungspflichtigen Unternehmer gewährleistet, zum anderen ermöglichen diese Angaben auch eine Überprüfung der vollständigen Erfassung des Wareneingangs beim Abnehmer des Unternehmers durch Belegzwang (§ 144 Abs. 4 AO) und Verpflichtung zur Angabe von Namen und Anschrift des Abnehmers (§ 144 Abs. 3 Nr. 2 AO). Um die Kontrolle beim gewerblichen Handel mit land- und forstwirtschaftlichen Produkten ebenfalls sicherzustellen, dehnt § 144 Abs. 5 AO die Bestimmungen zur Aufzeichnung des Warenausgangs auch auf jene Land- und Forstwirte aus, die nach § 141 AO buchführungspflichtig sind.

Beide Bücher können nach § 239 Abs. 4 HGB und § 146 Abs. 5 AO auch als **geordnete Belegablage** geführt werden: Das Wareneingangsbuch als geordnete Ablage der Eingangsrechnungen, das Warenausgangsbuch als geordnete Belegablage der Ausgangsrechnungen für Warenverkäufe.

- Weitere Sonderbestimmungen zur Aufstellung des Jahresabschlusses sind im Bereich des Gesellschaftsrechts zu beachten: Hierzu gehören Vorschriften des HGB zur offenen Handelsgesellschaft und Kommanditgesellschaft (§§ 120, 161 Abs. 2), des HGB zu den Kapitalgesellschaften (§§ 264–289a), des Aktiengesetzes (§§ 58, 91, 150, 152, 158, 160, 270, 286 AktG), des Einführungsgesetzes zum Handelsgesetzbuch (Art. 23–28, 66–67 EGHGB), des Gesetzes betreffend die Gesellschaften mit beschränkter Haftung (§ 42 GmbHG), des Gesetzes betreffend die Erwerbs- und Wirtschaftsgenossenschaften (§§ 33, 73 GenG) sowie des Gesetzes über die Rechnungslegung von bestimmten Unternehmen und Konzernen (§ 5 PublG); für Kredit- und Finanzdienstleistungsinstitute sind die besonderen Vorschriften der §§ 340a ff. HGB, für Versicherungsunternehmen die Vorschriften der §§ 341a ff. HGB zu beachten.
- Wenn auch nicht als Rechtsnormen bzw. im Sinne der „anderen Gesetze" des § 140 AO zu verstehende rechtliche Vorschriften, so gelten doch die **Empfehlungen, Erlasse** und **Gutachten** von Behörden und Verbänden als wegweisende, für die Organisation und sachinhaltliche Gestaltung der Buchführung maßgebende Richtlinien. Diese verfolgen vorwiegend die Absicht, das betriebliche Rechnungswesen durch einheitliche und neuzeitliche Orientierung

auch für überbetriebliche Zwecke nutzbar zu machen. Hierzu gehören vor allem:

(1) Die im Erlass vom 11. 11. 1937 über „Grundsätze für Buchführungsrichtlinien der gewerblichen Wirtschaft" enthaltenen **„Richtlinien zur Organisation der Buchführung"** (abgedruckt bei: *Fischer/Heß/Seebauer*, Buchführung, S. 382–387). Diese bezeichnen die Grundaufgaben des Rechnungswesens und stellen Anforderungen an die Organisation der Buchführung und den Kontenrahmen. Aus der als klassisch zu bezeichnenden Vierteilung des Rechnungswesens in Buchführung und Bilanz (Zeitrechnung), Selbstkostenrechnung (Kalkulation, Stückrechnung), Statistik (Vergleichsrechnung) und Planung (betriebliche Vorschaurechnung) wird die Buchführung als „die ursprünglichste und wichtigste Form des Rechnungswesens" hervorgehoben.

(2) Die **„Gemeinschafts-Richtlinien für die Buchführung (GRB)"** mit einem **„Gemeinschaftskontenrahmen industrieller Verbände (GKR)"** von 1949. Diese unverbindlichen Richtlinien, die die vor 1945 ergangenen Vorschriften ablösten, wurden 1951 als Teil I der „Grundsätze und Gemeinschafts-Richtlinien für das Rechnungswesen, Ausgabe Industrie (GRB)" vom Bundesverband der Deutschen Industrie (BDI) übernommen und in der Folge durch die von anderen Wirtschaftsgruppen erarbeiteten Buchführungsrichtlinien und Kontenrahmen ergänzt bzw. spezifiziert.

(3) Die Empfehlungen des **„Industriekontenrahmens (IKR)"** von 1971, die aus der Sicht der neueren, nicht zuletzt der internationalen Entwicklung eine Überarbeitung der aus dem Jahre 1951 stammenden Richtlinien zum Gegenstand haben. (Zu diesen und weiteren Kontenrahmen vgl. Teil A, Abschn. 15.6, S. 717 ff.).

- Artikel 4 der EU-Verordnung Nr. 1606/2002 („IAS-Verordnung") vom 19. 7. 2002 verpflichtet Mutterunternehmen, deren Wertpapiere an einem geregelten Markt (vgl. Art. 1 Abs. 13 der Wertpapierdienstleistungsrichtlinie) in der EU zugelassen sind, zur Anwendung der in das EU-Recht übernommenen (endorsed) internationalen Rechnungslegungsgrundsätze (International Financial Reporting Standards, IFRS) im Konzernabschluss. Der im Zuge des Bilanzrechtsreformgesetzes (BilReG) vom 4. 12. 2004 eingeführte § 315a HGB befreit diese Unternehmen weitestgehend von der Anwendung der handelsrechtlichen Konzernrechnungslegungsvorschriften (befreiender Konzernabschluss nach § 315a HGB; Ausnahme z. B. Lagebericht nach § 289 HGB). § 315a Abs. 2 HGB sieht für jene Mutterunternehmen, die bis zum jeweiligen Abschlussstichtag die Zulassung eines Eigen- oder Fremdkapitaltitels zum Handel an einem organisierten Markt i. S. d. § 2 Abs. 5 des Wertpapierhandelsgesetzes (WpHG) im Inland beantragt haben, ebenfalls eine zwingende Anwendung der IFRS für den Konzernabschluss vor – dies gilt für Konzernabschlüsse, die Geschäftsjahre betreffen, die nach dem 31. 12. 2006 beginnen, vgl. Art. 58 Abs. 3 Satz 2 EGHGB. Mutterunternehmen, die nicht in den Anwendungsbereich der IAS-Verordnung oder die Regelung des § 315a Abs. 2 HGB fallen, wird ein Wahlrecht zur Aufstellung eines IFRS-Konzernabschlusses anstelle eines HGB-Konzernabschlusses eingeräumt (vgl. § 315a Abs. 3 HGB).

Zwar können Unternehmen nach § 325a Abs. 2 und 3 HGB für Zwecke der Offenlegung auch ihren **Einzelabschluss nach den Vorschriften der IFRS** aufstellen, jedoch hat dieser im Gegensatz zum Konzernabschluss keine befreiende Wirkung für die Pflicht zur Aufstellung eines handelsrechtlichen Jahresabschlusses. Dies beruht darauf, dass der Einzelabschluss nach HGB weiterhin als Grundlage für die Ausschüttungsbemessung (vgl. z. B. §§ 57 Abs. 3, 58 Abs. 4 AktG) sowie für die steuerliche Gewinnermittlung (i. V. m. § 5 Abs. 1 Satz 1 EStG („Maßgeblichkeitsprinzip")) herangezogen wird. Für diese Zwecke wird ein nach den IFRS erstellter Jahresabschluss gegenwärtig nicht als geeignet erachtet.

1.2.2 Die Grundsätze ordnungsmäßiger Buchführung

Trotz der Vielzahl an Rechtsvorschriften, welche das Führen von Büchern und die Aufstellung des Jahresabschlusses reglementieren, verbleibt ein Spielraum der Auslegung und der Verfahrensweise im Allgemeinen und für den speziellen Fall. Dieser ist durch Interpretationen auszufüllen, die als abgeleitete, gesetzesergänzende Postulate Rechtswirkung erfahren und als **Grundsätze ordnungsmäßiger Buchführung und Bilanzierung** (GoB) die Gesamtheit der betriebswirtschaftlichen Grundsätze für Buchführung und Abschluss umfassen (zu den Grundsätzen ordnungsmäßiger Inventur s. Teil A, Abschn. 2.1, S. 43 ff.). Ihre Ableitung kann sowohl durch deduktives als auch durch induktives Vorgehen erfolgen: **Deduktiv** aus der Überlegung, wie ein ordentlicher und gewissenhafter Kaufmann verfahren **soll, induktiv** bei Ausrichtung an Verkehrsauffassung und Handelsbrauch, also der Art und Weise, wie Kaufleute **tatsächlich** verfahren (*Baetge,* Grundsätze, Sp. 860 ff.; *Schildbach,* Jahresabschluss, S. 84 ff.).

Nach heute vorherrschender Ansicht in Rechts- und Verwaltungspraxis (BFH v. 26. 3. 1968, BStBl. II 1968, S. 529) hat sich die von der Wissenschaft empfohlene deduktive Ermittlung durchgesetzt, wobei die tatsächliche Übung der Kaufleute als Erkenntnisquelle neben Gesetz, Rechtsprechung (insbesondere höchstrichterliche Rechtsprechung der Bundesrepublik Deutschland oder der Europäischen Union sowie Rechtsprechung von Finanzgerichten mit Bezug zu handelsrechtlichen Fragen) und einschlägiger, insbesondere betriebswirtschaftlicher Fachliteratur heranzuziehen ist. Die GoB stehen in ihrer Gesamtheit neben dem gesetzten Recht mit der Funktion eines außergesetzlichen Orientierungs- und Wertmaßstabes (vgl. §§ 238 Abs. 1, 243 Abs. 1, 264 Abs. 2 HGB, 5 EStG u. a.) und besitzen dort den Charakter von Rechtsnormen, wo sie in Gesetzen oder Verordnungen niedergelegt sind (z. B. §§ 252 HGB, 146 und 147 AO). Da der Schwerpunkt der Interpretation von kodifizierten GoB auf der Auslegung von gesetzlichen Vorschriften liegt, ist hier die Deduktion durch die juristische Methode der Gesetzesauslegung, die **Hermeneutik**, zu ergänzen (vgl. *Baetge/Kirsch/Thiele,* Bilanzen, S. 105–112).

Das Handelsrecht macht die GoB zur Grundlage jeder kaufmännischen Buchführung. Die wichtigsten Grundsätze wurden deshalb in den §§ 243, 246, 252 HGB kodifiziert; trotzdem fehlt eine umfassende Umschreibung der handelsrechtlichen GoB. Gesetzliche Vorschriften und GoB schreiben **kein bestimmtes**

Buchführungssystem vor. Nach einer sehr weiten Definition entspricht eine Buchführung jedoch dann den GoB, wenn sie so beschaffen ist, dass sie einem **sachverständigen Dritten innerhalb angemessener Zeit einen Überblick über die Geschäftsvorfälle und über die Vermögenslage des Unternehmens vermitteln kann und sich die Geschäftsvorfälle in ihrer Entstehung und sachlichen Zuordnung** (Abwicklung) **verfolgen lassen** (§ 145 Abs. 1 AO, H 5.2 EStH, § 238 Abs. 1 HGB). In dieser Umschreibung sind die GoB als **unbestimmter Rechtsbegriff** zu verstehen, der von Rechtsprechung und Verwaltung jeweils für den Einzelfall auszulegen und anzuwenden ist. Eine vollständige Kodifizierung erscheint aber auch schon deshalb nicht sinnvoll, weil die GoB einem dauernden Wandel und damit ständigen Anpassungsvorgängen vor allem im Bereich der Mechanisierung und Automatisierung der Buchungsarbeit sowie hinsichtlich der Bewältigung eines immer umfangreicher werdenden Buchungsstoffes unterliegen. Um dem durch Rationalisierungsmaßnahmen Rechnung tragen zu können, wurde die Lose-Blatt-Buchführung ebenso wie die Wiedergabe der aufzubewahrenden Geschäftsunterlagen durch Bildträger (Fotokopien, Mikrofilm) oder DV-Speichermedien zugelassen, wobei Jahres-, Konzernabschlüsse und die Eröffnungsbilanz, die im Original aufbewahrt werden müssen, davon ausgenommen sind (§§ 257 Abs. 3 HGB und 147 Abs. 2 AO; zu den Grundsätzen ordnungsmäßiger Datenverarbeitung s. Teil A, Abschn. 15.5.5.4.2, S. 701 ff.). Der Auslegungsspielraum der GoB muss hier weit genug sein, um sich neuen Verhältnissen anpassen zu können, ohne dabei jedoch die grundlegende Funktion der GoB als Wertmaßstab in Frage zu stellen. Denn auch weiterhin wird eine Buchführung nur dann den GoB entsprechen, wenn sichergestellt bleibt, dass sie auch bei Einsatz neuer technischer Rationalisierungshilfen hinsichtlich ihrer Aussage- und Beweiskraft nicht hinter den bisher anerkannten und üblichen Verfahren zurückbleibt. Es lassen sich jedoch nicht allgemein verbindliche Methoden und Maßnahmen anführen.

Für die **Steuerbilanz** schreibt § 5 Abs. 1 Satz 1 Halbsatz 1 EStG vor, dass buchführungspflichtige Gewerbetreibende, die regelmäßig Abschlüsse machen oder die ohne eine solche Verpflichtung Bücher führen und regelmäßig Abschlüsse erstellen, für den Schluss des Wirtschaftsjahres das Betriebsvermögen (§ 4 Absatz 1 Satz 1 EStG) anzusetzen haben, das nach den handelsrechtlichen Grundsätzen ordnungsmäßiger Buchführung auszuweisen ist (**Prinzip der Maßgeblichkeit** der Handelsbilanz für die Steuerbilanz). Danach sind die handelsrechtlichen Ansatz- und Bewertungsvorschriften grundsätzlich auch steuerlich heranzuziehen (**materielle Maßgeblichkeit**). Da dies zu unerwünschten Steuerwirkungen führen kann, wird das Maßgeblichkeitsprinzip eingeschränkt respektive durch explizite steuerliche Regelungen durchbrochen. So fordert schon der BFH in seinem Beschluss vom 3. 2. 1969 (BStBl. II 1969, S. 291 ff.), dass, falls das Steuerrecht keine eigenständige Ansatzvorschrift zu einem bestimmten Sachverhalt enthält, handelsrechtliche Aktivierungswahlrechte (Passivierungswahlrechte) zu steuerlichen Aktivierungsgeboten (Passivierungsverboten) werden (vgl. auch BMF-Schreiben vom 12. 3. 2010, BStBl. I 2010, S. 239). Des Weiteren weist das Steuerrecht besondere Ansatzregelungen (§ 5 Abs. 2–5 EStG) auf und bestimmt den Vorrang steuerlicher Bewertungsvorschriften (Bewertungsvorbehalt, § 5 Abs. 6 EStG). Um allerdings dennoch einen (weitgehenden) Gleichlauf von Handels-

und Steuerbilanz zu erreichen, sah §5 Abs. 1 Satz 2 EStG in der Fassung des Einkommensteuergesetzes vor dem Gesetz zur Modernisierung des Bilanzrechts (Bilanzrechtsmodernisierungsgesetz – BilMoG) vom 25. 5. 2009 (BGBl. I 2009, S. 1102 ff.) vor, dass steuerrechtliche Wahlrechte bei der Gewinnermittlung in Übereinstimmung mit der handelsrechtlichen Jahresbilanz auszuüben waren. Bestanden insofern korrespondierende handelsrechtliche und steuerrechtliche Wahlrechtsbereiche, so band dieser Passus den steuerlichen (Wert-)Ansatz an die handelsrechtlich gewählte Variante (**formelle Maßgeblichkeit**). Im Falle nicht GoB-konformer steuerlicher Wahlrechte (etwa bei mit Förderungszwecken verbundenen steuerlichen Sonderabschreibungsmöglichkeiten) wurde ein Gleichlauf durch handelsrechtliche Öffnungsklauseln (vgl. §§247 Abs. 3, 254, 273, 279 Abs. 2, 280 Abs. 2, 281 HGB a. F.) ermöglicht, so dass der steuerlich erlaubte und gewollte (Wert-)Ansatz auf die Handelsbilanz Einfluss nahm (**umgekehrte Maßgeblichkeit**; im Rahmen der formellen Maßgeblichkeit entsteht ein solcher Einfluss auch durch die faktische Rücksichtnahme bei der handelsrechtlichen Bilanzierung auf die steuerliche Konsequenz). §5 Abs. 1 Satz 2 EStG a. F. entfiel durch das Bilanzrechtsmodernisierungsgesetz, womit die umgekehrte Maßgeblichkeit abgeschafft (vgl. BT-Drs. 16/10067, S. 99) und eine „steuerliche" Verzerrung der Informationsfunktion der Handelsbilanz beseitigt werden sollte. Anstelle der alten Vorschrift wurde durch das Bilanzrechtsmodernisierungsgesetz dem §5 Abs. 1 Satz 1 EStG ein neuer Halbsatz hinzugefügt. Nach dessen Wortlaut wird die steuerliche Maßgeblichkeit der handelsrechtlichen GoB beschränkt, indem von ihrer Anwendung Fälle ausgenommen sind, in denen „im Rahmen der Ausübung eines steuerlichen Wahlrechts [...] ein anderer Ansatz gewählt" wird bzw. gewählt wurde (§5 Abs. 1 Satz 1 Halbsatz 2 EStG n. F.). Nach neuer Rechtslage ist zwar mit der Änderung des §5 Abs. 1 EStG und der Eliminierung der handelsrechtlichen Öffnungsklauseln die umgekehrte Maßgeblichkeit insoweit abgeschafft und die Grundlage für die Anwendung GoB-inkonformer steuerlicher Wahlrechte in der Steuerbilanz ohne korrespondierende Beeinflussung der Handelsbilanz geschaffen (vgl. *Förster/Schmidtmann,* Steuerliche Gewinnermittlung, S. 1342), allerdings stellt sich die Frage, wie weitreichend dieser **steuerliche Wahlrechtsvorbehalt** ist. Damit ist insbesondere die Reichweite der Maßgeblichkeit bei GoB-konformen steuerlichen Wahlrechten angesprochen (zum problematischen Verhältnis von neuem Gesetzeswortlaut und Gesetzesbegründung vgl. etwa *Schenke/Risse,* Maßgeblichkeitsprinzip, S. 1957 f., *Schildbach,* Jahresabschluss, S. 103; *Theile,* Maßgeblichkeitsprinzip, S. 2384, sowie BT-Drs. 16/10067, S. 34, 124). Es ist deshalb nicht verwunderlich, dass die Gesetzesänderung eine intensive Diskussion im Schrifttum ausgelöst hat, aus der heraus sich gegenwärtig jedoch noch keine als gefestigt zu bezeichnende, vorherrschende Meinung feststellen lässt (vgl. neben der zuvor angeführten Literatur bspw. auch *Arbeitskreis Bilanzrecht der Hochschullehrer Rechtswissenschaft,* Maßgeblichkeit, S. 2570 ff.; *Förster/Schmidtmann,* Steuerliche Gewinnermittlung, S. 1342 ff.; *Herzig/Briesemeister,* Maßgeblichkeit, S. 929 ff.; *Kußmaul/Gräbe,* Maßgeblichkeitsgrundsatz, S. 106 ff.; sowie *Prinz,* Maßgeblichkeit, S. 2069 ff. (m. w. N. S. 2071); zum Stand *Kußmaul,* Steuerlehre, S. 27 ff.; hinsichtlich zu differenzierender Fälle vgl. *Scheffler,* Besteuerung, S. 23 ff.). Die Finanzverwaltung hat ihre Sicht zur Anwendung der Maßgeblichkeit im BMF-Schreiben vom 12. 3. 2010 kundgetan, worin sie weitgehend von einer von der Handelsbilanz unabhängigen Ausübung steuerlicher Wahlrechte ausgeht (BStBl. I 2010, S. 239 ff. (insb. Rn. 13, 16); kritisch zum BMF-Schreiben *Kußmaul*, Steuerlehre, S. 29 (m. w. N.); im Grundsatz zustimmend *Prinz*, Maßgeblichkeit, S. 2071; beachte zu Rn. 8 des Schreibens vom 12. 3. 2010 das BMF-Schreiben vom 22. 6. 2010, BStBl. I 2010, S. 597). Bei der abweichenden Ausübung steuerlicher Wahlrechte ist die Pflicht zur Führung von Verzeichnissen über die betroffenen Wirtschaftsgüter nach § 5 Abs. 1 Satz 2 EStG zu beachten.

1.2.2.1 Dokumentation

Als wesentliche Zwecke von Buchführung und Abschluss gelten die **Dokumentation** der Geschäftsvorfälle und die **Rechenschaftslegung** des Kaufmanns im eigenen und fremden Interesse (*Baetge*, Grundsätze, Sp. 863 f.; *Schneider*, Betriebswirtschaftslehre, S. 93 ff.). Beide zentralen Aufgaben sind zugleich Ausgangspunkt der Ableitung und Systematisierung der GoB in formelle und materielle Aspekte der Ordnungsmäßigkeit. Die Voraussetzungen für die **formelle** Ordnungsmäßigkeit der Buchführung sind Klarheit und Übersichtlichkeit, die **materielle** Ordnungsmäßigkeit hat grundsätzlich Vollständigkeit und Richtigkeit zur Voraussetzung. Der Dokumentationsaufgabe dienen vorwiegend formelle Grundsätze („hinter der Entwicklung der doppelten Buchhaltung steht das Bemühen um formelle Ordnungsmäßigkeit", *Schneider*, Betriebswirtschaftslehre, S. 97), die sich auf die Eröffnungsbilanz, die laufenden Buchungen, die Aufstellung des Inventars und die Erstellung des Jahresabschlusses erstrecken. Solche **Dokumentationsgrundsätze** sind (*Leffson/Baetge*, Buchführungsvorschriften, Sp. 315 ff.):

(1) Das **Prinzip des systematischen Aufbaus der Buchführung.** Hierzu gehören die Organisation und das vorhandene System der Buchführung (Buchführungswerk), die Art der geführten Bücher und die Anwendung eines allgemeinen Kontenrahmens zur Aufstellung eines systematischen Kontenplans. Die Buchführung muss **insgesamt** gesehen ordnungsgemäß (übersichtlich) sein.

(2) Das **Prinzip der vollständigen und verständlichen Aufzeichnung.** Dazu gehören sowohl der Grundsatz der Einzelaufzeichnung aller Geschäftsvorfälle gemäß §§ 239 Abs. 2, 246 Abs. 1 HGB (BFH v. 12. 5. 1966, BStBl. III 1966, S. 372) und deren geordnete Verbuchung unmittelbar nach ihrem Anfall (zeitgerecht) und in ihrer zeitlichen Reihenfolge (chronologisch) als auch die Vorschriften formellen Inhalts zur Buchführung nach § 244 und § 239 Abs. 1 und 3 HGB, die die Aufstellung des Jahresabschlusses in deutscher Sprache und in Euro sowie die Buchführungsaufzeichnungen in einer lebenden Sprache fordern, die Unkenntlichmachungen und Rasuren ursprünglicher Eintragungen verbieten und Berichtigungen nur in Form von Stornobuchungen zulassen. Hinsichtlich des Geltungsbereiches erweitert das Steuerrecht in § 146 AO diese Formvorschriften noch bezüglich des Umfangs der Buchführungspflichtigen und der Aufzeichnungsform.

(3) **Das Belegprinzip.** Als grundlegendes Erfordernis für die formale und sachliche Richtigkeit der Buchführung bildet der Buchungsbeleg die Grundlage einer jeden Buchung. **Keine Buchung** darf **ohne Beleg** erfolgen, da nicht die

Bucheintragungen als solche, sondern erst die Verbindung von buchmäßiger Aufzeichnung und zugrunde liegendem Beleg der geforderten Ordnungsmäßigkeit genügen. Die Zusammengehörigkeit von Buchung und Beleg muss überdies überprüfbar und jederzeit durch gegenseitige Verweisungen (z. B. bei der Vorkontierung durch Buchungsstempel oder Vordrucke mit Beleg- und Kontennummern) nachvollziehbar sein. Sofern keine **Originalbelege** (Urbelege, natürliche Belege) vorliegen, wie z. B. Rechnungen, Bankauszüge, Quittungen, Gutschrifts- und Belastungsanzeigen des Außenverkehrs oder Lohnlisten, Akkordzettel, Materialentnahme- und Materialrückgabescheine des Innenverkehrs, sind **interne Belege** (Eigenbelege, künstliche Belege) zum Zwecke der erstmaligen Übernahme eines Vorgangs in der Buchführung anzufertigen; hierzu gehören z. B. Anweisungen über erforderliche Umbuchungen, Stornierungen (Rück- bzw. Ausbuchungen), Verrechnungsbuchungen, Abschlussbuchungen. Im Einzelnen haben die Belege folgenden formellen und materiellen Anforderungen der Ordnungsmäßigkeit zu genügen (vgl. *IDW*, WP-Handbuch 92 I, S. 1146, 1152 f., 1156 f.; *IDW*, WP-Handbuch 96 I, S. 1370):

- rechnerische Richtigkeit;
- unmissverständlicher Belegtext bei hinreichender Erklärung des Geschäftsvorfalles;
- Zeichnung zumindest der Kassen- und internen Buchungsbelege durch Anweisungsberechtigte (Inhaber, Buchhalter, verantwortlicher Sachbearbeiter). Bei behördlichen Verwaltungen gilt der Grundsatz der Belegabzeichnung in Form von Anweisungen für alle Belege;
- fortlaufende (durchgehende) Nummerierung und vollständige (lückenlose) Aufbewahrung (eine diesem Ordnungsprinzip Rechnung tragende Aufzeichnung bildet die Voraussetzung der Offene-Posten-Buchführung);
- Ausstellungs- oder Eingangsdatum;
- gegenseitiges (retrogrades, d. h. von der Buchung ausgehendes, und progressives, vom Beleg ausgehendes) Verweisprinzip.

Bei IT-gestützten Prozessen wird anstelle des Einzelbelegs „klassischer Prägung" ein verfahrensmäßiger Nachweis des Zusammenhangs zwischen Geschäftsvorfall und Buchung gefordert (vgl. *IDW*, WP-Handbuch 06 I, S. 2018 f.).

(4) **Aufbewahrungsfristen** der buchhalterischen Unterlagen. Die Einhaltung bestimmter gesetzlicher Aufbewahrungsfristen verlangen § 257 HGB und § 147 Abs. 3 AO: **6 Jahre** für empfangene und Wiedergaben abgesandter Handelsbriefe; **10 Jahre** für Buchungsbelege (in Papier- oder elektronischer Form), wie z. B. Abschreibungsunterlagen, Auftragszettel, Auftragsbücher, Ausfuhrunterlagen, Bankbelege, Bestandsaufnahmezettel, Betriebskostenrechnungen, Debitoren- und Kreditorenlisten, Gehaltslisten, Versicherungsunterlagen, Hauptabschlussübersichten, Kassenberichte und Kassenzettel, Lohnabrechnungsunterlagen, Nachnahmekarten, Provisionsabrechnungen, Quittungen, Rechnungen, Teilzahlungsbelege (sind solche Belege in E-Mails enthalten, müssen diese als Original archiviert werden – Ausdrucke sind dagegen nicht ausreichend, vgl. dazu Teil A, Abschn. 15.5.5.4.1, S. 694 ff.); 10 Jahre auch für Handelsbücher, insbesondere Hauptbücher, Journale, Memoriale, Verkaufs- und Einkaufsbücher,

Kontokorrentbücher, Wareneingangs- und sonstige Nebenbücher sowie den Jahresabschluss zuzüglich Inventar und Lagebericht. Steuerlich gelten analoge Aufbewahrungsfristen, wobei sonstige für die Besteuerung relevante Unterlagen 6 Jahre aufzubewahren sind, sofern nicht ausdrücklich etwas anderes bestimmt ist; ferner ist zu beachten, dass die Aufbewahrungsfristen nicht enden, bevor die Festsetzungsfrist für die Steuern abgelaufen ist, für die die Unterlagen von Bedeutung sind (§ 147 Abs. 3 Satz 3 AO). Steuerpflichtige, die Überschusseinkünfte nach § 2 Abs. 1 Nr. 4–7 EStG erzielen, haben Aufzeichnungen und Unterlagen, die für die den Überschusseinkünften zugrunde liegenden Einnahmen und Werbungskosten von Bedeutung sind, 6 Jahre aufzubewahren, sofern die Überschusseinkünfte insgesamt den Betrag von 500.000 € übersteigen (vgl. § 147a AO; *Dißars*, Aufbewahrungspflichten, S. 2085 ff.).

Einer ebenfalls 10-jährigen Aufbewahrungsfrist unterliegen auch die zum Verständnis der Unterlagen erforderlichen Arbeitsanweisungen und sonstigen Organisationsbeschreibungen. Bei der Buchführung mittels elektronischer Datenverarbeitung sind demzufolge Programmierungs- und Kodierungsunterlagen (Ablauf-, Block-, Maschinendiagramme) als wesentliche Bestandteile der Buchführung ebenfalls 10 Jahre aufzubewahren (s. auch Teil A, Abschn. 15.5.5.4.2.7, S. 714 f.). Der Aufbewahrungszeitraum beginnt jeweils am Schluss des Kalenderjahres, in dem der Beleg existent war, das Inventar aufgestellt, die Eröffnungsbilanz oder der Jahresabschluss festgestellt oder der Handelsbrief empfangen bzw. abgesandt wurde (§ 257 Abs. 5 HGB, § 147 Abs. 4 AO). Wie bereits erwähnt, ist mit Ausnahme der Eröffnungsbilanz und der Einzel- bzw. Konzernabschlüsse die Aufbewahrung sämtlicher übrigen Buchführungsunterlagen auch als Wiedergaben auf einem Bildträger (nicht Tonträger!) oder auf einem anderen Datenträger zulässig, wenn dies den GoB entspricht und sichergestellt ist, dass die Wiedergabe der Daten nach ihrer innerhalb angemessener Frist zu bewerkstelligenden Lesbarmachung (Ausdruck, Reproduktion) mit den Unterlagen bildlich bzw. inhaltlich übereinstimmt. Die bildliche Wiederherstellung der Urschrift wird wegen ihrer Beweisfunktion nur bei den empfangenen Handelsbriefen und den Buchungsbelegen gefordert; in allen anderen Fällen genügt die inhaltlich richtige und vollständige Wiedergabe der Unterlagen während der Dauer ihrer Aufbewahrungsfrist. Demgemäß können Unterlagen, die bereits in Urschrift auf Datenträgern geführt werden, in dieser Form aufbewahrt werden; sie dürfen darüber hinaus auf einen anderen Datenträger übertragen werden und müssen dann nicht auf ihrem ursprünglichen Datenträger erhalten bleiben. Ausdrücklich lässt das Gesetz in § 257 Abs. 3 Satz 2 HGB im Falle der originären Datenspeicherung auf Datenträgern handelsrechtlich auch die ersatzweise Aufbewahrung entsprechender Datenausdrucke zu. Die Nutzung der jeweils zweckmäßigsten Aufbewahrungsform wird somit zur Disposition gestellt (vgl. zu Aufbewahrungsvorschriften insgesamt *Bieg/Waschbusch*, Rechnungslegung, A 110).

1.2.2.2 Rechenschaftslegung

Neben den Grundsätzen der Dokumentation sind in Verbindung mit den GoB Vorschriften zur **Rechenschaftslegung** (Rechenschaftsvorschriften) zu beachten, die grundsätzlich auch die Buchführung selbst, vorwiegend jedoch die Gestaltung und Aufstellung des Jahresabschlusses betreffen und überwiegend materiellen, aber auch formellen Charakter besitzen. Durch die Novellierung des HGB im Zuge der Umsetzung der 4. EG-Richtlinie sind die wichtigsten Grundsätze zur Rechnungslegung in § 252 HGB kodifiziert. Darüber hinaus besitzen Detailregelungen in speziellen Gesetzen für bestimmte Rechtsformen ergänzenden Charakter. Hierzu zählen insbesondere die Regelungen des AktG in den §§ 150, 152 und 158 sowie des GmbHG in § 42. Die Verpflichtung, Rechenschaft zu legen, d. h. gegenüber bestimmten Adressaten nachprüfbares Wissen zu liefern, hat zu den folgenden Grundsätzen der Buchführung und Bilanzierung geführt (*Adler/Düring/Schmaltz*, Rechnungslegung, § 252 HGB Rn. 1 ff.; *Mellerowicz/Brönner*, Rechnungslegung, S. 65 ff.; *Steinbach*, Rechnungslegungsvorschriften, S. 61; *Streim*, Bilanzierung, S. 74 ff.; *IDW*, WP-Handbuch 06 I, S. 251 ff.):

(1) **Der Grundsatz der Klarheit.** Entsprechend diesem Grundsatz, der in § 243 Abs. 2 HGB kodifiziert ist, hat der Jahresabschluss bestimmten formalen Gliederungs- und Gestaltungsprinzipien zu entsprechen. Klarheit erstreckt sich sowohl auf das Gesamtbild des Jahresabschlusses (Postulat der **Übersichtlichkeit**) als auch auf dessen Details. Bezüglich der einzelnen Positionen bedeutet Klarheit:

- klare Postengliederung innerhalb und zwischen den Bestands- und Erfolgsgrößen;
- zutreffende und eindeutige Postenbenennung durch Anwendung der gesetzlichen Bezeichnungen;
- Beachtung des Brutto-Prinzips durch grundsätzliches Saldierungs- bzw. Verrechnungsverbot (Ausnahmen: Vermögensgegenstände, die dem Zugriff aller übrigen Gläubiger entzogen sind und ausschließlich zur Erfüllung von Schulden aus Altersversorgungsverpflichtungen oder vergleichbaren langfristigen Verpflichtungen dienen, sind nach § 246 Abs. 1 HGB mit diesen Schulden zu verrechnen, vgl. Teil A, Abschn. 13.7.2, S. 523; Verrechnungsmöglichkeit von aktiven mit passiven latenten Steuern nach §§ 274 Abs. 1, 306 HGB);
- Einzelbewertung der Wirtschaftsgüter (Aufweichungen durch: Festbewertung nach § 240 Abs. 3 HGB, Verbrauchsfolgeverfahren nach § 256 HGB, Sammelbewertung nach § 240 Abs. 4 HGB, Bildung von Bewertungseinheiten nach § 254 HGB; zur Behandlung von Vorräten s. Teil A, Abschn. 11.2.2, S. 408 ff.; zur Behandlung von Bewertungseinheiten s. Teil A, Abschn. 7.2.9, S. 285 ff.).

Diese Forderungen sind teilweise gesetzlich fixiert. Für alle Rechtsformen verbindlich müssen die Vorschriften der §§ 246 Abs. 2; 252 Abs. 1 Nr. 3 HGB angewendet werden. Kapitalgesellschaften haben zusätzlich die Vorschriften der §§ 265, 266, 268, 272, 275, 277 HGB zu beachten.

(2) **Der Grundsatz der Wahrheit.** Darunter wird das Prinzip der materiellen Ordnungsmäßigkeit des Jahresabschlusses verstanden. Es bezieht sich sowohl auf dessen Inhalt als auch auf den Wert der einzelnen Abschlusspositionen. Der Wahrheitsgrundsatz verlangt im Einzelnen, dass der Jahresabschluss **vollständig** und die Bilanz unter Beachtung der Bewertungsvorschriften **fachgerecht** aufzustellen sind.

Das häufig auch als eigenständiger Grundsatz aus dem System der GoB hervorgehobene und aus § 246 Abs. 1 HGB abgeleitete **Vollständigkeitsprinzip** trägt in Zweifelsfällen zur Klärung offener Fragen bezüglich Bilanzierungsfähigkeit oder Bilanzierungspflicht bei (*Leffson*, Grundsätze, S. 219 ff.). Es postuliert die Erfassung grundsätzlich aller Vermögens- und Schuldposten sowie der Aufwendungen und Erträge und lässt Aktivierungs- und Passivierungswahlrechte nur in rechtlich besonders sanktionierten Fällen zu. Es verbietet die Aufnahme fiktiver Posten und richtet die Bilanzierungspflicht an der wirtschaftlichen Zugehörigkeit eines Vermögensgegenstandes respektive eines Wirtschaftsgutes aus (§ 246 Abs. 1 Satz 2 HGB, § 39 AO).

Hinsichtlich der Bewertung der Bilanzpositionen kann das Wahrheitspostulat nicht als absoluter Grundsatz aufgefasst werden. Das Fehlen eindeutiger Beurteilungskriterien und damit eines objektiven Maßstabes impliziert vielmehr zwangsläufig dessen Relativierung im Hinblick auf eine geeignete Bezugsbasis, die in den geltenden Bestimmungen zur Bewertung zu sehen ist. Der durch die Bewertungsvorschriften eingeräumte Wertansatzspielraum ist insoweit an einer subjektiven Wahrheit ausgerichtet (*Heinen*, Handelsbilanzen, S. 181 f.).

Die Postulate der Wahrheit und Vollständigkeit erfahren auch durch den Grundsatz der **Wesentlichkeit** (**Materiality**) ihre Einschränkung: Demgemäß ist bei der Rechnungslegung jeweils von Bedeutung, welche Informationen für den Adressaten wesentlich, unwesentlich oder gar verwirrend sein können. Der Wesentlichkeitsgrundsatz, der sowohl als Minimal- als auch als Maximalforderung an Jahresabschlussinformationen angesehen werden kann, bleibt jedoch insofern unbestimmt, als er keine exakten Maßstäbe und Grenzwerte für die Relevanz von Bilanzinformationen liefert.

(3) **Der Grundsatz der Kontinuität.** Dieser Grundsatz postuliert Gestaltungsregeln zum Verhältnis einzelner Jahresabschlüsse zueinander. Hierbei ist regelmäßig zu unterscheiden zwischen der formellen und der materiellen Bilanzkontinuität (Bilanzverknüpfung).

Voraussetzung für ein wahrheitsgetreues Rechnungswesen ist zunächst die sich für die Handelsbilanzen aus den GoB (§§ 243 Abs. 1, 264 Abs. 2 HGB), der allgemein gültigen Vorschrift des § 252 Abs. 1 Nr. 1 HGB und den nur für Kapitalgesellschaften geltenden Spezialvorschriften der §§ 264 Abs. 1 und 265 Abs. 1 HGB ergebende **formelle Bilanzkontinuität** (im Steuerrecht vgl. hierzu § 4 Abs. 1 EStG). Diese fordert:

- die vollkommene ziffernmäßige Übereinstimmung zwischen der Eröffnungsbilanz der laufenden Periode und der Schlussbilanz der Vorperiode **(Bilanzidentität);**
- die Beibehaltung der Gliederungsschemata und -prinzipien (inhaltliche Abgrenzung der Positionen, Postenbenennung) im Zeitablauf;
- die Abschlusserstellung in jeder Abrechnungsperiode zum gleichen Zeitpunkt.

Der Grundsatz der Bilanzidentität soll das Verschwinden oder die Neuaufnahme von Bilanzposten bzw. unkontrollierbare Bewertungsvorgänge zwischen Buchabschluss und Bucheröffnung verhindern. Die Kontinuität in Aufbau und

Erstellung bezweckt primär die Vergleichbarkeit von aufeinander folgenden Jahresabschlüssen.

Materiell beinhaltet der Grundsatz der Kontinuität:

- die Beibehaltung der gewählten Ansatz- und Bewertungsgrundsätze für aufeinander folgende Schlussbilanzstichtage (**Ansatz- und Bewertungsstetigkeit**; vgl. *HFA*, Ansatz- und Bewertungsstetigkeit, S. 338 ff.);
- die Wahrung des Wertzusammenhangs durch Wertfortführung für ein und dasselbe Wirtschaftsgut bei im Übrigen unveränderten Wertverhältnissen über mehrere Abrechnungsperioden (**Wertstetigkeit,** Wertkontinuität).

Die materielle Bilanzkontinuität ist in erster Linie auf die Sicherung der Vergleichbarkeit des Erfolgsausweises gerichtet. Die immense Bedeutung dieses Grundsatzes für die Aussagefähigkeit des Jahresabschlusses hat zu einer Kodifizierung für alle Unternehmen in den §§ 246 Abs. 3, 252 Abs. 1 Nr. 1 und 6 HGB geführt. Damit sind ausschließlich bilanzpolitisch motivierte Durchbrechungen der Ansatz-, Bewertungs- und Ausweismethoden ausgeschlossen; sachlich begründete Änderungen können bzw. müssen weiterhin vorgenommen werden (§ 252 Abs. 2 HGB). Allerdings erwächst für Kapitalgesellschaften in diesem Fall eine Erläuterungspflicht im Anhang, wobei die Einflüsse der Änderungen auf die Vermögens-, Finanz- und Ertragslage darzustellen sind (§ 284 Abs. 2 Nr. 3 HGB).

Bewertungskontinuität verlangt auch der Grundsatz der Unternehmensfortführung (**Going-Concern-Prinzip**; § 252 Abs. 1 Nr. 2 HGB), der den Ansatz von Liquidationswerten im regulären Jahresabschluss grundsätzlich ausschließt. Die Beurteilung, unter welchen Voraussetzungen von der Going-Concern-Prämisse abzuweichen ist, ist Gegenstand des IDW PS 270 (vgl. *HFA,* Fortführung der Unternehmenstätigkeit, S. 775 ff.). Die sich in diesem Falle ergebenden Auswirkungen auf den handelsrechtlichen Jahresabschluss sind IDW RS HFA 17 zu entnehmen (u. a. Bewertung von Vermögensgegenständen des Anlagevermögens wie Umlaufvermögen (§ 270 Abs. 2 Satz 3 AktG), Aufwands- und Ertragsperiodisierung statt periodengerechter Gewinnermittlung (Primärziel der Reinvermögensbestimmung), allgemeine Bewertung der Vermögensgegenstände unter Veräußerungsgesichtspunkten; vgl. *HFA,* Going Concern-Prämisse, S. 40 ff.).

Für alle Wirtschaftsgüter, die bereits am Schluss des vorangegangenen Wirtschaftsjahres zum Betriebsvermögen des Steuerpflichtigen gehört haben, gilt ein **eingeschränkter Wertzusammenhang,** d. h. Wertaufholungen dürfen bis maximal zu den (fortgeführten) Anschaffungs- bzw. Herstellungskosten vorgenommen werden (§ 6 Abs. 1 Nr. 1 und 2 EStG, vgl. im Einzelnen zur Wertaufholung Teil A, Abschn. 13.3, S. 483 ff.).

(4) **Der Grundsatz der Vorsicht.** Als ein übergeordneter Grundsatz ordnungsmäßiger Buchführung und Bilanzierung gebietet der in § 252 Abs. 1 Nr. 4 HGB kodifizierte Grundsatz der Vorsicht eine zurückhaltende Abschätzung der mit der Geschäftstätigkeit verbundenen Chancen und Risiken. Dies entspricht der Vorstellung, die Gefahr eines zu hohen Erfolgsausweises dadurch zu vermeiden, dass die Wertansätze im Bereich der Vermögensposten tendenziell nach

unten, die Wertansätze im Bereich der Schulden tendenziell nach oben korrigiert werden.

Das Vorsichtsprinzip ist demzufolge Ausfluss des Kernproblems jeder Bilanzierung: Es ist inhaltlich auf den Tatbestand fixiert, dass die Entscheidung über die Bilanzierungs-(Buchungs-)Fähigkeit unsicherer (schwebender) Geschäfte sowie der stets subjektive Bewertungsakt bei nichtpagatorischen Bilanzgrößen ein erhebliches **Erfolgsbeeinflussungspotential** des Bilanzierenden beinhalten, das unmittelbar den **Gläubigerschutz** (Ausschüttungssperre) und die **Eigentümerinteressen** (Mindestausschüttung) berührt. Die evidente Verknüpfung des Vorsichtsprinzips mit dem Problem der stillen Reserven rechtfertigt allerdings nicht einen Bewertungsspielraum für unbegründete oder rein subjektive Risiken; vielmehr ist die Wertfindung an der vernünftigen kaufmännischen Beurteilung (§253 Abs. 1 Satz 2 HGB) zu orientieren.

Inhaltlich konkretisiert wird der Vorsichtsgrundsatz vor allem durch das Realisations- und das Imparitätsprinzip. Das **Realisationsprinzip** bringt zum Ausdruck, dass Erfolge (Gewinne und Verluste) erst dann ausgewiesen werden dürfen, wenn sie durch Umsätze verwirklicht, also in Erscheinung getreten sind. Die Vorsichtsüberlegung beruht demnach in der Negierung von bloßen Erfolgsmöglichkeiten beim Absatz und zugleich im Ausschluss des Ausweises von Wertsteigerungen bei Vermögenswerten, die über die Anschaffungsausgaben oder Herstellungskosten hinausgehen. Der Zeitpunkt der Realisation ist bei Barverkäufen mit dem Zahlungseingang bestimmt; bei Zielverkäufen gilt der Zeitpunkt der Rechnungserteilung bzw. der Zeitpunkt der Lieferung und Leistung als der dem Vorsichtsprinzip entsprechende Realisationstermin (*Leffson*, Grundsätze, S. 247 ff.). Der BFH sieht einen Güterverkauf als realisiert an, wenn die Lieferung oder Leistung erbracht (wirtschaftliche Erfüllung) und das wirtschaftliche Eigentum (Nutzen, Lasten) sowie die Preisgefahr (zufälliger Untergang oder Verschlechterung) der Sache auf den Käufer übertragen wurde. Die Forderung auf Gegenleistung soll somit so gut wie sicher sein (BFH v. 2. 3. 1990, BStBl. II 1990, S. 734 f.).

Das **Imparitätsprinzip** (Prinzip der Verlustantizipation) schränkt das Realisationsprinzip bei erwarteten Verlusten ein und besagt, dass zum Zeitpunkt der Bilanzerstellung bereits absehbare oder erst zwischen dem Abschlussstichtag und dem Tag der Aufstellung des Jahresabschlusses bekannt gewordene, jedoch noch nicht realisierte negative Erfolge (= Verluste) der Abrechnungsperiode oder früherer Perioden als Aufwand im Jahresabschluss zu berücksichtigen sind. Da Ertragsantizipationen unzulässig, Aufwandsantizipationen jedoch vorzunehmen sind, werden unrealisierte, aus bereits eingeleiteten Dispositionen erwartete Gewinne und Verluste ungleich behandelt; das Realisationsprinzip gilt also nur mehr für Gewinne. Grundgedanke des Imparitätsprinzips ist folglich die Verhinderung eines zu hohen Gewinnausweises mit der Gefahr ungerechtfertigter Ausschüttung und Besteuerung; es dient primär dem Gläubigerschutz und ist gesetzlich im **Niederstwertprinzip** (§253 Abs. 3 und 4 HGB) und dem **Grundsatz der verlustfreien Bewertung** (§253 Abs. 4 HGB) verankert.

Sowohl Realisations- als auch Imparitätsprinzip sind maßgebend für den Zeitpunkt der Erfassung von Erträgen und Aufwendungen (**Grundsatz der Periodi-**

sierung; § 252 Abs. 1 Nr. 5 HGB): Für die Zwecke der periodengerechten Erfolgsermittlung sind Aufwendungen und Erträge unabhängig vom Zeitpunkt der korrespondierenden Auszahlung bzw. Einzahlung zu erfassen.

Die Grundsätze ordnungsmäßiger Bilanzierung lassen sich weder einheitlich definieren noch stehen diese gleichberechtigt nebeneinander. Ihre mögliche Unvereinbarkeit (Vorsichtsprinzip versus Wahrheitsgrundsatz) kann vielmehr zu Kompromisslösungen führen, welche die Rechenschaftslegung beeinträchtigen. Andererseits ist zu berücksichtigen, dass eine vorsichtige Bilanzierung ohne Bilanzwahrheit letztlich nicht denkbar ist: Erst die möglichst sichere Kenntnis der wirtschaftlichen und rechtlichen Tatbestände eines buchungs- bzw. bilanzierungspflichtigen Sachverhalts lässt ein **wohlabgewogenes Verhalten** im Sinne des Vorsichtsprinzips zu. Die weitgehende Übereinstimmung der Auffassungen bezüglich der inhaltlichen Aussage der Grundsätze erlaubt jedoch keine Schlussfolgerungen hinsichtlich des Umfangs ihrer Beachtung und Verwirklichung im Einzelfall.

Das Bundesministerium der Justiz (BMJ) hat mit Vertrag vom 3. 9. 1998 das Deutsche Rechnungslegungs Standards Committee e.V. (DRSC) auf Grundlage des § 342 HGB als Standardisierungsorganisation anerkannt. Das DRSC hat den Deutschen Standardisierungsrat (DSR) als Rechnungslegungsgremium i. S. d. § 342 HGB u. a. mit der Bestimmung eingerichtet, Empfehlungen zur Anwendung der handelsrechtlichen Vorschriften zur Konzernrechnungslegung auszuarbeiten (§ 342 Abs. 1 Satz 1 Nr. 1 HGB). Für die in diesem Zusammenhang vom DSR entwickelten Deutschen Rechnungslegungs Standards (DRS) gilt die gesetzliche Vermutung, dass es sich hierbei um die Konzernrechnungslegung betreffende GoB handelt, sofern diese Empfehlungen vom BMJ bekannt gemacht worden sind (§ 342 Abs. 2 HGB). Sie ergänzen somit die allgemein gültigen GoB für den Konzernabschluss und sind daher ein Teil der deutschen Rechnungslegungsgrundsätze. Eine Ausstrahlungswirkung der DRS auch auf den Einzelabschluss wird angenommen (vgl. *Baetge/Kirsch/Thiele*, Bilanzen, S. 50).

1.3 Fehlerhafte Buchführung und deren Rechtsfolgen

Die Buchführung kann formelle und materielle Mängel aufweisen. **Formelle** Buchführungsmängel resultieren aus der Nichtbeachtung oder nicht ausreichenden Berücksichtigung vor allem der Formvorschriften der §§ 238 ff. HGB, § 146 und § 147 AO. Die Mängel betreffen dann den Aufbau bzw. die äußerliche Beschaffenheit des Rechnungswesens und/oder sind im zeitlichen Buchungsablauf und bei der Belegordnung zu sehen. **Materielle** Mängel enthält eine Buchführung, wenn der Wahrheitsgehalt, die Vollständigkeit oder die sachliche Richtigkeit der Buchführung beeinträchtigt werden. Solche Mängel liegen vor, wenn z. B. Geschäftsvorfälle falsch, unvollständig oder überhaupt nicht aufgezeichnet sind oder wenn Teile der Vermögens- oder Kapitalposten in der Bilanz ohne Ausweis bleiben.

Die **Folgen bei Verstößen** gegen die Buchführungspflichten hängen von der Art und Schwere der Fehler ab (*Leffson/Baetge*, Buchführungsvorschriften, Sp. 318):

- Nach **Handelsrecht** sind erkannte Fehler auf der Grundlage von Belegen oder sonstigen Unterlagen zu berichtigen. Für bereits rechtswirksam aufgestellte Abschlüsse ist die Korrektur zu Gunsten oder zu Lasten der Periode der Fehlerentdeckung vorzunehmen. Von den Umständen des Einzelfalles hängt es ab, ob eine Beeinträchtigung der Ordnungsmäßigkeit der Buchführung vorliegt; diese ist allerdings im HGB lediglich für Kapitalgesellschaften durch eine unmittelbare Bußgeld- oder Strafandrohung mit Sanktionen belegt. Zudem wird nur noch bei prüfungspflichtigen Unternehmen die Einhaltung der handelsrechtlichen Buchführungsvorschriften regelmäßig überwacht: So hat der Abschlussprüfer bei nicht ordnungsmäßiger Buchführung und/oder nicht ordnungsmäßigem Abschluss den Bestätigungsvermerk einzuschränken bzw. gegebenenfalls zu versagen (§ 322 Abs. 4 HGB). Ein ordnungswidrig auf- und festgestellter aktienrechtlicher Jahresabschluss kann nach § 256 AktG nichtig sein (vgl. auch LG München v. 20. 12. 2007, BB 2008, S. 384). In diesem Zusammenhang gemachte falsche Angaben oder unrichtige Darstellungen ziehen für das vertretungsberechtigte Organ (z. B. Vorstand) und den Aufsichtsrat einer Kapitalgesellschaft gegebenenfalls auch Straffolgen nach sich (§§ 399 ff. AktG; 331 ff. HGB).

  Neben diesen Straftatbeständen verfügt das HGB durch Einfügung des Art. 4 des ersten Gesetzes zur Bekämpfung der Wirtschaftskriminalität (1. WiKG v. 29. 7. 1976, BGBl. I 1976, S. 2034 ff.) über weitere Sanktionsmöglichkeiten (§ 177a HGB). Mit dieser Gesetzesänderung soll ein präventiver Schutz vor kriminellem Verhalten bereits im Vorfeld des Strafrechts auch für die nicht prüfungspflichtigen und zudem überwiegend nicht publizitätspflichtigen Unternehmen in der Rechtsform der OHG bzw. KG erreicht werden.

  Strafrechtliche Konsequenzen bei Verletzung der Buchführungspflicht als Folge von **Wirtschaftsstraftaten** in Verbindung mit einer **Insolvenz** ergeben sich aus § 283b StGB (vgl. auch §§ 283–283d StGB). Danach wird der zahlungsunfähige Schuldner zu Freiheits- oder Geldstrafe herangezogen, wenn er Handelsbücher, zu deren Führung er gesetzlich verpflichtet ist, überhaupt nicht oder unordentlich führt, diese verfälscht, verheimlicht oder vernichtet oder Bilanzen unübersichtlich oder entgegen dem Handelsrecht verspätet aufstellt. Diese Strafbestimmungen bei Verletzung von Buchführungspflichten sollen verhindern, dass der Schuldner den Nachweis seines gläubigerschädigenden Verhaltens vereitelt oder erschwert. Buchführung, Inventare und Bilanzen sollen Beweise sichern, um ein gläubigerschädigendes Verhalten des Schuldners aufdecken zu können (Begründung zu § 283b StGB, BT-Drs. 7/3441 v. 1. 4. 1975, S. 38).

- Auch das **Steuerrecht** verpflichtet bei Verletzung von Buchführungsvorschriften zur Fehlerberichtigung (§ 4 Abs. 2 EStG; BFH v. 5. 6. 2007 in BStBl. II 2007, S. 818; BFH v. 23. 1. 2008 in BStBl. II 2008, S. 669; BFH v. 17. 7. 2008 in BStBl. II 2008, S. 924; BMF-Schreiben v. 13. 8. 2008 in BStBl. I 2008, S. 845). Zunächst besteht jedoch für eine formell ordnungsmäßige Buchführung die Vermutung auch ihrer sachlichen Richtigkeit mit der Konsequenz, dass sich die Beweislast bei Vorliegen von Zweifeln von Seiten der Finanzbehörde auf diese verlagert (Beweiskraft der Buchführung nach § 158 AO). Liegen formelle Mängel vor, ist die stets nach objektiven Gesichtspunkten zu beurteilende Ordnungsmäßigkeit der Buchführung dann nicht zu beanstanden, wenn sie den Grundsätzen des Handelsrechts entspricht und das sachliche Buchführungsergebnis dadurch nicht beeinflusst wird (R 5.2 Abs. 2 EStR). Eine formell nicht ordnungsmäßige Buchführung kann also sachlich in Ordnung sein; dagegen hat umgekehrt sachliche Mangelhaftigkeit in der Regel formelle Nichtordnungsmäßigkeit zur Folge (*Peter/von Bornhaupt/Körner,* Ordnungsmäßigkeit, S. 318).

Im Hinblick auf die Konsequenzen einer fehlerhaften Buchführung kann steuerlich unterschieden werden zwischen **korrigierbaren** und **nicht korrigierbaren** Mängeln. Anhand von Belegen und sonstigen Unterlagen vollständig vornehmbare Fehlerberichtigungen gelten als **unschädlich** für die Anerkennung einer ordnungsmäßigen Buchführung, wenn sie auf das Gesamtbild der Buchführung keinen wesentlichen Einfluss ausüben (z. B. formelle und sachliche Mängel geringen Umfangs und unerheblicher Tragweite, geringfügige Abstimmungsdifferenzen, Fehler im Bereich menschlicher Unzulänglichkeiten). Im Sinne der Steuervergünstigungsvorschriften **schädliche Berichtigungen** liegen dagegen vor, wenn trotz vollständig möglicher Fehlerkorrektur erhebliche Mängel von Buchführung und Bilanz aufgrund einer Betriebsprüfung zu berichtigen sind (z. B. Falschbuchungen, Nichtaktivierungen). Die Buchführung gilt dann als nicht ordnungsmäßig (R 5.2 Abs. 2 EStR). Grund für den Wegfall von Steuervergünstigungen ist allerdings seit dem 1. 1. 1975 nicht mehr der Tatbestand einer nichtordnungsmäßigen Buchführung, sondern das Nichtvorliegen bestimmter Aufzeichnungen bzw. Buchnachweise (sog. Ersatztatbestände wie das Führen besonderer Verzeichnisse für geringwertige Wirtschaftsgüter nach § 6 Abs. 2 EStG oder bei erhöhten Absetzungen und Sonderabschreibungen nach § 7a Abs. 8 EStG u. a.).

Sind die Mängel infolge ihrer nachträglich nicht mehr einwandfreien Feststellung oder Erfassung unkorrigierbar, so lassen sich bei nicht erheblichen, nach dem Gesamtbild als belanglos einzustufenden Mängeln die fehlerhaften Angaben durch eine steuerlich unschädliche **ergänzende Schätzung (Zuschätzung)** berichtigen (z. B. Schätzung des privaten Nutzungsanteils eines betrieblichen Pkw; Privatanteile an Telefon-, Strom-, Heizungskosten). Liegen jedoch schwerwiegende materielle Mängel der Buchführung (z. B. unvollständiges oder falsches Inventar) oder schwere Formfehler (z. B. ungeordnete oder unvollständige Belegablage oder -aufbewahrung) vor und erscheint insbesondere die Erfolgsermittlung aus diesem Grunde unmöglich, so ist die Buchführung zu verwerfen und das gesamte Ergebnis durch die Steuerbehörde unter Verwendung der Buchführungsunterlagen zu schätzen (**Voll- oder Totalschätzung,** § 162 AO). Diese **schädliche Schätzung** hat sich stets nach den Umständen des Einzelfalls zu richten; sie bedeutet für den Buchführungspflichtigen neben dem Verlust von Steuervergünstigungen meist eine für ihn ungünstige Festsetzung der Steuerbemessungsgrundlage.

Strafrechtliche Konsequenzen von **Steuerstraftaten** ergeben sich aus den §§ 369 ff. AO. Für Steuerstraftaten gelten die allgemeinen Gesetze über das Strafrecht, soweit die Strafvorschriften der Steuergesetze nichts anderes bestimmen (§ 369 Abs. 2 AO). Die Steuerstrafvorschriften sehen Freiheits- oder Geldstrafen für Steuerhinterziehung (§ 370 AO), Bannbruch (§ 372 AO) und Steuerhehlerei (§ 374 AO) vor; dabei ist bereits der Versuch strafbar (§§ 370 Abs. 2, 374 Abs. 3 AO). Für besonders schwere Fälle der Steuerhinterziehung, bei Schmuggel und gewerbsmäßiger Steuerhehlerei ist ausschließlich Freiheitsstrafe vorgesehen (§§ 370 Abs. 3, 373, 374 Abs. 2 AO).

Außer den Steuerstrafvorschriften enthält die Abgabenordnung bei Vorliegen von **Steuerordnungswidrigkeiten** Bestimmungen zur Verhängung von Bußgeldern (§§ 377 ff. AO). Eine bußgeldpflichtige Verletzung von Buchführungspflichten liegt dann vor, wenn vorsätzlich oder leichtfertig Belege ausgestellt werden, die in tatsächlicher Hinsicht unrichtig sind, inhaltlich also bezüglich Leistung, Preis, Orts- oder Zeitangabe und dergleichen nicht den Tatsachen entsprechen (z. B. Gefälligkeitsbelege), oder wenn nach Gesetz buchungs- oder aufzeichnungspflichtige Geschäftsvorfälle vorsätzlich oder leichtfertig nicht oder unrichtig verbucht werden, um dadurch eine Verkürzung von Steuern oder ungerechtfertigte Steuervorteile zu erreichen (Steuergefährdung nach § 379 AO).

1.4 Mindesterfordernisse der Buchführung

Die generelle Buchführungspflicht aller Kaufleute ergibt sich aus der grundlegenden Norm des § 238 Abs. 1 HGB; sie verpflichtet die Kaufleute zugleich zur Befolgung der handelsrechtlichen Grundsätze ordnungsmäßiger Buchführung. Aus dieser Vorschrift leitet sich auch das entscheidende Merkmal für den Umfang der Buchführung ab: Sie hat sich anzupassen an die von Ausdehnung und Geschäftsgang des Betriebes abhängigen Anforderungen an die Sichtbarmachung der Handelsgeschäfte und der Vermögenslage. Damit wird aber weder eine bestimmte Organisationsform der Buchführung vorgeschrieben, noch folgt daraus eine rechtliche Fixierung bestimmter Mindestansprüche an die Buchführung. Verbindlichkeit können Mindestgrundsätze nur insoweit erfahren, als diese Handelsbrauch zum Inhalt haben. In diesem Sinne ist die Mindestbuchführung ihrem Wesen nach eine doppelte Buchführung unter Beschränkung der Zahl der Konten und bei Vereinfachung des Buchungsverfahrens. Wesentliche **Grundlagen der Mindestbuchführung** sind (vgl. *Falterbaum/Bolk/Reiß/Kirchner,* Buchführung, S. 279 ff.):

- Kassenberichte über den täglichen (§ 146 Abs. 1 AO) Kassenverkehr **(Kassenbuch).** Die Tageseinnahmen und Tagesausgaben sind dabei grundsätzlich einzeln aufzuzeichnen. Nur ausnahmsweise können diese auch als durch Kassenzettel oder Registrierstreifen belegte Tagessummen in das Kassenbuch übernommen werden (z. B. Barverkauf an unbekannte Kunden im Einzelhandel). Die Übernahme in das Kassen-Sachkonto hat dagegen lediglich zeitgerecht zu erfolgen.

- **Tagebuch** oder **Journal (Grundbuch)** zur fortlaufenden, zeitnahen und chronologischen Aufzeichnung sämtlicher Geschäftsvorfälle einschließlich der zugehörigen Belegsammlung. Die im Interesse der Umsatzbesteuerung erforderlichen Aufzeichnungen (umsatzsteuerpflichtige Einnahmen und deren Aufteilung nach Steuersätzen) sind durch Vorspalten zu berücksichtigen.
- **Wareneingangsbuch** (§ 143 Abs. 1 AO) und **Warenausgangsbuch** (§ 144 Abs. 1 AO), jeweils als neben dem Grundbuch zu führendes, selbstständiges Buch mit eigenen Aufgaben, soweit keine Befreiung vorliegt.
- **Kontokorrentbuch** bei laufendem, nicht nur gelegentlichem unbaren Geschäftsverkehr mit Geschäftsfreunden (Geschäftsfreundebuch) neben der Erfassung der Kreditgeschäfte im Grundbuch, wie bspw. dem Journal. Bei verhältnismäßig geringer Zahl der Kreditgeschäfte genügen Grundbuchaufzeichnungen der unbaren Geschäftsvorfälle und die Erstellung von Personenübersichten über die am Bilanzstichtag bestehenden Debitoren und Kreditoren. Für Einzelhändler und Handwerker können der Vermerk der Forderungen in einer Kladde, die Aufzeichnung der Schulden in einer besonderen Spalte des Wareneingangsbuches sowie die Aufstellung von Personenübersichten für den Bilanzstichtag ausreichen (R 5.2 Abs. 1 lit. a und b EStR). Das Kontokorrentbuch kann als **Offene-Posten-Buchführung** oder als **kontenlose Buchführung** in Form einer geordneten Ablage der nicht beglichenen Rechnungen geführt werden (§ 239 Abs. 4 HGB, § 146 Abs. 5 AO).
- Jährliche Bestandsaufnahme (Inventur) mit **Inventarverzeichnis** und Abschluss (Bilanzbuch bzw. die gesammelten Bilanzen) zum Bilanzstichtag (§ 240 HGB).
- **Bestandsverzeichnis** (Anlagenkartei) für das bewegliche Anlagevermögen (BFH v. 14. 12. 1966, BStBl. III 1967, S. 247).

Mit Ausnahme des tägliche Aufzeichnungen erfordernden baren Zahlungsverkehrs sind die übrigen Bücher **zeitgerecht** zu führen (§ 239 Abs. 2 HGB, § 146 Abs. 1 AO). Zeitgerechte Erfassung beinhaltet die Vornahme der Verbuchung in möglichst nahem Anschluss an den Geschäftsvorfall: Die Frist von einem Monat wird als zulässig angesehen, sofern organisatorische Vorkehrungen den zwischenzeitlichen Verlust der Buchführungsunterlagen ausschließen (R 5.2 Abs. 1 EStR; zur Organisation der Buchführung vgl. auch Teil A, Kap. 15, S. 645 ff.).

Ergänzende Literatur zu: 1 Grundlagen der Buchführung

Adler/Düring/Schmaltz, Rechnungslegung, Anm. zu den §§ 252, 257, 258, 259, 260, 261 HGB

Baetge, Grundsätze, Sp. 860–870

Bieg/Waschbusch, Rechnungslegung, A 100

Coenenberg/Haller/Mattner/Schultze, Rechnungswesen, S. 1–58

Falterbaum/Bolk/Reiß/Kirchner, Buchführung, S. 73–96; 279–285

Freericks, Bilanzierungsfähigkeit, S. 53–57; 93–114

Heinen, Handelsbilanzen, S. 153–180

IDW, WP-Handbuch 06 I, S. 251 ff., 327 ff.

Körner, Bilanzsteuerrecht, S. 15–60

Leffson, Grundsätze, S. 157–492
Leffson/Baetge, Buchführungsvorschriften, Sp. 314–319
Mellerowicz/Brönner, Rechnungslegung, S. 65–81
Peter/von Bornhaupt/Körner, Ordnungsmäßigkeit, S. 106–138; 172–208; 314–350
Schildbach, Jahresabschluss, S. 60–101
Schneider, Betriebswirtschaftslehre, S. 93–106
Steinbach, Rechnungslegungsvorschriften, S. 60–66; 81–88
Wöhe, Bilanzierung, S. 175–214

2 Inventur und Inventar

Ausgangspunkt für die Eröffnungsbilanz zu Beginn eines Handelsgewerbes und damit Grundlage für die doppelte Buchführung ist das **Inventar** (§ 240 Abs. 1 HGB). Es handelt sich dabei um ein unabhängig von der Buchführung zu erstellendes vollständiges, detailliertes art-, mengen- und wertmäßiges Verzeichnis aller Vermögensgegenstände und Schulden zu einem Stichtag. Aber nicht nur zur Eröffnung der Buchführung, auch zur Ableitung von Jahresabschlussbilanzen ist ein Inventar notwendig. Die Dauer des Geschäftsjahres, für dessen Schluss ein solches Inventar regelmäßig zu erstellen ist, darf 12 Monate nicht überschreiten, wobei Geschäftsjahr und Kalenderjahr nicht notwendigerweise übereinstimmen müssen (§ 240 Abs. 2 HGB). Kürzere Geschäftsjahre (sog. Rumpfgeschäftsjahre) können sich z. B. bei Gründung eines Unternehmens zur Angleichung des Geschäfts- an das Kalenderjahr ergeben. Die zur Erstellung des Inventars erforderliche Tätigkeit wird **Inventur** genannt. Zeitlich ist zwischen der Inventurdurchführung, dem Stichtag des Inventars und der Inventaraufstellung zu unterscheiden. Während der Zeitpunkt der Bestandsaufnahme und der Stichtag des Inventars von dem jeweiligen **Inventursystem** abhängen, gibt es für die Aufstellung des Inventars keine genauen Zeitvorgaben. § 240 Abs. 2 HGB besagt lediglich, dass die Aufstellung innerhalb der einem ordnungsmäßigen Geschäftsgang entsprechenden Zeit zu bewirken ist. Da das Inventar der Erstellung des Jahresabschlusses vorausgehen muss, begrenzen die rechtsform- und größenabhängigen Aufstellungsfristen des Jahresabschlusses (s. Abb. S. 20 f.), die in der Regel nicht voll ausgeschöpft werden können, auch die Frist für die Erstellung des Inventars.

Obwohl in § 317 Abs. 1 HGB nicht explizit aufgeführt, umfasst die handelsrechtliche Jahresabschlussprüfung auch die Prüfung der Inventur und des Inventars, da diese stets die Voraussetzung für eine ordnungsgemäße Buchführung und damit auch für den Jahresabschluss bilden. Die diesbezüglich vom Abschlussprüfer zu beachtenden Vorschriften sind dem 2003 veröffentlichten IDW PS 301 zu entnehmen (vgl. *HFA*, Prüfung der Vorratsinventur, S. 715 ff.).

Durch die eigenständige Erfassung sämtlicher Vermögensgegenstände und Schulden werden eine wirksame Kontrolle und ein Abgleich der Buchführung mit den tatsächlichen Beständen ermöglicht. Die **Zwecke** der Inventur und des Inventars sind deshalb primär in einer **Sicherungs-** und **Überwachungsfunktion** zu sehen. Darüber hinaus wird durch eine Beeinflussung des Mitarbeiterbewusstseins in Richtung auf eine möglichst frühzeitige Reaktion auf Ursachen von Mengendifferenzen eine **Präventivfunktion,** im Hinblick auf eine Veränderung der Vorgehensweise bei der buchhalterischen Erfassung der Geschäftsvorfälle eine **Initiatorfunktion** erreicht. Werden in der Bestandsbuchführung nur die Zugänge, nicht aber auch die Abgänge buchmäßig festgehalten – was bei Roh-, Hilfs- und Betriebsstoffen sowie Waren häufig der Fall ist –, dann dient die Inventur nicht nur der Abstimmung zwischen Buch- und Istbestand, sondern erweist sich auch als ein unumgängliches Hilfsmittel zur Feststellung des wertmäßigen Verbrauchs.

2.1 Grundsätze ordnungsmäßiger Inventur (GoI)

Bei der Planung, Vorbereitung, Durchführung, Überwachung und Auswertung der Inventur sowie bei der Aufstellung des Inventars sind die Grundsätze ordnungsmäßiger Buchführung zu beachten. Es ist aber erforderlich, die allgemein anerkannten GoB für Zwecke der Inventur zu operationalisieren, wobei üblicherweise nicht zwischen Grundsätzen für die Inventur und Grundsätzen für das Inventar unterschieden wird. Als **GoI** sind zu kennzeichnen:

Der **Vollständigkeitsgrundsatz** des §246 Abs.1 HGB: Dieser erfordert die Inventarisierung sämtlicher Vermögensgegenstände bzw. Wirtschaftsgüter. Hieraus resultieren jedoch gewichtige Abgrenzungsprobleme in zeitlicher, räumlicher, rechtlicher und wirtschaftlicher Hinsicht. Dabei sind für die Inventarerfassung prinzipiell nicht die juristischen, sondern die **wirtschaftlichen** Verhältnisse maßgebend (§39 Abs.2 AO). Solange z.B. bei Lieferungen unter Eigentumsvorbehalt oder bei Sicherungsübereignungen die zugehörige Verbindlichkeit im Inventar aufgeführt wird, ist auch der Vermögensgegenstand inventarisierungspflichtig. Erst wenn mit einer tatsächlichen Inanspruchnahme des Sicherungsrechts gerechnet werden muss, erlangen die juristischen Eigentumszurechnungsvorschriften Dominanz, so dass sich eine weitere Inventarisierung verbietet (zu den speziellen Zuordnungskriterien beim Leasing vgl. Teil A, Abschn. 10.1, S.366ff.). Für die Erstellung lückenloser Inventare ist auch der Ansatz sog. Merk-(Erinnerungs-)posten notwendig, damit ein Nachweis über Vermögensgegenstände geführt werden kann, die wegen Ablauf der wirtschaftlichen Nutzungsdauer (abgeschriebene Anlagegüter) oder wegen Einbüßung ihrer Marktfähigkeit (Ladenhüter) keinen Buchwert mehr besitzen. Bei Wirtschaftsgütern, die sich am Abschlussstichtag weder im Lager des Käufers noch des Verkäufers befinden (z.B. rollende oder schwimmende Ware) gilt als Inventarisierungskriterium grundsätzlich der Gefahrenübergang nach den §§446 (Kauf- und Werklieferungsvertrag), 447 (Versendungsverkauf), 644 (Werkvertrag) BGB. Ein Zwang zur Inventarisierung besteht beim Käufer allerdings erst mit der endgültigen Eigentumsübertragung.

In das Inventar müssen dagegen **geringwertige (abnutzbare und bewegliche) Anlagegüter** nicht aufgenommen werden, falls ihre Anschaffungs- und Herstellungskosten nicht mehr als 410 € betragen und sie im Jahr der Anschaffung oder Herstellung voll abgeschrieben werden (R 5.4 Abs.1 EStR i.V.m. §6 Abs.2 EStG; ggf. Erstellung eines Verzeichnisses nach §6 Abs.2 Sätze 4 und 5 EStG). Für den Fall, dass sich die Unternehmung im Wirtschaftsjahr alternativ für die Bildung eines Sammelpostens nach §6 Abs.2a EStG entscheidet, gilt dies sowohl für die in den Sammelposten aufgenommenen geringwertigen Anlagegüter, deren Wert zwischen 150 € und 1.000 € liegt, als auch für die sofort abgeschriebenen Anlagegüter bis zu einem Nettowert von 150 €. **Rechnungsabgrenzungs-**

posten können im Inventar erfasst werden. Da es sich hierbei aber nicht um Vermögensgegenstände oder Schulden handelt, besteht, unbeschadet der für sie erforderlichen Aufzeichnungen, keine Verpflichtung zur Aufnahme in das Inventar. Generell müssen Doppelerfassungen von im Inventar zu verzeichnenden Beständen vermieden werden. Bei Anwendung der Stichprobeninventur ist der Grundsatz der Vollständigkeit dahingehend zu interpretieren, dass alle aufnahmepflichtigen Positionen in der Grundgesamtheit zu erfassen sind, alle diese Positionen eine berechenbare, positive Wahrscheinlichkeit besitzen, in die Stichprobe zu gelangen, jedes Stichprobenelement vollständig aufzunehmen und auszuwerten ist sowie die Auswertung aller dieser Stichprobenglieder in das Inventurergebnis einzugehen hat.

Der **Grundsatz der Richtigkeit:** Dieser verlangt, dass alle durch die Inventur ermittelten Angaben sachlich zutreffen und mit den Tatsachen übereinstimmen müssen (sachbezogene Richtigkeit). Da in der Praxis üblicherweise und zumeist durch menschliche Unzulänglichkeiten bedingt kein vollkommen richtiges Inventar erstellt werden kann, müssen die Angaben bezüglich der Bestandsaufnahme und des Inventars dem Anspruch „möglichst fehlerfrei" genügen. Darüber hinaus gilt der personenbezogene **Grundsatz der Willkürfreiheit** bezüglich derjenigen Inventur- und Inventarangaben, die durch subjektive Einflüsse geprägt sind. Für die Erfassung der Art und der Beschaffenheit des Vermögensgegenstandes oder der Schuld bedeutet dies, dass für den Mengennachweis und die Bewertung alle vorhandenen Informationen zur sachgerechten Identifizierung bereitgestellt werden müssen. Der **Mengennachweis** ist durch eine zuverlässige Erfassungsmethode zu führen, was allerdings eine vertretbare Schätzung, z. B. bei Haldenbeständen, nicht ausschließt. Die **wertmäßige** Richtigkeit und Willkürfreiheit betrifft demgegenüber zunächst den rechnerischen Bewertungsvorgang; größere Bedeutung kommt jedoch der bestandsspezifisch zutreffenden Ermittlung und Zuordnung der einzelnen Wertmaßstäbe zu. Bei der Stichprobeninventur gilt der Grundsatz der Richtigkeit als gewahrt, wenn der Aussagewert des auf diese Weise aufgestellten Inventars dem Aussagewert eines aufgrund einer körperlichen Bestandsaufnahme aufgestellten Inventars gleichkommt (§ 241 Abs. 1 HGB).

Der **Grundsatz der Klarheit:** Dieser fordert, dass die einzelnen Inventurposten durch eine eindeutige Bezeichnung inhaltlich scharf umrissen und von anderen Posten eindeutig abgegrenzt sind. Sämtliche Inventurangaben und das Inventar sind zudem sowohl verständlich als auch übersichtlich darzustellen.

Der **Grundsatz der Nachprüfbarkeit:** Dieser verlangt, dass die Vermögensgegenstände und Schulden unter Angabe aller für den Nachweis und die Bewertung erforderlichen Angaben dergestalt zu verzeichnen sind, dass ein **sachverständiger Dritter** mittels der aufzubewahrenden Unterlagen (ggf. unter Mitwirkung der an der Inventur beteiligten Personen) die Wertfindung und das Inventar sowie das Vorgehen bei der Inventuraufnahme in angemessener Art und Weise überprüfen kann. Bei der Stichprobeninventur erfordert der Grundsatz der Nachprüfbarkeit eine ordnungsgemäße Dokumentation der Planung, der Verfahrensanwendung, der Zufallsauswahl der Bestandsaufnahme, der Herleitung der statistischen Aussagen und der Überleitung der Stichprobenergebnisse auf das Inventar.

Der **Grundsatz der Einzelerfassung und Einzelbewertung** (§252 Abs. 1 Nr. 3 HGB): Demnach sind alle Vermögensgegenstände und Schulden nach Art, Menge und Beschaffenheit gesondert zu erfassen und einzeln zu bewerten sowie im Inventar aufzuführen. Strittig ist, ob die Bewertung schon während der Inventur zu erfolgen hat oder erst bei der Inventarerstellung. Nach herrschender Meinung kann die Bewertung zeitlich losgelöst von der körperlichen Bestandsaufnahme erfolgen. Auf alle Fälle müssen dann aber bereits bei der Inventur Angaben für die Bewertung (z. B. Qualitätsminderungen) gemacht werden. Die Pflicht zur Einzelerfassung und Einzelbewertung ist, abgesehen von den Möglichkeiten der Anwendung der Fest- bzw. der Gruppenbewertung (§240 Abs. 3 und 4 HGB; zu den einzelnen Methoden s. Teil A, Abschn. 11.2.2.1 und 11.2.2.2, S. 408 ff.), nur dadurch begrenzt, dass keine unzumutbaren und, in Relation zur Bedeutung der Vermögensgegenstände oder Schulden, unverhältnismäßig hohen Anforderungen zu stellen sind. Bei der Stichprobeninventur ist der Einzelnachweis der Vermögensgegenstände nach Art, Menge und Wert für das Inventar über eine ordnungsmäßige Bestandsbuchführung zu gewährleisten, d. h. alle Bestände, Zu- und Abgänge müssen einzeln nach Termin, Art und Menge erfasst und die Eintragungen belegmäßig nachgewiesen werden.

2.2 Inventurformen

Die Erstellung des Inventars kann auf der Grundlage unterschiedlicher Vorgehensweisen erfolgen. Die dabei jeweils angewandten **Inventurformen** sind durch eine Kombination von Merkmalen gekennzeichnet, wobei eine Kategorisierung wie folgt vorgenommen werden kann:

- **Art** der Aufnahme:
  körperliche Inventur, Beleg- und Buchinventur,
- **zeitliche Anordnung** der Aufnahme, des Inventar- und des Bilanzstichtags: Stichtagsinventur, vor- oder nachverlegte Inventur, permanente Inventur sowie – als bestandsbedingte Sonderformen – die Einlagerungsinventur und die systemgestützte Werkstattinventur,
- **Umfang** der Aufnahme:
  jährliche vollständige Erfassung, jährliche stichprobenweise Erfassung, jährliche Gruppen- bzw. Festbewertung.

Häufig wird die Kennzeichnung nach der **zeitlichen** Anordnung der Aufnahme mit dem Begriff **Inventursystem,** die Unterscheidung nach **Art und Umfang** der Aufnahme hingegen mit der Bezeichnung **Inventurverfahren** umschrieben. Eine adäquate Kombination aus Inventursystem und Inventurverfahren wird als **Inventurform** bezeichnet.

(1) Bezüglich der **Art der Aufnahme** hat die Inventur bei körperlichen Vermögensgegenständen grundsätzlich den Charakter einer **körperlichen Bestandsfeststellung,** bei der das Vorhandensein, die Art, die Menge und die Beschaf-

fenheit durch tatsächliche Inaugenscheinnahme überprüft und physisch aufgenommen werden. Die Feststellung der Mengenkomponente erfolgt daher regelmäßig durch Zählen, Messen und/oder Wiegen. Da das Vermögen eines Unternehmens aber nur zum Teil aus körperlichen Vermögensgegenständen besteht, erfordert die Verpflichtung zur Aufnahme sämtlicher Vermögensgegenstände und Schulden, dass unkörperliche Bestände, wie z. B. Forderungen sowie Verbindlichkeiten bei Belegbuchführung, Bankguthaben, Beteiligungen und immaterielle Vermögensgegenstände, anhand von Belegen bzw. Urkunden aufgenommen werden **(Beleginventur).** Eine **Buchinventur,** d. h. eine Aufnahme durch Übernahme der Bestände aus Konten und Karteien, kann vor allem bei Forderungen und Verbindlichkeiten sowie ausnahmsweise bei Anlagegegenständen erfolgen, sofern die Buchführung entsprechend ausgestaltet ist bzw. die Anlagegüter in speziellen Karteien erfasst sind. Allerdings kann der letztendliche Nachweis über das Vorhandensein von Beständen, die mittels Buchinventur Aufnahme finden, auch nur über Belege (z. B. in Form von Saldenbestätigungen) oder die körperlichen Vermögensgegenstände selbst erbracht werden.

(2) Bezüglich der **zeitlichen Anordnung** der Aufnahme, des Inventar- und des Bilanzstichtags können die Inventurformen nach folgenden idealtypischen Inventursystemen eingeteilt werden:

- Gemäß § 240 Abs. 1 und 2 HGB ist das Inventar zu Beginn des Handelsgewerbes und zum Ende eines jeden Geschäftsjahres aufzustellen. Das Ende des Geschäftsjahres bezieht sich dabei auf den Bilanzstichtag, weshalb grundsätzlich Inventar- und Bilanzstichtag übereinstimmen müssen. Erfolgt die Erfassung der Vermögensgegenstände und Schulden ebenfalls an diesem Tag – oder an einem davor oder danach liegenden Tag, falls der Bilanzstichtag auf einen arbeitsfreien Tag fällt –, so spricht man von einer **(klassischen) Stichtagsinventur.** Um Bewegungen der Bestände durch Kundenkäufe oder Warenan- bzw. -auslieferungen an diesem Tag zu verhindern, wird das Geschäft in der Regel für diese Zeit geschlossen.
- Die klassische Stichtagsinventur kann meist nur von kleineren Unternehmen oder für Teilbestände angewandt werden, da diese Vorgehensweise bei umfangreichen Beständen aus personellen oder organisatorischen Gründen nicht durchführbar ist. Deshalb wurden **Inventurerleichterungen** in Form von Ausweitungsmöglichkeiten des Aufnahmezeitraums geschaffen:

- Bei der **ausgeweiteten Stichtagsinventur** wird nur eine zeitnahe Durchführung der Bestandsaufnahme innerhalb einer Zehntagesfrist vor und nach dem Bilanzstichtag verlangt (R 5.3 Abs. 1 EStR). In Ausnahmefällen (z. B. Schneefall bei Materiallagerung im Freien) kann auch ein größerer Zeitabstand als ordnungsmäßig angesehen werden. Da das Inventar allerdings für den Bilanzstichtag aufgestellt werden muss, sind Veränderungen, die den Zeitraum zwischen dem Tag der Inventur und dem Bilanzstichtag betreffen, anhand von Belegen nach Art, Menge und Wert fortzuschreiben oder rückzurechnen.
- Bei Vermögensgegenständen kann die Erfassung der einzelnen Bestände in Form der **permanenten Inventur** durchgeführt, d. h. über das gesamte Geschäftsjahr verteilt werden (§ 241 Abs. 2 HGB). Dieses Inventursystem ist

nicht allein auf das Vorratsvermögen beschränkt, sondern z. B. auch auf Anlagevermögen, Forderungen oder Wertpapiere anwendbar. Zur Aufnahme bieten sich dabei die Zeitpunkte mit den geringsten Beständen (z. B. nach Lagerräumung) an. Die Bestände müssen aber, außer bei Gegenständen des Anlagevermögens, in jedem Geschäftsjahr mindestens einmal durch Bestandsaufnahme geprüft und daraufhin ggf. der Buchbestand berichtigt werden. Die permanente Inventur setzt genaue Aufzeichnungen über die Bestände sowie deren Veränderungen durch Zu- und Abgänge einzeln nach Termin, Art und Menge voraus, um die Inventarstichtagsbestände ermitteln und bewerten zu können. Die Aufzeichnungen müssen belegmäßig nachgewiesen werden. Die Anwendung der permanenten Inventur ist jedoch ausgeschlossen, wenn die Wirtschaftsgüter – abgestellt auf die Verhältnisse des betreffenden Unternehmens – besonders wertvoll sind oder unkontrollierte, ins Gewicht fallende Abgänge durch Schwund, Verdunsten, Verderb, Zerbrechlichkeit usw. eintreten, ohne dass hierfür Erfahrungssätze vorliegen (R 5.3 Abs. 3 EStR).

- Lagersysteme mit einem hohen Maß an Zuverlässigkeit, bei denen die Fortschreibung eine wirklichkeitsgetreue Abbildung der Bestände und Bewegungen des realen Lagers nach Art, Menge und Beschaffenheit gewährleistet, erlauben die Anwendung der **Einlagerungsinventur** (§ 241 Abs. 2 HGB). Dabei erfolgt die körperliche Erfassung von im Geschäftsjahr bewegten Beständen bei ihrer Einlagerung, während für nicht bewegte Bestände eine Bestandsaufnahme (spätestens) zum Inventarstichtag erfolgen muss. Zum Bilanzstichtag muss der gesamte Bestand belegmäßig erfasst sein, wobei die Einlagerungsbelege als Inventurbelege dienen. Für die Zulässigkeit der Einlagerungsinventur müssen die Lagersysteme allerdings konkret eine Vielzahl von technischen und organisatorischen Voraussetzungen erfüllen. So muss beispielsweise bei Hochregallagern mit automatischen Arbeitsgeräten die EDV-mäßige Steuerung der Ein- und Auslagerungen automatisch mit der Bestandsfortschreibung gekoppelt sein **(vollautomatisches Lagersystem).** Auch darf es im normalen Betrieb keine Zugriffsmöglichkeit zwischen dem Eingang ins Lager und dem Lagerplatz geben und bei Auslagerungen müssen die einzelnen Lagereinheiten vollständig entleert werden (zu den Voraussetzungen insgesamt s. *HFA,* Inventurverfahren, S. 147 f.). Die körperliche Erfassung kann sich hier auf die in einem abgegrenzten Zugriffsbereich (Fach, Regal usw.) gelagerten Teilbestände beschränken, was als weitere Erleichterung anzusehen ist. Bei Lagersystemen, bei denen eine mit den Lagerbewegungen automatisch synchronisierte Bestandsfortschreibung nicht gegeben ist **(halbautomatische oder einfache Lagersysteme),** können die erläuterten Erleichterungen allerdings nicht angewandt werden.

- Eine Besonderheit der sich laufend verändernden Vorräte im Werkstattbereich ist, dass sie in einer Vielzahl von Aufträgen gebunden sind. Der Werkstattbestand und der Fertigungsgrad der einzelnen Halbfabrikate zum Bilanzstichtag können deshalb, außer durch körperliche Bestandsaufnahme am Stichtag, auch mittels **Produktionsplanungs- und -steuerungssystemen (PPS-Systeme)** identifiziert und fortgeschrieben werden, falls diese PPS-Systeme den Arbeitsfortschritt aller Aufträge durch laufende Rückmeldungen zuverlässig überwachen. Die Kontrollen für die Rückmeldungen können dabei als körperliche Aufnahmen ausgestaltet sein und für Zwecke der Inventarisierung genutzt werden, so dass eine gesonderte körperliche Bestandsaufnahme und damit ein Eingriff in den Produktionsprozess vermieden werden kann. Um bei dieser sog. **systemgestützten Werkstattinventur** die in einem PPS-System erfassten Bestände am Stichtag in das Inventar übernehmen zu können, muss das System sämtliche für die Inventarisierung erforderlichen Daten zur Verfügung stellen und es muss durch interne Kontrollen sichergestellt sein, dass das System bestandszuverlässig arbeitet. Die systemgestützte Werkstattinventur ist so zu dokumentieren, dass die Aufzeichnungen einem sachverständigen Dritten innerhalb einer angemessenen Zeit einen vollständigen Einblick in das angewandte Verfahren, Erkenntnisse über die Wirksamkeit des systembezogenen Kontrollsystems und über die Art, die Menge und die Beschaffenheit der mit Hilfe des Systems erfassten Bestände vermitteln können (s. im Einzelnen *HFA,* Inventurverfahren, S. 148).

- Außer den angeführten Inventursystemen der permanenten Inventur, der Einlagerungsinventur und der systemgestützten Werkstattinventur sind noch weitere, sog. **„andere Inventurverfahren"**, wie z. B. die **teilpermanente Inventur** (s. hierzu *Brönner/Bareis,* Bilanz, S. 80), zulässig, falls die Inventursysteme den GoB entsprechen (§ 241 Abs. 2 HGB).

– Für Vermögensgegenstände wie auch bei Pensionsrückstellungen können sowohl der Zeitpunkt der Bestandsaufnahme als auch der Inventarstichtag getrennt vom Bilanzstichtag festgelegt werden (§ 241 Abs. 3 HGB und R 6a Abs. 18 EStR). Bei der sog. zeitlich **vor- oder nachverlegten Stichtagsinventur** erfolgt die Bestandsaufnahme an einem Stichtag, der bei der vorverlegten Inventur innerhalb der letzten drei Monate vor, bei der nachverlegten Inventur innerhalb der ersten beiden Monate nach dem Schluss des Geschäftsjahres liegen muss. Für den jeweiligen Zeitpunkt der Aufnahme sind die erfassten Bestände nach Art, Menge und Wert in ein **besonderes Inventar** aufzunehmen. Der Sollbestand der Buchhaltung wird am Inventarstichtag mit dem Inventarbestand abgestimmt. Der im besonderen Inventar erfasste Bestand ist dann durch ein den Grundsätzen ordnungsmäßiger Inventur entsprechendes Fortschreibungs- oder Rückrechnungsverfahren auf den Bilanzstichtag zu beziehen. Die Besonderheit bei diesem Inventursystem liegt darin, dass die Fortschreibung oder Rückrechnung **nur wertmäßig** vorgenommen werden muss (R 5.3 Abs. 2 EStR). Die Wertfortschreibung bzw. -rückrechnung ergibt sich aus folgenden Schemata:

Wertfortschreibung

Wert der Bestände am vorverlegten Inventurstichtag
\+ Wert der Zugänge bis zum Bilanzstichtag
– Wert der Abgänge bis zum Bilanzstichtag

= Wert der Bestände am Bilanzstichtag

Wertrückrechnung

Wert der Bestände am nachverlegten Inventurstichtag
– Wert der Zugänge seit dem Bilanzstichtag
+ Wert der Abgänge seit dem Bilanzstichtag
= Wert der Bestände am Bilanzstichtag

Die Anwendung dieses Systems kann zu Schwierigkeiten führen, wenn am Bilanzstichtag für Zwecke der Bewertung des Bestandes (z. B. Niederstwertprinzip) bzw. der Inanspruchnahme steuerlicher Vergünstigungen auch Informationen über Art, Menge und Beschaffenheit der Bestandspositionen erforderlich sind. Die Anwendung der zeitlich vor- oder nachverlegten Stichtagsinventur unterliegt den gleichen Anwendungsbeschränkungen wie die permanente Inventur (R 5.3 Abs. 3 EStR).

(3) Bezüglich des **Umfangs der Aufnahme** hat die Inventur grundsätzlich den Charakter einer jährlichen, **vollständigen** Bestandsaufnahme aller einzelnen Vermögensgegenstände und Schulden jeweils nach Art, Menge und Wert. Hiervon sind jedoch für Vermögensgegenstände folgende Abweichungen zulässig:

Bei der **Stichprobeninventur** (§241 Abs. 1 HGB) werden aus einem Gesamtbestand (Grundgesamtheit), der sich aus mehreren Einzelbeständen (Elementen) zusammensetzt, zunächst Stichproben in einem zuvor ermittelten Umfang gezogen. Da dann nur die ausgewählten und nicht sämtliche Elemente des Gesamtbestands nach Art, Menge und Wert aufgenommen werden müssen, kann dies unter Umständen zu einer erheblichen Reduzierung des Arbeits- und Zeitaufwands sowie einer größeren Aufnahmegenauigkeit gegenüber einer Vollerhebung führen. Hauptanwendungsfall ist die **Vorratsinventur,** wobei eine analoge Anwendung für die Aufnahme anderer dafür geeigneter Vermögensgegenstände nicht ausgeschlossen ist. Als typisches Beispiel kann hierzu eine Lagerhalle mit einer Vielzahl von Lagerpositionen jeweils unterschiedlicher Warenbestände angeführt werden, aus denen dann eine bestimmte Anzahl dieser Positionen ausgewählt wird.

Eine Bestandserfassung aufgrund von Stichproben ist aber nur zulässig, wenn dies mit Hilfe **anerkannter mathematisch-statistischer Verfahren** geschieht. Anwendungsvoraussetzung aller mathematisch-statistischen Verfahren ist, dass diese auf einer klar abgegrenzten Grundgesamtheit fußen, die ihrerseits aus homogenen Elementen besteht (z. B. Werte unterschiedlicher Lagerpositionen), der Stichprobenumfang genügend groß ist und eine Zufallsauswahl der Elemente der Stichprobe erfolgt. Als weitere Voraussetzung für die Zulässigkeit muss die Stichprobeninventur den GoI entsprechen, welche fordern, dass der Aussagewert des mittels dieses mathematisch-statistischen Verfahrens aufgestellten Inventars dem Aussagewert eines auf (vollständiger) körperlicher Bestandsaufnahme basierenden Inventars gleichkommt. Diese Anforderungen an die Zulässigkeit der Stichprobeninventur machen eine bestandszuverlässige Lagerbuchführung, bei der zumindest die Vollständigkeit bezüglich Anzahl und Menge der Lagerpositionen durch ein sachgerechtes internes Kontrollsystem gewährleistet ist, unerlässlich: Sie gibt bei der Vorbereitung und Durchführung der Stichprobeninventur Auskunft über wichtige Ausgangsdaten (z. B. Gesamtheit der Lagerpositionen, Einzeldaten u. a.) und ist vielfach zur Bestimmung der Grundgesamtheit erforderlich.

Die gebräuchlichen, anerkannten **mathematisch-statistischen Verfahren** lassen sich in **Schätz-** und in **Testverfahren** einteilen. Da die spezifische Vorgehensweise, die von der Vorbereitung der Stichprobenziehung bis letztendlich zur Erstellung des Inventars führt, allerdings je nach angewandtem Verfahren unterschiedlich ist, können hier nur die Grundzüge kurz erläutert werden (s. im Einzelnen *HFA*, Stichprobenverfahren, S. 649 ff.; *HFA*, Vorratsinventur, S. 715 ff.; *Weiss/Heiden*, § 241 HGB, Rn. 64 ff.).

Bei den **Schätzverfahren** werden die ermittelten Werte der Stichprobenelemente (Werte der aufgenommenen Lagerpositionen) primär zur Schätzung des Werts des Ist-(Gesamt-)Bestandes herangezogen. Als konkrete Verfahren stehen hierfür zur Verfügung (s. im Einzelnen *Lohse*, Stichprobeninventuren, S. 108–114):

- Die **einfache Mittelwertschätzung,** bei der die Elemente der Stichprobe aus einer nicht weiter untergliederten Grundgesamtheit gezogen werden. Der Inventurwert der Grundgesamtheit wird dann durch Multiplikation des nach der Aufnahme ermittelten Stichprobenmittelwertes mit der Anzahl aller Lagerpositionen errechnet.
- Die **geschichtete Mittelwertschätzung,** bei der die Grundgesamtheit zunächst nach den Werten der Lagerpositionen in „Schichten" (alle Lagerpositionen mit einem Wert von 0 € bis 100 €, alle Lagerpositionen von über 100 € bis 200 € usw.) eingeteilt wird. Aus den einzelnen Schichten werden dann getrennte Stichproben gezogen und nach der Aufnahme der Inventurwert der Schicht hochgerechnet. Aus diesen Werten wird ein durchschnittlicher Inventurwert je Lagerposition errechnet und die Multiplikation mit der Anzahl aller Lagerpositionen ergibt schließlich den Gesamtinventurwert.
- Die **gebundenen Schätzverfahren,** bei denen die Buchwerte der Lagerpositionen mit in die Betrachtung eingehen. Als gebundene Verfahren sind vor allem die Differenzen-, die Verhältnis- und die Regressionsschätzung zu kennzeichnen.
  - Bei der **Differenzenschätzung** wird nicht der Bestandswert, sondern eine Inventurdifferenz geschätzt. Das Verfahren ermittelt zunächst für die Stichprobenelemente die Differenz zwischen Buchwert und aufgenommenem Wert, woraus dann eine Differenz für die Grundgesamtheit abgeleitet wird.
  - Bei der **Verhältnisschätzung** wird bezüglich der Stichprobenelemente das Verhältnis zwischen Aufnahmewert und Buchwert ermittelt, um auf Basis des Mittelwertes der Verhältnisse und des Buchwertes der Grundgesamtheit auf den Gesamtinventurwert zu schließen.
  - Bei der **Regressionsschätzung** wird zunächst mit Hilfe der Ist- und der Buchwerte der Stichprobenelemente ein Regressionskoeffizient ermittelt, der eine Maßgröße für den Zusammenhang zwischen den Ist- und den Buchwerten der Stichprobe darstellt. Mit Hilfe dieses Regressionskoeffizienten kann aus dem Buchwert der Grundgesamtheit auf deren Inventurwert geschlossen werden.

Bei Anwendung mathematisch-statistischer **Testverfahren** (z. B. des homograden oder des heterograden Sequentialtests) für die Stichprobeninventur wird die Ausgangshypothese „Lagerbuchführung ist bestandszuverlässig" gegen die Alternativhypothese „Lagerbuchführung ist nicht bestandszuverlässig" mittels Zufallsstichproben geprüft. Führt der Test zur Ablehnung der Lagerbuchführung als Grundlage für das Inventar, so hat die gesetzlich geforderte körperliche Bestandsaufnahme durch ein anderes anerkanntes Inventurverfahren zu erfolgen.

Unabhängig von dem jeweils angewandten mathematisch-statistischen Verfahren sollten – allgemeinen Grundsätzen folgend – besonders wertvolle und leicht verderbliche Gegenstände, Gegenstände mit Neigung zu unkontrolliertem Schwund, Negativpositionen und Positionen, die nicht wenigstens einmal im Jahr bewegt wurden, lückenlos als besondere Bestände aufgenommen werden. Zumindest bei den **freien Mittelwertschätzverfahren** (einfache und geschichtete Mittelwertschätzung) ist zusätzlich die Bildung einer wertmäßig abgegrenzten Vollerhebungsschicht aus wirtschaftlichen Gründen sinnvoll. Ein Vollerhebungsanteil von 3 % bis 5 % der Lagerpositionen ist dabei in aller Regel ausreichend, um 45 % bis 50 % des Wertes des aufzunehmenden Gesamtbestandes zu erfassen (*HFA*, Stichprobenverfahren, S. 653). Die voll erhobenen besonderen Bestände gehören nicht zur Grundgesamtheit, die aus den prinzipiell durch Stichproben zu erfassenden Beständen besteht.

Die in Relation zu einer konventionellen Inventur erhobene Forderung nach **Aussagewertäquivalenz** bezieht sich sowohl auf den ermittelten Gesamtwert der durch Stichprobeninventur erfassten Bestände als auch auf deren Einzelnachweis. Im Hinblick auf den Gesamtwert gilt die Aussagewertäquivalenz als erfüllt, falls bei einem Sicherheitsgrad von mindestens 95 % der relative Stichprobenfehler 1 % beträgt. Es ist dann die Aussage erlaubt, dass in 95 von 100 Inventuren der durch Stichproben gefundene Inventurwert die Höchstabweichung von jeweils 1 % des gesamten Inventurwertes (im Erwartungswert) nicht überschreitet (vgl. *HFA*, Stichprobenverfahren, S. 654). Eine solche Aussagewertäquivalenz im Hinblick auf die Gliederung des Inventars nach Art, Menge und Wert kann derzeit in der Regel nur mit Hilfe einer bestandszuverlässigen Lagerbuchführung erreicht werden.

Die Anwendung des **Festwertverfahrens** bei Vermögensgegenständen des Sachanlagevermögens sowie Roh-, Hilfs- und Betriebsstoffen erleichtert die Erfassung insofern, als dass eine körperliche Bestandsaufnahme in der Regel nur alle **drei** Jahre zu erfolgen hat (§ 240 Abs. 3 HGB und H 6.8 EStH). Gemäß R 5.4 Abs. 3 EStR ist für Gegenstände des beweglichen Anlagevermögens in der Regel an jedem dritten, spätestens aber an jedem **fünften** Bilanzstichtag eine körperliche Bestandsaufnahme vorzunehmen. Bestehen Anhaltspunkte dafür, dass der Bestand sich in Menge oder Wert beträchtlich geändert hat, so ist der Wert anzupassen, wozu unter Umständen bereits zu einem früheren Zeitpunkt als den genannten Fristen eine körperliche Aufnahme notwendig wird.

Die **Gruppenbewertung** befreit grundsätzlich nicht von der Verpflichtung, alle Vermögensgegenstände jährlich körperlich zu erfassen (§ 240 Abs. 4 HGB). Sie erleichtert aber prinzipiell nicht nur die primär betroffene Bewertung, sondern aufgrund der Zulässigkeit einer gruppenweisen Zusammenfassung gleichartiger Vermögensgegenstände bei der Inventur und im Inventar auch die Aufnahme, da ggf. Einzelangaben zur speziellen Art der Gegenstände entfallen können (vgl. *DIHT,* Genauigkeit, abgedruckt bei *Weiße,* Inventur, S. 211 ff.).

Die jeweils **angewandte** Inventurform ergibt sich aus der spezifischen Kombination von Art und Umfang (Inventurverfahren) sowie der zeitlichen Anordnung (Inventursystem) der Bestandsaufnahme. Praktizierte Inventurformen sind beispielsweise die klassische Stichtagsinventur mit Buchinventur, die permanente Inventur i. V. m. der Stichprobeninventur mit körperlicher Bestandsaufnahme (diese Kombination ist auch steuerrechtlich zulässig, da nach H 5.3 EStH die Regelung des § 241 Abs. 1 HGB unberührt bleibt) oder die vor- bzw. nachverlegte Stichtagsinventur bzw. die permanente Inventur (R 5.3 Abs. 2 EStR) i. V. m. der Gruppenbewertung. Zur Erfassung der Vermögensgegenstände und Schulden kann demnach ein Unternehmen unter den jeweils möglichen Inventurformen wählen, soweit die Kombination rechtlich zulässig ist. Auch können für verschiedene, abgegrenzte Bestände jeweils unterschiedliche Inventurformen zur Anwendung kommen.

2.3 Organisation und Technik der Inventur

Wer mit dem Begriff der Inventur eine bloße Aufnahmetätigkeit am Bilanzstichtag verbindet, wird überrascht sein, dass sich die Organisation einer Inventur regelmäßig über einen Zeitraum erstreckt, der von einem Jahr vor dem Bilanzstichtag bis zu Wochen oder gar Monaten nach diesem reichen kann. Um einen reibungslosen Ablauf der Inventur sicherzustellen, ist nämlich schon zu Anfang eines Geschäftsjahres mit einer **Inventurplanung** in sachlicher, zeitlicher und personeller Hinsicht zu beginnen. Der Inventurplanung schließt sich die **Inventurvorbereitung** an, die der eigentlichen **Inventurdurchführung (Bestandserfassung)** zeitlich unmittelbar vorgeschaltet ist. Die **Inventurauswertung,** die Bewertung der Bestände sowie die **Inventarerstellung** bilden den formalen und materiellen Abschluss der Inventur. Im Folgenden gilt es, die einzelnen **Organisationsphasen der Inventur** näher zu erläutern.

2.3.1 Inventurplanung

Eine schnelle und zuverlässige Inventarisierung erfordert eine sorgfältige Inventurplanung. Zwar ist es aufgrund der sich jährlich wiederholenden Vorgänge in der Regel möglich, auf die für die Inventuren der Vorjahre erstellten Grobplanungen zurückzugreifen; die Detailpläne müssen aber oft neu erstellt werden. **Aufgabe** der Inventurplanung ist es, einen zügigen und reibungslosen Ablauf der Inventur sowie die Einhaltung der GoI sicherzustellen. Die Planungsergebnisse werden in einem **Aufnahmeplan** festgehalten. Er umfasst den Sach-, Zeit- und Personaleinsatzplan, wobei sowohl zwischen den Teilplanungen als auch innerhalb der einzelnen Teilplanungen Interdependenzen bestehen.

Zweck des Sachplans ist es, eine Definition der Inventurobjekte herbeizuführen, welche sowohl die Spezifikation der Bestandsart als auch, sofern für ein Gut mehrere Maßeinheiten in Frage kommen, die Festlegung der jeweiligen Maßeinheit umfasst. Für die einzelnen Bestände bzw. Bestandsarten muss die jeweilige Inventurform festgelegt werden. Der im Folgenden auszugsweise dargestellte **Inventurplan,** der weiterhin nach sachlichen, räumlichen und zeitlichen Merkmalen zu spezifizieren ist, kann als Beispiel für eine mögliche Zuordnung von Vermögensgegenständen bzw. Schulden einerseits und Inventurform andererseits dienen.

Vermögensgegenstände bzw. Schulden	Inventurform
Sachanlagen	permanente Inventur, körperliche Aufnahme alle drei Jahre
Formen und Maschinenwerkzeuge	Festwert, körperliche Aufnahme alle drei Jahre
Anteile an verbundenen Unternehmen, Beteiligungen	Beleginventur
Rohstoffe und Ersatzteile	körperliche Bestandsaufnahme mittels permanenter Inventur
Werkstattbestand	systemgestützte Werkstattinventur
Handelsware	zeitlich verlegte Inventur mit Stichprobenverfahren
Forderungen	Buchinventur und ggf. Einholung von Saldenbestätigungen
Schecks, Besitzwechsel, Kasse	zeitnahe körperliche Bestandsaufnahme
Verbindlichkeiten außer Bankverbindlichkeiten	Buchinventur und ggf. Einholung von Saldenbestätigungen

Auszug aus einem Inventurplan

Zur Sicherstellung der gesetzlich geforderten vollständigen Erfassung sämtlicher Vermögensgegenstände und Schulden wie auch zur Vermeidung von Doppelerfassungen ist es angebracht, bei der sachlichen Planung das Unternehmen oder die Bestände in einzelne Bereiche (Bezirke) aufzuteilen. Die Aufteilung in einzelne **Aufnahmebereiche** bzw. **Inventurbezirke** erfolgt zunächst nach örtlichen Kriterien, z. B. anhand von Gebäude- und Flächenzeichnungen, mit Hilfe derer das gesamte räumliche Aufnahmegebiet eines Unternehmens systematisch abgedeckt und Lücken bzw. Auslassungen vermieden werden können. Typische Aufnahmebereiche, die ihrerseits wiederum in so genannte **Aufnahmefelder** und **Aufnahmestellen** weiter unterteilt werden können, sind beispielsweise Räume, Raumteile, Plätze oder Stockwerke. Über das direkt zum Unternehmen gehörende Gebiet hinaus sind dabei, unter Zuhilfenahme entsprechender Nachweise Dritter oder eines Raum- und Lagerverzeichnisses, auch Vermögensgegenstände des Unternehmens zu berücksichtigen, die bei Dritten lagern oder sich unterwegs befinden. Weiterhin sind Überlegungen anzustellen, inwieweit eine Abgrenzung von solchen Aufnahmebereichen oder Aufnahmefeldern auch nach anderen sachlichen Kriterien erfolgen könnte. Eine Einführung zusätzlicher, die örtlichen Kriterien überlagernder Anwendungskriterien könnte z. B. dazu führen, dass einem Aufnahmebereich lediglich Vermögensgegenstände zugeordnet werden, die entweder nur einem Bilanzposten angehören oder die nur mittels einer ganz bestimmten Inventurform aufgenommen werden und/oder die nur ganz bestimmten Konten des Kontenplans entstammen.

Einen zweiten Planungsaspekt, der in den Aufnahmeplan einzubeziehen ist, stellt der **Personaleinsatzplan** dar. Er enthält eine Auflistung der an der Inventur zu beteiligenden Personen und Gruppen, wobei nach folgenden Funktionen differenziert wird:

- Inventurleiter, der für die Koordination und Überwachung sämtlicher Inventurarbeiten verantwortlich ist,
- Aufnahmeleiter, die für die ordnungsmäßige Durchführung der Inventur in ihren jeweiligen Aufnahmebereichen Verantwortung tragen,
- Inventurgruppen, die aus einem Ansager, der die eigentliche Aufnahme durchführt, sowie aus einem Aufschreiber bestehen (Vier-Augen-Prinzip),
- Aufnahmeprüfer, die durch Stichproben feststellen, ob die Aufnahmearbeiten ordnungsgemäß durchgeführt worden sind, und denen ggf. die Überwachung der laufenden Bestandsaufnahme obliegt,
- Mitarbeiter für die Ausgabe und Rücknahme von Inventurlisten u. Ä.,
- Mitarbeiter für die Auswertung der Inventurergebnisse,
- Auskunftspersonen, an die sich die Inventurmitarbeiter zur Klärung von Zweifelsfällen wenden können.

Ein weiterer Bestandteil des Personaleinsatzplans hat die Einteilung der einzelnen Personen zu den jeweiligen Aufnahmebereichen bzw. Aufnahmefeldern zum Gegenstand. Sowohl bei dieser Einteilung als auch bei der Zuordnung von Personen zu Funktionen ist der **Grundsatz der Funktionstrennung** (nicht miteinander zu vereinbarende Tätigkeiten dürfen nicht von einer Person vollzogen werden) zu beachten. So sollten Vorbereitung und Durchführung der Vorratsinventur durch leitende Mitarbeiter des Unternehmens überwacht werden, die keine unmittelbare Verantwortung für die Vorräte haben, und bei jeder Inventurgruppe zumindest ein Mitglied vom Lagerpersonal unabhängig sein. Der nachfolgende Auszug aus einem Lagerplan (*AWV*, Inventur, S. 86) soll als Beispiel für eine mögliche Aufteilung der Aufnahmebezirke und funktionale Zuordnung der Mitarbeiter dienen:

Nr. des Aufnahmebezirks	Bezeichnung des Bezirks	verantwortliche Mitarbeiter
1 Aufnahmebezirk	Hilfsmaterialien	verantw.: W. Meyer Kontrolle: S. Müller
10 Aufnahmefeld	Elektromaterial Hochstraße 105	
100 Aufnahmestelle	Erdgeschoss	Ansager: H. Schmidt Aufschreiber: A. Hermann
101 Aufnahmestelle	1. Stock	Ansager: I. Münster Aufschreiber: R. Nolte
102 Aufnahmestelle	Schuppen Hinterhof	Ansager: H. Schmidt Aufschreiber: A. Hermann
11 Aufnahmefeld	Baustoffe, Bauhof Hochstraße 107	

Auszug aus einem Lagerplan

Sach- und Personaleinsatzplan bedingen einen **Zeitplan** als dritten zentralen Planungsbereich der Inventurplanung. Die Festlegung des Inventurstichtags und, bei mehreren Inventurstichtagen, die Abstimmung untereinander sind wesentliche Tatbestände der Zeitplanung. Daneben ist eine zeitliche Koordination der vorbereitenden Inventurtätigkeiten und der im Nachhinein durchzuführenden Inventurauswertungen herbeizuführen. Demnach gilt es, insbesondere die folgenden Aufgaben zeitlich zu fixieren:

- Erstellung des Sach- und Personaleinsatzplans,
- Fertigstellung der Inventuranweisungen für das einzusetzende Personal,
- Vorbereitung der Datenträger für die Aufnahme (z. B. Inventurlisten, Tonbänder),
- Bereitstellung sonstiger Hilfsmittel für die Inventur,
- Einweisung des Inventurpersonals,
- Vorbereitung der einzelnen Aufnahmebereiche,
- Durchführung und Kontrolle der Inventur,
- Auswertung der Inventur.

Beispielhaft dazu ist nachstehend der Auszug aus dem Terminplan eines Metall verarbeitenden Betriebes aufgeführt (*AWV*, Inventur, S. 91).

Lfd. Nr.	Maßnahme	Verantwortlicher	Soll-termin bis	Tatsächl. abge-schlossen
1	Vorlage der Inventurakten aus dem Vorjahr	Leiter des Rechnungswesens	01. 11.	
2	Beauftragung des Inventurleiters	Geschäftsführer	05. 11.	
3	Bildung der Inventurkommission	Inventurleiter	10. 11.	
4	Besprechung der Grundsatzfragen der Inventur	Inventurleiter	15. 11.	
5	Vorbereitung der Dienstanweisung für die Durchführung der Inventur	Inventurleiter	25. 11.	
6	Probeaufnahme im Vorratslager	Inventurleiter	03. 12.	
7	Durchsprache der Ergebnisse der Probeaufnahme	Inventurleiter	04. 12.	
8	Drucklegung der Aufnahmevordrucke	Inventurleiter	05. 12.	
9	Benachrichtigung der Spediteure und Lieferanten	Einkaufsleiter	07. 12.	
10	Ausgabe der Dienstanweisungen	Inventurleiter	12. 12.	
11	Einteilung der Aufnahmebezirke	Inventurleiter	13. 12.	
12	Unterweisung und Einteilung der Prüfer	Inventurleiter	16. 12.	
13	Unterweisung und Einteilung der Ansager und Aufschreiber	Inventurleiter	18. 12.	
14	Sichtbare Kennzeichnung nicht vollwertiger Vorräte	Leiter der Roh-, Zwischen- und Fertigläger	20. 12.	
15	Aussonderung nicht vollwertiger Halberzeugnisse	Produktionsleiter, Leiter der Zwischenläger	20. 12.	
16	Aussonderung nicht vollwertiger Fertigerzeugnisse	Leiter des Fertiglagers	21. 12.	
17	Aufräumung der Läger	Leiter der Roh-, Zwischen- und Fertigläger	22. 12.	

Auszug aus dem Terminplan für die Inventur einer Metallwarenfabrik

2.3.2 Inventurvorbereitung

Eine wesentliche Voraussetzung für einen ordnungsmäßigen Ablauf der Inventurarbeiten ist die schriftlich niedergelegte **Inventurrichtlinie.** Aus dieser zu entwickelnde Detailrichtlinien tragen den Besonderheiten einzelner Inventurobjekte bzw. Inventurverfahren Rechnung. Die Richtlinien sind so kurz wie möglich abzufassen, um der Gefahr zu begegnen, dass diese nicht zur Kenntnis genommen werden. Zudem macht eine regelmäßige Änderungsanpassung die jährliche Neuerstellung der Richtlinien entbehrlich. Die Richtlinien enthalten die zur Inventurvorbereitung notwendigen und die Inventurabwicklung betreffenden Vorschriften **(Inventuranweisungen)** mit der Zielsetzung, eine gleichmäßige und zügige Abwicklung zu fördern und darüber hinaus zu gewährleisten, dass in den einzelnen Jahren nach den gleichen Grundsätzen vorgegangen wird. Es ist empfehlenswert, zu Beginn der Richtlinien einen kurzen Hinweis auf die gesetzlichen Grundlagen der Inventur sowie auf die GoI zu geben. Des Weiteren sollten diesen Anweisungen folgende Tatbestände zu entnehmen sein (s. im Einzelnen *Quick*, Inventuranweisungen, S. 725 ff., für Beispiele s. *AWV*, Inventur, Anlage 3 u. 4):

- Inventurleiter mit Kontaktmöglichkeit,
- Inventurbezirke und dafür verantwortliche Mitarbeiter,
- Anweisungen zur Vorbereitung der Bestandsaufnahme,
- Zeitpunkt der Aufnahme,
- Anweisungen zur eigentlichen Bestandsaufnahme,
- Anweisungen zur ordnungsgemäßen Benutzung der jeweils zu verwendenden Aufnahmevordrucke oder anderen Datenträger,
- Anweisungen zur Kennzeichnung und Behandlung besonderer Bestände,
- Anweisungen bezüglich der Abgrenzung zum Stichtag,
- Angabe einer Auskunftsstelle bzw. -person für Problemfälle,
- Anweisungen zur Beendigung der Bestandsaufnahme sowie zur Kontrolle und Verarbeitung der Inventurergebnisse.

Die Vorbereitung der Inventur umfasst zudem die zweckentsprechende **Gestaltung der Datenträger** für die Erfassung der Bestände. Sofern die Erfassung auf Listen oder Karten erfolgt, ist ein zweckmäßiger Formularaufbau wichtige Voraussetzung für eine ordnungsmäßige und rationelle Inventurdurchführung. Einheitliche Formulare sind vorzusehen, deren ausschließliche Verwendung auch vorgeschrieben wird. Durch Aufnahmeblocks und Strichlisten dokumentierte Uraufschriebe sind oftmals den eigentlichen **Aufnahmelisten** bzw. **Inventurlisten** vorgeschaltet. Als Inventurlisten stehen branchenübliche Vordrucke zur Verfügung, die entsprechend unterschiedlich gestaltet sind. Beispiele dafür finden sich auf den Seiten 58–60. Der **Formularaufbau** weist Spalten für Art-, Mengen- und Wertangaben aus. Wichtig ist, eine Spalte „Bemerkungen" vorzusehen, in die zusätzliche Angaben, wie beispielsweise Abwertungsgründe oder Hinweise zu Aufnahme- und Lagerungsart sowie sonstige Prüfvermerke aufzunehmen sind. Auf einer Liste sollten möglichst nur Gegenstände **einer**

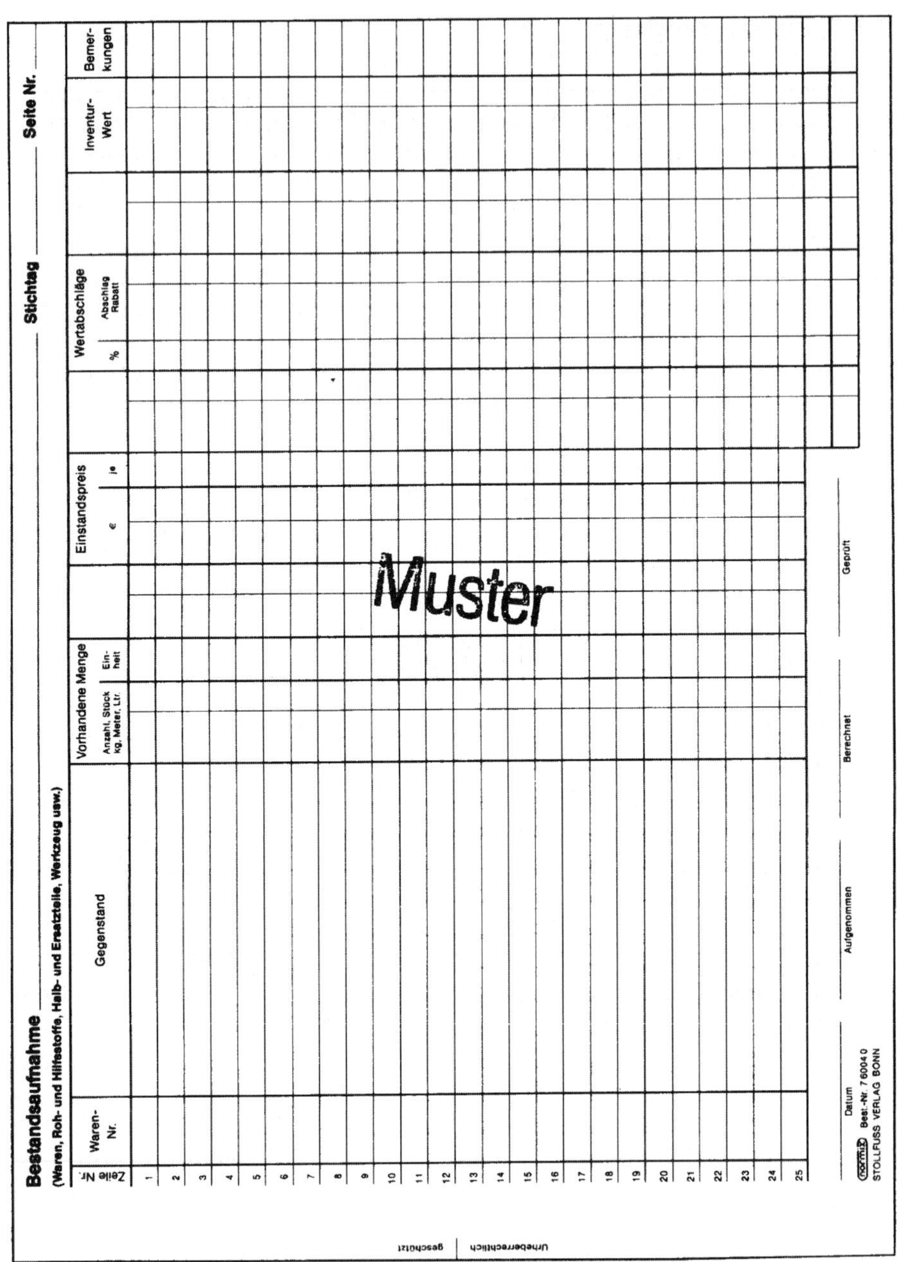

Bestandsaufnahme ________ **Stichtag** ________ **Seite Nr.** ________

(Waren, Roh- und Hilfsstoffe, Halb- und Ersatzteile, Werkzeug usw.)

Zeile Nr.	Waren-Nr.	Gegenstand	Vorhandene Menge: Anzahl, Stück kg, Meter, Ltr.	Ein-heit		Einstandspreis: €	je		Wertabschläge: %	Abschlag Rabatt		Inventur-Wert	Bemer-kungen
1													
2													
3													
4													
5													
6													
7													
8													
9													
10													
11													
12													
13													
14													
15													
16													
17													
18													
19													
20													
21													
22													
23													
24													
25													

Datum ________ Aufgenommen ________ Berechnet ________ Geprüft ________

normfix Best.-Nr. 7 60040
STOLLFUSS VERLAG BONN

Aufnahmeliste für Vorratsvermögen (Muster)

Original-Bestandsaufnahme: Stichtag:

Abteilung/Lagerort/Fach: Seite:

Zeile Nr.	Waren-Nr.	Gegenstand		Festgestellte		Einstandspreis	Verkaufspreis	Minus		Richtiger Inventurpreis
		Handelsübliche Bezeichnung	Beschaffenheit	Menge Anzahl	Stück kg m	mit Fracht- und Bezugs-Kost.	(eventuell Marktpreis)	%	Wert-Abschlag Rabatt	
1										
2										
3										
4										
5										
6										
7										
8										
9										
10										
11										
12										
13										
14										
15										
16										
17										
18										
19										
20										
21										
22										
23										
24										
25										
26										
27										
28										
29										
30										

Aufnahme-Datum Aufgenommen durch Berechnet durch

normfix Best.-Nr. 760008
STOLLFUSS VERLAG BONN

Aufnahmeliste für Abteilung bzw. Lagerort (Muster)

Bestandsaufnahme: Stichtag:

Abteilung / Standort / Gruppe: Seite-Nr.:

Zeile Nr.	Inventar-Nr.	Gegenstand	Anschaffungsdatum	Einstandspreis	letzter Buchwert oder Zugang	Abschreibung %	Abschreibung Betrag	Neuer Buchwert
1								
2								
3								
4								
5								
6								
7								
8								
9								
10								
11								
12								
13								
14								
15								
16								
17								
18								
19								
20								
21								
22								
23								
24								
25								
26								
27								
28								
29								
30								
31								
32								
33								
34								
35								
36								
37								
38								
39								
40								

Muster

Aufnahme-Datum Aufgenommen durch Berechnet durch

normfix Best.-Nr. 76002
STOLLFUSS VERLAG BONN

Bestandsverzeichnis für bewegliche Anlagegüter (Muster)

Warengruppe erfasst werden. Für nicht dem wirtschaftlichen Eigentum des Unternehmens zuzurechnende Vermögensgegenstände sind entweder gesonderte Listen zu führen oder aber besondere Kennungen vorzunehmen, um Bestätigungsanfragen der Eigentümer anhand der Aufnahmelisten beantworten zu können. Falls die Bewertung bereits in den Aufnahmepapieren und nicht erst nach Übertragung der Daten in gesonderten Bewertungslisten erfolgen soll, sind entsprechende Spalten vorzusehen, in die die Wertansätze bei oder auch nach Abschluss der körperlichen Bestandsaufnahme einzutragen sind. Infolge organisatorischer Vorteile hat vor allem bei Vorräten auch die Erfassung über **Inventurkarten** (siehe Abbildung auf dieser und der folgenden Seite) Anerkennung gefunden. Eine Inventurkarte entspricht dem zulässigen Listenverfahren durch Erfassungsreduktion auf jeweils eine Listenposition.

Weitere Maßnahmen der Inventurvorbereitung werden sich auf Anweisungen oder Vorbereitungen erstrecken, die den Gebrauch von zusätzlich zu den Listen verwendeten Datenaufzeichnungsgeräten (z. B. Diktiergeräte, Fotoapparate, Videokameras) betreffen oder auch Erfassungsgeräte wie Laptops (ggf. auch Strichcodeleser) einbeziehen, die die erforderlichen Aufstellungen durch einen Ausdruck der erfassten Daten liefern. Alle Datenträger müssen, z. B. durch fortlaufende Nummerierung, so gestaltet sein, dass bei der Rückgabe eine Vollständigkeitskontrolle durchgeführt werden kann. Die Bereitstellung der jeweiligen Datenträger und der nötigen Anweisungen muss in genügendem Umfang an den für die Ausgabe vorgesehenen Orten erfolgen.

Neben den Datenträgern werden **sonstige Hilfsmittel** für die Aufnahme benötigt, die entsprechend zur Verfügung zu stellen sind. Hier ist insbesondere an Messgeräte, Materialprüfgeräte, Zählbehälter, Zählwagen, Umrechnungstabel-

<table>
<tr><td colspan="2">Fa.:</td><td colspan="4">Inventur-Aufnahme</td><td>Dat.:</td></tr>
<tr><td colspan="2">Fil.:</td><td colspan="4">Abt.: Lag.: Fach:</td><td>K'nr.:</td></tr>
<tr><td colspan="2" rowspan="2">Gegenstand:</td><td></td><td colspan="4"></td></tr>
<tr><td>Nr.</td><td colspan="4">Benennung</td></tr>
<tr><td colspan="2">Menge</td><td>Wert</td><td colspan="2">Umwertung</td><td>Wert</td><td>Festpreis</td></tr>
<tr><td>E'ht</td><td>Anzahl</td><td>je E'ht</td><td>%</td><td>Betrag</td><td>Inventur</td><td>€</td></tr>
<tr><td></td><td></td><td></td><td></td><td></td><td></td><td>Aufnahme</td></tr>
<tr><td></td><td></td><td></td><td></td><td></td><td></td><td>Veränderung</td></tr>
<tr><td></td><td></td><td></td><td></td><td></td><td></td><td>Bestand/Stichtag</td></tr>
<tr><td colspan="2">aufgenommen:</td><td colspan="2">gerechnet:</td><td colspan="3">geprüft:</td></tr>
<tr><td></td><td></td><td></td><td></td><td></td><td colspan="2"></td></tr>
<tr><td colspan="3">Bem.:*</td><td colspan="4">Raum für Strichliste/Berechnungen</td></tr>
</table>

* z.B.: Abwertungsgrund, Aufnahmeart, Lagerungsart etc.

Inventur-Aufnahmekarte (Vorderseite)

Fortschreibung				
Beleg	Tag	Lieferant/Empfänger/Hinweis	Zugang	Abgang
Saldo = Bestandsveränderung				

Inventur-Aufnahmekarte (Rückseite)

len, Rollwagen bei Bodenlagerung, Behälter zum Sortieren, Taschenrechner und Schreibmittel zu denken.

Bei der Planung einer Inventur ist in hohem Maße auch die Bereitschaft und Qualifikation des **Aufnahmepersonals** zu berücksichtigen. Oft stehen nicht genügend erfahrene Kräfte zur Verfügung. Inventur unerfahrenes Aufnahmepersonal muss rechtzeitig über die für seine Aufgabe relevanten Teile der Inventurrichtlinie unterrichtet werden. Dazu gehören **Unterweisungen** über:

- Sinn und Zweck der Inventur,
- Gliederung der Aufnahmebereiche, der Aufgaben und Einsatzorte der Mitarbeiter,
- zeitliche Vorschriften und Vorgaben,
- Handhabung der Datenträger,
- die gesamten von den jeweiligen Mitarbeitern durchzuführenden Arbeiten bei der Aufnahme sowie sonstige Unterweisungen, z. B. über Auskunftsstellen.

Darüber hinaus kann im Rahmen von Schulungen, durch praktische Anleitungen, Übungen bzw. Probezählungen Wissen vermittelt werden. Die Inventurverantwortlichen können dabei Erkenntnisse über die Bestände, die Ausgestaltung von Formularen und Dienstanweisungen sowie die Zeitplanung sammeln mit der Zielsetzung, die sich anschließende, eigentliche Bestandsaufnahme zu beschleunigen.

Schließlich ist die **Vorbereitung der Aufnahmebereiche,** insbesondere der Läger und Werkstätten, als eine weitere wesentliche Voraussetzung für eine reibungslose und ordnungsmäßige Bestandsaufnahme zu erwähnen. Zur Lagervorbereitung gehören, soweit dies nicht bereits laufend durch eine gute Lagerorganisation sichergestellt ist, Tätigkeiten wie das Reinigen der Läger, die Überprüfung der Kennzeichnung des Materials, die vorzeitige Beseitigung von Lagerhütern, die Instandsetzung, der Verkauf oder die Verschrottung beschädigten Materials, die Klärung von Fällen belegmäßig nicht erfassten Materials und die Vorsortierung sowie ggf. eine Umlagerung zur Zusammenfassung oder Trennung von Vorräten. Darüber hinaus sind eventuell zusätzliche Kennzeichnungen von Fremdmaterial, bei großen Lagerstellen die Markierung der einzelnen Aufnahmefelder und, falls möglich, das Ausräumen der Vorräte aus den Versand- und Wareneingangsbereichen erforderlich. Bei den Werkstätten sollten Vorkehrungen dahingehend getroffen werden, dass die dort befindlichen Roh-, Hilfs- und Betriebsstoffe, die unfertigen Erzeugnisse (entsprechend ihrem Fertigungsgrad) und die Fertigerzeugnisse reibungslos erfasst werden können. Unterstützend wirken dabei auch Maßnahmen, die auf die zahlenmäßige Verminderung der in den Fertigungsbereichen befindlichen Güter abzielen. Des Weiteren hat eine Abstimmung zwischen dem Ein- und Ausgang von Vermögensgegenständen des Anlage- bzw. Vorratsvermögens einerseits und dem jeweils korrespondierenden Rechnungseingang bzw. der Rechnungsstellung andererseits zu erfolgen, wobei ein zumindest kurzfristiger Bestellstopp, Entnahmebeschränkungen und Belegschlusstermine zweckdienlich sein können.

2.3.3 Inventurdurchführung (Bestandserfassung)

Die Inventurdurchführung beginnt grundsätzlich mit der Ausgabe der Datenaufzeichnungsgeräte und -träger für die Bestandsaufzeichnung, sofern die Bestände nicht direkt durch Ausdrucken der Kontensalden ermittelt werden können. Auch ist noch vor der Bestandsaufnahme, soweit erforderlich, eine Isolierung der Aufnahmebereiche herbeizuführen. Die eigentliche Aufnahme ist abhängig von der Art der zu erfassenden Bestände. Obwohl die Ordnungsmäßigkeit der Bestandserfassung aufgrund des **Vier-Augen-Prinzips** weitgehend gesichert ist, sollte die Erfassung dennoch von zusätzlichen **Kontrollen** begleitet werden, um bei einer fehlerhaften Aufnahme frühzeitig reagieren zu können. Nach Abschluss der Bestandsaufnahme sind die ausgegebenen Datenaufzeichnungsgeräte und -träger vollständig bei der Ausgabestelle zurückzugeben. Der Vollständigkeitskontrolle der Datenaufzeichnungsgeräte und -träger schließen sich weitere, nachträgliche Kontrollen nach Vollständigkeit und Richtigkeit der Aufnahme an. Der Stichprobenumfang von solchen Kontrollen richtet sich dabei nach dem Wert der Bestände sowie dem Inhalt und Zustand der erstellten Unterlagen. Die **Vorgehensweise der Bestandserfassung** lässt sich nach der Art der zu erfassenden Bestände wie folgt charakterisieren:

Immaterielle Vermögensgegenstände wie Konzessionen, gewerbliche Schutzrechte, Lizenzen oder rein wirtschaftliche Rechte werden grundsätzlich anhand von Belegen erfasst und durch ein **Bestandsverzeichnis** nachgewiesen, aus dem die Art des Anspruchs, die Kennzeichnung des Rechts, die zeitliche und regionale Gültigkeit, die wirtschaftliche Bedeutung und die für den Erwerb gemachten Aufwendungen hervorgehen müssen. Als Nachweisunterlagen für das tatsächliche Vorhandensein der Rechte kommen Eintragungen bei öffentlichen Stellen (z. B. Patentnummern im Patentregister) und private Verträge (z. B. Konzessionsverträge) in Betracht. Um eine jährliche Erstellung des Bestandsverzeichnisses anhand von Belegen zu vermeiden, ist, analog zu den Gegenständen des Sachanlagevermögens, die Führung eines permanenten Bestandsverzeichnisses bzw. einer entsprechenden Kartei oder die Aufnahme der für die Inventarfunktion benötigten Informationen in die Sachkonten gebräuchlich. Die Bestände lassen sich dann durch mengen- und wertmäßige Fortschreibung ermitteln. Allerdings gelten für die Befreiung von der Pflicht zur jährlichen belegmäßigen Bestandsaufnahme die nachfolgend beim Sachanlagevermögen beschriebenen Voraussetzungen. Die Aufnahme von **Anzahlungen** erfolgt jährlich in der Regel anhand der Vertragsunterlagen, der entsprechenden Belege und der Finanzkonten sowie der Korrespondenz; sie sind wie Forderungen in Saldenlisten zu erfassen. Da dies generell für Anzahlungen gilt, wird im Folgenden auf geleistete Anzahlungen auf die verschiedenen Vermögensgegenstände des Anlage- und Umlaufvermögens nicht weiter eingegangen.

Bezüglich der Vorgehensweise bei der Bestandserfassung des **Sachanlagevermögens** ist zwischen Immobilien und beweglichen Gegenständen des Sachanlagevermögens zu unterscheiden. **Immobilien** werden grundsätzlich anhand von Kaufverträgen, Grundbuch- und Katasterauszügen aufgenommen. Unter Umständen müssen jedoch weitere Unterlagen hinzugezogen werden, falls aus den genannten Nachweisen tatsächliche Rechtsänderungen und Belastungen, wie z. B. öffentlich-rechtliche Verpflichtungen oder gesetzliche Verfügungs- und Belastungsbeschränkungen, nicht hervorgehen. Bei Bauten auf fremdem Grund sind zur Inventarisierung Pachtverträge und sonstige relevante Vereinbarungen nötig. Wegen der im Allgemeinen nur geringen Zu- und Abgänge erübrigt sich zumeist eine Ortsbesichtigung. Bei Bestands- oder Wertminderungen aufgrund schädlicher Einwirkungen oder Zerstörung kann eine Besichtigung oder Bestellung eines Gutachters erforderlich sein. **Bewegliches** Anlagevermögen ist durch körperliche Bestandsaufnahme zu erfassen. Abgänge durch Verkauf oder Verschrottung sind durch Rechnungen oder besondere Belege nachzuweisen. Für die Behandlung von geringwertigen Wirtschaftsgütern ist in diesem Zusammenhang auf die Ausführungen zum Vollständigkeitsgrundsatz im Rahmen der GoI (vgl. Teil A, Abschn. 2.1, S. 43 ff.) hinzuweisen. Die Vermögensgegenstände des **Sachanlagevermögens** sind in einem Bestandsverzeichnis oder, getrennt nach den verschiedenen Arten der Vermögensgegenstände, in mehreren Bestandsverzeichnissen aufzuführen. Für Gegenstände, die zulässigerweise mit einem Festwert angesetzt werden, genügt dabei die Angabe des Festwertes. Ein Bestandsverzeichnis ist für jeden Bilanzstichtag aufzustellen. Um eine jährliche Erstellung des Bestandsverzeichnisses durch körperliche Bestandsaufnahme oder aufgrund von Belegen zu vermeiden, ist die Führung eines permanenten Bestandsverzeichnisses bzw. einer entsprechenden **Kartei** (für bewegliches Anlagevermögen vgl. Teil B, Abschn. 3.1.2.3, S. 809 f.) oder die Aufnahme der für die Inventarfunktion benötigten Informationen in die Sachkonten gebräuchlich. Wie im Falle der immateriellen Vermögensgegenstände werden die Bestände dann durch mengen- und wertmäßige Fortschreibung ermittelt. Allerdings kann durch eine Kartei, ein permanentes Bestandsverzeichnis oder eine entsprechende Sachkontendokumentation keineswegs jegliche Pflicht zur körperlichen bzw. belegmäßigen Inventur ausgeschlossen werden. Eine Befreiung von der jährlichen Aufnahme zum Bilanzstichtag kommt, da der Istbestand zuverlässig registriert werden muss, nur dann in Frage, wenn sich aus dem Betriebsablauf bzw. einem internen Kontrollsystem zwangsläufig eine ständige Kontrolle der wesentlichen Teile des Anlagevermögens ergibt. Allerdings sollte auch dann eine körperliche bzw., wie bei Grundstücken, belegmäßige Bestandsaufnahme im Turnus von drei bis fünf Jahren durchgeführt werden (vgl. *Adler/Düring/ Schmaltz,* Rechnungslegung, §240 HGB, Rn.33). Im Bau befindliche Anlagen sind nach Möglichkeit vorläufig abzurechnen und gesondert zu erfassen, wobei eine örtliche Besichtigung des Zustandes am Bilanzstichtag angebracht sein kann. Die Befreiungsmöglichkeiten von der jährlichen Aufnahme kommen hier regelmäßig nicht in Betracht.

Bei den **Finanzanlagen** werden nicht verbriefte Anteile an verbundenen Unternehmen und Beteiligungen grundsätzlich anhand der dazugehörigen Unterlagen wie Handelsregisterauszügen, Gesellschaftsverträgen, Kaufverträgen usw. aufgenommen. Das zu erstellende **Bestandsverzeichnis** hat die einzelnen Beteiligungsunternehmen unter Angabe ihrer Rechtsform, die prozentuale und nominelle Beteiligungshöhe, die Anschaffungskosten und ggf. den letzten Buchwert der Beteiligung zu enthalten. Wird ein permanentes Beteiligungsverzeichnis bzw. eine ordnungsmäßige Kartei geführt, gilt das im Bereich des Sachanlagevermögens Gesagte analog. Nicht verbriefte Ausleihungen sind anhand von Vertrags- und ggf. weiterer Unterlagen wie z. B. Auszahlungsbelegen, Grundbuchauszügen oder notariellen Urkunden zu erfassen; auch müssen analog den bei Forderungen des Umlaufvermögens geltenden Grundsätzen ggf. Saldenbestätigungen eingeholt werden. Als Bestandsverzeichnis der Ausleihungen ist eine Saldenliste anzufertigen. Wird eine ordnungsmäßige Darlehenskartei geführt bzw. enthalten die Darlehens- oder Personenkonten zusätzliche Informationen über Besicherungen sowie Zins- und Tilgungsmodalitäten, so gilt das im Bereich des Sachanlagevermögens Gesagte. Wertpapiere des Anlagevermögens werden bei Fremdverwahrung aufgrund jährlicher Bestätigungen der verwahrenden Stelle (i. d. R. Depotauszüge von Kreditinstituten) aufgenommen. Die Bescheinigungen sollten auch Angaben über mögliche Belastungen (z. B. Sicherungsübereignung, Verpfändung) enthalten. Bei in Eigenverwahrung befindlichen Wertpapieren ist, analog zu den Grundsätzen der Kassenbestandsaufnahme, eine schriftlich dokumentierte körperliche Bestandsaufnahme erforderlich.

Die Inventarisierung des **Vorratsvermögens** wird auf Basis einer jährlichen, körperlichen Bestandsaufnahme vorgenommen. Die Erfassung der Mengen erfolgt hierbei grundsätzlich durch Zählen, Messen oder Wiegen sowie, in Ausnahmefällen, durch Schätzen. Es müssen in den jeweiligen Inventuranweisungen genaue Angaben darüber gemacht werden, **wie** die jeweiligen Gegenstände zu erfassen sind, da sich bestimmte Vermögensgegenstände mengenmäßig sowohl durch Zählen als auch durch Wiegen erfassen lassen. So kann die mengenmäßige Erfassung des Bestandes einer Aufnahmeposition durch Bildung einer Reihe von Stapeln mit gleicher Anzahl und anschließendem Zählen der Stapel oder auch durch Bestimmung des Gewichts einer bestimmten Menge und anschließendem Wiegen vereinfacht werden. Erfolgt die Mengenfeststellung durch Abzählen oder Wiegen von abgepackten Waren, muss durch Stichproben die Einhaltung der einheitlichen Packmengen bzw. -gewichte überprüft werden. Schütt- und Massengüter (z. B. Kohle, Erz, Sand, Kies) sind durch Aufmessen aufzunehmen. Die Bestimmung der aufzunehmenden Ware ist aber nicht immer durch einfache Inaugenscheinnahme möglich. So muss beispielsweise bei der Aufnahme von flüssigen oder gasförmigen Stoffen unter Umständen durch das Ziehen von Proben die Identität festgestellt werden. Bestände sollten grundsätzlich nur in Ausnahmefällen geschätzt werden. Schätzungen sind dabei von zwei Aufnahmepersonen unabhängig voneinander durchzuführen. Ist das Zählen von Beständen auf der Grundlage gemachter Fotografien prinzipiell möglich, so kann die eigentliche Bestandsaufnahme durch das Fotografieren beschleunigt werden.

Besondere Aufnahmeverfahren ergeben sich bei unfertigen Erzeugnissen, auswärtig gelagerten oder unterwegs befindlichen eigenen Erzeugnissen, ein- und ausgehenden Erzeugnissen, Fremdwaren sowie bei der Zusammenfassung von Warenvorräten und bei der Festbewertung (s. hierzu im Einzelnen *Weiße*, Inventur, S. 72 ff.). Für unfertige Erzeugnisse ist der jeweilige Fertigungsgrad, beispielsweise unter Zuhilfenahme von Arbeitskarten, zu bestimmen. Im Falle einer kontinuierlichen Fließfertigung geht man gewöhnlich von einem durchschnittlichen Fertigungsgrad aus. Die Ergebnisse der Mengenaufnahme, ggf. auch weitere für die Bewertung relevante Angaben (z. B. hinsichtlich der Brauchbarkeit [Qualität] der Waren), sind in Inventurlisten zu verzeichnen. Ein spezielles Problem stellt die Erstellung eines Bestandsverzeichnisses bei Anwendung der Stichprobeninventur dar. Die Überleitung der Ergebnisse des Stichprobenverfahrens in das Bestandsverzeichnis erfolgt bei Anwendung **mathematisch-statistischer Testverfahren** in der Weise, dass eine in ihrer Bestandszuverlässigkeit bestätigte Lagerbuchführung als Ausgangsgrundlage für das Bestandsverzeichnis übernommen wird. Bei Anwendung **mathematisch-statistischer Schätzverfahren** bestehen dagegen zwei Möglichkeiten der Überleitung. Zum einen können die Schätzwerte zum Test der Aussagekräftigkeit einer Lagerbuchführung verwandt werden **(sog. Annahmestichprobenverfahren).** Als Bestätigung der Lagerbuchführung ist eine Abweichung zwischen dem geschätzten Inventurbruttowert und dem (Gesamt-)Buchwert von bis zu 2 % aufzufassen. Bei nachgewiesener Bestandszuverlässigkeit wird dann im Wesentlichen wie bei der Anwendung von Testverfahren vorgegangen. Zum anderen kann der Schätzwert des Gesamtbestands im Bestandsverzeichnis angesetzt werden. Da die Vermögensgegenstände im Inventar aber nach Art, Menge und Wert gesondert anzugeben sind, müsste die Gesamtabweichung zwischen Buch- und geschätztem Inventurbruttowert den einzelnen Lagerpositionen zugeordnet werden. Allerdings ist eine eindeutige Zuordnung der nach Einzelkorrektur der Stichprobenelemente verbleibenden Inventurdifferenz auf die übrigen Positionen sachlich nicht zu begründen, so dass es genügt, die verbleibende Abweichung global durch Einstellung eines Ausgleichspostens in das Bestandsverzeichnis zu berücksichtigen und für die nicht in der Stichprobe enthaltenen Bestände der Grundgesamtheit die Informationen der Lagerbuchführung zu übernehmen (vgl. *Weiss/Heiden*, § 241 HGB, Rn. 78 ff.). Für die Erfassung von geleisteten Anzahlungen auf Vorräte gelten die bei der Bestandserfassung von Forderungen maßgeblichen Grundsätze.

Die Inventur von (kurzfristigen) **Forderungen** erfolgt bei einer Kontokorrentbuchführung anhand der Debitorenkonten sowie sonstiger Aufzeichnungen mit Buchfunktion, bei einer Belegbuchführung anhand der Belege (i. d. R. Ausgangsrechnungen). Sammelkonten, z. B. für Einmalkunden (so genannte Konten pro Diverse [CPD], verschiedene Debitoren o. Ä.), sind dabei aufzugliedern. Auch müssen Sollsalden von Kreditorenkonten (so genannte debitorische Kreditoren) mit erfasst werden. Die Forderungen sind in eine **Saldenliste** oder, getrennt nach unterschiedlichen Forderungen, mehrere Saldenlisten aufzunehmen. In diesen Aufstellungen werden sämtliche Kunden unter Angabe von Name, Ort und Saldo aufgeführt. Die Saldenlisten haben also den Charakter eines Sollbestandsnachweises. Istbestandserfassungen und -nachweise lassen sich nur über externe Unterlagen führen. Hierzu dienen im Allgemeinen **Saldenbestätigungen,** wobei zwischen drei Verfahren zu unterscheiden ist (*IDW*, WP-Handbuch 06 I, S. 2086):

- Der Adressat wird gebeten, seine Übereinstimmung mit dem ausgewiesenen Saldo zu bestätigen (positive Methode),
- der Adressat wird gebeten, nur bei Nichtübereinstimmung mit dem ausgewiesenen Saldo zu antworten (negative Methode, sog. Saldenmitteilungen),
- der Schuldner wird um Mitteilung des in seinen Büchern vorhandenen Saldos gebeten (offene Methode).

In der Praxis wird bei Industrie- und Handelsunternehmen überwiegend das erste Verfahren angewandt. Mit Saldenbestätigungen kann zwar das tatsächliche Vorhandensein von Forderungen, nicht aber ihre Werthaltigkeit nachgewiesen werden. Abgesehen von voll zu erhebenden Einzelpositionen, wie Forderungen gegen verbundene Unternehmen, Forderungen gegen Unternehmen, mit denen ein Beteiligungsverhältnis besteht, Forderungen gegen Gesellschafter, Forderungen, die in ihrer Höhe absolut oder relativ für das Unternehmen von Bedeutung sind, und sonstigen Vermögensgegenständen, wird es im Allgemeinen genügen, Salden lediglich in Stichproben zu bestätigen. Auch Konten mit Nullsalden sind grundsätzlich in die Grundgesamtheit, aus der die Stichprobe gezogen wird, mit aufzunehmen. Die Bestätigungen sollten dabei so rechtzeitig eingeholt werden, dass bei einer geringen Rücklaufquote und bei unbefriedigenden Ergebnissen ausreichend Zeit verbleibt, eine Rückfrageaktion durchzuführen.

Die Bestandserfassung der **Wertpapiere des Umlaufvermögens** erfolgt analog zu der bei den Wertpapieren des Anlagevermögens praktizierten Vorgehensweise. Von Dritten in Pfand genommene Wertpapiere sind als solche zu kennzeichnen, damit sie für Zwecke der Bilanzierung ausgesondert werden können.

Besitzwechsel sind, auch wenn eine entsprechende Nebenbuchhaltung geführt wird, grundsätzlich durch körperliche Bestandsaufnahme zu erfassen. Die Bestandsliste hat den Namen und Ort des Bezogenen, den Zahlungsort, den Verfalltag und den Wechselbetrag auszuweisen. Etwaige Rück- und Protestwechsel sind dabei gesondert aufzuführen. Wenn laufend genaue Wechselnachweise geführt werden, genügt eine betragsmäßige Zusammenstellung, die mit den laufenden Aufzeichnungen abzustimmen ist.

Bei der Erfassung der **flüssigen Mittel** ist zwischen Kassenbestand, Schecks, Bundesbankguthaben sowie Guthaben bei Postbank und anderen Kreditinstituten zu unterscheiden. Der Bargeldbestand sowie der Scheckbestand sind durch körperliche Bestandsaufnahme zu ermitteln und in Kassen- sowie Scheckaufnahmeprotokollen festzuhalten. Da Schecks in der Regel unmittelbar nach Eingang der Hausbank zum Inkasso eingereicht werden, kann auf die Führung eines gesonderten Scheckkopiebuchs verzichtet werden. Sind Schecks bei der Bank eingereicht, aber noch nicht gutgeschrieben, so werden sie anhand der Scheckeinreichungsliste nachgewiesen. Bundesbankguthaben, Postbankguthaben sowie Guthaben bei Kreditinstituten sind durch Kontoauszüge zu erfassen bzw. zu belegen. Die Bestände sollten, wenn entsprechende Konten bei einer größeren Anzahl von Geldinstituten bestehen, mit Einzelangaben über Institut, Kontonummer und Betrag in ein Bestandsverzeichnis aufgenommen werden. Bei Abweichungen zwischen den Auszügen und den Salden der Konten aufgrund von zeitlichen Buchungsunterschieden ist eine Übergangsrechnung anzufertigen.

In Geschäftsjahren vor dem 1. 1. 2010 gebildete **Sonderposten mit Rücklageanteil,** welche gemäß Art. 67 Abs. 3 EGHGB fortgeführt werden, werden anhand der Sachkonten i. V. m. Belegen oder Karteien erfasst, die dem individuellen Nachweis von Tatbeständen dienen, die zur Bildung oder Auflösung steuerfreier Rücklagen und ggf. auch Wertberichtigungen aufgrund steuerlicher Sonderabschreibungen geführt haben. Hierfür ist eine Übersicht zu erstellen, aus der die Entwicklung jeder Position des Sonderpostens mit Rücklageanteil im Laufe des Geschäftsjahres, gegliedert nach Anfangsbestand, Zuführung, Verbrauch bzw. Auflösung und Endbestand, ersichtlich ist. Für ab dem 1. 1. 2010 beginnende Geschäftsjahre dürfen keine Sonderposten mit Rücklageanteil mehr gebildet werden (vgl. *Coenenberg/Haller/Schultze*, Jahresabschluss, S. 337 f.; zur Aufhebung des Prinzips der umgekehrten Maßgeblichkeit vgl. BMF v. 12. 3. 2010, BStBl. I 2010, S. 239 ff. sowie Teil A, Abschn. 1.2.2, S. 27 ff. und Abschn. 13.7.3, S. 530).

Da **Rückstellungen** bilanzierungspflichtige Schulden im weiteren Sinne darstellen, ist eine **Inventur der Risiken** (vgl. *Leffson*, Grundsätze, S. 222) erforderlich. Die Inventarisierung erfolgt anhand von individuellen externen oder internen Belegen gemäß den die Rückstellung begründenden Sachverhalten. Die notwendigen Verzeichnisse und ggf. auch die Belege der Risiken werden zweckmäßigerweise in denjenigen Abteilungen des Unternehmens erstellt, die unmittelbar mit den betreffenden Risiken in Berührung kommen. Externe Belege können z. B. von der Einkaufs- oder Verkaufsabteilung zur Rückstellungsbildung für ungewisse Verbindlichkeiten oder drohende Verluste aus schwebenden Geschäften ausgewertet und in Aufstellungen über Verlust bringende Ein- und Verkaufsgeschäfte zusammengefasst werden. Für Zwecke der **Pensionsrückstellungsbildung** ist, auf der Grundlage von Unterlagen der Personalabteilung, zum Bilanzstichtag ein Verzeichnis zu erstellen, in dem jeder einzelne Pensionsberechtigte mit persönlichen Daten wie Alter, Geschlecht, Eintrittsdatum, Zusagedatum, Pensionsalter, Betrag der zugesagten Leistungen, ggf. Lohn und Gehalt und deren Veränderungen sowie mit Angaben zu den Angehörigen erfasst ist. Interne Belege müssen für die Erfassung von z. B. **Aufwandsrückstellungen** nach §249 Abs. 1 Satz 2 Nr. 1 HGB herangezogen werden. Üblicherweise wird ein **Rückstellungsspiegel** erstellt, aus dem, gruppiert nach Rückstellungssachkonten, die Entwicklung der einzelnen Rückstellungen im Laufe des Geschäftsjahres anhand von Anfangsbestand, Zuführung, Verbrauch bzw. Auflösung und Endbestand ersichtlich ist.

Im Rahmen der Inventarisierung der **Verbindlichkeiten** erfolgt die Erfassung der emittierten **Anleihen** anhand von Beschlüssen des Aufsichtsrats und der Hauptversammlung bzw. der entsprechenden Gremien bei Unternehmen anderer Rechtsformen als der AG, Börsenprospekten und Abrechnungen der Emissionsbank sowie Tilgungs- und Auslosungsprotokollen. Anstelle einer Saldenliste können die Konten der Finanzbuchführung als Bestandsnachweis dienen. Bei **Verbindlichkeiten gegenüber Kreditinstituten** ist die Inventur anhand von Bankauszügen oder sonstigen Saldenbestätigungen durchzuführen; im Falle langfristiger Verbindlichkeiten und/oder bei Besicherungen sind unter Umständen weitere Unterlagen heranzuziehen. Analog zu den Bankguthaben sind auch hier ggf. Übergangsrechnungen und ein Bestandsverzeichnis zu erstellen. Da **Wechselverbindlichkeiten** im Gegensatz zu Besitzwechseln keinen physischen Bestand repräsentieren, dient als Nachweis ein Auszug aus dem Wechselkopiebuch oder das Wechselkopiebuch selbst. Die Erfassung der **Verbindlichkeiten aus Lieferungen und Leistungen,** der Verbindlichkeiten gegenüber verbundenen Unternehmen, der Verbindlichkeiten gegenüber Unternehmen, mit denen ein Beteiligungsverhältnis besteht, und der sonstigen Verbindlichkeiten erfolgt analog zur Erfassung der entsprechenden Forderungsarten. Bei der Aufnahme der **sonstigen Verbindlichkeiten** ist allerdings zu beachten, dass hierunter auch langfristige Kredite wie Schuldscheindarlehen fallen können. Solche Verbindlichkeiten sind dann mittels entsprechender Unterlagen zu erfassen.

Die aktiven und passiven **Rechnungsabgrenzungsposten** ergeben sich in der Regel nicht unmittelbar aus den Buchungen während des Geschäftsjahres. Sie müssen vielmehr für Zwecke der Bilanzerstellung gesondert ermittelt werden. Anhand der angestellten Berechnungen ist dann eine **Saldenliste** zu erstellen. Auch wenn prinzipiell ein Istbestandsnachweis aufgrund von Saldenbestätigungen geführt werden kann, so ist dennoch die Einholung von Saldenbestätigungen eher unüblich und im Normalfall nicht erforderlich.

2.3.4 Inventurauswertung und Inventarerstellung

Sofern sich die Werte von Vermögensgegenständen und Schulden für Inventarzwecke nicht automatisch aus der Art der Vermögensgegenstände (wie beispielsweise bei Forderungen) ergeben, so kann die **Bewertung** der Mengen sowohl während der Inventur als auch, auf der Basis entsprechender Aufzeichnungen in den Inventurunterlagen, im Anschluss daran erfolgen. Der Beginn von Bewertungsüberlegungen wird häufig als Grenze zwischen der eigentlichen Bestandserfassung (Inventur) und der **Inventarerstellung** angesehen (vgl. *Knop*, §240 HGB, Rn. 4, 41). Die im HGB zu findenden Bewertungsbestimmungen für das Inventar sind nur rudimentär. Um subjektiven Werteinschätzungen des Inventarerstellers vorzubeugen, ist daher auf die grundlegenden bilanziellen Bewertungsbestimmungen für den Jahresabschluss, im Wesentlichen festgelegt in den §§ 252, 253 und 255 HGB, zurückzugreifen. Die Bewertung der Vermögensgegenstände und Schulden im Inventar kann mit Bruttowerten (z. B. Nennwerte, Anschaffungs- oder Herstellungskosten) erfolgen. Im Allgemeinen werden aber die sich aus der laufenden Bestandsbuchführung ergebenden Wertansätze, die auch auf normalisierten Kosten (vgl. dazu Teil B, Kap. 5, S. 920 ff.) beruhen können, verwendet, um einen wertmäßigen Vergleich zwischen Inventar- und Sollbestand zu ermöglichen. Minderqualitäten sind individuell abzuwerten, unbrauchbar gewordene Bestände mit null oder, wenn vorhanden, dem Schrottwert anzusetzen.

Für Bestände, die nicht mittels Buchinventur direkt aus der Buchführung entnommen werden, beinhaltet die **Inventurauswertung** im engeren Sinne den Vergleich zwischen mengen- und/oder wertmäßigen Sollbeständen der Finanzbuchführung und den durch Inventur und Bewertung ermittelten Istbeständen. Aus diesem Soll-Ist-Vergleich resultierende Inventurdifferenzen und zugrunde liegende Erfassungsfehler bei den Istbeständen lassen sich entsprechend den beiden Abbildungen auf dieser und der folgenden Seite klassifizieren (*Quick*, Inventurdifferenzen, S. 714 f.).

Sind **Inventurdifferenzen** festgestellt worden, so hat eine Untersuchung der Ursachen möglichst zeitnah zur Erfassung bzw. Bewertung zu erfolgen; gegebenenfalls müssen Bestände erneut erfasst werden. Die Unterlagen über die Istbestände und/oder die Sollbestände der Finanzbuchführung sind um die sich aus den festgestellten Ursachen ergebenden Abweichungen zu korrigieren. Ausgehend von den Inventurergebnissen und zusätzlichen Daten, wie z. B. Materialverbräuchen, können sich noch weitere betriebswirtschaftliche Auswertungen, beispielsweise bezüglich der Lagerhaltung, anschließen. Nach

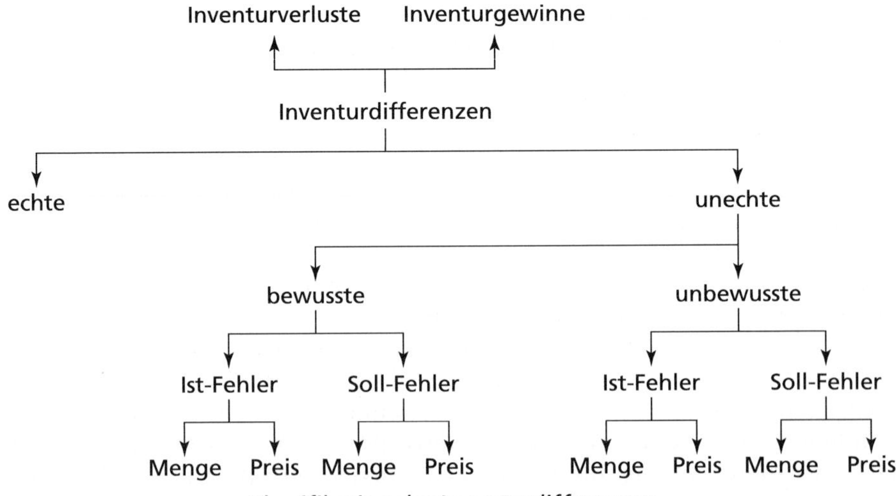

Klassifikation der Inventurdifferenzen

Klärung der Inventurdifferenzen und Berichtigung der Unterlagen kann es für die **Erstellung** von einzelnen Bestandsverzeichnissen oder eines einheitlichen Inventars nötig sein, aus den Uraufschrieben eine Reinschrift zu erstellen. In den Rechnungslegungsvorschriften lassen sich für die formale **Gestaltung** bzw. **Gliederung des Inventars** – im Gegensatz zur formalen Gestaltung der Bilanz (Bilanzschema) – keine Normen finden. Neben den durch die Grundsätze ordnungsmäßiger Inventur (Teil A, Abschn. 2.1, S. 43 ff.) gekennzeichneten allgemeinen Anforderungen an ein Inventar leiten sich die Kriterien für den Aufbau des Inventars folglich aus den Inventurbestimmungen her, insbesondere also aus den verschiedenen Arten von Vermögensgegenständen und deren Inventurformen. In der Praxis besteht das Inventar, zumindest bei mittleren und großen Unternehmen, in aller Regel deshalb auch nicht aus einer großen Gesamtaufstellung, sondern aus einer Mehrzahl von Listen bzw. Verzeichnissen, Karteien, Kontoauszügen und sonstigen Aufzeichnungen (zu den einzelnen Verzeichnissen s. die Ausführungen zur Inventurdurchführung Teil A, Abschn. 2.3.3, S. 63 ff.).

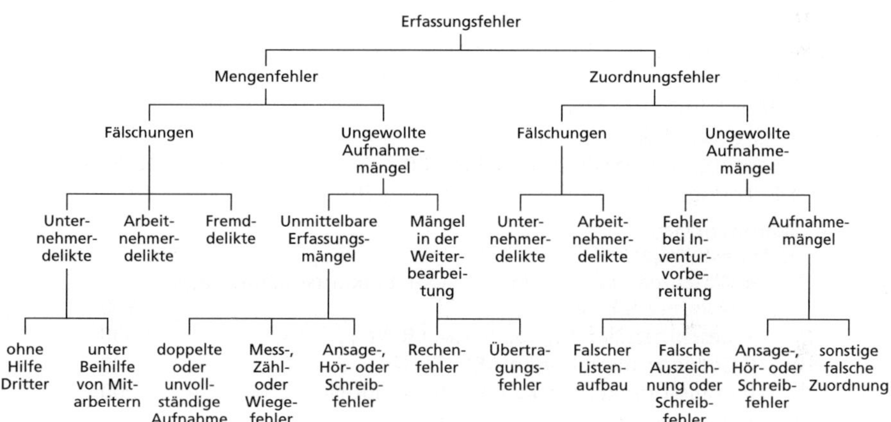

Klassifikation der Erfassungsfehler

Diese aus Gründen der Einfachheit und Zweckmäßigkeit entwickelte Übung, als **Inventar die Einheit aller Verzeichnisse** zu betrachten, in denen Inventurergebnisse für einzelne Gruppen von Vermögensgegenständen und Schulden vorliegen, hat sich bewährt und wird auch den betrieblichen Gegebenheiten gerecht (s. *Weiße*, Inventur, S. 13). Falls nicht schon einzelne Karteien oder Konten das Inventar der jeweiligen Vermögensgegenstände und Schulden darstellen, sondern gesonderte Bestandsverzeichnisse erstellt werden, geschieht dies in Form von Listen. Wird ein **„Gesamtinventar"** oder ein Bestandsverzeichnis mit mehreren Arten bzw. Positionen von Vermögensgegenständen und Schulden erstellt, so entspricht das Inventar der **Staffelform.** Die Vermögensgegenstände werden dabei in Anlage- und Umlaufvermögen unterteilt und nach ihrer zeitlichen Bindung bzw. steigenden Liquidierbarkeit gegliedert. Die Gliederung der Schulden erfolgt nach Fälligkeit bzw. Dringlichkeit, beginnend mit den langfristig zur Verfügung stehenden Fremdmitteln. Anhand der Auflistung der Vermögensgegenstände, Schulden und ggf. weiterer Positionen, wie Rechnungsabgrenzungsposten, ist es möglich, die abstrakte Eigenkapitalgröße im Rahmen des Inventars durch Subtraktion der Schulden von den Vermögensgegenständen zu ermitteln. Das Ergebnis stellt das vorläufige oder endgültige Reinvermögen dar, wobei die Bezeichnung **„vorläufiges Reinvermögen"** dann zu wählen ist, wenn die Bewertung von Vermögensgegenständen und Schulden im Inventar (zulässigerweise) von der endgültigen Bewertung in der Bilanz abweicht. Bei einem Inventar, das aus mehreren Verzeichnissen besteht, ist die beschriebene Vorgehensweise aber unüblich. Der Veranschaulichung dessen, was unter einem Gesamtinventar zu verstehen ist, dient das folgende Beispiel.

Beispiel:

Inventar (verkürzt) der Firma Karl Götz, Elektroeinzelhandel, Stuttgart, Seelgasse 4, für den 31. 12. 20 . .

I. Vermögenswerte

1. Fuhrpark		
1 VW-Kleinbus, Baujahr 20 . .	8.000	
1 Pkw Ford Focus, Baujahr 20 . .	6.800	14.800
2. Büroeinrichtung		
4 Stabilo-Kombi Schreibtische, Anschaffung 20 . .	1.900	
4 Behr-Stahlrohrsessel, Anschaffung 20 . .	400	
2 Aktenschränke, Anschaffung 20 . .	800	
2 Laptops, Marke HP, Anschaffung 20 . .	1.200	
1 Buchungsautomat Vital, Anschaffung 20 . .	3.100	7.400
3. Warenvorräte		
a) Haushaltsgeräte		
4 Waschmaschinen, Marke Miele, Einkaufsrechnungen Nummer (ER-Nr.). . .	3.800	
7 Geschirrspüler, Marke Bosch, ER-Nr. . . .	7.500	
6 Gefriertruhen, Marke AEG, ER-Nr. . . .	6.300	
10 Kühlschränke, Marke Bauknecht, ER-Nr. . . .	7.200	
b) Küchengeräte		
10 Küchenmaschinen, Marke Braun, ER-Nr. . . .	4.200	
8 Handmixer, Marke Siemens, ER-Nr. . . .	600	
2 Grillgeräte, Marke Unox, ER-Nr. . . .	400	
c) Beleuchtungseinrichtungen		
4 Kristallleuchter „antik", Lieferant Trauma, ER-Nr. . . .	3.200	
8 Deckenleuchten Haloga, Lieferant Osram, ER-Nr. . . .	900	
12 Stehlampen, Marke Asco, Lieferant Varta, ER-Nr. . . .	1.300	
10 Arbeitslampen, Fabrikat Kuli, Lieferant Hermes, ER-Nr. . . .	600	36.000
4. Kundenforderungen		
Alfons Laue, Stuttgart, Hegelplatz 5	4.440	
Franz Schmidt, Fellbach, Hochsitz 17	3.520	
Tanja Mayer, Degerloch, Spitzweg 34	4.740	
Heinz Weber, Bernhausen, Hauptstr. 1	5.300	18.000

5. Bankguthaben		
Kreissparkasse Fellbach, Kto.-Nr. . . ., lt. Kontoauszug vom. . .	2.100	
Deutsche Bank, Filiale Stuttgart, Kto.-Nr. . . ., lt. Kontoauszug vom. . .	700	2.800
6. Kassenbestand lt. Aufnahme (Anlage 1)		8.200
Summe der Vermögenswerte		87.200
II. Schulden		
1. Lieferantenschulden		
Fa. Braun AG, Frankfurt	700	
Fa. Bosch GmbH, Stuttgart	6.800	
Fa. Quelle KG, Nürnberg	5.900	13.400
2. Darlehen		
Darlehen Deutsche Bank, Stuttgart, Kto.-Nr. . . .	9.800	
Darlehen Lieferant Bauknecht vom 15. 12. 20 . .	6.000	15.800
Summe der Schulden		29.200
III. Reinvermögen		
Summe der Vermögenswerte		87.200
./. Summe der Schulden		29.200
= Eigenkapital (Reinvermögen)		58.000

Ergänzende Literatur zu: 2 Inventur und Inventar

AWV, Inventur, S. 1–133

Baetge/Kirsch/Thiele, Bilanzen, S. 68–90

Hachmeister/Zeyer, Inventur und Inventar, Abt. I/14, Rn. 1 ff.

Knop, § 240 HGB

Lohse, Stichprobeninventuren, S. 93–135

Quick, Inventuranweisung, S. 721–729

Quick, Inventurdifferenzen, S. 713–719

Uhlig, Rechnungslegung, A 210, A 220, A 230

Weiss/Heiden, § 241 HGB

Weiße, Inventur, S. 1–204

3 System und Technik der doppelten Buchführung

Primäre Funktion der Buchführung ist die Erfassung der Gesamtheit aller Güter- und Geldbewegungen des komplexen Unternehmensprozesses. Dabei werden wirtschaftlich bedeutsame Vorgänge **(Geschäftsvorfälle)** systematisch und lückenlos nach bestimmten Regeln und Ordnungskriterien **wertmäßig** aufgezeichnet. Die Finanzbuchführung erbringt damit den vollständigen Nachweis über **Vermögens-** und **Kapitalveränderungen** und liefert als rechnerisches Ermittlungsmodell unter Beachtung der Rechtsvorschriften periodische Jahresabschlüsse. Ziel der doppelten Buchführung ist die Entwicklung einer Vermögens- **(Bilanz)** und Erfolgsübersicht **(Gewinn- und Verlustrechnung)** unter dem System bildenden Leitgedanken einer **zweifachen Erfolgsermittlung.** Der Weg zu diesem Ziel führt über das Konto und das geschlossene Kontensystem der doppelten Buchführung (Doppik).

3.1 Bilanz

Zwischen Inventur, Inventar, Buchführung und Bilanz besteht folgender Zusammenhang:

§ 240 Abs. 1 HGB Inventur → Inventar → Eröffnungsbilanz

§ 238 Abs. 1 HGB Erfassung der Geschäftsvorfälle → vorläufiger Bücherabschluss

§ 240 Abs. 2 HGB Inventur → Inventar → Bücherberichtigung → Jahresabschluss

Inventar und Bilanz lassen sich jedoch nicht unmittelbar ineinander überführen. Um eine Bilanz herzuleiten, sind zunächst formale Transaktionen durchzuführen wie:

- Zusammenfassung der einzelnen, nach Art, Menge und Wert aufgegliederten Positionen des Inventars zu **Gruppen** in der Weise, dass nur noch Wert-, jedoch keine Mengenangaben mehr vorliegen (Verdichtung der Informationen; Verbesserung der Übersichtlichkeit);
- **Ausweis des Eigenkapitals,** sofern nicht bereits im Inventar geschehen, und
- Gegenüberstellung der Vermögenswerte und Schulden in der **Form** eines **Kontos.**

Da die einzelnen Vermögensgegenstände und Schulden häufig zunächst mit ihren Bruttowerten (z. B. Anschaffungs- und Herstellungskosten oder Nennwerte) im Inventar erfasst werden, sind neben den rein formalen Anpassungen auch materielle Wertkorrekturen vorzunehmen, wenn die Inventarwerte und die zwingend erforderlichen Bilanzwerte (z. B. niedrigerer Marktwert bei

Gegenständen des Umlaufvermögens) bzw. die aufgrund handelsbilanzpolitischer Überlegungen gewählten Bilanzwerte nicht übereinstimmen. Insofern geht die Bücherberichtigung über die einfache Anpassung der Buch-(Soll-)Bestände an die Inventar-(Ist-)Bestände hinaus. Die Überleitung vom Inventar zum Bilanzansatz erfolgt dann in einem gesonderten Bearbeitungsgang (sog. **Anhängeverfahren**). In den Unterlagen zum Jahresabschluss muss allerdings lückenlos dokumentiert sein, welche Gegenstände nach welchem Verfahren in welcher Höhe für die Bilanz umbewertet worden sind; die Unterlagen sind jedoch nicht als Bestandteil des Inventars anzusehen.

Die **(Schluss-)Bilanz** ist statistisch, d. h. außerhalb des Kontenzusammenhangs, aus den berichtigten Bücherabschlüssen unter Berücksichtigung bestimmter **Gliederungsprinzipien** abzuleiten. Verbindliche Gliederungskriterien für Jahresabschlussbilanzen existieren allerdings nur für Kapitalgesellschaften (§266 Abs. 2 und 3 HGB). Die Struktur der Bilanz soll daher anhand des Gliederungsschemas des §266 Abs. 2 und 3 HGB aufgezeigt werden (siehe Abbildung auf dieser und der folgenden Seite).

Die Vermögenswerte oder **Aktiva** sind wie im Inventar nach zunehmender Geldnähe angeordnet. Das begründet die Einteilung der Aktivseite in **Anlagevermögen,** das seiner Zwecksetzung nach dem Geschäftsbetrieb auf **Dauer** (mehrperiodisch) zu dienen bestimmt ist, und **Umlaufvermögen,** das sich im Umsatzprozess des Unternehmens laufend umschlägt. Die **Passivseite** der Bilanz zeigt das zur Finanzierung der Vermögenswerte notwendige Kapital, unterteilt nach der **Herkunft** der Mittel in **Eigen-** und **Fremdkapital.** Die Anordnung des Kapitals erfolgt damit prinzipiell nach zunehmender Fälligkeit, also nach der Dringlichkeit der Verpflichtung. Obwohl sich eine direkte Beziehung zwischen einzelnen Vermögens- und Kapitalteilen nur in wenigen Ausnahmefällen (z. B. bei dinglichen Sicherungen) herstellen lässt, erlaubt dieses Gliederungsschema doch aussagekräftige Einblicke in die Vermögens- und die Kapitalstruktur eines Unternehmens (zu anderen Gliederungsmöglichkeiten der Bilanz s. *Eisele,* Systematik, Sp. 205 ff.).

Gliederung der Bilanz nach dem Bilanzrichtlinien-Gesetz (zuletzt geändert durch das Bilanzrechtsmodernisierungsgesetz (BilMoG)) gem. §266 HGB für große und mittelgroße Kapitalgesellschaften:

Aktiva	Passiva
A. Anlagevermögen: I. Immaterielle Vermögensgegenstände: 1. Selbst geschaffene gewerbliche Schutzrechte und ähnliche Rechte und Werte; 2. entgeltlich erworbene Konzessionen, gewerbliche Schutzrechte und ähnliche Rechte und Werte sowie Lizenzen an solchen Rechten und Werten; 3. Geschäfts- oder Firmenwert; 4. geleistete Anzahlungen;	**A. Eigenkapital:** I. Gezeichnetes Kapital; II. Kapitalrücklage; III. Gewinnrücklagen: 1. gesetzliche Rücklage; 2. Rücklage für Anteile an einem herrschenden oder mehrheitlich beteiligten Unternehmen; 3. satzungsmäßige Rücklagen; 4. andere Gewinnrücklagen; IV. Gewinnvortrag/Verlustvortrag; V. Jahresüberschuss/Jahresfehlbetrag.

Aktiva	Bilanz	Passiva
II. Sachanlagen: 1. Grundstücke, grundstücksgleiche Rechte und Bauten einschließlich der Bauten auf fremden Grundstücken; 2. technische Anlagen und Maschinen; 3. andere Anlagen, Betriebs- und Geschäftsausstattung; 4. geleistete Anzahlungen und Anlagen im Bau; III. Finanzanlagen: 1. Anteile an verbundenen Unternehmen; 2. Ausleihungen an verbundene Unternehmen; 3. Beteiligungen; 4. Ausleihungen an Unternehmen, mit denen ein Beteiligungsverhältnis besteht; 5. Wertpapiere des Anlagevermögens; 6. sonstige Ausleihungen. **B. Umlaufvermögen:** I. Vorräte: 1. Roh-, Hilfs- und Betriebsstoffe; 2. unfertige Erzeugnisse, unfertige Leistungen; 3. fertige Erzeugnisse und Waren; 4. geleistete Anzahlungen; II. Forderungen und sonstige Vermögensgegenstände: 1. Forderungen aus Lieferungen und Leistungen; 2. Forderungen gegen verbundene Unternehmen; 3. Forderungen gegen Unternehmen, mit denen ein Beteiligungsverhältnis besteht; 4. sonstige Vermögensgegenstände; III. Wertpapiere: 1. Anteile an verbundenen Unternehmen; 2. sonstige Wertpapiere; IV. Kassenbestand, Bundesbankguthaben, Guthaben bei Kreditinstituten und Schecks. **C. Rechnungsabgrenzungsposten.** **D. Aktive latente Steuern.** **E. Aktiver Unterschiedsbetrag aus der Vermögensverrechnung.**		**B. Rückstellungen:** 1. Rückstellungen für Pensionen und ähnliche Verpflichtungen; 2. Steuerrückstellungen; 3. sonstige Rückstellungen. **C. Verbindlichkeiten:** 1. Anleihen, davon konvertibel; 2. Verbindlichkeiten gegenüber Kreditinstituten; 3. erhaltene Anzahlungen auf Bestellungen; 4. Verbindlichkeiten aus Lieferungen und Leistungen; 5. Verbindlichkeiten aus der Annahme gezogener Wechsel und der Ausstellung eigener Wechsel; 6. Verbindlichkeiten gegenüber verbundenen Unternehmen; 7. Verbindlichkeiten gegenüber Unternehmen, mit denen ein Beteiligungsverhältnis besteht; 8. sonstige Verbindlichkeiten, davon aus Steuern, davon im Rahmen der sozialen Sicherheit. **D. Rechnungsabgrenzungsposten.** **E. Passive latente Steuern.**

Beispiel: Überführung des Inventars aus Teil A, Abschn. 2.3.4, S. 72 ff. in eine Bilanz

Aktiva	Bilanz der Fa. K. Götz zum 31. 12. 20 . .		Passiva
A. Anlagevermögen		A. Eigenkapital	58.000
Betriebs- und Geschäfts-		B. Fremdkapital	
ausstattung (BGA)	22.200	Darlehensschuld	15.800
B. Umlaufvermögen		Lieferantenverbindlich-	
Warenvorräte	36.000	keiten	13.400
Kundenforderungen	18.000		
Bankguthaben	2.800		
Kasse	8.200		
	87.200		87.200

Stuttgart, 10. 1. 20 . . gez. Karl Götz

Die Verpflichtung des Kaufmanns zur Unterzeichnung des Jahresabschlusses unter Angabe des Datums ergibt sich aus § 245 HGB (vgl. dazu auch *HFA*, Gesetzliche Vertreter, S. 323 ff.).

Die Gesamtheit aller in einem Unternehmen eingesetzten Werte schlägt sich in der Bilanz **zweifach** nieder: zum einen auf der **Passivseite (Kapitalseite),** wo die Summe der von Eigentümer(n) und von Dritten (Gläubigern) zur Verfügung gestellten Mittel als abstrakte Kontrollziffer die Ansprüche an das Vermögen des Unternehmens repräsentiert, und zum anderen auf der **Aktivseite (Vermögensseite),** wo die Verwendung der zur Verfügung gestellten Mittel in verschiedenen Formen konkreter Vermögenswerte ausgewiesen wird. Im Normalfall deckt das Vermögen in seiner Gesamtheit die Summe der Ansprüche von Eigentümern und Gläubigern, d. h. es gilt die **Bilanzgleichung**:

Aktiva = **Passiva**
Vermögen = Eigenkapital + Fremdkapital.

Aber auch im Fall der Überschuldung, d. h. wenn das auszuweisende Vermögen geringer als das Fremdkapital ist, verliert diese Gleichung ihre Gültigkeit nicht; es gilt nunmehr:

Vermögen + Verlust = Fremdkapital.

Geschäftsvorfälle verändern die Bilanz zwar in ihrer Struktur, lassen die Bilanzgleichung jedoch unangetastet. Dabei sind 4 **Grundtypen von Bilanzveränderungen** zu unterscheiden:

Aktivtausch, d. h. bei unveränderter Bilanzsumme finden Umschichtungen innerhalb der Vermögenspositionen statt;

Passivtausch, d. h. bei unveränderter Bilanzsumme finden Umschichtungen innerhalb des Kapitals statt;

Aktiv-Passiv-Mehrung (Bilanzverlängerung), d. h. durch Zunahme von Vermögens- und Kapitalpositionen um den gleichen Betrag vergrößert sich die Bilanzsumme;

Aktiv-Passiv-Minderung (Bilanzverkürzung), d. h. durch Abnahme von Vermögens- und Kapitalpositionen um den gleichen Betrag verkleinert sich die Bilanzsumme.

Solange bei Geschäftsvorfällen die eigene Leistung, oder allgemeiner das Erhaltene, und die hierfür erforderlichen Vorleistungen wertmäßig übereinstimmen, resultieren daraus lediglich Bestandsveränderungen ohne Erfolgswirkung (**erfolgsunwirksame** Geschäftsvorfälle, z. B. Barabhebung von der Bank). Fallen dagegen Leistung und Vorleistung wertmäßig auseinander (z. B. Verkauf von Ware über/unter Einstandspreis), so besitzen die Geschäftsvorfälle zugleich Erfolgswirkung (**erfolgswirksame** Geschäftsvorfälle). Charakteristisch für Letztere ist die zwingende Verbindung zum Eigenkapital: Wird z. B. Ware über dem Einkaufspreis veräußert, dann nimmt die Position Ware um einen kleineren Betrag ab als die Position Kasse zunimmt. Da dieser Vorgang aber das Fremdkapital nicht berührt, muss die Mehrung der Vermögenswerte entsprechend der Bilanzgleichung dem Eigenkapital zuwachsen. Aus zeitlich asynchron verlaufenden Leistungsprozessen können zudem temporär wirksame Erfolgsniederschläge resultieren: Ein Verbrauch von Heizöl hat eine Abnahme des Heizölbestandes zur Folge, ohne dass dadurch eine andere Vermögensposition unmittelbar zunimmt. Eine entsprechende Abnahme des Fremdkapitals ist durch diesen Vorgang ebenfalls nicht angezeigt, so dass wiederum das Eigenkapital als Residualgröße aus Vermögen und Fremdkapital die Differenz absorbiert. Grundsätzlich gilt für nicht überschuldete Unternehmen, dass sich die Bilanzveränderungen Passivtausch, Aktiv-Passiv-Mehrung und Aktiv-Passiv-Minderung sowohl erfolgswirksam als auch erfolgsneutral auswirken können; nur dem Aktivtausch fehlt die Verbindung zum Eigenkapital, er bleibt daher grundsätzlich erfolgsunwirksam. In Bezug auf Aktiv- und Passivtausch kehrt sich diese Feststellung im eher seltenen Fall einer bilanziellen Überschuldung, bei der ein nicht durch Eigenkapital gedeckter Fehlbetrag auf der Aktivseite ausgewiesen wird, um – sofern durch den Geschäftsvorfall nicht zugleich wieder ein positives Eigenkapital entsteht.

Beispiel:

Die Schlussbilanz der Firma K. Götz zum 31. 12. 20 . . (s. S. 77) bildet die Grundlage für Buchungen in der Folgeperiode, wobei die separate Wirkung von jedem der folgenden Geschäftsvorfälle auf das Bilanzbild (inkl. Bilanzsumme) dargestellt werden soll.

1. Aktivtausch
   Kauf einer Bürorechenmaschine gegen Barzahlung 1.200
2. Passivtausch
   (a) Lieferant wandelt Forderung in Darlehen um (erfolgsunwirksam) 4.000
   (b) Rückstellungsbildung für Garantiefälle (erfolgswirksam) 1.700
3. Bilanzverlängerung
   (a) Zielkauf von Warenvorräten (erfolgsunwirksam) 3.600
   (b) Bankgutschrift über Zinserträge (erfolgswirksam) 1.000
4. Bilanzverkürzung
   (a) Überweisung einer Lieferantenverbindlichkeit (erfolgsunwirksam) 2.000
   (b) Barzahlung von Miete (erfolgswirksam) 800

Aktiva — Bilanz — Passiva

Ausgangswerte		Fall 1	Fall 3	Fall 4
BGA	22.200	+ 1.200		
Waren	36.000		(a) + 3.600	
Ford.	18.000			
Bank	2.800		(b) + 1.000	(a) – 2.000
Kasse	8.200	– 1.200		(b) – 800
	87.200	87.200	(a) 90.800 (b) 88.200	(a) 85.200 (b) 86.400

Ausgangswerte		Fall 2	Fall 3	Fall 4
Eigenkap.	58.000	(b) – 1.700	(b) + 1.000	(b) – 800
Garantierückstellung	–	(b) + 1.700		
Darlehen	15.800	(a) + 4.000		
Lieferantenverbindl.	13.400	(a) – 4.000	(a) + 3.600	(a) – 2.000
	87.200	(a) 87.200 (b) 87.200	(a) 90.800 (b) 88.200	(a) 85.200 (b) 86.400

Da alle erfolgswirksamen Vorgänge ihren wertmäßigen Niederschlag im Eigenkapital finden, kann durch **Vergleich des Eigenkapitals** am Ende (EK_e) mit dem Eigenkapital am Anfang (EK_a) der Erfolg (G) der Abrechnungsperiode bestimmt werden, wenn zusätzlich die erfolgsneutralen Eigenkapitalveränderungen (Privatentnahmen [PE], Privateinlagen [PL]) eliminiert werden:

$$G = EK_e - EK_a + PE - PL.$$

Diese Vorgehensweise ist mit der Gewinnermittlung des § 4 Abs. 1 EStG ([Rein-] **Vermögensvergleich**) identisch. Zwar verlangt das Gesetz einen Vergleich des Reinvermögens am Ende der Periode (RV_{e_n}) mit dem Reinvermögen am Ende der Vorperiode ($RV_{e_{n-1}}$); wegen des Grundsatzes der Bilanzidentität müssen $RV_{e_{n-1}}$ und RV_{a_n} jedoch übereinstimmen, so dass auch hier gilt:

$$G = RV_e - RV_a + PE - PL.$$

3.2 Bestandskonten

Jeder Geschäftsvorfall ändert das Gefüge der Bilanz. Es wäre aus Wirtschaftlichkeitserwägungen jedoch unzweckmäßig, dafür jeweils gesonderte bilanzielle Abschlüsse zu erstellen. Deshalb werden die Geschäftsvorfälle auf besonderen Verrechnungsstellen erfasst. Das rechnerische Darstellungsmittel dazu ist das **Konto** in der empirischen Erscheinungsform einer zweiseitigen Aufstellung (T-Konto; Kontenkreuz). Dabei werden Zugänge getrennt von den Abgängen erfasst, so dass die beiden Kontenseiten im mathematischen Sinne entgegengesetzt wirken und jederzeit eine rechnerische Feststellung des aktuellen Bestandes als Differenz bzw. **Saldo** möglich ist.

Die Überschriften **„Soll"** auf der linken und **„Haben"** auf der rechten Seite des T-Kontos sind nur historisch zu erklären. Zurückgehend auf die ältesten Konten der Schuldverhältnisse (sog. personalistische Kontentheorie; zu Buchhaltungs- und Kontentheorien vgl. *Eisele,* Kontentheorien, Sp. 347 ff.) bestimmt die Konvention, dass auf der Sollseite die Beträge „belastet" werden, die der Kunde noch zahlen soll (Debet, Lastschrift), während auf der rechten Seite „erkannt" wird, welchen Betrag der Kunde gut hat (Kredit, Gutschrift). Mit der Übertragung auf die verschiedensten Konten haben diese Bezeichnungen jedoch ihren ursprünglichen Wortsinn verloren.

Die aus den Vermögens- und Kapitalbeständen der Bilanz abgeleiteten Konten werden als **Bestandskonten** bezeichnet; sie sind der jeweiligen Bilanzseite entsprechend in **Aktiv-** und **Passivkonten** unterteilt. Die Festlegung des Konteninhalts erfolgt mit der Eintragung des Anfangsbestandes. Da die Konten jedoch primär der Fortschreibung der Bestände und der laufenden Aufzeichnung der Umsätze dienen, ist ihr Aufbau und ihre Axiomatik nicht auf die Eröffnungsbilanz, sondern auf die Abschlussrechnung, d. h. das den Endbestand aufnehmende Bilanzkonto, zugeschnitten.

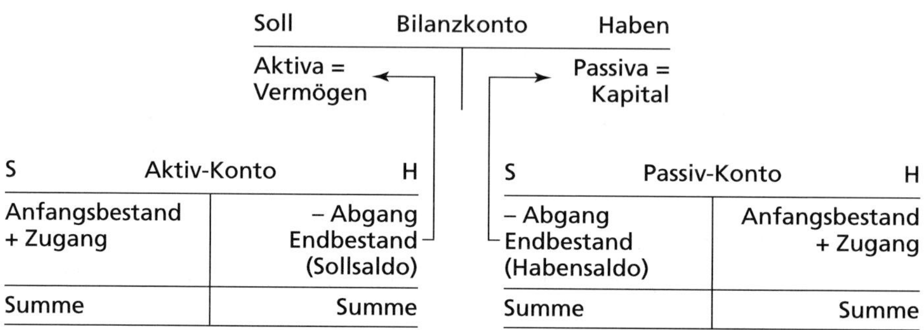

Formal rechnen die Aktivkonten von links nach rechts; die Eröffnung dieser Konten erfolgt daher der Anordnung des Bestandes in der (Eröffnungs-)Bilanz entsprechend auf der Sollseite, während der Endbestand zum Rechnungsabschluss auf der Habenseite festgestellt wird. Entsprechend diesem Kontenformalismus werden Zugänge als Bestandsmehrungen auf der Sollseite, Abgänge als Bestandsminderungen auf der Habenseite erfasst. Bei den Passivkonten geschieht dies genau umgekehrt, da sie formal von rechts nach links rechnen.

Seinen rechnerischen Ausgleich erfährt das Konto durch **Saldierung.** Dazu werden der Anfangsbestand und die Zugänge addiert und die Abgänge subtrahiert:

Saldo: Endbestand (EB) = Anfangsbestand (AB) + Zugang (Z) – Abgang (A)

Der **Saldo** wird stets nach der Kontenseite bezeichnet, deren betragsmäßigem Ausgleich er dient, bzw. nach der Seite, auf die er im Bilanzkonto übernommen wird.

Aus der obigen Gleichung sind **zwei Schlussfolgerungen** zu ziehen:

(1) Die Ermittlung des Endbestandes durch Saldierung sorgt zwingend für eine Übereinstimmung der Wertsumme der Sollseite (linke Seite) mit der Wertsumme der Habenseite (rechte Seite); für ein Aktivkonto gilt somit:

AB + Z = A + EB
Soll = Haben.

Die Geschlossenheit des doppischen Systems bewirkt zugleich, dass bei Übernahme der Salden der Aktiv- und Passivkonten in das Bilanzkonto gilt:

Summe der Sollsalden = Summe der Habensalden.

Damit lebt die unzerstörbare Bilanzgleichung

Aktiva = Passiva

als Basis des doppischen Systems auch im Konto fort. Die aufgezeigten grundlegenden **Bilanzstrukturveränderungen** führen dabei zu jeweils zwei Kontenbewegungen:

Bilanzstruktur-veränderung	Kontenveränderung durch Buchung im	
	Soll	Haben
Aktivtausch	Aktiv-(Vermögens-) Mehrung	Aktiv-(Vermögens-) Minderung
Passivtausch	Passiv-(Kapital-) Minderung	Passiv-(Kapital-) Mehrung
Aktiv-Passiv-Mehrung	Aktiv-(Vermögens-) Mehrung	Passiv-(Kapital-) Mehrung
Aktiv-Passiv-Minderung	Passiv-(Kapital-) Minderung	Aktiv-(Vermögens-) Minderung

(2) Die oben genannte Gleichung zur Endbestandsermittlung macht zudem deutlich, dass jede Bestandsrechnung auch zwingend mit der zahlenmäßigen Erfassung des Umsatzprozesses als **Bewegungsvorgang** verknüpft ist. Die Differenz der auf jeder Kontoseite aufsummierten einzelnen Kontenumsätze (Zu- bzw. Abgänge) entspricht der Bestandsveränderung. Somit gelten die Beziehungen:

$$\text{AB} \pm \text{Veränderung} = \text{EB}$$
oder
$$\pm \text{Veränderung} = \text{Beständedifferenz} = \text{EB} - \text{AB}.$$

Die Bilanzbestände stellen somit das Ergebnis während des Abrechnungszeitraums erfolgter Umsatzakte dar.

Dem Formalismus der Doppik entsprechend, erfolgt jede Aufzeichnung eines Geschäftsvorfalls als **Doppelbuchung** (im Soll und im Haben), und zwar auf den entgegengesetzten Seiten mindestens zweier Konten (Buchung und Gegenbuchung, Lastschrift und Gutschrift), wobei die Summe der im Soll gebuchten Beträge jener im Haben gebuchten Summe entspricht. Aus dieser notwendigen Bedingung hat sich eine Konvention zur ersten Aufzeichnung eines Geschäftsvorfalls herausgebildet: Die chronologische Erfassung der Geschäftsvorgänge im Grundbuch (vgl. Teil A, Abschn. 15.2.2, S. 649 ff.) erfolgt durch den **Buchungssatz** (Kontenanruf, Kontenbenennung), in dem zuerst der/die Sollposten und dann der/die Habenposten unter Benennung des Betrages x mit dem Wort „an“ verbunden werden. Die Kontennennungen können auch durch „von“ oder „per“ eingeleitet werden. Die allgemeine Form lautet daher bei

- einfachen Buchungssätzen:
  (von) Konto Soll x_1 **an** Konto Haben x_1
- zusammengesetzten Buchungssätzen:
  (von) Konto Soll x_1
  (und) Konto Soll x_2 **an** Konto Haben x_3
  (und) Konto Haben x_4; mit $x_1 + x_2 = x_3 + x_4$.

Übungsbeispiel: Bilden und Deuten von Buchungssätzen

Bei der Buchungssatzbildung sollte die Aufgabenlösung folgende gedankliche Vorgehensweise berücksichtigen:

a) Welche Konten werden durch den Geschäftsvorgang berührt?
b) Handelt es sich dabei um Aktiv- oder Passivkonten?
c) Erfolgt eine Mehrung (Zugang) oder Minderung (Abgang) auf dem betreffenden Konto?
d) Wie lautet demnach der Buchungssatz?

Einfache Buchungssätze (zwei Konten werden berührt):

1) Barabhebung von der Bank
2) Verkauf von Waren gegen Barzahlung
3) Barkauf eines Firmenwagens
4) Zielkauf von Ware
5) Aufnahme eines Darlehens
6) Banküberweisung eines Kunden
7) Rücksendung noch nicht bezahlter Waren an Lieferanten
8) Kauf von Büroeinrichtung auf Ziel
9) Abschluss eines langfristigen Liefervertrages mit einem Lieferanten
10) Tilgung einer Hypothekenschuld durch Banküberweisung
11) Nachträglich gewährter Preisnachlass gegenüber Kunden
12) Ziehen eines Wechsels auf einen Kunden
13) Einräumung eines Bankkredits durch die Hausbank
14) Umwandlung einer Lieferantenforderung in ein Darlehen
15) Akzepthingabe an einen Lieferanten
16) Baranzahlung eines Kunden aufgrund einer langfristigen Liefervereinbarung

Zusammengesetzte Buchungssätze (betreffen mehr als zwei Konten):

1) Wareneinkauf gegen Barzahlung 500 und Banküberweisung 300
2) Kauf eines Gebäudes 50.000 einschließlich darauf lastender Hypothek 32.000 bei Kreditierung der Restsumme
3) Kauf eines Kraftfahrzeuges 8.500 gegen Inzahlunggabe eines gebrauchten Kraftfahrzeugs zum Buchwert; Restüberweisung 5.300
4) Barauszahlung eines aufgenommenen Darlehens 40.000 zu 92 %

Deuten von Buchungssätzen:

1) Waren	**an**	Verbindlichkeiten
2) Bank	**an**	Forderungen
3) Darlehen	**an**	Hypotheken
4) Besitzwechsel	**an**	Geschäftsausstattung
5) Lieferantenverbindlichkeiten	**an**	Bankschulden
6) Eigenkapital	**an**	Waren
7) Akzept	**an**	Kasse
8) Grund und Boden	**an**	Eigenkapital
9) Lieferantenverbindlichkeiten	**an**	Waren
10) Sonstige Forderungen Bank Hypothekenverbindlichkeiten	**an**	Grundstücke und Gebäude

Lösung:
Einfache Buchungssätze:

1) Kasse **an** Bank (Aktivtausch)
2) Kasse **an** Waren (Aktivtausch)
3) Fuhrpark **an** Kasse (Aktivtausch)
4) Waren **an** Lieferantenverbindlichkeiten (Bilanzverlängerung)
5) Kasse **an** Darlehensverbindlichkeiten (Bilanzverlängerung)
6) Bank **an** Kundenforderungen (Aktivtausch)
7) Lieferantenverbindlichkeiten **an** Waren (Bilanzverkürzung)
Bei Rücksendung bezahlter Waren würde der Buchungssatz lauten:
Sonstige Forderungen **an** Waren (Aktivtausch)
8) Betriebs- und Geschäftsausstattung **an** Sonstige Verbindlichkeiten (Bilanzverlängerung)
9) Schwebendes Geschäft – keine Verbuchung
10) Hypothekenverbindlichkeiten **an** Bank (Bilanzverkürzung; wenn Bankverbindlichkeiten: Passivtausch)
11) Warenverkauf **an** Kundenforderungen (Bilanzverkürzung)
12) Besitzwechsel **an** Kundenforderungen (Aktivtausch)
13) Keine Buchung; erst Kreditinanspruchnahme löst Buchung aus
14) Lieferantenverbindlichkeiten **an** Darlehensschulden (Passivtausch)
15) Lieferantenverbindlichkeiten **an** Schuldwechsel (Passivtausch)
16) Kasse **an** Erhaltene Anzahlungen bzw. Sonstige Verbindlichkeiten (Bilanzverlängerung)

Zusammengesetzte Buchungssätze:

	Soll	Betrag		Haben	Betrag
1)	Waren	800	**an**	Kasse	500
				Bank	300
2)	Grundstücke und Gebäude	50.000	**an**	Hypothekenverbindlichkeiten	32.000
				Sonstige Verbindlichkeiten	18.000
3)	Fuhrpark (BGA)	8.500	**an**	Fuhrpark (BGA)	3.200
				Bank	5.300
4)	Kasse	36.800			
	Damnum	3.200	**an**	Darlehensschulden	40.000

Deuten von Buchungssätzen:

1) Kauf von Ware auf Ziel
2) Banküberweisung eines Kunden
3) Umschuldung: Darlehens- in Hypothekenschuld
4) Verkauf von Geschäftseinrichtung gegen Besitzwechsel
5) Begleichung von Kreditoren durch Bankkreditinanspruchnahme
6) Warenentnahme vom Lager für den Eigenbedarf
7) Bareinlösung eines Schuldwechsels
8) Einbringung eines unbebauten Grundstücks in das Betriebsvermögen
9) Rücksendung nicht bezahlter Ware an den Lieferanten
10) Veräußerung eines hypothekenbelasteten Gebäudes bei teilweiser Bezahlung des Kaufpreises durch Banküberweisung; der Rest wird kreditiert

3.3 Eröffnungs- und Abschlusskonten

Das Prinzip der Doppik, das auf dem Postulat beruht, dass keine Buchung ohne entsprechende Gegenbuchung erfolgen darf, gilt auch für die Konteneröffnung und den Kontenabschluss. Durch die **Eröffnungsbuchungen** werden die Bestände der Eröffnungs-(Anfangs-, Gründungs-)Bilanz auf die aktiven und passiven Bestandskonten übertragen. Die Bilanz scheidet jedoch für die Aufnahme der Gegenbuchung aus, weil sie statistisch, also außerhalb des Kontensystems, erstellt wird. Für die Aufzeichnung der Gegenbuchung muss deshalb ein technisches Hilfskonto, das **Eröffnungsbilanzkonto,** eingerichtet werden. Das Eröffnungsbilanzkonto nimmt daher die Form einer seitenverkehrten Bilanz an. Der praktische Zweck dieses Hilfskontos beruht auf der Kontrolle der vollständigen Bestandsübernahme in die neue Rechnungsperiode. Das gilt besonders im Falle längerfristiger Abschlussarbeiten, z. B. bei der zeitlich nachverlegten Inventur, weil dann die laufenden Buchungen ohne Kenntnis der Eröffnungsbestände durchgeführt werden müssen. Eine Buchführung verliert jedoch nicht ihre Ordnungsmäßigkeit, wenn auf die Einrichtung des Hilfskontos verzichtet wird. Die Bilanzgleichung sorgt auch im Fall der einfachen Übernahme der Bestände in die Konten dafür, dass die Summe der Eintragungen im Soll der Summe der Eintragungen im Haben entspricht.

Statt der Buchungssätze:

Verschiedene Aktivkonten	**an**	Eröffnungsbilanzkonto
Eröffnungsbilanzkonto	**an**	Verschiedene Passivkonten,

erfolgt die Einbuchung durch die Reduktion auf einen Buchungssatz:

Verschiedene Aktivkonten	**an**	Verschiedene Passivkonten.

Die Buchungen auf den Abschlusskonten wahren ebenfalls den Grundsatz der Doppik. Die Salden der aktiven und passiven Bestandskonten finden ihre Gegenbuchung im **(Schluss-)Bilanzkonto**. Da Aktivkonten stets mit einem Sollsaldo schließen, erfolgt ihr Abschluss durch die Buchung:

(Schluss-)Bilanzkonto	**an**	Verschiedene Aktivkonten;

Passivkonten weisen dagegen immer einen Habensaldo aus, so dass gilt:

Verschiedene Passivkonten	**an**	(Schluss-)Bilanzkonto.

Im (Schluss-)Bilanzkonto kommen Vermögen und Kapital auf der gleichen Seite wie in der Schlussbilanz zum Ansatz. Schlussbilanz und (Schluss-)Bilanzkonto sind jedoch nicht zwingend identisch: Während das (Schluss-)Bilanzkonto im Wesentlichen formfrei nach betrieblichen und abrechnungstechnischen Gesichtspunkten aufgebaut sein darf, sind in der Schlussbilanz die Form- und Gliederungsvorschriften des HGB einzuhalten (vgl. S. 75 f.).

3.4 Eigenkapitalunterkonten

Der Umsatzprozess lässt sich mit Hilfe der aktiven und passiven Bestandskonten bereits vollständig abbilden. Trotzdem erscheint eine Beschränkung auf Bestandskonten unzweckmäßig, weil der wichtigste Indikator für den Erfolg bzw. Misserfolg der unternehmerischen Aktivität, der **Gewinn** bzw. **Verlust,** nicht unmittelbar aus den Bestandskonten abgeleitet werden kann. Das Eigenkapital nimmt vielmehr in unübersichtlicher und lediglich chronologischer Anordnung die erfolgswirksamen Geschäftsvorfälle auf. Daneben finden noch die erfolgsneutralen Privateinlagen und -entnahmen Eingang in das Konto. Zur Trennung der erfolgswirksamen und der erfolgsneutralen Eigenkapitalveränderungen werden deshalb zwei **Unterkonten** eingerichtet, das Erfolgskonto **(Gewinn- und Verlustkonto)** und das **Privatkonto.** Das Eigenkapitalkonto wird auf diese Weise zu einem ruhenden Konto, das erst zum Geschäftsjahresschluss die Salden der Unterkonten aufnimmt.

3.4.1 Erfolgskonten

Da die Erfolgskonten dem Eigenkapitalkonto nachgebildet sind, müssen sie auch dessen Kontenformalismus, also den eines passiven Bestandskontos, annehmen. Das **Gewinn- und Verlustkonto** erfasst demgemäß erfolgswirksame Eigenkapitalmehrungen (= **Erträge**) im „Haben" und erfolgswirksame Eigenkapitalminderungen (= **Aufwendungen**) im „Soll". Ein solches Konto würde jedoch die Aufwendungen und Erträge nur in zeitlicher Reihenfolge aufzeichnen; der Gesetzgeber verlangt handelsrechtlich (§ 242 Abs. 2 HGB) und steuerrechtlich (§ 60 Abs. 1 EStDV, sofern die doppelte Buchführung Verwendung findet) aber eine nach sachlichen Gesichtspunkten strukturierte Gewinn- und Verlustrechnung (GuV). Dies wird anhand der **GuV-Gliederungen** des Handelsgesetzbuches demonstriert (§ 275 Abs. 2 und 3 HGB). Diese Gliederungen müssen zwar nur von Kapitalgesellschaften angewendet werden, sie sind aber weitgehend rechtsformunabhängig aufgebaut und vermögen darüber hinaus durch ihre speziellen Strukturen vertiefte Einblicke in die **Erfolgslage** eines Unternehmens zu gewähren (s. S. 86 f.).

Beide in § 275 HGB angesprochenen Gliederungsschemata entsprechen formal allerdings nicht der **Kontoform,** sondern der **Staffelform.** Der Vorteil einer Staffelrechnung besteht in der Möglichkeit, Zwischensummen mit Erklärungsgehalt für die Ertragskraft des Unternehmens bilden zu können. Da die GuV-Rechnung, ebenso wie die Bilanz, letztendlich statistisch aus der Buchführung abgeleitet wird, ist allerdings innerhalb des Buchführungssystems weiterhin mit einem GuV-Konto abzurechnen.

Dagegen bedingen die unterschiedlichen Ansätze nach dem Gesamtkosten- (Bruttoproduktionsrechnung) und dem Umsatzkostenverfahren (vgl. zu den Verfahren im Einzelnen Teil B, Abschn. 9.2, S. 1002 ff.) auch unterschiedliche Abrechnungsmethoden: Beim **Gesamtkostenverfahren** werden sämtliche Ertragsbeiträge, die gemäß der zweckbestimmten Leistungserstellung des Betriebes

Gesamtkostenverfahren

Betriebsertrag (durch Investitionen im Unternehmen erzielt)	1. Umsatzerlöse 2. Erhöhung oder Verminderung des Bestands an fertigen und unfertigen Erzeugnissen 3. andere aktivierte Eigenleistungen 4. sonstige betriebliche Erträge
./. Betriebsaufwand (durch Investitionen im Unternehmen verursacht)	5. Materialaufwand: a) Aufwendungen für Roh-, Hilfs- und Betriebsstoffe und für bezogene Waren b) Aufwendungen für bezogene Leistungen 6. Personalaufwand: a) Löhne und Gehälter b) soziale Abgaben und Aufwendungen für Altersversorgung und für Unterstützung, davon für Altersversorgung 7. Abschreibungen: a) auf immaterielle Vermögensgegenstände des Anlagevermögens und Sachanlagen b) auf Vermögensgegenstände des Umlaufvermögens, soweit diese die in der Kapitalgesellschaft üblichen Abschreibungen überschreiten 8. sonstige betriebliche Aufwendungen
+ Finanzertrag (durch Investitionen außerhalb des Unternehmens erzielt)	9. Erträge aus Beteiligungen, davon aus verbundenen Unternehmen 10. Erträge aus anderen Wertpapieren und Ausleihungen des Finanzanlagevermögens, davon aus verbundenen Unternehmen 11. sonstige Zinsen und ähnliche Erträge, davon aus verbundenen Unternehmen
./. Finanzaufwand (durch Investitionen außerhalb des Unternehmens und Investitionen Unternehmensfremder im Unternehmen verursacht)	12. Abschreibungen auf Finanzanlagen und auf Wertpapiere des Umlaufvermögens 13. Zinsen und ähnliche Aufwendungen, davon an verbundene Unternehmen
= Betriebs- + Finanzergebnis	14. Ergebnis der gewöhnlichen Geschäftstätigkeit
+ / ./. außerhalb der üblichen Geschäftstätigkeit erzieltes Ergebnis	15. außerordentliche Erträge 16. außerordentliche Aufwendungen 17. außerordentliches Ergebnis
./. Steueraufwand	18. Steuern vom Einkommen und vom Ertrag 19. sonstige Steuern
= Periodenergebnis	20. Jahresüberschuss/Jahresfehlbetrag

Gliederung der Gewinn- und Verlustrechnung bei Anwendung des Gesamtkostenverfahrens gemäß § 275 Abs. 2 HGB

Umsatzkostenverfahren

1. Umsatzerlöse	Rohertrag ./.
2. Herstellungskosten der zur Erzielung der Umsatzerlöse erbrachten Leistungen	Rohaufwand (primäre Kosten)
3. Bruttoergebnis vom Umsatz	= Rohgewinn(-verlust)
4. Vertriebskosten 5. allgemeine Verwaltungskosten 6. sonstige betriebliche Erträge 7. sonstige betriebliche Aufwendungen	+ sekundäre Erträge ./. sekundäre Kosten
8. Erträge aus Beteiligungen, davon aus verbundenen Unternehmen 9. Erträge aus anderen Wertpapieren und Ausleihungen des Finanzanlagevermögens, davon aus verbundenen Unternehmen 10. sonstige Zinsen und ähnliche Erträge, davon aus verbundenen Unternehmen	+ Finanzertrag (durch Investitionen außerhalb des Unternehmens erzielt) ./.
11. Abschreibungen auf Finanzanlagen und auf Wertpapiere des Umlaufvermögens 12. Zinsen und ähnliche Aufwendungen, davon an verbundene Unternehmen	Finanzaufwand (durch Investitionen außerhalb des Unternehmens und Investitionen Unternehmensfremder im Unternehmen verursacht)
13. Ergebnis der gewöhnlichen Geschäftstätigkeit	= Betriebs- + Finanzergebnis + / ./.
14. außerordentliche Erträge 15. außerordentliche Aufwendungen 16. außerordentliches Ergebnis	außerhalb der üblichen Geschäftstätigkeit erzieltes Ergebnis
17. Steuern vom Einkommen und vom Ertrag 18. sonstige Steuern	./. Steueraufwand
19. Jahresüberschuss/Jahresfehlbetrag	= Periodenergebnis

Gliederung der Gewinn- und Verlustrechnung bei Anwendung des Umsatzkostenverfahrens gemäß §275 Abs. 3 HGB

in einer Periode erwirtschaftet wurden, ausgewiesen. Dazu zählen neben der wichtigsten Erfolgskomponente Umsatzerlöse (Pos. 1) die in der Periode das Lager netto erhöhende Produktion von oder die das in Vorperioden aufgefüllte Lager netto abbauenden Verkäufe an Halb- und Fertigfabrikaten (Pos. 2), die selbst erstellten, im Produktionsprozess eingesetzten Güter (Pos. 3) sowie die sonstigen betrieblichen Erträge (Pos. 4). Dementsprechend werden im Gesamtkostenverfahren alle für diese Leistungserstellung eingesetzten Aufwendungen, d. h. die Wertverbräuche an Gütern und Dienstleistungen (Pos. 5–8) in Abzug gebracht. Die Differenz hieraus entspricht dem Investitionserfolg (Betriebsergebnis) im eigenen Unternehmen.

Das **Umsatzkostenverfahren** schlägt zur Errechnung des Investitionserfolgs einen anderen Weg ein: Es wird nicht der gesamte Betriebsertrag erfasst; der Ausweis beschränkt sich vielmehr auf die Umsatzerlöse (Pos. 1) und die sonstigen betrieblichen Erträge (Pos. 6). In Abzug werden nur jene Aufwendungen gebracht, die für den erzielten Umsatz eingesetzt wurden. Das Umsatzkostenverfahren erfordert somit auch eine Erfassung sämtlicher betriebsbedingter Aufwendungen, die dann aber in einen umsatzbedingten und einen nichtumsatzbedingten (Lageraufbau, aktivierte Eigenleistungen) Anteil zerlegt werden müssen. Der nichtumsatzbedingte Anteil der Aufwendungen mündet schließlich erfolgsneutral in die entsprechenden Aktiva der Bilanz (z. B. mit dem Herstellungsaufwand bewertete Vorratsbestände). Diese Aufteilung ist jedoch regelmäßig mit dem Instrumentarium der Finanzbuchführung nicht zu bewerkstelligen. Die Verteilung der Aufwandsarten auf die ausgewiesenen Bereiche Herstellung, Vertrieb und allgemeine Verwaltung erfordert Daten der Kostenstellenrechnung. Die dann folgende Zuordnung der Kostenbereiche zum zugehörigen Umsatz kann wie bei der Bewertung der Bestände an Halb- und Fertigfabrikaten nur über die Kostenträgerrechnung erfolgen.

Ab der Pos. 9 des Gesamtkostenverfahrens bzw. Pos. 8 des Umsatzkostenverfahrens sind die beiden GuV-Rechnungen nunmehr identisch aufgebaut. Es wird zunächst das Finanzergebnis ermittelt (Pos. 9–13 bzw. 8–12), indem die Finanzerträge (Pos. 9–11 bzw. 8–10) und -aufwendungen (Pos. 12 und 13 bzw. 11 und 12), die durch Investitionen in fremden Unternehmen erzielt bzw. verursacht wurden, und die pagatorischen Kapitalkosten für Investitionen Dritter (Pos. 13 bzw. 12) im Unternehmen verrechnet werden. Die Zusammenfassung von Finanz- und Betriebsergebnis in der Zwischensumme der Pos. 14 bzw. 13 zeigt den **Erfolg,** den das Unternehmen seiner Zweckbestimmung gemäß, d. h. aus der **gewöhnlichen** Geschäftstätigkeit, in der betreffenden Periode erwirtschaftet hat.

In Abgrenzung dazu steht das **außerordentliche** Ergebnis (Pos. 15 + 16 = 17 bzw. 14 + 15 = 16). Dabei handelt es sich um Erfolgsbestandteile, die nicht aus der eigentlichen Geschäftstätigkeit herrühren, also von wenig beständiger Natur sind. Daran schließt sich der Steueraufwand (Pos. 18 und 19 bzw. 17 und 18) an, so dass mit dem **Erfolgssaldo** (Pos. 20 bzw. 19) das Periodenergebnis (Jahresüberschuss/Jahresfehlbetrag) ausgewiesen wird. Die Ermittlung des Periodenerfolgs geschieht also durch **Aufwands- und Ertragsvergleich:**

$$\begin{aligned} \text{Erfolg} &= \text{Ertrag} - \text{Aufwand} \\ \text{Ertrag} &> \text{Aufwand} \Rightarrow \text{Gewinn} \\ \text{Ertrag} &< \text{Aufwand} \Rightarrow \text{Verlust.} \end{aligned}$$

Die Gewinn- und Verlustrechnung ist damit in der Lage, die **Erfolgsquellen** des Unternehmens offen zu legen. Die Einsicht in die Ursachen des Erfolges vermag wiederum wichtige Steuerungsgrundlagen für die Erlöspolitik des Unternehmens zu liefern.

Um die Struktur der Gewinn- und Verlustrechnung verwirklichen zu können, sind jedoch für jede Aufwands- und Ertragsart **gesonderte Konten** einzurichten, die die entsprechenden Erträge und Aufwendungen während der Abrechnungsperiode erfassen. Aus dem Bild der Erfolgs-(Gewinn- und Verlust-) Rechnung ergibt sich für die zugehörigen Erfolgskonten somit die folgende Formaleinteilung:

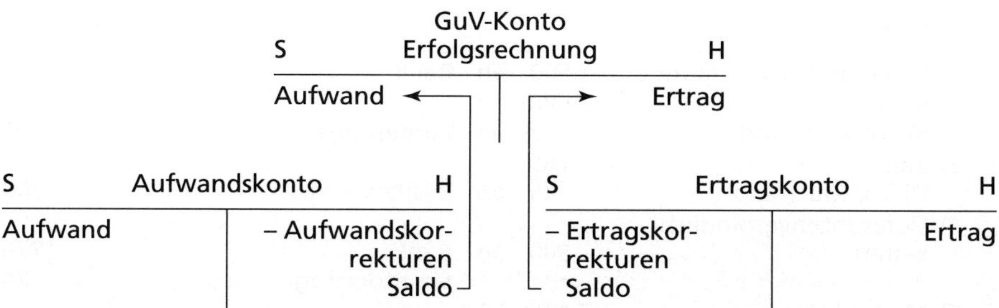

Das GuV-Konto wird auf diese Weise wie das Eigenkapitalkonto zum ruhenden Konto. Chronologisch betrachtet, werden also in der Buchführung zuerst die einzelnen Aufwands- und Ertragskonten eröffnet. Am Ende des Wirtschaftsjahres, zum Jahresabschluss, werden die Salden der Erfolgskonten als Aufwand und Ertrag in die Erfolgsrechnung übernommen:

GuV-Konto **an** Aufwandskonto

Ertragskonto **an** GuV-Konto.

Der Saldo des GuV-Kontos wird schließlich in das Eigenkapitalkonto übertragen:

bei Gewinn: GuV-Konto **an** Eigenkapitalkonto;

bei Verlust: Eigenkapitalkonto **an** GuV-Konto.

Übungsbeispiel: Bilden und Deuten von Buchungssätzen

Buchungssätze:

1) Überweisung von Arbeitslohn (Gehalt) 1.500
2) Kunde begleicht ausstehende Rechnung über 100 unter Abzug von 2 % Skonto
3) Diskontierung eines Wechsels über 300 bei der Bank; Diskont 15
4) Begleichung einer Lieferantenrechnung 800 durch Banküberweisung unter Einbehalt von 3 % Skonto
5) Mietzahlung 12.000 für ein zur Hälfte betrieblich genutztes Gebäude
6) Eine in der Vorperiode gebildete Prozessrückstellung 2.500 wird durch rechtskräftiges Urteil nur zu 1.500 in Anspruch genommen
7) Überweisung der Jahresbelastung (Annuität) 3.000 für ein Darlehen an die Hausbank, Zinsanteil 2.400

Deuten von Buchungssätzen:

1) Sonstige Forderungen	**an**	Steueraufwand
2) Rückstellungen	**an**	Sonstiger betr. Ertrag
3) Sonstiger betr. Aufwand	**an**	Kasse
4) Bank Sonstiger betr. Aufwand	**an**	Betriebs- und Geschäftsausstattung
5) Mietaufwand Aktive Rechnungsabgrenzung	**an**	Privat-(einlagen-)Konto

Lösung:

	Soll			Haben	
1) Lohn- und Gehaltskonto	1.500	**an**	Bank	1.500
2) Bank	98			
Skontoaufwand	2	**an**	Forderungen	100
3) Bank	285			
Diskontaufwand	15	**an**	Besitzwechsel	300
4) Lieferantenverbindlichkeiten	800	**an**	Bank	776
			Skontoertrag	24
5) Mietaufwand	6.000			
Privatkonto	6.000	**an**	Bank (Kasse)	12.000
6) Prozessrückstellungen	2.500	**an**	Bank (Kasse)	1.500
			Sonstiger betr. Ertrag	1.000
7) Zinsaufwand	2.400			
Darlehensschuld	600	**an**	Bank	3.000

Deuten von Buchungssätzen:

1) Der Steuerbescheid des Finanzamts weist eine Überzahlung aus
2) Auflösung einer in der (den) Vorperiode(n) überhöht gebildeten Rückstellung
3) Kassenfehlbetrag
4) Verkauf von Büroeinrichtung unter Buchwert
5) (Teilweise) Mietvorauszahlung für Geschäftsräume aus Privatmitteln

3.4.2 Privatkonten

Die erfolgsunwirksamen Veränderungen des Eigenkapitals betreffen regelmäßig die private Sphäre der Unternehmenseigner. Es handelt sich dabei um **Einlagen** (Eigenkapitalerhöhungen) und um **Privatentnahmen** (Eigenkapitalherabsetzungen, z. B. Barentnahmen, Privatsteuern der Eigner, privatgenutzte Wirtschaftsgüter des Unternehmens wie Geschäftswagen, Grundstücke oder Wohnungen). Diese Veränderungen werden ebenfalls, der Übersichtlichkeit des Eigenkapitalkontos wegen, auf einem gesonderten Konto, dem Privatkonto, erfasst.

Als Unterkonto des Eigenkapitals genügt es dem Rechenformalismus eines passiven Bestandskontos, d. h. Eigenkapitalminderungen (Privatentnahmen) werden im „Soll", Eigenkapitalmehrungen (Einlagen) dagegen im „Haben" verbucht. Zum Jahresabschluss erfolgt die Übertragung des Saldos auf das Eigenkapitalkonto:

bei Einlagenüberschuss:
Privatkonto **an** Eigenkapitalkonto;

bei Entnahmeüberschuss:
Eigenkapitalkonto **an** Privatkonto.

Beispiel: Bilden von Buchungssätzen
1) Privatentnahme des Geschäftsinhabers in bar
2) Bareinlage des Inhabers
3) Überweisung der Einkommensteuer des Geschäftsinhabers

Lösung:

1) Privat-(entnahme-)Konto	**an**	Kasse (Bilanzverkürzung)
2) Kasse	**an**	Privatkonto (Bilanzverlängerung)
3) Privatkonto	**an**	Bank (Bilanzverkürzung)

3.5 Gemischte Konten

Mit Bestandskonten wird das Ziel verfolgt, Bestandsveränderungen zu erfassen. Sie weisen demgemäß einheitlich als Salden Endbestände aus. Erfolgskonten dienen dagegen der Aufzeichnung der Erfolgsveränderungen und errechnen als Salden Erfolgsbestandteile. Darüber hinaus existieren jedoch auch Kontengruppen, die keinen einheitlichen (reinen), sondern einen gemischten Konteninhalt abrechnen, da sie sowohl mit den Bestands- als auch mit den Erfolgskonten korrespondieren; ihre Salden entziehen sich damit einer eindeutigen Klassifizierung. Rechentechnische Probleme ergeben sich mit diesen Konten daher nicht bei der Erfassung der Konteninhalte, sondern erst beim Abschluss der Konten.

Dabei sind grundsätzlich zwei Arten von gemischten Konten zu unterscheiden:

a) Bestandskonten mit Erfolgsanteil,

b) Erfolgskonten mit Bestandsanteil.

Bei den **Bestandskonten mit Erfolgsanteil** überwiegt der Bestandscharakter. Diese Konten erfassen im Laufe des Geschäftsjahres die (wertmäßigen) Zu- und Abgänge. Die Salden, d.h. die Endbestände, lassen sich jedoch erst ermitteln, wenn der Erfolgsteil der Konten eingebucht wurde. Besonders deutlich tritt dieser Zusammenhang bei den Anlagekonten für abnutzbare Wirtschaftsgüter hervor:

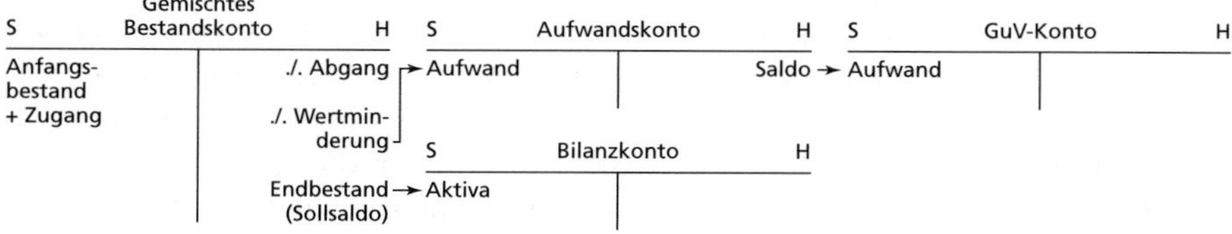

Wirtschaftsgüter des Anlagevermögens (Potentialfaktoren) geben ihre Nutzung über mehrere Perioden verteilt ab. So kann ein Kraftfahrzeug in aller Regel über mehrere Perioden betrieblich in Anspruch genommen werden. Durch die Leistungsabgabe erleidet das Kraftfahrzeug aber auch einen Wertverlust. Der Restwert (Endbestand) des Wirtschaftsgutes lässt sich daher erst nach der Einbuchung der Wertminderung (Erfolgsteil) in das gemischte Konto errechnen:

Aufwandskonto **an** Gemischtes Bestandskonto

(Schluss-)Bilanzkonto **an** Gemischtes Erfolgskonto

Hiermit wird auch einsichtig, warum der Gesetzgeber u. U. bei Führung einer **Anlagenkartei** auf eine körperliche Bestandsaufnahme verzichtet (s. Teil A, Abschn. 2.3.3, S. 64 f.). Der Nachweis über die Mengenkomponente ist gewöhnlich über die Kartei erbracht, die Wertkomponente (Restwert) kann dagegen erst durch die Saldierung des gemischten Bestandskontos ermittelt werden.

Bei den **Erfolgskonten mit Bestandsanteil** dominiert der Erfolgscharakter. Diese Konten erfassen zwar auch die laufenden Zu- und Abgänge wie ein Bestandskonto, verrechnen aber die Bestandsveränderungen mit **uneinheitlichen Preisen** (Inhomogenität des Preisgerüsts). Für die Zugänge werden in der Regel die Anschaffungspreise oder die Herstellungskosten in Ansatz gebracht, während die Abgänge mit den Verkaufspreisen bewertet werden (z. B. gemischtes Warenkonto, gemischtes Wertpapierkonto, gemischtes Devisenkonto, Verkauf von Anlagevermögen über dem Buchwert).

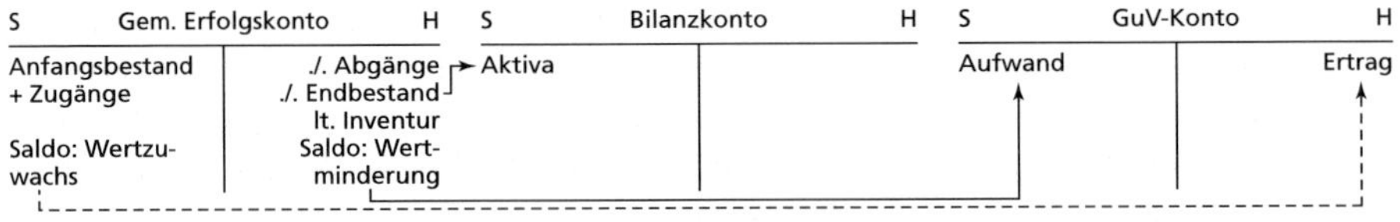

S Gem. Erfolgskonto	H
Anfangsbestand + Zugänge Saldo: Wertzuwachs	./. Abgänge ./. Endbestand lt. Inventur Saldo: Wertminderung

S Bilanzkonto	H
Aktiva	

S GuV-Konto	H
Aufwand	Ertrag

Zur Abrechnung dieser Konten ist zunächst der Endbestand der Wirtschaftsgüter, bewertet zum Einkaufspreis, durch Inventur zu ermitteln:

(Schluss-)Bilanzkonto **an** Gemischtes Erfolgskonto.

Mit der Saldierung wird der Erfolgsteil in das GuV-Konto übertragen:

bei Ertrag:

Gemischtes Erfolgskonto **an** GuV-Konto

bei Aufwand:

GuV-Konto **an** Gemischtes Erfolgskonto.

Darüber hinaus ergeben sich gemischte Erfolgskonten auch dann, wenn im Konto zwar **homogen** zu einheitlichen Preisen gebucht wird, die Abgänge jedoch nicht gesondert auf diesem Konto erfasst werden (z. B. Aufzeichnung des Anfangsbestands und der Zugänge im Einkaufskonto, Verbuchung der Abgänge jedoch auf einem gesonderten Verkaufskonto). Auch in diesem Fall ist für den Abschluss der Konten eine Inventur unverzichtbar (Beispiele zu gemischten Konten s. S. 120 f. sowie S. 461 f.).

3.6 Das Kontensystem

Obwohl die einzelnen Kontenarten wirtschaftliche Größen völlig verschiedenen Charakters, nämlich Real- und Nominalgüter als Aktiva (Vermögen), abstrakte

Wertbestände als Passiva (Kapital), Erfolgsvorgänge als periodisierte Aufwendungen und Erträge sowie Ergebnisse oder Erfolge als Gewinn und Verlust, verbuchen, sind sie doch stets auf ihren Ausgangspunkt, die Bilanz, zurückzuführen. Die beherrschende **Gültigkeit der Bilanzgleichung** auch für jedes einzelne Konto erlaubt durch die Zusammenfassung sämtlicher Kontensalden jederzeit die Ableitung einer (Schluss-)Bilanz. Die Verbindung der einzelnen Konten zum **Kontensystem** macht die Abbildung auf S. 94 deutlich. Sie symbolisiert zugleich den Gang des Abschlusses von der Eröffnungs- zur Schlussbilanz.

Mit der Systematik des Kontenzusammenhangs wird verdeutlicht, dass zwischen (Schluss-)Bilanzkonto und GuV-Konto eine zwangsläufige, dem doppischen System inhärente Verbindung besteht. **(Schluss-)Bilanzkonto** und **GuV-Konto** müssen **unabhängig** voneinander als abschließenden Saldo den **gleichen** Gewinn bzw. Verlust ausweisen. Der Formalaufbau der Doppik, dass nämlich bei jedem erfolgswirksamen Vorfall sowohl ein Erfolgs- als auch ein Bestandskonto angesprochen wird, ermöglicht somit die **Erfolgsermittlung** in **zweifacher Weise:** als **Aufwands- und Ertragsvergleich** und als **Eigenkapital- bzw. Reinvermögensvergleich** (s. Teil A, Abschn. 3.1 und 3.4.1, S. 74 ff., 85 ff.). Da die Erfolgskonten als Vorkonten des Eigenkapitals fungieren, erscheint der Aufwands- und Ertragsvergleich als Bestandteil des (Eigen-)Kapitalvergleichs. Die Bilanzgleichung wird evident mit dem Übertrag des Erfolgspostens vom GuV-Konto in die Bilanz, mit dem alle Konten, auch die Bilanz selbst, saldiert sind. Auch aus dieser Sicht wird transparent, dass der Kontenzusammenhang als geschlossenes System einer „bewegten" Bilanz aufgefasst werden kann.

Übungsbeispiel: Buchung auf Bestands- und Erfolgskonten mit Konteneröffnung und -abschluss

Die Eröffnungsbilanz der Möbeleinzelhandelsfirma Franz Knorz weist zum 1. 1. 20. . folgende **Anfangsbestände** aus:

Vermögen: Betriebs- und Geschäftsausstattung (BGA) 16.000; Warenvorräte 40.000; Kundenforderungen 12.000; Bankguthaben 8.000; Kasse 4.000;

Schulden: Lieferantenverbindlichkeiten 20.000; Darlehensschulden 10.000.

Für nachstehende Geschäftsvorfälle sind die Buchungssätze zu bilden und ist der Abschluss zu erstellen (Der Übersichtlichkeit wegen wird auf die Berücksichtigung von Umsatzsteuer verzichtet; vgl. hierzu Teil A, Abschn. 4.4, S. 124 ff.).

Geschäftsvorfälle (Buchung auf T-Konten):

1. Tauschvorgänge

a) Veränderung von Vermögensbestandskonten (Aktivtausch):

(1)	Kunde überweist zum Ausgleich einer Forderung	6.000
(2)	Anschaffung eines betrieblich genutzten Pkw; der Kaufpreis wird überwiesen	8.600
(3)	Kundenakzept über eine im Bestand enthaltene Forderung	4.000
(4)	Barabhebung bei der Bank	1.400

b) Veränderung von Schuldbestandskonten (Passivtausch):

(5)	Umwandlung einer Lieferantenverbindlichkeit in eine Darlehensschuld	6.000
(6)	Akzept über eine bestehende Lieferantenverbindlichkeit	2.000

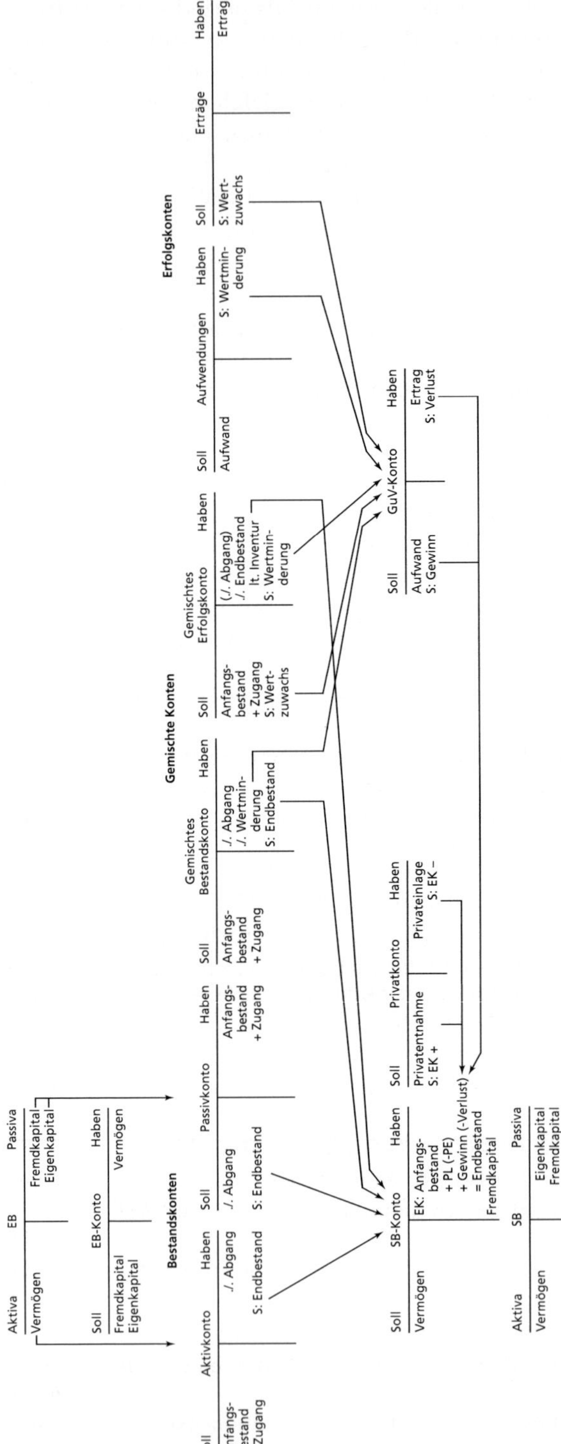

(Symbole: EB = Eröffnungsbilanz; SB = Schlussbilanz, GuV = Gewinn- und Verlustrechnung (Erfolgsrechnung); EK = Eigenkapital; PE = Privatentnahme; PL = Privateinlage; S = Saldo)

Systematik des Kontenzusammenhangs

2. Bilanzverlängerung – Bilanzverkürzung

a) Erfolgsunwirksame Vorgänge:

(7)	Kauf von Waren auf Ziel	14.600
(8)	Überweisung an Lieferanten	3.200
(9)	Überweisung des Tilgungsanteils eines Darlehens	200
(10)	Bareinlösung des Akzepts aus Geschäftsvorfall (6)	2.000
(11)	Abhebung durch Geschäftsinhaber für Eigenbedarf	2.600
(12)	Erstattung zu viel bezahlter Einkommensteuer durch Überweisung vom Finanzamt	800

b) Erfolgswirksame Vorgänge:

(13)	Überweisung der Geschäftsmiete	2.800
(14)	Barauszahlung von Gehalt	3.100
(15)	Überweisung des Zinsanteils eines Darlehens	700
(16)	Verkauf von Waren auf Ziel	30.000
(17)	Diskontierung von Besitzwechsel, Geschäftsvorfall (3); Diskont	100
(18)	Kundenüberweisung für Forderung über unter Abzug von 5 % Skonto	14.000
(19)	Ausgleich von Lieferantenverbindlichkeiten über unter Abzug von 3 % Skonto	10.000
(20)	Verkauf von Waren gegen Barzahlung	8.000

Abschlussangaben

Inventurbestand Waren	36.000
Inventurbestand Kasse	8.200
Abschreibungen auf Betriebs- und Geschäftsausstattung	2.400

Alle übrigen Inventurbestände stimmen mit den Buchbeständen überein.

Lösung: Buchungssätze

1. Eröffnungsbuchungen

(a)	Betriebs- und Geschäftsausstattung (BGA)	16.000	**an**	Eröffnungsbilanzkonto (EBK)	16.000
(b)	Warenvorräte	40.000	**an**	EBK	40.000
(c)	Forderungen	12.000	**an**	EBK	12.000
(d)	Bank	8.000	**an**	EBK	8.000
(e)	Kasse	4.000	**an**	EBK	4.000
(f)	EBK	50.000	**an**	Eigenkapital (EK)	50.000
(g)	EBK	10.000	**an**	Darlehen	10.000
(h)	EBK	20.000	**an**	Lieferantenverbindlichkeiten	20.000

2. Laufende Buchungen

(1)	Bank	6.000	**an**	Forderungen	6.000
(2)	BGA	8.600	**an**	Bank	8.600
(3)	Besitzwechsel	4.000	**an**	Forderungen	4.000
(4)	Kasse	1.400	**an**	Bank	1.400

(5) Lieferantenverbindlichkeiten	6.000	**an**	Darlehen	6.000
(6) Lieferantenverbindlichkeiten	2.000	**an**	Schuldwechsel	2.000
(7) Warenvorräte (Wareneinkauf)	14.600	**an**	Lieferantenverbindlichkeiten	14.600
(8) Lieferantenverbindlichkeiten	3.200	**an**	Bank	3.200
(9) Darlehen	200	**an**	Bank	200
(10) Schuldwechsel	2.000	**an**	Kasse	2.000
(11) Privatkonto	2.600	**an**	Bank	2.600
(12) Bank	800	**an**	Privatkonto	800
(13) Mietaufwand	2.800	**an**	Bank	2.800
(14) Lohn und Gehalt	3.100	**an**	Kasse	3.100
(15) Zinsaufwand	700	**an**	Bank	700
(16) Forderungen	30.000	**an**	Umsatzerlöse	30.000
(17) Bank	3.900			
Diskontaufwand	100	**an**	Besitzwechsel	4.000
(18) Bank	13.300			
Skontoaufwand	700	**an**	Forderungen	14.000
(19) Lieferantenverbindlichkeiten	10.000	**an**	Bank	9.700
			Skontoertrag	300
(20) Kasse	8.000	**an**	Umsatzerlöse	8.000

3. Abschlussbuchungen

a) Abschluss der gemischten Konten

(a_1) Schlussbilanzkonto (SBK)	36.000	**an**	Warenvorräte (lt. Inventur)	36.000
(a_2) Gewinn- und Verlustkonto (GuV)	18.600	**an**	Warenvorräte (Bruttoabschluss)	18.600
(a_3) SBK	8.200	**an**	Kasse (lt. Inventur)	8.200
(a_4) GuV (sonst. betr. Aufwand aus Kassenfehlbetrag)	100	**an**	Kasse	100
(a_5) GuV (Abschreibungen auf BGA)	2.400	**an**	BGA	2.400
(a_6) SBK	22.200	**an**	BGA	22.200

b) Abschluss der reinen Erfolgskonten

(b_1) GuV	2.800	**an**	Mietaufwand	2.800
(b_2) GuV	3.100	**an**	Lohn und Gehalt	3.100
(b_3) GuV	800	**an**	Zins und Diskont	800
(b_4) GuV	700	**an**	Skontoaufwand	700
(b_5) Umsatzerlöse	38.000	**an**	GuV (Bruttoabschluss)	38.000
(b_6) Skontoertrag	300	**an**	GuV	300

c) Abschluss des GuV-Kontos und des Privatkontos

(c_1) GuV	9.800	**an**	Eigenkapital	9.800
(c_2) GuV	1.800	**an**	Privat	1.800

d) Abschluss der reinen Bestandskonten

(d_1) SBK	18.000	**an**	Forderungen	18.000
(d_2) SBK	2.800	**an**	Bank	2.800
(d_3) Eigenkapital	58.000	**an**	SBK	58.000
(d_4) Darlehen	15.800	**an**	SBK	15.800
(d_5) Lieferantenverbindlichkeiten	13.400	**an**	SBK	13.400

(Kontendarstellung vgl. S. 98 f.)

Da ein gemischtes Warenkonto in der Praxis üblicherweise nicht vorkommt und dieses auch theoretisch wenig sinnvoll erscheint, wurden Wareneinkauf und Warenverkauf auf getrennten Konten erfasst (vgl. dazu Teil A, Abschn. 4.1 und 4.2, S. 120 ff.).

Die aus dem Schlussbilanzkonto außerhalb des Kontenzusammenhangs abzuleitende **Schlussbilanz** zum 31. 12. 20.. zeigt das am Gliederungsprinzip des § 266 HGB orientierte Bild des Bilanzausweises auf S. 75 f.. Der **Erfolg** wird zweifach ermittelt:

durch **Aufwands- und Ertragsvergleich** der Erfolgsrechnung:

$$\text{Ertrag } 38.300 - \text{Aufwand } 28.500 = \text{Gewinn } 9.800$$

sowie durch **Bestands-(Vermögens-, Eigenkapital-)Vergleich** der Bilanz:

$$EK_e\ 58.000 - EK_a\ 50.000 + PE\ 2.600 - PL\ 800 = G\ 9.800.$$

Der Inhalt des Eigenkapitalkontos wird zur Aufzeichnung der (Eigen-)**Kapitalentwicklung** auch in Staffelform dargestellt und meist in einer Vorspalte der Bilanz ausgewiesen (Steuerbilanz). Die Kapitalentwicklung laut vorstehendem Beispiel stellt sich wie folgt dar:

$$EK_a\ 50.000 - PE\ 2.600 + PL\ 800 + G\ 9.800 = EK_e\ 58.000$$

Lösung: Hauptbuch (T-Konten)

Eröffnungs- und Abschlusskonten

Aktiva	Eröffnungsbil. z. 1. 1. 20 . .		Passiva
BGA	16.000	Eigenkap.	50.000
Waren	40.000	Darlehen	10.800
Ford.	12.000	Verbindl.	20.000
Bank	8.000		
Kasse	4.000		
	80.000		80.000

Soll	EBK		Haben
(f) Eigenkap.	50.000	BGA	16.000 (a)
(g) Darlehen	10.000	Waren	40.000 (b)
(h) Verbindl.	20.000	Ford.	12.000 (c)
		Bank	8.000 (d)
		Kasse	4.000 (e)
	80.000		80.000

Soll	GuV-Konto		Haben
(a_2) Wa.-Einkauf	18.600	Umsatz-Erl.	38.000 (b_5)
(a_4) sonst.betr. Aufw.	100	Skonto	300 (b_6)
(a_5) Abschr.	2.400		
(b_1) Miete	2.800		
(b_2) Lohn u. Geh.	3.100		
(b_3) Zins u. Disk.	800		
(b_4) Skonto	700		
(c_1) Gew. (EK)	9.800		
	38.300		38.300

Soll	SBK z. 31. 12. 20..		Haben
(a_1) Waren	36.000	Eigenkap.	58.000 (d_3)
(a_3) Kasse	8.200	Darlehen	15.800 (d_4)
(a_6) BGA	22.200	Verbindl.	13.400 (d_5)
(d_1) Ford.	18.000		
(d_2) Bank	2.800		
	87.200		87.200

Bestandskonten
Aktivkonten

S	BGA		H
(a) EBK	16.000	GuV	2.400 (a_5)
(2) Bank	8.600	SBK	22.200 (a_6)
	24.600		24.600

S	Warenvorräte (-einkauf)		H
(b) EBK	40.000	SBK	36.000 (a_1)
(7) Verbindl.	14.600	GuV	18.600 (a_2)
	54.600		54.600

S	Forderungen		H
(c) EBK	12.000	Bank	6.000 (1)
(16) Umsatz-Erl.	30.000	Besitzwechsel	4.000 (3)
		Bank u. Skonto	14.000 (18)
		SBK	18.000 (d_1)
	42.000		42.000

S	Bank		H
(d) EBK	8.000	BGA	8.600 (2)
(1) Ford.	6.000	Kasse	1.400 (4)
(12) Privat	800	Verbindl.	3.200 (8)
		Darlehen	200 (9)
(17) Besitzwechsel	3.900	Privat	2.600 (11)
(18) Ford.	13.300	Miete	2.800 (13)
		Zins	700 (15)
		Verbindl.	9.700 (19)
		SBK	2.800 (d_2)
	32.000		32.000

S	Kasse		H
(e) EBK	4.000	Schuldwechsel	2.000 (10)
(4) Bank	1.400	Lohn u. Geh.	3.100 (14)
(20) Umsatz-Erl.	8.000	SBK	8.200 (a_3)
		GuV	100 (a_4)
	13.400		13.400

S	Besitzwechsel		H
(3) Ford.	4.000	Bank u. Diskont	4.000 (17)
	4.000		4.000

Bestandskonten
Passivkonten

S	Eigenkapital		H
(c₂) Privat	1.800	EBK	50.000 (f)
(d₃) SBK	58.000	GuV	9.800 (c₁)
	59.800		59.800

S	Darlehen		H
(9) Bank	200	EBK	10.000 (g)
(d₄) SBK	15.800	Verbindl.	6.000 (5)
	16.000		16.000

S	Lieferantenverbindlichkeiten		H
(5) Darlehen	6.000	EBK	20.000 (h)
(6) Schuldwechsel	2.000	Waren	14.600 (7)
(8) Bank	3.200		
(19) Bank u. Skonto	10.000		
(d₅) SBK	13.400		
	34.600		34.600

S	Schuldwechsel (Akzepte)		H
(10) Kasse	2.000	Verbindl.	2.000 (6)
	2.000		2.000

S	Privat		H
(11) Bank	2.600	Bank	800 (12)
		Eigenkapital	1.800 (c₂)
	2.600		2.600

Erfolgskonten
Aufwandskonten

S	Miete		H
(13) Bank	2.800	GuV	2.800 (b₁)
	2.800		2.800

S	Lohn und Gehalt		H
(14) Kasse	3.100	GuV	3.100 (b₂)
	3.100		3.100

S	Zins und Diskont		H
(15) Bank	700	GuV	800 (b₃)
(17) Besitzwechsel	100		
	800		800

S	Skontoaufwand		H
(18) Ford.	700	GuV	700 (b₄)
	700		700

Ertragskonten
Umsatzerlöse

S	(Verkaufsertrag)		H
(b₅) GuV	38.000	Ford.	30.000 (16)
		Kasse	8.000 (20)
	38.000		38.000

S	Skontoertrag		H
(b₆) GuV	300	Verbindl.	300 (19)
	300		300

3.7 Bilanz- und Gewinn- und Verlust-Schemata von Kredit- und Finanzdienstleistungsinstituten sowie von Versicherungsunternehmen

Die Geschäftstätigkeit von **Kreditinstituten** und **Versicherungen** weicht von derjenigen der Industrie- und Handelsunternehmen deutlich ab. Die starke Fokussierung auf den finanziellen Bereich beeinflusst zwangsläufig die Ausgestaltung des Jahresabschlusses von Unternehmen dieser Branchen. Neben den die Vorschriften für große Kapitalgesellschaften (§§ 264–289a HGB) ergänzenden (Bewertungs-)Vorschriften nach §§ 340 ff. (Kredit- und Finanzdienstleistungsinstitute) und 341 ff. (Versicherungsunternehmen) HGB ergeben sich für diese auch **abweichende Gliederungen von Bilanz und GuV**. Nach § 330 HGB wird das BMJ (im Einvernehmen mit dem BMF und der Deutschen Bundesbank) ermächtigt, durch Rechtsverordnung eine von den §§ 266 (Bilanz) und 275 (GuV) HGB abweichende Gliederung des Einzel- oder Konzernabschlusses vorzuschreiben. Im Falle der Kredit- und Finanzdienstleistungsinstitute ist dies in Form der Verordnung über die Rechnungslegung der Kreditinstitute und Finanzdienstleistungsinstitute (RechKredV) und für die Versicherungen durch die Verordnung über die Rechnungslegung von Versicherungsunternehmen (RechVersV) bzw. über die hierin enthaltenen Formblätter geschehen. Diese Verordnungen beinhalten vor allem Regelungen zu Gliederung und Inhalt von Bilanz, Gewinn- und Verlustrechnung und Anhang sowie zu Erläuterungen der einzelnen Positionen. Gemäß §§ 340a Abs. 2, 341a Abs. 2 HGB werden die Gliederungen nach §§ 266, 275 HGB durch die entsprechenden Vorschriften/Formblätter der RechKredV bzw. RechVersV ersetzt.

Das durch § 2 Abs. 1 bzw. Formblatt 1 der RechKredV vorgeschriebene Bilanzschema bildet eine einheitliche Bilanzierungsgrundlage für alle **Kredit- und Finanzdienstleistungsinstitute** (im Folgenden wird stellvertretend auch kurz von Kreditinstituten gesprochen). Die von Realkreditinstituten, Bausparkassen und Genossenschaftsbanken geforderten zusätzlichen Angaben zu einigen Bilanzpositionen sind in der obigen Darstellung ausgelassen worden und sollen im Folgenden nicht näher betrachtet werden.

Schon auf den ersten Blick wird deutlich, dass die Bilanz eines Kreditinstituts erheblich von der eines Nicht-Kreditinstituts abweicht. So wird in der Bilanz nach **RechKredV** im Gegensatz zu jener nach § 266 HGB auf der **Aktivseite (A.)** nicht nach Anlage- und Umlaufvermögen unterschieden. Die Finanzaktiva werden vielmehr nach Anspruchstyp (Barliquidität, Darlehensforderungen, Schuldverschreibungen, Aktien) und Schuldner (öffentliche und nicht öffentliche Emittenten, andere Kreditinstitute, (Privat-)Kunden) differenziert. Die Anordnung erfolgt auf der Aktivseite nach abnehmender Liquidität (von „Kasse" zu (langfristigen) „Beteiligungen"). Die **Passivseite (P.)** untergliedert sich ähnlich wie bei Industrie- und Handelsunternehmen nach Herkunft und Überlassungsdauer des Kapitals, jedoch wird dabei zusätzlich nach Verbindlichkeiten verbriefter (Wertpapiere) oder unverbriefter Art (ggü. Kreditinstituten und Kunden) unterschieden. Die Passiva sind nach zunehmender Fristigkeit gegliedert (von „täglich fälligen Verbindlichkeiten" zu „Eigenkapital"). Damit ergibt sich quasi eine Umkehrung der Reihenfolge im Vergleich zu jener bei Nicht-Kreditinstituten (vgl. *Hartmann-Wendels/Pfingsten/Weber*, Bankbetriebslehre, S. 803). Zudem sind **Angaben unter dem Bilanzstrich** nicht nur für Eventualverbindlichkeiten aus Haftungsrisiken, wie sie auch bei Industrie- und Handelsunternehmen nicht unüblich sind, sondern auch für andere branchenspezifische Verpflichtungen vorgesehen.

Bilanz

Aktiva

1. Barreserve
   a) Kassenbestand
   b) Guthaben bei Zentralnotenbanken
      darunter: bei der Deutschen Bundesbank
   c) Guthaben bei Postgiroämtern
2. Schuldtitel öffentlicher Stellen und Wechsel, die zur Refinanzierung bei Zentralnotenbanken zugelassen sind
   a) Schatzwechsel und unverzinsliche Schatzanweisungen sowie ähnliche Schuldtitel öffentlicher Stellen
      darunter: bei der deutschen Bundesbank refinanzierbar
   b) Wechsel
3. Forderungen an Kreditinstitute
   a) täglich fällig
   b) andere Forderungen
4. Forderungen an Kunden
   darunter: durch Grundpfandrechte gesichert; Kommunalkredite
5. Schuldverschreibungen und andere festverzinsliche Wertpapiere
   a) Geldmarktpapiere
      aa) von öffentlichen Emittenten
          darunter: beleihbar bei der Deutschen Bundesbank
      ab) von anderen Emittenten
          darunter: beleihbar bei der Deutschen Bundesbank
   b) Anleihen und Schuldverschreibungen
      ba) von öffentlichen Emittenten
          darunter: beleihbar bei der Deutschen Bundesbank
      bb) von anderen Emittenten
          darunter: beleihbar bei der Deutschen Bundesbank
   c) eigene Schuldverschreibungen
      Nennbetrag
6. Aktien und andere nicht festverzinsliche Wertpapiere
6a. Handelsbestand
7. Beteiligungen
   darunter: an Kreditinstituten; an Finanzdienstleistungsinstituten
8. Anteile an verbundenen Unternehmen
   darunter: an Kreditinstituten; an Finanzdienstleistungsinstituten

Passiva

1. Verbindlichkeiten gegenüber Kreditinstituten
   a) täglich fällig
   b) mit vereinbarter Laufzeit oder Kündigungsfrist
2. Verbindlichkeiten gegenüber Kunden
   a) Spareinlagen
      aa) mit vereinbarter Kündigungsfrist von drei Monaten
      ab) mit vereinbarter Kündigungsfrist von mehr als drei Monaten
   b) andere Verbindlichkeiten
      ba) täglich fällig
      bb) mit vereinbarter Laufzeit oder Kündigungsfrist
3. Verbriefte Verbindlichkeiten
   a) begebene Schuldverschreibungen
   b) andere verbriefte Verbindlichkeiten
      darunter: Geldmarktpapiere; eigene Akzepte und Solawechsel im Umlauf
3a. Handelsbestand
4. Treuhandverbindlichkeiten
   darunter: Treuhandkredite
5. Sonstige Verbindlichkeiten
6. Rechnungsabgrenzungsposten
6a. Passive latente Steuern
7. Rückstellungen
   a) Rückstellungen für Pensionen und ähnliche Verpflichtungen
   b) Steuerrückstellungen
   c) andere Rückstellungen
8. *[weggefallen]*
9. Nachrangige Verbindlichkeiten
   darunter: vor Ablauf von zwei Jahren fällig
10. Genussrechtskapital
    darunter: vor Ablauf von zwei Jahren fällig
11. Fonds für allgemeine Bankrisiken

Aktiva	Bilanz Passiva
9. Treuhandvermögen darunter: Treuhandkredite 10. Ausgleichsforderungen gegen die öffentliche Hand einschließlich Schuldverschreibungen aus deren Umtausch 11. Immaterielle Anlagewerte a) Selbst geschaffene gewerbliche Schutzrechte und ähnliche Rechte und Werte b) Entgeltlich erworbene Konzessionen, gewerbliche Schutzrechte und ähnliche Rechte und Werte sowie Lizenzen an solchen Rechten und Werten c) Geschäfts- oder Firmenwert d) Geleistete Anzahlungen 12. Sachanlagen 13. Eingeforderte ausstehende Einlagen auf das gezeichnete Kapital 14. Sonstige Vermögensgegenstände 15. Rechnungsabgrenzungsposten 16. Aktive latente Steuern 17. Aktiver Unterschiedsbetrag aus der Vermögensverrechnung 18. Nicht durch Eigenkapital gedeckter Fehlbetrag	12. Eigenkapital a) gezeichnetes Kapital b) Kapitalrücklage c) Gewinnrücklage ca) gesetzliche Rücklage cb) Rücklage für Anteile an einem herrschenden oder mehrheitlich beteiligten Unternehmen cc) satzungsmäßige Rücklagen cd) andere Gewinnrücklagen d) Bilanzgewinn/Bilanzverlust
Summe der Aktiva	Summe der Passiva
	1. Eventualverbindlichkeiten a) Eventualverbindlichkeiten aus weitergegebenen abgerechneten Wechseln b) Verbindlichkeiten aus Bürgschaften und Gewährleistungsverträgen c) Haftung aus der Bestellung von Sicherheiten für fremde Verbindlichkeiten 2. Andere Verpflichtungen a) Rücknahmeverpflichtungen aus unechten Pensionsgeschäften b) Platzierungs- und Übernahmeverpflichtungen c) Unwiderrufliche Kreditzusagen

Gliederungsschema für die Bilanz von Universalkreditinstituten gemäß Formblatt 1 der RechKredV (hier bei teilweiser Verwendung des Jahresergebnisses und inkl. Anpassung der Aktivposition 13 gemäß BilMoG)

Neben dem durch diese Art der Gliederung ermöglichten verbesserten Einblick in die Liquiditätslage (z. B. auch durch zahlreiche **„Darunter-Positionen"**, Positionen unter dem Bilanzstrich sowie durch zusätzliche Restlaufzeitengliederungen im Anhang (nach §340d HGB)) lassen sich vor allem aus der Differenzierung nach Schuldnern gewisse Rückschlüsse auf die (Ausfall-)Risikosituation des Kreditinstituts ziehen. Beispiele hierfür sind die gesondert ausgewiesenen Wertpapiere, die von öffentlichen Emittenten begeben wurden (unter A.5.), der gesonderte Ausweis von durch Grundpfandrechten besicherten Krediten (unter A.4.) oder auch die Differenzierung der Forderungen gegen Kunden und Kreditinstitute (unter A.3. und A.4; zum Einblick in die Liquiditäts- und Risikolage siehe ausführlich *Bieg*, Bankbilanzierung, S. 94 ff.).

Branchenspezifische Positionen finden sich insbesondere unter A6a., P3a. (Handelsbestand) und P.11 (Fonds für allgemeine Bankrisiken). Die Aktivposition A6a. **„Handelsbestand"** umfasst zu Handelszwecken gehaltene Wertpapiere und Edelmetalle sowie positive Marktwerte aus derivativen Finanzinstrumenten des Handelsbestands. Der gesonderte Ausweis dieser Positionen von den sonstigen Aktien und anderen nicht-festverzinslichen Wertpapieren (A6.) trägt den **handelsrechtlichen Wertpapierkategorien** Handelsbestand, Wertpapiere, die wie Anlagevermögen behandelt werden, und Liquiditätsreserve, mit ggf. spezifischen Bewertungsregeln, Rechnung (vgl. §340e HGB). Nach §340e Abs. 3 HGB sind nämlich Finanzinstrumente des Handelsbestands zum beizulegenden Zeitwert abzüglich eines Risikoabschlags zu bewerten. Demgegenüber sind Wertpapiere der Liquiditätsreserve und Wertpapiere, die wie Anlagevermögen behandelt werden, nach §340e Abs. 1 HGB zu (fortgeführten) Anschaffungskosten zu bewerten, wobei für Erstere das strenge (wie Umlaufvermögen behandelt) und für Letztere das gemilderte Niederstwertprinzip (wie Anlagevermögen behandelt) gilt.

Korrespondierend dazu enthält die Passivposition P3a. „Handelsbestand" Verbindlichkeiten, die zu Handelszwecken gehalten werden, sowie negative Marktwerte aus derivativen Finanzinstrumenten des Handelsbestands.

Die Passivposition P11. **„Fonds für allgemeine Bankrisiken"** enthält die nach §340g HGB gebildeten (versteuerten) Vorsorgereserven. Diese oftmals auch als Risikovorsorge bezeichnete Reserve darf nach §340g Abs. 1 HGB zur Sicherung gegen allgemeine Bankrisiken gebildet werden, soweit dies nach vernünftiger kaufmännischer Beurteilung wegen der besonderen Risiken des Geschäftszweigs der Kreditinstitute nötig ist. Zudem sind ihr nach §340e Abs. 4 HGB jährlich zwingend mindestens 10 % der Nettoerträge des Handelsbestands zuzuführen und gesondert auszuweisen (Gläubigerschutz im Zusammenhang mit der Fair Value-Bewertung des Handelsbestands). Im Gegensatz zu den („stillen") Vorsorgereserven nach §340f HGB (s. S. 109 f.) existiert dabei in Bezug auf die freiwillige Bildung nach §340g HGB weder eine Bindung an bestimmte Vermögensgegenstände noch eine Obergrenze. Dafür müssen jedoch Zuführungen zum Sonderposten oder Erträge aus dessen Auflösung in der GuV gesondert ausgewiesen werden („offene" Reservebildung). Eine Auflösung kommt nach §340e Abs. 4 HGB nur dann in Frage, wenn der Sonderposten 50 % der durchschnittlichen Nettoerträge des Handelsbestands der letzten fünf Jahre übersteigt oder Nettoaufwendungen des Handelsbestands ausgeglichen werden (vgl. Teil A, Abschn. 7.1.5, S. 220; zur Thematik der stillen Reserven vgl. *Siegel u. a.*, Stille Reserven, S. 2078 ff.).

Auch für **Versicherungsunternehmen** und **Pensionsfonds** ergibt sich aufgrund der Besonderheiten dieses Geschäftszweiges eine spezielle, von § 266 HGB abweichende Gliederungsvorschrift für die Bilanz. Diese ist dem Formblatt 1 der vom BMJ im Einklang mit § 330 HGB erlassenen Verordnung über die Rechnungslegung von Versicherungsunternehmen (**RechVersV**) zu entnehmen (§ 341a Abs. 2 Satz 2 HGB).

Aktiva	Bilanz Passiva
A. Eingeforderte ausstehende Einlagen auf das gezeichnete Kapital	A. Eigenkapital
B. Immaterielle Vermögensgegenstände	I. Gezeichnetes Kapital
I. Selbst geschaffene gewerbliche Schutzrechte und ähnliche Rechte und Werte	II. Kapitalrücklage
II. Entgeltlich erworbene Konzessionen, gewerbliche Schutzrechte und ähnliche Rechte und Werte sowie Lizenzen an solchen Rechten und Werten	III. Gewinnrücklagen
III. Geschäfts- oder Firmenwert	1. gesetzliche Rücklage
IV. Geleistete Anzahlungen	2. Rücklage für Anteile an einem herrschenden oder mehrheitlich beteiligten Unternehmen
C. Kapitalanlagen	3. satzungsmäßige Rücklagen
I. Grundstücke, grundstücksgleiche Rechte und Bauten einschließlich der Bauten auf fremden Grundstücken	4. andere Gewinnrücklagen
II. Kapitalanlagen in verbundenen Unternehmen und Beteiligungen	IV. Gewinnvortrag/Verlustvortrag
1. Anteile an verbundenen Unternehmen	V. Jahresüberschuss/Jahresfehlbetrag
2. Ausleihungen an verbundene Unternehmen	B. Genussrechtskapital
3. Beteiligungen	C. Nachrangige Verbindlichkeiten
4. Ausleihungen an Unternehmen, mit denen ein Beteiligungsverhältnis besteht	D. *[aufgehoben]*
III. Sonstige Kapitalanlagen	E. Versicherungstechnische Rückstellungen
1. Aktien, Investmentanteile und andere nicht festverzinsliche Wertpapiere	I. Beitragsüberträge
2. Inhaberschuldverschreibungen und andere festverzinsliche Wertpapiere	1. Bruttobetrag
3. Hypotheken-, Grundschuld- und Rentenschuldforderungen	2. davon ab: Anteil für das in Rückdeckung gegebene Versicherungsgeschäft
	II. Deckungsrückstellung
	1. Bruttobetrag
	2. davon ab: Anteil für das in Rückdeckung gegebene Versicherungsgeschäft
	III. Rückstellung für noch nicht abgewickelte Versicherungsfälle
	1. Bruttobetrag
	2. davon ab: Anteil für das in Rückdeckung gegebene Versicherungsgeschäft
	IV. Rückstellung für erfolgsabhängige und erfolgsunabhängige Beitragsrückerstattung
	1. Bruttobetrag
	2. davon ab: Anteil für das in Rückdeckung gegebene Versicherungsgeschäft
	V. Schwankungsrückstellung und ähnliche Rückstellungen

Aktiva	Bilanz Passiva
4. Sonstige Ausleihungen a) Namensschuldverschreibungen b) Schuldscheinforderungen und Darlehen c) Darlehen und Vorauszahlungen auf Versicherungsscheine d) Übrige Ausleihungen 5. Einlagen bei Kreditinstituten 6. Andere Kapitalanlagen IV. Depotforderungen aus dem in Rückdeckung übernommenen Versicherungsgeschäft D. Kapitalanlagen für Rechnung und Risiko von Inhabern von Lebensversicherungspolicen E. Forderungen I. Forderungen aus dem selbst abgeschlossenen Versicherungsgeschäft an: 1. Versicherungsnehmer 2. Versicherungsvermittler 3. Mitglieds- und Trägerunternehmen II. Abrechnungsforderungen aus dem Rückversicherungsgeschäft III. Sonstige Forderungen F. Sonstige Vermögensgegenstände I. Sachanlagen und Vorräte II. Laufende Guthaben bei Kreditinstituten, Schecks und Kassenbestand III. Andere Vermögensgegenstände G. Rechnungsabgrenzungsposten I. Abgegrenzte Zinsen und Mieten II. Sonstige Rechnungsabgrenzungsposten H. Aktive latente Steuern I. Aktiver Unterschiedsbetrag aus der Vermögensverrechnung J. Nicht durch Eigenkapital gedeckter Fehlbetrag	VI. Sonstige versicherungstechnische Rückstellungen 1. Bruttobetrag 2. davon ab: Anteil für das in Rückdeckung gegebene Versicherungsgeschäft F. Versicherungstechnische Rückstellungen im Bereich der Lebensversicherung, soweit das Anlagerisiko von den Versicherungsnehmern getragen wird I. Deckungsrückstellung 1. Bruttobetrag 2. davon ab: Anteil für das in Rückdeckung gegebene Versicherungsgeschäft II. Übrige versicherungstechnische Rückstellungen 1. Bruttobetrag 2. davon ab: Anteil für das in Rückdeckung gegebene Versicherungsgeschäft G. Andere Rückstellungen I. Rückstellungen für Pensionen und ähnliche Verpflichtungen II. Steuerrückstellungen III. Sonstige Rückstellungen H. Depotverbindlichkeiten aus dem in Rückdeckung gegebenen Versicherungsgeschäft I. Andere Verbindlichkeiten I. Verbindlichkeiten aus dem selbst abgeschlossenen Versicherungsgeschäft gegenüber 1. Versicherungsnehmern 2. Versicherungsvermittlern 3. Mitglieds- und Trägerunternehmen II. Abrechnungsverbindlichkeiten aus dem Rückversicherungsgeschäft III. Anleihen davon: konvertibel IV. Verbindlichkeiten gegenüber Kreditinstituten V. Sonstige Verbindlichkeiten davon: aus Steuern; im Rahmen der sozialen Sicherheit K. Rechnungsabgrenzungsposten L. Passive latente Steuern

Gliederungsschema für die Bilanz von Versicherungen gemäß Formblatt 1 der RechVersV (hier vor Ergebnisverwendung und inkl. Anpassung der Aktivposition 1 gemäß BilMoG)

Das durch §2 bzw. Formblatt 1 der RechVersV vorgegebene Bilanzschema für Versicherungsunternehmen weist ebenfalls **branchenspezifische Besonderheiten** auf. So wird, wie schon im Falle der Kreditinstitute, auf der **Aktivseite** nicht explizit nach Anlage- und Umlaufvermögen unterschieden. Allerdings erlauben die Aktivpositionen B. und C. eine Trennung von kurz- und langfristigen Vermögenswerten. Während die Positionen B. und C. I.-II. nach §341b Abs. 1 HGB wie Anlagevermögen zu bewerten sind, ist Position C. III. nach den Vorschriften des Umlaufvermögens zu bewerten. Branchenspezifische Posten sind z. B. die Position C. IV. „Depotforderungen aus dem in Rückdeckung übernommenen Versicherungsgeschäft" und Position D. „Kapitalanlagen für Rechnung und Risiko von Inhabern von Lebensversicherungspolicen". Die Grobstruktur der **Passivseite** ist nach **abnehmender Fristigkeit** gegliedert, somit grundsätzlich vergleichbar der Gliederung nach §266 Abs. 3 HGB. In der konkreten Unterteilung dieser Posten ergeben sich jedoch deutliche Unterschiede. Insbesondere trifft dies auf die **versicherungstechnischen Rückstellungen** zu, denen geschäftsbedingt eine große Bedeutung zukommt. Unter dem Posten E. I. „Beitragsüberträge" werden vereinnahmte Versicherungsbeiträge ausgewiesen, die Erträge für eine bestimmte Zeit nach dem Abschlussstichtag darstellen (§341e Abs. 2 Nr. 1 HGB). Die „Deckungsrückstellung" (E. II.) stellt den Kern der versicherungstechnischen Verbindlichkeiten dar. Sie bemisst sich nach der pro Vertrag ermittelten zukünftigen Inanspruchnahme abzüglich der zur Aufrechterhaltung des Anspruches durch die Versicherungsnehmer noch zu leistenden Beiträge (§341f HGB). Treten im Geschäftsjahr Versicherungsfälle auf, die zum Bilanzstichtag noch nicht abgewickelt wurden, so ist eine Rückstellung für noch nicht abgewickelte Versicherungsfälle nach §341g Abs. 1 HGB zu bilden. Rückstellungen für erfolgsabhängige und erfolgsunabhängige Beitragsrückerstattungen (E. III.) sind zu passivieren, soweit die Verwendung zu diesem Zwecke durch Gesetz oder vertragliche Vereinbarung gesichert ist (§341e Abs. 2 Nr. 2 HGB). Eine Besonderheit der versicherungstechnischen Bilanzierung nach HGB stellen die **Schwankungsrückstellungen** nach §341h HGB dar. Diese können zum Ausgleich zukünftiger Schwankungen im Schadensverlauf gebildet werden, wenn nach den Erfahrungen des jeweiligen Versicherungszweiges mit erheblichen Schwankungen zu rechnen ist und diese nicht durch Beiträge ausgeglichen werden bzw. durch Rückversicherungen abgedeckt sind.

Auch die Ausgestaltung der branchenspezifischen **Gewinn- und Verlustrechnungen** ist auf die Besonderheiten der bankbetrieblichen bzw. versicherungstechnischen Leistungserstellung ausgerichtet.

Nach §2 Abs. 1 RechKredV ist es den **Kreditinstituten** im Gegensatz zu Unternehmen des nicht-finanziellen Sektors dabei grundsätzlich freigestellt, ob sie zur formellen Darstellung der GuV die **Kontoform** (Formblatt 2) oder die **Staffelform** (Formblatt 3) wählen. Exemplarisch ist hier das Gliederungsschema nach Formblatt 2 RechKredV dargestellt:

Gewinn- und Verlustrechnung

Aufwendungen

1. Zinsaufwendungen
2. Provisionsaufwendungen
3. Nettoaufwand des Handelsbestands
4. Allgemeine Verwaltungsaufwendungen
   a) Personalaufwand
      aa) Löhne und Gehälter
      ab) Soziale Abgaben und Aufwendungen für Altersversorgung und für Unterstützung darunter: für Altersversorgung
   b) andere Verwaltungsaufwendungen
5. Abschreibungen und Wertberichtigungen auf immaterielle Anlagewerte und Sachanlagen
6. Sonstige betriebliche Aufwendungen
7. Abschreibungen und Wertberichtigungen auf Forderungen und bestimmte Wertpapiere sowie Zuführungen zu Rückstellungen im Kreditgeschäft
8. Abschreibungen und Wertberichtigungen auf Beteiligungen, Anteile an verbundenen Unternehmen und wie Anlagevermögen behandelte Wertpapiere
9. Aufwendungen aus Verlustübernahme
10. *[weggefallen]*
11. Außerordentliche Aufwendungen
12. Steuern vom Einkommen und vom Ertrag
13. Sonstige Steuern, soweit nicht unter Posten 6 ausgewiesen
14. Auf Grund einer Gewinngemeinschaft, eines Gewinnabführungs- oder eines Teilgewinnabführungsvertrags abgeführte Gewinne
15. Jahresüberschuss

Summe der Aufwendungen

Erträge

1. Zinserträge aus
   a) Kredit- und Geldmarktgeschäften
   b) festverzinslichen Wertpapieren und Schuldbuchforderungen
2. Laufende Erträge aus
   a) Aktien und anderen nicht festverzinslichen Wertpapieren
   b) Beteiligungen
   c) Anteile an verbundenen Unternehmen
3. Erträge aus Gewinngemeinschaften, Gewinnabführungs- oder Teilgewinnabführungsverträgen
4. Provisionserträge
5. Nettoertrag des Handelsbestands
6. Erträge aus Zuschreibungen zu Forderungen und bestimmten Wertpapieren sowie aus der Auflösung von Rückstellungen im Kreditgeschäft
7. Erträge aus Zuschreibungen zu Beteiligungen, Anteilen an verbundenen Unternehmen und wie Anlagevermögen behandelten Wertpapieren
8. Sonstige betriebliche Erträge
9. *[weggefallen]*
10. Außerordentliche Erträge
11. Erträge aus Verlustübernahme
12. Jahresfehlbetrag

Summe der Erträge

Gliederungsschema für die Gewinn- und Verlustrechnung von Universalkreditinstituten gemäß Formblatt 2 (Kontoform) der RechKredV

Kredit- und Finanzdienstleistungsinstitute in der Rechtsform einer Aktiengesellschaft haben die Gewinn- und Verlustrechnung (nach Formblatt 2 oder 3 der RechKredV) um eine Überleitung des Jahresüberschusses/Jahresfehlbetrags auf den Bilanzgewinn/Bilanzverlust (d. h. um die Ergebnisverwendung) zu ergänzen. Diese nach § 158 Abs. 1 AktG geforderte Überleitungsrechnung ist wie folgt zu gliedern (hier modifiziert um Veränderungen des Genussrechtskapitals gemäß Formblatt 2):

1. Jahresüberschuss/Jahresfehlbetrag
2. Gewinnvortrag/Verlustvortrag aus dem Vorjahr
3. Entnahmen aus der Kapitalrücklage
4. Entnahmen aus Gewinnrücklagen
   a) aus der gesetzlichen Rücklage
   b) aus der Rücklage für Anteile an einem herrschenden oder mehrheitlich beteiligten Unternehmen
   c) aus satzungsmäßigen Rücklagen
   d) aus anderen Gewinnrücklagen
5. Entnahmen aus Genussrechtskapital
6. Einstellungen in Gewinnrücklagen
   a) in die gesetzliche Rücklage
   b) in die Rücklage für Anteile an einem herrschenden oder mehrheitlich beteiligten Unternehmen
   c) in satzungsmäßige Rücklagen
   d) in andere Gewinnrücklagen
7. Wiederauffüllung des Genussrechtskapitals
8. Bilanzgewinn/Bilanzverlust

Wie bei der Bankbilanz ergeben sich auch im Falle der **bankspezifischen Gewinn- und Verlustrechnung** erhebliche Unterschiede gegenüber der Abbildung bei Industrie- und Handelsunternehmen. Während Unternehmen des nichtfinanziellen Sektors zumeist hohe Aufwendungen in Form von Materialverbrauch und Abschreibungen auf materielle Vermögensgegenstände aufweisen, stehen bei Kreditinstituten **Zinsaufwendungen** für die Bereitstellung von Fremdkapital im Vordergrund. Ähnlich verhält es sich auf der Ertragsseite der GuV. Da Banken im Gegensatz zu Industrieunternehmen keine Realgüter herstellen, erzielen sie auch keine Umsatzerlöse im üblichen Sinne. Vielmehr generieren sie **Zinserträge**, insbesondere aus dem Kreditgeschäft (d.h. durch Ausleihungen), **Provisionserträge** aus dem Dienstleistungsgeschäft (Vermittlungs- und Beratungstätigkeit) und einen Nettoertrag aus dem (Eigen-)Handel mit Wertpapieren. In der GuV wird demnach zwischen Betriebs- und Wertbereich (Personal- und Sachaufwand) sowie betrieblichen und betriebsfremden Komponenten des Erfolges unterschieden. Zudem wird, ebenso wie in der GuV der Industrie- und Handelsunternehmen, zwischen geschäftsbezogenen und außerhalb der üblichen Geschäftstätigkeit erzielten Ergebnisbestandteilen differenziert. Die explizite Möglichkeit (Kreditgeschäfte und Wertpapiere der Liquiditätsreserve (sog. Überkreuzkompensation), Finanzanlagenergebnis) bzw. Pflicht (Handelsergebnis) zur **Saldierung von Aufwendungen und Erträgen** ist eine Besonderheit der bankbetrieblichen Rechnungslegung. Diese spiegelt sich in der GuV durch die Positionen: „Nettoaufwand bzw. -ertrag des Handelsbestands" wider. Gesetzliche Grundlage dieser expliziten **Durchbrechung des Bruttoprinzips** des §246 Abs. 2 HGB ist §340c Abs. 1 HGB. Eine weitere Besonderheit des bankbetrieblichen Sektors ist durch §§340f, 340g HGB geschaffene Möglichkeit zur freiwilligen Bildung von **Vorsorgereserven**. Gemäß §340f HGB (Vorsorge für allgemeine Bankrisiken) dürfen Banken Vorsorgereserven für Forderungen an Kreditinstitute und Kunden sowie für Wertpapiere der Liquiditätsreserve bilden, soweit dies nach vernünftiger kaufmännischer Beurteilung zur Sicherung gegen die besonderen Risiken des Geschäftszweigs der Kreditinstitute notwendig ist. Die damit eröffnete Möglichkeit zur Unterbewertung dieser Positionen ist jedoch auf 4 % des nach § 253 HGB vorgeschriebenen oder zugelassenen Wertes beschränkt.

Versicherungsunternehmen haben anstelle des § 275 HGB für die Gliederung ihrer GuV die Formblätter 2–4 der RechVersV zu beachten. Je nach Geschäftsausrichtung ergibt sich folgende Zuordnung (soweit für bestimmte Arten und Rechtsformen von Versicherungsunternehmen oder aufgrund ihrer Größe nachfolgend oder in den Fußnoten zu den Formblättern nichts anderes vorgeschrieben ist):

Formblatt 2: Schaden- und Unfallversicherungsunternehmen sowie Rückversicherungsunternehmen,

Formblatt 3: Lebensversicherungsunternehmen, Pensions- und Sterbekassen sowie Krankenversicherungsunternehmen,

Formblatt 4: Schaden- und Unfallversicherungsunternehmen, die auch das selbst abgeschlossene Krankenversicherungsgeschäft nach Art der Lebensversicherung betreiben, wenn dieses Geschäft einen größeren Umfang hat; Lebensversicherungsunternehmen, die auch das selbst abgeschlossene Unfallversicherungsgeschäft betreiben

Exemplarisch ist nachfolgend das Schema nach Formblatt 2 angegeben.

I. Versicherungstechnische Rechnung
   1. Verdiente Beiträge für eigene Rechnung
      a) Gebuchte Bruttobeiträge
      b) Abgegebene Rückversicherungsbeiträge
      c) Veränderung der Bruttobeitragsüberträge
      d) Veränderung des Anteils der Rückversicherer an den Bruttobeitragsüberträgen
   2. Technischer Zinsertrag für eigene Rechnung
   3. Sonstige versicherungstechnische Erträge für eigene Rechnung
   4. Aufwendungen für Versicherungsfälle für eigene Rechnung
      a) Zahlungen für Versicherungsfälle
         aa) Bruttobetrag
         ab) Anteil der Rückversicherer
      b) Veränderung der Rückstellung für noch nicht abgewickelte Versicherungsfälle
         ba) Bruttobetrag
         bb) Anteil der Rückversicherer
   5. Veränderung der übrigen versicherungstechnischen Netto-Rückstellungen
      a) Netto-Deckungsrückstellung
      b) Sonstige versicherungstechnische Netto-Rückstellungen
   6. Aufwendungen für erfolgsabhängige und erfolgsunabhängige Beitragsrückerstattungen für eigene Rechnung

7. Aufwendungen für den Versicherungsbetrieb für eigene Rechnung
   a) Bruttoaufwendungen für den Versicherungsbetrieb
   b) davon ab: erhaltene Provisionen und Gewinnbeteiligungen aus dem in Rückdeckung gegebenen Versicherungsgeschäft
8. Sonstige versicherungstechnische Aufwendungen für eigene Rechnung
9. Zwischensumme
10. Veränderung der Schwankungsrückstellung und ähnlicher Rückstellungen
11. Versicherungstechnisches Ergebnis für eigene Rechnung

II. Nichtversicherungstechnische Rechnung
1. Erträge aus Kapitalanlagen
   a) Erträge aus Beteiligungen
      davon: aus verbundenen Unternehmen
   b) Erträge aus anderen Kapitalanlagen
      davon: aus verbundenen Unternehmen
      ba) Erträge aus Grundstücken, grundstücksgleichen Rechten und Bauten einschließlich der Bauten auf fremden Grundstücken
      bb) Erträge aus anderen Kapitalanlagen
   c) Erträge aus Zuschreibungen
   d) Gewinne aus dem Abgang von Kaptialanlagen
   e) Erträge aus Gewinngemeinschaften, Gewinnabführungs- und Teilgewinnabführungsverträgen
2. Aufwendungen für Kapitalanlagen
   a) Aufwendungen für die Verwaltung von Kapitalanlagen, Zinsaufwendungen und sonstige Aufwendungen für die Kapitalanlagen
   b) Abschreibungen auf Kapitalanlagen
   c) Verluste aus dem Abgang von Kapitalanlagen
   d) Aufwendungen aus Verlustübernahme
3. Technischer Zinsertrag
4. Sonstige Erträge
5. Sonstige Aufwendungen
6. Ergebnis der normalen Geschäftstätigkeit
7. Außerordentliche Erträge
8. Außerordentliche Aufwendungen
9. Außerordentliches Ergebnis
10. Steuern vom Einkommen und vom Ertrag
11. Sonstige Steuern
12. Erträge aus Verlustübernahme
13. Aufgrund einer Gewinngemeinschaft, eines Gewinnabführungs- oder eines Teilgewinnabführungsvertrages abgeführte Gewinne
14. Jahresüberschuss/Jahresfehlbetrag

Gliederungsschema für die Gewinn- und Verlustrechnung von Schaden- und Unfallversicherungsunternehmen sowie Rückversicherungsunternehmen gemäß Formblatt 2 der RechVersV (hier vor Ergebnisverwendung)

Die Gewinn- und Verlustrechnungen nach den Formblättern 2–4 der RechVersV sind jeweils in eine **versicherungstechnische** und eine **nicht-versicherungstechnische Rechnung** untergliedert. Der versicherungstechnische Teil stellt im Wesentlichen die Beitragszahlungen den Aufwendungen für Versicherungsfälle sowie den Veränderungen der versicherungstechnisch bedingten Rückstellungen gegenüber. Hierbei werden die **Bruttobeträge** und die zugehörigen Anteile aus dem Rückversicherungsgeschäft getrennt dargestellt. Die nicht-versicherungstechnische Rechnung beinhaltet das Finanzergebnis und das außergewöhnliche Ergebnis. Ebenso wie Kredit- und Finanzdienstleistungsinstitute haben auch Versicherungsunternehmen in der Rechtsform einer Aktiengesellschaft die GuV um eine Überleitungsrechnung gemäß § 158 Abs. 1 AktG zu ergänzen (vgl. S. 108).

3.8 Bilanz und Gesamterfolgsrechnung im IFRS-Abschluss

Ein vollständiger IFRS-Einzel- bzw. Konzernabschluss umfasst nach IAS 1.10 eine Bilanz („Statement of Financial Position"), eine Gesamterfolgs- bzw. -ergebnisrechnung („Statement of Comprehensive Income"), eine Eigenkapitalveränderungsrechnung („Statement of Changes in Equity"), eine Kapitalflussrechnung („Statement of Cash Flows") und einen Anhang („Notes"). Börsennotierte Unternehmen müssen zusätzlich einen Segmentbericht („Segment Report") erstellen und den Angabepflichten des IAS 33 zum Ergebnis je Aktie („Earnings per Share") nachkommen (vgl. zu den Bestandteilen des handelsrechtlichen Jahresabschlusses Teil A, Abschn. 1.1, S. 15). Die folgenden Ausführungen konzentrieren sich auf die Hauptrechenwerke der Bilanz und der Gesamtergebnisrechnung (zu den weiteren Rechenwerken vgl. beispielsweise *Ballwieser,* IFRS-Rechnungslegung, S. 131 ff.; *Pellens/Fülbier/Gassen/Sellhorn,* Rechnungslegung, S. 182 ff., 909 ff., 931 ff.).

Im Gegensatz zu den detaillierten und allgemein verbindlichen handelsrechtlichen Vorgaben (§§ 266, 275 HGB) sehen die International Financial Reporting Standards (IFRS) lediglich **Mindestgliederungsniveaus** für die Bilanz und die Gesamterfolgs- bzw. -ergebnisrechnung vor.

Die **Elemente der IFRS-Bilanz** werden zum einen durch das Rahmenkonzept und zum anderen verbindlich durch International Accounting Standard (IAS) 1 („Presentation of Financial Statements", Darstellung des Abschlusses) vorgegeben. Die in IAS 1.54 genannten Bilanzpositionen müssen mindestens ausgewiesen werden, sind aber nicht als starre Vorgabe zu verstehen. Vielmehr können und sollen Unternehmen je nach individuellen Gegebenheiten feinere Untergliederungen vornehmen, wenn dies für ein besseres Verständnis der Vermögens-, Finanz- und Ertragslage nützlich ist.

Aktiva	Bilanz	Passiva
a) Sachanlagen b) Als Finanzanlagen gehaltene Immobilien c) Immaterielle Vermögenswerte d) Finanzielle Vermögenswerte (außer Positionen (e), (h) und (i)) e) Nach der Equity-Methode bilanzierte Finanzanlagen f) Biologische Vermögenswerte g) Vorräte h) Forderungen aus Lieferungen und Leistungen und sonstige Forderungen i) Zahlungsmittel und Zahlungsmitteläquivalente j) Gesamtbetrag der Vermögenswerte, die gemäß IFRS 5 („Non-current Assets Held for Sale and Discontinued Operations", „Zur Veräußerung gehaltene langfristige Vermögenswerte und aufgegebene Geschäftsbereiche") als zur Veräußerung gehalten klassifiziert werden, und der Vermögenswerte, die in einer Veräußerungsgruppe nach IFRS 5 enthalten sind n1) Steuererstattungsansprüche gemäß IAS 12 („Income Taxes", „Ertragsteuern") (ohne Latenzen) o1) Latente Steueransprüche gemäß IAS 12		k) Verbindlichkeiten aus Lieferungen und Leistungen und sonstige Verbindlichkeiten l) Rückstellungen m) Finanzielle Schulden (außer Positionen (k) und (l)) n2) Steuerschulden gemäß IAS 12 (ohne Latenzen) o2) Latente Steuerschulden gemäß IAS 12 p) Schulden, die gemäß IFRS 5 als zur Veräußerung gehalten klassifiziert werden q) Minderheitsanteile am Eigenkapital r) Gezeichnetes Kapital und Rücklagen, die den Eignern des Mutterunternehmens zuzuweisen sind

Mindestgliederungsschema der IFRS-Bilanz gemäß IAS 1.54

Dem Bilanzierenden wird neben der Wahl der Präsentationsform (**Konto- oder Staffelform**) auch die Entscheidung über die Reihenfolge des Ausweises überlassen. Die Regel sind dabei **Gliederungen nach der Fristigkeit** (vgl. IAS 1.60–76). Eine Differenzierung nach der Liquidität sollte nur dann erfolgen, wenn dies zu einer zuverlässigeren und (für Adressaten) relevanteren Darstellung führt.

Eine den Anforderungen nach IAS 1.54 entsprechende beispielhafte Gliederung nach der Fristigkeit ist der nachfolgenden Abbildung zu entnehmen (vgl. IAS 1.IG6 Part I).

XYZ Group – Statement of financial position as at 31 December 20X7

	31 Dec 20X7	31 Dec 20X6
ASSETS		
Non-current assets		
Property, plant and equipment		
Goodwill		
Other intangible assets		
Investments in associates		
Investments in equity instruments		
Current assets		
Inventories		
Trade receivables		
Other current assets		
Cash and cash equivalents		
Total assets		
EQUITY AND LIABILITIES		
Equity attributable to owners of the parent		
Share capital		
Retained earnings		
Other components of equity		
Non-controlling interests		
Total equity		
Non-current liabilities		
Long-term borrowings		
Deferred tax		
Long-term provisions		
Total non-current liabilities		
Current liabilities		
Trade and other payables		
Short-term borrowings		
Current portion of long-term borrowings		
Current tax payable		
Short-term provisions		
Total current liabilities		
Total liabilities		
Total equity and liabilities		

Beispiel für die Ausgestaltung einer IFRS-Bilanz mit geringfügigen Anpassungen entnommen aus IAS 1.IG6 Part I

Im Gegensatz zum HGB zählen der Abgrenzung dienende Posten nicht zu den gesondert auszuweisenden Positionen (vgl. § 247 Abs. 1 HGB). Sie werden, soweit aktivierbar bzw. passivierbar, unter kurz- bzw. langfristigen Vermögenswerten und Schulden subsumiert. Obgleich in IAS 1 nicht explizit erwähnt, ergibt sich deren Relevanz indirekt aus dem in IAS 1.27 f. geforderten Konzept der Periodenabgrenzung (accrual basis); vgl. auch das Framework (hier F.22), welches durch das Conceptual Framework for Financial Reporting in mehreren Phasen sukzessive ersetzt wird (hier dazu CF.0317-0319).

Aufwendungen und Erträge werden nach IFRS in der sog. **Gesamterfolgsrechnung („statement of comprehensive income")** aufgeführt. Sie beinhaltet neben dem Saldo der erfolgswirksamen Aufwendungen und Erträge (**Periodenergebnis** bzw. **Periodenerfolg, „profit or loss"**) auch jenen der erfolgsneutralen Aufwendungen und Erträge (**sonstiger Gesamterfolg, „other comprehensive income", OCI**). Geschuldet ist diese Differenzierung nach erfolgswirksamen und erfolgsneutralen Ergebnisbeiträgen der im Vergleich zum HGB stark ausgeprägten Bedeutung erfolgsneutraler Buchungen (z. B. Neubewertung von Sachanlagen (IAS 16) oder immateriellen Vermögenswerten (IAS 38), Marktwertänderungen bestimmter Wertpapiere (IFRS 9, IAS 39)). Welche Aufwendungen und Erträge jeweils als ergebniswirksam bzw. ergebnisneutral zu erfassen sind, ergibt sich weder aus dem Rahmenwerk noch aus IAS 1, sondern aus den konkreten Ansatz- und Bewertungsvorschriften der einzelnen Standards (vgl. IAS 1.88).

Nach IAS 1.81 sind grundsätzlich zwei Darstellungsformen für die Gesamterfolgsrechnung zulässig. So können einerseits alle ergebniswirksamen und erfolgsneutralen Aufwendungen und Erträge in einer einzigen Rechnung zusammengefasst werden, wobei das Periodenergebnis als Zwischensaldo aufgeführt werden muss (**„single-statement approach"**). Andererseits ist auch die Darstellung in zwei Teilrechnungen möglich: eine separate Periodenerfolgsrechnung (**„income statement"**) stellt die ergebniswirksamen Aufwendungen und Erträge einander gegenüber, während die Gesamterfolgsrechnung lediglich den Saldo als Periodenergebnis übernimmt und um die ergebnisneutralen Aufwendungen und Erträge erweitert (**„two-statement approach"**). Wie im Falle der Bilanz wird kein bestimmtes Präsentationsformat (Konto- oder Staffelform) vorgegeben und durch IAS 1.82 f. lediglich eine **Mindestgliederungstiefe** für die Gesamtergebnisrechnung verlangt. Dabei sind u. a. (Umsatz-)Erlöse, Finanzierungs- und Steueraufwendungen separat zu zeigen sowie die nach ihrer Art gegliederten Komponenten des sonstigen Gesamterfolges. Darüber hinaus ist eine Untergliederung der erfolgswirksamen Aufwendungen nach Kostenarten (**„nature of expense method"**, Gesamtkostenverfahren) oder alternativ gemäß ihrer Zuordnung auf Unternehmensfunktionen (**„function of expense method", „cost of sales method"**, Umsatzkostenverfahren) vorzunehmen (IAS 1.99), welche vorzugsweise in der Gesamterfolgsrechnung respektive in einem separaten income statement (IAS 1.100), gegebenenfalls auch im Anhang, zu präsentieren ist. Bei Anwendung der Cost-of-Sales-Methode sind (im Anhang) zusätzliche Angaben zu Kostenarten, mindestens zu den Abschreibungen der Periode und zum Personalaufwand, zu machen (IAS 1.104).

Nachfolgend sind jeweils ein Beispiel zur Ausgestaltung der Gesamterfolgsrechnung nach dem single-statement approach und dem two-statement approach angegeben (vgl. IAS 1.IG 6 Part I).

XYZ Group – Statement of comprehensive income for the year ended 31 December 20X7

	20X7	**20X6**
Revenue		
Cost of sales		
Gross profit		
Other income		
Distribution costs		
Administrative expenses		
Other expenses		
Finance costs		
Share of profit of associates[(a)]		
Profit before tax		
Income tax expense		
Profit for the year from continuing operations		
Loss for the year from discontinued operations		
PROFIT FOR THE YEAR		
Other comprehensive income:		
Exchange differences on translating foreign operations[(b)]		
Investments in equity instruments		
Cash flow hedges[(b)]		
Gains on property revaluation		
Actuarial gains (losses) on defined benefit pension plans		
Share of other comprehensive income of associates[(c)]		
Income tax relating to components of other comprehensive income[(d)]		
Other comprehensive income for the year, net of tax		
TOTAL COMPREHENSIVE INCOME FOR THE YEAR		
Profit attributable to:		
Owners of the parent		
Non-controlling interests		
Total comprehensive income attributable to:		
Owners of the parent		
Non-controlling interests		
Earnings per share (in currency units):		
Basic and diluted		

Alternatively, components of other comprehensive income could be presented in the statement of comprehensive income net of tax:

Other comprehensive income for the year, after tax:	**20X7**	**20X6**
Exchange differences on translating foreign operations		
Investments in equity instruments		
Cash flow hedges		
Gains on property revaluation		
Actuarial gains (losses) on defined benefit pension plans		
Share of other comprehensive income of associates		
Other comprehensive income for the year, net of tax[(d)]		

[(a)] This means the share of associates' other comprehensive income attributable to owners of the associates, ie it is after tax and non-controlling interests in the associates.

[(b)] This illustrates the aggregated presentation, with disclosure of the current year gain or loss and reclassification adjustment presented in the notes. Alternatively, a gross presentation can be used.

[(c)] This means the share of associates' other comprehensive income attributable to owners of the associates, ie it is after tax and non-controlling interests in the associates.

[(d)] The income tax relating to each component of other comprehensive income is disclosed in the notes.

Gesamterfolgsrechnung nach dem single-statement approach und bei Anwendung des Umsatzkostenverfahrens mit geringfügigen Anpassungen entnommen aus IAS 1.IG6 Part I

XYZ Group – Income statement for the year ended 31 December 20X7

	20X7	**20X6**
Revenue		
Other income		
Changes in inventories of finished goods and work in progress		
Work performed by the entity and capitalised		
Raw material and consumables used		
Employee benefits expense		
Depreciation and amortisation expense		
Impairment of property, plant and equipment		
Other expenses		
Finance costs		
Share of profit of associates[(e)]		
Profit before tax		
Income tax expense		
Profit for the year from continuing operations		
Loss for the year from discontinued operations		
PROFIT FOR THE YEAR		
Profit attributable to:		
Owners of the parent		
Non-controlling interests		
Earnings per share (in currency units):		
Basic and diluted		

[(e)] This means the share of associates' profit attributable to owners of the associates, ie it is after tax and non-controlling interests in the associates.

Periodenerfolgsrechnung nach dem two-statement approach und bei Anwendung des Gesamtkostenverfahrens mit geringfügigen Anpassungen entnommen aus IAS 1.IG6 Part I

XYZ Group – Statement of comprehensive income for the year ended 31 December 20X7

	20X7	**20X6**
Profit for the year		
Other comprehensive income:		
Exchange differences on translating foreign operations		
Investments in equity instruments		
Cash flow hedges		
Gains on property revaluation		
Actuarial gains (losses) on defined benefit pension plans		
Share of other comprehensive income of associates[(f)]		
Income tax relating to components of other comprehensive Income[(g)]		
Other comprehensive income for the year, net of tax		
TOTAL COMPREHENSIVE INCOME FOR THE YEAR		
Total comprehensive income attributable to:		
Owners of the parent		
Non-controlling interests		

Alternatively, components of other comprehensive income could be presented, net of tax. Refer to the statement of comprehensive income illustrating the presentation of income and expenses in one statement.

[(f)] This means the share of associates' other comprehensive income attributable to owners of the associates, ie it is after tax and non-controlling interests in the associates.
[(g)] The income tax relating to each component of other comprehensive income is disclosed in the notes.

Gesamterfolgsrechnung nach dem two-statement approach mit geringfügigen Anpassungen entnommen aus IAS 1.IG6 Part I

Vergleichbar zum Vorgehen nach § 275 HGB verlangt IAS 1.99-103 eine Aufgliederung der ergebniswirksamen Aufwendungen nach dem Umsatz- oder dem Gesamtkostenverfahren. Zudem sind die Auswirkungen latenter Steuern auf jede Einzelkomponente des Sonstigen Gesamtergebnisses auszuweisen (vgl. IAS 1.90).

Sowohl für das Bilanz- als auch für das Gesamterfolgsrechnungsschema sind im Rahmen der Phase B des gemeinsamen **Financial Statement Presentation Project** des IASB und des Financial Accounting Standards Board (FASB) derzeit Veränderungen vorgesehen. Der gegenwärtige Stand der Überlegungen findet sich im **Discussion Paper „Preliminary Views on Financial Statement Presentation"** (DP/2008/8) vom August 2008 wieder. Die Rechenwerke des Jahresabschlusses sollen nach dem Wunsch der beiden Standardsetter ein zusammenhängendes und übergreifendes Bild der wirtschaftlichen Aktivitäten des berichterstattenden Unternehmens widerspiegeln (cohesiveness). Insbesondere sollen Interdependenzen zwischen Positionen des Jahresabschlusses über verschiedene

Berichtselemente hinweg erkennbar sein (vgl. DP/2008/8, Tz. 2.5 f.). Zu diesem Zweck wird eine konsistente Untergliederung aller Rechenwerke in die Kategorien: business, financing, discontinued operations, income taxes und equity vorgeschlagen. Der Business-Kategorie sollen demnach solche Vermögenswerte und Schulden zugeordnet werden, die der laufenden/gewöhnlichen Geschäftstätigkeit dienen. Die Financing-Kategorie soll demgegenüber nur finanzielle Vermögenswerte und Schulden enthalten, die aus Sicht des Managements der Finanzierung der Geschäftstätigkeit des Unternehmens dienen. Ferner sind separate Kategorien für aufgegebene Geschäftsbereiche, Ertragsteuern und Eigenkapital vorgesehen (vgl. DP/2008/8, Tz. 2.19 ff.). Im Mai 2010 veröffentlichten der IASB und das FASB den **Exposure Draft „Presentation of Items of Other Comprehensive Income"** (ED/2010/5), den ersten von drei geplanten Exposure Drafts innerhalb der Phase B. Die Boards schlagen in diesem Entwurf vor, das bisherige Wahlrecht zur Anwendung des single- oder des two-statement approach bei der Aufstellung der Gesamtergebnisrechnung (vgl. S. 115) zugunsten eines verpflichtenden gemeinsamen Ausweises der Periodenerfolgsrechnung und der Gesamtergebnisrechnung in einer zusammenhängenden Gesamtergebnisrechnung (single-statement approach) abzuschaffen. Mit der Veröffentlichung der beiden weiteren Exposure Drafts der Phase B, „Discontinued operations" und „Replacement of IAS 1 and IAS 7", wird Anfang 2011 gerechnet. Der Abschluss dieser zweiten Phase des Financial Statement Projects wird für Ende 2011 erwartet.

Ergänzende Literatur zu: 3 System und Technik der doppelten Buchführung

Bieg, Bankbilanzierung, S. 93–126; 321–382

Bieg/Waschbusch, Rechnungslegung, B 900

Coenenberg/Haller/Schultze, Jahresabschluss, S. 3–9; 139–143; 545–547

Efferoth/Horváth, Einführung I, S. 13–88

Eisele, Kontentheorien, Sp. 340–354

Eisele, Systematik, Sp. 205–215

Engelhardt/Raffée/Wischermann, Buchhaltung, S. 12–37

Falterbaum/Bolk/Reiß/Kirchner, Buchführung, S. 83–163

Flasse/Gräve/Hanschmann/Heßhaus, Buchhaltung 1, S. 14–69

Hartmann-Wendels/Pfingsten/Weber, Bankbetriebslehre, S. 801–854

Kafitz/Lindner, Buchführung, S. 23–33

Kosiol, Buchhaltung, S. 113–134

Kosiol, Pagatorische Bilanz, S. 66–83

Pellens/Fülbier/Gassen/Sellhorn, Rechnungslegung, S. 167–181

Scharnweber, Buchführung, S. 29–39

Schmidt, Buchführung, S. 32–44

Stehli, Mathematische Betrachtungen, S. 19–30; 35–55

Wöhe, Bilanz, Sp. 202–211

Wöhe, Bilanzierung, S. 69–77

4 Warenverkehr

Der Ein- und Verkauf von Waren ist die Hauptaktivität jedes Handelsunternehmens und damit dessen Geschäftsgrundlage. Dementsprechend steht die Verbuchung des Warenverkehrs im Zentrum der Buchführung eines Handelsbetriebes. Im Folgenden sollen zunächst die Grundsachverhalte der Verbuchung des Warenverkehrs für das ungeteilte und für das getrennte Warenkonto beschrieben werden. Da die Umsätze regelmäßig der Umsatzbesteuerung (Mehrwertsteuer = MwSt) unterliegen, wird die Behandlung der Umsatzsteuer in der Buchführung an dieser Stelle angeschlossen; die Verbuchung der Umsatzkorrekturen kann dann bereits unter Einschluss der umsatzsteuerlichen Konsequenzen erfolgen. Die in Kapitel 5 zusammengefassten Sonderfälle des Warenverkehrs stellen die Besonderheiten beim Kommissions-, Partizipations-, Abzahlungs- und Nachnahmegeschäft heraus.

4.1 Das ungeteilte (einheitliche, gemischte) Warenkonto

Wird ein einziges Konto zur Abrechnung des Warenverkehrs geführt, dann sind die Geschäftsvorfälle dem Kontenformalismus eines Aktivkontos entsprechend zu verbuchen: der Anfangsbestand und die Zugänge (Einkäufe) im Soll, die Abgänge (Verkäufe) und der Endbestand im Haben.

Werden in einer Abrechnungsperiode sämtliche im Anfangsbestand befindlichen und durch Einkäufe hinzugekommenen Waren veräußert, erhält das Warenkonto den Charakter eines Erfolgskontos.

Beispiel:

(ME = Mengeneinheiten; GE = Geldeinheiten)

Soll	Warenkonto		Haben
Anfangsbestand			
100 ME zu 2 GE	200	Verkauf 150 ME zu 3 GE	450
Einkauf 50 ME zu 2 GE	100		
Rohgewinn (Saldo)	150		
	450		450

Der Saldo in Höhe von 150 ist der **Warenbruttoerfolg** oder **Warenrohgewinn** (Saldo Habenseite = Rohverlust); er bringt die Preisdifferenz zwischen den Warenanschaffungskosten und dem Warenverkaufspreis zum Ausdruck, sofern alle Waren veräußert sind. Das Warenkonto erscheint unter diesen Voraussetzungen als reines Erfolgskonto. Der Begriff Brutto- bzw. Rohgewinn (Rohverlust) deutet an, dass dieser nur Teil des endgültigen Erfolges sein kann und noch durch weitere Aufwendungen (häufig wenig exakt auch als sog. Unkosten bezeichnet) und Erträge korrigiert werden muss.

Regelmäßig werden am Abschlussstichtag jedoch Warenvorräte auf Lager liegen. Wäre der Verkaufserlös (Umsatz) von 450 im Beispiel durch den Absatz von lediglich 130 ME der Ware erzielt worden, so würde der Saldo des Warenkontos eine nicht aussagefähige Mischung aus Erfolgs- und Bestandsgrößen ausweisen **(gemischtes Konto).** Erst der durch Inventur ermittelte, zu den Anschaffungskosten bewertete und auf der Habenseite des Warenkontos eingesetzte Endbestand erlaubt den isolierten Ausweis des **Roherfolgs.** Zum Abschluss des Warenkontos werden also in der Regel zwei Buchungen erforderlich: eine Gegenbuchung im Schlussbilanzkonto (SBK **an** Warenkonto) und eine Gegenbuchung im GuV-Konto (Warenkonto **an** GuV-Konto):

	Soll	Warenkonto		Haben	
	Anfangsbestand	200	Verkauf	450	
	Zugänge	100	Endbestand (Inventur)	40	→ SBK
GuV ←	Rohgewinn (Saldo)	190			
		490		490	

Da der Warenverkehr auch durch Geschäftsvorfälle gekennzeichnet ist, die in Form von Warenrücksendungen bzw. Preisnachlässen sowohl gegenüber der Kunden- als auch gegenüber der Lieferantenseite Stornobuchungen auslösen, erscheint die Heterogenität und Überlastung des Warenkonteninhalts vollkommen (Kundenretouren werden wie Einkäufe, Lieferantenretouren wie Verkäufe gebucht). Die Kontenseiten sind dann nicht mehr aussagefähig, da im Soll und im Haben Buchungen unterschiedlicher Wertebenen vorgenommen werden und die Ermittlung des Wareneinsatzes und des Warenumsatzes nur über umfangreiche Nebenrechnungen durchgeführt werden kann. Das ungeteilte Warenkonto zeigt folgenden Inhalt:

(EP = Einkaufspreis; VP = Verkaufspreis)

Soll	Ungeteiltes (einheitliches) Warenkonto		Haben
Anfangsbestand zum	EP	Warenverkäufe zum	VP
Wareneinkäufe zum	EP	Warenrücksendungen an Lieferanten zum	EP
Warenrücksendungen der Kunden zum	VP	Preisnachlässe der Lieferanten zum	EP
Preisnachlässe gegenüber Kunden zum	VP	Warenentnahmen zum	EP
Saldo: Rohgewinn		Endbestand zum	EP

4.2 Das Wareneinkaufs- und das Warenverkaufskonto (getrenntes Warenkonto)

Die Forderung nach Übersichtlichkeit der Buchführung führt zur Trennung des Warenkontos in ein Einkaufs- und ein Verkaufskonto. Das **Wareneinkaufskonto** erfasst ausschließlich die Geschäftsvorfälle mit den Lieferanten, wobei auf beiden Kontenseiten jeweils nur zu Einkaufspreisen gebucht wird. Wie beim ungeteilten Warenkonto ist allerdings auch beim Abschluss des Wareneinkaufskontos eine Saldenisolierung durch vorausgehende Inventur immer dann erforderlich, wenn eine laufende Verbuchung der **einzelnen** Warenabgänge zu Einkaufspreisen nicht erfolgt oder nicht erfolgen kann. Der ungetrennte Saldo enthält dann neben dem Warenbestand den Wareneinsatz und damit einen Erfolgsanteil. Das Wareneinkaufskonto ist demzufolge zwar wieder ein gemischtes, jedoch ein homogenes Konto, da ausschließlich zu Einkaufspreisen geführt (ebenso: *Falterbaum/Bolk/Reiß/Kirchner,* Buchführung, S. 164 f.; *Bähr/ Fischer-Winkelmann/List,* Buchführung, S. 73 f.; *Wöhe,* Bilanzierung, S. 98 f.; anderer Ansicht: *Engelhardt/Raffée/Wischermann,* Buchhaltung, S. 80; *Vormbaum,* Grundlagen, S. 93). Der durch Inventur ermittelte Warenbestand wird an das Schlussbilanzkonto abgegeben; der verbleibende Saldo zeigt den Umsatz bewertet zu Einstandspreisen, also den **Bezugswert der verkauften Ware** (Befundrechnung). Damit liefert das Wareneinkaufskonto unmittelbar eine zentrale Größe der Warenkalkulation. Da Warenentnahmen zum Zwecke des Eigenverbrauchs regelmäßig zu Einkaufspreisen (steuerlich: Teilwert) erfolgen, werden sie im Haben des Wareneinkaufskontos gebucht. Den Inhalt des Wareneinkaufskontos bringt folgendes Kontenschema zum Ausdruck:

Soll — Wareneinkaufskonto (zu EP geführt)	Haben
Anfangsbestand	Rücksendungen
Zugänge (Wareneinkäufe)	Preisnachlässe
	Warenentnahmen für Eigenverbrauch
	Endbestand (Inventur)
	Saldo: Wareneinsatz

Das **Warenverkaufskonto** repräsentiert den Warenverkehr mit den Kunden und wird ausschließlich zu Verkaufspreisen geführt. Da es keine Bestände enthält, besitzt es den Charakter eines reinen Erfolgskontos. Als Saldo aus Verkaufserlösen (Warenumsätzen zum Rechnungsbetrag) und Umsatzkorrekturen (Erlösschmälerungen) verbleibt der reine Verkaufserlös der veräußerten Waren. Auch dieses Konto liefert somit unmittelbar Unterlagen für die Handelskalkulation. Den Inhalt des Warenverkaufskontos zeigt folgendes Bild:

Soll	Warenverkaufskonto (zu VP geführt) Haben
Rücksendungen	Warenverkäufe
Preisnachlässe	
Saldo: Verkaufserlös	

Aus Gründen der Übersichtlichkeit und der Kontrolle werden die in Verbindung mit den Warenumsätzen anfallenden Rücksendungen, Gutschriften, Nachlässe und Bezugsaufwendungen regelmäßig auf besonderen Unterkonten festgehalten, deren Salden beim Abschluss auf das jeweilige Warenkonto zu übertragen sind (vorbereitende Abschlussbuchungen).

4.3 Der Warenkontenabschluss

Der Abschluss der getrennten Warenkonten kann in zweifacher Weise erfolgen: als Nettoabschluss und als Bruttoabschluss. Beim **Nettoverfahren** werden beide Warenkonten miteinander abgeschlossen, indem der Saldo des Wareneinkaufskontos, der Wareneinsatz, auf das Warenverkaufskonto übertragen wird (vorbereitende Abschlussbuchung: Warenverkaufs- **an** Wareneinkaufskonto). Als Saldo des Warenverkaufskontos erscheint der Warenbruttoerfolg als Rohgewinn (Habensaldo) oder Rohverlust (Sollsaldo), der auf das GuV-Konto zu übertragen ist. Auf das obige Beispiel bezogen zeigt der Nettoabschluss das folgende Bild, wenn die übrigen Aufwendungen mit 110 anzusetzen und keine Umsatzkorrekturen angefallen sind:

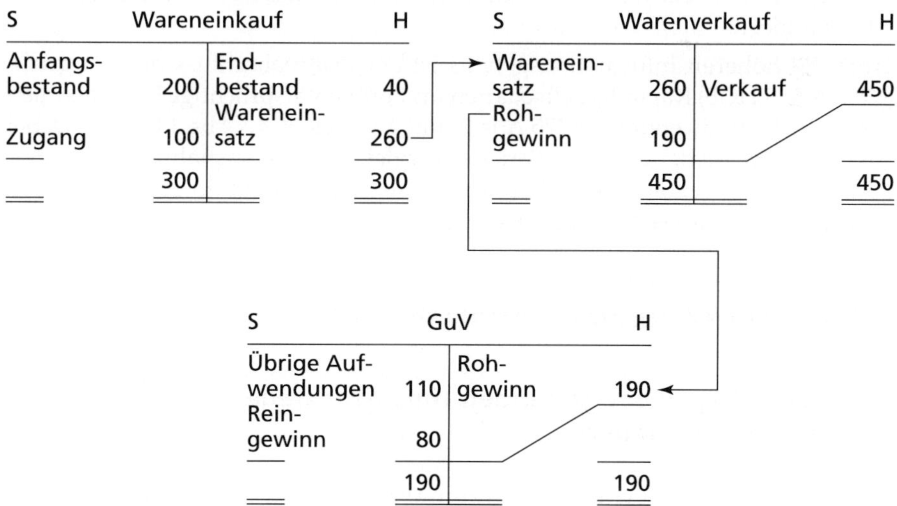

S	Wareneinkauf		H
Anfangsbestand	200	Endbestand	40
		Wareneinsatz	260
Zugang	100		
	300		300

S	Warenverkauf		H
Wareneinsatz	260	Verkauf	450
Rohgewinn	190		
	450		450

S	GuV		H
Übrige Aufwendungen	110	Rohgewinn	190
Reingewinn	80		
	190		190

Nach dem **Bruttoverfahren** erfolgt eine unmittelbare und getrennte Überleitung der Salden beider Warenkonten in die GuV-Rechnung. Damit werden im GuV-Konto die Umsätze sichtbar, die zur Erzielung des Roherfolgs erforderlich waren. Der Bruttoabschluss ist insoweit aussagefähiger als der lediglich die bereits saldierte Größe Roherfolg ausweisende Nettoabschluss. Die Buchungssätze lauten: GuV-Konto **an** Wareneinkauf, Warenverkauf **an** GuV-Konto.

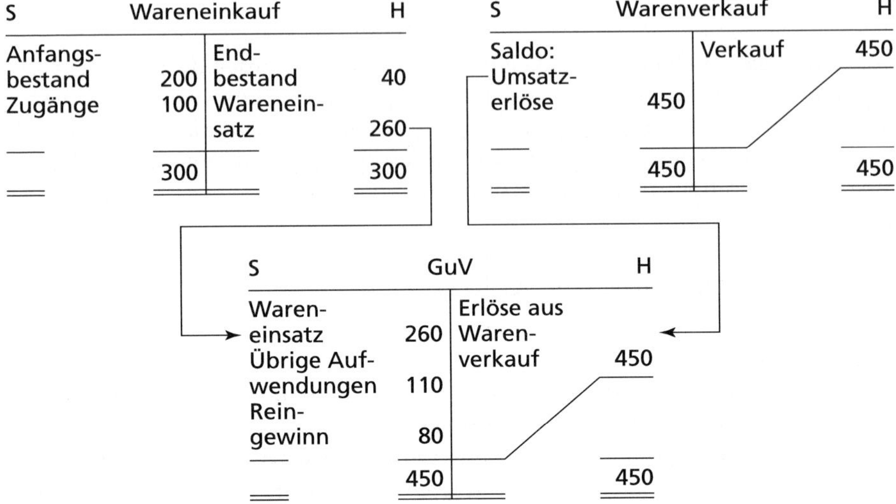

Beide Verfahren des Warenkontenabschlusses lassen die Bedeutung des Inventurergebnisses für den Erfolgsausweis erkennen: Beständeerfassung und vor allem Beständebewertung beeinflussen unmittelbar die Höhe des Roherfolgs. Das gilt auch für Inventurdifferenzen infolge nicht bestimmungsgemäßen Verbrauchs (Verderb, Schwund, Diebstahl), die als Warenabgang dem Verkaufs- oder GuV-Konto belastet werden, um den Ausweis eines zu hohen Rohgewinns zu verhindern.

Trotz des höheren Informationsgehalts ist der Bruttoabschluss nur für große (§ 267 Abs. 3 HGB) Kapitalgesellschaften und publizitätspflichtige Unternehmen verbindlich anzuwenden (§§ 275 Abs. 2 und 3, 276 HGB; § 5 Abs. 1 PublG). Dabei sind im Interesse der besseren Periodenvergleichbarkeit ausnahmslos die endgültig zustande gekommenen Warenverkäufe, d. h. die um Erlösschmälerungen bereinigten Umsatzerlöse, auszuweisen.

4.4 Warenverkehr und Umsatzsteuer

4.4.1 Grundlagen der geltenden Umsatzbesteuerung (Mehrwertsteuer)

Bei den allgemeinen Buchungsfällen zum Warenverkehr wurde bisher vernachlässigt, dass alle Warenbewegungen zwischen Beschaffungsmarkt und Betrieb einerseits und Absatzmarkt und Betrieb andererseits eine **Umsatzsteuerpflicht** auslösen. Nach § 1 Abs. 1 UStG unterliegen folgende Umsätze der Umsatzbesteuerung (sog. steuerbare Umsätze):

a) jede Lieferung und sonstige Leistung, die ein Unternehmer im Inland gegen Entgelt im Rahmen seines Unternehmens ausführt;

b) die Einfuhr von Gegenständen aus dem Drittlandsgebiet in das Inland oder die österreichischen Gebiete Jungholz und Mittelberg (Einfuhrumsatzsteuer);

c) der innergemeinschaftliche Erwerb im Inland gegen Entgelt.

Wie eine Lieferung oder sonstige Leistung wird auch die Entnahme oder Verwendung eines Gegenstandes durch den Unternehmer für Zwecke, die außerhalb des Unternehmens liegen, behandelt (§3 Abs. 1b, 9a UStG). Dies beinhaltet sowohl den **Entnahme-** und **Leistungs-Eigenverbrauch** des Unternehmers als auch unentgeltliche Lieferungen oder sonstige Leistungen von Gesellschaften an ihre Anteilseigner **(Gesellschafterverbrauch)** oder Arbeitnehmer, sofern es sich im letzten Fall nicht lediglich um Aufmerksamkeiten handelt (zum Eigenverbrauch ausführlicher s. u. S. 127 sowie Teil A, Abschn. 4.6, S. 151 ff.).

Von der Umsatzbesteuerung ausgenommen sind Ausfuhrlieferungen (§4 Nr. 1 UStG) und die sonstigen in §4 UStG bezeichneten, zwar grundsätzlich steuerbaren, jedoch aufgrund dieser Sonderregelung steuerbefreiten Lieferungen, sonstigen Leistungen und Eigenverbräuche. Dazu gehören vor allem Umsätze im Geld- und Kapitalverkehr, wie bspw. die Gewährung von Krediten oder das Einlagen- und Wertpapiergeschäft (§4 Nr. 8 UStG). Zuschüsse bzw. Ausgleichszahlungen, die von der öffentlichen Hand gewährt werden, sind nur dann von der Umsatzsteuerpflicht ausgenommen, wenn die gewährende Stelle nicht als Empfängerin einer Dienstleistung anzusehen ist (BFH vom 13. 11. 1997 in BStBl. II 1998, S. 169 ff., und EuGH vom 29. 2. 1996, UR 1996, S. 119 ff.); ansonsten ist die Leistung gemäß §1 Abs. 1 Nr. 1 UStG steuerbar. Dies gilt auch dann, wenn die Dienstleistung im Hinblick auf ein öffentliches Interesse erbracht wird; in dem dem BFH-Urteil zugrunde liegenden Fall geht es um einen gemeindlichen Baukostenzuschuss für eine Tiefgarage, der unter der Bedingung gewährt wurde, dass die entstehenden Stellplätze der Allgemeinheit zur Verfügung stehen.

Rechtstechnisch ist die Umsatzsteuer eine Verkehrsteuer, da sie an Tauschvorgänge des Wirtschaftsverkehrs anknüpft. **Verfahrensmäßig** ist sie eine Veranlagungsteuer, da sie für einen abgeschlossenen Zeitraum, normalerweise das Kalenderjahr, erhoben wird (Besteuerungszeitraum; §16 Abs. 1 UStG). Die Berechnung von Vorauszahlungen und ihre Entrichtung an das Finanzamt hat binnen 10 Tagen nach Ablauf jedes Kalendermonats für diesen zu erfolgen (Voranmeldungszeitraum; §18 Abs. 1 UStG; Voranmeldungszeitraum ist das Kalendervierteljahr, wenn die Umsatzsteuer im vorangegangenen Kalenderjahr weniger als 7.500 € betrug; §18 Abs. 2 UStG). Übersteigt die Steuer für das vorangegangene Kalenderjahr nicht den Betrag von 1.000 €, kann das Finanzamt den Unternehmer von Voranmeldung und Vorauszahlungen befreien. **Wirtschaftlich** ist die Umsatzsteuer eine Verbrauchsteuer mit ausschließlicher Belastung des Endverbrauchers (Steuerdestinatar), während der Unternehmer (Steuerschuldner) unbelastet bleibt. Dies wird dadurch erreicht, dass die Steuer auf jeder Produktions- und Handelsstufe des Warenwegs lediglich von dem aus Bruttoumsatz abzüglich Vorumsatz ermittelten Nettoumsatz **(Allphasen-Nettoumsatzsteuer)** erhoben wird. Tatsächlich wird dadurch nur die Wertschöpfung (sog. Mehrwert) auf jeder einzelnen Umsatzstufe besteuert. Da die aus

Kundenumsätzen vergütete Umsatzsteuer an das Finanzamt abzuführen und die für Lieferantenumsätze gezahlte Vorsteuer als Forderung gegenüber dem Finanzamt geltend zu machen sind, wirkt die Umsatzsteuer wie ein durchlaufender Posten. Die Unternehmung selbst bleibt umsatzsteuerfrei.

Der Regelsteuersatz der Umsatzsteuer beträgt gegenwärtig 19 %, der ermäßigte Steuersatz für bestimmte Lieferungen und Leistungen (Waren des täglichen Bedarfs nach der Anlage zu § 12 Abs. 2 Nr. 1 UStG sowie neben weiteren auch die Leistungen bestimmter Berufsgruppen) 7 % der Bemessungsgrundlage (§ 12 Abs. 1 und 2 UStG).

Der seit dem 1. 4. 1998 geltende Regelsteuersatz von 16 % wurde im Haushaltsbegleitgesetz 2006 mit Wirkung zum 1. 1. 2007 um 3 %-Punkte auf 19 % erhöht (BGBl. I 2006, S. 1403, BStBl. I 2006, S. 410; BMF vom 11. 8. 2006, BStBl. I 2006, S. 477). Hinsichtlich der zeitlichen Abgrenzung von Lieferungen und Leistungen ist bei einer Änderung des Regel- (bzw. ermäßigten) Steuersatzes die Vorschrift des § 27 UStG anzuwenden. Danach ist der für die Bemessung der Umsatzsteuer maßgebliche Zeitpunkt derjenige, zu welchem die Lieferung oder Leistung **ausgeführt** wird. Dies gilt grundsätzlich auch für Teilleistungen nach § 13 Abs. 1 UStG. Hier ist nicht der Zeitpunkt der Gesamtleistung, sondern der Ausführungszeitpunkt der jeweiligen Teilleistung relevant (vgl. *IDW*, Umsatzsteuer, S. 104). Teilleistungen liegen im umsatzsteuerlichen Sinne allerdings nur dann vor, wenn eine Leistung grundsätzlich teilbar ist und für die einzelnen Teile gesondert ein Entgelt vereinbart wird (§ 13 Abs. 1 Nr. 1 lit. a UStG). Dies ist i. d. R. dann anzunehmen, wenn gesonderte Entgeltabrechnungen vorgenommen werden (Abschn. 180 UStR).

Im folgenden **Beispiel** eines 3-stufigen Warenwegs wird mit einem Umsatzsteuersatz von 10 % gerechnet. Aus Gründen der rechnerischen Vereinfachung, und um die Zahlenbeispiele möglichst übersichtlich zu gestalten, wird auch **künftig stets mit 10 % Umsatzsteuer gerechnet.**

Umsatzstufen	Fakturierung (Ausgabenrechnung)		Mehrwert	USt	Vorsteuer	Zahllast an Finanzamt
Herstellung	Warenwert	5.000	5.000			
	+ 10 % USt	500		500	–	500
	Brutto-Rechnungsbetrag	5.500				
Großhandel	Warenwert	7.000	2.000			
	+ 10 % USt	700		700	500	200
	Brutto-Rechnungsbetrag	7.700				
Einzelhandel	Warenwert	10.000	3.000			
	+ 10 % USt	1.000		1.000	700	300
Endverbraucher	Brutto-Rechnungsbetrag	11.000				
	Probe:		10.000 Wertschöpfung	2.200 USt-Schuld	1.200 Steuerforderung	1.000 Abzuführende MwSt

Der Endverbraucher bezahlt im Bruttorechnungsbetrag genau den Betrag an Umsatzsteuer, den die vorangegangenen Unternehmensstufen des Warenweges **zusammen** an das Finanzamt abgeführt haben. Dabei beträgt die zu entrichtende Mehrwertsteuerschuld (Zahllast) auf jeder **einzelnen** Umsatzstufe jeweils 10% der Wertschöpfung. Die beabsichtigte Besteuerung der Wertschöpfung (Mehrwert) wird also über das **Vorsteuerverfahren** erreicht, das die Aufrechnung von Umsatzsteuerschuld und Umsatzsteuerforderung gegenüber dem Finanzamt auf jeder Stufe des Warenwegs vorsieht (§ 16 Abs. 2 UStG). Grundsätzlich abziehbar sind die in § 15 Abs. 1 UStG bezeichneten Vorsteuerbeträge auf Lieferungen und sonstige Leistungen, die von anderen Unternehmern für das eigene Unternehmen ausgeführt und in Rechnungen gemäß § 14 UStG separat ausgewiesen werden, sowie die entrichtete Einfuhrumsatzsteuer und die Steuer für den innergemeinschaftlichen Erwerb. Der Unternehmer muss die Lieferung seinem Unternehmen zuordnen (Abschn. 192 Abs. 18 UStR); Voraussetzung ist aber eine mindestens 10 %ige unternehmerische Nutzung (vgl. R 4.2 EStR). Der Unternehmer ist selbst Endverbraucher, wenn er dem Betrieb Waren zum persönlichen Gebrauch entnimmt **(Entnahme-Eigenverbrauch).** Die Umsatzsteuer auf den Eigenverbrauch fällt an, um die Waren mit den bei Lieferung in Rechnung gestellten, durch den Vorsteuerabzug gegenüber dem Finanzamt allerdings geltend gemachten Umsatzsteuerbeträgen letztlich wieder zu belasten. Analog sind auch sonstige Leistungen an den Unternehmer zu betrachten und mit Umsatzsteuer zu belasten **(Leistungs-Eigenverbrauch;** vgl. zum Eigenverbrauch Teil A, Abschn. 4.6, S. 151 ff.).

Bemessungsgrundlage der Umsatzsteuer ist das **Entgelt,** d. h. alles, was der Empfänger einer Lieferung oder sonstigen Leistung aufzuwenden hat, um den **Nettowert** der Lieferung zu erhalten (§ 10 Abs. 1 UStG). Nicht zum Entgelt gehört damit die Umsatzsteuer selbst; sie wird vom Nettorechnungsbetrag erhoben und gehört steuerlich nicht zu den Anschaffungskosten der erworbenen Wirtschaftsgüter, sofern sie eine abziehbare Vorsteuer repräsentiert (§ 9b EStG). Das Entgelt schließt jedoch neben dem Nettowert auch anfallenden Auslagenersatz mit ein. Allerdings dürfen Zahlungszuschläge, z. B. wegen verspäteter Zahlung (Verzugszinsen), nicht der Umsatzsteuer unterworfen werden, weil sie kein Teil des Entgelts sind, sondern Schadensersatz darstellen (Abschn. 3 Abs. 3 und Abschn. 149 Abs. 3 UStR). Grundsätzlich muss aber jede (nachträgliche) Änderung der Bemessungsgrundlage für einen steuerpflichtigen Umsatz (z. B. durch Skonti, Boni, Rücksendungen, Preisnachlässe, Gutschriften) zu einer Berichtigung der Umsatzsteuerkonten sowohl beim Lieferanten als auch beim Empfänger (Kunden) der Lieferung bzw. Leistung führen (§ 17 UStG).

Im Regelfall wird die Umsatzsteuer nach den **vereinbarten** bzw. verlangten Entgelten (Solleinnahmen) berechnet (**Sollbesteuerung,** § 16 Abs. 1 UStG). Gegenüber dem Finanzamt entsteht die Umsatzsteuerschuld mit Ablauf des Voranmeldungszeitraums, in dem die Leistungen ausgeführt wurden, unabhängig vom Zeitpunkt des Zahlungseingangs (§ 13 Abs. 1 Nr. 1 Buchstabe a UStG). Aufgrund der damit verbundenen Umsatzsteuervorauszahlungen (§ 18 Abs. 1 und 2 UStG) können die sich ergebenden Liquiditäts- und Finanzierungswirkungen im Einzelfall von besonderer Bedeutung sein. Andererseits kann auch beim Warenbezug die von Lieferanten in Rechnung gestellte Umsatzsteuer, unabhängig von deren Begleichung beim Lieferanten, als Vorsteuer zum nächsten Voranmeldungszeitraum in Anrechnung gebracht werden. Anstelle der Sollbesteuerung kann auf Antrag die Besteuerung nach **vereinnahmten** Entgelten **(Istbesteuerung)** erfolgen. Einen Antrag können jedoch nur Unternehmer stellen, deren Umsatz im letzten Kalenderjahr 250. 000 € nicht überschritten hat oder die nach § 148 AO von der Buchführungs- und Jahresabschlusspflicht befreit sind (§ 20 Abs. 1 Nr. 1 und 2 UStG). Des Weiteren ist eine Istbesteuerung möglich, wenn die Umsätze aus einer Tätigkeit als Angehöriger eines freien Berufes im Sinne des § 18 Abs. 1 Nr. 1 EStG stammen (§ 20 Abs. 1 Nr. 3 UStG).

Die **Besteuerung von Kleinunternehmern** wird in § 19 UStG geregelt. Absatz 1 bezieht sich auf „Kleinst"-Unternehmer, deren Gesamtumsatz, bereinigt um Umsätze von Wirtschaftsgütern des Anlagevermögens, aber einschließlich der auf den Umsatz entfallenden Umsatzsteuer, im vergangenen Kalenderjahr 17.500 € nicht überstiegen hat und im laufenden Jahr voraussichtlich 50.000 € nicht übersteigen wird und die deshalb umsatzsteuerfrei gestellt sind. Sie dürfen dann aber weder einen Vorsteuerabzug durchführen noch ihren Kunden die Steuer gesondert in Rechnung stellen. Im Falle der erstmaligen Verwendung eines Wirtschaftsgutes vor Beginn des Zeitraums der Steuerbefreiung ist jedoch gegebenenfalls (bei Änderung der für den Vorsteuerabzug maßgebenden Verhältnisse) eine Vorsteuerkorrektur nach § 15a UStG vorzunehmen. Allerdings wird in § 19 Abs. 2 UStG ein Optionsrecht eingeräumt, das Kleinunternehmern die Möglichkeit eröffnet, umsatzsteuerrechtlich wie größere Unternehmen behandelt zu werden. Dadurch erlangt der Unternehmer die Berechtigung zum Vorsteuerabzug, ist aber auch mindestens 5 Kalenderjahre an diese Entscheidung gebunden.

Neben den Vereinfachungsmöglichkeiten des § 19 UStG kann für bestimmte Gruppen von Unternehmern die Umsatzbesteuerung mit Hilfe branchenspezifischer Vorsteuer- und Umsatzsteuerdurchschnittssätze erfolgen (§§ 23, 23a, 24 UStG).

Im Rahmen der Bestrebungen, die Umsatzsteuer innerhalb der EU (vormals EG) zu harmonisieren, haben Bundestag und Bundesrat das Gesetz zur Anpassung des Umsatzsteuergesetzes und anderer Rechtsvorschriften an den EG-Binnenmarkt **(Umsatzsteuer-Binnenmarktgesetz, UStBG)** vom 25. 8. 1992 (BGBl. I 1992, S. 1548) verabschiedet, wodurch die EG-Richtlinie zur Ergänzung des gemeinsamen Mehrwertsteuersystems und zur Änderung der 6. EG-Richtlinie in nationales Recht umgesetzt wurde. Aufgrund des Umsatzsteuer-Binnenmarktgesetzes ist hinsichtlich der Herkunft von Lieferungen zwischen Inland sowie Gemeinschafts- und Drittlandsgebiet zu unterscheiden (§ 1 Abs. 2, 2a UStG), wobei das Gemeinschaftsgebiet aus den Gebieten der Mitgliedstaaten der Europäischen Union einschließlich des Inlandes besteht.

Neben einer Vielzahl von Detailregelungen für spezielle innergemeinschaftliche Transaktionen (z. B. Versandhandel, Lohnveredelung, innergemeinschaftliche Güterbeförderung sowie Vermittlungsleistungen und Reihengeschäfte) sieht das Gesetz für den innergemeinschaftlichen Handel die folgende grundlegende umsatzsteuerliche Behandlung vor: Handelt es sich bei dem Verkäufer beispielsweise um einen deutschen Unternehmer, bei dem Abnehmer um einen privaten Verbraucher aus einem anderen EU-Mitgliedsland, so unterliegt dieser Vorgang in Deutschland der Mehrwertsteuer. Im Gegensatz zur vorausgehenden Regelung gilt somit grundsätzlich das **Ursprungslandprinzip.** Liegt dagegen eine Lieferung an einen umsatzsteuerpflichtigen Unternehmer aus einem anderen EU-Staat vor, so gilt weiterhin das **Bestimmungslandprinzip.** In diesem Fall hat der Erwerber in seinem Herkunftsland Umsatzsteuer auf den Erwerb (so genannte Erwerbsteuer) anstelle der bisherigen Einfuhrumsatzsteuer zu entrichten, die dann als Vorsteuer abzugsfähig ist (§4 Nr. 1 lit. b UStG i. V. m. §6a Abs. 1 UStG). Diese Regelung gilt bei Neufahrzeugen für alle Erwerber (§6a Abs. 1 UStG).

Da im europäischen Binnenmarkt keine Grenzkontrollen mehr durchgeführt werden und damit die Formalitäten bezüglich der Einfuhrumsatzsteuer entfallen, bedarf es eines anderen Kontrollmechanismus, um eine missbräuchliche Ausnutzung der mit der Erwerbsteuer verbundenen Steuerbefreiung von Lieferungen in ein anderes Mitgliedsland der EU zu verhindern. Diesem Zweck dienen insbesondere die EU-weite Verteilung von Umsatzsteuer-Identifikationsnummern sowie erweiterte Melde- und Aufzeichnungspflichten.

Durch das Gesetz zur Änderung des Umsatzsteuergesetzes und anderer Gesetze vom 9. 8. 1994 (BGBl. I 1994, S. 2058–2061) gilt seit dem 1. 1. 1995 grundsätzlich die **Differenzbesteuerung** bei beweglichen körperlichen Gegenständen aus zweiter Hand. Danach hat ein Unternehmer, der Wiederverkäufer ist, bei der Veräußerung eines beweglichen **Gebrauchtgegenstandes** die Umsatzsteuer lediglich nach dem Unterschiedsbetrag zwischen Verkaufs- und Einkaufspreis zu bemessen. Wiederverkäufer ist der Unternehmer dann, wenn er gewerbsmäßig mit beweglichen körperlichen Gegenständen handelt oder solche im eigenen Namen öffentlich versteigert. Die Veräußerung der Gebrauchtgegenstände muss danach zum Grundgeschäft des Unternehmers, also zum eigentlichen Betriebszweck gehören. Voraussetzung für die Anwendung der Differenzbesteuerung ist, dass der Wiederverkäufer beim Erwerb der Gegenstände keine Vorsteuer geltend machen kann (§25a UStG). Die vormalige Rechtslage sah die Differenzbesteuerung nur für Umsätze mit Gebrauchtwagen vor. Die aktuelle Regelung umfasst nahezu alle Umsätze mit beweglichen Gebrauchtgegenständen; sie kann nach entsprechender Erklärung gegenüber dem Finanzamt auch auf bestimmte Kunstgegenstände, Sammlungsstücke oder Antiquitäten angewandt werden. Ausgenommen von der Differenzbesteuerung sind dagegen Umsätze mit Edelsteinen oder Edelmetallen nach §25a Abs. 1 Nr. 3 UStG.

4.4.2 Wareneinkauf und Warenverkauf mit Umsatzsteuer

Die konsequente Anwendung des Vorsteuerabzugsverfahrens stellt strenge Anforderungen an die im umsatzsteuerrechtlichen Sinne ordnungsmäßige Fakturierung. Nach §14 Abs. 4 Nr. 8 UStG ist der Lieferant zum gesonderten Ausweis des Steuerbetrags auf der Rechnung verpflichtet. Eine Ausnahme von dieser Regelung gilt nur für Kleinbetragsrechnungen bis zu einem Betrag von 150 € einschließlich Umsatzsteuer sowie für Fahrausweise und Belege im Reisegepäckverkehr; bei diesen Rechnungen genügt die Angabe des enthaltenen Steuersatzes für die Aufteilung des Rechnungsbetrages in Entgelt und Steuerbetrag (§§ 33 und 34 UStDV; zur Trennung des Bruttobetrages s. S. 134 f.). Bei Änderungen der Bemessungsgrundlage sind Belege zu erteilen, aus denen die Verteilung der Entgeltänderungen auf unterschiedlich besteuerte Umsätze hervorgeht (§ 17 Abs. 4 UStG). Erfolgt die Fakturierung durch **Telefax, Telex, Teletex** oder **Datenfernübertragung** bzw. **Datenträgeraustausch** ist zu beachten, dass eine zum Vorsteuerabzug berechtigende Rechnung im Sinne des § 14 UStG die Existenz einer Urkunde voraussetzt. Als solche sind im Falle der Rechnungsstellung durch Telex und Telefax die beim Empfänger ankommenden Schriftstücke anzusehen (BMF v. 25. 5. 1992, BStBl. I 1992, S. 376–378). Im Falle elektronisch ausgestellter Rechnungen ist die Echtheit der Herkunft und die Unversehrtheit des Inhalts durch digitale Signaturen zu gewährleisten (vgl. § 14 Abs. 3 UStG; BMF v. 29. 1. 2004, BStBl. I 2004, S. 260 f.).

Die **Aufzeichnungspflichten** zur Feststellung der Steuer und der Grundlagen ihrer Berechnung ergeben sich aus § 22 UStG und den §§ 63 bis 68 der UStDV. Erleichterungen bei Erfüllung dieser Pflichten sind vor allem der UStDV sowie Finanzministererlassen zu entnehmen.

Die getrennte Erfassung und Aufzeichnung von Netto-Rechnungsbetrag und Umsatzsteuer wirkt sich zwangsläufig auf die Kontenführung und Buchungstechnik aus. Im Sinne einer Mindestgliederung sind hauptsächlich folgende **umsatzsteuerbezogene Kontenbereiche** zu unterscheiden:

a) Erlöskonten

b) Umsatzsteuerkonten (im Folgenden als Mehrwertsteuerkonten gekennzeichnet)

c) Vorsteuerkonten

d) Umsatzsteueraufwandskonten

Zu a) Die **Erlöskontengliederung** hat entsprechend der nach Steuersätzen getrennten Ermittlung der Umsatzsteuer zu erfolgen. Daraus ergibt sich die getrennte Aufzeichnung der Entgelte nach folgenden Gesichtspunkten:

- Erlöskonto für Lieferungen und Leistungen zum Regelsteuersatz;
- Erlöskonto für Lieferungen und Leistungen zum ermäßigten Steuersatz;
- Erlöskonto für umsatzsteuerfreie Leistungen, die zum Vorsteuerabzug berechtigen (z. B. Ausfuhr);
- Erlöskonto für umsatzsteuerfreie Leistungen, die den Vorsteuerabzug ausschließen (z. B. Kreditgeschäfte; Vermietung und Verpachtung an Nichtunternehmer);
- Erlöskonto für umsatzsteuerfreie Leistungen mit der Möglichkeit des Verzichts auf Steuerbefreiung nach § 9 UStG (z. B. bei Umsätzen aus Vermietung und Verpachtung gewerblich genutzter Objekte an Unternehmer);
- Erlöskonto für innergemeinschaftliche Lieferungen.

Aufzuzeichnen ist jeweils das umsatzsteuerliche Entgelt, d. h. der Nettopreis ohne Umsatzsteuer (§ 22 UStG). Der Unternehmer kann seinen Aufzeichnungspflichten **vereinfachend** auch dadurch nachkommen, dass er Entgelt und Umsatzsteuer in einer Summe ausweist und erst am Ende des Voranmeldungszeitraumes die Aufschlüsselung der Summe nach Entgelt und Umsatzsteuer vornimmt (§63 Abs. 3 UStDV).

Zu b) Im **Ausgangsbereich** der Umsatzsteuer ist mindestens das Konto „(berechnete, fällige) **Umsatzsteuer**" bzw. **„Mehrwertsteuer (MwSt)"** zu führen. Regelmäßig ist auch ein gesondertes Konto für „unberechtigt ausgewiesene Umsatzsteuer" zu errichten. Der allgemeine Inhalt des Mehrwertsteuerkontos ergibt sich aus folgendem Kontenbild:

S	Mehrwertsteuerkonto (MwSt) H
Berichtigung für: Rücksendungen von Kunden	**Steuerbeträge** für in Ausgangsrechnungen ausgewiesene USt-Schuld
Gutschriften an Kunden	
Kundenskonti	
Kundenboni	
Saldo: Verbindl. an FA	

Das Mehrwertsteuerkonto wird als passivisches Bestandskonto geführt: Im Kontenrahmen des Groß- und Außenhandels unter den Umsatzsteuer-Verbindlichkeiten der Kontenklasse 1 (z. B. Konto 1811 Umsatzsteuer Normalsteuersatz bzw. Mehrwertsteuer), im Kontenrahmen des Einzelhandels in Kontenklasse 4 unter den sonstigen Verbindlichkeiten (z. B. Konto 480 Umsatzsteuer), ebenso unter den sonstigen Verbindlichkeiten in den industriellen Kontenrahmen – entweder in Kontenklasse 1 (z. B. Konto 175) wie beim Gemeinschaftskontenrahmen GKR oder in Kontenklasse 4 (z. B. Konto 480) wie beim Industriekontenrahmen IKR (vgl. hierzu die Kontenrahmen im Anhang A.1–A.4, S. 1300–1317).

Auf dem Mehrwertsteuerkonto (Umsatzsteuer-Schuldkonto) ist auch die auf den **Eigenverbrauch** entfallende Umsatzsteuer zu buchen. Die Bemessungsgrundlage in den Fällen des Eigen- oder Gesellschafterverbrauchs ergibt sich aus § 10 Abs. 4 UStG: Sie richtet sich bei Entnahmen von Gegenständen (z. B. von Waren) nach deren Einkaufspreis zuzüglich der Nebenkosten oder, wenn ein Einkaufspreis nicht existiert, nach den Selbstkosten, bei Inanspruchnahme von sonstigen Leistungen (z. B. private Telefonnutzung) nach den auf die unternehmensfremde Verwendung entfallenden Kosten, soweit diese zum vollen oder teilweisen Vorsteuerabzug berechtigten (Abschn. 155 UStR; im Einzelnen vgl. hierzu Teil A, Abschn. 13.10, S. 571 ff.). Die Ermittlung des Einkaufspreises zuzüglich der Nebenkosten bzw. der Selbstkosten bezieht sich jeweils auf den Zeitpunkt des Umsatzes und umfasst alles, was der Unternehmer für die Erlangung der Verfügungsmacht bzw. die Schaffung der Verfügungsmöglichkeit aufwenden muss. Buchungstechnisch ist es zweckmäßig, die Bemessungsgrundlagen für Eigenverbrauchstatbestände vor Übernahme in das Privatkonto auf besonderen Vorkonten oder Voraufzeichnungen zum Privatkonto zu erfassen (getrennte Erfassung der Bemessungsgrundlagen). Die auf den Eigenverbrauch entfallende Umsatzsteuer ist dann für den Voranmeldungszeitraum zu berechnen, dem Privatkonto unmittelbar (Umsatzsteuer gehört nicht zur Bemessungsgrundlage) zu belasten und dem Mehrwertsteuerkonto gutzuschreiben (Umsatzsteuer gehört einkommensteuerlich zu den nicht abzugsfähigen Ausgaben, § 12 Nr. 3 EStG).

Zu c) Im **Eingangsbereich** der Umsatzsteuer hat die gesonderte Aufzeichnung der Netto-Vorumsätze und der auf diese entfallenden Umsatzsteuer (Vorsteuer) zu erfolgen. Abzugsfähige Umsatzsteuer fällt nicht nur beim Einkauf von Waren bzw. Vorräten an, sondern auch anlässlich des Entstehens von Aufwendungen im Zuge der allgemeinen Verwaltung (z. B. Aufwendungen für Büromaterial, Reiseaufwendungen) und bei Investitionen. Zur Ermittlung der Vorsteuerbeträge sind je nach Bedarf ein oder mehrere (z. B. getrennt nach verschiedenen Steuersätzen) **Vorsteuerkonten** einzurichten, deren Inhalt im Wesentlichen die folgenden Tatbestände umfasst:

S	Vorsteuerkonto H
Steuerbeträge für in Eingangsrechnungen gesondert ausgewiesene Vorsteuern	**Berichtigungen** für: Rücksendungen an Lieferanten
	Gutschriften von Lieferanten
	Lieferantenskonti
	Lieferantenboni
	Saldo: Forderung an FA

Da nach den Vorschriften des UStBG (vgl. hierzu Teil A, Abschn. 4.4.1, S. 127) die Bemessungsgrundlagen für den innergemeinschaftlichen Erwerb von Gegenständen aufzuzeichnen sind (§ 22 Abs. 2 Nr. 7 UStG), müssen gegebenenfalls eigenständige Vorsteuerkonten eingerichtet werden.

Das Vorsteuerkonto ist ein aktivisches Bestandskonto und weist im Saldo einen Erstattungsanspruch gegenüber dem Finanzamt aus. Die Vorsteuer wird im Kontenrahmen des Groß- und Außenhandels z. B. im Konto 141 Vorsteuer Normalsteuersatz, im Kontenrahmen des Einzelhandels unter den sonstigen Vermögensgegenständen (z. B. Konto 260 Vorsteuer) sowie im Gemeinschaftskontenrahmen GKR unter den sonstigen Forderungen (z. B. Konto 155) erfasst. Im Industriekontenrahmen IKR wird sie in die sonstigen Vermögensgegenstände (z. B. Konto 260) eingestellt (vgl. die Kontenrahmen im Anhang A.1–A.4, S. 1304–1321).

Zu d) Mehrwertsteuer- und Vorsteuerkonten sind Bestandskonten und erscheinen als solche in der Bilanz. Die Umsatzsteuer kann aber auch im Aufwandsbereich in Erscheinung treten und besitzt dann nicht mehr den Charakter eines durchlaufenden Postens. Besondere **Umsatzsteueraufwandskonten** sind dann einzurichten, wenn nicht abziehbare Vorsteuer anfällt, z. B. für Lieferungen und Leistungen, die zur Ausführung steuerfreier Umsätze Verwendung finden (§ 15 Abs. 2 UStG). Handelt es sich dabei um Anlagenbeschaffungen, so geht die Vorsteuer in die Anschaffungskosten ein. Die Vereinfachungsregelung des (vormaligen) § 9b Abs. 1 Satz 2 EStG, wonach der nicht-abziehbare Teil des Vorsteuerbetrages nicht den Anschaffungs- oder Herstellungskosten zugerechnet zu werden brauchte, ist durch das Gesetz zur Änderung steuerlicher Vorschriften (Steueränderungsgesetz 2001 – StÄndG 2001; BGBl. I 2001, S. 3795) zum Ende des Jahres 2001 abgeschafft worden. Besitzt die Umsatzsteuer Aufwandscharakter, dann ist entweder auf demselben Konto zu buchen, auf dem die Leistung (Anschaffung) erfasst wird, oder aber auf einem Konto „Nichtabziehbare Vorsteuer". Je nach der Zweckbestimmung der dem Umsatz zugrunde liegenden Leistungsart gehört die Umsatzsteuer in den Bereich der betrieblichen oder neutralen Aufwendungen.

Beispiel:
Ein Arzt kauft ein medizinisches Gerät für 10.000 + 10 % USt und Verbandsmaterial für 500 + 10 % USt. Ärzte sind nach § 15 Abs. 2 Nr. 1 UStG i. V. m. § 4 Nr. 14 UStG nicht vorsteuerabzugsberechtigt. Die Umsatzsteuer, die auf das medizinische Gerät entfällt, ist in die Anschaffungskosten einzubeziehen (R 9b Abs. 1 EStR) und unterliegt der planmäßigen Abschreibung. Analoges gilt nach neuer Rechtslage für das Verbandsmaterial.

Die Aufzeichnungsvorschriften zur Umsatzsteuer sind vom Nettowertprinzip beherrscht. Dennoch sind buchungstechnisch zwei Vorgehensweisen bei der Verbuchung auf dem Vorsteuer- und Mehrwertsteuerkonto zu unterscheiden: das (sofortige) Nettoverfahren und das (vorläufige) Bruttoverfahren. Bei der **Nettoverbuchung** erfolgt die Trennung von Entgelt und Umsatzsteuer unmittelbar und für jeden einzelnen Buchungsfall; bei der **Bruttoverbuchung** dagegen werden Entgelt einschließlich Steuerbetrag zunächst in einer Summe aufgezeichnet und erst zum Schluss jedes Voranmeldungszeitraumes rechnerisch getrennt (§ 63 Abs. 3 und 5 UStDV).

Beispiel:
Warenvorfälle eines Monats (Voranmeldungszeitraum):

- Wareneinkauf auf Ziel
  (Buchungsbeleg Eingangsrechnung Nr. . . .) 4.000 + 10 % USt
- Warenverkauf auf Ziel
  (Buchungsbeleg Ausgangsrechnung Nr. . . .) 6.000 + 10 % USt

1) Nettoverbuchung:

- beschaffungsmarktbezogene Buchungen (1):

Wareneinkauf	4.000			
Vorsteuer	400	**an**	Kreditoren	4.400

- absatzmarktbezogene Buchungen (2):

Debitoren	6.600	**an**	Warenverkauf	6.000
			Mehrwertsteuer	600

Wareneinkauf

Soll	Haben
(1) 4.000	

Debitoren

Soll	Haben
(2) 6.600	

Vorsteuer

Soll	Haben
(1) 400	

Mehrwertsteuer

Soll	Haben
	600 (2)

Kreditoren

Soll	Haben
	4.400 (1)

Warenverkauf

Soll	Haben
	6.000 (2)

2) Bruttoverbuchung:

Buchungssätze **während** des Voranmeldungszeitraumes:

- beschaffungsmarktbezogen:
  Wareneinkauf 4.400 **an** Kreditoren 4.400
- absatzmarktbezogen:
  Debitoren 6.600 **an** Warenverkauf 6.600

Buchungssätze am **Monatsende**:

- beschaffungsmarktbezogen:
  Vorsteuer 400 **an** Wareneinkauf 400
- absatzmarktbezogen:
  Warenverkauf 600 **an** Mehrwertsteuer 600

Die Herausrechnung der Umsatzsteuer aus der Summe der aufgezeichneten Bruttoentgelte erfolgt beim Bruttoverfahren am Ende des Voranmeldungszeitraumes auf der Ein- und der Ausgangsseite durch Anwendung eines Multiplikators bzw. Divisors auf den Bruttorechnungsbetrag. Für die den Beispielen zugrunde gelegten und für die aktuellen Umsatzsteuersätze sind die Umrechnungsfaktoren der folgenden Tabelle zu entnehmen:

	Regelsteuersatz		ermäßigter Steuersatz	
Steuersatz	10 %	19 %	5 %	7 %
Multiplikator Divisor	0,0909 11,00	0,1597 6,26	0,0476 21,00	0,0654 15,29

Beispiel: Umsatzsteuersatz 10 %

Bruttobetrag × Multiplikator = Umsatzsteuer

165 × 0,091 = 15

oder:

$$\frac{\text{Bruttobetrag}}{\text{Divisor}} = \text{Umsatzsteuer}$$

$$\frac{165}{11} = 15$$

Indem die Buchung der Umsatzsteuer erst am Monatsende in einem Rechengang erfolgen kann, bewirkt das Bruttoverfahren eine gesetzlich zulässige Vereinfachung besonders dort, wo Abnehmer nicht umsatzsteuerpflichtig sind (Endverbraucher) und folglich kein Interesse an einem getrennten Entgelt- und Steuerausweis besteht. Das trifft besonders für den Einzelhandel zu, wo üblicherweise keine entsprechenden Rechnungen ausgestellt werden und der Bruttoausweis auf Kassenzetteln, Bons oder ähnlichen Belegen genügt. Gleichermaßen kommt das Bruttoverfahren bei sog. Kleinbetragsrechnungen bis zu einem Betrag von 150 € zur Anwendung, in denen die Angaben über Entgelt und Steuerbetrag in einer Summe zum Ausweis gelangen (§§ 33, 35 UStDV). Ebenso dürfen nachträgliche Entgeltänderungen (z. B. Preisnachlässe, Boni, Gutschriften), nach unterschiedlichen Steuersätzen getrennt aufgezeichnet, brutto verbucht werden. Die Trennung in steuerliches Nettoentgelt und Umsatzsteuer hat jedoch analog spätestens zum Schluss eines jeden Voranmeldungszeitraumes zu erfolgen. Eine Kombination von Brutto- und Nettoverfahren wird sich außer im Falle der Lieferung sowohl an mehrwertsteuerpflichtige Abnehmer als auch an Endverbraucher besonders dort empfehlen, wo zahlreiche Entgeltänderungen laufende Steuerkorrekturen bedingen.

Für den Voranmeldungszeitraum hat auch die Ermittlung der Höhe von Schuld oder Forderung gegenüber dem Finanzamt zu erfolgen. Die monatliche **Umsatzsteuerzahllast** errechnet sich aus der für Lieferungen, Leistungen und Eigenverbrauch in diesem Zeitraum zu zahlenden Steuer abzüglich der nach § 15 UStG verrechenbaren und im Veranlagungszeitraum angefallenen Vorsteuerbeträge. Dies geschieht durch Aufrechnung der Einzelsalden der umsatzsteuerrelevanten Konten, speziell durch Übertragung des Vorsteuerkontensaldos auf das Mehrwertsteuerkonto (Umsatzsteuer-Schuldkonto). Im obigen Beispiel wird unter der Voraussetzung, dass in dem betreffenden Voranmeldungszeitraum keine weiteren Vorgänge mit umsatzsteuerlicher Wirkung (Vor- und Mehrwertsteuer) angefallen sind, der Betrag von 400 für Vorsteuer bis zum 10. des folgenden Monats über das Mehrwertsteuerkonto abgeschlossen (= Vorsteuerabzug) und der Saldo des Mehrwertsteuerkontos (= Zahllast) durch Überweisung an das Finanzamt ausgeglichen.

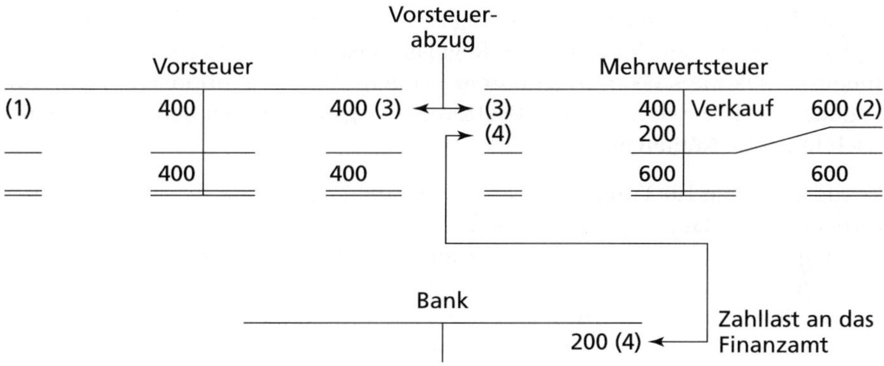

Übersteigen die Vorsteuerbeträge die Mehrwertsteuerbeträge eines Voranmeldungszeitraumes, dann entsteht ein Erstattungsanspruch (Sollsaldo des MwSt-Kontos) gegenüber dem Finanzamt. Die Zahllast des dem Jahresabschluss vorangehenden Monats ist als **Sonstige Verbindlichkeit,** ein Vorsteuerüberschuss als **Sonstige Forderung** (Sonstige Vermögensgegenstände), soweit jeweils noch nicht ausgeglichen, zu bilanzieren. Auch ein getrennter Ausweis von Vorsteuerguthaben und Mehrwertsteuerschuld in der Schlussbilanz ist denkbar.

Erfolgt die buchmäßige Verrechnung der Umsatzsteuerkonten erst zum Jahresabschluss, dann werden die monatlich errechneten und abgeführten Umsatzsteuervorauszahlungen auf einem zusätzlichen **Übergangskonto** „Umsatzsteuer-Zahlungen an Finanzamt" festgehalten und am Jahresende mitverrechnet. Ist zur buchmäßigen Abwicklung und Ermittlung der monatlichen Zahllast die Saldenzusammenführung mehrerer Vorsteuer- und Mehrwertsteuerkonten erforderlich, so kann sich auch ein zwischengeschaltetes **Umsatzsteuer-Verrechnungskonto** als zweckmäßig erweisen.

4.5 Warenbezugsaufwand, Verpackungsaufwand, Einstandspreis- und Erlöskorrekturen

4.5.1 Die Verbuchung des Bezugsaufwands

Beim Bezug von Waren und Stoffen entstehen Aufwendungen, wie z. B. Eingangsfrachten, Verpackungsspesen, Rollgelder, Speditionsgebühren, Wagenstandsgelder, Postgebühren, Provisionen, Transportversicherungen und Einfuhrzölle, die direkt mit diesen Vorratsgütern verbunden sind und folglich zum wirtschaftlichen Wareneinsatz gehören. Diese Aufwendungen erhöhen als Nebenkosten des Erwerbs **(Anschaffungsnebenkosten)** die reinen Einkaufspreise der Waren bzw. Stoffe und sind demnach dem Wareneinkaufskonto zu belasten. Einkaufspreise einschließlich Bezugsaufwendungen ergeben die **Einstandspreise,** die gleich den Anschaffungskosten sind.

Um die Bezugsaufwendungen überschau- und kontrollierbar zu halten und um den Einblick in die Zusammensetzung der Anschaffungskosten zu verbessern, werden diese in der Praxis in aller Regel auf besonderen Unterkonten des Wareneinkaufskontos **(Warenvorkonten)** gebucht. Eine Speditionsrechnung für angelieferte Handelsware zum Bruttorechnungsbetrag über 440 spricht demnach folgende Konten an:

Bezugsaufwand für Waren (Eingangsfrachten)	400			
Vorsteuer	40	**an**	Warenverbindlichkeiten	440

Da der Bezugsaufwand den Warenwert erhöht, sind die Salden der Warenvorkonten am Periodenende über die zugehörigen Wareneinkaufskonten abzuschließen **(vorbereitende Abschlussbuchungen).** Ein offener Ausweis durch direkten Abschluss über das GuV-Konto würde demgegenüber zu einem sachlich ungerechtfertigten, zu hohen Aufwandsausweis für Bezugsaufwand führen, weil der bilanzierungspflichtige Anschaffungswert alle Aufwendungen enthalten muss, die zur Erlangung und Verfügbarmachung der Waren verausgabt wurden. Dazu zählen auch die **Anschaffungsnebenkosten.** Dadurch gehen korrekterweise nur die auf die abgesetzten Waren entfallenden Bezugsaufwendungen bei Saldierung des Wareneinkaufskontos in den Wareneinsatz ein und erscheinen beim Bruttoabschluss der Warenkonten in der GuV-Rechnung.

Beispiel:

(Unter Verzicht auf USt; sämtliche Beträge = Nettowerte)

Eine Großhandelsfirma kauft in einer Periode für 20.000 Handelsware. Die beim Bezug anfallenden Frachtkosten betragen insgesamt 400. Am Periodenende befindet sich noch ¼ der gekauften Ware auf Lager; die Bezugsaufwendungen verteilen sich gleichmäßig auf alle Einkäufe.

Situation nach direktem Abschluss über das GuV-Konto:

Bezugsaufwand (Fracht)

Soll		Haben	
Zugang	400	Saldo	400 (1)
	400		400

Wareneinkauf (WE)

Soll		Haben	
AB	0	EB	5.000
Zugang	20.000	Wareneinsatz	15.000 (2)
	20.000		20.000

GuV-Konto

Soll		Haben	
(1) Fracht	400	Saldo	15.400
(2) Wareneinsatz	15.000		
	15.400		15.400

Bei direkter Übernahme der Frachtkosten in die GuV-Rechnung entsteht ein Aufwand von 15.400. Die vorgeschriebene Bewertung des Warenendbestands hat in der Bilanz (Schlussbilanzkonto) jedoch einschließlich der anteiligen Frachtkosten zu erfolgen, also zu 5.100. Damit erweist sich der dargestellte Abschluss des Bezugsaufwands über die GuV-Rechnung als nicht richtig. Korrekt wäre demnach zu buchen:

Schlussbilanzkonto	5.100	**an**	Wareneinkauf	5.000
			Fracht	100

und bei direktem Abschluss des Bezugsaufwands über die GuV:

GuV-Rechnung	300	**an**	Fracht	300

Als Aufwand erscheint dann nur der Teil der Fracht, der auf die veräußerte Ware entfällt.

Um dieses im Sinne einer verursachungsgerechten Periodenrechnung korrekte Ergebnis zu erhalten, müssen auf dem Wareneinkaufskonto die Endbestände einschließlich anteiliger Frachtaufwendungen verbucht werden. Daraus folgt aber, dass auch auf der Sollseite des Wareneinkaufskontos **Einstands**preise erfasst werden müssen, damit im Saldo der richtige Wareneinsatz (einschließlich Frachtanteil) zum Ausdruck kommt; der Bezugsaufwand muss also über das Wareneinkaufskonto abgeschlossen werden:

Bezugsaufwand (Fracht)

Zugang	400	Saldo an WE	400 (1)
	400		**400**

Wareneinkauf (WE)

AB	0	EB 5.100 (Inventur!)	
Zugang	20.000	Waren-einsatz	15.300 (2)
(1) Fracht	400		
	20.400		**20.400**

GuV-Konto

(2) Waren-einsatz	15.300	Saldo	15.300
	15.300		**15.300**

Die anteilige Bezugsaufwandsaktivierung erfolgt in der Praxis häufig durch prozentualen Zuschlag auf den (Netto-)Inventurwert, da die Ermittlung des Bezugsaufwands besonders bei vielfältigem Warensortiment und differenzierten Wertgrundlagen sehr arbeitsaufwendig bzw. unmöglich ist. Die Bezugsaufwendungen werden dann direkt über das GuV-Konto abgeschlossen. Unter Verzicht auf die konsequente Anwendung einer verursachungsgerechten Periodenrechnung zugunsten praktikabler Lösungen gilt dies auch für eine Reihe weiterer Aufwandsarten, wobei zudem das Vorsichtsprinzip die sofortige Aufwandsverbuchung unterstützt. Für den Abschluss der Bezugsaufwandskonten direkt über die GuV-Rechnung spricht auch der dadurch verbesserte Einblick in die Aufwandsstruktur und die somit erhöhte Aussagefähigkeit der Erfolgsrechnung selbst.

4.5.2 Die Verbuchung des Verpackungsaufwands

Grundsätzlich ist zu unterscheiden zwischen Verpackungsmaterialien, die unmittelbar als Vertriebsaufwand behandelt werden, und solchen, die wie Fertigungsmaterial zu aktivieren sind. Verpackungsmittel, die nur geringen Wert besitzen (z. B. Kartons, Packpapier etc.), können sofort bei der Beschaffung als Aufwand verbucht werden. Buchungssatz:

Verpackungsmittel(-aufwand) **an** Lieferantenverbindlichkeiten

Verpackungsaufwendungen, die anfallen, um Güter überhaupt erst in einen absatzbereiten Zustand zu versetzen, sog. **Hüllkosten** (z. B. Dosen bei Konserven, Verpackungen von Markenartikeln wie Schokolade, Zigaretten), und die den Abnehmern in aller Regel nicht gesondert in Rechnung gestellt werden, sind dagegen als Herstellungskosten zu aktivieren.

Bilanzierungspflichtig sind Verpackungsmittel dann, wenn sie einen höheren Wert besitzen bzw. in größeren Mengen vorrätig gehalten werden (z. B. Gasflaschen, Sicherheitsbehälter, Fässer, Kisten); sie werden auf dem besonderen Bestandskonto „Emballagen" (Verpackungsmittel) geführt.

Aktivierte Verpackungsmittel, die **ohne Berechnung** an den Kunden abgegeben werden, belasten das Konto Verpackungsmittel. Buchungssatz:

Verpackungsmittel(-aufwand) **an** Emballagen

Bei leihweiser Überlassung der Verpackung wird diese nur in einer Emballagenkartei festgehalten und überwacht.

Wird die Verpackung dem Kunden jedoch **in Rechnung gestellt,** dann löst dies folgende Buchung aus:

Kundenforderungen	**an**	Emballagen Mehrwertsteuer

Ist in diesem Falle eine Rücksendung der höherwertigen Verpackungsmittel vorgesehen, dann wird bei deren ordnungsgemäßer Rücklieferung häufig eine Gutschrift an den Abnehmer erteilt, die allerdings meist nur einen Teil des ursprünglich berechneten Betrages umfasst. Die Umsatzsteuer muss dann ebenfalls korrigiert werden. Buchungssatz:

Emballagen Mehrwertsteuer	**an**	Kundenforderungen

Fallen die Auslagen für Verpackung im Zusammenhang mit Umsätzen an, die unterschiedlichen Steuersätzen unterliegen, so teilen sie wie alle in Rechnung gestellten Nebenleistungen das umsatzsteuerliche Schicksal der Hauptleistung und müssen zutreffend untergliedert aufgezeichnet werden.

Bei leihweiser Überlassung hochwertiger Verpackungsmittel werden dem Abnehmer auch häufig **Pfandbeträge** in Rechnung gestellt. Diese Beträge werden auf besonderen Konten gebucht, die bei Rückgabe der Emballagen wieder entlastet werden. Erfolgt die beabsichtigte Rücklieferung nicht, so bucht der Lieferer den Pfandbetrag über Warenverkauf oder Verpackungserlöse, der Abnehmer über Wareneinkauf oder Emballagenaufwand aus. Erfolgt die Berechnung und der Ausweis als Forderung, so ist eine Rückstellung in Höhe des Pfandgeldes zu bilden.

Problematisch erscheint die **umsatzsteuerliche** Behandlung der Pfandbeträge, die nach § 10 Abs. 1 UStG Teile des Lieferungsentgelts sind und als unselbständige Nebenleistungen der Umsatzsteuer unterliegen. Bei Rücknahme der Verpackung und anschließender Gutschrift des Pfandbetrags liegt eine Entgeltminderung vor, so dass die Umsatzsteuer korrigiert werden muss. Aus Vereinfachungsgründen braucht bei der Verbuchung des Verpackungsaufwandes nur der Differenzbetrag zwischen geliefertem und zurückgenommenem Leergut der Umsatzsteuer unterworfen zu werden (Abschn. 149 Abs. 8 UStR).

Abschn. 149 Abs. 8 UStR ermöglicht auch, dass das Finanzamt dem Unternehmer auf Antrag folgendes Verfahren genehmigt: Die bei den Warenlieferungen in Rechnung gestellten Pfandbeträge und Rückgewährungen bleiben zunächst bei der laufenden Umsatzbesteuerung unberücksichtigt. Spätestens am Ende jedes Kalenderjahres ist der sich aus Pfandinrechnungstellung und Pfandrückgewähr ergebende Pfandbetragssaldo für jeden Abnehmer zu ermitteln. Dieser Saldo ist der Umsatzsteuer zu unterwerfen und diese an das Finanzamt abzuführen; der Abnehmer kann die auf den Pfandbetragssaldo entfallende, gesondert in Rechnung gestellte Steuer als Vorsteuer abziehen. Voraussetzung dafür ist eine eindeutige, fortlaufende und leicht nachprüfbare Aufzeichnung der Pfandbeträge (§ 63 UStDV, § 146 AO).

4.5.3 Die Verbuchung von Einstandspreis- und Erlöskorrekturen

Die im Zuge des Warenverkehrs anfallenden vielfältigen Umsatzkorrekturen sind zweckmäßigerweise auf gesonderten Konten zu erfassen. Die Wareneingangsbuchführung ist deshalb durch ein oder mehrere Unterkonten zur Aufnahme der Einstandspreiskorrekturen, die Warenausgangsbuchführung durch ein oder mehrere Unterkonten zur Aufnahme der Erlöskorrekturen gekennzeichnet. **Einstandspreiskorrekturen** umfassen sämtliche nachträglich von Lieferanten eingeräumten Preisänderungen, insbesondere Preisnachlässe, da diese die Anschaffungskosten mindern und nicht als Ertrag verbucht werden dürfen. Hierzu gehören u. a.: nachträglich gewährte Rabatte (im Wesentlichen Mengen- bzw. Treuerabatte), Boni, Skonti, Preisminderungen z. B. wegen Qualitätsmängeln. Da Einstandspreiskorrekturen Entgeltänderungen zur Folge haben, ist damit stets auch eine Vorsteuerberichtigung erforderlich (BMF-Schreiben v. 3. 8. 2004, BStBl. I 2004, S. 739). Der Standardbuchungssatz für Einstandspreiskorrekturen lautet deshalb:

Lieferantenverbindlichkeiten	**an**	Einstandspreiskorrekturen für Waren
		Vorsteuer

Erlöskorrekturen (Erlösschmälerungen) auf der Ausgangsseite des Warenverkehrs umfassen sämtliche Preisminderungen, Preisnachlässe und Abzüge, wie nachträglich gegenüber Kunden gewährte Rabatte, Boni, Skonti und Gutschriften. Auch Erlöskorrekturen haben stets eine Berichtigung der Umsatzsteuerschuld, also des Mehrwertsteuerkontos, zur Folge. Der Standardbuchungssatz für Erlöskorrekturen lautet:

Erlöskorrekturen für Waren		
Mehrwertsteuer	**an**	Kundenforderungen

Beide Unterkontenbereiche sind grundsätzlich über die zugehörigen Warenkonten abzuschließen **(vorbereitende Abschlussbuchungen).**

4.5.3.1 Rabatte

Von den nachträglich gewährten und folglich zu Einstandspreis- bzw. zu Erlöskorrekturen führenden Rabatten zu unterscheiden sind **sofortige** Preisnachlässe (sog. **Fakturarabatte**). Die am häufigsten in Erscheinung tretenden und als absoluter Betrag oder als vom Hundertsatz ausgedrückten Rabattformen sind:

- Barzahlungsrabatte, z. B. im Einzelhandel;
- Funktions- oder Handelsrabatte, auch als Wiederverkäuferrabatte bekannt und den nachgelagerten Handelsstufen gewährt;
- Exportrabatte im Exportgeschäft;
- Sonderrabatte, z. B. als Einführungs-, Sonderverkaufs-, Saisonrabatte;
- Mengenrabatte bei Abnahme bestimmter Mindestmengen;
- Treuerabatte für langdauernde Geschäftsbeziehungen.

Fakturarabatte werden regelmäßig buchhalterisch nicht erfasst; sie mindern die Rechnungsbeträge und kürzen somit den Einstandspreis beim Warenbezug bzw. den Verkaufspreis beim Warenverkauf. Gebucht wird nur der Nettorechnungsbetrag, der zugleich die Bemessungsgrundlage für die Umsatzsteuer darstellt; sofortige Rabatte bewirken also eine Kürzung des umsatzsteuerpflichtigen Entgelts.

Beispiel einer Kundenrechnung:

Listenpreis	500
– 20 % Mengenrabatt	100
Netto-Rechnungsbetrag	400
+ 10 % USt	40
Brutto-Rechnungsbetrag	440

Buchungssatz:

Kundenforderungen	440	**an**	Warenverkauf	400
			Mehrwertsteuer	40

Vereinzelt wird auch eine Verbuchung des Listenpreises auf dem Erlöskonto und die Behandlung der gewährten Rabatte als über das Warenverkaufs- bzw. GuV-Konto abzuschließende Erlösschmälerungen erwähnt (Bruttoverbuchung). Eine derartige Behandlung von Fakturarabatten verzerrt allerdings den korrekten Ausweis der Verkaufserlöse. Eine Ausnahme davon stellt die Rabattgewährung durch Rabattmarken im Einzelhandel dar, wo die Verkäufe zunächst brutto verbucht und die Einlösung der Rabattbücher auf einem besonderen Erlösschmälerungskonto gesammelt werden.

Naturalrabatte, die dem Abnehmer bei Bezug einer bestimmten Warenmenge in Warenform gewährt werden (z.B.: ab Kauf einer Kiste Wein zu 15 Flaschen 1 Flasche gratis), führen zum gleichen Ergebnis; hier vermindert sich der durchschnittliche Stückpreis.

Wie bereits erwähnt, sind **nachträglich** eingeräumte bzw. erhöhte oder verminderte Rabatte als Einstandspreis- bzw. Erlöskorrekturen zu behandeln, die auch die Berichtigung der Umsatzsteuerkonten (Vorsteuer oder Mehrwertsteuer) nach sich ziehen.

Beispiel:

Ein Kunde bezahlt seine Rechnung unter Abzug von nachträglich zugestandenem Rabatt in Höhe von 25 %; Bruttorechnungsbetrag 2.200. Buchungssatz:

Erlöskorrekturen bzw. Warenerlöse	500			
Mehrwertsteuer	50			
Bank	1.650	**an**	Kundenforderungen	2.200

4.5.3.2 Boni

Im Gegensatz zu Fakturarabatten stehen Boni nicht bereits zum Zeitpunkt der Rechnungserteilung fest; diese sind vielmehr von der Erfüllung bestimmter Bedingungen abhängige, **nachträglich** gewährte bzw. erhaltene Nachlässe auf den Kaufpreis. Da die Boni häufig nach der in einer bestimmten Periode erzielten Umsatzhöhe (Mindestumsätze) gestaffelt sind, werden sie auch als **Umsatzvergütungen** bezeichnet. Auch Treueboni für regelmäßige Warenabnahme und langjährige Geschäftsbeziehungen sind üblich. Insofern sind die Boni eine Art nachträglich gewährter Rabatt.

Die an Kunden gewährten Boni werden über das Aufwandskonto Kundenboni, die von Lieferanten erhaltenen und gutgeschriebenen Boni über das Ertragskonto Lieferantenboni verbucht. Die Zuordnung und Abschlussbehandlung dieser Konten wird in den Kontenrahmen nicht einheitlich vorgenommen: Im Kontenrahmen des Groß- und Außenhandels werden erhaltene Boni in der Kontenklasse 3 (z. B. Konto 307) und gewährte Boni in der Kontenklasse 8 (z. B. Konto 807) erfasst. Im Einzelhandelskontenrahmen sind erhaltene Boni in der Kontenklasse 6, z. B. unter Konto 6002 Nachlässe, zu verbuchen; für gewährte Boni kommt eine Verbuchung in Kontenklasse 5 (z. B. Konto 5101 Erlösberichtigungen) in Frage. Im Industriekontenrahmen (IKR) stehen diesbezüglich die Konten 619 Boni und andere Aufwandsberichtigungen (Kontenklasse 6, erhaltene Boni) und 517 Boni (Kontenklasse 5, gewährte Nachlässe) zur Verfügung. Der Gemeinschaftskontenrahmen der Industrie (GKR) legt demgegenüber die Erfassung der erhaltenen Boni in Kontenklasse 3, die Einordnung der gewährten Boni in Kontenklasse 8 mit jeweils entsprechend zu bezeichnenden neuen Konten nahe; u. U. kommt auch eine Einordnung in die neutralen Aufwendungen und Erträge (Kontenklasse 2) in Betracht (vgl. die Kontenrahmen in Anhang A.1–A.4, S. 1304–1321).

Obwohl der Abschluss der Bonikonten über die GuV-Rechnung zur Klarheit und Übersichtlichkeit des Ausweises beiträgt, sind gewisse Verfälschungen des Wareneinsatzes durch die Nichtberücksichtigung der Bonikonten bei den Warenanschaffungskosten angezeigt. Um die Abweichungen in engen Grenzen zu halten, wird deshalb häufig ein geschätzter Pauschalbetrag vom Inventurbestandswert der Waren abgesetzt. Der oben beschriebene gegenläufige Effekt bei den Bezugsaufwendungen trägt ebenfalls zur Neutralisierung dieses Fehlers bei.

Unter dem Gesichtspunkt einer periodengerechten Erfolgsermittlung sind die Boni in der Periode ihrer wirtschaftlichen Zugehörigkeit als Aufwand bzw. Ertrag zu erfassen. **Rechtsverbindlich** zugesagte Boni sind der Periode ihres Entstehens zuzurechnen, d. h. am Periodenende noch zu erhaltende (ausstehende) Boni sind als Ertrag (Sonstige Forderungen bzw. sonstige Vermögensgegenstände **an** Bonierträge), noch zu gewährende Boni als Aufwand zu verbuchen (Boniaufwand **an** Sonstige Verbindlichkeiten). Die spätere Zahlung bzw. Gutschrift löst dann eine erfolgsneutrale Buchung aus. Wird die Gewährung der Boni (des Bonus) jedoch vom Ergebnis der Geschäftsperiode abhängig gemacht und liegt demzufolge **keine Rechtsverbindlichkeit** der Zusage vor, so entfällt ihre bilanzielle Erfassung.

Boni ändern die Bemessungsgrundlage der Umsatzsteuer; sie führen wirtschaftlich zu Minderungen des Einstandspreises bzw. Schmälerungen des Erlöses und lösen demzufolge bei Gutschrifterteilung eine Steuerberichtigung aus. Der unmittelbare Bezug zu den Warenkonten wird daraus sichtbar. Um übereinstimmende Korrekturen der Umsatzsteuer zu gewährleisten, hat der Liefernde dem Abnehmer die aus Jahresboni (Jahresrückvergütungen) resultierenden Entgeltänderungen in ihrer Verteilung auf unterschiedlich besteuerte Umsätze durch Belege anzuzeigen (§ 17 Abs. 4 UStG). Die Berichtigung gilt nicht rückwirkend, sondern ist für den Veranlagungszeitraum vorzunehmen, in dem die Entgeltänderung (Gutschrifterteilung) eingetreten ist (§ 17 Abs. 1 Satz 7 UStG).

Beispiel:
Warenkäufe während einer Periode in Höhe von 22.000 brutto. Buchungssatz:

(1) Wareneinkauf	20.000			
Vorsteuer	2.000	**an**	Lieferantenverbindlichkeiten	22.000

Gewährung eines 5 %igen Bonus am Jahresende. Buchungssatz:

(2) Lieferantenverbindlichkeiten	1.100	**an**	Lieferantenboni	1.000
			Vorsteuer	100

Wareneinkauf

Soll		Haben
(1)	20.000	

Lieferantenverbindlichkeiten

Soll		Haben
(2)	1.100	22.000 (1)

Vorsteuer

Soll		Haben
(1)	2.000	100 (2)

Lieferantenboni

Soll	Haben
	1.000 (2)

Bei rechtsverbindlich zugesagten, am Bilanzstichtag aber noch nicht beglichenen Boni ist die Umsatzsteuer bereits im Zeitpunkt der Begründung der Bonusverbindlichkeit, also im abgelaufenen Geschäftsjahr zu berichtigen. Für die Steuerberichtigung ist kein Belegaustausch erforderlich, falls die Vertragspartner die Höhe der Entgeltminderung kennen.

Beispiel:
Ein Elektrogroßhändler hat einem Installationsbetrieb aufgrund rechtsverbindlichen Vertrags Boni zu gewähren, die am Bilanzstichtag 2.750 brutto betragen. Die Gutschrift erfolgt in der darauf folgenden Periode.

Buchungen am Bilanzstichtag (ohne Abschlussbuchungen):

(1) Kundenboni	2.500			
MwSt	250	**an**	Sonstige Verbindlichkeiten	2.750

Buchungen bei Gutschrifterteilung:

(2) Sonstige Verbindlichkeiten	2.750	**an**	Kundenforderungen	2.750

Neben dem jede einzelne Umsatzsteuer-Korrektur unmittelbar erfassenden Nettoverfahren kann auch die Bruttoverbuchung vorgenommen werden. Die angefallenen Bonibeträge sind dann zunächst einschließlich ihres Steueranteils (brutto) auf dem Konto für Boni aufzuzeichnen und erst am Ende der Periode erfolgt die umsatzsteuerliche Korrektur für die gesamte Bonisumme.

Als besonders problematisch erweist sich die Umsatzsteuerberichtigung bei nachträglichen Entgeltänderungen, wenn sich der Steuersatz im Laufe des Jahres ändert (z. B. am 1. 1. 1993 von 14 % auf 15 %, am 1. 4. 1998 von 15 % auf 16 % und am 1. 1. 2007 von 16 % auf 19 %), denn dann müssten die Erlösschmälerungen auf die unterschiedlichen Steuersätze aufgeteilt werden. Zur Vereinfachung dürfen daher die Entgeltminderungen nach dem Verhältnis der steuerpflichtigen Umsätze in den Teiljahren aufgeteilt oder von vornherein die Erlösschmälerungen nur dem Steuersatz des ersten Teiljahres unterworfen werden (vgl. BMF-Schreiben v. 29. 4. 1983, DB 1983, Beilage 12/83; vgl. zur Problematik einer Steuersatzänderung bereits Teil A, Abschn. 4.4.1, S. 126).

4.5.3.3 Skonti

Die Praxis des Warenverkehrs ist vor allem durch Käufe und Verkäufe auf Ziel gekennzeichnet. Zielumsätze beinhalten auf der Kundenseite die Inanspruchnahme, auf der Lieferantenseite die Gewährung von Kredit. Die Preisstellung erfolgt demgemäß unter der Annahme der Rechnungsbegleichung erst nach Ablauf der vereinbarten Kreditfrist.

Um einen Anreiz zur Nichtinanspruchnahme des Kredits und damit zur Barzahlung zu geben, wird dem Käufer bei Zahlung innerhalb einer angegebenen (kurzen) Frist ein Preisabzug gewährt, der als **Skonto** bezeichnet wird. Eine wirksame Skontoabrede setzt aber grundsätzlich voraus, dass die Parteien die Modalitäten der Skontogewährung, insbesondere bezüglich der Höhe und der Zahlungsfrist, im Einzelnen festlegen. Dadurch lassen sich Probleme wie z. B. die Frage, ob ein Schuldner bei nur teilweiser Bezahlung innerhalb der Frist skontieren darf, vermeiden (s. im Einzelnen *Nettesheim*, Skonto, S. 1724 ff. und BMF-Schreiben v. 3. 8. 2004, BStBl. I 2004, S. 739). Der Skonto stellt einen Zins dar, der für die Kreditierung einer Kaufsumme im Preis der Ware in Rechnung gestellt wird und für den Fall der Inanspruchnahme des Zahlungsziels auch zu entrichten ist. Diese Interpretation ist allerdings zu ergänzen um die absatz- und speziell preispolitische Funktion, die der Skonto auch als Instrument der Markteinflussnahme erfahren kann. Weiter impliziert der Skonto eine Prämie für Einsparung von Verwaltungsaufwand und Risikominderung bei Barzahlung gegenüber Zielumsätzen (Überwachung des Zahlungsziels, eventuelle Mahngebühren, Kredit- bzw. Ausfallrisiken etc.).

Die Skonti aus dem Warengeschäft werden während des Abrechnungszeitraumes i. d. R. auf zwei getrennten Erfolgskonten „Lieferantenskonti" und „Kundenskonti" erfasst. Der vom Lieferanten gewährte **Lieferantenskonto** hat eine Minderung der Schulden aus Warenlieferungen und Leistungen zur Folge und stellt buchtechnisch deshalb einen Ertrag dar; der dem Kunden eingeräumte **Kundenskonto** reduziert die Forderungen des Betriebes und wird demgemäß als Aufwand, zum Teil auch als Erlösschmälerung, behandelt. Die Skontikonten finden sich im Kontenrahmen des Groß- und Außenhandels in den Kontenklassen 3 und 8 (z. B. Konto 308 Lieferantenskonti, Konto 808 Kundenskonti). Im Einzelhandelskontenrahmen können Skonti, ebenso wie Boni, in Kontenklasse 6 (Konto 6002 Nachlässe) bzw. in Kontenklasse 5 (Konto 5105 Erlösberichtigungen) verbucht werden. Im Industriekontenrahmen (IKR) bieten sich hierfür in denselben Kontenklassen die Konten 618 bzw. 516 Skonti an. Im Gemeinschaftskontenrahmen der Industrie (GKR) stehen für Skonti die Konten 244 Skonto-Aufwendungen bzw. 248 Skonto-Erträge der Kontenklasse 2 zur Verfügung (vgl. die Kontenrahmen in Anhang A.1–A.4, S. 1304–1321).

Steuerlich gesehen bewirkt ein tatsächlich in Anspruch genommener Skonto – im Gegensatz zum nur möglichen, aber nicht realisierten Skontoabzug – eine Minderung der Anschaffungskosten (Einstandspreisminderung; BFH v. 27. 2. 1991, DB 1991, S. 1201 f.); er stellt unmittelbar keinen Zinsertrag dar. Bei Gegenständen des abnutzbaren Anlagevermögens würde ein Ertrag somit erst über die um den anteiligen Skontoabzug verminderten künftigen Abschreibungen in Erscheinung treten. Selbst eine spätere freiwillige Rückzahlung eines zunächst in Anspruch genommenen Skontos ist ohne Einfluss auf die Höhe der Anschaffungskosten (z. B. zur Erlangung von Investitionszulagen; BFH v. 12. 3. 1976, BStBl. II 1976, S. 524 ff.). Andererseits ist die Grenze der sofortigen Absetzbarkeit der Anschaffungsausgaben bei den sog. geringwertigen Wirtschaftsgütern nach § 6 Abs. 2 EStG in Höhe von 410 € abhängig von einem Skontoabzug, da die tatsächlich durch die Beschaffung entstandenen Ausgaben maßgebend sind (analog bei der Bildung eines Sammelpostens nach § 6 Abs. 2a EStG und der in diesem Fall bis 150 € reichenden Sofortbeschreibungsmöglichkeit). In Anspruch genommene Skonti können aber auch zu Erträgen führen, falls die angeschafften Waren zum Zeitpunkt der Bezahlung des Kaufpreises bereits wieder verkauft sind. Die Ausbuchung der Lieferantenschuld, der ein um den Skontoabzug geminderter Abgang von Finanzmitteln gegenübersteht, führt dann zwangsläufig zu einem Ertrag in Höhe des Skontoabzugs.

Die Inanspruchnahme von Skonto mindert die Bemessungsgrundlage der Umsatzsteuer und erfordert deshalb beim leistenden Unternehmer eine Berichtigung der Steuerschuld und beim Leistungsempfänger eine Korrektur der abgezogenen Vorsteuer. Erforderliche Berichtigungen sind in dem Veranlagungszeitraum durchzuführen, in dem die Entgeltänderung eingetreten ist. Dabei ist von den jeweiligen Vereinbarungen der Geschäftspartner über die Art der Skontoberechnung auszugehen: Der Skontoabzug wird entweder vom Gesamtrechnungsbetrag (Entgelt zuzüglich Steuer) oder nur vom Entgelt (Nettorechnungsbetrag) vorgenommen; beide Verfahren führen zu dem gleichen Ergebnis.

Beispiel:

Netto-Rechnungsbetrag	4.000	Netto-Rechnungsbetrag	4.000
+ 10 % USt	400	– 3 % Skonto	120
Brutto-Rechnungsbetrag	4.400	Netto-Zahlungsbetrag	3.880
– 3 % Skonto	132	+ 10 % USt	388
Zahlungsbetrag	4.268	Brutto-Zahlungsbetrag	4.268
Skontobetrag wird aufgeteilt in:		Umsatzsteuerkürzung:	
Netto-Rechnungsbetrags-kürzung	120	Ausgewiesene Vorsteuer	400
		– Bezahlte Vorsteuer	388
Vorsteuerkorrektur	12	Vorsteuerkorrektur	12

Nimmt der Leistungsempfänger jedoch den Skontoabzug nicht in Anspruch und entrichtet den vollen Kaufpreis erst mit Ablauf der Zahlungsfrist, so bewirkt der Unternehmer umsatzsteuerlich keine Kreditleistung (Abschn. 29a Abs. 5 UStR; BFH v. 28. 1. 1993, BStBl. II 1993, S. 360). Wird also im obigen Beispiel die Möglichkeit zum Skontoabzug von 3 % nicht genutzt und der Brutto-Rechnungsbetrag von 4.400 durch den Leistungsempfänger erst mit Ablauf der Kreditfrist gezahlt, so ist es nicht zulässig, dass der leistende Unternehmer seine Leistung in eine umsatzsteuerpflichtige Warenlieferung in Höhe von 4.268 inkl. MwSt und eine steuerfreie Kreditleistung von 120 aufteilt.

Bei der Verbuchung der Skonti kann aus **umsatzsteuerlicher** Sicht sowohl das Netto- als auch das Bruttoverfahren angewandt werden. Beim **Nettoverfahren** wird jeder einzelne Skontobetrag bei seinem Anfall jeweils nach Herausrechnung und Korrektur der Vorsteuer bzw. Mehrwertsteuer (netto) verbucht. Das verursacht insbesondere bei unterschiedlich besteuerten Umsätzen umfangreiche Berechnungen und aufwendige Buchungsarbeit.

Wird das **Beispiel** zur Warenverbuchung auf S. 133–135 (Wareneinkauf auf Ziel 4.000 + 10 % USt; Warenverkauf auf Ziel 6.000 + 10 % USt) mit folgenden Änderungen versehen:

- Bezahlung der Wareneinkäufe im selben Voranmeldungszeitraum mit 3 % Skontoabzug;
- Banküberweisung von 2.156 auf ein Drittel der Forderungen aus Warenverkäufen nach Abzug von 2 % Skonto,

dann fallen, unter Verwendung der hier beschriebenen **Bruttomethode** der Skontobehandlung (zur Nettomethode vgl. diesen Abschnitt, S. 148–150) und des **Nettoverfahrens,** auf Wareneingangs- und Warenausgangsseite die folgenden Buchungen an:

Bei Rechnungseingang:

(1) Wareneinkauf	4.000			
Vorsteuer	400	**an**	Lieferantenverbindlichkeiten (Kreditoren)	4.400

Bei Rechnungsausgang:

(2) Kundenforderungen (Debitoren)	6.600	**an**	Warenverkauf	6.000
			Mehrwertsteuer	600

Bei Bezahlung der Eingangsrechnung unter Abzug von 3 % Skonto:

(3) Kreditoren	4.400	**an**	Bank	4.268
			Skontoertrag	120
			Vorsteuer	12

Bei Bezahlung von ⅓ der Ausgangsrechnung unter Abzug von 2 % Skonto:

(4) Bank	2.156			
Skontoaufwand	40			
Mehrwertsteuer	4	**an**	Debitoren	2.200

Bei Ermittlung der Zahllast für den Voranmeldungszeitraum:

(5) Mehrwertsteuer	388	**an**	Vorsteuer	388

Bei Abführung der Zahllast an das Finanzamt:

(6) Mehrwertsteuer	208	**an**	Bank	208

Beschaffungsmarktbezogene Buchungen

Wareneinkauf

	Soll		Haben
(1)	4.000		

Kreditoren

	Soll		Haben
(3)	4.400	4.400	(1)

Skontoertrag

	Soll		Haben
		120	(3)

Vorsteuer

	Soll		Haben
(1)	400	12	(3)
		388	(5)
	400	400	

Absatzmarktbezogene Buchungen

Warenverkauf

	Soll		Haben
		6.000	(2)

Debitoren

	Soll		Haben
(2)	6.600	2.200	(4)

Skontoaufwand

	Soll		Haben
(4)	40		

Mehrwertsteuer

	Soll		Haben
(4)	4	600	(2)
(5)	388		
(6)	208		
	600	600	

Bank

	Soll		Haben
(4)	2.156	4.268	(3)
		208	(6)

Eingeräumte und gewährte Skonti werden beim umsatzsteuerlichen **Bruttoverfahren** zunächst einschließlich Umsatzsteuer verbucht und erst zum Ende des Voranmeldungszeitraumes in (Netto-)Skontobetrag und Vor- bzw. Mehrwertsteuerberichtigung getrennt. Dieses Verfahren stellt damit eine wesentliche Vereinfachung der Buchungsarbeit dar.

Beispiel:
Bezahlung der Eingangsrechnung unter Skontoabzug:

(1) Kreditoren	4.400	**an**	Bank	4.268
			Skontoertrag	132

Vorsteuerkorrektur der **gesamten** Skontierträge in Höhe von z. B. 2.310 am Ende des Voranmeldungszeitraums:

Bruttobetrag:	110 %	=	2.310
Skontoertrag:	100 %	=	2.100
Vorsteuer-Berichtigung:	10 %	=	210

Umbuchung:

(2) Skontoertrag	210	**an**	Vorsteuer	210

Bezahlung der Ausgangsrechnung unter Skontoabzug:

(3) Bank	2.156			
Skontoaufwand	44	**an**	Debitoren	2.200

Mehrwertsteuerkorrektur der **gesamten** Skontiaufwendungen in Höhe von z. B. 1.309 am Ende des Voranmeldungszeitraums:

Bruttobetrag:	110 %	=	1.309
Skontoaufwand:	100 %	=	1.190
MwSt-Berichtigung:	10 %	=	119

Umbuchung:

(4) Mehrwertsteuer	119	**an**	Skontoaufwand	119

Von der steuerlichen ist die betriebswirtschaftliche Sicht des Wesens eines Skontos zu unterscheiden. Nach der auf der betriebswirtschaftlichen **Zins**interpretation beruhenden Wesenserklärung des Skontos ist der Rechnungsbetrag in zwei Preiskomponenten aufzuteilen, die auch getrennt verbucht werden: in einen Warenpreis und einen Preis für die Kreditleistung. Entsprechend wird zwischen der Brutto- und der Nettomethode der Skontoverbuchung mit den Fällen der Inanspruchnahme des Kredits (= Nichtausnutzung des Skontos) und der Nichtinanspruchnahme des Kredits (= Abzug des Skontos) unterschieden. Während die oben im Einzelnen beschriebene **Bruttomethode** die in der Praxis der Skontobehandlung übliche und der Ansicht des Bundesfinanzhofs entsprechende (DB 1991, S. 1201 f.) Methode darstellt, sprechen für die **Nettomethode** vor allem betriebswirtschaftliche Argumente der korrekten Periodenabgrenzung (*Wöhe,* Bilanzierung, S. 106; *Engelhardt/Raffée/Wischermann,* Buchhaltung, S. 99 f.). Indem die Nettomethode bereits beim Rechnungseingang einen Skontoaufwand verbucht (Wareneinkauf und Skontoaufwand **an** Kreditoren) und unmittelbar beim Rechnungsausgang einen Skontoertrag ausweist (Debitoren **an** Warenverkauf und Skontoertrag), wird der Periodenerfolg zwar nicht in seiner Höhe, jedoch hinsichtlich der Struktur seiner Komponenten beeinflusst: Unter der Annahme, dass gekaufte Waren im selben Abrechnungszeitraum weiterveräußert werden und somit als Wareneinsatz in den Warenrohgewinn eingehen, erhält man bei Nichtausnutzung des Skontos den niedrigeren Warenrohgewinn der Bruttomethode bei der Nettomethode durch Ansatz des zusätzlichen Skontoaufwands bzw. wird der gegenüber der Bruttomethode niedrigere Warenverkaufserlös und somit geringere Warenrohgewinn der Nettomethode durch den Skontoertrag für die erbrachte Kreditleistung ergänzt. Wird die Kreditleistung dagegen nicht in Anspruch genommen, also vorzeitig gezahlt, so storniert die Nettomethode den Skontoaufwand der Eingangsrechnung bzw. den Skontoertrag der Ausgangsrechnung: Der niedrigere Warenrohgewinn der Bruttomethode wird dann durch den Skontoertrag der Bruttomethode ergänzt bzw. der höhere Warenverkaufserlös der Bruttomethode wird durch den Skontoaufwand der Bruttomethode ausgeglichen. Die Konten für Skontoertrag und Skontoaufwand erhalten somit eine jeweils andere Bedeutung im Hinblick auf Lieferanten- und Kundenskonti je nachdem, ob die Brutto- oder die Nettomethode angewendet wird.

Beispiel (Zahlen wie oben):

1. Nettoverbuchung:

Bei Rechnungseingang:

Wareneinkauf	3.880			
Skontoaufwand	120			
Vorsteuer	400	**an**	Kreditoren	4.400

Bei Bezahlung innerhalb der Skontofrist:

Kreditoren	4.400	**an**	Bank	4.268
			Skontoaufwand	120
			Vorsteuer	12

Bei Bezahlung nach Ablauf der Skontofrist:

Kreditoren	4.400	**an**	Bank	4.400

2. Bruttoverbuchung:

Bei Rechnungseingang:

Wareneinkauf	4.000			
Vorsteuer	400	**an**	Kreditoren	4.400

Bei Bezahlung innerhalb der Skontofrist:

Kreditoren	4.400	**an**	Bank	4.268
			Skontoertrag	120
			Vorsteuer	12

Bei Bezahlung nach Ablauf der Skontofrist:

Kreditoren	4.400	**an**	Bank	4.400

Der vorsorglich für den Lieferantenkredit gebuchte Zins (Skontoaufwand) wird bei der Nettomethode storniert, sofern die Zahlung unter Skontoabzug erfolgt. Wird dagegen die Zahlungsfrist ausgeschöpft, bleibt das Konto Skontoaufwand unausgeglichen; es ist über das Gewinn- und Verlust-Konto abzuschließen. Demgegenüber führt die Bezahlung innerhalb der Skontofrist bei der Bruttomethode zu einem Skontoertrag, der auf das Gewinn- und Verlust-Konto übernommen wird, während die Inanspruchnahme des Lieferantenkredits keine entsprechende Skontobuchung auslöst.

Der Nettomethode gebührt betriebswirtschaftlich vor allem unter dem Aspekt der Periodenabgrenzung der Vorzug. Reichen nämlich die Kreditzeiträume über den Abschlussstichtag hinaus, dann ist korrekterweise eine Abgrenzung auch der Skontikonten nach periodenanteiliger Existenz von Ertrag und Aufwand erforderlich. Der Periodenerfolg wird in diesem Falle nicht nur in der Struktur seiner Komponenten, sondern auch in seiner Höhe beeinflusst.

Aus pragmatischen Gründen wird jedoch im Folgenden stets die Bruttomethode der Skontiverbuchung gewählt, da einerseits die relativ unbedeutenden Ungenauigkeiten bei der Periodenabgrenzung zugunsten der einfacheren Handhabung zurückzustehen haben und andererseits der ausschließliche Zinscharakter des Skontos umstritten ist. Ferner wendet die buchhalterische Praxis überwiegend die Bruttoverbuchung an.

4.5.3.4 Retouren und Nachlässe

Werden im Geschäftsverkehr mangelhafte, unbrauchbare oder falsche Waren geliefert, so kann der Käufer, soweit eine Nacherfüllung (§439 BGB) nicht zustande kommt, Rückgängigmachung des Kaufes (Wandelung) oder Herabsetzung des Kaufpreises (Minderung) verlangen (§440 f. BGB). Bei Werkverträgen besteht wahlweise ein unmittelbarer Anspruch auf Nacherfüllung, Rücktritt oder Minderung (§634 BGB).

Bei der **Wandelung** wird die empfangene Ware an den Lieferanten zurückgegeben und die Verpflichtung zur Zahlung des Kaufpreises erlischt. **Warenrücksendungen** (Retouren) an Lieferanten werden über das Wareneinkaufskonto, Warenrücksendungen (Retouren) von Kunden über das Warenverkaufskonto gebucht. Die Erfassung von Kundenretouren geschieht häufig auf einem Unterkonto Erlösschmälerungen, ehe sie von den entsprechenden Erlöskonten übernommen werden. In allen Fällen hat eine Vorsteuer- bzw. Mehrwertsteuerberichtigung zu erfolgen. Die Buchungssätze lauten:

Für Rücksendungen an Lieferanten:

Lieferantenverbindlichkeiten	**an**	Wareneinkauf Vorsteuer

Für Rücksendungen von Kunden:

Warenverkauf Mehrwertsteuer	**an**	Kundenforderungen

Dieselben Buchungssätze werden von der **Minderung** ausgelöst: Der Käufer behält hier die Ware, jedoch wird ihm aufgrund der verminderten Gebrauchsfähigkeit ein **Preisnachlass** wegen Mängelrüge gewährt. Solche Nachlässe werden nicht selten auch ohne besondere rechtliche Verpflichtung gegeben: Als Beispiel dafür kann die sich auf die Behauptung des billigeren Konkurrenzbezugs stützende und mit der Drohung des Abbruchs der Geschäftsbeziehung verbundene Forderung nach entsprechender Preisreduzierung gelten. Aufwendungen aus der Nacherfüllung mindern ebenfalls den Verkaufserfolg.

4.6 Warenentnahmen und Eigenverbrauch

Warenentnahmen für private Zwecke sind dem Privatkonto zu belasten und dem Wareneinkaufskonto gutzuschreiben (vgl. Teil A, Abschn. 4.2, S. 122). **Einkommensteuerlich** haben die Entnahmen grundsätzlich zum **Teilwert** zu erfolgen (§ 6 Abs. 1 Nr. 4 EStG). Der Teilwert ist der Betrag, den ein Erwerber des ganzen Betriebes im Rahmen des Gesamtkaufpreises für das einzelne Wirtschaftsgut ansetzen würde, wenn von einer Fortführung des Betriebes ausgegangen wird (§ 6 Abs. 1 Nr. 1 Satz 3 EStG). Demgemäß orientiert sich die Wertobergrenze für Entnahmen erworbener Waren an deren Anschaffungskosten (Wiederbeschaffungskosten), bei selbst erstellten Erzeugnissen an deren Herstellungskosten einschließlich anteiliger Verwaltungskosten. Als untere Wertgrenze des Teilwerts kommt der bei Einzelveräußerung des Wirtschaftsguts erzielbare Verkaufspreis in Frage. Die Teilwertbewertung bei Entnahmen gilt ertragsteuerlich für alle Gewinneinkünfte (Land- und Forstwirtschaft, Gewerbebetrieb, selbständige Tätigkeit) ohne Rücksicht auf die angewandte Gewinnermittlungsart (Reinvermögensvergleich oder Einnahmen-Überschussrechnung). Einer Entnahme gleichgestellt ist der Ausschluss oder die Beschränkung des deutschen Besteuerungsrechts hinsichtlich des Gewinns aus der Veräußerung oder Nutzung eines Wirtschaftsgutes (Steuerentstrickung; § 4 Abs. 1 Satz 3 EStG). In diesem Fall ist der gemeine Wert (§ 9 BewG; Fremdvergleichspreis) anzusetzen (§ 6 Abs. 1 Nr. 4 Satz 1 2. Halbsatz EStG sowie R 4.3, 6.12 Abs. 2 EStR).

Da der Teilwert nicht mit den Anschaffungskosten der entnommenen Waren übereinzustimmen braucht, können **Wertdifferenzen** auftreten, die auf ein gesondertes Wertdifferenzenkonto zu buchen sind, wenn der Wareneinsatz auf dem Wareneinkaufskonto korrekt ausgewiesen werden soll. Auf den Reingewinn bleibt die gesonderte Verbuchung einer derartigen Wertdifferenz ohne Einfluss, da sie beim Abschluss den Warenrohgewinn in der GuV-Rechnung entsprechend korrigiert **(vorbereitende Abschlussbuchung).**

Im Gegensatz zur einkommensteuerlichen Behandlung von Entnahmen wird die Bemessungsgrundlage für den **umsatzsteuerlichen** Eigenverbrauch nach Umsetzung der 6. EG-Richtlinie zur Harmonisierung der Umsatzsteuer durch den Einkaufspreis zuzüglich der Nebenkosten bzw. mangels eines Einkaufspreises durch die Selbstkosten oder die Aufwendungen determiniert (§ 10 Abs. 4 Nr. 1 UStG). Dies gilt für Entnahmen des Unternehmers **(Entnahme-Eigenverbrauch)** sowie sonstige Leistungen an den Unternehmer **(Leistungs-Eigenverbrauch).**

Besonderheiten ergeben sich in diesem Zusammenhang bei der teilweise **privaten Nutzung von betrieblichen Pkw** (sog. gemischtes Fahrzeug). Solche Fahrzeuge werden dem Unternehmen zugordnet, wenn sie zu mindestens 10 % für das Unternehmen genutzt werden (§ 15 Abs. 1 Satz 2 UStG). Maßgeblich für diese Zuordnung ist das Verhältnis der gefahrenen Kilometer im Rahmen unternehmerischer Tätigkeiten zur gesamten Jahreskilometerleistung (zur Zuordnungsproblematik siehe auch BMF-Schreiben v. 30. 3. 2004, BStBl. I 2004, S. 451). Im Falle einer zulässigen Zuordnung zum Unternehmen können die auf die Anschaffungskosten entfallenden Vorsteuerbeträge vollständig abgezogen werden (§15 Abs. 1 Satz 1 Nr. 1 UStG). Die nicht-unternehmerische (private) Nutzung unterliegt unter den Voraussetzungen des §3 Abs. 9a Satz 1 Nr. 1 UStG als unentgeltliche Wertabgabe der Besteuerung (Korrektur der Vorsteuer). Vorsteuerbeträge für Leistungen, die der Unternehmer im Zusammenhang mit dem Betrieb des Fahrzeugs bezieht (z. B. Benzin- und Wartungskosten), können im Verhältnis der unternehmerischen zur nicht-unternehmerischen Nutzung abgezogen werden, da diese nicht von der Zuordnungsbeschränkung des §15 Abs. 1 Satz 2 UStG erfasst werden. Die Veräußerung eines dem Unternehmen zugeordneten Pkw unterliegt insgesamt der Umsatzsteuer. Wird ein solches Fahrzeug (privat) entnommen, unterliegt diese Entnahme unter der Voraussetzung des §3 Abs. 1b Satz 2 UStG der Besteuerung (BMF-Schreiben v. 27. 8. 2004, BStBl. I 2004, S. 864).

Je nach **Anschaffungszeitpunkt** des Pkw ergeben sich durch wechselnde Gesetzesvorschriften und Rechtsprechung Unterschiede hinsichtlich des Vorsteuerabzuges und der Nutzungsversteuerung. Für Fahrzeuge, die vor dem 1. 4. 1999 angeschafft wurden (sog. Altfahrzeuge), gelten bezüglich Vorsteuerabzug und Vorsteuerkorrektur bei privater Nutzung die oben genannten aktuellen Regelungen (voller Vorsteuerabzug bei nachträglicher Vorsteuerkorrektur im Falle nicht-unternehmerischer Nutzung, vgl. BMF v. 8. 6. 1999, BStBl. I 1999, S. 582). Der im Zuge des Steuerentlastungsgesetzes 1999/2000/2002 eingeführte §15 Abs. 1b UStG a. F. beinhaltete die Beschränkung des Vorsteuerabzugs für entsprechende Anschaffungen auf 50 %. Im Gegenzug entfiel die Besteuerung der Privatnutzung als unentgeltliche Wertabgabe nach §3 Abs. 9a Satz 2 UStG a. F. Da diese Beschränkung von der 6. EG-Richtlinie 77/188/EWG abwich, stellte die Bundesregierung nach Inkrafttreten des Gesetzes beim Rat der Europäischen Union einen auf Artikel 27 der 6. EG-Richtlinie gestützten Ausnahmeantrag, den der Rat mit Entscheidung vom 28. 2. 2000 (Beschluss 2000/186/EG, ABl. EG/EU 2000, Nr. L 59/12) rückwirkend zum 1. 4. 1999 genehmigte und der am 4. 3. 2000 im Amtsblatt verkündet wurde. Diese Ermächtigung war jedoch bis zum 31. 12. 2002 befristet. Mit Urteil vom 29. 4. 2004 erklärte der Europäische Gerichtshof die rückwirkende Anwendung zum 1. 4. 1999 als Verstoß gegen das rechtsstaatliche Gebot des Vertrauensschutzes und damit für gemeinschaftsrechtswidrig (EuGH v. 29. 4. 2004, DStR 2004, S. 860). Dadurch besitzt die in §15 Abs. 1b UStG a. F. enthaltene Abzugsbeschränkung lediglich Gültigkeit für Fahrzeuge, die im Zeitraum vom 5. 3. 2000 bis zum 31. 12. 2002 angeschafft wurden. Im Zuge des Steueränderungsgesetzes 2003 wurden die §§3 Abs. 9a Satz 2, 15 Abs. 1b UStG a. F. mit Wirkung zum 1. 1. 2004 abgeschafft und damit die aktuell geltende Rechtslage hergestellt (StÄndG 2003, BGBl. 2003, S. 2654/2659). Für die innerhalb der Zeiträume vom 1. 4. 1999 bis 4. 3. 2000 sowie vom 1. 1. 2003 bis zum 31. 12. 2003 angeschafften Fahrzeuge kann aufgrund der Rechtwidrigkeit des §15 Absatz 1b UStG a. F. zwischen einem vollständigem Vorsteuerabzug mit entsprechender Nutzungsversteuerung des Privatanteils und einer fünfzigprozentigen Vorsteuerabzugsbeschränkung ohne nachträgliche Vorsteuerkorrektur für nicht-unternehmerische Nutzung gewählt werden.

Bei der Bestimmung der Bemessungsgrundlage für die Umsatzsteuer sind im Falle der privaten Verwendung eines betrieblichen Gegenstandes nur die Kosten heranzuziehen, die zum vollen oder teilweisen Vorsteuerabzug berechtigt haben (Abschn. 155 Abs. 2 UStR). Im Unterschied zum Entnahme- und Leistungs-Eigenverbrauch ist der so genannte **Aufwendungs-Eigenverbrauch** grundsätzlich nicht der Umsatzsteuer zu unterwerfen. Dieser entsteht aus der Inanspruchnahme bestimmter, vom Unternehmen bereitgestellter Güter, für deren zugehörige Aufwendungen einkommensteuerlich ein Abzugsverbot besteht (bspw. Aufwendungen für Segeljachten o. Ä. oder bestimmte Bewirtungsaufwendungen), und umfasst darüber hinaus gewisse Reise- und Umzugskosten. Für diese Aufwendungen ist entsprechend auch kein Vorsteuerabzug möglich (§ 15 Abs. 1a UStG). Die Herausnahme des Aufwendungs-Eigenverbrauchs aus der Umsatzbesteuerung sowie weitere Änderungen der Eigenverbrauchsbesteuerung wurden durch das Steuerentlastungsgesetz 1999/2000/2002 vom 24. 3. 1999 (BGBl. I 1999, S. 486 ff.) neu eingeführt.

Die Wertermittlung des Eigenverbrauchs hat sich auf die Wirtschaftsstufe des entnehmenden Unternehmers zu beziehen und schließt die Umsatzsteuer bei Regelbesteuerung (nichtabziehbare Vorsteuern gehören dagegen zu den Selbstkosten bzw. dem Einkaufspreis) aus der Bemessungsgrundlage aus.

Um die vorgeschriebene buchmäßige Trennung von den übrigen Umsätzen zu erreichen, und zum Nachweis der Bemessungsgrundlage des Eigenverbrauchs (§ 22 Abs. 2 Nr. 3 UStG) werden umsatzsteuerlich Warenentnahmen für private Zwecke in der Regel auf einem besonderen Warenentnahmekonto (bei Anwendung unterschiedlicher Steuersätze auch auf mehreren Warenentnahmekonten) gebucht. Das Konto erhält somit den Charakter eines Erlöskontos für Umsätze mit dem Unternehmer selbst; es soll die Belastung der unternehmerischen Privatsphäre durch die Umsatzsteuer gewährleisten. Die auf den Eigenverbrauch entfallende, nach § 12 Nr. 3 EStG nicht abzugsfähige Umsatzsteuer ist unabhängig von ihrer Zahlung spätestens zum Ende des Voranmeldungszeitraumes dem Privatkonto zu belasten und dem Mehrwertsteuerkonto gutzuschreiben. Der Abschluss des Warenentnahmekontos kann über das Wareneinkaufs- oder das GuV-Konto erfolgen.

Buchungssatz:

Privatkonto	**an**	Warenentnahmen
		Mehrwertsteuer

4.7 Unfreiwillige Dezimierung von Warenvorräten

Ein unfreiwilliger, nicht durch Verkauf begründeter Abbau des Vorratslagers liegt z. B. bei Schwund, Verderb oder Diebstahl von Waren vor. Um den korrekten Ausweis des Wareneinsatzes und damit des Warenrohgewinns zu gewährleisten, muss diese Minderung der Vorratshaltung im Wareneinkaufskonto berücksichtigt und ausgebucht werden. Dies geschieht über die Konten sonstiger betrieblicher Aufwand und Wareneinkauf, kann aber auch indirekt durch die Zwischenschaltung eines Unterkontos zum Wareneinkaufskonto erfolgen.

Buchungssatz:

Sonstiger betrieblicher Aufwand **an** Wareneinkauf (eingetretene Wagnisse)

Sind die Verluste im Einzelnen nur mit hohem Arbeitsaufwand oder gar nicht ermittelbar, dann führt ein um den sonstigen betrieblichen Aufwand zu hoch ausgewiesener Wareneinsatz zwar zu einem entsprechend verfälschten Rohgewinnergebnis, der Reingewinn wird davon aber nicht beeinflusst, weil durch die Inventur stets auch unfreiwillige Warenverbräuche erfasst werden.

Beim Jahresabschluss auftretende, aus unfreiwilliger Dezimierung des Warenlagers resultierende **größere** Differenzbeträge dürfen steuerlich nicht ohne weiteres erfolgswirksam, also gewinnmindernd, ausgebucht werden. Insbesondere in Fällen, wo es an der erforderlichen Wahrscheinlichkeit für einen entsprechenden Hergang fehlt, kann es zu einer Anwendung der steuerrechtlichen Grundsätze für eine ergänzende Ergebnisschätzung kommen (§ 162 Abs. 1 und 2 AO). Dabei ist die Frage der nicht unerheblichen Höhe des Differenzbetrages im Einzelfall zu würdigen (vgl. auch vorbereitende Abschlussbuchungen Teil A, Kapitel 13, S. 458 ff.).

Umsatzsteuerliche Regelungen werden durch Warendezimierung infolge von Schwund, Verderb, Verlust, Untergang oder Diebstahl jedoch nicht berührt, da eine gegen den Willen des Unternehmers erfolgte Warenentnahme nicht als Leistung betrachtet werden kann. Insbesondere der Vorsteuerabzug bleibt erhalten, denn dieser steht in keinem sachlichen Zusammenhang mit dem weiteren Schicksal des betreffenden Umsatzgutes. Für die Geltendmachung eines Vorsteuerabzugs kommt es demnach nicht darauf an, was mit der Ware (oder Dienstleistung) innerhalb des Unternehmens geschieht.

Übungsbeispiel: Warenverkehr und Umsatzsteuer

Fall A (ohne Warenumsatzkorrekturen):

Der Unternehmer K. Ziegler betreibt einen Lebensmittelgroß- und -einzelhandel mit angeschlossener Non-Food Abteilung. Zur Verbuchung der folgenden Geschäftsvorfälle sind die Buchungssätze unter Verwendung der Kontenziffern des Groß- und Außenhandelskontenrahmens anzugeben (vgl. Anhang A.2, S. 1308–1311).

1) Anlieferung von 100 Kaffeemaschinen am 1. 6. im Gesamtwert von 8.000 + 10 % USt durch den Elektrokonzern Atlas; Bezahlung der Rechnung am 20. 6. ohne Abzug durch Banküberweisung.
2) Die Einkaufsabteilung hat Waren im Nettowert von 150.000 geordert, die mit Rechnung vom 3. 6. eingehen. Darin enthalten sind Lebensmittel zum Warenwert von 100.000 (begünstigter Steuersatz). Am 27. 6. wird der Gesamtrechnungsbetrag in Höhe von 160.000 mit Verrechnungsscheck beglichen.
3) Die Mai-Abrechnung der Barverkäufe an Endverbraucher, die über Registrierkassen mit nach Steuersätzen getrennten Zählwerken abgewickelt werden, weist einen Bruttoerlös von 530.000 aus, die den Aufzeichnungen entsprechend wie folgt zu versteuern sind:

   420.000 steuerbegünstigte Lebensmittel

   110.000 regelbesteuerte Non-Food Artikel
4) Lieferung steuerbegünstigter Lebensmittel am 4. 6. an Einzelhändler Friedrich zum Nettowert von 10.000 unter Berechnung eines Versandkostenanteils von 100; Rechnungsausgleich durch Friedrich am 22. 6. per Bankscheck.

5) Zur Abgabe der Umsatzsteuer-Voranmeldung für den Monat Mai wird die USt-Zahllast ermittelt, der zum Monatsende die folgenden Kontensummen zugrunde liegen:

142	Vorsteuer 5 %	30.000
141	Vorsteuer 10 %	15.000
801	Warenverkauf Food	800.000
811	Warenverkauf Non-Food	200.000
1812	Mehrwertsteuer 5 %	40.000
1811	Mehrwertsteuer 10 %	20.000

Die USt-Voranmeldung wird unter Angabe der Umsatzerlöse (Formular) am 9. 6. abgegeben und die Zahllast an das Finanzamt überwiesen.

6) Ziegler entnimmt am 10. 6. dem Warenlager steuerbegünstigte Lebensmittel für private Zwecke; Einkaufspreis inklusive Nebenkosten 600.

7) Ein zum Betriebsvermögen gehörendes Wohn- und Geschäftshaus, das im Erdgeschoss vermietete Einzelhandelsgeschäftsräume und in den Obergeschossen an eigene Beschäftigte vermietete Wohnungen sowie die von Ziegler selbst bewohnte Atelierwohnung beherbergt, erbringt folgende Mieteinnahmen, die aus Vereinfachungsgründen am 1. 7. für das ganze Jahr gebucht werden. Hinsichtlich der an andere Unternehmer erfolgten Vermietung optiert Ziegler für Steuerpflicht (§ 9 UStG i. V. m. § 4 Nr. 12 UStG).
   - Jahresmiete für an Einzelhändler vermietete Geschäftsräume brutto 55.000 durch Banküberweisung;
   - Jahresmiete für an Arbeitnehmer vermietete Wohnungen 20.000;
   - Mietwert der eigenen Atelierwohnung vom Finanzamt auf 10.000 festgesetzt.

8) Die Firma Heizungsbau KG berechnet am 10. 7. für die Instandsetzung der defekten Heizungsanlage des vermieteten Wohn- und Geschäftshauses 8.000 + 10 % USt (für steuerfreie Umsätze entfällt der Vorsteuerabzug bei Vorleistungen (§ 15 Abs. 4 UStG); deshalb darf gemäß § 15 Abs. 4 UStG nur für einen Teil des Rechnungsbetrags die zugehörige Vorsteuer abgezogen werden).

9) Einige Arbeitnehmer besuchen im betrieblichen Interesse einen Weiterbildungskurs der Wirtschaftsakademie. Die Hörergebühr in Höhe von 600 wird am 20. 7. überwiesen (steuerbefreite Leistung nach § 4 Nr. 22 UStG; Betrag also ohne USt). Für diesen Kurs werden gegen Kasse Fachbücher im Wert von brutto 210 angeschafft.

10) Ziegler hat zur Erquickung von Geschäftsfreunden eine Segeljacht gemietet; der am 30. 7. fällige Mietbetrag in Höhe von 2.500 wird über Bankkonto beglichen.

11) Für Ziegler verlief der Segelausflug sehr erfolgreich. Er erhielt von einem Geschäftsfreund einen Auftrag zur Einrichtung einer neuen Hotelküche im Wert von 40.000 + 10 % USt. Aufgrund vertraglicher Vereinbarungen erhält Ziegler an zwei Zeitpunkten Abschlagszahlungen, deren Höhe sich nach dem Fortschreiten seiner erbrachten Leistung richtet.

Zahlungsvorgänge:

20. 8. Abschlagszahlung	brutto	9.900
1. 9. Abschlagszahlung	netto	15.000
15. 9. Restzahlung (Gesamtabrechnung)	netto	16.000

12) Ziegler kaufte am 10. 12. 2007 ein neues Betriebsfahrzeug für einen Betrag von 12.000 zzgl. 10 % USt. Der Pkw wird von seiner Tochter zu 20 % für private Zwecke benutzt. Er ist jährlich mit 20 % abzuschreiben. Im Wirtschaftsjahr waren 200 € Kfz-Steuer und 300 € Versicherung zu überweisen. Im Zeitpunkt der Anschaffung war die bezahlte Umsatzsteuer als Vorsteuer geltend gemacht worden.

Fall B (mit Warenumsatzkorrekturen):

Der Buchhalter des Elektrogroßhändlers U. Fischer hat folgende Geschäftsvorfälle und interne Belege zu verbuchen (Buchungssätze unter Verwendung des Kontenrahmens für den Groß- und Außenhandel; vgl. hierzu Anhang A.2, S. 1308–1311).

1) Eingangsrechnung Lieferant Knecht über 20 Kühlschränke im Wert von 10.200 + 10 % USt. Darin enthalten ist ein Frachtkostenanteil in Höhe von 200. Rechnungsausgleich unter Abzug von 3 % Skonto mit Verrechnungsscheck.
2) Ausgangsrechnung Einzelhändler Maier: Warenwert 12.000, Verpackung 100 + 10 % USt. Maier zieht 2 % Skonto ab und überweist den Restbetrag auf das Bankkonto.
3) Eingangsrechnung des Spediteurs Stein über 440 brutto für Eingangsfrachten, die durch Überweisung beglichen wird.
4) Ausgangsrechnung an den Elektroinstallateur Kunze: Warenwert 8.000 netto; die berechneten Verpackungskosten in Höhe von 120 netto werden bei Rückgabe der Paletten zu 2/3 gutgeschrieben. Kunze gibt die Paletten zurück, verrechnet die erhaltene Gutschrift und bezahlt den Restbetrag unter Abzug von 2 % Skonto mit Scheck.
5) Eingangsrechnung des Kabellieferanten Schmitt über 30.000 m Stromkabel verschiedener Qualitäten im Gesamtwarenwert von 20.000 + 10 % USt. Die 5 Kabeltrommeln werden als Leihverpackung mit 1.000 netto berechnet, die bei Rückgabe der Trommeln gutgeschrieben werden. Die Rechnung wird nach Abzug von 3 % Skonto per Überweisung beglichen. Über die Rückgabe der Kabeltrommeln erfolgt eine Gutschrift.
6) Eingangsrechnung der Firma Kellermann über diverses Kleinmaterial im Wert von 1.000 + 10 % USt. Bei der Rechnungsprüfung wird festgestellt, dass Kellermann den vertraglich vereinbarten Rabatt in Höhe von 30 % nicht berücksichtigt hat. Nach erfolgter Reklamation erteilt Kellermann eine entsprechende Gutschrift. Die Rechnung wird ohne Skontoabzug mit Bankscheck bezahlt.
7) Die Elektrogerätefabrik Pamir erteilt eine Gutschrift über netto 2.000 als 2 %igen Bonus für den im abgelaufenen Jahr getätigten Umsatz in Höhe von 100.000, auf den jedoch kein rechtlicher Anspruch bestand.
8) Aufgrund einer berechtigten Mängelrüge wird dem Elektroinstallateur Kunze ein Bruttobetrag von 550 gutgeschrieben.
9) Fischer entnimmt diverse Waren im Wert von 600 aus dem Lager, die er zum Umbau seiner Privatwohnung verwendet. Außerdem schenkt er seiner verheirateten Tochter einen Klopfsauger der Firma Heinzelmann im Wert von 300, den er ebenfalls dem Lager entnimmt.
10) Eingangsrechnung der Elektrogerätefabrik Pamir über Elektrokleingeräte im Warenwert von 40.000. Außerdem erfolgt eine pauschale Inrechnungstellung der Verpackungskosten mit 300 und der Zufuhr mit 200 netto. Bei der Wareneingangsprüfung wird festgestellt, dass Waren im Wert von 5.000 falsch geliefert wurden, die umgehend zurückgeschickt werden. Pamir erteilt daraufhin eine entsprechende Gutschrift, die bei der Bezahlung der Rechnung per Scheck neben dem 3 %igen Skonto abgezogen wird.
11) Fischer benutzt den zum Betriebsvermögen gehörenden, am 1. 4. 2001 angeschafften Pkw ständig zu etwa 30 % privat. Die im Wirtschaftsjahr 2002 angefallenen Kraftfahrzeugkosten einschließlich der Abschreibung für Abnutzung in Höhe von 5.000 betragen 9.000. Für eine während der Abschlussbuchungen durchgeführte Reparatur werden 500 € zzgl. 10 % USt überwiesen.
12) Der zum Privatvermögen gehörende Pkw wird für eine Geschäftsreise benutzt. Die darauf entfallenden Benzin- und Ölkosten in Höhe von 275 sind

von Fischer bezahlt worden und werden durch Kleinbetragsrechnungen, die jeweils den Steuersatz von 10 % erkennen lassen, nachgewiesen.

13) Fischer stellte seinen auf seinen Namen erworbenen und zugelassenen Zweit-Pkw dem Betrieb für 6 Monate zu 100 % (keine private Nutzung) ohne besondere Vergütung zur Verfügung, um einen Fuhrparkengpass zu überbrücken. Der Betrieb trägt alle in dieser Zeit angefallenen Kosten der betrieblichen Nutzung (z. B. Treib- und Schmierstoffe) in Höhe von brutto 3.300 sowie die Inspektionskosten von brutto 660, die an das Autohaus überwiesen werden. Auch die festen Kosten (Kraftfahrzeugsteuer in Höhe von 150 und Haftpflichtversicherung in Höhe von 350) werden vom Betrieb in voller Höhe getragen, jedoch von Fischer aufgrund der auf seinen Namen erfolgten Zulassung geschuldet und bezahlt.

14) Ein zum Betriebsvermögen gehörendes Gebäude wird je zur Hälfte gewerblich und privat genutzt. Die vergleichbare Jahresmiete für die Privatwohnung beträgt 9.600. Die bereits bezahlten und dem Konto Instandhaltung Gebäude belasteten Rechnungen für Schönheitsreparaturen der Privatwohnung in Höhe von 1.500 + 10 % USt sind umzubuchen, während bei den ebenfalls gebuchten Reparaturkosten für einen Wasserrohrbruch in Höhe von 4.000 netto die nicht abzugsfähige Vorsteuer zu korrigieren ist.

15) Durch teilweise Bestandsaufnahme wird festgestellt, dass Elektrogeräte im Wert von 5.000 wahrscheinlich durch Diebstahl abhanden gekommen sind.

16) Fischer hat für das laufende Jahr eine Einkommensteuervorauszahlung in Höhe von 20.000 zu leisten, die zusammen mit der Gewerbesteuervorauszahlung in Höhe von 10.000 an das Finanzamt überwiesen wird.

17) An den Angelsportverein wird der Jahresbeitrag für die Mitgliedschaft Fischers in Höhe von 300 und eine Spende in Höhe von 200, für die eine Spendenbescheinigung ausgestellt wird, überwiesen.

18) Der einzige kaufmännische Lehrling der Firma wird vereinbarungsgemäß im Haushalt des Inhabers verköstigt. Zu diesem Zweck entnimmt Frau Fischer der Betriebskasse 600, wovon 200 zu Verpflegungseinkäufen für den Lehrling ausgegeben werden.

Lösung: Buchungssätze Fall A

Nr.	Datum	Konto	Bezeichnung	Betrag		Konto	Bezeichnung	Betrag
1)	1. 6.:	311	Wareneinkauf Non-Food	8.000				
		141	Vorsteuer 10 %	800	an	17	Verbindlichkeiten	8.800
	20. 6.:	17	Verbindlichkeiten	8.800	an	131	Bank	8.800
2)	3. 6.:	301	Wareneinkauf Food	100.000				
		311	Wareneinkauf Non-Food	50.000				
		142	Vorsteuer 5 %	5.000				
		141	Vorsteuer 10 %	5.000	an	17	Verbindlichkeiten	160.000
	27. 6.:	17	Verbindlichkeiten	160.000	an	131	Bank	160.000
3)		151	Kasse	530.000	an	801	Warenverkauf Food	400.000
						811	Warenverkauf Non Food	100.000
						1812	Mehrwertsteuer 5 %	20.000
						1811	Mehrwertsteuer 10 %	10.000

Nr./Datum	Konto	Soll	Betrag		Konto	Haben	Betrag
4) 4. 6.:	101	Forderungen	10.605	an	801	Warenverkauf Food	10.000
					46	Kosten der Warenabgabe	100
					1812	Mehrwertsteuer 5 %	505
22. 6.:	131	Bank	10.605	an	101	Forderungen	10.605
5) 9. 6.:	1812	Mehrwertsteuer 5 %	30.000	an	142	Vorsteuer 5 %	30.000
	1811	Mehrwertsteuer 10 %	15.000	an	141	Vorsteuer 10 %	15.000
	1812	Mehrwertsteuer 5 %	10.000				
	1811	Mehrwertsteuer 10 %	5.000	an	131	Bank	15.000
6) 10. 6.:	161	Privat	630	an	871	Warenentnahmen	600
					1812	Mehrwertsteuer 5 %	30

Bei Nettobetragsaufzeichnung des Eigenverbrauchs auch:

Nr./Datum	Konto	Soll	Betrag		Konto	Haben	Betrag
	161	Privat	600	an	301	Wareneinkauf	600
	161	Privat	30	an	1812	Mehrwertsteuer 5 %	30
7) 1. 7.:	131	Bank	75.000	an	24210	Steuerpfl. Mieterträge	50.000
					1811	Mehrwertsteuer 10 %	5.000
					24211	Steuerfreie Mieterträge	20.000
	161	Privat	10.000	an	24211	Steuerfreie Mieterträge	10.000
8) 10. 7.:	47	Betriebskosten, Instandhaltung	8.000				
	141	(anrechenbare) Vorsteuer 10 %	500				
	425	Nicht anrechenbare Vorsteuer	300	an	17	Verbindlichkeiten	8.800

Die umsatzsteuerlich nicht aufrechnungsfähige Vorsteuer wird auf das zugehörige Aufwandskonto umgebucht:

Konto	Soll	Betrag		Konto	Haben	Betrag
47	Betriebskosten, Instandhaltung	300	an	425	Nicht anrechenbare Vorsteuer	300

Nicht als Betriebsausgaben abzugsfähig wären Aufwendungen für Schönheitsreparaturen der Privatwohnung, da für diese kein Mietwertansatz erfolgt. Die hierfür in Rechnung gestellte Vorsteuer wäre auf Privatkonto zu buchen.

9) 20. 7.:	405	Freiwillige soziale Aufwendungen	600	**an**	131	Bank	600
	48	Allgemeine Verwaltungskosten	200				
	142	Vorsteuer 5 %	10	**an**	151	Kasse	210
10) 30. 7.:	208	Nicht-abzugsfähige Aufwendungen	2.500	**an**	131	Bank	2.500

Die nichtabzugsfähigen Aufwendungen sind beim Abschluss über Privatkonto auszubuchen. Umsatzsteuer fällt nicht an, da es sich um Aufwendungen im Sinne des § 4 Abs. 5 Nr. 4 EStG handelt (Aufwendungs-Eigenverbrauch), die hinsichtlich der Umsatzbesteuerung nicht steuerbar sind.

11) 20. 8.:	131	Bank	9.900	**an**	175	Anzahlungen	9.900
	293	USt-Aufwand	900	**an**	1811	Mehrwertsteuer 10 %	900
1. 9.:	131	Bank	16.500	**an**	175	Anzahlungen	16.500
	293	USt-Aufwand	1.500	**an**	1811	Mehrwertsteuer 10 %	1.500
15. 9.:	131	Bank	17.600				
	175	Anzahlungen	26.400	**an**	811	Warenverkauf Non-Food	40.000
					293	USt-Aufwand	2.400
					1811	Mehrwertsteuer 10 %	1.600
12)	491	Abschreibungen auf Sachanlagen	2.400				
	422	Kfz-Steuer	200				
	426	Kfz-Versicherungen	300	**an**	034	Fuhrpark	2.400
					131	Bank	500

Für die private Nutzung des Fahrzeuges ist zu buchen:

161	Privat	628	**an**	491	Abschreibungen auf Sachanlagen	480
				422	Kfz-Steuer	40
				426	Kfz-Versicherungen	60
				1811	Mehrwertsteuer 10 %	48

Als Bemessungsgrundlage für die Umsatzsteuer auf den (Leistungs-)Eigenverbrauch sind lediglich die Abschreibungen heranzuziehen. Kfz-Steuer und Versicherung berechtigen nicht zum Vorsteuerabzug und sind deshalb nicht in die Bemessungsgrundlage einzubeziehen.

Lösung: Buchungssätze Fall B

1) a) Verbuchung der Eingangsrechnung:

Konto	Bezeichnung	Betrag		Konto	Bezeichnung	Betrag
311	Wareneinkauf	10.000				
3121	Eingangsfrachten	200				
141	Vorsteuer	1.020	**an**	17	Verbindlichkeiten	11.220

b) Verbuchung der Zahlung:

Konto	Bezeichnung	Betrag		Konto	Bezeichnung	Betrag
17	Verbindlichkeiten	11.220	**an**	131	Bank	10.883,40
				318	Lieferantenskonti	306
				141	Vorsteuer	30,60

2) a) Verbuchung der Ausgangsrechnung:

Konto	Bezeichnung	Betrag		Konto	Bezeichnung	Betrag
101	Kundenforderungen	13.310	**an**	811	Warenverkauf	12.000
				873	Verpackungserlöse	100
				1811	Mehrwertsteuer	1.210

b) Verbuchung der Zahlung:

Konto	Bezeichnung	Betrag		Konto	Bezeichnung	Betrag
131	Bank	13.043,80				
818	Kundenskonti	242				
1811	Mehrwertsteuer	24,20	**an**	101	Kundenforderungen	13.310

3) a) Verbuchung der Eingangsrechnung:

Konto	Bezeichnung	Betrag		Konto	Bezeichnung	Betrag
3121	Eingangsfrachten	400				
141	Vorsteuer	40	**an**	17	Verbindlichkeiten	440

b) Verbuchung der Zahlung:

Konto	Bezeichnung	Betrag		Konto	Bezeichnung	Betrag
17	Verbindlichkeiten	440	**an**	131	Bank	440

4) a) Verbuchung der Ausgangsrechnung:

Konto	Bezeichnung	Betrag		Konto	Bezeichnung	Betrag
101	Kundenforderungen	8.932	**an**	811	Warenverkauf	8.000
				873	Verpackungserlöse	120
				1811	Mehrwertsteuer	812

b) Verbuchung der Gutschrift:

Konto	Bezeichnung	Betrag		Konto	Bezeichnung	Betrag
873	Verpackungserlöse	80				
1811	Mehrwertsteuer	8	**an**	101	Kundenforderungen	88

c) Verbuchung der Zahlung:

Konto	Bezeichnung	Betrag		Konto	Bezeichnung	Betrag
131	Bank	8.667,12				
818	Kundenskonti	160,80				
1811	Mehrwertsteuer	16,08	**an**	101	Kundenforderungen	8.844

5) a) Verbuchung der Eingangsrechnung:

Konto	Bezeichnung	Betrag		Konto	Bezeichnung	Betrag
311	Wareneinkauf	20.000				
314	Leihemballagen	1.000				
141	Vorsteuer	2.100	**an**	17	Verbindlichkeiten	23.100

b) Verbuchung der Zahlung:

17	Verbindlichkeiten	23.100	**an**	131	Bank	22.407
				318	Lieferanten-skonti	630
				141	Vorsteuer	63

c) Verbuchung der Gutschrift:

17	Verbindlichkeiten	1.067				
318	Lieferantenskonti	30	**an**	314	Leihemballagen	1.000
				141	Vorsteuer	97

Da die Gutschrift mit weiteren bestehenden Verbindlichkeiten gegenüber dem Lieferanten Schmitt verrechnet werden soll, erfolgt die Buchung auf Konto Verbindlichkeiten. Ansonsten: Sonstige Forderungen.

6) a) Verbuchung der Eingangsrechnung:

311	Wareneinkauf	1.000				
141	Vorsteuer	100	**an**	17	Verbindlich-keiten	1.100

b) Verbuchung der Gutschrift:

17	Verbindlichkeiten	330	**an**	311	Wareneinkauf	300
				141	Vorsteuer	30

c) Verbuchung der Zahlung:

	17	Verbindlichkeiten	770	**an**	131	Bank	770
7)	17	Verbindlichkeiten	2.200	**an**	317	Lieferantenboni	2.000
					141	Vorsteuer	200
8)	811	Warenverkauf	500				
	1811	Mehrwertsteuer	50	**an**	101	Kundenforde-rungen	550
9)	161	Privatentnahmen	990	**an**	311	Wareneinkauf	900
					1811	Mehrwertsteuer	90

10) a) Verbuchung der Eingangsrechnung:

311	Wareneinkauf	40.000				
3121	Eingangsfrachten	200				
3122	Verpackungs-spesen	300				
141	Vorsteuer	4.050	**an**	17	Verbindlich-keiten	44.550

b) Verbuchung der Gutschrift:

17	Verbindlichkeiten	5.500	**an**	311	Wareneinkauf	5.000
				141	Vorsteuer	500

c) Verbuchung der Zahlung:

	17	Verbindlichkeiten	39.050	**an**	131	Bank	37.878,50
					318	Lieferanten-skonti	1.065
					141	Vorsteuer	106,50
11)	161	Privatentnahmen	2.700	**an**	4714	Instandhaltung Pkw	1.200
					491	Abschreibungen auf Sachanlagen	1.500
	4714	Instandhaltung Pkw	525				
	141	Vorsteuer	25	**an**	131	Bank	550

Die private Nutzung des Pkw unterliegt nicht der Umsatzsteuer. Dafür ist auch die auf die Aufwendungen des Unternehmens entfallende Vorsteuer nur zum Teil (50 %) abziehbar (für Fahrzeuge, die nach dem 1. 1. 2004 angeschafft werden, ist die Vorsteuer zu 100 % abziehbar; entsprechend müsste eine Nutzungsversteuerung des Privatanteils erfolgen; vgl. S. 152).

12)	4731	Kfz-Betriebskosten	250				
	141	Vorsteuer	25	**an**	162	Privateinlagen	275
13)	422	Kfz-Steuer	150				
	426	Kfz-Versicherungen	350				
	4731	Kfz-Betriebskosten	3.000				
	4714	Instandhaltung Pkw	600				
	141	Vorsteuer	360	**an**	131	Bank	3.960
					162	Privateinlagen	500

Die Vorsteuern, die bei der betrieblichen Nutzung des Pkw anfallen, kann die Firma vollständig abziehen, da sie Leistungsempfängerin ist, die Umsätze also für das Unternehmen bestimmt sind (§ 15 Abs. 1 Nr. 1 UStG) und da der Pkw zu 100 % betrieblich genutzt wird.

14)	161	Privatentnahmen	9.600	**an**	24211	Steuerfreie Mieterträge	9.600
	161	Privatentnahmen	1.650	**an**	4711	Instandhaltung Gebäude	1.500
					141	Vorsteuer	150
	4711	Instandhaltung Gebäude	200	**an**	141	Vorsteuer	200
15)	205	Verluste aus dem Abgang von Umlaufvermögen	5.000	**an**	311	Wareneinkauf	5.000
16)	161	Privatentnahmen	20.000				
	421	Gewerbesteuer	10.000	**an**	131	Bank	30.000
17)	161	Privatentnahmen	300				
	207	Spenden	200	**an**	131	Bank	500
18)	161	Privatentnahmen	400				
	4021	Gehalt (Sachbezüge)	200	**an**	151	Kasse	600

Die USt wird im vorliegenden Fall der Warenbeschaffung aus privaten Mitteln (Haushaltsgeld) beim Einkauf bezahlt.

Ergänzende Literatur zu: 4 Warenverkehr

Bähr/Fischer-Winkelmann/List, Buchführung, S. 70–109

Bea, Umsatzsteuern, S. 31–33

Bornhofen/Bornhofen, Steuerlehre 1, S. 120–420

Engelhardt/Raffée/Wischermann, Buchhaltung, S. 75–101

Falterbaum/Bolk/Reiß/Kirchner, Buchführung, S. 164–173; 177–190

Falterbaum, Mehrwertsteuerbuchungen, S. 7–66

Geissler/Breul, Mehrwertsteuer, S. 2–10; 22 f.; 198–201; 229–265
Haase, Finanzbuchhaltung, S. 40–64
Hahn/Kortschak, Umsatzsteuer
Klimmer, Buchführung, S. 171–191; 216–223; 310–329
Lippross, Umsatzsteuer
Sauerland, Umsatzsteuer, S. 23–39; 132–141; 175–184; 411–422
Schiederer/Loidl, Buchführung, S. 71–101; 161–166
Schmidt, Buchführung, S. 54–67
Schöttler/Spulak, Rechnungswesen, S. 78–94; 115–128
Vormbaum, Grundlagen, S. 91–103
Wengel, Umsatzsteuer
Wöhe, Bilanzierung, S. 97–107
Wöhe/Bieg, Grundzüge, S. 130–150

5 Sonderfälle des Warenverkehrs

Im Zentrum der handelsbetrieblichen Buchführung steht die Erfassung des Warenverkehrs. Dieser weist in der Praxis über die bisher behandelten „Normalfälle" des Ein- und Verkaufs von Waren hinaus eine ganze Reihe von Besonderheiten auf, deren buchmäßiger Niederschlag teilweise eine Sonderbehandlung verlangt. Zu diesen als Sonderfälle des Warenverkehrs bezeichneten Erscheinungsformen werden das **Kommissions-**, das **Partizipations-**, das **Abzahlungs-** und das **Nachnahmegeschäft** gerechnet. Dabei sind es insbesondere die Grundsätze ordnungsmäßiger Buchführung, die neben der rechtlichen Konstruktion die Kriterien für deren Buchung und Bilanzierung abgeben. Vor allem die Kommissionsgeschäfte nehmen in der Praxis des Warenein- und -verkaufs eine bedeutende Stellung ein.

5.1 Kommissionsgeschäfte

Kommissionsgeschäfte (rechtliche Einzelheiten §§ 383–406 HGB) sind dadurch gekennzeichnet, dass ein Beauftragter **(Kommissionär)** gegenüber Dritten im eigenen Namen, jedoch im Auftrag und für Rechnung eines anderen **(Kommittenten)**, gewerbsmäßig Waren (auch Wertpapiere) ein- oder verkauft (Einkaufs- bzw. Verkaufskommission). Der Kommissionär ist Beauftragter oder Vermittler eines oder mehrerer Auftraggeber; er tritt jedoch im Außenverhältnis selbst als Lieferant oder Abnehmer in Erscheinung. Regelmäßig wird seine Tätigkeit auf Provisionsbasis honoriert: Er erhält von der Auftragssumme eine mit dem Auftraggeber vereinbarte Vergütung (Provision) sowie Ersatz für angefallene Aufwendungen. Die zusätzliche Beteiligung an Mehrerlösen aus günstigem, das Preislimit bei Verkäufen über-, bei Einkäufen unterschreitendem Vertragsabschluss kann als besonderer Anreiz zu Provision und Aufwandsersatz hinzukommen. Für die Inkassohaftung des Kommissionärs als besondere Leistung ist regelmäßig eine Delkredereprovision vereinbart.

Umsatzsteuerlich wird der Kommissionär wie ein Eigenhändler behandelt: Die Entgelte der Lieferungen zwischen Kommittent und Kommissionär unterliegen folglich der Umsatzbesteuerung und Kommissionsrechnungen gelten als Rechnungen i. S. v. § 14 Abs. 1 UStG, soweit die dort angeführten Voraussetzungen zutreffen. Damit sind vom Liefernden erhaltene bzw. an den Abnehmer getätigte Lieferungen zu versteuern, was den jeweiligen Abnehmer gegebenenfalls zum Vorsteuerabzug berechtigt. Bei der Verkaufskommission gilt der Kommissionär, bei der Einkaufskommission der Kommittent als Abnehmer (§ 3 Abs. 3 UStG).

Die Lieferung des Kommittenten an den Kommissionär führt erst im **Zeitpunkt** der Lieferung des Kommissionsgutes an den Abnehmer zur Umsatzsteuerpflicht (Abschn. 24 Abs. 2 UStR sowie BFH v. 25. 11. 1986, BStBl. II 1987, S. 278). Allerdings kann bereits dann eine umsatzsteuerliche Lieferung angenommen werden, wenn das Kommissionsgut dem Kommissionär zur Verfügung gestellt wird und dabei von einem EU-Mitgliedstaat in einen anderen verbracht wird (Abschn. 15 b Abs. 7, Abschn. 24 Abs. 2 UStR).

Die Kommissionswaren werden beim Kommissionär im Allgemeinen auf besonderen Konten erfasst, um die Trennung der eigenen und fremden Lagerhaltung zu gewährleisten und wertmäßig jederzeit bestimmbar zu halten.

5.1.1 Die Einkaufskommission

Einkaufskommissionen bieten sich immer dann an, wenn beim Warenbezug spezielle Kenntnisse notwendig bzw. von Vorteil sind oder der Einkauf nur an speziellen Markt- oder Börsenplätzen (z. B. Übersee) möglich ist. Der Einkaufskommissionär übernimmt dann den Einkauf der Kommissionsgüter für Rechnung des Auftraggebers. Da er nach außen im eigenen Namen kauft, wird der Kommissionär beim Erwerb der Ware zunächst juristischer Eigentümer. Durch die Verpflichtung, das Eigentum an den Auftraggeber weiterzugeben, entfällt für ihn jedoch die **wirtschaftliche** Zugehörigkeit der Kommissionsware: Sie gehört nicht zu den verwertbaren Vorräten des Einkaufskommissionärs und ist ab dem Zeitpunkt des Kaufs (Erwerb bzw. Warenzugang) durch den Kommissionär dem wirtschaftlichen Eigentum des Kommittenten zuzurechnen (Erhalt der Verfügungsgewalt) und folglich bei diesem zu bilanzieren. Für den Fall, dass die Ware zudem direkt vom Lieferanten an den Kommittenten und folglich nicht über das Lager des Kommissionärs geliefert wird **(Streckengeschäft),** entfällt die Einrichtung eines besonderen Kommissionswarenkontos sowohl beim Kommissionär als auch beim Kommittenten. An dessen Stelle tritt das Kontokorrentkonto, das die Geschäftsbeziehungen der Kommissionspartner aufnimmt und mit dem Provisionsanspruch und der Umsatzsteuer aus der Lieferung Kommissionär-Kommittent belastet wird.

Findet die Ware zunächst im Lager des Kommissionärs Aufnahme, dann ist das **Kommissionswarenkonto** mit dem Nettoeinkaufspreis zu belasten und die Vorsteuer auf das Vorsteuerkonto zu buchen. Bei Lieferung der Ware an den Kommittenten wird das Kommissionswarenkonto entlastet und der Warenwert einschließlich (zu berechnender) Mehrwertsteuer, Provision und Auslagenersatz auf das **Kontokorrentkonto** gebucht. Ist der Kommissionär für verschiedene Auftraggeber tätig, so muss er jeweils gesonderte Kommissionswaren- und Kontokorrentkonten führen.

Beispiel:

Der Großhändler G ist **Einkaufskommissionär** für den Kommittenten K. G hat den Auftrag, Waren gegen eine Grundprovision von 6 % des Warenwertes, mindestens aber 1.980, preisgünstig für K einzukaufen. Bei einem Einkaufspreis unter 33.000 (netto) erhöht sich die Provision des G um 14 % auf die Differenz.

Geschäftsvorfälle:

1) K überweist einen Vorschuss in Höhe von 10.000

2) G kauft Kommissionsware auf Ziel für 30.000 + 10 % USt
3) G zahlt Frachtgebühren in Höhe von 500 + 10 % USt mit Scheck
4) G sendet die Ware an den Kommittenten K und berechnet:

Warenwert	30.000
Frachtgebühren	500
Provision	2.400
Netto-Rechnungsbetrag	32.900
10 % Umsatzsteuer	3.290
Brutto-Rechnungsbetrag	36.190

Der Provisionsbetrag setzt sich zusammen aus 1.980 (Grundprovision) und 420 (Zusatzprovision durch günstigen Einkauf)

5) K bezahlt den Restbetrag durch Banküberweisung
6) G überweist an seinen Lieferanten 33.000

A) Buchungen **beim Kommissionär** mit Kommissionswarenkonto:

	Soll	Betrag		Haben	Betrag
1)	Bank	10.000	**an**	Kommittent K	10.000
2)	Kommissionsware K	30.000			
	Vorsteuer	3.000	**an**	Lieferantenverbindlichk.	33.000
3)	Frachtgebühren K	500			
	Vorsteuer	50	**an**	Bank	550
4)	Kommittent K	36.190	**an**	Kommissionsware K	30.000
				Frachtgebühren K	500
				Provision	2.400
				Mehrwertsteuer	3.290
5)	Bank	26.190	**an**	Kommittent K	26.190
6)	Lieferantenverbindlichkeiten	33.000	**an**	Bank	33.000

Kommittent K

Soll		Haben	
(4)	36.190	10.000	(1)
		26.190	(5)

Lieferantenverbindlichkeiten

Soll		Haben	
(6)	33.000	33.000	(2)

Kommissionsware K

Soll		Haben	
(2)	30.000	30.000	(4)

Bank

Soll		Haben	
(1)	10.000	550	(3)
(5)	26.190	33.000	(6)

Frachtgebühren K

Soll		Haben	
(3)	500	500	(4)

Provision

Soll		Haben	
		2.400	(4)

Vorsteuer

Soll		Haben	
(2)	3.000		
(3)	50		

Mehrwertsteuer

Soll		Haben	
		3.290	(4)

B) Buchungen **beim Kommittenten**:

Beim Kommittenten werden nur durch die Geschäftsvorfälle (1), (4) und (5) Buchungsvorgänge ausgelöst:

(1)	Kommissionär G	10.000	**an**	Bank	10.000
(4)	Wareneinkauf	32.900			
	Vorsteuer	3.290	**an**	Kommissionär G	36.190
(5)	Kommissionär G	26.190	**an**	Bank	26.190

Kommissionär G

Soll		Haben	
(1)	10.000	36.190	(4)
(5)	26.190		

Bank

Soll	Haben	
	10.000	(1)
	26.190	(5)

Wareneinkauf

Soll		Haben
(4)	32.900	

Vorsteuer

Soll		Haben
(4)	3.290	

Die Frachtgebühren und Einkaufsprovisionen werden als Bestandteile der Anschaffungskosten (Anschaffungsnebenkosten) auf das Wareneinkaufskonto gebucht; sie können jedoch auch zunächst auf besonderen Aufwandskonten erfasst und dann über das Wareneinkaufskonto abgeschlossen werden.

5.1.2 Die Verkaufskommission

Der Verkaufskommissionär übernimmt im eigenen Namen und für Rechnung des Kommittenten den Verkauf von Waren (auch Wertpapieren) an einen Dritten. Auch hier besteht die Möglichkeit des Streckengeschäfts, indem die Ware ohne Zwischenschaltung des Vermittlerlagers direkt vom Kommittenten an den Käufer geliefert wird. Im Gegensatz zur Einkaufskommission erwirbt der Verkaufskommissionär jedoch auch dann kein Eigentum an der Ware, wenn diese bereits vor Verkauf in seinen Einflussbereich gelangt ist; diese bleibt vielmehr bis zum Verkauf im juristischen **und** wirtschaftlichen Eigentum des Auftraggebers. In Kommission gegebene Waren sind folglich beim Kommittenten unter Waren und nicht als Debitoren auszuweisen. Entsprechend sind in Kommission genommene Waren, da sie dem Kommissionär wirtschaftlich nicht zuzurechnen sind, bei ihm nicht aktivierbar.

Um den Lagerbestand an Kommissionsware jederzeit zweifelsfrei feststellen zu können, hat der Verkaufskommissionär jedoch den Warendurchlauf entweder auf einem **Kommissionswarenkonto** oder in einem **Nebenbuch** zu erfassen (auch zusätzliche Kartei oder besondere Kennzeichnung der Lagerbuchführung). Wird ein eigenes Kommissionswarenkonto geführt, dann wird dieses bei Erhalt der zu verkaufenden Ware mit dem aus der Pro-forma-Rechnung des Kommittenten ersichtlichen Betrag belastet. Das **Kontokorrentkonto Kommittent** wird entsprechend erkannt und im Soll durch beanspruchte Provisionen und Auslagen sowie sonstige Korrekturen belastet. Als Saldo weist das Kontokorrentkonto die Schuld des Kommissionärs gegenüber dem Kommittenten aus.

In der Buchführung des Kommittenten ist die an den Vermittler gelieferte Ware vom Warenkonto auf ein **Konsignations-** oder Kommissionswarenkonto umzubuchen.

Da noch nicht realisierte Gewinne nicht ausgewiesen werden dürfen, hat diese Umbuchung zu Einstands- bzw. Herstellungswerten zu erfolgen. Entstehen beim Verkauf der Ware Gewinne, kommen diese auf dem mit dem Verkaufswert erkannten **Konsignationswarenkonto** zum Ausweis. Als Gegenkonto wird das **Kontokorrentkonto Kommissionär** belastet, das damit die Forderung einschließlich Umsatzsteuer gegenüber dem Kommissionär zum Ausdruck bringt. Mit dieser Forderung werden Provisionen, verauslagte Spesen sowie Geldeingänge von Seiten des Kommissionärs durch Buchung auf der Habenseite des Kontokorrentkontos aufgerechnet.

Beispiel:

Der Großhändler G ist **Verkaufskommissionär** für den Kommittenten K. G verkauft Waren vom Konsignationslager, das K regelmäßig beliefert, und erhält dafür eine Provision in Höhe von 7 % des von K festgelegten Verkaufspreises.

Geschäftsvorfälle:

1) K liefert Kommissionsware an seinen Vermittler G. Die Pro-forma-Rechnung (Kommissionsrechnung) lautet:

Warenpreis	50.000
7 % Provision	3.500
Netto-Rechnungsbetrag	46.500
10 % USt	4.650
Brutto-Rechnungsbetrag	51.150

Der Einstandspreis des Kommittenten K beträgt 30.000

2) K zahlt Frachtgebühren in Höhe von 1.000 + 10 % USt durch Banküberweisung

3) Der Kommissionär G verkauft den ganzen Posten auf Ziel:

Warenwert	50.000
10 % USt	5.000
Rechnungsbetrag	55.000

4) Der Kunde überweist an den Kommissionär G 55.000

5) G überweist an den Kommittenten K 51.150

A) Buchungen **beim Kommissionär** mit Kommissionswarenkonto:

1)	Kommissionsware K	50.000	**an**	Kommittent K	50.000
2)	Keine Buchung				
3)	a) Kundenforderungen Kommissionsware (KW)	55.000	**an**	Kommissionsware K	50.000
				Mehrwertsteuert	5.000
3)	b) Vorsteuer	4.650	**an**	Provision	3.500
				Kommittent K	1.150

Die umsatzsteuerliche Erfassung der Provisionsansprüche wird entsprechend der Pro-forma-Rechnung durch Kürzung der Vorsteuer berücksichtigt.

4) Bank	55.000	**an**	Kundenforderungen (KW)	55.000
5) Kommittent K	51.150	**an**	Bank	51.150

Kommissionsware K			
(1)	50.000	50.000	(3a)

Kommittent K			
(5)	51.150	50.000	(1)
		1.150	(3b)

Kundenforderungen KW			
(3a)	55.000	55.000	(4)

Provision			
		3.500	(3b)

Bank			
(4)	55.000	51.150	(5)

Mehrwertsteuer			
		5.000	(3a)

Vorsteuer			
(3b)	4.650		

B) Buchungen **beim Kommittenten:**

1) Konsignationsware bei G	30.000	**an**	Warenkonto	30.000

Die Umbuchung des Warenwertes erfolgt zu Einstandspreisen. Die Provision wird noch nicht gebucht, da noch kein Provisionsanspruch des G besteht.

2) Frachtkosten	1.000			
Vorsteuer	100	**an**	Bank	1.100
3) Kommissionär G	51.150			
Erlösminderung-Provision	3.500	**an**	Konsignationsware bei G	50.000
			Mehrwertsteuer	4.650
4) Keine Buchung				
5) Bank	51.150	**an**	Kommissionär G	51.150

Warenkonto			
AB	100.000	30.000	(1)

Konsignationsware bei G			
(1)	30.000	50.000	(3)

Bank			
(5)	51.150	1.100	(2)

Kommissionär G			
(3)	51.150	51.150	(5)

Frachtkosten			
(2)	1.000		

Mehrwertsteuer			
		4.650	(3)

Vorsteuer			
(2)	100		

Erlösminderung – Provision			
(3)	3.500		

Würde der Kommissionär auf ein besonderes Kommissionswarenkonto verzichten, dann kämen auf dem Kontokorrentkonto des vorstehenden Beispiels (Kommittent K) die Kommissionswaren erst nach Verkauf zum Ausweis. Deshalb müssen die vom Kommittenten gelieferten und vom Kommissionär auf Lager gehaltenen Kommissionswaren in einem Nebenbuch (Nebenbuchhaltung) verzeichnet werden, um deren inventurmäßige Überprüfung zu gewährleisten.

Der Inhalt des Konsignationswarenkontos beim Kommittenten entspricht dem des gemischten Warenkontos: Es enthält vor allem bei zu Limitpreisen belieferten Kommissionären Preisdifferenzen zwischen Wareneingang und Warenausgang. Aus Gründen der Übersichtlichkeit kann es deshalb zweckmäßig sein, Bestands- und Erfolgskomponenten entsprechend der Führung getrennter Warenkonten in ein **Konsignations- bzw. Kommissionswareneingangs- und -verkaufskonto** zu trennen.

Diese Form der buchmäßigen Aufzeichnung zeigt das nachstehende Beispiel, das darüber hinaus auf eine zweite Möglichkeit der umsatzsteuerlichen und buchungstechnischen Behandlung der Verkaufsprovision des Kommissionärs hinweisen soll. So besteht bei Ausstellung der Pro-forma-Rechnung über gelieferte Kommissionsware auch die Möglichkeit, die Provision bei der Umsatzsteuerbemessung nicht als wertmindernd zu berücksichtigen, sondern vielmehr die dem Verkaufswert entsprechende Umsatzsteuer in Ansatz zu bringen. Das hat zur Folge, dass der Kommissionär beim Kommissionswarenverkauf der von ihm verrechneten Provision Umsatzsteuer hinzurechnen muss, wodurch der erhöhten Vorsteuer die auf die Provision bezogene Umsatzsteuer gegenübersteht. Damit bleibt die Zahllast an das Finanzamt gegenüber der oben beschriebenen Vorgehensweise sowohl beim Kommittenten als auch beim Kommissionär unverändert.

Beispiel:

Verkaufskommission mit **getrennten** Konsignationswarenkonten und umsatzbesteuertem Provisionsanspruch (WE = Wareneinkauf; WV = Warenverkauf; KW = Kommissionsware)

Geschäftsvorfälle:

1) Kommittent K sendet Kommissionsware im Wert von 20.000 + 10 % USt an seinen Kommissionär G.

   Der Einstandspreis des Kommittenten K beträgt 15.000
2) Kommissionär G zahlt Frachtkosten in Höhe von 200 + 10 % USt bar an den Spediteur, die weiterberechnet werden
3) Kommissionär G verkauft die Kommissionsware auf Ziel zu 22.000 + 10 % USt
4) Kommissionär G zahlt Versandspesen bar: 300 + 10 % USt, die ebenfalls weiterberechnet werden
5) Die Forderung aus dem Kommissionsgeschäft wird mit Bankscheck beglichen
6) Kommissionär G berechnet die Verkaufsprovision in Höhe von 5 % und rechnet mit dem Kommittenten ab

A) Buchungen **beim Kommissionär**:

1)	Kommissions-WE	20.000	**an**	Kommittent K	20.000
2)	Kommissions-WV	200			
	Vorsteuer	20	**an**	Kasse	220
	Kommittent K	20	**an**	Mehrwertsteuer	20

3) Kundenforderungen-KW	24.200	**an**	Kommissions-WV	22.000
			Mehrwertsteuer	2.200
Vorsteuer	2.200	**an**	Kommittent K	2.200
4) Kommissions-WV	300			
Vorsteuer	30	**an**	Kasse	330
Kommittent K	30	**an**	Mehrwertsteuer	30
5) Bank	24.200	**an**	Kundenforderungen-KW	24.200
6) – Provision:				
a) Kommissions-WV	1.000	**an**	Provisionen	1.100
b) Kommittent K	110	**an**	Mehrwertsteuer	110
– Abschluss der Kommissionswarenkonten:				
c) Kommissions-WV	20.000	**an**	Kommissions-WE	20.000
d) Kommissions-WV	400	**an**	Kommittent K	400
– Bezahlung der Kommissionsware:				
e) Kommittent K	22.440	**an**	Bank	22.440

Kommissions-WE

	Soll	Haben	
(1)	20.000	20.000	(6c)
	20.000	20.000	

Kommissions-WV

	Soll	Haben	
(2)	200	22.000	(3)
(4)	300		
(6a)	1.100		
(6c)	20.000		
(6d)	400		
	22.000	22.000	

Kundenforderungen KW

	Soll	Haben	
(3)	24.200	24.200	(5)
	24.200	24.200	

Kommittent K

	Soll	Haben	
(2)	20	20.000	(1)
(4)	30	2.200	(3)
(6b)	110	400	(6d)
(6e)	22.440		
	22.600	22.600	

Vorsteuer

	Soll	Haben	
(2)	20		
(3)	2.200		
(4)	30		

Mehrwertsteuer

	Soll	Haben	
		20	(2)
		2.200	(3)
		30	(4)
		110	(6b)

Bank

	Soll	Haben	
(5)	24.200	22.440	(6e)

Provisionen

	Soll	Haben	
		1.100	(6a)

Kasse

	Soll	Haben	
		220	(2)
		330	(4)

B) Buchungen **beim Kommittenten:**

1) Konsignations-WE	15.000	**an**	Wareneinkauf	15.000
2) Konsignations-WV	200			
Vorsteuer	20	**an**	Kommissionär G	220
3) Kommissionär G	24.200	**an**	Konsignations-WV	22.000
			Mehrwertsteuer	2.200
4) Konsignations-WV	300			
Vorsteuer	30	**an**	Kommissionär G	330
5) Keine Buchung				
6) – Provision:				
a) Konsignations-WV	1.100			
Vorsteuer	110	**an**	Kommissionär G	1.210
– Abschluss der Konsignationswarenkonten:				
b) Konsignations-WV	15.000	**an**	Konsignations-WE	15.000
c) Konsignations-WV	5.400	**an**	GuV	5.400
– Bezahlung der Kommissionsware durch den Kommissionär:				
d) Bank	22.440	**an**	Kommissionär G	22.440

Konsignations-WE

Soll		Haben	
(1)	15.000	15.000	(6b)
	15.000	15.000	

Konsignations-WV

Soll		Haben	
(2)	200	22.000	(3)
(4)	300		
(6a)	1.100		
(6b)	15.000		
(6c)	5.400		
	22.000	22.000	

Kommissionär G

Soll		Haben	
(3)	24.200	220	(2)
		330	(4)
		1.210	(6a)
		22.440	(6d)
	24.200	24.200	

Wareneinkauf

Soll		Haben	
		15.000	(1)

Vorsteuer

Soll		Haben	
(2)	20		
(4)	30		
(6a)	110		

Mehrwertsteuer

Soll		Haben	
		2.200	(3)

Bank

Soll		Haben	
(6d)	22.440		

GuV

Soll		Haben	
		5.400	(6c)

(Vgl. hierzu die Anlage zu Teil A: **Übungsaufgabe 1**).

5.2 Partizipationsgeschäfte

Verbinden sich rechtlich und wirtschaftlich selbständige Unternehmen zur zeitlich begrenzten Erfüllung und Bewältigung von Teilaufgaben größerer, den Rahmen eines der beteiligten Unternehmen übersteigender Geschäfte, so kann dies in der Form der **Partizipations- oder Gelegenheitsgesellschaft** erfolgen. Der Hauptzweck derartiger Partizipationen oder Konsortien ist, neben der dadurch erst möglichen Geschäfts- und Arbeitsteilung, vor allem in der Risikostreuung und der Erweiterung der Kapitalbasis zu sehen; sie sind damit weder auf spezifische Aufgaben noch auf bestimmte Wirtschaftszweige beschränkt und können in allen Branchen, wie Handel, Industrie, Banken und Versicherungen, auftreten. Dennoch bilden häufig Warengeschäfte den Anlass zur Begründung solcher Zusammenschlüsse. Aufgrund der zeitlichen Begrenztheit und der Anforderungen an Vereinbarungsflexibilität sowie Anpassungsfähigkeit solcher Unternehmensverbindungen wird selten die Rechtsform einer Personenhandels- oder Kapitalgesellschaft, sondern vielmehr die der Gesellschaft bürgerlichen Rechts gewählt (§§ 705–740 BGB).

5.2.1 Das Metageschäft

Eine spezielle Form der Partizipation stellt die Metaverbindung dar, bei der sich wenigstens zwei beteiligte Unternehmen, die **Metisten,** zur gemeinsamen Abwicklung einer unbestimmten Anzahl gleichartiger Geschäfte auf gemeinsame Rechnung zusammenfinden. Jeder Metist schließt nach außen Verträge im eigenen Namen ab und erwirbt selbst das Eigentum an den gekauften Waren, so dass kein Gesellschaftsvermögen entsteht. Da die Gesellschaft zudem ohne Betrieb, Firma und eigene Rechtsfähigkeit auskommt, erscheint sie als reine Innengesellschaft mit der Folge, dass die zwischen den Metisten getätigten Umsätze ebenso wie deren Außenumsätze steuerbar sind. Die sich aus den gemeinsam vereinbarten Geschäften ergebenden Aufwendungen und Erträge werden untereinander aufgeteilt, wobei prinzipiell jede beispielsweise an Kapital- und Risikoanteilen orientierte Zurechnung denkbar und möglich ist.

Die Verbuchung der aus dem Metageschäft resultierenden Geschäftsvorfälle übernimmt normalerweise der federführende Metist **(Metaführer).** Wareneinkäufe und Bezugsaufwendungen aus dem Metageschäft werden dann auf einem **Metawareneinkaufskonto,** Warenverkäufe auf einem **Metawarenverkaufskonto** erfasst. Ein besonderes **Metaabrechnungskonto** dient sowohl der Verbuchung der durch das Metageschäft verursachten Aufwendungen als auch der Aufnahme des Warenrohgewinns nach Abschluss der Geschäfte. Über dieses Konto erfolgt auch die endgültige Abrechnung der Metisten. Zur Kontrolle der gegenseitigen Schuldverhältnisse unterhält jeder Metist ein **Metisten-(Kontokorrent-) Konto,** das entweder als Forderungs- oder als Schuldkonto erscheint.

Beispiel:

Die beiden Großhändler X und Y gehen eine Metaverbindung ein, bei der X als Metaführer fungiert. Er erhält dafür vorab 5 % des Gewinns; der restliche Gewinn wird im Verhältnis 1 : 1 aufgeteilt.

Geschäftsvorfälle:

1) X kauft Metawaren gegen Bankscheck: 20.000 + 10 % USt
2) X bezahlt Frachtkosten bar: 500 + 10 % USt
3) Metist Y überweist 10.000 auf das Bankkonto von X
4) X verkauft Metawaren für 15.000 + 10 % USt gegen Bankscheck
5) X bezahlt Versandspesen bar: 200 + 10 % USt
6) Y verkauft restliche Metawaren für 10.000 + 10 % USt
7) X bezahlt für Metaaufwand 300 + 10 % USt bar
8) X rechnet ab, teilt den Metaerfolg auf und überweist den Y zustehenden Restbetrag.

Buchungen des **Metaführers X**:

	Soll	Betrag		Haben	Betrag
1)	Metawareneinkauf	20.000			
	Vorsteuer	2.000	**an**	Bank	22.000
2)	Metawareneinkauf	500			
	Vorsteuer	50	**an**	Kasse	550
3)	Bank	10.000	**an**	Metistenkonto	10.000
4)	Bank	16.500	**an**	Metawarenverkauf	15.000
				Mehrwertsteuer	1.500
5)	Metaabrechnung	200			
	Vorsteuer	20	**an**	Kasse	220
6)	Metistenkonto	11.000	**an**	Metawarenverkauf	10.000
				Mehrwertsteuer	1.000
7)	Metaabrechnung	300			
	Vorsteuer	30	**an**	Kasse	330
8)	– Abschluss der Metawarenkonten:				
	a) Metawarenverkauf	20.500	**an**	Metawareneinkauf	20.500
	b) Metawarenverkauf	4.500	**an**	Metaabrechnung	4.500
	– Abschluss des Metaabrechnungskontos (Ermittlung des Warenrohgewinns):				
	Metaabrechnung:			Gewinn	4.000
				5 % Vorabgewinn	200
				Restgewinn	3.800
				Verteilungsschlüssel 1 : 1	1.900
	c) Metaabrechnung	4.000	**an**	GuV	2.100
				Metistenkonto	1.900
	– Überweisung des Y zustehenden Restbetrags:				
	d) Metistenkonto	900	**an**	Bank	900

Metawareneinkauf

	Soll	Haben	
(1)	20.000	20.500	(8 a)
(2)	500		
	20.500	20.500	

Metawarenverkauf

	Soll	Haben	
(8 a)	20.500	15.000	(4)
(8 b)	4.500	10.000	(6)
	25.000	25.000	

Bank			
(3)	10.000	22.000	(1)
(4)	16.500	900	(8d)

Metistenkonto			
(6)	11.000	10.000	(3)
(8d)	900	1.900	(8c)
	11.900	11.900	

Metaabrechnung			
(5)	200	4.500	(8b)
(7)	300		
(8c)	4.000		
	4.500	4.500	

Kasse			
		550	(2)
		220	(5)
		330	(7)

Mehrwertsteuer			
		1.500	(4)
		1.000	(6)

Vorsteuer			
(1)	2.000		
(2)	50		
(5)	20		
(7)	30		

GuV			
		2.100	(8c)

(Vgl. hierzu die Anlage zu Teil A: **Übungsaufgabe 2**).

5.2.2 Das Konsortialgeschäft

Auch der Zusammenschluss mehrerer Unternehmen zu einem Konsortium geschieht zum Zwecke der gemeinsamen Abwicklung einzelner, die Leistungsfähigkeit eines Unternehmens bezüglich Kapitalausstattung und Risikobereitschaft i. d. R. übersteigender Rechtsgeschäfte oder Vorhaben. Auch hierbei handelt es sich um eine nur vorübergehende Verbindung in Form der meist als BGB-Gesellschaft begründeten **Gelegenheitsgesellschaft.** Bekannt sind diese Zusammenschlüsse vor allem als Emissionskonsortien der Banken und als sog. Arbeitsgemeinschaften mehrerer Bauunternehmen zur Bewältigung umfangreicher Bauprojekte. Die Aufgabenkoordination unter den Gesellschaftsmitgliedern **(Konsorten)** übernimmt ein meist durch seinen Geschäftsanteil prädestinierter **Konsortialführer,** dem neben der allgemeinen Geschäftsführungsfunktion insbesondere das Konsortialrechnungswesen und damit die buchtechnische Geschäftsabwicklung obliegt. Der Konsortialführer erhält für diese zusätzliche Leistung entweder eine Provision oder einen Vorausanteil am Gewinn des Konsortialgeschäfts, der ansonsten nach dem Beteiligungsverhältnis an die Konsorten verteilt wird, sofern nicht spezifische Verteilungsregelungen greifen. Mit dem Abschluss des Konsortialgeschäfts wird das Konsortium aufgelöst.

Seiner großen Bedeutung wegen wird im Folgenden exemplarisch der Fall einer **Aktienemission** in seiner **buchtechnischen Behandlung** dargestellt. Analog ist der Fall einer Anleihenemission zu behandeln. Grundsätzlich sind verschiedene **Emissionsverfahren** möglich, die sich hinsichtlich der Festlegung des für den Emittenten maßgebenden Emissionspreises und, damit zusammenhängend, der Funktion des Finanzintermediärs bzw. des Emissions-Konsortiums unterscheiden (vgl. hierzu *Fischer,* Emissionsgeschäft, S. 945–963). So kann zwischen Emittent und Konsortium ein Festpreis und damit ein garantierter Emissionserlös vereinbart werden. In diesem Fall trägt das Konsortium das Platzierungsrisiko, da es die Aktien bei einer Änderung der Marktverhältnisse u. U. nicht mehr (vollständig) zum angestrebten Platzierungs- bzw. offiziellen Verkaufspreis unterbringen kann. Das Konsortium übernimmt dabei sowohl eine **Begebungs-** als auch eine **Underwriting-Funktion.** Bei Letzterer kann es sich um die Verpflichtung handeln, nicht sofort abgesetzte Aktien zu übernehmen – quotal für jeden Konsorten –, oder es werden den Konsorten bereits zu Beginn verschiedene Quoten zur Platzierung zugewiesen. Die Übernahmeverpflichtung kann in der Weise erfolgen, dass die Banken des Konsortiums das Emissionsvolumen in ihren Eigenbestand übernehmen. In diesem Fall wird das gesamte Aktienpaket auf die Konsorten verteilt, die jeweils juristisches und wirtschaftliches Eigentum an den ihnen zugeteilten Aktien erwerben. Dem Eigentumsübergang folgt die buchmäßige Erfassung der erworbenen Aktien in entsprechenden Bestandskonten der Konsorten wie bei einem gewöhnlichen Aktienkauf, wobei aus Übersichtlichkeitsgründen ggf. spezielle Konten eingerichtet werden. Übernehmen die beteiligten Banken das Aktienpaket demgegenüber nicht in ihren Eigenbestand, bleibt der Emittent zunächst weiterhin in der Verfügungsmacht über die Aktien und im Besitz der mit ihnen verbundenen Rechte. Auch wenn aufgrund der Underwriting-Vereinbarung das Preisrisiko auf das Konsortium übergeht, ist noch davon auszugehen, dass der Emittent im wirtschaftlichen Eigentum des zu emittierenden Aktienpaketes bleibt (zu den Kriterien für die Zuordnung wirtschaftlichen Eigentums vgl. Teil A, Abschn. 10.1, S. 364 ff., sowie *Adler/Düring/Schmaltz,* Rechnungslegung, § 246 HGB, Rn. 263; *Förschle/Kroner,* Bilanzkommentar § 246 HGB, Rn. 5 ff.). Folglich ist das Aktienpaket auch nicht in Bestandskonten der Konsorten zu übernehmen; allenfalls kommt eine Verbuchung im Rahmen einer Nebenbuchhaltung, z. B. auf einem Treuhand-Konto, in Betracht. Zu beachten ist allerdings, dass aus der Festpreis-Verpflichtung der Konsorten bei im Verlauf der Platzierung sinkenden Kursen ein drohender Verlust aus schwebenden Geschäften resultieren kann, der die Bildung einer Rückstellung nach § 249 Abs. 1 HGB erforderlich macht. Ferner ist die Abnahmeverpflichtung im Anhang unter dem Ausweis der sonstigen finanziellen Verpflichtungen gemäß § 285 Nr. 3a HGB zu erfassen. Für Aktienemissionen wird häufig das so genannte **Bookbuilding-Verfahren** angewandt, bei dem die Platzierungsabsicht des Emittenten bekannt gegeben und potentielle Investoren zur Abgabe von Kaufangeboten aufgefordert werden. Damit wird zwar grundsätzlich ein marktgerechter Platzierungspreis bestimmt, aus Sicht des Emittenten wird dadurch aber auch die Unsicherheit bezüglich des Gesamterlöses aus der Emission gegenüber einer Festpreisvereinbarung erhöht. Das Konsortium trägt bei diesem Emissionsverfahren kein Platzierungsrisiko. Es ist lediglich für die Begebung der Aktien zuständig, wofür es eine Provision erhält.

Buchungstechnisch ist vor allem die Emission mit Underwriting von Interesse. Der Konsortialführer richtet dabei ein **Konsortialkonto** ein, das mit den aus dem Aktienverkauf erzielten Erlösen erkannt wird. Das Konto wird mit sonstigen Aufwendungen aus dem Gemeinschaftsgeschäft belastet. Im Soll ist zudem der an den Emittenten abzuführende Emissionserlös zu buchen, der sich aus der Bewertung des veräußerten Aktienpaketes mit dem vereinbarten Festpreis ergibt. Der Saldo des Konsortialkontos gibt somit nach vollständiger Platzierung des Emissionsvolumens das Ergebnis des Emissionsgeschäftes aus Sicht des Konsortiums wieder. Die Gegenbuchung zu dem an den Emittenten abzuführenden Betrag erfolgt auf einem **Kontokorrentkonto** für Vorgänge mit dem Emittenten. Dieses wird durch die Zahlung des Emissionserlöses an den Emittenten ausgeglichen. Für jeden Konsorten wird zudem ein **Konsortialanteilskonto** geführt, das seinen Leistungsaustausch mit der Gesellschaft widerspiegelt. Für den Fall, dass die Konsorten das Emissionsvolumen in ihren Eigenbestand nehmen, ist ein Aktienbestandszugang mit einem Verbindlichkeitenzugang zu buchen.

Beispiel:

E besitzt 100 % der Aktien der (noch) nicht börsennotierten XY AG. Um dem Unternehmen eine breitere Basis für zukünftige Finanzmittelaufnahmen zu ermöglichen, wird ein Konsortium, bestehend aus der Hausbank B und den Banken C und D, zur Platzierung von Aktien an der Börse im Gesamtnennwert von 8.000.000 € beauftragt. Der Nennwert einer Aktie beträgt 1 €. Das Konsortium vereinbart einen Festpreis für die Emission des Gesamtpaketes in Höhe von 10.000.000 €. Die Aktien werden in der Folge in verschiedenen Tranchen zu jeweils marktgerechten Kursen verkauft. Die Hausbank erhält als Konsortialführer vorab 10 % des Reingewinnes. Der verbleibende Gewinn entfällt zu 50 % auf die Hausbank und zu jeweils 25 % auf die beiden anderen Banken. Ein etwaiger Verlust wird entsprechend diesen Quoten verteilt. Die Vertragsbedingungen sehen nicht vor, dass die beteiligten Banken das Aktienpaket in ihren Eigenbestand übernehmen.

Geschäftsvorfälle:

1) Die Hausbank überweist E als Vorauszahlung 4.000.000.
2) Die Hausbank verkauft Aktien im Nennwert von 5.000.000 zum Kurs von 1,34 €/Aktie. Der Veräußerungserlös geht auf ihrem Kontokorrentkonto ein.
3) Bank C verkauft Aktien im Nennwert von 1.000.000 zum Kurs von 1,40 €/Aktie.
4) Bank D verkauft Aktien im Nennwert von 2.000.000 zum Kurs von 1,38 €/Aktie.
5) Die Hausbank begleicht Verkaufsspesen in Höhe von 6.000 zzgl. 10 % USt per Überweisung.
6) E erhält eine Überweisung in Höhe des Restbetrages von 6.000.000.
7) Die Hausbank ermittelt die Gewinnanteile, rechnet mit E und seinen Geschäftspartnern ab und gleicht die Konsortialkonten aus.

Buchungen beim **Konsortialführer** (ohne Treuhand-Konto):

1) Kontokorrentkonto E	4.000.000	**an**	Bank	4.000.000
2) Bank	6.700.000	**an**	Konsortialkonto	6.700.000
3) Konsortialanteilskonto C	1.400.000	**an**	Konsortialkonto	1.400.000
4) Konsortialanteilskonto D	2.760.000	**an**	Konsortialkonto	2.760.000
5) Konsortialkonto	6.600	**an**	Bank	6.600

Da die Umsätze im Emissionsgeschäft nicht umsatzbesteuert werden (§ 4 Nr. 8 UStG, Abschn. 64 Abs. 2 UStR), ist auch ein Vorsteuerabzug nicht möglich (§ 15 Abs. 2 Nr. 1 UStG).

6) Kontokorrentkonto E	6.000.000	**an**	Bank	6.000.000
7) a) Konsortialkonto	10.000.000	**an**	Kontokorrentkonto E	10.000.000
b) Konsortialkonto	853.400	**an**	GuV (10 % Vorabgewinn)	85.340
			GuV	384.030
			Konsortialanteilskonto C	192.015
			Konsortialanteilskonto D	192.015
c) Forderungen an C	1.207.985	**an**	Konsortialanteilskonto C	1.207.985
d) Forderungen an D	2.567.985	**an**	Konsortialanteilskonto D	2.567.985

Konsortialkonto

	Soll	Haben	
(5)	6.600	6.700.000	(2)
(7 a)	10.000.000	1.400.000	(3)
(7 b)	853.400	2.760.000	(4)
	10.860.000	10.860.000	

Konsortialanteilskonto C

	Soll	Haben	
(3)	1.400.000	192.015	(7 b)
		1.207.985	(7 c)
	1.400.000	1.400.000	

Kontokorrentkonto E

	Soll	Haben	
(1)	4.000.000	10.000.000	(7 a)
(6)	6.000.000		
	10.000.000	10.000.000	

Konsortialanteilskonto D

	Soll	Haben	
(4)	2.760.000	192.015	(7 b)
		2.567.985	(7 d)
	2.760.000	2.760.000	

Bank

	Soll	Haben	
(2)	6.700.000	4.000.000	(1)
		6.600	(5)
		6.000.000	(6)

GuV

	Soll	Haben	
		85.340	(7 b)
		384.030	(7 b)

Forderungen an C

	Soll	Haben
(7 c)	1.207.985	

Forderungen an D

	Soll	Haben
(7 d)	2.567.985	

5.3 Das Abzahlungs-(Teilzahlungs-)Geschäft

Das Abzahlungsgeschäft stellt eine Finanzierungsform mit ausgeprägt akquisitorischer Zwecksetzung dar. Bei Erhalt der Ware hat der Käufer nur eine meist geringe Anzahlung auf den **Barzahlungspreis,** d. h. den Preis, den der Käufer zu entrichten hätte, wenn bei Warenübergabe der Preis in voller Höhe fällig wäre, zu leisten. Der Restbetrag kann gegen Entgelt **(Teilzahlungszuschlag)** in mehreren **Raten (Teilzahlungen)** im Verlauf einer bestimmten Kreditdauer beglichen werden **(Teilzahlungsabrede).** Im Gegensatz zum **finanzierten Abzahlungskauf,** bei dem ein Dritter, z. B. eine Bank, als Kreditgeber auftritt, werden bei Abzahlungsgeschäften die abgewickelten Warengeschäfte vom Einzelhändler bzw. Hersteller selbst finanziert. Falls die Kreditvergabe in Ausübung der gewerblichen oder beruflichen Tätigkeit des Kreditgebers erfolgt, der Kreditnehmer eine natürliche Person ist sowie weitere Bedingungen wie z. B. ein Barpreis von mindestens 200 € erfüllt werden, unterliegen Abzahlungsgeschäfte den §§ 491–504 BGB (bis zum 31. 12. 2001 im Verbraucherkreditgesetz geregelt).

Die Vereinbarung eines Abzahlungsgeschäfts ist an besondere **Schriftform**erfordernisse gebunden. Der Vertrag muss hierbei in Abweichung zu §492 Abs. 1 Satz 5 BGB zu Verbraucherdarlehensverträgen grundsätzlich die folgenden **Pflichtangaben** enthalten (§502 Abs. 1 BGB):

- Barzahlungspreis,
- Teilzahlungspreis,
- Betrag, Zahl und Fälligkeit der einzelnen Teilzahlungen,
- effektiver Jahreszins,
- Kosten einer Versicherung, die im Zusammenhang mit dem Teilzahlungsgeschäft geschlossen wird,
- Vereinbarungen eines Eigentumsvorbehalts oder einer anderen zu bestellenden Sicherheit.

Falls Unternehmen allerdings bestimmte oder alle Waren nur gegen Teilzahlungen liefern, kann die Angabe des Barzahlungspreises und des effektiven Jahreszinses unterbleiben.

Der **Teilzahlungspreis** setzt sich zusammen aus dem Gesamtbetrag von Anzahlung und allen vom Käufer zu entrichtenden Teilzahlungen einschließlich Zinsen und sonstigen Kosten (§502 Abs. 1 Nr. 2 BGB). Zur Berechnung des **effektiven Jahreszinses,** der die in einem Vomhundertsatz des Barzahlungspreises anzugebende Gesamtbelastung pro Jahr darstellen soll, ist §6 der Verordnung zur Regelung der Preisangaben (Preisangabenverordnung, PAngV) mit zugehörigem Anhang heranzuziehen. Da §492 Abs. 2 BGB sowohl für die Berechnungsmethode als auch hinsichtlich der einzubeziehenden Kosten auf die PAngV Bezug nimmt, ist davon auszugehen, dass nicht generell die gesamte Differenz zwischen Teilzahlungs- und Barzahlungspreis für die Berechnung maßgeblich ist, sondern nur solche Kosten in die Zinsberechnung einfließen, die auch nach §6 PAngV einzubeziehen sind. Dadurch sind bspw. Aufwendungen aus Bereitstellungszinsen, Notariatskosten, Kontoführungsgebühren und Kosten für Versicherungen oder Sicherheiten nicht zu berücksichtigen; ausgenommen hiervon und somit einzubeziehen sind Kosten einer vom Darlehensgeber verlangten Restschuldversicherung (im Einzelnen §6 Abs. 3 PAngV). Zudem darf sich der effektive Jahreszins im Falle einer vom Käufer geleisteten Anzahlung nicht auf den Barzahlungspreis, sondern wie beim früheren Abzahlungsgesetz lediglich auf den Barzahlungspreis abzüglich der Anzahlung, also den Nettokreditbetrag, beziehen, da Anzahlungen nach herrschender Meinung nicht in die Effektivzinsberechnung nach der PAngV einzubeziehen sind (vgl. *Kessal-Wulf,* Verbraucherkreditgesetz, S. 217, 224). Als Berechnungsmethode war bis zum Inkrafttreten der Verordnung zur Änderung der Preisangaben- und der Verpackungsverordnung (vom 28. 7. 2000, BGBl. I 2000, S. 1238 ff.) am 1. 9. 2000 noch die so genannte 360-Tage-Methode maßgebend. Dieser Methode lag die Annahme zugrunde, dass Zinsen jährlich nachschüssig zu leisten sind. Dies bedeutet, dass die Zinsen des ersten Jahres summiert dem noch nicht getilgten Kapital am Ende des Jahres zugeschlagen und unterjährige Zahlungen als Tilgungen betrachtet werden. Ab dem 1. 9. 2000 ist die im europäischen Ausland schon seit langem vorherrschende **aktuarische** oder **ISMA – (Internatio-**

nal Securities Market Association –) Methode (ehemals AIBD – (Association of International Bond Dealers –) Methode) vorgeschrieben. Dieses auch als EG-Methode bezeichnete Verfahren ist genauer als die 360-Tage-Methode, indem es den jährlichen Effektivzinssatz als den finanzmathematisch berechneten Zinssatz definiert, bei dem der Gegenwartswert der Verpflichtungen des Verbrauchers mit dem Gegenwartswert der Verpflichtungen des Darlehensgebers übereinstimmt (vgl. *Westphalen/Emmerich/Rottenburg,* Verbraucherkreditgesetz, S. 272, sowie *Blaschczok,* § 246 BGB, Rn. 278 ff., 298 ff., 308).

Die Rechtsfolgen von Formmängeln und das Rückgabe- bzw. Rücktrittsrecht sind in den §§ 502 Abs. 3, 503 i. V. m. § 495 Abs. 1 BGB geregelt.

Kommt der Verbraucher mit Zahlungen in **Verzug,** so kann der Kreditgeber im Rahmen der pauschalen Verzugsschadensermittlung für den geschuldeten Betrag **Verzugszinsen** in Höhe von 5 % über dem jeweiligen Basiszinssatz der Deutschen Bundesbank berechnen (§ 497 Abs. 1 i. V. m. § 288 Abs. 1 BGB). Ein Schuldner gerät in Zahlungsverzug, falls er nicht zu einem nach dem Kalender bestimmten Zeitpunkt leistet oder wenn er durch Mahnung nach Fälligkeit zur Zahlung aufgefordert wird. Der Regelverzugszins ist während des Verzugs je nach der Änderung des Basiszinssatzes anzupassen. Der **geschuldete Betrag** umfasst grundsätzlich nicht nur die Hauptschuld oder das Darlehenskapital, sondern auch die Zinsen und sonstigen Kosten oder die **Kosten der Rechtsverfolgung** (insbesondere Kosten eines **gerichtlichen Mahnverfahrens,** Prozess- und Vollstreckungskosten). Zu beachten ist aber, dass z. B. die Rechtsverfolgungskosten erst mit diesem Zinssatz zu verzinsen sind, wenn der Verbraucher durch **Mahnung** in Verzug gerät; vorher können im Kostenfestsetzungsverfahren titulierte Beträge nur mit 4 % verzinst werden (§ 104 Abs. 1 bzw. § 105 Abs. 2 ZPO). Die nicht gerichtlich festgestellten Kosten, z. B. die Kosten in **Zwangsvollstreckungsverfahren,** sind, so lange kein Verzug eintritt, nicht zu verzinsen. Die Zinsen auf fällige Rechtsverfolgungskosten sind nicht gesondert zu behandeln, sondern den Rechtsverfolgungskosten zuzurechnen. Da von den 5 % Zuschlag zum Basiszinssatz 2 % mit der Abdeckung des Verwaltungsaufwands begründet sind, können bei Verzug des Verbrauchers neben dem **pauschalen Verzugszins** nicht noch der Ersatz besonderer Aufwendungen für Mahnungen und Aufforderungen oder besondere Kosten einer Rechtsabteilung, die in einem Betrieb durch die Bearbeitung notleidend gewordener Forderungen entstehen, geltend gemacht werden. Mahngebühren können aber auch bei pauschaler Verzugsschadensberechnung so lange separat geltend gemacht werden, wie noch kein Verzug vorliegt oder Verzugszinsen nicht berechnet werden (vgl. *Münstermann/Hannes,* Verbraucherkreditgesetz, S. 389). Anstelle der pauschalen Schadensermittlung bietet sich die Möglichkeit, den **Schaden** (z. B. anhand entstandener Aufwendungen) **konkret nachzuweisen;** eine gleichzeitige teilweise pauschale und teilweise konkrete Schadensermittlung oder ein Wechsel der generellen Schadensermittlungsmethode zu Lasten des Verbrauchers ist aber unzulässig. Hinsichtlich der Verzugszinsen darf ein zusätzlicher nach § 286 Abs. 1 BGB i. V. m. § 289 Satz 2 BGB gegebener Verzugsschaden nur bis zur Höhe des gesetzlichen Zinssatzes von 4 % (§ 246 Abs. 1 BGB) oder ggf. 5 % (§ 352 HGB) pro Jahr geltend gemacht werden (**Zinseszinsbeschränkung;** § 497 Abs. 2 Satz 2 BGB

i. V. m. § 289 BGB). Es ist aber davon auszugehen, dass der Verbraucher mit den rückständigen Verzugszinsen nur in Verzug kommt, wenn er jeweils nach Fälligkeit der einzelnen Zinsen gemahnt worden ist. Deshalb ist fraglich, ob § 497 Abs. 2 Satz 2 BGB jemals praktische Bedeutung erlangen wird (vgl. *Westphalen/ Emmerich/Rottenburg,* Verbraucherkreditgesetz, S. 556 f.). Des Weiteren müssen spätere Zahlungen (Teilleistungen) des Verbrauchers für den fälligen Teil der Schuld, im Gegensatz zu § 367 BGB, zunächst auf die Kosten der Rechtsverfolgung, dann auf den übrigen geschuldeten Betrag und zuletzt auf die (Verzugs-) Zinsen angerechnet werden (§ 497 Abs. 3 Satz 1 BGB).

Der Kreditgeber kann bei wiederholt ausbleibenden Zahlungen den Kreditvertrag **kündigen** und damit gesamtfällig stellen, nach § 325 BGB (Schadensersatz wegen Nichterfüllung) vorgehen, vom Vertrag **zurücktreten** oder die verkaufte Ware gegen Vergütung des gewöhnlichen Verkaufspreises wieder an sich nehmen. Die folgenden **Bedingungen** müssen aber zuvor erfüllt sein (§ 498 Abs. 1 BGB):

- Der Verbraucher ist mit mindestens zwei aufeinander folgenden Teilzahlungen ganz oder teilweise und bei Kreditlaufzeiten bis zu 3 Jahren mit mindestens 10 %, ansonsten 5 % des Teilzahlungspreises in Verzug.
- Der Kreditgeber hat erfolglos eine zweiwöchige Zahlungsfrist gesetzt und dabei angedroht, bei Nichtzahlung den gesamten Restbetrag zurückzufordern, sowie ggf. ein Gespräch über eine gütliche Einigung angeboten.

Da bei Warengeschäften mit Teilzahlungsabrede die Kündigung und das Vorgehen nach § 325 BGB weniger gebräuchlich ist, werden diese Verfahren hier nicht weiter erörtert. Tritt der Kreditgeber vom Vertrag zurück, so sind im Rahmen des **Abwicklungsverhältnisses** beide Parteien zur Rückgewähr der beiderseitigen Leistungen verpflichtet, wobei die Verpflichtungen Zug um Zug zu erfüllen sind. Der Kreditgeber kann aber den Ersatz seiner infolge des Vertrages gemachten Aufwendungen sowie eine Nutzungsvergütung für den Gebrauch der Ware verlangen (§ 503 Abs. 2 Satz 2 und 3 BGB i. V. m. §§ 346 ff. BGB). Ist die Bemessung einer Nutzungsvergütung schwieriger als die Feststellung des gewöhnlichen Verkaufswertes, so bietet § 503 Abs. 2 Satz 4 BGB eine vereinfachte Form der Rückabwicklung. Der Kreditgeber muss sich dabei mit dem Käufer auf eine Vergütung für die wieder an sich genommene Sache in Höhe ihres gewöhnlichen Verkaufswertes im Zeitpunkt der Wegnahme einigen. Da der Käufer aber auch nach Wegnahme zur Zahlung des Kaufpreises zuzüglich etwaiger Verzugsschadensansprüche verpflichtet ist, werden de facto die bisherigen Teilzahlungen, eine evtl. geleistete Anzahlung und der zu vergütende Verkaufspreis mit den Forderungen des Kreditgebers verrechnet. Ein verbleibender Differenzbetrag ist entsprechend zu begleichen. Abschließend sei noch auf die ab 1. 1. 1992 gültige Sonderregelung für das **gerichtliche Mahnverfahren** bei Verbraucherkrediten hingewiesen (§ 690 Abs. 1 Nr. 3 ZPO; im Einzelnen s. *Scholz,* Mahnverfahren, S. 127 ff.).

Der Verbraucher kann mittels Zahlung des gesamten verbleibenden Betrages das Abzahlungsgeschäft **vorzeitig beenden.** Falls im Voraus Zinsen und sonstige Kosten in den Teilzahlungspreis eingerechnet wurden, hat der Verbraucher grundsätzlich einen Anspruch auf **Vergütung** derjenigen **Zinsen** und sonstigen laufzeitabhängigen Kosten (beides wird i. d. R. als **Kreditgebühren** bezeichnet), die bei staffelmäßiger Berechnung auf die Zeit nach der vorzeitigen Erfüllung entfallen. Die Rückerstattung für den Verbraucher ist aber insoweit eingeschränkt, als der Kreditgeber Zinsen und laufzeitabhängige Kosten für die ersten neun Monate einer ursprünglich längeren Laufzeit auch dann verlangen kann, wenn der Verbraucher seine Verbindlichkeit vor Ablauf dieses Zeitraums erfüllt (§ 504 BGB). Zur Berechnung der Ansprüche des Verbrauchers wird häufig eine der folgenden Formeln verwendet (vgl. *Blaschczok,* § 246 BGB, Rn. 313 f.; die Zinsstaffelmethode ablehnend LG Stuttgart v. 7. 8. 1992, NJW 1993, S. 208):

1) **Vereinfachte Zinsstaffelmethode:**

$$\frac{\text{Nettokreditbetrag} \times \text{Restlaufzeit}^2 \times \text{Monatssatz an Kreditgebühren in \%}}{\text{Ursprungslaufzeit} \times 100}$$

2) **Sog. 78er-Methode:**

$$\frac{\text{Gesamtkreditgebühr} \times \text{Restlaufzeit} \times (\text{Restlaufzeit} + 1)}{\text{Ursprungslaufzeit} \times (\text{Ursprungslaufzeit} + 1)}$$

Abzahlungsgeschäfte erstrecken sich normalerweise über einen längeren Zeitraum und betreffen einen vielfältigen, ständig wechselnden Kundenkreis. Daraus ergeben sich buchtechnische Besonderheiten, denen am zweckmäßigsten mit spezifischen Buchführungsformen, wie der Loseblattbuchführung oder der Offene-Posten-Buchführung, entsprochen werden kann; dabei sind die jeweils maßgeblichen Anforderungen an deren Ordnungsmäßigkeit zu berücksichtigen (vgl. hierzu Teil A, Abschn. 15.4, S. 656 ff.). An dieser Stelle geht es ausschließlich um die kontenmäßige Erfassung und Aufzeichnung des auf Teilzahlungsbasis abzuwickelnden Warengeschäfts, welches von Einzelhändlern bzw. Herstellern selbst finanziert wird.

Zur besseren Überwachung der Fälligkeiten der einzelnen Raten und zur Unterstützung des Mahnwesens wird auf zwei getrennten Abzahlungsforderungskonten gebucht: auf den Konten **„Nicht fällige Hauptforderungen"** und **„Geschuldete Hauptforderungen"**. Zwischen beiden Konten wird umgebucht, sobald eine Teilzahlungsrate vertragsgemäß fällig wird. Kommt der Schuldner mit den zu leistenden Zahlungen in Verzug, so ergibt sich aus den Kontierungs-, Verzinsungs- und Anrechnungsregelungen des BGB und der ZPO ein nicht unerheblicher buchungstechnischer Aufwand. Nach Eintritt des Verzuges können nämlich für die vom Verbraucher zu erstattenden Beträge die folgenden Unterkonten notwendig bzw. empfehlenswert werden (*Scholz,* Verbraucherkreditgesetz, S. 218):

- geschuldete (in Verzug befindliche) Hauptforderung,
- unverzinsliche Kosten der Rechtsverfolgung,
- verzinsliche Kosten der Rechtsverfolgung,
- Zinsen auf die Kosten der Rechtsverfolgung (mit 4 % p. a. festzusetzen),
- Verzugszinsen auf Hauptforderung (Basiszinssatz + 5 %),
- Zinsen auf Verzugszinsen (4 % bzw. 5 % der Verzugszinsen),
- sonstige Kosten (noch nicht fällig).

Darüber hinaus besteht ggf. die Notwendigkeit, anfallende Kosten, die durch den 5%-Aufschlag auf den Basiszinssatz als gedeckt gelten und somit nicht vom Verbraucher zusätzlich zu erstatten sind, auf einem weiteren gesonderten Konto zu erfassen oder als sonstigen betrieblichen Aufwand zu verbuchen.

Umsatzsteuerlich erbringt der Verkäufer bei einem Abzahlungsgeschäft im Sinne des ehemaligen § 1a des Abzahlungsgesetzes zwei Leistungen, und zwar einerseits die Warenlieferung und andererseits die Bewilligung der Teilzahlung gegen gesondert vereinbartes und berechnetes Entgelt (BFH vom 18. 12. 1980, BStBl. II 1981, S. 197). Die Zuschläge zum Barzahlungspreis aufgrund der Teilzahlungsvereinbarung sind daher Entgelt für eine gesondert zu beurteilende Kreditleistung und somit nach § 4 Nr. 8 UStG umsatzsteuerfrei (Abschn. 29a Abs. 1 UStR; Optionsmöglichkeit nach § 9 UStG). Im Falle des Verzugs zu zahlende Zinsen, Kosten und Vergütungen sind als Schadensersatz zu behandeln und damit nicht umsatzsteuerpflichtig.

Beispiel 1:

Die Firma A verkauft ein Fernsehgerät für 2.750 brutto (Barzahlungspreis) an den Kunden K zu folgenden Zahlungsbedingungen: Die Anzahlung beträgt 350, der Restbetrag wird mit 6 % p. a. verzinst, einmalige Bearbeitungsgebühr 48, Bezahlung in 18 Monatsraten jeweils am Ersten der folgenden Monate.

Barzahlungspreis (brutto)	2.750
– Anzahlung	350
Restkaufsumme	2.400
+ 6 % Zins für 18 Monate (6 % · 1,5 · 2.400)	216
+ Bearbeitungsgebühr	48
Teilzahlungsforderung	2.664
Monatliche Rate	148

Firma A wird bei Verzug Zinsen auf den rückständigen Betrag i. H. v. 5 % über dem Basiszinssatz separat in Rechnung stellen. Liegen die Voraussetzungen für einen Rücktritt vor, so gilt als vereinbart, dass A stattdessen die Sache gegen Gutschrift ihres gewöhnlichen Wiederverkaufspreises wieder an sich nimmt. Die Gutschrift und etwaige Zahlungen des Käufers werden, falls nötig, zunächst auf die etwaigen verzugsbedingten Kosten, dann auf den Kreditbetrag und zuletzt auf offene Verzugszinsen verrechnet.

Geschäftsvorfälle:

1) Am 1. 4. 09 wird der Fernseher geliefert und K bezahlt 350 bar
2) Vom 1. 5. 09 bis 1. 11. 09 zahlt K pünktlich die monatlichen Raten
3a) Am 1. 12. 09 bezahlt K den gesamten noch offenen Betrag vorzeitig zurück
3b) Am 1. 12. 09 und 1. 1. 10 werden Raten fällig, K kann aber nicht bezahlen
3ba) A mahnt die ausstehenden Zahlungen am 7. 12. 09, 21. 12. 09 sowie 7. 1. 10 und berechnet nach ausbleibendem Erfolg am 1. 1. 10 für den vorausgegangenen Monat Verzugszinsen in Höhe von 12 % (Basiszinssatz 7 % plus 5 %) p. a. Die Aufwendungen betragen 5 pro Mahnung (2 Auslagen u. 3 zuvor verbuchte sonstige Aufwendungen z. B. für Büromaterial). In der Mahnung vom 7. 1. droht A dem K an, dass er nach erfolglosem Ablauf der zweiwöchigen Zahlungsfrist das Fernsehgerät gegen Vergütung des gewöhnlichen Verkaufspreises wieder an sich nehmen würde.
3bb) A erhält nach einem erfolglos verlaufenen Gespräch das Gerät am 1. 2. 10 wieder zurück und vergütet K den gewöhnlichen Wiederverkaufspreis in

Höhe von 2.090 brutto. Noch verbleibende Ansprüche bzw. Verbindlichkeiten werden jeweils sofort beglichen.

Verbuchung:

	Soll	Betrag		Haben	Betrag
1)	Kasse	350			
	Nicht fällige Hauptforderungen	2.664	**an**	Warenverkauf	2.500
				Sonstige Zinsen u. ä. Erträge	216
				Sonst. betr. Erträge	48
				Mehrwertsteuer	250

2) In der Zeit zwischen 1. 5. 09 und 1. 11. 09 wird jeweils am Monatsbeginn gebucht

Soll	Betrag		Haben	Betrag
Geschuldete Hauptforderungen	148	**an**	Nicht fällige Hauptforderungen	148
Kasse	148	**an**	Geschuldete Hauptforderungen	148

3a) Nach der 78er-Methode und unter Berücksichtigung der Tatsache, dass A nach § 504 BGB für die ersten 9 Monate Zinsen verlangen kann, berechnet sich die Zinsvergütung wie folgt:

Die noch zu zahlende Restschuld beträgt:

Teilzahlungspreis	3.014
– Anzahlung	350
– Raten (7 × 148)	1.036
– Zinsvergütung	56,84
Restschuld	1.571,16

Soll	Betrag		Haben	Betrag
Kasse	1.571,16			
Sonstige Zinsen u. ä. Erträge	56,84	**an**	Nicht fällige Hauptforderungen	1.628

3 b) Am 1. 12. 09 und 1. 1. 10 wird jeweils gebucht

Soll	Betrag		Haben	Betrag
Geschuldete Hauptforderungen	148	**an**	Nicht fällige Hauptforderungen	148

3 ba)

Soll	Betrag		Haben	Betrag
Sonstiger betriebl. Aufwand	2	**an**	Bank	2
Sonstiger betriebl. Aufwand	2	**an**	Bank	2
Verzugszinsen auf Hauptforderungen	1,48	**an**	Sonstige Zinsen u. ä. Erträge	1,48
Sonstiger betriebl. Aufwand	2	**an**	Bank	2

3 bb) Es sind die folgenden Ansprüche gegeneinander aufzurechnen:

Ansprüche des A

Teilzahlungspreis	3.014
Verzugszinsen	4,44
	3.018,44

Ansprüche des K gewöhnlicher Wiederverkaufspreis	2.090			
Zinsrückvergütung (8 Monate, Vergütung nach § 504 BGB, da das Schuldverhältnis weiterbesteht)	45,47			
	2.135,47			
von A zu beanspruchender Differenzbetrag	882,97			882,97
von K bereits geleistete Zahlungen	350			
	1.036			1.386
	1.386			503,03
Rückvergütung A an K				
Warenverkauf	1.900			
Mehrwertsteuer	190			
sonstige Zinsen u. ä. Erträge	45,47	**an**	Nicht fällige Hauptforderungen	1.332
			Geschuldete Hauptforderungen	296
			Verzugszinsen auf Hauptforderungen	1,48
			Sonstige Zinsen u. ä. Erträge	2,96
			Kasse	503,03

Es zeigt sich also, dass hier die Vereinbarung einer pauschalen Verzugsschadensermittlung für das Unternehmen ungünstig ist.

Beispiel 2:

Grundsachverhalt wie in Beispiel 1, jedoch behält sich A die Möglichkeit vor, nach Eintritt des Verzugs pauschale Verzugszinsen erst ab einer entsprechenden Benachrichtigung zu erheben sowie bis dahin die Aufwendungen für eventuelle Mahnungen zu berechnen. Für den Fall eines Rücktritts des A wird die Abwicklung nach § 503 Abs. 2 Satz 2 und 3 BGB i. V. m. §§ 346 ff. BGB vereinbart.

Geschäftsvorfälle:

3ba) A mahnt die ausstehenden Zahlungen am 7. 12. 09, 21. 12. 09 sowie 7. 1. 10 und berechnet anstelle von Verzugszinsen Aufwendungen in Höhe von 5 pro Mahnung (2 Auslagen u. 3 zuvor verbuchte sonstige Aufwendungen). In der Mahnung vom 7. 1. droht A dem K an, dass er nach erfolglosem Ablauf der zweiwöchigen Zahlungsfrist vom Vertrag zurücktreten wird.

3bb) Nach einem erfolglos verlaufenen Gespräch wird der Vertrag entsprechend den §§ 346 ff. BGB rückabgewickelt. Die dem A nach §§ 503 Abs. 2 Satz 2 und 3; 347 i. V. m. 987 BGB zustehende Nutzungsvergütung beträgt 770 inkl. MwSt. Daneben muss K die entstandenen Aufwendungen des A ersetzen. Noch verbleibende Ansprüche bzw. Verbindlichkeiten werden jeweils sofort beglichen.

Verbuchung:

3 b) Buchungen wie in Beispiel 1

3 ba) A bucht bei jeder Mahnung

Soll	Betrag		Haben	Betrag
Geschuldete Hauptforderungen	5	**an**	Bank	2
			Sonstige betriebliche Erträge	3

3 bb) K gibt den Fernsehapparat zurück

Soll	Betrag		Haben	Betrag
Warenverkauf	2.500			
sonstige Zinsen u. ä. Erträge	216			
Sonst. betr. Erträge	48			
Mehrwertsteuer	250	**an**	Geschuldete Hauptforderungen	3.014

A erhält die Nutzungsvergütung sowie den Aufwendungsersatz; der entstehende Differenzbetrag zu den Zahlungen des K wird ausgeglichen.

Soll	Betrag		Haben	Betrag
Geschuldete Hauptforderungen	2.703	**an**	Nicht fällige Hauptforderungen	1.332
			Sonst. betr. Erträge	700
			Kasse	601
			Mehrwertsteuer	70

5.4 Das Nachnahmegeschäft

Nachnahmelieferungen sind vor allem im Bereich der Warenzustellung durch den Versandhandel typisch: Die Ware wird überwiegend im Postversand an private Haushalte geliefert, wobei der Kaufpreis durch Nachnahme erhoben wird. Unter Nachnahme ist die gebührenpflichtige Anweisung an den Beförderer der Ware zu verstehen, diese dem Empfänger nur gegen Zahlung des Nachnahmebetrages zu übergeben. Im Bahnverkehr wird die Anweisung durch Eintragung in den Frachtbrief erteilt; bei der Post handelt es sich um ein **Einziehungsverfahren** bei Aushändigung von freigemachtem Postgut (Nachnahmesendung). Das Nachnahmegeschäft gehört zu den Universaldienstleistungen im Postgeschäft (§ 11 PostG i. V. m. § 1 PUDLV). Dabei haftet das Postunternehmen dem Absender dafür, dass der Nachnahmebetrag bei der Auslieferung der Sendung eingezogen und ordnungsgemäß übermittelt wird. Anstelle der früher jeder Sendung zu diesem Zweck beigefügten Zahlkarte sehen die Allgemeinen Geschäftsbedingungen der Deutschen Post AG heute die Beifügung eines entsprechend ausgefüllten Übermittlungsbeleges vor.

Bei einer Nachnahmelieferung hat der Besteller beim Empfang der Sendung neben dem reinen Warenwert auch eine Reihe von Gebühren zu entrichten **(Nachnahmespesen).** Für die Berechnung des Nachnahmebetrages ist ausschlaggebend, wer die entstehenden Versandkosten trägt; in der Regel wird das der Empfänger der Ware (Kunde) sein. Bei einer Paketsendung setzen sich die Nachnahmespesen zusammen aus der bei Aufgabe der Sendung zu entrichtenden Beförderungsgebühr (Paketgebühr), der Nachnahme(post)gebühr (Vorzeigegebühr) sowie der für die Geldüberweisung in Rechnung gestellten Gebühr.

Außerdem muss der Empfänger (Kunde) die Paketzustellgebühr entrichten, die jedoch nicht im Nachnahmebetrag erscheint. **Umsatzsteuerrechtliches** Entgelt ist der vom Empfänger der Ware (Besteller) entrichtete Nachnahmebetrag, ungeachtet einer Kürzung um die Überweisungs- oder Postanweisungsgebühr für die Rücküberweisung durch das Postunternehmen. Das umsatzsteuerliche Entgelt deckt sich also nicht mit dem zivilrechtlichen Preis (BFH v. 13. 12. 1973, BStBl. II 1974, S. 191 f.).

Folgende Schritte sind bei der Aufzeichnung durch den Versender (Lieferant) zu unterscheiden:

1) Berechnung des **Nachnahmebetrages** (Kunde trägt Versandkosten):

Warenwert	197
Verpackung	4
Paketporto (Beförderungsgebühr)	6
Nachnahmegebühr	2
Überweisungsgebühr	1
	210
10 % USt	21
Betrag auf der Nachnahmekarte	231
Überweisungsbetrag	230

Der Kunde hat den Betrag auf der Nachnahmekarte zu entrichten; davon wird dem Versender der Betrag von 230 auf dessen Postbank(giro-)konto gutgeschrieben. Die Überweisungsgebühr (Postanweisungsgebühr) erhält das Postunternehmen für die Geldüberweisung.

2) Verbuchung der Nachnahmesendung:

Zur Kontrolle über die laufenden Nachnahmegeschäfte empfiehlt sich die Einrichtung eines speziellen Forderungskontos **„Nachnahme-Forderungen"**, auf dem die ausgehenden Nachnahmesendungen mit dem Überweisungsbetrag gebucht werden.

a) Bezahlung der verauslagten Paket- und Nachnahmegebühren:

Versandkosten/Porto	8	**an**	Kasse	8

b) Versendung der Nachnahmelieferung:

Nachnahme-Forderungen	230	**an**	Warenverkauf	197
			Versandkosten	12
			Mehrwertsteuer	21

(Trägt der Verkäufer die Verpackungs- und Versandspesen, dann vermindert sich der Nachnahmebetrag entsprechend; der Verkäufer belastet das Konto Versandkosten mit den ihm entstandenen Kosten.)

Beim **Empfänger** (Kunde) der Ware gehören die Gebühren für Nachnahmesendungen bezüglich Verbuchung und Verrechnung zu den Beschaffungsaufwendungen. Damit sind zwei Möglichkeiten buchungstechnischer Erfassung gegeben: Lastschrift Warenwert einschließlich Nachnahmegebühr auf Wareneinkaufskonto oder: Lastschrift Warenwert auf Wareneinkaufskonto und Nachnahmegebühr auf Konto Warenbezugskosten.

3) Einlösung der Nachnahme:

Bei Annahme der Ware und Bezahlung des Nachnahmebetrages durch den Kunden überweist das Postunternehmen unter Einbehaltung der Überweisungsgebühr den Überweisungsbetrag an den Absender. Dieser bucht den Zahlungseingang in Höhe von 230 wie folgt:

Postbank(giro-)guthaben	230	**an**	Nachnahme-Forderungen	230

4) Nichteinlösung der Nachnahme:

Verweigert der Kunde die Annahme der Nachnahmesendung, dann schickt das Postunternehmen die Ware an den Absender zurück. Dieser hat dann die Rücksendungskosten zu tragen. Das löst folgende Buchung aus (Auslagen für Warenrücksendung: 4):

Warenverkauf	197			
Versandkosten	12			
Mehrwertsteuer	21	**an**	Nachnahme-Forderungen	230
Versandkosten	4	**an**	Kasse	4

Ergänzende Literatur zu: 5 Sonderfälle des Warenverkehrs

Bolk/Reiß, Kommissionsgeschäft, S. 385–391
Falterbaum/Bolk/Reiß/Kirchner, Buchführung, S. 336–344
Hahn/Werner, Bilanzsicherheit, Teil A, S. 81–89; 345–357
Juretzek, Umsatzsteuergesetz, S. 10 f.
Klimmer, Buchführung, S. 310–313; 313–322; 322–329
Kresse/Püschel, Fallkommentar, S. 10/19; 10/20 f.
Lehmann, Konsortial- und Partizipationsgeschäfte, Sp. 827–833
Münstermann/Hannes, Verbraucherkreditgesetz, S. 1–178; 371–481
Scholz, Verbraucherkreditgesetz, S. 215–219
Tanski, Kommissionsgeschäfte, S. 129–156
Weiss, Kommissionsgeschäft, S. 184–188

6 Wechselgeschäfte

6.1 Grundsachverhalte des Wechsels

In Verbindung mit Warengeschäften kommt es häufig vor, dass der Kunde den eingeforderten Rechnungsbetrag nicht sofort bezahlen kann und deshalb eine Kreditierung wünscht. Nur selten kann der Betrieb in diesem Falle die Finanzierungsfunktion durch Einräumung eines längerfristigen Zahlungsziels selbst übernehmen. Üblicherweise wird dann die Warenforderung in eine Wechselforderung transformiert: An das Warengeschäft schließt sich ein Wechselgeschäft an. Dabei finden Wechselgeschäfte ihre Begründung nicht nur aus der Geschäftsverbindung zwischen Betrieb und Kunde **(Besitzwechsel)**, sondern auch aus der Verbindung zwischen Betrieb und Lieferant **(Schuldwechsel, Akzept)**; Letztere dienen dann der Finanzierung der Warenbezüge. Die sich aus dem Wechselverkehr ergebenden Forderungen und Verbindlichkeiten sind streng von anderen Ansprüchen aus Schuldverhältnissen zu trennen; sie dürfen nicht gegenseitig aufgerechnet werden.

Dem Wesen nach ist der Wechsel ein an besondere Formerfordernisse (Wechselformular) gebundenes, schuldrechtliches Wertpapier, das ein Zahlungsversprechen enthält und in dem der Aussteller des Wechsels den zur Zahlung Verpflichteten (Bezogener oder Wechselschuldner) anweist, eine bestimmte Geldsumme an den Zahlungsempfänger (Wechselnehmer oder Remittent) zu zahlen **(gezogener Wechsel oder Tratte)**. Als Zahlungsempfänger können auf der Vorderseite des Wechsels entweder ein Dritter oder der bzw. die Aussteller selbst (Wechsel an eigene Order) genannt sein. Im Normalfall stellt der Warenlieferant den Wechsel aus, während der Kunde den Wechsel durch seine Unterschrift anerkennt („Querschreiben") und sich dadurch verpflichtet, den Wechsel bei Fälligkeit (i. d. R. 90 Tage nach der Ausstellung) einzulösen, d. h. die Wechselsumme an den Aussteller oder aber an einen bestimmten Dritten zu bezahlen. Der Aussteller haftet beim gezogenen Wechsel, falls er diesen weitergibt, jedoch als Rückgriffsschuldner. Zur Verdeutlichung dieser Sachverhalte sind auf der folgenden Seite ein gezogener Wechsel sowie die gesetzlichen Bestandteile nach Art. 1 WG, deren Fehlen den Wechsel unter Umständen nichtig macht („Wechselstrenge"), dargestellt. Verpflichtet sich dagegen der Aussteller selbst zur Zahlung der Wechselsumme, so liegt ein sog. **eigener Wechsel oder Solawechsel** vor. Grundsätzlich hat der Wechselnehmer drei Möglichkeiten, den Wechsel zu verwerten:

- **Aufbewahrung** des Wechsels im Portefeuille und Vorlage zur Zahlung gegenüber dem Bezogenen am Verfalltag;
- **Verkauf** des Wechsels vor Verfall an die Hausbank (Diskontierung) unter Abzug des auf die Zeitspanne zwischen Einreichung und Fälligkeit entfallenden Wechselzinses (Diskont);

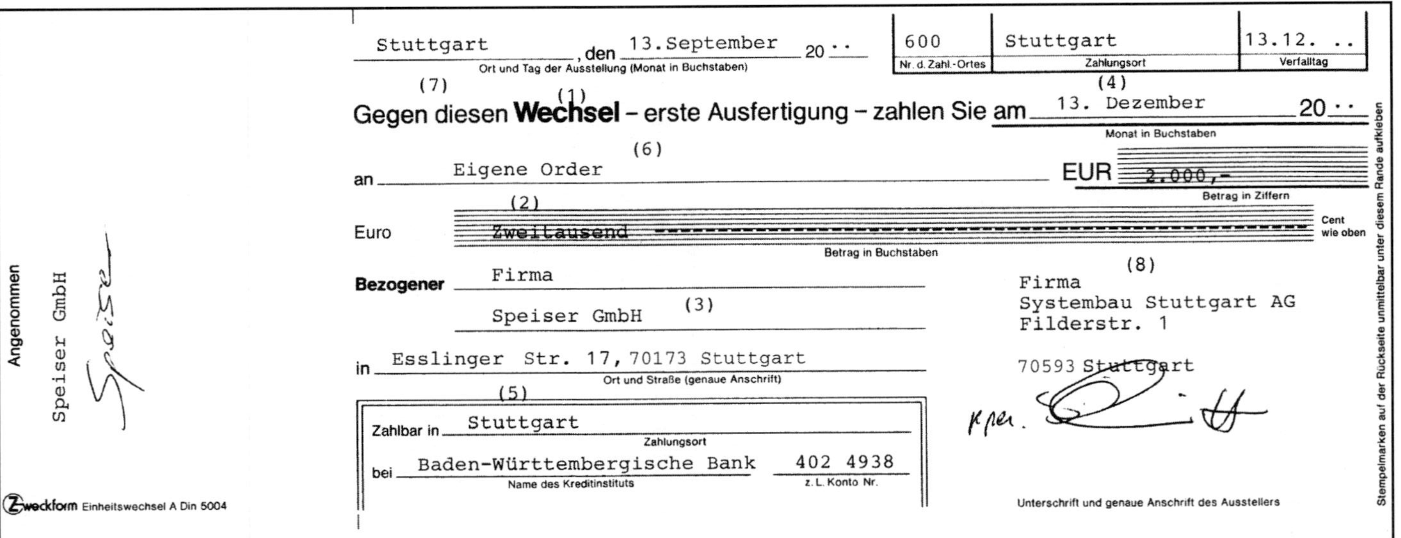

Stuttgart, den 13.September 20..
Ort und Tag der Ausstellung (Monat in Buchstaben)
(7)

600	Stuttgart	13.12. ..
Nr. d. Zahl.-Ortes	Zahlungsort	Verfalltag

(1) (4)
Gegen diesen **Wechsel** – erste Ausfertigung – zahlen Sie am 13. Dezember 20..
Monat in Buchstaben

(6)
an Eigene Order EUR 2.000,–
Betrag in Ziffern

(2)
Euro Zweitausend Cent wie oben
Betrag in Buchstaben

Bezogener Firma
Speiser GmbH (3)

in Esslinger Str. 17, 70173 Stuttgart
Ort und Straße (genaue Anschrift)

(5)
Zahlbar in Stuttgart
Zahlungsort
bei Baden-Württembergische Bank 402 4938
Name des Kreditinstituts z. L. Konto Nr.

(8)
Firma
Systembau Stuttgart AG
Filderstr. 1
70593 Stuttgart
Unterschrift und genaue Anschrift des Ausstellers

Angenommen
Speiser GmbH

Stempelmarken auf der Rückseite unmittelbar unter diesem Rande aufkleben

Zweckform Einheitswechsel A Din 5004

Wechselformular

(1) Das Wort „Wechsel" im Text der Urkunde (Wechselklausel).
(2) Die unbedingte Anweisung, eine bestimmte Geldsumme zu zahlen.
(3) Name der Person oder Firma, die zahlen soll (Bezogener)
(4) Die Verfallzeit gibt an, wann die Wechselsumme gezahlt werden soll.
(5) Angabe des Zahlungsortes, d. h. der Ort, an dem die Zahlung erfolgen soll.
(6) Name des Wechselnehmers (Remittenten), an den oder an dessen Order gezahlt werden soll.
(7) Ausstellungstag und Ausstellungsort.
(8) Unterschrift des Ausstellers (Trassant)

Gesetzliche Bestandteile des Wechsels

– **Weitergabe** des Wechsels an einen Lieferanten zur Begleichung eigener Schulden (Indossierung, s. nachfolgende Abb.).

Für uns an die Order der Firma Leinenweberei Südwest AG Esslingen Stuttgart,den 20.September 2001 Systembau Stuttgart AG	Namensindossament oder Vollindossament Der Indossant vermerkt den Namen des Indossatars.
Für uns an die Firma Eigner & Gesell OHG Heilbronn Ohne Obligo Esslingen,den 23.September 2001 Leinenweberei Südwest AG	Angstindossament Die Wechselhaftung wird durch den Vermerk „ohne Obligo" (ohne Haftung) ausgeschlossen.
Für mich an die Firma Im- und Export Häberlein & Co.KG Ulm Nicht an dessen Order Heilbronn,den 01.Oktober 2001 Eigner & Gesell OHG	Rektaindossament Durch die negative Orderklausel „nicht an dessen Order" wird die Weitergabe des Wechsels ausgeschlossen. Der Wechsel ist direkt beim Bezogenen einzulösen (recta via, lat. = gerader Weg).
Für mich an die Landesbank Stuttgart Zum Einzug Im- und Export Häberlein & Co.KG	Inkassoindossament Die Bank erwirbt nicht das Eigentum an dem Wechsel. Sie ist lediglich zum Einzug legitimiert.

Beispiel für eine Indossamentenkette auf der Rückseite des Wechsels

Aus wirtschaftlicher Sicht stellt der Wechsel damit sowohl ein Instrument zur Gewährung und Sicherung kurzfristiger Kredite als auch ein echtes Zahlungsmittel dar (zu den ökonomischen Funktionen des Wechsels ausführlich *Eisele*, Wechsel, Sp. 2203–2210). Dies wird auch bei der bilanzmäßigen Behandlung von Besitzwechseln nach dem Handelsgesetzbuch deutlich. Besitzwechsel werden nämlich nicht unter einer eigenständigen Position ausgewiesen: Liegt den Wechseln ein Warengeschäft zugrunde, sind sie unter den entsprechenden Forderungspositionen zu erfassen, verbriefen sie dagegen nur ein reines Finanzierungsgeschäft (Finanzwechsel), so sind sie unter der Position „sonstige Wertpapiere" auszuweisen.

Mit der Einführung des Europäischen Systems der Zentralbanken (ESZB) und als dessen Kern der Europäischen Zentralbank am 1. 1. 1999 hat der Wechsel hinsichtlich seiner Zahlungs- und Kreditmittelfunktion substantiell an Bedeutung verloren. Während bis zu diesem Zeitpunkt die Rediskontierung von Wechseln durch die Deutsche Bundesbank noch zu einem zentralen Element ihrer Geldmengensteuerung gehörte, wurde die Diskontpolitik nicht in das geldpolitische Instrumentarium des ESZB übernommen. Längerfristige Refinanzierungsgeschäfte am offenen Markt bestimmen seither den geldpolitischen Leitzins für die Euro-Währung. Handelswechseln kommt in diesem Zusammenhang noch die Funktion eines Sicherungsmittels zu, da sie als Sicherheiten für die Refinanzierungsgeschäfte von der Deutschen Bundesbank im Rahmen der von ihr festzulegenden Kategorie-II-Sicherheiten hereingenommen werden. Hierfür sind zwei gute Unterschriften nötig: die der bonitätsmäßig einwandfreien Nichtbank sowie des hinterlegenden Kreditinstitutes. Die Wechsel können eine (Rest-) Laufzeit von bis zu 180 Tagen aufweisen (vgl. *Kubista,* Geldpolitik, S. 11–13).

Einen Überblick über die Grundsachverhalte des Wechsels gibt folgende Abbildung:

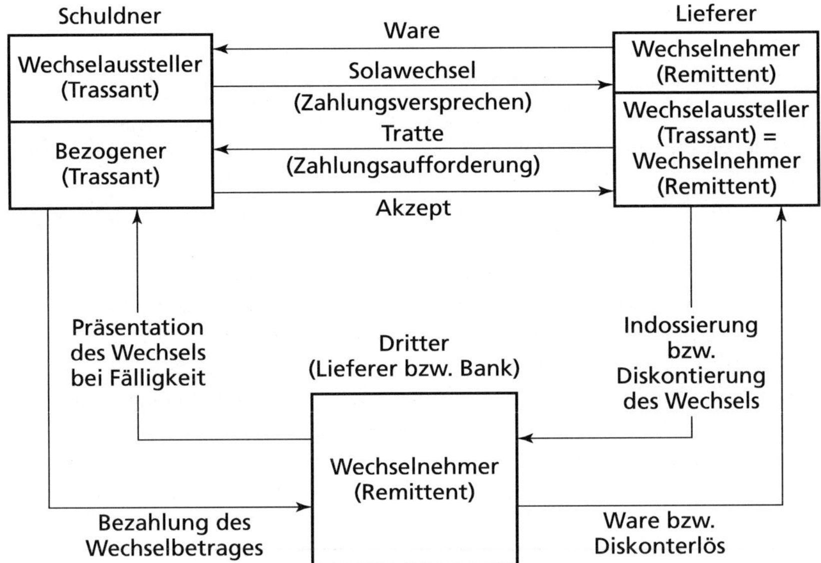

Grundsachverhalte des Wechsels

Wechselgeschäften liegt ein verzinsliches Kreditverhältnis (Zahlung des Warenwertes erst nach drei Monaten bei Wechselvorlage) im Sinne einer Nebenleistung zur Warenlieferung zugrunde; deshalb sind sie auch stets mit einer Reihe von Nebenaufwendungen **(Wechselkosten)** verbunden. Hierzu gehören insbesondere der **Wechselzins (Diskont)** für die zwischen Wechselverfalltag und Fälligkeit der ursprünglichen Warenforderung verstreichende Zeit und die sog. **Wechselumlaufkosten oder Wechselspesen** wie Inkassoprovision, Protestgebühren sowie sonstige Nebenaufwendungen, z. B. Porto- und Telefonauslagen. In der Regel sind die Wechselkosten von demjenigen zu tragen, dessen Schuld mit dem Wechsel beglichen wird: Letztlich wird also der Bezogene damit belastet werden (sog. spesenfreie Papiere). Da der Wechselzins bei Wechseln mit festgelegter Laufzeit nicht in Form einer gesonderten Zinsangabe (Zinsklausel) der Wechselsumme hinzugefügt werden darf (Art. 5 Abs. 1 WG), muss der Diskont entweder sofort in die Wechselsumme miteinbezogen, der Wechsel also auf einen entsprechend höheren Betrag ausgestellt werden oder es erfolgt eine getrennte Berechnung der Wechselkosten durch den Wechselinhaber und deren gesonderte Einforderung beim Schuldner. Entsprechende Erstattungsansprüche sind in der Bilanz unter Sonstige Vermögensgegenstände auszuweisen.

Umsatzsteuerlich werden die Nebenaufwendungen (Wechselkosten) im Wechselverkehr zwischen Lieferant und Kunde nach tradierter Beurteilung durch Rechtsprechung und Verwaltung zunächst nicht als Folge einer steuerbefreiten Kreditgewährung im Sinne des § 4 Nr. 8 UStG behandelt. Danach sind Diskont- und Wechselumlaufkosten (Wechselspesen) als **Nebenleistung** und somit als Bestandteil der Warenlieferung anzusehen und erhöhen dementsprechend das umsatzsteuerpflichtige Entgelt der Lieferung, das vom Aussteller zu versteuern ist und beim Bezogenen dem Vorsteuerabzug unterliegt (§ 10 Abs. 1 UStG). Die angefallenen Wechselkosten müssen deshalb dem Bezogenen auch mitgeteilt und gesondert in Rechnung gestellt werden (Beleg).

Durch den BFH-Beschluss vom 18. 12. 1980 bezüglich der Abzahlungsgeschäfte nach § 1a des zum 1. 1. 1991 durch das Verbraucherkreditgesetz ersetzten und letzlich ins BGB integrierten Abzahlungsgesetzes (BStBl. II 1981, S. 197 ff.) ist auch bei Wechselgeschäften ein Umdenkungsprozess über deren umsatzsteuerliche Behandlung in Gang gesetzt worden. Auch die Kreditgewährung mittels Handelswechsel kann als selbständige Leistung anerkannt werden, wenn eine eindeutige Trennung zwischen dem Kreditgeschäft und der Lieferung oder sonstigen Leistung vorgenommen wird. Voraussetzung hierfür ist, dass die Lieferung oder sonstige Leistung und die Kreditgewährung mit den dafür aufzuwendenden Entgelten bei Abschluss des Umsatzgeschäftes gesondert vereinbart werden, in der Vereinbarung über die Kreditgewährung auch der Jahreszins angegeben wird und die Entgelte für die beiden Leistungen gesondert abgerechnet werden (Abschn. 29a Abs. 2 UStR). Die für die Kreditgewährung gezahlten Entgelte (Zinsen) sind dann nicht Teil des Entgelts für die Warenlieferung, sondern fallen unter die Steuerbefreiung nach § 4 Nr. 8 UStG. Nach § 9 UStG kann allerdings auf die Steuerbefreiung verzichtet werden. Sofern nicht anders angegeben, wird in den nachfolgenden Beispielen von der Umsatzsteuerpflicht des Wechsels ausgegangen, um die im Vergleich zur Steuerbefreiung kompliziertere Verbuchung darzustellen.

6.2 Der Normallauf des Wechsels

Die buchmäßige Existenz eines Wechsels als monetäres Äquivalent eines Warengeschäfts beginnt mit der **Wechselannahme** durch den Kunden. Mit dem Akzept des Kunden ist die Warenforderung des Lieferanten in eine vom zugrunde liegenden Warengeschäft losgelöste **abstrakte Wechselforderung** übergegangen. Die Wechselkosten sind damit Finanzierungskosten des Kaufpreises; eine Aktivierung derselben als Anschaffungsnebenkosten scheidet also aus. Es ist somit ein zusätzlicher buchungspflichtiger Vorgang entstanden.

Beispiel:

Lieferant A hat seinem Kunden B Waren im Wert von 20.000 + 10 % USt geliefert. Die entstandene Forderung soll durch einen Wechsel beglichen werden. B akzeptiert den von A ausgestellten Wechsel. Da A beabsichtigt, den Wechsel umgehend zu verwerten – durch Begleichung eigener Lieferantenverbindlichkeiten oder Diskontierung durch die Hausbank –, vereinbaren A und B, dass B dem A anstelle der Zahlung eines Wechselzinses die bei Weitergabe des Wechsels entstehenden Wechselkosten ersetzt. A stellt B die folgenden Wechselumlaufspesen gesondert in Rechnung:

Spesen für Porto und Telefon	20,–
Zzgl. 10 % Umsatzsteuer	2,–
Summe	22,–

A bucht:

– Entstehung der Warenforderung:

Kundenforderungen	22.000	**an**	Warenverkauf	20.000
			Mehrwertsteuer	2.000

– Eingang des akzeptierten Wechsels bei A und Verbuchung des Spesenaufwands:

Besitzwechsel	22.000	**an**	Kundenforderungen	22.000
Nebenkosten des Zahlungsverkehrs	20	**an**	Sonstige Verbindlichkeiten	20

– Inrechnungstellung der Wechselumlaufspesen:

Sonstige Forderungen	22	**an**	Nebenkosten des Zahlungsverkehrs	20
			Mehrwertsteuer	2

(Statt auf Konto: Nebenkosten des Zahlungsverkehrs kann hier auch auf ein spezielles Konto: Erträge für Wechselauslagen bzw. Wechselspesen gebucht werden.)

Befindet sich der Besitzwechsel zum Geschäftsjahresschluss noch im Bestand des Unternehmens, so ist er in der Bilanz unter den entsprechenden Forderungspositionen zu erfassen; eine gesonderte Vermerkpflicht für Wechsel ist nicht vorgeschrieben.

B bucht:

– Entstehung der Warenverbindlichkeit und das Akzept:

Wareneinkauf	20.000			
Vorsteuer	2.000	**an**	Verbindlichkeiten	22.000
Verbindlichkeiten	22.000	**an**	Schuldwechsel	22.000

– Zusätzliche Verbindlichkeit aus Wechselumlaufspesen:

Nebenkosten des Zahlungsverkehrs	20			
Vorsteuer	2	**an**	Sonstige Verbindlichkeiten	22

Bei Bezahlung der Wechselkosten durch B werden die Sonstigen Forderungen bei A und die Sonstigen Verbindlichkeiten bei B wieder ausgebucht. Besteht die

Wechselschuld noch zum Geschäftsjahresschluss, so ist bei B ein gesonderter Ausweis unter den Verbindlichkeiten erforderlich.

Behält A entgegen seiner ursprünglichen Absicht den Wechsel bis zum Verfalltag, so ist bei Vorlage und **Einlösung (Inkasso) des Wechsels** durch den Bezogenen wie folgt zu buchen:

Bei A:

Bank	22.000	**an**	Besitzwechsel	22.000

Bei B:

Schuldwechsel	22.000	**an**	Bank	22.000

Verwendet A den Besitzwechsel zum Ausgleich eigener Verbindlichkeiten gegenüber seinem Lieferanten C, so liegt eine **Wechselweitergabe (Indossierung)** vor. C ist durch Übertragungsvermerk nunmehr Wechselnehmer. Stellt C Wechselkosten in Rechnung, so wird A diese Kosten, wie vereinbart, wiederum seinem Kunden B belasten.

A bucht bei Wechselweitergabe an C:

Verbindlichkeiten	22.000	**an**	Besitzwechsel	22.000

Obwohl damit buchmäßig sowohl die Forderung gegenüber B als auch die Schuld gegenüber C untergegangen sind, bleibt A rechtlich aus dem Wechsel verpflichtet, da dessen Annahme nicht an Zahlungs Statt, sondern nur zahlungshalber erfolgt. Berechnet C seinem Kunden A Wechselkosten in Höhe von 200 (Zinsen 180, sonstige Spesen 20) zuzüglich Umsatzsteuer 20, so bucht **A**:

Diskontaufwendungen	180			
Nebenkosten des Zahlungsverkehrs	20			
Vorsteuer	20	**an**	Verbindlichkeiten	220

Bei Weiterbelastung an B:

Sonstige Forderungen	220	**an**	Diskontertrag	180
			Nebenkosten des Zahlungsverkehrs	20
			Mehrwertsteuer	20

Werden Wechseldiskont und Wechselspesen auf einem gemeinsamen Erfolgskonto gebucht, dann erscheint die Weiterbelastung an B als Stornobuchung. Ein Ausgleich der Konten für Wechselkosten erfolgt jedoch nicht, wenn A über die Fremdkosten hinaus auch eigene, mit der erneuten Bearbeitung des Wechsels anfallende Kosten in Rechnung stellt.

Neben Wechseleinlösung am Verfalltag und Wechselweitergabe an einen anderen Wechselnehmer besteht die Möglichkeit des **Wechselverkaufs (Diskontierung)** an eine Bank. Diese berechnet den Diskont für die Zeit vom Ankaufs- bis zum Fälligkeitstag des Wechsels zuzüglich banküblicher Spesen. Entgeltminderung stellen dabei der Diskontabzug, nicht jedoch die Bankspesen dar (vgl. BFH vom 29. 11. 1955, BStBl. III 1956, S. 53 ff.). Aus der Entgeltminderung ist die anteilige Umsatzsteuer herauszurechnen und als Steuerkürzung zu verbuchen.

Beispiel:

Verkauft A den von B akzeptierten Wechsel an eine Bank, die bei einer Restlaufzeit von 2 Monaten mit einem Diskontsatz von 6 % p. a. rechnet und 50 Spesen erhebt, dann hat **A** wie folgt zu buchen:

Bank	21.730			
Diskontaufwand	200			
Mehrwertsteuer	20			
Nebenkosten des Zahlungsverkehrs	50	**an**	Besitzwechsel	22.000

Belastet A die ihm aus der Diskontierung entstandenen Kosten an den Bezogenen B weiter, so bucht **A**:

Sonstige Forderungen	275	**an**	Diskontertrag	200
			Mehrwertsteuer	25
			Nebenkosten des Zahlungsverkehrs	50

In der Praxis verzichtet man häufig auf die umsatzsteuerliche Entgeltkorrektur und rechnet nur den weiterberechneten Nebenkosten des Zahlungsverkehrs Umsatzsteuer zu, da sich Entgeltminderung und -erhöhung beim Diskontbetrag ausgleichen. Dann hat **A** wie folgt zu buchen:

Bank	21.730			
Diskontaufwand	220			
Nebenkosten des Zahlungsverkehrs	50	**an**	Besitzwechsel	22.000

Bei Weiterbelastung bucht **A**:

Sonstige Forderungen	275	**an**	Diskontertrag	220
			Mehrwertsteuer	5
			Nebenkosten des Zahlungsverkehrs	50

Bei anderer Vertragsgestaltung besteht jedoch auch die Möglichkeit, sogleich bei Begründung der Wechselforderung neben den Wechselspesen von B auch Wechselzins für die gesamte Laufzeit des Wechsels zu fordern. Der Wechselzins würde in diesem Fall bei A als Diskontertrag, bei B als Diskontaufwand verbucht. Der bei Weitergabe des Wechsels durch A vom Erwerber berechnete Wechselzins müsste dann bei A als Diskontaufwand verbucht werden und würde den ursprünglich erzielten Diskontertrag schmälern bzw. aufzehren.

Gewährt der Unternehmer im Zusammenhang mit einer Lieferung oder sonstigen Leistung allerdings einen Kredit, der als gesonderte Leistung anzusehen ist (vgl. Abschn. 29a Abs. 1 und 2 UStR), und hat er über die zu leistenden Zahlungen Wechsel ausgestellt, die vom Leistungsempfänger akzeptiert werden, so mindert der bei der Weitergabe der Wechsel berechnete Wechseldiskont **nicht** das Entgelt für die Lieferung oder sonstige Leistung (Abschn. 151 Abs. 5 UStR). Die weiterberechneten Wechselkosten sind dann Teil des Entgelts für die nach § 4 Nr. 8 UStG steuerfreie Leistung, weshalb auch insoweit keine Umsatzsteuer anfällt (Optionsmöglichkeit; vgl. diesbezüglich *Heyd/Rick*, Buchen, W 52).

6.3 Der Umkehrwechsel (Scheck-Wechsel-Verfahren)

Der Umkehrwechsel hat seinen Ursprung im Außenhandel und wird vor allem in Deutschland verwendet. Dieser Wechsel unterscheidet sich äußerlich kaum von einem normalen Handelswechsel. Auf der Vorderseite sind u. a. der Lieferant als Aussteller sowie der Kunde als Bezogener und Akzeptant aufgeführt;

die Angabe des Zahlungsortes bezieht sich auf die Hausbank des Kunden (s. Abschn. 6.1, S. 189). Auf der Rückseite befindet sich ein Blankoindossament des Lieferanten (s. Abb. unten). Im Unterschied zum Ablauf bei einem „normalen" Handelswechsel bezahlt ein Kunde seine Verbindlichkeit aus dem Warengeschäft per Banküberweisung oder Scheck (ggf. unter Abzug von Skonto) vor, mit oder kurze Zeit nach Erstellung bzw. Diskontierung des Umkehrwechsels. Bezahlt der Kunde per Scheck, spricht man vom Scheck-Wechsel-(Tausch)-Verfahren; oft wird dabei gleichzeitig mit dem unterschriebenen Scheck auch der Wechsel vom Bezogenen ausgefüllt und beides an den Aussteller gesandt, der den Wechsel blankoindossiert zurücksendet. Der Lieferant erhält also durch den Scheck unverzüglich den geforderten Kaufpreis und das Schuldverhältnis aus dem Warengeschäft erlischt. Der Kunde erhält den Umkehrwechsel, den er akzeptiert und zur Diskontierung bei seiner Hausbank verwenden kann. Der Vorteil des Umkehrwechsels liegt in der größeren Verkehrsfähigkeit des Wechsels, da bei Weitergabe des Wechsels der Lieferant zusätzlich zum Kunden für die Erfüllung der Wechselschuld haftet. Neben dem eigentlichen Warengeschäft erfolgt eine Kreditleihe des Lieferanten gegenüber dem Kunden. Der Umkehrwechsel dient also zur Refinanzierung des Kunden und nicht wie normale Handelswechsel zur Refinanzierung des Lieferanten. Bei Fälligkeit muss der Umkehrwechsel vom Kunden eingelöst werden. Einen Überblick über die Grundsachverhalte des Scheck-Wechsel-Verfahrens gibt die Abbildung auf S. 198.

Aus dem Umkehrwechsel ergeben sich **Vorteile** für den Kunden, wenn die ihm von seiner Hausbank berechneten Diskontzinsen unter den üblichen Kontokorrentzinsen bzw. den Diskontzinsen, die der Lieferer berechnen würde, liegen. Außerdem besteht die Möglichkeit, eine Skontogewährung durch den Lieferanten in Anspruch zu nehmen. Demgegenüber ergeben sich aus diesem Verfahren **Risiken** für den Lieferer: Im Falle der Nichteinlösung des Wechsels haftet er als Aussteller dem Wechselinhaber. Da die Kaufpreisforderung mit der Bezahlung durch den Kunden erlischt, ist eine spezielle Eigentumsvorbehaltsklausel nö-

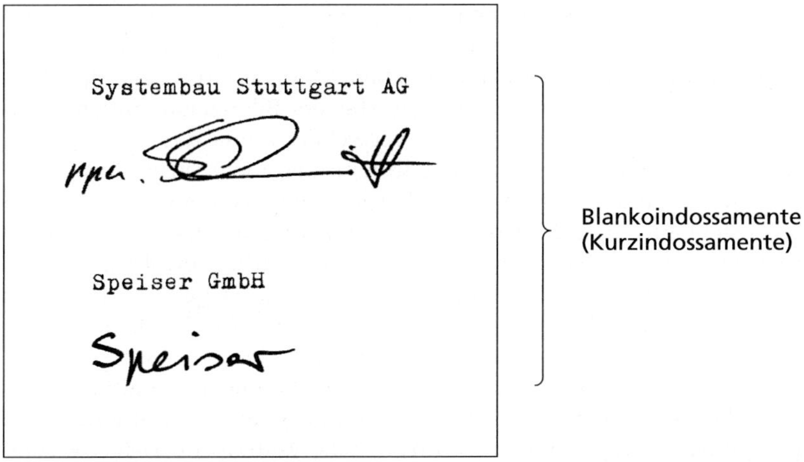

Systembau Stuttgart AG

ppa. [Unterschrift]

Speiser GmbH

Speiser

Blankoindossamente (Kurzindossamente)

Beispiel für eine Indossamentenkette auf der Rückseite des Umkehrwechsels

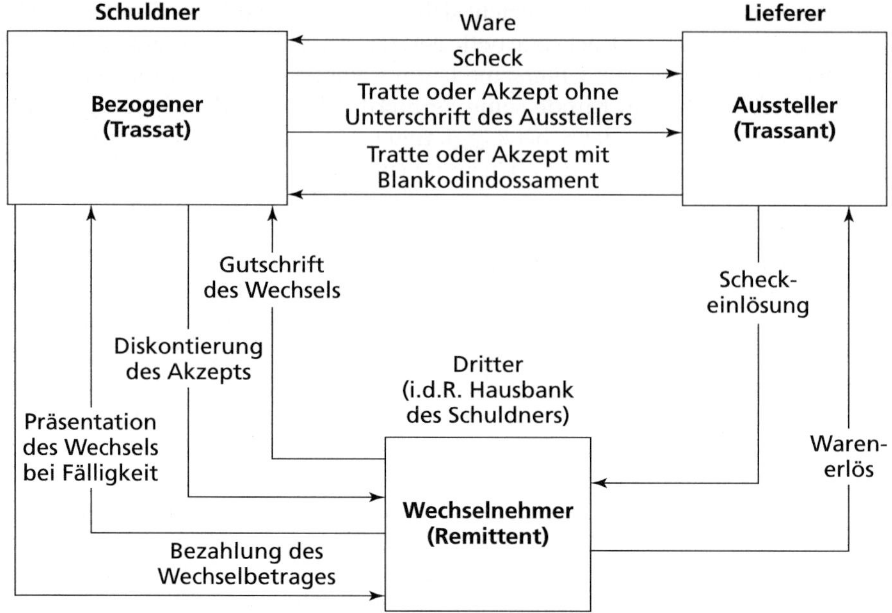

Grundsachverhalte des Umkehrwechsels

tig. Warenkreditversicherungen bzw. Debitorenausfallversicherungen ersetzen i. d. R. nur Insolvenzverluste aus dem Handelsgeschäft. Beim Scheck-Wechsel-Verfahren trägt der Lieferer noch das Scheckeinlösungsrisiko.

Wenn der Kunde zur Begleichung einer Zahlungsverpflichtung einen **Scheck** ausstellt, so kann er die Verbindlichkeit entweder im Zeitpunkt der Belastung seines Kontos oder sofort nach Versendung des Schecks ausbuchen. Bei der ersten Möglichkeit wird der Scheckausgang nicht verbucht und bis zum Geldabgang auf dem Bankkonto die ursprüngliche Verbindlichkeit ausgewiesen. Vor allem bei größeren Unternehmen ist es jedoch üblich, bei Hingabe eines Schecks die Verbindlichkeit zu Lasten eines Schecküberganskontos bzw. Bankunterkontos (z. B. Scheckausgang) auszubuchen. Mangels eines Schuldpostens „Scheckverbindlichkeiten" wird dieses Konto bei der Bilanzerstellung mit den Bankguthaben bzw. Bankverbindlichkeiten verrechnet, zumal das Unternehmen die Einreichung der Schecks bei den Kreditinstituten nicht verhindern kann. Erhält ein Lieferant zum Ausgleich seiner Forderung von einem Kunden einen Scheck, so besteht auch hier die Möglichkeit, die Forderung erst bei Gutschrift des Geldbetrages auf dem Bankkonto auszubuchen. Häufiger erfolgt jedoch bei Scheckeingang eine Umbuchung zugunsten eines aktivischen Scheckkontos (z. B. Besitzschecks oder Scheckeingang). Während am Bilanzstichtag noch nicht zur Gutschrift weitergegebene Schecks in der Bilanzposition „Flüssige Mittel" auszuweisen sind, können weitergegebene, aber noch nicht vorbehaltlos gutgeschriebene Schecks alternativ als Bankguthaben ausgewiesen werden, sofern es sich um kleinere Beträge handelt. Wenn ein Scheckeinlösungsrisiko besteht, ist dies bei der Bewertung zu berücksichtigen.

Beispiel:

Wie im Beispiel in Abschn. 6.2 (s. S. 193) hat Lieferant A dem Kunden B Waren im Wert von 20.000 + 10 % USt geliefert. Die finanzielle Abwicklung soll jedoch durch Scheck-Wechsel-Verfahren, unter Abzug von 2 % Skonto, erfolgen. Kunde B schickt den Wechsel zusammen mit dem Scheck an A. Nach Rücksendung durch A diskontiert B den Umkehrwechsel. Die Bank schreibt B den Wechselbetrag abzüglich 6 % Diskontsatz für 88 Tage und 50 Spesen gut. Am Verfalltag löst B den Wechsel ein.

A bucht:

– Entstehung der Warenforderung

Kundenforderungen	22.000	an	Warenverkauf	20.000
			Mehrwertsteuer	2.000

– Erhalt des Schecks

Scheckeingang	21.560			
Skontoaufwand	400			
Mehrwertsteuer	40	an	Kundenforderung	22.000

– Unterschrift und Rücksendung des Wechsels

I. d. R. keine Buchung, aber Aufzeichnung im Wechselkopierbuch für den Obligonachweis. Z. T. wird hier eine „Eventualforderung aus Scheck-Wechsel" an den Kunden gebucht und das Wechselobligo gegengebucht. Die Eventualforderung und das Wechselobligo werden nach dem Zeitpunkt der Wechselfälligkeit zuzüglich der Protestbenachrichtigungsfrist ausgebucht.

– Gutschrift des Schecks

Bank	21.560	an	Scheckeingang	21.560

B bucht:

– Entstehung der Warenverbindlichkeit

Wareneinkauf	20.000			
Vorsteuer	2.000	an	Verbindlichkeiten	22.000

– Ausstellung und Versendung des Schecks

Verbindlichkeiten	22.000	an	Scheckausgang	21.560
			Skontoertrag	400
			Vorsteuer	40

– Ausstellung, Versendung und Annahme des Wechsels

I. d. R. keine Buchung. Z. T. wird hier eine „Eventualverbindlichkeit aus Scheck-Wechsel" gegenüber dem Lieferer gebucht, wobei die Gegenbuchung auf einem Verrechnungskonto erfolgt. Bei Einlösung des Wechsels wird dies wieder ausgebucht.

– Gutschrift des Schecks

Scheckausgang	21.560	an	Bank	21.560

– Diskontierung des Wechsels

Bank	21.193,79			
Diskontaufwand	316,21			
Nebenkosten des Zahlungsverkehrs	50	an	Schuldwechsel	21.560

– Einlösung des Schuldwechsels

Schuldwechsel	21.560	an	Bank	21.560

6.4 Die Wechselprolongation

Kann ein Wechsel bei Fälligkeit vom Bezogenen nicht eingelöst werden, dann ist zur Verhinderung des Wechselprotests eine Verlängerung der Wechsellaufzeit durch Vermerk auf dem ursprünglichen Wechsel bzw. eine Zurverfügungstellung des fälligen Wechselbetrags mit Ausstellung eines neuen Wechsels **(Prolongationswechsel)** vonnöten. Zur Finanzierung längerfristiger Forderungen können Wechselprolongationen auch zur Geschäftsgrundlage gehören.

Der Prolongationswechsel eines normalen Handelswechsels kann durch den Aussteller entsprechend den Möglichkeiten der Wechselverwertung weiterverwendet werden. Fallen für den Prolongationswechsel Wechselkosten an, dann werden diese vom Bezogenen entweder sofort entrichtet oder sie gehen in die (neue) Wechselsumme ein. Die Kosten der Wechselprolongation werden umsatzsteuerlich wie die Kosten eines üblichen Warenwechsels behandelt (Abschn. 151 Abs. 5 UStR).

Ein Austausch des fälligen Wechsels gegen den Prolongationswechsel kann erfolgen, sofern beim normalen Handelswechsel der Aussteller das Akzept noch nicht weitergegeben hat. Werden die Wechselkosten vom Bezogenen unmittelbar erstattet, wird das Besitzwechselkonto bei dem Wechseltausch grundsätzlich nicht berührt.

Beispiel:

A stimmt der Prolongation des auf B gezogenen, fälligen Wechsels zu und berechnet für entstehende Wechselkosten 280 (Zinsen 240, Spesen 40) zuzüglich 10 % Umsatzsteuer; **A bucht** dann bei sofortiger Barerstattung durch B:

Kasse	308	**an**	Diskontertrag	240
			Nebenkosten des Zahlungsverkehrs	40
			Mehrwertsteuer	28

Zweckmäßig erscheint allerdings die Kenntlichmachung der prolongierten Wechsel aus Kontrollgründen und dementsprechend ihre Umbuchung auf ein besonderes **Prolongationswechselkonto.**

Die Buchung der Wechselkosten beim Bezogenen erfolgt entsprechend seitenverkehrt.

Der Austausch des fälligen gegen den prolongierten Wechsel kann dann nicht erfolgen, wenn der ursprüngliche Wechsel entweder vom Aussteller oder dem Bezogenen bereits weitergegeben wurde. Es ist dann häufig unklar, wer am Fälligkeitstag den Wechsel zur Einlösung präsentiert. In diesem Falle stellt der Aussteller zur Verhinderung des Wechselprotests den zur Einlösung erforderlichen Betrag gegen Ausstellung eines neuen Wechsels zur Verfügung. Die obige Wechselkostenbuchung ist dann **bei A** wegen der neu entstehenden Wechselforderung zu ergänzen um: Prolongationswechsel **an** Kasse und **bei B** um die Verbuchung der neuen Wechselverbindlichkeit gegen Geldeingang: Kasse **an** Schuldwechsel; der Geldbetrag wird zur Begleichung der ursprünglichen Wechselverpflichtung herangezogen.

Wird die Kreditgewährung der Wechselprolongation als gesonderte umsatzsteuerliche Leistung behandelt (Abschn. 29 a Abs. 2, 3 UStR), sind die berechneten Wechselkosten Gegenleistung für die gemäß § 4 Nr. 8 UStG steuerfreie sonstige Leistung. Eine Umsatzsteuerschuld entsteht nicht (Optionsmöglichkeit).

6.5 Wechselprotest und Rückgriff

Wird die Prolongation des Wechsels durch den Aussteller abgelehnt und besitzt der Bezogene zum Zeitpunkt der Wechselfälligkeit auch sonst keine Möglichkeit, den Wechselbetrag einzulösen, dann geht der Wechsel zu Protest (Art. 44 i. V. m. Art. 38 WG). Der Wechselinhaber hat innerhalb von zwei Werktagen nach dem Verfalltag des Wechsels Protest zu erheben (Art. 44 Abs. 3 WG). Außerdem hat er innerhalb von vier Werktagen seinen Vormann und den Aussteller des Wechsels vom Unterbleiben der Zahlung zu benachrichtigen (Art. 45 WG). Die förmliche Legitimation, die den Wechselinhaber zum Protest mangels Zahlung berechtigt, erfordert den Nachweis des eigenen Rechts durch eine ununterbrochene Kette von Indossamenten. Beim Wechsel an eigene Order muss die Reihe der Indossamente mit dem Indossament des Ausstellers beginnen; mehrere Aussteller können dabei nur gemeinsam indossieren (BGH v. 14. 6. 1991, WM 1991, S. 1249 f.). Der **Wechselprotest** erfolgt durch öffentliche Beurkundung durch einen Gerichtsbeamten oder Notar (Art. 79 WG).

Die wechselrechtliche Haftung erstreckt sich nach fristgerechtem Protest auf alle durch Eintragung auf der Wechselurkunde in Erscheinung getretenen Wechselbeteiligten. Der **Rückgriff (Regress)** ist dabei nicht an die Reihenfolge der früheren Wechselinhaber gebunden (Reihen- oder Sprungregress). Wird ein Wechselprotest nicht oder nicht fristgerecht erhoben, so haftet nur noch der Akzeptant des Wechsels (Art. 53 WG). Wegen ihres erhöhten Risikos sind nicht eingelöste Wechsel von den übrigen Wechselforderungen zu trennen und auf ein gesondertes **Protestwechselkonto (Rückwechselkonto)** umzubuchen.

Umsatzsteuerlich sind die nach Art. 48 und 49 WG im Falle des Rückgriffs zu zahlenden Zinsen, Kosten des Protests und Vergütungen als Schadensersatz zu behandeln (Abschn. 3 Abs. 3 UStR) und damit nicht mehr umsatzsteuerpflichtig. Wurde dem jeweiligen Wechselnehmer allerdings im Rahmen der eigenen Kosten auch Umsatzsteuer in Rechnung gestellt, so kann er diese als Vorsteuer geltend machen, da das Abzugsverbot gemäß § 15 Abs. 2 UStG hier nicht anwendbar ist.

Beispiel:

Der von Aussteller A an seinen Lieferanten C weitergegebene Wechsel geht wegen Zahlungsunfähigkeit des Akzeptanten B zu Protest. C nimmt A in Regress und berechnet Protestkosten einschließlich Auslagen und Provision (Nebenkosten des Zahlungsverkehrs) in Höhe von insgesamt 150 (bei der Bestätigung durch einen Notar oder Gerichtsvollzieher bemisst sich die Höhe der Wechselprotestgebühr nach den §§ 51, 32 und 149 des Gesetzes über die Kosten in Angelegenheiten der freiwilligen Gerichtsbarkeit [Kostenordnung]).

Regressnehmer C bucht:

Bei Wechselprotest mangels Zahlung:

Protestwechsel	22.000	**an**	Besitzwechsel	22.000

Bei Rückgriff durch Erteilung der Regressrechnung:

Sonstige Forderungen (Rückgriffsforderung)	22.150	**an**	Protestwechsel	22.000
			Nebenkosten des Zahlungsverkehrs	150

Regresspflichtiger A bucht:

Protest-(Rück-)Wechsel	22.000			
Nebenkosten des Zahlungsverkehrs	150	**an**	Sonstige Verbindlichkeiten	22.150

Zwischen C und A lebt das ursprüngliche Schuldverhältnis zuzüglich des Erstattungsanspruchs auf die Kosten des Wechselprotests wieder auf. Sieht A seinerseits die Möglichkeit zum Regress gegenüber B, dann wird er neben dem Wechselbetrag und den Fremdkosten entstandene eigene Kosten (10) in Rechnung stellen; seine Rückgriffsforderung ist dann wie folgt zu buchen:

Sonstige (Rückgriffs-) Forderungen	22.160	**an**	Protest-(Rück-)Wechsel	22.000
			Nebenkosten des Zahlungsverkehrs	160

6.6 Wechselbilanzierung und Wechselobligo

Zum **bilanziellen Wechselbestand** gehören die im Besitz und im Bankdepot befindlichen Wechsel (Besitzwechsel), die im regelmäßigen Geschäftsverkehr hereingenommen worden sind und normale Laufzeit besitzen, sowie die zum Inkasso oder zur Diskontierung versandten Wechsel, soweit Gutschrift oder Diskontierung in neuer Rechnung erfolgt. Nicht bilanziert werden im Wechselbestand befindliche eigene Wechsel (Solawechsel). Der Besitzwechselbestand ist in der Bilanz zum **Barwert** anzusetzen (vgl. IDW, WP-Handbuch 06 I, S. 409).

Die aus der Annahme gezogener Wechsel (Akzepte) und aus der Weitergabe eigener Wechsel bestehenden Verbindlichkeiten sind in der Bilanz stets mit dem Betrag der Wechselsumme (Rückzahlungs- bzw. Erfüllungsbetrag) aufzuführen. Nur bei längerer Laufzeit kann entsprechend § 250 Abs. 3 HGB eine Abgrenzung des Diskontbetrages in Betracht kommen; steuerlich ist diese bei einer über den Bilanzstichtag hinausreichenden Wechsellaufzeit zwingend vorzunehmen **(Verfügungsbetrag).**

Solange sich Besitzwechsel im Portefeuille des Wechselinhabers befinden, kann der Bestand an Wechselforderungen, da auch der Ausweis unter der entsprechenden Forderungsposition erfolgt, analog der Handhabung bei anderen Kundenforderungen **abgeschrieben** werden (s. Teil A, Abschn. 13.2.3.1 und 13.2.3.2, S. 467 ff. und S. 471 ff.); dabei ist die Zahlungsfähigkeit aller Wechselverpflichteten (auch Indossanten und Bürgen) zu berücksichtigen. Sind Besitzwechsel jedoch bereits an eine Bank verkauft (diskontiert) oder anderweitig weitergegeben, dann entfällt infolge der nicht (mehr) existenten Buchforderung auch die Möglichkeit einer Abschreibung. Mit der fortbestehenden Haftung für begebene und übertragene Wechsel verbleibt jedoch eine Eventualverbindlichkeit aus Inanspruchnahme bei Regress **(Wechselobligo)**, die unter der Bilanz gemäß § 251 HGB (s. auch die Erläuterungspflichten für Kapitalgesellschaften nach § 268 Abs. 7 HGB) gesondert zu vermerken ist. Sobald jedoch eine Inanspruchnahme aus dieser Eventualverbindlichkeit droht, muss dies durch einen Passivposten buch- und bilanzmäßig zum Ausdruck gebracht werden; es ist dann eine **Rückstellung für Wechselobligo** zu bilden, deren wirtschaftlicher Gehalt hinsichtlich Bildung und Auflösung dem des Delkredere entspricht. Bei Gewissheit über die Inanspruchnahme ist eine Sonstige Verbindlichkeit auszuweisen. Ein Regressanspruch ist am Bilanzstichtag zu aktivieren.

Die Höhe des Rückstellungsbetrages richtet sich nach der mutmaßlichen Abdeckung des Ausfallwagnisses; hierbei spielen auf der bisherigen Zahlungsfähigkeit und Zahlungswilligkeit (Bonität) von Akzeptanten beruhende Erfahrungssätze eine besondere Rolle. Aber auch künftige Bearbeitungs-, Prolongations- und Protestauslagen sowie Zinsen können infolge nicht beabsichtigter oder nicht möglicher Weiterberechnung bei der Rückstellungsbildung zum Ansatz kommen. Analoges gilt auch für übernommene Wechselbürgschaften.

Bei Kreditinstituten sind hereingenommene Wechsel mit den Anschaffungskosten (§§ 253 Abs. 1, 255 HGB) zu bilanzieren. Eine zeitanteilige Realisierung des Diskontertrages bis zum Ende des Bilanzierungszeitraumes ist nach dem Diskonturteil des BFH v. 26. 4. 1995 (DB 1995, S. 1541) steuerlich nicht möglich. Der gesamte Diskontertrag wird erst bei Wechselfälligkeit erfolgswirksam (*Plewka/ Krumbholz*, Wechseldiskonturteil, S. 342). Die Rechtsprechung wird in diesem Punkt als problematisch angesehen, da bei anderen Finanzierungsgeschäften mit Diskontelement, wie bspw. Zerobonds, eine zeitanteilige Verbuchung des Diskont(Zins-)ertrages erfolgt (vgl. Teil A, Abschn. 7.2.2, S. 234 f., und *Hoffmann*, Wechseldiskonturteil, S. 420).

Übungsbeispiel:

Die folgenden Geschäftsvorfälle einer Bauzubehör- und Baustoffgroßhandlung sind unter Angabe der Kontennummern des Kontenrahmens für den Groß- und Außenhandel zu kontieren (vgl. hierzu Anhang A.2, S. 1308–1311):

1) Lieferung einer Förderanlage an ein Bauunternehmen: Warenwert 15.000 + 10 % USt. Der Kunde akzeptiert kurze Zeit später einen Wechsel über 16.500.

2) Anlieferung von 5 Zementmischern durch die Herstellerfirma: Nettorechnungsbetrag 8.000 + 10 % USt. Der Lieferant hat einen Wechsel beigefügt, der „quergeschrieben" zurückgesandt wird (Wechselsumme 8.800).

3) An eine Hochbaufirma wurden 20 Tischkreissägen zum empfohlenen Verkaufspreis von je 180 (netto) abzüglich 33⅓ % Funktionsrabatt verkauft. Die Rechnung wird unter Abzug von 2 % Skonto durch Banküberweisung von 787,20, der Rest (1.800) durch Akzept beglichen.

4) Der aus Vorgang 1) hereingenommene Wechsel wird an die Hausbank verkauft. Diese erstellt folgende Abrechnung:

Wechselbetrag	16.500
./. 6 % Diskont für 90 Tage	247,50
./. Wechselprovisionen und -spesen	152,50
Gutschrift auf Bankkonto	16.100

Nr.	Konto	Soll	Betrag		Konto	Haben	Betrag
14)	1531	Protestwechsel	902				
	2131	Zinsaufwand für Protestwechsel	7				
	486	Nebenkosten des Zahlungsverkehrs	28	an	194	Sonstige Verbindlichkeiten	937
15)	113	Sonst. Forderungen	937	an	1531	Protestwechsel	902
					2631	Zinserträge für Protestwechsel	7
					486	Nebenkosten des Zahlungsverkehrs	28
	132	Postbankguthaben	937	an	113	Sonst. Forderungen	937
	194	Sonstige Verbindlichkeiten	937	an	131	Bank	937
16)	1531	Protestwechsel	2.500	an	1530	Besitzwechsel	2.500
	486	Nebenkosten des Zahlungsverkehrs	10				
	141	Vorsteuer	1	an	132	Postbankguthaben	11
17)	113	Sonst. Forderungen	2.525	an	1531	Protestwechsel	2.500
					2631	Zinserträge für Protestwechsel	6,67
					486	Nebenkosten des Zahlungsverkehrs	18,33
18)	131	Bank	2.525	an	113	Sonst. Forderungen	2.525

Ergänzende Literatur zu: 6 Wechselgeschäfte

Deppe/Freikamp/Herlemann/Schönwald/Walkenhorst, Buchführung, S. 929–932

Däumler, Finanzwirtschaft, S. 223–229

Engelhardt/Raffée/Wischermann, Buchhaltung, S. 112–131

Falterbaum/Bolk/Reiß/Kirchner, Buchführung, S. 356–365

Hübner, Wechsel, Sp. 1809–1815

Klimmer, Buchführung, S. 191–206

Kresse, Schule des Bilanzbuchhalters II, S. 1–15

Splitter/Kropp, Buchführung, 2. Teil, S. 28–38

7 Wertpapiere und Finanzinnovationen

7.1 Die Verbuchung von Wertpapieren

7.1.1 Grundsachverhalte

Wertpapiere sind Urkunden, die private Vermögensrechte, d. h. Eigentums-, Anteils-, Forderungs- oder Bezugsrechte, verbriefen. Ohne Urkunde können die Rechte aus ihnen weder ausgeübt noch übertragen werden. Recht und Urkunde sind bei Wertpapieren so eng miteinander verknüpft, dass der Gläubiger nur durch die Vorlage der Urkunde sein Recht geltend machen kann und der Schuldner nur bei Vorlage der Urkunde zur Leistung verpflichtet ist. Der Erwerber dieses verbrieften Rechts braucht – wenn er die Urkunde besitzt – nicht zu befürchten, dass der Schuldner mit befreiender Wirkung an einen anderen leistet.

Nach der Art des verbrieften Vermögenswertes wird zwischen **Geldwertpapieren** (z. B. Scheck, Wechsel, Zinsschein und Dividendenschein), **Warenwertpapieren** (Konnossement, Lagerschein) sowie **Kapitalwertpapieren** (z. B. Anleihen, Obligationen, Aktien) unterschieden. Neben den nicht vertretbaren Kapitalwertpapieren (z. B. Grundschuldbrief) sind für die buchhalterische Erfassung insbesondere die vertretbaren Kapitalwertpapiere relevant. Vertretbar (fungibel) sind bewegliche Sachen, die von gleicher Beschaffenheit sind und im Verkehr nach Zahl, Maß oder Gewicht bestimmt sind. Auf Kapitalwertpapiere bezogen bedeutet dies eine einfache und schnelle Bewertbarkeit am Handelsplatz Börse und zudem leichte und rasche Mobilisierbarkeit (Verwertungsfähigkeit) durch gleiche Nennwerte oder gleiche Stückelung. Wertpapiere, die diese Voraussetzungen erfüllen, werden auch als **Effekten** bezeichnet und bestehen grundsätzlich aus Mantel und Bogen. Während der Mantel das Gläubiger- oder Teilhaberrecht verbrieft, also die eigentliche Wertpapierurkunde darstellt, enthält der Bogen die Kupons, d. h. die Zins- oder Gewinnanteilsscheine, sowie den Talon (Erneuerungsschein).

Grundsätzlich werden zwei Arten von Effekten unterschieden:

1) **Gläubigerpapiere** (Zinspapiere)

Gläubigerpapiere verbriefen schuldrechtliche Ansprüche auf Verzinsung und Rückzahlung des Anlagebetrags. Es handelt sich überwiegend um festverzinsliche Wertpapiere, wobei der Zins meist jährlich oder halbjährlich zu bestimmten Zinsterminen ausgezahlt wird. Zu Gläubigerpapieren zählen gemäß der Wertpapierstatistik der Deutschen Bundesbank Anleihen von Unternehmen (Nicht-MFIs, d. h. keine Monetären Finanzinstitute), Anleihen der öffentlichen Hand und Bankschuldverschreibungen. Letztere lassen sich differenzieren in Pfandbriefe, Kommunalobligationen, Schuldverschreibungen von Spezialkreditinstituten und sonstige Bankschuldverschreibungen.

Beispiel:

Die X-AG hat zu verschiedenen Zeitpunkten Aktien der Y-AG zu folgenden Anschaffungskosten (inkl. Anschaffungsnebenkosten) erworben:

10. 1. 09	50 Aktien zu 245 € = 12.250 €
23. 6. 09	100 Aktien zu 234 € = 23.400 €
30. 10. 09	50 Aktien zu 320 € = 16.000 €

Dementsprechend betragen die gesamten Anschaffungskosten der 200 Aktien 51.650 €. Eine Veräußerung von 173 Anteilen am 9. 9. 10 führt zu folgender Abrechnung (Kurs der Y-AG Aktie 315 €):

Buchungssatz:

Bank	53.906,45	**an**	Wertpapiere des Anlagevermögens	43.010
			sonst. betriebl. Erträge	10.896,45

7.1.3 Behandlung von Erträgen

7.1.3.1 Behandlung der Zinserträge bei Zinspapieren

Beim Kauf von **festverzinslichen** Wertpapieren wird dem Käufer auch der Zinsschein ausgehändigt, der zur Vereinnahmung der **gesamten** Zinsen des folgenden Zinstermins berechtigt. Liegt der Zeitpunkt des Verkaufs zwischen zwei Zinsterminen, so steht dem Verkäufer jedoch noch der Teil der Zinsen zu, der auf den Zeitraum zwischen dem letzten Zinstermin und der Veräußerung entfällt. Der Käufer bezahlt dem Verkäufer deshalb neben dem Kaufpreis für die Wertpapiere so genannte **Stückzinsen** zur Abgeltung seines Zinsanspruchs und vereinnahmt am Zinstermin die gesamten Zinsen des Zinszahlungszeitraums. Während die Verbuchung des Kaufpreises und der Anschaffungsnebenkosten auf dem Bestandskonto „Wertpapiere" erfolgt, handelt es sich bei den Stückzinsen um Zinsaufwand, der auf dem entsprechenden Erfolgskonto erfasst wird. Da Stückzinsen in einem wirtschaftlichen Zusammenhang mit dem Erwerb des Zinsanspruchs stehen, werden sie nicht zu den Anschaffungskosten des Wertpapiers gerechnet.

Bis zum Bilanzstichtag aufgelaufene, noch nicht vereinnahmte Zinsansprüche sind als sonstige Vermögensgegenstände zu aktivieren. Zinserträge werden also pro rata temporis erfasst.

Zinserträge stellen auf betrieblicher Ebene Einkünfte aus Gewerbebetrieb dar. Diese unterliegen nach § 43 Abs. 1 Satz 1 Nr. 7 i. V. m. § 20 Abs. 1 Nr. 7 EStG gemäß § 43a Abs. 1 Satz 1 Nr. 1 EStG in Höhe von 25 % (zzgl. 5,5 % Solidaritätszuschlag gemäß §§ 3 Abs. 1 Nr. 5, 4 SolZG) der Kapitalertragsteuer. Dies gilt nach § 43 i. V. m. § 20 Abs. 2 Satz 1 Nr. 7 EStG analog für Veräußerungserfolge (positiver und negativer Art; vgl. § 43a Abs. 3 EStG). Die Kapitalertragsteuer hat im Falle von Einkünften aus Gewerbebetrieb nach § 43 Abs. 5 Satz 2 EStG keine abgeltende Wirkung; sie wird lediglich bei der nachfolgenden Veranlagung angerechnet.

Mit Einführung des **Unternehmensteuerreformgesetzes 2008** wurde die Besteuerung von Einkünften aus Kapitalvermögen grundlegend reformiert (BGBl. I 2007, S. 1912). Seit dem 1. 1. 2009 wird nunmehr eine **Abgeltungsbesteuerung** auf **private Einkünfte aus Kapitalvermögen** angewandt (Kapitalertragsteuer in Höhe

7 Wertpapiere und Finanzinnovationen

7.1 Die Verbuchung von Wertpapieren

7.1.1 Grundsachverhalte

Wertpapiere sind Urkunden, die private Vermögensrechte, d. h. Eigentums-, Anteils-, Forderungs- oder Bezugsrechte, verbriefen. Ohne Urkunde können die Rechte aus ihnen weder ausgeübt noch übertragen werden. Recht und Urkunde sind bei Wertpapieren so eng miteinander verknüpft, dass der Gläubiger nur durch die Vorlage der Urkunde sein Recht geltend machen kann und der Schuldner nur bei Vorlage der Urkunde zur Leistung verpflichtet ist. Der Erwerber dieses verbrieften Rechts braucht – wenn er die Urkunde besitzt – nicht zu befürchten, dass der Schuldner mit befreiender Wirkung an einen anderen leistet.

Nach der Art des verbrieften Vermögenswertes wird zwischen **Geldwertpapieren** (z. B. Scheck, Wechsel, Zinsschein und Dividendenschein), **Warenwertpapieren** (Konnossement, Lagerschein) sowie **Kapitalwertpapieren** (z. B. Anleihen, Obligationen, Aktien) unterschieden. Neben den nicht vertretbaren Kapitalwertpapieren (z. B. Grundschuldbrief) sind für die buchhalterische Erfassung insbesondere die vertretbaren Kapitalwertpapiere relevant. Vertretbar (fungibel) sind bewegliche Sachen, die von gleicher Beschaffenheit sind und im Verkehr nach Zahl, Maß oder Gewicht bestimmt sind. Auf Kapitalwertpapiere bezogen bedeutet dies eine einfache und schnelle Bewertbarkeit am Handelsplatz Börse und zudem leichte und rasche Mobilisierbarkeit (Verwertungsfähigkeit) durch gleiche Nennwerte oder gleiche Stückelung. Wertpapiere, die diese Voraussetzungen erfüllen, werden auch als **Effekten** bezeichnet und bestehen grundsätzlich aus Mantel und Bogen. Während der Mantel das Gläubiger- oder Teilhaberrecht verbrieft, also die eigentliche Wertpapierurkunde darstellt, enthält der Bogen die Kupons, d. h. die Zins- oder Gewinnanteilsscheine, sowie den Talon (Erneuerungsschein).

Grundsätzlich werden zwei Arten von Effekten unterschieden:

1) **Gläubigerpapiere** (Zinspapiere)

Gläubigerpapiere verbriefen schuldrechtliche Ansprüche auf Verzinsung und Rückzahlung des Anlagebetrags. Es handelt sich überwiegend um festverzinsliche Wertpapiere, wobei der Zins meist jährlich oder halbjährlich zu bestimmten Zinsterminen ausgezahlt wird. Zu Gläubigerpapieren zählen gemäß der Wertpapierstatistik der Deutschen Bundesbank Anleihen von Unternehmen (Nicht-MFIs, d. h. keine Monetären Finanzinstitute), Anleihen der öffentlichen Hand und Bankschuldverschreibungen. Letztere lassen sich differenzieren in Pfandbriefe, Kommunalobligationen, Schuldverschreibungen von Spezialkreditinstituten und sonstige Bankschuldverschreibungen.

2) **Anteilspapiere** (Dividendenpapiere/Aktien)

Anteilspapiere verbriefen Teilhaberrechte, die den Besitzer am gezeichneten Kapital der Unternehmung sowie an deren Gewinn bzw. Verlust beteiligen. Die Hauptversammlung der Aktiengesellschaft entscheidet jährlich über die Gewinnverwendung und beschließt die Höhe der Gewinnausschüttung (Dividende).

Von Aktiengesellschaften ausgegebene Schuldverschreibungen können darüber hinaus ein Umtauschrecht in Aktien (Wandelschuldverschreibungen), ein Bezugsrecht von Aktien (Optionsanleihen) oder einen Gewinnanspruch (Gewinnschuldverschreibungen) verbriefen (mezzanine Finanzinstrumente, s. Abschn. 7.1.6, S. 221 ff.).

Die Abwicklung von Wertpapiertransaktionen übernehmen normalerweise Kreditinstitute in Form von Kommissionsgeschäften. Bei börsengehandelten Wertpapieren beauftragen die Kreditinstitute ihrerseits die zur Abwicklung von Börsengeschäften berechtigten Börsenmakler mit der Ausführung von Kauf- und Verkaufsaufträgen oder sie wickeln die Geschäfte über ein elektronisches Handelssystem ab. Die Abwicklung über einen Börsenmakler bedingt eine Maklercourtage (bei Aktien i. d. R. zwischen 0,04 % und 0,08 % vom Kurswert, bei Rentenpapieren meist zwischen 0,006 % und 0,075 % i. d. R. vom Nennwert). Zudem stellt das Kreditinstitut eine Bankprovision in Rechnung. Je nach Kreditinstitut werden die Provisionen für Gläubigerpapiere vom Nennwert oder vom Kurswert (z. T. 0,5 %), für Anteilspapiere immer vom Kurswert (z. T. 1 %) berechnet. Inzwischen werden insbesondere von Direktbanken mitunter auch wesentlich günstigere Sätze, meist gestaffelt nach Transaktionsvolumen, angeboten. Darüber hinaus kann, je nach Stellung des Bankkunden, über die angegebenen Bankprovisionen verhandelt werden.

Die Umsätze im Geschäft mit Wertpapieren und die Vermittlung dieser Umsätze, mit Ausnahme der Verwahrung und Verwaltung von Wertpapieren, sind nach § 4 Nr. 8 lit. e UStG umsatzsteuerfrei. Zur nicht von der Umsatzsteuer befreiten Verwahrung und Verwaltung von Wertpapieren gehören z. B. Gebühren bzw. Provisionen für das Inkasso von Zins- und Dividendenscheinen, die Anfertigung von Depot- und Erträgnisaufstellungen und die Steuerkurswertaufstellung sowie die Mitteilung an die Depotkunden nach § 128 AktG (Abschn. 65 UStR).

7.1.2 Kauf und Verkauf

Wertpapiere werden in Buchhaltung und Bilanz mit ihren Anschaffungskosten erfasst. Diese setzen sich aus dem Kurswert zuzüglich der angefallenen Nebenkosten wie Maklergebühren, Provisionen und Spesen zusammen. Nicht zu den Anschaffungskosten rechnen dagegen Ausgaben, die der Vorbereitung für die Entscheidung über den Erwerb dienen.

Weicht der Kurs zum Zeitpunkt der Veräußerung der Wertpapiere von ihrem Anschaffungswert ab, so entsteht ein Kursgewinn bzw. -verlust. Kurserfolge sind der gewöhnlichen Geschäftstätigkeit zuzurechnen und auf dem Konto sonstiger betrieblicher Ertrag bzw. Aufwand zu erfassen.

Beispiel:

1) Kauf von 50 Aktien der X-AG, Nennwert 1 € zum Kurs von 130 € am 10. 1. 10.

Abrechnung:

50 Aktien zum Kurs von 130 €	6.500
+ Gebühren 1,08 % v. KW	70,20
	6.570,20

Buchungssatz:

Wertpapiere	6.570,20	**an**	Bank	6.570,20

2) Verkauf von 30 Aktien der X-AG am 5. 7. 10 zum Kurs von 190 €

Abrechnung:

30 Aktien zum Kurs von 190 €	5.700
. /. Gebühren 1,08 % v. KW	61,56
	5.638,44

Buchungssatz:

Bank	5.638,44	**an**	Wertpapiere	3.942,12
			sonst. betriebl. Erträge	1.696,32

Wurden Wertpapiere einer Gattung zu verschiedenen Zeitpunkten bei differierenden Anschaffungskosten erworben, kann es schwierig sein, die einem bestimmten Vermögensgegenstand zuzurechnenden Anschaffungskosten exakt zu ermitteln. Werden zwischenzeitlich Teilverkäufe durchgeführt, können den daraus resultierenden Verkaufserlösen nur dann die tatsächlichen Anschaffungskosten gegenübergestellt werden, wenn die Identität von veräußertem und beschafftem Wertpapier nummernmäßig feststellbar ist. Da jedoch Wertpapiere i. d. R. im Girosammeldepot der depotführenden Bank verwahrt werden, ist eine exakte Zurechnung aus der Reihe der tatsächlichen Anschaffungskosten i. d. R. nicht möglich.

Abweichend vom Einzelbewertungsgrundsatz sind in diesem Fall, ähnlich wie im Vorratsvermögen (s. Abschn. 11.2, S. 399 ff.), unterschiedliche **Vereinfachungsverfahren** (LiFo-, FiFo-, Durchschnitts- oder Festwertmethode) heranzuziehen. Steuerlich war bis zum 31. 12. 2003 die Anwendung der Durchschnittsmethode zwingend vorgeschrieben (vgl. auch BFH v. 15. 2. 1966, BStBl. III 1966, S. 274). Mit Einführung des Richtlinien-Umsetzungsgesetzes vom 9. 12. 2004 (BGBl. I 2004, S. 3310; BStBl. I 2004, S. 1158) wurde § 23 Abs. 1 Satz 1 Nr. 2 Satz 2 und 3 EStG a. F. eingeführt, wonach ab dem Veranlagungszeitraum 2005 bei einer Veräußerung von Wertpapieren in Sammelverwahrung und von Fremdwährungsbeträgen generell die **FiFo-Methode** (First In-First Out) anzuwenden ist (vgl. *Kußmaul*, Steuerlehre, S. 71). Übergangsweise konnte bis zum 31. 12. 2004 noch wahlweise die Durchschnittsmethode angewendet werden, falls dies für den Steuerpflichtigen zu einem günstigeren Ergebnis führte (BMF-Schreiben v. 5. 4. 2005, BStBl. I 2005, S. 617). Nach dem Unternehmensteuerreformgesetz 2008 vom 14. 8. 2007 findet sich die entsprechende Vorschrift nunmehr in § 20 Abs. 4 Satz 7 EStG (BGBl. I 2007, S. 1912 ff.).

Beispiel:

Die X-AG hat zu verschiedenen Zeitpunkten Aktien der Y-AG zu folgenden Anschaffungskosten (inkl. Anschaffungsnebenkosten) erworben:

10. 1. 09	50 Aktien zu 245 € = 12.250 €
23. 6. 09	100 Aktien zu 234 € = 23.400 €
30. 10. 09	50 Aktien zu 320 € = 16.000 €

Dementsprechend betragen die gesamten Anschaffungskosten der 200 Aktien 51.650 €. Eine Veräußerung von 173 Anteilen am 9. 9. 10 führt zu folgender Abrechnung (Kurs der Y-AG Aktie 315 €):

Buchungssatz:

Bank	53.906,45	**an**	Wertpapiere des Anlagevermögens	43.010
			sonst. betriebl. Erträge	10.896,45

7.1.3 Behandlung von Erträgen

7.1.3.1 Behandlung der Zinserträge bei Zinspapieren

Beim Kauf von **festverzinslichen** Wertpapieren wird dem Käufer auch der Zinsschein ausgehändigt, der zur Vereinnahmung der **gesamten** Zinsen des folgenden Zinstermins berechtigt. Liegt der Zeitpunkt des Verkaufs zwischen zwei Zinsterminen, so steht dem Verkäufer jedoch noch der Teil der Zinsen zu, der auf den Zeitraum zwischen dem letzten Zinstermin und der Veräußerung entfällt. Der Käufer bezahlt dem Verkäufer deshalb neben dem Kaufpreis für die Wertpapiere so genannte **Stückzinsen** zur Abgeltung seines Zinsanspruchs und vereinnahmt am Zinstermin die gesamten Zinsen des Zinszahlungszeitraums. Während die Verbuchung des Kaufpreises und der Anschaffungsnebenkosten auf dem Bestandskonto „Wertpapiere" erfolgt, handelt es sich bei den Stückzinsen um Zinsaufwand, der auf dem entsprechenden Erfolgskonto erfasst wird. Da Stückzinsen in einem wirtschaftlichen Zusammenhang mit dem Erwerb des Zinsanspruchs stehen, werden sie nicht zu den Anschaffungskosten des Wertpapiers gerechnet.

Bis zum Bilanzstichtag aufgelaufene, noch nicht vereinnahmte Zinsansprüche sind als sonstige Vermögensgegenstände zu aktivieren. Zinserträge werden also pro rata temporis erfasst.

Zinserträge stellen auf betrieblicher Ebene Einkünfte aus Gewerbebetrieb dar. Diese unterliegen nach §43 Abs. 1 Satz 1 Nr. 7 i. V. m. §20 Abs. 1 Nr. 7 EStG gemäß §43a Abs. 1 Satz 1 Nr. 1 EStG in Höhe von 25 % (zzgl. 5,5 % Solidaritätszuschlag gemäß §§3 Abs. 1 Nr. 5, 4 SolZG) der Kapitalertragsteuer. Dies gilt nach §43 i. V. m. §20 Abs. 2 Satz 1 Nr. 7 EStG analog für Veräußerungserfolge (positiver und negativer Art; vgl. §43a Abs. 3 EStG). Die Kapitalertragsteuer hat im Falle von Einkünften aus Gewerbebetrieb nach §43 Abs. 5 Satz 2 EStG keine abgeltende Wirkung; sie wird lediglich bei der nachfolgenden Veranlagung angerechnet.

Mit Einführung des **Unternehmensteuerreformgesetzes 2008** wurde die Besteuerung von Einkünften aus Kapitalvermögen grundlegend reformiert (BGBl. I 2007, S. 1912). Seit dem 1. 1. 2009 wird nunmehr eine **Abgeltungsbesteuerung** auf **private Einkünfte aus Kapitalvermögen** angewandt (Kapitalertragsteuer in Höhe von 25 % nach § 43a Abs. 1 Nr. 1 EStG; vgl. zu Einzelfragen der Abgeltungssteuer auch das BMF-Schreiben v. 22. 12. 2009, BStBl. I 2010, S. 94 ff.). Dabei wurde zudem der Begriff der Einkünfte aus Kapitalvermögen auf Gewinne aus der Veräußerung von nach dem 31. 12. 2008 erworbenen Vermögensstämmen unabhängig von deren Haltedauer erweitert. Diese **Wertsteigerungen aus privaten Anlagen** unterlagen zuvor lediglich dann der Besteuerung, wenn Anschaffung und Veräußerung der Wertpapiere innerhalb eines Jahres erfolgten (Spekulationseinkünfte nach § 23 Abs. 1 Nr. 2 EStG). Mit dem Einbehalt der Steuer (durch den Schuldner der Kapitalerträge bzw. das depotführende Kreditinstitut) ist seit dem 1. 1. 2009 die Einkommensteuerschuld des Anlegers **abgegolten**, so dass die Erklärung der Kapitalerträge in der Steuererklärung für Privatpersonen i. d. R. entfällt (§ 43 Abs. 5 EStG – ausgenommen sind insbesondere Kapitalerträge, die zu den Einkünften aus Gewerbebetrieb zählen). Steuerpflichtige, deren persönlicher Steuersatz niedriger als 25 % ist, können die Kapitaleinkünfte abweichend von den Vorschriften des § 32d EStG den allgemeinen Regelungen zur Ermittlung der tariflichen Einkommensteuer unterwerfen, wenn dies für sie zu günstigeren Ergebnissen führt (Wahlveranlagung nach § 32d Abs. 6 EStG, vgl. *Sureth*, Beteiligungsveräußerungen, S. 464). Der Einkommensteuersatz für Einkünfte aus Kapitalvermögen wurde ebenfalls entsprechend auf 25 % (§ 32d EStG) reduziert. Konnten bisher bei der Berechnung der Einkünfte aus Kapitalvermögen sowohl Werbungskosten (51 € bzw. 102 € bei zusammen veranlagten Ehegatten) als auch der Sparerfreibetrag (750 € bzw. 1.500 €) abgezogen werden, wird bei der Ermittlung nunmehr ein **Sparerpauschbetrag** von 801 € bzw. 1.602 € angesetzt, der Werbungskosten und Sparerfreibetrag abgilt und die Obergrenze für den Abzug darstellt (§ 20 Abs. 9 EStG). Die neue Regelung betrifft grundsätzlich Einkünfte aus Zins- und Beteiligungspapieren gleichermaßen. Grundsätzlich sind negative Einkünfte aus Kapitalvermögen nicht mit positiven Einkünften aus anderen Einkunftsarten verrechenbar; bei Aktienkursverlusten ist darüber hinaus nur eine Verrechnung mit Aktienkursgewinnen möglich (§ 20 Abs. 6 EStG).

Nach den §§ 52a Abs. 8 EStG, 32d Abs. 1 EStG, 43 Abs. 1 Satz 1 Nr. 7, 10 und Abs. 5 EStG i. V. m. § 43a Abs. 1 Nr. 1 EStG unterliegen Zinsen aus im Privatvermögen gehaltenen (festverzinslichen) Anleihen sowohl für den Ersterwerber als auch für jeden weiteren Folgeerwerber der Abgeltungsteuer zzgl. Solidaritätszuschlag und ggf. mit Kirchensteuer (beachte diesbezüglich § 43a Abs. 1 Satz 2 EStG). Die bei der Veräußerung anfallenden Stückzinsen sind ebenfalls steuerpflichtige Kapitalerträge und daher vom Verkäufer mit 25 % (zzgl. Solidaritätszuschlag, ggf. modifiziert bei Kirchensteuerpflicht) zu versteuern. Seit Einführung der Abgeltungsteuer zum 1. 1. 2009 unterliegt dieser auch ein Gewinn aus der Veräußerung bzw. Endeinlösung der Anleihe nach § 20 Abs. 2 Satz 1 Nr. 7 und Satz 2 EStG (§ 43 Abs. 1 Satz 1 Nr. 10 und Abs. 5 EStG). Analoges gilt für Beteiligungspapiere (insbesondere für Aktien; vgl. §§ 20 Abs. 2 Satz 1 Nr. 1 und Satz 2 EStG, 43 Abs. 1 Satz 1 Nr. 9 und Abs. 5 EStG; bei Aktiengeschäften gilt eine eingeschränkte Verlustverrechnung nach § 20 Abs. 6 Satz 5 EStG).

Beispiel:

1) Einzelunternehmung kauft am 1. April auf dem Sekundärmarkt Staatsanleihen (Nominalzinssatz 10 %, Nennwert 50.000 €) zum Kurs von 98 %; Zinstermine 1. Jan./1. Juli. Stückzinsen werden gesondert in Rechnung gestellt.

Bankabrechnung:

Kaufpreis 98 % von 50.000		49.000
+ Bankprovision v. NW 0,5 %	250	
+ Maklergebühr v. KW 0,075 %	36,75	
= Anschaffungsnebenkosten		286,75
Zwischensumme		49.286,75
+ Stückzinsen 10 % für 3 Monate		1.250
Endsumme		50.536,75

Buchungssatz:

Wertpapiere	49.286,75			
Sonstige Vermögensgegenstände (Zinsen)	1.250	**an**	Bank	50.536,75

2) Am 1. Juli werden die Zinsen für den Zeitraum 1. Januar – 30. Juni gutgeschrieben. Die Bank behält Kapitalertragsteuer von 25 % auf den Teil der Zinsen ein, der die gezahlten Stückzinsen übersteigt (§ 43a Abs. 3 EStG). Die Kapitalertragsteuer wird über das Privatkonto des Unternehmers abgewickelt (vgl. Teil A, Abschn. 7.1.3.2, S. 213 f., sowie Abschn. 13.10, S. 571 ff.).

Bankabrechnung:

10 % Zinsen für 6 Monate bezogen auf 50.000 =	2.500
. /. Kapitalertragsteuer 25 % von (2.500. /. 1.250)	312,50
. /. Solidaritätszuschlag 5,5 % vom Kapitalertragsteuerbetrag	17,19
Bankgutschrift	2.170,31

Buchungssatz:

Bank	2.170,31			
Entnahmen	329,69	**an**	Zinserträge	1.250
			Sonstige Vermögensgegenstände (Zinsen)	1.250

3) Am 1. Oktober werden die Obligationen zum Kurswert von 101 % zuzüglich Stückzinsen verkauft.

Bankabrechnung:

Kurswert 101 % von 50.000		50.500
./. Bankprovision v. NW 0,5 %	250	
./. Maklergebühr v. KW 0,075 %	37,88	
= ./. Verkaufskosten		287,88
Zwischensumme		50.212,12
+ Stückzinsen 10 % für 3 Monate		1.250
./. Kapitalertragsteuer auf den Veräußerungsgewinn (i.H.v. 925,37)		231,34
./. Kapitalertragsteuer auf die Stückzinsen		312,50
./. Solidaritätszuschlag auf die Kapitalertragsteuer		29,91
Endsumme		50.888,37

Buchungssatz:

Bank	50.888,37			
Entnahme	573,75	**an**	Wertpapiere	49.286,75
			sonst. betr. Erträge	925,37
			Zinserträge	1.250

Die im Quellabzugsverfahren erhobenen Steuern sind vom Unternehmer bei seiner persönlichen Veranlagung anrechenbar (§ 36 Abs. 2 EStG); ihre Abführung an den Fiskus wird deshalb als Entnahme behandelt. Die mit dem Betriebsvermögen seiner Einzelunternehmung erzielten Einkünfte sind für den Unternehmer Einkünfte aus Gewerbebetrieb (vgl. Teil C, Abschn. 2.2.5.2.1, S. 1121).

7.1.3.2 Verbuchung von Dividenden

Dividendenerträge müssen in der Buchhaltung bereits bei ihrem Entstehen, d. h. im Zeitpunkt des Gewinnausschüttungsbeschlusses, erfasst werden, nicht erst bei ihrem Zufluss. Der Dividendenanspruch wird als sonstige Forderung verbucht.

Die steuerliche Behandlung von **Dividendenerträgen** war bis zum Veranlagungszeitraum 2008 durch das Steuersenkungsgesetz vom 23. 10. 2000 (BGBl. I 2000, S. 1433) geprägt. Danach war auf Dividenden das Halbeinkünfteverfahren anzuwenden, also eine in der Folge nur hälftige Besteuerung der Bardividenden, wenn die Ausschüttung an eine natürliche Person (bzw. an eine Personengesellschaft) erfolgte (§ 3 Nr. 40d EStG a. F.). Dabei wurde dem Umstand Rechnung getragen, dass auf Ebene der Körperschaft die um die Gewerbesteuer geminderten Gewinne mit 25 % Körperschaftsteuer zzgl. 5,5 % Solidaritätszuschlag (§ 23 Abs. 1 KStG a. F., §§ 3 Abs. 1 Nr. 1, 4 SolZG a. F.) besteuert worden sind. Mit Inkrafttreten des Unternehmensteuerreformgesetzes 2008 entfällt das Halbeinkünfteverfahren für Beteiligungserträge. Damit unterliegen an natürliche Personen ausgeschüttete Dividenden auf im Privatvermögen gehaltene Wertpapiere als Einkünfte i. S. d. § 20 Abs. 1 Nr. 1 EStG ab dem 1. 1. 2009 nicht mehr zur Hälfte dem persönlichen Einkommensteuersatz, sondern ebenso wie Zinseinnahmen und allgemeine Veräußerungsgewinne aus Wertpapiergeschäften der Abgeltungsteuer von 25 % zzgl. 5,5 % Solidaritätszuschlag sowie ggf. mit KiSt (damit Anhebung des Kapitalertragsteuersatzes auf Dividenden von 20 % auf 25 %; vgl. hierzu die Behandlung von Veräußerungsgeschäften im Privatvermögen Teil A, Abschn. 7.1.3.1, S. 210 f.). Für Ausschüttungen auf im Betriebsvermögen von natürlichen Personen befindliche Anteilspapiere von Kapitalgesellschaften sowie für aus diesen resultierende Veräußerungsgewinne gilt fortan das **Teileinkünfteverfahren** anstelle des Halbeinkünfteverfahrens. Ab 2009 sind demnach solche Erträge zu 60 % steuerpflichtig (§ 3 Nr. 40 Satz 1 lit. d EStG). Zudem können die mit der Erzielung dieser Einnahmen im Zusammenhang stehenden Aufwendungen/Betriebsvermögensminderungen zu 60 % als Betriebsausgabe geltend gemacht werden (§ 3c Abs. 2 EStG). Die Besteuerung erfolgt hierbei nicht mit dem pauschalen Abgeltungsteuersatz, sondern mit dem persönlichen Steuersatz. Allerdings wird auch bei nach dem Teileinkünfteverfahren (oder gemäß § 8b KStG) zu versteuernden Einkünften Kapitalertragsteuer (zzgl. SolZ) einbehalten (§ 43 Abs. 1 Satz 3 EStG). Hintergrund dieser Änderung war die Reduzierung der Vorbelastung auf Gesellschaftsebene durch die Senkung des Körperschaftsteuersatzes von 25% auf 15% (vgl. *Hey*, Körperschaftsteuer, Rn. 12). Werden Dividenden an eine andere (unbeschränkt steuerpflichtige) Kapitalgesellschaft ausgeschüttet, bleiben diese Einkünfte bei deren Gewinnermittlung auch nach der Unternehmensteuerreform weiterhin außer Ansatz (§8b Abs. 1 KStG). Hierbei ist zu beachten, dass lediglich 5% dieser Gewinne pauschal als nichtabziehbare Betriebsausgabe behandelt werden und damit im Ergebnis steuerpflichtig sind (§8b Abs. 5 KStG; außer in den Fällen des §8b Abs. 7 und 8 EStG; vgl. dazu auch Teil C, Abschn. 2.2.5.2.1, S. 1125).

Bei der Vereinnahmung von Dividenden innerhalb einer **Konzernstruktur** ist zudem zu beachten, in welchem Geschäftsjahr die Obergesellschaft die von ihrer Tochter ausgeschütteten Dividenden ausweist. Diesbezüglich ist zwischen einer phasenkongruenten und einer phaseninkongruenten Vereinnahmung der Dividenden zu unterscheiden. Bei der **phasenkongruenten** Vereinnahmung werden die Dividenden bei der Mutter bereits in dem Geschäftsjahr als Ertrag ausgewiesen, in dem die den Dividenden zugrunde liegenden Gewinne bei der Tochter erwirtschaftet wurden. Nach der Rechtsprechung des Europäischen Gerichtshofes (EuGH v. 27. 6. 1996, DB 1996, S. 1400) sind Dividenden zwingend phasenkongruent zu vereinnahmen, wenn

(a) die Mutter Alleingesellschafterin der Tochter ist und diese kontrolliert,

(b) Mutter und Tochter nach nationalem Recht einen Konzern bilden,

(c) die Geschäftsjahre beider Gesellschaften übereinstimmen,

(d) der von der Hauptversammlung festgestellte Jahresabschluss der Tochter für das fragliche Geschäftsjahr zeigt, dass die Tochter ihrer Mutter am Bilanzstichtag einen Gewinn zugewiesen hat, und der Gewinnverwendungsbeschluss vor Beendigung der Jahresabschlussprüfung der Mutter gefasst worden ist sowie

(e) der Jahresabschluss der Tochter ein den tatsächlichen Verhältnissen entsprechendes Bild der Vermögens-, Finanz- und Ertragslage vermittelt.

Nach Ansicht des Hauptfachausschusses des IDW (*HFA*, Vereinbarung, S. 427 f.) ist von einer phasengleichen Vereinnahmungspflicht auch dann auszugehen, wenn lediglich eine Stimmrechtsmehrheit besteht (vgl. auch *Küting*, Dividendenvereinnahmung, S. 1948). Voraussetzung ist aber in jedem Falle, dass bis zum Ende der Prüfung des Mutterabschlusses ein Gewinnverwendungsbeschluss vorliegt; andernfalls ist handelsrechtlich von einem Wahlrecht zur phasenkongruenten Vereinnahmung der Dividenden auszugehen, wenn zumindest der Jahresabschluss der Tochter festgestellt worden ist und ein Gewinnverwendungsvorschlag vorliegt. **Steuerrechtlich** ist demgegenüber nach neuerer Rechtsprechung grundsätzlich von einem Aktivierungsverbot der Dividendenansprüche auszugehen, sofern, wie dies bei deckungsgleichen Wirtschaftsjahren der Fall sein wird, über die Gewinnverwendung der Tochter am Bilanzstichtag der Mutter noch kein Beschluss gefasst worden ist (BFH v. 7. 8. 2000, BStBl. II 2000, S. 632).

Zum Zeitpunkt der Auszahlung der Dividende wird der tatsächliche Auszahlungsbetrag auf dem Bestandskonto „Bank“ erfasst. Die Kapitalertragsteuer und der Solidaritätszuschlag auf die Kapitalertragsteuer werden bei der Einzelunternehmung und bei Personengesellschaften – analog zur Behandlung von Zinserträgen – als **Entnahme** behandelt, da sie die persönliche Einkommensteuerschuld des Unternehmers betreffen.

Beispiel:

Einzelunternehmung erhält Dividendenzahlung über 12 € pro Aktie; Aktienbestand 10 Stück.

Dividendenausschüttung	120
. /. Kapitalertragsteuer	30
. /. Solidaritätszuschlag auf die Kapitalertragsteuer	1,65
Bankgutschrift	88,35

Verbuchung:

– bei Dividendenbeschluss durch die Hauptversammlung:

sonst. Forderungen	120	**an**	Dividendenerträge	120

– bei Gutschrift durch das Kreditinstitut:

Bank	88,35			
Entnahmen	31,65	**an**	sonst. Forderungen	120

7.1.4 Besonderheiten beim Erwerb junger Aktien

Erhöht eine Kapitalgesellschaft ihr gezeichnetes Kapital durch die Ausgabe neuer Aktien (ordentliche Kapitalerhöhung), so steht den Aktionären ein **Bezugsrecht** auf die neuen Aktien entsprechend ihrem Anteil am bisherigen gezeichneten Kapital zu (§ 186 Abs. 1 AktG). Ein Ausschluss des Bezugsrechts ist nur unter restriktiven Bedingungen möglich, die jedoch im Zuge des Gesetzes für kleine Aktiengesellschaften und zur Deregulierung des Aktienrechts vom 2. 8. 1994 (BGBl. I 1994, S. 1961) ein wenig gelockert wurden. Ein Bezugsrechtsausschluss ist danach insbesondere dann zulässig, wenn die Kapitalerhöhung 10 v. H. des Grundkapitals nicht übersteigt und der Ausgabebetrag nur unwesentlich unter dem Börsenpreis der Altaktien liegt (§ 186 Abs. 3 AktG). Das Bezugsrecht dient dazu, die bestehenden Stimmrechtsverhältnisse zu wahren und Vermögensnachteile auszugleichen, die dadurch entstehen, dass der Ausgabekurs der neuen Aktien unter dem Börsenkurs der alten Aktien liegt und sich nach der Kapitalerhöhung ein Mittelkurs bildet, der zwischen dem bisherigen Kurs und dem Emissionskurs notiert. Den Aktionären steht es frei, ihr Bezugsrecht auszuüben und neue Aktien zu erwerben oder das Bezugsrecht an der Börse zu verkaufen.

Die Anschaffungskosten einer neuen Aktie setzen sich zusammen aus dem Emissionskurs, dem Anschaffungswert der benötigten Bezugsrechte sowie aus Nebenkosten der Anschaffung. Das Recht eines Anteilseigners auf Bezug neuer Anteilsscheine ist grundsätzlich untrennbar mit dem Stammrecht verbunden. Verzichtet ein Anteilseigner im Zusammenhang mit einer Kapitalerhöhung auf dieses Recht, so ist dies als Abgang bei dem Bilanzposten, unter dem das Stammrecht ausgewiesen war, darzustellen. Erwirbt er hingegen (zusätzliche) Bezugsrechte, so sind diese, bis zu ihrer tatsächlichen Ausübung, als sonstige Vermögensgegenstände im Rahmen des Umlaufvermögens zu betrachten.

Beispiel:

Im Rahmen einer ordentlichen Kapitalerhöhung der Y-AG (Bezugsverhältnis 5:1) hat die X-AG als Anteilseignerin von 20.000 Aktien die Möglichkeit, neue Aktien zu einem Emissionskurs von 230 € je Stück zu erwerben.

Nach reiflicher Überlegung kommt man bei der X-AG zu dem Entschluss, 3.500 neue Aktien zu erwerben und die verbleibenden Bezugsrechte zu veräußern. Der rechnerische Wert des Bezugsrechts beträgt 21,40 €; es notiert am Verkaufstag zu 25,80 €.

Buchungssätze:

Kauf der Jungaktien:				
Wertpapiere (jung)	1.179.500	**an**	Bank	805.000
			Wertpapiere (alt)	374.500
Verkauf der Bezugsrechte:				
Bank	64.500	**an**	sonst. betriebl. Erträge	11.000
			Wertpapiere (alt)	53.500

Die buchmäßigen Abgänge bei den bereits im Bestand befindlichen Aktien in Höhe von insgesamt 428.000 € resultieren aus 20.000 Bezugsrechten in Höhe des rechnerischen Wertes von 21,40 €. Die sonstigen betrieblichen Erträge sind das Ergebnis der starken Nachfrage nach Bezugsrechten der Y-AG an der Börse, die den tatsächlichen Bezugsrechtskurs über den rechnerischen hinaus ansteigen ließ.

Hätte sich die X-AG entschieden, mehr als die mittels Bezugsrechten möglichen 4.000 neuen Aktien zu erwerben, wären die neu zu erwerbenden Bezugsrechte mit ihren tatsächlichen Anschaffungskosten zu erfassen gewesen.

Auf den Ausweis von eigenen Bezugsrechten als Abgang bei den Altanteilen und als Zugang bei den hinzuerworbenen kann aus Vereinfachungsgründen verzichtet werden (*Kozikowski/Gutike*, Bilanzkommentar, § 268 HGB, Rn. 62).

7.1.5 Bilanzielle Behandlung von Wertpapieren

Gemäß ihrer Zweckbestimmung ist es erforderlich, die Wertpapiere entweder dem Anlage- oder Umlaufvermögen gemäß § 266 HGB zuzuordnen. Dienen Wertpapiere nur zur **kurzfristigen** Anlage liquider Mittel, besteht also keine fundierte Dauerbesitzabsicht, erfolgt die Zuordnung zum Umlaufvermögen. Innerhalb des Umlaufvermögens ist für den Ausweis der **Gläubigerrechte** bei den Forderungen, den Wertpapieren oder den sonstigen Vermögensgegenständen des Umlaufvermögens die Art der Verbriefung maßgebend: Unverbriefte Gläubigerrechte gehören zu den sonstigen Vermögensgegenständen, verbriefte Gläubigerrechte zu den Wertpapieren.

Kurzfristig veräußerbare **Anteilsrechte**, die aufgrund der wirtschaftlichen Situation des Unternehmens nicht längerfristig verfügbar sind oder für die keine Dauerbesitzabsicht besteht, sind im Umlaufvermögen entweder als Anteile an verbundenen Unternehmen oder als sonstige Wertpapiere auszuweisen.

Sind die erworbenen Wertpapiere dagegen dazu bestimmt, dem Geschäftsbetrieb **auf Dauer** zu dienen, wie z. B. bei Vorliegen einer Beteiligung nach § 271 HGB, so führt dies zu einem Ausweis unter den Finanzanlagen (§ 266 Abs. 2 A. III HGB). Handelt es sich weder um Anteile an verbundenen Unternehmen noch um eine Beteiligung, so erfolgt die Zuordnung zu den Wertpapieren des Anlagevermögens. Im Gegensatz zum abnutzbaren Sachanlagevermögen sind hier Vermögensgegenstände enthalten, deren Nutzung zeitlich nicht begrenzt ist und deren Wertminderungen nicht zwangsläufig, sondern außerplanmäßig oder marktbedingt sind.

In Bezug auf die **Bewertung** des zum Bilanzstichtag erfassten Inventurbestands hat dies auf der Grundlage der Anschaffungskosten i. S. d. §255 Abs. 1 HGB zur Konsequenz, dass für Wertpapiere des Umlaufvermögens zwingend das strenge Niederstwertprinzip anzuwenden ist, für Wertpapiere des Finanzanlagevermögens jedoch (im Unterschied zum Sachanlagevermögen und dem immateriellen Anlagevermögen) diesbezüglich bei nicht dauerhafter Wertminderung ein Wahlrecht besteht (gemildertes Niederstwertprinzip). Das **Niederstwertprinzip** gebietet dem Kaufmann, am Bilanzstichtag die fortgeführten historischen Anschaffungskosten mit dem aktuellen Stichtagswert zu vergleichen und den niedrigeren Wert in der Bilanz anzusetzen. Ist der aktuelle Stichtagswert niedriger, so ist eine außerplanmäßige Abschreibung erforderlich, d. h. sinkt der Börsenkurs unter die Anschaffungskosten oder den letzten Bilanzansatz, so **muss** bei Wertpapieren des Umlaufvermögens auf den niedrigeren Wert abgeschrieben werden (§253 Abs. 4 HGB). Anzusetzen ist der Betrag, den der Kaufmann am Abschlussstichtag hätte erlösen können, also der Börsenkurs am Bilanzstichtag abzüglich üblicher Verkaufsspesen.

Eine Modifikation ergibt sich für das Anlagevermögen: Dort muss der niedrigere Stichtagswert nur angesetzt werden, wenn die Wertminderung von Dauer ist (§253 Abs. 3 Satz 3 HGB). Ist die Wertminderung dagegen als nur vorübergehend zu beurteilen, so besteht bei Finanzanlagen ein Abschreibungswahlrecht (§253 Abs. 3 Satz 4 HGB), wohingegen für das Sachanlagevermögen und das immaterielle Anlagevermögen unter dieser Voraussetzung keine Möglichkeit zur außerplanmäßigen Abschreibung besteht.

Grundsätzliche Bedeutung kommt demnach der Aufgabe des bilanzierenden Kaufmanns zu, die voraussichtliche Dauer der Wertminderung zu schätzen, um die Frage nach Abschreibungszwang oder Abschreibungswahlrecht beantworten zu können. Etwas abgeschwächt wird dieses Problem durch das Auseinanderfallen von Abschlussstichtag und dem tatsächlichen Tag der Erstellung des Jahresabschlusses, denn das in §252 Abs. 1 Nr. 4 HGB verankerte **Prinzip der Wertaufhellung** verlangt, alle sich in der Zwischenzeit ergebenden Erkenntnisse bei der Bewertung zum Abschlussstichtag zu berücksichtigen.

Erfolgt eine Abschreibung der Wertpapiere aufgrund eines niedrigeren Börsenkurses und steigt ihr Wert zu einem folgenden Bilanzstichtag wieder an, so hat eine Zuschreibung auf den neuen Börsenkurs (abzgl. Spesen), maximal jedoch bis zu den Anschaffungskosten zu erfolgen (§253 Abs. 5 HGB).

Beispiel:

Die Unternehmung K. Schmitt KG hat 200 Aktien der Bau und Boden AG zum Kurs von 200 € im Wirtschaftsjahr 09 erworben und an Maklergebühren und Provisionen 1,08 % vom Kurswert bezahlt. Die Anschaffungskosten der Aktien betragen somit 40.432 €.

Die Kursentwicklung der Aktien stellte sich an den einzelnen Bilanzstichtagen wie folgt dar:

31. 12. 09 = 150 €

31. 12. 10 = 180 €

31. 12. 11 = 250 €

Bei der Bestimmung des Wertansatzes zu den jeweiligen Bilanzstichtagen ist entscheidend, ob die Aktien dem Anlage- oder dem Umlaufvermögen zugeordnet werden.

1. Bei Zuordnung zum **Anlagevermögen** besteht gemäß § 253 Abs. 3 HGB ein Wertansatzwahlrecht, denn außerplanmäßige Abschreibungen können, brauchen aber nicht vorgenommen zu werden; nur bei dauerhafter Wertminderung ist eine Abschreibung zwingend vorgeschrieben (§ 253 Abs. 3 Satz 3 HGB). Wird der Kursrückgang in den Jahren 09 und 10 als nicht dauerhaft angesehen und wird von der Abschreibungsmöglichkeit kein Gebrauch gemacht, so bleibt der Ansatz der Aktien in Höhe von 40.432 € unverändert, d. h. es ergeben sich keine Erfolgsauswirkungen.

Erfolgt eine Abschreibung zum 31. 12. 09 auf den niedrigeren Börsenkurs, ist folgende **Umbuchung** durchzuführen:

Abschreibungen auf Wertpapiere des Anlagevermögens	10.756	**an**	Wertpapiere	10.756

Der Aktienbestand besitzt damit noch einen Buchwert von 29.676 €. Am folgenden Stichtag 31. 12. 10 muss eine Zuschreibung durchgeführt werden (§ 253 Abs. 5 HGB):

Wertpapiere	5.935,20	**an**	sonst. betriebl. Erträge	5.935,20

Bei der anschließenden Wertaufholung zum 31. 12. 11 sind als Höchstgrenze die ursprünglichen Anschaffungskosten zu berücksichtigen:

Wertpapiere	4.820,80	**an**	sonst. betriebl. Erträge	4.820,80

2. Bei Zuordnung der Aktien zum Umlaufvermögen besteht eine Abschreibungspflicht gemäß § 253 Abs. 4 HGB. Zum 31. 12. 09 ist deshalb zwingend eine Abschreibung in Höhe von 10.756 € vorzunehmen. In den Folgeperioden muss, wie beim Anlagevermögen, auch im Umlaufvermögen den tatsächlichen Kursanstiegen durch Zuschreibungen Rechnung getragen werden (§ 253 Abs. 5 HGB).

Fällt im Zuge einer späteren Veräußerung der Aktien ein Veräußerungserfolg an, ist aus **steuerlicher Sicht** auf diesen Kapitalertragsteuer i. H. v. 25 % zzgl. Solidaritätszuschlag zu entrichten (vgl. hierzu und zur Anwendung des Teileinkünfteverfahrens, S. 213 f.). Eine steuerliche Teilwertabschreibung, insbesondere auch für Finanzanlagen und Wertpapiere des Umlaufvermögens, ist für nach dem 31. 12. 1998 endende Wirtschaftsjahre durch das Steuerentlastungsgesetz 1999/2000/2002 vom 24. 3. 1999 (BGBl. I 1999, S. 402) neu geregelt worden. Danach ist eine Abschreibung auf den niedrigeren Teilwert sowohl im Anlage- als auch im Umlaufvermögen nur bei voraussichtlich dauerhafter Wertminderung möglich (steuerliches Wahlrecht); zudem besteht ein Wertaufholungsgebot bei Wegfall des Abschreibungsgrundes (§ 6 Abs. 1 Nr. 2 EStG; vgl. auch *Schult/Freyer*, Teilwertabschreibung). Allerdings sind die Beträge der Teilwertabschreibungen auf Anteile an Kapitalgesellschaften, die von anderen Kapitalgesellschaften im Betriebsvermögen gehalten werden, nach § 8b Abs. 3 Satz 3 KStG steuerlich nicht abzugsfähig. Umgekehrt bleiben Gewinne, die bei ggf. nachfolgenden (Teil-)

Wertaufholungen anfallen, bei der Ermittlung der Steuerbemessungsgrundlage zu 95% außer Ansatz, indem sie wie die Beträge der vorausgegangenen Teilwertabschreibung außerbilanziell korrigiert werden (§8b Abs. 2 Satz 3 KStG; dabei gelten 5% der Wertaufholung als nichtabzugsfähige Betriebsausgabe, obwohl die vorausgegangene Teilwertabschreibung gänzlich steuerlich unbeachtlich war, §8b Abs. 3 Satz 1 i.V.m. §8b Abs. 2 Satz 3 KStG; in diesem Punkt kommt der Frage einer von der Handelsbilanz unabhängigen Ausübung des steuerlichen Wahlrechts zur Teilwertabschreibung eine gewisse Bedeutung zu, vgl. *Arbeitskreis Bilanzrecht der Hochschullehrer Rechtswissenschaft,* Maßgeblichkeit, S. 2571; *Prinz,* Maßgeblichkeit, S. 2071). Bei Personengesellschaften sind, soweit gewerbliche Einkünfte natürlicher Personen betroffen sind, entsprechend Teilwertabschreibungen auf Anteile an Kapitalgesellschaften zu 60% steuerlich abzugsfähig (§3c Abs. 2 EStG); anschließende (Teil-)Wertaufholungen sind demgemäß zu 60% steuerpflichtig (§3 Nr. 40 lit. a Satz 1 EStG; zum Teileinkünfteverfahren vgl. dieser Abschn., S. 213f.). Zur Frage, wann eine Wertminderung als dauerhaft zu beurteilen ist, hat der BMF erstmals im Schreiben vom 25. 2. 2000 (BStBl. I 2000, S. 372ff.) Stellung genommen. Danach ist für Wertpapiere des Anlagevermögens eine Teilwertabschreibung nur möglich, wenn die Gründe für die niedrigere Bewertung voraussichtlich anhalten werden, insofern fundamentaler Natur sind. Bloße Kursschwankungen börsennotierter Werte sind demgegenüber nicht hinreichend für eine solche Wertminderung; sie gestatten somit i.d.R. keine Teilwertabschreibung. Nach dem BMF-Schreiben ist grundsätzlich dann von einer voraussichtlich dauerhaften Wertminderung auszugehen, wenn der Wert des Wirtschaftsgutes die Bewertungsobergrenze (fortgeführte Anschaffungs-/Herstellungskosten) während eines erheblichen Teils der voraussichtlichen Verweildauer im Unternehmen nicht erreichen wird. An diesem Maßstab orientiert, kann bei Wertpapieren bzw. allgemein Wirtschaftsgütern des Umlaufvermögens gegenüber solchen des Anlagevermögens bereits eine kürzere Zeitspanne, in der der Wert des Gutes niedriger als die Bewertungsobergrenze ist, zur Annahme einer voraussichtlich dauerhaften Wertminderung genügen. Mit Urteil vom 26. 9. 2007 hat der BFH entschieden, dass eine Teilwertabschreibung bei Aktien, die als Finanzanlage gehalten werden, immer dann zulässig ist, wenn der Börsenkurs zum Bilanzstichtag unter die Anschaffungskosten gesunken ist und keine konkreten Anhaltspunkte für ein alsbaldiges Ansteigen vorliegen (**„Infineon-Urteil"**, BStBl. II 2009, S. 294). Aus den Urteil geht jedoch nicht hervor, ob jedwedes Absinken des Kurswerts unter die Anschaffungskosten zu einer Teilwertabschreibung führt oder ob Wertveränderungen innerhalb einer gewissen Bandbreite aus Gründen der Bewertungsstetigkeit als nur vorübergehende, nicht zu einer Teilwertabschreibung berechtigende Wertschwankungen zu beurteilen sind. Der diesbezüglich vom BFH geäußerte Verweis auf den aktuellen Börsenkurs als besten Schätzer für künftige Börsenkurse legt jedoch die Vermutung nahe, dass ein Absinken des Börsenkurses unter die Anschaffungskosten stets als dauerhaft angesehen werden sollte (zur Kritik an der auf dem Informationseffizienzkriterium begründeten Argumentation des BFH vgl. *Scholze/Wielenberg,* Wertminderungen, S. 373ff.). Mit seinem Schreiben vom 26. 3. 2009 nimmt das BMF hierzu Stellung (BStBl. I 2009, S. 514). Demnach seien die Grundsätze des BFH-Urteils, welches nur die Bewertung von **börsennotierten Anteilen**, die im Anlagevermögen gehalten werden, betrifft, auch über den entschiedenen Einzelfall hinaus anzuwenden. Zudem wird die vom BFH in seinem Urteil nicht thematisierte Frage der Behandlung von Wertveränderungen innerhalb einer gewissen Bandbreite durch eine zeitliche und rechnerische Komponente ausgefüllt, wonach von einer voraussichtlich dauernden Wertminderung nur dann auszugehen ist, wenn der Börsenkurs von börsennotierten Aktien zu dem jeweils aktuellen Bilanzstichtag um mehr als 40 % oder zu dem jeweils aktuellen Bilanzstichtag und dem vorangegangenen Bilanzstichtag um mehr als 25 % unter die Anschaffungskosten gesunken ist (dem widersprechend: FG Münster vom 9. 7. 2010 sowie vom 31. 8. 2010; vgl. auch *Schlotter,* Wertminderung, S. 171 ff.). Sätze 5 und 6 der Rn. 4 des BMF-Schreibens vom 25. 2. 2000, wonach zusätzliche Erkenntnisse bis zum Zeitpunkt der Aufstellung der Handels- bzw. Steuerbilanz zu berücksichtigen sind, gelten entsprechend. Demgegenüber kommt der BFH hinsichtlich der Behandlung von Fremdwährungsverbindlichkeiten zu dem Schluss, dass eine aus Wechselkursschwankungen resultierende Wertminderung einer Verbindlichkeit nicht als dauerhaft anzusehen ist, sofern die Verbindlichkeit eine hinreichend lange Restlaufzeit aufweist, innerhalb derer sich die Währungsschwankungen wieder ausgleichen können (BFH-Urteil vom 23. 4. 2009, BStBl. II 2009, S. 778). Lediglich bei grundlegend veränderten wirtschaftlichen Ausgangsdaten sei eine diesbezügliche Prognose nicht hinreichend sicher zu treffen und damit eine Abwertung gerechtfertigt (zur Kritik an der im Vergleich zum BFH-Urteil v. 26. 9. 2007 inkonsistenten Vorgehensweise vgl. *Buciek,* Rechtsprechung, S. 1030 f.; *Rzepka/Scholze,* Teilwerterhöhungen, S. 92 ff.). **Handelsrechtlich** wird nach h. M. dann eine dauerhafte Wertminderung unterstellt, wenn der Stichtagswert die Anschaffungskosten während eines erheblichen Teils der Restnutzungsdauer (mindestens für die Hälfte der Restnutzungsdauer oder die nächsten fünf Jahre) unterschreitet. Normale Kursschwankungen von zum Börsen- oder Marktpreis bewerteten Wertpapieren werden hingegen nicht als dauerhafte Wertminderung eingestuft (vgl. Teil A, Abschn. 12.2.2, S. 435 ff. sowie *Kozikowski/Roscher/Schramm,* Bilanzkommentar, § 253 HGB, Rn. 315).

Der Wertpapierbestand von **Kredit- und Finanzdienstleistungsinstituten** wird in die Kategorien **Handelsbestand, Wertpapiere, die nach § 340e HGB wie Anlagevermögen behandelt werden**, und **Liquiditätsreserve** untergliedert. Für die Zuordnung ist wie im Falle der Industrie- und Handelsunternehmen die Zweckbestimmung im Erwerbszeitpunkt maßgeblich. Wertpapiere, die mit kurzfristiger Wiederverkaufsabsicht erworben werden, sind dem Handelsbestand zuzuordnen. Den Wertpapieren, die nach § 340e HGB wie Anlagevermögen behandelt werden, sind solche Wertpapiere zuzuordnen, die von den Instituten als längerfristige Vermögensanlage gehalten werden. Bedingung für die Zuordnung zu dieser Kategorie ist eine Mindestursprungs- bzw. Mindestrestlaufzeit der Wertpapiere von einem Jahr (*HFA,* Umwidmung, S. 59) sowie ein aktenkundiger Beschluss der zuständigen Stelle, dass sie dauerhaft dem Geschäftsbetrieb dienen sollen. Anhaltspunkte hierfür sind der IDW RS VFA 2 zu entnehmen (vgl. *VFA,* Auslegung des § 341b HGB, S. 474 ff.). Der Liquiditätsreserve werden solche Wertpapiere zugeordnet, die weder zum Handelsbestand gehören, noch wie Anlagevermögen behandelt werden (Residualkategorie; vgl. *Hartmann-Wendels/*

Pfingsten/Weber, Bankbetriebslehre, S. 826). Wertpapiere der Liquiditätsreserve unterliegen den normalen Bewertungsvorschriften des Umlaufvermögens (§ 253 Abs. 4 HGB); dies gilt bspw. auch für Darlehensforderungen (vgl. *Scharpf/Schaber,* Bankbilanz, S. 120). Die dem Handelsbestand zugeordneten Wertpapiere sind mit dem beizulegenden Zeitwert (abzüglich eines Risikoabschlags) zu bewerten (§ 340e Abs. 3 Satz 1 HGB; eingeführt durch das BilMoG). Wertpapiere, die nach § 340e HGB wie Anlagevermögen behandelt werden, unterliegen den Bewertungsvorschriften des Anlagevermögens (vgl. Teil A, Abschn. 3.1, S. 74, Kap. 12, S. 428 ff. und § 340e Abs. 1 Satz 2 HGB). Ähnliche Vorschriften zur Klassifizierung und Bewertung von Wertpapieren finden sich auch im Bereich der Versicherungsunternehmen und Pensionsfonds (§ 341b Abs. 2 HGB). Eine **Umwidmung** von Wertpapieren des Umlaufvermögens in das Anlagevermögen und umgekehrt kann sowohl für Kreditinstitute als auch für Industrie- und Handelsunternehmen nach § 247 Abs. 2 HGB nur bei begründeter Änderung der Zweckbestimmung erfolgen. Bei Kreditinstituten sind Umwidmungen in den Handelsbestand nach § 340e Abs. 3 Satz 2 HGB ausgeschlossen. Das gilt prinzipiell auch für eine Umgliederung aus dem Handelsbestand in eine der anderen beiden Kategorien, es sei denn, außergewöhnliche Umstände, insbesondere schwerwiegende Beeinträchtigungen der Handelbarkeit der Papiere, führen zur Zweckänderung (vgl. § 340e Abs. 3 Satz 3 HGB). Umwidmungen haben grundsätzlich ergebnisneutral zum Buchwert des letzten Jahresabschlusses zu erfolgen. Die Vornahme von Wertaufholungen im Zuge einer Umwidmung ist stets geboten, wenn der ursprüngliche Abwertungsgrund entfallen ist (vgl. zur Umwidmung nach IFRS 9/IAS 39 Teil A, Abschn. 7.3.1, S. 309 f.).

7.1.6 Bilanzierung von mezzaninem Kapital

Unter dem Begriff des mezzaninen Kapitals (**mezzanine capital**) werden Finanzierungsinstrumente subsumiert, die aufgrund ihrer spezifischen rechtlichen und wirtschaftlichen Eigenschaften weder vollständigen Eigen- noch Fremdkapitalcharakter aufweisen (mezzanino: ital. für Zwischengeschoss). Sie stellen eine eigenständige hybride Kapitalform dar, wobei zwischen eigenkapitalähnlichen (**equity mezzanine capital**), fremdkapitalähnlichen (**debt mezzanine capital**) und der dazwischen angesiedelten **hybriden Form** unterschieden wird (vgl. *Gräfer/Schiller/Rösner,* Finanzierung, S. 165). Letztere zeichnen sich durch im Zeitablauf wechselnde Eigenschaften aus (i. d. R. von fremd- zu eigenkapitalähnlicher Form).

Vor der Kategorisierung der einzelnen mezzaninen Finanzierungsinstrumente erscheint es insbesondere aus Abgrenzungsgesichtspunkten sinnvoll, die Reinformen des Eigen- und des Fremdkapitals zumindest anhand typisierender Merkmale näher zu umschreiben. **Eigenkapital** ist grundsätzlich mit einem Residual- bzw. Restbetragsanspruch hinsichtlich der Erfolgsausschüttung und einem eventuellen Liquidationserlös verbunden. Eigenkapitalgeber nehmen damit eine Primärhaftungsstellung ein (vgl. *Küting/Dürr,* Mezzanine-Kapital, S. 1529 f.; *Adler/Düring/Schmaltz,* Rechnungslegung, § 246 HGB, Rn. 81; *Drukarczyk,* Finanzierung, S. 303). **Fremdkapitalgeber** haben demgegenüber einen

Festbetragsanspruch, der auf Zinszahlungen und anschließende Rückzahlung des überlassenen Kapitals beschränkt ist. Sie werden zudem im Insolvenzfall vorrangig bedient. Aufgrund ihrer Eigentümerstellung kommen den Eigenkapitalgebern weitreichende Einwirkungs- und Informationsrechte zu. Inhaber von Stammaktien haben demnach grundsätzlich ein Stimmrecht (§ 12 Abs. 1 AktG) sowie Auskunfts- und Einsichtnahmerechte (§ 131 AktG, § 51a GmbHG). Zudem besteht zumindest im Falle der Personengesellschaft die Möglichkeit zur Ausübung der unmittelbaren Geschäftsführungsfunktion (§§ 114, 125 HGB; § 710 BGB). Fremdkapitalgebern steht weder ein Stimmrecht noch eine unmittelbare Geschäftsführungsfunktion zu. Mitbestimmung bzw. Mitsprache kann allenfalls faktisch durch erhaltene Sicherheiten oder Aufsichtsratsvertretungen erlangt werden. Außerdem besteht lediglich in Fällen finanzieller Abhängigkeit des Schuldnerunternehmens die Möglichkeit für den Fremdkapitalgeber, in Kreditverhandlungen zusätzliche, über die allgemein zugänglichen Informationen (der extern orientierten Rechnungslegung) hinausgehende Auskünfte und Einsichtnahmen zu erzwingen. Des Weiteren wird Eigenkapital im Gegensatz zu Fremdkapital i. d. R. für einen unbefristeten Zeitraum überlassen und die Kündigungs- bzw. Ausstiegsmöglichkeiten sind begrenzt. Die Fungibilität beider Kapitalarten variiert jeweils mit der Art des vorliegenden Titels (z. B. Aktien versus GmbH-Anteile, börsengehandelte Obligation versus Bankkredit).

Obgleich der Ursprung des mezzaninen Kapitals oftmals mit dem Buyout-Boom in den USA um 1990 begründet wird, sind verschiedene Mezzanine-Titel in Deutschland bereits viel länger bekannt und etabliert. Vor allem die stille Beteiligung kann auf eine lange Tradition im Bereich der Personengesellschaften zurückblicken. In den vergangenen Jahren rückten Finanzierungen dieser Art vor allem durch die immer vorsichtiger werdende Kreditvergabe der Banken (Finanzkrise, Basel II und III) wieder verstärkt in den Mittelpunkt des Interesses. Insbesondere für mittelständische Unternehmen ohne Kapitalmarktzugang bieten sich hier interessante Finanzierungsalternativen zur klassischen Fremdkapitalfinanzierung. **Vorteile** gegenüber Eigenkapital in Reinform ergeben sich insbesondere aufgrund der Tatsache, dass den Mezzanine-Kapitalgebern oftmals keine Stimm- und Mitspracherechte gewährt werden müssen und damit auch eine Verwässerung der Eigentumsverhältnisse verhindert werden kann. Wird das mezzanine Kapital im Zuge etwaiger Ratingprozesse als wirtschaftliches Eigenkapital eingestuft, ergeben sich zudem Vorzüge gegenüber Fremdkapital in Reinform, da durch eine bessere Einstufung des Unternehmens die Aufnahme von zusätzlichem Fremdkapital erleichtert wird. In der Handelsbilanz sind schuldrechtliche Verpflichtungen nur dann als Eigenkapital auszuweisen, wenn dem längerfristig überlassenen Kapital eine Haftungsfunktion zugesprochen werden kann (vgl. *HFA*, Genussrechte, S. 420). Weisen mezzanine Finanzierungsinstrumente einen schuldrechtlichen Charakter auf, so werden diese in der Steuerbilanz als Fremdkapital klassifiziert. Aufwendungen für diese Finanzierungsformen können daher als Betriebsausgaben angesetzt werden (vgl. *Breidthardt*, Derivative Finanzinstrumente, S. 62).

Mezzanine Finanzierungsinstrumente weisen folgende **Charakteristika** auf (vgl. *Gräfer/Schiller/Rösner*, Finanzierung, S. 165):

- Nachrangigkeit gegenüber reinem Fremdkapital, Vorrangigkeit gegenüber reinem Eigenkapital;
- langfristige, jedoch befristete Laufzeit (i. d. R. 5–10 Jahre);
- flexible Transaktionsausgestaltung (bzgl. Laufzeit, Verzinsung, Tilgung);
- höhere Rendite (verbunden mit höherem Risiko) gegenüber reinem Fremdkapital.

Eine geläufige Art, die einschlägigen mezzaninen Finanzierungsinstrumente darzustellen, ist deren Einordnung in ein Rendite-Risiko-Diagramm (vgl. nachfolgende Abbildung).

Zu den **fremdkapitalähnlichen Instrumenten** werden in Deutschland vor allem **nachrangige Darlehen, Verkäuferdarlehen, partiarische Darlehen** und **typische stille Beteiligungen** gezählt. Diese Finanzierungsformen unterscheiden sich von normalen Darlehen durch bestimmte eigenkapitalähnliche Eigenschaften bezüglich der Zins- und Tilgungszahlungen. Aufgrund dieser Charakteristika wird das debt mezzanine capital oftmals wirtschaftlich als Eigenkapital eingestuft. Bilanziell wird es aber stets unter dem Fremdkapital subsumiert.

Nachrangige Darlehen (junior debt, subordinated debt) begründen unbesicherte Ansprüche, die im Falle einer Liquidation bei Insolvenz nachrangig gegenüber anderen gewöhnlichen Fremdkapitalgeberansprüchen, aber vor den Ansprüchen der Eigenkapitalgeber bedient werden. Dieses für den Darlehensgeber höhere Ausfallrisiko wird üblicherweise durch eine höhere Risikoprämie abgegolten. Die Haftung des Kreditgebers ist wie auch bei normalen Darlehen auf die Höhe des hingegebenen Betrags beschränkt. Möglich, aber nicht zwingend

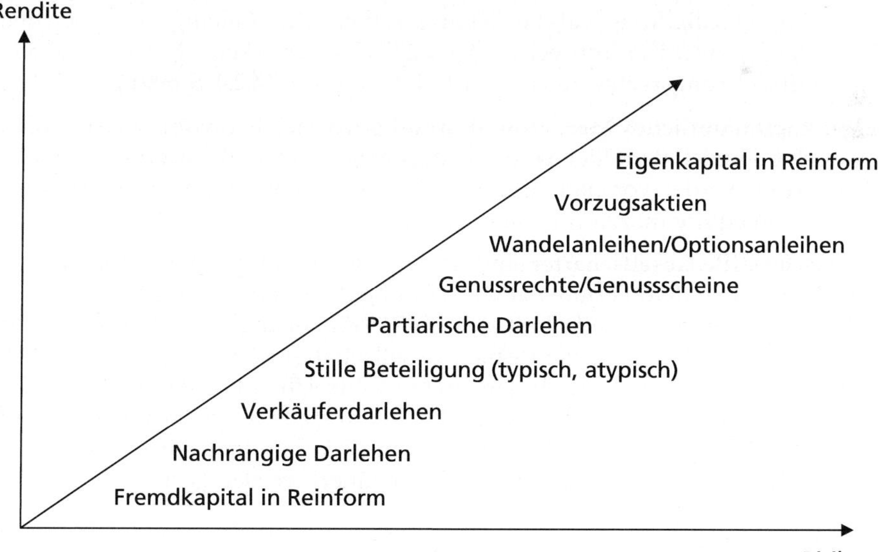

Systematisierung mezzaniner Finanzierungsformen nach typischen Rendite- und Risikocharakteristika (aus Rudolph, Mezzanine-Kapital, S. 14, mit geringfügigen Änderungen)

ist die zusätzliche Vereinbarung einer variablen, erfolgsabhängigen Vergütung, die zumeist in Form einer Sondervergütung am Laufzeitende gezahlt wird.

Verkäuferdarlehen (vendor loans) werden im Rahmen von Akquisitionsfinanzierungen und Unternehmensnachfolgen eingesetzt. Dabei räumt der Verkäufer dem Erwerber ein Darlehen über einen Teil des Kaufpreises ein (Stundung). Der Käufer muss daher kein Darlehen bei einem Kreditinstitut aufnehmen, sondern zahlt den Kaufpreis beim Verkäufer ab. Zu beachten ist dabei, dass das Verkäuferdarlehen im Verhältnis zu den anderen Fremdkapitalforderungen nachrangig bedient und zudem meist völlig unbesichert vergeben wird. I. d. R. wird bei dieser Art des Darlehens ebenfalls eine erfolgsabhängige Vergütungskomponente vereinbart, so dass der Verkäufer an einer zukünftigen positiven Entwicklung der Gesellschaft partizipieren kann.

Partiarische Darlehen sind Darlehen, bei denen neben oder statt einer festen Zinszahlung eine erfolgsabhängige Vergütung vereinbart wird. Diese kann beispielsweise in einer Beteiligung am Periodengewinn bestehen. Im Gegensatz zum nachrangigen Darlehen wird die erfolgsabhängige Vergütung hierbei zumeist regelmäßig, d. h. während der gesamten Laufzeit gewährt. Eine Verlustbeteiligung wird hingegen ebenso wie beim Nachrangdarlehen regelmäßig ausgeschlossen (s. auch Teil A, Abschn. 14.2.4, S. 609; Teil C, Abschn. 2.1.2.1, S. 1023).

Typische stille Beteiligungen sind den partiarischen Darlehen sehr ähnlich. Im Gegensatz zu diesen ist der stille Gesellschafter jedoch mit einer Vermögenseinlage am Unternehmen beteiligt (§ 230 HGB). Demzufolge liegen grundsätzlich gleichgerichtete Zielsetzungen von Kapitalgeber und Kapitalnehmer vor. Während der partiarische Darlehensnehmer nicht am Verlust partizipiert, muss dies beim typischen stillen Gesellschafter explizit ausgeschlossen werden (§ 231 Abs. 2 HGB). Anders als bei der atypischen stillen Beteiligung stehen dem Kapitalgeber zwar Kontrollrechte nach § 233 HGB, aber keine Mitsprache- oder Geschäftsführungsrechte zu (s. auch Teil A, Abschn. 14.2.4, S. 609 f.).

Eigenkapitalähnliches Mezzanine-Kapital wird meist sowohl wirtschaftlich als auch bilanziell dem Eigenkapital zugeordnet. Neben der atypischen stillen Beteiligung werden vor allem Genussrechte bzw. Genussscheine und Vorzugsaktien dem equity mezzanine capital zugerechnet.

Atypische stille Gesellschafter sind im Gegensatz zu typischen stillen Gesellschaftern neben dem Periodengewinn (und ggf. Periodenverlust) auch an den stillen Reserven der Gesellschaft, d. h. an Wertänderungen des Vermögens beteiligt, weshalb dem atyischen stillen Gesellschafter zumeist (auch steuerlich) der Status eines Mitunternehmers sowie weitreichendere Mitspracherechte zugesprochen werden. Zudem kann die Stellung des atypischen Gesellschafters durch bestimmte Vertragsgestaltungen weiter an jene eines Kommanditisten oder eines OHG-Gesellschafter angenähert werden (s. auch Teil A, Abschn. 14.2.4, S. 609).

Genussrechte beruhen auf einem schuldrechtlichen Vertrag, in dem der Genussrechtsemittent dem Genussrechtsinhaber als Gegenleistung für die Kapitalüberlassung Vermögensrechte und -pflichten überträgt, die sonst typischerweise nur Gesellschaftern zugesprochen werden (insbesondere erfolgsabhängige

Vergütung und Teilnahme am Verlust). Genussrechte, die ohne Überlassung von Kapital gewährt werden (z. B. Forderungsverzicht bzw. Umwandlung von Fremdkapital in Genussrechtskapital) bleiben im Folgenden außer Betracht. Werden Genussrechte verbrieft, so stellen sie **Genussscheine** dar, die am Primärmarkt als Inhaber-, Order- oder Namenspapiere emittiert und am Sekundärmarkt gehandelt werden können. Sie stellen keine besonderen Ansprüche an die Rechtsform des emittierenden Unternehmens. Grundsätzlich können Genussscheine, je nach individueller Ausgestaltung, stärker Eigen- oder Fremdkapitalcharakter aufweisen. Anhand von Ausschüttungsmerkmalen und gewährten Zusatzrechten wird zwischen anleiheähnlichen und aktienähnlichen Genussrechten unterschieden. Unabhängig von der konkreten Ausgestaltung haben Genussrechte stets schuldrechtlichen Charakter und gewähren dem Genussrechtsinhaber keine Mitgliedschaftsrechte. Der Vorteil dieser Wertpapiere im Gegensatz zu reinen Eigenkapitaltiteln besteht in der aufgrund fehlender gesetzlicher Regelungen gegebenen vertraglichen Gestaltungsfreiheit. Zudem können die Ausschüttungen auf Genussrechte als Betriebsausgaben steuerlich geltend gemacht werden, wenn keine Beteiligung an Gewinnen und Liquidationserlösen vertraglich vereinbart wurde (§ 8 Abs. 3 Satz 2 KStG). Das Fehlen gesetzlicher Vorschriften zur **Bilanzierung des Genussrechtskapitals** bringt aber neben den erwähnten Vorteilen in Bezug auf die Vertragsgestaltung auch erhebliche **Abgrenzungsschwierigkeiten** mit sich.

Nach § 247 Abs. 1 HGB muss grundsätzlich ein separater Ausweis von Eigenkapital, Schulden und Rechnungsabgrenzungsposten auf der Passivseite der Bilanz erfolgen. Da aber das Bilanzschema in § 266 Abs. 2 HGB keine zwischen Eigen- und Fremdkapital angesiedelte Position für mezzanine Kapitalformen oder gar Genussrechte vorsieht, müssen diese Kapitalbestandteile im Rahmen der **Bilanzierung beim Emittenten** also entweder vollständig dem Eigenkapital oder dem Fremdkapital zugeordnet werden, was in Verbindung mit § 265 Abs. 5 HGB regelmäßig durch Hinzufügen eines neuen Postens unterhalb dieser Gliederungsebenen erfolgen kann. Explizite gesetzliche Ansatz- und Bewertungsvorschriften oder sonstige Hinweise zur Bilanzierung von Genussrechten sind im HGB nicht vorhanden. Die herrschende Meinung im handelsrechtlichen Schrifttum zur **Abgrenzung von Eigen- und Fremdkapital** bevorzugt die Abgrenzung nach der Funktion des Kapitals (materielle Eigenkapitalabgrenzung) gegenüber der Differenzierung nach der zivilrechtlichen Überlassungsform (formeller Eigenkapitalbegriff; vgl. u. a. BGH v. 21. 3. 1988, BB 1988, S. 1084; BFH v. 22. 8. 1990, BStBl. II 1991, S. 415; *Emmerich/Naumann*, Genussrechte, S. 678; *Vollmer*, Genussschein, S. 451). Bei dieser Betrachtungsweise basiert die Abgrenzung von Eigen- und Fremdkapital folglich auf der Gläubigerschutz- bzw. **Haftungsfunktion des Eigenkapitals**. Wenn das überlassene Kapital über eine ausreichende Haftungsqualität verfügt, so wird es – unabhängig davon, ob es Gesellschafter oder Außenstehende einbringen – dem bilanziellen Eigenkapital zugerechnet. Ähnlich argumentiert auch der Hauptfachausschuss des IDW, der sich 1994 in einer Stellungnahme zur Behandlung von Genussrechten im Jahresabschluss von Kapitalgesellschaften geäußert hat (*HFA*, Genussrechte, S. 419 ff.). Auch die hierin enthaltenen Abgrenzungskriterien orientieren sich z. T. stark an der Haftungsfunktion des Kapitals und können auch für Emittenten anderer Rechtsformen als Orientierungsmaßstab dienen. Der Stellungnahme folgend ist eine Kapitalüberlassung **bilanziell als Eigenkapital** einzustufen, wenn folgende Kriterien kumulativ erfüllt sind:

- Nachrangigkeit des Kapitals (bei Liquidation)
- Teilnahme am Verlust bis zur vollen Höhe
- Erfolgsabhängigkeit der Vergütung
- Nachhaltigkeit der Kapitalüberlassung

Das Kriterium der **Nachrangigkeit** gilt als erfüllt, wenn die Ansprüche des Genussrechtsinhabers im Insolvenz- bzw. Liquidationsfall erst nach Befriedigung aller anderen Kapitalgeber, deren Kapitalüberlassung nicht den Kriterien für einen Ausweis als bilanzielles Eigenkapital genügt, bedient werden. In engem Zusammenhang mit dem Nachrangigkeits-Kriterium steht die Forderung nach der **Teilnahme am Verlust bis zur vollen Höhe**. Die Schutzfunktion der Genussrechte muss dabei jener der nicht geschützten reinen Eigenkapitalbestandteile entsprechen. Das bedeutet, dass sich der Rückzahlungsanspruch der Genussrechtsinhaber im Gegensatz zu dem der reinen Fremdkapitalgeber in dem Umfang vermindert, in dem die auf die Genussrechte entfallenden Verluste nicht durch frei verfügbares Eigenkapital gedeckt werden können und damit gesetzlich geschütztes Eigenkapital angegriffen werden müsste (*Adler/Düring/Schmaltz*, Rechnungslegung, §266 HGB, Rn. 195). Die **Erfolgsabhängigkeit der Vergütung** ist regelmäßig dann gegeben, wenn die Vergütung für die Überlassung des Genussrechtskapitals aus frei verfügbaren Eigenkapitalbestandteilen geleistet werden kann. Die Vereinbarung einer Mindestverzinsung steht der Qualifikation als bilanzielles Eigenkapital nicht entgegen, sofern die Verzinsung auf das frei zur Verfügung stehende Eigenkapital beschränkt wird und damit eine Minderung der Haftungsbasis ausgeschlossen ist (*Emmerich/Naumann*, Genussrechte, S. 682). Damit Genussrechtskapital beim Emittenten als Eigenkapital bilanziert werden kann, muss es diesem für einen längerfristigen Zeitraum überlassen worden sein, in dem für beide Vertragspartner eine vorzeitige Rückzahlung ausgeschlossen ist. Nach Ansicht des HFA steht auch die Rückforderungsmöglichkeit des einzelnen Kapitalgebers und damit das Recht auf ordentliche Kündigung einer Bilanzierung als Eigenkapital nicht entgegen, wenn die Rückzahlung für einen längeren Zeitraum ausgeschlossen ist. Zwar wird im Falle des Genussrechtskapitals keine dem Eigenkapital entsprechende unbefristete Kapitalüberlassung vorausgesetzt, jedoch soll auch hierbei eine gewisse Kontinuität bzw. **Nachhaltigkeit** erreicht werden. Eine Konkretisierung der Mindestüberlassungsdauer ist der IDW-Stellungnahme zur Behandlung von Genussrechten indes nicht zu entnehmen. Eine mögliche Orientierungshilfe bietet hier der §10 Abs. 5 KWG, nach dem Kreditinstitute Genussrechtskapital nur dann als Eigenkapitalbestandteil erfassen dürfen, wenn es eine Mindestursprungslaufzeit von 5 Jahren aufweist. Eine Umqualifizierung des Genussrechtskapitals vom Eigen- in das Fremdkapital in Abhängigkeit von der Restlaufzeit ist indes nicht nötig, da die Vergleichbarkeit der Abschlüsse für Adressaten hierdurch beeinträchtigt werden könnte. Gläubigerschutzbedenken wird durch die verpflichtende Angabe der Restlaufzeit im Anhang nach §285 HGB Rechnung getragen.

Der in diesem Zusammenhang von der Deutschen Vereinigung für Finanzanalyse und Anlageberatung (DVFA) entwickelte Kriterienkatalog zur Bestimmung der Eigenkapitalähnlichkeit von mezzaninen Finanzierungsinstrumenten weist eine starke Affinität zu den vom Hauptfachausschuss des IDW vorgeschlagenen Differenzierungsmerkmalen auf. Hintergrund dieses Vorschlags war das Ergebnis einer von der DVFA durchgeführten Studie, wonach die Wirkung mezzaniner Finanzierungsprogramme auf das Ratingergebnis mittelständischer Unternehmen stark von subjektiven Einschätzungen und Abgrenzungskriterien der Ratingagenturen abhängig ist. Die Anwendung der vom **DVFA** aufgeführten acht (Abgrenzungs-)Kriterien sollte demnach einen Standardisierungseffekt nach sich ziehen und könne zudem als Orientierungshilfe für die bilanzielle Einordnung der Genussrechte dienen. Von diesen acht Kriterien müssten hybride Finanzierungsinstrumente fünf zwingend erfüllen, um als wirtschaftliches Eigenkapital im Ratingprozess anerkannt zu werden. Diese umfassen die Nachrangigkeit des Kapitals, die Gewinnabhängigkeit der Vergütung, die Kapitalüberlassung für mindestens fünf Jahre, eine Restlaufzeit von mindestens zwei Jahren sowie den Ausschluss von Abänderungsrechten in Richtung eines Darlehens. Darüber hinaus forderte die DVFA im Vorfeld des Bilanzrechtsmodernisierungsgesetzes (BilMoG) die Integration eines Mezzanine-Spiegels in den Anhang des Jahresabschlusses. Die hierin gemachten Angaben über die Erfüllung der einzelnen Kriterien sollten für mehr Transparenz bei den Kapitalgebern und anderen Adressaten sorgen (*Fischer/Krehl*, Mezzanine-Kapital, S. 58). Dieser Vorschlag wurde vom Bundesministerium der Justiz im Referentenentwurf zum BilMoG jedoch mit dem Hinweis auf die noch laufende internationale Debatte zur Abgrenzung von Eigen- und Fremdkapital abgelehnt.

Sind die oben genannten Kriterien (des HFA) erfüllt, so kann die **Bilanzierung des Genussrechtskapital beim Emittenten** unmittelbar (erfolgsneutral) in einem separaten Posten innerhalb der Eigenkapitalposition des § 266 Abs. 3 A. HGB erfolgen (§ 265 Abs. 5 HGB). Laut der Stellungnahme des HFA kommt dabei grundsätzlich ein Ausweis nach dem gezeichneten Kapital, den Gewinnrücklagen oder als letzter Posten des Eigenkapitals in Frage (*HFA*, Genussrechte, S. 421). Bei Konzernabschlüssen muss das Genussrechtskapital zudem zwingend in den Eigenkapitalspiegel i. S. d. § 297 Abs. 1 HGB aufgenommen werden (vgl. *Lühn*, Genussrechte, S. 95). Das Genussrechtskapital ist grundsätzlich zum vereinnahmten Betrag im Eigenkapital zu passivieren. Erfolgt eine Ausgabe der Genussscheine mit einem (zusätzlichen) Agio, so ist dieses getrennt vom nominellen Genussrechtskapital, jedoch ebenfalls innerhalb des neu eingefügten Postens mit einem Davon-Vermerk zu bilanzieren. Eine Bilanzierung des Agios innerhalb der Kapitalrücklage wäre aufgrund der erfolgten Eigenkapitalzufuhr zwar ebenfalls grundsätzlich möglich, sollte aus Übersichtlichkeitsgründen aber unterbleiben. Ist der Rückzahlungsbetrag des Genussrechtskapitals höher als der Ausgabebetrag, so wird lediglich der zu Beginn eingezahlte Kapitalbetrag innerhalb des Eigenkapitals passiviert. Das Disagio stellt wirtschaftlich gesehen eine Erhöhung des Vergütungsanspruches dar, den der Genussrechtsinhaber während der Laufzeit erwirbt. Demnach sollte das passierte Genussrechtskapital über die Laufzeit zu Lasten eines gesondert auszuweisenden Aufwandspostens erfolgswirksam aufgestockt werden (*HFA*, Genussrechte,

S. 421). Der jeweils separate Ausweis des nominellen Genussrechtskapitals ist neben dem Informationsbedürfnis externer Bilanzleser vor allem der Tatsache geschuldet, dass der Nominalbetrag die Bezugsgröße für die Rechte der Genussrechtsinhaber darstellt.

Genussrechtskapital, das die Kriterien für eine Zurechnung zum bilanziellen Eigenkapital nicht erfüllt, ist unter den Verbindlichkeiten nach § 266 Abs. 3 C. HGB zu bilanzieren, wobei es aufgrund der i. d. R. langfristigen Kapitalüberlassung unter den **langfristigen Verbindlichkeiten** subsumiert wird (*Claussen*, Genuss, S. 88). Genussscheine können aufgrund ihres Wertpapiercharakters unter den Anleihen ausgewiesen werden, wobei wiederum die Bildung eines separaten Postens oder ein Davon-Vermerk denkbar sind. Die Passivierung der Genussrechte im Fremdkapital hat grundsätzlich zum Erfüllungsbetrag zu erfolgen (§ 253 Abs. 1 HGB). Wird ein Aufgeld (Agio) vereinbart, das ein Äquivalent für künftige erhöhte Aufwendungen aus der Kapitalüberlassung darstellt (z. B. als Ausgleich für eine nach den Kapitalmarktverhältnissen besonders hohe Verzinsung) und auf eine bestimmte Zeit nach dem Bilanzstichtag bezogen werden kann, so ist der Unterschiedsbetrag als passiver Rechnungsabgrenzungsposten zu bilanzieren und über die (Mindest-)Laufzeit der Genussrechte erfolgswirksam aufzulösen. Wird das Genussrechtskapital auf unbestimmte Zeit überlassen, ist für die in der Zukunft liegende Verpflichtung/Belastung, die mit dem Agio abgegolten wurde, eine Rückstellung zu bilden. Beim Disagio besteht die Möglichkeit, zwischen dem Ansatz eines aktiven Rechnungsabgrenzungspostens und dessen planmäßiger Abschreibung sowie einer sofortigen Aufwandsverrechnung zu wählen (*Emmerich/Naumann*, Genussrechte, S. 684, 686; *Lühn*, Genussrechte, S. 97 f.).

Neben der Qualifikation als Eigen- oder Fremdkapital existiert eine weitere Möglichkeit zur bilanziellen Behandlung des Genussrechtskapitals. Sofern die Voraussetzungen für die Zurechnung zum bilanziellen Eigenkapital erfüllt sind, ein Rückforderungsrecht des Genussrechtsinhabers nicht besteht und dieser ausdrücklich einen Ertragszuschuss leisten will, kann das überlassene Kapital auch als außerordentlicher Ertrag direkt erfolgswirksam vereinnahmt werden (vgl. *HFA*, Genussrechte, S. 421; *Adler/Düring/Schmaltz*, Rechnungslegung, § 266 HGB, Rn. 196).

Nach § 160 Abs. 1 Nr. 6 AktG haben Aktiengesellschaften im Anhang Auskunft über Art und Anzahl der Genussrechte sowie zu den im Geschäftsjahr neu entstandenen Ansprüchen dieses Typs zu geben. Auch wenn sich diese Angaben primär auf Aktiengesellschaften beziehen, so haben sie Ausstrahlungswirkung für alle Kapitalgesellschaften. Zudem ist im Anhang zu erläutern, für welche zum jeweiligen Abschlussstichtag bestehende Restdauer gewährleistet ist, dass das im Eigenkapital ausgewiesene Genussrechtskapital die hierfür geforderten Kriterien der Nachrangigkeit, Verlustteilnahme, Erfolgsbeteiligung und Nachhaltigkeit erfüllt. Bei Letzerem ist insbesondere der frühestmögliche Kündigungs- bzw. Auszahlungstermin anzugeben (*HFA*, Genussrechte, S. 421).

Die **bilanzielle Erfassung** der **laufenden Vergütung** und einer etwaigen **Verlustbeteiligung** richtet sich nach der Einordnung der Genussrechte als Fremd- oder Eigenkapital. Die Vergütung von Genussrechtskapital mit **Fremdkapitalcharak-**

ter stellt wirtschaftlich gesehen eine Zinszahlung dar, die unter dem GuV-Posten „Zinsen und ähnliche Aufwendungen" zu erfassen ist. Eine Verlustbeteiligung des Genussrechtinhabers impliziert eine Verringerung der Rückzahlungsverpflichtung zugunsten des laufenden Ergebnisses aus Sicht des Emittenten und wird deshalb unter den „Erträgen aus Verlustübernahme" in einer separaten Position ausgewiesen (§ 277 Abs. 3 Satz 2 HGB). Ist eine Wiederauffüllung der durch Verluste geminderten Genussrechtsgrundbeträge vertraglich vorgesehen, so sind in den Folgejahren erzielte Jahresüberschüsse in diesem Umfang als gesonderte Aufwandsposten („Aufwand aus der Wiederauffüllung des Genussrechtskapitals") auszuweisen.

Die Behandlung der Vergütung für die Überlassung von Genussrechtskapital, das **bilanziell als Eigenkapital** eingestuft wurde, wird in der betriebswirtschaftlichen Literatur kontrovers diskutiert. Der Hauptfachausschuss des IDW beruft sich in seiner Stellungnahme 1/1994 (*HFA*, Genussrechte) auf den schuldrechtlichen Charakter des Genussrechtsvertrags und interpretiert die Vergütung folglich ebenso wie beim fremdkapitalähnlichen Genussrechtskapital als (Zins-)Aufwand, auch wenn die Vertragsbedingungen eine Ausschüttung aus dem Bilanzgewinn vorsehen. Dem gegenüber steht die Ansicht, dass Vergütungen dieser Art erst im Rahmen der Gewinnverwendung und nicht wie vom Hauptfachausschuss des IDW gefordert, bereits bei der Ermittlung des Jahresüberschusses zu berücksichtigen sind (vgl. u. a. *Lühn*, Genussrechte, S. 102 f.; *Schweitzer/Volpert*, Industrieemittenten, S. 825 f.; *Müller/Reinke*, Jahresabschluss, S. 571–574; *Küting/Kessler/Harth*, Genussrechtskapital, S. 20; *Eberhartinger*, Genussrechte, S. 113). Eine Verlustübernahme ist nach Ansicht des HFA (auch h. M., vgl. u. a. *Lühn*, Genussrechte, S. 103 f.) wie eine Entnahme aus den Rücklagen zu behandeln. Diese darf nach § 275 Abs. 4 HGB in der Gewinn- und Verlustrechnung erst nach der Position „Jahresüberschuss/Jahresfehlbetrag" ausgewiesen werden, wobei eine besondere Kennzeichnung wie beispielsweise „Entnahme aus Genussrechtskapital" empfohlen wird. Eine Wiederauffüllung der geminderten Genussrechtsbeträge ist entsprechend in der Ergebnisverwendungsrechnung als „Wiederauffüllung des Genussrechtskapitals" einzufügen (*HFA*, Genussrechte, S. 422).

Beim Genussrechtsinhaber wird das Genussrecht als eigenständiger Vermögensgegenstand bilanziert, dessen Anschaffungskosten durch die Höhe der Kapitalüberlassung bestimmt wird (§ 255 Abs. 1 HGB). Der **Bilanzausweis beim Genussrechtsinhaber** ist grundsätzlich unabhängig von der Klassifizierung des Genussrechtskapitals beim Emittenten. Genussrechte, die in Form von Inhaber- oder Orderpapieren vorliegen, sind bei Dauerhalteabsicht (§ 247 Abs. 2 HGB) als „Wertpapiere des Anlagevermögens" unter § 266 Abs. 2 A.III.5. HGB auszuweisen. In allen anderen Fällen ist eine Aktivierung unter den „Sonstigen Wertpapieren" des Umlaufvermögens nach § 266 Abs. 2 B.III.2. HGB geboten. Namenspapiere sowie nicht verbriefte Genussrechte sind, sofern sie dazu bestimmt sind, dem Geschäftsbetrieb dauerhaft zu dienen, unter dem Posten „Sonstige Ausleihungen" des Anlagevermögens auszuweisen. Ist dies nicht der Fall, so erfolgt eine Zuordnung zum Umlaufvermögen („Sonstige Vermögensgegenstände"). Da die Genussrechte keine Mitgliedschafts- bzw. Mitverwaltungsrechte beinhalten, kommt ein Ausweis des Genussrechtskapitals als „Anteile an verbundenen Unternehmen" bzw. als „Beteiligung" nicht in Frage.

Wird bei Vertragsabschluss ein **Auf- oder Abgeld** vereinbart, so erfolgt dessen Bilanzierung beim Genussrechtsinhaber spiegelbildlich zu jener beim Genussrechtsemittenten. Für ein Agio ist demnach ein aktiver Rechnungsabgrenzungsposten und für ein Disagio ein passiver Rechnungsabgrenzungsposten zu bilden, der jeweils über die (Mindest-)Laufzeit der Genussrechte erfolgswirksam aufgelöst werden muss. Für die Bewertung der aktivierten Genussrechte sind die allgemeinen Bewertungsregeln der §§252 ff. HGB anzuwenden (*HFA*, Genussrechte, S. 422).

Im Gegensatz zum Bilanzausweis orientiert sich die **Bilanzierung der laufenden Kapitalverzinsung** beim Genussrechtsinhaber an der Einordnung der Genussrechte beim Emittenten als Eigen- oder Fremdkapital. Sind die Kriterien zur Klassifizierung als bilanzielles Eigenkapital beim Kapitalnehmer erfüllt und überschreiten die vom Genussrechtsinhaber erhaltenen Vergütungen die Wesentlichkeitsgrenze, so sind diese gesondert in der Gewinn- und Verlustrechnung darzustellen. Ansonsten wird die Vergütung als „Zins- bzw. Wertpapierertrag" ausgewiesen. Im Fall einer Verlustbeteiligung sind die aktivierten Genussrechte nach den allgemeinen Bewertungsregeln des HGB abzuwerten. Je nach Ausweis sind diese Wertminderungen als Abschreibungen auf Finanzanlagen, Abschreibungen auf Wertpapiere des Umlaufvermögens oder als sonstige betriebliche Aufwendungen anzugeben.

Im Bilanzschema der **Kredit- und Finanzdienstleistungsinstitute** nach Formblatt 1 der RechKredV ist das Genussrechtskapital explizit als Passivposition Nr. 10 aufgeführt, so dass eine Zuordnung anhand bestimmter Kriterien nicht nötig ist (vgl. auch Teil A, Abschn. 3.7, S. 101). Genussrechtskapital mit einer Restlaufzeit von weniger als zwei Jahren ist mit einem Davon-Vermerk anzugeben. Die Stellung des Genussrechtskapitals zwischen den Verbindlichkeiten und vor dem Eigenkapital versinnbildlicht dessen hybriden Charakter. Die Überleitungsrechnung nach §158 Abs. 1 AktG sieht zudem für Kreditinstitute in der Rechtsform einer Aktiengesellschaft gesonderte Posten für Entnahmen aus bzw. Einstellungen in das Genussrechtskapital vor (vgl. auch Teil A, Abschn. 3.7, S. 108). Auch Versicherungsunternehmen haben das Genussrechtskapital nach Formblatt 1 der RechVersV in einem gesonderten Posten zwischen Eigen- und Fremdkapital auszuweisen und explizite Angaben zu Veränderungen des Genussrechtkapitalbestands in der Überleitungsrechnung nach §158 Abs. 1 AktG zu machen (vgl. auch Teil A, Abschn. 3.7, S. 104 f., 109).

Ergänzend sei an dieser Stelle angemerkt, dass Kreditinstitute das eingezahlte Genussrechtskapital unter den Voraussetzungen des §10 Abs. 5 KWG, die sich größtenteils mit den vom Hauptfachausschuss des IDW aufgestellten Kriterien decken, dem Ergänzungskapital erster Klasse und damit dem haftenden Eigenkapital zurechnen dürfen (§10 Abs. 2b KWG). Bei der Ermittlung der **Eigenmittel**, die zur Deckung der eingegangenen Risiken der Kreditinstitute in bestimmtem Umfang als Verlustpuffer vorgehalten werden müssen, wird dem Ergänzungskapital eine mittlere Haftungsqualität und damit eine der bilanziellen Darstellung entsprechende Position zwischen dem Kernkapital und dem

Ergänzungskapital zweiter Klasse bzw. den Drittrangmitteln (u. a. nachrangige Verbindlichkeiten) zugesprochen (vgl. § 10 KWG).

Wandelanleihen und **Optionsanleihen** werden als hybride Formen des Mezzanine-Kapitals bezeichnet. Die Besonderheit beider Instrumente besteht darin, dass sich ihr Charakter im Zeitlablauf von einer fremdkapitalähnlichen zu einer reinen Eigenkapitalposition ändern kann. Beide hybriden Kapitalformen sind neben einem Anspruch auf Zins- und Tilgungsleistungen aus der Anleihe (Fremdkapitalansprüche) zusätzlich mit einem Umtauschrecht dieser Anleihe in Aktien (Wandelanleihe) oder ein Bezugsrecht auf Aktien (Optionsanleihe) ausgestattet. Diese Möglichkeit zur Teilhabe am Unternehmenserfolg wird auch als Equity-Kicker bezeichnet. Options- und Wandelanleihen können auch unter dem Oberbegriff der **strukturierten Anleihen** subsumiert werden, sofern ihre Einzelelemente nicht wie im Falle von Optionsanleihen mit einem abtrennbaren Optionsschein separat handelbar sind (für eine ausführliche Darstellung dieser beiden Finanzierungsinstrumente und deren bilanzieller Abbildung sei an dieser Stelle auf Teil A, Abschn. 7.2.8, S. 269 ff. verwiesen).

Vorzugsaktien kommen dem Eigenkapital in Reinform besonders nahe. Vorzugsaktionären werden im Vergleich zu Inhabern von Stammaktien spezielle Vorrechte gewährt. In der Regel sind dies bevorzugte Dividendenauszahlungen, während im Gegenzug Stimmrechtbeschränkungen hinzunehmen sind. Anders als der Genussschein kann die Vorzugsaktie eindeutig dem eigenkapitalähnlichen mezzaninen Kapital zugeordnet werden. Darüber hinaus sind Vorzugsaktien vollwertiger Bestandteil des bilanziellen Eigenkapitals. Einzig die eingeschränkten Kontroll- und Stimmrechte unterscheiden Vorzugsaktien von reinem Eigenkapital und rechtfertigen deren Klassifizierung als mezzanines Kapital (*Rudolph*, Mezzanine-Kapital, S. 16). Vorzugsaktien unterscheiden sich von Genussscheinen u. a. darin, dass sie nur von Aktiengesellschaften emittiert werden können, während die Ausgabe von Genussscheinen grundsätzlich für Unternehmen jedweder Rechtsform möglich ist. Des Weiteren besteht für den Vorzugsaktionär im Gegensatz zum Genussscheininhaber die Möglichkeit, sein Stimmrecht wieder aufleben zu lassen, falls die Gesellschaft den Vorzugsbetrag in einem Jahr nicht oder nicht vollständig zahlt und dieser Rückstand im nächsten Jahr nicht – neben dem vollen Vorzug dieses Jahres – nachgezahlt wird (§ 140 Abs. 2 Satz 1 AktG).

Ergänzende Literatur zu: 7.1 Die Verbuchung von Wertpapieren

Bieg, Ermessensentscheidungen, S. 2–16

Bornhofen/Bornhofen, Buchführung 1, S. 322–337

Brösel/Olbrich, § 253 HGB, Rn. 111 ff., 206 ff.

Drukarczyk, Finanzierung, S. 409–420

Dusemond/Heusinger-Lange/Knop, § 266 HGB, Rn. 52 f., 88 ff.

Falterbaum/Bolk/Reiß/Kirchner, Buchführung, S. 324–327

Federmann, Bilanzierung, S. 356 f., 362, 526–529, 543

Feyerabend, Finanzinstrumente, S. 45–51, 68–78

Gräfer/Schiller/Rösner, Finanzierung, S. 165–176

Hauptfachausschuss des Instituts der Wirtschaftsprüfer, Genussrechte, S. 419–423
Langenbeck/Wolf, Buchführung, S. 109–117
Lühn, Genussrechte, S. 71–118
Perridon/Steiner/Rathgeber, Finanzwirtschaft, S. 309–356
Rudolph, Mezzanine-Kapital, S. 14–18

7.2 Die Verbuchung von Finanzinnovationen

7.2.1 Entwicklung der Finanzmärkte

Einer in den 70er Jahren einsetzenden Liberalisierung und Globalisierung der Märkte für Waren und Dienstleistungen sind entsprechende Entwicklungen auf den internationalen und nationalen Finanzmärkten gefolgt. So hat es seit Beginn der achtziger Jahre z. T. drastische Veränderungen gegeben, die eine Fülle neuer Finanzprodukte, so genannte **Finanzinnovationen,** hervorgebracht haben. Entstanden sind Finanzierungsformen zumeist ohne historische Vorbilder, die sich nicht ohne weiteres normieren lassen und die vorhandene Trennungslinien zwischen den Finanzmärkten durchbrechen oder sogar beseitigen.

Die Finanzinnovationen ihrerseits haben erheblichen Einfluss auf die Volumina, das Wachstum und die Struktur der internationalen Finanzmärkte genommen, was zu weiteren Wachstumsimpulsen, aber auch zur Eliminierung oder Rückführung gewisser nur kurzlebiger Finanzinnovationen geführt hat.

Auslöser für die beschriebenen Entwicklungen ist neben der hohen Volatilität vieler Währungen und der Schwankungsbreite der Zinsniveaus insbesondere die Internationalisierung der Geschäftsbeziehungen. In den internationalen Leistungsaustausch eingebundene Unternehmen bewirken Zahlungsströme in verschiedenen Währungen zu unterschiedlichen Zeitpunkten. Befristet auftretende Liquiditätsunter- und -überdeckungen sind durch Mittelaufnahmen oder -anlagen an den Geld- oder Kapitalmärkten möglichst kostenoptimal auszugleichen.

Neben dem klassischen Anlage- und Finanzierungsinstrumentarium entwickelten die Märkte auf **individuelle** Bedürfnisse abgestimmte Kontraktarten. Hinsichtlich Laufzeiten, Konditionen, Währungen und Inanspruchnahmen erfolgte bei innovativen Finanzierungsformen eine erhebliche Flexibilisierung. Ein Großteil der neuen Produkte ist dabei dem Wertpapierbereich zuzurechnen. Durch Variation der Ausstattungsmerkmale bestehender Finanzierungsformen, wie Zinssatz, Zinsbindungszeit (Floating Rate Notes), Art des Zinses (Zinsswap), Zahlungszeitpunkte der Zinsen (Zerobonds), Laufzeit, Währung (Währungsswap), oder durch besondere Options- und Wandelrechte ergeben sich neuartige Konstruktionen mit spezifischen Rendite- und Risikostrukturen. Während die neuen Finanzprodukte zunächst vornehmlich von der finanzwirtschaftlichen Literatur aufgegriffen wurden, haben sie mittlerweile auch für die handels- und steuerrechtliche Diskussion sowie im Bereich der Bankenaufsicht eine gewichtige Rolle erlangt. Bezüglich vieler dabei aufgeworfener Problemstellungen hat sich auch bis dato noch keine einheitliche Meinung herausgebildet.

Losgelöst von der Frage, wie lange Produkte und Verfahren wirklich neu sind und dementsprechend als Innovationen bezeichnet werden können, werden im Folgenden tatsächlich „neue" sowie solche Finanzprodukte betrachtet, für die sich der Terminus „Finanzinnovation" eingebürgert hat.

Obwohl am Euro-Markt bereits in den siebziger Jahren herausgebildet, stand der Einführung innovativer Anleiheformen am deutschen Kapitalmarkt bis Anfang 1985 ein Agreement zwischen der Deutschen Bundesbank und den Kreditinstituten entgegen. Durch die Aufhebung dieser Vereinbarung (sog. Restliberalisierung) wurde die Palette der Anleihen um neue Formen auf den Kapitalmärkten erweitert. **Grundformen** in diesem Marktbereich sind die Null-Kupon-Anleihen **(Zerobonds),** die variabel verzinslichen Anleihen **(Floating Rate Notes),** die Doppelwährungsanleihen **(Dual Currency Bonds)** und Anleihen in Verbindung mit **Swapgeschäften.** Neben diesen werden im Folgenden auch weitere Finanzierungsformen, wie **bedingte Termingeschäfte** und **Futures,** behandelt. Hinzu treten Verbindungen von Derivaten und Anleihen, sog. **strukturierte Anleihen**, deren Bilanzierung ebenfalls erörtert wird.

7.2.2 Zerobonds

Eine Sonderform der Schuldverschreibungen bzw. Anleihen sind die Zerobonds. Bereits seit 1981 an den internationalen Finanzmärkten bekannt, können auf DM bzw. EUR lautende Zerobonds seit der Restliberalisierung des Kapitalmarktes im Jahre 1985 begeben und genutzt werden.

Diese **Null-Kupon-Anleihen** sind Anleihen, auf die keine periodischen Zinszahlungen geleistet werden, sondern deren Gegenleistung für die Kapitalüberlassung durch einen gegenüber dem Ausgabebetrag erhöhten Rücknahmebetrag am Ende der Laufzeit beglichen wird. Der Anleger erzielt Einkommen nicht durch laufenden Zinsertrag, sondern durch Kapitalzuwachs. Durch den Aufzinsungseffekt ist die Emissionsrendite während der ganzen Laufzeit gesichert; ebenfalls gibt es kein Wiederanlagerisiko für die laufenden Zinszahlungen.

Während diese Form der Auf- bzw. Abzinsung vor Einführung der Zerobonds bereits von Sparbriefen oder Bundesschatzbriefen vom Typ B her bekannt war, stellten die hohe Fungibilität durch Handel am Kapitalmarkt sowie die Flexibilität bei der Laufzeitgestaltung Neuentwicklungen dar.

Für den Anleger in Zerobonds ergeben sich im Verhältnis zu Normal-Kupon-Anleihen die folgenden prinzipiellen Einzahlungs- (EZ) und Auszahlungsströme (AZ).

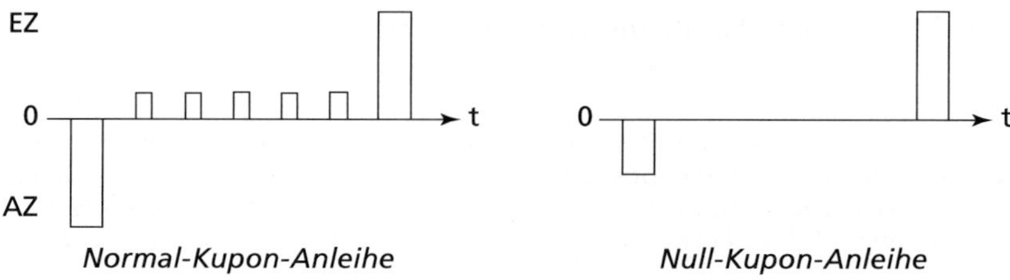

Normal-Kupon-Anleihe *Null-Kupon-Anleihe*

Die Darstellung verdeutlicht, dass auf den Emittenten im Fälligkeitszeitpunkt eine wesentlich höhere Liquiditätsbelastung zukommt als bei einer gewöhnlichen Kupon-Anleihe. Schließlich sind zu diesem Zeitpunkt sämtliche Zinsen mit Zinseszinsen zu bezahlen.

Beispiel:

Die X-AG erwirbt für 40.000 € einen neu emittierten Zerobond der Y-AG zu folgenden Bedingungen:

Emissionskurs (E) am 1. 4. 2008 40 %
Rücknahmekurs (R) am 31. 3. 2018 100 %

Buchung: (bei der X-AG)

Wertpapiere	40.000	**an** Bank	40.000

Gemäß der Ausstattung des Zerobonds hat die X-AG einen Anspruch auf Rückzahlung zum 31. 3. 2018 in Höhe von 100.000 €.

Die Emissionsrendite (r) p. a. errechnet sich bezogen auf die Laufzeit (n) wie folgt:

$$E \cdot (1 + r)^n = R$$

$$r = \sqrt[n]{R/E} - 1$$

$$r = \sqrt[10]{100.000/40.000} - 1$$

$$r = 9{,}6\ \%$$

Die X-AG hat demnach unter Berücksichtigung des Zinseszinseffektes eine jährliche Rendite vor Steuern in Höhe von 9,6 % zu erwarten.

Während die errechnete Emissionsrendite bis zum Einlösungszeitpunkt sicher ist, wirken sich Marktzinsveränderungen bei einer Normalkuponanleihe auf die weitere Verzinsung der zwischenzeitlichen Zinseingänge aus. Analog zu festverzinslichen Wertpapieren fällt der Kurs der Null-Kupon-Anleihe, wenn das Marktzinsniveau während der Laufzeit der Papiere steigt. Aufgrund des besonderen Wiederanlagemechanismus, wodurch nicht nur der Emissionswert (Kapitalbetrag), sondern auch die zukünftigen Zinsen mit einem unter dem Marktzinssatz liegenden Zinssatz weiterverzinst werden, wird der Marktwert des Zerobonds jedoch überproportional sinken bzw. bei umgekehrter Marktzinsentwicklung ansteigen. Der Zerobond ist deshalb gegenüber einer vergleichbaren Kuponanleihe in extremer Weise einem Wertänderungsrisiko ausgesetzt. Für den Anleger in Zerobonds ist dieser Sachverhalt dann von Relevanz, wenn er seine Papiere während der Laufzeit veräußern will. Der bei einer Veräußerung während der Laufzeit erzielte Überschuss des Veräußerungserlöses gegenüber den Anschaffungskosten kann somit aufgeteilt werden in einen Zinsbetrag, berechnet auf Basis der Rendite im Erwerbszeitpunkt, und in einen Betrag, der durch die Marktzinsschwankung bedingt ist.

Beispiel:

Der Marktwert des von der Y-AG emittierten Zerobonds beträgt am 1. 4. 09 48 %. Bei gegenüber dem Emissionszeitpunkt unverändertem Zinsniveau dürfte der Marktwert jedoch lediglich 43,84 % betragen. Der überproportionale Anstieg des Kurswertes des Zerobonds lässt dementsprechend auf einen Rückgang des allgemeinen Marktzinsniveaus schließen (das Bonitätsrisiko sei hier unbeachtlich). Für den Erwerber per 1. 4. 09 ergibt sich dementsprechend eine Rendite von lediglich 8,5 % p. a. ($r = \sqrt[9]{100/48} - 1$). Hätte die X-AG ihre Papiere bereits nach einem Jahr veräußert, hätte sie eine effektive Rendite von 20 % erzielt. Unter der Annahme eines im Vergleich zum Emissionszeitpunkt unveränderten Zinsniveaus, erzielte die X-AG zum 31. 12. 08 Zinserträge i. H. v. 2.880; vgl. zur Verbuchung am 31. 12. 08, S. 236.

Verbuchung:

Verkauf durch die X-AG am 1. 4. 09; die beauftragte Bank behält Kapitalertragsteuer (entsteht im Zeitpunkt des Zuflusses; vgl. § 44 Abs. 1 Satz 2 und 3 EStG) i. H. v. 25 % auf den Kursgewinn) und Solidaritätszuschlag i. H. v. 5,5 % auf die Kapitalertragsteuer ein (vgl. hierzu Teil A, Abschn. 7.1.3.1, S. 210):

Steuervorauszahlungen	2.110			
Bank	45.890	**an**	Wertpapiere	42.880
			Zinserträge	960
			sonst. betriebl. Erträge	4.160

Für die Behandlung im handelsrechtlichen Jahresabschluss stellt sich die Frage, ob die **Zinserträge** bei Zerobonds laufend vereinnahmt werden müssen. Bei strenger Zugrundelegung des Anschaffungskostenprinzips im Hinblick auf das Realisationsprinzip dürfte der Anleger in Zerobonds lediglich zu Anschaffungskosten ohne Aktivierung der anteiligen Zinserträge bilanzieren.

Aus dem Periodisierungsgrundsatz (§ 252 Abs. 1 Nr. 5 HGB) ergibt sich, dass zeitproportional entstehende Erträge, die verspätet oder verfrüht zu Einnahmen führen, pro rata temporis zu periodisieren sind. Der Erwerber wird dementsprechend die jährliche Zinsforderung aktivieren; dabei ist unerheblich, dass der Zahlungsanspruch erst am Ende der Laufzeit entsteht. Durch die Aktivierungspflicht soll sichergestellt werden, dass während der Laufzeit der Anleihe die Vermögens- und Ertragslage des Anleihegläubigers zutreffend i. S. d. § 264 Abs. 2 HGB dargestellt wird. In entsprechender Weise wird von der Finanzverwaltung die Aktivierung von Zerobonds auch in der Steuerbilanz vorgeschrieben (BMF v. 5. 3. 1987, BStBl. I 1987, S. 394).

Für den Bilanzansatz des Zerobonds beim Ersterwerber sind somit zunächst die historischen Anschaffungskosten zuzüglich der seit der Emission aufgelaufenen, rechnerischen Zinsen als nachträgliche Anschaffungskosten heranzuziehen. Je nach Zuordnung zum Anlage- oder Umlaufvermögen ist sodann bei einem niedrigeren Stichtagskurs eine Abschreibung nach Maßgabe des Niederstwertprinzips durchzuführen (vgl. Teil A, Abschn. 7.1.5, S. 216 ff.). Ertragsteuerlich entspricht dem der Ansatz mit den Anschaffungskosten oder bei voraussichtlich dauerhafter Wertminderung fakultativ dem niedrigeren Teilwert gemäß § 6 Abs. 1 Nr. 2 EStG.

Beispiel:

Die am 1. 4. 08 von der X-AG zu Anschaffungskosten von 40.000 € (Emissionskurs 40 %) erworbenen Zerobonds, die eine Emissionsrendite von 9,6 % p. a. erwarten lassen, sind zum Bilanzstichtag 31. 12. 08 zu bilanzieren.

Die abgegrenzte Zinsforderung für 9 Monate beträgt 2.880 € (= 40.000 € · (1 + 9,6 %)$^{9/12}$).

Verbuchung:

Wertpapiere	2.880	**an**	Zinserträge	2.880

Ansatz der Zerobonds in der Handelsbilanz zu 42.880 €.

Beträgt jedoch der Kurswert der Zerobonds per 31. 12. 08 nur 41 %, ist folgendermaßen zu verfahren, wenn bspw. von einer dauerhaften Wertminderung auszugehen ist:

Verbuchung:

Wertpapiere	1.000			
Abschreibungen auf Finanzanlagen	1.880	**an**	Zinserträge	2.880

Bei Erwerb während der Laufzeit – so genannter Zweiterwerb – sind die Zerobonds erstmalig mit dem Erwerbsbetrag als Anschaffungskosten zu bilanzieren. Im Weiteren ist zu fragen, nach welchem Maßstab die Zinsen zu berechnen sind, die als nachträgliche Anschaffungskosten den Wertansatz erhöhen. In Analogie zur Behandlung „normaler" Kuponbonds kann eine Erhöhung der Anschaffungskosten gemäß der ursprünglichen Verzinsung des Zerobonds, d. h. der Rendite im Emissionszeitpunkt (Emissionsrendite), vorgenommen werden (vgl. *Kußmaul,* Null-Kupon-Anleihen, S. 1568). Vorzuziehen ist demgegenüber eine Erhöhung der Anschaffungskosten gemäß der Rendite im Erwerbszeitpunkt (Erwerbsrendite; vgl. *Kußmaul,* Zero-Bonds, S. 1928 f.; *Lorson,* § 268 HGB, Rn. 166 ff.); hierdurch wird der Zweiterwerber gleich behandelt wie der Erwerber eines im Erwerbszeitpunkt neu emittierten, in Bezug auf die Restlaufzeit identisch ausgestatteten Zerobonds. Zinsen und Veräußerungsgewinne von den im Privatvermögen gehaltenen Zero-Bonds (§ 20 Abs. 1 Nr. 1, Abs. 2 Satz 1 Nr. 7 EStG) unterliegen seit dem 1.1.2009 der **Abgeltungsteuer** (§ 52a Abs. 10 Satz 6 EStG; vgl. zur Abgeltungsteuer und ihrer gesetzlichen Grundlage Teil A, Abschn. 7.1.3.1, S. 210 f.). Nach § 20 Abs. 4 Satz 1 EStG fällt der Unterschiedsbetrag zwischen den Einnahmen aus der Veräußerung der Zero-Bonds (abzgl. Veräußerungskosten) und den Anschaffungskosten unter die Veräußerungsgewinne nach § 20 Abs. 2 Satz 1 Nr. 7 EStG. Auf diese ist die Abgeltungsteuer von 25 % zzgl. Solidaritätszuschlag sowie ggf. Kirchensteuer zu entrichten, sofern der Sparerfreibetrag von 801 € bzw. 1602 € bei zusammenveranlagten Ehegatten bereits ausgeschöpft ist.

Die Bilanzierung des Zerobonds beim Emittenten erfolgt zum Ausgabebetrag zuzüglich der bis zum Bilanzstichtag aufgelaufenen Zinsen (vgl. *HFA,* Zero-Bonds, S. 248; *Adler/Düring/Schmaltz,* Rechnungslegung, § 253 HGB, Rn. 85 ff.).

7.2.3 Floating Rate Notes

Gemeinsames Kennzeichen dieser in zahlreichen Variationen angebotenen Schuldverschreibungen mit mittlerer bis langer Laufzeit ist die regelmäßige, meist im Drei-, Sechs- oder Zwölfmonats-Rhythmus erfolgende Anpassung des Zinssatzes an die Entwicklung der Geldmarktzinsen.

Es handelt sich demnach um Instrumente, deren Kosten nicht im Voraus festgesetzt werden, sondern je nach Finanzmarktsituation variieren. Als Basis für die Festlegung der Zinssätze dienen Referenzzinssätze, die als Durchschnitt von Interbanken-Geldmarktsätzen ermittelt werden. Solche Referenzzinssätze sind der EURIBOR („Euro Interbank Offered Rate") und der LIBOR („London Interbank Offered Rate"), die jeweils für verschiedene Laufzeiten im Kurzfristbereich ermittelt werden.

Der vom Emittenten zu entrichtende Zinssatz ergibt sich schließlich aus dem variablen Referenzzinssatz und dem in den Anleihebedingungen fest vereinbarten Zinssatzzuschlag **(Spread),** dessen Höhe von der Bonität des Emittenten abhängig ist. Da i. d. R. nur Unternehmen mit erstklassigem Rating Floating Rate Notes (FRN) emittieren können, ist der vereinbarte Spread häufig relativ niedrig (< 0,25 %). Während der Schuldner den Vorteil einer langfristigen Kapitalmarktfinanzierung zu kurzfristigen Konditionen hat, bieten FRN dem Anleger den Vorteil einer zinsreagiblen Investitionsmöglichkeit bei weitgehender Ausschaltung von Kursrisiken.

Die **buchhalterische** Behandlung der FRN erfolgt analog der bei festverzinslichen Wertpapieren (Teil A, Abschn. 7.1, S. 207 ff.). Die **Bewertung** ist entsprechend dem Stichtagspostulat am Niederstwertprinzip ausgerichtet. Ein Abschreibungsbedarf wird sich bei Zinsschwankungen allenfalls für den Zeitraum bis zum Ende der laufenden Zinsanpassungsperiode ergeben. Für die Zinsvereinnahmung müssen die Zinsen auf der Basis des jeweils gültigen Zinssatzes abgegrenzt werden. Im Privatvermögen sind die vereinnahmten Zinsen für den Erst- und Folgeerwerber steuerpflichtig; sie unterliegen seit dem 1. 1. 2009 der Abgeltungsteuer i. H. v. 25 % zzgl. 5,5 % Solidaritätszuschlag und ggf. Kirchensteuer (vgl. wiederum Teil A, Abschn. 7.1.3.1, S. 210 f.). Ein Gewinn aus der Veräußerung bzw. Einlösung von Floating Rate Notes ist seit dem 1. 1. 2009 unabhängig von der Haltedauer ebenfalls abgeltungsteuerpflichtig.

7.2.4 Dual Currency Bonds

Wesentliches Charakteristikum von **Dual Currency Bonds (Doppelwährungsanleihen)** ist, dass die Emission einer langfristigen Festzinsanleihe und deren Rückzahlung in unterschiedlicher Währung erfolgen. Doppelwährungsanleihen stellen somit eine Mischform zwischen reiner Inlands- und reiner Fremdwährungsanleihe dar. Die Zinszahlung kann sowohl in der Einzahlungs- als auch in der Rückzahlungswährung vereinbart sein. Dadurch lassen sich Wechselkursrisiken zwischen Gläubiger und Schuldner umverteilen. Bei einer Doppelwährungsanleihe mit US-Dollar- und EUR-Komponente können beispielsweise die Einzahlungen des Anlegers in EUR, die Zinszahlungen des Emittenten ebenfalls in EUR, die Rückzahlung jedoch in US-Dollar erfolgen. Abhängig von der längerfristigen Kurs- bzw. Zinserwartung sowie der grundlegenden Risikobereitschaft des Anlegers wird es dem Anleiheschuldner auf diese Art möglich sein, das Wechselkursrisiko bezüglich des Kapitalbetrags auf den Anleger, gegen Gewährung einer Risikoprämie, abzuwälzen.

Die Emissionsrendite bei einem so gestalteten Dual Currency Bond wird zwischen den Renditen für Anleihen in den jeweiligen Währungen liegen. Der Kurswert im Zeitablauf wird sowohl von den Marktzinsentwicklungen der beiden Währungsländer als auch von der Wechselkursentwicklung zwischen Aufbringungs- und Rückzahlungswährung beeinflusst. Trotz dieser vielgestaltigen Einflussfaktoren wird sich bei Annäherung an den Fälligkeitstermin der Kurs stärker am Renditeniveau der Tilgungswährung orientieren.

Beispiel:

Die X-AG kauft am 1. 7. 09 über eine ausländische Bank, die die Verwaltung des Wertpapierbestandes übernimmt, aus einer Neuemission der ED-Corporation Wertpapiere für 100.000 €.

Die gesamte Emission mit einem Volumen von 150 Mio. € hat eine Laufzeit von 8 Jahren mit einem Zinskupon von 9 % p. a. (Zinstermin jährlich 30. 06.; Zinszahlungen in EUR). Beim genannten Einzahlungspreis von 100.000 € sollen am Laufzeitende US-$ 105.000 zurückgezahlt werden. Bei einem Wechselkurs von 1 € = 1 US-$ entspricht dies 105.000 €.

Buchungssatz:

Wertpapiere	100.000	**an**	Bank	100.000

Durch eine zwischenzeitliche Erhöhung des Dollarkurses notieren die Anleihen am 1. 10. 09 zu 103 %. Aus Liquiditätsgründen nimmt die X-AG den Verkauf der Hälfte ihrer Anleihen vor.

Buchungssatz:

Bank	52.625	**an**	Wertpapiere	50.000
			sonst. betriebl. Erträge	1.500
			Stückzinsen	1.125

Aus den im Depot verbleibenden Papieren resultiert somit ein jährlicher Zinsanspruch von 4.500 €. Einen konstanten Wechselkurs bis zum Rückzahlungszeitpunkt vorausgesetzt, würde die X-AG bei einem Rückzahlungsbetrag von 52.500 € eine Effektivrendite von 9 % p. a., bezogen auf den nicht liquidierten Anleiheteil, erzielen.

Durch den Erwerb von Doppelwährungsanleihen erwirbt der Anleger zwei getrennte Ansprüche. Während der Zinsanspruch pro rata temporis mit der Dauer der Kapitalüberlassung entsteht, ergibt sich aus dem Rückzahlungsanspruch in US-$ im Jahresabschluss eine offene Währungsposition für das eingesetzte Kapital. In Bezug auf die Stichtagsbewertung sind potentielle Währungskursgewinne aufgrund des Realisationsprinzips nicht zu aktivieren. Im Gegensatz dazu besteht jedoch aufgrund des Vorsichtsprinzips ggf. ein Abschreibungsbedarf bei zu antizipierenden Kursverlusten (Niederstwertprinzip mit Abschreibungswahlrecht beim Finanzanlagevermögen).

7.2.5 Swaps

Eines der von deutschen Unternehmen bislang am häufigsten eingesetzten innovativen Finanzierungsverfahren ist die Swaptechnik. **Swaps** beinhalten den Austausch von Zinszahlungen und ggf. von Kapitalbeträgen über einen bestimmten Zeitraum. Sie werden abgeschlossen, um Konditionenunterschiede beider Swappartner in verschiedenen Zinssegmenten auszunutzen oder um bestehende Geschäfte wirtschaftlich zu transformieren (bspw. wirtschaftliche Umwandlung einer festverzinslichen Verbindlichkeit in eine variabel verzinsliche). Im ersten Fall kann es sich sowohl um absolute als auch um komparative

Kostenvorteile handeln, die es bei geeigneter Fallgestaltung den Swappartnern gestatten, in der Summe weniger Zinsen an den Kapitalmarkt zu bezahlen (im Falle von Kreditaufnahmen) bzw. mehr Zinsen zu erhalten (bei Finanzanlagen) als dies bei jeweils isolierter Inanspruchnahme des Kapitalmarktes möglich wäre.

Swaps lassen sich zunächst danach differenzieren, ob sie im Zusammenhang mit einem Aktivum oder einem Passivum der Bilanz stehen. Entsprechend kann zwischen Swaps mit Vermögensgegenständen **(Asset-Swaps)** und Swaps mit Verbindlichkeiten **(Liability-Swaps)** unterschieden werden. Je nachdem, welche Intention der Swaptransaktion zugrunde liegt, erfolgt ein Austausch von Zinszahlungen **(Zinsswap)**, ein Kapitaltausch in unterschiedlichen Währungen **(Währungsswap)** oder eine Kombination von beidem **(Zins-Währungs-Swap)**.

Beispiel:

Die X-AG und die Y-AG, die sich beide am Kapitalmarkt Finanzierungsmittel in Höhe von 10 Mio. € für 5 Jahre beschaffen wollen, sehen sich folgender Konditionenstruktur gegenüber:

Teilmärkte / Schuldner	zinsvariable Mittel	festverzinsliche Mittel
X-AG	LIBOR+0,5 %	7,5 %
Y-AG	LIBOR+1,5 %	9,0 %

Die schwächere Bonität der Y-AG kommt in den von Seiten der Gläubiger geforderten Zinsen zum Ausdruck und wird am Markt für Festsatzmittel offensichtlich stärker gewichtet als am Markt für zinsvariable Mittel. Während jedoch die X-AG an einer zinsvariablen Mittelaufnahme interessiert ist, bevorzugt die Y-AG festverzinsliche Mittel.

Da identische und währungsgleiche Kapitalbeträge aufgenommen werden, kann in dieser Situation ein Zinsswap vorteilhaft sein. Das ist dann der Fall, wenn sich die X-AG, entgegen ihrer Interessenlage, Festsatzmittel zu 7,5 % beschafft und sich die Y-AG zu LIBOR+1,5 % finanziert.

Um die eigentliche Zielsetzung zu realisieren, schließen X-AG und Y-AG nun einen Zinsswapvertrag, der eine Austauschvereinbarung bezüglich der festen und variablen Zinsverpflichtungen beinhaltet. Die Vorteilhaftigkeit des Zinsswaps für beide Unternehmen lässt sich durch folgenden **Kostenvergleich** aufzeigen: (jeweils bezogen auf den einfachen Kapitalbetrag):

	X-AG	Y-AG	gesamt
ohne Swap:			
Kreditkosten	– (LIBOR+0,5 %)	– 9 %	– (LIBOR+9,5 %)
mit Swap:			
Kreditkosten	– 7,5 %	– (LIBOR+1,5 %)	
Zufluss durch Swap	+ 7,5 %	+ (LIBOR+1,5 %)	
Abfluss durch Swap	– (LIBOR+1,5 %)	– 7,5 %	
Nettokosten	– (LIBOR+1,5 %)	– 7,5 %	– (LIBOR+9,0 %)

Bei dieser Konstellation muss der Swapvertrag eine **Kompensationszahlung** der Y-AG an die X-AG von 1 % (primärer Zinsnachteil) sowie eine Klausel bezüglich der Verteilung des komparativen Kostenvorteils von insgesamt 0,5 % beinhalten.

Legt man diese Ausgleichszahlung auf 1,25 % p. a. fest, entstehen der X-AG letztendlich jährliche Kreditkosten in Höhe von LIBOR + 0,25 % und der Y-AG in Höhe von 8,75 %. Summa summarum ergibt sich für beide Unternehmen ein Vorteil aus dem Swapgeschäft in Höhe von 0,25 % bzw. 25.000 € pro Jahr (sofern der jeweilige Partner nicht ausfällt).

Analog zu den Liability-Swaps (vgl. vorstehendes Beispiel) werden auch bei **Asset-Swaps** Zinszahlungen und ggf. Kapitalbeträge getauscht. Allerdings handelt es sich dabei nicht um Zinsverbindlichkeiten aufgrund von Darlehensschulden, sondern um Zinsforderungen, die aus fest- oder variabel verzinslichen Anleihen, eventuell auch in unterschiedlichen Währungen, resultieren. Als Unterformen existieren **Coupon-Swaps,** wobei eine variable gegen eine feste Verzinsung getauscht wird, sowie **Basis-Swaps,** wobei zwei variable Verzinsungen mit unterschiedlicher Zinsbasis (LIBOR, EURIBOR etc.) getauscht werden.

Mit Hilfe von Asset-Swaps werden Unternehmen in die Lage versetzt, ein aktives Zinsmanagement zu realisieren und dadurch innerhalb eines bestehenden Wertpapierportefeuilles Renditeverbesserungen oder Risikostrukturveränderungen zu erzielen.

Für die Anwendung dieser Swaptechnik ist der Erwerb oder Besitz von Wertpapieren Voraussetzung, aus denen der Investor Zinszahlungen erhält. Die Veränderung der Qualität dieser Zinszahlungsströme lässt sich beispielsweise durch die wirtschaftliche Umwandlung eines festverzinslichen Wertpapiers in ein variabel verzinsliches und vice versa erreichen. Wirtschaftlich erfolgt dadurch eine Veränderung des Anteils der fest- oder variabel verzinslichen Papiere am Gesamtbestand, ohne dass ein Verkauf der gehaltenen Wertpapiere erfolgen muss. Der Einsatz von Asset-Swaps ermöglicht dadurch ein flexibles Reagieren auf antizipierte Zinsänderungstendenzen.

Beispiel:

Die X-AG, die am 1. 7. 08 Floating Rate Notes in Höhe von 200.000 € mit vierteljährlicher Zinsanpassung (EURIBOR + 0,5 %) erworben hatte, geht ein Jahr später (1. 7. 09) davon aus, dass das Zinsniveau (EURIBOR = 6,5 %) nicht weiter steigen wird, und möchte deshalb eine möglichst günstige Zinsfestschreibung erzielen. Als Swap-Gegenpartei ermittelt sie die Z-AG, die ihrerseits von einem weiter steigenden Zinsniveau ausgeht und ihre im Depot befindlichen festverzinslichen Wertpapiere (Zinssatz 7,0 %, Zinszahlung jeweils zum 1. 4. und 1. 10., gleicher (Nominal-)Betrag) gerne in Floater umtauschen würde. Beide Unternehmen vereinbaren einen Tausch der Zinszahlungen (EURIBOR +0,5 % gegen 7 % fix; wobei die fixen Zinszahlungen, welche die Z-AG vom Markt erhält, vereinfachend direkt an die X-AG weitergeleitet werden).

– Die unterschiedlichen Zukunftserwartungen der X-AG und der Z-AG führen bei Abschluss eines Asset-Swaps zu folgenden, schematischen Zahlungsströmen:

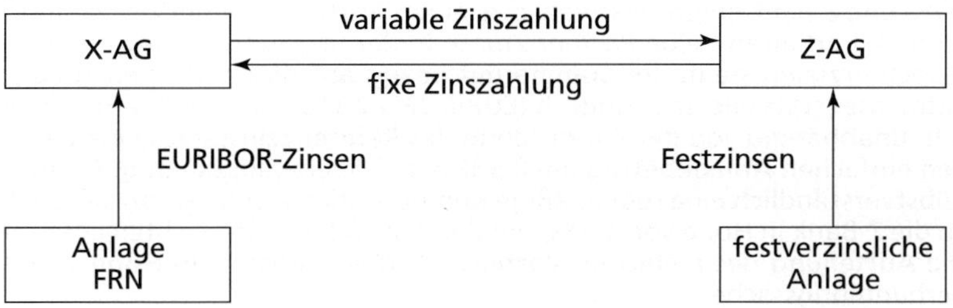

Angenommen der EURIBOR sei **kontinuierlich** bis Mitte des nächsten Jahres (1. 7. 10) auf 7,5 % angestiegen, dann sehen die bis dahin anfallenden Zinszahlungen aus Sicht der X-AG folgendermaßen aus, wobei die letzte Zinszahlung am 1. 7. 10 auf dem Stand des EURIBOR vom 1. 4. 10 basiert (= 7,25 % p. a.):

1. 10. 09	Einzahlung	FRN-Zins	(7 % für 3 Monate)	+ 3.500
	Auszahlung	FRN-Zins	(7 % für 3 Monate)	– 3.500
	Einzahlung	Festzins	(7 % für 6 Monate)	+ 7.000
1. 1. 10	Einzahlung	FRN-Zins	(7,25 %, d. h. EURIBOR-Anstieg)	+ 3.625
	Auszahlung	FRN-Zins	(7,25 % für 3 Monate)	– 3.625
1. 4. 10	Einzahlung	FRN-Zins	(7,5 %)	+ 3.750
	Auszahlung	FRN-Zins	(7,5 %)	– 3.750
	Einzahlung	Festzins	(7 % für 6 Monate)	+ 7.000
1. 7. 10	Einzahlung	FRN-Zins	(7,75 %)	+ 3.875
	Auszahlung	FRN-Zins	(7,75 %)	– 3.875

Aus dieser Darstellung wird deutlich, dass die X-AG durch den Asset-Swap das Risiko fallender Marktzinsen ausgeschaltet hat, da die Zahlungsströme, die die Floating Rate Notes betreffen, ohne zeitliche Differenzen lediglich eine durchlaufende Position darstellen. Erfolgswirksam bleibt letztendlich die halbjährliche Festzinszahlung.

Während diese Art der Ausgestaltung zunächst beiden Partnern Gebührenersparnisse bringt, geht im weiteren Vertragsverlauf nur noch das Zinskalkül eines der Beteiligten auf. Denkbar sind jedoch auch Situationen, in denen beide Kontraktpartner dauerhafte Vorteile ziehen.

Beispiel:

Die X-AG hat momentan die Möglichkeit, Finanzmittel auf 5 Jahre am Kapitalmarkt zu 7,5 % fest anzulegen. Die Z-Bank als Hausbank der X-AG kann zwar 5-jährige Konsumentenkredite zu einem Zinssatz von 9,5 % vergeben, präferiert jedoch derzeit eine eher kurzfristige Disposition am Geldmarkt für EUR-Anlagen, wo sie Gelder zu EURIBOR (z. Zt. 7,0 %) unterbringen kann. Am selben Markt wären für die X-AG lediglich 5,5 %, d. h. EURIBOR-1,5 % erzielbar.

– Situation ohne Swap:

Die X-AG legt die Mittel festverzinslich an und erwirtschaftet 7,5 % p. a. Die Bank wählt eine Anlage zu EURIBOR.

– Einsatz eines **Zins-Asset-Swaps:**

Entgegen ihren tatsächlichen Bedürfnissen vergibt die Bank Kredite zu 9,5 %. Die X-AG wiederum legt ihre Mittel zu EURIBOR-1,5 % an. Anschließend vereinbaren X-AG und Z-Bank einen Zinsswap, d. h. einen Austausch dieser Zinszahlungen. Auf diese Art erhalten beide Partner Zinsen in der ursprünglich gewünschten Form, jedoch erzielen sie in der Summe mit Bezug auf den einfachen Anlagebetrag betrachtet statt wie ursprünglich (EURIBOR + 7,5 %) nun (9,5 % + EURIBOR-1,5 %), d. h. unabhängig von der Entwicklung des Referenzzinssatzes eine bezogen auf den einfachen Anlagebetrag um 0,5 % p. a. höhere Zinszahlung. Erforderlich ist selbstverständlich eine regelmäßige Kompensationszahlung von Seiten der X-AG an die Z-Bank in Höhe von 1,5 %, um deren primären Zinsnachteil auszugleichen. Die Aufteilung des restlichen Vorteils aus dem Geschäft in Höhe von 0,5 % ist Verhandlungssache.

Durch den Einsatz von Swaps wird es also mittels strategischen Verhaltens möglich, Kapitalmarktdifferenzierungen zum Vorteil beider Kontraktpartner auszunutzen. Selbst marginale Zinsvorteile, wie sie auf Finanzmärkten durchaus üblich sind, können – ein entsprechendes Transaktionsvolumen vorausgesetzt – Anlass für Swaps sein.

Die bisher unterstellte Vorteilhaftigkeit von Swaps wird durch ein erhöhtes Bonitätsrisiko gegenüber einer unmittelbaren Kapitalmarkttransaktion im originären Verschuldungs- bzw. Anlageinteresse relativiert. Die gewünschte Art der Verschuldung bzw. Anlage ergibt sich erst aus der Summe von Swapzahlung und der dem Partnerwunsch angepassten Kapitalmarkttransaktion, so dass bei Ausfall eines Swappartners, und damit der von ihm erwarteten Zinszahlungen, der nicht insolvente Partner in der „nicht gewünschten" Weise mit dem Kapitalmarkt vertraglich verbunden bzw. gebunden bleibt. Haben sich die Marktverhältnisse bis zum Insolvenzfall hinsichtlich des Swap zugunsten des nicht insolventen Partners entwickelt, geht diesem der Vorteil (weitgehend) verloren.

Bilanziell gesehen sind Swaps als **schwebende Geschäfte** (vgl. *Dreissig*, Swap-Geschäfte, S. 325; *Scharpf*, Derivative Finanzinstrumente, Rn. 851 f.; *Kommission für Bilanzierungsfragen des Bundesverbandes deutscher Banken*, Rechnungslegung, S. 159) zu behandeln, die somit grundsätzlich bilanzunwirksam sind. Dies gilt im Besonderen für Zinsswaps; bei Währungs- und Zins-Währungs-Swaps verändern lediglich die unmittelbar ausgetauschten Kapitalbeträge das Bilanzbild.

Wie die vorangehenden Beispiele illustrieren, sind Swaps meist in Verbindung mit einer anderen Finanztransaktion, **Grundgeschäft** genannt, zu sehen, deren Konditionen durch den Swap wirtschaftlich verändert werden sollen. Auch die Bilanzierung vermag dieser Verknüpfung von Grundgeschäft und Swap zu folgen (*Adler/Düring/Schmaltz*, Rechnungslegung, § 246 HGB, Rn. 379; *Förschle/Usinger*, Termingeschäfte, Rn. 111), wenn die an eine Bewertungseinheit zu stellenden Voraussetzungen erfüllt sind (vgl. Teil A, Abschn. 7.2.9, S. 285 ff.). Entsprechend ist das Zinsergebnis aus Grundgeschäft und Swap saldiert als Zinsaufwand bzw. Zinsertrag zu erfassen. Ebenso ist gegebenenfalls eine kompensierende Betrachtung bei Swaps hinsichtlich der Rückstellungsbildung für drohende Verluste aus schwebenden Geschäften notwendig. Bei einer Einzelbetrachtung von Swaps ist hinsichtlich Ansatz und Bewertung einer Drohverlustrückstellung sinnvollerweise auf einen negativen Marktwert des Swap am Bilanzstichtag abzustellen, in welchem der Verpflichtungsüberhang zum Ausdruck kommt (vgl. *IDW*, WP-Handbuch I 06, S. 304; *Kommission für Bilanzierungsfragen des Bundesverbandes deutscher Banken*, Rechnungslegung, S. 163 ff.; so wohl auch *Adler/Düring/Schmaltz*, Rechnungslegung, § 249 HGB, Rn. 165).

Die Grundsachverhalte der bilanziellen Behandlung von Swaps mit Grundgeschäft sollen am Beispiel eines **Währungsswap** verdeutlicht werden.

Beispiel:

Das deutsche Unternehmen D benötigt am 31. 12. 09 US-$ 100 Mio. für einen Zeitraum von 3 Jahren. Zur Beschaffung des Kapitalbetrages nimmt D zunächst einen dreijährigen Kredit über 100 Mio. € zu 7,75 % p. a. auf. Gleichzeitig schließt D mit dem amerikanischen Unternehmen U, das einen EUR-Betrag in entsprechender Höhe benötigt, einen Währungsswap mit folgenden Konditionen ab: D zahlt an U am 31. 12. 09 100 Mio. € und erhält im Gegenzug US-$ 100 Mio. Die Rückzahlung der ausgetauschten Kapitalbeträge soll am 31. 12. 12 in gleicher Höhe erfolgen. Während der Laufzeit zahlt D an U zum 31. 12. jeden Jahres 10 % Zinsen auf den erhaltenen US-$-Betrag und erhält gleichzeitig 8 % Zinsen auf den hingegebenen EUR-Betrag. Am 31. 12. 12 werden die Kapitalbeträge des Swap zurückgezahlt und D tilgt seine Kreditverbindlichkeit.

Während der gesamten Laufzeit des Swap bleibt der Währungskurs des Dollar konstant bei 1 €/US-$; ebenso ändern sich die Zinskonditionen des Marktes nicht.

Buchungen für den 31. 12. 09:

Kreditaufnahme:

Bank (EUR-Konto)	100 Mio.	**an**	Verbindlichkeiten	100 Mio.

Währungsswap:

Bank (US-$-Konto)	100 Mio.	**an**	Bank (EUR-Konto)	100 Mio.

Buchungen für den 31. 12. 10: (ebenso für das Jahr 11)

Zinsaufwand	9,75 Mio.	**an**	Bank	9,75 Mio.

Der Zinsaufwand setzt sich zusammen aus den Kreditzinsen in Höhe von 7,75 Mio. €, der Swapeinzahlung von 8 Mio. € und der Swapauszahlung von 10 Mio. US-$, die beim angegebenen Währungskurs 10 Mio. € entsprechen. Rechtzeitig zum 31. 12. 12 hat D bereits einen US-$-Betrag für die Rückzahlung des Kreditbetrages und die letzte Zinszahlung erworben.

Buchungen für den 31. 12. 12:

Währungsswap:

Bank (EUR-Konto)	100 Mio.	**an**	Bank (US-$-Konto)	100 Mio.

Kredittilgung:

Verbindlichkeiten	100 Mio.	**an**	Bank (EUR-Konto)	100 Mio.

Zinszahlung:

Zinsaufwand	9,75 Mio.	**an**	Bank	9,75 Mio.

7.2.6 Bedingte Termingeschäfte

Termingeschäfte sind dadurch charakterisiert, dass bei ihnen die Zeitpunkte von Vertragsabschluss und -erfüllung auseinander fallen. Sie sind damit **gegenwärtig** abgeschlossene Vereinbarungen über Art, Menge, Preis und Zeitpunkt **zukünftig** zu erbringender Lieferungen oder Leistungen. Dies bedeutet, dass bei Vertragsabschluss zwar die Ware und ihr Preis genau spezifiziert werden, die effektive Lieferung und Bezahlung jedoch erst zu einem (vorherbestimmten) zukünftigen Zeitpunkt stattfinden. Da bei diesen Geschäften somit die Vertragserfüllung mindestens einer Vertragsseite vor dem spezifizierten Zeitpunkt noch aussteht, sind Termingeschäfte während ihrer Laufzeit als **schwebende Geschäfte** zu behandeln. Im Unterschied hierzu erfolgt die Vertragserfüllung bei einem **Kassageschäft** sogleich mit dessen Abschluss oder innerhalb einer kurzen, abwicklungstechnisch bedingten Frist von zwei Werktagen. Setzt bei einem Termingeschäft die Erfüllung der Lieferungs- bzw. Leistungsverpflichtung den Eintritt bestimmter Umstände voraus oder ist der Erfüllungsumfang hiervon abhängig, so wird das Termingeschäft als **bedingt** bezeichnet. Steht hingegen der Umfang der wechselseitigen Verpflichtungen fest und ist ihre Erfüllung für beide Vertragspartner in jedem Falle verbindlich, so heißt das Termingeschäft **unbedingt.** Zu den unbedingten Termingeschäften zählen neben den börsenmäßig gehandelten Futures auch die außerbörslich gehandelten Forwards (vgl. hierzu Teil A, Abschn. 7.2.7, S. 262 ff.). Bedingte Termingeschäfte treten in der Praxis besonders in Form der auf den Finanz- und Warenmärkten gehandelten **Optionen** sowie der als **Caps, Floors** bzw. **Collars** bekannten Vereinbarungen über Zinsbegrenzungen auf. Die genannten bedingten Termingeschäfte zeichnen sich dadurch aus, dass die Entscheidung über ihre Erfüllung einseitig einer Vertragspartei anheim gestellt wird. Somit ist die Erfüllung von der Bedingung abhängig, dass der Inhaber des Ausübungsrechtes durch dessen Geltendmachung einen wirtschaftlichen Vorteil erzielt. Dieses einseitige Recht bewirkt, dass sein Inhaber zwar ein zukünftiges Gewinn-, aber nicht gleichzeitig ein Verlustpotential hat. Umgekehrt verhält es sich beim Vertragspartner, der das Ausübungsrecht einräumt. Er wird später im Falle der Geltendmachung des Rechtes zu einer Lieferung oder Leistung verpflichtet. Da sein Verhalten durch das des Rechtsinhabers bestimmt wird, der Verpflichtete also nur reagiert, wird er **Stillhalter** genannt. Als Gegenleistung für die Einräumung des Ausübungsrechtes erhält der Stillhalter bei Vertragsabschluss (oder später) eine Ausgleichszahlung, die **Optionsprämie** bzw. bei Caps die so genannte **Capprämie.** Da der Inhaber des Ausübungsrechtes dieses vom Verpflichteten durch Bezahlung der Prämie kauft, wird der Berechtigte als **Käufer,** der Stillhalter auch als **Verkäufer** bezeichnet. Eine gewisse Sonderrolle nehmen diesbezüglich Collars ein. Darauf wird noch eingegangen.

7.2.6.1 Optionen

Gegenstand von Optionen ist die Lieferung von Devisen, Waren oder (synthetischen) Wertpapieren. Dementsprechend wird auch von Devisen-, Waren-, Effekten- oder Aktienindexoptionen gesprochen. Daran zeigt sich zunächst, dass Optionen in solche mit **lieferbarem** und solche mit **nicht lieferbarem** Optionsgegenstand unterteilt werden können. Hinsichtlich der Art des verbrieften Rechtes lässt sich danach unterscheiden, ob der Käufer der Option berechtigt ist, vom Stillhalter den Optionsgegenstand zum festgesetzten Preis, bei Optionen als **Basispreis** bezeichnet, zu kaufen **(Kaufoption)** oder ob er ein Verkaufsrecht besitzt **(Verkaufsoption).** Optionen, bei denen das Ausübungsrecht auf einen bestimmten Zeitpunkt beschränkt ist, heißen **europäische** Optionen; erstreckt sich das Recht dagegen über einen Zeitraum, so ist die Option **amerikanischen** Typs.

Der börsenmäßige Optionshandel wurde in Deutschland erst Mitte 1970 nach rund vierzigjähriger Abstinenz wieder aufgenommen, als die notwendigen rechtlichen Rahmenbedingungen geschaffen waren. Die gewachsene, große Bedeutung, die mittlerweile dem Optionshandel in Deutschland zukommt, ist sicherlich zu einem wesentlichen Teil auf die Impulse zurückzuführen, die von der Einführung des Optionshandels an der Deutschen Terminbörse (DTB) zu Beginn des Jahres 1990 ausgingen. Die aus dem Zusammenschluss der DTB und der schweizerischen SOFFEX (Swiss Options and Financial Futures Exchange) im Jahr 1998 hervorgegangene EUREX (European Exchange) nimmt bereits seit ihrer Gründung weltweit eine Spitzenstellung unter den Derivatebörsen ein. An den internationalen Optionsmärkten haben sich neben den eingangs genannten Grundformen weitere, vielgestaltige Optionsarten entwickelt. Diese treten vor allem als Kombinationen mit anderen Finanzinnovationen in Erscheinung, wie bspw. als Optionen auf Futures oder auf Swaps. Mit der zunehmenden finanzwirtschaftlichen Bedeutung von Optionskontrakten gewinnen auch Fragen der Optionsbilanzierung mehr und mehr an Bedeutung für Unternehmen unterschiedlichster Branchen.

Die **bilanzielle Behandlung** von Optionen lässt sich in Abhängigkeit der Stellung des Bilanzierenden im Optionsvertrag wie folgt darstellen:

(1) Für den **Käufer einer Option** stellt diese einen entgeltlich erworbenen immateriellen Vermögensgegenstand dar (vgl. *Dreissig,* Optionen, S. 1515; *Niemeyer,* Optionsgeschäfte, S. 49). Insofern kommt eine Verbuchung der dem Umlaufvermögen zuzuordnenden Optionen unter den sonstigen Vermögensgegenständen (§ 266 Abs. 2 B. II. 4 HGB; vgl. *BFA,* Optionsgeschäfte, S. 421, sowie den Entwurf zur Ersetzung dieser Stellungnahme: *BFA,* Optionsgeschäfte, IDW ERS BFA 6, S. 120; vgl. des Weiteren *Dusemond/Heusinger-Lange/Knop,* § 266 HGB, Rn. 197 ff.) in Betracht. Da die hier im Vordergrund stehenden Optionen mit finanzwirtschaftlicher Zielsetzung i. d. R. Wertpapiercharakter besitzen, kann auch eine Bilanzierung unter den sonstigen Wertpapieren (§ 266 Abs. 2 B.III.2. HGB) sachgerecht sein. Bei Zuordnung zum Anlagevermögen ist die Option unter den immateriellen Vermögensgegenständen (§ 266 Abs. 2 A.I. HGB), evtl. mit einer speziellen Untergliederung für Optionsrechte, zu verbuchen. Die Höhe des Wertansatzes richtet sich im Zeitpunkt des Erwerbs nach den Anschaffungskosten und entspricht daher der bezahlten Optionsprämie. Hinsichtlich der weiteren buchmäßigen Wertentwicklung sind die (üblichen) Vorschriften des § 253 HGB zu beachten. Dabei ist anzumerken, dass bei der Zuordnung der Option zum Anlagevermögen diese kein abnutzbarer Vermögensgegenstand ist, so dass eine planmäßige Abschreibung nach § 253 Abs. 3 HGB entfällt (vgl. *Breker,* Optionsrechte, S. 80; *Eisele/Knobloch,* Finanzinnovationen, S. 582 f.; *Häuselmann,* Bilanzierung von Optionen, S. 1746).

Bei den eingangs bezeichneten Optionen ist stets von der hier unterstellten **Bilanzierungsfähigkeit dem Grunde nach** auszugehen, denn diese sind i. d. R. selbst über eine Börse veräußerbar oder aber die aus ihnen resultierenden Rechte könnten einzeln veräußert werden, da sich die Optionen auf marktgängige Güter beziehen.

Beispiel:

Die X-AG erwirbt am 20. 12. 09 bei der A-Bank 1.000 amerikanische Kaufoptionen auf die Aktie der Y-AG mit Basispreis von 600 € und Fälligkeit 17. 9. 10 und ordnet sie dem Umlaufvermögen zu. Die X-AG bezahlt dafür 24.200 €. Des Weiteren kauft sie am selben Tag 400 Verkaufsoptionen auf Aktien der Z-AG mit einem Basispreis von 550 € und gleicher Laufzeit. Die Verkaufsoptionen notieren zu 17 € pro Stück (Gesamtwert also 6.800 €) und werden gleichfalls dem Umlaufvermögen zugewiesen. Daneben besitzt die X-AG im Umlaufvermögen bereits Aktien der Z-AG (400 Stück, Anschaffungskosten und momentaner Bilanzansatz 540 €/ Stück; Buchwert der Position also 216.000 €).

Buchungssätze im Anschaffungszeitpunkt:

Für die Kaufoptionen: Sonstige Wertpapiere (Optionen)	24.200	**an**	Bank	24.200
Für die Verkaufsoptionen: Sonstige Wertpapiere (Optionen)	6.800	**an**	Bank	6.800

Am Bilanzstichtag 31. 12. 09 notieren die Kaufoptionen zum Börsenkurs von insgesamt 20.000 €. Da die Kaufoptionen dem Umlaufvermögen zugeordnet sind, muss sich ihr Wertansatz dem niedrigeren Börsen- bzw. Marktpreis anpassen. Die Verbuchung erfolgt unter den Abschreibungen auf Wertpapiere des Umlaufvermögens (§275 Abs.2 Nr.12 HGB). Der Wert der Verkaufsoptionen stieg demgegenüber auf 36 €/Stück. Bei diesen ergibt sich aufgrund des Anschaffungswertprinzips keine Änderung des Bilanzansatzes. Die Aktien der Z-AG werden zum Kurs von 520 €/Stück gehandelt. Sie sind nach §253 Abs.4 HGB somit auf diesen niedrigeren Börsenkurs abzuschreiben.

Buchungen für den 31. 12. 09:

Abschreibungen auf Wertpapiere des Umlauf- vermögens (Kaufoptionen)	4.200	**an**	Sonstige Wertpapiere (Kaufoptionen)	4.200
Abschreibungen auf Wertpapiere des Umlauf- vermögens (Z-AG-Aktien)	8.000	**an**	Sonstige Wertpapiere (Z-AG-Aktien)	8.000

Verkaufsoptionen dienen, neben spekulativen Zwecken, vorrangig dazu, vorhandene Wertpapierbestände, deren Veräußerung geplant ist, gegen einen Kursverfall zu schützen. So mag es im Beispielfall die Absicht der X-AG gewesen sein, ihr Aktienpaket der Z-AG im ersten Halbjahr des Jahres 10 abzustoßen. In diesem Falle wären die Verkaufsoptionen erworben worden, um einen Mindestveräußerungserlös für die Aktien zu gewährleisten. Dieser läge bei 533 €/Stück (Basispreis 550 € – Optionsprämie 17 €). Es stellt sich folglich die Frage, inwieweit diese zunächst rein finanzwirtschaftliche Überlegung auch für die Bilanzierung der Optionen zum 31. 12. 09 von Bedeutung sein kann. Eine sich daraus ergebende Untergrenze für den Bilanzansatz der Aktien in Höhe von 533 €/Stück wäre nur möglich, wenn Verkaufsoptionen und Aktien zu einer Bewertungseinheit verbunden würden. Dies setzt den Nachweis des Absicherungszusammenhanges voraus (*BFA*, Optionsgeschäfte, S. 422; im Einzelnen zu den Voraussetzungen der Bildung von Bewertungseinheiten vgl. Teil A, Abschn. 7.2.9, S. 285 ff.). U. a. beinhaltet dies eine eindeutige Deklaration und eine entsprechende Dokumentation des Absicherungszusammenhanges bzw. der Absicherungseffektivität (BT-Drs. 16/10067, S. 58). Sind alle für die Bildung einer Bewertungseinheit relevanten Erfordernisse erfüllt, kann auf eine Abschreibung der Aktien auf den beizulegenden Wert von 520 €/Stück verzichtet und stattdessen nur auf den abgesicherten Mindestveräußerungserlös von 533 €/Stück abgeschrieben werden. Die Behandlung des Bestandes der Z-AG-Aktien und der Verkaufsoptionen wird in Teil A, Abschn. 7.2.9, S. 293 ff., nochmals aufgegriffen, um die Wirkungsweisen von isolierter und kompensatorischer Bewertung darzustellen. Bei einer Bewertungseinheit von Optionen und Aktien hat die Buchung für die Abschreibung auf den Aktienbestand dann die folgende Gestalt.

Buchung für den 31. 12. 09 (Fall: Bewertungseinheit):

Abschreibungen auf Wertpapiere des Umlaufvermögens (Z-AG-Aktien)	2.800	**an**	Sonstige Wertpapiere (Z-AG-Aktien)	2.800

Im Falle der **Ausübung einer Kaufoption** über einen lieferbaren und zu liefernden Gegenstand erhält der Optionsinhaber den Optionsgegenstand gegen Zahlung des Basispreises. Der Basispreis geht somit in die Anschaffungskosten des Optionsgegenstandes ein. Darüber hinaus ist auch der Restbuchwert der Optionsprämie, ohne die ein Erwerb des Gegenstandes zum Basispreis nicht möglich wäre, unter diese Anschaffungskosten zu rechnen (vgl. *BFA*, Optionsgeschäfte, S. 421; *BFA*, Optionsgeschäfte, IDW ERS BFA 6, S. 121; *Adler/Düring/Schmaltz*, Rechnungslegung, § 255 HGB, Rn. 74). Ebenfalls denkbar wäre die Berücksichtigung der Optionsprämie mit deren ursprünglichen Anschaffungskosten (vgl. BMF-Schreiben v. 27. 11. 2001, BStBl. I 2001, S. 988). Wird auf den Restbuchwert abgestellt (h. M.), so stellt sich zudem die Frage, ob diesbezüglich der Buchwert des vor dem Kauf liegenden Bilanzstichtags oder vielmehr der am Tag des Kaufs aktuelle (Rest-)Buchwert der Optionsprämie heranzuziehen ist. Im Folgenden wird der Buchwert des dem Kauf vorangegangenen Bilanzstichtags als Teil der Anschaffungskosten interpretiert. Der Buchungsvorgang bei Ausübung der Kaufoption betrifft demnach zum einen den Zahlungsmittelabgang aus Kasse oder Bank und zum anderen die Ausbuchung der aktivierten Optionsprämie. Beides bestimmt die Anschaffungskosten des Optionsgegenstandes. Fallen zusätzlich noch Transaktionskosten, wie Maklergebühren oder Bankprovisionen (vgl. Teil A, Abschn. 7.1.2, S. 208), an, erhöhen sich die Anschaffungskosten entsprechend.

Beispiel:

Die X-AG übt am 28. 4. 10 die Hälfte ihrer am 20. 12. 09 erworbenen Kaufoptionen aus, um 500 Aktien der Y-AG, die zu 640 € pro Stück notieren, zu kaufen. Sie hat dabei dem Stillhalter für jede Aktie den Basispreis i. H. v. 600 €, insgesamt also 300.000 € zu zahlen. Zu diesen Anschaffungskosten der Aktien tritt noch der Restbuchwert der Optionen i. H. v. 10.000 € hinzu.

Buchung am 28. 4. 10:

Wertpapiere (Y-AG-Aktien)	310.000	**an**	Bank	300.000
			Sonstige Wertpapiere (Kaufoptionen)	10.000

Im Zeitpunkt der **Ausübung einer Verkaufsoption** über einen zu liefernden Gegenstand erhält der Optionsinhaber den Basispreis gegen Lieferung des Optionsgegenstandes. Bilanziell bedeutet dies, dass der Veräußerungserlös des Optionsgegenstandes durch den Basispreis bestimmt wird, wobei auch hier wiederum die aktivierte Optionsprämie auszubuchen und ihr Restwert vom Basispreis in Abzug zu bringen ist. Vom so ermittelten Wert sind gegebenenfalls noch Nebenkosten der Veräußerung abzuziehen.

Beispiel:

Am 25. 6. 10 entschließt sich die X-AG, ihren Bestand an Aktien der Z-AG aufzulösen. Da der Kurs einer Aktie zu diesem Zeitpunkt bei 510 € liegt, übt sie dazu ihre am 20. 12. 09 erworbenen Verkaufsoptionen aus (– der in der Praxis bei gegebener Fungibilität eher relevante Fall einer Veräußerung der Optionen auf dem Sekundärmarkt wird aus Vereinfachungsgründen nicht betrachtet). Dadurch erhält sie den Basispreis i. H. v. 550 €/Stück. Je nachdem, ob zum 31. 12. 09 eine separate Bewertung der Aktien und Verkaufsoptionen stattfand oder beide Positionen zu einer Bewertungseinheit zusammengefasst wurden, ergibt sich eine der folgenden Buchungen.

Buchung am 25. 6. 10 (nach getrennter Bewertung zum 31. 12. 09):

Bank	220.000	**an**	Erträge aus Nichtbeteiligungswertpapieren	5.200
			Sonstige Wertpapiere (Verkaufsoptionen)	6.800
			Wertpapiere (Z-AG-Aktien)	208.000

alternativ

Buchung am 25. 6. 10 (nach Bilanzierung als Bewertungseinheit zum 31. 12. 09):

Bank	220.000	**an**	Sonstige Wertpapiere (Verkaufsoptionen)	6.800
			Wertpapiere (Z-AG-Aktien)	213.200

Die Bildung der Bewertungseinheit zum 31. 12. 09 bewirkt also, dass der Buchwert der Gesamtposition nicht unter den auch im ungünstigsten Fall realisierbaren Veräußerungserlös fällt. Dadurch werden die Erfolgswirkungen der Absicherungsmaßnahme auch dem Bilanzierungszeitraum zugerechnet, in dem sie verursacht wurden, hier dem Geschäftsjahr 09. In der vorliegenden Situation eines Kursverfalls der Aktie bis zum Ausübungszeitpunkt wird somit der Erfolg des Jahres 10 nicht mehr beeinflusst.

Findet bei Ausübung der Kauf- bzw. Verkaufsoption jedoch keine Lieferung des Optionsgegenstandes, sondern lediglich ein finanzieller Ausgleich statt (Cash Settlement), da sich die Option beispielsweise auf einen nicht lieferbaren Gegenstand (etwa einen Index) bezog oder vertraglich eine Lieferung nicht vorgesehen war, so ist die daraus resultierende Zahlung zusammen mit dem

Restbuchwert der Optionsprämie erfolgswirksam zu verbuchen. Ein positiver Saldo aus Ausgleichszahlung und Restbuchwert der Option ist als „Ertrag aus einem Nichtbeteiligungswertpapier" (§ 275 Abs. 2 Nr. 10 bzw. Abs. 3 Nr. 9 HGB) auszuweisen, ein negativer Saldo dagegen unter den „Abschreibungen auf Finanzanlagen und auf Wertpapiere des Umlaufvermögens" (§ 275 Abs. 2 Nr. 12 bzw. Abs. 3 Nr. 11 HGB).

Verfällt die Option, so ist ihr Restbuchwert am Laufzeitende demgemäß bei den „Abschreibungen auf Finanzanlagen und auf Wertpapiere des Umlaufvermögens" zu erfassen.

(2) Der **Optionsstillhalter** hat die erhaltene Optionsprämie als sonstige Verbindlichkeit auszuweisen (vgl. *BFA,* Optionsgeschäfte, S. 422; *BFA,* Optionsgeschäfte, IDW ERS BFA 6, S. 120). Während ihrer Laufzeit unterliegt die Option gewöhnlich Wertschwankungen, die in engem Zusammenhang mit der Wertentwicklung des zugrunde liegenden Optionsgegenstandes stehen. Aus diesen Wertschwankungen kann es zu einem Verpflichtungsüberhang des Stillhalters kommen. Der daraus abzuleitende drohende Verlust ist aufgrund des Vorsichtsprinzips gemäß den Vorschriften der §§ 249 Abs. 1 und 252 Abs. 1 Nr. 4 HGB zwingend im handelsrechtlichen Jahresabschluss abzubilden. Da sowohl die Höhe als auch der Zeitpunkt der zukünftigen Leistungsverpflichtung des Stillhalters am Bilanzstichtag noch nicht feststehen, kann der bilanzielle Ausweis des zu erwartenden Verlustes nur als **Rückstellung für drohende Verluste aus schwebenden Geschäften (Drohverlustrückstellung),** nicht jedoch als Verbindlichkeit erfolgen. Hinsichtlich der Bemessung der Rückstellungshöhe und damit der Beurteilung des Verpflichtungsüberhanges kann ein Vergleich des Marktpreises des Optionsgegenstandes am Bilanzstichtag mit dem Basispreis und der Optionsprämie herangezogen werden **(Ausübungsfiktion).** Da bei einer Kaufoption der Stillhalter zur Lieferung des Optionsgegenstandes verpflichtet wird, bestimmt dessen Marktpreis den Wert der Leistung des Stillhalters. Dieser stehen als Gegenleistung des Optionsinhabers der bei Ausübung zu entrichtende Basispreis und die bei Abschluss des Optionsvertrages bezahlte Optionsprämie gegenüber. Ein Verlust des **Stillhalters einer Kaufoption** ist am Bilanzstichtag also dann zu erwarten, wenn der Marktpreis des Optionsgegenstandes die Summe aus Basispreis und Optionsprämie übersteigt. In eben dieser Höhe ist aus Sicht der Ausübungsmethode die Rückstellung zu bilden (vgl. *Eisele/Knobloch,* Finanzinnovationen, S. 584 f.; *IDW,* WP-Handbuch 06 I, S. 300). Anstelle des Kassapreises des Optionsgegenstandes ist bei Vorliegen eines Terminpreises geeigneter Fristigkeit dieser heranzuziehen. Im Unterschied zur gerade dargestellten Rückstellungsbemessung wird auch vorgeschlagen, als Höhe der Drohverlustrückstellung eine positive Differenz des aktuellen Marktpreises der Option und der erhaltenen Optionsprämie anzusetzen. Dem liegt die Fiktion zugrunde, dass sich der Stillhalter durch Kauf einer identischen Option von seiner Verpflichtung befreit (so genannte **Glattstellungsfiktion**; vgl. *Breker,* Optionsrechte, S. 148 ff.; *BFA,* Optionsgeschäfte, S. 422; *BFA,* Optionsgeschäfte, IDW ERS BFA 6, S. 120, sowie *Förschle/Usinger,* Termingeschäfte, Rn. 75 f.). Diese Vorgehensweise entspricht in dem Sinne mehr noch als die Ausübungsmethode dem Vorsichtsprinzip, als hierbei auch der Zeitwert der Option, welcher bei

der wirtschaftlichen Neutralisierung der Verpflichtung ebenfalls aufzubringen ist, berücksichtigt wird. Darüber hinaus wird die Glattstellungsmethode den tatsächlichen Gegebenheiten eher als die Ausübungsmethode gerecht (in der Praxis werden ca. 90% der Optionskontrakte glattgestellt), so dass sie nach herrschender Meinung der Ausübungsmethode vorzuziehen ist (vgl. *Rümmele,* Optionsgeschäfte, S. 222, *Scharpf/Luz,* Finanzderivate, S. 422; *Bieg,* Bankbilanzierung, S. 597 f.). Der **Stillhalter einer Verkaufsoption** ist im Ausübungsfall zu einer Zahlung, nämlich in Höhe des Basispreises, verpflichtet. Dieser Zahlung stehen als Gegenleistung des Rechtsinhabers die Lieferung des Optionsgegenstandes sowie die Optionsprämie gegenüber. Ein Verpflichtungsüberhang des Stillhalters einer Verkaufsoption ist also dann zu erwarten, wenn am Bilanzstichtag der Basispreis höher als die Summe aus Kassa- bzw. Terminpreis des Optionsgegenstandes und Optionsprämie ist. Eine solche positive Differenz bestimmt die Rückstellungshöhe. Alternativ wird wiederum ein Verlust, der bei Glattstellung durch Kauf einer Option entstünde, als Ansatz für die Rückstellungshöhe vorgeschlagen (h. M., vorziehenswürdig). Darüber hinaus hat der Stillhalter von Verkaufsoptionen die Angabepflicht des §285 Nr. 3a HGB zu beachten. Diese beinhaltet den Ausweis der latenten Verpflichtung zur Zahlung der Basispreise aller Verkaufsoptionsverträge, für die eine Stillhalterposition eingegangen wurde – sofern die Angabe der sonstigen finanziellen Verpflichtungen insgesamt für die Beurteilung der Finanzlage von Bedeutung ist. Für Kreditinstitute ist entsprechend §35 Abs. 1 Nr. 4 RechKredV zu beachten.

Steuerrechtlich endet der Schwebezustand eines Optionsgeschäfts mit der Zahlung der Optionsprämie (BFH-Urteil v. 18. 12. 2002, BStBl. II 2004, S. 126). Risiken im Zusammenhang mit Wertentwicklungen sind während der Optionslaufzeit gemäß der **Glattstellungsmethode** bilanziell zu erfassen. Ist der Teilwert der vereinnahmten Optionsprämie höher als der passivierte (Zugangs-)Wert, so kann nach Steuerrecht auf den höheren Teilwert erfolgswirksam zugeschrieben werden, sofern die Teilwerterhöhung als dauerhaft angesehen werden kann (vgl. *Rümmele,* Optionsgeschäfte, S. 222; *Scharpf/Schaber,* Bankbilanz, S. 579).

Bei **Ausübung einer Kaufoption** bucht der Stillhalter den – ggf. inzwischen erworbenen – Optionsgegenstand sowie die passivierte Optionsprämie aus. Als Veräußerungserlös sind der Basispreis und die Optionsprämie anzusetzen. Ein Gewinn (Verlust) aus dem Abgang von Vermögensgegenständen ergibt sich demnach, wenn der Veräußerungserlös zuzüglich einer ggf. aufzulösenden Drohverlustrückstellung den Buchwert des Optionsgegenstandes übersteigt (unterschreitet). Der Gewinn bzw. Verlust aus dem Abgang von Vermögensgegenständen erscheint in der Gewinn- und Verlustrechnung unter den sonstigen betrieblichen Erträgen (§275 Abs. 2 Nr. 4 bzw. Abs. 3 Nr. 6 HGB) bzw. den sonstigen betrieblichen Aufwendungen (§275 Abs. 2 Nr. 8 bzw. Abs. 3 Nr. 7 HGB). Bei **Ausübung einer Verkaufsoption** erwirbt der Stillhalter den Optionsgegenstand. Dessen Anschaffungskosten berechnen sich aus dem im Ausübungszeitpunkt zu zahlenden Basispreis abzüglich der erhaltenen Optionsprämie, die wiederum auszubuchen ist. Schließlich ist bei der Ermittlung des Buchwertes des Optionsgegenstandes eine vom letzten Bilanzstichtag gegebenenfalls noch bestehende

Rückstellung für die Optionsverpflichtung aufzulösen und mit den Anschaffungskosten zu verrechnen.

Nicht ausgeübte Optionen sind grundsätzlich am Verfalltag erfolgswirksam auszubuchen.

Beispiel:

Die im Optionshandel tätige Invest AG geht am 25. 11. 09 die Stillhalterposition für 500 Kaufoptionen auf die Aktie der K-AG und für 800 Verkaufsoptionen auf die L-AG-Aktie ein. Die Kaufoptionen sind mit einem Basispreis von 250 €/Stück ausgestattet und verfallen am 16. 3. 10. Ihr Markt-/Emissionspreis am 25. 11. 09 beträgt 14 €/Stück. Als Entgelt für die Stillhalterposition bei den Verkaufsoptionen erhält die Invest AG 22 €/Stück. Den Verkaufsoptionen ist ein Basispreis von 300 € zugeordnet, ihr Verfalltag ist der 15. 6. 10. Die den Optionen zugrunde liegenden Aktien notieren am 25. 11. 09 zu 258 € (K-AG) bzw. 290 € (L-AG).

Buchungen am 25. 11. 09:

Für die Kaufoptionen:				
Bank	7.000	**an**	Sonstige Verbindlichkeiten	7.000
Für die Verkaufsoptionen:				
Bank	17.600	**an**	Sonstige Verbindlichkeiten	17.600

Am 31. 12. 09 liegt der Börsenkurs der K-AG-Aktie bei 270 €, der der L-AG-Aktie bei 260 €. Die Optionspreise haben sich dementsprechend erhöht: Die Kaufoption notiert zu 24 €, die Verkaufsoption zu 49 €.

Auch wenn die Invest AG am Bilanzstichtag nicht in Anspruch genommen wird, ist doch zu diesem Zeitpunkt ein Verlust aus den Stillhalterpositionen für das Jahr 10 zu erwarten. Das Vorsichtsprinzip gebietet hier nach den §§ 252 Abs. 1 Nr. 4 und 249 Abs. 1 HGB also die Bildung einer **Rückstellung für drohende Verluste aus schwebenden Geschäften (Drohverlustrückstellung).** Wird von der **Glattstellungsfiktion** (h. M.) ausgegangen, hat ein Vergleich der Optionspreise am Bilanzstichtag mit den erhaltenen Optionsprämien zu erfolgen. Demnach würde sich am 31.12.09 ein drohender Verlust von 10 € (= 24 € – 14 €) je Kaufoption bzw. von 27 € (= 49 € – 22 €) je Verkaufsoption ergeben. Für die Kaufoptionen wäre folglich eine Rückstellung in Höhe von 5.000 € und für die Verkaufsoptionen eine Rückstellung über 21.600 € zu bilden.

Buchungen am 31. 12. 09:

Für die Kaufoptionen:				
Sonstige betriebliche Aufwendungen	5.000	**an**	Sonstige Rückstellungen	5.000
Für die Verkaufsoptionen:				
Sonstige betriebliche Aufwendungen	21.600	**an**	Sonstige Rückstellungen	21.600

Wird demgegenüber die **Ausübungsfiktion** zugrunde gelegt, ist zu berücksichtigen, dass sich die Kurse beider Aktien zuungunsten der Invest AG entwickelt haben. Würden die Optionen am Bilanzstichtag ausgeübt, so ergäbe sich für die Invest AG selbst unter Verrechnung der ursprünglich erhaltenen Optionsprämien ein Verlust, und zwar sowohl für die Kaufoptionen als auch für die Verkaufsoptionen. Im Falle der Kaufoptionen wäre die Invest AG zur Lieferung von 500 Aktien der K-AG verpflichtet. Diese Aktien müsste das Unternehmen zum Marktpreis von 270 €/Stück, insgesamt also für 135.000 € beschaffen. Im Gegenzug erhielte die Invest AG jedoch lediglich den Basispreis von 250 €/Stück, insgesamt also 125.000 €. Berücksichtigt man die am 25. 11. 09 erhaltene Optionsprämie, so ergäbe sich immer noch ein Verlust der Invest AG aus diesem Engagement in Höhe von 3.000 €. Analog verhält es sich hinsichtlich der Verkaufsoptionen. Bei einer Inanspruchnahme aus diesen hätte die Invest AG den Basispreis in Höhe von 300 €/Stück, d.h. 240.000 € in der Summe aufzubringen. Dem stünden die ursprünglichen Optionsprämien in Höhe von 17.600 € sowie Aktien der L-AG im Wert von 260 €/Stück bzw. 208.000 € für das Paket gegenüber. Summa summarum ergäbe sich ein Wertverlust in Höhe von 14.400 € (die im Vergleich zur Glattstellungsfiktion niedrigeren Rückstellungshöhen ergeben sich aufgrund der Tatsache, dass die Ausübungsmethode lediglich den inneren Wert der Optionen – nicht aber deren Zeitwert berücksichtigt; vgl. dazu dieser Abschn., S. 250).

Zusätzlich ist neben der Bildung einer Drohverlustrückstellung u. U. im Anhang noch gemäß § 285 Nr. 3 HGB die aus den Verkaufsoptionen bestehende potentielle Zahlungsverpflichtung in Höhe von 240.000 € anzugeben.

Der Eigentümer der Kaufoptionen übt diese am letztmöglichen Termin, d.h. am 16. 3. 10, aus. Der Kurs der K-AG-Aktie beträgt zu diesem Zeitpunkt 266 €. Die Invest AG erwirbt daraufhin zunächst 500 Aktien der K-AG (Wert: 133.000 €) und überträgt sie anschließend dem Vertragspartner, der wiederum 125.000 € der Invest AG anweist. Unter Beachtung der gemäß der Glattstellungsfiktion gebildeten Rückstellung und der unter den sonstigen Verbindlichkeiten ausgewiesenen Optionsprämien ergeben sich für die Invest AG die folgenden Buchungen.

Kauf der K-AG-Aktien:

Wertpapiere	133.000	**an**	Bank	133.000

Buchung bei der Inanspruchnahme aus den Kaufoptionen:

Bank	125.000			
Sonstige Verbindlichkeiten	7.000			
Sonstige Rückstellungen	5.000	**an**	Wertpapiere	133.000
			Sonstige betriebliche Erträge	4.000

Am 19. 4. 10 werden schließlich auch die Verkaufsoptionen ausgeübt. (Der Aspekt der (möglichen) Nicht-Optimalität einer Optionsausübung vor Ablauf der Optionsfrist wird hier aus Vereinfachungsgründen nicht berücksichtigt.) Der Börsenkurs der zugrunde liegenden Aktien der L-AG liegt an diesem Tag bei 270 €.

Buchung bei der Inanspruchnahme aus den Verkaufsoptionen:

Sonstige Verbindlichkeiten	17.600			
Sonstige Rückstellungen	21.600			
Wertpapiere	200.800	**an**	Bank	240.000

Zur Ermittlung des Buchwertes der erhaltenen Aktien der L-AG wurde also auch die zum 31. 12. 09 gebildete Rückstellung herangezogen. Zu unterscheiden sind von diesem Buchwert der Wertpapiere deren Anschaffungskosten. Diese ergeben sich aus dem bezahlten Basispreis abzüglich der erhaltenen Optionsprämie zu 278 €/Stück. Gänzlich unerheblich ist jedoch der Börsenkurs der Aktien am Ausübungstag: Er ist weder Anschaffungswert noch ein mit diesem zu vergleichender Bilanzstichtagswert (Erfolgseffekte ergeben sich im Jahr 10 aus der zum Bilanzstichtag zwingend vorzunehmenden Bewertung der Wertpapiere).

Eine Besonderheit hinsichtlich der Rückstellungsbildung zum Bilanzstichtag ergibt sich für den Stillhalter einer Kaufoption. Besitzt er bereits den im Falle der Optionsausübung zu liefernden Gegenstand und ist die Bedienung der Option aus diesem Bestand beabsichtigt, so ist auch der bilanziell zu antizipierende Verlust durch den Buchwert des Gegenstandes begrenzt. Dies bedeutet, dass der zu erwartende Verlust aus der Stillhalterposition nicht größer sein kann als der Buchwert des Optionsgegenstandes abzüglich Basispreis und Optionsprämie. Die Ausübung der Option würde in diesem Fall für den Stillhalter letztlich nur bedeuten, dass ein Abgang von Vermögensgegenständen in Höhe dieses Buchwertes erfolgte, dem die bereits bei Abschluss des Optionsvertrages erhaltene Prämie und der bei Ausübung zufließende Basispreis gegenüberstünden. Die Voraussetzungen für eine solche Bilanzierung entsprechen denen, die für Bewertungseinheiten (vgl. Teil A, Abschn. 7.2.9, S. 286 f.) gelten. Insbesondere ist die dokumentierte, explizite Zuordnung des Deckungsbestandes unabdingbar.

Beispiel:

Die aus vorigem Beispiel bekannte Invest AG besitze am 31. 12. 09 ein Paket von 500 Aktien der K-AG, das sie zur Absicherung ihrer Stillhalterposition in den Kaufoptionen einsetzt. Anschaffungs- und Buchwert der Aktien betragen 266 €/Stück. Für den Fall einer Inanspruchnahme aus den Kaufoptionen am Bilanzstichtag müsste die Invest AG also nicht Aktien der K-AG zum Börsenkurs von 270 € erwerben, sie könnte vielmehr auf ihren Bestand an Altaktien zurückgreifen. Bilanziell hätte sie dadurch einen um 4 €/Stück geringeren buchmäßigen Vermögensabgang. Somit könnte die für die Kaufoptionen zu bildende Rückstellung um 2.000 € (500 Stück bei 4 €/Stück) auf 3.000 € bei vorheriger Anwendung der Glattstellungsfiktion bzw. auf 1.000 € bei Anwendung der Ausübungsfiktion reduziert werden. Die Rückstellungsbuchung der Invest AG für die Kaufoptionen hätte demnach die folgende Gestalt (Glattstellungsfiktion):

Buchung am 31. 12. 09:

Sonstige betriebliche Aufwendungen	3.000	**an**	Sonstige Rückstellungen	3.000

7.2.6.2 Instrumente zur Zinsbegrenzung: Caps, Floors, Collars

Zu den verhältnismäßig jungen Finanzinnovationen zählen Vereinbarungen, die auf eine Begrenzung des Zinsniveaus einer Finanzmittelaufnahme oder einer Finanzanlage nach oben bzw. nach unten gerichtet sind. Diese Vereinbarungen sind mittlerweile auch im deutschsprachigen Raum, wie viele andere Finanzinnovationen, unter ihren angelsächsischen Bezeichnungen, nämlich als Caps, Floors und Collars, bekannt. Die Finanzinstrumente wirken ähnlich wie Optionen in dem Sinne, dass sie bei Eintritt bestimmter äußerer Umstände einseitig eine Vertragsseite zu einer Zahlung verpflichten. Entsprechend der bei Optionen gewählten Terminologie wird hier daher der aus einer solchen Vereinbarung Verpflichtete als Stillhalter bezeichnet. Der **Cap** besteht aus der Vereinbarung eines variablen Referenzzinssatzes (z. B. LIBOR), einer fixen Zinsobergrenze, endlich vieler Zinsvergleichszeitpunkte – entsprechend der Caplaufzeit – und eines (fiktiven) Kapitalbetrages. **Übersteigt** in einem Zinsvergleichszeitpunkt der Referenzzinssatz aufgrund der allgemeinen Zinsentwicklung die vereinbarte Zinsobergrenze, so hat der Capverkäufer dem Capkäufer die Zinssatzdifferenz bezogen auf den fiktiven Kapitalbetrag und die Zeit bis zum nächsten Zinsvergleichszeitpunkt zu erstatten. Damit können Caps zur Absicherung gegen das Zinsänderungsrisiko aus einer variabel verzinslichen Verbindlichkeit – mit korrespondierenden Konditionen – herangezogen werden. Beträgt beispielsweise der Zinssatz der Verbindlichkeit LIBOR + 1 %, so bewirkt der Kauf eines Cap mit Referenzzinssatz LIBOR und einer Zinsobergrenze von 8 %, dass die Zinsbelastung insgesamt maximal bei 9 % liegt. Ein gekaufter Cap (engl.: Kappe, Deckel) kommt für einen Schuldner somit einer Zinsbegrenzung nach oben gleich. **Floors** wirken demgegenüber entgegengesetzt. Eine Zahlungsverpflichtung des Floorverkäufers ist dann gegeben, wenn eine Zinsuntergrenze vom Referenzzinssatz **unterschritten** wird. Die Zahlungshöhe richtet sich wiederum nach der Zinssatzdifferenz. Ein Floor (engl.: Boden) kann demnach eingesetzt werden, um für eine variabel verzinsliche Finanzanlage eine vom Zinsniveau unabhängige Mindestverzinsung zu garantieren. Ein **Collar** (engl.: Kragen, Manschette) schließlich ist eine Kombination aus einem Cap und einem Floor und beinhaltet einen oberen und einen unteren Grenzzinssatz. Einerseits verpflichten Collars den Verkäufer zum Zinsausgleich (verkaufter Cap), wenn der Referenzzinssatz eine Obergrenze überschreitet, andererseits erhält der Verkäufer einen Zinsausgleich (gekaufter Floor), wenn der Referenzzinssatz eine niedrigere Grenze unterschreitet (vgl. *Zahn*, Futures und Optionen, S. 131). Aus Sicht des Collarkäufers entspricht dies umgekehrt einem gekauften Cap und gleichzeitig verkauften Floor. Dadurch können je nach Zinsentwicklung sowohl der Verkäufer des Collar über den verkauften Cap als auch der Collarkäufer über den verkauften Floor zum Stillhalter werden. Durch den Erwerb eines Collar kann der für eine variabel verzinsliche Verbindlichkeit zu entrichtende Zins, wirtschaftlich betrachtet, innerhalb einer gewissen Bandbreite gehalten werden. Der Collarkäufer begrenzt dann seine variable Zinsverpflichtung nach oben wie beim Cap, wird aber andererseits von einem sinkenden Zinsniveau nur so lange profitieren, bis die Zinsuntergrenze des inhärenten Floor erreicht wird. Während im Weiteren von dieser Grundform des Collar ausgegangen wird, können, unter Erweiterung des in der Literatur gemeinhin zu findenden Begriffsinhaltes, als Collars im weiteren Sinne auch andere beidseitig wirkende Kombinationen von Caps und Floors bezeichnet werden. Darunter wäre dann auch die Position dessen zu subsumieren, der sowohl einen Cap als auch einen Floor kauft. Diese Position kann aus spekulativen Motiven heraus eingegangen werden und ist dann vorteilhaft, wenn der Referenzzinssatz starken Schwankungen sowohl nach oben als auch nach unten unterliegt.

Der Stillhalter erhält für das eingeräumte Recht vom Vertragspartner eine Ausgleichszahlung, die Cap- bzw. Floorprämie. Im Falle von Collars ergibt sich die vom Käufer zu leistende Prämie aus der Differenz der zu zahlenden Capprämie und der zu fordernden Floorprämie, bei entsprechender Wahl der fixen Zinsgrenzen u. U. also zu null (Zero Cost Collar).

Die Funktionsweise der beschriebenen Instrumente zur Zinsbegrenzung soll im folgenden Schaubild anhand eines Collar verdeutlicht werden. Der Collar ist mit dem 6-Monats-LIBOR als Referenzzinssatz, 6-monatigen Zinsanpassungszeiträumen sowie einer Zinsobergrenze von 8 % und einer Zinsuntergrenze von 5 % ausgestattet; es werden die Zahlungen der ersten drei Jahre dargestellt. Aus der Zahlungsreihe des Collar lassen sich unmittelbar auch die Zahlungsreihen für entsprechend ausgestattete Caps und Floors ableiten.

Die **Bilanzierung der Instrumente** zur Zinsbegrenzung wird anhand von Caps dargestellt. Die bilanzielle Behandlung von Floors und Collars kann daraus im Wesentlichen analog abgeleitet werden, weshalb nur kurz auf die Unterschiede eingegangen wird.

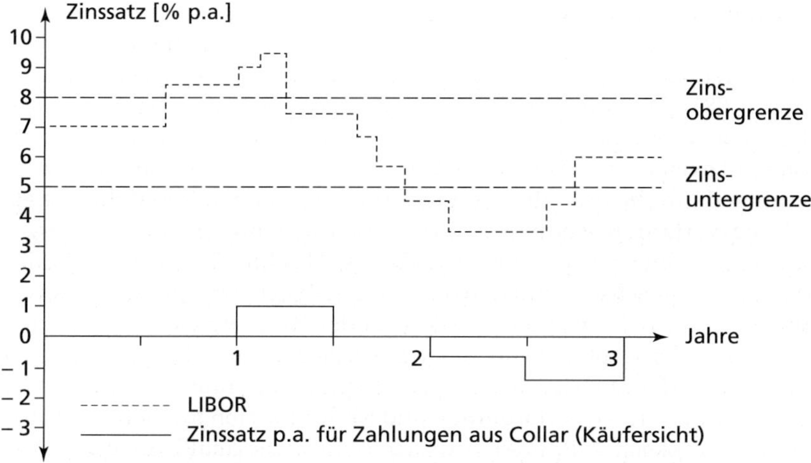

Zahlungsreihe des Collar für den Käufer (Zinszahlungen in GE nachschüssig bezogen auf 100 GE); Collar entspricht einem gekauften Cap und verkauften Floor; separat Zahlungsreihen (in GE) für gekauften Cap und gekauften Floor.

Jahre / Zahlungen aus Käufersicht für	0	0,5	1	1,5	2	2,5	3
Collar	– Collar-prämie	0	0	0,5	0	-0,25	-0,75
Cap	– Cap-prämie	0	0	0,5	0	0	0
Floor	– Floor-prämie	0	0	0	0	0,25	0,75

Wie bereits der Beschreibung von Caps zu entnehmen ist, besteht eine starke Affinität zwischen diesen Vereinbarungen und Optionen (vgl. Teil A, Abschn. 7.2.6.1, S. 244 ff.), die sich auch in der bilanziellen Behandlung widerspiegelt. Beide verpflichten über ihre Laufzeit hinweg einseitig einen Vertragspartner, wobei der Eintritt der Zahlungsverpflichtung von der Entwicklung äußerer Umstände abhängt. Anders als bei Optionen geht die Capvereinbarung jedoch nicht ohne weiteres unter, sobald der Stillhalter aus ihr in Anspruch genommen wird.

(1) Der **Käufer eines Cap** hat das durch die Capprämie erworbene Recht, vergleichbar der Situation beim Optionskauf, als entgeltlich erworbenen immateriellen Vermögensgegenstand zu behandeln. Es kommt damit eine den Optionen entsprechende Einordnung im Umlaufvermögen unter den sonstigen Vermögensgegenständen (§ 266 Abs. 2 B.II.4 HGB), im Anlagevermögen unter den (sonstigen) immateriellen Vermögensgegenständen (§ 266 Abs. 2 A.I i. V. m. § 265 Abs. 5 HGB) in Betracht (z. T. wird auch eine Aktivierung der Prämie als aktiver Rechnungsabgrenzungsposten für zulässig erachtet, vgl. *Scharpf*, Derivative Finanzinstrumente, Rn. 821; *Adler/Düring/Schmaltz*, Rechnungslegung, § 246, Rn. 382). Im Erwerbszeitpunkt ist der Cap nach dem Anschaffungswertprinzip in Höhe der Capprämie zu aktivieren.

Für die weitere Entwicklung des Buchwertes ist §253 HGB heranzuziehen. Dabei ist jedoch anders als bei Optionen von einer **Abnutzbarkeit** eines dem Anlagevermögen zuzurechnenden Cap auszugehen (*Eisele/Knobloch*, Finanzinnovationen, S. 585). Dies ergibt sich daraus, dass sich bei Caps die Ansprüche des Rechtsinhabers auf diskrete Zeitintervalle beziehen, er quasi auch für die in jedem Intervall existierende Möglichkeit einer Zahlung an ihn eine Teilprämie, in der Summe dann die bezahlte Capprämie, entrichtet hat. Von daher ist als Abschreibungsverfahren, wenn nicht besondere Umstände ein anderes Vorgehen nahe legen, ein lineares Verfahren (vgl. Teil A, Abschn. 12.2.3.1, S. 439 ff.), das sich an den Zinsvergleichszeitpunkten orientiert, möglich. Da sich der Werteverbrauch beim Cap nach den bereits zurückliegenden Zinsvergleichszeitpunkten bemisst, ist dann der Capbuchwert unter Berücksichtigung der planmäßigen Abschreibung aus der Division der ursprünglichen Capprämie durch die Gesamtzahl aller Zinsvergleichszeitpunkte und Multiplikation mit den noch ausstehenden Zinsvergleichszeitpunkten zu ermitteln. Zweckmäßigerweise ist die Capprämie dabei ohne den Barwert einer ggf. im Abschluss-Zeitpunkt bereits konkretisierten Zinszahlung nach der ersten Teilperiode anzusetzen, so dass dementsprechend auch nur auf die aus Sicht dieses Zeitpunktes zukünftigen Zinsvergleichstermine abzustellen ist.

Anstelle dieser gleichmäßigen Verteilung der Capprämie kann auch eine laufzeitgewichtete Verteilung vorgenommen werden. Betrachtet man den Cap als Bündel von Zinsoptionen mit Fälligkeiten entsprechend den (zukünftigen) Zinsvergleichsterminen, dann ergibt sich bei diesem Vorgehen der Anteil einer einzelnen Zinsoption aus der Laufzeit dieser Option zur Summe der Laufzeiten sämtlicher Optionen. Dieser Anteil ist auf die Capprämie zu beziehen, von der zuvor noch der gerade angesprochene Barwert der ersten Zinszahlung abzuziehen ist, sofern sich der Wert bereits im Zeitpunkt des Abschlusses des Capvertrages konkretisiert hat und eine Verrechnung nicht schon in der ausgewiesenen Capprämie berücksichtigt wurde. Bei einer n Teilperioden umfassenden Caplaufzeit ergeben sich nach dem oben beschriebenen Ablauf zu Beginn der ersten Teilperiode (= Abschluss-Zeitpunkt des Capvertrages) noch n – 1 zukünftige Zinsvergleichszeitpunkte, die den Fälligkeiten der inhärenten Zinsoptionen entsprechen. Der Zinsoption, die dem k-ten dieser Zeitpunkte zuzuordnen ist, wird dann ein

Anteil von $\frac{2 \cdot k}{n \cdot (n-1)}$ der – ggf. bereinigten – Capprämie zugemessen. Bspw. wird bei einer 10 Teilperioden umfassenden Caplaufzeit der aus Sicht des Abschluss-Zeitpunktes im vierten zukünftigen Zinsvergleichstermin verfallenden Zinsoption ein Anteil von 8,9 % (k = 4, n = 10) zugewiesen. Anzumerken bleibt, dass die beschriebene Wertverteilung nicht die finanzmathematisch exakte Zusammensetzung der Capprämie repräsentiert (vgl. hierzu *Sandmann*, Stochastik der Finanzmärkte, S. 486 f.), sondern diesbezüglich eine zweckentsprechende Vereinfachung darstellt.

Wenn sich im unmittelbar zurückliegenden Zinsvergleichszeitpunkt eine Zahlungsverpflichtung des Stillhalters konkretisiert hat, so kann davon ausgegangen werden, dass sich die Capzahlung auf die gesamte Zinsperiode bis zum nächsten Zinsvergleichszeitpunkt bezieht; dies gilt insbesondere bei nachschüssigen Capzahlungen. Daher sollte die Capzahlung grundsätzlich erst am Ende der Zinsperiode vollständig verbucht werden. Liegt allerdings der Bilanzstichtag in dieser Zinsperiode, so ist eine anteilige Gewinnrealisierung vorzunehmen (*Burkhardt*, Zinsbegrenzungsverträge, S. 159). Da der Stillhalter unbedingt zur Zahlung verpflichtet ist und die Gegenleistung des Capkäufers durch Bezahlung der Capprämie bei Vertragsabschluss bereits erfolgte, entspricht eine anteilige Ertragsverbuchung dem Realisationsprinzip. Der Erfolgsbeitrag ist unter den sonstigen Zinsen (§ 275 Abs. 2 Nr. 11 bzw. Abs. 3 Nr. 10 HGB) auszuweisen, wenn der Cap nicht in Verbindung mit einer Verbindlichkeit zu sehen ist. Gibt es dagegen eine solche auch buchhalterisch dokumentierte Verbindung (Bewertungseinheit nach § 254 HGB), so ist eine Verbuchung des Zinsaufwandes aus der Verbindlichkeit vermindert um den aus dem Cap zustehenden Betrag vorzunehmen. In dieselbe Position ist schließlich auch am Bilanzstichtag die Abschreibung des Cap einzustellen, die in diesem Fall zu den Aufwendungen aus der nach oben zinsbegrenzten Verbindlichkeit zählt (vgl. *Schumacher*, Finanzinnovationen, S. 131). Eine derartige Saldierung ist jedoch an strenge Voraussetzungen geknüpft (zur Bildung von Bewertungseinheiten vgl. Teil A, Abschn. 7.2.9, S. 285 ff.).

Beispiel:

Am 1. 4. 09 nimmt das Industrieunternehmen A-AG einen Kredit über 1.000.000 € auf. Der Kredit ist mit dem 6-Monats-LIBOR und einer Marge von 2 % p. a. zu verzinsen und nach 3 Jahren zu tilgen. Die Zinsen werden halbjährlich neu, d. h. am 1. 4. und 1. 10. eines jeden Jahres, angepasst und nachschüssig am Ende der Zinsperiode gezahlt. Bei Vertragsabschluss steht der 6-Monats-LIBOR auf 7 % p. a.

Um ein Ansteigen des Schuldzinssatzes über 10 % zu verhindern, schließt die A-AG am 1. 4. 09 als Käufer einen Cap mit der B-AG ab. Den Bedürfnissen der A-AG entsprechend besitzt der Cap eine Zinsobergrenze von 8 % für den 6-Monats-LIBOR, Zinsvergleichszeitpunkte am 1. 4. und 1. 10. jeden Jahres sowie einen zugrunde liegenden Kapitalbetrag von 1.000.000 €. Erster Zinsvergleichszeitpunkt ist der 1. 10. 09, letzter Vergleichszeitpunkt der 1. 10. 11. Die Zahlungen aus dem Cap erfolgen wie diejenigen aus dem Kreditvertrag nachschüssig am Ende der jeweiligen Referenzperiode. Die Capprämie beträgt 25.000 €. Die A-AG ordnet den Cap dem Anlagevermögen zu und dokumentiert die Verbindung zum bezeichneten Kredit.

Buchung am 1. 4. 09:

Bank	1.000.000	**an**	Verbindlichkeiten	1.000.000

Buchung am 10. 7. 09:

Sonstige immaterielle Vermögensgegenstände	25.000	**an**	Bank	25.000

Die Entwicklung des LIBOR-Satzes während der Laufzeit des Cap und die sich daraus für die A-AG ergebenden Zahlungen sind folgender Tabelle zu entnehmen, wobei zu beachten ist, dass sich die Zahlungen eines Termins nach dem LIBOR-Kurs des vorausgehenden Termins richten. Für den Kredit sind lediglich die Zinszahlungen, nicht jedoch Einzahlung und Tilgung des Kreditbetrages vermerkt.

Datum Jahr	09	10		11		12
Tag	1.10.	1.4.	1.10.	1.4.	1.10.	1.4.
LIBOR [% p.a.]	8	9	7	9	10	irrelevant
Einzahlung aus Cap [€]	0	0	5.000	0	5.000	10.000
Zinszahlung aus Kredit [€]	45.000	50.000	55.000	45.000	55.000	60.000
Nettoauszahlung [€]	45.000	50.000	50.000	45.000	50.000	50.000

Die Zinsbelastung aus der Kreditaufnahme wird durch den Cap auf 100.000 € p. a. begrenzt, so dass die an sich ungünstige Zinsentwicklung für die A-AG in ihrer Wirkung gemildert wird.

Für die buchhalterische Abbildung lässt sich aus den gegebenen Daten zunächst der planmäßige Werteverbrauch des Cap bei jedem Zinsvergleichszeitpunkt bestimmen. Bei einer gleichmäßigen Verteilung der Capprämie auf die 5 Zinsvergleichszeitpunkte ergibt sich ein Werteverbrauch von 5.000 € je Zinsvergleichszeitpunkt. Für den ersten Bilanzstichtag nach Erwerb des Cap ergibt sich dadurch ein Restbuchwert von 20.000 €. Entsprechend vermindert sich der Restbuchwert des Cap zu den nachfolgenden Bilanzstichtagen gemäß der Zahl inzwischen vergangener Zinsvergleichszeitpunkte. Für die Laufzeit des Cap ergeben sich unter Berücksichtigung einer saldierten Verbuchung der Capzahlungen und des Zinsaufwandes aus der Verbindlichkeit die folgenden Buchungen.

Buchungen:

Zum 1. 10. 09 (Zinszahlung aus dem Kreditvertrag):

Zinsaufwand	45.000	**an**	Bank	45.000

Zum 31. 12. 09 (Abschreibung auf die Capprämie in Höhe von 5.000 € und zeitliche Abgrenzung des Kreditzinses für einen LIBOR-Satz von 8 %):

Zinsaufwand	30.000	**an**	Sonstige immaterielle Vermögensgegenstände	5.000
			Sonstige Verbindlichkeiten	25.000

Zum 1. 4. 10 (Zinszahlung aus dem Kreditvertrag und Auflösung des Abgrenzungspostens):

Zinsaufwand	25.000			
Sonstige Verbindlichkeiten	25.000	**an**	Bank	50.000

Zum 1. 10. 10 (Zinszahlung aus dem Kreditvertrag saldiert mit den Capzahlungen):

Zinsaufwand	50.000	**an**	Bank	50.000

Zum 31. 12. 10 (Abschreibung auf die Capprämie in Höhe von 10.000 € und zeitliche Abgrenzung des Kreditzinses für einen LIBOR-Satz von 7 %):

Zinsaufwand	32.500	**an**	Sonstige immaterielle Vermögensgegenstände	10.000
			Sonstige Verbindlichkeiten	22.500

Zum 1. 4. 11 (Zinszahlung aus dem Kreditvertrag und Auflösung des Abgrenzungspostens):

Zinsaufwand	22.500			
Sonstige Verbindlichkeiten	22.500	**an**	Bank	45.000

Zum 1. 10. 11 (Zinszahlung aus dem Kreditvertrag saldiert mit den Capzahlungen):

Zinsaufwand	50.000	**an**	Bank	50.000

Zum 31. 12. 11 (Aufwandsverrechnung des verbliebenen Capbuchwertes von 10.000 € und zeitliche Abgrenzung des Kreditzinses für einen LIBOR-Satz von 10 % unter Berücksichtigung des Cap mit hierzu korrespondierender Aktivierung einer sonstigen Forderung aus dem Cap):

Sonstige Forderungen	5.000			
Zinsaufwand	35.000	**an**	Sonstige immaterielle Vermögensgegenstände	10.000
			Sonstige Verbindlichkeiten	30.000

Zum 1. 4. 12 (Zins- und Tilgungszahlung aus dem Kreditvertrag, Capzahlung sowie Auflösung der Forderungsposition):

Zinsaufwand	25.000			
Sonstige Verbindlichkeiten	30.000			
Verbindlichkeiten	1.000.000	**an**	Bank	1.050.000
			Sonstige Forderungen	5.000

Es ist darauf hinzuweisen, dass der Cap bereits im Jahre 11 voll abgeschrieben wird. Da der 1. 10. 11 der letzte Zinsvergleichszeitpunkt ist, besteht für die Zeit danach aus dem Cap selbst keine Chance mehr auf weitere Zahlungen. Ein Anspruch aus der laufenden Zinsperiode hat sich bereits konkretisiert. Die sonstige Forderung dient in diesem Fall der Rechnungsabgrenzung. Dem liegt die eingangs beschriebene Annahme zugrunde, dass sich die Capzahlung gleichmäßig auf die gesamte Zinsperiode bezieht.

(2) Der **Stillhalter eines Cap** hat die erhaltene Prämie als sonstige Verbindlichkeit auszuweisen. Nach inzwischen herrschender Meinung (vgl. *Förschle/Usinger,* Termingeschäfte, Rn. 74; *Scharpf,* Derivative Finanzinstrumente, Rn. 825, sowie *Adler/Düring/Schmaltz,* Rechnungslegung, § 246 HGB, Rn. 383) ist die Prämie entsprechend den dem Cap inhärenten Zinsoptionen aufzulösen (analog zum Vorgehen beim Käufer des Cap wird z. T. die Passivierung der Prämie als passiver Rechnungsabgrenzungsposten als zulässig erachtet, vgl. *Adler/Düring/Schmaltz,* Rechnungslegung, § 246 HGB, Rn. 822). Das bedeutet, dass zu jedem Zinsvergleichszeitpunkt der Teil der ursprünglichen Capprämie, der auf die zuzuordnende Zinsoption entfällt, erfolgswirksam zu vereinnahmen ist. Er ist unter den Zinserträgen zu erfassen (vgl. *Förschle/Usinger,* Termingeschäfte, Rn. 74). Die für die Ermittlung des anteiligen Optionswertes mitunter als zulässig erachtete lineare Verteilung der Capprämie auf die Zinsvergleichszeitpunkte sollte aufgrund des Vorsichtsprinzips nicht angewandt werden. Demgegenüber erscheint auch unter Vereinfachungsgesichtspunkten nur die laufzeitgewichtete Verteilung der Prämie, wie oben beschrieben, als sachgerecht (vgl. *Scharpf,* Derivative Finanzinstrumente, Rn. 822), da der Wert einer Option, je nach Konstellation der übrigen wertbeeinflussenden Parameter, im Regelfall stark mit der Restlaufzeit ansteigt.

Bis zum Bilanzstichtag kann sich der Referenzzinssatz dergestalt zuungunsten des Cap-Stillhalters entwickelt haben, dass von einem zukünftigen Verpflichtungsüberhang auszugehen ist. Eine solche Situation führt handelsbilanziell zur Bildung einer **Drohverlustrückstellung** nach § 249 Abs. 1 HGB (zur Buchung von Rückstellungen vgl. Teil A, Abschn. 13.7.1, S. 512 ff.). Eine solche ist bei vorliegender Bewertungseinheit wegen § 5 Abs. 1a EStG auch in der Steuerbilanz anzusetzen. Das nach § 5 Abs. 4a Satz 1 EStG grundsätzlich geltende steuerliche

Passivierungsverbot für Drohverlustrückstellungen wurde durch das Gesetz zur Eindämmung missbräuchlicher Steuergestaltungen vom 7. 4. 2006 für negative Ergebnisse aus Bewertungseinheiten außer Kraft gesetzt (§ 5 Abs. 4a Satz 2 EStG). Im Rahmen einer Einzelbewertung liegt allerdings die Analogie zur Behandlung von (einfachen) Optionen (vgl. Teil A, Abschn. 7.2.6.1, S. 250) nahe, im Rahmen der Glattstellungsfiktion bei dauerhafter Teilwerterhöhung von einer steuerbilanziellen Zuschreibungsmöglichkeit auszugehen. Handelsrechtlich ist ein Verpflichtungsüberhang zum Bilanzstichtag dann zu erwarten, wenn bei Fortbestehen des aktuellen Zinsniveaus die zukünftigen Capzahlungen die ausgewiesene Capprämie übersteigen würden. Somit entspricht die Rückstellungshöhe den aus dem Zinsniveau des Bilanzstichtages berechneten Zinsen ab dem nächstliegenden Zinsvergleichszeitpunkt bis zum Laufzeitende abzüglich des Restbuchwertes der Capprämie. Eine aus der laufenden Zinsperiode gegebenenfalls noch bestehende Zahlungsverpflichtung ist getrennt davon zu behandeln. Diese besitzt nicht mehr Rückstellungscharakter, weil sie sich konkretisiert hat und sie somit nicht mehr ungewiss ist. Da sie eine unabwendbare wirtschaftliche Belastung nach sich zieht, ist sie als Verbindlichkeit zu Lasten des sonstigen Zinsaufwandes zu passivieren. Unterstellt man allerdings analog der Bilanzierung beim Capkäufer, dass sich die Capzahlung auf die gesamte Zinsperiode bezieht und nachschüssig bezahlte Zinsen repräsentiert, so hat die Aufwandsverrechnung zeitanteilig zu erfolgen. So gesehen, erscheint auch die Saldierung einer Cap(aus)zahlung mit dem zeitgleich zu vereinnahmenden Prämienanteil, als vertretbar, so dass nur eine Nettoauszahlung als Zinsaufwand zu verbuchen ist. Bei größerem Prämienanteil ist analog ein um die Capzahlung verminderter Zinsertrag anzusetzen. Hierbei bleibt aus Vereinfachungsgründen unbeachtet, dass sich die vereinnahmte Prämie auf den Vergleichszeitpunkt bezieht, der eine etwaige Capzahlung erst für den folgenden Zeitraum bestimmt. Bei zeitanteiliger Erfolgsverbuchung einer Capzahlung und zeitpunktorientierter Vereinnahmung der Prämie können Divergenzen nicht generell ausgeschlossen werden. Nach dem letzten Zinsvergleichszeitpunkt bestehen keine ungewissen zukünftigen Zahlungsverpflichtungen mehr, so dass der Restbuchwert der Capprämie sowie eine ggf. gebildete Rückstellung, verrechnet mit einer aus dem letzten Zinsvergleich resultierenden ggf. abzugrenzenden Zahlungsverpflichtung, aufzulösen sind. Eine Differenz ist erfolgswirksam unter den sonstigen Zinsaufwendungen bzw. -erträgen zu verbuchen.

Da sich insbesondere Banken in die Stillhalterposition eines Cap begeben, besitzen hinsichtlich der Bilanzierung die Gliederungsvorschriften für Banken nach der RechKredV hier besondere Relevanz.

Beispiel:

Für die Bank B-AG, die am 1. 4. 09 gegenüber der A-AG die Stillhalterposition aus dem im vorausgehenden Beispiel beschriebenen Cap eingegangen ist, werden die auszuführenden Buchungen für die Capstillhalterposition mit laufzeitgerichteter erfolgswirksamer Vereinnahmung der Prämie dargestellt. Dabei ist von folgenden LIBOR-Sätzen an den Bilanzstichtagen auszugehen:

Bilanzstichtag (31. 12.)	09	10	11
LIBOR [% p.a.]	10	9	irrelevant

Buchungen:

Am 1. 4. 09 (Erhalt der Capprämie):

Kasse	25.000	**an**	Sonstige Verbindlichkeiten	25.000

Am 1. 10. 09 (erfolgswirksame Verbuchung der anteiligen Capprämie):

Sonstige Verbindlichkeiten	1.666,67	**an**	Sonstiger Zinsertrag	1.666,67

Die anteilige Capprämie ergibt sich bei einer Gesamtlaufzeit von 6 Teilperioden (= Halbjahren) als $\frac{2 \cdot 1}{6 \cdot 5} \cdot 25.000$ €.

Zum 31. 12. 09 (Rückstellungsbildung aufgrund eines erwarteten Verpflichtungsüberhanges):

Sonstiger Zinsaufwand	16.666,67	**an**	Rückstellungen	16.666,67

Die Rückstellungshöhe von 16.666,67 € ergibt sich aus der am Bilanzstichtag bestehenden Differenz aus LIBOR-Satz und vereinbarter Zinsobergrenze (10 % – 8 % = 2 %) bezogen auf den Nennbetrag von 1.000.000 € und die vier noch ausstehenden Zinsvergleichszeitpunkte (1. 4. 10 – 1. 10. 11). Von den berechneten zukünftig erwarteten Verpflichtungen in Höhe von 40.000 € ist der Buchwert der Capprämie (23.333,33 €) in Abzug zu bringen.

Zum 1. 4. 10 (erfolgswirksame Verbuchung der anteiligen Capprämie):

Sonstige Verbindlichkeiten	3.333,33	**an**	Sonstiger Zinsertrag	3.333,33

Die anteilige Capprämie zum Zinsvergleichszeitpunkt 1. 4. 10 ergibt sich als $\frac{2 \cdot 2}{6 \cdot 5} \cdot 25.000$ €.

Zum 1. 10. 10 (Verbuchung der Capzahlung und der anteiligen Capprämie):

Sonstige Verbindlichkeiten	5.000	**an**	Kasse	5.000

Da die anteilige Capprämie gerade der Capzahlung entspricht, erfolgt keine Buchung im Zinsaufwand bzw. -ertrag.

Zum 31. 12. 10 (Anpassung der Rückstellungshöhe):

Rückstellungen	16.666,67	**an**	Sonstige betriebliche Erträge	16.666,67

Da am 31. 12. 10 der LIBOR 9 % beträgt, ergeben sich zu diesem Zeitpunkt erwartete zukünftige Verpflichtungen über 10.000 €. Diesen steht ein Restbuchwert der Capprämie von 15.000 € gegenüber. Somit ist die letztjährig gebildete Rückstellung vollständig aufzulösen.

Zum 1. 4. 11 (Vereinnahmung der anteiligen Capprämie):

Sonstige Verbindlichkeiten	6.666,67	**an**	Sonstiger Zinsertrag	6.666,67

Zum 1. 10. 11 (Verbuchung der Capzahlung und der anteiligen Capprämie):

Sonstige Verbindlichkeiten	8.333,33	**an**	Zinsertrag	3.333,33
			Kasse	5.000

Der Zinsertrag entspricht dem Saldo der anteiligen Capprämie (8.333,33 €) und der Capzahlung (5.000 €).

Da die letzte Teilperiode den Bilanzstichtag 31. 12. 11 beinhaltet, ist die für diese Teilperiode bereits konkretisierte, jedoch erst am 1. 4. 12 fällige Capzahlung zeitlich abzugrenzen. Es ergeben sich die folgenden Buchungen:

Bereits zum 1. 10. 11:

Sonstiger Zinsaufwand	5.000			
Aktive Rechnungsabgrenzung	5.000	**an**	Verbindlichkeiten	10.000

Am 1. 4. 12:

Verbindlichkeiten	10.000			
Sonstiger Zinsaufwand	5.000	**an**	Kasse	10.000
			Aktive Rechnungs-abgrenzung	5.000

Die **bilanzielle Behandlung von Floors** erfolgt analog der gerade für Caps dargestellten. Hinsichtlich der Passivierung (Aktivierung) der erhaltenen (geleisteten) Prämien ist ebenso wie bei den Caps zu verfahren. Lediglich bei der Rückstellungsbildung eines Floorstillhalters ist zu beachten, dass ein Rückstellungsbedarf nur bei entsprechend gesunkenem Zinsniveau eintritt. Wurde der Floor abgeschlossen, um für eine Finanzanlage eine Mindestverzinsung zu garantieren, so kann dies unter den für die Caps beschriebenen Bedingungen zu einer entsprechenden Zusammenfassung der Ergebnisse aus Finanzanlage und Floor in der Gewinn- und Verlustrechnung führen. Konkretisierte Zinserträge sind dann wie bei gewöhnlichen festverzinslichen Wertpapieren pro rata temporis auszuweisen (*Adler/Düring/Schmaltz,* Rechnungslegung, § 252 HGB, Rn. 82; *Fülbier/Kuschel/Selchert,* § 252 HGB, Rn. 90 ff.). Bei **Collars** ist bilanziell entsprechend ihrer Bestandteile zu verfahren. Dies bedeutet, dass bei dem aus einem gekauften Cap und verkauften Floor bestehenden Collar die dafür netto erhaltene (gezahlte) Prämie bei Erwerb zu passivieren (aktivieren) ist. Ein Rückstellungsbedarf kann sich beim Collar sogar trotz anfänglich bezahlter Prämie ergeben, nämlich grundsätzlich dann, wenn der Collarkäufer aus seiner impliziten Floorstillhalterposition voraussichtlich mehr zu leisten hat als aus dem Caprecht zu erwarten ist. Da bei der Bemessung der Rückstellungshöhe vereinfachend wiederum von der Konstanz des Zinsniveaus für die Restlaufzeit des Collar auszugehen ist, muss eine Rückstellung dann gebildet werden, wenn der aktuelle Referenzzinssatz am Bilanzstichtag unterhalb der im Collar festgelegten Zinsuntergrenze liegt. Insbesondere in einem solchen Fall ist überdies die Notwendigkeit einer außerplanmäßigen Abschreibung nach § 253 HGB auf einen niedrigeren Marktpreis bzw. beizulegenden Wert, der auch null sein kann, zu prüfen.

7.2.7 Forwards und Futures

Forwards und Futures zählen zu den **unbedingten Termingeschäften**. Diese Kontrakte zeichnen sich im Gegensatz zu den bereits vorgestellten bedingten Termingeschäften (vgl. Teil A, Abschn. 7.2.6, S. 243 ff.) dadurch aus, dass sich sowohl Käufer als auch Verkäufer zum Zeitpunkt des Vertragsabschlusses verpflichten, einen Basistitel (Underlying) zu einem im Vertragszeitpunkt festgelegten Preis (Terminpreis), an einem bestimmten zukünftigen Termin abzunehmen bzw. zu liefern (vgl. *Breidthardt,* Derivative Finanzinstrumente, S. 5.).

Forwards bezeichnen die zwischen zwei Vertragsparteien **individuell ausgehandelten** (over the counter (OTC)) unbedingten Terminkontrakte. Im Vertragszeitpunkt wird lediglich der im Erfüllungszeitpunkt zu zahlende Preis für den Basistitel fixiert; Zahlungen fallen hier und während der Laufzeit nicht an. Die Erfüllung kann grundsätzlich in Form der **Lieferung des Underlying**

(physisch) oder durch **Barausgleich (cash settlement)** erfolgen. Die Zahlung bei Barausgleich entspricht der Differenz zwischen dem zu Beginn vereinbarten Terminpreis und dem im Erfüllungszeitpunkt aktuell gültigen Kassapreis des Underlying. In diesem Falle ersetzt der an sich zur Lieferung verpflichtete Vertragspartner dem anderen den Objektwert, der wiederum mit der Zahlungsverpflichtung des Partners verrechnet wird. Cash Settlement erfolgt stets dann, wenn eine Lieferung des Basistitels eo ipso ausgeschlossen ist, wie z. B. bei Aktienindexterminkontrakten. Dem Vorteil einer individuellen Vertragsgestaltung steht der Nachteil einer mangelnden Marktfähigkeit gegenüber.

Börsengehandelte, unbedingte Terminkontrakte werden als **Futures** bezeichnet. Die Institutionalisierung des Kontrakthandels weist Spezifika gegenüber dem Handel in OTC-Produkten auf. Hieraus ergeben sich besondere Fragestellungen für die Bilanzierung, zu deren Verständnis die Kenntnis des Handelsablaufs an Futuresbörsen vonnöten ist. Entsprechend wird im folgenden Abschnitt zunächst der Handel in Futures beschrieben; erst danach wird auf die Bilanzierung von Futures, aber auch von Forwards eingegangen.

7.2.7.1 Handel in Futures

Die Institutionalisierung unbedingter Terminkontrakte an den Finanzbörsen ist ebenso wie die bedingter Terminkontrakte eine verhältnismäßig neue Entwicklung. In der Bundesrepublik ist die Einführung der Futures mit der Einrichtung der Deutschen Terminbörse in 1990 verbunden.

Futures sind hinsichtlich Art und Menge des Handelsobjektes, im Folgenden als **Basiswert** bezeichnet, sowie in Bezug auf ihre Fälligkeitstermine **standardisierte** unbedingte Terminkontrakte. Sie verpflichten die eine Vertragsseite zur Lieferung des Gutes, die andere zur Zahlung des **Futurekurses,** der dem über die Börse vereinbarten Terminpreis entspricht. Nach der Art des Handelsobjektes wird unterschieden in **Waren-** (commodities futures), **Zins-** (interest rate futures), **Devisen-** (currency futures) und **Aktien- und Aktienindexterminkontrakte** (single stock und stock index futures); zudem gibt es Futures, deren Gegenstand die Volatilität (Schwankung) eines Wertes (z. B. einer Währung gegen eine andere) ist. Ebenso wie beim Forward kann statt einer physischen Lieferung des Handelsobjektes ein **cash settlement** erfolgen. Als Käufer eines Future wird der zur Zahlung des Terminpreises, als Verkäufer entsprechend der zur Lieferung Verpflichtete bezeichnet. Zur Steigerung der Attraktivität der Futuresbörsen wurde das so genannte **Clearingsystem** entwickelt. Dabei tritt zwischen die eigentlichen, d. h. entgegengerichtete Geschäfte tätigenden Marktteilnehmer eine Clearingstelle, die zum unmittelbaren Vertragspartner eines jeden Marktteilnehmers wird. Die Folge ist, dass das Bonitätsrisiko eines Marktteilnehmers hinsichtlich der Erfüllung des Terminkontraktes auf das der Clearingstelle innewohnende reduziert und dadurch quasi eliminiert wird. Um ihrerseits sicherzustellen, dass auch die Marktteilnehmer ihren Verpflichtungen nachkommen, verlangt die Clearingstelle von jedem Kontrahenten zu Vertragsbeginn eine **Einschusszahlung (initial margin)** und bei ungünstiger Wertentwicklung des Future **Nachschusszahlungen (variation margins),** die täglich abgerechnet werden. Steigt beispielsweise der Futurekurs, d. h. der Wert des Objektes zum Fälligkeitstermin wird nunmehr höher eingeschätzt als bei Vertragsabschluss, so steigt in gleich hohem Maße der Wert der Leistung des Futureverkäufers zum Wert der Käuferleistung. Da die Futuresbörse nicht ohne weiteres davon ausgehen kann, dass der Verkäufer die zur Lieferung bei Fälligkeit benötigten Objekte dann auch besitzt, stellt sie durch Variation-margin-Zahlungen sicher, dass er zumindest deren Gegenwert erbringen kann. Verlangt sie demnach als variation margin gerade die sich ergebende Differenz des Futurewertes, so kann sich der Verkäufer mit diesem „hinterlegten" Betrag und dem, den er vom Futurekäufer bei Fälligkeit zu erwarten hat, per Termin mit einem gleichwertigen Future eindecken. Seine Lieferfähigkeit ist damit garantiert. Umgekehrt profitiert der Futurekäufer von einem steigenden Futurekurs. Er hat das Objekt zu einem aus aktueller Sicht günstigen Preis eingekauft. Die Clearingstelle schreibt ihm entsprechend den Betrag, mit dem sie den Verkäufer belastet, zur freien Verfügung gut. Sinkt dagegen der Futurekurs, so hat der Käufer eine Leistung in Form einer variation margin zu erbringen, während dem Verkäufer der entsprechende Betrag gutgeschrieben wird. Da die variation margins täglich abgerechnet werden, ergibt sich bis zu einem beliebigen Zeitpunkt während der Laufzeit des Future für jeden Marktteilnehmer entweder ein Ein- oder Auszahlungssaldo. Dabei bedeutet ein Auszahlungssaldo, dass der Marktteilnehmer bis zum Betrachtungszeitpunkt insgesamt einen Verlust aus seinem Engagement hat. Die Höhe dieses Verlustes entspricht den netto geleisteten Zahlungen an variation margins; sie ergibt sich aus der Differenz zwischen aktuellem Futurekurs und dem historisch vereinbarten. Aus dem dargestellten Verfahren lässt sich ableiten, dass der Futurekäufer bei Fälligkeit den dann gültigen Futurekurs, der zu diesem Zeitpunkt dem Kassapreis des Basiswertes entspricht, (noch) zu zahlen hat, um das kontraktierte Objekt zu erhalten. Denn nur so zahlt der Käufer, alle Variation-margin-Zahlungen eingeschlossen, den ursprünglich vereinbarten Terminpreis des Basiswertes. Oft ist eine sich aus der Wertentwicklung ergebende variation margin nicht zahlungswirksam, nämlich dann, wenn die Börsenbestimmungen eine Verrechnung an sich fälliger variation margins mit der initial margin vorsehen. Eine Zahlung wird erst dann verlangt, wenn die Wertentwicklung die initial margin so weit aufzehrt, dass eine bestimmte **Untergrenze (maintenance margin)** unterschritten wird. Umgekehrt kann über eine gutgeschriebene variation margin nur insoweit verfügt werden, als die initial margin den geforderten Wert aufweist. Hinzuzufügen ist noch, dass jedem Marktteilnehmer bei Fälligkeit die zu Vertragsbeginn hinterlegte initial margin, soweit sie durch variation margins nicht aufgezehrt wurde, zurückgezahlt wird. Hinsichtlich der Bilanzierung werfen besonders die während der Laufzeit anfallenden, nur z. T. zahlungswirksamen variation margins Probleme auf.

7.2.7.2 Bilanzierung und buchtechnische Abwicklung

Sowohl Forwards als auch Futures sind grundsätzlich als **schwebende Geschäfte** zu betrachten (vgl. *Jutz,* Financial Futures, S. 154; *Grützemacher,* Preisrisiken, S. 192 ff.; *Breidthardt*, Derivative Finanzinstrumente, S. 19), da während der Laufzeit noch Leistungen beider Vertragspartner ausstehen. Dies gilt jedoch nicht für so genannte glattgestellte Geschäfte, bei denen mit der Clearingstelle ein entgegengerichteter Future abgeschlossen wurde, so dass die Erfüllungspflichten erloschen sind. Aus dem Schwebezustand dieser unbedingten Termingeschäfte folgt unmittelbar deren **grundsätzliche Bilanzunwirksamkeit.** Bilanzielle Konsequenzen aus Terminforderung und -verpflichtung ergeben sich somit nur, soweit ein Verpflichtungsüberhang aus dem Forward oder dem Future droht. In diesem Falle findet der zu erwartende Verlust aus dem Forward- bzw. Futureengagement über die Bildung einer Drohverlustrückstellung gemäß § 249 Abs. 1 HGB Eingang in die Handelsbilanz. Der zu antizipierende Verlust hängt unmittelbar vom Wert des Basiswertes bei Fälligkeit ab, so dass sich die Bemessung der Rückstellungshöhe an einer Schätzung für diesen Wert zu orientieren hat. Als Schätzer für den Kassakurs bei Fälligkeit dient gerade der aktuelle Terminkurs des Basiswertes, somit der aktuelle Forward- bzw. Futurekurs (vgl. *Copeland/Weston/Shastri,* Financial Theory, S. 284 f.). Eine **Drohverlustrückstellung** ist also dann zu bilden, wenn sich ein Verpflichtungsüberhang aus dem Vergleich von Forward- bzw. Futurekurs des Bilanzstichtages und dem historisch vereinbarten ergibt. Die Differenz bestimmt die Rückstellungshöhe, wobei bei Restlaufzeiten von über einem Jahr gemäß § 253 Abs. 2 HGB (nach BilMoG) eine Abzinsung auf den Bilanzstichtag vorzunehmen ist. Ein Verzicht auf die Rückstellungsbildung ist allenfalls dann zulässig, wenn mit dem Forward oder dem Future Wertpapiere angeschafft werden sollen, die zum dauerhaften Verbleib im Unternehmen bestimmt sind und bei denen eine antizipierte Wertminderung am Bilanzstichtag nur vorübergehend ist (vgl. *Oestreicher,* Zinsterminkontrakte, S. 211 f.). Positive Wertänderungen dürfen aufgrund des Realisationsprinzips nicht angesetzt werden (§ 252 Abs. 1 Nr. 4 HGB). Im Folgenden wird die gegenüber Forwards komplexere Bilanzierung von Futures eingehend behandelt. Zur besseren Nachvollziehbarkeit werden allerdings vereinfachte und konstruierte Kontraktspezifikationen verwandt. Bspw. würde abweichend von den hier auf Eurobeträge abstellenden Beispielen der EUR/USD Future an der Chicago Mercantile Exchange (CME) in USD pro EUR notieren bei einer zugrunde liegenden Kontraktgröße von 125.000 EUR.

Beispiel:

Die X-AG kauft am 10. 7. 09 zum Kurs von 1,20 €/US-$ einen Devisenfuture über 50.000 US-$ mit Fälligkeit im Laufe des Jahres 10. Der Future notiert am 31. 12. 09 zu 1,15 €/US-$.

Daraus ergibt sich am Bilanzstichtag ein für den Ausübungszeitpunkt zu erwartender Verlust in Höhe von 0,05 €/US-$ x 50.000 US-$ = 2.500 €, der über die Bildung einer Drohverlustrückstellung zu erfassen ist – eine Abzinsung sei unbeachtlich.

Buchung am 31. 12. 09:

Sonstige Aufwendungen	2.500	**an**	Rückstellungen	2.500

Die im Hinblick auf den Handelsablauf bei Futures nahe liegende Vorgehensweise, auf die Bildung einer Drohverlustrückstellung zu verzichten und statt dessen den zu erwartenden Verlust über die erfolgswirksame Verbuchung der zu leistenden Marginzahlungen zu erfassen, ist abzulehnen. Diese Margin-zahlungen sind nämlich nicht das Äquivalent eines konkretisierten Verlustes, sofern der Future noch nicht glattgestellt ist. Es ist vielmehr grundsätzlich vom schwebenden Charakter des Geschäftes und damit von der Ungewissheit des sich letztlich ergebenden Verlustes auszugehen, was unter dem Postulat der Richtigkeit des Jahresabschlusses die Bildung einer Drohverlustrückstellung erzwingt (vgl. *Eisele/Knobloch,* Finanzinnovationen, S. 621).

Die unmittelbar daraus abzuleitende Frage ist die nach der **bilanziellen Behandlung der Marginbeträge.** Die **initial margin** ist eine Sicherheitsleistung, die bei Fälligkeit des Future zurückbezahlt wird und folglich zu aktivieren ist. Um ihre Verfügungsbeschränkung zum Ausdruck zu bringen, ist sie als Forderung den sonstigen Vermögensgegenständen (§ 266 Abs. 2 B.II.4 HGB) zuzuordnen (vgl. *Menninger,* Financial Futures, S. 127).

Demgegenüber erweist sich die **Verbuchung der variation margins** als problematischer, was sich auch an heterogenen Literaturmeinungen zur Bilanzierung dieser Beträge widerspiegelt (vgl. *Förschle/Usinger,* Termingeschäfte, Rn. 101; *Jutz,* Financial Futures, S. 159 ff.; *Grünewald,* Finanzterminkontrakte, S. 65 ff., 153 f.; *Oestreicher,* Zinsterminkontrakte, S. 205 ff.; *Pricewaterhouse Coopers,* IFRS für Banken, S. 611). Zunächst ist festzustellen, dass ihre Verbuchung nicht stets an Zahlungsvorgänge gekoppelt ist. So erfolgt bei Existenz einer maintenance margin der Ausweis einer variation margin auch dann, wenn sie lediglich die Höhe der bei der Clearingstelle hinterlegten initial margin mindert. Hinsichtlich des bilanziellen Ausweises der variation margins gilt, dass die **vom Futurekäufer geleisteten variation margins** als Anzahlungen zu betrachten sind, da sie bei Fälligkeit zur Erfüllung der Leistungspflicht des Käufers herangezogen werden. Somit sind die variation margins unter den sonstigen Vermögensgegenständen, gegebenenfalls weiter untergliedert in „Anzahlungen im Rahmen von Finanzterminkontrakten", nach § 266 Abs. 2 B.II.4 HGB auszuweisen (vgl. *Jutz,* Financial Futures, S. 161). Spiegelbildlich sind diese vom Futurekäufer zu leistenden und somit dem Verkäufer zufließenden variation margins bei Letzterem als erhaltene Anzahlungen (§ 266 Abs. 3 C.3 HGB) zu passivieren.

Anders verhält es sich dagegen bei variation margins, die **vom Futureverkäufer zu leisten** sind. Diese werden nicht zur Erfüllung der Leistungspflicht des Verkäufers, die einzig in der Lieferung des Basiswertes liegt, herangezogen. Sie stellen lediglich die Leistungsfähigkeit des Verkäufers sicher. Dadurch sind sie als Sicherheitsleistungen zu betrachten. Vom Verkäufer geleistete variation margins sind danach als Forderungen unter den sonstigen Vermögensgegenständen (§ 266 Abs. 2 B.II.4 HGB) auszuweisen. Der Käufer hingegen, der die variation margins erhält, hat diese als sonstige Verbindlichkeit (§ 266 Abs. 3 C.8 HGB) zu passivieren (vgl. *Menninger,* Financial Futures, S. 132).

Beispiel:

Ebenfalls am 10. 7. 09 verkauft die Y-GmbH einen Devisenfuture zum Kurs von 1,20 €/US-$, der identisch dem von der X-AG erworbenen ist. Die Börsenbestimmungen sehen in diesem Fall eine initial margin in Höhe von 5.000 € – dies entspricht 8,3 % des Kontraktwertes – sowie eine maintenance margin von 3.000 € vor. Somit haben die X-AG und Y-GmbH am 10. 7. 09 jeweils Zahlungen von 5.000 € an die Clearingstelle zu leisten.

Buchung am 10. 7. 09 – für X-AG und Y-GmbH:

Sonstige Vermögensgegenstände	5.000	**an**	Bank	5.000

In den darauf folgenden Wochen erfährt der Future einen Kursverfall, bis er am 13. 11. 09 nach mehreren Auf- und Abwärtsbewegungen bei 1,05 €/US-$ steht. Die Kursentwicklung bis zum 13. 11. 09 sei dergestalt, dass die bei der Clearingstelle zu Buche stehenden initial margins für die X-AG 4.500 € und für die Y-GmbH 3.800 € betragen.

Aus diesen Daten ergibt sich zunächst, dass die X-AG bis zum 13. 11. 09 variation margins in Höhe von 7.500 € (50.000 US-$ × 0,15 €/US-$) zu erbringen hatte, die als geleistete Anzahlungen gebucht wurden und von denen 7.000 € zahlungswirksam waren. Die Y-GmbH dagegen hatte bis dato 8.700 € aus Variation-margin-Zahlungen erhalten. Ein zwischenzeitlich entsprechend hoher Verbindlichkeitsstand hat sich bis zum 13. 11. 09 um 1.200 € verringert, weil bis dahin entsprechend hohe variation margins zu leisten waren. Diese zu leistenden variation margins waren jedoch nicht zahlungswirksam, sondern wurden mit der initial margin verrechnet. Die zu passivierenden Verbindlichkeiten aus variation margins belaufen sich somit am 13. 11. 09 auf 7.500 €.

Steigt der Futurekurs am 14. 11. 09 um 0,02 €/US-$, so wird der X-AG eine variation margin von 1.000 € gutgeschrieben. Zur freien Verfügung bleiben nach Auffüllen des Initial-margin-Betrages auf seinen ursprünglichen Wert von 5.000 € jedoch nur 500 €. Von der Kursänderung betroffen sind also die Buchwerte der aktivierten initial margin und der aktivierten variation margins sowie der Kassenbestand. Für die Y-GmbH ergibt sich durch die Kursänderung eine Nachschusspflicht in Höhe von 2.200 €. Da die maintenance margin bei Abzug der anfallenden variation margin von der noch verbliebenen initial margin unterschritten wird, muss nicht nur der augenblickliche Kursverlust ausgeglichen werden, es ist darüber hinaus die initial margin wieder auf ihre ursprüngliche Höhe von 5.000 € zu bringen. Die variation margin von 1.000 € mindert den Buchwert des Variation-margin-Saldos.

Buchungen am 14. 11. 09 bei steigendem Futurekurs:

X-AG:

Bank	500			
Sonstige Vermögensgegenstände (initial margin)	500	**an**	Geleistete Anzahlungen (variation margins)	1.000

Y-GmbH:

Sonstige Vermögensgegenstände (initial margin)	1.200			
Erhaltene Anzahlungen (variation margins)	1.000	**an**	Bank	2.200

Im Falle, dass der Futurekurs am 14. 11. 09 gegenüber dem Vortag um 0,02 €/US-$ sinkt, ist seitens der X-AG die nunmehr zu leistende variation margin über 1.000 € vom vorhandenen Initial-margin-Betrag in Abzug zu bringen. Da die maintenance margin nicht unterschritten wird, findet kein Zahlungsvorgang statt. Der Y-GmbH werden dagegen 1.000 € gutgeschrieben. Allerdings erhält die Y-GmbH hieraus keine Zahlung, da die initial margin auch mit der Gutschrift noch nicht den geforderten Betrag von 5.000 € erreicht.

Buchungen am 14. 11. 09 bei sinkendem Futurekurs:

X-AG – die maintenance margin wird nicht unterschritten:

Geleistete Anzahlungen (variation margins)	1.000	**an**	Sonstige Vermögensgegenstände (initial margin)	1.000

Y-GmbH:

Sonstige Vermögensgegenstände (initial margin)	1.000	**an**	Erhaltene Anzahlungen (variation margins)	1.000

Bei **Fälligkeit** bzw. Glattstellung sind schließlich die aktivierten bzw. passivierten Variation-margin-Beträge sowie die initial margin auszubuchen. Der Futurekäufer bucht geleistete variation margins zusammen mit der Restzahlung gegen den neu zu aktivierenden Basiswert. Dessen Anschaffungskosten sind somit durch den ursprünglich vereinbarten Futurekurs bestimmt. Der sich daraus ergebende Wert ist gegebenenfalls um den Betrag einer noch aufzulösenden Rückstellung vom letzten Bilanzstichtag zu vermindern, um den aktuellen Buchwert des Basiswertes zu erhalten. Auch ein vom Kursverlauf profitierender Futurekäufer bucht den erhaltenen Basiswert mit dem historischen Kontraktpreis als Anschaffungskosten ein. Gleichzeitig bucht er die für die variation margins gebildete Verbindlichkeit gegen den Kassenabgang aus. Der Verkäufer eines Future erhält geleistete variation margins zurück. Seine dafür gebildete Forderung ist entsprechend auszubuchen. Ist der Verkäufer gezwungen, sich den Basiswert am Kassamarkt zu nun ungünstigen Bedingungen einzukaufen, um seiner Lieferpflicht nachzukommen, so ist der sich daraus ergebende Verlust zunächst mit einer gegebenenfalls für den letzten Bilanzstichtag gebildeten Rückstellung zu verrechnen. Ein verbleibender Saldo ist erfolgswirksam zu verbuchen. Schließlich hat der Verkäufer eines im Wert gefallenen Future seine Verbindlichkeit in Höhe der erhaltenen variation margins auszubuchen. Dadurch wird der Veräußerungserlös des Basiswertes nicht nur mit dem bei Fälligkeit erhaltenen niedrigen Betrag, sondern mit dem ursprünglichen Kontraktkurs ausgewiesen.

Beispiel:

Die Y-GmbH stellt ihre Futureposition am 22. 12. 09 bei einem aktuellen Kurs von 1,15 €/US-$ glatt. Die bei der Clearingstelle hinterlegte initial margin hat zu diesem Zeitpunkt ihren ursprünglichen Wert von 5.000 €. Folglich weist die Y-GmbH einen Variation-margin-Betrag von 2.500 € unter ihren erhaltenen Anzahlungen aus. Mit der Rückzahlung der initial margin geht für die Y-GmbH buchungstechnisch die Auflösung der aktivierten initial margin und der passivierten variation margins einher. Dabei ergibt sich für das Unternehmen netto ein Erfolg aus seinem Futureengagement.

Buchungen bei Glattstellung:

Bank	5.000	**an**	Sonstige Vermögensgegenstände (initial margin)	5.000
Erhaltene Anzahlungen (variation margins)	2.500	**an**	Sonstige betriebliche Erträge	2.500

Die X-AG hält ihren Future bis zur Fälligkeit im Jahre 10. Zum 31. 12. 09 hat das Unternehmen gemäß obigem Beispiel eine Drohverlustrückstellung über 2.500 € gebildet. Bei Fälligkeit schließlich notiert der Future zu 1,13 €/US-$. Dies bedeutet, dass die X-AG 56.500 € zu bezahlen hat, um 50.000 US-$ zu erhalten. Die bei der Clearingstelle gutgeschriebene initial margin weise ihren Höchstwert von 5.000 € auf. Daraus ergibt sich ein aktivierter Variation-margin-Betrag von 3.500 €.

Die das Futuregeschäft abschließenden Buchungen betreffen zunächst den Erwerb der 50.000 US-$ gegen Zahlung von 56.500 €, sodann neben der Änderung des Bankguthabens die Auflösung der initial und variation margins sowie der zum 31. 12. 09 gebildeten Rückstellung. Da der Futurekurs gegenüber dem Kurs, der der Rückstellung zugrunde liegt, weiter gesunken ist, ist am Bilanzstichtag nicht bereits der gesamte Verlust aus dem Futureengagement antizipiert worden; demnach hat die X-AG auch für das Jahr 10 noch einen Aufwand aus dem Futuregeschäft zu verbuchen, allerdings nur, wenn der niedrigere Euro-Kurs auch am Bilanzstichtag des Jahres 10 vorherrscht.

Buchungen bei Fälligkeit:

Bank (US-$-Konto)	57.500			
Rückstellungen	2.500	**an**	Sonstige Vermögensgegenstände (initial margin)	5.000
			Bank (€-Konto)	51.500
			Anzahlungen	3.500

Dabei ist der Fremdwährungsbetrag, dessen Anschaffungskosten durch den historischen Futurekurs von 1,20 €/US-$ zu 60.000 € bestimmt sind, bereits unter Abzug des aufzulösenden Rückstellungsbetrages eingebucht.

7.2.8 Strukturierte Produkte

Neben den bisher behandelten „Grundtypen" von Finanzinstrumenten existieren Mischformen, bei denen innovative Instrumente mit klassischen Formen oder auch mit Finanzinnovationen selbst kombiniert werden (bspw. im ersten Fall Anleihen mit Optionselementen, im zweiten Fall Swaptions). Dabei sind als bedeutende Gruppe der unter dem Begriff der **strukturierten Produkte** verstandenen Finanzinstrumentkombinationen insbesondere **Anleihen mit Sonderausstattungen** hervorgetreten. Mitunter handelt es sich hierbei nur um das „Ins-Bewusstsein-Rücken" des Charakters so genannter Nebenabreden, der dem einer Option gleicht, wie dies auf Anleihen oder Darlehen mit Schuldnerkündigungsrecht oder Sondertilgungsmöglichkeit (Darlehen und Zinsoption) zutrifft. Daneben wurden auch neue Formen geschaffen, wie bspw. die Aktienanleihe (auch Cash-or-Share-, Hochzins-Anleihe oder Reverse Convertible genannt) oder Anleihen mit Währungswahlrecht. Die seit längerem bekannten Options- und Wandelanleihen werden hier ebenfalls zu den strukturierten Produkten gezählt, sofern ihre Einzelelemente nicht wie im Fall von Optionsanleihen mit einem abtrennbaren Optionsschein separat handelbar sind. Aus der Vielzahl der vorzufindenden Mischformen sollen ihrer Bedeutung wegen im Folgenden Options- und Wandelanleihen (auch als hybride Formen des mezzazinen Kapitals bezeichnet, vgl. Teil A, Abschn. 7.1.6, S. 221 ff.) sowie als innovative Form die Aktienanleihe näher untersucht werden. Die Betrachtung konzentriert sich im Folgenden auf strukturierte Anleihen innerhalb der Gruppe strukturierter Finanzprodukte.

Im Gegensatz zu den IFRS (vgl. IFRS 9, IAS 39) existieren im deutschen Handelsrecht mit Ausnahme des § 272 Abs. 2 Nr. 2 HGB (Ausweis von Wandlungsrechten emittierter Schuldverschreibungen) keine expliziten Regelungen zur Bilanzierung von strukturierten Produkten. Da auch die branchenspezifischen Rechnungslegungsvorschriften (RechKredV, RechVersV) hierüber keinen Aufschluss geben, sind zur Bilanzierung dieser Instrumente zwangsläufig die GoB heranzuziehen (vgl. *Bertsch*, Strukturierte Produkte, S. 551; *HFA*, Strukturierte Finanzinstrumente, S. 456, *Eisele/Knobloch*, Strukturierte Anleihen, S. 751). Aufgrund der besonderen Beschaffenheit dieser Produkte ergeben sich grundsätzlich **zwei Möglichkeiten für den Bilanzansatz**. So könnte das strukturierte Produkt entweder in seiner Gesamtheit als einheitlicher Vermögensgegenstand (vgl. bspw. die Bilanzierung einer Aktienanleihe nach *Scherrer*, Schuldverschreibungen, S. 1207) oder aber **getrennt** nach den Einzelbestandteilen in Gestalt eigenständig vorzufindender Finanzprodukte (Anleihe, Option o. ä.), aus denen sich das strukturierte Produkt zusammensetzt, bilanziert werden (vgl. die Bilanzierung des DAX-Redemption Bond nach *Prahl/Naumann*, Finanzinstrumente, S. 713 ff., *Scharpf*, Strukturierte Produkte, S. 29 f., *Windmöller/Breker*, Optionsgeschäfte, S. 391; zur Diskussion der Alternativen im Schrifttum vgl. *Scharpf*, Strukturierte Produkte, S. 21–30, *Scharpf*, Financial Instruments, S. 376).

Mit der Verabschiedung des IDW RH BFA 1.003 „Zur Bilanzierung strukturierter Produkte" am 2. 7. 2001 wurden erstmals konkrete Hinweise für die bilanzielle Behandlung dieser Finanzinstrumente durch den Bankenfachausschuss des IDW veröffentlicht (*BFA*, Strukturierte Produkte). Die darin enthaltenen Ausführungen waren eng an die bilanzielle Abbildung strukturierter Produkte nach den IFRS (IAS 39) angelehnt. Angesichts der stetigen Weiterentwicklung dieser Art von Finanzinnovationen und einiger offener Bilanzierungsfragen sah sich der Hauptfachausschuss des IDW gezwungen, eine Überarbeitung bzw. Aktualisierung des IDW RH BFA 1.003 durchzuführen, die in der Veröffentlichung des IDW RS HFA 22 „Zur einheitlichen oder getrennten handelsrechtlichen Bilanzierung strukturierter Produkte" am 2. 9. 2008 (*HFA*, Strukturierte Finanzinstrumente) resultierte, der den vorherigen IDW RH BFA 1.003 ersetzt und fortan eine Referenz für die branchen- und rechtsformübergreifende Bilanzierung strukturierter Produkte bildet. Durch die Verabschiedung als Rechnungslegungsstandard kommt dem Themenkomplex zudem ein höherer Verbindlichkeitsgrad zu, als dem zuvor geltenden Rechnungslegungshinweis, dessen Anwendung lediglich empfohlen wurde (vgl. *Schaber/Rehm/Märkl/Spies*, Strukturierte Finanzinstrumente, S. 5).

In seiner Stellungnahme definiert der HFA strukturierte Finanzinstrumente als Vermögensgegenstände mit Forderungscharakter (z. B. Ansprüche aus Krediten, Schuldscheindarlehen oder Anleihen) oder entsprechende Verbindlichkeiten, die im Vergleich zu nicht strukturierten Finanzinstrumenten **besondere Ausstattungsmerkmale** bezüglich Verzinsung, Laufzeit und/oder Rückzahlung aufweisen. Charakteristikum dieser Produkte ist die **vertragliche Verknüpfung** eines Basisinstruments mit einem oder mehreren Derivaten. Zudem ist ein Erwerb oder Verkauf der Einzelbestandteile eines solchen Finanzinstruments (stripping) in der Regel nicht möglich (*HFA*, Strukturierte Finanzinstrumente, S. 455).

Der **Einzelbewertungsgrundsatz** nach §252 Abs. 1 Nr. 3 HGB ist prinzipiell auf Vermögensgegenstände und Schulden als Ganzes anzuwenden. Da die Bestandteile eines strukturierten Produktes zu einer rechtlichen Einheit verbunden sind und nicht losgelöst voneinander betrachtet werden können, spricht dies nach Ansicht des HFA für eine handelsrechtliche Behandlung als einheitlicher Vermögensgegenstand (Schuld). Nur in solchen Fällen, in denen die strukturierten Produkte durch das eingebettete Derivat im Vergleich zum Basisinstrument wesentlich erhöhten oder zusätzlichen (andersartigen) Risiken und/oder Chancen ausgesetzt sind, wird im Sinne einer wirtschaftlichen Betrachtungsweise von der Existenz **zweier separat zu bilanzierender Instrumente** ausgegangen (*HFA*, Strukturierte Finanzinstrumente, S. 456). Trennungspflichtig sind beispielsweise Derivate, die neben dem Zinsänderungsrisiko einem zusätzlichen Marktpreisrisiko oder neben dem Bonitätsrisiko des Emittenten weiteren Bonitätsrisiken ausgesetzt sind. Konkret wird dies regelmäßig anhand des vorliegenden Einzelfalls zu überprüfen sein, so dass die in IDW RS HFA 22, Rn. 16 angegebenen Beispielfälle trennungspflichtiger Finanzinstrumente diesbezüglich nicht als abschließende Aufzählung aufzufassen sind (vgl. *Schaber/Rehm/Märkl/Spies*, Strukturierte Finanzinstrumente, S. 11). Ausnahmsweise ist das Instrument dennoch einheitlich zu bilanzieren, wenn es der true and fair view erfordert (IDW RS HFA 22, Rn. 13), was insbesondere in den Fällen des IDW RS HFA 22, Rn. 14 lit. a–c so gesehen wird. Diese Ausnahmefälle betreffen Situationen, in denen

- das strukturierte Produkt gemäß §253 Abs. 3 und 4 HGB am Abschlussstichtag mit dem niedrigeren Wert aus beizulegendem Wert und fortgeführten Anschaffungskosten bewertet wird und diese Bewertung auf einer Notierung des strukturierten Finanzinstruments auf einem aktiven Markt basiert (IDW RS HFA 22, Rn. 14 lit. a),
- das strukturierte Finanzinstrument dem Handelsbestand von Kredit- oder Finanzdienstleistungsinstituten zugeordnet wurde (IDW RS HFA 22, Rn. 14 lit. b) oder
- eine vertraglich vereinbarte unbedingte Kapitalgarantie des Emittenten besteht, mit der das eingesetzte Kapital zum Fälligkeitszeitpunkt garantiert wird, und der Erwerber das strukturierte Finanzinstrument gemäß §247 Abs. 2 HGB dem Anlagevermögen zugeordnet hat (IDW RS HFA 22, Rn. 14 lit. c).

Die Beurteilung, ob eine einheitliche oder getrennte Bilanzierung zu erfolgen hat, ist grundsätzlich zum Zugangszeitpunkt durchzuführen und in den Folgeperioden beizubehalten. Nur bei durch Modifizierung der Vertragsstruktur bedingten wesentlichen Änderungen der Zahlungsströme des strukturierten Produkts, muss eine erneute Beurteilung vorgenommen werden.

Die **Bilanzierung der als Einheit zu behandelnden strukturierten Produkte beim Erwerber (Gläubiger der Anleihekomponente)** erfolgt in Abhängigkeit von der Art des zugrunde liegenden Basisinstruments und den hierfür vorgesehenen Ansatz- und Bewertungsvorschriften (*HFA*, Strukturierte Finanzinstrumente, S. 456 f.). Die **Zugangsbewertung** der Vermögensgegenstände hat demnach grundsätzlich zu Anschaffungs- oder Herstellungskosten zu erfolgen (§§253,

255 HGB). Da sich auch die **Folgebewertung** an jener des Basisinstruments orientiert, muss eine differenzierte Betrachtung, je nach anfänglicher Zuordnung des Vermögensgegenstandes zum Anlage- oder Umlaufvermögen erfolgen (vgl. Teil A, Abschn. 7.1.5, S. 218). Danach ist ein Vermögensgegenstand des **Umlaufvermögens** mit dem Börsen- oder Marktpreis am Abschlussstichtag anzusetzen, sofern dieser geringer als die Anschaffungskosten ist (§ 253 Abs. 4 HGB; *HFA*, Strukturierte Finanzinstrumente, S. 457). Dies gilt unabhängig davon, ob sich die Unterverzinslichkeit der strukturierten Anleihe aus dem eingebetteten Derivat oder Veränderungen des Marktzinsniveaus ergibt (*Schaber/Rehm/Märkl/Spies*, Strukturierte Finanzinstrumente, S. 15). Häufig wird ein solcher Marktpreis existieren; falls ein verlässlicher Börsen- oder Marktpreis nicht ermittelt werden kann, sind die beizulegenden Zeitwerte der einzelnen Bestandteile des strukturierten Produkts anhand allgemein anerkannter **Bewertungsmodelle** zu bestimmen und zu einem Gesamtwert zusammenzufassen (*HFA*, Strukturierte Finanzinstrumente, S. 457; für einen Überblick dieser Bewertungsmodelle vgl. *Schaber/Rehm/Märkl/Spies*, Strukturierte Finanzinstrumente, S. 130–191). Der beizulegende Wert bildet grundsätzlich den Vergleichsmaßstab, falls es sich um einen dem **Finanzanlagevermögen** zuzuordnenden Vermögensgegenstand handelt, für den das gemilderte Niederstwertprinzip gilt (§ 253 Abs. 3 Satz 4 HGB). Demnach ergibt sich eine Abschreibungspflicht für unterverzinsliche strukturierte Anleihen dieser Klasse lediglich im Falle einer dauerhaften Wertminderung (zur Diskussion bezüglich dauerhafter Wertminderungen s. Teil A, Abschn. 7.1.5, S. 218 ff.). Mitunter weist der Begriff des beizulegenden Wertes zwar erheblichen Interpretationsspielraum auf (vgl. bspw. *Adler/Düring/Schmaltz*, Rechnungslegung, § 253 HGB, Rn. 454 ff.; *Brösel/Olbrich*, § 253 HGB, Rn. 577 ff.); bei den hier betrachteten Finanzinstrumenten kann jedoch (i. d. R.) an die Stelle einer tatsächlichen Marktbewertung eine fiktive, nach finanzwirtschaftlichen Methoden auf Basis von Marktparametern (Zinsniveau u. a.) durchgeführte Bewertung, wie sie auch von Marktteilnehmern vorgenommen würde, treten. Insofern sollte der tatsächliche oder fiktive, als beizulegender Wert betrachtete Marktwert des strukturierten Produktes zum Vergleich mit den Anschaffungskosten herangezogen werden, um eine Abschreibungspflicht bzw. -möglichkeit abzuleiten. Hat sich seit dem Erstansatz der Marktwert des strukturierten Produkts positiv entwickelt (überverzinsliche strukturierte Anleihen), so ergeben sich gemäß § 253 Abs. 1 HGB keine Bewertungsanpassungen, da die (fortgeführten) Anschaffungskosten die handelsrechtliche Obergrenze des Ansatzes darstellen. Eine Ausnahme stellt in diesem Falle der durch das BilMoG eingeführte § 340e Abs. 3 Satz 1 HGB dar, der für Kredit- und Finanzdienstleistungsinstitute eine Bewertung von Finanzinstrumenten des Handelsbestands zum beizulegenden Zeitwert (abzüglich eines Risikoabschlags) vorsieht (vgl. Teil A, Abschn. 3.1, S. 102; Teil A Abschn. 7.1.5, S. 221). Sofern also die strukturierten Finanzinstrumente dem Handelsbestand von Kredit- und Finanzdienstleistungsinstituten zugeordnet werden, müssen auch Wertsteigerungen über die Anschaffungskosten hinaus erfolgswirksam verbucht werden.

Sollte der Marktwert des gesamten Instrumentes nach einer außerplanmäßigen Abschreibung wieder ansteigen, ist es sachgerecht, für einen erneuten

Niederstwertvergleich den neuen Marktwert heranzuziehen. Es wird insofern nicht als Verstoß gegen das Niederstwertprinzip betrachtet, wenn der Anstieg einer Wertkomponente des Finanzinstrumentes (partiell) den Wertverlust einer anderen Komponente ausgleicht (vgl. *Winkeljohann/Taetzner,* Bilanzkommentar, §280 HGB, Rn. 637 ff., sowie mit Hinweisen auch auf andere Ansichten *Adler/Düring/Schmaltz,* Rechnungslegung, §280 HGB, Rn. 13). Die darin teilweise gesehene kompensatorische Bewertung (vgl. *Scharpf,* Strukturierte Produkte, S. 28) ist insbesondere nicht an Voraussetzungen zu knüpfen, wie sie an Bewertungseinheiten aus zwei oder mehreren selbständigen Vermögensgegenständen zu richten sind (vgl. hierzu Teil A, Abschn. 7.2.9, S. 286 f.).

Ist die strukturierte Anleihe in ihre Komponenten zu **zerlegen**, hat der **Erwerber** sowohl das Basisinstrument als auch das eingebettete Derivat nach den hierfür geltenden handelsrechtlichen Grundsätzen jeweils als einzelnen Vermögensgegenstand bzw. Verbindlichkeit zu bilanzieren. Für das **Derivat** bedeutet dies, dass es wie andere freistehende Derivate die Ansatzkriterien eines Vermögensgegenstandes nach HGB nicht erfüllt und damit als **schwebendes Geschäft** grundsätzlich nicht bilanziert wird, sofern nicht eine Anfangszahlung als im Preis des Gesamtinstruments enthalten anzunehmen ist (z. B. in Gestalt einer Optionsprämie). Stehen demgegenüber alle Leistungspflichten noch aus, ist lediglich im Falle einer negativen Kursentwicklung des Derivats eine **Drohverlustrückstellung** zu bilden (vgl. *Coenenberg/Haller/Schultze,* Jahresabschluss, S. 280). Auch in diesem Falle gilt es die branchenspezifische Ausnahmeregelung des §340e Abs. 3 HGB zu beachten, wonach Kredit- und Finanzdienstleistungsinstitute bei Zuordnung der strukturierten Produkte zum Handelsbestand auch positive Marktwerte eines Derivats anzusetzen haben. Die **Bilanzierung des Basistitels** erfolgt entsprechend seiner Art nach den **allgemeinen Vorschriften** zur Bilanzierung von Forderungen oder Wertpapieren (vgl. *Schaber/Rehm/Märkl/Spies,* Strukturierte Finanzinstrumente, S. 39). Falls von einem Anfangswert des Derivats auszugehen ist, ergeben sich die Anschaffungskosten der beiden Bestandteile aus dem Verhältnis der beiden Einzelzeitwerte (von Basisinstrument und eingebettetem Derivat) und den gesamten Anschaffungskosten des strukturierten Produkts. Ist der Zeitwert des Derivats nicht ermittelbar, so wird dieser auf Basis der Differenz der beizulegenden Zeitwerte des strukturierten Produkts und des Basisinstruments bestimmt. Die Gegenbuchungen zu den aktivierten bzw. passivierten Optionsprämien sind als Rechnungsabgrenzungsposten zu erfassen, wenn diese ein Zinsregulativ zur laufenden Verzinsung des Basisinstruments darstellen (vgl. *HFA,* Strukturierte Produkte, S. 458).

Für die Frage nach einheitlicher oder getrennter Bilanzierung der strukturierten Produkte beim **Emittenten (Schuldner der Anleihekomponente)** sind dieselben Grundsätze heranzuziehen, die auch beim Erwerber als Kriterien zur Klassifizierung dienen (*HFA,* Strukturierte Produkte, S. 459). Übersteigt bei einer einheitlich bilanzierten strukturierten Verbindlichkeit der beizulegende Wert in Form des Barwerts sämtlicher zukünftiger Zins- und Tilgungszahlungen aufgrund des eingebetteten Derivats den Rückzahlungsbetrag der Verbindlichkeit, spricht man von einer überverzinslichen strukturierten Verbindlichkeit. Liegt diese vor, gilt es zu untersuchen, ob die dem Erwerber zustehende Vergütung erst bei Fälligkeit ausgezahlt wird. In diesem Falle ist dem gestiegenen Rückzahlungsanspruch durch Zuschreibung der Verbindlichkeit (erhöhter Erfüllungsbetrag) Rechnung zu tragen. Andernfalls muss eine Drohverlustrückstellung gebildet werden (vgl. *HFA*, Strukturierte Produkte, S. 459; zur Behandlung einfacher Verbindlichkeiten mit alternativer Zuschreibung des Bilanzansatzes vgl. Teil A, Abschn. 13.8, S. 548 f.). Unterverzinsliche Verbindlichkeiten sind dagegen aufgrund des Realisationsprinzips stets zu ihrem, gegenüber diesem Barwert höheren Rückzahlungsbetrag als Erfüllungsbetrag i. S. d. § 253 Abs. 1 HGB anzusetzen (vgl. *Schaber/Rehm/Märkl/Spies*, Strukturierte Finanzinstrumente, S. 56 f.). Sind die Bestandteile des strukturierten Produkts hingegen getrennt voneinander zu bilanzieren, ist entsprechend dem Vorsichtsprinzip (§ 252 Abs. 1 Nr. 4 HGB) die ggf. im Finanzinstrument enthaltene Marge in Form der Differenz zwischen dem Emissionserlös der Verbindlichkeit und den beizulegenden Zeitwerten der Einzelbestandteile zeitanteilig über die Laufzeit des strukturierten Produkts erfolgswirksam zu erfassen (vgl. *HFA*, Strukturierte Produkte, S. 459).

Unabhängig von ihrer bilanziellen Behandlung sind die in den strukturierten Produkten eingebetteten Derivate grundsätzlich wie schwebende Geschäfte in der Buchführung gesondert zu **dokumentieren**, wobei die dem Vertrag zugrunde liegenden Konditionen (z. B. Geschäftspartner, Nominalbetrag, Abschlusstag, Fälligkeitsstruktur, Abschlusskurs, Zinssätze, Basispreise, Risikoart, Optionslaufzeit) anzugeben sind. Zudem ist im Rahmen der Angaben und Erläuterungen zu den Bilanzierungs- und Bewertungsmethoden nach § 284 Abs. 2 HGB auch die Behandlung strukturierter Produkte darzustellen. Im Falle getrennt zu bilanzierender eingebetteter Derivate sind ggf. darüber hinaus die Angabepflichten des § 285 Satz 1 Nr. 19 HGB zu beachten.

Die konkrete Bilanzierung von strukturierten Produkten wird im Folgenden für Options- und Wandelanleihen, unter Berücksichtigung ihrer besonderen Verbindung zur Eigenkapitalsphäre seitens des Emittenten, sowie für Aktienanleihen dargestellt.

Optionsanleihen verbinden die üblichen Gläubigerrechte einer Schuldverschreibung mit dem Recht zum Bezug junger Aktien der emittierenden Gesellschaft (Optionsrecht; vgl. zum Folgenden bspw. *Drukarczyk*, Finanzierung, S. 414–416). Das Optionsrecht wird entsprechend einer Kaufoption durch Festlegung eines Erwerbspreises sowie einer Ausübungsfrist spezifiziert. Zudem legt das Optionsverhältnis fest, wie viele junge Aktien mit den mit einem bestimmten Anleihebetrag ausgegebenen Optionsrechten erworben werden können. Da sich das Optionsrecht einer solchen Anleihe auf neu zu schaffende Aktien bezieht und von daher bei seiner Ausübung die bestehenden Vermögens- und Stimmrechtsverhältnisse der Altaktionäre tangiert werden, setzt die Begebung einer Optionsanleihe eine bedingte Kapitalerhöhung nach § 192 AktG voraus, die auf der Hauptversammlung mit einer 3/4-Mehrheit des vertretenen Grundkapitals zu beschließen ist (§ 221 Abs. 1 AktG). Die Emissionsbedingungen von Optionsanleihen sehen teilweise vor, dass der das Optionsrecht verbriefende Optionsschein von der Schuldverschreibung getrennt werden kann und dann separat handelbar ist; zum Teil wird eine derartige Trennung aber auch ausgeschlossen. **Wandelanleihen** sind ähnlich den Optionsanleihen mit einem Bezugsrecht auf junge Aktien ausgestattet. Im Unterschied zu Letztgenannten geht im Zuge der Ausübung allerdings die Anleihe als solche unter, d. h. sie wird in junge Aktien getauscht bzw. **gewandelt,** während die Schuldverschreibung bei Optionsanleihen von der Ausübung des Optionsrechtes unberührt bleibt. Die Emissionsbedingungen legen dementsprechend ein Wandlungsverhältnis, die Umtauschfrist sowie gegebenenfalls eine Zuzahlung als Spitzenausgleich fest. Für die Gewährung des einer Wandel- oder Optionsanleihe innewohnenden Rechtes erhält der Emittent eine niedrigere Effektivverzinsung seiner Schuld, die durch eine geringere Nominalverzinsung und/oder einen höheren Ausgabekurs im Vergleich zu identischen Obligationen ohne Optionsrecht realisiert wird.

Für die **Bilanzierung beim Emittenten** ist zu beachten, dass der für Wandlungs- und Optionsrechte erzielte Betrag nach §272 Abs. 2 Nr. 2 HGB in die Kapitalrücklage einzustellen ist und selbst bei Nichtausübung durch die Berechtigten in dieser verbleibt (vgl. *Adler/Düring/Schmaltz,* Rechnungslegung, §272 HGB, Rn. 129; *Häuselmann,* Wandelanleihen, S. 144 f.). Deshalb ist dieser Betrag – im Unterschied zu der vom HFA vertretenen grundsätzlichen Vorgehensweise – aus dem „Paket" Wandel- bzw. Optionsanleihe herauszurechnen (vgl. auch *HFA,* Strukturierte Finanzinstrumente, S. 459). Dazu kann der fiktive Wert einer sonst identischen Anleihe ohne Wandlungs- bzw. Optionsrecht durch Diskontierung der zukünftigen Zahlungen aus der Schuldverschreibung mit einem marktüblichen Zinssatz bestimmt und vom tatsächlichen Ausgabebetrag abgezogen werden (Residualmethode). Die Differenz entspricht dem auf das Recht entfallenden Entgelt (vgl. *Adler/Düring/Schmaltz,* Rechnungslegung, §272 HGB, Rn. 123; *IDW,* WP-Handbuch 06 I, S. 509; *Förschle/Hoffmann,* Bilanzkommentar, §272 HGB, Rn. 180). Unter Zugrundelegung des fiktiven Ausgabebetrages ist der Anleiheteil dann wie eine gewöhnliche Schuldverschreibung, allerdings mit einem durch einen „Davon"-Vermerk getrennten Ausweis unter den „konvertiblen Anleihen", zu bilanzieren (vgl. zur Bilanzierung von Verbindlichkeiten Teil A, Abschn. 13.8, S. 548 ff.). D. h. zunächst, dass die Obligation in Höhe ihres Erfüllungsbetrages (= Rückzahlungsbetrag) als Verbindlichkeit unter den konvertiblen Anleihen (§266 Abs. 3 C. 1 HGB) zu passivieren ist. In Höhe eines noch verbleibenden Agios ist ein passiver Rechnungsabgrenzungsposten zu bilden, der ratierlich über die Laufzeit hinweg aufgelöst wird. Für den wahrscheinlicheren Fall, dass sich nach Herausrechnung des Optionswertes ein Disagio ergibt, kann dieses handelsrechtlich nach §250 Abs. 3 HGB aktivisch in einen Rechnungsabgrenzungsposten eingestellt oder sofort als Zinsaufwand verbucht werden. Steuerlich ist die Aktivierung zwingend (vgl. BFH vom 19. 1. 1978, BStBl. II 1978, S. 262). Bei Ausübung des Optionsrechts der Optionsanleihe wird der durch die Ausgabe der jungen Aktien eingehende Betrag in Höhe des Nennwertes oder des rechnerischen Wertes in das gezeichnete Kapital, der verbleibende Betrag in die Kapitalrücklage eingestellt. Die Ausübung des Wandlungsrechts bewirkt ebenfalls eine analoge Erhöhung des Grundkapitals und der Kapitalrücklage, wobei zugleich die nun gewandelte und somit nicht mehr bestehende Verbindlichkeit auszubuchen ist.

Hinsichtlich der **Bilanzierung beim Erwerber** ist zunächst zu überprüfen, ob die Komponenten Anleihe und Options- bzw. Wandlungsrecht für die Bewertung ebenfalls getrennt werden müssen. Bei denjenigen Optionsanleihen, bei denen der **Optionsschein** vom Anleiheteil **abtrennbar** ist, ist dies sachgerecht und auch vom Hauptfachausschuss des IDW vorgesehen (vgl. *HFA*, Strukturierte Produkte, S. 455). Im Falle eines separat handelbaren und dadurch einzeln verwertbaren Optionsscheines ist grundsätzlich von zwei auch hinsichtlich ihres Bilanzausweises zu trennenden Vermögensgegenständen auszugehen, wobei der Optionsschein in Bezug auf die Bilanzierung wie eine Kaufoption zu behandeln ist (Ausweis im Umlaufvermögen unter den sonstigen Vermögensgegenständen oder den sonstigen Wertpapieren, im Anlagevermögen unter den immateriellen Vermögensgegenständen; vgl. Teil A, Abschn. 7.2.6.1, S. 244 ff.). Bei der Bestimmung der Anschaffungskosten des Optionsscheines kann wie beim Emittenten vorgegangen und der gesuchte Wert als Residualgröße zum Ausgabewert einer fiktiven Anleihe ohne Optionselement ermittelt werden.

Im Falle einer Optionsanleihe mit einem **nicht abtrennbaren Optionsschein** bzw. bei einer **Wandelanleihe** kann für die Frage nach einem einheitlichen oder getrennten Bilanzansatz von Options- und Anleihekomponente, soweit noch keine Ausübung erfolgte, wiederum der IDW RS HFA 22 herangezogen werden. Zu berücksichtigen ist, dass das eingebettete Derivat im Falle von Options- bzw. Wandelanleihen im Vergleich zum Basisinstrument, welches dem Zinsänderungsrisiko unterliegt, zusätzlichen Marktpreisrisiken ausgesetzt ist (vgl. IDW RS HFA 22, Rn. 16 lit. a). Demnach ist grundsätzlich ein **getrennter Ansatz** von Anleihe und Optionsprämie vorzunehmen, wobei wie im Falle eines separierbaren Optionsscheins vorzugehen ist (vgl. S. 273; Teil A, Abschn. 7.2.6.1, S. 244 ff.; zu den Schwierigkeiten der Identifikation der einzelverwertbaren Komponenten des strukturierten Produkts vgl. *Adler/Düring/Schmaltz*, Rechnungslegung, § 246 HGB, Rn. 20 ff.; *Bertsch/Kärcher*, Derivate, S. 554 f.; zu beachten sind ggf. die Ausnahmefälle nach IDW RS HFA 22, Rn. 13 f.).

Die **Ausübung des Options- oder Wandlungsrechts** bewirkt einen Zugang von Aktien, dem ein Abgang von Kasse oder Bank (Optionsanleihe) bzw. des Betrages der Wandelanleihe gegenübersteht, wobei auch im Falle von Wandelanleihen durch die Zahlung eines Spitzenausgleiches Kasse oder Bank betroffen sein können. Die Anschaffungskosten der Aktien bestimmen sich bei der Optionsanleihe nach dem zu zahlenden Erwerbspreis zuzüglich des für das Optionsrecht bei Erwerb der Anleihe aufgewendeten Betrages, der analog der Behandlung beim Emittenten zu berechnen ist. Die durch Ausübung des Wandlungsrechtes zugehenden Aktien sind mit dem untergehenden Anleihebetrag ebenfalls zuzüglich des für das Wandlungsrecht aufgewendeten Betrages als Anschaffungskosten zu bewerten. Entsprechend dieser Vorgehensweise ergibt sich das Disagio der Anleihe nach Abzug des rechnerischen Wertes für das Options- bzw. Wandlungsrecht. Das Disagio ist als Zinsertrag zeitanteilig über die Laufzeit zu erfassen. Dabei wird hier davon ausgegangen, dass die Anschaffungskosten der Anleihe durch entsprechende Zuschreibung fortgeführt werden (vgl. diesbezüglich *Fülbier/Kuschel/Selchert*, § 252 HGB, Rn. 96; *Windmöller*, Nominalwert, S. 695; anders insbesondere *Ellrott/Brendt*, Bilanzkommentar, § 255 HGB, Rn. 255).

Im Folgenden soll die Bilanzierung einer Optionsanleihe mit einem nicht abtrennbaren Optionsschein sowie einer Wandelanleihe bei einheitlichem Bilanzansatz von Anleihe und Optionsschein am Beispiel dargestellt werden. Grundlage hierfür ist die Annahme, dass die Anleihen gemäß § 253 Abs. 3 und 4 HGB am Abschlussstichtag mit dem niedrigeren Wert aus beizulegendem Wert und fortgeführten Anschaffungskosten bewertet werden und die Bewertung auf einer Notierung der Anleihen auf einem aktiven Markt basiert (zu den Kriterien eines aktiven Marktes vgl. *HFA,* Bilanzierung von Finanzinstrumenten, S. 326). Damit ist der Ausnahmetatbestand des IDW RS HFA 22, Rn. 14 lit. a) erfüllt, der eine einheitliche Bilanzierung nach sich zieht.

Beispiel:

Die Groß AG emittiert am 1. 4. 09 zum Kurs von 99 % eine Optionsanleihe mit Nennbetrag von 20 Mio. € in einer Stückelung von 1.000 € Nennbetrag je Teilschuldverschreibung. Mit einer Teilschuldverschreibung ist das nicht abtrennbare Recht zum Erwerb von 10 jungen Stammaktien der Groß AG zum Preis von 30 € je Stück (Nennwert 10 €) verbunden; insgesamt werden also Rechte zum Erwerb von 200.000 jungen Aktien ausgegeben. Optionsfrist und Laufzeit der Anleihe sind identisch und betragen 4 Jahre (Rückzahlung zu 100 %). Der Nominalzinssatz ist 4 % p. a. bei jährlicher Zinszahlung. Der Marktzinssatz beträgt 5 % p. a. für Laufzeiten von einem bis vier Jahre.

Zeitgleich begibt die Mutabor AG zum gleichen Kurs von 99 % eine Wandelanleihe mit einem Volumen von 10 Mio. € Nennwert, in einer Stückelung zu 500 € und mit einer jährlichen Zinszahlung von 4 % auf den nicht gewandelten Anleihebetrag. Die Wandlungsbedingungen gestatten dem Besitzer einer Teilschuldverschreibung, den Nennbetrag von 500 € in 50 junge Aktien (Nennwert 1 €) der Mutabor AG ohne Zuzahlung zu tauschen. Wandlungsfrist und Laufzeit der Anleihe betragen 4 Jahre.

Die Glücklich AG erwirbt Teilschuldverschreibungen der Optionsanleihe in Höhe von 200.000 € sowie der Wandelanleihe über 300.000 € Nennwert.

Die Notierungen der Options-(Wandel-)anleihe lauten für den 31. 12. 09: 101 % (102 %), für den 31. 12. 10 und den 31. 12. 11 jeweils 98 % (101 %) sowie am 31. 12. 12: 104 % (106 %). Das allgemeine Marktzinsniveau bleibt konstant bei 5 % p. a. Das sich nach Herausrechnung des Options- bzw. Wandlungsrechts ergebende Disagio von jeweils (1 + 2,546) % = 3,546 % wird von der Glücklich AG (vereinfachend) gleichmäßig über die Laufzeit als Zinsertrag erfasst. Die Anschaffungskosten der Wertpapiere werden entsprechend fortgeführt.

Am 1. 4. 13 werden die Optionsscheine ausgeübt und der Anleihebetrag von der Groß AG zurückgezahlt. Zugleich machen die Inhaber der Wandelungsrechte gegenüber der Mutabor AG hiervon Gebrauch.

Die Bilanzierung sieht wie folgt aus (Beträge in €):

Am **1. 4. 09:**

Emittent Groß AG bucht:

Bank	19,8 Mio.			
Zinsaufwand	0,71 Mio.	**an**	Konvertible Anleihen	20 Mio.
			Kapitalrücklage	0,51 Mio.

Der zum Marktzinssatz berechnete Kurs des Anleiheteils beträgt 96,454 %, so dass die Differenz zum Ausgabekurs von 99 % multipliziert mit dem Nennwert der Anleihe dem in die Kapitalrücklage einzustellenden Betrag entspricht. Die Herausrechnung des Optionswertes ergibt ein Disagio der Anleihe in Höhe von 3,546 % des Nennwertes. Die Unternehmung entscheidet sich für eine sofortige Aufwandsverrechnung des Disagios.

Emittent Mutabor AG bucht analog:

Bank	9,9 Mio.			
Zinsaufwand	0,3546 Mio.	**an**	Konvertible Anleihen	10 Mio.
			Kapitalrücklage	0,2546 Mio.

Die **Glücklich AG** ordnet die erworbenen Teilschuldverschreibungen dem Umlaufvermögen zu und bucht:

Wertpapiere (Optionsanleihe)	198.000	**an**	Bank	198.000
Wertpapiere (Wandelanleihe)	297.000	**an**	Bank	297.000

Für die Bilanzierung zu den **nachfolgenden Abschlussstichtagen** (31. 12. 09 – 31. 12. 12) ergibt sich, zumal aufgrund des konstant gebliebenen Marktzinsniveaus, für die Emittenten kein Anlass zur Anpassung der ausgewiesenen Verbindlichkeitsbeträge nach dem Höchstwertprinzip. Die gegenüber dem Ausgabekurs höheren nachfolgenden Kurse sind vielmehr auf Wertänderungen der Optionselemente zurückzuführen. Lediglich die jährlichen Zinszahlungen sind zu erfassen bzw. periodengerecht abzugrenzen:

Am **31. 12. 09/10/11/12:**

für die **Groß AG:**

Zinsaufwand	0,6 Mio.	**an**	sonstige Verbindlichkeiten	0,6 Mio.

für die **Mutabor AG:**

Zinsaufwand	0,3 Mio.	**an**	sonstige Verbindlichkeiten	0,3 Mio.

Am **1. 4. 10/11/12:**

für die **Groß AG:**

Zinsaufwand	0,2 Mio.			
sonstige Verbindlichkeiten	0,6 Mio.	**an**	Bank	0,8 Mio.

für die **Mutabor AG:**

Zinsaufwand	0,1 Mio.			
sonstige Verbindlichkeiten	0,3 Mio.	**an**	Bank	0,4 Mio.

Für die **Glücklich AG** ist allerdings zu beachten, dass sich aus dem Marktwertvergleich eine Abschreibung zum 31. 12. 10 ergibt und der sich ergebende Buchwert zum 31. 12. 11 beibehalten und erst zum 31. 12. 12 wegen des inzwischen wieder angestiegenen Marktwertes durch Zuschreibung erhöht wird. Hinsichtlich der Höhe der Abschreibung ist zu berücksichtigen, dass die fortgeführten Anschaffungskosten durch die Verteilung des Disagios pro rata temporis zum 31. 12. 10 einem Kurs von 100,55 % entsprechen (99 % + 3,546 % (Disagio) × 1,75 Jahre/4 Jahre).

Unter Berücksichtigung der sich ergebenden Zinszahlungen und deren zeitlicher Abgrenzung lauten die Buchungen der Glücklich AG:

am **31. 12. 09**

aus der Optionsanleihe:

Wertpapiere (Optionsanleihe)	1.329,75			
sonstige Forderungen	6.000	**an**	Zinsertrag	7.329,75

aus der Wandelanleihe:

Wertpapiere (Wandelanleihe)	1.994,62			
sonstige Forderungen	9.000	**an**	Zinsertrag	10.994,62

am **31. 12. 10/11/12:**

aus der Optionsanleihe:

Wertpapiere (Optionsanleihe)	1.773			
sonstige Forderungen	6.000	**an**	Zinsertrag	7.773

aus der Wandelanleihe:

Wertpapiere (Wandelanleihe)	2.659,50			
sonstige Forderungen	9.000	**an**	Zinsertrag	11.659,50

am **1. 4. 10/11/12:**

aus der Optionsanleihe:

Bank	8.000	**an**	sonstige Forderungen	6.000
			Zinsertrag	2.000

aus der Wandelanleihe:

Bank	12.000	**an**	sonstige Forderungen	9.000
			Zinsertrag	3.000

Zusätzlich:

am **31. 12. 10:**

Abschreibungen auf Wertpapiere des UV	5.102,75	**an**	Wertpapiere (Optionsanleihe)	5.102,75

am **31. 12. 11:**

(Abschreibung der nachträglichen Anschaffungskosten in Form des periodisierten Disagios)

Abschreibungen auf Wertpapiere des UV	1.773	**an**	Wertpapiere (Optionsanleihe)	1.773

am **31. 12. 12:**

Wertpapiere (Optionsanleihe)	6.875,75	**an**	sonstiger betrieblicher Ertrag	6.875,75

Am **1. 4. 13:**

Emittent Groß AG bucht die Rückzahlung der Anleihe, die letzte Zinszahlung sowie die Ausgabe junger Aktien:

sonstige Verbindlichkeiten	0,6 Mio.			
Zinsaufwand	0,2 Mio.			
Konvertible Anleihen	20 Mio.	**an**	Bank	14,8 Mio.
			Gezeichnetes Kapital	2 Mio.
			Kapitalrücklage	4 Mio.

Emittent Mutabor AG bucht die Wandelung der Anleihe, die letzte Zinszahlung sowie die Ausgabe junger Aktien:

Soll	Betrag		Haben	Betrag
sonstige Verbindlichkeiten	0,3 Mio.			
Zinsaufwand	0,1 Mio.			
Konvertible Anleihen	10 Mio.	**an**	Bank	0,4 Mio.
			Gezeichnetes Kapital	1 Mio.
			Kapitalrücklage	9 Mio.

Schließlich bucht die **Glücklich AG:**

zur Optionsanleihe:

Soll	Betrag		Haben	Betrag
Wertpapiere (Aktien Groß AG)	65.092			
Bank	148.000	**an**	Zinsertrag	2.443,25
			sonstige Forderungen	6.000
			Wertpapiere (Optionsanleihe)	204.648,75

zur Wandelanleihe:

Soll	Betrag		Haben	Betrag
Wertpapiere (Aktien Mutabor AG)	307.638			
Bank	12.000	**an**	Zinsertrag	3.664,88
			sonstige Forderungen	9.000
			Wertpapiere (Optionsanleihe)	306.973,12

Aktienanleihen stellen eine Schuldverschreibung dar, bei der dem Emittenten das Recht eingeräumt wird, am Ende der Laufzeit anstelle der Tilgung des Anleihebetrages in Geld dem Gläubiger eine spezifizierte Anzahl von Aktien einer bestimmten Gattung zu übereignen. Wirtschaftlich betrachtet, verbindet die Aktienanleihe aus Sicht des Emittenten eine Kreditaufnahme mit dem Kauf einer Verkaufsoption (Put) auf den Basiswert (Aktien). Der Gläubiger der Anleihe nimmt damit zugleich eine Stillhalterfunktion bezüglich des Puts ein. Als Ausgleich für das dem Emittenten eingeräumte Tilgungsrecht muss dieser einen gegenüber dem Marktzinsniveau für gewöhnliche Schuldverschreibungen erhöhten Schuldzinssatz bezahlen. Die Optionsprämie kann bspw. als im Rahmen der laufenden Zinszahlungen erbracht gelten. Sie kann auch als barwertig, d. h. im Ausgabekurs, verrechnet betrachtet werden, indem den relativ zum Marktzinsniveau hohen Zinszahlungen kein bei einer gewöhnlichen, nicht-strukturierten Anleihe angemessenes Agio gegenübersteht. Aktienanleihen bieten dem Emittenten die Möglichkeit, durch ein entsprechend weites Marktangebot in der Aggregation auch große Stillhalter-Gegenpositionen zu generieren. Trotz der Vielzahl von Vertragspartnern, die jeweils eine solche Stillhalterposition einnehmen, braucht dabei deren individuelle Bonität nicht berücksichtigt zu werden, da durch die Konstruktion des Finanzinstrumentes bereits sichergestellt ist, dass der Ausübungswert der Verkaufsoption durch inhärente Verrechnung mit der eigenen Rückzahlungsverpflichtung dem Emittenten zugute kommt. Faktisch dient der vom Gläubiger aufgebrachte Anleihebetrag damit als Sicherheit für die vollständige Erfüllung etwaiger Verpflichtungen aus der Stillhalterposition. Ein weiterer Beweggrund für die Emission von Aktienanleihen mag auch in der besonderen Attraktivität des Finanzproduktes liegen, das dem privaten Anleger das Eingehen der Risikoposition eines Optionsstillhalters gestattet. Wegen der Komplexität des Produktes kann sich für ihn dabei allerdings die Frage nach der Angemessenheit der Anleihebedingungen als problematisch erweisen.

Ebenso wie bei den Options- und Wandelanleihen sind die Bestandteile der **Aktienanleihe** (Anleihe (long/short) mit Verkaufsoption (short/long)) grundsätzlich **getrennt** voneinander **zu bilanzieren**. Dies ergibt sich wiederum aufgrund der Tatsache, dass das Trägerinstrument (Anleihe) mit einem derivativen Finanzinstrument (Verkaufsoption) verbunden ist, welches gegenüber der Anleihekomponente zusätzlichen (Marktpreis-)Risiken, hier insbesondere in Gestalt des Aktienkursrisikos, ausgesetzt ist (vgl. *Scharpf/Schaber*, Bankbilanz, S. 537). Es liegt nahe, die Trennung der Komponenten barwertig vorzunehmen. Dies bedeutet, dass der Optionswert als in voller Höhe bei Geschäftsabschluss entrichtet gilt. Folglich ist der aus Sicht des Erwerbers der Anleihe entrichtete Kaufpreis als Nettobetrag des Kaufpreises des reinen Anleiheteils abzüglich der erhaltenen Optionsprämie zu verstehen. Aus der entsprechenden Rückrechnung des Optionswertes entsteht dann gewöhnlich eine Zahlungsreihe für die Anleihekomponente, welche durch hohe Nominalzinsen und ein hohes Aufgeld geprägt ist. Bspw. könnte eine zweijährige Aktienanleihe mit Nominalbetrag 100 GE und Nominalzinssatz von 6 % p. a. zu 100 % ausgegeben und – bei Nicht-Ausübung des Optionsrechts – auch zu 100 % zu tilgen sein. Bei einem Zinsniveau von 4 % p.a. für gewöhnliche Anleihen ohne Sonderausstattung, würde dann eine mit einem 6 %-Kupon ausgestattete Anleihe 103,77 GE kosten. Sie würde also ein Aufgeld von 3,77 GE aufweisen. Da die Aktienanleihe in diesem Beispiel jedoch zu 100 % emittiert wird, ist die Differenz, also das gesamte Aufgeld von 3,77 GE, als Wert des Optionsrechts im Emissionszeitpunkt zu betrachten. Allerdings entbehrt dieses Vorgehen nicht einer gewissen Willkür, zumal die Vertragsbedingungen schwerlich eine Beschreibung hinsichtlich der impliziten Verrechnung der Optionsprämie enthalten werden. Eine alternative Interpretation hinsichtlich der Aufbringung der Optionsprämie könnte darin bestehen, dass diese als kontinuierlich im Rahmen der Nominalzinszahlungen aufgebracht gilt. Der Anleiheschuldner und zugleich Inhaber des Optionsrechts würde dann zu jedem der beiden Zinstermine jeweils 2 GE der gesamten „Nominalzins"-Zahlung von 10 GE nicht als Zins, sondern als Optionsprämie leisten, die somit grundsätzlich zu aktivieren wären. Allerdings würde diese zweite Interpretation aufgrund des Vorsichtsprinzips zu einer komplexen Folgebilanzierung hinsichtlich des Optionselementes führen. Sie soll deshalb nicht weiterverfolgt werden. Stattdessen wird auf die erste Variante eines barwertigen Ansatzes der Optionsprämie abgestellt.

Für Emittent und Erwerber sind die beiden getrennten Komponenten nach den jeweils anzuwendenden Bilanzierungsvorschriften zu behandeln. Für den **Emittenten** ist die Anleihekomponente entsprechend als Verbindlichkeit mit ihrem Erfüllungsbetrag nach § 253 Abs. 1 Satz 2 HGB zu passivieren (vorzugsweise unter den Anleihen nach § 266 Abs. 3 C.1 HGB). Das sich aufgrund der barwertigen Trennung üblicherweise einstellende Agio ist über einen passiven Rechnungsabgrenzungsposten zeitlich abzugrenzen (– im seltenen Falle eines verbleibenden Disagio kommt das Wahlrecht einer Aktivierung oder sofortigen aufwandswirksamen Verbuchung nach § 250 Abs. 3 HGB zum Tragen). Die

Auflösung des passiven Rechnungsabgrenzungspostens kompensiert partiell die in der Folge auftretenden Nominalzinszahlungen, so dass per Saldo ein für die Verbindlichkeitenhöhe „angemessener" Zinsaufwand entsteht. Darüber hinaus ist die Inhaberposition hinsichtlich der Verkaufsoption durch den Ansatz eines sonstigen Vermögensgegenstandes im Umlaufvermögen (§ 266 Abs. 2 B.II.4 HGB) respektive einer sonstigen Ausleihung im Anlagevermögen (§ 266 Abs. 2 A.III.6 HGB) abzubilden. Die Folgebewertungen entsprechen dem üblichen Vorgehen. Bei Fälligkeit sind die Positionen aufzulösen. Wird hierbei die Option nicht ausgeübt, so ist die Verbindlichkeit mit dem Erfüllungsbetrag gegen den im Betrag korrespondierenden Abgang aus dem Bankguthaben zu buchen. Ein Restbuchwert der Option ist aufwandswirksam auszubuchen. Im Falle der Ausübung der Option mit physischer Lieferung wird der Emittent die notwendige Anzahl der zugrunde liegenden Aktien zunächst im Bestand vorhalten. Er bucht diesen Bestand zusammen mit dem Restbuchwert der Option gegen den Abgang der Anleihenverbindlichkeit aus, wodurch sich ein positiver oder negativer Abgangserfolg einstellen wird.

Die Bilanzierung beim **Erwerber** der Aktienanleihe erfolgt entsprechend spiegelbildlich zum Vorgehen beim Emittenten. Der Erwerber aktiviert im Zugangszeitpunkt die Anleihe als Vermögensgegenstand mit deren Anschaffungskosten, welche das Agio einschließen. Ein (entstehendes) Agio ist in der Folge ratierlich abzuschreiben. Zugleich bucht der Erwerber im Anschaffungszeitpunkt die Optionsverpflichtung als sonstige Verbindlichkeit (§ 266 Abs. 3 C.8 HGB). Hinsichtlich der Folgebewertung sind die hohen Nominalzinszahlungen als Zinsertrag zu erfassen. Dieser Erfolg wird gegebenenfalls, aber keineswegs zwingend durch einen Anstieg des Optionswertes und eine damit verbundene Aufwandsverbuchung aus der Bildung einer entsprechenden Drohverlustrückstellung partiell kompensiert oder sogar überkompensiert. Die separate Folgebilanzierung wird durch die Ausbuchung der Positionen bei Fälligkeit abgeschlossen. Im Falle der Nicht-Ausübung der Option durch den Emittenten erhält der Erwerber den Anleihebetrag zurück. Er bucht demgemäß den Geldeingang gegen die Anleiheforderung. Zugleich ist der Verbindlichkeitenansatz aus der Optionsverpflichtung ebenso wie eine gegebenenfalls noch vorhandene Drohverlustrückstellung erfolgswirksam aufzulösen. Wird die Option hingegen durch den Emittenten ausgeübt, so erfolgt der Aktienzugang zusammen mit der Ausbuchung der Optionsverbindlichkeit und der Drohverlustrückstellung gegen den Abgang des Anleihebuchwertes. Allerdings wird damit lediglich der Buchwert des Aktienbestandes unter Berücksichtigung der Wertverhältnisse des letzten Bilanzstichtages, die die Höhe der ggf. vorhandenen Drohverlustrückstellung bestimmen, abgebildet; es werden jedoch nicht die für die Folgebewertung der Aktien relevanten Anschaffungskosten des Bestandes bestimmt. Hinsichtlich der Höhe der Anschaffungskosten ist auf die Regelungen des Erwerbs von Aktien über Optionen zurückzugreifen (vgl. hierzu Teil A, Abschn. 7.2.6.1, S. 244 f.). Danach bestimmen sich die Anschaffungskosten einer Aktie aus dem Basispreis einer zugehörigen Option abzüglich der dafür erhaltenen Prämie. Der Basispreis einer Option auf eine Aktie ergibt sich aus dem Verhältnis von Nominalbetrag der Anleihe und der vertraglich festgelegten Anzahl der zu liefernden Aktien (vgl. *Bertsch,* Strukturierte Produkte, S. 557).

Die Verbuchung bei Emittent und Erwerber soll im folgenden Beispiel, welches die zuvor skizzierte Situation aufgreift, verdeutlicht werden.

Beispiel:

Am 1. 1. 09 emittiert die Universal Bank AG eine Aktienanleihe im Nennwert von 1 Mio. € mit Ausgabekurs 100 %, jährlichen (nominalen) Zinszahlungen in Höhe von 6 % sowie einer Laufzeit von zwei Jahren (Fälligkeit 31. 12. 10). Die Universal Bank AG erhält das Recht, anstelle des Anleihebetrages am Ende der Laufzeit 10.000 Aktien der New Market AG zu liefern (Verkaufsoption mit Basispreis = 100 €/Aktie). Der marktgerechte Zinssatz ohne Optionsrecht beträgt 4 % p. a. Die Universal Bank AG hat am 31. 12. 10 einen Bestand von 10.000 Aktien der New Market AG mit einem Buchwert zu diesem Zeitpunkt von 900.000 €. Da die Verkaufsoption auch als separate Option handelbar ist, ist ihr Marktwert laufend verfügbar; er beträgt danach am 31. 12. 09 40.000 €. Die Aktienanleihe wird im Emissionszeitpunkt von der Invest AG im Umfang von 10.000 € Nominalbetrag erworben. Zur Bemessung der Höhe einer etwaigen Drohverlustrückstellung aus der Optionsverpflichtung greift die Invest AG auf einen Marktwertvergleich zurück. Am 31. 12. 10 soll der Aktienkurs der New Market AG entweder 120 € (Fall a) oder 40 € (Fall b) betragen. Die Marktzinsentwicklung bis zum 31. 12. 09 sei sowohl für die Bewertung der aktivischen Anleihekomponente bei der Invest AG als für die Bewertung der Anleiheverbindlichkeit bei der Universal AG unbeachtlich.

Die Buchungen der Universal Bank AG als **Emittentin** lauten (Beträge in €):

am **1. 1. 09:**

Bank	1.000.000	**an**	Verbindlichkeiten (Anleihen)	1.000.000
Sonstige Vermögensgegenstände (Verkaufsoption)	37.721,89	**an**	passive Rechnungsabgrenzung	37.721,89

am **31. 12. 09:**

Zinsaufwand	41.139,05			
Rechnungsabgrenzung	18.860,95	**an**	Bank	60.000

Eine Abschreibung auf die Option ist nicht vorzunehmen, da der beizulegende Wert bzw. Marktwert der Option höher ist als ihre Anschaffungskosten.

am **31. 12. 10:**

Fall a: Die Universal Bank AG übt ihre Verkaufsoption nicht aus und zahlt den Anleihebetrag zurück.

Zinsaufwand	41.139,05			
passive Rechnungsabgrenzung	18.860,95			
Verbindlichkeiten (Anleihen)	1.000.000			
Verlust aus dem Abgang von Finanzinstrumenten	37.721,89	**an**	Bank	1.060.000
			Sonstige Vermögensgegenstände (Verkaufsoption)	37.721,89

Fall b: Die Universal Bank AG übt ihre Verkaufsoption aus und begleicht ihre Verbindlichkeit durch die Lieferung der Aktien der New Market AG.

Zinsaufwand	41.139,05			
passive Rechnungsabgrenzung	18.860,95			
Verbindlichkeiten (Anleihen)	1.000.000	**an**	Aktienbestand (New Market AG)	900.000
			Bank	60.000
			Sonstige Vermögensgegenstände (Verkaufsoption)	37.721,89
			Ertrag aus Finanzinstrumenten	62.278,11

Die Buchungen der Invest AG als **Erwerberin** lauten (Beträge in €):

am **1. 1. 09:**

Anleihen	10.377,22	**an**	Bank	10.000
			Sonstige Verbindlichkeiten (Verkaufsoption)	377,22

am **31. 12. 09:**

Zinseingang und Fortführung des Anleihebuchwertes:

Bank	600	**an**	Zinsertrag	411,39
			Anleihen (ratierliche Auflösung des Agio)	188,61

Bildung der Drohverlustrückstellung zur Optionsverpflichtung:

Sonstige betriebliche Aufwendungen	22,78	**an**	Sonstige Rückstellungen	22,78

am **31. 12. 10:**

Fall a: Die Universal Bank AG übt ihre Verkaufsoption nicht aus, so dass die Invest AG aus der Optionsverpflichtung nicht in Anspruch genommen wird und den Anleihebetrag zurückerhält. Optionsverbindlichkeit und Drohverlustrückstellung sind erfolgswirksam auszubuchen.

Bank	10.600			
Sonstige Verbindlichkeiten (Verkaufsoption)	377,22			
Sonstige Rückstellungen	22,78	**an**	Zinsertrag	411,39
			Anleihen	10.188,61
			Sonstiger betrieblicher Ertrag	400

Fall b: Die Universal Bank AG übt ihre Verkaufsoption aus, so dass die Invest AG die Aktien anstelle des Anleihebetrages erhält.

Bank	600			
Sonstige Verbindlichkeiten (Verkaufsoption)	377,22			
Sonstige Rückstellungen	22,78			
Aktien (New Market AG)	9.600	**an**	Zinsertrag	411,39
			Anleihen	10.188,61

Als historische Anschaffungskosten des Aktienpaketes der New Market AG gelten für die Invest AG der Basispreis in Höhe von 10.000 abzüglich der Optionsprämie in Höhe von 377,22, also ein Wert von 9.622,78.

7.2.9 Bewertungseinheiten

Die deutsche Rechnungslegung ist in hohem Maße vom Vorsichtsgedanken getragen. Insbesondere dem Schutz der Unternehmensgläubiger dient das Bestreben, in Zweifelsfällen von einer eher ungünstigen Lage bzw. Entwicklung des Unternehmens auszugehen. Es soll damit eine zu hohe Ausschüttung an die Unternehmenseigner und somit ein Entzug von notwendigem Haftungskapital gegenüber den Gläubigern vermieden werden. Folglich neigt eine vorsichtige Bewertung der Vermögensgegenstände dazu, diesen einen geringeren buchhalterischen Wert zuzuweisen als wirtschaftlich vorhanden ist bzw. erwartet wird. Bei Schulden geht die Tendenz entsprechend zu einer Überbewertung. Analoges gilt für die Änderungen der Bestände. Erträge werden erst nach ihrer Realisation (durch Umsätze) ausgewiesen, Verluste sind, soweit absehbar, zu antizipieren (vgl. Teil A, Abschn. 1.2.2.2, S. 34 f.). Das Realisationsprinzip für die Gewinne bzw. das Imparitätsprinzip für die Verluste gelten stets für einen einzelnen Vermögensgegenstand bzw. eine einzelne Schuldposition; jedes Bilanzierungsobjekt ist demnach einzeln zu bewerten (§ 252 Abs. 1 Nr. 3 HGB). Ein Abweichen von diesem **Einzelbewertungsgrundsatz** ist nur in begründeten Ausnahmefällen zulässig (§ 252 Abs. 2 HGB). Somit hängen das Realisations- und Imparitätsprinzip einerseits und der Einzelbewertungsgrundsatz andererseits aufs engste zusammen (vgl. *Kupsch,* Einzelbewertungsprinzip, S. 341 f.).

Bei einer restriktiven Anwendung des Einzelbewertungsgrundsatzes müsste jedes einzelne Gut, das selbständig verkehrsfähig bzw. einzelverwertbar ist, also jeder Vermögensgegenstand (vgl. *Kußmaul,* § 246 HGB, Rn. 5 ff.; *Kupsch,* Einzelbewertungsprinzip, S. 342; *Adler/Düring/Schmaltz,* Rechnungslegung, § 246 HGB, Rn. 13 ff.), für sich, folglich ohne Verbindung mit anderen Bilanzierungspositionen bewertet werden. Eine solche enge Auslegung des Einzelbewertungsgrundsatzes würde aber dem wirtschaftlichen Gehalt zahlreicher aktueller Bilanzierungssituationen nicht gerecht; sie widerspräche zum Teil sogar dem für Kapitalgesellschaften kodifizierten Grundsatz des true and fair view (§ 264 Abs. 2 HGB). Dies zeigt sich eindringlich bei den vorausgehend dargestellten Finanzinnovationen (Teil A, Abschn. 7.2.5–7.2.7, S. 238 ff.): Diese finanziellen Kontrakte werden vielfach einzig im Hinblick auf ein anderes Geschäft, das bilanziell einen Vermögensgegenstand oder eine Schuldposition darstellt, abgeschlossen. Sie dienen dann der wirtschaftlichen Modifikation der Wirkungen dieses Grundgeschäftes. Liegt ihre Funktion in der Eliminierung von Risiken des zugrunde liegenden Geschäftes, würde eine isolierte Bewertung bei ungünstiger Entwicklung des Grundgeschäftes u. U. einen Verlust antizipieren, der realiter nicht eintreten, vielmehr durch das Sicherungsgeschäft kompensiert würde. So kann der Kauf von Verkaufsoptionen (Sicherungsgeschäft) dazu eingesetzt werden, dass der Veräußerungserlös eines Aktienbestandes (Grundgeschäft) nicht unter einen über den Basispreis bestimmbaren Wert fällt. Der Zwang zur imparitätischen Berücksichtigung des Verlustes aus dem Grundgeschäft einerseits und des Gewinnes aus dem Sicherungsgeschäft andererseits wäre durch das Vorsichtsprinzip hier nicht mehr zu rechtfertigen und von daher zu verwerfen. Anstelle einer strengen Einzelbewertung von

Optionen und Aktienbestand kann es dann sinnvoll sein, beide Positionen in einer **Bewertungseinheit,** die dann auch als **Micro-Hedge** bezeichnet wird, zu verbinden. Auf diese bzw. vergleichbare Sachverhalte stellen auch die in der Literatur anzutreffenden Begriffe der **kompensatorischen Bewertung** (vgl. *Möhler,* Absicherung, S. 87 f.) oder der **geschlossenen Position** ab.

Die **Wirkung der Bewertungseinheit** besteht darin, dass buchhalterische Verluste einer oder mehrerer Positionen nicht ausgewiesen werden, wenn und soweit sie gleichzeitig durch noch nicht realisierte, daher an sich nicht ausweisbare Gewinne anderer Positionen ausgeglichen werden (so gemäß der sog. Einfrierungsmethode, s. S. 290 f.). Dabei ist nicht ausschließlich an bilanzierte Positionen zu denken. Die Bewertungseinheit kann sich anteilig auch aus bilanzunwirksamen Geschäften, wie beispielsweise bei manchen Termingeschäften der Fall, zusammensetzen (antizipative Transaktionen, s. u.). Darüber hinaus werden Prinzipien, die dem Vorsichtsgedanken Rechnung tragen, nicht außer Kraft gesetzt; insbesondere gilt weiterhin das Anschaffungskostenprinzip, das nunmehr allerdings auf die Gesamtheit der in die Bewertungseinheit einbezogenen Positionen anzuwenden ist.

Vor der Einführung des BilMoG war die Bilanzierung von Bewertungseinheiten im deutschen Handelsrecht nicht gesetzlich geregelt. Lediglich für Fremdwährungsgeschäfte von Kreditinstituten war nach § 340h HGB ausdrücklich eine kompensatorische Bewertung zugelassen (vgl. zu den Besonderheiten der Fremdwährungsumrechnung bzw. der Sicherungsgeschäfte bei Kreditinstituten *BFA,* Fremdwährungsumrechnung, sowie *Bieg,* Bankbilanzierung, S. 502 ff.). Dennoch wurden in der Praxis regelmäßig Bewertungseinheiten gebildet. Begründet und als zulässig erachtet wurde dies insbesondere vor dem Hintergrund einer ansonsten drohenden Verletzung der Generalnorm des § 264 Abs. 2 Satz 1 HGB (vgl. *Adler/Düring/Schmaltz,* Rechnungslegung, § 253 HGB, Rn. 105; *Coenenberg/Haller/Schultze,* Jahresabschluss, S. 289; *Heyd/Kreher,* BilMoG, S. 86). Durch den im Zuge des BilMoG neu eingeführten § 254 HGB wurde die bilanzielle Abbildung von **Bewertungseinheiten** gesetzlich kodifiziert. Damit wurde zugleich eine Regelungslücke im Hinblick auf das Steuerrecht geschlossen, da in § 5 Abs. 1a EStG bereits vor Einführung des BilMoG auf im Handelsrecht gebildete Bewertungseinheiten verwiesen wurde, ohne dass eine solche allgemeine handelsrechtliche Regelung im HGB explizit aufgeführt gewesen wäre (vgl. *Cassel,* Bewertungseinheiten, S. 431). Änderungen der bisherigen Bilanzierungspraxis sollen nach Aussage des Gesetzgebers damit jedoch nicht verbunden sein (vgl. BT-Drs. 16/10067, S. 57). Dies darf durchaus bezweifelt werden, da im Sinne des § 254 HGB nunmehr wohl alle in der Praxis bekannten Formen von Bewertungseinheiten, nämlich Micro-, Macro- und Portfolio-Hedges, als zulässig zu betrachten sind (vgl. BT-Drs. 16/10067, S. 58; *Scharpf/Schaber,* Bankbilanz, S. 307; sowie indirekt über die geforderten Anhangangaben nach §§ 285 Nr. 23, 314 Abs. 1 Nr. 15 HGB) während zuvor lediglich die Bildung von Micro-Hedges als unstrittig zulässig galt. Angesichts des Umstandes, dass eine Legaldefinition nicht vorliegt, werden vor allem die beiden letztgenannten Hedge-Arten unterschiedlich abgegrenzt. Zumindest in der Gesetzesbegründung zum BilMoG wird ein **Portfolio-Hedge** als Absicherung mehrerer gleichartiger Grundgeschäfte durch ein oder mehrere Sicherungsinstrumente definiert (vgl. BT-Drs. 16/10067, S. 58), wobei sich die Gleichartigkeit auf das abzusichernde Risiko bezieht. Oftmals wird auch dann von einem Portfolio-Hedge gesprochen, wenn mehrere, z. T. auch gegenläufige Grundgeschäfte zusammengefasst werden (Portfolio) und die sich aus dieser Gruppe ergebende Netto-Risikoposition durch ein (oder mehrere) Sicherungsinstrument(e) abgesichert wird (vgl. *Arbeitskreis „Externe Unternehmensrechnung" der Schmalenbach-Gesellschaft,* Bilanzierung, S. 638). Wird allerdings die Betragsgleichheit von Grund- und Sicherungsgeschäften mit jeweils gegenläufiger Wertentwicklung verlangt, so wird dies z. T. noch unter dem Begriff des **Micro-Hedge** subsumiert (vgl. *IDW,* WP-Handbuch 06 I, S. 271) Wiederum andere stellen bei Portfolio-Hedges eher auf die Risikoreduktion geführter Handelsportfolios, denn auf den Gedanken der vollständigen Absicherung ab. Ziel solcher Bewertungseinheiten ist dann gegebenenfalls sogar nicht eine möglichst marktpreisrisikokongruente Absicherung, sondern eine Absicherung offener Risikopositionen nach dem Prinzip der kostengünstigsten Eindeckung, so dass u. U. auch ein Kompensationsgeschäft mit geringerem Absicherungsvermögen zum Einsatz kommt, wenn es entsprechend günstig zu beschafften ist (vgl. *Herzig/Mauritz,* Bewertungseinheiten, S. 101 ff.). Im Gegensatz zu dieser Beschränkung auf abgegrenzte Portfolios werden mithilfe von **Macro-Hedges** Risikopositionen auf aggregierter Ebene bis hin zur Unternehmensebene abgesichert (vgl. *Scharpf/Luz,* Finanzderivate, S. 296). Demnach meint Macro-Hedging die risikokompensierende Wirkung ganzer Gruppen von Grundgeschäften (vgl. BT-Drs. 16/10067, S. 58). Dabei tritt eine (vollständige) Kompensationswirkung nicht zwangsläufig ein. Aufgrund der Zulässigkeit aller Hedging-Arten nach § 254 HGB ist die Abgrenzung lediglich für die geforderten Anhangangaben gemäß §§ 285 Nr. 23, 314 Abs. 1 Nr. 15 HGB von Relevanz.

Nach § 254 HGB können bestimmte Grund- und Sicherungsgeschäfte bilanziell zusammen betrachtet werden, sofern gewisse Kriterien als erfüllt gelten. Zu den **absicherungsfähigen Grundgeschäften** zählen Vermögensgegenstände, Schulden, schwebende Geschäfte und mit hoher Wahrscheinlichkeit erwartete Transaktionen. Absicherungsfähig sind nicht nur Risiken aus Finanzinstrumenten, sondern vielmehr auch Risiken aus dem künftigen Bezug oder Absatz von nicht-finanziellen Vermögensgegenständen (vgl. *Förschle/Usinger,* Bilanzkommentar, § 254 HGB, Rn. 10). Der Kreis der absicherungsfähigen Grundgeschäfte wurde vom Gesetzgeber bewusst weit gefasst, um die bisherige Bilanzierungspraxis, insbesondere in Bezug auf die übliche Absicherung antizipativer Transaktionen, nicht zu beschneiden. In Abgrenzung zum Begriff des schwebenden Geschäfts, bei dem zum Abschlussstichtag bereits ein Rechtsgeschäft vorliegt, das jedoch noch nicht erfüllt ist, werden bei antizipativen Transaktionen zwar Rechtsgeschäfte mit hoher Wahrscheinlichkeit erwartet, diese sind aber noch nicht (endgültig) abgeschlossen (vgl. *Förschle/Usinger,* Bilanzkommentar, § 254 HGB, Rn. 12). Aufgrund der Unsicherheit, die mit einer antizipativen Transaktion einhergeht, stellt der Gesetzgeber hohe Anforderungen an die Bilanzierung der damit zusammenhängenden Absicherungen. So muss regelmäßig eine hohe Wahrscheinlichkeit für den tatsächlichen Abschluss des Rechtsgeschäfts bestehen. Dies bedeutet, dass dem Abschluss des Rechtsgeschäfts allenfalls noch außergewöhnliche Umstände entgegenstehen dürfen, die außerhalb des

Einflussbereichs des Unternehmens liegen. Für diese Einschätzung sind historische Erfahrungen von Bedeutung, d. h., ob die in der Vergangenheit abgesicherten, zuvor erwarteten Rechtsgeschäfte im Nachhinein tatsächlich eingetreten sind (vgl. zur Überprüfung der antizipativen Bewertungseinheiten durch den Abschlussprüfer auch BT-Drs. 16/10067, S. 58).

Als **Sicherungsinstrumente** sind nach §254 HGB ausschließlich Finanzinstrumente zugelassen. Diese umfassen neben den derivativen auch originäre Finanzinstrumente. Als Beispiel für Bewertungseinheiten mit originären Sicherungsinstrumenten wird im RegE des BilMoG die Absicherung einer Fremdwährungsforderung (Grundgeschäft) mit einer auf dieselbe Währung lautenden Verbindlichkeit (Sicherungsinstrument) angeführt (vgl. BT-Drs. 16/10067, S. 58). Als Sicherungsinstrument ebenfalls zulässig sind die in §254 Satz 2 HGB explizit genannten Warentermingeschäfte, die gemäß der Beschlussempfehlung des Rechtsausschusses zwar nicht unter dem Begriff des Finanzinstruments i. S. d. §254 Satz 1 HGB subsumiert werden können, deren Verwendung jedoch aufgrund der in der Praxis gängigen Absicherung eines Kaufs oder Verkaufs von Waren weiterhin gestattet werden soll (vgl. BT-Drs. 16/12407, S. 86). Zudem muss im Zeitpunkt der Bildung einer Bewertungseinheit die erklärte Absicht bestehen, die beiden Geschäfte zur (gegenseitigen) Kompensation heranzuziehen und diese bis zur Erreichung dieses Zwecks zu halten (zur **Durchhalteabsicht** vgl. auch *Kommission für Bilanzierungsfragen des Bundesverbands deutscher Banken,* Rechnungslegung, S. 158 ff.; nach *HFA,* Bewertungseinheiten, S. 403, wird eine Durchhalteabsicht über einen definierten und in der Dokumentation niedergelegten Zeitraum gefordert, so dass eine beliebige Designation und Dedesignation nicht möglich sein soll; vgl. auch *Oser,* Bewertungseinheiten, S. I). Das alleinige Halten von adäquaten Grund- und Sicherungsgeschäften ist demnach nicht ausreichend für eine Anerkennung als Bewertungseinheit nach §254 HGB (vgl. *Schmidt,* Bewertungseinheiten, S. 885). Die **Designation** der originären und derivativen Finanzinstrumente sowie der Warentermingeschäfte als Sicherungsinstrumente hat zwingend **prospektiv** zu erfolgen. Eine nachträgliche Bildung von Bewertungseinheiten ist ausgeschlossen. Somit sind die bis zum Zeitpunkt der Designation als Bewertungseinheit bei Grund- und Sicherungsgeschäft eingetretenen Wertänderungen nach den allgemeinen handelsrechtlichen Bilanzierungs- und Bewertungsvorschriften zu behandeln (vgl. *Förschle/Usinger,* Bilanzkommentar, §254 HGB, Rn. 56). Von Kreditinstituten ursprünglich in den Handelsbestand eingeordnete Finanzinstrumente können später Teil einer Sicherungsbeziehung werden, indem sie in die Kategorie der Wertpapiere, die wie Anlagevermögen behandelt werden, umgegliedert werden. Bei Beendigung der Bewertungseinheit sind die Finanzinstrumente wieder in den Handelsbestand umzuklassifizieren (§340e Abs. 3 Satz 4 HGB; *Bieg,* Bankbilanzierung, S. 494).

Bewertungseinheiten dürfen nur gebildet werden, wenn das Sicherungsinstrument der Kompensation der aus dem Grundgeschäft resultierenden **Wert- oder Zahlungsstromänderungsrisiken** dienen soll und damit Grund- und Sicherungsgeschäft gleichartigen (gegenläufig wirkenden) Risiken ausgesetzt sind. Wert- oder Zahlungsstromänderungen können dabei auf Zinsänderungs-, Währungs-, Ausfall- oder sonstigen vergleichbaren Risiken beruhen. Beinhaltet ein Sicherungsinstrument neben dem wertbestimmenden Risiko des Grundgeschäfts andere oder weitere Risiken, so ist dieses Instrument nicht zur Sicherung geeignet (vgl. hierzu auch *HFA*, Bewertungseinheiten, S. 401 f.). Grundsätzlich zulässig ist jedoch die Absicherung ausgewählter Teilrisiken aus dem Grundgeschäft (vgl. *Förschle/Usinger*, Bilanzkommentar, § 254 HGB, Rn. 26). Die **Effektivität** der Sicherungsbeziehung ist sowohl zum Zeitpunkt der Bildung der Bewertungseinheit (**prospektiv**) als auch mindestens an jedem auf die Bildung folgenden Bilanzstichtag (**retrospektiv**) nachzuweisen, wobei es dem Bilanzierenden obliegt, eine diesbezüglich geeignete Methode je nach Art der vorliegenden Bewertungseinheit zu wählen (vgl. BT-Drs. 16/10067, S. 58 f.; *Förschle/Usinger*, Bilanzkommentar, § 254 HGB, Rn. 43). Im Falle von Micro-Hedges, bei denen die wertbestimmenden Parameter 1:1 korrespondieren (insbes. Laufzeit und Nominalbetrag; perfect hedge), stellt dies aufgrund der unmittelbar erkenn- und nachprüfbaren Gegenläufigkeit kein Problem dar. Bei unterschiedlichen Parametern von Grund- und Sicherungsgeschäft sowie bei Macro- und Portfolio-Hedges gestaltet sich der Effektivitätsnachweis als ungleich schwerer. Je nach Art der Sicherungsbeziehung kann die Wirksamkeit dabei auf Basis eines angemessenen und wirksamen Risikomanagementsystems oder anhand weiterer, zumeist aus dem Kontext der US-GAAP- und IFRS-Bilanzierung abgeleiteter Methoden nachgewiesen werden (Beispiele für prospektive Methoden sind neben dem critical-term-match bei eindeutigen Absicherungen die Sensitivitätsanalyse, Value-at-Risk-Methode sowie der historische Abgleich unter Verwendung retrospektiver Methoden; zu diesen zählen die Dollar-offset-Methode(n), Varianzreduktionsmethode sowie die Regressionsanalyse; vgl. ausführlich *Wiese*, Hedge-Accounting, S. 141 ff.). Der Gesetzgeber hat in diesem Zusammenhang allerdings auf die Vorgabe quantitativer Effektivitätsspannen, wie sie beispielsweise in den IFRS üblich sind (vgl. IAS 39.88 i. V. m. IAS 39.AG105(b)), verzichtet.

Die Pflicht zur hinreichenden **Dokumentation** der Sicherungsbeziehungen ergibt sich sowohl aus den allgemeinen Buchführungspflichten nach den §§ 238, 239 HGB als auch aus den umfangreichen Angabepflichten des § 285 Nr. 23 HGB bzw. § 315 Abs. 1 Nr. 15 HGB (vgl. *Coenenberg/Haller/Schultze*, Jahresabschluss, S. 292). Demnach sind im Anhang die Beträge von Grund- und Sicherungsgeschäften, die Höhe und Art der abgesicherten Risiken, die Ergebnisse der Effektivitätsprüfungen sowie eine Erläuterung der mit hoher Wahrscheinlichkeit erwarteten Transaktionen anzugeben, sofern diese Angaben nicht bereits im Lagebericht gemacht werden. Eine zusätzliche Orientierung an den diesbezüglichen Dokumentationspflichten des IAS 39 wird vielfach als sachgerecht empfunden (vgl. *Cassel*, Bewertungseinheiten, S. 441; *Scharpf*, Finanzinstrumente, S. 212).

Sind die Voraussetzungen zur Bildung einer Bewertungseinheit erfüllt, sind in dem Umfang und für den Zeitraum, in dem sich die Wertänderungen von Grund- und Sicherungsgeschäft ausgleichen (effektiver Teil), die Vorschriften zum Einzelbewertungsgrundsatz (§ 252 Abs. 1 Nr. 3 HGB), zum Imparitätsprinzip (§ 252 Abs. 1 Nr. 4 HGB), zum Anschaffungskostenprinzip (§ 253 Abs. 1 Satz 1 HGB), zur Währungsumrechnung (§ 256a HGB) und zur Bildung von Drohverlustrückstellungen (§ 249 Abs. 1 HGB) **nur auf die Bewertungseinheit als Ganzes** und nicht auf die Einzelgeschäfte anzuwenden (vgl. *Baetge/Kirsch/Thiele*,

Bilanzen, S. 653). Der nicht durch das Sicherungsgeschäft ausgeglichene ineffektive Teil der Bewertungseinheit unterliegt den allgemeinen Bilanzierungs- und Bewertungsvorschriften des HGB. Wird also eine Wertminderung des Grundgeschäfts nicht (vollständig) durch eine gegenläufige Wertsteigerung des Sicherungsgeschäfts kompensiert, so ist dieser Verlust bzw. diese Deckungslücke grundsätzlich **erfolgswirksam** zu erfassen. Eine etwaige Überkompensation des (potentiellen) Verlustes aus dem Grundgeschäft durch (mögliche) Gewinne aus dem Sicherungsgeschäft bleibt aufgrund des Realisationsprinzips außer Ansatz. Demnach ist sowohl das Imparitätsprinzip (Antizipation möglicher Verluste) als auch Realisationsprinzip (Nichtausweis möglicher, unrealisierter Gewinne) jeweils auf das Nettoergebnis aus Grund- und Sicherungsgeschäft anzuwenden (vgl. *Förschle/Usinger,* Bilanzkommentar, § 254 HGB, Rn. 50). In seinem Entwurf einer Stellungnahme zur handelsrechtlichen Bilanzierung von Bewertungseinheiten (IDW ERS HFA 35) schlägt der Hauptfachausschuss des IDW eine **zweistufige Bewertungstechnik** vor (*HFA,* Bewertungseinheiten, S. 405 f.; *Burchardt/Trepte,* Bewertungseinheiten, S. 15 ff.). Auf Basis eines vorab definierten Umfangs der Absicherung, speziell im Falle einer nur partiellen Absicherung des Grundgeschäfts, ist der Erfolg aus diesem nicht abgesicherten Teil nach den allgemeinen Grundsätzen zu behandeln. Während dies im Falle eines Micro-Hedge durch eine Abschreibung des Grundgeschäfts erfolgen kann, muss bei Macro- und Portfolio-Hedges zwingend eine Drohverlustrückstellung gebildet werden, da hier eine Zuordnung der Wertminderung zu den einzelnen Grundgeschäften höchstens willkürlich erfolgen könnte. Demgegenüber kann auch bezüglich des (eigentlich) abgesicherten Teils bei nur unvollständiger Absicherung eine unausgeglichene Differenz entstehen. Ergibt sich diesbezüglich ein zusätzlicher (Bewertungs-)Verlust (bisherige Unwirksamkeit), ist dieser über eine „Rückstellung für Bewertungseinheiten" zu erfassen (IDW ERS HFA 35, Rn. 64); eine Saldierung mit dem Ergebnis aus dem nicht abgesicherten Teil soll nicht möglich sein (IDW ERS HFA 35, Rn. 67).

Hinsichtlich der anzuwendenden Methode zur Abbildung einer Bewertungseinheit im Jahresabschluss enthält § 254 HGB keine Vorgabe. Hinweise finden sich diesbezüglich aber bereits in der Regierungsbegründung zum BilMoG, in der den Unternehmen ein Wahlrecht zur Anwendung entweder der sog. Einfrierungsmethode (Methode der kompensatorischen Bewertung, Festbewertungsmethode) oder der sog. Durchbuchungsmethode eingeräumt wird (vgl. BT-Drs. 16/10067, S. 95, *HFA,* Bewertungseinheiten, S. 406 f.; zur Zulässigkeit der Durchbuchungsmethode vgl. *Patek,* Bewertungseinheiten, S. 1079 f.).

Bei Anwendung der **Einfrierungsmethode** wird der effektive Teil der Sicherungsbeziehung weder in der Bilanz noch in der GuV abgebildet; er ist lediglich aus Nebenrechnungen bzw. einem Nebenbuch ersichtlich. Der ineffektive Teil der Bewertungseinheit hingegen wird nach den allgemeinen Bewertungsvorschriften behandelt, wobei unrealisierte Verluste nach Ansicht des HFA zur Bildung einer Rückstellung für Bewertungseinheiten führen (vgl. *HFA,* Bewertungseinheiten, S. 405, der die Unwirksamkeit auf Verlustsituationen bezieht, s. o.), während unrealisierte Gewinne unberücksichtigt bleiben (vgl. *Coenenberg/Haller/Schultze,* Jahresabschluss, S. 292 f.; *Cassel,* Bewertungseinheiten, S. 443;

Baetge/Kirsch/Thiele, Bilanzen, S. 653). Die **Durchbuchungsmethode** sieht demgegenüber die erfolgswirksame Erfassung sämtlicher Wertänderungen von Grund- und Sicherungsgeschäft vor, soweit sich diese ausgleichen (effektiver Teil der Sicherungsbeziehung). Folglich wird der Sicherungseffekt durch die gegenläufigen (gleichhohen) Aufwands- und Ertragsbuchungen in der GuV ersichtlich. In der Bilanz werden sowohl Grund- als auch Sicherungsgeschäft mit den beizulegenden Zeitwerten ausgewiesen. Diese Vorgehensweise wird oftmals auch als **Bruttomethode** bezeichnet (vgl. *Schmidt*, Bewertungseinheiten, S. 886; der HFA bezeichnet auch die Anpassung der Buchwerte in der Bilanz ohne korrespondierende GuV-Buchungen als sachgerecht, vgl. *HFA*, Bewertungseinheiten, S. 407). Ebenso wie bei der Einfrierungsmethode ergibt sich dabei in Bezug auf den effektiven Teil der Sicherungsbeziehung keine Auswirkung auf die Höhe des Jahresabschlusses, da sich diese Aufwendungen und Erträge stets zu „null" saldieren (vgl. *Küting/Cassel*, Bewertungseinheiten, S. 772). Der ineffektive bzw. nicht abgesicherte Teil der Bewertungseinheit wird wiederum nach den allgemein gültigen Bewertungsvorschriften behandelt. Unterschiede zwischen den beiden Methoden ergeben sich demnach nur in Bezug auf den Ausweis des effektiven Teils der Sicherungsbeziehung.

Zwar ist die Durchbuchungsmethode mit einem Informationsgewinn für den externen Bilanz- bzw. GuV-Leser verbunden, es ergeben sich jedoch einige **Probleme** bei der Anwendung. Neben dem Ansatz schwebender Geschäfte und der Durchbrechung des Anschaffungskostenprinzips (die aber durch § 254 HGB legitimiert wird), bereitet vor allem die Bilanzierung von antizipativen Bewertungseinheiten, von bilanzunwirksamen festen Verpflichtungen sowie von Macro- und Portfolio-Hedges Schwierigkeiten (vgl. dazu *Förschle/Usinger*, Bilanzkommentar, § 254 HGB, Rn. 54 f.; *Küting/Cassel*, Bewertungseinheiten, S. 772; *Cassel*, Bewertungseinheiten, S. 444 f.). Auf die Absicherung von **antizipativen Bewertungseinheiten** ist die Durchbuchungsmethode nicht ohne Weiteres anwendbar, da die in diesen enthaltenen, mit hoher Wahrscheinlichkeit erwarteten Transaktionen die Ansatzkriterien eines Vermögensgegenstands oder Rechnungsabgrenzungspostens nach HGB nicht erfüllen (vgl. *HFA*, Bewertungseinheiten, S. 407). Im Falle einer Bilanzierung solcher Grundgeschäfte würde demnach gegen die handelsrechtlichen GoB verstoßen (vgl. *Cassel*, Bewertungseinheiten, S. 444; *Patek*, Bewertungseinheiten, S. 1080). Wenn nun aber das Grundgeschäft nicht bilanziell erfasst wird, erscheint es als nicht sachgerecht, Wertänderungen des korrespondierenden Sicherungsgeschäfts erfolgswirksam zu erfassen. Diese (effektiv gesicherten) Wertänderungen sollten, parallel zum Vorgehen bei der Einfrierungsmethode, vielmehr erfolgsneutral in einer Nebenbuchhaltung erfasst werden. Wird nun das mit hoher Wahrscheinlichkeit erwartete Grundgeschäft realisiert, sind diese „zwischengeparkten" Wertänderungen sowie etwaige bereits bilanzierte Anschaffungskosten des Sicherungsgeschäfts entweder in die Anschaffungskosten des Grundgeschäfts mit einzubeziehen oder, im Falle der Absicherung von Zahlungsströmen, zeitkongruent mit der erfolgswirksamen Erfassung des Grundgeschäfts zu vereinnahmen (vgl. *Scharf/Schaber*, Bewertungseinheiten, S. 540; *Coenenberg/Haller/Schultze*, Jahresabschluss, S. 295). Bei einem Absatzgeschäft ergibt sich demnach die Erfolgswirksamkeit im Zeitpunkt des Verkaufs, während dies bei einem abgesicherten Erwerbsvorgang erst im Zuge der nachfolgenden Abschreibung oder des Abgangs des Grundgeschäfts der Fall ist (vgl. *Förschle/Usinger,* Bilanzkommentar, § 254 HGB, Rn. 54). Faktisch folgt die Bilanzierung von antizipativen Bewertungseinheiten damit dem Vorgehen der Einfrierungsmethode. Die IFRS bilden antizipative Bewertungseinheiten über einen cash flow hedge ab. Wertänderungen des Sicherungsgeschäfts werden dabei nicht in einer Nebenrechnung, sondern erfolgsneutral in der Neubewertungsrücklage innerhalb des Eigenkapitals gebucht, soweit der Eintritt des abgesicherten Risikos ausgeschlossen ist und die kumulierte Wertänderung des Sicherungsgeschäfts hinter der kumulierten Wertänderung des abgesicherten Cashflows (Grundgeschäft) zurückbleibt (vgl. Teil A, Abschn. 7.3.2, S. 313 ff.). Darüber hinausgehende Wertänderungen werden wie nach § 254 HGB erfolgswirksam erfasst (IAS 39.95 ff.). Auch für das Handelsrecht wird die Möglichkeit einer solchen ergebnisneutralen Erfassung der Wertänderungen diskutiert (vgl. *DRSC,* Stellungnahme BilMoG, S. 18; *Patek,* Bewertungseinheiten, S. 1081). Ähnliche Schwierigkeiten ergeben sich auch bei **Bewertungseinheiten mit bilanzunwirksamen festen Verpflichtungen** (firm commitments), bei denen die Durchbuchungsmethode den Bilanzierenden verpflichtet, die auf das abgesicherte Risiko zurückzuführenden kumulierten Änderungen des beizulegenden Zeitwerts der festen Verpflichtung als Vermögensgegenstand oder Verbindlichkeit in der Bilanz anzusetzen (vgl. *Cassel,* Bewertungseinheiten, S. 444). Im Falle der **Portfolio- und Macro-Hedges** ergeben sich Probleme bei der Zuordnung der kumulierten Wertänderungen des gesamten gesicherten Grundgeschäfts auf die zugrunde liegenden Posten. Die IFRS sehen im Rahmen eines Portfolio-Hedges gegen Zinsänderungsrisiken den Ansatz eines gesonderten Postens innerhalb der Vermögensgegenstände bzw. Verbindlichkeiten nach IAS 39.89A vor. Der deutsche Gesetzgeber hält dagegen sowohl eine quotale Aufteilung der Wertänderung als auch deren Berücksichtigung bei nur einzelnen Vermögensgegenständen für zulässig (vgl. *Cassel,* Bewertungseinheiten, S. 444).

Die **Einfrierungsmethode** stellt die in der Praxis geläufige Bilanzierungsart dar (vgl. *Küting/Cassel,* Bewertungseinheiten, S. 769; *HFA,* Bewertungseinheiten, S. 407). Angesichts der Tatsache, dass der Gesetzgeber mit § 254 HGB lediglich die bisherige handelsrechtliche Bilanzierungspraxis kodifizieren wollte, erscheint die Möglichkeit zur Anwendung der vor allem innerhalb der IFRS vorgesehenen **Durchbuchungsmethode** vor dem Hintergrund der Vergleichbarkeit von Jahresabschlüssen als zumindest fragwürdig. Zudem wird der mit der Durchbuchungsmethode einhergehende Informationsvorteil hinsichtlich der Abbildung der Wertänderungen in Bilanz und GuV dadurch relativiert, dass bei der Einfrierungsmethode entsprechende Angaben zu den durch die Bewertungseinheit gesicherten Beträgen aus dem Anhang ersichtlich sind. Nicht zuletzt aufgrund der mit der Durchbuchungsmethode verbundenen Schwierigkeiten erscheint die Anwendung der Einfrierungsmethode als sachgerechter. Es ist jedoch zu beachten, dass Unternehmen, die einen IFRS-Abschluss aufstellen müssen oder dies freiwillig tun, durch IAS 39.89 zur Anwendung der Durchbuchungsmethode bei Fair-Value-Hedges verpflichtet sind (vgl. zu den geplanten Änderungen beim Hedge Accounting *IASB,* Hedge Accounting, sowie Teil A, Abschn. 7.3.2, S. 311 ff.).

Liegen zu einem späteren Zeitpunkt die Voraussetzungen für die Bildung einer Bewertungseinheit nach § 254 HGB nicht (mehr) vor (z. B. unzureichender oder nicht messbarer Effektivitätsgrad, endgültiger Nichteintritt einer mit hoher Wahrscheinlichkeit erwarteten Transaktion, Wegfall der Sicherungsabsicht), so ist diese **aufzulösen**. Grund- und Sicherungsgeschäft sind **von diesem Zeitpunkt an** getrennt voneinander zu bewerten (vgl. *Förschle/Usinger*, Bilanzkommentar, § 254 HGB, Rn. 57).

Nach § 5 Abs. 1a EStG gelten die nach § 254 HGB gebildeten Bewertungseinheiten auch für die **Steuerbilanz** (vgl. *Oser*, Bewertungseinheiten, S. I).

Die **Wirkung** der Bildung einer Bewertungseinheit soll für die Absicherung eines zum Verkauf vorgesehenen Aktienbestandes durch den Erwerb von Verkaufsoptionen dargestellt werden. Dazu wird auf die Daten des Beispieles zur Verbuchung von Verkaufsoptionen (Teil A, Abschn. 7.2.6.1, S. 246 ff.) zurückgegriffen. Das dort beschriebene Verbuchungsverfahren wäre somit auch im folgenden Beispielfall anzuwenden und entspricht dem Vorgehen der Einfrierungsmethode.

Beispiel:

Die X-AG kauft am 10. 7. 09 Aktien der Z-AG im Umfang von 400 Stück, die sie dem Umlaufvermögen zuordnet. Sie bezahlt 540 €/Aktie. Bereits im Dezember desselben Jahres entschließt sich die X-AG, die Aktien innerhalb des folgenden Jahres wieder abzustoßen. Zur Sicherung eines Mindestveräußerungserlöses erwirbt das Unternehmen am 20. 12. 09 400 Verkaufsoptionen amerikanischen Typs auf Aktien der Z-AG. Da der Erwerb der Optionen einzig der Wertsicherung des Aktienbestandes dienen soll, ist beabsichtigt, die Optionen stets zusammen mit dem Verkauf der Aktien auszuüben bzw. am Markt zu veräußern. Der Sicherungszusammenhang zwischen Aktien- und Optionsbestand wird entsprechend deklariert und dokumentiert. Die Verkaufsoptionen sind mit einem Basispreis von 550 € ausgestattet und verfallen am 17. 9. 10. Beim Kauf notieren sie zu 17 €/Stück. Am 17. 9. 10 schließlich werden der Options- sowie der Aktienbestand aufgelöst.

Zur Darstellung der Wirkungsweise einer Bewertungseinheit aus Aktienbestand und Optionen wird der wirtschaftliche Erfolg der **Gesamtposition** bei Ausübung der Optionen verglichen mit dem buchhalterischen Erfolg im Rahmen des Jahresabschlusses, und zwar sowohl bei Bildung einer Bewertungseinheit als auch ohne eine solche. Die Erfolgsbeiträge werden je für eine einzelne Aktie und Verkaufsoption beschrieben. Anhand von Schaubildern (siehe S. 294 f.) sollen die Sachverhalte graphisch verdeutlicht werden.

Bei **wirtschaftlicher Betrachtungsweise** ergibt sich für die Laufzeit der Option ein Gewinn-/Verlustprofil der Gesamtposition, das je nach Aktienkurs im Veräußerungszeitpunkt ein unbegrenztes Gewinnpotential auf der einen sowie auf der anderen Seite eine Begrenzung des Verlustes auf 7 € ausweist. Die in **Schaubild a** dargestellte Gewinn-/Verlustsituation wird beim Verkauf am Verfalltag der Option realisiert. Bei einer Auflösung der Gesamtposition während der Optionslaufzeit beschreibt dieses Profil einen Mindestgewinn bzw. maximalen Verlust, da das Optionsrecht durch eine separate Veräußerung am Markt wegen seines dann noch positiven Zeitwertes einen höheren Erfolgsbeitrag bringen wird als durch die Ausübung.

Hinsichtlich der Wirkungen auf die Höhe des Jahresüberschusses ist zunächst zwischen den Geschäftsjahren zu differenzieren. Die Geschäftsjahre sollen hier den Kalenderjahren entsprechen, so dass in einem ersten Schritt die Erfolgsbeiträge für den Jahresabschluss 09 und danach die Erfolgsbeiträge für das Jahr 10 betrachtet werden.

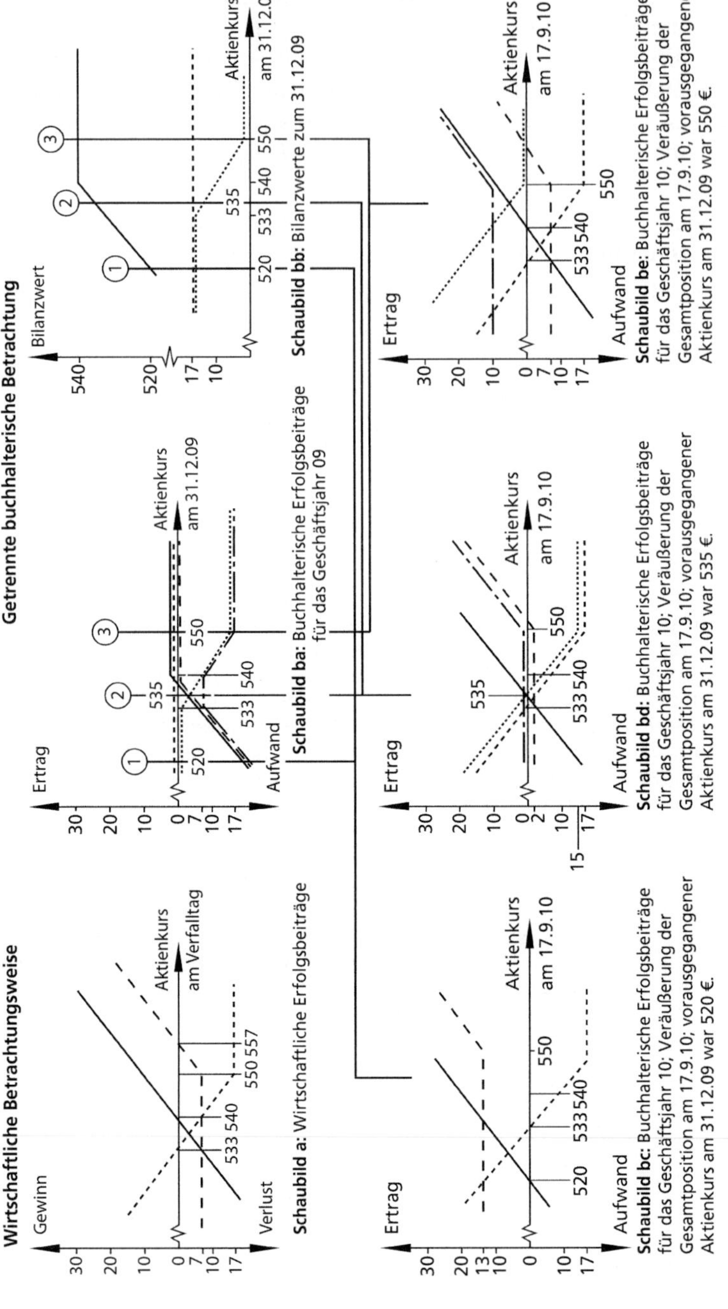

Schaubild a: Wirtschaftliche Erfolgsbeiträge

Schaubild ba: Buchhalterische Erfolgsbeiträge für das Geschäftsjahr 09

Schaubild bb: Bilanzwerte zum 31.12.09

Schaubild bc: Buchhalterische Erfolgsbeiträge für das Geschäftsjahr 10; Veräußerung der Gesamtposition am 17.9.10; vorausgegangener Aktienkurs am 31.12.09 war 520 €.

Schaubild bd: Buchhalterische Erfolgsbeiträge für das Geschäftsjahr 10; Veräußerung der Gesamtposition am 17.9.10; vorausgegangener Aktienkurs am 31.12.09 war 535 €.

Schaubild be: Buchhalterische Erfolgsbeiträge für das Geschäftsjahr 10; Veräußerung der Gesamtposition am 17.9.10; vorausgegangener Aktienkurs am 31.12.09 war 550 €.

Bewertungseinheit

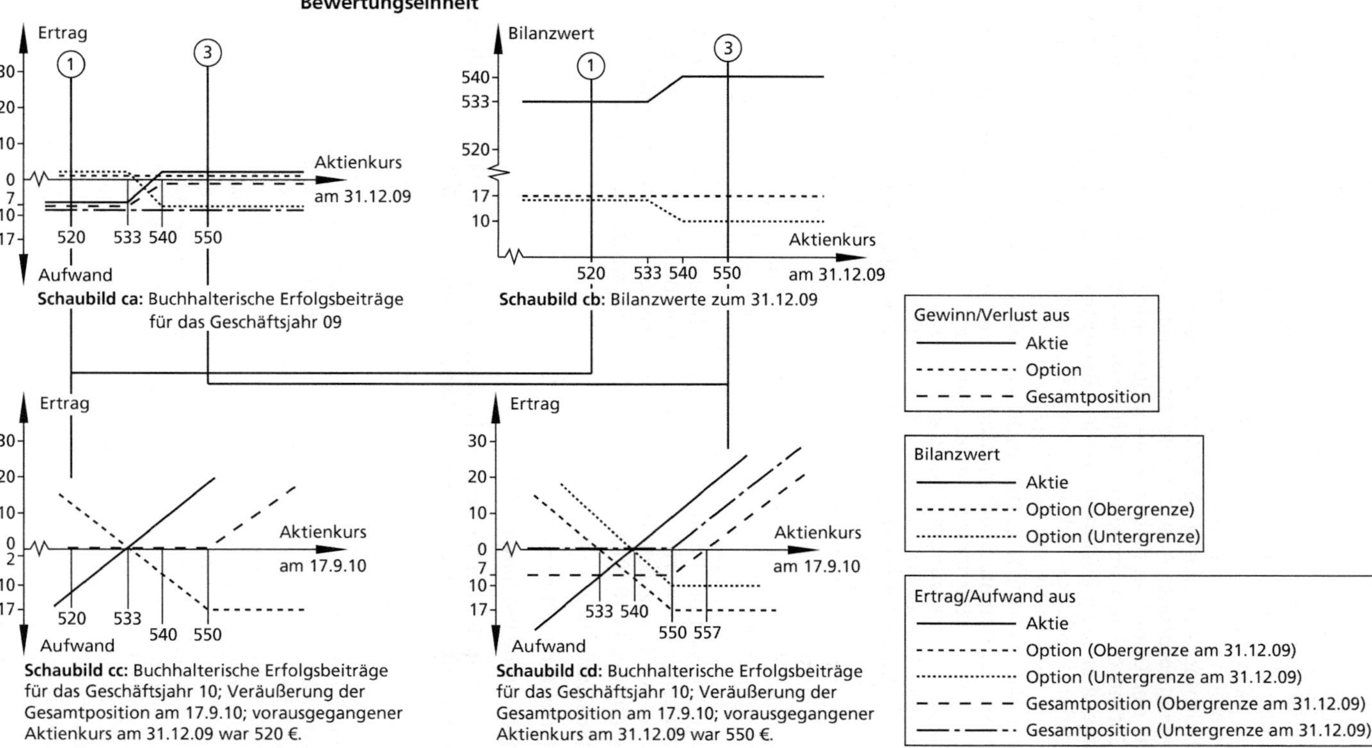

Schaubild ca: Buchhalterische Erfolgsbeiträge für das Geschäftsjahr 09

Schaubild cb: Bilanzwerte zum 31.12.09

Schaubild cc: Buchhalterische Erfolgsbeiträge für das Geschäftsjahr 10; Veräußerung der Gesamtposition am 17.9.10; vorausgegangener Aktienkurs am 31.12.09 war 520 €.

Schaubild cd: Buchhalterische Erfolgsbeiträge für das Geschäftsjahr 10; Veräußerung der Gesamtposition am 17.9.10; vorausgegangener Aktienkurs am 31.12.09 war 550 €.

Vergleichende Betrachtung von getrennter buchhalterischer Behandlung und der Bildung einer Bewertungseinheit

Bei **getrennter Bewertung** von Option und Aktie ergibt sich hinsichtlich der Gewinn- und Verlustrechnung **(Schaubild ba)** sowie der Buchwerte in der Bilanz **(Schaubild bb)** zum 31. 12. 09 die folgende Situation: Ein Abschreibungszwang auf den Aktienbestand (nach § 253 Abs. 4 HGB) besteht, wenn der Aktienkurs des Bilanzstichtages unter den Anschaffungskosten von 540 € liegt. Die Abschreibungshöhe kann dann – theoretisch – bis zu den Anschaffungskosten reichen. Ein Abschreibungsaufwand aus der Option entsteht bei einem Optionswert am Bilanzstichtag, der kleiner als 17 € ist. Da bei einem Aktienkurs unter 533 € die Option bei sofortiger Ausübung bereits mindestens 17 € erbringt, muss der Marktwert der Option in diesem Falle größer sein, so dass eine Abschreibung entfällt. Entsprechend kann eine Untergrenze des Marktwertes der Option für Aktienkurse über 533 € bestimmt werden. Bei Aktienkursen ab 550 € liegt diese Untergrenze schließlich bei null. Die Obergrenze des Optionsbuchwertes liegt für den Fall, dass die Option bis zum Bilanzstichtag im Wert gestiegen ist, bei den Anschaffungskosten von 17 €. Der Buchwert der Option ist also abhängig vom Marktwert der Option am Bilanzstichtag und wird bei Aktienkursen über 533 € zwischen den gekennzeichneten Werten liegen (vgl. Schaubild bb). Spiegelbildlich ergibt sich der Abschreibungsaufwand aus der Option, der im Aktienkursbereich über 533 € ebenfalls nur als Bereich denkbarer Werte zwischen einer oberen und einer unteren Grenze beschrieben werden kann (vgl. Schaubild ba). Der Aufwand der Gesamtposition ergibt sich dann als Summe von Aktien- und Optionsaufwand. Folglich kann er für Aktienkurse über 533 € auch nur durch eine Ober- und eine Untergrenze dargestellt werden.

In den Abschluss des Jahres 10 gehen die buchhalterischen Wirkungen der Ausübung bzw. des Verfalls der Option und des Aktienverkaufs ein. Diese Wirkungen sind zum einen abhängig vom dann herrschenden Aktienkurs, zum anderen aber auch vom Bilanzwert der Positionen für den 31. 12. 09. Stellvertretend für sämtliche möglichen Bilanzwerte des Jahres 09 werden die sich bei 3 verschiedenen Aktienkursen am Bilanzstichtag ergebenden Werte weiterverfolgt. Konkret wird der Erfolgseinfluss in 10 für alternative Aktienkurse am 31. 12. 09 von

1. 520 € **(Schaubild bc)**,
2. 535 € **(Schaubild bd)** und
3. 550 € **(Schaubild be)** dargestellt.

Der Erfolgsbeitrag der Gesamtposition ist dabei gedanklich stets aufgespalten in einen aus der Option und einen aus der Aktie stammenden Teil.

Für den 1. Fall ergibt sich, im Unterschied zum 2. Fall, die Besonderheit, dass der Erfolgsbeitrag aus der Gesamtposition stets, also auch bei niedrigen Aktienkursen im Ausübungszeitpunkt, positiv ist und in keinem Fall unter 13 € fällt. Das gleiche Ergebnis mit entsprechend veränderten Mindesterträgen zeigt sich bei sämtlichen Aktienkursen am 31. 12. 09 unter 533 €. Eine ähnliche Situation ergibt sich bei Aktienkursen am Bilanzstichtag über 540 €. Hier können Marktwerte der Option auftreten, die unter 10 € liegen. Muss entsprechend eine Abschreibung auf einen solchen Wert vorgenommen werden, ohne dass zugleich die Wertsteigerung der Aktie miteinbezogen werden kann, ist ebenso bereits ein Ertragsausweis aus der Gesamtposition für das folgende Jahr vorbestimmt. Dies ist beispielhaft für einen Aktienkurs am Bilanzstichtag des Jahres 09 von 550 € dargestellt, wo im Extremfall eines Optionswertes von null und folglich dessen Vollabschreibung zum 31. 12. 09 im Jahr 10 ein Mindestertrag von 10 € entsteht **(Schaubild be)**. Dieser Mindestertrag wird demgemäß auch bei jeder denkbaren ungünstigen Aktienkursentwicklung des Jahres 10 ausgewiesen, also auch in Situationen, in denen der Ertrag offensichtlich nicht in diesem Jahr verursacht wurde. Dieser augenfällige Widerspruch zum Periodisierungsgrundsatz wird vermieden, wenn Aktie und Option zu einer Bewertungseinheit verbunden werden. Ob ein solcher Mindestbetrag entsteht, hängt jedoch wesentlich von der Höhe der Abschreibung der Option ab, wie der Ertrags-/Aufwandsverlauf für den Fall zeigt, dass keine Abschreibung auf die Option zum 31. 12. 09 erfolgte. Bei Aktienkursen zum 31. 12. 09 zwischen 533 € und 540 € ergibt sich kein vergleichbarer Mindestertrag für das Jahr 10. Graphisch wird dies am Beispiel eines Aktienkurses von 535 € zum Ende des Jahres 09 verdeutlicht **(Schaubild bd)**.

Bilden Aktie und Option für den Jahresabschluss zum 31. 12. 09 eine **Bewertungseinheit**, dann bleibt die Abschreibung aus der Gesamtposition auf maximal 7 € begrenzt **(Schaubild ca).** Sinkt nämlich der Aktienkurs am Bilanzstichtag unter 533 €, so können die sich daraus ergebenden Buchwertverluste z. T. mit Gewinnen kompensiert werden, die bei der Ausübung der Option anfallen würden. Ebenso kann ein bei höheren Aktienkursen ggf. entstandener Abschreibungsbedarf der Option auf 7 € begrenzt werden. Dies gilt im vorliegenden Fall jedoch nur deshalb, weil für die X-AG Optionsausübung und Aktienverkauf streng miteinander gekoppelt sind. Es besteht somit de facto ein wechselseitiger Sicherungszusammenhang. Dieser Zusammenhang bestünde nicht, wenn bei vorzeitigem Aktienverkauf das weitere Halten des Optionsbestandes beabsichtigt oder zumindest nicht ausgeschlossen wäre. Die Bestandsbewertung zum 31. 12. 09 **(Schaubild cb)** weist für die Bewertungseinheit je nach Kurs einen Buchwert der Aktien nicht unter 533 € aus. Die Optionen werden mit ihren Anschaffungskosten bzw. ihrem niedrigeren Marktwert, mindestens aber mit 10 € bilanziert.

Für die Situation am Veräußerungstag werden die 3 Fälle unterschieden, die bereits bei der getrennten Bewertung betrachtet wurden. Für den 2. Fall ergibt sich keine Änderung gegenüber der separaten Bewertung (vgl. **Schaubild bd**). Dagegen sind bei vorausgehenden Aktienkursen zum 31. 12. 09 von 520 € (1. Fall) bzw. 550 € (3. Fall) jetzt keine dem neuen Geschäftsjahr zufallenden Mindesterträge festzustellen **(Schaubilder cc und cd).** Es ist u. U. nur die Möglichkeit ausgeschlossen, dass ein Aufwand aus der Gesamtposition das Ergebnis des Geschäftsjahres 10 beeinflusst. Dies ist dann der Fall, wenn der maximale Verlust aus der Position von 7 €, wie er sich auch bei wirtschaftlicher Betrachtungsweise (vgl. Schaubild a) darstellt, bereits durch eine außerplanmäßige Abschreibung für das Jahr 09 vorweggenommen wurde.

Die Schaubilder zeigen somit, dass die Bilanzierung **ohne** Bewertungseinheit zu Situationen führen kann, die dem Periodisierungsgedanken widersprechen, indem Absicherungserfolge, die wirtschaftlich in vorausgehenden Perioden verursacht wurden, erst folgenden Geschäftsjahren zugerechnet werden. Die gesetzliche Kodifizierung der Bilanzierung von Bewertungseinheiten durch § 254 HGB ist vor diesem Hintergrund zu begrüßen.

Ergänzende Literatur zu: 7.2 Die Verbuchung von Finanzinnovationen

Breker, Optionsrechte, S. 1–261

Burkhardt, Zinsbegrenzungsverträge, S. 147–165

Eisele/Knobloch, Finanzinnovationen, S. 577–586, 617–623

Förschle/Usinger, Termingeschäfte, Rn. 70–123

Glogowski/Münch, Neue Finanzdienstleistungen, S. 209–417

Hoffmann/Lüdenbach, Kommentar Bilanzierung, S. 173–187, 587–644

Jutz, Financial Futures, S. 1–178

Kußmaul, Null-Kupon-Anleihen, S. 1562–1572

Möhler, Absicherung, S. 5–188

Niemeyer, Optionsgeschäfte, S. 1–165

Scharpf, Derivative Finanzinstrumente, Rn. 801–878

7.3 Finanzinstrumente nach den IFRS

7.3.1 Grundlegende Bilanzierungsvorschriften

Innerhalb der IFRS sind für die Bilanzierung von Finanzinstrumenten die wesentlichen Vorschriften in den folgenden Standards niedergelegt: **IAS 32** („Financial Instruments: Presentation", „Finanzinstrumente: Darstellung") charakterisiert den Begriff des Finanzinstrumentes und grenzt insbesondere finanzielle Verbindlichkeiten vom Eigenkapital des bilanzierenden Unternehmens ab. **IFRS 7** („Financial Instruments: Disclosures", „Finanzinstrumente: Angaben") enthält Vorschriften vor allem zu ergänzenden Anhangangaben. Die für den (Wert-)Ansatz in Bilanz und Perioden- bzw. Gesamterfolgsrechnung zentralen Vorschriften enthält **IAS 39** („Financial Instruments: Recognition and Measurement", „Finanzinstrumente: Ansatz und Bewertung"), dessen Regelungen jedoch nur noch bis spätestens 31. 12. 2012 anwendbar sind. Der Standard wird im Rahmen eines mehrjährigen Prozesses durch den neuen **IFRS 9** („Financial Instruments", „Finanzinstrumente") ersetzt. Das Projekt zur Ablösung des IAS 39 ist in drei Phasen gegliedert. Die erste Phase „Classification and Measurement" wurde mit der Veröffentlichung des IFRS 9 am 12. 11. 2009 und seiner Ergänzung um Vorschriften zur Bilanzierung finanzieller Verbindlichkeiten am 28. 10. 2010 abgeschlossen. Die Ergebnisse der zweiten und dritten Phase, die mit „Impairment Methodology" sowie „Hedge Accounting" gekennzeichnet sind, sollen im Laufe des Jahres 2011 in den neuen Standard integriert werden, wobei zur zweiten Phase bereits im November 2009 ein Entwurf (Exposure Draft [ED]) vorgelegt wurde (ED/2009/12 „Financial Instruments: Amortised Cost and Impairment", im Januar 2011 ergänzt durch „Supplement to ED/2009/12"), dem im Dezember 2010 der Entwurf zur dritten Phase folgte (ED/2010/13 „Hedge Accounting"; dieser soll im Laufe des Jahres 2011 um Vorschläge zur Bilanzierung von Portfolio-Hedges ergänzt werden. Im Januar 2011 veröffentlichten das IASB und das FASB zudem einen gemeinsamen Vorschlag für einen Standard zur Saldierung von finanziellen Vermögenswerten und Verbindlichkeiten (vgl. hierzu den Entwurf ED/2011/1 „Offsetting Financial Assets and Financial Liabilities"). IFRS 9 ist verpflichtend für Geschäftsjahre ab dem 1. 1. 2013 anzuwenden, wobei eine frühere Anwendung möglich ist. Allerdings hat die EU-Kommission den Prozess zur Übernahme des Standards in geltendes europäisches Recht im November 2009 zunächst ausgesetzt, um die weitere Entwicklung des Standards und dessen Gesamtergebnis abzuwarten (*Märkl/Schaber*, IFRS 9, S. 65). Aufgrund ihrer zentralen Bedeutung werden im Mittelpunkt der folgenden Ausführungen die Regelungen des IFRS 9 (die hier verwendeten Abschnittsverweise basieren auf der Neunummerierung, welche die Version vom 28. 10. 2010 gegenüber der Vorgängerversion beinhaltet) sowie des IAS 39 (in der Fassung vor Verabschiedung des IFRS 9) stehen. Den Vorschriften des IAS 39 respektive IFRS 9 gehen Vorschriften der in IAS 39.2 aufgeführten Standards bzw. speziellen Regelungsbereiche vor (z. B. bei Pensionsverpflichtungen und zugehörigem Pensionsvermögen, Leasinggeschäften oder Versicherungsverträgen).

Finanzinstrumente sind **Verträge,** die gleichzeitig bei einem Unternehmen (Begünstigter) zu einem finanziellen Vermögenswert und bei einem anderen Unternehmen (Verpflichteter) zu einer finanziellen Verbindlichkeit oder einem Eigenkapitalinstrument führen (IAS 32.11). **Finanzielle Vermögenswerte (financial assets)** umfassen im Wesentlichen flüssige Mittel, Eigenkapitaltitel anderer Unternehmen, vertragliche Rechte auf finanzielle Vermögenswerte anderer Unternehmen sowie vertragliche Rechte zum Tausch finanzieller Vermögenswerte oder finanzieller Verbindlichkeiten mit anderen Unternehmen zu potenziell vorteilhaften Bedingungen. **Finanzielle Verbindlichkeiten (financial liabilities)** resultieren insbesondere aus vertraglichen Verpflichtungen, flüssige Mittel oder andere finanzielle Vermögenswerte an einen Kontraktpartner zu liefern bzw. finanzielle Vermögenswerte oder finanzielle Verbindlichkeiten zu potenziell nachteiligen Bedingungen mit diesem zu tauschen (im Einzelnen sowie zu Verträgen (aktivischer oder passivischer Natur), welche in eigenen Eigenkapitaltiteln erfüllbar sind, vgl. IAS 32.11). **Eigenkapitalinstrumente** räumen deren Inhabern einen Residualanspruch auf das Vermögen des emittierenden Unternehmens nach Abzug aller Schulden ein (IAS 32.11, vgl. auch die zu den Finanzverbindlichkeiten korrespondierende operationale Definition in IAS 32.16; zur Abgrenzung finanzieller Verbindlichkeiten gegenüber Eigenkapital vgl. *Hachmeister,* Verbindlichkeiten, S. 15 ff.; *Lüdenbach,* IFRS-Kommentar, § 20, Rn. 3 ff.). Nach der Unmittelbarkeit des Anspruches lassen sich Finanzinstrumente danach differenzieren, ob sie derivativer und originärer Natur sind. **Derivate im Sinne der IFRS** sind dadurch gekennzeichnet, dass sie eine begrenzte Laufzeit aufweisen, ihre Wertentwicklung von der eines Basiswertes, sog. Underlying (bspw. Aktie, Währung, Zinssatz, Warenpreis), bestimmt wird und sie im Vergleich zu anderen Instrumenten, die vergleichbaren Risikofaktoren unterliegen, nur eine geringe Anfangsinvestition erfordern (IAS 39.9). Damit sind vor allem die bereits besprochenen neueren Kapitalmarktprodukte wie Optionen, Forwards, Futures oder Swaps angesprochen (vgl. Teil A, Abschn. 7.2.5–7.2.7, S. 238 ff.). Werden derivative und originäre Finanzinstrumente vertraglich miteinander verbunden, so entstehen wiederum strukturierte Produkte (vgl. Teil A, Abschn. 7.2.8, S. 269 ff.).

Ansatzfähig und **ansatzpflichtig** sind Finanzinstrumente grundsätzlich im **Zeitpunkt des Vertragsabschlusses** (IFRS 9-3.1.1, IAS 39.14). Dabei besteht ein Wahlrecht, sie zum Handels- oder zum (häufig nur zwei Arbeitstage versetzten) Erfüllungstag anzusetzen (IFRS 9-B3.1.3, IAS 39.38).

Die Zugangs-, vor allem aber die Folgebewertung richtet sich nach der Art der vorliegenden Kategorie von Finanzinstrumenten. Die Kategorisierung eines Finanzinstruments erfolgt im Zugangszeitpunkt und ist für die Folge grundsätzlich bindend (zu eingeschränkten Umwidmungsmöglichkeiten s. S. 309 f.). In der diesbezüglichen **Kategorienbildung** beinhaltet IFRS 9 eine deutliche Vereinfachung gegenüber IAS 39. Der **Erstansatz** erfolgt nach IFRS 9-5.1.1 und IAS 39.43 grundsätzlich zum beizulegenden Zeitwert (Fair Value). Bei nicht erfolgswirksam zum beizulegenden Zeitwert folgebewerteten Finanzinstrumenten wird der transaktionskostenfrei definierte Fair Value um die zugehörigen Transaktionskosten korrigiert (IFRS 9-5.1.1, IAS 39.43). Die IFRS definieren den

Fair Value in diesem Zusammenhang als den Betrag, zu dem sachverständige, vertragswillige und voneinander unabhängige Geschäftspartner einen Vermögenswert tauschen bzw. eine Verbindlichkeit begleichen (vgl. IAS 32.11, 39.9; zur angedachten standardübergreifenden Charakterisierung des Fair-Value-Begriffs gemäß dem Exposure Draft „Fair Value Measurement" vom Mai 2009 vgl. *Knobloch,* Finanzielle Verbindlichkeiten, S. 538 f.; *Burkhardt,* Fair Value, S. 236 f.). Im Zugangszeitpunkt wird er i. d. R. dem Transaktionspreis entsprechen (IAS 39. AG64).

Hinsichtlich der **Folgebewertung finanzieller Vermögenswerte** sieht **IFRS 9** zwei Kategorien vor. Danach sind Finanzaktiva entweder der Kategorie „zu fortgeführten Anschaffungskosten" **(„[at] amortised cost")** oder der Kategorie „zum beizulegenden Zeitwert" **(„[at] fair value")** zuzuordnen. Entscheidend für diese Zuordnung ist, ob das Finanzinstrument nach dem Geschäftsmodell des Unternehmens zur Erzielung vertragsmäßiger Zahlungen gehalten wird und die Vertragsbedingungen ausschließlich Kapital- und Zinszahlungen zu festgelegten Zeitpunkten beinhalten (IFRS 9-4.1.2). Ist beides der Fall, muss der Vermögenswert in die Kategorie „amortised cost" eingeordnet werden. Anderenfalls erfolgt nach IFRS 9-4.1.4 die Zuordnung zur Kategorie „at fair value" (Residualkategorie, vgl. *Wenk/Straßer,* IFRS 9, S. 103). Allerdings erlaubt IFRS 9-4.1.5 wahlweise eine Zuordnung der für die Kategorie „at amortised cost" infrage kommenden aktivischen Finanzinstrumente zur Kategorie „at fair value" **(Fair-Value-Option neuer Gestalt für finanzielle Vermögenswerte)**, um dadurch Bilanzierungsanomalien und -inkongruenzen, sog. accounting mismatches, zu vermeiden. Diese können dadurch entstehen, dass bei finanziellen Vermögenswerten und zuordenbaren finanziellen Verbindlichkeiten allein aufgrund unterschiedlicher, jeweils anzuwendender Ansatz- und Bewertungsvorschriften in der Gesamtsicht Bilanzierungsergebnisse entstehen, die dem wirtschaftlichen Sachverhalt zuwiderlaufen. Die Fair-Value-Option bildet damit eine Ergänzung zum Anwendungsbereich der speziellen Regelungen des Hedge Accounting (vgl. Teil A, Abschn. 7.3.2, S. 312 ff.; *Küting/Döge/Pfingsten,* Fair-Value-Option, S. 597 ff.).

Nach den Kriterien des IFRS 9-4.1 werden insbesondere Derivate, deren Zahlungsprofil nicht über Kapital- und Zinszahlungen beschreibbar ist, sowie solche Finanzinstrumente nicht „at amortised cost", also zum Fair Value, bewertet, welche zur kurzfristigen Erzielung von Kurserfolgen (ggf. im Rahmen eines Handelsportfolios) gehalten werden und deshalb dem Handelsbestand zuzuordnen sind. Darüber hinaus sind (fremde) Eigenkapitalinstrumente, wie bspw. als Finanzinvestition gehaltene Aktien, der Kategorie „at fair value" zuzuordnen, da sie keine Kapital- und Zinszahlungen im Sinne des IFRS 9-4.1.2 beinhalten. Eine **Fair-Value-Bewertung** hat grundsätzlich erfolgswirksam zu erfolgen, d. h. Wertänderungen werden über das Periodenergebnis abgebildet (vgl. zu Periodenerfolgs- und Gesamterfolgsrechnung Teil A, Abschn. 3.8, S. 114 ff.). Werden Eigenkapitalinstrumente dem Handelsbestand zugeordnet, ist die erfolgswirksame Folgebewertung zum beizulegenden Zeitwert zwingend. Bei Eigenkapitalinstrumenten außerhalb des Handelsbestandes kann sich die Unternehmung im Zugangszeitpunkt unwiderruflich auch dafür entscheiden

(OCI-Option), das Finanzinstrument erfolgsneutral (über den sonstigen Gesamterfolg, Other Comprehensive Income) folgezubewerten, wobei Dividendenzahlungen jedoch stets über die Periodenerfolgsrechnung verbucht werden (IFRS 9-5.7.5 f.). Erfolgsneutral erfasste, z. B. in einer Neubewertungsrücklage aufgefangene Wertänderungen werden auch bei Veräußerung des Eigenkapitalinstrumentes nicht über den Periodenerfolg umgebucht (kein sog. Recycling). Aufgrund der genannten Kriterien kommt eine **Amortised-Cost-Bewertung** nur für als Finanzanlagen gehaltene Fremdkapitalinstrumente in Betracht; sie erfolgt unter Rückgriff auf die **Effektivzinsmethode,** welche eine Zins- und Kapitalentwicklung auf Basis des Effektivzinssatzes der dem Instrument zugehörigen Zahlungsreihe beinhaltet (eine ausführliche Darstellung der Methode findet sich in *Knobloch*, Finanzielle Verbindlichkeiten, S. 539 f.). Dabei wird zunächst die Zahlungsreihe des Instruments einschließlich der Anschaffungsauszahlung und zu amortisierender Transaktionskosten für den Zugangszeitpunkt aufgestellt. Daraufhin ist der Effektivzinssatz der Zahlungsreihe zu ermitteln, welcher definitionsgemäß zu einem Kapitalwert von null führt. Die Zins- und Kapitalentwicklung, welche der Effektivzinsmethode zugrunde liegt, ergibt sich dann wie folgt: Der periodige Zinsbetrag ergibt sich aus der Aufzinsung des jeweils zu Beginn der Zinsperiode noch nicht getilgten Kapitals mit dem Effektivzinssatz. Ist die am Ende der Zinsperiode eingehende Zahlung größer als der so errechnete Zinsbetrag, ist die Differenz als Tilgung zu betrachten und vom Kapitalbetrag zu Periodenbeginn abzuziehen (Senkung der fortgeführten Anschaffungskosten). Ist die eingehende Zahlung hingegen geringer, wird die Differenz dem Ausgangskapital hinzugeschrieben (Erhöhung der fortgeführten Anschaffungskosten). Die Wirkung der Effektivzinsmethode soll an folgendem Beispiel veranschaulicht werden.

Beispiel: Fortgeführte Anschaffungskosten und Zinserfolge nach der Effektivzinsmethode

Die A AG erwirbt am 1. 1. 2010 ein festverzinsliches Wertpapier mit einer Laufzeit von drei Jahren für 2.700 €. Der Nennbetrag des Wertpapiers beträgt 3.000 €, der Nominalzinssatz 5 % p.a. (nachschüssige Zinszahlung). Die Tilgung erfolgt endfällig zu pari. Stückzinsen oder ein etwaiger Abschreibungsbedarf sind nicht zu berücksichtigen.

Die Effektivzinsmethode repräsentiert letztlich eine Verteilung des Gesamtentgelts für die Kapitalüberlassung, welches sich aus einer einfachen Summation aller Zahlungen ergibt, auf die Laufzeit der Anlage. Der Effektivzinssatz, der sich als interner Zinssatz der Zahlungsreihe darstellt, beträgt im Beispiel 8,9468 % p.a. Die folgende Tabelle zeigt die sich nach der Effektivzinsmethode ergebende Entwicklung des Wertpapierbuchwerts, der Effektiv- und Nominalzinsen sowie des Disagios:

	Buchwert (fortgeführte Anschaffungskosten) des Wertpapiers	Zinsertrag auf Basis Effektivzinssatz	Nominalzinsen	Disagio	
				Veränderung	Bestand
01.01.2010	2.700,00 €	–	–	–	300,00 €
31.12.2010	2.791,56 €	241,56 €	150,00 €	–91,56 €	208,44 €
31.12.2011	2.891,32 €	249,76 €	150,00 €	–99,76 €	108,68 €
31.12.2012 (vor Tilgung)	3.000,00 €	258,68 €	150,00 €	–108,68 €	0 €
Summe		750,00 €	450,00 €		

Am 1. 1. 2010 wird das Wertpapier mit den Anschaffungskosten von 2.700 € angesetzt. An den Bilanzstichtagen der Jahre 2010 bis 2012 findet jeweils eine erfolgswirksame Zuschreibung des Wertpapiers um die Differenz aus den mit dem Effektivzinssatz auf das jeweils zu Periodenbeginn ausstehende Kapital (= Buchwert zu Beginn der Periode) berechneten Zinsen und den Nominalzinszahlungen statt. Die mit Hilfe des Effektivzinssatzes ermittelten Zinsen repräsentieren den Zinsertrag der Periode. Die einfache Summe der Zinserträge (750 €) entspricht hierbei der einfachen Summe über die Ein- und Auszahlungen des Wertpapiers (= Summe der Nominalzinsen zzgl. Disagio = 450 € + 300 €), so dass die Effektivzinsmethode lediglich eine Verteilung des Gesamtzahlungsüberschusses auf die Abrechnungsperioden der Laufzeit vornimmt. In Fortführung der Tabelle soll noch am 31. 12. 2012 die Rückzahlung des Nominalbetrags in Höhe von 3.000 € und die korrespondierende Ausbuchung des festverzinslichen Wertpapiers erfolgen.

Buchungssatz am 1.1.2010:

Wertpapiere (at amortised cost)	2.700,00	**an**	Bank	2.700,00

Buchungssatz am 31.12.2010:

Wertpapiere (at amortised cost)	91,56			
Bank	150,00	**an**	Zinserträge	241,56

Buchungssatz am 31.12.2011:

Wertpapiere (at amortised cost)	99,76			
Bank	150,00	**an**	Zinserträge	249,76

Buchungssatz am 31.12.2012:

Wertpapiere (at amortised cost)	108,68			
Bank	3.150,00	**an**	Zinserträge	258,68
			Wertpapiere (at amortised cost)	3.000,00

Im Unterschied zu IFRS 9 sieht **IAS 39** – in der Fassung vor Verabschiedung des IFRS 9, auf die im Folgenden Bezug genommen wird – noch **vier Kategorien finanzieller Vermögenswerte** vor: **„financial assets at fair value through profit or loss"** (ergebniswirksam zum beizulegenden Zeitwert bewertete Finanzinstrumente), **„held-to-maturity investments"** (bis zur Endfälligkeit gehaltene finanzielle Vermögenswerte), **„loans and receivables"** (Ausleihungen und Forderungen) sowie **„available-for-sale financial assets"** (zur Veräußerung verfügbare finanzielle Vermögenswerte). Entscheidend für die im Zugangszeitpunkt erfolgende Zuordnung ist der mit dem Erwerb ursprünglich verfolgte Zweck (vgl. *Lüdenbach,* IFRS-Kommentar, §28, Rn. 140).

Die Kategorie **„financial assets at fair value through profit or loss"** beinhaltet sowohl die zu Handelszwecken erworbenen Finanzinstrumente als auch solche aktivischen Finanzinstrumente, die über die Fair-Value-Option alter Gestalt per Designation dieser Kategorie zugewiesen werden. Aktivische Derivate, die nicht Bestandteil einer Sicherungsbeziehung i. S. v. IAS 39.71 ff. sind, gelten nach den IFRS grundsätzlich als dem Handelsbestand zugehörig. Nach der **Fair-Value-Option alter Gestalt für finanzielle Vermögenswerte** ist eine entsprechende Designation nur für strukturierte Finanzinstrumente unter den Bedingungen des IAS 39.11A oder dann möglich, wenn damit zweckdienlichere Informationen vermittelt werden, also die Aussagekraft des Abschlusses erhöht wird. Letzteres ist laut IAS 39.9 stets dann der Fall, wenn ein accounting mismatch verhindert oder zumindest wesentlich verringert wird oder die Instrumente Teil eines Portfolios sind, welches gemäß einer dokumentierten Risikomanagement- oder Anlagestrategie auf Basis ihres beizulegenden Zeitwertes gesteuert wird und die diesbezüglich generierten Informationen an Personen in Schlüsselpositionen weitergeleitet werden. Für die Fair-Value-Option neuer Gestalt für finanzielle Vermögenswerte wurde somit nur noch die Möglichkeit der Vermeidung eines accounting mismatch übernommen (IFRS 9-4.1.5) – dies ist allerdings als Folge der neuen Kategorisierung nach IFRS 9 zu sehen, welche eine Fair-Value-Option für die anderen Tatbestände überflüssig macht. Die Folgebewertung dieser Kategorie ist angesichts ihrer Bezeichnung nahe liegend: Der Bilanzansatz wird durch eine Fair-Value-Bewertung bestimmt, wobei Änderungen des Fair Value ebenso wie etwaige Zinszahlungen oder Dividenden über die Periodenerfolgsrechnung verrechnet werden (IAS 39.55). Die Fair-Value-Bestimmung kann inklusive (Dirty-Price-Methode) oder exklusive Stückzinsen (Clean-Price-Methode) erfolgen (vgl. mit Bezug auf Swaps *PricewaterhouseCoopers,* IFRS für Banken, S. 1132).

Für die nicht der Kategorie „at fair value through profit or loss" zugeordneten finanziellen Vermögenswerte besteht die Möglichkeit, sie der (eigentlich als Residualkategorie gedachten) Kategorie „available for sale" zuzuweisen **(Available-for-sale-Option).** Wird hiervon kein Gebrauch gemacht, werden der Kategorie **„held to maturity (Htm)"** diejenigen finanziellen Vermögenswerte zugeordnet, die neben festen oder bestimmbaren Zahlungen eine feste Laufzeit aufweisen, an einem aktiven Markt notiert sind und vom Unternehmen bis zur Endfälligkeit gehalten werden sollen und können (zu den Voraussetzungen für das Vorliegen eines aktiven Marktes vgl. *HFA,* Bilanzierung von Finanzinstrumenten, S. 326; *Lüdenbach,* IFRS-Kommentar, § 28, Rn. 107; IAS 39.AG71). Die Kategorie **„loans and receivables (L&R)"** nimmt finanzielle Vermögenswerte mit ebenfalls festen oder bestimmbaren Zahlungen auf, sofern die Instrumente nicht auf einem aktiven Markt notiert sind (bspw. Forderungen aus Lieferungen und Leistungen, (nicht fungible) ausgegebene Kredite). Eine mögliche Wiederverkaufsabsicht steht einer Einordnung unter die loans and receivables jedoch nicht entgegen, da die Vermögenswerte nicht bis zur Endfälligkeit gehalten werden müssen (vgl. IAS 39.AG68). Besteht hingegen eine kurzfristige Wiederverkaufsabsicht, ist eine Zuweisung zum Handelsbestand angezeigt. Ist zu befürchten, dass unabhängig von in der Bonität des Schuldners liegenden Gründen nicht die ursprüngliche Investition wiedererlangt wird, so ist die Forderung als zur Veräußerung verfügbar (available for sale) zu deklarieren und entsprechend einzuordnen. Finanzinstrumente der Afs- und L&R-Kategorien werden „at amortised cost" bewertet, was wiederum die Anwendung der Effektivzinsmethode impliziert.

Die Kategorie **„available for sale (Afs)"** nimmt schließlich die verbleibenden finanziellen Vermögenswerte respektive die ihr über die Available-for-sale-Option zugewiesenen Instrumente auf. Dies sind insbesondere (nicht zu Handelszwecken gehaltene) Eigenkapitalinstrumente, da diese keine festen oder bestimmbaren Zahlungen aufweisen. Die Bewertung des Available-for-sale-Bestandes erfolgt zum Fair Value, wobei Änderungen des Fair Value (zunächst) erfolgsneutral mit dem Eigenkapital verrechnet werden, also bspw. in eine Neubewertungs- oder Afs-Rücklage aufgenommen werden. Bei festverzinslichen Instrumenten lassen sich Zinsbeträge nach der Effektivzinsmethode ermitteln, welche erfolgswirksam verbucht werden. Die korrespondierende Kapitalentwicklung bestimmt die fortgeführten Anschaffungskosten des Instruments (vgl. *Kuhn/Scharpf,* Financial Instruments, S. 277).

Änderungen des beizulegenden Zeitwertes sind bei at amortised cost bewerteten Instrumenten nach **IFRS 9 oder IAS 39** hinsichtlich Bilanzansatz und Periodenerfolg somit grundsätzlich irrelevant. Analoges gilt bei Instrumenten der IAS 39-Kategorie available for sale und den über die OCI-Option nach IFRS 9-5.7.5 wahlweise erfolgsneutral zum Fair Value bewerteten Eigenkapitalinstrumenten hinsichtlich des Periodenerfolgs. Hiervon ausgenommen sind allerdings sowohl währungsbedingte Wertänderungen monetärer Posten als auch Wertminderungsbedarfe im Sinne eines sog. Impairment. Hinsichtlich Erstgenannter handelt es sich bei **monetären Posten** um im Besitz befindliche Währungseinheiten sowie Vermögenswerte und Schulden, für die das Unternehmen eine feste oder bestimmbare Anzahl von Währungseinheiten erhält oder bezahlen muss (IAS 21.8). In diesem Sinne sind Eigenkapitalansprüche keine monetären Posten. Umrechnungsdifferenzen sind grundsätzlich erfolgswirksam zu verbuchen (IAS 21.28), sofern sie sich nicht auf nicht-währungsindizierte Wertänderungen beziehen, die erfolgsneutral mit dem Eigenkapital verrechnet werden (vgl. mit Beispiel *PricewaterhouseCoopers,* IFRS für Banken, S. 700 ff.).

Hinsichtlich eines Wertminderungsbedarfes **(Impairment)** ist nach dem gegenwärtigen Stand an jedem Bilanzstichtag zunächst zu überprüfen, ob es Hinweise auf eine Wertminderung gibt (Anhaltspunkte hierfür liefert IAS 39.59). Ist dies der Fall, so ergibt sich für **at amortised cost** bewertete (festverzinsliche) Finanzinstrumente die Höhe des erfolgswirksam zu erfassenden Verlustes aus der Differenz zwischen dem Buchwert des Vermögenswertes und dem Barwert der erwarteten künftigen Cashflows, abgezinst mit dem Effektivzinssatz der Ausgangszahlungsreihe (vgl. IAS 39.63); dabei sind noch nicht verursachte Cashflow-Einbußen nicht zu berücksichtigen. Da dieses Wertminderungskonzept auf tatsächlich eingetretene Verluste abstellt, wird es auch als **Incurred-Loss-Model** bezeichnet (vgl. *Schmidt,* Wertminderungen, S. 287). Existieren wiederum objektive Hinweise darauf, dass der Grund für eine zuvor erfasste Wertminderung entfallen ist, ist eine erfolgswirksame Wertaufholung bis maximal zur Höhe der fortgeführten Anschaffungskosten vorzunehmen (IAS 39.65; reversal of impairment). Bei **Available for sale-Instrumenten nach IAS 39** gibt insbesondere auch eine länger anhaltende oder signifikante Abnahme des Fair Value Anlass für ein Impairment (vgl. IAS 39.61; die Operationalisierung der Begriffe ist mit Ermessensspielräumen verbunden, vgl. hierzu etwa *Kuhn/Scharpf,* Financial Instruments, S. 307; *Lüdenbach,* IFRS-Kommentar, § 28, Rn. 160 f.). Wertminderungen aus der Bewertung mit dem (niedrigeren) Fair Value werden zunächst gegen eine gegebenenfalls bestehende positive Afs-Rücklage erfolgsneutral gegengerechnet; ein übersteigender Betrag wird erfolgswirksam verbucht. Weist die Afs-Rücklage einen negativen Bestand auf, ist dieser über das Periodenergebnis auszubuchen und die verbleibende Differenz belastet das Periodenergebnis zusätzlich, soweit nicht bereits in vorausgehenden Perioden ein Impairment erfolgswirksam berücksichtigt wurde. Bei späteren Wertaufholungen gilt es zwischen Eigen- und Fremdkapitaltiteln zu unterscheiden. Ergebniswirksam erfasste Wertminderungen eines Eigenkapitalinstruments sind erfolgsneutral, die eines Fremdkapitaltitels hingegen erfolgswirksam zuzuschreiben, wobei die fortgeführten Anschaffungskosten (ohne Wertberichtigungen) die Obergrenze für die Ergebniswirksamkeit der Zuschreibung darstellen (vgl. IAS 39.67-70).

Im Exposure Draft „Financial Instruments: Amortised Cost and Impairment" (ED-ACI) vom November 2009 ist der Übergang vom Incurred-Loss-Model zum sog. **Expected-Loss-Model** für die Abbildung von Vermögensverlusten bei (nach dem IFRS 9) **at amortised cost** bewerteten Finanzinstrumenten vorgesehen (vgl. hierzu insbesondere *Bär,* Wertminderungsmodell, S. 289 ff.; *Schaber/Märkl/Kroh,* Wertminderungen, S. 241 ff.; *Schmidt, Martin,* Wertminderungen, S. 286 ff.; *Flick/Gehrer/Meier,* Wertberichtigungen, S. 221 ff.). Grundgedanke ist, dass der Bilanzansatz eines aktivischen Finanzinstruments durch die zukünftigen Cashflows bestimmt wird, welche **unter Einbezug möglicher Kreditausfälle erwartet** werden (ED-ACI.B2; der Bilanzansatz ergibt sich hierbei netto eines ggf. vorhandenen Wertberichtigungsbestandes). Dabei ist die Cashflow-Schätzung an jedem Bilanzstichtag aufs Neue vorzunehmen, so dass Erwartungsrevisionen auch ohne Hinweise auf eine signifikante Wertverschlechterung bewertungsrelevant sind. Für die Wertermittlung sind die hinsichtlich Höhe und Eintrittszeitpunkt im Sinne eines Erwartungswertes anfallenden Cashflows sowie – für festverzinsliche Finanzinstrumente – ein Effektivzinssatz heranzuziehen, welcher sich aus der analog aus Sicht des Zugangszeitpunktes erwarteten Zahlungsreihe ableitet (ED-ACI.6-8, B3, B11). Im Rahmen der Gesamterfolgsrechnung ist jedoch zunächst von einem Brutto-Zinsbetrag auszugehen, welcher auf einem Brutto-Effektivzinssatz aus der Zahlungsreihe vertraglich vereinbarter Cashflows, also ohne Berücksichtigung von Zahlungsausfällen, basiert; damit sind gleichsam zwei Rechnungen zu fortgeführten Anschaffungskosten vorzunehmen (vgl. *Schaber/Märkl/Kroh,* Wertminderungen, S. 245, mit Verweis auf die IDW-Stellungnahme zum Exposure Draft). Vom Brutto-Zinsbetrag sind die anfänglich für die Berichtsperiode erwarteten und über den Effektivzinssatz auf Basis erwarteter Ausfälle ermittelten Kreditausfälle abzuziehen (ED-ACI.13(b)). Die Differenz wird in einem Wertberichtigungskonto aufgenommen, für das eine Bestandsüberleitung zu veröffentlichen ist (ED-ACI.15, B22). In der Periodenerfolgsrechnung sind darüber hinaus Aufwendungen (Erträge) aus einem Anstieg (einer Senkung) der erwarteten Kreditausfälle mit korrespondierendem Zugang (Abgang) auf dem Wertberichtigungskonto zu erfassen (ED-ACI.B22). Direktabschreibungen sind auf dem Wertberichtigungskonto als Zugang und als Inanspruchnahme zu berücksichtigen (ED-ACI.B23, B33). Das im Januar 2011 von IASB und FASB gemeinsam veröffentlichte „Supplement to ED/2009/12 – Financial Instruments: Amortised Cost and Impairment" ergänzt den Exposure Draft „Financial Instruments: Amortised Cost and Impairment" um spezielle Regelungen zu offenen Portfolios. Offenen Portfolios können im Gegensatz zu geschlossenen Portfolios laufend (ähnliche) Vermögenswerte zugeführt bzw. entnommen werden.

Die bilanzielle Abbildung eines Aktienbestandes nach IFRS 9 und IAS 39 unter Berücksichtigung von Wertschwankungen soll an folgendem Beispiel illustriert werden.

Beispiel (zur bilanziellen Abbildung von Aktien nach IFRS 9 mit erfolgsneutraler Verrechnung der Wertänderungen und nach IAS 39 mit Zuordnung zum Available for sale-Bestand):

Die A Bank erwirbt am 1. 7. 2010 ohne Handelsabsicht 500 Aktien der B AG zu einem Preis von 15,60 €/Aktie. Betrachtet werden alternativ eine Bilanzierung nach **IFRS 9 (Fall a),** wobei sich die Bank in diesem Fall für die erfolgsneutrale Verbuchung von Wertänderungen entschließt, und eine Bilanzierung nach **IAS 39 (Fall b)** mit der Zuordnung zum Bestand der Available for sale-Wertpapiere. Beim Kauf fallen zusätzliche Gebühren in Höhe von 1,5 % des Kaufpreises an. An den Bilanzstichtagen ergeben sich die folgenden Aktienkurse: am 31. 12. 2010 16,40 €, am 31. 12. 2011 15,90 €, am 31. 12. 2012 12,80 € und am 31. 12. 2013 15,90 €. Die für den 31. 12. 2010 und den 31. 12. 2011 festzustellenden Wertänderungen sind jeweils auf normale Kursschwankungen zurückzuführen. Da die Aktie anhaltend niedrig notierte, wird am Ende des Jahres 2012 angenommen, dass ein Impairment vorliegt. Die anschließende Wertsteigerung am 31. 12. 2013 kommt insofern überraschend. Am 1. 1. 2014 werden die Aktien zum Kurs vom 31. 12. 2013 veräußert. Die Bilanzierung im Fall a stimmt weitgehend mit der in Fall b überein, so dass lediglich bei unterschiedlichen Buchungen die Fälle kenntlich gemacht werden.

Buchungssatz am 1. 7. 2010:

Wertpapiere (Aktien im Nicht-Handelsbestand)	7.917	**an**	Bank	7.917

Buchungssatz am 31. 12. 2010:

Soll	Betrag		Haben	Betrag
Wertpapiere (Aktien im Nicht-Handelsbestand)	283	**an**	Neubewertungsrücklage (OCI)	283

Der Buchwert der Aktien beträgt 8.200 €. Die Erhöhung des Fair Value der Aktien, die erfolgsneutral gegen die Neubewertungsrücklage gebucht wird, ergibt sich aus der Differenz zwischen dem Kurswert am 31. 12. 2010 (8.200 €) und dem am 1. 7. 2010 aktivierten Betrag von 7.917 € (7.800 € Anschaffungspreis zzgl. direkter Nebenkosten des Erwerbs von 117 €).

Buchungssatz am 31. 12. 2011:

Soll	Betrag		Haben	Betrag
Neubewertungsrücklage (OCI)	250	**an**	Wertpapiere (Aktien im Nicht-Handelsbestand)	250

Der Buchwert der Aktien beträgt nunmehr noch 7.950 €. Die Wertminderung wird erfolgsneutral durch Minderung der zuvor gebildeten Neubewertungsrücklage erfasst. Diese hat am 31. 12. 2011 noch einen Wert von 33 €.

Buchungssatz am 31. 12. 2012:

Fall a:

Soll	Betrag		Haben	Betrag
Neubewertungsrücklage (OCI)	1.550	**an**	Wertpapiere (Aktien im Nicht-Handelsbestand)	1.550

Der Buchwert der Aktien beträgt nur noch 6.400 €. Die Wertminderung des Aktienbestands wird grundsätzlich erfolgsneutral behandelt. Die Neubewertungsrücklage weist nun einen Bestand im Soll in Höhe von 1.517 € auf.

Fall b:

Soll	Betrag		Haben	Betrag
Neubewertungsrücklage (OCI)	33			
Abschreibungen auf Finanzanlagen (Periodenergebnis)	1.517	**an**	Wertpapiere (Aktien im Nicht-Handelsbestand)	1.550

Im Unterschied zu Fall a ist die Wertminderung, nach Verrechnung mit der noch verbliebenen positiven Neubewertungsrücklage, erfolgswirksam zu erfassen.

Buchungssatz am 31. 12. 2013:

Fall a:

Soll	Betrag		Haben	Betrag
Wertpapiere (Aktien im Nicht-Handelsbestand)	1.550	**an**	Neubewertungsrücklage (OCI)	1.550

Der Buchwert der Aktien beträgt nun 7.950 €. Die überraschende Wertsteigerung im Aktienbestand wird grundsätzlich über die Neubewertungsrücklage gebucht. Da diese im Fall a als Ausgangswert einen Soll-Bestand in Höhe von 1.517 € aufweist, erhält sie nun wieder einen Bestand im Haben in Höhe von 33 €, welcher aufgrund des zufällig gleichen Aktienkurses dem Niveau vom 31. 12. 2011 entspricht.

Fall b:

Wertpapiere (Aktien im Nicht-Handelsbestand)	1.550	**an**	Neubewertungsrücklage (OCI)	1.550

Die Wertsteigerung wird erfolgsneutral (Eigenkapitaltitel) gegen die Neubewertungsrücklage gebucht, die im Fall b damit eine Höhe von 1.550 € aufweist.

Buchungssatz am 1.1.2014:

Fall a:

Neubewertungsrücklage (OCI)	33 €			
Bank	7.950 €	**an**	Wertpapiere (Aktien im Nicht-Handelsbestand)	7.950 €
			Gewinnrücklagen (Eigenkapital)	33 €

Nach **IFRS 9** findet **kein Recycling** des Bestandes der Neubewertungsrücklage bei Auflösung der Position statt. Der Bestand wird direkt gegen das Eigenkapital gebucht.

Fall b:

Neubewertungsrücklage (OCI)	1.550 €			
Bank	7.950 €	**an**	Wertpapiere (Aktien im Nicht-Handelsbestand)	7.950 €
			Erträge aus Finanzanlagen (Periodenergebnis)	1.550 €

Nach **IAS 39** wird der Bestand der Neubewertungsrücklage bei Auflösung der Position über die Periodenerfolgsrechnung ausgebucht **(Recycling)**.

Der im November 2009 herausgegebene IFRS 9 bezog sich zunächst nur auf finanzielle Vermögenswerte; er wurde im Oktober 2010 um Regelungen zur Kategorisierung und Bewertung **finanzieller Verbindlichkeiten** ergänzt. Die Ergänzung des IFRS 9 behält weitgehend die bisherigen Regelungen des IAS 39 zur Kategorisierung und Bewertung bei. Danach werden finanzielle Verbindlichkeiten entweder der Kategorie **„at fair value through profit or loss"** oder den **„other financial liabilities"** zugeordnet, wobei sich **Erstere** wie im Falle der finanziellen Vermögenswerte in die Unterkategorien Handelsbestand (inkl. passivischer Derivate) und designated as at fair value untergliedert (vgl. dieser Abschnitt, S. 300, 303; separat angesprochen werden Finanzgarantien, Kreditzusagen sowie Verbindlichkeiten, welche im Zusammenhang mit dem nicht vollständigen Abgang von Vermögenswerten respektive einem sog. continuing involvement entstehen, IFRS 9-4.2.1). Nach IFRS 9-4.2.2, 4.3.5 gilt die **Fair-Value-Option alter Gestalt für finanzielle Verbindlichkeiten** weiter. Eine gewillkürte Zuordnung zur Kategorie „financial liabilities at fair value through profit or loss" ist danach möglich, sofern es sich um ein strukturiertes Finanzinstrument handelt, dessen Trägerkontrakt kein Vermögenswert ist und für das die Bedingungen des IFRS 9-4.3.5 (vgl. mit IAS 39.11A) erfüllt sind. Ferner ist eine Designation möglich, wenn damit entscheidungsrelevantere Informationen vermittelt werden. Davon ist nach IFRS 9-4.2.2 auszugehen, wenn ein accounting mismatch verhindert oder zumindest wesentlich verringert wird oder die Instrumente Teil eines auf Fair-Value-Basis nach einer dokumentierten Risikomanagement- oder Anlagestrategie gesteuerten Portfolios sind, über das an Personen in Schlüsselpositionen berichtet wird. Werden finanzielle Verbindlichkeiten dem Handelsbestand zugeordnet oder die Fair-Value-Option angewandt, erfolgt deren **Folgebewertung erfolgswirksam zum beizulegenden Zeitwert.** Eine Modifikation bei designierten finanziellen Verbindlichkeiten sieht diesbezüglich der IFRS 9 gegenüber dem bisherigen IAS 39 vor, indem eine auf Bonitätsänderungen beruhende Fair-Value-Änderung im sonstigen Gesamterfolg (Other Comprehensive Income), also erfolgsneutral, zu erfassen ist und nur der Restbetrag der Fair-Value-Änderung in der Periodenerfolgsrechnung gezeigt wird (IFRS 9-5.7.7; zur Ermittlung dieses Betrages enthalten IFRS 9-B5.7.16–B5.7.20 weiterführende Hinweise). Hiervon ist nur dann abzusehen, wenn dies zu einem accounting mismatch führen oder einen solchen vergrößern würde (IFRS 9-5.7.7); in diesem Fall wird die gesamte Fair-Value-Änderung im Periodenerfolg abgebildet (IFRS 9-5.7.8; vgl. zur Fair-Value-Option für finanzielle Verbindlichkeiten auch *Wiechens/Kropp,* Verbindlichkeiten; *Christian,* Verbindlichkeiten). Die **other financial liabilities** werden an den auf den Erstansatz folgenden Bilanzstichtagen unter Anwendung der Effektivzinsmethode zu **fortgeführten Anschaffungskosten** bewertet.

Eine **Umwidmung**, d.h. die Zuweisung eines Finanzinstrumentes zu einer anderen Kategorie nach dem Zugangszeitpunkt, ist für **finanzielle Verbindlichkeiten unzulässig** (IFRS 9-4.4.2). Für **finanzielle Vermögenswerte** ist eine Umwidmung nach **IFRS 9** nur dann zulässig, wenn sich das diesbezügliche Geschäftsmodell des bilanzierenden Unternehmens ändert (IFRS 9-4.4.1), was jedoch als Ausnahmefall zu betrachten ist. In diesen Fällen müssen alle betroffenen Finanzinstrumente entsprechend dem neuen Geschäftsmodell umgegliedert werden. Ansonsten gilt ein striktes Umwidmungsverbot. Nach **IAS 39** sind Umwidmungen finanzieller Vermögenswerte ebenfalls nur in besonders definierten Fällen zulässig (vgl. IAS 39.50ff.). So besteht die Möglichkeit zur Umwidmung von Finanzinstrumenten der Kategorie available for sale in die Kategorie held to maturity, sofern diese Titel feste oder bestimmbare Zahlungen und eine feste Laufzeit aufweisen und sich (erst) im Zeitablauf die für die Zuordnung notwendige Absicht und Fähigkeit ergeben hat, die finanziellen Vermögenswerte bis zur Endfälligkeit zu halten (vgl. *PricewaterhouseCoopers,* IFRS für Banken, S. 324). Umgekehrt ist es ebenso geboten, von der Held to maturity- in die Available for sale-Kategorie umzuwidmen, wenn die ursprüngliche Absicht oder Fähigkeit, die entsprechenden Finanzinstrumente bis zur Endfälligkeit zu halten, nicht mehr besteht. Gehen allerdings nicht unwesentliche Teile des Held to maturity-Bestands, etwa durch Veräußerung oder Umwidmung, ab (sog. **Tainting**), so ist, von bestimmten Ausnahmetatbeständen abgesehen, der Restbestand in die Available for sale-Kategorie zwangsweise umzugliedern. Bis dato tritt zudem eine zweijährige Zuordnungssperre in die Held to maturity-Kategorie ein (vgl. IAS 39.52; Ausnahmen nach IAS 39.9), welche im Zuge der Umstellung auf IFRS 9 jedoch bedeutungslos wird. Im Zusammenhang mit der in 2008 als besonders bedrohlich empfundenen **Finanzkrise** wurden kurzfristig Möglichkeiten zur Umgliederung aus dem Handelsbestand (ohne Derivate) in die Kategorien held to maturity, loans and receivables bzw. available for sale sowie von Letzterer in die Kategorie loans and receivables geschaffen. Die z. T. als Voraussetzung formulierte Bedingung eines seltenen Ausnahmefalls war auf die seinerzeitige Krise zugeschnitten. Zwiespältig wurde in diesem Zusammenhang insbesondere der Umstand gesehen, dass durch die Amendments „Reclassification of Financial Assets" vom Oktober 2008, welcher die neuen Reklassifikationsmöglichkeiten enthielt, und „Reclassification of Financial Assets – Effective Date and Transition" vom November 2008 (mit Übernahme in anzuwendendes europäisches Recht durch die Verordnung (EG) Nr. 1004/2008 der Kommission der Europäischen Union vom 15. 10. 2008, ABl. der EU L 275, S. 37 ff.) Umwidmungen, welche vor dem 1. 11. 2008 vorgenommen wurden, rückwirkend bis zum 1. 7. 2008 Geltung erlangen konnten (vgl. allgemein zur Inanspruchnahme der Umwidmungsmöglichkeiten durch verschiedene Kreditinstitute *Gelen,* Finanzmarktkrise, S. 197 f.).

Die Bilanzierungsvorschriften der IAS 32 und IFRS 9 bzw. IAS 39 werden durch die ausführlichen **Angabepflichten** des **IFRS 7** ergänzt. IFRS 7 fordert Angaben zur Bedeutung von Finanzinstrumenten für die Vermögens-, Finanz- und Ertragslage des betreffenden Unternehmens, wobei jeweils auf einzelne Bilanz- und Erfolgspositionen sowie die zugehörigen Ansatz- und Bewertungsmethoden einzugehen ist. Des Weiteren ist ein großer Teil des Standards den Berichterstattungspflichten über finanzielle Risiken gewidmet, welche sowohl qualitativ beschreibende als auch quantitative Informationen über Art und Umfang der aus den Finanzinstrumenten resultierenden Risiken zum Gegenstand haben (IFRS 7.31 ff.). Nach IFRS 7 vorgeschrieben ist eine Einordnung ähnlicher Finanzinstrumente in sog. classes of financial instruments, die jeweils unternehmensindividuell vorgenommen werden und sich an der Art und dem Charakter der Finanzinstrumente orientieren sollen (vgl. *Kuhn/Scharpf,* Finanzinstrumente, S. 385). Diese sind zu unterscheiden von den zu Bewertungszwecken vorgegebenen Kategorien des IFRS 9 bzw. IAS 39 (vgl. dieser Abschnitt, S. 300, 303). Grundsätzlich anzugeben sind die Fair Values sämtlicher finanzieller Vermögenswerte und finanzieller Verbindlichkeiten, so dass entsprechende Informationen auch für die zu fortgeführten Anschaffungskosten bilanzierten Instrumente vorliegen (vgl. IFRS 7.25, Ausnahmen nach IFRS 7.29). Spezielle Angabepflichten ergeben sich darüber hinaus beispielsweise bezüglich:

- per Designation ergebniswirksam sowie nach IFRS 9-5.7.5 f. über den sonstigen Gesamterfolg zum Fair Value bewertete Finanzinstrumente (IFRS 7.9-11 und IFRS 7.11A f.),
- partielle Ausbuchungen (IFRS 7.13) sowie Umbuchungen gemäß IAS 39 (IFRS 7.12,.12A in der Fassung vor Änderungen im Zusammenhang mit der Einführung des IFRS 9) und Umbuchungen nach IFRS 9-4.9 (IFRS 7.12B-12D),
- Sicherheiten (IFRS 7.14 f.),
- Wertberichtigungen wegen Kreditrisiken (IFRS 7.16),
- eigenen Zahlungsverzug (IFRS 7.18 f.),
- der Art der Erfolge aus Finanzinstrumenten, ggf. differenziert nach Kategorien bzw. Klassen von Finanzinstrumenten (IFRS 7.20) und
- Sicherungsbeziehungen (IFRS 7.22-24).

7.3.2 Bilanzierung strukturierter Produkte und Hedge Accounting

Ein **strukturiertes Produkt** im Sinne der IFRS (auch hybrid oder combined contract) besteht aus einem originären Finanzinstrument (Basis- oder Trägervertrag, host contract) und einem oder mehreren eingebetteten Derivat(en) (embedded derivative(s)), so dass die Cashflows des Gesamtinstruments in gewisser Weise ähnlichen Schwankungen unterliegen wie die Zahlungen aus einem alleinstehenden Derivat (vgl. IFRS 9-4.3.1, IAS 39.10). Das eingebettete Derivat modifiziert also die Cashflows aus dem Trägerkontrakt, und zwar in Abhängigkeit von bestimmten finanziellen Parametern, wie z. B. Zinssätzen, Wechselkursen oder auch Referenzbonitäten. Wie im deutschen Handelsrecht gelten unabhängig vom Basiskontrakt handelbare und damit abtrennbare Derivate nicht als in einem strukturierten Finanzinstrument eingebettet (IFRS 9-4.3.1, IAS 39.10). Die im Zugangszeitpunkt zu treffende Entscheidung über Trennung oder Bilanzierung als Einheit ist in der Folge bindend – ausgenommen ist insbesondere der Fall, dass eine Vertragsänderung signifikant andere Zahlungsströme bedingt (IFRIC 9.7 [IFRIC 9 „Reassessment of Embedded Derivatives"]).

Bei strukturierten Produkten, die in den Anwendungsbereich des IAS 39 und damit des **IFRS 9** (IFRS 9-2.1) fallen, sind nach IFRS 9-4.3.2 die Klassifikationskriterien der IFRS 9-4.1.1–4.1.5 auf das **Instrument als Ganzes** zu beziehen, so dass eine Trennung der Komponenten nicht erfolgt. Wird insofern der Rückfluss aus dem Instrument beispielsweise nicht einfach nur durch Zinsen auf ein zur Verfügung gestelltes Kapital bestimmt (IFRS 9-4.1.2(b)), erfolgt eine (i. d. R. erfolgswirksame) Bewertung zum Fair Value. Lediglich im Falle, dass der Trägerkontrakt nicht in den Anwendungsbereich des IFRS 9 bzw. IAS 39 fällt – aufgrund der nach IAS 39.2 vorgehenden Regelungen anderer Standards –, ist die Frage einer Trennung in Trägerkontrakt und eingebettetes Derivat anhand der (bisherigen) Trennungskriterien des IAS 39 zu behandeln.

Nach **IAS 39** ist eine **Trennung** von Derivat und Basisinstrument genau dann vorzunehmen (IAS 39.11), wenn

- keine enge Verbindung zwischen den wirtschaftlichen Merkmalen und Risiken der Einzelkomponenten des strukturierten Produkts besteht (IAS 39.11(a) i. V. m. IAS 39.AG30, AG33);
- das eingebettete Derivat bei isolierter Betrachtung die Definitionskriterien eines (freistehenden) Derivats erfüllt und
- das strukturierte Produkt nicht erfolgswirksam zum beizulegenden Zeitwert bewertet wird, d. h. nicht der Kategorie at fair value through profit or loss zugeordnet wird.

Sind die Bedingungen kumulativ erfüllt, besteht eine **Trennungspflicht**. Da Derivate stets zum Fair Value bewertet werden müssen, kann eine Trennung nach dem dritten Punkt nur dann stattfinden, wenn das Basisinstrument weder dem Handelsbestand zugeordnet noch hierauf die Fair-Value-Option angewandt wird (vgl. *Lüdenbach*, IFRS-Kommentar, § 28, Rn. 165; *Coenenberg/Haller/Schultze*, Jahresabschluss, S. 283). Im Hinblick auf das Bewertungsergebnis des Gesamtkontraktes wäre die Trennungsfrage in diesem Fall nur l'art pour l'art.

Die Analyse beider Bestandteile des strukturierten Produkts auf deren Übereinstimmung hinsichtlich wirtschaftlicher Merkmale und Risiken bereitet oftmals Schwierigkeiten. Deshalb ist es nach IAS 39.11A zulässig, ein zusammengesetztes Finanzinstrument unter bestimmten Bedingungen als Ganzes in die Kategorie at fair value through profit or loss einzuordnen (**Fair-Value-Option alter Gestalt** für finanzielle Vermögenswerte); dies gilt für finanzielle Verbindlichkeiten auch weiterhin nach IFRS 9-4.3.5; vgl. auch den vorausgehenden Abschn. 7.3.1, S. 308 f.). Die Prüfung der oben aufgeführten Trennungskriterien kann in diesem Falle unterbleiben. Eine Anwendung der Option ist allerdings dann nicht möglich (IAS 39.11A, IFRS 9-4.3.5), wenn die Zahlungsströme des Vertrages durch das Derivat nicht wesentlich verändert werden und auch nicht bereits ohne tiefgehende Analyse anhand eines vergleichbaren Instruments offensichtlich ist, dass eine Trennung unzulässig ist. In diesen Fällen könnte die Anwendung der Option zu einer Verzerrung des Bilanzbildes durch eine willkürliche Kategorisierung führen, welche durch den Vereinfachungszweck nicht gerechtfertigt ist. Trotz Erfüllung der Kriterien des IAS 39.11 unterbleibt ferner eine Trennung, wenn das eingebettete Derivat nicht verlässlich zum Fair Value bewertet werden kann (IAS 39.12, IFRS 9-4.3.6). In diesem Fall ist das Gesamtinstrument in die Kategorie at fair value through profit or loss zu designieren. Dies gilt allerdings nur, wenn sich der Fair Value des Derivates auch nicht über die Residualmethode als Differenz zwischen dem Fair Value des strukturierten Produktes abzüglich des Fair Value des Trägerinstrumentes ermitteln lässt (IAS 39.13, IFRS 9-4.3.7).

Kommt **keine Trennung** des strukturierten Produktes infrage, ist es als **Einheit** gemäß der Kategorie zu behandeln, welche für das Trägerinstrument (ggf. auch unter Ausübung der Fair-Value-Option) vorgesehen ist. Führen die Kriterien zur **Trennung** des strukturierten Produktes, sind die **Komponenten einzeln** nach den für sie relevanten Ansatz- und Bewertungsregeln zu behandeln. Das abtrennungspflichtige Derivat ist der Kategorie held for trading zuzuordnen und erfolgswirksam mit dem Fair Value zu bewerten. Sofern möglich, ist der Fair Value auf Basis der sich aus den Vertragsbedingungen ableitenden Struktur des Derivates zu ermitteln. In diesem Fall ergibt sich der Buchwert des Basisinstruments im Zugangszeitpunkt aus der Differenz zum Gesamtwert des Instruments (IAS 39.AG28). Die Folgebewertung des Trägerkontraktes richtet sich nach dessen Kategorisierung, d. h. sie erfolgt entweder zu fortgeführten Anschaffungskosten (held to maturity, loans and receivables) oder erfolgsneutral zum Fair Value (available for sale). Gegebenenfalls fällt das Basisinstrument auch in den Anwendungsbereich anderer IFRS-Standards. Bei der Trennung wird hinsichtlich der **Ausweisfrage** aufgrund diesbezüglich fehlender Vorgaben in IAS 39 bzw. IFRS 7 neben einem Ausweis der Einzelkomponenten wie im Falle ihres separaten Bestehens auch deren gemeinsamer Ausweis unter dem Bilanzposten des Basisinstruments für möglich erachtet (vgl. *PricewaterhouseCoopers,* IFRS für Banken, S. 400 f.).

IAS 39 regelt ferner die Abbildung von Sicherungsbeziehungen im Rahmen des so genannten **Hedge Accounting** (vgl. insbesondere IAS 39.71–102 bzw. IAS 39. AG94–AG132). Als absicherungsfähige **Grundgeschäfte (hedged items)** gelten nach IAS 39.78, ähnlich wie im Handelsrecht, bilanzierte Vermögenswerte und Schulden, feste Verpflichtungen (firm commitments) und hoch wahrscheinliche zukünftige Transaktionen (forecast transactions; vgl. ausführlich *Schmidt/Pittroff/Klingels,* Finanzinstrumente, S. 75 ff.; genauer zur Differenzierung nach der Art des Hedges s. u.). Im Gegensatz zum HGB sind nach IAS 39.72 jedoch mit Ausnahme der Absicherung von Fremdwährungsrisiken über originäre Instrumente ausschließlich **Derivate** als **Sicherungsinstrumente** zulässig, wobei deren Fair-Value- bzw. Cashflow-Änderungen jene des Grundgeschäfts (teilweise) kompensieren müssen. Neben der Bildung von **Micro-Hedges** sind auch **Portfolio-Hedges** erlaubt. Letztere sind allerdings nur bei Portfolios von in dem Sinne gleichartigen Geschäften anwendbar, dass sie dem gleichen Risikofaktor unterliegen und ein jeweils ähnliches Risikoprofil aufweisen, was durch eine nahezu proportionale Änderung ihres jeweiligen Fair Value zum gesamten Fair Value des Portfolios zum Ausdruck kommt (IAS 39.83). Insofern kommen hierfür faktisch nur bestimmte Portfolios aus zinstragenden Wertpapieren in Betracht, wobei eine Nettoposition nicht Absicherungsgegenstand sein kann (IAS 39.84). Im Rahmen der Absicherung gegen das Zinsänderungsrisiko wird aber auch explizit die Bildung eines „fair value hedge of the interest rate exposure of a portfolio of financial assets or financial liabilities" ermöglicht (vgl. insbesondere IAS 39.81A, 39.AG114–AG132).

Hinsichtlich der Art der Absicherung unterscheidet IAS 39.86 zwischen der Absicherung von Marktwerten (**Fair-Value-Hedge**) und der Absicherung gegen Zahlungsstromrisiken (**Cash-Flow-Hedge**). Darüber hinaus wird die Absicherung einer Nettoinvestition in einen ausländischen Geschäftsbetrieb (**hedge of a net investment in a foreign operation**) gegen Risiken aus der Währungsumrechnung separat angesprochen (vgl. *Kuhn/Scharpf,* Rechnungslegung, S. 457). Die Bilanzierung dieser Absicherung gleicht jener von Cash-Flow-Hedges (IAS 39.102), so dass auf diese Hedge-Form nicht weiter eingegangen wird.

Die folgenden **Voraussetzungen** müssen nach IAS 39.88 formal erfüllt sein, damit die speziellen Bewertungsvorschriften für eine Sicherungsbeziehung angewandt werden können (vgl. *Lüdenbach,* IFRS-Kommentar, § 28, Rn. 251):

- Die Sicherungsbeziehung sowie das mit dem Hedge verfolgte Ziel im Zusammenhang mit dem internen Risikomanagement und der Risikomanagementstrategie müssen nachvollziehbar dokumentiert werden;
- der Sicherungszusammenhang muss erwartungsgemäß hoch effektiv sein. Dabei ist die Effektivität zu Beginn und während der Laufzeit aus einer prospektiven Sicht und während der Laufzeit aus einer retrospektiven Sicht zu überprüfen. Für die retrospektive Effektivität sollte das Verhältnis der (gegenläufigen) Ergebnisse des Grund- und des Sicherungsgeschäftes betragsmäßig im Intervall von 80 %–125 % liegen (IAS 39.AG105);
- damit die Wirksamkeit der Sicherungsbeziehung verlässlich ermittelt werden kann, müssen sowohl der Wert des Grund- als auch des Sicherungsgeschäfts verlässlich bestimmbar sein. Letzteres muss dazu fortlaufend bewertet und für die Perioden, für die es designiert wurde, als hoch wirksam eingestuft werden;

– über Cash-Flow-Hedges abzusichernde geplante zukünftige Transaktionen müssen mit hoher Wahrscheinlichkeit eintreten und ein Risiko beinhalten, dass sich im Periodenergebnis niederschlagen könnte.

Bei **Fair-Value-Hedges** werden nach IAS 39.86(a) die beizulegenden Zeitwerte von bilanzierten Vermögenswerten und Schulden sowie von bilanzunwirksamen festen Verpflichtungen (firm commitments) gegen Schwankungen aufgrund spezifischer Risiken abgesichert. Um die kompensatorische Wirkung von Grund- und Sicherungsgeschäft bilanziell darzustellen, werden **Wertänderungen des Grundgeschäfts erfolgswirksam** erfasst, sofern diese auf das abgesicherte Risiko zurückzuführen sind. Die Buchwerte der bilanzierten Vermögenswerte und Schulden sind entsprechend anzupassen (ggf. realisiert über ein **basis adjustment** nach IAS 39.89(b), vgl. hierzu ausführlich *Kuhn/Scharpf,* Financial Instruments, S. 430 ff.). Dadurch werden die allgemeinen Bilanzierungsvorschriften für Vermögenswerte und Schulden (teilweise) außer Kraft gesetzt. Firm commitments sind als schwebende Geschäfte außerhalb einer Sicherungsbeziehung grundsätzlich bilanzunwirksam – ggf. führen sie bei einem Verpflichtungsüberhang als sog. belastende Verträge (onerous contracts) zu einem Rückstellungsansatz (IAS 37.66 ff.). Im Rahmen eines Fair-Value-Hedge wird bei bilanzunwirksamen firm commitments die Änderung des Fair Value, soweit sie auf das abgesicherte Risiko zurückgeht, korrespondierend zur Erfolgsverbuchung aktiviert respektive passiviert (IAS 39.93). Da die Änderung des Fair Value des derivativen **Sicherungsgeschäftes** (respektive des Wertes der Fremdwährungskomponente bei der Absicherung von Währungsrisiken mit originären Instrumenten) ebenfalls erfolgswirksam gebucht wird (IAS 39.89(a), kommt es zu einer Kompensation der gegenläufigen Wertänderungen bei der Ermittlung des Periodenerfolges (vgl. *Kuhn/Scharpf,* Financial Instruments, S. 447 f.). Das Unternehmen hat die dargestellte Bilanzierung für Fair-Value-Hedges prospektiv einzustellen, wenn das Sicherungsinstrument ausfällt, der Hedge nicht mehr die Voraussetzungen nach IAS 39.88 erfüllt oder das Unternehmen die Designation des Hedge aufhebt (vgl. IAS 39.91 f., IAS 39.AG113; zu den Konsequenzen der Beendigung des Hedge vgl. *Kuhn/Scharpf,* Financial Instruments, S. 449–451).

Mit der Bildung von **Cash-Flow-Hedges** wird eine Absicherung gegen das Risiko schwankender Zahlungsströme verfolgt, die mit bilanzierten Vermögenswerten oder Schulden sowie mit hoher Wahrscheinlichkeit erwarteten Transaktionen verbunden sind (vgl. IAS 39.86(b)) und das Periodenergebnis potentiell beeinflussen. Darüber hinaus kann auch die Absicherung gegen Fremdwährungsrisiken bei firm commitments über Cash-Flow-Hedges abgebildet werden (IAS 39.87). Im Gegensatz zum Fair-Value-Hedge, der i. d. R. zu einer von der Einzelbetrachtung abweichenden Bilanzierung des Grundgeschäftes führt, wird beim Cash-Flow-Hedge die Bilanzierung des Sicherungsinstrumentes an den Absicherungszusammenhang angepasst. Das **Grundgeschäft** wird gemäß den üblichen Vorschriften wie bei einer Einzelbetrachtung bilanziert (ggf. offbalance bei zukünftigen Transaktionen). Zwar erfolgt auch der Bilanzansatz des derivativen **Sicherungsinstruments** weiterhin zum Fair Value, jedoch werden die aus den Wertänderungen resultierenden Gewinne oder Verluste nicht erfolgswirksam, sondern nunmehr erfolgsneutral im sonstigen Gesamterfolg (OCI) erfasst, soweit sie auf den effektiven Teil des Hedge entfallen (IAS 39.95, vgl. *Förschle/Usinger,* Bilanzkommentar, §254 HGB, Rn. 64). Die kumulierten Änderungen können bspw. in einer Rücklage für Cash-Flow-Hedges gezeigt werden. Der ineffektive Teil der Absicherung wird hingegen (wie bei Einzelbetrachtung) erfolgswirksam verbucht (IAS 39.95(b)). Die Höhe einer solchen erfolgsneutral zu bildenden Rücklage ist auf den niedrigeren Absolutbetrag aus dem kumulierten Gewinn oder Verlust aus dem Sicherungsgeschäft und der kumulierten Fair Value-Änderung der abgesicherten Cashflows aus dem Grundgeschäft seit Hedgebeginn beschränkt (IAS 39.96). Die **Auflösung** der **Rücklage** folgt i. d. R. der Ergebniswirkung der abgesicherten Zahlungen aus dem Grundgeschäft (IAS 39.100). Werden demzufolge etwa Zinszahlungen von im Bestand befindlichen finanziellen Vermögenswerten oder Schulden abgesichert, so erfolgt die Auflösung der Rücklage parallel zu diesen Zinszahlungen. Dies gilt in entsprechender Weise für eine zukünftige Transaktion, welche im Eintrittszeitpunkt hinsichtlich ihrer Erfolgswirkung abgeschlossen wird (z. B. ein erwarteter Umsatz). Führt die Absicherung einer zukünftigen Transaktion jedoch später zu einem (für sich genommen erfolgsneutralen) Ansatz eines finanziellen Vermögenswerts oder einer finanziellen Verbindlichkeit, ist die Rücklage korrespondierend mit den Erfolgswirkungen dieser Positionen erfolgswirksam aufzulösen – also etwa mit den Zinsaufwendungen aus einem dann eingegangenen Darlehensgeschäft. Mündet die Absicherung einer zukünftigen Transaktion hingegen im Ansatz eines nicht-finanziellen Vermögenswertes respektive einer nicht-finanziellen Schuld oder in eine feste Verpflichtung hierüber, welche in einen Fair-Value-Hedge einbezogen wird, so kann die Rücklage wiederum parallel zur Erfolgswirksamkeit des abgesicherten Vorgangs aufgelöst werden, also bspw. zu den Abschreibungen einer erworbenen Maschine. Alternativ kann die Auflösung der Rücklage im Zugangszeitpunkt des Geschäftes jedoch auch über dessen Bilanzansatz erfolgen, bspw. indem die Anschaffungskosten einer Maschine entsprechend korrigiert werden (vgl. IAS 39.98; *Pellens/Fülbier/Gassen/Sellhorn,* Rechnungslegung, S. 635). Die oben genannten Gründe für die **prospektive Beendigung** des Fair Value Hedges gelten auch für Cash-Flow-Hedges (vgl. S. 314, IAS 39.101). Zusätzlich ist die Bilanzierung gemäß den Regeln der IAS 39.95 ff. dann einzustellen, wenn nicht mehr erwartet wird, dass die abgesicherte Transaktion eintritt.

Im Dezember 2010 veröffentlichte der IASB den **Exposure Draft „Hedge Accounting"** (ED-HA, vgl. zu einem Überblick über den ED-HA *Fischer,* Hedge Accounting, S. 21 ff., sowie *Märkl/Glaser,* IFRS 9, S. 124 ff.). Die diesbezüglich vom IASB vorgeschlagenen Änderungen betreffen insbesondere die engere Verzahnung des Hedge Accounting mit dem unternehmensinternen Risikomanagement, den Wegfall des quantitativen Effektivitätsintervalls (ED-HA.B27 ff.) sowie die Bilanzierung von Fair-Value-Hedges (ED-HA.26-28). Hinsichtlich Letzterer sollen zukünftig die gesamten – im Rahmen des Hedge gesicherten – (effektiven und ineffektiven) Wertänderungen von Grund- und Sicherungsgeschäft nicht mehr erfolgswirksam im Periodenergebnis, sondern vielmehr erfolgsneutral im sonstigen Gesamterfolg (OCI) erfasst werden (ED-HA.26(a),.26(b)). Der ineffektive Teil der Sicherungsbeziehung soll anschließend erfolgswirksam in das Periodenergebnis umgebucht werden (ED-HA.B26(c)). Die bilanzielle Abbildung von Portfolio-Hedges soll im Rahmen einer Ergänzung zum ED-HA thematisiert werden; die Veröffentlichung dieses separaten Vorschlags wird für das zweite Quartal 2011 erwartet.

Ergänzende Literatur zu: 7.3 Finanzinstrumente nach den IFRS

Coenenberg/Haller/Schultze, Jahresabschluss, S. 255–270, 281–285, 296–305
Förschle/Usinger, Termingeschäfte, Rn. 130–135
Kuhn/Scharpf, Rechnungslegung, S. 81–519, 583–682
Lüdenbach, IFRS-Kommentar, § 28, Rn. 19–186, 213–264, 278–315
Pellens/Fülbier/Gassen/Sellhorn, Rechnungslegung, S. 545–652
PricewaterhouseCoopers, IFRS für Banken, S. 329–440, 498–570
Schmidt/Pittroff/Klingels, Finanzinstrumente, S. 1–150, 175–198

8 Personalaufwand

8.1 Grundsachverhalte der Arbeitsentlohnung

Der Produktionsfaktor Arbeit wird durch den Betrieb in Form von Lohn- und Gehaltszahlungen für Arbeiter und Angestellte entgolten. **Arbeitslohn** sind dabei alle Einnahmen, die dem Arbeitnehmer im Hinblick auf ein künftiges, aus seinem gegenwärtigen oder einem früheren Arbeits- bzw. Dienstverhältnis zufließen, egal unter welcher Bezeichnung oder in welcher Form die Einnahmen gewährt werden (§ 2 LStDV). Hierzu gehören insbesondere Gehälter, Löhne, Provisionen, Gratifikationen, Tantiemen, sonstige von der Unternehmensentwicklung abhängige Vergünstigungen, wie im Rahmen von Aktienoptionsprogrammen, Entschädigungen, Ausgaben für Zukunftssicherung sowie Sachbezüge bzw. geldwerte Vorteile wie freie oder verbilligte Wohnung, Kost und Kleidung. Sämtliche Einnahmen aus einem Dienstverhältnis zählen unabhängig davon, ob es sich um laufendes Entgelt (z. B. Monatslohn bzw. -gehalt) oder einmalige Bezüge (z. B. 13. Monatsgehalt, Jubiläumszuwendungen, Urlaubsgeld, Weihnachtsvergütungen) handelt, zum Arbeitslohn.

Die Arbeitnehmer erhalten jedoch nicht das gesamte tariflich festgelegte oder frei vereinbarte **Bruttoarbeitsentgelt** ausbezahlt, sondern nur einen nach Vornahme bestimmter Abzüge verbleibenden **Nettobetrag.** Die Abzüge sind größtenteils gesetzlich vorgeschrieben; zu ihnen gehören vor allem Steuern und Sozialabgaben. Darüber hinaus sind freiwillige Sozialleistungen dem Arbeitsentgelt zuzurechnen, so dass sich das Nettoentgelt des Arbeitnehmers sowie der gesamte Personalaufwand des Arbeitgebers wie folgt zusammensetzen:

Arbeitnehmer	**Arbeitgeber**
Bruttoarbeitsentgelt	Bruttoarbeitsentgelt
– Lohnsteuer	+ Sozialversicherungsbeitrag (Arbeitgeberanteil)
– Solidaritätszuschlag	+ tarifvertragliche Sozialleistungen
– Kirchensteuer	
– Sozialversicherungsbeitrag (Arbeitnehmeranteil)	
= Nettoarbeitsentgelt	= vertraglicher und gesetzlicher Personalaufwand
– vermögenswirksame Leistung	+ freiwillige Sozialleistungen
= Auszahlungsbetrag	**= gesamter Personalaufwand**

Zu den **Steuern** und steuerähnlichen Abgaben gehören insbesondere die Einkommensteuer auf den Arbeitslohn (Lohnsteuer) und die Kirchensteuer. Seit 1. 1. 1995 kommt der Solidaritätszuschlag hinzu.

Für Steuerpflichtige, die Einkünfte aus nichtselbständiger Arbeit beziehen, wird die Einkommensteuer durch direkten Abzug vom Arbeitslohn **(Lohnsteuer)** im sog. **Quellenabzugsverfahren** erhoben. Der Arbeitgeber behält dazu die Lohnsteuer für Rechnung des Arbeitnehmers ein und führt sie zusammen mit einer Lohnsteuer-Anmeldung bis spätestens zehn Tage nach Ablauf eines jeden Lohnsteuer-Anmeldungszeitraums an die Kasse des örtlich zuständigen Finanzamts (Betriebsstättenfinanzamt) oder die von der OFD bestimmte Kasse ab (§§ 38 u. 41a EStG). Der Lohnsteuer-Anmeldungszeitraum umfasst grundsätzlich einen Kalendermonat. Betrug die abzuführende Lohnsteuer im vorangegangenen Jahr weniger als 4.000 €, kommt eine vierteljährliche, bei Lohnsteuerbeträgen bis zu 1.000 € sogar nur eine jährliche Anmeldung und Zahlung in Frage. Die Höhe der monatlich einzubehaltenden und abzuführenden Lohnsteuer entspricht dem Teilbetrag der Jahreseinkommensteuer, die ein Arbeitnehmer schuldet, der ausschließlich Einkünfte aus nichtselbständiger Arbeit erzielt (§ 38a EStG). Aus Vereinfachungsgründen waren die Lohnsteuerbeträge vom Bundesministerium für Finanzen bis 2003 in Jahres- und Monats-**Lohnsteuertabellen** tabellarisiert, wobei die Verpflichtung zur Aufstellung solcher Tabellen im Gesetz zur Senkung der Steuersätze und zur Reform der Unternehmensbesteuerung (Steuersenkungsgesetz – StSenkG) vom 23. 10. 2000 (BGBl. I 2000, S. 1433) durch den Wegfall des früheren § 38c EStG bereits früher aufgehoben wurde. Die Beträge richten sich nach dem steuerpflichtigen Entgelt, der jeweiligen Lohnsteuerklasse des Arbeitnehmers (§ 38b EStG) sowie bestimmten Freibeträgen (§ 39a EStG), die sämtlich auf den von der örtlich zuständigen Gemeinde auszustellenden Lohnsteuerkarten eingetragen sein müssen (§ 39 EStG). Im Rahmen des jährlichen Lohnsteuer-Jahresausgleichs bzw. der Einkommensteuererklärung kann dann die unter Berücksichtigung individuell steuerlich absetzbarer Ausgaben (z. B. Werbungskosten, Sonderausgaben) und anderer Einkünfte zu viel bezahlte Lohnsteuer zurückgefordert werden (§§ 42b, 46 i. V. m. § 36 EStG). Seit der im Jahr 2004 erfolgten Umstellung vom Stufentarif auf den bis heute gültigen stufenlosen Formeltarif (§ 32a EStG) werden keine auf dem Prinzip der Stufenberechnung basierenden amtlichen Lohnsteuertabellen mehr vom BMF herausgegeben. Im Einzelfall ist es aber weiterhin möglich, eine manuelle Lohnsteuerberechnung auf Basis des regelmäßig vom BMF veröffentlichten Programmablaufplans für die Herstellung von Lohnsteuertabellen anhand dieser durchzuführen (vgl. § 51 Abs. 4 Nr. 1a EStG; BMF v. 12. 8. 2009, BStBl. I 2009, S. 1216). Insbesondere für kleinere Unternehmen mit manueller Lohnsteuerberechnung stellt dies eine Erleichterung dar. Es ergeben sich diesbezüglich jedoch Nachteile dergestalt, dass bei der Erstellung der Lohnsteuertabellen die Jahreslohnsteuer jeweils aus dem höchsten Wert des 36 € betragenden Lohnstufenabstands ermittelt werden muss. Je weiter der (tatsächliche) Lohn nun von dieser Grenze abweicht, desto größer wird der Unterschied zwischen einer Einzelwertberechnung und dem auf Basis der Tabelle ermittelten Wert sein.

Kirchensteuer ist von Mitgliedern jener Religionsgemeinschaften zu entrichten, die Körperschaften des öffentlichen Rechts sind und die das in Art. 140 Grundgesetz kodifizierte Recht zur Steuererhebung wahrnehmen. Die Kirchensteuer wird ebenfalls im Quellenabzugsverfahren vom Arbeitgeber einbehalten und zusammen mit der Lohnsteuer an das zuständige Finanzamt abgeführt. Bemessungsgrundlage für den Kirchensteuerabzug ist die einbehaltene Lohnsteuer; der Kirchensteuersatz beträgt je nach Bundesland 8 % bzw. 9 %. Im Rahmen der Veranlagung zur Einkommensteuer bzw. des Lohnsteuerjahresausgleiches erfolgt eine Angleichung der Kirchensteuer an die tatsächlichen Jahreseinkünfte, wobei für große Einkommen ggf. eine länderspezifische Kappungsgrenze von bis zu 4 % des zu versteuernden Einkommens den Kirchensteuerbetrag limitiert.

Für Teilzeit- und geringfügig Beschäftigte sowie für bestimmte Zukunftssicherungsleistungen können **Lohnsteuer und Kirchensteuer** auch **pauschal** erhoben werden. Übersteigen die Leistungen des Arbeitgebers nicht die in den §§ 40a, 40b EStG gesteckten Grenzen, so kann der Arbeitgeber bei kurzfristig Beschäftigten 25 vom Hundert, bei einer Beschäftigung in geringem Umfang und gegen geringen Arbeitslohn sowie von Beiträgen des Arbeitnehmers an eine Pensionskasse oder für eine Direktversicherung (Altzusage, s. u.) 20 vom Hundert als pauschale Lohnsteuer einbehalten und an die Finanzbehörde abführen. Zahlt der Arbeitgeber für das Arbeitsentgelt aus geringfügigen Beschäftigungen (s. u.) Beiträge nach § 168 Abs. 1 Nr. 1b, 1c oder nach § 172 Abs. 3, 3a SGB VI, kann dieser die Lohnsteuer (einschließlich Solidaritätszuschlag und Kirchensteuer) wahlweise mit einem Pauschalbetrag von 2 % des Arbeitsentgelts entrichten (vgl. § 40a Abs. 2 EStG). Die Kirchensteuer auf die pauschalierte Lohnsteuer wird mit einem länderspezifischen Prozentsatz zwischen 4 % und 7 % erhoben und anschließend nach einem bestimmten Schlüssel den Religionsgemeinschaften zugeteilt (in Baden-Württemberg bspw. 6,5 % mit paritätischer Aufteilung auf die katholische und die evangelische Kirche). Neben diesem vereinfachten Verfahren existiert das sog. Nachweisverfahren, nach dem die Arbeitnehmer, die nachgewiesenermaßen nicht kirchensteuerpflichtig sind, aus der Kirchensteuerpauschalisierung ausscheiden. Auf die restlichen (kirchensteuerpflichtigen) Arbeitnehmer ist sodann der Regelkirchensteuersatz des betreffenden Bundeslandes anzuwenden. Die Behandlung der Kirchensteuerpauschalierung entspricht hierbei den Erlassen der obersten Finanzbehörden der Länder (OFL) v. 10. 9. 1990 (BStBl. I 1990, S. 773).

Der **Solidaritätszuschlag** wird als Ergänzungsabgabe zur Einkommensteuer und Körperschaftsteuer, jedoch nicht zur Kirchensteuer, erhoben (§ 1 SolZG 1995). Er wird im Rahmen des Lohnsteuer-Abzugsverfahrens vom Arbeitgeber einbehalten. Entsprechend ist der Zuschlag nach der Lohnsteuer vom laufenden Arbeitslohn und von den sonstigen Bezügen zu bemessen (§ 3 Abs. 1 Nr. 3 SolZG 1995 i. V. m. § 51a Abs. 2a EStG). Laufender Arbeitslohn ist der Arbeitslohn, der dem Arbeitnehmer regelmäßig fortlaufend zufließt (R 39b.2 Abs. 1 LStR). Hierzu zählen bspw. Monatsgehälter, Wochen- und Tagelöhne, Zuschläge und Zulagen sowie bestimmte geldwerte Vorteile. Die sonstigen Bezüge umfassen u. a. 13. und 14. Monatsgehälter, Urlaubsgelder, Weihnachtszuwendungen oder Gratifikationen (R 39b.2 Abs. 2 LStR). Der Solidaritätszuschlag wird gegenwärtig mit einem Zuschlagsatz von 5,5 % auf diese Bezüge erhoben (§ 4 SolZG 1995). Er fällt allerdings dann nicht an, wenn der Lohnsteuerbetrag nach dem laufenden Arbeitslohn in der Steuerklasse III 162 €, in den Steuerklassen I, II, IV bis VI 81 € bei monatlicher Lohnzahlung nicht übersteigt (§ 3 Abs. 4 SolZG 1995). Bei nur wenig über diesen Grenzen liegenden Beträgen würde ein Solidaritätszuschlag von 5,5 % auf den gesamten Lohnsteuerbetrag zu einer unverhältnismäßig hohen Zusatzbelastung führen. Um dies zu verhindern, ist der Zuschlag auf 20 % des Unterschiedsbetrages zwischen der Bemessungsgrundlage, also des maßgeblichen Lohnsteuerbetrages, und den angegebenen Grenzen beschränkt (§ 4 Satz 2 SolZG 1995). Der Verzicht auf den Steuerabzug erstreckt sich jedoch mit Ausnahme der mit 2 % pauschal besteuerten 400-Euro-Jobs (s. u.) nicht auf die pauschalierte Lohnsteuer. Hier ist der Solidaritätszuschlag voll abzuziehen (BMF vom 20. 9. 1994, BStBl. I 1994, S. 757).

Zu den **Sozialabgaben** gehören Beiträge zur **Krankenversicherung** (geregelt in den §§ 1 ff. SGB V), **Pflegeversicherung** (§§ 1 ff. SGB XI), **Rentenversicherung** (§§ 1 ff. SGB VI), **Arbeitslosenversicherung** (§§ 1 ff. SGB III) und zur **Unfallversicherung** (§§ 150 ff. SGB VII). Aufgrund von Überleitungsvorschriften sowie des niedrigeren Lohnniveaus in den neuen Bundesländern existierten bis vor kurzem noch unterschiedliche Grenzwerte im Hinblick auf Versicherungspflicht, Versicherungsfreiheit sowie Beitragsbemessung zwischen den alten Bundesländern und dem Beitrittsgebiet. Inzwischen wurden die Grenzwerte in vielen Bereichen vereinheitlicht, wobei z. T. allerdings noch zwischen den Werten für die alten und für die neuen Bundesländer zu differenzieren ist. Auszubildende sind unabhängig von der Höhe ihres Einkommens in allen Zweigen der Sozialversicherung versicherungspflichtig. Angestellte und Arbeiter können sich dagegen von der gesetzlichen Krankenversicherungspflicht befreien lassen und privat krankenversichern, sofern ihr regelmäßiges Jahresarbeitsentgelt die Jahresarbeitsentgeltgrenze (Versicherungspflichtgrenze) übersteigt. Die Versicherungsfreiheit beginnt mit Ablauf des Kalenderjahres, in dem die Versicherungspflichtgrenze überschritten wird (vgl. § 6 Abs. 1 Nr. 1 SGB V). Diese Grenze wird jährlich von der Bundesregierung durch Rechtsverordnung an die Entwicklung der durchschnittlichen Bruttogehaltssumme des vorherigen Kalenderjahrs angepasst (§ 6 Abs. 6 SGB V). Die allgemeine Versicherungspflichtgrenze beträgt derzeit 49.500 € (Stand 2011). Außer bei Bestehen einer freiwilligen Krankenversicherung entfällt bei Überschreiten der Jahresarbeitsentgeltgrenze auch die Versicherungspflicht in der sozialen Pflegeversicherung, die damit dem Versicherungsrecht der gesetzlichen Krankenversicherung folgt (§ 1 Abs. 2 Satz 1 SGB XI). In der Kranken-, Pflege-, Renten- und Arbeitslosenversicherung sind geringfügig Beschäftigte beitrags- bzw. versicherungsfrei (§§ 7 SGB V, 20 SGB XI, 5 Abs. 2 SGB VI, 27 Abs. 2 SGB III). Eine **geringfügige Beschäftigung (Minijob)** liegt vor, wenn das Arbeitsentgelt aus dieser Beschäftigung regelmäßig im Monat 400 € nicht übersteigt (**geringfügig entlohnte Beschäftigung;** § 8 Abs. 1 Nr. 1 SGB IV). Daneben gilt eine auf maximal zwei Monate bzw. 50 Arbeitstage befristete Beschäftigung ebenfalls als geringfügig, sofern sie nicht berufsmäßig ausgeübt wird oder ihr Entgelt nicht über die Grenze von 400 € im Monat hinausgeht (**kurzfristige Beschäftigung;** § 8 Abs. 1 Nr. 2 SGB IV). Parallel dazu existiert noch die in § 8a SGB IV geregelte geringfügige Beschäftigung in Privathaushalten. Ordentlich Studierende sind bei einer Beschäftigung gegen Arbeitsentgelt grundsätzlich kranken-, pflege- und arbeitslosenversicherungsfrei (§§ 6 Abs. 1 Nr. 3 SGB V, 27 Abs. 4 Nr. 2 SGB III), sofern sich die Studierenden noch überwiegend dem Studium widmen, was bei einer wöchentlichen Arbeitszeit von 20 Stunden und weniger unterstellt wird. Zeitlich umfangreichere

Tätigkeiten in der vorlesungsfreien Zeit können diesbezüglich ggf. noch akzeptabel sein. Ferner sind Studierende im Rahmen von Pflichtpraktika oder solchen mit einer geringen Vergütung von bis zu 400 € monatlich auch rentenversicherungsfrei (§ 5 Abs. 2 Nr. 1, Abs. 3 SGB VI). Für den Arbeitgeber sind die geringfügig entlohnten, jedoch nicht die kurzfristigen Beschäftigungsverhältnisse mit Sozialabgaben verbunden (Ausnahme: Studierende in o. g. Praktika). Er hat pauschal 13 % des Arbeitsentgelts an die Kranken- (§ 249b SGB V) und 15 % an die Rentenversicherung (§ 172 Abs. 3 SGB VI) als Beiträge abzuführen. Für die geringfügig Beschäftigten in Privathaushalten betragen die Pauschalbeiträge jeweils 5 % (§§ 249b SGB V, 172 Abs. 3a SGB VI). Hinsichtlich der Krankenversicherung betrifft dies auch Tätigkeiten als Werkstudent, d. h. außerhalb von Pflichtpraktika, soweit diese die Kriterien einer geringfügig entlohnten Beschäftigung erfüllen und nicht in der vorlesungsfreien Zeit ausgeübt werden; die Befreiung von der Krankenversicherungspflicht greift in diesem Fall nicht. Allerdings gilt die Befreiung wieder bei Überschreiten der Grenze für geringfügige Beschäftigungen, d. h. bei einem Entgelt von über 400 €, jedoch einem Stundenumfang von nicht mehr als 20 Stunden. Die pauschale Belegung geringfügiger Beschäftigungsverhältnisse mit Sozialabgaben wurde durch das Gesetz zur Neuregelung der geringfügigen Beschäftigungsverhältnisse vom 24. 3. 1999 (BGBl. I 1999, S. 388) mit Wirkung vom 1. 4. 1999 eingeführt. Wirtschaftlich bewirkte die zusätzliche Belastung dieser Arbeitsverhältnisse mit Sozialabgaben einen bedeutenden Attraktivitätsverlust der geringfügigen Beschäftigungen, da weiterhin auch Lohnsteuer (lediglich mit Pauschalierungsmöglichkeit gemäß § 40a EStG) einzubehalten war. Ausgenommen vom Lohnsteuerabzug wurde in diesem Zusammenhang nur der Fall von Arbeitsentgelten an solche Arbeitnehmer, bei denen die Summe der anderen Einkünfte nicht positiv ist und die dem Arbeitgeber eine entsprechende Bescheinigung des Finanzamtes vorlegen (§§ 3 Nr. 39, 39a Abs. 6 EStG). Diese Ausnahme wurde zum 1. 4. 2003 (Hartz II) aufgehoben. Seitdem ist der Arbeitgeber verpflichtet, für geringfügige Beschäftigungen eine Pauschalabgabe von 2 % für Lohnsteuer einschließlich Kirchensteuer und Solidaritätszuschlag an das Finanzamt abzuführen (§ 40a Abs. 2 EStG). Ebenfalls zum 1.4.2003 eingeführt wurde eine Gleitzone für Arbeitsentgelte von 400,01 € bis 800,00 € im Monat (**Midijobs**). Diese Zone soll verhindern, dass es bei Überschreitung der Grenze für geringfügige Beschäftigungen zu einem sprunghaften Anstieg der Sozialversicherungsbeiträge von 0 % auf über 20 % für den Arbeitnehmer kommt. Dazu wird der Arbeitnehmeranteil zur Sozialversicherung von 16,60 € (ca. 4,15 %) linear bis zum vollen Betrag von 164 € (ca. 20,5 %) bei Erreichen der oberen Grenze von 800 € Bruttoverdienst angehoben. Der Arbeitgeber hingegen zahlt ab einem Arbeitsentgelt von 400 € den vollen Beitrag zur Sozialversicherung. Zu berechnen ist dieser für das vereinbarte Arbeitsentgelt nach den jeweils aktuellen Beitragssätzen in der Renten-, Arbeitslosen-, Pflege- und Krankenversicherung. Die Lohnsteuer für Midijobs wird anhand der in der Lohnsteuerkarte eingetragenen Steuerklasse ermittelt, wobei eine Pauschalierung nicht möglich ist. Abzüge fallen jedoch nur in den Steuerklassen V und VI an.

Eine weitere Änderung stellt das am 1. 1. 2006 eingeführte Aufwendungsausgleichsgesetz (AAG) dar, mit dem ein Umlage- und Ausgleichsverfahren etabliert wurde, das die Belastung der Unternehmen im Falle zu leistender **Entgeltfortzahlungen** bei Krankheit oder Schwangerschaft bzw. Mutterschaft reduziert. Da diese Zahlungen insbesondere für kleinere Unternehmen ein Problem darstellen, beschränkt sich die Möglichkeit zur Geltendmachung eines Aufwandsausgleichs aus einer Lohnfortzahlung im Krankheitsfall auf Firmen mit maximal 30 Mitarbeitern (vgl. § 3 Abs. 1 Satz 2 AAG). Dem Arbeitgeber wird in diesen Fällen von der jeweiligen gesetzlichen Krankenkasse 80 % des fortgezahlten Bruttoarbeitsentgelts erstattet, wobei die Krankenkasse in ihrer Satzung auch niedrigere Erstattungssätze (Minimum 40 %) mit entsprechend angepassten Umlagesätzen vorsehen kann (vgl. §§ 1 Abs. 1 AAG, 9 Abs. 2 AAG). Nicht erstattungsfähig sind hingegen die auf die Arbeitgeberaufwendungen entfallenden Sozialversicherungsbeiträge, da diese im Rahmen der 80 %igen Erstattung des Bruttoarbeitsentgelts pauschal abgegolten werden. Entgeltfortzahlungen bei Schwangerschaft lösen bei Unternehmen jedweder Größe einen Erstattungsanspruch von 100 % des Bruttolohns zuzüglich der darauf entfallenden pauschalen Kranken- und Rentenversicherungsbeiträge sowie Arbeitgeberzuschüsse auf das von der Krankenkasse gezahlte Mutterschaftsgeld aus (vgl. § 1 Abs. 2 AAG; *Berndt*, Sozialversicherungsrecht, S. 184). Zur Finanzierung dieser Ausgleichszahlungen wurden die Umlagebeiträge U1 (für die Ausgleichszahlungen im Krankheitsfall) und U2 (für die Ausgleichszahlungen bei Schwangerschaft) eingeführt, die sich jeweils auf das Bruttoarbeitsentgelt des Arbeitnehmers beziehen. Die konkrete Höhe der Umlagesätze bestimmt sich aus der Satzung der jeweiligen Krankenkasse und ist damit nicht einheitlich vorgegeben. Je nach Erstattungssatz variiert die Höhe der Umlage U1 derzeit (Stand 2010) von ca. 0,9 % (ermäßigter Umlagesatz für 40 % Erstattung) bis 2,9 % (ermäßigter Umlagesatz für 80 % Erstattung). Der Beitragssatz für die Umlage U2 beträgt momentan ca. 0,24 %. Während Unternehmen mit mehr als 30 Mitarbeitern demzufolge lediglich von Umlage 2 betroffen sind, müssen kleine Unternehmen i. S. d. § 3 Abs. 1 AAG beide Umlagen entrichten. Auch für geringfügig entlohnte und kurzfristig Beschäftigte werden beide Umlagen grundsätzlich erhoben. Im Zuge der Umstrukturierung des Unfallversicherungsrechts und den damit einhergehenden Änderungen in Bezug auf die Verwaltung des Insolvenzgeldes wurde zum 1. 1. 2009 die Umlage U3 (Umlage für Entgeltfortzahlungen im Insolvenzfall, „Insolvenzgeldumlage") eingeführt, nach der die Arbeitgeber jährlich einen bestimmten Prozentsatz (2010: 0,41 %) vom jeweiligen Bruttoarbeitsentgelt des Arbeitnehmers an die Bundesagentur für Arbeit abzuführen haben.

Der Beitrag zu den einzelnen Zweigen der Sozialversicherung bemisst sich nach dem sozialversicherungspflichtigen Arbeitsverdienst (der sich im Allgemeinen nach den lohnsteuerlichen Vorschriften errechnet), wobei jedoch der über der Beitragsbemessungsgrenze liegende Lohn unberücksichtigt bleibt.

Die **Beitragsbemessungsgrenzen** betragen für 2011:

- in der Kranken- und Pflegeversicherung: 3.712,50 € monatlich bzw. 44.550 € jährlich,
- in der Renten- und Arbeitslosenversicherung: 5.500 € monatlich bzw. 66.000 € jährlich in den alten Bundesländern (einschließlich West-Berlin) sowie 4.800 €

pro Monat bzw. 57.600 € im Jahr für die neuen Bundesländer (einschließlich Ost-Berlin).

Einmalzahlungen (insbesondere Weihnachtszuwendungen, Abschlussgratifikationen, Tantiemen, Urlaubsgelder) sind für die Zwecke der Beitragsbemessung gleichmäßig auf die Beschäftigungsdauer im laufenden Kalenderjahr beim selben Arbeitgeber zu verteilen, so dass auch die über der jeweiligen Beitragsbemessungsgrenze eines einzelnen Lohnabrechnungszeitraums liegenden einmaligen Zahlungen (teilweise) sozialversicherungspflichtig sind (§ 23a SGB IV). Soweit Einmalzahlungen im 1. Quartal eines Jahres anfallen, werden diese vollständig dem vorangegangenen Jahr zugeordnet, sofern bei einer gleichmäßigen Verteilung des Entgelts auf die bereits vergangenen Monate im laufenden Kalenderjahr die Beitragsbemessungsgrenze überschritten würde.

Beispiel: Arbeitnehmer aus altem Bundesland (Beträge in €)

Laufender Monatslohn Januar–November 2011	4.000
Weihnachtszuwendung im November 2011	4.000
Beitragspflichtiges laufendes Entgelt 11 × 4.000	44.000

Somit ist von der Weihnachtszuwendung beitragspflichtig:

– Zur Kranken- und Pflegeversicherung:

Bemessungsgrenze (11/12 von 44.550)	40.837,50
laufendes Entgelt	44.000
Differenz (nur übersteigender Betrag)	0
beitragspflichtig	0

– zur Renten- und Arbeitslosenversicherung:

Bemessungsgrenze (11/12 von 66.000)	60.500
laufendes Entgelt	44.000
Differenz	16.500
beitragspflichtig	4.000

Bis zum Ende des Jahres 2008 wurden die Beitragssätze der Krankenversicherung von den einzelnen Krankenkassen in deren Satzungen bestimmt, so dass es z. T. zu erheblichen regionalen Beitragssatzunterschieden kam. Im Zuge der Gesundheitsreform 2009 wurde ein einheitlicher Beitrag zur gesetzlichen Krankenversicherung beschlossen. Vom 1. 1. 2009 bis zum 30. 6. 2009 betrug dieser 15,5 %, wobei Arbeitnehmer 8,2 % (inkl. 0,9 % Zusatzbeitrag) und Arbeitgeber 7,3 % zu tragen hatten. Zum 1. 7. 2009 wurde der Beitragssatz im Rahmen des Konjunkturpakets II auf 14,9 % gesenkt. Der Arbeitgeberanteil betrug 7 %, der Arbeitnehmeranteil 7,9 % (inkl. 0,9 % Zusatzbeitrag). Ab dem 1. 1. 2011 beträgt der Beitrag zur gesetzlichen Krankenversicherung wieder 15,5 %. Während davon 8,2 % (inkl. 0,9 % Zusatzbeitrag) auf die Arbeitnehmer entfallen, wurde der Beitrag der Arbeitgeber auf 7,3 % eingefroren. Demnach sind künftige Beitragserhöhungen vollständig von den Arbeitnehmern zu tragen. Die Änderung ist im Zusammenhang mit der Aufhebung der Deckelung der Zusatzbeiträge auf 1 % des beitragspflichtigen Einkommens zum 1. 1. 2011 zu sehen. Ab diesem Zeitpunkt können die Krankenkassen Zusatzbeiträge in gesetzlich nicht beschränkter Höhe von den Versicherten verlangen (die den gesetzlich vorgegebenen Zusatzbeitrag von 0,9 % überschreitenden Zusatzbeiträge werden indes nicht im Zuge des Quellenabzugsverfahrens, sondern von den Krankenkassen direkt beim Versicherten erhoben). Übersteigt dieser von den Krankenkassen separat erhobene Zusatzbeitrag 2 % des Einkommens, erhalten Arbeitnehmer jedoch einen Sozialausgleich aus Steuermitteln. In diesem Fall werden nicht die vollen 8,2 %, sondern ein (individuell ermittelter) ermäßigter Kassenbeitrag vom Bruttolohn abgezogen. Für die daraus resultierenden Einnahmeausfälle der gesetzlichen Krankenkassen kommt der Staat auf.

Die Beitragssätze in der gesetzlichen **Unfallversicherung** variieren je nach Unfallgefahr in den einzelnen Wirtschaftszweigen.

Für die **Pflegeversicherung** bestand in der Zeit vom 1. 1. 1995 bis zum 30. 6. 1996 ein Beitragssatz von 1 %. Dieser wurde am 1. 7. 1996 wegen der dann gewährten vollstationären Pflege auf 1,7 % und am 1. 7. 2008 auf nunmehr 1,95 % erhöht. Seit dem 1. 1. 2005 müssen Kinderlose, die das 23. Lebensjahr vollendet haben, einen Beitragszuschlag von 0,25 % auf den Arbeitnehmeranteil des Pflegeversicherungsbeitrags (0,975 %) zahlen (§ 55 Abs. 3 SGB XI). Die Beiträge für die Rentenversicherung betragen zum 1. 1. 2011, wie im Jahr zuvor, bundeseinheitlich 19,9 % und für die Arbeitslosenversicherung insgesamt 3,0 % des sozialversicherungspflichtigen Arbeitsverdienstes. Die Beiträge zur Sozialversicherung werden, abgesehen von Geringverdienern und den beschriebenen Ausnahmen, insbesondere bei der Krankenversicherung, je zur Hälfte von Arbeitnehmer **(Arbeitnehmeranteil)** und Arbeitgeber **(Arbeitgeberanteil)** getragen (§§ 346 SGB III, 249 SGB V, 168 SGB VI), wobei hinsichtlich der Pflegeversicherung eine abweichende länderspezifische Regelung möglich ist (§ 58 SGB XI). In vollem Umfang trägt der Arbeitgeber die Beiträge zur Unfallversicherung aller Arbeitnehmer und die Sozialversicherungsbeiträge von Geringverdienern. Die Geringverdienergrenze beträgt 400 €. Der Arbeitgeber hat den Arbeitnehmeranteil vom Arbeitslohn einzubehalten und zusammen mit dem Arbeitgeberanteil an die zuständige Krankenkasse (AOK oder Ersatzkasse) abzuführen (§ 28h Abs. 1 SGB IV), die dann die Verteilung auf die einzelnen **Sozialversicherungsträger** (Pflegekasse, Rentenversicherungsanstalt, Bundesagentur für Arbeit) und an den vom Bundesversicherungsamt als Sondervermögen verwalteten Gesundheitsfonds (§ 271 SGB V), der wiederum Mittel an die Krankenkassen weiterleitet, vornimmt. Die Pflegekassen sind zwar Selbstverwaltungseinrichtungen, die in der Rechtsform von Körperschaften des öffentlichen Rechts betrieben werden (vgl. *Schneider,* Pflegeversicherung, S. 1931), ihre Aufgaben werden jedoch von den Krankenkassen wahrgenommen. Dementsprechend ist bei jeder gesetzlichen Krankenkasse eine Pflegekasse eingerichtet (vgl. *Alt/Jenak,* Lohnbuchhalter, S. 65). Die Beiträge zur Unfallversicherung sind vom Arbeitgeber an die Berufsgenossenschaft oder Unfallkassen abzuführen (vgl. § 114 Abs. 1 SGB VII).

Die **vermögenswirksamen Leistungen** nehmen im System der Arbeitsentlohnung eine Sonderstellung ein, da sie sowohl Zusatzleistungen des Arbeitgebers als auch einzubehaltende Lohnteile beinhalten können. Vermögenswirksame Leistungen sind Leistungen im Sinne des 5. Gesetzes zur Förderung der Vermögensbildung der Arbeitnehmer (5. VermBG), die vom Arbeitgeber nicht ausbezahlt, sondern in den gesetzlich vorgeschriebenen Formen zugunsten des Arbeitnehmers fest angelegt werden. Im Wesentlichen für vermögenswirksame Leistungen, die nach dem 31. 12. 1993 erbracht werden, gilt das 5. Vermögensbildungsgesetz in der Neufassung vom 4. 3. 1994 (BGBl. I 1994, S. 406). Für vermögenswirksame Leistungen vor dem 1. 1. 1994 ist § 17 des 5. VermBG 1989 (BGBl. I 1989, S. 137), geändert durch das Steuerreformgesetz 1990 (BGBl. I 1988, S. 1093), maßgeblich (§ 17 Abs. 2 5. VermBG in der aktuellen Fassung). § 2 des 5. VermBG sieht als **alternative Anlagearten** insbesondere vor:

- Aufwendungen für den Erwerb von Aktien, Investmentanteilen, Wandel- und Gewinnschuldverschreibungen etc.,
- Aufwendungen im Sinne des Wohnungsbau-Prämiengesetzes (WoPG),
- Aufwendungen zum Bau, Erwerb oder zur Erweiterung eines im Inland gelegenen Wohngebäudes bzw. einer Eigentumswohnung,
- Sparbeiträge aufgrund eines Sparvertrages des Arbeitnehmers mit einem Kreditinstitut,
- Beiträge zu Kapitalversicherungen auf den Erlebens- und Todesfall.

Die vermögenswirksamen Leistungen (steuer- und sozialversicherungspflichtig) können je nach tarifvertraglicher und betriebsindividueller bzw. arbeitsvertraglicher Vereinbarung in voller Höhe vom Arbeitgeber zusätzlich zum Arbeitslohn, vollständig vom Arbeitnehmer aus seinem Arbeitslohn oder teilweise vom Arbeitgeber und Arbeitnehmer bezahlt werden. Unabhängig von der jeweiligen Zahlungsvereinbarung hat der Arbeitgeber die vermögenswirksame Leistung einzubehalten und in voller Höhe für den Arbeitnehmer unmittelbar an den entsprechenden Träger (Bank, Versicherungsgesellschaft, Bausparkasse) abzuführen.

Arbeitnehmer, die Einkünfte aus nichtselbstständiger Arbeit beziehen und deren zu versteuerndes Jahreseinkommen 20.000 € (17.900 €) bzw. 40.000 € (35.800 €) bei Zusammenveranlagung von Ehegatten nicht übersteigt, erhalten auf die in § 13 Abs. 1 Nr. 1 VermBG (§ 13 Abs. 1 Nr. 2 VermBG) genannten vermögenswirksamen Leistungen eine steuer- und sozialversicherungsfreie Arbeitnehmer-Sparzulage. Die Sparzulage beträgt 20 % der vermögenswirksamen Leistungen, soweit sie insgesamt 400 € im Kalenderjahr nicht übersteigen. Die vermögenswirksamen Leistungen zu Spar- und Kapitalversicherungsverträgen werden seit 1990 grundsätzlich nicht mehr durch Arbeitnehmer-Sparzulagen gefördert. Die Sparzulage wird nach Ablauf einer mehrjährigen Sperrfrist, die von der konkreten Anlageform abhängig ist, vom Finanzamt an den Arbeitnehmer ausbezahlt (§ 7 VermBDV 1994).

Beispiel:

Monatsgehaltsabrechnung eines Angestellten oder Arbeiters (20 Jahre alt, keine Kinder, gerundete Werte in €, Bemessungsgrenzen von 2010, altes Bundesland, Lohnsteuer gemäß § 32a EStG, der Beitrag zur Pflegeversicherung soll je zur Hälfte auf Arbeitnehmer und Arbeitgeber entfallen, Kranken- und Arbeitslosenversicherung in der ab 1. 1. 2011 gültigen Form):

Bruttogehalt (einschließlich Arbeitgeberanteil zur vermögenswirksamen Leistung 25 % von 40 € (480/12) = 10 €)		3.850
. /. Lohnsteuer (gem. § 32a EStG, Steuerklasse I/0	734	
. /. Solidaritätszuschlag (5,5 % der Lohnsteuer)	40	
. /. Kirchensteuer (8 % der Lohnsteuer)	59	
. /. Krankenversicherung (15,5 % von 3.712,50), davon Arbeitnehmeranteil	304	

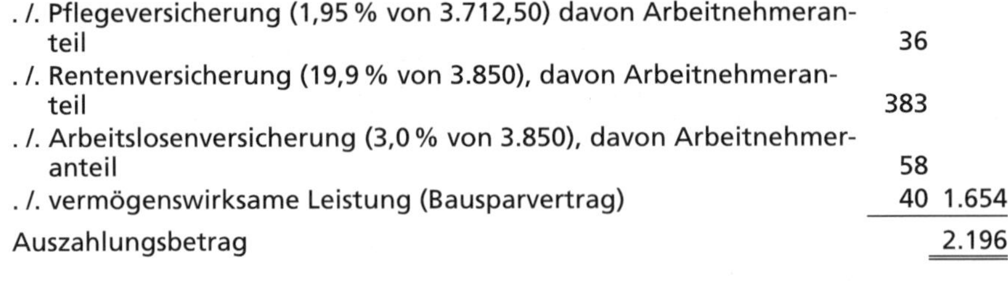

./. Pflegeversicherung (1,95 % von 3.712,50) davon Arbeitnehmeranteil	36	
./. Rentenversicherung (19,9 % von 3.850), davon Arbeitnehmeranteil	383	
./. Arbeitslosenversicherung (3,0 % von 3.850), davon Arbeitnehmeranteil	58	
./. vermögenswirksame Leistung (Bausparvertrag)	40	1.654
Auszahlungsbetrag		2.196

Der Beitrag zur Unfallversicherung beträgt 50.

Letztlich fließen daher dem Finanzamt und den Sozialversicherungsträgern folgende, in der Graphik veranschaulichte Beträge zu (die Verteilerfunktionen der Krankenkasse sowie des Gesundheitsfonds bleiben dabei unberücksichtigt):

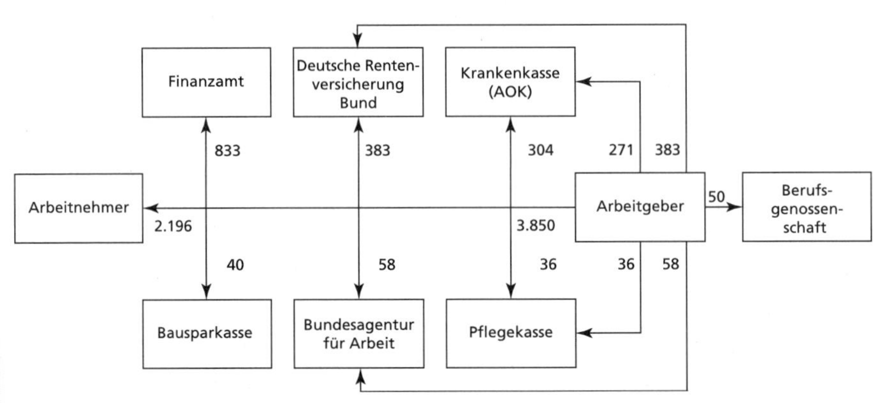

Verfahren der Monatsgehaltsabrechnung

Ebenfalls eine Besonderheit im Gehaltsabrechnungssystem stellt die **Direktversicherung** dar. Dabei wird vom Arbeitgeber zugunsten des Arbeitnehmers eine Lebensversicherung abgeschlossen. Eine Versicherung, die das typische Todesfallwagnis und – bereits bei Vertragsbeginn – das Rentenwagnis zum Gegenstand hat, ist dagegen keine Direktversicherung (BFH v. 9. 11. 1990, BB 1991, S. 963 f.). Der Vorteil dieser Konstruktion liegt in der steuerlichen Begünstigung begründet, wobei zwischen Zusagen vor und nach dem 1. 1. 2005 zu unterscheiden ist. Nach § 40b EStG kann die Lohnsteuer für die Beiträge zur Direktversicherung pauschal mit 20 v. H. erfasst werden, sofern die Zusage seitens des Arbeitgebers vor dem 1. 1. 2005 erteilt wurde (Altverträge mit Bestandsschutz); hinzu kommen pauschale Kirchensteuer sowie Solidaritätszuschlag. Voraussetzung dafür ist, dass der Erlebensfall nicht vor dem 60. Lebensjahr liegt und eine Kündigung nicht in Betracht kommt. Darüber hinaus dürfen die Beiträge im Kalenderjahr 1.752 € bzw. 2.148 €, soweit für mehrere Arbeitnehmer ein Direktversicherungsvertrag vorliegt und die durchschnittlichen Beiträge je Arbeitnehmer nicht über 1.752 € liegen, nicht überschreiten. Die Steuer kann vom Arbeitgeber oder Arbeitnehmer getragen werden. Seit dem Inkrafttreten des Alterseinkünftegesetzes am 1. 1. 2005 ist das Prinzip der nachgelagerten Besteuerung von Rentenbezügen auch auf Direktversicherungen anzuwenden. Für Zusagen, die nach dem 1. 1. 2005 erfolgen, sieht § 3 Nr. 63 EStG demnach eine

Befreiung von der Steuerpflicht für Beträge bis zu 4 % der Beitragsbemessungsgrenze (alte Bundesländer) der Rentenversicherung zzgl. einem Festbetrag von 1.800 € vor. Folglich sind derzeit Beiträge bis zu einer Höchstgrenze von 4.400 € steuerfrei. Tritt der Leistungsfall ein, sind Leistungen, die aus steuerbefreiten Beträgen resultieren, vollständig zu versteuern.

Hinsichtlich der **Sozialversicherungspflicht** sind Direktversicherungsbeiträge, die aus Zusagen vor dem 1. 1. 2005 resultieren, lediglich dann freigestellt, wenn sie pauschal besteuert sind und aus zusätzlichen Leistungen des Arbeitgebers herrühren oder aus Sonderzahlungen stammen (§ 2 Arbeitsentgeltverordnung; ArEV v. 18. 12. 84, BGBl. I 1984, S. 1642 ff.); ansonsten erhöhen sie das sozialversicherungspflichtige Arbeitsentgelt (vgl. *Jenak*, Gehaltsabrechnung, S. 134–141). Beiträge für Direktversicherungen, die nach dem 1. 1. 2005 abgeschlossen wurden, gelten nicht als Arbeitsentgelt i. S. d. § 14 SGB IV, sofern sie nicht 4 % der Beitragsbemessungsgrenze der Rentenversicherung zzgl. 1.800 € Festbetrag übersteigen. Somit unterliegen lediglich die diese Grenze übersteigenden Beiträge der Sozialversicherungspflicht.

Die **buchtechnische Behandlung** des Personalaufwandes orientiert sich an der Notwendigkeit, sämtliche Bestandteile des Bruttolohns und den Arbeitgeberanteil an den Beiträgen zur Sozialversicherung zu erfassen. Insbesondere die Aufzeichnungserfordernisse beim Lohnsteuerabzug verpflichten den Arbeitgeber zur Führung von **Lohn- und Gehaltskonten** für jeden Arbeitnehmer und jedes Kalenderjahr (§ 41 Abs. 1 EStG). In diese laufenden Konten der einzelnen Arbeitnehmer sind sowohl die Angaben aus der Lohnsteuerkarte über persönliche Verhältnisse des Steuerpflichtigen zu übernehmen als auch der Bruttolohn sowie die darauf entfallenden Abzüge im Einzelnen ersichtlich zu machen (§ 4 LStDV). Die Mindestangaben in den Lohnunterlagen für Zwecke der Sozialversicherung ergeben sich aus § 8 Beitragsverfahrensordnung (BVV v. 3. 5. 2006, BGBl. I 2006, S. 1138 ff.). Hinzu kommen gewöhnlich weitere umfangreiche Aufzeichnungen über sonstige Leistungen, z. B. nach dem 5. Gesetz zur Förderung der Vermögensbildung der Arbeitnehmer (5. VermBG) und der dazugehörigen Durchführungsverordnung (VermBDV 1994 v. 20. 12. 1994).

Die Vielzahl der zu berücksichtigenden Einzeltatbestände steuerlicher, sozialversicherungsrechtlicher und sozialpolitischer (sparfördernder) Art verursacht erheblichen Verwaltungsaufwand, der noch um das arbeitsaufwendige Gebiet der Vergütungen bei Dienstgängen und Dienstreisen und den dabei anfallenden Auslagenersatz sowie um den Komplex der **freiwilligen** betrieblichen Altersvorsorge erweitert wird. Das Führen der Lohnkonten erfordert deshalb in aller Regel eine **besondere Lohn- und Gehaltsbuchführung (Personalbuchhaltung),** die häufig bereits bei kleineren Betrieben den Einsatz von **EDV-Anlagen** erzwingt (im Einzelnen vgl. Teil A, Abschn. 15.5.5, S. 669 ff.). Die Lohnbuchhaltung wird infolge ihrer Komplexität in der Praxis häufig isoliert, außerhalb der eigentlichen Finanzbuchführung durchgeführt. Die den Personalaufwand zum Ausdruck bringenden und über die Erfolgsrechnung abzuschließenden Hauptbuchkonten übernehmen dann nur noch die Kontensaldensummen, getrennt nach Bruttoarbeitsentgelt, Arbeitgeberanteil zur Sozialversicherung und gegebenenfalls freiwilligem Sozialaufwand.

8.2 Die Lohn- und Gehaltsverbuchung

Der Standardbuchungssatz für die Auszahlung von Löhnen und Gehältern lautet:

Personalkosten (Bruttolohn) **an** Kasse/Bank (Nettolohn)
Noch abzuführende Abgaben
(Abzüge)

und zur Verbuchung des Arbeitgeberanteils zur Sozialversicherung:

Gesetzliche soziale Aufwendungen **an** Noch abzuführende Abgaben

Um die Abzüge genauer zu spezifizieren, werden regelmäßig für das Konto „Noch abzuführende Abgaben" Unterkonten nach der Art der Abzüge (Lohnsteuer, Kirchensteuer, AOK, . . .) eingerichtet.

Da die Abzüge (Steuern und Sozialabgaben) gegenüber dem Zeitpunkt der Nettolohnauszahlung i. d. R. erst zu einem späteren Termin fällig werden (z. B. einbehaltene Lohnsteuer i. d. R. am 10. des Folgemonats, Kranken-, Pflege-, Renten- und Arbeitslosenversicherung je nach Satzung der zuständigen Krankenkasse, spätestens aber am 15. des Folgemonats; § 41a EStG, § 23 Abs. 1 SGB IV, § 348 SGB III), sind diese zum Zwecke der korrekten Aufwandserfassung im Zeitpunkt der Lohnzahlung bis zu ihrer Abführung an das Finanzamt und die Sozialversicherungsträger als Schuld zu behandeln und auf dem Konto: **Noch abzuführende Abgaben** zu sammeln. Ihr bilanzieller Ausweis erfolgt unter den Sonstigen Verbindlichkeiten (antizipative Passiva). In der Regel werden sie bei Fälligkeit durch Banküberweisung beglichen und anschließend erfolgsneutral ausgebucht:

Noch abzuführende Abgaben **an** Bank

Die vermögenswirksam angelegten Teile des Arbeitsentgelts sind unmittelbar auf (Prämien-, Bau-, Versicherungs-)Sparkonten zu überweisen.

Bei Vorliegen **freiwilliger sozialer Leistungen** (Beihilfen, Zuschüsse, Unterstützungs- und Fürsorgezahlungen) erfolgt die Belastung auf einem gesonderten Aufwandskonto.

Bis auf weiteres wird in den nachfolgenden Beispielen für die betrachteten Arbeitnehmer von einem AOK-Beitrag in Höhe von 15,5 %, Beiträgen zur Renten- und Arbeitslosenversicherung in Höhe von 19,9 % bzw. 3,0 % und einer paritätischen Aufteilung des Pflegeversicherungsbeitrages von insgesamt 1,95 % zwischen Arbeitgeber und Arbeitnehmer ausgegangen.

Beispiel:

Monatsgehaltsabrechnung eines Angestellten (nicht kinderlos; angenommene bzw. gerundete Werte in €):

Bruttogehalt	3.307
Lohnsteuer	528
Kirchensteuer	42
Solidaritätszuschlag	29
pausch. Lohnsteuer	24
pausch. Kirchensteuer	2
Solidaritätszuschlag auf pausch. Lohnsteuer	1
Sozialversicherungsanteil	682
Vermögenswirksame Leistungen	40
Direktversicherung	120

Der Arbeitnehmer hat mit seinem Arbeitgeber vereinbart, dass sein Gehalt um den Direktversicherungsbeitrag (Altzusage vor dem 1. 1. 2005) von monatlich 120 € zuzüglich 20 % pauschale Lohnsteuer (24 €) und die Kirchensteuer von 7 % der pauschalen Lohnsteuer (2 € mit Rundung) sowie Solidaritätszuschlag von 1 € gekürzt wird. Da der Direktversicherungsbeitrag keine zusätzliche Leistung des Arbeitgebers darstellt, besteht bei dieser Gehaltsumwandlung Sozialversicherungspflicht. Die Lohnsteuer ist dann von 3.160 € zu berechnen; Kirchensteuer (mit 8 % angenommen) und Solidaritätszuschlag knüpfen daran an. Die Sozialversicherungsbeiträge werden dagegen von dem ungekürzten Arbeitsentgelt in Höhe von 3.307 € erhoben.

Buchungssätze (vgl. auch die Konten auf S. 330):

a) Überweisung an Arbeitnehmer (Betriebsangehörige):

(1) Gehälter	3.307			
Gesetzl. sozialer Aufwand	652	**an**	Bank	1.839
			Noch abzuführende Abgaben (FA, AOK)	1.960
			Verbindl. gegenüber Betriebsangehörigen	160

Dem Personalaufwand und ceteris paribus der Gewinnminderung in der GuV-Rechnung (3.972) entsprechen bilanzmäßig die Bankguthabenreduzierung auf der Vermögensseite (1.852) und die Erhöhung der Sonstigen Verbindlichkeiten auf der Kapitalseite (2.120).

b) Überweisungen auf Prämiensparkonto Arbeitnehmer sowie an Finanzamt und Sozialversicherungsträger bei Fälligkeit:

(2) Verbindl. gegenüber Betriebsangehörigen	160	**an**	Bank	160
(3) Noch abzuführende Abgaben (FA)	626	**an**	Bank	626
(4) Noch abzuführende Abgaben (AOK)	1.334	**an**	Bank	1.334

Bei Vereinbarung von Nettolöhnen bzw. Nettogehältern kann auch ein besonderes Nettolohnkonto zwischengeschaltet werden (Nettoentgeltverbuchung). Da der Arbeitgeber dann sämtliche Lohnabzüge zu tragen hat, ist das Bruttoentgelt durch Rückrechnung über die Abzüge zu ermitteln. Buchungstechnische Unterschiede zu oben bestehen nicht: Das Nettolohnkonto hat lediglich die Funktion eines Verrechnungskontos, da als Aufwand in der GuV-Rechnung stets die Bruttoentgelte einschließlich der sozialen Abgaben bzw. Aufwendungen zum Ausweis gelangen.

Abgrenzungsprobleme ergeben sich bei der bilanziellen Erfassung von Verpflichtungen des Arbeitgebers zur Zahlung von Urlaubs- und Weihnachtsgeld, sofern das Kalenderjahr vom Wirtschaftsjahr abweicht. Der Arbeitgeber kann diesbezügliche Zahlungsverpflichtungen dann nur insoweit passivieren, als sie die Zeit vor dem Bilanzstichtag betreffen (BFH v. 26. 6. 1980, BStBl. II 1980, S. 506).

Bank			
		1.852	(1)
		160	(2)
		626	(3)
		1.334	(4)

Gehälter			
(1)	3.307		

Ges. sozialer Aufwand			
(1)	652		

Noch abzuführende Abgaben			
(3)	626	1.960	(1)
(4)	1.334		
	1.960	1.960	

Verbindlichkeiten gegenüber Betriebsangehörigen			
(2)	160	160	(1)

8.3 Die Behandlung von Sachbezügen

Häufig erhalten Arbeitnehmer zusätzlich zum monetären Arbeitsentgelt (Geldlohn) noch **Sachzuwendungen (Naturallohn)** in Form freier oder verbilligter Wohnung und Verpflegung sowie die Möglichkeit des begünstigten oder kostenlosen Warenbezugs. Zu den Einnahmen des Arbeitnehmers, die nicht in Geld bestehen, gehören darüber hinaus **sonstige Sachbezüge** wie die Benutzung eines betriebseigenen Pkws oder Telefonanschlusses sowie die Erledigung privater Arbeiten durch Betriebspersonal. Zum Arbeitsentgelt zählen somit alle laufenden oder einmaligen Zahlungen oder sonstigen Bezüge aus der Beschäftigung, unabhängig davon, ob ein Rechtsanspruch auf diese Einnahmen besteht, unter welcher Bezeichnung oder in welcher Form sie geleistet werden und ob sie unmittelbar oder nur im Zusammenhang mit dem Beschäftigungsverhältnis erzielt werden. Sachzuwendungen und sonstige Leistungen werden daher als **sozialabgabepflichtige** und **lohnsteuerbare** Leistungen behandelt. Als Maßstab für die Bewertung der Sachbezüge gelten grundsätzlich die üblichen Endpreise am jeweiligen Abgabeort (§ 8 Abs. 2 EStG; R 8.1 Abs. 2 LStR), d. h. der Preis, der gegenüber Letztverbrauchern angegeben wird. Zur vereinfachten Handhabung der steuerlichen Sachbezugsbewertung können die obersten Finanzbehörden der Länder (Finanzministerien) mit Zustimmung des Bundesfinanzministeriums für Sachbezüge der Arbeitnehmer Durchschnittswerte festsetzen, die dann in Tabellenform zur Verfügung stehen.

Zusätzlich ist die Bundesregierung durch § 17 Abs. 1 Nr. 4 SGB IV ermächtigt, den Wert der Sachbezüge nach dem Verkehrswert im Voraus für jedes Kalenderjahr bekannt zu geben. Dies geschieht in der **Sozialversicherungsentgeltverordnung** (SvEV). Für 2011 betragen die Sachbezugswerte für freie Verpflegung 217 € (§2 Abs. 1 SvEV) und für freie Unterkunft 206 € (§2 Abs. 3 SvEV) je Monat. Wird als Sachbezug eine Wohnung unentgeltlich zur Verfügung gestellt, ist der ortsübliche Mietpreis anzusetzen. Da Sachbezüge nach R 8.1 Abs. 1 LStR i. V. m. R 39b.2 Abs. 1 LStR zum laufenden Arbeitslohn oder den sonstigen Bezügen zählen, unterliegen sie nach §38a EStG dem Steuerabzug vom Arbeitslohn. Der Sachbezugswert ist somit auch für die Lohnsteuer maßgeblich. Die Sachbezugswerte der SvEV für Kost und Wohnung sind auch dann bei der Lohnsteuerberechnung zu verwenden, wenn in einem Tarifvertrag, einer Betriebsvereinbarung oder in einem Arbeitsvertrag für die Sachbezüge höhere oder niedrigere Werte festgesetzt worden sind (R 8.1 Abs. 4 LStR). Falls die tatsächlichen Aufwendungen im Einzelfall allerdings höher als die Pauschalbeträge ausfallen, so sind bei der Gewinnermittlung die wirklichen Aufwendungen maßgebend. Bis zu einem Betrag von 44 € monatlich, sind Sachbezüge beim Empfänger (Arbeitnehmer) sowohl lohn- als auch sozialversicherungsfrei (§8 Abs. 2 Satz 9 EStG; §1 Abs. 1 Nr. 1 SvEV).

Die steuerliche Behandlung von so genannten **Belegschaftsrabatten**, d. h. die verbilligte Überlassung von Waren oder Dienstleistungen, die vom Arbeitgeber nicht überwiegend für den Bedarf seiner Arbeitnehmer hergestellt, vertrieben oder erbracht werden, wird durch §8 Abs. 3 EStG gesetzlich geregelt. Für die Bewertung der geldwerten Vorteile sind nun, abweichend von §8 Abs. 2 EStG, die um 4 vom Hundert geminderten Endpreise, zu denen der Arbeitgeber oder der dem Abgabeort nächstansässige Abnehmer die Waren oder Dienstleistungen fremden Letztverbrauchern im allgemeinen Geschäftsverkehr anbietet, maßgebend (Geldwert des Sachbezugs). Die Differenz zwischen dem um 4 % gekürzten Letztverbraucherpreis und dem vom Arbeitnehmer gezahlten Entgelt bildet dann den geldwerten Vorteil. Soweit von der Steuerbarkeit dieses Vorteils als Arbeitslohn auszugehen ist, bleibt dieser bei dem einzelnen Arbeitnehmer steuerfrei, falls er im Kalenderjahr insgesamt 1.080 € (Rabattfreibetrag) nicht übersteigt. Der darüber hinausgehende Betrag unterliegt dann der allgemeinen Einkommensbesteuerung, sofern der Arbeitgeber nicht die alternativ mögliche Pauschalbesteuerung nach §40 EStG wählt, bei der jedoch Preisabschlag und Rabattfreibetrag nicht anzuwenden sind. Die Regelung des §8 Abs. 3 EStG ist auf Waren- und Dienstleistungen beschränkt, die im Unternehmen des Arbeitgebers hergestellt, vertrieben oder erbracht werden. Sie gilt nicht für Arbeitnehmer von Konzerngesellschaften. Neben diesen Personal- und Belegschaftsrabatten auf eigene Waren und Dienstleistungen existieren eine Reihe weiterer zumindest teilweise **steuerfreier Lohnbestandteile**. Diese Ausnahmen von der allgemeinen Steuerpflicht begründet der Gesetzgeber mit der Förderung gewünschter Verhaltensweisen, die im gesellschaftlichen Interesse liegen. In diesem Zusammenhang sind betriebliche Maßnahmen zur Gesundheitsvorsorge und Fortbildung, das sog. Jobticket (oder alternativ Benzingutscheine), Essensgutscheine, Kinderbetreuung, privat genutzte Computer, Bonusmeilen und Mitarbeiterkapitalbeteiligungen bis zu bestimmten Höchstbeträgen oder sogar gänzlich steuer- und sozialabgabenfrei.

Im Rahmen des Jahressteuergesetzes 2007 vom 13. 12. 2006 (BStBl. I 2007, S. 28) wurde mit § 37b EStG eine Regelung in das Einkommensteuergesetz aufgenommen, die es Arbeitgebern ab dem 1. 1. 2007 ermöglicht, die auf Sachzuwendungen an Arbeitnehmer (oder Dritte, z. B. Geschäftspartner) fällige Einkommensteuer mit einem Steuersatz von 30 % (zzgl. Kirchensteuer und Solidaritätszuschlag) pauschal zu übernehmen und ans Finanzamt abzuführen. Die **Pauschalierung** ist allerdings nur in den Fällen zugelassen, in denen die Sachzuwendungen zusätzlich zum ohnehin geschuldeten Arbeitslohn gewährt werden (BMF-Schreiben v. 29. 4. 2008, BStBl. I 2008, S. 566 f.). Damit soll eine eventuell aus Sicht des Arbeitgebers vorteilhafte Umwandlung von regulär zu besteuerndem Arbeitslohn in pauschal zu besteuernde Sachzuwendungen ausgeschlossen werden. Grundlage für die Besteuerung bilden die Aufwendungen des Arbeitgebers einschließlich Umsatzsteuer. Diese vom Arbeitgeber pauschal besteuerten Zuwendungen bleiben bei der Ermittlung der Einkünfte des Empfängers (Arbeitnehmers) außer Ansatz (§ 37b Abs. 3 EStG). Zuwendungen i. S. d. § 37b EStG sind nur solche Sachbezüge, für die keine Bewertungsmöglichkeit nach § 8 Abs. 2 Satz 2 bis 8 und Abs. 3 EStG sowie § 40 Abs. 2 EStG besteht (vgl. § 37b Abs. 2 Satz 2 EStG). Die Höchstgrenze für die pauschale Besteuerungsmöglichkeit beträgt für Aufwendungen je Empfänger und Wirtschaftsjahr bzw. für die einzelne Aufwendung nach § 37b Abs. 1 Satz 3 EStG 10.000 €. Hiervon ausgenommen sind steuerfreie Sachbezüge innerhalb der 44-Euro-Freigrenze nach § 8 Abs. 2 Satz 9 EStG, Sachzuwendungen, deren Anschaffungs- oder Herstellungskosten 10 € nicht übersteigen, sowie Mahlzeiten aus besonderem Anlass und sonstige Aufmerksamkeiten, wenn deren Wert 40 € jeweils nicht übersteigt. Wird die Pauschalierungsmöglichkeit des § 40 Abs. 1 EStG genutzt, kann § 37b EStG nicht zur Anwendung kommen (vgl. § 37b Abs. 2 Satz 2 EStG). Die nach § 37b EStG pauschal versteuerten Sachzuwendungen sind Arbeitsentgelt i. S. d. § 14 Abs. 1 SGB IV und damit grundsätzlich sozialversicherungspflichtig. Lediglich für Sachzuwendungen an Arbeitnehmer anderer Unternehmen gilt seit dem 1. 1. 2009 eine diesbezügliche Beitragsfreiheit (§ 1 Abs. 1 Nr. 14 SvEV). Das Wahlrecht nach § 37b EStG zur Anwendung der Pauschalbesteuerung ist einheitlich für alle innerhalb eines Wirtschaftsjahres gewährten Zuwendungen an Arbeitnehmer auszuüben (BMF-Schreiben v. 29. 4. 2008, BStBl. I 2008, S. 566). Bezüglich der steuerlichen Behandlung beim Arbeitgeber sind die allgemeinen Grundsätze des Steuerrechts zu befolgen. Demnach sind die mit der Zuwendung einhergehenden Aufwendungen entweder in voller Höhe als Betriebsausgabe (für Arbeitnehmer) oder nach § 4 Abs. 5 Satz 1 Nr. 1 EStG beschränkt abziehbar (für Dritte).

Sachzuwendungen des Unternehmens in Form von Lieferungen oder sonstigen Leistungen an seine Arbeitnehmer sind, wenn sie Vergütung für geleistete Dienste darstellen, als **steuerbarer Umsatz** i. S. d. § 1 Abs. 1 Nr. 1 UStG zu betrachten. Ebenso sind auch unentgeltliche Zuwendungen – außer wenn sie überwiegend aus dem eigenen betrieblichen Interesse des Arbeitgebers erfolgen, das private Interesse des Arbeitnehmers an diesen Leistungen durch betriebliche Zwecke überlagert wird oder es sich um bloße Aufmerksamkeiten handelt – als steuerbarer Umsatz anzusehen (§ 3 Abs. 1b und Abs. 9a UStG; Abschn. 12 Abs. 2–4 UStR, BFH v. 11. 3. 1988, BStBl. II 1988, S. 643 ff. und S. 651 ff.). Dabei ist für die Steuerbarkeit dieser (Sach-)Leistungen ein eigentlicher „Leistungsaustausch" nicht erforderlich. Die umsatzsteuerliche Bemessungsgrundlage für die unentgeltlichen Zuwendungen richtet sich nach dem Einkaufspreis zuzüglich der Nebenkosten bzw. den Selbstkosten oder den bei der Ausführung dieser Leistung entstandenen Kosten – einschließlich anteiliger Gemeinkosten (§ 10 Abs. 4 Nr. 1 und 2 UStG). Die Umsatzsteuer gehört nicht zur Bemessungsgrundlage. Die Ermittlung des Einkaufspreises zuzüglich der Nebenkosten bzw. der Selbstkosten bezieht sich jeweils auf den Zeitpunkt des Umsatzes. Der Einkaufspreis entspricht in der Regel dem Wiederbeschaffungspreis des Unternehmers. Die Selbstkosten umfassen alle durch den betrieblichen Leistungsprozess entstehenden Kosten. Bezahlt der Arbeitnehmer für die vom Unternehmen an ihn erbrachten Lieferungen oder sonstigen Leistungen – abgesehen von seiner Arbeitsleistung – ein gesondertes Entgelt, so liegt ein entgeltlicher Leistungsaustausch (§ 1 Abs. 1 Nr. 1 Satz 1 UStG) vor, unabhängig davon, ob der Betrag angemessen ist oder nicht. Sofern der tatsächlich entrichtete Betrag abzüglich Umsatzsteuer dabei allerdings geringer ist als die Bemessungsgrundlage bei völliger Unentgeltlichkeit, wird zur Berechnung der Umsatzsteuer die höhere Bemessungsgrundlage nach § 10 Abs. 4 Nr. 1 oder 2 UStG angewendet (Mindestbemessungsgrundlage, § 10 Abs. 5 Nr. 2 UStG). Beruht die Verbilligung auf einem Belegschaftsrabatt (z. B. bei der Lieferung von sog. Jahreswagen an Werksangehörige der Automobilindustrie), liegen die Voraussetzungen für die Anwendung der Vorschrift des § 10 Abs. 5 Nr. 2 UStG regelmäßig nicht vor. Bemessungsgrundlage ist dann der tatsächlich aufgewendete Betrag abzüglich Umsatzsteuer (Abschn. 12 Abs. 6 UStR). Die in § 10 Abs. 4 UStG vorgeschriebenen Werte weichen somit i. d. R. von den für Lohnsteuerzwecke anzuwendenden Werten (§ 8 Abs. 2 und 3 EStG) ab. Der Rabattfreibetrag von 1.080 € wird bei der Umsatzsteuer nicht berücksichtigt. Für die wichtigsten praktischen Fallgestaltungen, wie z. B. unentgeltliche Überlassung von Kost und Wohnung, unentgeltliche oder verbilligte Abgabe von Mahlzeiten, Sachgeschenke aus Anlass von Betriebsveranstaltungen oder unentgeltliche Überlassung eines Pkw zur privaten Nutzung, wird gleichwohl zugelassen, dass weitgehend die lohnsteuerlichen Werte der Umsatzbesteuerung zugrunde gelegt werden können (s. im Einzelnen Abschn. 12 Abs. 9–19 UStR).

Beispiel:

Der Textilunternehmer U beschäftigt den Angestellten K, dessen Bruttogehalt 1.020 € im Abrechnungsmonat beträgt. Daneben gewährt ihm der Arbeitgeber freies Wohnen in einem gemieteten Appartement sowie freie Verpflegung im eigenen Haushalt. Zur Berechnung der Lohnsteuer und der Sozialabgaben werden diese Sachbezüge nach dem § 2 Abs. 1, 4 der Sozialversicherungsentgeltverordnung bewertet. Außerdem erhält der Angestellte monatlich für 88 € (Verkaufspreis inkl. MwSt) kostenlos Ware aus dem Betrieb. Die tatsächlichen Bruttoaufwendungen für die Verpflegungszukäufe belaufen sich auf 180 €, die vom Arbeitgeber bezahlte Miete beträgt 210 € im Monat und der Einkaufspreis der unentgeltlich abgegebenen Ware ist 55 € (brutto). Die Gewährung freien Wohnens unterliegt nach § 4 Nr. 12 UStG nicht der Umsatzbesteuerung.

Bruttogehalt		1.020
Sachzuwendungen für		
freie Wohnung	210	
freie Kost	197,27	
+ 10 % Umsatzsteuer	19,73	427
Lohnsteuer- und sozialversicherungspflichtiges Gehalt		1.447

Umsatzsteuer fällt gemäß § 4 Nr. 12 UStG und Abschn. 12 Abs. 9 UStR nur auf die freie Verpflegung an. Die Bemessungsgrundlage ist aus dem Sachbezugswert (für Kost 217 €) rückzurechnen (Abschn. 12 Abs. 11 UStR).

Die unentgeltliche Überlassung der Ware ist mit ihrem um 4 v. H. geminderten Endpreis zu bewerten, so dass sich ein Arbeitslohn von monatlich 84,62 € bzw. jährlich 1.015,38 € ergibt, der im Rahmen des Rabatt-Freibetrags von 1.080 € aber steuerfrei ist (§ 8 Abs. 3 EStG). Außerdem unterliegen Belegschaftsrabatte zwar der Beitragspflicht zur Sozialversicherung, gleichgültig ob sie individuell oder pauschal versteuert werden; bei der Individualversteuerung sind sie allerdings in Höhe des steuerlichen Freibetrages von 1.080 € auch beitragsfrei.

K nimmt vermögenswirksame Leistungen von 40 € in Anspruch (Bausparvertrag, Sparzulage 10 %), die jedoch gemäß Tarifvertrag von ihm selbst getragen werden müssen.

Monatsabrechnung K (angenommene Werte):

Lohnsteuer- und sozialversicherungspflichtiges Gehalt		1.447
+	Sachbezüge (Waren)	84,62
./.	Lohnsteuer	93,42
./.	Solidaritätszuschlag	5,14
./.	Kirchensteuer (8 %)	7,47
./.	Sozialversicherung	298,45
./.	Vermögenswirksame Leistungen	40

(Zugrunde gelegt werden Beitragssätze in Höhe von 19,9 % Renten-, 3,0 % Arbeitslosen-, 15,5 % Kranken- und 1,95 % Pflegeversicherung; Annahme: K ist nicht kinderlos.)

In der Praxis könnte das nach § 41 Abs. 1 EStG geforderte **Lohn- und Gehaltskonto** des Angestellten die auf S. 336 angegebene Gestalt besitzen.

In der Finanzbuchführung kann und sollte zwar möglichst die tatsächliche Höhe der Personalaufwendungen erfasst werden, um einen zutreffenden Einblick in die Ertragslage des Unternehmens zu ermöglichen; bei lohn- und umsatzsteuerlichen Vereinfachungen wird aber aus Praktikabilitätsgründen darauf verzichtet werden.

Buchungssätze:

a) Mietaufwendungen	210	**an**	Bank	210
b) Verpflegungsaufw.	166,82			
Vorsteuer*	13,18	**an**	Privat	180

* Die bei außerbetrieblichem Zukauf bei den Verpflegungsgegenständen anfallende Vorsteuer kann ohne Einzelnachweis mit einem durchschnittlichen Steuersatz von z. Zt. 7,9 % berücksichtigt werden. Dementsprechend ist die abziehbare Vorsteuer mit 7,32 % des einkommensteuerlich anerkannten Wertes (Bruttobetrag) zu errechnen (Abschn. 192 Abs. 23 UStR; BMF v. 29. 4. 1983, DB 1983, Beilage 12/83).

c) Wareneinsatz	50	**an**	Wareneinkauf	50

(Verbuchung des Warenabgangs)

d) Löhne und Gehälter	1.531,62	**an**	Mieterträge	210
			Erträge aus Verpflegung	197,27
			Sonstige Umsatzerlöse	76,93
			Mehrwertsteuer*	27,42
			Noch abzuführende Abgaben	404,48
			Verbindl. gegenüber Betriebsangehörigen	40
			Kasse	575,52
e) Gesetzl. sozialer Aufwand	285,42	**an**	Noch abzuführende Abgaben	285,42

* Im Wert der bezogenen Waren von 84,62 € ist ein Umsatzsteuerteil in Höhe von 7,69 € enthalten (unterstellter USt-Satz von 10 %).

Besondere Probleme treten bei der **privaten Überlassung eines betriebseigenen Pkw** auf. In diesem Fall ist der Wert des Sachbezugs mit monatlich 1 % des auf volle 100 € abgerundeten inländischen Listenpreises (unverbindliche Preisempfehlung einschließlich Mehrpreis für Sonderausstattung – ohne Autotelefon – und Umsatzsteuer) anzusetzen. Besteht die Möglichkeit, das Fahrzeug auch zu Fahrten zwischen Wohnung und Arbeitsstätte einzusetzen, erhöht sich der Monatswert (i. d. R.) um 0,03 % vom Listenpreis für jeden Entfernungskilometer. Können die tatsächlichen Aufwendungen für das Fahrzeug sowie die Aufteilung in dienstliche und private Fahrten über ein Fahrtenbuch nachgewiesen werden, kommt auch ein Ansatz des Nutzungswertes anhand der belegten privat veranlassten Aufwendungen in Betracht (R 8.1 Abs. 1, 2, 9 LStR). Umsatzsteuerlich ist der so ermittelte geldwerte Vorteil ein Bruttobetrag. Die abzuführende Umsatzsteuer ist mit dem allgemeinen Steuersatz aus dem Bruttobetrag herauszurechnen (vgl. Abschn. 12 Abs. 8 UStR). Regelungen zur Bestimmung des Nutzungswertes in Sonderfällen enthalten das BMF-Schreiben v. 28. 5. 1996 zur Überlassung eines betrieblichen Kraftfahrzeugs an Arbeitnehmer (DB 1996, S. 1213 f.) sowie die BMF-Schreiben zu Vorsteuerabzug und Umsatzbesteuerung bei unternehmerisch genutzten Fahrzeugen vom 8. 6. 1999 (BStBl. I 1999, S. 585 ff.) und vom 27. 8. 2004 (BStBl. I 2004, S. 864). Zur Problematik bei der teilweisen privaten Nutzung betrieblicher Pkw vgl. auch Teil A, Abschn. 4.6, S. 151 f.

Beispiel:

Einem Arbeitnehmer wird der betriebseigene Pkw für Privatfahrten überlassen. Ein Nachweis der Privatfahrten kann nicht erbracht werden. Der Listenpreis des Fahrzeugs beträgt inklusive USt und Extras 30.780 €. Die Entfernung zwischen Wohnung und Arbeitsstätte beträgt 10 km.

Ermittlung des steuerpflichtigen Sachbezugs pro Monat:

1 % von 30.700	307
+ Fahrten zwischen Wohnung und Arbeitsstätte	
$0{,}03 \frac{\%}{km}$ von 30.700 × 10 km	92,10
Steuerpflichtiger Sachbezug	399,10
davon Umsatzsteuer (10 %)	39,91

Name	Kuhn, Heinrich
Wohnort	1000 Überall
Straße	Blumenstr. 14 Tel.
Geboren	8.12.1965 in Überall
Staatsangehörigkeit	deutsch
Heimatanschrift	s.o.
Familienstand	ledig / verh. / verw. / gesch. — Kinder unter 18 J. 1 / über 18 J.
Religion	ev. — des Ehegatten
Erlernter Beruf	Kaufmann

Lohn-/Gehaltsvereinbarung	ab	ab	ab
Tarifgebiet			I
Tarifgruppe			
Tariflohn			
Zeitlohnzulage			
Leistungszulage			
Sonstige Zulage			
Akkord-Ausgleich			
Grund-Lohn			
Du-Schn-Lohn			
Lohnfortzahlung			
Urlaubs-Lohn			

Krank gemeldet am	vom	bis	bis	bis

Finanzamt	Überall
Gemeinde / Stadt	Überall
Steuerkarte Nr.	54/3426
Steuerfreibetrag	—

ab	im Jahr	i. Monat	wö/tgl.	St-Klasse
				I/1

Hinzurechn.betrag

Krankenkasse	AOK	
gemeldet	Mitglied Nr.	Gruppe
an 1.1.2010		G
um-		K
ab-		M

Konto-Nr.	
Bank	
VermB-Sparrate mtl.	40,–
Anlage-Institut	Bauspar-AG
Vertrags-Nr.	456/4389 1
zu überweisen: Bank	Landesbank
Konto-Nr.	15345
Sparzulage	10 %
Berufsgenossenschaft	

Personal-Nummer	Jahr
Abteilung	
Beschäftigt als	
Ausbildungsvertrag vom	bis
Aushilfe / Probezeit vom	bis
Kriegsbeschädigt % / Zivilbeschädigt %	Rentner ja / nein
Urlaubstage	
Eintritt	Austritt

Datum / Zeitraum / Lohnsatz		Arbeitszeit: Arb.-Tage / Samstage / LFZ-Tage	Steuerpflichtiger Verdienst: Normal-Std. Betrag / Feiert.-Std. Betrag / LFZ-Std. Betrag	Über-Std. Betrag / UStd-Z. % Betrag / Sonder-Url. Betrag	Url.-Std./Tg. / * Betrag / Url.-Geld	Akkord-Std. / * Betrag / SoFeiNa-Z	Sachz / Fahrgeld / VermB	Summe steuerpflichtig / versicherungspfl.	Steuerfr. Verdienst: Soz.-Vers.* / Krank.-*	SoFeiNa-Z / Sachz	Gesamt-Betrag	Gesetzliche Abzüge – Steuern: Lohnst. / mit / Solz	KSt. rk. / * ev. / * a.Bek.	Sozial-Versicherungen*: G / K/L / M	H	BEK / DAK / KKH	Gesamt-Abzüge / Netto-Verdienst	Sonstige Abzüge: Abschlag / Abschlag / Vorschuß	Pfändung / Darlehen	Sachz / VermB	Summe Auszahlung
1		2	3	4	5	6	7	8	9	10	11	12	13	14	15	16	17	18	19	20	21
Jan.	a	21	168 1020,-				427					93,42		118,65			404,48			511,62	
12	b							1.447,00		* 84,62	1.531,62		7,47	14,11 143,98							
	c											5,14		21,71			1.127,14			40,-	575,52
	a																				
	b																				
	c																				
	a																				
	b																				
	c																				

* Sachz. i.S.d. §8 Abs. 3 EStG (Angabe kann ggf. gemäß §4 Abs. 3 LStDV unterbleiben).

Lohn- und Gehaltskonto

8.4 Vorschüsse und Abschlagszahlungen

Lohn- bzw. Gehalts**vorschüsse** beinhalten Vorauszahlungen (Antizipationen) künftig fällig werdenden Personalaufwands aus besonderem Anlass, die durch Verrechnung mit dem laufenden Arbeitsentgelt zu tilgen sind. Anders als bei vertraglich vorgesehenen Abschlagszahlungen werden Vorschüsse **ohne rechtliche Verpflichtung** gewährt; ihre Einbehaltung bei der Lohnzahlung ist unabhängig von für die Aufrechnung gegenseitiger Ansprüche geltenden Beschränkungen.

Kurzfristig gewährte Vorschüsse werden in der Praxis häufig bereits mit der Gehalts- oder Lohnzahlung am Monatsende verrechnet und unmittelbar über das Personalaufwandskonto verbucht. Dies birgt bei Erstellung kurzfristiger (z. B. monatlicher) Erfolgsrechnungen die Gefahr unkorrekter Periodenabgrenzung durch Antizipation künftigen Aufwands in sich. Zweckmäßiger erscheint es deshalb, die Vorschüsse auf das Arbeitsentgelt zunächst erfolgsneutral als Forderungen an das Personal zu behandeln und unter Sonstige Forderungen auszuweisen, um diese erst im Zeitpunkt ihrer Verrechnung über das Lohnkonto gewinnmindernd in Ansatz zu bringen. Das gilt uneingeschränkt für **langfristige** Vorschüsse mit mehrperiodischer Tilgung (vgl. Beispiel, Fall c):

Beispiel (gerundete Werte):

Vorschuss	500
Monatsbruttolohn	2.000
Lohnsteuer	226
Solidaritätszuschlag	12
Kirchensteuer (8 %)	18
Sozialversicherung	412,50

Buchungssätze:

a) Sofortige Aufwandsverbuchung des Vorschusses:

Personalaufwand	500	**an**	Kasse	500
Personalaufwand	1.500	**an**	Kasse	831,50
			Noch abzuführende Abgaben	668,50

Für den Arbeitgeberbeitrag zur Sozialversicherung:

Gesetzl. sozialer Aufwand	394,50	**an**	Noch abzuführende Abgaben	394,50

b) Erfolgsneutrale Behandlung des Vorschusses bei Fälligkeitstilgung:

Sonst. Forderungen	500	**an**	Kasse	500
Personalaufwand	2.000	**an**	Kasse	831,50
			Noch abzuführende Abgaben	668,50
			Sonst. Forderungen	500

Für den Arbeitgeberbeitrag zur Sozialversicherung:

Gesetzl. sozialer Aufwand	394,50	**an**	Noch abzuführende Abgaben	394,50

c) Erfolgsneutrale Behandlung des Vorschusses bei Ratentilgung (zu je 50):

Sonst. Forderungen	500	an	Kasse	500
Personalaufwand	2.000	an	Kasse	1.281,50
			Noch abzuführende Abgaben	668,50
			Sonst. Forderungen	50

Für den Arbeitgeberbeitrag zur Sozialversicherung:

Gesetzl. sozialer Aufwand	394,50	an	Noch abzuführende Abgaben	394,50

Abschlagszahlungen sind grundsätzlich **vertraglich** vorgesehene Vorwegzahlungen auf den bereits teilweise fällig gewordenen Arbeitslohn, die bei einer zeitaufwendigen Neuberechnung von Arbeitslohn aufgrund zu erfassender Datenänderungen bzw. insbesondere im Zusammenhang von Neueinstellungen an den Arbeitnehmer geleistet werden. Dieser erhält dadurch kurzfristig eine Lohnzahlung, die dem effektiv verdienten Lohn (nur) annähernd entspricht, so dass die genaue Lohnabrechnung auf einen späteren Zeitpunkt verlagert werden kann. Die zwischen der Summe der in einer Lohnabrechnungsperiode bezahlten und i. d. R. nach dem Verdienst des Vormonats bemessenen Abschläge und dem effektiv ermittelten Lohnanspruch verbleibende Differenz (Restlohn) wird an dem der Abrechnung folgenden Zahltag ausbezahlt.

Die Verbuchung der Abschlagszahlungen kann sowohl unmittelbar über das Lohn- und Gehaltskonto als auch über ein speziell eingerichtetes Konto für Abschlagszahlungen erfolgen. Die Zwischenschaltung eines besonderen Verrechnungskontos zur Aufnahme der Abschlagszahlungen erscheint zweckmäßig, um die interperiodischen Zahlungen transparent zu machen und das Lohnkonto übersichtlich zu gestalten, da dieses dann lediglich die endgültige Lohnsumme des Abrechnungszeitraumes aufnimmt.

Beispiel:

Bruttolohnsumme Monat Mai	20.400
Steuern (Lohn-, Kirchensteuer, Solidaritätszuschlag)	4.200
Sozialversicherung	4.187
Abschlagszahlungen 10. und 20. 5. je	3.500

Buchungssätze:

10. 5.: Abschlagszahlungen	3.500	an	Kasse	3.500
20. 5.: Abschlagszahlungen	3.500	an	Kasse	3.500
30. 5.: Personalaufwand	20.400	an	Kasse	5.013
			Noch abzuführende Abgaben	8.387
			Abschlagszahlungen	7.000
Gesetzl. sozialer Aufwand	4.004	an	Noch abzuführende Abgaben	4.004

8.5 Bilanzierung von Stock Options

Eine besondere Form der variablen Entlohnung von Mitarbeitern – insbesondere von Führungskräften – stellen sog. **Stock Options** dar. Stock Options sind (amerikanische) Aktienoptionen, die den Mitarbeitern i. d. R. unentgeltlich gewährt werden. Mit der Option erwirbt der Mitarbeiter das Recht, innerhalb eines festgelegten Zeitraums in der Zukunft Aktien des Unternehmens zu einem definierten Bezugskurs zu beziehen (zu Optionen vgl. Teil A, Abschn. 7.2.6.1, S. 244 ff.). Die Zielsetzung von **Aktienoptionsprogrammen** besteht vor allem darin, durch ein anreizkompatibles Entlohnungssystem den Interessenkonflikt zwischen Managern und Aktionären zu mindern. Während früher die variable Entlohnung meist am handelsrechtlich geprägten Periodenerfolg anknüpfte, wird im Rahmen des **Shareholder-Value-Ansatzes** zunehmend der Unternehmenswert als Indikator für die Messung der Leistung der Mitarbeiter herangezogen. Nicht zuletzt um eine nur am kurzfristigen Erfolg orientierte Unternehmenswert-Steigerung des Managements zu verhindern und die Führungskräfte langfristig an das Unternehmen zu binden, sind die Optionsrechte i. d. R. mit einer mehrjährigen Laufzeit, einer Ausübungssperre in den ersten Jahren – so verlangt z. B. § 193 Abs. 2 Nr. 4 AktG eine Mindestsperrfrist von vier Jahren – und Rückgabe- oder Entschädigungsregelungen für den Fall des Austritts aus dem Unternehmen verbunden (vgl. *Herzig*, Stock Options, S. 1).

Nachfolgend werden drei grundlegende Formen unterschieden, wie Aktienoptionsprogramme aufgelegt werden können. Dazu gehören

(a) die Ausgabe **„reiner Optionen"** im Rahmen einer bedingten Kapitalerhöhung nach § 192 Abs. 2 Nr. 3 AktG,

(b) die Ausgabe von Optionen auf Aktien, die das Unternehmen nach § 71 Abs. 1 Nr. 8 AktG selbst über den Kapitalmarkt erwirbt bzw. erworben hat,

(c) die Abgabe von Optionen, deren Stillhalter eine dritte Partei ist.

Darüber hinaus besteht die Möglichkeit, den Mitarbeitern Erwerbsrechte auf neue Aktien aus einem bedingten Kapital in Verbindung mit einer Options- oder Wandelanleihe gemäß § 192 Abs. 2 Nr. 1 AktG zu gewähren. Ohne eine tatsächliche Lieferung von Aktien des Unternehmens kommen sog. **„Stock Appreciation Rights"** aus. Statt der Lieferung von Aktien erhält der Mitarbeiter den Differenzbetrag zwischen vereinbartem Basiskurs und aktuellem Aktienkurs ausbezahlt, wenn er die Option ausübt.

8.5.1 Ausgabe reiner Optionen

Die Möglichkeit, Optionen auf Aktien, die zum Zeitpunkt der Optionseinräumung noch nicht existieren, zu gewähren, wurde erst mit der Änderung des § 192 Abs. 2 Nr. 3 AktG durch das Gesetz zur Kontrolle und Transparenz im Unternehmensbereich (KonTraG) vom 27. 4. 1998 (BGBl. I 1998, S. 786) geschaffen. Die Vorschrift erlaubt nunmehr eine bedingte Kapitalerhöhung zu dem Zweck durchzuführen, Mitarbeitern Bezugsrechte auf Aktien des Unternehmens einzuräumen. Zuvor war dies nur über den Umweg der Emission von Options- oder Wandelschuldverschreibungen nach § 192 Abs. 2 Nr. 1 AktG möglich. Während bei dieser Variante die Altaktionäre ihr Bezugsrecht nach § 221 Abs. 4 AktG i. d. R. behalten, verzichten sie darauf im Fall des § 192 Abs. 2 Nr. 3 AktG.

Ob die Einräumung der Optionsrechte nach § 192 Abs. 2 Nr. 3 AktG überhaupt bilanziell abzubilden ist, hängt davon ab, ob dieser Vorgang der Gesellschafts- oder der Gesellschafterebene zugerechnet werden muss. Für eine Zuordnung zur Gesellschafterebene spricht, dass der Aufwand, der aus dem Aktienoptionsprogramm resultiert, wirtschaftlich unmittelbar von den Gesellschaftern über die **Verwässerung ihrer Anteile** getragen wird. Folgt man dieser Ansicht, so ist die Einräumung des Optionsrechts nicht zu bilanzieren. Erst bei Ausübung der Option durch den Mitarbeiter ist die dadurch bewirkte Kapitalerhöhung zu berücksichtigen, wobei die Einzahlung des Bezugspreises auf das gezeichnete Kapital und die Kapitalrücklage aufzuteilen ist (vgl. *Vater*, Stock Options, S. 2181; *Herzig*, Stock Options, S. 1 ff.; *Coenenberg/Haller/Schultze*, Jahresabschluss, S. 376; *Naumann*, Stock Options, S. 1430). Mit Urteil vom 25. 8. 2010 (DB 2010, S. 2648 ff.) hat der BFH entschieden, dass die Ausgabe von Aktienoptionen an Mitarbeiter zu Vergütungszwecken im Rahmen einer bedingten Kapitalerhöhung nach § 192 Abs. 2 Nr. 3 AktG nicht der Gesellschafts-, sondern der Gesellschafterebene zuzurechnen und deshalb zum Zeitpunkt der Einräumung des Optionsrechts nicht zu bilanzieren ist.

Beispiel:

Die Anreiz AG hat ein Aktienoptionsprogramm aufgelegt. Dazu erteilt die Hauptversammlung am 1. 1. 10 gemäß § 192 Abs. 2 Nr. 3 AktG ihre Zustimmung zur bedingten Kapitalerhöhung. Vorstandsmitglied Schröpf erhält 50 Aktienoptionen am 1. 7. 11, die ihn jeweils zum Bezug einer Aktie des Unternehmens berechtigen. Der Aktienkurs am 1. 7. 11 beträgt 100 €, der Bezugspreis pro Aktie 90 €. Die Aktien haben einen Nennwert von 10 €. Schröpf kann sein Optionsrecht zwischen dem 1. 7. 15 und dem 31. 12. 20 ausüben. Er übt alle Optionen am 1. 1. 16 aus. Zu diesem Zeitpunkt beträgt der Kurs der Aktie 150 €.

Buchungssätze:

Keine Buchungen am 1. 1. 10 und am 1. 7. 11.

Am 1. 1. 16:

Kasse	4.500	**an**	gez. Kapital	500
			Kapitalrücklage	4.000

Zur vorgeschlagenen Verbuchung werden Alternativen diskutiert, bei denen die Einräumung der Optionsrechte der Gesellschaftsebene zugeordnet wird (vgl. *Förschle/Hoffmann*, Bilanzkommentar, § 272 HGB, Rn. 504, sowie für einen Überblick über die diesbezügliche Diskussion; *Schulz*, Vergütungssysteme, S. 231 ff.). Dies wird im Schrifttum z. T. damit begründet, dass die vertraglichen Vereinbarungen des begünstigten Mitarbeiters nicht mit den Gesellschaftern, sondern mit der Gesellschaft getroffen werden. Aus der **Informationsfunktion** des Jahresabschlusses wird eine Berücksichtigung in der Bilanz gefordert, da Stock Options als Substitut für andere Entlohnungsformen, z. B. für eine Barentlohnung, anzusehen seien, die ihrerseits in der Bilanz abgebildet würden. Danach sei die bilanzielle Abbildung erforderlich, um alle die Vermögens-, Finanz- und

Ertragslage betreffenden Sachverhalte zu berücksichtigen (Vollständigkeitsgebot) und um dem Gleichbehandlungsgebot zu genügen, d.h. Sachverhalte mit gleichen ökonomischen Wirkungen gleich abzubilden (vgl. *Sigloch/Egner,* Aktienoptionen, S. 1879).

Nach dem **Entwurf E-DRS 11** des Deutschen Standardisierungsrates vom Juni 2001 zur Bilanzierung von Stock Options in der Konzernbilanz (vgl. *DSR,* Aktienoptionspläne) sollen in Anlehnung an die US-amerikanische Regelung des SFAS No. 123 (R) (mittlerweile auch so geregelt im 2004 herausgegebenen IFRS 2, s. u.) Stock Options als **Personalaufwand** erfasst werden. Zu dem Zeitpunkt, zu dem den Mitarbeitern das Optionsrecht eingeräumt wird, müssten demnach die Optionen mit einem adäquaten Optionspreismodell bewertet werden. Da die Aktienoptionen grundsätzlich als Gegenleistung für die erbrachten Arbeitsleistungen während des Aktienoptionsprogramms angesehen werden (Tz. 7 E-DRS 11), wären sie dem Entwurf zufolge zeitanteilig als Personalaufwand zu erfassen und der **Kapitalrücklage** zuzuführen. Dabei wird der Wert, den die Optionen zum Zeitpunkt der Gewährung haben, auf den Leistungszeitraum, der i. d. R. mit der Sperrfrist gleichgesetzt werden kann, verteilt. Wertänderungen der Option während der Laufzeit werden nicht in der Bilanz abgebildet (Tz. 13 E-DRS 11). Ebenso bleibt die Erhöhung der Kapitalrücklage bestehen, wenn die Optionen verfallen, sei es, weil Ausübungsbedingungen nicht erfüllt wurden, der Aktienkurs im Verfallszeitpunkt unter dem Bezugskurs liegt oder der Arbeitnehmer während der Sperrfrist ausscheidet (Tz. 12, 13 E-DRS 11). Im Falle des Ausscheidens des Arbeitnehmers werden jedoch anschließend keine weiteren Zuführungen in die Kapitalrücklage vorgenommen.

Problematisch erscheint daran jedoch, dass eine **nicht erfolgsneutrale Kapitalerhöhung** vorliegt, was dem Wesen einer Kapitalerhöhung widerspricht. Dies ließe sich rechtfertigen, wenn dadurch zwei Vorgänge zusammengefasst würden: eine (erfolgsneutrale) Einlage durch die Altaktionäre oder durch die Manager und der (erfolgswirksame) Verbrauch des Einlagegegenstands. Eine Einlage der Altaktionäre durch Verzicht auf die Ausübung ihres Bezugsrechts erscheint allerdings insofern ausgeschlossen, als ihnen zum einen bei einer bedingten Kapitalerhöhung nach § 192 Abs. 2 Nr. 3 AktG schon gar kein Bezugsrecht zusteht und zum anderen die Einlage der Option auf die eigenen Aktien keine Zuzahlung i. S. d. § 272 Abs. 2 Nr. 4 HGB darstellt, da die Option dazu ein Vermögensgegenstand sein müsste; dies scheitert jedoch regelmäßig an der mangelnden Verkehrsfähigkeit, da solche reinen Optionen nur an einen engen Kreis von Berechtigten abgegeben werden und die Veräußerbarkeit durch Verfügungsbeschränkungen (Sperrfristen) gewöhnlich stark eingeschränkt ist. Auch eine Einlage der Dienstleistung des Managers kommt nicht in Betracht, da diese mangels selbständiger Verkehrsfähigkeit keinen Vermögensgegenstand darstellt und § 27 Abs. 2 AktG eine solche Einlage ausschließt (vgl. *Vater,* Stock Options, S. 2178 ff.).

Einwände gegen die vorgeschlagene Vorgehensweise werden in der Literatur darüber hinaus im Hinblick auf die Vereinbarkeit mit den GoB vorgebracht (vgl. im Folgenden *Rammert,* Aktienoptionen, S. 772 f.). So besagt der **Grundsatz der Pagatorik,** dass Aufwand und Ertrag nur entstehen sollen, wenn diese mit entsprechenden Einzahlungen bzw. Auszahlungen in irgendeiner Periode verbunden sind. Der „Personalaufwand“ führt hier jedoch nie zu einer Auszahlung des Unternehmens. Dadurch kommt es auch zu einer Verletzung des **Kongruenzprinzips**, demzufolge die Summe der Periodenerfolge dem Totalerfolg der Unternehmung entsprechen muss. Ermittelt man den Totalerfolg aus der Differenz von Einzahlungen und Auszahlungen von bzw. an die Nicht-Unternehmenseigner über die Lebenszeit des Unternehmens, so entsteht eine Situation, bei welcher der Totalerfolg nicht der Summe der Gewinne und Verluste der Teilperioden entspricht. Obwohl die Vorschläge des E-DRS 11 z. T. auch positiv bewertet wurden, hat der Deutsche Standardisierungsrat (DSR) von der Veröffentlichung eines Standards abgesehen.

Ebenfalls diskutiert wird die Bildung einer Verbindlichkeitenrückstellung anstelle einer Zuweisung zur Kapitalrücklage. Demnach sei die Rückstellung über die Dauer der Sperrfrist der Optionen ratierlich gegen Erfassung eines Personalaufwands auf den Wert der Aktienoptionen zum Ausübungszeitpunkt zu erhöhen. Begründet wird diese Vorgehensweise damit, dass die gewährten Optionen einen Vergütungsbestandteil darstellen und das Unternehmen deshalb während der Laufzeit bis zum Ende der Sperrfrist einen Erfüllungsrückstand aus dem Arbeitsverhältnis aufweist, dem durch die Bildung einer Rückstellung für ungewisse Verbindlichkeiten Rechnung getragen werden müsse (vgl. *Baetge/Kirsch/Thiele*, Bilanzen, S. 662 f., *Coenenberg/Haller/Schultze*, Jahresabschluss, S. 376 f., *Förschle/Hoffmann*, Bilanzkommentar, § 272 HGB, Rn. 504).

8.5.2 Optionen auf am Kapitalmarkt gekaufte Aktien

Im Gegensatz zum Fall der bedingten Kapitalerhöhung nach § 192 Abs. 2 Nr. 3 AktG ist die Ebene der Gesellschaft betroffen, wenn dem Optionsinhaber Aktien angedient werden, die das Unternehmen am Markt zurückerworben hat. Je nach Zeitpunkt des **Aktienrückkaufs** sind drei grundlegende Fälle zu unterscheiden:

(a) Rückkauf bei Ausübung der Option

(b) Rückkauf bei Einräumung des Optionsrechts

(c) Rückkauf während der Laufzeit des Aktienoptionsprogramms.

In allen Fällen geht die Gesellschaft mit der Stillhalterverpflichtung zum Zeitpunkt der Optionseinräumung ein **schwebendes Geschäft** ein, das grundsätzlich nicht bilanzierungsfähig ist. Im Rahmen des Arbeitsverhältnisses erbringt das Unternehmen seine Leistung in Form der Stock Options zum Zeitpunkt der Ausübung.

8.5.2.1 Rückkauf eigener Aktien bei Ausübung der Option

Im Fall des Rückkaufs bei Ausübung der Option ist damit jedoch zu prüfen, inwieweit eine **Rückstellung für ungewisse Verbindlichkeiten** zu bilden ist. Vor der Ausübung liegt eine hinsichtlich dem Grunde, der Höhe und dem Zeitpunkt nach unsichere Verbindlichkeit vor: Schließlich ist unsicher, ob und wann der Optionsinhaber sein Recht ausübt und welchen Kurs die Aktien des Unternehmens zum Ausübungszeitpunkt haben. Rückzustellen ist dann der **Erfüllungsrückstand** des Unternehmens, der davon abhängt, wann die Gegenleistung des Arbeitnehmers als erbracht gilt. Da die Vermögensmehrung beim Begünstigten erst bei Ausübung der Option eintritt, ihre Höhe vom Aktienkurs zu diesem Zeitpunkt abhängt und der Kurs wiederum v. a. von den Leistungen des Managements nach Einräumung der Option abhängt, ist davon auszugehen, dass die Leistung des Managers über den Zeitraum des Aktienoptionsprogramms anzusetzen ist. Durch das Anreizsystem soll schließlich gerade auf das Verhalten des Managers in der Zukunft Einfluss genommen werden (vgl. auch BFH v. 24. 1. 2001, BStBl. II 2001, S. 512). Mit Hilfe einer Ausübungsfiktion zum Abschlussstichtag lässt sich der jährliche Erfüllungsrückstand in Höhe des inneren Werts der Option bzw. in den Folgejahren in Höhe der Vergrößerung des inneren Werts ermitteln. Die Änderung des Erfüllungsrückstands stellt Personalaufwand dar. Zu einer Auflösung der Rückstellung kommt es, wenn deren Grund entfällt, sei es,

(a) weil der Aktienkurs und damit der innere Wert der Option im Vergleich zum vorherigen Abschlussstichtag gesunken ist,

(b) weil die Option bis zur Fälligkeit nicht ausgeübt wurde und damit verfällt oder

(c) der Optionsinhaber die Option ausübt.

Bei sinkendem Aktienkurs oder Verfall der Option wird die Auflösung der Rückstellung gegen einen **sonstigen betrieblichen Ertrag** gebucht (zur erfolgswirksamen Auflösung von Rückstellungen vgl. Teil A, Abschn. 13.7.1, S. 521 f.). Im letzten Fall kauft hingegen das Unternehmen die für die Einlösung ihrer Stillhalterverpflichtung erforderliche Menge eigener Aktien am Kapitalmarkt. Der Nennbetrag, der auf die erworbenen eigenen Aktien entfällt, ist nach § 272 Abs. 1a Satz 1 HGB offen vom gezeichneten Kapital abzusetzen. Übersteigen die Anschaffungskosten den Nennwert der Aktien, ist die Differenz mit den frei verfügbaren Rücklagen (insb. andere Gewinnrücklagen) zu verrechnen. Gegen Bezahlung des Bezugspreises erhält der Arbeitnehmer die Aktien des Unternehmens. Die offene Absetzung des Nennbetrags der erworbenen Aktien ist dabei ebenso rückgängig zu machen, wie die Verrechnung mit den frei verfügbaren Rücklagen (§ 272 Abs. 1b HGB). Die bisherige Rückstellung wird aufgelöst.

Beispiel:

Die AAG gewährt Mitarbeiter Treumann am 1. 1. 10 zehn Aktienoptionen amerikanischen Typs mit einer Laufzeit von sieben Jahren, die diesen berechtigen, nach einer Sperrfrist von vier Jahren pro Option zehn Aktien des Unternehmens zu einem Bezugspreis von je 100 € zu beziehen. Der Aktienkurs bei Einräumung der Option entspricht dem Bezugspreis. Das Unternehmen kauft die Aktien am Kapitalmarkt erst, wenn der Mitarbeiter die Option ausübt. Die Aktienkurse betragen 90 € am 31. 12. 10, 120 € an den drei folgenden Stichtagen (31. 12. 11, 31. 12. 12, 31. 12. 13), 150 € am 30. 4. 14, 130 € am 31. 12. 14 und an den folgenden Stichtagen 110 € bzw. 80 €. Annahmegemäß übt Treumann am 30. 4. 14 2 Optionen und bis zum Ende der Laufzeit keine weiteren Optionen mehr aus. Der Nennwert der Aktien beträgt 50 € pro Stück. Die Voraussetzungen zum Erwerb eigener Anteile nach § 71 Abs. 2 AktG sind erfüllt. Ein den Nennwert übersteigender Betrag der Anschaffungskosten soll mit den anderen Gewinnrücklagen verrechnet werden.

Buchungssätze:

01. 11. 10	keine Buchung, da schwebendes Geschäft.				
31. 12. 10	kein innerer Wert, also keine Buchung.				
31. 12. 11	innerer Wert pro Option: 10 × 20 € = 200 €, d.h. bei 10 Optionen:				
	Personalaufwand	2.000	**an**	Rückstellung für ungewisse Verbindlichkeiten	2.000
31. 12. 12	keine Buchung, da keine Veränderung des Aktienkurses.				
31. 12. 13	keine Buchung, da keine Veränderung des Aktienkurses.				
30. 4. 14	innerer Wert pro Option: 10 × 50 € = 500 €				
	a) Aktienkauf:				
	Gezeichnetes Kapitel (eigene Anteile)	1.000			
	Andere Gewinnrücklagen	2.000	**an**	Kasse	3.000
	b) Ausübung:				
	Kasse	2.000			
	Rückstellung	400			
	Personalaufwand	600	**an**	Gezeichnetes Kapitel (eigene Anteile)	1.000
				Andere Gewinnrücklagen	2.000
31. 12. 14	innerer Wert pro Option: 10 × 30 € = 300 €				
	Personalaufwand	800	**an**	Rückstellung für ungewisse Verbindlichkeiten	800
31. 12. 15	innerer Wert pro Option: 10 × 10 € = 100 €				
	Rückstellung für ungewisse Verb.	1.600	**an**	sonstiger betrieblicher Ertrag	1.600
31. 12. 16	kein innerer Wert				
	Rückstellung für ungewisse Verb.	800	**an**	sonstiger betrieblicher Ertrag	800

8.5.2.2 Rückkauf eigener Aktien bei Gewährung des Optionsrechts

Erwirbt das Unternehmen bereits zum Zeitpunkt der Optionseinräumung die vermutlich für die Bedienung der Optionsrechte erforderliche Zahl an Aktien, so steht der Personalaufwand bereits zu Beginn des Vertragsverhältnisses fest. Dieser ergibt sich aus der Differenz zwischen den Anschaffungskosten der erworbenen eigenen Anteile und dem vereinbarten Bezugspreis. Je nachdem, ob die Aktienoptionen für bereits geleistete oder noch zu erbringende Arbeitsleistungen des Managers ausgegeben werden, ist eine Rückstellung für ungewisse Verbindlichkeiten sofort in voller Höhe oder pro rata temporis über die Sperrfrist zu bilden (vgl. *Baetge/Kirsch/Thiele,* Bilanzen, S. 665). Da der Erwerb eigener Anteile wirtschaftlich wie eine Kapitalrückzahlung behandelt wird, unterliegen diese in der Folgezeit keiner Bewertung. Kursschwankungen werden somit nach dem Erstansatz nicht berücksichtigt (vgl. *Budde/Kessler,* Eigene Anteile, S. 343; *Gelhausen/Fey/Kämpfer,* Rechnungslegung, S. 284, 288).

Beispiel:

Die B-AG gewährt am 1. 1. 10 Mitarbeiter Glanz 100 Optionen zum Bezug von je einer Aktie mit einer Laufzeit von 5 Jahren (Sperrfrist 4 Jahre). Der Bezugspreis beträgt 100 €, der aktuelle Kurs 120 €. Zugleich kauft sie die voraussichtlich benötigten Aktien am Kapitalmarkt. Am Ende des Jahres 2014 werden alle Optionen von Glanz bei einem Kurs der Aktie von 150 € ausgeübt. Der Nennwert der Aktien beträgt 50 € pro Stück. Die Voraussetzungen zum Erwerb eigener Anteile nach § 71 Abs. 2 AktG sind erfüllt. Ein den Nennwert übersteigender Betrag der Anschaffungskosten soll mit der Kapitalrücklage nach § 272 Abs. 2 Nr. 4 HGB verrechnet werden.

Buchungssätze:

Am 1. 1. 10:

Gezeichnetes Kapital	5.000			
Kapitalrücklage (Nr. 4)	7.000	**an**	Kasse	12.000
Personalaufwand	2.000	**an**	Rückstellung für ungewisse Verbindlichkeiten	2.000

Am 31. 12. 14:

Kasse	10.000			
Rückstellung für ungewisse Verbindlichkeiten	2.000	**an**	Gezeichnetes Kapital	5.000
			Kapitalrücklage (Nr. 4)	7.000

8.5.2.3 Rückkauf eigener Aktien während des Aktienoptionsprogramms

Im dritten Fall kauft das Unternehmen die Aktien zur Bedienung der Optionsverpflichtung zwischen dem Zeitpunkt, zu dem es dem Arbeitnehmer das Optionsrecht eingeräumt hat und dem Zeitpunkt der Ausübung der Option. Damit handelt es sich um eine Kombination der beiden vorausgehenden Fälle. Vor dem Erwerb der Aktien entspricht der Sachverhalt demjenigen eines Rückkaufs bei Ausübung der Option. Sobald das Unternehmen während der Laufzeit die notwendigen Aktien erwirbt, entfällt der Grund für die Rückstellungsbildung. Somit muss die Rückstellung erfolgswirksam aufgelöst werden. Gleichzeitig wird ggf. eine neue Rückstellung in Höhe der Differenz zwischen Anschaffungskosten und Bezugswert der Aktien gebildet. Die eigenen Aktien werden – wie im vorigen Abschnitt dargestellt – in Höhe des Nennwerts offen vom gezeichneten Kapital und in Höhe der darüber hinausgehenden Anschaffungskosten von den frei verfügbaren Rücklagen abgesetzt.

8.5.3 Optionen mit dritter Partei als Stillhalter

Neben der Möglichkeit, Optionen auf Aktien auszugeben, die im Rahmen einer Kapitalerhöhung zu schaffen sind bzw. auf solche, die vom Unternehmen am Kapitalmarkt erworben werden, können Aktienoptionsprogramme von Dritten gekauft werden. Damit gibt das Unternehmen Optionen an die Mitarbeiter weiter, für die i. d. R. ein Finanzintermediär die Stillhalterfunktion übernimmt, wofür er vom Unternehmen eine Vergütung bzw. Prämie erhält. Die beim Kauf des Optionsprogramms für das Unternehmen anfallende Prämienzahlung führt letztlich zu Personalaufwand. Sieht man im Aktienoptionsprogramm eine Leistung, die das Unternehmen für spätere Arbeitsleistungen erbringt (s. o.), kommt eine **aktive Rechnungsabgrenzung** nach §250 Abs. 1 HGB in Betracht. Eine Aktivierung der Vorleistung als Vermögensgegenstand scheitert i. d. R. daran, dass dem Unternehmen bereits aus dem Arbeitsvertrag ein Anspruch auf die Gegenleistung des Arbeitnehmers zusteht, die darin besteht, dass dieser seine Arbeitskraft zur Verfügung stellt. Die Vorleistung der Gewährung der Option stellt mithin keinen eigenständigen Anspruch dar.

Übungsbeispiel:

Die Kistenmaker AG kauft von der AOP-Bank ein Aktienoptionsprogramm. Dabei verpflichtet sich die AOP-Bank dazu, Mitarbeiter Grünlich von der Kistenmaker AG Optionen auf Aktien der Kistenmaker AG unter bestimmten Bedingungen zu gewähren und im Fall der Optionsausübung die Aktien zu liefern. Dafür erhält die Bank 100.000 € am 31. 12. 10. Grünlich kann die Option bis zum 31. 12. 15 ausüben. Die Bilanzierung der Vorgänge bei der Kistenmaker AG sieht dann wie folgt aus:

Buchungssätze:

31. 12. 10	Aktive RAP	100.000	**an**	Bank	100.000
31. 12. 11	Personalaufwand	20.000	**an**	Aktive RAP	20.000

An den nachfolgenden Bilanzstichtagen bis zum 31. 12. 15 Buchung wie am 31. 12. 11.

Übungsbeispiel: Personalaufwand

In einer Textilgroßhandelsfirma in Stuttgart sind die folgenden Geschäftsvorfälle unter Angabe der Kontennummern des nach dem Großhandelskontenrahmen aufgestellten betrieblichen Kontenplans (siehe Anhang A.2, S. 1308–1311) zu verbuchen (Annahme: Beitragsbemessungsgrenzen jeweils nicht überschritten):

1) Für die im Warenlager tätigen Arbeitskräfte werden die Löhne ausbezahlt. Die Summenzeile der Lohnliste weist folgende Beträge aus:

Bruttolöhne	12.000
Lohnsteuer	2.000
Solidaritätszuschlag	110
ev. Kirchensteuer	80
rk. Kirchensteuer	80
Sozialversicherungsabzug	2.475
Nettolohnauszahlung	7.255

2) Der Betrieb schuldet Arbeitgeberbeiträge zur Sozialversicherung von 2.367.
3) Der Angestellte Schulze erhält einen baren Gehaltsvorschuss von 1.500, der mit den nächsten 3 Gehältern verrechnet werden soll.
4) Für drei Außendienstmitarbeiter ist die Gehaltsabrechnung erstellt worden:

	Grundvergütung	3.000	
	Provisionen	3.900	
	Bruttolohn	6.900	
Abzüge:	Lohnsteuer	1.000	
	Solidaritätszuschlag	55	
	ev. Kirchensteuer	60	
	rk. Kirchensteuer	20	
	Sozialversicherung	1.423	
	Vermögenswirksame Leistungen	120	2.678
	Verbleiben		4.222
	Steuerfreier Spesenersatz		450
	Auszahlungsbetrag = Banküberweisung		4.672

Der Arbeitgeberanteil zur Sozialversicherung beträgt 1.361.

5) Von der Lohnbuchhaltung wird folgende Gehaltsliste vorgelegt (mit Ausnahme der Sachzuwendung sind alle Beträge gerundet):

Name	Steuerklasse	Bruttobezug	Sachzuwendung	LSt	SolZ[3]	KiSt	Soz.-Versicherung	Vermögensbildung	Vorschuss	Auszahlung
Schulze, G.	I/0	2.200	–	267,92	14,74	21,43	453,75	40	500	902,16
Friedrich, S.	III/2	2.560	442,20[1]	241,00	13,26	19,28	619,20	40	–	1.627,26
May, F.	V/0	2.150	102,30[2]	491,00	27,01	39,28	443,44	40	–	1.006,97
Summen		6.910	544,50	999,92	55,01	79,99	1.516,39	120	500	3.536,39

[1] Der Angestellte Friedrich wohnt in einer Betriebswohnung. Der Wert des Sachbezugs ergibt sich aus der ortsüblichen Miete dieser Wohnung einschließlich Heizung 430 €, zuzüglich sonstiger Nebenkosten in Höhe von 12,20 € (§ 8 Abs. 2 EStG i. V. m. § 2 Abs. 4 SvEV). Die tatsächlichen anteiligen Grundstücksaufwendungen betragen 100 €.
[2] May erhält eine Hose aus der eigenen Kollektion nach Abzug des Belegschaftsrabattes von 10 % gegenüber dem Verkaufspreis zu einem Preis von 93 €. Auf Grund des Rabatt-Freibetrags entfällt hierauf keine Lohnsteuer, der Rabatt ist darüber hinaus nicht sozialversicherungspflichtig. Der Bruttoeinkaufspreis der Hose beträgt 55 €.
[3] Bezüglich des Solidaritätszuschlages sind die Vorschriften der §§ 3 Abs. 4, 4 SolZG 1995 zu beachten (vgl. Teil A, Abschn. 8.1, S. 319 f.).

Die Nettogehälter wurden an die Angestellten überwiesen.

6) Zur Erledigung eines Terminauftrags musste kurzfristig eine Aushilfskraft für einen Tag eingestellt werden. Es wurden 50 € ausbezahlt; die Steuer wurde nach § 40a Abs. 2a EStG pauschaliert (Steuersatz 20 % für die Lohnsteuer und 7 % Kirchensteuer auf den Lohnsteuerbetrag sowie 5,5 % Solidaritätszuschlag auf die Lohnsteuer): 12,90 LSt + 0,71 SolZ + 0,90 KiSt.

7) Die von den Arbeitnehmern einbehaltenen vermögenswirksamen Leistungen (240) wurden an die Bausparkassen bzw. Banken durch Banküberweisung abgeführt.

8) Die Sozialversicherungsbeiträge wurden an die AOK überwiesen (10.550,78).

9) Die Steuerbeträge wurden an das Finanzamt überwiesen (4.571,35).

10) Schulze zahlte einen Teilbetrag von 300 seines Gehaltsvorschusses vorzeitig zurück.

11) Für ein Betriebsfest entstanden Aufwendungen in Höhe von 500 (bar).

12) An ehemalige Betriebsangehörige wurde die im Rahmen der betrieblichen Altersversorgung zugesagte Rente von 2.400 über Bank ausbezahlt. In der Bilanz ist ein Passivposten für die Rentenverpflichtung nicht gebildet. Abzüge fallen keine an.

Lösung: Buchungssätze

	Konto	Bezeichnung	Betrag		Konto	Bezeichnung	Betrag
1)	401	Löhne für geleistete Arbeitszeit	12.000	**an**	151	Hauptkasse	7.255
					192	Verbindlichkeiten im Rahmen der sozialen Sicherheit	2.475
					191	Verbindlichkeiten aus Steuern	2.270
2)	404	Gesetzliche soz. Aufwendungen (Arbeitgeberbeiträge)	2.367	**an**	192	Verbindlichkeiten im Rahmen der sozialen Sicherheit	2.367
3)	1131	Forderungen an Belegschaftsmitglieder	1.500	**an**	151	Hauptkasse	1.500

Nr.	Konto	Bezeichnung	Betrag		Konto	Bezeichnung	Betrag
4)	402	Gehälter (Außendienstbereich)	6.900	an	131	Guthaben bei Kreditinstituten	4.672
	445	Reisekosten	450		192	Verbindlichkeiten im Rahmen der sozialen Sicherheit	1.423
					191	Verbindlichkeiten aus Steuern	1.135
					1941	Verbindlichkeiten gegenüber Belegschaftsmitgliedern	120
	404	Gesetzliche soz. Aufwendungen (Arbeitgeberbeiträge)	1.361	an	192	Verbindlichkeiten im Rahmen der sozialen Sicherheit	1.361
5)	402	Gehälter	7.352,20	an	131	Guthaben bei Kreditinstituten	3.536,39
					1941	Verbindlichkeiten gegenüber Belegschaftsmitgliedern	120
					192	Verbindlichkeiten im Rahmen der sozialen Sicherheit	1.516,39
					191	Verbindlichkeiten aus Steuern	1.134,92
					2421	Erträge aus Vermietung und Verpachtung	442,20
					870	Sonstige Umsatzerlöse (Lagerverkauf)	93
					1811	Mehrwertsteuer	9,30
					1131	Forderungen an Belegschaftsmitglieder	500
	404	Gesetzliche soz. Aufwendungen (Arbeitgeberbeiträge)	1.450,22	an	192	Verbindlichkeiten im Rahmen der sozialen Sicherheit	1.450,22
6)	403	Löhne für Aushilfskräfte	64,51	an	151	Hauptkasse	50
					191	Verbindlichkeiten aus Steuern	14,51
7)	1941	Verbindlichkeiten gegenüber Belegschaftsmitgliedern	240	an	131	Guthaben bei Kreditinstituten	240
8)	192	Verbindlichkeiten im Rahmen der sozialen Sicherheit	10.592,61	an	131	Guthaben bei Kreditinstituten	10.592,61
9)	191	Verbindlichkeiten aus Steuern	4.539,92	an	131	Guthaben bei Kreditinstituten	4.539,92

10) 151	Hauptkasse	300	**an** 1131	Forderungen an Belegschaftsmitglieder	300
11) 408	Sonstige Personalkosten (Aufwendungen für Belegschaftsveranstaltungen)	500	**an** 151	Hauptkasse	500
12) 406	Aufwendungen für Altersversorgung	2.400	**an** 131	Guthaben bei Kreditinstituten	2.400

8.6 Anteilsbasierte Vergütungen nach den IFRS

Der Bilanzierung von Aktienoptionen (stock options) und anderen anteilsbasierten Vergütungsformen ist im Regelwerk der IFRS ein eigener Standard, der im Februar 2004 herausgegebene **IFRS 2 („Share-based Payment", „Anteilsbasierte Vergütung")**, gewidmet. Zuvor bestand diesbezüglich jahrelang eine Regelungslücke, da IAS 19 „Leistungen an Arbeitnehmer" keine Ansatz- und Bewertungsvorschriften für derartige Entlohnungsformen vorsah. Der Anwendungsbereich von IFRS 2 umfasst eigenkapitalbezogene Vergütungen bzw. Leistungen, welche das Unternehmen aufgrund schuldrechtlicher Verpflichtungen erbringt. Neben den hier im Mittelpunkt stehenden Vergütungen an Mitarbeiter im Rahmen von (arbeits-)vertraglichen Regelungen kommen grundsätzlich, wenngleich nicht von derselben Bedeutung, auch Vergütungen für Güterlieferanten (z. B. Zulieferer) oder Erbringer von anderen Dienstleistungen (z. B. externe Beratungsunternehmen) in Betracht. Die Vergütung bzw. Leistung, welche das Unternehmen erbringt, kann nach IFRS 2.2 in eigenen Eigenkapitalinstrumenten (equity-settled share-based payment transaction) oder in einer Barvergütung (cash-settled share-based payment transaction) bestehen, welche sich an der Wertentwicklung von eigenen Eigenkapitalinstrumenten orientiert (virtuelle Anteile (phantom shares) respektive virtuelle Optionen); u. U. hat auch das Unternehmen oder der Leistungsempfänger ein Wahlrecht zwischen beiden Erfüllungsformen (vgl. *Freiberg/Lüdenbach*, IFRS-Kommentar, § 23, Rn. 8). Im Gegensatz zur handelsrechtlichen Vorgehensweise beeinflusst die Art der Kapitalaufbringung (bedingte Kapitalerhöhung, Rückkauf eigener Anteile auf dem Kapitalmarkt, Abwicklung durch Dritte) die bilanzielle Abbildung des (Aktien-)Optionsprogramms selbst nicht (vgl. *Coenenberg/Haller/Schultze*, Jahresabschluss, S. 382; *PricewaterhouseCoopers*, IFRS für Banken, S. 1117).

Im Folgenden soll zunächst die **Bilanzierung von Aktienoptionen** (stellvertretend für Optionen auch auf andere Anteilspapiere) **bei „echten Eigenkapitalinstrumenten"**, d. h. mit tatsächlicher Ausgabe von Unternehmensanteilen, dargestellt werden (equity-settled share-based payment transactions); die unmittelbare Vergütung durch **eigene Anteile**, wie bspw. im Falle von Belegschaftsaktien, zählt ebenfalls zu den equity-settled share-based payment transactions. Nach IFRS 2 ist zwischen dem Tag der Gewährung der Aktienoptionen (grant day), dem Zeitraum bis zur Unverfallbarkeit des Anspruchs (vesting period, im Folgenden gleich Warte- bzw. Sperrfrist) und dem Ausübungszeitpunkt (excercise date) bzw. -zeitraum zu unterscheiden. Die vom Unternehmen erhaltenen oder erworbenen Güter und Dienstleistungen sind im Empfangszeitpunkt anzusetzen (IFRS 2.7). Wenn die erhaltene Gegenleistung die Ansatzkriterien eines Vermögenswerts gemäß einem IFRS-Standard erfüllt, erfolgt eine entsprechende Aktivierung (nach dem (nicht bindenden) Framework ist ein „Asset" als Ressource gekennzeichnet, über die das Unternehmen aufgrund eines vergangenen Ereignisses verfügen kann und von der ein künftiger Nutzenzufluss erwartet wird (F. 49(a); CF. 4.4(a); 4.8 ff.; vgl. insbesondere auch F. 83; CF. 4.38(a); 4.40 ff.). Ansonsten muss ein Aufwand erfasst werden (IFRS 2.8). Hinsichtlich der von Mitarbeitern erbrachten Dienstleistungen ist (gewöhnlich) von einer unmittelbaren Verbuchung als (Personal-)Aufwand auszugehen (vgl. *Freiberg/Lüdenbach,* IFRS-Kommentar, § 23, Rn. 9; *Pellens/Fülbier/Gassen/Sellhorn,* Rechnungslegung, S. 522 f.; vgl. auch IFRS 2.9). Bei equity-settled share-based payment transactions erfolgt die Gegenbuchung im Eigenkapital (vgl. IFRS 2.7; Kapitalrücklage) – insofern kommt es zwar netto zu keiner Eigenkapitalveränderung, allerdings wird der Erfolgsausweis tangiert. Grundsätzlich soll eine Bewertung nach dem Fair Value der erhaltenen Leistung erfolgen (IFRS 2.10). Da eine direkte verlässliche Ermittlung eines Fair Value von empfangenen Arbeitsleistungen i. d. R. aber nicht möglich ist, ergibt sich die Höhe des zu verbuchenden Personalaufwands in diesem Falle indirekt auf Basis des Fair Value der hingegebenen Anteile bzw. Optionen (zwingend nach IFRS 2.11; vgl. auch IFRS 2.16 ff., 2.B2 ff.). Die Bewertung erfolgt zum grant date (IFRS 2.11; grant date model im Unterschied zum service date model bei nicht-mitarbeiterseitigen Dienstleistungen oder sonstigen erhaltenen Gütern, vgl. *Freiberg/Lüdenbach,* IFRS-Kommentar, § 23, Rn. 62). Sind im Zuge der Vergütung mit Aktienoptionen keine Marktwerte ermittelbar, müssen diese unter Zuhilfenahme geeigneter und allgemein bekannter Bewertungsmodelle bestimmt werden (vgl. IFRS 2.B4 ff.).

Beispiel:

Die X-AG händigt zehn ihrer Führungskräfte am 31. 12. 10 anstelle einer Sonderzahlung für das vergangene Jahr jeweils 1.000 Aktien (Nennwert: 1 € je Stück) zu einem (Bezugs-)Stückpreis von 70 € aus. Der Marktwert der Aktie beträgt am 31. 12. 10 80 €.

Buchungssatz am 31. 12. 10:

Personalaufwand	10.000 €			
Bank	70.000 €	an	Gezeichnetes Kapital	1.000 €
			Kapitalrücklage	79.000 €

Sofern bei **Aktienoptionsprogrammen** die Optionen vom Mitarbeiter **sofort ausübbar** sind, ist der Personalaufwand i. d. R. direkt in voller Höhe anzusetzen, da widerlegbar vermutet wird, dass die entsprechend vergüteten Arbeitsleistungen bereits vollständig erbracht wurden. Wird demgegenüber eine bestimmte **Zeitdauer bis zur Unverfallbarkeit** (vesting period) vereinbart, ist davon auszugehen, dass die Optionen für Dienstleistungen gewährt werden, die dem Unternehmen (erst noch) innerhalb dieses Zeitraums zufließen (vgl. IFRS 2.15). Bei Aktienoptionen kann die Frist entweder fest vorgegeben oder vom Erreichen bestimmter vertraglich definierter Erfolgsziele abhängig gemacht werden. Unabhängig von der konkreten Ausgestaltung sind in diesen Fällen die Leistungen jeweils zum Zeitpunkt ihrer Erbringung als Personalaufwand mit korrespondierender Eigenkapitalerhöhung – ggf. also gleichmäßig über die vesting period bzw. Sperrfrist hinweg – zu erfassen. Herrscht Ungewissheit bezüglich der Länge der vesting period, ist diese zu schätzen (IFRS 2.15(b)).

Von der Frage der zeitlichen Verteilung des Aufwands auf die Perioden der Verursachung ist die Frage nach der Gesamthöhe des zu verteilenden Aufwandes zu unterscheiden (vgl. hierzu IFRS 2.19-21A). Letztere betreffend ist zum einen auf den Wert der Leistung im Zusagezeitpunkt, zum anderen auf den Umfang der möglichen Inanspruchnahme abzustellen. Der erste Punkt betrifft die Komponenten, welche in die Ermittlung des Fair Value des Anspruches eingehen sollen **(Preisgerüst)**, der zweite Punkt stellt auf die mengenmäßige Inanspruchnahme ab **(Mengengerüst)**. IFRS 2 sieht diesbezüglich vor, dass die für den Zusagezeitpunkt bestimmte Preiskomponente in der Folge unverändert bleibt. Die Mengenkomponente hingegen wird während der Laufzeit an eine sich ändernde Schätzung angepasst. Die nicht ganz eindeutig zu lösende Frage, was wozu gehört (vgl. bspw. IFRS 2.BC91 ff.), wird durch IFRS 2 in spezifischer Weise gelöst. Hierbei ist nach dem Charakter von verschiedenen für die letztendliche Anforderung an das Unternehmen relevanten Bedingungen zu differenzieren. So bestimmen vesting conditions, ob das Unternehmen seitens des Arbeitnehmers Dienstleistungen erhalten hat, die diesen zum Erhalt der eigenkapitalbasierten Gegenleistung berechtigen (IFRS 2.A). Zu den vesting conditions zählen insbesondere Dienstbedingungen (service conditions), wie eine Mindestdienstzeit im Unternehmen. Daneben werden Leistungsbedingungen (performance conditions) hierunter subsumiert, welche ihrerseits nach kapitalmarktbezogenen Bedingungen (market conditions, bspw. Bezug auf ein Kursziel für den Börsenwert des eigenen Anteilspapieres) und nach nicht-kapitalmarktbezogenen Bedingungen (non market conditions, bspw. Umsatz-, EBIT-Ziele) differenziert werden. Ob eine zu vergütende Dienstleistung erbracht ist, bestimmt sich bei Letzteren somit am Ergebnis der Dienstleistung, gemessen an einer unternehmensbezogenen Größe mit internem Bezug oder mit Kapitalmarktbezug. Die sonstigen, non vesting conditions betreffen zwar nicht die dienstleistungsbezogenen Voraussetzungen, bedingen aber gleichwohl auch die letztlich zur Umsetzung gelangende anteilsbasierte Vergütung. In Betracht kommen hierfür bspw. Ansparbedingungen der Arbeitnehmer, eine etwaige Aufhebungsoption hinsichtlich des Mitarbeiterprogramms seitens des Unternehmens oder eine allgemeine, nicht an der Unternehmenssituation anknüpfende Entwicklung des Marktes (vgl. *Freiberg/Lüdenbach*, IFRS-Kommentar, § 23, Rn. 55). Die bei Folgebewertungen unveränderliche Preiskomponente wird durch Schätzungen über die Erfüllung der non vesting conditions sowie der kapitalmarktbezogenen performance conditions bestimmt. Demgegenüber legen aktuelle Schätzungen des Bilanzstichtages hinsichtlich des Umfanges der Erfüllung der service conditions und der nicht-kapitalmarktbezogenen performance conditions die Mengenkomponente fest. Bei non vesting conditions, deren Erfüllung im Ermessen des Arbeitnehmers oder des Unternehmens steht, wird allerdings deren Nicht-Erfüllung wie ein Widerruf der Optionszusage behandelt (IFRS 2.28A; vgl. *Freiberg/Lüdenbach,* IFRS-Kommentar, §23, Rn.76, 112–114).

Beispiel:

Die X-AG gewährt 50 ihrer Führungskräfte am 31. 12. 10 das Recht, nach Ablauf einer dreijährigen Sperrfrist, während der das Dienstverhältnis durchgehend bestehen muss, 100 Aktien zu einem Preis von je 50 € zu erwerben (Nennwert: 1 € pro Stück). Der Marktwert einer Option zum Bezug einer Aktie – unter Berücksichtigung aller Komponenten des Preisgerüsts – beträgt am 31. 12. 10 9 €. Im Gewährungszeitpunkt rechnet die X-AG damit, dass am 31. 12. 13 nur noch 41 der 50 anspruchsberechtigten Manager im Unternehmen beschäftigt sein werden (Ausscheidensquote: 18 %). Am 2. 1. 14 üben sämtliche verbliebenen Manager ihre Aktienoptionen aus; der aktuelle Börsenkurs beträgt zu diesem Zeitpunkt 70 €.

Am 31. 12. 10 findet keine Buchung statt, da noch keine Arbeitsleistung seitens der Arbeitnehmer erbracht wurde und daher kein Personalaufwand angefallen ist.

Die Buchungen in den Folgejahren hängen insbesondere davon ab, ob sich die erwartete Ausscheidensquote geändert hat (Mengenkomponente). Im Folgenden sollen zwei Fälle betrachtet werden:

a) Zum Ende der Jahre 11–13 scheiden wie prognostiziert jeweils 3 Mitarbeiter aus dem Unternehmen aus.

b) Innerhalb des Jahres 11 scheiden (nur) 2 anspruchsberechtigte Manager aus dem Unternehmen aus. Die X-AG geht am Ende des Jahres nunmehr davon aus, dass sich die Ausscheidensquote von 18 % auf 12 % reduziert, d. h. bis zum 31. 12. 13 insgesamt 6 Mitarbeiter das Unternehmen werden vorzeitig verlassen haben. Da im Laufe des Jahres 12 nur ein weiterer Mitarbeiter ausscheidet, revidiert die X-AG am Jahresende nochmals ihre Erwartung hinsichtlich der Ausscheidensquote von 12 % auf 10 %. Am 31. 12. 13 sind letztlich insgesamt vier der 50 anspruchsberechtigten Mitarbeiter während der Sperrfrist aus dem Unternehmen ausgeschieden.

Buchungen im Fall a)

31. 12. 11/12/13:

Personalaufwand	12.300	**an**	Kapitalrücklage	12.300

Der für den Gesamtzeitraum anzusetzende Personalaufwand in Höhe von 36.900 € und die korrespondierende Erhöhung der Kapitalrücklage ergeben sich aus dem (Gesamt-)Wert der Aktienoptionen (50 x 100 x 9 = 45.000 €), multipliziert mit der geschätzten Anzahl auszugebender Optionen (82 %). Gleichmäßig auf die vesting period von 3 Jahren verteilt, ergibt sich eine jährliche Belastung in Höhe von 12.300 €.

2. 1. 14:

Bank	205.000	an	Gezeichnetes Kapital	4.100
			Kapitalrücklage	200.900

Buchungen im Fall b)

31. 12. 11:

Personalaufwand	13.200	an	Kapitalrücklage	13.200

Der Personalaufwand im Jahr 11 ergibt sich aus: 50 x 100 x 9 x 0,88 x 1/3 = 13.200 €.

31. 12. 12:

Personalaufwand	13.800	**an**	Kapitalrücklage	13.800

Der Personalaufwand im Jahr 12 ergibt sich aus: 50 x 100 x 9 x 0,9 x 2/3 – 13.200 = 13.800 €. Am 31. 12. 12 wird demnach von einem erhöhten Gesamtpersonalaufwand von 40.500 € ausgegangen, der eigentlich einem jährlichen Aufwand von 13.500 € entspricht. Da zum 31. 12. 11 lediglich 13.200 € verbucht wurden, muss der entsprechende Mehraufwand für das Jahr 11 in Höhe von 300 € im aktuellen Jahr 12 erfasst werden.

31. 12. 13:

Personalaufwand	14.400	**an**	Kapitalrücklage	14.400

Der Personalaufwand im Jahr 13 errechnet sich wie folgt: (46 x 100 x 9 x 3/3) – (13.200 + 13.800) = 14.400 €. Der letztendliche Gesamtaufwand beträgt 41.400 €.

2. 1. 14:

Bank	230.000	**an**	Gezeichnetes Kapital	4.600
			Kapitalrücklage	225.400

Die Bilanzierung von **virtuellen Optionen auf Eigenkapitalinstrumente**, d. h. durch Barausgleich bediente Ansprüche (cash-settled share-based payment transactions) unterscheidet sich insofern von den equity-settled share-based payment transactions, dass anstelle des Buchungssatzes „(Per) Personalaufwand an Eigenkapital (Kapitalrücklage)" die Buchung gewöhnlich „(Per) Personalaufwand an Rückstellung" lautet. Die Gegenbuchung zum Personalaufwand, welcher bei typischerweise nicht aktivierungsfähigen bzw. -pflichtigen vom Unternehmen erhaltenen Arbeitsleistungen vorzunehmen ist, erfolgt also nicht (direkt) im Eigenkapital (Kapitalrücklage), sondern als Rückstellung (vgl. IFRS 2.7 f.). Damit kommt es i. d. R. zu einer Änderung der Höhe des Eigenkapitalausweises. Bezüglich der Frage nach dem Zeitpunkt der Rückstellungsbildung sind die Vorschriften für die equity-settled share-based payment transactions analog zu beachten. Demnach ist die Rückstellung ggf. zeitanteilig während einer Sperrfrist zu bilden bzw. zu erhöhen. Die Bewertung des Entgelts erfolgt gemäß IFRS 2.30 stets indirekt über den Fair Value der Schuldposition, wobei u. U. wiederum geeignete Optionspreismodelle zur Anwendung kommen. Im Gegensatz zum Vorgehen bei equity-settled share-based payment transactions muss die aus den virtuellen Aktienoptionen resultierende Verpflichtung jedoch an jedem folgenden Bilanzstichtag in Bezug auf sämtliche Parameter neu bewertet werden, wobei etwaige Änderungen erfolgswirksam zu erfassen sind. Bedingt durch die stetige Anpassung der Verpflichtungshöhe ergibt sich eine erhöhte Ergebnisvolatilität im Vergleich zur anteilsbasierten Vergütung, welche echte Anteilsansprüche zum Gegenstand hat (vgl. *Pellens/Fülbier/Gassen/Sellhorn*, Rechnungslegung, S. 536).

Um Art, Ausmaß und Auswirkungen der in der Berichtsperiode aktuell bestehenden Optionsprogramme für den externen Bilanzleser ersichtlich zu machen, sieht IFRS 2 diesbezüglich umfangreiche **Anhangangaben** vor. Gefordert werden u. a. folgende Informationen (vgl. IFRS 2.44-52):

- Beschreibung der einzelnen Arten von anteilsbasierten Vergütungsvereinbarungen mit deren wesentlichen Merkmalen (z. B. Ausübungsbedingungen, Anzahl gewährter Optionen);

- Anzahl und gewichteter Durchschnitt der Ausübungspreise der Optionen auf Anteile (differenziert nach spezifischen Gruppen gemäß IFRS 2.45(b));
- mittlerer Aktienkurs im Ausübungszeitpunkt für alle innerhalb der Berichtsperiode ausgeübten Optionen;
- Bandbreite der Ausübungspreise und mittlere Restlaufzeit der am Bilanzstichtag noch verbleibenden Aktienoptionen;
- Informationen zur Art und Weise der Bestimmung der Fair Values der erhaltenen Güter und Dienstleistungen bzw. der Fair Values der gewährten Eigenkapitalinstrumente (Bewertungsmethoden, verwendete Parameter, durchschnittliche beizulegende Zeitwerte der innerhalb der Periode gewährten Optionen);
- Informationen zum Einfluss von cash-settled share-based payment transactions auf die Höhe des Periodenergebnisses und auf die Finanzlage der Unternehmung.

Ergänzende Literatur zu: 8 Personalaufwand

Adler/Düring/Schmaltz, Rechnungslegung, § 275 HGB, Rn. 100–123a

Alt/Jenak, Lohnbuchhalter, S. 49–135

Coenenberg/Haller/Schultze, Jahresabschluss, S. 373–394

Bähr/Fischer-Winkelmann/List, Buchführung, S. 130–133

Deppe/Freikamp/Herlemann/Schönwald/Walkenhorst, Buchführung, S. 927–929

Falterbaum/Bolk/Reiß/Kirchner, Buchführung, S. 310–322

Flasse/Gräve/Hanschmann/Heßhaus, Buchhaltung 1, S. 111–114

Müller, Finanzbuchhaltung, S. 107–115

Pellens/Fülbier/Gassen/Sellhorn, Rechnungslegung, S. 515–541

Pricewaterhouse Coopers, IFRS für Banken, S. 1114–1131

Schiederer/Loidl, Buchführung, S. 137–152

Schöttler/Spulak, Rechnungswesen, S. 157–163

Schulze, Lohn- und Gehaltsabrechnung, Sp. 1238–1242

9 Steuern und Zuwendungen

9.1 Steueraufwand

Nach §3 Abs. 1 AO sind **Steuern** Geldleistungen, die keine Gegenleistung für eine besondere Leistung darstellen; sie werden von einem öffentlich-rechtlichen Gemeinwesen zur Erzielung von Einnahmen allen auferlegt, bei denen der Tatbestand zutrifft, an den das Gesetz die Leistungspflicht knüpft. Das Steuerkriterium „keine Gegenleistung für besondere Leistungen" kann zur Abgrenzung der Steuern von anderen Abgaben, wie Gebühren oder Beiträgen, herangezogen werden: Bei **Gebühren** stehen sich Leistung und Gegenleistung unmittelbar gegenüber, während bei **Beiträgen** Leistung und Gegenleistung sachlich und zeitlich differieren.

Die üblicherweise bei betrieblicher Betätigung zum Ansatz kommenden Steuern lassen sich unter dem Gesichtspunkt ihrer buchmäßigen und handelsbilanziellen Behandlung in Aufwand- und Privatsteuern sowie in durchlaufende Steuern einteilen.

Aufwandsteuern sind durch den Betrieb veranlasst und wirken deshalb unmittelbar oder mittelbar erfolgsmindernd. Ihre buchtechnische Erfassung erfolgt daher auf spezifischen Steueraufwandskonten (Kontenklasse Großhandelskontenrahmen: 22; GKR: 46; IKR: 70, 77 u. 78; DATEV SKR 03: 2200–2289, 4300–4355, 4510 und DATEV SKR 04: 7600–7694, jeweils mit weiteren Einzelkonten). Zu den Aufwandsteuern, die den handelsrechtlichen Gewinn unmittelbar kürzen, zählen derzeit die

- Körperschaftsteuer bei Kapitalgesellschaften,
- Gewerbesteuer als Steuer auf den Gewerbe*ertrag*,
- Grundsteuer für betrieblich genutzte Grundstücke,
- Kraftfahrzeugsteuer für betrieblich genutzte Kraftfahrzeuge,
- Einfuhrzölle auf nicht aktivierungsfähige Wirtschaftsgüter,
- verschiedene Verbrauchsteuern.

Demgegenüber entfiel seit dem Erhebungszeitraum 1998 die bis dahin noch bestehende Steuer auf das Gewerbekapital (Gewerbekapitalsteuer). Ferner wird seit dem 1. 1. 1997 die Vermögensteuer bei Kapitalgesellschaften nicht mehr erhoben.

Im Gegensatz zu den Aufwandsteuern stehen jene Steuern, die nicht sofort bei ihrer Bezahlung erfolgsmindernd wirken, sondern als **Anschaffungsnebenkosten** aktiviert werden. Buchtechnisch werden sie also auf den aktiven Bestandskonten erfasst und gelangen erst in den Folgeperioden durch planmäßige Abschreibung über die Nutzungsdauer bzw. durch außerplanmäßige

Abschreibung (Grundstücke) zur Aufwandsverrechnung. Hierzu gehören gegenwärtig die

- Grunderwerbsteuer für den Erwerb von Betriebsgrundstücken, wobei der Steuersatz des § 11 GrEStG i. H. v. 3,5 % auf Basis des Art. 105 Abs. 2a Satz 2 GG ab 1. 9. 2006 länderspezifisch abweichend hiervon gestaltet werden kann,
- Umsatzsteuer, die nicht als Vorsteuer abziehbar ist (s. Teil A, Abschn. 4.4.2, S. 129 ff.) sowie
- Einfuhrzölle bei aktivierungsfähigen Wirtschaftsgütern.

Die **Privatsteuern** sind demgegenüber nicht betriebsbedingt; sie knüpfen an die persönliche Leistungsfähigkeit des Inhabers bzw. Gesellschafters an. Als personenbezogene Steuern sind sie demnach vollständig der privaten Sphäre zuzurechnen, so dass die buchtechnische Erfassung über das Privatkonto bzw. das Unterkonto Privatsteuern erfolgt. Die Privatsteuern lassen sich unterteilen in:

- Einkommensteuer (zuzüglich Solidaritätszuschlag) und Kirchensteuer des Unternehmers,
- Grundsteuer und Kraftfahrzeugsteuer, soweit sie privat genutzte Grundstücke und Kraftfahrzeuge betreffen.

Die Vermögensteuer bei Personengesellschaften und Einzelfirmen wird ebenso wie bei Kapitalgesellschaften seit dem 1. 1. 1997 nicht mehr erhoben.

Durchlaufende Steuern wirken weder für das Unternehmen noch für den Inhaber bzw. Gesellschafter erfolgsbelastend. Sie werden durch das Unternehmen für andere Steuerpflichtige einbehalten und sodann an das Finanzamt abgeführt. Da das Unternehmen allerdings für die richtige Einbehaltung der Steuern haftet, ist auch ihre gesonderte buchtechnische Erfassung unerlässlich. Als durchlaufende Steuern sind grundsätzlich zu behandeln:

- einbehaltene Lohn- und Kirchensteuer der Arbeitnehmer sowie Solidaritätszuschlag (s. Teil A, Kap. 8, S. 317 ff.) und
- Umsatzsteuer (s. Teil A, Abschn. 4.4, S. 124 ff.).

Da mit dem handelsrechtlichen Jahresabschluss letztlich auch das Ziel verfolgt wird, den verteilungsfähigen Gewinn zu ermitteln, sind grundsätzlich alle von der Unternehmung als Steuerschuldner zu entrichtenden Steuern zu erfassen und in der Gewinn- und Verlustrechnung auszuweisen (Zur weiteren steuerlichen Behandlung auf der Ebene der Anteilseigner von Kapitalgesellschaften, speziell zum so genannten Teileinkünfteverfahren respektive zur Abgeltungsteuer vgl. Teil A, Abschn. 7.1.3.2, S. 213 f., 215 f., sowie Abschn. 14.3.1.2, S. 624 ff.).

Die vollständige Erfassung der endgültig zu erhebenden Steuer führt jedoch zwangsläufig zu abrechnungstechnischen Problemen, wenn die Steuerlast und/ oder deren Fälligkeit bei der Erstellung des Jahresabschlusses noch nicht feststeht. In diesen Fällen ist eine Rückstellung zu bilden (z. B. Rückstellungsbildung für eine zu erwartende Steuernachveranlagung anlässlich einer steuerlichen Betriebsprüfung [Betriebsprüfungsrisiko] oder Gewerbesteuerrückstellung; zur Bildung und Auflösung von Rückstellungen vgl. Teil A, Abschn. 13.7.1., S. 512 ff.). In der Steuerbilanz sind **Steuerrückstellungen** allerdings auf den Bereich der als Betriebsausgabe abzugsfähigen Steuern eingeschränkt: Dazu gehören lediglich die Grundsteuer sowie eine Reihe von Verbrauchsteuern, nicht jedoch die Einkommen- bzw. Körperschaftsteuer. Trotz des seit dem 1. 1. 2008 geltenden Abzugsverbots der Gewerbesteuer als Betriebsausgabe ist die handelsrechtlich zu bildende Gewerbesteuerrückstellung aufgrund des Maßgeblichkeitsprinzips (§5 Abs. 1 Satz 1 EStG) auch in der Steuerbilanz anzusetzen (Verfügung der OFD Rheinland v. 5. 5. 2009, BB 2009, S. 1292). In der Handelsbilanz von Kapitalgesellschaften ist auch die voraussichtlich geschuldete Körperschaftsteuer in den Steuerrückstellungen zu erfassen (vgl. *Adler/Düring/Schmaltz,* Rechnungslegung, §266 HGB, Rn. 206).

Auszuweisen ist nach §275 Abs. 2 Nr. 18 und 19 bzw. Abs. 3 Nr. 17 und 18 HGB die gesamte Steuerbelastung der Periode, differenziert nach den **Steuern vom Einkommen und vom Ertrag** (Nr. 18 bzw. 17) und nach den **sonstigen Steuern** (Nr. 19 bzw. 18). Eine Spezifizierung der einzelnen Bestandteile verlangt das Gesetz jedoch nicht; es genügt der Ausweis der beiden Summen. Demzufolge sind nur die Einkommen- und (anderen) Ertragsteuern in einem gesonderten Posten auszuweisen. Darüber hinaus erfordert §285 Nr. 6 HGB, dass Kapitalgesellschaften diese Steuern auf das Ergebnis der gewöhnlichen Geschäftstätigkeit und auf das außerordentliche Ergebnis aufteilen.

Der Ausweis der gewinnabhängigen Steuern erweist sich jedoch bei Unternehmen, die nicht der Körperschaftsteuerpflicht unterliegen, als außerordentlich problematisch: Die Berechnung der Einkommensteuer knüpft an die persönliche und soziale Leistungsfähigkeit des Steuerpflichtigen an; ein gesonderter Ausweis dieser Steuern in einem publizitätspflichtigen Jahresabschluss würde die persönlichen Verhältnisse des Steuerpflichtigen offen legen. Der Gesetzgeber lässt deshalb den Steuerausweis unter den sonstigen Aufwendungen zu (§5 Abs. 5 Satz 2 PublG).

Rechtskräftig veranlagte, aber **noch nicht abgeführte Steuern** sind in der Bilanz als sonstige Verbindlichkeiten auszuweisen. Dementsprechend werden **Steuererstattungsansprüche** für die laufende Periode als sonstiger Vermögensgegenstand ausgewiesen. Dagegen werden Rückerstattungen für frühere Perioden als Korrektur zu den Steueraufwendungen (§275 Abs. 2 Nr. 18 bzw. 19 bzw. Abs. 3 Nr. 17 bzw. 18 HGB) erfolgswirksam erfasst. Ausnahmsweise dürfen Erstattungsansprüche für frühere Jahre auch mit Nachforderungen für frühere Jahre verrechnet werden; das gilt auch für nicht mehr benötigte Steuerrückstellungen, sofern sie für die gleiche Steuerart gebildet wurden.

Die Notwendigkeit, Steuerrückerstattungen in der Gewinn- und Verlustrechnung als Korrektur zu den Steuern vom Einkommen und vom Ertrag bzw. zu den sonstigen Steuern zu behandeln, ergibt sich aus der Tatsache, dass §275 HGB keine Position „Erträge aus der Auflösung von Rückstellungen“ kennt. In Frage käme zwar eine Subsumierung von Erträgen aus der Auflösung von Steuerrückstellungen und von Steuerrückerstattungen unter den sonstigen betrieblichen Erträgen, allerdings kann dieser Weg deshalb nicht beschritten werden, weil die Steuerbelastung zusammengefasst sowohl für das Ergebnis der gewöhnlichen Geschäftstätigkeit als auch für das außerordentliche Ergebnis auszuweisen ist. Ein Ausweis als sonstiger betrieblicher Ertrag würde aber steuerliche Tatbestände in jedem Fall zum Ergebnis der gewöhnlichen Geschäftstätigkeit zählen. Es bleibt nur die Möglichkeit, Erträge aus der Auflösung von Steuerrückstellungen und Steuerrückerstattungen als Korrekturen zu den Steueraufwendungen anzusehen. Dieser Behandlung steht auch nicht das Saldierungsverbot aus § 246 Abs. 2 HGB entgegen, da § 275 HGB den Terminus Steuern verwendet und damit nicht nur Steueraufwendungen, sondern auch -erträge umfasst (*Walz*, Rechnungslegung, B 338, Tz. 50–53). Gleichwohl erscheint aus internen Gründen eine buchhalterische Trennung der periodenbezogenen Steuern von den periodenfremden Teilen sinnvoll, um ein periodengerechtes Betriebsergebnis ermitteln zu können.

Steuererstattungsansprüche bzw. Steuerverbindlichkeiten können sich für Unternehmen des produzierenden Gewerbes sowie land- und forstwirtschaftliche Betriebe zudem aus verfahrensrechtlichen Aspekten der Umsetzung der Öko-Steuer ergeben. Unter der **Öko-Steuer** ist die Einführung einer Strom- sowie die Erhöhung der Mineralölsteuer durch das Gesetz zum Einstieg in die ökologische Steuerreform vom 24. 3. 1999 (BGBl. I 1999, S. 378) zu verstehen, dessen Zwecksetzung in der Verteuerung des Energieverbrauches zugunsten einer Entlastung der gesetzlichen Rentenversicherung bestand (vgl. zum Folgenden *Birgel*, Öko-Steuer, S. 848–856). Das in diesem Zusammenhang geschaffene Stromsteuergesetz (StromStG) wurde durch das Gesetz zur Fortführung der ökologischen Steuerreform vom 16. 12. 1999 (BGBl. I 1999, S. 2432) weitergeführt und durch die Verordnung zur Durchführung des Stromsteuergesetzes (StromStV) vom 31. 5. 2000 (BGBl. I 2000, S. 794) ergänzt. Um die Wettbewerbsfähigkeit der gewerblichen Wirtschaft durch eine Verteuerung des Energieverbrauches nicht unverhältnismäßig zu belasten, wurden Möglichkeiten zur Steuerbefreiung bzw. Steuerermäßigung für das produzierende Gewerbe und die Land- und Forstwirtschaft geschaffen. Hierzu gehört ein ermäßigter Stromsteuersatz für Verbrauchsmengen oberhalb einer – gewerbliche von privaten Verbrauchern trennenden – Sockelverbrauchsmenge. Wird dem Stromversorger ein beim Hauptzollamt zu beantragender Erlaubnisschein zum Bezug von steuerbegünstigtem Strom vorgelegt, so stellt der Versorger dem Gewerbebetrieb unmittelbar nur den ermäßigten Strompreis in Rechnung. In Höhe der dadurch bis zur Sockelverbrauchsmenge zu niedrig bemessenen Stromsteuer entsteht eine Steuerschuld. Ein Erstattungsanspruch kann daraus entstehen, dass der Gewerbebetrieb die Vergütung bzw. Erstattung der Steuer beantragt, die auf zu betrieblichen Zwecken entnommenen Strom entrichtet wurde (§ 10 StromStG). Erstattet bzw. vergütet wird allerdings nur das Maximum aus 90 % der gezahlten Steuer und 90 % des Betrags, um den die Steuer den Unterschiedsbetrag zwischen dem Arbeitgeberanteil zur Rentenversicherung bei einem unterstellten Beitragssatz von 20,3 % (26 % in der knappschaftlichen Rentenversicherung) und einem unterstellten Beitragssatz von 19,5 % (25,9 % in der knappschaftlichen Rentenversicherung) übersteigt. Dies gilt allerdings lediglich für gezahlte Beträge, die den Sockelbetrag von 1.000 € pro Kalenderjahr übersteigen (vgl. § 10 Abs. 1, 2 StromStG). Darüber hinaus kann die gezahlte Steuer auf verschiedene Energieerzeugnisse (z. B. Mineralöl, Erdgas, Kohle) unter den im Energiesteuergesetz (EnergieStG) näher geregelten Umständen ebenfalls auf Antrag vergütet werden.

Energiesteuern sind als Verbrauchsteuern grundsätzlich unter den **sonstigen Steuern** (§ 275 Abs. 2 Nr. 19 bzw. Abs. 3 Nr. 18 HGB) auszuweisen. Ist aus dem

Rechnungsbetrag die Energiesteuer nicht zu ersehen und kann sie auch mit angemessenem Aufwand nicht ermittelt werden, kann von einer Abspaltung des Steuerbetrages vom zugrunde liegenden Energieaufwand abgesehen werden, sofern dies den Grundsätzen ordnungsmäßiger Buchführung entspricht. Zustehende Erstattungsansprüche sind als sonstige Forderungen zu aktivieren; ihre Gegenbuchung erfolgt im Haben des Kontos, das mit den gezahlten Steuern belastet worden ist.

Säumnis- oder Verspätungszuschläge (§§ 152, 240 AO) dürfen steuerrechtlich nicht als Betriebsausgabe angesetzt werden (H 12.4 EStH). Gleiches gilt für steuerliche **Bußgelder** (§§ 377 ff. AO) und **Steuerstrafen** (§§ 385 ff. AO; vgl. § 12 Nr. 4 EStG, R 4.13 EStR). Sie sind bei Einzelunternehmen auf dem Privatkonto zu erfassen (§ 4 Abs. 5 Nr. 8 EStG). Handelsrechtlich sind Säumnis- und Verspätungszuschläge als den Zinsen ähnliche Aufwendungen, Steuerstrafen und Bußgelder hingegen als sonstige betriebliche Aufwendungen zu betrachten (vgl. *Adler/Düring/Schmaltz*, Rechnungslegung, § 275 HGB, Rn. 186, 200).

Weitere steuerliche Aufwands- oder Ertragsverbuchungen können sich aus dem Ansatz **latenter Steuern** ergeben, welche nach dem durch das BilMoG in das deutsche Handelsrecht eingeführten Temporary-Konzept zur Antizipation zukünftiger steuerlicher Be- und Entlastungen aus (Wert-)Ansatzdifferenzen zwischen Steuer- und Handelsbilanz anzusetzen sind respektive angesetzt werden dürfen. Da das Problem der Ertragsteuerabgrenzung in engem Zusammenhang mit der Vorbereitung des Abschlusses steht, wird hier auf die entsprechenden Ausführungen in Teil A, Abschn. 13.9 (S. 551 ff.) verwiesen.

Übungsbeispiel:

Die folgenden Geschäftsvorfälle sind unter Heranziehung des Großhandelskontenrahmens (s. Anhang A.2, S. 1308–1311) zu kontieren:

1) Laufende Grundsteuer von 250 für ein Betriebsgrundstück wurde durch LZB-Anweisung bezahlt.
2) An die Stadtkasse wurde Gewerbesteuer in Höhe von 12.000 überwiesen. Zu einem Teilbetrag von 4.500 stellte diese Steuerzahlung eine Nachzahlung auf die Steuerschuld des Vorjahres dar, für die unter Konto: 07 220 Gewerbesteuerrückstellung 4.000 ausgewiesen sind. 7.500 waren zur Abdeckung der Gewerbesteuervorauszahlungen für das laufende Jahr bestimmt.
3) Am Ende des Monats wurde das Mehrwert- und Vorsteuerkonto abgeglichen und die anstehende Zahllast an das Finanzamt überwiesen. Auf den Konten waren folgende Salden ausgewiesen:

		Soll	Haben
141	Vorsteuer	2.500	
181	Mehrwertsteuer		4.750

   Die Abgleichung soll auf dem Konto: 183 Umsatzsteuerverrechnung durchgeführt werden.
4) Die Steuernachzahlung für den geschäftsführenden Gesellschafter wurde durch Scheck über 2.400 beglichen.
5) Die Lohn- und Kirchensteuerabzüge sowie einbehaltener Solidaritätszuschlag von 8.750 (insgesamt verbucht auf Konto: 191 Verbindlichkeiten aus Steuern) wurde über LZB dem Finanzamt überwiesen.

6) Ein Grundstück, auf dem ein Erweiterungsbau erstellt werden soll, ist mit folgenden Daten angeschafft worden:

Banküberweisung an Verkäufer	40.000
Übernahme des Hypothekenkredits	40.000
Grunderwerbsteuer (dem Finanzamt überwiesen)	2.800
Anschaffungskosten	82.800

7) Für den Lastkraftwagen wurde die Kraftfahrzeugsteuer in Höhe von 1.000 überwiesen.

8) Für die zu erwartende Gewerbesteuerabschlusszahlung des laufenden Jahres soll eine Rückstellung in Höhe von 3.500 gebildet werden.

9) Bei sonstigen Betriebssteuern sind noch 500 rückständig.

10) Das Unternehmen erhält eine Steuerrückerstattung von 2.000 auf sein LZB-Konto. Davon entfallen 500 auf die in der letzten Periode geleistete Steuerzahlung und 1.500 betreffen die laufende Periode (Die Rückerstattung für die laufende Periode wurde bereits als kurzfristige Forderung buchtechnisch erfasst.).

11) Beim Kauf von Wertpapieren im Werte von 10.000 sind von der Bank 50 als Provision berechnet worden.

Lösung: Buchungssätze

	Konto	Bezeichnung	Betrag		Konto	Bezeichnung	Betrag
1)	423	Grundsteuer	250	**an**	1310	LZB-Guthaben	250
2)	07220	Gewerbesteuerrückstellung	4.000				
	421	Gewerbesteuer	8.000	**an**	131	Guthaben bei Kreditinstituten	12.000
3)	183	Umsatzsteuerverrechnung	2.500	**an**	141	Vorsteuer	2.500
	181	Mehrwertsteuer	4.750	**an**	183	Umsatzsteuerverrechnung	4.750
	183	Umsatzsteuerverrechnung	2.250	**an**	131	Guthaben bei Kreditinstituten	2.250
4)	161	Privat Geschäftsführer	2.400	**an**	131	Guthaben bei Kreditinstituten	2.400
5)	191	Verbindlichkeiten aus Steuern	8.750	**an**	1310	LZB-Guthaben	8.750
6)	021	Unbebaute Grundstücke	82.800	**an**	131	Guthaben bei Kreditinstituten	42.800
					0822	Hypotheken	40.000
7)	422	Kraftfahrzeugsteuer	1.000	**an**	131	Guthaben bei Kreditinstituten	1.000
8)	421	Gewerbesteuer	3.500	**an**	07220	Gewerbesteuerrückstellung	3.500
9)	424	Sonstige Betriebssteuern	500	**an**	19	Noch abzuführende Abgaben (sonstige Verbindlichkeiten)	500
10)	1310	LZB-Guthaben	2.000	**an**	42	Steuern	500
					113	Sonstige kurzfristige Forderungen	1.500
11)	045	Wertpapiere	10.050	**an**	131	Guthaben bei Kreditinstituten	10.050

9.2 Bestehende Steuerschulden und Steuererstattungsansprüche nach den IFRS

Aufgrund des Maßgeblichkeitsprinzips (§5 Abs. 1 EStG) orientieren sich die steuerlichen Ansatz- und Bewertungsvorschriften an den handelsrechtlichen GoB und damit an der handelsrechtlichen Bilanzierung. Dem HGB-Einzelabschluss kommt demnach neben der Dokumentations-, Informations- und Kapitalerhaltungsfunktion auch eine Zahlungsbemessungsfunktion zu, welche neben der Zahlungsbemessung (z. B. Dividenden) auch die Bereitstellung einer Grundlage für die Steuerbemessung beinhaltet (*Rückle*, Anlegerinformation, S. 279 f.). Demgegenüber besteht das Hauptziel der Rechnungslegung nach den IFRS in der Vermittlung entscheidungsnützlicher Informationen (decision usefulness) über die Vermögens-, Finanz- und Ertragslage des bilanzierenden Unternehmens. IFRS-Abschlüsse dienen somit nicht der Steuerbemessung.

Die Bilanzierung von Ertragsteuern wird innerhalb der IFRS im **IAS 12 („Income Taxes", „Ertragsteuern")** geregelt. Gegenstand des IAS 12 sind neben tatsächlichen Steuerverpflichtungen bzw. -erstattungsansprüchen auch latente Steuerbeträge (vgl. hierzu Teil A, Abschn. 13.9.2, S. 566 ff.). Als Ertragsteuern i. S. d. IAS 12 gelten alle in- und ausländischen Steuern auf Basis des zu versteuernden Ergebnisses (vgl. IAS 12.2). Für die nach IFRS bilanzierenden deutschen Unternehmen sind dies die in Teil A, Abschn. 9.1, S. 355 angeführten Aufwandsteuern. Auch Quellensteuern, die aufgrund von Ausschüttungen an das bilanzierende Unternehmen seitens eines Tochterunternehmens, assoziierten Unternehmens oder eines Gemeinschaftsunternehmens geschuldet werden, zählen nach IAS 12.2 zu den Ertragsteuern. Prinzipiell mindern die vom Unternehmen zu entrichtenden Ertragsteuerzahlungen für laufende oder vergangene Perioden als Steueraufwand den Periodenerfolg (IAS 12.58; vgl. zu Periodenerfolgs- und Gesamterfolgsrechnung Teil A, Abschn. 3.8, S. 114 ff.). In Höhe der nicht entrichteten tatsächlichen Ertragsteuern für laufende oder vergangene Geschäftsjahre ist eine **(Steuer-)Schuld** gegenüber der entsprechenden Steuerbehörde zu passivieren. Übersteigt der in der aktuellen oder früheren Periode(n) gezahlte Betrag den für diese Periode(n) tatsächlich geschuldeten Betrag oder wird ein steuerlicher Verlust zu einem Verlustrücktrag genutzt, so ist der Unterschiedsbetrag grundsätzlich als **Vermögenswert** (Forderung) zu aktivieren (vgl. IAS 12.12 f.; *Pellens/Fülbier/Gassen/Sellhorn*, Rechnungslegung, S. 222). Eine **Saldierung** von tatsächlichen Steuerschulden und Steuererstattungsansprüchen ist nach IAS 12.71 nur dann vorzunehmen, wenn das bilanzierende Unternehmen einen Rechtsanspruch zur Verrechnung hat und beabsichtigt, entweder den Ausgleich auf Nettobasis durchzuführen oder den betroffenen Vermögenswert und die korrespondierende Verbindlichkeit zeitgleich abzulösen.

Die **Bewertung** der tatsächlichen Ertragsteuerschulden und Ertragsteueransprüche erfolgt mit dem Betrag, in dessen Höhe eine Zahlung an bzw. seitens der entsprechenden Steuerbehörde erwartet wird, wobei auf die zum Zeitpunkt des Abschlussstichtags oder allgemein für den relevanten Besteuerungszeitpunkt ggf. schon legislativ verabschiedeten nationalen Steuervorschriften abzustellen ist (vgl. IAS 12.46). Der **Ausweis** der tatsächlich zu zahlenden bzw. der empfangenen Steuerzahlungen erfolgt regelmäßig als Steueraufwand bzw. Steuerertrag innerhalb des Periodenerfolgs. Von der allgemeinen Ausweispflicht im Periodenerfolg ausgenommen sind Steuern aus Geschäftsvorfällen und Ereignissen, die im sonstigen Ergebnis (Other Comprehensive Income als Teil des Gesamterfolges) oder direkt im Eigenkapital verbucht und damit (perioden-) erfolgsneutral behandelt werden (vgl. IAS 12.58, 61A). Die Verbuchung dieser Steuerzahlungen orientiert sich an der bilanziellen Abbildung der zugehörigen Geschäftsvorfälle. Muss im Falle von Dividendenzahlungen an Anteilseigner ein Teil der Dividende im Namen der Eigentümer als Quellensteuer direkt an die Steuerbehörde abgeführt werden, ist dieser Betrag nach IAS 12.65A direkt mit dem Eigenkapital als Teil der Dividenden zu verrechnen. Der Steuerbetrag, welcher aufgegebenen Geschäftsbereichen zuzuweisen ist, ist separat anzugeben (IAS 12.81(h), IFRS 5.33).

9.3 Zuwendungen

Im Rahmen staatlicher Förderungsprogramme gewährt die öffentliche Hand **Subventionen;** das sind **direkte Geldleistungen** (= Ausgaben) des Staates (Finanzhilfen) oder **steuerliche Vergünstigungen** (= staatliche Mindereinnahmen). Mit Subventionen werden vielfältige Zwecke verfolgt: Sie dienen beispielsweise dem Schutz der Unternehmen vor in- und ausländischer Konkurrenz, der finanziellen Stärkung von Betrieben bei schwacher Konjunktur bzw. im wirtschaftlichen Strukturwandel, der Anregung bestimmter Unternehmensentscheidungen, dem Ausgleich regionaler Standortnachteile oder der Sicherung einer ausreichenden Selbstversorgung bei wichtigen Rohstoffen und Nahrungsmitteln. Neben dem Unternehmenssektor fließen Subventionen besonders auch dem Wohnungsbau, der Landwirtschaft und in Form der Sparförderung den privaten Haushalten zu. Im Einzelnen können Subventionen in **Steuererleichterungen, Zuwendungen, Zuschüssen, Zulagen, Prämien** oder **Beihilfen** bestehen. Während die Bilanzierung von Steuererleichterungen, wie z. B. Sonderabschreibungen oder rückzahlbare Zuwendungen, keiner buchtechnischen Sonderbehandlung bedarf, da sie abrechnungstechnisch wie andere Abschreibungen oder Verbindlichkeiten behandelt werden (vgl. Teil A, Abschn. 13.2, S. 460 ff., sowie Abschn. 13.8, S. 548 ff.), erfordert die Gruppe der nicht oder nur bedingt rückzahlbaren Zuwendungen die Beachtung buchtechnischer Besonderheiten. Unter dem Oberbegriff **finanzielle Zuwendungen** lässt sich diese Gruppe wie in der nachfolgenden Abbildung wiedergegeben systematisieren.

Zuschüsse, z. B. zur Förderung von Investitionen, sind grundsätzlich **steuerpflichtig.** Dem Bilanzierenden eröffnet sich deshalb in der Steuerbilanz ein **Ansatzwahlrecht** (R 6.5 Abs. 2 EStR). Zum einen kann die Investition mit den vollen Anschaffungs- bzw. Herstellungskosten aktiviert und der Zuschuss sofort als steuerpflichtige Einnahme verbucht werden, zum anderen ist aber auch eine unmittelbare Minderung der Anschaffungs- bzw. Herstellungskosten um den Zuschuss und somit eine Nettoaktivierung möglich. Im zweiten Fall

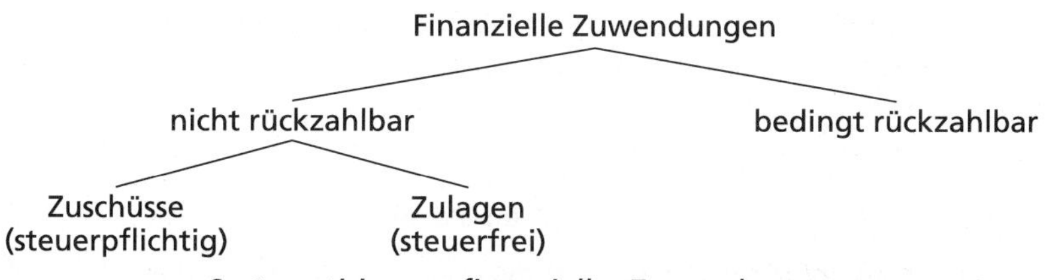

Systematisierung finanzieller Zuwendungen

führt die zunächst erfolgsneutrale Vereinnahmung erst über das verringerte Abschreibungspotential des begünstigten Wirtschaftsgutes zur sukzessiven Erfolgswirksamkeit.

Handelsrechtlich erscheint dagegen ein solches Wahlrecht zwischen einer sofortigen erfolgswirksamen Behandlung und einer Minderung der Anschaffungs- bzw. Herstellungskosten nicht in jedem Fall korrekt. Für die Zwecke der Handelsbilanz bedarf es vielmehr einer Differenzierung der Zuschüsse hinsichtlich der angestrebten Wirkung. Gemäß diesem Kriterium kann zwischen Zuschüssen unterschieden werden, bei denen eine Gegenleistung des Empfängers gegenüber dem Geber oder einem Dritten erforderlich ist, und Zuschüssen, die zum Zwecke der allgemeinen Wirtschaftsförderung ohne Gegenleistungsverpflichtung gewährt werden. Bei Gegenleistungen, die während der Nutzungsdauer einer geförderten Investition erbracht werden, wird die Bildung eines **passiven Rechnungsabgrenzungspostens** notwendig, da eine Einnahme vorliegt, die Ertrag für eine – im weiten Sinne verstanden – bestimmte Zeit nach dem Abschlussstichtag darstellt. Zuschüsse dagegen, die der allgemeinen Förderung der Wirtschaft dienen und deshalb keine Gegenleistungsverpflichtung begründen, sind erfolgsneutral von den Anschaffungs- oder Herstellungskosten abzusetzen oder erfolgswirksam zu behandeln, d. h. der Gewinn im Jahre der Zuschussgewährung erhöht sich um den entsprechenden Betrag. Besteht also keine Gegenleistungsverpflichtung, entspricht die handelsrechtliche Behandlung der steuerrechtlichen. Dabei ist zu beachten, dass Voraussetzung einer steuerlich erfolgsneutralen Vereinnahmung die gleiche Behandlung im handelsrechtlichen Jahresabschluss ist (R 6.5 Abs. 2 EStR). Die Sachverhalte sollen am folgenden Beispiel veranschaulicht werden.

Beispiel: Kauf einer Maschine für 100.000 € unter Gewährung eines staatlichen Zuschusses von 10 % der Anschaffungskosten.

Buchungssätze:

Kauf der Maschine, Vereinnahmung des Zuschusses

Maschine	100.000	**an**	Bank	100.000
Bank	10.000	**an**	Zuschüsse	10.000

Verwendung des Zuschusses

a) steuerlich:

- sofortige erfolgswirksame Vereinnahmung des Zuschusses

Zuschüsse	10.000	**an**	Erträge aus Zuschüssen	10.000

– erfolgsneutrale Vereinnahmung durch Anschaffungskostenminderung

Zuschüsse	10.000	**an**	Maschinen	10.000

b) handelsrechtlich:

– mit Gegenleistungsverpflichtung

Zuschüsse	10.000	**an**	Passive RAP	10.000

– ohne Gegenleistungsverpflichtung

Zuschüsse	10.000	**an**	Erträge aus Zuschüssen	10.000

oder

Zuschüsse	10.000	**an**	Maschinen	10.000

Die Führung eines speziellen **Zuschusskontos** ist aus Nachweisgründen (Art der Zulagenverwendung, Zuwendungsbedingungen) erforderlich. Werden Zuschüsse nicht unmittelbar ihrer bestimmungsgemäßen Verwendung zugeführt, dann dürfen die Zuschussbeträge vorübergehend in eine steuerfreie **Zuschussrücklage** (R 6.5 Abs. 4 EStR) eingestellt werden (im Einzelnen Teil A, Abschn. 13.7.3, S. 529 ff.).

Zulagen, wie z. B. nach dem Investitionszulagengesetz 2010 (InvZulG 2010) für Investitionen in den neuen Bundesländern (Fördergebiet, ab 1999 nur einschließlich des Ostteils von Berlin, zuvor inkl. ganz Berlin) gehören dagegen **nicht** zu den einkommensteuerlichen Einkünften (§ 13 InvZulG 2010); sie werden handelsrechtlich zum Zeitpunkt der Vereinnahmung erfolgswirksam erfasst, so dass eine Erhöhung des Jahresüberschusses eintritt. Handelt es sich dabei um eine Zulage, auf die ein Rechtsanspruch besteht, ist es möglich, die Zulage bereits vor der Bewilligung oder der Vereinnahmung erfolgswirksam anzusetzen. Da es sich um steuerfreie Zuwendungen handelt, erfolgt im Rahmen der Ermittlung des steuerpflichtigen Einkommens eine Korrektur des handelsrechtlichen Jahresüberschusses durch Subtraktion des Zulagenbetrages. Zur umsatzsteuerlichen Behandlung von Zuschüssen vgl. Teil A, Abschn. 4.4.1, S. 124.

Beispiel:

Aufgrund von durchgeführten begünstigten Investitionen in Sachsen (Teil des Fördergebietes) stellt das Unternehmen am Ende des Jahres einen Antrag auf eine steuerfreie Zulage in Höhe von 5.000.

Buchungssätze:

Forderungen	5.000	an	Zulagen	5.000
Zulagen	5.000	an	Erträge aus Zulagen	5.000

Die steuerliche Vereinnahmung **bedingt rückzahlbarer** finanzieller Zuwendungen erfordert keine andere buchtechnische Handhabung als bei nicht rückzahlbaren Zuwendungen. Besonderheiten treten erst dann in Erscheinung, wenn die Bedingungen erfüllt werden, an die die Rückzahlung der Zuwendung geknüpft ist. Fällt z. B. ein Sanierungszuschuss mit Wiedererlangung der Ertragsfähigkeit in Abhängigkeit vom erzielten Gewinn weg, so ist der Rückzahlungsverpflichtung durch die Einbuchung einer **Verbindlichkeit** Rechnung zu tragen. Ist die Rückzahlbarkeit einer Zuwendung, z. B. für Erstinvestitionen, von den Erfolgen des geförderten Projekts abhängig, so sind in Abhängigkeit der erwarteten Erlöse **Rückstellungen für ungewisse Verbindlichkeiten** (Rückzahlungen) zu bilden oder bei bereits realisierten Erlösen die feststehenden Verbindlichkeiten zu passivieren.

Ergänzende Literatur zu: 9 Steuern und Zuwendungen

Bornhofen/Bornhofen, Buchführung, S. 371–377

Budde, § 275 HGB, Rn. 91–99

Heinhold, Buchführung, S. 181–190

Hofbauer, Zulagen und Zuschüsse, S. 653–661

Pellens/Fülbier/Gassen/Sellhorn, Rechnungslegung, S. 220–223

Schiederer/Loidl, Buchführung, S. 153–158

Schöttler/Spulak, Rechnungswesen, S. 175–177

10 Leasing

10.1 Bilanzielle Zurechnungskriterien

Unter dem Begriff „Leasing" werden **miet- oder pachtähnliche Verträge** zwischen Vermieter **(Leasinggeber)** und Mieter **(Leasingnehmer)** über die Nutzung von beweglichen oder unbeweglichen Anlagegegenständen subsumiert. Im Gegensatz zu normalen Mietverträgen nach den §§ 535 ff. BGB erwachsen dem Mieter aus Leasingverträgen jedoch oftmals erhebliche Risiken und Pflichten. Charakteristisches Merkmal der meisten Leasingverträge ist nämlich die Gefahrenüberwälzung auf den Leasingnehmer (z. B. Risiko der Fehlinvestition, zufälliger Untergang, technische und wirtschaftliche Überholung), ohne dass dadurch dessen Leistungsverpflichtung, also die Entrichtung der Leasinggebühr, berührt wird. Diese Kriterien nähern den Leasingvertrag einem Kaufvertrag an; eine zweifelsfreie Klassifizierung als Miet- oder Kaufvertrag erscheint damit nur in Ausnahmefällen möglich.

Ebenso umstritten ist die bilanzielle Behandlung derartiger Verträge, weil Mietverhältnisse grundsätzlich nicht bilanzierungsfähig, Kaufverträge dagegen stets bilanzierungspflichtig sind. Das bilanzielle Schicksal eines Leasinggegenstandes ist daher immer nach den **Umständen des Einzelfalls,** also nach der Ausgestaltung der Leasingvereinbarung, zu beurteilen: **Handelsrechtlich** unterliegt ein Vermögensgegenstand der Aktivierungspflicht, wenn er zum **wirtschaftlichen Eigentum** des Bilanzierenden zählt (vgl. § 246 Abs. 1 Satz 2 HGB). Der Leasingnehmer, der zwar Besitzer, aber nicht Eigentümer im rechtlichen Sinne ist, hat danach den Vermögensgegenstand zu aktivieren, wenn er vollständig und auf Dauer über Substanz und Ertrag verfügen kann sowie – falls wesentlich – ein (potentielles) Verwertungsrecht innehat und somit an der Wertentwicklung der Sache teilnimmt. Alle Vertragsgestaltungen, bei denen diese Bedingung nicht erfüllt ist, führen zum Ansatz in der Handelsbilanz des Leasinggebers; dem Leasingnehmer verbleibt die Verbuchung der Leasingraten.

Demgegenüber hatte der *Hauptfachausschuss des Instituts der Wirtschaftsprüfer* (HFA) vorgeschlagen, einen Ausweis beim Leasingnehmer zusätzlich auch in den Fällen vorzunehmen, in denen das wirtschaftliche Eigentum beim Leasingnehmer nicht gegeben ist bzw. nicht zweifelsfrei feststeht, aber die Leasingverhältnisse in ihrer Gesamtheit von Bedeutung sind. Dies sollte entweder durch

- Aktivierung und gesonderten Ausweis der Leasinggegenstände und Passivierung der entsprechenden Verbindlichkeiten oder
- Vermerk der Verbindlichkeiten aus Leasingverträgen mit Angabe der vor Ablauf von vier Jahren fälligen Beträge unter der Bilanz

geschehen (*HFA,* Berücksichtigung, S. 101 f.). Diesen Forderungen ist der Gesetzgeber bei der Fassung des **Bilanzrichtlinien-Gesetzes** nur insoweit nachgekommen, als er für große und mittelgroße Kapitalgesellschaften die Angabe bedeutsamer finanzieller Verpflichtungen aus Miet- und Leasingverträgen im Anhang vorgeschrieben hat (§285 Nr. 3a i. V. m. §288 HGB). Durch den im Zuge des **Bilanzrechtsmodernisierungsgesetzes** geänderten §285 Nr. 3 HGB sind seit 2010 zusätzlich Angaben zu Art, Zweck und Risiken von nicht in der Bilanz abgebildeten Geschäften zu machen, sofern dies für die Beurteilung der Finanzlage des betroffenen Unternehmens notwendig ist. Zu diesen außerbilanziellen Geschäften zählen neben Factoring, Verbriefungstransaktionen oder unechten Pensionsgeschäften vor allem auch (Operating-)Leasing-Verträge.

Da die handelsrechtlichen Kriterien zur bilanziellen Zuordnung von Leasinggegenständen wenig präzise sind, werden die steuerlichen Unterscheidungsmerkmale in der Praxis auch für die handelsrechtliche Behandlung verwendet, zumal es hinsichtlich der Abgrenzung keine grundsätzlichen Unterschiede zwischen den beiden Rechtsbereichen gibt. In der Folge hat sich auch die Vertragsgestaltung entsprechend den steuerlichen Vorschriften entwickelt, weshalb der HFA seinen 1973 gemachten Vorschlag 1990 aufgehoben hat.

Für die Bilanzierung in der **Steuerbilanz** ist zwar auch der Einzelfall, also die konkrete Ausgestaltung des Leasingvertrages, maßgebendes Kriterium; um aber Gewinnverlagerungen zwischen Leasingnehmer und -geber zu unterbinden, haben Rechtsprechung und Finanzverwaltung die Bilanzierungskriterien für das wirtschaftliche Eigentum an Leasinggegenständen konkretisiert. Dabei ist zum einen nach der **Leasingart,** zum anderen nach den das Leasing typisierenden **Merkmalen** zu unterscheiden. Die unterschiedlichen Leasingarten lassen sich entsprechend der **Verteilung des Investitionsrisikos** zwischen Leasingnehmer und -geber wie folgt systematisieren:

Leasingarten / Leasingkriterien	Operating-Leasing	Financial-Leasing	
		Full-Pay-Out-Verträge	Non-Pay-Out-Verträge
Kündigungsmöglichkeit	vorhanden	festgelegte Grundmietzeit	festgelegte Grundmietzeit
Amortisation der Anschaffungs-, Herstellungs- und Nebenkosten des Leasingobjekts	durch mehrmaliges Vermieten	Amortisation durch Leasingraten während der Grundmietzeit	Teilamortisation durch Leasingraten während der Grundmietzeit, abgesicherte Vollamortisation durch Schlusszahlung
Träger des Investitionsrisikos, der Reparaturkosten etc.	Leasinggeber	Leasingnehmer	Leasingnehmer

Verteilung des Investitionsrisikos bei unterschiedlichen Leasingarten

Wichtigstes Unterscheidungsmerkmal der beiden Grundformen Operating- und Financial-Leasing ist die vertragliche Ausgestaltung der Kündigungsmöglichkeiten. Beim **Operating-Leasing** kann das Vertragsverhältnis kurzfristig oder sogar jederzeit von beiden Vertragsparteien gelöst werden. Der Leasinggegenstand muss bei dieser Leasingart deshalb auch regelmäßig ein von mehreren (potentiellen) Mietern nachgefragtes Wirtschaftsgut sein, so dass sichergestellt werden kann, dass auch bei vorzeitiger Vertragskündigung durch den Leasingnehmer eine Weitervermietung möglich und demgemäß für den Leasinggeber ein vollständiger Rückfluss der Anschaffungs- oder Herstellungskosten gewährleistet ist. Das jederzeitige Kündigungsrecht verlagert das **Investitionsrisiko** vollständig auf den Leasinggeber. Steuerrechtlich ist diese Leasingart daher wie ein **Mietvertrag** zu behandeln. Da juristisches und wirtschaftliches Eigentum beim **Leasinggeber** zusammenfallen, hat dieser das Leasingobjekt zu aktivieren und über die betriebsgewöhnliche Nutzungsdauer abzuschreiben. Der Leasingnehmer verbucht die Leasingrate als Aufwand (Betriebsausgabe), der Leasinggeber als Ertrag (Betriebseinnahme). Durch das Unternehmensteuerreformgesetz 2008 vom 14. 8. 2007 (BGBl. I 2007, S. 1912 ff.) sind seit dem 1. 1. 2008 die Zinsanteile von Leasingraten zu 25 % bei der Ermittlung des Gewerbeertrags nach § 8 GewStG hinzuzurechnen. Dabei ist ein pauschaler Zinsanteil in Höhe von 20 % bei beweglichen Wirtschaftsgütern des Anlagevermögens (§ 8 Nr. 1 lit. d GewStG) und in Höhe von 50 % beim unbeweglichen Anlagevermögen ab Veranlagungszeitraum 2010 (§ 8 Nr. 1 lit. e GewStG in der Fassung des Gesetzes zur Beschleunigung des Wirtschaftswachstums (Wachstumsbeschleunigungsgesetz) vom 22. 12. 2009 in BGBl. I 2009, S. 3950 ff.) zugrunde zu legen. Mit Blick auf kleine und mittlere Unternehmen wurde ein Freibetrag in Höhe von 100.000 € eingeführt, der jedoch auf die Gesamtsumme aller in § 8 Nr. 1 GewStG aufgeführten Hinzurechnungen anzuwenden ist.

Financial-Leasing-Verträge sind dagegen mit einer festgelegten, unkündbaren **Grundmietzeit** ausgestattet, die im Allgemeinen kürzer als die betriebsgewöhnliche Nutzungsdauer ist. Erhält der Leasinggeber während der Grundmietzeit den vollen Ersatz seiner Anschaffungs- oder Herstellungskosten und darüber hinaus auch die sonstigen Finanzierungs- und Verwaltungskosten sowie einen angemessenen Gewinnaufschlag vergütet, liegt ein sog. **Full-Pay-Out-Vertrag** (Vollamortisations-Leasing) vor. **Non-Pay-Out-Verträge** (Teilamortisations-Leasing) amortisieren sich durch die Leasingratenzahlungen nur anteilig; eine volle Deckung der Gesamtkosten des Leasinggebers ist jedoch auch hier gewährleistet, weil entweder der Verkaufserlös des Leasingobjektes oder aber eine Schlusszahlung des Leasingnehmers zum Ausgleich noch ausstehender Aufwendungsrückflüsse herangezogen wird. Volle Amortisation und unkündbare Verträge sowie besondere Verpflichtungen verlagern daher das **Investitionsrisiko** stets auf den **Leasingnehmer,** der sich seinen Ratenzahlungsverpflichtungen auch bei technischem Untergang des Leasingobjektes oder bei Nutzungseinstellung wegen Überalterung oder Nachfragewandel nicht entziehen kann. Selbst im Insolvenzfall, wo regelmäßig eine Sicherstellung des Leasinggegenstandes durch den Leasinggeber erfolgt, werden die bis zum Ablauf der Grundmietzeit noch ausstehenden Leasingraten sofort fällig gestellt.

Die **ertragsteuerliche Behandlung** von Finanzierungsleasingobjekten ist überwiegend dezidiert festgelegt. Die grundlegenden Regelungen zur Bestimmung des **wirtschaftlichen Eigentums** bei Full-Pay-Out-Verträgen finden sich für bewegliche Wirtschaftsgüter im BMF-Schreiben vom 19. 4. 1971 (BStBl. I 1971, S. 264 ff.; Mobilienerlass) sowie für unbewegliche Wirtschaftsgüter im Schreiben vom 21. 3. 1972 (BStBl. I 1972, S. 188 f.; Immobilienerlass). Die Bilanzierung von Teilamortisationsverträgen ist nur für Leasingverträge über unbewegliche Wirtschaftsgüter, die nach dem 31. 1. 1992 abgeschlossen wurden, genau geregelt (BMF vom 23. 12. 1991, DB 1992, S. 112 f.). Non-Pay-Out-Verträge über unbewegliche Wirtschaftsgüter, die bis zum 31. 1. 1992 abgeschlossen wurden, sowie über bewegliche Wirtschaftsgüter sind daher nach den allgemeinen Grundsätzen zum wirtschaftlichen Eigentum zu bilanzieren (BMF v. 22. 12. 1975, BB 1976, S. 72 f. und BFH v. 26. 1. 1970, BStBl. II 1970, S. 264 ff.).

Die Zurechnung des Leasinggegenstandes erfolgt bei **Vollamortisationsverträgen** nach folgenden Kriterien:

- Verhältnis von betriebsgewöhnlicher Nutzungsdauer zur Grundmietzeit des Leasingobjektes,
- Wahrscheinlichkeit der Inanspruchnahme von Kauf- oder Mietverlängerungsoption,
- spezieller Zuschnitt des Leasinggegenstandes auf die Verhältnisse des Leasingnehmers.

Danach werden Leasingobjekte, deren Grundmietzeit weniger als 40 v. H. oder mehr als 90 v. H. der betriebsgewöhnlichen, nach den steuerlichen AfA-Tabellen ermittelten Nutzungsdauer beträgt, wirtschaftlich dem **Leasingnehmer** zugerechnet. Die kurze Amortisationszeit im ersten Fall veranlasst die Finanzbehörde, prinzipiell einen **Ratenkauf** zu unterstellen. Im zweiten Fall erfolgt die Zurechnung auf den Leasingnehmer, weil das Nutzungspotential des Leasingobjekts fast erschöpft, der Herausgabeanspruch des Leasinggebers mithin wirtschaftlich wertlos ist.

Leasingobjekte mit einer Grundmietzeit zwischen 40 v. H. und 90 v. H. der betriebsgewöhnlichen Nutzungsdauer werden dagegen grundsätzlich beim **Leasinggeber** bilanziert, weil der **Herausgabeanspruch** des Leasinggebers wegen des noch erheblichen Nutzungspotentials von wirtschaftlicher Bedeutung ist.

Beinhaltet der Leasingvertrag jedoch eine **Kauf- oder Mietverlängerungsoption,** so kann auch unter diesen Laufzeitbedingungen der Leasingnehmer wirtschaftlicher Eigentümer und damit zur Bilanzierung des Wirtschaftsgutes verpflichtet sein. Allerdings müssen dazu die Optionskonditionen die Ausübung des Rechts wahrscheinlich machen. Dies ist dann der Fall, wenn der vereinbarte Kaufpreis des Leasingobjekts **unter** dem mit Hilfe der linearen Abschreibung ermittelten Restbuchwert beziehungsweise dem niedrigeren gemeinen Wert im Zeitpunkt der Veräußerung liegt. Eine solche Optionsinanspruchnahme kann dagegen nicht von vornherein unterstellt werden, wenn der Leasingnehmer bei Vorliegen eines höheren Kaufpreises keine Vorteile gegenüber einem ganz normalen Erwerb des Wirtschaftsgutes realisieren würde. Wirtschaftlicher Nutznießer wäre dann allein der Leasinggeber, der über die Vollamortisation hinaus auch noch einen marktmäßigen Erlös erzielen könnte. Das Leasinggut ist deshalb bei dieser Ausgestaltung der Kaufoption beim Leasinggeber zu erfassen.

Eine Bilanzierung beim Leasingnehmer kommt auch bei Vorliegen von **Mietverlängerungsoptionen** in Betracht, wenn bei beweglichen Leasinggegenständen die Anschlussmiete niedriger als die lineare Abschreibung auf den Restbuchwert bzw. den niedrigeren gemeinen Wert festgelegt wird oder wenn bei Gebäuden weniger als 75 v. H. der marktüblichen Miete zu zahlen ist. Der wirtschaftliche Vorteil dieser Konditionen führt nach Ansicht der Finanzverwaltung regelmäßig zu einer Ausübung des Optionsrechts, so dass dem Leasingnehmer das wirtschaftliche Eigentum zukommt. Liegen die Anschlussmieten dagegen über diesen Grenzwerten oder sieht der Mietverlängerungsvertrag ein gegenseitiges Kündigungsrecht vor, so fließen die wirtschaftlichen Vorteile primär dem Leasinggeber zu; er ist dann als wirtschaftlicher Eigentümer anzusehen und damit bilanzierungspflichtig.

Vollamortisationsverträge sind in der Praxis vorwiegend bei beweglichen Wirtschaftsgütern anzutreffen, bei Immobilien dagegen selten. Bei **Teilamortisationsverträgen über unbewegliche Wirtschaftsgüter** folgt die Zurechnung von Grund und Boden grundsätzlich der Zurechnung von Gebäuden. Nicht völlig klar erscheint allerdings die Zurechnung bei Leasingverträgen über Grund und Boden ohne Gebäude. Gebäude werden grundsätzlich dem Leasinggeber zugerechnet. Eine von diesem Grundsatz abweichende Bilanzierung der Gebäude beim Leasingnehmer erfolgt allerdings allgemein bei einem speziellen Zuschnitt der Gebäude auf die Verhältnisse des Leasingnehmers (Spezialleasing) sowie bei Verträgen mit Kauf- oder Mietverlängerungsoption nach folgenden Kriterien:

- Verhältnis von betriebsgewöhnlicher Nutzungsdauer zur Grundmietzeit des Gebäudes,
- Wahrscheinlichkeit der Inanspruchnahme von Kauf- und Mietverlängerungsoptionen,
- Auferlegung von besonderen Verpflichtungen.

Gebäude werden regelmäßig dem Leasingnehmer zugerechnet, wenn die Grundmietzeit mehr als 90 v. H. der betriebsgewöhnlichen Nutzungsdauer beträgt. Alternativ hierzu hat der Leasingnehmer das Leasingobjekt auch dann zu bilanzieren, falls am Ende der Grundmietzeit der Kaufpreis geringer ist als der Restbuchwert unter Berücksichtigung der AfA nach §7 Abs. 4 EStG oder die Anschlussmiete weniger als 75 v. H. der marktüblichen Miete beträgt. Bei Verträgen mit Kaufoption ist bei der Ermittlung des Restbuchwertes für steuerliche Zwecke von den Anschaffungs- bzw. Herstellungskosten auszugehen. Hierbei sind ungeachtet des bilanzsteuerrechtlichen Verhaltens weder ein vom Leasinggeber vereinnahmter Investitionszuschuss noch eine Reduzierung der Anschaffungs-/Herstellungskosten durch Gewinnübertragung nach §6b Abs. 1 oder Abs. 3 EStG oder nach R 6.6 EStR anschaffungs- oder herstellungskostenmindernd zu berücksichtigen (OFD München/OFD Nürnberg, Vfg. v. 12. 10. 2003, DStR 2003, S. 2225). Leasinggegenstände bei Verträgen mit Kauf- oder Mietverlängerungsoption sind stets dem Leasingnehmer zuzurechnen, wenn ihm durch besondere Verpflichtungen das volle oder der größte Teil des Investitionsrisikos aufgebürdet wird (im Einzelnen s. BMF v. 23. 12. 1991, DB 1992, S. 113).

Spezialleasinggüter werden sowohl bei Voll- als auch bei Teilamortisationsverträgen grundsätzlich dem Leasingnehmer zugerechnet, da es sich um Sonderanfertigungen handelt, die nach Ablauf der Grundmietzeit nicht mehr anderweitig vermietet werden können. Diese Vermögensgegenstände sind daher für den Leasinggeber wirtschaftlich wertlos. Eine Ausnahme dazu bildet nur das Spezialleasing bei Vollamortisationsverträgen über Grund und Boden, sofern keine Kaufoption vereinbart wurde. In diesem Fall ist eine Bilanzierung beim Leasinggeber vorgesehen.

Auf **Teilamortisationsverträge über bewegliche Wirtschaftsgüter** sind die aufgezeigten Bilanzierungskriterien nicht anwendbar. Die Frage nach der bilanziellen Zurechenbarkeit des beweglichen Wirtschaftsgutes kann daher nur nach **allgemeinen Grundsätzen** beantwortet werden (BMF v. 22. 12. 1975, BB 1976, S. 72 f.). Die Finanzbehörde hebt bei der Zurechnungsproblematik besonders die Verteilung eines die Vollamortisation übersteigenden Verkaufserlöses hervor. Danach sind drei typisierende Fälle für diese Non-Pay-Out-Verträge zu unterscheiden:

- Leasingverträge mit einem Andienungsrecht des Leasinggebers, jedoch ohne Optionsrecht des Leasingnehmers,
- Leasingverträge mit Aufteilung des die Vollamortisation übersteigenden Mehrerlöses,
- kündbare Mietverträge nach Ablauf von 40 v. H. der betriebsgewöhnlichen Nutzungsdauer und Anrechnung von 90 v. H. des Verkaufserlöses auf die zu leistende Abschlusszahlung.

Bei Leasingverträgen mit **Andienungsrecht** kann der Leasinggeber den Leasingnehmer verpflichten, das Wirtschaftsgut nach Ablauf der Grundmietzeit zu einem die Restamortisation deckenden Preis zu kaufen. Der Leasingnehmer hat dagegen kein Recht, das Leasingobjekt zu erwerben. Das Risiko einer außergewöhnlichen Wertminderung trägt damit ausschließlich der Leasingnehmer. Dem Leasinggeber eröffnet sich dagegen die Chance, das Wirtschaftsgut auch zu einem über dem Andienungspreis liegenden Marktwert zu veräußern, weil er von dem Andienungsrecht keinen Gebrauch machen muss. Wirtschaftlicher Eigentümer, und damit zur Bilanzierung verpflichtet, ist deshalb der Leasinggeber.

Auch bei Leasingverträgen mit **Aufteilung des die Vollamortisation übersteigenden Mehrerlöses** wird das Risiko einer außergewöhnlichen Wertminderung vollständig auf den Leasingnehmer abgewälzt, weil dieser, sofern der Verkaufserlös nicht zur Restamortisation der Gesamtkosten ausreicht, zum vollständigen Ausgleich verpflichtet ist. Mehrerlöse sind dagegen stets mit dem Leasinggeber zu teilen. Erhält der Leasinggeber mindestens 25 v. H. des Mehrerlöses, so wird dieser Anteil von der Finanzverwaltung als wirtschaftlich ins Gewicht fallend erachtet; der Leasinggegenstand ist daher beim Leasinggeber zu bilanzieren. Liegt der Anteil des Leasinggebers dagegen unter 25 v. H. des Mehrerlöses, ist das wirtschaftliche Eigentum dem Leasingnehmer zuzurechnen.

Der dritte Vertragstyp **(kündbare Verträge)** zeichnet sich dadurch aus, dass er frühestens nach Ablauf von 40 v. H. der betriebsgewöhnlichen Nutzungsdauer gekündigt werden kann, wobei die Restamortisation durch eine Abschluss-

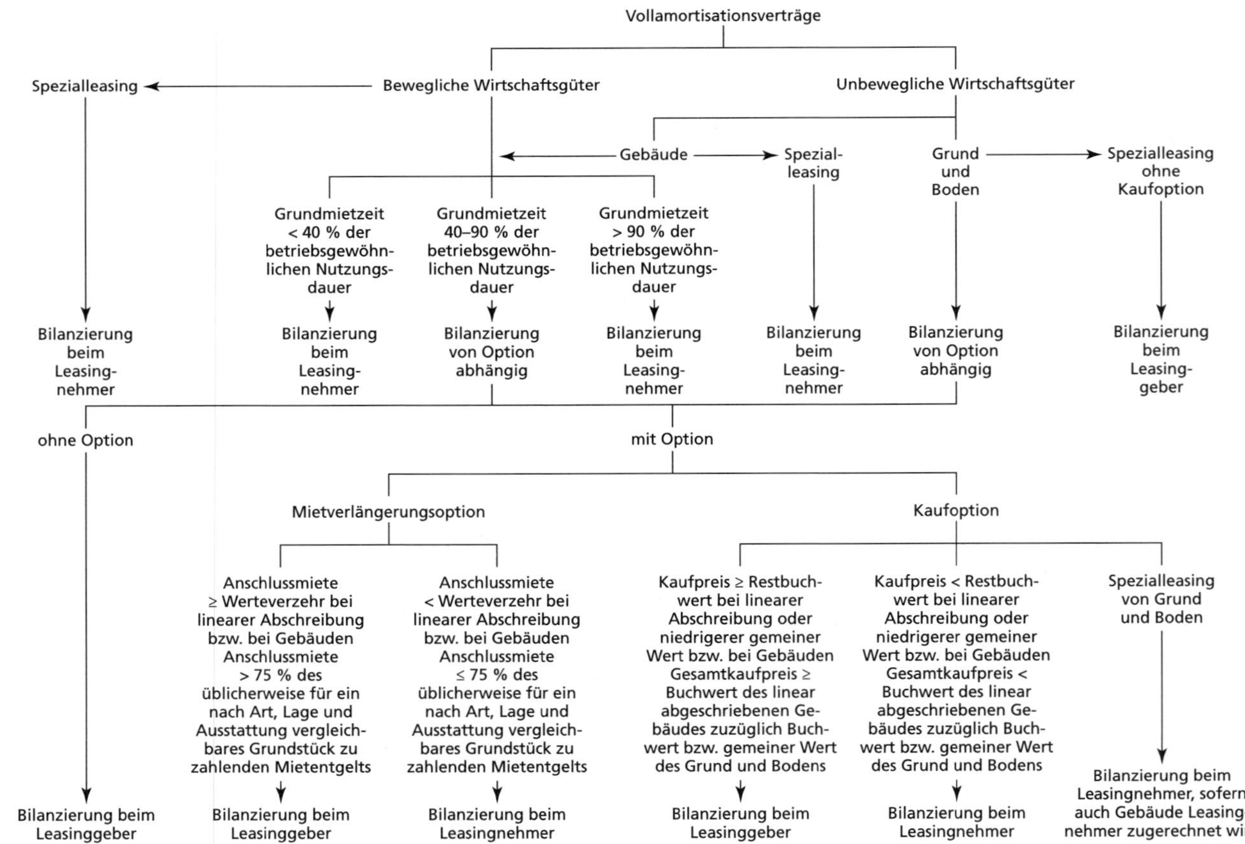

Steuerrechtliche Kriterien zur bilanziellen Zuordnung von Leasinggegenständen bei Vollamortisationsverträgen

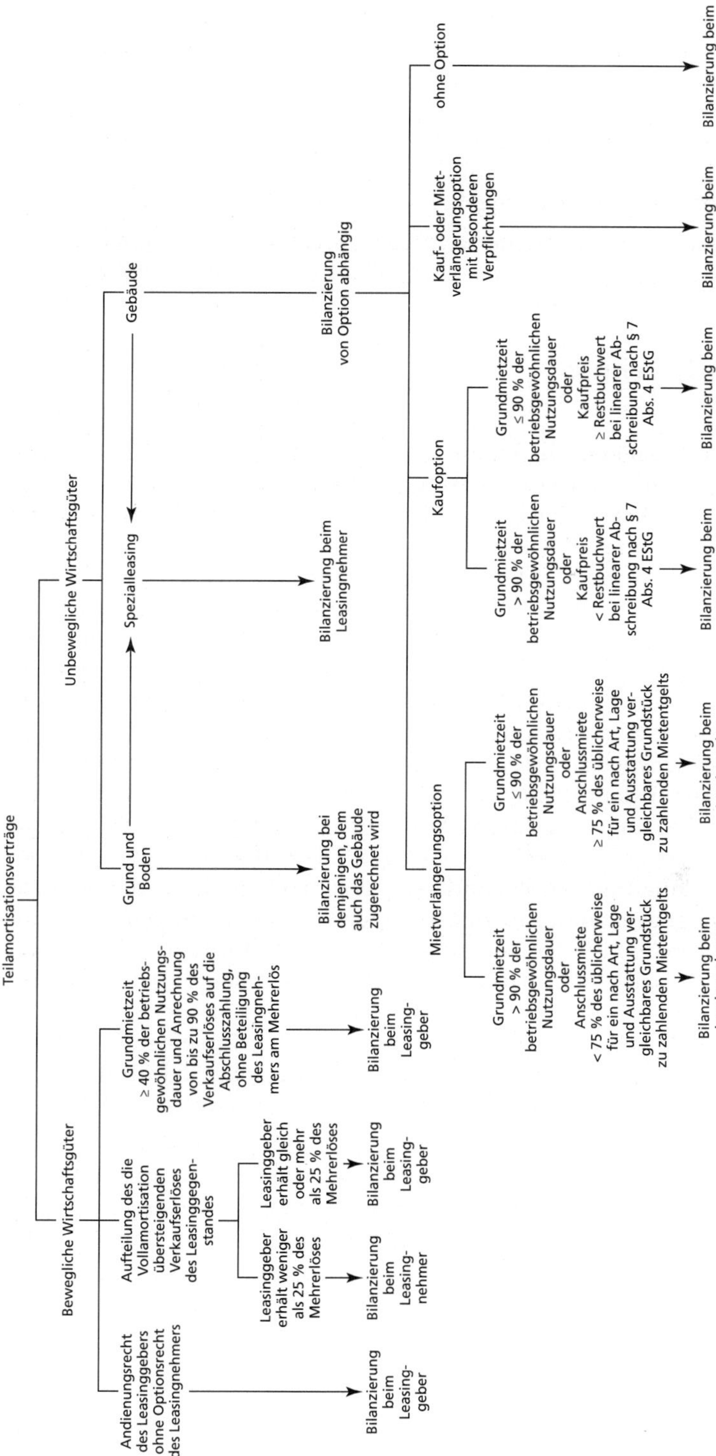

Steuerrechtliche Kriterien zur bilanziellen Zuordnung von Leasinggegenständen bei Teilamortisationsverträgen

zahlung zu decken ist, auf die bis zu 90 v. H. des vom Leasinggeber erzielten Veräußerungserlöses angerechnet werden. Da auch bei diesem Vertrag zwar das Wertminderungsrisiko ausschließlich vom Leasingnehmer getragen wird, eine realisierte Wertsteigerung des Wirtschaftsguts dagegen in vollem Umfang dem Leasinggeber zugute kommt, ist der Leasinggeber nicht nur juristischer, sondern auch wirtschaftlicher Eigentümer des Leasinggegenstandes; die Bilanzierung erfolgt daher beim Leasinggeber.

Zusammenfassend können die **steuerrechtlichen Bilanzierungskriterien für Leasinggegenstände** aus den Übersichten auf S. 372 f. entnommen werden.

10.2 Buchungstechnik

Die **buchtechnische Behandlung** knüpft an die Zurechnungskriterien des wirtschaftlichen Eigentums an. Ist der **Leasinggeber** zur Bilanzierung des Leasinggegenstandes verpflichtet, so hat er das Wirtschaftsgut in seinen Anlagenkonten mit dessen Anschaffungs-/Herstellungskosten zu erfassen. Abnutzbare Gegenstände sind ab dem Zeitpunkt des Zugangs über die betriebsgewöhnliche Nutzungsdauer abzuschreiben. Sowohl bei abnutzbaren als auch bei nicht abnutzbaren Wirtschaftsgütern müssen ggf. außerplanmäßige Abschreibungen vorgenommen werden (vgl. *HFA*, Leasinggeber, S. 625). Nebenkosten des Leasinggegenstandes, wie z. B. Installationskosten beim Leasingnehmer, sind als Anschaffungskosten zu aktivieren, sofern sie dem Leasingobjekt direkt zurechenbar sind (vgl. *Heitmüller/Hellen*, Leasingsverhältnisse, Rn. 146 f.). Sofern bei der Herstellung oder dem Bezug des Vermögensgegenstandes Umsatzsteuer anfällt, kann der Leasinggeber, falls er zum Vorsteuerabzug berechtigt ist, diesen Betrag als Vorsteuer in Anrechnung bringen. Die zufließenden Leasingraten sind als Betriebseinnahmen erfolgswirksam zu verbuchen. Da bei der Bilanzierung des Leasinggegenstandes beim Leasinggeber die Nutzungsüberlassung eine umsatzsteuerbare sonstige Leistung (§ 1 Abs. 1 Nr. 1 und § 3 Abs. 9 UStG) darstellt, sind die Leasingraten grundsätzlich der Umsatzsteuer zu unterwerfen. Beim Leasing unbeweglicher Wirtschaftsgüter sind allerdings der Kauf und die Leasingraten umsatzsteuerbefreit (§ 4 Nr. 9a und 12 UStG). Um einen Ausschluss des Vorsteuerabzugs zu vermeiden, kann der Leasinggeber jedoch unter den Voraussetzungen des § 9 UStG auf die Steuerbefreiung verzichten.

Der **Leasingnehmer** darf seinerseits die Leasingrate erfolgswirksam als abzugsfähige Betriebsausgabe (jedoch mit gewerbesteuerlicher Hinzurechnung im Rahmen des § 8 Nr. 1 lit. d und e GewStG, vgl. den vorausgehenden Abschnitt, S. 370) und die gezahlte Umsatzsteuer als Vorsteuer verbuchen. Damit werden folgende Buchungen ausgelöst (*Schmorleiz*, Bilanzierung, S. 395):

- **Beim Leasinggeber:**
  a) Aktivierung des Leasingobjektes

Anlagenkonto		
Vorsteuer	**an**	Bank oder Verbindlichkeiten aus Lieferungen und Leistungen

b) Vereinnahmung der Leasingraten

Leasingforderungen
oder Bank **an** Leasingmieterträge
Mehrwertsteuer

– **Beim Leasingnehmer:**

Verbuchung der Leasingraten

Leasingmietaufwendungen
Vorsteuer **an** Leasingverbindlichkeiten oder
Bank

Im Falle **degressiver Leasingraten** ist zu klären, ob in den Raten Entgelte (Zinsanteile) für zukünftige Nutzungen enthalten sind. Dies ist bei fallenden Leasingraten insbesondere im Immobilienleasing zu unterstellen, bei dem üblicherweise von einer gleichbleibenden Nutzung des Grundstückes bzw. Gebäudes über die Vertragslaufzeit hinweg ausgegangen wird (vgl. BFH v. 12. 8. 1982, DB 1982, S. 2383 ff.). Im Umfang der Differenz zwischen tatsächlichem Zinsanteil der Leasingrate und dem über die Laufzeit gemittelten Zinsbetrag ist in den ersten Jahren ein aktiver Rechnungsabgrenzungsposten zu bilden und später wieder aufzulösen. In jüngerer Rechtsprechung relativiert der BFH allerdings diesen von ihm entwickelten Grundsatz und lässt für das Mobilienleasing durchaus die Möglichkeit einer vollständigen Aufwandsverrechung im Zeitablauf sinkender Leasingraten zu (vgl. BFH v. 28. 2. 2001, DB 2001, S. 1457 f.). Dies ist dann zulässig, wenn der degressive Verlauf der Nutzungsentgelte dem tatsächlichen, durch technische oder wirtschaftliche Veralterung bedingten Nutzungsverlauf entspricht.

Erfolgt die Zurechnung des Leasingobjektes dagegen beim **Leasingnehmer,** so ist der Kauf oder die Herstellung des Wirtschaftsgutes wie im vorhergehenden Fall zu verbuchen. Insbesondere erfolgt dessen Aktivierung zu Anschaffungs-/ Herstellungskosten (BMF v. 19. 4. 1971, BStBl. I 1971, S. 265; im Schrifttum wird auch ein Ansatz in Höhe des Barwertes der zukünftigen Leasingraten gefordert, vgl. *Wehrheim,* Leasingverträge, S. 1104). Da der Vermögensgegenstand jedoch wegen des zugrunde liegenden kaufähnlichen Leasingvertrages zum wirtschaftlichen Eigentum des Leasingnehmers zählt, wird die Aktivierung beim Leasinggeber wie bei einer Ware im Umlaufvermögen vorgenommen. Die Lieferung und Übergabe des Leasinggegenstandes erfordert eine Umbuchung aus dem Bestandskonto des Umlaufvermögens in ein (Leasing-)Kaufpreisforderungskonto. Beim Leasingnehmer sind in gleicher Höhe eine (Leasing-) Kaufpreisverbindlichkeit sowie die Zuführung des Leasinggegenstandes zum Anlagevermögen einzubuchen. Zugleich löst dieser Vorgang eine **Umsatzsteuerpflicht** aus. Da die Finanzbehörde (Abschn. 25 Abs. 4 UStR) grundsätzlich eine Trennung des Leasingvertrages in eine umsatzsteuerbare Lieferung und ein umsatzsteuerfreies Kreditgeschäft nicht zulässt, das Leasinggeschäft mithin als einheitlichen Vorgang wertet, sind die gesamte Summe der Leasingraten während der Laufzeit des Leasingvertrages und bei Optionsverträgen auch der vereinbarte Kaufpreis bzw. die Summe der vereinbarten Anschlussmieten der Umsatzsteuer zu unterwerfen (vgl. auch BFH v. 1. 10. 1970, BStBl. II 1971,

S. 34). Im Falle der Nichtausübung der Option ist die Umsatzsteuer entsprechend zu berichtigen (§ 17 UStG; vgl. auch *Heyd/Rick,* Buchen, L 70). Würde die Kreditgewährung beim Leasing demgegenüber als gesonderte umsatzsteuerliche Leistung kenntlich gemacht (Abschn. 29a Abs. 2, 3 UStR), so stellte das Entgelt für die Kreditgewährung eine Gegenleistung für die gemäß § 4 Nr. 8 UStG steuerfreie sonstige Leistung dar. Eine Umsatzsteuerschuld entstünde insoweit nicht (Optionsmöglichkeit). Eine Steuerbefreiung entsprechend der Befreiung von Umsätzen, die unter das Grunderwerbsteuergesetz fallen (§ 4 Nr. 9a UStG), kommt nach Auffassung der Finanzverwaltung bei der Zurechnung des Leasinggegenstandes zum Leasingnehmer nicht in Betracht. Die Umsatzsteuer wird dem Leasingnehmer unabhängig von der Höhe der Leasingraten sofort in Rechnung gestellt, da die Vereinnahmung der Leasingrate selbst keine Umsatzsteuerpflicht nach sich zieht. Die Mehrwertsteuerforderung ist daher auf einem gesonderten Konto zu erfassen.

Werden bei einem Leasingvertrag, der umsatzsteuerlich eine als sonstige Leistung zu klassifizierende Nutzungsüberlassung beinhaltet, die Leasingbedingungen während der Vertragslaufzeit so geändert, dass das wirtschaftliche Eigentum am Leasinggegenstand vom Leasinggeber auf den Leasingnehmer übergeht, wird aus der sonstigen Leistung eine Lieferung. Demgegenüber kann aus einer Lieferung nur dann eine sonstige Leistung werden, wenn die Lieferung rückabgewickelt wird, wobei nach § 17 Abs. 2 Nr. 3 i. V. m. Abs. 1 UStG Mehrwert- und Vorsteuer zu korrigieren sind. Sowohl bei der vertragsgemäßen Rückgabe des Leasinggegenstandes als auch bei vorzeitiger Beendigung von Leasingverträgen ist bei Zahlungen, die der Leasingnehmer dann an den Leasinggeber zu leisten hat, unabhängig davon, wem der Leasinggegenstand zugerechnet wurde, zwischen steuerbaren Umsätzen und nicht steuerbarem Schadensersatz zu unterscheiden (s. OFD Hamburg v. 13. 9. 1991, DB 1991, S. 2363 ff.; zur umsatzsteuerlichen Behandlung von Ausgleichsansprüchen nach Beendigung von Leasingverhältnissen vgl. BMF-Schreiben v. 22. 5. 2008, BStBl. I 2008, S. 632).

Da die vereinnahmten **Leasingraten** zum Teil zur Tilgung und damit erfolgsneutralen Verringerung der noch ausstehenden Kaufpreisforderungen bzw. -verbindlichkeiten herangezogen werden, ist eine Aufspaltung der Rate in einen **erfolgsneutralen Tilgungsanteil** und in einen **erfolgswirksamen Zins- und Kostenanteil** notwendig. Der gesamte, einheitlich zu ermittelnde Zins- und Kostenanteil ergibt sich aus der Differenz zwischen der Summe der Leasingraten und den Anschaffungs- oder Herstellungskosten des Leasinggebers. Bei der Aufteilung dieser Differenz auf die jährlichen Zins- und Kostenanteile ist jedoch zu berücksichtigen, dass bei einer konstanten Rate der laufenden Tilgung wegen der Zinsanteil ständig sinkt. Zur Errechnung des Zinsanteils ist damit ein allgemeiner Zinssatz ungeeignet. Die jährliche Aufteilung hat vielmehr mit Hilfe finanzmathematischer Methoden, der Barwertvergleichs- oder der Zinsstaffelmethode, zu erfolgen (BMF v. 13. 12. 1973, DB 1973, S. 2485). Die folgende Darstellung der Methoden basiert auf einer vollständigen Tilgung der Verbindlichkeit über die Leasingraten. Nach der **Barwertvergleichsmethode** wird zunächst der Zinssatz zur Ermittlung des Zinsanteils über die interne Zinsfußmethode ermittelt:

(1) $$LR \cdot \frac{(1 + \frac{p}{100})^n - 1}{\frac{p}{100} \cdot (1 + \frac{p}{100})^n} - A_0 = 0$$

wobei LR = jährliche Leasingrate
A_0 = Anschaffungskosten des Leasingobjektes
n = Grundmietzeit in Jahren
p = Zinssatz p. a.

Mit Hilfe dieses Zinssatzes kann anschließend der Barwert (BW) der noch ausstehenden Leasingraten errechnet werden:

(2) $$BW_t = LR \cdot \frac{(1 + \frac{p}{100})^{n-t} - 1}{\frac{p}{100} \cdot (1 + \frac{p}{100})^{n-t}} \quad \text{für } t = 1, \ldots, n$$

Der Tilgungsanteil entspricht der Differenz der aufeinander folgenden Barwerte. Durch Verminderung der Leasingrate um den Tilgungsanteil lässt sich der Zins- und Kostenanteil bestimmen. Die hier dargestellte Barwertvergleichsmethode führt zum selben Ergebnis wie die Anwendung der Effektivzinsmethode bei gegebenen Anschaffungskosten und konstanten zukünftigen Zahlungen ohne Restwert (vgl. zur Effektivzinsmethode Teil A, Abschn. 7.3.1, S. 301 ff.).

Die **Zinsstaffelmethode** stellt gegenüber der Barwertvergleichsmethode eine Vereinfachung bei der Berechnung des jährlichen Zins- und Kostenanteils dar. Sie teilt die gesamte Leasingrate dergestalt auf, dass – ähnlich der digitalen Abschreibung (s. Teil A, Abschn. 12.2.3.2, S. 446 f.) – der Zins- und Kostenanteil jährlich um einen konstanten Betrag verringert wird:

(3) $$ZK_t = \frac{\sum_{k=1}^{n} ZK_k}{\sum_{k=1}^{n} k} \cdot [(n - 1) + 1] \quad \text{für } t = 1, \ldots, n$$

ZK_t = Zins- und Kostenanteil der Leasing-Raten im Zeitpunkt $t \in \{1, \ldots, w\}$

$\sum_{k=1}^{n} ZK_k$ = Summe der Zins- und Kostenanteile aller Leasing-Raten

t = Periode bzw. Jahresziffer

$\sum_{k=1}^{n} k$ = Summe der Jahresziffern = $\frac{(1 + n)\, n}{2}$

(n – t) = Anzahl der restlichen Leasing-Raten aus Sicht von t = 1, …, n

Beispiel:

(*Falterbaum/Bolk/Reiß/Kirchner,* Buchführung, S. 634 f.)

Die Anschaffungskosten eines Leasingobjektes betragen für den Leasinggeber 60.000. Die Grundmietzeit beträgt 6 Jahre. Die jährlichen Leasingraten betragen 15.000.

Summe der Leasingraten (6 Raten à 15.000)	90.000
Tilgungsanteil (Anschaffungskosten)	./. 60.000
Gesamter Zins- und Kostenanteil	30.000

Als Zinssatz zur Anwendung der **Barwertvergleichsmethode** ergibt sich aus Gleichung (1) p = 12,978 %.

Die 6-jährige Grundmietzeit ergibt bei der **Zinsstaffelmethode** eine Summe aller Jahresziffern von 6 + 5 + 4 + 3 + 2 + 1 = 21. Hieraus resultiert ein Zins- und Kostenanteil gemäß Gleichung (3):

für die erste Leasingrate: $\frac{6}{21} \cdot 30.000 = 8.571,43$

für die zweite Leasingrate: $\frac{5}{21} \cdot 30.000 = 7.142,86$

für die dritte Leasingrate: $\frac{4}{21} \cdot 30.000 = 5.714,29$ usw.

Die folgende Tabelle verdeutlicht die unterschiedlichen Belastungen der Perioden bei alternativer Anwendung der Verteilungsmethoden:

		Barwertvergleichsmethode			Zinsstaffelmethode	
Jahr	Leasing-Raten	Barwerte	Tilgungs-anteile	Zins- und Kostenanteile	Zins- und Kostenanteile	Tilgungs-anteile
0	–	60.000,—	–	–	–	–
1	15.000,–	52.786,80	7.213,20	7.786,80	8.571,43	6.428,57
2	15.000,–	44.637,47	8.149,33	6.850,67	7.142,86	7.857,14
3	15.000,–	35.430,52	9.206,95	5.793,05	5.714,29	9.285,71
4	15.000,–	25.028,70	10.401,82	4.598,18	4.285,71	10.714,29
5	15.000,–	13.276,92	11.751,78	3.248,22	2.857,14	12.142,86
6	15.000,–	0	13.276,92	1.723,08	1.428,57	13.571,43
	90.000,–	–	60.000,–	30.000,–	30.000,–	60.000,–

Die erfolgsneutralen Tilgungsanteile sind beim Leasinggeber bei der ausstehenden (Leasing-)Kaufpreisforderung und beim Leasingnehmer bei der korrespondierenden (Leasing-)Kaufpreisverbindlichkeit zu verbuchen. Die Zins- und Kostenanteile werden dagegen erfolgswirksam als Leasingmietertrag bzw. Leasingmietaufwand erfasst. Damit ergeben sich folgende Buchungssätze (*Schmorleiz,* Bilanzierung, S. 395):

- **Beim Leasinggeber:**
  a) Vorläufige Aktivierung des Leasingobjektes

  Anlagenkonto (Umlaufvermögen)
Vorsteuer **an** Bank oder Verbindlichkeiten aus Lieferungen und Leistungen

b) Übergabe des Leasingobjektes

Kaufpreisforderungen Mehrwertsteuerforderungen	**an**	Mehrwertsteuer Anlagenkonto (Umlaufvermögen)

c) Vereinnahmung der Leasingrate

Leasingforderungen oder Bank	**an**	Kaufpreisforderungen Leasingmieterträge

– **Beim Leasingnehmer:**

a) Aktivierung des Leasingobjektes nach Übergabe

Anlagenkonto Vorsteuer	**an**	Kaufpreisverbindlichkeiten Mehrwertsteuerverbindlichkeiten

b) Verbuchung der Leasingrate

Kaufpreisverbindlichkeiten Leasingmietaufwendungen	**an**	Leasingverbindlichkeiten oder Bank

Vorgeschlagen wird auch eine Bilanzierung des ausstehenden Zins- und Kostenanteils. Der Leasinggeber würde dann eine entsprechende Forderung gegen den Leasingnehmer sowie einen Passiven Rechnungsabgrenzungsposten bilden; der Leasingnehmer würde eine Verbindlichkeit gegen den Leasinggeber einbuchen, der die Bildung eines Aktiven Rechnungsabgrenzungspostens gegenüberstünde. Mit Zahlung bzw. Erhalt der Leasingraten sind dann die Verbindlichkeit bzw. die Forderung abzubauen und die Rechnungsabgrenzungsposten erfolgswirksam aufzulösen (vgl. hierzu *Heyd/Rick*, Buchen, L 70).

Unterstellt man, dass das Leasingobjekt beim Leasinggeber fremdfinanziert ist, sei es durch unmittelbare Kreditaufnahme oder deshalb, weil die für die Anschaffung verwendeten Mittel nicht zur Fremdkapitaltilgung herangezogen wurden, so entsteht bzw. besteht eine Schuld, deren Zinsen bei der Ermittlung des Gewerbeertrages des Leasinggebers in Höhe von 25 % hinzuzurechnen sind (§ 8 Nr. 1 lit. a GewStG). Dadurch dass der Zinsanteil in den Leasingraten (20 % bzw. 50 % der Raten nach § 8 Nr. 1 lit. d, e GewStG) beim Leasingnehmer gewerbesteuerlich hinzugerechnet wird, ohne dass dem eine Kürzung seitens des Leasinggebers gegenüberstünde, ist die Leasing-Konstruktion wirtschaftlich betrachtet mit einer höheren Gewerbesteuer belastet als dies bei einem fremdfinanzierten Kauf des Leasingobjektes durch den Nutzer der Fall wäre. Dieser Problematik wurde im Zuge des Gesetzes zur Umsetzung steuerlicher EU-Vorgaben sowie zur Änderung steuerlicher Vorschriften vom 8. 4. 2010 (BGBl. I 2010, S. 392) durch die Einfügung des § 19 Abs. 4 GewStDV zumindest zum Teil Rechnung getragen. Dieser befreit Finanzdienstleistungsinstitute i. S. v. § 1 Abs. 1a KWG, die seit dem Inkrafttreten des Jahressteuergesetzes 2009 am 25. 12. 2008 auch Leasinggesellschaften umfassen, die Finanzierungsleasinggeschäfte betreiben (§ 1 Abs. 1a Satz 2 Nr. 10 KWG), rückwirkend zum 1. 1. 2008 von der Hinzurechnungspflicht des §8 Nr. 1 lit. a GewStG (Schuldzinsen), sofern die entsprechenden Entgelte unmittelbar auf Finanzdienstleistungen im Sinne des §1 Abs. 1a Satz 2 KWG entfallen, also tatsächlich der Finanzierung des Leasinggegenstandes im Rahmen eines Finanzierungsleasing dienen. Ab dem Erhebungszeitpunkt 2011 tritt die Gewerbesteuerbefreiung nur dann ein, wenn das Finanzdienstleistungsinstitut mindestens 50% seiner Umsätze aus dem Finanzdienstleistungsgeschäft generiert (§19 Abs. 4 Satz 2 GewStDV). In Bezug auf Operating-Leasingverhältnisse bleibt die Problematik der doppelten gewerbesteuerlichen Hinzurechnung zum einen beim Leasinggeber und zum anderen beim Leasingnehmer bestehen.

Durch das am 25. 12. 2008 in Kraft getretene Jahressteuergesetz 2009 zählt neben dem Finanzierungsleasing auch das Factoring zu den erlaubnispflichtigen Finanzdienstleistungen i. S. d. §1 Abs. 1a KWG (vgl. §1 Abs. 1a Satz 2 Nr. 9, 10 KWG). Unternehmen, die eines dieser beiden Geschäfte betreiben, gelten demnach als Finanzdienstleistungsinstitute i. S. d. §1 Abs. 1 KWG und sind damit nach §340 Abs. 4 Satz 1 HGB verpflichtet, einen Jahres- und Konzernabschluss nach den für diese Institute geltenden Vorschriften der §§340 ff. HGB i. V. m. der RechKredV und der Prüfungsberichtsverordnung (PrüfbV) aufzustellen, sofern sie nicht nach §2 Abs. 6 KWG hiervon befreit sind. Darüber hinaus haben Factoring- und (Finanzierungs-) Leasingunternehmen nach §14 Abs. 1 KWG quartalsweise, jeweils zum 15. der Monate Januar, April, Juli und Oktober, Millionenkreditmeldungen an die Deutsche Bundesbank abzugeben. Durch §2 Abs. 7 KWG sind Unternehmen dieser Art jedoch von zahlreichen weiteren aufsichtspflichtigen Regelungen und Anforderungen befreit. Zudem gilt demnach auch für Factoringunternehmen die Befreiung der Hinzurechnungspflicht von Schuldzinsen zum Gewerbebetrag nach §8 Nr. 1 lit. a GewStG durch §19 Abs. 4 GewStDV.

Übungsbeispiel (Kontenbezeichnungen entsprechend Industriekontenrahmen, vgl. Anhang A.4, S. 1312–1317):

1) Ein Leasinggeber erwirbt am Ende der Periode 10 ein Leasingobjekt im Wert von 10.000. Zu Beginn der Periode 11 vermietet er den Gegenstand an einen Leasingnehmer für ein jährliches Entgelt von 2.500. Das Leasingobjekt hat eine betriebsgewöhnliche Nutzungsdauer von 5 Jahren und wird linear abgeschrieben. Im Leasingvertrag zwischen Leasinggeber und Leasingnehmer wurde eine Mietzeit von 3 Jahren festgelegt, ohne anschließende Kauf- oder Verlängerungsoption. Die Leasingraten sind vom Leasingnehmer für jede Periode im Voraus zu leisten.

2) Der Leasinggeber erwirbt am Jahresanfang eine Maschine für 50.000, die er sofort für 12.000/Jahr an einen Leasingnehmer vermietet. Die Maschine hat eine betriebsgewöhnliche Nutzungsdauer von 10 Jahren und wird linear abgeschrieben. Dem Leasingnehmer wurde vertraglich eingeräumt, den Leasinggegenstand nach 5 Jahren Grundmietzeit für 22.000 erwerben zu können.

3) Der Leasinggeber kauft eine Maschine im Wert von 100.000 (ohne USt) und vermietet sie an den Leasingnehmer. Das Leasingobjekt hat eine betriebsgewöhnliche Nutzungsdauer von 5 Jahren und ist linear abzuschreiben. Vertraglich wird vereinbart, dass der Leasinggeber die Maschine nach 3 Jahren veräußert. Eventuelle Mehrerlöse werden 50 : 50 geteilt. Die jährliche Leasingrate beträgt 30.000 + USt. Der Leasinggegenstand verursacht beim Leasinggeber

Gesamtkosten in Höhe von 130.000. Nach 3 Jahren veräußert der Leasinggeber die Maschine für 55.000 (inkl. USt) an einen Dritten.

Lösung: Buchungssätze

1) Die Grundmietzeit entspricht 60 % der betriebsgewöhnlichen Nutzungsdauer. Die Zurechnung und die damit verbundene Aktivierung des Leasinggegenstandes erfolgen beim Leasinggeber.

   – **Leasinggeber**
   Ende 10:

07	Technische Anlagen und Maschinen	10.000				
260	anrechenbare Vorsteuer	1.000	**an**	44	Verbindlichkeiten aus Lieferungen und Leistungen	11.000

   Beginn 11:

24	Forderungen aus Lieferungen und Leistungen	2.750	**an**	5401	Leasingmieterträge	2.500
				480	Mehrwertsteuer	250

   – **Leasingnehmer**
   Beginn 11:

711	Leasingmietaufwendungen	2.500				
260	anrechenbare Vorsteuer	250	**an**	44	Verbindlichkeiten aus Lieferungen und Leistungen	2.750

2) Da der Restbuchwert der Maschine nach 5 Jahren (25.000) größer als der vorgesehene Kaufpreis (22.000) ist, wird der Leasinggegenstand beim Leasingnehmer aktiviert.

   (Verbuchung mit Anschaffungs-/Herstellungskosten.)

   – **Leasinggeber**

22	Fertige Erzeugnisse, Waren	50.000				
260	anrechenbare Vorsteuer	5.000	**an**	44	Verbindlichkeiten aus Lieferungen und Leistungen	55.000
242	Kaufpreisforderungen	50.000				
243	Mehrwertsteuerforderungen aus Leasinggeschäften	8.200	**an**	22	Fertige Erzeugnisse, Waren	50.000
				480	Mehrwertsteuer	8.200

   Die Mehrwertsteuerforderungen berechnen sich dabei wie folgt:

Summe der Leasingraten während der 5 Jahre Grundmietzeit (5 × 12.000)	60.000
+ Kaufpreis nach 5 Jahren	22.000
Umsatzsteuerbemessungsgrundlage	82.000
Umsatzsteuer (10 %)	8.200

Die Aufspaltung der Forderung aus Lieferungen und Leistungen in einen Tilgungsanteil und einen Zins- und Kostenanteil wird nach der Zinsstaffelmethode vorgenommen:
Ermittlung des Zins- und Kostenanteils:

5 Raten à 12.000	60.000
. /. Anschaffungskosten (Tilgungsanteil)	50.000
Zins- und Kostenanteil	10.000

Summe der Jahresziffern:
5 + 4 + 3 + 2 + 1 = 15

Perioden	relativer Zins- u. Kostenanteil am Finanzierungsanteil	absoluter Zins- u. Kostenanteil am Finanzierungsanteil	Tilgungsanteil	jährliche Leasingrate
1	5/15	3.333,34	8.666,66	12.000,—
2	4/15	2.666,67	9.333,33	12.000,—
.	.	.	.	.
.	.	.	.	.
.	.	.	.	.
5	1/15	666,66	11.333,34	12.000,—
	15/15	10.000,—	50.000,—	60.000,—

Buchung am Ende des ersten Jahres:

244	Leasingratenforderungen	12.000	**an**	242	Kaufpreisforderungen	8.666,66
				5401	Leasingmieterträge	3.333,34

– **Leasingnehmer**

07	Technische Anlagen und Maschinen	50.000				
260	anrechenbare Vorsteuer	8.200	**an**	4402	Kaufpreisverbindlichkeiten	50.000
				4403	Mehrwertsteuerverbindlichkeiten aus Leasinggeschäften	8.200

Buchung am Ende des ersten Jahres:

4402	Kaufpreisverbindlichkeiten	8.666,66				
711	Leasingmietaufwendungen	3.333,34	**an**	44	Verbindlichkeiten aus Lieferungen und Leistungen	12.000

3) Oben genannter Leasingtyp ist ein Non-Pay-Out-Vertrag. Da der Leasinggeber mehr als 25 % eines eventuellen Mehrerlöses beim Verkauf des Leasinggegenstandes erhält, ist er wirtschaftlicher Eigentümer.

Periode 1:

- **Leasinggeber**

Konto	Soll	Betrag		Konto	Haben	Betrag
07	Technische Anlagen und Maschinen	100.000				
260	anrechenbare Vorsteuer	10.000	**an**	44	Verbindlichkeiten aus Lieferungen und Leistungen	110.000
244	Leasingraten-forderungen	33.000	**an**	5401	Leasingmieterträge	30.000
				480	Mehrwertsteuer	3.000

- **Leasingnehmer**

Konto	Soll	Betrag		Konto	Haben	Betrag
711	Leasingmiet-aufwendungen	30.000				
260	anrechenbare Vorsteuer	3.000	**an**	44	Verbindlichkeiten aus Lieferungen und Leistungen	33.000

Periode 3:

- Ermittlung des Mehrerlöses:

Verkaufserlös (netto)		50.000
./. Restamortisation		
Gesamtkosten von Leasinggeber	130.000	
./. in der Grundmietzeit erhaltene Leasingraten	90.000	40.000
Mehrerlös		10.000

- **Leasinggeber**

Konto	Soll	Betrag		Konto	Haben	Betrag
280	Guthaben bei Kreditinstituten	55.000	**an**	07	Technische Anlagen und Maschinen	40.000
				546	Erträge aus dem Abgang von Vermögensgegenständen	10.000
				480	Mehrwertsteuer	5.000

Ausbuchung des Leasingnehmeranteils am Mehrerlös:

Konto	Soll	Betrag		Konto	Haben	Betrag
546	Erträge aus dem Abgang von Vermögensgegenständen	5.000				
480	Mehrwertsteuer	500	**an**	280	Guthaben bei Kreditinstituten	5.500

- **Leasingnehmer**

Konto	Soll	Betrag		Konto	Haben	Betrag
280	Guthaben bei Kreditinstituten	5.500	**an**	543	andere sonstige betriebliche Erträge	5.000
				480	Mehrwertsteuer	500

10.3 Leasing nach den IFRS

Im Gegensatz zu dem sich am Steuerrecht orientierenden HGB existieren im Regelwerk der IFRS umfassende Vorschriften zur bilanziellen Behandlung von

Leasingverhältnissen in **IAS 17 („Leases", „Leasingverhältnisse")**. Zu beachten sind zudem den Standard in Einzelfragen ergänzende Interpretationen (IFRIC 4, SIC 15, SIC 27 sowie gegebenenfalls SIC 12), die im Kanon der IFRS als verbindlich zu erachten sind.

Da sich die bilanzielle Abbildung der Leasingverhältnisse an der **Zuordnung** des zugrunde liegenden Leasinggegenstands zum Leasingnehmer (lessee) oder zum Leasinggeber (lessor) orientiert, gilt es nach IAS 17.7 zu Beginn des Leasingverhältnisses zunächst zu beurteilen, wer **wirtschaftlicher Eigentümer** des Leasingobjekts ist. Der Beginn des Leasingverhältnisses (inception of the lease) entspricht dem früheren der Zeitpunkte des Vertragsabschlusses oder der Einigung über die wesentlichen Vertragsbestimmungen (IAS 17.4). Wirtschaftlicher Eigentümer i. S. d. IAS 17 ist der Vertragspartner, der hauptsächlich die mit dem Eigentum des Leasinggegenstandes verbundenen **Risiken und Chancen** trägt. Risiken resultieren in diesem Zusammenhang aus der Möglichkeit eines Verlusts aufgrund technischer Überholung oder Ausfall des Vertragsgegenstands sowie aus der Unterauslastung von Kapazitäten. Chancen bestehen im profitablen Einsatz des Gegenstandes im Rahmen des Geschäftsbetriebes sowie durch etwaige Wertsteigerungen oder hohe Restwerterlöse bei Veräußerung (vgl. IAS 17.7). Leasingvereinbarungen werden als **Finanzierungsleasing (finance lease)** klassifiziert, wenn sie vertraglich so ausgestaltet sind, dass die mit dem Leasingobjekt verbundenen wesentlichen Risiken und Chancen beim Leasinggeber abgehen (Leasinggebersicht) respektive vom Leasingnehmer übernommen werden (Leasingnehmersicht; vgl. IAS 17.8). Ist dies nicht der Fall, so handelt es sich um ein **Operating-Leasingverhältnis (operating lease)** und der Leasinggegenstand wird dem Leasinggeber zugeordnet. Diese recht abstrakte Abgrenzung anhand der wesentlichen Risiken und Chancen erfährt eine Konkretisierung durch die in IAS 17.10 f. aufgeführten **Zurechnungskriterien**. Besonders bei der Erfüllung eines oder mehrerer der in IAS 17.10 aufgeführten Kriterien ist gewöhnlich von einer Zuordnung zum Leasingnehmer, also von einem Finanzierungsleasing, auszugehen. Grundsätzlich ist aber der wirtschaftliche Gehalt ausschlaggebend; unbeachtlich ist demgegenüber die rechtliche Konstruktion. IAS 17.11 führt insofern noch ergänzende Kriterien auf, deren Erfüllung als Indikation, somit nur als Tendenzaussage, für das Vorliegen eines Finanzierungsleasing spricht. Die Kriterien des IAS 17.10 lauten im Einzelnen (vgl. auch *Lüdenbach/Freiberg*, IFRS-Kommentar, § 15, Rn. 22 f.):

- Am Ende der Vertragslaufzeit wird dem Leasingnehmer das rechtliche Eigentum am Leasingobjekt übertragen (transfer of ownership test, IAS 17.10(a));
- dem Leasingnehmer wird eine Kaufoption eingeräumt, die es ihm ermöglicht, den Leasinggegenstand zu einem Preis zu erwerben, der erwartungsgemäß deutlich unter dem beizulegenden Zeitwert des Vermögenswerts im Ausübungszeitpunkt liegt, so dass zu Beginn des Leasingverhältnisses mit hinreichender Sicherheit von der Ausübung der Kaufoption seitens des Leasingnehmers ausgegangen werden kann (bargain purchase option test, IAS 17.10(b));
- die Vertragslaufzeit umfasst den überwiegenden Teil der wirtschaftlichen (Rest-)Nutzungsdauer des Leasingobjekts (economic life test, IAS 17.10(c); auf-

grund des Fehlens einer quantitativen Angabe in IAS 17.10(c) erfolgt oftmals eine Orientierung an der 75 %-Grenze des FAS 13.7(c) oder an der 90 %-Grenze des HGB (vgl. *Lüdenbach/Freiberg*, IFRS-Kommentar, § 15, Rn. 35); dabei ist allerdings zu beachten, dass der verwendete Begriff des economic life auf die Nutzungsfähigkeit des Objektes an sich, also nicht nur im Rahmen des bilanzierenden Unternehmens, abstellt (IAS 17.4) und insofern nicht zusammenfällt mit der betriebsindividuellen bzw. -gewöhnlichen voraussichtlichen Nutzungsdauer nach nationalem Recht (vgl. bspw. *Adler/Düring/Schmaltz*, Rechnungslegung, § 253 HGB, Rn. 369);

- der Barwert der Mindestleasingraten zu Beginn des Leasingverhältnisses entspricht zumindest im Wesentlichen („substantially") dem beizulegenden Zeitwert des Leasinggegenstands (recovery of investment test, IAS 17.10(d)) – zu beachten ist hierbei, dass die Mindestleasingraten für Leasingnehmer und Leasinggeber abweichend definiert sind (s. S. 386);
- der Leasinggegenstand ist so speziell beschaffen, dass er, ohne wesentliche Veränderungen, nur vom Leasingnehmer wirtschaftlich sinnvoll genutzt werden kann (special lease test, IAS 17.10(e)).

Als Indikationen für eine Zurechnung zum Leasinggeber auch bei Nicht-Erfüllung der gerade genannten Kriterien können nach IAS 17.11 herangezogen werden:

- Die dem Leasinggeber entstehenden Verluste im Rahmen einer durch den Leasingnehmer veranlassten Auflösung des Leasingverhältnisses werden vom Leasingnehmer getragen (IAS 17.11(a));
- die durch Veränderungen des Fair Value des Restwerts bedingten Gewinne und Verluste fallen dem Leasingnehmer zu (IAS 17.11(b));
- der Leasingnehmer hat die Möglichkeit, den Leasinggegenstand für eine zweite Vertragsperiode zu mieten, wobei die Leasingraten für den Anschlusszeitraum wesentlich niedriger als die marktüblichen Mieten sind (IAS 17.11(c)).

Aufgrund der zahlreichen denkbaren Ausgestaltungsvarianten des Leasing in der Praxis können die Kriterien der IAS 17.10 f. nur einen mehr oder minder starken Orientierungsrahmen für die Klassifizierung bieten; es ist stets anhand der individuell vereinbarten Vertragsmodalitäten zu prüfen, wem die wesentlichen Chancen und Risiken des Leasinggegenstands zufallen (vgl. *PricewaterhouseCoopers*, IFRS für Banken, S. 1701). Der Umstand, dass die Kriterien in quantitativer Hinsicht allgemein gehalten sind, wird in der Literatur z. T. scharf kritisiert (vgl. u. a. *Pellens/Fülbier/Gassen/Sellhorn*, Rechnungslegung, S. 658 f.; *PricewaterhouseCoopers*, IFRS für Banken, S. 1701; *Lüdenbach/Freiberg*, IFRS-Kommentar, § 15, Rn. 196 f.; *Doll*, Leasingverhältnisse, Rn. 48 ff.). Bemängelt werden in diesem Zusammenhang insbesondere die sich den Unternehmen bietenden Ermessenspielräume.

Ist das Leasingverhältnis aus Sicht des **Leasingnehmers** als **Finanzierungsleasing** einzustufen, so hat der Leasingnehmer zu Laufzeitbeginn des Leasingverhältnisses (commencement of the lease term nach IAS 17.4) – bestimmt durch die Möglichkeit zur Nutzung des Vertragsgegenstandes – einen Vermögenswert und eine korrespondierende Verbindlichkeit anzusetzen. Der **Zugangswert** dieser Bilanzpositionen ergibt sich nach IAS 17.20 zunächst als Minimum aus dem beizulegenden Zeitwert des Leasingobjekts und dem Barwert der Mindestleasingraten des Leasingnehmers, jeweils bezogen auf den Beginn des Leasingverhältnisses (inception of the lease). Anfängliche direkt zurechenbare Kosten des Leasingnehmers sind dem Vermögenswert als weiterer Teil der Anschaffungskosten zuzurechnen. Die Mindestleasingraten bzw. -zahlungen des Leasingnehmers umfassen alle Zahlungen, die der Leasingnehmer während der Vertragslaufzeit aus dem Leasingvertrag heraus an den Leasinggeber zu leisten hat sowie die vom Leasingnehmer oder von einer diesem nahe stehenden Person (lediglich) garantierten Beträge (vgl. IAS 17.4). Bedingte, da bspw. an zukünftige Umsätze gekoppelte Teile der Leasingzahlungen sowie dem Leasinggeber erstatteter Aufwand für Dienstleistungen und Steuern sind nicht einzubeziehen. Darüber hinaus sind nicht garantierte Restwerte ebenfalls nicht Bestandteil der Mindestleasingraten des Leasingnehmers. Im Unterschied hierzu umfassen die Mindestleasingraten des Leasinggebers allerdings noch einen etwaigen von Dritten garantierten Restwert, so dass sich die Mindestleasingraten der beiden Kontraktpartner unterscheiden können. Die Barwertermittlung erfolgt mit Hilfe des dem Leasingverhältnis zuzuordnenden Zinssatzes (interest rate implicit in the lease). Dieser Zinssatz ist grundsätzlich als interner Zinssatz der Leasing-Zahlungsreihe aus Sicht des Leasinggebers definiert (IAS 17.4) – auch bei der Anwendung durch den Leasingnehmer. Dabei muss der Barwert der Mindestleasingraten des Leasinggebers und der Barwert des nicht-garantierten Restwertes gleich dem Fair Value des Leasingobjektes und den beim Leasinggeber anfänglich anfallenden direkten Kosten sein (zu diesen vgl. IAS 17.38). Der Zinssatz wird somit über a priori zumindest partiell nur dem Leasinggeber bekannte Größen definiert. Der Leasingnehmer hat diesen Zinssatz deshalb auch nur dann zu verwenden, wenn er durch Mitteilung seitens des Leasinggebers verlässlich verfügbar oder in anderer zumutbarer Weise bestimmbar ist („practicable to determine", IAS 17.20). Ist dies nicht der Fall, hat der Leasingnehmer auf seinen Grenzfremdkapitalzinssatz zurückzugreifen, welcher aus einem vergleichbaren Leasinggeschäft oder aus einer alternativen Kreditfinanzierung des Leasingobjekts abzuleiten ist. Im **Ansatzzeitpunkt** sind beim Leasingnehmer somit schematisch die folgenden Buchungen durchzuführen (ohne Aufwandsverbuchung der direkten Kosten):

Vermögenswert (Leasingobjekt)	(Minimum aus Fair Value und Barwert der Mindestleasingraten des Leasingnehmers + direkte Kosten)	**an**	Leasingverbindlichkeit	(Minimum aus Fair Value und Barwert der Mindestleasingraten des Leasingnehmers)
			sonstiger betrieblicher Ertrag	(direkte Kosten)

Die **Folgebewertung** des **Vermögenswertes** entspricht dem üblichen Vorgehen (IAS 17.27). Bei der Bestimmung der **Abschreibungsdauer** abnutzbarer Vermögenswerte gilt es zu unterscheiden, ob zu Beginn der Leasingvereinbarung bereits feststeht, dass das rechtliche Eigentum des Leasinggegenstands am Ende der Vertragslaufzeit auf den Leasingnehmer übergeht. In diesem Falle ist als Abschreibungsdauer der Zeitraum anzusetzen, in dem die Unternehmung erwartungsgemäß Nutzungen aus dem Objekt ziehen kann (useful life als aus dem Betriebskontext abzuleitende Nutzungsdauer). Ist der Eigentumsübergang nicht hinreichend sicher, ist auf die vertragliche Laufzeit, sofern kürzer, abzustellen (vgl. IAS 17.27 f.). Bezüglich der Abschreibungsmethode sind die allgemeinen Vorschriften zur planmäßigen Abschreibung von Vermögenswerten maßgebend, d. h. für materielle Vermögenswerte der bei Sachanlagen anzuwendende IAS 16 und für immaterielle Vermögenswerte die Regelungen des IAS 38. Außerplanmäßige Abschreibungen aufgrund von Wertminderungen werden demzufolge nach IAS 36 erfasst (vgl. auch Teil A, Abschn. 13.4, S. 492 ff.).

Hinsichtlich der **(Leasing-)Verbindlichkeit** sind die Mindestleasingraten in einen Zins- und einen Tilgungsanteil zu zerlegen (IAS 17.25). Danach ist der gesamte Zinsbetrag dergestalt über die Vertragslaufzeit zu verteilen, dass der jeweils ausstehende Verbindlichkeitenbetrag mit einem über alle Perioden hinweg konstanten Zinssatz verzinst wird. Somit kommt eine Zins- und Bestandsberechnung über die Effektivzinsmethode respektive Barwertvergleichsmethode in Betracht (vgl. hierzu Teil A, Abschn. 7.3.1, S. 301 ff., sowie Abschn. 10.2, S. 374). Falls der Verbindlichkeitenansatz im Zugangszeitpunkt durch den Barwert der Mindestleasingraten bestimmt wird, entspricht der Effektivzinssatz unmittelbar dem verwendeten Diskontierungszinssatz. Anderenfalls, d. h. wenn die Verbindlichkeit über den Fair Value des Leasingobjektes zugangsbewertet wird, ist der Effektivzinssatz neu zu ermitteln. Nach IAS 17.26 sind allerdings auch vereinfachende Verfahren zur Ermittlung des periodigen Zinsanteils, wie etwa die Zinsstaffelmethode, erlaubt. Die bedingten Teile von Leasingraten sind unmittelbar im Zahlungszeitpunkt aufwandswirksam zu erfassen (IAS 17.25). Die Buchungen während der Vertragslaufzeit lauten schematisch:

- Folgebilanzierung des Vermögenswertes:

<table>
<tr><td>Abschreibung auf Leasingobjekt</td><td>(Abschreibungsbetrag)</td><td>an</td><td>Vermögenswert (Leasingobjekt)</td><td>(Abschreibungsbetrag)</td></tr>
</table>

- Verbuchung der Leasingraten (ohne bedingte Zahlungen):

<table>
<tr><td>Leasingverbindlichkeit</td><td>(Tilgungsanteil)</td><td></td><td></td><td></td></tr>
<tr><td>Zinsaufwand aus Leasing</td><td>(Zinsanteil)</td><td>an</td><td>Bank</td><td>(Mindestleasingrate)</td></tr>
</table>

Führt die Beurteilung des Leasingverhältnisses aus Sicht des **Leasinggebers** zu einer Klassifizierung als **Finanzierungsleasing,** so hat dieser eine Forderung gegenüber dem Leasingnehmer anzusetzen. Für die Zugangsbewertung der Forderung ist der so genannte Nettoinvestitionswert des Leasingobjekts heranzuziehen („net investment in the lease", IAS 17.36). Dieser ergibt sich aus der Abzinsung der Mindestleasingraten des Leasinggebers und des nicht-garantierten Restwertes (zusammen als „gross investment in the lease" bezeichnet, IAS 17.4, im Folgenden Bruttoinvestitionswert) mit dem dem Leasingverhältnis zuzuordnenden Zinssatz. Aufgrund der Definition dieses Zinssatzes entspricht der Zugangswert dem Fair Value des Leasingobjekts zuzüglich der zu Beginn entstandenen direkten Kosten des Leasinggebers. Bei einem hinreichend hohen nicht-garantierten Restwert werden sich somit die Wertansätze der bei Leasingnehmer und Leasinggeber jeweils zu bilanzierenden Vermögenswerte – auch bei Vernachlässigung der zu aktivierenden direkten Kosten – unterscheiden. Analog dem Vorgehen beim Leasingnehmer hat auch der Leasinggeber die ihm zufließenden Leasingraten in einen Zins- und einen Tilgungsteil zu zerlegen. Dabei sind nach IAS 17.39 die Zinserträge so auf die Laufzeit zu verteilen, dass sich eine konstante periodische Verzinsung des (fortgeführten) Nettoinvestitionswertes des Leasinggebers ergibt. Die den Zinsanteil jeweils übersteigende Leasingzahlung vermindert als Tilgung die aktivierte Leasingforderung (vgl. *Baetge/Kirsch/Thiele,* Bilanzen, S. 647). Im Gegensatz zur Folgebewertung beim Leasingnehmer enthält IAS 17 keine Vorschrift, die explizit auf die zulässige Anwendung von Näherungsverfahren verweist. Aus Konsistenzgründen und zur Vereinfachung erscheint jedoch eine Anwendung dieser Methoden auch beim Leasinggeber als sachgerecht (vgl. *Pellens/Fülbier/Gassen/Sellhorn,* Rechnungslegung, S. 672).

Beispiel:

Die A-AG (Leasinggeber) schließt mit der B-AG (Leasingnehmer) am 29. 12. 09 einen Leasingvertrag ab, der ab Lieferung des Leasingobjektes am 1. 1. 10 mit entsprechendem Beginn der Nutzungsmöglichkeit (commencement of the lease) eine Laufzeit von 3 Jahren hat. Leasingobjekt ist eine Maschine, die zu Beginn des Leasingverhältnisses (inception of the lease, 29. 12. 09) einen beizulegenden Zeitwert von 400.000 € und ab Laufzeitbeginn des Leasingverhältnisses (commencement of the lease, 1. 1. 10) eine wirtschaftliche Restnutzungsdauer von 3 Jahren aufweist. Die Maschine wird vom Leasinggeber am 29. 12. 09 zunächst erworben und am 1. 1. 10 an den Leasingnehmer weitergeleitet. Die Anschaffungskosten des Leasinggebers betragen entsprechend dem Fair Value der Maschine 400.000 € (Anschaffungsnebenkosten entstehen nicht). Die B-AG verpflichtet sich zur Zahlung von jährlich nachschüssig zu leistenden Leasingraten in Höhe von 150.000 €. Damit liegt der Zahlungsreihe zum Leasingvertrag ein interner Zinssatz von 6,1286 % p.a. zugrunde. Die Maschine soll über die Vertragslaufzeit linear auf einen Restwert von null abgeschrieben werden.

Die vorliegende Leasingvereinbarung stellt sowohl aus Sicht des Leasinggebers als auch für den Leasingnehmer ein Finanzierungsleasing dar, da zum einen die vertragliche Laufzeit mit der wirtschaftlichen Nutzungsdauer (economic life) des Leasinggegenstands übereinstimmt (vgl. IAS 17.10(c)) und zum anderen der Barwert der Mindestleasingzahlungen aufgrund des nicht vorhandenen Restwertes dem beizulegenden Zeitwert zu Beginn des Leasingverhältnisses entspricht (vgl. IAS 17.10(d)). Dementsprechend hat der Leasingnehmer (B-AG) das Leasingobjekt in Höhe des Fair Value (keine direkten Kosten) und eine korrespondierende Verbindlichkeit einzubuchen. Der Leasinggeber (A-AG) aktiviert eine Forderung in Höhe des Nettoinvestitionswerts. Es werden die folgenden Buchungen vorgenommen (Berechnungen mit ungerundetem Zinssatz):

Buchungen am 29. 12. 09:

Beim Leasinggeber (A-AG):

Maschinen (für Leasing)	400.000	**an**	Bank	400.000

Es erfolgen noch keine Ansatzbuchungen zum Leasingverhältnis.

Buchungen am 1. 1. 10:

Beim Leasinggeber (A-AG):

Forderungen (aus Leasingverhältnissen)	400.000	**an**	Maschinen (für Leasing)	400.000

Beim Leasingnehmer (B-AG):

Maschinen	400.000	**an**	Verbindlichkeiten (aus Leasingverhältnissen)	400.000

Buchungen am 31. 12. 10:

Beim Leasinggeber (A-AG):

Bank	150.000	**an**	Forderungen (aus Leasingverhältnissen)	125.485,76
			Zinserträge	24.514,24

Beim Leasingnehmer (B-AG):

Abschreibung auf Maschinen	133.333,33	**an**	Maschinen	133.333,33
Verbindlichkeiten (aus Leasingverhältnissen)	125.485,76			
Zinsaufwand	24.514,24	**an**	Bank	150.000

Buchungen am 31. 12. 11:

Beim Leasinggeber (A-AG):

Bank	150.000	**an**	Forderungen (aus Leasingverhältnissen)	133.176,23
			Zinserträge	16.823,77

Beim Leasingnehmer (B-AG):

Abschreibung auf Maschinen	133.333,33	**an**	Maschinen	133.333,33
Verbindlichkeiten (aus Leasingverhältnissen)	133.176,23			
Zinsaufwand	16.823,77	**an**	Bank	150.000

Buchungen am 31. 12. 12:

Beim Leasinggeber (A-AG):

Bank	150.000	**an**	Forderungen (aus Leasingverhältnissen)	141.338,01
			Zinserträge	8.661,99

Beim Leasingnehmer (B-AG):

Abschreibung auf Maschinen	133.333,34	**an**	Maschinen	133.333,34
Verbindlichkeiten (aus Leasingverhältnissen)	141.338,01			
Zinsaufwand	8.661,99	**an**	Bank	150.000

Zu Beginn des Leasinggeschäftes ist ggf. auch ein nicht-garantierter Restwert zu schätzen. Diese Schätzung ist während der Laufzeit des Geschäftes vom Leasinggeber laufend zu überprüfen. Bei Schätzungsänderungen ist die Verteilung des gesamten Zinsertrages auf die Perioden der Laufzeit des Leasinggeschäftes zu revidieren, wobei die Änderungen, welche sich bezüglich der aktuellen und der vorausgehenden Perioden ergeben, in der laufenden Periode in einem Betrag erfolgswirksam zu erfassen sind (IAS 17.41). Es dürfte i. d. R. nicht zu beanstanden sein, wenn bei der Anpassung der Beträge noch der ursprünglich bestimmte, dem Leasinggeschäft zuzuordnende Zinssatz herangezogen wird (*Lüdenbach/Freiberg*, IFRS-Kommentar, § 15, Rn. 134; demgegenüber mit Zinssatzanpassung *Pellens/Fülbier/Gassen/Sellhorn*, Rechnungslegung, S. 672 f.).

Beispiel:

In Abänderung zum vorherigen Beispiel gehen die Vertragspartner (A-AG und B-AG) am 29. 12. 09 nunmehr davon aus, dass die dem Leasingverhältnis zugrunde liegende Maschine am Ende der Vertragslaufzeit einen Restwert von 50.000 € aufweist, der jedoch weder von der B-AG noch von dritter Seite garantiert wird. Im Fall a) ändert sich die Erwartung bezüglich des Restwertes nicht und er wird am Vertragsende entsprechend in Höhe von 50.000 € realisiert. Im Fall b) stellt sich im Verlauf des Jahres 11 heraus, dass der Restwert am 31. 12. 12 vermutlich doch nur 30.000 € betragen wird; in eben dieser Höhe geht er dann auch ein.

Auf Basis des neuen Bruttoinvestitionswerts im Zeitpunkt des Vertragsabschlusses in Höhe von 500.000 € (3 x 150.000 € + 50.000 €) ergibt sich ein dem Leasingverhältnis zuzuordnender Zinssatz von 11,42602 % p.a. Während der Zugangswert der Forderung dem des vorausgegangenen Beispiels entspricht (Fair Value in Höhe von 400.000 €), ergeben sich abweichende Buchungen im Rahmen der Folgebewertung:

Buchungssatz am 31. 12. 10: Fall a) und b)

Bank	150.000	**an**	Forderungen (aus Leasingverhältnissen)	104.295,92
			Zinserträge	45.704,08

Die Forderung aus dem Leasinggeschäft weist eine Höhe von 295.704,08 € auf.

Buchungssatz am 31. 12. 11:

Fall a):

Bank	150.000	**an**	Forderungen (aus Leasingverhältnissen)	116.212,79
			Zinserträge	33.787,21

Die Forderung aus dem Leasinggeschäft weist nun eine Höhe von 179.491,29 € auf.

Fall b):

Bank	150.000	**an**	Forderungen (aus Leasingverhältnissen)	134.161,92
			Zinserträge	15.838,08

Gegenüber Fall a) ist der um 20.000 € niedrigere erwartete Restwert zu berücksichtigen. Wird der Zinssatz konstant gehalten, so kann die Anpassung einfach durch Diskontierung der Änderung des geschätzten Betrages auf den Bilanzstichtag erfolgen (20.000/(1+11,426 %) = 17.949,13 €). Um diesen Betrag ist der Forderungsansatz gegenüber Fall a) zusätzlich zu kürzen. Da der Differenzbetrag von 20.000 € letztlich eine Reduzierung des Zinsüberschusses über die Gesamtlaufzeit (= Summe aller Zahlungen) repräsentiert, wird die Kürzung des

Forderungsbestandes um dessen Barwert zu Lasten des Zinsergebnisses aus Leasing vorgenommen. Die von IAS 17.41 geforderte Nachholung von früheren Perioden zuzuweisenden Erfolgen in der aktuellen Periode wird insofern durch eine Rückwärtsrechnung erfüllt. Das Zinsergebnis der Periode entspricht somit einem Betrag in Höhe von 15.838,08 € (= 33.787,21 € – 17.949,13 €). Die Forderung aus dem Leasinggeschäft weist eine Höhe von 161.542,16 € auf.

Buchungssatz am 31. 12. 12:

Fall a):

Bank	200.000	**an**	Forderungen (aus Leasingverhältnissen)	179.491,29
			Zinserträge	20.508,71

Dabei ist bereits eine Verwertung des Leasingobjektes und damit die Realisierung des Restwertes in Höhe von 50.000 € berücksichtigt.

Fall b):

Bank	180.000	**an**	Forderungen (aus Leasingverhältnissen)	161.542,16
			Zinserträge	18.457,84

Gegenüber Fall a) führt die Verwertung des Leasingsobjektes nur zu einer Einzahlung in Höhe von 30.000 €.

Aus der Definition der Mindestleasingraten ergibt sich, dass das Barwertkriterium des IAS 17.10 beim Leasinggeber umso eher erfüllt wird, je geringer der Barwert des nicht-garantierten Restwertes im Verhältnis zum Fair Value des Leasingobjektes ist. Wird somit umgekehrt ein vergleichsweise geringer Anteil des gesamten Nutzungspotentials des Leasingobjektes fest kontrahiert (relativ hoher Barwert des nicht-garantierten Restwertes), kommt es tendenziell zu einer Klassifizierung als Operating-Leasingverhältnis. Beim Leasingnehmer kommt überdies ein von Dritten garantierter Restwert für die Klassifikationsfrage einem nicht-garantierten Restwert gleich.

Ist der Leasingvertrag aus Sicht des **Leasinggebers** als **Operating-Leasingverhältnis** zu beurteilen, so ist das Leasingobjekt beim Leasinggeber im Abschluss, insbesondere in der Bilanz, seiner Art entsprechend zu erfassen (IAS 17.49). Wie beim Finanzierungsleasing sind anfängliche direkte Kosten, die dem Leasinggeber im Zusammenhang mit dem Abschluss eines Operating-Leasingverhältnisses entstehen, dem Buchwert des Leasinggegenstands hinzuzurechnen; sie sind über die Laufzeit des Leasinggeschäftes parallel zum Leasingertrag aufwandswirksam zu erfassen (vgl. IAS 17.52). Die **Folgebewertung** des Leasingobjekts orientiert sich an den entsprechenden Vorschriften des dem Leasingverhältnis zugrunde liegenden Vermögenswertes (vgl. auch Teil A, Abschn. 13.4, S. 492 ff.). Planmäßige Abschreibungen sind nach IAS 16 oder IAS 38 entsprechend der üblichen Abschreibungspolitik des Leasinggebers vorzunehmen (IAS 17.53). Ob eine außerplanmäßige Abschreibung aufgrund einer Wertminderung (impairment) zu erfolgen hat, bestimmt sich nach IAS 36 (IAS 17.54). Ggf. kommt auch eine Behandlung als Anlageimmobilie in Betracht (IAS 40.8(c)), wenn das Objekt entsprechend designiert wird (IAS 40.6). Die dem Leasinggeber zufließenden Leasingraten sind von diesem linear über den Leasingzeitraum ertragswirksam zu vereinnahmen, sofern dies dem Abnutzungsverlauf des Leasinggegenstands entspricht (IAS 17.50). Ansonsten ist aufgrund des Konzepts der Periodenabgrenzung (vgl. IAS 1.27 f.) auch eine andersartige, mit der wirtschaftlichen Abnutzung des Leasinggegenstands korrespondierende und vom tatsächlichen Zahlungsfluss ggf. abweichende Erfolgserfassung geboten (vgl. IAS 17.50 f.; *Pellens/Fülbier/Gassen/Sellhorn,* Rechnungslegung, S. 675, *Lüdenbach/Freiberg,* IFRS-Kommentar, § 15, Rn. 145).

Der **Leasingnehmer** ist im Rahmen von **Operating-Leasingverhältnissen** weder rechtlicher noch wirtschaftlicher Eigentümer des Leasingobjekts. Somit ergeben sich für ihn keinerlei Ansatzpflichten. Verbucht werden lediglich die im Verlaufe der Vertragslaufzeit anfallenden Leasingzahlungen. Diese sind erfolgswirksam als Aufwand zu erfassen. Analog zum Vorgehen beim Leasinggeber kann dies entweder linear oder auf Basis einer anderen systematischen Grundlage erfolgen, sofern dies eher dem zeitlichen Verlauf der Nutzenziehung für den Leasingnehmer entspricht (vgl. IAS 17.33). Differenzen zwischen Leasingzahlungen und verbuchten Aufwendungen müssen aktivisch (geleistete Zahlung übersteigt verbuchten Aufwand) bzw. passivisch (verbuchter Aufwand übersteigt geleistete Zahlung) abgegrenzt werden. Nach h. M. kommt dabei im Falle eines die erfasste Auszahlung übersteigenden Aufwands die Passivierung einer sonstigen Verbindlichkeit in Betracht, deren spätere Auflösung sukzessive die noch ausstehenden Leasingaufwendungen vermindert. Im umgekehrten Fall sollte ein sonstiger Vermögenswert angesetzt werden (vgl. *Lüdenbach/Freiberg,* IFRS-Kommentar, § 15, Rn. 138; *Pellens/Fülbier/Gassen/Sellhorn,* Rechnungslegung, S. 675; *Doll,* Leasingverhältnisse, Rn. 110, 115).

Die bisherige Leasingbilanzierung nach den IFRS führt – wie auch die handels- und steuerrechtliche Behandlung – zu einem „Entweder-oder" der Bilanzwirksamkeit des Geschäftes beim Leasingnehmer. Bei einem Finanzierungsleasing schlägt sich das Leasinggeschäft in der Bilanz nieder (on-balance), bei einem Operating-Leasing hingegen nicht (off-balance). Dieser „All-or-nothing"-Ansatz des gegenwärtigen IAS 17 erschwert die Vergleichbarkeit zwischen Unternehmen und setzt unerwünschte Anreize zu entsprechenden Off-balance-Konstruktionen (vgl. *Pellens/Fülbier/Gassen/Sellhorn,* Rechnungslegung, S. 686). Das International Accounting Standards Board (IASB) hat in einem gemeinsamen Projekt mit seinem US-amerikanischen Pendant, dem Financial Accounting Standards Board (FASB), einen neuen Ansatz der Leasingbilanzierung ausgearbeitet. Der gegenwärtige Stand der Überlegungen findet sich im **Exposure Draft „Leases"** (ED/2010/9, im Folgenden kurz ED-L) vom August 2010 wieder (vgl. hierzu u. a. *Fülbier/Fehr,* Leasingbilanzierung; *Kroner/Leuchtenstern/Ranker,* Leasingbilanzierung; *Laubach/Findeisen/Murer,* Leasingbilanzierung; *Küting/von Fölkersamb/Hellen/Eichenlaub/Tesche,* Leasingbilanzierung; *Küting/Koch/Tesche,* Leasingsbilanzierung). Danach soll die duale Kategorisierung nach Finanzierungs- und Operating-Leasing zugunsten eines so genannten **Right-of-use-Ansatzes** beim **Leasingnehmer** aufgegeben werden. Der Leasingnehmer hat für das kontrahierte Nutzungspotential, wie bisher, zu Laufzeitbeginn des Leasingverhältnisses (commencement of the lease, s. S. 385 f.) einen Vermögenswert (right-of-use asset, ED-L.10) sowie für seine Zahlungsverpflichtungen eine

Verbindlichkeit anzusetzen. Der Zugangswert der Verbindlichkeit entspricht dem Barwert der von ihm zu erbringenden Leasingzahlungen bezogen auf den Beginn des Leasingverhältnisses (inception of the lease; ED-L.12). Zu diskontieren sind sämtliche erwarteten Leasingzahlungen des Leasingnehmers (inkl. bedingter Zahlungen sowie zu erwartender Zahlungen aus Restwertgarantien; ED-L.13 ff.), wobei als Diskontierungszinssatz der Grenzfremdkapitalzinssatz des Leasingnehmers oder, sofern verlässlich bestimmbar, der vom Leasinggeber in Rechnung gestellte Zinssatz (rate the lessor charges the lessee) heranzuziehen ist (ED-L.12(a), B11). Der Zugangswert des Vermögenswertes entspricht dem der Verbindlichkeit zuzüglich der direkt zuordenbaren anfänglichen Kosten (ED-L.12(b)). Der Vermögenswert ist zu fortgeführten Anschaffungskosten folgezubewerten (ED-L.16(b)); optional kann das Neubewertungsmodell angewandt werden, sofern es für alle eigenen Vermögenswerte derselben Asset-Klasse verwandt wird (ED-L.21 ff.). Die Folgebewertung der Verbindlichkeit erfolgt über die Effektivzinsmethode (ED-L.16(a); vgl. Teil A, Abschn. 7.3.1, S. 301 ff.).

Für die Bilanzierung beim **Leasinggeber** sieht der Exposure Draft „Leases" zwei Varianten vor, je nachdem, ob dem Leasinggeber noch signifikante Risiken oder Chancen aus dem Leasingobjekt verbleiben. Ist dies nach den Umständen zum Zeitpunkt des Beginns des Leasingverhältnisses der Fall, erfolgt die Bilanzierung beim Leasinggeber nach dem „performance obligation approach", sonst nach dem „derecognition approach" (ED-L.28). Die anfängliche Zuordnung ist in der Folge bindend (ED-L.29). Da im ersten Fall das Leasingobjekt für den Leasinggeber noch wirtschaftlich bedeutsam ist, ist der Leasinggegenstand weiterhin zu bilanzieren (ED-L.30). Die Konsequenzen aus dem Leasingvertrag bestehen für den Leasinggeber einerseits in einem Recht auf den Erhalt von Leasingzahlungen und andererseits in einer Verbindlichkeit aus dem Leistungsversprechen in Gestalt des abzugebenden Nutzungspotentials. Demzufolge setzt der Leasinggeber beim **performance obligation approach** zu Laufzeitbeginn des Leasingsverhältnisses (ED-L.30) einen Vermögenswert mit Forderungscharakter an, dessen Zugangswert durch den Gegenwartswert der erwartungsgemäß zu erhaltenden Zahlungen zuzüglich der ihm anfänglich entstandenen direkten Kosten bestimmt wird (ED-L.33 ff.). Der Zugangswert der Verbindlichkeit entspricht dem des Vermögenswertes mit Ausnahme der aktivierten direkten Kosten. Der Vermögenswert ist in der Folge mit den fortgeführten Anschaffungskosten unter Anwendung der Effektivzinsmethode zu bilanzieren – dies entspricht grundsätzlich dem Vorgehen bei at amortised cost bewerteten Finanzinstrumenten. Allerdings kann sich bei Hinweisen auf eine signifikante Änderung der zu erwartenden Leasingzahlungen die Notwendigkeit einer Buchwertanpassung ergeben (ED-L.39). Aufgrund der verschiedenartigen Einflussfaktoren auf diese Zahlungen ergibt sich hier möglicherweise ein besonderer Ermessensspielraum, wobei eine Bewertungsanpassung des Vermögenswertes ggf. durch eine Wertänderung der korrespondierenden Verbindlichkeit begleitet wird. Die Folgebewertung der Verbindlichkeit richtet sich grundsätzlich nach dem Nutzungsverlauf des Objektes durch den Leasingnehmer. Kann dieser nicht verlässlich bestimmt werden, wird von einem linearen Verlauf ausgegangen (ED-L.37(b)). Voraussetzung für die Anwendung des **derecognition approach** ist, dass die dem Leasinggeber aus dem Leasingobjekt noch verbleibenden Chancen und Risiken nicht signifikant sind. Infolgedessen ist zu Laufzeitbeginn des Leasingverhältnisses ein Abgang beim Vermögenswert zu bilanzieren, und zwar im Umfang des über den Leasingvertrag abgegebenen Nutzungspotentials (ED-L.46). Vom bisherigen Buchwert des Leasingobjektes soll dabei der Anteil abgehen, der dem Verhältnis des Fair Value der zu erhaltenden Leasingraten zum gesamten Fair Value des Leasingobjektes entspricht (ED-L.50). Der verbleibende Buchwert ist als Residualvermögenswert (residual asset) zu deklarieren und in der Bilanz unter einer separaten Position auszuweisen (ED-L.46(c), 60(b)). Der Wertansatz des residual asset unterliegt in der Folge grundsätzlich keinen Änderungen (ED-L.55). Ausgenommen sind Anpassungen, welche bei Hinweisen auf signifikante Änderungen hinsichtlich der zu erhaltenden Leasingzahlungen nach ED-L.56 zu berücksichtigen sind (vgl. ED-L. B30), oder Wertminderungen im Sinne des IAS 36 (ED-L.59). Korrespondierend zum abgehenden Buchwertanteil des Leasingobjektes ist ein Vermögenswert als „right to receive lease payments" anzusetzen. Die Zugangsbewertung erfolgt zum Barwert der Leasingraten zuzüglich der beim Leasinggeber anfänglich anfallenden direkten Kosten (ED-L.49). Da der Zinssatz für die Barwertermittlung (rate the lessor charges the lessee) nach Marktverhältnisse, dabei u. U. dergestalt zu ermitteln ist, dass der Barwert der zukünftigen Zahlungen zuzüglich eines Restwertes dem Fair Value des Leasingobjekts entspricht (ED-L.B12), wird sich aus der Gegenüberstellung mit dem abgehenden Buchwert i. d. R. ein Erfolg einstellen, so dass das Leasinggeschäft – in gewisser Weise wie eine Partialveräußerung des Objektes – gleich zu Beginn erfolgswirksam ist (vgl. wiederum ED-L.B30). Der für das Recht auf Leasingzahlungen aktivierte Vermögenswert ist gemäß der Effektivzinsmethode folgezubewerten; Wertminderungen sind nach den für Finanzinstrumente geltenden Vorschriften des IAS 39 (zukünftig ggf. IFRS 9) vorzunehmen (ED-L.54, 58). Allerdings ist auch hier ein etwaiger Anpassungsbedarf nach ED-L.56 zu beachten.

Ergänzende Literatur zu: 10 Leasing

Baetge/Kirsch/Thiele, Bilanzen, S. 635–649

Baetge/Ballwieser, Leasingobjekte, S. 3–19

Bordewin, Leasing, S. 17–105

Doll, IFRS-Handbuch, § 22

Falterbaum/Bolk/Reiß/Kirchner, Buchführung, S. 620–638

IDW, WP-Handbuch 06 I, S. 260–265

Kratzer/Kreuzmair, Leasing, S. 15–223

Lüdenbach/Freiberg, IFRS-Kommentar, § 15

Pellens/Fülbier/Gassen/Sellhorn, Rechnungslegung, S. 653–696

Schmorleiz, Bilanzierung, S. 392–396

11 Materialwirtschaft

Bisher wurde davon ausgegangen, dass das betrachtete Unternehmen ein Handelsunternehmen ist, obwohl die Ausführungen im Grundsatz auch für Industrie- und Dienstleistungsunternehmen gelten. Kennzeichnend für Industrieunternehmen sind darüber hinaus jedoch Besonderheiten im Bereich der Material- und der Anlagenwirtschaft. Beide tangieren den Jahresabschluss und sind deshalb den diesen vorbereitenden Tätigkeiten voranzustellen.

Zum Bereich der **Materialwirtschaft** sind unter dem hier verfolgten Zweck sämtliche Vorgänge zu rechnen, die im Zusammenhang stehen mit:

(1) **Beschaffung** und **Verbrauch** von Roh-, Hilfs- und Betriebsstoffen sowie **Bestandsveränderungen** und **Verkauf** von Erzeugnissen und

(2) **Bewertung** von Beständen und Verbrauch von Roh-, Hilfs- und Betriebsstoffen sowie von Halb- und Fertigfabrikaten.

11.1 Beschaffung, Verbrauch, Bestandsveränderungen und Verkauf

Industriebetriebe sind wie Handelsbetriebe auf zwei Seiten mit den Realgütermärkten verbunden: Sie beziehen von Beschaffungsmärkten Waren bzw. Einsatzgüter und setzen auf Absatzmärkten die Waren bzw. die gefertigten Erzeugnisse ab. Während Handelsbetriebe die eingekauften Waren ohne jede Änderung bzw. ohne wesentliche Änderung weiterverkaufen, vollziehen Industrieunternehmen eine **Transformation** der eingekauften Einsatzgüter (Roh-, Hilfs- und Betriebsstoffe) in verkaufsfertige Erzeugnisse. Dieser wesentliche Unterschied von Handels- und Industriebetrieb lässt sich schematisch wie folgt darstellen:

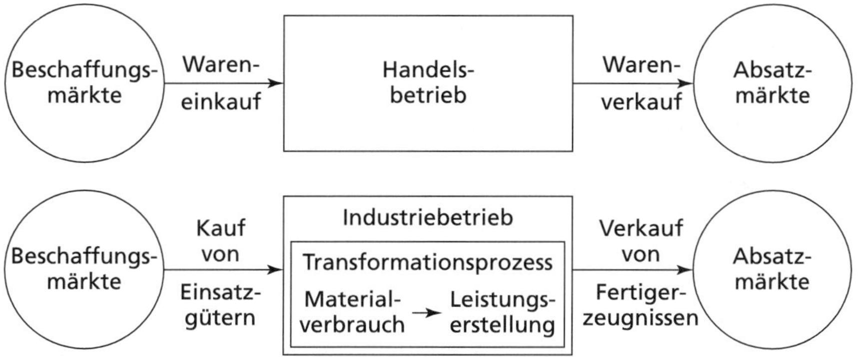

Prozessuale Unterschiede von Handels- und Industriebetrieb

Während Handelsbetriebe sämtliche umsatzbezogenen Transaktionen einheitlich durch das Warenkonto bzw. die Wareneinkaufs- und Warenverkaufskonten erfassen können (vgl. Teil A, Kap. 4, S. 120 ff.), sind im Industriebetrieb gesonderte Konten für die Werkstoffbeschaffung, den Materialverbrauch, die Leistungserstellung und den Fertigerzeugnisverkauf zu schaffen.

(1) **Beschaffungsvorgänge** (Werkstoffeinkauf) schlagen sich im Rechnungswesen der Industrieunternehmen im Allgemeinen durch folgenden Buchungsfall nieder (Kontenbezeichnung hier und im Folgenden entspricht dem Industrie-Kontenrahmen; Näheres hierzu in Teil A, Abschn. 15.6.3.3, S. 728 f. u. Anhang A.4, S. 1316 ff.):

20 Roh-, Hilfs- und Betriebsstoffe **an** 44 Verbindlichkeiten aus Lieferungen und Leistungen

(2) **Absatzvorgänge** (Fertigerzeugnisverkauf) werden dagegen grundsätzlich durch folgenden Buchungssatz erfasst:

24 Forderungen aus Lieferungen und Leistungen **an** 50 Umsatzerlöse

Erfolgen Beschaffung und Absatz nicht kreditweise, sondern gegen Barzahlung, so tritt an die Stelle der Konten 44 bzw. 24 ein Zahlungsmittelkonto der Gruppe 28. Unberücksichtigt blieb bei den vorstehenden Buchungssätzen auch die durch Warenbewegungen ausgelöste **Umsatzsteuer** sowie die in Verbindung mit Beschaffungs- und Absatzvorgängen anfallenden **Aufwandsberichtigungen** bzw. **Erlösschmälerungen.** Die hierzu typischen Geschäftsvorfälle sind in dem Übungsbeispiel am Schluss dieses Abschnitts zusammengestellt. Bezüglich inhaltlicher und rechnungstechnischer Einzelheiten wird auf Teil A, Abschnitt 4.4 und 4.5 (S. 124 ff.), verwiesen.

(3) Finden die beschafften Roh-, Hilfs- und Betriebsstoffe im Produktionsprozess Verwendung, verursachen sie in dem Ausmaß, in dem sie in der Fertigung verbraucht werden, Aufwand. Hinsichtlich des **Materialverbrauchs** muss daher eine Umbuchung der hierfür erforderlichen Aufwendungen von den Bestandskonten der Kontenklasse 2 auf die Erfolgskonten der Kontenklasse 6 erfolgen. Der Buchungssatz für den Materialverbrauch lautet daher grundsätzlich:

60 Aufwendungen für Roh-, Hilfs- und Betriebsstoffe **an** 20 Roh-, Hilfs- und Betriebsstoffe

Die Art der **Aufwandsermittlung** kann dabei auf zweierlei Arten erfolgen:

(a) Jede Materialentnahme während des Jahres führt **sofort** zu einer Umbuchung in der Geschäftsbuchführung, d. h. der oben genannte Buchungsfall ist bei jedem Materialeinsatz während der Geschäftsperiode erneut zu erfassen. Dies setzt voraus, dass der Buchhaltungsabteilung innerhalb des Unternehmens der Materialverbrauch durch entsprechende **Materialentnahmescheine** angezeigt wird (s. Skontrationsmethode Teil B, Abschn. 3.1.2.1, S. 804 ff.). Am Jahresende lässt sich der Materialbestand buchmäßig errechnen und muss dann nur mit dem durch körperliche Bestandsaufnahme (Inventur) tatsächlich festgestellten Bestand verglichen werden. Zur

Prüfung der Inventur von Vorräten hat der Hauptfachausschuss des IDW den Prüfungsstandard IDW PS 301 herausgebracht (vgl. *HFA*, Prüfung der Vorratsinventur; zur Inventur vgl. Teil A, Kap. 2, S. 42 ff.). Liegen keine außergewöhnlichen Umstände vor (z. B. Erfassungsfehler, Warenschwund, Diebstahl usw.), so müssen Buchbestand und tatsächlich festgestellter Bestand der Höhe nach übereinstimmen. Auf den Erfolgs- und Bestandskonten schlägt sich diese Aufwandsermittlungsart wie folgt nieder:

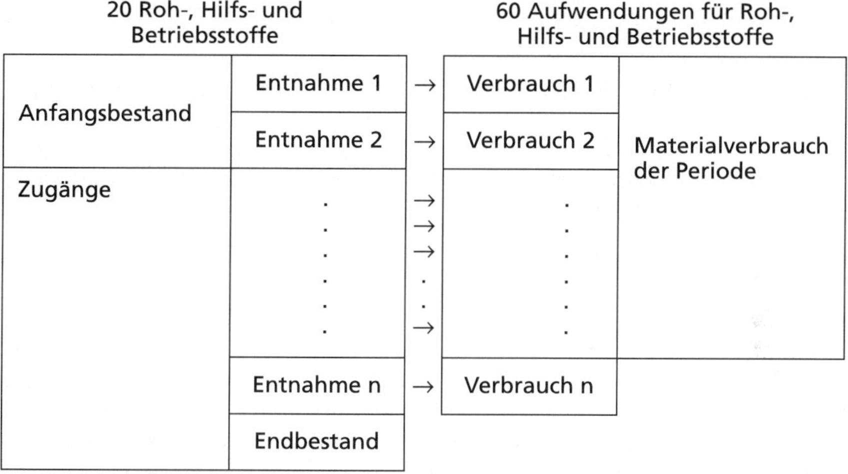

Sofortige Erfassung des Materialverbrauchs (Skontration)

(b) Besonders in der Praxis der Klein- und Mittelbetriebe ist auch die Vorgehensweise verbreitet, die Werkstoffbezüge während der Periode auf den Bestandskonten der Kontenklasse 2 zu buchen und den Materialverbrauch buchmäßig **nicht sofort** zu erfassen. Erst zum Bilanzstichtag wird dann der Bestand durch Inventur ermittelt und der Materialverbrauch als Differenz zwischen dem Anfangsbestand und den Zugängen einerseits und dem Endbestand andererseits errechnet:

	Werkstoffbestand am Anfang der Periode
+	Werkstoffbezüge während der Periode
–	Werkstoffbestand am Ende der Periode
=	Materialverbrauch während der Periode

Erst nach Vorliegen des Inventurergebnisses kann der Verbrauch dann auf die Konten der Klasse 6 umgebucht werden. Der gesamte Materialverbrauch der Geschäftsperiode wird daher nur einmal summarisch durch oben genannten Buchungssatz erfasst. Auf den Aufwands- und Bestandskonten schlägt sich dies wie folgt nieder:

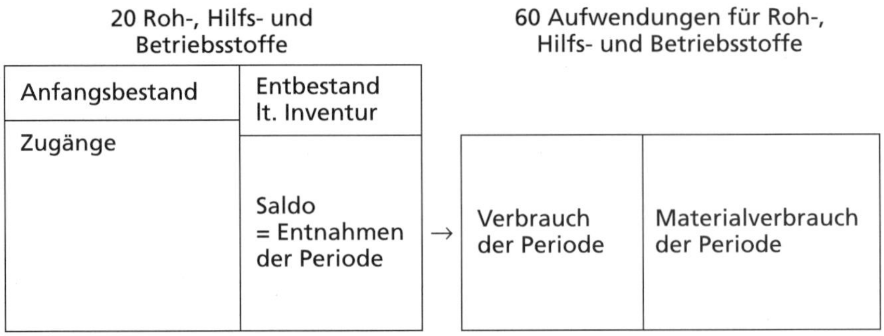

20 Roh-, Hilfs- und Betriebsstoffe			60 Aufwendungen für Roh-, Hilfs- und Betriebsstoffe	
Anfangsbestand	Entbestand lt. Inventur			
Zugänge	Saldo = Entnahmen der Periode	→	Verbrauch der Periode	Materialverbrauch der Periode

Erfassung des Materialverbrauchs durch die Inventurmethode

Eine Bestandsminderung, die auf außergewöhnliche Umstände (z. B. Diebstahl) zurückzuführen ist, kann bei dieser Vorgehensweise jedoch nicht festgestellt werden.

(4) Im Zusammenhang mit dem Materialverbrauch erfolgt im betrieblichen Transformationsprozess i. d. R. eine **Leistungserstellung** (Herstellung von unfertigen und fertigen Erzeugnissen), die durch eine entsprechende **Ertragsverrechnung** zu erfassen ist. Dabei treten abrechnungstechnische Probleme auf, wenn zwischen Produktion und Absatz kein Gleichlauf gegeben ist. Das trifft für die Fälle zu, in denen entweder die Produktion einer Periode nicht vollständig abgesetzt werden kann und folglich teilweise auf Lager genommen werden muss, oder die in einer Periode abgesetzten Güter aus der Produktion vergangener Perioden stammen. Derartige temporäre Verschiebungen zwischen Produktion und Absatz führen zu Mehrungen oder Minderungen des Bestands an Erzeugnissen. Die Erzeugnisbestände werden in der Geschäftsbuchführung in der Kontenklasse 2 ausgewiesen. Treten **Bestandsveränderungen** ein, so sind diese mit entsprechender Gegenbuchung in der Kontenklasse 5 zu erfassen.

Für den Fall der **Bestandserhöhung** lautet der Buchungssatz:

21/22 Erzeugnisse	**an**	52	Erhöhung oder Verminderung des Bestands an fertigen und unfertigen Erzeugnissen

Bei **Bestandsabnahme** wird die Verbuchung entsprechend umgekehrt vorgenommen.

Der Ausweis der Bestandserhöhungen an fertigen und unfertigen Erzeugnissen im Haben der Konten der Klasse 5 bewirkt, dass den Gesamtaufwendungen der Periode in Klasse 6 und 7 die zugehörigen Erträge der Periode in Form der Umsatzerlöse und der Bestandserhöhungen gegenübergestellt werden können. Entsprechend stellt die Verbuchung von Bestandsminderungen im Soll der Konten aus Klasse 5 sicher, dass den Umsatzerlösen der Periode die Aufwendungen aus Vorleistungen gegenüberstehen, die zu ihrer Erzielung in der gleichen und den vorhergehenden Perioden notwendig gewesen sind.

Die Auswirkungen dieser Buchungen auf die Vermögensgegenstände bzw. Schulden und den Erfolg bzw. das Eigenkapital lassen sich zusammenfassend wie folgt darstellen (vgl. *Weller/Fischer,* Bestandsveränderungen, S. 230):

	Vermögensgegenstände bzw. Schulden	Erfolg bzw. Eigenkapital
Bestandserhöhung in 01: 1. Buchung während des Geschäftsjahres 2. Korrekturbuchung zum 31. 12. 01 In Periode 01 wurde mehr produziert als abgesetzt, weshalb sich der Lagerbestand erhöht. Der Periodenerfolg wird dadurch aber nicht beeinflusst.	– (z. B. Bank) + (fertige Erzeugnisse)	– (Aufwand, z. B. Löhne, RHB-Stoffe) + (Aufwandsminderung durch Bestandserhöhung der fertigen Erzeugnisse)
Bestandsabnahme in 02: 1. Buchung während des Geschäftsjahres 2. Korrekturbuchung zum 31. 12. 02 In Periode 02 wurde mehr abgesetzt als produziert, so dass der Lagerbestand nun erfolgswirksam abgebaut wird.	+ (z. B. Bank) – (fertige Erzeugnisse)	+ (Erträge durch Umsatzerlöse) – (Aufwandsvermehrung durch Bestandsabnahme der fertigen Erzeugnisse)

11.2 Bestands- und Verbrauchsbewertung

Probleme bei der Bewertung von Beständen und Verbrauch entstehen sowohl bei den fremdbeschafften Roh-, Hilfs- und Betriebsstoffen als auch bei den im Betrieb erstellten oder bearbeiteten fertigen und unfertigen Erzeugnissen. Schwierigkeiten treten insbesondere dann auf, wenn gleichartige Stoffe oder Gegenstände in der Abrechnungsperiode zu verschiedenen Preisen beschafft oder mit unterschiedlichen Werten angesetzt wurden und diese in der Rechnungsperiode nicht restlos verbraucht wurden.

11.2.1 Bewertungsprinzipien und Wertbegriffe

Bei der Bewertung des Vorratsvermögens sind sowohl in der Handels- als auch in der Steuerbilanz allgemeine Bewertungsprinzipien zu beachten: Grundsätzlich gilt das aus dem Prinzip kaufmännischer Vorsicht abgeleitete **Imparitätsprinzip,** d. h. noch nicht durch Umsatz realisierte Gewinne dürfen nicht, noch nicht durch Umsatz realisierte Wertminderungen und Verluste hingegen müssen am Bilanzstichtag ausgewiesen werden. Daraus ergibt sich das in § 253 Abs. 4 HGB für das Umlaufvermögen dokumentierte strenge **Niederstwertprinzip,** das besagt, dass von zwei am Bilanzstichtag möglichen Wertansätzen (den Anschaffungs- oder Herstellungskosten auf der einen Seite und dem Börsen- oder Marktpreis bzw. beizulegenden Wert auf der anderen Seite) der jeweils niedrigere Wert anzusetzen ist (vgl. hierzu auch Teil A, Abschn. 1.2.2.2, S. 31 ff.).

Folgende Wertansätze können unterschieden werden:

1. die Anschaffungs- oder Herstellungskosten (§ 255 i. V. m. § 253 Abs. 1 Satz 1 HGB),
2. der aus dem Börsen- oder Marktpreis abgeleitete Wert (§ 253 Abs. 4 Satz 1 HGB),
3. der am Abschlussstichtag beizulegende Wert (§ 253 Abs. 4 Satz 2 HGB),

Ausgangspunkt der Bewertung im Materialbereich sind für die Zwecke der Handels- und der Steuerbilanz die **Anschaffungs- oder Herstellungskosten** (vgl. hierzu auch Teil A, Abschn. 12.1, S. 428 f.). Sie bilden im Rahmen der Geschäftsbuchführung die obere Wertgrenze, d. h. Wertsteigerungen über die Anschaffungs- oder Herstellungskosten hinaus bleiben vor deren Realisierung unberücksichtigt (Realisationsprinzip).

(1a) Bestände und Verbrauch bei nicht selbst erstellten, also fremdbezogenen **Waren** bzw. **Roh-, Hilfs- und Betriebsstoffen** sind mit den **Anschaffungskosten** zu bewerten. Den Anschaffungskosten entspricht nach § 255 Abs. 1 HGB der Aufwand, der notwendig ist, um ein Wirtschaftsgut zu beschaffen und im Produktionsprozess einsetzen zu können. Sie setzen sich wie folgt zusammen:

	Anschaffungspreis
+	Anschaffungsnebenkosten
./.	Anschaffungspreisminderungen
=	Anschaffungskosten (Einstandspreis)

Der Anschaffungspreis entspricht dem Einkaufspreis bzw. Bruttorechnungsbetrag. Ausgaben, die bis zum betrieblichen Einsatz der Vorräte aufgewendet werden, zählen zu den **Anschaffungsnebenkosten.** Vorwiegend sind dies Verpackungskosten und Transportkosten wie Fracht, Rollgeld, Transportversicherung, Einfuhrzölle etc. **Preisnachlässe** wie Rabatte, Skonti, Boni, Zuschüsse mindern die Anschaffungskosten (zur buchhalterischen Behandlung s. Teil A, Abschn. 4.5, S. 136 ff.).

Anschaffungspreis = Bruttorechnungsbetrag	Anschaffungspreisminderungen
	Anschaffungskosten = Einstands- bzw. Bezugspreis
Anschaffungsnebenkosten	

Zusammensetzung der Anschaffungskosten

(1b) Die im Betrieb erstellten oder bearbeiteten **fertigen und unfertigen Erzeugnisse** sind mit ihren **Herstellungskosten** anzusetzen. Dabei ist im Einzelfall von Bedeutung, dass die Abgrenzung der fertigen und unfertigen Erzeugnisse von den Roh-, Hilfs- und Betriebsstoffen nicht immer eindeutig gelingt. Stoffe werden unter abrechnungstechnischen Gesichtspunkten oft schon dann als **unfertige Erzeugnisse** bezeichnet, wenn sie das Materiallager verlassen haben, ohne Rücksicht darauf, ob die Be- oder Verarbeitung schon begonnen hat oder nicht. Der **Materialentnahmeschein** dient hierbei als Beleg für die Zuordnung. Somit lassen sich alle Vorräte als unfertige Erzeugnisse bezeichnen, die nicht mehr Stoffbestände und noch nicht Fertigerzeugnisse sind. Als Nachweis des Übergangs zum **fertigen Erzeugnis** kann man den **Übergabeschein** ins Fertiglager heranziehen. Zu den fertigen Erzeugnissen gehören Vorräte immer dann, wenn sie versandbereit auf Lager liegen.

Die **Herstellungskosten** sind komplizierter zu ermitteln als die Anschaffungskosten, da keine externen Belege (Rechnungen) vorliegen. Ausgangsgröße für die Ermittlung der Herstellungskosten sind die Herstellkosten der **Kostenrechnung,** wobei die darin enthaltenen Kostenarten zur Errechnung der Herstellungskosten nur herangezogen werden können, soweit ihnen handelsrechtlich Aufwendungen entsprechen; diese Aufwendungen ihrerseits bestimmen nur in dem Umfang die steuerlichen Herstellungskosten, als sie steuerlich abzugsfähige Betriebsausgaben sind. Zusatzkosten (z. B. kalkulatorischer Unternehmerlohn, kalkulatorische Eigenkapitalzinsen) dürfen also nicht, Anderskosten (z. B. kalkulatorische Abschreibungen) nur in Höhe des Zweckaufwandes berücksichtigt werden (im Einzelnen s. Teil B, Abschn. 2.2, S. 791 ff.).

Die Ermittlung der Herstellungskosten für die **Handelsbilanz** ergibt sich aus § 255 Abs. 2, 2a und 3 HGB: Es handelt sich bei den Herstellungskosten um Aufwendungen, die durch den Verbrauch von Gütern und die Inanspruchnahme von Diensten für die Herstellung eines Vermögensgegenstandes, seine Erweiterung oder für eine über seinen ursprünglichen Zustand hinausgehende wesentliche Verbesserung entstehen (vgl. zur Charakterisierung der Herstellungskosten im Folgenden auch die Stellungnahme des Hauptfachausschusses des IDW in *HFA*, Herstellungskosten).

Als Wertuntergrenze sind die Einzelkosten sowie die Gemeinkosten des Material- und Fertigungsbereichs **aktivierungspflichtig;** Letzteres wurde im Zuge des Bilanzrechtsmodernisierungsgesetzes (BilMoG) vom 25. 5. 2009 (BGBl. I 2009, S. 1102 ff.) eingeführt. Die Einzelkosten sind die dem hergestellten und einzeln zu bewertenden Vermögensgegenstand unmittelbar zurechenbaren Kosten, wie das **Fertigungsmaterial**, die **Fertigungslöhne** und die **Sondereinzelkosten** der Fertigung (z. B. Lizenzgebühren). Die Unmittelbarkeit der Zurechnung bezieht sich auf einen eindeutig nachweisbaren quantitativen Zusammenhang zwischen dem hergestellten Gegenstand und dem durch seine Herstellung entstandenen Verbrauch an Gütern, Leistungen und Diensten. Dieser fertigungsbedingte Einsatz an Gütern, Leistungen und Diensten muss sich also in der jeweiligen Maßeinheit (Menge, Zeit, Wert) ohne weitere Schlüsselung oder Umlage auf den zu bewertenden Vermögensgegenstand beziehen lassen. Eine Schlüsselung, wie etwa die Umrechnung von Stundenlöhnen auf die eingesetzte Fertigungszeit, steht dem unmittelbaren Zusammenhang der betreffenden Einzelkosten mit dem betreffenden Vermögensgegenstand nicht entgegen. Zu den aktivierungspflichtigen Gemeinkosten gehören fixe und variable **Material-** und **Fertigungsgemeinkosten** sowie, falls darin nicht bereits enthalten, **angemessene Teile des Werteverzehrs des Anlagevermögens,** soweit er durch die Fertigung veranlasst ist (– dabei sollte auch der Werteverzehr von Anlagen des Materialbereichs erfasst werden, vgl. *Adler/Düring/Schmaltz,* Rechnungslegung, § 255 HGB, Rn. 189 f.). Bei Gemeinkosten handelt es sich um diejenigen Aufwendungen für Güter, Leistungen und Dienste, die nicht unmittelbar in das Produkt eingehen, sondern nur über eine Schlüsselung oder Umlage zu dem hergestellten Vermögensgegenstand in Beziehung gebracht werden können. Für die Zuordnung von Aufwendungen zu Einzel- und Gemeinkosten kommt es nicht auf die im Einzelfall zu deren Ermittlung angewandte Kostenrechnungsmethode an. Werden aufwandsgleiche Kosten aus Praktikabilitätsgründen in der Kostenrechnung als Gemeinkosten behandelt und geschlüsselt, können sie aber ihrer Natur nach dem hergestellten Vermögensgegenstand quantitativ direkt zugerechnet werden, so handelt es sich um Einzelkosten (sog. **unechte Gemeinkosten**). Entscheidend für die Zuordnung ist also nicht die tatsächliche kostenrechnungsmäßige Zurechnung, sondern allein die Möglichkeit einer direkten Zurechnung. Da seit dem BilMoG sowohl Einzel- als auch Gemeinkosten zu den Pflichtbestandteilen der Herstellungskosten gehören, ist die Einordnung dieser Kosten für die Zwecke der Bestimmung der handelsrechtlichen Wertuntergrenze der Herstellungskosten allerdings unerheblich. U.E. unglücklich werden in der Gesetzesbegründung zum BilMoG die pflichtgemäß einzubeziehenden Gemeinkosten dadurch gekennzeichnet, dass sie „in Abhängigkeit von der Erzeugnismenge variieren" (BT-Drs. 16/10067, S. 60). Demgegenüber erstrecke sich das Wahlrecht des § 255 Abs. 2 Satz 3 HGB n. F. auf die unabhängig von der Erzeugnismenge anfallenden, also fixen Gemeinkosten, zu welchen die dort genannten Kosten der allgemeinen Verwaltung etc. zählten (vgl. *ebd.*). Allerdings stellt das Wahlrecht (vgl. zu diesem das Folgende) eben auf die speziell ihrer Art respektive Zuordnung nach charakterisierten und nicht auf variable Kosten allgemein ab. Deshalb fallen fixe Gemeinkosten des Material- und Fertigungsbereichs, auch wenn sie nicht unmittelbar mit der Erzeugnismenge variieren (wie bspw. Zeitabschreibungen bei Maschinen), unter die Aktivierungspflicht bei der Ermittlung der Herstellungskosten. Eine Begrenzung der Aktivierbarkeit der fixen Gemeinkosten erfolgt im Rahmen der Angemessenheitsbeurteilung.

Denn nach §255 Abs. 2 Satz 2 HGB sind die für die Fertigung ihrer Art nach notwendigen Material- und Fertigungsgemeinkosten sowie der durch die Fertigung veranlasste Werteverzehr des Anlagevermögens zwar grundsätzlich in die Berechnung der Herstellungskosten einzubeziehen, die Einbeziehung ist jedoch auf **angemessene Teile** der Gemeinkosten und des Werteverzehrs beschränkt.

Diesem Angemessenheitsprinzip entspricht es, fertigungsbedingte Gemeinkosten bei der Berechnung der Herstellungskosten nur insoweit zu berücksichtigen, wie sie bei einer normalen Auslastung der technischen und personellen Fertigungskapazitäten unter Berücksichtigung der branchentypischen Beschäftigungsschwankungen (Normalbeschäftigung) anfallen. Die Normalbeschäftigung ist in der Praxis oft schwer bestimmbar; sie kann sich im Zeitablauf ändern. Werden jedoch Fertigungsbereiche zeitweilig oder endgültig stillgelegt oder offenbar deutlich weniger als normal ausgelastet, dann sind die betreffenden Gemeinkosten als nicht mehr angemessene und nicht produktionsnotwendige Leerkosten von einer Einrechnung in die Herstellungskosten ausgeschlossen. Für die Beurteilung der Angemessenheit und die Berechnung des einbeziehbaren Werteverzehrs des Anlagevermögens kann von den kalkulatorischen Abschreibungen ausgegangen werden, jedoch ist der Ansatz nach oben durch die bilanziellen Abschreibungen begrenzt (vgl. hierzu Abschnitt 13.2, S. 460 ff.). Außerplanmäßige Abschreibungen sind jedoch nicht als Teil der Herstellungskosten zu aktivieren (*HFA*, Herstellungskosten, S. 312), zumal dies dem Zweck dieser Abschreibungen widersprechen könnte (vgl. *Baetge/Kirsch/Thiele*, Bilanzen, S. 198).

Ein **Aktivierungswahlrecht** besteht hinsichtlich der Kosten der **allgemeinen Verwaltung** (z. B. Löhne und Gehälter des Verwaltungsbereichs) sowie der **Aufwendungen für soziale Einrichtungen** des Betriebes (z. B. Kantine), der Aufwendungen aus **freiwilligen sozialen Leistungen** (z. B. Jubiläumszuwendungen) und der **betrieblichen Altersversorgung** (z. B. Zuwendungen an Pensions- und Unterstützungskassen). Soweit diese auf den Zeitraum der Herstellung entfallen und keine Vertriebskostenbestandteile (s. u.) enthalten, sieht §255 Abs. 2 Satz 3 HGB ein Wahlrecht zur Einbeziehung von angemessenen Teilen in die Berechnung der Herstellungskosten vor (vgl. *Hoffmann/Lüdenbach*, Kommentar Bilanzierung, S. 685 f.).

Nach §255 Abs. 3 Satz 1 HGB gehören **Zinsen für Fremdkapital** nicht zu den Herstellungskosten. Der Gesetzgeber gewährt jedoch in §255 Abs. 3 Satz 2 HGB ein Wahlrecht. Danach dürfen Zinsen für Fremdkapital, das zur Finanzierung der Herstellung eines Vermögensgegenstandes verwendet wird, angesetzt werden, soweit sie auf den Zeitraum der Herstellung entfallen. Wird von dem Wahlrecht Gebrauch gemacht, gelten aktivierte Zinsen als Herstellungskosten. Die Einbeziehung von Fremdkapitalzinsen in die aktivierbaren Herstellungskosten ist als Ausnahmefall anzusehen; dementsprechend ist die gesetzliche Regelung eng auszulegen. Erforderlich für die Aktivierung ist die Zurechenbarkeit des aufgenommenen Fremdkapitals in sachlicher und zeitlicher Hinsicht auf den jeweiligen Herstellungsvorgang, wie sie z. B. durch eine Objektfinanzierung zum Ausdruck kommt. Liegt keine Objektfinanzierung vor, so sind an das Kriterium der Zurechenbarkeit strenge Anforderungen in Form anderer Indizien für eine sachliche und zeitliche Zuordnung zu stellen. Als aktivierbare Fremdkapitalzinsen kommen grundsätzlich nur solche Aufwendungen in Betracht, die periodisierte Ausgaben für die Kapitalnutzung darstellen und auch in der Gewinn- und Verlustrechnung unter dem Posten „Zinsen und ähnliche Aufwendungen" auszuweisen sind. Die planmäßigen Abschreibungen auf ein gemäß §250 HGB aktiviertes Disagio können berücksichtigt werden, soweit sie Teilentgelt für die Überlassung von Kapital der betreffenden Periode darstellen. Kosten der Kapitalbeschaffung (z. B. Bereitstellungszinsen) sind hingegen nicht aktivierbar.

Ein **Aktivierungsverbot** besteht nach §255 Abs. 2 Satz 4 HGB für die **Kosten des Vertriebs** sowie für **Forschungskosten**. Dies gilt sowohl für die Vertriebsgemeinkosten, als auch für die Sondereinzelkosten des Vertriebs. Bei Letzteren ist aber zu überprüfen, inwieweit sie insbesondere im Fall langfristiger Fertigungsaufträge nicht auch als aktivierungspflichtige Fertigungseinzelkosten zu qualifizieren sind. Mit dem BilMoG wurde in §255 Abs. 2 Satz 4 HGB ein explizites **Aktivierungsverbot** von **Forschungskosten** eingefügt. Die Einfügung ist nach der Gesetzesbegründung allerdings als „eine im Zusammenhang mit der Aufhebung des Verbots der Aktivierung selbst geschaffener immaterieller Vermögensgegenstände des Anlagevermögens stehende Klarstellung" (BT-Drs. 16/10067, S. 60) zu verstehen. Damit ist die neu geschaffene Aktivierungsmöglichkeit von Aufwendungen für die (Neu-)Entwicklung bei der Herstellungskostenbestimmung selbst geschaffenen immateriellen Anlagevermögens nach §255 Abs. 2a HGB angesprochen. Das kategorische Aktivierungsverbot für Forschungskosten ist somit vor allem im Zusammenhang mit der Herstellungskostenbestimmung beim Anlagevermögen zu sehen (vgl. hierzu entsprechend Teil A, Abschn. 12.1, S. 428). Insofern unterliegen im Rahmen einer Auftragsforschung anfallende und entsprechend abrechenbare Aufwendungen nicht dem Aktivierungsverbot; sie sind gemäß den allgemeinen Regeln zu aktivieren (vgl. *Adler/Düring/Schmaltz,* Rechnungslegung, Rn. 255, Rn. 151). Das in §255 Abs. 2 HGB (und nicht in Abs. 2a) niedergelegte Aktivierungsverbot für Forschungskosten ist mithin differenziert zu betrachten. Allerdings besteht generell ein Aktivierungsverbot für Aufwendungen der Grundlagen- wie auch der Zweckforschung. Kosten der Weiterentwicklung eines bestehenden Produktes sind als Fertigungsgemeinkosten aktivierungspflichtig (vgl. zu beidem *Hundsdoerfer,* Vorräte, Abt. II/4, Rn. 58, sowie *Adler/Düring/Schmaltz,* a. a. O.).

Für die Bemessung der Herstellungskosten in der **Steuerbilanz** besteht nach R 6.3 Abs. 1 EStR die **Pflicht** zum Ansatz **notwendiger** Material- und Fertigungsgemeinkosten sowie des herstellungsbedingten Wertverzehrs des Anlagevermögens. Durch die Abschaffung eines möglichen Teilkostenansatzes im Rahmen des BilMoG bestehen hinsichtlich der **Wertuntergrenze** zwischen Handels- und Steuerbilanz somit keine grundsätzlichen Unterschiede mehr. Zu den notwendigen Gemeinkosten zählen aus steuerrechtlicher Sicht die entsprechenden Aufwendungen der Kostenstellen, die vollständig oder teilweise Leistungen für den Material- und Fertigungsbereich erbringen, der Werteverzehr des Anlagevermögens, das der Fertigung der Erzeugnisse gedient hat, sowie aufwandsgleiche (Objekt-)Steuern, soweit sie auch steuerlich abzugsfähige Betriebsausgaben sind. Nicht dazu zählen aufwandsgleiche (Subjekt-)Steuern (z. B. ESt, KSt, VSt), durch Unterbeschäftigung verursachte höhere Fixkosten oder Finanzierungs- und Geldbeschaffungskosten. Für steuerliche Zwecke orientiert sich der Wertverzehr des Anlagevermögens an den Absetzungen für Abnutzung; Teilwertabschreibungen oder der Wertverzehr geringwertiger Wirtschaftsgüter im Sinne des § 6 Abs. 2 bzw. 2a EStG sind nicht einzubeziehen (R 6.3 EStR). Des Weiteren übernimmt das Steuerrecht das handelsrechtliche **Wahlrecht** zum Ansatz der Kosten der allgemeinen Verwaltung, der Aufwendungen für soziale Einrichtungen des Betriebs, für freiwillige soziale Leistungen und für die betriebliche Altersversorgung sowie bezüglich der Zinsen des Fremdkapitals (R 6.3 Abs. 4 EStR). Im Widerspruch zu dieser Regelung in den Einkommensteuerrichtlinien wurde im Schreiben des BMF vom 12. 3. 2010 (BStBl. I 2010, S. 239, Rn. 8) eine Pflicht zur Einbeziehung von Kosten der allgemeinen Verwaltung, von angemessenen Aufwendungen für soziale Einrichtungen des Betriebes und für freiwillige soziale Leistungen sowie für Kosten der betrieblichen Altersversorgung in die Berechnung der Herstellungskosten unterstellt. Bereits kurz nach seiner Herausgabe wurde das Schreiben deswegen heftig kritisiert (vgl. *Kaminski*, Neue Probleme, S. 772 f.; *Zwirner*, Maßgeblichkeit, S. 592; *Herzig/Briesemeister*, Wahlrechtsverbot, S. 917). Mit seinem Folgeschreiben vom 22. 6. 2010 macht der BMF einen Rückzieher, indem er klarstellt, dass für Wirtschaftsjahre, die vor der Veröffentlichung einer geänderten Richtlinienfassung enden, die steuerliche Anwendung des handelsrechtlichen Wahlrechts nach R 6.3 Absatz 4 EStR 2008 nicht zu beanstanden ist (vgl. die entsprechende Ergänzung des vormaligen Schreibens um eine Rn. 25 durch das BMF-Schreiben vom 22. 6. 2010 – IV C 6 – S 2133/09/10001, in: FN 2010, S. 318). Für die Unternehmen ergeben sich somit zunächst keine diesbezüglichen Änderungen durch das erstgenannte BMF-Schreiben. Ein **steuerliches Aktivierungsverbot** betrifft analog dem Handelsrecht die Vertriebskosten (R 6.3 Abs. 5 EStR sowie grundsätzlich über das Maßgeblichkeitsprinzip). In Anlehnung an das Kalkulationsschema der Kostenträgerstückrechnung (vgl. Teil B, Abschn. 3.3.1, S. 871 und Abschn. 3.3.1.2, S. 874) lassen sich somit in der Tabelle auf der folgenden Seite die Werte für den Ansatz der Herstellungskosten des Vorratsvermögens in Handels- und Steuerbilanz vergleichen (– hierbei war die handelsrechtliche Wertuntergrenze nach alter Rechtslage vor Inkrafttreten des BilMoG durch die Summe der Einzelkosten gekennzeichnet; die dem BMF-Schreiben vom 12. 3. 2010 zugrunde liegende Variante bleibt unberücksichtigt). Die Übersicht gilt grundsätzlich analog für das selbst erstellte Anlagevermögen, sofern eine Aktivierungsfähigkeit des Objektes nicht ausgeschlossen ist (vgl. aber Teil A, Abschn. 12.1, S. 428 ff.).

(2) Entsprechend dem strengen Niederstwertprinzip sind Gegenstände des Vorratsvermögens mit dem Wert anzusetzen, der sich aus dem Börsen- oder Marktpreis ergibt bzw. der den Gegenständen beizulegen ist, sofern dieser unter den Anschaffungs- oder Herstellungskosten liegt. **Börsenpreis** ist der an einer Börse im amtlichen Handel, am geregelten Markt oder im Freiverkehr ermittelte Preis. Als **Marktpreis** wird derjenige Preis angesehen, der an einem

Handelsplatz für Waren einer bestimmten Gattung von durchschnittlicher Art und Güte zu einem bestimmten Zeitpunkt oder Zeitabschnitt im Durchschnitt bezahlt wird. Der Börsen- oder Marktpreis ist zu korrigieren, je nachdem welcher Markt der Ermittlung zugrunde gelegt wird. Vor allem für Roh-, Hilfs- und Betriebsstoffe ist in der Regel der Beschaffungsmarkt maßgeblich, so dass dem Börsen- oder Marktpreis die Anschaffungsnebenkosten zuzurechnen sind. Soweit es sich bei den Roh-, Hilfs- und Betriebsstoffen jedoch um nicht mehr benötigte Überbestände handelt, sind für diese, genau wie für die unfertigen und fertigen Erzeugnisse, die Verhältnisse am Absatzmarkt maßgeblich. Im Rahmen des Grundsatzes der verlustfreien Bewertung sind hierbei anfallende Verkaufsspesen in Abzug zu bringen.

	Aktivierung der Kostenbestandteile	
Kostenarten	**Handelsbilanz** (insb. § 255 HGB)	**Steuerbilanz** (insb. R 6.3 EStR)
Fertigungsmaterial + Fertigungslöhne + Sondereinzelkosten der Fertigung	Pflicht	Pflicht
= **Summe der Einzelkosten**	Ansatz nicht möglich	Ansatz nicht möglich
+ variable Materialgemeinkosten + variable Fertigungsgemeinkosten + fixe Materialgemeinkosten[1] + fixe Fertigungsgemeinkosten[1] + Sondergemeinkosten der Fertigung	Pflicht	Pflicht
= **Herstellungskosten I**	Ansatz möglich **(Untergrenze)**	Ansatz möglich **(Untergrenze)**
+ fixe Fertigungsgemeinkosten (in Gestalt von Kosten für soziale Einrichtungen des Betriebes, für freiwillige soziale Leistungen und für die betriebliche Altersversorgung sowie herstellungsbezogene Fremdkapitalkosten) + Verwaltungsgemeinkosten	Wahlrecht	Wahlrecht
= **Herstellungskosten II**	Ansatz möglich **(Obergrenze)**	Ansatz möglich **(Obergrenze)**
Kosten des Vertriebs (Einzel- und Gemeinkosten)	Verbot	Verbot

[1] inkl. Werteverbrauch des fertigungsbedingten Anlagevermögens (einschließlich dem Materialbereich zugeordneter Anlagen), exkl. der im Wahlrechtsbereich aufgeführten Kosten.

Ermittlung der handels- und steuerrechtlichen Ober- und Untergrenzen der Herstellungskosten

(3) Sofern ein Börsen- oder Marktpreis für die Gegenstände des Vorratsvermögens nicht festzustellen ist, muss der am Abschlussstichtag **beizulegende Wert** als Bilanzansatz angesetzt werden. Der beizulegende Wert ist jedoch im Gesetz nicht näher bestimmt, so dass er als nichtpagatorischer Wert der Interpretation

bedarf. Gemäß den Grundsätzen ordnungsmäßiger Buchführung können folgende Hilfswerte herangezogen werden:

- Wiederbeschaffungs- bzw. Reproduktionskostenwert
- Verkaufswert.

Darüber hinaus kann sich die Ermittlung des beizulegenden Wertes im Einzelfall aber auch an Ertragswerten (z. B. bei Patenten) oder an Liquidationswerten (z. B. bei Beteiligungen) orientieren.

Der **Wiederbeschaffungskostenwert** ist für Gegenstände maßgebend, die noch nicht in die Produktion eingegangen sind, und ergibt sich für Roh-, Hilfs- und Betriebsstoffe aus den Gegebenheiten des Beschaffungsmarktes. Für unfertige und fertige Erzeugnisse kommt eine Bewertung auf der Basis von Reproduktionskosten und damit vom Beschaffungsmarkt her nur dann in Frage, wenn ein Verkaufswert nicht festgestellt werden kann. Der **Reproduktionskostenwert** entspricht den Herstellungskosten auf der Grundlage der Preise und Kosten des Bilanzstichtages.

Der **Verkaufswert,** der sich aus den Verhältnissen des Absatzmarktes berechnen lässt, kommt für den Ansatz von Handelswaren, unfertigen sowie fertigen Erzeugnissen und nicht mehr benötigten Roh-, Hilfs- und Betriebsstoffen in Betracht. Dabei sind von einem voraussichtlichen Verkaufserlös die bis zur Veräußerung noch anfallenden Aufwendungen abzuziehen **(Grundsatz der verlustfreien Bewertung).** Die Ermittlung des Verkaufswerts von Handelswaren und fertigen Erzeugnissen kann nach folgendem Schema bestimmt werden (*Adler/Düring/Schmaltz,* Rechnungslegung, § 253 HGB, Rn. 525 ff.):

	Voraussichtlicher Verkaufserlös (ohne Umsatzsteuer)
./.	Erlösschmälerungen
./.	Verpackungs- und Frachtkosten
./.	sonstige Vertriebskosten
./.	noch anfallende Verwaltungskosten
./.	Kapitaldienstkosten (Fremdkapitalzinsen)
=	am Abschlussstichtag beizulegender Wert

Bei unfertigen Erzeugnissen sind darüber hinaus auch die bis zur Fertigstellung noch erforderlichen Herstellungskosten in Abzug zu bringen.

Durch das **BilMoG entfallen** die nach vormaligem Recht noch zulässigen Abschreibungen zur Vorwegnahme künftiger Wertschwankungen nach vernünftiger kaufmännischer Beurteilung (§ 253 Abs. 3 Satz 3 HGB a. F.) und die allgemeinen, jedoch durch das Prinzip der Willkürfreiheit beschränkten Abschreibungen im Rahmen vernünftiger kaufmännischer Beurteilung (§ 253 Abs. 4 HGB a. F.), welche allerdings für Kapitalgesellschaften bzw. haftungsbeschränkte Personengesellschaften nicht anwendbar waren (§ 279 Abs. 1 Satz 1 HGB a. F.). Des Weiteren ist mit Wegfall der umgekehrten Maßgeblichkeit auch ein niedrigerer Wertansatz aufgrund einer steuerrechtlichen Abschreibung (§ 254 HGB a. F. i. V. m. § 279 Abs. 2 HGB a. F.) nicht mehr zu zulässig.

Gemäß dem **strengen Niederstwertprinzip** im Umlaufvermögen ist von den Anschaffungs- oder Herstellungskosten und dem Börsen- oder Marktpreis bzw. dem beizulegenden Wert stets der niedrigste dieser Werte anzusetzen.

11.2.2 Bewertungsverfahren

Nach §252 Abs.1 Nr.3 HGB ist die Bewertung der Vermögensgegenstände grundsätzlich **einzeln** durchzuführen. Dieser **Grundsatz der Einzelbewertung** trägt dem Prinzip vorsichtiger Bilanzierung Rechnung und dient der Notwendigkeit, die Identität der Vermögensgegenstände und damit die Zuordnung der Anschaffungs- oder Herstellungskosten nachzuweisen. Dies setzt allerdings voraus, dass z.B. gleichartige Vorräte mit unterschiedlichen Anschaffungs- oder Herstellungskosten getrennt gelagert und im Rahmen der Lagerbuchhaltung auch getrennt verwaltet werden. Deshalb kann die Einzelbewertung nur bei Gegenständen angewandt werden, deren individueller Zu- und Abgang oder Bestand ohne Schwierigkeiten verfolgt werden kann, wie bei geringen Beständen von Gegenständen mit erheblichem Einzelwert.

Aus Gründen der Vereinfachung und der Wirtschaftlichkeit gestattet §256 i.V.m. §240 Abs.3 und 4 HGB vom Prinzip der Einzelbewertung abweichende **Vereinfachungen,** die darin bestehen, dass Gütergruppen gebildet werden dürfen, die summarisch statt einzeln bewertet werden, dass zugrunde liegende Gütermengen geschätzt und Verbrauchsfolgeunterstellungen statt einer genauen Aufzeichnung über den Abgang von Vorratsgütern gemacht werden dürfen. Voraussetzung ist, dass die betreffenden Güter **gleichartig** und annähernd **gleichwertig** sind. Außerdem darf ein nach diesen Verfahren bestimmter Wertansatz nicht gegen das Niederstwertprinzip verstoßen.

11.2.2.1 Gruppenbewertung

Gemäß §240 Abs.4 HGB kann eine bestimmte Anzahl von beweglichen Vermögensgegenständen oder Schulden zu einer Gruppe zusammengefasst werden und diese Gruppe mit dem gewogenen Durchschnittswert angesetzt werden.

Voraussetzung dafür ist, dass die zusammengefassten Vermögensgegenstände gleichartig sind. **Gleichartig** sind Gegenstände dann, wenn es sich um Waren handelt, die

1. der gleichen Warengattung angehören oder
2. dem gleichen Verwendungszweck dienen (Funktionsgleichheit).

Zur gleichen **Warengattung** gehören z.B. Bandeisen verschiedener Abmessungen oder Waren erster, zweiter und dritter Wahl. Eine Zuordnung der unfertigen Erzeugnisse zur gleichen Warengattung setzt voraus, dass sie die gleiche Fertigungsreife bei nicht oder nur geringfügig verschiedenen Produktionsverfahren erreicht haben. Werden unterschiedliche Materialien für den gleichen Zweck verwendet (z.B. Stoff bzw. Leder zum Bezug von Autositzen), so ist das Merkmal der **Funktionsgleichheit** erfüllt.

Obwohl für Vermögensgegenstände des Vorratsvermögens, im Gegensatz zu anderen beweglichen Vermögensgegenständen, eine annähernde **Wertgleichheit** durch das Handelsgesetzbuch nicht unmittelbar gefordert wird, dient dieses Kriterium mittelbar zur Abgrenzung der Gleichartigkeit. Damit wird die Grenze der Gleichartigkeit dort gezogen, wo die Werte gleichartiger Vermögensgegenstände erheblich voneinander abweichen (*Adler/Düring/Schmaltz*, Rechnungslegung, § 240 HGB, Rn. 121 ff.). Allerdings muss sich die Beurteilung der Gleichwertigkeit am Einzelfall orientieren: Bei geringen Einzelwerten kann eine Abweichung von maximal 20 % des höchsten vom niedrigsten Wert als nicht wesentlich angesehen werden. Mit steigendem Einzelwert vermindert sich diese Spanne. Die Bewertung hat mit dem gewogenen Durchschnittswert zu erfolgen.

Die entsprechende Gruppenbildung und Gruppenbewertung ist auch steuerrechtlich für Wirtschaftsgüter des Vorratsvermögens gültig (R 6.8 Abs. 4 EStR; nach dem BMF-Schreiben vom 12. 3. 2010, BStBl. I 2010, S. 240 (Rn. 7), soll hierbei die handelsrechtliche Behandlung für die Steuerbilanz maßgeblich sein; auf R 6.8 Abs. 4 EStR wird nicht verwiesen (beachte u. a. O., Rn. 12, sowie S. 241, Rn. 16 f.)).

Beispiel: Gruppenbewertung

Preise	1. Wahl	2,20 €/ME
	2. Wahl	2,10 €/ME
	3. Wahl	2,00 €/ME
Summe		6,30 €

$$\text{Durchschnittspreis} = \frac{6{,}30\ €}{3} = 2{,}10\ €/\text{ME}$$

Endbestände	1. Wahl	80 ME
	2. Wahl	100 ME
	3. Wahl	60 ME
Summe		240 ME
Wert zum Abschlussstichtag		240 ME × 2,10 €/ME = 504 €

Der Unterschied zwischen der Gruppenbewertung und der weiter unten behandelten Durchschnittsmethode (vgl. Teil A, Abschn. 11.2.2.3, S. 410 ff.) besteht darin, dass bei der Gruppenbewertung verschiedene, ähnliche Bestände mit zum Abschlussstichtag bekannten Preisen zusammengefasst werden, während bei der Durchschnittsmethode der Wert zum Abschlussstichtag nicht bekannt ist, sondern erst aus den Beschaffungsdaten u. U. des gesamten Geschäftsjahres ermittelt werden muss.

11.2.2.2 Festbewertung

Nach § 240 Abs. 3 HGB können Vermögensgegenstände des Sachanlagevermögens sowie Roh-, Hilfs- und Betriebsstoffe des Vorratsvermögens mit einer gleich bleibenden Menge und mit einem gleich bleibenden Wert angesetzt werden, wenn ihr Bestand in seiner Größe, seinem Wert und seiner Zusammensetzung nur geringen Veränderungen unterliegt, sie regelmäßig ersetzt werden und ihr Gesamtwert für das Unternehmen nur von nachrangiger Bedeutung ist. Dieser gleich bleibende Wert wird auch **Festwert** genannt. Für die dem Festwert zugrunde liegende Gütermenge wird unterstellt, dass sich Verbrauch und Neuzugänge mengen- und wertmäßig in etwa entsprechen. Aus Letzterem folgt, dass das Ansetzen eines Festwertes nicht dem Ausgleich von Preisschwankungen dienen darf, sondern lediglich der Vereinfachung und Wirtschaftlichkeit der Vorratsbewertung. Aufgrund des unveränderten Wertansatzes können Zugänge sofort als Aufwand verbucht werden, laufende Abschreibungen entfallen somit. Zur Überprüfung des Festwertes ist nach Handelsrecht in der Regel alle drei Jahre eine körperliche Bestandsaufnahme (Inventur) durchzuführen. Steuerlich sind nach dem BMF-Schreiben vom 12. 3. 2010 (BStBl. I 2010, S. 240 (Rn. 7)) wie bei der Gruppenbewertung die handelsrechtlichen Wertansätze grundsätzlich zu übernehmen. Allerdings wird die steuerliche Behandlung in den Einkommensteuerrichtlinien für Wirtschaftsgüter des beweglichen Anlagevermögens noch spezifiziert (vgl. R 5.4 Abs. 4 EStR). Danach ist der Festwert spätestens an jedem fünften Bilanzstichtag durch Inventur zu überprüfen. Zeigt sich dabei, dass der Wert des festgestellten Bestandes nicht nur geringfügig, d. h. um mehr als 10 % gestiegen ist, so muss eine Fortschreibung des Festwertes entsprechend den Anschaffungs- bzw. Herstellungskosten der Zugänge seit dem letzten Bilanzstichtag vorgenommen werden, bis der neu ermittelte Festwert erreicht ist. Ergibt sich, dass der Festwert gesunken ist, so kann dieser angesetzt werden.

11.2.2.3 Sammelbewertung

Unter dem Begriff Sammelbewertung lassen sich zum einen der **Ansatz von Durchschnittspreisen** und zum anderen die in § 256 HGB angesprochenen Verfahren zur vereinfachten Ermittlung der Anschaffungs- oder Herstellungskosten gemäß bestimmter **Verbrauchsfolgefiktionen** subsumieren. Voraussetzung beider Verfahren ist, dass es sich um gleichartige Gegenstände handelt. Auch die nach den Sammelbewertungsverfahren ermittelten Wertansätze unterliegen dem Niederstwertprinzip, d. h. sie dürfen nur dann in die Bilanz übernommen werden, wenn der jeweilige Tageswert (Börsen- oder Marktpreis bzw. beizulegender Wert) gleich oder höher ist. Die handelsrechtliche Zulässigkeit der Bewertung des Vorratsvermögens über die mit Hilfe der Methoden der Sammelbewertung ermittelten Werte ist daher vor allem von der Preisentwicklung abhängig.

(1) Die **Durchschnittsmethode** zählt zu den in der Praxis verbreitetsten Bewertungsverfahren. Sie ist im Handelsrecht aufgrund von § 256 HGB, der § 240 Abs. 4 HGB ausdrücklich auch auf den Jahresabschluss für anwendbar erklärt und gemäß R 6.8 Abs. 3, 4 EStR auch im Steuerrecht zulässig. Die Ermittlung des Durchschnittspreises (durchschnittliche Anschaffungskosten) kann auf der Basis gewogener oder gleitender Mittelwerte erfolgen. Im ersten Fall wird aus dem Anfangsbestand und den Zugängen während des Geschäftsjahres ein Durchschnittswert berechnet, wobei die einzelnen Anschaffungskosten pro Stück mit der jeweiligen Menge gewichtet werden. Die Summe der Einstandspreise dividiert durch die aufaddierten Mengeneinheiten ergibt den **gewogenen Durchschnittspreis,** mit dem Endbestand und Abgänge einer Materialart dann zu bewerten sind.

Beispiel: Gewogene Durchschnittsmethode

Anfangsbestand	500 ME	× 15 €/ME	= 7.500 €
1. Zugang	350 ME	× 18 €/ME	= 6.300 €
2. Zugang	500 ME	× 12 €/ME	= 6.000 €
3. Zugang	450 ME	× 16 €/ME	= 7.200 €
Summe	1.800 ME		= 27.000 €

$$\text{Durchschnittspreis} = \frac{27.000\ €}{1.800\ \text{ME}} = 15\ €/\text{ME}$$

Abgänge	1.300 ME	× 15 €/ME	= 19.500 €
Endbestand	500 ME	× 15 €/ME	= 7.500 €

Die gewogene Durchschnittsmethode lässt sich dadurch verfeinern, dass **gleitende Durchschnittswerte** berechnet werden. Nach jedem Zugang wird bei dieser Rechnung ein Durchschnittswert ermittelt. Die Fortschreibung der durchschnittlichen Anschaffungskosten **(Skontration)** ermöglicht die Bewertung der Abgänge mit dem jeweiligen Durchschnittspreis. Da die Anwendung der gleitenden Durchschnittsmethode eine genaue Aufzeichnung der einzelnen Abgänge auf dem entsprechenden Lagerkonto voraussetzt, kann der Wertansatz des Bestands diesem jederzeit entnommen werden.

Beispiel: Gleitende Durchschnittsmethode (Rechnung auf Basis jeweils gerundeter Durchschnittspreise bei Abgängen)

Anfangsbestand	500 ME	× 15 €/ME	= 7.500 €
1. Zugang	350 ME	× 18 €/ME	= 6.300 €
Bestand	850 ME		= 13.800 €

$$\text{Durchschnittspreis} = \frac{13.800\ €}{850\ \text{ME}} = 16{,}24\ €/\text{ME}$$

1. Abgang	400 ME	× 16,24 €/ME	= 6.496 €
Bestand	450 ME		= 7.304 €
2. Zugang	500 ME	× 12 €/ME	= 6.000 €
Bestand	950 ME		= 13.304 €

$$\text{Durchschnittspreis} = \frac{13.304\ €}{950\ \text{ME}} = 14{,}00\ €/\text{ME}$$

2. Abgang	300 ME	× 14,00 €/ME	= 4.200 €
Bestand	650 ME		= 9.104 €
3. Zugang	450 ME	× 16 €/ME	= 7.200 €
Bestand	1.100 ME		= 16.304 €

$$\text{Durchschnittspreis} = \frac{16.304\ €}{1.100\ \text{ME}} = 14{,}82\ €/\text{ME}$$

3. Abgang	600 ME	× 14,82 €/ME	= 8.892 €
Endbestand	500 ME		= 7.412 €

(2) Als **Verbrauchsfolgeverfahren** kommen für die Bewertung gleichartiger Wirtschaftsgüter des Vorratsvermögens nach § 256 HGB die folgenden Verfahren der Sammelbewertung in Frage:

– Fifo-Methode
– Lifo-Methode
} Verbrauchsfolgeunterstellungen bezüglich der **zeitlichen Reihenfolge** der Anschaffung oder Herstellung

Betragsfolge-Verfahren wie die Hifo-Methode (highest in – first out) und die Lofo-Methode (lowest in – first out) sind seit der Änderung des § 256 HGB a. F. durch das BilMoG grundsätzlich unzulässig.

Bei den **Verbrauchsfolgeunterstellungen** kann davon ausgegangen werden, dass sie **handelsrechtlich** zulässig sind, soweit sie den Grundsätzen ordnungsmäßiger Buchführung entsprechen. Die **steuerliche** Zulässigkeit ist für die Durchschnittsmethode und die Lifo-Methode in § 6 Abs. 1 Nr. 2a EStG i. V. m. R 6.9 Abs. 1 EStR und R 6.8 Abs. 3 und 4 EStR kodifiziert. Die Anwendung der Lifo-Methode entspricht allerdings nicht den handelsrechtlichen GoB und ist daher auch steuerrechtlich ausgeschlossen, wenn es sich um Vorräte mit hohen spezifischen Anschaffungskosten handelt, die ohne weiteres identifiziert und den einzelnen Vermögensgegenständen zugeordnet werden können, wie dies z. B. bei zum Verkauf bestimmten Pkw im Gebrauchtwagenhandel der Fall ist (vgl. auch BFH v. 20. 6. 2000 – VIII R 32/98), da die Lifo-Methode als Bewertungsvereinfachung den hier relevanten Grundsatz der Einzelbewertung nicht außer Kraft setzt. Nach überwiegender Auffassung des Schrifttums sind jedoch nicht nur die Durchschnitts- und Lifo-Methode, sondern grundsätzlich alle Verbrauchsfolgeunterstellungen bezüglich der zeitlichen Reihenfolge der Anschaffung oder Herstellung steuerlich zulässig, wenn die fiktive Verbrauchsfolge dem tatsächlichen Verbrauch entspricht. Darüber hinaus setzt die Anwendung des Lifo-Verfahrens in der Steuerbilanz nach Verwaltungsauffassung nicht voraus, dass die Wirtschaftsgüter auch handelsrechtlich gemäß einem Verbrauchsfolgeverfahren bewertet werden (BMF-Schreiben vom 12. 3. 2010, BStBl. I 2010, S. 241).

Bei der **Fifo-Methode** (first in – first out) wird angenommen, dass die zuerst hergestellten oder beschafften Wirtschaftsgüter auch als erste verbraucht bzw. veräußert werden. Die ältesten Bestände werden zuerst dem Lager entnommen, so dass die vorhandenen Mengen am Bilanzstichtag aus den letzten Zugängen stammen. Für den Ansatz in der Schlussbilanz sind somit die Einstandspreise der letzten Einkäufe maßgebend. Das Verfahren lässt sich relativ einfach handhaben, da die Zugänge nur so lange zurückverfolgt werden müssen, bis sie mit dem Bestand laut Inventur übereinstimmen.

Beispiel: Fifo-Methode

Anfangsbestand	500 ME × 15 €/ME			= 7.500 €
1. Zugang	350 ME × 18 €/ME			= 6.300 €
2. Zugang	500 ME × 12 €/ME			= 6.000 €
3. Zugang	450 ME × 16 €/ME			= 7.200 €
Summe	1.800 ME			= 27.000 €
. /. Verbrauch	1.300 ME :			
	500 ME (Anfangsbestand)	× 15 €/ME =	7.500 €	
	350 ME (1. Zugang)	× 18 €/ME =	6.300 €	
	450 ME (aus 2. ″)	× 12 €/ME =	5.400 €	
			19.200 €	= 19.200 €
Endbestand	500 ME :			
	450 ME (3. Zugang)	× 16 €/ME =	7.200 €	
	50 ME (aus 2. ″)	× 12 €/ME =	600 €	
			7.800 €	= 7.800 €

Das **Lifo-Verfahren** (last in – first out) unterstellt eine im Vergleich zur Fifo-Methode umgekehrte Verbrauchsfolge, d. h. nicht die ältesten Bestände, sondern die letzten Zugänge verlassen zuerst das Lager. Somit wird der Materialverbrauch mit den Einstandspreisen der letzten Lieferungen bewertet, der Endbestand mit den Anschaffungskosten des Anfangsbestandes und der ersten Lieferungen. Neben einer Vereinfachung der Ermittlung der Anschaffungs- oder Herstellungskosten besteht der Zweck dieses Verfahrens vor allem darin, den Materialverbrauch zu gegenwartsbezogenen Preisen (als Aufwand) zu verrechnen. Technisch lässt sich das Lifo-Verfahren in zwei Formen aufgliedern, zum einen in die **Perioden-Lifo-Methode** und zum anderen in die **permanente Lifo-Methode.** Beim letzteren Verfahren wird der Materialverbrauch fortlaufend während des ganzen Jahres erfasst und nach der Fiktion last in – first out bewertet. Dies erfordert eine laufende mengen- und wertmäßige Aufzeichnung der Zu- und Abgänge.

Beispiel: Permanente Lifo-Methode

Anfangsbestand	500 ME	× 15 €/ME		= 7.500 €
1. Zugang	350 ME	× 18 €/ME		= 6.300 €
Bestand	850 ME			= 13.800 €
1. Abgang	350 ME	× 18 €/ME	= 6.300 €	
	+ 50 ME	× 15 €/ME	= 750 €	
	400 ME		7.050 €	= 7.050 €
Bestand	450 ME			= 6.750 €
2. Zugang	500 ME	× 12 €/ME		= 6.000 €
Bestand	950 ME			= 12.750 €
2. Abgang	300 ME	× 12 €/ME		= 3.600 €
Bestand	650 ME			= 9.150 €
3. Zugang	450 ME	× 16 €/ME		= 7.200 €
Bestand	1.100 ME			= 16.350 €
3. Abgang	450 ME	× 16 €/ME	= 7.200 €	
	+ 150 ME	× 12 €/ME	= 1.800 €	
	600 ME		9.000 €	= 9.000 €
Endbestand	500 ME			= 7.350 €

Beim Perioden-Lifo-Verfahren wird der Bestand dagegen nur einmal zum Jahresende bewertet. Eine kontinuierliche Aufzeichnung der Zugänge und des Materialverbrauchs wie bei der permanenten Lifo-Methode ist nicht erforderlich, sondern lediglich eine Aufzeichnung in zeitlicher Reihenfolge aller Lieferungen mit Menge und Preis.

Beispiel: Perioden-Lifo-Verfahren

Anfangsbestand	500 ME × 15 €/ME		= 7.500 €
1. Zugang	350 ME × 18 €/ME		= 6.300 €
2. Zugang	500 ME × 12 €/ME		= 6.000 €
3. Zugang	450 ME × 16 €/ME		= 7.200 €
Summe	1.800 ME		= 27.000 €
. /. Verbrauch	1.300 ME :		
	450 ME (3. Zugang)	× 16 €/ME = 7.200 €)	
	500 ME (2. ")	× 12 €/ME = 6.000 €)	
	350 ME (1. ")	× 18 €/ME = 6.300 €)	
	1.300 ME	19.500 €)	= 19.500 €
Endbestand	500 ME :		
	(500 ME (Anfangsbestand)	× 15 €/ME = 7.500 €)	= 7.500 €

Übungsbeispiel:

In der Buchhaltung einer Maschinenfabrik sind die nachfolgenden Geschäftsvorfälle zu verbuchen (Nummerierungen und Bezeichnungen des IKR; vgl. Anhang A.4, S. 1316 ff.):

1) Bezug von Roheisen. Die Rechnung der Lieferfirma Mann AG in Düsseldorf lautet:

5000 kg Roheisen	5.000
20 % Großabnehmerrabatt	1.000
Nettobetrag	4.000
10 % Umsatzsteuer	400
Rechnungsbetrag	4.400

   Zahlung: innerhalb 10 Tagen mit 2 % Skonto, sonst 30 Tage Ziel.

2) Die 5000 kg Roheisen werden zu Rohlingen (unfertige Erzeugnisse) verarbeitet, wobei Fertigungslöhne in Höhe von 1.500 anfallen.
3) Die Rohlinge werden zu Fertigerzeugnissen weiterverarbeitet. Dabei fallen 500 Löhne für Lagerarbeiter (Materialgemeinkosten), 1.000 Fertigungslöhne und 300 sonstige Personalaufwendungen (Fertigungsgemeinkosten) an.
4) Die Fertigerzeugnisse werden an den Kunden Schmider GmbH zu 10.000 verkauft. Die Frachtkosten in Höhe von 500 + 10 % USt werden bar bezahlt.
5) Für die Herstellung von Revolverdrehbänken wurde der Jahresbedarf von 10.000 m Elektrokabel bei Draht & Kabel, Frankfurt, gegen folgende Rechnung eingekauft:

10.000 m Spezialkabel Art.-Nr. SK 5002	10.000
Porto- und Telefonauslagen	10
Verpackung und Versand	190
Mengenrabatt 12 % auf Warenwert	1.200
Nettobetrag	9.000
10 % Umsatzsteuer	900
Rechnungsbetrag	9.900

   Zahlung: innerhalb 30 Tagen ohne Abzug.

6) 5.000 m Elektrokabel werden dem Lager gegen Materialentnahmeschein entnommen und gehen in die Fertigung ein.

7) An den Kunden Meier & Söhne in Ulm wird eine Revolverdrehbank verkauft. Dieser Vorgang wurde wie folgt fakturiert:

1 Revolverdrehbank Typ FS 300	4.500
Verpackungskosten	300
Speditionsspesen	200
Nettobetrag	5.000
10 % Umsatzsteuer	500
Rechnungsbetrag	5.500

Zahlungsbedingungen: 8 Tage mit 3 % Skonto, sonst 60 Tage Ziel.

Buchen Sie die Inrechnungstellung.

8) Die gleiche Revolverdrehbank wurde auch an die Bohrsysteme AG in St. Gallen verkauft. Warenwert und Verpackungskosten waren gleich wie bei Vorgang 7. Neben den Frachtkosten von 750 wurde dem Kunden auch die Transportversicherung in Höhe von 250 in Rechnung gestellt, die vorher in bar verauslagt wurde (umsatzsteuerfreies Ausfuhrgeschäft § 4 Nr. 1 UStG).

9) Von der Süddeutschen Schmiermittelfabrik AG in Heilbronn wurde Lagerfett für die eigenen Produktionsanlagen eingekauft. Rechnungsbetrag (inkl. Umsatzsteuer) 880.

10) Die Firma Ferdinand Schmitz in Köln hat ein Ersatzteil (Herstellungskosten 800), das dem Lager entnommen wurde, gegen folgende Rechnung erhalten:

Ersatzteil für Montagestraße FS 3000	1.000
Zufahrt im eigenen Lkw	200
Nettobetrag	1.200
10 % Umsatzsteuer	120
Rechnungsbetrag	1.320

Zahlung: sofort ohne Abzug.

11) An den Eisenwarenhändler Fritz Lustig in Pforzheim werden 10 Kleinbohrmaschinen (empfohlener Ladenverkaufspreis je 150) verkauft. Lustig erhält folgende Rechnung:

10 Kleinbohrmaschinen Typ FS 100	1.500
35 % Wiederverkäuferrabatt	525
Frachtkosten	25
Nettobetrag	1.000
10 % Umsatzsteuer	100
Rechnungsbetrag	1.100

Zahlungsziel: 60 Tage, in den ersten 8 Tagen mit 2 % Skonto.

12) Die Rechnung Mann AG (Vorgang 1) wird nach 8 Tagen durch Banküberweisung beglichen (beachten Sie: Berichtigung des Vorsteuerabzugs).

13) Die Speditionsspesen (Vorgang 7) werden gegen Quittung bar an den Spediteur Max Schulze bezahlt.

14) Meier & Söhne schicken einen Scheck über 5.335 als Ausgleich für die Rechnung (siehe Vorgang 7).

15) Dem Kunden Fritz Lustig wird ein Bonus über 5 % der im abgelaufenen Geschäftsjahr mit ihm getätigten Umsätze von netto 8.000 gewährt. Lustig erhält eine entsprechende Gutschrift.

16) Ferdinand Schmitz überweist 1.100 mit dem Hinweis, der Rechnungsbetrag sei um die Zufahrtskosten (Vorgang 10) gekürzt worden, weil eine Lieferung frei Köln vereinbart gewesen sei.

17) Der Schweizer Kunde Bohrsysteme AG (Vorgang 8) bezahlt den um die Transportversicherung geminderten Rechnungsbetrag abzüglich 2 % Skonto auf das Landeszentralbankkonto. Der ursprüngliche Rechnungsbetrag wurde von

der Bohrsysteme AG nicht akzeptiert, weil vereinbart war, dass der Lieferant die Transportversicherung zu tragen hat.

18) Lustig (Vorgang 11 und 15) überweist den Rechnungsbetrag unter Skontoabzug (2 % von 1.100) und zieht außerdem den Gutschriftsbetrag ab (Überweisungsbetrag 638).

19) An die Süddeutsche Schmiermittelfabrik AG (Vorgang 9) werden 770 (Abzug 110 für mangelhafte Lieferung) über die Postbank bezahlt.

20) An die Elektrizitätsversorgungsgesellschaft wird die Stromrechnung für die Fertigung in Höhe von 825 in bar beglichen.

21) Der Scheck (Vorgang 14) wird der Bank zum Einzug eingereicht.

22) Bei der Produktion von Gelenkstangen entstehen als unfertige Erzeugnisse bearbeitete Metallstangen. Es werden 20 Stück solcher Halbfabrikate hergestellt. Hierbei entstanden an Kosten: Rohmetall 1.000, Hilfsstoffe 1.000 sowie Fertigungslöhne 5.000.

23) Zehn Metallstangen wurden mit Hilfe von je zwei fremdbezogenen Gelenkstücken à 12 zum Endprodukt „Gelenkstange" weiterverarbeitet. Pro Gelenkstange benötigte ein Arbeiter 4 Stunden à 18.

24) Vier Gelenkstangen werden zu je 600 + 10 % Umsatzsteuer an Meier & Söhne verkauft. Speditionsspesen: 100.

25) Prüfen Sie für die angegebenen Daten der Fälle a)–d) die Zulässigkeit der verschiedenen Sammelbewertungsverfahren.

a) – monoton steigende Preise
– Endbestand laut Inventur = 100 kg
– Stichtagswert = 12 €/kg

Anfangsbestand	70 kg × 8 €/kg	= 560 €
1. Zugang	30 kg × 10 €/kg	= 300 €
1. Abgang	40 kg	
2. Zugang	60 kg × 11 €/kg	= 660 €
2. Abgang	30 kg	
3. Zugang	40 kg × 12 €/kg	= 480 €
3. Abgang	30 kg	

b) – monoton fallende Preise
– Endbestand laut Inventur = 100 kg
– Stichtagswert = 4 €/kg

Anfangsbestand	70 kg × 8 €/kg	= 560 €
1. Zugang	30 kg × 6 €/kg	= 180 €
1. Abgang	40 kg	
2. Zugang	60 kg × 5 €/kg	= 300 €
2. Abgang	30 kg	
3. Zugang	40 kg × 4 €/kg	= 160 €
3. Abgang	30 kg	

c) – monoton fallende Preise
– Endbestand laut Inventur = 40 kg
– Stichtagswert = 4 €/kg

Anfangsbestand	70 kg × 8 €/kg	= 560 €
1. Zugang	30 kg × 6 €/kg	= 180 €
1. Abgang	40 kg	
2. Zugang	60 kg × 5 €/kg	= 300 €
2. Abgang	60 kg	
3. Zugang	40 kg × 4 €/kg	= 160 €
3. Abgang	60 kg	

d) – schwankende Preise
– Endbestand laut Inventur = 100 kg
– Stichtagswert = 9 €/kg

Anfangsbestand	70 kg × 8 €/kg	= 560 €
1. Zugang	30 kg × 12 €/kg	= 360 €
1. Abgang	40 kg	
2. Zugang	60 kg × 7 €/kg	= 420 €
2. Abgang	30 kg	
3. Zugang	40 kg × 9 €/kg	= 360 €
3. Abgang	30 kg	

Lösung:

	Konto	Soll	Betrag		Konto	Haben	Betrag
1)	200	Rohstoffe/Fertigungsmaterial	4.000				
	260	anrechenbare Vorsteuer	400	an	44	Verbindlichkeiten aus Lieferungen und Leistungen	4.400
2)	600	Aufwendungen für Rohstoffe/Fertigungsmaterial	4.000	an	200	Rohstoffe/Fertigungsmaterial	4.000
	620	Fertigungslöhne	1.500	an	288	Kasse	1.500
	21	unfertige Erzeugnisse, unfertige Leistungen	5.500	an	521	Bestandsveränderungen unfertige Erzeugnisse	5.500

3) Herstellungskosten der Fertigerzeugnisse:

Fertigungsmaterial		4.000
Materialgemeinkosten		500
Materialkosten		4.500
Fertigungslöhne	1.500	
	1.000	2.500
Fertigungsgemeinkosten		300
Herstellungskosten		7.300

Verbuchung:

	Konto	Soll	Betrag		Konto	Haben	Betrag
	521	Bestandsveränderungen unfertige Erzeugnisse	5.500	an	21	unfertige Erzeugnisse, unfertige Leistungen	5.500
	620	Fertigungslöhne	1.000				
	66	sonstige Personalaufwendungen	300				
	62	Löhne	500	an	288	Kasse	1.800
	22	Fertige Erzeugnisse und Waren	7.300	an	522	Bestandsveränderungen fertige Erzeugnisse	7.300
4)	522	Bestandsveränderungen fertige Erzeugnisse	7.300	an	22	Fertigerzeugnisse	7.300
	24	Forderungen aus Lieferungen und Leistungen	11.000	an	510	Umsatzerlöse für eigene Erzeugnisse	10.000
					480	Umsatzsteuer	1.000
	714	Frachten und Fremdlager	500				
	260	anrechenbare Vorsteuer	50	an	288	Kasse	550

Nr.	Soll-Konto		Betrag		Haben-Konto		Betrag
5)	202	Hilfsstoffe	9.000				
	260	anrechenbare Vorsteuer	900	an	44	Verbindlichkeiten aus Lieferungen und Leistungen	9.900
6)	602	Aufwendungen für Hilfsstoffe	4.500	an	202	Hilfsstoffe	4.500
	21	Unfertige Erzeugnisse, unfertige Leistungen	4.500	an	521	Bestandsveränderungen unfertige Erzeugnisse	4.500
7)	24	Forderungen aus Lieferungen und Leistungen	5.500	an	510	Umsatzerlöse für eigene Erzeugnisse	5.000
					480	Umsatzsteuer	500
8)	733	Versicherungen	250	an	288	Kasse	250
		(Beachten Sie: Auf die Versicherungsprämie wird keine Umsatzsteuer berechnet § 4 Nr. 10 UStG)					
	24	Forderungen aus Lieferungen und Leistungen	5.800	an	510	Umsatzerlöse für eigene Erzeugnisse	5.800
9)	203	Betriebsstoffe	800				
	260	anrechenbare Vorsteuer	80	an	44	Verbindlichkeiten aus Lieferungen und Leistungen	880
10)	522	Bestandsveränderungen fertige Erzeugnisse	800	an	22	Fertigerzeugnisse	800
	24	Forderungen aus Lieferungen und Leistungen	1.320	an	510	Umsatzerlöse für eigene Erzeugnisse	1.200
					480	Umsatzsteuer	120
11)	24	Forderungen aus Lieferungen und Leistungen	1.100	an	510	Umsatzerlöse für eigene Erzeugnisse	1.000
					480	Umsatzsteuer	100
12)	44	Verbindlichkeiten aus Lieferungen und Leistungen	4.400	an	280	Guthaben bei Kreditinstituten	4.312
					2002	Skontoerlöse Rohstoffe	80
					260	anrechenbare Vorsteuer	8
13)	714	Frachten und Fremdlager	200				
	260	anrechenbare Vorsteuer	20	an	288	Kasse	220

Nr.	Konto	Soll	Betrag		Konto	Haben	Betrag
14)	286	Schecks	5.335				
	516	Skonti	150				
	480	Umsatzsteuer	15	**an**	24	Forderungen aus Lieferungen und Leistungen	5.500
15)	517	Boni	400				
	480	Umsatzsteuer	40	**an**	4401	Verbindlichkeiten gegenüber Kunden	440
16)	280	Guthaben bei Kreditinstituten	1.100				
	5101	Erlösschmälerungen bei eigenen Erzeugnissen	200				
	480	Umsatzsteuer	20	**an**	24	Forderungen aus Lieferungen und Leistungen	1.320
17)	287	Bundesbank- und Landeszentralbankguthaben	5.439				
	516	Skonti	111				
	5101	Erlösschmälerungen bei eigenen Erzeugnissen	250	**an**	24	Forderungen aus Lieferungen und Leistungen	5.800
18)	280	Guthaben bei Kreditinstituten	638				
	516	Skonti	20				
	480	Umsatzsteuer	2				
	4401	Verbindlichkeiten gegenüber Kunden	440	**an**	24	Forderungen aus Lieferungen und Leistungen	1.100
19)	44	Verbindlichkeiten aus Lieferungen und Leistungen	880	**an**	203	Betriebsstoffe	100
					260	anrechenbare Vorsteuer	10
					285	Postgiroguthaben	770
20)	203	Betriebsstoffe	750				
	260	anrechenbare Vorsteuer	75	**an**	288	Kasse	825
21)	280	Guthaben bei Kreditinstituten	5.335	**an**	286	Schecks	5.335

22) Herstellungskosten der unfertigen Erzeugnisse:

Rohstoffe	1.000
Hilfs- und Betriebsstoffe	1.000
Fertigungslöhne	5.000
20 Metallstangen	7.000
1 Metallstange	350

Konto	Soll	Betrag		Konto	Haben	Betrag
600	Aufwendungen für Rohstoffe	1.000	**an**	200	Rohstoffe/Fertigungsmaterial	1.000

	Soll-Konto		Betrag		Haben-Konto		Betrag
	602	Aufwendungen für Hilfsstoffe	1.000	**an**	202	Hilfsstoffe	1.000
	620	Fertigungslöhne	5.000	**an**	288	Kasse	5.000
	21	Unfertige Erzeugnisse, unfertige Leistungen	7.000	**an**	521	Bestandsveränderungen unfertige Erzeugnisse	7.000

23) Herstellungskosten der Fertigfabrikate:

10 Halbfabrikate à 350	3.500
20 Fremdbauteile à 12	240
Fertigungslöhne 10 × 4 × 18	720
10 Gelenkstangen	4.460
1 Gelenkstange	446

Buchungen:

	Soll-Konto		Betrag		Haben-Konto		Betrag
	601	Aufwendungen für Vorprodukte/Fremdbauteile	240	**an**	201	Vorprodukte/Fremdbauteile	240
	521	Bestandsveränderungen unfertige Erzeugnisse	3.500	**an**	21	Unfertige Erzeugnisse, unfertige Leistungen	3.500
	620	Fertigungslöhne	720	**an**	288	Kasse	720
	22	Fertige Erzeugnisse und Waren	4.460	**an**	522	Bestandsveränderungen fertige Erzeugnisse	4.460
24)	522	Bestandsveränderungen fertige Erzeugnisse	1.784	**an**	22	Fertige Erzeugnisse und Waren	1.784
	24	Forderungen aus Lieferungen und Leistungen	2.750	**an**	510	Umsatzerlöse für eigene Erzeugnisse	2.400
					714	Frachten und Fremdlager	100
					480	Umsatzsteuer	250

25 a)

Bewertungsmethode	**Wertermittlung des Wareneinsatzes**		**Endbestands-wert**
gewogene Durch-schnittsmethode	100 kg × 10 €/kg = 1000	1.000	1.000
gleitende Durchschnitts-methode	40 kg × 8,60 €/kg = 344 30 kg × 9,80 €/kg = 294 30 kg × 10,48 €/kg = 314	952	1.048
Perioden-Lifo-Methode	40 kg × 12 €/kg = 480 60 kg × 11 €/kg = 660	1.140	860
permanente Lifo-Methode	30 kg × 12 €/kg = 360 30 kg × 11 €/kg = 330 30 kg × 10 €/kg = 300 10 kg × 8 €/kg = 80	1.070	930
Fifo-Methode	70 kg × 8 €/kg = 560 30 kg × 10 €/kg = 300	860	1.140

Alle auf Basis der Sammelbewertungsverfahren ermittelten Endbestände sind nach dem Niederstwertprinzip zulässig, da der Markt- bzw. Börsenpreis am Bilanzstichtag mit 12 €/kg zu einem höheren Wert (100 kg × 12 €/kg = 1.200 €) führt.

25 b)

Bewertungsmethode	Wertermittlung des Wareneinsatzes		Endbestands-wert
gewogene Durch-schnittsmethode	100 kg × 6 €/kg = 600	600	600
gleitende Durchschnitts-methode	40 kg × 7,40 €/kg = 296 30 kg × 6,20 €/kg = 186 30 kg × 5,52 €/kg = 166	648	552
Perioden-Lifo-Methode	40 kg × 4 €/kg = 160 60 kg × 5 €/kg = 300	460	740
permanente Lifo-Methode	30 kg × 6 €/kg = 180 10 kg × 8 €/kg = 80 30 kg × 5 €/kg = 150 30 kg × 4 €/kg = 120	530	670
Fifo-Methode	70 kg × 8 €/kg = 560 30 kg × 6 €/kg = 1180	740	460

Alle Wertansätze sind unzulässig, da der niedrigere Markt- bzw. Börsenpreis am Bilanzstichtag 100 kg × 4 €/kg = 400 € beträgt und der Endbestand gemäß dem strengen Niederstwertprinzip auf diesen Wert abzuschreiben ist.

25 c)

Bewertungsmethode	Wertermittlung des Wareneinsatzes		Endbestands-wert
gewogene Durch-schnittsmethode	160 kg × 6 €/kg = 960	960	240
gleitende Durchschnitts-methode	40 kg × 7,40 €/kg = 296 60 kg × 6,20 €/kg = 372 60 kg × 5,32 €/kg = 319	987	213
Perioden-Lifo = perma-nenter Lifo-Methode	40 kg × 4 €/kg = 160 60 kg × 5 €/kg = 300 30 kg × 6 €/kg = 180 30 kg × 8 €/kg = 240	880	320
Fifo-Methode	70 kg × 8 €/kg = 560 30 kg × 6 €/kg = 180 60 kg × 5 €/kg = 300	1.040	160

- Allein die Fifo-Methode liefert unmittelbar einen zulässigen Wertansatz. Der danach ermittelte Wert entspricht dem Preis am Bilanzstichtag (40 kg x 4 €/kg = 160 €).
- Unzulässig ist die Verwendung der sich nach dem Durchschnittsverfahren und nach der Lifo-Fiktion ergebenden Werte. Gemäß dem strengen Niederstwertprinzip ist auf den niedrigeren Tageswert (160 €) abzuschreiben.

25 d)

Bewertungsmethode	Wertermittlung des Wareneinsatzes		Endbestands-wert
gewogene Durch-schnittsmethode	100 kg × 8,50 €/kg = 850	850	850
gleitende Durchschnitts-methode	40 kg × 9,20 €/kg = 368 30 kg × 8,10 €/kg = 243 30 kg × 8,38 €/kg = 251	862	838
Perioden-Lifo-Methode	40 kg × 9 €/kg = 360 60 kg × 7 €/kg = 420	780	920
permanente Lifo-Methode	30 kg × 12 €/kg = 360 10 kg × 8 €/kg = 80 30 kg × 7 €/kg = 210 30 kg × 9 €/kg = 270	920	780
Fifo-Methode	70 kg × 8 €/kg = 560 30 kg × 12 €/kg = 360	920	780

Das Perioden-Lifo-Verfahren liefert einen unzulässigen Wert, da der Markt- bzw. Börsenpreis von 9 €/kg einen niedrigeren Wertansatz (100kg x 9 €/kg = 900 €) ergibt.

11.3 Behandlung von Vorräten nach den IFRS

11.3.1 Ansatz und Ausweis der Vorräte

Vorräte (inventories) werden nach IAS 2.6 als Vermögenswerte (assets) definiert, die entweder im Rahmen des normalen Geschäftsgangs zum Verkauf gehalten werden, sich im Herstellungsprozess für einen derartigen Verkauf befinden oder im Herstellungsprozess von Gütern und Dienstleistungen verbraucht werden (vgl. auch IAS 2.8). Sie sind nach IAS 1.68 unter den current assets in der Bilanz auszuweisen. Sachgerecht ist dabei ein gesonderter Ausweis von Handelswaren (merchandises), Roh-, Hilfs- und Betriebsstoffen ([raw] materials, supplies), Fertigerzeugnissen (finished goods) und unfertigen Erzeugnissen (work in progress). Eine Zuordnung zu den sonstigen Vermögenswerten erfolgt für Betriebsstoffe, die dem Produktionsprozess nicht direkt zugeordnet werden können.

Aufgrund des generellen Saldierungsverbots (IAS 1.32) ist eine Saldierung mit erhaltenen Anzahlungen auf Vorräte nicht statthaft. Diese sind demnach auf der Passivseite als kurzfristige Verbindlichkeiten auszuweisen. Nach deutschem Handelsrecht besteht gemäß §268 Abs. 5 Satz 2 HGB die Möglichkeit zu einer entsprechenden Saldierung entgegen dem grundsätzlichen Saldierungsverbot des §246 Abs. 2 HGB (vgl. *Schildbach*, Jahresabschluss, S. 168; *Knop/Zander*, §268 HGB, Bilanzvermerke, Rn. 213 ff.; *Kozikowski/Schubert*, Bilanzkommentar, §268 HGB, Rn. 106).

11.3.2 Bewertung der Vorräte

Nach IAS 2 („Inventories", „Vorräte") erfolgt die **Zugangsbewertung** der Vorräte mit den Anschaffungs- oder Herstellungskosten (historical costs) einschließlich direkt zurechenbarer Nebenkosten. Gemäß IAS 2.11 setzen sich die **Anschaffungskosten** aus dem Anschaffungspreis zuzüglich direkt zurechenbarer Anschaffungsnebenkosten (z. B. Transportkosten) und abzüglich direkt zurechenbarer Anschaffungspreisminderungen (Rabatte u. Ä.) zusammen. Damit ist eine grundsätzliche Vergleichbarkeit der Anschaffungskostendefinitionen nach den IFRS und gemäß HGB gegeben. In seltenen Fällen sind die Anschaffungskosten um Fremdkapitalzinsen zu erhöhen. Dieser Fall kann auftreten, wenn das Erreichen des betriebsbereiten Zustands des angeschafften Vermögenswertes einen beträchtlichen Zeitraum in Anspruch nimmt (i. d. R. > 1 Jahr). Die Voraussetzungen für eine Aktivierung(spflicht) entsprechen denen bei der Bestimmung von Herstellungskosten.

Die Ermittlung der **Herstellungskosten** des Vorratsvermögens erfolgt zwingend auf einer **produktionsbezogenen Vollkostenbasis** (IAS 2.12), so dass durch das BilMoG hier eine deutliche Annäherung an die IFRS hinsichtlich des Umfangs der Aktivierungspflicht erfolgte. Neben Einzelkosten sind somit auch herstellungsbezogene variable und fixe Gemeinkosten ansatzpflichtig. Nach IFRS sind also, wie auch nach HGB, innerhalb der Herstellungskosten Material- und Fertigungs-Einzelkosten, Sonder-Einzelkosten der Fertigung sowie Material- und

Fertigungs-Gemeinkosten zu berücksichtigen. Während variable Gemeinkosten – zu denken ist etwa an Verbräuche bei Betriebsmitteln – entsprechend der tatsächlichen Kapazitätsauslastung zu verrechnen sind, erfolgt die Verrechnung fixer Gemeinkosten unter der Prämisse einer erwarteten Kapazitätsauslastung unter „normalen" Bedingungen (IAS 2.12 f.; zur Differenzierung zwischen Einzel- sowie variablen und fixen Gemeinkosten vgl. Teil B, Abschn. 3.1.1, S. 721). Bei Unterauslastung findet hierbei keine erhöhte Kostenzurechnung pro Einheit des Vorratsgutes statt; umgekehrt ist bei einer ungewöhnlich großen Produktion der Verrechnungsbetrag pro Einheit zu reduzieren, so dass die verrechneten Kosten die tatsächlich entstandenen (Ist-)Kosten nicht übersteigen. Im Gegensatz zum HGB besteht für Aufwendungen für die allgemeine Verwaltung, soziale Betriebseinrichtungen, freiwillige soziale Leistungen und die betriebliche Altersversorgung, soweit diese herstellungsbezogen sind, eine Ansatzpflicht. In dem Fall, dass kein Herstellungsbezug gegeben ist, ist demgegenüber eine Aktivierung ausgeschlossen. Wie auch nach HGB ist grundsätzlich ein Verbot der Aktivierung von Einzel- und Gemeinkosten des Vertriebs sowie von nicht auftragsbezogenen Forschungskosten gegeben. Kosten der Neuentwicklung sind demgegenüber zwingend anzusetzen, wenn die Voraussetzungen des IAS 38 erfüllt sind (vgl. Teil A, Abschn. 12.1, S. 428).

Fremdkapitalzinsen sind gemäß IAS 2.17 in den eng umgrenzten Fällen des IAS 23.8 aktivierungspflichtig. Es muss sich um die Finanzierung eines so genannten **qualifizierten Vermögenswertes** (qualifying asset) handeln, bei welchem die Herstellung des beabsichtigten Zustandes der Betriebsbereitschaft oder der Veräußerungsmöglichkeit einen beträchtlichen Zeitraum in Anspruch nimmt (IAS 23.5). Die Zinsen sind zu aktivieren, wenn diese ohne den Beschaffungs- oder Herstellungsvorgang hätten vermieden werden können (IAS 23.10) und soweit sie sich direkt auf den Zeitraum der Herstellung – oder der Anschaffung – beziehen (IAS 23.8). Zinserträge, die sich aus der zwischenzeitlichen Anlage von Mitteln ergeben, sind gegenzurechnen (IAS 23.12 f.). Handelt es sich nicht um einen qualifizierten Vermögenswert, sind Fremdkapitalzinsen nicht aktivierbar, sondern unmittelbar Aufwand der Periode, in der sie entstanden sind (IAS 23.8). Nach den als Bilanzierungsregelwerk für kleine und mittlere Unternehmen vorgesehenen IFRS for SME (vgl. Teil A, Abschn. 12.3.1, S. 450) besteht ein grundsätzliches Aktivierungsverbot für Fremdkapitalkosten (IFRS for SME 25.2).

In der **Folgebewertung** hat nach IAS 2.9 zwingend eine außerplanmäßige Abschreibung auf den **Nettoveräußerungswert** (net realisable value) zu erfolgen, wenn dieser die Anschaffungs- oder Herstellungskosten unterschreitet (IAS 2.9). Unter dem **Nettoveräußerungswert** ist der geschätzte vom Unternehmen im normalen Geschäftsverlauf erzielbare Verkaufspreis zu verstehen, der sich abzüglich der geschätzten Kosten, die bis zur endgültigen Fertigstellung und für den Verkauf noch anfallen werden, ergibt (IAS 2.6; vgl. auch *Ballwieser*, IFRS-Rechnungslegung, S. 83 f.). Nach den IFRS gilt somit faktisch ein Niederstwertprinzip, bei dem der Vergleichswert vom **Absatzmarkt** abgeleitet wird. Damit wird das Prinzip der verlustfreien Bewertung umgesetzt, nach dem die zu erwartenden Verluste aus Sicht des Bilanzstichtages zu antizipieren sind, wenn die Erlangung der Kosten über die Verkaufserlöse erwartungsgemäß nicht mehr möglich ist. Die Ermittlung des Nettoveräußerungswerts erfolgt dementsprechend mittels einer retrograden Bewertung. Er ergibt sich bei fertigen Erzeugnissen und Handelswaren als voraussichtlich erzielte Differenz aus Veräußerungspreis und Veräußerungskosten, bei unfertigen Erzeugnissen sind zusätzlich die erwarteten Kosten der Fertigstellung in Abzug zu bringen.

Beispiel:

Die Herstellungskosten eines fertigen Erzeugnisses betragen am 31. 12. 01 4.000. Die Auslieferung soll am Anfang der Folgeperiode 02 erfolgen; dabei werden voraussichtlich weitere Aufwendungen für Transport und Versicherung in Höhe von 200 anfallen. Der Absatzpreis wurde im Kaufvertrag fest vereinbart und beträgt netto: 4.300 in Fall a) bzw. 4.150 in Fall b).

Im Fall a) ist der Nettoveräußerungswert mit 4.100 (= 4.300 – 200) höher als die Herstellungskosten, so dass keine Abschreibung des Erzeugnisses erfolgt und die Bewertung zum Bilanzstichtag 31. 12. 01 mit 4.000 vorgenommen wird. Im Fall b) liegt der Nettoveräußerungswert mit 3.950 (= 4.150 – 200) unter den Herstellungskosten, so dass zum Bilanzstichtag 31. 12. 01 eine Abschreibungspflicht in Höhe von 50 besteht.

Auch für Roh-, Hilfs- und Betriebsstoffe ist zwar grundsätzlich der über den Veräußerungspreis des Fertigerzeugnisses bestimmte Nettoveräußerungswert als Vergleichsmaßstab heranzuziehen. Aufgrund der relativen Ferne vom Fertigprodukt sieht IAS 2.32 für diese Vorräte allerdings vor, dass eine Indikation auf einen niedrigeren Nettoveräußerungswert von gesunkenen **Wiederbeschaffungspreisen** ausgehen kann, welche dann als Schätzer für den Nettoveräußerungswert der Roh-, Hilfs- und Betriebsstoffe verwendet werden können. In diesem Fall erfolgt mithin eine Orientierung am Beschaffungsmarkt.

Beispiel:

Ein Fertigerzeugnis kann gewöhnlich für netto 4.000 pro Stück veräußert werden. Für seine Fertigung werden zwei Einheiten des Rohstoffes R benötigt. Die üblichen Beschaffungskosten und zugleich Anschaffungskosten des am 31. 12. 01 vorhandenen Bestandes betragen 800 pro Rohstoffeinheit. Die weiteren Fertigungskosten pro Stück des Fertigerzeugnisses betragen 2.300. Auf Lager befinden sich noch 15 Einheiten des Rohstoffes R, die zum Bilanzstichtag 31. 12. 01 zu bewerten sind. Allerdings stellt die Unternehmung bei der Aufstellung des Jahresabschlusses fest, dass die Wiederbeschaffungskosten per Ende des Jahres 01 auf 500 pro Rohstoffeinheit gesunken sind. Es ist zu erwarten, dass der Preisverfall des Rohstoffes aufgrund der angespannten Konkurrenzlage zu einer deutlichen Senkung des Verkaufspreises des Fertigproduktes führen wird.

In gegebenen Fall ist zu befürchten, dass die zu erwartenden Herstellungskosten des Fertigerzeugnisses in Höhe von 3.900 (= 2 x 800 + 2.300) über den Veräußerungspreis nicht mehr gedeckt werden können. Gemäß IAS 2.32 ist der Rohstoffbestand abzuschreiben, wobei eine Orientierung an den Wiederbeschaffungspreisen stattfinden kann. Die Unternehmung bewertet ihren Rohstoffbestand am 31. 12. 01 entsprechend mit 500 pro Stück, gesamt 7.500 (= 15 x 500). Der korrespondierende Abschreibungaufwand in Höhe von 4.500 (= 15 x 300) wird als Materialaufwand zu Lasten des Periodenerfolgs gebucht:

Materialaufwand (raw materials and consumables used)	4.500	**an**	RHB-Stoffe (raw materials)	4.500

Steigt der Nettoveräußerungswert in späteren Perioden wieder, ist zwingend eine entsprechende **Zuschreibung** bis maximal zu den Anschaffungs- oder Herstellungskosten vorzunehmen (IAS 2.33).

IAS 2.21 erlaubt **Bewertungsvereinfachungen,** sofern dadurch die tatsächlichen Kosten hinreichend approximiert werden. Dabei kann bei der Bestimmung der Herstellungskosten auf **standardisierte Kosten** zurückgegriffen werden (standard cost method), welchen eine normalisierte Ressourcenbeanspruchung und Kapazitätsauslastung zugrunde liegt. Häufig erfolgt dabei eine Bereinigung um Kosten, welche nicht einem normalen Produktionsverlauf entsprechen (vgl. Teil B, Abschn. 5.1, S. 920). Die Standardkosten sind laufend zu überprüfen und anzupassen. Tatsächliche Kapazitätsunterauslastungen bzw. Leerstände führen aufgrund der unterstellten normalisierten Auslastung nicht zu einem erhöhten Kostenansatz pro Stück. Im Falle einer Überbeschäftigung dürfen die Ist-Kosten bei der Bewertung nicht überschritten werden; ggf. sind Differenzen in der Erfolgsrechnung zu erfassen (vgl. *Adler/Düring/Schmaltz,* International, Abschn. 15, Rn. 106). Als weitere Vereinfachung findet vor allem im Einzelhandel die **retrograde Methode** (retail method) Anwendung. Bei ihr werden die Anschaffungskosten durch Abzug einer üblichen (Handels-)Spanne vom Verkaufspreis ermittelt (IAS 2.22).

Nach IAS 2.23 ist der Einzelbewertungsgrundsatz im Vorratsvermögen bei denjenigen Vermögenswerten anzuwenden, welche im gewöhnlichen Unternehmensprozess nicht austauschbar sind oder die für einen bestimmten Verwendungszweck reserviert sind und entsprechend separat gelagert werden. Bei Massegütern wird aber häufig eine Austauschbarkeit gegeben sein. Um hier Gewinnmanipulationen zu vermeiden, gibt IAS 2.25 für nicht unter IAS 2.23 fallende, austauschbare Vermögenswerte vor, dass die Kostenzuordnung zwingend nach einem **Sammelbewertungsverfahren** zu erfolgen hat. Auf ihrer Art und ihrem Verwendungszweck nach ähnliche Vermögenswerte ist das gleiche Verfahren anzuwenden (IAS 2.25). Zur Vereinfachung sind auch nach den IFRS sowohl die einfache als auch die gleitend gewogene Durchschnittsmethode zugelassen (vgl. *Riese,* IFRS-Handbuch, § 8, Rn. 84). Die erstgenannte Vorgehensweise beinhaltet die Bestimmung des Durchschnittswertes pro Mengeneinheit am Periodenende für die gesamte Berichtsperiode, während bei gleitenden Durchschnitten eine Neuberechnung mit jeder neuen Lieferung erfolgt. Daneben ist jedoch nur noch die Fifo-Methode anwendbar. Im Gegensatz zum HGB ist nach IAS 2 die Anwendung der Lifo-Methode nicht (mehr) vorgesehen. Im Rahmen der Folgebewertung zum Bilanzstichtag ist analog zum deutschen Handelsrecht ein **Niederstwerttest** über den Vergleich mit dem Nettoveräußerungswert vorzunehmen. Auch wenn eine Bewertung der Vorräte mit Hilfe des **Festwertverfahrens** nach den IFRS nicht explizit vorgesehen ist, lässt sich gegebenenfalls eine Festbewertung für Vermögenswerte von nachrangiger Bedeutung mit dem Grundsatz der Wesentlichkeit rechtfertigen (vgl. *Ellrott,* Bilanzkommentar, § 256 HGB, Rn. 111).

Einen **Sonderfall** für die **Herstellungskostenbestimmung** bildet die **Kuppelproduktion**, bei der dieselben Inputfaktoren in unterschiedliche Hauptprodukte beziehungsweise in Haupt- und Nebenprodukte eingehen. Nach IAS 2.14 kommt grundsätzlich eine Aufteilung der Kosten für die Inputfaktoren nach der **Marktwertmethode** in Betracht, bei der sich der relative Anteil aus den Verkaufswerten der Produkte ergibt (vgl. *Riese,* IFRS-Handbuch, § 8, Rn. 63). Nebenprodukte von vergleichsweise unwesentlichem Wert sind hingegen mit ihrem Nettoveräußerungswert zu bewerten. Die Herstellungskosten des Hauptproduktes ergeben sich dann aus den gesamten Herstellungskosten abzüglich des Nettoveräußerungswertes des Nebenproduktes (**Restwertmethode**).

Einen weiteren Sonderfall bilden biologische Vermögenswerte und landwirtschaftliche Erzeugnisse. Der Begriff des **biologischen Vermögenswertes** umfasst Lebendtiere und Pflanzen (IAS 41.5). Die landwirtschaftliche Tätigkeit in Form der Aufzuchts- und Wachstumsphase von Tieren und Pflanzen mündet letztlich in **landwirtschaftlichen Erzeugnissen** zum Zeitpunkt der Ernte (inkl. Schlachtung des Tieres). Die Bilanzierung biologischer Vermögenswerte richtet sich nach IAS 41 („Agriculture", „Landwirtschaft"), während die Bilanzierung der landwirtschaftlichen Erzeugnisse unter IAS 2 fällt. Nach IAS 41.12 sind biologische Vermögenswerte mit dem beizulegenden Zeitwert abzüglich Veräußerungskosten (fair value less costs to sell) zu bewerten, sofern der beizulegende Zeitwert verlässlich ermittelbar ist. Konzeptionell ist der beizulegende Zeitwert an allgemeinen Marktgegebenheiten und nicht am unternehmensindividuell erzielbaren Veräußerungspreis auszurichten (vgl. *Ballwieser,* IFRS-Rechnungslegung, S. 89 f.). Von den allgemeinen Bewertungsvorschriften des IAS 2 sind allerdings diejenigen land- und forstwirtschaftlichen Erzeugnisse ausgenommen, die branchenüblich zum Nettoveräußerungswert bewertet werden. Dies gilt analog für zum Nettoveräußerungswert bewertete **Mineralien und Mineralienprodukte** sowie das **Vorratsvermögen von Warenmaklern,** wenn dieses erfolgswirksam mit dem beizulegenden Zeitwert abzüglich Veräußerungskosten bewertet wird (IAS 2.3 ff.). Die Handelstätigkeit dieser Makler ist vorwiegend durch eine kurzfristige Gewinnerzielungsabsicht aus dem Kauf und Verkauf der Waren geprägt.

Ergänzende Literatur zu: 11 Materialwirtschaft

Baetge/Kirsch/Thiele, Bilanzen, S. 371–378

Bitz/Schneeloch/Wittstock, Jahresabschluss, S. 235–261, 296–302, 677–678, 832–833

Coenenberg/Haller/Mattner/Schultze, Rechnungswesen, S. 155–165, 189

Coenenberg/Haller/Schultze, Jahresabschluss, S. 207–233

Federmann, Bilanzierung, S. 403–471

Heinhold, Jahresabschluss, S. 114–117, 175–243, 279–303

Kessler, Umlaufvermögen, S. 239–256

Pellens/Fülbier/Gassen/Sellhorn, Rechnungslegung, S. 396–419

Schildbach, Jahresabschluss, S. 176–203

Winnefeld, Bilanz-Handbuch, Rn. 405–861, 1095–1249

Wöhe, Bilanzierung, S. 464–503

Wöhe/Kußmaul, Buchführung, S. 132–137, 163–167, 174–178

12 Anlagenwirtschaft

12.1 Gegenstand, Bewertung, Kauf, Abgang

Im Mittelpunkt der Anlagenwirtschaft steht das für die industrielle Leistungserstellung typische **abnutzbare** Anlagevermögen (z. B. Gebäude, Maschinen und maschinelle Anlagen, Werkzeuge, Fuhrpark). Es ist Teil des gesamten Anlagevermögens, das nach § 247 Abs. 2 HGB alle die Gegenstände umfasst, die am Abschlussstichtag bestimmt sind, **dauernd** dem Geschäftsbetrieb der Gesellschaft zu dienen. Die bedeutendsten Positionen des **nicht abnutzbaren** Anlagevermögens sind Grundstücke, Beteiligungen, bestimmte Wertpapiere (siehe hierzu insbesondere Teil A, Abschn. 7.1.5, S. 216 ff.) und langfristige Ausleihungen. Daneben hat durch den Wandel von einer produzierenden Industrie- hin zu einer Dienstleistungs- und Wissensgesellschaft die Bedeutung von **immateriellen Vermögensgegenständen** in der Rechnungslegung zugenommen. Im Mittelpunkt dabei stehen gewerbliche Schutzrechte (z. B. Patente), ähnliche Rechte (z. B. Nutzungsrechte), Werte (z. B. Rezepte), Konzessionen (z. B. Verkehrskonzessionen) sowie Lizenzen an solchen Rechten und Werten. Zu den immateriellen Vermögensgegenständen gehört des Weiteren nach § 246 Abs. 1 S. 4 HGB der derivative Geschäfts- oder Firmenwert, welcher im Zuge des BilMoG zum Vermögensgegenstand „erhoben" wurde (BT-Drs. 16/10067, S. 35, 42). Durch den innerhalb der EU am 1. 1. 2005 begonnenen Emissionshandel, sind gegebenenfalls handelbare Emissionsberechtigungen in der Bilanz zu berücksichtigen. Diese gehören sowohl handels- als auch steuerrechtlich ebenfalls zu den immateriellen Vermögensgegenständen (vgl. *HFA*, Emissionsberechtigungen (IDW RS HFA 15), Rn. 4 f., sowie BMF-Schreiben v. 6. 12. 2005, BStBl. I 2005, S. 1047, Rn. 8).

Bei der Aktivierung des immateriellen Vermögens ist zwischen **entgeltlich** erworbenen und **selbst geschaffenen** immateriellen Vermögensgegenständen zu unterscheiden. So sind entgeltlich erworbene immaterielle Vermögensgegenstände stets aktivierungspflichtig. Durch das BilMoG ist eine grundsätzliche Aktivierbarkeit auch des selbst erstellten immateriellen Anlagevermögens gegeben, so dass nach § 248 Abs. 2 S. 1 HGB ein **Aktivierungswahlrecht** besteht, sofern die allgemeinen Ansatzvoraussetzungen erfüllt sind. Bezogen auf selbst geschaffene immaterielle Werte bedeutet dies, dass eine Aktivierung möglich ist, wenn mit einer hohen Wahrscheinlichkeit davon auszugehen ist, dass ein immaterieller Vermögensgegenstand im Entstehen begriffen ist. Um ein aktivierungsfähiger Vermögensgegenstand im handelsrechtlichen Sinne zu sein, muss das selbst erstellte Objekt dazu einzeln verwertbar sein (vgl. BT-Drs. 16/10067, S. 50). Diese Aktivierungsvoraussetzung bestimmt zugleich den Aktivierungszeitpunkt. So ist eine Aktivierung von Entwicklungskosten bereits ab dem Zeitpunkt möglich, ab dem mit einer hohen Wahrscheinlichkeit davon auszugehen ist, dass daraus ein Nutzen stiftender Gegenstand entsteht. Dabei ist die Aktivierung auf die Herstellungskosten der Entwicklung begrenzt, die ab diesem Zeitpunkt anfallen. Die rückwirkende Aktivierung bereits als Aufwand verbuchter Entwicklungsaufwendungen scheidet aus (vgl. *Kahle/Haas*, Herstellungskosten, S. 35 f.). Ein **Bilanzierungsverbot** sieht § 248 Abs. 2 S. 2 HGB explizit noch für selbst geschaffene Marken, Drucktitel, Verlagsrechte, Kundenlisten oder vergleichbare immaterielle Vermögensgegenstände des Anlagevermögens sowie für als nicht werthaltig erachtete Aufwendungen nach § 248 Abs. 1 HGB (z. B. Gründungskosten, Kosten der Eigenkapitalbeschaffung und Versicherungskosten) vor. Des Weiteren darf ein originärer Geschäfts- oder Firmenwert weiterhin nicht angesetzt werden. Nach alter Rechtslage vor BilMoG bestand gemäß § 248 Abs. 2 HGB a. F. ein generelles Aktivierungsverbot für selbst erstellte immaterielle Vermögensgegenstände des Anlagevermögens. Die Bilanzierung immateriellen Anlagevermögens im Konzernabschluss war Gegenstand des DRS 12, der jedoch am 18.2.2010 aufgehoben wurde (vgl. *Deutscher Standardisierungsrat* (DSR), Immaterielle Vermögenswerte). Da durch das BilMoG keine Änderung des § 5 Abs. 2 EStG erfolgt ist, besteht **steuerrechtlich** weiterhin ein Aktivierungsverbot für nicht-entgeltlich erworbene Wirtschaftsgüter des Anlagevermögens.

Wertmaßstab für das nicht abnutzbare Anlagevermögen sind die jeweiligen Anschaffungs- oder Herstellungskosten (§ 253 Abs. 1 Satz 1 HGB). Die Anschaffungskosten entsprechen nach § 255 Abs. 1 HGB den Aufwendungen, die erforderlich sind um ein Wirtschaftsgut zu erwerben und in einen betriebsbereiten Zustand zu versetzen. Beim Anlagevermögen setzen sie sich daher wie folgt zusammen:

	Anschaffungspreis
+	Anschaffungsnebenkosten
./.	Anschaffungskostenminderungen
+	nachträgliche Anschaffungskosten
=	Anschaffungskosten

Im Vergleich zum Umlaufvermögen (vgl. Teil A, Abschn. 11.2.1, S. 400 ff.) sind bei den Anschaffungskosten des Anlagevermögens damit zusätzlich die nachträglichen Anschaffungskosten zu berücksichtigen, die sich beispielsweise im Rahmen von Um- und Ausbauarbeiten (vgl. hierzu S. 432 f.) ergeben können. Analog zum Umlaufvermögen sind Anschaffungsnebenkosten zu berücksichtigen, welche anfallen, um das Objekt in einen betriebsbereiten Zustand zu versetzen (vgl. bspw. zu Anschaffungs(neben)kosten bei erworbener Software (*HFA*, Software, S. 473 ff.). Bezüglich der Ermittlung der Herstellungskosten des Anlagevermögens wird auf die beim Umlaufvermögen geschilderte Vorgehensweise verwiesen (vgl. Teil A, Abschn. 11.2.1, S. 400 ff.). Bei selbst erstellten immateriellen Vermögensgegenständen des Anlagevermögens stellen gemäß § 255 Abs. 2a HGB die **Entwicklungskosten** die Herstellungskosten des Vermögensgegenstandes i. S. d. § 255 Abs. 2 HGB dar. Diesbezüglich besteht nach § 248 Abs. 2 i. V. m. § 255 Abs. 2a HGB ein Aktivierungswahlrecht für die bei der Entwicklung anfallenden Aufwendungen. Problematisch stellt sich die Abgrenzung von Entwicklungs- und Forschungskosten dar. Da Forschungskosten nicht aktiviert werden dürfen, gilt nach §255 Abs. 2a Satz 4 HGB, dass eine Aktivierung von Entwicklungskosten ausgeschlossen ist, wenn Forschung und Entwicklung nicht verlässlich voneinander unterschieden werden können. Forschung definiert der Gesetzgeber in diesem Zusammenhang als eigenständige und planmäßige Suche nach neuen wissenschaftlichen oder technischen Kenntnissen oder Erfahrungen allgemeiner Art, über deren technische Verwertbarkeit und wirtschaftliche Erfolgsaussichten dabei grundsätzlich keine Aussagen getroffen werden können. Unter Entwicklung wird demgegenüber die Anwendung von Forschungsergebnissen oder auch anderem Wissen verstanden, mit dem Ziel der Neu- bzw. Weiterentwicklung von Verfahren oder Gütern mittels wesentlicher Veränderungen (§255 Abs. 2a HGB). Die Aktivierungsmöglichkeit von Entwicklungsaufwendungen ist hierbei unter dem Gesichtspunkt einer verbesserten Informationsbereitstellung durch den Jahresabschluss zu sehen. Hinsichtlich der Zahlungsbemessungsfunktion des Jahresabschlusses wird dem Gläubigerschutzgedanken dadurch noch Rechnung getragen, dass §268 Abs. 8 HGB eine **Ausschüttungssperre** in Höhe der aktivierten Entwicklungsaufwendungen vorsieht. So dürfen Gewinne nur ausgeschüttet werden, soweit die nach der Ausschüttung frei verfügbaren Rücklagen zuzüglich eines Gewinnvortrags und abzüglich eines Verlustvortrags den insgesamt angesetzten Entwicklungsaufwendungen entsprechen.

Der Hauptfachausschuss des IDW hat in IDW S 5 Grundsätze zur Bewertung immaterieller Vermögenswerte niedergelegt. Gegenstand sind u. a. **Bewertungsverfahren,** für die marktpreisorientierte, kapitalwertorientierte oder kostenorientierte Ansätze in Frage kommen, sowie Besonderheiten bei der Bewertung von Marken (vgl. *HFA*, Bewertung immaterieller Vermögenswerte). Überlegungen zur Ergänzung des IDW S 5 betreffen Besonderheiten bei der Bewertung **kundenorientierter** immaterieller Werte. Deren Bedeutung liegt in der Möglichkeit eines leichteren Zugangs zu einem Kunden im Vergleich zu Wettbewerbern (z. B. Kundenliste). Der leichtere Zugang kann sich auch aus vertraglichen Lieferungs- und Leistungsbeziehungen sowie einer höheren Wahrscheinlichkeit weiterer zukünftiger Vertragsabschlüsse bzw. von Auftragsverlängerungen ergeben (vgl. den Entwurf zur Ergänzung des IDW S 5, *HFA*, Kundenorientierte immaterielle Vermögenswerte).

Bei den Gegenständen des Anlagevermögens, deren Nutzung zeitlich begrenzt ist (abnutzbares Anlagevermögen), sind die Anschaffungs- oder Herstellungskosten um planmäßige Abschreibungen zu vermindern (§253 Abs. 3 Satz 1 HGB). Eine entsprechende Vorschrift sieht auch das Steuerrecht in §7 Abs. 1 Satz 1 EStG vor. Hinsichtlich der Verwendung von Abschreibungsverfahren ist zu fragen, ob die Ausübung von steuerlichen Bewertungswahlrechten unabhängig vom handelsrechtlichen Wertansatz erfolgen kann oder vielmehr daran gebunden ist, sofern der handelsrechtliche Wertansatz wenigstens steuerlich auch zulässig ist. Im BMF-Schreiben v. 12. 3. 2010 (BStBl. I 2010, S. 241) wird diesbezüglich von einer unabhängigen Wahl des steuerlichen Abschreibungsverfahrens ausgegangen (vgl. zur Maßgeblichkeit Teil A, Abschn. 1.2.2.1, S. 21).

Sämtliche Gegenstände des beweglichen Anlagevermögens sind in ein Bestandsverzeichnis bzw. eine **Anlagenkartei** (vgl. Teil B, Abschn. 3.1.2.3, S. 808 ff.)

aufzunehmen (R 5.4 EStR). Eine Ausnahme hiervon bilden geringwertige Wirtschaftsgüter, Wirtschaftsgüter, die in einem Sammelposten erfasst werden, sowie Anlagegegenstände, die mit einem **Festwert** angesetzt werden (§6 Abs. 2 und 2a EStG i. V. m. R 5.4 Abs. 1 EStR). **Geringwertige Wirtschaftsgüter** sind abnutzbare bewegliche Wirtschaftsgüter des Anlagevermögens, die selbständig im Betrieb genutzt werden können und deren Anschaffungs- bzw. Herstellungskosten ohne Umsatzsteuer 410 € nicht übersteigen. Sie können im Jahr der Anschaffung oder Herstellung sofort voll als Betriebsausgabe abgezogen werden (§6 Abs. 2 EStG). Wahlweise, aber für das Wirtschaftsjahr nur alternativ zum Vorgehen nach §6 Abs. 2 EStG, können solche Wirtschaftsgüter, deren Anschaffungs- bzw. Herstellungskosten ohne Umsatzsteuer 150 €, aber nicht 1.000 € übersteigen, in einem **Sammelposten** zusammengefasst werden, der ab dem Jahr der Anschaffung bzw. Herstellung über fünf Jahre linear abzuschreiben ist (§6 Abs. 2a EStG). Dabei ist weder die tatsächliche Nutzungsdauer noch die Veräußerung oder Wertminderung der einzelnen Wirtschaftsgüter zu berücksichtigen, so dass bei vorzeitigem Ausscheiden eines Wirtschaftsgutes aus dem Betriebsvermögen der Sammelposten nicht entsprechend vermindert werden darf. Dies gilt auch in dem Fall, dass die betriebsgewöhnliche Nutzungsdauer der einzelnen Wirtschaftsgüter weniger als fünf Jahre beträgt (vgl. BMF vom 30. 9. 2010, DB 2010, S. 2253 (Rn. 15)). Der Sammelposten erhöht sich durch nachträgliche Anschaffungs- oder Herstellungskosten von Wirtschaftsgütern i. S. d. §6 Abs. 2a EStG. Fallen diese bereits im Wirtschaftsjahr der Investition an, so dass die Summe der Gesamtkosten die Betragsgrenze von 1.000 € in diesem Wirtschaftsjahr übersteigt, so ist das Wirtschaftsgut nach §6 Abs. 1 Nr. 1 EStG allerdings einzeln zu bewerten. Anschaffungs- oder Herstellungskosten von nicht selbständig nutzbaren Wirtschaftsgütern sind grundsätzlich nicht im Sammelposten zu erfassen, es sei denn, es handelt sich hierbei um nachträgliche Anschaffungs- oder Herstellungskosten von in der Sammelposition zu erfassenden Wirtschaftsgütern (BMF vom 30. 9. 2010, DB 2010, S. 2252 f. (Rn. 10 und 11)). Wird ein Sammelposten nach §6 Abs. 2a EStG gebildet, können lediglich Wirtschaftsgüter mit Anschaffungs- bzw. Herstellungskosten bis zu 150 € (netto) sofort abgeschrieben werden. Das BMF-Schreiben vom 30. 9. 2010 (DB 2010, S. 2252 (Rn. 6)) stellt klar, dass es sich bei der Bildung eines Sammelpostens um ein wirtschaftsjahrbezogenes Wahlrecht handelt. So kann dieses Wahlrecht nach §6 Abs. 2a Satz 5 EStG nur einheitlich für alle Wirtschaftsgüter des Wirtschaftsjahres mit Aufwendungen von mehr als 150 € und nicht mehr als 1.000 € in Anspruch genommen werden (*Hoffmann/Lüdenbach*, Kommentar Bilanzierung, S. 553 f.). Sofern nicht aus der Buchführung ersichtlich, müssen allerdings Wirtschaftsgüter über einem Betrag von 150 € (netto) in ein laufend zu führendes Verzeichnis (Gruppen- oder Sammelkarte) aufgenommen werden (§6 Abs. 2 und 2a EStG). Mit einem **Festwert** werden bewegliche Anlagegegenstände angesetzt, die die Voraussetzungen des §240 Abs. 3 HGB (vgl. Teil A, Abschn. 11.2.2.2, S. 409 f.) erfüllen. Diese müssen ebenfalls nicht individuell registriert werden (R 5.4 Abs. 1 EStR).

Handelsrechtlich sind diese Vereinfachungen nach dem Grundsatz der Wirtschaftlichkeit nachzuvollziehen. Nach Auffassung des Hauptfachausschusses des IDW steht der Bildung eines Sammelpostens auch in der Handelsbilanz nichts entgegen, da die damit verbundene Durchbrechung des Einzelbewertungsgrundsatzes nach §252 Abs. 2 HGB unter Wirtschaftlichkeitsgesichtspunkten akzeptabel erscheint. Zu berücksichtigen ist dabei, dass die Regelung im EStG zur Auflösung des Sammelpostens zu einer Überbewertung führen kann (bei Wesentlichkeit des Postens ist deshalb ggf. eine Verkürzung der Abschreibungsdauer in Betracht zu ziehen, vgl. *HFA*, Geringwertige Wirtschaftsgüter, S. 506; *Kozikowski/Roscher/Schramm*, Bilanzkommentar, §253 HGB, Rn. 275). In der Gesetzesbegründung zum BilMoG wird ebenfalls von einer zulässigen Vereinfachung im Rahmen des §252 Abs. 2 HGB ausgegangen (vgl. BT-Drs. 16/10067, S. 38).

Beim **Kauf (Zugang)** von Anlagegütern wie beispielsweise technischen Anlagen und Maschinen lautet der Standardbuchungssatz (kreditierte Geschäftsvorfälle unterstellt, ohne Umsatzsteuer) bei Anwendung des Industrie-Kontenrahmens (Näheres hierzu Teil A, Abschn. 15.6.3.3, S. 728 f., und Anhang A.4, S. 1316 ff.) wie folgt:

Kauf:

07	Technische Anlagen und Maschinen	**an**	44	Verbindlichkeiten aus Lieferungen und Leistungen

Die im Laufe des Geschäftsjahres erfolgten mengenmäßigen Zunahmen der im Unternehmen befindlichen Gegenstände des Anlagevermögens sind daher als Zugang zu buchen. Dies kann bei Gebäuden unter Umständen auch für Instandsetzungs- und Modernisierungsaufwendungen zutreffen, sofern diese als Herstellungskosten zu qualifizieren sind. Die hierfür maßgeblichen Kriterien sind nach den Urteilen und der Grundsatzentscheidung des BFH vom 9. 5. 1995 (BFH v. 9. 5. 1995, BStBl. II 1996, S. 628, 630, 632 und 637) die Tatbestandsmerkmale Gebäudeerweiterung und die wesentliche Verbesserung des Gebäudes über den ursprünglichen Zustand hinaus. Eine Verbesserung ist dann als wesentlich anzusehen, wenn der Gebrauchswert des Gebäudes im Ganzen – nach objektiven Maßstäben – über eine zeitgemäße, substanzerhaltende Erneuerung hinaus erhöht wird. Bei Zweifeln hinsichtlich der Erfüllung dieser Voraussetzung sind die Instandsetzungs- und Modernisierungsaufwendungen aus steuerlicher Sicht als **Erhaltungsaufwand** zu betrachten. Als solcher sind nämlich Instandsetzungs- und Modernisierungsaufwendungen zu betrachten, die über eine zeitgemäße substanzerhaltende Erneuerung nicht hinausgehen. Dies gilt nur dann nicht, wenn diese mit anderen, über eine zeitgemäße substanzerhaltende Erneuerung hinausgehenden Maßnahmen in einem engen räumlichen, zeitlichen und sachlichen Zusammenhang stehen. Das bedeutet, dass Aufwendungen für ein Bündel von Einzelmaßnahmen gegebenenfalls insgesamt als Herstellungskosten zu beurteilen sind, wenn die Arbeiten in den genannten Zusammenhängen stehen und so in ihrer Gesamtheit eine einheitliche Baumaßnahme bilden. Das Bundesministerium der Finanzen sieht den sachlichen Zusammenhang dann als gegeben, wenn die einzelnen Maßnahmen, die sich auch über mehrere Jahre erstrecken können, bautechnisch ineinander greifen. Dies liegt vor, wenn die Erhaltungsarbeiten die Vorbedingung für die Schaffung des betriebsbereiten Zustandes oder für die Herstellungsarbeiten darstellen oder auch wenn die Erhaltungsarbeiten ihrerseits durch Maßnahmen zur Schaffung des betriebsbereiten Zustandes oder durch Herstellungsarbeiten veranlasst worden sind (vgl. BMF-Schreiben v. 18. 7. 2003, BStBl. I 2003, S. 386). Sind alle diese Voraussetzungen erfüllt, so können Instandsetzungs- und Modernisierungsaufwendungen als nachträgliche Herstellungskosten qualifiziert werden; sie sind dann als Zugang für das betroffene Gebäude zu verbuchen. Allerdings gehören Aufwendungen für Instandsetzungs- und Modernisierungsmaßnahmen, die innerhalb von drei Jahren nach der Anschaffung des Gebäudes durchgeführt werden, wenn diese ohne die Umsatzsteuer 15 Prozent der Anschaffungskosten des Gebäudes übersteigen, nach § 6 Abs. 1 Nr. 1a EStG grundsätzlich zu den Herstellungskosten eines Gebäudes (**anschaffungsnahe Herstellungskosten**). Dazu ist es nicht notwendig, dass die Baumaßnahmen bis zum Ende des Dreijahreszeitraums bereits abgeschlossen, abgerechnet oder bezahlt wurden. In diesem Fall sind die Aufwendungen insoweit als Herstellungskosten zu berücksichtigen, als sie auf innerhalb des Dreijahreszeitraums getätigte Leistungen entfallen. Für die nach Beendigung der Dreijahresfrist noch getätigten Leistungen dieser Baumaßnahme ist anhand der oben beschriebenen Voraussetzungen zu prüfen, ob die Maßnahmen Herstellungskosten i. S. d. BMF-Schreibens vom 18. 7. 2003 (vgl. BMF-Schreiben v. 18. 7. 2003, BStBl. I 2003, S. 386) darstellen (vgl. BayLfSt v. 6. 8. 2010, DB 2010, S. 1729). Allgemein ist die Abgrenzung zwischen Herstellungskosten und nicht aktivierungsfähigen Erhaltungsaufwendungen nach Maßgabe des § 255 Abs. 1 und 2 HGB vorzunehmen. So sind Herstellungskosten als Aufwendungen definiert, die durch den Verbrauch von Gütern und die Inanspruchnahme von Diensten für die Herstellung eines Vermögensgegenstands anfallen, den Vermögensgegenstand in seiner Substanz vermehren oder ihn über seinen ursprünglichen Zustand hinaus wesentlich verbessern. Nicht von dieser Legaldefinition erfasste Aufwendungen sind keine Herstellungskosten i. S. des HGB und somit unmittelbar als Erhaltungsaufwand erfolgswirksam zu erfassen (vgl. zur Abgrenzung bspw. auch *Herzig/Briesemeister/Joisten/Vossel*, Component approach, S. 566).

Beim **Verkauf (Abgang)** von Anlagegütern lautet der Standardbuchungssatz bei einem Verkauf zum Buchwert auf Ziel ohne Berücksichtigung der Umsatzsteuer unter Anwendung des Industrie-Kontenrahmens (vgl. Teil A, Abschn. 15.6.3.3, S. 728 f., und Anhang A.4, S. 1316 ff.) wie folgt:

Verkauf:

24	Forderungen aus Lieferungen und Leistungen	**an**	07	Technische Anlagen und Maschinen

Wird die betreffende Anlage unter dem Buchwert, der sich aus der Anwendung des gewählten Abschreibungsverfahrens auf die Anschaffungs- oder Herstellungskosten ergibt, verkauft, so entsteht ein sonstiger betrieblicher Aufwand, umgekehrt bei Verkauf über dem Buchwert ein sonstiger betrieblicher Ertrag:

Verkauf **unter** Buchwert:

24	Forderungen aus Lieferungen und Leistungen			
696	Verluste aus dem Abgang von Gegenständen des Anlagevermögens	**an**	07	Technische Anlagen und Maschinen

Verkauf **über** Buchwert:

24	Forderungen aus Lieferungen und Leistungen	**an**	07	Technische Anlagen und Maschinen
			546	Erträge aus dem Abgang von Gegenständen des Anlagevermögens

12.2 Abschreibung von Anlagen

Abnutzbare Anlagegüter unterliegen der zeitlichen, technischen und wirtschaftlichen Entwertung und sind deshalb durch regelmäßige, jährliche, **planmäßige Abschreibungen** zu mindern (§ 253 Abs. 3 Satz 1 HGB). Darüber hinaus können bzw. müssen Werteinflussfaktoren auch durch **außerplanmäßige** Abschreibungen sowohl bei den abnutzbaren als auch bei den nicht abnutzbaren Anlagegütern berücksichtigt werden (§ 253 Abs. 3 Satz 3 und 4 HGB). Eine an der tatsächlichen Nutzungsabgabe orientierte Verteilung der Anschaffungs- bzw. Herstellungskosten auf die einzelnen Perioden der Anlagennutzung kommt dabei im Allgemeinen wegen der sich ergebenden Zurechnungs- und Wertfindungsprobleme, aber auch aus damit zusammenhängenden Wirtschaftlichkeitserwägungen meist nicht in Betracht. Im Handels- und Steuerrecht kommen daher normierte Abschreibungsverfahren zur Anwendung, die die Anschaffungs- bzw. Herstellungskosten planmäßig auf die Perioden der Nutzungsdauer verteilen. Der zentralen Bedeutung wegen, die den Abschreibungen im Hinblick auf eine „richtige" Aufwandsverrechnung innerhalb der Finanzbuchführung zukommt, werden im Folgenden **Ursachen, Arten** und **Verfahren** der Abschreibung in den wesentlichen Grundzügen dargestellt. Hinsichtlich der **buchungsmäßigen** Behandlung der Abschreibungen wird auf die entsprechenden Ausführungen in Teil A, Abschn. 13.2.1, S. 460 ff. verwiesen.

12.2.1 Abschreibungsursachen

Das Problem der Abschreibung stellt sich insbesondere bei den abnutzbaren Anlagegütern, die nicht innerhalb einer Periode verbraucht und entsprechend als Aufwand verrechnet werden, sondern die über einen längeren Zeitraum (Nutzungsdauer) hinweg zur Durchführung der Produktion zur Verfügung stehen und so allmählich das in ihnen vorhandene Nutzungspotenzial abgeben.

Ein Periodenergebnis lässt sich daher nur ermitteln, wenn die Wertminderung der abnutzbaren Anlagegüter periodenweise festgestellt und als Aufwand verrechnet wird.

Dabei sind folgende Ursachen der Wertminderung von Anlagegütern zu unterscheiden:

(1) **Verbrauchsbedingte (technische) Abschreibung** durch Gebrauch im Produktionsprozess, natürlichen Verschleiß durch äußere Einflüsse und Katastrophenverschleiß, also durch eine mengenmäßige Verringerung des in einem Wirtschaftsgut enthaltenen Nutzungspotenzials.

(2) **Wirtschaftlich bedingte Abschreibung** durch technischen Fortschritt, Nachfrageverschiebungen, als Folge einer Fehlinvestition, durch Sinken der Wiederbeschaffungskosten bzw. der Absatzpreise, also durch eine Minderung des wirtschaftlichen Wertes des Nutzungspotenzials, den ein Wirtschaftsgut repräsentiert.

(3) **Zeitlich bedingte Abschreibung,** die eine volle Nutzung eines vorhandenen Nutzungspotenzials unmöglich macht, weil z.B. Mietverträge oder Konzessionen ablaufen.

12.2.2 Abschreibungsarten

Nach dem jeweils zugrunde liegenden Unterscheidungsmerkmal lassen sich verschiedene Abschreibungsarten klassifizieren.

Neben der Unterscheidung von **bilanzieller** und **kalkulatorischer** Abschreibung (vgl. Teil B, Abschn. 3.1.2.5.1, S. 813 ff.) sowie **direkter** und **indirekter** Abschreibung (vgl. Teil A, Abschn. 13.2.1, S. 460 ff.) wird hier insbesondere auf die Einteilung in **planmäßige** und **außerplanmäßige** Abschreibungen abgehoben. Einen Überblick über die verschiedenen Abschreibungsarten und die im Handels- und Steuerrecht vorgesehenen Abschreibungsmöglichkeiten gibt die Übersicht auf der folgenden Seite.

Die **planmäßigen Abschreibungen** nach § 253 Abs. 3 Satz 1 und 2 HGB finden im Steuerrecht ihr Äquivalent in den Absetzungen für Abnutzung (AfA) nach § 7 Abs. 1 Satz 1–4 EStG sowie in den Absetzungen für Substanzverringerung (AfS) nach § 7 Abs. 6 EStG. Der Begriff der planmäßigen Abschreibung stellt auf die Verwendung eines **Abschreibungsplans** ab, der die Anschaffungs- oder Herstellungskosten nach einer den Grundsätzen ordnungsmäßiger Buchführung entsprechenden Abschreibungsmethode auf die Geschäftsjahre verteilt, in denen der Gegenstand voraussichtlich genutzt werden kann (§ 253 Abs. 3 Satz 2 HGB). Der Abschreibungsplan muss damit Angaben enthalten über

- die zu verteilenden Anschaffungs- oder Herstellungskosten,
- einen nach Außerbetriebsetzung evtl. noch erzielbaren Restverkaufserlös,
- die voraussichtliche Nutzungsdauer des Gegenstandes und
- die gewählte Abschreibungsmethode.

Die Bedeutung des Abschreibungsplanes und der daraus zu entnehmenden Abschreibungsbeträge ergibt sich daraus, dass die periodischen Abschreibungen einen wesentlichen Teil des Gesamtaufwandes einer Periode ausmachen und durch eine zu hohe oder zu niedrige Abschreibungsverrechnung die **Höhe des Periodenerfolgs** entscheidend beeinflusst werden kann. Um derartige Manipulationen weitgehend auszuschalten, wurden vor allem für steu**erliche Zwecke** Vorschriften erlassen, die die voraussichtliche Nutzungsdauer eines Anlagegegenstandes festlegen und über die Zulässigkeit verschiedener Abschreibungsverfahren befinden. Für die in der Steuerbilanz zulässige Nutzungsdauer hat die Finanzverwaltung Tabellenwerke (sog. **AfA-Tabellen)** entwickelt, in denen die **„betriebsgewöhnliche Nutzungsdauer** von Anlagegütern" aufgrund von Erfahrungswerten und Schätzungen festgelegt ist. Eine Abweichung von der in den AfA-Tabellen vorgesehenen Nutzungsdauer ist nur in begründeten Ausnahmefällen möglich (z. B. beim Zwei-Schicht-Betrieb).

<table>
<tr><th>Unterscheidungs-merkmal</th><th colspan="2">Abschreibungsart</th></tr>
<tr><td>Verwendung in Geschäfts- oder Betriebsbuchführung</td><td colspan="2">– bilanzielle Abschreibung
– kalkulatorische Abschreibung</td></tr>
<tr><td>Buchungstechnik</td><td colspan="2">– direkte Abschreibung
– indirekte Abschreibung</td></tr>
<tr><td rowspan="2">Art des Werteverbrauchs</td><td>Handelsrecht</td><td>Steuerrecht</td></tr>
<tr><td>– planmäßige Abschreibung § 253 Abs. 3 Satz 1 und 2 HGB

– außerplanmäßige Abschreibung § 253 Abs. 3 Satz 3 und 4 HGB</td><td>– Absetzung für Abnutzung (AfA); § 7 Abs. 1 Satz 1–4 EStG
– Absetzung für Substanzverringerung (AfS); § 7 Abs. 6 EStG
– Absetzung für außergewöhnliche technische oder wirtschaftliche Abnutzung (AfaA); § 7 Abs. 1 Satz 7 EStG
– Teilwertabschreibung; § 6 Abs. 1 Nr. 1 und 2 EStG
– Sonderabschreibungen
• Sonderabschreibungen im engeren Sinne z. B. § 7g EStG und § 82 f. EStDV
• erhöhte Absetzungen z. B. §§ 7c, 7d, 7h, 7i und 7k EStG</td></tr>
</table>

Abschreibungsarten

Treten Wertminderungen auf, die (beispielsweise bei Aufstellung des Abschreibungsplans) nicht vorhersehbar waren, wie z. B. infolge technischen Fortschritts oder eines Nachfragerückgangs, besteht, unabhängig davon, ob die Nutzung zeitlich begrenzt ist oder nicht, die Möglichkeit, **außerplanmäßige Abschreibungen** vorzunehmen. Die Vornahme einer **außerplanmäßigen Abschreibung** ist gemäß § 253 Abs. 3 Satz 3 HGB zwingend, sofern die Wertminderung von Dauer ist. Das vormalige umfassende Wahlrecht von Nicht-Kapitalgesellschaften zur

außerplanmäßigen Abschreibung bei nur vorübergehender Wertminderung wurde im Zuge des Bilanzrechtsmodernisierungsgesetzes gestrichen. Nur für Gegenstände des Finanzanlagevermögens bestand (für alle Rechtsformen) und besteht gem. § 253 Abs. 3 Satz 4 HGB weiterhin auch bei einer nur vorübergehenden Wertminderung das Wahlrecht, eine außerplanmäßige Abschreibung vorzunehmen. Nach Durchführung einer außerplanmäßigen Abschreibung ist ein neuer Abschreibungsplan aufzustellen, der den Buchwert nach Vornahme der außerplanmäßigen Abschreibung auf die verbleibende Nutzungsdauer verteilt. Außerplanmäßige Abschreibungen finden im Steuerrecht Berücksichtigung in den Absetzungen für außergewöhnliche technische und wirtschaftliche Abnutzung (AfaA; § 7 Abs. 1 Satz 7 EStG) und in den sog. Teilwertabschreibungen (§ 6 Abs. 1 EStG). **Teilwertabschreibungen** können nach § 6 Abs. 1 Nr. 1 Satz 2 EStG dann vorgenommen werden, wenn der Teilwert aufgrund einer voraussichtlich dauernden Wertminderung niedriger ist als der Buchwert nach Vornahme der planmäßigen Absetzungen für Abnutzung. Dabei geht die Finanzverwaltung davon aus, dass das steuerliche Wahlrecht des § 6 Abs. 1 EStG aufgrund des § 5 Abs. 1 Satz 1 Halbsatz 2 EStG unabhängig vom Handelsrecht ausgeübt werden kann (vgl. BMF-Schreiben v. 12. 3. 2010, BStBl. I 2010, S. 240). Damit wäre eine außerplanmäßige Abschreibung in der Handelsbilanz nicht zwingend durch eine Teilwertabschreibung in der Steuerbilanz nachzuvollziehen (diese Sichtweise ist allerdings umstritten; vgl. ebenso *Herzig/Briesemeister,* Maßgeblichkeit, S. 929 f., *dieselben,* Wahlrechtsvorbehalt, S. 918 f., *Förschle/Usinger,* Bilanzkommentar, § 243 HGB, Rn. 112; a. A. *Anzinger/Schleiter,* Maßgeblichkeitsgrundsatz, S. 398, *Fischer/Kalina-Kerschbaum,* Maßgeblichkeit, S. 400; vgl. auch zur Maßgeblichkeit Teil A, Abschn. 1.2.2.1, S. 27 f.). Nimmt der Steuerpflichtige allerdings in einem Wirtschaftsjahr eine Teilwertabschreibung vor und verzichtet in einem darauf folgenden Jahr auf den Nachweis der dauernden Wertminderung, ist zu prüfen, ob eine willkürliche Gestaltung vorliegt.

Handelsrechtlich wird bei zeitlich begrenzt nutzbaren Vermögensgegenständen üblicherweise von einer **dauernden Wertminderung** ausgegangen, wenn der Stichtagswert voraussichtlich für mindestens die halbe Restnutzungsdauer oder die nächsten fünf Jahre unter dem planmäßigen Restbuchwert liegt (vgl. *Kozikowski/Roscher/Schramm,* Bilanzkommentar, § 253 HGB, Rn. 315, *Brösel/Olbrich,* § 253 HGB, Rn. 600). Im Hinblick auf das **steuerliche** Wahlrecht zur Teilwertabschreibung nach § 6 Abs. 1 EStG ist nach dem BMF-Schreiben v. 25. 2. 2000 (BStBl. I 2000, S. 372) analog von einer voraussichtlich dauernden Wertminderung auszugehen, wenn der Wert des jeweiligen Wirtschaftsguts zum Bilanzstichtag mindestens für die halbe Restnutzungsdauer unter dem planmäßigen Restbuchwert liegt. Bei Vermögensgegenständen, deren Nutzung zeitlich nicht begrenzt ist, sind strengere Maßstäbe an die außerplanmäßige Abschreibung zu legen, da sich hier kein Ausgleich durch die Verrechnung planmäßiger Abschreibungen ergibt (vgl. *Adler/Düring/Schmaltz,* § 253 HGB, Rn. 478). Der Betrachtungszeitraum sollte eher kurz bemessen werden; dies gilt auch bei begrenzt nutzbaren Vermögensgegenständen mit einer Restlaufzeit von mehr als zehn Jahren, bei denen die Dauerhaftigkeitsprüfung auf einen Zeitraum von maximal fünf Jahren ausgerichtet sein sollte (vgl. *Brösel/Olbrich,* § 253 HGB, Rn. 602). In Zweifelsfällen sollte stets von einer dauerhaften Wertminderung ausgegangen werden (vgl. *Kozikowski/Roscher/Schramm*, Bilanzkommentar, § 253 HGB, Rn. 316). Steuerlich sollte bei der Beurteilung, ob die Gründe für eine niedrigere Bewertung voraussichtlich anhalten werden, auch eine übliche Bandbreite für Wertschwankungen beachtet werden (vgl. zur Frage der Dauerhaftigkeit BMF vom 25. 2. 2000, BStBl. I 2000, S. 373; allerdings zur Rolle von Wertschwankungen im Rahmen einer noch üblichen Bandbreite vgl. BMF vom 26. 3. 2009, BStBl. I 2009, S. 514 – vgl. hierzu auch Teil A, Abschn. 7.1.5, S. 216 –; zur Anwendbarkeit dieser Grundsätze bei Grundstücken vgl. BMF vom 11. 5. 2010, BStBl. I 2010, S. 4 (Rn. 10)).

Darüber hinaus sind steuerlich **Sonderabschreibungen** möglich, welche aufgrund der Abschaffung des umgekehrten Maßgeblichkeitsprinzips durch das Bilanzrechtsmodernisierungsgesetz keine Rückwirkung auf die Handelsbilanz (mehr) entfalten. Wurde das Wahlrecht zur Vornahme einer Sonderabschreibung durch den Steuerpflichtigen ausgeübt, so legt das BMF-Schreiben vom 11. 2. 2009 nach dem BFH-Urteil vom 4. 6. 2008 (BStBl. II 2009, S. 187) fest, dass dieser verminderte Wertansatz als Wertobergrenze i. S. d. § 6 Abs. 1 Nr. 1 Satz 4 EStG unbeschadet einer handelsrechtlichen Zuschreibung steuerlich fortzuführen ist. Dadurch sind die Einkommensteuerrichtlinien R 6.5 Abs. 2 S. 5 EStR (Zuschüsse für Anlagegüter), R 6.6 Abs. 3 Satz 4 EStR (Übertragung stiller Reserven bei Ersatzbeschaffung) und R 6 b.2 Abs. 1 Satz 2 EStR (Übertragung stiller Reserven), die eine entsprechende Zuschreibung in bestimmten Fällen in der steuerlichen Gewinnermittlung fordern, überholt. Auf die Bildung und Beibehaltung von Rücklagen hat dies jedoch keine Auswirkung, da die Bewertungsobergrenze des § 6 Abs. 1 Nr. 1 Satz 4 EStG hier nicht anzuwenden ist (vgl. BMF-Schreiben v. 11. 2. 2009, BStBl. I 2009, S. 397).

Bei Sachanlagen hält der Hauptfachausschuss des IDW die separate planmäßige Abschreibung von wesentlichen Komponenten eines Vermögensgegenstandes, welche sich in ihren Nutzungsdauern unterscheiden, für handelsrechtlich zulässig (vgl. *HFA*, Komponentenweise planmäßige Abschreibung, S. 362 f.; befürwortend *Hommel/Rößler*, Komponentenansatz, S. 2529; *Husemann*, Komponenten, S. 512 ff.; a. A. *Hüttche*, Modernisierte Bilanzpolitik, S. 1350; *Haaker*, Komponentenansatz, S. 240). Damit sieht er ein handelsrechtliches Wahlrecht zur Anwendung des so genannten **Komponentenansatzes** (vgl. *Hoffmann/Lüdenbach*, Kommentar Bilanzierung, S. 546 f.) als gegeben an, welcher in den IFRS den Objektbezug planmäßiger Abschreibungen von Sachanlagen nach IAS 16.43 festlegt. Nach Ansicht des HFA führe die komponentenweise Abschreibung zu einer verursachungsgerechteren Periodisierung des Aufwandes. Der gesamte Betrag planmäßiger Abschreibungen für den Vermögensgegenstand ergibt sich dann als Summe der auf seine einzelnen **Komponenten** entfallenden planmäßigen Periodenabschreibungen. Den separaten Abgängen durch planmäßige Abschreibungen entspricht die Interpretation deren Ersatzes als zu aktivierende nachträgliche Anschaffungs- oder Herstellungskosten. Bei der Feststellung einer voraussichtlich dauernden Wertminderung für Zwecke einer außerplanmäßigen Abschreibung ist allerdings auf den Vermögensgegenstand als Ganzes abzustellen (vgl. Teil A, Abschn. 12.3.2, S. 451 ff.). Der vom HFA vorgeschlagene Komponentenansatz unterscheidet sich von demjenigen nach IAS 16 (vgl. Teil A,

Abschn. 12.3.2, S. 454) insbesondere dadurch, dass die Komponenten physisch separierbar sein müssen; die getrennte Abschreibung von Großreparaturen o. Ä. soll danach nicht möglich sein. Die (wahlweise) Komponentenabschreibung weist im Rahmen des deutschen Bilanzrechts allerdings auch kritisch zu sehende Aspekte auf (bspw. hinsichtlich der Abgrenzung von Erhaltungs- und Herstellungsaufwand; vgl. hierzu ausführlich *Herzig/Briesemeister/Joisten/Vossel*, Component approach).

12.2.3 Abschreibungsverfahren

Der Abschreibungsbetrag ergibt sich unabhängig vom zugrunde liegenden Verfahren durch Anwendung eines bestimmten Abschreibungssatzes auf die jeweilige Bemessungsgrundlage. Je nach Art und Höhe des **Abschreibungssatzes** ergeben sich verschiedene zeitliche Verläufe der Abschreibung, nach denen sich lineare, degressive, progressive sowie leistungsabhängige Abschreibungsverfahren unterscheiden lassen.

Zum gesamten Abschreibungspotential gehören neben dem Anschaffungspreis abzüglich Anschaffungspreisminderungen auch die **Anschaffungsnebenkosten** wie Transport-, Verpackungs- und Montagekosten sowie andere bis zum Einsatz des Wirtschaftsguts anfallende Ausgaben, nicht jedoch die Umsatzsteuer (Ausnahme: Ein Vorsteuerbetrag, der nach § 15 UStG nicht abziehbar ist, gehört zu den abschreibungsfähigen Anschaffungs- bzw. Herstellungskosten; R 9b Abs. 1 EStR). Sofern nachträgliche Anschaffungskosten anfallen, sind diese ebenfalls dem jeweiligen Abschreibungspotential hinzuzurechnen. Andererseits bewirkt beispielsweise bei Schiffen der Schrottwert und bei Milchkühen der Schlachtwert eine Reduzierung des jeweiligen Abschreibungspotentials (7.3 EStH).

Bei **zwischenperiodischem Zugang und Abgang** abnutzbarer Anlagegegenstände sind im Jahr des Zugangs nur die planmäßigen Abschreibungen zu verrechnen, die auf den Zeitraum zwischen Anschaffungs- oder Herstellungszeitpunkt und dem Bilanzstichtag entfallen. Handelsrechtlich allerdings kann bei **beweglichen Anlagegütern** die sog. Halbjahresregel zur Vereinfachung angewendet werden, wonach die Abschreibung bei Zugängen im 1. Halbjahr für das gesamte Jahr und bei Zugängen im 2. Halbjahr für ein halbes Jahr vorgenommen wird (vgl. *Kozikowski/Roscher/Schramm*, Bilanzkommentar, § 253, Rn. 276). Steuerlich ist dies nicht möglich; vielmehr ist die Absetzung für Abnutzung gemäß § 7 Abs. 1 Satz 4 EStG **monatsbezogen** vorzunehmen, wobei auf volle Monate aufgerundet werden kann.

Einen Überblick über die nachfolgend beschriebenen Abschreibungsarten mit deren jeweiligen rechtlichen Grundlagen und formalen Ermittlungsmethoden bietet die Tabelle auf Seite 440 f.

12.2.3.1 Lineare Abschreibung

Beim Verfahren der linearen Abschreibung werden die Anschaffungs- oder Herstellungskosten **gleichmäßig** über die Nutzungsdauer als Aufwand verteilt (Abschreibung in gleich bleibenden Jahresbeträgen). Der jährliche Abschrei-

Abschreibungsverfahren	Zeitabhängige							Nach Leistung und Inanspruchnahme
	linear	degressiv				progressiv		
		geometrisch-degressiv	arithmetisch-degressiv		in fallenden Staffelsätzen	geometrisch-progressiv	arithmetisch-progressiv	
Abschreibungsbetrag	gleich bleibend	in geometrischer Reihe fallend	in arithmetischer Reihe fallend		in Staffeln (zeitlichen Abschnitten) fallend	in geometrischer Reihe steigend	in arithmetischer Reihe steigend	variabel
Abschreibungsbasis	Anschaffungs- bzw. Herstellungskosten	Restbuchwert	Anschaffungs- bzw. Herstellungskosten		Anschaffungs- bzw. Herstellungskosten	Restbuchwert	Anschaffungs- bzw. Herstellungskosten	Anschaffungs- bzw. Herstellungskosten
			arithm.-degr.	digital				
Abschreibungsbetrag	$a_t = \frac{R_o - R_n}{n}$	$a_t = q \cdot R_{t-1}$	$a_1 = \frac{R_o - R_n}{n} + \frac{(n-1)}{2} \cdot D$ $a_t = a_{t-1} - D$, $t = 2, \ldots, n.$	$a_1 = n \cdot D$ $a_t = a_{t-1} - D$ $t = 2, \ldots, n.$ oder: $a_t = (R_o - R_n)\, q_i$, $t = 1, \ldots, n.$	$a_t = (R_o - R_n)\, q_{it}$, $i = 1, \ldots, z_i$ $t = 1, \ldots, n.$	Ermittlung analog der geometrisch-degressiven Methode. Der Abschreibungsverlauf wird nur umgedreht.	Ermittlung analog der arithmetisch-degressiven Methode. Der Abschreibungsverlauf wird nur umgedreht.	$a_t = (R_o - R_n)\frac{L_t}{\sum_{t=1}^{n} L_t}$ $t = 1, \ldots, n.$
Abschreibungssatz in %	$q = \frac{1}{n} \cdot \frac{R_o - R_n}{R_o} \cdot 100$	$q = 100\left(1 - \sqrt[n]{\frac{R_n}{R_o}}\right)$		$q_t = \frac{b_t}{\frac{n(n+1)}{2}} \cdot 100$ $t = 1, \ldots, n.$ wenn $R_n = 0$	Der Abschreibungssatz q_{it} wird festgesetzt bzw. bei der Gebäude-AfA ist der Abschreibungssatz in § 7 Abs. 5 EStG vorgegeben.			
Degressionsbetrag			$D = \frac{R_n - R_o + a_1 \cdot n}{\frac{n(n+1)}{2} - n}$	$D = \frac{R_o - R_n}{\frac{n(n+1)}{2}}$ $D = a_n$				

Abschreibungsverfahren	Zeitabhängige						Nach Leistung und Inanspruchnahme
		degressiv			progressiv		
	linear	geometrisch-degressiv	arithmetisch-degressiv	in fallenden Staffelsätzen	geometrisch-progressiv	arithmetisch-progressiv	
Zulässigkeit 1. Steuerrecht	§ 7 Abs. 1 EStG Zulässig für alle abnutzbaren Wirtschaftsgüter des Anlagevermögens.	§ 7 Abs. 2 EStG Zulässig nur für bewegliche abnutzbare Wirtschaftsgüter des Anlagevermögens. Bedingungen: Für im Zeitraum vom 1.1.2001 bis 31.12.2005 angeschaffte oder hergestellte Wirtschaftsgüter: $q \leq \begin{cases} 20\% \text{ für } n \leq 10 \\ \frac{200\%}{n} \text{ für } n > 10 \end{cases}$ Für im Zeitraum vom 1.1.2006 bis 31.12.2007 angeschaffte oder hergestellte Wirtschaftsgüter: $q \leq \begin{cases} 30\% \text{ für } n \leq 10 \\ \frac{300\%}{n} \text{ für } n > 10 \end{cases}$ Für im Zeitraum vom 1.1.2009 bis 31.12.2010 angeschaffte oder hergestellte Wirtschaftsgüter: $q \leq \begin{cases} 25\% \text{ für } n \leq 10 \\ \frac{250\%}{n} \text{ für } n > 10 \end{cases}$ Für nach dem 31.12.2010 angeschaffte oder hergestellte Wirtschaftsgüter nicht mehr zulässig.	Seit 1.1.1985 nicht mehr zulässig.	§ 7 Abs. 5 EStG Sonderregelung für Absetzungen bei Gebäuden. Bedingung: Bauherr oder Erwerb im Jahr der Fertigstellung.	Im Einkommensteuergesetz wird die progressive Abschreibung nicht erwähnt. Sie ist nur möglich, wenn der Verlauf der Leistung entspricht.		§ 7 Abs. 1 Satz 6 EStG Zulässig nur für bewegliche abnutzbare Wirtschaftsgüter des Anlagevermögens. Bedingungen: 1. Das Verfahren muss wirtschaftlich begründet sein. 2. Der Umfang der Leistung muss nachgewiesen werden.
2. Handelsrecht	Abschreibungsverfahren sind zulässig, sofern sie den Grundsätzen ordnungsgemäßer Buchführung entsprechen.						
Graphische Darstellung des Abschreibungsverlaufs	Bw, R_0, R_n, n, t	Bw, R_0, R_n, n, t	Bw, R_0, R_n, n, t	Bw, R_0, R_n, n, t	Bw, R_0, R_n, n, t	Bw, R_0, R_n, n, t	Bw, R_0, R_n, n, t

Übersicht der Abschreibungsverfahren

Abkürzungen:

a_t = Abschreibungsbetrag im Jahr t
b_t = Verbleibende Nutzungsdauer vom Jahresanfang gerechnet
Bw = Buchwert
D = Degressionsbetrag
i = Staffelindex
L_t = Leistung bzw. Inanspruchnahme im Jahr t
n = Nutzungsdauer in Jahren
q = Abschreibungssatz
R_o = Anschaffungs- bzw. Herstellungskosten
R_{t-1} = Restbuchwert vom letzten Periodenende
R_n = Restbuchwert am Ende der Nutzungsdauer bzw. Schrottwert
t = Periodenindex
z = Anzahl der Staffeln

bungsbetrag wird durch Division der Anschaffungs- bzw. Herstellungskosten durch die Jahre der voraussichtlichen Nutzung ermittelt.

Beispiel:

Anschaffungskosten 70.000, Nutzungsdauer 7 Jahre

$$\text{Abschreibungsbetrag} = \frac{70.000}{7} = 10.000$$

Periodenende	Abschreibungsbetrag	Restbuchwert
1	10.000	60.000
2	10.000	50.000
3	10.000	40.000
4	10.000	30.000
5	10.000	20.000
6	10.000	10.000
7	10.000	0

Die durch die lineare Abschreibung bewirkte gleichmäßige Aufwandsbelastung der einzelnen Perioden der Nutzungsdauer setzt voraus, dass die Gebrauchsfähigkeit einer Anlage bis zum Ende der Nutzungsdauer in etwa gleich bleibt und die Anlage dann aus dem Betrieb ausscheidet. Besonders in den ersten Perioden der Nutzungsdauer auftretende wirtschaftliche Risiken, die vor allem eine starke Verminderung des Marktpreises einer Anlage bewirken können, vermag das Verfahren der linearen Abschreibung nicht zu berücksichtigen. Das Verfahren ist handels- und steuerrechtlich zulässig und als Normalfall der Abschreibung zu betrachten.

12.2.3.2 Degressive Abschreibung

Das Verfahren der degressiven Abschreibung (Abschreibung in fallenden Jahresbeträgen) tritt in drei Ausprägungen auf:

- geometrisch-degressive Abschreibung
- arithmetisch-degressive Abschreibung
- Abschreibung in fallenden Staffelsätzen

Allen drei Verfahren ist gemeinsam, dass sie in den ersten Nutzungsjahren eines Anlagegegenstandes höhere Aufwandsbeträge verrechnen als in späteren Jahren. Damit entspricht die degressive Abschreibung der Erkenntnis, dass wirtschaftliche Risiken vor allem in den ersten Jahren zu einer höheren Wertminderung von Anlagen führen. Ebenso kann man die degressive Abschreibung durch die Überlegung rechtfertigen, dass zur Aufrechterhaltung der Leistungsfähigkeit einer Anlage mit fortschreitender Nutzungsdauer steigende Reparaturaufwendungen notwendig werden, die zusammen mit dem degressiven Abschreibungsaufwand den Gesamtaufwand gleichmäßig auf alle Perioden der Nutzungsdauer verteilen.

(1) Bei der **geometrisch-degressiven** Abschreibung wird der jährliche Abschreibungsbetrag durch die Anwendung eines festen Prozentsatzes (des Abschreibungsprozentsatzes) auf den jeweiligen Restbuchwert vom Ende des

vergangenen Jahres errechnet. Sie wird daher auch als **Restwert-** oder **Buchwertabschreibung** bezeichnet.

Sofern der Restbuchwert (Rn) am Ende der Nutzungsdauer (n) bekannt ist, lässt sich der Abschreibungsprozentsatz (q) nach folgender Formel ermitteln:

$$q = 100 \left(1 - \sqrt[n]{\frac{R_n}{R_o}}\right)$$

Ro = Anschaffungs- bzw. Herstellungskosten

Die geometrisch-degressive Abschreibung ist **handelsrechtlich** zulässig, soweit nicht gegen die Grundsätze ordnungsmäßiger Buchführung verstoßen wird. **Steuerrechtlich** wurde dieses häufig konjunkturpolitisch genutzte Verfahren, das nur für bewegliche Wirtschaftsgüter des Anlagevermögens anwendbar war, für ab dem 1. 1. 2008 neu angeschaffte oder hergestellte Güter abgeschafft (Unternehmensteuerreformgesetz 2008 vom 14. 8. 2007, BGBl. I 2007, S. 1912). Durch das „Gesetz zur Umsetzung steuerrechtlicher Regelungen des Maßnahmenpakets ‚Beschäftigungssicherung durch Wachstumsstärkung'" vom 21. 2. 2008 (BGBl. I 2008, S. 2896 ff.) wurde allerdings wieder eine begrenzte Anwendung der degressiven Abschreibungsmethode für bewegliche Wirtschaftsgüter des Anlagevermögens, die nach dem 31. 12. 2008 und vor dem 1. 1. 2011 angeschafft oder hergestellt worden sind, ermöglicht. Gemäß §§ 7 Abs. 2, 52 Abs. 21a EStG ergeben sich daraus für nach dem 1. 1. 2001 angeschaffte oder hergestellte Altbestände jeweils die folgenden Abschreibungssätze nach der degressiven Methode:

Für im Zeitraum vom 1. 1. 2001 bis 31. 12. 2005 (bzw. vor dem 1. 1. 2008 mit Ausnahme des nachfolgend beschriebenen Zeitraums) angeschaffte oder hergestellte Wirtschaftsgüter gilt:

1. Der Abschreibungsprozentsatz darf das Zweifache des bei linearer Abschreibung in Betracht kommenden Satzes (laut AfA-Tabelle) nicht übersteigen.
2. Unabhängig von 1. darf der Abschreibungsprozentsatz nicht mehr als 20 % betragen.

Für im Zeitraum vom 1. 1. 2006 bis 31. 12. 2007 angeschaffte oder hergestellte Wirtschaftsgüter gilt folgende Sonderregelung:

1. Der Abschreibungsprozentsatz darf das Dreifache des bei linearer Abschreibung in Betracht kommenden Satzes (laut AfA-Tabelle) nicht übersteigen.
2. Unabhängig von 1. darf der Abschreibungsprozentsatz nicht mehr als 30 % betragen.

Für im Zeitraum vom 1. 1. 2009 bis 31. 12. 2010 angeschaffte oder hergestellte Wirtschaftsgüter gilt:

1. Der Abschreibungsprozentsatz darf das Zweieinhalbfache des bei linearer Abschreibung in Betracht kommenden Satzes (laut AfA-Tabelle) nicht übersteigen.
2. Unabhängig von 1. darf der Abschreibungsprozentsatz nicht mehr als 25 % betragen.

Bei formaler Darstellung ergeben sich für den steuerrechtlich zulässigen Abschreibungsprozentsatz je nach Fallunterscheidung folgende Relationen:

Für im Zeitraum vom 1. 1. 2001 bis 31. 12. 2005 angeschaffte oder hergestellte Wirtschaftsgüter:

$$q \leq \begin{cases} 20\,\% & \text{für } n \leq 10 \\ \dfrac{200\,\%}{n} & \text{für } n > 10 \end{cases}$$

Für im Zeitraum vom 1. 1. 2006 bis 31. 12. 2007 angeschaffte oder hergestellte Wirtschaftsgüter:

$$q \leq \begin{cases} 30\,\% & \text{für } n \leq 10 \\ \dfrac{300\,\%}{n} & \text{für } n > 10 \end{cases}$$

Für im Zeitraum vom 1. 1. 2009 bis 31. 12. 2010 angeschaffte oder hergestellte Wirtschaftsgüter:

$$q \leq \begin{cases} 25\,\% & \text{für } n \leq 10 \\ \dfrac{250\,\%}{n} & \text{für } n > 10 \end{cases}$$

Beispiel:

Anschaffungskosten 70.000, Nutzungsdauer 7 Jahre, Abschreibungsprozentsatz 20 %

Periodenende	Abschreibungsbetrag	Restbuchwert
1	14.000	56.000
2	11.200	44.800
3	8.960	35.840
4	7.168	28.672
5	5.734	22.938
6	4.588	18.350
7	3.670	14.680

Wie das Beispiel zeigt, führt die geometrisch-degressive Abschreibung steuerlich zu einem Restbuchwert am Ende der Nutzungsdauer, der umso höher ist, je niedriger der Abschreibungsprozentsatz und je kürzer die Nutzungsdauer des Wirtschaftsgutes ist. Der Restbuchwert am Ende der Nutzungsdauer ist in der letzten Periode zusätzlich als Aufwand zu verbuchen. Es erweist sich daher in Bezug auf die bis 31. 12. 2010 angeschafften oder hergestellten Altbestände als zweckmäßig, dann von der geometrisch-degressiven auf die lineare Abschreibung **überzugehen,** wenn der Abschreibungsbetrag bei degressiver Abschreibung geringer ist als der Betrag, der sich bei linearer Verteilung des Restbuchwertes auf die Restnutzungsdauer ergeben würde.

Beispiel (unter Verwendung der obigen Daten):

Periodenende	Abschreibungsbetrag		Restbuchwert
	geom.-degr.	linear*	
1	**14.000**	*10.000*	56.000
2	**11.200**	*9.333*	44.800
3	**8.960**	*8.960*	35.840
4	*7.168*	**8.960**	26.880
5	*5.734*	**8.960**	17.920
6	*4.588*	**8.960**	8.960
7	*3.670*	**8.960**	0

* jeweils vom Restbuchwert

Da sich am Ende der Periode 3 erst eine Indifferenzsituation zur linearen Abschreibung ergibt, erfolgt hier noch kein Wechsel der Abschreibungsmethode, da dieser zu diesem Zeitpunkt noch keinen Vorteil bringt, aber die Gefahr birgt, dass die mit ihm verbundenen relativ höheren Abschreibungen im Folgejahr dann zu diesem Zeitpunkt z. B. aus bilanzpolitischen Gründen nicht mehr erwünscht sind. Über den Wechsel des Abschreibungsverfahrens wird daher erst in der Periode entschieden, in der die lineare Abschreibung zu einem höheren Abschreibungsbetrag führen würde als die bislang zur Anwendung kommende geometrisch-degressive Abschreibung.

Graphisch lässt sich die Entwicklung der Abschreibungsbeträge und damit der Zeitpunkt des Übergangs von der degressiven zur linearen Abschreibung aus der nachfolgenden Abbildung ablesen.

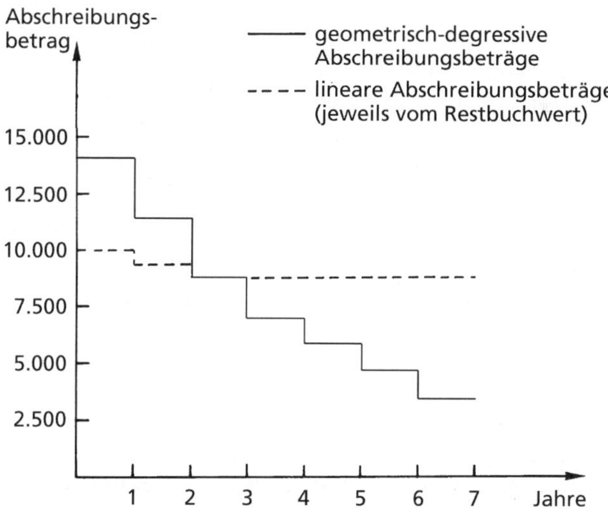

Entwicklung des Abschreibungsbetrags beim Übergang von der geometrisch-degressiven zur linearen Abschreibung

Bei periodischer Abschreibung kann die Übergangsperiode Ü, in der zum letzten Mal geometrisch-degressiv abgeschrieben wird, wie folgt ermittelt werden: Ü ist der kleinste ganzzahlige Wert m, der die Bedingung erfüllt:

$$Ü = \min_{m} \left\{ m > n - \frac{100}{q} \right\}$$

Der Wechsel von der geometrisch-degressiven Abschreibung zur linearen Abschreibung ist handels- und steuerrechtlich zulässig. Umgekehrt wird dies steuerrechtlich jedoch ausgeschlossen, ebenso ein Wechsel zwischen den verschiedenen degressiven Abschreibungsverfahren (§7 Abs. 3 EStG).

(2) Bei der **arithmetisch-degressiven Abschreibung** vermindern sich die jährlichen Abschreibungsbeträge jeweils um den gleichen Betrag, den sog. Degressions- bzw. Differenzbetrag (D). Dieser lässt sich, sofern der Restbuchwert am Ende der Nutzungsdauer und die erste Abschreibungsquote bekannt sind, aus der Formel

$$D = \frac{R_n - R_o + a_1 \cdot n}{\frac{n\,(n+1)}{2} - n} = \frac{2 \cdot (R_n - R_o + a_1 \cdot n)}{n\,(n-1)}$$

R_n = Restbuchwert am Ende der Nutzungsdauer
R_o = Anschaffungs- bzw. Herstellungskosten
a_1 = Abschreibungsbetrag in der ersten Periode
n = Nutzungsdauer in Jahren

ermitteln. Im Unterschied zur geometrisch-degressiven Abschreibung kann hier auf den Restbuchwert null abgeschrieben werden.

Beispiel:

Restbuchwert am Ende der Nutzungsdauer 0, Anschaffungskosten 70.000, Abschreibungsbetrag in der ersten Periode 16.000, Nutzungsdauer 7 Jahre

$$D = \frac{2 \cdot (0 - 70.000 + 16.000 \cdot 7)}{7\,(7-1)} = 2.000$$

Periodenende	Abschreibungsbetrag	Restbuchwert
1	16.000	54.000
2	14.000	40.000
3	12.000	28.000
4	10.000	18.000
5	8.000	10.000
6	6.000	4.000
7	4.000	0

Erfolgt die arithmetisch-degressive Abschreibung in der Form, dass der Degressionsbetrag mit der Abschreibungsrate im letzten Jahr identisch ist, so spricht man von **digitaler Abschreibung.** Der Degressionsbetrag wird in diesem Fall dadurch ermittelt, dass der abzuschreibende Betrag durch die Summe der Jahresziffern dividiert wird:

$$D = \frac{R_o - R_n}{\sum_{i=1}^{n} i} = \frac{2\,(R_o - R_n)}{n\,(n+1)}$$

Der Abschreibungsbetrag lässt sich durch Multiplikation des Degressionsbetrags mit den Jahresziffern in umgekehrter Reihenfolge (= verbleibende Nutzungsdauer vom Jahresanfang gerechnet) berechnen. Die jährlichen Abschreibungssätze ergeben sich aus dem Quotienten von dem jeweiligen Abschreibungsbetrag und den Anschaffungs- bzw. Herstellungskosten.

Beispiel:

Anschaffungskosten 70.000, Nutzungsdauer 7 Jahre

$$\text{Degressionsbetrag} = \frac{70.000}{1+2+3+4+5+6+7} = \frac{2 \cdot 70000}{7 \cdot (7+1)} = 2.500$$

Perioden-ende	Abschreibungs-satz in %	Abschreibungs-betrag	Restbuch-wert
1	25	17.500	52.500
2	21,43	15.000	37.500
3	17,86	12.500	25.000
4	14,29	10.000	15.000
5	10,71	7.500	7.500
6	7,14	5.000	2.500
7	3,57	2.500	0

(3) Bei der **Abschreibung mit fallenden Staffelsätzen** wird die Gesamtnutzungsdauer in einzelne Zeitabschnitte unterteilt, denen abnehmende Abschreibungssätze zugeordnet werden. Der Abschreibungsbetrag der einzelnen Perioden einer Staffel wird somit anhand des gleichen Prozentsatzes, der sich auf die Anschaffungs- bzw. Herstellungskosten bezieht, ermittelt.

Beispiel:

Gem. § 7 Abs. 5 EStG ergeben sich bei der Abschreibung von im Inland gelegenen Gebäuden, die zum Betriebsvermögen gehören, nicht Wohnzwecken dienen und für die der Antrag auf Baugenehmigung zwischen dem 31. 3. 1985 und dem 1. 1. 1994 gestellt wurde, folgende Staffeln:

Staffel	Perioden	Abschreibungssatz in %
1	1– 4	10
2	5– 7	5
3	8–25	2,5

Für Gebäude, die die genannten Bedingungen nicht erfüllen und für die der Bauantrag vor dem 1. 1. 1995 gestellt wurde, sind folgende Staffeln vorgesehen:

Staffel	Perioden	Abschreibungssatz in %
1	1– 8	5
2	9–14	2,5
3	15–50	1,25

Wurde für letztere Gebäude der Bauantrag jedoch nach dem 28. Februar 1989 und vor dem 1. 1. 1996 gestellt (oder wurden sie über einen obligatorischen Vertrag in diesem Zeiteraum angeschafft), sind, soweit die Gebäude Wohnzwecken dienen, folgende Staffeln anwendbar:

Staffel	Perioden	Abschreibungssatz in %
1	1– 4	7
2	5–10	5
3	11–16	2
4	17–40	1,25

Soweit bei derartigen Wohngebäuden der Bauantrag nach dem 31. 12. 1995, aber vor dem 1. 1. 2004 gestellt wurde (respektive ein entsprechender obligatorischer Vertrag zur Anschaffung geschlossen wurde), ergeben sich folgende reduzierten Staffelwerte:

Staffel	Perioden	Abschreibungssatz in %
1	1– 8	5
2	9–14	2,5
3	15–50	1,25

Soweit bei derartigen Gebäuden der Bauantrag nach dem 31. 12. 2003 und vor dem 1. 1. 2006 gestellt wurde (bzw. ein entsprechender obligatorischer Anschaffungsvertrag geschlossen wurde), ergeben sich die folgenden reduzierten Staffelwerte:

Staffel	Perioden	Abschreibungssatz in %
1	1–10	4
2	11–18	2,5
3	19–50	1,25

Handelsrechtlich zulässig sind die arithmetisch-degressive Abschreibung und die Abschreibung in fallenden Staffelsätzen, wenn sie den Grundsätzen ordnungsmäßiger Buchführung entsprechen; **steuerrechtlich** ist die arithmetisch-degressive Abschreibung seit dem Veranlagungszeitraum 1985 nicht mehr zulässig, die Abschreibung in fallenden Staffelsätzen ist hingegen bei Gebäuden unter den genannten Bedingungen anwendbar.

12.2.3.3 Progressive Abschreibung

Bei progressiver Abschreibung (Abschreibung mit zunehmenden Jahresbeträgen) wird zu Beginn der Nutzung weniger Abschreibungsaufwand verrechnet als am Ende. Es sind arithmetisch-progressive und geometrisch-progressive sowie unregelmäßig-progressive Abschreibungsverläufe denkbar. Die progressive Abschreibung findet in der Geschäftsbuchführung nur in Ausnahmefällen Anwendung, insbesondere bei Anlagen, die eine gewisse Anlaufzeit benötigen (z. B. Obstplantagen, Verkehrsbetriebe). Die Ermittlung des Abschreibungs- bzw. Progressionsbetrags erfolgt analog zur geometrisch-degressiven bzw. arithmetisch-degressiven Abschreibung, wobei dann lediglich der zeitliche Abschreibungsverlauf umgekehrt werden muss. Soweit nicht gegen Grundsätze ordnungsmäßiger Buchführung verstoßen wird, ist die progressive Abschreibung handelsrechtlich zulässig. Im Steuerrecht ist die progressive Abschreibung nicht vorgesehen; auf eine mögliche Ausnahme wird im nächsten Abschnitt eingegangen.

12.2.3.4 Abschreibung nach Leistung und Inanspruchnahme

Im Gegensatz zu den bisher dargestellten Abschreibungsverfahren, die den Abschreibungsaufwand unter zeitlichen Aspekten verteilen, geht die Abschreibung nach Leistung und Inanspruchnahme (Leistungsabschreibung) vom Gesamtleistungs- bzw. Gesamtnutzungspotenzial einer Anlage aus (z. B. Maschinenstunden, die eine Maschine maximal leisten kann; Gesamtfahrleistung eines Fahrzeugs). Vorzug des Verfahrens ist, dass der Aufwand entsprechend der Beschäftigung und damit nach der tatsächlichen Inanspruchnahme einer Anlage verrechnet wird. Auf der anderen Seite können der natürliche Zeitverschleiß und wirtschaftlich begründete Wertminderungen ebenso wenig Berücksichtigung finden wie ein gegen Ende der Nutzungsmöglichkeiten eventuell ansteigender Reparaturaufwand. Zur Berechnung der Jahresabschreibung wird bei diesem Verfahren zunächst der auf eine Leistungseinheit entfallende Abschreibungsbetrag dadurch ermittelt, dass die Anschaffungs- bzw. Herstellungskosten durch die geschätzte Gesamtleistung dividiert werden. Durch Multiplikation des so ermittelten Satzes mit der auf das Jahr jeweils entfallenden Leistungsabgabe ergibt sich der jährliche Abschreibungsbetrag.

Dieses Abschreibungsverfahren ist in der **Handelsbilanz** zulässig, soweit es den Grundsätzen ordnungsmäßiger Buchführung entspricht. In der **Steuerbilanz** ist die Übernahme der Leistungsabschreibung unter zwei Bedingungen gestattet (§7 Abs. 1 Satz 6 EStG i. V. m. R 7.4 Abs. 5 Satz 2 und 3 EStR):

(1) Die Leistungsabschreibung muss sich wirtschaftlich begründen lassen (z. B. bei erheblichen Schwankungen in der Leistungsabgabe).

(2) Der jährliche Umfang der Leistungsabgabe muss nachweisbar sein (z. B. durch Kilometerzähler bei Kfz).

Über die Leistungsabschreibung kann es damit zur Verrechnung progressiver Abschreibungsbeträge in der Steuerbilanz kommen, wenn die tatsächliche Inanspruchnahme im Zeitablauf zunimmt und in ihrer Höhe nachweisbar ist.

Beispiel:

Anschaffungskosten eines Lkw 70.000 €, Gesamtleistung 100.000 km, Nutzungsdauer 7 Jahre

Abschreibungsbetrag (in €) je Leistungseinheit (LE)

$$= \frac{70.000 \text{ €}}{100.000 \text{ LE}} = 0{,}7 \text{ €/LE}$$

Periodenende	Jahresleistung	Abschreibungsbetrag	Restbuchwert
1	10.000	7.000	63.000
2	5.000	3.500	59.500
3	15.000	10.500	49.000
4	20.000	14.000	35.000
5	30.000	21.000	14.000
6	10.000	7.000	7.000
7	10.000	7.000	0

Zusammenfassend können die Restbuchwerte des Anlagegegenstandes des durchgängigen Beispiels bei Anwendung linearer, geometrisch-degressiver, arithmetisch-progressiver sowie leistungsbedingter Abschreibung folgendermaßen graphisch skizziert werden:

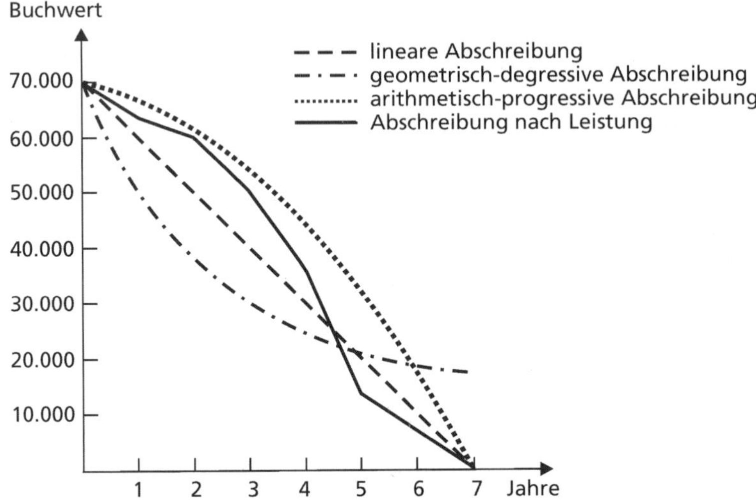

Graphische Darstellung der Abschreibungsverläufe des Übungsbeispiels

12.3 Sachanlagen und immaterielles Vermögen nach den IFRS

12.3.1 Anwendungsbereich der IAS 16 und IAS 38 sowie Ansatz der Vermögenswerte

Die Bilanzierung des **Sachanlagevermögens** richtet sich grundsätzlich nach IAS 16 („Property, Plant and Equipment", „Sachanlagen"). Sachanlagen umfassen materielle Vermögenswerte, die für Zwecke der Herstellung oder der Lieferung von Gütern und Dienstleistungen, zur Vermietung an Dritte oder für Verwaltungszwecke gehalten und erwartungsgemäß länger als eine Periode genutzt werden (IAS 16.6). Ein Vermögenswert ist in Höhe seiner Anschaffungs- oder Herstellungskosten anzusetzen, sofern diese verlässlich bestimmbar sind und ein zukünftiger Nutzenzufluss aus dem Vermögenswert wahrscheinlich ist. Vom Anwendungsbereich des IAS 16 sind allerdings diverse Sachverhalte ausgenommen, welche im Rahmen anderer Standards als leges speciales behandelt werden. Dies betrifft z. B. Sachanlagen, die zur Veräußerung gehalten werden und deren bilanzielle Behandlung sich nach IFRS 5 richtet. Eine weitere Ausnahme bilden als Finanzinvestitionen zur Erzielung von Wertsteigerungen und/oder Mieteinkünften gehaltene Immobilien (Anlageimmobilien nach IAS 40); vom Unternehmen selbst genutzte Immobilien, was auch die Vermietung an Beschäftigte einschließen kann (IAS 40.8), fallen hingegen in den Anwendungsbereich des IAS 16. Des Weiteren ist für die Bilanzierung von Sachanlagen aus

Leasingverhältnissen IAS 17 maßgebend. Die spezielle Regelung durch einen eigenen Standard schließt allerdings nicht den Rückgriff auf IAS 16 im Hinblick auf bestimmte Bilanzierungsaspekte aus. Dies gilt insbesondere auf die darin beschriebenen Bewertungsverfahren (IAS 16.4 f.). So richtet sich etwa die Folgebewertung einer beim Leasingnehmer oder Leasinggeber zu aktivierenden Sachanlage wiederum nach IAS 16 (IAS 17.27,53; vgl. auch Teil A, Abschn. 10.3, S. 386 ff.). Weitere Ausnahmen betreffen biologische Vermögenswerte (IAS 41) und Mineralgewinnungsrechte und Aufwendungen, die im Zusammenhang mit der Gewinnung nicht-regenerativer Ressourcen stehen (IFRS 6).

Die allgemeinen Vorschriften zur Bilanzierung **immaterieller Vermögenswerte** des Anlagevermögens finden sich in IAS 38 („Intangible Assets", „Immaterielle Vermögenswerte"), dem gegebenenfalls wiederum spezielle Regelungen anderer Standards vorgehen. So wird bspw. ein derivativer Geschäfts- oder Firmenwert, der im Rahmen eines Unternehmenszusammenschlusses erworben wurde, gemäß IFRS 3 („Business Combinations", „Unternehmenszusammenschlüsse") behandelt. Ein immaterieller Vermögenswert ist im Besonderen dadurch charakterisiert, dass er **identifizierbar** – mithin vom Geschäftswert abgrenzbar –, **nicht-monetär** und **ohne physische Substanz** ist (IAS 38.8, 11 f.). Neben den allgemeinen Ansatzkriterien (IAS 38.8, 11 ff.) für immaterielle Vermögenswerte setzt die Bilanzierungsfähigkeit von **selbst erstelltem immateriellen Vermögen** die Erfüllung von Zusatzkriterien nach IAS 38.57 voraus, welche auf die Wiedereinbringlichkeit von in der **Entwicklungsphase** entstandenen Aufwendungen abstellen. Schließlich enthält IAS 38 **explizite Aktivierungsverbote** (z. B. originärer Geschäfts- oder Firmenwert, Ausgaben für Forschung, selbst geschaffene Marken; vgl. IAS 38.48,54,63). Sind die Ansatzkriterien erfüllt, so folgt eine Aktivierungspflicht, ansonsten ein Aktivierungsverbot.

Neben dem gesamten Kanon der IFRS-Standards (sog. **Full IFRS**), zu welchem auch die hier betrachteten IAS 36 und IAS 38 gehören, gab das IASB im Juli 2009 ein sämtliche relevanten Bilanzierungsbereiche umfassendes Regelwerk, die **IFRS for SME**, heraus, welches auf die Bedürfnisse und besonderen Verhältnisse von kleinen und mittleren Unternehmen (KMU oder SME für Small and Medium-sized Entities) zugeschnitten ist. Die IFRS for SME weichen an verschiedenen Punkten von den Full IFRS ab. Punktuell wird im Folgenden auf solche Abweichungen hingewiesen (zu einem synoptischen Vergleich sei auf *Hoffmann/Lüdenbach*, IFRS-Kommentar, § 50, Rn. 7, verwiesen).

12.3.2 Zugangs- und Folgebewertung

Die **Zugangsbewertung** des **Sachanlagevermögens** erfolgt zu Anschaffungs- oder Herstellungskosten (IAS 16.15 ff.). So setzen sich die Anschaffungskosten zusammen aus dem Anschaffungspreis zuzüglich Anschaffungsnebenkosten und sonstiger direkt zurechenbarer und für die beabsichtigte Verwendung notwendiger Kosten (Einzelkosten, ggf. inkl. unechter Gemeinkosten) abzüglich Anschaffungspreisminderungen (vgl. *Hoffmann*, IFRS-Kommentar, § 14, Rn. 11, und § 8, Rn. 13). Des Weiteren sind die geschätzten Kosten der zukünftigen Entfernung, Entsorgung, Sanierung der Anlage und einer späteren Rekultivierung zu aktivieren, wenn eine Rückstellung für diese Verpflichtung gebildet wird. Über die Abschreibung des Objektes werden dann die aktivierten zukünftigen (Rekultivierungs-)Aufwendungen erfolgswirksam auf die Nutzungsdauer des Objektes verteilt. Darin liegt ein Unterschied zum deutschen Handelsrecht, welches in solchen Fällen von einer sukzessiven Bildung der Rückstellung entsprechend der entstehenden Verpflichtung ausgeht (laut Gesetzesbegründung zum BilMoG wurde mit Rücksicht auf das handelsrechtliche Anschaffungskostenprinzip nicht vom bisherigen Ansammlungsverfahren auf das der IFRS-Regelung zugrunde liegende Verteilungsverfahren übergegangen, vgl. BT-Drs. 16/10067, S. 38). Darüber hinaus können nachträgliche Anschaffungskosten anzusetzen sein, welche nach der Betriebsbereitschaft anfallen und für deren Aktivierung analoge Kriterien wie beim Erstzugang gelten (vgl. IAS 16.10, *Scheinpflug*, Sachanlagen, § 5, Rn. 85 ff., siehe auch unten zum Komponentenansatz). Nach IAS 16.24-26 wird ein Vermögenswert des Sachanlagevermögens, der durch **Tausch** erworben wurde, mit dem Fair Value des hingegebenen Vermögenswertes angesetzt. Entbehrt der Tausch einer wirtschaftlichen Substanz i. S. d. IAS 16.25 oder ist weder der Fair Value des erhaltenen Vermögenswertes noch des hingegebenen Vermögenswertes verlässlich ermittelbar, so erfolgt der Ansatz zum Buchwert des hingegebenen Vermögenswertes. I. d. R. ist der Vorgang nur in diesem Falle erfolgsneutral.

Herstellungskosten des Sachanlagevermögens sind auf produktionsbezogener Vollkostenbasis zu bestimmen (*Scheinpflug*, Sachanlagen, § 5, Rn. 24, *Adler/Düring/Schmaltz*, International, Abschn. 9, Rn. 38; wegen der nicht eindeutigen Formulierung des IAS 16.22 allerdings kritisch hinsichtlich der Einbeziehung von Gemeinkosten *Hoffmann*, Sachanlagen, § 14, Rn. 11). Somit sind verpflichtend Material-, Fertigungseinzelkosten, Sondereinzelkosten der Fertigung, produktionsbedingte Gemeinkosten inklusive anteiligem Werteverzehr des eingesetzten langfristigen Vermögens und dem Produktionsbereich zuzuordnender Verwaltungskosten zu berücksichtigen. Darüber hinaus sind Finanzierungsaufwendungen bei qualifizierten Vermögenswerten (vgl. Teil A, Abschn. 11.3.2, S. 424) sowie Entsorgungs- bzw. Rekultivierungsaufwendungen bei korrespondierendem Rückstellungsansatz einzubeziehen. Die IFRS for SME beinhalten ein grundsätzliches Aktivierungsverbot für Fremdkapitalkosten (IFRS for SME 25.2).

Für **immaterielle Vermögenswerte** erfolgt die Ermittlung der Anschaffungs- oder Herstellungskosten analog zu den Sachanlagen. Die Herstellungskosten umfassen somit grundsätzlich auch Gemeinkosten (vgl. *Pellens/Fülbier/Gassen/Sellhorn*, Rechnungslegung, S. 318, welche auf die Negativbegrenzung des IAS 38.67(a) Bezug nehmen; u. E. entsprechend interpretierbar auch der Ausschluss von Ineffizienzen (IAS 38.67(b)), welche im Hinblick auf die Gefahr einer möglichen Umlage und damit im Gemeinkostenbereich relevant sind und nicht explizit auszuschließen wären, wenn Gemeinkosten ohnehin nicht einzubeziehen wären; im Ergebnis ebenso *Scheinpflug*, Immaterielle Vermögenswerte, § 4, Rn. 64). Z. T. wird auch ein Teilkostenansatz befürwortet, da IAS 38.66 nur direkt zurechenbare Kosten, interpretiert als Einzelkosten, anspricht (vgl. *Hoffmann*, Immaterielle Vermögenswerte, § 13, Rn. 64, m. w. N.; letztlich für den Ansatz von (bestimmten) Gemeinkosten demgegenüber auch *Adler/Düring/Schmaltz*, International, Abschn. 8, Rn. 162, 180, da diese wegen IAS 38.67(a) davon ausgehen, dass auch Gemeinkosten „direkt zurechenbare Kosten" sein können, und deshalb eine Rückwirkung auf den Anschaffungskostenumfang sehen – dem wird hier jedoch nicht gefolgt). Problematisch stellt sich bei der Ermittlung der Herstellungskosten i. d. R. die Abgrenzung zwischen der Forschungs- und der Entwicklungsphase dar (vgl. Hinweise in SIC 32 zur Bilanzierung selbst erstellter Websites). So besteht für Aufwendungen, die auf die Forschungstätigkeit entfallen, ein Ansatzverbot, wohingegen für Aufwendungen der Entwicklungsphase eine Ansatzpflicht gegeben ist, sobald sämtliche Zusatzkriterien für den Ansatz selbst erstellten immateriellen Vermögens nach IAS 38.57 erfüllt sind. Bei der Beurteilung, ob bzw. ab wann diese Kriterien sämtlich erfüllt sind, hat der Bilanzierende erhebliche Ermessensspielräume, so dass faktisch ein Aktivierungswahlrecht gegeben ist (vgl. *Hoffmann*, IFRS-Kommentar, § 13, Rn. 33 f.). Dabei ist genau auf den Zeitpunkt der Erfüllung der Kriterien innerhalb eines Geschäftsjahres zu achten. Nach der erstmaligen Aktivierung können auch spätere Entwicklungskosten aktiviert werden, die den normalen Aktivierungskriterien genügen (IAS 38.42). Allerdings dürfen Entwicklungskosten, welche vor (festgestellter) Erfüllung der Ansatzkriterien angefallen sind, nicht nachaktiviert werden (IAS 38.71). Die IFRS for SME sehen ein Aktivierungsverbot nicht nur für Forschungs-, sondern auch für Entwicklungskosten vor (IFRS for SME 18.14).

Für die **Folgebewertung** von Sachanlagen ist nach IAS 16.29 ein **Methodenwahlrecht** zwischen dem **Anschaffungskostenmodell** (cost model) und dem **Neubewertungsmodell** (revaluation model) vorgesehen. Dieses ist einheitlich auf sämtliche Objekte einer Klasse von Sachanlagen (wie z. B. Grundstücke, Maschinen, Schiffe etc., vgl. IAS 16.37) anzuwenden (IAS 16.29,36). Das Wahlrecht gilt auch für immaterielle Vermögenswerte (IAS 38.72). Voraussetzung für die Anwendung des Neubewertungsmodells ist nach IAS 38.75,78, dass ein **aktiver Markt** für den immateriellen Vermögenswert vorliegt. Ein solcher ist dadurch gekennzeichnet, dass auf ihm homogene Produkte gehandelt werden, vertragswillige Käufer und Verkäufer jederzeit gefunden werden können und die Preise öffentlich verfügbar sind (IAS 38.8). Da für immaterielle Vermögenswerte ein aktiver Markt nur selten vorliegt (explizite Ausschlüsse für Marken u. a. nach IAS 38.78), besitzt das Anschaffungskostenmodell die weitaus größere praktische Bedeutung; dies gilt ebenso für Sachanlagen (vgl. *Küting/Zwirner/Reuter*, Fair-Value-Bewertung, S. 500 ff.). Analog zu den Sachanlagen ist auch bei immateriellen Vermögenswerten bei Wahl des Neubewertungsmodells dieses grundsätzlich auf sämtliche Vermögenswerte einer Klasse anzuwenden; ausgenommen sind jeweils nur diejenigen Objekte, für die kein aktiver Markt existiert (IAS 38.72). Die gewählte Methode ist wegen des Stetigkeitsgebotes (IAS 8.13) in der Folge grundsätzlich beizubehalten. Allerdings ist im Rahmen des IAS 8.14(b) ein Methodenwechsel vorzunehmen, sofern dies zu verlässlichen und relevanteren Informationen über die Vermögens-, Finanz- und Ertragslage führt. In diesem Kontext wird die erstmalige Anwendung des Neubewertungsmodells (im Übergang vom Anschaffungskostenmodell) herausgehoben, indem hierfür die nicht bei Methodenwechseln einschlägigen Vorschriften der IAS 8.19 ff., sondern die Neubewertungsvorschriften der IAS 16 und IAS 38 als anwendbar erklärt werden (IAS 8.17 f.), so dass ein entsprechender Übergang in dieser, jedoch nicht in der Gegenrichtung möglich ist (vgl. auch *Blaum/Holzwarth,* IAS 8, Rn. 80 f.). Die IFRS for SME sehen für diese Unternehmen sowohl bei Sachanlagen (IFRS for SME 17.15) als auch bei immateriellem Vermögen (IFRS for SME 18.18) nur das Anschaffungskostenmodell, nicht jedoch das Neubewertungsmodell vor.

Beim **Anschaffungskostenmodell** bilden die Anschaffungs- oder Herstellungskosten die Wertobergrenze. Bei abnutzbaren Sachanlagen sind diese durch planmäßige Abschreibungen über die voraussichtliche Nutzungsdauer (useful life, IAS 16.6, IAS 16.50) zu verteilen (zu Abschreibungen und Zuschreibungen von Sachanlagen und immateriellen Vermögenswerten im Einzelnen vgl. Teil A, Abschn. 13.4, S. 492 ff.). Die Abschreibungsmethode ist so zu wählen, dass sie der Nutzenminderung am besten entspricht (IAS 16.60). IAS 16.62 hebt als in Betracht zu ziehende Methoden die lineare Abschreibung (straight-line method), die (geometrisch-)degressive Abschreibung (diminishing balance method) sowie die Leistungsabschreibung (units of production method) hervor. Unabhängig davon, ob ein abnutzbarer oder nicht abnutzbarer Vermögenswert vorliegt, sind ggf. außerplanmäßige Abschreibungen nach IAS 36 und ggf. diese rückgängig machende Zuschreibungen vorzunehmen. Für die Folgebewertung immaterieller Vermögenswerte ist hinsichtlich planmäßiger und außerplanmäßiger Abschreibung danach zu unterscheiden, ob die Vermögenswerte eine bestimmte oder eine unbestimmte Nutzungsdauer aufweisen. Immaterielle Vermögenswerte unbestimmter Nutzungsdauer sind nicht planmäßig abzuschreiben (IAS 38.107); dafür sind sie mindestens einmal jährlich auf Wertminderung zu untersuchen, selbst wenn keine Hinweise auf eine Wertminderung vorliegen (IAS 36.10).

Zur Bestimmung der Bezugsgröße planmäßiger Abschreibungen bei Sachanlagen sehen die IFRS den so genannten **Komponentenansatz** vor (vgl. bereits Teil A, Abschn. 12.2.2, S. 438 f.). So ist nach IAS 16.43-46 eine separate Abschreibung von Komponenten (parts of an item) vorzunehmen, wenn diese einen bedeutsamen Anteil am gesamten Anschaffungs- oder Herstellungswert haben und keine Abschreibungsidentität hinsichtlich Nutzungsdauer und Abschreibungsmethode vorliegt. Dieser separaten Behandlung von einzelnen Komponenten einer Sachanlage steht auch ein einheitlicher Nutzungs- und Funktionszusammenhang nicht entgegen. Dabei kann sich eine Aktivierung auch auf abstrakte Nutzenpotentiale beziehen, welche nicht durch physisch greifbare, separierbare Gegenstände repräsentiert werden; dies betrifft ggf. als inspection component zu aktivierende Großreparaturen, die zur Aufrechterhaltung des operativen Betriebes erforderlich sind, und insoweit, als sie die üblichen Ansatzkriterien (wahrscheinlicher Nutzenzufluss, verlässliche Ermittlung) erfüllen (IAS 16.14; vgl. zur Abgrenzung gegenüber unmittelbar aufwandswirksam zu verrechnenden Kosten *Hoffmann,* § 8, Anschaffungs- und Herstellungskosten, Rn. 38). Wird eine Komponente einer Sachanlage ersetzt, so ist deren Restbuchwert als Abgang zu verbuchen. Der zugehende und zu aktivierende Betrag repräsentiert (nachträgliche) Anschaffungs- oder Herstellungskosten des Vermögenswertes.

Neben dem Anschaffungskostenmodell, das keinen Bezug zu aktuellen Marktwerten besitzt, existiert gleichberechtigt das **Neubewertungsmodell**, das eine

Bewertung des Sachanlagevermögens und des immateriellen Vermögens mit dem Fair Value, ggf. über die Anschaffungs- oder Herstellungskosten hinaus, ermöglicht. Voraussetzung ist, dass es sich um eine Sachanlage handelt, deren beizulegender Zeitwert (Fair Value) verlässlich bestimmt werden kann (IAS 16.31), bzw. für immaterielle Vermögensgegenstände, dass ein aktiver Markt vorliegt. Der Fair Value von Sachanlagen ist nach der Hierarchie des IAS 16.32 f. zu bestimmen. So ist zunächst von aktuellen Marktwerten auszugehen. Sind keine aktuellen Marktwerte gegeben, so kann eine Schätzung des Fair Value über Ertragswertverfahren erfolgen oder es werden fortgeführte Wiederbeschaffungskosten herangezogen. Die Häufigkeit der Neubewertung ist abhängig von den Schwankungen des beizulegenden Zeitwertes gegenüber dem jeweils aktuellen Buchwert (IAS 16.34, IAS 38.79). So hat bei starken Schwankungen eine Neubewertung jährlich, ansonsten i. d. R. alle drei bis fünf Jahre (IAS 16.34) zu erfolgen. Dabei ergibt sich zudem das Erfordernis einer Fortführung des Buchwertes über planmäßige Abschreibungen, welche erfolgswirksam vorgenommen werden.

Die bilanzielle Behandlung des Neubewertungsergebnisses in Gestalt der Differenz zwischen dem anzusetzenden Neubewertungsbetrag und den sich nach dem Anschaffungskostenmodell ergebenden fortgeführten Anschaffungs- oder Herstellungskosten erfolgt imparitätisch. Eine Zuschreibung gegenüber diesem Betrag wird erfolgsneutral (über den sonstigen Gesamterfolg; vgl. zu Periodenerfolgs- und Gesamterfolgsrechnung Teil A, Abschn. 3.8, S. 115 f.) in einer **Neubewertungsrücklage** aufgefangen, die bei Wertminderungen auch so lange erfolgsneutral reduziert wird, bis die fortgeführten Anschaffungs- oder Herstellungskosten erreicht sind. Liefert die Neubewertung einen Fair Value unterhalb dieses Referenzwertes, erfolgt die Bewertung erfolgswirksam zu Lasten des Periodenergebnisses. Eine darauf folgende Neubewertung mit einem höheren Fair Value ist dann allerdings auch wieder bis zum Erreichen der fortgeführten Anschaffungs- oder Herstellungskosten erfolgswirksam, darüber hinausgehend wiederum erfolgsneutral vorzunehmen. Die Neubewertungsrücklage wird erfolgsneutral direkt gegen die Gewinnrücklagen aufgelöst (IAS 16.41, IAS 38.87). Dabei besteht das Wahlrecht, dass die Neubewertungsrücklage bis zur Ausbuchung oder Stilllegung des Vermögenswertes – vorbehaltlich Änderungen aus nachfolgenden Neubewertungen – vollständig erhalten bleibt und erst in diesem Zusammenhang ausgebucht wird oder dass eine ratierliche Auflösung entsprechend der Zusatzabschreibung auf Basis des neubewerteten Betrages vorgenommen wird (IAS 16.41). Weiterhin ist zu jedem Bilanzstichtag die Notwendigkeit einer außerplanmäßigen Abschreibung zu prüfen. Auch hier sind Wertminderungen grundsätzlich erfolgswirksam vorzunehmen, jedoch nicht, soweit noch eine Neubewertungsrücklage besteht. In diesem Fall ist diese zunächst zu reduzieren bzw. aufzubrauchen (IAS 16.39 f.). Der Wertminderungsaufwand ist dann als Neubewertungsabnahme zu behandeln, also erfolgsneutral über den sonstigen Gesamterfolg (OCI) zu buchen (IAS 16.40). Bei einer späteren Wertaufholung ist der Zuschreibungsbetrag bis höchstens zu den fortgeführten historischen Anschaffungs- oder Herstellungskosten erfolgswirksam zu erfassen; ein darüber hinausgehender Erholungsbetrag ist wie eine Neubewertung zu behandeln (IAS 36.117 f.) und insofern erfolgsneutral in eine Neubewertungsrücklage einzustellen. Das Neubewertungsmodell führt zu einer Durchbrechung des Kongruenzprinzips in Bezug auf den Periodenerfolg (nicht jedoch bezüglich des das OCI einschließenden Gesamterfolges), wenn bspw. eine Zuschreibung eines abnutzbaren Vermögenswertes erfolgsneutral über die Neubewertungsrücklage stattfindet und in der Folge die planmäßige Abschreibung des neu bewerteten Objektes erfolgswirksam über die Periodenerfolgsrechnung gebucht wird (vgl. *Baetge/Kirsch/Thiele,* Bilanzen, S. 295 f., *Ballwieser,* IAS 16, Rn. 38, *Hoffmann,* IFRS-Kommentar, § 8, Rn. 85, *Pellens/Fülbier/Gassen/Sellhorn,* Rechnungslegung, S. 356 f.). Die Anwendung des Neubewertungsmodells soll an einem Beispiel veranschaulicht werden, welches der einfacheren Nachvollziehbarkeit wegen auf die Berücksichtigung latenter Steuern verzichtet (ein weiteres Beispiel unter Einbeziehung latenter Steuern findet sich in Teil A, Abschn. 13.9.3, S. 569 ff.).

Beispiel:

Für Vermögenswerte des Sachanlagevermögens soll von der nach den IFRS zulässigen Neubewertungsmethode Gebrauch gemacht werden. Am 1. 1. 01 werden ein Grundstück (Anschaffungskosten 500.000) und eine Maschine (Anschaffungskosten 50.000, Restwert 0, Nutzungsdauer fünf Jahre) gekauft. Die Abschreibung der Maschine erfolgt zeitanteilig linear. Eine Neubewertung des Grundstücks erfolgt alle zwei Jahre, wohingegen die Maschine alle drei Jahre neubewertet wird. Für die Behandlung der Neubewertungsrücklage wird von dem Wahlrecht einer ratierlichen Auflösung entsprechend der jeweiligen Zusatzabschreibung Gebrauch gemacht.

Für das Jahr **01** ergeben sich folgende Buchungen:

1. 1. 01:

Grundstücke (properties)	500.000	**an**	Bank (cash)	500.000
Maschinen (machinery)	50.000	**an**	Bank (cash)	50.000

31. 12. 01:

Abschreibungsaufwand (depreciation expense)	10.000	**an**	Maschinen (machinery)	10.000

Bis Jahresende **02** hat sich der Wert des Grundstücks aufgrund der günstigen Verkehrsanbindung auf 525.000 erhöht. Mit der Neubewertung des Grundstückes ergeben sich folgende Buchungen zum Jahresende:

Grundstücke (properties)	25.000	**an**	Neubewertungsrücklage (revaluation surplus)	25.000
Abschreibungsaufwand (depreciation expense)	10.000	**an**	Maschinen (machinery)	10.000

Im Jahr **03** ist der Zeitwert der Maschine aufgrund erhöhter Verwendungsmöglichkeiten auf 65.000 am Jahresende angestiegen; nach der planmäßigen Abschreibung wird erstmalig eine Neubewertung auf diesen Betrag vorgenommen. Für das Grundstück sind keine Änderungen zu berücksichtigen. Damit ergeben sich die folgenden Buchungen zum 31. 12. 03:

Abschreibungsaufwand (depreciation expense)	10.000	**an**	Maschinen (machinery)	10.000
Maschinen (machinery)	45.000	**an**	Neubewertungsrücklage (revaluation surplus)	45.000

Bis Ende des Jahres **04** ist der Marktwert des Grundstücks auf 450.000 gesunken. Des Weiteren erfolgt am Jahresende ein Verkauf der gebrauchten Maschine für 40.000. Es ergeben sich die folgenden Buchungen:

Grundstück:

Neubewertungsrücklage (revaluation surplus)	25.000	**an**	Grundstücke (properties)	25.000
Aufwand aus Neubewertung (expense from revaluation)	50.000	**an**	Grundstücke (properties)	50.000

Maschine:

Abschreibungsaufwand (depreciation expense)	32.500	**an**	Maschinen (machinery)	32.500
Neubewertungsrücklage (revaluation surplus)	22.500	**an**	Gewinnrücklagen (retained earnings)	22.500

Verkauf der Maschine:

Bank (cash)	40.000	**an**	Maschinen (machinery)	32.500
			Sonstige Erträge (other income)	7.500
Neubewertungsrücklage (revaluation surplus)	22.500	**an**	Gewinnrücklagen (retained earnings)	22.500

Die **Ausbuchung** von Gegenständen des Sachanlagevermögens bzw. von immateriellen Vermögenswerten hat zu erfolgen, wenn entweder ein Abgang durch Verkauf, Schenkung, Übergang in ein Leasing-Verhältnis oder dadurch vorliegt, dass ein zukünftiger wirtschaftlicher Nutzen nicht mehr gegeben ist (IAS 16.76, IAS 38.112). Der sich ergebende Veräußerungserfolg als Differenz zwischen Nettoveräußerungserlös und Buchwert ist dabei erfolgswirksam als sonstiger betrieblicher Ertrag bzw. sonstiger betrieblicher Aufwand zu verbuchen (IAS 16.71, IAS 38.113). Auch hier ist für Sachanlagen ggf. der Komponentenansatz zu beachten (IAS 16.70).

Ergänzende Literatur zu: 12 Anlagenwirtschaft

Adler/Düring/Schmaltz, Internationale, Abschnitt 8 und 9

Baetge/Kirsch/Thiele, Bilanzen, S. 189–210, 231–310

Bitz/Schneeloch/Wittstock, Jahresabschluss, S. 282–295, 407–419, 423–441

Coenenberg/Haller/Mattner/Schultze, Rechnungswesen, S. 203–229

Coenenberg/Haller/Schultze, Jahresabschluss, S. 149–190

Falterbaum/Bolk/Reiß/Kirchner, Buchführung, S. 700–723

Federmann, Bilanzierung, S. 472–500, 514–526

Hall, van/Kessler, Anlagevermögen, S. 127–238

Heinhold, Jahresabschluss, S. 104–114, 250–273

Pellens/Fülbier/Gassen/Sellhorn, S. 308–361

Scheinpflug, Immaterielle Vermögenswerte, § 4

Schildbach, Jahresabschluss, S. 204–216

Winnefeld, Bilanz-Handbuch, Kapitel E, Rn. 905–1095

Wöhe, Bilanzierung, S. 422–464

Wöhe/Kußmaul, Buchführung, S. 240–252

Wörner, Handels- und Steuerbilanz, S. 54–63, 133–138, 169–179

13 Vorbereitender Abschluss und Abschlussübersicht

Der zum Ende einer Geschäftsperiode zu erstellende **Jahresabschluss** ist aus dem Kontenabschluss der Buchführung durch Saldenbildung zu entwickeln. Bestands-, Erfolgs- und gemischte Konten übertragen ihre aus Aufrechnung der Kontenseiten resultierenden Salden auf das Schlussbilanz- bzw. Gewinn- und Verlustkonto und erfüllen damit die Aufgaben des Jahresabschlusses bezüglich der **Vermögens- und Schuldenbestandsaufzeichnung** zum Bilanzstichtag sowie dem **Erfolgsausweis** für die Abrechnungsperiode.

Bevor jedoch die dem Kontenformalismus entsprechende Zusammenfassung der Einzelkonten zum Jahresabschluss erfolgen kann, sind Vorarbeiten zu leisten, die sowohl während des Geschäftsjahres **nicht gebuchte** als auch im Sinne der periodengerechten Gewinnermittlung **nicht richtig gebuchte** Leistungs- und Zahlungsvorgänge betreffen. Charakteristisch für diese den **vorbereitenden Abschluss** ausmachenden Buchungen ist ihr unternehmensinterner Bezug.

Gegenstand des vorbereitenden Abschlusses ist die Berücksichtigung folgender Einzeltatbestände:

- Ermittlung der Endbestände bei Bestands- und gemischten Konten durch Inventur und buchmäßige Erfassung von gegenüber den Buchbeständen auftretenden **Mengen- und Wertdifferenzen.** Wertminderungen, die sich als wertmäßige Abweichungen zwischen Kontenausweis und Stichtagsansatz aus technischen (Gebrauch), wirtschaftlichen (technischer Fortschritt, Wiederbeschaffungspreissenkungen) oder monetären (Beurteilung der Zahlungsfähigkeit) Gründen niederschlagen, sind durch **Abschreibungen** zu erfassen (Anlagen-, Vorrats-, Forderungsabschreibung). Werterhöhungen können unter Umständen zu **Zuschreibungen** führen;
- Abgrenzung der einer Periode zugehörigen Leistungs- und Zahlungsvorgänge bei Vorliegen **zeitlicher** Diskrepanzen zwischen Zahlungsvorgang und Erfolgswirksamkeit durch **Rechnungsabgrenzungsposten (erfolgsberichtigende Abgrenzung)**;
- Abgrenzung zwischen leistungs-(betriebs-)bedingten und unternehmensbezogenen Vorgängen zum Zwecke eines differenzierten Ergebnisausweises **(kalkulatorische Abgrenzung)**;
- Antizipation künftiger Inanspruchnahmen durch **Rückstellungen** für Aufwendungen und/oder aufgrund von Verpflichtungen gegenüber Dritten. Rückstellungen stellen am Bilanzstichtag hinsichtlich Fälligkeit und/oder Betragsumfang nicht exakt bestimmbaren Aufwand dar, dessen wirtschaftliche Ursache jedoch in der laufenden Abrechnungsperiode (oder in früheren Perioden) liegt;

- **Ertragsteuerabgrenzung** (Latente Steuern) bei vom Handelsbilanzgewinn abweichendem Steuerbilanzgewinn;
- **Korrektur von Erfolgskonten** zur Abgrenzung von Betriebs- und Privatsphäre.

Zu den vorbereitenden Abschlussbuchungen kann auch die Saldenübertragung von im Verlaufe der Geschäftsperiode auf besonderen Warenvorkonten gebuchten Warenpreiskorrekturen (Frachten, Rabatte, Skonti, Boni) auf das zuständige Warenkonto gerechnet werden. Ebenso ist dann auch der beim Nettoabschluss der Warenkonten erforderliche Übertrag des Wareneinsatzes als eine den Abschluss vorbereitende Buchung zu werten.

13.1 Die Behandlung von Wertdifferenzen

Es ist Aufgabe der Inventur, mengen- und wertmäßige Differenzen zwischen durch körperliche Bestandsaufnahme festgestellten, **tatsächlichen** Beständen und den aus den Anlage- und Lagerkarteien oder sonstigen Buchführungsunterlagen entnommenen, **buchmäßigen** Endbeständen zum Bilanzstichtag aufzudecken (vgl. Teil A, Kap. 2, S. 42 ff.). Es entspricht den Grundsätzen ordnungsmäßiger Buchführung, **nicht aufzuklärende Differenzbeträge** beim Jahresabschluss auszubuchen.

Das gilt uneingeschränkt für **unbedeutende,** nicht ins Gewicht fallende Differenzen, so z. B. bei kleineren Kassenfehlbeträgen oder bei geringfügigen Unstimmigkeiten zwischen Personenkontensaldenliste (Kontokorrentauszug) und Kreditoren- bzw. Debitorensachkonto (Geschäftsfreundekonten). In diesen Fällen erfolgt die Ausbuchung der Abweichung über ein **Erfolgskonto** entweder durch Lastschrift (sonstiger betrieblicher Aufwand, eingetretene Wagnisse) oder durch Gutschrift (sonstiger betrieblicher Ertrag), wodurch sich der Gewinn durch diese **Ausgleichsbuchungen** entsprechend erniedrigt oder erhöht. Allerdings muss durch Kollationierung sichergestellt sein, dass es sich nur um kleine Differenzen und nicht etwa um den Rest einer größeren Differenzenkette oder um zusammenhängende, größere Unstimmigkeiten handelt, die sich möglicherweise gegenseitig wieder aufheben.

Führt die Inventur dagegen zu **größeren** Differenzbeträgen, dann ist zumindest aus steuerlicher Sicht eine andere Beurteilung angezeigt: Eine erfolgswirksame Ausbuchung kommt nur dann in Betracht, wenn diese zugleich den steuerrechtlichen Grundsätzen für eine **ergänzende Ergebnisschätzung** entspricht (*BFH* v. 13. 10. 1976, BStBl. II 1977, S. 260 f.). Im bezeichneten, inzwischen allerdings deutlich zurückliegenden Urteil des BFH kam dieser für den zu beurteilenden Einzelfall zum Ergebnis, dass eine zum Jahresabschluss anfallende Kreditorenberichtigung in Höhe von 2.373,45 DM (= 1.213,53 €) nicht als geringfügig anzusehen ist und folglich auch nicht mit gewinnmindernder Wirkung über das Aufwands- oder Wareneinkaufskonto vorgenommen werden kann. Anzuwenden sind dann vielmehr die für eine schätzungsweise Berichtigung des

Ergebnisses maßgeblichen steuerrechtlichen Grundsätze (§ 162 Abs. 1 AO; R 5.2 Abs. 2 EStR; vgl. Teil A, Abschn. 1.3, S. 38 ff.).

Da die ergänzende Teilschätzung alle Umstände zu berücksichtigen hat, die für die Schätzung von Bedeutung sind, kommt es für die Behandlung des Differenzbetrages wesentlich auf die Wahrscheinlichkeit des tatsächlichen Hergangs, also auf den der Wirklichkeit am nächsten kommenden Sachverhalt, an. Die schätzungsweise Berichtigung kann sich deshalb sowohl zugunsten wie zuungunsten des Steuerpflichtigen auswirken. Damit hängt es nicht zuletzt vom Gesamtzustand einer Buchführung selbst ab, ob aus dem Inventurergebnis angezeigte und ins Gewicht fallende Differenzbeträge zum Bilanzstichtag erfolgswirksame oder erfolgsneutrale Buchungskorrekturen auslösen.

13.2 Die Verbuchung der Abschreibungen

Wertmäßige Differenzen zwischen Buchbestands- und Inventurwerten am Bilanzstichtag aus technischen (Gebrauch), wirtschaftlichen (technischer Fortschritt, Wiederbeschaffungspreissenkungen) oder monetären (Beurteilung der Zahlungsfähigkeit) Gründen sind durch **Abschreibungen** zu erfassen; diese sind zum Jahresabschluss vor allem beim Anlage- und Vorratsvermögen sowie bei den Forderungen vorzunehmen. Dies schließt auch einen im Rahmen eines Erwerbsvorganges entstandenen derivativen Geschäfts- oder Firmenwert ein, der nach § 246 Abs. 1 Satz 4 HGB als zeitlich begrenzt nutzbarer Vermögensgegenstand zu betrachten ist. Damit unterliegt er einer planmäßigen Abschreibung gemäß § 253 Abs. 3 Satz 1 und 2 HGB, wobei eine 5 Jahre übersteigende Nutzungsdauer im Anhang zu rechtfertigen ist (§ 285 Nr. 13 HGB). Darüber hinaus ist grundsätzlich ein außerplanmäßiger Abschreibungsbedarf nach § 253 Abs. 3 Satz 3 HGB zu prüfen. Steuerlich erfolgt die planmäßige Abschreibung des Geschäfts- oder Firmenwertes über einen Zeitraum von 15 Jahren (§ 7 Abs. 1 Satz 3 EStG).

13.2.1 Abschreibungen auf Anlagen

Zu den Anlagen eines Betriebes gehören Vermögensgegenstände dann, wenn sie am Abschlussstichtag dauerhaft dem Geschäftsbetrieb dienen und ihre Nutzungsdauer damit bestimmungsgemäß über eine Abrechnungsperiode hinausreicht (§ 247 Abs. 2 HGB). Hierzu gehören sowohl der Abnutzung grundsätzlich nicht unterworfene (Grund und Boden, Finanzanlagen) als auch abnutzbare Wirtschaftsgüter (Gebäude, Maschinen, Betriebs- und Geschäftsausstattung, Fahrzeuge, Patente, Konzessionen). Abnutzbare Anlagegüter unterliegen der zeitlichen, technischen und wirtschaftlichen Entwertung und sind deshalb durch regelmäßige, jährliche, **planmäßige Abschreibungen** zu mindern (§ 253 Abs. 3 Satz 1 HGB); diese Abschreibungen sind auch in Verlustjahren zwingend vorzunehmen. Darüber hinaus können bzw. müssen Werteinflussfaktoren auch durch **außerplanmäßige** Abschreibungen sowohl bei den abnutzbaren als auch bei den nicht abnutzbaren Anlagegütern berücksichtigt werden (§253 Abs. 3 Satz 3 und 4 HGB). Hinsichtlich der Abschreibungsursachen, -arten und -verfahren wird auf die Ausführungen zur Anlagenwirtschaft (insbesondere Teil A, Abschn. 12.2, S. 434 ff.) verwiesen. An dieser Stelle geht es deshalb vorwiegend um die buchtechnische Handhabung der Abschreibungen.

Die vollständige Erfassung des beweglichen Anlagevermögens erfolgt in einem nach den Grundsätzen ordnungsmäßiger Buchführung unabdingbaren Bestandsverzeichnis, das i. d. R. als **Anlagenkartei** geführt wird, (R 5.4 Abs. 1 EStR; vgl. Teil A, Abschn. 12.1, S. 430). Dem Inhalt des Anlagenverzeichnisses ist unter anderem (im Einzelnen vgl. hierzu Teil B, Abschn. 3.1.2.3, S. 808 ff.) die jährliche **Abschreibungsquote** zu entnehmen, so dass am Ende eines Wirtschaftsjahres die zu buchenden Abschreibungsbeträge problemlos ermittelt und im Rahmen des vorbereitenden Abschlusses berücksichtigt werden können. **Buchtechnisch** können Abschreibungen auf zweierlei Weise vorgenommen werden: nach der direkten und nach der indirekten Abschreibungsmethode.

(1) Die **direkte Methode der Abschreibung** belastet das Aufwandskonto Abschreibungen auf Anlagen und erkennt das entsprechende Anlagekonto. Auf dem Schlussbilanzkonto erscheint bei direkter Abschreibung demzufolge nur der jeweilige Restbuchwert der Anlage. Die Berücksichtigung eines Schrottwerts bei der Abschreibungsbemessung führt am Ende der Nutzungsdauer bis zur Veräußerung des Wirtschaftsguts zu dessen Ausweis auf dem Anlagekonto. Im (steuerlichen) Bestandsverzeichnis ist ggf. ein Erinnerungswert von 1 € als Merkposten bis zum Ausscheiden der Anlage aus dem Leistungsprozess zu führen (vgl. *Kußmaul*, §246 HGB, Rn. 2).

Beispiel: Lineare Abschreibung auf eine 3 Jahre alte Maschine mit Anschaffungswert 10.000; Nutzungsdauer 10 Jahre; Restbuchwert 8.000.

– Verbuchung bei **direkter** Abschreibung:

(1) Abschreibung auf Anlagen	1.000	**an**	Maschinen	1.000

– Abschlussbuchungen:

(2 a) Schlussbilanzkonto	7.000	**an**	Maschinen	7.000
(2 b) GuV-Rechnung	1.000	**an**	Abschreibung auf Anlagen	1.000

Maschinen

AB	8.000	1.000 (1)
		7.000 (2 a)

Abschreibungen auf Anlagen

(1)	1.000	1.000 (2 b)

Schlussbilanz-Konto

(2 a)	7.000	

GuV

(2 b)	1.000	

In der Schlussbilanz kommt der um die Abschreibung reduzierte Buchwert zum Ausweis; die ursprünglichen Anschaffungskosten bleiben unsichtbar. Als buchmäßiger Aufwand ist die Abschreibung bei Fehlen von Ertrag vom Eigenkapital zu tragen (Abschreibung als **Aufwandsfaktor**), bei Vorliegen von Ertrag erscheint sie als Bestandteil der Ertragsverteilung (Abschreibung als **Ertragsfaktor**) und im Falle monetären Ertrags durch die Verhinderung von

Ausschüttungen als Mittel der Einnahmenbindung an den Betrieb (Abschreibung als **Finanzierungsfaktor**).

(2) Die **indirekte Methode der Abschreibung** berücksichtigt die Wertminderung der Aktivseite durch Korrekturposten auf der Passivseite. Die Anlagenwerte erscheinen während ihrer gesamten Nutzungsdauer nominell unverändert mit ihren Anschaffungs- oder Herstellungskosten; die dem Aufwandskonto belasteten Abschreibungen werden als **Wertberichtigungen auf Anlagen** in der Schlussbilanz auf der Passivseite erfasst.

Beispiel: (unter Verwendung der obigen Daten)

– Verbuchung bei **indirekter** Abschreibung:

(1) Abschreibung auf Anlagen	1.000	**an**	Wertberichtigung auf Anlagen	1.000

– Abschlussbuchungen:

(2 a) Schlussbilanzkonto	10.000	**an**	Maschinen	10.000
(2 b) Wertberichtigung auf Anlagen	3.000	**an**	Schlussbilanzkonto	3.000
(2 c) GuV-Rechnung	1.000	**an**	Abschreibung auf Anlagen	1.000

Maschinen

Soll		Haben	
AB	10.000		10.000 (2 a)

Abschreibungen auf Anlagen

Soll		Haben	
(1)	1.000		1.000 (2 c)

Wertberichtigung auf Anlagen

Soll		Haben	
(2 b)	3.000	AB	2.000
			1.000 (1)

GuV

Soll		Haben	
(2 c)	1.000		

Schlussbilanzkonto

Soll		Haben	
(2 a)	10.000		3.000 (2 b)

Gegenüber der direkten erweckt die indirekte Verbuchung der Abschreibung anhand des Ausweises ursprünglicher Anschaffungs- bzw. Herstellungskosten, kumulierter Abschreibungsbeträge sowie daraus ersichtlicher Restbuchwerte den Eindruck größerer Transparenz. Die damit verbundene Bilanzausweitung kann allerdings erheblich sein und darf nicht zu bilanzanalytischen Fehlschlüssen verleiten. Da der Wertberichtigungsansatz regelmäßig eine Vielzahl von Einzelpositionen umfasst, ist allerdings eine direkte Zuordnung und damit Restbuchwertbestimmung für **einzelne** Anlagegüter unmöglich.

Nichtkapitalgesellschaften können, soweit sie nicht unter § 264a HGB fallen, Abschreibungen sowohl nach der direkten als auch nach der indirekten Methode vornehmen, während Kapitalgesellschaften, unter das Publizitätsgesetz fallende Unternehmen (§ 5 Abs. 1 PublG), Genossenschaften (§ 336 Abs. 2 HGB) sowie die unter § 264a HGB fallenden Personenhandelsgesellschaften die Regelung des § 268 Abs. 2 Satz 3 HGB zu beachten haben. Der verminderten Aussagekraft der direkten Abschreibungsmethode wird durch den erweiterten **Anlagespiegel** begegnet (§ 268 Abs. 2 Satz 1 und 2 HGB). Da dieser von den **ursprünglichen** Anschaffungs- oder Herstellungskosten auszugehen hat, sind aus dem Jahresabschluss die gleichen Erkenntnisse zu ziehen wie bei indirekter Abschreibung (im Einzelnen vgl. Teil A, Abschn. 13.5, S. 497 ff.). Darüber hinaus wird die Angabe der Periodenabschreibung bei der entsprechenden Bilanzposition oder gemäß der Gliederung des Anlagevermögens im Anhang gefordert (§ 268 Abs. 2 Satz 3 HGB), so dass der Informationswert insgesamt erhöht wurde.

Anlagenabgänge betreffen sowohl das Ausscheiden nach Vollabschreibung und Vollabnutzung als auch die Veräußerung bei noch vorhandenem Restbuch- und Restnutzungswert. Besitzt ein abgeschriebenes Anlagegut **keinen** realisierbaren Restwert (Schrottwert, Veräußerungswert) mehr, dann ist bei direkt gebuchter Abschreibung lediglich eine Korrektur des Bestandsverzeichnisses, bei indirekt vorgenommener Abschreibung die Ausbuchung des Anschaffungswertes durch Übernahme der Wertberichtigung auf das Anlagekonto vorzunehmen. Besitzt dagegen die Anlage beim Ausscheiden noch **einen** realisierbaren Restwert, der durch den Schrottwert oder das verbliebene Restnutzungspotenzial repräsentiert wird, so sind drei Möglichkeiten bei Veräußerung oder Entnahme zu unterscheiden: Verkauf zum, über oder unter dem Buchwert.

Bei Verkauf **zum** Buchwert stimmen buchmäßiger Restwert und (Netto-)Verkaufspreis überein. In der Ex-post-Betrachtung erweisen sich somit die bis zur Veräußerung vorgenommenen Abschreibungen als den tatsächlichen Nutzungsabgaben der Anlage äquivalent.

Beispiel: (Fortsetzung des Beispiels von Seite 462)

Erfolgt ein Zielverkauf der oben beschriebenen Anlage nach 9 Jahren (Restbuchwert 1.000), dann ist wie folgt zu buchen:

- bei direkter Abschreibung:

Forderungen	1.100	**an**	Maschinen	1.000
			Umsatzsteuer	100

- bei indirekter Abschreibung:

Wertberichtigung auf Anlagen	9.000	**an**	Maschinen	9.000
Forderungen	1.100	**an**	Maschinen	1.000
			Umsatzsteuer	100

Um den (wirklichen) Buchwert als Vergleichsgrundlage gegenüber dem Veräußerungserlös zu erhalten, hat bei indirekter Abschreibung zunächst die Auflösung des Wertberichtigungskontos über das Anlagekonto zu erfolgen.

Beim Anlagenverkauf **über** bzw. **unter** dem Buchwert erfolgt über den Markt eine Ex-post-Korrektur der nicht der tatsächlichen Wertentwicklung entsprechenden Abschreibungen. **Übersteigt** der (Netto-)Verkaufspreis den Restbuchwert, so impliziert dies für die vergangenen Nutzungsperioden einen zu geringen Gewinnausweis durch Vornahme überhöhter Abschreibungen, sofern nicht von einem „Verkaufserfolg" auszugehen ist. Im Jahr der Veräußerung wird dies aufgedeckt; die Aufwandsberichtigung erfolgt über die Korrekturgröße des Veräußerungspreises und wird in der laufendenPeriode als **sonstiger betrieblicher Ertrag** behandelt. **Unterschreitet** dagegen der (Netto-)Veräußerungspreis den Restbuchwert, so sind die in den Vorperioden ex post betrachtet ggf. zu niedrig angesetzten Abschreibungsbeträge dadurch zu ergänzen, dass im Veräußerungsjahr die Differenz als **sonstiger betrieblicher Aufwand** gebucht wird.

Die zwischen Restbuchwert und erzieltem Veräußerungspreis angezeigte Differenz ist somit jeweils erfolgswirksam zu erfassen; ihr Ausweis lässt gewisse Rückschlüsse auf die Abschreibungspolitik des Betriebes zu.

Beispiel: (Fortsetzung des Beispiels von Seite 462 f.)

Ist der Barverkaufspreis im obigen Beispiel (Restwert 1.000) netto 1.500, dann sind alternativ folgende Buchungen vorzunehmen:

– bei direkter Abschreibung:

Kasse	1.650	**an**	Maschinen	1.000
			Erträge aus Anlagenverkauf	500
			Umsatzsteuer	150

– bei indirekter Abschreibung:

Wertberichtigung auf Anlagen	9.000	**an**	Maschinen	9.000
Kasse	1.650	**an**	Maschinen	1.000
			Erträge aus Anlagenverkauf	500
			Umsatzsteuer	150

Beträgt dagegen der Barverkaufspreis netto nur 800, dann gilt:

– bei direkter Abschreibung:

Kasse	880			
Verluste aus Anlagenverkauf	200	**an**	Maschinen	1.000
			Umsatzsteuer	80

– bei indirekter Abschreibung:

Wertberichtigung auf Anlagen	9.000	**an**	Maschinen	9.000
Kasse	880			
Verluste aus Anlagenverkauf	200	**an**	Maschinen	1.000
			Umsatzsteuer	80

13.2.2 Abschreibungen auf Vorräte

Gegenstände des Vorratsvermögens unterliegen keiner regelmäßigen Wertminderung durch Abnutzung. Weder die Waren des Handelsbetriebs noch die zum Vorratsvermögen des Industriebetriebs gehörenden Roh-, Hilfs- und Betriebsstoffe sowie Halb- und Fertigerzeugnisse (vgl. hierzu auch Teil A, Kap. 11, S. 395 ff.) repräsentieren einen anlageähnlichen, über mehrere Abrechnungsperioden abzugebenden Nutzungsvorrat. Vielmehr handelt es sich um Lagerbestände mit **einmaliger Nutzleistungsabgabe** durch Marktumsatz beim Handel und zusätzlichem Produktionsumsatz bei der Fabrikation. Planmäßige Abschreibungen auf Vorräte kommen deshalb nicht in Betracht.

Eine zu berücksichtigende Wertänderung der Vorräte kann jedoch während der zwischen Anschaffung bzw. Herstellung und Nutzleistungsabgabe verstreichenden Zeitspanne eintreten. Das gilt insbesondere dann, wenn die Wiederbeschaffungs- oder Wiederherstellungswerte gegenüber den ursprünglichen Kosten der Anschaffung oder Herstellung gesunken sind. Gemäß dem für die Vorrätebewertung geltenden **strengen Niederstwertprinzip** (§ 253 Abs. 4 Satz 1

HGB) ist dann der niedrigere Tageswert ohne Rücksicht auf Gründe und Dauer seines Absinkens anzusetzen. Diese Wertkorrekturen werden durch **außerplanmäßige Abschreibungen** erfasst. Die dadurch bewirkte Verlustantizipation rechnet die Wertminderung, ohne Rücksicht auf deren Realisierung zum Zeitpunkt des Verkaufs, der Entstehungsperiode zu.

Die **Verbuchung** der Abschreibungen auf Vorräte ist analog der Anlagenabschreibung vorzunehmen; sie erfolgt nahezu ausschließlich nach der **direkten Methode** durch Gutschrift auf dem Wareneinkaufskonto.

Beispiel:

Anschaffungskosten eines Warenendbestands	50.000
Wiederbeschaffungskosten am Bilanzstichtag	40.000

Buchungssätze:

- Buchung der Abschreibung:

Abschreibungen auf Waren	10.000	an	Wareneinkauf	10.000

- Abschlussbuchungen:

Schlussbilanzkonto	40.000	an	Wareneinkauf	40.000
GuV-Konto	10.000	an	Abschreibungen auf Waren	10.000

Wertminderungen bei den Vorräten sind nicht gesondert als Verluste aus Wertminderungen von Gegenständen des Umlaufvermögens auszuweisen, sondern mit den Materialaufwendungen (§ 275 Abs. 2 Nr. 5a HGB) zu verrechnen bzw. innerhalb der Bestandsveränderungen (§ 275 Abs. 2 Nr. 2 HGB) zu erfassen, sofern es sich nicht um die üblichen Abschreibungen übersteigende Beträge handelt, die dann von Kapitalgesellschaften gesondert auszuweisen sind (§ 275 Abs. 2 Nr. 7b oder Abs. 3 Nr. 7 HGB).

13.2.3 Abschreibungen auf Forderungen

Forderungen aus Lieferungen und Leistungen entstehen durch unbare Transaktionen (Zielverkäufe), die Ansprüche aus gegenseitigen, zunächst jedoch nur einseitig vom Lieferanten erfüllten Verträgen begründen. Bei Bilanzierung der Forderungen mindern Rabatte, Umsatzprämien und Preisnachlässe den Forderungsbetrag; dagegen sind Provisionen der Verkaufsmittler (Vertreter, Kommissionäre, Makler) als Verbindlichkeit oder Rückstellung zu passivieren. Bei der Bewertung von Forderungen gilt der Grundsatz der Einzelbewertung (§ 252 Abs. 1 Nr. 3 HGB) sowie das Wertaufhellungsprinzip (§ 252 Abs. 1 Nr. 4 HGB), nach dem die zwischen dem Abschlussstichtag und dem Zeitpunkt der Aufstellung der Bilanz erlangten besseren Erkenntnisse über den Wert der Forderung am Abschlussstichtag bei der Bewertung noch zu berücksichtigen sind (z. B. Rechnungskürzung durch den Schuldner). Bei der Aufstellung des Inventars und der Bilanz sind Forderungen, soweit nicht ein niedrigerer Wertansatz durch das strenge Niederstwertprinzip (§ 253 Abs. 4 HGB) geboten ist, höchstens zum Nennwert anzusetzen. Forderungen sind daher zum Bilanzstichtag auf ihre **Einbringlichkeit** (Echtheit, Bonität) hin zu überprüfen. Dabei sind alle Umstände zu berücksichtigen, die den Wert der Forderungen zum Bilanzstichtag beeinträchtigen; das sind insbesondere (potentielle) Beschränkungen hinsichtlich Zahlungsfähigkeit und Zahlungswilligkeit der Schuldner, aber auch sonstige Erfahrungen und Aussichten des Zahlungseingangs. Einer Wertberichtigung von Forderungen steht nach Ansicht des BFH sogar grundsätzlich nicht entgegen, dass diese nach dem Tage der Bilanzerstellung (teilweise) erfüllt worden sind und der Gläubiger den Schuldner weiterhin beliefert hat (vgl. BFH-Urteil vom 20. 8. 2003, BStBl. II 2003, S. 941).

Die **Bonitätsprüfung** der Forderungen führt zu einer Differenzierung der Forderungen nach drei Gruppen:

- **Vollwertige (sichere) Forderungen**, bei denen hinsichtlich Einbringlichkeit weder Einschränkungen noch Zweifel bestehen und die deshalb keine Zahlungsausfälle erwarten lassen. Diese Forderungen verbleiben auf dem Forderungskonto und sind dort mit ihrem **Nominalbetrag** anzusetzen.
- **Zweifelhafte Forderungen**, bei denen begründete Anhaltspunkte für ihre lediglich teilweise Realisierung vorliegen und deren Zahlungseingang folglich als gefährdet einzustufen ist. Forderungen dieser eingeschränkten Bonität **(Dubiose)** sind im Sinne der Bilanzklarheit in voller Höhe **auszusondern** und auf das aktivische **Bestandskonto Zweifelhafte Forderungen** unter Ansatz ihres **wahrscheinlichen Wertes** umzubuchen. Mit der Umbuchung ist zunächst lediglich eine buch- und bilanzmäßige Trennung erreicht worden, die den Erfolg nicht beeinflusst. Der zum Ansatz des wahrscheinlichen Wertes führende Bewertungsvorgang schließt sich an: In Erwartung eines nur teilweisen Zahlungseingangs ist der voraussichtlich uneinbringliche Teil der zweifelhaften Forderung (vermuteter, wahrscheinlicher Forderungsausfall) abzuschreiben. Da eine Änderung (Minderung) der **umsatzsteuerlichen** Bemessungsgrundlage (vereinbartes Entgelt) dadurch nicht bewirkt wird und in Höhe des in der Forderung enthaltenen Umsatzsteuerbetrages kein Ausfallrisiko, sondern vielmehr ein **bei tatsächlichem Forderungsverlust** gegenüber dem Finanzamt realisierbarer **Kürzungsanspruch** besteht, ist der abzuschreibende Betrag von der Nettoforderung (ohne Umsatzsteuer) zu berechnen.

  Anhaltspunkte für die Aussonderung von Forderungen als Dubiose sind u. a. aus den folgenden Sachverhalten abzuleiten: fruchtlos erfolgte Mahnungen, negative Auskünfte über Finanz- und Liquiditätsverhältnisse des Kunden, Zweifel an dessen Kreditwürdigkeit, z. B. infolge Stundungsersuchen oder erheblicher Zahlungszielüberschreitung, Nichteinlösung von Schecks oder Wechseln, Erlass von Zahlungsbefehlen, schwebende Rechtsstreite sowie Insolvenzanmeldung. Die auf der Grundlage dieser Anhaltspunkte erforderliche **Schätzung** der Höhe des voraussichtlichen Forderungsausfalls muss allerdings objektiv durch die Verhältnisse des Betriebes gestützt sein und darf nicht nur auf bloßen Vermutungen oder pessimistischer Beurteilung der künftigen Entwicklung beruhen.
- **Uneinbringliche Forderungen,** deren Uneinbringlichkeit feststeht (endgültiger, effektiver Forderungsverlust), sind **in voller Höhe abzuschreiben**. Erst damit tritt die zur Berichtigung des Umsatzsteuerkontos führende Entgeltän-

derung ein (§17 Abs. 2 Nr. 1 UStG); diese ist deshalb auch unabhängig vom Abschlussstichtag vorzunehmen und gehört nicht zu den Abschlussbuchungen. Der endgültige Forderungsausfall wird u. a. folgenden Sachverhalten zu entnehmen sein: festgestellte Illiquidität des Schuldners, Eingang der Insolvenzquote, fruchtloser Verlauf der Zwangsvollstreckung, vom Schuldner geleistete eidesstattliche Versicherung über die Vermögenslage oder eigener Forderungsverzicht.

Die Umbewertung von Forderungen wird als **Einzel-** und als **Pauschalabschreibung** vorgenommen; Erstere nach direkter und indirekter (Delkredere-Wertberichtigung), Letztere häufig nach indirekter Methode (Pauschal- oder Sammelwertberichtigung). Diese Methodenfreiheit besteht allerdings nur für nicht unter §264a HGB fallende Nichtkapitalgesellschaften. Für Kapitalgesellschaften ist dagegen die direkte Abschreibungsmethode obligatorisch.

Der grundlegende Unterschied der Abschreibungen auf Forderungen gegenüber den Abschreibungen auf Anlagen beruht auf ihrer verschiedenen Zwecksetzung: Nicht Anschaffungsausgaben sollen dem Abbau eines Nutzungspotenzials entsprechend über mehrere Nutzungsperioden hinweg verteilt werden, sondern aus Zielumsätzen resultierende, nicht realisierbare Zahlungsansprüche werden korrigiert. Die Forderungsabschreibung erfasst folglich vom Gewinn zu tragende endgültige Umsatzeinbußen, während die (planmäßige) Anlagenabschreibung bei Marktvergütung die im Kaufpreis des Erzeugnisses enthaltenen Abschreibungsgegenwerte an den Betrieb bindet.

13.2.3.1 Einzelabschreibung auf Forderungen

Einzelabschreibungen bzw. Einzelwertberichtigungen beruhen auf einer **individuellen** Risikoprüfung der einzelnen Forderung. Zu rechtfertigen ist diese arbeits- und zeitintensive Vorgehensweise nur bei überschaubarer und damit begrenzter Forderungsanzahl oder aber für eine durch ihre relative Betragshöhe gekennzeichnete Forderungsauswahl. Liegen die Voraussetzungen für eine Bewertung unter Nennwert vor, so kann der Ansatz des wahrscheinlichen Wertes durch Nennwertminderung in Form der **direkten** und für Nichtkapitalgesellschaften, sofern diese nicht unter §264a HGB fallen, grundsätzlich auch nach der **indirekten** Abschreibungsmethode erfolgen.

Beispiel:

Der (Brutto-)Forderungsbestand beträgt am Bilanzstichtag insgesamt 330.000.

Im Rahmen der vorbereitenden Abschlussarbeiten erfolgt die Aussonderung von 22.000 der Forderungen als zweifelhaft. Die Korrespondenz ergibt, dass davon 4.400 mit Sicherheit und 6.600 vermutlich uneinbringlich sind.

Buchungssätze: Direkte Verbuchung der Abschreibung

– Umbuchung Zweifelhafte Forderungen:

(1) Zweifelhafte Forderungen	22.000	**an**	Forderungen	22.000

– Wahrscheinlicher Forderungsausfall:

(2) Abschreibung auf Ford.	6.000	**an**	Zweifelhafte Forderungen	6.000

- Effektiver Forderungsausfall:

(3) Abschreibung auf Forderungen	4.000	an	Zweifelhafte Forderungen	4.400
Umsatzsteuer	400			

- Abschlussbuchungen:

(4) Schlussbilanzkonto (SBK)	319.600	an	Forderungen	308.000
			Zweifelhafte Forderungen	11.600
(5) GuV-Konto	10.000	an	Abschreibung auf Ford.	10.000

Forderungen

Soll		Haben	
Bestand	330.000	22.000	(1)
		308.000	(4)

Zweifelhafte Forderungen

Soll		Haben	
(1)	22.000	6.000	(2)
		4.400	(3)
		11.600	(4)

Abschreibungen auf Forderungen

Soll		Haben	
(2)	6.000	10.000	(5)
(3)	4.000		

Umsatzsteuer

Soll		Haben
(3)	400	

Schlussbilanzkonto

Soll		Haben
(4)	319.600	

GuV

Soll		Haben
(5)	10.000	

Die **direkte** Forderungsabschreibung weist gewichtige **Nachteile** auf: Sie verhindert auf der Vermögensseite den Ausweis der vollen, ursprünglichen Rechtsansprüche gegenüber Kunden und lässt den mutmaßlichen Forderungsausfall nicht erkennen. Insofern widerspricht die Direktabschreibung den betriebswirtschaftlichen Grundsätzen der Klarheit und Übersichtlichkeit der Bilanzierung. Erst bei effektiv eingetretenem Forderungsverlust ist die direkte Absetzung zu rechtfertigen. Da eine indirekte Abschreibung für Kapitalgesellschaften und auch Personengesellschaften, die unter §264a HGB fallen, nicht in Frage kommt, ist eine zwingende Berichtspflicht für Posten der Bilanz sowie der Gewinn- und Verlustrechnung im **Anhang** vorgesehen, sofern kein den tatsächlichen Verhältnissen entsprechendes Bild der Vermögens-, Finanz- und Ertragslage vermittelt werden kann (§264 Abs. 2 Satz 2 HGB). Damit lassen sich jedoch nicht die organisatorischen Schwächen der direkten Abschreibung beheben, denn es wird die Saldenübereinstimmung von Forderungssachkonto und den einzelnen Debitorenkonten des Kontokorrentbuches aufgegeben, sofern die Wertminderungen nicht auch anteilig auf die Personenkonten übertragen werden. Gesichtspunkte der Debitorenüberwachung, der Mahnung und des Anspruchsvorbehalts lassen dies jedoch als unzweckmäßig erscheinen. Deshalb werden auch Kapitalgesellschaften die laufenden Aufzeichnungen der Buchführung nach der indirekten Methode vornehmen. Im Rahmen der vorbereitenden Jahresabschlussbuchungen wird das Wertberichtigungskonto über das Forderungskonto abgeschlossen, so dass dem geforderten Nettoausweis in der Handelsbilanz entsprochen werden kann.

Bei **indirekter** Vornahme der Einzelabschreibung auf erwartete und endgültige Forderungsausfälle bleibt der Wert der (dubiosen) Forderungen nominell unverkürzt erhalten. Die Korrektur erfolgt hier durch ein passivisches Bestandskonto: **Wertberichtigung auf Forderungen** oder **Delkredere-Wertberichtigung.**

Buchungssätze: Indirekte Verbuchung der Abschreibung

- Umbuchung Zweifelhafte Forderungen:

Soll	Betrag		Haben	Betrag
(1) Zweifelhafte Forderungen	22.000	**an**	Forderungen	22.000

- Wahrscheinlicher Forderungsausfall:

Soll	Betrag		Haben	Betrag
(2) Abschreibung auf Forderungen	6.000	**an**	Wertberichtigung auf Ford. (Delkredere)	6.000

- Effektiver Forderungsausfall:

Soll	Betrag		Haben	Betrag
(3) Abschreibung auf Forderungen	4.000			
Umsatzsteuer	400	**an**	Wertberichtigung auf Ford.	4.400

- Abschlussbuchungen:

Soll	Betrag		Haben	Betrag
(4) Schlussbilanzkonto (SBK)	330.000	**an**	Forderungen	308.000
			Zweifelhafte Forderungen	22.000
(5) Wertberichtigung auf Forderungen	10.400	**an**	Schlussbilanzkonto (SBK)	10.400
(6) GuV-Konto	10.000	**an**	Abschreibung auf Ford.	10.000

Forderungen

Soll	Haben
Bestand 330.000	22.000 (1)
	308.000 (4)

Zweifelhafte Forderungen

Soll	Haben
(1) 22.000	22.000 (4)

Abschreibungen auf Forderungen

Soll	Haben
(2) 6.000	10.000 (6)
(3) 4.000	

Wertbericht. a. Ford. (Delkredere)

Soll	Haben
(5) 10.400	6.000 (2)
	4.400 (3)

Schlussbilanzkonto

Soll	Haben
(4) 330.000	10.400 (5)

Umsatzsteuer

Soll	Haben
(3) 400	

GuV

Soll	Haben
(6) 10.000	

Unter betriebswirtschaftlicher Beurteilung besitzt die Wertberichtigung auf Forderungen den Charakter einer Rückstellung, da die in der Abrechnungsperiode begründete Antizipation künftiger Mindereinnahmen hinsichtlich Eintrittsfälligkeit und Ausfallhöhe am Bilanzstichtag ungewiss ist. Unabhängig von den laufenden Aufzeichnungen der Buchführung ist in der Bilanz die Berücksichtigung von Einzelrisiken allerdings nur durch aktivische Wertkorrektur möglich.

Die ansonsten nicht feststellbare direkte Zuordnung von Positionen der Vermögens- und Kapitalseite der Bilanz ist für die Delkredere-Wertberichtigung typisch: Sie teilt vollkommen das Schicksal der entsprechenden (zweifelhaften) Forderungen und ist bei Eintreten des endgültigen Forderungsausfalls aufzulösen. Dabei sind **zwei Fälle**, der **Diskrepanzfall** und der **Harmoniefall**, zwischen vermutetem (geschätztem) und tatsächlichem Forderungsverlust denkbar:

(1) Tatsächlicher Forderungsausfall und geschätzter Forderungsverlust stimmen überein **(Harmoniefall)**.

Beispiel:

Der vermutete Forderungsausfall in Höhe von 6.600 wird durch Zahlungseingang von insgesamt 11.000 bestätigt.

Direkte Verbuchung:

Bank	11.000			
Umsatzsteuer	600	**an**	Zweifelhafte Forderungen	11.600

Indirekte Verbuchung:

Bank	11.000			
Umsatzsteuer	600			
Wertberichtigung auf Ford.	10.400	**an**	Zweifelhafte Forderungen	22.000

Die Realisierung des erwarteten Forderungsausfalls ist nun erfolgsunwirksam. Da die Aufwandsverbuchung in der Vorperiode zum Nettobetrag vorzunehmen war, erfolgt nunmehr die Korrektur der Umsatzsteuer in Höhe des tatsächlichen Ausfalls. Bei indirekter Verbuchung ist die Wertberichtigung in voller Höhe aufzulösen.

(2) Tatsächlicher Forderungsausfall und geschätzter Forderungsverlust stimmen nicht überein **(Diskrepanzfall)**. Der tatsächliche Forderungsausfall ist geringer oder höher als der ursprünglich geschätzte; es entstehen somit Über- bzw. Unterdeckungen.

Beispiel:

Die Debitoren überweisen die Summe von 13.200 (7.700), so dass die Differenz in Höhe von 2.200 (3.300) den Forderungsausfall mindert (erhöht).

Bei **zu hoher** Einschätzung der Forderungsverluste:

Direkte Verbuchung:

Bank	13.200			
Umsatzsteuer	400	**an**	Zweifelhafte Forderungen	11.600
			Sonstige betriebliche Erträge aus Forderungen	2.000

Indirekte Verbuchung:

Bank	13.200			
Umsatzsteuer	400			
Wertberichtigung auf Ford.	10.400	**an**	Zweifelhafte Forderungen	22.000
			Sonstige betriebliche Erträge aus Forderungen	2.000

Bei **zu geringer** Einschätzung der Forderungsverluste:

Direkte Verbuchung:

Bank	7.700			
Umsatzsteuer	900			
Sonstige betriebliche Aufwendungen aus Forderungen	3.000	**an**	Zweifelhafte Forderungen	11.600

Indirekte Verbuchung:

Bank	7.700			
Umsatzsteuer	900			
Sonstige betriebliche Aufwendungen aus Forderungen	3.000			
Wertberichtigung auf Ford.	10.400	**an**	Zweifelhafte Forderungen	22.000

Die Diskrepanzfälle lösen zusätzlich erfolgswirksame Vorgänge aus: Bei **zu hoch** geschätztem Forderungsverlust (Überdeckung) werden die in den zweifelhaften Forderungen durch zu hohe Aufwandsbemessung entstandenen stillen Reserven in der Folgeperiode durch die Zahlung aufgedeckt und als **sonstiger betrieblicher Ertrag** aufgelöst. Der Zahlungseingang in Höhe von 13.200 hat zur Folge, dass der erwartete Ausfallbetrag von 6.600 nur zu 4.400 realisiert wird, ein sonstiger betrieblicher Ertrag von 2.000 entsteht und folglich auch nur eine Umsatzsteuerberichtigung von 400 vorzunehmen ist.

Bei **zu gering** geschätztem Forderungsverlust (Unterdeckung) sind die zu niedrig vorgenommenen Abschreibungen in der Folgeperiode nachzuholen. Mit dem Geldeingang von 7.700 steht ein realisierter Verlust in Höhe von 9.900 der Schätzgröße von 6.600 gegenüber; es zeigt sich für die Zahlungsperiode ein **sonstiger betrieblicher Aufwand** in Höhe von 3.000. Die aufgrund der nunmehr feststehenden Entgeltänderung vorzunehmende Umsatzsteuerberichtigung beträgt 900.

In diesem Zusammenhang zeigt sich eine Schwäche der gesetzlichen Regelung für Kapitalgesellschaften: Zwar verlangt das Gliederungsschema der Gewinn- und Verlustrechnung (vgl. Teil A, Abschn. 3.4.1, S. 86 f.) den gesonderten Ausweis eines außerordentlichen Ergebnisses, das aber nur außerhalb des üblichen Geschäftsverkehrs anfallende Geschäftsvorgänge erfasst. Für periodenfremde Aufwendungen und Erträge ist daher kein Raum, die Korrekturen der Abweichungen von Forderungsverlusten müssen somit im ordentlichen Ergebnis als sonstige betriebliche Aufwendungen bzw. Erträge aufgefangen werden.

13.2.3.2 Pauschalwertberichtigung auf Forderungen

Die Erfassung der dem Forderungsbestand inhärenten Wagnisse als Einzelrisiken **(spezielles Kreditrisiko)** kann auch pauschal neben der für einzelne Forderungen getrennt vorgenommenen Einzelrisikoberücksichtigung erfolgen. Das gilt insbesondere dann, wenn sich umfangreiche Forderungsbestände aus zahlreichen, betragsmäßig wenig ins Gewicht fallenden Einzelforderungen zusammensetzen. Die pauschale Berücksichtigung spezieller Risiken geschieht meist vereinfacht durch einen nach Erfahrungswerten der Branche und individuellen Verhältnissen des Unternehmens bemessenen, prozentualen Abschlag vom Nennbetrag der Forderungen. Da die speziellen Kreditrisiken auch bei pauschal ermittelten Abschlägen je nach Bonität des **einzelnen** Schuldners verschieden hoch einzuschätzen sind, handelt es sich materiell um individuelle Wertkorrekturen, die bilanziell wie die Einzelabschreibung nicht passivisch, sondern aktivisch zu berücksichtigen sind. Die Möglichkeit, diese Abschreibungen in den laufenden Aufzeichnungen direkt oder indirekt zu erfassen, bleibt davon, zumindest bei Nichtkapitalgesellschaften, unberührt.

Eine weitere Möglichkeit, in der Abrechnungsperiode begründete, drohende Forderungsausfälle am Bilanzstichtag zu berücksichtigen, besteht im Ansatz von **Pauschal- oder Sammelwertberichtigungen**. Diese dürfen nur zur Erfassung allgemeiner Risiken **(allgemeines Kreditrisiko)** gebildet werden und sind deshalb nicht mit den pauschal errechneten Wertberichtigungen aufgrund spezieller Risiken zu verwechseln. Das durch Pauschalwertberichtigungen auf Forderungen abzusichernde allgemeine Kreditrisiko umfasst eine Vielzahl von mit Zielverkäufen üblicherweise verbundenen Unwägbarkeiten, deren Berücksichtigung letztlich im allgemeinen Grundsatz kaufmännischer Vorsicht seine Begründung findet. Auch die einwandfreien (guten) Forderungen werden deshalb in die Pauschalwertberichtigung einbezogen, denn ihre Rechtfertigung beruht gerade auf **unbekannten** Zahlungsschwierigkeiten der Kunden. Zudem werden die Pauschalwertberichtigungen auf Forderungen generell nur zum Geschäftsjahresende im Rahmen der Abschlussbuchungen auf ein passivisches Bestandskonto gebucht bzw. aktivisch von den Forderungen abgesetzt und nicht erst bei Existenz des tatsächlichen Forderungsausfalls. Zu den wesentlichen, das allgemeine Kreditrisiko betreffenden **Risikofaktoren** gehören: das allgemeine Ausfallrisiko bei Konjunkturrückgang, Währungsumstellung und nicht vorhersehbaren strukturellen Krisen, die erhöhten Wagnisse bei Auslandsforderungen in Form der Transfer-, Enteignungs- und Abwertungsrisiken sowie die nicht erkennbaren Bonitätsrisiken, welche vor allem bei Umsatzausweitungen einen überproportionalen Anstieg aufweisen können.

Die Pauschalwertberichtigung ist nach **Erfahrungswerten** der Vergangenheit zu bemessen. Der aufgrund ausgefallener Forderungen früherer Perioden ermittelte Durchschnittssatz wird auf den nach Abzug der einzelwertberichtigten Forderungen verbleibenden jeweiligen Forderungsbestand bezogen und als Pauschalbetrag für wahrscheinliche Ausfälle gebucht. Die **steuerlich** durch objektiv nachprüfbare Tatsachen abzustützende Pauschalsatzhöhe bleibt i. d. R. im Intervall zwischen 3 % und 7 % unbeanstandet. Allerdings muss die Schätzung eine objektive Grundlage in den am Bilanzstichtag gegebenen Verhältnissen finden (BFH v. 20. 8. 2003, BStBl. II 2003, S. 941). Gemäß BMF-Schreiben vom 10. 1. 1994 (BStBl. I 1994, S. 98) erfolgt eine Orientierung an den durchschnittlichen Ausfällen der letzten fünf Jahre, wobei die Ausfallrate um 40 % ihres Wertes zu reduzieren ist, um der Abdeckung von Risiken durch Einzelwertberichtigungen Rechnung zu tragen (vgl. auch s. u.). Um Manipulationen des Jahresergebnisses zu verhindern, sind Erhöhungen eines einmal zugrunde gelegten Wertberichtigungssatzes nur unter Nachweis wesentlich veränderter Verhältnisse durchsetzbar (Grundsatz der Bewertungsstetigkeit, § 252 Abs. 1 Nr. 6 HGB).

Nichtkapitalgesellschaften können sowohl einen passivischen Ausweis der Pauschalwertberichtigung vornehmen, als auch die Wertberichtigung direkt in Form von Abschreibungen vom Forderungskonto absetzen; für Kapitalgesellschaften dagegen ist die direkte Methode verbindlich vorgeschrieben. Bei der direkten Absetzung der Pauschalwertberichtigung reduzieren sich die Buchungsvorgänge am Ende der Periode auf die Auflösung der nicht in Anspruch genommenen Wertberichtigung als sonstiger betrieblicher Ertrag. Eine eventuelle Unterdeckung wird wie bei der indirekten Verbuchung gehandhabt. Wie im Falle der Berücksichtigung der Einzelrisiken dient als Bemessungsgrundlage bei Bildung der Pauschalwertberichtigung der Nettobetrag der Forderungen, da erst der tatsächliche Forderungsausfall die Umsatzsteuerkorrektur auslöst.

Beispiel:

Bildung der Pauschalwertberichtigung auf Forderungen. Das allgemeine Kreditrisiko beträgt gemäß dem langfristigen betrieblichen Erfahrungssatz 5 %. Der Forderungsbestand weist am Bilanzstichtag nach Bereinigung um die uneinbringlichen Forderungen den Betrag von 220.000 einschließlich Umsatzsteuer aus.

Buchungssätze:

Direkte Verbuchung:

– Buchung der Delkredere-Wertberichtigung:

Abschreibung auf Ford.	10.000	**an**	Forderungen	10.000

– Abschlussbuchungen:

Schlussbilanzkonto	210.000	**an**	Forderungen	210.000
GuV-Konto	10.000	**an**	Abschreibung auf Ford.	10.000

Indirekte Verbuchung:

– Buchung der Delkredere-Wertberichtigung:

Abschreibung auf Ford.	10.000	**an**	Wertberichtigung auf Ford.	10.000

– Abschlussbuchungen:

Schlussbilanzkonto	220.000	**an**	Forderungen	220.000
Wertberichtigung auf Ford.	10.000	**an**	Schlussbilanzkonto	10.000
GuV-Konto	10.000	**an**	Abschreibung auf Ford.	10.000

Bei vollständigem oder teilweisem Forderungsausfall werden bei der direkten Methode die entsprechenden Forderungen ausgebucht; eine eventuell auftretende Differenz zwischen Forderungseingang und zu Buche stehender Forderung wird als sonstiger betrieblicher Ertrag im Falle einer Überdeckung bzw. als sonstiger betrieblicher Aufwand im Falle einer Unterdeckung erfolgswirksam behandelt. Für die **Auflösung** des Delkrederekontos bei Anwendung der indirekten Methode lässt die buchtechnische Behandlung der während der Periode realisierten Forderungsausfälle mehrere Möglichkeiten der Delkrederekorrektur zu:

1. Alle die Leistungen der Vorperiode betreffenden Forderungsverluste werden bereits **während der laufenden Periode** auf dem Wertberichtigungskonto gebucht; Buchungssatz: Wertberichtigungen auf Forderungen und Umsatzsteuerkonto **an** Forderungen. Erweisen sich die effektiven Forderungsverluste beim Abschluss gegenüber dem in die Eröffnungsbilanz übernommenen Delkredere als niedriger (höher), so erfolgt am Periodenende die Korrektur durch Berücksichtigung der Differenz als sonstiger betrieblicher Ertrag (sonstiger betrieblicher Aufwand). Die Abweichungsermittlung wird für die Summe der Forderungen durch Saldierung des Wertberichtigungskontos zum Geschäftsjahresende vorgenommen.

Beispiel:

Von den in die Eröffnungsbilanz übernommenen Forderungsbeständen in Höhe von 220.000, auf die zum Bilanzstichtag ein Delkredere von 5 % (10.000) gebildet wurde, gehen im Laufe der Periode 214.500 ein; 5.500 sind als endgültiger Forderungsverlust anzusehen.

Buchungssätze:

- Buchung der Zahlungseingänge:

Bank	214.500	**an**	Forderungen	214.500

- Buchung des endgültigen Forderungsausfalls:

Wertberichtigung auf Ford.	5.000			
Umsatzsteuer	500	**an**	Forderungen	5.500

- Umbuchung des sonstigen betrieblichen Ertrags:

Wertberichtigung auf Forderungen	5.000	**an**	Sonstiger betrieblicher Ertrag	5.000

Die **Überdeckung** der Wertberichtigung und das damit um die Abweichung gegenüber dem endgültigen Forderungsausfall zu geringe Ergebnis des Vorjahres wird im Folgejahr durch Ausweis eines sonstigen betrieblichen Ertrages korrigiert.

Werden dagegen in der laufenden Periode nur 198.000 der Forderungen vereinnahmt und entstehen tatsächliche Forderungsverluste in Höhe von 22.000 brutto, dann sind davon 10.000 infolge der **Unterdeckung** durch die Wertberichtigung als sonstiger betrieblicher Aufwand (Forderungsverluste) der laufenden Periode zuzurechnen. Der zu hohe Ergebnisausweis der Vorperiode wird in der laufenden Periode korrigiert.

Buchungssätze:

- Buchung der Zahlungseingänge:

Bank	198.000	**an**	Forderungen	198.000

- Buchung des effektiven Forderungsausfalls:

Wertberichtigung auf Ford.	20.000			
Umsatzsteuer	2.000	**an**	Forderungen	22.000

- Umbuchung des sonstigen betrieblichen Aufwands:

Sonstiger betrieblicher Aufwand aus Ford.	10.000	**an**	Wertberichtigung auf Ford.	10.000

2. Die Verbuchung realisierter, den Anfangsbestand der Forderungen des Wirtschaftsjahrs betreffende Verluste kann auch in der Weise erfolgen, dass Ausfälle dem Delkrederekonto **nur bis zur Höhe** des Wertberichtigungspostens belastet werden, während über diesen Betrag hinausgehende Einbußen direkt auf dem Aufwandskonto für sonstigen betrieblichen Aufwand aus Forderungen erfasst werden. Im Falle der Unterdeckung ergeben sich für das obige Beispiel folgende Buchungssätze:

Buchungssätze:

- Buchung der Zahlungseingänge:

Bank	198.000	**an**	Forderungen	198.000

- Buchung des effektiven Forderungsausfalls:

Wertberichtigung auf Ford.	10.000			
Sonstiger betrieblicher Aufwand aus Ford.	10.000			
Umsatzsteuer	2.000	**an**	Forderungen	22.000

3. Sämtliche Forderungsausfälle werden ohne Rücksicht auf die Periodenzugehörigkeit der ihnen zugrunde liegenden Forderungen auf einem **besonderen Forderungsverlustkonto** gesammelt. Das Wertberichtigungskonto wird dann nur im Rahmen der Abschlussarbeiten angesprochen, was seinem Wesen als passivisches Bestandskonto auch entspricht. Beim Abschluss werden dann Forderungsverluste und Delkredere entweder im Sinne des **Nettoabschlusses** miteinander verrechnet oder aber, bei Bevorzugung des übersichtlicheren **Bruttoabschlusses,** in der GuV-Rechnung die Summe der Forderungsverluste auf der Aufwandseite der über die Ertragseite aufgelösten Wertberichtigung aus der Eröffnungsbilanz gegenübergestellt. Dieses Verfahren entspricht auch dem Vereinfachungsbestreben der Buchführungspraxis.

Beispiel:

Von einer Personengesellschaft, die zur Wertberichtigung von Forderungen die indirekte Methode anwendet, liegen folgende Daten vor:

Forderungsbestand und Wertberichtigungsposten aus der Schlussbilanz der Vorperiode betragen 220.000 bzw. 10.000. Während des laufenden Wirtschaftsjahres gingen 214.500 der Außenstände ein, 5.500 fielen endgültig aus. Die Zielverkäufe der laufenden Periode betrugen 880.000 brutto, wovon 836.000 bezahlt wurden und 4.400 als Forderungsverluste feststehen. Der Restbetrag von 39.600 steht noch aus.

Buchungssätze:

(Gegenbuchungen nur, soweit Vorgänge an dieser Stelle von Interesse)

- Buchung der gesamten Zahlungseingänge:

(1 a) Bank	214.500	**an**	Forderungen	214.500
(1 b) Bank	836.000	**an**	Forderungen	836.000

- Buchung der effektiven Forderungsausfälle:

(2) Forderungsverluste	5.000			
(2) Forderungsverluste	4.000			
(2) Umsatzsteuer	900	**an**	Forderungen	9.900

- Abschlussbuchungen:

(3 a) Wertberichtigung auf Forderungen	10.000	**an**	GuV-Konto	10.000
(3 b) GuV-Konto	9.000	**an**	Forderungsverluste	9.000
(3 c) Schlussbilanzkonto	39.600	**an**	Forderungen	39.600
(3 d) Abschreibung auf Forderungen	1.800	**an**	Wertberichtigung auf Ford.	1.800

(Restaußenstände netto: $39.600 \times \frac{100}{110} = 36.000$; darauf Pauschalabschreibung 5 %)

(3 e) Wertberichtigung auf Forderungen	1.800	**an**	Schlussbilanzkonto	1.800
(3 f) GuV-Konto	1.800	**an**	Abschreibung auf Ford.	1.800

Forderungen

	Soll	Haben	
AB	220.000	214.500	(1 a)
Zug.	880.000	836.000	(1 b)
		9.900	(2)
		39.600	(3 c)
	1.100.000	1.100.000	

Wertberichtigungen auf Forderungen

	Soll		Haben	
(3 a)	10.000	AB	10.000	
(3 e)	1.800		1.800	(3 d)
	11.800		11.800	

Bank

	Soll	Haben
(1 a)	214.000	
(1 b)	836.000	

Umsatzsteuer

	Soll	Haben
(2)	900	

Forderungsverluste

	Soll	Haben	
(2)	5.000	9.000	(3 b)
(2)	4.000		
	9.000	9.000	

Abschreibungen auf Forderungen

	Soll	Haben	
(3 d)	1.800	1.800	(3 f)

Schlussbilanzkonto

	Soll	Haben	
(3 c)	39.600	1.800	(3 e)

GuV

	Soll	Haben	
(3 b)	9.000	10.000	(3 a)
(3 f)	1.800		

Aus der Gegenüberstellung der Forderungsverluste und der aus der Vorperiode stammenden, zum Geschäftsjahresende aufgelösten Wertberichtigung (Bruttomethode) in der GuV-Rechnung wird die Über- bzw. Unterdeckung der eingetretenen Forderungsausfälle sichtbar. Die Aufwandsbelastung der Periode beträgt insgesamt nur 800, da die Überdeckung aufzurechnen ist und somit in der laufenden Periode die Erfolgskorrektur der Vorperiode stattfindet.

4. Über- und Unterdeckungen der tatsächlich in einer Periode angefallenen Forderungsverluste durch Wertberichtigungen der Vorperiode bleiben dagegen ohne Ausweis, wenn Auflösung und Neubildung der Pauschalwertberichtigung derart **kombiniert** werden, dass diese in jedem Jahr lediglich um die Differenz korrigiert wird, um die sich der bei Anwendung des pauschalen Durchschnittssatzes auf Forderungsanfangs- und Forderungsendbestand ergebende Betrag unterscheidet. Die Anpassung des Wertberichtigungskontos an den entsprechenden Forderungsbestand erfolgt dann jeweils nur durch eine einzige Buchung, die häufig auf das Abschreibungskonto verzichtet und direkt das GuV-Konto anspricht: Bei gegenüber dem Anfangsbestand höherem Forderungsendbestand (Fehlbetrag der Wertberichtigung) erfolgt eine dem Differenzbetrag entsprechende Belastung (Aufwand), bei im Vergleich zum Periodenanfangsbestand geringerem Forderungsendbestand (Überschuss der Wertberichtigung) erfolgt eine entsprechende Gutschrift (Ertrag) auf dem GuV-Konto. Bei der indirekten Methode stellt das Delkrederekonto damit ein **gemischtes Konto** dar, dessen Erfolgsteil beim Abschluss erst durch Einstellung des am Forderungsnennbetrag orientierten und durch Erfahrungssatz berechneten Endbestands ermittelt werden kann.

Buchungstechnisch erscheint diese Vorgehensweise gegenüber der isolierten Auflösung des Delkredere wohl einfacher, aber durch die Möglichkeit der Verrechnung der Neubildung in der laufenden Periode mit dem verbleibenden Differenzbetrag (Rest- bzw. Fehlbetrag) der Vorperiode zugleich auch unübersichtlicher. Nach beiden Vorgehensweisen ergibt sich derselbe Periodengewinn,allerdings infolge der Schätzkomponenten bei der Delkrederebemessung in nicht korrekter Abgrenzung; der Unterschied liegt damit in periodenfremden Beträgen begründet.

Im obigen **Beispiel** geschieht die Anpassung des Wertberichtigungskontos an den neuen Forderungsbestand bei **kombiniertem Verfahren** durch folgende Buchung:

Wertberichtigung auf Ford.	8.200	**an**	GuV-Konto	8.200

GuV-Konto

Soll		Haben	
Forderungsverlust	9.000	WB auf Ford.	8.200

Wertberichtig. auf Forderungen

Soll		Haben	
GuV	8.200	AB	10.000
SBK	1.800		
	10.000		10.000

Die Aufwandsbelastung der Periode beträgt wie beim isolierten Verfahren 800; der Einblick in die Periodenzuordnung der Erfolgskomponenten wird jedoch wesentlich erschwert.

Letzteres gilt besonders dann, wenn das Wertberichtigungskonto nicht nur zum Jahresabschluss an den jeweiligen Forderungsbestand angepasst, sondern bereits während der Geschäftsperiode durch laufende Buchung der anfallenden Forderungsverluste bewegt wird. Weist das Delkrederekonto unter diesen Voraussetzungen beim Abschluss z. B. einen Habensaldo auf, dann erscheint der Betrag der neu zu bildenden Wertberichtigung um den Betrag der gebuchten Forderungsverluste gekürzt; eine Auflösung als Ertrag in Höhe des Differenzbetrages entfällt somit überhaupt.

Obiges **Beispiel** auf die hier interessierenden Vorgänge verkürzt:

Vorjahresausweis Delkredere 10.000; effektive Forderungsausfälle während der Periode 9.900 brutto. Zum Abschluss ist die Wertberichtigung auf 5 % des Forderungsendbestandes von brutto 39.600 einzustellen.

Buchungssätze:

– **Laufende** Buchungen:				
Wertberichtigung auf Forderungen	9.000			
Umsatzsteuer	900	**an**	Forderungen	9.900
– **Abschluss**buchungen:				
GuV-Konto	800	**an**	Wertberichtigung auf Ford.	800
Wertberichtigung auf Forderungen	1.800	**an**	Schlussbilanzkonto	1.800

GuV-Konto	
WB auf Forderungen 800	

Wertberichtig. auf Forderungen			
Forderungsverlust	9.000	AB	10.000
SBK	1.800	GuV	800
	10.800		10.800

Die Erfolgsrechnung lässt bei laufender Abbuchung der Forderungsverluste vom Delkrederekonto ebenso wie bei der direkten Methode weder Rückschlüsse auf deren Größenordnung zu, noch zeigt sie den Betrag der periodischen Wertberichtigungsbildung. Im Vergleich der Erfolgsrechnungen ist Letztere am ungünstigsten zu beurteilen: Sie verdeckt wesentliche Einsichten in Struktur und Zusammensetzung der Erfolgsquellen.

Einzel- und Pauschalwertberichtigungen auf Forderungen kommen regelmäßig nebeneinander zur Anwendung **(gemischtes Verfahren)**. Die Forderungen werden dann zunächst individuell auf ihre Vollwertigkeit hin geprüft und– soweit als dubios erkannt – einzelwertberichtigt. Der verbleibende Bestand einwandfreier Forderungen wird pauschalwertberichtigt, wobei aufgrund der gegenseitigen Ausschließlichkeit der beiden Vorgehensweisen die bereits durch Einzelabschreibungen abgedeckten hohen Risiken bei der Bemessung des Durchschnittssatzes zu berücksichtigen sind. Das Mischverfahren kommt immer dann zur Anwendung, wenn einzelne, betragsmäßig ins Gewicht fallende Forderungen größere Ausfälle erwarten lassen und für den Bestand der übrigen Forderungen das allgemeine Kreditrisiko Berücksichtigung finden soll.

Beispiel:

Im Forderungsbestand von insgesamt 1.100.000 sind zwei als dubios zu kennzeichnende Forderungen im Betrag von 220.000 und 110.000 enthalten. Der Forderungsausfall der Dubiosen wird auf je 20 % geschätzt. Auf den verbleibenden Restbetrag ist ein Delkredere von 2 % zu bilden.

Buchungssätze:

- Umbuchung der zweifelhaften Forderungen:

Zweifelhafte Forderungen	330.000	**an**	Forderungen	330.000

- Buchung der Einzelwertberichtigung:

Abschreibung auf Ford.	60.000	**an**	Zweifelhafte Forderungen	60.000

- Buchung der Pauschalwertberichtigung:

GuV-Konto (auch: Abschreibung auf Forderungen)	14.000	**an**	Wertberichtigung auf Ford. (bzw. bei direkter Verbuchung: Forderungen)	14.000

Übungsbeispiele:

Lösen Sie folgende Übungsbeispiele unter Angabe der Kontennummern des Großhandelskontenrahmens (vgl. Anhang A.2, S. 1308 ff.):

1) Der Lebensmittelgroßhandel Pracht OHG hat am 17. 2. eine Verpackungsmaschine gekauft, die mit 300.000 aktiviert wurde. Die betriebsgewöhnliche Nutzungsdauer, die mit der geschätzten wirtschaftlichen Nutzungsdauer übereinstimmt, beträgt 10 Jahre. Pracht schreibt diese Maschine unter Anwendung der direkten Abschreibung linear ab. Wie ist die Abschreibung und wie ist beim Abschluss zu buchen, wenn monatsgenau abgeschrieben wird?
2) Prachts Geschäftsausstattung besitzt einen Anschaffungswert von 100.000; die Abschreibung beträgt 8.100. Die Wertberichtigung auf Geschäftsausstattung weist in der Eröffnungsbilanz der Abrechnungsperiode 19.000 aus. Nach Vornahme der Abschreibung sind die dazugehörigen Abschlussbuchungen anzugeben.
3) Ein Pkw, der im Verkaufsmonat bis auf 2.000 direkt abgeschrieben ist, wird für 2.750 brutto gegen Bankscheck verkauft. Welche Buchungsvorgänge werden ausgelöst?
4) Der im Juli 2001 gekaufte Gabelstapler, dessen Anschaffungswert 10.000 und dessen erwartete Nutzungsdauer 10 Jahre beträgt, wird infolge Reparaturanfälligkeit im Januar 2008 für 3.300 brutto für den Kauf eines neuen in Zahlung gegeben. Der als Ersatz gekaufte Stapler kostet brutto 17.600; weder Anschaffungspreisminderungen noch Anschaffungsnebenkosten müssen berücksichtigt werden. Die Abschreibung erfolgt unter Zugrundelegung einer achtjährigen Nutzungsdauer wie bisher linear und indirekt. Neben der Verbuchung des Anlageabgangs und der Ersatzinvestition ist am Jahresende die Abschreibung des neuen Staplers vorzunehmen.
5) Im Juli tritt an einer 8 Jahre alten Maschine ein Totalschaden auf, so dass die Maschine infolge nicht lohnender Reparatur verschrottet wird. Der Buchwert der Maschine betrug noch 10.000; davon sind für das laufende Jahr noch zeitanteilig 3.500 regulär direkt abzuschreiben, während der Restbetrag als sonstiger betrieblicher Aufwand behandelt wird. Als Ersatz wird im September eine neue Maschine gekauft, die 129.800 brutto kostet und deren Nutzungsdauer auf 10 Jahre festgelegt wird. Vor Inbetriebnahme fallen noch 2.200 Montagekosten an, die zusammen mit dem Kaufpreis unter Abzug von 2 % Skonto an den Hersteller überwiesen werden. Im Rahmen der Abschlussarbeiten wird die lineare Abschreibung (Halbjahresregel zur Vereinfachung) nach der direkten Methode erfasst und es werden die den gesamten Vorgang betreffenden Abschlussbuchungen durchgeführt.
6) Bei der Inventur werden 1.000 Dosen Gemüsekonserven aufgenommen, die Mitte des Jahres für 0,90 das Stück eingekauft wurden. Am Bilanzstichtag ist der Beschaffungspreis auf 0,75 pro Einheit gesunken.
7) Eine Forderung an den Einzelhändler Gross in Höhe von 22.000 wird aufgrund ungünstiger Auskünfte als zweifelhaft eingestuft und zu 30 % als uneinbringlich angesehen. In der darauf folgenden Periode einigen sich die Gläubiger auf einen Vergleich mit einer Quote von 50 %. Gross überweist 11.000; der Rest wird als uneinbringlich ausgebucht. Die Verbuchung ist direkt vorzunehmen.
8) Einer der Kunden hat Insolvenz angemeldet, so dass unsere Forderung in Höhe von 55.000 zweifelhaft geworden ist. Der Ausfall wird auf 80 % geschätzt. Beim Abschluss des Insolvenzverfahrens ergibt sich überraschenderweise eine Quote von 40 %; der entsprechende Betrag geht auf dem Bankkonto ein. Wie ist bei indirekter Verbuchung vorzugehen?
9) Mitte Oktober wurde für die Forderung in Höhe von 660 an den Schuldner Klose die Zwangsvollstreckung beantragt, die jedoch nach Mitteilung von

Ende Dezember fruchtlos verlaufen ist. Daraufhin wird die Forderung im Rahmen der Jahresabschlussarbeiten ausgebucht.

10) Ein Schuldner beantragt am 20. 11. 2006 die Eröffnung des Insolvenzverfahrens, so dass die Forderung von 5.500 zweifelhaft wird. Aus diesem Grunde werden 50 % als uneinbringlich abgeschrieben. Aufgrund neuer Meldungen am 31. 1. 2007 werden weitere 20 % der ursprünglichen Forderung abgeschrieben. Am 23. 11. 2007 wird die vorläufige Insolvenzquote auf 20 % festgesetzt. Die Schlussabrechnung erfolgt am 25. 1. 2008 und teilt der Pracht OHG einen Betrag von 1.650 zu, der dem Bankkonto gutgeschrieben wird.

11) Das Versandhaus Wunder bewertet seinen Forderungsbestand pauschal, da die Vielzahl der Forderungen jeweils nur geringe Einzelwerte repräsentieren und außerdem keine Informationen über die finanziellen Verhältnisse der einzelnen Abnehmer vorliegen. Der Erfahrungssatz von 6 % ist von der Finanzbehörde anerkannt, so dass auf den gesamten Forderungsbestand in Höhe von 550.000 ein Wertberichtigungsposten gebildet wird (ein Abschlag für Einzelwertberichtigungen ist nicht vorzunehmen). Im Laufe der folgenden Periode fallen Forderungen in Höhe von insgesamt 30.800 aus, die dem Konto Forderungsverluste belastet werden. Am Ende der Folgeperiode ist das Delkrederekonto unter Heranziehung des neuen Forderungsbestands von 660.000 richtigzustellen.

12) Das Delkrederekonto, auf dem im Laufe der Periode die endgültigen Ausfälle verbucht wurden, weist am Ende der Periode einen Sollsaldo von 7.000 aus. Der Forderungsbestand, auf den eine 5 %ige Wertberichtigung vorgenommen wird, beläuft sich auf 880.000. Welche Buchungsvarianten sind möglich?

13) Das Konto Forderungen weist am Jahresende einen Bestand von insgesamt 2.200.000 aus. Darin sind mehrere größere Posten im Gesamtwert von 550.000 enthalten, auf die ein Uneinbringlichkeitsabschlag von 30 % vorgenommen wird. Die restlichen Forderungen unterliegen dem allgemeinen Kreditrisiko, das mit einer Pauschalwertberichtigung von 4 % abgedeckt werden soll.

Lösung: Buchungssätze
(BGA = Betriebs- u. Geschäftsausstattung)

1) Direkte Abschreibung:

4911	Abschreibungen auf Maschinen	27.500	**an**	031	Maschinen	27.500

Abschlussbuchungen:

94	Schlussbilanz	272.500	**an**	031	Maschinen	272.500
93	GuV	27.500	**an**	4911	Abschreibungen auf Maschinen	27.500

2) Indirekte Abschreibung:

4912	Abschreibungen auf BGA	8.100	**an**	0511	Wertber. a. BGA	8.100

Abschlussbuchungen:

94	Schlussbilanz	100.000	**an**	033	BGA	100.000
0511	Wertber. a. BGA	27.100	**an**	94	Schlussbilanz	27.100
93	GuV	8.100	**an**	4912	Abschreibungen auf BGA	8.100

3)

13	Bank	2.750	**an**	034	Fuhrpark	2.000
				271	Erträge a. dem Abgang von AV	500
				181	Umsatzsteuer-Verbindlichkeiten	250

4) Anlagenabgang:

Konto	Bezeichnung	Betrag		Konto	Bezeichnung	Betrag
0511	Wertber. a. BGA	6.500	an	033	BGA	6.500
113	Sonst. Forderungen	3.300				
204	Verluste a. dem Abgang von AV	500	an	033	BGA	3.500
				181	Umsatzsteuer-Verbindlichkeiten	300

Neuanschaffung:

Konto	Bezeichnung	Betrag		Konto	Bezeichnung	Betrag
033	BGA	16.000				
141	Vorsteuer	1.600	an	113	Sonst. Forderungen	3.300
				171	Verbindlichkeiten aus Lieferungen und Leistungen	14.300

Indirekte Abschreibung:

Konto	Bezeichnung	Betrag		Konto	Bezeichnung	Betrag
4912	Abschreibungen auf BGA	2.000	an	0511	Wertber. a. BGA	2.000

5) Anlagenabgang unter Berücksichtigung der Abschreibung der laufenden Periode:

Konto	Bezeichnung	Betrag		Konto	Bezeichnung	Betrag
4911	Abschreibungen auf Maschinen	3.500				
204	Verluste a. dem Abgang von AV	6.500	an	031	Maschinen	10.000

Eingangsrechnung neue Maschine:

Konto	Bezeichnung	Betrag		Konto	Bezeichnung	Betrag
031	Maschinen	118.000				
141	Vorsteuer	11.800	an	171	Verbindlichkeiten	129.800

Montagerechnung:

Konto	Bezeichnung	Betrag		Konto	Bezeichnung	Betrag
031	Maschinen	2.000				
141	Vorsteuer	200	an	171	Verbindlichkeiten	2.200

Zahlung:

Konto	Bezeichnung	Betrag		Konto	Bezeichnung	Betrag
171	Verbindlichkeiten	132.000	an	13	Bank	129.360
				031	Maschinen (Skontoertrag)	2.400
				141	Vorsteuer	240

Abschreibung:

Konto	Bezeichnung	Betrag		Konto	Bezeichnung	Betrag
4911	Abschreibungen auf Maschinen	5.880	an	031	Maschinen	5.880

Abschlussbuchungen:

Konto	Bezeichnung	Betrag		Konto	Bezeichnung	Betrag
94	Schlussbilanz	111.720	an	031	Maschinen	111.720
93	GuV	15.880	an	4911	Abschreibungen auf Maschinen	9.380
				204	Verluste a. dem Abgang von AV	6.500

6) Wertminderung:

Konto	Bezeichnung	Betrag		Konto	Bezeichnung	Betrag
495	Abschr. a. sonstiges UV	150	an	301	Wareneingang	150

Abschlussbuchungen:

Konto	Bezeichnung	Betrag		Konto	Bezeichnung	Betrag
94	Schlussbilanz	750	an	301	Wareneingang	750
93	GuV	150	an	495	Abschr. a. sonstiges UV	150

7) Umbuchung Dubiose:

102	Zweifelhafte Ford.	22.000	**an**	101	Forderungen	22.000

Geschätzter Verlust:

231	Abschr. a. Ford.	6.000	**an**	102	Zweifelhafte Ford.	6.000

Zahlung und endgültiger Forderungsausfall:

13	Bank	11.000				
1811	Umsatzsteuer	1.000				
209	Sonstige betriebliche Aufwendungen	4.000	**an**	102	Zweifelhafte Ford.	16.000

8) Umbuchung zweifelhafte Forderungen:

102	Zweifelhafte Ford.	55.000	**an**	101	Forderungen	55.000

Erwarteter Ausfall:

233	Zuführungen zu den Einzelwertberichtigungen	40.000	**an**	0521	Einzelwertber. bei Forderungen	40.000

Zahlung und endgültiger Forderungsausfall:

13	Bank	22.000				
1811	Umsatzsteuer	3.000				
0521	Einzelwertber. bei Forderungen	40.000	**an**	102	Zweifelhafte Ford.	55.000
				275	Erträge aus der Auflösung von Wertberichtigungen auf Forderungen	10.000

9) Umbuchung zweifelhafte Forderungen:

102	Zweifelhafte Ford.	660	**an**	101	Forderungen	660

Forderungsausfall:

231	Abschr. a. Ford.	600				
1811	Umsatzsteuer	60	**an**	102	Zweifelhafte Ford.	660

10) 20. 11. 06: Umbuchung zweifelhafte Forderungen:

102	Zweifelhafte Ford.	5.500	**an**	101	Forderungen	5.500

20. 11. 06: Direkte Verbuchung erwarteter Forderungsausfall:

231	Abschr. a. Ford.	2.500	**an**	102	Zweifelhafte Ford.	2.500

31. 1. 07: Weiterer Ausfall:

231	Abschr. a. Ford.	1.000	**an**	102	Zweifelhafte Ford.	1.000

23. 11. 07: Berücksichtigung vorläufige Insolvenzquote:

231	Abschr. a. Ford.	500	**an**	102	Zweifelhafte Ford.	500

25. 1. 08: Schlussabrechnung und Zahlung:

13	Bank	1.650				
1811	Umsatzsteuer	350	**an**	102	Zweifelhafte Ford.	1.500
				274	Erträge aus abgeschriebenen Forderungen	500

11) Pauschalwertberichtigung:

234	Zuführungen zu den Pauschalwertberichtigungen	30.000	**an**	0522	Pauschalwertberichtigungen	30.000

Forderungsausfälle:

23	Forderungsverluste	28.000				
1811	Umsatzsteuer	2.800	**an**	101	Forderungen	30.800

Neubildung Wertberichtigung:

234	Zuführungen zu den Pauschalwertberichtigungen	6.000	**an**	0522	Pauschalwertberichtigungen	6.000

12) a) **Isolierte** Berichtigung und Neubildung des Delkredere

Berichtigung Delkredere:

209	Sonstige betriebliche Aufwendungen	7.000	**an**	0521	Einzelwertber. a. Forderungen	7.000

Neubildung Delkredere:

233	Zuführungen zu den Einzelwertberichtigungen	40.000	**an**	0521	Einzelwertber. a. Forderungen	40.000

b) **Kombinierte** Berichtigung und Neubildung des Delkredere

233	Zuführungen zu den Einzelwertberichtigungen	47.000	**an**	0521	Einzelwertber. a. Forderungen	47.000

13) Umbuchung zweifelhafte Forderungen:

102	Zweifelhafte Ford.	550.000	**an**	101	Forderungen	550.000

Direkte Abschreibung:

231	Abschr. a. Ford.	150.000	**an**	102	Zweifelhafte Ford.	150.000

Pauschalwertberichtigung:

234	Zuführungen zu den Pauschalwertberichtigungen	60.000	**an**	0522	Pauschalwertberichtigungen	60.000

Ergänzende Literatur zu: 13.2 Die Verbuchung der Abschreibungen

Coenenberg/Haller/Mattner/Schultze, Rechnungswesen, S. 292–294

Engelhardt/Raffée/Wischermann, Buchhaltung, S. 132–149

Falterbaum/Bolk/Reiß/Kirchner, Buchführung, S. 743–754

Ruchti, Abschreibungen, Sp. 4–11

Wörner, Handels- und Steuerbilanz, S. 56–63

13.3 Die Verbuchung von Zuschreibungen (Wertaufholungen)

Wird der Wertansatz einer Bilanzposition gegenüber dem Stand des Vorjahres ausschließlich aufgrund eines rein buchmäßigen Bewertungsaktes erhöht, so wird dieser Vorgang als Zuschreibung oder Aufwertung bezeichnet. Eine **Wertaufholung** setzt immer eine zuvor erfolgte Abwertung voraus; sie ist damit als Korrektiv vorausgegangener Abschreibungen aufzufassen. Sinn und Zweck der

Zuschreibung ist es, in der Bilanz zutreffende Wertansätze der Vermögens- bzw. Schuldpositionen herbeizuführen, um ein den tatsächlichen Verhältnissen entsprechendes Bild der Vermögens-, Finanz- und Ertragslage zu ermöglichen. Eine richtige Beurteilung der Erfolgslage ohne die Spaltung der Erfolgskomponenten in planmäßige und außerplanmäßige Bestandteile ist schwerlich möglich. Ein expliziter Ausweis der Zuschreibungen würde daher die Aussagekraft des Jahresabschlusses deutlich erhöhen.

Wertaufholungen zur Korrektur **planmäßiger** Abschreibungen bei einer zu kurzen Einschätzung der Nutzungsdauer sind zwar gesetzlich nicht explizit geregelt, doch geht die herrschende Meinung (*Moxter*, Bilanzlehre, S. 60; *Winkeljohann/Taetzner*, Bilanzkommentar, § 253 HGB, Rn. 652; *Zündorf*, § 253 HGB, Wertaufholungsgebot, Rn. 801) von einem Zuschreibungsverbot aus, so dass ggf. eine Bilanzberichtigung oder eine Anpassung des Abschreibungsplans zu erfolgen hat (*Böcking/Gros*, Rechnungslegung, B 169 Rn. 23). Demgegenüber hat die Wertaufholung **außerplanmäßiger Abschreibungen** bei Wegfall der Abschreibungsgründe eine dezidierte gesetzliche Normierung erfahren. So haben bei Wegfall der Gründe, die zu einer außerplanmäßigen Abschreibung geführt haben, alle Rechtsformen gemäß § 253 Abs. 5 HGB Zuschreibungen vorzunehmen. Durch das Bilanzrechtsmodernisierungsgesetz wurde das vorherige **Beibehaltungswahlrecht** von niedrigeren Werten im Anlagevermögen, das für Einzelkaufleute und Personengesellschaften gemäß § 253 Abs. 5 HGB a. F. bestand, abgeschafft. Gemäß dem neuen § 253 Abs. 5 HGB sind nunmehr Zuschreibungen zwingend vorzunehmen, falls die Gründe für eine außerplanmäßige Abschreibung in späteren Jahren entfallen. Damit wurden die Wertaufholungsvorschriften für diese Rechtsformen der vormals nur für Kapitalgesellschaften über § 280 Abs. 1 HGB a. F. obligatorischen Wertaufholung angeglichen, so dass eine Differenzierung bezüglich der Zuschreibungspflicht zwischen Einzelkaufleuten und Personengesellschaften einerseits und Kapitalgesellschaften andererseits nicht mehr vorzunehmen ist. Im Falle einer Werterholung stellen die – gegebenenfalls um die zwischenzeitlich anzusetzenden planmäßigen Abschreibungen korrigierten – Anschaffungs- oder Herstellungskosten die Zuschreibungsobergrenze dar. Nach erfolgter Zuschreibung sind abnutzbare Vermögensgegenstände auf neuer Basis wieder planmäßig abzuschreiben. Die Zuschreibung auf einen entgeltlich erworbenen Geschäfts- oder Firmenwert nach vorausgehender außerplanmäßiger Abschreibung ist grundsätzlich unzulässig, so dass ein niedrigerer Wertansatz in diesem Fall beibehalten werden muss (§ 253 Abs. 5 Satz 2 HGB). Eine Wertaufholung würde als im Rahmen des Geschäftsprozesses des bilanzierenden Unternehmens entstanden und damit als Teil des nicht aktivierungsfähigen originären Geschäfts- oder Firmenwerts betrachtet (vgl. BT-Drs. 16/10067, S. 57).

Steuerrechtlich dürfen Teilwertabschreibungen nach § 6 Abs. 1 Nr. 1 Satz 4 und Nr. 2 Satz 3 EStG nur beibehalten werden, wenn auch weiterhin eine voraussichtlich dauerhafte Wertminderung gegeben ist. Anderenfalls ist auch in der Steuerbilanz bei allen Rechtsformen eine Wertaufholung bis zu einem höheren Teilwert, maximal bis zu den durch planmäßige Absetzungen für Abnutzung fortgeführten Anschaffungs- oder Herstellungskosten vorzunehmen, so dass handels- und steuerrechtliche Vorschrift im Grundsatz korrespondieren. Dieses umfassende Zuschreibungsgebot ist seit dem 1. 1. 1999 durch das Steuerentlastungsgesetz 1999/2000/2002 (StEntlG 1999/2000/2002) vom 24. 3. 1999 für alle Wirtschaftsgüter obligatorisch.

Buchtechnisch erfolgt für Einzelkaufleute, Personengesellschaften und Kapitalgesellschaften die Wertaufholung über das Konto „Erträge aus Zuschreibungen". Da für Einzelkaufleute und Personengesellschaften eine GuV-Gliederung gesetzlich nicht vorgeschrieben ist, kann das Konto über das neutrale Ergebnis abgeschlossen oder – wie auch bei Kapitalgesellschaften – unter der GuV-Position „Sonstige betriebliche Erträge" ausgewiesen werden. Darüber hinaus bestehen für Kapitalgesellschaften teilweise spezielle Anforderungen und Möglichkeiten, die sich aus dem Aktien- und GmbH-Gesetz ergeben (vgl. dieser Abschnitt, S. 489 f.).

Das Zusammenwirken der heutigen handels- und steuerrechtlichen Wertaufholungskonzeption soll nun anhand von einigen Beispielen näher betrachtet werden:

Beispiel:

Die X-AG vertreibt Handelswaren, die steuerrechtlich nach der Durchschnittsmethode, handelsrechtlich dagegen nach der Fifo-Methode bewertet werden (zu den Methoden im Einzelnen, s. Teil A, Abschn. 11.2.2.3, S. 410 ff.). Im Laufe des Jahres 08 werden dabei folgende Zu- und Abgänge festgehalten:

	Eröffnungsbestand	01. 01. 08	50 ME à 21,– = 1.050
+	Zugang	06. 01. 08	50 ME à 22,– = 1.100
+	Zugang	20. 06. 08	100 ME à 24,– = 2.400
./.	Abgang	28. 09. 08	50 ME

Am 31. 12. 08 beträgt der Börsenwert der Handelswaren 22,–/ME. Es ist von einer nachhaltigen Preissenkung auszugehen.

Bewertung des Endbestandes:

Steuerbilanz

Durchschnittspreis/Mengeneinheit =

$$\frac{4.550}{200} = 22{,}75/\text{ME}$$

Wert des Endbestandes:

150 ME à 22,75/ME = 3.412,50

Handelsbilanz

Der Endbestand setzt sich zusammen aus:

100 ME à 24,–	2.400,–
50 ME à 22,–	1.100,–
Wert des Endbestandes:	3.500,–

Da der Bestand bewertet zu Marktpreisen einen Wert von 150 ME à 22,–/ME = 3.300 besitzt und von einer voraussichtlich dauernden Wertminderung auszugehen ist, ist sowohl handelsrechtlich nach § 253 Abs. 4 HGB als auch steuerrechtlich nach § 6 Abs. 1 Nr. 2 Satz 2 EStG zwingend der niedrigere Wert anzusetzen.

Im Jahr 09 wird nur ein Abgang am 15. 02. 09 in Höhe von 50 ME verzeichnet. Am Jahresende steigt der Börsenwert wider Erwarten auf 25,–/ME.

Bewertung des Endbestandes:

Steuerbilanz

Eröffnungsbestand		
	150 ME à 22,75 =	3.412,50
Abgang	50 ME à 22,75 =	1.137,50
Wert des Endbestandes:		
	100 ME à 22,75 =	2.275,00

Handelsbilanz

Eröffnungsbestand		
	150 ME à 22,– =	3.300,00
Abgang	50 ME à 22,– =	1.100,00
Wert des Endbestandes:		2.200,00

Der steuerrechtliche Wertansatz liegt damit bei 2.275,– (= 100 x 22,75), da auf den Wert, der sich ohne die außerplanmäßige Abschreibung ergeben hätte, gemäß §6 Abs. 1 Nr. 2 Satz 3 i. V. m. §6 Abs. 1 Nr. 1 Satz 4 EStG zugeschrieben werden muss. Handelsrechtlich ist ebenfalls zwingend nach §253 Abs. 5 HGB eine Wertaufholung auf 2.333,33 (= 3.500,– x 100/150), d. h. auf den Wert, der sich ohne die außerplanmäßige Abschreibung ergeben hätte, vorzunehmen.

Durch dieses Beispiel wird zugleich eine weitere Problematik der Zuschreibungsregelung offensichtlich: Mit dem Anknüpfen der Wertaufholung an wegfallende Abschreibungsgründe wird gleichzeitig die Identität des betreffenden Vermögensgegenstandes impliziert. Ist dieser Nachweis im abnutzbaren Anlagevermögen noch regelmäßig möglich, so kann bei gleichen oder gleichartigen Vermögensgegenständen des Umlaufvermögens die Beweisführung nur in den seltensten Fällen erfolgen. Vermengungen gleichartiger Güter, fehlende physische Identität und kaum belegbare Verbrauchsfolgefiktionen stehen einem korrekten Identitätsnachweis im Wege. Zumindest für die als identisch **geltenden** Güter, die nach einer Verbrauchsfolgefiktion bestimmt wurden, ist der Identitätsnachweis aufgrund der handelsrechtlichen Legitimation der Verbrauchsfolgefiktionen (§256 HGB) als erbracht anzusehen.

Beruht die außerplanmäßige Abschreibung eines Vermögensgegenstandes auf mehr als einer Ursache, so kann die Zuschreibung bereits erfolgen, wenn der Wegfall **einer** der Gründe zu einer ausreichenden Werterhöhung des Vermögens führt. Schwieriger hingegen gestaltet sich der Fall, wenn die außerplanmäßige Abschreibung zwar auf einen Grund zurückzuführen, dieser Grund aber nur **teilweise** weggefallen ist. Nicht eindeutig geklärt ist, ob der Differenzbetrag zwischen den tatsächlich vorgenommenen planmäßigen und außerplanmäßigen Abschreibungen und den planmäßigen Abschreibungen, die ohne außerplanmäßige Abschreibung erfolgt wären, oder aber der gesamte Betrag der außerplanmäßigen Abschreibung unter Beachtung der Zuschreibungsobergrenzen mit der Zuschreibungsquote multipliziert werden soll, wobei sich die Zuschreibungsquote aus der anteiligen Werterhöhung des Vermögensgegenstandes, die aus dem teilweisen Wegfall des Abschreibungsgrundes resultiert, ergibt. Angebracht erscheint die erste Alternative, welche grundsätzlich keine Rückgängigmachung von planmäßig vorzunehmenden Abschreibungen bewirkt. Im folgenden Beispiel werden beide Varianten dargestellt und somit in ihrer Wirkungsweise vergleichbar gemacht. Falls auf eine Differenzierung nach den Einzelursachen für die Wertminderung bzw. -erholung verzichtet wird, kann auch eine pauschale Zuschreibung des Buchwertes auf den neuen, unter den fortgeführten historischen Anschaffungs- oder Herstellungskosten liegenden beizulegenden Wert in Betracht gezogen werden (*Winkeljohann/Taetzner*, Bilanzkommentar, §253 HGB, Rn. 648), welcher dann implizit die Wertänderungen aller den Wert bestimmenden Faktoren widerspiegelt.

Beispiel:

Eine Kunststoff-Gussform mit Anschaffungskosten von 100.000 und einer 10-jährigen betriebsgewöhnlichen Nutzungsdauer wird degressiv mit 30 % abgeschrieben. Nach einer Produktionsänderung im Jahr 05 werden diese Kunststoffteile nicht mehr benötigt. Die Gussform wird daher zu 90 % abgeschrieben. Im Jahr 06 wird die Produktion dieser Teile in einer kleineren Serie wieder aufgenommen. Es soll eine Zuschreibung vorgenommen werden, wobei die Zuschreibungsquote 50 % beträgt. Der Zeitwert beträgt 20.000.

Hieraus ergibt sich folgende Wertentwicklung, wobei die Werte nach Zuschreibung im Jahr 06 in Abhängigkeit von der angewandten Zuschreibungsmethode divergieren:

Jahr	auf historischer Basis fortgeführte Anschaffungs- oder Herstellungskosten		Buchwert bei außerplanmäßiger Abschreibung und Zuschreibung					
	Abschreibung	Buchwert	planmäßige Abschreibung	außerplanmäßige Abschreibung	Buchwert vor Zuschreibung	Zuschreibung Alternative I	Zuschreibung Alternative II	Buchwert 31. 12. . .
01	20.000	80.000	20.000		80.000			80.000
02	16.000	64.000	16.000		64.000			64.000
03	12.800	51.200	12.800		51.200			51.200
04	10.240	40.960	10.240		40.960			40.960
05	8.192	32.768	8.192	29.491	3.277			3.277
06	6.554	26.214	655		2.622	11.796	14.746	(I) 14.418 (II) 17.368
07	5.243	20.971	(I) 2.884		(I) 11.534			(I) 11.534
			(II) 3.474		(II) 13.894			(II) 13.894

Der Zuschreibungsbetrag der ersten Alternative (I) ermittelt sich wie folgt:

$$\left[\text{kumulierte tatsächlich vorgenommene planmäßige und außerplanmäßige Abschreibungen} - \text{kumulierte planmäßige Abschreibungen ohne Berücksichtigung der außerplanmäßigen Abschreibungsgründe}\right] \cdot \left[\text{Zuschreibungsquote}\right]$$

$$(97.378 \quad 73.786) \cdot 0{,}5$$

$$= 11.796$$

Bei der zweiten Alternative (II) ergibt sich dieser aus:

$$29.491 \cdot 0{,}5 = 14.746$$

Zur Überprüfung der Zulässigkeit der zweiten Alternative sind zusätzlich die Zuschreibungsobergrenzen heranzuziehen:

(1) Die planmäßig fortgeschriebenen Anschaffungs- oder Herstellungskosten dürfen nicht überschritten werden:

$$2.622 + 14.746 \leq 26.214$$

(2) Die Zuschreibung darf die außerplanmäßige Abschreibung nicht überschreiten:

$$14.746 \leq 29.491$$

Für beide Alternativen ist zu beachten, dass der Zeitwert des Vermögensgegenstandes ebenfalls nicht überschritten werden darf:

(I) $2.622 + 11.796 \leq 20.000$

(II) $2.622 + 14.746 \leq 20.000$

Im Beispielfall sind dementsprechend sowohl Alternative I als auch Alternative II zulässig.

Das Zuschreibungsgebot des §253 Abs. 5 HGB erfordert, dass spätestens am Schluss des Geschäftsjahres geprüft wird, ob außerplanmäßige Abschreibungsgründe weggefallen sind. Entfällt ein Abschreibungsgrund offensichtlich bereits innerhalb des Geschäftsjahres, so muss eine Zuschreibung auch schon zu diesem Zeitpunkt vorgenommen werden. Dabei ergibt sich beim abnutzbaren Anlagevermögen jedoch das Problem, ob die planmäßigen Abschreibungen vom Buchwert vor oder nach der Zuschreibung zu ermitteln sind oder aber eine zeitlich exakte Abgrenzung des Zuschreibungsbetrags (pro rata temporis) zu erfolgen hat.

Beispiel:

Ein zum 1. 1. 08 für 100.000 angeschaffter Vermögensgegenstand des abnutzbaren Anlagevermögens mit einer Nutzungsdauer von 10 Jahren wird planmäßig linear abgeschrieben. Zum 31. 12. 09 erfolgt eine Abwertung auf den niedrigeren beizulegenden Wert von 50.000. Per 1. 7. 10 entfallen die Gründe für die außerplanmäßige Abschreibung, weshalb eine Wertaufholung vorzunehmen ist.

Im Jahr 10 ergeben sich somit 3 Alternativen:

1) Die planmäßige Abschreibung wird auf der Grundlage des alten Restbuchwertes ermittelt, erst anschließend erfolgt die Ermittlung des Zuschreibungsbetrags.
2) Die planmäßige Abschreibung ermittelt sich aus dem um die Zuschreibung erhöhten Betrag.
3) Bei der zeitlich exakten Methode wird pro rata temporis abgeschrieben; die Zuschreibungsbeträge ergeben sich als Differenzgröße.

Zum 31. 12. 09 ergibt sich folgender Endbestand:

Anschaffungskosten 1. 1. 08	100.000
./. planmäßige Abschreibung 08	10.000
Endbestand 31. 12. 08	90.000
./. planmäßige Abschreibung 09	10.000
	80.000
./. außerplanmäßige Abschreibung 09	30.000
Endbestand 31. 12. 09	50.000

Hieraus resultieren in Abhängigkeit vom gewählten Vorgehen folgende Abschreibungs- und Zuschreibungsbeträge:

Alternative	planmäßigeAbschreibung 10	Zuschreibungper 31. 12. 10	Restbuchwert
1	6.250	26.250	70.000
2	10.000	30.000	70.000
3	8.125	28.125	70.000

Die Werte für Alternative 3 ermitteln sich bei zeitlich exakter Zuordnung wie folgt:

	Endbestand 31. 12. 09					50.000
./.	planmäßige Abschreibung 1. 1.–31. 6. 10	$\frac{6}{12}$	×	$\frac{50.000}{8 \text{ Jahre}}$	=	3.125
						46.875
+	Zuschreibung					28.125
						75.000
./.	planmäßige Abschreibung 1. 7.–31. 12. 10	$\frac{6}{12}$	×	$\frac{75.000}{7{,}5 \text{ Jahre}}$	=	5.000
=	Endbestand 31. 12. 10					70.000

Das Beispiel zeigt, dass alle Zuschreibungsverfahren zu demselben Schlussbilanzansatz führen. Den Einblick in die tatsächlichen Verhältnisse des Unternehmens vermag die zeitlich exakte Methode durch die richtige Aufspaltung in planmäßige und außerplanmäßige Komponenten am ehesten zu vermitteln. Andererseits steht dieser Wert außerhalb jeglicher Vergleichbarkeit. Weder mit der Vor- noch mit der Folgeperiode ist Kontinuität gegeben. Insofern sind die verwaltungstechnisch wesentlich weniger aufwendigen Verfahren 1 und 2 durchaus zu akzeptieren, zumal auch gerade das Verfahren 2 dem Grundsatz der Klarheit durchaus zu genügen vermag, zudem es sich bei den planmäßigen Abschreibungen ja nicht um laufende Buchungen, sondern speziell um vorbereitende Abschlussbuchungen handelt.

Darüber hinaus wäre für einen zutreffenden Ausweis der Ertragslage ohnehin ein getrennter Ansatz der Zuschreibungen in der GuV-Rechnung erforderlich. Stattdessen gehen diese mit einer Reihe andersartiger Erträge in der Sammelposition „Sonstige betriebliche Erträge" unter. Dieser Makel wird wohl für das Anlagevermögen, nicht jedoch für das Umlaufvermögen, durch den nach § 268 Abs. 2 HGB vorgeschriebenen Ausweis der Zuschreibungen im Anlagespiegel wieder geheilt (im Einzelnen s. Teil A, Abschn. 13.5, S. 497 ff.). Da aber der Anlagespiegel über keinen Ausweis kumulierter Zuschreibungen verfügt, fehlt schon in der Folgeperiode die Information über früher vorgenommene Zuschreibungen. Eine Horizontaladdition im Anlagespiegel zur Ermittlung des Endbestandes ist damit nicht mehr möglich, der Endbetrag der kumulierten Abschreibungen übersteigt unter Umständen die ursprünglichen Anschaffungs- oder Herstellungskosten. Die kumulierten Zuschreibungen der früheren Jahre ließen sich zwar auf dem Wege einer Rückrechnung aus den im Anlagespiegel ausgewiesenen historischen Anschaffungs- und Herstellungskosten, Abschreibungen und Buchwerten ermitteln, eine solche Vorgehensweise verstößt aber gegen die Intention des Anlagespiegels, die Entwicklung des Anlagevermögens im Sinne einer rechnerischen Ableitung der aktuellen Buchwerte aufzuzeigen und ist daher abzulehnen. Es erscheint daher sinnvoll, in den Folgeperioden die Zuschreibungen von den kumulierten Abschreibungen abzusetzen oder auf freiwilliger Basis die kumulierten Zuschreibungen der Vorjahre in einer gesonderten Spalte des Anlagespiegels auszuweisen.

Da Erträge aus Zuschreibungen nur auf **buchmäßigen** Bewertungsakten beruhen, gewährt § 58 Abs. 2a AktG und § 29 Abs. 4 GmbHG der Geschäftsführung

– ggf. mit Zustimmung des Aufsichtsrats bzw. der Gesellschafter – die Kompetenz, den **Eigenkapitalanteil** einer Zuschreibung vorab den anderen Gewinnrücklagen zuzuführen. Der Betrag einer derartigen Wertaufholungsrücklage ist in beiden Fällen entweder in der Bilanz gesondert auszuweisen oder im Anhang anzugeben. Nicht ausgeschöpfte Zuführungen zu den anderen Gewinnrücklagen dürfen **nicht** zu einem späteren Zeitpunkt nachgeholt werden. Da schon ab dem 1. 1. 90 die Wertaufholung sowohl in der Handels- als auch in der Steuerbilanz erfolgt, ergibt sich der Eigenkapitalanteil aus der Differenz zwischen Zuschreibung und tatsächlichem Steueraufwand. Dagegen konnten vor dem 1. 1. 90 zeitlich begrenzte Differenzen zwischen dem handelsbilanziellen und dem steuerbilanziellen Ergebnis entstehen, wenn die Zuschreibung nur in der Handelsbilanz erfolgte. Nach § 274 HGB war in diesem Fall zwingend eine Rückstellung für latenten Steueraufwand zu bilden (vgl. Teil A, Abschn. 13.9, S. 601 ff.). Der Eigenkapitalanteil leitete sich dann aus der Differenz zwischen Zuschreibung und latentem Steueraufwand ab.

Weder das GmbHG noch das AktG beinhaltet Regelungen zur **Auflösung** der aus Wertaufholungen möglicherweise gebildeten Rücklagen. Solche Wertaufholungsrücklagen unterliegen damit grundsätzlich den Verfügungskompetenzen der Geschäftsführungsorgane (bei entsprechender Feststellung des Jahresabschlusses). Eine zwangsweise Auflösung bei Amortisation der Zuschreibungen durch Abschreibungen oder Abgang der Vermögensgegenstände scheidet daher aus. Gleichwohl kann aus dem Zweck der Rücklagenbildung, durch Thesaurierung ein Äquivalent für die nach früherem Handelsrecht mögliche Beibehaltung stiller Reserven zu schaffen, abgeleitet werden, dass eine parallel zu den Abschreibungen erfolgende Auflösung der Wertaufholungsrücklage zu befürworten ist.

Die **buchtechnische** Abwicklung von Zuschreibungen erfolgt für Kapitalgesellschaften über das Konto „Sonstige betriebliche Erträge". Gegebenenfalls ist ein Unterkonto „Zuschreibungen" einzurichten, das dann im Zuge vorbereitender Abschlussbuchungen über das Konto „Sonstige betriebliche Erträge" abgeschlossen wird. Als Gegenkonto kommt das jeweilige Vermögenskonto in Frage.

Buchungssatz:

Vermögenskonto	**an**	Sonstige betriebliche Erträge (Zuschreibungen)

Eine Wertaufholungsrücklage ist zu Lasten des Gewinnverwendungskontos zu bilden.

Buchungssatz:

Gewinnverwendungskonto	**an**	Andere Gewinnrücklagen

Soweit darüber hinaus passive latente Steuern angefallen sind, erfolgte die Bildung erfolgswirksam.

Buchungssatz:

Latenter Steueraufwand	**an**	Passive latente Steuern

Sollen in den Folgeperioden bei Amortisation der Zuschreibungen durch Abgang oder Abschreibung des Vermögensgegenstandes die Steuerabgrenzung und ggf. die Wertaufholungsrücklage aufgelöst werden, so erfolgt dies durch Umkehrung der Buchungssätze.

Übungsbeispiel: (Benutzen Sie den Großhandelskontenrahmen; s. Anhang A.2, S. 1308 ff.)

Die X-AG schreibt einen fünf Jahre alten Verpackungsautomaten wegen Konstruktionsmängeln im Jahr 05 außerplanmäßig um 300.000 ab. Es ergibt sich somit zum 31. 12. 05 ein Restbuchwert von 200.000. Die Herstellungskosten betrugen 1.000.000. Es ist von einer 10-jährigen Nutzungsdauer und linearer Abschreibung auszugehen.

Im Jahr 07 kann der Fehler behoben werden, der Grund für die außerplanmäßige Abschreibung entfällt, so dass eine Zuschreibung geboten ist. Die Geschäftsleitung verfolgt das Ziel, eine höchstmögliche Rücklagenzuweisung vorzunehmen. (Körperschaftsteuersatz 15 %, Gewerbesteuer-Hebesatz 300 %).

Lösung:

Buchwert per 31. 12. 05	200.000
./. Abschreibung 06 (Restnutzungsdauer 5 Jahre)	40.000
+ Zuschreibung (vgl. Variante 2 S. 488)	240.000
./. Abschreibung 07	100.000
Buchwert per 31. 12. 07	300.000

Für die aus der Zuschreibung resultierende Gewerbe- und Körperschaftsteuer sind Rückstellungen zu bilden.

Zuschreibung (Gewerbe-/Körperschaftsteuerbemessungsgrundlage)	240.000
Körperschaftsteuer (15 %)	36.000
Gewerbesteuer (Hebesatz 300 %; vgl. S. 629)	25.200
Zuschreibung	240.000
./. Gewerbesteuerrückstellung	25.200
./. Körperschaftsteuerrückstellung	36.000
Wertaufholungsrücklage	178.800

Buchungssätze:

4911	Abschreibungen auf Maschinen	100.000	**an**	031	Maschinen	100.000
031	Maschinen	240.000	**an**	273	Erträge aus Zuschreibungen	240.000
930	Gewinnverwendungskonto	178.800	**an**	0634	Andere Gewinnrücklagen	178.800
421	Gewerbesteuer	25.200	**an**	07220	Gewerbesteuerrückstellung	25.200
424	Körperschaftsteuer	36.000	**an**	07221	Körperschaftsteuerrückstellung	36.000

Im Folgejahr 08 werden die Steuerrückstellungen aufgelöst. Die Auflösung wird wie folgt verbucht:

07220	Gewerbesteuerrückstellung	25.200	**an**	421	Gewerbesteuer	25.200
07221	Körperschaftsteuerrückstellung	36.000	**an**	424	Körperschaftsteuer	36.000

Um das Ziel der möglichst hohen Rücklagenbildung durchzusetzen, verzichtet der Vorstand auf eine Auflösung der Wertaufholungsrücklage.

Ergänzende Literatur zu: 13.3 Die Verbuchung von Zuschreibungen (Wertaufholungen)

Baetge/Kirsch/Thiele, Bilanzen, S. 272 f.

Federmann, Bilanzierung, S. 500–507

Hall, van/Kessler, Anlagevermögen, S. 211–213

Harms/Marx, Fälle, S. 133–138

Kessler, Umlaufvermögen, S. 256

Küting/Haeger, Steuerreformgesetz, S. 591–601

Zündorf, § 253 HGB, Rn. 721–830

13.4 Abschreibungen und Zuschreibungen nach den IFRS

Die Methode zur Bemessung der **planmäßigen Abschreibungen** (depreciation) von **Sachanlagen** nach den IFRS ist so zu wählen, dass sie den erwarteten Verlauf des Nutzenverbrauchs am besten widerspiegelt (IAS 16.60). Damit liegt ein Methodenwahlrecht grundsätzlich nicht vor. Ohne insofern aber eine bestimmte Methode vorzuschreiben, werden die lineare Abschreibung (straight-line method), die (geometrisch-)degressive Abschreibung (diminishing balance method) sowie die Leistungsabschreibung (units of production method) als mögliche Methoden ausdrücklich genannt (IAS 16.62). Die gewählte Methode ist grundsätzlich stetig anzuwenden (IAS 16.62; beachte auch zur Stetigkeit IAS 8.13). Falls die Unternehmung aufgrund einer Neueinschätzung des Verlaufes des Nutzenabbaus eine signifikante Änderung gegenüber dem bisher unterstellten Verlauf erkennt, hat sie eine entsprechende Anpassung vorzunehmen, welche als Schätzungsänderung nach IAS 8 zu behandeln ist – dies entfaltet nur Wirkung für die laufende und zukünftige Perioden und zieht darüber hinaus Ausweispflichten gemäß IAS 8.36 ff. nach sich. Die Abschreibungsdauer richtet sich grundsätzlich nach der Nutzbarkeit des Vermögenswertes im Unternehmen. Insofern ist die betriebliche voraussichtliche Nutzungsdauer (useful life, IAS 16.6) zugrunde zu legen (IAS 16.50), welche von der wirtschaftlichen Nutzungsdauer im Sinne einer Nutzungsfähigkeit des Objektes an sich – also ggf. auch durch andere Unternehmen – abweichen kann (vgl. auch Teil A, Abschn. 10.3, S. 385 ff.). Sowohl Abschreibungsmethode, Abschreibungsdauer als auch Abschreibungsvolumen sind jährlich zu überprüfen (IAS 16.51, 16.61). Bei Sachanlagen ist die Abschreibung einzelner Komponenten nach IAS 16.43-46 eventuell separat vorzunehmen (vgl. Teil A, Abschn. 12.3.2, S. 454 ff.), wenn diese einen bedeutsamen Anteil am gesamten Anschaffungs- oder Herstellungswert ausmachen und keine Abschreibungsidentität bezüglich Nutzungsdauer und Abschreibungsmethode zwischen den Komponenten besteht. Der Zweck einer **komponentenweisen Abschreibung** ist eine differenzierte Nachbildung des „tatsächlichen" Nutzenabbaus, der sich in der Abschreibung widerspiegeln soll. Dazu ist es angezeigt, im Zugangszeitpunkt eine Zuordnung der gesamten Anschaffungs- oder Herstellungskosten auf die Komponenten vorzunehmen. Erlaubt ist eine zusammengefasste Abschreibung nicht bedeutsamer Teile (IAS 16.46), wobei eine freiwillige Separierung unbedeutender Teile zulässig ist (IAS 16.47). Der Komponentenansatz wird i. d. R. zu einer Beschleunigung des Abschreibungsverlaufs sowie einer „schnelleren“ Aktivierung bei Ersatzbeschaffungen führen. Die Abgrenzung von Komponenten ist mit Ermessensspielräumen verbunden.

Beispiel:

Anfang 01 wird ein Gebäude, dessen gesamte Nutzungsdauer mit 60 Jahren angenommen wird, für 600.000 € erworben. Es ist damit zu rechnen ist, dass während der Nutzungsdauer das Dach einmal, die Heizungsanlage zweimal und die Fenster dreimal auszutauschen sind. Da die Werte der Komponenten bedeutsam sind, ist insoweit eine separate Abschreibung vorzunehmen. Die Anschaffungskosten von 600.000 € werden folgendermaßen auf die Komponenten verteilt: Mauerwerk 50 % (300.000 €, Nutzungsdauer 60 Jahre), Dach 25 % (150.000 €, Nutzungsdauer 30 Jahre), Heizungsanlage 10 % (60.000 €, Nutzungsdauer 20 Jahre) und Fenster 15 % (90.000 €, 15 Jahre). Für das erste Jahr ergibt sich bei linearer Abschreibung eine planmäßige Gesamtabschreibung über 19.000 €, welche sich aus folgenden Teilbeträgen zusammensetzt: Mauerwerk 5.000 €, Dach 5.000 €, Heizungsanlage 3.000 € und Fenster 6.000 €. Am Ende des Jahres 01 weist das Gebäude aufgrund planmäßiger Abschreibung noch einen Buchwert von 581.000 € auf.

Bei **immateriellen Vermögenswerten** kommt eine planmäßige Abschreibung nur in Betracht, wenn die Vermögenswerte eine bestimmte Nutzungsdauer (finite useful life) aufweisen (bspw. Entwicklungskosten für ein Medikament mit Nutzungsmöglichkeit über Patentschutzzeitraum). Insofern ist vor Abschreibungsbeginn, welcher grundsätzlich durch die Betriebsbereitschaft für die vorgesehene Verwendung bestimmt wird (IAS 38.97), zu entscheiden, ob der immaterielle Vermögenswert von bestimmter oder unbestimmter Nutzungsdauer ist. Der Begriff der unbestimmten Nutzungsdauer meint hierbei, dass deren Ende nicht absehbar respektive bestimmbar ist, auch wenn grundsätzlich von ihrer Endlichkeit auszugehen ist (IAS 38.88). Die Abschreibungsmethode soll auch bei diesen Vermögenswerten so gewählt werden, dass der erwartete Verlauf des Nutzenverbrauchs am besten erfasst wird (IAS 38.97), wobei neben den vorgenannten Methoden (linear, geometrisch-degressiv, leistungsabhängig, IAS 38.98) die lineare Abschreibung explizit für den Fall vorgesehen wird, dass der Verlauf des Nutzenabbaus nicht verlässlich nachgebildet werden kann (IAS 38.97). Ist ein Vermögenswert aufgrund der Werte der materiellen Bestandteile insgesamt als entsprechend materiell einzustufen, kann die getrennte Behandlung einer bedeutsamen immateriellen Komponente gemäß dem Komponentenansatz in Betracht kommen (*Scheinpflug*, IFRS-Bilanzkommentar, § 4, Rn. 10). Die IFRS for SME verlangen eine planmäßige Abschreibung bei sämtlichen immateriellen Vermögenswerten, d. h. auch bei solchen mit unbestimmter Nutzungsdauer; kann die Nutzungsdauer nicht verlässlich geschätzt werden, erfolgt die Abschreibung über einen Zeitraum von 10 Jahren (IFRS for SME 18.19 f.).

Hinsichtlich Notwendigkeit und Höhe **außerplanmäßiger Abschreibungen** ist im Rahmen der IFRS grundsätzlich auf **IAS 36 („Wertminderung von Vermögenswerten“, „Impairment of Assets“)** zurückzugreifen. Ausnahmen von der Anwendung des Standards bestimmt IAS 36.2. Danach gelten die eigenständigen Regelungen anderer Standards für Vorratsvermögen (IAS 2), Fertigungsaufträge (IAS 11), aktivische latente Steuern (IAS 12), finanzielle Vermögenswerte im Anwendungsbereich des IFRS 9 bzw. des IAS 39, als Finanzanlagen gehaltene Immobilien (IAS 40), welche zum Fair Value bewertet werden, sowie bestimmte Aktiva bei Versicherungsverträgen (IFRS 4), in Gestalt biologischer Vermögenswerte (IAS 41), im Zusammenhang mit Pensionsverpflichtungen (IAS 19) sowie bei solchen, welche ggf. im Rahmen einer Veräußerungsgruppe als zur Veräußerung verfügbar gehalten werden (IFRS 5). Im Umkehrschluss liegt der wesentliche Anwendungsbereich des IAS 36 somit bei **Sachanlagen** (IAS 16) und **immateriellen Vermögenswerten** (IAS 38; vgl. ergänzend *Hoffmann*, IFRS-Kommentar, § 11, Rn. 4, *Bartels/Jonas*, IFRS-Kommentar, § 27, Rn. 4).

Ziel des IAS 36 ist es, durch geeignete Verfahrensabläufe die Werthaltigkeit einer Vermögensposition sicherzustellen (IAS 36.1). Vorgesehen ist hierfür ein Niederstwertvergleich. Allerdings bezieht das Vorgehen durchaus Kosten-Nutzen- und Wesentlichkeitsüberlegungen mit ein. So hat das Unternehmen anstelle eines sämtliche Vermögenswerte umfassenden Niederstvergleichs an jedem Bilanzstichtag zunächst zu überprüfen, ob Anzeichen für eine Wertminderung vorliegen (**Indikatortest**, IAS 36.9). Falls solche Anzeichen vorliegen, ist für die betroffenen Positionen ein rechnerischer Wertminderungs- oder **Impairmenttest** durchzuführen. Lediglich bei **immateriellen** Vermögenswerten, deren Nutzungsdauer **unbestimmt** ist oder welche noch nicht **nutzungsbereit** sind, sowie bei **Geschäfts- oder Firmenwerten** (Goodwills) ist unabhängig davon, ob Anzeichen für eine Wertminderung vorliegen oder nicht, jährlich ein rechnerischer Impairmenttest durchzuführen (IAS 36.10). Der Test kann am Jahresende oder auch unterjährig durchgeführt werden, sofern er auch in den nachfolgenden Perioden zum selben Zeitpunkt im Jahr, in diesem Sinne stetig, durchgeführt wird. Dabei können unterschiedliche immaterielle Vermögenswerte zu unterschiedlichen Zeitpunkten getestet werden. Erfolgt der Impairmenttest unterjährig, so ist die Position am Abschlussstichtag in den Indikatortest einzubeziehen (vgl. *Pellens/Fülbier/Gassen/Sellhorn*, Rechnungslegung, S. 288). Bei **Sachanlagen und sonstigen immateriellen Vermögenswerten** wird grundsätzlich zum Abschlussstichtag ein Indikatortest vorgenommen. Ein rechnerischer Impairmenttest erfolgt nur, wenn eine positive Indikation für eine Wertminderung ermittelt wird. Als Indikatoren für eine mögliche Wertminderung zählt IAS 36.12 (nicht abschließend, vgl. IAS 36.13) verschiedene informationelle Hinweise auf, welche unternehmensexterner (bspw. wesentlicher Rückgang des Marktwertes eines Vermögenswertes) oder unternehmensinterner Natur sind (bspw. Anzeichen einer Überalterung oder eines physischen Schadens des Vermögenswertes).

Im Rahmen des rechnerischen Impairmenttests wird der Buchwert des Vermögenswertes einem Referenzwert in Gestalt des sog. **erzielbaren Betrages (recoverable amount)** gegenübergestellt. Dabei wird auf den Vermögenswert in seiner Gesamtheit abgestellt, auch wenn sich dessen fortgeführte Anschaffungs- oder Herstellungskosten aus komponentenbezogenen planmäßigen Abschreibungsbeträgen entwickeln. Sinkt der erzielbare Betrag unter den Buchwert, ist unabhängig von der voraussichtlichen Dauer der Wertminderung eine außerplanmäßige Abschreibung auf den erzielbaren Betrag vorzunehmen. Der erzielbare

Betrag entspricht nach IAS 36.18 dem höheren Wert aus dem beizulegenden Zeitwert abzüglich Veräußerungskosten (fair value less costs to sell) und dem Nutzungswert (value in use). Der erstgenannte Wertmaßstab stellt auf eine unternehmensexterne Verwertung des Vermögenswertes, der zweite Wertmaßstab auf den Nutzen aus einer unternehmensinternen Verwendung ab. Durch die Maximumbedingung soll die bestmögliche Verwendung des Vermögenswerts durch das Unternehmen unterstellt werden.

Bei der Bestimmung des **beizulegenden Zeitwertes abzüglich Veräußerungskosten (fair value less costs to sell)** ist nach IAS 36.25 ff. zunächst ein ggf. bereits abgeschlossener und bindender Verkaufsvertrag zugrunde zu legen – unter Berücksichtigung zusätzlicher Kosten, die dem Verkauf zurechenbar sind. Liegt ein solcher nicht vor, so ist der Preis des Vermögenswertes auf einem aktiven Markt heranzuziehen. Sind auch hierfür die Voraussetzungen nicht erfüllt, ist auf Basis der besten verfügbaren Information ein hypothetischer Veräußerungspreis im Rahmen einer Transaktion zwischen sachverständigen und vertragswilligen Geschäftspartnern zugrunde zu legen (IAS 36.27); die Situation eines Notverkaufs ist nur zu unterstellen, wenn das Management unmittelbar zum Verkauf gezwungen ist. Somit wird i. d. R. ein Bewertungsmodell heranzuziehen sein, mit dem der hypothetische Veräußerungspreis zu ermitteln ist. Zu berücksichtigen sind ggf. Transaktionen über ähnliche Vermögenswerte aus der jüngeren Vergangenheit. Auch bei den beiden letztgenannten Ermittlungsmethoden erfolgt ein Abzug der direkt zurechenbaren Verkaufskosten. Der **Nutzungswert (value in use)** wird als Barwert der zukünftigen Cashflows berechnet, welche sich aus der internen Nutzung und einer etwaigen späteren Veräußerung ergeben. IAS 36.30 legt Komponenten fest, welche zwingend bei der Wertermittlung zu berücksichtigen sind (Detailanweisungen zur Cashflow-Ermittlung finden sich in IAS 36.33-54 sowie Regelungen zum Diskontierungszinssatz in IAS 36.55-57). Dabei wird klargestellt, dass auch eine Bepreisung des mit dem Vermögenswert verbundenen Risikos zu erfolgen hat. Für die Ermittlung des Nutzungswertes wird zweckmäßigerweise auf Verfahren der Unternehmensbewertung zurückzugreifen sein (vgl. zur Auseinandersetzung mit den Vorgaben des IAS 36.30 ff. *Ballwieser,* IFRS-Rechnungslegung, S. 182 ff.). IAS 36 sieht auch eine **vereinfachte Bestimmung** des erzielbaren Betrags vor. So entspricht nach IAS 36.20 der recoverable amount dem value in use, wenn der fair value less costs to sell nicht zuverlässig bestimmbar ist. Nach IAS 36.21 kann der fair value less costs to sell als recoverable amount angesehen werden, wenn von vorneherein anzunehmen ist, dass der value in use den fair value less costs to sell nicht materiell bedeutsam übersteigen wird – bspw. weil in naher Zukunft ein Verkauf geplant ist, so dass die bis dorthin im Unternehmenskontext anfallenden Cashflows unbedeutend sind.

Falls die Indikation auf die Wertminderung eines Vermögenswertes vorliegt, ist der erzielbare Betrag grundsätzlich bezogen auf diesen einzelnen Vermögenswert zu bestimmen. Ist dies jedoch nicht möglich, so ist der erzielbare Betrag der **zahlungsmittelgenerierenden Einheit** (ZGE) bzw. **cash generating unit** (CGU), zu der der Vermögenswert gehört, zu ermitteln (IAS 36.66). Eine zahlungsmittelgenerierende Einheit ist dabei definiert als kleinste identifizierbare Gruppe von Vermögenswerten, für die Zahlungsflüsse bestimmt werden können, die weitgehend unabhängig von den Zahlungsflüssen anderer Vermögenswerte sind (IAS 36.6, 36.68). Es wird dann der Impairmenttest für die ZGE vorgenommen; entsprechend ist auch der Wertminderungsbedarf eines der ZGE zugeordneten derivativen Geschäfts- oder Firmenwertes zu ermitteln. Dabei wird der Buchwert der ZGE, der sich als Summe der Buchwerte der zusammengefassten Vermögenswerte (ggf. inklusive eines Goodwill) ergibt, mit dem erzielbaren Betrag der ZGE verglichen. Letzterer ist entsprechend den für einzelne Vermögenswerte relevanten Vorschriften zu ermitteln (IAS 36.74). Liegt der erzielbare Betrag einer ZGE unter ihrem Buchwert, dann ist zunächst ein zugeordneter Geschäfts- oder Firmenwert (goodwill) abzuschreiben (IAS 36.104(a)). Ein danach noch verbleibender Wertminderungsaufwand ist auf die einzelnen Vermögenswerte gemäß ihren Buchwertanteilen zu verteilen (IAS 36.104(b)). Für jeden Vermögenswert ist dabei eine Untergrenze zu beachten, die sich aus dem Maximum von beizulegendem Zeitwert abzüglich Veräußerungskosten (fair value less costs to sell), Nutzungswert (value in use), sofern diese bestimmbar sind, und null ergibt (IAS 36.105). Falls im Rahmen der Wertminderung die Untergrenze für einen Vermögenswert greift, so ist der auf diesen nicht verteilbare Verlust anteilig den anderen Vermögenswerten zuzuordnen.

Problembehaftet ist die **Zuordnung** zu einer ZGE zum einen bei einem erworbenen Geschäfts- oder Firmenwert und zum anderen bei Vermögenswerten, welche von mehreren ZGE genutzt werden (corporate assets, gemeinschaftliche Vermögenswerte), wie bspw. das Gebäude einer übergeordneten Verwaltung (IAS 36.100). IAS 36.80 ff. enthalten Vorgaben, wie ein erworbener Goodwill zur Bemessung eines Wertminderungsbedarfs den einzelnen ZGE oder Gruppen von ZGE zuzuordnen ist, welche von den Synergien aus dem zugrunde liegenden Erwerbsvorgang profitieren (**Goodwill-Allokation;** genauer bspw. in *Hoffmann,* IFRS-Kommentar, § 11, Rn. 50 ff.; zur Diskussion einer Goodwillreallokation bei Restrukturierungen vgl. *Hermens/Klein,* Goodwill). Hiervon können sowohl über den Erwerbsvorgang neu hinzugekommene als auch im Unternehmen bereits vorhandene ZGE betroffen sein. Die Buchwerte der **gemeinschaftlichen Vermögenswerte** lassen sich nur durch eine Schlüsselung auf die jeweiligen ZGE verteilen. Im Rahmen der Ermittlung des Wertminderungsbedarfes sind in eine ZGE alle gemeinschaftlichen Vermögenswerte (anteilig) einzubeziehen, die ihr auf vernünftiger und stetiger Basis zugerechnet werden können (IAS 36.102). Die Anwendung der Impairment-Vorschriften ist mit nicht unbeachtlichen Ermessensspielräumen verbunden, wie bspw. bei der Abgrenzung der ZGE, der Zuordnung a priori nicht zugehöriger Vermögenswerte zu einer ZGE oder bei der Bestimmung des erzielbaren Betrages. Die IFRS for SME weichen im vorliegenden Kontext von den Full IFRS ab, indem sie auch eine planmäßige Abschreibung des Goodwill, bei nicht verlässlich zu schätzender Nutzungsdauer über 10 Jahre, vorsehen (IFRS for SME 19.23).

Für zuvor außerplanmäßig abgeschriebene Vermögenswerte ist an jedem Bilanzstichtag ein Zuschreibungsbedarf zu ermitteln (IAS 36.110; Ausnahme für abgeschriebenen Goodwill). Hierfür ist zunächst – analog zum Vorgehen zur Feststellung einer Wertminderung – zu prüfen, ob eine **Indikation** für eine Werterholung vorliegt. Weitgehend vergleichbar mit den Kriterien des IAS 36.12 führt

IAS 36.111 nun in umgekehrter Richtung Indikatoren für eine Werterholung an, welche an unternehmensexternen und an unternehmensinternen Informationen anknüpfen. Liegen entsprechende Hinweise für eine Werterholung vor, so ist der erzielbare Betrag des betroffenen Vermögenswertes zu ermitteln und dem durch außerplanmäßige Abschreibung verminderten Buchwert gegenüberzustellen. Übersteigt der erzielbare Betrag diesen Buchwert, ist zwingend eine Zuschreibung vorzunehmen (**Zuschreibungspflicht**). Allerdings stellt der Buchwert, der anzusetzen wäre, wenn es keine außerplanmäßige Abschreibung gegeben hätte, die Zuschreibungsobergrenze dar. Im Falle des Anschaffungskostenmodells ist somit maximal eine Zuschreibung auf die fortgeführten historischen Anschaffungs- oder Herstellungskosten möglich (IAS 36.117f.). Daher ist es notwendig, diese fortgeführten Anschaffungs- oder Herstellungskosten in einer Nebenbuchhaltung mitzuführen. Die Verbuchung der Wertminderung und der Werterhöhung hat im Anschaffungskostenmodell grundsätzlich erfolgswirksam über die Periodenerfolgsrechnung zu erfolgen (IAS 36.119). Differenzierter stellt sich die Behandlung von Wertminderungen und -erhöhungen im Neubewertungsmodell dar (vgl. Teil A, Abschn. 12.3.2, S. 453ff.). Bei einem Goodwill ist eine Zuschreibung grundsätzlich ausgeschlossen (IAS 36.124), so dass von einem **Impairment-only approach** gesprochen werden kann (vgl. bspw. *Bieg/Hossfeld/Kußmaul/Waschbusch,* Rechnungslegung, S. 507, *Hoffmann,* IFRS-Kommentar, § 11, Rn. 69).

Ergänzende Literatur zu: 13.4 Abschreibungen und Zuschreibungen nach den IFRS

Adler/Düring/Schmaltz, International, Abschnitt 8 und 9.

Bartels/Jonas, IFRS-Bilanzkommentar, Wertminderung und Wertaufholung, § 27

Hoffmann, IFRS-Kommentar, Wertaufholung, § 11, S. 411–486

Pellens/Fülbier/Gassen/Sellhorn, Rechnungslegung, S. 286–305

Scheinpflug, IFRS-Bilanzkommentar, Immaterielle Vermögenswerte, § 4

13.5 Der Anlagespiegel

Kapitalgesellschaften haben gemäß § 268 Abs. 2 HGB die Entwicklung der einzelnen Positionen des Anlagevermögens in der Bilanz oder im Anhang darzustellen. Dies geschieht im sog. **Anlagespiegel** bzw. **Anlagengitter.** Ausgehend von den ursprünglichen Anschaffungs- oder Herstellungskosten der Anlagegüter werden zunächst Zu- und Abgänge erfasst; hierauf folgen Umbuchungen, mit deren Hilfe Positionsveränderungen innerhalb des Anlagengitters berücksichtigt werden. Anschließend kommen die Zuschreibungen des Geschäftsjahres und die Abschreibungen in ihrer gesamten Höhe, d. h. die kumulierten Abschreibungen, zum Ausweis. Als Ergebnis leitet sich durch horizontale Addition der Buchwert der Periode ab, der um die Angaben des Vorjahres zu erweitern ist. Darüber hinaus müssen die Abschreibungen des Geschäftsjahres entweder in der Bilanz bei der betreffenden Position oder gesondert im Anhang ausgewiesen werden (§ 268 Abs. 2 Satz 3 HGB). Damit ergibt sich folgendes Schema für die Gliederung des Anlagespiegels:

Entwicklung / Bilanzposition	Gesamte historische Anschaffungs- oder Herstellungskosten (zu Beginn des Geschäftsjahres)	Zugänge (des Geschäftsjahres) (+)	Abgänge (des Geschäftsjahres) (–)	Umbuchungen (des Geschäftsjahres) (+/–)	Zuschreibungen (des Geschäftsjahres) (+)	kumulierteAbschreibungen (–)	Restbuchwert zum 31. 12. des Abschlussjahres	Restbuchwert zum 31. 12. des Vorjahres	Abschreibungen des Abschlussjahres
gesondert für die einzelnen Posten des Anlagevermögens (vgl. § 266 Abs. 2 HGB)									

Gliederung des Anlagespiegels

Für Kapitalgesellschaften wird damit das Informationsdefizit, das sich aus der Verpflichtung zur Anwendung der direkten Abschreibungsmethode ergibt, zumindest beim Anlagevermögen wieder ausgeglichen. Sowohl die historischen Anschaffungs- oder Herstellungskosten als auch die Summe der vorgenommenen Abschreibungen sind dem Anlagengitter zu entnehmen. Im Gegensatz zu einem Ausweis als Wertberichtigung geschieht dies aber ohne Verlängerung und damit Aufblähung der Bilanz.

Beispiel:

Die X-AG ist seit Anfang 04 Eigentümerin eines bebauten Grundstücks, dessen historische Anschaffungskosten für den Grund und Boden 750.000 und das Gebäude 1.000.000 betrugen. Die Abschreibung des Gebäudes erfolgt entsprechend § 7 Abs. 4 Satz 1 Nr. 1 EStG linear noch mit jährlich 3 % der historischen Anschaffungskosten. Am Ende des Jahres 06 waren daher Abschreibungen in Höhe von insgesamt 90.000 vorgenommen worden. Anfang 07 wurde eine Erweiterung des Gebäudes fertig gestellt. Die Herstellungskosten dieser Baumaßnahme betrugen 200.000. Die Abschreibungen für 07 betragen somit (1.000.000 + 200.000) x 3 % = 36.000. Für den Anlagespiegel am Ende des Jahres 07 ergibt sich der nachfolgende Ausweis:

Entwicklung / Bilanzposition	Gesamte historische Anschaffungs- oder Herstellungskosten (zu Beginn des Geschäftsjahres)	Zugänge (des Geschäftsjahres) (+)	Abgänge (des Geschäftsjahres) (–)	Umbuchungen (des Geschäftsjahres) (+/–)	Zuschreibungen (des Geschäftsjahres) (+)	kumulierte Abschreibungen (–)	Restbuchwert zum 31. 12. des Abschlussjahres	Restbuchwert zum 31. 12. des Vorjahres	Abschreibungen des Abschlussjahres
A. II. 1.									
Grundstücke	750.000	–	–	–	–	–	750.000	750.000	–
Bauten	1.000.00	200.000	–	–	–	126.000	1.074.000	910.000	36.000

Anlagespiegel am Ende des Jahres 07

Die vertikale Gliederung des Anlagespiegels, d. h. die Tiefe der Aufgliederung der Posten des Anlagevermögens im Anlagespiegel ist auch von der Größe der jeweiligen Kapitalgesellschaft abhängig.

Während große Kapitalgesellschaften die Entwicklung aller einzelnen Posten des Anlagevermögens darzustellen haben, besteht für mittelgroße Kapitalgesellschaften (§ 267 Abs. 2 HGB) hinsichtlich der Offenlegung des Anlagespiegels in Übereinstimmung mit § 327 HGB die Möglichkeit, bei den immateriellen Vermögensgegenständen die Entwicklung entgeltlich erworbener Konzessionen, gewerblicher Schutzrechte und ähnlicher Rechte und Werte sowie Lizenzen an solchen Rechten und Werten und der geleisteten Anzahlungen sowie bei den Finanzanlagen die Entwicklung der Wertpapiere des Anlagevermögens und der sonstigen Ausleihungen nicht offen zu legen. Kleine Kapitalgesellschaften (§ 267 Abs. 1 HGB) sind seit dem 1. 1. 1995 aufgrund des durch das Gesetz zur Änderung des D-Markbilanzgesetzes und anderer handelsrechtlicher Bestimmungen vom 25. 7. 1994 (BGBl. I 1994, S. 1682 ff.) neu in das HGB eingefügten § 274a von der Verpflichtung zur Erstellung eines Anlagespiegels sowie der nachrichtlichen Angabe der Abschreibungen des Geschäftsjahres befreit (§ 274a Nr. 1 HGB). Unternehmen, auf die das Publizitätsgesetz anzuwenden ist, unterliegen aufgrund der dortigen Größenkriterien den gleichen Regelungen wie große Kapitalgesellschaften (§ 5 Abs. 1 PublG). Für Genossenschaften sind die Regelungen für große, mittelgroße und kleine Kapitalgesellschaften analog anzuwenden (§§ 336 Abs. 2 und 339 Abs. 2 HGB). Die Auswirkungen der größenklassenabhängigen Erleichterungen für die vertikale Gliederung des Anlagespiegels sind in der nachfolgenden Abbildung zusammenfassend dargestellt:

Bilanzpositionen / **Gesellschaft**	Große Kapitalgesellschaften, große Genossenschaften und Unternehmen, auf die das PublG anzuwenden ist	Mittelgroße Kapitalgesellschaften und mittelgroße Genossenschaften	Kleine Kapitalgesellschaften und kleine Genossenschaften[1]
A. Anlagevermögen:	x	x	–
I. Immaterielle Vermögensgegenstände:	x	x	–[1]
1. Selbst geschaffene gewerbliche Schutzrechte und ähnliche Rechte und Werte;	x	x	–
2. entgeltlich erworbene Konzessionen, gewerbliche Schutzrechte und ähnliche Rechte und Werte sowie Lizenzen an solchen Rechten und Werten;	x	–	–
3. Geschäfts- oder Firmenwert;	x	x	–
4. geleistete Anzahlungen;	x	–	–
II. Sachanlagen:	x	x	–[1]
1. Grundstücke, grundstücksgleiche Rechte und Bauten einschließlich der Bauten auf fremden Grundstücken;	x	x	–
2. technische Anlagen und Maschinen;	x	x	–
3. andere Anlagen, Betriebs- und Geschäftsausstattung;	x	x	–
4. geleistete Anzahlungen und Anlagen im Bau;	x	x	–

Bilanzpositionen / Gesellschaft	Große Kapitalgesellschaften, große Genossenschaften und Unternehmen, auf die das PublG anzuwenden ist	Mittelgroße Kapitalgesellschaften und mittelgroße Genossenschaften	Kleine Kapitalgesellschaften und kleine Genossenschaften[1]
III. Finanzanlagen:	x	x	–[1]
1. Anteile an verbundenen Unternehmen;	x	x	–
2. Ausleihungen an verbundene Unternehmen;	x	x	–
3. Beteiligungen;	x	x	–
4. Ausleihungen an Unternehmen, mit denen ein Beteiligungsverhältnis besteht;	x	x	–
5. Wertpapiere des Anlagevermögens;	x	–	–
6. sonstige Ausleihungen.	x	–	–

[1] Kleine Kapitalgesellschaften und kleine Genossenschaften müssen keinen Anlagespiegel aufstellen (§§ 274a und 336 Abs. 2 HGB). Bei freiwilliger Aufstellung eines Anlagespiegels sollte sich dessen vertikale Mindestgliederung an der Mindestgliederung der Bilanz bei kleinen Kapitalgesellschaften (§ 266 Abs. 1 Satz 2 HGB) orientieren. Demnach wäre bei freiwilliger Erstellung eines Anlagespiegels die Entwicklung der Posten Immaterielle Vermögensgegenstände, Sachanlagen und Finanzanlagen darzustellen.

Vertikale Gliederung des Anlagespiegels in Abhängigkeit von den Größenklassen der Unternehmen

Der Anlagespiegel umfasste nach Rechtslage vor Inkrafttreten des Bilanzrechtsmodernisierungsgesetzes zudem die Entwicklung von als Bilanzierungshilfe aktivierten Aufwendungen für die Ingangsetzung und Erweiterung des Geschäftsbetriebes nach § 269 HGB a. F. Mit Abschaffung der Bilanzierungshilfe durch das Bilanzrechtsmodernisierungsgesetz sind lediglich noch Altbestände, welche gemäß Art. 67 Abs. 5 EGHGB fortgeführt werden, übergangsweise relevant.

Ergänzende Literatur zu: 13.5 Anlagespiegel

Baetge/Kirsch/Thiele, Bilanzen, S. 277–283

Coenenberg/Haller/Schultze, Jahresabschluss, S. 164–167

Federmann, Bilanzierung, S. 610–613

Lorson, Anlagevermögen, § 268 HGB, Rn. 52–186

Wöhe, Bilanzierung, S. 201

13.6 Rechnungsabgrenzung

13.6.1 Zeitliche (erfolgsberichtigende) Abgrenzung

Der tatsächliche Erfolg ist nur als Einnahmen-Ausgabendifferenz der Totalperiode ermittelbar. Durch den Zwang zur periodischen Rechnungslegung wird dagegen die Totalperiode in einzelne Abrechnungsabschnitte geteilt und somit eine Teilperiodenerfolgsermittlung in Form der Ertrags-Aufwandsdifferenz notwendig. Wesentliche Aufgabe von Geschäftsbuchführung und Jahresabschluss ist deshalb die Ermittlung eines auf die Abrechnungsperiode abgegrenzten, **periodengerechten Erfolgs**. Ähnlich den Abschreibungen (vgl. Teil A, Abschn. 12.2, S. 434 ff.) und Rückstellungen (vgl. Teil A, Abschn. 13.7, S. 512 ff.) übernehmen diese Funktion periodengerechter Verteilung von Vermögensänderungen und damit der zeitlich richtigen Erfolgsermittlung die sog. **Rechnungsabgrenzungsposten (RAP)**. Als rechentechnisches Mittelzur Durchführung der erfolgsberichtigenden Abgrenzung sind Rechnungsabgrenzungsposten regelmäßig dann zu bilden, wenn am Abschlussstichtag **zeitliche Diskrepanzen** zwischen Ausgaben und Aufwendungen bzw. Einnahmen und Erträgen vorliegen und demzufolge Zahlungsvorgang und Erfolgswirkung zumindest teilweise durch den Jahresabschluss getrennt werden.

Im Rahmen des vorbereitenden Abschlusses hat deshalb eine Prüfung derAufwands- und Ertragsposten der Buchführung daraufhin zu erfolgen, ob ihre Erfolgswirksamkeit in spätere Perioden hineinreicht oder ob in späteren Perioden anfallende Ausgaben bzw. Einnahmen erfolgsmäßig in die abzurechnende Periode gehören. Dementsprechend werden **transitorische** (Zahlungsvorgang **vor** Erfolgswirkung) und **antizipative** (Zahlungsvorgang **nach** Erfolgswirkung) Rechnungsabgrenzungsposten unterschieden. Die Übersicht auf S. 502 systematisiert nach den zugrunde liegenden Zahlungsvorgängen.

Während das frühere Handelsrecht und das vor 1965 geltende Aktienrecht auch den Ausweis antizipativer Rechnungsabgrenzungsposten zuließen, erlaubt das ab 1987 geltende Handelsrecht explizit nur den Bilanzansatz von transitorischen Rechnungsabgrenzungsposten, die also Zahlungsvorgänge vor dem Abschlussstichtag voraussetzen (§ 250 Abs. 1 und Abs. 2 HGB). Antizipative Vorgänge sind aus Gründen der Bilanzklarheit unter **Sonstige Forderungen** (Sonstige Vermögensgegenstände bei Kapitalgesellschaften (§ 266 Abs. 2 HGB)) bzw. **Sonstige Verbindlichkeiten** zu bilanzieren, da sie weitgehend den Charakter echter, noch nicht fälliger Forderungen oder ähnlicher Ansprüche bzw. Verbindlichkeiten besitzen.

Für Rechnungsabgrenzungsposten besteht nach dem Grundsatz der Vollständigkeit **Bilanzierungspflicht** (Ausnahme: Disagio (§ 250 Abs. 3 HGB)). Sie dürfen jedoch nur dann gebildet werden, wenn die Erfolgswirksamkeit der periodenübergreifenden Zahlung einem kalendermäßig **exakt bestimmbaren Zeitabschnitt** nach dem Abschlussstichtag zugeordnet werden kann. Die damit erreichte Einengung der zulässigen Rechnungsabgrenzungsposten schließt insbesondere alle jene Vorgänge aus, für deren zeitliche Erfolgswirkung Anfang und Ende nicht eindeutig bestimmbar sind. Das gilt beispielsweise für alle transitorischen Posten im weiteren Sinne, wie für nicht regelmäßig wiederkehrende Werbemaßnahmen, für Forschungsausgaben oder für zeitlich nicht abgrenzbare Rationalisierungsvorhaben; in diesen Fällen fehlt das Merkmal der pro Zeiteinheit berechenbaren Zahlung mit der Konsequenz, dass die erfolgswirksame Aufwandsverbuchung in voller Höhe vorzunehmen ist. Die Kriterien des exakt bestimmbaren Zeitabschnitts der künftigen Erfolgswirkung des Zahlungsvorgangs sowie dessen betragsmäßige Fixierung sind dazu geeignet, die Rechnungsabgrenzung von der ebenfalls der zeitlichen Abgrenzung dienenden

Rückstellung zu unterscheiden. Typische transitorische Abgrenzungsposten liegen deshalb bei Vorauszahlungen von Miete, Pacht, Versicherungsprämien, Kfz-Steuern, Beiträgen, Zinsen, Honoraren, Löhnen und Gehältern sowie Provisionen vor. Regelmäßig werden den Rechnungsabgrenzungsposten demnach gegenseitige Verträge zugrunde liegen, bei denen Leistung und Gegenleistung zwar zeitlich auseinander fallen, die ihrer Natur nach jedoch streng zeitbezogen sind.

Die Erfüllung der ausschließlich periodenabgrenzenden Aufgabe der transitorischen Posten zum Jahresabschluss wird auch durch die unmittelbar mit der Konteneröffnung zu Beginn der Folgeperiode vorzunehmenden **Auflösungsbuchungen** deutlich: Die transitorischen Aktiva (im Voraus geleistete Ausgaben) werden wiederum von den entsprechenden Aufwandskonten, die transitorischen Passiva (im Voraus erhaltene Einnahmen) von den betreffenden Ertragskonten mit Erfolgswirkung in der neuen Abrechnungsperiode übernommen. Die unter den Sonstigen Forderungen (Sonstige Vermögensgegenstände) bzw. Sonstigen Verbindlichkeiten geführten antizipativen Abgrenzungen werden demgegenüber durch ein Finanzkonto, also erfolgsunwirksam, ausgeglichen.

	Aktive Abgrenzung (Gewinnerhöhung in der abzurechnenden Periode)	**Passive Abgrenzung** (Gewinnminderung in der abzurechnenden Periode)
transitorisch, d. h. der Zahlungsvorgang liegt **vor** dem Abschlusszeitpunkt (Beleg alte Periode)	Ausgabe vor dem Abschlusszeitpunkt, Aufwand nach dem Abschlusszeitpunkt. Beispiel: **im Voraus bezahlte** Versicherungsprämien. Bilanzposten: Aktiver Rechnungsabgrenzungsposten (Transitorisches Aktivum)	Einnahme vor dem Abschlusszeitpunkt, Ertrag nach dem Abschlusszeitpunkt. Beispiel: **vorschüssig erhaltene** Lizenzgebühren. Bilanzposten: Passiver Rechnungsabgrenzungsposten (Transitorisches Passivum)
antizipativ, d. h. der Zahlungsvorgang liegt **nach** dem Abschlusszeitpunkt (Beleg neue Periode)	Einnahme nach dem Abschlusszeitpunkt, Ertrag vor dem Abschlusszeitpunkt. Beispiel: **noch zu erhaltende** Miete. Bilanzposten: Sonstige Vermögensgegenstände (Antizipatives Aktivum)	Ausgabe nach dem Abschlusszeitpunkt, Aufwand vor dem Abschlusszeitpunkt. Beispiel: **nachschüssig zu zahlende** Zinsen. Bilanzposten: Sonstige Verbindlichkeiten (Antizipatives Passivum)

Systematik aktiver und passiver Rechnungsabgrenzung

Eine besondere Form der aktiven Rechnungsabgrenzung stellt das **Disagio,** d. h. der Unterschiedsbetrag zwischen dem Rückzahlungsbetrag von Verbindlichkeiten und ihrem Auszahlungsbetrag, dar, da es sich hier entgegen den sonstigen transitorischen Posten um keine Ausgabe vor dem Abschlussstichtag, sondern um eine Mindereinnahme handelt. Das Disagio ist entweder sofort als Aufwand zu verrechnen oder aber als transitorische Position unter die Rechnungsabgrenzungsposten der Aktivseite aufzunehmen und durch planmäßige Abschreibung über die gesamte Kreditlaufzeit oder einem kürzeren Zeitraum abzuschreiben

(§ 250 Abs. 3 HGB). Das Disagio kann als eine neben der laufenden Verzinsung geleistete zusätzliche Vergütung für die Kapitalüberlassung (zusätzliche Verzinsung), aber auch als Entgelt für die Bearbeitung bzw. Abwicklung des Kredits (laufzeitunabhängige Darlehensnebenkosten) angesehen werden. Allerdings wird bei einer vorzeitigen Beendigung eines Darlehensvertrages das Disagio im Regelfall als Bestandteil der laufzeitabhängigen Zinskalkulation gesehen. Damit kann der Darlehensnehmer eine anteilige Erstattung des vereinbarten Disagios verlangen, auch wenn der Darlehensvertrag keine ausdrückliche Regelung enthält (vgl. BGH vom 29. 5. 1990, BGHZ Bd. 111, S. 287–294). Im Falle der Aktivierung des Disagios ist dieses in der Bilanz gesondert auszuweisen oder im Anhang anzugeben (§ 268 Abs. 6 HGB).

Die **steuerrechtliche** Behandlung der Rechnungsabgrenzungsposten weist gegenüber der geltenden handelsrechtlichen Handhabung keine wesentlichen Abweichungen auf (§ 5 Abs. 5 Satz 1 EStG). Eine Ausnahme ergibt sich allerdings für das Disagio, das steuerrechtlich als Rechnungsabgrenzungsposten auf die Laufzeit des Darlehens zu verteilen ist (§ 5 Abs. 5 Satz 1 Nr. 1 EStG; zum selben Ergebnis führt auch das generelle steuerliche Aktivierungsgebot bei handelsrechtlichem Wahlrecht nach dem BFH-Grundsatzurteil vom 3. 2. 1969 (BStBl. II 1969, S. 291) und BMF-Schreiben vom 12. 3. 2010 (BStBl. I 2010, S. 239)). Gemäß § 5 Abs. 5 Satz 2 EStG sind steuerlich die folgenden Positionen zu aktivieren:

(1) als Aufwand berücksichtigte Zölle und Verbrauchsteuern, soweit sie auf am Abschlussstichtag auszuweisende Wirtschaftsgüter des Vorratsvermögens entfallen, und

(2) als Aufwand berücksichtigte Umsatzsteuer auf am Abschlussstichtag auszuweisende Anzahlungen.

Nach § 250 Abs. 1 Satz 2 HGB a. F. durften diese steuerlichen Abgrenzungspositionen auch handelsbilanziell nachvollzogen werden, um eine Anpassung der Handelsbilanz an die Steuerbilanz zu ermöglichen. Allerdings wurde diese Vorschrift im Zuge des Bilanzrechtsmodernisierungsgesetzes abgeschafft; eine korrespondierende Aktivierung ist nach neuem Recht in der Handelsbilanz also nicht mehr möglich. Da die Umsatzsteuer gewöhnlich jedoch erfolgsneutrale Wirkung besitzt, bleibt sie im Allgemeinen bei der Rechnungsabgrenzung unberücksichtigt. Es kann allerdings zweckmäßig sein, für noch nicht geschuldete Mehrwertsteuer bzw. noch nicht verrechenbare Vorsteuer besondere Zwischen- oder Vorkonten einzurichten, wenn bei abzugrenzenden Vorgängen Umsatzsteuer anfällt, diese aber noch nicht entstanden (Mehrwertsteuer) bzw. noch nicht verrechenbar (Vorsteuer) ist (§ 13 Abs. 1 UStG). In den folgenden Übungsbeispielen bleiben diese Umsatzsteuervorkonten unberücksichtigt.

Übungsbeispiel:

In einem Großhandelsbetrieb der Fahrzeugbranche in der Rechtsform einer AG sind folgende Geschäftsvorfälle noch nicht gebucht. Anzugeben sind die Buchungssätze für den Tag des Geschäftsvorfalls und für den vorbereitenden Abschluss unter Berücksichtigung des Großhandelskontenrahmens (s. Anhang A.2, S. 1308 ff.).

1) Die Gebäudebrandversicherung in Höhe von 1.200 wurde am 1. 9. für ein halbes Jahr im Voraus durch Banküberweisung bezahlt.

2) An einen Zuliefererbetrieb ist eine Anlage für 500/Monat zzgl. 50 Umsatzsteuer vermietet. Der Gesamtbetrag für Dezember geht erst im neuen Jahr ein.
3) Die Löhne für Transport- und Lagerarbeiten für die Lohnwoche vom 29. 12. bis 2. 1. werden erst im neuen Jahr bezahlt:

Bruttolöhne	12.000
Lohnsteuer	1.600
Kirchensteuer	120
Sozialversicherung	1.800
Nettoauszahlungen im neuen Jahr	8.480

Arbeitnehmer- und Arbeitgeberanteil zur Sozialversicherung werden vereinfachend in gleicher Höhe unterstellt. Arbeitstage waren der 29. und 30. 12. sowie der 2. 1. Es erfolgt eine gesonderte Erfassung des Personalaufwands für geleistete Arbeitszeiten und andere (Feiertags-, Urlaubs-) Zeiten.
4) Die Zinsen für ein hingegebenes Darlehen gingen am 1. 7. für ein Jahr im Voraus ein. Darlehensbetrag 20.000, Zinssatz 6 % p. a.
5) Für einen Werbefeldzug, der Anfang des kommenden Jahres gestartet werden soll, wurde an die Werbeagentur ein Vorschuss in Höhe von 5.000 bezahlt.
6) Die Vertreter haben einen Anspruch auf 2 % Provision aus den Dezemberumsätzen von 800.000. Die Auszahlung erfolgt Mitte Januar.
7) Die Zinsen in Höhe von 900 für ein Darlehen werden am 31. 3. des nächsten Jahres für 6 Monate nachschüssig fällig.
8) Am 3. 1. geht die Stromrechnung für das abgelaufene Jahr mit 7.000 ein.
9) Am 1. 3. wurde ein hypothekarisch gesichertes Darlehen zum Nennbetrag von 100.000 aufgenommen. Unter Einbehalt eines Darlehensabgelds (Disagio) von 2.000 und Zinsen für das 1. Jahr von 6.000 hat die Bank 92.000 ausbezahlt. Die Laufzeit beträgt 5 Jahre.

Lösung: Buchungssätze
(RAP = Rechnungsabgrenzungsposten)

1)	am 1. 9.:						
	426	Versicherungen	1.200	**an**	13	Bank	1.200
	zum Jahresabschluss						
	091	Aktive RAP	400	**an**	426	Versicherungen	400
	im neuen Jahr:						
	426	Versicherungen	400	**an**	091	Aktive RAP	400
2)	zum Jahresabschluss:						
	113	Sonst. Forderungen	550	**an**	24210	Umsatzsteuerpflichtige Mieterträge	500
					1811	Umsatzsteuer	50
	im neuen Jahr:						
	13	Bank	550	**an**	113	Sonst. Forderungen	550
3)	zum Jahresabschluss:						
	4010	Löhne für geleistete Arbeitszeit	4.800				
	4011	Löhne für andere Zeit (Feiertagslöhne)	2.400	**an**	1941	Sonst. Verbindl.	7.200
	4040	Arbeitgeberanteil zur Sozialvers. (Lohnbereich)	1.080	**an**	1941	Sonst. Verbindl.	1.080

im neuen Jahr:

4010	Löhne f. geleist. Arbeitszeit	2.400				
4011	Löhne f. andere Zeit (Feiertagslöhne)	2.400				
1941	Sonst. Verbindl.	7.200	**an**	151	Kasse	8.480
				1910	Noch abzuführende Abgaben (Lohn- u. Ki.-Steuer)	1.720
				1920	Noch abzuführende Abgaben (Verbindl. geg. Sozialvers. träger)	1.800
4040	Arbeitgeberanteil zur Sozialvers. (Lohnbereich)	720				
1941	Sonst. Verbindl.	1.080	**an**	1920	Noch abzuführende Abgaben (Verbindl. geg. Sozialvers. träger)	1.800

4) am 1. 7.:

13	Bank	1.200	**an**	262	Zinserträge aus langfrist. Forderungen	1.200

zum Jahresabschluss:

262	Zinserträge aus langfrist. Forderungen	600	**an**	093	Passive RAP	600

im neuen Jahr:

093	Passive RAP	600	**an**	262	Zinserträge aus langfrist. Forderungen	600

5) im alten Jahr:

113	Sonst. Forderungen	5.000	**an**	13	Bank	5.000

(Rechnungsabgrenzung nur möglich, wenn Vorauszahlung für eine regelmäßig wiederkehrende Werbemaßnahme oder Miete von Werbeträger für exakt bestimmten Zeitraum. Vorauszahlungen für in der Folgeperiode zu liefernde Werbekataloge wären Anzahlungen.)

im neuen Jahr:

441	Werbung	5.000	**an**	113	Sonst. Forderungen	5.000

6) im alten Jahr:

45	Provisionen	16.000	**an**	194	Sonst. Verbindl.	16.000

im neuen Jahr:

194	Sonst. Verbindl.	16.000	**an**	13	Bank	16.000

7) beim Jahresabschluss

212	Zinsen für langfristige Verbindlichkeiten	450	**an**	194	Sonst. Verbindl.	450

im neuen Jahr:

212	Zinsen für langfristige Verbindlichkeiten	450				
194	Sonst. Verbindl.	450	**an**	13	Bank	900

8) im alten Jahr:

432	Gas, Strom, Wasser	7.000	**an**	194	Sonst. Verbindl.	7.000

im neuen Jahr:

194	Sonst. Verbindl.	7.000	**an**	13	Bank	7.000

9) am 1. 3.:

13	Bank	92.000				
092	Disagio	2.000				
212	Zinsen f. langfr. Verbindlichkeiten	6.000	**an**	0821	Verbindl. gegenüber Kreditinstituten, durch Grundpfandrechte gesichert	100.000

zum Jahresabschluss:

091	Aktive RAP	1.000	**an**	212	Zinsen f. langfr. Verbindlichkeiten	1.000
214	Zinsähnliche Aufwendungen	333	**an**	092	Disagio	333

(Abschreibung des Disagio mit 20 % linear für 10 Monate)

im neuen Jahr:

212	Zinsen für langfr. Verbindlichkeiten	1.000	**an**	091	Aktive RAP	1.000

13.6.2 Sachinhaltliche (kalkulatorische) Abgrenzung

Die Periodisierung von Vermögensänderungen führt zu Aufwand und Ertrag mit periodenerfolgsbestimmender Wirkung. Nach dem Grundsatz der vollständigen Erfassung aller buchungspflichtigen Vorfälle (Wertsteigerungen und Wertminderungen) sind **erfolgsberichtigende** Abgrenzungsposten immer dann zu bilden, wenn Zahlungs- und Erfolgsvorgang am Abschlussstichtag hinsichtlich ihres **zeitlichen** Anfalls divergieren und folglich periodenbezogene Korrekturen durch Transition oder Antizipation der Erfolgswirkung vorzunehmen sind.

Demgegenüber geht die **kalkulatorische** Rechnungsabgrenzung vom Kriterium der Leistungsbezogenheit der erfolgswirksamen Vorgänge aus. Aufwendungen und Erträge sind hierbei sachinhaltlich daraufhin zu überprüfen, ob sie unmittelbar **leistungsverbunden** oder ob sie gegenüber der Verfolgung des eigentlichen Betriebszwecks als **neutral** einzustufen sind. Sachinhaltliche Divergenzen führen dementsprechend zur Unterscheidung von **Aufwand** und **Kosten** sowie **Ertrag** und **Leistung** und zur Trennung des neutralen vom Betriebs-(Leistungs-)erfolg. In dieser kontroll- und dispositionsorientierten **Ergebnisaufspaltung** liegt letztlich die Bedeutung der kalkulatorischen Abgrenzung; sie trägt demzufolge vorwiegend rechnungs**interne** Züge und wird deshalb wesensmäßig der Betriebsbuchführung bzw. Kosten- und Leistungsrechnung zugeordnet (vgl. im Einzelnen Teil B, Abschn. 2.2, S. 791 ff.).

Die kalkulatorische Abgrenzung erfüllt im Wesentlichen die folgenden vier **Aufgaben**, die auch in der Abbildung unten zusammenfassend dargestellt sind:

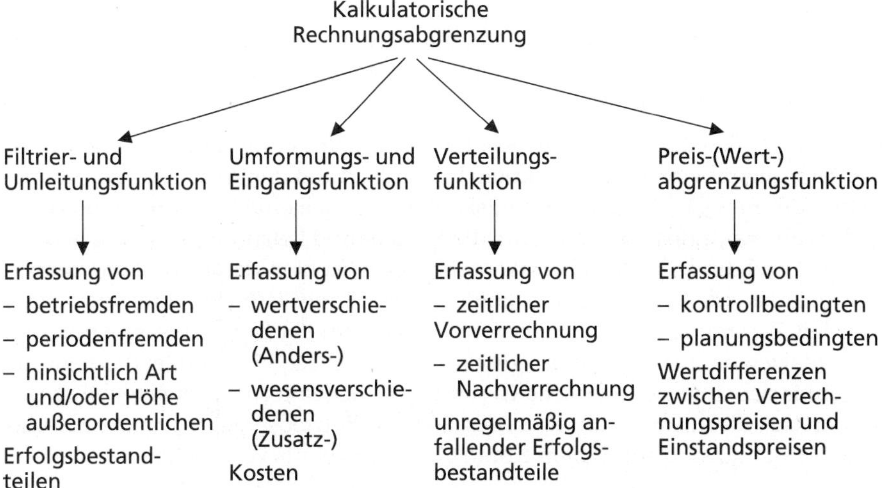

Aufgaben der kalkulatorischen Rechnungsabgrenzung

1. **Filtrier- und Umleitungsfunktion: Aussonderung** der neutralen Aufwendungen und Erträge aus dem Gesamtanfall der (unternehmens-)erfolgswirksamen Vorfälle einer Periode. Das betrifft sowohl die **betriebsfremden** Aufwendungen und Erträge (wie z. B. Spenden, Schenkungen, Lotteriegewinne, Zins- und Diskonterträge auf Wertpapiere, Spekulationsverluste, Haus- und Grundstücksaufwendungen bzw. -erträge aus außerbetrieblichen Zwecken dienenden Objekten, Unterhaltsaufwendungen für Kantine oder Freizeitanlagen, nicht betriebliche Steuern wie die Einkommensteuer) als auch die zwar leistungsbedingten, wegen ihres außerhalb des normalen Geschäftsverlaufs liegenden Anfalls jedoch von der Betriebsabrechnung der laufenden Abrechnungsperiode ferngehaltenen Aufwendungen und Erträge. Letztere sind entweder wegen ihrer Periodenfremdheit oder wegen ihrer Art oder Höhe nicht zum Betriebsergebnis zu rechnen. Dabei darf das Betriebsergebnis jedoch nicht mit dem „Ergebnis der gewöhnlichen Geschäftstätigkeit" verwechselt werden (§275 Abs. 2 Nr. 14 und Abs. 3 Nr. 13 HGB), in dem alle betrieblichen Aufwendungen und Erträge, unabhängig von der zeitlichen Struktur, erfasst werden. Das Betriebsergebnis grenzt dagegen perioden- und sachbezogen ab. Es besitzt damit einen grundsätzlich höheren Informationswert. Für interne Zwecke ist diese Abgrenzung daher unerlässlich, auch wenn handelsrechtlich eine andere Zusammenstellung erforderlich ist.

Zu den **periodenfremden** Aufwendungen und Erträgen gehören u. a.: Lohn- und Gehaltsnachzahlungen, Steuernach- oder Steuerrückzahlungen, nachzuholende Abschreibungen sowie Sonderboni für frühere Wirtschaftsjahre; zu den der **Art** nach nicht zum Betriebsergebnis gehörenden Aufwendungen und Erträgen zählen insbesondere: Verluste bzw. Erträge aus Anlageverkäufen, Warenverluste durch Preisherabsetzung und Modewechsel, Forderungsverluste, Zuschreibungen zu Sach- und Finanzanlagen, Verluste bzw. Gewinne aus Wertpapierverkäufen, Aufwendungen oder Erträge aus Inventurdifferenzen sowie Verluste aus nicht fremdabgedeckten Schadensfällen; der **Höhe** nach zum neutralen Ergebnis zählender Aufwand bzw. Ertrag kann u. a. vorliegen bei Sonderabschreibungen, außergewöhnlichen Wagnisverlusten, umfangreichen Fremdreparaturen sowie unüblichen Währungs- oder Kurserfolgen.

In diesen Fällen übernimmt die Kontenklasse 2 des Groß- und Einzelhandelskontenrahmens eine **Filtrierfunktion.** Im Hinblick auf den **Abschluss** der Konten erfüllt der Bereich der Abgrenzungskonten zugleich eine **Umleitungsfunktion,** indem alle neutralen Positionen um die Kosten- und Leistungsrechnung herumgeführt und direkt im Abschlusskontenbereich (Kontenklasse 9) auf das neutrale Ergebniskonto (Nebenergebniskonto, Abgrenzungssammelkonto) übertragen werden. Zusammen mit dem aus den Roherträgen der Kontenklasse 8 und den Kostenarten der Kontenklasse 5 gebildeten **Betriebsergebnis** bildet das **neutrale Ergebnis** das unternehmerische **Gesamtergebnis** (Unternehmensergebnis), das in der GuV-Rechnung zum Ausweis kommt. Betriebsergebnis und neutrales Ergebniskonto sind somit dem Konto Gesamtergebnis vorgeschaltet.

2. **Umformungs- und Eingangsfunktion:** a) Umformung von Aufwendungen und Erträgen mit betriebsbedingt unterschiedlichem Kosten- bzw. Leistungscharakter. Das trifft für alle jene Erfolgskomponenten zu, die aus Gründen des verschiedenen Rechnungszwecks von Finanzbuchführung (Unternehmungsrechnung) und Kosten- und Leistungsrechnung (Betriebsrechnung) betragsmäßig keinen identischen Ansatz erfahren (**wertverschiedene Kosten, Anderskosten**; s. hierzu Teil B, Abschn. 2.2, S. 794 f.). Zu diesen Erfolgsgrößen werden insbesondere die Abschreibungen, die Zinsen und die Wagnisse gerechnet.

Beispiel:

Anschaffungskosten einer Verpackungsanlage 10.000. **Bilanzielle** (steuerlich zulässige) Abschreibung jährlich linear 20 %; **verbrauchsbedingte,** in die Produktselbstkosten eingerechnete kalkulatorische Abschreibung 15 %.

Buchungssätze:

– Buchung der **bilanziellen** Abschreibung:

(1) Bilanzielle Abschr.	2.000	**an**	Anlagen	2.000

– Buchung der **kalkulatorischen** Abschreibung:

(2) Kalkulatorische Abschr.	1.500	**an**	Verrechnete kalk. Abschr.	1.500

– Kontenabschluss:

(3) Neutrales Ergebniskonto	2.000	**an**	Bilanzielle Abschr.	2.000
(4) Verrechnete kalk. Abschr.	1.500	**an**	Neutrales Ergebniskonto	1.500
(5) Betriebsergebniskonto	1.500	**an**	Kalkulatorische Abschr.	1.500
(6) GuV-Konto	500	**an**	Neutrales Ergebniskonto	500
(7) GuV-Konto	1.500	**an**	Betriebsergebniskonto	1.500

Anlagen

AB	10.000	2.000 (1)

Bilanzielle Abschreibungen

(1)	2.000	2.000 (3)

Neutrales Ergebnis

(3)	2.000	1.500 (4)
		Saldo: 500 (6)

Verrechnete kalk. Abschr.

(4)	1.500	1.500 (2)

Kalk. Abschreibungen			
(2)	1.500	1.500	(5)

Betriebsergebnis			
(5)	1.500	Saldo: 1.500	(7)

GuV-Konto		
(6) NE	500	
(7) BE	1.500	

In der Finanzbuchführung (GuV-Konto) kommt **allein** die bilanzielle Abschreibung zum Ausdruck. Das hat für den Fall eines gegenüber dem bilanziellen Wert höheren kalkulatorischen Ansatzes zur Folge, dass der Differenzbetrag zwischen bilanzieller und kalkulatorischer Abschreibung in der GuV-Rechnung als Ertrag in Erscheinung tritt. Die Aufrechnung der Salden aus neutralem Ergebniskonto und Betriebsergebniskonto bringt wiederum nur den bilanziellen Ansatz unternehmenserfolgswirksam zum Ausdruck. Buchtechnisch in gleicher Weise wie die Abschreibungen sind kalkulatorische Zinsen und kalkulatorische Wagnisse zu behandeln. Die Kontenklasse 2 erfüllt damit eine **Umformungsfunktion.**

b) Übernahme solcher Kostenarten in die Betriebsbuchführung, denen überhaupt kein Aufwand bzw. Ertrag gegenübersteht (**wesensverschiedene Kosten, Zusatzkosten**; s. hierzu Teil B, Abschn. 2.2, S. 794 f.). Hierzu gehören der kalkulatorische Unternehmerlohn bei personalen Unternehmensformen und der kalkulatorische Mietwert für betriebsinhabereigene Geschäftsräume. In diesen Fällen übernimmt die Kontenklasse 2 eine **(Kosten-)Eingangsfunktion**. Da hier dem kalkulatorischen Ansatz kein bilanzieller Wert gegenübersteht, bleibt die GuV-Rechnung davon unberührt.

3. **Verteilungsfunktion:** Verteilung von unregelmäßig und stoßweise anfallenden Aufwands- und Ertragsvorgängen durch **Vor- und Nachverrechnung** ihrer zeitlichen Kosten- bzw. Leistungsauswirkung. Die dafür besonders im Aufwandsbereich einzurichtenden Verrechnungskonten stellen Ausgleichskonten zur anteiligen Übernahme von betrieblichem Aufwand in die Kostenrechnung dar. Die aus der Kostenrechnung abgeleitete kalkulatorische Abgrenzung erfolgt hier mit intertemporaler Wirkung; sie führt dann zu bilanziellen Rechnungsabgrenzungsposten, wenn Bilanzstichtage den Rhythmus der Aufwands-Kostenverrechnung früherer Zahlungsvorgänge unterbrechen. Vor- und Nachleistungen liegen z. B. vor bei Urlaubslöhnen, deren ferienzeitbedingte, punktuelle Belastung kostenrechnerisch durch gleichmäßige Verteilung über die Gesamtabrechnungsperiode nivelliert wird; Gleiches gilt für Versicherungsprämien, umfangreiche Reparaturen, Umsatzprovisionen, Mieten, Werbekosten, Steuern. Die Kontenklasse 2 erfüllt in diesem Zusammenhang die Verteilungsfunktion.

Beispiel:

Am 1. 9. wird die Kraftfahrzeugsteuer für den firmeneigenen Lieferwagen fällig; der Halbjahresbetrag in Höhe von 1.800 wird überwiesen.

Buchungssätze:

(SBK = Schlussbilanzkonto; EBK = Eröffnungsbilanzkonto)

– Zahlungsvorgang:

(1) 1. 9.:	Verrechnete Kfz-Steuer	1.800	**an**	Bank	1.800

– Innerbetriebliche Verrechnung während der laufenden Periode:

(2 a) 1. 9.:	Kfz-Steuer	300	**an**	Verrechnete Kfz-Steuer	300
(2 b) 1. 10.:	Kfz-Steuer	300	**an**	Verrechnete Kfz-Steuer	300
(2 c) 1. 11.:	Kfz-Steuer	300	**an**	Verrechnete Kfz-Steuer	300
(2 d) 1. 12.:	Kfz-Steuer	300	**an**	Verrechnete Kfz-Steuer	300

– Jahresabschluss:

(3) 31. 12.:	SBK (Aktive Rechn.-Abgrenzung)	600	**an**	Verrechnete Kfz-Steuer	600

– Konteneröffnung Folgeperiode:

(4) 1. 1.:	Verrechnete Kfz-Steuer	600	**an**	EBK	600

– Innerbetriebliche Verrechnung Folgeperiode:

(5 a) 1. 1.:	Kfz-Steuer	300	**an**	Verrechnete Kfz-Steuer	300
(5 b) 1. 2.:	Kfz-Steuer	300	**an**	Verrechnete Kfz-Steuer	300

Verrechnete Kfz-Steuer

Soll		Haben	
(1) 1. 9.:	1.800	1. 9.:	300 (2 a)
		1. 10.:	300 (2 b)
		1. 11.:	300 (2 c)
		1. 12.:	300 (2 d)
		31. 12.:	600 (3)
(4) 1.1.:	600	1. 1.:	300 (5 a)
		1. 2.:	300 (5 b)

Kfz-Steuer

Soll		Haben
(2 a) 1. 9.:	300	
(2 b) 1. 10.:	300	
(2 c) 1. 11.:	300	
(2 d) 1. 12.:	300	
(5 a) 1. 1.:	300	
(5 b) 1. 2.:	300	

Bank

Soll	Haben	
	1. 9.	1.800 (1)

SBK

Soll		Haben
(3) 31. 12.:	600	

EBK

Soll	Haben	
	1. 1.:	600 (4)

4. **Preis-(Wert-)abgrenzungsfunktion: Abfangen** von **Wertdifferenzen** zum Zwecke der innerbetrieblichen Ausschaltung von Preisschwankungen beim Wareneinkauf, aber auch beim Bezug und Verbrauch von Stoffen (wie z. B. Energie und sonstiger Sachleistungen) durch Ansatz fester, am Preisdurchschnitt orientierter **Verrechnungspreise** (vgl. Teil B, Abschn. 3.2.4.4, S. 858 f.). Im Gegensatz zu den bei der Inventur in Erscheinung tretenden unaufklärbaren Wertabweichungen (vgl. Teil A, Abschn. 4.7, S. 153 f.) handelt es sich hierbei um aus innerbetrieblichen Kontrollabsichten **bewusst** in Anspruch genommene Wertdifferenzen.

Das zur Aufnahme der zwischen tatsächlichen Einstandspreisen und kalkulatorischen Verrechnungspreisen bestehenden Differenzen einzurichtende Wertabgrenzungskonto **(Preisdifferenzenkonto)** weist im Saldo einen zunächst vom neutralen Ergebniskonto zu übernehmenden und schließlich von der GuV-Rechnung zu tragenden neutralen Erfolg aus. Die Kontenklasse 2 übernimmt in diesem Falle eine **Preis-(Wert-)abgrenzungsfunktion,** die allerdings weniger für den Handelsbetrieb als vielmehr für den industriellen Fertigungsbetrieb typisch ist.

Beispiel:

Die Warengruppe I (Zement einer Hoch- und Tiefbaufirma) weist im Monat September folgende Bewegungen auf:

Warenbestand	am 1. 9.:	10 Tonnen à 180
Zugänge:	am 8. 9.:	12 Tonnen à 200
	am 14. 9.:	15 Tonnen à 150
	am 24. 9.:	20 Tonnen à 170
Abgänge:	am 7. 9.:	10 Tonnen
	am 26. 9.:	14 Tonnen
	am 27. 9.:	11 Tonnen

Aus innerbetrieblichen Kontrollgründen sollen Zu- und Abgänge mit einem festen Verrechnungspreis angesetzt werden; dieser wird mit 180 je Tonne festgelegt. Die Zugänge werden durch Banküberweisung bezahlt.

Buchungssätze:

– Buchung Warenzugänge:

(1) 8. 9.:	Warengruppe I	2.160			
	Preisdifferenzen-konto I	240	**an**	Bank	2.400
(2) 14. 9.:	Warengruppe I	2.700	**an**	Bank	2.250
				Preisdifferenzenkonto I	450
(3) 24. 9.:	Warengruppe I	3.600	**an**	Bank	3.400
				Preisdifferenzenkonto I	200

– Die Buchung der Warenabgänge erfolgt zum Verrechnungspreis über Konten des Stoffverbrauchs. Das Warenkonto ist unter diesen Voraussetzungen als ausschließlich innerbetriebliches Verrechnungskonto zu verstehen.

Bank

Soll	Haben
	8. 9.: 2.400 (1)
	14. 9.: 2.250 (2)
	24. 9.: 3.400 (3)

Preisdiff.-Konto

Soll		Haben	
(1) 8. 9.:	240	14. 9.:	450 (2)
NE 30. 9.:	410	24. 9.:	200 (3)
	650		650

Warengruppe I

Soll		Haben	
AB 1. 9.:	1.800		
(1) 8. 9.:	2.160	7. 9.:	1.800
(2) 14. 9.:	2.700	16. 9.:	2.520
(3) 24. 9.:	3.600	27. 9.:	1.980
		SB 30. 9.:	3.960
	10.260		10.260

Die Bestandskontrolle lässt sich aus dem Saldo des Warengruppenkontos durch Division mit dem Verrechnungspreis herbeiführen: 3960 : 180 = 22 Tonnen Lagerbestand. Aus der üblichen Wertrechnung des Kontos wird nach Ansatz fester Verrechnungspreise auf Warenzu- und Warenabgangsseite eine verkappte **Mengenrechnung,** die eine unmittelbare Lagerbestandskontrolle ermöglicht. Die Betriebsabrechnung bleibt frei von Beschaffungspreisschwankungen. Als Konsequenz der kalkulatorisch erwünschten gleichmäßigen Kostenbelastung hat das Preisdifferenzenkonto die erfolgswirksamen Preisabweichungen aufzunehmen. Insgesamt ist es damit die **Kanalisierungsfunktion** der Kontenklasse 2, die Wesen und Inhalt der kalkulatorischen Rechnungsabgrenzung ausmacht (vgl. Übungsbeispiel zur kalkulatorischen Abgrenzung Teil B, Abschn. 3.1.2.5.2, S. 818 ff.).

Ergänzende Literatur zu: 13.6 Rechnungsabgrenzung

Baetge/Kirsch/Thiele, Bilanzen, S. 521–531

Coenenberg/Haller/Schultze, Jahresabschluss, S. 459–462

Engelhardt/Raffée/Wischermann, Buchhaltung, S. 149–160

Falterbaum/Bolk/Reiß/Kirchner, Buchführung, S. 225–245

Wöhe, Bilanzierung, S. 124–128

Wöhe/Kußmaul, Buchführung, S. 275–287

13.7 Rückstellungen und steuerfreie Rücklagen

13.7.1 Rückstellungen

Analog zu den erfolgsberichtigenden Rechnungsabgrenzungsposten dienen auch **Rückstellungen** der zeitgerechten Erfolgsermittlung: Sie stellen am Bilanzstichtag noch nicht exakt bestimmbaren Aufwand dar, dessen Ursache wirtschaftlich wegen dem **Grunde** nach entstandener Zahlungsverpflichtung der abgelaufenen Geschäftsperiode zuzurechnen ist, dessen genaue Fälligkeit und/oder exakter Betragsumfang jedoch beim Abschluss noch nicht bekannt sind und erst in der Zukunft genau feststehen werden. Durch die Bildung eines solchen Passivpostens in der Bilanz werden zeitlich nach dem Abschlussstichtag zu leistende Ausgaben der **Verursachungsperiode** zugerechnet, wodurch der Gewinnausweis unmittelbar beeinflusst wird. Rückstellungen unterscheiden sich folglich von der antizipativen (Aufwand vor Ausgabe) Rechnungsabgrenzung durch ihre **Ungewissheit** hinsichtlich **Höhe** und/oder **Fälligkeit.** Von den Verbindlichkeiten, denen sie bilanziell und juristisch zugeordnet werden, unterscheiden sich die Rückstellungen insbesondere durch ihre **Schätzungsbedürftigkeit.** Im Unterschied zu Eventualverbindlichkeiten setzen Rückstellungen i. d. R. eine bestehende rechtliche Verpflichtung gegenüber Dritten voraus. Im Gegensatz zu den für unbekannte, noch nicht existente Deckungsnotwendigkeiten gebildeten Rücklagen dürfen Rückstellungen daher nur vorgenommen werden, wenn die Verbindlichkeit dem Grunde nach besteht, also **konkrete** Tatsachen auf eine Inanspruchnahme hinweisen; ein allgemeines Geschäfts- bzw. Unternehmerrisiko reicht zu ihrer Bildung dagegen nicht aus. Da Rückstellungen ein selbstständiges, auf rechtlicher oder sittlicher Verpflichtung beruhendes **negatives Wirtschaftsgut** darstellen, mindern sie das betriebliche Reinvermögen; ihre Bildung vermindert daher im Gegensatz zu den Eigenkapital repräsentierenden Rücklagen i. d. R. auch den steuerpflichtigen Gewinn.

Rückstellungen entspringen dem Grundsatz der Vorsicht, insofern ist zunächst grundsätzlich von einer **Passivierungspflicht** für Rückstellungen auszugehen (zu den Ausnahmen vgl. die nachstehenden Ausführungen bezüglich der einzelnen Rückstellungsarten). Insoweit **müssen** Rückstellungen bei Vorliegen der Rückstellungsvoraussetzungen gebildet werden, auch wenn im Einzelfall ausreichende stille Reserven zur Deckung des Rückstellungsbedarfs oder gleichwertige Rückgriffsrechte vorhanden sind. Ihre Höhe bemisst sich nach dem **Erfüllungsbetrag,** der nach **vernünftiger kaufmännischer Beurteilung notwendig** ist (§253 Abs. 1 Satz 2 HGB). Dabei ist auf die tatsächlichen wirtschaftlichen Verhältnisse des Betriebes abzustellen. Die Begründung zum Bilanzrechtsmodernisierungsgesetz streicht heraus, dass mit dem Begriff des Erfüllungsbetrages klargestellt werden soll, dass bei der Rückstellungsbewertung **künftige Preis- und Kostensteigerungen** zu berücksichtigen sind (vgl. BT-Drs. 16/10067, S. 52). Der Bewertung sind die Preis- und Kostenverhältnisse zum voraussichtlichen Zeitpunkt der Inanspruchnahme zugrunde zu legen (kritisch hierzu *Küting/Kessler/Keßler,* Betriebliche Altersversorgung, S. 752). Da die künftigen Preis- und Kostensteigerungen zu schätzen sind, ist die Ermittlung des Erfüllungsbetrages gewöhnlich mit erheblichen Ermessensspielräumen behaftet (vgl. *Brösel/Olbrich,* §253 HGB, Rn. 354–356). Da nur das rückgestellt werden darf, was zur Erfüllung nach vernünftiger kaufmännischer Beurteilung notwendig ist, sind zur Berücksichtigung von Preis- und Kostensteigerungen ausreichende objektive Hinweise für deren Eintritt erforderlich (vgl. BT-Drs. 16/10067, S. 52). Für die Rückstellungsbildung und -bewertung sind wertaufhellende Umstände auch noch nach dem Bilanzstichtag im Umfang des bis zur Bilanzaufstellung (respektive bis zur Bilanzfeststellung) gewonnenen Sach- und Erkenntnisstandes zu berücksichtigen (§252 Abs. 1 Nr. 4 HGB; BFH v. 24. 9. 1974, BStBl. II 1975, S. 78 f.).

Des Weiteren wurde durch das Bilanzrechtsmodernisierungsgesetz ein **Abzinsungsgebot** bei der Rückstellungsbewertung neu aufgenommen (§253 Abs. 2 HGB). Betroffen hiervon sind Rückstellungen mit einer Restlaufzeit von mehr als einem Jahr. Für Rückstellungen mit einer Restlaufzeit bis zu einem Jahr existiert keine explizite gesetzliche Regelung; nach der Begründung zum Bilanzrechtsmodernisierungsgesetz soll im Umkehrschluss zu den längerfristigen Rückstellungen von einem Abzinsungsverbot bei kurzfristigen Rückstellungssachverhalten auszugehen sein (BT-Drs. 16/10067, S. 54). Die Abzinsung erfolgt mit dem der Restlaufzeit des Rückstellungssachverhaltes entsprechenden **durchschnittlichen Marktzinssatz** der vergangenen sieben Geschäftsjahre, der von der Deutschen Bundesbank ermittelt und veröffentlicht wird. Damit wird bei allen Unternehmen die Verwendung einheitlicher Zinssätze sichergestellt. Die Deutsche Bundesbank bestimmt hierzu zum Ende eines jeden Monats eine Zinsstrukturkurve über ganzjährige Restlaufzeiten zwischen einem und 50 Jahren (vgl. BT-Drs. 16/10067, S. 54). Die Berechnung folgt dem in der „Verordnung über die Ermittlung und Bekanntgabe der Sätze zur Abzinsung von Rückstellungen (Rückstellungsabzinsungsverordnung – RückAbzinsV)“ vom 18. 11. 2009 (BGBl. I, S. 3790 f.) beschriebenen Vorgehen. Aufgrund der Verwendung eines allgemeinen Marktzinssatzes, der einen Zinsaufschlag enthält, welcher aus den durchschnittlichen Renditen der vergangenen 84 Monate der in einem Unternehmensanleihenindex zusammengefassten Anleihen abgeleitet wird, ist die Berücksichtigung des individuellen Bonitätsrisikos des jeweiligen Unternehmens ausgeschlossen, so dass zur Wahrung des Höchstwertprinzips eine gesunkene Rückstellungsbewertung, die allein auf einer sinkenden Bonität des Unternehmens basiert, ausgeschlossen ist. Falls aufgrund eines Anstiegs der allgemeinen Marktzinssätze der Barwert des Verpflichtungsbetrags unter den Zugangswert der Rückstellung sinkt, wird z. T. eine Reduzierung des Rückstellungsbetrages unter den Zugangswert im Hinblick auf das Realisationsprinzip abgelehnt (vgl. *Brösel/Olbrich*, § 253 HGB, Verbindlichkeiten, Rn. 371; *Küting/Cassel/Metz*, Rückstellungen, S. 331 f.). Allerdings wäre es hierbei sachgerecht, vom ursprünglichen Zugangswert und nicht von einem auf Basis des Marktzinsniveaus im Zugangszeitpunkt durch Aufzinsung fortgeführten Wert auszugehen, so dass dieser Fall nur dann (in der Anfangszeit nach Bildung der Rückstellung) zum Tragen kommt, wenn die Wirkung der Senkung des Zinsniveaus den Aufzinsungseffekt aus der näher rückenden Fälligkeit überwiegt. Im Sinne einer Übertragung der Vorgehensweise bei Anwendung des Niederstwertprinzips bei fortgeführten Anschaffungskosten von abnutzbaren Vermögensgegenständen (oder etwa auch von Zerobonds) wäre allerdings auch ein nicht zu unterschreitender Referenzpunkt in Gestalt eines durch Aufzinsung mit dem historischen Zinsniveau fortgeführten Rückstellungsansatzes denkbar. Bei Rückstellungen für Altersversorgungsverpflichtungen oder vergleichbare langfristig fällige Verpflichtungen (vgl. Teil A, Abschn. 13.7.2, S. 523 ff.) gestattet § 253 Abs. 2 Satz 2 HGB eine Vereinfachung. So kann die Abzinsung pauschal mit dem durchschnittlichen Marktzinssatz erfolgen, der sich bei einer angenommenen Restlaufzeit von 15 Jahren ergibt, so dass die Ermittlung eines individuellen Abzinsungssatzes für jede einzelne Pensionsverpflichtung entfällt. Dies darf bei wesentlich kürzeren Restlaufzeiten jedoch nicht dem true and fair view zuwiderlaufen (BT-Drs. 16/10067, S. 55). Rückstellungen sind bei Wegfall der Voraussetzungen, die ihre Bildung veranlasst haben, erfolgswirksam **aufzulösen;** bei Inanspruchnahme erfolgt eine Bilanzverkürzung, ohne dass die Erfolgsrechnung davon berührt wird, sofern der Betrag der Inanspruchnahme dem Rückstellungsbetrag entspricht. In früheren Wirtschaftsperioden unterlassene Rückstellungen müssen in der Handelsbilanz nachgeholt werden. Sofern der fehlende Ansatz zur Nichtigkeit des Jahresabschlusses führt, sind sogar Rückwärtsberichtigungen bis zur eigentlichen Fehlerquelle erforderlich. Ansonsten genügt eine Nachholung im letzten noch nicht festgestellten Jahresabschluss (*Kozikowski/Schubert*, Bilanzkommentar, § 249 HGB, Rn. 19).

Das Handelsgesetzbuch regelt in § 249 HGB die Bildung von Rückstellungen für alle Kaufleute; durch das BilMoG wurde § 274 Abs. 1 HGB a. F. geändert, so dass für Kapitalgesellschaften die Erfassung passiver latenter Steuern nicht mehr unter den Rückstellungen zu erfolgen hat. Nach § 249 Abs. 2 HGB dürfen für andere als die in § 249 Abs. 1 HGB bezeichneten Zwecke keine Rückstellungen gebildet werden. Die Übersicht auf der nächsten Seite zeigt die Zwecke, für die Rückstellungen zu bilden sind, und gibt die jeweilige Ansatzregelung nach Handelsrecht und ergänzend nach Steuerrecht an.

Die Passivierungsregelung in der **Steuerbilanz** ist zwar grundsätzlich am Maßgeblichkeitsprinzip des § 5 Abs. 1 EStG ausgerichtet: Danach ist nach ständiger Rechtsprechung des BFH (BFH vom 3. 2. 1969, BStBl. II, S. 291 ff., sowie vom 20. 3. 1980, BStBl. II 1980, S. 297 ff.) in der Steuerbilanz nur zu passivieren, was auch in der Handelsbilanz passiviert werden muss (vgl. auch BMF-Schreiben v. 12. 3. 2010, BStBl. I 2010, S. 239). Angesichts der durch das Bilanzrechtsmodernisierungsgesetz abgeschaffenen Ansatzwahlrechte für bestimmte Aufwandsrückstellungen findet dieser Grundsatz hier neuerdings keine Anwendung

Zwecke, für die Rückstellungen gebildet werden müssen (§ 249 HGB)	**Ansatzregelung nach HGB**	**Ansatz nach Steuerrecht**
1. Rückstellungen für ungewisse Verbindlichkeiten (§ 249 Abs. 1 Satz 1 HGB) (obwohl dem Charakter nach zugehörig gelten Besonderheiten bei Pensionsverpflichtungen und ähnlichen Verpflichtungen)	Passivierungs**pflicht** (Wahlrecht nach § 28 Abs. 1 EGHGB für unmittelbare Pensionsverpflichtungen aus Zusagen vor 1.1.1987, mittelbare Verpflichtungen und (nur) ähnliche Verpflichtungen)	Passivierungs**pflicht** (bei Pensionsrückstellungen Ansatz nur bei Erfüllung der Voraussetzungen des § 6a Abs. 1 EStG und R 6a EStR)
2. Rückstellungen für drohende Verluste aus schwebenden Geschäften (§ 249 Abs. 1 Satz 1 HGB; steuerliche Sonderregelung nach § 5 Abs. 4a Satz 1 EStG mit Ausnahme bei Ergebnissen aus Bewertungseinheiten nach § 5 Abs. 1a Satz 2 EStG)	Passivierungs**pflicht**	Passivierungs**verbot**
3. Rückstellungen für im Geschäftsjahr unterlassene Aufwendungen für Instandhaltung, die im folgenden Geschäftsjahr innerhalb von drei Monaten nachgeholt werden (§ 249 Abs. 1 Satz 2 Nr. 1 HGB);	Passivierungs**pflicht**	Passivierungs**pflicht**
4. Rückstellungen für Abraumbeseitigung, die im folgenden Geschäftsjahr nachgeholt werden (§ 249 Abs. 1 Satz 2 Nr. 1 HGB)	Passivierungs**pflicht**	Passivierungs**pflicht**
5. Rückstellungen für Gewährleistungen, die ohne rechtliche Verpflichtungen erbracht werden (§ 249 Abs. 1 Satz 2 Nr. 2 HGB)	Passivierungs**pflicht**	Passivierungs**pflicht**

Passivierungskriterien für Rückstellungen nach Handelsrecht und Steuerrecht

mehr. In Durchbrechung des Maßgeblichkeitsprinzips dürfen jedoch die in der Handelsbilanz nach §249 Abs. 1 Satz 1 HGB passivierungspflichtigen Rückstellungen für drohende Verluste aus schwebenden Geschäften in der Steuerbilanz nach §5 Abs. 4a Satz 1 EStG i. V. m. §52 Abs. 13 EStG für Wirtschaftsjahre, die nach dem 31. 12. 1996 enden, nicht mehr gebildet werden (ausgenommen Ergebnisse aus Bewertungseinheiten nach §5 Abs. 1a Satz 2 EStG).

Weitere Präzisierungen der **steuerrechtlichen** Zulässigkeit und Bewertung von Rückstellungen ergeben sich aus dem Steuerentlastungsgesetz 1999/2000/2002 (StEntlG) vom 24. 3. 1999. So untersagt der damals eingefügte §5 Abs. 4 b EStG die Bildung von Rückstellungen für Aufwendungen, die Anschaffungs- oder Herstellungskosten für ein Wirtschaftsgut darstellen (§5 Abs. 4b Satz 1 EStG) und kodifiziert dadurch die bis dato gängige Rechtsprechung. Darüber hinaus dürfen für Verpflichtungen zur schadlosen Verwertung von radioaktiven Reststoffen und ausgebauter oder abgebauter radioaktiver Anlagenteile keine Rückstellungen gebildet werden, soweit die Aufwendungen im Zusammenhang mit der Be- oder Verarbeitung von Kernbrennstoffen stehen, die aus der Aufarbeitung bestrahlter Kernbrennstoffe gewonnen worden sind und keine radioaktiven Abfälle darstellen (§5 Abs. 4b Satz 2 EStG). Der ebenfalls damals eingefügte §6 Abs. 1 Nr. 3a EStG kodifiziert explizit die Grundsätze, die bei der steuerrechtlichen Bewertung von Rückstellungen zu berücksichtigen sind. Demnach ist bei der Bewertung von Rückstellungen für **gleichartige** Verpflichtungen, d. h. bei Rückstellungen die ein gleichartiges Risiko abdecken (*Kolb*, Bewertung, S. 389 ff.), auf der Grundlage der bei der Abwicklung solcher Verpflichtungen in der Vergangenheit gemachten Erfahrungen die Wahrscheinlichkeit zu berücksichtigen, dass es nur bei einem Teil der Summe dieser Verpflichtungen letztlich zu einer tatsächlichen Inanspruchnahme kommt (§6 Abs. 1 Nr. 3a lit. a EStG). Bei Rückstellungen für Sachleistungsverpflichtungen sind neben den jeweiligen Einzelkosten stets auch angemessene Anteile der notwendigen Gemeinkosten zu berücksichtigen (§6 Abs. 1 Nr. 3a lit. b EStG). Rückstellungen, deren Entstehen wirtschaftlich im laufenden Betrieb begründet ist, sind pro rata temporis zeitanteilig in gleichen Raten anzusammeln, wobei sich der hierfür relevante Zeitraum bei Rückstellungen für Verpflichtungen aus der Stilllegung von Kernkraftwerken von dem Moment der erstmaligen Nutzung des Kraftwerks bis zu dem Zeitpunkt des Beginns der Stillegung erstreckt. Sofern Letzterer nicht bekannt ist, wird für die Rückstellungsbildung ein Ansammlungszeitraum von 25 Jahren angenommen (§6 Abs. 1 Nr. 3a lit. d EStG). Zudem sind bei der Bewertung von Rückstellungen grundsätzlich alle Vorteile, die mit der die Rückstellung begründenden Verpflichtung verbunden sind, soweit es sich hierbei nicht um zu aktivierende Forderungen handelt, wertmindernd zu berücksichtigen (§6 Abs. 1 Nr. 3a lit. c EStG). Darüber hinaus besteht seit dem 1. 1. 1999 ein **grundsätzliches Abzinsungsgebot** für Geld- und Sachleistungen im Rahmen von Rückstellungen für Verbindlichkeiten (§6 Abs. 1 Nr. 3a lit. e i. V. m. §52 Abs. 16 EStG). Der hierbei zur Anwendung kommende **Zinssatz** beträgt, mit Ausnahme der mit 6 Prozent abzuzinsenden Pensionsrückstellungen (§6a Abs. 3 Satz 3 EStG), einheitlich 5,5 Prozent (§6 Abs. 1 Nr. 3a lit. e Satz 1 EStG). Ausgenommen hiervon sind lediglich Rückstellungen, die innerhalb von weniger als 12 Monaten aufgelöst werden, die verzinslich sind oder die auf einer Anzahlung oder Vorausleistung beruhen (§6 Abs. 1 Nr. 3a lit. e Satz 1 i. V. m. §6 Abs. 1 Nr. 3 Satz 2 EStG). Im Unterschied zur neuen handelsrechtlichen Regelung dürfen **künftige** Preis- und Kostensteigerungen steuerlich weiterhin nicht berücksichtigt werden; vielmehr sind die Verhältnisse des Bilanzstichtages zugrunde zu legen (§6 Abs. 1 Nr. 3 lit. f EStG).

Neben dem Passivierungsverbot von Drohverlustrückstellungen stellt auch die steuerrechtlich abweichende Höhe des Abzinsungssatzes eine Durchbrechung des Maßgeblichkeitsprinzips dar. Die daraus resultierenden Abweichungen in Rückstellungsansatz respektive -bewertung zwischen Handels- und Steuerbilanz können zum Ansatz von aktiven oder passiven latenten Steuern führen (vgl. Teil A, Abschn. 13.9, S. 551 ff.).

Zu den häufigsten und wichtigsten Rückstellungsfällen gehören:

- **Pensionsrückstellungen,** für die eine Passivierungspflicht besteht, sofern es sich um unmittelbare Pensionszusagen nach dem 31. 12. 1986 handelt (ungewisse Verbindlichkeiten); für Pensionszusagen vor diesem Zeitpunkt sowie allgemein für mittelbare Zusagen (bspw. unter Zwischenschaltung einer Unterstützungskasse) und ähnliche Verpflichtungen ergibt sich aus den Übergangsvorschriften zum Bilanzrichtlinien-Gesetz ein Passivierungswahlrecht (Art. 28 Abs. 1 EGHGB). Für die steuerliche Anerkennung ist eine unbedingte und nur unter bestimmten Voraussetzungen widerrufbare Pensionszusage Voraussetzung (im Einzelnen §6 a Abs. 1 EStG u. R 6a EStR; aufgrund ihrer Bedeutung und gewisser Besonderheiten ihrer bilanziellen Abbildungen werden Pensionsrückstellungen im folgenden Abschnitt 13.7.2, S. 523 ff. vertiefend behandelt).
- **Garantierückstellungen** wegen ungewisser Inanspruchnahme aus vertraglichen oder gesetzlichen Gewährleistungs**pflichten** (ungewisse Verbindlichkeiten §§459 ff. und 633 ff. BGB) sind passivierungspflichtig (§249 Abs. 1 Satz 1 HGB). Voraussetzung für die steuerliche Anerkennung ist, dass die künftige Inanspruchnahme durch Garantieleistungen wahrscheinlich ist (BFH v. 24. 8. 2000 – VIII B 42/00, n. v.). Ausschlaggebend ist hierbei die zu erwartende tatsächliche und nicht die nach Einschätzung der Auftraggeber mögliche Inanspruchnahme des zur Gewährleistung Verpflichteten. Gemäß H 5.7 (5) EStH können Garantierückstellungen als Einzelrückstellung oder Pauschalrückstellung gebildet werden. Diese sind grundsätzlich aus Erfahrungen der Vergangenheit zu schätzen.
- **Gewährleistungsrückstellungen** (Kulanzrückstellungen) für Gewährleistungen, die ohne rechtliche Verpflichtungen erbracht werden, unterliegen,sofern sie eine Eigenverpflichtung des Betriebes beinhalten, gemäß §249 Abs. 1 Satz 2 Nr. 2 HGB einer Passivierungspflicht. Das Vorgehen bei der Bewertung erfolgt analog zu den Garantierückstellungen. Da im Rahmen der Bemessung der Höhe einer pauschalen Rückstellung für Gewährleistungsverpflichtungen im besonderen Maße die betrieblichen Verhältnisse zu berücksichtigen sind, kann steuerlich ein Pauschalsatz anzusetzen sein, der 0,5 v. H. übersteigt, wenn das Unternehmen betriebliche Besonderheiten aufweist, denen dieser allgemeine Erfahrungswert nicht gerecht wird (vgl. FG Brandenburg v. 14. 1. 2004, DStRE 2004, S. 995). In der Steuerbilanzbesteht ebenfalls eine

Ansatzpflicht, soweit eine sittliche oder wirtschaftliche Verpflichtung vorliegt, der sich der Unternehmer nicht entziehen kann (R 5.7 Abs. 12 EStR);

- **Prozesskostenrückstellungen** für drohende Verluste aus schwebenden Gerichtsverfahren sind zu passivieren, wenn Rechtsstreitigkeiten anhängig sind oder unmittelbar bevorstehen (ungewisse Verbindlichkeiten). Voraussetzung für die steuerliche Anerkennung ist, dass der Prozess bereits anhängig ist (H 5.7 (5) EStH).

- **Steuerrückstellungen** für abzugsfähige, am Bilanzstichtag hinsichtlich Fälligkeit und genauer Höhe noch ungewisse Betriebssteuerschulden (ungewisse Verbindlichkeiten, z. B. Gewerbesteuerabschlusszahlung; BFH v. 23. 4. 1991, BB 1991, S. 1751 f.) sowie für Steuernachzahlungen infolge finanzamtlicher Betriebsprüfung müssen beim Vorliegen konkreter Anhaltspunkte passiviert werden;

- **Rückstellungen für Jahresabschlusskosten,** soweit sie aus einer öffentlich-rechtlichen Verpflichtung resultieren (gesetzlicher Prüfungszwang), aber nur in dem Umfang, wie sie Verbindlichkeiten gegenüber Dritten (z. B. anfallendes Honorar) zum Ausdruck bringen (sog. externe Jahresabschlusskosten). Im Unternehmen selbst anfallende Prüfungskosten (sog. interne Jahresabschlusskosten) sind nur hinsichtlich der variablen Kosten (Einzelkosten, z. B. Gehälter der Buchhalter) rückstellungsfähig. Das Gleiche gilt auch für die Rückstellungsbildung aufgrund der Verpflichtung zur Erstellung der die **Betriebs**steuern (insbes. Umsatzsteuer und Gewerbesteuer) des abgelaufenen Jahres betreffenden **Steuererklärungen** (BFH v. 23. 7. 1980, BStBl. II 1981, S. 62 f. sowie BFH v. 24. 11. 1983, BStBl. II 1984, S. 301 ff.). Wegen der Neuregelungen betreffend die Bewertung und den Ansatz von Rückstellungen durch das Bilanzrechtsmodernisierungsgesetz hat der Hauptfachausschuss des IDW am 23. 6. 2010 eine überarbeitete Fassung des IDW Rechnungslegungshinweises: Rückstellungen für die Aufbewahrung von Geschäftsunterlagen sowie für die Aufstellung, Prüfung und Offenlegung von Abschlüssen und Lageberichten nach § 249 Abs. 1 HGB (IDW RH HFA 1.009, vgl. *HFA*, Aufbewahrung von Geschäftsunterlagen) veröffentlicht. Dabei ist eine Anpassung in der Weise erfolgt, dass auch im Rahmen der Bewertung von Rückstellungen für die Aufbewahrung von Geschäftsunterlagen die erwarteten künftigen Kostenverhältnisse (nach vernünftiger kaufmännischer Beurteilung notwendiger Erfüllungsbetrag, § 253 Abs. 1 Satz 2 HGB) zu berücksichtigen sind sowie der zukünftig zu erwartende Betrag gemäß § 253 Abs. 2 Satz 1 HGB abzuzinsen ist. Des Weiteren wird aufgrund des Wegfalls von § 249 Abs. 1 HGB a. F. klargestellt, dass eine Passivierung von Rückstellungen für die Aufbewahrung von Geschäftsunterlagen, die länger aufbewahrt werden als der Bilanzierende hierzu gesetzlich oder vertraglich verpflichtet ist, nicht erfolgen darf. Gemäß H 5.7 Abs. 3 EStH ist die Rückstellungsbildung steuerrechtlich auf die Kosten beschränkt, die auf einer öffentlich-rechtlichen Verpflichtung basieren.

- **Rückstellungen für Eventualverbindlichkeiten** sind, soweit sich konkrete Zahlungsverpflichtungen abzeichnen und damit ungewisse Verbindlichkeiten vorliegen (Bürgschaftsleistungen, Wechselobligo, Garantieleistungen für Einzelobjekte) zu passivieren;

- **Rückstellungen** für in der Periode nicht in Anspruch genommene **Urlaubslöhne** (zu deren Ermittlung vgl. BFH-Urteil v. 8. 7. 1992, DB 1992, S. 1960) sowie für **Tantiemenzusagen, Gratifikationen** und **Gewinnbeteiligungen,** wobei im Falle der gewinnabhängigen Vergütungen das Vorliegen einer sittlich-moralischen Verpflichtung die Rückstellungsbildung rechtfertigt, sind als ungewisse Verbindlichkeiten passivierungspflichtig;
- **Rückstellungen für die Verpflichtung zur Rückgabe von Pfandgeldern**; Pfandgelder, die z. B. ein Abfüller oder ein anderer Unternehmer von einem Abnehmer verlangt, um einen Anreiz zu geben, dass dieser das mit Pfand belegte Leergut zurückgibt, stellen Betriebseinnahmen dar. Für die Verpflichtung, die Pfandgelder zurückzuzahlen, wenn die mit Pfand belegten Gegenstände zurückgegeben werden (ungewisse Verbindlichkeit), hat der Unternehmer eine Pfandrückstellung zu bilden. Die Höhe der Rückstellung richtet sich nach den jeweiligen Umständen des Einzelfalles. Die Verpflichtung zur Bildung einer Pfandrückstellung gilt unabhängig davon, ob der Unternehmer Eigentümer der bepfandeten Gegenstände ist oder ob sie ihm von einem anderen nur zum Gebrauch überlassen worden sind. Ohne Bedeutung für die Rückstellungspflicht ist ebenfalls, ob es sich um Individualleergut oder so genanntes Einheitsleergut handelt (BMF v. 13. 6. 2005 – IV B 2 – S 2137 – 30/05, BStBl. I 2005, S. 715 sowie BFH v. 6. 10. 2009, BStBl. II 2010, S. 232).
- **Rückstellungen für Altlastsanierung (Umweltschutz)**; soweit bei Altlasten eine öffentlich-rechtliche oder zivilrechtliche Sanierungsverpflichtung vorliegt (ungewisse Verbindlichkeit). Eine öffentlich-rechtliche Sanierungsverpflichtung ist dann hinreichend konkretisiert, wenn durch Gesetz oder Verwaltungsakt ein inhaltlich bestimmtes Handeln innerhalb eines bestimmbaren Zeitraums vorgeschrieben ist und an die Verletzung der Verpflichtung Sanktionen geknüpft sind (R 5.7 Abs. 4 Satz 1 EStR). Setzt die öffentlich-rechtliche Verpflichtung den Erlass einer behördlichen Verfügung (Verwaltungsakt) voraus, ist eine Rückstellung für ungewisse Verbindlichkeiten erst zu bilden, wenn die zuständige Behörde einen entsprechenden, vollziehbaren Verwaltungsakt erlassen hat (R 5.7 Abs. 4 Satz 2 EStR). Damit sind auch die wirtschaftliche Verursachung der Verpflichtung und die Wahrscheinlichkeit der Inanspruchnahme aus der Verpflichtung gegeben. Bei schadstoffbelasteten Grundstücken ist nach dem BMF-Schreiben v. 11. 5. 2010 (BStBl. I 2010, S. 495 ff.) die Bildung einer Rückstellung für Sanierungsverpflichtungen zunächst unabhängig von einer möglichen Teilwertabschreibung nach den in den Randnummern 1–6 des Schreibens formulierten Kriterien zu prüfen. Insoweit die Sanierung voraussichtlich zu einer Werterholung führen wird, entfällt eine auf der Schadstoffbelastung beruhende Teilwertabschreibung respektive Beibehaltung eines niedrigeren Teilwertes (BMF-Schreiben v. 11. 5. 2010 (BStBl. I 2010, S. 495, (Rn. 9)).
- **Rückstellungen für drohende Verluste aus schwebenden Geschäften** (Drohverlustrückstellungen) sind z. B. infolge der Bindung an langfristige, gegenüber der Marktentwicklung preisungünstige Lieferverträge zu bilden.

Dies gilt auch für den Fall einer noch nicht bilanzierungsfähigen Geschäftsgrundlage (schwebendes Geschäft). Ansatz, Abgrenzung und Bewertung der Rückstellungen für drohende Verluste nach §249 Abs. 1 Satz 1 HGB werden seit dem 28. 6. 2000 auch durch die vom Hauptfachausschuss (HFA) des IDW zu diesem Zeitpunkt verabschiedete Stellungnahme zur Rechnungslegung über „Zweifelsfragen zum Ansatz und zur Bewertung von Drohverlustrückstellungen" präzisiert, welche am 23. 6. 2010 an die Änderungen durch das Bilanzrechtsmodernisierungsgesetz angepasst wurde (vgl. *HFA*, Drohverlustrückstellungen, IDW RS HFA 4). Im Falle von Restwertrisiken aus Leasingverträgen gibt das OLG Düsseldorf (Urteil vom 19. 5. 2010, DB 2010, S. 1454) der Rückstellungsbildung sogar den Vorzug gegenüber einer außerplanmäßigen Abschreibung auf den beizulegenden Wert. Während handelsrechtlich für diese Rückstellungen nach §249 Abs. 1 Satz 1 HGB eine Passivierungspflicht besteht, dürfen sie steuerrechtlich nicht mehr gebildet werden (§5 Abs. 4a Satz 1 EStG). Das Passivierungsverbot des §5 Abs. 4a Satz 1 EStG ist erstmals für Wirtschaftsjahre anzuwenden, die nach dem 31. 12. 1996 enden (§52 Abs. 13 Satz 1 EStG). Durch dieses explizite steuerliche Ansatzverbot von Drohverlustrückstellungen wird der Grundsatz der Maßgeblichkeit der Handelsbilanz für die Steuerbilanz (§5 Abs. 1 Satz 1 EStG) bezüglich des Ansatzes von Drohverlustrückstellungen aufgehoben **(Durchbrechung des Maßgeblichkeitsprinzips).** Die handelsrechtliche Passivierungspflicht von Drohverlustrückstellungen führt somit beim Vorliegen von drohenden Verlusten aus schwebenden Geschäften bis zur Abwicklung dieser Geschäfte zu einem Abweichen von Handelsbilanz- und Steuerbilanzergebnis, das zum Ausweis aktiver latenter Steuern (vgl. Teil A, Abschn. 13.9, S. 551 ff.) führen kann. Vom grundsätzlichen steuerlichen Ansatzverbot für Drohverlustrückstellungen sind lediglich Ergebnisse aus Bewertungseinheiten zur Absicherung finanzwirtschaftlicher Risiken (vgl. hierzu Teil A, Abschn. 7.2.9, S. 285 ff.) ausgenommen (§5 Abs. 4a Satz 2 i. V. m. §5 Abs. 1a Satz 2 EStG); damit gleicht sich in diesem speziellen Fall das Steuerrecht dem Handelsrecht an.

- **Instandhaltungs- und Abraumbeseitigungsrückstellungen,** die als sog. **Aufwandsrückstellungen** eine Verpflichtung des Betriebes gegen sich selbst zum Ausdruck bringen und für die **handelsrechtlich** eine Bilanzierungspflicht besteht, sofern die unterlassene Instandhaltung im folgenden Geschäftsjahr innerhalb von drei Monaten nachgeholt bzw. die Abraumbeseitigung im folgenden Geschäftsjahr vorgenommen wird (§249 Abs. 1 Satz 2 Nr. 1 HGB); durch das Bilanzrechtsmodernisierungsgesetz wurde das zuvor bestehende Passivierungswahlrecht für unterlassene Aufwendungen für Instandhaltung, die im folgenden Geschäftsjahr nach Ablauf von drei Monaten nachgeholt werden, abgeschafft. In der **Steuerbilanz** besteht über das Maßgeblichkeitsprinzip für die in §249 Abs. 1 Satz 2 Nr. 1 HGB genannten Fälle eine Passivierungspflicht. Wie bereits vor dem Bilanzrechtsmodernisierungsgesetz besteht in der **Steuerbilanz** für Instandhaltungsmaßnahmen, die im folgenden Geschäftsjahr nach Ablauf von drei Monaten nachgeholt werden, auch steuerrechtlich ein Passivierungs**verbot** (R 5.7 Abs. 11 EStR; BFH v. 23. 11. 1983, FR 1984, S. 148 ff.). Durch das Bilanzrechtsmodernisierungsgesetz wurden überdies Aufwandsrückstellungen nach § 249 Abs. 2 HGB a. F. abgeschafft, welche fakultativ für ihrer Eigenart nach genau umschriebene, dem Geschäftsjahr oder einem früheren Geschäftsjahr zuzuordnende, am Abschlussstichtag wahrscheinliche oder sichere, aber hinsichtlich ihrer Höhe oder des Zeitpunkts ihres Eintritts unbestimmte Aufwendungen in der Handelsbilanz gebildet werden durften. Der Zweck ihrer Bildung (z. B. für Generalüberholungen und weiter in der Zukunft liegende Instandhaltungen) lag in der Ermittlung eines periodengerechten Erfolgsausweises. Für die Steuerbilanz ergibt sich aus deren handelsrechtlicher Abschaffung keine Änderung, da diese Rückstellungen auch nach alter Rechtslage steuerlich nicht gebildet werden durften.

- **Sonderfall: Passive latente Steuern** (im Einzelnen vgl. Teil A, Abschn. 13.9.1, S. 551 ff.); mit dem Bilanzrechtsmodernisierungsgesetz wurde der Übergang vom Timing-Konzept zum Temporary-Konzept hinsichtlich des Ansatzes latenter Steuern vollzogen. Im Rahmen des vormaligen Timing-Konzeptes waren passive latente Steuern zu bilden, sofern der Steueraufwand im Verhältnis zum handelsrechtlichen Ergebnis zu niedrig war und sich dies in den späteren Perioden wieder umgekehrte. Dem handelsrechtlichen Ergebnis der laufenden Periode war insofern ein zusätzlicher Steueraufwand zuzuordnen, welcher über den Ansatz einer Rückstellung für passive latente Steuern erfolgte. Gemäß dem neuen Temporary-Konzept haben Kapitalgesellschaften nach § 274 Abs. 1 HGB im Falle von sich zukünftig (wieder) abbauenden Differenzen zwischen den handels- und den steuerrechtlichen (Wert-)Ansätzen von Vermögensgegenständen, Schulden und Rechnungsabgrenzungsposten, also von Bestandsdifferenzen, eine sich daraus insgesamt zukünftig ergebende Steuerbelastung als passive latente Steuern in der Bilanz anzusetzen. Im Unterschied zum vorausgehenden Timing-Konzept führen nunmehr auch so genannte quasi-permanente Differenzen zum Ansatz latenter Steuern. Diese Differenzen lösen sich nicht zwangsläufig „von selbst" in einem bestimmten Zeitraum auf – insbesondere durch Abschreibungen –, sondern erfordern bspw. eine besondere Handlung seitens der Unternehmensverantwortlichen – etwa eine Verkaufsentscheidung – auf. Da diese auflösende Handlung i. d. R. nicht einem Zwang unterliegt, kommt nach der Begründung zum Bilanzrechtsmodernisierungsgesetz eine Rückstellungsbildung nicht in Betracht (BT-Drs. 16/10067, S. 67). Dies wirkt sich auf den Gesamtbetrag **passiver latente Steuern** dahingehend aus, dass passive latente Steuern nach der Änderung durch das Bilanzrechtsmodernisierungsgesetz nicht mehr unter den Rückstellungen, sondern **gesondert** auszuweisen sind.

Buchtechnisch ist die Bildung und Auflösung von Rückstellungen wie folgt zu behandeln: Die **Rückstellungszuführung** erfolgt zu Lasten derjenigen Aufwandsart, die bei einer bereits im laufenden Geschäftsjahr erfolgten Inanspruchnahme und Abrechnung ebenfalls berührt worden wäre. Bei noch nicht erkennbarer Aufwandszuordnung wird auf das Konto Sonstige Aufwendungen gebucht. Als passivisches Bestandskonto ist das Konto Rückstellungen über das Schlussbilanzkonto abzuschließen.

Die **Auflösung** von Rückstellungen erfolgt über ein Finanzkonto: Bei (zufälliger) Identität zwischen Rückstellungsbildung und tatsächlicher Inanspruchnahme ist der Rückstellungsbetrag erfolgsunwirksam durch Gutschrift auf dem Finanzkonto auszubuchen; bei Divergenz entsteht ein sonstiger betrieblicher Aufwand im Falle der Unterdeckung (Fehlbetrag) bzw. ein sonstiger betrieblicher Ertrag im Falle der Überdeckung der effektiven Zahlung durch die Rückstellung. Nicht in Anspruch genommene Rückstellungen sind in Ermangelung einer eigenständigen Position in der GuV gemäß §275 Abs. 2 Nr. 4 bzw. Abs. 3 Nr. 6 HGB unter den sonstigen betrieblichen Erträgen auszuweisen. Eine Saldierung freigewordener Beträge mit dem für die Rückstellungsbildung belasteten Aufwandskonto ist unzulässig.

Beispiel:

Die Großhandelsfirma Zahn OHG hat im Jahr 01 Gewerbesteuervorauszahlungen in Höhe von insgesamt 36.800 geleistet. Die endgültige Jahressteuerschuld wird auf 44.500 geschätzt. Am 10. 10. 02 geht der Gewerbesteuerbescheid ein; die Veranlagung erfolgt mit 7.900. Der Betrag wird am 15. 11. 02 überwiesen. Die für die Jahre 01 und 02 erforderlichen Buchungen sind vorzunehmen.

Buchungssätze 01:

– Buchung der laufenden Gewerbesteuerzahlungen (summarisch):

GewSt-Aufwand	36.800	**an**	Bank	36.800

– Vorbereitende Abschlussbuchung:

GewSt-Aufwand	7.700	**an**	GewSt-Rückstellung	7.700

– Abschlussbuchung:

GewSt-Rückstellung	7.700	**an**	SBK	7.700
GuV-Konto	44.500	**an**	GewSt-Aufwand	44.500

Buchungssätze 02:

– Konteneröffnung:

EBK	7.700	**an**	GewSt-Rückstellung	7.700

– Überweisung am 15. 11.:

GewSt-Rückstellung	7.700			
sonstiger betrieblicher Aufwand	200	**an**	Bank	7.900

Erfolgsbelastend wirkt 02 nur die Unterdeckung. Würde der Betrag erst am 10. 1. 03 an das Finanzamt überwiesen, so müsste die Rückstellung zum 31. 12. 02 aufgelöst werden, da Höhe und Fälligkeit der Gewerbesteuerschuld am Bilanzstichtag feststehen:

GewSt-Rückstellung	7.700			
sonstiger betrieblicher Aufwand	200	**an**	GewSt-Schuld (Sonstige Verbindlichkeiten)	7.900

Das passivische Bestandskonto Gewerbesteuerschuld wäre mit Bezahlung am 10. 1. 03 erfolgsneutral aufzulösen.

GewSt-Schuld (sonstige Verbindlichkeiten)	7.900	**an**	Bank	7.900

13.7.2 Pensionsrückstellungen

Das Handelsrecht unterscheidet in Bezug auf den Bilanzansatz von Pensionsverpflichtungen zwischen unmittelbaren und mittelbaren Pensionszusagen. Diese Unterscheidung ist von Bedeutung, da die grundsätzlich gebotene Passivierung von Pensionsverpflichtungen als Rückstellungen für ungewisse Verbindlichkeiten gemäß § 249 Abs. 1 Satz 1 HGB durch Art. 28 EGHGB eingeschränkt wird. Eine unmittelbare Verpflichtung besteht, wenn das Unternehmen selbst eine Versorgungszusage gibt, so dass das Unternehmen die Leistungsverpflichtung bei Eintritt des Versorgungsfalles direkt gegenüber der leistungsberechtigten Person zu tragen hat (Direktzusage). Gemäß Art. 28 Abs. 1 Satz 1 EGHGB besteht für **unmittelbare Zusagen,** die vor dem 1. 1. 1987 erteilt wurden (Altzusagen), ein Passivierungswahlrecht. Erfolgt aufgrund des Wahlrechts kein Bilanzausweis, so ist der Betrag der Verpflichtung gemäß Art. 28 Abs. 2 EGHGB im Anhang anzugeben. Für unmittelbare Zusagen, die nach dem 31. 12. 1986 erteilt wurden (Neuzusagen), besteht hingegen eine Passivierungspflicht. Bei **mittelbaren Pensionszusagen** bedient sich das betreffende Trägerunternehmen für die Erbringung der Pensionsleistungen eines anderen Rechtsträgers. Hierbei ist nach dem Durchführungsweg der Altersversorgung zwischen einer Direktversicherung, Unterstützungskasse, Pensionskasse oder einem Pensionsfonds zu unterscheiden (vertiefend zu den Durchführungswegen einschließlich Direktzusage *Kußmaul,* Betriebswirtschaftliche Steuerlehre, S. 199 ff., sowie *Mühlberger/Schwinger,* Altersversorgung, S. 170 ff.). Auch bei mittelbaren Pensionszusagen besteht nach dem Betriebsrentengesetz eine Einstandspflicht des Trägerunternehmens für die von der Versorgungseinrichtung zu erfüllenden Verpflichtungen (**Subsidiärhaftung,** § 1 Abs. 1 Satz 3 BetrAVG). So kann, z. B. beim Vorliegen einer Deckungslücke, hieraus eine unmittelbare Verpflichtung erwachsen. Gemäß Art. 28 Abs. 1 Satz 2 EGHGB besteht für mittelbare Pensionsverpflichtungen ein Passivierungswahlrecht. So braucht eine Rückstellung selbst dann nicht gebildet zu werden, wenn eine Inanspruchnahme mit hoher Wahrscheinlichkeit bevorsteht (*Coenenberg/Haller/Schultze,* Jahresabschluss, S. 421, *Höfer,* Pensionsverpflichtungen, § 249 HGB, Rn. 794, *Ellrott/Rhiel,* Bilanzkommentar, § 249 HGB, Rn. 266). Nach einer Entscheidung des Bundesfinanzhofs (BFH v. 30. 11. 2005, BStBl. II 2007, S. 251) hat ein Arbeitgeber, der sich in einer Vereinbarung über Altersteilzeit verpflichtet hat, dem Arbeitnehmer in der Freistellungsphase einen bestimmten Prozentsatz des bisherigen Arbeitsentgelts zu zahlen, ebenfalls eine entsprechende Rückstellung zu bilden. Einen Sonderfall stellt des Weiteren die Bilanzierung und Bewertung von Pensionsverpflichtungen von juristischen Personen des öffentlichen Rechts gegenüber Beamten dar (vgl. hierzu die Stellungnahme IDW RS HFA 23 des Hauptfachausschusses des IDW vom 24. 4. 2009, *HFA,* Pensionsverpflichtungen). Aufgrund der z. T. gravierenden Änderungen der handelsrechtlichen Bilanzierung von Altersversorgungsverpflichtungen durch das Bilanzrechtsmodernisierungsgesetz hat sich der Hauptfachausschuss des IDW des Themas in einer am 9.9.2010 veröffentlichten „IDW-Stellungnahme zur Rechnungslegung: Handelsrechtliche Bilanzierung von Altersversorgungsverpflichtungen (IDW RS HFA 30) angenommen (*HFA,* Altersversorgungsverpflichtungen, vgl. zum Entwurf *Lucius/Veit,* Altersversorgungsverpflichtungen, S. 235–239).

Nach der Gliederungsvorschrift des §266 Abs. 3 HGB sind Rückstellungen für Pensionen und ähnliche Verpflichtungen gesondert auszuweisen. Durch das Bilanzrechtsmodernisierungsgesetz wurde in §246 Abs. 2 Satz 2 HGB eine Saldierungspflicht der Schulden aus Altersversorgungsverpflichtungen mit den Vermögensgegenständen, die ausschließlich der Erfüllung dieser Schulden dienen (reserviertes **Planvermögen**), eingeführt. Zu beachten ist, dass nur solche Vermögensgegenstände verrechnet werden dürfen, die dem Zugriff aller Gläubiger entzogen sind. Diese müssen des Weiteren jederzeit zur Begleichung der Schulden verwendet werden können. In der Bilanz erfolgt dann lediglich ein Ausweis der Nettoverpflichtung. Ein sich nach der Saldierung eventuell ergebender positiver Nettobetrag ist nach §246 Abs. 2 Satz 3 HGB unter dem gesonderten Posten **„Aktiver Unterschiedsbetrag aus der Vermögensverrechnung"** (§266 Abs. 2 E. HGB) zu aktivieren. Die Rückstellungsbildung erfolgt nach dem Gesamtkostenverfahren über den GuV-Posten „Soziale Abgaben und Aufwendungen für Altersversorgung und für Unterstützung" mit einem Davon-Vermerk für Altersversorgungsleistungen (§275 Abs. 2 Nr. 6 lit. b HGB). Bei Anwendung des Umsatzkostenverfahrens sind die entsprechenden Angaben im Anhang gemäß §285 Nr. 8 lit. b HGB aufzuführen. Die im Rahmen der Aufzinsung, ggf. auch aus veränderter Abzinsung der Rückstellungen auftretenden Aufwendungen bzw. Erträge sind bei Anwendung des Gesamt- und des Umsatzkostenverfahrens gesondert unter den Posten „sonstige Zinsen und ähnliche Erträge" (§275 Abs. 2 Nr. 11 bzw. §275 Abs. 3 Nr. 10 HGB) bzw. „Zinsen und ähnliche Aufwendungen" (§275 Abs. 2 Nr. 13 bzw. §275 Abs. 3 Nr. 12 HGB) auszuweisen, da diese zum Finanzergebnis und nicht zu den betrieblichen Aufwendungen und Erträgen gehören (§277 Abs. 5 Satz 1 HGB). Ferner sind die Erträge aus dem Planvermögen mit dem Zinsaufwand aus der Pensionsverpflichtung innerhalb des Finanzergebnisses zu verrechnen (§246 Abs. 2 Satz 2 2. Halbsatz HGB, BT-Drs. 16/12407, S. 110; *Förschle/Kroner*, Bilanzkommentar, §246 HGB, Rn. 120; *Hoffmann/Lüdenbach*, Kommentar Bilanzierung, S. 208 u. 1086 ff.; nach dem Hauptfachausschuss des IDW sollen Erfolgswirkungen aus einer Änderung des Diskontierungszinssatzes sowie aus Zeitwertänderungen und laufenden Erträgen des Deckungsvermögens wahlweise im Finanz- oder im operativen Ergebnis ausweisbar sein, *HFA*, Altersversorgungsverpflichtungen, IDW RS HFA 30, S. 448 f., allerdings geht dies nicht aus dem Gesetzeswortlaut hervor, vgl. *Lucius/Veit*, Altersversorgungsverpflichtungen, S. 238 sowie BT-Drs. 16/10067, S. 55).

Die Bewertung der Pensionsrückstellungen erfolgt handelsrechtlich gemäß §253 Abs. 1 Satz 2 HGB in Höhe des nach vernünftiger kaufmännischer Beurteilung notwendigen **Erfüllungsbetrages**. Daher sind eventuelle Preis- und Kostensteigerungen bis zum Zeitpunkt der Erfüllung zu berücksichtigen. Somit sind zukunftsbezogene Daten, wie beispielsweise zur Fluktuation von Arbeitnehmern, künftige Gehalts- und Rententrends sowie Sterbe- und Invaliditätswahrscheinlichkeiten grundsätzlich in die Bewertung miteinzubeziehen. Dies erstreckt sich ebenfalls auf Karrieretrends (*HFA*, Altersversorgungsverpflichtungen, S. 443). Welche Preis- und Kostenentwicklungen im Einzelfall zu berücksichtigen sind, hängt allerdings auch von der konkreten Versorgungszusage ab (vgl. *Hall, van/Harth/Kessler*, S. 296–299). Überdies müssen gemäß der Begründung zum Regierungsentwurf des Bilanzrechtsmodernisierungsgesetzes „ausreichende objektive Hinweise für den Eintritt" (BT-Drs. 16/10067, S. 52) der geschätzten Werte vorliegen (vgl. Teil A, Abschn. 13.7.1, S. 512 ff.). Die Bewertung von **wertpapiergebundenen Pensionsverpflichtungen** regelt der durch das Bilanzrechtsmodernisierungsgesetz neu eingefügte § 253 Abs. 1 Satz 3 HGB. Darunter sind Pensionszusagen zu verstehen, die neben einer garantierten Mindestzusage eine zusätzliche Leistung vorsehen. Die Höhe dieser Zusatzleistung hängt dabei vom Wert bestimmter Wertpapiere zu einem festgelegten Zeitpunkt ab. Die Verpflichtungen sind zum beizulegenden Zeitwert dieser Wertpapiere anzusetzen, soweit dieser die garantierte Mindestzusage übersteigt. Soweit die garantierte Mindestzusage den beizulegenden Zeitwert der Wertpapiere nicht übersteigt, bemisst sich die Höhe der anzusetzenden Rückstellung nach den allgemeinen Regeln zur Bewertung von Pensionsrückstellungen.

Mit dem Bilanzrechtsmodernisierungsgesetz werden erstmals von allen Unternehmen einheitlich zu verwendende Zinssätze für die **Abzinsung** von Pensions- und anderen Rückstellungen vorgeschrieben (§ 253 Abs. 2 HGB; vgl. zur Abzinsung bereits Teil A, Abschn. 13.7.1, S. 513). Es sind dabei die von der Deutschen Bundesbank veröffentlichten restlaufzeitgerechten Zinssätze heranzuziehen. Bei Rückstellungen für Altersversorgungsverpflichtungen oder vergleichbare langfristig fällige Verpflichtungen darf vereinfachend der von der Deutschen Bundesbank veröffentlichte Durchschnittszinssatz für eine angenommene Restlaufzeit von 15 Jahren verwandt werden. Allerdings kann das Wahlrecht nur in Anspruch genommen werden, wenn der Pauschalansatz von 15 Jahren mit der tatsächlichen unternehmensspezifischen Altersstruktur vereinbar ist – insbesondere nicht zu einer Verzerrung des Bildes über die tatsächliche Vermögens-, Finanz- und Ertragslage führt – und somit der Personalbestand nicht durch einen Überhang an älteren Arbeitnehmern mit entsprechend früherem Renteneintritt geprägt ist (vgl. BT-Drs. 16/10067, S. 55).

Wie bereits erwähnt, sieht § 246 Abs. 2 Satz 2 HGB hinsichtlich der Ansatzfrage eine verpflichtende Verrechnung von Vermögensgegenständen, die ausschließlich der Erfüllung von Pensionsverpflichtungen dienen (reserviertes Planvermögen), mit den entsprechenden Schulden aus Altersversorgungsverpflichtungen vor. Nach § 253 Abs. 1 Satz 4 HGB ist das zu saldierende **Planvermögen mit dem beizulegenden Zeitwert** zu bewerten. Dieser entspricht nach § 255 Abs. 4 Satz 1 HGB dem Marktpreis. Falls sich dieser nicht über einen aktiven Markt ermitteln lässt, ist der beizulegende Zeitwert mittels anerkannter Bewertungsmethoden zu bestimmen (§ 255 Abs. 4 Satz 2 HGB). Ist auch auf diesem Weg kein beizulegender Zeitwert festzustellen, so sind gemäß § 255 Abs. 4 Satz 3 HGB die Anschaffungs- oder Herstellungskosten fortzuführen. Im Anhang sind gemäß § 285 Nr. 25 HGB die Anschaffungskosten, der beizulegende Zeitwert und der Erfüllungsbetrag der verrechneten Schulden sowie die verrechneten Aufwendungen und Erträge anzugeben; bei der Verwendung von Bewertungsmodellen erstreckt sich die Angabepflicht auch auf die zugrunde gelegten wesentlichen Annahmen (§ 285 Nr. 25 i. V. m. § 285 Nr. 20 lit. a HGB).

Da die Bewertung auf Zeitwertbasis zu einem Ausweis nicht realisierter Gewinne führen kann, hat der Gesetzgeber eine **Ausschüttungssperre** für Kapitalgesellschaften und haftungsbeschränkte Personengesellschaften vorgesehen.

Dabei knüpft die Ausschüttungssperre an der Differenz zwischen dem höheren beizulegenden Zeitwert und den Anschaffungs- oder Herstellungskosten der Vermögensgegenstände des Planvermögens, vermindert um hierfür gebildete passive latente Steuern, an (§ 268 Abs. 8 Satz 3 HGB; BT-Drs. 16/12407, S. 113). Um die Erfolgswirkung einer Zeitbewertung ausschüttungsseitig grundsätzlich zu neutralisieren, ist die Berücksichtigung einer Ausschüttungssperre auch für den Fall eines **Netto-Verpflichtungsüberhanges** zu prüfen. Insofern sollte sich der Verweis des § 268 Abs. 8 Satz 3 HGB auf den entsprechenden Satz 1 der Vorschrift nicht auf dessen Antezedens beziehen, vielmehr dahingehend interpretiert werden, dass die Ausschüttungssperre unabhängig davon zu ermitteln ist, ob sich insgesamt ein positiver Verrechnungsbetrag (aktiver Unterschiedsbetrag aus der Vermögensverrechnung) ergibt, der ebenso wie aktiviertes immaterielles Anlagevermögen zu einer Aktivposition führt. Im Falle eines **Aktivüberhanges** hingegen sollte sich die Ausschüttungssperre nicht zwingend auf den gesamten als separate Aktivposition (§ 266 Abs. 2 E. HGB) auszuweisenden Betrag beziehen (u. E. missverständlich BT-Drs. 16/12407, S. 110; vgl. *Hall, van/Harth/Kessler*, Rückstellungen, S. 301); bei den Verpflichtungsbetrag übersteigenden Anschaffungs- oder Herstellungskosten dürfte insofern nur eine positive Differenz zwischen den beizulegenden Zeitwerten der Vermögensgegenstände des Planvermögens und deren Anschaffungs- oder Herstellungskosten, bereinigt um die zugehörigen passiven latenten Steuern, einer Ausschüttungssperre unterliegen (vgl. auch *Küting/Kußmaul/Keßler*, Pensionsverpflichtungen, S. 2560). Zu fragen ist dabei, ob die Berechnung der Ausschüttungssperre auf Basis des **Gesamtbetrages** des Zeitwertes des Planvermögens verglichen mit der Summe der Anschaffungs- oder Herstellungskosten der einbezogenen Vermögensgegenstände erfolgen oder auf einer **Einzelbetrachtung** der enthaltenen Vermögensgegenstände gemäß dem Einzelbewertungsgrundsatz – vorbehaltlich etwaiger auch im Einzelabschluss für nicht reserviertes Vermögen zulässiger Abweichungen wie über Sammelbewertungsverfahren – beruhen sollte. Der Wortlaut des § 268 Abs. 8 Satz 3 HGB bezieht sich auf „die Vermögensgegenstände“ und nicht die Vermögensgesamtheit im Sinne des § 246 Abs. 2 Satz 2 HGB, so dass der Bezug auf die einzelnen Vermögensgegenstände und somit eine Einzelbetrachtung nahe liegt. Dafür spräche auch die Gegenrechnung der zu bildenden passiven latenten Steuern, wie sie bei deren Ermittlung auf Basis einer Einzeldifferenzbetrachtung deutlich wird (vgl. *Baetge/Kirsch/Thiele*, Bilanzen, S. 539). Darüber hinaus enthält § 268 Abs. 8 HGB keinen Anhaltspunkt dafür, dass eine kompensatorische Betrachtung erfolgen soll (vgl. *Hall, van/Harth/Kessler*, Rückstellungen, S. 301; vgl. *Petersen/Zwirner/Froschhammer*, Ausschüttungssperre, S. 336). Dies wäre die Konsequenz einer Aggregation in dem Falle, dass unter den Anschaffungskosten liegende beizulegende Zeitwerte einzelner Vermögensgegenstände eine entsprechende Ausschüttungssperre bei über den Anschaffungskosten bewerteten Vermögensgegenständen verhinderten. Eine **Portfoliobetrachtung** wäre auch insofern unangebracht, als die Umwidmung von unter ihren Anschaffungskosten zu bewertenden Vermögensgegenständen in das reservierte Planvermögen dann unmittelbar zu einer Reduzierung des ausschüttungsgesperrten Betrages führen würde. Konsequenz der Einzelbetrachtung ist demgegenüber, dass die aus den Angaben nach § 285 Nr. 25 HGB zu ermittelnde Gesamt-Differenz der beizulegenden Zeitwerte und der Anschaffungskostensumme des verrechneten Planvermögens nur eine Untergrenze für den tatsächlich ausschüttungsgesperrten Betrag repräsentiert, welcher allerdings im Rahmen der Angabepflichten nach § 285 Nr. 28 HGB zu erfassen ist. Anzumerken ist, dass nach der Begründung zum Bilanzrechtsmodernisierungsgesetz für die Bemessung der Ausschüttungssperre die Anschaffungskosten nicht durch hypothetisch vorzunehmende planmäßige Abschreibungen fortzuführen sind (BT-Drs. 16/12407, S. 113).

Das **Handelsrecht** schreibt (auch nach dem Bilanzrechtsmodernisierungsgesetz) grundsätzlich **kein pflichtgemäß anzuwendendes Verfahren** zur Ermittlung des Wertes der Pensionsverpflichtung vor; insofern gelten die allgemeinen Vorgaben (Erfüllung der GoB, Vermittlung eines tatsächlichen Bildes der Vermögens-, Finanz- und Ertragslage nach § 264 Abs. 2 HGB). Konkret ist damit die steuerlich nach § 6a EStG vorgesehene **Teilwertmethode** zur Ermittlung der Rückstellungswerte und erforderlichen Jahresbeträge für die Zuführungen zu den Rückstellungen methodisch auch handelsrechtlich anwendbar. Bei der Teilwertmethode wird der Betrag der zukünftigen Versorgungsleistungen gleichmäßig auf die Dienstjahre verteilt; dabei entspricht die Barwertsumme der zukünftig zu erbringenden Leistungen bezogen auf den Anfang des Wirtschaftsjahres, in welchem das Dienstverhältnis beginnt, der Barwertsumme der annuitätisch anzusetzenden Jahresbeträge. Im Rahmen der versicherungsmathematischen Berechnung ist die Verwendung von biometrischen Daten, die auf anerkannten Statistiken wie den **Heubeck-Richttafeln** basieren, und unternehmensspezifischen Fluktuationswahrscheinlichkeiten zulässig. Während nach Rechtslage vor dem Bilanzrechtsmodernisierungsgesetz die steuerlichen Wertansätze in die Handelsbilanz übernommen werden konnten und somit keine eigenständige handelsrechtliche Bewertung erforderlich war, ergeben sich aufgrund der durch das Bilanzrechtsmodernisierungsgesetz geänderten Bewertungsvorgaben Unterschiede (z. B. durch die handelsrechtliche Einbeziehung von Kosten- und Preissteigerungen, verschiedene Diskontierungszinssätze). § 285 Nr. 24 HGB fordert **Anhangangaben** zu den Bewertungsverfahren und den grundlegenden Annahmen für die Berechnung. Aufgrund der unbestimmten handelsrechtlichen Vorgabe ist grundsätzlich neben dem Teilwertverfahren auch das nach den IFRS vorgesehene **Anwartschaftsbarwertverfahren** (projected unit credit method) zulässig (vgl. *HFA*, Altersversorgungsverpflichtungen, S. 444 (Rn. 60 f.). Der sich nach dem Teilwertverfahren ergebende Wert ist nicht mehr als Untergrenze für den Rückstellungsansatz zu betrachten (*Scheffler*, Rückstellungen, S. 242 f., *Wolz/Oldewurtel*, Pensionsrückstellungen, S. 426; a. A. *Höfer*, § 249 HGB, Rn. 688).

Durch die im Rahmen des Bilanzrechtsmodernisierungsgesetzes geänderte Rückstellungsbewertung kommt es zu einer **Differenz** zwischen der Rückstellung nach bisherigem Bewertungsverfahren und der Rückstellung, die sich nach Anwendung der neuen Bewertungsregeln ergibt. Daraus kann sich ein **besonderer Zuführungsbedarf** zu den Pensionsrückstellungen ergeben. In diesem Fall kann die Zuführung „bis spätestens zum 31. 12. 2024 in jedem Geschäftsjahr zu mindestens einem Fünfzehntel" (Art. 67 Abs. 1 EGHGB) erfolgen (zu lesen als: „in nicht zunehmenden Beträgen", so dass – neben einer Gleichverteilung über

15 oder weniger Jahre – in den Anfangsjahren höhere Zuführungen mit entsprechend unter einem Fünfzehntel liegenden Zuführungen in späteren Jahren möglich sind). Die Zuführung kann auch sofort vollumfänglich erfolgswirksam vorgenommen werden. Sollte hingegen eine Auflösung von Rückstellungen erforderlich sein, da sich die Pensionsrückstellung durch die neuen Regeln vermindert, darf gemäß Art. 67 Abs. 1 Satz 2 EGHGB der höhere Betrag weiterhin angesetzt werden, soweit bis spätestens zum 31. 12. 2024 Zuführungen in Höhe der Auflösung erforderlich sind. Der Betrag der Überdeckung ist im Anhang anzugeben. Wird von diesem Wahlrecht kein Gebrauch gemacht, so sind die aus der Auflösung resultierenden Beträge nach Art. 67 Abs. 1 Satz 3 EGHGB unmittelbar in die Gewinnrücklagen einzustellen. Gemäß Art. 67 Abs. 2 EGHGB sind im Anhang die Rückstellungen anzugeben, die aufgrund der entsprechenden Nutzung der Wahlrechte nicht in der Bilanz ausgewiesen werden. Für das **Planvermögen** enthält das Gesetz keine entsprechenden Regelungen. Daraus folgt die Verpflichtung zum Ansatz der zu verrechnenden Vermögensgegenstände mit dem beizulegenden Zeitwert und der Saldierung auf Basis dieses Wertansatzes ohne Übergangsfrist.

In der **Steuerbilanz** ist der **Ansatz** von Pensionsrückstellungen an eine Reihe von Voraussetzungen gemäß § 6a Abs. 1 und Abs. 2 EStG geknüpft. Insbesondere muss die Pensionszusage schriftlich erteilt worden sein und sie muss dem Berechtigten einen einklagbaren Rechtsanspruch einräumen; ferner darf sie nur unter bestimmten Voraussetzungen widerrufbar sein. Darüber hinaus erfolgen der steuerliche Ansatz sowie die steuerliche Rückstellungsberechnung für Berechtigte, deren Diensteintritt vor Vollendung des 27. Lebensjahres beginnt, erst mit dem Jahr, bis zu dessen Mitte der Berechtigte das 27. Lebensjahr vollendet hat (§ 6a Abs. 2 Nr. 1 und Abs. 3 Nr. 1 Satz 6 EStG). Die Bildung einer steuerlichen Pensionsrückstellung ist unter den Voraussetzungen des § 6a Abs. 1 EStG als Wahlrecht formuliert („darf"). Allerdings wird dieses nicht als ein eigenständiges steuerliches Wahlrecht betrachtet (vgl. *Ellrott/Rhiel*, Bilanzkommentar, § 249 HGB, Rn. 161), so dass damit vielmehr eine durch die angesprochenen besonderen steuerlichen Voraussetzungen gegebene Einschränkung der steuerlichen Passivierbarkeit gegenüber der handelsrechtlichen Passivierungspflicht zum Ausdruck gebracht wird (vgl. auch *Falterbaum/Bolk/Reiß/Kirchner*, Buchführung, S. 1023; BMF vom 12. 3. 2010, BStBl. I 2010, S. 240). Nach traditionellem Verständnis der **materiellen Maßgeblichkeit** (gemäß der Rechtslage vor dem Bilanzrechtsmodernisierungsgesetz) überträgt sich die handelsrechtliche Passivierungspflicht auf die Steuerbilanz (vgl. auch R 6a Abs. 1 EStR). Mit der gegebenen Interpretation wäre allerdings auch bei einer unterstellten eigenständigen Ausübung steuerlicher Wahlrechte von einer Passivierungspflicht auszugehen. Bei mittelbaren Pensionszusagen, für die ein handelsrechtliches Passivierungswahlrecht besteht, gilt hingegen ein steuerliches Passivierungsverbot (vgl. *Kußmaul*, Betriebswirtschaftliche Steuerlehre, S. 202 ff.). Demgegenüber wird das handelsrechtliche Passivierungswahlrecht für Altzusagen vor dem 1. 1. 1987 steuerlich übernommen (R 6a Abs. 1 EStR; BMF vom 12. 3. 2010, BStBl. I 2010, S. 240). Ein Nettoausweis, wie er handelsrechtlich bei Vorliegen eines reservierten Planvermögens i. S. d. § 246 Abs. 2 HGB verpflichtend ist, ist nach § 5 Abs. 1a Satz 1 EStG steuerrechtlich nicht zulässig.

Aufgrund des **steuerlichen Bewertungsvorbehalts** gemäß § 5 Abs. 6 i. V. m. § 6a EStG haben die Änderungen der handelsrechtlichen Bewertungsvorschriften durch das Bilanzrechtsmodernisierungsgesetz **keinen** Einfluss auf die steuerliche Gewinnermittlung. Steuerrechtlich dürfen Pensionsrückstellungen höchstens mit dem Teilwert der Pensionsverpflichtung angesetzt werden (§ 6a Abs. 3 Satz 1 EStG), so dass nur das **Teilwertverfahren** zulässig ist. Der **Diskontierungszinssatz** für die Steuerbilanz wird gesetzlich auf 6 % p. a. fixiert (§ 6a Abs. 3 Satz 3 EStG). Anders als nach HGB dürfen zukünftige Preis- und Kostensteigerungen steuerlich nicht berücksichtigt werden (vgl. *Hoffmann/Lüdenbach*, Kommentar Bilanzierung, S. 526), da gemäß § 6 Abs. 1 Nr. 3a lit. f EStG die Wertverhältnisse am Bilanzstichtag maßgebend sind. Die Regelungen in R 6a Abs. 20 Satz 2 bis 4 EStR, nach denen der handelsrechtliche Ansatz der Pensionsrückstellung die Bewertungsobergrenze darstellte, sind nicht weiter anzuwenden (vgl. BMF-Schreiben v. 12. 3. 2010, BStBl. I 2010, S. 240, *Höfer*, Pensionsrückstellungen, S. 140). Beeinflusst die Höhe der gesetzlichen Rente die Höhe der Betriebsrente – etwa durch (partielle) Anrechnung oder Bezugnahme auf die Gesamtversorgung des Arbeitnehmers –, so kann bei der bilanzsteuerlichen Bewertung der Pensionsverpflichtung die Anrechnung der gesetzlichen Rente über ein Näherungsverfahren abgebildet werden; dies gilt analog für die Ermittlung der als Betriebsausgaben abzugsfähigen Zuwendungen an Unterstützungskassen (vgl. hierzu das BMF-Schreiben v. 15. 3. 2007, BStBl. I 2007, S. 290, geändert durch BMF v. 5. 5. 2008, BStBl. I 2008, S. 569).

Ergänzende Literatur zu: 13.7.2 Pensionsrückstellungen

Baetge/Kirsch/Thiele, Bilanzen, S. 425–434

Coenenberg/Haller/Schultze, Jahresabschluss, S. 420–427

Hall, van/Harth/Kessler, Rückstellungen, S. 270–272, 293–315

13.7.3 Steuerfreie Rücklagen

Aus handelsrechtlicher Sicht sind Rücklagen im Allgemeinen dem Bereich der rechtsformabhängigen Eigenkapitalbuchung und -bilanzierung zuzurechnen. Gewinnrücklagen sind Bestandteil der Gewinnverwendung und kommen insbesondere bei Gesellschaften mit konstantem Eigenkapitalbetrag durch offenen Ausweis auf der Passivseite der Bilanz zum Ausdruck. Rücklagen stellen zusätzliches Eigenkapital dar und erfüllen damit eine **Schutz- und Garantiefunktion** gegenüber dem Nominalkapital und eine **Finanzierungsfunktion** gegenüber zukünftigen Investitionsvorhaben; sie sind bei Verlusten oder Wertminderungen zuerst aufzulösen.

Offene Rücklagen werden im Allgemeinen aus dem bereits versteuerten Gewinn gebildet. Aus steuerbilanzieller Sicht gilt dies jedoch nicht für einige durch Rechtsvorschrift ausdrücklich ausgenommene Tatbestände, die eine bei der Ermittlung der ertragsteuerlichen Bemessungsgrundlage abzugsfähige Rücklagenzuführung zulassen, um dadurch steuerliche Härten und wirtschaftlich unerwünschte Ergebnisse zu vermeiden. Die Besteuerung erfolgt in diesen

Fällen im Zeitpunkt einer gewinnerhöhenden Rücklagenauflösung, bei der Übertragung der Rücklagenbeträge auf die Ansätze anderer Wirtschaftsgüter gegebenenfalls auch erst später. Die bei ihrer Bildung steuerfrei belassenen Rücklagen enthalten daher neben einem Eigenkapitalanteil immer auch einen Fremdkapitalanteil in Höhe des bei ihrer gewinnwirksamen Auflösung anfallenden Steuerbetrages. Die aus Eigen- und Fremdkapital bestehenden **Mischposten** besitzen folglich sowohl Rücklagen- als auch Rückstellungscharakter, wobei Letzterer durch die ungewisse Höhe und Realisation der Steuerverbindlichkeit begründet ist. Aus diesem Grund werden diese **„steuerfreien Rücklagen"** bereits an dieser Stelle behandelt. Aufgrund ihrer Rechtsformabhängigkeit wird die handelsrechtliche Behandlung allgemeiner Rücklagen erst im nachfolgenden Abschnitt 14 dieses Buches beschrieben.

Mit **Abschaffung der Umkehrmaßgeblichkeit** durch das Bilanzrechtsmodernisierungsgesetz ist die Thematik steuerfreier Rücklagen im Wesentlichen nur noch eine steuerliche. Nach alter handelsrechtlicher Rechtslage forderten die §§ 247 Abs. 3 und 273 HGB a. F. zur Unterscheidung der aus bereits versteuertem Gewinn zu bildenden Rücklagen einerseits und der gewinnmindernden, steuerfreien Rücklagen andererseits bei Letzteren deren gesonderten Ausweis auf der Passivseite der Bilanz unter der Position **„Sonderposten mit Rücklageanteil"**. Zusätzlich hatten Kapitalgesellschaften in der Bilanz oder im Anhang anzugeben, nach welcher Vorschrift die jeweilige steuerfreie Rücklage gebildet wurde. Entsprechend waren auch in der GuV-Rechnung Bildung und Auflösung des Sonderpostens gesondert auszuweisen, und zwar die Zuführung unter den sonstigen betrieblichen Aufwendungen und die Auflösung unter den sonstigen betrieblichen Erträgen (§ 281 Abs. 2 HGB). Durch die Abschaffung der umgekehrten Maßgeblichkeit (§ 5 Abs. 1 Satz 2 EStG a. F.) setzt die steuerliche Anerkennung der Sonderposten mit Rücklageanteil nicht mehr auch ihre Berücksichtigung in der Handelsbilanz voraus, so dass die entsprechenden handelsrechtlichen Öffnungsklauseln aufgehoben werden konnten. Gemäß Art. 66 Abs. 5 EGHGB sind diese letztmals auf Jahres- und Konzernabschlüsse für Geschäftsjahre anzuwenden, die vor dem 1. 1. 2010 beginnen. Die nach bisherigem Recht gebildeten Sonderposten mit Rücklageanteil können wahlweise gemäß Art. 67 Abs. 3 Satz 1 EGHGB beibehalten und entsprechend den Vorschriften des HGB a. F. ratierlich oder gemäß Art. 67 Abs. 3 Satz 2 EGHGB unmittelbar zugunsten der Gewinnrücklagen aufgelöst werden. In Form von **Altbeständen** besitzen steuerfreie Rücklagen somit auch noch handelsrechtliche Bedeutung.

Bezüglich ihres **Zuführungsanlasses** sind zwei Gruppierungen steuerfreier Rücklagen zu unterscheiden:

a) Die steuerfreie Rücklagenbildung wird bei Zutreffen der gesetzlichen Tatbestandsmerkmale und bei Vorliegen der Voraussetzungen **a priori** begründet. Hierzu gehören:

- Rücklage für Zuschüsse (R 6.5 Abs. 4 EStR);
- Rücklage für Reparaturen (R 6.6 Abs. 7 EStR).

Vor Inkrafttreten der Unternehmenssteuerreform 2008 gehörte hierzu bis einschließlich Veranlagungszeitraum 2007 eine Rücklage für Anschaffung oder

Herstellung bestimmter Wirtschaftsgüter bei kleinen und mittleren Betrieben (Ansparabschreibung, § 7g Abs. 3 EStG a. F.), welche spätestens nach zwei Jahren aufzulösen war. Durch die Unternehmenssteuerreform 2008 wurde die Ansparabschreibung in den **Investitionsabzugsbetrag** gemäß § 7g Abs. 1 EStG gewandelt, der im Unterschied zur Ansparabschreibung steuertechnisch als Abzugsbetrag außerhalb der Bilanz zu berücksichtigen ist, so dass keine Rücklagenbildung mehr erfolgt. Das BMF hat zur Klärung von Zweifelsfragen im Zusammenhang mit dem Investitionsabzugsbetrag ein entsprechendes Schreiben herausgebracht (BMF-Schreiben v. 8. 5. 2009, BStBl. I 2009, S. 633 ff.).

b) Die steuerfreie Rücklagenbildung ist **a posteriori** durch Aufdeckung von im Betrieb zulässig gelegten stillen Reserven begründet, deren Weiterführung als offene Rücklage bis zur Übertragung auf ein anderes Wirtschaftsgut unter bestimmten Voraussetzungen möglich ist. Hierzu gehören:

- Rücklage für Ersatzbeschaffung (R 6.6 Abs. 4 EStR);
- Rücklage für Veräußerungsgewinne (§§ 6b, 6c EStG);
- Rücklage für Gewinne aus der Umrechnung in Euro (§ 6d EStG);

Die primären **Unterscheidungsmerkmale** der wichtigsten steuerfreien Rücklagen sind in der nachfolgenden Tabelle systematisiert.

Art der steuerfreien Rücklagen	**Begünstigte Wirtschaftsgüter**	**Besondere Voraussetzungen für die Bildung**	**Höhe der Einstellung in die steuerfreie Rücklage**	**Dauer der Begünstigung und Höhe ihrer Auflösung**
Rücklage für Veräußerungsgewinne (§ 6b Abs. 3 EStG)	Grund und Boden, Aufwuchs mit Grund und Boden (nur bei land- und forstwirtschaftlichen Betriebsvermögen), Gebäude sowie Binnenschiffe [bei Letzteren Veräußerung: 1. 1. 2006–31. 12. 2010] (§ 6b Abs. 1; R 6 b.1 Abs. 1 u. 2 EStR und H 6 b.1 EStH, § 52 Abs. 18b EStG)	Wirtschaftsgüter müssen mindestens sechs Jahre zum Anlagevermögen einer inländischen Betriebsstätte gehört haben (Ausnahme: Fristverkürzung auf zwei Jahre bei städtebaulichen Sanierungs- oder Entwicklungsmaßnahmen); die neu angeschafften oder hergestellten Wirtschaftsgüter müssen zum Anlagevermögen einer inländischen Betriebsstätte gehören; der bei der Veräußerung entstandene Gewinn bleibt bei der Ermittlung des im Inland steuerpflichtigen Gewinns nicht außer Ansatz; die Bildung und Auflösung der Rücklage muss in der Buchführung verfolgt werden können; nur bestimmte Übertragungsrichtungen nach § 6b Abs. 1 EStG (§ 6b Abs. 4 u. 8 EStG; R 6 b.2 u. b.3 EStR); der steuerliche Gewinn wird nach § 4 Abs. 1 EStG oder § 5 EStG ermittelt (§ 6b Abs. 4 Satz 1 Nr. 1 EStG); bei Gewinnermittlung nach § 4 Abs. 3 oder § 13a EStG vgl. § 6c EStG.	R = Veräußerungspreis abzüglich Veräußerungskosten abzüglich Buchwert (§ 6b Abs. 3 u. 2 EStG)	Gesamte Rücklage muss spätestens nach vier Jahren, bei Verrechnung mit neu hergestellten Gebäuden (Voraussetzung Baubeginn vor Schluss des vierten Jahres) spätestens nach sechs Jahren aufgelöst werden. (§ 6b Abs. 3 EStG, H 6 b.2 EStH) Fristenverlängerung jeweils um drei Jahre bei Rücklage für Veräußerung bei städtebaulichen Sanierungs- und Entwicklungsmaßnahmen (§ 6b Abs. 8 EStG). Bei Auflösung ohne Übertragung ist der Gewinn für jedes volle Wirtschaftsjahr, in dem die Rücklage bestanden hat, um 6 Prozent des aufgelösten Betrages zu erhöhen (fiktive Verzinsung nach § 6b Abs. 7 EStG)

Art der steuerfreien Rücklagen	Begünstigte Wirtschaftsgüter	Besondere Voraussetzungen für die Bildung	Höhe der Einstellung in die steuerfreie Rücklage	Dauer der Begünstigung und Höhe ihrer Auflösung
Rücklage für Veräußerungsgewinne (§ 6b Abs. 10 EStG)	Anteile an Kapitalgesellschaften (§ 6b Abs. 10 EStG)	Nur für Steuerpflichtige, die keine Körperschaften, Personenvereinigungen oder Vermögensmassen sind (§ 6b Abs. 10 Satz 1 EStG); Anteile müssen mindestens sechs Jahre zum Anlagevermögen einer inländischen Betriebsstätte gehört haben; die neu angeschafften oder hergestellten Wirtschaftsgüter müssen zum Anlagevermögen einer inländischen Betriebsstätte gehören; die Bildung und Auflösung der Rücklage muss in der Buchführung verfolgt werden können (§ 6b Abs. 10 Satz 4 i. V. m. Abs. 4 Nr. 2, 3 u. 4 EStG) der steuerliche Gewinn wird nach § 4 Abs. 1 EStG oder § 5 EStG ermittelt (§ 6b Abs. 4 S. 1 Nr. 1 EStG)	R = Veräußerungspreis abzüglich Veräußerungskosten abzüglich Buchwert Max. Dotierung 500.000 €/ Jahr (§ 6b Abs. 10 Satz 1 u. 4 i. V. m. Abs. 2 EStG)	Rücklage kann unter Beachtung von § 6b Abs. 10 Satz 2 u. 3 EStG in den auf ihre Bildung folgenden zwei Wirtschaftsjahren mit neu erworbenen Anteilen an Kapitalgesellschaften bzw. abnutzbaren beweglichen Wirtschaftsgütern sowie in den vier auf ihre Bildung folgenden Wirtschaftsjahren mit den Anschaffungskosten von neu angeschafften Gebäuden verrechnet werden – bei abnutzbaren beweglichen Wirtschaftsgütern und bei Gebäuden nur in Höhe des nicht nach § 3 Nr. 40 Satz lit. a und b i. V. m. § 3c Abs. 2 EStG steuerbefreiten Betrages. Am Schluss des vierten Geschäftsjahres noch vorhandene Rücklagen sind unter Beachtung der in § 6b Abs. 10 Satz 9 EStG vorgesehenen Verzinsung von 6 Prozent auf den nicht steuerbefreiten Betrag erfolgswirksam aufzulösen. (§ 6b Abs. 10 EStG)
Rücklage für Zuschüsse aus öffentlichen Mitteln (R 6.5 Abs. 4 EStR)	Nur Wirtschaftsgüter des Anlagevermögens (R 6.5 Abs. 4 EStR)	Für das Anlagegut wird ein Zuschuss gewährt, der erfolgsneutral behandelt werden soll; das Wirtschaftsgut muss ganz oder teilweise in einem der Zuschussgewährung folgenden Wirtschaftsjahr angeschafft oder hergestellt werden; der steuerliche Gewinn ist nach § 4 Abs. 1 oder § 5 EStG zu ermitteln. (R 6.5 Abs. 4 EStR)	R = Höhe der noch nicht verwendeten Zuschussbeträge (R 6.5 Abs. 4 EStR)	Gesamte Rücklage ist im Jahr der Anschaffung oder Herstellung auf das Anlagegut zu übertragen. (R 6.5 Abs. 4 EStR)

Art der steuerfreien Rücklagen	Begünstigte Wirtschaftsgüter	Besondere Voraussetzungen für die Bildung	Höhe der Einstellung in die steuerfreie Rücklage	Dauer der Begünstigung und Höhe ihrer Auflösung
Rücklage für Ersatzbeschaffung bzw. Reparaturen (R 6.6 Abs. 4 bzw. 7 EStR)	Wirtschaftsgüter des Anlage- oder Umlaufvermögens (R 6.6 Abs. 1 Nr. 1 EStR)	Zwangsweises Ausscheiden oder Beschädigen des Wirtschaftsgutes infolge höherer Gewalt oder behördlicher Eingriffe gegen Entschädigung; (R 6.6 Abs. 1 Nr. 1 EStR) Soweit die Ersatzbeschaffung eines funktionsgleichen Wirtschaftsgutes ernstlich geplant oder zu erwarten ist (Fristen: innerhalb eines Jahres, bei Immobilien zwei Jahre, ggf. Verlängerung im Einzelfall) bzw. soweit die Reparatur erst in einem späteren Wirtschaftsjahr erfolgt; (R 6.6 Abs. 4 bzw. 7 EStR) Die steuerliche Gewinnermittlung kann nach § 4 Abs. 1 oder § 5 EStG erfolgen, bei Gewinnermittlung nach § 4 Abs. 3 EStG vgl. R 6.6 Abs. 5 EStR; bei Gewinnermittlung nach § 13a EStG vgl. R 6.6 Abs. 6 EStR.	R = Entgelt oder Entschädigung abzüglich Buchwert (H 6.6 Abs. 3 EStH) bzw. R = Reparaturentschädigung (R 6.6 Abs. 7 EStR)	Gesamte Rücklage muss bei beweglichen Wirtschaftsgütern in einem Jahr, bei Grundstücken oder Gebäuden in zwei Jahren aufgelöst werden. Eine angemessene Verlängerung dieser Fristen ist im Einzelfall möglich. (R 6.6 Abs. 4 EStR) Eine Reparaturrücklage muss spätestens nach zwei Jahren aufgelöst sein. Eine angemessene Verlängerung dieser Frist ist im Einzelfall möglich. (R 6.6 Abs. 7 EStR)
Außerbilanziell (nicht als Rücklage)				
Investitionsabzugsbetrag für zukünftige Anschaffung oder Herstellung bestimmter Wirtschaftsgüter bei kleinen und mittleren Betrieben (bis einschließlich Veranlagungszeitraum 2007 noch Rücklagenbildung über Ansparabschreibungen, § 7g Abs. 3 EStG a. F.)	Neue bewegliche Wirtschaftsgüter des Anlagevermögens (§ 7g Abs. 1 EStG, H 7g EStH)	Das Wirtschaftsgut muss voraussichtlich bis zum Ende des dritten auf den Abzug folgenden Wirtschaftsjahres angeschafft oder hergestellt worden sein und danach mindestens ein Jahr in einer inländischen Betriebsstätte verbleiben und (fast) ausschließlich betrieblich genutzt werden; das Betriebsvermögen bei Gewinnermittlung nach § 4 Abs. 1 oder § 5 EStG darf höchstens 235.000 € [1. 1. 2009–31. 12. 2010: 335.000 €] betragen; der Gewinn ohne Berücksichtigung des Investitionsabzugsbetrags darf bei Gewinnermittlung nach § 4 Abs. 3 EStG 100.000 € [1. 1. 2009–31. 12. 2010: 200.000 €] oder Wirtschaftswert bzw. Ersatzwirtschaftswert des Betriebs der Land- und Forstwirtschaft 125.000 € [1. 1. 2009–31. 12. 2010: 175.000 €] nicht überschreiten; das Wirtschaftsgut muss seiner Funktion nach bezeichnet werden; (§ 7g Abs. 1, H 7g EStH).	I = max. 0,4 der Anschaffungs- oder Herstellungskosten (§ 7g Abs. 1 Satz 1 EStG). Absolute Obergrenze für den gewinnmindernden Investitionsabzugsbetrag am Bilanzstichtag insgesamt: 200.000 € je Betrieb (§ 7g Abs. 1 Satz 4 EStG)	Im Wirtschaftsjahr der Anschaffung oder Herstellung sind 40 Prozent der Anschaffungs- bzw. Herstellungskosten, höchstens jedoch der geltend gemachte Investitionsabzugsbetrag gewinnerhöhend hinzuzurechnen (§ 7g Abs. 2 EStG). Unterbleibt die Investition, so hat spätestens zum Ende des dritten Jahres nach Abzug des Investitionsabzugsbetrages eine gewinnerhöhende Hinzurechnung zu erfolgen (§ 7g Abs. 3 EStG). Der Investitionsabzugsbetrag ist ebenfalls rückgängig zu machen, wenn die betriebliche Mindestnutzungsfrist nicht eingehalten wird (§ 7g Abs. 4 EStG).

R = Höhe der steuerfreien Rücklage
I = Höhe des Investitionsabzugsbetrages

Unterscheidungsmerkmale steuerfreier Rücklagen

Beispiel zu a): **Rücklage für Zuschüsse**

R 6.5 Abs. 2 EStR gewährt bei Anschaffung oder Herstellung von aus öffentlichen oder privaten Mitteln bezuschussten Anlagegütern ein Wahlrecht, indem die Zuschüsse entweder als **erfolgswirksame** Einnahmen angesetzt werden und dementsprechend die Anschaffungs- oder Herstellungskosten der bezuschussten Wirtschaftsgüter unberührt bleiben oder aber die Zuschüsse eine **erfolgsneutrale** Behandlung erfahren, wobei dann die entsprechenden Anlagegüter nur mit den selbst aufgewendeten Anschaffungs- oder Herstellungskosten anzusetzen sind und dementsprechend auch nur in Höhe der um die Zuschüsse verminderten Anschaffungs- oder Herstellungskosten abgeschrieben werden können (im Einzelnen Teil A, Abschn. 9.3, S. 362 ff.).

Eine steuerfreie Rücklage kann bei erfolgsneutraler Behandlung der Zuschüsse in Höhe der (noch) nicht verwendeten Zuschussbeträge dann gebildet werden, wenn das Anlagegut ganz oder teilweise in einem auf die Zuschussgewährung folgenden Wirtschaftsjahr angeschafft oder hergestellt wird. Die Rücklage ist dann im Wirtschaftsjahr der Anschaffung oder Herstellung auf das Anlagegut zu übertragen (R 6.5 Abs. 4 EStR). Aufgrund der Abschaffung der umgekehrten Maßgeblichkeit (§ 5 Abs. 1 Satz 2 EStG a. F.) durch das Bilanzrechtsmodernisierungsgesetz ist der Ansatz eines mindestens gleich hohen Passivpostens in der Handelsbilanz nicht mehr Voraussetzung für den steuerlichen Ansatz (§ 5 Abs. 1 EStG). Ein Verweis auf einen handelsrechtlichen Sonderposten (vgl. R 6.5 Abs. 4 EStR) ist damit unbeachtlich.

Buchungsbeispiel (für Steuerbilanz):

Gewährung eines öffentlichen Zuschusses in Höhe von 8.000 am 10. 9. 01 zur Anschaffung einer Maschine, deren Anschaffungskosten 32.000 zuzügl. 10 % USt betragen und die am 25. 2. 02 geliefert wird.

Buchungssätze:

- Zuschussgewährung 10. 9. 01:

Bank	8.000	**an**	Zuschussrücklage	8.000

- Abschlussbuchung 01:

Zuschussrücklage	8.000	**an**	SBK	8.000

- Eröffnungsbuchung 02:

EBK	8.000	**an**	Zuschussrücklage	8.000

- Anschaffung des Anlagegutes am 25. 2. 02:

Maschinen	32.000			
Vorsteuer	3.200	**an**	Bank	35.200

- Übertragung der Zuschussrücklage am 25. 2. 02:

Zuschussrücklage	8.000	**an**	Maschinen	8.000

Beispiel zu b): **Rücklage für Ersatzbeschaffung**

Voraussetzung für die Bildung einer Rücklage nach R 6.6 Abs. 4 EStR ist das **zwangsweise** Ausscheiden eines Wirtschaftsguts infolge **höherer Gewalt** (Elementarereignisse wie z. B. Brand, Sturm oder Überschwemmung, unter bestimmten Umständen auch Diebstahl; nicht jedoch Ausscheiden wegen Material-, Konstruktions- oder Bedienungsfehlern) oder infolge bzw. zur Vermeidung eines **behördlichen Eingriffs** (z. B. drohende Enteignung, Inanspruchnahme für Verteidigungszwecke) gegen Entschädigung. Die in Höhe der Differenz zwischen Buchwert des ausgeschiedenen Wirtschaftsgutes und Entschädigungsanspruch aufgedeckten stillen Reserven sind auf ein funktionsgleiches Ersatzwirtschaftsgut übertragbar (R 6.6 Abs. 1 EStR i. V. m. H 6.6 Abs. 3 EStH); die dadurch vermiedene Besteuerung eines realisierten Gewinns stellt die Mittel aus der Entschädigung ungeschmälert in den Dienst der Ersatzbeschaffung. Ist die Ersatzbeschaffung ernstlich geplant, aber zum Periodenende noch nicht vorgenommen, so kommt die Einstellung des angefallenen Gewinns in eine gesondert auszuweisende steuerfreie **Rücklage für Ersatzbeschaffung** in Betracht, die im Zeitpunkt der Ersatzbeschaffung durch Übertragung auf die Anschaffungs- oder Herstellungskosten des Ersatzwirtschaftsguts wieder aufzulösen ist (R 6.6 Abs. 4 EStR). Aufgrund der Abschaffung der umgekehrten Maßgeblichkeit ist nicht mehr Voraussetzung der steuerlichen Anerkennung, dass im handelsrechtlichen Jahresabschluss entsprechend verfahren wird. **Zinsen**, die dem Steuerpflichtigen aus der vorübergehenden Anlage einer vorzeitig ausgezahlten Entschädigungssumme zur Vermeidung eines behördlichen Eingriffs zufließen, können nur in Ausnahmefällen der Rücklage für Ersatzbeschaffung zugeschlagen werden. Dazu ist eine Vereinbarung notwendig, dass mit den Zinsen die dem Wirtschaftsgut durch allgemeine Preissteigerungen zugewachsenen stillen Reserven während der Zeit zwischen Einigung über die Veräußerung und Übertragung des wirtschaftlichen Eigentums abgegolten werden (BFH v. 29. 4. 1982, BStBl. II 1982, S. 568).

Buchungsbeispiel:

Durch Blitzschlag geriet eine Lagerhalle in Brand, deren Buchwert zur Zeit des Unglücks 500.000 betrug. Der Versicherungsanspruch beläuft sich auf 800.000; der Betrag wird im Folgejahr ausbezahlt. Die Errichtung einer neuen Halle ist erst im nächsten Jahr zu Herstellungskosten von 900.000 möglich.

Buchungssätze (Steuerbilanz):

– Buchungen im Schadensjahr:

Soll	Betrag		Haben	Betrag
Sonstige Forderungen	800.000	**an**	Gebäude	500.000
			Rücklage für Ersatzbeschaffung	300.000

– Buchungen Folgejahr:

Soll	Betrag		Haben	Betrag
Bank	800.000	**an**	Sonstige Forderungen	800.000
Gebäude	900.000	**an**	Bank	900.000
Rücklage für Ersatzbeschaffung	300.000	**an**	Gebäude	300.000

SBK-Schadensjahr

Sonstige Forderungen	800.000	Kapital	500.000
		Rücklage für Ersatzbeschaffung	300.000

SBK-Folgejahr

Gebäude	600.000	Kapital	500.000
		Bankverbindl.	100.000

Bemessungsgrundlage für die Abschreibung ist der nach Abzug des Betrages der aufgelösten Rücklage verbleibende Restwert des Ersatzwirtschaftsguts. Die stille Reserve löst sich daher über den Zeitraum der Nutzungsdauer aufwandsmindernd und damit gewinnerhöhend auf. Bei abnutzbaren Wirtschaftsgütern wird die Besteuerung daher nur auf absehbare Zeit hinausgeschoben. Bei Wirtschaftsgütern des nicht abnutzbaren Anlagevermögens und beim Umlaufvermögen kommt es dagegen erst im Zeitpunkt ihrer Veräußerung oder Entnahme zu entsprechenden Gewinnerhöhungen.

Eine lediglich **anteilige** Übertragung der Rücklage auf das Ersatzwirtschaftsgut ist immer dann zwingend, wenn der für die Ersatzbeschaffung verausgabte Betrag die Entschädigungssumme unterschreitet. Die Aufteilung der Rücklage ist im Verhältnis Ersatzbeschaffung zu Entschädigung vorzunehmen (H 6.6 Abs. 3 EStH). Der nicht übertragbare Rücklagenanteil ist gewinnerhöhend aufzulösen. Betragen im obigen Beispiel bei gleicher Entschädigungssumme die Herstellungskosten nur 600.000, so ergibt sich (AK = Anschaffungskosten, HK = Herstellungskosten):

$$\text{Übertragbare Rücklage} = \frac{\text{AK bzw. HK Ersatzwirtschaftsgut}}{\text{Entschädigungsbetrag}} \cdot \text{Rücklage}$$

$$\text{Übertragbare Rücklage} = \frac{600.000}{800.000} \cdot 300.000 = 225.000$$

Gewinnerhöhend aufzulösen wären demnach 75.000. Die für die Bemessung der Abschreibung maßgeblichen buchmäßigen Herstellungskosten des Wirtschaftsguts betragen in diesem Falle 600.000 – 225.000 = 375.000.

Buchungssätze (nur Änderungen gegenüber oben):

Gebäude	600.000	an	Bank	600.000
Rücklage für Ersatzbeschaffung	300.000	an	Gebäude	225.000
			Sonstige betriebliche Erträge	75.000

SBK-Folgejahr

Gebäude	375.000	Kapital	500.000
Bank	200.000	Gewinn (vor Steuern)	75.000

Ist die Anschaffung oder Herstellung eines Ersatzwirtschaftsgutes nicht erfolgt, so ist die Rücklage in vollem Umfang gewinnerhöhend **aufzulösen**: bei beweglichen Wirtschaftsgütern am Schluss des ersten, bei Grundstücken und Gebäuden am Schluss des zweiten auf ihre Bildung folgenden Wirtschaftsjahres. Eine angemessene Fristverlängerung kommt nur im Einzelfall und nur bei Vorliegen besonderer Gründe für die noch nicht durchgeführte Ersatzbeschaffung in Betracht, wenn der Steuerpflichtige glaubhaft macht, dass die Ersatzbeschaffung noch ernstlich geplant und zu erwarten ist (R 6.6 Abs. 4 EStR).

Beispiel zu b): **Rücklage für Veräußerungsgewinne (Reinvestitionsrücklage)**

Nach §6b EStG dürfen Buchgewinne aus der entgeltlichen Übertragung bestimmter Wirtschaftsgüter im Wirtschaftsjahr der Veräußerung ganz oder teilweise von den Anschaffungs- oder Herstellungskosten der im gleichen Jahr oder im vorangegangenen Jahr angeschafften oder hergestellten Wirtschaftsgüter abgesetzt oder in eine den steuerlichen Gewinn mindernde Rücklage (6b-Rücklage) eingestellt werden. Einen Überblick über die seit dem 1. 1. 2002 bestehenden Möglichkeiten zur Übertragung von Veräußerungsgewinnen gibt die nachfolgende Übersicht.

	Übertragung auf:					
Veräußerung von:	**Grund und Boden**	**Aufwuchs* mit Grund und Boden**	**Gebäude**	**Abnutzbare bewegliche Wirtschaftsgüter**	**Anteile an Kapitalgesellschaften**	**Binnenschiffe**
Grund und Boden	100 %	100 %	100 %			
Aufwuchs* mit Grund und Boden		100 %	100 %			
Gebäude			100 %			
Anteile an Kapitalgesellschaften**			100 %***	100 %***	100 %****	
Binnenschiffe						100 %*****

* Wenn Aufwuchs zu einem land- und forstwirtschaftlichen Betriebsvermögen gehört (§6b Abs.1 Satz 1 EStG).

** Nur für Steuerpflichtige, die keine Körperschaften, Personenvereinigungen oder Vermögensmassen sind (§6b Abs.10 Satz 1 EStG).

*** Bis zur Höhe des bei der Veräußerung entstandenen und nicht nach §3 Nr.40 Satz 1 Buchst. a und b i.V.m. §3c Abs.2 EStG steuerbefreiten Betrags (§6b Abs.10 Satz 2 EStG).

**** Bis zur Höhe des Veräußerungsgewinns einschließlich des nach §3 Nr.40 Satz 1 Buchst. a und b i.V.m. §3c Abs.2 EStG steuerbefreiten Betrags (§6b Abs.10 Satz 3 EStG).

***** Wenn die Veräußerung zwischen dem 1.1.2006 und dem 31.12.2010 erfolgte (§6b Abs.1 Satz 2 Nr.4 i.V.m. §52 Abs.18b EStG).

Übertragungsmöglichkeiten stiller Reserven nach §6 b EStG

Im Unterschied zu R 6.6 Abs.4 EStR ist die Bildung einer steuerfreien Rücklage nach §6b EStG jedoch nicht an ein zwangsweises Ausscheiden eines Wirtschaftsguts gebunden, sondern knüpft lediglich an dessen **Veräußerung** an. Die wichtigsten Unterschiede zwischen einer Rücklage nach R 6.6 Abs.4 EStR und einer Rücklage nach §6b Abs.3 EStG sind der auf Seite 538 abgebildeten Übersicht zu entnehmen. Im Gegensatz zu R 6.6 EStR kommen für die Begünstigung der Reservenübertragung nur **bestimmte,** für den Fall der Gewinnermittlung durch Vermögensvergleich in §6b Abs.1 EStG vollzählig genannte **Güter des Anlagevermögens** in Betracht (vgl. auch H 6b.1 EStH). Für den Fall, dass der Gewinn durch Einnahmen-Überschussrechnung nach §4 Abs.3 EStG ermittelt wird, ist die Reservenübertragung gemäß § 6c EStG weiteren spezifischen Anforderungen unterworfen.

Merkmal	§ 6b Abs. 3 EStG	R 6.6 Abs. 4 EStR
Zugehörigkeit der ausgeschiedenen Wirtschaftsgüter	Mindestens **6 Jahre Anlage**vermögen(§ 6b Abs. 4 Nr. 2 EStG; R 6b.3 EStR)	Anlagevermögen **oder** Umlaufvermögen (R 6.6 Abs. 1 Nr. 1 EStR)
Begünstigte ausgeschiedene Wirtschaftsgüter	Nur **bestimmte Anlage**güter: Grund und Boden, Aufwuchs auf Grund und Boden, soweit Aufwuchs zu land- und forstwirtschaftlichem Betriebsvermögen gehörig, Gebäude sowie Binnenschiffe (1. 1. 2006–31. 12. 2010) (§ 6b Abs. 1 EStG; H 6b.1 EStR)	**Alle** betrieblichen Güter (R 6.6 Abs. 1 EStR)
Ausscheidungsursache	**Entgeltliche Veräußerung** (§ 6b Abs. 1 Satz 1 EStG; R 6b.1 Abs. 1 EStR)	**Zwangsweises Ausscheiden** infolge höherer Gewalt oder behördlichen Eingriffs gegen Entschädigung (R 6.6 Abs. 1 EStR)
Reservenübertragung	auf **bestimmte** Anlagegüter: Grund und Boden, Aufwuchs auf Grund und Boden, soweit Aufwuchs zu land- und forstwirtschaftlichem Betriebsvermögen gehörig, Gebäude sowie Binnenschiffe (1. 1. 2006–31. 12. 2010) (§ 6b Abs. 1 Satz 2 EStG; R 6b.2 EStR)	auf funktionsgleiches **Ersatzwirtschaftsgut**; nur Entschädigungszahlung für ausgeschiedenes Wirtschaftsgut **als solches** relevant (R 6.6 Abs. 1 u. 4 EStR)
Reservenabzug im Wirtschaftsjahr	der Anschaffung oder Herstellung (§ 6b Abs. 3 EStG; R 6b.2 Abs. 1 EStR)	der Ersatzbeschaffung (R 6.6 Abs. 4 EStR)
Rücklagenauflösung	in **vier**, bei neu hergestellten Gebäuden in **sechs** Jahren, wenn mit der Herstellung vor Ende des vierten Jahres begonnen wurde (§ 6b Abs. 3 EStG)	in **einem** Jahr bei beweglichen Wirtschaftsgütern, in **zwei** Jahren bei Grundstücken und Gebäuden; eine angemessene Fristverlängerung ist im Einzelfall möglich (R 6.6 Abs. 4 EStR)
Buch- und bilanzmäßige Voraussetzung	Gewinnermittlung nach § 4 Abs. 1 oder § 5 EStG (§ 6b Abs. 4 Nr. 1 EStG) (Bei Gewinnermittlung nach § 4 Abs. 3 EStG ist die einschränkende Vorschrift des § 6c EStG anzuwenden)	Gewinnermittlung nach § 4 Abs. 1 oder § 5 EStG und nach § 4 Abs. 3 oder § 13a EStG (R 6.6 Abs. 5 u. 6 EStR)

Unterscheidungsmerkmale § 6b Abs. 3 EStG (Rücklage für Veräußerungsgewinne) und R 6.6 Abs. 4 EStR (Rücklage für Ersatzbeschaffung)

Durch das am 20. 12. 2001 verabschiedete Gesetz zur Fortentwicklung des Unternehmenssteuerrechtes (Unternehmenssteuerfortentwicklungsgesetz – UntStFG) haben sich in Bezug auf die Bildung und Übertragung von Rücklagen nach § 6b EStG folgende Veränderungen ergeben: Zum einen wird die erst seit dem 1. 1. 1999 in § 6b Abs. 4 Nr. 3 EStG bestehende Beschränkung der Übertragungsmöglichkeiten auf das Anlagevermögen einer inländischen Betriebsstätte „eines Betriebes des Steuerpflichtigen" wieder aufgehoben. Damit ist es durch diese Rückkehr von der gesellschaftsbezogenen zur gesellschafterbezogenen Betrachtungsweise zukünftig wieder zulässig, bei einer Personengesellschaft in deren Gesamthandelsvermögen entstandene Gewinne, soweit diese auf den Steuerpflichtigen entfallen, auch auf die Anschaffungskosten von Wirtschaftsgütern, die sich im Sonderbetriebsvermögen des Steuerpflichtigen bei dieser Personengesellschaft oder in dessen sonstigem Betriebsvermögen befinden, zu übertragen (*Schoor*, 6b-Rücklagen, S. 837; *Eisele/Knobloch*, Reinvestitionsrücklage, S. 1349).

Zum anderen besteht ab dem 1. 1. 2002 für Steuerpflichtige, die weder Körperschaften noch Personenvereinigungen oder Vermögensmassen sind, zudem die Möglichkeit, Gewinne aus der **Veräußerung von Anteilen an Kapitalgesellschaften** bis zu 500.000 € im gleichen oder den folgenden beiden Wirtschaftsjahren steuerfrei mit den Anschaffungskosten von neu erworbenen Anteilen an Kapitalgesellschaften bzw. abnutzbaren beweglichen Wirtschaftsgütern sowie in den vier auf ihr Entstehen folgenden Wirtschaftsjahren mit den Anschaffungskosten von neu angeschafften Gebäuden zu verrechnen (§ 6b Abs. 10 Satz 1 EStG). Um die Verrechnung der Veräußerungsgewinne mit in späteren Perioden anfallenden Anschaffungskosten zu ermöglichen, können diese, soweit sie noch nicht verrechnet wurden, in eine steuerfreie Rücklage eingestellt werden (§ 6b Abs. 10 Satz 5 EStG), die jedoch spätestens am Ende des vierten auf ihre Bildung folgenden Wirtschaftsjahres unter Berücksichtigung der in § 6b Abs. 10 Satz 9 HGB für diesen Fall vorgesehenen Verzinsung von 6 Prozent erfolgswirksam aufzulösen ist (§ 6b Abs. 10 Satz 8 EStG). Ziel dieser Regelung des § 6b Abs. 10 EStG ist es, für Einzelkaufleute und Personengesellschaften auf diese Weise hinsichtlich der steuerlichen Behandlung der Gewinne aus der Veräußerung von Anteilen an Kapitalgesellschaften eine Annäherung an die für Kapitalgesellschaften nach § 8b KStG bestehende Möglichkeit zu deren steuerfreien Vereinnahmung zu erreichen. Bei einer Verrechnung der Veräußerungsgewinne mit den Anschaffungskosten von neu angeschafften abnutzbaren beweglichen Wirtschaftsgütern oder Gebäuden kann ein Betrag bis zur Höhe des nicht nach § 3 Nr. 40 Satz 1 lit. a und b i. V. m § 3c Abs. 2 EStG steuerbefreiten Betrages von den jeweiligen Anschaffungskosten abgezogen werden (§ 6b Abs. 10 Satz 2 EStG). Bei einer Verrechnung der Veräußerungsgewinne mit den Anschaffungskosten von neu erworbenen Anteilen an Kapitalgesellschaften kann hingegen ein Betrag in Höhe des Veräußerungsgewinns einschließlich des nach § 3 Nr. 40 Satz 1 lit. a und b i. V. m § 3c Abs. 2 EStG steuerbefreiten Betrages abgezogen werden (§ 6b Abs. 10 Satz 3 EStG). Ansonsten gelten auch hier die in § 6b Abs. 2 und 4 Satz 1 Nr. 1–3 und 5 sowie Satz 2 EStG gestellten allgemeinen Anforderungen und Regelungen zur Bildung, Höhe und Übertragung der Rücklage.

Zur **buchtechnischen** Behandlung der Rücklagenbildung und Rücklagenauflösung nach § 6b EStG kann auf die Beispiele zur Ersatzbeschaffungsrücklage verwiesen werden; es gelten, bis auf die hier nicht zur Anwendung kommende anteilige Übertragung der Rücklage (vgl. H 6b.2 EStH), die gleichen Grundsätze wie beim Ausscheiden infolge höherer Gewalt.

Übungsbeispiele:

Lösen Sie folgende Übungsbeispiele 1–11 jeweils unter Angabe der Kontennummern des Großhandelskontenrahmens (s. Anhang A.2, S. 1308 ff.):

1) Für den während der Abrechnungsperiode noch nicht in Anspruch genommenen Urlaub der Mitarbeiter ist eine Rückstellung zu bilden, für deren Höhe außer dem Arbeitsentgelt auch das zusätzliche Urlaubsgeld und die Arbeitgeberanteile für die Sozialversicherung maßgeblich sind. Der errechnete Betrag beläuft sich auf insgesamt 170.000.
2) Die Baustoffgroßhandlung Erhard Ziegler KG kann den Motorschaden an einem ihrer Lastkraftwagen, der im Dezember 06 auftrat, infolge Überlastung der Vertragswerkstatt erst im neuen Jahr reparieren lassen. Die Kosten der Reparatur werden auf 3.000 geschätzt. Am 1. 3. 07 geht die Reparaturrechnung in Höhe von 3.500 + 10 % USt ein; sie wird durch Banküberweisung beglichen.
3) Der Fleischgroßhändler Max Wild hat sein vorläufiges Jahresergebnis für das Jahr 01 mit 260.000 ermittelt, das bereits um Gewerbesteuervorauszahlungen in Höhe von 25.000 gekürzt ist. Zur Ermittlung des Gewerbeertrags sind 5.550 hinzuzurechnen (§ 8 GewStG). Der Gewerbesteuerhebesatz beträgt in der zuständigen Steuergemeinde 300 %. Wie ist die Gewerbesteuerabschlusszahlung in der Schlussbilanz zu berücksichtigen?
4) Die Bauunternehmung Pedersen hat im Jahr 05 einen Wohnkomplex mit mehreren luxuriösen Appartements und einer integrierten Freizeitanlage mit Swimmingpool zu Herstellungskosten von insgesamt 5 Mio. fertig gestellt. Für dasgesamte Projekt musste vertraglich eine Gewährleistungspflicht übernommen werden mit der Maßgabe, dass bis zum Ende des Jahres 07 auftretende Mängel kostenlos beseitigt werden. Aufgrund langjähriger Erfahrung werden dafür 2 % der Herstellungskosten aufgewendet werden müssen, jedoch bestehen für 2 Mio. Regressansprüche gegenüber Subunternehmen. Im November 05 tritt am Swimmingpool eine undichte Stelle auf, die sofort repariert wird; die Kosten dafür betragen 10.000. In welchem Umfang ist zum Bilanzstichtag 05 eine Garantierückstellung zu bilden?
5) Das Ingenieurbüro Technikus wird am Anfang des Jahres 04 vom Anwalt einer Konkurrenzfirma schriftlich davon unterrichtet, dass die Firma Optima in einer Neukonstruktion der Firma Technikus eine Verletzung eines ihrer Patente sieht und aufgrund früherer erfolgloser Interventionen in dieser Patentstreitigkeit jetzt vor Gericht gehen wird. Ende 04, nachdem weitere Schlichtungsversuche gescheitert sind, kommt es zur ersten Verhandlung, in der der Streitwert auf 200.000 festgelegt wird, die jedoch wegen zusätzlich notwendiger Gutachten auf April 05 vertagt wird. Da das Ingenieurbüro Technikus bei objektiver Betrachtung die Patentverletzung als gegeben ansieht und daher im Jahr 05 ein großzügiges Schlichtungsangebot unterbreiten will, sollen für die abzugeltenden Ansprüche 200.000 sowie für die zu erwartenden Prozesskosten 20.000 zurückgestellt werden. Im nächsten Jahr kommt ein Schlichtungsvertrag zustande, demzufolge die Firma Technikus 220.000 als Schadensersatz und die angefallenen Gerichtskosten in Höhe von 15.000 zu zahlen hat.
6) Die Großhandelsgesellschaft Maier & Co. KG hat für rechtsverbindliche Pensionszusagen nach § 6a Abs. 3 Nr. 1 EStG folgende Teilwerte für Pensionsverpflichtungen nach versicherungsmathematischen Regeln errechnet:

31. 12. 06	215.000
31. 12. 07	260.000

Nachdem in 06 in die Pensionsrückstellungen 215.000 eingestellt wurden, sind diese am Bilanzstichtag 07 in entsprechender Höhe aufzustocken. Auszahlungen an bereits Pensionsberechtigte sind nicht zu berücksichtigen.

7) Die Metallhandelsgesellschaft Ulrich Schreiber OHG, die hauptsächlich Edelmetalle in großem Umfang importiert und an weiterverarbeitende Betriebe veräußert, hat im März 07 mit einer Exportgesellschaft in Zaire einen Zweijahresvertrag über die Lieferung von 100.000 t Kupfer zu einem Festpreis von 2.000 je Tonne abgeschlossen. Da Ende 07 der Kupferpreis um 5 % nachgibt und noch eine Abnahmeverpflichtung von 60.000 t besteht, bildet die Firma eine Rückstellung für drohende Verluste in Höhe von 6.000.000.

   Als im August 08 der Kupferpreis stark anzieht und auf 2.300 je Tonne steigt, wird die Rückstellung wieder aufgelöst.

8) Der Heizölgroßhändler Jan Jansen hat für einen befreundeten Heizölhändler eine Bürgschaft für einen Kredit in Höhe von 300.000 übernommen. Als dieser infolge risikoreicher Mengenspekulationen vorübergehend in Zahlungsschwierigkeiten gerät, tritt der Kreditgeber an Jansen heran und fordert im November 06 die restliche Kreditsumme in Höhe von 100.000 bis Ende März 07. Jansen bucht am Bilanzstichtag eine entsprechende Rückstellung. Während der Bilanzaufstellung im Januar 07 informiert der Geschäftsfreund Jansen, dass er weitere 50.000 zurückbezahlt hat, jedoch jetzt in Insolvenz geht; die Insolvenzquote beläuft sich im Oktober 07 auf 40 %, so dass Jansen für 30.000 in Anspruch genommen wird.

9) Die Sportgroßhandlung Schmider GmbH hat im Rahmen der betrieblichen Altersversorgung während des Jahres 07 an die Pensionäre 40.000 überwiesen. Der Versicherungsmathematiker hat die Gegenwerte der Pensionsverpflichtungen ermittelt:

01. 01. 07	420.000
31. 12. 07	384.000

   Auch an noch tätige Mitarbeiter wurden Pensionszusagen gegeben. Hier betragen die Gegenwartswerte:

01. 01. 07	680.000
31. 12. 07	728.000

   Die Möglichkeiten der Reservenübertragung gemäß § 6b EStG sind unter Berücksichtigung steuerpolitischer Gesichtspunkte darzustellen. Wie lauten die Buchungssätze?

Lösung: Buchungssätze:

1) Bildung der Rückstellung zum Bilanzstichtag:

40	Personalkosten	170.000	**an**	07240	Rückstellungen für Personalkosten	170.000

   Abschlussbuchung:

07240	Rückstellungen für Personalkosten	170.000	**an**	94	Schlussbilanz	170.000

   Eröffnungsbuchung in der Folgeperiode:

91	Eröffnungsbilanz	170.000	**an**	07240	Rückstellungen für Personalkosten	170.000

   Auflösung der Rückstellung bei Inanspruchnahme des Resturlaubs:

07240	Rückstellungen für Personalkosten	170.000	**an**	40	Personalkosten	170.000

2) Bildung der Rückstellung zum Bilanzstichtag:

4715	Instandhaltung LKW	3.000	**an**	07241	Rückstellungen für Instandhaltung	3.000

Abschlussbuchung:

07241	Rückstellungen für Instandhaltung	3.000	**an**	94	Schlussbilanz	3.000

Eröffnungsbuchung in der Folgeperiode:

91	Eröffnungsbilanz	3.000	**an**	07241	Rückstellungen für Instandhaltung	3.000

Verbuchung der Reparaturrechnung:

07241	Rückstellungen für Instandhaltung	3.000				
209	Sonstige betriebliche Aufwendungen	500				
1811	Umsatzsteuer	350	**an**	13	Bank	3.850

3) Errechnung der Gewerbesteuerrückstellung:

Vorläufiges Buchergebnis	260.000
+ Gewerbesteuervorauszahlungen	25.000
+ Hinzurechnungen (§ 8 GewStG)	5.550
Gewerbeertrag	290.550
– Freibetrag (§ 11 Abs. 1 GewStG)	24.500
zu versteuernder Gewerbeertrag	266.050
Abrundung (§ 11 Abs. 1 GewStG)	266.000
Gewerbeertragsteuermessbetrag (3,5 % von 266.000)	9.310
Gewerbesteuerhebesatz 300 % auf einheitlichen Steuermessbetrag	27.930
– als Aufwand verrechnete Vorauszahlungen	25.000
verbleibende Gewerbesteuerrückstellung	2.930

Verbuchung der Gewerbesteuerrückstellung:

421	Gewerbesteuer	2.930	**an**	0722	Steuerrückstellungen	2.930

Abschlussbuchung:

0722	Steuerrückstellungen	2.930	**an**	94	Schlussbilanz	2.930

4) Berechnung der Garantierückstellung:

Garantiepflichtiger Umsatz	5.000.000
– Umsatzanteil mit Regressmöglichkeit	2.000.000
Bemessungsgrundlage für Garantierückstellung	3.000.000
davon 2 %	60.000
– bereits erbrachte Garantieleistungen	10.000
Garantierückstellung	50.000

Verbuchung der Garantierückstellung:

463	Gewährleistungen	50.000	**an**	07242	Rückstellungen für Gewährleistungen	50.000

5) Verbuchung der Rückstellung im Jahr 04:

Konto	Bezeichnung	Betrag		Konto	Bezeichnung	Betrag
414	Lizenzen	200.000				
484	Prozesskosten	20.000	**an**	07243	Rückstellungen für Lizenzgebühren	200.000
				07244	Rückstellungen für Rechts- und Beratungsaufwand	20.000

Auflösung der Rückstellung im Jahr 05:

Konto	Bezeichnung	Betrag		Konto	Bezeichnung	Betrag
07244	Rückstellungen für Rechts- und Beratungsaufwand	20.000	**an**	276	Erträge aus der Auflösung von Rückstellungen (sonstiger betrieblicher Ertrag)	5.000
				194	Sonstige Verbindlichkeiten	15.000
07243	Rückstellungen für Lizenzgebühren	200.000				
209	Sonstige betriebliche Aufwendungen	20.000	**an**	17	Verbindlichkeiten	220.000

6) Verbuchung der Pensionsrückstellungen:

Konto	Bezeichnung	Betrag		Konto	Bezeichnung	Betrag
406	Aufwendungen für Altersversorgung	45.000	**an**	07210	Rückstellungen für Pensionsanwartschaften	45.000

7) Verbuchung der Rückstellung im Jahr 07:

Konto	Bezeichnung	Betrag		Konto	Bezeichnung	Betrag
201	Außerordentliche Aufwendungen	6.000.000	**an**	07245	Rückstellungen für drohende Verluste	6.000.000

Auflösung der Rückstellung im Jahr 08:

Konto	Bezeichnung	Betrag		Konto	Bezeichnung	Betrag
07245	Rückstellungen für drohende Verluste	6.000.000	**an**	276	Erträge aus der Auflösung von Rückstellungen (sonstiger betrieblicher Ertrag)	6.000.000

8) Verbuchung der Rückstellung am Bilanzstichtag 06:

Konto	Bezeichnung	Betrag		Konto	Bezeichnung	Betrag
209	Sonstige betriebliche Aufwendungen	100.000	**an**	07245	Rückstellungen für drohende Verluste	100.000

Korrektur der Rückstellung zum Bilanzstichtag 06:

Konto	Bezeichnung	Betrag		Konto	Bezeichnung	Betrag
07245	Rückstellungen für drohende Verluste	50.000	**an**	209	Sonstige betriebliche Aufwendungen	50.000

Ausbuchung der Rückstellung im Oktober 07:

Konto	Bezeichnung	Betrag		Konto	Bezeichnung	Betrag
07245	Rückstellungen für drohende Verluste	50.000	**an**	276	Erträge aus der Auflösung von Rückstellungen (sonstiger betrieblicher Ertrag)	20.000
				13	Bank	30.000

9) während des Jahres:

07211	Rückst. f. laufende Pensionsverpfl.	36.000			
406	Aufwendungen für Altersversorgung	4.000	**an** 13	Bank	40.000

zum Jahresende:

406	Aufwendungen für Altersversorgung	48.000	**an** 07210	Rückst. f. Pensionsanwartschaften	48.000

13.7.4 Rückstellungen nach den IFRS

Die Bilanzierung von Rückstellungen wird gemeinsam mit der bilanziellen Behandlung von Eventualschulden und Eventualforderungen durch **IAS 37 („Provisions, Contingent Liabilities and Contingent Assets", „Rückstellungen, Eventualschulden und Eventualforderungen")** geregelt. Rückstellungen („provisions") werden nach IAS 37.10 als hinsichtlich ihrer Höhe oder ihres zeitlichen Anfalls unsichere Schulden definiert; damit sind provisions grundsätzlich vergleichbar mit handelsrechtlichen Rückstellungen. Zugrunde liegt dieser Definition allerdings der ebenfalls in IAS 37.10 bestimmte Schuldbegriff, welcher auf einen aus Ereignissen der Vergangenheit resultierenden erwarteten Abfluss von Ressourcen mit wirtschaftlichem Nutzen abhebt (vgl. auch F.49(b) bzw. CF.4.4(b)). Von der Anwendung des IAS 37 sind diejenigen Sachverhalte ausgeschlossen, welche durch einen anderen Standard geregelt sind, sowie schwebende Geschäfte, es sei denn, diese repräsentieren „belastende Verträge" (IAS 37.1). Ausgenommen sind u. a. die wichtigen Regelungsbereiche der Finanzinstrumente (IAS 32, IAS 39 bzw. IFRS 9), der Pensionsverpflichtungen (IAS 19), latenter Steuern (IAS 12) oder der Leasingverhältnisse (IAS 17). Ergänzend zu IAS 37 sind verschiedene Interpretationen zu beachten (insbesondere IFRIC 1, IFRIC 5, IFRIC 6).

IAS 37 befindet sich in einem **Überarbeitungsprozess,** im Rahmen dessen ein Exposure Draft „Proposed Amendments to IAS 37" vom 30. 6. 2005 veröffentlicht wurde (ED-IAS 37). Dieser wurde im Januar 2010 durch einen Exposure Draft „Measurement of Liabilities in IAS 37" (ED 2010/1) geändert (ED-IAS 37 rev. 2010). Nach der Entwurfsfassung und einem Working Draft vom 19. 2. 2010 (WD-IFRS Liabilities, abgerufen unter www.ifrs.org (subscriber area) am 8. 10. 2010) soll der neue ersetzende Standard grundsätzlich sämtliche Schulden erfassen, welche nicht gemäß einer dem gegenwärtigen IAS 37.1 entsprechenden Vorschrift auszunehmen sind. Nach Stand dessen würde der neue Standard den Titel „Liabilities" (gemäß ED-IAS 37.IN1 „Non-financial Liabilities") tragen. Die Fokussierung auf Schuldsachverhalte schließt Eventualforderungen nicht mehr ein.

Eine **Rückstellung** ist nach IAS 37.14 **anzusetzen,** wenn aus einem Ereignis der Vergangenheit eine gegenwärtige Verpflichtung besteht (IAS 37.14(a)), welche wahrscheinlich zu einem Nutzenabgang führt (IAS 37.14(b)), und wenn der daraus resultierende Verpflichtungsumfang verlässlich geschätzt werden kann (IAS 37.14(c)). Hinsichtlich des ersten Punktes kann die Verpflichtung rechtlicher oder faktischer Natur sein (IAS 37.10), so dass eine wirtschaftliche Betrachtungsweise anzustellen und die Frage zu beantworten ist, ob sich die Unternehmung der Verpflichtung realistischerweise entziehen kann oder nicht (IAS 37.17, vgl. *Keitz, von/Wollmert/Oser/Wader,* IAS 37, Rn. 48 ff.). Damit werden Rückstellungssachverhalte also nicht nur durch unmittelbar bindende gesetzliche Regelungen geschaffen; sie entstehen auch, wenn durch rechtlich unverbindliches Geschäftsgebaren oder besondere Ankündigungen eine berechtigte Erwartungshaltung bei Dritten auf bestimmte Erfüllungshandlungen geschaffen wird (IAS 37.10; bspw. bei laufend praktizierten Kulanzregelungen). Bei der Frage, ob eine **Verpflichtung dem Grunde nach** besteht, muss deren Existenz wahrscheinlicher als ihre Nicht-Existenz sein, um zu einem Rückstellungsansatz zu gelangen (erster Wahrscheinlichkeitstest, IAS 37.15 f.). Des Weiteren muss ein **Abfluss von Ressourcen** mit wirtschaftlichem Nutzen zur Erfüllung der Verpflichtung **wahrscheinlich** sein. Dies beinhaltet einen zweiten Wahrscheinlichkeitstest. Nach IAS 37.23 muss hierbei die Wahrscheinlichkeit des Nutzenabflusses größer sein als die Wahrscheinlichkeit, dass es nicht dazu kommt. Die verbalen Vorgaben legen nahe, dass sowohl bei der Existenzfrage einer Verpflichtung als auch der Frage, ob ein Nutzenabfluss wahrscheinlich ist, jeweils eine Wahrscheinlichkeitsgrenze von 50 % für den Rückstellungsansatz zu überschreiten ist (vgl. *Keitz, von/Wollmert/Oser/Wader,* IAS 37, Rn. 59 f., *Pawelzik/Theile,* Rückstellungen, S. 444 f.). Der erforderliche **Vergangenheitsbezug** für einen Rückstellungsansatz bedeutet, dass Aufwendungen, welche aus der zukünftigen Geschäftstätigkeit entstehen, nicht antizipiert werden dürfen (IAS 37.19; vgl. auch *Hoffmann,* IFRS-Kommentar, § 21, Rn. 34). Insofern sind die aus dem deutschen Handelsrecht bekannten, im Zuge des Bilanzrechtsmodernisierungsgesetzes jedoch deutlich zurückgefahrenen Aufwandsrückstellungen (§ 249 Abs. 1 Satz 2 Nr. 1 HGB sowie insbesondere die durch das BilMoG abgeschafften Aufwandsrückstellungen des § 249 Abs. 2 HGB a. F.) nach den IFRS grundsätzlich nicht ansatzfähig (vgl. auch *Pawelzik/Theile,* Rückstellungen, S. 443; vgl. auch den „Außenbezug" in der Definition der faktischen Verpflichtung (constructive obligation) in IAS 37.10 durch die Referenz auf „other parties"). Nach IAS 37.14(c) muss darüber hinaus die Höhe der Verpflichtung **verlässlich geschätzt** werden können. Dabei ist eine Bandbreitenschätzung ausreichend, so dass dieses Teilkriterium nur in äußerst seltenen Fällen nicht erfüllbar sein wird (IAS 37.25). Der ED-IAS 37.10 f. (auch rev. 2010) und das Working Draft (WD-IFRS Liabilities.7 f.) sehen vor, dass das zweite Wahrscheinlichkeitskriterium zukünftig entfallen soll; die Einschätzung des Nutzenabflusses ist allerdings bei der **Bemessung der Rückstellungshöhe** zu berücksichtigen.

Sind die Ansatzkriterien nicht erfüllt, ist zwar keine Rückstellung in der Bilanz zu passivieren, jedoch kommt eine Behandlung des Verpflichtungstatbestandes als **Eventualschuld (contingent liability**; definiert in IAS 37.10) in Betracht. Sofern eine Inanspruchnahme nicht als gering wahrscheinlich („remote") einzustufen ist, sind dann im Anhang zu jeder Klasse von Eventualverbindlichkeiten eine kurze Beschreibung der Art der möglichen Verpflichtungen und, soweit praktikabel, Hinweise auf Höhe und möglichen Eintrittszeitpunkt der Verpflichtung und der diesen Bestimmungsgrößen inhärenten Unsicherheit zu geben (IAS 37.86).

Grundlage für die Bewertung einer Rückstellung ist der **bestmögliche Schätzwert** (**best estimate**) für den Betrag, der am Bilanzstichtag erforderlich ist, um die Verpflichtung selbst zu erfüllen (ggf. auch sie abzulösen) oder, falls günstiger, sich ihr durch Übertragung auf einen Dritten zu entledigen (IAS 37.36). Im Regelfall wird die Erfüllungsvariante anzuwenden sein (*Keitz, von/Wollmert/Oser/Wader,* IAS 37, Rn. 99, *Pawelzik/Theile,* Rückstellungen, S. 451 f.). Die Schätzung wird durch das Management vorgenommen, welches ggf. externe Gutachter hinzuzieht (IAS 37.38). Dazu kann ein fiktiver Wert herangezogen werden, so dass es unerheblich ist, ob die Erfüllung auch tatsächlich möglich ist. Nicht eindeutig geregelt ist, ob die Bewertung zu Grenz- oder zu Vollkosten erfolgen sollte (für einen Gemeinkostenansatz explizit *Hebestreit/Schrimpf-Dörges,* Rückstellungen, § 13, Rn. 61; vgl. die Diskussion in *Hoffmann,* IFRS-Kommentar, § 21, Rn. 150 ff.). Dass die Schätzung **bestmöglich** sein soll, knüpft an den Risikoaspekt an, welcher für Rückstellungssachverhalte prägend ist. Liegt ein **Einzelsachverhalt** vor, so ist der beste Schätzwert das Ergebnis mit der **höchsten** Eintrittswahrscheinlichkeit (IAS 37.40). Zu berücksichtigen sind aber auch andere mögliche Ausgänge. Sind diese mehrheitlich niedriger oder höher als der Wert mit der höchsten Einzelwahrscheinlichkeit, so ist dieser Wert in die entsprechende Richtung anzupassen, um den best estimate zu bestimmen. Für die Ermittlung des best estimate kommt eine Szenarioanalyse in Betracht (vgl. *Hoffmann,* IFRS-Kommentar, § 21, Rn. 140, *Schween,* Rückstellungen, S. 693). Es erfolgt jedoch keine „vorsichtige" Schätzung im Sinne des deutschen Vorsichtsprinzips. Betrifft der Rückstellungsansatz hingegen eine **große Anzahl von Einzelsachverhalten** bzw. eine **Massenverpflichtung** (large population of items), so ist nach IAS 37.39 der **Erwartungswert** anzusetzen. Nach dem ED-IAS 37 (2005 und rev. 2010) soll die Erwartungswertmethode zukünftig in beiden Fällen zur Anwendung kommen (ED-IAS 37.31, ED-IAS 37 (rev.).36B,Appendix B1).

Nach IAS 37.45 ist der zukünftige (erwartungsgemäße) Verpflichtungsbetrag zu **diskontieren**, wenn der Zinseffekt eine wesentliche Wirkung auf dessen Ausweishöhe hat. Eine nachfolgende Aufzinsung der Rückstellung ist als Zinsaufwand erfolgswirksam zu buchen (IAS 37.60). Der Zinssatz ist nach IAS 37.47 vor Steuern definiert. Er hat die Markteinschätzung hinsichtlich des Zeitwertes des Geldes und der für die Schuld spezifischen Risiken, soweit diese nicht bei der Ermittlung der Cashflows berücksichtigt wurden, abzubilden. Eine Risikoadjustierung ist insofern einerseits bei den zukünftig erwarteten Cashflows, andererseits beim Diskontierungszinssatz möglich. ED-IAS 37 (rev. 2010) sieht auch eine Risikoanpassung **nach** der Barwertberechnung vor (ED-IAS 37 (rev.).B16(c)); wie der barwertige Anpassungsbetrag abweichend von den beiden vorgenannten Ansätzen zu bestimmen sein sollte, wird nicht spezifiziert.

Nach IAS 37.48 sind bei der Bemessung der Rückstellungshöhe auch **zukünftige Ereignisse** zu berücksichtigen, soweit hinreichende objektive Hinweise auf ihren Eintritt schließen lassen. **Rückforderungen und Rückerstattungen** („reimbursements"), welche das Unternehmen bei Inanspruchnahme durch den Rückstellungsgrund von dritter Seite erwarten kann, mindern hingegen die Rückstellungshöhe nicht. Sie sind, soweit sie als Vermögenswert aktivierbar sind, separat auf der Aktivseite als Forderung anzusetzen, falls die Erstattung im Falle der Verpflichtungserfüllung so gut wie sicher ist. Dabei darf die Forderung den Verpflichtungsansatz nicht übersteigen. Ein saldierter Ausweis mit der gebildeten Rückstellung ist zwar somit nicht in der Bilanz, wohl aber in der Gesamterfolgsrechnung möglich (IAS 37.53-58).

Zu jedem Bilanzstichtag ist der Rückstellungsbetrag an die aktuelle bestmögliche Schätzung **anzupassen** (IAS 37.59). Eine Rückstellung ist bei Wegfall oder Eintritt des Rückstellungsgrundes aufzulösen. Sie darf aber nur für Ausgaben verbraucht werden, für die sie gebildet wurde. Anderenfalls würden die Wirkungen zweier unterschiedlicher Ereignisse verschleiert werden (IAS 37.61).

Spezielle Regelungen enthält IAS 37 für belastende Verträge („onerous contracts", IAS 37.66-69; vergleichbar den handelsrechtlichen Drohverlustrückstellungen) sowie für Restrukturierungen („restructuring", IAS 37.70-83). Ein schwebendes Geschäft ist als **belastender Vertrag** zu beurteilen, wenn die unvermeidbaren Kosten zur Erfüllung der vertraglichen Verpflichtungen höher als der erwartete wirtschaftliche Nutzen sind (IAS 37.10, 37.68). Die unvermeidbaren Kosten werden durch die Aufwendungen bestimmt, die den Schaden minimieren. Somit stellen diese das Minimum aus einerseits den Kosten zur Erfüllung und andererseits den Entschädigungszahlungen und Strafgeldern bei Nichterfüllung dar. Gegebenenfalls noch zu erwartende Erlöse sind gegenzurechnen. Belastende Verträge können beschaffungs- oder absatzseitig begründet sein (vgl. *Hoffmann*, IFRS-Kommentar, § 21, Rn. 54 ff.). Ein belastender Vertrag entsteht allerdings nicht lediglich dadurch, dass sich die Marktverhältnisse nach Vertragsabschluss dergestalt verändern, dass die Leistung nunmehr günstiger zu erhalten wäre. **Restrukturierungsrückstellungen** können im Zusammenhang mit bestimmten Restrukturierungsarten wie dem Verkauf oder der Beendigung eines Geschäftszweiges, der Stilllegung von Standorten oder der Verlegung von Geschäftsaktivitäten, bei Änderungen in der Managementstruktur und einer grundlegenden Umorganisation gebildet werden (IAS 37.70). Nach IAS 37.71 finden die allgemeinen Ansatzkriterien für Rückstellungen Anwendung (kritisch zur Vereinbarkeit mit den speziellen Regeln der IAS 37.70 ff. vgl. *Keitz, von/ Wollmert/Oser/Wader,* IAS 37, Rn. 88). Die Bildung einer Restrukturierungsrückstellung ist nur möglich, wenn die Voraussetzungen nach IAS 37.72 kumulativ erfüllt sind. Diese betreffen zum einen die Existenz eines Restrukturierungsplans mit den in IAS 37.72(a) formulierten Mindestinhalten. Zum anderen muss bei den Betroffenen eine berechtigte Erwartungshaltung hervorgerufen worden sein, sei es durch entsprechende Ankündigungen oder den Beginn der Umsetzung des Plans.

Besondere **Ausweisvorschriften** enthalten IAS 37.84-92. Darin werden u. a. für jede Klasse von Rückstellungen eine Überleitungsrechnung zwischen den Buchwerten am Periodenbeginn und am Periodenende sowie qualitative Angaben zur Art der Sachverhalte gefordert. Die Klassenbildung sollte sich an der Differenzierung der offen zu legenden Informationen orientieren. Die zusammenzufassenden Sachverhalte müssen somit hinreichend ähnlich sein, um durch die klassenübergreifende Angabe erfasst zu werden. Vorgesehene Angaben können in extrem seltenen Situationen entfallen, falls die Position des Unternehmens in einem Rechtsstreit durch deren Offenlegung beeinträchtigt würde (IAS 37.92).

Ergänzende Literatur zu: 13.7 Rückstellungen und steuerfreie Rücklagen

Baetge/Kirsch/Thiele, Bilanzen, S. 405–458
Coenenberg/Haller/Schultze, Jahresabschluss, S. 337–341, 411–435
Falterbaum/Bolk/Reiß/Kirchner, Buchführung, S. 929–943, 977–1042
Hachmeister, Verbindlichkeiten nach IFRS, S. 99–197
Hebertreit/Schrimpf-Dorges, Rückstellungen, § 13
Hoffmann, IFRS-Kommentar, Rückstellungen, § 21
Kozikowski/Schubert, Bilanzkommentar, § 249 HGB, Rn. 1–340
Pawelzik/Theile, Rückstellungen, S. 438–461
Pellens/Füllbier/Gassen/Sellhorn, Rechnungslegung, S. 426–451
IDW, WP-Handbuch 06 I, S. 279–323, 525–537

13.8 Verbindlichkeiten

Zu den Verbindlichkeiten zählen alle am Bilanzstichtag hinsichtlich **Grund, Höhe und Fälligkeit feststehenden Verpflichtungen.** Sie werden in der Bilanz auf der Passivseite nach den Rückstellungen ausgewiesen, wobei für Kapitalgesellschaften sowie die unter die Regelung des § 264a HGB fallenden (und nicht nach § 264b HGB auszunehmenden) offenen Handelsgesellschaften und Kommanditgesellschaften das Gliederungsschema des § 266 Abs. 3 C. HGB zu beachten ist, nach dem die Verbindlichkeiten in folgende Positionen aufzugliedern sind:

1. Anleihen, davon konvertibel
2. Verbindlichkeiten gegenüber Kreditinstituten
3. Erhaltene Anzahlungen auf Bestellungen
4. Verbindlichkeiten aus Lieferungen und Leistungen
5. Verbindlichkeiten aus der Annahme gezogener Wechsel und der Ausstellung eigener Wechsel
6. Verbindlichkeiten gegenüber verbundenen Unternehmen
7. Verbindlichkeiten gegenüber Unternehmen, mit denen ein Beteiligungsverhältnis besteht
8. sonstige Verbindlichkeiten,
   - davon aus Steuern
   - davon im Rahmen der sozialen Sicherheit

Handelsrechtlich sind **Verbindlichkeiten** grundsätzlich mit ihrem **Erfüllungsbetrag** und Rentenverpflichtungen, soweit für sie keine Gegenleistung mehr zu erwarten ist, mit ihrem **Barwert** anzusetzen (§ 253 Abs. 2 Satz 3 HGB). Der Erfüllungsbetrag ist hierbei im Allgemeinen der Betrag, den der Schuldner für die Begleichung der Verbindlichkeit aufwenden muss. Der Erfüllungsbetrag entspricht bei einer Geldleistungsverpflichtung dem Rückzahlungsbetrag, welcher gewöhnlich mit dem Nennbetrag übereinstimmt (vgl. BFH vom 4. 5. 1977,

BStBl. II 1977, S. 802), und bei einer Sachleistungs- oder Sachwertverpflichtung dem im Erfüllungszeitpunkt hierfür voraussichtlich aufzuwendenden Geldbetrag bzw. einem Geldwertäquivalent (vgl. BT-Drs. 16/10067, S. 52). Die Ersetzung des Begriffs des Rückzahlungsbetrages durch den Begriff des Erfüllungsbetrages sollte gemäß der angeführten Begründung zum Bilanzrechtsmodernisierungsgesetz bei Verbindlichkeiten lediglich klarstellenden Charakter haben und semantisch Sachleistungs- und Sachwertverpflichtungen mit erfassen. Der Erfüllungsbetrag bildet zugleich die Ausgangsbasis für die **steuerrechtliche** Bewertung der Verbindlichkeiten (§ 6 Abs. 1 Nr. 3 EStG i. V. m. H 6.10 EStH). Für den Verbindlichkeitenansatz in der Steuerbilanz ist das generelle Abzinsungsgebot des § 6 Abs. 1 Nr. 3 Satz 1 EStG mit einem Zinssatz von 5,5 Prozent p. a. zu beachten. Ausgenommen hiervon sind Verbindlichkeiten, deren Restlaufzeit am Bilanzstichtag weniger als zwölf Monate beträgt, sowie Verbindlichkeiten, die verzinslich sind oder auf einer Anzahlung oder Vorleistung beruhen (§ 6 Abs. 1 Nr. 3 Satz 2 EStG sowie auch BFH v. 19. 1. 1978, BStBl. II 1978, S. 262).

Speziell bei Verbindlichkeiten gegenüber Kreditinstituten und sonstigen Darlehen ergeben sich häufig auch Differenzen zwischen dem Ausgabebetrag (= tatsächlich zufließender Betrag, Verfügungsbetrag) und dem Erfüllungsbetrag. Übersteigt der Erfüllungsbetrag den Ausgabebetrag, so kann diese Differenz, die auch als **Disagio** oder **Damnum** bezeichnet wird, im **handelsrechtlichen** Jahresabschluss gemäß § 250 Abs. 3 HGB entweder als aktiver Rechnungsabgrenzungsposten (vgl. Teil A Abschn. 13.6.1, S. 500 ff.) in der Handelsbilanz ausgewiesen **(Aktivierungswahlrecht)** oder sofort in voller Höhe als Aufwand verbucht werden. Im Falle der Aktivierung ist der Betrag gesondert auszuweisen oder im Anhang anzugeben (§ 268 Abs. 6 HGB) und durch planmäßige Abschreibungen spätestens bis zum Ende der Laufzeit (Zinsfestschreibungszeitpunkt) zu tilgen (§ 250 Abs. 3 Satz 2 HGB). **Steuerlich** besteht hingegen eine **Aktivierungspflicht,** nach der das Disagio in der Steuerbilanz als Rechnungsabgrenzungsposten auszuweisen und aufwandsmäßig auf die Laufzeit zu verteilen ist (H 6.10 EStH i. V. m. § 5 Abs. 5 Satz 1 Nr. 1 EStG). Ist im umgekehrten Fall hingegen der Erfüllungsbetrag ausnahmsweise einmal niedriger als der Ausgabebetrag, so ist der als **Agio** zu bezeichnende Differenzbetrag nach herrschender Meinung sowohl in der Handelsbilanz wie auch in der Steuerbilanz als Rechnungsabgrenzungsposten zu passivieren und während der Laufzeit der Verbindlichkeit ertragswirksam aufzulösen.

Bei **Valutaverbindlichkeiten,** d. h. Verbindlichkeiten in ausländischer Währung, entspricht der in der Bilanz anzusetzende Erfüllungsbetrag der Summe, die in eigener Währung aufzubringen ist, um den geschuldeten Betrag in ausländischer Währung begleichen zu können. Ist der Kurs zum Rückzahlungszeitpunkt durch ein Devisentermingeschäft abgesichert, wird die Fremdwährungsverbindlichkeit zum Terminkurs passiviert. Anderenfalls ist für die Umrechnung der bei der Entstehung der Verbindlichkeit gültige **Devisenkassamittelkurs** zugrunde zu legen (§ 256a HGB). Der so bei Begründung der Verbindlichkeit ermittelte Erfüllungsbetrag stellt bei Valutaverbindlichkeiten mit einer Restlaufzeit von mehr als einem Jahr grundsätzlich die Bewertungsuntergrenze in Handels- und Steuerbilanz dar (§ 256a Satz 1 HGB). Liegt der Devisenkassamittelkurs in Mengennotierung [Fremdwährungseinheiten pro Einheit Berichtswährung] an einem darauf folgenden Bilanzstichtag über dem bei Aufnahme der Verbindlichkeit maßgeblichen Kurs, so ergibt sich c. p. ein niedrigerer umgerechneter Erfüllungsbetrag. Dieser darf jedoch nicht angesetzt werden, da ein solcher Ausweis eines nicht realisierten Gewinnes im Widerspruch zum Realisationsprinzip stehen würde. Eine Ausnahme hiervon besteht nach §256a Satz 2 HGB bei kurzfristigen Valutaverbindlichkeiten, die eine Restlaufzeit von bis zu einem Jahr aufweisen. Hier ist ohne Beachtung eines Wertvergleiches eine Umrechnung zum Devisenkassamittelkurs am Bilanzstichtag vorzunehmen. Eine derartige Durchbrechung des Realisations- und Imparitätsprinzips sowie des Anschaffungskostenprinzips ist steuerrechtlich gemäß §6 Abs. 1 Nr. 3 i. V. m. Nr. 2 EStG nicht zulässig, so dass steuerrechtlich die Unterschreitung der Bewertungsuntergrenze nicht möglich ist. Sinkt hingegen der Devisenkassamittelkurs in Mengennotierung und erhöht sich infolgedessen der umgerechnete Erfüllungsbetrag an einem darauf folgenden Bilanzstichtag, so muss dieser **höhere Tageswert** in der Handelsbilanz entsprechend §252 Abs. 1 Nr. 4 HGB angesetzt werden (Höchstwertprinzip; vgl. *Bieg/Kußmaul,* Rechnungswesen, S. 45).

In der **Steuerbilanz** ist nach traditionellem Verständnis des Maßgeblichkeitsprinzips dieser höhere Tageswert jedoch nur bei Gewinnermittlung nach §5 EStG und unter der Voraussetzung einer voraussichtlich dauerhaften Kurssenkung unmittelbar als höherer Teilwert nach §6 Abs. 1 Nr. 3 Satz 1 i. V. m. Abs. 1 Nr. 2 Satz 2 EStG anzusetzen oder als Grundlage für die Abdiskontierung der Verbindlichkeit nach §6 Abs. 1 Nr. 3 Satz 1 EStG heranzuziehen. Wird demgegenüber das steuerliche Wahlrecht zum Teilwertansatz gemäß §6 EStG als nach §5 Abs. 1 EStG (in der neuen Fassung nach dem Bilanzrechtsmodernisierungsgesetz) unabhängig vom handelsrechtlichen Ansatz ausübbar betrachtet (wie bspw. im BMF-Schreiben vom 12. 3. 2010; vgl. diesbezüglich jedoch Teil A, Abschn. 1.2.2, S. 27 f.), besteht lediglich ein Wahlrecht zur Zuschreibung. Erhöht sich nach einer Zuschreibung der (mengennotierte) Devisenkassamittelkurs und sinkt der Teilwert dadurch wieder, ist zu beachten, dass gemäß §6 Abs. 1 Nr. 3 Satz 1 i. V. m. Abs. 1 Nr. 2 Satz 2 und Abs. 1 Nr. 1 Satz 4 EStG ein striktes Wertaufholungsgebot besteht; d. h. der Teilwertansatz ist entsprechend zu reduzieren. Bei der Gewinnermittlung nach §4 Abs. 1 EStG, die primär aber nur bei Freiberuflern sowie in der Land- und Forstwirtschaft zur Anwendung kommt, ergibt sich bei voraussichtlich dauerhaften Senkungen des Devisenkassamittelkurses mangels Maßgeblichkeit ohnehin nach §6 Abs. 1 Nr. 3 Satz 1 i. V. m. Abs. 1 Nr. 2 Satz 2 EStG ein Wahlrecht zum Ansatz des höheren Teilwertes. Bei voraussichtlich nicht dauerhaften Devisenkassakurssenkungen mit korrespondierender Erhöhung des Teilwertes steht dem handelsrechtlichen Zuschreibungsgebot jedoch ein steuerrechtliches Zuschreibungsverbot gegenüber (§6 Abs. 1 Nr. 3 Satz 1 i. V. m. Abs. 1 Nr. 2 Satz 2 EStG). Aufgrund der sich daraus ergebenden Divergenzen von Handels- und Steuerbilanz empfiehlt sich daher, für steuerliche Zwecke eine Überleitungsrechnung, beispielsweise in Form einer Umbuchungsliste, anzufertigen *(Falterbaum/Bolk/Reiß/Kirchner,* Buchführung, S. 754–768).

Bei Verbindlichkeiten, welche aufgrund einer Senkung des (allgemeinen) Zinsniveaus **überverzinslich** werden, wird z. T. eine Rückstellungsbildung empfohlen (vgl. *Brösel/Olbrich,* §253 HGB, Verbindlichkeiten, Rn. 268, *Adler/Düring/Schmaltz,* §253 HGB, Rn. 78 f.); allerdings erscheint es auch sachgerecht, auf einen Rückstellungsansatz zu verzichten und nur im Falle, dass durch die Zinsentwicklung eine Erhöhung des Erfüllungsbetrages zu erwarten ist (z. B. bei vorzeitiger Ablösung zum Zeitwert), diese – dann durch eine entsprechende Zuschreibung – gemäß dem Höchstwertprinzip abzubilden (vgl. *Scharpf/Schaber,* Bankbilanz, S. 288 ff.). Die Berücksichtigung von Änderungen bonitätsabhängiger Zinskomponenten birgt grundsätzlich problematische Aspekte für die Folgebewertung von Verbindlichkeiten in sich (vgl. *Knobloch,* Verbindlichkeiten-Bilanzierung, S. 96 f.).

Zu den sonstigen Verbindlichkeiten zählen die **Rentenverpflichtungen**. Rentenschulden sind handelsrechtlich, sofern keine Gegenleistung mehr zu erwarten ist, mit ihrem **Barwert** anzusetzen (§253 Abs. 1 Satz 3 HGB und H 6.10 EStH). Der nach versicherungsmathematischen Grundsätzen zu errechnende Barwert ist der Gegenwartswert aller zukünftigen Zahlungen, die aufgrund der Rentenverpflichtung noch zu leisten sind. Die bei der Ermittlung des Barwertes für Rentenverpflichtungen mit einer Restlaufzeit von mehr als einem Jahr zur Anwendung kommenden Zinssätze ergeben sich handelsrechtlich seit Inkrafttreten des Bilanzrechtsmodernisierungsgesetzes aus §253 Abs. 2 Satz 1 HGB. In der Regel hat die Diskontierung danach mit einem der Restlaufzeit der einzelnen Rentenzahlungen entsprechenden durchschnittlichen Marktzinssatz der vergangenen sieben Geschäftsjahre zu erfolgen. Gegebenenfalls kommt eine Abzinsung mit dem durchschnittlichen Marktzinssatz in Betracht, der sich bei einer angenommenen Restlaufzeit von 15 Jahren ergibt (§253 Abs. 2 Satz 3 i. V. m. Satz 2 HGB). Die Marktzinssätze werden von der Deutschen Bundesbank bestimmt und jeden Monat veröffentlicht (vgl. Teil A, Abschn. 13.7.1, S. 513 f.). Steuerliche Auswirkungen ergeben sich durch diese Neuregelung nicht, da die Abzinsungsregelung des §6 Abs. 1 Nr. 3 EStG, die eine pauschale Abzinsung mit einem Prozentsatz von 5,5 % p.a. vorsieht, der handelsrechtlichen Bewertung vorgeht.

Ergänzende Literatur zu: 13.8 Verbindlichkeiten

Baetge/Kirsch/Thiele, Bilanzen, S. 379–404

Coenenberg/Haller/Schultze, Jahresabschluss, S. 399–411

Falterbaum/Bolk/Reiß/Kirchner, Buchführung, S. 754–768

Hachmeister, Verbindlichkeiten nach IFRS, S. 11–98

IDW, WP-Handbuch 06 I, S. 410–413, 525–537

13.9 Latente Steuern

13.9.1 Steuerlatenzen nach Handelsrecht

Um Gegenstand und Zwecksetzung latenter Steuern zu veranschaulichen, wird die folgende Bilanz betrachtet:

A	Bilanz		P
Immaterielles Anlagevermögen	500	Eigenkapital	500
Sonstiges Vermögen	500	Schulden	500
	1.000		1.000

Der Bilanzleser wird zunächst davon ausgehen, dass bei einer erwarteten Veräußerung des immateriellen Anlagevermögens bspw. zu 1.000 ein vorsteuerlicher Ergebnisbeitrag von 500 entsteht. Dabei wird dem erwarteten Veräußerungserlös der bilanzielle Buchwert von 500 als „Einstandsaufwendung" gegenübergestellt. Unter Berücksichtigung einer Besteuerung auf Unternehmensebene von fiktiv 50 % wäre dann zu erwarten, dass die Veräußerung zu einem Beitrag zum (nachsteuerlichen) Jahresüberschuss in Höhe von 250 führen würde. Diese Erwartung kann sich allerdings als trügerisch erweisen. Handelt es sich beim immateriellen Anlagevermögen nämlich um handelsrechtlich aktivierte Entwicklungsaufwendungen (§§ 248 Abs. 2, 255 Abs. 2a HGB), für die steuerlich ein Aktivierungsverbot gilt (§ 5 Abs. 2 EStG), so steht bei einer etwaigen Veräußerung in der Steuerbilanz dem Veräußerungserlös in Höhe von 1.000 ein Einstandswert von null gegenüber. Dies würde zu einer Besteuerung des Vorganges auf Unternehmensebene in Höhe von 500 führen. Gedanklich setzen sich diese zusammen aus der „handelsrechtlich erwarteten" Besteuerung in Höhe von 250 (= 50 % von 1.000 (Veräußerungswert) – 500 (handelsrechtlicher Einstands-/Buchwert)) sowie einem weiteren Betrag von 250, welcher der Steuer auf den steuerlich nicht bestehenden, handelsrechtlich jedoch vorhandenen Bilanzansatz entspricht (= 50 % von 500 (Handelsbilanzansatz) – 0 (Steuerbilanzansatz)). Falls der Veräußerungserlös vom erwarteten Betrag abweichen sollte, wird sich die erste Komponente entsprechend verändern, und zwar korrespondierend zum handelsrechtlichen Abschluss. Die zweite Komponente bliebe dann jedoch unverändert; es entstünde also in jedem Fall eine zusätzliche steuerliche Belastung gegenüber dem, was aus der Handelsbilanz erkennbar ist, in Höhe der Differenz zwischen dem handels- und dem steuerbilanziellen Ansatz multipliziert mit dem anzuwendenden Steuersatz. Es kann insofern von einer **latenten Steuerbelastung** des ausgewiesenen handelsrechtlichen Vermögens gesprochen werden. Neben latenten Steuerbelastungen können auch **latente Steuerentlastungen** bestehen, wenn etwa handelsrechtlich eine Rückstellung für drohende Verluste zu bilden ist (§ 249 Abs. 1 HGB), dies steuerrechtlich aber nicht zulässig ist (§ 5 Abs. 4a EStG). Bei (Nicht-)Eintritt des Rückstellungssachverhaltes entsteht dann gegenüber dem handelsrechtlichen Abschluss steuerlich ein um den Betrag der steuerlich nicht gebildeten Rückstellung niedrigeres zu versteuerndes Ergebnis.

Das Handelsrecht sieht bei Bestandspositionen, welche Ansatz- oder Wertansatzdifferenzen zwischen Handels- und Steuerbilanz aufweisen, die Antizipation zukünftiger steuerlicher Be- bzw. Entlastungen aufgrund dieser Differenzen vor. Voraussetzung für die be- oder entlastende Wirkung ist freilich, dass die **Bestandsdifferenzen** sich in späteren Geschäftsjahren voraussichtlich abbauen werden und insofern **temporärer** Natur sind. Das zugrunde liegende Konzept, auf welchem auch der innerhalb der IFRS maßgebende Standard IAS 12 basiert, wird als **Temporary-Konzept** bezeichnet. Ergibt sich über **sämtliche** Sachverhalte betrachtet, eine zu erwartende Steuer**be**lastung, so ist dieser **zwingend** durch Bildung einer so genannten **passiven latenten Steuer** Rechnung zu tragen (§ 274 Abs. 1 Satz 1 HGB). Bei einer sich **insgesamt** ergebenden Steuer**ent**lastung **darf** eine **aktive latente Steuer** für den Aktivüberhang gebildet werden (§ 274 Abs. 1 Satz 2 HGB). Im **Konzernabschluss** besteht bei ansonsten analoger Regelung hingegen eine Ansatz**pflicht** von aktiven latenten Steuern (§ 306 Satz 1 HGB). Der für die Bilanzierung latenter Steuern im Einzelabschluss anzuwendende § 274 HGB befindet sich im zweiten Abschnitt des dritten Buches des HGB. Somit sind zunächst Kapitalgesellschaften und nicht-haftungsbeschränkte Personengesellschaften, nach § 336 HGB aber auch Genossenschaften und gemäß § 5 Abs. 1 PublG dem Publizitätsgesetz unterliegende Gesellschaften betroffen. Bei der Ausübung des Ansatzwahlrechtes bei einem Aktivüberhang ist die Ansatzstetigkeit nach § 246 Abs. 3 HGB zu beachten.

Hinsichtlich des **Ausweises** in der **Bilanz** ist eine Verrechnung der Beträge und damit der Ansatz nur des passivischen oder nur des aktivischen Überhanges möglich. Die Beträge können auch brutto ausgewiesen werden (§ 274 Abs. 1 Satz 2 HGB). Wird im Falle eines Aktivüberhanges das Wahlrecht zu dessen Nicht-Ansatz wahrgenommen, kommt es bei der Verrechnungsvariante zu keinem Bilanzansatz, bei der Bruttodarstellung entsprechen sich dann die ausgewiesenen Beträge der aktiven und der passiven latenten Steuern. Der Ausweis erfolgt als eigenständige Positionen unter „aktive latente Steuern" (§ 266 Abs. 2 D. HGB) bzw. „passive latente Steuern" (§ 266 Abs. 3 E. HGB). Darüber hinaus sind die ausgewiesenen Posten im **Anhang** zu erläutern (§ 285 Nr. 29 HGB) – nach DRS 18 „Latente Steuern" (vgl. *DSR*, Latente Steuern) erstreckt sich die Erläuterungspflicht auch auf die begründenden Sachverhalte für aktivische Überhänge, welche aufgrund der Wahlrechtsausübung nicht angesetzt wurden (DRS 18.64); anders noch der allerdings am 9.9.2010 aufgehobene Entwurf IDW ERS HFA 27 (*HFA*, Latente Steuern, Rn. 36; vgl. dazu auch unten).

Der Ausweis von Steuerlatenzen in der **Gewinn- und Verlustrechnung** erfolgt unter der Position „Steuern vom Einkommen und vom Ertrag", die damit neben dem effektiven Ertragsteueraufwand auch die latenten Ertragsteueraufwendungen und -erträge sowie Aufwendungen und Erträge aus der Korrektur latenter Steuerposten beinhaltet. Zurechnungsschwierigkeiten treten auf, wenn ein außerordentliches Ergebnis gemäß § 275 Abs. 2 Nr. 17 bzw. Abs. 3 Nr. 16 HGB ausgewiesen wird. In diesem Fall müssen im Anhang darüber Angaben gemacht werden, in welchem Umfang die Steuern vom Einkommen und vom Ertrag das außerordentliche Ergebnis belasten (§ 285 Abs. 6 HGB). Zu dieser Angabe bedarf es der Trennung der latenten Steueraufwendungen und -erträge in einen auf das Ergebnis der gewöhnlichen Geschäftstätigkeit entfallenden und einen dem außerordentlichen Ergebnis zuzurechnenden Teil.

Von den Vorschriften zu latenten Steuern sind kleine Kapitalgesellschaften und kleine Genossenschaften **befreit** (§§ 274a Nr. 5, 336 Abs. 2 Satz 1 HGB); das Erfordernis eines Rückstellungsansatzes nach § 249 Abs. 1 Satz 1 HGB ist allerdings zu prüfen (BT-Drs. 16/10067, S. 68). Mittelgroße Kapitalgesellschaften und Genossenschaften sind von den Angabepflichten im Anhang entbunden (§§288 Abs.2 Satz 2, 336 Abs.2 Satz 1 HGB).

Die Orientierung an **Bestandsdifferenzen** bei der Bildung latenter Steuern wurde erst durch das Bilanzrechtsmodernisierungsgesetz vom 25. 5. 2009 (BGBl. I 2009, S. 1102 ff.) eingeführt. Nach altem Recht war Ausgangspunkt für eine Steuerlatenz, dass ein Geschäftsvorfall zu einem unterschiedlichen handels- und steuerbilanziellen Ergebnisbeitrag führte und sich die Differenz in zukünftigen Perioden voraussichtlich wieder ausglich. Wenn danach der tatsächliche Steueraufwand im Verhältnis zum handelsrechtlichen Ergebnis zu niedrig war, musste eine passivische latente Steuer als Rückstellung nach §249 Abs. 1 Satz 1 HGB gebildet werden (§274 Abs. 1 HGB a. F.); ein zu hoher Steueraufwand durfte unter der analogen Voraussetzung durch einen Ertragsausweis mit korrespondierender Aktivierung eines Abgrenzungspostens als Bilanzierungshilfe neutralisiert werden (§274 Abs. 2 HGB a. F.). Für die Ansatzfrage einer latenten Steuer war demnach **nach altem Handelsrecht** eine **Erfolgsdifferenz** Voraussetzung. Im Ausgangsbeispiel würde die Vorgehensweise nach altem Handelsrecht grundsätzlich zum selben Ergebnis führen – abgesehen davon, dass die Aktivierung von Entwicklungskosten für selbst erstelltes immaterielles Anlagevermögen erst im Rahmen des Bilanzrechtsmodernisierungsgesetzes ermöglicht wurde. Denn die handelsrechtliche Aktivierung der Entwicklungskosten – unterstellt gänzlich in der Berichtsperiode – korrespondiert mit einem gegenüber dem steuerbilanziellen Ergebnisausweis um 500 höheren Periodenerfolg. Der Steueraufwand der Periode ist somit um 250 niedriger, als es der handelsrechtliche Erfolgsausweis nahelegte. Durch die Buchung eines latenten Steueraufwands mit korrespondierendem Ansatz einer passiven latenten Steuer würde – abhängig von der Bewertung der Steuerlatenz ggf. mit abweichendem Betrag – der Steueraufwand an das handelsrechtliche Vorsteuerergebnis angepasst. Das alte Handelsrecht knüpfte den Ansatz einer Steuerlatenz zudem noch an die Voraussetzung, dass sich die Differenzen in einem absehbaren Zeitraum auflösen **(timing-Differenzen)** – bspw. durch Abschreibungen auf den Vermögensgegenstand, Erreichen des Eintrittszeitpunktes für einen Rückstellungssachverhalt. Demgegenüber führten nach altem Handelsrecht solche GuV-Differenzen, welche sich zwar nicht in einem absehbaren Zeitraum, gleichwohl zwangsläufig in einer Totalperiodenbetrachtung (ggf. also auch erst final bei Liquidation) ausgleichen, die so genannten **quasi-permanenten Differenzen,** nicht zum Ansatz latenter Steuern. Darunter sind bspw. Differenzen zu subsumieren, welche aus der Reduzierung der Anschaffungskosten eines Grundstückes aus der Übertragung stiller Reserven von einem veräußerten Grundstück nach §6b EStG resultieren. Die vormalige (eingeschränkt) GuV-orientierte Konzeption wurde als **Timing-Konzept** bezeichnet.

Das neue Handelsrecht nach dem Bilanzrechtsmodernisierungsgesetz **erweitert** – unter den vorgenannten Bedingungen – den Umfang der nach altem Recht Steuerlatenzen begründenden Tatbestände zum einen um solche quasi-permanenten Differenzen, welche sich zugleich in bilanziellen Beständedifferenzen und in GuV-Differenzen äußern (kritisch zu deren Außerachtlassung nach bisherigem Recht die Begründung zum BilMoG in BT-Drs. 16/10067, S. 67). Aufgrund der korrespondierenden Abbildung in Bilanz und GuV wäre hier allerdings kein Übergang auf das bestandsorientierte Temporary-Konzept notwendig gewesen. Zum anderen werden nunmehr Bestandsdifferenzen auch ohne korrespondierende GuV-Wirkung erfasst (BT-Drs. 16/10067, S. 67, BT-Drs. 16/12407, S. 114; bspw. bei Einbringungsvorgängen im Rahmen von Umwandlungen mit handelsrechtlichem Zeitwertansatz und steuerlicher Buchwertfortführung) – die Bildung der latenten Steuer sollte in solchen Fällen erfolgsneutral erfolgen (*Schildbach,* Jahresabschluss, S. 229).

Unbeachtlich sind nach neuem wie nach altem Recht Vorgänge, bei denen die Besteuerungsgrundlage und der handelsrechtliche Erfolg auseinander laufen, ohne dass es später zu einem Ausgleich kommt. Dies ist bei nicht-abzugsfähigen Betriebsausgaben oder steuerfreien Erträgen der Fall, wie bspw. bei der (außerbilanziellen) steuerlichen Bereinigung des Erfolges einer Kapitalgesellschaft, wenn diese Dividendeneinkünfte von einer inländischen Aktiengesellschaft erhält, die effektiv zu 95 % freigestellt sind (§ 8b Abs. 1 und Abs. 5 EStG), oder in Bezug auf die steuerlich in Höhe von 50 % ihres Betrages nicht als Betriebsausgaben anerkannten Aufsichtsratsvergütungen (§ 10 Nr. 4 KStG). Dies gilt analog für Bestandsdifferenzen, welche sich nicht in entsprechender Höhe steuerwirksam auflösen. Zu denken ist bspw. an eine Bestandsdifferenz aus der nur handelsrechtlichen Abschreibung einer Beteiligung, welche die bilanzierende Kapitalgesellschaft an einer anderen Kapitalgesellschaft hält. Die Differenz zum steuerlichen Wertansatz führt bei der Veräußerung der Beteiligung nicht zu einer entsprechenden Steuerentlastung, da auch hier der Veräußerungserfolg (ggf. weitgehend) steuerlich unbeachtlich ist (§ 8b Abs. 2 und Abs. 3 KStG).

Die folgende **Abbildung** zeigt die verschiedenen Fälle auf, aufgrund derer temporäre Unterschiede zum Ansatz latenter Steuern führen können. Darüber hinaus werden die Abbildungsvarianten dargestellt.

Dabei impliziert ein **handelsrechtliches Mehrvermögen** gegenüber der Steuerbilanz, dass eine spätere Auflösung der Vermögens- oder Schuldenposition in der Handelsbilanz (über Abschreibungen, Verkauf, Eintritt oder Entfall des Rückstellungsgrundes etc.) zu einem geringeren handelsrechtlichen Ergebnis im Verhältnis zur Steuerbilanz führt. Der Steueraufwand, der sich zukünftig nach dem höheren Steuerbilanzergebnis bemisst, ist relativ zum handelsrechtlichen zu hoch. Dieser steuerliche „Mehr"-Betrag soll durch die i. d. R. aufwandswirksame Bildung einer passiven latenten Steuer in der Entstehungsperiode der Differenz vorweggenommen werden. Bei Auflösung der Bestandsdifferenz führt die korrespondierende Auflösung der passiven latenten Steuer zu einem Ausgleich des Mehrbetrages der tatsächlichen Steuer. Ein handelsrechtliches Mehrvermögen kann sich aus einer Ansatz- oder einer Bewertungsdifferenz und jeweils sowohl für Aktiv- als auch für Passivpositionen ergeben. In analoger Weise ist eine Bestandsdifferenz, welche ein **handelsrechtliches Mindervermögen** zum Ausdruck bringt, mit dem Entstehen und der späteren Auflösung einer aktiven latenten Steuer verbunden.

Die Bildung der latenten Steuern wird i. d. R. **erfolgswirksam** vorgenommen. Bei aktiven latenten Steuern erfolgt somit eine korrespondierende Ertragsbuchung. Mit dem hierdurch c. p. höheren Jahresüberschuss würde grundsätzlich eine Erhöhung des Ausschüttungspotentials einhergehen. Aufgrund der Unsicher-

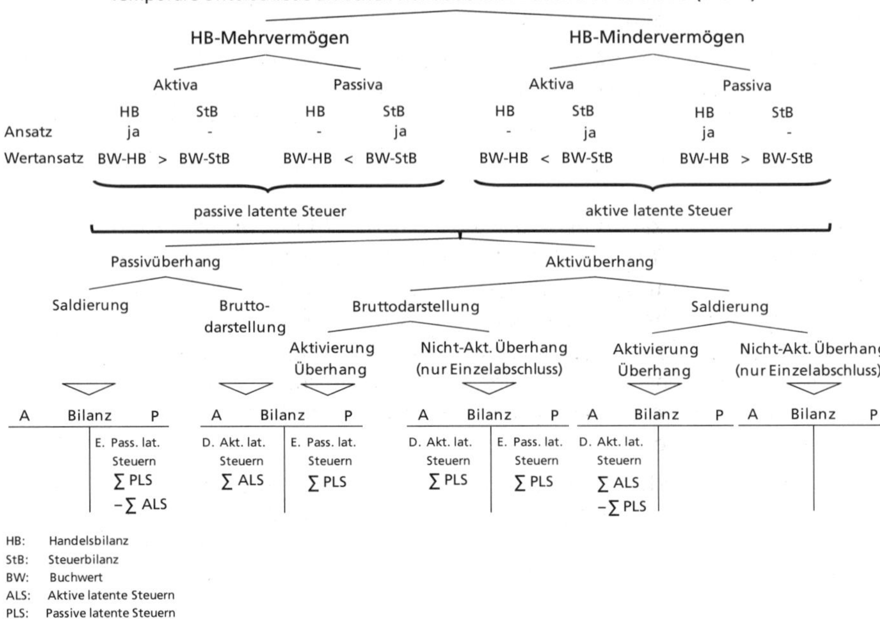

Ursachen temporärer Differenzen bei latenten Steuern und Ausweisvarianten

heit der mit der Position verbundenen Vorteile – schließlich handelt es sich um einen noch nicht realisierten Steuervorteil – sieht der Gesetzgeber allerdings eine **Ausschüttungssperre** in Höhe des aktivischen Überhanges vor (§ 268 Abs. 8 HGB; zur Problematik des Wortlauts der Vorschrift im Hinblick auf die zweifache Berücksichtigung passiver latenter Steuern als Abzugsposition vgl. *Herzig/ Vossel*, Paradigmenwechsel, S. 1177).

Das Maßgeblichkeitsprinzip wirkt per se dem Ansatz latenter Steuern entgegen. Mit Inkrafttreten des Bilanzrechtsmodernisierungsgesetzes wurde das Band der Maßgeblichkeit zwischen Handels- und Steuerbilanz deutlich gelockert, insbesondere durch die Abschaffung der umgekehrten Maßgeblichkeit und – soweit sich dies verfestigen sollte – eine eigenständigere steuerliche Wahlrechtsausübung. Die Ursachen für die Bildung von latenten Steuern sind inzwischen vielgestaltig. Im Folgenden werden beispielhaft wichtige Bilanzierungsvorgänge genannt, welche typischerweise zu latenten Steuern im Einzelabschluss führen (vgl. *Scheffler*, Steuerliche Gewinnermittlung, S. 46 ff.).

Ursachen einer **aktivischen Steuerabgrenzung** sind:

- schnellere Abschreibung des Geschäfts- oder Firmenwertes in der Handelsbilanz (§ 253 Abs. 3 HGB und § 7 Abs. 1 Satz 3 EStG);
- handelsrechtliche Abschreibungen auf den niedrigeren Zeitwert bei nur vorübergehender Wertminderung bei Finanzanlagen und im Umlaufvermögen (§ 253 Abs. 3 Satz 3 und 4 HGB). Steuerrechtlich sind Teilwertabschreibungen hingegen erst bei einer voraussichtlich dauerhaften Wertminderung zulässig (§ 6 Abs. 1 Nr. 1 und 2 EStG);

- Nichtaktivierung oder schnellere Abschreibung des Disagios in der Handelsbilanz (§250 Abs. 3 HGB und H 6.10 EStH);
- Rückstellungen für drohende Verluste aus schwebenden Geschäften, für die handelsrechtlich eine Ansatzpflicht (§249 Abs. 1 Satz 1 HGB), steuerrechtlich nach dem 31. 12. 1996 jedoch ein Ansatzverbot besteht (§5 Abs. 4a EStG);
- steuerliches Abzinsungsgebot von Rückstellungen für Geld- und Sachleistungsverpflichtungen sowie von unverzinslichen Rückstellungen mit einer Laufzeit am Bilanzstichtag von mehr als zwölf Monaten mit einem Zinssatz von 5,5% (§6 Abs. 1 Nr. 3a lit. e i. V. m. Nr. 3 EStG), wenn diesem handelsrechtlich die Abzinsung mit niedrigeren marktüblichen Diskontierungssätzen gegenübersteht, die von der Deutschen Bundesbank veröffentlicht werden (§253 Abs. 2 HGB). Des Weiteren sind Rückstellungen handelsrechtlich mit ihrem Erfüllungsbetrag anzusetzen, der nach vernünftiger kaufmännischer Beurteilung notwendig ist (§253 Abs. 1 HGB), so dass künftige Preis- und Kostensteigerungen zu berücksichtigen sind;
- Handelsrechtliche Bewertung von Pensionsrückstellungen mit einem niedrigeren Zinssatz als dem nach §6a Abs. 3 Satz 3 EStG steuerlich verbindlichen Satz von 6% p. a. sowie handelsrechtliche Einbeziehung von erwarteten Gehaltsentwicklungen;
- Ausübung des handelsrechtlichen Wahlrechts zum Abzug einer steuerfreien Investitionszulage von den Anschaffungs- oder Herstellungskosten des geförderten Vermögensgegenstandes. Steuerlich mindern die steuerfreien Investitionszulagen die Anschaffungs- oder Herstellungskosten nicht (§13 InvZulG 2010, vgl. *Ellrott/Brendt*, Bilanzkommentar, §255 HGB, Rn. 115 ff.);
- steuerlich gemäß §5 Abs. 5 Satz 2 EStG als Abgrenzungsposten aktivierte Zölle, Verbrauch- und Umsatzsteuern, die als Aufwand berücksichtigt wurden;
- bei Umwandlungsvorgängen handelsrechtlicher Wertansatz zu Anschaffungskosten (Neubewertung) bei steuerlicher Fortführung niedrigerer Buchwerte bei Aktiva (z. B. §3 UmwStG; vgl. Teil C, Abschn. 2.2.4.2, S. 1086 f., Abschn. 2.2.5.2, S. 1118 f.).

Ursachen für eine **passivische Steuerabgrenzung** sind:

- Bewertung des Waren- und Rohstoffverbrauchs bei steigenden Preisen: Handelsrechtlich darf die Bewertung des Vorratsverbrauchs nach der Fifo-Verbrauchsfolge vorgenommen werden (§256 Satz 1 HGB). Für die Steuerbilanz kommen dagegen nur das Durchschnitts- oder das Lifo-Verfahren in Betracht, sofern nicht der Nachweis einer anderen tatsächlichen Verbrauchsfolge erfolgt; ein Nachweis des Fifo-Verfahrens wird jedoch nicht immer möglich sein (im Einzelnen s. Teil A, Abschn. 11.2.2.3, S. 411 f.);
- Ausübung des handelsrechtlichen Aktivierungswahlrechts selbst geschaffener immaterieller Vermögensgegenstände des Anlagevermögens in der Handelsbilanz (§248 Abs. 2 HGB; im Einzelnen s. Teil A, Abschn. 12.1, S. 428 f.), während in der Steuerbilanz ein Aktivierungsverbot gilt (§5 Abs. 2 EStG);
- steuerrechtliche Sonderabschreibungen und erhöhte Absetzungen, die handelsrechtlich nicht nachvollzogen werden (vgl. Teil A, Abschn. 12.2.2, S. 436 ff.);

- Bildung steuerfreier Rücklagen und die damit ggf. verbundene Übertragung auf neu angeschaffte oder hergestellte Wirtschaftsgüter (vgl. Teil A, Abschn. 13.7.3, S. 529 ff.);
- durch entsprechend hohe handelsrechtliche Diskontierungszinssätze auch bei Einbeziehung von Kostentrends niedrigere Ansätze von allgemeinen Rückstellungen respektive Pensionsrückstellungen in der Handels- gegenüber der Steuerbilanz;
- bei Umwandlungsvorgängen handelsrechtliche Buchwertfortführung nach § 24 UmwG bei steuerlichem Ansatz mit höherem gemeinen Wert bei Aktiva (z. B. § 3 UmwStG; vgl. Teil C, Abschn. 2.2.4.2, S. 1086 f., Abschn. 2.2.5.2, S. 1118 f.).

Buchungstechnisch werden die (i. d. R.) erfolgswirksamen latenten Steuern wie folgt erfasst:

1. Aktivische latente Steuern:
   - Zeitpunkt des Entstehens des Differenzbetrages:
     Aktive latente Steuern **an** latenter Steuerertrag
   - Auflösung des Postens:
     Latenter Steuerertrag **an** Aktive latente Steuern

Beispiel:

Eine Kapitalgesellschaft hat zu Beginn des Geschäftsjahres ein Darlehen mit einer Laufzeit von 3 Jahren aufgenommen. Das Disagio in Höhe von 150 wird in der Handelsbilanz sofort als Aufwand verbucht, während es in der Steuerbilanz aktiviert und über die Laufzeit abgeschrieben wird. Der sonstige Ertragsüberschuss vor Ertragsteuern beträgt jedes Jahr 1.000; der Körperschaftsteuersatz betrage fiktiv 50 % (bei Vernachlässigung weiterer Steuern).

	Handelsbilanz			**Steuerbilanz**		
	t_1	t_2	t_3	t_1	t_2	t_3
Bilanz						
Aktive latente Steuern	50	25	-			
Disagio	-	-	-	100	50	-
Erfolgsrechnung						
laufende Ertragsüberschüsse	1.000	1.000	1.000	1.000	1.000	1.000
– Aufwand/Abschreibungen aus Disagio	– 150	–	–	– 50	– 50	– 50
= Gewinn vor Steuern	850	1.000	1.000	950	950	950
– Körperschaftsteuer (50 %)						
Handelsbilanz (fiktiv)	(-425)	(-500)	(-500)			
Steuerbilanz/Steuerzahlung	– 475	– 475	– 475	– 475	– 475	– 475
+/– Latenter Steuerertrag (+) /-aufwand (-)	+ 50	– 25	– 25			
= Gewinn nach Steuern	425	500	500	475	475	475

Buchungssätze (ohne begründenden Sachverhalt der Aktivierung des Disagio):

t_1: Aktive latente Steuern 50 **an** Latenter Steuerertrag 50

t_2, t_3: Latenter Steuerertrag 25 **an** Aktive latente Steuern 25

2. <u>Passivische latente Steuern:</u>
   - Zeitpunkt des Entstehens des Differenzbetrages
     Latenter Steueraufwand **an** Passive latente Steuern
   - Auflösung der Position
     Passive latente Steuern **an** Latenter Steueraufwand

Beispiel:

Ein Unternehmen aktiviert am Ende der Periode t_1 Aufwendungen für die Entwicklung selbst genutzter Software (Anlagevermögen) in Höhe von 1.000, die über die Perioden t_2 und t_3 linear abgeschrieben werden sollen. Die Aufwendungen für Forschungs- und Entwicklungsarbeiten belaufen sich insgesamt auf 2.000 für die Periode t_1 und verteilen sich auf verschiedene Kostenarten; in den Folgeperioden fallen keine Aufwendungen an. Der sonstige Gewinn vor Ertragsteuern beträgt jährlich 5.000. Der Körperschaftsteuersatz betrage fiktiv 50 % (bei Vernachlässigung weiterer Steuern).

	Handelsbilanz			**Steuerbilanz**		
	t_1	t_2	t_3	t_1	t_2	t_3
Bilanz						
Immaterielles Anlagevermögen (selbst erstellt)	1.000	500	–	–	–	–
Passive latente Steuern (Betrag)	500	250	–	–	–	–
Erfolgsrechnung (Gesamtkostenverfahren)						
laufende Ertragsüberschüsse	5.000	5.000	5.000	5.000	5.000	5.000
– Summe Aufwendungen Forschung und Entwicklung (in verschiedenen GuV-Positionen)	– 2.000	–	–	– 2.000	–	–
+ aktivierte Entwicklungsaufwendungen	1.000	–	–	–	–	–
– Abschreibungen auf aktivierte Entwicklungsaufwendungen	–	– 500	– 500	–	–	–
= Gewinn vor Steuern	4.000	4.500	4.500	3.000	5.000	5.000
– Körperschaftsteuer (50 %) Handelsbilanz (fiktiv)	(–2.000)	(–2.250)	(–2.250)			
Steuerbilanz/Steuerzahlung	– 1.500	– 2.500	– 2.500	– 1.500	– 2.500	–2.500
+/– Latenter Steuerertrag (+) /-aufwand (–)	– 500	+ 250	+ 250			
= Gewinn nach Steuern	2.000	2.250	2.250	1.500	2.500	2.500

Buchungssätze (ohne begründenden Sachverhalt der Aktivierung der Entwicklungsaufwendungen und Verbuchung der tatsächlichen Einzelaufwendungen):

t_1: Latenter Steueraufwand	500	**an**	Passive latente Steuern	500
t_2, t_3: Passive latente Steuern	250	**an**	Latenter Steueraufwand	250

Eine **Auflösung der latenten Steuerposition** hat immer dann zu erfolgen, wenn die Steuerentlastung bzw. die höhere Steuerbelastung eintritt oder wenn damit zu rechnen ist, dass es nicht mehr zu einer Steuerentlastung bzw. zu einer höheren Steuerbelastung kommt (§ 274 Abs. 2 Satz 2 HGB). Insbesondere im Falle aktiver latenter Steuern ist zu prüfen, ob aus Sicht des Bilanzstichtages noch eine zukünftige Steuerentlastung erwartet werden kann. Dies setzt entsprechende Gewinnerwartungen für die Zukunft voraus. Bei der Einschätzung, wie wahrscheinlich der Ausgleich ist, ist das Vorsichtsprinzip zu beachten (BT-Drs. 16/10067, S. 67).

Die Zukunftsbezogenheit der Steuerabgrenzung verursacht in der Praxis Probleme bei der Bemessung der Höhe der aktiven und passiven latenten Steuern. Im Rahmen des § 274 HGB erfolgt die latente Steuerabgrenzung nach dem sog. **Verbindlichkeitsmethode (Liability-Method)**. So erfordert die Antizipation künftiger Steuerentlastungen- bzw. -belastungen die Verwendung **künftiger Steuersätze** zur Bestimmung des latenten Steuerbetrages. Nach § 274 Abs. 2 HGB ist demgemäß für die Bewertung der latenten Steuerbeträge auf die unternehmensindividuellen Steuersätze im Zeitpunkt des Abbaus der Differenzen abzustellen. Da deren Schätzung i. d. R. mit einer großen Unsicherheit behaftet ist, wird auf die Verhältnisse des Bilanzstichtages zurückgegriffen. Änderungen der Steuersätze sind üblicherweise erst dann zu berücksichtigen, wenn sie die parlamentarischen Hürden überwunden haben, in Deutschland gewöhnlich nach Zustimmung durch den Bundesrat (vgl. BT-Drs. 16/10067, S. 68). § 274 Abs. 2 Satz 1 HGB bestimmt des Weiteren, dass die errechneten Steuerbeträge **nicht abzuzinsen** sind. Bei der Bewertung sind ferner die steuersubjektbezogenen Steuersätze heranzuziehen (vgl. BT-Drs. 16/10067, S. 68), so dass für Kapitalgesellschaften die Körperschaftsteuer zuzüglich Solidaritätszuschlag und die Gewerbeertragsteuer relevant sind.

Ein weiterer, im Steuerrecht begründeter Aspekt bei der Bildung latenter Steuern zeigt sich **in Verlustjahren.** Nach § 10d EStG kann ein negativer Gesamtbetrag der Einkünfte ab dem Veranlagungszeitraum 2002 bis zu einer Höhe von 511.500 € auf das vorhergehende Jahr zurückgetragen werden, d. h. mit dem Gewinn dieses Jahres verrechnet werden. Diejenigen Verluste, die nicht durch den Verlustrücktrag ausgeglichen werden können, dürfen ohne zeitliche Beschränkung auf die folgenden Jahre vorgetragen werden. Soweit im Verlustjahr und/oder in der Rücktragsperiode Bestandsdifferenzen mit korrespondierenden Ergebnisunterschieden zwischen Handels- und Steuerbilanz vorliegen, sind latente Steuern zu berücksichtigen. In den vergangenen Jahren gebildete aktivische oder passivische Steuerabgrenzungen sind aufzulösen, wenn sie auf Bestandsdifferenzen beruhen, die sich im Verlustjahr mit korrespondierender Ergebnisbeeinflussung umkehren. Durch den Ansatz latenter Steuern in Verlustsituationen kann erreicht werden, dass in der Gewinn- und Verlustrechnung nicht der steuerliche, sondern der handelsrechtliche Rücktragseffekt aufgezeigt wird (*Baumann/Spanheimer*, § 274 HGB, Rn. 53, noch unter den Rahmenbedingungen des inzwischen abgeschafften Timing-Konzeptes).

Beispiel:

Eine Kapitalgesellschaft weist im dreijährigen Betrachtungszeitraum Bestandsdifferenzen zwischen Handels- und Steuerbilanz auf, die sich in Ergebnisunterschieden widerspiegeln. Diesbezüglich ergeben sich in den ersten beiden Perioden ein Handelsbilanzergebnis von 3.000 und ein Steuerbilanzergebnis von 2.000, während in Periode 3 ein Handelsbilanzverlust von 2.000 und ein steuerlicher Verlust von 1.000 entsteht, der steuerrechtlich auf die vorhergehende Periode zurückgetragen wird. Der Steuersatz betrage fiktiv 50 %. Die zugrunde liegenden Bestandsdifferenzen werden im Folgenden nicht aufgeführt; im Mittelpunkt der Betrachtung stehen die Erfolgsrechnungen.

Periode	1	2	3
Handelsbilanzergebnis	3.000	3.000	./. 2.000
Steuerbilanzergebnis	2.000	2.000	./. 1.000
Temporäre Differenz	1.000	1.000	./. 1.000
Kumulierte temporäre Differenz	1.000	2.000	1.000
Steueraufwand			
– fiktiv	1.500	1.500	./. 1.000
– effektiv	1.000	1.000	./. 500
– latent	500	500	./. 500
Passive latente Steuern	500	1.000	500

Die zeitlichen Ergebnisunterschiede in den beiden ersten Perioden führen zu einer passivischen Steuerabgrenzung von jeweils 500. Der steuerliche Verlustrücktrag von 1.000 zusammen mit der Umkehrung des Ergebnisunterschiedes im Verlustjahr macht eine Auflösung der passiven latenten Steuern in Höhe von 500 erforderlich.

Während im Falle eines Verlustrücktrages in der Verlustperiode Klarheit darüber herrscht, ob eine Steuerminderung bzw. -rückerstattung eintritt, hängt dies beim **Verlustvortrag** davon ab, ob in den folgenden Perioden tatsächlich ein Steuerbilanzgewinn erzielt wird. Soweit ein Verlustvortrag in den Folgeperioden durch Gewinne ausgeglichen wird, ergibt sich eine Verschiebung der in der Verlustperiode wirtschaftlich entstandenen, aber erst in den späteren Ausgleichsperioden realisierten Steuerminderung. Der Verlustvortrag kann als spezifisches steuerliches Verrechnungspotential interpretiert werden, welches – wie der Buchwert eines sonstigen durch Veräußerung oder Verbrauch aufgewendeten Wirtschaftsgutes – zur Reduzierung der zukünftigen Steuerbemessungsgrundlage führt. Die Handelsbilanz beinhaltet keine diesem steuerlichen Abzugspotential vergleichbare Position, so dass die Situation faktisch einem HGB-Mindervermögen gleichkommt. Insofern kommt der Ansatz einer aktiven latenten Steuer in Betracht. Die aktive latente Steuer kann zum einen bestehende passive latente Steuern mindern – in dieser Weise konnte ein Verlustvortrag bereits nach der Rechtslage vor dem Bilanzrechtsmodernisierungsgesetz Wirkung entfalten. Zum anderen kann der Steueranteil des Verrechnungspotentials auch im Falle eines Aktivüberhanges als eigenständiger Posten aktiviert werden. Die Möglichkeit hierzu wurde allerdings erst durch das Bilanzrechtsmodernisierungsgesetz vom 25. 9. 2009 (BGBl. I 2009,

S. 1102 ff.) geschaffen. Nach § 274 Abs. 1 Satz 4 HGB n. F. können nunmehr für sich stehende steuerliche Verlustvorträge bei der Berechnung aktiver latenter Steuern berücksichtigt werden, und zwar in Höhe der innerhalb der nächsten fünf Jahre zu erwartenden Verlustverrechnung. Des Weiteren beschränkt die im Rahmen der Unternehmenssteuerreform 2008 eingeführte **Zinsschranke** die steuerliche Abzugsfähigkeit von Zinsaufwendungen, woraus gemäß § 4 Abs. 1 EStG ein Vortrag für nicht abgesetzte Zinsaufwendungen resultiert. Auf diesen kann analog zum Vorgehen bei Verlustvorträgen nach § 10d EStG eine aktive latente Steuer gebildet werden.

Da ein Verlustvortrag zudem auch die künftige steuerliche Belastung auf die übrigen zeitlichen Differenzen in der Vortragsperiode beeinflusst, wird eine Auflösung des Steuerlatenzpostens notwendig, wenn mit einer künftigen Steuerbelastung bzw. -entlastung nicht mehr zu rechnen ist. Hierzu bedarf es einer Differenzierung zwischen aktivischen und passivischen Steuerabgrenzungen (*Baumann/Spanheimer,* § 274 HGB, Rn. 58–60):

Eine **aktive** Steuerlatenz ist **aufzulösen,** wenn sich die Bestandsdifferenzen im Vortragszeitraum umkehren und in den Vortragsperioden mit weiteren Verlusten gerechnet wird, da die künftigen Verluste die künftige Steuerentlastung, die durch die aktiven latenten Steuern repräsentiert wird, unmöglich machen. Es bedarf deshalb gemäß § 274 Abs. 2 Satz 2 HGB einer Auflösung der aktiven latenten Steuerposition.

Eine **passive** Steuerlatenz ist **aufzulösen,** soweit in den folgenden Perioden, in denen sich die Bestandsdifferenzen wieder umkehren, zwar Gewinne erzielt werden, diese aber durch den anrechenbaren Verlustvortrag ausgeglichen werden. Die in der Passivposition für latente Steuern zum Ausdruck kommende zukünftige Steuerbelastung wird in diesem Fall durch den Verlustvortrag neutralisiert, so dass handelsrechtlich eine Auflösung der passiven Steuerlatenz geboten ist. Sofern absehbar ist, dass nach der Verrechnung eines Verlustvortrages ein Gewinn verbleibt, der jedoch nicht in voller Höhe den sich in dieser Periode auflösenden zeitlichen Differenzen entspricht, so kommt es zu einer teilweisen Auflösung der darauf basierenden passiven latenten Steuern. Der Auflösungsbetrag ergibt sich hierbei, indem der nicht durch den verbleibenden Gewinn abgedeckte Betrag der sich auflösenden zeitlichen Differenzen mit dem entsprechenden Steuersatz multipliziert wird.

Beispiel:

Eine Kapitalgesellschaft weist über den Betrachtungszeitraum von sieben Perioden verschiedene Bestandsdifferenzen zwischen Handels- und Steuerbilanz auf, welche sich in entsprechenden Differenzen in der handelsrechtlichen und der steuerrechtlichen Gewinnermittlung niederschlagen. Um die Wirkung einer Antizipation zukünftiger steuerlicher Be- oder Entlastungen in Verbindung mit einem Verlustvortrag zu verdeutlichen, konzentriert sich die folgende Betrachtung auf die Vorgänge in der Erfolgsrechnung; in Bezug auf den Bilanzausweis werden nur die latenten Steuern angeführt. Im Folgenden wird eine Einzel- und Gesamtdifferenzenbetrachtung vorgenommen, wobei auf die Aktivierung eines Postens für aktive latente Steuern in entsprechender Wahlrechtsausübung des § 274 Abs. 1 HGB verzichtet wird. Des Weiteren erfolgt ein saldierter Ausweis aktiver und passiver latenter Steuern. In den Perioden 1 und 2 stellen sich jeweils

Gewinne ein, die korrespondierend zu den (nicht gezeigten) Bestandsdifferenzen zu einem am Ende von Periode 2 existierenden Bestand temporärer Differenzen von 3.200 führen. Der daraus resultierende Ansatz passiver latente Steuern beträgt bei einem angenommenen Steuersatz von 50 % am Ende der 2. Periode somit 1.600. In Periode 3 wird nun ein Handelsbilanzverlust von 8.200 und ein steuerlicher Verlust von 9.200 erwirtschaftet. Steuerlich ist somit ein Verlustrücktrag in Höhe von 2.000 möglich, so dass auf den Verlustvortrag 7.200 entfallen, die mit den in den Perioden 4, 5 und 6 erzielten Gewinnen verrechnet werden.

	Perioden							
	1	2	3	4	5	6	7	Summe
Handelsbilanzergebnis	2.000	4.000	./. 8.200	2.000	400	1.000	3.600	4.800
Temporäre Differenz vor Verlustausgleich	1.200	2.000	1.000	1.000	./. 2.800	./. 2.000	./. 400	0
Kumulierte temporäre Differenzen vor Verlustausgleich	1.200	3.200	4.200	5.200	2.400	400	0	–
Steuerbilanzergebnis vor Verlustausgleich	800	2.000	./. 9.200	1.000	3.200	3.000	4.000	4.800
Verrechneter Verlustrück- bzw. -vortrag		./. 2.000		./. 1.000	./. 3.200	./. 3.000		./. 9.200
Verbleibender Verlustvortrag			7.200	6.200	3.000	0		–
Steueraufwand:								
Fiktiver Steueraufwand	1.000	2.000	./. 4.100	1.000	200	500	1.800	2.400
– Effektiver Steueraufwand	**400**	**1.000**	**./. 1.000**				**2.000**	**2.400**
Differenz	600	1.000	./. 3.100	1.000	200	500	./. 200	0
Korrektur (keine latenten Steuern, da fehlender Ausgleich wegen Verlustvortrag)			./. 500 ./. 1.400	./. 500	1.400	1.000		0
– Latenter Steueraufwand der Periode (Gesamtdifferenzenbetrachtung)	**600**	**1.000**	**./. 5.000**	**500**	**1.600**	**1.500**	**./. 200**	**0**
Gesamter Bestand an latenten Steuern (saldiert)	600	1.600	./. 3.400	./. 2.900	./. 1.300	200	0	–
Insgesamt auszuweisende passive latente Steuern (saldiert)	**600**	**1.600**	–	–	–	**200**	**0**	–
Ermittlung der latenten Steuern (Einzeldifferenzenbetrachtung)								
1. Steuerwirkungen der temporären Differenzen								
Temporäre Differenz	1.200	2.000	1.000	1.000	./. 2.800	./. 2.000	./. 400	0

	Perioden							
	1	2	3	4	5	6	7	Summe
Latenter Steueraufwand aus temporären Differenzen	600	1.000	500	500	./. 1.400	./. 1.000	./. 200	0
Korrektur wegen Verlustvortrag Korrektur der passiven latenten Steuern			./. 500 ./. 1.400	./. 500	1.400	1.000		0
Korrigierter latenter Steueraufwand aus temporären Differenzen	600	1.000	./. 1.400	0	0	0	./. 200	0
Passive latente Steuern aus temporären Differenzen	600	1.600	200	200	200	200	0	–
2. Steuerwirkungen des Verlustvortrags								
Entwicklung des Verlustvortrags			7.200	./. 1.000	./. 3.200	./. 3.000		0
Daraus resultierende effektive Steuerwirkung				./. 500	./. 1.600	./. 1.500		0
Latenter Steueraufwand aus Verlustvortrag			./. 3.600	500	1.600	1.500		0
Bestand an aktiven latenten Steuern aus Verlustvortrag			3.600	3.100	1.500	0		–
Latenter Steueraufwand der Periode (Einzeldifferenzenbetrachtung)	**600**	**1.000**	**./. 5.000**	**500**	**1.600**	**1.500**	**./. 200**	**0**
Gesamter Bestand an latenten Steuern	600	1.600	./. 3.400	./. 2.900	./. 1.300	200	0	–
Insgesamt auszuweisende passive latente Steuern	**600**	**1.600**	**–**	**–**	**–**	**200**	**0**	**–**

Diese Verrechnung des Verlustvortrages führt dazu, dass sich in den Perioden 4 bis 6 ein Steuerbilanzergebnis von null ergibt. Dies bewirkt zum einen, dass die in den Perioden 3 und 4 neu auftretenden temporären Differenzen von jeweils 1.000, die eigentlich zu einer Erhöhung der passiven latenten Steuern um insgesamt 1.000 führen müssten, nicht zu einer Bildung von latenten Steuern führen, da die aus der Umkehrung dieser temporären Differenzen zu erwartenden Steuerwirkungen durch den verrechneten Verlustvortrag und die dadurch bewirkten Steuerbilanzergebnisse von null vollständig aufgehoben werden. Zum anderen bewirkt die Verrechnung des Verlustvortrages auch, dass es bei den kumulierten temporären Differenzen von 3.200 in Periode 2 letztlich nur in Höhe von 400 in Periode 7 wieder zu einer steuerwirksamen Umkehr kommt. Daher ist die zuvor gebildete passive latente Steuer in Höhe von 1.600

in Periode 3 um die sich nun nicht mehr umkehrenden Steuerwirkungen der temporären Differenzen in Höhe von (3.200 – 400) × 0,5 = 1.400 erfolgswirksam zu korrigieren, so dass der auf die temporären Differenzen entfallende Teil der passiven latenten Steuern nur noch 200 beträgt. Erst die in Periode 7 erfolgende Umkehrung temporärer Differenzen in Höhe 400 führt wieder zu steuerlichen Wirkungen, die durch den latenten Steuerertrag von 200, der sich aus der Auflösung der verbleibenden Rückstellung ergibt, kompensiert wird.

Aus dem steuerlichen Verlustvortrag ergibt sich eine aktive latente Steuer, der in den Perioden 4 bis 6 durch die Verrechnung des Verlustvortrages entsprechende steuerliche Minderbelastungen gegenüberstehen, die durch die Auflösung der aktiven latenten Steuer wieder ausgeglichen werden. Die solchermaßen aus dem Verlustvortrag resultierenden aktiven latenten Steuern führenzur Minderung der sich aus den temporären Differenzen ergebenden passiven latenten Steuern und bewirken damit einerseits, dass sich in der Einzeldifferenzenbetrachtung in der Summe letztlich derselbe periodenbezogene latente Steueraufwand ergibt wie schon zuvor bei der Gesamtdifferenzenbetrachtung. Anderseits reduzieren die aktiven latenten Steuern aus dem Verlustvortrag damit zugleich auch die insgesamt zu bildende passive latente Steuer, so dass es in den Perioden 3 bis 5 zu keinem Ausweis mehr kommt. Ein darüber hinaus gehender Ausweis von aktiven latenten Steuern in den Perioden 3 bis 5 wäre aufgrund der Änderungen durch das BilMoG und den neuen § 274 Abs. 1 Satz 4 HGB nun möglich.

Zur Behandlung latenter Steuern hat der Deutsche Standardisierungsrat, welcher Empfehlungen für die **Konzernrechnungslegung** erarbeitet, am 8. 6. 2010 den Entwurf eines Deutschen Rechnunglegungs Standards 18 „Latente Steuern" verabschiedet, welcher mit Bekanntmachung im Bundesanzeiger durch das BMJ am 3. 9. 2010 nun als DRS 18 „Latente Steuern" wirksam geworden ist (vgl. *DSR*, Latente Steuern). Darin wird u. a. für die Konzernrechnungslegung die Erstellung einer **Überleitungsrechnung** zwischen dem ausgewiesenen Steueraufwand bzw. -ertrag und dem unter Anwendung der deutschen Ertragsteuersätze zu erwartenden Steueraufwand bzw. -ertrag verlangt (DRS 18.67). Die Überleitungsrechnung schließt gleichsam die nach dem Ansatz latenter Steuern noch verbleibende Erklärungslücke zu dem nach dem handelsrechtlichen Vorsteuerergebnis zu erwartenden Steuerbetrag (diesbezüglich anders der Entwurf des Hauptfachausschusses des IDW in *HFA*, Latente Steuern, IDW ERS HFA 27; allerdings hat der HFA im Zuge der Veröffentlichung des DRS 18 am 9. 9. 2010 beschlossen, den Entwurf aufzuheben und behandelte Einzelfragen in den IDW RS HFA 7 zu integrieren). Eine solche Überleitungsrechnung ist auch für den Einzelabschluss sinnvoll (vgl. *Baetge/Kirsch/Thiele*, Bilanzen, S. 543 f.).

Ergänzende Literatur zu: 13.9.1 Steuerlatenzen nach Handelsrecht

Adler/Dürig/Schmaltz, Rechnungslegung, Anm. 26 ff. zu § 274 HGB

Baetge/Kirsch/Thiele, Bilanzen, S. 531–552

Spanheimer/Simlacher, § 274 HGB, Rn. 1–89

Coenenberg/Haller/Schultze, Jahresabschluss, S. 462–494

13.9.2 Steuerlatenzen nach den IFRS

Der Ansatz latenter Steuern nach den IFRS folgt dem Temporary-Konzept, so dass nach dem handelsrechtlichen Systemwechsel im Zuge des Bilanzrechtsmodernisierungsgesetzes konzeptionelle Übereinstimmung zwischen beiden Rechnungslegungssystemen besteht. In einzelnen Punkten weichen die Regelungen der IFRS und des geänderten deutschen Handelsrechts gleichwohl noch voneinander ab.

Im Rahmen der IFRS sind latente Steuern („deferred tax assets/liabilities") neben bereits entstandenen und deshalb geschuldeten oder erstattungsfähigen Ertragsteuern („current tax"; vgl. hierzu Teil A, Abschn. 9.2, S. 361 f.) Gegenstand des **IAS 12 („Ertragsteuern", „income taxes")**. Aus dem verbindlichen Regelkanon der IFRS sind zudem die Interpretationen SIC 21 und SIC 25 zu beachten.

Gemäß dem Temporary-Konzept werden zukünftige Steuerbe- oder -entlastungen abgebildet, welche aus **temporären Bestandsdifferenzen** zwischen IFRS-Bilanz und Steuerbilanz resultieren (vgl. hierzu Teil A, Abschn. 13.9.1, S. 552 f.). Passive latente Steuern antizipieren eine zukünftige steuerliche Mehrbelastung des IFRS-Ergebnisses als dies bei einer Vorsteuerbetrachtung zu erwarten wäre. Aktive latente Steuern hingegen nehmen eine entsprechende Steuerentlastung vorweg. Im Unterschied zum deutschen Handelsrecht besteht nicht nur für passive latente Steuern, sondern auch für aktive latente Steuern eine grundsätzliche **Ansatzpflicht** (IAS 12.15,24).

Für den **Ansatz aktiver latenter Steuern** ist, anders als bei passiven latenten Steuern, zusätzlich zu prüfen, ob eine entlastende Wirkung auch **wahrscheinlich** ist (IAS 12.15). Dies gilt als erfüllt, wenn sich passivische Bestände an latenten Steuern gegenüber derselben Steuerbehörde zeitlich passend abbauen oder verwerten lassen (IAS 12.28). Falls dies nicht zutrifft, ist zu prüfen, ob zukünftig genügend steuerbare Einkünfte voraussichtlich erzielt werden oder zumindest – gegebenenfalls über Sachverhaltsgestaltungen – erzielbar wären (IAS 12.29 f.). Eine aktive latente Steuer ist nach den allgemeinen Regeln auch auf einen **Verlustvortrag** zu bilden (IAS 12.34 f.). Das Vorhandensein eines solchen Verrechnungspotentials wird jedoch per se als negatives Indiz betrachtet. Deshalb sind an den Nachweis der Aktivierbarkeit erhöhte Anforderungen zu stellen (vgl. auch IAS 12.36). Sofern nicht passive Steuerlatenzen existieren, die dem zu aktivierenden Betrag passend gegenüberstehen, wird die Ansatzfähigkeit zweckmäßigerweise über eine steuerliche Planungsrechnung bestimmt (vgl. *Baetge/Lienau,* Latente Steuern, S. 19).

Auf eine Bestandsdifferenz, welche aus dem **erstmaligen Ansatz** eines Vermögenswertes oder einer Schuld entsteht, wird eine Steuerlatenz sowohl aktivisch wie passivisch **nicht gebildet** (grundsätzliche **Ausnahme**; IAS 12.15,24). Dies trifft bspw. auf steuerfreie Investitionszulagen zu, welche steuerlich die Anschaffungs- oder Herstellungskosten nicht berühren (vgl. Teil A, Abschn. 13.9.1, S. 557), während sie diese gemäß IAS 20.24 mindern (oder wahlweise als Passivposten angesetzt werden). Ausgenommen wiederum von dieser grundsätzlichen Ausnahme sind Transaktionen, bei denen im Zugangszeitpunkt der Periodenerfolg nach IFRS oder das Steuerbilanzergebnis berührt werden, sowie

Unternehmenszusammenschlüsse (IAS 12.15,24; zum Begriff der „business combinations" vgl. IFRS 3.A); aufgrund Letzterem entstehen Steuerlatenzen bspw. aus der Neubewertung im Rahmen der Erstkonsolidierung oder gegebenenfalls auch bei Umwandlungsvorgängen. Insbesondere bei diesen Anwendungsfällen sind weitere Sonderregelungen bezüglich des Erwerbs von Anteilen an Tochterunternehmen, assoziierten Unternehmen oder Joint Ventures von Bedeutung (vgl. IAS 12.15,24,39,44). Entsteht beim erstmaligen Ansatz eine Bestandsdifferenz, welche aufgrund der bezeichneten Vorschriften jedoch nicht zu einem Latenzposten führt, bleiben auch Veränderungen dieser Differenz im Zuge der Folgebewertung unlatenziert (IAS 12.22(c)).

Ein Ansatzverbot für passive latente Steuern besteht in Bezug auf den Erstansatz eines derivativen **Geschäfts- oder Firmenwertes** (Goodwill, IAS 12.15(a)), wobei die Formulierung implizit einen höheren IFRS-Wertansatz gegenüber dem Steuerrecht unterstellt. Da der derivative Geschäfts- oder Firmenwert als Differenz aus dem Kaufpreis und dem Saldo der Einzelansätze der übernommenen Vermögenswerte und Schulden entsteht und mithin eine Residualgröße ist, würde die Bildung einer passiven latenten Steuer zu einer weiteren passiven Einzelposition führen, welche im bezeichneten Saldo zu berücksichtigen wäre. Da sie steuerlich nicht entstünde, würde dies bedeuten, dass der zusätzlich zu passivierende Betrag einseitig zu einer Anpassung des IFRS-Goodwill führen würde. Wenn der vorausgehend ermittelte Goodwill bereits zum Ausgleich zwischen dem Kaufpreis und dem Summenwert der einzelnen übernommenen Vermögens- und – mit umgekehrtem Vorzeichen – Schuldenpositionen führte, müsste der angepasste Goodwill zusätzlich die entstehende passive latente Steuer ausgleichen und um diesen Betrag höher als der Erstansatz sein. Die daraus resultierende angestiegene Differenz zum steuerlichen Wertansatz würde eine Erhöhung des Betrages der Steuerlatenz bedingen usw. Der entstehende Rekurs ließe sich durch folgendes Gleichungssystem lösen:

$$\text{Goodwill}^{\text{IFRS}}_{\text{nach Anpassung}} - \text{GOF}^{\text{Steuerbilanz}} = \text{PLS} \text{ [Ermittlungsbedingung für PLS]}$$

$$\text{Goodwill}^{\text{IFRS}}_{\text{vor Anpassung}} = \text{Goodwill}^{\text{IFRS}}_{\text{nach Anpassung}} - \text{PLS} \text{ [IFRS-Bilanzausgleich]}$$

mit

$\text{Goodwill}^{\text{IFRS}}_{\text{vor/nach Anpassung}}$: Zugangswert des IFRS-Goodwill

vor/nach Anpassung an passive latente Steuer,

$\text{GoF}^{\text{Steuerbilanz}}$: Zugangswert des Geschäfts- oder Firmenwertes in der Steuerbilanz, PLS : Betrag der anzusetzenden passiven latenten Steuer.

Das Ansatzverbot vermeidet insofern diesen Rekurs und eine Aufblähung der Bilanz um den entsprechenden Wert der passiven latenten Steuer, wobei eine Auflösung der Steuerlatenz parallel zum Abbau der Goodwill-Differenz ohnehin keine materielle Bedeutung entfalten würde. Eine im Zugangszeitpunkt bestehende Bestandsdifferenz hinsichtlich des Goodwill führt auch bei ihrem Abbau in der Folge nicht zu einer Steuerlatenz (IAS 12.21A). Entstehen demgegenüber erst Bestandsdifferenzen durch die Folgebewertung – unterschiedliche Abschreibung des Goodwill nach den IFRS bzw. des Geschäfts- oder Firmenwertes nach Steuerrecht –, so sind darauf Steuerlatenzen zu bilden (IAS 12.21B).

Latente Steuern werden grundsätzlich **erfolgswirksam** über den Periodenerfolg gebildet (IAS 12.58; vgl. zu Periodenerfolgs- und Gesamterfolgsrechnung Teil A, Abschn. 3.8, S. 114 ff.). Ausnahmen bestehen für Geschäftsvorfälle, die erfolgsneutral über den sonstigen Gesamterfolg (IAS 12.61A,62) oder direkt gegen das Eigenkapital (IAS 12.61A,62A) gebucht werden (IAS 12.61A-65), sowie bei Unternehmenszusammenschlüssen (IAS 12.66-68). Die Erfolgswirksamkeit der Steuerlatenz folgt insofern derjenigen des zugrunde liegenden Geschäftsvorfalls. Sachverhalte, die zu ergebnisneutralen Differenzen zwischen IFRS-Buchwert (carrying amount) und dem steuerbilanziellen Ansatz (**tax base**) führen, sind bspw. die Anwendung der Neubewertungsmethode bei Sachanlagen oder immateriellen Vermögenswerten (vgl. Teil A, Abschn. 12.3.2, S. 453) sowie im Bereich der Finanzinstrumente die erfolgsneutrale Fair-Value-Bewertung von Eigenkapitalinstrumenten des Nicht-Handelsbestandes nach IFRS 9-5.4.4 oder im Rahmen des IAS 39 die Bewertung von Available-for-sale-Finanzinstrumenten, soweit kein Impairment vorliegt (vgl. Teil A, Abschn. 7.3.1, S. 300 u. 303).

Konzeptionelle Übereinstimmung zwischen den IFRS und dem deutschen Handelsrecht besteht auch bei der Bestimmung des **anzuwendenden Steuersatzes** im Rahmen der **Bewertung** latenter Steuern. Nach IAS 12.47 sind die Steuersätze derjenigen Perioden relevant, in welcher sich die Differenzen umkehren. Damit gelangt auch nach den IFRS die **Verbindlichkeitsmethode (Liability-Method)** zur Anwendung. Um unsichere oder sogar spekulative Ansätze zu vermeiden, bedarf eine Abweichung von den gegenwärtigen Steuersätzen allerdings einer starken Grundlage. Dies ist dann gegeben, wenn aufgrund entsprechender Handlungen der zuständigen Organe die Änderung substanziell bereits herbeigeführt ist, so dass der Prozess bis zum späteren Inkrafttreten der Gesetzesänderung nur noch formellen Charakter hat (IAS 12.48; in Deutschland, wenn die Zustimmungen von Bundestag und Bundesrat vorliegen, vgl. *Hoffmann,* IFRS-Kommentar, § 26, Rn. 113, sowie in der Interpretation dessen etwas schärfer *Pawelzik,* Latente Steuern, S. 539, *Schulz-Danso,* IFRS-Bilanzkommentar, § 25, Rn. 160). Zu berücksichtigen sind die Steuern auf die bilanzierende Einheit (IAS 12.51), im Einzelabschluss also bei Kapitalgesellschaften die Körperschaftsteuer zuzüglich Solidaritätszuschlag sowie die Gewerbesteuer, bei Personengesellschaften lediglich die Gewerbesteuer (vgl. auch *Pawelzik,* Latente Steuern, S. 539). **Steuersatzänderungen** führen zu einer Anpassung des Betrages der Steuerlatenz, wobei die Änderung je nach zugrunde liegendem Entstehungsvorgang der latenten Steuer erfolgswirksam oder erfolgsneutral vorgenommen wird (IAS 12.60,63). Des Weiteren ist die Werthaltigkeit bei aktiven latenten Steuern zu jedem Bilanzstichtag zu prüfen; gegebenenfalls sind entsprechende Reduzierungen des Betrages vorzunehmen, die bei einer späteren Wertaufholung wieder rückgängig zu machen sind (IAS 12.56). Zukünftig zu erwartende Steuerzahlungen sind bei der Bemessung der Höhe der latenten Steuern, wie auch im Rahmen der handelsrechtlichen Regelung, **nicht zu diskontieren** (IAS 12.53).

Hinsichtlich des Ausweises besteht ein **Saldierungsverbot** zwischen aktiven und passiven latenten Steuern. Ausgenommen – mit der Folge einer Saldierungspflicht – ist der Fall, dass ein einklagbares Recht zur Aufrechnung gegeben ist und sich die aktivischen und passivischen Steuerlatenzen auf denselben Fiskus beziehen (im Einzelnen IAS 12.74). Aktivische und passivische latente Steuern sind als **separate Position auszuweisen** (IAS 1.54); dies gilt auch für laufende Steuererstattungsansprüche oder Steuerschulden gegenüber anderen Vermögens- und Schuldpositionen (Ausnahme nach IAS 12.71) und im Verhältnis zu Steuerlatenzen. Diverse ergänzende **Anhangvorschriften** enthalten IAS 12.79-88; danach sind u. a. die Hauptbestandteile des ausgewiesenen Steueraufwands bzw. -ertrags darzustellen (IAS 12.79 f.). Des Weiteren ist nach IAS 12.81(c) eine **Überleitungsrechnung** aufzustellen, welche die Gründe für Abweichungen zwischen „erwarteter" Steuer und ausgewiesener Steuer (sowohl tatsächlich als auch latent) transparent machen soll. Die Überleitung kann auf der Grundlage von Absolutbeträgen oder von Prozentangaben (vom effektiven Steuersatz auf Basis der ausgewiesenen Steuerbeträge zum anzuwendenden Steuersatz) erfolgen, wobei die Bemessungsgrundlage für den anzuwendenden Steuersatz anzugeben ist.

Im Folgenden soll die Bilanzierung latenter Steuern nach den IFRS am Beispiel der Anwendung des **Neubewertungsmodells** veranschaulicht werden. Hierbei wird von einer erfolgswirksamen Verbuchung der Zusatzabschreibung im Rahmen der planmäßigen Abschreibung, jedoch ohne parallelen Abbau der Neubewertungsrücklage nach IAS 16.41 ausgegangen (zum Neubewertungsmodell und der Behandlung planmäßiger Abschreibungen vgl. Teil A, Abschn. 12.3.2, S. 453 ff., mit der dort angegebenen Literatur sowie *Theile,* Sachanlagen, S. 194, und die Beispiele in *Hoffmann,* IFRS-Kommentar, § 8, Rn. 86 ff. (mit Alternativenbetrachtung zur Erfolgswirksamkeit der planmäßigen Zusatzabschreibung), und *Pellens/Fülbier/Gassen/Sellhorn,* Rechnungslegung, S. 354 ff.).

Beispiel:

In einem Unternehmen wird in t = 0 ein Vermögenswert des Sachanlagevermögens angeschafft. Die Anschaffungskosten betragen 90. Der Vermögenswert soll nach der Anschaffungskostenmethode über drei Jahre linear auf einen Restwert von null abgeschrieben werden. Am Ende des ersten Jahres (t = 1, zugleich Bilanzstichtag) weist der Vermögenswert einen Fair Value in Höhe von 80 auf. Zu diesem Zeitpunkt wird auf das Neubewertungsmodell übergegangen. In der Folge findet jedoch keine Neubewertung mehr statt. Der steuerlichen Gewinnermittlung liegen die Abschreibungen nach dem Anschaffungskostenmodell zugrunde. Der Steuersatz s beträgt 40 %. Es wird davon ausgegangen, dass der Vermögenswert bis zum Ende der Nutzungsdauer (t = 3) gehalten wird. Betrachtet werden nur die Buchungen zum Vermögenswert und den latenten Steuern, nicht jedoch die Verbuchung des Veräußerungserlöses und eines sich gegebenenfalls einstellenden Veräußerungsgewinns.

Es ergeben sich die folgenden Wirkungen auf Bilanz, Periodenerfolg und sonstigen Gesamterfolg:

t = 0: Zugang

Sachanlagen	90	**an**	Bank	90

t = 1: Planmäßige Abschreibung und Neubewertung

Abschreibungen auf Sachanlagen	30	**an**	Sachanlagen	30

Sachanlagen	20	**an**	Neubewertungsertrag im sonstigen Gesamterfolg (OCI)	12
			Passive latente Steuern	8
Neubewertungsertrag im sonstigen Gesamterfolg (OCI)	12	**an**	Neubewertungsrücklage	12

Da die Neubewertung über die fortgeführten Anschaffungs- oder Herstellungskosten hinausgeht, wird sie steuerlich nicht nachvollzogen. Der Neubewertungsbetrag ist somit mit einer passiven latenten Steuer belastet. Da die Neubewertung erfolgsneutral erfolgt, ist die passive latente Steuer ebenfalls erfolgsneutral über den sonstigen Gesamterfolg zu bilden. Damit kommt es effektiv zu einer Verteilung des Differenzbetrages zwischen dem Fair Value und dem steuerlichen Buchwert (20) im Umfang von 12 (= 60 % von 20) auf die Neubewertungsrücklage und im Umfang von 8 (= 40 % von 20) auf die passiven latenten Steuern. Die Buchungsabfolge zeigt zunächst die erfolgsneutrale Verbuchung im sonstigen Gesamterfolg und die anschließende Umbuchung auf die Neubewertungsrücklage als Teil des Eigenkapitals am Periodenende. Im Folgenden soll vereinfachend direkt gegen die Neubewertungsrücklage gebucht werden.

t = 2: Planmäßige Abschreibung auf Basis des neubewerteten Betrages

Abschreibungen auf Sachanlagen	40	**an**	Sachanlagen	40
Passive latente Steuern	4	**an**	Steuerertrag	4

Die Jahresabschreibung auf die Sachanlage in Höhe von 40 (= 80/2 Jahre) entspricht der im Rahmen des Anschaffungskostenmodells vorzunehmenden Abschreibung in Höhe von 30 zuzüglich der Zusatzabschreibung aus dem Erhöhungsbetrag aus der Neubewertung in Höhe von 10 (= 20/2 Jahre). Parallel zum Abbau des Erhöhungsbetrages (= Differenzbetrag zum steuerlichen Ansatz) wird die passive latente Steuer aufgelöst. Da die Zusatzabschreibung über den Periodenerfolg gebucht wird, erfolgt die Auflösung der Steuerlatenz ebenfalls erfolgswirksam.

t = 3: Planmäßige Abschreibung auf null, Auflösung der passiven latenten Steuer sowie der Neubewertungsrücklage

Abschreibungen auf Sachanlagen	40	**an**	Sachanlagen	40
Passive latente Steuern	4	**an**	Steuerertrag	4
Neubewertungsrücklage	12	**an**	Andere Gewinnrücklagen	12

Die folgende Tabelle zeigt die Entwicklung nochmals in zusammengefasster Form. Deutlich wird die Verletzung des Kongruenzprinzips in Bezug auf den Periodenerfolg. Das Kongruenzprinzip würde voraussetzen, dass die Summe der periodig ausgewiesenen Erfolge dem Totalerfolg des Unternehmens im Sinne des Endvermögens abzüglich eingebrachtem Anfangsvermögen sowie bereinigt um zwischenzeitliche externe Eigenkapitalmaßnahmen entspricht. In der Totalperiode entsteht ein nachsteuerlicher Verlust in Höhe -54 (= -90 + 36). Dabei wird die aus der steuerlichen Absetzung für Abnutzung (= planmäßige Abschreibung nach dem Anschaffungskostenmodell) resultierende Steuerersparnis abgebildet – sie war in den Buchungssätzen nicht angeführt. Bei Anwendung des Neubewertungsmodells mit erfolgswirksamer Verbuchung der Zusatzabschreibung ergibt sich hingegen eine Summe der Beiträge zu den Periodenerfolgen in Höhe von -90 -20 +36 +8 = -66. Während die Erhöhung der Neubewertung erfolgsneutral in Bezug auf den Periodenerfolg gebucht wurde, entfaltet die erfolgswirksame Verbuchung der Zusatzabschreibung eine entsprechende Belastung des Periodenerfolges. Erst durch Bezug auf den Gesamterfolg (= Periodenerfolg + sonstiger Gesamterfolg) bleibt das Kongruenzprinzip gewahrt.

			Bilanz (ohne Periodenerfolg)				Periodenerfolg				Sonstiger Gesamterfolg
			Aktiva	Eigenkapital (ohne Periodenerfolg)		Sonst. Passiva					
Jahr	Fortgef. AHK	Fair Value	Sachanlagen	Neubewertungsrücklage	Gewinnrücklagen	Passive latente Steuern	Planmäßige Abschreibung (AK-Modell, steuerlich)	Zusatzabschreibung	tatsächliche Steuer (c. p.; Ersparnis (+))	Latente Steuer (Ertrag (+)/ Aufw. (-))	Neubewertung
„0"	90		90								
1	60						-30		12		
	60	80	80	12		8					12
2	30		40	12	0	4	-30	-10	12	4	
3	0		0	0	12	0	-30	-10	12	4	
Summe					12		-90	-20	36	8	12

Ergänzende Literatur zu: 13.9.2 Steuerlatenzen nach den IFRS:

Adler/Düring/Schmaltz, International, Abschnitt 20

Hoffmann, IFRS-Kommentar, § 26

Pellens/Fülbier/Gassen/Sellhorn, Rechnungslegung, S. 223–239

Schulz-Danso, IFRS-Bilanzkommentar, Ertragsteuern, § 25

13.10 Korrektur von Erfolgskonten

Bei personalen Unternehmensformen (Einzelfirma, Personengesellschaft) haben die Unternehmer im Rahmen der vertraglichen Vereinbarungen das Recht, sowohl finanzielle Mittel aus dem betrieblichen Vermögen abzuziehen **(Privatentnahmen)**, um damit ihren persönlichen Lebensunterhalt zu bestreiten, als auch Mittel aus ihrem Privatvermögen in das Betriebsvermögen einzubringen **(Privateinlagen)**. Die zwischen dem unternehmerischen Bereich und der Privatsphäre stattfindenden Transaktionen werden auf **Privatkonten** festgehalten. Die Privatkonten stellen Unterkonten des Eigenkapitalkontos dar und sind zum Zwecke der Jahresabschlusserstellung über dieses Konto abzuschließen (vgl. Teil A, Abschn. 3.4.2, S. 90 f.).

Transaktionen zwischen Betriebs- und Privatsphäre liegen auch dann vor, wenn im Verlaufe einer Geschäftsperiode angefallene Aufwendungen für Leistungen oder Nutzungen zwar vom Betrieb getragen, jedoch nicht oder nicht ausschließlich durch ihn veranlasst sind. Insbesondere für Zwecke der steuerlichen Gewinnermittlung müssen diese Aufwendungen zum Bilanzstichtag auf einen der betrieblichen und einen der privaten Beanspruchung entfallenden Anteil **(Nut-**

zungsanteil) aufgeteilt werden. Nur der vom Betrieb veranlasste Aufwandsteil ist steuerlich abzugsfähig **(Betriebsausgabe)** und darf über das entsprechende Erfolgskonto von der GuV-Rechnung übernommen werden. Der den **Aufwendungen für die Lebensführung** zuzurechnende Privatanteil muss dagegen auf das Privatkonto umgebucht werden und ist letztlich vom Eigenkapital zu tragen. Wegen der zum Teil nur schätzungsweise möglichen Privatanteilsbestimmung erscheint eine bereits während des Geschäftsjahres vorzunehmende Entnahmeverbuchung oft unzweckmäßig bzw. nicht möglich.

Da bei inländischer Nutzung betrieblicher Gegenstände für außerbetriebliche Zwecke grundsätzlich **Eigenverbrauch** vorliegt, unterliegen die Entnahmen regelmäßig der Umsatzsteuer, die ebenfalls als Privatentnahme zu behandeln ist. Als Bemessungsgrundlage der unternehmensfremden Verwendung kommen in Betracht: der Einkaufspreis zuzüglich der Nebenkosten bzw. die Selbstkosten oder aber die auf die private Verwendung entfallenden Kosten und die anlässlich bestimmter nicht abzugsfähiger Betriebsausgaben getätigten Aufwendungen (§ 10 Abs. 4 UStG; Abschn. 155 UStR; vgl. Teil A, Abschn. 4.4.2, S. 131 ff. und Abschn. 4.6, S. 151 ff.).

Zu den am häufigsten anstehenden Fällen der Erfolgskontenkorrektur zählen:

- **Privatanteilige Kfz-Kosten** bei teilweiser Privatnutzung eines betrieblichen Pkw. In den Privatanteil sind neben den laufenden auch die festen Kosten einschließlich der Abschreibung anteilig einzubeziehen, der Umsatzsteuer zu unterwerfen und dem Privatkonto zu belasten. Sofern kein gesonderter Nachweis über die betrieblich veranlassten Kosten geführt wird (z. B. Fahrtenbuch), kann regelmäßig von einem privaten Nutzungsanteil von mindestens 30–35 % ausgegangen werden. Für die Ermittlung des privaten Nutzungsanteils von Kraftfahrzeugen, die zu mehr als 50 % betrieblich genutzt werden, gilt nach § 6 Abs. 1 Nr. 4 Satz 2 EStG bzw. § 8 Abs. 2 Satz 2 EStG die sog. 1 %-Regelung. Danach ist die private Nutzung mit monatlich 1 % des Listenpreises im Zeitpunkt der Erstzulassung zuzüglich der Kosten für Sonderausstattung einschließlich der Umsatzsteuer anzusetzen.
- **Privatanteilige Haus- und Grundstücksaufwendungen** bei gemischt genutzten, in Höhe des betrieblichen Anteils zum Betriebsvermögen gehörenden Grundstücken. Wird ein Grundstück zu über 50 % betrieblich genutzt, so darf das gesamte Grundstück als Betriebsvermögen behandelt werden. Grundstücksteile, die nicht nur vorübergehend eigenen Wohnzwecken dienen oder unentgeltlich zu Wohnzwecken an Dritte überlassen werden, können demBetriebsvermögen jedoch nicht zugerechnet werden (R 4.2 Abs. 10 EStR). Privatanteilige Haus- und Grundstücksaufwendungen sind zum Bilanzstichtag dann herauszurechnen, wenn – u. a. aus Gründen der Arbeitsersparnis – während der laufenden Geschäftsperiode sämtliche Aufwendungen vom Betrieb getragen und auf einem Konto gesammelt wurden. Die anteilsmäßige Berücksichtigung als Betriebsausgaben kann nur für den zum Betriebsvermögen gehörenden Grundstücksteil erfolgen, während die privatanteiligen Aufwendungen einschließlich darauf entfallender Vorsteuerbeträge als Entnahmen zu behandeln sind; sie können gegebenenfalls im Rahmen der Ein-

künfte aus Vermietung und Verpachtung als Werbungskosten berücksichtigt werden.

- **Privatanteiliger Mietertrag** bei gemischt genutztem Grundstück: Seit dem Veranlagungszeitraum 1987 ist eigengenutztes Wohneigentum grundsätzlich steuerfrei gestellt (Konsumgutlösung). Grundstücksteile, die nicht nur vorübergehend eigenen Wohnzwecken dienen oder unentgeltlich zu Wohnzwecken an Dritte überlassen werden, können daher nicht als Betriebsvermögen behandelt werden (R 4.2 Abs. 10 Satz 2 EStR). Aus der Steuerfreiheit des eigengenutzten Wohneigentums ergibt sich zugleich auch die steuerliche Nichtabzugsfähigkeit der durch das privat genutzte Wohneigentum verursachten Aufwendungen. Diese sind daher als Privatentnahmen zu behandeln.
- **Nicht abzugsfähige Betriebsausgaben** im Sinne des § 4 Abs. 5 EStG, die bei der Gewinnermittlung auszuscheiden und folglich beim Jahresabschluss vom Privatkonto zu übernehmen sind.

Die bei der Ausschüttung einer Kapitalgesellschaft einbehaltene **Kapitalertragsteuer** ist als Erfolg der Personengesellschaft zu qualifizieren, mit der Folge, dass insoweit grundsätzlich eine Einlagenforderung der Personengesellschaft gegen ihre Gesellschafter besteht (vgl. hierzu Teil A, Abschn. 14.2.2, S. 595).

Übungsbeispiel:

Gesellschafter der Firma Schmidt u. Co. sind August Schmidt und seine Tochter Inge Hase, die beide persönlich und unbeschränkt haften. Wie lauten die Buchungssätze für folgende Vorfälle unter Anwendung des Großhandelskontenrahmens (s. Anhang A.2, S. 1308 ff.):

1) Schmidt hat mit dem betrieblichen Personenkraftwagen auch Privatfahrten unternommen. Von den Gesamtkosten, die auf Konto: 4731 Kfz-Betriebskosten verbucht sind, entfällt auf diese Fahrten ein Anteil von 2.000.
2) Die Gesellschafterin Hase hat einen Telefonanschluss in ihrem Wohnhaus, von dem sie neben betrieblich veranlassten auch private Gespräche führt. Von der Telekom wurden Telefongebühren von zusammen 1.400 berechnet und über Konto: 482 Telefon in der Geschäftsbuchhaltung verbucht. Der Privatanteil der Telefonkosten wird auf 50 % geschätzt.
3) Beiden Gesellschaftern werden die Einkommensteuerbescheide zugeschickt. Schmidt hat eine Nachzahlung von 4.000 für Einkommensteuer und 320 für Kirchensteuer zu leisten; Frau Hase erhält eine Steuererstattung von insgesamt 540. Alle Zahlungsvorgänge werden über das betriebliche Bankkonto abgewickelt.
4) Die Hausbank schreibt am 15. 7. 2010 Dividenden für die im Betriebsvermögen befindlichen Aktien gut:

Dividendenabrechnung:	8 % Dividende von 15.000	1.200
	25 % Kapitalertragsteuer	300
	Überweisung	900

   Die Gesellschaft hat eine Gewinnverteilung nach Köpfen vereinbart.
5) Schmidt hat vom eigenen Lager Waren für private Zwecke für 1.500 entnommen und gleichzeitig Waren, die er günstig „unter der Hand" privat gekauft hatte, zum gleichen Wert eingebracht. Er ist der Auffassung, dass sich beide Vorgänge aufheben und eine Verbuchung nicht erfolgen muss.

6) Nehmen Sie an, die in Nr. 1) bis 5) genannten Sachverhalte seien die einzigen privaten Vorgänge in dieser Gesellschaft. In der Eröffnungsbilanz zeigen die Kapitalkonten das folgende Bild:

Eigenkapital August Schmidt	40.000
Eigenkapital Inge Hase	25.000

Wie lauten die Buchungssätze für den Abschluss der Privatkonten und mit welchem Betrag (vor Gewinn- bzw. Verlustverbuchung) gehen die Eigenkapitalkonten in die Schlussbilanz ein?

Lösung: Buchungssätze

1)	1610	Privatentnahmen Schmidt	2.200	**an**	4731	Kfz-Betriebskosten	2.000
					1811	Umsatzsteuer	200
2)	1611	Privatentnahmen Hase	770	**an**	482	Telefon	700
					1811	Umsatzsteuer	70
3)	1610	Privatentnahmen Schmidt	4.320	**an**	13	Bank	4.320
	13	Bank	540	**an**	1621	Privateinlagen Hase	540
4)	1610	Privatentnahmen Schmidt	150				
	1611	Privatentnahmen Hase	150				
	13	Bank	900	**an**	252	Erträge aus Wertpapieren	1.200

(Als Ertrag ist der Bruttobetrag vor Abzug der Kapitalertragsteuer zu erfassen. Die über das Privatkonto im Sinne einer fingierten Entnahme zu buchende Kapitalertragsteuer wird bei der Veranlagung zur Einkommensteuer auf die Steuerschuld der einzelnen Gesellschafter angerechnet; § 36 Abs. 2 EStG)

5)	1610	Privatentnahmen Schmidt	1.650	**an**	871	Eigenverbrauch von Waren	1.500
					1811	Umsatzsteuer	150
	381	Waren	1.500	**an**	1620	Privateinlagen Schmidt	1.500
6)	0610	Eigenkapital Schmidt	8.320	**an**	1610	Privatentnahmen-Schmidt	8.320
	1620	Privateinlagen Schmidt	1.500	**an**	0610	Eigenkapital Schmidt	1.500
	0611	Eigenkapital Hase	920	**an**	1611	Privatentnahmen Hase	920
	1621	Privateinlagen Hase	540	**an**	0611	Eigenkapital Hase	540

Endbeträge:

Eigenkapital Schmidt	33.180
Eigenkapital Hase	24.620

13.11 Der Abschluss

Letzte Phase der Technik der Jahresabschlusserstellung ist die Überführung aller periodenberichtigten Kontensalden in die Schlussbilanz und die Erfolgsrechnung. Mit den vorbereitenden Abschlussbuchungen sind die Vorarbeiten abgeschlossen; der Jahresabschluss ist nunmehr als Saldenübersicht zusammenzufügen und nach den Ordnungskriterien des Kontenformalismus zu erstellen.

13.11.1 Vorläufiger Jahresabschluss: Die Abschlussübersicht

Vor allem aus **bilanzpolitischen** Gründen wird in aller Regel zwischen vorbereitendem und endgültigem Abschluss ein **vorläufiger Abschluss** in Form eines außerhalb der eigentlichen Buchführung durchgeführten Probeabschlusses zwischengeschaltet, dessen organisatorisch-technische Durchführung sich einer Übersicht bedient, die in der Praxis der Rechnungslegung als **Abschlussübersicht, Hauptabschlussübersicht, Betriebsübersicht** oder **Abschlusstabelle** bezeichnet wird. Besonders drei Gründe sprechen für die Inanspruchnahme der Abschlussübersicht als vorläufigen Abschluss:

1. Die Rechnungslegung erfolgt **zweckorientiert:** Sie wendet sich an bestimmte Anspruchsberechtigte (Bilanzadressaten) mit in der Regel unterschiedlichen Interessenlagen. Vor allem die Phase der vorbereitenden Abschlussbuchungen liefert wesentliche Ansatzpunkte für eine bilanzpolitische Einflussnahme auf Abschreibungshöhe, Forderungsbewertung, Rückstellungsbemessung und Rechnungsabgrenzung. Die nur in statistischem Zusammenhang mit der Buchführung erstellte Abschlussübersicht dient hierbei als **Entscheidungsgrundlage** der Unternehmensführung.

2. Die Abschlussübersicht zeigt im Gegensatz zu den isoliert in Erscheinung tretenden Aufstellungen des Jahresabschlusses nicht nur den Kontensaldenumfang zum Schluss einer Abrechnungsperiode, sondern weist vielmehr zusätzlich die Entwicklung und damit die Umsatzvorgänge (Veränderungen) nach, die die Salden bewirkt haben. Die damit erreichte Transparenz über die in der Abrechnungsperiode abgelaufenen Bewegungsvorgänge macht Ursache-Wirkungszusammenhänge erkennbar, denen eine zusätzliche **Informationsfunktion** für die Geschäftsleitung, aber auch für den Fiskus (§ 60 Abs. 1 EStDV und § 200 AO; steuerliche Außenprüfung) und die Fremdkapitalgeber (Kreditwürdigkeitsprüfung) zukommt.

3. Die Abschlussübersicht erfüllt eine dem eigentlichen Kontenabschluss vorgeschaltete **Korrekturaufgabe** dort, wo die Vielzahl der Buchungsvorfälle des laufenden Geschäftsverkehrs und der Abschlussarbeiten zu Unstimmigkeiten geführt hat, deren häufige Mehrfachauswirkung nach bereits erfolgtem Kontenabschluss nur unter Schwierigkeiten zu bereinigen wäre.

Der organisatorisch-technische **Aufbau** der Abschlussübersicht erfolgt in Tabellenform, wobei zwischen fünf und acht Doppelspalten (Abteilungen) zur Aufnahme der Kontenentwicklung in Betracht kommen. In ihrer ausführlichsten Darstellung (acht Doppelspalten) ist die Abschlussübersicht schematisch wie folgt aufgebaut:

		1		2		3		4		5		6		7		8	
Konto-Nr.	Kontenbezeichnung	Eröffnungsbilanz		Summenzugänge		Summenbilanz		Saldenbilanz I		Umbuchungen		Saldenbilanz II		Schlussbilanz		Gewinn- und Verlustrechn.	
		A	P	S	H	S	H	S	H	S	H	S	H	A	P	Aufwand	Ertrag
		A = P		S = H		S = H		S = H		S = H		S = H		+Verl.	+Gew.	+Gew.	+Verl.
														A = P		A = E	

Die Spalten der Abschlussübersicht haben im Einzelnen folgenden Inhalt:

- In den Vorspalten der **Einzelkonten** werden alle im Laufe des Wirtschaftsjahres angesprochenen Konten nach Kontennummern des jeweils benutzten Kontenplans eingetragen.
- Die **Eröffnungsbilanz** (Vortragsbilanz) weist den Stand der Sachkonten nach ihrer Wiedereröffnung unmittelbar zu Beginn der neuen Abrechnungsperiode aus.
- Die Spalte der **Summenzugänge** (zum Teil auch als Umsatzbilanz, Verkehrsbilanz bezeichnet) enthält die im Verlaufe der Periode angefallenen, unsaldierten Umsätze (Verkehrszahlen) auf den einzelnen Konten. Die Summe der Sollumsätze muss infolge der doppelten Verbuchung jedes Geschäftsvorfalls gleich der Summe der Habenumsätze sein (Kontrollfunktion).
- Die **Summenbilanz** (Probebilanz, Rohbilanz) wird durch Addition der Umsatzzahlen mit den Anfangsbeständen der Eröffnungsbilanz gewonnen;sie weist die Summen der Soll- und Habenseiten aller Konten aus. Als Probebilanz erfüllt sie eine erste Kontrollaufgabe, indem bei Vorliegen von Kontenseitenübereinstimmung der Kontenformalismus der Buchführung eingehalten worden ist und die Konten also in sich ausgeglichen sind. Unterlassene oder sachlich falsche Buchungen bleiben an dieser Stelle jedoch unaufgedeckt.
- Die **Saldenbilanz I** (Buchbilanz, Sachkontenbilanz, Überschussbilanz) wird durch Saldenbildung aus der Summenbilanz entwickelt. Für jede einzelne Position wird der Kontenüberschuss in die Saldenbilanz übernommen, jedoch entgegen der Saldentechnik beim Konto selbst auf der jeweils **größeren** Seite eingesetzt (Überschussbilanz). Stimmen Buchbestände und Inventurbestände überein, dann kann bereits von hier aus die Übertragung auf die Spalten der Abschlussrechnungen vorgenommen werden.
- Die Spalte der **Umbuchungen** nimmt die Korrekturen und die **vorbereitenden Abschlussbuchungen** auf. Unter Berücksichtigung bilanzpolitischer Ziele erfolgt hier die Richtigstellung der Konteninhalte hinsichtlich Bewertung, Inventurergebnisse und Periodenabgrenzung. Auch die Umbuchung auf den Warenkonten beim Nettoabschluss sowie die Privatkontenübertragung auf

die Eigenkapitalkonten bei nicht beabsichtigtem, offenen Entnahmen- und Einlagenausweis erfolgen in der Umbuchungsspalte. Dem Prinzip der doppelten Aufzeichnung der Berichtigungsbuchungen entsprechend müssen auch hier die Kontenseitensummen übereinstimmen.

- Die bei Bedarf zwischen vorbereitendem und endgültigem Abschluss einzufügende **Saldenbilanz II** übernimmt die gegenüber der Saldenbilanz I berichtigten Salden. Es werden erneut die Kontenüberschüsse gebildet und wie bei der Saldenbilanz I auf der jeweils größeren Kontenseite eingesetzt.
- Die beiden **Bilanzspalten** der Abschlussübersicht übernehmen die Inventurwerte (Bilanzwerte) der Bestandskonten aus der Saldenbilanz II: die Überschüsse der Sollseite als Aktiva, die Überschüsse der Habenseite als Passiva. Bis auf die Korrektur des Eigenkapitals durch den Periodenerfolg stimmen die Bilanzspalten **materiell** mit der aus dem Hauptkontenabschluss zu entwickelnden Schlussbilanz überein.
- An die Spalten der **Gewinn- und Verlustrechnung** (Unternehmenserfolgsübersicht) gibt die Saldenbilanz II die berichtigten Erfolgskontensalden und den Erfolgsteil der brutto abgeschlossenen gemischten Konten ab. Nach Ermittlung der Spaltensummen der GuV-Rechnung ergibt sich aus der Spaltensummendifferenz der **Erfolgssaldo,** den auch die Schlussbilanz übernimmt. Dem eigentlichen Saldocharakter entsprechend ist dieser zum Ausgleich der Spaltenseiten der jeweils kleineren Spaltenseite zuzuordnen, so dass sich in beiden Abschlussrechnungen Summengleichheit ergibt. Verzichtet die Abschlussübersicht auf die Umbuchungsspalte, so ist die GuV-Rechnung durch Zusammenstellung der Unterschiedsbeträge zu entwickeln, die zwischen dem Stand der entsprechenden Posten der Sachkonten in der Saldenbilanz I und in der Schlussbilanz angefallen sind.

In dieser Darstellungsform zeigt die Abschlussübersicht die **vollständige** Entwicklung der Bestandskonten von der Eröffnungs- zur Schlussbilanz, der Erfolgskonten zur Gewinn- und Verlustrechnung und der gemischten Konten sowohl zur Erfolgsrechnung als auch zur Schlussbilanz. Die Abschlussübersicht spiegelt demnach eine **Horizontalaufzeichnung** der auf den Kontenseiten gebuchten Vorfälle wider, deren Aufzeichnungsvollständigkeit besonders am Beispiel der gemischten Konten (vgl. das folgende gemischte Bestandskonto) deutlich wird.

Soll	Maschinenkonto Haben
Anfangsbestand (Spalte 1) + Zugänge (Spalte 2)	– Abgänge (Spalte 2) Saldo I (Buchbestand, Spalte 4) – Abschreibungen (Spalte 5 mit Abschluss Spalte 8) Saldo II (Buchbestand = Inventurbestand, Spalte 6 mit Abschluss Spalte 7)

Dient die Abschlussübersicht dagegen ausschließlich der **Vorbereitung** des Jahresabschlusses, so beginnt sie regelmäßig mit der Summen- bzw. Rohbilanz (3. Doppelspalte), wobei eine weitere Reduzierung auf 5 Doppelspalten bei Verzicht auf die Saldenbilanz II erfolgen kann. Das amtliche Muster der **steuerlichen** Hauptabschlussübersicht weist sechs Abteilungen auf, indem Umbuchungs- und Saldenbilanzspalte II wegfallen, Eröffnungsbilanz und Umsätze (Summenzugänge) der Periode jedoch aufzuführen sind.

Die Abschlussübersicht kann den ordnungsmäßigen Buchabschluss nicht ersetzen. Vielmehr sind nach deren Aufstellung die Umbuchungen auf die einzelnen Sachkonten im Hauptbuch zu übernehmen, um deren endgültigen Abschluss zu ermöglichen. Die Abschlussübersicht ist dann ein **selbstständiger Teil** der Buchführung, der neben der bereits erwähnten internen Zwecksetzung auf Verlangen der Finanzbehörde bei Vollbuchführung (§4 Abs. 1 und §5 EStG) zusätzlich zur Bilanz und der Gewinn- und Verlustrechnung vorzulegen ist.

Wird jedoch – wie in der Praxis häufiger anzutreffen – auf einen Sachkontenabschluss verzichtet und ein **vereinfachter** Buchabschluss der Sachkonten dergestalt vollzogen, dass nach Übernahme der Umsatzzahlen in die Abschlussübersicht die Abschlussrechnungen ausschließlich in dieser entwickelt werden, so sind die Umbuchungen in einer Liste zur Übersicht ausreichend zu erläutern, die unsaldierten Konten durch Doppelunterstreichung eindeutig als abgeschlossen zu kennzeichnen und die Leerräume zu entwerten. Die Abschlussübersicht rückt damit aber zu einem **entscheidenden Bestandteil** der Buchführung auf: Für sie gilt dann wie für die Umbuchungsliste und alle anderen Buchführungsunterlagen die Aufbewahrungsfrist der §§257 HGB und 147 AO von 10 Jahren. Da die Abschlussübersicht den Jahresabschluss als Ergebnis der Kontenentwicklung bereits enthält, genügt dann ihre Vorlage gegenüber der Finanzbehörde **anstelle** von Bilanz und Gewinn- und Verlustrechnung.

Übungsbeispiel:

Der auf S. 98–99 auf Hauptbuchkonten (T-Konten) durchgeführte Abschluss der Möbeleinzelhandelsfirma Karl Knorz wird an dieser Stelle in Form der Abschlussübersicht (ohne Saldenbilanz II) erstellt. Mit Ausnahme des hier gewählten Nettoabschlusses der Warenkonten und des in der Abschlussübersicht noch nicht auf das Eigenkapitalkonto übertragenen Erfolgs gelten die Geschäftsvorfälle und Abschlussangaben unverändert. Die daraus entwickelte Abschlussübersicht ist auf der Seite 580 abgebildet. Weitere Übungsbeispiele finden sich in den Übungsaufgaben 5 und 6 im Anhang zu Teil A.

13.11.2 Abschluss der Geschäftsbuchführung

Der Abschluss der Geschäftsbuchführung wird nicht in den laufend geführten Büchern (Journal oder Grundbuch) vorgenommen, wo der Buchungsstoff nach zeitlichen (chronologischen) Gesichtspunkten gegliedert ist, sondern im sog. **Hauptbuch.** In den Konten des Hauptbuches findet die sachliche (systematische) Gliederung des Buchungsstoffes statt. Der Abschluss des Hauptbuchs führt zur Schlussbilanz und zur Gewinn- und Verlustrechnung.

Im Folgenden wird exemplarisch von einer Kontengliederung und -bezeichnung nach dem Industrie-Kontenrahmen (IKR; Näheres hierzu in Teil A, Abschn. 15.6.3.3, S. 724 f. und Anhang A.4, S. 1316 ff.) ausgegangen. Im IKR ist für den Abschluss der Geschäftsbuchführung grundsätzlich die Kontenklasse 8 vorgesehen. Für Aktiengesellschaften reicht die Untergliederung dieser Kontenklasse allerdings nicht aus. Gemäß § 158 Abs. 1 AktG haben Aktiengesellschaften nämlich die Gewinnverwendung durch Weiterführung des GuV-Ergebnisses oder durch Angabe im Anhang zu dokumentieren. Insofern ist im Rahmen des Abschlusses dieser Rechtsform auf die Kontenklasse 3 zurückzugreifen.

Die Systematik der vorzunehmenden Abschlussbuchungen lässt sich aus der Übersicht auf Seite 581 entnehmen:

Für die Abschlussbuchungen gilt:

1. Sämtliche Aktivkonten werden über das Konto Schlussbilanz abgeschlossen (Beispiel: 801 Schlussbilanz **an** 07 Technische Anlagen und Maschinen).
2. Sämtliche Passivkonten werden ebenfalls über das Konto Schlussbilanz abgeschlossen (Beispiel: 44 Verbindlichkeiten aus Lieferungen und Leistungen **an** 801 Schlussbilanz).
3. Die Ertragskonten werden über Konto 34 (Aktiengesellschaften) Jahresüberschuss/Jahresfehlbetrag bzw. 802 bzw. 803 (Einzelkaufleute und Personengesellschaften) Gewinn- und Verlustrechnung abgeschlossen (Beispiel: 50 Umsatzerlöse **an** 802 Gewinn- und Verlustrechnung).
4. Entsprechend werden die Aufwandskonten abgeschlossen (Beispiel: 802 Gewinn- und Verlustrechnung **an** 62 Löhne).

Auf dem Gewinn- und Verlustkonto bzw. auf dem Konto Bilanzgewinn/Bilanzverlust tritt im Falle eines positiven Erfolges der Periode ein Habensaldo auf, im Falle eines negativen Erfolges ein Sollsaldo. Dem jeweils entstehenden Saldo steht ein Aktivsaldo (positiver Erfolg) bzw. Passivsaldo (negativer Erfolg) in der Schlussbilanz gegenüber.

Konto Nr.	Kontenbezeichnung	Eröffnungs-bilanz		Summenzugänge		Summenbilanz		Saldenbilanz		Umbuchungen		Schlussbilanz		Erfolgsüber-sicht	
		A	P	S	H	S	H	S	H	S	H	A	P	A	E
033	Betr. u. Gesch. Ausst.	16.000		8.600		24.600		24.600			2.400	22.200			
39	Warenvorräte	40.000		14.600		54.600		54.600			18.600	36.000			
101	Kundenforderungen	12.000		30.000	24.000	42.000	24.000	18.000				18.000			
13	Bank	8.000		24.000	29.200	32.000	29.200	2.800				2.800			
151	Kasse	4.000		9.400	5.100	13.400	5.100	8.300			100	8.200			
06	Eigenkapital		50.000				50.000		50.000	1.800			48.200		
08	Darlehen		10.000	200	6.000	200	16.000		15.800				15.800		
17	Lieferantenverb.		20.000	21.200	14.600	21.200	34.600		13.400				13.400		
1530	Besitzwechsel			4.000	4.000										
176	Wechselverbindlich-keiten			2.000	2.000										
16	Privat			2.600	800	2.600	800	1.800			1.800				
411	Mietaufwand			2.800		2.800		2.800						2.800	
40	Personalkosten			3.100		3.100		3.100						3.100	
211/2	Zinsaufwand			700		700		700						700	
801	Warenverkauf				38.000		38.000		38.000	18.600					19.400
213	Diskont			100		100		100						100	
808	Kundenskonti			700		700		700						700	
308	Lieferantenskonti				300		300		300						300
209	Sonst. betr. Aufwendungen									100				100	
4912	Abschr. a. BGA									2.400				2.400	
		80.000	80.000	124.000	124.000	198.000	198.000	117.500	117.500	22.900	22.900	87.200	77.400	9.900	19.700
													9.800	9.800	
												87.200	87.200	19.700	19.700

Kontenklasse 0	Kontenklasse 1	Kontenklasse 2	Kontenklasse 3	Kontenklasse 4	Kontenklasse 5	Kontenklasse 6	Kontenklasse 7	Kontenklasse 8
Aktiva			Passiva		Erträge	Aufwendungen		Ergebnis-rechnung
Immaterielle Vermögensgeg. u. Sachanlagen	Finanzanlagen	Umlaufvermög. u. aktive RAP	Eigenkap. und Rückst.	Verb., passive RAP	Erträge	Betriebliche Aufwendungen	Weitere Aufwendungen	GuV
AB Zug. | Abg. EB	AB Zug. | Abg. EB	AB Zug. | Abg. EB	Abg. EB | AB Zug.	Abg. EB | AB Zug.	Saldo | Erträge	Auf-wen-dungen | Saldo	Auf-wen-dungen | Saldo	Aufw. | Ertr.
								Schlussbilanz
								Aktiva | Passiva

Systematik der Abschlussbuchungen der Geschäftsbuchführung nach Industrie-Kontenrahmen

Übungsbeispiel:

Die Eröffnungsbilanz zum 1. 1. für ein Unternehmen, das Verpackungsmaterial herstellt, weist unter Anwendung des Industrie-Kontenrahmens (IKR, s. Anhang A.4, S. 1316 ff.) folgende Positionen auf:

Aktiva	Eröffnungsbilanz zum 1. 1.				Passiva
050	Grundstücke	250.000	30	Kapitalkonto	820.000
053	Betriebsgebäude	690.000	35	Sonderposten mit Rücklageanteil	25.000
070	Technische Anlagen und Maschinen	500.000	38	Steuerrückstellungen	14.000
084	Fuhrpark	125.000	42	Verbindlichkeiten gegen über Kreditinstituten	650.000
086	Büromaschinen, Organisationsmittel und Kommunikationsanlagen	35.000	44	Verbindlichkeiten aus Lieferungen und Leistungen	30.000
20	Roh-, Hilfs- und Betriebsstoffe	15.000	45	Schuldwechsel	200.000
21	Unfertige Erzeugnisse, unfertige Leistungen	7.000	483	Verbindlichkeiten gegen über Finanzbehörden	54.500
22	Fertige Erzeugnisse, Waren	56.000	486	Andere sonstige Verbindlichkeiten	6.500
24	Forderungen aus Lieferungen und Leistungen	80.000			
267	Andere sonstige Vermögensgegenstände	3.000			
28	Flüssige Mittel	35.000			
29	Aktive Rechnungsabgrenzung	4.000			
		1.800.000			1.800.000

Führen Sie die Eröffnungsbuchungen auf T-Konten durch und richten Sie die folgenden weiteren Konten ein:

260	anrechenbare Vorsteuer
484	Verbindlichkeiten gegenüber Sozialversicherungsträgern
50	Umsatzerlöse
52	Erhöhung oder Verminderung des Bestandes an fertigen und unfertigen Erzeugnissen
547	Erträge aus der Auflösung von Sonderposten mit Rücklageanteil
60	Aufwendungen für Roh-, Hilfs- und Betriebsstoffe und für bezogene Waren
62–64	Löhne und Gehälter, inkl. soziale Abgaben
65	Abschreibungen
6953	Einstellung in die Pauschalwertberichtigung zu Forderungen
70	Betriebliche Steuern
71	Sonstige Aufwendungen
80	Eröffnung
802	Gewinn- und Verlustrechnung
801	Schlussbilanz

Bei der Position „35 Sonderposten mit Rücklageanteil“ handelt es sich u einen Altbestand, der in Ausübung des Wahlrechts gemäß Art. 67 Abs. 3 Satz 1 EGHGB beibehalten wurde (vgl. auch die Einrichtung des Ertragskontos 547).

Aus den Journaleintragungen sind Ihnen folgende Geschäftsvorfälle bekannt:

1) Das Unternehmen hat im abgelaufenen Geschäftsjahr Bruttoumsätze von 2.200.000 getätigt. Die daraus resultierenden Forderungen sind zu 90 % auf den Bankkonten eingegangen. Ebenso sind die Forderungen aus Lieferungen und Leistungen der Eröffnungsbilanz beglichen worden.
2) Für die Beschaffung von Roh-, Hilfs- und Betriebsstoffen wurden brutto 330.000 aufgewendet. Die Kreditorenliste zum 31. 12. weist Verbindlichkeiten in Höhe von 25.000 aus.
3) Die Lohn- und Gehaltsbuchhaltung teilt folgende Jahressummen mit:

Bruttobezüge	1.200.000
abzuführende Lohnsteuer	260.000
abzuführende Kirchensteuer	20.000
Sozialversicherung Arbeitnehmeranteil	200.000
Nettoauszahlungen	720.000
Sozialversicherung Arbeitgeberanteil	200.000

An den Sozialversicherungsträger waren bis zum Abschlussstichtag 380.000 abgeführt.

4) Die Verbindlichkeiten gegenüber dem Finanzamt (vgl. Eröffnungsbilanz) wurden im Laufe des Jahres bezahlt. Außerdem wurden während des Jahres an die Finanzkasse überwiesen:

Umsatzsteuer	150.000
Lohn- und Kirchensteuer	240.000
Zusammen	390.000

Des Weiteren wurde die Gewerbesteuer für das Vorjahr, für die eine Rückstellung in Höhe von 14.000 gebildet wurde, mit 16.500 an die Stadtkasse abgeführt.

5) Die „Anderen sonstigen Vermögensgegenstände" 3.000 (vgl. Eröffnungsbilanz) betreffen die Lieferantenboni für das Vorjahr. Der Betrag ging im laufenden Jahr bar ein. Ebenso ist der aktive Rechnungsabgrenzungsposten 4.000 (im Voraus bezahlte Lagerschuppenmiete) erledigt. Die unter Sonstige Verbindlichkeiten abgegrenzten Zinsen wurden im Januar des Jahres bezahlt.
6) Von den Schuldwechseln wurden 50.000 eingelöst.
7) Der Sonderposten mit Rücklageanteil (Rücklage nach § 6b EStG) musste aufgelöst werden, weil die Wiederbeschaffungsfrist verstrichen war.

Abschlussangaben:

8) Abschreibungen:
   a) Das Fabrikgebäude wurde zusammen mit dem Grund und Boden vor 4 Jahren für 1.000.000 angeschafft. Der lineare Abschreibungssatz beträgt 2 %.
   b) Auf technische Anlagen und Maschinen ist eine Buchwertabschreibung von 20 % vorzunehmen.
   c) Der Fuhrpark wird entsprechend der Leistung abgeschrieben. Zurückgelegte Kilometer 50.000, Abschreibungssatz 0,50/km.
   d) Die Anschaffungskosten der Büroausstattung betrugen 50.000. Abschreibung 10 % linear.
9) Die körperliche Bestandsaufnahme am Jahresende brachte folgende Ergebnisse:

a) Bestand an Roh-, Hilfs- und Betriebsstoffen	18.000
b) Bestand an unfertigen Erzeugnissen	10.000
c) Bestand an fertigen Erzeugnissen	45.000

10) Folgende zeitliche Abgrenzungen sind zu treffen:
   a) Von den Lieferanten werden Boni-Gutschriften für Umsätze des laufenden Jahres von 5.000 erwartet.
   b) Rückständige Wassergeldzahlung 2.000.
   c) Gewerbesteuerabschlusszahlung für das laufende Jahr 3.500.
11) Auf die Veränderung des Forderungsbestands soll zum Jahresultimo eine Pauschalwertberichtigung von 2 % gebildet werden.
12) Das Konto „Anrechenbare Vorsteuer" ist abzuschließen.

Verbuchen Sie die Geschäftsvorfälle auf den eingerichteten T-Konten. Nehmen Sie die vorbereitenden Abschlussbuchungen vor und schließen Sie dann das Hauptbuch über das Schlussbilanz- bzw. das Gewinn- und Verlustrechnungs-Konto ab.

Lösung: Die in ( ) gesetzten Ziffern kennzeichnen die entsprechenden Geschäftsvorfälle bzw. Abschlussangaben

Soll	800 Eröffnungsbilanzkonto				Haben
30	Kapitalkonto	820.000	050	Grundstücke	250.000
35	Sonderposten mit Rücklageanteil	25.000	053	Betriebsgebäude	690.000
38	Steuerrückstellungen	14.000	070	Technische Anlagen und Maschinen	500.000
42	Verbindlichkeiten gegenüber Kreditinstituten	650.000	084	Fuhrpark	125.000
44	Verbindlichkeiten aus Lieferungen und Leistungen	30.000	086	Büromaschinen, Organisationsmittel und Kommunikationsanlagen	35.000
45	Schuldwechsel	200.000	20	Roh-, Hilfs- und Betriebsstoffe	15.000
483	Verbindlichkeiten gegenüber Finanzbehörden	54.500	21	Unfertige Erzeugnisse, unfertige Leistungen	7.000
486	Andere sonstige Verbindlichkeiten	6.500	22	Fertige Erzeugnisse	56.000
			24	Forderungen aus Lieferungen und Leistungen	80.000
			267	Andere sonstige Vermögensgegenstände	3.000
			28	Flüssige Mittel	35.000
			29	Aktive Rechnungsabgrenzung	4.000
		1.800.000			1.800.000

050 Grundstücke

800	250.000	801	250.000

053 Betriebsgebäude

800	690.000	65	15.000 (8)
		801	675.000
	690.000		690.000

070 Technische Anlagen und Maschinen

800	500.000	65	100.000 (8)
		801	400.000
	500.000		500.000

084 Fuhrpark

800	125.000	65	25.000 (8)
		801	100.000
	125.000		125.000

086 Büromaschinen, Organisationsmittel und Kommunikationsanlagen

800	35.000	65	5.000 (8)
		801	30.000
	35.000		35.000

20 Roh-, Hilfs-, Betriebsstoffe

800	15.000	60	297.000 (9)
(2) 44	300.000	801	18.000
	315.000		315.000

21 Unfertige Erzeugnisse, unfertige Leistungen

800	7.000	801	10.000
(9) 52	3.000		
	10.000		10.000

22 Fertige Erzeugnisse

800	56.000	52	11.000 (9)
		801	45.000
	56.000		56.000

24 Forderungen aus Lieferungen und Leistungen

800	80.000	28	1.980.000 (1)
(1) 50/483	2.200.000	28	80.000 (1)
		6953	2.800 (11)
		801	217.200
	2.280.000		2.280.000

260 Anrechenbare Vorsteuer

(2) 44	30.000	483	30.000 (12)

28 Flüssige Mittel

800	35.000	44	335.000 (2)
(1) 24	1.980.000	62–64	720.000 (3)
(1) 24	80.000	484	380.000 (3)
(5) 267	3.000	483	444.500 (4)
		38/70	16.500 (4)
		486	6.500 (5)
		45	50.000 (6)
		801	145.500
	2.098.000		2.098.000

267 Andere sonstige Vermögensgegenstände

800	3.000	28	3.000 (5)
(10) 60	5.000	801	5.000
	8.000		8.000

29 Aktive Rechnungsabgrenzung

800	4.000	71	4.000 (5)

30 Kapitalkonto

801	820.000	800	820.000

35 Sonderposten mit Rücklagenanteil

(7) 547	25.000	800	25.000

38 Steuerrückstellungen

(4) 28	14.000	800	14.000
801	3.500	70	3.500 (10)
	17.500		17.500

42 Verbindlichkeiten gegenüber Kreditinstituten

801	650.000	800	650.000

44 Verbindlichkeiten aus Lieferungen und Leistungen

(2) 28	335.000	800	30.000
801	25.000	20/ 260	330.000 (2)
	360.000		360.000

45 Schuldwechsel

(6) 28	50.000	800	200.000
801	150.000		
	200.000		200.000

483 Verbindlichkeiten gegenüber Finanzbehörden

(4) 28	444.500	800	54.500
(12) 260	30.000	24	200.000 (1)
801	60.000	62–64	280.000 (3)
	534.500		534.500

484 Verbindlichkeiten gegenüber Sozialversicherungsträgern

(3) 28	380.000	62–64	200.000 (3)
801	20.000	62–64	200.000 (3)
	400.000		400.000

486 Andere sonstige Verbindlichkeiten

(5) 28	6.500	800	6.500
801	2.000	71	2.000 (10)
	8.500		8.500

50 Umsatzerlöse

802	2.000.000	24	2.000.000 (1)

52 Erhöhung oder Verminderung des Bestandes an fertigen und unfertigen Erzeugnissen

(9) 22	11.000	21	3.000 (9)
		802	8.000
	11.000		11.000

547 Erträge aus Auflösung von Sonderposten mit Rücklageanteil

802	25.000	35	25.000 (7)

60 Aufwendungen für Roh-, Hilfs- und Betriebsstoffe und bezogene Waren

(9) 20	297.000	267	5.000 (10)
		802	292.000
	297.000		297.000

62–64 Löhne und Gehälter, inkl. soziale Abgaben

(3) 28/484/483	1.200.000	802	1.400.000
(3) 484	200.000		
	1.400.000		1.400.000

65 Abschreibungen

(8) 053	15.000	802	145.000
(8) 070	100.000		
(8) 084	25.000		
(8) 086	5.000		
	145.000		145.000

6953 Einstellung in die Pauschalwertberichtigung zu Forderungen

(11) 24	2.800	802	2.800

70 Betriebliche Steuern

(4) 28	2.500	802	6.000
(10) 38	3.500		
	6.000		6.000

71 Sonstige Aufwendungen

(5) 29	4.000	802	6.000
(10) 486	2.000		
	6.000		6.000

Aufwand	802 Gewinn- und Verlustrechnung				Ertrag
60	Aufwendungen für Roh-, Hilfs-, Betriebsstoffe	292.000	050	Umsatzerlöse	2.000.000
62–64	Löhne und Gehälter inkl. soziale Abgaben	1.400.000	047	Erträge aus der Auflösung von Sonderposten mit Rücklageanteil	25.000
65	Abschreibungen	145.000			
6953	Einstellung in die Pauschalwertberichtigung zu Forderungen	2.800			
70	Betriebliche Steuern	6.000			
71	Sonstige Aufwendungen	6.000			
52	Erhöhung oder Verminderung des Bestandes an fertigen und unfertigen Erzeugnissen	8.000			
	Gewinn	165.200			
		2.025.000			2.025.000

Aktiva	801 Schlussbilanz				Passiva
050	Grundstücke	250.000	30	Kapitalkonto	820.000
053	Betriebsgebäude	675.000	38	Steuerrückstellungen	3.500
070	Technische Anlagen und Maschinen	400.000	42	Verbindlichkeiten gegenüber Kreditinstituten	650.000
084	Fuhrpark	100.000	44	Verbindlichkeiten aus Lieferungen und Leistungen	25.000
086	Büromaschinen, Organisationsmittel und Kommunikationsanlagen	30.000	45	Schuldwechsel	150.000
20	Roh-, Hilfs- und Betriebsstoffe und bezogene Waren	18.000	483	Verbindlichkeiten gegenüber Finanzbehörden	60.000
21	Unfertige Erzeugnisse, unfertige Leistungen	10.000	484	Verbindlichkeiten gegenüber Sozialversicherungsträgern	20.000
22	Fertige Erzeugnisse	45.000	486	Andere sonstige Verbindlichkeiten	2.000
24	Forderungen aus Lieferungen und Leistungen	217.200		Gewinn	165.200
28	Flüssige Mittel	145.500			
267	Andere sonstige Vermögensgegenstände	5.000			
		1.895.700			1.895.700

Wie das Übungsbeispiel zeigt, neigt der Jahresabschluss auf den T-Konten des Hauptbuchs schon bei relativ geringem Geschäftsumfang und geringer Anzahl vorzunehmender Buchungen zur Unübersichtlichkeit und Unwirtschaftlichkeit der Abrechnung. Die betriebliche Praxis führt daher den Abschluss der Geschäftsbuchführung nur noch selten im Hauptbuch durch; sie bedient sich in zunehmendem Maße der in Teil A, Abschn. 13.11.1 (S. 575 ff.) erläuterten Hauptabschlussübersicht (Betriebsübersicht, Abschlusstabelle, Probebilanz).

Ergänzende Literatur zu: 13.11 Der Abschluss

Coenenberg/Haller/Mattner/Schultze, Rechnungswesen, S. 317–325

Deppe/Freikamp/Herlemann/Schönwald/Walkenhorst, Buchführung, S. 882–905

Engelhardt/Raffée/Wischermann, Buchhaltung, S. 168–172

Falterbaum/Bolk/Reiß/Kirchner, Buchführung, S. 252–268

Schmolke/Deitermann, Rechnungswesen, S. 51–57, 236–284

Wöhe, Bilanzierung, S. 129–142

Wöhe/Kußmaul, Buchführung, S. 231–234, 313–319

14 Erfolgsverbuchung und Rechtsform

14.1 Generelle Regelung

Der durch den Jahresabschluss ermittelte Periodenerfolg (Gewinn bzw. Verlust) wächst grundsätzlich dem Eigenkapital des Unternehmens zu. Die buchtechnische Behandlung dieses Vorgangs ist damit zum einen vom rechtsformspezifischen Ausweis des Eigenkapitals in der Bilanz und zum anderen von der Anzahl der am Erfolg beteiligten Gesellschafter abhängig. Während bei einem **Einzelunternehmen** der Erfolg unmittelbar dem Eigentümer zuzurechnen ist, muss bei einem **Gesellschaftsunternehmen** vor Verbuchung des Erfolgs eine Verteilung auf die Gesellschafter stattfinden, wobei sowohl die gemäß der jeweiligen Rechtsform zum Ausdruck kommenden Beteiligungsverhältnisse als auch vorhandene vertragliche Vereinbarungen zu berücksichtigen sind. Die **rechtliche Unternehmenskonstruktion** ist folglich nicht nur durch Motive bei der Unternehmensgründung (Kapitalbeschaffung, Haftung, Steuerpolitik; vgl. im Einzelnen Teil C, Abschn. 2.1, S. 1014 ff.) und durch die Absichten der Unternehmensführung (Unabhängigkeit, Mehrheits- und Mitbestimmungsverhältnisse) bestimmt, sondern sie begründet darüber hinaus in ganz wesentlichem Ausmaß den Entscheidungsrahmen für die Erfolgsverteilung und Gewinnverwendung. Dies wird insbesondere durch die **rechtsformabhängigen Vorschriften** des Handels- bzw. Gesellschaftsrechts über die **Erfolgsverteilung** deutlich. Diese Regelungen beinhalten allerdings dort weitgehend dispositives Recht, wo dem Gesellschaftsvertrag die Einbringung individueller Regelungen überlassen bleibt und dieser den eingeräumten Gestaltungsspielraum auch ausfüllt (Gewinnverteilungsregelung bei OHG und KG); sie repräsentieren dagegen dort zwingendes Recht, wo juristisches Eigentum und wirtschaftliche Verfügungsgewalt aufgrund eines emanzipierten Managements auseinander fallen. Hierbei sind sowohl die grundsätzlich uneinschränkbaren Anteilseignerinteressen zu wahren als auch die Gläubiger, wegen der beschränkten Haftung der Anteilseigner, vor überzogenen Ausschüttungen zu schützen (Gewinnverteilung bei AG und GmbH).

Beim Eigenkapital- und Ergebnisausweis bedarf es einer Differenzierung zwischen der Einzelunternehmung und den Personengesellschaften einerseits und den Kapitalgesellschaften andererseits. Während für Einzelunternehmen und Personengesellschaften neben den Grundsätzen ordnungsmäßiger Buchführung und Bilanzierung keine spezifischen Ausweisvorschriften bestehen, unterliegen Kapitalgesellschaften generell den einheitlichen Regelungen der §§ 266 Abs. 3 Pos. A und 272 HGB sowie weiteren rechtsformspezifischen Vorschriften, wie beispielsweise den §§ 150, 152 und 158 AktG.

Aus dem umfangreichen Katalog der Rechtsformen werden die für die Erfolgsverbuchung besonders charakteristischen ausgewählt. Dabei ist nicht beabsichtigt, die Darstellung an Einzelproblemen, sondern vielmehr an den generellen Merkmalen der buchtechnischen Erfolgsbehandlung zu orientieren.

14.2 Die Erfolgsverbuchung bei der Einzelunternehmung und bei Personengesellschaften

In Ermangelung entsprechender gesetzlicher Regelungen hat sich der Ausweis des Eigenkapitals an den Grundsätzen ordnungsmäßiger Buchführung und Bilanzierung auszurichten. §247 Abs. 1 HGB schreibt lediglich einen gesonderten Eigenkapitalausweis und eine hinreichende Gliederung vor (s. hierzu auch *Bundessteuerberaterkammer,* Ausweis, S. 5 ff.). Allerdings liegt es nahe, dass auch Personengesellschaften, die nicht gemäß §264a HGB die Regeln für Kapitalgesellschaften zu beachten haben, sich bezüglich des Ausweises des Eigenkapitals an den Regeln, die für Gesellschaften i. S. v. §264a HGB gelten, orientieren. Diese Regelungen können als allgemeine Grundsätze für Personengesellschaften gelten (vgl. *Förschle/Hoffmann,* Bilanzkommentar, §247 HGB, Rn. 150, *Hütten/Lorson,* §247 HGB, Rn. 29 ff.). Die Ergebnisverwendung bei diesen Rechtsformen ist zwar prinzipiell handelsrechtlich geregelt, die Gesellschafter können aber im Gesellschaftsvertrag die Gewinnverwendungskompetenzen frei vereinbaren. Im Folgenden wird daher der Eigenkapitalausweis sowie die Ergebnisverwendung für die einzelnen Rechtsformen gesondert dargestellt.

14.2.1 Die Erfolgsverbuchung bei der Einzelunternehmung

Merkmal der Einzelunternehmung ist die Vereinigung sämtlicher Eigentümerrechte an der Firma in der Hand einer Person. Der Einzelunternehmer haftet für die Verbindlichkeiten seines Unternehmens grundsätzlich allein und unbeschränkt, also auch mit seinem außerhalb des Betriebes verbliebenen Privatvermögen. Da er allein das gesamte Eigenkapitalrisiko trägt, steht auch ausschließlich ihm der Gewinn des Unternehmens zu und treffen nur ihn entstehende Verluste. Das **Eigenkapitalkonto** des Einzelunternehmers wird deshalb in der Regel als **variables** Konto geführt: Es nimmt sowohl die Transaktionen zwischen Betriebs- und Privatsphäre in Form von Einlagen und Entnahmen auf als auch das Periodenergebnis aus der betrieblichen Tätigkeit in Form von Gewinngutschriften oder Verlustlastschriften. Führen umfangreiche und über mehrere Perioden auftretende Verluste zu einem die Einlage übersteigenden **negativen** Kapitalkonto, so ist dieses auf der Aktivseite der Bilanz auszuweisen und kann **rechnerisch** als Gegenposten zu den nicht gedeckten Verbindlichkeiten interpretiert werden.

Beispiel:

Die Erfolgsrechnung des Großhändlers May weist einen Gewinn in Höhe von 80.000 aus; Privatentnahmen während der Abrechnungsperiode wurden in Höhe von insgesamt 30.000 getätigt. Der Anfangsbestand an Eigenkapital betrug 280.000.

Buchungssätze zum Abschluss:

GuV-Konto	80.000	**an**	Eigenkapital	80.000
Priv.-Entnahme	30.000	**an**	Kasse	30.000
Eigenkapital	30.000	**an**	Priv.-Entnahme	30.000
Eigenkapital	330.000	**an**	Schlussbilanzkonto	330.000

GuV-Rechnung

Σ Aufwand	450.000	Σ Erträge	530.000
Gewinn	80.000		
	530.000		530.000

Eigenkapital

Priv.-Entnahme	30.000	Anfangsbest.	280.000
Schlussbilanz		Gewinn	80.000
(Saldo)	330.000		
	360.000		360.000

Schlussbilanz

		Eigenkapital	330.000

Im Zuge des Unternehmensteuerreformgesetzes 2008 vom 14. 8. 2007 (BGBl. I 2007, S. 1912 ff.) wurde für Einzelunternehmen und Personengesellschaften, die Möglichkeit einer sog. **Thesaurierungsbegünstigung** für nicht entnommene Gewinne gemäß §34a EStG geschaffen. So kann der nicht entnommene Gewinn auf Antrag mit einem ermäßigten Einkommensteuersatz von 28,25% zzgl. Solidaritätszuschlag besteuert werden, anstatt dem Progressionstarif gemäß §32a EStG unterworfen zu werden. Erfolgen in späteren Jahren Entnahmen des begünstigten Gewinns, so unterliegen diese, vermindert um die begünstigte Steuerbelastung hierauf, einer Nachversteuerung mit einem Einkommensteuersatz von 25% zzgl. Solidaritätszuschlag (§34a Abs. 4 EStG; vertiefend *Kußmaul*, Betriebswirtschaftliche Steuerlehre, S. 302 ff., 437; Anwendungsschreiben des BMF vom 11. 8. 2008, BStBl. I 2008, S. 838 ff.; zum Tarifgeflecht des EStG *Hechtner/ Siegel*, Tarifgeflecht, DStR 2010, S. 1594).

Zur weiteren Entlastung von Einzel- und Mitunternehmern wurde im Rahmen der Unternehmensteuerreform 2008 der **Anrechnungsfaktor der Gewerbesteuer** bei der Einkommensteuer von 1,8 auf 3,8 erhöht, so dass sich die tarifliche Einkommensteuer um das 3,8fache des (anteiligen) Gewerbesteuermessbetrags ermäßigt (§35 Abs. 1 EStG).

14.2.2 Die Erfolgsverbuchung bei der offenen Handelsgesellschaft (OHG)

Die OHG ist eine Personengesellschaft, bei der sich mindestens zwei Personen unter einer gemeinsamen Firma zusammenschließen, um ein Handelsgewerbe zu betreiben (§§ 105–160 HGB sowie ergänzend §§ 705 ff. BGB). Die Fähigkeit, Gesellschafter einer OHG zu werden, besitzen alle natürlichen und juristischen Personen sowie Kommanditgesellschaften, andere offene Handelsgesellschaften und Gesellschaften bürgerlichen Rechts (GbR; vgl. BGH-Urteil vom 29. 1. 2001 – II ZR 331/00, NJW 2001, S. 1056 ff. bzw. DB 2001, S. 423 ff.). Obwohl die OHG eine Gesamthandsgemeinschaft und nicht eine juristische Person ist, kann sie unter ihrer Firma Gläubiger und Schuldner sein, Eigentum und andere Rechte erwerben und vor Gericht klagen und verklagt werden. Darüber hinaus kann das Vermögen der OHG Gegenstand eines eigenständigen Insolvenzverfahrens sein. Für Gesellschaftsschulden haften den Gläubigern nicht nur alle Gesellschafter gemeinsam mit dem Gesellschaftsvermögen, sondern zugleich jeder Gesellschafter unmittelbar und wie der Einzelunternehmer unbeschränkt, also auch mit seinem Privatvermögen **(Komplementäre)**. Auch nach seinem Ausscheiden haftet der OHG-Gesellschafter noch für zuvor begründete Verbindlichkeiten, die bis zum Ablauf von fünf Jahren fällig werden (§ 160 HGB). Die Frist beginnt mit dem Ende des Tages, an dem das Ausscheiden beim zuständigen Registergericht eingetragen wurde. Unterbleibt eine Eintragung, so ist der Zeitpunkt der Kenntnis des Gläubigers vom Ausscheiden des OHG-Gesellschafters entscheidend; die Eintragung des Ausscheidens im Handelsregister ist für den Fristbeginn somit nicht konstitutiv (vgl. BGH v. 24. 9. 2007, DB 2007, S. 2586). Die Geschäftsführung obliegt allen Gesellschaftern, wobei jeder Gesellschafter allein für die Gesellschaft handeln kann (Einzelgeschäftsführungsbefugnis). Das Rechtsverhältnis der Gesellschafter untereinander richtet sich grundsätzlich nach den jeweils getroffenen vertraglichen Vereinbarungen **(Gesellschaftsvertrag)**; den gesetzlichen Bestimmungen kommt insoweit nur subsidiäre Bedeutung zu.

Ausgangsbasis der Eigenkapitalausstattung sind zunächst die vertraglich fixierten Einlageverpflichtungen der Gesellschafter (Pflichteinlagen, bedungene Einlagen). Diese Eigenkapitalausstattung kann jedoch in der Folge durch weitere Einlagen sowie nicht entnommene Gewinne erhöht oder durch Entnahmen sowie anteilige Verluste vermindert werden. Des Weiteren können Nachschusspflichten beschlossen werden. Dies ist den Gesellschaftern gegenüber unwirksam, die einer Vermehrung ihrer Beitragspflichten nicht zugestimmt haben (§ 707 BGB, vgl. BGH v. 9. 2. 2009, DStR 2009, S. 984). Buchmäßig sind die Kapitalanteile und ihre Veränderungen auf dem für jeden Gesellschafter getrennt zu führenden Eigenkapitalkonto transparent zu machen (§ 120 Abs. 2 HGB). Die Eigenkapitalkonten werden dann als **variable** Konten geführt. Häufig findet bei der OHG aber eine Trennung fester Kapitalkonten (Kapitalkonto I) zur Erfassung der Pflichteinlagen und variabler Kapitalkonten (Kapitalkonto II) zur Aufnahme der periodischen Kapitalveränderungen (sog. **Kontokorrentkonten**) Verwendung. Zusätzlich werden üblicherweise für das dem variablen Gesellschafterkonto vorgeschaltete Privatkonto weitere Unterkonten (z. B. für Personensteuern, Bar- und Sachentnahmen) eingerichtet. Daneben sind Rücklagenkonten gesellschaftsvertraglich oder durch Gesellschafterbeschluss möglich, aber gesetzlich nicht vorgeschrieben. Der **Ausweis** des Eigenkapitals der OHG kann in der Bilanz entweder getrennt nach Gesellschaftern oder als Summe der Kapitalanteile erfolgen. Ist eine Trennung in feste und variable Kapitalkonten vereinbart worden, wird das ausgewiesene Eigenkapital in der Regel in **Festkapital** und **bewegliches Kapital** untergliedert. Falls die Gesellschafter Einzahlungen auf das Festkapital noch nicht oder noch nicht in voller Höhe vorgenommen haben, kann in Analogie zu § 272 Abs. 1 Satz 2 und 3 HGB die ausstehende Einlage, soweit sie noch nicht eingefordert ist, offen auf der Passivseite von den Kapitalanteilen abgesetzt werden. Demgegenüber sind die eingeforderten, aber noch nicht eingezahlten Einlagen unter den Forderungen gesondert auszuweisen. Der nach der offenen Absetzung verbleibende Betrag kann als „Kapitalanteil abzüglich nicht eingeforderter bedungener Einlage" bezeichnet werden. Für die Offenlegung können die Kapitalanteile zusammengefasst werden (vgl. *Förschle/Hoffmann*, Bilanzkommentar, § 247 HGB, Rn. 150 i. V. m. *Förschle/Hoffmann*, Bilanzkommentar, § 264c HGB, Rn. 100). Weist der Kapitalanteil einzelner Gesellschafter infolge hoher Verluste und/oder Entnahmen einen Negativsaldo auf, darf dieser in analoger Anwendung des § 264c Abs. 2 HGB nicht mit positiven Kapitalanteilen zusammengefasst werden; er ist vielmehr separat auf der Aktivseite zu zeigen. Sind die Verluste insgesamt größer als das gesamte vorher vorhandene Eigenkapital, so ist auf der Aktivseite der Bilanz in Analogie zu § 264c Abs. 1 HGB ein Posten „Nicht durch Vermögenseinlagen gedeckter Verlustanteil persönlich haftender Gesellschafter" auszuweisen (bei bestehender Zahlungsverpflichtung ggf. auch separat unter den Forderungen, siehe das Folgende). Wird das Eigenkapital in der Bilanz nicht nach Gesellschaftern untergliedert, ist eine Aufstellung über die Kapitalkontenentwicklung der Gesellschafter in den Erläuterungen zum Jahresabschluss üblich. Sofern Rücklagen gebildet wurden, sind diese getrennt von den den Gesellschaftern unmittelbar zurechenbaren Kapitalanteilen **(Gesellschafterkapital)** auszuweisen, ggf. unterteilt nach gesellschaftsvertraglichen und anderen Rücklagen. Weitere Hinweise enthält die Stellungnahme des Hauptfachausschusses des IDW zur Rechnungslegung bei Personenhandelsgesellschaften nach allgemeinen Vorschriften sowie ergänzenden Vorschriften für Personenhandelsgesellschaften i. S. d. § 264a HGB (IDW RS HFA 7) vom 27. 6. 2008 (vgl. *HFA*, Personenhandelsgesellschaften). Abweichend von den bisherigen, an § 247 HGB orientierten Ausführungen, bei denen die Regelungen für Personengesellschaften i. S. d. §§ 264a ff. HGB als allgemeine Grundsätze gelten können (vgl. *Förschle/Hoffmann*, § 247 HGB, Rn. 150), besteht für nach dem Publizitätsgesetz offenlegungspflichtige Offene Handelsgesellschaften explizit die Möglichkeit, bei der Offenlegung in der Bilanz alle Posten mit Eigenkapitalcharakter zusammenzufassen und in einem Posten „Eigenkapital" auszuweisen (§ 9 Abs. 3 PublG).

Soweit eine OHG allerdings als persönlich haftenden Gesellschafter nicht mindestens eine natürliche Person oder eine offene Handelsgesellschaft, Kommanditgesellschaft oder andere Personengesellschaft mit mindestens einer natürlichen Person als persönlich haftendem Gesellschafter aufweist, unterliegt sie aufgrund des durch das Kapitalgesellschaften- und Co-Richtlinie-Gesetz vom

24. 2. 2000 (KapCoRiLiG) in das HGB eingefügten §264a HGB grundsätzlich denselben Rechnungslegungsanforderungen der §§264ff. HGB wie Kapitalgesellschaften. Den rechtsformspezifischen Erfordernissen der Personengesellschaften bezüglich Ansatz, Ausweis und Gliederung trägt hierbei jedoch der ebenfalls neu eingefügte §264 c HGB Rechnung. Da die Regelungen der §§264a ff. HGB bereits zuvor als Orientierungspunkt für alle Personengesellschaften herausgestellt wurden, können die folgenden Ausführungen zum §264c HGB auch über die haftungsbeschränkten Personengesellschaften des §264a HGB hinaus angewandt werden. Das **Eigenkapital** ist demnach abweichend von §266 Abs. 3 A HGB in

I. Kapitalanteile

II. Rücklagen

III. Gewinnvortrag/Verlustvortrag

IV. Jahresüberschuss/Jahresfehlbetrag

zu gliedern (§264c Abs. 2 Satz 1 HGB). Anstelle des bei Kapitalgesellschaften üblichen Ausweises des Postens Gezeichnetes Kapital tritt hier die Position **Kapitalanteile**, unter der die auf die persönlich haftenden Gesellschafter entfallenden Kapitalanteile entweder jeweils gesondert oder auch in zusammengefasster Form auszuweisen sind (§264c Abs. 2 Satz 2 HGB). Auftretende Verluste sind hierbei in Übereinstimmung mit §120 Abs. 2 HGB grundsätzlich unmittelbar von den jeweiligen Kapitalanteilen der Gesellschafter abzuschreiben (§264c Abs. 2 Satz 3 HGB). Soweit der anteilige Verlust bei mindestens einem Gesellschafter dessen Kapitalanteil übersteigt, ist, sofern sich daraus eine Zahlungsverpflichtung ergibt, auf der Aktivseite der Posten „Einzahlungsverpflichtungen persönlich haftender Gesellschafter" unter den Forderungen auszuweisen (§264c Abs. 2 Satz 4 HGB). Ergibt sich diesbezüglich hingegen keine Zahlungsverpflichtung, so ist der Betrag am Schluss der Aktivseite gesondert als „Nicht durch Vermögenseinlagen gedeckter Verlustanteil persönlich haftender Gesellschafter" auszuweisen (§§264c Abs. 2 Satz 5 i. V. m. 268 Abs. 3 HGB). Eine Zusammenfassung positiver Kapitalanteile mit den negativen Salden anderer Gesellschafter ist gegenüber früher nicht mehr zulässig. Hinsichtlich der Zuordnung zur Eigenkapitalposition Kapitalanteile sind die **Gesellschafterkonten** streng nach ihrem Charakter als Eigen- bzw. Fremdkapitalanteil zu trennen. Eigenkapital liegt nur vor, wenn die Mittel dem Unternehmen dauerhaft zur Verfügung stehen, künftige Verluste in voller Höhe mit diesen zu verrechnen sind und diese Mittel bei der Insolvenz der Gesellschaft nicht als Insolvenzforderung geltend gemacht werden können bzw. wenn sie bei einer Liquidation der Gesellschaft erst nach der Befriedigung aller Gesellschaftsgläubiger mit dem sonstigen Eigenkapital auszugleichen sind. Bezüglich der Verbindung zwischen Gesellschaft und Gesellschaftern sind in Analogie zu §42 Abs. 3 GmbHG Ausleihungen, Forderungen und Verbindlichkeiten gegenüber den Gesellschaftern jeweils gesondert in der Bilanz auszuweisen oder im Anhang anzugeben (§264c Abs. 1 Satz 1 HGB). Soweit der Ausweis unter einem anderen Posten erfolgt, ist dieser mit dem Zugehörigkeitsvermerk „davon gegenüber Gesellschafter" zu versehen (§264c Abs. 1 Satz 2 HGB). Darüber hinaus stellt §264c Abs. 3 Satz 1 HGB explizit klar, dass das **Privatvermögen** der Gesellschafter sowie die darauf entfallenden Aufwendungen und Erträge grundsätzlich nicht in die Bilanz bzw. in die Gewinn- und Verlustrechnung aufgenommen werden dürfen. Allerdings ermöglicht es §264c Abs. 3 Satz 2 HGB, dass in der Gewinn- und Verlustrechnung nach dem Posten Jahresüberschuss bzw. Jahresfehlbetrag ein dem Steuersatz der Komplementärgesellschaft entsprechender Steueraufwand der Gesellschafter offen abgesetzt oder hinzugerechnet werden kann, was den Ausweis eines Ergebnisses nach Steuern ermöglicht.

Als **Rücklagen** dürfen nur solche Beträge ausgewiesen werden, die aufgrund einer gesellschaftsrechtlichen Vereinbarung gebildet worden sind (§264 c Abs. 2 Satz 8 HGB), wie z. B. Einstellung von Gewinnanteilen gemäß Gesellschaftsvertrag oder entsprechend eines diesbezüglichen Sonderbeschlusses der Gesellschafter. Soweit der den Gesellschaftern zukommende Gewinn, wie auch ein auf das Geschäftsjahr entfallender Verlust entsprechend §§ 120 Abs. 2 u. 264 c Abs. 2 Satz 3 HGB unmittelbar den Kapitalanteilen der Gesellschafter zugeschrieben bzw. von diesen abgeschrieben wird, kommt es in der Bilanz allerdings zu keinem Ausweis eines **Gewinn- oder Verlustvortrages** bzw. **Jahresüberschusses oder -fehlbetrages.** Ein entsprechender Ausweis kann sich nur für den Fall ergeben, dass der Gesellschaftsvertrag bezüglich der Gewinnverwendung einen Beschlussvorbehalt seitens der Gesellschafter vorsieht.

Bei der **Erfolgsverbuchung** ist zu berücksichtigen, dass bei Personengesellschaften wie der OHG die nach dem Steuersenkungsgesetz vom 23. 10. 2000 (StSenkG) mögliche Anrechnung der Gewerbeertragsteuer auf die persönliche Einkommensteuer der Gesellschafter (§35 EStG) keine Privatentnahme bewirkt. So ist diese kein Bestandteil des von der Personengesellschaft erzielten Beteiligungsertrages (vgl. bezüglich der vormals anrechenbaren Körperschaftsteuer BGH vom 30. 1. 1995, DStR, S. 574). Die OHG hat daher gegen ihre Gesellschafter – sofern sich nicht aus den Regelungen des Gesellschaftsvertrags etwas anderes ergibt – keinen Anspruch auf Abführung der anrechenbaren Gewerbeertragsteuer. Demgegenüber ist die einbehaltene **Kapitalertragsteuer** nach dem Urteil des BFH vom 22. 11. 1995 (DStR 1996, S. 460 f.) als Erfolg der OHG zu qualifizieren, mit der Folge, dass insoweit grundsätzlich eine Einlagenforderung der OHG gegen ihre Gesellschafter besteht (vgl. auch *Sommer*, Einlageverpflichtung, S. 1487 ff.). Der BFH hat in seinem Urteil darüber hinaus entschieden, dass es nicht zulässig ist, die Kapitalertragsteuer abweichend von dem allgemein vereinbarten Gewinnverteilungsschlüssel unter den Gesellschaftern zu verteilen.

Die **Erfolgsverteilung** richtet sich nach den Vereinbarungen des Gesellschaftsvertrages und nur ersatzweise kommt die gesetzliche Bestimmung des §121 HGB zum Zuge. Diese sieht folgende Regelung vor:

- Kapitalverzinsung von 4 % aus dem erzielten Jahresgewinn bzw. entsprechend niedrigerer Satz, soweit der Reingewinn hierzu nicht ausreicht;
- Berücksichtigung der im Laufe des Geschäftsjahres vorgenommenen Einlagen und Entnahmen durch eine zeitanteilige unterjährige Einlagen- und Entnahmenverzinsung bei der Gewinnanteilsberechnung;
- Restgewinnverteilung nach Köpfen als Entgelt für die persönliche Arbeitsleistung;

- Verlustverteilung nach Köpfen ohne Berücksichtigung der Kapitalanteilshöhe.

Insbesondere die gesetzliche Vorschrift nach **zeitanteiliger** Berücksichtigung der während der Geschäftsperiode getätigten Entnahmen und Einlagen erfordert eine gesellschaftsvertragliche Regelung über eine angemessene Gewinnverteilung bzw. Gewinnverwendung (Entnahme, Thesaurierung) und deren Bemessungsgrundlage. Genau genommen müssten nämlich sämtliche Transaktionen zwischen Betriebs- und Privatsphäre, wie unter anderem auch Warenentnahmen und Privatnutzungen betrieblicher Gegenstände, pro rata temporis in eine dementsprechende **Zinsberechnung** einbezogen werden. Die Bemessungsgrundlage der Kapitalverzinsung ließe sich nur unter hohem Arbeitsaufwand und selbst dann nur mit relativer Genauigkeit bestimmen. Häufig finden sich deshalb in Gesellschaftsverträgen Vereinbarungen, die entweder von einer zeitanteiligen Berücksichtigung der periodischen Kapitalveränderung durch Einlagen und Entnahmen ganz absehen oder die in Form einer für jeden Gesellschafter gesondert aufgemachten Zinsstaffelrechnung nur die während der Abrechnungsperiode getätigten Geldentnahmen und Geldeinlagen berücksichtigen.

Bei variablen Kapitalkonten erfolgt die anteilige **Gewinnverbuchung** entweder direkt durch eine Gutschrift auf dem Kapitalkonto oder aber durch vorherige Aufnahme in ein vorgeschaltetes Privatkonto, das dann die Verrechnung mit den periodischen Entnahmen und Einlagen übernimmt und nur den Saldo auf die Kapitalkonten der Teilhaber überträgt.

Beispiel:

Im Gesellschaftsvertrag der ABC-OHG wurde folgende Gewinnverteilung unter den drei Gesellschaftern vereinbart: 4 %ige Verzinsung der Kapitalanteile jeweils zu Beginn der Abrechnungsperiode; vom Restgewinn Vorabvergütung des A in Höhe von 10.000, Verteilung des verbleibenden Restes nach Köpfen. Die Kapitalanfangsbestände betrugen bei A = 100.000, bei B = 60.000 und bei C = 40.000. Die von jedem Gesellschafter in Anspruch genommenen Privatentnahmen wurden auf 10.000 begrenzt. Von einer Verzinsung der Privatentnahmen während des Geschäftsjahres wird zunächst abgesehen. Der Periodengewinn beträgt 45.000.

Gewinnverteilungsübersicht:

Gesellschafter	Anfangskapital	Gewinnverteilung				Privatentnahmen	Kapitalveränderung	Endkapital
		Kapitalverzinsung 4 %	Sondervergütung	Restgewinnanteil	Gesamtgewinn			
A	100.000	4.000	10.000	9.000	23.000	10.000	+ 13.000	113.000
B	60.000	2.400		9.000	11.400	10.000	+ 1.400	61.400
C	40.000	1.600		9.000	10.600	10.000	+ 600	40.600
Σ	200.000	8.000	10.000	27.000	45.000	30.000	15.000	215.000

Buchungssätze:

1) Abschlussbuchungen Gewinn- und Verlustkonto:

GuV-Konto	45.000	**an**	Privatkonto A	23.000
			Privatkonto B	11.400
			Privatkonto C	10.600

Bei Zwischenschaltung eines Gewinnverteilungskontos auch:

GuV-Konto	**an**	Gewinnverteilungskonto	
Gewinnverteilungskonto	**an**	Privatkonten	

2) Abschluss Privatkonten:

Privatkonto A	13.000	**an**	Eigenkapitalkonto A	13.000
Privatkonto B	1.400	**an**	Eigenkapitalkonto B	1.400
Privatkonto C	600	**an**	Eigenkapitalkonto C	600

3) Abschluss Eigenkapitalkonten:

Eigenkapitalkonto A	113.000	**an**	Schlussbilanzkonto	113.000
Eigenkapitalkonto B	61.400	**an**	Schlussbilanzkonto	61.400
Eigenkapitalkonto C	40.600	**an**	Schlussbilanzkonto	40.600

Sieht der Gesellschaftsvertrag dagegen eine **Verzinsung** der während des Geschäftsjahres getätigten Privatentnahmen in Höhe von 4 % vor und verteilen sich diese wie folgt auf die Gesellschafter:

A	B	C
am 20. 3.: 4.000	am 17. 3.: 2.500	am 1. 3.: 6.000
am 1. 8.: 2.700	am 10. 8.: 4.000	am 1. 5.: 1.000
am 1. 10.: 3.300	am 10. 10.: 3.500	am 5. 11.: 3.000

dann ergeben sich für die Erfolgsverteilung und Erfolgsverbuchung gegenüber oben bei einer Zinsberechnung nach der Formel:

$$\text{Sollzinsnummer} : \text{Zinsteiler} = \frac{\text{Kapital} \cdot \text{Tage}}{100} : \frac{360}{\text{Zinssatz}}$$

die nachstehenden Änderungen

Buchungssätze:

1) Verbuchung Entnahmezinsen (gerundet):

Privatkonto A	202	**an**	GuV-Konto	202
Privatkonto B	172	**an**	GuV-Konto	172
Privatkonto C	244	**an**	GuV-Konto	244

2) Abschlussbuchungen Gewinn- und Verlustkonto

GuV-Konto	45.618	**an**	Privatkonto A	23.206
			Privatkonto B	11.606
			Privatkonto C	10.806

Zinsstaffel A

Datum	Vorgang	Tage	Sollzinsnummern	Sollzinsnummer / Zinsteiler
20. 3.	Soll 4.000	131	5.240	58,22
1. 8.	S 2.700			
	S 6.700	60	4.020	44,66
1. 10.	S 3.300			
31. 12.	S 10.000	89	8.900	98,89
			18.160	201,77

Zinsstaffel B

Datum	Vorgang	Tage	Sollzinsnummern	Sollzinsnummer / Zinsteiler
17. 3.	S 2.500	144	3.600	40,00
10. 8.	S 4.000			
	S 6.500	60	3.900	43,33
10. 10.	S 3.500			
31. 12.	S 10.000	80	8.000	88,89
			15.500	172,22

Zinsstaffel C

Datum	Vorgang	Tage	Sollzinsnummern	Sollzinsnummer / Zinsteiler
1. 3.	S 6.000	60	3.600	40,00
1. 5.	S 1.000			
	S 7.000	184	12.880	143,11
5. 11.	S 3.000			
31. 12.	S 10.000	55	5.500	61,11
			21.980	244,22

3) Abschluss Privatkonten:

Privatkonto A	13.004	**an**	Eigenkapitalkonto A	13.004
Privatkonto B	1.434	**an**	Eigenkapitalkonto B	1.434
Privatkonto C	562	**an**	Eigenkapitalkonto C	562

4) Abschluss Eigenkapitalkonten:

Eigenkapitalkonto A	113.004	**an**	Schlussbilanzkonto	113.004
Eigenkapitalkonto B	61.434	**an**	Schlussbilanzkonto	61.434
Eigenkapitalkonto C	40.562	**an**	Schlussbilanzkonto	40.562

Kontendarstellung:

GuV-Konto

(2 a–c)	45.618	45.000
		202 (1 a)
		172 (1 b)
		244 (1 c)
	45.618	45.618

Schlussbilanz

versch. Aktiva 215.000	Kapital Gesellschafter	
	A	113.004 (4 a)
	B	61.434 (4 b)
	C	40.562 (4 c)
215.000		215.000

Privat A

	10.000	23.206 (2 a)
(1 a)	202	
(3 a)	13.004	
	23.206	23.206

Kapital A

(4 a)	113.004	100.000
		13.004 (3 a)
	113.004	113.004

Privat B

	10.000	11.606 (2 b)
(1 b)	172	
(3 b)	1.434	
	11.606	11.606

Kapital B

(4 b)	61.434	60.000
		1.434 (3 b)
	61.434	61.434

Privat C

	Soll	Haben	
	10.000	10.806	(2c)
(1c)	244		
(3c)	562		
	10.806	10.806	

Kapital C

	Soll	Haben	
(4c)	40.562	40.000	
		562	(3c)
	40.562	40.562	

Die Entnahmezinsen belasten die Privatkonten der Gesellschafter und erhöhen den nach Köpfen aufzuteilenden Restgewinn. Dabei wird für Zwecke der Gewinnverteilung fingiert, dass die Gesellschaft zunächst Zinsen auf die während des Jahres ausgezahlten Entnahmen bis zum Periodenende erhält, die folglich in die Restgewinnbemessung einfließen. Die Zinsbeträge werden aber fiktiv sogleich wieder im jeweils entsprechenden Umfang von den Eigentümern entnommen. Die den Buchungssätzen zugrunde liegende Gewinnverteilungsübersicht nimmt dann die folgende Gestalt an:

Gewinnverteilungsübersicht (mit Entnahmezinsen):

Gesellschafter	Anfangskapital	Gewinnverteilung					Privatentnahmen	Kapitalveränderung	Endkapital
		Kapitalverzinsung 4 %	Entnahmezinsen	Sondervergütung	Restgewinnanteil	Gesamtgewinn			
A	100.000	4.000	202	10.000	9.206	23.206	10.202	+ 13.004	113.004
B	60.000	2.400	172		9.206	11.606	10.172	+ 1.434	61.434
C	40.000	1.600	244		9.206	10.806	10.244	+ 562	40.562
Σ	200.000	8.000		10.000	27.618	45.618	30.618	15.000	215.000

Da es sich hierbei jedoch nur um eine fiktive Verzinsung und nicht tatsächliche Zinserträge der Unternehmung für eine Kreditgewährung an die Eigentümer handelt, ist dieser „Gewinnanteil" u. E. steuerbilanziell nicht nachzuvollziehen. In der Steuerbilanz wäre danach der hier gezeigte Gesamtgewinn um die Entnahmezinsen zu kürzen. Dies entspricht auch der Sicht auf die einzelnen Anteilseigner, welche effektiv nur Zuflüsse von jeweils 10.000 erhielten.

Ein in der Abrechnungsperiode entstandener **Verlust** ist entweder direkt von den Kapitalkonten der Komplementäre abzusetzen oder deren Gewinngutschriftkonten (Kontokorrentkonten) zu belasten. Ein durch Verlustzuweisungen oder übermäßige Entnahmen **negativ** gewordenes Kapitalkonto eines Gesellschafters bringt auf der Aktivseite der Bilanz einen Korrekturposten gegenüber den mit positivem Saldo verbliebenen Eigenkapitalkonten der Mitgesellschafter zum Ausdruck. Dadurch gehen dem Gesellschafter jedoch grundsätzlich keine Gesellschaftsrechte verlustig; er muss allerdings so lange auf eine Kapitalverzinsung aus künftigen Gewinnen verzichten, bis durch zusätzliche freiwillige Einlagen oder nicht entnommene Gewinnanteile ein positiver Kapitalstand seines Kapitalkontos wieder erreicht ist. Dabei sind die Überentnahmen, die gemäß §4 Abs. 4a EStG die Nicht-Abziehbarkeit von Schuldzinsen bewirken, gesellschafterbezogen zu ermitteln (vgl. BMF-Schreiben vom 7. 5. 2008, BStBl. I 2008, S. 588). Zur Wahrung der Transparenz der Erfolgsverbuchung wird in der Regel ein besonderes **Erfolgsverteilungskonto** zwischen Gewinn- und Verlustrechnung und Gesellschafterkonten geschaltet, das den gesamten Gewinn bzw. Verlust der Abrechnungsperiode aufnimmt und nach Satzung oder Gesetz zur Verteilung bringt.

14.2.3 Die Erfolgsverbuchung bei der Kommanditgesellschaft (KG)

Die KG ist ebenso wie die OHG eine Personengesellschaft; die für die OHG geltenden gesetzlichen Vorschriften finden daher auch auf die KG Anwendung, soweit die speziell für die Rechtsform der KG geschaffenen Regelungen der §§ 161–177a HGB nichts anderes vorschreiben (§ 161 Abs. 2 HGB). Die Fähigkeit, Gesellschafter einer KG zu werden, besitzen alle natürlichen und juristischen Personen sowie grundsätzlich auch andere Kommanditgesellschaften, Offene Handelsgesellschaften und Gesellschaften bürgerlichen Rechts (GbR; vgl. BGH-Urteil vom 29. 1. 2001 – II ZR 331/00, NJW 2001, S. 1056 ff. bzw. DB 2001, S. 423 ff.). Wesentliche Unterschiede der KG im Vergleich zur OHG entstehen aus den modifizierten Haftungsverhältnissen: Nur ein Teil der Gesellschafter – die **Komplementäre** – haften wie die Gesellschafter einer OHG unbeschränkt gegenüber den Gläubigern der Gesellschaft, während die Haftung der übrigen Gesellschafter – der **Kommanditisten** – auf die Höhe ihrer im Gesellschaftsvertrag vereinbarten und ins Handelsregister eingetragenen Einlage (auch Haftungssumme oder Haftungseinlage genannt) beschränkt ist (§ 172 Abs. 1 HGB). Eine an den Kommanditisten zurückgezahlte Einlage gilt jedoch gegenüber den Gläubigern als nicht geleistet (§ 172 Abs. 4 Satz 1 HGB); die persönliche Haftung des Kommanditisten lebt insofern dann wieder auf, wenn sein Kapitalanteil nach Rückzahlung eines Agios unter den Betrag seiner Haftungssumme absinkt oder schon zuvor diesen Wert nicht mehr erreicht hat (vgl. BGH v. 5. 5. 2008, DStR 2008, S. 1450). Die Haftung der Kommanditisten lebt nach § 172 Abs. 4 Satz 3 HGB bei Entnahmen auch dann wieder auf, wenn von einer Kommanditgesellschaft Sachverhalte bilanziert werden, die nach § 268 Abs. 8 HGB bei Kapitalgesellschaften zu einer Ausschüttungssperre führen würden, soweit der der Kommanditgesellschaft danach verbleibende Kapitalanteil bilanziell nur durch derartige Sachverhalte gedeckt ist. Die Kommanditisten sind von der Geschäftsführung ausgeschlossen (§ 164 AktG) und haben kein Entnahmerecht, wie dies § 169 Abs. 1 HGB i. V. m. § 122 Abs. 1 HGB für die Komplementäre vorsieht, denen auch die Geschäftsführung obliegt. Die Feststellung des Jahresabschlusses der KG ist nach Ansicht des BGH (Urteil vom 15. 1. 2007, DStR 2007, S. 494 ff., sowie Urteil vom 7. 7. 2008, DStR 2009, S. 1544 ff.) zwar nicht Gegenstand der laufenden Geschäftsführung – im Unterschied zu dessen Aufstellung –, sondern ein Grundlagengeschäft, welches nach § 119 Abs. 1 AktG grundsätzlich einstimmig von den Gesellschaftern zu entscheiden ist; allerdings sieht der BGH darin gemäß § 119 Abs. 2 AktG dispositives Recht, so dass der Gesellschaftsvertrag eine Mehrheitsentscheidung vorsehen kann. Bei einer GmbH & Co. KG bestimmen sich die Rechte und Pflichten der Gesellschafter grundsätzlich nach dem Recht der Kommanditgesellschaft (OLG Rostock v. 30. 7. 2008, NZG, S. 705).

Die **Beteiligungsverhältnisse** in einer KG sind aus den Kapitalkonten ersichtlich. Für die Komplementäre wird neben einem variablen und in der Regel auch einem festen Kapitalkonto (vgl. hierzu Teil A, Abschn. 14.2.2, S. 592 ff.) ein Privatkonto für Entnahmen geführt. Für den Ausweis der Eigenkapitalanteile der Komplementäre ergeben sich gegenüber dem Ausweis der Eigenkapitalanteile von OHG-Gesellschaftern (s. Teil A, Abschn. 14.2.2, S. 592 ff.) keine grundsätzlich neuen Aspekte. Bezüglich des Ausweises des Eigenkapitals der KG kann somit ebenfalls eine Orientierung an den Regeln, die für Gesellschaften i. S. v. § 264a HGB gelten, erfolgen (vgl. *Förschle/Hoffmann*, Bilanzkommentar, § 247 HGB, Rn. 150, *Hütten/Lorson*, § 247 HGB, Rn. 29 ff.). Das Komplementärkapital ist allerdings getrennt vom Eigenkapital der Kommanditisten auszuweisen, welches getrennt nach Gesellschaftern oder als Summe in der Bilanz darzustellen ist. Eine Saldierung beider Eigenkapitalgruppen ist nicht zulässig. Die auf den Kommanditkapitalkonten ausgewiesenen Einlagen sind im Normalfall auf die im Gesellschaftsvertrag vereinbarte Höhe (**bedungene Einlage** bzw. **Pflichteinlage**) fixiert. Weicht die im Gesellschaftsvertrag vereinbarte Pflichteinlage des Kommanditisten von der im Handelsregister eingetragenen **Einlage** (§ 162 Abs. 1 i. V. m. § 171 Abs. 1 u. § 172 Abs. 1 HGB) ab, ist nach h. M. die Pflichteinlage für die Bilanzierung maßgeblich (vgl. *Förschle/Hoffmann*, § 247 HGB, Rn.150 i. V. m. *Förschle/Hoffmann*, § 264c HGB, Rn.30). Somit ist für den Fall, dass diese Pflichteinlage eines Kommanditisten noch nicht voll eingezahlt ist, bis zur Höhe der Hafteinlage oder der niedrigeren Pflichteinlage ein weiteres Konto „Ausstehende Hafteinlagen" zu führen. Falls die Pflichteinlage die Hafteinlage übersteigt, ist zusätzlich ein Konto „Ausstehende Pflichteinlagen" einzurichten. In der Bilanz sind die noch nicht einbezahlten Pflichteinlagen, sofern sie eingefordert wurden gesondert unter den Forderungen („Eingeforderte ausstehende Einlagen") entsprechend § 272 Abs. 1 Satz 3 HGB auszuweisen (s. dazu auch Teil A, Abschn. 14.3, S. 615 ff.). Nicht eingeforderte Pflichteinlagen sind offen auf der Passivseite von den Kapitalanteilen abzusetzen (vgl. *Förschle/Hoffmann*, § 247 HGB, Rn. 150 i. V. m., *Förschle/Hoffmann*, § 264 c HGB, Rn. 20). Ein Vermerk der Haftsumme des Kommanditisten in der Bilanz ist zwar nicht erforderlich. Der Vermerk einer noch zu leistenden Hafteinlage im Anhang ist nach § 264c Abs. 2 Satz 9 HGB geboten, soweit diese Hafteinlage höher als die bedungene Pflichteinlage ist (*Förschle/Hoffmann*, § 264c HGB, Rn. 30 i. V. m., *Förschle/Hoffmann*, § 247 HGB, Rn. 150; *Ischebeck/Nissen-Schmidt*, § 264c HGB, Rn. 20). Wird das Eigenkapital der Kommanditisten in der Bilanz nicht nach Gesellschaftern untergliedert, so ist eine Aufstellung der Kapitalkonten in den Erläuterungen zum Jahresabschluss üblich. Rücklagen, die aufgrund gesellschaftsvertraglicher Regelungen oder durch Gesellschaftsbeschluss gebildet werden können, dürfen in der Bilanz in Anlehnung an das Gliederungsschema des § 264 c Abs. 2 Satz 1 HGB als „Rücklagen" ausgewiesen werden.

Soweit eine KG als persönlich haftenden Gesellschafter allerdings nicht mindestens eine natürliche Person oder eine offene Handelsgesellschaft, Kommanditgesellschaft oder andere Personengesellschaft mit mindestens einer natürlichen Person als persönlich haftendem Gesellschafter aufweist, was insbesondere auf die typische GmbH & Co. KG zutrifft, so unterliegt sie nach § 264a HGB, der durch das Kapitalgesellschaften- und Co-Richtlinie-Gesetz vom 24. 2. 2000 (KapCoRiLiG) in das HGB eingefügt wurde, grundsätzlich denselben Rechnungslegungsanforderungen der §§ 264 ff. HGB wie Kapitalgesellschaften. Die nachfolgend erläuterten Regelungen können als allgemeine Grundsätze für alle Kommanditgesellschaften gelten (vgl. *Förschle/Hoffmann*, Bilanzkommentar, §247 HGB, Rn.150). Naheliegend erscheint eine Anwendung daher auch für Kommanditgesellschaften, die nicht unter §264a HGB fallen. Den abweichenden rechtsformspezifischen Erfordernissen, die sich hinsichtlich Ansatz, Ausweis und Gliederung aus dem Charakter der KG als Personengesellschaft ergeben, trägt der ebenfalls neu eingefügte §264c HGB Rechnung: Das **Eigenkapital** ist demnach grundsätzlich in

I. Kapitalanteile

II. Rücklagen

III. Gewinnvortrag/Verlustvortrag

IV. Jahresüberschuss/Jahresfehlbetrag

aufzugliedern (§264c Abs.2 Satz 1 HGB). An die Stelle des bei Kapitalgesellschaften nach §266 Abs.3 HGB üblichen Ausweises des Postens Gezeichnetes Kapital tritt hier die Position **Kapitalanteile**, unter der die auf die persönlich haftenden Komplementäre sowie die auf die Kommanditisten entfallenden Kapitalanteile jeweils gesondert auszuweisen sind. Bei mehreren Komplementären bzw. Kommanditisten kann der Ausweis der auf die jeweilige Gruppe entfallenden Kapitalanteile entweder gesondert nach Gesellschafter oder auch in zusammengefasster Form vorgenommen werden (§264c Abs.2 Satz 2 und 6 HGB).

Verluste sind entsprechend der Regelungen der §§120 Abs.2 bzw. 167 Abs.1 i.V.m. 120 Abs.2 HGB grundsätzlich unmittelbar von den jeweiligen Kapitalanteilen der Gesellschafter abzuschreiben (§264c Abs.2 Satz 3 u. 6 HGB). Sofern der anteilige Verlust bei mindestens einem Gesellschafter dessen Kapitalanteil übersteigt, ist, soweit sich daraus eine Zahlungsverpflichtung ergibt, auf der Aktivseite unter den Forderungen der Posten „Einzahlungsverpflichtungen persönlich haftender Gesellschafter" bzw. „Einzahlungsverpflichtungen der Kommanditisten" auszuweisen (§264c Abs.2 Satz 4 und 6 HGB). Der Ausweis einer solchen Forderung gegenüber Kommanditisten ergibt sich ebenfalls, sofern ein Kommanditist Gewinnanteile entnimmt, während sein Kapitalanteil durch Verlust unter den Betrag der geleisteten Einlage herabgemindert ist oder es durch die Entnahme zu einer Unterschreitung der geleisteten Einlage kommt (§264c Abs.2 Satz 7 HGB). Soweit der anteilige Verlust bei mindestens einem Gesellschafter dessen Kapitalanteil übersteigt, ohne dass sich hieraus jedoch eine diesbezügliche Zahlungsverpflichtung ergibt, so ist der Betrag am Ende der Aktivseite gesondert als „Nicht durch Vermögenseinlagen gedeckter Verlustanteil persönlich haftender Gesellschafter" bzw. „Nicht durch Vermögenseinlagen gedeckter Verlustanteil der Kommanditisten" auszuweisen (§264c Abs.2 Satz 5 und 6 i.V.m. §268 Abs.3 HGB). Eine Zusammenfassung positiver Kapitalanteile mit den negativen Salden anderer Gesellschafter ist daher sowohl bei den Komplementären wie auch bei den Kommanditisten gleichermaßen unzulässig.

Hinsichtlich der Zuordnung zur Eigenkapitalposition Kapitalanteile sind die **Gesellschafterkonten** streng nach ihrem Charakter als Eigenkapital- bzw. Fremdkapitalanteil zu trennen. Eigenkapital liegt nur vor, wenn die Mittel dem Unternehmen dauerhaft zur Verfügung stehen, künftige Verluste in voller Höhe mit diesen zu verrechnen sind und diese Mittel bei der Insolvenz der Gesellschaft nicht als Insolvenzforderung geltend gemacht werden können bzw. wenn sie bei einer Liquidation der Gesellschaft erst nach der Befriedigung aller Gesellschaftsgläubiger mit dem sonstigen Eigenkapital auszugleichen sind. Bezüglich der Verbindung zwischen Gesellschaft und Gesellschaftern sind in Analogie zu § 42 Abs. 3 GmbHG Ausleihungen, Forderungen und Verbindlichkeiten gegenüber den Gesellschaftern jeweils gesondert in der Bilanz auszuweisen oder im Anhang anzugeben (§ 264c Abs. 1 Satz 1 HGB). Soweit der Ausweis unter einem anderen Posten erfolgt, ist dieser mit dem Zugehörigkeitsvermerk „davon gegenüber Gesellschafter" zu versehen (§ 264c Abs. 1 Satz 2 HGB). Darüber hinaus stellt § 264c Abs. 3 Satz 1 HGB explizit klar, dass das **Privatvermögen** der Gesellschafter sowie die darauf entfallenden Aufwendungen und Erträge grundsätzlich nicht in die Bilanz bzw. in die Gewinn- und Verlustrechnung aufgenommen werden dürfen. Allerdings eröffnet § 264c Abs. 3 Satz 2 HGB ausdrücklich die Möglichkeit, in der Gewinn- und Verlustrechnung nach dem Posten Jahresüberschuss bzw. Jahresfehlbetrag von diesem einen dem Steuersatz der Komplementärgesellschaft entsprechenden Steueraufwand der Gesellschafter offen abzusetzen oder hinzuzurechnen und somit ein Ergebnis nach Steuern auszuweisen. Die Regelung lässt allerdings offen, was unter dem Steuersatz der Komplementärgesellschaft zu verstehen ist. Des Weiteren enthält sie keine explizite Aussage zur entsprechenden Bemessungsgrundlage.

Als **Rücklagen** dürfen nur solche Beträge ausgewiesen werden, die aufgrund einer gesellschaftsrechtlichen Vereinbarung gebildet worden sind (§ 264c Abs. 2 Satz 8 HGB), wie z. B. Einstellung von Gewinnanteilen gemäß Gesellschaftsvertrag oder entsprechend eines Sonderbeschlusses der Gesellschafter sowie auch weitere vereinbarte Einlagen, die die jeweilige Pflichteinlage übersteigen. Ein getrennter Ausweis von Kapital- und Gewinnrücklagen, wie er für Kapitalgesellschaften vorgeschrieben ist (§ 266 Abs. 3 HGB), wird hier jedoch nicht gefordert. Den Kommanditisten zustehende Gewinnanteile, die nicht zur Erbringung bzw. Wiederauffüllung der Pflichteinlagen herangezogen werden, sind gleichwohl nicht den Rücklagen zuzurechnen, da es sich hierbei aufgrund des diesbezüglichen Auszahlungsanspruches der Kommanditisten (§ 169 Abs. 1 HGB) um Verbindlichkeiten der KG gegenüber den Kommanditisten handelt.

Soweit der den Gesellschaftern zukommende Gewinn, wie auch ein auf das Geschäftsjahr entfallender Verlust entsprechend §§ 120 Abs. 2 bzw. 167 Abs. 1 i. V. m. 120 Abs. 2 u. 264c Abs. 2 Satz 3 HGB unmittelbar den Kapitalanteilen der Gesellschafter zugeschrieben bzw. von diesen abgeschrieben wird, kommt es in der Bilanz zu keinem Ausweis eines **Gewinn- oder Verlustvortrages** bzw. **Jahresüberschusses oder -fehlbetrages.** Ein entsprechender Ausweis kann sich allerdings für den Fall ergeben, dass der Gesellschaftsvertrag bezüglich der Gewinnverwendung einen Beschlussvorbehalt seitens der Gesellschafter vorsieht.

Die **Erfolgsverteilung** auf die einzelnen Komplementäre und Kommanditisten einer KG richtet sich nach den §§ 167, 168, 120 und 121 HGB, soweit sie nicht durch gesellschaftsvertragliche Vereinbarungen ersetzt oder ergänzt werden. Diese können z. B. vorsehen, dass die tätigen Gesellschafter aus dem Periodenerfolg zunächst vorab eine feste Tätigkeitsvergütung als Gewinn erhalten. Die gesetzlichen Vorschriften sehen im Einzelnen vor:

- Kapitalverzinsung von 4 % aus dem erzielten Jahresgewinn bzw. ein entsprechend niedrigerer Satz, soweit der Reingewinn hierzu nicht ausreicht;
- Berücksichtigung der Einlagen- und Entnahmenverzinsung bei der Gewinnanteilsberechnung der Komplementäre;
- Restgewinnverteilung „angemessen";
- Verlustverteilung „angemessen", jedoch bei den Kommanditisten nicht über die Höhe ihrer bedungenen Kapitalanteile hinaus.

Die Vorschrift des § 168 Abs. 2 HGB, dass der Restgewinn den Umständen nach **„angemessen"** zu verteilen ist, lässt es zu, dass über die Kapitalanteile hinaus Geschäftsführungstätigkeiten einzelner Gesellschafter ebenso Berücksichtigung finden wie die unterschiedlichen Haftungsverpflichtungen der Komplementäre und Kommanditisten. Die Vorschrift der „angemessenen" Verlustverteilung wird in der Praxis oft dahingehend durch eine gesellschaftsvertragliche Regelung ersetzt, dass von einer Verlustverteilung auf die Kommanditisten gänzlich abgesehen wird.

Bezüglich der **Einlagen- und Entnahmenverzinsung** bei der Gewinnanteilsberechnung der Komplementäre gelten die entsprechenden Ausführungen für die Gesellschafter einer OHG (vgl. Teil A, Abschn. 14.2.2, S. 592 ff.). Somit ergeben sich für die **Erfolgsverbuchung** bei den **Komplementären** der KG keine neuen Aspekte im Vergleich zur Erfolgsverbuchung bei der OHG. Dagegen weist die Verbuchung des Erfolges bei den **Kommanditisten** einige Besonderheiten auf. Zunächst sei davon ausgegangen, dass in der abgelaufenen Periode ein verteilungsfähiger **Gewinn** entstanden ist:

(1) Hat der Kommanditist seine Einlage **voll einbezahlt**, sind die auf ihn entfallenden Gewinnanteile nicht seinem Kapitalkonto (§ 167 Abs. 2 HGB), sondern, sofern sie nicht sofort ausbezahlt werden, einem besonderen **Gewinnanteilskonto** gutzuschreiben, das unter den Sonstigen Verbindlichkeiten ausgewiesen wird, da der Kommanditist in Höhe des ihm zustehenden Gewinnanteils Gläubiger der KG ist.

(2) Hat der Kommanditist die von ihm bedungene Einlage **noch nicht voll geleistet**, so wird der ihm zustehende Gewinnanteil gegen das Konto **Ausstehende Einlagen** gebucht und damit seine Einzahlungsverpflichtung vermindert (§§ 167 Abs. 1 und 2 i. V. m. 120 Abs. 2 HGB).

(3) Ist die in voller Höhe geleistete Kommanditeinlage durch **Verlustanteile** aus früheren Perioden vermindert, so ist der Kommanditist nicht berechtigt, seinen Gewinnanteil zu entnehmen. Vielmehr sind auf ihn entfallende Gewinnanteile so lange im Unternehmen zu belassen, bis die Einlage wieder ihren ursprünglichen Stand erreicht hat (§ 169 Abs. 1 HGB). Da das Kapitalkonto des Kommanditisten stets den bedungenen Betrag auszuweisen hat, erfolgt die Verbuchung der Gewinnanteile so lange auf dem in früheren Perioden entstandenen Verlustanteilskonto, bis dieses durch die Gutschrift von Gewinnanteilen ausgeglichen ist.

Beispiel:

Die XYZ-KG besteht aus drei Gesellschaftern: X ist als Komplementär mit 210.000 beteiligt; mit den beiden Kommanditisten Y und Z wurden Pflichtanteile in Höhe von 60.000 bzw. 40.000 im Gesellschaftsvertrag vereinbart. Y hat seine bedungene Einlage voll geleistet, jedoch besteht für ihn noch eine Verlustaufholungspflicht von 2.000, die auf seinem Verlustanteilskonto ausgewiesen ist. Z hat seine Pflichteinlage von 40.000 noch nicht voll geleistet; 8.000 davon stehen noch aus, jedoch wurde vertraglich festgelegt, dass zur Auffüllung seiner bedungenen Einlage jeweils die Hälfte seines Gewinnanteils verwendet wird und die andere Hälfte ausbezahlt werden kann. Der Jahresgewinn in Höhe von 60.000 ist gemäß den vertraglichen Vereinbarungen folgendermaßen zu verteilen: X erhält für seine Geschäftsführertätigkeit vorab 20.000; anschließend sind die am Jahresanfang ausgewiesenen Kapitalanteile mit 5 % zu verzinsen und der verbleibende Restgewinn ist im Verhältnis 70 : 20 :10 aufzuteilen. Beim Abschluss der Kapitalkonten ist eine Entnahme von X in Höhe von 28.000 zu berücksichtigen.

Gewinnverteilungsübersicht:

Gesellschafter	Anfangskapitalanteile ./. Korrekturen	Gewinnverteilung				Privatentnahmen	Kapitalveränderung	Endkapitalanteile ./. Korrekturen
		Kapitalverzinsung 5 %	Sondervergütung	Restgewinnanteil	Gesamtgewinn			
X	210.000	10.500	20.000	17.500	48.000	28.000	+ 20.000	230.000
Y	58.000	2.900		5.000	7.900		+ 2.000	60.000
Z	32.000	1.600		2.500	4.100		+ 2.050	34.050
Σ	300.000	15.000	20.000	25.000	60.000	28.000	24.050	324.050

Buchungssätze:

1) Abschlussbuchungen Gewinn- und Verlustkonto:

GuV-Konto	60.000	**an**	Eigenkapitalkonto X	48.000
			Verlustanteilskonto Y	2.000
			Gewinnanteilskonto Y	5.900
			Ausstehende Einlagen Z	2.050
			Gewinnanteilskonto Z	2.050

2) Abschluss des Privatkontos X:

Eigenkapitalkonto X	28.000	**an**	Privatkonto X	28.000

3) Abschluss der Eigenkapitalkonten und der Ausstehenden Einlagen:

Eigenkapitalkonto X	230.000	**an**	SBK	230.000
Kommanditeinlage Y	60.000	**an**	SBK	60.000
Kommanditeinlage Z	40.000	**an**	SBK	40.000
SBK	5.950	**an**	Ausstehende Einlagen Z	5.950

Die ausstehende Einlage ist in Analogie zu § 272 Abs. 1 HGB (für Publizitätszwecke) vorzugsweise offen vom Eigenkapital abzusetzen.

Ist in der Abrechnungsperiode ein **Verlust** entstanden, werden die den **Komplementären** zuzurechnenden Verlustanteile entweder direkt auf deren Kapitalkonten oder auf Unterkonten derselben verbucht; im Übrigen sei auf die Ausführungen über die Verlustbehandlung bei der OHG verwiesen, die auch auf die Komplementäre von Kommanditgesellschaften zutreffen (vgl. Teil A, Abschn. 14.2.2, S. 592 ff.).

Die auf die **Kommanditisten** entfallenden Verlustanteile werden auf den jeweiligen Verlustanteilskonten, die den Charakter aktiver Bestandskonten haben, gebucht und verbleiben dort bis zu ihrem endgültigen Ausgleich durch spätere

Gewinne oder besondere Zuzahlungen der Kommanditisten – selbst in dem Fall, wenn im Unternehmen belassene Gewinnanteile der Kommanditisten aus früheren Perioden vorhanden sind. Damit stellen die Verlustanteile Korrekturposten zu den Kommanditkapitalkonten auf der Passivseite der Bilanz einer KG dar. Dies gilt in ähnlicher Weise für ausstehende Einlagen als Abzugsposition auf der Passivseite. Beide Positionen unterscheiden sich jedoch durch ihre Rechtsnatur, da die KG in Höhe der ausstehenden Einlagen eine Forderung an ihre Teilhaber hat, während Verlustanteilskonten aufgrund der nicht bestehenden Nachschusspflicht der Kommanditisten keine Forderung begründen.

Übersteigen die auf dem Verlustanteilskonto ausgewiesenen Beträge die Kapitalanteile eines beschränkt haftenden Gesellschafters, so resultiert bei Aufrechnung des Kommanditeinlagekontos mit dem Verlustanteilskonto ein negativer Kapitalbestand; in diesem Zusammenhang wird von einem **negativen Kapitalkonto** gesprochen. In diesem Fall ist auf der Aktivseite am Ende ein Posten „Nicht durch Vermögenseinlagen gedeckte Verlustanteile/Entnahmen von Kommanditisten" auszuweisen (vgl. *Förschle/Hoffmann*, Bilanzkommentar, § 264c HGB, Rn. 52). Aus dem Vorliegen eines negativen Kapitalkontos erwachsen dem Kommanditisten jedoch zunächst aufgrund der fehlenden Nachschusspflicht und der Vorschrift des § 167 Abs. 3 HGB keine direkten Konsequenzen. **Gesellschaftsrechtlich** manifestiert sich in einem negativen Kapitalkonto des Kommanditisten allerdings der Zwang, der KG künftige Gewinne zur Deckung früherer Verluste zu belassen (§ 169 Abs. 1 Satz 2 HGB).

Die daraus resultierende handelsrechtliche Verlusthaftung mit künftigen Gewinnanteilen ist als Ausdruck des allgemeinen Mitunternehmerrisikos auch **steuerlich** zu beachten: Dem Kommanditisten ist der auf ihn nach dem allgemeinen Gewinn- und Verlustverteilungsschlüssel der KG entfallende Verlustanteil einkommensteuerrechtlich grundsätzlich auch insoweit zuzurechnen, wie dieser in der Steuerbilanz zu einem negativen Kapitalkonto führt oder dieses erhöht, obwohl der Kommanditist in Höhe des negativen Kapitalkontos weder gegenüber den Gläubigern der KG haftet, noch in anderer Weise rechtlich verpflichtet ist, zusätzliche Einlagen an die KG oder Ausgleichszahlungen an die übrigen Gesellschafter zu leisten. Dies gilt, solange zu erwarten ist, dass künftig in der KG für den Kommanditisten Gewinnanteile anfallen werden, die dieser dann zur Deckung der früheren Verluste in der KG belassen muss, die ihm aber gleichwohl einkommensteuerrechtlich als Gewinnanteile zuzurechnen sind (BFH v. 10. 11. 1980, BStBl. II 1981, S. 168). Allerdings darf der Kommanditist einen Verlust, der zu einem negativen Kapitalkonto führt oder ein solches erhöht, im Jahr der Entstehung weder mit anderen Einkünften aus Gewerbebetrieb noch mit Einkünften aus anderen Einkunftsarten ausgleichen und auch nicht nach § 10 d EStG als Verlust rück- bzw. vortragen (§ 15a Abs. 1 EStG). Der die Haftung des Kommanditisten übersteigende Verlust kann vielmehr ausschließlich mit in späteren Jahren anfallenden Gewinnanteilen an der KG verrechnet werden (§ 15a Abs. 2 EStG). Insofern bewirkt die Verrechnung des Verlusts mit Gewinnen der Folgejahre, dass der Kommanditist die Auffüllung oder den Wegfall seines negativen Kapitalkontos nicht als Gewinn versteuern muss. Soweit sich nach der Prüfung der Verhältnisse am Bilanzstichtag ergibt, dass ein Ausgleich des negativen Kapitalkontos durch künftige Gewinnanteile nicht mehr zu erwarten ist, scheidet eine Zurechnung der entsprechenden Verlustanteile auf den Kommanditisten aus. Diese Situation kann insbesondere in den nachfolgenden Fällen gegeben sein (vgl. OFD Frankfurt am Main, Vfg. v. 1. 8. 1996, S 2241A-30-StII21; BB, 1996, S. 1982 ff.):

- Die KG ist erheblich überschuldet,
- stille Reserven oder ein Geschäftswert sind nicht oder zumindest nicht in ausreichender Höhe vorhanden,
- die KG tätigt keine nennenswerten Umsätze mehr,
- die KG hat ihre werbende Tätigkeit eingestellt,
- der Antrag auf Eröffnung des Insolvenzverfahrens ist gestellt,
- trotz erheblicher Überschuldung einer GmbH und Co. KG hat der Geschäftsführer pflichtwidrig keinen Insolvenzantrag gestellt,
- der Insolvenzantrag wurde mangels einer die Verfahrenskosten deckenden Masse abgelehnt,
- Eröffnung des Insolvenzverfahrens.

Nur soweit die im Handelsregister eingetragene Hafteinlage (§ 162 Abs. 1 i. V. m. § 171 Abs. 1 HGB) die geleistete Einlage übersteigt, können Verluste in Höhe dieses Unterschiedsbetrages mit anderen Einkunftsquellen ausgeglichen oder im Wege des Verlustabzuges (§ 10d EStG) verrechnet werden (§ 15a Abs. 1 Satz 2 EStG). Voraussetzung für diesen sog. **erweiterten Verlustausgleich** ist allerdings, dass derjenige, dem der Verlustanteil zuzurechnen ist, im Handelsregister eingetragen ist, das Bestehen der Haftung nachgewiesen wird und eine Vermögensminderung aufgrund der Haftung nicht durch Vertrag ausgeschlossen oder nach Art und Weise des Geschäftsbetriebs unwahrscheinlich ist (§ 15a Abs. 1 Satz 3 EStG). Ein Ausschluss dieses erweiterten Verlustausgleichs ist nur unter engen Voraussetzungen möglich (*BFH* v. 14. 5. 1991, DB 1991, S. 2167 ff.). Eine **Einlageminderung**, bei der durch Entnahmen ein negatives Kapitalkonto entsteht bzw. sich erhöht, ist nach § 15a Abs. 3 EStG – außer im Falle des § 15a Abs. 1 Satz 2 EStG – in ihrem Betrag dem Kommanditisten als Gewinn zuzurechnen und führt so zu einer Nachversteuerung. Nicht zu einer Gewinnzurechnung i. S. d. § 15a Abs. 3 EStG führt eine Entnahme in Höhe eines zusätzlich zur Haftsumme gezahlten Agios bei negativem Kapitalkonto (vgl. BFH v. 6. 3. 2008, BStBl. II 2008, S. 676). Demgegenüber bewirkt eine **Haftungserweiterung** keine Ausgleichsfähigkeit in der Vergangenheit entstandener verrechenbarer Verluste. So hat der Gesetzgeber im durch das Jahressteuergesetz 2009 neu eingefügten § 15a Abs. 1a EStG die Ausgleichs- bzw. Abzugsfähigkeit von Verlusten aufgrund nachträglicher Einlagen ausgeschlossen. Diese Verluste mindern nach § 15a Abs. 2 Satz 1 EStG wiederum die Gewinne späterer Wirtschaftsjahre, die dem Kommanditisten zuzurechnen sind. Des Weiteren ist nach § 15 Abs. 2 Satz 2 EStG ein verrechenbarer Verlust, der nach Abzug von einem Veräußerungs- oder Aufgabegewinn verbleibt, im Zeitpunkt der Veräußerung oder -aufgabe des gesamten Mitunternehmeranteils oder der Betriebsveräußerung oder -aufgabe bis zur Höhe der nachträglichen Einlagen i. S. d. § 15a Abs. 1a EStG ausgleichs- oder abzugsfähig.

Für die Ermittlung der Höhe des Kapitalkontos ist nicht das handelsrechtliche Kapitalkonto, sondern das Kapitalkonto aus der Steuerbilanz, ggf. modifiziert um **Ergänzungsbilanzen**, und damit das der **steuerlichen Gesamthandelsbilanz**, maßgeblich. Abweichend von der bisherigen Auffassung der Finanzverwaltung, die von der Maßgeblichkeit der Gesamtbilanz der Mitunternehmerschaft (diese ergibt sich additiv aus der Steuerbilanz der KG unter Berücksichtigung etwaiger Ergänzungs- und Sonderbetriebsbilanzen, vgl. *Wacker*, § 15 EStG, Rn. 401) ausgegangen ist, hat der BFH in einem weiteren Urteil v. 14. 5. 1991 (DB 1991, S. 2164 ff.) entschieden, dass das in der **Gesamtbilanz** gegenüber der Gesamthandelsbilanz zusätzlich enthaltene **Sonderbetriebsvermögen** bei der Ermittlung der Höhe des Kapitalkontos außer Betracht zu lassen ist (vgl. auch *Schreiber*, Besteuerung, S. 232). Dies hat zur Folge, dass Verluste, die ein Gesellschafter im Bereich seines Sonderbetriebsvermögens erleidet, grundsätzlich unbeschränkt ausgleichs- und abzugsfähig sind. Ebenfalls zu beachten ist das Verlustverrechnungsverbot im Zusammenhang mit Steuerstundungsmodellen nach § 15b EStG, mit dem der Gesetzgeber die steuerminimierende Gestaltung über Verlustzuweisungsmodelle bekämpft. Danach können Verluste im Zusammenhang mit einem Steuerstundungsmodell nur noch mit zukünftigen Gewinnen aus derselben Einkunftsquelle verrechnet werden (§ 15 Abs. 1 Satz 2 EStG). Gemäß § 15b Abs. 1 Satz 3 EStG ist § 15a EStG in diesen Fällen nicht anwendbar. Da der Kommanditist nur bis zum Betrag seines Kapitalanteils und seiner noch rückständigen Einlage am Verlust teilnimmt und sich keine Pflicht ableiten lässt, bei seinem Ausscheiden aus der KG oder der Auflösung der Gesellschaft Verlust neutralisierende Ausgleichszahlungen zu leisten, stellt der negative Kapitalanteil des Kommanditisten steuerpflichtigen Veräußerungsgewinn dar (§ 52 Abs. 33 Satz 3 EStG).

Beispiel:

Die Gesellschafter der Firma M. Wedel KG sind am Jahresende der Komplementär M. Wedel (Kapitalanteil 150.000) und die beiden Kommanditisten Vollack und Ursus mit einer Pflichteinlage von jeweils 50.000. Aufgrund früherer Verluste, die den Kapitalanteil Wedels vermindert hatten und auf dem Verlustanteilskonto von Vollack mit 45.000 ausgewiesen sind, war die Gesellschaft gezwungen, zum Periodenbeginn das Angebot von Ursus anzunehmen, 50.000 als Kommanditeinlage mit der Maßgabe einzubringen, von eventuellen Verlusten ausgeschlossen zu werden. Den erneuten Jahresverlust in Höhe von 40.000 teilen sich deshalb Wedel und Vollack im Verhältnis 3 : 1.

Buchungssätze:

1) Abschlussbuchungen Gewinn- und Verlustkonto:

Eigenkapitalkonto Wedel	30.000			
Verlustanteilskonto Vollack	10.000	**an**	GuV-Konto	40.000

2) Abschluss der Eigenkapitalkonten und des Verlustanteilskontos:

Eigenkapitalkonto Wedel	120.000	**an**	SBK	120.000
Kommanditeinlagekonto Vollack	50.000	**an**	SBK	50.000
Kommanditeinlagekonto Ursus	50.000	**an**	SBK	50.000
SBK	55.000	**an**	Verlustanteilskonto Vollack	55.000

Der Ausgleich des negativen Kapitalkontos durch anteilige zukünftige Gewinne erfolgt durch Gutschrift auf dem Verlustanteilskonto. Der Kommanditist nimmt insoweit an der Deckung früherer Verluste teil; er darf so lange keine Gewinnauszahlung fordern, bis eine Wiederauffüllung der durch Verluste geminderten Kommanditeinlage über Gewinnanteile erreicht ist. Damit bestimmt § 167 Abs. 3 HGB nur die Grenzen der **endgültigen** Verlusttragung durch den Kommanditisten.

14.2.4 Die Erfolgsverbuchung bei der Stillen Gesellschaft

Die Stille Gesellschaft ist eine Personengesellschaft, bei der sich ein Gesellschafter mit einer Vermögenseinlage am Handelsgewerbe, das ein anderer betreibt, in der Weise beteiligt, dass die Einlage in das Vermögen des Inhabers des Handelsgeschäfts übergeht; ein Gesellschaftsvermögen wird also nicht gebildet (§§ 230–237 HGB und hilfsweise §§ 705 ff. BGB). Die Fähigkeit, **stiller Gesellschafter** zu werden, besitzen alle natürlichen und juristischen Personen, die OHG, die KG, die Gesellschaften bürgerlichen Rechts (GbR), die Körperschaften des öffentlichen Rechts sowie nicht rechtsfähige Gebilde, wie z. B. Erbengemeinschaften. Möglich ist auch, dass ein Gesellschafter sich zusätzlich als stiller Gesellschafter an demselben Handelsgewerbe beteiligt. Als **Geschäftsinhaber** kommt nur ein Kaufmann i. S. d. HGB (z. B. Einzelkaufmann, OHG, KG, Kapitalgesellschaft mit Gewinnerzielungsabsicht) in Betracht. Nach außen tritt nur der Geschäftsinhaber (z. B. ein Einzelkaufmann) in Erscheinung, der im eigenen Namen handelt und demgemäß aus den geschlossenen Geschäften allein berechtigt und verpflichtet wird. Die Stille Gesellschaft ist also eine reine **Innengesellschaft**, bei der zwischen den beteiligten Gesellschaftern schuldrechtliche Beziehungen bestehen. Die ausschließlich dem Inhaber obliegende Geschäftsführung erfolgt im gemeinsamen Interesse und für gemeinsame Rechnung. Der stille Gesellschafter hat die vereinbarte Einlage zu leisten und muss dafür stets am Gewinn beteiligt werden. Dagegen kann er vertraglich von der Verlusttragung befreit werden (§ 231 Abs. 2 HGB), die zudem nur bis zur Höhe der Einlage vorgesehen ist (§ 232 Abs. 2 HGB). Allerdings gilt die Vereinbarung einer Beteiligung des stillen Gesellschafters am Gewinn im Zweifel auch für seine Beteiligung am Verlust. **Steuerrechtlich** ist dem stillen Gesellschafter, wenn dieser am Verlust des Geschäftsinhabers beteiligt ist, der Verlustanteil nicht nur bis zum Verbrauch seiner Einlage, sondern auch in Höhe seines negativen Einlagekontos zuzurechnen. Spätere Gewinne sind entsprechend zunächst mit den auf diesem Konto ausgewiesenen Verlusten zu verrechnen (BFH vom 23. 7. 2002, DStR 2002, S. 1852). Der stille Gesellschafter hat keine über den Gewinn hinausgehenden Entnahmerechte. Zur Nachprüfung der Ordnungsmäßigkeit der Geschäftsführung, kann der stille Gesellschafter eine Abschrift des Jahresabschlusses verlangen und dessen Richtigkeit mittels Einsicht der Bücher prüfen. Nach Beendigung der Stillen Gesellschaft hat der stille Gesellschafter einen Anspruch auf Auszahlung seines Guthabens, welches sich aus seiner Einlage, vermehrt um nicht ausgezahlte Gewinne, eventuell vermindert um nicht ausgeglichene Verluste, sowie aus dem Ergebnis des letzten Geschäftsjahres zusammensetzt.

Im Insolvenzfall tritt der stille Gesellschafter in Höhe seiner ggf. um den Verlustanteil verminderten Einlage als Insolvenzgläubiger auf (s. auch Teil C, Abschn. 4.1.4, S. 1280 ff.). Die Gesellschaften, die entsprechend diesen Regelungen ausgestaltet sind, werden als **typische** Stille Gesellschaften bezeichnet.

Bei **atypischen** Stillen Gesellschaften i. S. d. Handelsrechts werden zumindest Teile der überwiegend dispositiven Merkmale gesellschaftsvertraglich abbedungen bzw. abweichend gestaltet. Die atypische Stille Gesellschaft kann z. B. so ausgestaltet werden, dass der stille Gesellschafter an der Geschäftsführung und/oder in schuldrechtlicher Form am Vermögen, d. h. an den stillen Reserven und an einem eventuellen Firmenwert, beteiligt wird. Die Haftung des stillen Gesellschafters kann durch eine Nachschusspflicht über die Einlage hinaus erweitert werden. Außerdem kann vereinbart werden, dass nach Beendigung der Stillen Gesellschaft keine Auszahlung des Auseinandersetzungsguthabens oder eine Auszahlung aus dem Liquidationsnettoerlös erfolgen soll. Auch die Stellung des stillen Gesellschafters als Insolvenzgläubiger kann z. B. mittels Nachrangabreden eingeschränkt bzw. beseitigt werden. Die atypische Stille Gesellschaft kann also auch so gestaltet werden, dass die Stellung des stillen Gesellschafters der Stellung eines Kommanditisten oder eines OHG-Gesellschafters angenähert wird; den Unterschied zu den beiden Handelsgesellschaften bilden aber zumindest die nicht vorhandenen Außenbeziehungen der Stillen Gesellschaft. Andererseits unterscheidet sich die Stille Gesellschaft als Personengesellschaft vom gewinnabhängigen (partiarischen) Darlehen dadurch, dass beim partiarischen Darlehen keine gleichgerichteten erwerbswirtschaftlichen Zielsetzungen verfolgt werden, sondern lediglich eine „Abstimmung gegenläufiger Interessen" erfolgt.

Die buchtechnische Behandlung sowie der Ausweis des **Eigenkapitals des Geschäftsinhabers** richtet sich grundsätzlich nach der jeweiligen Rechtsform, in der das Handelsgewerbe betrieben wird (s. Teil A, Abschn. 14.2.1–14.2.3 u. 14.3, S. 590 ff. und 615 ff.). Die buchungstechnische Erfassung der Stillen Gesellschaft erfolgt in der Regel dergestalt, dass dem **stillen Gesellschafter** für die erbrachte oder, falls gesellschaftsvertraglich geregelt, für die vereinbarte Einlageleistung ein gesondertes, variabel geführtes Einlagekonto eingerichtet wird, wobei gesellschaftsvertraglich auch ein in der Höhe fixiertes Einlagekonto vorgesehen werden kann. Der Wert der Einlage – und damit auch die anfängliche Höhe des Guthabens auf dem Einlagekonto – kann frei vereinbart werden. Erfolgt die Leistung des stillen Gesellschafters in Form einer Sacheinlage (z. B. Grundstück, Wertpapiere, immaterielle Werte) sollte allerdings, um eine eventuelle Benachteiligung einzelner Gesellschafter zu vermeiden, eine Bewertung nach objektiven Maßstäben erfolgen, d. h. die Einlage sollte mit dem gemeinen Wert angesetzt werden (vgl. *Blaurock*, Handbuch, S. 110). Besteht die Einlage aus einer Gebrauchsüberlassung oder in Form von Dienstleistungen, kann diese nur dann auf dem Einlagekonto gutgeschrieben werden, wenn für die Gebrauchsüberlassung oder die zu erbringende Dienstleistung ein Entgelt festgesetzt wurde, das als Einlage des stillen Gesellschafters verrechnet werden kann.

Der **bilanzielle Ausweis** des Einlageguthabens des stillen Gesellschafters ist teilweise umstritten. Einleuchtend erscheint allerdings folgende Vorgehensweise (vgl. *Hense*, Stille Gesellschaft, S. 142 ff.): Solange dem stillen Gesellschafter bei Beendigung des Gesellschaftsverhältnisses gem. § 235 HGB eine Forderung in Höhe des Auseinandersetzungsguthabens zusteht, die er in der seinen Verlustanteil übersteigenden Höhe auch als Insolvenzgläubiger geltend machen kann (§ 236 Abs. 1 HGB), ist die Einlage des stillen Gesellschafters aufgrund dessen uneingeschränkter Gläubigerstellung formal als **Fremdkapital** zu qualifizieren und somit als Verbindlichkeit auszuweisen. Wird die Stellung des stillen Gesellschafters dagegen durch Verlustbeteiligung, Nachrangabreden oder fehlende Auszahlungsverpflichtung bei Auflösung der Gesellschaft an diejenige des Geschäftsinhabers bzw. der Eigenkapitalgeber angenähert und steht die Einlage des stillen Gesellschafters somit den Gläubigern als Haftungssubstanz zur Verfügung, ist die stille Beteiligung in Höhe des jeweiligen Einlageguthabens als **Eigenkapital** des Geschäftsinhabers auszuweisen. In beiden Fällen ist allerdings ein Ausweis mit besonderer Bezeichnung innerhalb der angesprochenen Positionen zweckmäßig. Ein Sonderposten zwischen Eigen- und Fremdkapital sollte nur in Ausnahmefällen ausgewiesen werden. Besteht eine Einlageforderung des Geschäftsinhabers gegen den stillen Gesellschafter, so ist diese zu aktivieren.

Die **Erfolgsverteilung** zwischen dem Geschäftsinhaber und dem stillen Gesellschafter richtet sich, falls keine gesellschaftsvertraglichen Vereinbarungen getroffen wurden, nach § 231 Abs. 1 HGB. Danach gilt ein den Umständen (wie beispielsweise Art und Größe des Beitrags des stillen Gesellschafters, Einsatz der Arbeitskraft und Verlustbeteiligung) nach angemessener Anteil am Gewinn und Verlust als vereinbart; eine Verteilung nach Köpfen (§ 722 Abs. 1 BGB) findet somit nicht zwingend statt. Üblicherweise wird der Erfolgsanteil des stillen Gesellschafters vertraglich genau festgelegt, wobei die Regelung aber nicht auf den Ausschluss der Gewinnbeteiligung des stillen Gesellschafters hinauslaufen darf. Fehlt im Gesellschaftsvertrag eine Bezeichnung der maßgeblichen Gewinne und Verluste, erstreckt sich die Erfolgsbeteiligung des typischen stillen Gesellschafters nur auf den Gewinn oder Verlust, den das Handelsgewerbe des Geschäftsinhabers während des Bestehens der Stillen Gesellschaft gewöhnlich mit sich bringt. Als Bemessungsgrundlage dient somit regelmäßig der durch Hinzurechnungen (z. B. Sonderabschreibungen und erhöhte Absetzungen) und Kürzungen (z. B. Veräußerungsgewinne, bei denen eine Werterhöhung des Vermögensgegenstandes vor der Bildung der Stillen Gesellschaft eingetreten ist) modifizierte handelsrechtliche Jahreserfolg des Geschäftsinhabers. Bei einem stillen Gesellschafter mit Vermögensbeteiligung ist demgegenüber regelmäßig der unmodifizierte handelsrechtliche Jahreserfolg als Maßstab für den Gewinnanteil zugrunde zu legen. In beiden Fällen ist allerdings auch der steuerrechtliche Jahreserfolg als Ausgangsbasis für die Gewinnermittlung möglich. Um Unklarheiten und Streitigkeiten zu vermeiden, ist es praktisch unverzichtbar, gesellschaftsvertraglich exakt zu vereinbaren, wie der Erfolg definiert ist, an dem der stille Gesellschafter beteiligt wird.

Auch die Verteilung des Erfolgs sollte im Gesellschaftsvertrag eindeutig geregelt sein. Der einfachste Verteilungsschlüssel ist hierbei eine prozentuale Aufteilung unter den Gesellschaftern. Des Weiteren können Vorzugsgewinne, Mindestgewinngarantien, Höchstgrenzen, feste Vergütungen für die Geschäftsführung usw. vereinbart werden. Ein nach der Berechnung des Erfolgsanteils des stillen Gesellschafters verbleibender Resterfolg ist dann entsprechend der Regelungen der jeweiligen Rechtsform des Geschäftsinhabers zu verteilen (s. Teil A, Abschn. 14.2.1–14.2.3 und 14.3, S. 590 ff. und 615 ff.).

Da die **Erfolgsverbuchung** beim **Geschäftsinhaber** prinzipiell keine neuen Aspekte aufweist, soll im Folgenden nur auf die Besonderheiten der Verbuchung des Erfolges, der den **stillen Gesellschaftern** zuzurechnen ist, eingegangen werden. Zunächst sei davon ausgegangen, dass in der abgelaufenen Periode ein verteilungsfähiger **Gewinn** entstanden ist:

Sofern die stille Beteiligung als Schuld ausgewiesen wird, ist der Gewinnanteil des stillen Gesellschafters in der Gewinn- und Verlustrechnung als gewinnmindernder Aufwand zu verbuchen. Falls die stille Beteiligung als Eigenkapital ausgewiesen wird, ist der Gewinnanteil des stillen Gesellschafters dagegen im Rahmen der regulären Gewinnverwendung auszuweisen. Lediglich eine Mindestverzinsung der Einlage des stillen Gesellschafters ist stets als Aufwand zu verbuchen. Der Ausweis in der GuV erfolgt bei Kapitalgesellschaften unter den entsprechenden Aufwandspositionen, z. B. als aufgrund eines Teilgewinnabführungsvertrages abgeführte Gewinne oder als Zinsen und ähnliche Aufwendungen. Bei Personengesellschaften sollte ein gesonderter GuV-Posten gebildet werden, falls nicht freiwillig der Ausweis entsprechend demjenigen bei Kapitalgesellschaften erfolgt. Bei der Gegenbuchung auf Bestandskonten, die in die Bilanz des Geschäftsinhabers eingehen, sind die folgenden Fälle zu unterscheiden:

(1) Hat der stille Gesellschafter seine Einlage voll eingezahlt, sind die auf ihn entfallenden Gewinnanteile nicht dem Einlagekonto, sondern einem **besonderen Gewinnanteilskonto** gutzuschreiben (§ 232 Abs. 3 HGB). Der Ausweis erfolgt i. d. R. unter einer entsprechenden **Verbindlichkeitsposition** (z. B. als Sonstige Verbindlichkeit oder ggf. als Verbindlichkeit gegenüber Kreditinstituten). Bei entsprechenden gesellschaftsvertraglichen Vereinbarungen kann der Gewinnanteil allerdings auch dem Einlagekonto gutgeschrieben werden.

(2) Hat der stille Gesellschafter die vereinbarte Einlage noch nicht voll erbracht, so wird der ihm zustehende Gewinnanteil grundsätzlich so behandelt wie unter (1) beschrieben. Besteht eine **Einlageforderung**, die aktiviert wurde, so kann vereinbart werden, dass der Gewinnanteil diese Forderung mindert. Ist die Einlageforderung aber fällig, so kann der Inhaber diese gegen den Auszahlungsanspruch des stillen Gesellschafters aufrechnen oder, wenn die Einlage nicht in einer Geldleistung besteht, den Gewinn zurückbehalten (§ 273 BGB). In beiden Fällen wird gegen das Konto Ausstehende Einlagen gebucht und die Einzahlungsverpflichtung dadurch gemindert.

(3) Ist die geleistete Einlage des stillen Gesellschafters durch **Verlustanteile** aus früheren Perioden gemindert, so ist dieser nicht berechtigt, seinen Gewinnanteil zu entnehmen. Vielmehr sind die auf ihn entfallenden Gewinnanteile so lange im Unternehmen zu belassen, bis die Einlage wieder ihre ursprüngliche Höhe erreicht hat (§ 232 Abs. 2 HGB). Durch gesellschaftsvertragliche Vereinbarung kann dem stillen Gesellschafter aber auch in diesem Fall ein Entnahmerecht zugestanden werden, wobei dann z. B. nur ein Teil des auf den stillen Gesellschafter entfallenden Gewinns zur Einlagenauffüllung verwendet wird.

Beispiel:

Der vermögende S ist mit einer voll eingezahlten Einlage in Höhe von 60.000 als typischer stiller Gesellschafter an der AB-OHG beteiligt. Infolge früherer Verluste weist das Einlagekonto nur einen Betrag von 55.000 auf. S hat Anspruch auf 20 % des gesellschaftsvertraglich modifizierten Periodengewinns. Der unmodifizierte Gewinn beträgt in der Abrechnungsperiode 60.000, wovon in dieser Periode für die Bemessung des Gewinnanteils des S 15.000 abgezogen werden. Die OHG-Gesellschafter A und B haben auf der Grundlage des um den Gewinnanteil des S geminderten Periodengewinns folgende Gewinnverteilung vereinbart: 4 %ige Verzinsung der Kapitalanteile jeweils zu Beginn der Abrechnungsperiode; Verteilung des Restgewinns nach Köpfen. Die Kapitalanfangsbestände betrugen bei A 120.000 und bei B 90.000. Die Entnahmen während der Abrechnungsperiode betrugen bei A 20.000 und bei B 15.000. Von einer Verzinsung der Privatentnahmen während des Geschäftsjahres wird abgesehen.

Berechnung der Bemessungsgrundlage für den stillen Gesellschafter (Nebenrechnung zum Jahresabschluss des Geschäftsinhabers; hier vereinfacht):

	Periodengewinn der OHG	60.000
./.	Modifikationen entsprechend dem Gesellschaftsvertrag	15.000
=	Bemessungsgrundlage für den Gewinnanteil von S	45.000

Der Gewinnanteil von S beträgt 20 % des modifizierten Periodengewinns, d.h.:

$$45.000 \cdot 0{,}2 = 9.000$$

Damit verbleibt für die Verteilung auf A und B ein Restgewinn von

$$60.000 - 9.000 = 51.000$$

Gewinnverteilungsübersicht:

Gesellschafter	Anfangskapital	Gewinnverteilung			Privatentnahmen	Kapitalveränderung	Endkapital
		Kapitalverzinsung 4 %	Restgewinnanteil	Gesamtgewinn			
A	120.000	4.800	21.300	26.100	20.000	+ 6.100	126.100
B	90.000	3.600	21.300	24.900	15.000	+ 9.900	99.900
Σ	210.000	8.400	42.600	51.000	35.000	16.000	226.000

Buchungssätze:

1) Verbuchung des Gewinnanteils des stillen Gesellschafters:

Aufwendungen aus stiller Beteiligung	9.000	**an**	Gewinnanteilskonto stiller Gesellschafter	4.000
			Einlage stiller Gesellschafter	5.000

2) Abschlussbuchungen Gewinn- und Verlustkonto:

GuV-Konto	51.000	**an**	Privatkonto A	26.100
			Privatkonto B	24.900

3) Abschluss Privatkonten:

Privatkonto A	6.100	**an**	Eigenkapitalkonto A	6.100
Privatkonto B	9.900	**an**	Eigenkapitalkonto B	9.900

Auf weitere Abschlussbuchungen soll hier verzichtet werden.

Ist in der Abrechnungsperiode ein **Verlust** entstanden und hat die stille Beteiligung Schuldcharakter, werden die dem stillen Gesellschafter zugerechneten Verlustanteile beim Geschäftsinhaber als Ertrag verbucht. Der Ausweis in der GuV erfolgt zumindest bei Kapitalgesellschaften in einem gesonderten Posten unter der Bezeichnung „Ertrag aus Verlustübernahme". Ist die stille Beteiligung hingegen als Eigenkapital ausgewiesen, ist auch der Verlustanteil des stillen Gesellschafters im Rahmen der regulären Gewinnverwendung zu verbuchen.

Der Verlustanteil wird regelmäßig unmittelbar vom Einlagekonto des stillen Gesellschafters abgebucht und vermindert damit die jeweilige Schuld- oder Eigenkapitalposition in der Bilanz des Geschäftsinhabers; es kann aber auch die Einrichtung eines gesonderten Verlustanteilskontos vereinbart werden. Im Unternehmen belassene Gewinnanteile früherer Perioden können im gesetzlichen Regelfall aber nicht zur Verlustdeckung verwendet werden (§232 Abs. 2 HGB). Sie erhöhen aber auch nicht die den Verlusten gegenüberstehende Einlage des stillen Gesellschafters, sofern nichts anderes vereinbart ist (§232 Abs. 3 HGB). Übersteigen die Verlustanteile den Betrag der Einlage, entsteht, sofern keine abweichenden gesellschaftsvertraglichen Regelungen getroffen wurden, ein **negatives Einlagekonto**. Dieses Konto ist in der Bilanz des Geschäftsinhabers als Bilanzverlust bzw. Verlustvortrag auszuweisen. Aufgrund eines negativen Einlagekontos erwachsen dem stillen Gesellschafter, analog zum Kommanditisten einer KG, jedoch zunächst mangels Nachschusspflicht und der Vorschrift des §232 Abs. 2 HGB keine direkten Konsequenzen. Gesellschaftsrechtlich ergibt sich daraus allerdings der Zwang, künftige Gewinnanteile des stillen Gesellschafters zur Deckung auch der über seine Einlage hinausgehenden Verluste zu verwenden.

Die Einnahmen aus der Beteiligung an einem Handelsgewerbe als typischer stiller Gesellschafter i. S. d. **Steuerrechts** sind beim stillen Gesellschafter als Einkünfte aus Kapitalvermögen zu erfassen (§20 Abs. 1 Nr. 4 EStG). Sie unterliegen wie auch Zinsen aus partiarischen Darlehen der einheitlichen 25 %igen Kapitalertragsteuer (§43a Abs. 1 Satz 1 Nr. 1 EStG i. V. m. §43 Abs. 1 Nr. 3 EStG und §20 Abs. 1 Nr. 4 EStG). Die Kapitalertragsteuer entsteht im Zeitpunkt des Zuflusses der Kapitalerträge beim Gläubiger, der auch Steuerschuldner ist. Den Steuerabzug hat jedoch der Geschäftsinhaber als Schuldner der Kapitalerträge für Rechnung des stillen Gesellschafters vorzunehmen und bis zum 10. des auf die Steuereinbehaltung folgenden Monats an das Finanzamt abzuführen (§44 Abs. 1 EStG). Für den typisch stillen Gesellschafter wirkt die einbehaltene Kapitalertragsteuer bis zum Veranlagungszeitraum 2008 wie eine Einkommensteuervorauszahlung, die auf seine Einkommensteuerschuld angerechnet werden kann. Ab Veranlagungszeitraum 2009 hat der Abzug nach §43 Abs. 5 Satz 1 EStG eine abgeltende Wirkung, wenn die stille Beteiligung nicht in einem Betriebsvermögen gehalten wird (**Abgeltungsteuer**). Der Geschäftsinhaber versteuert nur den nach Abzug des Gewinnanteils des **typischen** stillen Gesellschafters verbleibenden Restgewinn, da er die Gewinnanteile des stillen Gesellschafters als Betriebsausgaben von seinen Einkünften aus Gewerbebetrieb absetzen und folglich wie gezahlte Fremdkapitalzinsen behandeln kann. Ein Abzug als Betriebsausgabe kommt allerdings insoweit nicht in Betracht, als der Geschäftsinhaber die Vermögenseinlage des stillen Gesellschafters zu privaten Zwecken verwendet hat (BFH v. 6. 3. 2003, BStBl. II 2003, S. 656). Gewerbesteuerlich erfolgt jedoch eine Hinzurechnung zum gewerblichen Gewinn. So ist nach § 8 Nr. 1 lit. c GewStG i. V. m. § 36 Abs. 5a GewStG ein Viertel der Gewinnanteile des stillen Gesellschafters dem Gewinn aus Gewerbebetrieb hinzuzurechnen, soweit die Summe aller Hinzurechnungen 100.000 Euro übersteigt.

Bei der **atypischen** Stillen Gesellschaft i. S. d. Steuerrechts ergeben sich durch die **Mitunternehmerschaft** des stillen Gesellschafters andere steuerliche Konsequenzen (§ 15 Abs. 1 Nr. 2 EStG). Eine Mitunternehmerschaft ist insbesondere dann anzunehmen, wenn der stille Gesellschafter nicht nur am laufenden Gewinn, sondern auch am Verlust **und** schuldrechtlich am Vermögen teilhat **sowie** über besondere Kontrollrechte verfügt. Dabei ist jedoch zu beachten, dass bei der atypischen Stillen Gesellschaft kein Gesamthandsvermögen wie bei der OHG und KG existiert. Die Gewinnanteile sind dann Einkünfte aus Gewerbebetrieb und erst nach einheitlicher Gewinnfeststellung auf die Hauptgesellschafter und den stillen Gesellschafter zu verteilen. Als Mitunternehmer kann der atypische stille Gesellschafter Verluste nur bis zur Höhe seiner geleisteten Einlage mit anderen Einkünften verrechnen (§ 15a Abs. 5 i. V. m. Abs. 1 Satz 1 EStG; H 15.8 Abs. 1 und 5 EStH sowie R 15a Abs. 3 EStR). Ebenfalls zu berücksichtigen ist die Vorschrift des § 15b EStG zu Steuerstundungsmodellen (s. Teil A, Abschn. 14.2.3, S. 608).

14.3 Die Erfolgsverbuchung bei Kapitalgesellschaften

Im Gegensatz zu den reinen, nicht haftungsbeschränkten Personengesellschaften besteht für Kapitalgesellschaften, genau wie für die unter die Regelung des § 264a fallenden Personenhandelsgesellschaften, eine allgemeinverbindliche, rechtsformunabhängige Regelung des Eigenkapitalausweises in § 266 Abs. 3 bzw. 264c Abs. 2 HGB.

Danach werden **sämtliche** Posten mit Eigenkapitalcharakter zu **einer Gruppe Eigenkapital** zusammengefasst. Gemäß § 266 Abs. 3 HGB sind hierbei die folgenden Posten als Eigenkapital auszuweisen, wobei kleine Kapitalgesellschaften (zur Abgrenzung s. Teil A, Abschn. 1.2.1, S. 18 ff.) die Positionen mit arabischen Ziffern nicht auszuweisen brauchen:

A. Eigenkapital
   I. Gezeichnetes Kapital
   II. Kapitalrücklage
   III. Gewinnrücklagen
      1. gesetzliche Rücklage
      2. Rücklage für Anteile an einem herrschenden oder mehrheitlich beteiligten Unternehmen
      3. satzungsmäßige Rücklagen
      4. andere Gewinnrücklagen
   IV. Gewinnvortrag/Verlustvortrag
   V. Jahresüberschuss/Jahresfehlbetrag

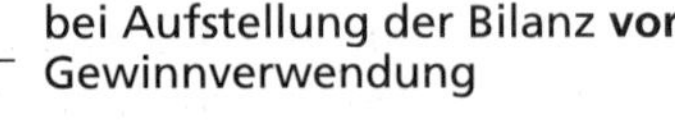

bei Aufstellung der Bilanz **vor** Gewinnverwendung

   oder
   IV. Bilanzgewinn/Bilanzverlust — bei Aufstellung der Bilanz **nach** teilweiser Verwendung des Jahresergebnisses (§ 268 Abs. 1 HGB)

Der Eigenkapitalposten **„Gezeichnetes Kapital"** entspricht nach § 272 Abs. 1 HGB dem Kapital, auf das die Haftung der Gesellschafter für die Verbindlichkeiten des Unternehmens gegenüber den Gläubigern beschränkt ist, soweit sich die Gesellschafter zu dessen Aufbringung verpflichtet haben. Der Terminus „Gezeichnetes Kapital" soll zum Ausdruck bringen, dass es sich hierbei nicht zwingenderweise um das **eingezahlte** Haftungskapital handelt. Stehen Einlagen auf das gezeichnete Kapital noch aus, so bestand vor dem Bilanzrechtsmodernisierungsgesetz nach § 272 Abs. 1 HGB a. F. das Wahlrecht zwischen einem Ausweis der nicht eingeforderten **ausstehenden Einlagen** auf der Aktivseite bei ungekürztem gezeichneten Kapital (Bruttoausweis) oder der offenen Absetzung von diesem auf der Passivseite (Nettoausweis). Durch das Bilanzrechtsmodernisierungsgesetz wird die zweite Variante nunmehr verpflichtend, d. h. die nicht eingeforderten ausstehenden Einlagen auf das gezeichnete Kapital sind in einer Vorspalte zur Passivseite der Bilanz offen von dem Posten **„Gezeichnetes Kapital"** abzusetzen und der nach der Saldierung verbleibende Betrag ist als Posten **„Eingefordertes Kapital"** in der Hauptspalte der Passivseite auszuweisen. Der eingeforderte, aber noch nicht eingezahlte Betrag ist auf der Aktivseite unter den Forderungen gesondert auszuweisen und entsprechend zu bezeichnen.

Folgende Übersicht stellt den Ausweis dar, wie er nach Inkrafttreten des Bilanzrechtsmodernisierungsgesetzes handelsrechtlich vorgesehen ist:

	Aktivseite			Passivseite		
Netto-Ausweis (§ 272 Abs. 1 Satz 3 HGB)	B. Umlaufvermögen II. Forderungen und sonstige Vermögensgegenstände 5. Eingefordertes, aber noch nicht eingezahltes Kapital	Vorspalte	Hauptspalte 50.000	A. Eigenkapital I. Gezeichnetes Kapital; abzüglich nicht eingeforderter ausstehender Einlagen; eingefordertes Kapital	Vorspalte 500.000 –150.000	Hauptspalte 350.000

Ausweis ausstehender Einlagen nach § 272 Abs. 1 Satz 3 HGB

Zu der unter dem Eigenkapital gesondert auszuweisenden **Kapitalrücklage** (entspricht weitgehend dem steuerlichen Einlagenkonto (§27 KStG), das aufgrund des Steuersenkungsgesetzes vom 23. 10. 2000 (StSenkG) im Rahmen der Abschaffung des Körperschaftsteueranrechnungsverfahrens aus dem EK 04 der bisherigen körperschaftsteuerlichen Eigenkapitalgliederung (§30 Abs. 2 Nr. 4 KStG a. F.) hervorgegangen ist (§39 KStG)) gehören alle Einlagen, die nicht gezeichnetes Kapital der Gesellschafter sind. Nach §272 Abs. 2 HGB sind als Kapitalrücklage auszuweisen:

1. der Betrag, der bei der Ausgabe von Anteilen einschließlich Bezugsanteilen über den Nennbetrag erzielt wird;
2. der Betrag, der bei der Ausgabe von Schuldverschreibungen für damit verbundene Wandlungsrechte und Optionsrechte zum Erwerb von Anteilen erzielt wird;
3. der Betrag von Zuzahlungen, die Gesellschafter gegen Gewährung eines Vorzugs für ihre Anteile leisten;
4. andere Zuzahlungen, die Gesellschafter in das Eigenkapital leisten.

Die in §272 Abs. 2 HGB aufgeführten Beträge waren bis zur HGB-Novellierung 1985 gemäß §150 Abs. 2 Nr. 2 bis 4 AktG 1965 Teil der gesetzlichen Rücklage. Weil durch den gesonderten Ausweis dieser Beträge als „Kapitalrücklage" jedoch besser zum Ausdruck gebracht wird, dass es sich um Einzahlungen der Gesellschafter und nicht um einbehaltenen Gewinn handelt, wird ein Agio nicht mehr als Teil der gesetzlichen Rücklagen ausgewiesen.

Als zweite Rücklagenart sind die **Gewinnrücklagen** unter dem Eigenkapital auszuweisen, wobei der Terminus „Gewinnrücklagen" die frühere Bezeichnung „offene bzw. freie Rücklagen" ersetzt. Als Gewinnrücklagen dürfen nach §272 Abs. 3 Satz 1 HGB nur Beträge ausgewiesen werden, die im Geschäftsjahr oder in einem früheren Geschäftsjahr aus dem Ergebnis gebildet worden sind (Gewinnrücklagen entsprechen daher weitgehend den EK 45 bis EK 02 der bisherigen körperschaftsteuerlichen Eigenkapitalgliederung (§30 KStG a. F.)). Dazu gehören:

1. gesetzliche Rücklage;
2. Rücklage für Anteile an einem herrschenden oder mehrheitlich beteiligten Unternehmen;
3. satzungsmäßige Rücklagen;
4. andere Gewinnrücklagen.

Die heute unter den Gewinnrücklagen auszuweisende **gesetzliche Rücklage** (§150 AktG) entspricht nur noch dem früher nach §150 Abs. 2 Nr. 1 AktG 1965 auszuweisenden Betrag. Für eine GmbH ist eine gesetzliche Rücklage grundsätzlich nicht zu bilden. Eine Ausnahme bildet die **Unternehmergesellschaft (haftungsbeschränkt)**, die durch die Reform des deutschen GmbH-Rechts durch das am 1. 11. 2008 in Kraft getretene Gesetz zur Modernisierung des GmbH-Rechts und zur Bekämpfung von Missbräuchen (MoMiG) als existenzgründerfreundliche Variante der herkömmlichen GmbH eingeführt wurde. Gemäß §5a Abs. 3 Satz 1 GmbHG ist für diese Gesellschaften die Bildung bzw. Erhöhung einer gesetzlichen Rücklage in Höhe von 25% des um einen Verlustvortrag korrigierten Jahresüberschusses vorzunehmen (zur Unternehmergesellschaft s. Teil A, Abschn. 14.3.2, S. 639 ff., sowie Teil C, Abschn. 2.1.2.2, S. 1026). Durch den Ausweis des Agios unter den Kapitalrücklagen können die Gewinnrücklagen insgesamt als Innenfinanzierungsindikator herangezogen werden.

In den Eigenkapitalposten **Rücklage für Anteile an einem herrschenden oder mit Mehrheit beteiligten Unternehmen** ist gemäß § 272 Abs. 4 HGB der Betrag einzustellen, der dem auf der Aktivseite der Bilanz für die Anteile an dem herrschenden oder mit Mehrheit beteiligten Unternehmen angesetzten Betrag entspricht. Die Pflicht zur Bildung der Rücklage beim Erwerb von Anteilen an einem herrschenden oder mit Mehrheit beteiligten Unternehmen, was wirtschaftlich dem Fall gleichkommt, dass das herrschende oder mehrheitlich beteiligte Unternehmen (indirekt über das untergeordnete Unternehmen) eigene Anteile erwirbt, bewirkt eine Ausschüttungssperre. D.h. durch den Ansatz der Rücklage soll verhindert werden, dass ein der Aktivierung der Anteile an einem herrschenden oder mit Mehrheit beteiligten Unternehmen entsprechender Betrag für Ausschüttungen an die Anteilseigner verwendet wird, was faktisch einer Einlagenrückgewähr entspräche. Nach § 152 Abs. 3 Nr. 2 und 3 AktG sind in der Bilanz oder im Anhang die Beträge anzugeben, die aus dem Jahresüberschuss des Geschäftsjahres oder dem Bilanzgewinn des Vorjahres in die Rücklage eingestellt bzw. aus dieser entnommen wurden. Die Rücklage für Anteile an einem herrschenden oder mit Mehrheit beteiligten Unternehmen ist nach § 272 Abs. 4 Satz 4 HGB aufzulösen, soweit eine Veräußerung, Ausgabe oder Einziehung der Anteile erfolgt oder auf der Aktivseite ein niedrigerer Betrag angesetzt wird. Die Bildung einer **Rücklage für eigene Anteile** ist demgegenüber mit Inkrafttreten des Bilanzrechtsmodernisierungsgesetzes – außer im gerade beschriebenen, bereits zuvor schon enthaltenen Umfang – nicht mehr vorgesehen. Allerdings wird in der Literatur teilweise weiterhin die Bildung einer gesonderten Rücklage in Höhe des aufgrund eigener Anteile offen vom gezeichneten Kapital abgesetzten Betrags gefordert, um eine Herabsetzung des bisherigen Kapitalschutzes zu vermeiden (vgl. *Förschle/Hoffmann*, Bilanzkommentar, § 272 HGB, Rn. 134).

Vor Inkrafttreten des BilMoG musste nach § 272 Abs. 4 Satz 1 HGB a. F. auch beim **Erwerb eigener Anteile** analog eine Rücklage für eigene Anteile gebildet werden, wenn der Erwerb durch eine GmbH erfolgte oder eine AG die Anteile weder zur Einziehung erwarb noch die spätere Veräußerung der Anteile von einem Hauptversammlungsbeschluss abhängig war (§ 71 Abs. 1 AktG). In den letztgenannten, ausgenommenen Fällen bestand ein Aktivierungsverbot für die eigenen Anteile, so dass ihr Nennbetrag oder rechnerischer Wert nach § 272 Abs. 1 Satz 4–6 HGB a. F. offen von dem Posten Gezeichnetes Kapital in der Vorspalte als Kapitalrückzahlung abzusetzen war. Ein sich zwischen dem Nennbetrag oder dem rechnerischen Wert und dem Kaufpreis der Aktien ergebender Unterschiedsbetrag war mit den anderen Gewinnrücklagen zu verrechnen. Darüber hinausgehende Anschaffungskosten erfuhren eine Berücksichtigung als Aufwand in der GuV des Geschäftsjahres.

Mit dem Inkrafttreten des Bilanzrechtsmodernisierungsgesetzes besteht nun eine rechtsformunabhängige Vorschrift zur Erfassung **eigener Anteile** in der

Handelsbilanz. Grundsätzlich wird jeder Erwerb eigener Anteile in Form eines Korrekturpostens zum Eigenkapital bilanziert. So ist der Nennbetrag bzw., falls ein solcher nicht vorhanden ist, der rechnerische Wert der erworbenen Anteile nach § 272 Abs. 1a Satz 1 HGB in der Vorspalte offen von dem Posten „Gezeichnetes Kapital" abzusetzen. Nach § 272 Abs. 1a Satz 2 und 3 HGB ist ein sich ergebender Unterschiedsbetrag zwischen dem Nennbetrag oder dem rechnerischen Wert und den Anschaffungskosten der eigenen Anteile mit den frei verfügbaren Rücklagen zu verrechnen. Neben den frei verfügbaren Gewinnrücklagen umfassen die frei verfügbaren Rücklagen bei AGs auch die aus **Zuzahlungen** von Gesellschaftern in das Eigenkapital gespeiste Kapitalrücklage nach § 272 Abs. 2 Nr. 4 HGB sowie bei GmbHs die gesamte Kapitalrücklage (vgl. *Baetge/Kirsch/Thiele,* Bilanzen, S. 493 f.); der erweiterte Bezug gegenüber den „anderen Gewinnrücklagen" im Sinne des § 272 Abs. 1 Satz 6 HGB a. F. trägt dem Umstand Rechnung, dass sich die Ausschüttungssperrfunktion auch über die ansonsten verfügbaren Kapitalrücklagenteile erzielen lässt (vgl. BT-Drs. 16/10067, S. 66). Des Weiteren sind Aufwendungen, die Anschaffungsnebenkosten darstellen, als Aufwand des Geschäftsjahres in der Gewinn- und Verlustrechnung zu erfassen.

Im Falle der **Veräußerung eigener Anteile**, ist die Vorschrift des § 272 Abs. 1b HGB anzuwenden, wonach der bei Erwerb der eigenen Anteile vorgenommene Ausweis nach § 272 Abs. 1a Satz 1 HGB entfällt. Ein den Nennbetrag oder den rechnerischen Wert übersteigender Differenzbetrag aus dem Veräußerungserlös ist bis zur Höhe des mit den frei verfügbaren Rücklagen verrechneten Betrages in die jeweils dotierten Rücklagen einzustellen. Ein darüber hinausgehender Differenzbetrag ist nach § 272 Abs. 2 Nr. 1 HGB der Kapitalrücklage (Nr. 1) zuzuführen. Die Nebenkosten der Veräußerung sind wiederum als Aufwand des Geschäftsjahres in der Gewinn- und Verlustrechnung zu erfassen (§ 272 Abs. 1b Satz 4 HGB). § 272 Abs. 1b HGB spricht den Fall, dass der Veräußerungspreis ausnahmsweise unterhalb des Nennbetrags oder des rechnerischen Werts der Anteile liegt, nicht an. Somit bleibt offen, ob ein entsprechender Aufwand zu buchen, die frei verfügbaren Rücklagen oder die Kapitalrücklage nach § 272 Abs. 2 Nr. 1 HGB um diesen Differenzbetrag zu vermindern sind.

Die Bildung und Auflösung von **satzungsmäßigen Rücklagen** erfolgt gemäß den rechtsformspezifischen Bestimmungen der §§ 58, 150 AktG für die Aktiengesellschaft und § 29 GmbHG für die GmbH.

Als weiterer Bestandteil der Gewinnrücklagen sind schließlich die sog. **anderen Gewinnrücklagen** auszuweisen. Andere Gewinnrücklagen erfassen als Restposten sämtliche nicht bereits gesondert auszuweisenden Rücklagen. Hierzu zählen frei gebildete und verwendbare Gewinnthesaurierungen. Des Weiteren kann eine Rücklage für den Eigenkapitalanteil von Wertaufholungen im Bereich des Anlage- und Umlaufvermögens hierunter gebildet werden (§§ 58 Abs. 2a AktG, 29 Abs. 4 GmbHG; mit separater Angabe des Betrages in Bilanz oder Anhang). Durch das generelle Wertaufholungsgebot gemäß § 253 Abs. 5 HGB (vgl. Teil A, Abschn. 13.3, S. 483 ff.) wird bei Wegfall des Abschreibungsgrundes das Jahresergebnis erhöht, so dass die aufgedeckten stillen Reserven drohen, im Rahmen der Gewinnverwendung ausgeschüttet zu werden. Durch die Möglichkeit, den zugeschriebenen Betrag unter Abzug der darauf entfallenden Ertragsteuern in die anderen Gewinnrücklagen einzustellen, kann der Zuschreibungsbetrag für die Ausschüttung gesperrt werden. Ebenfalls in die anderen Gewinnrücklagen eingestellt werden kann der Eigenkapitalanteil von steuerlich abzugsfähigen Rücklagen (vgl. Teil A, Abschn. 13.7.3, S. 529 ff.), für die die umgekehrte Maßgeblichkeit nicht gilt. Mit der Abschaffung der umgekehrten Maßgeblichkeit durch das Bilanzrechtsmodernisierungsgesetz ist diese Möglichkeit wieder relevant geworden.

Sofern die Aufstellung der Bilanz vor der Verwendung des Jahresergebnisses erfolgt, sind die Posten **Gewinnvortrag/Verlustvortrag** und **Jahresüberschuss/Jahresfehlbetrag** unter dem Eigenkapital auszuweisen. Wird die Bilanz indes unter Berücksichtigung der teilweisen Verwendung des Jahresergebnisses aufgestellt, dann ist das in § 266 Abs. 3 HGB vorgeschriebene Schema zu modifizieren. Nach § 268 Abs. 1 HGB tritt in diesem Fall der Posten **Bilanzgewinn/Bilanzverlust** an die Stelle der Posten Jahresüberschuss/Jahresfehlbetrag und Gewinnvortrag/Verlustvortrag. Ein vorhandener Gewinn- oder Verlustvortrag ist hierbei in den Posten Bilanzgewinn/Bilanzverlust einzubeziehen und in der Bilanz oder im Anhang gesondert zu vermerken. Bei einer Überschuldung des Unternehmens, also völliger Aufzehrung des Eigenkapitals, muss der Posten **„Nicht durch Eigenkapital gedeckter Fehlbetrag"** am Schluss der Jahresbilanz auf der Aktivseite ausgewiesen werden (§ 268 Abs. 3 HGB). Damit wird zugleich deutlich, dass der Kontenformalismus beim Ausweis des Eigenkapitals durchbrochen wird. Ein Bilanzverlust kann nicht als Korrekturposten zum Eigenkapital auf der Aktivseite der Handelsbilanz eingestellt werden, er ist vielmehr mit negativem Vorzeichen auf der Passivseite in Abzug zu bringen. Diese Bilanzverkürzung trägt zu einer höheren Aussagekraft der Position Eigenkapital bei.

Die Erfolgsverbuchung und damit auch der Ausweis der **Ergebnisverwendung** erfolgt in Abhängigkeit von der jeweiligen Rechtsform der Kapitalgesellschaft. Die generellen handelsrechtlichen Regelungen werden daher diesbezüglich durch rechtsformspezifische gesellschaftsrechtliche Regelungen ergänzt, weshalb insoweit auf die nachfolgenden rechtsformspezifischen Ausführungen zur AG (vgl. Teil A, Abschn. 14.3.1, S. 620 ff.) und GmbH (vgl. Teil A, Abschn. 14.3.2, S. 639 ff.) verwiesen wird.

14.3.1 Die Erfolgsverbuchung bei der Aktiengesellschaft (AG)

Die zu den **Kapitalgesellschaften** gehörende AG nimmt eine dominierende Stellung im Wirtschaftsleben der westlichen Industrienationen ein, da große und größte Unternehmen überwiegend in dieser Rechtsform betrieben werden. Das Recht der AG ist im Aktiengesetz vom 6. September 1965 (AktG) geregelt, das durch das Bilanzrichtlinien-Gesetz im Bereich der Rechnungslegung modifiziert und zuletzt durch das Gesetz zur Angemessenheit der Vorstandsvergütung vom 31. 7. 2009 (VorstAG) geändert wurde. Des Weiteren wurden mit dem Deutschen Corporate Governance Kodex (DCGK), der am 20. 8. 2002 veröffentlicht wurde und laufend fortgeschrieben wird, ein Regelwerk mit Leitlinien für eine integre Unternehmensführung geschaffen. Wesentliche bilanzrechtlich relevante Neuerungen wurden im Jahr 2004 durch das Gesetz zur

Einführung internationaler Rechnungslegungsstandards und zur Sicherung der Qualität der Abschlussprüfung (Bilanzrechtsreformgesetz – BilReG) vom 4. 12. 2004 (BGBl. I 2004, S. 3166 ff.) und das Gesetz zur Kontrolle von Unternehmensabschlüssen (Bilanzkontrollgesetz – BilKoG) vom 15. 12. 2004 (BGBl. I 2004, S. 3408 ff.) verabschiedet. Darüber hinaus wurde mit der Verordnung (EG) Nr. 2157/2001 des Rates vom 8. 10. 2001 über das Statut der Europäischen Gesellschaft (SE) (ABl. EG Nr. L 294, kurz SE-VO) eine der AG vergleichbare europäische Rechtsform in Gestalt der Europäischen (Aktien-)Gesellschaft (Societas Europaea, SE) geschaffen (vgl. Teil C, Abschn. 2.1.2.2, S. 1034). Die AG besitzt eine eigene Rechtspersönlichkeit und ist somit als **juristische Person** selbst Trägerin von Rechten und Pflichten sowie Eigentümerin des Gesellschaftsvermögens. Die Gesellschafter der AG **(Aktionäre)** sind über standardisierte Anteilscheine **(Aktien)** in Form von Nennbetragsaktien oder Stückaktien (§ 8 Abs. 1 AktG) am nominell in Euro festgelegten Grundkapital der AG (§ 6 AktG) beteiligt. Bei **Nennbetragsaktien** muss der zum Ausweis kommende Aktiennennbetrag stets auf volle Eurobeträge lauten (§ 8 Abs. 2 Satz 4 AktG). Der Mindestnennbetrag beläuft sich dabei auf einen Euro (§ 8 Abs. 2 Satz 1 AktG). Im Falle der auf keinen Nennbetrag lautenden **Stückaktien** darf der auf die einzelne Aktie entfallende anteilige Betrag des Grundkapitals einen Euro ebenfalls nicht unterschreiten (§ 8 Abs. 2 Satz 1 AktG), wobei der Mindestnennbetrag des **Grundkapitals** sich bei der AG auf 50.000 € beläuft (§ 7 AktG). Die Umstellung von Nennwert- auf Stückaktien, die sich beispielsweise im Zusammenhang mit der spätestens zum 1. 1. 2002 durchzuführenden Währungsumstellung auf Euro wegen des fehlenden Nennbetrags bei der Stückaktie angeboten hatte, stellt eine Satzungsänderung mit den dafür geltenden Vorschriften (§§ 179 ff. AktG) dar und muss als solche von der Hauptversammlung beschlossen werden.

Aktien sind grundsätzlich nicht an eine bestimmte Person gebunden und können – soweit sie bestimmte Anforderungen erfüllen – an der Börse gehandelt werden. Um die Interessen einer Vielzahl von Anteilseignern wirksam zu sichern, sieht das AktG für die AG eine besondere **Organisationsstruktur** vor, deren Grundlage die Gesamtheit der **Aktionäre** bildet, die im Rahmen der **Hauptversammlung** die Mitglieder des **Aufsichtsrates** wählt (§ 101 Abs. 1 AktG), der seinerseits den geschäftsführenden **Vorstand** bestellt und dessen Tätigkeit überwacht. Gemäß § 264 Abs. 1 HGB hat der Vorstand in den ersten drei Monaten eines Geschäftsjahres den Jahresabschluss, der (mindestens) aus Bilanz, Gewinn- und Verlustrechnung und dem Anhang besteht, sowie den Lagebericht aufzustellen und den von der Hauptversammlung bestellten Abschlussprüfern (§ 318 HGB) vorzulegen. Die Anteilseigner interessiert dabei insbesondere der im vergangenen Geschäftsjahr erwirtschaftete Erfolg sowie der verteilungsfähige Gewinn, an dem sie entsprechend ihrem Anteil am Grundkapital der AG in Form der Dividende partizipieren können.

14.3.1.1 Das Eigenkapital der AG

Grundkapital und Eigenkapital einer AG sind im Allgemeinen betragsverschieden, da das Grundkapital auf einen bestimmten Nennbetrag lautet, während das Eigenkapital aufgrund seiner Abhängigkeit vom Erfolg variabel ist. Das

Eigenkapital setzt sich im Normalfall zusammen aus dem gezeichneten Kapital, der Kapitalrücklage, der gesetzlichen Rücklage, der Rücklage für Anteile an einem herrschenden oder mit Mehrheit beteiligten Unternehmen, den satzungsmäßigen Rücklagen und den anderen Gewinnrücklagen sowie einem eventuellen Gewinn- oder Verlustvortrag und dem Jahresüberschuss bzw. -fehlbetrag. Gegebenenfalls werden die Passivposten durch aktive Korrekturposten ergänzt. Dies sind die Positionen „Nicht durch Eigenkapital gedeckter Fehlbetrag" und „Eingefordertes, aber noch nicht eingezahltes Kapital" (vgl. Abschn. 14.3, S. 615 ff.).

Das **gezeichnete Kapital** entspricht dem Grundkapital als dem Gesamtnennbetrag der von der Gesellschaft ausgegebenen Aktien und ist auf der Passivseite der Bilanz auszuweisen. Seit Inkrafttreten des Bilanzrechtsmodernisierungsgesetzes sind nach § 272 Abs. 1 Satz 3 HGB, die ausstehenden Einlagen, die noch nicht eingefordert wurden, offen in einer Vorspalte zur Passivseite der Bilanz vom gezeichneten Kapital abzusetzen. Der danach verbleibende Betrag ist in der Hauptspalte als **„eingefordertes Kapital"** auszuweisen. Auf jede Aktie ist mindestens ein Viertel des Nennbetrags bzw. des geringsten Ausgabebetrags bei Stückaktien (§ 9 Abs. 1 AktG) einzufordern. Erfolgt die Ausgabe zu einem höheren Betrag (über pari), so ist auch der gesamte Mehrbetrag (Agio) einzufordern (§ 36a Abs. 1 AktG). Die Höhe des Grundkapitals wird durch die Satzung der AG bestimmt (§ 23 Abs. 3 Nr. 3 AktG) und kann nur durch Satzungsänderung variiert werden (§§ 179 ff. AktG); erzielte Gewinne oder Verluste beeinflussen die Höhe des Grundkapitals nicht.

Die **Kapitalrücklage** umfasst alle über das Grundkapital hinausgehenden, von außen zugeführten Einlagen der Aktionäre (z. B. Agio). Hinsichtlich ihrer Bildung bestehen neben der Vorschrift des § 272 Abs. 2 HGB keine spezifischen aktienrechtlichen Regelungen. Gleichwohl kann es bei Aktiengesellschaften rechtsformspezifische Sachverhalte geben, die zu einer Dotierung der Kapitalrücklage führen können. Zu nennen sind in diesem Kontext zum einen Beträge aus der vereinfachten Kapitalherabsetzung (§ 229 Abs. 1 AktG) und in diesem Zusammenhang entstehende Unterschiedsbeträge aus zu hoch angenommenen Verlusten nach § 232 AktG und zum anderen der Nennbetrag eingezogener Aktien (§ 237 Abs. 3 und 5 AktG). In Bezug auf ihre Verwendung unterliegt die Kapitalrücklage zusammen mit der gesetzlichen Rücklage den Vorschriften des § 150 Abs. 3 AktG; insoweit sei daher diesbezüglich auf die nachfolgenden Ausführungen zur gesetzlichen Rücklage verwiesen.

In die **gesetzliche Rücklage** ist nach § 150 Abs. 2 AktG so lange der zwanzigste Teil (= 5 %) des um einen eventuellen Verlustvortrag aus dem Vorjahr geminderten Jahresüberschusses einzustellen, bis die gesetzliche Rücklage und die Kapitalrücklage **zusammen** den zehnten (= 10 %) oder den in der Satzung bestimmten höheren Teil des Grundkapitals erreichen. Solange die gesetzliche Rücklage zusammen mit den Kapitalrücklagen den zehnten oder den in der Satzung festgelegten höheren Teil des Grundkapitals nicht übersteigt, darf sie nur zur Deckung von Verlusten bzw. Verlustvorträgen verwendet werden, wenn diese nicht durch einen Gewinnvortrag aus dem Vorjahr bzw. einen Jahresüberschuss oder durch die Auflösung anderer Gewinnrücklagen ausgeglichen werden können (§ 150 Abs. 3 AktG). Übersteigt die gesetzliche Rücklage zusammen mit den Kapitalrücklagen die genannten Beträge, so darf der übersteigende Betrag nur zum Ausgleich eines um den vorjährigen Gewinnvortrag gekürzten Jahresfehlbetrages, eines um den Jahresüberschuss verminderten Verlustvortrages oder zur Erhöhung des Grundkapitals aus Gesellschaftsmitteln in Anspruch genommen werden (§ 150 Abs. 4 AktG).

Seit dem Bilanzrechtsmodernisierungsgesetz ist eine **Rücklage für eigene Anteile** nicht mehr vorgesehen. Allerdings ist entsprechend § 272 Abs. 4 HGB weiterhin eine Rücklage in Höhe der auf der Aktivseite ausgewiesenen **Anteile an einem herrschenden oder mit Mehrheit beteiligten Unternehmen** zu bilden (vgl. Teil A, Abschn. 14.3, S. 618 ff.). Eine spezifische aktienrechtliche Regelung besteht diesbezüglich nach der Aufhebung des § 150a AktG a. F. nicht mehr.

Die Einstellung von Beträgen in **satzungsmäßige und andere Gewinnrücklagen** ist in § 58 AktG geregelt: Stellen Vorstand und Aufsichtsrat den Jahresabschluss fest, können sie maximal die Hälfte des um einen eventuellen Verlustvortrag und den in die gesetzliche Rücklage einzustellenden Betrag gekürzten Jahresüberschusses in die freien Rücklagen einstellen; allerdings kann die Satzung Vorstand und Aufsichtsrat ermächtigen, mehr oder weniger als die Hälfte des Jahresüberschusses in die anderen Gewinnrücklagen einzustellen (§ 58 Abs. 2 Satz 2 AktG). Aufgrund derartiger Satzungsbestimmungen dürfen in die anderen Gewinnrücklagen nur so lange Beträge eingestellt werden, bis diese betragsmäßig die Hälfte des Grundkapitals erreichen (§ 58 Abs. 2 Satz 3 AktG). Für den Fall, dass die Hauptversammlung den Jahresabschluss feststellt, kann die Satzung bestimmen, dass bis maximal die Hälfte des um die Einstellungen in die gesetzliche Rücklage und einen eventuell vorhandenen Verlustvortrag gekürzten Jahresüberschusses den anderen Gewinnrücklagen zugeführt wird (§ 58 Abs. 1 AktG). Ferner haben Vorstand und Aufsichtsrat die Möglichkeit, den Eigenkapitalanteil bei Wertaufholungen sowie den Eigenkapitalanteil von steuerlich abzugsfähigen Rücklagen bei der Ergebnisverwendung in die anderen Gewinnrücklagen einzustellen (§ 58 Abs. 2a AktG). Diese Zuführungen berühren die Gewinnverwendungskompetenz des Vorstandes zur Dotierung des halben Jahresüberschusses nicht. Darüber hinaus kann die Hauptversammlung unabhängig davon, wer den Jahresabschluss feststellt, im Rahmen ihres Beschlusses über die Verwendung des Bilanzgewinns weitere Beträge den anderen Gewinnrücklagen zuführen (§ 58 Abs. 3 AktG). Die Auflösung der anderen Gewinnrücklagen unterliegt keinen aktienrechtlichen Beschränkungen, sofern mit ihrer Bildung keine besondere Zweckbestimmung verbunden war.

Ein **Gewinnvortrag** entsteht, wenn die Hauptversammlung zugunsten einer höheren Gewinneinbehaltung vom Gewinnverwendungsvorschlag von Vorstand und Aufsichtsrat abweicht; er besitzt als nicht ausgeschütteter Gewinnanteil ebenfalls Rücklagecharakter. Demgegenüber entsteht ein **Verlustvortrag** als Folge eines Bilanzverlustes; er wird als Korrekturposten auf der Passivseite mit negativem Vorzeichen ausgewiesen und mindert das Eigenkapital. Wird der Bilanzgewinn von der Hauptversammlung ganz oder teilweise vorgetragen und nicht in die anderen Gewinnrücklagen eingestellt, steht der Betrag im Rahmen des nächsten Gewinnverwendungsbeschlusses grundsätzlich wieder unmittelbar, d.h. ohne Zutun von Vorstand und Aufsichtsrat, zur Disposition der Hauptversammlung. Soweit Aktionäre ihre Einlage noch nicht voll geleistet haben und diese bereits eingefordert wurde, erscheint auf der Aktivseite der Bilanz der AG die Position **Eingeforderte, aber noch nicht eingezahlte Einlagen auf das gezeichnete Kapital**. Sie hat für die AG den Charakter einer Forderung. Wurde die Einlage von Aktionären noch nicht eingefordert, so ist diese hingegen offen vom gezeichneten Kapital abzusetzen (vgl. Teil A, Abschn. 14.3, S. 616).

14.3.1.2 Erfolgsfeststellung und Erfolgsverwendung bei der AG

Die Erfolgsfeststellung und Erfolgsverwendung bei der AG baut auf zwei Erfolgsbegriffen auf: dem **Jahresüberschuss** bzw. **Jahresfehlbetrag** einerseits und dem **Bilanzgewinn** bzw. **Bilanzverlust** andererseits. Das Jahresergebnis informiert über den im vergangenen Geschäftsjahr erwirtschafteten Erfolg, der sich als Differenz zwischen Aufwendungen und Erträgen entweder als Jahresüberschuss oder als Jahresfehlbetrag ergibt. In den Aufwendungen sind dabei die ergebnisabhängigen Aufwendungen, wie z.B. Steuern auf den Ertrag, bereits enthalten, so dass hier grundsätzlich ein **Erfolg nach Steuern** vorliegt. Ausgehend vom Jahresergebnis wird das Bilanzergebnis errechnet: Nach § 158 Abs. 1 Satz 1 AktG sind dem Jahresergebnis der Gewinnvortrag aus dem Vorjahr und Entnahmen aus der Kapitalrücklage oder aus Gewinnrücklagen hinzuzurechnen, während der Verlustvortrag aus dem Vorjahr und Einstellungen in die Gewinnrücklagen abzuziehen sind. Damit errechnet sich das **Bilanzergebnis** nach folgendem Schema (§ 158 Abs. 1 Satz 1 AktG):

	Jahresüberschuss/Jahresfehlbetrag
+/./.	Gewinnvortrag/Verlustvortrag aus dem Vorjahr
+	Entnahmen aus der Kapitalrücklage
+	Entnahmen aus Gewinnrücklagen
	a) aus der gesetzlichen Rücklage
	b) aus der Rücklage für Anteile an einem herrschenden oder mehrheitlich beteiligten Unternehmen
	c) aus satzungsmäßigen Rücklagen
	d) aus anderen Gewinnrücklagen
./.	Einstellungen in Gewinnrücklagen
	a) in die gesetzliche Rücklage
	b) in die Rücklage für Anteile an einem herrschenden oder mehrheitlich beteiligten Unternehmen
	c) in satzungsmäßige Rücklagen
	d) in andere Gewinnrücklagen
=	Bilanzgewinn/Bilanzverlust

Aufgrund der Kürzungen und Hinzurechnungen, insbesondere durch die Rücklagenveränderungen, ist das resultierende Bilanzergebnis nicht mit dem Periodenergebnis identisch, sondern stellt den von der Geschäftsleitung und/oder der Hauptversammlung für verteilungsfähig gehaltenen Betrag dar. Nach § 174 Abs. 1 AktG beschließt die Hauptversammlung über die **Verwendung des Bilanzgewinns**. Sie ist dabei an den festgestellten Jahresabschluss gebunden. In dem Gewinnverwendungsbeschluss der Hauptversammlung ist insbesondere der Bilanzgewinn, der an die Aktionäre auszuschüttende Betrag oder Sachwert, die in die Gewinnrücklagen einzustellenden Beträge, ein Gewinnvortrag sowie der zusätzliche Aufwand aufgrund des Beschlusses (z. B. Steuern) anzugeben (§ 174 Abs. 2 AktG). Beschließt die Hauptversammlung nach Feststellung eines positiven Bilanzergebnisses weitere Rücklageneinstellungen oder einen Gewinnvortrag, ändert sich nur die Verteilung, nicht aber die Höhe des Bilanzgewinns. Eine **Mindestdividende** von 4 % bei ausreichendem Gewinn schließt die Anfechtung des Gewinnverwendungsbeschlusses aus (§ 174 Abs. 1 i. V. m. § 254 Abs. 1 AktG). Geht man davon aus, dass der Jahresüberschuss bereits **um gewinnabhängige Aufwendungen** wie Tantiemen und gewinnabhängige Steuern **vermindert** ist (*Ellrott/Krämer*, Bilanzkommentar, § 268 HGB, Rn. 2), so ergibt sich aufgrund der gesetzlichen Vorschriften und der gemachten Ausführungen folgendes Rechenschema für die **Gewinnverwendung** einer AG:

JÜ	Jahresüberschuss
./. VVV	Verlustvortrag aus dem Vorjahr
= B_1	Bemessungsgrundlage für die Zuweisung zur gesetzlichen Rücklage nach § 150 Abs. 2 AktG
./. GR	Einstellung in die gesetzliche Rücklage (5 % von B_1; bis maximal 10 % oder einen satzungsmäßig bestimmten höheren Anteil des Grundkapitals)
= B_2	Bemessungsgrundlage für die Zuweisung zu den anderen Gewinnrücklagen nach § 58 AktG
./. AGL	Einstellung in die anderen Gewinnrücklagen (bis max. 50 % von B_2 + EK-Anteil von Wertaufholungen und bei der steuerrechtlichen Gewinnermittlung gebildeten Passivposten (steuerfreien Rücklagen)
=	Zwischensumme
+ GVV	Gewinnvortrag aus dem Vorjahr
= BG	Bilanzgewinn
./.	Dividendenausschüttung Rücklageneinstellung durch Gewinnverwendungsbeschluss der Hauptversammlung (HV)
= GVN	Gewinnvortrag ins nächste Jahr

Beispiel:

Eine AG weist die folgenden Daten aus:

Voll einbezahltes Grundkapital	12.000.000
Summe der gesetzlichen Rücklage	600.000
Verlustvortrag aus dem Vorjahr	400.000
Jahresüberschuss	2.000.000

Vorstand und Aufsichtsrat stellen den Jahresabschluss fest (vgl. § 58 Abs. 2 AktG) und führen den gesetzlich zulässigen Höchstbetrag den Rücklagen zu. Die Hauptversammlung beschließt, eine Dividende in Höhe von 5 % auszuschütten, eine Einstellung in die anderen Gewinnrücklagen von 100.000 vorzunehmen und den Rest als Gewinnvortrag ins neue Jahr zu übernehmen.

Lösung:

JÜ	2.000.000
./. VVV	400.000
= B_1	1.600.000
./. GR (5 % von B_1)	80.000
= B_2	1.520.000
./. AGL (50 % von B_2)	760.000
= BG	760.000
./. Dividendenausschüttung	600.000
./. Rücklageneinstellung der HV	100.000
= GVN	60.000

Damit zeigt das aktienrechtliche Schema der Erfolgsverwendung nach § 158 Abs. 1 Satz 1 AktG in der GuV folgenden Ausweis (Positionsbezeichnungen nach Umsatzkostenverfahren/Gesamtkostenverfahren)

19./20.	Jahresüberschuss	2.000.000
20./21.	Verlustvortrag aus dem Vorjahr	400.000
21./22.	Entnahmen aus Gewinnrücklagen	–
22./23.	Einstellung in Gewinnrücklagen	
	a) in die gesetzliche Rücklage	80.000
	b) in andere Gewinnrücklagen	760.000
23./24.	Bilanzgewinn	760.000

Vom ausgewiesenen Bilanzgewinn werden durch Beschluss der Hauptversammlung weitere 100.000 in die anderen Gewinnrücklagen eingestellt und 60.000 als Gewinnvortrag ins neue Geschäftsjahr übertragen; Letzterer erhöht unmittelbar den verteilungsfähigen Bilanzgewinn des Folgejahres.

Wird nicht von einem vorgegebenen Jahresüberschuss ausgegangen, in dem die **ergebnisabhängigen Aufwendungen** bereits enthalten sind, sondern werden diese **explizit** bei der Ermittlung und Verwendung des Jahresüberschusses und des daraus abzuleitenden Bilanzgewinns berücksichtigt, tritt folgendes **Interdependenzproblem** auf (vgl. auch *Dirrigl,* Gewinnverteilungsrechnung, S. 49 ff.): Die ergebnisabhängigen Aufwendungen (Tantiemen und gewinnabhängige Steuern) mindern einerseits den aktienrechtlichen Jahresüberschuss, andererseits stellt aber gerade diese Größe die Bemessungsgrundlage der ergebnisabhängigen Aufwendungen dar. Nach § 278 HGB sind die Ertragsteuern auf Grundlage des Beschlusses über die Verwendung des Ergebnisses zu berechnen. Falls jedoch ein solcher Beschluss bei der Feststellung des Jahresabschlusses, welche üblicherweise durch Vorstand und Aufsichtsrat erfolgt (möglich auch durch die Hauptversammlung, §§ 172 f. AktG), nicht vorliegt, sind die Ertragsteuern nach dem Vorschlag zur Gewinnverwendung zu bemessen. Bedeutung erlangt dies bei einem gespaltenen Körperschaftsteuersatz für Ausschüttungen und Thesaurierungen, welcher im alten Körperschaftsteuerrecht galt, im aktuellen Recht jedoch nicht mehr vorliegt. Die adäquate Behandlung des Interdependenzproblems erfordert die Aufstellung und Lösung eines **simultanen Gleichungssystems,** mit dem im Rahmen der Gewinnermittlung und -verwendung folgende Größen zu bestimmen sind:

(1) JÜ Jahresüberschuss
(2) TV Tantiemen des Vorstands
(3) TA Tantiemen des Aufsichtsrats

(4) GR Zuführung zur gesetzlichen Rücklage
(5) KG Körperschaftsteuerpflichtiger Gewinn
(6) KSt Körperschaftsteuer
(7) SolZ Solidaritätszuschlag
(8) GESt Gewerbeertragsteuer
(9) BG Bilanzgewinn
(10) GVN Gewinnvortrag (neu)

Zur Ermittlung dieser Größen (Unbekannten) ist ein Gleichungssystem mit zehn Gleichungen aufzustellen. Vereinfachend werden folgende **Annahmen** unterstellt: der Jahresüberschuss ist mindestens so hoch, dass ein Bilanzgewinn verbleibt, es existiert kein Gewinnvortrag aus dem Vorjahr und es erfolgen keine Einstellungen in die anderen Gewinnrücklagen sowie keine Entnahmen aus Rücklagen. Zu berücksichtigen ist teilweise ein gegebenenfalls vorhandener Verlustvortrag aus dem Vorjahr (VVV).

Ausgangspunkt ist ein **vorläufiger** Jahresüberschuss, der noch nicht um die erfolgsabhängigen Aufwendungen gekürzt ist. Der Zusammenhang zwischen dem vorläufigen Jahresüberschuss und dem **endgültigen** Jahresüberschuss lässt sich durch folgende Tabelle veranschaulichen:

$JÜ_v$	vorläufiger Jahresüberschuss
./. TV	Tantiemen des Vorstands
./. TA	Tantiemen des Aufsichtsrats
./. KSt	Körperschaftsteuer
./. SolZ	Solidaritätszuschlag
./. GESt	Gewerbeertragsteuer
= JÜ	endgültiger Jahresüberschuss

Somit ergibt sich für den **Jahresüberschuss** folgende Bestimmungsgleichung:

$$(1) \quad \boxed{JÜ = JÜ_v - TV - TA - KSt - SolZ - GESt}$$

Den Vorstandsmitgliedern kann für ihre Geschäftstätigkeit neben ihren festen Bezügen zusätzlich eine Gewinnbeteiligung (Tantieme) gewährt werden (vgl. § 87 Abs. 1 AktG), die in der Regel aus einem prozentualen Anteil am Jahresüberschuss besteht, sich jedoch vertragsgemäß auch am Bilanzgewinn orientieren oder in Form einer Umsatzbeteiligung ausbezahlt werden kann. Aufgrund der Abschaffung des § 86 AktG a. F. liegt im Unterschied zur Bestimmung der Tantiemen des Aufsichtsrats keine gesetzliche Regelung zur gewinnabhängigen Grundlage für die Bemessung der Vorstandstantieme (TV) mehr vor (vgl. *Liebscher*, Vorstand, S. 517 ff.).

Für die vorliegende Rechnung wird davon ausgegangen, dass die Vorstandstantieme an den Jahresüberschuss anknüpft. Um die absolute Höhe der Tantiemen bestimmen zu können, muss der Tantiemenprozentsatz als prozentualer Gewinnanteil des Vorstands (pV/100) festgelegt werden, so dass sich folgende Formel ergibt:

(2) $$TV = \frac{pV}{100} JÜ$$

Die **Tantiemen des Aufsichtsrats** beziehen sich nur mittelbar auf den endgültigen Jahresüberschuss, da nach § 113 Abs. 3 AktG der Bilanzgewinn den Ausgangspunkt für die Ermittlung der Bemessungsgrundlage bildet, die wie folgt ermittelt wird:

BG	Bilanzgewinn
./. VD	4 % Vorabdividende auf das eingezahlte Grundkapital
=	Bemessungsgrundlage der Aufsichtsratstantiemen

Die Höhe der Aufsichtsratstantieme ergibt sich dann durch Multiplikation der Bemessungsgrundlage mit dem Prozentsatz der Aufsichtsratstantieme (pA/100):

(3) $$TA = \frac{pA}{100} (BG - VD)$$

Nach Einsetzen von Gleichung (9) (S. 629) ergeben sich dann die Aufsichtsratstantiemen in Abhängigkeit vom Jahresüberschuss:

(3a) $$TA = \frac{pA}{100} (JÜ - VVV - GR - VD)$$

Hinsichtlich der **Zuführung zu den Gewinnrücklagen** wird vereinfachend angenommen (vgl. S. 627), dass nur die gesetzliche Rücklage in Höhe von 5 % des Jahresüberschusses eingestellt wird, so dass die folgende Formel gilt:

(4) $$GR = 0{,}05\ (JÜ - VVV)$$

Der **körperschaftsteuerpflichtige Gewinn** wird aus dem vorläufigen Jahresüberschuss bestimmt, indem die nichtabzugsfähigen Ausgaben (NA; § 10 KStG) ohne die noch zu bestimmende nichtabzugsfähige Hälfte der Aufsichtsratsvergütungen (§ 10 Nr. 4 KStG) hinzugerechnet werden sowie die noch nicht berücksichtigten Vorstandstantiemen und die nur zur Hälfte abzugsfähigen Aufsichtsratstantiemen (§ 10 Nr. 4 KStG) als abzugsfähige Betriebsausgaben subtrahiert werden. Eventuelle Erfolgsauswirkungen durch abweichende Bewertung in Handels- und Steuerbilanz sind bei den nichtabzugsfähigen Betriebsausgaben zu berücksichtigen.

(5) $$KG = JÜ_v + NA - TV - 0{,}5\ TA$$

Als Steuersatz der **Körperschaftsteuer** kommt durch das Unternehmensteuerreformgesetz 2008 vom 14. 8. 2007 (BGBl. I 2007, S. 1912 ff.) für ausgeschüttete und thesaurierte Gewinne ein einheitlicher Körperschaftsteuersatz von 15 % zur Anwendung (§ 23 Abs. 1 KStG). Die Ermittlung der Körperschaftsteuer erfolgt daher folgendermaßen:

(6) $$\mathrm{KSt} = \frac{15}{100}\,\mathrm{KG}$$

Die Bemessungsgrundlage für den **Solidaritätszuschlag** bildet im vorliegenden Fall die festzusetzende Körperschaftsteuer (§3 Abs. 1 SolZG). Der Solidaritätszuschlag beträgt nach §4 SolZG ab dem Veranlagungszeitraum 1998 5,5 % der Körperschaftsteuer.

(7) $$\mathrm{SolZ} = 0{,}055\ \mathrm{KSt}$$

Die Bemessungsgrundlage für die **Gewerbeertragsteuer** ist der Gewerbeertrag, der an den körperschaftsteuerpflichtigen Gewinn anknüpft, indem dieser um den Saldo der Hinzurechnungen (H) gemäß §8 GewStG und der Kürzungen (K) gemäß §9 GewStG korrigiert wird.

Die Höhe der Gewerbeertragsteuer richtet sich nach dem Gewerbeertragsteuersatz und der Bemessungsgrundlage Gewerbeertrag. Der Gewerbeertragsteuersatz wird nach §16 Abs. 1 GewStG aus dem Produkt von Steuermesszahl (MZ), die nach §11 Abs. 2 GewStG für alle Gesellschaften durch das Unternehmensteuerreformgesetz 2008 einheitlich 3,5 % beträgt, und Hebesatz (HS), der von der hebeberechtigten Gemeinde festgesetzt wird, ermittelt. So ergibt sich bspw. bei einem Hebesatz von 400 % eine effektive Belastung mit Gewerbesteuer von 14 % (= 3,5 % · 400 %). Zu beachten ist, dass die Gewerbeertragsteuer durch das Unternehmensteuerreformgesetz 2008 keine abzugsfähige Betriebsausgabe mehr darstellt und somit den steuerlichen Gewinn nicht mindert. Somit vermindert die Gewerbeertragsteuer weder ihre eigene Bemessungsgrundlage noch diejenige der Körperschaftsteuer (vgl. Gleichung 5, S. 628). Damit ergibt sich folgende Bestimmungsgleichung für die Gewerbeertragsteuer:

(8) $$\mathrm{GESt} = \mathrm{MZ} \cdot \mathrm{HS} \cdot (\mathrm{KG} + \mathrm{H} - \mathrm{K})$$

Der **Bilanzgewinn** ergibt sich gemäß §158 Abs. 1 AktG im vorliegenden Fall aus dem endgültigen Jahresüberschuss abzüglich des Verlustvortrages aus dem Vorjahr und der Einstellungen in die gesetzliche Rücklage:

(9) $$\mathrm{BG} = \mathrm{JÜ} - \mathrm{VVV} - \mathrm{GR}$$

Ein ins neue Jahr zu übertragender **Gewinnvortrag** verbleibt, wenn vom Bilanzgewinn die Gewinnausschüttungen (GA) und von der Hauptversammlung beschlossene zusätzliche Rücklagen, von denen hier allerdings abstrahiert wird, abgesetzt werden; die Formel lautet demgemäß:

(10) $$\mathrm{GVN} = \mathrm{BG} - \mathrm{GA}$$

Beispiel:

In der Buchhaltung einer Aktiengesellschaft liegen folgende Daten vor, die für den Jahresabschluss herangezogen werden:

Voll einbezahltes Grundkapital	5.000.000
Summe der gesetzlichen Rücklage	200.000
Summe der anderen Gewinnrücklagen	800.000
Vorläufiger Jahresüberschuss	1.000.000

Der Bemessungssatz für die Vorstandstantieme ist mit 10 %, der für die Aufsichtsratstantieme mit 5 % anzusetzen. Den Rücklagen wird nur die gesetzliche Mindesteinstellung von 5 % zugeführt; die Vorabdividende beträgt 4 % vom Grundkapital. Bei der Gewerbeertragsteuer beträgt die Steuermesszahl 3,5 % und ist von einem Hebesatz von 500 % auszugehen; bei ihrer Ermittlung ist der positive Saldo der Hinzurechnungen und Kürzungen auf den körperschaftsteuerpflichtigen Gewinn mit 10.000 zu berücksichtigen. Bei der Berechnung der Körperschaftsteuer ist davon auszugehen, dass laut Gewinnverwendungsvorschlag vom Bilanzgewinn 300.000 ausgeschüttet werden und die körperschaftsteuerlich nichtabzugsfähigen Betriebsausgaben ohne Berücksichtigung der Aufsichtsratstantiemen 100.000 betragen. Ein Verlustvortrag aus dem Vorjahr besteht nicht.

Bei der Ermittlung der sich hieraus ergebenden Werte für den Jahresüberschuss, den körperschaftsteuerlichen Gewinn, die Körperschaftsteuer, den Bilanzgewinn, die Tantiemen des Vorstandes und des Aufsichtsrates, die Zuführung zu der gesetzlichen Rücklage, den Solidaritätszuschlag, die Gewerbesteuer und den Gewinnvortrag ist von einem einheitlichen Körperschaftsteuersatz von 15 % sowie einem Solidaritätszuschlagssatz von 5,5 % auf die Körperschaftsteuer auszugehen.

Lösung:

(a) Es ergibt sich das nachfolgende Gleichungssystem, das mit Hilfe des Einsetzverfahrens gelöst wird. Bei diesem Verfahren wird jeweils eine Unbekannte eliminiert, indem sie durch den in einer anderen Gleichung vorhandenen adäquaten Ausdruck ersetzt wird. In den Gleichungen (1)–(10) sind die bekannten Größen bereits eingesetzt:

(1)	Endgültiger Jahresüberschuss:	JÜ	=	1.000.000 – TV – TA – KSt – SolZ – GESt
(2)	Tantiemen des Vorstands:	TV	=	0,1 JÜ
(3)	Tantiemen des Aufsichtsrats:	TA	=	0,05 (BG – 200.000)
			=	0,05 BG – 10.000
(4)	Zuführung zur gesetzlichen Rücklage:	GR	=	0,05 JÜ
(5)	Körperschaftsteuerpflichtiger Gewinn:	KG	=	1.000.000 + 100.000 – TV – 0,5 TA
			=	1.100.000 – TV – 0,5 TA
(6)	Körperschaftsteuer:	KSt	=	(15/100) KG
(7)	Solidaritätszuschlag:	SolZ	=	0,055 KSt
(8)	Gewerbeertragsteuer:	GESt	=	0,175 (KG + 10.000)
			=	0,175 KG + 1.750
(9)	Bilanzgewinn:	BG	=	JÜ – GR
(10)	Gewinnvortrag (neu):	GVN	=	BG – 300.000

Zunächst wird Gleichung (4) in die Gleichung (9) eingesetzt:

(4) in (9):	BG	=	JÜ – 0,05 JÜ
⇒ **(11)**	BG	=	0,95 JÜ

Dann wird Gleichung (11) in Gleichung (3) eingesetzt:

(11) in (3): TA = 0,05 (0,95 JÜ) – 10.000

⇒ **(12)** TA = 0,0475 JÜ – 10.000

Anschließend werden die Gleichungen (8), (2) und (12) in die Gleichungen (1) und (5) eingesetzt:

(8), (2) und (12) in (1): JÜ = 1.000.000 – 0,1 JÜ – 0,0475 JÜ + 10.000 – KSt – SolZ – (0,175 KG + 1.750)

⇒ **(13)** 1,1475 JÜ = 1.008.250 – KSt – SolZ – 0,175 KG

(8), (2) und (12) in (5): KG = 1.100.000 – 0,1 JÜ – 0,5 (0,0475 JÜ – 10.000)

⇒ **(14)** KG = 1.105.000 – 0,12375 JÜ

Bei Anwendung des einheitlichen Körperschaftsteuersatzes von 15 % ermittelt sich die Körperschaftsteuer entsprechend Gleichung

(6) : KSt = (15/100) KG

Durch Einsetzen des körperschaftsteuerpflichtigen Gewinns aus Gleichung (14) in Gleichung (6) ergibt sich für die Körperschaftsteuer folgende Relation zum Jahresüberschuss:

(14) in (6): KSt = 15/100 (1.105.000 – 0,12375 JÜ)

⇒ **(15)** KSt = 165.750 – 0,0185625 JÜ

Nach Einsetzen von (15) in (7) ergibt sich für den Solidaritätszuschlag:

(15) in (7): SolZ = 0,055 (165.750 – 0,0185625 JÜ)

⇒ **(16)** SolZ = 9.116,25 – 0,0010209375 JÜ

Der Jahresüberschuss ergibt sich nun durch das Einsetzen der Gleichungen (14), (15) und (16) in Gleichung (13):

(14), (15) u. (16) in (13): 1,1475 JÜ = 1.008.250 – (165.750 – 0,0185625 JÜ) – (9.116,25 – 0,0010209375 JÜ) – 0,175 (1.105.000 – 0,12375 JÜ)

1,1475 JÜ = 640.008,75 + 0,04124 JÜ

JÜ = 578.534

Durch Einsetzen des Jahresüberschusses in die Gleichungen (14) und (15) sowie (2), (11) und (12) und Gleichung (4) ergeben sich für:

Den körperschaftsteuerpflichtigen Gewinn:

JÜ in (14): KG = 1.105.000 – 0,12375 · 578.534

KG = 1.033.406

Die Körperschaftsteuer:

JÜ in (15): KSt = 165.750 – 0,0185625 · 578.534

KSt = 155.011

Den Bilanzgewinn:

JÜ in (11): BG = 0,95 · 578.534

BG = 549.607

Die Tantiemen des Vorstandes:

JÜ in (2): TV = 0,1 · 578.534

TV = 57.853

Die Tantiemen des Aufsichtsrates:

JÜ in (12): TA = 0,0475 (578.534) –10.000

TA = 17.480

Die Zuführungen zu den gesetzlichen Rücklagen:

JÜ in (4): GR = 0,05 · 578.534

GR = 28.927

Der Solidaritätszuschlag ergibt sich durch Einsetzen der Körperschaftsteuer in Gleichung (7):

KSt in (7): SolZ = 0,055 · 155.011

SolZ = 8.526

Die Gewerbeertragsteuer erhält man durch Einsetzen des körperschaftsteuerpflichtigen Gewinns in Gleichung (8):

KG in (8): GESt = 0,175 · 1.033.406 + 1.750

GEST = 182.596

Der Gewinnvortrag für das nächste Jahr wird nun noch durch das Einsetzen des Bilanzgewinns in Gleichung (10) ermittelt:

BG in (10): GVN = 549.607 – 300.000

GVN = 249.607

Damit sind alle Größen des Gleichungssystems (1) bis (10) bestimmt. Die nachfolgende Tabelle stellt die Ergebnisse noch einmal dar:

Vorläufiger Jahresüberschuss ($JÜ_v$)	1.000.000
Vorstandstantiemen (TV)	57.853
Aufsichtsratstantiemen (TA)	17.480
Körperschaftsteuer (KSt)	155.011
Solidaritätszuschlag (SolZ)	8.526
Gewerbeertragsteuer (GESt)	182.596
Jahresüberschuss (JÜ)	**578.534**
Gesetzliche Rücklage (GR)	28.927
Bilanzgewinn (BG)	**549.607**
Bardividende (D)	300.000
Gewinnvortrag (GVN)	**249.607**

In der kaufmännischen **Praxis** wird wegen der Komplexität der Zusammenhänge häufig auf eine simultane Ermittlung der gewinnabhängigen Aufwendungen verzichtet. Obwohl das Aktiengesetz teilweise vorschreibt, dass erfolgsabhängige Tantiemen in Abhängigkeit vom Bilanzgewinn bzw. Jahresüberschuss zu berechnen sind, wird überwiegend die Meinung vertreten, der Jahreserfolg nach AktG dürfe sukzessiv aus dem vorläufigen Jahresüberschuss vor Abzug von Steuern und Tantiemen ermittelt werden (*IDW*, Stellungnahme, S. 538 ff.). Dabei auftretende Ungenauigkeiten werden in Kauf genommen. Mit der heute gebräuchlichen EDV-Buchführung erweist sich eine exakte Ermittlung der Beträge jedoch in aller Regel als unproblematisch.

14.3.1.3 Verbuchung des festgestellten und verteilten Erfolges

Um buchungstechnisch vom vorläufigen zum endgültigen Jahresergebnis zu gelangen, sind zunächst im Rahmen der Erfolgsfeststellung die erfolgsbezogenen Aufwendungen für Tantiemen und Ertragsteuern zu verbuchen. Die **Tantiemen** sind hierbei **auch buchmäßig** nach Vorstands- und Aufsichtsratstantiemen zu trennen: Die **Vorstandstantiemen** stellen als eine Form der Vergütung für die Geschäftsführungstätigkeit der Vorstandsmitglieder einen Aufwandsposten dar, der in der Gewinn- und Verlustrechnung unter die Position Löhne und Gehälter subsumiert wird; die **Aufsichtsratstantiemen** dagegen werden in der Gewinn- und Verlustrechnung nicht als Personalaufwand, sondern unter der Position Sonstige betriebliche Aufwendungen erfasst. Als Gegenkonto wird bei den Vorstandstantiemen das Konto Sonstige Verbindlichkeiten erkannt, da diese Aufwendungen erst nach dem Bilanzstichtag rückwirkend auf diesen gebucht werden können und die zu zahlenden Tantiemen eine Schuld der Gesellschaft an die Vorstandsmitglieder beinhalten, die erst im folgenden Jahr beglichen wird. Die am Bilanzstichtag noch nicht ausbezahlten Aufsichtsratstantiemen werden in der Schlussbilanz entweder analog auf dem Passivkonto Sonstige Verbindlichkeiten ausgewiesen, wenn ihre Höhe in der Satzung festgelegt ist, oder als Rückstellung für ungewisse Verbindlichkeiten behandelt, sofern sie ihrer Höhe nach erst von der Hauptversammlung bewilligt werden müssen (vgl. § 113 AktG).

Buchungssätze:

Vorstandstantiemen:
Vorstandstantiemen
(Löhne und Gehälter) **an** Sonstige Verbindlichkeiten

Aufsichtsratstantiemen:
Aufsichtsratstantiemen
(Sonstige betriebliche
Aufwendungen) **an** Sonstige Verbindlichkeiten oder
Tantieme-Rückstellungen

Ertragsteuern werden regelmäßig nicht erst mit der Auf- bzw. Feststellung des Jahresabschlusses oder der Veranlagung durch die Finanzbehörde fällig; vielmehr sind aufgrund von Vorauszahlungsbescheiden bereits während eines Geschäftsjahres Vorauszahlungen an die Finanzkasse zu leisten, die als Steueraufwand auf den Konten Körperschaftsteuer, Solidaritätszuschlag bzw. Gewerbesteuer erfasst werden. Die geleisteten Steuervorauszahlungen sind mit der wahrscheinlichen Steuerlast zu vergleichen: Unterschreiten die Vorauszahlungen die mutmaßliche Steuerlast, so sind in Höhe der Differenz Rückstellungen zu bilden, deren Auflösung erst nach Eingang des endgültigen Steuerbescheids erfolgen kann; sind voraussichtlich Überzahlungen erfolgt, so ist in Höhe der Differenz eine sonstige Forderung an das Finanzamt zu aktivieren (vgl. hierzu auch Teil A, Abschn. 9.1, S. 355 ff.).

Buchungssätze:

(1) Für Vorauszahlungen während der Abrechnungsperiode:

Gewerbesteuer		
Körperschaftsteuer		
Solidaritätszuschlag	**an**	Bank

(2) Bildung einer Rückstellung bei erwarteten Nachzahlungen:

Gewerbesteuer	**an**	Gewerbesteuerrückstellung
Körperschaftsteuer	**an**	Körperschaftsteuerrückstellung
Solidaritätszuschlag	**an**	Rückstellung für Solidaritätszuschlag

(3) Aktivierung einer sonstigen Forderung bei Überzahlung:

Steuerüberzahlungen (Sonstige Forderungen)	**an**	Gewerbesteuer Körperschaftsteuer Solidaritätszuschlag

Die Salden der Aufwandskonten werden zum Bilanzstichtag über die Gewinn- und Verlustrechnung abgeschlossen; die Salden der Aktiv- bzw. Passivkonten werden an die Schlussbilanz abgegeben.

(4) Abschlussbuchungen:

Erfolgskonten:

GuV	**an**	Gewerbesteuer
GuV	**an**	Körperschaftsteuer
GuV	**an**	Solidaritätszuschlag

Bestandskonten:

Gewerbesteuerrückstellung	**an**	SBK
Körperschaftsteuerrückstellung	**an**	SBK
Rückstellung für Solidaritätszuschlag	**an**	SBK
SBK	**an**	Steuerüberzahlungen (Sonstige Forderungen)

Ebenfalls im Rahmen der Feststellung des Bilanzergebnisses sind die Beträge buchungstechnisch zu erfassen, die den gesetzlichen und anderen **Gewinnrücklagen** vorab aus dem Jahresergebnis zugewiesen werden. Die Rücklagekonten werden ebenso wie das GuV-Konto, das als Saldo nunmehr den Bilanzerfolg ausweist, über die Schlussbilanz abgeschlossen.

Buchungssätze:

(1) Rücklagenzuweisung:

GuV	**an**	Gesetzliche Rücklage
GuV	**an**	Andere Gewinnrücklagen

(2) Abschluss der Rücklagekonten:

Gesetzliche Rücklage	**an**	SBK
Andere Gewinnrücklagen	**an**	SBK

(3) Abschluss des GuV-Kontos (Verbuchung des Bilanzgewinns):

GuV	**an**	SBK

Die Verbuchung der **Gewinnverwendung** kann erst nach dem Gewinnverwendungsbeschluss der Hauptversammlung erfolgen. Es wird daher im neuen Geschäftsjahr ein **Gewinnverwendungskonto** eingerichtet, auf das der festgestellte Bilanzgewinn übertragen wird. Von diesem Konto werden die entsprechenden Beträge im neuen Geschäftsjahr gemäß dem Gewinnverwendungsbeschluss abgebucht. Bei der Verbuchung einer Dividendenausschüttung ist zu beachten, dass die vom Aktionär zu tragende Kapitalertragsteuer, die durch das Unternehmensteuerreformgesetz 2008 ab Veranlagungszeitraum 2009 für private Kapitalerträge 25 % zuzüglich Solidaritätszuschlag und gegebenenfalls Kirchensteuer beträgt, von der Gesellschaft einzubehalten und an das Finanzamt abzuführen ist (vgl. zur Besteuerung auf Anteilseignerebene Teil A, Abschn. 7.1.3.2, S. 213 ff.). Der einbehaltene Betrag wird entweder auf das Konto Noch abzuführende Abgaben umgebucht oder verbleibt bis zur Abführung an das Finanzamt auf dem Konto Sonstige Verbindlichkeiten.

Buchungssätze:

(1) Umbuchung des Bilanzgewinns:

EBK	**an**	Gewinnverwendungskonto

(2) Dividendenausschüttung:

Gewinnverwendungskonto	**an**	Sonstige Verbindlichkeiten
Sonstige Verbindlichkeiten	**an**	Bank
		Noch abzuführende Abgaben

(3) Einstellung in andere Gewinnrücklagen:

Gewinnverwendungskonto	**an**	Andere Gewinnrücklagen

(4) Vortrag eines Teils des Bilanzgewinns:

Gewinnverwendungskonto	**an**	Gewinnvortrag

Beispiel:

Es wird auf die Daten des vorhergehenden Beispiels (vgl. Abschn. 14.3.1.2, S. 630 ff.) Bezug genommen:

Voll einbezahltes Grundkapital	5.000.000
Summe der gesetzlichen Rücklage	200.000
Summe der anderen Gewinnrücklagen	800.000
Vorläufiger Jahresüberschuss	1.000.000

Als Grundlage für die Erfolgsverbuchung werden bei den nachfolgenden Gewinnverwendungsgrößen die Werte herangezogen, die sich bei einem einheitlichen Körperschaftsteuersatz von 15 % ergeben haben (vgl. Lösung, S. 630 ff.). Darüber hinaus wird der Einbehalt der Kapitalertragsteuer (25 %) zuzüglich Solidaritätszuschlag (5,5 % auf Kapitalertragsteuer) berücksichtigt (Einbehaltungssatz kombiniert 26,375 % = 25 % · (1 + 5,5 %); von Kirchensteuer wird vereinfachend abgesehen). Der auf die Kapitalertragsteuer entfallende Solidaritätszuschlag wird wie die Kapitalertragsteuer unter den „Verbindlichkeiten aus Steuern" und damit getrennt vom Solidaritätszuschlag auf die Körperschaftsteuer verbucht.

Endgültiger Jahresüberschuss	578.534
Vorstandstantiemen	57.853
Aufsichtsratstantiemen	17.480
Zuführung zur gesetzlichen Rücklage	28.927
Körperschaftsteuer	155.011
Solidaritätszuschlag	8.526
Gewerbeertragsteuer	182.596
Bilanzgewinn	549.607

Gewinnverwendungsbeschluss der Hauptversammlung und Gewinnverwendungsvorschlag der Verwaltung weichen teilweise voneinander ab: Durch den Gewinnverwendungsbeschluss der Hauptversammlung werden zwar die von der Verwaltung vorgeschlagenen Gewinnausschüttungen in Höhe von 300.000 bestätigt, jedoch werden vom Restbetrag des Bilanzgewinns 100.000 den anderen Gewinnrücklagen zugeführt und folglich nur 149.607 als Gewinnvortrag ins neue Jahr übernommen, so dass sich folgende Gewinnverwendungstabelle ergibt:

Gewinnverwendungstabelle:

	Vorläufiger Jahresüberschuss	JÜv	1.000.000
./.	Tantiemen des Vorstands	TV	57.853
./.	Tantiemen des Aufsichtsrats	TA	17.480
./.	Körperschaftsteuer	KSt	155.011
./.	Solidaritätszuschlag	SolZ	8.526
./.	Gewerbeertragsteuer	GESt	182.596
=	endgültiger Jahresüberschuss	JÜ	578.534
./.	Verlustvortrag aus dem Vorjahr	VVV	–
=	Bemessungsgrundlage	B_1	578.534
./.	Einstellung in die gesetzliche Rücklage	GR	28.927
=	Bemessungsgrundlage	B_2	549.607
./.	Einstellung in die anderen Gewinnrücklagen	AGL	–
=	Zwischensumme		549.607
+	Gewinnvortrag aus dem Vorjahr	GVV	–
=	Bilanzgewinn	BG	549.607
./.	Dividendenausschüttung		300.000
./.	zusätzliche Rücklageneinstellung		100.000
=	Gewinnvortrag ins neue Jahr	GVN	149.607

Buchungssätze bei Anwendung des Kontenrahmens des Großhandels (vgl. Teil A, Abschn. 15.6.3.2, S. 722 ff. sowie ausführliches Gliederungsschema im Anhang A.2, S. 1308 ff.):

(1) Verbuchung der Vorstands- und Aufsichtsratstantiemen:

(a)	4080	Vorstandstantiemen	57.853				
	209	Aufsichtsratstantiemen (Sonstige betriebliche Aufwendungen)	17.480	an	194	Sonstige Verbindlichkeiten	75.333

(2) Bildung der Steuerrückstellungen, wobei bereits verbuchte Vorauszahlungen bei der Körperschaftsteuer von 150.000, beim Solidaritätszuschlag von 8.250 und bei der Gewerbeertragsteuer von 150.000 zu berücksichtigen sind.

(a)	421	Gewerbesteuer	32.596	an	07220	Gewerbesteuerrückstellung	32.596
(b)	221	Körperschaftsteuer	5.011	an	07221	Körperschaftsteuerrückstellung	5.011
(c)	226	Solidaritätszuschlag	276	an	07222	Solidaritätszuschlagsrückstellung	276

(3) Abschluss der angesprochenen Erfolgs- und Bestandskonten:

(a)	93	GuV	57.853	an	4080	Vorstandstantiemen	57.853
(b)	93	GuV	17.480	an	209	Sonstige betriebliche Aufwendungen (Aufsichtsratstantiemen)	17.480
(c)	194	Sonstige Verbindlichkeiten	75.333	an	94	Schlussbilanz	75.333
(d)	93	GuV	182.596	an	421	Gewerbesteuer	182.596
(e)	93	GuV	155.011	an	221	Körperschaftsteuer	155.011
(f)	93	GuV	8.526	an	226	Solidaritätszuschlag	8.526
(g)	07220	Gewerbesteuerrückstellung	32.596	an	94	Schlussbilanz	32.596
(h)	07221	Körperschaftsteuerrückstellung	5.011	an	94	Schlussbilanz	5.011
(i)	07222	Solidaritätszuschlagsrückstellung	276	an	94	Schlussbilanz	276

(4) Verbuchung der gesetzlichen Rücklagenzuweisung und deren Abschluss:

(a)	93	GuV	28.927	an	0631	Gesetzliche Rücklage	28.927
(b)	0631	Gesetzliche Rücklage	28.927	an	94	Schlussbilanz	28.927

(5) Umbuchung des Bilanzgewinns:

93	GuV	549.607	an	94	Schlussbilanz	549.607

(6) Umbuchung des Bilanzgewinns von der Eröffnungsbilanz der folgenden Periode auf das Gewinnverwendungskonto:

91	Eröffnungsbilanz	549.607	an	930	Gewinnverwendungskonto	549.607

(7) Verbuchung der von der Hauptversammlung beschlossenen Gewinnverwendung:

930	Gewinnverwendungskonto	549.607	**an**	194	Sonstige Verbindlichkeiten	300.000
				0634	Andere Gewinnrücklagen	100.000
				064	Gewinnvortrag	149.607

(8) Verbuchung der Dividendenausschüttung:

194	Sonstige Verbindlichkeiten	300.000	**an**	13	Bank	220.875
				191	Verbindlichkeiten aus Steuern (Kapitalertragsteuer zzgl. SolZ)	79.125

Abrechnungsperiode:

4080 Vorstandstantiemen

Soll		Haben	
(1)	57.853	57.853	(3 a)

0631 Gesetzliche Rücklage

Soll		Haben	
(4 b)	228.927	AB	200.000
			28.927 (4 a)
	228.927		228.927

209 Sonstiger betrieblicher Aufwand

Soll		Haben	
(1)	17.480	17.480	(3 b)

194 Sonstige Verbindlichkeiten

Soll		Haben	
(3 c)	75.333	75.333	(1)

421 Gewerbesteuer

Soll		Haben	
Bestand	150.000	182.596	(3 d)
(2 a)	32.596		
	182.596	182.596	

07220 Gewerbesteuerrückstellung

Soll		Haben	
(3 g)	32.596	32.596	(2 a)

221 Körperschaftsteuer

Soll		Haben	
Bestand	150.000	155.011	(3 e)
(2 b)	5.011		
	155.011	155.011	

07221 Körperschaftsteuerrückstellung

Soll		Haben	
(3 h)	5.011	5.011	(2 b)

226 Solidaritätszuschlag

Soll		Haben	
Bestand	8.250	8.526	(3 f)
(2 c)	276		
	8.526	8.526	

07222 Solidaritätszuschlagsrückstellung

Soll		Haben	
(3 i)	276	276	(2 c)

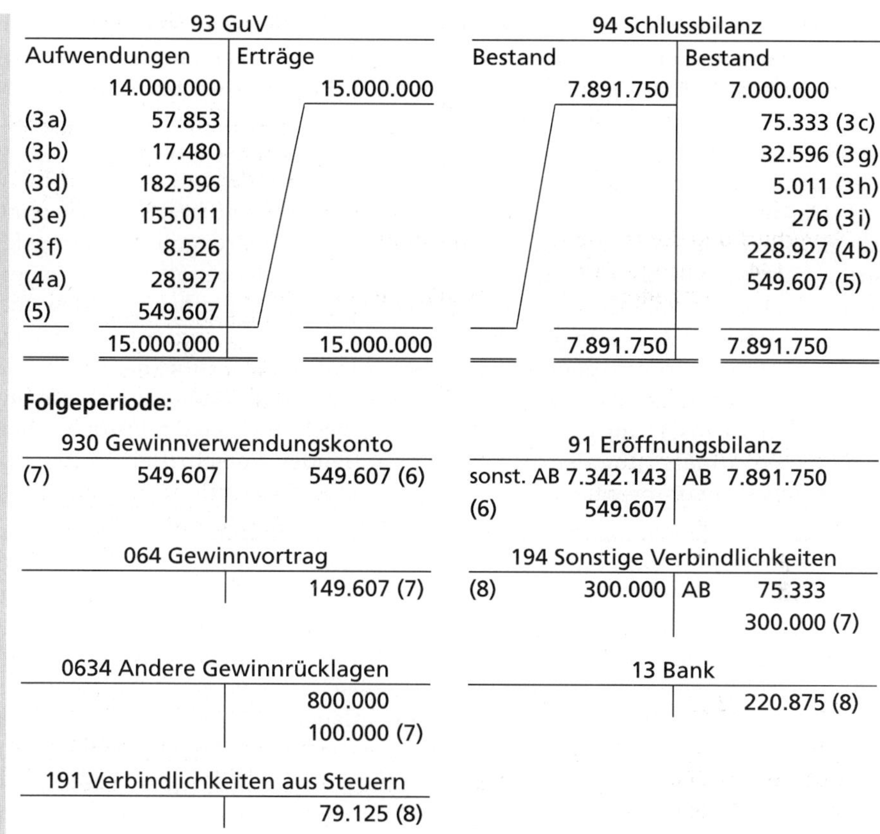

93 GuV

Aufwendungen		Erträge	
	14.000.000	15.000.000	
(3 a)	57.853		
(3 b)	17.480		
(3 d)	182.596		
(3 e)	155.011		
(3 f)	8.526		
(4 a)	28.927		
(5)	549.607		
	15.000.000	15.000.000	

94 Schlussbilanz

Bestand		Bestand	
	7.891.750	7.000.000	
		75.333	(3 c)
		32.596	(3 g)
		5.011	(3 h)
		276	(3 i)
		228.927	(4 b)
		549.607	(5)
	7.891.750	7.891.750	

Folgeperiode:

930 Gewinnverwendungskonto

(7)	549.607	549.607	(6)

91 Eröffnungsbilanz

sonst. AB	7.342.143	AB	7.891.750
(6)	549.607		

064 Gewinnvortrag

		149.607	(7)

194 Sonstige Verbindlichkeiten

(8)	300.000	AB	75.333
			300.000 (7)

0634 Andere Gewinnrücklagen

		800.000	
		100.000	(7)

13 Bank

		220.875	(8)

191 Verbindlichkeiten aus Steuern

		79.125	(8)

Falls der geprüfte Jahresabschluss einer AG geändert wird, ergibt sich aus § 173 Abs. 3 AktG, dass im seltenen Fall einer Feststellung des Jahresabschlusses durch die Hauptversammlung auch der anschließende Ergebnisverwendungsbeschluss schwebend unwirksam ist. Er wird unwirksam, sofern nicht innerhalb von zwei Wochen ein hinsichtlich der Änderungen uneingeschränkter Bestätigungsvermerk erteilt worden ist.

14.3.2 Die Erfolgsverbuchung bei der Gesellschaft mit beschränkter Haftung (GmbH)

Die Rechtsverhältnisse der GmbH, die ebenso wie die AG Kapitalgesellschaft ist und eigene Rechtspersönlichkeit besitzt, sind im „Gesetz betreffend die Gesellschaften mit beschränkter Haftung (GmbHG)" aus dem Jahre 1892 (zuletzt geändert durch Art. 5 des Gesetzes zur Angemessenheit der Vorstandsvergütung vom 31. 7. 2009 (VorstAG)) geregelt. Grundlegend reformiert wurde es zuletzt durch das **Gesetz zur Modernisierung des GmbH-Rechts und zur Bekämpfung von Missbräuchen (MoMiG) vom 23. 10. 2008** (BGBl. I 2008, S. 2026 ff.). Ziele dieser grundlegenden Reform waren vor allem die Beschleunigung und Vereinfachung von Unternehmensgründungen, die Erhöhung der Attraktivität der GmbH als Rechtsform und die Bekämpfung von Missbräuchen. So ist durch den neu eingefügten § 5a GmbHG die Gründung einer so genannten **Unternehmergesellschaft (haftungsbeschränkt)** bzw. **UG (haftungsbeschränkt)** möglich, die bereits mit einem Stammkapital von 1 EUR gegründet werden kann (vgl. Teil C, Abschn. 2.1.2.2, S. 1026 f.). Die Rechtsform der GmbH sollte ursprünglich den Gesellschaftern kleinerer und mittlerer Betriebe die Möglichkeit eröffnen, ihre Haftung und damit ihr Kapitalrisiko auf ihre Einlage zu beschränken, ohne sie gleichzeitig mit den formalen Anforderungen und strengen Rechnungslegungsvorschriften des Aktienrechts zu belasten. Da sich aber auch zunehmend große und sehr große Unternehmen der Rechtsform der GmbH bedienen und die gegenüber der AG geringeren Form- und Rechnungslegungsvorschriften zu einer erhöhten Insolvenzgefährdung dieser Rechtsform geführt haben, wurde bezüglich der Publizitäts- und Rechnungslegungsvorschriften im Zusammenhang mit der Umsetzung der Harmonisierungsbestrebungen der Europäischen Union eine Annäherung der die GmbH betreffenden Vorschriften an das Aktienrecht vorgenommen.

Das gezeichnete Kapital, bei der GmbH als **Stammkapital** bezeichnet, wird bei der Gründung durch den Gesellschaftsvertrag festgelegt (§ 3 Abs. 1 Nr. 3 GmbHG) und beträgt mindestens 25.000 € (§ 5 Abs. 1 GmbHG); es setzt sich aus den Anteilen der Gesellschafter zusammen, wobei die Stammeinlage eines Gesellschafters auf volle Euro lauten muss (§ 5 Abs. 2 GmbHG). Der Betrag der Stammeinlage kann für die einzelnen Gesellschafter verschieden bestimmt werden. In der Summe müssen die Stammeinlagen der Gesellschafter jedoch mit dem Stammkapital übereinstimmen (vgl. zur Gründung der GmbH Teil C, Abschn. 2.1.2.2, S. 1026 ff.). Das Stammkapital entspricht seinem Wesen nach dem Grundkapital der AG und bezeichnet den Betrag, in dessen Höhe die Gesellschafter besonderen Pflichten zur Sicherung des Gesellschaftsvermögens unterliegen. Diese Sicherung dient den Gläubigern als Ausgleich dafür, dass für die Verbindlichkeiten der GmbH nur das Gesellschaftsvermögen haftet (§ 13 Abs. 2 GmbHG). Lediglich in bestimmten Missbrauchsfällen der Rechtsform der GmbH kann es im Rahmen der so genannten **Durchgriffshaftung** zu einer Haftung des Privatvermögens der Gesellschafter kommen. Dies ist beispielswiese der Fall, wenn es aufgrund mangelhafter Buchführung zu einer Vermischung zwischen Privat- und Gesellschaftsvermögen kommt oder wenn die Gesellschaftsform GmbH zur Verfolgung rechtswidriger Ziele oder zur treuwidrigen Schädigung anderer Personen missbraucht wird, auch wenn die gesetzlichen Gestaltungsmöglichkeiten formal korrekt ausgeübt werden. Allerdings führt eine unzureichende Kapitalisierung der Gesellschaft nicht zur Haftung des GmbH-Gesellschafters. So lehnt der BGH eine Durchgriffshaftung wegen (materieller) **Unterkapitalisierung** einer GmbH grundsätzlich ab (BGH v. 28. 4. 2008, DB 2008, S. 1423). Unter bestimmten Umständen kommt des Weiteren eine **Haftung der Geschäftsführer** in Frage. Diese ist aus verschiedenen Blickwinkeln zu betrachten. Bei einer Haftung des Geschäftsführers nach § 43 GmbHG ist zu berücksichtigen, dass dem Geschäftsführer bei unternehmerischen Entscheidungen ein erhebliches Handlungsermessen zusteht (OLG Oldenburg vom 22. 6. 2006, DStR 2007, S. 635). Des Weiteren ist ein Geschäftsführer beispielsweise wegen Vorenthaltung von Arbeitnehmeranteilen zur Sozialversicherung nach §823 Abs. 2 BGB i. V. m. §266a StGB haftungsrechtlich verantwortlich (BGH v. 25. 9. 2006, DStR 2006, S. 2185). Auch kann sich eine **Haftung des Aufsichtsrates** ergeben. So haftet jedes Aufsichtsratsmitglied bei schuldhafter Verletzung seiner Organpflichten der Gesellschaft gegenüber persönlich auf Ersatz des daraus entstandenen Schadens (§52 Abs. 1 GmbHG i. V. m. §§93, 116 AktG). Beispielsweise ist in einer (drohenden) Krisensituation der Vorsitzende des Aufsichtsrates verpflichtet, eine Sitzung einzuberufen. Unterlässt er dies, so ist er zum Ersatz des daraus entstehenden Schadens verpflichtet (LG München v. 31. 5. 2007, NZI 2007, S. 610).

Das Stammkapital der GmbH wird auf dem Stammkapitalkonto verbucht und in der Bilanz grundsätzlich in der durch den Gesellschaftsvertrag festgelegten Höhe ausgewiesen, auch wenn Teile davon noch nicht einbezahlt sind oder nicht entnommene Gewinne das Eigenkapital der Gesellschaft erhöhen. Die nicht einbezahlten Stammeinlagebeträge werden, soweit diese nicht eingefordert wurden, offen auf der Passivseite vom Stammkapital abgesetzt. Soweit die Stammeinlagebeträge bereits eingefordert, aber noch nicht eingezahlt wurden, erfolgt ein gesonderter Ausweis auf der Aktivseite unter den Forderungen und sonstigen Vermögensgegenständen (zur Verbuchung und zum Ausweis des Stammkapitals vgl. Teil A, Abschn. 14.3, S. 615 f.).

Ob und in welcher Höhe **Rücklagen** zu bilden sind, ist im GmbHG nicht geregelt. §29 Abs. 2 GmbHG bestimmt lediglich, dass die Gesellschafter durch den Gewinnverwendungsbeschluss Beträge in Gewinnrücklagen einstellen oder als Gewinn vortragen können, sofern der Gesellschaftsvertrag nichts anderes vorsieht. Darüber hinaus können mit Zustimmung des Aufsichtsrats oder der Gesellschafter die Eigenkapitalanteile aus Wertaufholungen oder steuerfreien Rücklagen ebenfalls in die Gewinnrücklagen eingestellt werden (§29 Abs. 4 GmbHG). Allerdings ist für eine Unternehmergesellschaft (haftungsbeschränkt) nach §5a Abs. 3 GmbHG die Bildung einer gesetzlichen Rücklage vorgesehen, in die jährlich 25 % des um einen Verlustvortrag verminderten Jahresüberschusses einzustellen sind. Diese darf nicht ausgeschüttet werden. Hingegen ist eine Verwendung zur Kapitalerhöhung aus Gesellschaftsmitteln zulässig (§5a Abs. 3 Satz 2 Nr. 1 i. V. m. §57c GmbHG). Des Weiteren kann eine Verwendung zur Deckung eines Jahresfehlbetrages oder Verlustvortrages (§5a Abs. 3 Nr. 2 u. 3 GmbHG) erfolgen. Die Verpflichtung zur Bildung der Rücklage entfällt erst dann, wenn das Stammkapital der Gesellschaft einen Betrag von mindestens 25.000 EUR erreicht (§5a Abs. 5 GmbHG; vgl. hierzu auch Teil C, Abschn. 2.1.2.2, S. 1026).

Der **Jahresabschluss** einer GmbH für das abgelaufene Geschäftsjahr ist gemäß §264 Abs. 1 Satz 3 HGB innerhalb der ersten drei Monate des laufenden Jahres durch die Geschäftsführer zu erstellen; kleine GmbHs im Sinne von §267 Abs. 1 HGB müssen den Jahresabschluss allerdings ohne Lagebericht innerhalb der ersten sechs Monate des Geschäftsjahres erstellen (§264 Abs. 1 Satz 4 HGB). Die Geschäftsführer haben den Jahresabschluss und den Lagebericht unverzüglich den Gesellschaftern bzw., sofern es sich um prüfungspflichtige Gesellschaften handelt, den Abschlussprüfern vorzulegen (§42a Abs. 1 GmbHG). Über die Feststellung des Jahresabschlusses sowie über die Gewinnverwendung haben die Gesellschafter innerhalb der ersten acht Monate des laufenden Jahres zu beschließen; für die kleine GmbH verlängert sich diese Frist auf elf Monate (§ 42a Abs. 2 GmbHG). Verletzt der für die Buchführung verantwortliche Geschäftsführer seine daraus resultierenden Pflichten, so stellt dies eine schwerwiegende Pflichtverletzung dar und kann der Abberufung eines Mitgeschäftsführers aus wichtigem Grund dienen (BGH v. 12. 1. 2009, DStR 2009, S. 598). Verfügt eine GmbH über mehrere Geschäftsführer, zwischen denen eine Ressortverteilung besteht, so steht grundsätzlich jedem von ihnen das Recht auf Information über sämtliche Angelegenheiten der Gesellschaft zu, auch wenn diese allein das Ressort eines Mitgeschäftsführers betreffen (OLG Koblenz v. 22. 11. 2007, NZG 2008, S. 397).

Auf einen sich ergebenden Jahresüberschuss haben die Gesellschafter zuzüglich eines Gewinnvortrages bzw. abzüglich eines Verlustvortrages nach § 29 Abs. 1 GmbHG grundsätzlich Anspruch, und zwar nach dem Verhältnis der Geschäftsanteile (§ 29 Abs. 3 GmbHG), sofern im Gesellschaftsvertrag die Gewinnverteilung nicht völlig ausgeschlossen oder ein anderer Maßstab der Verteilung festgesetzt wurde. Hat sich in der Satzung ein Gesellschafter zur Übernahme von Verlusten verpflichtet, so ist diese Verpflichtung als Nebenleistungspflicht unwirksam, wenn sie weder zeitlich begrenzt ist noch eine Obergrenze enthält (BGH v. 22. 10. 2007, DStR 2008, S. 309). Bezüglich der Verwendung eines erwirtschafteten Gewinns entscheidet die Gesellschafterversammlung darüber, in welchem Umfang der Gewinn auszuschütten ist bzw. ob und in welcher Höhe (Gewinn-)Rücklagen zu bilden sind oder ein Gewinnvortrag erfolgt (§ 29 Abs. 2 GmbHG).

Der in die Schlussbilanz übernommene Gewinn wird im Rahmen der Eröffnungsbuchungen des neuen Geschäftsjahres auf das Konto **Gewinnverwendung** übertragen und anschließend dem Gewinnverwendungsbeschluss entsprechend verbucht. Dabei ist zu beachten, dass die den einzelnen Gesellschaftern zukommenden Gewinnanteile nicht deren Anteilen am Stammkapital gutgeschrieben, sondern entweder auf Privatkonten, Gewinnanteilskonten oder auch auf einem Konto Verbindlichkeiten gegenüber Gesellschaftern gebucht werden; bei Auszahlung der Gewinnanteile werden die erkannten Konten buchungstechnisch wieder ausgeglichen. Bei noch nicht voll einbezahlter Stammeinlage kann ein Gesellschafter seinen Gewinnanteil auch zur Erfüllung seiner Einlageverpflichtungen verwenden, indem er ihn gegen das Konto „Eingeforderte ausstehende Einlagen" buchen lässt bzw. im Falle einer nicht eingeforderten Einlage an das Konto „Ausstehende, nicht eingeforderte Einlagen", dessen Saldo offen vom gezeichneten Kapital (Stammkapital) abzusetzen ist, bucht. Damit ergeben sich folgende Buchungssätze:

(1) Übertragung auf das Konto Gewinnverwendung:

Eröffnungsbilanz	**an**	Gewinnverwendung

(2) Gewinnverwendung:

Gewinnverwendung	**an**	Andere Gewinnrücklagen
bzw.	**an**	Verbindlichkeiten gegenüber Gesellschaftern

bzw.	**an** Eingeforderte ausstehende Einlagen
bzw.	**an** Ausstehende nicht eingeforderte Einlagen
bzw.	**an** Gewinnvortrag

Beispiel:

Die Maschinengroßhandlung ABCD-GmbH weist vier Gesellschafter auf, von denen A mit 800.000 sowie B, C und D mit jeweils 400.000 am Stammkapital von 2 Mio. beteiligt sind. B und C haben jeweils 50.000 ihres bereits eingeforderten Kapitalanteils noch nicht eingezahlt und wollen deshalb ihre Gewinnanteile am Gesamtgewinn der Abrechnungsperiode, der sich auf 400.000 beläuft, zum Ausgleich ihrer eingeforderten noch ausstehenden Einlagen verwenden. Laut Gesellschaftsvertrag erhält A als Geschäftsführer eine Tätigkeitsvergütung von 50.000. Vom Restgewinn sind $^2/_7$ in die Rücklagen, die sich bislang auf 200.000 belaufen, einzustellen und $^5/_7$ den Kapitalanteilen entsprechend zu verteilen, so dass A $^2/_7$ und die anderen 3 Gesellschafter jeweils $^1/_7$ als Gewinnanteil gutgeschrieben bekommen:

Gewinnverteilung:

Gesellschafter A:	50.000 +	$^2/_7 \cdot$ 350.000 = 150.000
Gesellschafter B:		$^1/_7 \cdot$ 350.000 = 50.000
Gesellschafter C:		$^1/_7 \cdot$ 350.000 = 50.000
Gesellschafter D:		$^1/_7 \cdot$ 350.000 = 50.000
Rücklagenzuweisung:		$^2/_7 \cdot$ 350.000 = 100.000

Buchungssätze bei Anwendung des Kontenrahmens des Großhandels (vgl. Teil A, Abschn. 15.6.3.2, S. 722 ff. sowie Anhang A.2, S. 1308 ff.):

(1) Übertragung auf das Konto Gewinnverwendung und erforderliche Eröffnungsbuchungen:

(1 a)	91	Eröffnungsbilanz	400.000	**an**	930	Gewinnverwendungskonto	400.000
(1 b)	91	Eröffnungsbilanz	200.000	**an**	0634	Andere Gewinnrücklagen	200.000
(1 c)	0010	Eingeforderte ausstehende Einlagen von B	50.000	**an**	91	Eröffnungsbilanz	50.000
(1 d)	0011	Eingeforderte ausstehende Einlagen von C	50.000	**an**	91	Eröffnungsbilanz	50.000

(2) Gewinnverwendung:

930 Gewinnverwendungskonto	400.000	an	0634	Andere Gewinnrücklagen	100.000
			1930	Verbindl. geg. Gesellschaftern (Gewinnanteil A)	150.000
			1931	Verbindl. geg. Gesellschaftern (Gewinnanteil D)	50.000
			0010	Eingeforderte ausstehende Einlagen von B	50.000
			0011	Eingeforderte ausstehende Einlagen von C	50.000

91 Eröffnungsbilanz

	3.400.000	3.900.000	
(1 a)	400.000	50.000	(1 c)
(1 b)	200.000	50.000	(1 d)
	4.000.000	4.000.000	

930 Gewinnverwendungskonto

(2)	400.000	400.000	(1 a)

1930 Gewinnanteil A

		150.000	(2)

0010 Eingeforderte ausstehende Einlagen von B

(1 c)	50.000	50.000	(2)

1931 Gewinnanteil D

		50.000	(2)

0011 Eingeforderte ausstehende Einlagen von C

(1 d)	50.000	50.000	(2)

0634 AndereGewinnrücklagen

		200.000	(1 b)
		100.000	(2)

Ergänzende Literatur zu: 14 Erfolgsverbuchung und Rechtsform

Bähr/Fischer-Winkelmann, Buchführung, S. 45–53, 231–232, 244–255

Coenenberg/Haller/Schultze, Jahresabschluss, S. 543–589

Engelhardt/Raffée/Wischermann, Buchhaltung, S. 172–186

Hense, Stille Gesellschaft, S. 1–310

Raiser/Veil, S. 5–7, 791–799

Wöhe/Kußmaul, Buchführung, S. 91–108

Wörner, Handels- und Steuerbilanz, S. 215–233

15 Organisation der Buchführung

Dieses Kapitel führt zurück zu den Grundlagen der Buchführung, wie sie in Kapitel 1 dargestellt wurden: Es behandelt die organisatorische und technische Ausgestaltung der Finanzbuchführung und ergänzt damit die Ausführungen zur formellen und materiellen Ordnungsmäßigkeit (vgl. Teil A, Kap. 1, S. 15 ff.). Inhaltlich wird zunächst als Grundlage die historische Entwicklung der Buchführungsformen und -techniken (Abschn. 15.1) aufgezeigt. Danach werden die Bestandteile der Buchführung (Abschn. 15.2), alternative Systeme und Formen der Buchführung (Abschn. 15.3 und 15.4) sowie die Techniken der Buchführung (Abschn. 15.5) dargestellt. Die Anordnung des Kapitels an dieser Stelle erscheint deshalb sinnvoll, weil die Darstellung einer organisatorischen Ausgestaltung stets die Kenntnis ihrer inhaltlichen Aufgaben und Ausfüllung voraussetzt.

15.1 Historische Entwicklung der Buchführungsformen und Buchführungstechniken

Durch § 238 Abs. 1 HGB ist jeder Kaufmann verpflichtet, „Bücher zu führen und in diesen seine Handelsgeschäfte und die Lage seines Vermögens nach den Grundsätzen ordnungsmäßiger Buchführung ersichtlich zu machen" (ausgenommen von der Buchführungspflicht sind Einzelkaufleute, die die Bedingung des § 241a Abs. 1 HGB erfüllen). Wie nun „die Lage seines Vermögens" ersichtlich zu machen ist, darüber gibt es eine Reihe von Bilanzierungs- und Bewertungsvorschriften (vor allem die §§ 238 bis 289a HGB sowie verschiedene rechtsform- und steuerspezifische Regelungen); über die **Methodik** „Bücher zu führen", über das **„Wie"** der Buchführung existieren aber keine bzw. lediglich allgemein gehaltene Grundsätze. Ein bestimmtes Buchführungssystem ist daher nicht vorgeschrieben (R 5.2 Abs. 2 EStR). Es bleibt deshalb weitgehend dem „Kaufmannsbrauch" sowie der technischen Entwicklung überlassen, gemäß welcher Methodik Buchführung betrieben wird.

Die ersten, derzeit bekannten Buchführungstechniken finden sich (lange vor Kodifizierung der Buchführungspflicht durch § 238 Abs. 1 HGB) vor mehr als 5000 Jahren in den Tontafeln der Sumerer, die als Aufzeichnungen über Bier- und Brotlieferungen sowie als Vermögensverzeichnisse interpretiert werden. Sicherlich beinhalten auch die steinernen Darstellungen der Babylonier, die Pergamentschriften der Ägypter sowie die zu Knoten geknüpften Schnüre der Inkas (sog. Quipus) neben religiösen Erzählungen auch Aufzeichnungen über „Handelsgeschäfte und die Lage des Vermögens". Mit Wachs bestrichene Holztafeln und Papyri aus dem Altertum werden heute als Merkposten über Lieferungen und Bestände an Brot, Wein oder Öl und damit ebenso als primitive

Form der Buchführung gedeutet wie die Kerbhölzer und mit Kreide beschrifteten Tafeln des Mittelalters. Erst nachdem die Technik der Papierherstellung im 12. Jahrhundert von China über Arabien nach Europa kam, waren erste Anfänge einer systematischen Buchführung in den Büchern oberitalienischer Handelshäuser möglich. Von diesem Zeitpunkt (etwa 13. Jahrhundert) bis noch vor wenigen Jahren waren die Aufzeichnungsunterlagen dieselben geblieben: Papier.

Gewandelt hat sich in dieser Zeit allerdings die **Aufzeichnungstechnik**: Die weitgehend unsystematischen Sammlungen loser Blätter, die zunächst als Datenträger dienten, wurden bald durch **gebundene Bücher** abgelöst, die den Vorteil geordneter Aufbewahrung, schwierigerer Fälschung und besserer Nachprüfbarkeit boten. Wegen der schwierigen Korrigierbarkeit im gebundenen Buch bildete sich bereits bei den Römern der Handelsbrauch heraus, sämtliche Geschäftsvorfälle zunächst vorläufig nach ihrem zeitlichen Anfall in einem Notizheft bzw. einer Kladde und erst danach endgültig nach Personen und Sachen geordnet im gebundenen Buch zu verzeichnen. Diese heute als **Übertragungsbuchführung** bezeichnete Technik (vgl. Teil A, Abschn. 15.4.1, S. 657 ff.) wurde im späten Mittelalter von den oberitalienischen Zünften verallgemeinert und verbessert: Aus dem vorläufigen Notizheft wurde das ordentliche **Journal** (Tagebuch, Grundbuch), aus dem gebundenen Buch das **Hauptbuch** (Sachbuch), so wie wir es heute noch kennen. (Zu diesen Bestandteilen der Buchführung im Einzelnen vgl. Teil A, Abschn. 15.2, S. 648 ff.).

Mit den Vorteilen eines gebundenen Buches war allerdings der Nachteil verbunden, dass der für einen bestimmten sachlichen Bereich vorgesehene Platz (z. B. eine Seite; später im System der Doppik: ein Konto) nicht ausreichte, sofern dieser häufig angesprochen wurde. Um die dann notwendigen Verweise auf neue Seiten und Fortsetzungsbücher sowie ständiges Hin- und Herblättern im Buch mit der daraus resultierenden mangelhaften Übersicht zu vermeiden, wurden sowohl Grund- als auch Hauptbuch in mehrere Einzelbücher, so genannte **Nebenbücher**, unterteilt: Je nach Größe des Betriebes sind hier Kassenbuch, Wareneinkaufsbuch, Warenverkaufsbuch, Wechselbuch, Bankbuch, Geschäftsfreundebuch u. a. denkbar. Nach Art und Umfang der geführten Nebenbücher werden die sog. italienische, englische, deutsche, französische und amerikanische Methode der Übertragungsbuchführung unterschieden (vgl. Teil A, Abschn. 15.4, S. 656 ff.).

Trotz der Aufteilung in mehrere Einzelbücher erwies sich die Übertragungsbuchführung infolge der Notwendigkeit zur mehrmaligen Eintragung eines Geschäftsvorfalles im Journal, im Hauptbuch und evtl. in Nebenbüchern als recht umständlich und fehlerträchtig. Als daher in den Jahren vor dem 1. Weltkrieg die Durchschreibetechnik entwickelt wurde, fand diese schnell Eingang in die Finanzbuchführung: Man schrieb den Buchungssatz im Original auf das entsprechende Hauptbuch-Konto, erhielt als Durchschrift dieselbe Eintragung im deckungsgleich darunter liegenden Journal und ersparte sich so die aufwendige und fehlerträchtige Übertragungsarbeit (sog. **manuelle Durchschreibebuchführung**). Technische Hilfsmittel, um zeilen- und spaltengerecht durchschreiben zu können, waren spezielle Anlageschienen mit getrennten Klemmleisten für Journal- und Kontoblätter. Da bei der Durchschreibebuchführung die Kontenblätter bei jeder Buchung auszuwechseln sind, war eine Buchführung in gebundenen Büchern, welche gemäß dem Allgemeinen Deutschen Handelsgesetzbuch bis 1900 zwingend vorgeschrieben war, arbeitstechnisch nicht mehr möglich. Man musste daher zwangsläufig zur **Lose-Blatt-Buchführung** zurückkehren, deren Zulässigkeit in einem eigens dazu erstellten Gutachten der Industrie- und Handelskammer Berlin aus dem Jahr 1927 festgestellt wurde.

Mit der manuellen Durchschreibebuchführung in Lose-Blatt-Form konnte die aufwendige Übertragungsarbeit und damit eine potentielle Fehlermöglichkeit zwar reduziert werden, es blieb jedoch nach wie vor die umständliche und ebenfalls fehlerträchtige Rechenarbeit bei der Saldenermittlung und bei der Abschlusserstellung. Man entwickelte daher mechanische Saldiermaschinen, deren Rechenwerk automatisch mit der Eingabe des entsprechenden Buchungssatzes in Gang gesetzt wurde und die dem Buchführenden die monotone Rechenarbeit abnahmen (sog. **maschinelle Durchschreibebuchführung**). Technische Hilfsmittel dieser Buchhaltungsform waren rein mechanisch arbeitende Schreibbuchungsmaschinen (= Schreibmaschinen mit einem Rechenwerk pro Spalte des Journals) oder Addierbuchungsmaschinen (= Rechenmaschinen mit Typenhebeln für die beim Buchen vorkommenden Bezeichnungen).

Die Durchschreibebuchführung brachte zwar erhebliche Erleichterungen bei der Schreib- und Rechenarbeit, sie war jedoch noch immer mit beträchtlichem manuellen Arbeitsaufwand verbunden: Für jeden Geschäftsvorfall musste ein spezielles Kontoblatt aus der Kontenkartei herausgesucht, mit Hilfe einer Klemmvorrichtung (bei manueller Durchschreibebuchführung) bzw. Kontoeinzugsvorrichtung (bei maschineller Durchschreibebuchführung) zeilen- und spaltengerecht mit dem Journal in Übereinstimmung gebracht, sodann beschriftet und anschließend wieder in den Bestand aller Kontenblätter einsortiert werden. Diesen Arbeitsaufwand versuchte man, durch die Offene-Posten-Buchhaltung bzw. kontenlose Buchführung sowie durch die Lochkartenbuchführung zu reduzieren.

Bei der **Offene-Posten-Buchführung** wird auf spezielle Kunden- und Lieferanten-Konten verzichtet; stattdessen werden lediglich die noch nicht ausgeglichenen Rechnungen (Offene Posten) getrennt von den bereits ausgeglichenen abgelegt. Die Belegsammlungen ersetzen das Konto: Die neu hinzukommenden Rechnungen werden täglich im Journal aufgelistet und im Bestand der Offenen Posten gesammelt. Die Bezahlung wird sodann im Journal registriert und die entsprechende Rechnung aus dem Offenen-Posten-Bestand entfernt. Dehnt man dieses Prinzip über die Kontokorrentbuchführung hinaus auf sämtliche Sachkonten aus, so spricht man von **kontenloser Buchführung**.

Statt der ursprünglichen Rechnung kann auch eine Lochkarte, die sämtliche Informationen sowohl in Form von maschinell lesbaren Lochungen als auch in Klarschrift enthält, als Datenträger dienen. Primärer Vorteil dieser **Lochkartenbuchführung** ist, dass alle notwendigen Sortier-, Schreib- und Rechenarbeiten nach Eingabe der entsprechenden Daten mechanischen oder elektronischen Buchungsmaschinen überlassen werden konnten. Die Lochkartenbuchführung war daher bis Mitte der 70er Jahre die vorherrschende Buchführungstechnik.

Seitdem aber das Speichern auf elektronischen Speichermedien erheblich schneller und billiger geworden ist, hat die Lochkartenbuchführung nur noch historische Bedeutung als Vorläufer der EDV-Buchführung.

Auch dem **Magnetkonten-Computer,** als primitiver Vorstufe elektronischer Datenverarbeitung, kommt heute keine praktische Bedeutung mehr zu. Bei diesen Halbautomaten wurde zusätzlich zum Klarschriftnachweis auf einer Kontokarte gleichzeitig eine elektronisch lesbare Verschlüsselung der Buchungssätze auf dem am Kartenrand befindlichen Magnetstreifen gespeichert. Saldenlisten und andere Kontenverdichtungen waren daher mittels der auf Kontenkarten magnetisch gespeicherten Buchungsdaten programmgesteuert erstellbar.

Als die so genannten Massenspeicher (Magnettrommel, Magnetband oder Magnetplatte) mit Beginn der 70er Jahre immer leistungsfähiger und preiswerter wurden, mussten die Buchungsdaten nicht mehr auf einzelnen Lochkarten, Kontokarten oder -streifen gespeichert werden, sondern konnten als zentrale Dateien auf Magnetspeichern erfasst werden. Objekt dieser ersten Anwendungsgeneration von EDV im Rechnungswesen waren daher die großen Datenvolumina der Finanzbuchhaltung, die nach vorgegebenen Algorithmen auf fest definierten Wegen verarbeitbar sind. Ursprünglich wurden dabei die auf maschinell lesbaren Datenträgern aufgezeichneten Buchungen unabhängig vom Erfordernis sofort bzw. zeitnah vollständig verarbeitet und dauerhaft lesbar gemacht; Erfassung, Verarbeitung und Ausdruck der Buchungsdaten standen daher in einem engen zeitlichen Zusammenhang (= **konventionelle EDV-Buchführung**). Demgegenüber werden die Buchungsdaten heute üblicherweise zunächst auf maschinell lesbaren Datenträgern erfasst, d. h. verarbeitungsfähig gespeichert, und erst später bei Bedarf (z. B. bei Abschlusserstellung oder anlässlich einer steuerlichen Außenprüfung) für den jeweils benötigten Zweck vollständig verarbeitet und ausgedruckt. Diese Vorgehensweise wird wegen der vorläufigen Abspeicherung der Buchführungsdaten vor deren bedarfsorientierter Verarbeitung und Aufbereitung auch als **Speicherbuchführung** bezeichnet. Da bei der Speicherbuchführung das Zahlenwerk der Buchführung nicht vollständig ersichtlich ist, wurde diese Form der EDV-Buchführung bis zum Inkrafttreten der AO 1977 zunächst für unzulässig gehalten. Seither ist sie jedoch sowohl handels- als auch steuerrechtlich anerkannt, sofern sie den GoB entspricht (§ 239 Abs. 4 HGB und § 146 Abs. 5 AO); sie stellt heute – vor allem wegen ihrer Rationalisierungs- und vielfältigen Auswertungsmöglichkeiten – die gebräuchliche Form der Buchführung dar (im Einzelnen vgl. Teil A, Abschn. 15.5.5, S. 669 ff.).

15.2 Bestandteile der Buchführung

15.2.1 Die Belegorganisation

Grundlage jeder Buchung ist der **Buchungsbeleg**; sein Vorliegen ist Voraussetzung für die Vornahme der ordnungsmäßigen Bucheintragung (**Belegzwang** nach § 257 Abs. 1 Nr. 4 HGB und § 147 Abs. 1 Nr. 4 AO). **Belege** sind alle Schriftstücke, die geeignet sind, die Richtigkeit von Angaben über geschäftliche Vorfälle nachzuweisen, d. h. zu belegen; sie unterliegen einer zehnjährigen Aufbewahrungsfrist (vgl. hierzu auch Teil A, Abschn. 1.2.2.1, S. 28 f.). Neben **externen** Belegen (Urbelege, natürliche Belege), die auf Transaktionen zwischen dem Unternehmen und Dritten beruhen und anlässlich des Geschäftsvorfalls zwangsläufig anfallen (z. B. Eingangs-, Ausgangsrechnungen, Bankauszüge, Wechsel, Zahlkartenabschnitte, Registrierkassenstreifen, Quittungen, Frachtbriefe, Geschäftsbriefe), gibt es **interne** Belege (Eigenbelege), die bei Nichtvorliegen eines Urbelegs den Buchungsvorgang wiederzugeben haben und vom jeweils Verantwortlichen selbst zu zeichnen sind (z. B. Materialentnahmescheine, Lohn- und Gehaltslisten, Belege über Privatentnahmen, Sammelbuchungs-, Umbuchungs-, Abschlussbuchungsbelege). Ausnahmen des Belegzwangs sind lediglich bei betrieblich veranlassten, üblicherweise ohne Belegerteilung getätigten Auslagen kleineren Umfangs steuerlich unschädlich, wenn diese erfahrungsgemäß ständig in gewissem Umfang anfallen und ihre Entstehung und Höhe glaubhaft gemacht werden, z. B. Parkgebühren, Trinkgelder, Zeitungsgelder (zu den Besonderheiten des Belegwesens bei Einsatz von EDV vgl. Teil A, Abschn. 15.5.5.4.2.2, S. 703 ff.).

Die **Belegablage** hat geordnet zu erfolgen; es erscheint zweckmäßig, die Belegordnung nach Sachkriterien (Kunde, Lieferant, Bank) unter fortlaufender Nummerierung vorzunehmen. Zur Erleichterung der Buchungsarbeit werden die Belege **vorkontiert**. Die dafür benutzten Organisationsmittel (Buchungsstempel) enthalten die Kontennummern der angesprochenen Konten, den Buchungstext und den Buchungsbetrag. Durch Angabe der Belegnummer bei der Bucheintragung auf dem entsprechenden Konto wird dem Erfordernis einer jederzeit nachvollziehbaren und eindeutig feststellbaren Zuordnung von Buchung und Beleg Rechnung getragen. Da Bücher auch in der geordneten Ablage von Belegen bestehen können (§ 239 Abs. 4 HGB und § 146 Abs. 5 AO), sind Belege unter Beachtung der Grundsätze über die Offene-Posten-Buchführung (vgl. dazu Teil A, Abschn. 15.4.2.1, S. 661 f.) auch als **Grundbuchersatz** sowohl für den unbaren Geschäftsverkehr wie für den Bank- und Postgiroverkehr heranziehbar (R 5.2 Abs. 1 Satz 6 EStR).

15.2.2 Die Grundbücher

Die Grundbücher übernehmen auf der Grundlage der Belege die zeitliche oder chronologische Ordnung der Bucheintragungen **(Grundaufzeichnungen)**; sie werden deshalb auch unter den Bezeichnungen **Journal** (Tagebuch), **Memorial** (Gedächtnisbuch) oder **Primanota** (Buch der ersten Eintragung) zusammengefasst. Die Zahl der Grundbücher richtet sich nach den technischen und organisatorischen Gegebenheiten des jeweiligen Betriebes; in Betracht kommen vor allem Kassenbücher, Wareneingangs- und Warenausgangsbücher sowie Bank- und Postgirobücher. Insbesondere die erforderliche **tägliche** Erfassung der Kassenbewegungen (§ 146 Abs. 1 AO) macht das Kassenbuch in vielen Fällen zum wichtigsten Grundbuch, wobei die Tageseinnahmen (Tageslosung) im Einzelhandel auch durch Registrierkassen oder summarisch erstellte Kassenberichte ermittelt werden können. Bei Einzelerfassung nur der Kassenausgaben ist der

Kassenbericht regelmäßig nach der Bestandskontengleichung aufgebaut: Dem durch Kassensturz ermittelten Kassenendbestand werden die Tagesausgaben hinzugerechnet und der Kassenanfangsbestand abgezogen, um die Kasseneinnahmen aus Warenverkauf zu erhalten; Letztere werden anschließend als Summe verbucht.

Sämtliche Eintragungen in den Grundbüchern müssen vollständig, richtig, zeitgerecht und geordnet vorgenommen werden (§239 Abs. 2 HGB und §146 Abs. 1 AO). Die zeitgerechte Erfassung der Geschäftsvorfälle setzt dabei – mit Ausnahme des baren Zahlungsverkehrs – keine tägliche, sondern, bei Vorliegen organisatorischer Vorkehrungen bezüglich des zeitlichen Zusammenhangs zwischen Geschäftsvorfall und seiner buchmäßigen Erfassung, nur eine durch Rationalisierungserwägungen begründete **periodenmäßige** Aufzeichnung voraus (H 5.2 EStH). Die auf der terminlichen Identifizierung beruhende Bedeutung der Grundbücher während ihrer Aufbewahrungsfrist bleibt davon unberührt.

Beispiel:

Lieferung von Waren am 10. 4. lt. Rechnungsdurchschlag Nr. 624 an Kunde A. Schneider im Wert von 400 zuzügl. 10 % USt. Das Grundbuch zeigt im Wesentlichen folgenden Aufbau:

Lfd. Nr.	Datum	Beleg-Nr.	Journal April 19. .	Seite. . .	
				Soll	Haben
• • • 17 • •	10. 4.	624	Forderung A. Schneider **an** Warenverkauf und MwSt (auch: 101 an 801 und 1811)*	440	400 40

* nach dem Kontenrahmen für den Groß- und Außenhandel

15.2.3 Das Hauptbuch

Die sachliche oder systematische Ordnung der Buchungen übernimmt das Hauptbuch auf den im Kontenplan des Betriebes verzeichneten – sämtliche Bestands- oder Erfolgskonten umfassenden – **Sachkonten.** Der Abschluss dieser Sachkonten führt zur Bilanz und Erfolgsrechnung. Kennzeichnend für jede Form des Hauptbuchs ist stets die sachliche Zusammenfassung des Buchungsstoffes nach dem Buchungsinhalt (Kasse, Bank, Wareneinkauf). Die Übertragung der Geschäftsvorfälle von den Grundbüchern ins Hauptbuch erfolgt meist gruppenweise nach gleichartigen Buchungen zusammengefasst und in gewissen Zeitabständen (längstens ein Monat). Die noch vorzustellenden konventionellen Buchführungsformen unterscheiden sich hierbei im Wesentlichen nach der Tiefe der Grundbuchuntergliederung und der Art und Weise der Grundbuchübertragung ins Hauptbuch (vgl. Teil A, Abschn. 15.4, S. 656 ff.).

Beispiel:

Aufzeichnung des obigen Geschäftsvorfalls im Hauptbuch

Seite …

101 Warenforderungen

Soll					Haben
10.4.	an 801 und 1811	440			

Seite …

801 Warenverkauf

Soll					Haben
			10.4.	Per 101	400

Seite …

1811 Umsatzsteuer

Soll					Haben
			10.4.	Per 101	40

15.2.4 Die Nebenbücher

Nebenbücher sind Hilfsbücher; sie dienen der weiteren Aufgliederung und Ergänzung der Sachkonten und werden außerhalb des Kontensystems zumeist in eigenständigen **Nebenbuchhaltungen** geführt. Ihre Aufgabe besteht vornehmlich in der Erfassung spezifischer Einzeltatbestände, um schließlich als **Sammelbeleg** für die systematische Verbuchung auf den Hauptbuchkonten zu dienen. Hierzu gehören vor allem die **Kontokorrentbuchführung**, die **Lohn- und Anlagenbuchführung** und das Führen von **Wechsel- und Wertpapierbüchern**. Aber auch die als Ergänzung der Wertrechnung vorzunehmenden Mengenaufzeichnungen zur Bestandsüberwachung und Bestandskontrolle **(Lagerbuchführung)** sowie die **Bereitstellung von Unterlagen für die Kostenrechnung** (z. B. Materialabrechnung, Kostenartenverteilung) sind Gegenstand von Nebenbuchführungen.

Ein besonders wichtiges, da den Mindestanforderungen an eine Buchführung zuzurechnendes Nebenbuch ist das **Kontokorrent- oder Geschäftsfreundebuch.** Es übernimmt die Aufzeichnung des gesamten, nach Kunden und Lieferanten geordneten Kreditverkehrs (vgl. auch Teil A, Abschn. 1.4, S. 39 f.). Während die Sachkonten im Hauptbuch den Stand der gesamten Warenforderungen (Debitorensachkonto) und Warenverbindlichkeiten (Kreditorensachkonto) zum Ausweis bringen, kommt dem Kontokorrent- oder Geschäftsfreundebuch die Aufgabe zu, den Stand des **individuellen** Kreditverhältnisses aufzuzeichnen. Zu diesem Zweck wird grundsätzlich für jeden einzelnen Kreditor bzw. Debitor ein eigenes Konto **(Personenkonto)** angelegt, auf dem die Geschäftsvorfälle mit dem jeweiligen Kunden bzw. Lieferanten verzeichnet werden. Um allerdings zu vermeiden, dass für seltene Kunden und Lieferanten im Rahmen der Kontokorrentbuchführung jeweils gesonderte Personenkonten erstellt werden müssen, können für derartige Geschäftsvorfälle ein oder mehrere **Konten pro Diverse**

(CPD-Konten) als Personensammelkonten eingerichtet werden. Bei diesen Konten werden die individuellen Daten der Debitoren und Kreditoren, wie z. B. Name, Anschrift und Bankverbindung, nicht in Form von Stammdaten eines gesonderten Kontos, sondern in den einzelnen Buchungszeilen der Sammelkonten erfasst und ggf. in einen Beleg eingestellt. Vorteile ergeben sich bei einer großen Anzahl von Geschäftsvorfällen mit Einmalkunden bzw. Lieferanten, da hier das ansonsten erforderliche Einrichten einer Vielzahl von Einzelkonten mit den dazugehörigen umfangreichen Stammdaten (z. B. über zugehörige Hauptbuchkonten, Zahlungsbedingungen, Mahnverfahren) durch die Einrichtung weniger Konten (z. B. Debitoren A–E, F–J usw.) ersetzt werden kann. Es muss hierbei aber durch ein geeignetes Zugriffsverfahren (z. B. im Rahmen der EDV-Buchführung über einen Sekundärindex) sichergestellt sein, dass jederzeit auf die offenen und ausgeglichenen Posten des Kontos und damit auf die Kunden-/Lieferanteninformationen zugegriffen werden kann. Die Personenkonten sowie die Personensammelkonten differenzieren damit die Kontensaldensummen der Debitoren- und Kreditorensachkonten nach den einzelnen Geschäftspartnern: Jede Eingangs- und jede Ausgangsrechnung ist folglich ebenso wie jede Zahlung zusätzlich zur Verbuchung auf dem Sachkonto auch auf dem jeweiligen individuellen Debitoren- oder Kreditorenkonto durch Einmalbuchung, also ohne Gegenbuchung, zu erfassen. Die Kontenabstimmung erfolgt periodisch durch Zusammenstellung der Personenkontensalden in einer **Saldenliste**; die Saldenlistensumme muss mit dem Saldo des betreffenden Sachkontos übereinstimmen. Das Kontokorrentbuch dient neben der Buchführung vor allem auch der Überwachung von Zahlungszielüberschreitungen und dem Mahnwesen sowie als wichtige Informationsbasis für die Pflege der Geschäftsverbindungen zu Kunden und Lieferanten.

Beispiel: Debitorenbuchführung

Das Sachkonto Kundenforderungen weist zum Jahresbeginn einen Anfangsbestand von 44. 000 aus, der sich auf Warenlieferungen aus der vergangenen Periode gegenüber drei Kunden wie folgt verteilt:

$$K_1 : 440; K_2 : 30.800; K_3 : 12.760$$

Die während des Geschäftsjahres getätigten Zielverkäufe betragen gegenüber

$$K_1 : 660; K_2 : 16.500; K_3 : 13.200$$

Die Höhe der während des Geschäftsjahres erfolgten Zahlungseingänge beträgt bei

$$K_1 : 750; K_2 : 36.200; K_3 : 21.400$$

Sachkonten:

Warenforderungen

AB	44.000		750
	660		36.200
	16.500		21.400
	13.200	EB	16.010
	74.360		74.360

Warenverkauf

	600
	15.000
	12.000

Bank	
750	
36.200	
21.400	

Mehrwertsteuer	
	60
	1.500
	1.200

Personenkonten: Debitorenkartei

Kunde K_1					
Monat	Tg.	Bel. Nr.	Vorgang	S	H
01	1	.	Anf.-Best.	440	
.	.	.	Wa.-Lief.	660	
.	.	.	Überweisg.		750
.	.	.	Saldo		350

Kunde K_2					
Monat	Tg.	Bel. Nr.	Vorgang	S	H
01	1	.	Anf.-Best.	30.800	
.	.	.	Wa.-Lief.	16.500	
.	.	.	Überweisg.		36.200
.	.	.	Saldo		11.100

Kunde K_3					
Monat	Tg.	Bel. Nr.	Vorgang	S	H
01	1	.	Anf.-Best.	12.760	
.	.	.	Wa.-Lief.	13.200	
.	.	.	Überweisg.		21.400
.	.	.	Saldo		4.560

Debitorensaldenliste:

K_1 :	350
K_2 :	11.100
K_3 :	4.560
	16.010

Die Summe der Personenkontensalden stimmt mit dem Endbestand auf dem Forderungssachkonto überein. Bei der Verbuchung und Abstimmung der Kreditorenkonten ist analog zu verfahren.

Auf eine Kontokorrentbuchführung kann nur verzichtet werden, wenn ausschließlich Bargeschäfte (Zahlung innerhalb von 8 Tagen) getätigt werden oder aber die Zahl der Geschäftsfreunde so klein ist, dass die Personenkonten als aufgegliedertes (Kontokorrent-)Sachkonto in die systematische Aufzeichnung im Hauptbuch einbezogen werden können. Das Kontokorrent kann jedoch in der Form der **Offene-Posten-Buchführung** bzw. als **kontenlose Buchführung** organisiert werden: Es weist dann jeweils nur die Differenz zwischen Umsatz und Zahlung, also die noch offenen Posten (unbezahlte Rechnungen) aus; oder aber es wird überhaupt auf das Konto verzichtet und das Kontokorrent als geordnete Ablage der unbezahlten Rechnungen der einzelnen Geschäftspartner (Lieferanten- bzw. Kundenmappen) geführt (vgl. Teil A, Abschn. 15.4, S. 656 ff.).

15.3 Systeme der Buchführung

Ihrem Anwendungsgebiet entsprechend können **kaufmännische** und **kameralistische** Buchführungssysteme unterschieden werden. Die kaufmännische Buchführung kann als einfache und als doppelte, die Kameralistik als einfache oder als gehobene Buchführung betrieben werden.

Die (einfache) **Kameralistik** ist **keine** kaufmännische Buchführung, da sie weder eine Inventur noch eine Bewertung des Vermögens kennt. Als eine auf Einnahmen und Ausgaben aufbauende Soll-Ist-Rechnung ist sie das am staatlichen Haushaltsplan orientierte Buchführungssystem von Behörden und öffentlichen Verwaltungen. Allerdings setzen sich in den letzten Jahren Gemeinde- und Landesverwaltungen für einen Systemwechsel in der Haushaltsrechnung zur grundsätzlich vorteilhafteren doppelten Buchführung ein. So wurden im November 2003 von den Innenministern der Bundesländer konkrete Leitlinien für die Umstellung der kommunalen Haushalte auf das System der doppelten Buchführung verabschiedet. Die Rechtsgrundlage für das haushaltswirtschaftliche Rechnungswesen der öffentlichen Verwaltungen bildet das Haushaltsrecht, insbesondere das Gesetz über die Grundsätze des Haushaltsrechts des Bundes und der Länder (Haushaltsgrundsätzegesetz HGrG), die Bundeshaushaltsordnung (BHO), die Landeshaushaltsordnungen (LHO) sowie die jeweiligen Gemeindeordnungen (GO), Gemeindehaushaltsverordnungen (GemHVO) und Gemeindekassenverordnungen (GemKVO). Um ein Mindestmaß an Einheitlichkeit zu gewährleisten, wurde das Haushaltsgrundsätzegesetz mit dem Gesetz zur Modernisierung des Haushaltsgrundsätzegesetzes (Haushaltsgrundsätzemodernisierungsgesetz – HGrGMoG) vom 31. 7. 2009 novelliert. Dieses Gesetz trat am 1. 1. 2010 in Kraft und eröffnet die Möglichkeit, statt einer kameralen Haushaltswirtschaft die **Doppik** einzuführen. Diese Reform sieht die Doppik als vollwertiges System zur Haushaltsführung vor. Der deutsche Gesetzgeber überlässt es nach § 1a HGrG jeweils der einzelnen Verwaltungseinheit, ob eine Anpassung an die Doppik erfolgt (vgl. *Lehleiter/Riedl*, Haushaltsgrundsätzemodernisierungsgesetz, S. 199). Für kaufmännische Zwecke ist die Kameralistik jedoch auch in ihrer gehobenen Form, die u. a. auch Vermögenskonten und Periodenabgrenzung kennt, zwar nicht zwingend unzulässig (§ 238 HGB), aber in der Praxis weitgehend ungeeignet, da ihr die zwingende Verbindung zwischen Vermögens- und Erfolgsrechnung fehlt. Auch für handelsgewerbliche Unternehmen des Bundes, der Länder und der Gemeinden hat sie durch verschiedene Eigenbetriebsgesetze an Bedeutung verloren, da diese ausschließlich die doppelte Buchführung vorsehen. Analoges gilt für forstwirtschaftliche Betriebe, deren kameralistische Tradition weitgehend durch die kaufmännische Rechnungslegung abgelöst wurde. Auch im Hochschulbereich wird in zunehmenden Maße auf kaufmännische Rechnungskonzepte auf der Basis der doppelten Buchführung übergegangen (*Küpper,* Hochschulrechnung, S. 348). Den folgenden Ausführungen liegt ausschließlich die kaufmännische Buchführung zugrunde.

15.3.1 Die einfache Buchführung

In der einfachen kaufmännischen Buchführung werden nur diejenigen Geschäftsvorfälle buchmäßig festgehalten, die aus Kontroll- und Inventargründen unbedingt benötigt werden. Dies sind die Kassenvorgänge und die Abrechnungen mit den Kunden und den Lieferanten. Im Gegensatz zur doppelten Buchführung erfasst sie nur Zahlungsvorgänge der Gegenwart und der Zukunft, aber keine innerbetrieblichen Leistungsvorgänge.

Obwohl weitgehend auf die Erfassung von Zahlungsvorgängen beschränkt, unterscheidet die Aufzeichnung der Kreditgeschäfte die einfache Buchführung von der bloßen Einnahmen-Ausgabenrechnung im steuerlichen Sinne. Gegenüber der doppelten Buchführung fehlt die Kontrollfunktion der Doppelbuchung und das nach sachlichen Kriterien geführte Hauptbuch. Die Hauptbücher sind damit nicht vergleichbar: Weder ein Bestands- noch ein Erfolgskontenabschluss ist aus dem Hauptbuch der einfachen Buchführung ableitbar. Die ausschließlich inventurmäßige Bestandsfeststellung lässt damit auch nur die (einfache) Erfolgsermittlung durch Reinvermögensvergleich zu. Die Bilanz ist nicht aus der Buchführung, sondern aus dem Inventar zu entwickeln; eine Gewinn- und Verlustrechnung kennt die einfache Buchführung mangels Erfolgskonten nicht.

Nach § 242 Abs. 3 HGB besteht der Jahresabschluss für alle Kaufleute mindestens aus Bilanz und Gewinn- und Verlustrechnung. Da es bei der einfachen Buchführung keine Gewinn- und Verlustrechnung gibt, ist sie **handelsrechtlich nicht zulässig** und damit auch für Gewerbetreibende, die ihren Gewinn nach § 5 EStG ermitteln, wegen der Maßgeblichkeit der handelsrechtlichen Grundsätze ordnungsmäßiger Buchführung für die steuerliche Gewinnermittlung (§ 5 Abs. 1 EStG) nicht anwendbar.

15.3.2 Die doppelte Buchführung (Doppik)

Charakteristikum der doppelten Buchführung ist das **geschlossene** Kontensystem und der aus diesem entwickelte Kontenformalismus (ausführlich vgl. Teil A, Kap. 3, S. 74 ff.). Dieser wurde von *Luca Pacioli* als einem der ersten in seinem 1494 in Venedig erschienenen Werk: *„Summa de Arithmetica Geometria, Proportioni et Proportionalità"* dargestellt (ausführlicher dazu vgl. *Schneider,* Betriebswirtschaftslehre Bd. 4, S. 78 ff.). Im Einzelnen beinhaltet das System der doppelten Buchführung:

- Erfassung aller das Betriebsvermögen berührenden Vorgänge (Geschäftsvorfälle) in zeitlicher **und** in sachlicher Ordnung;
- Buchung auf Konto **und** Gegenkonto mit Soll- und Habenaufzeichnung desselben Betrages und damit ausgeprägter Kontrollfunktion;
- Darstellung der Zahlungs- **und** Leistungsvorgänge auf Bestands- und Erfolgskonten mit einem getrennten, aus den Büchern zu entwickelnden Abschluss;

- **Zweifache** (doppelte) Erfolgsermittlung sowohl aus der Sicht der Vermögens- als auch der (Eigen-)Kapitalrechnung mit laufender Kontrollmöglichkeit hinsichtlich der Bestandsänderungen und der Erfolgsquellen.

Die Bestandteile der Doppik entsprechen den in Abschnitt 15.2 dargestellten Bücherarten. Ihre Organisation im Einzelnen kann an verschiedenen Buchführungsformen, wie sie im folgenden Abschnitt 15.4 dargestellt sind, orientiert sein.

15.4 Formen der Buchführung

Die Unterscheidung der Bücher nach ihrer äußeren Aufmachung führt zu verschiedenen **Buchführungsformen.** Dabei hat insbesondere die Zahl und die Stellung der Grundbücher zu teilweise nur im Detail sich unterscheidenden Formen der Buchführungsorganisation geführt. Die Anwendung einer bestimmten Buchführungsform ist regelmäßig eng verknüpft mit dem Einsatz einer bestimmten Technik (vgl. dazu im Einzelnen Teil A, Abschn. 15.5, S. 665 ff.). So kann die Übertragungsbuchführung als italienische, englische, deutsche, französische, amerikanische und kombinierte Form durchgeführt werden. Durchschreibetechnik und maschinelle Techniken sind als Offene-Posten-Buchhaltung, kontenlose Buchhaltung und Lose-Blatt-Buchhaltung denkbar. Sämtliche genannten Formen können als zweckmäßige Ausgestaltungen bestimmter Techniken aufgefasst werden **(= Verfahrenszweckbuchführungen)**. Daneben sind **Sonderformen**, insbesondere die Geheimbuchführung und die Filialbuchführung, anwendbar.

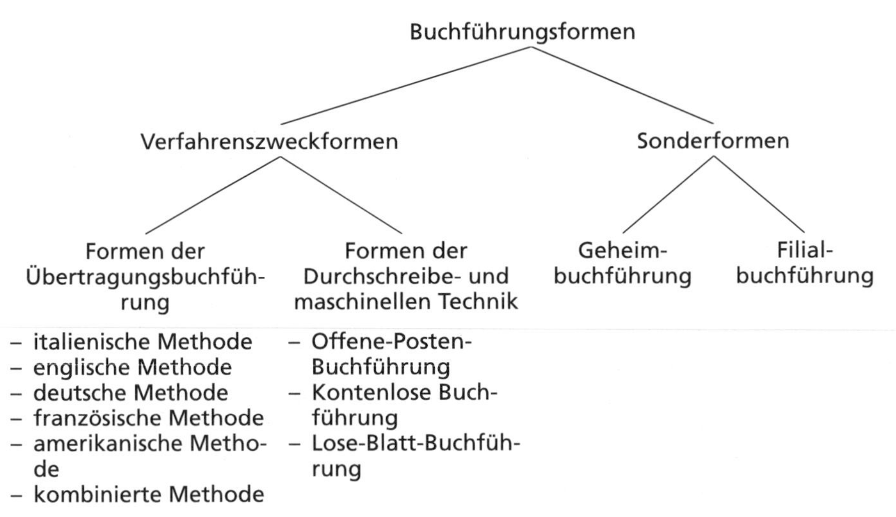

Formen der Finanzbuchführung

15.4.1 Formen der Übertragungsbuchführung

Die älteste Technik der doppelten Buchführung stellt die manuelle Übertragungsbuchführung dar (vgl. Teil A, Abschn. 15.5.1, S. 665 ff.). Je nach Zahl und Stellung der verwendeten Grundbücher lassen sich dabei unterschiedliche Formen unterscheiden, deren Bezeichnung aber nichts über ihren Verwendungsbereich aussagt.

Mittlerweile sind fast alle dieser Buchführungsformen infolge veralteter und umständlicher Technik nur noch von historischer Bedeutung; lediglich die amerikanische Methode findet in Kleinbetrieben mit geringer Kontenanzahl bis heute Verwendung.

15.4.1.1 Die italienische Methode

In der **ursprünglichen** Form der italienischen Methode lässt sich der Buchzusammenhang schematisch wie folgt darstellen:

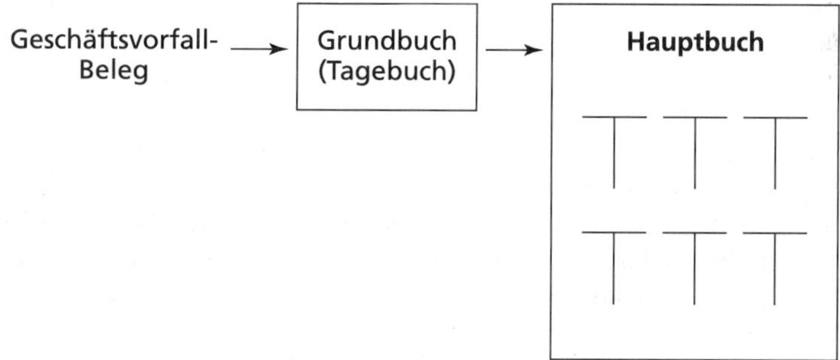

In der **erweiterten** Fassung wird das Grundbuch unterteilt in ein den Barverkehr aufnehmendes Kassenbuch und ein alle übrigen Geschäfte aufzeichnendes Memorial (Tagebuch). Als Nebenbücher kommen ein Waren- und ein Kontokorrentbuch in Betracht.

15.4.1.2 Die englische Methode

Die englische Methode der Übertragungsbuchführung unterteilt das Grundbuch aus arbeitstechnischen Gründen in weitere Einzelbücher: Neben dem Kassenbuch wird dem Memorial (Tagebuch) ein Wareneinkaufsbuch, ein Warenverkaufsbuch und ein Wechselbuch ausgegliedert und gesondert geführt. Die Warenbücher erfassen nur unbare Geschäftsvorfälle und sind deshalb als Rechnungseingangs- bzw. Rechnungsausgangsbücher zu verstehen. Die Übertragung erfolgt auf die entsprechenden Sachkonten des Hauptbuches, also z. B. vom Wechselbuch auf das Sachkonto Besitzwechsel oder Schuldwechsel.

15.4.1.3 Die deutsche Methode

Kennzeichnend für diese Methode ist die Ausweitung der Übertragungsbuchungen durch Zwischenschaltung eines **Sammeljournals**. Wie aus der folgenden Abbildung erkennbar, erfolgt die Buchungsabfolge dabei vierstufig.

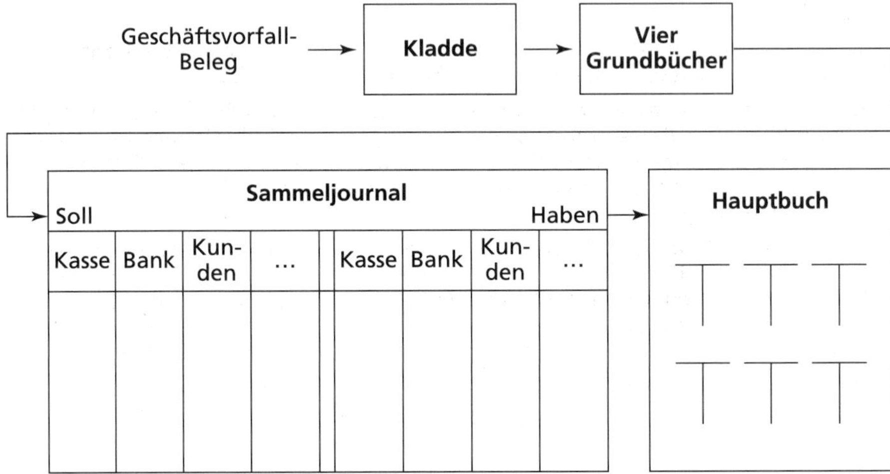

Die den Grundbüchern vorgeschaltete **Kladde** dient zur eiligen Voraberfassung der täglichen Geschäftsvorfälle und ihrer formell richtigen täglichen Übernahme in die **vier Grundbücher**: Kassenbuch, Wareneingangs- und Warenverkaufsbuch sowie Memorial (Tagebuch). Der gesamte Buchungsstoff wird zum Monatsende zunächst im **Sammeljournal** (Mensual) sachkontenorientiert zusammengefasst, ehe die anschließende Übertragung ins **Hauptbuch** erfolgt. Durch die ausschließliche Übernahme von Endsummen wird eine wesentliche Entlastung des Hauptbuches von Einzelbuchungen erreicht und dessen Übersichtlichkeit verbessert.

15.4.1.4 Die französische Methode

Stärker arbeitsteilig als die deutsche Methode ist die französische Vorgehensweise im Bereich der Grundbücher; ansonsten ist sie mit dieser identisch. Die beliebige Zahl der Grundbücher erleichtert die Zusammenfassung gleichartiger Posten; die Folge davon ist aber auch ein erweitertes Sammeljournal mit der Tendenz zur Komplizierung infolge zu starker Aufsplitterung der Buchführung. Eine teilweise Entlastung der Übertragungsarbeiten wird durch Einrichtung von Grundbuchspalten für die am häufigsten berührten Konten erreicht. Damit ist aber bereits die Vorgehensweise im amerikanischen Journal angesprochen.

15.4.1.5 Die amerikanische Methode

Vor allem zur Vermeidung von Übertragungsfehlern und zur Vereinfachung der Übertragungsarbeit vereinigt diese Form der Übertragungsbuchführung

Grund- und Hauptbuch im **amerikanischen Journal**; sie wird deshalb auch als **Einheitsbuchführung** bezeichnet. Durch die Horizontalanordnung der Sachkonten werden die Grundbuch- und Hauptbuchführung in einem Tabellenbogen so verbunden, dass die Erfassung der Vorfälle in beiden Büchern gleichzeitig sowohl nach chronologischer als auch sachlicher Orientierung erfolgen kann.

Beispiel:

Verkürztes amerikanisches Journal für Monat April (s. Abb. S. 660; Kontierung nach Großhandelskontenrahmen (s. Anhang A.2, S. 1308 ff.).

Die Betragsspalte des amerikanischen Journals dient der Zeilen- und Kontenspaltenkontrolle; der Betrag muss sowohl der Summe der Soll- als auch der Summe der Habenbuchungen entsprechen. Durch Einfügen von Bilanz- und Gewinn- und Verlust-Konto kann auch der Abschluss über das amerikanische Journal vorgenommen werden.

Einfachheit und Übersichtlichkeit der auf dieser Methode aufbauenden Buchführungsformen erklären deren Verwendung bis heute vor allem in kleinen Betrieben mit begrenzter Kontenzahl. In dieser Beschränkung liegt auch der besondere Nachteil des amerikanischen Journals: Der Behelf mit einem Konto „Diverse" zeigt die Grenzen der Kontenaufnahmefähigkeit und zwingt zu dessen weiterer Untergliederung in besonderen Nebenbüchern. Die bei hohem Buchungsanfall erforderliche Vielzahl an Journalseitenübertragungen wird meist durch monatliche Zusammenfassung in Sammelbüchern vereinfacht.

15.4.1.6 Kombinierte Methoden

Die dargestellten Formen der Übertragungsbuchführung können auch als **Mischformen** auftreten. In der Praxis häufig anzutreffen ist die Kombination der deutschen mit der amerikanischen Vorgehensweise mit dem Ziel, die Vorteile beider Methoden miteinander zu verbinden. Das Schema der Buchungsabfolge zeigt dann folgendes Bild:

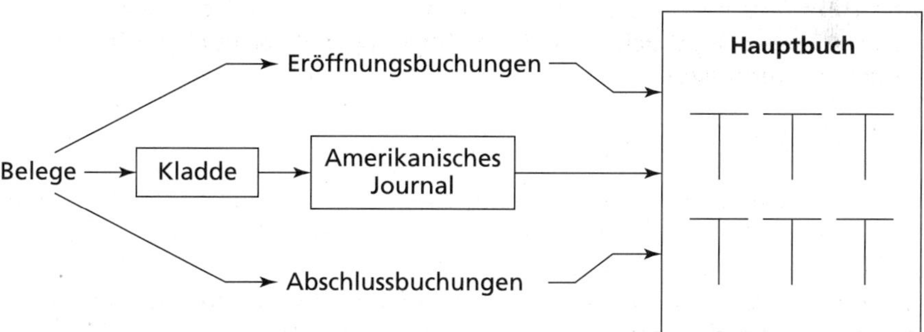

In dieser Kombination ersetzt das amerikanische Journal zunächst nur das Grundbuch. Indem jedoch gleichzeitig die Monatsendsummen der eingerichteten Konten zusammengefasst werden, macht es darüber hinaus das Sammeljournal der deutschen Methode überflüssig.

Die Frage nach der vorteilhaftesten Methodenkombination ist nicht allgemeingültig, sondern nur unter betriebsindividuellen Zweckmäßigkeitsgesichtspunk-

Lfde. Nr.	Beleg-Nr.	Tag	Vorgang	Kontie-rung	Be-trag	141 Vorst.		1811 Ums-St.		151 Kasse		13 Bank		10 Ford.		17 Verb.		30 WE		80 WV		48 AV		16 Priv.		Diverse	
						S	H	S	H	S	H	S	H	S	H	S	H	S	H	S	H	S	H	S	H	S	H
1		1.4.	Übertrag		1.700					300		400		700			500	300			200						1.000
2	624	10.	Zielverk.	10/80, 1811	440				40					440							400						
3	627	12.	Barentn.	16/151	90						90													90			
4	628	13.	Überw. AVK	48,141/ 13	165	15							165									150					

Grundbuch | Hauptbuch

Legende:
WE = Wareneinkauf
WV = Warenverkauf
AV = Allgemeine Verwaltung
AVK = Allgemeine Verwaltungskosten

Beispiel für verkürztes amerikanisches Journal

ten zu beantworten. Art und Größe des Betriebes werden für den Umfang der Buchführung und damit für die Zahl der zu berücksichtigenden Bücher im Wesentlichen maßgeblich sein.

15.4.2 Formen der Durchschreibebuchführung und maschineller Techniken

Sofern bei der Buchführung die Durchschreibetechnik oder eine der maschinellen Techniken angewandt wird (vgl. dazu im einzelnen Teil A, Abschn. 15.5, S. 665 ff.), ist es zweckmäßig, die Grund- und Hauptbücher nicht in gebundener Form, sondern in einer der Technik angepassten Form zu führen. So setzt z. B. die maschinelle Durchschreibetechnik voraus, dass Grund- und Hauptbuch deckungsgleich übereinander gelegt und so in einem Schritt beschriftet werden können. Voraussetzung ist somit eine Buchführung in Lose-Blatt-Form. Ebenso dienen die Offene-Posten-Buchhaltung und die kontenlose Buchführung der rationellen Bewältigung der Aufzeichnungsarbeiten.

15.4.2.1 Die Offene-Posten-Buchführung

Die Offene-Posten-Buchführung dient insbesondere der Vereinfachung der Debitoren- und Kreditorenbuchführung; ihre Zulässigkeit ergibt sich aus R 5.2 Abs. 1 Satz 6 EStR sowie durch § 146 Abs. 5 AO und § 239 Abs. 4 HGB. Der Zweck des Kontokorrentbuches wird hier nicht durch die Führung von Personenkonten, sondern unmittelbar durch die systematische Belegablage erreicht (**Belegbuchführung**). Als Buchungsträger dienen die Rechnungen selbst: Diese werden so lange in der Ordnung der offenen Posten (Offene-Posten-Kartei der unbezahlten Rechnungen) gehalten, bis sie nach Auflösung durch die zugehörigen Geschäftsvorfälle (Rechnungsbegleichung) der Rubrik der erledigten Posten (Ausgeglichene-Posten-Kartei) zugeordnet werden können. Die Belegsammlung bildet das Konto.

Technisch sind von jedem Beleg der Offene-Posten-Buchführung zwei Kopien anzufertigen: Eine Namenskopie, die als Ersatz des Kundenkontos dient und die die jederzeitige Übersicht über die Forderungen und Verbindlichkeiten gegenüber den Geschäftsfreunden zu gewährleisten hat, und eine Nummernkopie, die das Grundbuch ersetzt und insoweit die Forderung nach chronologischer Ordnung des Buchungsstoffes erfüllt. Da das Kontokorrent nicht mehr die Addition aller mit einem Geschäftspartner getätigten Umsätze, sondern nur den jeweiligen Stand der noch unausgeglichenen Posten gegenüber dem einzelnen Kunden bzw. Lieferanten zum Ausdruck bringt, sind die offenen Posten regelmäßig mit den Debitoren- und Kreditorensachkonten abzustimmen. Für die Belege der Offene-Posten-Buchführung gilt eine Aufbewahrungsfrist von zehn Jahren (§ 257 Abs. 4 HGB und § 147 Abs. 3 AO).

Die Offene-Posten-Buchführung kommt jedoch nicht nur als Kontokorrentbuchführung, sondern grundsätzlich auch für andere Nebenbuchführungen, wie u. a. die Anlagen- oder Wechselbuchführung, in Betracht. Häufig erscheint die Offene-Posten-Buchführung in organisatorischer Verbindung mit der EDV-

Buchführung, um z. B. ein effizientes Mahnwesen aufzubauen (vgl. dazu S. 670). Bei manueller Buchführungstechnik kann dagegen der durch Zeitersparnis infolge Wegfall von Übertragungsarbeiten bewirkte Rationalisierungseffekt der Offene-Posten-Buchführung dann gefährdet sein, wenn überwiegend Stammkunden und Stammlieferanten eine langfristige Kontenführung bedingen oder wenn regelmäßige Teilzahlungsgeschäfte häufige Kontoauszüge erforderlich machen. Überdies verursacht die Offene-Posten-Buchführung – sofern sie nicht wie bei der EDV-Buchführung automatisch in das doppische System der Sachbuchführung überführt wird – zudem auch vermehrte Abschlussarbeiten.

15.4.2.2 Die kontenlose Buchführung

Noch einen Schritt weiter als die Offene-Posten-Buchführung geht die sog. kontenlose Buchführung, indem nicht nur das Kontokorrent durch die geordnete Ablage der unbezahlten einzelnen Kreditoren- und Debitorenrechnungen ersetzt, sondern darüber hinaus auch bei den Sachkonten auf die Führung von Kontokarten verzichtet wird. Die auf eine bloße Lieferanten- bzw. Kundenablage reduzierte Kontokorrentbuchführung fügt noch nicht beglichene Rechnungen in die Ablage ein und nimmt bezahlte Rechnungen aus der Ablage heraus.

Diese Form der Buchführung ist jedoch nur zulässig, wenn Buchungsmaschinen zum Einsatz gelangen, deren Rechenwerke und Speicher Grundbuch- und Hauptbuchfunktion vollwertig übernehmen. Wird unter einem Konto nicht eine ganz bestimmte Form der Aufzeichnung verstanden, so erfolgt die „Kontoführung" als Belegsammlung und in Form einer Speichereinheit. Insoweit als sich die „Konten" bei systematischer Vorkontierung nach Kontenplan zwangsläufig aus den Geschäftsvorgängen ergeben, liegt demzufolge im strengen Wortsinne keine kontenlose Buchführung vor.

15.4.2.3 Die Lose-Blatt-Buchführung

Sowohl für die Anwendung von Buchungsmaschinen als auch für die EDV-Buchführung ist die Verwendung der Lose-Blatt-Buchführung erforderlich. Bei ihr werden Aufzeichnungen nicht in fest gebundene Grund- und Hauptbücher, sondern auf lose Blätter vorgenommen, deren chronologische oder sachinhaltliche Ordnung Grund- und Hauptbuchfunktion übernehmen.

Im Gegensatz zur Buchführung mit gebundenen Büchern besteht bei der Lose-Blatt-Buchführung die Gefahr, dass einzelne Seiten weggenommen oder hinzugefügt werden. Für die Zulässigkeit einer Lose-Blatt-Buchführung ist daher (neben den allgemein an die formelle Ordnungsmäßigkeit zu stellenden Anforderungen) Voraussetzung, dass Vorkehrungen gegen Verlegung oder Entfernen bzw. Hinzufügen einzelner Blätter getroffen werden.

15.4.3 Sonderformen

15.4.3.1 Die Geheimbuchführung

Die Geheim- oder Direktionsbuchführung ist eine **neben** der regulären oder laufenden Buchführung (Hauptbuchführung) errichtete Sonderbuchführung mit dem Zweck, **vertrauliche** Betriebsvorgänge eigenen Mitarbeitern oder außenstehenden Dritten vorzuenthalten.

Auch auf die Geheimbuchführung finden die Grundsätze ordnungsmäßiger Buchführung Anwendung; sie darf weder Geheimschriften verwenden noch tatsächliche Vorgänge durch Falschbuchungen verschleiern. Soweit nicht Bestandteil der regulären Buchführung, ist die Geheimbuchführung steuerlich zulässig; ihr Inhalt muss allerdings sowohl hinsichtlich der laufenden Aufzeichnungen als auch bezüglich der Abschlusszahlen mit den Ansätzen der regulären Buchführung übereinstimmen; ihre Vorlage gegenüber der steuerlichen Außenprüfung kann nicht verweigert werden.

Grundsätzlich sind verschiedene Vorgehensweisen denkbar, um Einblicke in vertrauliche Interna zu verhindern. Üblich ist, die Verbindung zwischen Haupt- und Geheimbuchführung durch ein die vertraulich zu behandelnden Geschäftsvorfälle spiegelbildlich registrierendes Kontenpaar herzustellen. Das der Hauptbuchführung angehörende (offene) Übergabekonto „Geheimbuchführung" weist dann nur Betragssummen aus, ohne deren Adressaten erkennen zu lassen, während die auf dem Eingangskonto „Hauptbuchführung" der Geheimbuchführung erfassten Beträge dort auf die einzelnen vertraulich geführten Konten aufgeschlüsselt werden. Im Falle einer „geheimen" Geschäftsausgabe wäre demnach zu buchen: Von Konto Geheimbuchführung **an** Konto Hauptbuchführung. Da die vertrauliche Vorgänge betreffenden Belege zu Unterlagen der Geheimbuchführung werden, muss die buchmäßige Verbindung zur Hauptbuchführung durch entsprechende, allerdings nur noch allgemein auf die Geheimbuchführung lautende Buchungsbelege hergestellt werden, aus denen der eigentliche Geschäftsvorfall nicht mehr ersichtlich ist. Der Spiegelbildzusammenhang sichert die Ordnungsmäßigkeit der Gesamtbuchführung.

Beispiel: Geheimbuchführung im Zweisystem (zwei Kontenkreise)

Geheimbuchführung:

Dat.	Buchungstext	Hauptbuchführung		Spesen		Beteiliggs. erträge		Patenterträge		Privat		...
		S	H	S	H	S	H	S	H	S	H	
5.4.	Geschäftsfreunde-essen		300	300								
10.4.	Dividende	140					140					
21.4.	Vergütung aus Patentvergabe	850							850			
28.4.	Privatentnahme		500							500		
		990	800	300			140		850	500		

Hauptbuchführung:

Datum	Buchungstext	Geheimbuch-führung		Kasse		Bank		...
		S	H	S	H	S	H	
5.4.	Kassenausgang	300			300			
10.4.	Bankeingang		140			140		
21.4.	Bankeingang		850			850		
28.4.	Kassenausgang	500			500			
		800	990		800	990		

15.4.3.2 Die Filialbuchführung

Filialbuchführungen kommen dort zur Anwendung, wo Unternehmensteile (Abteilungen, Nebenbetriebe, Filialen) aus Effizienzgründen einer getrennten Abrechnung unterworfen werden sollen. Typisch für diese Sonderform der Buchführung sind die Filialabrechnungen im Einzelhandel.

Umfang und Inhalt der Filialbuchführung hängen vom jeweils gewählten **Selbständigkeitsgrad** zwischen Filial- und Zentralbetrieb ab. Dementsprechend werden drei Ausprägungen der Filialbuchführung unterschieden:

- Die **Einheitsbuchführung** bei ausschließlicher Führung sämtlicher Bücher im und durch den Zentralbetrieb. Das Buchen in nur einem Kontenkreis belässt der Filiale lediglich die Aufzeichnung der Kassenvorgänge und die Fortschreibung (Skontrierung) der Warenbestände. In der Filiale anfallende Originalbelege und sonstige Buchungsunterlagen sind mit der täglichen Filialabrechnung, die den Kassenbericht und die Lagerbestandsmeldung enthält, zur Verbuchung an den Zentralbetrieb weiterzuleiten. Groß- und Einzelhandelskontenrahmen sehen für die Erfassung der Kosten der Nebenbetriebe die Kontenklassen 5 und 6 vor.
- Die **Regiebuchführung** als Einheitsbuchführung mit eigenem Filialjournal. Die Filiale führt bei Abwicklung zumindest eines Teils der Geschäfte in eigener Verantwortung ein eigenes Grundbuch zur zeitnahen und zeitfolgegemäßen Aufzeichnung der laufenden, nicht mit dem Zentralbetrieb zusammenhängenden Umsatztätigkeit. Die sachkontenbezogene Verbuchung im Hauptbuch erfolgt im Zentralbetrieb auf der Grundlage von Grundbuchdurchschriften.
- Die eigentliche **Filialbuchführung** bei weitgehender Unabhängigkeit der Filiale von der Zentrale. Der Filialbetrieb verfügt in diesem Falle über eine selbständige Buchführung, die analog den beiden Kontenkreisen der Geheimbuchführung abrechnungstechnisch über spiegelbildlich zu führende Verrechnungskonten mit der Zentralbuchführung verbunden ist. Die Zahl der getrennten Kontenkreise entspricht dann der Anzahl der Filialbetriebe. Dabei hat jeder Kontenkreis für sich genommen die Anforderungen an die Ordnungsmäßigkeit der Aufzeichnungen zu erfüllen, so dass u. a. die Nachvollziehbarkeit jedes Filialgeschäftsvorfalls bis zur Bilanz des Gesamtbetriebs gewährleistet sein muss. Erstellen die Teilbetriebe eigene Perioden-

abschlüsse, so hat bei deren Übernahme in die Bilanz des Hauptbetriebs eine Konsolidierung zu erfolgen, welche die Zwischengewinne aus Transaktionen zwischen Filial- und Zentralbetrieb eliminiert (Vgl. hierzu auch Anlage zu Teil A: **Übungsaufgabe 3**; S. 753 ff.).

15.5 Techniken der Buchführung

Die Unterscheidung nach den bei der Buchführung verwendeten Hilfsmitteln führt zu einer Systematik der Buchführungstechniken in der unten dargestellten Form. Es lassen sich dabei vor allem manuelle und maschinelle Techniken unterscheiden, die teilweise auch kombiniert eingesetzt werden können. Überragende Bedeutung kommt heute der EDV-Buchführung zu, weshalb diese im Weiteren auch ausführlicher dargestellt wird (zur historischen Entwicklung der Techniken vgl. Teil A, Abschn. 15.1, S. 645 ff.).

15.5.1 Die Übertragungsbuchführung

Die ältesten Buchführungstechniken sind die manuell durchgeführten Übertragungsbuchführungen. Dabei werden die durch Belege dokumentierten Geschäftsvorfälle zunächst chronologisch im Grundbuch erfasst und von dort sachlich geordnet ins Hauptbuch übertragen. Je nach Zahl und Ausgestaltung der Grundbücher lassen sich unterschiedliche Formen der Übertragungsbuchführung unterscheiden, die als italienische, englische, deutsche, französische, amerikanische und kombinierte Methode bezeichnet werden (vgl. S. 657 ff.).

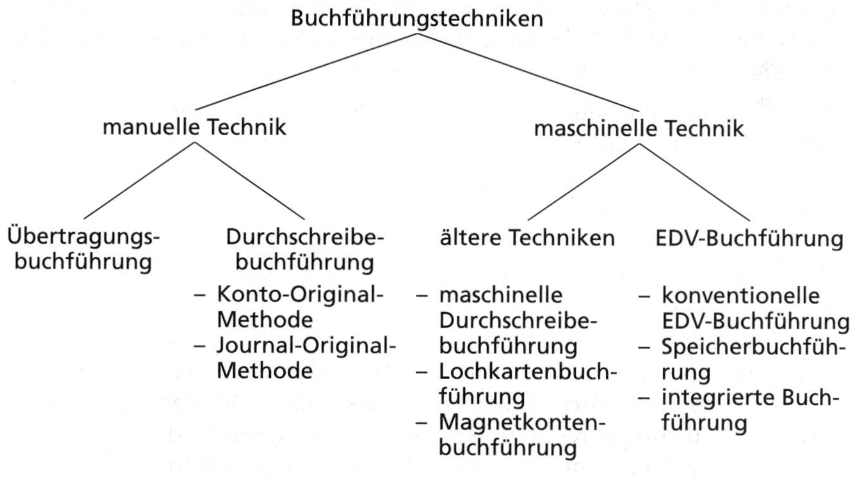

Techniken der Finanzbuchführung

15.5.2 Die manuelle Durchschreibebuchführung

Das Wesen dieser Buchführungsform besteht in der direkten Verbindung von chronologischer Buchung im Grundbuch und systematischer Buchung im Haupt- und Kontokorrentbuch. Durch **gleichzeitiges** ein- oder mehrmaliges „Durchschreiben" der Buchungsniederschrift wird die Buchungs- und Kontrollarbeit wesentlich reduziert, werden Übertragungsfehler vermieden und die Kontenabschlussbereitschaft erhöht. Die manuelle Durchschreibebuchführung setzt die Zulässigkeit der **Lose-Blatt-Buchführung** voraus (vgl. Teil A, Abschn. 15.4.2.3, S. 662), da die Kontenblätter bei jeder Buchung auszuwechseln sind, während der in der Buchungsanlage verbleibende Durchschlag (Konto-Original-Verfahren) das Journal darstellt.

Es gibt mehrere Varianten der Durchschreibebuchführung: Nach der Zahl der Durchschreibevorgänge werden **Zweiblatt- und Dreiblattverfahren**, nach der Zahl der für die Buchungsniederschrift im Journal erforderlichen Journalzeilen werden **Einzug- und Zweizugbuchführung**, hinsichtlich der Urschrift- bzw. Durchschriftvornahme werden **Konto-Original-Verfahren** und **Journal-Original-Verfahren**, und bezüglich der Zahl der im Journal eingerichteten Doppelspalten werden **Ein-, Zwei-, Drei- und Vierspaltenverfahren** unterschieden. In der Praxis am häufigsten anzutreffen ist die Konto-Original-Methode (Urschrift auf Sachkontenblatt), die durch zweifache Durchschrift auf Journal- und Kontokorrentkonto (Dreiblattverfahren) die beiden durch Soll- und Habenbuchung angesprochenen Hauptbuchkonten getrennt auf das Journal durchschreibt (Zweizugbuchführung). Jeder Geschäftsvorfall beansprucht somit zwei Journalzeilen: eine für die Lastschrift und eine für die Gutschrift des betreffenden Postens. Die Journaleinteilung erfolgt zumeist nach dem Dreispaltenverfahren, indem Doppelspalten für die Kunden, die Lieferanten und die Sachkonten eingerichtet werden. Beim ebenfalls praktizierten Vierspaltenverfahren werden die Sachkonten zusätzlich nach Bestands- und Erfolgskonten getrennt.

Beispiel:

Konto Original-Methode mit Dreiblattverfahren im Dreispaltenjournal mit Zweizugbuchführung

Geschäftsvorfall: Warenverkauf am 10. 4. mit Ausgangsrechnung (AR) Nr. 624 über Rechnungsbetrag 440; der Geschäftsvorfall wird entsprechend der Abbildung auf Seite 668 erfasst. Die beiden Sachkonten werden getrennt in zwei Zügen (Zweizugverfahren) auf das Journal durchgeschrieben.

Die Einlage der Kontenblätter in den Buchungsautomaten erfolgt nacheinander und führt im Journal zur jeweils doppelten textlichen Niederschrift desselben Geschäftsvorfalls. Zur Vermeidung der wiederholten Buchungsniederschrift auf zwei Grundbuchzeilen dienen die analog dem amerikanischen Journal gebildeten Nachspalten (sog. Nachspaltenverfahren), indem die dort erfassten Beträge periodisch aufsummiert außerhalb des Durchschriftverfahrens auf die entsprechenden Hauptbuchkonten übertragen werden. Diese Vorgehensweise entspräche dann dem Einzug- oder Einschriftverfahren.

15.5.3 Die maschinelle Durchschreibebuchführung (Maschinenbuchführung)

Bei der maschinellen Durchschreibebuchführung erfolgt die ansonsten manuell durchzuführende Aufzeichnungstätigkeit durch Automaten. Die heute wegen der Verbreitung der EDV-Buchführung nur noch selten praktizierten Techniken der Maschinenbuchführung bedienen sich rechnender Schreibmaschinen **(Schreibbuchungsmaschinen)** bzw. schreibender Rechenmaschinen **(Addierbuchungsmaschinen)**. Die Kapazität dieser Buchungsanlagen hängt von der Anzahl ihrer Zähl- und Saldierwerke ab (Simplex-, Duplex-, Triplex-, Multiplexanlagen); sie determinieren damit die Buchungsspaltenbildung und die Einrichtung von Buchungskreisen.

Die maschinelle Buchführung stellt hohe Anforderungen an die **Belegorganisation**. Die Geschäftsvorfälle sind maschinengerecht zu schematisieren. Als wichtigste Voraussetzungen kommen in Betracht: systematischer Kontenplan, Vorkontierung der Belege durch Kontrollstreifen mit Belegnummer, Konto, Gegenkonto und Betrag. Wie die manuelle, so setzt auch die maschinelle Durchschreibebuchführung eine Lose-Blatt-Buchführung voraus.

15.5.4 Die Lochkartenbuchführung

Das Medium Lochkarte fungiert als Datenzwischenträger und ermöglicht über den eingestanzten Datensatz die Steuerung der Buchungsmaschine. Die Lochkartenbuchführung gewährleistet damit die ausschließlich maschinelle Durchführung der bei umfangreichem Buchungsanfall erforderlichen Sortier-, Schreib- und Rechenarbeit. Die eigentliche Buchungsarbeit ist stärker am dispositiven Einsatz der Lochkarte und an deren zweckmäßiger Gestaltung orientiert. Die wesentlichen Schritte des **Buchungsablaufs** sind wie folgt zu skizzieren:

- Übertragung der Belegdaten über Kartenlocher auf die Lochkarte unter Verwendung ihrer Zeilenziffern für die Erfassung der Buchungsbeträge (Zahlen) und eines Codes für den Buchungstext (Buchstaben und Sonderzeichen);
- Kontrolle der Datenübertragung durch besonderen Prüfvorgang;
- Zuordnung der Lochkarten entsprechend verschiedener Geschäftsbedürfnisse (nach Lochkartenvervielfältigung mittels Summen- oder Kartendoppler) durch Sortieranlage;
- Auswertung der Daten mittels schreibender und rechnender Tabelliermaschine; Letztere ermöglicht den jederzeitigen Ausdruck von Kontoauszügen bzw. anderer erwünschter Daten.

Der hohe Arbeitsaufwand des Loch- und Prüfvorgangs kann durch Koppelung von Loch- und Buchungsvorgang oder durch Verwendung von Original- bzw. Verbund-Lochkarten teilweise vermieden werden. Im ersten Fall wird bei Bedienung der Buchungsanlage gleichzeitig ein Lochstreifen bzw. eine Lochkarte angefertigt; im zweiten Fall wird der Beleg unmittelbar in Lochkartenform ausgestellt, wobei der Geschäftsvorfall auf der Lochkarte zusätzlich in Klarschrift angegeben ist.

Seite …	Journal April 19…												Seite …
	Datum	Beleg	Text	Lieferanten		Kunden		Sachkonto		Gegen-konto	Konto	Vor-steuer	MwSt
				S	H	S	H	S	H				
	.												
	.												
	.												
	10.	AR 624	Wa.-Verkauf			440				801	101/5		
	10.	AR 624	Wa.-Verkauf						440	101/5	801		40

Kunde A. Schneider		Konto-Nr. 101/5			Seite …
Datum	Beleg	Text	S	H	Gegen-konto
		Übertrag:			
10.	AR 624	Wa.-Verkauf	440		801

Sachkonto: Warenverkauf		Konto-Nr. 801			Seite …
Datum	Beleg	Text	S	H	Gegen-konto
		Übertrag:			
10.	AR 624	Wa.-Verkauf		440	101/5

Durchschreibebuchführung

Organisatorisch kann die Lochkarte Buchung und Gegenbuchung sowohl auf einer Karte (Einkartenverfahren mit Soll- und Habenbuchungsspalten) als auch auf getrennten Karten (Zweikartenverfahren mit je einer Soll- und einer Habenbuchungskarte) unterbringen. Darüber hinaus steht die Aufnahmekapazität der Lochkarte für eine Vielzahl weiterer Daten bereit, so u. a. im Rahmen der Kontokorrentaufzeichnungen für Hinweise bezüglich Fälligkeiten, Zielüberschreitungen und Kreditlimits, worauf ein maschinelles Mahnwesen aufgebaut werden kann.

Der mechanisch-konventionellen Datenverarbeitung der Lochkartenbuchführung ist heute praktisch nur noch historische Bedeutung beizumessen. Der mit begrenzter Arbeitsgeschwindigkeit, relativ hoher Störanfälligkeit und vor allem begrenzter Speicherfähigkeit verbundene Sukzessivablauf der Buchungsarbeit ist nahezu vollständig durch den Einsatz moderner elektronischer Datenverarbeitungstechniken abgelöst worden. Die Lochkartenbuchführung ist daher als Vorläufer der heutigen EDV-Buchführungssysteme zu verstehen.

15.5.5 Die EDV-Buchführung

Wie der historische Abriss in Abschnitt 15.1 verdeutlicht, ist die Entwicklung der Buchführungstechniken ständig von dem Bemühen gekennzeichnet, den Aufwand der Buchungsarbeiten zu rationalisieren, Fehlerquellen zu reduzieren und gleichzeitig die Informationsfunktion des Rechnungswesens den laufend gestiegenen Anforderungen anzupassen sowie die Dokumentationsfunktion sicherzustellen. Die diesbezüglich am weitesten entwickelte Technik stellt die EDV-gestützte Finanzbuchführung (kurz: **EDV-Buchführung**) dar, welche die heute vorherrschende Methodik ist. Da elektronische Datenverarbeitungsanlagen in der Lage sind, große Datenmengen exakt zu erfassen, zu speichern und zu verarbeiten, bietet sich die Übertragung der sehr personal- und zeitintensiven, häufig mit Rechen- und Übertragungsfehlern verbundenen Buchungsarbeiten auf EDV geradezu an. Angesichts der Fülle im Rechnungswesen zu verarbeitender Daten ist eine ordnungsgemäße, zeitnahe und hinsichtlich des notwendigen Aufwandes angemessene Durchführung der Finanzbuchführung heute in aller Regel nicht nur in Groß-, sondern auch in Mittel- und Kleinbetrieben nur noch mit Hilfe der EDV möglich.

Entscheidender **Vorteil** der EDV-Buchführung ist dabei die **Einmalerfassung, Einmalspeicherung** und **Mehrfachauswertung** nach vielen verschiedenen Gesichtspunkten: Ist ein Geschäftsvorfall durch einen Buchungssatz einmal in den Computer eingegeben, so können alle weiteren Arbeitsgänge darauf zurückgreifen. Alle Daten werden dabei so gespeichert, dass sie später jederzeit wieder direkt vom Datenträger in den Computer übernommen und hinsichtlich verschiedener Zwecke aufbereitet und sichtbar gemacht werden können (z. B. chronologisch im Journal, sachlogisch im Kontenausdruck, bezüglich Terminüberschreitung in der **Mahnliste** etc.). Während es bei konventionellen Buchführungstechniken üblich ist, dass Urbelege für die unterschiedlichsten Verarbeitungs-, Auswertungs- und Abstimmzwecke in einem langwierigen Prozess von Abteilung zu Abteilung weitergereicht werden, kann bei EDV-Buchführung jederzeit direkt auf die gespeicherten Informationen zugegriffen werden, die sodann hinsichtlich verschiedener Zwecke aufbereitbar und auswertbar sind.

Da das Rechnungswesen zunehmend nicht nur als Instrument der Dokumentation, sondern vielmehr auch als **dispositive Entscheidungshilfe** verstanden wird, wächst ihm eine zusätzliche Aufgabe zu, die ohne neue technische Hilfsmittel nicht bewältigbar wäre: Unternehmerische Planungen und Entscheidungen erfordern Informationen, die in kürzester Zeit einen Überblick über die bestehenden Verhältnisse und zukünftigen Erwartungen zu vermitteln vermögen. Die älteren Buchführungstechniken sind jedoch in aller Regel nicht in der Lage, derartige Entscheidungsgrundlagen zeitnah und zuverlässig zur Verfügung zu stellen. Der Einsatz von EDV dagegen kann die Entscheidungsorientierung des betrieblichen Rechnungswesens vor allem durch die Schnelligkeit der Aufgabenbewältigung, die große Menge gespeicherten und zugreifbaren Datenmaterials sowie durch die Vielseitigkeit und Genauigkeit der Nutzung fördern (z. B. durch zeitnahen Abschluss der Buchführung (Zwischenabschlüsse), betriebswirtschaftliche Auswertungen des gespeicherten Datenmaterials, selektive Listings, Mahnwesen, Offene-Posten-Auswertung, Zahlungsvorschläge etc.). Die Informationsverarbeitungsgeschwindigkeit und -kapazität von EDV-Anlagen gewinnt angesichts der ständig wachsenden Flut von Geschäftsvorfällen und Belegen für die Finanzbuchhaltung auch dadurch an Bedeutung, dass die Aufstellung des Jahresabschlusses und die damit verbundene aufwendige Abschlussarbeit innerhalb der einem ordnungsmäßigen Geschäftsgang entsprechenden Zeit vorgeschrieben ist (§ 243 Abs. 3 HGB). Im Rahmen dieser Entwicklung ist auch der Jahresabschluss durch das Gesetz über **elektronische Handelsregister** und Genossenschaftsregister sowie das Unternehmensregister (EHUG) vom 10. 11. 2006 nach § 325 HGB beim Betreiber des **elektronischen Bundesanzeigers** elektronisch einzureichen (vgl. Teil A, Abschn. 1.2, S. 17 ff.). Dabei kann zwischen den Dateiformaten Word, RTF, PDF, Excel und einem XML-Format auf der Grundlage der deutschen XBRL-Taxonomie (German GAAP Version 2.0) gewählt werden. Für kleine Gesellschaften (im Sinne von § 267 Abs. 1 HGB) stehen alternativ Eingabeformulare zur Verfügung.

15.5.5.1 Arbeitsgang computergestützter Finanzbuchführung

Der Einsatz elektronischer Datenverarbeitungsanlagen im Rechnungswesen ändert grundsätzlich nichts an den fundamentalen Prinzipien der Buchführung. Die computergestützte Finanzbuchführung folgt daher prinzipiell den Arbeitsschritten traditioneller Buchführungstechniken mit der Besonderheit, dass bestimmte Arbeitsgänge elektronisch erfolgen und sichtbare Aufzeichnungen auf Papier durch spezielle, nicht direkt lesbare Speicherformen ersetzt werden. Die manuellen Tätigkeiten bei der Buchführung, die mit herkömmlichen Techniken erheblich Zeit und Personal beanspruchen, können daher – sofern die Arbeitsanweisung in Form eines Erfassungs- und Buchungsprogramms einmal erstellt ist – auf die einmalige Eingabe des entsprechenden Buchungssatzes und den Aufruf der gewünschten Funktion reduziert werden. Die Abbildungen auf S. 672 f. verdeutlichen die prozessualen Unterschiede zwischen manueller und EDV-gestützter Finanzbuchführung.

Hinsichtlich des Arbeitsganges besteht die Eigenart EDV-gestützter Finanzbuchführung im Wesentlichen darin, dass der bei herkömmlichen Verfahren sukzessiv und manuell durchzuführende Buchungsvorgang in drei, quasi parallel abarbeitbare Schritte zerlegt wird: Vereinfacht dargestellt vollzieht sich die EDV-Buchführung – wie jede computergestützte Informationsverarbeitung – in den Phasen Dateneingabe, Datenverarbeitung und Datenausgabe (vgl. Abb. S. 674).

Bei der **Dateneingabe** wird der durch einen Beleg dokumentierte, reale Geschäftsvorfall (z. B. Wareneinkauf, Banküberweisung oder Materialentnahme) in einen maschinenlesbaren Buchungsfall transformiert. Die dazu notwendigen Vorarbeiten der sachlogischen Aufbereitung (Belegerstellung, -sammlung, -prüfung und Vorkontierung) sind bei konventioneller und computergestützter Finanzbuchführung grundsätzlich identisch. Unterschiede existieren dagegen hinsichtlich der buchmäßigen Erfassung: Während bei Anwendung von Übertragungs- und Durchschreibetechniken eine direkt-schriftliche Übertragung vom Urbeleg auf Journal und Konto erfolgt, werden die Buchungsdaten bei EDV-Einsatz zunächst in maschinenlesbarer Form auf elektronischen oder magnetischen Datenträgern erfasst und erst bei Bedarf nach Freigabe buchhalterisch verarbeitet.

Bei **manueller Dateneingabe** werden die aufbereiteten Buchungsdaten mittels peripherer Datenerfassungsgeräte (Terminal) in die EDV-Anlage eingegeben. In der Regel ist dies beim Online- bzw. Dialog-System, bei dem eine Direktverbindung vom Bildschirmarbeitsplatz zum Datenbestand besteht, unmittelbar durch das Terminal möglich. Systemabhängig erfolgt die Eingabe aber gegebenenfalls noch über separate, maschinenlesbare Zwischendatenträger (z. B. Magnetband, Magnetplatte oder Diskette), die sich zwischen Urbeleg und EDV-Verbuchung schieben.

Die **automatische Datenerfassung** erfolgt im Gegensatz zur manuellen über direkt maschinenlesbare Urbelege, durch den Austausch magnetischer Datenträger oder durch so genannte Dauerbuchungen. **Maschinenlesbare Belege** (z. B. Markierungs- und Formschriftbelege) enthalten die jeweiligen Buchungsdaten nicht nur in Klarschrift, sondern auch in maschinengerecht codierter Form, so dass diese unmittelbar von der EDV-Anlage eingelesen und verarbeitet werden können. Beim **Datenträgeraustausch** werden die Buchungsdaten nicht durch visuell lesbare Belege (z. B. Eingangsrechnungen) dokumentiert, sondern in unmittelbar maschinenlesbarer und -verarbeitbarer Form auf magnetischen Datenträgern (z. B. Magnetbändern, Magnetplatten oder Disketten) ausgegeben und übermittelt. Sie können dann von der EDV unverändert eingelesen und verarbeitet werden. Im Rahmen dieses vor allem bei Post-, Bank- und Versicherungsdiensten üblichen Datenaustausches gewinnt die direkte Rechner-Rechner-Koppelung **(Vernetzung)** immer mehr an Bedeutung, da sie die relativ einfache Übermittlung ganzer Datenbestände über Leitungsnetze erlaubt. Wichtig ist bei dieser Art der Datenübertragung allerdings, dass die Datensicherheit lückenlos gewährleistet ist, d. h. dass die Daten jederzeit vor unbefugtem Zugriff und Manipulation geschützt sind.

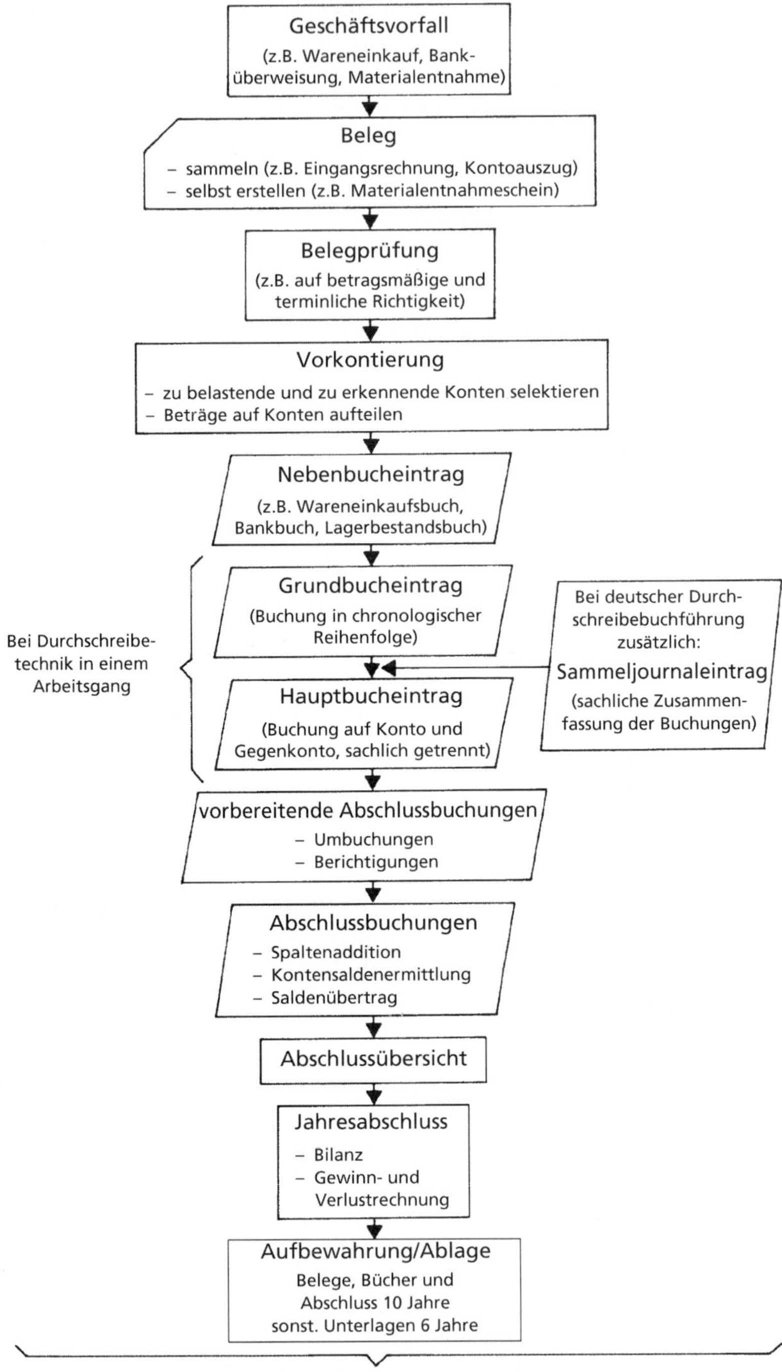

Arbeitsschritte der Finanzbuchführung bei Anwendung konventioneller Übertragungs- bzw. Durchschreibetechnik

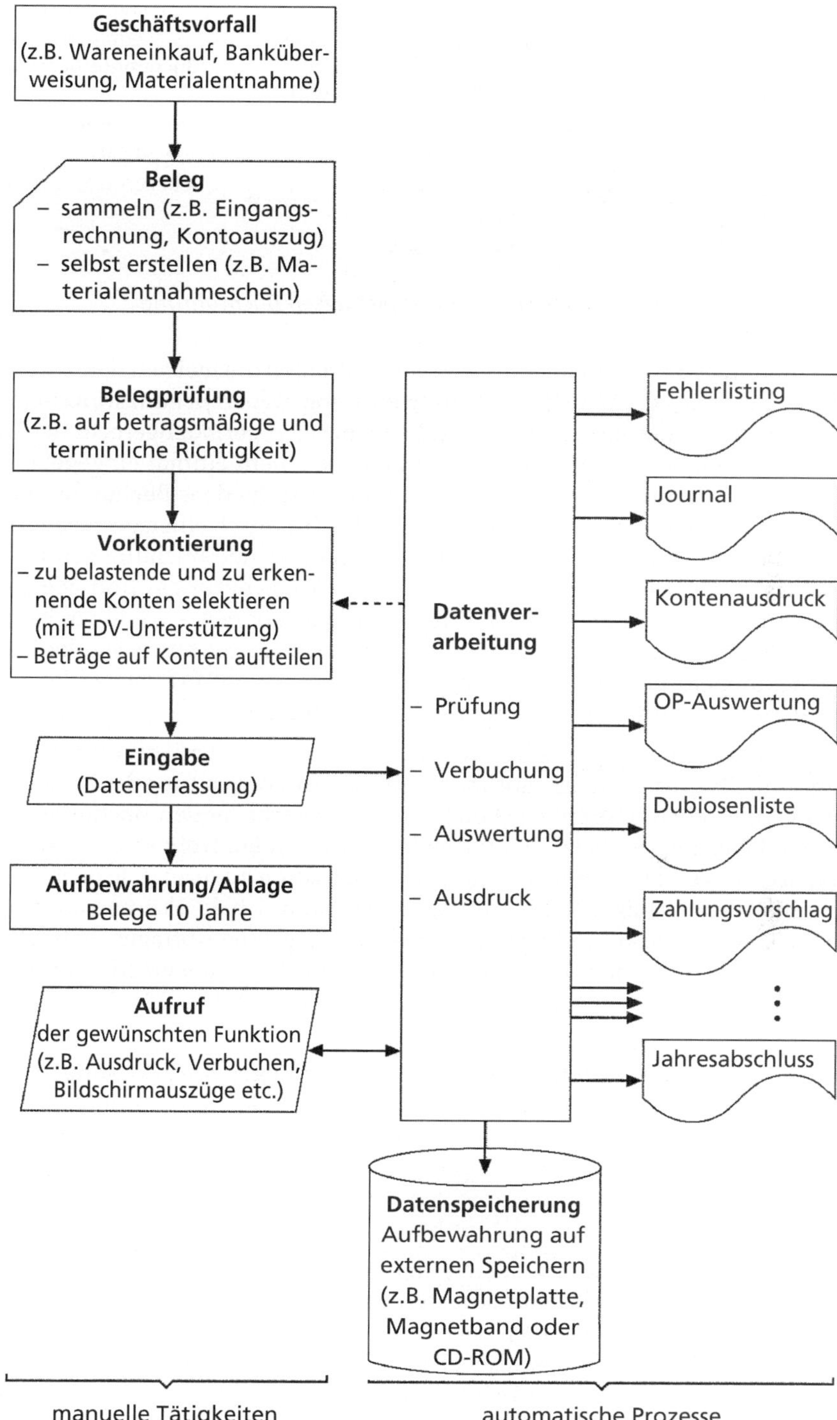

Arbeitsschritte der Finanzbuchführung mit EDV

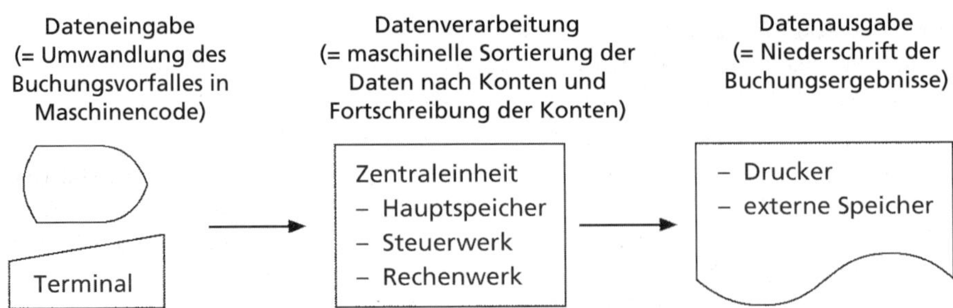

Grundstruktur der computergestützten Buchführung

Zur Erhöhung des Automatisierungsgrades enthalten die meisten der heutigen Softwaresysteme zur Finanzbuchhaltung auch sog. **Dauerbuchungsfunktionen**, die es erlauben, ständig wiederkehrende Buchungen periodengerecht der Datenverarbeitung zuzuführen. Dabei können aus einem einmal eingegebenen Sachverhalt aufgrund vorgegebener Programme verschiedene Buchungen automatisch abgeleitet werden: Im einfachsten Fall wird durch einen gespeicherten Dauerbeleg maschinell eine pro Periode gleich bleibende Buchung veranlasst (z. B. Anlagenabschreibung, Zinsverbuchung, Versicherungs- und Mietaufwand, Tilgungsverrechnung etc.). Darüber hinaus können – vor allem bei integrierter Datenverarbeitung – aber auch durch programmgemäße logische Entscheidungen automatisch Buchungsfälle veranlasst und erfasst werden (z. B. im Rahmen des Bestellwesens und der Lagerhaltung).

Insbesondere bei der manuellen Dateneingabe ist zur Absicherung des Buchungsinhalts grundsätzlich eine maschineninterne **Vorprüfung des Buchungsstoffes** vorzusehen. Die eingegebenen und zu verarbeitenden Buchungssätze werden dabei auf sachliche und formelle Richtigkeit kontrolliert und im Falle aufgedeckter Fehler per Bildschirm oder Fehlerlisting angezeigt. Je nach Komfortabilität des jeweiligen Softwareprogramms kann sich die Prüfung auf einfache Vollständigkeitskontrollen oder aufwendige logische Abfragen erstrecken. Systemseitig können damit frühzeitig Fehler im Buchungsablauf erkannt, angezeigt und infolgedessen auch korrigiert werden (vgl. BMF v. 7. 11. 1995, BStBl. I 1995, S. 738).

Gleichzeitig mit der Dateneingabe wird in aller Regel ein Erfassungs-Kontrollblatt (sog. **Primanota**) erstellt, das alle Buchungsdaten in chronologischer Reihenfolge aufnimmt. Die Primanota dient der Eingabeperson zur Kontrolle der eingegebenen Daten und unterliegt daher – sofern ein Journal verfügbar ist – nicht den Aufbewahrungspflichten des § 257 Abs. 4 HGB bzw. § 147 Abs. 3 AO (erfüllt also nicht Grundbuchfunktion).

Mit der Eingabe der Buchungsdaten und der Erstellung des maschinenlesbaren Datenträgers ist die Buchung noch nicht vollzogen. Dies ist erst dann der Fall, wenn die Daten maschinell nach Konten sortiert und gespeichert wurden und die Konten somit fortgeschrieben sind. Dieser maschinelle **Verarbeitungsprozess** besteht aus der Ausführung einzelner Instruktionsfolgen innerhalb eines Programms, die bewirken, dass die eingegebenen Daten gelesen, sortiert, zusammengefasst, gespeichert, gelöscht oder ausgegeben werden. Die Verarbeitung erfolgt in der Zentraleinheit der EDV-Anlage. Diese besteht aus Hauptspeicher (= Speicher für Programm und zu verarbeitende Daten), Rechenwerk (= Funktionseinheit, die arithmetische und logische Operationen ausführt) und Steuerwerk (= Leitstelle, die den Informationsfluss steuert).

Die **Speicherung** der eingegebenen Daten, die innerhalb der Karenzfrist des R 5.2 Abs. 1 EStR sowie des H 5.2 EStH (bei Barzahlungsverkehr: tägliche Aufzeichnung, bei Kreditgeschäften: bis zum Ablauf des Folgemonats) zu erfolgen hat, erfüllt die **Grundbuchfunktion**, obgleich direkt lesbare Unterlagen zunächst nicht existieren. Auch die Übernahme der Daten auf Konten erfolgt maschinenintern und erfüllt dennoch **Hauptbuchfunktion**. Es ist daher nicht erforderlich, dass sämtliche Buchungsdaten vollständig ausgedruckt vorliegen. Es genügt, wenn die Informationen – mit Ausnahme der Jahresabschlüsse und der Eröffnungsbilanz – während der Dauer der Aufbewahrungsfristen (i. d. R. 10 Jahre) auf Datenträgern verfügbar sind und auf Anforderung jederzeit in angemessener Frist lesbar gemacht werden können (§§ 239 Abs. 4, 257 Abs. 3 und 4 HGB; §§ 146 Abs. 5, 147 Abs. 2 AO).

Da die umfangreichen Datenbestände, die in einer EDV-Anlage verarbeitet und gespeichert werden, die Kapazität eines zentralen Hauptspeichers in der Regel übersteigen und auch aus Gründen der Datensicherheit erfolgt die Speicherung auf externen bzw. peripheren Datenträgern. Die Ergebnisse der Finanzbuchführung werden entweder sichtbar ausgedruckt **(konventionelle EDV-Buchführung)** oder, mit Ausnahme des Jahresabschlusses, auf externen Speichern (Magnetbändern oder -platten bzw. Disketten, CDs o. Ä.) für einen Ausdruck bereitgehalten **(Speicherbuchführung).** Soweit die Unterlagen der Buchführung originär auf Datenträgern hergestellt worden sind, kann ein Ausdruck derselben die Aufbewahrung der Datenträger zwar noch nach Handelsrecht (§ 257 Abs. 3 HGB), jedoch nicht mehr wie bisher auch nach Steuerrecht (§ 147 Abs. 2 AO a. F.) ersetzen.

Der Ausdruck von Speicherinhalten ist letztlich nichts anderes als eine reine Übertragung bzw. Übersetzung von maschinenlesbarem in visuell lesbares Datenmaterial. Daher kommt dem Ausdruck der Buchungsergebnisse **(Datenausgabe)** bei EDV-Buchführung nicht mehr Dokumentations-, sondern nur noch Kontrollfunktion zu. Besonders die erstmalige Auflistung der Geschäftsvorfälle in der Primanota dient der Kontrolle sachlich richtiger Übernahme des Geschäftsvorfalles vom Urbeleg auf elektronische bzw. magnetische Datenträger.

Vor allem bei der Organisationsform der **„Außer-Haus-Verarbeitung“** gibt es in der Regel zwei Protokolle, die den Buchungsstoff in chronologischer Reihenfolge erfassen und damit Grundbuch- bzw. grundbuchähnliche Funktion erfüllen: Die **Primanota** entsteht automatisch bei der Eingabe der Buchungsdaten und dient dem Anwender zur Kontrolle richtiger und vollständiger Datenerfassung. Gemäß BFH-Urteil v. 10. 8. 1978 (BStBl. II 1979, S. 22) erfüllt sie Grundbuchfunktion, da sie die Geschäftsvorfälle der zeitlichen Reihenfolge nach festhält, deren Unverlierbarkeit sichert und eine Verbindung zwischen Beleg und Konto herstellt (vgl. auch *FAMA 1/87*, WPg 1987, S. 4). Dennoch kann sie überschrieben bzw. gelöscht werden, wenn Primanota und Journal übereinstimmen. Demgegenüber entsteht das **Journal** bei der Datenverarbeitung (im Fall der Außer-

Haus-Buchführung im externen Rechenzentrum) und dokumentiert, welche Buchungsdaten von der EDV erfasst und verarbeitet wurden. Demzufolge ist die eigentliche Grundbuchaufzeichnung im Journal erfasst und muss – wie alle Bücher, die der Kaufmann zu führen hat – 10 Jahre aufbewahrt werden (§ 257 Abs. 4 HGB und § 147 Abs. 3 AO).

Natürlich kann neben dem Journal auch der übrige Buchungsstoff wie bei herkömmlichen Buchungsverfahren in lesbarer Schrift auf Bildschirm oder Ausdruck sichtbar gemacht werden. Sowohl Einzelkonten, Gesamtkontenentwicklung und Jahresabschluss als auch andere gespeicherte Buchungsunterlagen müssen innerhalb angemessener Frist in Klartext auszugeben sein (§ 239 Abs. 4 HGB und § 146 Abs. 5 AO). Es muss dabei jederzeit ohne große Schwierigkeiten möglich sein, anhand der Auflistung sowohl den der Buchung zugrunde liegenden Urbeleg aufzufinden als auch die Zusammenfassung einzelner Buchungen zu Kontensummen und -salden sowie deren Übertrag in den Jahresabschluss nachzuvollziehen (§ 238 Abs. 1 HGB und § 145 Abs. 1 AO). Die EDV-Buchführung erfordert daher ebenso wie die konventionellen Buchführungstechniken eine geordnete Belegablage.

Anzahl, Umfang und Aufbau der einzelnen Ausdrucke und Auswertungen ist jeweils vom eingesetzten Softwareprogramm abhängig. Zu den **Standardausdrucken** gehören neben der bereits genannten Primanota und dem Journal in aller Regel das Fehlerprotokoll, der Kontenausdruck, die Summen- und Saldenlisten, Hauptabschlussübersicht und Jahresabschluss. Ein **Fehlerprotokoll** wird programmgemäß dann ausgegeben, wenn im Rahmen der maschineninternen Plausibilitätsprüfung systemseitig Eingabefehler aufgedeckt wurden. Da es nur die von der Maschine als fehlerhaft erkannten Buchungssätze und nicht den gesamten Buchungsstoff beinhaltet, kann es keine Grundbuchfunktion erfüllen. Es ist dennoch Bestandteil einer ordnungsmäßigen Buchführung und daher mindestens bis zum Ende der Jahresabschlussprüfung aufzubewahren.

Auf den **Konten** sind die eingegebenen Buchungen systematisch geordnet. Sie sind das Kernstück jeder Buchführung, aus der Bilanz, Gewinn- und Verlustrechnung sowie Zusatzauswertungen abgeleitet werden. Eine Übersicht über den Stand (= Saldo) und die Bewegungen (= Verkehrszahlen) aller Konten bietet die **Summen- und Saldenliste**, die auf Wunsch angefertigt und ausgedruckt werden kann. Die **Hauptabschlussübersicht** beinhaltet demgegenüber die Eröffnungsbilanzwerte, die Jahresverkehrszahlen und die Endsalden einer Rechnungsperiode und bildet damit die Grundlage für Abschlussbuchungen und Abschlusserstellung.

Neben den genannten Standardausdrucken ist in aller Regel auch der Abruf weiterer **Zusatzauswertungen** möglich, deren Werte programmgemäß ohne großen Arbeitsaufwand aus den bereits eingegebenen Buchungsdaten ableitbar sind. Eine in der Praxis sehr wichtige (da bei herkömmlicher Buchungstechnik recht arbeitsintensive) Zusatzauswertung ist die **Umsatzsteuervoranmeldung und -erklärung**, die periodisch automatisch ermittelt und auf amtlichen Formularen ausgedruckt werden kann. Als Informations- und Planungsgrundlage für die Unternehmensleitung dienen sog. **betriebswirtschaftliche Auswertungen**, die aus den Zahlen des Kontensystems bzw. des Jahresabschlusses abgeleitet und graphisch, tabellarisch oder in Form von Kennzahlen aufbereitet werden. Dazu gehören die vielfältigsten Formen der Bilanzanalyse, Kostenstatistik und Liquiditätsrechnung etc.

Neben dem Ausdruck auf direkt lesbaren Unterlagen kommt aus Zweckmäßigkeitsgründen auch die „Wiedergabe auf einem Bildträger" (§ 239 Abs. 4 HGB und § 147 Abs. 2 und 5 AO), d. h. **Mikrofilm-Aufnahmen** in Betracht. Mikrofilm-Abschnitte (**Mikrofiches**) sind kleine, wenige Zentimeter große Bildaufzeichnungen, welche die Ursprungsdaten bzw. -unterlagen um das 50fache gegenüber der Originalgröße verkleinert, jedoch bildlich-inhaltlich identisch beinhalten. Aufgrund ihrer Größe (ein Mikrofiche von ca. 3,5 × 7,5 cm Größe beinhaltet ungefähr 30 Journalseiten) reduzieren sie das Ablageproblem beim Anwender. Beim sog. **COM-Verfahren** (= Computer Output on Microfilm) werden die entsprechenden Informationen direkt von der EDV-Anlage auf Mikrofiches übertragen, die dann Platz sparend archiviert und bei Bedarf mittels spezieller Vergrößerungsgeräte lesbar gemacht werden können. Entsprechend § 239 Abs. 4 HGB und § 147 Abs. 2 AO können mit Ausnahme der Jahresabschlüsse und der Eröffnungsbilanz alle aufbewahrungspflichtigen Unterlagen als Mikrofilmaufnahmen aufbewahrt werden, sofern sie den GoB entsprechen, mit dem Original übereinstimmen, während der Dauer der Aufbewahrungsfrist verfügbar sind und jederzeit innerhalb angemessener Frist (§ 239 Abs. 4 HGB) bzw. unverzüglich (§ 147 Abs. 2 Nr. 2 AO) lesbar gemacht werden können. Die Originale können sodann vernichtet werden (vgl. auch die Mikrofilm-Grundsätze, *BMF* v. 1. 2. 1984, BStBl. I 1984, S. 155 ff.). Ab dem 1. 1. 2002 ist die Archivierung von originär auf Datenträgern erstellten Unterlagen auf Mikrofilm (COM-Verfahren) allerdings wegen der durch das Steuersenkungsgesetz vom 23. 10. 2000 (BGBl. I 2000, S. 1433 ff.) bewirkten Streichung des bis dato geltenden § 147 Abs. 2 Satz 2 AO a. F. steuerrechtlich nicht mehr zulässig.

15.5.5.2 Datenfluss und Programmkonzeption bei EDV-Buchführung

Die Durchführung der Verbuchung vollzieht sich bei Einsatz der EDV grundsätzlich analog zu den (optisch wahrnehmbaren und damit direkt kontrollierbaren) Arbeitsschritten traditioneller Buchführungstechniken. Der maschineninterne Verarbeitungsprozess kann vereinfacht mit dem auf der folgenden Seite oben dargestellten Ablaufdiagramm wiedergegeben werden, wobei der buchmäßige Verarbeitungsdurchsatz im Detail von der Systemarchitektur (Aufbau von Hardware und Betriebssystem) sowie der Art der Programmierung abhängig ist.

Die zu verbuchenden Daten werden in der Regel vom Buchhalter bzw. Sachbearbeiter über ein Terminal der EDV-Anlage eingegeben oder aufgrund gespeicherter Dauerbelege bzw. logischer Entscheidungen vom Programm automatisch generiert. Da die eingegebenen Buchungsdaten mit Fehlern behaftet sein können, die nach Freigabe der Buchung nachträglich nicht (bzw. nur durch Korrekturbuchung) korrigierbar sind, ist zur Sicherstellung einer ordnungsgemäßen Buchführung bei der Eingabe, d. h. auf Belegebene, eine Fehlerprüfung durchzuführen (**Belegverprobung**). Die Wirksamkeit derartiger maschineller

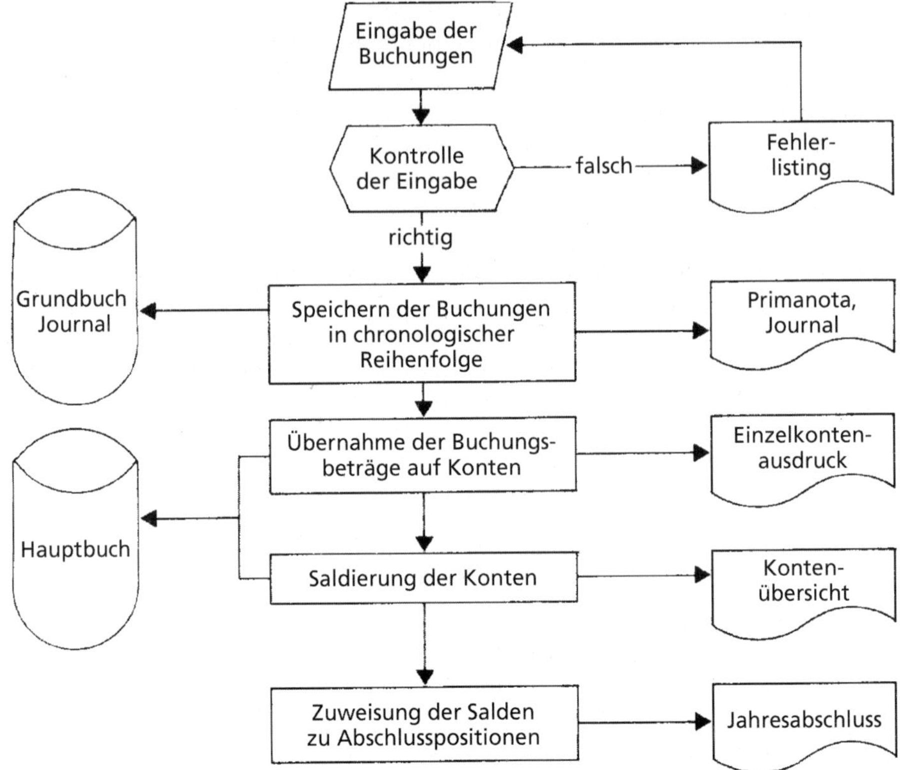

Vereinfachte chronologische Darstellung des Datenflusses bei EDV-Buchführung

Kontrollen ist Voraussetzung für ein ordnungsgemäßes Buchführungssystem (vgl. hierzu auch die GoBS, Teil A, Abschn. 15.5.5.4.2, S. 701 ff.). Auch die folgenden Programmschritte nach Eingabe der Buchungsdaten unterliegen zur Sicherstellung der Ordnungsmäßigkeit der Buchführung weiteren manuellen und maschinellen Kontrollen (z. B. Belegstapelabstimmung, Kontensaldenkontrolle etc.). Naturgemäß kann das Programm nicht sämtliche Fehler (wie z. B. nicht belegidentische Buchungssätze) aufdecken, sondern nur die Fehler erkennen, die sich aufgrund der Buchungsregeln oder aufgrund logischer Abfragen ergeben (Plausibilitätsprüfungen). Je nach Komfortabilität des jeweiligen Softwareprogramms werden dabei mehr oder weniger umfangreiche Kontrollen der eingegebenen Daten vorgenommen. Grundsätzlich gibt es drei Arten solcher **Plausibilitätskontrollen:**

1. **Vollständigkeitskontrollen:** Buchungen werden nur durchgeführt, sofern sämtliche erforderlichen Daten (z. B. Konto, Betrag, Gegenkonto) eingegeben wurden.

2. **Zulässigkeitskontrollen:** Die eingegebenen Buchungsdaten werden mit vorgegebenen Werten bzw. Unter- und Obergrenzen verglichen und nur bei Zulässigkeit akzeptiert (z. B. muss der Buchungsbeleg numerisch und mit

einer maximalen Länge von 10 Stellen eingegeben werden; Kontennummern bzw. -bezeichnungen müssen mit dem Kontenplan übereinstimmen).

3. **Logische Kontrollen:** Buchungsdaten, die den Buchungsregeln bzw. der Logik widersprechen, werden abgelehnt (z. B. müssen der Soll- und der Habenbetrag übereinstimmen; bestimmte Konten dürfen nicht direkt bzw. nicht mit Mehrwertsteuer bebucht werden; das Belegdatum muss beim Tag kleiner oder gleich 31, beim Monat kleiner oder gleich 12 sein).

Systemseitig aufgedeckte Fehler werden samt Fehlerursache am Bildschirm bzw. durch Fehlerlistung angezeigt, die Buchungen somit nicht gespeichert. Die Buchung ist sodann zu korrigieren und erneut einzugeben. Diese sofortige Korrektur schon während der Eingabe, die den ursprünglichen Inhalt der Buchung überschreibt und damit nicht mehr nachvollziehbar macht, entspricht den GoBS (vgl. Teil A, Abschn. 15.5.5.4.2.3, S. 705 ff.) und ist daher auch steuerlich anerkannt, wogegen jede andere Art der Datenveränderung nach Speicherung die Erhaltung des ursprünglichen Inhalts und dessen Nachvollziehbarkeit bedingt.

Nachdem sämtliche Daten eines Belegstapels eingegeben wurden und die Kontrollen ohne Fehlermeldung durchlaufen haben, werden sie in einer Datei verarbeitungsfähig gespeichert. Eine **„verarbeitungsfähige Speicherung"** erfüllt Grundbuchfunktion und liegt dann vor, wenn die Buchungsdaten jederzeit ausgedruckt, lesbar gemacht und für eine sach- und personenkontenmäßige Verbuchung weiterverarbeitet werden können sowie gegen eine unbefugte und unkontrollierbare Veränderung gesichert sind.

Da für den Grundsatz der zeitgerechten Erfassung von Geschäftsvorfällen als Teil der GoB (§ 239 Abs. 2 HGB; H 5.2 EStH) regelmäßig entscheidend ist, wann der einzelne Geschäftsvorfall in den Grundbüchern aufgezeichnet ist (*BFH* v. 26. 3. 1968, BStBl. II 1968, S. 527 ff.), folgt aus der Grundbuchfunktion der verarbeitungsfähigen Speicherung bzw. des Journals, dass die weitere Verarbeitung der Buchungsdaten nicht sofort erfolgen muss, sondern zeitlich hinausgeschoben werden kann. So kann bei der Speicherbuchführung die endgültige Datenverarbeitung z. B. auf den Zeitpunkt der Abschlusserstellung oder steuerlichen Außenprüfung verlegt werden, so dass die einzelnen Geschäftsvorfälle nur verarbeitungsfähig, nicht aber bereits verarbeitet gespeichert werden können.

Die maschineninterne Weiterverarbeitung erfolgt auf entsprechenden Befehl, indem die gespeicherten Buchungsdaten entsprechend den Konten des Kontenplanes sortiert und getrennt nach Soll und Haben in sachlicher Ordnung gespeichert werden **(Übernahme auf Konten).** Sowohl zur Aktualisierung der einzelnen Kontenstände als auch zur Vorbereitung des Abschlusses ist eine Saldierung der Konten notwendig, die programmtechnisch durch Gegenüberstellung der einzelnen Soll- und Habensummen realisiert wird. Die zwischengespeicherten Kontensalden bilden zusammen mit den sachlich geordneten Buchungsdaten (Kontenbewegungen) das Hauptbuch, das gem. § 239 Abs. 4 HGB und § 146 Abs. 5 AO während der Dauer der Aufbewahrungsfrist von 10 Jahren verfügbar sein und jederzeit innerhalb angemessener Frist durch Kontenlisting (Einzelkontenausdruck bzw. Kontenübersicht) lesbar zu machen ist.

Die einzelnen zwischengespeicherten Kontensalden werden je nach Kontenplan zu Gruppen zusammengefasst (Zuordnung von Unterkonten) und entsprechend der Bilanz- und GuV-Gliederung einzelnen Jahresabschlusspositionen zugewiesen. Die den Gliederungsvorschriften der §§266 und 275 HGB entsprechende bzw. daran angelehnte Aufbereitung der einzelnen Positionen erlaubt dann den Ausdruck von Bilanz und Erfolgsrechnung, die gemäß §257 Abs.4 HGB sowie §147 Abs.3 AO in direkt lesbarer Form zehn Jahre aufzubewahren sind.

Die Durchführung der Verbuchung wird – wie jede Verarbeitung bzw. Ein- und Ausgabe von Daten bei einem EDV-Rechner – mit Hilfe von **Software**, d.h. einer Folge maschinenlesbarer Anweisungen gesteuert. Jeder einzelne Schritt der Verbuchung muss dabei in Form eines Maschinenbefehls vom Programmierer festgelegt und der Datenverarbeitungsanlage eingegeben werden.

Mehrere sukzessiv aufeinander folgende Befehle (Anweisungsfolgen), die eine bestimmte Reihenfolge von Maschinenoperationen vorgeben, werden als **Programm** bezeichnet. In aller Regel werden komplexe Aufgabenstellungen – wie sie die Finanzbuchführung darstellt – in Teilaufgaben zerlegt, für die jeweils ein spezielles Programm formuliert wird. Ein Programmpaket (**Softwarepaket**, Softwaresystem), das einen gesamten Aufgabenkomplex wie z.B. die Finanzbuchführung zu lösen vermag, besteht daher aus mehreren Programmen, die jeweils unterschiedliche Teilaufgaben ausführen. Programmpakete zur Finanzbuchführung bestehen i.d.R. aus einzelnen Programmen für die Funktionen Einlesen, Kontrolle, Speichern und Sortieren der Buchungsdaten sowie Saldieren und Ordnen der verschiedenen Kontenwerte. Darüber hinaus können je nach Umfang und Komfort des einzelnen Softwaresystems noch viele zusätzliche Teilprogramme implementiert sein, welche die Arbeit des Buchhalters unterstützen sollen (z.B. automatische Bedienerführung, Matchcode, Auswertungsprogramme etc.).

Die Erfassung und Speicherung sowohl der zu bearbeitenden als auch der bereits bearbeiteten Buchungsdaten erfolgt auf jeweils spezifisch dafür eingerichteten Dateien. Informationen, die bei jedem Programmlauf in derselben Weise wieder gebraucht und abgerufen werden und die ihren Inhalt i.d.R. nicht oder sehr selten ändern, werden als Stammdaten bezeichnet und in sog. **Stammdateien** gespeichert. Diese Stammdateien dienen der Steuerung und Prüfung der eigentlichen Buchungsabwicklung. Zu ihnen gehören in der Buchführung vor allem die Kontenstämme bzw. der Kontenplan, die Jahresabschlussgliederung sowie die Stammdaten einzelner Kunden und der Lieferantenfirmen. Die kleinste logische Einheit einer Stammdatei ist eine Stamminformation, die beim Kontenplan z.B. ein einzelnes Konto beinhaltet. Die spezifischen Merkmale und Ausprägungen einer solchen Stamminformation sind im sog. Stammdatensatz definiert und zusammengefasst. Dieser Datensatz besteht bei den Konten mindestens aus der Kontonummer als Ordnungs- und Suchbegriff, der Kontobezeichnung und gegebenenfalls weiteren Kontenmerkmalen (wie z.B. Kennungen bezüglich Umsatzsteuerpflicht, Zugriffsberechtigung, Zuordnung zu einzelnen Auswertungsinstrumenten etc.).

Jene Informationen, die bei jedem Geschäftsvorfall bzw. Programmlauf unterschiedlich und daher jeweils erneut zu erfassen sind, werden als Bewegungsdaten bezeichnet und in sog. **Bewegungsdateien** gespeichert. Zu ihnen gehören vor allem die eingelesenen Buchungssätze und Kontenbewegungen, die – je nach Konzeption des Softwarepakets – in speziellen Bewegungsdateien für Grundbuch (Speicherung der eingelesenen Buchungsdaten in chronologischer Reihenfolge) und Hauptbuch (Speicherung der Buchungsdaten nach sachlichen Konten geordnet) angelegt werden. Da die Bewegungsdaten nach Abschluss des Buchungsvorgangs nur noch Bedeutung für dessen spätere Nachvollziehbarkeit haben, können sie auf den zentralen Datenträgern gelöscht und auf separaten, externen Datenträgern (z. B. Magnetband, -platte, CDs o. Ä.) archiviert werden, sobald die Buchungsperiode abgeschlossen ist. Für die Zwecke der Dokumentation und Überprüfbarkeit muss jedoch jede Datei während der Dauer der Aufbewahrungsfristen verfügbar sein und in angemessener Zeit auf Bildschirm oder Drucker lesbar gemacht werden können (§ 239 Abs. 4 HGB und § 146 Abs. 5 AO).

Neben den Stamm- und Bewegungsdateien sind in verschiedenen Softwarepaketen auch **Umsatzdateien** üblich, die verdichtete Umsätze (vor allem Kontensalden) erfassen und periodengerecht fortschreiben. Sie erleichtern statistische Auswertungen (z. B. Liquiditätskennzahlen, Soll-Ist-Vergleiche, Kreditoren- und Debitorenübersichten etc.) und bilden die Grundlage zur maschinellen Erstellung von Bilanz und Erfolgsrechnung. Mitunter werden auch sog. **Abstimmdateien** geführt, die ausschließlich der internen Kontrolle und der Überprüfung des Buchungsvorgangs dienen.

Für die allgemeingültigen Aufgabenstellungen der Finanzbuchführung, die von einer Vielzahl von Buchführungspflichtigen in derselben Weise durchzuführen sind, braucht dabei nicht jeweils ein unternehmensspezifisches Programm **(Individualsoftware)** konzipiert und erstellt zu werden; vielmehr kann auf vollständig ausgearbeitete und damit relativ kostengünstige, universell einsetzbare **Standardsoftware** zurückgegriffen werden, welche gegebenenfalls an die unternehmensindividuellen Gegebenheiten bzw. Bedarfe angepasst wird (**Customizing**).

Die marktmäßig verfügbaren Standardsoftwarepakete zur Finanzbuchführung unterscheiden sich hinsichtlich Programmumfang, Komfortabilität, Programmiersprache und vielerlei systemtechnischer Details. Sie lassen sich jedoch – da sie grundsätzlich dieselben Funktionen zu erfüllen haben – jeweils auf ein einheitliches Grundmuster zurückführen, das im Detail je nach Hersteller unterschiedlich ausgestaltet und realisiert werden kann. Die Abbildung auf Seite 682 gibt die **Grundkonzeption** und die sachliche Verknüpfung der Programme und Dateien innerhalb eines beispielhaften Softwarepakets zur Finanzbuchführung vereinfacht wieder.

Der Markt für **Standard-Anwendungssoftware** zur Finanzbuchhaltung weist ein so breites und heterogenes Angebot auf, dass er kaum vollständig überschaubar ist. Eine Vielfalt unterschiedlicher Programmpakete wird von Hardware-Herstellern, Softwarehäusern und Unternehmensberatungsgesellschaften angeboten und vertrieben. Heutzutage sind mehrere hundert verschiedene Standard-Softwaresysteme für sämtliche Größenklassen von EDV-Anlagen verfügbar; das Marktvolumen wird dabei infolge sinkender Hard- und Softwarekosten sowie aufgrund steigenden Bedarfs an integrierten Gesamtlösungen vor allem auch im Bereich vernetzter PCs weiterhin wachsen. Die auf aktuellen Anbieterangaben beruhenden Tabellen der Seiten 683 ff. geben eine stark komprimierte Übersicht über einige aktuelle Programmpakete zur Finanzbuchführung und deren jeweilige Systemmerkmale.

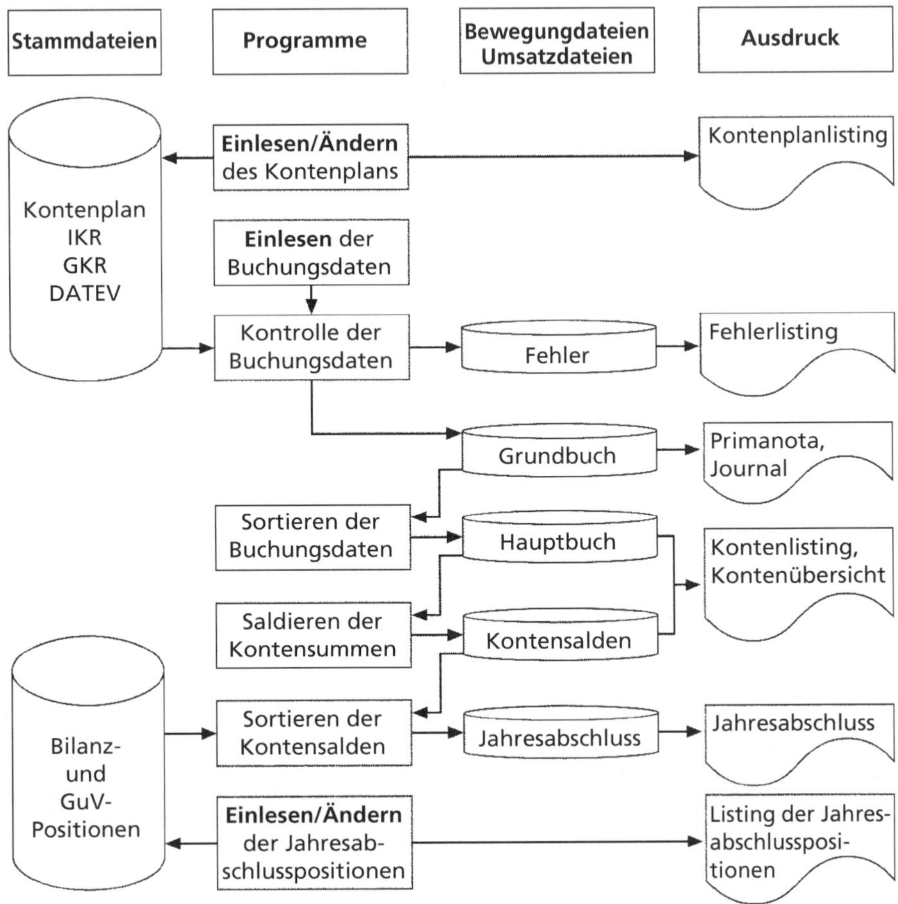

Vereinfachte sachliche Darstellung eines Softwarepakets zur Finanzbuchführung

Bei moderner Buchungssoftware werden Daten nicht in physisch separaten Dateien, sondern in **Datenbanken** gespeichert, die durch ein Datenbankverwaltungssystem (**data base management system**) zugeordnet und kontrolliert werden. Die Besonderheiten von Datenbanken im Vergleich zu Dateien sind die verminderte bzw. fehlende Redundanz sowie die stärkere Datenverarbeitungsunterstützung bei der maschineninternen Verwaltung. Der gemeinsame Datenpool für alle Benutzer erlaubt dabei eine multifunktionale Verwendbarkeit der Daten durch beliebige Datenverknüpfung (im Einzelnen *Hansen/Neumann*, Wirtschaftsinformatik, S. 1055 ff. und *Hanisch*, EDV-Prüfung, S. 405 ff.). So ist bei datenbankorientierten Softwarepaketen zur Finanzbuchführung keinesfalls

Produkt-bezeichnung	Zentrale Funktionsbereiche	Schnittstellen	System-konfiguration	Installation a) Jahr b) Anzahl	Anbieteradresse
adata-Finanzbuch-haltung	Sachkonten, Debitoren und Kreditoren, Offene Posten, automatisches Zahlungswesen, Zinsrechnung und Mahnwesen, Währungsrechnen, Hauptabschlussübersicht, Abschluss, Konsolidierung, Provisionsabrechnung, Kostenstellen- und Trägerauswertung, betriebswirtschaftliche Auswertung	Debitoren-/Kreditorenstammdaten aus Fremdsystemen, Sachkontenbuchungen aus Fremdsystemen, Ein- und Ausgangsrechnungen aus Fremdsystemen, Stammdatenausgabe in ASCII, Schnittstelle Betriebsprüfung/ GDPdU-Ausgabe, ODBC	PC: Windows 7/ Windows Vista/ Windows XP/ Windows 2000/ Netware UNIX: Unix/ Linux	a) 1981 b) > 2.000	adata Software GmbH Windmühlenstr. 15 DE – 27283 Verden eMail: fibuhotline@adata.de eMail: vertrieb@adata.de www.adata.de
GDI-Finanzbuch-haltung	Bedienerkontrollsystem, Prüf- und Korrekturroutinen; Anzeige von Statistikwerten; Budgetierung, Liquiditätsplanung, Kostenarten- und Kostenstellenrechnung; Debitoren/ Kreditoren Anzahlungsbuchungen, Fremdwährungsrechnung; anpassbare betriebswirtschaftliche Auswertung, frei definierbare Formulare und Listen; Kassenbuch je Kassenkonto; automatische Skontoverbuchung; Mahnwesen; Konsolidierung; DATEV-Modul	ASCII, Schnittstellen zu vorgelagerten Rechenkreisen, GDI-Anlagenbuchhaltung, GDI-Lohn & Gehalt, GDI-Baulohn, GDI-Auftrag & Warenwirtschaft. Schnittstellen zu nachgelagerten Rechenkreisen: GDI-Kostenrechnung, Fremdsoftware	PC: Windows 7/ Windows Vista/ Windows XP/ Windows 2000/ Windows NT/ Windows 9x	a) 1991 b) 12.000	Gesellschaft für Datentechnik und Informationssysteme mbH Klaus-von-Klitzing-Straße 1 D-76829 Landau in der Pfalz eMail: info@gdi.de www.gdi.de
HS-Finanzbuch-haltung	Buchen mit unterschiedlichen Belegarten, Offene-Posten-Verwaltung mit automatischem Mahnwesen, mehrere Wirtschaftsjahre gleichzeitig bebuchbar, digitale Betriebsprüfung gemäß §147 AO, für die Teilnahme am SEPA-Verfahren, die Ist-Versteuerung und das EU-Mehrwertsteuerpaket 2010, elektronische Übermittlung von Umsatzsteuer-Voranmeldungen (ELSTER)	ODBC, Abgabenordnung (mitgeliefertes Dienstprogramm), DATEV (Erweiterungsmodul)	PC: Windows 7/ Windows Vista/ Windows XP/	a) 1984 b) 24.700	HS – Hamburger Software GmbH & Co. KG Überseering 29 22297 Hamburg eMail: info@hamburger-software.de www.hamburger-software.de

Produktbezeichnung	Zentrale Funktionsbereiche	Schnittstellen	Systemkonfiguration	Installation a) Jahr b) Anzahl	Anbieteradresse
Microsoft Dynamics Nav (Modul Finanzmanagement)	Verwaltung von Sachkonten, Personenkonten, Bankkonten; Steuerung von Kontenplänen, Buchungsblättern und Budgets; Automatische Berechnung von Mehrwertsteuersätzen, Rabatten, Skonti; Abbildung von mehreren Buchhaltungsdimensionen für spätere Auswertungen; Nutzung wiederkehrender Buchungsroutinen; Konsolidierungsfunktionen und individuelle Buchhaltungsperioden	Microsoft Office System, Microsoft Windows, Microsoft Office SharePoint Server, Microsoft BizTalk Server, Microsoft Commerce Server, Microsoft SQL, eigene Adapter von Microsoft Dynamics NAV, Module: Marketing und Vertrieb, Supply Chain Management	PC: Windows XP, Windows 2003 oder Windows Vista (X86 oder 32-bit auf X64)	a) Keine Angabe b) Keine Angabe	Microsoft Deutschland GmbH Konrad-Zuse-Straße 1 85716 Unterschleißheim eMail: kunden@microsoft.com www.microsoft.de
Oracle E-Business Suite (Modul Finanz- und Rechnungswesen)	Kontierungsstruktur, Buchungseingabe und -kontrolle, Fremdwährungsbuchhaltung, Abschluss, Berichtsgenerator, Kostenrechnung, Budgetierung, Debitoren, Kreditoren, Bankabstimmung, Liquiditätsvorausschau und -planung	Module: Marketing, Vertriebssteuerung, Telefonmarketing und -vertrieb, Verkauf, Finanz- und Rechnungswesen, Personalwirtschaft, Controlling, Beschaffung und Einkauf, Produktionsplanung und -steuerung, Warenwirtschaft, Produktion, Service, Logistik, Konfiguration, Qualitätsmanagement, Projektmanagement, Kennzahlen, Analysen und Auswertungen	auf allen gängigen Plattformen lauffähig	a) 1987 b) > 13.000	ORACLE Deutschland B.V. & Co. KG Hauptverwaltung und Geschäftsstelle München Riesstraße 25 D-80992 München info_de@oracle.com www.oracle.de
Sage Classic Line 2010 (Modul Rechnungswesen)	Sachkonten, Statistikkonten, Sammelkonten für Debitoren und Kreditoren, Automatisches Konsolidieren der Unterbuchhaltungen, Verwendung mehrerer Steuersätze, fremdwährungsfähig, Kostenvergleiche, automatisches Mahnen, Verwaltung von Einmalkunden- und Lieferanten, Kostenrechnung	DATEV-Exportschnittstelle, Module Warenwirtschaft, Lohn- und Gehalt, Produktion, Business Intelligence	auf allen gängigen Plattformen lauffähig	a) 1983 b) ca. 180.000	Sage Software GmbH Emil-von-Behring-Straße 8–14 60439 Frankfurt am Main eMail: info@sage.de www.sage.de

Produktbezeichnung	Zentrale Funktionsbereiche	Schnittstellen	Systemkonfiguration	Installation a) Jahr b) Anzahl	Anbieteradresse
SAP ERP Financials	*Finanz- und internes Rechnungswesen:* zentrale Buchhaltungs- und Berichtsfunktionen, Hauptbuch mit paralleler Rechnungslegung (nationale RLV, IFRS, US-GAAP) und Steuerverwaltung, Kreditoren- und Debitorenbuchhaltung *Financial Supply Chain Management:* Optimierung der Prozesse der Debitorenbuchhaltung und des Inkassomanagements *Corporate Governance:* Cash-Management-, Liquiditätsmanagement- und Finanzrisikomanagemenfunktionen, Treasury-Anwendungen	Nahtlose unternehmensübergreifende Zusammenarbeit durch my SAP Workplace über gemeinsame Verzeichnisse, Diskussionsforen und unternehmensübergreifende Anwendungen; Schnittstellen zu allen wichtigen Unternehmensbereichen	auf allen gängigen Plattformen lauffähig	a) 2001 b) > 26.000	SAP Deutschland AG & Co. KG Hasso-Plattner-Ring 7 69190 Walldorf info.germany@sap.com www.sap.de
SelectLine Rechnungswesen	Fremdwährungen, Konten und Kontenplan, diverse Buchungsmasken und Eingabehilfen, Umsatzsteuervoranmeldung, Offene-Posten-Verwaltung, Zahlungsverkehr, Auswertungen, Import/Export Zusatzmodule: Anlagenbuchhaltung, Kostenrechnung,Kontierungsassistent, Konsolidierungstool	DATEV, IDEA, TAPI, PDF, COM, ELO, Stampit	PC: Windows 7/ Windows Vista/ Windows XP	a) Keine Angabe b) ca. 10.000	SelectLine Software GmbH Otto-von-Guericke-Str. 67 39104 Magdeburg eMail: info@selectline.de: http://www.selectline.de
DATEV-Programme **Bspw.: Rechnungswesen compact plus (Buchführung)** (nur über und in Zusammenarbeit mit dem Steuerberater bzw. Rechtsanwalt erhältlich)	Betriebswirtschaftliche Auswertungen, Debitorenbuchhaltung, Finanzbuchhaltung, Fremdwährung, Kreditorenbuchhaltung, Offene-Posten-Verwaltung	Auswertung: DATEV-ELSTER-Client (Telemodul DÜ Rechnungswesen), Microsoft Excel und Word; Bewegungs- und Stammdatenausgabe in ASCII-Format (indiv. konfigurierbar), GDPdU-Format und Postversandformat (DATEV-Standard); Bewegungs- und Stammdateneingabe in ASCII-Format (indiv. konfigurierbar) und Postversandformat (DATEV-Standard)	Windows 2000, Windows 2000 Server, Windows 7, Windows Server 2003, Windows Server 2008 X64, Windows Small Business Server 2003, Windows VISTA, Windows XP, Windows XP Professional	a) Keine Angabe b) Keine Angabe	DATEV eG Palmgartnerstraße 6–14 90329 Nürnberg e-Mail: info@datev.de www.datev.de

Standard-Anwendersoftware zur Finanzbuchführung

eine dem herkömmlichen Grund- und Hauptbuch entsprechende, fortlaufend geordnete Speicherung des Buchungsstoffes auf Magnetspeichern notwendig. Vielmehr definieren festgelegte Suchpfade bzw. Kettadressen oder Sortier- und Auswahloptionen den jeweils sachlogisch richtigen Zusammenhang zu Journal, Konto, Jahresabschluss und betriebswirtschaftlicher Auswertung.

Die detaillierte buchungstechnische Erfassung und Bearbeitung sämtlicher einzelner Geschäftsvorfälle innerhalb des gesamten Komplexes der Finanzbuchführung stellt ein sehr umfangreiches Arbeitsgebiet dar. Infolgedessen wird die Buchhaltung in aller Regel in einzelne Teilbereiche **(Buchungskreise)** aufgeteilt, die aus der Hauptkontenbuchhaltung ausgegliedert und als so genannte **Nebenbuchhaltung** separat geführt werden. Die verbleibende Hauptbuchhaltung wird dann als Sachkontenbuchhaltung bezeichnet. Die Daten der Nebenbuchhaltung fließen über verdichtete Buchungen (sog. Sammelbuchungen) in die Hauptbuchhaltung ein und gewähren so den interdependenten Zusammenhang innerhalb des Systems der Doppik. Welche Bereiche zweckmäßigerweise auszugliedern und als Nebenbuchhaltung einzurichten sind, ist primär vom zu verbuchenden Datenvolumen abhängig und damit meist eine Frage der Unternehmensgröße. Bei sämtlichen auf dem Markt verfügbaren Standard-Anwendungsprogrammen zur Finanzbuchführung ist jedoch eine Trennung in die vorwiegend genutzten Bereiche „Kreditoren" (Beziehungen zu Lieferanten), „Debitoren" (Beziehungen zu Kunden) sowie die übrig bleibenden „Sachkonten" zu beobachten. Üblicherweise werden diese drei Buchungskreise daher zur Finanzbuchhaltung gezählt. Demgegenüber reichen die mitunter ebenfalls als Nebenbuchhaltungen konzipierten Arbeitsgebiete der Lohn- und Gehaltsabrechnung, der Anlagenbuchhaltung (bzw. Anlagenrechnung) sowie der Materialbuchhaltung (bzw. Materialabrechnung) über das buchhalterische System der Doppik hinaus und werden daher im Allgemeinen nicht unter den Begriff der Finanzbuchhaltung im engeren Sinne subsumiert.

Gegenstand der **Debitorenbuchhaltung** sind die Forderungen und Verbindlichkeiten, die eine Unternehmung gegenüber ihren Kunden hat. Diese werden auf einzelnen Personenkonten verwaltet. Hauptaufgabe der Debitorenbuchhaltung ist die Verbuchung von Rechnungsausgängen und Gutschriften (Bildung offener Posten) sowie die Erfassung von Zahlungseingängen und Verrechnungen (Ausgleich offener Posten). Daneben obliegt ihr in der Regel die Überwachung und Kontrolle des Bestandes offener Posten (Mahnwesen) sowie die Pflege der Debitoren-Stammdaten.

In der **Kreditorenbuchhaltung** werden die Forderungen und Verbindlichkeiten einer Unternehmung gegenüber ihren Lieferanten verwaltet. Bezüglich des EDV-technischen Verarbeitungsprinzips ähnelt die Kreditorenbuchhaltung stark der Debitorenbuchhaltung: Forderungen und Verbindlichkeiten werden als Offene-Posten geführt, die durch Bezahlung oder Anlieferung auszugleichen sind. Dementsprechend sind die zentralen Aufgaben der Kreditorenbuchhaltung die Erfassung und Verbuchung von Eingangsrechnungen und Gutschriften (Bildung offener Posten) sowie die Rechnungsregulierung und Zahlungsverbuchung (Ausgleich offener Posten). Darüber hinaus fällt auch die Pflege des Bestandes offener Posten und der Stammdaten in ihren Aufgabenbereich.

Da sämtliche Buchungen aus den Kontokorrent-Nebenbuchhaltungen Debitoren und Kreditoren, in denen die weitaus überwiegende Mehrzahl der Geschäftsvorfälle zu verzeichnen ist, automatisch in den **Sachkontenbereich** übergeleitet werden, reduziert sich der verbleibende, manuell zu erfassende Buchungsstoff erheblich. In der Sachkontenbuchhaltung sind daher nur noch wenige reine Sachbuchungen, wie z. B. Abschreibungen oder Umbuchungen, vorzunehmen. Die Hauptaufgabe der Sachkontenbuchhaltung besteht somit in den periodischen Abschlussarbeiten sowie in den laufenden Auswertungen der Finanzbuchführung.

Da sich aus den Daten der Finanzbuchführung weitere Auswertungen zur Deckung des Informationsbedarfs der Unternehmensleitung ableiten lassen, können über die genannten hinaus noch zahlreiche weitere Schnittstellen zu anderen Funktionsbereichen der Unternehmung bestehen. Enge Verbindungen sind dabei vor allem zur Kosten- und Leistungsrechnung, insbesondere beim Informationsaustausch bezüglich Beständebewertung und kalkulatorischer Kosten, zu beobachten. Darüber hinaus kann auf den Daten der Finanzbuchführung z. B. ein System der Liquiditäts- und Finanzplanung, der Auftrags-, Bestellabwicklung und -überwachung, des Controlling etc. aufgebaut werden. Letztlich ergibt sich ein integriertes Gesamtmodell betrieblicher Informations- und damit Datenverarbeitung, bei dem computergestützte Management-Informationssysteme baukastenartig zusammengestellt und vernetzt werden und in dem die Finanzbuchführung ein integrierter Bestandteil der betrieblichen Datenverarbeitung ist.

15.5.5.3 Organisationsformen computergestützter Finanzbuchführung

Für die zeitlich-verfahrenstechnische Abstimmung zwischen manueller und maschineller Verarbeitung der Buchungsdaten sowie für den Ablauf des Informationsaustausches zwischen Anwender und EDV-Anlage bieten sich mehrere verschiedene Organisationsalternativen an. Welche Organisationsalternative dabei jeweils zweckmäßig ist, hängt von den unternehmensindividuellen Gegebenheiten, insbesondere dem Datenvolumen, dem Belegfluss, den spezifischen Auswertungsanforderungen sowie den jeweiligen hard- und softwaretechnischen Möglichkeiten ab: Durch den Einsatz kommerzieller Standard-Software werden zunächst die Rahmenbedingungen für die technisch-organisatorischen Gestaltungsmöglichkeiten der **Rechnernutzung** geschaffen (Abschn. 15.5.5.3.1). Darüber hinaus sind aber auch zahlreiche unterschiedliche Formen der **Arbeitsorganisation** und Arbeitsteilung innerhalb der computergestützten Finanzbuchführung zu unterscheiden (Abschn. 15.5.5.3.2).

15.5.5.3.1 Formen der EDV-Nutzung

Unabhängig vom jeweiligen Einsatzgebiet lassen sich zwei grundsätzliche Formen der Rechnernutzung unterscheiden: Stapelverarbeitung und Dialogverarbeitung. Die technische Einsatzmöglichkeit der beiden Nutzungsformen ist im Einzelfall jeweils vollständig von den zur Verfügung stehenden Programmen abhängig. Die technologische Entwicklung bei kommerzieller Standardsoftware verlief dabei historisch betrachtet von der reinen stapel- zur dialogorientierten Verarbeitung. Heute sind sämtliche verfügbaren Anwendungsprogramme zur Finanzbuchführung dialogorientiert, wobei einige (vor allem für mittelgroße und große Anlagen) Wahlmöglichkeiten zwischen beiden Nutzungsformen bieten.

Bei der ursprünglich vorherrschenden **Stapelverarbeitung** (batchprocessing) sind personelle und maschinelle Aufgabenverrichtung zeitlich getrennt, so dass die manuelle Bearbeitung gesammelt und vollständig durchgeführt werden muss, bevor die maschinelle Verarbeitung zu bestimmten Zeitpunkten schubweise ablaufen kann (s. nachfolgende Abb.). Im Rechnungswesen wird die Stapelverarbeitung vor allem dann realisiert, wenn die anfallenden Buchungsdaten aller Unternehmensabteilungen von einem Rechenzentrum zentral erfasst und

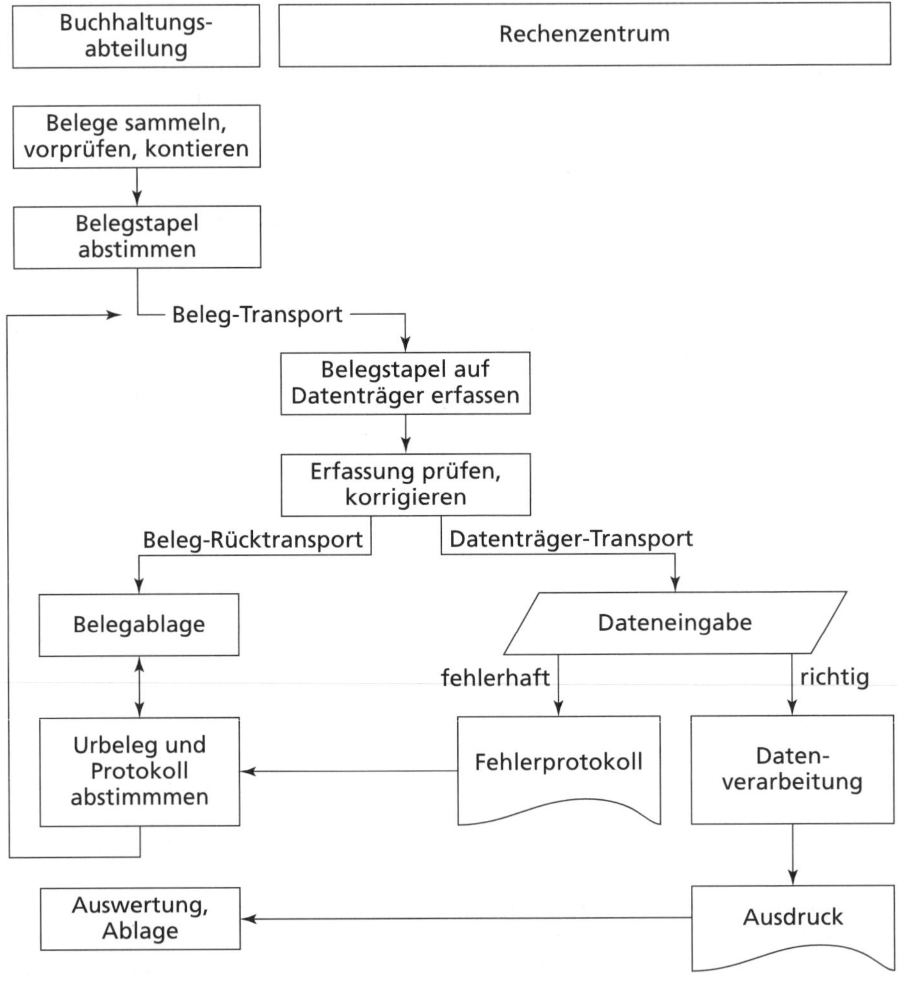

Informationsfluss bei Stapelverarbeitung

verarbeitet werden. Dies erlaubt zwar eine relativ störungsfreie und wirtschaftliche Nutzung der EDV-Anlage, bringt jedoch erhebliche Restriktionen der arbeitsorganisatorischen Gestaltung mit sich: Die gespeicherten Daten sind wenig aktuell und gezielte Rechnerauskünfte, -abfragen und -lösungsvorschläge sind kaum möglich. Darüber hinaus verursacht die mehrfache Datenübertragung zusätzlichen Arbeitsaufwand und birgt Fehlergefahren in sich. Die zentrale Stapelverarbeitung ist im Rechnungswesen daher nur dort sinnvoll, wo sehr umfangreiche Datenbestände ohne Entscheidungsfreiräume, Korrektureingriffe und manuelle Vor- und Nachbearbeitung zu verarbeiten sind (z. B. bei der Übernahme fertiger Buchungssätze aus der Fakturierung, beim Druck der Zahlungsanweisungen etc.) oder eine räumliche Trennung von Anwender und Hardware die direkte Kommunikation nicht ermöglicht (vor allem bei der sog. Außer-Haus-Buchhaltung).

Im Gegensatz zur Stapelverarbeitung besteht bei der **Dialogverarbeitung** über Bildschirmterminal eine direkte Verbindung zwischen Anwender und Programm, so dass die maschinelle Verarbeitung gleichzeitig mit der Eingabe erfolgen und visuell kontrolliert werden kann (vgl. die Abbildung S. 690). Daher besteht hier auch die Möglichkeit, dass der Anwender im Dialog vom Programm geführt (Anzeige möglicher Folgemaßnahmen am Bildschirm) oder mittels Bildschirmmaske (formularähnliche Bildschirmanzeige für die Eingabe) unterstützt wird. Sowohl die Dateneingabe (z. B. Erfassen eines Geschäftsvorfalls), die Datenabfrage (z. B. Kontenauskunft, Matchcode-Abfrage) als auch die Bearbeitung operativer Entscheidungssituationen (z. B. Offene-Posten-Zuordnung, Mahnwesen, Zahlungsregulierung) ist im interaktiven Betrieb sukzessive möglich.

Während die Stapelverarbeitung zeitlich unabhängig von der Datenerfassung über Sekundärdatenträger möglich ist (sog. **Off-Line-Betrieb**), setzt die Dialogverarbeitung voraus, dass eine direkte Verbindung der peripheren EDV-Geräte – i. d. R. Bildschirm-Terminals – mit der Zentraleinheit besteht (sog. **On-Line-Betrieb**). Der direkte Zugriff auf Stamm- und Bewegungsdateien erlaubt jedoch, dass bei Dialogverarbeitung nicht mehr alle Belegdaten vorgegeben und eingegeben werden müssen, sondern auch automatisch ergänzt oder abgefragt werden können (bei Kundenzahlungen z. B. die entsprechenden offenen Posten, Konten und Adressen). Daher lässt sich im Dialogverfahren der bei Stapelverarbeitung notwendigerweise stark arbeitsteilige Prozess der Belegverarbeitung mit der Konsequenz der Fehlerreduzierung in einen Arbeitsgang zusammenfassen.

Erfolgt die Datenverarbeitung beim Dialogbetrieb sofort vollständig und simultan mit der Dateneingabe, so spricht man von Echtzeit- oder **Realtime-Verarbeitung**. Da eine solche Realtime-Verarbeitung infolge der sofortigen Aktualisierung aller Bewegungsdateien fehlerträchtig und störanfällig ist, werden in der Praxis der Finanzbuchführung i. d. R. Mischformen zwischen vollständiger Dialogverarbeitung und Stapelverarbeitung realisiert: Bei der **Dialogerfassung** beschränkt sich der Dialog auf die Eingabe mittels Bedienerführung und Bildschirmmasken sowie auf die Vorprüfung der eingegebenen Belegdaten, während die eigentliche Verbuchung in einem späteren Stapellauf automatisch durchgeführt wird. Bei der **teilweisen Dialogverarbeitung** werden

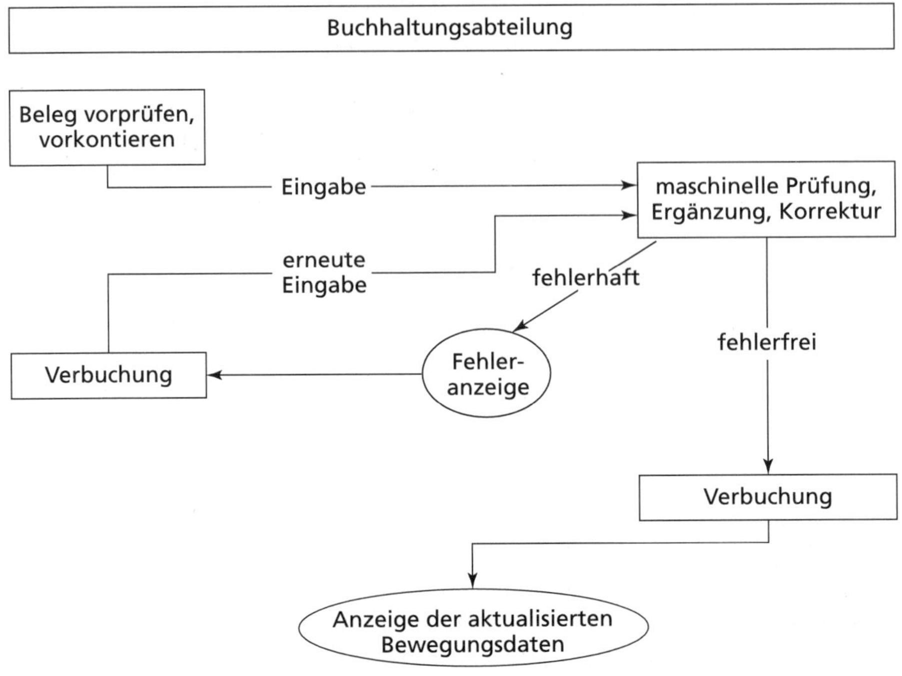

Informationsfluss bei Dialogverarbeitung

darüber hinaus die offene Posten betreffenden Daten direkt und sofort bei der Dialogeingabe aktualisiert, während die Verbuchung im Sachkontenbereich einem späteren Stapellauf vorbehalten bleibt. Um dabei dennoch jederzeit aktuelle Bewegungsdaten abrufen zu können, werden die Konsequenzen eines Geschäftsvorfalles mitunter durch eine so genannte **Pseudobuchung** simuliert. Man gelangt damit zu der in der Abbildung auf S. 691 oben dargestellten Unterscheidung der Nutzungsformen von EDV in der Finanzbuchführung.

15.5.5.3.2 Praktische Organisationsalternativen

Unabhängig von der jeweiligen Rechnernutzung (Stapel- oder Dialogverarbeitung) können unterschiedliche organisatorische Formen EDV-gestützter Finanzbuchführung realisiert werden. Als grundlegende Alternativen stehen dabei die **Im-Haus-Verarbeitung** (gesamte EDV-Verbuchung im Unternehmen) und die **Außer-Haus-Verarbeitung** (gesamte EDV-Verbuchung bei externen Trägern) zur Disposition. Zwischen den beiden Extremalternativen existiert eine Reihe unterschiedlicher **Mischformen**, die den jeweiligen unternehmensindividuellen Gegebenheiten angepasst sind. Die verschiedenen Varianten der Arbeitsteilung können selbst wiederum organisatorisch unterschiedlich ausgestaltet sein, so dass keine abschließende und vollständige Darstellung aller Organisationsmöglichkeiten präsentiert werden kann. Im Folgenden sollen daher drei repräsentative Beispiele, die in der Praxis die häufigsten Anwendungsfälle darstellen, die Bandbreite möglicher EDV-Organisationsalternativen wiedergeben.

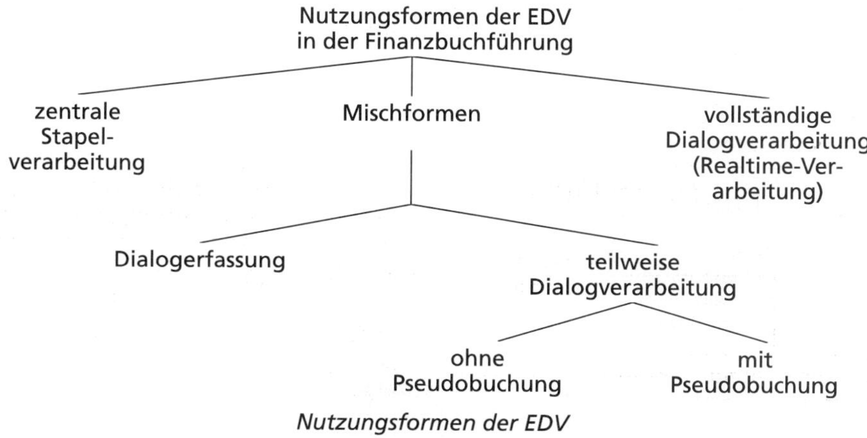

Nutzungsformen der EDV

Beispiel 1: Im-Haus-Verarbeitung

Die Organisationsform der **„Im-Haus-Verarbeitung"** ist infolge ihrer EDV-mäßigen und personellen Voraussetzungen typisch für große und zunehmend auch mittelgroße Unternehmen, gewinnt aber auch in Kleinbetrieben immer mehr an Bedeutung: Die gesamte EDV-Anlage, bestehend aus Zentraleinheit, Bildschirmarbeitsplatz bzw. -arbeitsplätzen, Drucker und einem externen Speichersystem, ist im Unternehmen implementiert und mit direkten Datenleitungen verbunden (On-Line-System). Als Software stehen neben der vom EDV-Hersteller bezogenen Systemsoftware in aller Regel von Software-Häusern bezogene Standardprogramme für die Finanzbuchführung (u. a. Kreditoren- und Debitorenbuchhaltung, Lohn- und Gehaltsabrechnung, Anlagenrechnung sowie weitere integrierte Programmpakete) und spezielle, auf den Produktionsprozess zugeschnittene Individualprogramme für die Betriebsbuchführung zur Verfügung, die zumeist alle eine Nutzung im Dialogbetrieb ermöglichen. Die grundsätzliche Hardwarekonfiguration kann der Abbildung auf Seite 692 entnommen werden.

Um beispielsweise einen bestimmten Geschäftsvorfall in der Finanzbuchführung zu erfassen, ist das Programm „Finanzbuchführung" vom Buchhalter aufzurufen, die Buchungsdaten sind einzugeben und der codierte Befehl zum Verbuchen ist zu erteilen. Der Programmaufruf sowie die Daten- und Befehlseingabe werden über ein Terminal durchgeführt, der Buchungsvorgang läuft dann automatisch ab (Realtime- oder Dialogverarbeitung). Die Zentraleinheit ist dabei in der Lage, Bewegungs- und Stammdaten vom externen Speicher per Programmbefehl zu lesen, automatisch zu ergänzen und per Programm zu verarbeiten. Im Dialogbetrieb wird jeder Satz einzeln eingelesen, geprüft, rückgemeldet und verarbeitet. Fehler werden für jeden einzelnen Buchungssatz sofort gemeldet (per Bildschirmausgabe oder Listing) und können so noch vor der eigentlichen Verbuchung sofort korrigiert werden. Über Listabrufe ist es möglich, die aktuellen Salden verschiedener Konten, Journale oder Kontenblätter sowie Stammdaten abzurufen bzw. sich ausdrucken zu lassen.

Beispiel 2: Im-Haus-Erfassung und -Teilverarbeitung

Sämtliche Mischformen zwischen vollständiger Im-Haus- und Außer-Haus-Verarbeitung sind typisch für den breiten Bereich der Mittelbetriebe. Hierbei werden bestimmte EDV-Dienstleistungen von externen Stellen fremdbezogen. Auch Großbetriebe überlassen vielfach die letzten Teilschritte der Finanzbuchführung (vor allem Abschlusserstellung und Steuererklärung) einem externen Steuerberater und realisieren damit eine **Mischform** der Buchhaltungsorganisation. Je nachdem, wieviele und welche der Arbeitsschritte innerhalb der Finanzbuchhal-

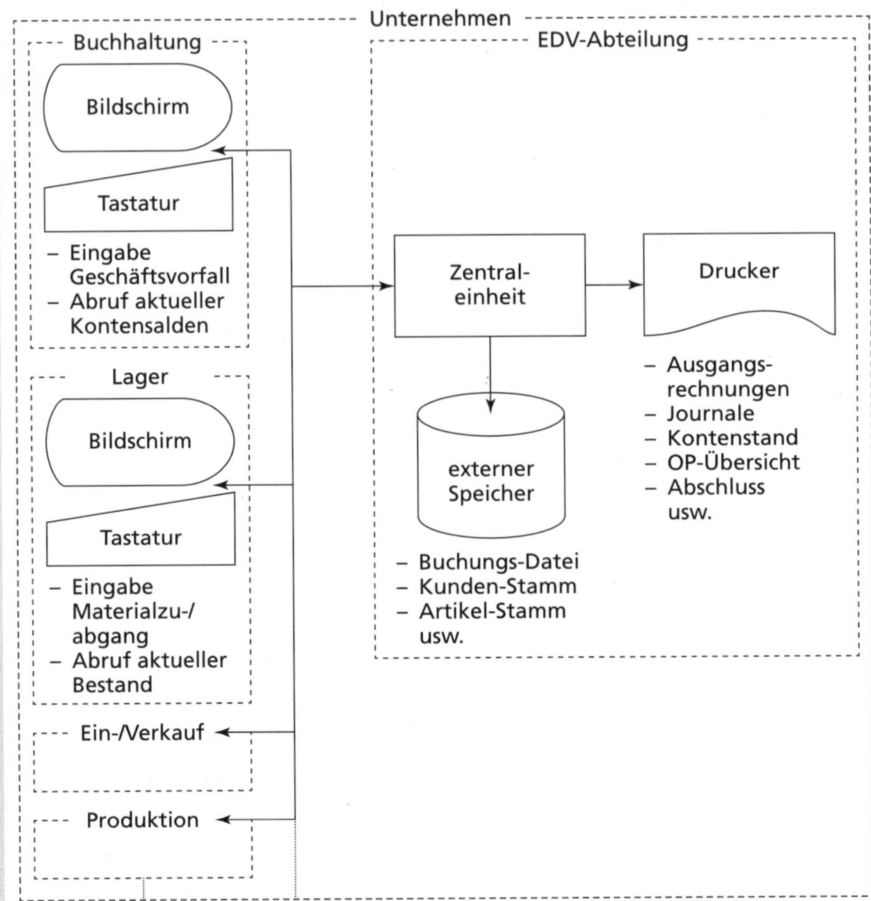

Im-Haus-Datenverarbeitung

tung ausgegliedert werden, kann man eine Vielzahl unterschiedlicher organisatorischer Mischformen differenzieren. Als typische Organisationsalternativen können aber die „Im-Haus-Erfassung" und die „Im-Haus-Teilverarbeitung" unterschieden werden.

Bei der **„Im-Haus-Erfassung"** werden sämtliche Geschäftsvorfälle im Unternehmen selbst auf maschinenlesbaren Datenträgern erfasst, d. h. die Datenerfassung wird (i. d. R. mittels eines Terminals) betriebsintern ausgeführt. Die Datenträger werden vom Anwender per Bote, Post oder auch mittels Datenfernübertragung (DFÜ) an ein Rechenzentrum weitergeleitet, wo die eigentlichen Buchungsarbeiten maschinell durchgeführt werden. Die Auswertungen und Ausdrucke (Buchungsjournal, Kontenblätter, Übersichten, Abschlüsse) werden sodann an den Betrieb zurückgesandt.

Bei der **„Im-Haus-Teilverarbeitung"** werden über die Datenerfassung hinaus noch weitere Teilverarbeitungsschritte innerhalb des Betriebes durchgeführt. So kann z. B. die Belegverprobung, die Belegstapelabstimmung, die Prüfung der Buchungssätze, die Verwaltung des Bestandes offener Posten, das Mahnwesen und/oder die Zahlungsregulierung (teilweise) intern abgewickelt werden, während die übrigen Buchungsarbeiten (vor allem Sachkonten-Buchführung und

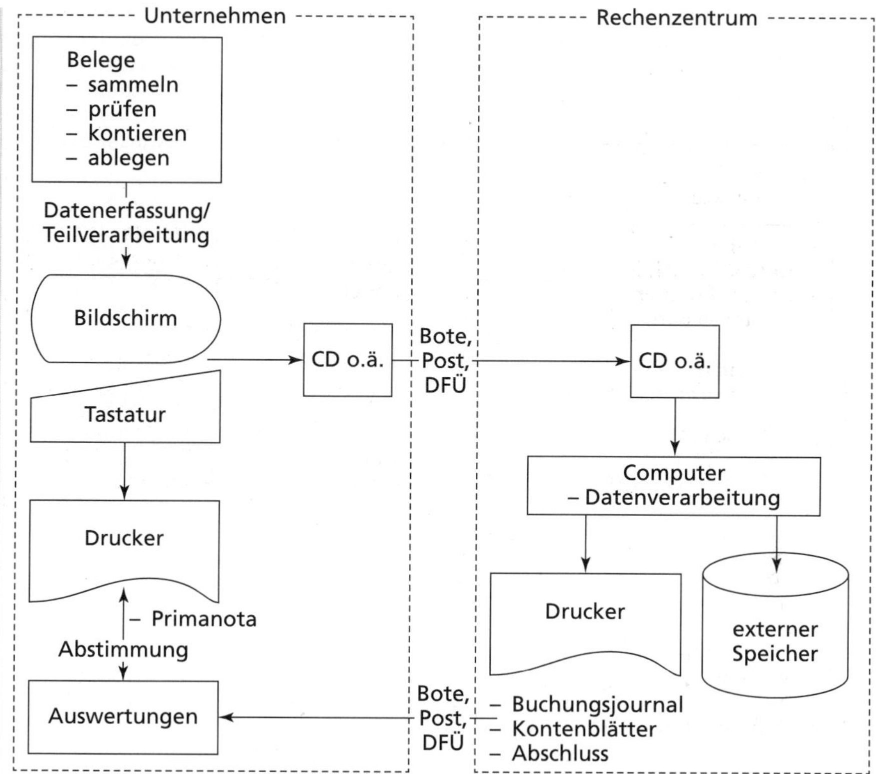

Im-Haus-Erfassung/Im-Haus-Teilverarbeitung

Abschlusserstellung) extern durchgeführt werden. Da aber die Datenerfassung in aller Regel mit einer Vorprüfung der Eingabedaten verbunden ist und die Abschlusserstellung in praxi üblicherweise unter Heranziehung externer Stellen (z.B. Steuerberater) geschieht, gibt es fließende Übergänge der „Im-Haus-Teilverarbeitung" mit der „Im-Haus-Erfassung" einerseits sowie der „Im-Haus-Verarbeitung" andererseits. Eine klare, klassifikatorische Einteilung der Mischformen ist daher nicht möglich; vielmehr sind unzählig viele verschiedene Zwischenformen organisatorischer Gestaltung denkbar. Sie lassen sich jedoch grundsätzlich auf das oben abgebildete Organisationsschema zurückführen.

Beispiel 3: Außer-Haus-Verarbeitung

Die **Außer-Haus-Verarbeitung** ist auch heute noch bei Kleinbetrieben eine häufig anzutreffende Form der EDV-gestützten Finanzbuchführung: Die gesamte Finanzbuchführung einschließlich Lohn- und Gehaltsabrechung, Anlagenrechnung und evtl. weiteren Dienstleistungen wird in der Regel aus Kostengründen an einen externen Steuerberater oder eine zentrale Buchungsstelle übertragen. Im Betrieb selbst werden lediglich Kassenbücher für die täglichen Einnahmen und Ausgaben geführt sowie die jeweils anfallenden Belege der Geschäftsvorfälle gesammelt. Der Steuerberater bzw. die Buchungsstelle erhält die gesammelten und geprüften Belege, die Kassenbücher sowie die notwendigen Informationen vom Inhaber des Betriebes, die sodann bearbeitet, kontiert und über ein Datenerfassungsgerät auf maschinenlesbaren Datenträgern gespeichert werden. Die Buchungsdaten werden dann per Datenfernübertragung (DFÜ) bzw. Internet zur Verarbeitung an ein externes Rechenzentrum geschickt (häufig auch in Personalunion mit dem Steuerberater bzw. der Buchungsstelle). Das Rechenzentrum leitet nach der Datenverarbeitung die Ausdrucke und die Auswertungen (Journal, Konten usw.) an den Steuerberater zurück, der die Verarbeitung prüft und erforderlichenfalls Korrekturen veranlasst. Die Auswertungen werden dann einschließlich zugrunde liegender Belege an den Betrieb zurückgesandt.

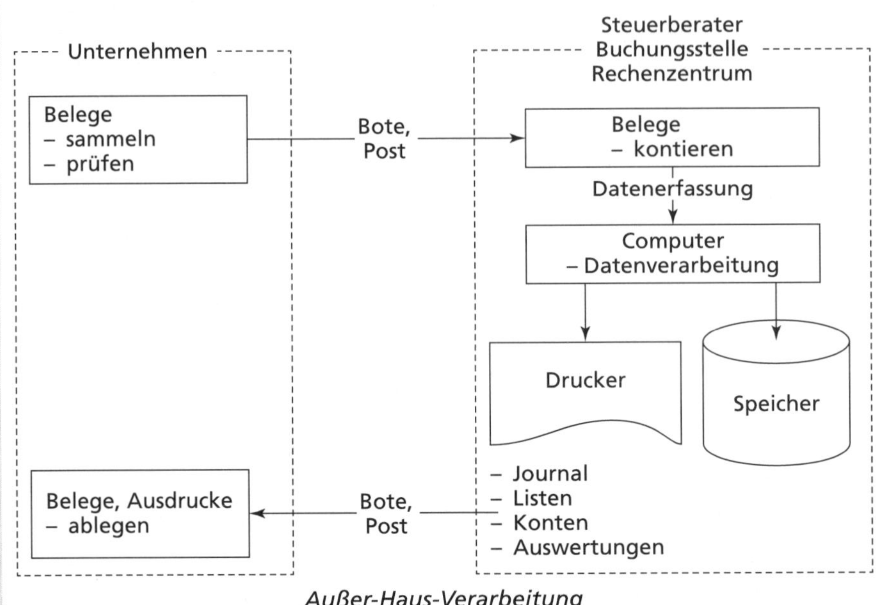

Außer-Haus-Verarbeitung

15.5.5.4 Ordnungsmäßigkeit der EDV-Buchführung

15.5.5.4.1 Anwendung und Übertragung der GoB auf die EDV-gestützte Buchführung

Grundsätzlich sind die Kriterien zur Beurteilung der Ordnungsmäßigkeit einer Buchführung unabhängig von der jeweils angewandten Buchführungsform anzuwenden. Demzufolge gibt es zunächst keinen Anlass, die allgemein verbindlichen Grundsätze ordnungsmäßiger Buchführung (GoB) im Fall der Anwendung elektronischer Datenverarbeitungsanlagen zu modifizieren bzw. zu ergänzen (vgl. Teil A, Abschn. 1.2.2, S. 26 ff.). Gleichwohl wirft die Nutzung der Datenverarbeitung mit ihren spezifischen Verarbeitungsverfahren und den dadurch eröffneten Einsatzmöglichkeiten eine Vielzahl offener Fragen auf, die allein durch die herkömmlichen GoB nicht abschließend beantwortet werden können. Während bei konventioneller Buchführung die Verarbeitung der Buchungsfälle stets durch lesbare Aufzeichnungen nachgewiesen ist, kann sich die Verbuchung innerhalb der EDV-Buchführung insoweit dokumentationslos vollziehen, d. h. der lesbare Nachweis der Verbuchung ergibt sich nicht zwangsläufig, sondern muss im Bedarfsfall erstellt werden. Dies wiederum bedingt spezielle Vorkehrungen und Anforderungen an die ordnungsmäßige Dokumentation der

EDV-Buchführung. Nicht zuletzt ist es aber auch die Einfachheit, mit der Daten in EDV-Anlagen ggf. unkontrollierbar verändert werden können, die besondere Anforderungen an die Ordnungsmäßigkeit der EDV-Buchführung stellt.

Die Kriterien zur Beurteilung der Ordnungsmäßigkeit einer konventionellen Buchführung sind somit nur begrenzt auf die EDV-Buchführung übertragbar, so dass **eigene Ordnungsmäßigkeitsgrundsätze** zu entwickeln sind, die die Grundsätze ordnungsmäßiger Buchführung (GoB) ergänzen. Diese Ordnungsmäßigkeitsgrundsätze sind, nicht zuletzt wegen des andauernden Innovationsprozesses im Bereich der EDV, nur in wenigen Gesetzesvorschriften kodifiziert (vor allem §§238 ff. HGB, §§140 ff. AO, R 5.2 EStR). Deshalb sind ständig revidierte Erlasse der Finanzverwaltung und berufsständische Empfehlungen in diesem Zusammenhang von zentraler Bedeutung.

Explizite Erwähnung findet die Buchführung „auf Datenträgern" beispielsweise in §239 Abs. 4 HGB und §146 Abs. 5 AO, demgemäß bei automatischer Buchführung insbesondere sichergestellt sein muss, dass die Daten während der Dauer der Aufbewahrungsfrist **verfügbar** sind und jederzeit in angemessener Frist bzw. unverzüglich **lesbar** gemacht werden können. Gemäß §257 Abs. 3 HGB und §147 Abs. 2 und 5 AO können Belege, Handelsbücher und Inventare, Arbeits- und Organisationsanweisungen (nicht jedoch Bilanzen) auf Bildträgern (Mikrofilm) oder anderen Datenträgern (z. B. Lochstreifen, Magnetbändern, -platten, CDs o. Ä.) aufbewahrt werden, wenn dies den Grundsätzen ordnungsmäßiger Buchführung entspricht und die Übereinstimmung mit dem Original, die Verfügbarkeit sowie die Lesbarkeit jederzeit sichergestellt sind.

Das **Bundesdatenschutzgesetz (BDSG)** stellt – da es den Schutz personenbezogener Daten vor Missbrauch bezweckt – keine Rechtsnorm zur Regelung der Rechnungslegung dar (*FAMA 1/79* WPg 1979, S. 441). Es kann lediglich durch die in der Anlage zu §9 Satz 1 BDSG geforderten Sicherungsmaßnahmen indirekt Hinweise für die Datensicherheit bei EDV-Buchführung liefern.

Außer den oben genannten, recht pauschalen Ausführungen finden sich keinerlei gesetzlich fixierte Vorschriften speziell zur Regelung der EDV-Buchführung. Dies bleibt vielmehr den flexibleren und daher technologische Neuerungen besser erfassenden Urteilen der Finanzgerichte, Schreiben und Erlassen der Finanzverwaltungen sowie Stellungnahmen, Empfehlungen, Normen und Verlautbarungen berufsständischer Organisationen vorbehalten. Die wichtigsten dieser Publikationen sind:

- **Arbeitskreis 3.4 der Arbeitsgemeinschaft für wirtschaftliche Verwaltung e. V. (AWV)**
  - **Grundsätze ordnungsmäßiger DV-gestützter Buchführungssysteme (GoBS);** neben der Abgrenzung des Anwendungsbereiches beinhalten sie GoB-konform abgeleitete, EDV-spezifische Grundsätze hinsichtlich der Beleg-, Journal- und Kontenfunktion, der Verbuchung, des internen Kontrollsystems, der Datensicherheit, der Dokumentation und Prüfbarkeit, der Aufbewahrungsfristen, der Wiedergabe von auf Datenträgern geführten Unterlagen und der Regelung der Verantwortlichkeit (vgl. Teil A, Abschn. 15.5.5.4.2, S. 701 ff.). Am 21. 7. 2004 hat der Arbeitskreis 3.4

zur „Auslegung der GoB beim Einsatz neuer Organisationstechnologien" eine Projektgruppe zur Überarbeitung der GoBS gebildet, deren Ziel die Aktualisierung der GoBS ist. Diese sollen vor dem Hintergrund des aktuellen Stands der IT und des rechtlichen Umfelds zukünftig durch die **„Grundsätze ordnungsmäßiger Buchführung beim IT-Einsatz" (GoBIT)** abgelöst werden. Die GoBS sind bisher sowohl durch den Fachausschuss für moderne Abrechnungssysteme (FAMA) des Instituts der Wirtschaftsprüfer in Deutschland e.V. (IDW) (vgl. *AWV*, Grundsätze, S. 56) als auch durch die Finanzbehörden, für die das Schreiben des Bundesministeriums der Finanzen vom 7. 11. 1995 (BStBl. I 1995, S. 738 ff.) die Anwendung regelt, anerkannt und ersetzen die vormals angewendeten Grundsätze ordnungsmäßiger Speicherbuchführung (GoS).

- **BMF-Schreiben**
  - Schreiben des Bundesministeriums der Finanzen vom 1. 2. 1984 (BStBl. I 1984, S. 155 ff.) betreffend die Verwendung von Mikrofilmaufnahmen zur Erfüllung gesetzlicher Aufbewahrungspflichten (**Mikrofilm**-Grundsätze); keine unmittelbare Anwendung auf COM-Verfahren, dennoch grundsätzliche Bedeutung für die Beurteilung der Ordnungsmäßigkeit von Mikroverfilmungen.
  - Schreiben des Bundesministeriums der Finanzen vom 7. 11. 1995 (BStBl. I 1995, S. 738 ff.) betreffend **Grundsätze ordnungsmäßiger DV-gestützter Buchführungssysteme (GoBS)**; enthält die grundlegenden Anforderungen für die Anwendung der vom Arbeitskreis 3.4 der Arbeitsgemeinschaft für wirtschaftliche Verwaltung e. V. (AWV) erarbeiteten Grundsätze ordnungsmäßiger DV-gestützter Buchführungssysteme (GoBS) und tritt an die Stelle des Schreibens des Bundesministers der Finanzen vom 5. 7. 1978 (BStBl. I 1978, S. 250 ff.), das die Grundsätze ordnungsmäßiger Speicherbuchführung (GoS) betraf.
  - Schreiben des Bundesministeriums der Finanzen vom 16. 7. 2001 (BStBl. I 2001, S. 415 ff.) betreffend die **Grundsätze zum Datenzugriff und zur Prüfbarbeit digitaler Unterlagen** (GDPdU); regelt den den Finanzbehörden nach § 147 Abs. 6 AO im Rahmen der steuerlichen Außenprüfung zustehenden Zugriff auf die Daten der mit Hilfe von Datenverarbeitungssystemen erstellten Buchführungen sowie die sich in diesem Zusammenhang hinsichtlich der Prüfbarkeit und Archivierung digitaler Unterlagen ergebenden Anforderungen. Vor einer steuerlichen Außenprüfung erhalten Unternehmen in den meisten Fällen von der Finanzverwaltung einen „Fragebogen zum EDV-System", der in den Bundesländern bezüglich Umfang und Detaillierung erheblich variieren kann. Im Rahmen einer **Verfahrensdokumentation**, die nach den GoBS für jedes Unternehmen verpflichtend ist, sollte daher jedes Unternehmen überprüfen, inwieweit es derartige Fragen beantworten kann. Dabei ist zu bedenken, dass der Prüfungszeitraum bei Betriebsprüfungen teilweise viele Jahre zurückliegt (vgl. *Schmidt*, Verfahrensdokumentation S. 183). Die Ausführungen des BMF-Schreibens zur Prüfbarkeit der digitalen Unterlagen beziehen sich hierbei insbesondere auf elektronische Abrechnungen im Sinne des § 14

Abs. 3 UStG und die sich diesbezüglich durch das Signaturgesetz vom 16. 5. 2001 (BGBl. I 2001, S. 876) ergebenden Anpassungen sowie auch auf die sonstigen aufbewahrungspflichtigen Unterlagen. Hinsichtlich der Archivierung aufbewahrungspflichtiger Unterlagen wird auf originär digitale sowie auf originär in Papierform angefallene Unterlagen Bezug genommen, wobei originär digital erstellte Unterlagen ab dem 1. 1. 2002 nur noch digital archiviert werden dürfen, da die diesbezüglich bislang bestehenden Alternativen einer Archivierung in ausgedruckter Form oder auf Mikrofilm (COM-Verfahren, vgl. S. 677) aufgrund der Streichung des bisherigen § 147 Abs. 2 Satz 2 AO künftig entfallen. Ergänzend zu den GDPdU hat das BMF in einem Fragenkatalog zu einer Vielzahl von Fragen Stellung genommen. Dieser wurde erstmals am 1. 7. 2002 veröffentlicht und zuletzt am 22. 1. 2009 aktualisiert. Die Bekanntmachung erfolgt über das Internet auf der Homepage des BMF (www.bundesfinanzministerium.de) in der Abteilung Abgabenordnung unter dem Stichwort Datenzugriff (GDPdU).

- Schreiben des Bundesministeriums der Finanzen vom 29. 1. 2004 (BStBl. I 2004, S. 258 ff.) betreffend die **Umsatzsteuer**; Umsetzung der Richtlinie 2001/115/EG (**Rechnungsrichtlinie**) und der Rechtsprechung des EuGH und des BFH zum unrichtigen und unberechtigten Steuerausweis durch das Zweite Gesetz zur Änderung steuerlicher Vorschriften (Steueränderungsgesetz 2003 – StÄndG 2003): erläutert die Voraussetzungen der Berechtigung zum Vorsteuerabzug bei elektronisch übermittelten Rechnungen. Seit dem 1. 1. 2002 berechtigen grundsätzlich auch elektronische Rechnungen zum Vorsteuerabzug. Allerdings müssen diese zur umsatzsteuerrechtlichen Anerkennung mit einer qualifizierten elektronischen Signatur versehen sein oder im **EDI**-Verfahren (Electronic Data Interchange) ausgetauscht werden, wenn zusätzlich eine zusammenfassende Rechnung (Sammelrechnung) in Papierform oder in elektronischer Form, wobei diese mindestens mit einer qualifizierten elektronischen Signatur zu versehen ist, übermittelt wird. Voraussetzung für die Anerkennung der im EDI-Verfahren übermittelten Rechnungen ist, dass über den elektronischen Datenaustausch eine Vereinbarung nach Artikel 2 der Empfehlung 94/820/EG der Kommission vom 19. Oktober 1994 über die rechtlichen Aspekte des elektronischen Datenaustausches (ABl. EG Nr. L 338, S. 98) besteht, in der der Einsatz von Verfahren vorgesehen ist, die die Echtheit der Herkunft und die Unversehrtheit der Daten gewährleisten (§ 14 Abs. 3 Nr. 1 u. 2 UStG). Das BMF-Schreiben enthält dazu allgemeine Anforderungen an Rechnungen und Gutschriften. Im BMF-Schreiben wird beispielsweise auch bestimmt, was für per **E-Mail** übermittelte Rechnungen im PDF-Format gilt; ferner wird festgelegt, dass Rechnungen per **Telefax** nur zulässig sind, wenn die Übertragung von Standard-Telefax zu Standard-Telefax erfolgt und der Rechnungsaussteller einen Ausdruck in Papierform aufbewahrt. Zur Nachprüfbarkeit des bei der elektronischen Übermittlung einer Rechnung angewandten Verfahrens durch das Finanzamt ist eine Dokumentation notwendig, die den GoBS und den GDPdU entspricht. Sowohl der Absender als auch der Empfänger sind zur

Aufbewahrung der Rechnung verpflichtet. Die Dokumente sind während der Aufbewahrungsfrist nach dem Grundsatz der Ordnungsmäßigkeit an einem gesetzlich zulässigen Aufbewahrungsort aufzubewahren. Dieser ist in Abhängigkeit vom Sitz des Unternehmers unterschiedlich bestimmt.

- Erlass des Bundesministeriums der Finanzen vom 28. 11. 2007 (Az.: III A 3 – S 1445/06/0029) betreffend die **Grundsätze zum Datenzugriff und zur Prüfbarkeit digitaler Unterlagen für den Zuständigkeitsbereich der Zollverwaltung (GDPdUZ)**; gelten analog zu den GDPdU für die Außenprüfungen, die in den Zuständigkeitsbereich der Zollverwaltung fallen.
- Schreiben des Bundesministeriums der Finanzen vom 19. 1. 2010 (BStBl. I 2010, S. 47 ff.) betreffend **§ 5b EStG – Elektronische Übermittlung von Bilanzen sowie Gewinn- und Verlustrechnungen**; regelt die materiell-rechtlichen Grundlagen, die Härtefallregelung, die Folgen fehlender Datenübermittlung und die zeitliche Anwendung im Rahmen des § 5b EStG. Mit dem Steuerbürokratieabbaugesetz vom 20. 12. 2008 (StBürokratAbG) wurde § 5b EStG eingeführt, wonach Steuerpflichtige den Inhalt der Bilanz sowie die Gewinn- und Verlustrechnung in dem amtlich vorgeschriebenen Datenformat durch **Datenfernübertragung** zu übermitteln haben. § 5b EStG ist erstmals für Wirtschaftsjahre anzuwenden, die nach dem 31. 12. 2010 beginnen. Im Jahr 2011 ist somit erstmals eine Bilanz sowie die Gewinn- und Verlustrechnung auf elektronischem Wege zu übermitteln. Als Datenformat ist **XBRL** (eXtensible Business Reporting Language) vorgeschrieben.

• **BFH-Urteil**

- BFH-Urteil vom 10. 8. 1978 (BStBl. II 1979, S. 20 ff.) zur Ordnungsmäßigkeit einer computergestützten Fernbuchhaltung; Beurteilung der Ordnungsmäßigkeit, insbesondere der zeitgerechten Buchung und der Grundbuchfunktion bei **Außer-Haus-Buchhaltung** durch Steuerberater und DATEV.

• **FAMA-Stellungnahmen**

Das Institut der Wirtschaftsprüfer in Deutschland e. V. (IDW) hat eine Reihe von Arbeitsergebnissen seines Fachausschusses für moderne Abrechnungssysteme (FAMA) publiziert, die die Anforderungen an die Ordnungsmäßigkeit EDV-gestützter Buchführung präzisieren:

- FAMA 1/79: Stellungnahme zum **Datenschutzgesetz** und **Jahresabschlussprüfung** (WPg 1979, S. 440 f.); Übersicht, welche im BDSG vorgeschriebenen Sachverhalte Gegenstand einer Abschlussprüfung sind.
- Die Stellungnahme FAMA 1/87 betreffend die **Grundsätze ordnungsmäßiger Buchführung bei computergestützten Verfahren und deren Prüfung** wurde durch **IDW RS FAIT 1** sowie den **IDW PS 330** ersetzt. **IDW RS FAIT 2** trat an die Stelle der Stellungnahme FAMA 1/95 betreffend die **Aufbewahrungspflichten** beim Einsatz von EDI (Electronic Data Interchange).

• **FAIT-Stellungnahmen**

Der Fachausschuss für Informationstechnologie (FAIT) des IDW hat verschiedene Stellungnahmen zu Rechnungslegung veröffentlicht:

- IDW RS FAIT 1 vom 24. 9. 2002: IDW Stellungnahme zur Rechnungslegung über die **Grundsätze ordnungsmäßiger Buchführung bei Einsatz von Informationstechnologie** (vgl. *FAIT,* Informationstechnologie), die eine Konkretisierung der aus den §§ 238, 239 und 257 HGB resultierenden Anforderungen an die Führung der Handelsbücher mittels IT-gestützter Systeme sowie eine Verdeutlichung der sich hierbei möglicherweise ergebenden Risiken beinhaltet und Abschnitt A und B der Stellungnahme FAMA 1/87 ersetzt.
- IDW RS FAIT 2 vom 29. 9. 2003: IDW Stellungnahme zur Rechnungslegung über die **Grundsätze ordnungsmäßiger Buchführung bei Einsatz von Electronic Commerce** (vgl. *FAIT,* Electronic Commerce), die eine Konkretisierung der im IDW RS FAIT 1 dargestellten Ordnungsmäßigkeits- und Sicherheitsanforderungen im Bereich von E-Commerce vornimmt und, um den besonderen IT-Risiken im Zusammenhang mit dem Einsatz von E-Commerce-Systemen zu begegnen, darüber hinausgehende Anforderungen aufstellt. Die Stellungnahme zur Rechnungslegung ersetzt die Stellungnahme FAMA 1/95.
- IDW RS FAIT 3 vom 11. 7. 2006: IDW Stellungnahme zur Rechnungslegung über die **Grundsätze ordnungsmäßiger Buchführung beim Einsatz elektronischer Archivierungsverfahren** (vgl. *FAIT,* Archivierungsverfahren), die eine Konkretisierung der aus § 257 HGB resultierenden Anforderungen an die Archivierung aufbewahrungspflichtiger Unterlagen und der in IDW RS FAIT 1 dargestellten Aufbewahrungspflichten beim Einsatz von elektronischen Archivierungssystemen zum Gegenstand hat.

- **IDW Prüfungsstandards**
  - IDW PS 330 zur **Abschlussprüfung bei Einsatz von Informationstechnologie** (vgl. *HFA,* Informationstechnologie) vom 24. 9. 2002 behandelt die Durchführung von Systemprüfungen bei Einsatz von Informationstechnologie (IT) im Rahmen von Abschlussprüfungen und basiert auf den allgemeinen Anforderungen an die Prüfung des internen Kontrollsystems durch den Abschlussprüfer. Der IDW Prüfungsstandard ersetzt die Abschnitte C und D der Stellungnahme FAMA 1/87. Der IDW PS 330 entspricht dem International Standard on Auditing (ISA) 401 unter Berücksichtigung neuer Entwicklungen und ergänzender Anforderungen, die sich aus der Rechtslage und Berufsausübung in Deutschland ergeben.
  - IDW PS 331 zur **Abschlussprüfung bei teilweiser Auslagerung der Rechnungslegung auf Dienstleistungsunternehmen** (vgl. *HFA,* Auslagerung der Rechnungslegung) vom 1. 7. 2003 behandelt die Vorgehensweise bei einer Abschlussprüfung, wenn Teile der Rechnungslegung des zu prüfenden Unternehmens auf ein Dienstleistungsunternehmen ausgelagert wurden. Darüber hinaus erfolgt eine Verdeutlichung der Besonderheiten für Abschlussprüfungen in derartigen Situationen und es werden Grundsätze für die Berichterstattung eines externen Prüfers des Dienstleistungsunternehmens gegenüber dem Abschlussprüfer des zu prüfenden Unternehmens beschrieben. Der IDW PS 331 entspricht dem International Standard on Auditing (ISA) 402.

- IDW PS 951 zur **Prüfung des internen Kontrollsystems beim Dienstleistungsunternehmen für auf das Dienstleistungsunternehmen ausgelagerte Funktionen** (vgl. *HFA*, Ausgelagerte Funktionen) vom 19. 9. 2007 behandelt die Prüfung der **Angemessenheit** des internen Kontrollsystems des Dienstleisters hinsichtlich ausgewählter, gegenüber dem zu prüfenden Unternehmen erbrachter IT-Dienstleistungen, sog. IDW PS 951 Typ A-Zertifizierung. Wird darüber hinaus auch die **Wirksamkeit** des internen Kontrollsystems geprüft, so erfolgt eine sog. IDW PS 951 Typ B-Zertifizierung. In Ergänzung zu IDW PS 331, der Grundsätze für die Verwertung der Prüfungsergebnisse eines externen Prüfers eines Dienstleistungsunternehmens durch den Abschlussprüfer des auslagernden Unternehmens beschreibt, erläutert der IDW PS 951 somit, inwieweit Abschlussprüfer auslagernder Unternehmen auf die Berichterstattung über die Prüfung des dienstleistungsbezogenen internen Kontrollsystems beim Dienstleister zurückgreifen können.
- IDW PS 850 zur **projektbegleitenden Prüfung bei Einsatz von Informationstechnologie** (vgl. *HFA*, Projektbegleitende Prüfung) vom 2. 9. 2008 behandelt die während der Durchführung eines Projekts vorgenommene Beurteilung der Entwicklung, Einführung, Änderung oder Erweiterung IT-gestützter Rechnungslegungssysteme in Bezug auf die für die Buchführung bestehenden Ordnungsmäßigkeits-, Sicherheits- und Kontrollanforderungen durch den Prüfer.
- IDW PS 880 zur **Prüfung von Softwareprodukten** (vgl. *HFA*, Softwareprodukte) vom 11. 3. 2010 ersetzt den IDW PS 880 i. d. F. vom 25. 6. 1999 und behandelt die Prüfung von Softwareprodukten unabhängig von deren Implementierung und Produktivsetzung beim Softwareanwender. Darüber hinaus beschreibt der IDW PS 880, wie die Ergebnisse der Prüfung von Softwareprodukten im Rahmen einer Abschlussprüfung beim Softwareanwender zu verwenden sind, um die Ordnungsmäßigkeit und Sicherheit der Buchführung zu beurteilen.

• **Arbeitskreis Revision bei elektronischer Datenverarbeitung des Deutschen Instituts für Interne Revision e. V. (DIIR)**
  - **Revisionsaspekte beim Einsatz von Personal Computern** (DIIR, 1986); Erörterung der Problemkreise, die mit dem Einsatz von PCs verbunden sind.

• **Arbeitskreise „IT-Revision der Datenverarbeitung" und „IT-Revision der Datenverarbeitung in Kreditinstituten" des Deutschen Instituts für Interne Revision e. V. (DIIR)**
  - **IT-Revision**: ergänzbarer Leitfaden zur Durchführung von Prüfungen der Informationsverarbeitung (DIIR, Loseblattsammlung, hrsg. 2000); umfasst kommentierte Prüfungsfragen für die Revisionspraxis zur Überprüfung der IT.

15.5.5.4.2 Grundsätze ordnungsmäßiger DV-gestützter Buchführungssysteme (GoBS)

Die Entwicklung der elektronischen Datenverarbeitung hat in den letzten Jahren zu einer veränderten Betrachtungsweise der EDV-Buchführung geführt. Von wesentlicher Bedeutung ist hierbei, dass der Bereich Buchführung heute nicht mehr ohne weiteres eindeutig von den anderen Unternehmensbereichen abgrenzbar ist. Beim Einsatz integrierter Datenverarbeitungssysteme können im Rahmen der Betriebsdatenerfassung (BDE) oder der elektronischen Datenübermittlung (z. B. Electronic Data Interchange (EDI)) für die Buchführung relevante Daten, die bei Arbeitsabläufen im Unternehmen außerhalb der eigentlichen Buchführung entstehen, unmittelbar direkt in das Buchführungssystem einfließen. Die Buchführung ist dadurch stärker als bisher in den allgemeinen Bereich der datenverarbeitungsgestützten Verfahren, die nicht immer direkt dem Buchführungssystem zuzuordnen sind, integriert. Die bisher eher isolierte EDV-Buchführung hat sich damit zum **DV-gestützten Buchführungssystem** weiterentwickelt.

Bei der DV-Buchführung sind wie bei jeder anderen Buchführung die **Grundsätze ordnungsmäßiger Buchführung (GoB)** und damit insbesondere die Regelungen der §§ 238, 239 und 257 HGB sowie die §§ 145 und 146 AO zu beachten. Danach gilt vor allem Folgendes:

- Die buchungspflichtigen Geschäftsvorfälle müssen richtig, vollständig und zeitgerecht erfasst sein und sich in ihrer Entstehung sowie Abwicklung verfolgen lassen (**Beleg- und Journalfunktion**).
- Die Geschäftsvorfälle sind so zu verarbeiten, dass sie geordnet darstellbar sind und ein Überblick über die Vermögens- und Ertragslage gewährleistet ist (**Kontenfunktion**).
- Die Buchungen müssen **einzeln und geordnet** nach Konten und diese fortgeschrieben nach Kontensummen oder Salden sowie nach Abschlusspositionen **dargestellt und jederzeit lesbar** gemacht werden können.
- Ein **sachverständiger Dritter** muss sich in dem jeweiligen Verfahren der Buchführung in angemessener Zeit zurechtfinden und sich einen Überblick über die Geschäftsvorfälle und die Lage des Unternehmens verschaffen können.
- Das Verfahren der DV-Buchführung muss durch eine **Verfahrensdokumentation**, die sowohl die aktuellen als auch die historischen Verfahrensinhalte nachweist, verständlich und nachvollziehbar gemacht werden.
- Es muss gewährleistet sein, dass das in der Dokumentation beschriebene Verfahren dem in der Praxis eingesetzten Programm voll entspricht (**Programmidentität**).

Auch die DV-gestützte Buchführung muss dem Prinzip, dass ein **sachlicher und zeitlicher Nachweis** über sämtliche buchführungspflichtigen Geschäftsvorfälle zu erbringen ist, entsprechen. Die **Nachvollziehbarkeit** des einzelnen buchführungspflichtigen Geschäftsvorfalls ist dabei durch die Beachtung der Beleg-, Journal- und Kontenfunktion zu gewährleisten. Der Zusammenhang zwischen einem Geschäftsvorfall und seiner Verbuchung bzw. dessen DV-gestützter Verarbeitung ist durch eine aussagekräftige **Verfahrensdokumentation** – ergänzt durch den Nachweis ihrer ordnungsmäßigen Anwendung – darzustellen. Hierbei sind die Grundsätze zur Dokumentation und Prüfbarkeit (vgl. Teil A, Abschn. 15.5.5.4.2.6, S. 711 ff.) zu berücksichtigen. Der Buchführungspflichtige muss daher im Einzelfall durch Hinzuziehung der Verfahrensdokumentation die Erfüllung der **Beleg-, Journal- und Kontenfunktion** (vgl. Teil A, Abschn. 15.5.5.4.2.2, S. 703 ff.) sicherstellen, um damit einem sachverständigen Dritten gegenüber in angemessener Zeit den ausreichend sicheren, eindeutigen und verständlichen Nachweis der Geschäftsvorfälle und deren Verarbeitung zu erbringen.

Die Anwendung von DV-gestützten Buchführungssystemen wirft hinsichtlich der Ordnungsmäßigkeit der Buchführung eine Reihe von Fragen auf, die sich nicht immer direkt und abschließend aus den GoB beantworten lassen. Es besteht daher die Notwendigkeit, auf Basis der GoB einheitliche und verbindliche Grundsätze zu entwickeln, aus denen sich eindeutige Anforderungskriterien für die Ordnungsmäßigkeit DV-gestützter Buchführungssysteme ergeben. Aufgrund der schnellen technischen Entwicklung im Bereich der EDV und der zunehmenden Vernetzung und Integration der Buchführung mit den anderen Bereichen der betrieblichen Datenverarbeitung ergibt sich ein kontinuierlicher Wandel der Datenerfassungs-, -übermittlungs-, -speicherungs- und -verarbeitungsverfahren, der laufend neue Fragen bezüglich der Ordnungsmäßigkeit aufwirft. Die Grundsätze für eine ordnungsgemäße DV-gestützte Buchführung sind daher immer wieder an die veränderten aktuellen Erfordernisse anzupassen.

Seit der erstmaligen Veröffentlichung der **Grundsätze ordnungsmäßiger Speicherbuchführung (GoS)** im Jahr 1978 hat sich die Technik und Anwendung der Datenverarbeitung so umfassend weiterentwickelt und zu so weitreichenden Veränderungen im Bereich des kaufmännischen Rechnungswesens und seinen Arbeitsabläufen geführt, dass der **Arbeitskreis 3.4** der **Arbeitsgemeinschaft für wirtschaftliche Verwaltung e. V. (AWV)** zur Anpassung der Grundsätze an heute bestehende und zukünftige Datenverarbeitungs- und Informationssysteme 1995 die grundlegend neu gefassten **Grundsätze ordnungsmäßiger DV-gestützter Buchführungssysteme (GoBS)** vorgelegt hat. Seit 2004 arbeitet die Projektgruppe an einer Aktualisierung der GoBS, die zukünftig durch die **GoBIT** ersetzt werden sollen (vgl. Teil A, Abschn. 15.5.5.4.1, S. 690). Die GoBS stellen keinen Ersatz der GoB dar, sondern sind eine Präzisierung derselben im Hinblick auf die DV-gestützte Buchführung. Die GoBS beschreiben die Maßnahmen, die der Buchführungspflichtige umzusetzen hat, um sicherzustellen, dass die DV-gestützten Buchungen und sonstigen erforderlichen Aufzeichnungen vollständig, richtig, zeitgerecht und geordnet vorgenommen werden. In den GoBS werden explizit die folgenden interdependenten **Bereiche** geregelt:

1. Anwendungsbereich
2. Beleg-, Journal- und Kontenfunktion
3. Buchung
4. Internes Kontrollsystem
5. Datensicherheit

6. Dokumentation und Prüfbarkeit
7. Aufbewahrungsfristen
8. Wiedergabe der auf Datenträgern geführten Unterlagen
9. Verantwortlichkeit

Anerkannt sind die GoBS sowohl durch die Finanzbehörden, für die das Schreiben des Bundesministeriums der Finanzen vom 7. 11. 1995 die Anwendung regelt (vgl. BStBl. I 1995 S. 738 ff.), als auch durch die berufsständischen Organisationen, wie z. B. den Fachausschuss für moderne Abrechnungssysteme (FAMA) des Instituts der Wirtschaftsprüfer in Deutschland e. V. (IDW) (vgl. *AWV*, Grundsätze, S. 56).

15.5.5.4.2.1 Anwendung

Der **Anwendungsbereich** der GoBS umfasst alle Buchführungen, die insgesamt oder in Teilbereichen, kurzfristig oder auf Dauer, unter Nutzung von Hard- und Software auf DV-Datenträgern geführt werden. Zu den DV-Datenträgern gehören neben magnetischen insbesondere auch elektro-optische Datenträger. Die Erstellung von Mikrofilmen mit Hilfe des Computer-Output-on-Microfilm-Verfahrens (COM) unterliegt als integrierte Fortsetzung des EDV-Verfahrens ebenfalls den GoBS. Darüber hinaus sind innerhalb der DV-gestützten Buchführungssysteme auch alle diejenigen Prozesse zu berücksichtigen, in denen außerhalb des eigentlichen Buchführungsbereichs buchführungsrelevante Daten erfasst, erzeugt, übermittelt oder verarbeitet werden.

15.5.5.4.2.2 Beleg-, Journal- und Kontenfunktion

Die Basis für die Beweiskraft der Buchführung stellt die **Belegfunktion** dar, indem sie den nachvollziehbaren Nachweis über den Zusammenhang zwischen den realen unternehmensexternen und -internen buchungspflichtigen Vorgängen einerseits und dem gebuchten Inhalt in den Geschäftsbüchern andererseits sicherstellt. Diese Belegfunktion muss selbstverständlich auch von DV-gestützten Buchführungssystemen erfüllt werden. Grundlage für die Belegfunktion bilden die die Vermögens-, Finanz- und Ertragslage beeinflussenden buchführungspflichtigen Geschäftsvorfälle; sie können sich unternehmensextern aus dem Geschäftsverkehr mit Kunden, Lieferanten, Banken, Versicherungen und Behörden etc. oder unternehmensintern durch den innerbetrieblichen Leistungsprozess und die Abgrenzung von Abrechnungsperioden ergeben. Die durch die buchführungspflichtigen Geschäftsvorfälle notwendigen Buchungen werden bei der DV-gestützten Buchführung nicht nur aufgrund vorliegender konventioneller Papierbelege, sondern zunehmend auch durch automatische Datenerfassung (z. B. Betriebsdatenerfassung (BDE)), durch programminterne Routinen sowie durch den Austausch maschinell lesbarer Datenträger oder durch Datenfernübertragung (z. B. EDI) ausgelöst, wobei dann für diese Verfahren die Erfüllung der Belegfunktion jeweils sicherzustellen ist.

Unabhängig von der Art der Erfüllung der Belegfunktion müssen zum Buchungsvorgang immer folgende **Beleginhalte** dokumentiert werden:

- die hinreichende Erläuterung des Vorgangs (Geschäftsvorfalls),
- der zu buchende Betrag oder Mengen- und Wertangaben, aus denen sich der zu buchende Betrag ergibt,
- der Zeitpunkt des Vorganges (Bestimmung der Buchungsperiode),
- Bestätigung des Vorganges (Autorisation) durch den Buchführungspflichtigen.

Bei Vorliegen konventioneller Belege müssen aus diesen die einzelnen zu buchenden Angaben eindeutig erkennbar sein. Darüber hinaus ist eine erfassungsgerechte Aufbereitung der Belege sicherzustellen. Die Aufbereitung der Belege ist insbesondere bei Fremdbelegen von Bedeutung, da der Buchführungspflichtige im Allgemeinen keinen Einfluss auf die Gestaltung der ihm zugesandten Handelsbriefe, wie z. B. Rechnungen, hat.

Mit dem Ziel einer effizienteren Archivierung haben bereits viele Unternehmen ihre Papierarchive auf elektronische Speichermedien umgestellt oder planen einen derartigen Schritt. Die Hauptgründe für die Einführung von **Dokumenten-Management-Systemen (DMS)** liegen in der besseren Bewältigung der Papierflut, der Senkung der hohen Verwaltungskosten und insbesondere in der Steigerung der Effizienz von Bearbeitungsprozessen. Bei dezentral organisierten Unternehmen ist durch die gleichzeitige Bereitstellung von Dokumenten an verschiedenen Bedarfsorten eine wesentlich kürzere Reaktions- und Bearbeitungszeit zu realisieren. Hinsichtlich der Ordnungsmäßigkeit unterliegen Dokumenten-Management-Systeme, sofern sie Bereiche der Buchführung umfassen, den GoBS und hierbei insbesondere den Grundsätzen zur Belegfunktion und zur Wiedergabe von auf Datenträgern geführten Unterlagen (vgl. Teil A, Abschn. 15.5.5.4.2.8, S. 715 f.). Obwohl aus Sicht der Buchführung eine Aufbewahrung der Originale zumeist nicht erforderlich ist, verlangen die Finanzverwaltungen zum Teil auch in Übereinstimmung mit dem Bundesfinanzhof, die Vorlage von Originalen insbesondere für den Vorsteuerabzug (Eingangsrechnungen), die Vergütung von Umsatzsteuer im Vergütungsverfahren, die Anrechnung der Kapitalertragsteuer, die Anrechnung ausländischer Steuern, Spendenbestätigungen, Investitionszulagen sowie die Anerkennung von Bewirtungskosten als Betriebsausgaben. Die gespeicherte bildliche Reproduktion des Originals genügt nach der zum Teil in der Finanzverwaltung vertretenen Auffassung in diesen Fällen selbst dann nicht, wenn gewährleistet ist, dass die Reproduktion bei und nach der Übertragung auf die elektronischen Medien nicht verändert wurde. Es empfiehlt sich daher gerade in diesen Bereichen, den Einsatz von Dokumenten-Management-Systemen zuvor mit den zuständigen Finanzbehörden abzustimmen.

Im Unterschied zur Abwicklung von Geschäftsvorfällen mit konventionellen Belegen muss die Belegfunktion bei programminternen Buchungen oder bei Buchungen auf der Basis der automatischen Betriebsdatenerfassung (BDE) sowie bei Buchungen auf der Basis elektronischer Datentransfers (EDI, Datenträgeraustausch) durch das jeweilige Verfahren erfüllt werden, wobei das jeweilige Verfahren in diesem Zusammenhang als Dauerbeleg zu betrachten ist. Die Erfüllung der Belegfunktion ist in diesen Fällen durch die ordnungsgemäße Anwendung des jeweiligen Verfahrens nachzuweisen: Hierzu sind die Verfahrensdokumentation und die Nachweise über die Durchführung der in dem jeweiligen Verfahren vorgesehenen Kontrollen heranzuziehen. Durch die Verfahrenskontrollen, die den das Interne Kontrollsystem betreffenden Grundsätzen (vgl. Teil A, Abschn. 15.5.5.4.2.4, S. 707 ff.) entsprechen müssen, muss die Vollständigkeit und Richtigkeit der Geschäftsvorfälle sowie deren Bestätigung, d. h. Autorisation durch den Buchführungspflichtigen, gewährleistet sein.

Die **Journalfunktion,** d. h. der Nachweis über die vollständige, zeitgerechte und formal richtige Erfassung, Verarbeitung und Wiedergabe eines Geschäftsvorfalls muss während der gesamten gesetzlichen Aufbewahrungsfrist innerhalb eines angemessenen Zeitraumes darstellbar sein. Die Geschäftsvorfälle müssen dabei in ihrer zeitlichen Abfolge, in übersichtlicher und verständlicher Form, sowohl vollständig als auch auszugsweise dargestellt werden können. Der Nachweis für die vollständige, zeitgerechte und formal richtige Erfassung der Geschäftsvorfälle ist durch eine entsprechende **Protokollierung** zu erbringen. Diese kann auf verschiedenen Stufen des Verarbeitungsprozesses sowohl bei der Datenerfassung bzw. -übernahme als auch im Verlauf oder am Ende der Verarbeitung vorgenommen werden. Erfolgt die Protokollierung nicht bereits bei der Datenerfassung oder -übernahme (z. B. Primanote), sondern erst auf einer nachfolgenden Verarbeitungsstufe (z. B. durch maschineninterne Buchungsprotokolle), dann muss durch verfahrensinterne Maßnahmen bzw. Kontrollen die Vollständigkeit der Geschäftsvorfälle von deren Entstehung bis zur Protokollierung sichergestellt werden. Die Protokollierung kann sowohl auf Papier als auch auf einem Bildträger oder einem anderen Datenträger erfolgen, wobei dann die Grundsätze zur Wiedergabe der auf Datenträgern geführten Unterlagen (vgl. Teil A, Abschn. 15.5.5.4.2.8, S. 715 f.) zu beachten sind.

Zur Erfüllung der **Kontenfunktion** müssen die Geschäftsvorfälle nach Sach- und Personenkonten geordnet dargestellt werden können. Bei der Buchung verdichteter Zahlen auf Sach- und Personenkonten erfordert die Ordnungsmäßigkeit die Schaffung der Möglichkeit eines getrennten Nachweises der in den verdichteten Zahlen enthaltenen Einzelposten. Die Darstellung der Konten kann auf Papier, per Bildschirmanzeige sowie auf einem anderen Bild- oder Datenträger erfolgen. Soweit eine Darstellung per Bildschirmanzeige oder anderem Datenträger erfolgt, ist bei berechtigter Anforderung eine ohne Hilfsmittel lesbare Wiedergabe bereitzustellen, wobei auch hier wiederum die Grundsätze für die Wiedergabe von auf Datenträgern geführten Unterlagen (vgl. Teil A, Abschn. 15.5.5.4.2.8, S. 715 f.) zu berücksichtigen sind.

15.5.5.4.2.3 Buchung

Bei der **Buchung** von Geschäftsvorfällen im Rahmen eines DV-gestützten Buchführungssystems ist auch bei stapel- bzw. dialogorientierten Verfahren sicherzustellen, dass die buchungsrelevanten Daten der Geschäftsvorfälle nach einem Ordnungsprinzip zeitgerecht, formal richtig, vollständig und verarbeitungsfähig erfasst und gespeichert werden:

- Das **Ordnungsprinzip** bei DV-gestützten Buchführungssystemen setzt die Erfüllung der Beleg- und Kontenfunktion voraus. Für die Speicherung der Geschäftsvorfälle ist kein bestimmtes Ordnungsmerkmal vorgeschrieben. Die Forderung nach einem Ordnungsprinzip ist erfüllt, wenn auf die gespeicherten Geschäftsvorfälle und/oder Teile von diesen gezielt zugegriffen werden kann.
- Die **zeitgerecht**e Verbuchung erfordert die zeitnahe und periodengerechte, d.h. der richtigen Abrechnungsperiode zugeordnete Erfassung der Geschäftsvorfälle. Der für eine zeitnahe Verbuchung wesentliche Zeitpunkt des Vollzugs der Buchung ist in der Regel vom jeweils angewandten Buchungsverfahren abhängig. Er muss in der Verfahrensdokumentation (z.B. im Anwenderhandbuch) eindeutig definiert sein.
- Die **formale Richtigkeit** der Buchungen muss durch Erfassungskontrollen sichergestellt werden. Sie haben zu gewährleisten, dass alle für die unmittelbar oder zeitlich versetzt nachfolgende Verarbeitung erforderlichen Merkmale einer Buchung vorhanden und plausibel sind. Insbesondere die Merkmale für eine zeitliche Darstellung und eine Darstellung nach Sach- und Personenkonten müssen gespeichert sein.
- Durch geeignete Kontrollen ist sicherzustellen, dass alle Geschäftsvorfälle **vollständig** erfasst werden und nach erfolgter Buchung nicht unbefugt, d.h. nicht ohne Zugriffsschutzverfahren (vgl. Teil A, Abschn. 15.5.5.4.2.5, S. 709 ff.) und vor allem nicht ohne Dokumentation des vorausgegangenen Zustandes, verändert werden können. Der Nachweis über die Durchführung der Kontrollen hat in Form von Buchungsprotokollen oder anderen protokollierten, verfahrensabhängigen Darstellungsweisen, wie beispielsweise maschinell erstellten Erfassungs-, Übertragungs- und Verarbeitungsprotokollen, zu erfolgen. Die angewendeten Kontrollverfahren müssen dabei den Grundsätzen für das interne Kontrollsystem (vgl. Teil A, Abschn. 15.5.5.4.2.4, S. 707 ff.) entsprechen.

  Wenn die Merkmale einer erfolgten Buchung, wie beispielsweise Belegbestandteile oder Kontierung, verändert werden, so muss der Inhalt der ursprünglichen Buchung feststellbar bleiben. Dies kann durch Aufzeichnungen über die durchgeführten Änderungen wie Storno- oder Neubuchungen erfolgen. Diese Änderungsnachweise sind Bestandteil der Buchführung und daher ebenfalls aufzubewahren. Werden erfasste Daten hingegen vor dem Buchungszeitpunkt, z.B. wegen offensichtlicher Unrichtigkeit korrigiert, braucht der ursprünglich gespeicherte Inhalt nicht mehr feststellbar sein.
- Die Buchungen müssen bei DV-gestützten Buchführungssystemen von der maschinellen Erfassung über alle weiteren Bearbeitungsstufen durchgängig **verarbeitungsfähig** sein. Dies setzt voraus, dass neben den Daten des Geschäftsvorfalls auch die für die Verarbeitung erforderlichen Tabellendaten und Programme gespeichert sind.

15.5.5.4.2.4 Internes Kontrollsystem

Unvollständige, falsche oder nicht zeitgerechte Aufzeichnungen in der Buchführung müssen bei modernen DV-gestützten Buchführungssystemen im Rahmen automatisierter Verfahren durch technische, organisatorische und/ oder programminterne Überprüfungen selbsttätig aufgedeckt werden. Bedingt durch die wachsende Komplexität der Datenverarbeitungssysteme ergeben sich immer mehr Fehlerquellen, die bei einer bloßen Einzelprüfung der Verfahren und Datenbestände häufig schwer erkennbar sind und sogar unentdeckt bleiben können. Das gilt besonders für jene Fehlerquellen, die nur gelegentlich auftreten und nicht immer direkt zu einer Datenverfälschung führen, sondern beispielsweise eine ungewollte Manipulierbarkeit durch Dritte oder einen Datendiebstahl ermöglichen. Daher ist gerade bei den DV-gestützten Buchführungssystemen durch entsprechende integrierte Kontrollmaßnahmen mit laufenden Prüf- und Abstimmschritten sicherzustellen, dass die Buchungsstofferfassung, -verarbeitung und -wiedergabe vollständig, ordnungsgemäß und nachprüfbar ist. Ein umfassendes, integriertes Kontrollsystem ist deshalb von zentraler Bedeutung für die Ordnungsmäßigkeit der DV-gestützten Buchführung.

Als **internes Kontrollsystem** wird in diesem Zusammenhang die Gesamtheit aller aufeinander abgestimmten und miteinander verbundenen Kontrollen, Maßnahmen und Regelungen bezeichnet, die darauf abzielen,

- die vorhandenen Informationen und das vorhandene Vermögen vor Verlusten und Manipulationen aller Art zu sichern und zu schützen,
- vollständige, genaue und aussagefähige sowie zeitnahe Aufzeichnungen bereitzustellen,
- die betriebliche Effizienz durch Auswertung und Kontrolle der Aufzeichnungen zu fördern und
- die Befolgung der vorgegebenen Geschäftspolitik zu unterstützen.

Ziel des internen Kontrollsystems ist es, den Buchführungspflichtigen dahingehend zu unterstützen, die Gesetz- und Satzungsmäßigkeit von Buchführung und Jahresabschluss sicherzustellen und den Überblick über die wirtschaftliche Lage des Unternehmens zu gewährleisten. Die Bereitstellung vollständiger, genauer, aussagefähiger und zeitgerechter Aufzeichnungen und die Sicherung der vorhandenen Informationen und des vorhandenen Vermögens vor Verlusten und Manipulationen aller Art sind hierbei die beiden zentralen Aufgaben des internen Kontrollsystems und wesentliche Voraussetzung für die Erfüllung der GoBS. Wegen der komplexen Abläufe und Strukturen moderner Buchführungssysteme reichen für den Nachweis der Ordnungsmäßigkeit einzelne, voneinander isolierte Kontrollmaßnahmen keinesfalls aus. Vielmehr bedarf es einer planvollen und lückenlosen Vorgehensweise, um ein effizientes internes Kontrollsystem im Unternehmen zu erstellen. Bei den DV-gestützten Verfahren sind in diesem Zusammenhang insbesondere die folgenden vier Punkte zu beachten:

(1) Die buchungsrelevanten **Arbeitsabläufe** müssen **eindeutig definiert** und in ihrer Reihenfolge festgelegt sein.

(2) Die **Zuständigkeit und Verantwortung** für betriebliche Funktionen muss eindeutig geregelt sein. Hierbei ist das **Prinzip der Funktionstrennung** zu beachten. Wenn eine Funktionstrennung nicht möglich bzw. wirtschaftlich nicht zumutbar ist, so müssen weitere organisatorische Kontrollen in angemessener Form implementiert werden.

(3) Die komplexen, integrierten Buchungssysteme erfordern sowohl maschinelle als auch manuelle Kontrollen zur Vollständigkeit und Richtigkeit, wobei **manuelle und maschinelle Kontrollen** aufeinander abgestimmt sein müssen. Die durchgeführten manuellen und maschinellen Kontrollen, wie beispielsweise Abstimmungs- und Plausibilitätskontrollen oder Freigabeverfahren, müssen dokumentiert werden. Bei den Kontrollmaßnahmen ist zu beachten, dass manuelle Kontrollen unter Umständen umgangen werden können oder gegebenenfalls nicht mit der gebotenen Sorgfalt ausgeführt werden. Sie bedürfen daher grundsätzlich einer nachträglichen Überwachung. Maschinelle Kontrollen sind in Programmabläufe integrierte Prüfbedingungen, die verhindern sollen, dass nicht plausible und unvollständige Daten verarbeitet werden. Sie können sowohl auf den Ebenen der Betriebssysteme und der betriebssystemnahen Software als auch auf der Ebene der Anwendungsprogramme eingerichtet werden.

(4) Die **Programmidentität** ist sicherzustellen, indem periodenbezogen geprüft wird, ob die eingesetzte DV-Buchführung auch tatsächlich mit dem in der Verfahrensdokumentation beschriebenen System übereingestimmt hat. Hierbei ist entsprechend der nach den Grundsätzen der Dokumentation und Prüfbarkeit (vgl. Teil A, Abschn. 15.5.5.4.2.6, S. 711 ff.) in der Verfahrensdokumentation niedergelegten Vorgehensweise zu verfahren. Die Notwendigkeit der Sicherstellung der Programmidentität besteht unabhängig von der Art der eingesetzten Rechnersysteme (d. h. vom Großrechner bis zum Stand-alone-PC). Eine wichtige Voraussetzung für die Sicherstellung der Programmidentität ist insbesondere das Vorhandensein und das abgestimmte Zusammenwirken der folgenden, den aktuellen unternehmensspezifischen Besonderheiten Rechnung tragenden Komponenten:

- Richtlinien für: Programmierung, Programmtests, Programmfreigaben, Programmänderungen, Änderungen von Stamm- und Tabellendaten, Zugriffs- und Zugangsverfahren, den ordnungsgemäßen Einsatz von Datenbanken, Betriebssystemen und Netzwerken,
- Einsatz von Testdatenbeständen und -systemen sowie
- Programmeinsatzkontrollen.

Darüber hinaus hat das interne Kontrollsystem entsprechend den generellen Anforderungen an Transparenz, Kontrollierbarkeit und Verlässlichkeit maschineller Verarbeitungssysteme zu gewährleisten, dass jedes eingesetzte Programm autorisiert für den richtigen Zweck eingesetzt wird. Dabei muss die jeweils aktuelle Programmversion feststellbar und dokumentiert sein. Im Rahmen der Verfahrensdokumentation ist das gesamte interne Kontrollsystem unter Beachtung der Grundsätze der Dokumentation und Prüfbarkeit (vgl. Teil A, Abschn. 15.5.5.4.2.6, S. 711 ff.) zu beschreiben, wobei den „Mensch-Maschine-Schnittstellen“ besondere Beachtung beizumessen ist.

15.5.5.4.2.5 Datensicherheit

Für die Ordnungsmäßigkeit DV-gestützter Buchführungssysteme ist gerade die Gewährleistung der **Datensicherheit** von zentraler Bedeutung. Die elementare Abhängigkeit DV-gestützter Buchführungen von gespeicherten Informationen macht ein umfassendes Datensicherheitskonzept für das Erfüllen der GoBS unabdingbar. Ziel eines solchen Datensicherungskonzeptes ist die Herstellung und dauerhafte Gewährleistung der Datensicherheit. Voraussetzung hierfür ist, dass vorab festgestellt wird, was, wogegen, wie lange und auf welche Weise gesichert werden soll.

Zu sichern sind neben den auf Datenträgern gespeicherten, buchführungsrelevanten **Informationen** auch alle anderen Informationen, an deren Sicherung und Schutz das Unternehmen ein Eigeninteresse hat oder dies aufgrund anderer Rechtsgrundlagen erforderlich ist. Unter dem Oberbegriff Informationen sind in diesem Zusammenhang nicht nur die Tabellen- und Stammdaten sowie die Bewegungsdaten, wie beispielsweise die Daten eines Geschäftsvorfalles, zu verstehen, sondern auch die jeweilige Software (Betriebssystem, Anwendungsprogramme) und die sonstigen Aufzeichnungen. Darüber hinaus sind auch alle Belege und sonstigen Aufzeichnungen, die vom Buchführungspflichtigen in konventioneller Form (Papier) aufbewahrt werden, zu sichern. Sämtliche derartigen Informationen müssen gegen **Verlust und unberechtigte Veränderung** gesichert werden, wobei über die Anforderungen der GoBS hinaus sensible Informationen des Unternehmens auch gegen unberechtigte Kenntnisnahme zu schützen sind. Bei buchhalterisch relevanten Informationen muss die Datensicherheit zumindest für die **Dauer der gesetzlichen Aufbewahrungsfristen** (vgl. Teil A, Abschn. 15.5.5.4.2.7, S. 714 ff.) gewährleistet sein. Darüber hinaus obliegt es dem Unternehmen, festzulegen, ob und gegebenenfalls für welche Informationen aus unternehmensinternen Gründen längere Aufbewahrungsfristen gelten sollen. Innerhalb der Aufbewahrungsfristen müssen die buchhalterisch relevanten Informationen entsprechend den Grundsätzen zur Wiedergabe der auf Datenträgern geführten Unterlagen jederzeit in angemessener Frist lesbar gemacht werden können. Hierfür ist nicht nur die Sicherstellung der Verfügbarkeit von Daten und Software, sondern auch die entsprechende Hardware notwendig. Das Datensicherungskonzept muss daher im weiteren Sinne auch die Bereitstellung der für eine Wiedergabe erforderlichen EDV-technischen Installationen (Hardware, Leitungen etc.) gewährleisten. Wie die erforderliche Datensicherheit im einzelnen Unternehmen hergestellt und auf Dauer gewährleistet werden kann, ist von den im Einzelfall gegebenen technischen Bedingungen und den sich daraus ergebenden Möglichkeiten abhängig. Unabhängig von der jeweiligen Verfahrensweise muss jedoch in jedem Fall sichergestellt sein, dass die Informationen vor unberechtigten Veränderungen und Verlusten geschützt sind. Bei DV-gestützten Buchführungen sind die Buchführungsdaten überwiegend magnetisch gespeichert und können daher zunächst ohne größere Schwierigkeiten gelöscht oder verändert werden. Durch technische und organisatorische Maßnahmen kann jedoch das ungewollte Löschen oder Verändern der Buchführungsdaten zumindest wesentlich erschwert werden. Die Gefahr der zufälligen oder fahrlässigen Vernichtung oder Veränderung von Daten in

DV-Buchführungen ist daher bei einer entsprechenden Sicherung nicht größer als bei herkömmlichen Buchführungsverfahren.

Der Schutz der Informationen gegen **unberechtigte Veränderungen** ist hierbei durch wirksame Zugangs- und Zugriffsberechtigungskontrollen zu gewährleisten. Durch geeignete **Zugangskontrollen** muss verhindert werden, dass unberechtigte Personen Zugang zu Datenträgern haben. Sie sind für alle Räume vorzusehen, in denen die Informationen in Form von Datenträgern aufbewahrt werden. Dies trifft insbesondere auch für die Räumlichkeiten zu, in die im Rahmen der Datensicherung Datenträger ausgelagert sind. Darüber hinaus muss durch effiziente **Zugriffsberechtigungskontrollen** sichergestellt werden, dass nur berechtigte Personen in dem ihrem Aufgabenbereich entsprechenden Umfang auf Programme und Daten zugreifen können. Bei der Vergabe der Zugangsberechtigungen ist das **Prinzip der minimalen Berechtigung** zu beachten. Danach soll ein Benutzer entsprechend dem Prinzip der Kongruenz von Aufgabenzuständigkeit und Berechtigungsumfang nur über die Berechtigungen im DV-System verfügen, die er zur Wahrnehmung der ihm übertragenen Aufgaben unmittelbar benötigt. Die Berechtigungen eines Benutzers sind jedoch grundsätzlich nicht nach seiner hierarchischen Stellung festzulegen. So kann beispielsweise ein Vorstand sicher die Berechtigung zum Lesen aller Daten beanspruchen, seine Vorstandsfunktion wird aber nicht dadurch beeinträchtigt, dass er keine Berechtigung zum Erfassen oder Ändern von Daten für die DV-Anwendung Finanzbuchhaltung besitzt. Die Abschottung der Informationen vor unberechtigtem Zugriff ist gerade bei den modernen integrierten und vernetzten DV-Systemen eine wesentliche Schwerpunktaufgabe der Datensicherungskonzepte, denn bei der integrierten Informationsverarbeitung erstreckt sich die Notwendigkeit eines wirksamen Zugriffsschutzes nicht nur auf die Buchführung i. e. S., sondern auf die gesamte rechnungslegungsrelevante DV des jeweiligen Unternehmens und daher auch auf alle Bereiche, aus denen direkt oder indirekt Daten für die Buchhaltung bereitgestellt werden.

Um die Informationen vor **Verlust** zu schützen, sind für die auf DV-Systemen geführten Programme und Daten in einem ersten Schritt geeignete und verbindlich durchzuführende **Datensicherungsverfahren** zu implementieren. Hierbei ist es zweckmäßig, neben einer automatischen periodischen Datensicherung auch Ad-hoc-Sicherungen durchzuführen. Diese sind insbesondere dann geboten, wenn im Zeitraum zwischen zwei automatischen Datensicherungsläufen in besonders großem Umfang Programme bzw. Daten geändert oder verarbeitet werden. Von aufbewahrungspflichtigen oder anderen sensiblen Daten und Programmen sollten zusätzlich Sicherungskopien erstellt und an einem anderen Standort, möglichst in einem anderen Sicherheitsbereich mit entsprechenden Zugangskontrollen, aufbewahrt werden. In einem zweiten Schritt ist dann das Risiko, dass es bei gesicherten Programmen und Datenbeständen durch Unauffindbarkeit, Diebstahl oder Vernichtung zu einem Verlust von Informationen kommt, zu reduzieren. Das Risiko der **Unauffindbarkeit** ist durch das Führen eines systematischen Verzeichnisses über die gesicherten Programme und Datenbestände zu reduzieren, aus dem sich für jeden einzelnen Datenträger der jeweilige Standort, der Inhalt, das Datum der Sicherung und das Datum der frühest zulässigen Löschung des Inhaltes des Datenträgers ergibt. Dem Risiko des

Diebstahls ist wie bei der Gefahr der unbefugten Veränderung von Informationen durch geeignete Zugangs- und Zugriffsberechtigungskontrollen Rechnung zu tragen. Zur Verringerung des Diebstahlrisikos sind die Datenträger daher in verschlossenen und ausreichend gegen Einbruch gesicherten Räumen bzw. Tresoren aufzubewahren. Die Gefahr der **Vernichtung** von Datenträgern ist dadurch zu reduzieren, dass an den Aufbewahrungsstandorten Bedingungen geschaffen werden, die eine Beeinträchtigung oder Vernichtung der gesicherten Informationen durch Feuer, Temperatur, Feuchtigkeit oder Magnetfelder etc. weitestgehend ausschließen. Um bei der Langzeitspeicherung der aufbewahrungspflichtigen Informationen die **Lesbarkeit** der Datenträger sicherzustellen, muss unter Berücksichtigung der jeweils benutzten Speicherungstechnik verbindlich festgelegt werden, in welchen Zeitabständen die Lesbarkeit der Datenträger zu überprüfen ist. Da die Verfahren und Vorgehensweisen zur Gewährleistung der Datensicherheit vom Stand der jeweils angewendeten DV-Systeme abhängen, ergibt sich aus der fortschreitenden technischen und wirtschaftlichen Entwicklung für das Unternehmen die Notwendigkeit, das Datensicherheitskonzept den jeweils aktuellen Anforderungen und Möglichkeiten anzupassen. Die hieraus resultierende **laufende Weiterentwicklung** der jeweiligen unternehmensbezogenen Datensicherungskonzeption macht es daher erforderlich, dass zur Nachvollziehbarkeit des Vorgehens der Aufbau, die Veränderung und der Vollzug des Datensicherungskonzepts vom Unternehmen unter Berücksichtigung der Grundsätze der Dokumentation und Prüfbarkeit (siehe nachfolgenden Abschnitt) zu **dokumentieren** ist.

15.5.5.4.2.6 Dokumentation und Prüfbarkeit

Zur Erfüllung der Dokumentationsfunktion ist neben der Dokumentation der einzelnen Geschäftsvorfälle auch für das angewendete DV-gestützte Abrechnungsverfahren eine spezifische **Verfahrensdokumentation** zu erstellen. Aus ihr muss nicht nur der Inhalt, der Aufbau und der Ablauf des Abrechnungsverfahrens vollständig ersichtlich sein, sondern auch hervorgehen, inwieweit das Verfahren entsprechend seiner Beschreibung durchgeführt worden ist. Darüber hinaus muss sich aus der Verfahrensdokumentation die Einhaltung und Umsetzung der GoBS bezüglich des Anwendungsbereiches, der Beleg-, Journal- und Kontenfunktion, der Buchung, des internen Kontrollsystems und der Datensicherheit bei dem jeweiligen Abrechnungsverfahren (vgl. Teil A, Abschn. 15.5.5.4.2.1–15.5.5.4.2.5, S. 703 ff.) ergeben. Die Anforderungen an die Verfahrensdokumentation sind unabhängig von der Größe oder der Kapazität der genutzten EDV-Anlage zu erfüllen. Daher ist sowohl bei Großrechnersystemen als auch bei PC gestützten Systemen jeweils für eine entsprechende Verfahrensdokumentation zu sorgen.

Die formale Gestaltung und technische Durchführung der Verfahrensdokumentation kann vom Buchführungspflichtigen entsprechend den jeweiligen Gegebenheiten des Unternehmens individuell entschieden und vorgenommen werden. Dabei muss jedoch sichergestellt sein, dass die Verfahrensdokumentation für einen sachverständigen Dritten verständlich und lückenlos nachvollziehbar ist. Der Umfang der Verfahrensdokumentation richtet sich nach der jeweiligen Komplexität der DV-Buchführung (z. B. Anzahl und Größe der Programme, Struktur ihrer Verbindungen untereinander, Nutzung von Tabellen etc.). In jedem Fall ist jedoch eine Beschreibung der folgenden **fünf Bereiche** erforderlich, wobei in der Beschreibung jedes dieser Bereiche der Umfang und die Wirkungsweise des internen Kontrollsystems erkennbar gemacht werden muss:

(1) Die **Sachlogische Lösung** enthält die Darstellung der fachlichen Aufgabe des angewendeten Abrechnungsverfahrens aus der Sicht des Anwenders und geht insbesondere auf die generelle Aufgabenstellung des jeweiligen Verfahrens, die Beschreibung der Anwenderoberfläche für Ein- und Ausgabe einschließlich der manuellen Arbeiten, die Beschreibung der Datenbestände, der Verarbeitungsregeln, des Datenaustausches (Datenträgeraustausch bzw. Datentransfer), der maschinellen und manuellen Kontrollen, der Fehlermeldungen und der sich aus den Fehlern ergebenden Maßnahmen sowie auf die Schlüsselverzeichnisse und die Schnittstellen zu anderen Systemen ein.

(2) Die **Programmtechnische Lösung** hat zu zeigen, wo und wie die sachlogischen Forderungen in den Programmen umgesetzt sind. In diesem Zusammenhang sind Tabellen, durch die Funktionen der Programme beeinflusst werden können, wie eigenständige Programme zu behandeln. Programmänderungen müssen dokumentiert werden. Soweit dies nicht automatisch erfolgt, muss durch zusätzliche organisatorische Maßnahmen gewährleistet werden, dass sowohl der Alt- als auch der Neuzustand eines geänderten Programms nachweisbar sind. Änderungen von Tabellen mit Programmfunktion sind so zu dokumentieren, dass für die Dauer der Aufbewahrungsfrist (vgl. Teil A, Abschn. 15.5.5.4.2.7, S. 714 f.) der jeweilige Inhalt einer Tabelle festgestellt werden kann.

(3) Bei der Beschreibung der **Gewährung der Programmidentität** hat der Buchführungspflichtige nachzuweisen, dass die sachlogischen Forderungen durch die eingesetzten Programme erfüllt werden bzw. erfüllt worden sind. Hierzu gehört eine genaue Beschreibung des Freigabeverfahrens mit den Regelungen über die Freigabekompetenzen, eine Darstellung der durchzuführenden Testläufe und der dabei zu verwendenden Daten sowie die Niederlegung der Anweisungen für die Programmeinsatzkontrollen. Einen wesentlichen Bestandteil für den Nachweis der Programmidentität bildet die Freigabeerklärung in Verbindung mit den zugehörigen Testdatenbeständen. In der Freigabeerklärung muss der Zeitpunkt, ab dem die jeweilige Programmversion zum Einsatz kommt, eindeutig festgelegt sein.

(4) Die **Wahrung der Datenintegrität:** Hierfür sind alle Maßnahmen zu beschreiben, durch die erreicht wird, dass Daten und Programme nicht von Unbefugten geändert werden können. Dazu gehört neben einer genauen Beschreibung des Zugriffsberechtigungsverfahrens auch der Nachweis der sachgerechten Vergabe von Zugriffsberechtigungen.

(5) Unter den **Anwenderbezogenen Arbeitsanweisungen** sind alle Arbeitsanweisungen, die für den Anwender zur sachgerechten Erledigung und Durchführung seiner Aufgaben vorhanden sein müssen, schriftlich niederzulegen. Hierzu gehört insbesondere die Beschreibung der im Verfahren vorgesehenen manuellen Kontrollen und Abstimmungen sowie eine Darstellung der Schnittstellen zu den vor- und nachgelagerten Systemen.

In jedem Fall ist es der Buchführungspflichtige, der für die Vollständigkeit und den Informationsgehalt der Verfahrensdokumentation verantwortlich ist. Dies gilt auch bei der Anwendung fremdbezogener Software, bei der die Dokumentation vom Softwareanbieter erstellt wird. Der Buchführungspflichtige muss in diesem Fall bei Bedarf auch dafür sorgen können, dass es möglich ist, Teile der Verfahrensdokumentation einzusehen, die ihm vom Softwareanbieter nicht direkt ausgehändigt worden sind.

Wie jede Buchführung, so muss auch die DV-Buchführung von einem sachverständigen Dritten hinsichtlich ihrer formellen und sachlichen Richtigkeit in angemessener Zeit prüfbar sein. Dabei bezieht sich die **Prüfbarkeit** sowohl auf den einzelnen Geschäftsvorfall (Einzelprüfung) als auch auf das jeweils zur Anwendung kommende Abrechnungsverfahren (Verfahrens- oder Systemprüfung). Näheres hierzu regeln die vom IDW verabschiedeten Prüfungsstandards **IDW PS 330** (*HFA*, Informationstechnologie) und **IDW PS 331** (*HFA*, Auslagerung der Rechnungslegung) bezüglich einer **Systemprüfung, IDW PS 330** (*HFA*, Informationstechnologie) und **IDW PS 880** (*HFA*, Softwareprodukte) im Rahmen einer **Verfahrensprüfung** und Letzterer sowie **IDW PS 850** (vgl. *HFA*, Projektbegleitende Prüfung) bei einer **Softwareprüfung.** Für eine **Outsourcingprüfung** im Falle der Auslagerung von Teilen der Rechnungslegung sind wiederum **IDW PS 331** (vgl. *HFA*, Auslagerung der Rechnungslegung) sowie darüber hinaus **IDW PS 951** (vgl. *HFA*, Ausgelagerte Funktionen) heranzuziehen (vgl. *Schuppenhauer*, Datenverarbeitung, S. 187 ff.; vgl. zu den Prüfungsstandards Teil A, Abschn. 15.5.5.4.1, S. 699 f.). Einen DV-spezifischen Schwerpunkt bei der Prüfung von DV-gestützten Buchführungssystemen bildet die Prüfung der Datensicherheit und hierbei speziell die Prüfung des Zugriffsschutzes (*Zepf*, Prüfung des Zugriffsschutzes, S. 277 ff.). Gegenstand der Prüfung sind hier insbesondere die Prüfung der im DV-System eingerichteten Benutzer, die Prüfung der an die Benutzer vergebenen Zugangsberechtigungen sowie die Prüfung der flankierenden organisatorischen Maßnahmen zum Zugriffsschutz. Durch die **Prüfung der Benutzer** soll beurteilt und sichergestellt werden, dass auf das jeweilige DV-System nur die vorgesehenen, erforderlichen Benutzer zugreifen können. Hierbei ist insbesondere auch den folgenden Fragestellungen nachzugehen:

- Werden die Benutzer anhand einer vorgegebenen Benutzerkennung (Benutzer-ID) identifiziert?
- Werden die Benutzer anhand eines Passwortes oder mit Hilfe einer Chipkarte verifiziert?
- Wie oft werden Sicherungscodes, wie z. B. Passwörter, ausgetauscht?
- Welche Personen haben mehr als eine Benutzer-ID und warum?
- Hinter welcher Benutzeridentifikation stehen keine natürlichen Personen? Warum werden diese Benutzeridentifikationen benötigt?
- Ist zu den einzelnen Benutzern ihre jeweilige Stellung zum Unternehmen bekannt (z. B. Mitarbeiter der Fachabteilung X; Mitarbeiter des DV-Bereiches; externer Mitarbeiter)?
- Aus welchem Grund ist ein Externer als Benutzer im DV-System eingerichtet?

Die Prüfung der Zugangsberechtigung der Benutzer dient dem Ziel, festzustellen, ob bei der Vergabe der Berechtigungen (z. B. Erfassen, Ändern, Löschen oder Lesen in bestimmten DV-Anwendungen, wie z. B. Auftragsabwicklung und Finanzbuchhaltung) das Ziel der minimalen Berechtigung beachtet wird. Bei der **Zugangsberechtigungsprüfung** sind daher die folgenden Fragen zu bearbeiten:

- Welche Zugangsberechtigungen sind einem bestimmten Benutzer zugeordnet?
- Welche Benutzer haben eine bestimmte Zugangsberechtigung?
- Entsprechen die Zugangsberechtigungen eines Benutzers der Forderung nach Funktionstrennung?
- Wie viele hochprivilegierte Benutzer mit großem bzw. unbeschränktem Zugangsberechtigungsumfang gibt es? Wer sind sie und sind es nur sehr wenige?

Bei der Prüfung der flankierenden **organisatorischen** Maßnahmen stehen die folgenden Fragestellungen im Mittelpunkt:

- Wie ist die Zuständigkeit für die Einrichtung von Benutzern und die Vergabe von Zugangsberechtigungen an diese geregelt?
- Wie wird die Aktualität der eingerichteten Benutzer und der diesen jeweils zugeordneten Zugangsberechtigungen kontrolliert?
- Wie wird das Beachten der „Spielregeln", wie z. B. die Geheimhaltung der Passwörter oder das Beenden des Dialoges beim Verlassen des Arbeitsplatzes kontrolliert?
- Wie werden Zugangsfehlversuche zum DV-System zur Begrenzung des Hacker-Risikos überwacht?

Zentrale Voraussetzung und Ausgangsbasis für die Beantwortung dieser Fragen und die Prüfbarkeit DV-gestützter Buchführungssysteme insgesamt ist die umfassende **Dokumentation** nicht nur aller Geschäftsvorfälle, sondern insbesondere auch der verfahrenstechnischen Vorgehensweise.

15.5.5.4.2.7 Aufbewahrungsfristen

Die **Aufbewahrungsfristen** ergeben sich bei der DV-gestützten Buchführung wie bei jeder anderen Buchführung aus § 257 Abs. 4 HGB und § 147 Abs. 3 AO. Daher sind Daten oder sonstige erforderliche Aufzeichnungen mit **Grundbuch- oder Kontenfunktion** sowie auch Daten mit **Belegfunktion** grundsätzlich **zehn** Jahre aufzubewahren. Auch die **Verfahrensdokumentation** zur DV-Buchführung gehört zu den Arbeitsanweisungen und sonstigen Organisationsunterlagen i. S. d. § 257 Abs. 1 Nr. 1 HGB bzw. § 147 Abs. 1 Nr. 1 AO und ist daher ebenfalls **zehn** Jahre aufzubewahren. Auch die Teile der Verfahrensdokumentation, denen ausschließlich Belegfunktion zukommt, wie z. B. die Dokumentation zur DV-Verkaufsabrechnung, aus der sich die Buchungen zu den Forderungen ergeben, sind gleichermaßen **zehn** Jahre aufzubewahren. Die Verfahrensdokumentation kann auch auf Bildträgern oder auf anderen Datenträgern aufbewahrt werden, wobei originär digital erstellte Unterlagen nur noch digital archiviert werden dürfen (vgl. Teil A, Abschn. 15.5.5.4.1, S. 696 f.). Die Aufbewahrungsfristen für die Verfahrensdokumentation beginnen mit dem Schluss des Kalenderjahres, in dem buchhaltungsrelevante Daten in Anwendung des jeweiligen Verfahrens erfasst wurden, entstanden sind oder bearbeitet wurden.

15.5.5.4.2.8 Wiedergabe der auf Datenträgern geführten Unterlagen

Hinsichtlich der **Wiedergabe der auf Datenträgern geführten Unterlagen** hat der Buchführungspflichtige zu gewährleisten, dass die gespeicherten Buchungen sowie die zu ihrem Verständnis erforderlichen Arbeitsanweisungen und sonstigen Organisationsunterlagen jederzeit innerhalb angemessener Frist (§ 239 Abs. 4 HGB) bzw. unverzüglich (§§ 146 Abs. 5 und 147 Abs. 5 AO) lesbar gemacht werden können. Er muss die dafür erforderlichen Daten, Programme sowie Maschinenzeiten und sonstigen Hilfsmittel, wie z. B. Personal, Bildschirmplätze oder Lesegeräte, bereitstellen. Auf Verlangen eines berechtigten Dritten, wie beispielsweise der Finanzbehörde oder des Abschlussprüfers, hat er in angemessener Zeit bzw. unverzüglich die gespeicherten Buchungen lesbar zu machen sowie die zu ihrem Verständnis erforderlichen Arbeitsanweisungen und sonstigen Organisationsunterlagen vorzulegen und auf Anforderung auch ohne Hilfsmittel lesbare Reproduktionen beizubringen (§ 147 Abs. 5 AO).

Die inhaltliche Übereinstimmung der Wiedergabe mit den auf den maschinell lesbaren Datenträgern geführten Unterlagen muss durch das jeweilige Archivierungsverfahren sichergestellt sein. Soweit eine bildliche Übereinstimmung der Wiedergabe mit der Originalunterlage gefordert ist, wie dies nach § 257 Abs. 3 Nr. 1 HGB und § 147 Abs. 2 Nr. 1 AO bei empfangenen Handelsbriefen und Buchungsbelegen der Fall ist, sofern diese ursprünglich bildlich vorgelegen haben, muss das jeweilige Archivierungsverfahren eine originalgetreue bildliche Wiedergabe sicherstellen. Die Anforderung nach bildlicher Wiedergabe ist erfüllt, wenn alle auf der Originalunterlage enthaltenen Angaben zur Aussage- und Beweiskraft des Geschäftsvorfalles originalgetreu bildlich wiedergegeben sind.

Das Verfahren für die Wiedergabe der auf Bildträgern und auf anderen Datenträgern geführten Unterlagen ist in einer Arbeitsanweisung des Buchführungspflichtigen (z. B. Druckanweisung, COM-Anweisungen, Anweisungen für den Dialogverkehr zur Selektion und Darstellung der gespeicherten Unterlagen auf Sichtgeräten, z. B. beim Einsatz optischer Speichersysteme) schriftlich niederzulegen. In dieser Arbeitsanweisung muss das Ordnungsprinzip für die Wiedergabe beschrieben und das Verfahren zur Feststellung der Vollständigkeit und der Richtigkeit der Wiedergabe geregelt sein. Die Wiedergabe muss der Rechnungslegung des Buchführungspflichtigen eindeutig zugeordnet werden können. Darüber hinaus muss die inhaltliche Übereinstimmung der selektiven Wiedergabe mit den auf maschinell lesbaren Datenträgern geführten Unterlagen nachprüfbar sein.

15.5.5.4.2.9 Verantwortlichkeit

Für die Einhaltung der Grundsätze ordnungsmäßiger Buchführung (GoB) – und damit auch der Grundsätze ordnungsmäßiger DV-gestützter Buchführungssysteme (GoBS) – ist bei einer DV-gestützten Buchführung entsprechend § 238 Abs. 1 HGB allein der Buchführungspflichtige verantwortlich. Die **Verantwortlichkeit** erstreckt sich auf den Einsatz von selbst- und fremderstellten Buchführungssystemen. Auch wenn die Buchführung im Auftrag durch eine Fremdfirma durchgeführt wird, obliegt die Einhaltung der GoB und gegebenenfalls GoBS gleichwohl dem auftraggebenden **Buchführungspflichtigen**. Durch die Trennung zwischen dem Buchführungspflichtigen einerseits und der Institution, welche die organisatorische und technische Erfüllung dieser Buchführungspflicht übernimmt andererseits, ergibt sich in diesem Fall folgender Regelungsbedarf: Da die Verantwortung für den Inhalt der Buchführung nach den handels- und steuerrechtlichen Vorschriften ausschließlich beim Buchführungspflichtigen liegt, muss er dafür sorgen, dass durch entsprechende Vertragsgestaltungen mit der Fremdfirma (i. d. R. ein Rechenzentrum) sowie durch regelmäßige Kontrollen die Erfüllung seiner eigenen Buchführungspflichten umfassend gewährleistet ist. Durch die **vertragliche Gestaltung** muss die Fremdfirma daher insbesondere verpflichtet werden, die Buchungsvorgänge und die Abschlusserstellung nach Maßgabe der Grundsätze ordnungsmäßiger Buchführung (GoB) und der Grundsätze ordnungsmäßiger DV-gestützter Buchführungssysteme (GoBS) durchzuführen (vgl. Teil A, Abschn. 15.5.5.4.1, S. 694). Entsprechende Haftungsvereinbarungen sind für den Fall zu treffen, dass sich aus der Nichtbeachtung der vorstehenden Vereinbarung für den Auftraggeber **Risiken** ergeben. Die diesbezüglich relevanten, aber recht unübersichtlichen und wenig praktikablen gesetzlichen Vorschriften zum Werkvertragsrecht haben in der Datenverarbeitungsbranche zur Entwicklung einer vertraglichen Sonderregelung in Form von **Formularverträgen** und allgemeinen Geschäftsbedingungen geführt. Darin wird i. d. R. die erneute Durchführung einer zunächst fehlerhaften Berechnung zugesagt, eine weitergehende Haftung in praxi dagegen zumeist ausgeschlossen. Durch die **Kontrolle** der Außer-Haus-Verarbeitung hat der Auftraggeber (Buchführungspflichtige) anhand von Abstimmsummen, Primanota, Belegen etc. zu überprüfen und sicherzustellen, dass die vom Rechenzentrum erstellten Auswertungen vollständig und richtig sind. Die Originalbelege sollten daher zweckmäßigerweise beim Auftraggeber verbleiben. Werden diese beispielsweise zur Erfassung vorübergehend den Rechenzentren zur Verfügung gestellt, so sind beim Auftraggeber Grundaufzeichnungen vorzunehmen, anhand derer die Vollständigkeit der zurückgegebenen Belege zu kontrollieren ist. Diese Aufzeichnungen können gleichzeitig auch Grundbuchfunktion übernehmen.

15.6 Kontenrahmen und Kontenpläne

15.6.1 Begriffsabgrenzung und historische Entwicklung

Mit der Zunahme des Geschäftsumfangs eines Unternehmens wird der Buchungsstoff und damit auch die Zahl der im betrieblichen Rechnungswesen verwendeten Konten sehr rasch so umfangreich, dass eine systematische Kontenordnung unerlässlich wird. Das betriebliche Rechnungswesen muss daher in einen Gliederungs- und Organisationsplan gekleidet werden, dessen Grundlage der Kontenrahmen bildet.

Kontenrahmen stellen eine systematische Übersicht der im betrieblichen Rechnungswesen der Unternehmen möglicherweise auftretenden Konten dar. Sie werden als **überbetriebliches Beschreibungs- oder Erfassungsmodell** (deskriptives Aussagensystem) im Wege der generalisierenden Abstraktion entwickelt und liefern als **nach bestimmten Prinzipien strukturiertes Ordnungsgerüst** der Kontengruppierung das Grundkonzept für die Ausgestaltung der Buchführungen in den Unternehmen eines bestimmten Wirtschaftszweiges.

Aus dem Kontenrahmen entwickelt die einzelne Unternehmung ihren, an den unternehmensspezifischen Bedürfnissen ausgerichteten **Kontenplan**. Im Kontenplan sind alle Konten systematisch zusammengestellt, die in der Geschäfts- und Betriebsbuchführung des Unternehmens Verwendung finden. Im **unternehmensindividuellen** Kontenplan werden die Konten weggelassen, die im Kontenrahmen zwar vorgesehen sind, im betrieblichen Rechnungswesen der betreffenden Unternehmung jedoch nicht benötigt werden; andererseits wird der Kontenrahmen an den Stellen ergänzt oder erweitert, wo dies aufgrund der speziellen Verhältnisse des Unternehmens erforderlich ist.

Die mit der **Entwicklung der Kontenrahmen** einhergehende Diskussion besitzt in Deutschland eine lange Tradition: Sie beginnt mit *J. F. Schär,* der 1890 und 1911 auf der Grundlage einer Zweikontentheorie die ersten Organisationspläne der Buchhaltung als „Kontensysteme" vorstellte (*Schär,* Buchhaltung). Die eigentliche Entwicklung des Kontenrahmens in seiner heutigen Bedeutung leitete 1927 *E. Schmalenbach* mit der Veröffentlichung seines Artikels „Der Kontenrahmen" in der Zeitschrift für handelswissenschaftliche Forschung (*Schmalenbach,* Kontenrahmen) ein. Hauptziel dieses Ansatzes war die Schaffung einer allgemeingültigen, einheitlichen Kontengliederung, auf deren Grundlage betriebsindividuelle Kontenpläne ausgearbeitet werden konnten. *Schmalenbachs* Vorstellungen, die – ausgehend vom Prozessgliederungsprinzip (vgl. S. 719 ff.) – stark auf die Belange der Betriebsbuchhaltung zugeschnitten waren, beeinflussten entscheidend die in der Folgezeit entwickelten Vorschläge.

Unter Mitwirkung *Schmalenbachs* kam es in den Jahren 1927–1930 zur Erstellung so genannter Einheitsbuchführungen, die vom Reichskuratorium für Wirtschaftlichkeit (RKW) herausgegeben wurden und die eine Darstellung des gesamten Rechnungswesens einzelner Geschäftszweige umfassen sollten und dabei als Kernstück branchenspezifische Kontenrahmen zum Inhalt hatten. In der Folgezeit wurde im Zuge einer stärkeren Reglementierung der Wirtschaft ein Pflichtkontenrahmen vorgeschrieben, auf dessen Grundlage für die einzelnen Branchen jeweils verbindliche Normal- bzw. Mindestkontenrahmen erstellt wurden, die allerdings wegen ihrer mangelnden Flexibilität die Erstellung immer weiterer Branchenkontenrahmen erforderlich machten. Exemplarisch sei hier auf den Erlasskontenrahmen (Reichskontenrahmen) von 1937 hingewiesen.

Nach dem Zweiten Weltkrieg entwickelten und veröffentlichten die Arbeitsgemeinschaften der Verbände Deutscher Maschinenbau-Anstalten und der Arbeitsausschuss Betriebswirtschaft industrieller Verbände im Jahre 1949 die „Gemeinschaftsrichtlinien für die Buchführung" in Verbindung mit dem „Gemeinschaftskontenrahmen industrieller Verbände". Die enge Anlehnung des lediglich mit **empfehlendem** Charakter versehenen **Gemeinschaftskontenrahmens** an den früheren Pflichtkontenrahmen erleichterte die mit Hilfe von Kontenbrücken bewerkstelligte Umstellung der Kontierung. Wie allen vom Ansatz *Schmalenbachs* beeinflussten Entwicklungen, ist auch für den Gemeinschaftskontenrahmen die enge Verzahnung von Finanz- und Betriebsbuchführung charakteristisch. In der Praxis fand der Gemeinschaftskontenrahmen jedoch nicht die erhoffte einhellige Zustimmung. Ausgehend von den verschiedenen Wirtschaftsfachverbänden kam es daher in der Folgezeit zur Entwicklung von spezifischen Branchenkontenrahmen wie beispielsweise die **Kontenrahmen des Groß- und Einzelhandels**, die als Empfehlung zur Organisation des Rechnungswesens für die einzelnen Geschäftszweige gedacht waren und die teilweise erheblich von den Gemeinschaftsrichtlinien abweichende Gestaltungsformen für die Geschäfts- und Betriebsbuchführung aufwiesen.

Die Entwicklung eines geeigneten Kontenrahmens für industrielle Unternehmungen wurde durch den im Jahre 1971 vom Bundesverband der Deutschen Industrie (BDI) vorgestellten **Industrie-Kontenrahmen** maßgeblich beeinflusst. Mit der Einführung des Bilanzrichtlinien-Gesetzes wurde 1986 eine überarbeitete Form des Industriekontenrahmens vorgestellt, wobei die vom Bilanzrichtlinien-Gesetz ausgehenden neuen Rechnungslegungsstrukturen den Stellenwert dieses Kontenrahmens erheblich gesteigert haben.

Daneben haben insbesondere im Kreis der buchführungspflichtigen Kaufleute die von der **DATEV** e. G. (Datenverarbeitungsorganisation des steuerberatenden Berufes in der Bundesrepublik Deutschland) angebotenen Kontenrahmen größere Bedeutung erlangt. Zu nennen sind hier vor allem die an die Vorschriften des HGB angepassten Spezialkontenrahmen SKR 03 und SKR 04. Bevor jedoch auf die einzelnen Kontenrahmen genauer eingegangen wird, ist zunächst noch auf die bei den Kontenrahmen zur Anwendung kommenden formalen und funktionalen Gliederungskriterien einzugehen.

15.6.2 Formale Gliederungskriterien

In formaler Hinsicht können Kontenrahmen, und mithin auch die Kontenpläne, nach dem **dekadischen** Prinzip (numerische Gliederung) oder nach dem **alphabetischen** Prinzip (literale Gliederung) aufgebaut werden. Aber auch gemischte Gliederungen, sog. **alpha-numerische** Gliederungen, sind denkbar. In der Praxis hat sich die numerische Gliederung nicht zuletzt auch deshalb durchgesetzt, weil sie sich für die im Bereich des Rechnungswesens immer stärker eingesetzte elektronische Datenverarbeitung am besten eignet.

Der Kontenrahmen nach dem dekadischen Prinzip umfasst 10 **Kontenklassen**, die jeweils in 10 **Kontengruppen** gegliedert sind. Die Untergliederungen der Kontengruppen sind die eigentlichen **Konten**, die sich weiter in **Unterkonten** aufteilen lassen. Jedes Konto lässt sich durch eine Zahlenkombination bezeichnen, der die Stellung des Kontos innerhalb des Kontenrahmens bzw. Kontenplans in eindeutiger Weise angibt: So ist zum Beispiel dem Konto „Gewerbeertragsteuer" im Industrie-Kontenrahmen (IKR) die Kontonummer 770 zugeordnet. Die erste Ziffer (7) der Kontonummer zeigt dabei an, dass das Konto der Kontenklasse 7 „Weitere Aufwendungen" angehört. Mit der zweiten Ziffer (7) ist das Konto der Kontengruppe „Steuern vom Einkommen und Ertrag" zugeordnet und durch die dritte Ziffer (0) wird das Konto selbst eindeutig bestimmt. Erforderlichenfalls lässt sich das Konto weiter unterteilen, beispielsweise in „7701 Gewerbeertragsteuer Betriebsstätte A" und „7702 Gewerbeertragsteuer Betriebsstätte B".

Mit der Nummerierung lassen sich so alle im Rechnungswesen verwendeten Konten exakt bezeichnen. Dadurch wird die Durchführung der Geschäfts- und Betriebsbuchführung, speziell auch bei der Verwendung von Datenverarbeitungsanlagen, wesentlich erleichtert. Durch den Einsatz der Kontennummern lässt sich z. B. der Buchungssatz:

Roh-, Hilfs- und Betriebsstoffe	10.000	**an**	Verbindlichkeiten aus Lieferungen und Leistungen	10.000

bei Verwendung des IKR auf

20/44 10.000

verkürzen.

15.6.3 Funktionale Gliederungskriterien

Beziehen sich die formalen Gliederungskriterien mehr auf die praktische Buchführungsarbeit, so sind die funktionalen Gliederungskriterien vor allem Ausdruck der den Kontenrahmen und Kontenplänen zugrunde liegenden theoretischen Konzeption. Dabei werden Kontenrahmen und Kontenpläne nach dem Abschlussgliederungsprinzip (Bilanzgliederungsprinzip) und dem Prozessgliederungsprinzip unterschieden.

Entsprechend dem **Abschlussgliederungsprinzip** erfolgt die Einteilung der Kontenklassen nach der Reihenfolge der einzelnen Positionen in der Bilanz und der Erfolgsrechnung. Ein derartiger Kontenrahmen enthält in den ersten Kontenklassen die Aktivkonten, denen dann in den weiteren Kontenklassen die Passivkonten sowie die Aufwands- und die Ertragskonten und schließlich die Abschlusskonten folgen.

Erfolgt die Einteilung der Kontenklassen dagegen so, dass sich in der Abfolge der Kontenklassen im Kontenrahmen der unternehmensbezogene Wertefluss in seinen Stufen und Verknüpfungen niederschlägt, so entspricht diese Ordnung dem **Prozessgliederungsprinzip**. Der Kontenrahmen bzw. Kontenplan enthält dann in den ersten Klassen die Einsatzgüterbestände, denen die Klassen der innerbetrieblichen Werteverrechnung folgen. Am Ende dieser Prozessorientierung stehen die Klassen der Ertrags- und Leistungskonten, denen dann noch die Abschlusskonten nachgeschaltet sind.

15.6.3.1 Der Gemeinschaftskontenrahmen der Industrie (GKR)

Im Jahre 1951 hat der Bundesverband der Deutschen Industrie seinen Mitgliedsfirmen die Anwendung des von ihm neu herausgegebenen **Gemeinschaftskontenrahmens der Industrie** (**GKR**; s. Anhang A.1, S. 1304 ff.) empfohlen. Dieser Kontenrahmen sollte den staatlich verordneten Pflichtkontenrahmen aus der Zeit vor dem Ende des Zweiten Weltkriegs ablösen und die Buchführungsorganisation an die geänderten Verhältnisse anpassen.

Der Gemeinschaftskontenrahmen ist nach dem **Prozessgliederungsprinzip** aufgebaut. Er orientiert sich am betrieblichen Produktionsprozess und versucht eine Konformität zwischen dem Realgüterdurchlauf und der wertmäßigen Abbildung im Rechnungswesen zu erreichen. Der an die Regelungen des Bilanzrichtlinien-Gesetzes angepasste Gemeinschaftskontenrahmen der Industrie sieht heute folgende **Kontenklassengliederung** vor:

Konten-klasse	Kontengruppen *GKR*
0	**Anlagevermögen und langfristiges Kapital** (Grundstücke und Gebäude, Maschinen und Anlagen, Fahrzeuge, Werkzeuge, Betriebs- und Geschäftsausstattung, Sachanlagen-Sammelkonten, sonstiges Anlagevermögen, langfristiges Fremdkapital, Eigenkapital, Wertberichtigungen, Rückstellungen, Rechnungsabgrenzung)
1	**Finanz-Umlaufvermögen und kurzfristige Verbindlichkeiten** (Kasse, Geldanstalten, Schecks, Besitzwechsel, Wertpapiere des Umlaufvermögens, Forderungen, Verbindlichkeiten, Schuldwechsel, Bankschulden, Durchgangs-, Übergangs- und Privatkonten)
2	**Neutrale Aufwendungen und Erträge** (betriebsfremde Aufwendungen und Erträge, Aufwendungen und Erträge für Grundstücke und Gebäude, bilanzmäßige Abschreibungen, Zinsaufwendungen und -erträge, betriebliche außerordentliche Aufwendungen und Erträge, Gegenposten der Kosten- und Leistungsrechnung, das Gesamtergebnis betreffende Aufwendungen und Erträge)
3	**Stoffe und Bestände** (Roh-, Hilfs- und Betriebsstoffe, Bestandteile, Fertigteile und auswärtige Bearbeitung, Handelswaren und auswärts bezogene Fertigerzeugnisse)

Konten-klasse	Kontengruppen *GKR*
4	**Kostenarten** (Stoffkosten, Personalkosten, Instandhaltung und verschiedene Leistungen, Steuern, Gebühren, Beiträge, Versicherungsprämien, Mieten, Verkehrs-, Büro-, Werbekosten, kalkulatorische Kosten, innerbetriebliche Kostenverrechnung, Sondereinzelkosten und Sammelverrechnung)
5	**Kostenstellen** (frei)
6	**Kostenstellen** (frei)
7	**Kostenträger, Bestände an halbfertigen und fertigen Erzeugnissen**
8	**Kostenträger, Erträge** (Erlöse für Erzeugnisse und andere Leistungen, Erlöse für Handelswaren, Erlöse aus Nebengeschäften, Eigenleistungen, Erlösberichtigungen, Bestandsveränderungen an halbfertigen und fertigen Erzeugnissen)
9	**Abschluss** (Gewinn- und Verlustkonten, Bilanzkonten)

In dieser Gliederung spiegelt sich der Prozess der betrieblichen Leistungserstellung deutlich wider: In Kontenklasse 0 werden solche Produktionsfaktoren erfasst, auf denen die Produktion aufbaut, ohne dass diese Faktoren direkt in das Produkt eingehen (Betriebsmittel). Die Kontenklasse 1 weist die Bestände an Finanzmitteln und damit ebenso wie die Klasse 0 Bestände aus. Auch die Passivkonten werden – unterteilt nach ihrer Fristigkeit – den beiden ersten Kontenklassen zugewiesen. Die Kontenklasse 2 enthält Erfolgskonten. In ihr erfolgt die sachliche und kalkulatorische Abgrenzung zwischen Geschäfts- und Betriebsbuchführung. Mit der Kontenklasse 3 wird der direkte Bezug zum Produktionsprozess hergestellt: Hier erfolgt die wertmäßige Erfassung der Stoffe, die für die betriebliche Leistungserstellung erforderlich sind. Sobald die Stoffe in die Fertigung eingehen, werden sie von der Kontenklasse 3 in die Klasse 4 umgebucht. In der Kontenklasse 4 werden auch die übrigen betrieblich verursachten Kosten wertmäßig erfasst, um dann in den Kontenklassen 5 und 6 auf die Stellen im Betrieb verrechnet zu werden, in denen sie entstanden sind. Die Kostenträgerrechnung, die nach dem Gemeinschaftskontenrahmen der Industrie in den Kontenklassen 7 und 8 durchgeführt wird, nimmt eine Verteilung der Kosten auf die absatzfähigen Erzeugnisse und auf die wieder in den Produktionsprozess eingehenden innerbetrieblichen Leistungen vor (Halbfabrikate, selbsterstellte Anlagen). Sie ermittelt in der Kostenträgerstückrechnung, durchgeführt in der Kontenklasse 7, den Wert der erzeugten Güter (Kalkulation), und sie bringt als Periodenrechnung in der Kontenklasse 8 die Höhe und die Quellen des Betriebsergebnisses zum Ausweis. Auf den Konten der Klasse 9 wird der Abschluss der Geschäftsbuchführung vorgenommen; hier werden auch die Abstimmungsbuchungen mit der Betriebsbuchführung abgewickelt. Im Gemeinschaftskontenrahmen der Industrie sind somit die Kontenklassen 0, 1 und 9 dem Bereich der Geschäftsbuchführung, die Klassen 3 bis 8 der Betriebsbuchführung zuzuordnen. Die Kontenklasse 2 als Abgrenzungsklasse ist Bestandteil beider Bereiche.

Durch die Einführung des **Bilanzrichtlinien-Gesetzes** ergaben sich bei der Handhabung des Gemeinschaftskontenrahmens erhebliche **Abgrenzungsprobleme**. Die für Kapitalgesellschaften geforderten Strukturen der Bilanz und Gewinn- und Verlustrechnung können nur nach beträchtlichen organisatorischen Umgestaltungen generiert werden. Besonders problematisch erweist sich dabei die Kontenklasse 2: Die bislang übliche Differenzierung des neutralen Ergebnisses in bilanzielle, kalkulatorische, außerordentliche und periodenfremde Abgrenzungen ist – so wünschenswert diese Untergliederung für interne Zwecke auch sein mag – nicht mehr ausweiskonform. So bedingen z. B. aperiodische Posten grundsätzlich keinen gesonderten Ausweis, sie lösen allenfalls Berichtspflichten im Anhang aus. Auch der Umfang außerordentlicher Geschäftsvorfälle ist nach dem HGB eng gefasst. Außerordentlich sind Geschäftsvorfälle nur noch dann, wenn sie in Zusammenhang mit einer bedeutenden Änderung der Geschäftsgrundlage stehen. Diese abgrenzungstechnischen Probleme haben die Substitution prozessorientierter durch abschlussorientierte Kontenrahmen begünstigt. Es ist daher erkennbar, dass die Verwendung und damit die Bedeutung des Gemeinschaftskontenrahmens der Industrie stark zurückgegangen ist.

15.6.3.2 Die Kontenrahmen des Groß- und Einzelhandels

Die Kontenrahmen des Großhandels und des Einzelhandels wurden ursprünglich in Anlehnung an den Gemeinschaftskontenrahmen der Industrie (GKR) entwickelt. In dieser Tradition steht auch heute noch der vom Bundesverband des Deutschen Groß- und Außenhandels e. V. (BGA) herausgegebene **Kontenrahmen für den Groß- und Außenhandel** (s. Anhang A.2, S. 1308 ff.), der nach seiner Überarbeitung nach dem Bilanzrichtliniengesetz 1988 heute entsprechend dem Prozessgliederungsprinzip aufgebaut ist. Er sieht folgende Kontenklassengliederung vor, welche noch Positionen enthält, die insbesondere nach dem Bilanzrechtsmodernisierungsgesetz zukünftig entfallen:

Kontenklasse	Kontengruppen *Kontenrahmen für den Groß- und Außenhandel*
0	**Anlage- und Kapitalkonten** (Ausstehende Einlagen, Aufwendungen für die Ingangsetzung und Erweiterung des Geschäftsbetriebes, Anlagevermögen, Wertberichtigungen, Eigenkapital, Sonderposten mit Rücklageanteil, Rückstellungen, Verbindlichkeiten, Rechnungsabgrenzungsposten)
1	**Finanzkonten** (Forderungen, Sonstige Vermögensgegenstände, Wertpapiere, Banken, Vorsteuer, Zahlungsmittel, Privatkonten, Verbindlichkeiten, Umsatzsteuer, Sonstige Verbindlichkeiten)
2	**Abgrenzungskonten** (Außerordentliche und sonstige Aufwendungen/Erträge, Zinsen und ähnliche Aufwendungen/Erträge, Steuern vom Einkommen und Vermögensteuer, Forderungsverluste, Erträge aus Beteiligungen, Wertpapieren und Ausleihungen des Finanzanlagevermögens, sonstige betriebliche Erträge, verrechnete kalkulatorische Kosten, Abgrenzung innerhalb des Geschäftsjahres)

Konten-klasse	Kontengruppen *Kontenrahmen für den Groß- und Außenhandel*
3	**Wareneinkaufs- und -bestandskonten** (Warengruppen, sonstige Minderungen der Wareneinstandskosten, sonstige Anschaffungsnebenkosten sowie anschaffungsbezogene Leistungen Dritter, Warenbestandsveränderungen, Warenbestände)
4	**Konten der Kostenarten** (Personalkosten, Mieten, Pachten, Leasing, Steuern, Beiträge, Versicherungen, Energie, Betriebsstoffe, Werbe- und Reisekosten, Provisionen, Kosten der Warenabgabe, Betriebskosten, Instandhaltung, allgemeine Verwaltung, Abschreibungen)
5	**Konten der Kostenstellen** (frei)
6	**Konten für Umsatzkostenverfahren** (frei)
7	**frei**
8	**Warenverkaufskonten (Umsatzerlöse)** (Warengruppen, sonstige Erlösminderungen, sonstige Erlöse aus Warenverkäufen)
9	**Abschlusskonten** (Eröffnungsbilanz, Warenabschluss, Gewinn- und Verlustrechnung, Schlussbilanz)

Die Kontenklassengliederung entspricht im Wesentlichen bis auf die Klassen 6 und 7 der des Gemeinschaftskontenrahmens der Industrie. Um die Abschlussarbeiten zu erleichtern, sind als Anlage zum Kontenrahmen für den Groß- und Außenhandel besondere **Kontenzuordnungsschemata** entwickelt worden, aus denen sich die Kontenzuordnung ergibt. Diese sind hier mit den sich aus dem **Bilanzrechtsmodernisierungsgesetz** ergebenden Anpassungen wiedergegeben, wobei ggf. noch vorhandenen Altbeständen hierdurch zukünftig wegfallender Positionen (z. B. Sonderposten Rücklageanteil) Rechnung getragen wurde (vgl. zur Bilanz Abb. S. 724 f. und zur Gewinn- und Verlustrechnung S. 726).

Im Gegensatz zum Kontenrahmen für den Groß- und Außenhandel entspricht der vom Hauptverband des deutschen Einzelhandels (HDE) entwickelte **Einzelhandelskontenrahmen (EKR**; s. Anhang A.3, S. 1312 ff.) in der 1990 veröffentlichten aktuellen Fassung dem **Abschlussgliederungsprinzip**: Die ersten fünf Kontenklassen umfassen mit den Aktivkonten (Kontenklasse 0–2) und den Passivkonten (Kontenklasse 3 und 4) die in die Bilanz eingehenden Bestandskonten. Danach folgen mit den Ertragskonten (Kontenklasse 5) und den Aufwandskonten (Kontenklasse 6 und 7) die Erfolgskonten, die in die Gewinn- und Verlustrechnung eingehen. Die letzten beiden Kontenklassen sind für die Abschlusskonten (Kontenklasse 8) und die Konten der Kosten- und Leistungsrechnung (Kontenklasse 9) vorgesehen. Demgemäß ergibt sich die Kontenklassengliederung auf S. 727.

Aktiva			Passiva
002, 003	***Aufwendungen für die Instandsetzung und Erweiterung des Geschäftsbetriebs (entfällt durch BilMoG)****		**A. Eigenkapital**
		161, 162	Eigenkapital
	A. Anlagevermögen	061, (ggf. 001)	I. Gezeichnetes Kapital
	I. Immaterielle Vermögensgegenstände	062	II. Kapitalrücklage
	1. Selbst geschaffene gewerbliche Schutzrechte und ähnliche Rechte und Werte	063	III. Gewinnrücklagen
		0631	1. gesetzliche Rücklage
011	2. Entgeltlich erworbene Konzessionen, gewerbliche Schutzrechte und ähnliche Rechte und Werte sowie Lizenzen an solchen Rechten und Werten	0632	2. Rücklage für Anteile an einem herrschenden oder mehrheitlich beteiligten Unternehmen
		0633	3. satzungsmäßige Rücklagen
012	3. Geschäfts- oder Firmenwert	0634	4. andere Gewinnrücklagen
013	4. geleistete Anzahlungen	064	IV. Gewinnvortrag/Verlustvortrag
	II. Sachanlagen	065	V. Jahresüberschuss/Jahresfehlbetrag
021, 022, 023, 024	1. Grundstücke, grundstücksgleiche Rechte und Bauten einschließlich der Bauten auf fremden Grundstücken	071	***(Sonderposten mit Rücklageanteil (entfällt durch BilMoG) Wertberichtigungen (bei Kapitalgesellschaften als Passivposten der Bilanz nicht mehr zulässig))****
031	2. technische Anlagen und Maschinen		
032, 033, 034	3. andere Anlagen, Betriebs- und Geschäftsausstattung		**B. Rückstellungen**
035, 036	4. geleistete Anzahlungen und Anlagen im Bau	0721	1. Rückstellungen für Pensionen und ähnliche Verpflichtungen
	III. Finanzanlagen	0722	2. Steuerrückstellungen
041	1. Anteile an verbundenen Unternehmen	0724	3. sonstige Rückstellungen
042	2. Ausleihungen an verbundene Unternehmen		
043	3. Beteiligungen		**C. Verbindlichkeiten**
044	4. Ausleihungen an Unternehmen, mit denen ein Beteiligungsverhältnis besteht	081	1. Anleihen, davon konvertibel
		082	2. Verbindlichkeiten gegenüber Kreditinstituten
045	5. Wertpapiere des Anlagevermögens	175	3. erhaltene Anzahlungen auf Bestellungen
046	6. sonstige Ausleihungen	171	4. Verbindlichkeiten aus Lieferungen und Leistungen
	B. Umlaufvermögen	176	5. Verbindlichkeiten aus der Annahme gezogener Wechsel und der Ausstellung eigener Wechsel
	I. Vorräte	083, 178	6. Verbindlichkeiten gegenüber verbundenen Unternehmen
ggf. 391–396	1. Roh-, Hilfs- und Betriebsstoffe	084, 179	7. Verbindlichkeiten gegenüber Unternehmen, mit denen ein Beteiligungsverhältnis besteht
ggf. aus Klasse 7	2. unfertige Erzeugnisse, unfertige Leistungen	085, 086, 193, 194,	8. sonstige Verbindlichkeiten
391–396	3. fertige Erzeugnisse und Waren		

ggf. 114	4. geleistete Anzahlungen		
	II. Forderungen und sonstige Vermögensgegenstände		
101, ggf. 153	1. Forderungen aus Lieferungen und Leistungen	181, 182, 191	– davon aus Steuern
108	2. Forderungen gegen verbundene Unternehmen	192	– davon im Rahmen der sozialen Sicherheit
109	3. Forderungen gegen Unternehmen, mit denen ein Beteiligungsverhältnis besteht		
111, 112, 113, 115, ggf. 114 u. 153	4. sonstige Vermögensgegenstände	093	**D. Rechnungsabgrenzungsposten**
			E. Passive latente Steuern
	III. Wertpapiere		
121	1. Anteile an verbundenen Unternehmen		
123	2. sonstige Wertpapiere		
151, 152 131, 132 159	IV. Kassenbestand, Schecks, Bundesbank- und Postgiroguthaben, Guthaben bei Kreditinstituten		
091, 092, 094	**C. Rechnungsabgrenzungsposten**		
	D. Aktive latente Steuern		
	E. Aktiver Unterschiedsbetrag aus der Vermögensverrechnung		

*) Diese Posten sind durch das Bilanzrechtsmodernisierungsgesetz entfallen und somit im Bilanzgliederungsschema gemäß § 266 Abs. 2 und 3 HGB n.F. nicht aufgeführt; ggf. sind noch Altbestände zu berücksichtigen.

Kontenzuordnung zur Bilanz nach § 266 Abs. 2 u. 3 HGB entsprechend dem Kontenrahmen für den Groß- und Außenhandel

Konten	GuV (Gesamtkostenverfahren)
80, 81, 82, 83, 84, 85, 86, 871	1. Umsatzerlöse
38	2. Erhöhung oder Verminderung des Bestands an fertigen und unfertigen Erzeugnissen
	3. andere aktivierte Eigenleistungen
242, 243, 265, 271, 272, 273, 274, 275, 276, 277, 278, 279, 872	4. sonstige betriebliche Erträge
	5. Materialaufwand
30, 31, 32, 33, 34, 35, 36, 37, ggf. 203	a) Aufwendungen für Roh-, Hilfs- und Betriebsstoffe und für bezogene Waren
ggf. Teile von 371 bis 374	b) Aufwendungen für bezogene Leistungen
	6. Personalaufwand
401, 402, 403, 407, ggf. 203	a) Löhne und Gehälter
404, 405, 406	b) soziale Abgaben und Aufwendungen für Altersversorgung und für Unterstützung, – davon für Altersversorgung
	7. Abschreibungen
491, 492	a) auf immaterielle Vermögensgegenstände des Anlagevermögens und Sachanlagen
232	b) auf Vermögensgegenstände des Umlaufvermögens, soweit diese die in der Kapitalgesellschaft üblichen Abschreibungen überschreiten
202, 203, 204, 205, 207, 208, 215, 231, 233, 234, 411, 412, 413, 414, 426, 427, 428, 431, 432, 433, 434, 441, 442, 443, 444, 445, 446, 451, 452, 461, 462, 463, 471, 472, 473, 481, 482, 483, 484, 485, 486	8. sonstige betriebliche Aufwendungen
251	9. Erträge aus Beteiligungen – davon aus verbundenen Unternehmen
252, 253	10. Erträge aus anderen Wertpapieren und Ausleihungen des Finanzanlagevermögens – davon aus verbundenen Unternehmen
261, 262, 263, 264	11. sonstige Zinsen und ähnliche Erträge – davon aus verbundenen Unternehmen
493, 494	12. Abschreibungen auf Finanzanlagen und auf Wertpapiere des Umlaufvermögens
211, 212, 213, 214	13. Zinsen und ähnliche Aufwendungen – davon an verbundene Unternehmen
Saldo	14. Ergebnis der gewöhnlichen Geschäftstätigkeit
241	15. außerordentliche Erträge
201	16. außerordentliche Aufwendungen
Saldo	17. außerordentliches Ergebnis
221, 222, 223, ggf. 225, 226, 421,ggf. 276	18. Steuern vom Einkommen und vom Ertrag
224, ggf. 225, 422, 423, 424	19. sonstige Steuern
Saldo	20. Jahresüberschuss/Jahresfehlbetrag

Kontenzuordnung zur Gewinn- und Verlustrechnung nach dem Gesamtkostenverfahren (§275 Abs. 2 HGB) entsprechend dem Kontenrahmen für den Groß- und Außenhandel

Konten-klasse	Kontengruppen *EKR*
0	**Immaterielle Vermögensgegenstände und Sachanlagen** (Konzessionen, gewerbliche Schutzrechte und Lizenzen, Grundstücke und Bauten, andere Anlagen, Betriebs- und Geschäftsausstattung)
1	**Finanzanlagen** (Beteiligungen, Wertpapiere des Anlagevermögens, sonstige Finanzanlagen)
2	**Umlaufvermögen und aktive Rechnungsabgrenzung** (Waren/Bestände, Betriebsstoffe (Bestände), sonstiges Material, geleistete Anzahlungen auf Vorräte, Forderungen aus Lieferungen und Leistungen, sonstige Vermögensgegenstände, Wertpapiere des Umlaufvermögens, flüssige Mittel, aktive Rechnungsabgrenzung)
3	**Eigenkapital und Rückstellungen** (Kapitalkonten, Kapitalrücklage, Gewinnrücklage, Ergebnisverwendung, Jahresüberschuss/-fehlbetrag, Rückstellungen für Pensionen und ähnliche Verpflichtungen)
4	**Verbindlichkeiten und passive Rechnungsabgrenzung** (Anleihen, Verbindlichkeiten gegenüber Kreditinstituten, erhaltene Anzahlungen auf Bestellungen, Verbindlichkeiten aus Lieferungen und Leistungen, Wechselverbindlichkeiten, sonstige Verbindlichkeiten, passive Rechnungsabgrenzung)
5	**Erträge** (Umsatzerlöse, sonstige Umsatzerlöse, sonstige betriebliche Erträge, Erträge aus Beteiligungen, Erträge aus Wertpapieren und Ausleihungen, sonstige Zinsen und ähnliche Erträge, außerordentliche Erträge)
6	**Betriebliche Aufwendungen** (Aufwendungen für Waren, Aufwendungen für Material und für bezogene Leistungen, Löhne, Gehälter, soziale Abgaben und Aufwendungen für Altersversorgung und für Unterstützung, Abschreibungen, sonstige Personalaufwendungen, Aufwendungen für die Inanspruchnahme von Rechten und Diensten, Aufwendungen für Kommunikation, Aufwendungen für Beiträge und Wertkorrekturen)
7	**Weitere Aufwendungen** (Betriebliche Steuern, Abschreibungen auf Finanzanlagen und auf Wertpapiere des Umlaufvermögens, Zinsen und ähnliche Aufwendungen, außerordentliche Aufwendungen, Steuern vom Einkommen und Ertrag)
8	**Ergebnisrechnung** (Eröffnungsbilanz, Schlussbilanz, Gewinn- und Verlustrechnung)
9	**Kosten- und Leistungsrechnung (frei)**

Der **Einzelhandelskontenrahmen** entspricht damit von seinem Aufbau her weitgehend dem nachfolgend in Abschnitt 15.6.3.3 dargestellten Industriekontenrahmen. Die insgesamt geringere praktische Bedeutung des Einzelhandelskontenrahmens ergibt sich aus der häufig nur zu einer vereinfachten (Mindest-) Buchführung verpflichtenden Betriebsgröße im Einzelhandel. Des Weiteren wurden mit Inkrafttreten des Bilanzrechtsmodernisierungsgesetzes Einzelkaufleute, die bestimmte Größenkriterien gemäß § 241a HGB nicht überschreiten, von der Buchführungspflicht befreit (vgl. Teil A, Abschn. 1.2, S. 17).

15.6.3.3 Der Industrie-Kontenrahmen (IKR)

Durch den im Jahr 1971 erstmals veröffentlichten und im Jahr 1986 an das Bilanzrichtlinien-Gesetz angepassten **Industrie-Kontenrahmen** (**IKR**; s. Anhang A.4, S. 1316 ff.) erfuhr die Kontenrahmendiskussion neue Impulse (*BDI*, Industrie-Kontenrahmen 1986).

Der Industrie-Kontenrahmen sollte der Weiterentwicklung des Rechnungswesens durch Praxis und Wissenschaft Rechnung tragen, **allen** Industrieunternehmen eine Anregung zur Aufstellung unternehmensindividueller Kontenpläne geben, zu einer weiteren **Präzisierung** bei gleichzeitiger **Vereinfachung** des Rechnungswesens beitragen und darüber hinaus der **Harmonisierung** des Rechnungswesens auf internationaler Ebene dienen. Die beabsichtigte **Vereinfachung** wird durch Einschränkung des einheitlichen Gestaltungsbereichs des Kontenrahmens erzielt, d. h. durch Beschränkung auf den kleinsten gemeinsamen Nenner, nämlich die Finanzbuchführung; damit erweitert sich der mögliche Geltungsbereich des Kontenrahmens. Die angestrebte **Präzisierung** wird durch eine strenge Trennung von Geschäfts- und Betriebsbuchführung und durch die Klassifizierung der Konten nach dem **Prinzip der Abschlussgliederung** erreicht. Der Aufbau der Kontenklassen im Industrie-Kontenrahmen orientiert sich deshalb an den nach dem Handelsgesetzbuch von Kapitalgesellschaften auszuweisenden Positionen der Bilanz (§ 266 HGB) und der Gewinn- und Verlustrechnung (§ 275 HGB). Für jede Position der Bilanz und der Gewinn- und Verlustrechnung wurde unter Verwendung der Terminologie der §§ 266, 275 HGB eine korrespondierende Kontengruppe geschaffen. Dem Industrie-Kontenrahmen liegt somit die folgende **Kontenklassengliederung** zu Grunde:

Bilanzklassen

Aktive Bestandskonten Vgl. § 266 Abs. 2 Buchstaben A–C HGB nach BilMoG zu ergänzen um Buchstaben D (Aktive latente Steuern) und E (Aktiver Unterschiedsbetrag aus der Vermögensverrechnung)	**Klasse 0:** **Klasse 1:** **Klasse 2:**	Immaterielle Vermögensgegenstände und Sachanlagen Finanzanlagen Umlaufvermögen und aktive Rechnungsabgrenzungsposten
Passive Bestandskonten Vgl. § 266 Abs. 3 Buchstaben A–D HGB nach BilMoG zu ergänzen um Buchstabe E (Passive latente Steuern)	**Klasse 3:** **Klasse 4:**	Eigenkapital und Rückstellungen Verbindlichkeiten und passive Rechnungsabgrenzungsposten

Erfolgsklassen

Vgl. für Gesamtkostenverfahren § 275 Abs. 2 Nr. 1–4, 9–11, 15 HGB; für Umsatzkostenverfahren § 275 Abs. 3 Nr. 1, 6, 8–10, 14 HGB	**Klasse 5:**	Erträge

Vgl. nur für Gesamtkostenverfahren § 275 Abs. 2 Nr. 5–8 HGB	**Klasse 6:** Betriebliche Aufwendungen
Vgl. für Gesamtkostenverfahren § 275 Abs. 2 Nr. 8, 12–13, 16, 18, 19 HGB; für Umsatzkostenverfahren § 275 Abs. 3 Nr. 11, 12, 15, 17, 18 HGB	**Klasse 7:** Weitere Aufwendungen
Abschlussklasse	
Vgl. für Gesamtkostenverfahren § 275 Abs. 2 Nr. 20 HGB; für Umsatzkostenverfahren § 275 Abs. 3 Nr. 2, 4–5, 7, 19 HGB	**Klasse 8:** Ergebnisrechnung
Kosten- und Leistungsrechnungsklasse	**Klasse 9:** Kosten- und Leistungsrechnung

Im Industrie-Kontenrahmen sind die Kontenklassen 0 bis 8 ausschließlich für die Durchführung der Geschäftsbuchführung belegt, die selbstständig abgeschlossen wird und damit einen in sich geschlossenen **ersten Rechnungskreis** bildet. Der Geschäftsbuchführung ist damit für die Erfüllung der **externen** Aufgaben der **Rechnungslegung** und Dokumentation kontenmäßig ein breiter Raum zugewiesen worden.

Die **Kosten- und Leistungsrechnung** wird unabhängig von der Geschäftsbuchführung in einem **zweiten Rechnungskreis** abgewickelt. Hierfür hat der Industrie-Kontenrahmen die Kontenklasse 9 freigehalten, jedoch keine detaillierten Hinweise auf die Ausgestaltung dieser Klasse gegeben. Dies erfolgte im Hinblick darauf, dass die Betriebsbuchführung nur noch in wenigen Fällen über Konten abgewickelt wird, sondern sich in starkem Maße der EDV-orientierten, tabellarischen Darstellungsweise bedient, die ohne Konten auskommt. Vor allem aber lässt der Industrie-Kontenrahmen dem einzelnen Betrieb bei der Organisation der Kosten- und Leistungsrechnung genug Spielraum, um eine optimale, betriebsbezogene Ausgestaltung zur Bewältigung der **internen** Rechnungslegungsaufgaben zu ermöglichen.

15.6.3.4 Die DATEV-Kontenrahmen

Die DATEV (Datenverarbeitungsorganisation des steuerberatenden Berufes in der Bundesrepublik Deutschland) ist ein genossenschaftlich organisiertes Softwarehaus und IT-Dienstleistungsunternehmen, das seine Produkte grundsätzlich ausschließlich seinen Mitgliedern – dem steuerberatenden Berufsstand – anbietet. Seit 2005 ist allerdings auch ein mitgliedsgebundenes Mandantengeschäft möglich, bei dem die Mitglieder bestimmen, ob und inwieweit die DATEV mit ihren jeweiligen Mandanten geschäftliche Kontakte hat. Die von der DATEV herausgegebenen Kontenrahmen sind auf die spezifischen Bedürfnisse der **EDV-orientierten Buchhaltung** zugeschnitten und finden bei denjenigen Kaufleuten Anwendung, die mit den Finanzbuchführungsprogrammen des DATEV-Systems oder anderen DATEV-kompatiblen Buchhaltungsprogrammen arbeiten. Ursprünglich waren dies fast ausschließlich Kaufleute, die ihre Buchhaltung bei ihrem Steuerberater auf Basis des DATEV-Finanzbuchführungsprogramms

FIBU mittels einer elektronischen Datenverarbeitungsanlage über die DATEV verarbeiten ließen (vgl. *Korth*, Kontierungs-Handbuch S. 33 f.). Es handelt sich hierbei um eine Kombination der Anwendung vor Ort (Im-Haus-Verarbeitung) und der Verarbeitung der Daten durch das Programm im Rechenzentrum der DATEV (Außer-Haus-Verarbeitung, vgl. dazu Teil A, Abschn. 15.5.5.3.2, S. 690 ff.). Zur Kommunikation mit dem Rechenzentrum nutzt das Mitglied dabei das unternehmenseigene Datennetz. Beim Anwender stehen Terminals mit Erfassungsprogrammen und mit Programmen zum Druck der über die Telefonverbindung mit dem Rechenzentrum zurückübertragenen Auswertungen. Für besonders eilige Arbeiten, wie beispielsweise die Jahresabschlusserstellung, gibt es Dialogprogramme und Programmpakete, mit deren Hilfe Bilanz sowie Gewinn- und Verlustrechnung auf der Basis der gespeicherten Buchführungsdaten direkt beim Anwender erstellt werden können. Der Vorteil der Anwendung eines im Rechenzentrum gespeicherten Spezialkontenrahmens liegt darin, dass die im Spezialkontenrahmen enthaltenen Konten nicht erst eingerichtet werden müssen. Außerdem gibt es für die Spezialkontenrahmen **Standardlösungen** für die betriebswirtschaftliche Auswertung und den Abschluss. Allerdings ist in den letzten Jahren ein Trend zur verminderten Nutzung der rechenzentrumsbasierten Leistungen zu verzeichnen. So hat die DATEV dem Wunsch, die Buchhaltung komplett am eigenen PC vorzunehmen, nachgeben müssen und das Programm „Rechnungswesen compact" für Windows eingeführt. Damit kann die laufende Buchführung direkt im Betrieb fertig gestellt werden, so dass der Steuerberater die gesamten Buchhaltungsdaten lediglich zum Jahresabschluss erhält. Es ist von DATEV somit eine Umstellung in Richtung auf die Im-Haus-Verarbeitung vorgenommen worden. Dennoch kann es vorteilhaft sein, Daten an den Steuerberater und das DATEV-Rechenzentrum zurückzugeben. Beispielsweise übermittelt das DATEV-Rechenzentrum elektronisch USt-Voranmeldungen und nimmt eine Sicherung der Daten über zehn Jahre im DATEV-Archiv vor (vgl. *Goldstein*, DATEV-Buchführung, S. 116 und 162 f.).

Die DATEV-Kontenrahmen sind so aufgebaut, dass sie bei fast allen Unternehmen zum Einsatz gelangen können. Die das Bilanzrichtlinien-Gesetz berücksichtigenden Kontenrahmen sind insbesondere die Spezialkontenrahmen SKR 03 und SKR 04. Mit dem Inkrafttreten des Bilanzrechtsmodernisierungsgesetzes haben sich für beide Kontenrahmen erhebliche Anpassungen ergeben; gleichwohl sind noch Positionen nach alter Rechtslage vor dem Bilanzrechtsmodernisierungsgesetz vorgesehen. Bei beiden Kontenrahmen sind die Konten nahezu identisch. Der Unterschied liegt insbesondere in der Gliederung der Konten. Der **SKR 03** ist nach dem **Prozessgliederungsprinzip** aufgebaut, der SKR 04 folgt dem **Abschlussgliederungsprinzip**. Der SKR 03 (s. Anhang A.5, S. 1322 ff.) ist historisch gewachsen und wurde unter Beibehaltung der bisherigen Kontengruppen den Vorschriften des HGB angepasst. Er wird von der Mehrheit der DATEV-Anwender benutzt und sieht folgende Reihenfolge der Kontenklassen vor:

Konten-klasse	Kontengruppen *DATEV SKR 03 (2010)*
0	**Anlage- und Kapitalkonten** (Aufwendungen für die Ingangsetzung und Erweiterung, Anlagevermögen, Verbindlichkeiten, Eigenkapital, Sonderposten mit Rücklageanteil, Rückstellungen, Passive latente Steuern, Aktiva latente Steuern, Rechnungsabgrenzungsposten)
1	**Finanz- und Privatkonten** (Umlaufvermögen, Verbindlichkeiten aus Lieferungen und Leistungen, sonstige Verbindlichkeiten, Privatkonten)
2	**Abgrenzungskonten** (außerordentliche Aufwendungen/Erträge, betriebs- und periodenfremde Aufwendungen/Erträge, Zinsen und ähnliche Aufwendungen/Erträge, Steueraufwendungen, sonstige Aufwendungen/Erträge, Forderungsverluste, außerordentliche Aufwendungen/Erträge aus der Anwendung von Übergangsvorschriften i. S. d. BilMoG, Gewinn- und Verlustvortrag, verrechnete kalkulatorische Kosten)
3	**Wareneingangs- und Bestandskonten** (Materialaufwand, Fremdleistungen, Wareneingang, Bestand an Vorräten, verrechnete Stoffkosten)
4	**Betriebliche Aufwendungen** (Material- und Stoffverbrauch, Personalaufwendungen, sonstige betriebliche Aufwendungen und Abschreibungen, kalkulatorische Kosten, Kosten bei Anwendung des Umsatzkostenverfahrens)
5	**frei**
6	**frei**
7	**Bestände an Erzeugnissen** (unfertige Erzeugnisse und Leistungen, fertige Erzeugnisse und Waren)
8	**Erlöskonten** (Umsatzerlöse, Bestandsveränderungen, andere aktivierte Eigenleistungen)
9	**Vortrags-, Kapital- und statistische Konten** (**Vortragskonten**: Saldenvorträge, offene Posten und Summenvorträge; **statistische Konten:** betriebswirtschaftliche Auswertungen, Bilanzkennziffernteil, gezeichnetes Kapital in anderer Währung, passive Rechnungsabgrenzung, eigenkapitalersetzende Gesellschafterdarlehen, Haftungsverhältnisse, im Anhang anzugebende sonstige finanzielle Verpflichtungen, Kapitalkontenentwicklung, § 4 Abs. 3 EStG, Lösch- und Korrekturschlüssel, Gewinnzuschlag, § 4 Abs. 4a EStG, Kinderbetreuungskosten, Investitionsabzugsbetrag nach § 7g EStG, Zinsschranke, GuV-Ausweis in „Gutschrift bzw. Belastung auf Verbindlichkeitskonten", Gewinnkorrektur nach § 60 Abs. 2 EStDV, Personenkonten

Der Spezialkontenrahmen **SKR 04** (Anhang A.6, S. 1345 ff.) ist nach dem **Abschlussgliederungsprinzip** unter besonderer Berücksichtigung des HGB gegliedert. Er ist an den Industriekontenrahmen angelehnt, unterscheidet sich von diesem jedoch bei der Kontenzuordnung beim Anlagevermögen, bei den Aufwendungen und Erträgen sowie bei der Ergebnisrechnung. Der SKR 04 weist dabei folgende Grundstruktur auf:

Kontenklasse	Kontengruppen *DATEV SKR 04 (2010)*
0	**Anlagevermögenskonten** (ausstehende Einlagen auf gezeichnetes Kapital, Aufwendungen für Ingangsetzung und Erweiterung des Geschäftsbetriebs, Anlagevermögen)
1	**Umlaufvermögenskonten** (Umlaufvermögen, aktive Rechnungsabgrenzungsposten)
2	**Eigenkapitalkonten** (Kapital- und Privatkonten, gezeichnetes Kapital, Kapital- und Gewinnrücklagen, Gewinn-/Verlustvortrag, Sonderposten mit Rücklageanteil)
3	**Fremdkapitalkonten** (Rückstellungen, Verbindlichkeiten, passive Rechnungsabgrenzungsposten)
4	**Betriebliche Erträge** (Umsatzerlöse, Erhöhung/Verminderung des Bestands an fertigen und unfertigen Erzeugnissen, andere aktivierte Eigenleistungen, sonstige betriebliche Erträge)
5	**Betriebliche Aufwendungen** (Material- und Stoffverbrauch, Materialaufwand, Aufwendungen für bezogene Leistungen, Umsätze, für die als Leistungsempfänger die Schuld nach § 13b Abs. 2 UStG geschuldet wird)
6	**Betriebliche Aufwendungen** (Personalaufwand, Abschreibungen, sonstige betriebliche Aufwendungen, kalkulatorische Kosten, Kosten bei Anwendung des Umsatzkostenverfahrens)
7	**Weitere Erträge und Aufwendungen** (Erträge aus Beteiligungen/anderen Wertpapieren und Ausleihungen des Finanzanlagevermögens/Verlustübernahme, sonstige Zinserträge/-aufwendungen und ähnliche Erträge/Aufwendungen, Abschreibungen auf Finanzanlagen und Wertpapiere des Umlaufvermögens, Aufwendungen aus Verlustübernahme, außerordentliche Erträge/Aufwendungen, Steuern, Gewinn-/Verlustvortrag, Entnahmen und Einstellungen in Rücklagen, Vorträge auf neue Rechnung (GuV))
8	**frei**
9	**Vortrags-, Kapital- und statistische Konten** **(Vortragskonten:** Saldenvorträge, offene Posten und Summenvorträge; **statistische Konten:** betriebswirtschaftliche Auswertungen (BWA), Bilanzkennziffern, gezeichnetes Kapital in anderen Währungen, passive Rechnungsbegrenzung, eigenkapitalersetzende Gesellschafterdarlehen, Aufgliederung der Rückstellungen, Haftungsverhältnisse, sonstige finanzielle Verpflichtungen, § 4 Abs. 3 EStG, Kapitalkontenentwicklung, Gewinnzuschlag, § 4 Abs. 4a EStG, Kinderbetreuungskosten, Investitionsabzugsbetrag nach § 7g EStG, Zinsschranke, GuV-Ausweis in „Gutschrift bzw. Belastung auf Verbindlichkeitskonten", Gewinnkorrektur nach § 60 Abs. 2 EStDV; Lösch- und Korrekturschlüssel, Personenkonten

Die DATEV-Kontenrahmen sind nach dem dekadischen System aufgebaut. Die Konten des SKR 03 bzw. SKR 04 haben jeweils vierstellige Kontonummern, die nicht nur der systematischen Ordnung der Konten dienen, sondern im Rahmen der EDV-Buchführung auch zur Steuerung von Rechen- und Buchungsvorgängen notwendig sind. Darüber hinaus werden bestimmten Konten zusätzliche Ziffern hinzugefügt, die diesen eine bestimmte Funktion zuordnen und spezifische Programmabläufe auslösen. So besteht z. B. die Möglichkeit, die Werte für die Umsatzsteuer-Voranmeldung vom Programm ermitteln zu lassen, sofern über die Kontenziffern gekennzeichnet wird, auf welchen Konten die Vorsteuer gebucht wird (vgl. *Rudolph,* Buchführungssystem, S. 32 ff.).

Ergänzende Literatur zu: 15 Organisation der Buchführung

Arbeitsgemeinschaft für wirtschaftliche Verwaltung e. V. (AWV), Grundsätze ordnungsmäßiger DV-gestützter Buchführungssysteme (GoBS), S. 50–56

Bähr/Fischer-Winkelmann, Buchführung, S. 171–187

BDI, Industrie-Kontenrahmen 1986, S. 5–79

BGA, Kontenrahmen für den Groß- und Außenhandel, S. 5–37

Bornhofen/Bornhofen, Buchführung 1: DATEV-Kontenrahmen 2010

Coenenberg/Haller/Mattner/Schultze, Rechnungswesen, S. 119–126

Eisele, Zielvorstellungen, S. 617–642

Falterbaum/Bolk/Reiß/Kirchner, Buchführung, S. 279–309

Korth, Industriekontenrahmen, S. 37–347

Langenbeck/Wolf, Buchführung, S. 129–168

Matthes, Kontenrahmen, Sp. 1123–1133

Peter/von Bornhaupt/Körner, Ordnungsmäßigkeit, S. 39–52, 56–58; 271–284

Schuppenhauer, Datenverarbeitung, S. 8–428

Wörner, Handels- und Steuerbilanz, S. 34–37

16 Organisatorische Verbindung von Geschäfts- und Betriebsbuchführung

Die beiden unterschiedlichen Bereiche des laufenden betrieblichen Rechnungswesens, die Finanz- oder Geschäftsbuchführung einerseits und die Betriebsbuchführung (Kosten- und Leistungsrechnung) andererseits, erfordern eine bestimmte organisatorische Gestaltung, die den formalen Zusammenhang beider Bereiche regelt. Bereits die Kontenrahmendarstellung ließ deutlich werden, dass die praktische Bewältigung der betrieblichen Abrechnung in zwei Grundformen durchgeführt werden kann: Einmal können Geschäfts- und Betriebsbuchführung innerhalb eines einheitlichen Rechensystems **(Einkreissystem)** abgewickelt werden; andererseits kann die organisatorische Aufspaltung des betrieblichen Rechnungswesens auch in der Weise erfolgen, dass Geschäfts- und Betriebsbuchführung getrennt voneinander in jeweils selbständigen Rechenkreisen durchgeführt werden **(Zweikreissystem)**. Unabhängig von der jeweiligen organisatorischen Handhabung ermöglichen heute moderne datenbankgestützte Buchführungssysteme eine zunehmend simultane und integrierte Betrachtung und Abwicklung von Finanz- und Geschäftsbuchführung, wie sie beispielsweise von der Siemens AG bereits Anfang der neunziger Jahre eingeführt wurde (vgl. hierzu Teil B, Abschn. 9.3, S. 1004 ff.).

16.1 Einkreissysteme

Nach dem Einkreissystem aufgebaute Buchführungen zeichnen sich dadurch aus, dass sie die Geschäfts- und Betriebsbuchführung in **einem** formal geschlossenen Abrechnungskreis durchführen und ein einheitliches, **integriertes** Kontensystem verwenden. Die Abrechnung erfolgt von Kontenklasse zu Kontenklasse fortschreitend; an die Geschäftsbuchführung schließt sich nahtlos die Betriebsbuchführung an. Der Erfolg einer Periode steht erst dann fest, wenn aus den Kosten der abgesetzten Produkte und den Umsatzerlösen (Umsatzkostenverfahren) oder aus den Kosten der Kostenträger und den Umsatzerlösen unter Berücksichtigung der Bestandsänderungen bei Halb- und Fertigfabrikaten (Gesamtkostenverfahren) das kalkulatorische Ergebnis (Betriebsergebnis) und als Differenz von neutralen Aufwendungen und neutralen Erträgen das neutrale Ergebnis ermittelt wurde. Für die kurzfristige Erfolgsrechnung bedeutet dies, dass zur Ermittlung des internen Ergebnisses der Abschluss der **gesamten** Buchführung notwendig ist. Im geschlossenen Abrechnungskreis werden sämtliche innerbetrieblichen und außerbetrieblichen Vorgänge zusammen abgerechnet. Einkreissysteme sind wegen ihrer **Komplexität** mit einer gewissen Schwerfälligkeit und Starrheit behaftet. Geschäftsbuchführung und Betriebsbuchführung bilden ein Ganzes; sie können nicht getrennt und unabhängig voneinander abgeschlossen werden. Trotz des Vorteils, dass beim Einkreissystem keine besondere Abstimmung mehr zwischen den Zahlen der Geschäftsbuchführung und der Betriebsbuchführung vorgenommen werden muss – der Buchungszusammenhang wird nicht unterbrochen –, findet dieses Verfahren in der Praxis nur in kleineren oder in durch das Fertigungsprogramm besonders begünstigten Betrieben (homogenes Produktionsprogramm) Anwendung.

Eine wesentlich weitere Verbreitung lässt sich für eine Modifikation des Einkreissystems in Form des **ergänzten Einkreissystems** feststellen. Hierbei wird dem Bedürfnis nach größerer Beweglichkeit und schnellerer Anpassungsfähigkeit an sich ändernde betriebliche Strukturen Rechnung getragen. Auch diese Form des Einkreissystems ist durch ein einheitliches Kontensystem für die gesamte Buchführung gekennzeichnet, das sowohl die Konten der Geschäftsbuchführung als auch die für die Durchführung der Kosten- und Leistungsrechnung erforderlichen Konten umfasst. Die Konten der Betriebsbuchführung haben aber nur den Charakter von Sammelkonten, d. h. sie haben die für die Betriebsbuchführung notwendigen Daten aus der Geschäftsbuchführung abzusondern und summarisch zu erfassen. Das Kernstück der Abrechnung ist die Geschäftsbuchführung. Mit Ausnahme der Sammelkonten sind alle Konten der Betriebsbuchführung aus dieser Hauptbuchführung ausgegliedert und als selbständiger Rechnungskreis als Nebenbuchführung an die Geschäftsbuchführung angehängt. Die Betriebsbuchführung wird in dem angehängten Abrechnungssystem unter Übernahme der Ausgangswerte für die innerbetriebliche Abrechnung aus den Sammelkonten meist in statistisch-tabellarischer Form (Betriebsabrechnungsbogen) durchgeführt; diese Form der Buchführungsorganisation wird auch **Einkreissystem mit ausgegliederter Kostenstellenrechnung** genannt. Die hier gewonnenen Ergebnisse der Betriebsbuchführung können wieder in die Hauptbuchführung (Geschäftsbuchführung) zurückgeführt werden; häufig wird aber auf eine solche kontenmäßige Verzahnung zwischen den beiden Buchführungsbereichen verzichtet. Faktisch bilden sich dann zwei Abrechnungsbereiche, die getrennt abgeschlossen werden können. Die Realisierung des betrieblichen Rechnungswesens im ergänzten Einkreissystem ist weniger arbeitsaufwendig und besitzt insofern gewisse Vorzüge, erfordert aber wegen der zweigleisigen Durchführung und wegen der Durchbrechung des Buchungszusammenhangs eine Reihe von Kontrollen und Abstimmungen zwischen beiden Rechnungskreisen.

16.2 Zweikreissysteme

Insbesondere der Wunsch nach einer stärker detaillierten und kurzfristig isoliert abschlussfähigen Betriebsbuchführung führte dazu, dass heute zumindest in größeren Unternehmungen die Zweikreissysteme überwiegen, was auch durch die Einführung des IKR begünstigt wurde.

Die Zweikreissysteme führen die abrechnungstechnische **Trennung** zwischen Geschäfts- und Betriebsbuchführung in konsequenter Weise durch. Jeder Buchführungsbereich besitzt einen eigenen Kontenplan und kann **unabhängig** vom anderen Bereich abgeschlossen werden. Entsprechend der Verbindung und gegenseitigen Abstimmung der beiden Abrechnungskreise werden **Übergangssysteme** und **Spiegelbildsysteme** unterschieden.

16.2.1 Das Zweikreissystem mit Übergangskonten

Das Übergangssystem verbindet Geschäftsbuchführung und Betriebsbuchführung dadurch, dass es die für die Betriebsbuchführung relevanten Daten aus der Geschäftsbuchführung mittels besonderer Konten, eben der Übergangskonten, rechnungstechnisch transferiert und dann später, nach Durchführung der innerbetrieblichen Abrechnung, wieder zurückführt. Auf diese Weise werden z. B. die in der Geschäftsbuchführung des IKR erfassten Kostenarten (Kontenklassen 6 und 7: Betriebliche und Weitere Aufwendungen) mit Hilfe der Übergangskonten in die Betriebsbuchführung (Kontenklasse 9) übertragen. Bei der Materialentnahme lautet die Buchung für den Bereich der **Geschäftsbuchführung:**

Betrieb(sbuchführung)	**an**	Aufwendungen für Roh-, Hilfs- und Betriebsstoffe bzw. Waren

Der Materialverbrauch wird in der **Betriebsbuchführung** durch den Buchungssatz:

Kostenstellen/Kostenträger	**an**	Geschäft(sbuchführung)

festgehalten.

Nach Durchführung der innerbetrieblichen Abrechnung in der Betriebsbuchführung, die im Normalfall in der statistisch-tabellarischen Form durchgeführt wird (die Kostenstellen- und Kostenträgerkonten haben nur den Charakter von Sammelkonten), werden die Ergebnisse des zweiten Abrechnungskreises in Form der ermittelten Herstellkosten sowie der Verwaltungs- und Vertriebsgemeinkosten in die Geschäftsbuchführung zurückgeführt. Dies geschieht in der **Betriebsbuchführung** dadurch, dass gebucht wird:

Geschäft(sbuchführung)	**an**	Kostenträger/Kostenstellen

In der **Geschäftsbuchführung** schlägt sich dieser Vorgang in der Buchung:

Verkaufskonto/Herstellkonto	**an**	Betrieb(sbuchführung)

nieder.

Über die **Übergangskonten** verrechnen die beiden Bereiche der Buchführung eines Betriebs miteinander wie zwei fremde Betriebe. Die Übergangskonten, von denen es in jedem Abrechnungskreis mindestens eines geben muss, haben den Charakter von **Kontokorrentkonten,** in denen die Forderungen und Schulden an den jeweils anderen Abrechnungskreis aufgezeichnet werden.

Die Tatsache, dass auf den Übergangskonten jeweils der gleiche Buchungsinhalt nur immer seitenverkehrt festgehalten ist, führt beim Abschluss der Gesamtbuchführung dazu, dass sich die Übergangskonten gegenseitig aufheben und sich im Systemzusammenhang somit eliminieren. Schematisch lässt sich die **Abrechnungstechnik im Übergangssystem** wie folgt darstellen.

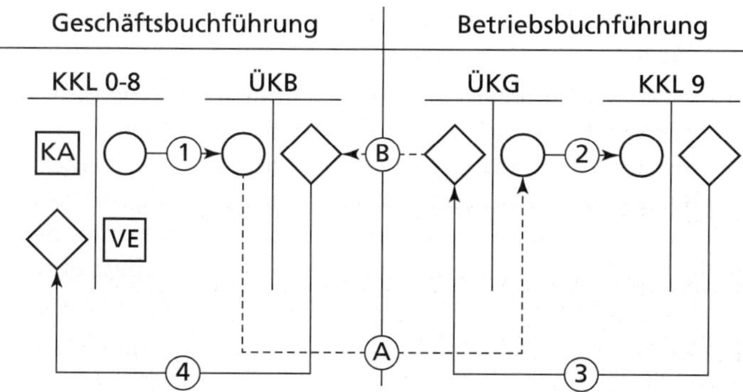

Legende:

KKL	Kontenklasse(n)	1	Materialentnahme
ÜKB	Übergangskonto Betrieb	2	Materialverbrauch
ÜKG	Übergangskonto Geschäft	3	Herstellkosten der Erzeugnisse, Verwaltungs- und Vertriebsgemeinkosten
KA	Kostenarten		
VE	Verkaufserlöse	4	Erfolgsfeststellung

A Übertrag der Aufwandsarten von der Geschäfts- in die Betriebsbuchführung (fiktive Lieferung des Geschäfts an den Betrieb)

B Rückführung der Herstellkosten, der Verwaltungs- und Vertriebsgemeinkosten von der Betriebs- in die Geschäftsbuchführung (fiktiver Verkauf der hergestellten Produkte vom Betrieb an das Geschäft)

Zusammenhang zwischen Geschäfts- und Betriebsbuchführung beim Übergangssystem

Die Skizze zeigt, dass die Übergangskonten die Verbindungskanäle darstellen, durch die die in den Wertumlauf eingehenden Vermögensteile aus der Geschäftsbuchführung fließen und über die sie nach Abschluss des Leistungserstellungsprozesses in Form der Herstellkosten sowie der Verwaltungs- und Vertriebsgemeinkosten wieder in die Geschäftsbuchführung zurückströmen. Die Einschaltung der Übergangskonten ermöglicht somit die kurzfristige Erfolgsermittlung ohne Abschluss des gesamten Buchführungssystems und bildet somit eine wesentliche Voraussetzung für eine zeitnahe, effiziente Planung und Steuerung des gesamten betrieblichen Geschehens.

16.2.2 Das Zweikreissystem mit Spiegelbildkonten

Beim Zweikreissystem mit Spiegelbildkonten, auch **Spiegelbildsystem** genannt, werden Geschäfts- und Betriebsbuchführung gänzlich voneinander isoliert durchgeführt. Ablauf und Abschluss der Geschäftsbuchführung erfolgen **vollkommen unabhängig** von der Betriebsbuchführung, lediglich eine zahlenmäßige Abstimmung verbindet beide Bereiche der Buchführung miteinander. Die Geschäftsbuchführung erfasst keine innerbetrieblichen Vorgänge; dies ist einzig und allein die Aufgabe der isoliert durchgeführten Betriebsbuchführung. Die Geschäftsbuchführung ermittelt aus der Gegenüberstellung der Gesamtaufwendungen und der Gesamterlöse unter Berücksichtigung der Bestandsänderungen bei Halb- und Fertigfabrikaten auf dem GuV-Konto den bilanziellen Gewinn bzw. Verlust.

Zur Ermittlung des **kalkulatorischen** Erfolgs übernimmt die Betriebsbuchführung als Ausgangsdaten Werte der Geschäftsbuchführung. Die Verbuchung der übernommenen Werte erfolgt in der Weise, dass ein Konto des Abrechnungskreises Betriebsbuchführung (z. B. Kostenstellen- oder Kostenträgerkonto) belastet und die Gegenbuchung auf einem besonderen Konto, dem „**Betrieblichen Abrechnungskonto**", durchgeführt wird. Dieses „Betriebliche Abrechnungskonto" ist ebenfalls ein Konto der Betriebsbuchführung und nimmt alle Gegenbuchungen auf, die den Bereich der Geschäftsbuchführung betreffen. Es sichert damit eine rechentechnisch vollständige Abwicklung der Buchführung entsprechend der Grundsätze der Doppik. Ein Materialverbrauch wird demnach wie folgt gebucht:

Kostenstellen/Kostenträger **an** Betriebliches Abrechnungskonto

Die Verkaufserlöse werden durch die Buchung:

Betriebliches Abrechnungskonto **an** Kostenstellen/Kostenträger

erfasst.

Alle Buchungen, die mit der **innerbetrieblichen Abrechnung** in Zusammenhang stehen, werden ausnahmslos in der Betriebsbuchführung vorgenommen. Betrifft ein Vorgang sowohl die Geschäfts- als auch die Betriebsbuchführung (z. B. Auszahlung von Fertigungslöhnen), so wird er in beiden Abrechnungskreisen jeweils gesondert erfasst und getrennt zum Abschluss gebracht.

Beim **Abschluss** beider Abrechnungskreise ergibt sich nach den Regeln der doppelten Buchführung, dass auf dem Betrieblichen Abrechnungskonto die Kosten und Leistungen jeweils auf der entgegengesetzten Kontenseite im Vergleich zur Gewinn- und Verlustrechnung (als Abschlusskonto der Geschäftsbuchführung) stehen. Dieser gegenläufige Ausweis hat diesem System der Abwicklung der Buchführung den Namen Spiegelbildsystem gegeben.

GuV-Konto	
neutraler Aufwand	neutraler Ertrag
betrieblicher Aufwand	betrieblicher Ertrag
Bestandsminderungen	Bestandsmehrungen
Gewinn	Verlust

Betriebliches Abrechnungskonto	
betrieblicher Ertrag	betrieblicher Aufwand
Endbestände	Anfangsbestände
kalkulatorischer Verlust	kalkulatorischer Gewinn

GuV-Konto und Betriebliches Abrechnungskonto im Spiegelbildsystem

Die strenge Trennung von Geschäfts- und Betriebsbuchführung im Spiegelbildsystem ist trotz des erhöhten Buchungsaufwands insbesondere bei räumlicher Trennung zwischen den Bereichen Verwaltung (Management) und Betrieb sowie bei dezentraler Durchführung von Geschäfts- und Betriebsbuchführung von Vorteil.

16.2.3 Statistische Abwicklung ohne Systemverknüpfung

Im Grundsatz halten die bisher vorgestellten Buchführungssysteme an der buchhalterischen, d. h. kontenmäßigen Abrechnung im System der Doppik fest. Bei zunehmendem Umfang des Buchungsstoffs und erhöhten Anforderungen an die Aussagefähigkeit des betrieblichen Rechnungswesens werden die Grenzen dieser Abrechnungstechnik jedoch bald erreicht. Die Möglichkeiten des Einsatzes von EDV-Anlagen zur Durchführung des betrieblichen Rechnungswesens, insbesondere im Bereich der Kosten- und Leistungsrechnung, machen es erforderlich, dass – unter Verzicht auf die formale Abstimmung zwischen Geschäftsbuchführung und Betriebsbuchführung – im Bereich der Betriebsbuchführung von der kontenmäßigen auf die **statistisch-tabellarische** Darstellungsform in größerem Umfang übergegangen wird. Diese Darstellungsform vermindert den Arbeitsanfall wesentlich, ermöglicht eine leichte und schnelle Anpassung des Rechnungswesens an geänderte fertigungstechnische Erfordernisse, erreicht eine klare Trennung zwischen den beiden Abrechnungskreisen und erlaubt die Abrechnung in einer Form (Matrizen), die dem rationellen Einsatz der elektronischen Datenverarbeitung im betrieblichen Ablauf besonders entgegenkommt.

Die Durchführung der tabellarischen Abgrenzungsrechnung kann zum Beispiel mit Hilfe folgender Ergebnistabelle (*Schmolke/Deitermann*, Rechnungswesen, S. 366 ff.) vorgenommen werden:

<table>
<tr><td colspan="2">Rechnungskreis I</td><td colspan="6">Rechnungskreis II</td></tr>
<tr><td colspan="2">Erfolgsbereich der Geschäftsbuchführung</td><td colspan="4">Abgrenzungsbereich</td><td colspan="2">Kosten- und Leistungsrechnungsbereich</td></tr>
<tr><td colspan="2">Aufwands- und Ertragsarten</td><td colspan="2">Unternehmensbezogene Abgrenzung</td><td colspan="2">Kostenrechnerische Korrekturen</td><td colspan="2">Kosten- und Leistungsarten</td></tr>
<tr><td rowspan="2">Aufwendungen</td><td rowspan="2">Erträge</td><td colspan="2">Neutrale</td><td rowspan="2">Betriebsbezogene Aufwendungen</td><td rowspan="2">Verrechnete Kosten (lt. KLR)</td><td rowspan="2">Kosten</td><td rowspan="2">Leistungen</td></tr>
<tr><td>Aufwendungen (lt. GBF)</td><td>Erträge (lt. GBF)</td></tr>
<tr><td></td><td></td><td></td><td></td><td></td><td></td><td></td><td></td></tr>
<tr><td colspan="2">Erfolgsrechnung</td><td colspan="4">Abgrenzungsrechnung</td><td colspan="2">Betriebsergebnisrechnung</td></tr>
<tr><td colspan="2" rowspan="2">Gesamtergebnis</td><td colspan="2">Ergebnis der unternehmensbezogenen Abgrenzungen</td><td colspan="2">Ergebnis aus kostenrechnerischen Korrekturen</td><td colspan="2" rowspan="2">Betriebsergebnis</td></tr>
<tr><td colspan="4">Abgrenzungsergebnis (neutrales Ergebnis)</td></tr>
<tr><td colspan="2">Gesamtergebnis im Rechnungskreis I</td><td colspan="6">Gesamtergebnis im Rechnungskreis II</td></tr>
</table>

GBF = Geschäftsbuchführung; KLR = Kosten- und Leistungsrechnung

Ergebnistabelle

Dabei werden im Rechnungskreis I die Aufwendungen und Erträge aus der Geschäftsbuchführung erfasst. Im Rechnungskreis II werden diese dann zunächst von den in der Betriebsbuchführung verrechneten Kosten und Leistungen abgegrenzt und damit das Abgrenzungsergebnis (neutrales Ergebnis) ermittelt. Im Anschluss daran erfolgt die Betriebsbuchführung mit der Ermittlung des Betriebsergebnisses. Im Gesamtergebnis müssen die Rechnungskreise I und II somit wieder übereinstimmen.

Der **Industrie-Kontenrahmen** hat sich der Entwicklung zur statistisch-tabellarischen Durchführung der Betriebsbuchführung dadurch angepasst, dass er für die meist noch in Kontenform durchgeführte Geschäftsbuchführung die Kontenklassen 0–8 reserviert, der Kosten- und Leistungsrechnung die Kontenklasse 9 zuweist und damit zum Ausdruck bringt, dass dieser Teil des betrieblichen Rechnungswesens nicht primär in der traditionellen Form, sondern und vor allem auch tabellarisch abgewickelt werden kann. Im Verlauf der weiteren Ausführungen wird aus didaktischen Gründen zunächst grundsätzlich an der kontenmäßigen Abwicklung des Rechnungswesens festgehalten, in vielen Fällen aber auch auf die statistisch-tabellarische Durchführung näher eingegangen.

Übungsbeispiel:

Abgrenzung von Geschäftsbuchführung und Betriebsbuchführung nach GKR und IKR (vgl. *Wörner*, Handels- und Steuerbilanz, S. 37 ff.):

Die Buchführung weist für eine Abrechnungsperiode die folgenden Daten aus:

Betrieblicher Aufwand und Ertrag:
Materialverbrauch 60.000, Personalkosten 50.000, Umsatzerlöse 170.000.

Neutraler Aufwand und Ertrag:
Gebäudereparatur 10.000, Bilanzabschreibung 5.000, Darlehenszinsen 3.000, verdorbene Ware 12.000, Mieterträge 2.000.

Kalkulatorische Kosten:
Kalk. Abschreibung 5.700, kalk. Zinsen 4.200, kalk. Wagnisse 4.000, kalk. Unternehmerlohn 9.600.

Zu ermitteln ist das Betriebs- und das Unternehmensergebnis

a) durch Verbuchung nach dem GKR (s. Anhang A.1, S. 1304 ff.),

b) durch Verbuchung nach dem IKR (s. Anhang A.4, S. 1316 ff.),

c) auf statistisch-tabellarische Weise mittels der Ergebnistabelle.

Lösung:

a) **Verbuchung nach dem GKR:**

Kontenklasse 2

S	210 Aufwendungen für Grundstücke und Gebäude		H
113	10.000	987	10.000

S	211 Erträge für Grundstücke und Gebäude		H
987	2.000	113	2.000

Kontenklasse 4

S	40 Stoffverbrauch		H
300	60.000	980	60.000

S	43 Personalkosten		H
113	50.000	980	50.000

S	230 Bilanzmäßige Abschreibungen		H
00	5.000	987	5.000

S	240 Zinsaufwendungen		H
113	3.000	987	3.000

S	250 Eingetretene Wagnisse		H
390	12.000	987	12.000

S	280 Verr. verbrauchsbedingte Abschreibung		H
987	5.700	480	5.700

S	281 Verr. betriebsbedingte Zinsen		H
987	4.200	481	4.200

S	282 Verr. betriebsbedingte Wagnisse		H
987	4.000	482	4.000

S	283 Verr. Unternehmerlohn		H
987	9.600	483	9.600

S	480 Verbrauchsbedingte Abschreibungen		H
280	5.700	980	5.700

S	481 Betriebsbedingte Zinsen		H
281	4.200	980	4.200

S	482 Betriebsbedingte Wagnisse		H
282	4.000	980	4.000

S	483 Unternehmerlohn		H
283	9.600	980	9.600

Kontenklasse 8/9

S	83 Erlöse für Erzeugnisse		H
980	170.000	113	170.000

Kontenklasse 9

S	987 Neutrales Ergebnis		H
210	10.000	211	2.000
230	5.000	280	5.700
240	3.000	281	4.200
250	12.000	282	4.000
		283	9.600
		989	4.500
	30.000		30.000

S	980 Betriebsergebnis		H
40	60.000	83	170.000
43	50.000		
480	5.700		
481	4.200		
482	4.000		
483	9.600		
989	36.500		
	170.000		170.000

A	989 GuV		E
987	4.500	980	36.500
999	32.000		
	36.500		36.500

Erläuterung der Buchungsschritte:

- Verbuchung der betrieblichen Aufwendungen und Erträge auf den Konten der Klassen 4/8 sowie der neutralen Vorgänge in Klasse 2.
- Verbuchung der kalkulatorischen Kosten durch den Buchungssatz: Klasse 4 an Klasse 2. Die kalkulatorischen Kosten führen somit in der Klasse 2 zu neutralen Erträgen.

- Dreistufiger Abschluss:
  1. Abschluss der Klassen 4 und 8 mit 980 **Betriebsergebnis.** Ermittlung des betrieblichen Gewinns von 36.500 und Abschluss auf 989 GuV-Konto.
  2. Abschluss der Klasse 2 auf 987 **Neutrales Ergebnis.** Ermittlung des neutralen Verlustes von 4.500 und Abschluss auf 989 GuV-Konto.
  3. Ermittlung des **Unternehmensgewinns** von 32.000 auf 989 GuV-Konto und Abschluss auf 999 Schlussbilanz-Konto.

b) Verbuchung nach dem IKR:

1. Kreis: Geschäftsbuchführung (GB)

Kontenklasse 6/7

S	60 Aufwendungen für Rohstoffe/Fertigungsmaterial		H
200	60.000	802	60.000

S	62 Fertigungslöhne		H
280	50.000	802	50.000

S	65 Abschreibungen		H
05	5.000	802	5.000

S	75 Zinsen und ähnliche Aufwendungen		H
280	3.000	802	3.000

S	710 Sonstige Aufwendungen		H
22	12.000	802	12.000

S	720 Fremdleistung		H
280	10.000	802	10.000

Kontenklasse 5

S	50 Umsatzerlöse		H
802	170.000	280	170.000

S	54 Sonstige betriebliche Erträge		H
802	2.000	280	2.000

Kontenklasse 8

A	802 GuV		E
600	60.000	50	170.000
620	50.000	54	2.000
65	5.000		
75	3.000		
710	12.000		
720	10.000		
801	32.000		
	172.000		172.000

Die Verbuchung sämtlicher Aufwendungen und Erträge ohne Rücksicht auf ihre Betriebsbedingtheit führt zu einem Unternehmenserfolg von 32.000.

2. Kreis: Betriebsbuchführung (BB) bzw. Kosten- und Leistungsrechnung (KLR)

Zunächst werden die betriebsfremden Aufwendungen und Erträge (hier: Haus- und Grundstücksaufwendungen (HGA) und -erträge (HGE), die von ihrem Wesen her niemals Kosten oder Leistungen darstellen, auf dem Konto **90 „Unternehmensbezogene Abgrenzungen"** festgehalten und finden keinen Eingang in die BB. Es wird ein einziges Mal auf dem Konto 90 gebucht (HGA im Soll, HGE im Haben).

S	90 Unternehmensbezogene Abgrenzungen verr. Aufw.	verr. Ertrag	H
	10.000		2.000
		99	8.000

Soweit Aufwand und Kosten in ihrer Höhe differieren (hier: Abschreibungen, Zinsen, Wagnisse und Unternehmerlohn), ist eine zusätzliche Buchung auf beiden Seiten des Kontos **91 „Kostenrechnerische Korrekturen"** vorzunehmen: Im

Soll werden die in der GB verbuchten Aufwandsgrößen, im Haben die in der BB verrechneten Kostengrößen festgehalten. Das Konto 91 erfasst also alle kalkulatorischen Kostenarten (Haben) und stellt ihnen den an ihrer Stelle in der GB angefallenen Aufwand gegenüber (Soll), wobei rechts und links gleichzeitig und in unterschiedlicher Höhe gebucht wird.

91 Kostenrechnerische Korrekturen

S	Aufw. lt. GB	Kosten lt. KLR	H
	5.000		5.700
	3.000		4.200
	12.000		4.000
99	3.500		9.600
	23.500		23.500

Dann werden in einem gegenüber dem Einkreissystem zusätzlichen Buchungsschritt sämtliche Kosten und Leistungen in die KLR eingebracht. Buchungssatz: 93 **an** 92 bzw. 92 **an** 98. Das Konto 93 führt die Kostenstellen, das Konto 98 die Umsatzerlöse, das Konto 92 sämtliche Gegenbuchungen, da wegen der strikten organisatorischen Trennung zwischen GB und BB keinerlei Buchungen von der GB in die BB oder umgekehrt stattfinden.

Die BB vollzieht sich auf den Konten 93–98. Das Konto 98 wird mit Konto 99 „Ergebnisausweise" (hier: Betriebsgewinn 36.500) abgeschlossen.

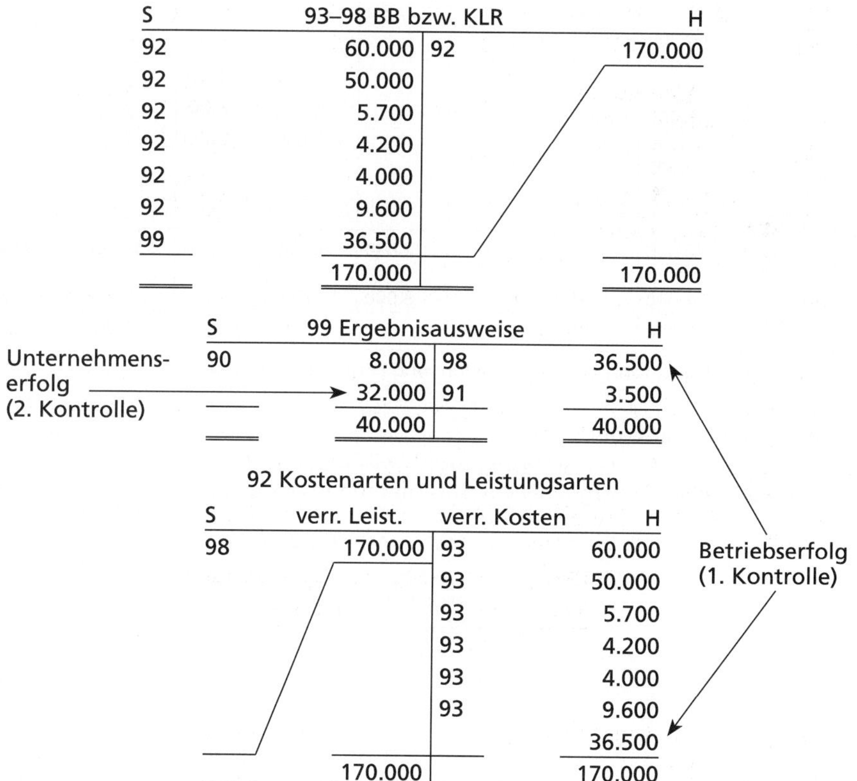

93–98 BB bzw. KLR

S			H
92	60.000	92	170.000
92	50.000		
92	5.700		
92	4.200		
92	4.000		
92	9.600		
99	36.500		
	170.000		170.000

99 Ergebnisausweise

S			H
90	8.000	98	36.500
	32.000	91	3.500
	40.000		40.000

92 Kostenarten und Leistungsarten

S	verr. Leist.	verr. Kosten	H
98	170.000	93	60.000
		93	50.000
		93	5.700
		93	4.200
		93	4.000
		93	9.600
			36.500
	170.000		170.000

Nunmehr lässt sich der gefundene Betriebserfolg durch **2 Kontrollen** auf seine Richtigkeit überprüfen:

1. Der **Betriebserfolg** muss sich auch auf Konto 92 errechnen, ohne dass das Konto 92 durch eine Gegenbuchung abgeschlossen wird.
2. Schließt man die Konten 90 und 91 auf Konto 99 ab, so muss auf dem Konto 99 der **Unternehmenserfolg** der GB als Saldo erscheinen (vgl. Konto 802), ohne dass das Konto 99 durch eine Gegenbuchung abgeschlossen wird.

c) **Ergebnistabelle:**

Rechnungskreis I			Rechnungskreis II					
Erfolgsbereich der Geschäftsbuchführung			Abgrenzungsbereich				Kosten- und Leistungsrechnungsbereich	
Aufwands- und Ertragsarten			Unternehmensbezogene Abgrenzung		Kostenrechnerische Korrekturen		Kosten- und Leistungsarten	
Konto	Aufwendungen	Erträge	Neutrale Aufwendungen (lt. GB)	Neutrale Erträge (lt. GB)	Betriebsbezogene Aufwendungen	Verrechnete Kosten (lt. KLR)	Kosten	Leistungen
50		170.000						170.000
54		2.000		2.000				
600	60.000						60.000	
620	50.000						50.000	
65	5.000				5.000	5.700	5.700	
75	3.000				3.000	4.200	4.200	
710	12.000				12.000	4.000	4.000	
720	10.000		10.000					
Kalk. U.lohn						9.600	9.600	
Σ	140.000	172.000	10.000	2.000	20.000	23.500	133.500	170.000
Ergebnis	32.000			8.000	3.500		36.500	
	172.000	172.000	10.000	10.000	23.500	23.500	170.000	170.000

GB = Geschäftsbuchführung; KLR = Kosten- und Leistungsrechnung

Abstimmung der Ergebnisse:

Rechnungskreis I:	Gesamtergebnis (Unternehmensergebnis)		32.000
Rechnungskreis II:	Ergebnis aus unternehmensbezogenen Abgrenzungen	– 8.000	
	+ Ergebnis aus Kostenrechnerischen Korrekturen	+ 3.500	
	Abgrenzungsergebnis (Neutraler Verlust)	– 4.500	
	+ Betriebsergebnis	+ 36.500	
	Gesamtergebnis	+ 32.000	= 32.000

Ergänzende Literatur zu: 16 Organisatorische Verbindung von Geschäfts- und Betriebsbuchführung

Huch, Kostenrechnung, S. 206–213

Kilger, Kostenrechnung, S. 452–477

Kosiol, Leistungsrechnung, S. 95–129

Schmolke/Deitermann, Rechnungswesen, S. 359–383

Wörner, Handels- und Steuerbilanz, S. 37–40

Anlage zu Teil A:

Übungsaufgabe 1: Buchung Kommissionsgeschäft

Der Großhändler und Einzelunternehmer A. Kaufmann führt gelegentlich für den Kommittenten Müller Warenverkäufe durch. Kurz vor Jahresende weisen die Konten folgende Summen aus:

		Soll	Haben
023	Bebaute Grundstücke	74.800	
021	Unbebaute Grundstücke	70.000	
034	Fuhrpark	45.000	
033	Betriebs- und Geschäftsausstattung	38.500	1.100
06	Eigenkapital		263.940
072	Rückstellungen	–	–
101	Forderungen	343.400	260.000
104	Forderungen Kommissionsware KW	4.290	4.290
141	Vorsteuer	40.160	39.030
12	Wertpapiere	9.900	
13	Bank	113.600	98.800
151	Kasse	64.000	58.500
16	Privat	5.500	
171	Verbindlichkeiten	263.300	373.000
177	Konto des Kommittenten	3.900	3.900
176	Schuldwechsel	–	–
19	Sonstige Verbindlichkeiten	3.200	6.800
181	Mehrwertsteuer	48.820	52.010
209	Sonstige betriebliche Aufwendungen	400	
21	Zinsaufwand	210	
4910	Abschr. auf Grundstücke und Gebäude	8.400	
036	Im Bau befindliche Anlagen	64.000	
282	Verrechnete kalkulatorische Raumkosten	–	–
27	Sonstige betriebliche Erträge		280
26	Zinserträge		230
2421	Haus- und Grundstückserträge		15.400
301	Wareneinkauf	326.000	1.500
302	Warenbezugskosten	7.920	
350	Kommissions-Wareneinkauf	3.000	3.000
808	Kundenskonto	2.200	
308	Lieferantenskonto		3.500
402	Gehälter	33.400	
404	Sozialer Aufwand	3.800	
411	Raumkosten (Miete)	450	

42	Steuern und Beiträge	8.400	
44	Werbekosten	2.150	
46	Transportkosten	9.200	
4731	Fuhrparkkosten	11.300	
48	Allgemeine Verwaltungskosten	6.300	
4912	Abschreibungen auf BGA	–	–
4913	Abschr. auf Fuhrpark	–	–
801	Warenverkauf		433.420
805	Rücksendungen und Gutschriften	3.400	
850	Kommissions-Warenverkauf	3.900	3.900
872	Provision		200
		1.622.800	1.622.800

Geschäftsvorfälle:

a) Laufende Vorgänge

1) Warenzielkauf 10.000 + USt.
2) Der Kommittent sendet Ware zum kommissionsweisen Verkauf, Rechnungsbetrag 8.000 + USt, die er zu 5.000 netto eingekauft hat.
3) Für diese Sendung werden brutto 110 Frachtkosten bar bezahlt.
4) Banküberweisung der Gehälter: brutto 8.000, Abzüge für Lohnsteuer 1.300; der Arbeitgeberanteil zur Sozial-(kranken-)versicherung 1.500 wird ausbezahlt, da sämtliche Angestellten freiwillige Ersatzkassenmitglieder sind.
5) Überweisung des Rechnungsbetrags von Fall 1 unter Abzug von 3 % Skonto.
6) Verkauf der 6 %igen festverzinslichen Wertpapiere (Zinstermine: März/Sept.) durch die Bank zu 98 % am 30. 11. + Stückzinsen 150 ./. Steuern auf die Stückzinsen 8; Verkaufskosten 60.
7) Verkauf der Kommissionsware für 6.600 + USt auf Ziel und für 3.000 + USt gegen Bankscheck.
8) Für Versandspesen werden 220 brutto bar bezahlt.
9) Gegen Rückgabe eines alten Lkw (Anschaffungswert 20.000, bisherige Abschreibungen 16.000), der mit 5.000 + USt angerechnet wird, wird ein neuer Lkw zum Anschaffungswert von 22.000 + USt beschafft. Der Kfz-Händler erhält für 12.000 Akzepte, den Rest durch Bankscheck. Der neue Lkw wird ebenso wie der alte ausschließlich betrieblich genutzt.
10) Ein Lieferant gewährt auf unsere Mängelrüge hin einen Nachlass von brutto 330.
11) Ein Kunde (KW) bezahlt seine Rechnung bar:

Rechnungsbetrag	1.100
./. 2 % Skonto	22.

12) Der Kommissionär überweist auf das Bankkonto des Kommittenten 4.000.
13) Aufgrund einer Mängelrüge werden einem Kunden bar 130 + USt durch den Kommissionär vergütet.
14) Für einen Lagerhallenumbau erhält der Architekt bar den Rest seiner Honorarforderung i. H. v. 3.200.

    Die Halle ist nunmehr fertig gestellt; Wert der bebauten Fläche 12.000.
15) Die restlichen Forderungen aus dem Kommissionsgeschäft gehen auf dem Bankkonto ein.
16) Der Kommissionär berechnet die Verkaufsprovision in Höhe von netto 380 und rechnet mit dem Kommittenten ab.

17) Zielkauf von Werbedrucksachen netto 230. Hiervon wurden Frachtspesen von brutto 22 bar bezahlt.

18) Warenverkauf auf Ziel 15.000 + USt.

b) Abschlussangaben

1) Abschreibung auf bebaute Grundstücke 3.700
auf Fuhrpark 20 % (hierfür ist ein spezielles Konto 4913 eingerichtet)
auf Betriebs- und Geschäftsausstattung 10 %.

2) Fuhrparkkosten in Höhe von 5.000 sowie Abschreibungen in gleicher Höhe entfallen auf Pkw, die zu 10 % privat genutzt werden und am 30. 6. 2000 angeschafft wurden (keine Vorsteuerkorrektur).

3) Der Mietwert der eigenen Geschäftsräume beträgt 7.200,
der Privatwohnung im Geschäftshaus 4.800.

4) Aufgrund der Gewinnerhöhung erwarten wir eine höhere Veranlagung zur Gewerbesteuer von 3.200.

5) Ermittlung der USt-Zahllast.

6) Warenendbestand 38.120.

Aufgaben:

1) Verbuchung der Geschäftsfälle auf Konten und Erstellung der Schlussbilanz.

2) Wie hat der Kommittent zu buchen?

Lösung: Buchungssätze

a) Laufende Vorgänge

1)	301	Wareneinkauf	10.000				
	141	Vorsteuer	1.000	an	171	Verbindlichkeiten	11.000
2)	350	Komm.-WE	8.000	an	177	Konto des Kommittenten	8.000
3)	850	Komm.-WV	100				
	141	Vorsteuer	10	an	151	Kasse	110
	177	Konto des Kommitt.	10	an	181	Mehrwertsteuer	10
4)	402	Gehälter	8.000	an	19	Sonstige Verbindl.	1.300
					13	Bank	6.700
	404	Soz. Aufwand	1.500	an	13	Bank	1.500
5)	171	Verbindlichkeiten	11.000	an	13	Bank	10.670
					308	Lieferantenskonto	300
					141	Vorsteuer	30
6)	13	Bank	9.784				
	16	Privat	8				
	209	Sonstige betriebliche Aufwendungen	258	an	12	Wertpapiere	9.900
					26	Zinserträge	150
7)	104	Forderungen KW	7.260				
	13	Bank	3.300	an	850	Komm.-WV	9.600
					181	Mehrwertsteuer	960
	141	Vorsteuer	960	an	177	Konto des Kommitt.	960
8)	850	Komm.-WV	200				
	141	Vorsteuer	20	an	151	Kasse	220
	177	Konto des Kommitt.	20	an	181	Mehrwertsteuer	20

Nr.	Konto	Soll	Betrag		Konto	Haben	Betrag
9)	034	Fuhrpark	22.000				
	141	Vorsteuer	2.200	an	034	Fuhrpark	4.000
					27	Sonstige betriebliche Erträge	1.000
					181	Mehrwertsteuer	500
					176	Schuldwechsel	12.000
					13	Bank	6.700
10)	171	Verbindlichkeiten	330	an	301	WE	300
					141	Vorsteuer	30
11)	151	Kasse	1.078				
	850	Komm.-WV	20				
	181	Mehrwertsteuer	2	an	104	Forderungen KW	1.100
	177	Konto des Kommitt.	2	an	141	Vorsteuer	2
12)	177	Konto des Kommitt.	4.000	an	13	Bank	4.000
13)	850	Komm.-WV	130				
	181	Mehrwertsteuer	13	an	151	Kasse	143
	177	Konto des Kommitt.	13	an	141	Vorsteuer	13
14)	19	Sonstige Verbindl.	3.200	an	151	Kasse	3.200
	023	Bebaute Grundstücke	76.000	an	021	Unbebaute Grundstücke	12.000
					036	Im Bau befindl. Anlagen	64.000
15)	13	Bank	6.160	an	104	Forderungen KW	6.160
16 a)	850	Komm.-WV	380	an	872	Provision	380
	177	Konto des Kommitt.	38	an	181	Mehrwertsteuer	38
b)	850	Komm.-WV	8.000	an	350	Komm.-WE	8.000
c)	850	Komm.-WV	770	an	177	Konto des Kommitt.	770
d)	177	Konto des Kommitt.	5.647	an	13	Bank	5.647
17)	44	Werbekosten	230				
	141	Vorsteuer	23	an	19	Sonstige Verbindl.	231
					151	Kasse	22
18)	101	Forderungen	16.500	an	801	WV	15.000
					181	Mehrwertsteuer	1.500

b) Abschlussangaben

Nr.	Konto	Soll	Betrag		Konto	Haben	Betrag
1)	4910	Abschr. auf Gr.-Stücke und Geb.	3.700	an	023	Bebaute Grundstücke	3.700
	4913	Abschr. auf Fuhrpark (von 63.000)	12.600	an	034	Fuhrpark	12.600
	4912	Abschreibungen auf BGA (von 37.400)	3.740	an	033	BGA	3.740
2)	16	Privat	1.000	an	4731	Fuhrparkkosten	500
					4913	Abschr. auf Fuhrpark	500
3)	411	Raumkosten (Miete)	7.200	an	282	Verr. kalk. Raumkosten	7.200
	16	Privat	4.800	an	2421	Haus- u. Grundstückserträge	4.800
4)	42	Steuern und Beiträge	3.200	an	072	Rückstellungen	3.200
5)	181	Mehrwertsteuer	5.268	an	141	Vorsteuer	5.268
	181	Mehrwertsteuer	935	an	19	Sonstige Verbindl.	935

6)	301 WE	7.920	an	302 Warenbezugskosten	7.920
	801 WV	3.400	an	805 Rücks. u. Gutschr.	3.400
	94 SBK	38.120	an	301 WE	38.120

Der Kommittent bucht:

2)	Konsignationswaren-Einkauf	5.000	an	Wareneinkauf	5.000
3)	Konsignationswaren-Verkauf	100			
	Vorsteuer	10	an	Konto des Kommissionärs	110
7)	Konto des Kommissionärs	10.560	an	Konsignationswaren-Verkauf	9.600
				Mehrwertsteuer	960
8)	Konsignationswaren-Verkauf	200			
	Vorsteuer	20	an	Konto des Kommissionärs	220
11)	Konsignationswaren-Verkauf	20			
	Mehrwertsteuer	2	an	Konto des Kommissionärs	22
12)	Bank	4.000	an	Konto des Kommissionärs	4.000
13)	Konsignationswaren-Verkauf	130			
	Mehrwertsteuer	13	an	Konto des Kommissionärs	143
16 a)	Konsignationswaren-Verkauf	380			
	Vorsteuer	38	an	Konto des Kommissionärs	418
b)	Konsignationswaren-Verkauf	5.000	an	Konsignationswaren-Einkauf	5.000
c)	Konsignationswaren-Verkauf	3.770	an	GuV	3.770
d)	Bank	5.647	an	Konto des Kommissionärs	5.647

Nach Verbuchung der Geschäftsvorfälle und der Angaben zum Abschluss zeigen die das Kommissionsgeschäft berührenden Konten bei Kommissionär und Kommittent sowie die GuV-Rechnung und Schlussbilanz des Großhändlers Kaufmann (Kommissionär) folgendes Bild:

Kommissionär

104 Forderungen Komm. Ware

	Soll		Haben
Σ	4.290	Σ	4.290
(7)	7.260		1.100 (11)
			6.160 (15)
	11.550		11.550

Kommittent

Konsignat.-Wareneinkauf

	Soll	Haben
(2)	5.000	5.000 (16 b)

177 Konto des Kommittenten

Σ	3.900	Σ	3.900
(3)	10	8.000	(2)
(8)	20	960	(7)
(11)	2	770	(16 c)
(12)	4.000		
(13)	13		
(16 a)	38		
(16 d)	5.647		
	13.630	13.630	

Konto des Kommissionärs

(7)	10.560	110	(3)
		220	(8)
		22	(11)
		4.000	(12)
		143	(13)
		418	(16 a)
		5.647	(16 d)
	10.560	10.560	

350 Komm.-Wareneinkauf

Σ	3.000	Σ	3.000
(2)	8.000	8.000	(16 b)
	11.000	11.000	

Konsignat.-Warenverkauf

(3)	100	9.600	(7)
(8)	200		
(11)	20		
(13)	130		
(16 a)	380		
(16 b)	5.000		
(16 c)	3.770		
	9.600	9.600	

850 Komm.-Warenverkauf

Σ	3.900	Σ	3.900
(3)	100	9.600	(7)
(8)	200		
(11)	20		
(13)	130		
(16 a)	380		
(16 b)	8.000		
(16 c)	770		
	13.500	13.500	

872 Provision

GuV	580	Σ	200
		380	(16 a)
	580	580	

Aufwand	93 Gewinn- und Verlustrechnung				Ertrag
209	Sonstige betriebliche Aufwendungen	658	282	Verr. kalk. Raumkosten	7.200
21	Zinsaufwand	210	27	Sonstige betriebliche Erträge	1.280
4910	Abschr. a. Gr.-Stücke und Geb.	12.100	26	Zinsertrag	380
			2421	HGE	20.200
301	Wareneinkauf	304.000	308	Lief.-Skonto	3.800
808	Kunden-Skonto	2.200	801	Wa.-Verkauf	445.020
402	Gehälter	41.400	872	Provision	580
404	Soz. Aufwand	5.300			
411	Raumk. (Miete)	7.650			
42	St. u. Beiträge	11.600			
44	Werbekosten	2.380			
46	Transp.kosten	9.200			
4731	Fuhrp.kosten	10.800			
48	AVK	6.300			
4912	Abschr. a. BGA	3.740			
4913	Abschr. auf Fuhrpark	12.100			
06	Eigenkapital	48.822			
		478.460			478.460

Soll	94 Schlussbilanzkonto				Haben
023	Beb. Gr.-Stücke	147.100	06	Eigenkapital	301.454
021	Unbeb. Gr.-St.	58.000	072	Rückstellungen	3.200
034	Fuhrpark	50.400	13	Bank	1.173
033	BGA	33.660	171	Verbindlichk.	109.370
30	Waren	38.120	176	Schuldwechsel	12.000
101	Forderungen	99.900	19	Sonst. Verbindl.	2.866
151	Kasse	2.883			
		430.063			430.063

Übungsaufgabe 2: Buchung Metageschäft

Der Großhändler Hofer übernimmt in Meta mit seinem Geschäftsfreund Kurz den Warenbestand aus einer Liquidationsmasse zur gemeinsamen Verwertung.

Metaführer ist Hofer. Er erhält dafür 10 % des Gewinns als Vorabentgelt. Der restliche Gewinn – ebenso ein etwaiger Verlust – wird im Verhältnis 1 : 1 verteilt.

Hofer hat am 1. 5. 09 ein Bankguthaben in Höhe von 27.600 und einen Barbestand von 3.200.

Geschäftsvorfälle:

1) Kurz überweist am 5. 5. auf das Bankkonto des Hofer 25.000.
2) Hofer kauft das Warenlager vom Liquidator gegen Bankscheck; brutto 66.000.
3) Für das Anfahren der Ware entstand Fuhrlohn 300 + 10 % USt. Hofer zahlt bar.

4) Hofer verkauft am 15. 5. Waren auf Ziel; netto 28.000.
5) Am 24. 5. verkauft Hofer Waren für netto 30.000 gegen Bankscheck unter Gewährung von 3 % Skonto.
6) Aus dem Verkauf (Geschäftsvorfall 4) mussten wegen Gütemängel Waren für netto 6.000 zurückgenommen werden. Der Kunde erhält am 30. 5. eine entsprechende Gutschriftsanzeige.
7) Kurz verkauft am 2. 6. Waren auf Ziel; netto 15.000.
8) Mit dem Metageschäft zusammenhängende Kosten fallen in bar an:
   bei Hofer brutto 1.980
   bei Kurz brutto 220.
9) Den Restbestand an Waren – netto 5.000 – nimmt Kurz auf sein eigenes Lager.
10) Ermittlung der Umsatzsteuer-Zahllast; sie wird durch Hofer an das Finanzamt abgeführt.
11) Hofer ermittelt den Metaerfolg und teilt ihn vereinbarungsgemäß auf. Der Zahlungsausgleich zwischen den beiden Partnern wird durch Banküberweisung ausgeführt (keine Zinsberechnung!).

Aufgabe:

Die Buchungssätze und die notwendigen Konten in der Buchhaltung des Metaführers sind ohne Angaben von Kontennummern darzustellen.

Lösung: Buchungssätze

1)	Bank	25.000	**an**	Metistenkonto	25.000
2)	Metawareneinkauf	60.000			
	Vorsteuer	6.000	**an**	Bank	66.000
3)	Metawareneinkauf	300			
	Vorsteuer	30	**an**	Kasse	330
4)	Forderungen	30.800	**an**	Metawarenverkauf	28.000
				Mehrwertsteuer	2.800
5)	Bank	32.010			
	Metaabrechnung	900			
	Mehrwertsteuer	90	**an**	Metawarenverkauf	30.000
				Mehrwertsteuer	3.000
6)	Metawarenverkauf	6.000			
	Mehrwertsteuer	600	**an**	Forderungen	6.600
7)	Metistenkonto	16.500	**an**	Metawarenverkauf	15.000
				Mehrwertsteuer	1.500
8)	Metaabrechnung	2.000			
	Vorsteuer	200	**an**	Metistenkonto	220
				Kasse	1.980
9)	Metistenkonto	5.500	**an**	Metawarenverkauf	5.000
				Mehrwertsteuer	500
10)	Mehrwertsteuer	6.230	**an**	Vorsteuer	6.230
	Mehrwertsteuer	880	**an**	Bank	880
11 a)	Metaverkaufskonto	60.300	an	Metaeinkaufskonto	60.300
b)	Metaverkaufskonto	11.700	**an**	Metaabrechnungskonto	11.700
	Metaabrechnung:				
	Reingewinn insgesamt	8.800			
	– 10 % Vorabentgelt	880			
		7.920			

c) Metaabrechnungskonto	8.800	**an**	Metistenkonto	3.960
			GuV	4.840
d) Metistenkonto	7.180	**an**	Bank	7.180

Die unmittelbar das Metageschäft aufnehmenden Konten zeigen folgendes Bild:

Metawareneinkauf

	Soll	Haben	
(2)	60.000	60.300	(11 a)
(3)	300		
	60.300	60.300	

Metawarenverkauf

	Soll	Haben	
(6)	6.000	28.000	(4)
(11 a)	60.300	30.000	(5)
(11 b)	11.700	15.000	(7)
		5.000	(9)
	78.000	78.000	

Metaabrechnungskonto

	Soll	Haben	
(5)	900	11.700	(11 b)
(8)	2.000		
(11 c)	8.800		
	11.700	11.700	

Metistenkonto (Kurz)

	Soll	Haben	
(7)	16.500	25.000	(1)
(9)	5.500	220	(8)
(11 d)	7.180	3.960	(11 c)
	29.180	29.180	

Übungsaufgabe 3: Filialbuchführung

Die Großhandlung Frank Weindler in München hat für das **Hauptgeschäft** und die **Filiale** in München-Pasing folgende **Gesamtbilanz** aufgestellt:

Gesamtbilanz

Aktiva		Passiva	
Betriebs- und Geschäftsausstattung	12.900	Eigenkapital	40.300
Waren	18.800	Darlehen	5.000
Forderungen	17.500	Verbindlichkeiten	14.700
Wechsel	2.100	Sonstige Verbindlichkeiten	800
Bank	6.200		
Kasse	3.300		
	60.800		60.800

Da die Filiale in München-Pasing über einen eigenständigen Filialbuchführungskreis abgewickelt wird, basiert die Gesamtbilanz auf den beiden folgenden **Teilbilanzen:**

Bilanz der Zentrale

Aktiva		Passiva	
Betriebs- und Geschäftsausstattung	8.200	Eigenkapital	40.300
Waren	13.400	Darlehen	5.000
Forderungen	12.600	Verbindlichkeiten	14.700
Wechsel	2.100	Sonstige Verbindlichkeiten	800
Bank	4.900		
Kasse	1.900		
Filiale Mü.-Pasing	17.700		
	60.800		60.800

Aktiva	Bilanz der Filiale Mü.-Pasing		Passiva
Betriebs- und Geschäfts-ausstattung	4.700	Zentrale	17.700
Waren	5.400		
Forderungen	4.900		
Bank	1.300		
Kasse	1.400		
	17.700		17.700

Folgende **Geschäftsvorfälle** sind zu verbuchen:

1) Einkauf von Waren auf Ziel: netto 9.300.
2) Barzahlung für Bezugskosten: brutto 110.
3) Banküberweisung an Lieferant: Rechnungsbetrag 1.650 abzüglich 2 % Skonto.
4) Warensendung an die Filiale Mü.-Pasing: 5.400 + USt.
5) Warenverkauf auf Ziel: brutto 10.450, gegen Verrechnungsscheck 3.300.
6) Barzahlung für allgemeine Verwaltungskosten: brutto 66.
7) Zielverkäufe der Filiale Mü.-Pasing: netto 3.000, Barverkäufe der Filiale Mü.-Pasing: brutto 4.400.
8) Bareingang von der Filiale Mü.-Pasing 3.800.
9) Gehaltszahlung bar: brutto 1.500, netto 1.140, Arbeitgeberanteil zur Sozialversicherung 140.
10) Banküberweisung der einbehaltenen Lohnsteuer, der Sozialversicherungsbeiträge sowie der rückständigen USt in Höhe von 800 (Sonstige Verbindlichkeiten).
11) In München-Neuhausen wird eine weitere Filiale errichtet, die aber zunächst keine selbständige Buchführung haben soll (Einheitsbuchführung).

    Kauf der Geschäftsausstattung für die neue Filiale: netto 6.000. Begleichung der Rechnung durch Weitergabe des Wechsels über 2.100; Rest durch Verrechnungsscheck. Als Anfangskassenbestand dienen 900; Warensendung an die Filiale 3.500.
12) Ein Lieferant sendet Waren direkt an die Filiale Mü.-Pasing: Rechnungsbetrag brutto 2.200; die Rechnung geht an die Zentrale.
13) Barzahlung der Filiale Mü.-Pasing für Frachtkosten: brutto 88.
14) Buchungsunterlagen von der Filiale Mü.-Neuhausen:

    Barverkäufe: brutto 2.640, Barzahlung für allgemeine Verwaltungskosten: brutto 55.
15) Banküberweisung eines Kunden 8.800.
16) Die Zentrale zahlt Betriebssteuern:
    - für die Zentrale 2.400
    - für die Filiale Mü.-Pasing 800
    - für die Filiale Mü.-Neuhausen 300.
17) Bareingang von der Filiale Mü.-Neuhausen 2.000.
18) Eigene Einzahlung auf Bankkonto 4.000.
19) Buchungsunterlagen von der Filiale Mü.-Neuhausen:

    Barverkäufe: brutto 1.210, Barzahlung für allgemeine Verwaltungskosten: brutto 66.

20) Filiale Mü.-Pasing:

Verkauf von Waren auf Ziel: netto 2.800, Barzahlung für Computerreparatur: brutto 242.

21) Kunden der Filiale Mü.-Pasing überweisen direkt an die Zentrale 6.080.

22) Barzahlung der Verkaufsprovision an die Filialleiter:

– Filiale Mü.-Pasing:	brutto 980 netto 720 Arbeitgeberanteil Soz.-Versicherung 90
– Filiale Mü.-Neuhausen	brutto 350 netto 250 Arbeitgeberanteil Soz.-Versicherung 40

Der relevante USt-Satz betrage vereinfachend einheitlich 10 %.

Abschlussangaben:

1) Abschreibung auf Betr.- u. Gesch.-Ausst.:	Zentrale	800
	Fil. Mü.-Neuhausen	600
	Fil. Mü.-Pasing	500
2) Warenendbestände:	Zentrale	9.200
	Fil. Mü.-Neuhausen	2.400
	Fil. Mü.-Pasing	6.100

Aufgabe:

Erstellung der Bilanzen der Zentrale und der Filiale München-Pasing sowie des Gesamtbetriebes.

Lösung: Buchungssätze

Nr.	Soll	Betrag		Haben	Betrag
1)	Wareneinkauf	9.300			
	Vorsteuer	930	**an**	Verbindlichkeiten	10.230
2)	Bezugskosten	100			
	Vorsteuer	10	**an**	Kasse	110
3)	Verbindlichkeiten	1.650	**an**	Bank	1.617
				Lief.-Skonto	30
				Vorsteuer	3
4)	Filiale Mü.-P.	5.940	**an**	Wareneinkauf	5.400
				Umsatzsteuer	540
	Wareneinkauf Mü.-P.	5.400			
	Vorsteuer	540	**an**	Zentrale	5.940
5)	Forderungen	7.150			
	Bank	3.300	**an**	Warenverkauf	9.500
				Umsatzsteuer	950
6)	Allg. Verwaltungskosten	60			
	Vorsteuer	6	**an**	Kasse	66
7)	Forderungen Mü.-P.	3.300			
	Kasse Mü.-P.	4.400	**an**	Warenverkauf Mü.-P.	7.000
				Umsatzsteuer	700
8)	Kasse	3.800	**an**	Filiale Mü.-P.	3.800
	Zentrale	3.800	**an**	Kasse Mü.-P.	3.800
9)	Gehälter	1.500	**an**	Kasse	1.140
				Sonst. Verbindlichkeiten	360
	Soz. Aufwendungen	140	**an**	Sonst. Verbindlichkeiten	140
10)	Sonst. Verbindl.	1.300	**an**	Bank	1.300

Nr.	Soll	Betrag		Haben	Betrag
11)	Betr.- u. Gesch.-Ausst. Fil. Mü.-N.	6.000			
	Vorsteuer	600	an	Besitzwechsel	2.100
				Bank	4.500
	Kasse Filiale Mü.-N.	900	an	Kasse	900
	Waren Filiale Mü.-N.	3.500	an	Wareneinkauf	3.500
12)	Waren Filiale Mü.-P.	2.000			
	Vorsteuer	200	an	Zentrale	2.200
	Filiale Mü.-P.	2.200	an	Verbindlichkeiten	2.200
13)	Bezugskosten Filiale Mü.-P.	80			
	Vorsteuer	8	an	Kasse Filiale Mü.-P.	88
14)	Kasse Mü.-N.	2.640	an	WV Mü.-N.	2.400
				Umsatzsteuer	240
	Betriebskostenkonto Filiale Mü.-N.	50			
	Vorsteuer	5	an	Kasse Mü.-N.	55
15)	Bank	8.800	an	Forderungen	8.800
16)	Steuern und Beiträge	2.400			
	Filiale Mü.-P.	800			
	Betriebskostenkonto Filiale Mü.-N.	300	an	Bank	3.500
	Steuern und Beiträge Mü.-P.	800	an	Zentrale	800
17)	Kasse	2.000	an	Kasse Mü.-N.	2.000
18)	Bank	4.000	an	Kasse	4.000
19)	Kasse Mü.-N.	1.210	an	WV Mü.-N.	1.100
				Umsatzsteuer	110
	Betriebskostenkonto Mü.-N.	60			
	Vorsteuer	6	an	Kasse Mü.-N.	66
20)	Forderungen Mü.-P.	3.080	an	Warenverkauf Mü.-P.	2.800
				Umsatzsteuer	280
	Allg. Verwaltungskosten Mü.-P.	220			
	Vorsteuer	22	an	Kasse Mü.-P.	242
21)	Bank	6.080	an	Filiale Mü.-P.	6.080
	Zentrale	6.080	an	Forderungen Mü.-P.	6.080
22)	Gehälter Mü.-P.	980	an	Kasse Mü.-P.	720
				Sonst. Verbindlichkeiten	260
	Soz. Aufwendungen Mü.-P.	90	an	Sonst. Verbindlichkeiten	90
	Betriebskostenkonto Mü.-N.	350	an	Kasse Mü.-N.	250
				Sonst. Verbindlichkeiten	100
	Betriebskostenkonto Mü.-N.	40	an	Sonst. Verbindlichkeiten	40

Abschlussangaben:

1)	Abschreibungen auf Anlagen	800	**an**	Betr.- u. Gesch.-Ausst.	800
	Betriebskostenkonto Mü.-N.	600	**an**	Betr.- u. Gesch.-Ausst. Mü.-N.	600
	Abschreibungen auf Anlagen Mü.-P.	500	**an**	Betr.- u. Gesch.-Ausst. Mü.-P.	500
2)	Schlussbilanz Zentrale	9.200	**an**	Wareneink. Zentrale	9.200
	Schlussbilanz Zentrale	2.400	**an**	Wareneink. Mü.-N.	2.400
	Schlussbilanz Mü.-P.	6.100	**an**	Wareneink. Filiale Mü.-P.	6100

Abschlusskonten Zentrale:

A	Schlussbilanz Zentrale		P
BGA	7.400	Eigenkapital	41.230
BGA Mü.-Neuh.	5.400	Darlehen	5.000
Waren Zentrale	9.200	Verbindl.	25.480
Waren Mü.-Neuh.	2.400	Sonst. Verbindl.	426
Forderungen	10.950		
Bank	16.163		
Kasse Zentrale	1.484		
Kasse Mü.-Neuh.	2.379		
Filiale Mü.-Pas.	16.760		
	72.136		72.136

A	Gewinn- und Verlustrechnung		E
WE Zentrale	4.700	WV Zentrale	9.500
WE Mü.-Neuh.	1.100	WV Mü.-Neuh.	3.500
Gehälter	1.500	Lieferantenskonto	30
Sozialaufw.	140		
Steuern u. Beiträge	2.400		
Allg. Verwaltungsko.	60		
Abschreibungen	800		
Betriebsko. Fil. Mü.-Neuh.	1.400		
Gewinn (EK)	930		
	13.030		13.030

Abschlusskonten Filiale Mü.-Pasing:

A	Schlussbilanz Filiale Mü.-Pas.		P
BGA	4.200	Zentrale	16.760
Waren	6.100	Sonst. Verbindl.	560
Forderungen	5.200	Gewinn	430
Bank	1.300		
Kasse	950		
	17.750		17.750

A	Gewinn- und Verlustrechnung Filiale Mü.-Pas.		E
WE	6.780	WV	9.800
Gehälter	980		
Sozialaufw.	90		
Steuern u. Beitr.	800		
Allg. Verwaltungsko.	220		
Abschreibungen	500		
Gewinn	430		
	9.800		9.800

Gesamtbilanz der Großhandlung:

A	Schlussbilanz Fa. F. Weindler, Mü.		P
BGA	17.000	Eigenkapital	41.660
Waren	17.700	Darlehen	5.000
Forderungen	16.150	Verbindl.	25.480
Bank	17.463	Sonst. Verbindl.	986
Kasse	4.813		
	73.126		73.126

Verrechnungskonten Filiale – Zentrale:

S	Kto. Filiale Mü.-Pas.		H
AB	17.700		3.800 (8)
(4)	5.940		6.080 (21)
(12)	2.200	SB	16.760
(16)	800		
	26.640		26.640

S	Kto. Zentrale		H
(8)	3.800	AB	17.700
(21)	6.080		5.940 (4)
SB	16.760		2.200 (12)
			800 (16)
	26.640		26.640

Die Ziffern in Klammern beziehen sich auf die zugehörigen Geschäftsvorfälle.

Übungsaufgabe 4: Buchung auf Hauptbuchkonten (T-Konten)

Die Großhandlung Müller hat folgende Eröffnungsbilanz:

Aktiva	Bilanz zum 1. 1. 01		Passiva
Bebaute Grundstücke	87.400	Eigenkapital M	131.740
Geschäftsausstattung	4.200	Hypotheken	25.000
Waren	59.100	Verbindlichkeiten	24.000
Forderungen	21.600	Schuldwechsel	4.000
Sonstige Forderungen	100	Sonstige Verbindlichkeiten	1.060
Besitzwechsel	6.400		
Deutsche Bank	4.200		
Sparkasse	2.000		
Kasse	800		
	185.800		185.800

Geschäftsvorfälle (Die USt betrage vereinfachend einheitlich 10 %):

1)	Übersendung eines Akzeptes über 1.800 an einen Lieferanten, der den Diskont in Höhe von 30 + USt in Rechnung stellt.		
2)	Ein Kunde begleicht eine Rechnung:	Rechnungsbetrag brutto	2.750
		Sparkassenüberweisung nach Skontoabzug	2.695
3)	Einkauf von Waren auf Ziel einschl. Umsatzsteuer		6.600
4)	Banküberweisung an Lieferant:	Rechnungsbetrag	1.100
		abzügl. 3 % Skonto	33
5)	Ein Werbeinserat wird durch Banküberweisung bezahlt		220
6)	Barkauf eines Schreibtisches einschl. Umsatzsteuer		88
7)	Verschiedene Geschäftsausgaben, bar		44
8)	Barentnahme des Inhabers		300
9)	Wechseldiskontierung:	Wechselbetrag	4.000
		Diskont, brutto	88
		Gutschrift der Bank	3.912
10)	Der Diskont wird unserem Kunden in Rechnung gestellt		88
11)	Banküberweisung an einen Lieferanten		2.500
12)	Rechnung über verschiedene Bürokosten: Überweisung durch die Sparkasse		308
13)	Rücksendung mangelhafter Ware an den Lieferanten: Warenwert		500
14)	Verkauf von Waren gegen Akzept:	brutto	9.350
		und in bar: brutto	550
15)	Banküberweisung von Kunden		5.000
16)	Sparkasse: Überweisung	der Einkommen- und Kirchensteuer,	900
		der Umsatzsteuer und noch abzuführender Abgaben vom Vormonat	1.060
17)	Warenverkauf auf Ziel		2.640
18)	Kauf eines Druckers durch Banküberweisung: Rechnungsbetrag		132
19)	Überweisung der Löhne und Gehälter durch die Bank:	netto	1.470
		abzüglich gezahlter Vorschuss	100

brutto	1.850
Arbeitgeberanteil Sozialversicherung	180

20) Ein Besitzwechsel geht zu Protest 2.400

21) Die Protestkosten werden bar bezahlt 10

22) Aufgrund des Wechselprotests werden dem Aussteller 2.420 belastet.
Rückrechnung an Aussteller:

Wechselsumme	2.400	
10 % Jahreszins für 6 Tage	4	
1/4 % Vergütung	6	
Protestkosten	10	
Aufwendungen für Protestwechsel	20	2.420

23) Spende an Sportverein, bar 50

24) An Kunden werden Boni gewährt: netto 160

Abschlussangaben:

1) Abschreibung auf bebaute Grundstücke: 2 % des Anschaffungswertes von 90.000.
2) Abschreibungen auf geringwertige Wirtschaftsgüter: 100 % (Erinnerungswert 2); Abschreibungen auf die übrige Geschäftsausstattung: 10 % des Anschaffungswertes von 6.000.
3) Aus der Bankabrechnung am Anfang der nächsten Geschäftsperiode ergibt sich folgender Posten, der den vorliegenden Abschluss betrifft: Zinsgutschrift 15.
4) Warenendbestand 60.000.

Aufgabe: Verbuchung auf T-Konten (Hauptbuch) entsprechend dem Kontenrahmen für den Groß- und Außenhandel (s. Anhang A.2, S. 1308 ff.) bei Bruttoabschluss der Warenkonten. Aufstellung von Schlussbilanz(konto) und Erfolgsrechnung der Großhandelsfirma zum 31. 12. 01.

Lösung: Buchungssätze

Nr.	Konto	Soll	Betrag		Konto	Haben	Betrag
1)	171	Verbindl. aus Lieferungen und Leistungen	1.767				
	213	Diskontaufwendungen	30				
	141	Vorsteuer	3	an	176	Wechselverbindlichkeiten	1.800
2)	1311	Sparkasse	2.695				
	808	Kundenskonti	50				
	1811	Umsatzsteuer	5	an	101	Forderungen aus Lieferungen und Leistungen	2.750
3)	301	Wareneingang	6.000				
	141	Vorsteuer	600	an	171	Verbindl. aus Lieferungen und Leistungen	6.600
4)	171	Verbindl. aus Lieferungen und Leistungen	1.100	an	1310	Bank	1.067
					308	Lieferantenskonti	30
					141	Vorsteuer	3
5)	441	Werbung	200				
	141	Vorsteuer	20	an	1310	Bank	220

Nr.	Konto	Soll	Betrag		Konto	Haben	Betrag
6)	0331	Geringwertige Wirtschaftsgüter (BGA)	80				
	141	Vorsteuer	8	an	151	Kasse	88
7)	48	Allg. Verwaltung	40				
	141	Vorsteuer	4	an	151	Kasse	44
8)	161	Privatentnahmen	300	an	151	Kasse	300
9)	1310	Bank	3.912				
	213	Diskontaufwendungen	80				
	1811	Umsatzsteuer	8	an	1530	Besitzwechsel	4.000
10)	101	Forderungen aus Lieferungen und Leistungen	88	an	263	Diskonterträge	80
					1811	Umsatzsteuer	8
11)	171	Verbindl. aus Lieferungen und Leistungen	2.500	an	1310	Bank	2.500
12)	48	Allg. Verwaltung	280				
	141	Vorsteuer	28	an	1311	Sparkasse	308
13)	171	Verbindl. aus Lieferungen und Leistungen	550	an	301	Wareneingang	500
					141	Vorsteuer	50
14)	1530	Besitzwechsel	9.350				
	151	Kasse	550	an	801	Warenverkauf	9.000
					1811	Umsatzsteuer	900
15)	1310	Bank	5.000	an	101	Forderungen aus Lieferungen und Leistungen	5.000
16)	161	Privatentnahmen	900				
	191	Verbindl. aus Steuern	1.060	an	1311	Sparkasse	1.960
17)	101	Forderungen aus Lieferungen und Leistungen	2.640	an	801	Warenverkauf	2.400
					1811	Umsatzsteuer	240
18)	0331	Geringwertige Wirtschaftsgüter (BGA)	120				
	141	Vorsteuer	12	an	1310	Bank	132
19)	401/ 402	Löhne u. Gehälter	1.850	an	1310	Bank	1.370
					1131	Forderungen an Belegschaftsmitglieder	100
					192	Verbindlichkeiten im Rahmen der sozialen Sicherheit	180
					191	Verbindlichkeiten aus Steuern	200
	404	Gesetzliche soziale Aufwendungen	180	an	192	Verbindlichkeiten im Rahmen der sozialen Sicherheit	180
20)	1531	Protestwechsel	2.400	an	1530	Besitzwechsel	2.400

Nr.	Konto	Soll	Betrag		Konto	Haben	Betrag
21)	4861	Kosten des Geldverkehrs: Wechselspesen	10	**an**	151	Kasse	10
22)	113	Sonstige Forderungen	2.420	**an**	1531	Protestwechsel	2.400
					263	Diskonterträge	4
					27	Sonstige betriebliche Erträge (auch auf Konto: Wechselspesen)	6
					4861	Wechselspesen	10
23)	161	Privatentnahmen	50	**an**	151	Kasse	50
24)	807	Boni	160				
	1811	Umsatzsteuer	16	**an**	101	Forderungen aus Lieferungen und Leistungen	176

Abschlussangaben:

Nr.	Konto	Soll	Betrag		Konto	Haben	Betrag
1)	4910	Abschreibungen auf Grundstücke und Gebäude	1.800	**an**	023	Bauten auf eigenen Grundstücken	1.800
2)	4912	Abschreibungen auf Betriebs- und Geschäftsausstattung	798	**an**	0331	Geringwertige Wirtschaftsgüter	198
					033	Betriebs- und Geschäftsausstattung	600
3)	113	Sonstige Forderungen	15	**an**	262	Zinserträge	15
4)	94	Schlussbilanz	60.000	**an**	301	Wareneingang	60.000
5)	061	Eigenkapital M	1.250	**an**	161	Privatentnahmen	1.250
6)	1811	Umsatzsteuer	622	**an**	141	Vorsteuer	622
7)	1811	Umsatzsteuer	497	**an**	191	Verbindl. aus Steuern	497

Aufstellung Erfolgsrechnung und Schlussbilanz(konto) zum 31. 12. 01

Aufwand		93 GuV			Ertrag
213	Disk.-Aufw.	110	262	Zinserträge	15
301	Wareneinsatz	4.600	263	Disk.-Erträge	84
401/			27	So. betr. Ertr.	6
402	Lö. u. Geh.	1.850	308	Lief.-Skonti	30
404	Gesetzliche soziale Aufwendungen	180	801	Warenverkauf	11.400
441	Werbung	200			
48	Verwaltung	320			
4911	Abschreibungen auf Grundstücke und Gebäude	1.800			
4912	Abschreibungen auf Betriebs- und Geschäftsausstattung	798			
807	Boni	160			
808	Kundenskonti	50			
061	Eigenkapital M	1.467			
		11.535			11.535

Aktiva (Soll)		94 Schlussbilanz			Passiva (Haben)
023	Bauten auf eigenen Grundstücken	85.600	061	Eigenkapital M	131.957
033	Betriebs- u. Gesch.Ausst.	3.600	0822	Hypotheken	25.000
0331	Geringw. WG	2	171	Verbindl. aus Lieferungen und Leistungen	24.683
101	Forderungen aus Lieferungen und Leistungen	16.402	176	Wechselverb.	5.800
113	Sonst. Ford.	2.435	191	Verbindl. aus Steuern	697
1310	Bank	7.823	192	Verbindl. im Rahmen der sozialen Sicherheit	360
1311	Sparkasse	2.427			
151	Kasse	858			
1530	Besitzwechsel	9.350			
31	Waren	60.000			
		188.497			188.497

Übungsaufgabe 5: Buchung auf Abschlussübersicht (OHG)

Die Großhandelsgesellschaft Theodor Abel OHG, die aus den drei Gesellschaftern Abel, Bauer und Czack besteht, weist in der Abschlussübersicht für das Geschäftsjahr 07 (S. 770 ff.) die Eröffnungsbilanz vom 1. 1. 07 sowie die während des Geschäftsjahres 07 getätigten Umsätze (Summenzugänge) aus. Bei den Jahresabschlussarbeiten sind folgende Erläuterungen zu den einzelnen Posten der Abschlussübersicht noch zu berücksichtigen (USt-Satz betrage vereinfachend einheitlich 10 %):

a) Abschreibungen auf Anlagen:

1) Auf die bebauten Grundstücke sind 2 % vom Anschaffungswert indirekt abzuschreiben.

2) Die Verpackungsmaschine mit einem Restbuchwert von 125.000 ist mit einem linearen Abschreibungssatz von 10 % direkt abzuschreiben (Anschaffungswert 250.000); die Sortiermaschine, die mit 96.000 zu Buche steht, wird jeweils mit 20 % degressiv und direkt abgeschrieben. Das im Juli zu einem Anschaffungspreis von 160.000 gekaufte Prüfaggregat wird in 10 Jahren linear direkt abgeschrieben; das alte Aggregat, das mit 10.000 in der Eröffnungsbilanz enthalten war, wurde Ende Juni verkauft; die lineare Abschreibung für das Jahr 07 beträgt 5.000.

3) Die Betriebs- und Geschäftsausstattung wird mit 10 % vom Restbuchwert direkt abgeschrieben. Die Zugänge im Gesamtwert von 30.000, die alle im Juli erfolgen, werden ebenfalls degressiv mit 10 % pro Jahr abgeschrieben.

4) Auf den Fuhrpark (Konto 034), der einen Restbuchwert von 600.000 ausweist, werden 20 % vom Anschaffungswert in Höhe von 1.500.000 direkt abgeschrieben. Die im Februar hinzugekauften Lkw und Pkw im Wert von 400.000 werden ebenfalls mit 20 % linear abgeschrieben. Die Abschreibung soll handelsrechtlich vereinfachend nach der Halbjahresregel erfolgen.

b) Bewertung der Wertpapiere

Die im Portefeuille gehaltenen Wertpapiere sollen nach dem Niederstwertprinzip bewertet werden; das Konto 045 Wertpapiere des AV enthält am Bilanzstichtag folgenden Bestand:

Wertpapier		Nennwert	Anschaffungskurs bzw. Kurs am 31. 12. 06	Kurse am Bilanzstichtag
X-Aktien	– Altbestand	50.000	240 %	230 %
Y-Aktien	– Altbestand	100.000	280 %	305 %
	– Zukäufe	50.000	310 %	305 %
Pfandbriefe	– Altbestand	100.000	101 %	99,5 %

c) Abschreibungen und Wertberichtigungen auf Forderungen

1) Eine im Dezember infolge eidesstattlicher Versicherung des Schuldners uneinbringlich gewordene Forderung in Höhe von 2.200 brutto, die nicht als zweifelhaft eingestuft worden war, ist noch nicht ausgebucht.

2) Aufgrund der Eröffnung des Insolvenzverfahrens sind die Forderungen an ein Großunternehmen in Höhe von brutto 33.000 als zweifelhaft anzusehen; der erwartete Forderungsausfall wird auf 40 % geschätzt.

3) Der um uneinbringliche und zweifelhafte Forderungen korrigierte Forderungsbestand am Bilanzstichtag beträgt brutto 308.000; unter Zugrundelegung des innerbetrieblichen Erfahrungssatzes ist das allgemeine Kreditrisiko mit 4 % zu berücksichtigen. Von dieser Delkredere-Neubildung ist der Delkredere-Restbestand von 700 abzuziehen.

d) Rückstellungen

1) In den Rückstellungen sind 13.000 für noch zu zahlende Gewerbesteuer 06 enthalten. Am 20. 12. 07 ging der Gewerbesteuerbescheid 06 ein, nach dem bis zum 31. 1. 08 nur 8.000 nachzuzahlen sind. Dieser Sachverhalt ist noch nicht verbucht worden.

2) Die erwarteten Gewährleistungsansprüche, die in 07 begründet sind, jedoch bis zum Bilanzstichtag noch nicht geltend gemacht wurden, werden auf 40.000 geschätzt.

3) Am 22. 12. 07 blieb ein Auslieferungs-Lkw mit Motorschaden liegen. Aufgrund fehlender Ersatzteile konnte die Reparatur erst im Februar 08 durchgeführt werden. Die Rechnung vom 10. 2. 08 weist einen Betrag von 3.000 zuzüglich Umsatzsteuer aus.

e) Zeitliche Abgrenzungen

1) Am 3. 1. 08 wird die für das 4. Quartal zu zahlende Miete für Geschäftsräume in Höhe von 15.000 an den Vermieter überwiesen.

2) Einem Arbeitnehmer wurde am 1. 10. 07 ein langfristiges Darlehen in Höhe von 40.000 zum Zinssatz von 5 %, zahlbar halbjährlich nachschüssig, gewährt und ausbezahlt. Der Zins für die Zeit vom 1. 10. 07–31. 12. 07 ist als Ertrag des alten Geschäftsjahres zu verbuchen.

3) Am 1. 10. 07 ist der fällige Jahresbetrag der Kfz-Steuer in Höhe von 4.000 aus Versehen doppelt überwiesen worden. Die Verbuchung erfolgte zeitanteilig auf dem Konto 422 Kfz-Steuer und dem Konto 091 Aktive Rechnungsabgrenzung, auf dem 6.000 ausgewiesen wurden. Am 20. 12. 07 ging eine Rücküberweisung des Finanzamts in Höhe von 4.000 ein, die auf dem Konto 422 Kfz-Steuer erfasst wurde.

4) Am 1. 9. 07 wurden für ein Jahr im Voraus die Beiträge für verschiedene Versicherungen in Höhe von 12.000 überwiesen, die über das Konto 48 Allgemeine Verwaltung verbucht wurden.

5) Am 30. 12. 07 geht die Januarmiete für die an einen Arbeitnehmer vermietete Wohnung in Höhe von 500 ein, die über Konto 2421 Erträge aus Vermietung und Verpachtung verbucht worden ist.

f) Privatentnahmen

1) Der Gesellschafter Abel hat einen betrieblichen Pkw in 07 zu 20 % privat genutzt, so dass ihm die Gesellschaft dafür 20 % der entstandenen Kosten berechnen muss; die Gesamtkosten für diesen Pkw betrugen 10.000 netto; er wurde Anfang des Jahres 2005 beschafft.

2) Der Gesellschafter Bauer bewohnt eine firmeneigene Wohnung, für die vom Finanzamt ein Mietwert von 7.000 p. a. festgesetzt wurde.

3) Die Warenentnahmen des Gesellschafters Czack, die sich im Laufe des Jahres auf netto 4.000 aufsummierten, sind noch nicht verbucht.

g) Abschluss der Warenkonten

Der Waren-Inventurbestand am 31. 12. 07 beträgt 850.000 (Nettoabschluss der Warenkonten).

Angaben über die Gewinnverteilung der Abel OHG:

Nach dem Gesellschaftsvertrag sind die Kapitalanteile entsprechend ihrem Stand zu Beginn des Jahres 07 mit 4 % zu verzinsen. Für ihre Geschäftsführertätigkeit erhalten A und B jeweils 50.000 vorab. Der Rest wird nach Köpfen verteilt. Die Erfolgsverteilung ist in Tabellenform darzustellen, die Eigenkapitalkonten der Gesellschafter sind gesondert aufzuzeichnen.

Lösung: Buchungssätze (bei Verwendung des Kontenrahmens des Groß- und Außenhandels; s. Anhang A.2, S. 1308 ff.)

Abel OHG: Vorbereitende Abschlussbuchungen

a) Abschreibungen auf Anlagen

a1)	4910	Abschreibungen auf Grundstücke und Gebäude	30.000	**an**	051	Wertberichtigungen bei Sachanlagen	30.000

a2) Ermittlung der Abschreibungssumme:

10 % linear auf 250.000	25.000
20 % degressiv auf 96.000	19.200
10 % linear auf 160.000, ½ Jahr	8.000
verkaufte Maschine	5.000
Abschreibungssumme	57.200

Buchungssatz:

4911	Abschreibungen auf Maschinen	57.200	**an**	31	Maschinen	57.200

a3) Ermittlung der Abschreibungssumme:

10 % degressiv auf 450.000	45.000
10 % degressiv auf 30.000, 1/2 Jahr	1.500
Abschreibungssumme	46.500

Buchungssatz:

4912	Abschreibungen auf Betriebs- und Geschäftsausstattung	46.500	**an**	033	Betriebs- und Geschäftsausstattung	46.500
a4) 9111	Abschreibungen auf Fuhrpark	380.000	**an**	034	Fuhrpark	380.000

b) Bewertung der Wertpapiere

Ermittlung der Abschreibungsbeträge:

	Buchwert	Kurswert am Bilanzstichtag	Abschreibung	neuer Buchwert
X-Aktien	120.000	115.000	5.000	115.000
Y-Aktien	280.000	305.000	–	280.000
	155.000	152.500	2.500	152.500
Pfandbriefe	101.000	99.500	1.500	99.500
Summe	656.000	672.000	9.000	647.000

Buchungssatz:

493	Abschreibungen auf Finanzanlagen des AV	9.000	**an**	045	Wertpapiere des AV	9.000

c) Abschreibungen und Wertberichtigungen auf Forderungen

c1) 209	Sonstige betriebliche Aufwendungen	2.000				
1811	Umsatzsteuer	200	**an**	101	Forderungen aus Lieferungen und Leistungen	2.200
c2) 102	Zweifelhafte Forderungen aus Lieferungen und Leistungen	30.000	**an**	101	Forderungen aus Lieferungen und Leistungen	30.000

	Konto	Bezeichnung	Betrag		Konto	Bezeichnung	Betrag
	231	Übliche Abschreibungen (auf Forderungen)	12.000	an	102	Zweifelhafte Forderungen	12.000
c3)	234	Zuführungen zu den Pauschalwertberichtigungen	10.500	an	0522	Pauschalwertberichtigungen	10.500

d) Rückstellungen

	Konto	Bezeichnung	Betrag		Konto	Bezeichnung	Betrag
d1)	07220	Gewerbesteuerrückstellungen	13.000	an	191	Verbindlichkeiten aus Steuern	8.000
					27	Sonstige betriebliche Erträge	5.000
d2)	463	Gewährleistungen	40.000	an	0724	Sonstige Rückstellungen	40.000
d3)	4715	Lkw	3.000	an	0724	Sonstige Rückstellungen	3.000

e) Zeitliche Abgrenzungen

	Konto	Bezeichnung	Betrag		Konto	Bezeichnung	Betrag
e1)	4111	Mieten (Gebäude)	15.000	an	194	Sonstige Verbindlichkeiten	15.000
e2)	113	Sonstige Forderungen	500	an	262	Zinserträge	500
e3)	422	Kfz-Steuer	3.000	an	091	Aktive Rechnungsabgrenzung	3.000
e4)	091	Aktive Rechnungsabgrenzung	8.000	an	48	Allgemeine Verwaltung	8.000
e5)	2421	Erträge aus Vermietung und Verpachtung	500	an	093	Passive Rechnungsabgrenzung	500

f) Privatentnahmen

	Konto	Bezeichnung	Betrag		Konto	Bezeichnung	Betrag
f1)	1610	Privat Gesellschafter A	2.200	an	4731	Kfz-Betriebskosten	2.000
					1811	Umsatzsteuer	200
f2)	1611	Privat Gesellschafter B	7.000	an	2421	Erträge aus Vermietung und Verpachtung	7.000
f3)	1612	Privat Gesellschafter C	4.400	an	301	Wareneingang	4.000
					1811	Umsatzsteuer	400

g) Abschluss der Warenkonten

g1) Umbuchung der Warenbezugskonten:

Konto	Bezeichnung	Betrag		Konto	Bezeichnung	Betrag
301	Wareneingang	35.000	an	302	Warenbezugskosten	35.000

g2) Umbuchung der Rücksendungen und Gutschriften:

801	Warenverkauf	23.000	**an**	805	Rücksendungen	23.000

g3) Umbuchung des Wareneinsatzes:

801	Warenverkauf	4.798.000	**an**	301	Wareneingang	4.798.000

h) Aufrechnung der Umsatzsteuerkonten:

1811	Umsatzsteuer	42.500	**an**	141	Vorsteuer	42.500

i) Umbuchungen auf Abgrenzungssammelkonto:

i1)	27	Sonstige betriebliche Erträge	68.000				
	262	Zinserträge	26.000				
	2421	Erträge aus Vermietung und Verpachtung	13.000	**an**	90	Abgrenzungssammelkonto	107.000
i2)	90	Abgrenzungssammelkonto	286.000	**an**	209	Sonstige betriebliche Aufwendungen	117.000
					212	Zinsaufwendungen für langfristige Verbindlichkeiten	96.300
					4910	Abschreibungen auf Grundstücke und Gebäude	63.700
					493	Abschreibungen auf Finanzanlagen des AV	9.000

k) Umbuchung der Privatkonten:

0610	Eigenkapital Gesellschafter A	42.200	**an**	1610	Privatentnahme Gesellschafter A	42.200
0611	Eigenkapital Gesellschafter B	42.200	**an**	1611	Privatentnahme Gesellschafter B	42.200
0612	Eigenkapital Gesellschafter C	39.400	**an**	1612	Privatentnahme Gesellschafter C	39.400

Gewinnverteilungstabelle: Verteilungsfähiger Gewinn 777.000

	Kapitalanteil 1. 1. 07	Vorabgewinn	Kapitalverzinsung 4 %	Restgewinnanteil	Gesamtgewinnanteil	Privatentnahmen	Kapitalanteil 31. 12. 07
A	750.000	50.000	30.000	201.000	281.000	42.200	988.800
B	620.000	50.000	24.800	201.000	275.800	42.000	853.800
C	480.000		19.200	201.000	220.200	39.400	660.800
	1.850.000	100.000	74.000	603.000	777.000	123.600	2.503.400

Buchungssätze:

93	GuV	777.000	an	0610	Eigenkapital Gesellschafter A	281.000
			an	0611	Eigenkapital Gesellschafter B	275.800
			an	0612	Eigenkapital Gesellschafter C	220.200

Damit ergeben sich die **Eigenkapitalkonten der Gesellschafter** am Jahresende 07 wie folgt:

0610 Eigenkapital Gesellschafter A

Privat	42.200	EB	750.000
SB	988.800	GuV	281.000
	1.031.000		1.031.000

0611 Eigenkapital Gesellschafter B

Privat	42.000	EB	620.000
SB	853.800	GuV	275.800
	895.800		895.800

0612 Eigenkapital Gesellschafter C

Privat	39.400	EB	480.000
SB	660.800	GuV	220.200
	700.200		700.200

Die Abschlussübersicht der Abel OHG ist auf den Seiten 770ff. wiedergegeben.

Übungsaufgabe 6: Buchung auf Abschlussübersicht (KG)

Die Großhandlung Walter Schweitzer KG hat drei Gesellschafter: Schweitzer als geschäftsführenden Komplementär und die beiden Kommanditisten Trautmann und Urban, deren Pflichteinlagen jeweils 200.000 betragen. Während das negative Kapitalkonto von Trautmann aufgrund früherer Verlustzuweisungen einen Betrag von 20.000 im Soll ausweist, hat der später als Kommanditist eingetretene Urban auf die Pflichteinlage erst 185.000 einbezahlt. Die noch ausstehende Einlage wurde bereits eingefordert.

In der Eröffnungsbilanz der Gesellschaft werden unter Verwendung des Kontenrahmens des Groß- und Außenhandels (vgl. Anlage A.2, S. 1308ff.) am 1. 1. 07 folgende Beträge ausgewiesen:

		Aktiva	Passiva
023	Bauten auf eigenen Grundstücken	1.200.000	
021	Grundstücke	350.000	
031	Technische Anlagen und Maschinen (einschließlich Transporteinrichtungen)	620.000	
033	Betriebs- und Geschäftsausstattung	460.000	
08	Langfristige Verbindlichkeiten		1.885.000
0610	Eigenkapital Schweitzer (Komplementär)		515.000
0611	Eigenkapital Trautmann (Kommanditist)	20.000	
0612	Eigenkapital Urban (Kommanditist)		200.000
06120	Ausstehende Einlagen Urban	15.000	
0521	Einzelwertberichtigungen		14.000
07220	Gewerbesteuerrückstellungen		30.000
10	Forderungen	385.000	
13	Banken	71.000	
153	Wechselforderungen	37.000	
151	Kasse	42.000	
17	Verbindlichkeiten		772.000
1811	Umsatzsteuer		34.000
30	Warengruppe I (Bestand)	250.000	

Abschluss-Übersicht der Großhandelsgesellschaft Abel OHG am 31. 12. 07

Kto. Nr.	Konten-Namen	Eröffnungs-Bilanz		Summen-Zugänge		Summen-Bilanz	
		Aktiva	Passiva	Soll	Haben	Soll	Haben
021	Unbeb. Grundst.	600.000		150.000		750.000	
023	Beb. Grundst.	1.500.000				1.500.000	
031	Maschinen	231.000		160.000	5.000	391.000	5.000
033	BGA	450.000		30.000		480.000	
034	Fuhrpark	600.000		400.000		1.000.000	
045	Wertpapiere des AV	501.000		155.000		656.000	
046	sonst.Ausleihungen	120.000		40.000	50.000	160.000	50.000
051	Wertber. a. Sachanlagen		450.000				450.000
0522	Pauschalwertber.		13.000	12.300		12.300	13.000
0610	EK Gesellsch. A		750.000				750.000
0611	EK Gesellsch. B		620.000				620.000
0612	EK Gesellsch. C		480.000				480.000
063	Gewinnrücklage		250.000				250.000
07220	Gewerbesteuerrückstellung		13.000				13.000
0724	sonstige Rückstellungen		97.000	95.000	78.000	95.000	175.000
08	Verbindl.		1.600.000	250.000	220.000	250.000	1.820.000
091	Aktive RAP	15.000		6.000	15.000	21.000	15.000
093	Passive RAP		4.000	4.000	2.500	4.000	6.500
101	Ford. a.Lief. u. Leist.	355.500		2.125.000	2.140.300	2.480.500	2.140.300
102	Zweifelh. Ford.	38.300			33.300	38.300	33.300
113	Sonst. Ford.	2.800			2.800	2.800	2.800
13	Banken	125.700		9.524.300	9.474.600	9.650.000	9.474.600
141	Vorsteuer			462.500	420.000	462.500	420.000
151	Kasse	46.200		597.800	488.500	644.000	488.500
153	Wechselford.	55.000		369.000	284.000	424.000	284.000
1610	Priv. Gesellsch. A			40.000		40.000	
1611	Priv. Gesellsch. B			35.000		35.000	
1612	Priv. Gesellsch. C			35.000		35.000	
171	Verbindl. a.Lief. u. Leist.		337.500	4.686.500	4.711.000	4.686.500	5.048.500
176	Wechselverbindlichkeiten		65.000	65.000		65.000	65.000
1811	Umsatzsteuer		35.000	943.000	984.700	943.000	1.019.700
191	Verb. a. Steuern		72.000	787.000	793.000	787.000	865.000
194	Sonst. Verbindl.		634.000	572.000	552.500	572.000	1.186.500

für die Zeit vom 1. 1. 07 bis 31. 12. 07

Salden-Bilanz		Umbuchungen (Berichtig. u. Abschlussbuch.)				Vermögens-Bilanz		Gewinn- und Verlust-Rechnung	
Soll	Haben	Erläu-ter.		Soll	Haben	Aktiva	Passiva	Auf-wand	Ertrag
750.000						750.000			
1.500.000						1.500.000			
386.000			a2)		57.200	328.800			
480.000			a3)		46.500	433.500			
1.000.000			a4)		380.000	620.000			
656.000			b)		9.000	647.000			
110.000						110.000			
	450.000		a1)		30.000		480.000		
	700		c3)		10.500		11.200		
	750.000	k)		42.200			707.800		
	620.000	k)		42.000			578.000		
	480.000	k)		39.400			440.600		
	250.000						250.000		
	13.000	d1)		13.000					
	80.000		d3)		3.000				
			d2)		40.000		123.000		
	1.570.000						1.570.000		
6.000		e4)	e3)	8.000	3.000	11.000			
	2.500		e5)		500		3.000		
340.200			c1)		2.200				
			c2)		30.000	308.000			
5.000		c2)	c2)	30.000	12.000	23.000			
		e2)		500		500			
175.400						175.400			
42.500			h)		42.500				
155.500						155.500			
140.000						140.000			
40.000		f1)	k)	2.200	42.200				
35.000		f2)	k)	7.000	42.000				
35.000		f3)	k)	4.400	39.400				
	362.000						362.000		
	76.700	c1)	f1)	200	200				
			f3)		400				
		h)		42.500			34.600		
	78.000		d1)		8.000		86.000		
	614.500		e1)		15.000		629.500		

Fortsetzung 772/773

Kto.Nr.	Konten-Namen	Eröffnungs-Bilanz		Summen-Zugänge		Summen-Bilanz	
		Aktiva	Passiva	Soll	Haben	Soll	Haben
209	Sonstige betriebl. Aufw.			115.000		115.000	
212	Zinsaufwendungen f. langfr. Verb.			96.300		96.300	
231	Forderungsabschr.						
234	Zuf. z. Pauschalwertberichtigungen						
2421	Erträge aus Vermietung und Verpachtung				6.500		6.500
262	Zinserträge				25.500		25.500
27	Sonst. betriebl. Ertr.				63.000		63.000
301	Wareneingang	780.000		4.854.000	17.000	5.634.000	17.000
302	Warenbezugskosten			35.000		35.000	
307	Boni				44.000		44.000
308	Lieferantenskonti				162.000		162.000
401/ 402	Löhne u. Gehälter			2.275.000		2.275.000	
404	Gesetzliche soz. Aufwendungen.			234.000		234.000	
405	Freiwillige soz. Aufwendungen			93.000		93.000	
4111	Mieten (Gebäude)			45.000		45.000	
42	Steuern, Abgaben und Gebühren			85.000	4.000	85.000	4.000
44	Werbe- u. Reisek.			425.000	7.500	425.000	7.500
45	Provisionen			62.000		62.000	
46	Kosten der Warenabgabe			46.000	8.000	46.000	8.000
463	Gewährleistungen						
4714/ 4715	Pkw/Lkw(Fuhrpark)			188.000	4.000	188.000	4.000
4731	Kfz-Betriebskosten						
48	Allgem. Verw.			37.800	300	37.800	300
4910	Abschreibungen auf Grundstücke und Gebäude			33.700		33.700	
4911	Abschr. a. Masch. u. masch. Anl.						
49111	Abschr. auf Fuhrpark						
4912	Abschr. a. BGA						
493	Abschr. a. Finanzanlagen des AV						
495	Abschreibungen a. Warenbestand			13.800		13.800	
801	Warenverkauf				9.847.000		9.847.000
805	Rücksendungen			23.000		23.000	
807	Boni			73.000		73.000	
808	Kundeskonti			165.000		165.000	
90	Abgrenzungssammelkonto						
	Spaltensummen	5.420.500	5.420.500	30.444.000	30.444.000	35.864.500	35.864.500
	Σ Reingewinn						

Salden-Bilanz		Umbuchungen (Berichtig. u. Abschlussbuch.)				Vermögens-Bilanz		Gewinn- und Verlust-Rechnung	
Soll	Haben	Erläuter.		Soll	Haben	Aktiva	Passiva	Aufwand	Ertrag
115.000		c1)		2.000					
			i2)		117.000				
96.300			i2)		96.300				
		c2)		12.000				12.000	
		c3)		10.500				10.500	
	6.500	e5)	f2)	500	7.000				
		i1)		13.000					
	25.500	i1)	e2)	26.000	500				
	63.000	i1)	d1)	68.000	5.000				
5.617.000		g1)	f3)	35.000	4.000				
			g3)		4.798.000	850.000			
35.000			g1)		35.000				
	44.000								44.000
	162.000								162.000
2.275.000								2.275.000	
234.000								234.000	
93.000								93.000	
45.000		e1)		15.000				60.000	
81.000		e3)		3.000				84.000	
417.500								417.500	
62.000								62.000	
38.000								38.000	
		d2)		40.000				40.000	
184.000		d3)		3.000				187.000	
			f1)		2.000				2.000
37.500			e4)		8.000			29.500	
33.700		a1)	i2)	30.000	63.700				
		a2)		57.200				57.200	
		a4)		380.000				380.000	
		a3)		46.500				46.500	
		b)	i2)	9.000	9.000				
13.800								13.800	
	9.847.000	g2)		23.000					
		g3)		4.798.000					5.026.000
23.000			g2)		23.000				
73.000								73.000	
165.000								165.000	
		i2)	i1)	286.000	107.000			179.000	
15.495.400	15.495.400			6.089.100	6.089.100	6.052.700	5.275.700	4.457.000	5.234.000
							777.000	777.000	
						6.052.700	6.052.700	5.234.000	5.234.000

Für das Geschäftsjahr 07 sind die folgenden **Geschäftsvorfälle** zu buchen (der USt-Satz betrage vereinfachend einheitlich 10 %):

1) Kauf eines Lieferwagens für 42.000 + USt im Januar 07. 10.000 werden sofort bar bezahlt; der Restbetrag wird vom Lieferanten gestundet.
2) Gemäß einer Sammelbelegaufstellung über Scheckgutschriften werden Forderungen von insgesamt 415.300 ausgeglichen. In diesem Betrag sind in einem früheren Wirtschaftsjahr als uneinbringlich ausgebuchte Forderungen in Höhe von 3.300 enthalten.
3) Die nachstehenden Posten wurden mit Verrechnungsschecks bezahlt:

Kfz-Versicherungen für 07	13.000
Diverses Büromaterial, Rechnungsbetrag	4.400
Einkommensteuer des Komplementärs	12.000
Darlehenszinsen gemäß separater Aufstellung	95.000

4) Zwei Besitzwechsel über 10.000 und 8.000 werden an einen Lieferanten weitergegeben. Ein weiterer Wechsel über 12.000 wird bei der Hausbank zur Diskontierung eingereicht, die uns 440 Zins und 60 Spesen berechnet und den Betrag von 11.500 gutschreibt.
5) Gemäß Gewerbesteuerbescheid für das Vorjahr beträgt die Steuerschuld 34.000, die durch eine Banküberweisung beglichen wird.
6) Wareneinkauf auf Ziel: 2.850.000 + USt.
7) Warenverkauf auf Ziel: 4.020.000 + USt.
8) Für private Zwecke hat der Komplementär für insgesamt 4.000 netto Waren sowie 12.000 in bar entnommen.
9) a) Ein Debitor sendet Waren im Bruttowert von 5.500 zurück.
   b) Wir retournieren eine Falschlieferung an einen Lieferanten und belasten diesem den Rechnungsbetrag in Höhe von 8.800.
10) Gemäß eines Sammelbelegs wurden Kundenforderungen im Gesamtwert von 2.750.000 unter Abzug von 2 % Skonto durch Banküberweisungen beglichen.
11) Wir bezahlten Lieferantenrechnungen in Höhe von 1.870.000 brutto abzüglich 3 % Skonto durch Banküberweisungen.
12) An die Arbeiter und Angestellten wurden im Jahre 07 Löhne und Gehälter im Bruttowert von 525.000 per Banküberweisung bezahlt. Der noch nicht abgeführte Teil der Lohnsteuer beträgt 8.000, während von den insgesamt abzuführenden Arbeitgeberanteilen zur Sozialversicherung in Höhe von 85.000 ein Rest von 14.000 noch nicht überwiesen wurde.
13) Die Lkw-Restschuld (Fall 1) wird durch Warenlieferungen zum Netto-Verkaufspreis von 20.000 und durch einen Verrechnungsscheck beglichen.
14) Den Erlös aus dem Verkauf von Wertpapieren (20.000), die sich in privatem Besitz Schweitzers befanden, schreibt die Bank dem Firmenkonto gut.
15) Kauf von Einrichtungsgegenständen im ersten Halbjahr 07 in Höhe von insgesamt 80.000 netto gegen Verrechnungsscheck.
16) Die Miete für eine außerhalb gelegene Lagerhalle in Höhe von 36.000 wird am 1. 10. 07 für ein Jahr im Voraus durch Banküberweisung bezahlt.
17) Eine Einkommensteuer-Überzahlung des Komplementärs in Höhe von 3.000 wird laut Mitteilung der Finanzkasse mit dem Mehrwertsteuerkonto verrechnet.
18) Die Zusammenstellung der restlichen Kraftfahrzeugkosten weist einen Rechnungsbetrag von brutto 82.500 aus, der per Banküberweisung bezahlt wird.

Folgende **Abschlussangaben** sind zu berücksichtigen:

a) Die Kassenbestandsaufnahme ergibt einen Fehlbetrag von 40.

b) Die Abschreibungen sind gemäß nachstehender Angaben anzusetzen:

(1)	Bebaute Grundstücke (Anschaffungswert 1.500.000)	2 % linear
(2)	Maschinen und maschinelle Anlagen einschließlich Transporteinrichtungen (Fuhrpark)	25 % degressiv
(3)	Betriebs- und Geschäftsausstattung	20 % degressiv

c) Von den bereits wertberichtigten Forderungen sind 13.200 endgültig verloren. Die neue Pauschalwertberichtigung auf Forderungen ist mit 33.000 in der Bilanz auszuweisen.

d) Die Gewerbesteuerabschlusszahlung für das Geschäftsjahr 07 wird auf 45.000 geschätzt.

e) Für die private Nutzung eines betrieblichen Pkws durch den Komplementär setzt die Finanzbehörde 1/3 der auf diesen Pkw entfallenden Kosten in Höhe von insgesamt 15.000 netto an. Der Pkw wurde in 2006 angeschafft.

f) Fällige Darlehenszinsen in Höhe von 19.600 und die Grundsteuer in Höhe von 3.000 sind noch nicht bezahlt.

g) Die aufgrund einer notwendigen Straßenverlegung im Dezember 07 erfolgte Enteignung eines bebauten Grundstücks mit einem Restbuchwert von 45.000 ist noch nicht verbucht. Die Entschädigung in Höhe von 115.000 wurde unserem Bankkonto gutgeschrieben. Eine entsprechende Ersatzbeschaffung ist beabsichtigt, kann jedoch erst 09 realisiert werden. Es wird in 07 eine Rücklage für Ersatzbeschaffung gebildet, welche übergangsweise handelsrechtlich noch über 09 hinaus Bestand hätte (Altfall nach BilMoG).

h) Infolge mehrmaliger Erkrankung eines Mitarbeiters wurden für diesen im Rahmen der Lohnfortzahlung 9.000 aufgewendet. Da es sich jedoch jeweils um Folgeerkrankungen handelte, haben wir einen Anspruch an die Krankenkasse in Höhe von 5.000, den diese noch nicht beglichen hat. Außerdem wurden in Höhe von 800 zu viel Sozialversicherungsbeiträge verrechnet.

i) Der Warenbestand der Warengruppe I beträgt laut Inventurübersicht 414.800 (Nettoabschluss).

k) Erfolgsverteilung: Der Komplementär erhält für seine Tätigkeit als Geschäftsführer im Voraus 40.000. Gemäß Gesellschaftsvertrag sollen die Kapitalbestände am Jahresanfang mit 6 % bzw. einem entsprechend niedrigeren Satz verzinst werden. Der restliche Gewinn soll nach folgendem Schlüssel verteilt werden: Der Komplementär erhält 50 %, die beiden Kommanditisten jeweils 25 %.

Aufgabe:

Die Geschäftsvorfälle und Abschlussangaben sind unter Verwendung des Kontenrahmens für den Groß- und Außenhandel (siehe Anhang A.2, S. 1308 ff.) in der Hauptabschlussübersicht zu verbuchen; Bilanz und Erfolgsrechnung sind zusätzlich in T-Kontenform aufzustellen. Die Erfolgsverteilung ist in Tabellenform vorzunehmen, die dazugehörigen Buchungssätze sind anzugeben.

Buchungssätze: Geschäftsvorfälle

1)	031	Technische Anlagen und Maschinen	42.000				
	141	Vorsteuer	4.200	**an**	151	Kasse	10.000
					17	Verbindlichkeiten	36.200
2)	13	Banken	415.300	**an**	10	Forderungen	412.000
					1811	Umsatzsteuer	300
					27	Sonstige betriebliche Erträge	3.000

3)	4731	Kfz-Betriebskosten	13.000				
	48	Allgemeine Verwaltung	4.000				
	141	Vorsteuer	400				
	1610	Privatentnahme Schweitzer	12.000				
	21	Zinsen und ähnliche Aufwendungen	95.000	an	13	Banken	124.400
4)	17	Verbindlichkeiten	18.000				
	13	Banken	11.500				
	21	Zinsen und ähnliche Aufwendungen	400				
	1811	Umsatzsteuer	40				
	48	Allgemeine Verwaltung	60	an	153	Wechselforderungen	30.000
5)	07220	Gewerbesteuerrückstellung	30.000				
	209	Sonstige betriebliche Aufwendungen	4.000	an	13	Banken	34.000
6)	30	Warengruppe I	2.850.000				
	141	Vorsteuer	285.000	an	17	Verbindlichkeiten	3.135.000
7)	10	Forderungen	4.422.000	an	80	Warengruppe I	4.020.000
					1811	Umsatzsteuer	402.000
8)	1610	Privatentnahme Schweitzer	16.400	an	30	Warengruppe I	4.000
					1811	Umsatzsteuer	400
					151	Kasse	12.000
9a)	80	Warengruppe I	5.000				
	1811	Umsatzsteuer	500	an	10	Forderungen	5.500
9b)	17	Verbindlichkeiten	8.800	an	30	Warengruppe I	8.000
					141	Vorsteuer	800
10)	13	Banken	2.695.000				
	808	Kundenskonti	50.000				
	1811	Umsatzsteuer	5.000	an	10	Forderungen	2.750.000
11)	17	Verbindlichkeiten	1.870.000	an	13	Banken	1.813.900
					308	Lieferantenskonti	51.000
					141	Vorsteuer	5.100
12)	401/402	Löhne/Gehälter	525.000				
	404	Gesetzliche soziale Aufwendungen	85.000	an	13	Banken	588.000
					191	Verbindlichkeiten aus Steuern	8.000
					192	Verbindlichkeiten im Rahmen der sozialen Sicherheit	14.000
13)	17	Verbindlichkeiten	36.200	an	13	Banken	14.200
					80	Warengruppe I	20.000
					1811	Umsatzsteuer	2.000
14)	13	Banken	20.000	an	1620	Privateinlagen Schweitzer	20.000

15)	033	Betriebs- und Geschäftsausstattung	80.000				
	141	Vorsteuer	8.000	**an**	13	Banken	88.000
16)	411	Miete	9.000				
	091	Aktive Rechnungsabgrenzungsposten	27.000	**an**	13	Banken	36.000
17)	1811	Umsatzsteuer	3.000	**an**	1620	Privateinlagen Schweitzer	3.000
18)	4731	Kfz-Betriebskosten	75.000				
	141	Vorsteuer	7.500	**an**	13	Banken	82.500

Vorbereitende Abschlussbuchungen:

a)	209	Sonstige betriebl. Aufwendungen	40	**an**	151	Kasse	40
b) (1)	4910	Abschreibungen auf Grundstücke und Gebäude	30.000	**an**	023	Bauten auf eigenen Grundstücken	30.000
(2)	4911	Abschreibungen auf technische Anlagen und Maschinen	165.500	**an**	031	Technische Anlagen und Maschinen (einschließlich Transporteinrichtungen)	165.500
(3)	4912	Abschreibungen auf Betriebs- und Geschäftsausstattung	108.000	**an**	033	Betriebs- und Geschäftsausstattung	108.000
c) (1)	0521	Einzelwertberichtigungen	12.000				
	1811	Umsatzsteuer	1.200	**an**	10	Forderungen	13.200
(2)	234	Zuführungen zu den Pauschalwertberichtigungen	33.000	**an**	0522	Pauschalwertberichtigungen	33.000
d)	421	Gewerbesteuer	45.000	**an**	07220	Gewerbesteuerrückstellung	45.000
e)	1610	Privatentnahme Schweitzer	5.500	**an**	4731	Kfz-Betriebskosten	5.000
					1811	Umsatzsteuer	500
f)	21	Zinsen und ähnliche Aufwendungen	19.600	**an**	194	Sonstige Verbindlichkeiten	19.600
	423	Grundsteuer	3.000	**an**	191	Verbindlichkeiten aus Steuern	3.000
g)	13	Banken	115.000	**an**	023	Bauten auf eigenen Grundstücken	45.000
					0710	Rücklage für Ersatzbeschaffung	70.000

Nach BilMog handelsrechtlich nicht mehr zulässig (außer wie hier Altfall); für neue Fälle erfolgt handelsrechtlich eine Ertragsbuchung in Höhe des Differenzbetrages (beachte zudem die Bildung einer Steuerlatenz).

h) (1) 113 Sonstige Forderungen 5.000 **an** 401 Löhne 5.000

(2) 192 Verbindlichkeiten im Rahmen der sozialen Sicherheit 800 **an** 404 Gesetzliche soziale Aufwendungen 800

i) Umbuchung des Wareneinsatzes auf das Erlöskonto Warengruppe I:

80 Warengruppe I 2.673.200 **an** 30 Warengruppe I 2.673.200

k) Umbuchung der Privatkonten auf Eigenkapitalkonten:

(1) 0610 Eigenk. Schweitzer 33.900 **an** 1610 Privatentnahmen Schweitzer 33.900

(2) 1620 Privateinlagen Schweitzer 23.000 **an** 0610 Eigenk. Schweitzer 23.000

l) Aufrechnung der Umsatzsteuerkonten:

1811 Umsatzsteuer 299.200 **an** 141 Vorsteuer 299.200

m) Umbuchung der neutralen Konten auf das Abgrenzungssammelkonto:

(1) 90 Abgrenzungssammelkonto 149.040 **an** 209 Sonstige betriebliche Aufwendungen 4.040
21 Zinsen und ähnliche Aufwendungen 115.000
4910 Abschreibungen auf Grundstücke und Gebäude 30.000

(2) 27 Sonstige betriebliche Erträge 3.000 **an** 90 Abgrenzungssammelkonto 3.000

Erfolgsrechnung:

Aufwand	93 Jahresgewinn- und Verlustrechnung 07				Ertrag
234	Zuführungen zu den Pauschalwertberichtigungen	33.000	308	Lieferantenskonti	51.000
			80	Warengruppe I Rohertrag	1.361.800
401/402	Löhne/Gehälter	520.000			
404	Gesetzliche soziale Aufwendungen	84.200			
411	Miete	9.000			
421	Gewerbesteuer	45.000			
423	Grundsteuer	3.000			
4731	Kfz-Betriebskosten	83.000			
48	Allg. Verwaltung	4.060			
4911	Abschreibungen auf technische Anlagen und Maschinen	165.500			
4912	Abschreibungen auf Betriebs- und Geschäftsausstattung	108.000			
808	Kundenskonti	50.000			
90	Abgrenzungssammelkonto	146.040			
930	Gewinnverwendungskonto	162.000			
		1.412.800			1.412.800

Erfolgsverteilung: Gewinnverteilungstabelle

	Kapitalanteil 1. 1. 07	Vorabanteil	Kapitalverzinsung 6 %	Restgewinnverteilung	Gesamtgewinnanteil	Privatentnahmen bzw.-einlagen	Kapitalanteil 31. 12. 07	Gewinnanteile d. Kommanditisten als sonst. kurzfr. Verbindlichkeit
S	515.000	40.000	30.900	40.000	110.900	./. 10.900	615.000	–
T	./. 20.000	–	–	20.000	20.000	–	0	–
U	185.000	–	11.100	20.000	31.100	–	200.000	16.100
	680.000	40.000	42.000	80.000	162.000	./. 10.900	815.000	16.100

Die Gewinnverteilung stellt sich buchtechnisch folgendermaßen dar:

930 Gewinnverwendungskonto	162.000	**an** 0610	Eigenkapital Schweitzer	110.900
		0611	Eigenkapital Trautmann	20.000
		06120	Ausstehende, eingeforderte Einlagen Urban	15.000
		193	Verbindlichkeiten gegenüber Gesellschaftern (Gewinngutschrift Urban)	16.100

Damit ergeben sich zum 31. 12. 07 nachstehende Eigenkapitalkonten:

0610 Eigenkapitalkonto Schweitzer

Privatentnahmen	33.900	Anfangsbestand	515.000
Schlussbilanz	615.000	Privateinlage	23.000
		Gewinnanteil	110.900
	648.900		648.900

0611 Eigenkapitalkonto Trautmann

Anfangsbestand	20.000	Gewinnanteil	20.000

0612 Eigenkapitalkonto Urban

Schlussbilanz	200.000	Anfangsbestand	200.000

06120 Ausstehende, eingeforderte Einlagen Urban

Anfangsbestand	15.000	Gewinnanteil	15.000

Abschluss-Übersicht der Großhandlung Schweitzer KG am 31. 12. 07

Kto. Nr.	Konten-Namen	Eröffnungs-Bilanz		Summen-Zugänge		Summen-Bilanz	
		Aktiva	Passiva	Soll	Haben	Soll	Haben
021	Grundst.	350.000				350.000	
023	Bauten	1.200.000				1.200.000	
031	techn. Anlagen u. Maschinen	620.000		42.000 (1)		662.000	
033	BGA	460.000		80.000 (15)		540.000	
0521	Einzelwertber.		14.000				14.000
0522	Pauschalwertber.						
0610	Eigenkap. Schweitzer		515.000				515.000
0611	Eigenkap. Trautmann	20.000				20.000	
0612	Eigenkap. Urban		200.000				200.000
06120	Ausst., eingef. Einlagen Urban	15.000				15.000	
0710	Rückl. f. Ersatzbeschaffung						
07220	Rückstellungen		30.000	30.000 (5)		30.000	30.000
08	Langfr. Verbindl.		1.885.000				1.885.000
091	Aktive RAP			27.000 (16)		27.000	
10	Forderungen	385.000		4.422.000 (7)	412.000 (2) 5.500 (9a) 2.750.000 (10)	4.807.000	3.167.500
113	Sonst. Ford.						
13	Banken	71.000		415.300 (2) 11.500 (4) 2.695.000 (10) 20.000 (14)	124.400 (3) 34.000 (5) 1.813.900 (11) 588.000 (12) 14.200 (13) 88.000 (15) 36.000 (16) 82.500 (18)	3.212.800	2.781.000
141	Vorsteuer			4.200 (1) 400 (3) 285.000 (6) 8.000 (15) 7.500 (18)	800 (9b) 5.100 (11)	305.100	5.900
151	Kasse	42.000			10.000 (1) 12.000 (8)	42.000	22.000
153	Wechselford.	37.000			30.000 (4)	37.000	30.000
1610	Privatentnahme Schweitzer			12.000 (3) 16.400 (8)		28.400	
1620	Privateinlage Schweitzer				20.000 (14) 3.000 (17)		23.000
17	Verbindl.		772.000	18.000 (4) 8.800 (9b) 1.870.000 (11) 36.200 (13)	36.200 (1) 3.135.000 (6)	1.933.000	3.943.200

für die Zeit vom 1. 1. 07 bis 31. 12. 07

Kto.Nr.	Salden-Bilanz		Umbuchungen (Berichtig. u. Abschlussbuch.)				Vermögens-Bilanz		Gewinn und Verlust-Rechnung	
	Soll	Haben	Erläuter.		Soll	Haben	Aktiva	Passiva	Auf-wand	Ertrag
021	350.000						350.000			
023	1.200.000			b1)		30.000				
				g)		45.000	1.125.000			
031	662.000			b2)		165.500	496.500			
033	540.000			b3)		108.000	432.000			
0521		14.000	c1)		12.000			2.000		
0522				c2)		33.000		33.000		
0610		515.000	k1)	k2)	33.900	23.000		504.100		
0611	20.000						20.000			
0612		200.000						200.000		
06120	15.000						15.000			
0710				g)		70.000		70.000		
07220				d)		45.000		45.000		
08		1.885.000						1.885.000		
091	27.000						27.000			
10	1.639.500			c1)		13.200	1.626.300			
113			h1)		5.000		5.000			
13	431.800		g)		115.000		546.800			
141	299.200			l)		299.200				
151	20.000			a)		40	19.960			
153	7.000						7.000			
1610	28.400		e)	k1)	5.500	33.900				
1620		23.000	k2)		23.000					
17		2.010.200						2.010.200		

Fortsetzung S. 782/783

Kto. Nr.	Konten-Namen	Eröffnungs-Bilanz		Summen-Zugänge		Summen-Bilanz	
		Aktiva	Passiva	Soll	Haben	Soll	Haben
1811	Umsatzsteuer		34.000	40 (4) 500 (9a) 5.000 (10) 3.000 (17)	300 (2) 402.000 (7) 400 (8) 2.000 (13)	8.540	438.700
191	Verbindl. a. Steuern				8.000 (12)		8.000
192	Verbindl. i. R. d.soz. Sicherheit				14.000 (12)		14.000
194	Sonst. Verbindl.						
209	Sonstige betriebliche Aufw.			4.000 (5)		4.000	
21	Zinsen u. ä. Aufw.			95.000 (3) 400 (4)		95.400	
234	Zuf. Pausch.-wertb.						
27	Sonstige betriebliche Erträge				3.000 (2)		3.000
30	Warengruppe I	250.000		2.850.000 (6)	4.000 (8) 8.000 (9b)	3.100.000	12.000
308	Lieferantenskonti				51.000 (11)		51.000
401/ 402	Löhne/Gehälter			525.000 (12)		525.000	
404	Ges. soz. Aufw.			85.000 (12)		85.000	
411	Miete			9.000 (16)		9.000	
42	Steuern						
4731	Kfz-Betriebskosten			13.000 (3) 75.000 (18)		88.000	
48	Allg. Verw.			4.000 (3) 60 (4)		4.060	
4910	Abschr. a. Grundst. u. Gebäude						
4911	Abschr. auftech. Anl. u. Masch.						
4912	Abschr. a. BGA						
80	Warengruppe I			5.000 (9a)	4.020.000 (7) 20.000 (13)	5.000	4.040.000
808	Kundenskonti			50.000 (10)		50.000	
90	Abgrenzungssam-melkonto						
	Spaltensummen	3.450.000	3.450.000	13.733.300	13.733.300	17.183.300	17.183.300
	Reingewinn						

Kto. Nr.	Salden-Bilanz		Umbuchungen (Berichtig. u. Abschlussbuch.)				Vermögens-Bilanz		Gewinn und Verlust-Rechnung	
	Soll	Haben	Erläuter.		Soll	Haben	Aktiva	Passiva	Aufwand	Ertrag
1811		430.160	c1)		1.200					
				e)		500				
			1)		299.200			130.260		
191		8.000		f)		3.000		11.000		
192		14.000	h2)		800			13.200		
194				f)		19.600		19.600		
209	4.000		a)	m1)	40	4.040				
21	95.400		f)	m1)	19.600	115.000				
234			c2)		33.000				33.000	
27		3.000	m2)		3.000					
30	3.088.000			i)		2.673.200	414.800			
308		51.000								51.000
401/										
402	525.000			h1)		5.000			520.000	
404	85.000			h2)		800			84.200	
411	9.000								9.000	
42			d)		45.000					
			f)		3.000				48.000	
4731	88.000			e)		5.000			83.000	
48	4.060								4.060	
4910			b1)	m1)	30.000	30.000				
4911			b2)		165.500				165.500	
4912			b3)		108.000				108.000	
80		4.035.000	i)		2.673.200					1.361.800
808	50.000								50.000	
90			m1)	m2)	149.040	3.000			146.040	
	9.188.360	9.188.360			3.724.980	3.724.980	5.085.360	4.923.360	1.250.800	1.412.800
								162.000	162.000	
							5.085.360	5.085.360	1.412.800	1.412.800

Nach Gewinnverteilung ergibt sich folgende Schlussbilanz der Schweizer KG:

Aktiva	941 Schlussbilanz 31. 12. 07 W. Schweitzer KG					Passiva
I. Anlagevermögen			**I. Gesellschafterkapital**			
021	Grundstücke	350.000	0610	Eigenkapital Schweitzer Anf.-Best.	515.000	
023	Bauten auf eigenen Grundstücken	1.125.000		. /. Privatentnahmen	33.900	
031	Technische Anlagen und Maschinen (einschl. Transporteinrichtungen)	496.500		+ Privateinlagen	23.000	
033	Betriebs- und Geschäftsausstattung	432.000		+ Gewinnanteil	110.900	615.000
			0611	Eigenkapital Trautmann		0
II. Umlaufvermögen			0612	Eigenkapital Urban		200.000
10	Forderungen	1.626.300	**II. Rücklagen**			
113	Sonst. Forderungen	5.000	0710	Rücklagen für Ersatzbeschaffung		70.000
13	Banken	546.800	**III. Wertberichtigungen auf Forderungen**			
151	Kasse	19.960	0521	Einzelwertberichtigungen		2.000
153	Wechselforderungen	7.000	0522	Pauschalwertberichtigungen		33.000
30	Warengruppe I	414.800	**IV. Rückstellungen**			
III. Aktive Rechnungsabgr.			07220	Gewerbesteuerrückstellung		45.000
091	Aktive RAP	27.000	**V. Verbindlichkeiten**			
			08	Langfr. Verbindl.		1.885.000
			17	Verbindl.		2.010.200
			1811	Umsatzsteuer		130.260
			191	Verb. a. Steuern		11.000
			192	Verb. i. R. d. soz. Sicherheit		13.200
			193	Verbindl. geg. Gesellschaftern		16.100
			194	Sonst. Verbindl.		19.600
		5.050.360				5.050.360

Teil B

Kosten- und Leistungsrechnung

1 Aufgaben der Kosten- und Leistungsrechnung

Die Kosten- und Leistungsrechnung – aus eher organisatorischer Sicht traditionell auch als **Betriebsbuchführung** gekennzeichnet – ist zentraler Bestandteil des **internen Rechnungswesens** und repräsentiert neben der Finanz- oder Geschäftsbuchführung den zweiten Zweig des betrieblichen Rechnungswesens (vgl. hierzu die Systematik im Einleitungsteil, Kap. 2, auf S. 10). Als Instrument der innerbetrieblichen Abrechnung hat sie die Aufgabe, den Einsatz der Produktionsfaktoren im betrieblichen Kombinationsprozess zu dokumentieren und den Werteverbrauch und Wertezuwachs zahlenmäßig abzubilden, der durch die betriebliche Leistungserstellung und Leistungsverwertung verursacht wird. Diese Abbildung der betrieblichen Wertschöpfung dient der Erfüllung folgender **Aufgaben:**

1. Die Kosten- und Leistungsrechnung soll durch ihre Informationen die Unternehmensleitung in die Lage versetzen, die unternehmerischen Prozesse zielentsprechend zu steuern. Hierzu bedarf es zunächst der Planung zukünftiger Entscheidungssituationen. Grundlage dieser unternehmerischen **Planungs- und Entscheidungsaufgabe** sind die in der Kosten- und Leistungsrechnung erfassten Informationen; diese soll mithin relevante Unterlagen bereitstellen, auf deren Basis Entscheidungen gefällt werden können.

   Aus der Fülle der Fragestellungen, die auf der Grundlage von Kostenrechnungsinformationen zu beantworten sind, seien beispielhaft folgende genannt:

   - im **Beschaffungsbereich**: Wahl zwischen Eigenfertigung und Fremdbezug, zwischen verschiedenen Bezugsquellen oder Transportwegen, Ermittlung der optimalen Bestell- bzw. Lagermenge
   - im **Produktionsbereich**: Bestimmung des optimalen Produktionsprogrammes, des optimalen Produktionsverfahrens bzw. der optimalen Losgröße, Änderung des Beschäftigungsgrades durch zeitliche, intensitätsmäßige oder quantitative Anpassung
   - im **Absatzbereich**: Ermittlung von Einführungspreisen bzw. Preisuntergrenzen, Wahl zwischen verschiedenen Absatzwegen, Vertriebsmethoden und Werbemaßnahmen.

Die traditionellen Verfahren der Kostenrechnung beschränken sich dabei in der Regel auf die Bereitstellung von Daten für **kurzfristige** Entscheidungen. Da einige der oben benannten Entscheidungsaufgaben aber naturgemäß langfristigen Charakter haben (z. B. die Festlegung des Produktionsprogrammes oder die Wahl zwischen Eigen- und Fremdfertigung), gewinnt die Bereitstellung von Informationen für **strategische** Entscheidungen durch die Kostenrechnung zunehmend an Bedeutung.

2. Zur Lenkungs- und Steuerungsaufgabe der Unternehmensleitung gehört nicht nur die Planung zukünftiger Entscheidungssituationen, sondern auch die **Kontrolle** bereits laufender unternehmerischer Prozesse. Um nicht erwünschte unternehmensinterne Entwicklungen kurzfristig lenken bzw. auf nicht erwartete Umweltsituationen sachgerecht reagieren zu können, werden aktuelle und detaillierte **Kontrollinformationen** darüber benötigt, was in den verschiedenen Fertigungsstellen tatsächlich geschieht. Indem ständig Unterlagen bereitgestellt werden, aus denen sowohl die **Kostenentstehung** und **Kostenhöhe** als auch die betriebliche **Wertschöpfung** hervorgehen, wird eine Kontrolle der betrieblichen Gütererstellung ermöglicht, welche in erster Linie darauf abzielt, jede ineffiziente Verwendung von betrieblichen Ressourcen zu vermeiden.
3. Neben den beiden Hauptaufgaben Planung und Kontrolle hat die Kosten- und Leistungsrechnung eine unterstützende Funktion **(Hilfsfunktion)** bei der Erfassung und Bewertung von Informationen für andere Zweige des Rechnungswesens. So sind z. B. die **Wertansätze** für die mit Herstellungskosten zu bilanzierenden Bestände an Halb- und Fertigfabrikaten sowie der sonstigen aktivierungspflichtigen Eigenleistungen in der Kostenrechnung zu ermitteln und in die Geschäftsbuchführung zu übernehmen. Darüber hinaus kann die Kosten- und Leistungsrechnung auch Informationen für **externe Dokumentationszwecke** liefern (z. B. Selbstkostenermittlung im Rahmen der LSP, Kosten- bzw. Wirtschaftlichkeitsinformationen bei Beantragung eines Kredits etc.).

Die Kostenrechnung dient diesen Aufgaben dadurch, dass sie das tatsächliche Geschehen im Unternehmen zahlenmäßig abbildet. Dazu werden sämtliche effektiven **Istkosten**, gegliedert nach ihrer Art **(Kostenartenrechnung)**, dem Ort ihrer Entstehung **(Kostenstellenrechnung)** oder der sie verursachenden Leistung **(Kostenträgerrechnung)** ermittelt und den gemäß der unternehmerischen Zielsetzung entwickelten Vorstellungen über erwartete **Sollkosten (Plankostenrechnung)** gegenübergestellt. Zur kurzfristigen Planung und Kontrolle des unternehmerischen Erfolgs kann die **Kostenträgerzeitrechnung** oder die **kurzfristige Erfolgsrechnung**, die den Erfolg als bewertete Leistung abzüglich Kosten eines Betriebes ausweist, herangezogen werden.

Ergänzende Literatur zu: 1 Aufgaben der Kosten- und Leistungsrechnung

Coenenberg/Fischer/Günther, Kostenrechnung und Kostenanalyse, S. 21–23

Ewert/Wagenhofer, Interne Unternehmensrechnung, S. 5–14

Friedl, Kostenrechnung, S. 9–23

Götze, Kostenrechnung und Kostenmanagement, S. 9–12

Haberstock/Breithecker, Kostenrechnung I, S. 3–5

Schildbach/Homburg, Kosten- und Leistungsrechnung, S. 13–18

Troßmann, Internes Rechnungswesen, S. 101–109

Wöhe/Döring, Einführung, S. 921–924

2 Definitorische Grundlagen

2.1 Kosten und Leistungen

Die Begriffe Kosten und Leistung sind im Rahmen des betrieblichen Rechnungswesens als negative und positive Erfolgskomponenten der Kosten- und Leistungsrechnung zu verstehen. Die Kosten stehen dabei für den Verbrauch, die Leistungen für die Entstehung von Wirtschaftsgütern.

In der Betriebswirtschaftslehre werden vor allem zwei Kostenbegriffe unterschieden: der pagatorische und der wertmäßige Kostenbegriff. **Pagatorische Kosten** werden ausschließlich aus den Auszahlungen, d. h. aus den historischen Anschaffungskosten, abgeleitet (*Koch,* Kostenrechnung, S. 14) und sind daher rein zahlungs- und damit beschaffungsmarktorientiert. Unter **wertmäßigen Kosten** versteht man den bewerteten Verbrauch an Gütern und (Dienst-)Leistungen (allgemein: Produktionsfaktoren) zur Erstellung und zum Absatz der betrieblichen Produkte und zur Aufrechterhaltung der hierfür notwendigen Betriebsbereitschaft. Der wertmäßige Kostenbegriff ist damit leistungsorientiert. Eine adäquate Definition des Terminus Kosten ist daran auszurichten, inwieweit ihr Einbezug in die Betriebsbuchhaltung der Aufgabenstellung dieses Rechnungszweiges gerecht wird. Der wertmäßige Kostenbegriff ist daher, wie bereits *Schmalenbach* (Kostenrechnung, S. 5) betont hat, „nicht souverän; er ist ein Begriff, der die Verfolgung gewisser Zwecke erleichtern soll, und hat sich diesen Zwecken unterzuordnen". Kosten sind als jene relevanten negativen Zielbeiträge zu betrachten, die Grundlage für die dispositiven Aufgaben Entscheidung und Kontrolle sein können. Da der wertmäßige Kostenbegriff umfassender konzipiert ist, eignet er sich für die oben genannten Zwecke der Kosten- und Leistungsrechnung besser als der pagatorische und wird deshalb hier zugrunde gelegt.

Die wertmäßige Kostenkonzeption, die im Wesentlichen von *Schmalenbach* (Kostenrechnung, S. 6) geprägt worden ist, geht zur Herleitung der Kosten vom **Mengengerüst** aus, das aus Verbrauchsmengen bzw. -zeiten besteht und mit den zugehörigen Wertansätzen zu bewerten ist. Diese Wertansätze stimmen zwar oft mit den historischen Anschaffungskosten überein (in diesem Fall besteht praktisch kein Unterschied zwischen wertmäßigen und pagatorischen Kosten), es können jedoch, je nach Rechnungszweck, auch andere Wertansätze herangezogen werden. Insbesondere knappe Produktionsfaktoren werden mit so genannten **Opportunitätskosten** bewertet, die den Nutzenentgang (Gewinneinbuße) messen, der entsteht, wenn Produktionsfaktoren einer bestimmten Verwendung zugeführt und gleichzeitig einer anderen Verwendung entzogen werden (z. B. kalkulatorische Zinsen, kalkulatorischer Unternehmerlohn). Durch den Ansatz derartiger Opportunitätskosten wird der Kostenbegriff kontroll- und entscheidungsorientiert (*Adam,* Kostenbewertung, S. 30 f.); er löst sich damit aber von den historischen Anschaffungsauszahlungen.

Der Kostenbegriff in der hier vertretenen **wertmäßigen** Fassung ist durch drei Merkmale bestimmt:

- Güter- bzw. Leistungsverbrauch
- Bezug auf die erstellten bzw. abgesetzten Produkte
- Bewertung.

Wesentliches Bestimmungsmerkmal der Kosten ist zum einen der **Verbrauch** von Gütern und Diensten. Ein solcher Güter- und Leistungsverbrauch kann dadurch bewirkt werden, dass Sach- oder Dienstleistungen direkt und vollkommen in das Produkt eingehen (Verbrauchsgüter) oder dass Güter über einen längeren Zeitraum Nutzungen abgeben (Gebrauchsgüter) und damit mittelbar der Produktion dienen.

Das Merkmal des Bezuges auf die erstellten und abgesetzten Produkte **(Leistungsbezogenheit)** grenzt den Güter- und Leistungsverzehr weiter ab. Nur die Sach- und Dienstleistungen können Kostencharakter haben, bei denen eine zumindest mittelbare Beziehung zur betrieblichen Endleistung festzustellen ist. Der Kostencharakter von Faktorleistungen hängt mithin vom jeweiligen Leistungsprogramm des Betriebs ab. Nur unter diesem Aspekt kann entschieden werden, ob Faktorleistungen als Kosten zu behandeln sind oder wegen „Betriebsfremdheit" nicht kostenwirksam werden können. Es ist dabei nicht wesensnotwendig, dass eine direkte und unmittelbare Beziehung zwischen Güter- und Leistungsverbrauch einerseits und Leistungsprogramm andererseits besteht **(Kostenverursachungsprinzip)**, sondern es genügt vielmehr, wenn eine indirekte Beziehung in dem Sinne besteht, dass eine Leistungserstellung und der jeweilige Verbrauch an Produktionsfaktoren auf dieselbe Entscheidung zurückgeführt werden können (**Identitätsprinzip**, s. Teil B, Abschn. 3.1.1, S. 800).

Der leistungsbezogene Güterverbrauch muss schließlich **bewertet** werden. An die Erfassung des Mengengerüsts der Kosten schließt sich die Zuordnung der Preise an. Aus dem Produkt: mengenmäßiger Verzehr × Kostenpreis ergibt sich der **Kostenwert.** Über die Bewertung wird der mengenmäßige Güter- und Leistungsverbrauch durch den Ausdruck in Geldgrößen in eine einheitliche Dimension transformiert. Dies ist Voraussetzung dafür, dass die verschiedenen Gütermengen überhaupt miteinander verglichen und verrechnet werden können. Der Bewertung fällt zusätzlich die Funktion der ökonomischen Gewichtung zu. Die gesamten Kosten (K) setzen sich aus der Summe der einzelnen Kostenwerte zusammen.

Formelmäßig sind die gesamten Kosten wie folgt definiert:

$$K = \sum_{i=1}^{n} r_i \cdot q_i$$

mit i = Art des eingesetzten Produktionsfaktors
r_i = Einsatzmenge des Produktionsfaktors i
q_i = Preis je Einheit des Produktionsfaktors i.

Im Gegensatz zum Kostenbegriff ist der Begriff der Leistung in der Literatur nicht eindeutig definiert. Man kann den Terminus **Leistung** so interpretieren, dass jedes Ergebnis der betrieblichen Tätigkeit, das sich als Objekt der Zurechnung von Kosten eignet, als Leistung zu betrachten ist (*Plinke*, Leistungs- und Erlösrechnung, Sp. 2563). Diese weite Begriffsfassung ist aber für die hier verfolgten Zwecke nur bedingt geeignet; als Leistung oder Betriebsertrag soll deshalb im Folgenden der Wert des Zugangs an Gütern, Dienstleistungen und Geld auf Grund der betrieblichen Tätigkeit während einer Periode verstanden werden (s. Teil B, Kap. 8, S. 981 ff.).

2.2 Rechnungstechnische Abgrenzungen

Die im Rechnungswesen einer Unternehmung geldmäßig erfassten Güter- und Leistungsströme bewirken eine Veränderung der in einem Unternehmen gehaltenen Bestände. Je nachdem, auf welcher Rechnungsebene Bestandsänderungen hervorgerufen werden, ist zwischen Auszahlung, Einzahlung, Ausgabe, Einnahme, Aufwand, Ertrag, Kosten und Betriebsertrag (Leistung) zu unterscheiden. Eine übersichtliche Darstellung einschließlich der aus Zustrom und Abstrom resultierenden Bestandsveränderungen zeigt die folgende Matrix der Rechnungsebenen und Rechnungsgrößen (vgl. *Krümmel*, Finanzplanung, S. 226; vgl. hierzu auch die Ausführungen im Einleitungsteil, Kap. 1, S. 3 ff.).

Rechnungsebene		Bestände und ihre Komponenten	Zustrom	Abstrom	Bestandsveränderungen
Unternehmensebene	Zahlungsmittelebene	Kassenbestand + jederzeit verfügbare Bankguthaben = Zahlungsmittelbestand	Einzahlung	Auszahlung	Zahlungsmittelbestandsveränderung
	Geldvermögensebene	Zahlungsmittelbestand + alle übrigen Forderungen ./. Verbindlichkeiten = Geldvermögen	Einnahme	Ausgabe	Geldvermögensänderung
	Reinvermögensebene	Geldvermögen + Sachvermögen = Reinvermögen	Ertrag	Aufwand	Reinvermögensänderung (Gewinn/ Verlust)
	Betriebsebene	Betriebsnotwendiges (kalkulatorisches) Vermögen	Betriebsertrag (Leistung)	Kosten	Betriebserfolg

Matrix der Rechnungsebenen und Rechnungsgrößen

Auszahlung (Einzahlung): Abfluss (Zufluss) liquider Mittel aus dem (in den) Unternehmensbereich in die (aus der) wirtschaftliche(n) Umwelt.

Ausgabe (Einnahme): Auszahlungen (Einzahlungen) + Zugang (Abgang) an Verbindlichkeiten + Abgang (Zugang) an Forderungen.

Aufwand (Ertrag): Bewerteter Verbrauch (Zuwachs) von Gütern und Dienstleistungen innerhalb einer Abrechnungsperiode.

Kosten (Betriebsertrag): Bewerteter Güter- und Leistungsverbrauch einer Periode, der zur Erstellung und zum Absatz der betrieblichen Produkte und zur Aufrechterhaltung der hierfür notwendigen Kapazitäten erforderlich ist (Wert des Zugangs an Gütern, Dienstleistungen und Geld auf Grund der betrieblichen Tätigkeit während einer Periode).

Die Abgrenzung von Auszahlungen und Ausgaben bzw. Einzahlungen und Einnahmen ergibt sich aus der unten folgenden Darstellung. Nicht ausgabewirksame Auszahlungen liegen immer dann vor, wenn eine Auszahlung in gleicher Höhe mit einer Senkung der Verbindlichkeiten (z. B. Bartilgung eines Kredits) oder mit einer Erhöhung der Forderungen (z. B. Vergabe eines Darlehens an einen Kunden) verbunden ist und sich somit Ausgaben in Höhe von null ergeben. Analog sind nicht einnahmegleiche Einzahlungen alle Einzahlungen, die unmittelbar in gleicher Höhe zu einer Abnahme der Forderungen (z. B. Rückzahlung eines vergebenen Darlehens durch den Schuldner) oder zu einer Zunahme der Verbindlichkeiten (z. B. Aufnahme eines Bankkredits mit Barauszahlung) führen. Nicht auszahlungswirksame Ausgaben sind demgegenüber ausgabewirksame Geschäftsvorfälle, die den Zahlungsmittelbestand nicht negativ berühren wie beispielsweise der Kauf von Waren oder Rohstoffen auf Ziel. Entsprechend sind nicht einzahlungswirksame Einnahmen alle Einnahmen, die den Zahlungsmittelbestand nicht positiv tangieren wie z. B. der Verkauf von Waren und Produkten auf Ziel.

Auszahlungen		
Nicht ausgabewirksame Auszahlung (z. B. Barrückzahlung eines Bankkredits, Vergabe eines Kundendarlehens)	Ausgabewirksame Auszahlung (z. B. Einkauf von Rohstoffen gegen Barzahlung)	
	Auszahlungswirksame Ausgaben	Nicht auszahlungswirksame Ausgaben (z. B. Einkauf von Waren auf Ziel)
	Ausgaben	

Einzahlungen		
Nicht einnahmewirksame Einzahlung (z. B. Aufnahme eines Bankkredits mit Barauszahlung)	Einnahmewirksame Einzahlung (z. B. Barverkauf, Bareinlage eines Unternehmenseigners)	
	Einzahlungswirksame Einnahmen	Nicht einzahlungswirksame Einnahmen (z. B. Verkauf von Waren und Produkten auf Ziel)
	Einnahmen	

Abgrenzung von Auszahlungen und Ausgaben bzw. Einzahlungen und Einnahmen

Ausgaben und Aufwand bzw. Einnahmen und Ertrag werden, wie unten dargestellt, voneinander abgegrenzt. Nicht aufwandsgleiche Ausgaben sind Ausgaben, soweit diese erst in späteren Rechnungsperioden oder nie zu Aufwand führen (z. B. Beschaffungen auf Lager oder Kauf eines Grundstücks). Nicht ertragsgleiche Einnahmen sind alle Einnahmen, die innerhalb der Periode nicht zu Erträgen führen (z. B. Verkauf eines Grundstücks zum Buchwert). Ein nicht einnahmewirksamer Ertrag liegt demgegenüber immer dann vor, wenn ein ertragswirksamer Vorgang erst in späteren Perioden zu Einnahmen führt (z. B. Produktion auf Lager). Ein nicht ausgabewirksamer Aufwand ergibt sich, wenn einem Aufwand in der Periode keine entsprechende Ausgabe gegenübersteht. Dies ist beispielsweise beim Einsatz von Produktionsfaktoren aus Lagerbeständen oder bei Abschreibungen der Fall.

Die Abgrenzung des Aufwands gegenüber den Kosten wird in zwei Stufen durchgeführt (*Kilger,* Kostenrechnung, S. 24 f.): Da Kosten als bewerteter Verbrauch an Gütern und (Dienst-)Leistungen zur Erstellung und zum Absatz betrieblicher Produkte definiert sind, werden vom Aufwand zunächst jene neutralen Positionen abgegrenzt, die in keinem Zusammenhang mit der Leistungserstellung der Periode stehen (Merkmal der Leistungsbezogenheit). Betriebsfremder Aufwand (z. B. Spenden), außerordentlicher Aufwand (z. B. Feuer- oder Unfallschäden) sowie periodenfremder Aufwand (z. B. Steuernachzahlungen) sind daher keine Kostenbestandteile. Die Differenz zwischen dem gesamten Aufwand und diesem **neutralen Aufwand** ergibt den **Zweckaufwand**.

Ausgaben der Periode		
Nicht aufwandsgleiche Ausgaben (z. B. Beschaffung auf Lager)	Aufwandsgleiche Ausgaben (z. B. Verbrauch von in der Periode beschafften Stoffen)	
	Ausgabewirksamer Aufwand	Nicht ausgabewirksamer Aufwand (z. B. Abschreibungen)
	Gesamter Aufwand	

Einnahmen der Periode		
Nicht ertragsgleiche Einnahmen (z. B. Barverkauf eines Grundstücks zum Buchwert)	Ertragsgleiche Einnahmen (z. B. Barverkauf von Erzeugnissen, die in der Periode erstellt wurden)	
	Einnahmewirksamer Ertrag	Nicht einnahmewirksamer Ertrag (z. B. Produktion auf Lager)
	Gesamter Ertrag	

Abgrenzung von Ausgaben und Aufwand bzw. Einnahmen und Ertrag

Eine weitere Abgrenzung wird erforderlich, weil ein Teil des Zweckaufwands nicht bzw. nicht in derselben Höhe als Kosten verrechnet, sondern durch kalkulatorische Kostenarten ersetzt bzw. erweitert wird (im Einzelnen vgl. Teil B, Abschn. 3.1.2.5, S. 812). Ein Teil der kalkulatorischen Kosten, der als **Anderskosten** bezeichnet wird, wird sowohl in der externen Geschäftsbuchführung als Aufwand als auch in der internen Unternehmensrechnung als Kosten erfasst, erfährt jedoch eine unterschiedliche Behandlung. Der Unterschied liegt lediglich in der Preiskomponente (Wertgerüst), da nicht an historischen Anschaffungskosten orientierte Wertansätze, sondern leistungsorientierte Knappheitspreise (Opportunitätskosten) zum Ansatz kommen. Als Beispiel seien hier die Abschreibungen genannt, die in der Geschäftsbuchführung nach dem Prinzip der nominellen Kapitalerhaltung durchgeführt werden müssen, in der Kosten- und Leistungsrechnung jedoch häufig nach dem Prinzip der substanziellen Kapitalerhaltung vorgenommen werden. Dieser Sachverhalt führt zu unterschiedlichen Wertansätzen.

Der andere Teil der kalkulatorischen Kosten, der als **Zusatzkosten** bezeichnet wird, hat im Aufwandsbereich kein Äquivalent. In der Kostenrechnung werden Beträge errechnet, die sich weder mengen- noch wertmäßig im externen Rechnungswesen niederschlagen. Beispiele dafür sind Zinsen auf das Eigenkapital, Miete für eigene Betriebsräume, kalkulatorischer Unternehmerlohn und kalkulatorische Wagniskosten.

Gesamter Aufwand			
	Zweckaufwand		
Neutraler Aufwand	Als Kosten verrechneter Zweckaufwand	Nicht als Kosten verrechneter Zweckaufwand	
	Grundkosten	Anderskosten*	Zusatzkosten
		Kalkulatorische Kosten	
	Gesamtkosten		

* Die Anderskosten können größer oder kleiner als der nicht als Kosten verrechnete Zweckaufwand sein.

Abgrenzung von Aufwand und Kosten

Analog erfolgt auch die Abgrenzung von Ertrag und Betriebsertrag in zwei Stufen. Nach Ermittlung der **neutralen Erträge** wird der Teil des **Zweckertrages**, der nicht als Betriebsertrag verrechnet wird, durch **kalkulatorische Betriebserträge** ersetzt. Entsprechend den kalkulatorischen Kosten stellen die kalkulatorischen Betriebserträge einen Wertzuwachs dar, der sich hinsichtlich des **Andersbetriebsertrages** gegenüber der Ertragsrechnung durch eine andere Bewertung mengenmäßig gleicher Zuwächse auszeichnet.

<table>
<tr><td colspan="3">Gesamter Ertrag</td><td></td></tr>
<tr><td></td><td colspan="2">Zweckertrag</td><td></td></tr>
<tr><td>Neutraler Ertrag</td><td>Als Betriebsertrag verrechneter Zweckertrag</td><td>Nicht als Betriebsertrag verrechneter Zweckertrag</td><td></td></tr>
<tr><td></td><td>Grundbetriebsertrag</td><td>Andersbetriebsertrag*</td><td>Zusatzbetriebsertrag</td></tr>
<tr><td></td><td></td><td colspan="2">Kalkulatorischer Betriebsertrag</td></tr>
<tr><td></td><td colspan="3">Gesamtbetriebsertrag (-leistung)</td></tr>
</table>

* Der Andersbetriebsertrag kann größer oder kleiner als der nicht als Betriebsertrag verrechnete Zweckertrag sein.

Abgrenzung von Ertrag und Betriebsertrag

2.3 Formale Struktur der Kostenrechnung

2.3.1 Kostenrechnungssysteme

Zur Erfüllung der vielfältigen Aufgaben der Kostenrechnung als innerbetriebliches Kontroll- und Lenkungsinstrument (s. Teil B, Kap. 1, S. 787 f.) sind eine Reihe spezifischer **Abrechnungsverfahren** mit jeweils sich unterscheidender inhaltlicher Ausgestaltung der Grundelemente (Kostenarten-, Kostenstellen-, Kostenträgerrechnung) jeder Kostenrechnung entwickelt worden. **Kostenrechnungssysteme** bestimmen folglich den jeweiligen Abrechnungsgang programmatisch mit entsprechender Konsequenz bezüglich Eignung und Qualität der damit erzielten Kontroll- und Vorgabeinformationen.

Kostenrechnungssysteme lassen sich grundsätzlich nach den beiden Merkmalen: Charakter oder auch Zeitbezug der Kosten sowie Verrechnungs- bzw. Sachumfang der Kosten differenzieren (vgl. *Coenenberg/Fischer/Günther*, Kostenrechnung und Kostenanalyse, S. 61).

1) Nach dem **Zeitbezug** kann unterschieden werden, ob tatsächlich angefallene Kosten, durchschnittliche Kosten vergangener Perioden oder prognostizierte Kosten künftiger Perioden verrechnet werden. Entsprechend diesem unterschiedlichen Kostenansatz sind
   - Istkostenrechnungssysteme
   - Normalkostenrechnungssysteme und
   - Plankostenrechnungssysteme

   zu unterscheiden.

2) Nach dem **Sachumfang** ist zu differenzieren, ob sämtliche oder nur ein Teil der Kosten verrechnet werden. Danach lassen sich
   - Vollkostenrechnungen und
   - Teilkostenrechnungen

   unterscheiden.

Aus der Kombination der beiden Kriterien „Zeitbezug" und „Sachumfang" können daher grundsätzlich sechs verschiedene Kostenrechnungssysteme abgeleitet werden, wobei das primär systembildende Element im Merkmal des Kostenverrechnungsumfangs zu erkennen ist (*Ebert*, Kosten- und Leistungsrechnung, S. 131):

Zeitbezug / Sachumfang	vergangenheitsorientiert	durchschnittsorientiert	zukunftsorientiert
Vollkosten	Ist-Vollkostenrechnung	Normal-Vollkostenrechnung	Plan-Vollkostenrechnung
Teilkosten	Ist-Teilkostenrechnung	Normal-Teilkostenrechnung	Plan-Teilkostenrechnung

Kostenrechnungssysteme

Über die oben genannte grundlegende Systematik hinaus sind noch weitere **Mischformen** denkbar. So können z. B. Einzelkosten als Istkosten bzw. Plankosten und Gemeinkosten als Normalkosten verrechnet werden. Um jedoch die folgende Darstellung der kombinativ möglichen Kostenrechnungssysteme in überschaubaren Grenzen zu halten und um Wiederholungen zu vermeiden, wird zunächst die Form der Istkostenrechnung ausführlich als Vollkostenrechnung (Teil B, Kap. 3, S. 799 ff.) und dann als Teilkostenrechnung (Teil B, Kap. 4, S. 891 ff.) behandelt. Normalkostenrechnung (Teil B, Kap. 5, S. 920 ff.) und Plankostenrechnung (Teil B, Kap. 6, S.928 ff.) erlauben dann die Konzentration ausschließlich auf die über das Problem des Verrechnungsumfanges hinausgehenden Fragestellungen.

2.3.2 Abrechnungsweg der Kosten

Unabhängig von der Art des Kostenrechnungssystems kann hinsichtlich des prozessualen Abrechnungsweges der Kosten eine Gliederung der Kostenrechnung in folgende drei Teilbereiche vorgenommen werden (in der Stufenfolge davon abweichend: *Friedl/Hofmann/Pedell*, Kostenrechnung, S. 71, 115, 159):

(1) In der **Kostenartenrechnung** werden alle während der Abrechnungsperiode im Betrieb anfallenden Kosten erfasst und gegliedert. Es erfolgt eine Aufsplitterung der Kosten in solche, die der betrieblichen Endleistung direkt zurechenbar sind **(Einzelkosten)** und in die nicht direkt zurechenbaren Kosten **(Gemeinkosten).**

(2) Darauf aufbauend werden in der **Kostenstellenrechnung** die Gemeinkosten auf die Orte ihres Entstehens (Kostenstellen) verteilt. Die Kostenstellenrechnung verfolgt dabei einen doppelten Zweck: Einmal dient sie der Überwachung der Kostenstellen, andererseits ermöglicht sie eine indirekte Verrechnung der Gemeinkosten auf die betrieblichen Leistungen.

(3) Die **Kostenträgerrechnung** gliedert sich in zwei Teilbereiche: In der **Kostenträgerstückrechnung** (Kalkulation) werden die Gesamtkosten der betrieblichen Leistung ermittelt. Die Einzelkosten werden aus der Kostenartenrechnung

übernommen, die Gemeinkosten über die Kostenstellenrechnung den einzelnen Produkten zugerechnet. Die **Kostenträgerzeitrechnung** (Betriebsergebnisrechnung) ermittelt den betrieblichen Periodenerfolg. Die Perioden, in denen Kostenträgerzeitrechnungen durchgeführt werden, sind regelmäßig kürzer als die Abschlussintervalle im externen Rechnungswesen. Man bezeichnet die Kostenträgerzeitrechnung deshalb auch als **kurzfristige Erfolgsrechnung**.

Im Ablaufdiagramm lassen sich die Teilgebiete (Sektoren) der Kosten- und Leistungsrechnung wie folgt anordnen:

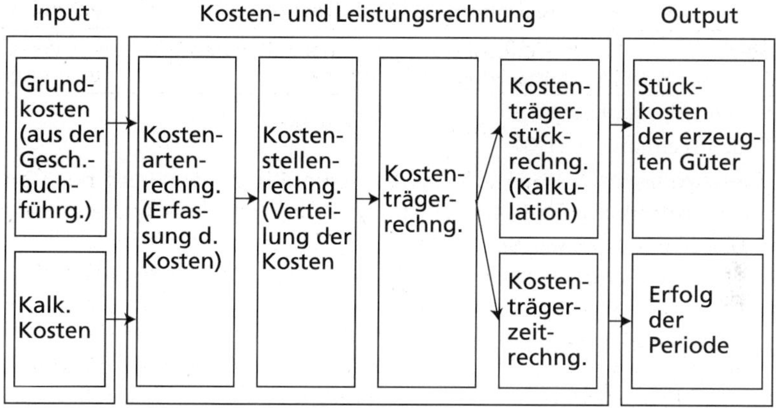

Sektoren der Kosten- und Leistungsrechnung

Die ausführliche Darstellung der einzelnen Teilbereiche der Kostenrechnung erfolgt zweckmäßigerweise im Weiteren primär im System der Vollkostenrechnung (Teil B, Kap. 3 S. 799 ff.).

Eine effizient strukturierte Kostenrechnung muss zur Erfüllung der von ihr erwarteten Planungs- und Kontrollaufgaben zugleich mehrere Eigenschaften aufweisen, die situationsbedingt nicht zwingend kompatibel sind: Sie hat Informationen zu liefern, die sowohl aktuell und umfassend als auch richtig und flexibel sind. Diese Eigenschaften lassen sich angesichts der Vielzahl der zu erfassenden und zu verrechnenden Daten gewöhnlich nur dann realistisch umsetzen, wenn die Kosten- und Leistungsrechnung EDV-gestützt durchgeführt wird. Selbst mittlere und kleine Betriebe sind infolge der Komplexität der diesbezüglichen Anforderungen i. d. R. gezwungen, dafür Methoden und Instrumente der EDV einzusetzen.

Organisatorisch lässt sich die **Kosten- und Leistungsrechnung mit EDV** ebenso wie die Finanzbuchführung ausgestalten (s. Teil A, Abschn. 15.5.5, S. 669 ff.). Besonderheiten treten nur dahingehend auf, dass die Kosten- und Leistungsrechnung im Gegensatz zur Finanzbuchführung nicht extern orientiert und daher nicht durch gesetzliche Buchführungsnormen kodifiziert und weitgehend standardisiert ist. Infolgedessen erfordert der Einsatz der EDV in der Kosten- und Leistungsrechnung eine ungleich höhere Flexibilität der eingesetzten Software als in der Finanzbuchführung. Denn nur durch benutzerspezifische Modifikationsmöglichkeiten kann der Notwendigkeit betriebsindividueller Ausgestaltungen entsprochen werden. Mit Hilfe von Datenbanksystemen besteht zudem die Möglichkeit, die Kosten- und Leistungsrechnung mit der Finanzbuchführung in ein einheitliches System (Einkreissystem, s. Teil A, Abschn. 16.1, S. 734 f.) zu integrieren.

Ergänzende Literatur zu: 2 Definitorische Grundlagen

Adam, Kostenbewertung, S. 13–53
Coenenberg/Fischer/Günther, Kostenrechnung und Kostenanalyse, S. 8–27; S. 60–62
Ebert, Kosten- und Leistungsrechnung, S. 125–131
Friedl, Kostenrechnung, S. 23–42
Friedl/Hofmann/Pedell, Kostenrechnung, S. 36–62
Haberstock/Breithecker, Kostenrechnung I, S. 15–29
Huch, Kostenrechnung, S. 21–30
Kilger, Kostenrechnung, S. 19–34
Mellerowicz, Kostenrechnung II, 1, S. 43–53
Menrad, Kosten und Leistung, Sp. 2280–2290
Menrad, Rechnungswesen, S. 48–53
Nowak, Kostenrechnungssysteme, S. 15–30
Rehkugler, Kostenbegriffe, Sp. 2320–2329
Schirmmeister, Betriebsbuchhaltung, Sp. 153–163
Schweitzer/Küpper, Kosten- und Erlösrechnung, S. 11–26; 68–76
Weber/Rogler, Rechnungswesen, Bd. 2, S. 26–42

3 Kostenrechnung auf Vollkostenbasis

3.1 Kostenartenrechnung

Die Kostenartenrechnung stellt die **erste Stufe** der Kostenrechnung dar, die folgende Aufgaben zu erfüllen hat:

- **Abgrenzung** von Kosten und Aufwendungen durch Eliminierung neutraler Aufwendungen und Einführung von Zusatzkosten (vgl. Teil B, Abschn. 2.2, S. 791 ff.).
- **Erfassung und Gliederung** sämtlicher in der Abrechnungsperiode angefallener Kosten (Teil B, Abschn. 3.1.1, S. 799 ff. und 3.1.2, S. 803 ff.).

3.1.1 Gliederung der Kostenarten

Die Aufgabe der Kostenartenrechnung ist darin zu sehen, „die während einer Abrechnungsperiode angefallenen Istkosten belegmäßig zu erfassen und dabei anzugeben, wie die einzelnen Kostenartenbeträge im System der Kostenrechnung weiterzuverrechnen sind. Die Kostenartenrechnung ist als Grundlage der gesamten Kostenrechnung anzusehen" (*Kilger,* Kostenrechnung, S. 69). Grundlage einer richtigen Kostenerfassung ist jedoch eine zweckentsprechende **Gliederung der Kosten**; diese kann nach den folgenden Kriterien vorgenommen werden (*Eisele/Leypoldt,* Kostenrechnung, S. 279 ff.):

- Zurechenbarkeit
- Abhängigkeit von der Beschäftigung
- Art der Kostenerfassung
- Art der Herkunft der Kostengüter
- Betriebliche Funktion
- Liquiditätswirkung der Kosten
- Ursprung der Kostengüter.

(1) Nach der **Zurechenbarkeit** wird zwischen Einzelkosten (direkte Kosten) und Gemeinkosten (indirekte Kosten) differenziert. **Kostenträgereinzelkosten** lassen sich den betrieblichen Leistungen direkt zurechnen. Für die **Kostenträgergemeinkosten** kann eine Zurechnung auf die Leistungen nur mit Hilfe von Schlüsseln oder Zuschlagssätzen erfolgen, welche über die Kostenstellenrechnung zu gewinnen sind. Weiter wird differenziert in **echte Kostenträgergemeinkosten**, deren Zurechnung nur über Schlüssel erfolgen kann, und in **unechte Kostenträgergemeinkosten**, die Einzelkostencharakter besitzen und den Kostenträgern demnach grundsätzlich direkt zurechenbar wären, aus Gründen

der abrechnungstechnischen Vereinfachung jedoch mit Hilfe von Schlüsseln indirekt verrechnet werden.

Hinsichtlich der Zurechenbarkeit auf die Kostenstellen wird zwischen **Stelleneinzelkosten** (direkte Zurechnung) und **Stellengemeinkosten** (Schlüsselzurechnung) unterschieden.

Als wichtigste **Prinzipien der Kostenzurechnung** kommen in Betracht:

- Verursachungs- oder Kausalprinzip
- Durchschnittsprinzip
- Kostentragfähigkeitsprinzip
- Identitätsprinzip.

Das **Verursachungs- oder Kausalprinzip** (verschiedentlich auch als Final-, Proportionalitäts- oder Einwirkungsprinzip bezeichnet) besagt, dass die Erzeugnisse (Kostenträger) nur mit den von ihnen direkt verursachten Kosten zu belasten sind. Da eine derartige Ursache-Wirkungs-Beziehung nur für einen Teil der gesamten Kosten, nämlich die variablen Kosten, feststellbar ist, können gemäß diesem Prinzip nicht sämtliche Kosten auf die einzelnen Kostenträger verrechnet werden. In der betrieblichen Praxis erfolgt die Verrechnung daher häufig nach dem **Prinzip der statistischen Durchschnittsbildung** (Leistungsentsprechungs- bzw. Kostenbegründungsprinzip) derart, dass die variablen Kosten direkt und die Gemeinkosten entsprechend bestimmter Durchschnittswerte bzw. Verteilungsschlüssel auf die Leistungseinheiten aufgeteilt werden. Sind Marktpreise für die betrieblichen Erzeugnisse bekannt, so kann insbesondere bei Kuppelprodukten auch nach dem **Kostentragfähigkeitsprinzip** (Belastbarkeits- bzw. Kostendeckungsprinzip) eine – nicht verursachungsgemäße – Kostenzurechnung nach dem Maßstab des erzielbaren Bruttogewinns vorgenommen werden.

Da die Kostenrechnung in erster Linie der Planung und Kontrolle dient (vgl. Teil B, Kap. 1, S. 787 f.), sind Kosten zweckmäßigerweise stets so zuzurechnen, dass relevante Informationen für die Entscheidungs- und Kontrollaufgaben zur Verfügung stehen. Nach dem **Identitätsprinzip** werden daher sämtliche Kosten so verrechnet, dass der bewertete Verbrauch an Gütern und Dienstleistungen stets auf dieselbe Disposition zurückgeführt werden kann wie die Existenz des jeweiligen Kostenträgers (*Riebel,* Einzelkosten- und Deckungsbeitragsrechnung, S. 75 ff.). Kosten werden dementsprechend nur solchen Kostenträgern zugeordnet, bei denen Faktorverbrauch und Leistungserstellung durch die gleiche Entscheidung verursacht sind. Dies macht deutlich, dass die Differenzierung in Einzel- und Gemeinkosten stets von der jeweiligen Fragestellung bzw. dem jeweiligen Entscheidungs- oder Kontrollproblem abhängt (**relative Einzelkosten;** im Einzelnen s. Teil B, Abschn. 4.3.3, S. 910 ff.).

(2) Im Hinblick auf die **Reagibilität von Kosten auf Beschäftigungsschwankungen** erfolgt eine Einteilung in variable und fixe Kosten. **Fixe Kosten** fallen während eines bestimmten Zeitraums in gleicher Höhe an, gleichgültig, ob an der Kapazitätsgrenze oder überhaupt nicht produziert wird (**absolut** fixe Kosten; s. Abb. S. 801). Fixe Kosten sind zeitproportional und konstant in Bezug auf die Beschäftigung (Ausbringung).

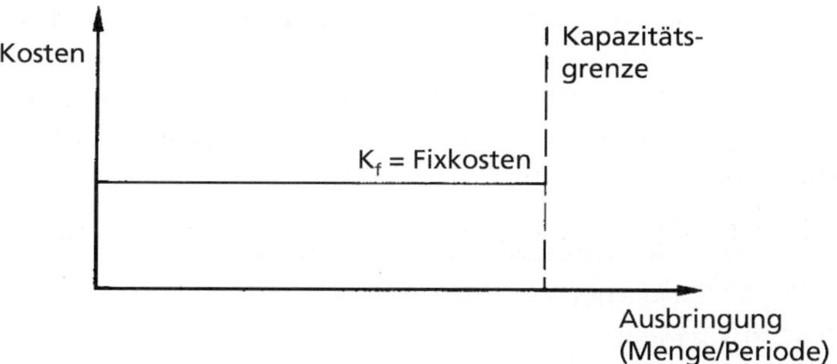

(Absolute) Fixkosten in Abhängigkeit von der Beschäftigung

Sprung- oder intervallfixe Kosten sind jeweils auf einer Kapazitätsstufe konstant. Muss die Kapazität erweitert werden (z. B. Kauf einer zusätzlichen Maschine), steigen sie jeweils sprunghaft an.

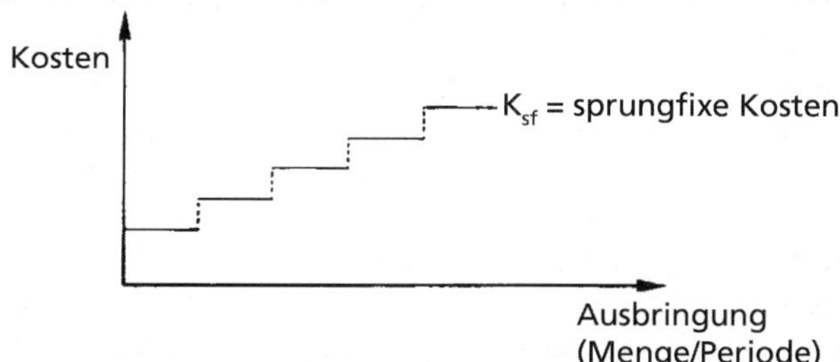

Sprungfixe Kosten in Abhängigkeit von der Beschäftigung

Bei den **variablen Kosten** besteht ein direkter Zusammenhang zwischen Beschäftigung bzw. Ausbringung und Kostenanfall. Die Beziehung kann proportional, degressiv, progressiv oder regressiv sein:

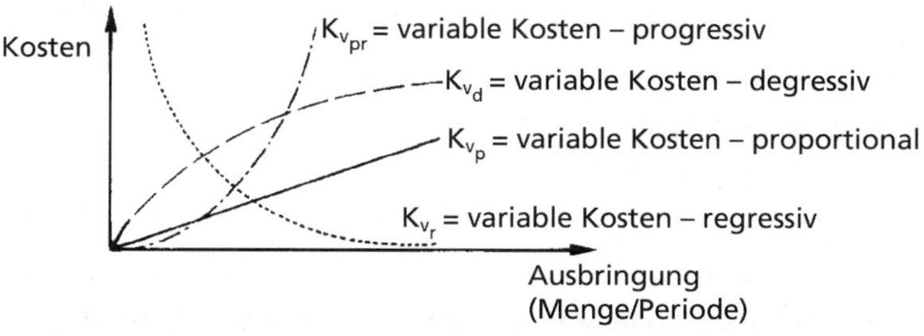

Variable Kosten in Abhängigkeit von der Beschäftigung

Ein Großteil der variablen Kosten kann der Gruppe der Einzelkosten zugerechnet werden; es gibt jedoch auch Gemeinkosten mit variablem Charakter (z. B. Betriebsstoffe). Für Fixkosten gilt unabhängig davon, ob sie intervallfix oder absolut fix sind, dass sie Gemeinkostencharakter besitzen. Diese Aussage trifft jedoch nicht in ihrer Umkehrung zu.

Die Differenzierung in fixe und variable Kosten ist ebenso wie die in Einzel- und Gemeinkosten von der jeweiligen Entscheidungs- bzw. Kontrollaufgabe abhängig. So können z. B. Hilfslöhne in einer einzelnen Kostenstelle als fix, für die Unternehmung als Ganzes aber als variabel gelten. Ebenso können sämtliche Kosten zur Aufrechterhaltung der Leistungsbereitschaft kurzfristig fix, langfristig jedoch variabel sein.

(3) Nach der **Art der Kostenerfassung** sind Kosten zu unterteilen in:

- aufwandsgleiche Kosten
- kalkulatorische Kosten.

Den **aufwandsgleichen Kosten** steht in der Geschäftsbuchführung der Zweckaufwand gegenüber. Es erfolgt eine direkte Übernahme der Zahlen in die Kostenrechnung.

Die **kalkulatorischen Kosten** setzen sich aus den Anderskosten (Gegenstück in der Geschäftsbuchführung: zeitlich und/oder betragsmäßig verschiedener Aufwand; wird auch als „Wegfallender Aufwand" bezeichnet) und den Zusatzkosten zusammen. Letztere werden nur in der Kostenrechnung ermittelt (vgl. Teil B, Abschn. 2.2, S. 794 f.).

(4) Hinsichtlich der Art der **Herkunft der Kostengüter** werden

- primäre Kosten und
- sekundäre Kosten

unterschieden.

Primäre Kosten entstehen durch den Verbrauch der Güter und Leistungen, die dem Betrieb von außen (vom Beschaffungsmarkt) zugeflossen sind (z. B. Lohnkosten).

Sekundäre Kosten sind das geldliche Äquivalent für den Verbrauch der vom Betrieb selbst erzeugten Leistungen (innerbetriebliche Leistungen, z. B. Kosten für selbst erstellte Vorprodukte).

(5) Stellt man auf die **betrieblichen Funktionen** ab, so lassen sich die Kosten einteilen in

- Kosten der Beschaffung
- Kosten der Lagerhaltung
- Kosten der Fertigung
- Kosten der Verwaltung
- Kosten des Vertriebs.

(6) Bezüglich der **Liquiditätswirksamkeit** der Kosten wird zwischen **ausgabewirksamen** und **nichtausgabewirksamen** Kosten unterschieden.

Dieses Gliederungskriterium erscheint nur auf den ersten Blick in der Kostenrechnung und speziell bei der Kostenerfassung deplatziert. In einer kritischen Betriebssituation kann es aber eine Überlebensfrage sein, zu wissen, ob Kosten unmittelbar mit Ausgaben verbunden sind und damit eine Belastung des Liquiditätsstatus zur Folge haben, oder ob wegen ihrer zumindest kurz- oder mittelfristigen Nichtausgabewirksamkeit ein Deckungsverzicht in Kauf genommen werden kann. Die Beantwortung der Frage nach der **liquiditätsorientierten Preisuntergrenze** erscheint umso wichtiger, als nicht die Kosten, sondern letztlich die Zahlungsvorgänge, also Einnahmen und Ausgaben, über das Schicksal des Betriebs befinden.

Praktisch relevant wird eine derartige Differenzierung in ausgabewirksame und nichtausgabewirksame Kosten vor allem in der Fixkostendeckungsrechnung (vgl. Teil B, Abschn. 4.3.2, S. 904 ff.).

(7) Die Untergliederung der Kostenarten nach ihrem **Ursprung** trägt besonders den praktischen Erfordernissen des Ressourceneinsatzes Rechnung; so kann unterschieden werden zwischen:

- Arbeitskosten
- Materialkosten
- Kapitalkosten
- Fremdleistungskosten
- Kosten der Gesellschaft.

Diese Systematik hat sich in ihren Grundzügen in den Gliederungen der Kostenarten innerhalb der Kontenrahmen niedergeschlagen (Kostenartenplan). Im **Industriekontenrahmen** (vgl. Anhang A.4, S. 1312–1317) werden die Aufwandsarten im Bereich der Geschäftsbuchhaltung auf den nachfolgenden Konten erfasst und zur Durchführung der Kosten- und Leistungsrechnung (ohne buchhalterische Verknüpfung) als Kostenarten in die Kontenklasse 9 übernommen:

60	Aufwendungen für Roh-, Hilfs- und Betriebsstoffe
61	Aufwendungen für bezogene Leistungen
62–64, 66	Personalaufwendungen
65, 69, 74	Abschreibungen und Wertminderungen
75	Zinsen
70, 77, 78	Steuern
67, 68, 71–73	Sonstige Aufwendungen für Fremdleistungen.

3.1.2 Erfassung der wichtigsten Kostenarten

3.1.2.1 Werkstoffkosten

Unter dem Begriff Werkstoffkosten (Materialkosten) werden die Kosten für Roh-, Hilfs- und Betriebsstoffe zusammengefasst.

- **Rohstoffe** sind die Stoffe, die als Hauptbestandteil unmittelbar in das Produkt eingehen. Beispiele: Stahl beim Maschinenbau, Wasser und Gerste bei der Bierherstellung, Garn bei der Strickwarenfertigung.
- **Hilfsstoffe** gehen zwar auch in das Produkt direkt ein, sind aber gegenüber den Rohstoffen mengenmäßig von untergeordneter Bedeutung, so dass oft eine genaue, stückbezogene Erfassung dieser Kosten nicht erfolgt. Beispiele: Faden und Knöpfe bei Bekleidungsstücken, Schrauben und Leim bei der Möbelherstellung.

- **Betriebsstoffe** sind zur Durchführung des Produktionsprozesses unabdingbar und werden bei der Produktion verbraucht, ohne aber selbst in das Produkt einzugehen. Zu ihnen zählen beispielsweise Energie und Schmiermittel.

Die Werkstoffkosten sind determiniert durch die verbrauchten **Werkstoffmengen** und die **Werkstoffpreise**. Zur Ermittlung der Werkstoffkosten ist es deshalb zunächst erforderlich, den Verbrauch an Werkstoffen **mengenmäßig** zu erfassen. Dazu bieten sich vier Berechnungsmöglichkeiten an:

(1) Das einfachste und zugleich für die Belange der Kosten- und Leistungsrechnung am wenigsten geeignete Verfahren ist die **bloße Erfassung des Materialverbrauchs** ohne Bestandskontrolle. Es wird dabei unterstellt, dass der Materialzugang und der Materialverbrauch innerhalb einer Periode übereinstimmen, Bestandsänderungen im Materialbereich bleiben unberücksichtigt.

(2) Nach der **Inventurmethode** (Befundrechnung, Bestandsdifferenzrechnung) wird der Verbrauch an Werkstoffen als Differenz zwischen dem Anfangsbestand und den Zugängen einerseits und dem Endbestand andererseits errechnet:

Anfangsbestand an Werkstoffen
\+ Werkstoffzugang
– Endbestand an Werkstoffen
= Werkstoffverbrauch

Die Inventurmethode erfordert die körperliche Bestandsaufnahme (Inventur) der Werkstoffe jeweils am Anfang und Ende der Abrechnungsperiode. Dies bewirkt – insbesondere bei kurzen Abrechnungsperioden – einen hohen Arbeitsaufwand. Außerdem ist die Inventurmethode mit dem Mangel behaftet, dass der Stoffverbrauch nur summarisch durch Subtraktion ermittelt wird, und eine Differenzierung nach Kostenstellen oder Kostenträgern nicht durchgeführt werden kann. Der außerordentliche Werkstoffverbrauch (durch Schwund, Diebstahl usw.) kann bei Anwendung der Inventurmethode nicht vom regulären Werkstoffverbrauch getrennt werden.

(3) Bei der **retrograden Methode** (Rückrechnung) wird der mengenmäßige Werkstoffverbrauch aus den erzeugten Halb- und Fertigfabrikaten abgeleitet. Man stellt fest, welches Material in welchen Mengen in den Produkten enthalten ist und ermittelt auf diese Art die Sollverbrauchsmengen. Im Rahmen der Produktion anfallender Ausschuss ist besonders zu berücksichtigen. Den außerordentlichen Werkstoffverbrauch kann diese Methode nicht erfassen.

(4) Die **Skontrationsmethode** (Fortschreibungsmethode) erfasst den Werkstoffverbrauch zum Zeitpunkt des Lagerabgangs mit Hilfe von Materialentnahmescheinen. Durch eine zweckentsprechende Gestaltung der Materialentnahmebelege kann eine genaue Erfassung des Werkstoffverbrauchs hinsichtlich Werkstoffart, Kostenstelle und Kostenträger erfolgen.

Ein **Materialentnahmeschein** kann z. B. folgendes Aussehen haben:

Maschinex AG Materialentnahmeschein		Kostenstelle: Montage III Auftrag/Artikel: 0203015		
Materialbezeichnung	Mat.-Nr.	Menge	Preis/Mengen-einheit	Betrag
Muffen	MX 506	600	3,-	1800,-
Dichtungsringe	MA 233	1400	1,-	1400,-
Ausgegeben: 11.6./Fischer	Empfangen: 11.6./Meier	Buchung Lagerkartei: 22.6./Schulte		

Der buchmäßige Endbestand errechnet sich bei der Skontrationsmethode nach folgendem Schema:

Anfangsbestand an Werkstoffen
\+ Werkstoffzugang
– Werkstoffverbrauch

= (buchmäßiger) Endbestand an Werkstoffen

Der buchmäßig ermittelte Schlussbestand muss mit dem Inventurwert der jährlich mindestens einmal durchzuführenden Bestandsaufnahme verglichen werden. Der Inventurwert ist um den außerordentlichen Werkstoffverbrauch (Schwund, Verderb, Diebstahl etc.) geringer als die Sollgröße der Skontrationsrechnung.

In der Regel wird die Werkstoffkosten-Abrechnung mit Hilfe der elektronischen Datenverarbeitung (s. Teil A, Abschn. 15.5.5, S. 669 ff.) durchgeführt. Der Materialentnahmeschein enthält dann Materialnummer, Materialbezeichnung, Kostenstelle usw. in maschinenlesbarer Form.

Für die **Bewertung** des Werkstoffverbrauchs stehen verschiedene Wertansätze zur Verfügung:

(1) **Anschaffungspreis** ist der zum Zeitpunkt der Anschaffung der Güter tatsächlich gezahlte Preis.

(2) **Tagespreis** ist der an einem bestimmten Zeitpunkt gültige Preis. Als Bezugszeitpunkte kommen in Frage: der Angebotstag, der Verbrauchstag, der Umsatztag, der Tag des Zahlungseingangs und der Tag der Wiederbeschaffung (Wiederbeschaffungspreis).

(3) **Verrechnungspreise** kommen dann zum Ansatz, wenn Anschaffungs- oder Tagespreise wegen zu starker Schwankungen das Ziel einer konstanten Betriebsabrechnung nicht gewährleisten können. In Anlehnung an die tatsächlich am Markt feststellbaren Preise (Anschaffungs- oder Tagespreise) wird der Verrechnungspreis vom Betrieb festgelegt und im Rahmen der Kostenrech-

nung über einen längeren Zeitraum gleich bleibend verwendet (kalkulatorische Werkstoffkosten).

Ist eine direkte Preiszumessung nicht möglich oder nicht beabsichtigt, so kann der Materialverbrauch auch zu **Durchschnittspreisen** oder zu Preisen vergleichbarer Güter angesetzt werden. Die einfachste Methode der Durchschnittspreisbildung ist die Berechnung des Mittelwertes aus den gewichteten Preisen bei den einzelnen Materialzugängen nach der Formel (im Einzelnen s. Teil A, Abschn. 11.2.2, S. 408 ff.):

$$\tilde{Q} = \frac{\sum_{i=1}^{n} m_i q_i}{\sum_{i=1}^{n} m_i}$$

mit m_i = Materialzugangsmenge i

$\tilde{Q}$ = Durchschnittspreis

q_i = Preis pro Einheit der Materialzugangsmenge i

Beispiel:

	Menge (m_i)	Preis (q_i)	$m_i \cdot q_i$
Anfangsbestand	1.000	2,—	2.000,–
Zugang	500	2,20	1.100,–
Zugang	800	2,40	1.920,–
Zugang	700	2,30	1.610,–
Summe	3.000	–	6.630,–

$$\tilde{Q} = \frac{6.630}{3.000} = 2{,}21 \text{ (Durchschnittspreis)}$$

In der dargestellten Form entspricht das Verfahren der **periodischen** Durchschnittspreisbildung. Eine andere Form ist die **permanente** Durchschnittspreisbildung, bei der nach jedem Materialzugang ein neuer Durchschnittspreis gebildet wird. Weiterhin können verschiedene Verbrauchsfolgen analog zu § 256 HGB berücksichtigt werden, die teils der Realität entsprechen können, teils fingiert sind. Hierzu gehören vor allem: Das Lifo-Verfahren (Last in-first out: die zuletzt beschafften Güter werden zuerst verbraucht), das Fifo-Verfahren (First in-first out: die zuerst beschafften Güter werden zuerst verbraucht) und das handelsrechtlich allerdings nicht mehr zulässige Hifo-Verfahren (Highest in-first out: die Güter mit dem höchsten Einstandspreis gelten als zuerst verbraucht; im Einzelnen s. Teil A, Abschn. 11.2.2.3, S. 410 ff.).

Die Materialkosten ergeben sich dann jeweils aus der multiplikativen Verknüpfung der nach den verschiedenen Verfahren ermittelten Verbrauchsmengen an Werkstoffen mit den festgestellten Werkstoffpreisen.

3.1.2.2 Personalkosten

Die durch den Einsatz des Produktionsfaktors Arbeit verursachten Kosten lassen sich in folgende Hauptgruppen gliedern:

- Löhne
- Gehälter
- gesetzliche Sozialkosten
- freiwillige Sozialkosten
- sonstige Personalkosten.

Löhne sind die vertragsmäßigen Entgelte, die der Arbeitgeber für die geleistete Arbeit an den Arbeitnehmer zu zahlen verpflichtet ist. Bezüglich der Zurechenbarkeit auf die betriebliche Leistung werden die Löhne in **Fertigungslöhne** (direkte Zurechnung auf die Kostenträger in Form von Einzelkosten) und **Hilfslöhne** (indirekte Zurechnung auf die Kostenträger über Gemeinkosten) unterschieden. Die bewertete, zur Verfügung gestellte Arbeitskraft des Unternehmers **(Unternehmerlohn)** führt dagegen nicht zu Aufwand, sondern stellt einen Teil der kalkulatorischen Kosten dar (s. Teil B, Abschn. 3.1.2.5.3, S. 820).

Löhne werden an die Arbeiter eines Betriebes in zwei Grundformen bezahlt:

(1) Als **Zeitlohn.** Basis der Entlohnung ist die Zeit, die der Arbeiter im Betrieb anwesend ist:

$$\text{Zeitlohn} = \text{Anwesenheitsstunden} \times \text{Stundenlohnsatz}$$

(2) Als **Leistungslohn** mit den Ausprägungen:

(a) **Akkordlohn**

Die Akkordentlohnung kann in der Form des Geldakkords oder des Zeitakkords erfolgen.

Beim **Geldakkord** wird für die Verrichtung eines Arbeitsganges ein bestimmter Geldbetrag festgelegt.

$$\begin{aligned}\text{Geldakkordlohn} &= \text{Zahl der durchgeführten Arbeitsgänge} \\ &\quad \times \text{Lohn pro Arbeitsgang} \\ &= \text{gefertigte Stückzahl} \times \text{Stücklohn}\end{aligned}$$

Zur Ermittlung des **Zeitakkordlohns** muss zunächst eine Vorgabezeit (meist in Minuten) für die Durchführung eines Arbeitsganges festgelegt werden. Sodann wird der Geldsatz pro Vorgabezeiteinheit bestimmt.

$$\begin{aligned}\text{Zeitakkordlohn} &= \text{Zahl der durchgeführten Arbeitsgänge} \\ &\quad \times \text{Vorgabezeit pro Arbeitsgang} \\ &\quad \times \text{Geldsatz pro Vorgabezeiteinheit} \\ &= \text{gefertigte Stückzahl} \\ &\quad \times \text{Vorgabezeit je Stück (Minuten)} \\ &\quad \times \text{Geldfaktor je Minute}\end{aligned}$$

(b) **Prämienlohn** liegt vor, wenn zu einem vereinbarten Grundlohn (Zeitlohn) für feststellbare Mehrleistungen des Arbeiters ein zusätzliches Entgelt (Prämie) gewährt wird. Die Mehrleistung wird anhand eines Schlüssels zwischen dem Arbeiter und dem Betrieb aufgeteilt.

Die Arbeitsentgelte für die Angestellten sind die **Gehälter,** die üblicherweise als „Zeitlöhne" bezahlt werden, also keinen direkten Leistungsbezug haben.

Die Lohn- und Gehaltskosten werden in der Lohn- und Gehaltsbuchführung durch Stundenzettel, Akkordscheine, Prämienunterlagen, Stempelkarten, elektronische Zeiterfassung, Lohn- und Gehaltslisten usw. erfasst und weiterverrechnet. Dabei ist die für den Bereich der Geschäftsbuchführung getroffene Unterscheidung in Nettolöhne, Sozialversicherung, Lohnsteuer usw. nicht notwendig (vgl. Teil A, Kap. 8, S. 317 ff.). Nur die Bruttolöhne bzw. -gehälter sind hier von Interesse.

Zu den **gesetzlichen Sozialkosten,** die in einem direkten Zusammenhang zu den Lohn- und Gehaltskosten stehen, rechnen die Arbeitgeberanteile zur Renten-, Kranken-, Pflege- und Arbeitslosenversicherung, die Berufsgenossenschaftsbeiträge als gesetzliche Unfallversicherung sowie weitergehende tariflich vereinbarte Leistungen (z. B. Krankengeldzuschüsse).

Freiwillige Sozialleistungen können den Arbeitnehmern sowohl direkt zufließen (= primäre Sozialkosten, z. B. Pensionszusagen, Urlaubsgeld, Treueprämien, Essenszuschüsse, Jubiläumsgeschenke usw.), ihnen aber auch nur indirekt zugute kommen (= sekundäre Sozialkosten, z. B. Kosten für den Werksarzt, Werkssportklub, Werkskinderhort u. a.).

Sonstige Personalkosten treten bei Fluktuation im Personalbestand auf, z. B. durch Vergütung von Vorstellungs- und Umzugskosten, Abfindungszahlungen an ausscheidende Mitarbeiter oder Kosten für Inserate.

Bei der Erfassung der Personalkosten ist das Problem der richtigen **Periodisierung** zu lösen (Abgrenzung zwischen Aufwand und Kosten, vgl. Teil B, Abschn. 2.2, S. 794). Die Zeiträume, in denen die Personalaufwendungen auftreten, decken sich häufig nicht mit den Abrechnungsperioden der Betriebsbuchführung. So sind bestimmte Teile der Personalkosten, die einmalig (z. B. Weihnachtsgeld, 13. Monatsgehalt) oder periodenverschieden anfallen (z. B. Lohnfortzahlung im Krankheitsfall, Urlaubslöhne), auf die einzelnen Abrechnungsperioden zu verteilen, um die Ergebnisse der Kostenrechnung nicht zu verzerren und aussagefähig zu halten. Dies geschieht durch die Einschaltung eines Abgrenzungskontos, das durch stoßweise oder periodenverschieden anfallende Kosten belastet wird und auf das die in der jeweiligen Periode verrechneten Beträge gutgeschrieben werden (vgl. Teil A, Abschn. 13.6.1, S. 500 ff.).

3.1.2.3 Betriebsmittelkosten

Die Betriebsmittel gehören zu den Gebrauchsgütern, die zur Durchführung des Produktionsprozesses notwendig sind, jedoch nicht selbst in das Produkt eingehen, wie z. B. Grundstücke und Gebäude, Maschinen und maschinelle Anlagen, Büroeinrichtungen, Werkzeuge und Fuhrpark. Die Betriebsmittel werden im Gegensatz zu Roh-, Hilfs- und Betriebsstoffen nicht verbraucht, sondern stehen während eines längeren Zeitraums, ihrer Nutzungsdauer, zur Durchführung der Produktion bereit; durch den Gebrauch verlieren die Betriebsmittel an Wert (zu den Faktoren der Wertminderung vgl. Teil A, Abschn. 12.2.1, S. 434 f.).

Fasst man die Betriebsmittel als ein **Bündel von Nutzungsmöglichkeiten** auf, aus dem durch den Einsatz der Betriebsmittel im Produktionsprozess jeweils ein Teil der Nutzungsmöglichkeiten ausscheidet, so können die Betriebsmittel solange genutzt werden, wie der Vorrat an Nutzungsmöglichkeiten noch nicht gänzlich verbraucht ist.

In der Kostenrechnung wird der Gebrauch der Betriebsmittel durch die **Abschreibungen** erfasst. Ziel ist es, die Anschaffungskosten (genauer: Anschaffungswerte) der Wirtschaftsgüter möglichst verursachungsgerecht über die gesamte Nutzungsdauer zu verteilen. Die in den einzelnen Perioden verrechneten Abschreibungsbeträge sollen dem Wert der Nutzungsabgabe durch die Betriebsmittel entsprechen.

Hinsichtlich der Art der Verteilung der Abschreibungsbeträge auf die einzelnen Perioden, also der Abschreibungsmethode, kann auf frühere Ausführungen verwiesen werden (vgl. Teil A, Abschn. 12.2, S. 434 ff.). Die Abschreibungsverfahren sind für Geschäfts- und Betriebsbuchführung prinzipiell gleich; Unterschiede resultieren aus den im internen Rechnungswesen nicht vorhandenen gesetzlichen Einschränkungen bezüglich der Höhe der Abschreibungssätze.

Eine verursachungsadäquate Kostenverrechnung der Abschreibungsbeträge wird dann nicht erreicht, wenn von den Anschaffungswerten als Abschreibungssumme ausgegangen wird, gleichzeitig aber die Preise auf dem Wiederbeschaffungsmarkt gestiegen sind. Im Bereich der Kosten- und Leistungsrechnung, die vom Betrieb individuell ausgestaltet werden kann, wird deshalb vom Anschaffungswertprinzip als Ausdruck des Grundsatzes der nominellen Kapitalerhaltung, wie er den für die Geschäftsbuchführung maßgeblichen gesetzlichen Vorschriften überwiegend zugrunde liegt, abgegangen. Die Höhe der Abschreibungen orientiert sich stattdessen an den Wiederbeschaffungskosten (vgl. hierzu Teil B, Abschn. 3.1.2.5, S. 812 ff.).

Die Erfassung der Betriebsmittelkosten erfolgt auf der Grundlage der sog. **Anlagenkartei,** in der sämtliche für die Kostenrechnung relevanten Daten der Betriebsmittel zusammengefasst sind. Inhalt der Anlagenkartei sind die **Anlagenkarteikarten,** auf denen für jedes einzelne Wirtschaftsgut des Sachanlagevermögens (mit Ausnahme der geringwertigen Wirtschaftsgüter, die als Kollektive üblicherweise auf Gruppenkarten erfasst werden) sämtliche Daten zur Abschreibungsberechnung aufgezeichnet sind. Karteikarten für bewegliche Anlagegüter sollten mindestens folgende Angaben enthalten (*Kilger,* Kostenrechnung, S. 110 f.):

- Bezeichnung, Baumuster, Typ, Fabrikat-Nr.
- Hersteller, Lieferfirma
- Rechnungs-Nr., Konto-Nr. der Finanzbuchführung
- Inventar-Nr., Kostenstellen-Nr.
- Datum der Inbetriebnahme
- Anschaffungswert

- planmäßige Nutzungsdauer
- Abschreibungsverfahren, Abschreibungssatz
- technische Daten
- Buchwert
- Abschreibungsbetrag.

Darüber hinaus ist es empfehlenswert, außerplanmäßige Abschreibungen und deren Begründung festzuhalten, um bei Wegfall der Abschreibungsursache eine Wertaufholung vornehmen zu können (im Einzelnen Teil A, Abschn. 13.3, S. 483 ff.).

Für die Verrechnung der Betriebsmittelkosten findet sich auf jeder Karteikarte der Anlagenkartei die Nummer der Kostenstelle, in der die Anlage eingesetzt wird. Ein veränderter Einsatzort der Anlage ist durch eine Anlagen-Veränderungsmeldung anzuzeigen. Die mögliche Gestaltung einer Anlagenkarteikarte wird in der Abbildung auf S. 811 dargestellt.

Die Kosten gemieteter, gepachteter oder geleaster Betriebsmittel sind mit den effektiv gezahlten Miet-, Pacht- oder Leasingaufwendungen identisch und können daher direkt aus der Finanzbuchhaltung übernommen werden.

3.1.2.4 Öffentliche Abgaben

Zu den öffentlichen Abgaben rechnen Beiträge, Gebühren und Steuern, die der Betrieb auf Grund von Verordnungen oder gesetzlichen Regelungen an öffentlich-rechtliche Institutionen zu entrichten hat.

Beiträge und **Gebühren** sind Entgelte für konkrete Leistungen der öffentlichen Hand (z. B. Entwässerungsbeitrag, Kanalbenutzungsgebühren, Vermessungsgebühren) und gehören zur Kategorie der **Fremdleistungskosten**. Ihr Kostencharakter ist unbestritten, wenn sie leistungsbezogen sind, d. h. wenn die Beiträge und Gebühren zur betrieblichen Leistungserstellung notwendig sind.

Da **Steuern** nach der Legaldefinition des §3 Abs. 1 AO keine Gegenleistung für eine bestimmte Leistung sind, mithin keinen spezifischen, bewerteten Verbrauch von Gütern und Dienstleistungen darstellen, kommt ihnen definitionsgemäß zunächst kein Kostencharakter zu. Der Einbezug von Steuern in die Kostenrechnung lässt sich daher nicht definitorisch begründen, sondern ist vielmehr daran auszurichten, inwieweit die Ausgestaltung der Kostenrechnung im Sinne ihrer Aufgabenstellung (Bereitstellung von Zahlenmaterial für Kontroll- und Entscheidungsprobleme) verbessert wird. Demnach sind solche Steuern als Kosten zu betrachten, die durch die Realisation des unternehmerischen Sachziels bedingt sind und die für bestimmte Problemsituationen **Entscheidungsrelevanz** besitzen (*Döring,* Kostensteuern, S. 67 ff.; zum Kostencharakter einzelner Steuerarten vgl. bei *Haberstock/Breithecker,* Kostenrechnung I, S. 73 ff.). In der betrieblichen Praxis werden Steuern folgendermaßen als Kosten betrachtet (vgl. auch Teil A, Abschn. 9.1, S. 355 ff.):

(1) **Personensteuern** (Einkommensteuer, Kirchensteuer und Körperschaftsteuer) stellen grundsätzlich keine Kosten dar, da ihnen das Merkmal der Leistungsbezogenheit fehlt. Ausnahme: Sie sind dann Kosten, wenn die besondere

Vorderseite:

Maschinex AG Anlagenkartei	Bez.: *Drehbank* Nr.: *08*	Inv.-Nr.: *6302* Kostenstellen-Nr.: *FX 3*
Bezeichnung: *Drehbank*	/Baumuster o. Typ: */Rotoquick 6 B*	/Fabrik-Nr.: */1455 BR 2*
Hersteller: *Rotax AG*	/Lieferfirma: */dto.*	Rechnung vom/Nr.: *14. 2. 2010 /02733*
Leistungsangaben: Netzanschluss:	*max. 2000 Upm* *380 V, 50 A*	
Anschaffungswert: Abschreibungsart: Abschreibungssatz:	*100.000,– €* *linear* *10 %*	Außerpl. Abschr.: Gründe: Wertaufholung:
Datum der Inbetriebnahme: 2. 4. 2010		Datum der Wertaufh.:

Rückseite:

Jahr	Buchwert	Abschreibungsbetrag
Anschaffungszeitpunkt	*100.000,–*	–
2010	*90.000,–*	*10.000,–*
2011	*80.000,–*	*10.000,–*
•	•	•
•	•	•
•	•	•

Anlagenkarteikarte

Rechtsform, an die die Besteuerung anknüpft (z. B. Kapitalgesellschaften → Körperschaftsteuerpflicht), betriebsnotwendig ist.

(2) **Objektsteuern** (Gewerbesteuer und Grundsteuer) sind Kosten, soweit betriebliche Sachverhalte besteuert werden.

(3) **Verkehrsteuern** (Grunderwerbsteuer, Versicherungsteuer) treffen Vorgänge des Rechtsverkehrs, bei denen sich Leistung und Gegenleistung gegenüberstehen. Ihr Kostencharakter ist unbestritten. Zur Gruppe der Verkehrsteuern gehört auch die Umsatzsteuer. Sie wird jedoch im Rechnungswesen als durchlaufender Posten behandelt und somit in der Kostenartenrechnung nicht erfasst (vgl. Teil A, Abschn. 4.4, S. 124 ff.). Die Kraftfahrzeugsteuer, nach ihrem Wesen eine Personensteuer, da Steuergegenstand das Halten eines Kraftfahrzeuges ist, wird als Verkehrsteuer behandelt und als Kosten erfasst.

(4) **Verbrauchsteuern** (z. B. Mineralölsteuer, Tabaksteuer, Branntweinmonopolabgabe usw.) treten in Verbindung mit der Beschaffung von bestimmten Gütern (z. B. Treibstoffe) auf und werden mit den Anschaffungsausgaben an die Lieferanten bezahlt. Diese Steuern sind Kosten und werden in der Kostenart der Hauptleistung erfasst (z. B. in der Spirituosenfabrik als Teile der Anschaffungsausgaben für Rohbranntwein in den Rohstoffkosten).

Die Erfassung der öffentlichen Abgaben mit Kostencharakter bereitet regelmäßig keine Schwierigkeiten, da vom Fiskus hierfür eindeutige Belege (Beitragsbescheide, Gebührenrechnungen, Steuerbescheide) ausgefertigt werden.

3.1.2.5 Kalkulatorische Kosten

Bei der Abgrenzung zwischen Aufwand und Kosten (vgl. Teil B, Abschn. 2.2, S. 794) wurde bereits darauf hingewiesen, dass es Aufwandsarten gibt, die nicht als Kosten verrechnet werden können. Der nicht als Kosten verrechnete Zweckaufwand steht den Anderskosten gegenüber, muss diesen jedoch betragsmäßig – auf Grund der abweichenden Bewertung in Geschäftsbuchführung und Kostenrechnung – nicht entsprechen. Die Anderskosten bilden gemeinsam mit den Zusatzkosten, denen kein Aufwand gegenübersteht, die kalkulatorischen Kosten.

Die kalkulatorischen Kosten haben die Aufgabe, die nach handels- und steuerrechtlichen Vorschriften ermittelten Daten der Geschäftsbuchführung für die Zwecke der Kosten- und Leistungsrechnung zu ergänzen. Durch den Ansatz der kalkulatorischen Kosten soll der aus kostenrechnerischer Sicht „richtige" Werteverbrauch an Produktionsfaktoren erfasst sowie die Vergleichbarkeit, Genauigkeit und Aussagefähigkeit der Abrechnung erhöht werden. Insbesondere gelangen kalkulatorische (Opportunitäts-)Kosten in der Kostenrechnung dort zum Ansatz, wo gesetzliche, am Prinzip kaufmännischer Vorsicht orientierte Ansatz- und Bewertungskonzeptionen den Ausweis entscheidungsadäquater Werte durch die Finanzbuchführung verhindern.

3.1.2.5.1 Kalkulatorische Abschreibungen

Die Abschreibungen als Teil der Betriebsmittelkosten sollen den Werteverbrauch verursachungsgerecht erfassen, der durch die im Produktionsprozess über mehrere Perioden hinweg eingesetzten abnutzbaren Anlagegüter entsteht.

Abschreibungen werden sowohl in der Geschäftsbuchführung (bilanzielle Abschreibungen) als auch in der Kostenrechnung (kalkulatorische Abschreibungen – in dieserm Kontext häufig auch als in der „Betriebsbuchführung" anfallend gekennzeichnet –), verrechnet. Die **bilanziellen** Abschreibungen sind dadurch gekennzeichnet, dass sie bezüglich der Abschreibungssumme auf die Anschaffungs- oder Herstellungswerte (entsprechend dem Prinzip der Geldkapitalerhaltung oder nominellen Kapitalerhaltung) fixiert sind. Meist ist auch die Abschreibungsdauer durch handelsrechtliche und verstärkt auch durch steuerrechtliche Vorschriften (amtliche Abschreibungstabellen) festgelegt. In erster Linie haben die bilanziellen Abschreibungen den Zweck, die Anschaffungs- oder Herstellungskosten gleichmäßig auf die Jahre der Nutzung zu verteilen **(Verteilungsfunktion der Abschreibung)**.

In der Kostenrechnung tritt neben die Verteilungsfunktion die **Finanzierungsfunktion der Abschreibung** (*Ruchti*, Die Abschreibung, S. 91 ff.). Durch Verrechnung der Abschreibungen in den Kosten der betrieblichen Leistung und die gleichzeitige **zahlungswirksame** Vergütung durch den Markt (Umsatzerlöse) ist es dem Betrieb möglich, durch den Produktionsprozess verbrauchte Betriebsmittel neu zu beschaffen. Diese „verdienten" **kalkulatorischen** Abschreibungen sollen sicherstellen, dass die eingesetzten Betriebsmittel im Sinne einer Sachkapitalerhaltung oder Substanzerhaltung wiederbeschafft werden können und der Prozess der Leistungserstellung in der Zukunft auch bei steigenden Beschaffungspreisen fortgeführt werden kann.

Aus der gegenüber den bilanziellen Abschreibungen abweichenden Zielprojektion ergibt sich, dass die Abschreibungen im Bereich der Kosten- und Leistungsrechnung nach anderen Grundsätzen vorgenommen werden:

(1) Die kalkulatorischen Abschreibungen können nur dann an den Anschaffungs- und Herstellungskosten orientiert werden (nominelle Abschreibung), wenn die **Preise der Betriebsmittel** relativ konstant sind. Bei steigenden Betriebsmittelpreisen und Verrechnung von nominellen Abschreibungen ist eine identische Wiederbeschaffung verbrauchter Anlagegüter nicht möglich. Die kumulierten, vom Markt ersetzten, Abschreibungsbeträge reichen nicht aus, um eine erforderliche Reinvestition durchzuführen. In Zeiten steigender Preise muss folglich von den **Wiederbeschaffungskosten** abgeschrieben werden **(substanzielle Abschreibung)**, um die Durchführung der Produktion sowie die Erhaltung der Kapazitäten auch in Zukunft sicherzustellen.

(2) Bezüglich der **Nutzungsdauer** werden kalkulatorische Abschreibungen so lange verrechnet, wie das Anlagegut tatsächlich im Betrieb vorhanden ist und der Produktion dient. Dies impliziert auch die Möglichkeit, dass die Summe der kalkulatorischen Abschreibungen größer ist als die Anschaffungs- oder Herstellungskosten des Gutes.

(3) Die in der Kosten- und Leistungsrechnung verwendeten **Abschreibungsverfahren** decken sich im Grundsatz mit den Verfahren der bilanziellen Abschreibungen (zu den Abschreibungsverfahren vgl. Teil A, Abschn. 12.2.3, S. 439 ff.). Häufig unterscheiden sich aber bilanzielle und kalkulatorische Abschreibungen für ein und dasselbe Anlagegut dadurch, dass im Einzelfall nach verschiedenen Verfahren abgeschrieben wird. Begrenzungen in den Abschreibungssätzen, wie sie in der Geschäftsbuchführung beachtet werden müssen, kennt die Kosten- und Leistungsrechnung nicht. Abschreibungsart und Abschreibungssätze richten sich allein nach dem jeweiligen Entscheidungs- bzw. Kontrollzweck, zu dem die Abschreibung als relevante Information benötigt wird.

Oft kann die verursachungsgerechte Erfassung der Gebrauchsfähigkeitsminderung bei Betriebsmitteln nur unvollkommen oder gar nicht erfolgen, da unregelmäßig auftretende Entwertungsursachen (wie z. B. technischer Fortschritt oder Bedarfswandlungen) Probleme bei der Auswahl des Abschreibungsverfahrens und des Abschreibungssatzes bereiten. Derartige nicht im Voraus quantifizierbare Wertminderungen von Anlagen werden daher nicht im Rahmen der Abschreibungen erfasst, sondern sind als **kalkulatorisches Abschreibungswagnis** (Wagniskosten) gesondert zu berücksichtigen.

Gleichwohl stellt sich die Frage, welches Abschreibungsverfahren eine verursachungsgerechte Kostenverteilung sicherstellt und damit zur Anwendung in der Kostenrechnung geeignet ist (vgl. auch Teil A, Abschn. 12.2.3, S. 439 ff.).

Auf den ersten Blick scheint die Grundforderung der Kostenrechnung nach verursachungsgemäßer Kostenzurechnung am ehesten von der **Abschreibung nach Maßgabe der Leistung und Inanspruchnahme** erfüllt. Diese erlaubt, die Betriebsmittelkosten als variable Kosten und meist auch als Einzelkosten zu verrechnen und kann somit der oben präzisierten Forderung am besten genügen. Allerdings muss berücksichtigt werden, dass die Voraussetzungen für die Anwendung dieser Abschreibungsmethode nicht immer gegeben sind: Nur sehr selten lässt sich das Gesamtnutzungspotenzial einer Anlage einigermaßen zuverlässig schätzen, und auch die Prognose des Periodenverbrauchs bringt erhebliche Ungenauigkeiten mit sich.

In der Mehrzahl der Fälle kommen daher aus pragmatischen Gründen andere Verfahren zur Anwendung. Relativ weit verbreitet ist die **degressive Abschreibung** mit am Anfang der Nutzung relativ hohen Abschreibungsbeträgen, die gegen Ende der Nutzungsdauer kontinuierlich sinken. Gerade gegenläufig entwickelt sich häufig der Reparaturbedarf der Betriebsmittel. Bei Ingebrauchnahme der Anlagen sind die Reparaturkosten regelmäßig niedrig und steigen mit zunehmender Nutzungsdauer an. Die Betriebsmittelkosten als Summe der Abschreibungen und Reparaturkosten bleiben dann über die Nutzungszeit relativ konstant. Nicht zuletzt deshalb, aber auch der rechnerischen Einfachheit wegen, wird auch in der Kostenrechnung häufig auf die **lineare Abschreibung** zurückgegriffen. Die **progressive Abschreibungsmethode** kommt dagegen nur in den Ausnahmefällen zur Anwendung, in denen die tatsächliche Wertminderung auch progressiv verläuft.

Wesentlicher Bestimmungsfaktor der Höhe der Abschreibungsbeträge ist neben dem Abschreibungsverfahren und dem Abschreibungssatz die **Nutzungsdauer** eines Gutes. Da sie nur im Wege der Prognose ermittelt werden kann, haftet ihr die Gefahr der Fehleinschätzung an. Es sind zwei Fälle denkbar:

(1) Die tatsächliche Nutzungsdauer übersteigt die geschätzte Nutzungsdauer;

(2) Die tatsächliche Nutzungsdauer bleibt hinter der geschätzten Nutzungsdauer zurück.

Beispiel:

Für eine Maschine, deren Abschreibungswert (AW) 48.000 beträgt, wurde die Nutzungsdauer (n) bei Ingebrauchnahme auf 8 Jahre geschätzt und eine lineare Abschreibung verrechnet. Nach dem 4. Jahr der Nutzung stellt sich heraus, dass

a) die Anlage tatsächlich 10 Jahre nutzungsfähig ist,

b) die Anlage nach 6 Nutzungsjahren unbrauchbar ist.

Für die beiden Unterfälle gibt es jeweils vier Lösungsalternativen:

a) tatsächliche Nutzungsdauer > geschätzte Nutzungsdauer:

(1) Die Abschreibung wird unverändert fortgeführt, auch im 9. und 10. Jahr werden die ursprünglich festgelegten Abschreibungsbeträge von 6.000 p. a. verrechnet. Insgesamt werden 60.000, also 12.000 mehr als die Anschaffungskosten, verrechnet.

(2) Ab dem 5. Jahr wird der vorhandene Restbuchwert auf die verbleibende Restnutzungsdauer abgeschrieben. Der jährliche Abschreibungsbetrag ändert sich von 6.000 auf 4.000. Insgesamt wird nur der Anschaffungswert verrechnet.

(3) Ab dem 5. Jahr wird auf den richtigen Jahresabschreibungsbetrag von 4.800 übergegangen. An Abschreibungen werden dann zusammen 52.800 verrechnet, also 4.800 mehr als der Anschaffungswert.

(4) Nachträgliche Verwirklichung des „richtigen" Abschreibungsverlaufes durch Nachholzuschreibung. Im Beispiel wären für die ersten vier Perioden jeweils 1.200 (insges. 4.800) aufzuholen und ab der 5. Periode die richtigen Abschreibungsbeträge von 4.800 anzusetzen.

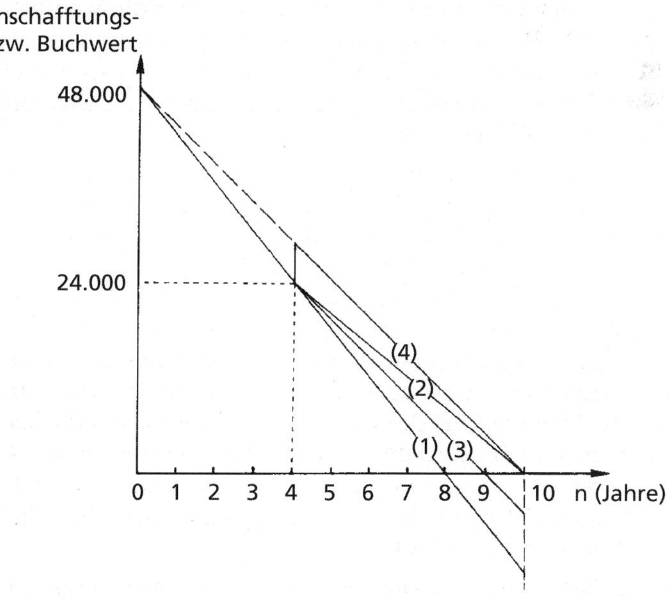

Abschreibungsverläufe bei unterschätzter Nutzungsdauer

b) Tatsächliche Nutzungsdauer < geschätzte Nutzungsdauer:

(1) Die Abschreibung wird unverändert fortgeführt. Am Ende der Nutzungsdauer bleibt ein Restbuchwert von 12.000.

(2) Der nach dem 4. Jahr vorhandene Restbuchwert wird gleichmäßig auf die Restnutzungsdauer verteilt. Die jährlichen Abschreibungen betragen 12.000, der Restbuchwert ist gleich null.

(3) Ab dem 5. Jahr wird die Abschreibung mit dem richtigen Abschreibungsbetrag von 8.000 p. a. durchgeführt. Insgesamt werden so 40.000 abgeschrieben, es bleibt also ein Restbuchwert von 8.000.

(4) Nachträgliche Verwirklichung des „richtigen" Abschreibungsverlaufes durch Nachholabschreibung. Es sind in den ersten vier Perioden jeweils 2.000 (insges. 8.000) an Abschreibungen nachzuholen und ab der 5. Periode die richtigen Abschreibungsbeträge von 8.000 anzusetzen.

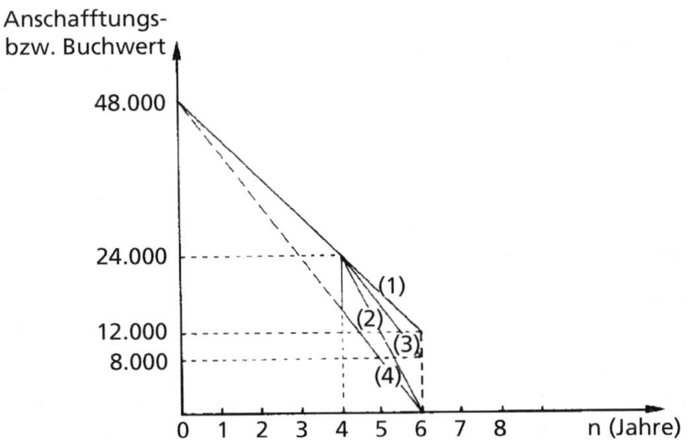

Abschreibungsverläufe bei überschätzter Nutzungsdauer

Die Geschäftsbuchführung hätte entsprechend den geänderten Verhältnissen einen neuen Abschreibungsplan gemäß Verlauf (2) anzustreben, wobei im Fall b) auf Grund der zu lang geschätzten Nutzungsdauer und gegebener dauernder Wertminderung der niedrigere beizulegende Wert am Abschlussstichtag durch außerplanmäßige Abschreibung anzusetzen ist (§ 253 Abs. 2 Satz 3 HGB). Demgegenüber ist die Kosten- und Leistungsrechnung grundsätzlich an keinen bestimmten Verlauf gebunden, soweit dieser die einzelnen Perioden **verursachungsgerecht** und soweit als möglich **gleichmäßig** belastet. Diesem Interesse entsprechen am ehesten die Verläufe (1) und (3). Die in Fall b) für die Reinvestition zu gering bemessenen Abschreibungsbeträge können kostenrechnerisch über die kalkulatorischen Wagnisse Berücksichtigung finden. Dagegen sind die zu hoch bemessenen Abschreibungen in Fall a) als sonstiger betrieblicher Ertrag zu behandeln (Kontenklasse 2 des GKR).

Ähnliche Probleme ergeben sich auch, wenn sich die Abschreibungswerte ändern, z. B. durch einen Anstieg der Wiederbeschaffungskosten oder durch nachträgliche Veränderungen des Kaufpreises.

3.1.2.5.2 Kalkulatorische Zinsen

Der Einsatz finanzieller Mittel für die Ingangsetzung und Durchführung der Produktion führt stets zu einer Kapitalbindung. Das kostenmäßige Äquivalent der Kapitalüberlassung sind die kalkulatorischen Zinsen. Sie fallen zum einen in der Form der effektiv zu zahlenden Zinsaufwendungen für das **Fremdkapital** an (pagatorische Kosten) und werden als solche sowohl in der Geschäftsbuchführung (Zweckaufwand) als auch in der Kostenrechnung (Grundkosten) erfasst. Zum anderen muss darüber hinaus auch der Nutzungsentgang berücksichtigt werden, der aus dem Einsatz von **Eigenkapital** im Betrieb resultiert, welches keine konkrete Gegenleistung erfordert (Opportunitätskosten). Insgesamt sind in der Betriebsbuchführung daher kalkulatorische Zinsen für das gesamte, beim Leistungserstellungsprozess eingesetzte Kapital **(betriebsnotwendige Kapital)** anzusetzen.

Ausgangspunkt der kalkulatorischen Zinsberechnung ist das **betriebsnotwendige Vermögen** als reale Ausprägungsform des betriebsnotwendigen Kapitals. Bei der Ermittlung des betriebsnotwendigen Vermögens kann nicht ohne weiteres von der Aktivseite der Handels- oder Steuerbilanz ausgegangen werden, denn

(1) dort sind auch nicht betriebsnotwendige Vermögensteile aufgeführt (z. B. Bauland für eine evtl. Betriebserweiterung, spekulativ angeschaffte Wertpapiere) und

(2) die Bilanzpositionen sind nach den für die Kosten- und Leistungsrechnung nicht maßgeblichen handels- und steuerrechtlichen Vorschriften bewertet.

Das bilanziell erfasste Vermögen ist so zu korrigieren, dass die nicht betriebsnotwendigen Teile (z. B. spekulative Wertpapiere) ausgeklammert und die betriebsnotwendigen, aber nicht ausgewiesenen Teile (z. B. selbst entwickelte Patente, unentgeltlich erworbene Wirtschaftsgüter) zusätzlich erfasst werden. Das betriebsnotwendige Umlaufvermögen ist nicht mit einem nur zufallsbedingt repräsentativen Stichtagsbestand, sondern mit dem Durchschnittsbestand des Abrechnungszeitraumes anzusetzen.

Die Wertansätze des Anlagevermögens können ebenfalls nicht direkt aus den Bilanzen übernommen werden: Nach der Methode der **Restwertverzinsung** wird das betriebsnotwendige Anlagevermögen mit den um die kalkulatorischen Abschreibungen verminderten Anschaffungskosten angesetzt; die Methode der **Durchschnittswertverzinsung** hat die halben Anschaffungskosten zur Grundlage, denn diese sind während der gesamten Nutzungsdauer der Anlagegüter – lineare Abschreibung unterstellt – durchschnittlich im Betrieb gebunden; es erfolgt eine gleichmäßige Belastung der Nutzungsperioden einer Anlage.

Häufig wird vorgeschlagen, das betriebsnotwendige Vermögen um das so genannte **Abzugskapital** zu vermindern (*Haberstock/Breithecker,* Kostenrechnung I, S. 97 f.). Hierzu werden die Beträge, die dem Betrieb zinsfrei zur Verfügung stehen, wie z. B. Kundenanzahlungen und zinsfreie Verbindlichkeiten aus Lieferungen und Leistungen, gezählt. Das Absetzen des Abzugskapitals vom betriebsnotwendigen Vermögen ist aber nur dann sinnvoll, wenn der Einsatz dieser Mittel mit keinerlei Opportunitätskosten verbunden ist. Dies ist aber in aller Regel nicht der Fall, weshalb vom Ansatz des Postens Abzugskapital abgesehen werden sollte.

Schematisch sind die kalkulatorischen Zinsen wie folgt zu ermitteln:

	Bilanziell ausgewiesenes Anlagevermögen (nicht abnutzbares Anlagevermögen zu Anschaffungskosten und abnutzbares Anlagevermögen nach der Methode der Restwertverzinsung oder der Methode der Durchschnittswertverzinsung)
+	nicht ausgewiesenes, betriebsnotwendiges Anlagevermögen
./.	ausgewiesenes, nicht betriebsnotwendiges Anlagevermögen
=	Betriebsnotwendiges Anlagevermögen
+	Bilanziell ausgewiesenes Umlaufvermögen (bewertet mit kalkulatorischen Durchschnittswerten)
+	nicht ausgewiesenes, betriebsnotwendiges Umlaufvermögen
./.	ausgewiesenes, nicht betriebsnotwendiges Umlaufvermögen
=	Betriebsnotwendiges Vermögen
(./.	Abzugskapital)
=	Betriebsnotwendiges Kapital

Kalkulatorische Zinsen = Betriebsnotwendiges Kapital × Zinssatz.

Der Zinssatz ist in Anlehnung an das Zinsniveau am Kapitalmarkt für langfristige Ausleihungen anzusetzen.

Übungsbeispiel:

Aus dem Jahresabschluss einer Unternehmung sind folgende Informationen zu entnehmen:

I. Vermögen	
A. Anlagevermögen	
– nicht abnutzbar	200.000
– abnutzbar (Anschaffungskosten 1.200.000)	400.000
B. Umlaufvermögen (Bestand am Anfang des Jahres 250.000)	150.000
II. Kapital	
Eigenkapital	400.000
Fremdkapital	350.000

In den letzten Jahren wurden sog. geringwertige Wirtschaftsgüter zu Anschaffungskosten von zusammen 50.000 dem Betriebsvermögen zugeführt und sofort als Aufwand verbucht. Im Schlussbestand des Umlaufvermögens sind die Anschaffungskosten für ein Aktienpaket mit 50.000 enthalten, das bei zu erwartenden Kurssteigerungen wieder abgestoßen werden soll.

Das Fremdkapital lässt sich unterteilen in:

– zinsfreie Verbindlichkeiten aus Lieferungen und Leistungen	150.000
– Verbindlichkeiten gegenüber Kreditinstituten (10 % Zins)	100.000
– Darlehensverbindlichkeiten (8 % Zins)	100.000

Der Marktzins für langfristige Ausleihungen beträgt gegenwärtig 8 %.

1. Ermitteln Sie die kalkulatorischen Zinsen.

2. Geben Sie an, inwieweit die ermittelten kalkulatorischen Zinsen den Charakter haben von
   a) Grundkosten
   b) Anderskosten
   c) Zusatzkosten.

Lösung:

1) Betriebsnotwendiges Anlagevermögen

– nicht abnutzbares Anlagevermögen			200.000
– abnutzbares Anlagevermögen unter Einschluss der geringwertigen Anlagegüter, angesetzt nach der Methode der Durchschnittswertverzinsung			625.000
Betriebsnotwendiges Umlaufvermögen			
Jahresabschlussbestand	150.000		
./. Spekulative Wertpapiere	50.000		
+ Jahresanfangsbestand	250.000		
Durchschnittlicher Bestand	350.000	: 2 =	175.000
Betriebsnotwendiges Vermögen			1.000.000
./. Abzugskapital			150.000
Betriebsnotwendiges Kapital			850.000
Kalkulatorische Zinsen = 850.000 × 8 %		=	68.000

2 a) Für die Darlehensverbindlichkeiten sind in der Finanzbuchführung 8 % Zinsaufwand zu verrechnen:

8 % von 100.000 = 8.000

Da der Marktzins für langfristige Ausleihungen gegenwärtig 8 % beträgt, gehen in die Kostenrechnung ebenfalls Kosten in Höhe von 8.000 für die Darlehensverbindlichkeiten ein:

8 % von 100.000 = 8.000

Für Darlehensverbindlichkeiten stehen somit den Kosten gleich hohe Aufwendungen gegenüber; es handelt sich bei diesen Kosten (8.000) daher um **Grundkosten**.

2 b) Für Verbindlichkeiten gegenüber Kreditinstituten sind in der Finanzbuchführung 10 % Zinsaufwand zu verrechnen:

10 % von 100.000 = 10.000

Da der Marktzins für langfristige Ausleihungen gegenwärtig 8 % beträgt, gehen in die Kostenrechnung nur Kosten in Höhe von 8.000 ein:

8 % von 100.000 = 8.000

Für Verbindlichkeiten gegenüber Kreditinstituten stehen somit den Kosten „anders“-hohe Aufwendungen gegenüber; es handelt sich bei diesen Kosten (8.000) deshalb um **Anderskosten**.

2 c) Es stehen den Kosten in der Kostenrechnung in Höhe von 52.000 keine Aufwendungen in der Finanzbuchführung gegenüber:

Kalkulatorische Zinsen	68.000
./. Grundkosten	8.000
./. Anderskosten	8.000
	52.000

Es handelt sich daher bei diesen Kosten (52.000) um **Zusatzkosten**.

3.1.2.5.3 Kalkulatorischer Unternehmerlohn

In Betrieben, in denen Eigentümer oder deren Angehörige tätig sind, die für ihren Arbeitseinsatz kein Gehalt beziehen, werden kostenrechnerisch hypothetische Gehälter zugrunde gelegt. Im Gegensatz zu Kapitalgesellschaften dürfen Einzelfirmen und Personengesellschaften für die Mitarbeit der Eigentümer im eigenen Betrieb keinen Aufwand verrechnen. Das Entgelt für die unternehmerische Tätigkeit wird bei diesen Rechtsformen in der Geschäftsbuchführung – unter Berücksichtigung von Entnahmen und Einlagen – als Residualgröße (Gewinn) ermittelt, mit der sowohl die Überlassung des Kapitals als auch die eigene Tätigkeit im Betrieb als abgegolten angesehen wird.

Ebenso wie jedoch Eigenkapitalzinsen auf das betriebsnotwendige Kapital über die kalkulatorischen Zinsen als Opportunitätskosten verrechnet werden, muss auch das Entgelt für die Mitarbeit des Unternehmers im eigenen Betrieb als Kostenfaktor berücksichtigt werden. Das so verrechnete Entgelt wird als kalkulatorischer Unternehmerlohn bezeichnet.

Der **kalkulatorische Unternehmerlohn** ist mit dem Betrag anzusetzen, der dem Gehalt von vergleichbaren leitenden Angestellten in Kapitalgesellschaften (Geschäftsführer, Vorstandsmitglieder) entspricht. Bei der Gehaltsbemessung sind die Betriebsgröße, besondere Branchenverhältnisse usw. zu berücksichtigen.

Die Schwierigkeiten bei der praktischen Bestimmung der Höhe des kalkulatorischen Unternehmerlohns führten in der Vergangenheit zu schematischen Berechnungsansätzen, von denen die 1940 in eine staatliche Kalkulationsvorschrift für die seifenverarbeitende Industrie aufgenommene sog. „Seifenformel“ den breitesten Bekanntheitsgrad erlangt hat. Der jährliche Unternehmerlohn wird danach durch folgende Formel bestimmt:

$$\text{Jährlicher Unternehmerlohn} = 18\sqrt{\text{Jahresumsatz}}$$

Derart schematische Berechnungen können jedoch dem Einzelfall nicht gerecht werden. Vor allem im Bereich sehr hoher und sehr niedriger Umsätze führt die „Seifenformel“ zu unrealistischen Größenordnungen: So ergibt sich bei einem Jahresumsatz von 5 Mio. ein monatlicher Unternehmerlohn von nur 3.354, bei einem Jahresumsatz von 800 Mio. dagegen ein monatlicher Unternehmerlohn von 42.426.

3.1.2.5.4 Kalkulatorische Miete

Aus den gleichen Gründen, die zur Verrechnung eines kalkulatorischen Unternehmerlohns führen (Erfassung des Nutzenentgangs), ist auch für die Wirtschaftsgüter, die der Einzelunternehmer oder Personengesellschafter in seinem Privatbesitz hält, dem Betrieb aber als Grundlage des Produktionsprozesses unentgeltlich überlässt, eine kalkulatorische Miete anzusetzen, da in der Geschäftsbuchführung hierfür keine Aufwandsverrechnung zulässig ist.

Bei der Bemessung der Höhe der kalkulatorischen Miete ist von dem Betrag auszugehen, der bezahlt werden müsste, wenn die Wirtschaftsgüter von einem fremden Dritten angemietet wären, ersatzweise von den entgehenden Mieteinnahmen. Kalkulatorische Miete ist aber nur insoweit zu berücksichtigen, als für die jeweiligen Räume keine Abschreibungen, Zinsen und Instandhaltungskosten in der Betriebsabrechnung erfasst werden, da sonst eine Doppelbelastung erfolgt.

3.1.2.5.5 Kalkulatorische Wagnisse

Jede betriebliche Tätigkeit ist mit einer Vielzahl von Wagnissen verbunden und damit der Gefahr des Eintritts von Schadensfällen und Verlusten ausgesetzt, die sich in ihrer Höhe und dem Zeitpunkt des Eintretens nicht vorhersehen lassen. Die Wagnisse (Risiken) lassen sich einteilen in:

(1) Das **allgemeine Unternehmerrisiko**, das ohne unmittelbaren Bezug zum Leistungserstellungsprozess das Unternehmen als Ganzes trifft. Beispiele: Konjunkturrückgänge, Inflation, Nachfrageverschiebungen, technischer Fortschritt etc. Dieses allgemeine Unternehmerrisiko ist nicht kalkulierbar, sondern im Gewinn abgegolten. Eine Abwälzung dieses Risikos auf eine Versicherungsgesellschaft gegen Prämienzahlung ist im Allgemeinen nicht möglich.

(2) Die **speziellen Wagnisse** hängen direkt mit der betrieblichen Leistungserstellung zusammen. Dazu zählen:

- das **Beständewagnis:** Werkstoffe, Halb- und Fertigfabrikate können durch Schwund, Veralten, Verrosten, Preissenkungen u. ä. eine wertmäßige Minderung erfahren;
- das **Anlagewagnis:** Ausfälle von Maschinen und maschinellen Anlagen vor dem geplanten Nutzungsende, z. B. durch Bruch, Naturereignisse oder Schätzungsfehler bei der Nutzungsdauer;
- das **Fertigungswagnis:** Mehrkosten auf Grund von Arbeits- und Konstruktionsfehlern, Kosten für Gewährleistungen;
- das **Entwicklungswagnis:** Kosten für fehlgeschlagene Forschungs- und Entwicklungsarbeiten;
- das **Vertriebswagnis:** Transportschäden, Forderungsausfälle, Währungsverluste;
- **sonstige Wagnisse:** Feuer, Sturm- und Wasserschäden, Explosionen, aber auch branchenbedingte Risiken, wie Bergschäden, Kontaminationen, Altlasten etc.

Diese speziellen Wagnisse lassen sich weiter unterscheiden in:

a) **Versicherte Wagnisse:** Die drohenden Verluste und Schadensfälle werden gegen Bezahlen einer Prämie auf den Versicherer abgewälzt, der bei Schadenseintritt die Regulierung übernimmt. Die Prämienzahlungen an den Versicherer stellen Zweckaufwand (Geschäftsbuchführung) dar und werden in gleicher Höhe in die Kostenrechnung übernommen (Grundkosten).

b) **Nicht versicherte** oder **nicht versicherbare Wagnisse:** Werden die Risiken nicht abgewälzt oder ist eine Versicherung des speziellen Risikos nicht möglich (z. B. beim Entwicklungswagnis), so tritt der Betrieb als Selbstversicherer auf. Eventuell eintretende Verluste hat der Betrieb in diesem Fall selbst zu tragen. Die Schadensfälle sind handelsbilanziell zwar unter den sonstigen betrieblichen Aufwendungen auszuweisen, abgrenzungstechnisch sind sie jedoch als neutrale Aufwendungen zu klassifizieren. In der Kosten- und Leistungsrechnung sind die aperiodisch auftretenden Verluste als Zusatzkosten so zu erfassen, als müsse der Betrieb für das Risiko eine Versicherungsprämie bezahlen. Dadurch ist eine gleichmäßige Periodenbelastung gewährleistet. Die Höhe der „Selbstversicherungsprämie" ist so zu bemessen, dass ein langfristiger Ausgleich zwischen den tatsächlich eintretenden Verlusten und den kalkulatorischen Wagniskosten erreicht wird. Dies geschieht dadurch, dass aus tatsächlichen Verlusten der Vergangenheit auf die mutmaßlichen Wagniskosten in der Zukunft geschlossen wird und die so ermittelten Beträge als kalkulatorische Wagniskosten angesetzt werden.

Beispiel:

Tatsächlich aufgetretene Forderungsausfälle in den letzten 4 Jahren	40.000
Summe der Zielumsätze in den letzten 4 Jahren	8.000.000
Mutmaßliche Zielumsätze in der Abrechnungsperiode	2.500.000

Wagniskosten für Forderungsausfälle in der Abrechnungsperiode:

$$\frac{40.000 \times 2.500.000}{8.000.000} = 12.500$$

3.1.2.5.6 Buchhalterische Erfassung der kalkulatorischen Kosten

Im **Gemeinschaftskontenrahmen der Industrie** vollzieht sich die Verbuchung der kalkulatorischen Kosten nach dem auf S. 823 abgebildeten Schema (vgl. hierzu auch Teil A, Abschn. 13.6.2, S. 506 ff.).

In dem dargestellten Fall übersteigen die kalkulatorischen Kosten den Betrag der tatsächlichen Aufwendungen: Auf dem Konto Neutrales Ergebnis entsteht somit ein Habensaldo (positives neutrales Ergebnis). Sind dagegen die tatsächlichen Aufwendungen höher als der Ansatz der kalkulatorischen Kosten, so ergibt sich ein Sollsaldo auf dem Konto Neutrales Ergebnis, der auf dem Gewinn- und Verlustkonto die Aufwandseite vergrößert.

Die genannten Zusammenhänge werden zusätzlich an dem Zahlenbeispiel auf S. 824 erläutert: In der betrachteten Periode werden kalkulatorische Abschreibungen in Höhe von 2.000 verrechnet, während in der Geschäftsbuchführung nur Abschreibungen von 1.000 zulässig waren.

Die Gewinn- und Verlustrechnung macht deutlich, dass letztlich nur die **bilanzielle** Abschreibung erfolgswirksam zum Tragen kommt. Der Differenzbetrag zur kalkulatorischen Abschreibung tritt als neutraler Ertrag in Erscheinung. Damit wird das Anliegen der kalkulatorischen Kostenrechnung erneut deutlich, ausschließlich der **internen** Unternehmensrechnung als Kontrollinstrument zu dienen.

Bei Abwicklung des Rechnungswesens nach dem **Industriekontenrahmen** werden die kalkulatorischen Kosten nur in der Kosten- und Leistungsrechnung (Betriebsbuchführung), d. h. der Betriebsbuchführung, erfasst, ohne dass eine Verknüpfung mit der Geschäftsbuchführung besteht. Die tatsächlichen, auf Grund gesetzlicher Vorschriften in Anrechnung zu bringenden Aufwendungen

(1) Verrechnung der kalkulatorischen Kosten: Kostenarten an verrechnete kalkulatorische Kosten (neutraler Ertrag)

(2) Eintritt des tatsächlichen Aufwands: Neutrale Aufwendungen an Bestandskonten der Klasse 0/1

(3) Abschluss des Kontos Neutrale Aufwendungen auf das Konto Neutrales Ergebnis

(4) Abschluss des Kontos Neutrale Erträge (verrechnete kalkulatorische Kosten) auf das Konto Neutrales Ergebnis

(5) Abschluss der Kostenarten auf das Betriebsergebniskonto

(6) Abschluss des Betriebsergebniskontos auf das Konto Gewinn und Verlust

(7) Abschluss des Kontos Neutrales Ergebnis auf das Konto Gewinn und Verlust

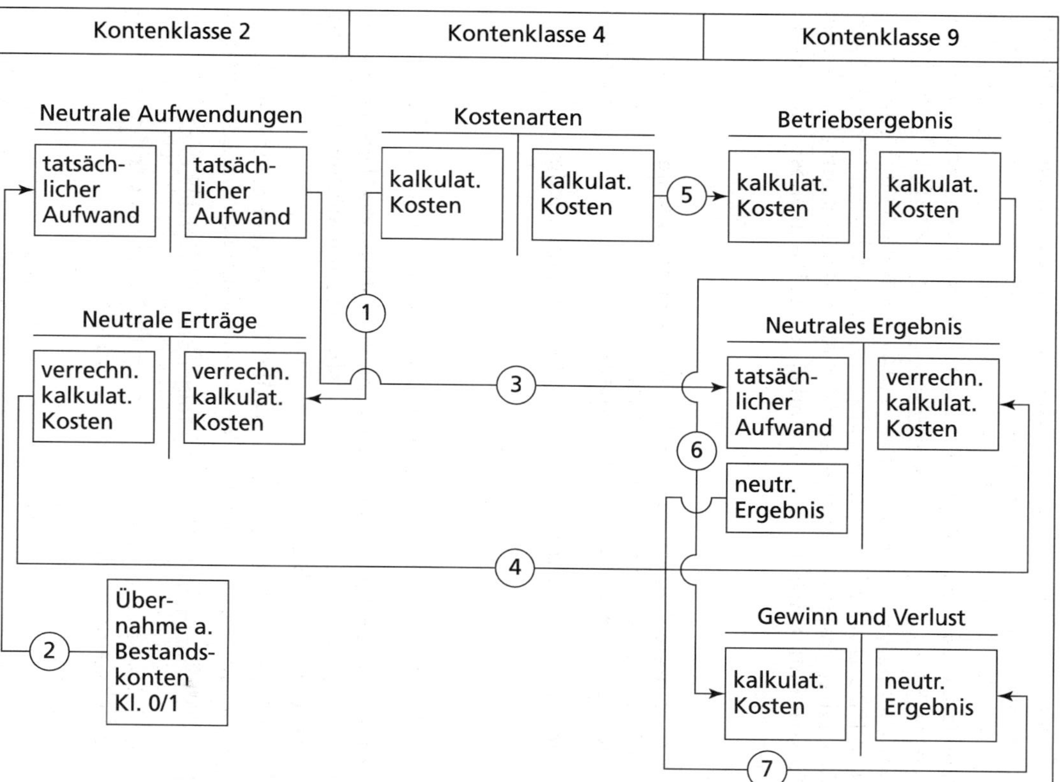

Verbuchung der kalkulatorischen Kosten nach dem GKR

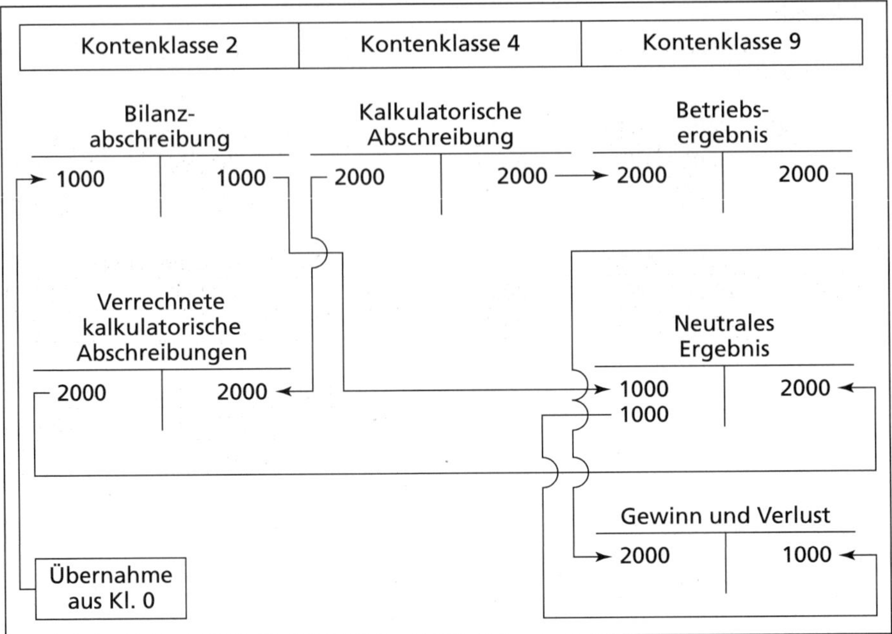

werden ausschließlich in der Geschäftsbuchführung verrechnet. Durch den Abschluss der Geschäftsbuchführung wird der **Gesamterfolg** ermittelt, während der Abschluss der Betriebsbuchführung zum **Betriebserfolg** führt. Der **neutrale Erfolg** lässt sich lediglich als Differenzgröße ermitteln.

Übungsbeispiel:

Stellen Sie auf T-Konten die Verbuchung folgender Sachverhalte dar:

	bilanziell	kalkulatorisch
Abschreibungen	60.000	40.000
Zinsen	20.000	35.000
Unternehmerlohn		22.000
Miete	2.000	6.000
Wagnisse	15.000	10.000

Schließen Sie die Konten ab. Gehen Sie dabei von folgendem Betriebsergebniskonto aus:

Betriebsergebnis	
versch. Kosten 750.000	versch. Erlöse 1.000.000

Wie hoch sind:

a) der Betriebserfolg

b) der neutrale Erfolg

c) der Gesamterfolg?

Lösung:

(NE = Neutrales Ergebnis; BE = Betriebsergebnis; VKK = Verrechnete kalkulatorische Kosten)

Bilanzielle Abschreibung

Soll		Haben	
Masch.	60.000	NE	60.000
	60.000		60.000

Kalkulatorische Abschreibung

Soll		Haben	
VKK	40.000	BE	40.000
	40.000		40.000

Zinsaufwand

Soll		Haben	
Bank	20.000	NE	20.000
	20.000		20.000

Kalkulatorische Zinsen

Soll		Haben	
VKK	35.000	BE	35.000
	35.000		35.000

Kalkul. Unternehmerlohn

Soll		Haben	
VKK	22.000	BE	22.000
	22.000		22.000

Mietaufwand

Soll		Haben	
Bank	2.000	NE	2.000
	2.000		2.000

Kalkulatorische Miete

Soll		Haben	
VKK	6.000	BE	6.000
	6.000		6.000

Eingetretene Wagnisse

Soll		Haben	
Bestands-konten	15.000	NE	15.000
	15.000		15.000

Kalkulatorische Wagnisse

Soll		Haben	
VKK	10.000	BE	10.000
	10.000		10.000

Verrechnete kalkulatorische Kosten

Soll		Haben	
NE	113.000	Kalkulatorische Abschreibungen	40.000
		Kalkulatorische Zinsen	35.000
		Kalkul. Unternehmerlohn	22.000
		Kalkulatorische Miete	6.000
		Kalkulatorische Wagnisse	10.000
	113.000		113.000

Betriebsergebnis

Soll		Haben	
Verschiedene Kosten	750.000	Verschiedene Erlöse	1.000.000
Kalkulatorische Abschreibungen	40.000		
Kalkulatorische Zinsen	35.000		
Kalkul. Unternehmerlohn	22.000		
Kalkulatorische Miete	6.000		
Kalkulatorische Wagnisse	10.000		
GuV	137.000		
	1.000.000		1.000.000

Neutrales Ergebnis

Bilanzielle Abschreibung	60.000	Verrechnete kalkulatorische Kosten	113.000
Zinsaufwand	20.000		
Mietaufwand	2.000		
Eingetretene Wagnisse	15.000		
GuV	16.000		
	113.000		113.000

Gewinn und Verlust

Gewinn	153.000	Betriebsergebnis	137.000
		Neutrales Ergebnis	16.000
	153.000		153.000

a) Betriebserfolg 137.000
b) Neutraler Erfolg 16.000
c) Gesamterfolg 153.000

Ergänzende Literatur zu: 3.1 Kostenartenrechnung

Friedl, Kostenrechnung, S. 78–127
Haberstock/Breithecker, Kostenrechnung I, S. 55–102
Huch, Kostenrechnung, S. 45–74
Kilger, Kostenrechnung, S. 69–153
Kosiol, Leistungsrechnung, S. 176–196
Mellerowicz, Kostenrechnung II, 1, S. 234–378
Menrad, Rechnungswesen, S. 69–77
Scherrer, Kostenrechnung, S. 295–360
Schweitzer/Küpper, Kosten- und Erlösrechnung, S. 77–121
Wedell/Dilling, Grundlagen, S. 284–310
Wöhe/Döring, Einführung, S. 938–954

3.2 Kostenstellenrechnung

Die Kostenartenrechnung hat die Aufgabe, sämtliche in der Abrechnungsperiode angefallenen Kosten systematisch zu erfassen (s. Teil B, Abschn. 3.1, S. 799 ff.) und liefert damit Erkenntnisse über Art und Höhe der entstandenen Kosten. Diese Informationen sind allerdings selbst für den Fall, dass Vergleichszahlen aus anderen Perioden, anderen Betrieben gleicher Branche oder gleicher Größenordnung vorliegen, nur bedingt aussagefähig, da sie nicht nach den Orten der Kostenentstehung differenziert aufbereitet sind.

Diesbezüglich wesentlich konkretere Aussagen erbringt die Zurechnung der Kosten auf **Kostenstellen**. Sie ist verfahrenstechnisch zwischen der Kostenartenrechnung und der Kostenträgerrechnung angesiedelt und ergänzt diese insbesondere mit Blick auf folgende zwei Aufgaben:

(1) Lieferung von **Informationen** für Kostenplanung, Wirtschaftlichkeitskontrolle und Steuerung von Entscheidungen: Getroffene Entscheidungen und Abläufe in Teilbereichen eines Betriebes beeinflussen die Höhe der Gesamtkosten. Meist sind kostenbestimmende Entscheidungen nicht von der Unternehmensleitung zu treffen, sondern von untergeordneten Personen, die z. B. Einfluss auf Stillstandszeiten und Auslastungsgrad der von ihnen betreuten Maschinen haben. Daher kann nur eine tiefe Gliederung in Kostenstellen eine zutreffende Analyse der **Kostenverursachung** und der Möglichkeiten zur **Kosteneinsparung** ermöglichen. Gleichzeitig kann die Kostenstellenrechnung dann Ursachen und Höhe von **Kostenabweichungen** aufdecken.

(2) Als Bindeglied zwischen Kostenarten- und Kostenträgerrechnung dient die Kostenstellenrechnung außerdem der **Verteilung** derjenigen Kostenbeträge auf die betriebliche Endleistung, die dieser nicht direkt zurechenbar sind **(Kostenträgergemeinkosten)**. Diese Kostenträgergemeinkosten werden in der Kostenstellenrechnung rechnungstechnisch so aufbereitet, dass sie auf die einzelnen Produkte (Kostenträger) weiterverrechnet werden können. Demgegenüber werden die Kostenträgereinzelkosten – ohne Zwischenschaltung der Kostenstellenrechnung – direkt an die Kostenträgerrechnung weitergegeben. Schematisch lässt sich dies wie folgt darstellen:

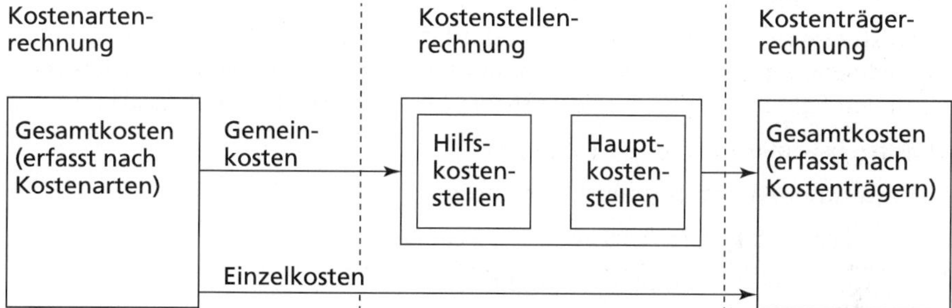

3.2.1 Kriterien für die Bildung von Kostenstellen

Zur Durchführung der Kostenstellenrechnung wird der gesamte Betrieb mit einem Organisationssystem überzogen, dessen Elemente die Kostenstellen als rechnungsmäßig abgegrenzte, kostenrechnerisch selbständig abzurechnende betriebliche Teilbereiche sind.

Bei der **Bildung von Kostenstellen** sollten drei Grundsätze beachtet werden (*Kilger,* Kostenrechnung, S. 154 f.):

1. Für jede Kostenstelle müssen sich genaue Maßstäbe für die Kostenverursachung **(Bezugsgrößen)** finden lassen. Diese dienen zum einen der Verteilung der Kostenarten auf die Kostenstellen und andererseits der Weiterverrechnung der Kosten auf die Kostenträger und sind somit notwendige Voraussetzung für den Aufbau einer genauen Kalkulation und die Durchführung einer wirksamen Kostenkontrolle. Die Wahl richtiger Bezugsgrößen ist umso leichter, je feiner die Kostenstelleneinteilung erfolgt. Sie gelingt in dem Fall

optimal, wenn die Kostenstellen so gebildet werden, dass sie aus homogenen Maschinengruppen oder Arbeitsplätzen bestehen.

2. Die Kostenstellen müssen selbständige **Verantwortungsbereiche** sein, um eine wirksame Kostenkontrolle zu gewährleisten. Für jede Kostenstelle muss ein Kostenstellenleiter (z. B. Abteilungsleiter, Meister) verantwortlich sein, der die entstandenen Kosten dann im Rahmen seiner Einflussmöglichkeiten zu vertreten hat.
3. Die Kostenstelleneinteilung ist so zu wählen, dass sich alle **Kostenbelege** ohne Kontierungsschwierigkeiten einfach und genau den verursachenden Kostenstellen zuordnen lassen. Dies ist umso einfacher, je gröber die Kostenstelleneinteilung erfolgt.

Bei der gleichzeitigen Einhaltung dieser Grundsätze ergibt sich ein Konflikt. Je feiner die Kostenstelleneinteilung gewählt wird, desto eher lassen sich exakte Maßstäbe für die Kostenverursachung (Bezugsgrößen) finden und desto genauer werden Kostenkontrolle, Kalkulation und relevante Kosten. Gleichzeitig bedeutet eine feinere Einteilung aber auch höhere Abrechnungskosten, denn die Kontierung der Belege wird aufwendiger. Bei der Bildung von Kostenstellen muss daher ein unternehmensbezogener **Kompromiss** zwischen der Genauigkeit der Kostenverrechnung und den Kosten ihrer abrechnungstechnischen Durchführung gefunden werden.

Wie differenziert im konkreten Einzelfall die Einteilung eines Unternehmens in Kostenstellen vorzunehmen ist, hängt vor allem von folgenden betriebsindividuellen Faktoren ab (*Haberstock/Breithecker*, Kostenrechnung I, S. 108):

- Betriebsgröße
- Produktionsprogramm und -verfahren
- organisatorische Gliederung
- angestrebte Kalkulationsgenauigkeit
- angestrebte Kostenkontrollmöglichkeit
- Branche.

Wegen der Vielzahl unternehmensindividueller Einflussfaktoren lassen sich keine allgemeingültigen Kostenstelleneinteilungen vorgeben. Eine feinere Aufgliederung in Kostenstellen findet immer dort ihre Grenze, wo sie nicht mehr wirtschaftlich ist. Außer an den genannten Grundsätzen kann sich die Gliederung eines Unternehmens in Kostenstellen zudem an folgenden Kriterien orientieren:

(1) Der **Funktion:** Kostenstellen werden entsprechend den Gegebenheiten des fertigungstechnischen Ablaufes eingerichtet; es entstehen Kostenstellen für die verschiedenen Fertigungsstufen. Bei sehr unterschiedlichen Verrichtungen kann eine Aufgliederung bis zum einzelnen Arbeitsplatz oder bis zur einzelnen Maschine notwendig werden.

(2) Dem **Ort:** Räumlich abgegrenzte Betriebsteile werden zu einer Kostenstelle zusammengefasst. Die räumliche Gliederung reicht für die Kostenstellenbildung jedoch dann nicht aus, wenn die räumliche Zusammenfassung z. B. nur

aus Platzmangel erfolgte. Räumlich zusammengehörende Einrichtungen sind in verschiedene Kostenstellen zu unterteilen, wenn eines der anderen Kriterien dies erforderlich macht.

(3) Dem **Kostenträger:** Eine Einrichtung von Kostenstellen nach diesem Kriterium ist nur in den eher seltenen Fällen möglich, in denen Kostenstellen und Kostenträger zusammenfallen.

Neben das Problem der Kostenstellenbildung tritt die Frage nach der zweckmäßigen Gruppierung und **Gliederung der Kostenstellen**. Die systematische Anordnung der Kostenstellen zu einem **Kostenstellenplan** erfolgt nach produktionstechnischen, abrechnungstechnischen und funktionalen Gesichtspunkten.

Unter **produktionstechnischen** Gesichtspunkten wird in Haupt-, Neben- und Hilfskostenstellen unterschieden.

Hauptkostenstellen sind Kostenstellen, in denen die direkt zum Produktprogramm gehörenden Produkte hergestellt werden, das heißt hier werden die Werkstoffe bzw. Vorprodukte durch Be- oder Verarbeitung zu absatzfähigen Fertigerzeugnissen. Der enge Bezug dieser Stellen zu den Kostenträgern erlaubt es, die Kosten direkt auf die Kostenträger zu überwälzen. Unter abrechnungstechnischen Gesichtspunkten bezeichnet man diese Kostenstellen deshalb als **Endkostenstellen**, deren Kosten nicht auf andere Kostenstellen, sondern direkt auf die Kostenträger verrechnet werden. Dies gilt grundsätzlich auch für die **Nebenkostenstellen**. Im Unterschied zu den Hauptkostenstellen sind diese aber nur an der Erzeugung von betrieblichen Nebenprodukten beteiligt, wie z. B. selbst erstellte Werkzeuge und Anlagen.

Hilfskostenstellen geben sämtliche Leistungen an andere Kostenstellen ab und sind nur mittelbar an der Erstellung absatzbestimmter Güter (z. B. Stromerzeugung, Reparaturwerkstätte etc.) beteiligt. Infolge ihrer mittelbaren Beteiligung an der Erstellung absatzbestimmter Güter, werden die Kosten auf die Kostenstellen verrechnet, die ihre Leistungen in Anspruch nehmen. Unter abrechnungstechnischen Gesichtspunkten werden diese Kostenstellen deshalb als **Vorkostenstellen** bezeichnet.

Der oben angeführten Differenzierung folgend sind die Kostenstellen der Verwaltung, des Vertriebes und die Materialkostenstellen eigentlich Hilfskostenstellen, da sie keinen direkten Leistungsbezug haben. Weil ihre Kosten in der Praxis direkt durch Bildung von Zuschlagssätzen auf die Kostenträger verrechnet werden, bezeichnet man sie aber auch als Haupt- bzw. Endkostenstellen.

Darüber hinaus werden Kostenstellenpläne vor allem nach **funktionalen** Gesichtspunkten erstellt. Hierzu werden die Kostenstellen entsprechend den unterschiedlichen Tätigkeitsbereichen des Unternehmens gegliedert. Ein für ein Industrieunternehmen typischer Kostenstellenplan weist dabei in der Hauptsache folgende Kostenstellenarten, die auch als Kostenbereiche bezeichnet werden, auf:

(1) **Verwaltungskostenstellen** umfassen den Bereich der Geschäftsführung mit dem nachgeschalteten Verwaltungsapparat, das Rechnungswesen (Finanzbuchführung, Kosten- und Leistungsrechnung, interne Revision) und die sonstige

allgemeine Verwaltung (z. B. Personalabteilung, volkswirtschaftliche Abteilung, Betriebsstatistik).

(2) **Allgemeine Kostenstellen** geben ihre Leistungen als innerbetriebliche Leistungen an alle Bereiche des Betriebes ab. Hierunter fallen beispielsweise die zentrale Heizungs- und Wasserversorgungsanlage, die Werksfeuerwehr und die sozialen Einrichtungen.

(3) **Materialkostenstellen** umfassen alle mit der Materialbeschaffung, -prüfung und -einlagerung, dem innerbetrieblichen Materialtransport und mit der Ausgabe der Werkstoffe an die Fertigungsstellen anfallenden Verrichtungen.

(4) Im Fertigungsbereich erfolgt der eigentliche Produktionsprozess. Hier werden die Werkstoffe be- oder verarbeitet und die absatzbestimmten Erzeugnisse erstellt **(Fertigungshauptkostenstellen)**. Darüber hinaus werden zumeist in einem Teil der Kostenstellen des Fertigungsbereichs nicht direkt absatzbestimmte Leistungen erstellt **(Fertigungsnebenkostenstellen)** sowie den eigentlichen Fertigungsprozess unterstützende Hilfsleistungen **(Fertigungshilfskostenstellen)** erbracht (z. B. angegliederte Reparaturwerkstatt und technisches Büro).

(5) **Vertriebskostenstellen** beschäftigen sich mit der Verwertung der betrieblichen Endleistung und nehmen die Absatzlagerung, den Verkauf und den Versand der Fertigerzeugnisse vor.

Abgestellt auf ihre individuellen Erfordernisse richten die Betriebe weitere Kostenstellen ein (z. B. Forschungs- und Entwicklungskostenstellen). Diese Kostenstellen können sowohl Hauptkostenstellen (z. B. zur Erfassung der Sonderkosten der Fertigung) als auch Vor- oder Hilfskostenstellen sein.

Da sich wegen der vielfältigen unternehmensindividuellen Einflussfaktoren kein allgemein gültiger Kostenstellenplan vorgeben lässt, zeigt die Abbildung auf S. 841 exemplarisch eine mögliche Kostenstellengliederung, wobei die Hilfskostenstellen durch einen Stern gekennzeichnet sind (*Kilger*, Kostenrechnung, S. 162).

10 **Technische Leitung, Konstruktion und Entwicklung**
- 100* Technische Leitung
- 101* Technische Planung
- 110* Arbeitsvorbereitung
- 121 Konstruktion und Entwicklung
- 122* Zentrallabor

11 **Raumkostenstellen**
- 111* Verwaltungsgebäude
- 112* Fabrikgebäude
- 113* Lagergebäude
- 118* Werksbewachung und Feuerschutz
- 119* Raumheizung

12 **Energiekostenstellen**
- 120* Betriebsleitung Energieversorgung
- 121* Gasversorgung
- 122* Dampfversorgung
- 123* Stromversorgung
- 124* Pressluftversorgung
- 125* Wasserversorgung

13 **Transportkostenstellen**
- 130* Leitungsstelle Transportbereich
- 131* Innerbetrieblicher Transport
- 132* Lkw-Dienst
- 133* Pkw-Dienst
- 139* Hofkolonne

14 **Sozialkostenstellen**
- 141* Sozialdienst, allgemein
- 142* Kantine
- 143* Betriebsrat
- 144* Werksbibliothek
- 145* Werkskindergarten
- 146* Werkswohnungen

20 **Kostenstellen der Betriebshandwerker (Hilfsbetriebe)**
- 200* Betriebsleitung Hilfsbetriebe
- 201* Betriebsschlosserei
- 202* Betriebselektriker
- 203* Betriebsschreinerei
- 204* Betriebsbautrupp
- 205* Malerwerkstatt

30 **Kostenstellen des Einkaufs- und Materialbereichs**
- 300 Leitung des Einkaufs- und Materialbereichs
- 301 Rohstofflager I
- 302 Rohstofflager II
- 303 Rohstofflager III
- 304 Lager für fremdbezogene Teile
- 305* Hilfs- und Betriebsstofflager
- 306* Ersatzteillager
- 309 Werkstoffprüflabor

40 **Fertigungsbereich 4**
- 400* Betriebsleitung 4
- 410* Meisterbereichsstelle 41
- 411 . . . 419 } Fertigungsstellen Meisterbereich 41
- 420* Meisterbereichsstelle 42
- 421 . . . 429 } Fertigungsstellen Meisterbereich 42
- 490* Meisterbereich 49
- 491 . . . 499 } Fertigungsstellen Meisterbereich 49

50 **Fertigungsbereich 5**
(gegliedert wie 40)

60 **Fertigungsbereich 6**
(gegliedert wie 40)

70 **Fertigungsbereich 7**
(gegliedert wie 40)

80 **Kostenstellen der kaufmännischen Verwaltung**
- 800 Kaufmännische Leitung
- 811 Gesamtplanung
- 812 Finanzplanung und -kontrolle
- 821 Finanzbuchhaltung
- 822 Betriebsabrechnung
- 823 Datenverarbeitung
- 831 Personalabteilung und Lohnabrechnung
- 841 Rechtsabteilung
- 851 Registratur und Poststelle
- 852 Telefonzentrale
- 899 Verwaltung, allgemein

90 **Kostenstellen des Verkaufsbereichs**
- 900 Verkaufsleitung
- 901 Marktforschung und Absatzplanung
- 902 Werbung
- 911 . . . 919 } Verkaufsabteilung, je nach organisatorischer Gliederung des Verkaufsbereichs
- 921 . . . 929 } Fertigwarenläger, je nach organisatorischer Gliederung des Lagerbereichs für Fertigerzeugnisse
- 931 . . . 939 } Verpackung und Versandkostenstellen, je nach organisatorischer Gliederung des Versandbereichs

Beispiel einer Kostenstelleneinteilung

3.2.2 Organisatorische Durchführung der Kostenstellenrechnung mit Hilfe des Betriebsabrechnungsbogens (BAB)

Abrechnungstechnisch kann die Kostenstellenrechnung durch **kontenmäßige** Verbuchung nach den Grundsätzen der doppelten Buchführung oder in **statistisch-tabellarischer** Form durchgeführt werden. Obgleich die kontenmäßige Abrechnung mit dem Einsatz von EDV-Anlagen tendenziell eher wieder an Bedeutung gewonnen hat, wird dennoch überwiegend dem statistischen Verfahren der Vorzug gegeben, insbesondere dann, wenn das betriebliche Rechnungswesen nach dem Zweikreissystem (vgl. Teil A, Abschn. 16.2, S. 735 ff.) durchgeführt wird. Das technische Hilfsmittel für die statistisch-tabellarische Abrechnungsmethode ist der **Betriebsabrechnungsbogen** (BAB).

Der BAB ist eine Tabelle mit doppeltem Eingang: In den Kopfspalten werden die nach verschiedenen Gesichtspunkten gebildeten Kostenstellen ausgewiesen, die Eingangszeilen enthalten die Kostenarten:

<table>
<tr><td colspan="2">Kostenstellen
Kostenarten</td><td>Hilfskostenstellen</td><td>Hauptkostenstellen</td></tr>
<tr><td rowspan="2">(1)
Primäre
(Stellen-)
Kosten*</td><td>Stellen-einzel-kosten</td><td colspan="2" rowspan="2">Verteilung der primären Gemeinkosten auf die Kostenstellen</td></tr>
<tr><td>Stellen-gemein-kosten</td></tr>
<tr><td colspan="2">(2)
Sekundäre (Stellen-) Kosten</td><td colspan="2">Durchführung der innerbetrieblichen Leistungsverrechnung</td></tr>
<tr><td colspan="3" rowspan="2"></td><td>(3)
Ermittlung von Kalkulationssätzen</td></tr>
<tr><td>(4)
Kostenkontrolle</td></tr>
</table>

* Der Ausweis der primären Einzelkosten der Kostenstellen an dieser Stelle ist fakultativ; er erweist sich jedoch oft als sinnvoll im Zusammenhang mit den Abrechnungsschritten (3) und (4).

Formaler Aufbau des Betriebsabrechnungsbogens

Die Durchführung der Kostenstellenrechnung im BAB erfolgt in vier Abrechnungsschritten:

(1) Aus der Kostenartenrechnung übernimmt der BAB die Kostenträgergemeinkosten und verteilt sie auf die Kostenstellen. In der Ergebniszeile dieses Rechenschrittes kommen dann die **primären Gemeinkosten** bzw. – bei Einbeziehung auch der primären Einzelkosten – die gesamten Primärkosten für jede Kostenstelle zum Ausdruck.

(2) Daran anschließend werden die Kostenstellenbe- und -entlastungen auf Grund der innerbetrieblichen Leistungsbeziehungen durchgeführt. Die Kos-

ten der Hilfskostenstellen werden auf die Hauptkostenstellen entsprechend der Leistungsabgabe transferiert. Die Summation nach Rechenschritt (2) ergibt die **sekundären Gemeinkosten** je Hauptkostenstelle. Addiert man für jede Hauptkostenstelle ihre primären und sekundären Gemeinkosten, so erhält man die **Summe der Gemeinkosten** pro Hauptkostenstelle. Zur Kontrolle kann hier die Summe der Gemeinkosten über alle Hauptkostenstellen gebildet werden; diese muss gleich der Summe aller primären Gemeinkosten sein, die im Bereich (1) des BAB in die Abrechnung eingegangen sind, da im Rahmen der innerbetrieblichen Leistungsverrechnung lediglich eine **Umverteilung der Kosten,** aber keinerlei Veränderung im Hinblick auf die Kostenhöhe erfolgt. Werden im Bereich (1) des BAB auch die primären Einzelkosten ausgewiesen, dann ergibt die Summation nach Rechenschritt (2) die Gesamtkosten je Hauptkostenstelle.

(3) Die Verrechnung der ermittelten Gemeinkosten je Hauptkostenstelle auf die Kostenträger wird mit Hilfe von Kalkulationssätzen durchgeführt, welche im Bereich (3) des BAB ermittelt werden. Zur Ermittlung dieser **Zuschlagssätze** werden – wie bereits erwähnt – häufig die primären Einzelkosten, die regelmäßig unter Umgehung der Kostenstellenrechnung direkt der Kostenträgerrechnung zugeführt werden, in den BAB aufgenommen, ohne dass sie in die Abrechnung eingehen.

(4) Bereich (4) des BAB dient der **Kostenkontrolle** durch Gegenüberstellung der tatsächlich entstandenen Istkosten und der verrechneten Normal- oder Plankosten. Auftretende Differenzen haben den Charakter von **Kostenstellenüberdeckungen,** sofern mehr Kosten in der Abrechnungsperiode kalkuliert wurden als tatsächlich angefallen sind, und sie repräsentieren **Kostenstellenunterdeckungen,** wenn die Istkosten über den verrechneten und gegebenenfalls vom Markt ersetzten Kosten liegen.

Der Betriebsabrechnungsbogen übernimmt also die Gemeinkosten aus der Kostenartenrechnung, verteilt bzw. umverteilt sie auf die verschiedenen Kostenstellen und liefert als Ergebnisse die Kalkulationssätze zur Verrechnung der Gemeinkosten auf die Kostenträger sowie die Höhe der Istkosten bzw. Kostenabweichungen als Ausgangspunkt für die Wirtschaftlichkeitskontrolle.

3.2.3 Verrechnung der primären Stellenkosten

Die primären Stellenkosten werden aus der Kostenartenrechnung übernommen und sind in Stelleneinzelkosten und Stellengemeinkosten unterteilbar. **Stelleneinzelkosten** (direkte Stellenkosten) lassen sich der Kostenstelle unmittelbar nach der Inanspruchnahme zurechnen. Externe und interne Belege ermöglichen eine **direkte** verursachungsgerechte Verteilung dieser Kosten auf die einzelnen Kostenstellen. Einige Beispiele sollen dies verdeutlichen:

Kostenarten	Verteilungsgrundlagen	Verteilungsschlüssel
Hilfs- und Betriebsstoffe	Materialentnahmescheine	Verbrauchte Mengen × Verrechnungspreis
Fertigungshilfslöhne und Gehälter	Lohn- und Gehaltslisten	Jeweilige Beträge der Löhne und Gehälter
Abschreibungen auf Maschinen	Anlagenkartei	Jeweilige Abschreibungsbeträge
Strom, Gas, Wasser	Zähler	Verbrauchte Mengen × Preis
Fuhrparkkosten	Fahrtenbuch, Fahrtenschreiber	km × Verrechnungssatz

Demgegenüber können die **Stellengemeinkosten** nur **indirekt** auf die Kostenstellen verteilt werden, da für sie aus den Kostenartenbelegen nicht eindeutig erkennbar ist, welche Kostenstelle in welcher Höhe die Kosten verursacht hat. Die Verteilung der Stellengemeinkosten erfolgt deshalb über **Umlageschlüssel**. Diesen können folgende Verteilungskriterien zugrunde liegen (*Kosiol,* Kostenrechnung, S. 123 f.; *Schweitzer/Küpper,* Kosten- und Erlösrechnung, S. 132 f.):

(1) **Mengenmäßige** Kriterien (Mengenschlüssel):

- **Anzahl** (Beschäftigte, eingesetzte, hergestellte oder abgesetzte Stücke, Konten, Buchungen, erstellte Rechnungen, Prozesse, Arbeitsverrichtungen)
- **Zeit** (Arbeitsstunden, Meisterstunden, Maschinenstunden, Schichtzeiten, Kalenderzeiten)
- **Raum** (Länge, Fläche, Volumen)
- **Gewicht** (Verbrauchsgewichte, Transportgewichte, Gewichte der eingesetzten oder verkauften Mengen)
- **technische Maße** (installierte Kilowatt, verbrauchte Kilowattstunden, Heiz-, Wärme-, Nährwerte)

(2) **Wertmäßige** Kriterien (Wertschlüssel):

- **Umsatz** (Barumsätze, Kreditumsätze, Versandumsätze, regionale Umsätze)
- **Einstand** (Wareneinkaufswert, Wareneingangswert, Lagerzugangswert)
- **Einsatz** (betriebsnotwendiges Kapital, Verbrauchswerte)
- **Bestand** (Bestandswert von Anlagen, Stoffen, Zwischenprodukten, Endprodukten)
- **Kosten** (Fertigungslohnkosten, Fertigungsmaterialkosten, Kalkulationswerte wie Herstellkosten, Selbstkosten)
- **Verrechnungsgrößen** (innerbetriebliche Verrechnungspreise).

Entscheidend für die Anwendbarkeit dieser Umlageschlüssel für die Verteilung der Stellengemeinkosten auf die Kostenstellen ist, dass die Bezugsgrößen relativ genau ermittelt werden können, zwischen ihnen und den so verrechneten Kosten ein **funktionaler (proportionaler) Zusammenhang** besteht und dass die Stellengemeinkosten auf Grund dieser Schlüsselung den Kostenstellen direkt zugerechnet werden können. Kann ein einheitlicher Schlüssel nicht gefunden werden, werden die Kosten den einzelnen Kostenstellen in festen Summen zugeteilt (*Schönfeld/Höller,* Kostenrechnung I, S. 138). Grundsätzlich gilt, dass mengenorientierten Kriterien bei der Kostenschlüsselung auf Grund ihrer Preisunabhängigkeit der Vorzug gegenüber Wertkriterien gebührt (*Nowak,* Kostenrechnungssysteme, S. 36).

Übungsbeispiel:

Aus der Kostenartenrechnung eines holzverarbeitenden Betriebes sind die folgenden Zahlen zu entnehmen:

Rohstoffe	150.000
Hilfsstoffe	50.000
Betriebsstoffe	20.000
Fertigungslöhne	200.000
Fertigungshilfslöhne	40.000
Gehälter	50.000
Gesetzlicher Sozialaufwand	46.400
Freiwilliger Sozialaufwand	18.000
Energiekosten	25.000
Fremdreparaturen	8.000
Miete	6.000
Abschreibungen	30.000
Postkosten	6.500
Vertreterprovision	15.400
Allgemeine Verwaltungskosten	34.700
	700.000

Es sind folgende Kostenstellen eingerichtet:

Allgemeiner Bereich
Materialbereich
Arbeitsvorbereitung
Sitzmöbelfertigung
Schrankfertigung
Verwaltung
Vertrieb

Die Kosten sollen auf die einzelnen Kostenstellen wie folgt verteilt werden:

Kostenarten	Verteilungsgrundlagen	Verteilungsschlüssel*
Rohstoffe	Materialentnahmescheine	0:0:0:6:9:0:0
Hilfsstoffe	Materialentnahmescheine	0:0:1:9:15:0:0
Betriebsstoffe	Entnahmescheine	0:1:2:13:4:0:0
Fertigungslöhne	Lohnlisten	0:0:0:12:8:0:0
Fertigungshilfslöhne	Lohnlisten	4:12:18:16:24:0:6
Gehälter	Gehaltslisten	19:0:32:0:0:60:14

* Angabe in Reihenfolge der Kostenstellen

Kostenarten	Verteilungsgrundlagen	Verteilungsschlüssel*
Gesetzl. Sozialaufwand	Lohn- u. Gehaltslisten	jeweils 16 % der Löhne u. Gehälter
Freiw. Sozialaufwand	Tabelle (s. unten)	
Energiekosten	Tabelle (s. unten)	
Fremdreparaturen	Rechnungen	15:3:7:38:0:17:0
Miete	Tabelle (s. unten)	
Abschreibungen	Inventar	17:39:12:111:86:20:15
Postkosten	Postbuch	6:0:3:8:2:29:17
Vertreterprovision	Abrechnungsbelege	0:0:0:0:0:0:1
Allgemeine Verwaltungskosten	Erfahrungssatz	2:1:2:4:4:8:4

* Angabe in Reihenfolge der Kostenstellen

Freiwilliger Sozialaufwand, Energiekosten und Miete sollen in dieser Reihenfolge nach der Kopfzahl, dem kWh-Verbrauch sowie der Nutzungsfläche auf Grund der nachfolgenden Angaben verteilt werden:

Verteilungs-schlüssel	Allgem. Bereich	Materialbereich	Arbeitsvorbereitung	Sitzmöbelfertigung	Schrankfertigung	Verwaltung	Vertrieb
Kopfzahl	2	1	3	26	19	4	5
kWh-Verbrauch	12.000	8.500	29.000	135.000	88.000	20.000	20.000
Nutzungsflächen in m^2	40	150	30	220	170	110	80

Stellen Sie einen Betriebsabrechnungsbogen auf und ermitteln Sie die primären Stellenkosten für jede der angegebenen Kostenstellen. Stellen Sie dann die Gesamtkosten je Kostenstelle fest. Berücksichtigen Sie, dass nur Rohstoffe und Fertigungslöhne Einzelkostencharakter haben (Lösung s. S. 837).

3.2.4 Verrechnung der sekundären Stellenkosten (innerbetriebliche Leistungsverrechnung)

Die Notwendigkeit der innerbetrieblichen Leistungsverrechnung ergibt sich aus der Tatsache, dass Unternehmen neben den für den Absatzmarkt bestimmten Leistungen **(Marktleistungen, Außenaufträge)** auch solche Leistungen erstellen, die nicht für eine direkte absatzmäßige Verwertung vorgesehen sind, sondern in der gleichen oder in folgenden Perioden wieder im Wege des Verbrauchs oder Gebrauchs in eigenen Produktionsprozessen Verwendung finden **(Eigenleistungen, Innenaufträge)**.

Solche innerbetrieblichen Leistungen werden in den Betrieben durch die Kostenstellen des Allgemeinen Bereichs (Beispiele: Erzeugung von Strom und Dampf, Reinigung der Betriebsräume, Sicherung der Betriebsanlagen durch Werkschutz und Werksfeuerwehr, Werkskantine und sonstige soziale Einrichtungen, Rechenzentrum) und durch die Fertigungshilfskostenstellen (Beispiele: Technisches Büro, Konstruktionsabteilung, Fertigungskontrolle, Zentrallabor,

Kostenstellen / Kostenarten	Allg. Bereich	Material-bereich	Arbeitsvor-bereitung	Sitzmöbel-fertigung	Schrank-fertigung	Verwaltung	Vertrieb
Hilfsstoffe			2.000	18.000	30.000		
Betriebsstoffe		1.000	2.000	13.000	4.000		
Fertigungshilfslöhne	2.000	6.000	9.000	8.000	12.000		3.000
Gehälter	7.600		12.800			24.000	5.600
Gesetzl. Sozialaufwand	1.536	960	3.488	20.480	14.720	3.840	1.376
Freiw. Sozialaufwand	600	300	900	7.800	5.700	1.200	1.500
Energiekosten	960	680	2.320	10.800	7.040	1.600	1.600
Fremdreparaturen	1.500	300	700	3.800		1.700	
Miete	300	1.125	225	1.650	1.275	825	600
Abschreibungen	1.700	3.900	1.200	11.100	8.600	2.000	1.500
Postkosten	600		300	800	200	2.900	1.700
Vertreterprovision							15.400
Allgemeine Verwaltungskosten	2.776	1.388	2.776	5.552	5.552	11.104	5.552
Summe d. primären Gemeinkosten	19.572	15.653	37.709	100.982	89.087	49.169	37.828
Einzelkosten:							
Rohstoffe				60.000	90.000		
Fertigungslöhne				120.000	80.000		
Gesamtkosten	19.572	15.653	37.709	280.982	259.087	49.169	37.828

Betriebsabrechnungsbogen

Arbeitsvorbereitung), aber auch durch Hauptkostenstellen erbracht (Beispiele: selbst erstellte Maschinen, Werkzeuge, Gebäude).

Bei den innerbetrieblichen Leistungen sind zwei Gruppen zu unterscheiden:

(1) **Aktivierungsfähige und aktivierungspflichtige Eigenleistungen** (Maschinen, Werkzeuge, Gebäude): Sie werden wie Marktleistungen behandelt und entsprechend den ermittelten Herstellungskosten in der Bilanz aktiviert. Ihre kostenmäßige Erfassung erfolgt über Abschreibungen in den Perioden der Leistungsabgabe sowie durch Verrechnung kalkulatorischer Zinsen, womit eine Verteilung der Herstellungskosten auf die Leistungen späterer Perioden bewirkt wird.

(2) **Nichtaktivierungsfähige innerbetriebliche Leistungen:** Sie werden insbesondere von den Vorkostenstellen erbracht und gehen bereits in der Periode ihrer Erstellung wieder in den Produktionsprozess ein (Beispiele: Strom, Wärme, Klimatisierung), so dass sie in der Kostenstellenrechnung als sekundäre Stellenkosten zu erfassen und weiterzuverrechnen sind. Entsprechend den abgegebenen und empfangenen Leistungen muss eine Umverteilung der Kosten derart erfolgen, dass jede Kostenstelle auch mit den Kosten für die Leistungen belastet wird, die sie von anderen Kostenstellen empfangen hat.

Die **Problematik** der innerbetrieblichen Leistungsverrechnung ist darin zu sehen, dass bezüglich der erbrachten Eigenleistungen **wechselseitige Lieferbeziehungen** bestehen: So beliefert beispielsweise die zentrale Stromversorgung alle Kostenstellen mit Licht- und Kraftstrom, empfängt ihrerseits aber auch Leistungen anderer Kostenstellen, z. B. von der Reparaturwerkstatt. Die Abrechnung der innerbetrieblichen Leistungen, die die zentrale Stromversorgung an andere Kostenstellen erbringt, kann erst erfolgen, wenn diese Kostenstelle selbst mit den sekundären Stellenkosten für die empfangenen Leistungen (z. B. Reparaturen) belastet ist. Umgekehrt können die abgebenden Kostenstellen (z. B. Hilfskostenstelle Reparaturwerkstatt) die Kosten der erbrachten innerbetrieblichen Leistungen erst dann bestimmen, wenn sie ihrerseits mit sekundären Stellenkosten belastet sind. Jede Kostenstelle ist bei Berücksichtigung sämtlicher Interdependenzen zu belasten mit:

  Primären Kosten der Kostenstelle
\+ Kosten der an sich selbst abgegebenen Leistungen
\+ Kosten der von Hilfskostenstellen empfangenen Leistungen
\+ Kosten der von Hauptkostenstellen empfangenen Leistungen
./. Kosten der an Hilfskostenstellen abgegebenen Leistungen
./. Kosten der an Hauptkostenstellen abgegebenen Leistungen.

Die Berücksichtigung dieser **Interdependenzen** durch Ermittlung von Verrechnungssätzen für innerbetriebliche Leistungen ist die zentrale Fragestellung bei der Verrechnung der sekundären Stellenkosten. Eine befriedigende Problemlösung ist Voraussetzung für eine exakte Verrechnung der Eigenleistungen mit dem Zweck:

- eine aussagefähige **Kostenkontrolle** zu ermöglichen – z. B. aufzudecken, wo bzw. in welchem Verantwortungsbereich (= Kostenstelle) entstehen Kosten-unter- bzw. -überdeckungen?
- relevante **Entscheidungsgrundlagen** zu gewinnen, insbesondere die für Planungszwecke benötigten Kalkulationssätze der Hauptkostenstellen richtig zu ermitteln – z. B. für eine Entscheidung zwischen Eigenherstellung oder Fremdbezug.

Theorie und betriebliche Praxis haben hierzu eine Vielzahl von **Verfahren der innerbetrieblichen Leistungsverrechnung** entwickelt. Die wichtigsten davon sind in der Reihenfolge zunehmender Genauigkeit und Kompliziertheit wie folgt zu kennzeichnen:

- Hauptkostenstellenverfahren
  Nullverfahren
  Kostenartenverfahren
- Kostenstellenumlageverfahren
  Anbauverfahren
  Treppenverfahren
  Sprungverfahren
- Simultane Gleichungsverfahren

3.2.4.1 Hauptkostenstellenverfahren

Die Hauptkostenstellenverfahren (Nullverfahren, Kostenartenverfahren) gehen von der vereinfachenden Annahme aus, dass der Betrieb abrechnungstechnisch nur aus Hauptkostenstellen besteht. Zwar werden für die Verrechnung der primären Stellenkosten auch Hilfskostenstellen eingerichtet und entsprechend mit Kosten belastet, anschließend werden diese Kosten allerdings direkt den Hauptkostenstellen zugeschlagen.

Bei dem sog. **Nullverfahren** werden die Kosten einer Hilfskostenstelle jeweils pauschal der Hauptkostenstelle zugeschlagen, für die die Hilfskostenstelle ihre Leistungen hauptsächlich erbracht hat.

Beispiel:

Im Folgenden wird ein Betrieb mit vier Hilfs- und fünf Hauptkostenstellen betrachtet. Es wird unterstellt, dass hauptsächlich folgende Leistungsbeziehungen bestehen:

Hilfskostenstellen	stehen hauptsächlich in Leistungsbeziehung zu:	Hauptkostenstellen
Materialhilfsstelle		Materialstelle
Entwicklungsabteilung		Fertigungsstelle I
Meisterbüro		Fertigungsstelle II
Allgemeiner Bereich		Verwaltung
–		Vertrieb

Die innerbetriebliche Leistungsverrechnung nach dem Nullverfahren führt zu der folgenden Umlage der primären Stellenkosten auf die Hauptkostenstellen:

Kostenarten \ Kostenstellen		Allgem. Bereich	Material-hilfsstelle	Material-stelle	Entwicklungs-abteilung	Fertigungs-stelle I	Fertigungs-stelle II	Meisterbüro	Verwaltung	Vertrieb
Primäre Kosten	Stellen-einzel-kosten	100	30	420	800	4.000	3.000	500	600	700
	Stellen-gemein-kosten	150	120	40	200	3.000	4.000	180	500	400
Σ der Primärkosten		250	150	460	1.000	7.000	7.000	680	1.100	1.100
Sekundärkosten-belastung (inner-betriebliche Leis-tungsverrechnung)				150		1.000	680		250	
Gesamtkosten				610		8.000	7.680		1.380	1.100

Wird auf den zweiten Abrechnungsschritt (Sekundärkostenbelastung) verzichtet, indem die in den Hilfskostenstellen entstehenden Kosten sofort den entsprechenden Hauptkostenstellen (bei der Primärkostenbelastung) angelastet werden, reduziert sich die Zahl der ursprünglich neun Kostenstellen auf fünf:

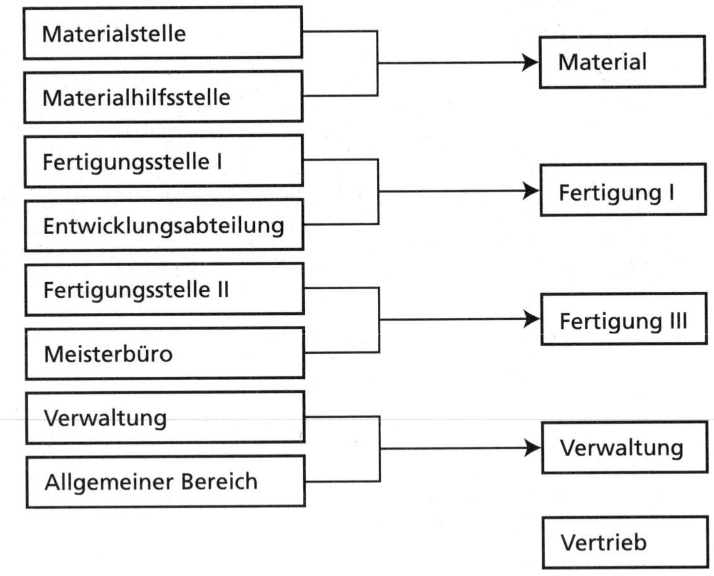

Genau besehen ist diese Vorgehensweise nicht als ein Verfahren der innerbetrieblichen Leistungsverrechnung zu kennzeichnen.

Beim **Kostenartenverfahren** werden nach Zuordnung der Hilfskostenstellen auf die entsprechenden Hauptkostenstellen die innerbetrieblichen Leistungsbeziehungen zwischen den Hauptkostenstellen derart berücksichtigt, dass die primären Stelleneinzelkosten – soweit dafür Anhaltspunkte vorhanden sind – anteilig auf die empfangenden Stellen weiterverrechnet werden, während die primären Stellengemeinkosten bei der abgebenden Kostenstelle verbleiben.

Übungsbeispiel 1:

Ermitteln Sie die Gesamtkosten der Hauptkostenstellen nach dem Kostenartenverfahren anhand der Zahlen des obigen Beispiels unter Zugrundelegung folgender Leistungsbeziehungen:

Hilfskostenstelle	mengenmäßige Gesamtleistung	mengenmäßige Teilleistungen an:	
Allgemeiner Bereich	25	a) Materialbereich b) Fertigungsstelle I	7 5
Materialhilfsstelle	15	a) Fertigungsstelle II	3
Entwicklungsabteilung	40	a) Materialbereich b) Fertigungsstelle II	5 8
Meisterbüro	50	a) Fertigungsstelle I	10

Lösung:

Exemplarischer Lösungshinweis für den Allgemeinen Bereich:

- Berücksichtigung der innerbetrieblichen Leistungsbeziehungen: Der Allgemeine Bereich gibt aus seiner Gesamtleistung von 25 ME 12 ME an andere Stellen ab; es erfolgt somit eine Entlastung von $\frac{12}{25}$ von 100, also 48.

  Entsprechend wird der Materialbereich mit $\frac{7}{25}$ von 100, also 28, die Fertigungsstelle I mit $\frac{5}{25}$ von 100, also 20, belastet.
- Zuordnung der Hilfskostenstellen auf die Hauptkostenstellen: Allgemeiner Bereich auf Verwaltung 202.

(Fortsetzung der Lösung auf S. 842 oben)

Eine Variation des Kostenartenverfahrens bezieht neben den primären Stelleneinzelkosten auch die primären Stellengemeinkosten in die Verrechnung der Innenleistungen ein (*Münstermann,* Unternehmensrechnung, S. 74). Die Kosten der empfangenen innerbetrieblichen Leistungen bleiben jedoch weiterhin unberücksichtigt.

Übungsbeispiel 2:

Ermitteln Sie die Gesamtkosten der Hauptkostenstellen anhand der Zahlen des vorstehenden Übungsbeispiels bei Verrechnung der gesamten Primärkosten.

Lösung:

(vgl. S. 842 unten)

Kostenstellen / Kostenarten	Material		Fertigung I		Fertigung II		Verwaltung		
	Materialhilfsstelle	Materialstelle	Entwicklungsabteilung	Fertigungsstelle I	Meisterbüro	Fertigungsstelle II	Allgemeiner Bereich	Verwaltung	Vertrieb
Stelleneinzelkosten	30	420	800	4.000	500	3.000	100	600	700
Stellengemeinkosten	120	40	200	3.000	180	4.000	150	500	400
Σ der Primärkosten	150	460	1.000	7.000	680	7.000	250	1.100	1.100
Sekundärkostenverrechnung:									
–) Entlastung	6		260		100		48		
+) Belastung		28		20		6			
+) Belastung		100		100		160			
Zwischensumme	144	588	740	7.120	580	7.166	202	1.100	1.100
Umlage der Hilfskostenstellen auf die Hauptkostenstellen		→ 144		→ 740		→ 580		→ 202	
Gesamtkosten		732		7.860		7.746		1.302	1.100

Kostenstellen / Kostenarten	Material		Fertigung I		Fertigung II		Verwaltung		
	Materialhilfsstelle	Materialstelle	Entwicklungsabteilung	Fertigungsstelle I	Meisterbüro	Fertigungsstelle II	Allgemeiner Bereich	Verwaltung	Vertrieb
Σ der Primärkosten	150	460	1.000	7.000	680	7.000	250	1.100	1.100
Sekundärkostenverrechnung:									
–) Entlastung	30		325		136		120		
+) Belastung		70		50		30			
+) Belastung		125		136		200			
Zwischensumme	120	655	675	7.186	544	7.230	130	1.100	1.100
Umlage der Hilfskostenstellen auf die Hauptkostenstellen		→ 120		→ 675		→ 544		→ 130	
Gesamtkosten		775		7.861		7.774		1.230	1.100

Die Anwendung des Hauptkostenstellenverfahrens mit seinen unterschiedlichen Ausgestaltungsmöglichkeiten ist nur dann sinnvoll, wenn sich die Hilfskostenstellen direkt einzelnen Hauptkostenstellen zuordnen lassen und sie überwiegend nur für eine Hauptkostenstelle Leistungen erbringen.

3.2.4.2 Kostenstellenumlageverfahren

Differenzierte Leistungsverflechtungen zwischen den Kostenstellen eines Betriebes machen die Anwendung besonderer Kostenstellenumlageverfahren erforderlich, für die eine Einteilung des Betriebes in Haupt- und Hilfskostenstellen erst sinnvoll wird. Für die Kosten der innerbetrieblichen Leistungen werden bei den im Folgenden betrachteten Verfahren eigene Hilfskostenstellen eingerichtet, deren gesamte Kosten entsprechend der Bereitstellung innerbetrieblicher Leistungen auf die empfangenden Kostenstellen weiterverrechnet werden.

3.2.4.2.1 Anbauverfahren

Beim Anbauverfahren werden die in den Hilfskostenstellen angefallenen primären Kosten auf die Hauptkostenstellen entsprechend der Leistungsabgabe umgelegt. Die Leistungen, die Hilfskostenstellen von anderen Kostenstellen erhalten, werden kostenrechnerisch nicht erfasst, d. h. eine Verrechnung der sekundären Kosten erfolgt nur **einseitig** von den Hilfskostenstellen auf die Hauptkostenstellen.

Die **Verrechnungssätze** für innerbetriebliche Leistungen werden beim Anbauverfahren wie folgt gebildet:

$$\text{Innerbetrieblicher Verrechnungssatz} = \frac{\text{primäre Kosten der Hilfskostenstelle}}{\text{Leistungsabgabe an Hauptkostenstellen}}$$

Der Wert der Leistungsabgabe von einer Hilfskostenstelle an die einzelnen Hauptkostenstellen wird dann durch Multiplikation der an die Hauptkostenstelle abgegebenen Menge mit dem Verrechnungssatz ermittelt.

Kritisch anzumerken ist, dass das Anbauverfahren nicht die Leistungsbeziehungen zwischen den Hilfskostenstellen und den Eigenverbrauch dieser Kostenstellen berücksichtigt. Ebenso wird bei den Hauptkostenstellen nur die Marktleistung als Basis der Gemeinkostenverrechnung herangezogen, so dass innerbetriebliche Leistungen der Hauptkostenstellen keinen kostenrechnerischen Niederschlag erfahren. Die Anwendung des Anbauverfahrens führt daher in der Praxis meist zu größeren Ungenauigkeiten. Es handelt sich folglich nur um ein grobes Näherungsverfahren.

Übungsbeispiel:

Der Betriebsabrechnungsbogen eines Betriebes weist folgende Zahlen aus:

Kostenstellen / Kostenarten	Hilfskostenstellen			
	Zentrallabor	Werks-kantine	Stromer-zeugung	Reparatur-werkstatt
Σ Primärkosten	2.000.000	1.500.000	800.000	200.000

Kostenstellen / Kostenarten	Hauptkostenstellen		
	Farbenprod.	Kunstfaser-prod.	Düngemittel-prod.
$\sum$ Primärkosten	18.000.000	25.000.000	12.000.000

Die Leistungsbeziehungen sind in folgender Matrix zusammengestellt:

empfangende Stelle / leistende Stelle		Zentral-labor	Werks-kantine	Stromer-zeugung	Repara-turwerk-statt	Farben-produk-tion	Kunstfa-serpro-duktion	Dünge-mittel-produk-tion	Markt-leis-tung	Gesamt-leistung
Zentrallabor	h	1.000				35.000	25.000	19.000		80.000
Werkskantine	E	3.800	1.200	2.000	28.000	105.000	150.000	210.000		500.000
Stromer-zeugung	kWh	200.000	300.000	100.000	500.000	1.600.000	3.500.000	1.800.000		8.000.000
Reparatur-werkstatt	h			500		4.000	5.000	2.500		12.000
Farbenproduk-tion	t				1		199		1.600	1.800
Kunstfaser-produktion	t							200	4.800	5.000
Düngemittel-produktion	t								6.000	6.000

Legen Sie die Kosten der Hilfskostenstellen nach dem Anbauverfahren um. Errechnen Sie die Gesamtkosten pro Hauptkostenstelle und je t Marktleistung.

Lösung: Betriebsabrechnungsbogen

Kostenstellen / Kostenarten	Hilfskostenstellen				Hauptkostenstellen		
	Zentral-labor	Werks-kantine	Stromer-zeugung	Repara-turwerk-statt	Farben-produk-tion	Kunst-faserpro-duktion	Dünge-mittelpro-duktion
$\sum$ der Primärkosten	2.000.000	1.500.000	800.000	200.000	18.000.000	25.000.000	12.000.000
Umlage Zentrallabor	→				886.076	632.911	481.013
Umlage Werkskantine		→			338.710	483.871	677.419
Umlage Stromerzeugung			→		185.507	405.797	208.696
Umlage Reparaturwerkst.				→	69.565	86.957	43.478
Gesamtkosten					19.479.858	26.609.536	13.410.606
Marktleistung in t					1.600	4.800	6.000
Gesamtkosten je t					12.175	5.544	2.235

Berechnung des innerbetrieblichen Verrechnungssatzes beispielhaft für die Hilfskostenstelle Stromerzeugung:

$$\frac{800.000\text{ €}}{1.600.000\text{ kWh} + 3.500.000\text{ kWh} + 1.800.000\text{ kWh}} = 0{,}115942\text{ €/kWh}$$

Ermittlung des Wertes der Leistungsabgabe beispielhaft für die Lieferung der Stromerzeugung an die Kunstfaserproduktion:

3.500.000 kWh · 0,115942 €/kWh = 405.797 €

3.2.4.2.2 Treppenverfahren

Die Kostenumlage nach dem Treppenverfahren (Stufenleitersystem) geht davon aus, dass die Kostenstellen in eine **Rangfolge** gebracht werden, beginnend mit den Stellen, die hauptsächlich Leistungen abgeben und endend mit den Stellen, die von anderen Stellen überwiegend Leistungen empfangen. Ist diese Rangfolge gefunden, so setzt die Verrechnung der Kosten in der Weise ein, dass die gesamten Gemeinkosten der abzurechnenden Kostenstelle auf die nachgelagerten Stellen entsprechend der abgegebenen Leistung umgelegt werden. Die Kostenumlage erfolgt **sukzessiv** von den leistungsabgebenden Stellen auf die leistungsempfangenden Stellen und lässt auch eine Belastung der Hilfskostenstellen mit sekundären Kosten zu.

Beim Treppenverfahren, das seinen Namen vom treppenförmigen Aufbau des Betriebsabrechnungsbogens im Bereich der innerbetrieblichen Leistungsverrechnung hat, ergibt sich der innerbetriebliche **Verrechnungssatz** für jede Hilfskostenstelle folgendermaßen:

$$\begin{array}{l}\text{Innerbetrieblicher}\\\text{Verrechnungssatz}\end{array} = \frac{\begin{pmatrix}\text{primäre Kosten}\\\text{der Kostenstelle}\end{pmatrix} + \begin{pmatrix}\text{sekundäre Kosten aus der}\\\text{Verrechnung von Leistungen}\\\text{vorgelagerter Kostenstellen}\end{pmatrix}}{\text{Leistungsabgabe an nachgelagerte Kostenstellen}}$$

Der Wert der Leistungsabgabe an eine nachgelagerte Kostenstelle wird durch Multiplikation des innerbetrieblichen Verrechnungssatzes mit der Leistungsabgabe an die nachgelagerte Kostenstelle ermittelt.

Obwohl das Treppenverfahren gegenüber dem Anbauverfahren exaktere Ergebnisse liefert, ist nicht zu übersehen, dass dieses ebenfalls lediglich eine **Näherungsmethode** darstellt: Da die sekundären Gemeinkosten nur in eine Richtung umgelegt werden, weisen alle Kostenstellen, die an vorgelagerte Stellen Leistungen erbringen, zu hohe Gesamtkosten aus; oder anders ausgedrückt: Die Kostenstellen, die Leistungen von nachgelagerten Stellen erhalten, sind nicht im richtigen Maße mit sekundären Kosten belastet. Bei wechselseitigen Leistungsverflechtungen führt das Treppenverfahren somit zwangsläufig zu unkorrekten Ergebnissen. Wegen seiner relativ einfachen und leicht nachvollziehbaren Handhabung ist das Treppenverfahren dennoch eine in der Praxis häufig angewandte Methode der innerbetrieblichen Leistungsverrechnung.

Übungsbeispiel 1:

Für einen Industriebetrieb sind die wechselseitigen Leistungsbeziehungen und die durch sie verursachten primären Gemeinkosten in der nachfolgenden Tabelle (S. 846 oben) zusammengefasst. Nehmen Sie die innerbetriebliche Kostenumlage nach der Rangordnung vor, in der die Hilfskostenstellen Leistungen abgeben. Ermitteln Sie die Gemeinkosten je Produkteinheit für die Absatzleistungen.

Leistungsbeziehungen und primäre Gemeinkosten:

leistende Stellen \ empfangende Stellen		Unfallverhütung, Werksarzt	Meisterbüro	Elektrowerkstatt	Dampferzeugung, Heizung	Wach- u. Schließdienst	Prod. von Kartonagen	Wellpappe-prod.	Feinpapier-prod.	Absatzleistung
Unfallverhütung, Werksarzt	P	2	5	2		3	50	10	40	
Meisterbüro	h						2.400	2.000	3.600	
Elektrowerkstatt	h		40		16	50	1.900	500	1.200	
Dampferzeugung, Heizung	l	1.000	2.000	4.000		3.000	35.000	50.000	80.000	
Wach- und Schließdienst	%		10	5			20	20	45	
Produktion von Kartonagen	t									450
Wellpappeproduktion	t						400			400
Feinpapierproduktion	t						50	150		500
primäre Gemeinkosten		80.000	150.000	65.000	35.000	60.000	1.000.000	480.000	800.000	

Lösung:

Nach Verteilung der Gemeinkosten auf die Hauptkostenstellen ergibt sich der auf S. 847 wiedergegebene Betriebsabrechnungsbogen. Die dabei praktizierte Vorgehensweise wird exemplarisch für den Bereich des Wach- und Schließdienstes aufgezeigt:

Der innerbetriebliche Verrechnungssatz für den Wach- und Schließdienst berechnet sich wie folgt:

$$\frac{(60.000\ €) + (600\ € + 2.187\ € + 911\ €)}{(10\,\% + 45\,\% + 20\,\% + 20\,\%)} = \frac{63.698\ €}{95\,\%}$$

$$= 670{,}51\ €/\%$$

Als Sekundärkostenbelastung der Hauptkostenstelle Wellpappeproduktion für Wach- und Schließleistungen ergibt sich damit:

$$670{,}51\ €/\% \cdot 20\,\% = 13.410\ €$$

Kostenarten \ Kostenstellen	Hilfskostenstellen					Hauptkostenstellen		
	Dampferzeugung, Heizung	Unfallverhütung, Werksarzt	Elektrowerkst.	Wach- u. Schließdienst	Meisterbüro	Feinpapierproduk.	Wellpappeproduk.	Produktion v. Kartonagen
primäre Gemeinkosten	35.000	80.000	65.000	60.000	150.000	800.000	480.000	1.000.000
Umlage Dampferzeugung, Heizung	→	200	800	600	400	16.000	10.000	7.000
Zwischensumme		80.200						
Umlage Unfallverhütung, Werksarzt		→	1.458	2.187	3.645	29.164	7.291	36.455
Zwischensumme			67.258					
Umlage Elektrowerkstatt			→	911	729	21.873	9.114	34.631
Zwischensumme				63.698				
Umlage Wach- und Schließdienst				→	6.705	30.173	13.410	13.410
Zwischensumme					161.479			
Umlage Meisterbüro					→	72.666	40.370	48.443
Zwischensummen						969.876	560.185	1.139.939
Leistungsaustausch der Hauptkostenstellen:								
Umlage Feinpapierproduktion						– 277.108	207.831	69.277
Zwischensumme						692.768	768.016	1.209.216
Umlage Wellpappeprod.							– 384.008	384.008
Σ der Gemeinkosten						692.768	384.008	1.593.224
Absatzleistungen in t						500	400	450
Gemeinkosten je t						1.386	960	3.540

Übungsbeispiel 2:

Die Kostenartenrechnung eines kleineren Maschinenbaubetriebs liefert folgende Zahlen:

1. Einzelkosten
   a) Materialbereich 110.000
   b) Fertigungsbereiche (Löhne)
      ba) Maschinen 30.000
      bb) Montage 18.000
   c) Vertriebsbereich 7.848

   165.848

2. Die Gemeinkosten von zusammen 120.222 verteilen sich auf die eingerichteten Kostenstellen entsprechend der nachfolgenden Tabelle a):

Tabelle a)

Kostenstellen / Verteilung	Gemein-kosten	m²	Flächen-wertzahl	Arbeit-nehmer	davon Aus-zubildende
I. Allgemeiner Bereich					
1. Gebäude	4.620	6.250			
2. Soz. Einrichtungen	3.954	250	1		
3. Betriebsrat	810	50	1,5		
4. Lehrwerkstatt	486	50	1,5	1	
5. Fuhrpark	7.746	200	1,5	6	
II. Materialbereich	8.377	700	1	7	
III. Fertigungsbereich					
A. Hauptkostenstellen					
1. Maschinensaal	29.357	2.450	1	72	11
2. Montage	9.405	1.050	1	46	5
B. Hilfskostenstellen					
1. Techn. Betriebsltg.	6.055	200	1,5	5	
2. Lohnbüro	3.425	110	1,5	4	
3. Arbeitsvorbereitung	2.610	100	1,5	4	
4. Werkzeugmacherei	6.152	220	1	4	
IV. Verwaltungsbereich	21.948	450	2,5	13	3
V. Vertriebsbereich	15.277	420	2	9	
Summe	120.222				

Die notwendige Umlage der Hilfskostenstellen (Allgemeiner Bereich und Fertigungshilfskostenstellen) richtet sich nach den unten in Tabelle b) abgedruckten Schlüsseln.

Tabelle b)

Kostenstelle	Verteilungsgrundlage		
1. Gebäude	m^2 x Flächenwertzahl		
2. Soziale Einrichtungen	Zahl der Arbeitnehmer		
3. Betriebsrat	Zahl der Arbeitnehmer		
4. Lehrwerkstatt	Zahl der Auszubildenden im Fertigungsbereich		
5. Fuhrpark	Aufteilung der Kosten im Verhältnis 11 : 2,5 auf LKW und PKW, dann Verrechnung nach der Inanspruchnahme		
		LKW km	PKW km
	Materialbereich	2.000	
	Fertigungsbereich (Hauptkostenstellen 1 : 1)	600	
	Techn. Betriebsleit.		300
	Verwaltungsbereich		950
	Vertriebsbereich	4.000	2.500
6. Techn. Betriebsleitung	im Verhältnis der Lohnsummen (Fertigungslöhne der Hauptkostenstellen + Hilfslöhne für Maschinensaal und Montage je 2.000)		
7. Lohnbüro	wie technische Betriebsleitung		
8. Arbeitsvorbereitung	Fertigungslöhne der Hauptkostenstellen		
9. Werkzeugmacherei	auf Maschinensaal	3.400	
	auf Montage	3.000	

Erstellen Sie den Betriebsabrechnungsbogen (BAB) und errechnen Sie die Gesamtkosten der Hauptkostenstellen.

Lösung:

Der geforderte Betriebsabrechnungsbogen ist auf den Seiten 852 und 853 abgedruckt.

Bei der Umlage der Hilfskostenstellen sind für jede Kostenstelle folgende Schritte notwendig:

a) Ermittlung der Leistungsabgabe an nachgelagerte Kostenstellen:

Für die Leistungsabgabe der Kostenstelle Gebäude (Verteilungsgrundlage : m^2 × Flächenwertzahl) ergibt sich (vgl. Tabelle a), S. 848) exemplarisch:

$[(250 \times 1) + (50 \times 1{,}5) + (50 \times 1{,}5) + (200 \times 1{,}5) + (700 \times 1) + (2.450 \times 1) + (1.050 \times 1) + (200 \times 1{,}5) + (110 \times 1{,}5) + (100 \times 1{,}5) + (220 \times 1) + (450 \times 2{,}5) + (420 \times 2)\ m^2] = 7.700\ m^2$

b) Ermittlung der Verrechnungssätze nach der Formel:

$$\text{Verrechnungssatz} = \frac{\begin{pmatrix}\text{primäre Kosten}\\ \text{der Kostenstelle}\end{pmatrix} + \begin{pmatrix}\text{Sekundäre Kosten aus der}\\ \text{Verrechnung von Leistungen}\\ \text{vorgelagerter Kostenstellen}\end{pmatrix}}{\text{Leistungsabgabe an nachgelagerte Kostenstellen}}$$

$$\text{Verrechnungssatz Gebäude} = \frac{4.620}{7.700} = –{,}60\ €/m^2$$

$$\text{Verrechnungssatz Soziale Einrichtungen} = \frac{3.954 + 150}{171} = 24{,}– \text{ €/Arbeitnehmer}$$

$$\text{Verrechnungssatz Betriebsrat} = \frac{810 + 45}{171} = 5{,}– \text{ €/Arbeitnehmer}$$

$$\text{Verrechnungssatz Lehrwerkstatt} = \frac{486 + 45 + 24 + 5}{16} = 35{,}– \text{ €/Auszubildenden}$$

$$\text{Verrechnungssatz für LKW} = \frac{(7.746 + 180 + 144 + 30) \cdot 11}{13{,}5 \cdot 6.600} = 1{,}– \text{ €/km}$$

$$\text{Verrechnungssatz für PKW} = \frac{(7.746 + 180 + 144 + 30) \cdot 2{,}5}{13{,}5 \cdot 3.750} = –{,}40 \text{ €/km}$$

Verteilungsgrundlage für die Techn. Betriebsleitung und das Lohnbüro sind jeweils die im Nenner stehenden Lohnsummen.

$$\text{Verrechnungssatz Techn. Betriebsleitung} = \frac{6.055 + 180 + 120 + 25 + 120}{30.000 + 18.000 + 2.000 + 2.000} = 0{,}125 \ (12{,}5\,\%)$$

$$\text{Verrechnungssatz Lohnbüro} = \frac{3.425 + 99 + 96 + 20}{30.000 + 18.000 + 2.000 + 2.000} = 0{,}07 \ (7\,\%)$$

$$\text{Verrechnungssatz Arbeitsvorbereitung} = \frac{2.610 + 90 + 96 + 20}{30.000 + 18.000} = 0{,}05867 \ (5{,}867\,\%)$$

$$\text{Verrechnungssatz Werkzeugmacherei} = \frac{6.152 + 132 + 96 + 20}{6.400} = 1 \ (100\,\%)$$

c) Ermittlung der Gemeinkosten der einzelnen Kostenstellen durch Multiplikation von Verteilungsgrundlagen und Verrechnungssatz.

Umlage / Kostenstellen	Gebäude				Soziale Einrichtungen u. Betriebsrat		
	Verteilungsgrundlage			Gemeinkosten	Verteilungsgrundlage	Gemeinkosten	
	m²	Flächenwertzahl	m² x Flächenwertzahl	Gebäude	Zahl der Arbeitnehmer	Soziale Einrichtungen	Betriebsrat
I.2	250	1	250	150			
I.3	50	1,5	75	45			
I.4	50	1,5	75	45	1	24	5
I.5	200	1,5	300	180	6	144	30
II.	700	1	700	420	7	168	35
III.A.1	2.450	1	2.450	1.470	72	1.728	360
III.A.2	1.050	1	1.050	630	46	1.104	230
III.B.1	200	1,5	300	180	5	120	25
III.B.2	110	1,5	165	99	4	96	20
III.B.3	100	1,5	150	90	4	96	20
III.B.4	220	1	220	132	4	96	20
IV.	450	2,5	1.125	675	13	312	65
V.	420	2	840	504	9	216	45
Summen	6.250	–	7.700	4.620	171	4.104	855

Umlage / Kostenstellen	Lehrwerkstatt	
	Verteilungsgrundlage Auszubildende	Gemeinkosten Lehrwerkstatt
III.A.1	11	385
III.A.2	5	175
Summen	16	560

Umlage / Kostenstellen	Fuhrpark				
	Verteilungsgrundlage LKW km	Kosten	Verteilungsgrundlage PKW km	Kosten	Gemeinkosten Fuhrpark
II.	2.000	2.000			2.000
III.A.1	300	300			300
III.A.2	300	300			300
III.B.1			300	120	120
IV.			950	380	380
V.	4.000	4.000	2.500	1.000	5.000
Summen	6.600	6.600	3.750	1.500	8.100

Umlage / Kostenstellen	Technische Betriebsleitung, Lohnbüro, Arbeitsvorbereitung und Werkzeugmacherei			
	Gemeinkosten Techn. Betriebsleitung	Gemeinkosten Lohnbüro	Gemeinkosten Arbeitsvorbereitung	Gemeinkosten Werkzeugmacherei
III.A.1	4.000	2.240	1.760	3.400
III.A.2	2.500	1.400	1.056	3.000
Summen	6.500	3.640	2.816	6.400

Betriebsabrechnungsbogen

Kostenstellen / Kostenarten	Zahlen aus der Kostenartenrechn.	I. Allgemeiner Bereich: 1. Gebäude	2. Soz. Einrichtungen	3. Betriebsrat	4. Lehrwerkst.	5. Fuhrpark	II. Materialbereich
1	2	3	4	5	6	7	8
Primäre Gemeink.	120.222	4.620	3.954	810	486	7.746	8.377
Sekundärkostenverrechnung: Umlage des Allg. Ber.:							
1. Gebäude		→	150	45	45	180	420
2. Soz. Einr.			→		24	144	168
3. Betriebsrat				→	5	30	35
4. Lehrwerkst.					→		
5. Fuhrpark						→	2.000
Zw.summen	120.222	–	–	–	–	–	11.000
Umlage der Fertigungshilfsst.							
1. Techn. Betriebsl.							
2. Lohnbüro							
3. Arbeitsvorb.							
4. Werkzeugmacherei							
Summen der Gemeinkosten nach Umlage	120.222	–	–	–	–	–	11.000
Einzelkosten	165.848	–	–	–	–	–	110.000
Gesamtkosten	286.070	–	–	–	–	–	121.000

III. Fertigungsbereich						IV. Verwaltungsbereich	V. Vertriebsbereich
A. Hauptkostenst.		B. Hilfskostenst.					
1. Maschinensaal	2. Montage	1. Techn. Betriebsleitung	2. Lohnbüro	3. Arb.-vorbereitung	4. Werkzeugmacherei		
9	10	11	12	13	14	15	16
29.357	9.405	6.055	3.425	2.610	6.152	21.948	15.277
1.470	630	180	99	90	132	675	504
1.728	1.104	120	96	96	96	312	216
360	230	25	20	20	20	65	45
385	175						
300	300	120				380	5.000
33.600	11.844	6.500	3.640	2.816	6.400	23.380	21.042
4.000	2.500						
2.240	1.400						
1.760	1.056						
3.400	3.000						
45.000	19.800	–	–	–	–	23.380	21.042
30.000	18.000	–	–	–	–	–	7.848
75.000	37.800	–	–	–	–	23.380	28.890

3.2.4.2.3 *Sprungverfahren*

Das Sprungverfahren (Kurzschlüsselverfahren) stellt eine Verbindung des Anbauverfahrens mit dem Treppenverfahren dar. Wie beim Anbauverfahren werden die primären Gemeinkosten der Vorkostenstellen (Allgemeiner Bereich und Fertigungshilfskostenstellen) unmittelbar auf die betreffenden Hauptkostenstellen übertragen. Die Umlage erfolgt anhand festgelegter Prozentsätze, die nach der Grundkonzeption des Treppenverfahrens ermittelt werden und in denen die Leistungsbeziehungen der Vorkostenstellen untereinander berücksichtigt worden sind.

Die Ermittlung der Umlageschlüssel wird an folgendem **Beispiel** erläutert:

Ein Betrieb ist in 5 Vorkostenstellen ($V_1 - V_5$) und 2 Hauptkostenstellen (H_1, H_2) gegliedert. Die Leistungsbeziehungen und die primären Gemeinkosten sind in folgender Matrix zusammengefasst:

abgebende Stelle \ empfangende Stelle	V_1	V_2	V_3	V_4	V_5	H_1	H_2
V_1		5 %	10 %	10 %	05 %	30 %	40 %
V_2			20 %	10 %		50 %	20 %
V_3				20 %	20 %	20 %	40 %
V_4					25 %	40 %	35 %
V_5						50 %	50 %
primäre Gemeinkosten	5.000	8.000	2.500	4.000	9.000	26.500	31.000

Die Umlageprozentsätze werden wie folgt ermittelt:

für V_1:	V_1	V_2	V_3	V_4	V_5	H_1	H_2
	1						
	$\Sigma = 1$	$1 \cdot 0{,}05$ (0,05)	$1 \cdot 0{,}1$ (0,1)	$1 \cdot 0{,}1$ (0,1)	$1 \cdot 0{,}05$ (0,05)	$1 \cdot 0{,}3$ (0,3)	$1 \cdot 0{,}4$ (0,4)
		$\Sigma = 0{,}05$	$0{,}05 \cdot 0{,}2$ (0,01)	$0{,}05 \cdot 0{,}1$ (0,005)		$0{,}05 \cdot 0{,}5$ (0,025)	$0{,}05 \cdot 0{,}2$ (0,01)
			$\Sigma = 0{,}11$	$0{,}11 \cdot 0{,}2$ (0,022)	$0{,}11 \cdot 0{,}2$ (0,022)	$0{,}11 \cdot 0{,}2$ (0,022)	$0{,}11 \cdot 0{,}4$ (0,044)
				$\Sigma = 0{,}127$	$0{,}127 \cdot 0{,}25$ (0,03175)	$0{,}127 \cdot 0{,}4$ (0,0508)	$0{,}127 \cdot 0{,}35$ (0,04445)
					$\Sigma = 0{,}10375$	$0{,}10375 \cdot 0{,}5$ (0,051875)	$0{,}10375 \cdot 0{,}5$ (0,051875)
						0,449675	0,550325

für V_2:	V_1	V_2	V_3	V_4	V_5	H_1	H_2
		1	0,2	0,1 0,04	0,04 0,035	0,5 0,04 0,056 0,0375	0,2 0,08 0,049 0,0375
						0,6335	0,3665

für V_3:	V_1	V_2	V_3	V_4	V_5	H_1	H_2
			1	0,2	0,2 0,05	0,2 0,08 0,125	0,4 0,07 0,125
						0,405	0,595

für V_4:	V_1	V_2	V_3	V_4	V_5	H_1	H_2
				1	0,25	0,4 0,125	0,35 0,125
						0,525	0,475

für V_5:	V_1	V_2	V_3	V_4	V_5	H_1	H_2
					1	0,5	0,5

Übungsbeispiel:

Verrechnen Sie für obiges Beispiel die primären Gemeinkosten auf die Hauptkostenstellen.

Lösung:

Kostenstellen / Kostenarten	Verteilungsschlüssel	V_1	V_2	V_3	V_4	V_5	H_1	H_2
primäre Gemeinkosten		5.000	8.000	2.500	4.000	9.000	26.500	31.000
1. Umlage V_1	44,9675 %:55,0325 %						2.248	2.752
2. Umlage V_2	63,35 %:36,65 %						5.068	2.932
3. Umlage V_3	40,5 %:59,5 %						1.012	1.488
4. Umlage V_4	52,5 %:47,5 %						2.100	1.900
5. Umlage V_5	50 %:50 %						4.500	4.500
Gemeinkosten nach Umlage		–	–	–	–	–	41.428	44.572

Betriebsabrechnungsbogen

Beim Sprungverfahren erfordert die Aufstellung der Umlageschlüssel einen hohen **Arbeitsaufwand,** der bei einer größeren Zahl von Kostenstellen manuell kaum mehr zu bewältigen und durch die Ergebnisse, die das Verfahren liefert, kaum zu rechtfertigen ist. Sind die Schlüssel einmal ermittelt, werden sie in der Regel über mehrere Perioden angewandt, so dass zwischenzeitlich auftretende

Änderungen in der Struktur der innerbetrieblichen Leistungen unberücksichtigt bleiben. Außerdem versagt das Sprungverfahren ebenso wie die anderen genannten Näherungsverfahren, sobald nicht überwiegend einseitige Leistungsbeziehungen, sondern wechselseitige Leistungsverflechtungen vorliegen.

3.2.4.3 Simultane Verrechnung der innerbetrieblichen Leistungen (Gleichungsverfahren)

Die bisher dargestellten Verfahren der innerbetrieblichen Leistungsverrechnung (Hauptkostenstellenverfahren und Kostenstellenumlageverfahren) sind – wie die vorangegangenen Ausführungen mehrfach gezeigt haben – nur Näherungsverfahren, die in der Mehrzahl praktischer Anwendungsfälle zu unpräzisen Lösungen führen.

In der Praxis sind die Fälle, in denen zwischen allen Kostenstellen eines Betriebes lediglich einseitige Leistungsbeziehungen bestehen, die Ausnahme. Die gegenseitigen Leistungsverflechtungen lassen aber eine zutreffende Ermittlung der Verrechnungspreise für die innerbetrieblich abgegebenen Leistungen einer Kostenstelle erst dann zu, wenn diese Kostenstelle mit entsprechenden Sekundärkosten für die von anderen Stellen bezogenen Leistungen belastet ist, wobei es möglich ist, dass die anderen Stellen wiederum Leistungen von dieser zuerst betrachteten Kostenstelle empfangen haben. Die Erfassung dieser gegenseitigen Leistungsverflechtungen und die Ermittlung von Verrechnungspreisen für ausgetauschte Leistungen sind daher nur mit einem **Simultanansatz** möglich.

Die simultane Ermittlung der Verrechnungspreise beruht auf der Erfassung der innerbetrieblichen Leistungsverflechtungen durch ein **lineares Gleichungssystem**, in das die innerbetrieblich ausgetauschten Mengen sowie die von einer Kostenstelle insgesamt gelieferten Mengen als Bekannte, die innerbetrieblichen Verrechnungspreise als Unbekannte eingehen.

Für jede Kostenstelle lässt sich daher eine Gleichung folgender Gestalt aufstellen:

$$x_j q_j = k_j + x_{1j} q_1 + x_{2j} q_2 + \ldots + x_{kj} q_k + \ldots + x_{nj} q_n$$

mit x_j = insgesamt abgegebene Leistungsmenge der Kostenstelle j (= an sich selbst abgegebene Leistungsmenge + an andere Kostenstellen abgegebene Leistungsmengen)

q_j = Verrechnungspreis für die von der Kostenstelle j abgegebenen Leistungen

k_j = primäre Kosten der Kostenstelle j

x_{kj} = von der Kostenstelle k an die Kostenstelle j abgegebene Leistungsmenge

oder auch (Kostenwert der insgesamt abgegebenen Leistungen) = (primäre Kosten) + (Kostenwerte der von anderen Kostenstellen empfangenen Leistungen)

Für n Kostenstellen ergibt sich demnach:

Kostenstelle 1 $x_1q_1 = k_1 + x_{11}q_1 + x_{21}q_2 + \ldots + x_{n1}q_n$
2 $x_2q_2 = k_2 + x_{12}q_1 + x_{22}q_2 + \ldots + x_{n2}q_n$
. .
. .
. .
n $x_nq_n = k_n + x_{1n}q_1 + x_{2n}q_2 + \ldots + x_{nn}q_n$

Die Verrechnungspreise $q_1 \ldots q_n$ werden simultan durch Auflösung des Gleichungssystems nach $q_1 \ldots q_n$ ermittelt. Die Handhabung des Gleichungsverfahrens soll an einem einfachen Fall erläutert werden.

Übungsbeispiel:

Für die Kostenstellen Reparaturwerkstatt und Fuhrpark sind folgende Daten bekannt:

	Reparaturwerkstatt	Fuhrpark
Primäre Gemeinkosten	40.000 €	50.000 €
Gesamtleistung	4.000 Std.	100.000 km
davon:		
Leistungsabgabe an Fuhrpark	200 Std.	
Leistungsabgabe an Reparaturwerkstatt		5.000 km

Wie hoch sind die innerbetrieblichen Verrechnungspreise für Reparaturstunden (q_1) und Fahrkilometer (q_2)?

Lösung:

Dem oben entwickelten Schema entsprechend ergeben sich folgende Gleichungen:

(1) $4.000\, q_1 = 40.000 + 5.000\, q_2$

(2) $100.000\, q_2 = 50.000 + 200\, q_1$

(1) nach q_1 aufgelöst:

(3) $q_1 = 10 + \frac{5}{4} q_2$

(3) in (2) eingesetzt:

(4) $100.000\, q_2 = 50.000 + 2.000 + 250\, q_2$

(4 a) $\underline{q_2 = 0,521303}$

(4 a) in (3) $\underline{q_1 = 10,651629}$

Die Verrechnungspreise der innerbetrieblichen Leistungen betragen (gerundet):

a) für eine Reparaturstunde (q_1) = 10,65.
b) für einen Fahrkilometer (q_2) = –,52.

Bei zunehmender Zahl der Kostenstellen, die zweiseitig am innerbetrieblichen Leistungsaustausch beteiligt sind, wird die Lösung des Gleichungssystems aufwendiger. Abhilfe kann hier durch die Darstellung des Gleichungssystems in Vektorschreibweise und durch den **Einsatz der EDV** erfolgen: Denn die Verrechnungspreise als Lösungen des simultanen Gleichungssystems lassen sich durch einfache Matrizen-Inversion bestimmen. Bei der heutigen Verbreitung von EDV-Anlagen eröffnet sich daher die Möglichkeit der exakten Bestimmung von internen Verrechnungspreisen und somit eine genaue Sekundärkostenverrechnung im Betriebsabrechnungsbogen.

3.2.4.4 Einführung fester Verrechnungssätze

Mit den verschiedenen Verfahren der innerbetrieblichen Leistungsverrechnung werden teilweise Ergebnisse erzielt, die für die Erfordernisse der Sekundärkostenverrechnung nicht hinreichend genau sind. Nur das Gleichungsverfahren bietet Gewähr für eine verursachungsgerechte und rechnerisch richtige Kostenverteilung. Da aber gerade dieses Verfahren einen erheblichen Aufwand erfordert und damit die Wirtschaftlichkeit der Abrechnung selbst in Frage stellen kann, sind viele Betriebe dazu übergegangen, ihre innerbetrieblichen Leistungen mengenmäßig zu erfassen und mit festen Verrechnungspreisen zu bewerten oder die Gemeinkosten über Normalzuschlagssätze (Normalverrechnungssätze) zu verrechnen. Mit dieser Maßnahme werden zwei Zwecke verfolgt (im Einzelnen vgl. Teil B, Kap. 5, S. 920 ff.):

1. Durch den Ansatz fester Verrechnungspreise oder Normalzuschlagssätze wird die Kostenstellenrechnung wesentlich **vereinfacht** und **beschleunigt**.

2. Für die Zwecke der **Kostenkontrolle** werden mit Hilfe der festen Verrechnungspreise Veränderungen des Wertgerüstes und somit Einflüsse des Marktes aus den Kosten eliminiert. Bei Bewertung der Kosten mit Festpreisen können Kostenänderungen nur durch eine Variation des Faktorverbrauchs (Mengengerüst) verursacht sein. In der Kostenkontrolle können damit der Güterverzehr der einzelnen Kostenstellen einfach überwacht und die Ursachen für Kostenabweichungen aussagekräftig analysiert werden (Soll-Ist-Vergleich).

Die **Ermittlung der Festpreise** erfolgt üblicherweise in größeren zeitlichen Abständen (meist Jahresturnus) unter Verwendung des Gleichungsverfahrens. Als **Normalzuschlagssätze** werden in der Regel die im Betriebsabrechnungsbogen der Vorperiode gewonnenen Zuschlagssätze (oft auch als Durchschnittswerte mehrerer Vorperioden) verwendet. Auf dieser Grundlage werden dann die Istverbrauchsmengen der abzurechnenden Periode mit den Festpreisen bewertet bzw. auf die Einzelkosten der abzurechnenden Periode die Gemeinkostenzuschläge angewandt und mithin die Sollgemeinkosten ermittelt. Da die tatsächlich entstehenden Gemeinkosten (Istgemeinkosten) von den auf der Grundlage von Normalverrechnungssätzen ermittelten Sollgemeinkosten grundsätzlich abweichen, stellen sich Kostenüberdeckungen oder Kostenunterdeckungen ein. Bei **Kostenunterdeckungen** hat die Kostenstelle tatsächlich mehr Kosten verursacht, als verrechnet worden sind. Der Verrechnungspreis bzw. der Normalzuschlagssatz für die Gemeinkosten war zu niedrig bemessen. Bei **Kostenüberdeckungen** sind mehr Kosten verrechnet worden als tatsächlich entstanden sind; der Normalverrechnungssatz war entsprechend zu hoch angesetzt (vgl. zur Problematik der Kostenabweichungen Teil B, Abschn. 3.2.5.2, S. 862 f., Teil B, Abschn. 5.2, S. 922 ff., Teil B, Abschn. 6.1, S. 929 f. und Teil B, Abschn. 6.3, S. 933 ff.).

3.2.5 Auswertung des Betriebsabrechnungsbogens

3.2.5.1 Gewinnung von Zuschlagssätzen

Nach Verteilung der primären Kosten auf die Kostenstellen und nach Durchführung der Sekundärkostenverrechnung (innerbetriebliche Leistungsverrechnung) sind alle vorhandenen Gemeinkosten auf Hauptkostenstellen umgelegt. Zur Vorbereitung der Kostenträgerrechnung werden nun im dritten Abrechnungsschritt innerhalb des Betriebsabrechnungsbogens **Kalkulationssätze** zur Verrechnung der Gemeinkosten **(Gemeinkostenzuschlagssätze)** ermittelt. Diese Kalkulations- oder Zuschlagssätze setzen die Gemeinkosten einer Hauptkostenstelle in Relation zu der jeweiligen Bezugsgröße. Allgemein gilt für den Gemeinkostenzuschlagssatz der Hauptkostenstelle j:

$$\text{Gemeinkostenzuschlagssatz} = \frac{\sum \text{Gemeinkosten der Hauptkostenstelle j}}{\text{Bezugsbasis der Hauptkostenstelle j}}$$

Die Gemeinkosten je Hauptkostenstelle lassen sich aus der entsprechenden Summenzeile des Betriebsabrechnungsbogens entnehmen. Wesentlich problematischer ist die Wahl der richtigen **Bezugsbasis**.

In der betrieblichen Praxis werden z. B. folgende Gemeinkostenzuschlagssätze ermittelt:

1. $\text{Materialgemeinkostenzuschlagssatz} = \frac{\text{Materialgemeinkosten}}{\text{Materialeinzelkosten}}$

2. $\text{Fertigungsgemeinkostenzuschlagssatz} = \frac{\text{Fertigungsgemeinkosten}}{\text{Fertigungseinzelkosten (= Fertigungslöhne)}}$

3. $\text{Verwaltungsgemeinkostenzuschlagssatz} = \frac{\text{Verwaltungsgemeinkosten}}{\text{Herstellkosten der produzierten Erzeugnisse}}$

4. $\text{Vertriebsgemeinkostenzuschlagssatz} = \frac{\text{Vertriebsgemeinkosten}}{\text{Herstellkosten der abgesetzten Erzeugnisse}}$

Verwaltungs- und Vertriebsgemeinkosten werden auch über einen einheitlichen Zuschlagssatz in Beziehung zu den Herstellkosten der abgesetzten Erzeugnisse gesetzt und somit gemeinsam verrechnet.

Bei komplizierten Fertigungsverfahren, in Betrieben mit stark diversifiziertem Produktionsprogramm sowie in Großbetrieben erweisen sich globale Gemeinkostenzuschlagssätze meist als unbrauchbar. Hier gelangen **differenziertere** Zuschlagssätze zur Anwendung, wie beispielsweise:

5. $\text{Kostenstellenzuschlagssatz} = \frac{\text{Gemeinkosten der Kostenstelle}}{\text{Einzelkosten der Kostenstelle}}$

6. $\text{Platzkostenverrechnungssatz} = \frac{\text{Gemeinkosten des Kostenplatzes}}{\text{Gesamtleistung des Kostenplatzes}}$

7. Maschinenstundenverrechnungssatz $= \frac{\text{maschinenabhängige Gemeinkosten}}{\text{Gesamtlaufzeit der Maschine (in Stunden)}}$

Oft werden für eine Gemeinkostenart Zuschlagssätze nach verschiedenen Kriterien gebildet. Die Gemeinkosten werden dann beispielsweise in einen **mengenabhängigen** Teil und in einen **zeitabhängigen** Teil aufgeteilt und zu geeigneten Bezugsbasen ins Verhältnis gesetzt.

Beispiel:

Von den Fertigungsgemeinkosten in Höhe von 120.000 sind 60 % durch den Einsatz von Maschinen bedingt, 20 % von den Arbeitslöhnen und 20 % von der Verweildauer der zu bearbeitenden Produkte in der betreffenden Kostenstelle abhängig. Die Fertigungslöhne betragen 200.000. Der Betrieb arbeitet 3.000 Stunden, die Maschinenlaufzeit beträgt 2/3 der betriebsgewöhnlichen Arbeitszeit.

Es sind die Gemeinkostenzuschlagssätze für Maschinenstunden, Arbeitslohn und Verweilstunden zu ermitteln.

Lösung:

Von den Fertigungsgemeinkosten von insgesamt 120.000 sind

a) 60 % maschinenabhängig = 72.000
b) 20 % arbeitslohnabhängig = 24.000
c) 20 % verweilzeitabhängig = 24.000.

Es ergeben sich folgende Zuschlagssätze:

1. Maschinenstundensatz $= \frac{72.000\ €}{⅔ \cdot 3.000\ h} = 36,–\ €/h$

2. Arbeitsgemeinkostenzuschlag $= \frac{24.000\ €}{200.000\ €} = 0,12\ (12\ \%)$

3. Verweilstundenzuschlag $= \frac{24.000\ €}{3.000\ h} = 8,–\ €/h$

Bei der **Auswahl von Zuschlagsbezugsgrößen (Zuschlagsbasen,** Zuschlagsgrundlagen) sind folgende Regeln zu beachten:

1. Die Zuschlagsbasis und die zu verteilenden Gemeinkosten müssen in **ursächlichem Zusammenhang** zueinander stehen und rechnerisch korrespondieren.
2. Zwischen der Zuschlagsbasis und den zu verteilenden Gemeinkosten muss ein **proportionaler Zusammenhang** bestehen, mit anderen Worten, die Veränderungen der Bezugsgrößen müssen mit gleichen (= proportionalen) Veränderungen der zu verteilenden Kosten einhergehen.
3. Die Zuschlagsbasis muss **möglichst breit** sein, denn je geringer die Bezugsbasis im Verhältnis zu dem zur Verteilung anstehenden Gemeinkostenbetrag ist, umso stärker wirken sich Fehler bei der Ermittlung der Zuschlagsbasis und der Zuschlagssätze auf die richtige Gemeinkostenverrechnung aus.

Die Gemeinkostenverrechnungssätze haben aber nicht nur die Aufgabe, die Gemeinkosten der abzurechnenden Periode im Rahmen der Kostenträgerrechnung auf die Produkte zu verrechnen. Vielmehr stellen diese Verrechnungssätze auch die **Grundlage für die Kostenkontrolle** in späteren Abrechnungsperioden dar.

Indem die Gemeinkostenzuschlagssätze auf die Istbezugsgrößen angewendet werden, lassen sich die Sollgemeinkosten als Ausgangspunkt für den Soll-Ist-Vergleich gewinnen.

Übungsbeispiel:

Der Betriebsabrechnungsbogen eines Betriebes weist in der Summenzeile folgende Zahlen aus:

	Kostenstellen				
	Materialbereich	Fertigungsbereich A	Fertigungsbereich B	Verwaltungsbereich	Vertriebsbereich
Summe der Gemeinkosten	31.500	390.000	520.000	268.980	358.640

An Einzelkosten sind angefallen:

Materialkosten	350.000
Fertigungslöhne Bereich A	300.000
Fertigungslöhne Bereich B	650.000

Berechnen Sie die Gemeinkostenzuschlagssätze:

a) für die Materialgemeinkosten in Prozent der Materialeinzelkosten
b) für die beiden Fertigungsbereiche in Prozent der jeweiligen Einzelkosten
c) für die Verwaltungs- und Vertriebsgemeinkosten getrennt in Prozent der Herstellkosten. Gehen Sie dabei von folgender Definition der Herstellkosten aus:

+ Materialeinzelkosten
+ Materialgemeinkosten } = Materialkosten

+ Fertigungseinzelkosten
+ Fertigungsgemeinkosten
+ Sondereinzelkosten der Fertigung } = Fertigungskosten

Herstellkosten

d) Errechnen Sie den Zuschlagssatz für die Vertriebsgemeinkosten auf der Grundlage der abgesetzten Erzeugnisse und unter Berücksichtigung folgender Bestandsveränderungen (bewertet zu Herstellkosten):

	Bestand zu Beginn der Abrechnungsperiode	Bestand am Ende der Abrechnungsperiode
Halbfabrikate	423.000	237.000
Fertigfabrikate	198.500	235.100

Lösung:

a) Zuschlagssatz für Materialgemeinkosten $= \frac{31.500}{350.000} = 9\,\%$

b) Zuschlagssatz für Fertigungsgemeinkosten A $= \frac{390.000}{300.000} = 130\,\%$

Zuschlagssatz für Fertigungsgemeinkosten B $= \frac{520.000}{650.000} = 80\,\%$

c) Ermittlung der Herstellkosten

Materialeinzelkosten	350.000		
Materialgemeinkosten	31.500	Materialkosten	381.500
Fertigungslöhne A	300.000		
Fertigungsgemeinko. A	390.000		
Fertigungslöhne B	650.000		
Fertigungsgemeinko. B	520.000	Fertigungskosten	1.860.000
		Herstellkosten	2.241.500

Zuschlag für Verwaltungsgemeinkosten $= \frac{268.980}{2.241.500} = 12\,\%$

Zuschlag für Vertriebsgemeinkosten $= \frac{358.640}{2.241.500} = 16\,\%$

d)

Herstellkosten der produzierten Erzeugnisse	2.241.500
+ Bestandsveränderung Halbfabrikate	186.000
– Bestandsveränderung Fertigfabrikate	36.600
Herstellkosten der abgesetzten Erzeugnisse	2.390.900

Zuschlag für Vertriebsgemeinkosten $= \frac{358.640}{2.390.900} = 15\,\%$

3.2.5.2 *Kostenabweichungen*

Bei der Verrechnung der Gemeinkosten unter Verwendung von Normal- oder Plankostenverrechnungssätzen (im Einzelnen vgl. Teil B, Kap. 5 u. 6, S. 920 ff./928 ff.) entstehen in der Regel Abweichungen zwischen den so ermittelten Sollgemeinkosten und den tatsächlich angefallenen Istgemeinkosten. Diese Kostenabweichungen werden im vierten Bereich des Betriebsabrechnungsbogens dargestellt (vgl. Teil B, Abschn. 3.2.2, S. 832).

Mit der Feststellung der Kostenabweichungen sind die Aufgaben der Kostenkontrolle jedoch keinesfalls beendet. Bei Vorliegen von Kostenüber- und Kostenunterdeckungen sind deren Ursachen zu hinterfragen sowie die Zusammenhänge zwischen jeweiliger Abweichungsursache und daraus resultierender Kostenhöhe aufzudecken.

Kostenabweichungen können folgende Ursachen haben (*Kilger*, Kostenrechnung, S. 424):

(1) Preisabweichungen beim Material im Einzel- und Gemeinkostenbereich
(2) Tarifabweichungen für Lohn- und Gehaltsempfänger in primären und sekundären Kostenstellen
(3) Einzelmaterialverbrauchsabweichungen
(4) Verbrauchsabweichungen in primären und sekundären Kostenstellen
(5) Beschäftigungsabweichungen in primären und sekundären Kostenstellen.

Den Kostenabweichungen kann durch Änderung der Normal- oder Planverrechnungssätze (bei Planungsfehlern) oder Einflussnahme auf die Ursachen von nicht plangemäßen Kostenüber- und Kostenunterdeckungen entgegengewirkt werden. Da hiermit jedoch weniger unmittelbar abrechnungstechnische als vielmehr konstitutiv-dispositive Problemstellungen berührt werden, ist darauf hier nicht näher einzugehen.

Übungsbeispiel:

Der Betriebsabrechnungsbogen eines Betriebes enthält folgende Zahlen:

	Kostenstellen					
	Material-stelle	Fertigungsbereich			Verw.-stelle	Vertriebs-stelle
		A	B	C		
Summe der Gemeinkosten	17.360	58.450	43.620	39.990	62.250	27.840
Einzelkosten	158.400	74.960	41.940	71.410	–	–

Der Betrieb hat mit nachfolgenden Normalzuschlagssätzen kalkuliert, die als Durchschnittswerte der in den letzten Betriebsabrechnungsbogen gewonnenen Zuschlagssätze ermittelt wurden:

a) Materialgemeinkostenzuschlagssatz 11 %
b) Fertigungsgemeinkostenzuschlagssatz A 75 %
c) Fertigungsgemeinkostenzuschlagssatz B 110 %
d) Fertigungsgemeinkostenzuschlagssatz C 60 %
e) Verwaltungsgemeinkostenzuschlagssatz 12 %
f) Vertriebsgemeinkostenzuschlagssatz 6 %

Errechnen Sie die Gemeinkosten, die mit diesen Normalzuschlagssätzen verrechnet worden sind (Sollgemeinkosten). Stellen Sie die Kostenüber- und Kostenunterdeckungen als Differenz zwischen den Sollgemeinkosten und den tatsächlich entstandenen Gemeinkosten (Istgemeinkosten) in € und in Prozentpunkten dar.

Lösung:

Zeil. Nr.	Text	Kostenstellen					
		Material-stelle	Fertigungsstellen			Verw.-stelle	Vertriebs-stelle
			A	B	C		
1	Istgemeinkosten	17.360	58.450	43.620	39.990	62.250	27.840
2	Einzelkosten	158.400	74.960	41.940	71.410	Herstellkosten Ist 506.130 Soll 509.334	
3	Normalzu-schlagssatz	11 %	75 %	110 %	60 %	12 %	6 %
4	Sollgemeinkosten	17.424	56.220	46.134	42.846	61.120	30.560
5	Istzuschlagssatz (gerundet)	11 %	78 %	104 %	56 %	12,3 %	5,5 %
6	Kostenüber- und -unterdeckungen in € (Zeile 4 ./. Zeile 1)	+ 64	– 2.230	+ 2.514	+ 2.856	– 1.130	+ 2.720
7	Kostenüber- und -unterdeckungen in %-Punkten (Zeile 3./. Zeile 5)	± 0 %	– 3 %	+ 6 %	+ 4 %	– 0,3 %	+ 0,5 %

Zum Abschluss dieses Kapitels bezieht ein übergreifendes Übungsbeispiel noch einmal die wesentlichen Teile der Kostenstellenrechnung ein.

Übungsbeispiel:

Im Betriebsabrechnungsbogen eines Industriebetriebs sind die primären Stelleneinzelkosten bereits verteilt (Zeilen 1 bis 8). Der BAB zeigt danach das auf S. 864 wiedergegebene Bild.

Aufgaben:

1. Die primären Stellengemeinkosten (Kostenarten in Zeile 10–14) sind unter Zugrundelegung folgender Schlüssel zu verteilen:

Sozialaufwand	entsprechend den Lohn- und Gehaltssummen
Zinsen	vorab 9.000 gleichmäßig auf die Fertigungsstellen, Rest analog den verrechneten Abschreibungen
Steuern	auf die Hauptkostenstellen im Verhältnis 2:5:8:4:3:1
Wagnisse	auf die Fertigungsstellen und den Verwaltungsbereich im Verhältnis 1:1:1:3
Lizenzgebühren	je 1/4 der Kosten auf die Fertigungsstelle Waschpulverherstellung und Kosmetikherstellung, den Rest auf den Vertriebsbereich

2. Legen Sie die Vorkostenstellen auf die Hauptkostenstellen um. Dabei ist nach dem Treppenverfahren (vgl. Teil B, Abschn. 3.2.4.2.2, S. 845 ff.) unter Heranziehung folgender Verteilungsgrundlagen vorzugehen:

empf. Stellen / abgeb. Stellen	Verteil.-grundl.	Grund-stücke + Geb.	Sozial-einrtg.	Mat.-ber.	Seifen herst.	Wasch pulver herst.	Kosm.-fertg.	Techn. Büro	Labor	Verw.-ber.	Vertr.-ber.
1. Stromerzeugung	Zähler (kWh)	4.000	700	6.700	12.100	13.700	4.900	5.500	4.000	8.300	7.200
2. Grundst. + Geb.	Fläche x Wertzahl		45 m² 2	1.075m² 1	555m² 1	340 m² 1,5	420 m² 1,5	95 m² 2	90 m² 1,5	230 m² 2	170 m² 1,5
3. Sozial.-einr.	Zahl der Mitarb.			8	37	23	41	5	15	15	6
4. Techn. Büro	Geleist. Arb.zt. (Stdn.)				280	270	210		40		
5. Labor	Erfahr.-schlüs.				7	5	15				

3. Berechnen Sie die Gemeinkostenzuschlagssätze (auf zwei Stellen nach dem Komma genau) für folgende Einzelkosten:
   a) Fertigungsmaterial 180.400
   b) Fertigungslöhne Seifenherstellung 40.000
   c) Fertigungslöhne Waschpulverherstellung 41.800
   d) Fertigungslöhne Kosmetikherstellung 90.200

Die Verwaltungsgemeinkosten sind auf die Herstellkosten der produzierten Erzeugnisse zu beziehen; für die Vertriebsgemeinkosten sind die Herstellkosten der abgesetzten Erzeugnisse Bezugsgrundlage.

Bestandsaufnahme	Halbfabrikate	Fertigfabrikate
am 01. 01.	78.000	185.000
am 31. 12.	64.000	210.000

4. Im Rahmen der Kalkulation wurden bisher Normalkostenzuschlagssätze (auf die üblichen Bemessungsgrundlagen) verwendet, und zwar

   a) für Materialgemeinkosten 10,5 %
   b) für Fertigungsgemeinkosten Seifenherstellung 140 %
   c) für Fertigungsgemeinkosten Waschpulverherstellung 175 %
   d) für Fertigungsgemeinkosten Kosmetikherstellung 90 %
   e) für Verwaltungsgemeinkosten 9 %
   f) für Vertriebsgemeinkosten 8 %

Stellen Sie die Kostenabweichungen in € und nach Prozentpunkten dar.

Lösung:
siehe Seite 867 f.

Ergänzende Literatur zu: 3.2 Kostenstellenrechnung

Friedl, Kostenrechnung, S. 128–169
Götze, Kostenrechnung und Kostenmanagement, S. 73–98
Götzinger/Michael, Kosten- und Leistungsrechnung, S. 110–136
Haberstock/Breithecker, Kostenrechnung I, S. 103–141
Huch, Kostenrechnung, S. 74–108
Hummel/Männel, Kostenrechnung 1, S. 189–252
Kilger, Kostenrechnung, S. 154–264
Mellerowicz, Kostenrechnung II, 1, S. 378–409; 452–506
Münstermann, Unternehmensrechnung, S. 61–154
Ossadnik, Kosten- und Leistungsrechnung, S. 130–222
Scherrer, Kostenrechnung, S. 361–390
Schildbach/Homburg, Kosten- und Leistungsrechnung, S. 120–142
Schweitzer/Küpper, Kosten- und Erlösrechnung, S. 122–157
Wöhe/Döring, Einführung, S. 954–969

Verteil.dat. u. Kostenstellen / Kostenarten	Zeil. Nr.	Verteilungsdaten		Kostenstellen										
				Allgemeiner Bereich			Mat.-ber.	Fertigungsbereich			Fert.hilfsstellen		Verw.-bereich	Vertriebs-bereich
		Verteilungs-grundlage	Zahlen d. Ko.-artenrechn.	Strom-erz.	Grund-stücke + Geb.	Sozial. einr.		Seifen-herst.	Wasch-pulver-herst.	Kosm.-fert.	Techn. Büro	Labor		
Hilfsstoffe	1	Entn.-Sch.	40.000					6.000	15.000	19.000				
Betriebsstoffe	2	Entn.-Sch.	16.000	800			2.000	4.000	1.800	4.200		3.200		
Hilfslöhne	3	Lohnzettel	18.000	1.600	3.000	1.200	4.800	1.200	800	2.300		1.100		2.000
Gehälter	4	Gehaltsliste	37.000			3.000		3.200	2.700	3.600	4.500	2.000	18.000	
Instandhalt.	5	Reparaturz.	12.500	1.800	5.100		700	600		1.700		400		2.200
Abschr.	6	Anlagenkart.	47.000	1.500	4.400	300	200	9.000	16.000	8.500	500	1.200	3.700	1.700
Telefon- u. Portokosten	7	Postbuch	14.000	100	200	200	500	800	600	800	400	100	6.900	3.400
Werbung	8	Vertrieb	20.000											20.000
Zwischensum.	9		204.500	5.800	12.700	4.700	8.200	24.800	36.900	40.100	5.400	8.000	28.600	29.300
Soz.aufw.	10	Umlage	5.500											
Zinsen	11	Umlage	32.500											
Steuern	12	Umlage	34.500											
Wagnisse	13	Umlage	27.000											
Lizenzgeb.	14	Umlage	16.000											
Summe der Gemeinkosten	15		320.000											

Betriebsabrechnungsbogen

Lösung:

Kostenarten \ Verteil.dat. u. Kostenstellen	Zeil. Nr.	Verteilungsdaten: Verteilungsgrundlage	Verteilungsdaten: Zahlen d. Ko.-artenrechn.	Allgemeiner Bereich: Strom-erz.	Allgemeiner Bereich: Grundstücke + Geb.	Allgemeiner Bereich: Sozial. einr.	Mat.-ber.	Fertigungsbereich: Seifen-herst.	Fertigungsbereich: Wasch-pulver-herst.	Fertigungsbereich: Kosm.-fert.	Fert.hilfsstellen: Techn. Büro	Fert.hilfsstellen: Labor	Verw.-bereich	Vertriebs-bereich
Hilfsstoffe	1	Entn.-Sch.	40.000					6.000	15.000	19.000				
Betriebsstoffe	2	Entn.-Sch.	16.000	800			2.000	4.000	1.800	4.200		3.200		
Hilfslöhne	3	Lohnzettel	18.000	1.600	3.000	1.200	4.800	1.200	800	2.300		1.100		2.000
Gehälter	4	Gehaltsliste	37.000			3.000		3.200	2.700	3.600	4.500	2.000	18.000	
Instandhalt.	5	Reparaturz.	12.500	1.800	5.100		700	600		1.700		400		2.200
Abschr.	6	Anlagenkart.	47.000	1.500	4.400	300	200	9.000	16.000	8.500	500	1.200	3.700	1.700
Telefon- u. Portokosten	7	Postbuch	14.000	100	200	200	500	800	600	800	400	100	6.900	3.400
Werbung	8	Vertrieb	20.000											20.000
Zwischensum.	9		204.500	5.800	12.700	4.700	8.200	24.800	36.900	40.100	5.400	8.000	28.600	29.300
Soz.aufw.	10	Umlage	5.500	160	300	420	480	440	350	590	450	310	1.800	200
Zinsen	11	Umlage	32.500	750	2.200	150	100	7.500	11.000	7.250	250	600	1.850	850
Steuern	12	Umlage	34.500				3.000	7.500	12.000	6.000			4.500	1.500
Wagnisse	13	Umlage	27.000					4.500	4.500	4.500			13.500	
Lizenzgeb.	14	Umlage	16.000						4.000	4.000				8.000
Summe der Gemeinkosten	15		320.000	6.710	15.200	5.270	11.780	44.740	68.750	62.440	6.100	8.910	50.250	39.850

Betriebsabrechnungsbogen

Verteil.dat. u. Kostenstellen / Kostenarten	Zeil. Nr.	Verteilungsdaten		Kostenstellen										
				Allgemeiner Bereich			Mat.-ber.	Fertigungsbereich			Fert.hilfsstellen		Verw.-bereich	Vertriebsbereich
		Verteilungsgrundlage	Zahlen d. Ko.-artenrechn.	Stromerz.	Grundstücke + Geb.	Sozial. einr.		Seifenherst.	Waschpulverherst.	Kosm.-fert.	Techn. Büro	Labor		
Umlage der Vorkostenst.	16													
1. Stromerz.	17	Tabelle		– 6.710	400	70	670	1.210	1.370	490	550	400	830	720
2. Gr.-St.-+Geb.	18	Tabelle			– 15.600	360	4.300	2.220	2.040	2.520	760	540	1.840	1.020
3. Sozialeinr.	19	Tabelle				– 5.700	304	1.406	874	1.558	190	570	570	228
4. Techn. Büro	20	Tabelle						2.660	2.565	1.995	– 7.600	380		
5. Labor	21	Tabelle						2.800	2.000	6.000		– 10.800		
Gemeinkosten	22		320.000	0	0	0	17.054	55.036	77.599	75.003	0	0	53.490	41.818
Einzelkosten Zuschlagssatz	23 24						180.400 9.45%	40.000 137,59%	41.800 185,64%	90.200 83,15%	Herstellkosten:		577.092 9,27%	566.092 7,39%
Normalzuschlagsatz	25						10,5%	140%	175%	90%	(HK prod. Erz. 581.672)		9%	8%
Sollgemeinkosten	26						18.942	56.000	73.150	81.180	HK abges. Erz. 570.672)		52.350	45.653
Kostenüber- u. unterdeckungen in €	27						+ 1.888	+ 964	– 4.449	+ 6.177			– 1.140	+ 3.835
Kostenüber- u. unterdeckungen in %	28						1,05%	+ 2,41%	– 10,64%	+ 6,85%				

3.3 Kostenträgerrechnung

Nachdem sämtliche Kosten in der Kostenartenrechnung erfasst und in der Kostenstellenrechnung auf Hauptkostenstellen weiterverrechnet wurden, erfolgt in der dritten Stufe die **Zurechnung** der Kosten auf die Kostenträger. Die Kostenträgerrechnung zeigt damit, **wofür** die in den Kostenstellen angefallenen Kosten beansprucht worden sind. Die Kostenträger haben den Güter- und Leistungsverbrauch ausgelöst und sind daher auch mit den entsprechenden Kosten zu belasten. Als Kostenträger lassen sich für den Markt bestimmte Leistungen und innerbetriebliche Leistungen unterscheiden, wobei erstere nochmals in tatsächlich abgesetzte und auf Lager genommene Leistungen, letztere in aktivierbare und nicht aktivierbare Leistungen unterteilt werden können.

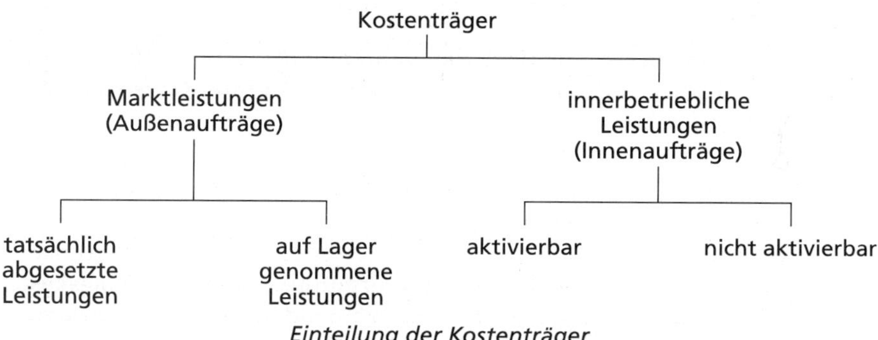

Einteilung der Kostenträger

Als **Prinzipien der Kostenzurechnung** kommen grundsätzlich in Frage (im Einzelnen s. Teil B, Abschn. 3.1.1, S. 800):

- Kostenverursachungs- bzw. Kausalprinzip
- Durchschnittsprinzip
- Kostentragfähigkeitsprinzip
- Identitätsprinzip.

Nach dem Abrechnungsbezug ist die Kostenträgerrechnung in zwei Teilbereiche zu untergliedern:

(1) Die **Kostenträgerstückrechnung** ermittelt in der Vor-, Zwischen- und Nachkalkulation die Stückherstellkosten bzw. die Stückselbstkosten der Kostenträger.

(2) Die **Kostenträgerzeitrechnung** ist eine Periodenrechnung und erfasst die Kosten eines Abrechnungszeitraums nach Kostenträgern oder Kostenarten untergliedert (s. Teil B, Abschn. 3.3.2, S. 889 f.). Durch Gegenüberstellung der Kosten mit den jeweiligen Erlösen wird aus der Kostenträgerzeitrechnung eine **kurzfristige Erfolgsrechnung** (s. Teil B, Kap. 9, S. 987 ff.).

3.3.1 Kostenträgerstückrechnung (Kalkulation)

Die Aufgabe der Kalkulation besteht ganz allgemein darin, die Kosten zu ermitteln, die auf eine erzeugte Leistungseinheit entfallen. Die Kalkulation kann dabei prospektiv (Vorkalkulation), partiell retrospektiv (Zwischenkalkulation) und retrospektiv (Nachkalkulation) erfolgen.

Bei der **Vorkalkulation** werden ex ante die Kosten für noch zu erbringende Leistungen ermittelt, z. B. bei der Kalkulation für spezielle Aufträge. Es handelt sich somit um eine Kalkulation auf der Grundlage von Plandaten.

Eine **Zwischenkalkulation** kann bei Kostenträgern mit einer sich über mehrere Abrechnungsperioden erstreckenden Produktionsdauer (z. B. Großanlagen, Schiffe, Flugzeuge) für Bilanz- und Dispositionszwecke notwendig werden. Die bereits entstandenen Kosten werden zum Betrachtungszeitpunkt retrospektiv erfasst.

Die **Nachkalkulation** rechnet über die während einer Abrechnungsperiode entstandenen Kosten für erbrachte Leistungen ab. Mit ihrer Hilfe werden die Istkosten der in der Abrechnungsperiode erstellten und verkauften Leistungen ermittelt. Die Ergebnisse dienen vor allem Kontrollzwecken.

Bei der Kalkulation der von einem Kostenträger verursachten Kosten kommt den Begriffen Herstellkosten und Selbstkosten eine besondere Bedeutung zu. Die **Herstellkosten** dienen als Grundlage der Bewertung von Beständen an fertigen und unfertigen Erzeugnissen sowie zur Ermittlung der **Herstellungskosten** für Zwecke der Handels- und Steuerbilanz. Während in den Herstellkosten der Kostenrechnung aber noch Zusatz- und Anderskosten enthalten sind, dürfen Herstellungskosten ausschließlich nur aus Aufwandspositionen (für die Zwecke der Handelsbilanz) bzw. Betriebsausgaben (für die Zwecke der Steuerbilanz) bestehen (s. Teil A, Abschn. 11.2.1, S. 400 ff.). Daher sind die Herstellkosten der Kostenrechnung vor der Übernahme in die Finanzbuchführung unter Berücksichtigung handels- und steuerrechtlicher Vorschriften zu korrigieren.

Die **Selbstkosten** dienen vor allem als Ausgangspunkt der Planung und Kontrolle des Periodenerfolgs. Es ergibt sich das auf Seite 871 abgebildete Grundschema der Kalkulation, aus dem sich zugleich die wichtigsten Aufgaben der Kalkulation ableiten lassen (*Kilger*, Kostenrechnung, S. 267).

Aufgabe der Kostenträgerstückrechnung ist die Lieferung von Daten

(1) für die **Preispolitik** des Unternehmens

- bei der Ermittlung der (gewinnmaximalen) **Preisstellung** in Konkurrenzmarktsituationen durch Festlegung der Preisuntergrenzen,
- bei der Bestimmung des **Angebotspreises** bei bestimmten Vertragsgestaltungen, insbesondere bei öffentlichen Aufträgen nach den Leitsätzen für die Preisermittlung auf Grund von Selbstkosten (LSP),
- in der Frage der Beschaffung von Einsatzgütern (Festlegung der **Preisobergrenzen**) bzw. für die Entscheidung über **Eigenfertigung oder Fremdbezug**,
- bei der Suche nach kurz- und langfristigen **Preisuntergrenzen**, deren Unterschreitung die Existenz der Unternehmung in Frage stellt;

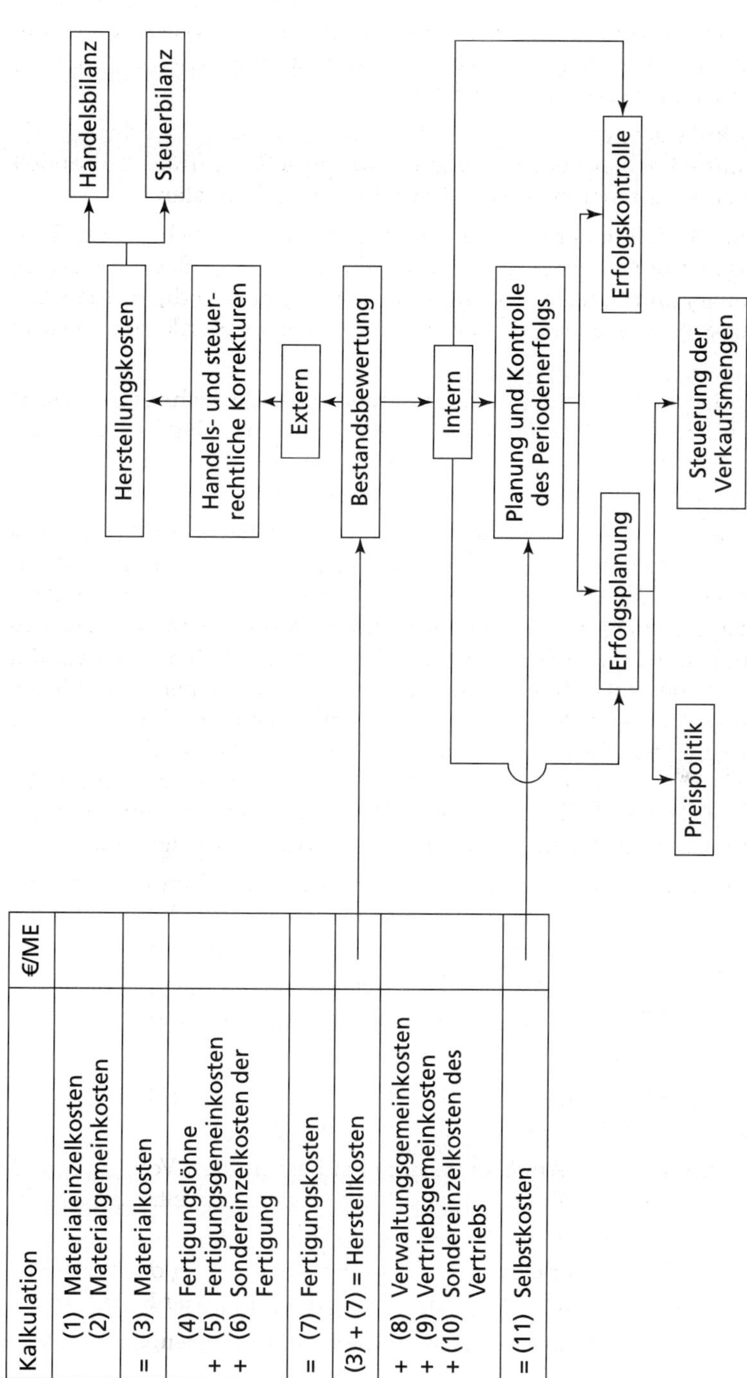

Grundschema der Kalkulation und der Kalkulationsaufgaben

(2) für die **Bewertung** der Bestände an Halb- und Fertigfabrikaten und der selbst erstellten Anlagen in Handels- und Steuerbilanz sowie in der Betriebsergebnisrechnung;

(3) für die **Planung**, insbesondere im Produktions- und Absatzbereich;

(4) über die Zusammensetzung des Erfolgs und damit zur **Erfolgsplanung und -steuerung.**

Die **Verfahren** zur Ermittlung der Herstellkosten bzw. Selbstkosten **(Kalkulationsverfahren)** lassen sich in zwei Hauptgruppen einteilen:

- Divisionsverfahren
  ohne Äquivalenzziffern
  mit Äquivalenzziffern
- Zuschlagsverfahren
  summarische Zuschlagskalkulation
  differenzierende Zuschlagskalkulation
  Bezugsgrößenkalkulation

Daneben können spezielle Kalkulationsverfahren zur Anwendung kommen, wenn eine verursachungsgerechte Zurechnung von Kosten auf die Kostenträger nicht möglich ist (z. B. bei Kuppelprodukten) oder besondere Fertigungsstrukturen eine spezifische Verrechnung erfordern (z. B. bei mehrteiligen Produkten).

Im Folgenden werden die Kalkulationsverfahren im Einzelnen beschrieben, wobei die Symbole entsprechend dem Verzeichnis auf S. 1007 f. Verwendung finden.

3.3.1.1 Divisionsverfahren

3.3.1.1.1 Ein- und mehrstufige Divisionskalkulation

Allen Divisionskalkulationsverfahren ist gemein, dass die Kosten einer Leistungseinheit durch Division der Gesamtkosten durch die produzierte Leistungsmenge ermittelt werden. Bei **einstufiger Divisionskalkulation** lautet der Ansatz:

$$\text{Stückselbstkosten} = \frac{\text{Gesamtkosten der Abrechnungsperiode}}{\text{produzierte Leistungsmenge der Periode}}$$

$$k_s = \frac{K}{x_p}$$

Die Gesamtkosten der Abrechnungsperiode können direkt der Kostenartenrechnung entnommen werden. Die Kostenstellenrechnung als Bindeglied zwischen Kostenarten- und Kostenträgerstückrechnung erübrigt sich grundsätzlich bei einstufiger Divisionskalkulation; sie wird für Zwecke der Kostenkontrolle gleichwohl regelmäßig durchgeführt.

In der einstufigen Form ist die Divisionskalkulation rechnerisch leicht durchzuführen; ihre Anwendbarkeit ist jedoch an die Erfüllung der folgenden **Voraussetzungen** gebunden:

(1) die Leistungseinheiten müssen weitestgehend identisch sein und sollten sich relativ häufig wiederholen (Einproduktbetrieb mit Massenfertigung);

(2) zwischen Leistungserstellung und Kostenentstehung muss Gleichlauf vorliegen (Homogenität der Kostenverursachung). Dies bedeutet, dass Lagerbestandsänderungen an Halb- und Fertigfabrikaten nicht auftreten dürfen.

Diese Voraussetzungen führen dazu, dass die einstufige Divisionskalkulation nur relativ selten angewendet werden kann. Als Anwendungsfälle ist an ein (lagerloses) Elektrizitätswerk oder eine Kies- und Sandgrube zu denken.

Bei mehrstufiger, nicht absatzsynchroner Fertigung und Lagerbestandsänderungen an Zwischenprodukten muss die **mehrstufige Divisionskalkulation** herangezogen werden. Für die Anwendung dieses Kalkulationsverfahrens ist eine differenzierende Kostenstellenrechnung nötig, die die Kosten je Fertigungsstufe festhält. Diese werden dann durch die jeweilige Leistung der Fertigungsstufe dividiert.

Die Stückselbstkosten werden wie folgt ermittelt:

$$\text{Stückselbstkosten} = \frac{\text{Herstellkosten der Kostenstelle 1}}{\text{Leistung in Kostenstelle 1}} + \frac{\text{Herstellkosten der Kostenstelle 2}}{\text{Leistung in Kostenstelle 2}} + \ldots + \frac{\text{Herstellkosten der Kostenstelle n}}{\text{Leistung in Kostenstelle n}}$$
$$+ \frac{\text{Verwaltungs- und Vertriebskosten der Abrechnungsperiode}}{\text{abgesetzte Leistungsmenge der Periode}}$$

$$k_s = \frac{K_{h_1}}{x_{P1}} + \frac{K_{h_2}}{x_{P2}} + \ldots + \frac{K_{h_n}}{x_{Pn}} + \frac{K_{Vw}+K_{Vt}}{x_a}$$

Wenn lediglich Lagerbestandsänderungen bei Fertigfabrikaten auftreten, genügt eine **zweistufige Divisionskalkulation:**

$$\text{Stückselbstkosten} = \frac{\text{Herstellkosten}}{\text{produzierte Leistungsmenge der Periode}} + \frac{\text{Verwaltungs- und Vertriebskosten der Abrechnungsperiode}}{\text{abgesetzte Leistungsmenge der Periode}}$$

$$k_s = \frac{K_h}{x_p} + \frac{K_{Vw}+K_{Vt}}{x_a}$$

Übungsbeispiel 1:

Aus der Kostenartenrechnung einer Brauerei sind folgende Zahlen bekannt:

Roh-, Hilfs- und Betriebsstoffverbrauch	18.500
Fertigungslöhne	86.400
Sozialkosten	13.100
Raumkosten, Abschreibungen	9.700
Sonstige Kosten der Produktion	15.300
Verwaltungskosten	17.400
Vertriebskosten	29.600
Gesamtkosten	190.000

In der Abrechnungsperiode wurden 2.900 hl Bier produziert und 3.100 hl Bier abgesetzt.

Errechnen Sie

a) die Selbstkosten je hl mit Hilfe der einstufigen Divisionskalkulation,

b) über die zweistufige Divisionskalkulation
   ba) die Herstellkosten je hl,
   bb) die Selbstkosten je hl.

Lösung:

a) Selbstkosten je hl $= \frac{190.000}{2.900} = 65{,}52$

ba) Herstellkosten je hl $= \frac{143.000}{2.900} = 49{,}31$

bb) Selbstkosten je hl $= \frac{143.000}{2.900} + \frac{47.000}{3.100} = 64{,}47$

Übungsbeispiel 2:

Ein Industriebetrieb hat während einer Abrechnungsperiode 450 Stück seiner Erzeugnisse abgesetzt. Die Erzeugnisse durchlaufen drei Fertigungsstufen und werden nach jeder Fertigungsstufe auf ein Zwischenlager genommen. Die Bestände der Zwischenlager haben sich wie folgt entwickelt:

	Lagerbestand am Anfang der Periode	Lagerbestand am Ende der Periode
Lager nach Fertigungsstufe 1	100	180
Lager nach Fertigungsstufe 2	100	100
Lager nach Fertigungsstufe 3	200	150

In den einzelnen Fertigungsstufen sind folgende Kosten entstanden:

Kostenstelle 1	5.280
Kostenstelle 2	5.400
Kostenstelle 3	6.000
Verwaltungs- und Vertriebskosten	3.375

Ermitteln Sie

a) die Stückherstellkosten k_h

b) die Stückselbstkosten k_s.

Lösung:

a) Die Produktionsmengen der einzelnen Fertigungsstufen müssen mit Hilfe der Lagerbestandsveränderungen (+ 80, 0, – 50) retrograd ermittelt werden. Als Stückherstellkosten der Fertigerzeugnisse ergeben sich dann:

$$k_h = \frac{5.280}{480} + \frac{5.400}{400} + \frac{6.000}{400} = 39{,}50$$

b) $k_s = k_h + \frac{K_{Vw} + K_{Vt}}{x_a} = 39{,}50 + \frac{3.375}{450} = 47{,}–.$

Eine Sonderform der mehrstufigen Divisionskalkulation ist die **Veredelungsrechnung**. Hier werden die Einzelmaterialkosten dem Kostenträger direkt zugerechnet, während die übrigen Kosten, d. h. die Fertigungs-, Verwaltungs- und Vertriebskosten nach den Regeln der mehrstufigen Divisionskalkulation zur Verrechnung gelangen. Mit den bereits verwendeten Symbolen k_M für Materialstückkosten und K_F für Fertigungskosten lassen sich die Selbstkosten dann wie folgt angeben:

$$k_s = k_M + \frac{K_{F_1}}{x_{p_1}} + \frac{K_{F_2}}{x_{p_2}} + \ldots + \frac{K_{F_n}}{x_{p_n}} + \frac{K_{Vw} + K_{Vt}}{x_a}$$

Übungsbeispiel 3:

Ein Produkt, das in zwei Fertigungsstufen hergestellt wird, verursacht Materialstückkosten von 16. Auf dem Zwischenlager (nach der Fertigungsstufe 1) hat sich in der Abrechnungsperiode eine Lagerbestandsabnahme von 150 Stück ergeben. Die Absatzmenge beträgt 750 Stück, wovon 150 Stück aus dem Fertigwarenlager entnommen wurden. Außer den Materialstückkosten sind angefallen:

- Fertigungskosten in Stufe 1 10.350
- Fertigungskosten in Stufe 2 19.500
- Verwaltungs- und Vertriebskosten 2.625

Ermitteln Sie

a) die Stückselbstkosten

b) die Stückherstellkosten der Fertigerzeugnisse

c) die Stückherstellkosten der Halbfabrikate

d) den Wert der Lagerbestandsänderung im Zwischenlager

e) den Wert der Lagerbestandsänderung im Fertigwarenlager.

Lösung:

a) $k_s = 16 + \frac{10.350}{450} + \frac{19.500}{600} + \frac{2.625}{750} = 75$

b) $k_{hF} = 16 + \frac{10.350}{450} + \frac{19.500}{600} = 71{,}50$

c) $k_{hH} = 16 + \frac{10.350}{450} = 39$

d) Lagerbestandsänderung Zwischenlager = – 150 · 39 = – 5.850

e) Lagerbestandsänderung Fertigwarenlager = – 150 · 71,50 = – 10.725

3.3.1.1.2 Ein- und mehrstufige Äquivalenzziffernkalkulation

Die bisher aufgezeigten Divisionskalkulationsverfahren können nur in Einproduktbetrieben zur Kalkulation eines homogenen Erzeugnisses angewendet werden. Fertigt ein Betrieb mehrere Produkte, die aber fertigungstechnisch weitgehend ähnlich und vergleichbar sind (Sortenfertigung), d. h. deren Kosten in einem bestimmten messbaren Verhältnis zueinander stehen, so sollte die Kalkulation auf der Grundlage von Äquivalenzziffern erfolgen.

Mit Hilfe der **Äquivalenzziffern** als Umrechnungsfaktoren werden die verschiedenartigen Erzeugnisse rechnerisch so vereinheitlicht, dass letztlich wieder die Divisionskalkulationsverfahren angewendet werden können. Die Äquivalenzziffern (Gewichtungsfaktoren, Wertigkeitsziffern, Umrechnungsfaktoren) geben an, in welchem Verhältnis die Kosten der einzelnen Produkte (Sorten)

zu den Kosten eines Einheitsproduktes (Einheitssorte, Bezugssorte, Richtsorte) stehen. Sie werden analytisch festgelegt, indem die Kostenverursachung der Produkte (Sorten) auf bestimmte Bezugsgrößen (z. B. Rohstoffverbrauch, Arbeitseinsatz, Längen, Durchmesser, Materialgewichte etc.) zurückgeführt und hieraus Verhältniszahlen abgeleitet werden. Das Einheitsprodukt erhält dabei die Äquivalenzziffer 1.

$$\text{Äquivalenzziffer Produkt i} = \frac{\text{Bezugsgröße des Produktes i}}{\text{Bezugsgröße des Einheitsproduktes e}}$$

$$ä_i = \frac{b_i}{b_e}$$

Eine auf diese Weise ermittelte Äquivalenzziffer von z. B. 1,2 bedeutet, dass das betreffende Produkt i gegenüber dem zu Grunde gelegten Einheitsprodukt mit 20 % höheren Kosten zu belasten ist. Diese in der Äquivalenzziffer ausgedrückte Mehrbelastung kann Folge eines erhöhten mengenmäßigen Verbrauchs an Rohstoffen, des Verbrauchs höherwertiger Rohstoffe, längerer Fertigungszeiten u. a. m. sein. Andererseits drückt eine Äquivalenzziffer kleiner als 1 eine im Verhältnis zum Einheitsprodukt geringere Kostenbelastung aus.

Der Ablauf der **einstufigen** Äquivalenzziffernkalkulation vollzieht sich in folgenden Schritten:

(1) Bestimmung der Herstellkosten einer Bezugssorteneinheit (k_{h_e}) durch Division der Gesamtherstellkosten K_h durch die mit den Äquivalenzziffern gewichteten Produktionsmengen der einzelnen Sorten i (x_{Pi}):

$$k_{h_e} = \frac{K_h}{x_{P_1} \cdot ä_1 + x_{P_2} ä_2 + \ldots + x_{P_e} \cdot 1 + \ldots + x_{P_n} \cdot ä_n} = \frac{K_h}{\sum_{i=1}^{n} x_{P_i} \cdot ä_i}$$

(2) Ermittlung der Stückherstellkosten für jede Sorte i:

$$k_{h_i} = \frac{K_h}{\sum_{i=1}^{n} x_{P_i} \cdot ä_i} \leftrightarrow \cdot ä_i = k_{he} \cdot ä_i$$

(3) Ermittlung der Stückselbstkosten für jede Sorte i:

$$k_{S_i} = k_{a_i} \cdot ä_i + \frac{K_{Vw} + K_{Vt}}{\sum_{i=1}^{n} x_{a_i} \cdot ä_i} \cdot ä_i$$

Übungsbeispiel:

Ein Fruchtsaftbetrieb stellt vier verschiedene Saftsorten in den unten genannten Mengen her. Auf Grund langjähriger Kostenbeobachtungen sind folgende Äquivalenzziffern ermittelt worden:

	produzierte Menge	Äquivalenzziffer
Apfelsaft	5.700 l	1,0
Johannisbeersaft	1.200 l	1,2
Orangensaft	3.300 l	0,75
Traubensaft	1.800 l	1,5

Aus der Kostenartenrechnung lassen sich die Gesamtkosten für die Abrechnungsperiode mit € 6.489 entnehmen.

Errechnen Sie die Herstellkosten je l (Stückkosten) für die einzelnen Sorten.

Lösung:

Sorten (i)	Produktionsmengen (x_{pi})	Äquivalenzziffern ($ä_i$)	Rechnungseinheiten ($x_{pi} \cdot ä_i$)	Stückkosten ($k_{hi} = k_{he} \cdot ä_i$)	Gesamtkosten ($K_{hi} = k_{hi} \cdot x_{pi}$)
Apfelsaft	5.700	1,00	5.700	0,60	3.420
Johannisbeersaft	1.200	1,20	1.440	0,72	864
Orangensaft	3.300	0,75	2.475	0,45	1.485
Traubensaft	800	1,50	1.200	0,90	720
Summe	–	–	10.815	–	6.489

Herstellkosten der Bezugssorteneinheit (Apfelsaft):

$$k_{he} = \frac{K_h}{\sum_{i=1}^{n} x_{pi} \cdot ä_i} = \frac{6.489}{10.815} = 0{,}60$$

Bei Bestandsänderungen von Halb- und Fertigfabrikaten kann die Äquivalenzziffernkalkulation nach dem Vorbild der mehrstufigen Divisionskalkulation zu einem **mehrstufigen** Rechenverfahren ausgebaut werden. Es sind dann auf der Grundlage von Äquivalenzziffern für jede Kostenstelle die Herstellkosten für jede Sorte zu ermitteln.

3.3.1.2 Zuschlagsverfahren

In Unternehmungen mit heterogenem Produktionsprogramm wird die Ermittlung von Äquivalenzziffern, die jedes Produkt zu einer Bezugsgröße ins Verhältnis setzen, sehr aufwendig, da sich die Produkte bezüglich der Inanspruchnahme von Material- und Fertigungskapazitäten stark voneinander unterscheiden. Insbesondere bei **Serien- und Einzelfertigung**, bei heterogener Kostenstruktur in den einzelnen Fertigungsstufen und laufenden Lagerbestandsveränderungen bei Halb- und Fertigerzeugnissen finden daher die Verfahren der Zuschlagskalkulation Anwendung.

Für deren Anwendung wird die **Aufspaltung der Kosten** in Kostenträgereinzelkosten und Kostenträgergemeinkosten relevant. Definitionsgemäß können die **Einzelkosten** direkt der betrieblichen Endleistung zugeordnet und dort erfasst werden, während die **Gemeinkosten** über geeignete Zuschlagssätze verrechnet werden.

Die Zuschlagsverfahren gehen von der Prämisse aus, dass sich die nicht direkt zurechenbaren Produktkosten (Gemeinkosten) **proportional** zu den Einzelkosten verhalten und folglich proportional zu diesen auf die Kostenträger verrechnet werden müssen. Neben den Einzelkosten kommen für die Verrechnung der Gemeinkosten aber auch andere Bezugsgrößen zur Anwendung, beispielsweise die Herstellkosten oder die Fertigungsstunden.

Je nach gewünschtem Grad der Genauigkeit der Kalkulation kommen unterschiedliche Verfahren in Betracht. Dabei wird zwischen **summarischer** und **differenzierender** Zuschlagskalkulation unterschieden.

3.3.1.2.1 Summarische Zuschlagskalkulation

Bei der summarischen Zuschlagskalkulation werden die gesamten Gemeinkosten der Abrechnungsperiode durch einen **einzigen** (summarischen) Zuschlagssatz verrechnet. Eine Kostenstellenrechnung ist daher nicht erforderlich. Als Zuschlagsgrundlage (Bezugsbasis) kommen die Materialeinzelkosten, die Lohneinzelkosten (Fertigungseinzelkosten) oder die gesamten Einzelkosten in Betracht.

Übungsbeispiel 1:

In einem Betrieb sind folgende Kosten während einer Abrechnungsperiode angefallen:

Fertigungsmaterial (FM)	40.000
Fertigungslöhne (FL)	60.000
Gemeinkosten	50.000
Gesamtkosten	150.000

Zu ermitteln sind die Gemeinkostenzuschlagssätze auf der Basis der

a) Materialeinzelkosten
b) Lohneinzelkosten
c) gesamten Einzelkosten.

Mit jedem der drei Zuschlagssätze ist ein Produkt zu kalkulieren, in dessen Herstellung 80 Fertigungsmaterial und 60 Löhne eingegangen sind.

Lösung:

Die Zuschlagssätze wurden wie folgt ermittelt:

a) Gemeinkostenzuschlagssatz bezogen auf die Materialeinzelkosten $= \frac{50.000}{40.000} = 125\,\%$

b) Gemeinkostenzuschlagssatz bezogen auf die Lohneinzelkosten $= \frac{50.000}{60.000} = 83\tfrac{1}{3}\,\%$

c) Gemeinkostenzuschlagssatz bezogen auf die gesamten Einzelkosten $= \frac{50.000}{100.000} = 50\,\%$

Die Kalkulation ergibt:

	a) Zuschlagssatz 125 % auf FM	b) Zuschlagssatz 83⅓ % auf FL	c) Zuschlagssatz 50 % auf Einzelkosten
Fertigungsmaterial	80	80	80
Fertigungslöhne	60	60	60
Einzelkosten	140	140	140
Gemeinkostenzuschlag			
a) 125 % auf FM	100		
b) 83⅓ % auf FL		150	
c) 50 % auf gesamte Einzelkosten			70
Herstellkosten	240	190	210

Dieses einfache Beispiel macht bereits die groben Ungenauigkeiten deutlich, die mit der Anwendung der summarischen Zuschlagskalkulation verbunden sind. Je nach verwandter Bezugsbasis variieren die kalkulierten Herstellkosten im Bereich von 190 bis 240.

Eine gewisse Verfeinerung der Berechnung kann durch das sog. **elektive Zuschlagsverfahren** erreicht werden, das die Gemeinkostenverrechnung auf der Grundlage mehrerer Bezugsbasen durchführt. Üblicherweise werden bei diesem Verfahren die Materialgemeinkosten auf die Materialeinzelkosten sowie die Fertigungsgemeinkosten auf die Lohneinzelkosten bezogen.

Übungsbeispiel 2:

Nehmen Sie an, dass eingehende Kostenuntersuchungen im Betrieb des obigen Beispiels (FM = 40.000, FL = 60.000, Gemeinkosten = 50.000) gezeigt haben, dass 25 % der Gemeinkosten materialabhängig, 75 % lohnabhängig sind.

Ermitteln Sie auf dieser Grundlage die Gemeinkostenzuschlagssätze und die Herstellkosten eines Produkts, in dessen Herstellung 80 Fertigungsmaterial und 60 Löhne eingegangen sind.

Lösung:

Gemeinkosten	50.000
davon 25 % materialabhängig	12.500
75 % lohnabhängig	37.500

a) Gemeinkostenzuschlagssatz für materialabhängige Gemeinkosten $= \frac{12.500}{40.000} = 31{,}25\,\%$

b) Gemeinkostenzuschlagssatz für lohnabhängige Gemeinkosten $= \frac{37.500}{60.000} = 62{,}5\,\%$

Die Kalkulation ergibt:

Fertigungsmaterial	80
Fertigungslöhne	60
Einzelkosten	140

Gemeinkostenzuschläge:

31,25 % auf FM	25
62,5 % auf FL	37,50
Herstellkosten	202,50

Auch diese Form der summarischen Zuschlagskalkulation stellt keine verursachungsgerechte Verrechnung der Gemeinkosten sicher. Die unterstellte proportionale Beziehung zwischen einer Bezugsgröße und den Gemeinkosten ist unrealistisch. Dennoch sind derartige summarische Verfahren insbesondere in Kleinbetrieben auf Grund ihrer einfachen Handhabung verbreitet.

3.3.1.2.2 Differenzierende Zuschlagskalkulation

Die Anwendung der differenzierenden Zuschlagskalkulation setzt eine **Aufspaltung der Gemeinkosten** in Material-, Fertigungs-, Verwaltungs- und Vertriebsgemeinkosten voraus, wie sie gewöhnlich in der Kostenstellenrechnung (Betriebsabrechnungsbogen) vorgenommen wird. Mit Hilfe der im Betriebsabrechnungsbogen gewonnenen Gemeinkostenzuschlagssätze – Relation zwischen den Gemeinkosten und den Einzelkosten einer bestimmten Kostenstelle bzw. eines abgegrenzten Betriebsbereichs (s. Teil B, Abschn. 3.2.5.1, S. 859 ff.) – werden die Gemeinkosten den für die einzelnen Produkte direkt erfassbaren Einzelkosten zugeschlagen. Gebräuchlich ist dabei ein **Kalkulationsschema,** wie es in der nachstehenden Übersicht gezeigt wird (*Schildbach/Homburg,* Kosten- und Leistungsrechnung, S. 158):

<table>
<tr><td>Fertigungsmaterial
(Einzelkosten)</td><td rowspan="2">Material-
kosten</td><td rowspan="5">Herstell-
kosten</td><td rowspan="8">Selbst-
kosten</td></tr>
<tr><td>Materialgemeinkosten
(zugeschlagen auf Basis des Fertigungsmaterials)</td></tr>
<tr><td>Fertigungslohn
(Einzelkosten)</td><td rowspan="3">Fertigungs-
kosten</td></tr>
<tr><td>Fertigungsgemeinkosten
(zugeschlagen auf Basis des Fertigungslohns, für jede Fertigungshauptstelle gesondert)</td></tr>
<tr><td>Sondereinzelkosten der Fertigung
(Einzelkosten)</td></tr>
<tr><td colspan="2">Verwaltungsgemeinkosten
(zugeschlagen auf Basis der Herstellkosten)</td><td rowspan="3">Verwal-
tungs-
und
Vertriebs-
kosten</td></tr>
<tr><td colspan="2">Vertriebsgemeinkosten
(zugeschlagen auf Basis der Herstellkosten)</td></tr>
<tr><td colspan="2">Sondereinzelkosten des Vertriebs
(Einzelkosten)</td></tr>
</table>

Kalkulationsschema für die differenzierende Zuschlagskalkulation

Übungsbeispiel 1:

Für die Durchführung eines Einzelauftrags sind folgende Einzelkosten entstanden:

Materialeinzelkosten	450
Lohneinzelkosten	1.480
Sondereinzelkosten der Fertigung (Spezialwerkzeuge)	383
Sondereinzelkosten des Vertriebs (Verpackung und Fracht)	214

Der Betrieb kalkuliert mit Gemeinkostenzuschlagssätzen für

Materialgemeinkosten	18 %
Fertigungsgemeinkosten	95 %
Verwaltungsgemeinkosten (bezogen auf die Herstellkosten)	14 %
Vertriebsgemeinkosten (bezogen auf die Herstellkosten)	8 %

Ermitteln Sie die Herstell- und die Selbstkosten des Auftrags. Bestimmen Sie den Stückerfolg unter der Annahme, dass der Auftrag zu einem Festpreis von 5.280 (inkl. 10 % Umsatzsteuer) hereingenommen wurde.

Lösung:

Materialeinzelkosten	450	
+ 18 % Materialgemeinkosten	81	531
Lohneinzelkosten	1.480	
+ 95 % Fertigungsgemeinkosten	1.406	
+ Sondereinzelkosten der Fertigung	383	3.269
Herstellkosten		3.800
+ 14 % Verwaltungsgemeinkosten		532
+ 8 % Vertriebsgemeinkosten		304
+ Sondereinzelkosten des Vertriebs		214
Selbstkosten		4.850
Verkaufserlös		5.280
./. 10 % Umsatzsteuer (5.280 × Faktor 0,09091)		480
Nettoverkaufserlös		4.800
./. Selbstkosten (lt. Kalkulation)		4.850
Stückerfolg (= Verlust)		–50

Eine Verfeinerung erfährt die differenzierende Zuschlagskalkulation, wenn statt eines kumulativen Gemeinkostenzuschlags auf die Lohneinzelkosten mehrere Zuschlagssätze Anwendung finden, jeweils bezogen auf abgegrenzte Teile der Lohneinzelkosten. Diese Kalkulationsform ist unter den Begriffen **elektive Lohnzuschlagskalkulation** oder **Betriebszuschlagskalkulation** in der Praxis weit verbreitet.

Übungsbeispiel 2:

Die Herstellung einer Spezialmaschine, die sich in drei aufeinander folgenden Fertigungsstellen vollzog, verursachte folgende Einzelkosten:

Fertigungsmaterial	2.900
Fertigungslöhne I	880
Fertigungslöhne II	1.710
Fertigungslöhne III	560
Sondereinzelkosten der Fertigung (Konstruktionszeichnungen)	336
Sondereinzelkosten des Vertriebs (Transportkosten)	371

Die Gemeinkostenzuschläge betragen für:

Materialgemeinkosten	5 %
Fertigungsgemeinkosten I	225 %
Fertigungsgemeinkosten II	70 %
Fertigungsgemeinkosten III	320 %
Verwaltungsgemeinkosten	17 %
Vertriebsgemeinkosten	7,6 %

Bestimmen Sie

a) die Herstellkosten

b) die Selbstkosten

c) den vorläufigen Verkaufspreis der Maschine unter Berücksichtigung eines Gewinnzuschlages von 14 %

d) den Bruttozielverkaufspreis (inkl. 10 % Umsatzsteuer), wenn der Vertreter einen Anspruch auf Provision von 5 % des Nettobarverkaufspreises hat und dem Kunden ein Zahlungsziel gegen 2 % Skonto auf den Nettozielverkaufspreis gewährt wird.

Lösung:

Materialkosten	2.900	
+ 5 % Materialgemeinkosten	145	3.045
Fertigungslöhne I	880	
+ 225 % Fertigungsgemeinkosten I	1.980	
Fertigungslöhne II	1.710	
+ 70 % Fertigungsgemeinkosten II	1.197	
Fertigungslöhne III	560	
+ 320 % Fertigungsgemeinkosten III	1.792	
+ Sondereinzelkosten der Fertigung	336	8.455
a) Herstellkosten		11.500
+17 % Verwaltungsgemeinkosten		1.955
+7,6 % Vertriebsgemeinkosten		874
+ Sondereinzelkosten des Vertriebs		371
b) Selbstkosten		14.700
+ 14 % Gewinnzuschlag		2.058
c) Vorläufiger Verkaufspreis		16.758
+ 5 % Vertreterprovision auf den Nettobarverkaufspreis		882
Nettobarverkaufspreis		17.640
+ 2 % Skonto		360
Nettozielverkaufspreis		18.000
+ 10 % Umsatzsteuer		1.800
d) Bruttozielverkaufspreis		19.800

Mit wachsender Mechanisierung und Automatisierung der Betriebsabläufe ist regelmäßig eine Umstrukturierung im Kostengefüge verbunden: Die Einzelkosten werden zunehmend durch Gemeinkosten verdrängt. Für die Kostenträgerstückrechnung und besonders für die Zuschlagsverfahren resultiert daraus die Konsequenz, dass einer zunehmend schmaler werdenden Einzelkostenbasis ein **expandierendes Gemeinkostenvolumen** zugeordnet wird. Dies hat in der Praxis teilweise zur Anwendung von Zuschlagssätzen in Höhe von mehreren tausend Prozent geführt. Die Folge ist, dass geringfügige Fehler bei der Bemessung der Zuschlagsgrundlage umfangreiche Fehler bei der Gemeinkostenverrechnung nach sich ziehen, die eine verursachungsgerechte Gemeinkostenverrechnung nicht mehr gewährleisten. Bei Kalkulationsverfahren, die mit Gemeinkostenzuschlagssätzen von mehreren hundert oder tausend Prozent arbeiten, sind die Fehlerquellen daher besonders hoch einzuschätzen: Ein geringfügiger Erfassungsfehler bei den Einzelkosten schlägt sich über den hohen Zuschlagssatz überproportional nieder und kann zu **schwerwiegenden Kalkulationsfehlern** führen. Außerdem ist eine verursachungsgerechte Gemeinkostenerfassung stark gefährdet, da bei derart hohen Gemeinkostenzuschlagssätzen ein proportionaler Zusammenhang zwischen den Einzelkosten und den Gemeinkosten kaum feststellbar ist.

Des Weiteren ist als Mangel der differenzierenden Zuschlagskalkulation und der elektiven Lohnzuschlagskalkulation anzuführen, dass **Lohnänderungen** jeweils langwierige Umrechnungen zur Anpassung der Zuschlagssätze erfordern.

3.3.1.2.3 Bezugsgrößenkalkulation

Die vorgenannten Gründe haben zur Einführung der **Bezugsgrößenkalkulation** als Modifikation der Zuschlagskalkulation geführt. Hierbei werden insbesondere die Fertigungsgemeinkosten mittels geeigneter Bezugsgrößen differenzierter verrechnet. Als Bezugsgrößen werden möglichst **Mengengrößen** (z. B. Maschinenzeiten, Akkordzeiten, Rüstzeiten) verwendet, da diese eine höhere Konstanz im Zeitablauf auszeichnet.

Die Praxis hat dieses Kalkulationsprinzip entsprechend ihrer individuellen Bedürfnisse vielseitig ausgestaltet und wendet es in der Form der **Maschinen- und (Arbeits-)Platzkostenrechnung** unter Berücksichtigung **mehrerer** Bezugsgrößen für die Material-, Fertigungs- und Vertriebsgemeinkosten an. Die dem Verursachungsprinzip verpflichtete Bezugsgrößen(Maßgrößen-)differenzierung ist vielschichtig und kann sich auch auf Kostenschlüssel wie vorgeschaltete Mischkalkulationen, Einzelmaterialabfälle, Einsatzfaktoren, Kostenplätze oder Rüststunden beziehen (*Haberstock/Breithecker,* Kostenrechnung I, S. 162 ff.; *Freidank,* Kostenrechnung, S. 140 f.).

Bei der **Maschinenstundensatzrechnung** beispielsweise werden die nach Kostenstellen, Kostenplätzen oder einzelnen Maschinen aufgegliederten Gemeinkosten entsprechend den in Anspruch genommenen Maschinenstunden auf die Kostenträger verteilt. Die Maschinenstundensätze ergeben sich als Quotienten aus den für die einzelnen Maschinen ermittelten Gemeinkosten der Periode und der Gesamtlaufzeit der betreffenden Maschinen in der Periode. Die nicht einzelnen Maschinen zurechenbaren Gemeinkosten einer Kostenstelle oder eines Kostenplatzes (sog. Rest-Gemeinkosten) werden meist über Zuschläge auf die Fertigungseinzelkosten verrechnet.

Übungsbeispiel:

Eine Karusselldrehbank in einer Werkzeugfabrik hat einen Wiederbeschaffungspreis von 60.000 und eine geschätzte Nutzungsdauer von 8 Jahren. Nach Ablauf der Hälfte der Nutzungsdauer beträgt der kalkulatorische Restwert der Maschine 30.000. Die durchschnittliche Maschinenlaufzeit beträgt 1500 Std. p. a.

(1) Ermitteln Sie den Maschinenstundensatz für die Karusselldrehbank unter Beachtung folgender weiterer Informationen:
  a) für kalkulatorische Zinsen sind nach der Durchschnittsmethode 8 % p. a. anzusetzen,
  b) an Reparaturkosten sind über die gesamte Nutzungsdauer insgesamt 2.400 zu erwarten,
  c) der Strombedarf pro Maschinenstunde beläuft sich auf 4,5 kWh zum Preis von 0,08 €/kWh,
  d) die Maschine hat einen Raumbedarf von 12 m². Der Raumkostensatz (Kosten für Versicherung, Heizung, Beleuchtung, Reinigung etc.) wurde mit 30 €/m² für das Jahr ermittelt.

(2) Kalkulieren Sie dann anhand des errechneten Maschinenstundensatzes die Selbstkosten eines Produktes, das die Karusselldrehbank mit 2,5 Stunden beansprucht, weiterhin 1,5 Stunden an einer Fräsmaschine bearbeitet wird (Maschinenstundensatz 6,60) und außerdem noch nachstehende Kosten verursacht:

Fertigungsmaterial	12
Fertigungslöhne Fräsmaschine	18,50
Fertigungslöhne Drehbank	32

Materialgemeinkostenzuschlag	8 %
Rest-Fertigungsgemeinkosten Fräsmaschine	96 %
Rest-Fertigungsgemeinkosten Drehbank	78 %
Verwaltungsgemeinkosten	15 %
Vertriebsgemeinkosten	5 %

Lösung:

(1) Ermittlung des Maschinenstundensatzes

a) Abschreibungsbetrag je Maschinenstunde $= \frac{7.500}{1.500} = 5$ €/h

b) Zinsen je Maschinenstunde $= \frac{30.000 \cdot 0{,}08}{1.500} = 1{,}60$ €/h

c) Reparaturkosten je Maschinenstunde $= \frac{2.400}{8 \cdot 1.500} = 0{,}20$ €/h

d) Stromkosten je Maschinenstunde $= 0{,}08 \cdot 4{,}5 = 0{,}36$ €/h

e) Raumkosten je Maschinenstunde $= \frac{30 \cdot 12}{1.500} = 0{,}24$ €/h

Maschinenstundensatz $= (a + b + c + d + e) = 7{,}40$ €/h

(2) Kalkulation

Fertigungsmaterial	12	
+ 8 % Materialgemeinkosten	0,96	12,96
Fertigungslöhne Drehbank	32	
Maschinenabhängige Fertigungsgemeinkosten: 7,40 · 2,5	18,50	
Rest-Fertigungsgemeinkosten 78 % von 32	24,96	75,46
Fertigungslöhne Fräsmaschine	18,50	
Maschinenabhängige Fertigungsgemeinkosten: 6,60 · 1,5	9,90	
Rest-Fertigungsgemeinkosten 96 % von 18,50	17,76	46,16
Herstellkosten		134,58
+ 15 % Verwaltungsgemeinkosten		20,19
+ 5 % Vertriebsgemeinkosten		6,73
Selbstkosten		161,50

3.3.1.3 Kalkulation von Kuppelprodukten

Die bisher dargelegten Kalkulationsverfahren, die bei produktionswirtschaftlich nicht oder nur lose verbundenen Produkten zu mehr oder minder brauchbaren Ergebnissen geführt haben, erweisen sich für die Kalkulation von Kuppelprodukten als wenig geeignet.

Eine **Kuppelproduktion (verbundene Produktion)** liegt vor, wenn in einem gemeinsamen Produktionsprozess auf Grund natürlicher oder technischer Gegebenheiten zwangsläufig verschiedene Produkte gleichzeitig hergestellt werden. Beispiele für Kuppelprozesse sind Raffinerien, wo bei der Spaltung des Rohöls verschiedene Produkte anfallen (Benzin, leichtes und schweres Heizöl, Bitumen, Gase) oder der Hochofenprozess, wo neben dem Roheisen auch Gichtgas und

Schlacke produziert werden oder die Kokerei mit den Erzeugnissen Koks, Teer, Leuchtgas, Ammoniak.

Bei der Kalkulation von Kuppelprodukten treten Schwierigkeiten vor allem deshalb auf, weil die verschiedenen Produkte die Produktionsfaktoren gleichzeitig und gemeinsam verbrauchen, so dass der bewertete Güter- und Dienstleistungsverbrauch (= Kosten) nicht adäquat nach Kostenträgern differenziert und zugerechnet werden kann. Eine Kostenzurechnung ist daher, von Vertriebskosten abgesehen, nicht nach dem Verursachungs- oder Kausalprinzip möglich, sondern kann sich vielmehr nur auf das **Durchschnitts-** oder **Kostentragfähigkeitsprinzip** stützen (vgl. Teil B, Abschn. 3.1.1, S. 800). Nach dem jeweils zu Grunde liegenden Kostenzurechnungsprinzip lassen sich zwei Verfahren der Kalkulation von Kuppelprodukten unterscheiden:

- die Verteilungsrechnung
- die Restwertrechnung.

3.3.1.3.1 Verteilungsrechnung

Die Verfahren der Verteilungsrechnung werden dann angewandt, wenn die einzelnen Kuppelprodukte als **gleichwertig** erachtet werden, d. h. einzelne Kuppelprodukte nicht lediglich den Charakter von zwangsweise hingenommenen „Abfallprodukten" haben. Die gemeinsamen Kosten der Kuppelproduktion werden mittels einer oder mehrerer Schlüsselgrößen in Anlehnung an die Äquivalenzziffernrechnung aufgespalten. Wesentlicher Unterschied zur Sortenkalkulation mit Äquivalenzziffern ist jedoch, dass die Kostenbelastung der Kuppelprodukte nicht nach der Kostenverursachung erfolgt. Als Verteilungsmaßstäbe kommen hier in Betracht:

- Mengenanteile
- physikalische Größen
- Marktwerte bzw. Verwertungsüberschüsse.

Bei der **Verteilung nach Mengenanteilen** werden die Gemeinkosten undifferenziert auf die Ausbringungsmengen verteilt. Eine Verfeinerung stellt die **Verteilung nach physikalischen Größen** dar: Um die Unterschiede zwischen den einzelnen Kuppelprodukten zu berücksichtigen, werden die Mengenanteile mit physikalischen Faktoren (z. B. Molekulargewicht, Heizwert) gewichtet. Der Vorteil einer derartigen Gewichtung liegt in der objektiven Vergleichbarkeit der ermittelten Größen; gleichwohl sind die physikalischen Größen keine Anhaltspunkte für die tatsächlich durch ein Kuppelprodukt verursachten Kosten. Bei der **Verteilung nach den Marktwerten bzw. Verwertungsüberschüssen** ist zwischen unmittelbar für den Markt bestimmten Kuppelprodukten und Zwischenprodukten, für die keine Marktpreise existieren, zu unterscheiden. Im ersten Fall dienen vielfach die mit den Marktpreisen gewichteten Mengenanteile als Schlüssel. Im Fall der nicht für den Markt bestimmten Zwischenprodukte geht man von den Marktpreisen der aus der Verwertung der Zwischenprodukte resultierenden Endprodukte aus und reduziert diese um die Kosten der Weiterverarbeitung. Die gemeinsamen Kosten der Kuppelproduktion werden dann im Verhältnis der Verwertungsüberschüsse am Ende des Kuppelprozesses aufgeteilt. Bei den beiden letztgenannten Varianten wird eine angenäherte Kostenbelastung nach dem **Tragfähigkeitsprinzip** erreicht: Produkte mit hohen Erlösen bzw. Verwertungsüberschüssen werden stärker mit den Kosten der gemeinsamen Produktion belastet und umgekehrt.

Übungsbeispiel:

In einem Gaswerk werden 60.000 t Koks und 37,5 Mio. m³ Gas in einem Kuppelprozess gewonnen. Die um Weiterverarbeitungskosten reduzierten Abgabepreise betragen für Koks (Heizwert 5 Mio. kcal je t) 60 €/t, für Gas (Heizwert 5.000 kcal je m³) –,12 €/m³. Die Kosten des Kuppelprozesses betragen 4.875.000.

Zu ermitteln sind die Herstellkosten je Produkteinheit für den verbundenen Produktionsprozess

a) unter Zugrundelegung der Heizwerte

b) unter Heranziehung der Abgabepreise (Marktpreismethode).

Lösung:

a)

	Heizwerte	·	erzeugte Menge	=	Äquivalenzziffern
Koks	5.000.000	·	60.000	=	300 Mrd.
Gas	5.000	·	37.500.000	=	187,5 Mrd.
Summe					487,5 Mrd.

$$\frac{4.875.000}{487,5 \text{ Mrd.}} = 0,00001$$

$$\text{Herstellkosten für Koks} = 0,00001 \cdot 5.000.000 = \underline{\underline{50 \text{ €/t}}}$$

$$\text{Herstellkosten für Gas} = 0,00001 \cdot 5.000 = \underline{\underline{0,05 \text{ €/m}^3}}$$

b)

	Marktpreise	·	erzeugte Menge	=	Äquivalenzziffern
Koks	60	·	60.000	=	3.600.000
Gas	–,12	·	37.500.000	=	4.500.000
Summe					8.100.000

$$\frac{4.875.000}{8.100.000} = 0,601852$$

$$\text{Herstellkosten für Koks} = 0,601852 \cdot 60 = \underline{\underline{36,11 \text{ €/t}}}$$

$$\text{Herstellkosten für Gas} = 0,601852 \cdot 0,12 = \underline{\underline{0,0722 \text{ €/m}^3}}$$

3.3.1.3.2 Restwertrechnung

Lassen sich die Kuppelprodukte in ein **Hauptprodukt** und in **Nebenprodukte** (gegebenenfalls auch Abfallprodukte) untergliedern, so wird das Hauptprodukt als eigentlicher Träger der Gesamtkosten angesehen. Als Verfahren für die **Kalkulation des Hauptprodukts** eignet sich die Restwertrechnung, bei der zunächst etwaige anfallende Überschüsse (Nettoerlöse) aus den Neben- und Abfallprodukten von den Gesamtkosten subtrahiert werden, bzw. etwaige zusätzlich aus der Verwertung der Neben- und Abfallprodukte entstehende Unterdeckungen (es fallen z. B. Aufwendungen für die Beseitigung von Abfallprodukten an) zu den Gesamtkosten addiert werden. Die verbleibenden Restkosten werden voll auf das Hauptprodukt verrechnet. Die Restwertrechnung gibt, wenn Kosten und Erlöse der Neben- und Abfallprodukte bekannt sind, Auskunft darüber, welche Kosten durch die Erlöse aus dem Hauptprodukt zu kompensieren sind, um die Gesamtkosten der Periode zu decken.

Übungsbeispiel:

Im Hochofen einer Eisenhütte wurden gewonnen:

7.500 t	Roheisen
280.000 m³	Gichtgas
1.200 t	Schlacke.

Der Kuppelprozess verursachte Gesamtkosten von 13.600.000. Der Marktpreis für Roheisen beträgt 2.200 €/t, das Gichtgas wird für –,15 €/m³ verkauft.

Im Anschluss an den Hochofenprozess sind weitere Kosten angefallen:

a) für die Roheisenproduktion	1.687.500
b) für die Gichtgasproduktion	2.000
c) für die Beseitigung der Schlacke	90.000

Errechnen Sie die Selbstkosten je Tonne Roheisen nach der Restwertmethode und ermitteln Sie den Stückgewinn.

Lösung:

Kosten des Kuppelprozesses	13.600.000
./. Nettoerlöse des Nebenproduktes Gichtgas (280.000 m³ × –,15 €/m³ ./. 2.000 €)	40.000
+ Kosten der Abfallbeseitigung	90.000
Restkosten des Kuppelprozesses	13.650.000
+ Weiterverarbeitungskosten für Roheisen	1.687.500
Gesamtkosten für die Roheisenproduktion	15.337.500

$$\text{Selbstkosten je t Roheisen} = \frac{15.337.500}{7.500} = 2.045 \text{ €/t}$$

Stückgewinn = Stückerlös – Stückselbstkosten
= 2.200 – 2.045
= 155 €/t

3.3.1.4 Einfluss der Fertigungsstruktur auf das Kalkulationsverfahren

Bereits während der Ausführungen zu den einzelnen Kalkulationsverfahren wurde auf deren bedingte Anwendbarkeit gegenüber verschiedenen Fertigungsarten hingewiesen. Insbesondere das jeweilige **Produktionsprogramm** und die **Organisation des Produktionsprozesses** wirken auf die Fertigungsstruktur ein.

Folgende typische Fertigungsstrukturen lassen sich unterscheiden:

- **Massenfertigung:** Über einen längeren Zeitraum wird regelmäßig ein einheitliches Produkt (Einproduktfertigung) in großer Stückzahl (hoher Wiederholungsgrad) und in gleich bleibender Qualität und Ausführung produziert. Beispiele: Kohlebergwerk, Elektrizitätswerk.

- **Sortenfertigung:** Kontinuierliche Herstellung von Gütern, die in Bezug auf ihren Rohstoff oder die Art der Herstellung einander ähnlich sind, in wesentlichen Eigenschaften übereinstimmen aber hinsichtlich Qualität und Ausführung Differenzen aufweisen.

  Beispiele: Brauerei, Schokoladenfabrik, Papierfabrik.
- **Serienfertigung:** Mehrere Produkte werden neben- oder nacheinander hergestellt, wobei die Bearbeitungsmethoden verwandt sind, aber sonst keine Beziehungen zwischen den einzelnen Produkten bestehen. Nach Herstellung einer bestimmten Stückzahl **(Los, Auflage)** wird die Serie abgesetzt und eine neue Artikelserie aufgelegt.

  Beispiele: Automobilindustrie, Porzellan- und Glasherstellung.
- **Einzelfertigung:** Von jeder Produktart wird nur ein Gut hergestellt und zwar gewöhnlich auf Bestellung und nach den speziellen Wünschen des Kunden, nicht für einen anonymen Markt.

  Beispiele: Maßschneiderei, Wohnungs- und Industrieanlagenbau, Brücken- und Schiffsbau.
- **Kuppelproduktion:** Herstellung verschiedener Produkte in einem einheitlichen Produktionsprozess entsprechend den natürlichen oder technischen Gesetzmäßigkeiten.

  Beispiele: Hochofenprozess, Crackverfahren in der Raffinerie.

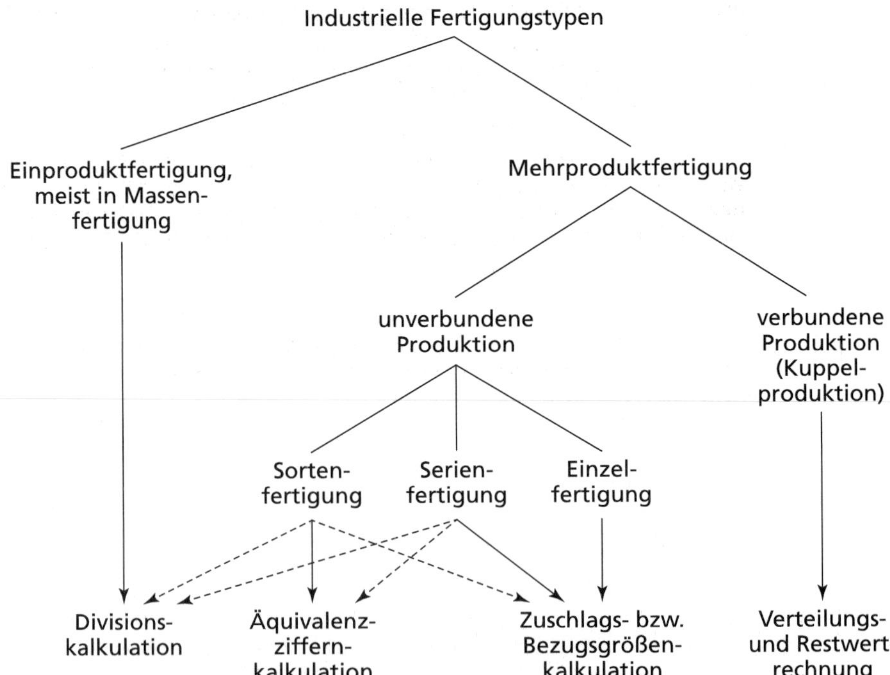

Zuordnung von Fertigungstypen zu Kalkulationsverfahren

Jedes Produktionsverfahren erfordert auf Grund seiner Eigenart die Anwendung eines bestimmten Kalkulationsverfahrens. Im Schaubild auf S. 888 sind die verschiedenen industriellen **Fertigungstypen** systematisch zusammengestellt und die einzelnen **Kalkulationsverfahren** entsprechend zugeordnet. Mit den durchgezogenen Pfeilen sind die im Allgemeinen verwendeten Kalkulationsverfahren charakterisiert; die unterbrochenen Linien sollen andeuten, dass beim betreffenden Fertigungstyp auch andere Kalkulationsverfahren angewendet werden.

Daneben hat die Anzahl der **Produktionsstufen** großen Einfluss auf die Wahl des Kalkulationsverfahrens, wobei vor allem schwankende Bestände in Zwischenlagern bei mehrstufiger Produktion differenzierte Kalkulationsverfahren erfordern.

3.3.2 Kostenträgerzeitrechnung

Während die Kostenträgerstückrechnung die Kosten je Leistungseinheit (Stück) zu ermitteln versucht, stellt die Kostenträgerzeitrechnung die während einer bestimmten Abrechnungsperiode (Zeit) angefallenen Kosten gegliedert nach Kostenträgergruppen oder Kostenarten fest. Sie soll damit eine laufende Kontrolle des Unternehmensprozesses ermöglichen und Informationen für **kurzfristige Dispositionen** (z. B. Programmentscheidungen) liefern.

Wird die Kostenträgerzeitrechnung nach einzelnen Kostenträgergruppen gegliedert, so können grundsätzlich dieselben Verfahren zur Anwendung kommen, die auch bei der Kostenträgerstückrechnung bzw. Kalkulation Verwendung finden (s. Teil B, Abschn. 3.3.1, S. 870 ff.). Wird die Kostenträgerzeitrechnung dagegen nach einzelnen Kostenarten differenziert, so bedient man sich zweckmäßigerweise der Systematik der Kostenartenrechnung (s. Teil B, Abschn. 3.1, S. 799 ff.). Eine gesonderte Darstellung der Methoden der Kostenträgerzeitrechnung erübrigt sich daher an dieser Stelle. Besonderheiten ergeben sich lediglich daraus, dass die in der Kostenträgerzeitrechnung ermittelten Kosten einer Abrechnungsperiode i. d. R. den Erlösen derselben Zeiteinheit gegenübergestellt werden, um damit den Erfolg eines Zeitabschnitts zu ermitteln. Mit dem **Einbezug der Erlösseite** in die Kostenrechnung wird ein wichtiger Schritt von der reinen Kostenrechnung hin zur Kosten- und Leistungsrechnung bzw. kurzfristigen Erfolgsrechnung vollzogen. Da dieser Schritt über den Abschluss der periodischen Kostenrechnung hinaus noch die Erlöse aus der Finanzbuchhaltung bzw. eine ausgebaute Leistungsrechnung voraussetzt, soll die **kurzfristige Erfolgsrechnung** (= Kostenträgerzeitrechnung + Leistungsrechnung) an separater Stelle behandelt werden (s. Teil B, Kap. 9, S. 987 ff.). Der in der Literatur überwiegend anzutreffenden Identifikation der Kostenträgerzeitrechnung mit der kurzfristigen Erfolgsrechnung wird hier also nicht gefolgt, da letztere über den Rahmen der Kostenrechnung hinausreicht.

Ergänzende Literatur zu: 3.3 Kostenträgerrechnung

Fandel/Fey/Heuft/Pitz, Kostenrechnung, S. 145–210
Friedl, Kostenrechnung, S. 170–214
Götzinger/Michael, Kosten- und Leistungsrechnung, S. 137–171
Haberstock/Breithecker, Kostenrechnung I, S. 142–169
Huch, Kostenrechnung, S. 108–147
Hummel/Männel, Kostenrechnung 1, S. 253–316
Kilger, Kostenrechnung, S. 265–391
Ossadnik, Kosten- und Leistungsrechnung, S. 177–217
Riebel, Kuppelprodukte, Sp. 994–1006
Scherrer, Kostenrechnung, S. 390–431
Schildbach/Homburg, Kosten- und Leistungsrechnung, S. 142–169
Schweitzer/Küpper, Kosten- und Erlösrechnung, S. 158–190
Weber/Rogler, Rechnungswesen Bd. 2, S. 54–128
Wöhe/Döring, Einführung, S. 970–978

4 Kostenrechnung auf Teilkostenbasis (Deckungsbeitragsrechnung)

4.1 Mängel der traditionellen Vollkostenrechnung

Die Kostenrechnung als Instrument der innerbetrieblichen Abrechnung hat den Betriebsprozess zahlenmäßig abzubilden, um folgende Aufgaben zu erfüllen (vgl. Teil B, Kap. 1, S. 787 f.):

- Lieferung von Informationen für **Planungs- und Entscheidungsaufgaben**
- Bereitstellung von Daten über Kostenentstehung und Kostenhöhe für **Kontrollzwecke**
- **Hilfsfunktion** bei der Erfassung und Bewertung von Informationen für andere Zweige des Rechnungswesens.

Die Ausgestaltung der Kostenrechnung als Vollkostenrechnung vermag diese Aufgaben aber nur bedingt zu erfüllen. Kernpunkt der Kritik ist dabei die bei diesem Verfahren vorgenommene Verrechnung **aller** Kosten auf die betrieblichen Leistungen, also auch der nicht verursachungsgerecht zurechenbaren fixen Kosten.

Die **Verrechnung der fixen Kosten**, die allesamt in die Gruppe der Gemeinkosten einzureihen sind, lässt sich – wie die vorhergehenden Abschnitte gezeigt haben – nur mit Hilfe von **Schlüsseln** durchführen. So muss in der Kostenstellenrechnung bei der Verteilung der Stellengemeinkosten auf die einzelnen Kostenstellen und bei der Umlage der Allgemeinen Kostenstellen und Hilfskostenstellen auf die Hauptkostenstellen mit wenig verursachungsadäquaten Zuordnungsgrößen gearbeitet werden; in der Kostenträgerrechnung, insbesondere bei der differenzierenden Zuschlagskalkulation sind für die Verrechnung der Gemeinkosten ebenfalls Schlüsselungen notwendig.

Soll die geschlüsselte Verrechnung der Gemeinkosten verursachungsgerecht erfolgen, so muss ein hoher Grad an **Proportionalität** zwischen den zu verrechnenden Gemeinkosten und den verwendeten Bezugsbasen gegeben sein. Schlüsselgrößen, die diesem Kriterium entsprechen, lassen sich jedoch nur schwer finden und häufig nur partiell anwenden. Selbst bei scheinbar idealer Schlüsselung können schwerwiegende Kalkulationsfehler auftreten, wenn beispielsweise einzelne Produkte oder Produktgruppen hohe Einzelkosten, aber nur unterdurchschnittliche Gemeinkosten verursachen, oder Erzeugnisse mit einem relativ geringen Herstellkostenwert umfangreiche Verwaltungs- und Vertriebskosten erfordern.

Weiterhin ist es oftmals unumgänglich, dass ein großer Gemeinkostenblock auf eine **schmale Bezugsbasis** verrechnet wird und Zuschlagssätze von mehreren hundert, ja tausend Prozent zur Anwendung gelangen. Hier wächst die Fehlermöglichkeit mit dem steigenden Verhältnis der Gemeinkosten zur Zuschlagsbasis: Ermittlungsfehler in der Zuschlagsbasis werden über den Zuschlagssatz vervielfacht. Selbst bei Anwendung von Bezugsgrößenkalkulationsverfahren (s. Teil B, Abschn. 3.3.1.2.3, S. 883 f.) sind diese Mängel nicht vollständig eliminierbar.

Ebenso können Fehler entstehen, wenn sich die Relationen zwischen den Gemeinkosten und der Bezugsbasis verschieben und in der Kostenrechnung keine zweckentsprechenden Anpassungsreaktionen ausgelöst werden. Dieses Phänomen tritt z. B. bei wachsender Technisierung des Fertigungsprozesses auf, wo Einzelkosten zunehmend durch Gemeinkosten verdrängt werden.

Eine Kostenzurechnung auf der Grundlage von Zuordnungsschlüsseln führt somit nur unter idealen Bedingungen zu richtigen Ergebnissen. In der Mehrzahl der Fälle ist eine streng verursachungsgerechte Kostenverrechnung nicht gewährleistet; die eigentlichen Kostenstrukturen bleiben weitgehend unaufgedeckt und die zahlenmäßige Abbildung des Betriebsprozesses gelingt nur unzureichend.

Die Zurechnung fixer Kosten auf die einzelnen Kostenträger ergibt eine Vermischung von Einzelkosten und künstlich proportionalisierten Gemeinkosten und damit ein Konglomerat exakter und ungenauer Zahlen. Ganz offensichtlich können derartige Informationen keine geeignete Grundlage für die Kontrolle des Betriebsgeschehens bieten. Da fixe und variable Kosten ohne Rücksicht auf ihr unterschiedliches Verhalten bei Beschäftigungsänderungen (Nachfrageänderungen) summarisch ausgewiesen werden, ist eine Analyse der Kostenentstehungsursache und damit eine sinnvolle **Kostenkontrolle** nicht möglich. Die Durchführung exakter Kostenkontrollen erfordert vielmehr eine Trennung in beschäftigungsabhängige und beschäftigungsunabhängige Abweichungsursachen. Wirtschaftlichkeitskontrollen ohne Abspaltung der Beschäftigungsabweichung können nur globale und für die Zwecke der Kontrolle des Betriebsprozesses **unzureichende Informationen** liefern.

Der Ansatz von Vollkosten verhindert darüber hinaus den Einsatz der Kosten- und Leistungsrechnung zur Lösung von **Planungs- und Entscheidungsaufgaben** nahezu vollständig. Da eine Verrechnung fixer Kosten die Analyse von Ursache und Wirkung nicht zulässt, kann aus der Existenz gewisser Kosten in der Vergangenheit nicht auf die Höhe der entstehenden Kosten in der Zukunft geschlossen werden. So kann z. B. bei Eliminierung eines von anderen Produktarten unabhängigen Erzeugnisses aus dem Produktionsprogramm nicht mit Kosteneinsparungen in Höhe der Vollkosten gerechnet werden. Vielmehr bleiben dann trotz des Verzichtes auf die Fertigung einer Produkteinheit gewisse Gemeinkosten erhalten **(Kostenremanenz)**. Die Entscheidung auf Grund von Vollkosten kann daher zu **Fehlentscheidungen** führen.

Beispiel:

Ein Unternehmen produziert auf derselben Maschine die Produkte A, B und C. Von jedem Produkt werden 100 Einheiten produziert, die Absatzmenge und die Absatzpreise der einzelnen Produkte können nach Auskunft der Marktforschung nicht erhöht werden (vgl. Tabelle S. 893).

Produktart	A	B	C	Σ
Fixkosten je Periode von 3.000 + Variable Kosten pro 100 Stück	1.000 5.000	1.000 4.000	1.000 6.000	3.000 15.000
= Gesamtkosten Selbstkosten pro Stück bei 100 Einheiten	6.000 60	5.000 50	7.000 70	18.000
Verkaufspreis pro Stück Umsatzerlös bei Verkauf von 100 Einheiten	55 5.500	60 6.000	75 7.500	 19.000
Stückgewinn/Stückverlust Gesamtgewinn/Gesamtverlust	– 5 – 500	+ 10 + 1.000	+ 5 + 500	 + 1.000

Nimmt die Unternehmung nun auf Grund des negativen Stückerfolgs das Produkt A aus dem Produktionsprogramm heraus, so sinkt der Gesamtgewinn.

Gesamtgewinn bei der Produktion von B und C:
Erlös – (Variable Kosten + Fixkosten)
13.500 – (10.000 + 3.000) = 500

Die Fixkosten von 3.000 müssen nun von den Produkten B und C getragen werden, der Gesamtgewinn sinkt um den weggefallenen Fixkostendeckungsanteil von Produkt A um 500.

Das Problem der Erfassung und **Abbaufähigkeit von Fixkosten** tritt auch bei der **Verfahrenswahl** und bei der Entscheidung über **Eigenfertigung oder Fremdbezug** auf. Stehen für die Fertigung eines Erzeugnisses in einer Unterbeschäftigungssituation mehrere vorhandene Maschinen zur Auswahl, ist regelmäßig diejenige mit dem geringsten Anfall an variablen Kosten zu wählen, sofern nicht ein rascher Abbau der Bereitschaftskosten möglich oder geplant ist. Selbst wenn die Selbstkosten einer Eigenfertigung über den Kosten des Fremdbezugs liegen, ist häufig der Eigenfertigung der Vorzug zu geben. Dies ist in dem Fall sachgerecht, wo ungenutzte Kapazitäten vorhanden sind, die ohnehin fixe Kosten verursachen. Dann ist solange zugunsten der Eigenfertigung zu entscheiden, wie deren variable Kosten unter den Gesamtkosten des Fremdbezugs liegen.

Eine interne Unternehmensrechnung, welche die Korrelation von Kostenverursachung und Kostenentstehung vernachlässigt und z. T. sogar über willkürliche Zurechnungsmethoden verwischt, kann zur Entscheidungsfindung keinen sinnvollen Beitrag leisten bzw. muss zu Fehlentscheidungen führen. Eine adäquate Grundlage für Planungs- und Entscheidungsaufgaben kann daher nur jenes Kostensystem liefern, das eine konsequente Trennung **entscheidungsrelevanter (variabler)** und **entscheidungsirrelevanter (fixer) Kosten** zulässt.

Bei der Erfüllung von **Hilfsaufgaben** für andere Zweige des Rechnungswesens ist insbesondere die Ermittlung der **Herstellungskosten** für die Finanzbuchhaltung von Bedeutung. Die Eignung der Vollkostenrechnung für diese Aufgabe muss allein daran gemessen werden, ob deren Ausgestaltung den handels- und steuerrechtlichen Normen entspricht (vgl. dazu Teil A, Abschn. 11.2.1, S. 400 ff.).

In der **Handelsbilanz** sind die Herstellungskosten mindestens mit den Einzelkosten (Material-, Fertigungs-, Sonderkosten der Fertigung) sowie angemessener Teile des Gemeinkosten (Material-, Fertigungsgemeinkosten, fertigungsveranlasster Abschreibungen) und höchstens mit der Summe aus Einzelkosten zuzüglich weiterer variabler und fixer Gemeinkosten für allgemeine Verwaltung, Sozialleistungen, betriebliche Altersversorgung anzusetzen (§255 Abs. 2 HGB). Da sich diese Werte nicht am Verursachungsprinzip orientieren und einen relativ großen Bewertungsspielraum aufweisen, sind sie – von Modifikationen betreffend Aufwand und Kosten abgesehen – ohne weiteres der Vollkostenrechnung entnehmbar. Allerdings sind Teile der Fixkosten dann aus den Wertansätzen zu eliminieren, wenn das Unternehmen in der betreffenden Periode unterbeschäftigt war und das Verhältnis von Fixkosten zu variablen Kosten weit über dem liegt, das sich bei Normalbeschäftigung ergeben hätte (*Ellrott/Brendt*, Bilanz-Kommentar, S. 659, Anm. 438). Eine derartige Eliminierung von Kosten der Unterbeschäftigung ist allerdings im System der Vollkostenrechnung nur bedingt möglich.

Insgesamt kann demnach eine auf Vollkostenbasis konzipierte Kostenrechnung ihre unterstützende Funktion gegenüber anderen Zweigen des Rechnungswesens im Regelfall erfüllen, vermag aber zur Lösung von Kontrollaufgaben wenig und zur Lösung von Planungsaufgaben nichts beizutragen. Systeme der Teilkostenrechnung versuchen, die aufgezeigten Mängel zu vermeiden. Bevor jedoch auf die Verfahren der Teilkostenrechnung selbst eingegangen wird, ist das Problem der Zerlegung der Gesamtkosten in feste und variable Bestandteile zu erörtern.

4.2 Das Problem der Kostenauflösung

Die in der Kostenartenrechnung erfassten Gesamtkosten sind für die Zwecke der Teilkostenrechnung in variable Kosten und in feste Kosten (Fixkosten) zu zerlegen. Als **variable Kosten** werden in diesem Zusammenhang jene Kosten verstanden, die von der Beschäftigung, von der Ausnutzung der Kapazität und von der jeweiligen Produktionsmenge abhängig sind, also insbesondere Einzelkosten wie Fertigungsmaterial- und Fertigungslohnkosten, aber auch bestimmte Gemeinkostenarten, wie z. B. Hilfsstoffkosten. Demgegenüber fallen die **fixen Kosten** unabhängig von der Beschäftigung und der jeweiligen Produktion an und werden durch die Bereitstellung der betrieblichen Kapazitäten verursacht. Zu den Fixkosten gerechnet wird die überwiegende Zahl der Gemeinkostenarten, so z. B. die Abschreibungen, Mieten und Pachten sowie die Gehälter. Darüber hinaus treten auch solche Kosten in Erscheinung, die weder der Gruppe der variablen Kosten noch der der Fixkosten zugerechnet werden können. Es handelt sich hierbei um sog. **semivariable Kosten**, die teilweise direkt durch den Prozess der Leistungserstellung entstehen, andererseits aber auch für die Aufrechterhaltung der Betriebsbereitschaft anfallen. Beispiele dafür sind Teile der Betriebsstoffkosten und der Hilfslohnkosten (vgl. Teil B, Abschn. 3.1.1, S. 799 ff.).

Für die Trennung der Gesamtkosten in variable und fixe Bestandteile, insbesondere auch für die Zuordnung der semivariablen Kosten, wurden verschiedene **Verfahren der Kostenauflösung** (Kostenspaltung) entwickelt.

4.2.1 Buchhalterische Methode

Bei der buchhalterischen oder auch buchtechnischen Kostenspaltung wird jeder einzelne Kostenbetrag daraufhin untersucht, ob er in Bezug auf die Beschäftigung variablen oder fixen Charakter besitzt. Aufbauend auf den **Erfahrungen aus der Vergangenheit** werden die verschiedenen Kostenarten den beiden Kostenkategorien zugeordnet, beispielsweise die Kapitalkosten den fixen Kosten und die Fertigungslöhne den variablen Kosten. Semivariable Kosten werden entweder einer der beiden Gruppen zugeschlagen – derjenigen, der sie am ehesten entsprechen – oder es wird eine Spaltung in einen variablen und in einen fixen Teil mit Hilfe statistischer Methoden oder durch Schätzung vollzogen.

Die Hauptproblematik dieses Verfahrens liegt in seiner Grobheit und Willkürlichkeit, da für die Kostenauflösung **keine objektiven Kriterien** zu Grunde gelegt werden.

4.2.2 Mathematische Methode

Das mathematische Kostenauflösungsverfahren, oft auch als **„Kostenauflösung mit Hilfe des proportionalen Satzes"** bezeichnet, geht von zwei unterschiedlichen Beschäftigungsgraden (Leistungsmengen) aus, für die jeweils die entstandenen Gesamtkosten festgestellt werden und danach als Differenz der Gesamtkosten die Kostenspanne und als Differenz der Beschäftigung die Beschäftigungsspanne ermittelt wird. Der **proportionale Satz** ist definiert als Quotient aus Kostenspanne und Beschäftigungsspanne:

$$d = \frac{K_2 - K_1}{x_2 - x_1}$$

mit d = proportionaler Satz
K_i = Gesamtkosten bei Beschäftigungsgrad i, $i = 1, 2$
x_i = Beschäftigungsgrad (Leistungsmenge) i, $i = 1, 2$

Der proportionale Satz ist bei linearem Gesamtkostenverlauf mit den variablen Stückkosten (k_v) identisch. Es lassen sich dann leicht die fixen Kosten (K_f) errechnen:

$$K_f = K_i - k_v \cdot x_i \qquad \text{für } k_v = d$$

Beim mathematischen Verfahren wird ein **linearer Kostenverlauf unterstellt**. Ausgehend von den beiden empirisch ermittelten Kosten-Beschäftigungsgrad-Kombinationen kann daher die Kostengerade über alle Beschäftigungsgrade ermittelt und graphisch dargestellt werden. Der Ordinatenabschnitt, den diese Gerade abschneidet, gibt die Höhe der fixen Kosten an; die Steigung der Geraden ist Ausdruck des proportionalen Satzes.

Die Geradengleichung lautet:

$$K = K_f + d \cdot x = K_f + k_v \cdot x$$

Graphisch ergibt sich folgendes Bild:

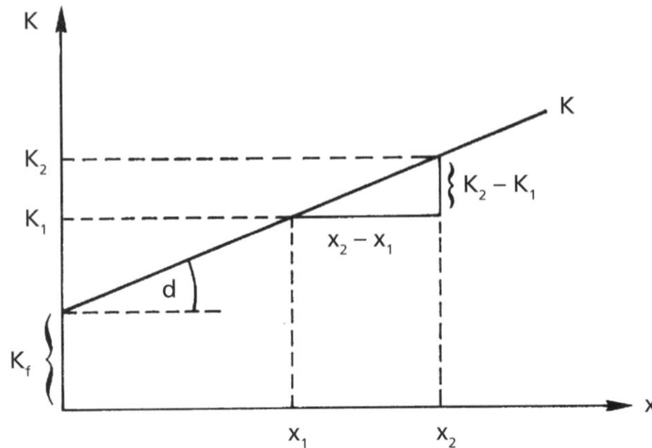

Neben der Unterstellung eines linearen Verlaufes der Kostenkurve ist vor allem zu kritisieren, dass der Analyse lediglich zwei Beobachtungswerte zu Grunde liegen und somit die Ergebnisse stark vom Zufall beeinflusst sein können.

Übungsbeispiel:

Ein Walzwerk wurde im Monat Juni des laufenden Jahres mit einem Auslastungsgrad von 70 % = 210 Betriebsstunden gefahren; es entstanden Gesamtkosten von 108.000. Im Folgemonat konnte die Beschäftigung auf 85 % = 255 Betriebsstunden gesteigert werden, wodurch Gesamtkosten in Höhe von 128.250 verursacht wurden.

Es ist die Gleichung der Gesamtkostengeraden zu ermitteln.

Lösung:

Der proportionale Satz ergibt sich aus:

$$d = \frac{128.250 - 108.000}{255 - 210} = \frac{20.250}{45} = \underline{450}$$

Die fixen Kosten errechnen sich aus:

$$K_f = 128.250 - 450 \cdot 255 = \underline{13.500}$$

Für die Kostengerade ergibt sich somit folgende Gleichung:

$K = 13.500 + 450x$

4.2.3 Streupunktdiagramm und Trendberechnung

Eine Verfeinerung der Ergebnisse der bereits erwähnten Methoden zur Kostenauflösung kann durch **statistische Verfahren** erreicht werden.

Bei der **statistisch-graphischen Kostenauflösung** auf der Basis eines Streupunktdiagramms werden die jeweils in der betrieblichen Realität beobachteten Kombinationen von Gesamtkosten und Beschäftigungsgrad bzw. Produktionsmenge in ein Koordinatensystem übertragen. In das erhaltene Streupunktdiagramm wird eine Gerade so eingebracht, dass bei möglichst gutem Ausgleich der Streuung die durchschnittliche Höhe der Kosten in Abhängigkeit von der Änderung des Kapazitätsausnutzungsgrades zum Ausdruck kommt. Der Ordinatenabschnitt gibt über die Höhe der fixen Kosten Auskunft.

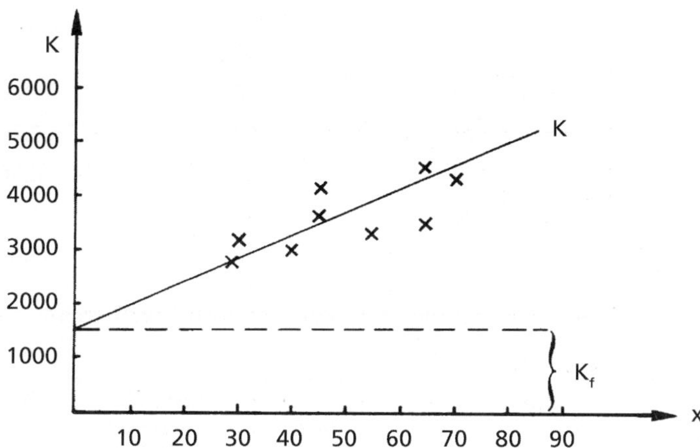

Ordinatenabschnitt und Anstieg der Geraden lassen sich mit Hilfe der **Methode der kleinsten Quadrate** genauer festlegen. Die Gerade

$$K = K_f + k_v \cdot x$$

ist so zu bestimmen, dass die Summe der Abweichungsquadrate der einzelnen Beobachtungspunkte (x_i, K_i), $i = 1, \ldots, n$ minimal wird:

$$\sum_{i=1}^{n} (K_i - K_f - k_v \cdot x_i)^2 = Q \rightarrow \text{Min!}$$

wobei n die Zahl der Beobachtungspunkte ist. Man findet das Minimum, indem man Q nach K_f und k_v ableitet und die Ableitungen gleich null setzt:

$$\frac{\delta Q}{\delta K_f} = -2 \sum (K_i - K_f - k_v \cdot x_i) = O$$

$$\frac{\delta Q}{\delta k_v} = -2 \sum (K_i - K_f - k_v \cdot x_i) \cdot x_i = O$$

Daraus lassen sich die sog. Normalgleichungen der obigen Gerade errechnen:

$$\Sigma K_i = K_f n + k_v \Sigma x_i$$

$$\Sigma x_i K_i = K_f \Sigma x_i + k_v \Sigma x_i^2$$

was zu den Bestimmungsgleichungen für K_f und k_v führt:

$$K_f = \frac{\Sigma K_i \Sigma x_i^2 - \Sigma x_i \Sigma x_i K_i}{n \Sigma x_i^2 - (\Sigma x_i)^2}$$

$$k_v = \frac{n \Sigma x_i K_i - \Sigma x_i \Sigma K_i}{n \Sigma x_i^2 - (\Sigma x_i)^2}$$

Beispiel (*Weber/Rogler*, Rechnungswesen, Bd. 2, S. 151 ff.):
Hinsichtlich der Kostenart „Betriebsstoffe" kann auf Grund empirischer Untersuchungen folgende Tabelle zusammengestellt werden:

Monat	Beschäftigung in Maschinenstunden	Beschäftigungsgrad in %	Betriebsstoffkosten
Juli	1.000	100	3.000
August	400	40	1.200
September	600	60	2.200
Oktober	800	80	2.500
November	500	50	1.400
Dezember	200	20	1.000

Zur Ermittlung der Kostengeraden für „Betriebsstoffe" werden benötigt:

i = 1 … n	x_i	K_i	$x_i \cdot K_i$	x_i^2
1	1.000	3.000	3.000.000	1.000.000
2	400	1.200	480.000	160.000
3	600	2.200	1.320.000	360.000
4	800	2.500	2.000.000	640.000
5	500	1.400	700.000	250.000
n = 6	200	1.000	200.000	40.000
Σ	3.500	11.300	7.700.000	2.450.000

$(\Sigma x_i)^2 = 3.500^2 = 12.250.000$

Das Einsetzen in die Bestimmungsgleichungen ergibt:

$$K_f = \frac{11.300 \cdot 2.450.000 - 3.500 \cdot 7.700.000}{6 \cdot 2.450.000 - 12.250.000} = \frac{735.000.000}{2.450.000} = \underline{300}$$

$$k_v = \frac{6 \cdot 7.700.000 - 3.500 \cdot 11.300}{6 \cdot 2.450.000 - 12.250.000} = \frac{6.650.000}{2.450.000} = \underline{2,714}$$

Der linearisierte Kostenverlauf lässt sich bei der gegebenen Konstellation durch folgende Gleichung beschreiben

$$K = 300 + 2,714x$$

Dieses Verfahren liefert von den dargestellten Methoden der Kostenauflösung das **relativ exakteste Ergebnis**. Für die Qualität der durch diese Methode gewonnenen Resultate ist ausschlaggebend, dass

- eine genügend große Anzahl von Beobachtungswerten zur Verfügung steht,
- Kostenwerte und Beschäftigungsgrade positiv korreliert sind,
- die Beschäftigungsskala (von 0 bis 100 %) ausreichend abgedeckt ist,
- Kostenänderungen ausschließlich auf Beschäftigungsänderungen beruhen, d. h. andere Einflussfaktoren (wie z. B. Änderungen im Preisgerüst) eliminiert sind bzw. vernachlässigt werden können.

Alle hier beschriebenen Verfahren der Kostenauflösung zerlegen die Kosten bereits **abgelaufener** Perioden. Bei Verwertung der Ergebnisse muss untersucht werden, ob die in der Vergangenheit festgestellten Kostenstrukturen auf die abzurechnende Periode ohne weiteres übertragbar sind und für die Zukunft noch als gültig akzeptiert werden können. Besonders nach einschneidenden Rationalisierungsmaßnahmen und in Bereichen mit schneller technischer Entwicklung können sich die Kostenstrukturen grundlegend verändern. Die Ergebnisse der Kostenauflösungsverfahren sind dann für die Beurteilung gegenwärtiger oder zukünftiger Kostenrelationen nur noch begrenzt verwendbar.

4.3 Teilkostenrechnungssysteme

Wesentliches Merkmal von Systemen der Teilkostenrechnung ist, dass im Gegensatz zur Vollkostenrechnung nur ein Teil der Gesamtkosten den Kostenträgern angelastet wird. In der Teilkostenrechnung werden jeweils nur die **variablen Kosten** den Kostenträgern zugerechnet, während die fixen Kosten mehr oder weniger differenziert zwar in der Kostenrechnung erfasst, den einzelnen Kostenträgern aber nicht zugerechnet werden. Damit wird dem Gedanken Rechnung getragen, dass die **fixen Kosten** nicht durch Erzeugung eines bestimmten Produkts, sondern durch die **gesamte** Leistungserstellung der Abrechnungsperiode verursacht werden.

Neben der Aufteilung in fixe und variable Kosten wird auch eine Aufteilung in **Einzelkosten und Gemeinkosten** derart vorgenommen, dass nur die Einzelkosten auf die Kostenträger weiterverrechnet werden. Es können somit folgende Systeme der Teilkostenrechnung unterschieden werden (*Götzinger/Michael*, Kosten- und Leistungsrechnung, S. 206):

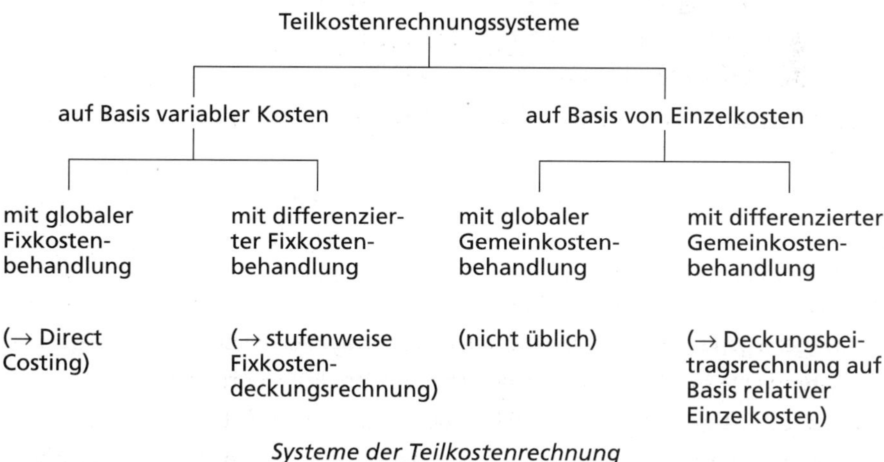

Systeme der Teilkostenrechnung

Die Systeme der Teilkostenrechnung unterscheiden sich von der vorher dargestellten Vollkostenrechnung weder im Kostenbegriff noch in der Kostenerfassung. Auch die Abrechnungstechnik in Kostenarten- und Kostenstellenrechnung ist identisch. Wesentliche Unterschiede zwischen Voll- und Teilkostenrechnung treten erst im Rahmen der **Kostenträgerrechnung** auf: Die Vollkostenrechnung beschränkt sich hier im Wesentlichen auf die einseitige Betrachtung der Kostenseite, wohingegen in Systemen der Teilkostenrechnung die **Erlösseite** stärker in den Vordergrund tritt.

4.3.1 Einstufige Deckungsbeitragsrechnung (Direct Costing)

Das einfache (einstufige) Direct Costing baut auf folgenden **Voraussetzungen** auf:

(1) Strikte Trennung der fixen von den proportionalen (variablen) Kosten.

(2) Verrechnung lediglich der proportionalen Kosten auf die Kostenträger (Fabrikate und Halbfabrikate). Die proportionalen Kosten werden in diesem Zusammenhang als direct costs bezeichnet.

(3) Getrennter Ausweis der fixen Kosten der Rechnungsperiode in der Gewinn- und Verlustrechnung.

Im **Einproduktbetrieb** ergibt sich somit der Erfolg, indem zunächst von den Erlösen die variablen Kosten subtrahiert werden; man erhält damit den **Deckungsbeitrag**, der zur Abdeckung der Fixkosten der Abrechnungsperiode herangezogen wird. Ein Überschuss des errechneten Deckungsbeitrags über die Fixkosten stellt den **Periodengewinn** dar. Folgendes Schema findet für den Einproduktbetrieb Anwendung:

Erlöse
./. variable Kosten
= Deckungsbeitrag
./. fixe Kosten
= Erfolg

Formal gilt damit:

$$E = x_a \cdot (p - k_v) - K_f$$

mit x_a = abgesetzte Menge
p = Stückerlös
k_v = variable Stückkosten
K_f = Fixkosten
E = Erfolg

Beispiel:

Ein Elektrizitätswerk hat in der Abrechnungsperiode 2 Mio. kWh Strom zum Durchschnittspreis von 0,08 €/kWh abgesetzt. Die Gesamtkosten betrugen 125.000, wovon 25 % variable Kosten waren.

Einstufiges Direct Costing ergibt:

	Erlöse: 2 Mio. kWh · 0,08 €/kWh	= 160.000
./.	variable Kosten: 0,25 · 125.000	= 31.250
=	Deckungsbeitrag	128.750
./.	fixe Kosten: 0,75 · 125.000	= 93.750
=	Erfolg	35.000

Bei **Mehrproduktfertigung** ist zunächst als Differenz zwischen Stückerlös und variablen Stückkosten für jedes Produkt ein **stückbezogener Deckungsbeitrag** zu ermitteln. Die Erfassung der variablen Stückkosten ist dabei oft nur über eine ausgebaute Kostenstellenrechnung auf Teilkostenbasis möglich. Die Multiplikation der stückbezogenen Deckungsbeiträge mit den jeweils abgesetzten Mengen ergibt – aufsummiert über alle Produkte – den **Gesamtdeckungsbeitrag**, der vom Markt zur Abdeckung der Fixkosten vergütet wurde. Die Differenz zwischen Gesamtdeckungsbeitrag und Fixkosten ergibt den **Nettobetriebserfolg** E als Nettobetriebsgewinn oder Nettobetriebsverlust.

Formal gilt demgemäß:

$$E = \sum_{i=1}^{n} [x_{a_i} \cdot \underbrace{(p_i - k_{v_i})}_{d_i}] - K_f$$

mit x_{a_i} = abgesetzte Menge des Produktes i
p_i = Stückerlös für Produkt i
k_{v_i} = variable Stückkosten des Produktes i
d_i = stückbezogener Deckungsbeitrag des Produktes i
K_f = Fixkosten

Die Stückdeckungsbeiträge geben dabei Aufschluss über die Erfolgsträchtigkeit einzelner Produkte und somit Anhaltspunkte für die Gestaltung des Produktionsprogramms.

Übungsbeispiel:

Eine kleinere chemische Fabrik stellt drei in Tuben abgefüllte Produkte her. Bedingt durch die Kapazität der Tubenabfüllmaschine (maximale Periodenleistung 12.000 Einheiten) wurden bisher realisiert:

	Zahnpasta	Hautbalsam	Sonnenlotion
Produzierte = abgesetzte Menge in Einheiten	2.000	7.000	3.000
Erzielte Marktpreise pro Einheit	3,50	2,70	5,80
Mengenmäßige Absatzobergrenze lt. Marktforschungsbericht in Einheiten	6.000	10.000	4.000
Daten der Kostenrechnung:			
a) Variable Stückkosten			
1. Fertigungsmaterial	0,55	0,40	0,60
2. Fertigungslöhne	0,20	0,35	0,80
3. Gemeinkosten	1,20	1,60	1,80
b) Fixe Kosten der gesamten Produktion		6.900	

Es sollen im Folgenden bestimmt werden:

a) die Deckungsbeiträge der einzelnen Produktarten,

b) der Nettobetriebserfolg des realisierten Produktionsprogramms,

c) die Möglichkeiten der Umstellung des Produktionsprogramms zur Verbesserung des Nettobetriebserfolgs.

Lösung:

a) Deckungsbeiträge:

	Zahnpasta	Hautbalsam	Sonnenlotion
Stückerlöse	3,50	2,70	5,80
./. variable Stückkosten	1,95	2,35	3,20
= Stückdeckungsbeiträge	1,55	0,35	2,60
× abgesetzte Mengen (in Einheiten)	2.000	7.000	3.000
= Gesamtdeckungsbeiträge	3.100	2.450	7.800

b) Nettobetriebserfolg vor Programmumstellung:

3.100 + 2.450 + 7.800 =	13.350
./. fixe Kosten	6.900
= Nettobetriebserfolg	6.450

c) Nettobetriebserfolg nach Programmumstellung:

Entsprechend ihren Stückdeckungsbeiträgen lassen sich die Produktarten in folgende Rangordnung bringen:

1. Sonnenlotion – Stückdeckungsbeitrag 2,60
2. Zahnpasta – Stückdeckungsbeitrag 1,55
3. Hautbalsam – Stückdeckungsbeitrag 0,35

Das Produktionsprogramm wird so umgestellt, dass von der Produktart mit dem höchsten Stückdeckungsbeitrag die maximal absetzbare Menge produziert wird und erst dann die Produkte mit den niedrigeren Stückdeckungsbeiträgen berücksichtigt werden.

Die Umstellung der Produktion ergibt:

	Herstellung und Absatz in Einheiten
Sonnenlotion	4.000
Zahnpasta	6.000
Hautbalsam	2.000

Erfolgsrechnung entsprechend dem einfachen Direct Costing:

	Zahnpasta	Hautbalsam	Sonnenlotion
Stückdeckungsbeiträge	1,55	0,35	2,60
× neue Absatzmengen in Einheiten	6.000	2.000	4.000
= Gesamtdeckungsbeiträge	9.300	700	10.400
Σ Deckungsbeiträge		20.400	
./. fixe Kosten		6.900	
= Nettobetriebserfolg		13.500	

Die einstufige Deckungsbeitragsrechnung (synonym: einfaches Direct Costing) stellt eine geeignete Grundlage für Entscheidungen auf der Basis vorhandener Kapazitäten dar. Es kann die **kurzfristige Preisuntergrenze** ermittelt werden, wovon dann die Beibehaltung oder Aufgabe (positiver oder negativer Deckungsbeitrag) eines oder mehrerer Produkte im Produktionsprogramm abgeleitet werden kann. Entscheidungen über **Eigenfertigung oder Fremdbezug** und auch über die **Annahme oder Ablehnung eines einzelnen Auftrags**, der dem Unternehmen zu einem festgesetzten Preis angeboten wird, sind mit der einstufigen Deckungsbeitragsrechnung zu treffen. Eventuell auftretende Engpässe, insbesondere Absatz- oder Kapazitätsbeschränkungen, können auf Opportunitätskostenbasis durch Ermittlung der Stückdeckungsbeiträge gelöst werden.

Im einstufigen Direct Costing werden allerdings die gesamten fixen Kosten **en bloc** der Summe der produktindividuellen Deckungsbeiträge gegenübergestellt. Diese Verrechnungstechnik ist von ihrem Ansatz her zu global und beinhaltet im Grunde einen Rückfall in summarische Rechnungsmethoden.

Die wesentlichen **Kritikpunkte** am einfachen Direct Costing lassen sich in zwei Kategorien zusammenfassen:

(1) Die unterstellte lineare **Proportionalität** von variablen Kosten und Erlösen ist unrealistisch, da z. B. auf der Kostenseite überdurchschnittlich steigende Löhne bei Überstundenfertigung oder auf der Erlösseite Preisdifferenzierung und Rabatte keinen linearen Zusammenhang zur Folge haben. Die allein relevante Einflussgröße ist die Beschäftigung, d. h. sämtliche Kosten müssen hinsichtlich der Ausbringungsmenge in fixe und variable Bestandteile zerlegt werden. Dabei wird zu wenig auf deren **Zurechenbarkeit** abgestellt; es wird übersehen, dass auch Teile der variablen Kosten Gemeinkostencharakter besitzen und nicht direkt auf die Kostenträger verrechnet werden können. Die notwendigen **Prämissen** des Direct Costing lassen daher eine adäquate zahlenmäßige Abbildung des Betriebsprozesses nur bedingt zu.

(2) Die einfache Deckungsbeitragsrechnung geht nach einem retrograden Schema vor, d. h. sie geht vom Preis aus, und damit sind Entscheidungen bei nicht gegebenen Preisen unmöglich. Die Orientierung an Marktgrößen zeigt zwar die Kostentragfähigkeit der Produkte, es fehlt aber die exakte Berechnung von Stückkosten. Bei der Einführung neuer Produkte oder bei Sonderfertigung kann das Direct Costing daher keine **Preiskalkulation** liefern. Die Tatsache, dass die Fixkosten en bloc den Leistungen des Betriebes gegenübergestellt werden, schränkt insbesondere die Erfolgsplanung und die Betriebskontrolle ein. Über die Erweiterung oder Verringerung von Kapazitäten sollte nur unter differenzierter Berücksichtigung der Fixkosten entschieden werden. Denn oft können zumindest Teile der Fixkosten speziellen Bezugsobjekten wie Betriebsbereichen oder Kostenstellen zugerechnet werden. Auch kann eine Erfassung der unterschiedlichen zeitlichen Abbaufähigkeit von Fixkosten (z. B. sprungfixe Kosten, vgl. Teil B, Abschn. 3.1.1, S. 800 f.) wertvolle Informationen für erforderliche Dispositionen liefern.

4.3.2 Mehrstufige Deckungsbeitragsrechnung (Fixkostendeckungsrechnung)

Die Mängel des einstufigen Direct Costing – die Behandlung der Fixkosten als undifferenzierter Block und die damit verbundene Verzerrung der Erfolgssituation – führten zu dessen Weiterentwicklung im Sinne der **stufenweisen Fixkostendeckungsrechnung**. Ziel derselben ist insbesondere, die Vorteile der Teilkostenrechnung und der Vollkostenrechnung in einer Rechnung zu vereinigen. Die Unmöglichkeit der verursachungsgerechten Zurechnung aller Fixkosten auf einzelne Kostenträger (was die Vollkostenrechnung weitgehend willkürlich vornimmt) darf nicht den vollständigen Verzicht auf die Zuordnung bestimmter Fixkostenteile zu einzelnen Erzeugnisarten, Produktgruppen bzw. Kalkulationsobjekten zur Folge haben (was im einfachen Direct Costing geschieht). In diesem Sinne müssen zurechenbare Fixkostenteile **zweckmäßigen Bezugsgrößen** zugeordnet werden, so dass die Erfolgssituation des Unternehmens einerseits detaillierter abgebildet werden kann, andererseits das Rechenwerk trotzdem als Kalkulations- und Kontrollinstrument tauglich bleibt. Im Gegensatz zu der im einfachen Direct Costing bemängelten en bloc-Verrechnung der fixen Kosten erfolgt nun eine möglichst weitgehende **Aufspaltung des Fixkostenblocks** in verschiedene Fixkostenstufen. In der Literatur werden Rechenmethoden mit einer Schichtung der Fixkosten als (stufenweise) Fixkostendeckungsrechnung, mehrstufiges Direct Costing, Deckungserfolgsrechnung oder einfach als Deckungsbeitragsrechnung bezeichnet.

Bezugsgrößen für die Aufspaltung des Fixkostenblocks sind insbesondere die Produkte sowie die Abrechnungseinheiten. Daneben kann auch eine Differenzierung nach **Zahlungsaspekten** erfolgen (s. S. 907). Bei Aufspaltung nach **Produkten** werden die Fixkosten entsprechend ihrer Zurechenbarkeit auf einzelne Produkte, Produktgruppen oder auf das gesamte Produktionsprogramm aufgegliedert in Produktfixkosten, Produktgruppenfixkosten und Fixkosten des Produktionsprogramms. Bei Differenzierung nach **Abrechnungsbereichen** sind die Kostenstellen, die Kostenstellenbereiche und die Unternehmung als Ganzes Bezugsbasis der Fixkostentrennung. Es erfolgt eine Eingruppierung der Fixkosten in Stellen-, Bereichs- und Unternehmensfixkosten.

Durch spezielle Berücksichtigung der unternehmensspezifischen Fertigungsstruktur und Kostenstellengliederung bei der Fixkostenaufspaltung und durch Kombination der verschiedenen Bezugsgrößen lassen sich unterschiedlich ausgeprägte Fixkostengliederungen und -zurechnungen vornehmen. Grundsätzlich bietet sich folgende fünfstufige **Strukturierung des Fixkostenblocks** an (s. S. 904):

Es können danach folgende **Fixkostenstufen** unterschieden werden:

(1) **Produktfixkosten:** Kosten, die der Gesamtzahl der betreffenden Produktart direkt zugerechnet werden können und unabhängig von der Menge der erzeugten Produkte sind (z. B. Patentgebühren).

(2) **Produktgruppenfixkosten:** Kosten, die einer Gruppe ähnlicher Produkte als Ganzes zuordenbar sind (z. B. Abschreibungen einer Universalmaschine).

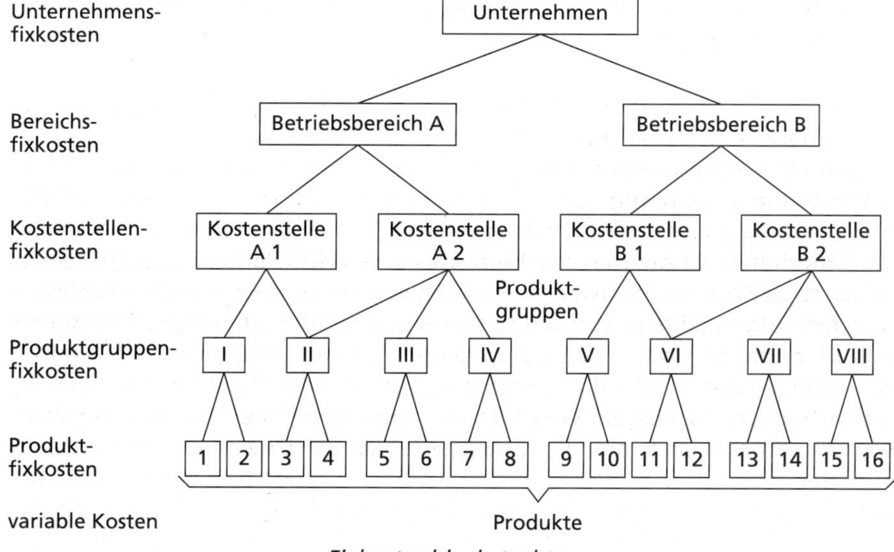

Fixkostenblockstruktur

(3) **Kostenstellenfixkosten:** Kosten, die sich weder einer Produktart noch einer Produktgruppe zurechnen lassen, die aber einer bestimmten Kostenstelle zurechenbar sind (z. B. Gehalt eines Meisters).

(4) **Bereichsfixkosten:** Kosten, die nur einem bestimmten Betriebsbereich als Zusammenfassung mehrerer Kostenstellen zurechenbar sind (z. B. Abschreibungen eines Fabrikgebäudes).

(5) **Unternehmensfixkosten:** Fixkosten, die für mehrere oder alle Betriebsbereiche anfallen und daher unverteilbar sind (z. B. Gehälter der Unternehmensleitung).

Eine derartige Differenzierung der Fixkosten führt zu einer **Erfassungshierarchie**, die beliebig weit aufgegliedert werden kann. Die Bildung von Fixkostenstufen erlaubt, dass fixe Kostenelemente in die Kostenträgerrechnung eingehen. Diese geschichtete Kostenträgerrechnung kann als retrograde Kalkulation zur Überprüfung der Kostentragfähigkeit bzw. Kostenverursachung oder als progressive Kalkulation zur Preisfindung eingesetzt werden.

(1) Ist der Angebotspreis eines Produktes zu ermitteln, so kann ausgehend von den variablen Stückkosten eine schrittweise Addition anteiliger Fixkosten zur Preisfindung führen **(progressive Kalkulation)**. Hierzu werden Erfahrungswerte aus der Nachkalkulation zur Aufteilung der Fixkosten in Prozentwerte der variablen Stückkosten oder Deckungsbeiträge herangezogen:

  Variable Kosten
+ Produktfixkosten
+ anteilige Produktgruppenfixkosten
  (in % der variablen Kosten)
+ anteilige Kostenstellenfixkosten
  (in % der variablen Kosten)

+ anteilige Bereichsfixkosten
(in % der variablen Kosten)
+ anteilige Unternehmensfixkosten
(in % der variablen Kosten)
= Selbstkosten
+ Gewinn
= Angebotspreis

Die progressive Kalkulation mit Hilfe von stufenweise differenzierten Fixkostenzuschlägen ist exakter und aussagefähiger als eine einfache Deckungsbeitragsrechnung und lässt auch Entscheidungen bei nicht gegebenen Preisen zu. Das Rechnen mit prozentualen Zuschlägen kommt jedoch einem Rückschritt in Richtung der Prinzipien der herkömmlichen Vollkostenrechnung gleich, weshalb sämtliche Mängel dieses Rechnungssystems (vgl. Teil B, Abschn. 4.1, S. 891 ff.) prinzipiell auch für die progressive, stufenweise Kalkulation Gültigkeit besitzen.

(2) In der Regel wird die Fixkostendeckungsrechnung daher vor allem zur **retrograden Kalkulation** verwendet. Diese ermittelt rückschreitend aus der Differenz von Nettoerlös und variablen Kosten durch stufenweisen Abzug der Fixkostenschichten das Nettoergebnis des Unternehmens:

	Bruttoerlös der Produktart	
./.	Erlösschmälerungen	
=	Nettoerlös der Produktart	
./.	Variable Kosten der Produktart	
=	Deckungsbeitrag I (= Erzeugnisdeckungsbeitrag)	
./.	Produktfixkosten	
=	Deckungsbeitrag II	→ Zusammenfassung nach Produktgruppen
./.	Produktgruppenfixkosten	
=	Deckungsbeitrag III	→ Zusammenfassung nach Kostenstellen
./.	Kostenstellenfixkosten	
=	Deckungsbeitrag IV	→ Zusammenfassung nach (Betriebs-, Produkt-, Verfahrens-)Bereichen
./.	Bereichsfixkosten	
=	Deckungsbeitrag V	→ Zusammenfassung aller Deckungsbeiträge
./.	Unternehmensfixkosten	
=	Nettoerfolg	

In der Fixkostendeckungsrechnung werden die Fixkosten nur soweit auf die einzelnen Bezugsgrößen bzw. Abrechnungsbereiche verrechnet, wie eine **verursachungsgemäße Zurechnung** möglich ist. Damit wird auf die umstrittene Schlüsselung der Fixkosten verzichtet. Die gestuften Deckungsbeiträge zeigen unverfälscht an, in welchem Maße Produktarten und Produktgruppen die Fixkostenschichten decken bzw. einen Gewinnbeitrag leisten. Daher vermag die Fixkostendeckungsrechnung **bessere Einblicke in die Erfolgsstruktur** des Produktionsprogramms eines Unternehmens zu vermitteln, indem Aufschlüsse über den Beitrag einzelner Produkte bzw. Produktgruppen über die Deckung der durch sie verursachten Fixkosten hinaus zur Deckung der Unternehmensfixkosten und zur Erzielung eines Gewinnes bzw. Verlustes geliefert werden. Die Informationen der mehrstufigen Deckungsbeitragsrechnung können damit zu besseren Absatz-, Produktions- und Investitionsentscheidungen beitragen, da die produkt-, produktgruppen- und bereichsbezogenen Deckungsbeiträge unmittelbar erkennen lassen, welche Produkte, Produktgruppen und Bereiche absatzmäßig zu fördern bzw. in welchen Bereichen Stilllegungen oder Erweiterungsinvestitionen in Erwägung zu ziehen sind.

Gleichwohl sollten die mit Hilfe der Fixkostendeckungsrechnung ermittelten Daten nicht ohne weitere Informationen als Entscheidungsgrundlage herangezogen werden, insbesondere dann nicht, wenn es um die **kurzfristige** Umstellung des Produktionsprogramms geht. Wird z. B. auf Grund der Tatsache, dass ein bestimmtes Produkt einen niedrigen oder negativen Deckungsbeitrag erzielt, eine Eliminierung des Produktes aus dem Programm in Betracht gezogen, so ist zu berücksichtigen, dass sich die dem Produkt zurechenbaren Fixkosten meist nicht oder nur sehr langsam abbauen lassen **(Kostenremanenz)**. Die im Programm verbleibenden Produkte müssen dann die Fixkosten des eliminierten Produktes mittragen. Die erhoffte Ergebnisverbesserung kann sich damit in ihr Gegenteil umkehren (vgl. das Beispiel in Teil B, Abschn. 4.1, S. 892 f.). Die Fixkostendeckungsrechnung ist für kurzfristige Entscheidungen also nur unter Heranziehung weiterer Informationen über die Abbaubarkeit von Fixkosten verwendbar.

Als in diesem Kontext relevante Information kann auch die **Zahlungswirksamkeit** der Kosten herangezogen werden. Um neben dem Gesichtspunkt der Kostenverursachung auch dem Liquiditätsaspekt Rechnung zu tragen, kann zusätzlich zur Strukturierung des Fixkostenblocks nach der Zurechenbarkeit dessen Aufspaltung nach der **Ausgabewirksamkeit** seiner Bestandteile erfolgen. Besonders bei angespannter Liquiditätslage ist die Frage nach der **liquiditätsorientierten Preisuntergrenze** zu beantworten, weil dann nicht den Kosten, sondern den Zahlungsvorgängen existenzielle Bedeutung zukommt. Eine etappenweise Ermittlung liquiditätsorientierter Deckungsbeiträge versetzt jedoch den Betrieb in die Lage, für jedes Produkt, jede Produktgruppe und jeden Betriebsbereich die absolute Untergrenze für die Deckung der ausgabewirksamen Kosten durch die jeweiligen Produktpreise zu erkennen (*Eisele/Leypoldt*, Kostenrechnung, S. 280, 287). In der liquiditätsorientierten Fixkostendeckungsrechnung darf jedoch keinesfalls ein Ersatz für die Finanzplanung gesehen werden, allenfalls eine diese ergänzende Kostenstrukturinformation.

Übungsbeispiel:

Die bereits im voranstehenden Übungsbeispiel erwähnte chemische Fabrik produziert neben den Tubenwaren (Zahnpasta, Hautbalsam, Sonnenlotion) in zwei weiteren Bereichen Haarspray und Seife. Folgende Daten liegen vor:

				Haarspray		Seife	
	Zahnpasta	Hautbalsam	Sonnenlotion	Lady	Comtessa	Ozean	Deo-Ozean
produzierte = abgesetzte Menge in Einheiten	6.000	2.000	4.000	12.000	7.500	25.000	16.000
Erzielte Marktpreise pro Einheit	3,50	2,70	5,80	3,30	4,60	0,90	1,40
Kostensituation variable Stückkosten							
1. Fertigungsmaterial	0,55	0,40	0,60	0,80	0,90	0,20	0,30
2. Fertigungslöhne	0,20	0,35	0,80	0,70	0,60	0,10	0,15
3. Gemeinkosten	1,20	1,60	1,80	1,20	1,70	0,20	0,25

Die gesamten Fixkosten betragen 40.000 und verteilen sich auf die einzelnen Produktarten und Fixkostenstufen wie folgt:

Produktarten / Fixkostenstufen				Haarspray		Seife		
	Zahnpasta	Hautbalsam	Sonnenlotion	Lady	Comtessa	Ozean	Deo-Ozean	Σ
Produktfixkosten	1.900	1.200	800	2.800	4.200	1.900	2.600	15.400
Produktgruppenfixkosten	–	1.300		7.800		4.900		14.000
Bereichsfixkosten	1.700			3.200				4.900
Unternehmensfixkosten	5.700							5.700
								40.000

a) Führen Sie die retrograde Fixkostendeckungsrechnung für dieses Unternehmen durch. Welche Empfehlungen können Sie auf Grund dieser mehrfach gestuften Erfolgsrechnung hinsichtlich der einzelnen Produkte und Produktgruppen geben?

b) Führen Sie beispielhaft für die Produktart Deo-Ozean eine progressive Kalkulation durch, indem Sie die Zuschlags-Prozentsätze der retrograden Fixkostendeckungsrechnung entnehmen.

Lösung:

a) **retrograde Kalkulation**

Produkt	Zahnpasta	Hautbalsam	Sonnenlotion	Haarspray Lady	Haarspray Comtessa	Seife Ozean	Seife Deo-Ozean
Marktpreise ./. variable Kosten	3,50 1,95	2,70 2,35	5,80 3,20	3,30 2,70	4,60 3,20	0,90 0,50	1,40 0,70
= Stückdeckungsbeitrag I × hergestellte und abgesetzte Menge	1,55 6.000	0,35 2.000	2,60 4.000	0,60 12.000	1,40 7.500	0,40 25.000	0,70 16.000
= Deckungsbeitrag I ≙ Produkt-Deckungsbeitrag I ./. Produktfixkosten	9.300 1.900	700 1.200	10.400 800	7.200 2.800	10.500 4.200	10.000 1.900	11.200 2.600
= Deckungsbeitrag II	7.400	– 500	9.600	4.400	6.300	8.100	8.600
→Produktgruppen-Deckungsbeitrag II	7.400	9.100		10.700		16.700	
./. Produktgruppenfixkosten (in % vom DB II)	– –	1.300 (14,29 %)		7.800 (72,9 %)		4.900 (29,34 %)	
= Deckungsbeitrag III	7.400	7.800		2.900		11.800	
→Bereichs-Deckungsbeitrag III	15.200			14.700			
./. Bereichsfixkosten (in % vom DB III)	1.700 (11,18 %)			3.200 (21,77 %)			
= Deckungsbeitrag IV	13.500			11.500			
→Unternehmens-Deckungsbeitrag IV	25.000						
./. Unternehmensfixkosten (in % vom DB IV)	5.700 (22,8 %)						
= Nettoerfolg	19.300						

Empfehlungen:

- Beurteilung der einzelnen Produkte
  a) Das Produkt „Sonnenlotion" bringt mit 9.600 den höchsten Deckungsbeitrag (DB) II und sollte ebenso wie die Seifen (DB II 8.100 bzw. 8.600) gefördert werden.
  b) Der Hautbalsam deckt seine produktspezifischen Kosten nicht (DB II. /. 500) und sollte – zumindest mittelfristig – aus der Produktion genommen werden.
- Beurteilung der Produktgruppen
  a) Die Seifen erzielen den höchsten Deckungsbeitrag III (11.800). Zur Verbesserung des Nettoerfolgs sollten hier verstärkte Verkaufsanstrengungen unternommen werden.

b) Die Produktgruppe Haarspray bedarf einer besonderen Überwachung. Ihr Deckungsbeitrag III mit 2.900 ist relativ gering. Bei Produktions- und Absatzrückgängen von mehr als rd. 16 % wird der Deckungsbeitrag III dieser Produktgruppe negativ. Auf schwindende Absatzmengen muss deshalb zweckentsprechend reagiert werden.

b) **Progressive Kalkulation**

Produktart Deo-Ozean:

Variable Gesamtkosten		11.200
+ Produktfixkosten		2.600
+ Produktgruppenfixkosten	[29,34 % von DB II]	2.523
+ Bereichsfixkosten	[21,77 % von (DB II. /. 2.523)]	1.323
+ Unternehmensfixkosten	[22,8 % von (DB II. /. 2.523. /. 1.323)]	1.084
= Gesamtkosten		18.730

4.3.3 Deckungsbeitragsrechnung auf der Basis relativer Einzelkosten

Die Mängel der Vollkostenrechnung, die insbesondere in der künstlichen Proportionalisierung der fixen Kosten und in der z. T. mit Willkür verbundenen Schlüsselung von Gemeinkosten liegen, sieht *Paul Riebel* durch die Teilkostenrechnung auf der Basis variabler Kosten (sowohl Direct Costing als auch Fixkostendeckungsrechnungen) grundsätzlich nicht als beseitigt an. Zumindest hinsichtlich der variablen echten Gemeinkosten wird in den Teilkostenrechnungen weiterhin proportional geschlüsselt, was „nicht den tatsächlichen Beziehungen zwischen Ursache und Wirkung, zwischen Mitteln und Zwecken" entspricht und daher gleichfalls ein „systembedingt falsches Bild" gibt, denn die Aufschlüsselung erfolgt nicht streng nach dem Verursachungsprinzip (*Riebel,* Einzelkosten- und Deckungsbeitragsrechnung, S. 213). Mit der Zielvorstellung, auf die Aufschlüsselung verbundener Kosten gänzlich zu verzichten, die Fixkosten nicht künstlich zu proportionalisieren und ein vielfältig verwendbares Rechnungssystem anzubieten, entwickelte *Riebel* die **relative Einzelkostenrechnung**.

Diese Variante der Deckungsbeitragsrechnung ist in besonderem Maße **entscheidungsorientiert**, d. h. an der Hauptaufgabe des Rechnungswesens ausgerichtet, der Vorbereitung von unternehmerischen Entscheidungen zu dienen. Daher basiert die relative Einzelkostenrechnung auf einer konsequenten Verwirklichung des Verursachungsgedankens: Nur die direkt und ohne Schlüsselung zurechenbaren **Einzelkosten** werden den Produkten bzw. Leistungen angelastet, fixe und variable Gemeinkosten sind dagegen von einer Verteilung auf die Leistungseinheiten ausgeschlossen. Durch diese entscheidungsorientierte Erfassung werden ausschließlich **entscheidungsrelevante Kosten** zugerechnet, was eine exakte Ausführung der dispositiven Aufgaben der Kostenrechnung, insbesondere der Planung und Kontrolle des Erfolgs, erlaubt. *Riebel* interpretiert das Zurechnungsprinzip demzufolge als **Identitätsprinzip** (vgl. Teil B, Abschn. 3.1.1, S. 800), d. h. dass „nur solche Kosten und Erlöse einander gegenübergestellt oder einem Untersuchungsobjekt zugerechnet werden dürfen, die auf eine identische Entscheidung zurückgehen" (*Riebel,* Einzelkosten- und Deckungsbeitragsrechnung, S. 360). Da jede Entscheidungssituation unterschiedliche Kosten direkt beeinflusst, kommt bestimmten Kostenarten eine Klassifizierung als Einzel- oder Gemeinkosten nur im Hinblick auf eine spezielle Entscheidungssituation zu. Eine Differenzierung nach Einzel- und Gemeinkosten wird deshalb nicht mehr **absolut**, sondern nur noch **relativ**, d. h. entscheidungssituationsbedingt und damit bezugsgrößenabhängig, vorgenommen.

Durch die Wahl einer geeigneten Bezugsgröße (Produkt, Produktgruppe, Kostenstelle, Unternehmensbereich) lassen sich schließlich – bezogen auf das Gesamtunternehmen – alle Kosten als Einzelkosten auffassen. Gemäß dem Identitätsprinzip sind alle Kosten als Gemeinkosten anzusehen, solange sie auf Dispositionen zurückgehen, die auch noch andere als die betrachtete Bezugsgröße betreffen. Erst wenn eine so globale Bezugsgröße gefunden ist, von der die vormals als gegeben zu betrachtenden Gemeinkosten nun als entscheidungsrelevant anzusehen sind, werden die Kosten als relative Einzelkosten auf diese Bezugsgröße verrechnet.

Als **Bezugsgrößen** kommen nicht nur Produkte und Kostenstellen, sondern grundsätzlich alle Sachverhalte in Betracht, die Gegenstand einer Entscheidung sein können. Demzufolge lassen sich viele Arten verschiedener relativer Einzelkosten bilden. Die möglichen Bezugsgrößen können differenziert werden in:

(1) **Zeitliche Bezugsgrößen:** Unter dem Blickwinkel unterschiedlich langer Zeiträume kann die Variabilität der Kosten eingeteilt werden in z. B. Wochen-, Monats-, Quartals-, Halbjahres- und Jahreseinzelkosten.

(2) **Sachliche Bezugsgrößen:** In sachlicher Hinsicht lassen sich zahlreiche verschiedene Zurechnungsobjekte finden (z. B. Zahlungswirksamkeit, Unternehmensbereiche, Produkte etc.).

Aus der Vielzahl der denkbaren Zurechnungskategorien muss jede Unternehmung die für sie geeignete Auswahl treffen. Die ausgewählten Aspekte müssen sodann hierarchisch geordnet werden, wodurch eine **Bezugsgrößenhierarchie** entsteht. Als Beispiel einer derartigen Bezugsgrößenhierarchie kann die Darstellung auf S. 912 dienen (*Schweitzer/Küpper*, Kosten- und Erlösrechnung, S. 538).

Die Einteilung in fixe und variable Kosten ist *Riebel* zu mehrdeutig und zu grob. Er trennt die Kosten daher in die umfassenderen Kategorien der Leistungskosten und der Bereitschaftskosten. Alle Kosten, die sich automatisch mit dem realisierten Leistungsprogramm ändern, werden den **Leistungskosten** zugeordnet. Alle Kosten, die kurzfristig nicht veränderbar sind, da sie die Voraussetzung für die Schaffung eines Leistungsprogramms darstellen, sind als **Bereitschaftskosten** einzustufen (*Riebel*, Einzelkosten- und Deckungsbeitragsrechnung, S. 152 ff.).

Da jeder Entscheidung unterschiedliche Einzelkosten als relevante Kosten zurechenbar sind, muss zur Realisierung der Einzelkostenrechnung aus Gründen der Praktikabilität ein Rechenwerk geschaffen werden, das zunächst sämtliche Kosten und Erlöse unabhängig von einer spezifischen Entscheidungssituation erfasst. Diese **Grundrechnung** muss zweckneutral sein und sich darauf beschränken, alle Daten so zu erfassen, dass sie als Grundlage für eine Vielzahl einzelner Entscheidungen dienen kann.

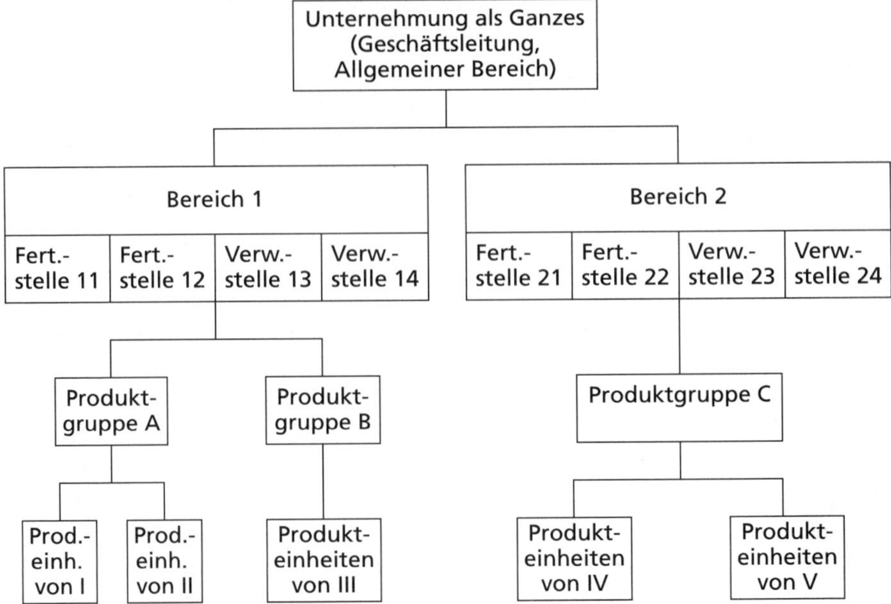

Beispielhafte Bezugsgrößenhierarchie in der Einzelkostenrechnung

Die Kostenerfassung erfolgt in der Grundrechnung so, dass sämtliche Kosten in der Hierarchie der unternehmensindividuellen, betrieblichen Bezugsgrößen auf der Stufe zugerechnet werden, auf der sie als Einzelkosten ausgewiesen werden können. Im Gegensatz zum herkömmlichen Betriebsabrechnungsbogen werden die einzelnen Kostenarten stets bei den Zurechnungsobjekten ausgewiesen, für die sie sich direkt erfassen lassen, d. h. sie werden nicht weiterverrechnet. Nur die den Erzeugniseinheiten **direkt** zurechenbaren Einzelkosten werden somit der untersten Ebene, der Einzelproduktebene, zugerechnet.

Ebenso werden in einer Grundrechnung der Erlöse alle Umsätze systematisch gegliedert, und in einer Grundrechnung der Potenziale die verfügbaren Nutzungspotenziale und Bestände erfasst. Die Grundrechnung dient somit der Zusammenstellung aller eventuell relevanten Basisdaten für die weiteren Rechnungen.

Die Grundrechnungen werden gewöhnlich statistisch-tabellarisch mit herkömmlichen Organisationsmitteln oder EDV in einem Kostensammelbogen (Betriebsabrechnungsbogen) durchgeführt und umfassen ihrem Inhalt nach die Kostenarten-, die Kostenstellen- und Teile der Kostenträgerrechnung. Ein Beispiel für den **Aufbau der Kostengrundrechnung** zeigt die Abbildung auf S. 913 f. (*Hummel/Männel*, Kostenrechnung 2, S. 67).

			ZURECHNUNGSOBJEKTE		I	II	III	IV	V	VI	VII	VIII	IX	X	XI	XII	XIII	XIV
						KOSTENSTELLEN							KOSTENTRÄGER					Σ
					Hilfsstelle	Fertigungsstellen			Materialstelle	Verwalt.-stelle	Vertriebsstelle	Gesamtunternehmen	Erzeugnisarten					
	KOSTENKATEGORIEN			KOSTENARTEN (Beispiele)	H	F_1	F_2	F_3	M	VW	V	G	P_1	P_2	P_3	P_4	P_5	
1	LEISTUNGSKOSTEN	absatzabhängige Kosten	absatzwertabhängige Kosten	Verkaufsprovision									20	10	5	15	10	60
2				Umsatzlizenzen									–	5	15	–	20	40
3				Zölle									5	–	–	10	5	20
4			von sonstigen Faktoren abhängige Kosten	Ausgangsfrachten							80							80
5				Verpackungskosten							50							50
6		erzeugungsabhängige Kosten	losgrößenunabhängige Kosten	Materialverluste		5	–	5										10
7				Energie		30	15	20										65
8			erzeugungsmengenabhängige Kosten	Rohstoffe	30								60	75	100	50	70	385
9				Hilfsstoffe	50								10	10	20	5	15	110
10				Energie									5	10	15	10	5	45
11				Lizenzen									10	–	–	15	–	25
12				Überstunden-Löhne			10			5			5	10	–	10	15	55
13				Personal-Leasing-Kosten						10			–	5	5	–	–	20
14	Σ		Leistungskosten		80	35	25	25	–	15	130	–	115	125	160	115	140	965

			ZURECHNUNGSOBJEKTE	I	II	III	IV	V	VI	VII	VIII	IX	X	XI	XII	XIII	XIV
					KOSTENSTELLEN							KOSTENTRÄGER					Σ
				Hilfsstelle	Fertigungsstellen			Materialstelle	Verwalt.-stelle	Vertriebsstelle	Gesamtunternehmen	Erzeugnisarten					
KOSTENKATEGORIEN			KOSTENARTEN (Beispiele)	H	F_1	F_2	F_3	M	VW	V	G	P_1	P_2	P_3	P_4	P_5	
15	BEREITSCHAFTSKOSTEN	Monatseinzelkosten	Fertigungslöhne	10	80	85	70									10	255
16			Betriebsstoffe	5	10	10	5	5	5	15							55
17			Fremddienste	5	–	5	10	10	10	5							45
18			Büromaterial	5	5	10	5	5	10	10							50
19			Heizmaterial	5	10	5	10	5	5	5							45
20		Quartalseinzelkosten	Miete								30					5	35
21			Versicherungen								10						10
22			Gehälter	10	20	30	25	30	40	30						10	195
23		Jahreseinzelkosten	Miete								20						20
24			Grundsteuer								5						5
25			Pacht								10						10
26			Pauschallizenzen										5				5
27	Σ	Bereitschaftskosten		40	125	145	125	55	70	65	75	–	5	–	–	25	730
28	Σ	Gesamtkosten (Zeile 14 + Zeile 27)		120	160	170	150	55	85	195	75	115	130	160	115	165	1.695

Aufbau der Grundrechnung im System der relativen Einzelkostenrechnung

Die Grundrechnung liefert ausschließlich **zweckneutrale** Informationen über Kosten und Erlöse und stellt damit Basisdaten für zweckgerichtete, auf spezifische Fragestellungen zugeschnittene Zusatzrechnungen zur Verfügung. Derartige Zusatzrechnungen können sowohl regelmäßige **Auswertungsrechnungen** (z. B. periodische Ermittlung des Betriebserfolges, laufende Kostenkontrollen etc.) als auch fallweise aufzustellende **Sonderrechnungen** (z. B. kurzfristige Programmplanung, Preiskalkulation, Entscheidungen über Eigenfertigung oder Fremdbezug etc.) sein.

Zur Durchführung einer differenzierten Deckungsbeitragsrechnung kann die Grundrechnung beispielsweise nach folgendem Schema ausgewertet werden:

	Bruttoumsatz zu Listenpreisen	für jedes Erzeugnis
./.	Rabatte	
./.	preisabhängige Vertriebseinzelkosten der Erzeugnisse (z. B. Umsatzsteuer, Vertreterprovisionen, Kundenskonti)	
=	Nettoerlös I	
./.	mengenabhängige Vertriebseinzelkosten der Erzeugnisse (z. B. Frachten)	
=	Nettoerlös II	
./.	Materialkosten (soweit Erzeugniseinzelkosten, z. B. Rohstoffe, Verpackung)	
=	Deckungsbeitrag I	
./.	Lohnkosten (soweit Erzeugniseinzelkosten)	
=	Deckungsbeitrag II (über die variablen Einzelkosten)	
	Summe der Deckungsbeiträge II aller Erzeugnisse der Abteilung (oder Erzeugnisgruppe)	für jede Abteilung oder Erzeugnisgruppe
./.	direkte Kosten der Abteilung (oder Erzeugnisgruppe)	
=	Deckungsbeitrag der Abteilung (über die Erzeugnis- und die Abteilungseinzelkosten)	

Die weitere Fortführung der Deckungsbeitragsrechnung und die Lösung spezieller Problemstellungen hängt von der jeweiligen Fragestellung und nicht zuletzt auch von den betrieblichen Eigenarten ab. Mustergliederungen, die allgemein verbindlich wären, können daher nicht vorgegeben werden.

Prinzipiell verläuft die **Betriebsergebnisrechnung** wie bei Anwendung der retrograden Fixkostendeckungsrechnung, indem von den Erlösen ausgehend sukzessiv die jeweils zurechenbaren relativen Einzelkosten auf den einzelnen Stufen in Abzug gebracht werden. Obiges Schema lässt sich beispielsweise zur Ermittlung des Betriebserfolges folgendermaßen fortsetzen:

	Summe der Deckungsbeiträge der Abteilungen
./.	Einzelkosten des Gesamtbetriebes
=	Betriebserfolg

Anwendung findet die Einzelkostenrechnung sowohl im Rahmen der kurzfristigen Erfolgsrechnung, die Deckungsbeiträge über die auf den einzelnen Stufen kurzfristig variablen Einzelkosten ermittelt, als auch bei Liquiditätsüberlegungen, die nach den Deckungsbeiträgen fragen, die sich auf den einzelnen Stufen mittels auszahlungsnaher Einzelkosten ergeben.

Die Parallelen der relativen Einzelkostenrechnung zur stufenweisen Fixkostenrechnung sind offensichtlich: Während in der mehrstufigen Deckungsbeitragsrechnung eine Schichtung des Fixkostenblocks und eine entsprechend differenzierte Verrechnung vorgenommen wird, erfolgt in der relativen Einzelkostenrechnung eine Gliederung und Zurechnung der relativen Einzelkosten. Das Verfahren von *Riebel* ist jedoch insofern konsequenter, als es auf jede schlüsselmäßige Verteilung gänzlich verzichtet, so dass auch variable Gemeinkosten nicht auf einzelne Leistungseinheiten verteilt werden.

Insgesamt kann die Deckungsbeitragsrechnung auf der Basis relativer Einzelkosten als das hinsichtlich der **verursachungsgerechten Kostenzurechnung** exakteste Verfahren bezeichnet werden. „Alle Illusionen, die durch die Aufschlüsselung von Gemeinkosten und die Proportionalisierung von fixen Kosten hervorgerufen werden können, sind ausgeschaltet" (*Riebel,* Einzelkosten- und Deckungsbeitragsrechnung, S. 56). Problematisch erscheint dabei allerdings, ob das theoretisch einwandfreie Fundament der relativen Einzelkostenrechnung, nämlich die Anwendung des Identitätsprinzips auf die Bezugsgrößenhierarchie, praktikabel ist und damit eine entsprechend breite Anwendung in der Praxis findet: Ein strenges Festhalten am Identitätsprinzip führt zu erheblich höheren Gemeinkosten und damit zu vergleichsweise hohen Deckungsbeiträgen, da ja nur die jeweiligen Einzelkosten zugerechnet werden (vgl. Übungsbeispiel). Zu bemängeln ist, dass kein Betriebserfolg ausgewiesen wird und eine Kalkulation bzw. Preisermittlung nicht möglich ist, da keine eindeutige Periodisierung aller Bereitschaftskosten vorgenommen wird. *Riebel* sieht es allerdings nicht als Aufgabe der Betriebswirtschaftslehre an, „dem praktischen Bedürfnis nach Beantwortung dieser Frage dadurch entgegenzukommen, dass sie Verrechnungsmethoden zu entwickeln oder konservieren hilft, die nichts anderes als eine Mischung aus viel Dichtung und wenig Wahrheit darstellen" (*Riebel,* Einzelkosten- und Deckungsbeitragsrechnung, S. 57).

Übungsbeispiel:

Die bereits erwähnte chemische Fabrik (s. S.901, 908) realisiert ihre Deckungsbeitragsrechnung auf der Basis relativer Einzelkosten. Die Grundrechnung der Kosten enthält dabei die auf S. 917 angegebenen Daten.

Erstellen Sie auf Grund der aus der Grundrechnung entnehmbaren relativen Einzelkosten die differenzierte Deckungsbeitragsrechnung eines Jahres (Marktpreise s. Übungsaufgabe S. 908). Gehen Sie davon aus, dass die Produktgruppen Zahnpasta und Balsam/Lotion in Kostenstelle 1, Haarspray in Kostenstelle 2 und Seife in Kostenstelle 3 gefertigt werden. Kostenstelle 2 und Kostenstelle 3 bilden den Unternehmensbereich II.

Lösung:

Kostenkategorien		Zurechnungsobjekte	Kostenstellen						Kostenträger										Σ
			Stellen			Bereich		Gesamt-unternehmen	Produkte							Produktgruppen			
			1	2	3	I	II		Zahnpasta	Hautbalsam	Sonnenlotion	Lady	Comtessa	Ozean	Deo-Ozean	Balsam/Lotion	Haarspray	Seife	
Leistungskosten	mengenabhängig	Fertigungsmaterial							3.300	800	2.400	9.600	6.750	5.000	4.800				32.650
		Akkordlöhne							1.200	700	3.200	8.400	4.500	2.500	2.400				22.900
		Vertriebskosten							1.800	900	1.400	2.600	1.100	1.200	1.000				10.000
		Überstundenlöhne	3.250	3.000	1.500														7.750
	preisabhängig	Verpackungsmaterial																	
		Werbung														1.300	7.800	4.900	14.000
		Lizenzen							900	200				600	400		1.000		3.100
Bereitschaftskosten	Monat	Energie	400	300	300														1.000
		Fertigungslöhne	800	500	700														2.000
		Gehälter (monatl. Kündigung)				525	500												1.025
	Quartal	Gehälter (viertelj. Kündigung)				200	300												500
		Heizkosten				225	500												725
	Jahr	Versicherung						2.700											2.700

Grundrechnung der Kosten

Produkt	Zahnpasta	Balsam/Lotion: Hautbalsam	Balsam/Lotion: Sonnenlotion	Haarspray: Lady	Haarspray: Comtessa	Seife: Ozean	Seife: Deo-Ozean	Σ
Bruttoumsatz	21.000	5.400	23.200	39.600	34.500	22.500	22.400	168.600
./. Vertriebseinzelkosten	1.800	900	1.400	2.600	1.100	1.200	1.000	10.000
Nettoerlös	19.200	4.500	21.800	37.000	33.400	21.300	21.400	158.600
./. Materialeinzelkosten	3.300	800	2.400	9.600	6.750	5.000	4.800	32.650
Deckungsbeitrag I	15.900	3.700	19.400	27.400	26.650	16.300	16.600	125.950
./. Lohneinzelkosten	1.200	700	3.200	8.400	4.500	2.500	2.400	22.900
Deckungsbeitrag II	14.700	3.000	16.200	19.000	22.150	13.800	14.200	103.050
./. Lizenzeinzelkosten	900	200	–	–	–	600	400	2.100
Produkt-Deckungsbeitrag	13.800	2.800	16.200	19.000	22.150	13.200	13.800	100.950
./. Produktgruppen-Einzelkosten								
Werbekosten			1.300		7.800		4.900	14.000
Lizenzgebühren					1.000			1.000
Produktgruppen-Deckungsbeitrag	13.800		17.700		32.350		22.100	85.950
./. Stelleneinzelkosten								
Überstundenlöhne			3.250		3.000		1.500	7.750
Energie } 12 × Monatskosten			4.800		3.600		3.600	12.000
Löhne } 12 × Monatskosten			9.600		6.000		8.400	24.000
Stellen-Deckungsbeitrag			13.850		19.750		8.600	42.200
./. Bereichseinzelkosten								
12× monatl. Gehälter			6.300				6.000	12.300
4× Quart. Gehälter			800				1.200	2.000
4× Heizkosten			900				2.000	2.900
Bereichs-Deckungsbeitrag			5.850				19.150	25.000
./. Unternehmens-Einzelkosten								
Versicherung				2.700				2.700
Unternehmens-Deckungsbeitrag				22.300				22.300

Anmerkung:

Vergleicht man die Lösung der Fixkostendeckungsrechnung (S. 909) mit der relativen Einzelkostenrechnung (S. 917), so fällt auf, dass der Produkt- bzw. Erzeugnisdeckungsbeitrag der relativen Einzelkostenrechnung in seiner Summe um 57.050 höher als der entsprechende Deckungsbeitrag II der stufenweisen Fixkostendeckungsrechnung ist. Ebenso ist der in der relativen Einzelkostenrechnung ausgewiesene Produktgruppen-Deckungsbeitrag um 42.050 und der Kostenstellen-Deckungsbeitrag um 12.300 höher als der entsprechende Deckungsbeitrag der Fixkostendeckungsrechnung. Der Grund dafür liegt darin, dass die variablen Gemeinkosten bis zu der entsprechenden Abrechnungsstufe nur zu einem geringen Teil direkt als Einzelkosten, zu einem großen Teil dagegen erst bei der nächsthöheren Stufe der Bezugsgrößenhierarchie ohne Schlüssel entsprechend dem Identitätsprinzip zugeordnet werden können. Durch die Verrechnung der Gemeinkosten können sich deshalb im Vergleich mit anderen Deckungsbeitragsrechnungen zahlenmäßig höhere Deckungsbeiträge und damit auch eine abweichende Rangfolge bei der Programmwahl und der Produktbeurteilung ergeben.

Ergänzende Literatur zu: 4 Kostenrechnung auf Teilkostenbasis (Deckungsbeitragsrechnung)

Agthe, Direct Costing, S. 404–418

Chmielewicz, Rechnungswesen 2, S. 149–176

Eisele/Leypoldt, Kostenrechnung, S. 277–288

Fandel/Fey/Heuft/Pitz, Kostenrechnung, S. 223–276

Freidank, Kostenrechnung, S. 272–366

Friedl, Kostenrechnung, S. 438–462

Hummel/Männel, Kostenrechnung 2, S. 39–132

Mellerowicz, Kalkulationsverfahren, S. 11–16; 73–253

Michel/Torspecken/Jandt, Kostenrechnung 2, S. 146–218

Riebel, Einzelkosten- und Deckungsbeitragsrechnung, S. 35–59; 149–157; 204–268

Schildbach/Homburg, Kosten- und Leistungsrechnung, S. 230–247

Schweitzer/Küpper, Kosten- und Erlösrechnung, S. 402–566

Weber/Rogler, Rechnungswesen, Bd. 2, S. 129–224

5 Normalkostenrechnung

Charakteristisch für die bisher beschriebenen Kostenrechnungssysteme ist, dass sie die tatsächlich in einer vergangenen Rechnungsperiode angefallenen Kosten der Abrechnung zu Grunde legen. Diese Kostenrechnungssysteme werden deshalb unter dem Begriff **Istkostenrechnung** zusammengefasst (vgl. Teil B, Abschn. 2.3.1, S. 795 f.).

Der Nachteil dieser Istkostenrechnungssysteme ist darin zu sehen, dass jede zufällige Änderung der Kosteneinflussfaktoren (Faktorpreise, Verbrauchsmengen, Beschäftigung) voll auf die Kostenhöhe durchschlägt und dadurch den Aussagewert der Abrechnung für spezifische Zwecke in Frage stellt: Die Schwankungen der Kosteneinflussfaktoren führen dazu, dass sich für das gleiche Produkt in verschiedenen Perioden unterschiedliche Herstell- oder Selbstkosten ergeben können und die Kalkulation jeweils umgestellt werden muss. Weiterhin ist eine vergleichende Auswertung des Zahlenmaterials und somit eine wirksame Kostenkontrolle erschwert. Dispositive Entscheidungen auf der Grundlage sich ständig ändernder Istkosten werfen zudem weitere Probleme auf.

Die Istkostenrechnung ist ein recht aufwendiges und zeitintensives Abrechnungssystem. Die **Normalkostenrechnung** dient als Ergänzung der Istkostenrechnung der **Vereinfachung** des Abrechnungsprozesses, um damit bereits während der laufenden Abrechnungsperiode jederzeit Informationen als Grundlage für Planungs- und Kontrollaufgaben liefern zu können.

Das Ziel, die aufwendige Istkostenrechnung zu vereinfachen, wird erreicht, indem in der Normalkostenrechnung statt effektiver Istkostenwerte feste, normalisierte Verrechnungssätze **(Normalkosten)** eingeführt werden. Dadurch werden die vielfältigen Beschäftigungs- und Preisschwankungen, die jeweils Einfluss auf die Kostenhöhe haben, eliminiert und die Abrechnung somit verstetigt. Da Normalkosten bereits zu Beginn der jeweils laufenden Abrechnungsperiode ermittelt und **für den gesamten Zeitraum konstant** gehalten werden, erlauben sie die jederzeitige Durchführung innerbetrieblicher Leistungsverrechnung und Kalkulation.

5.1 Normalisierte Verrechnungssätze

Als **Normalkosten** werden standardisierte (genormte) Kosten bezeichnet, die als **Durchschnittswerte** aus einer größeren Zahl von Istkostenwerten vergangener Abrechnungszeiträume ermittelt werden. Häufig werden bei der Durchschnittsbildung außergewöhnliche Kostensprünge (Ausreißer) eliminiert, um die (Normal-)Kosten zu ermitteln, die durch einen „normalen", d. h. durchschnittlichen Produktionsablauf verursacht werden. Sofern im Wege der Normalkostenermittlung (Durchschnittsbildung) künftig erwartete Änderungen der Kosteneinflussgrößen nicht berücksichtigt werden, spricht man von **statischen Mittelwerten**. Teilweise werden die Normalkosten dahingehend korrigiert, dass kurzfristig eingetretene oder sich auf Dauer abzeichnende Veränderungen der Kosteneinflussfaktoren (z. B. Tariflohnerhöhungen) in die Berechnung miteinbezogen werden **(aktualisierte Mittelwerte)**. In der Regel werden diese Korrekturen nicht im Wege der prospektiven Berechnung ermittelt, sondern es sind vielmehr aus der Vergangenheit gezielt solche Abrechnungszeiträume auszuwählen, die für die Ermittlung aktualisierter Mittelwerte als weitgehend repräsentativ gelten (z. B. Unter- oder Überbeschäftigungsperioden). Werden dagegen Planelemente, d. h. zukünftig erwartete Kosteneinflüsse bewusst in die Korrektur der Mittelwerte miteinbezogen, erfolgt eine Annäherung der Normalkostenrechnung an die Plankostenrechnung (s. Teil B, Kap. 6, S. 928 ff.).

Die **Ermittlung der Normalkosten** für die Zwecke innerbetrieblicher Leistungsverrechnung (Sekundärkostenrechnung, s. Teil B, Abschn. 3.2.4, S. 836 ff.) richtet sich an spezifischen Schlüsselgrößen (Bezugsgrundlagen der Kostenverteilung) aus. Dazu wird aus den in einem bestimmten Abrechnungszeitraum t verbrauchten Leistungseinheiten LE (z. B. Kilowattstunden, Arbeitsstunden) für jede Kostenstelle ein statistischer Mittelwert Ø LE gebildet:

$$\text{Ø } LE_j = \frac{\sum_{t=1}^{n} LE_{tj}}{n} \qquad \text{mit } j = 1, \ldots, m$$

LE = Leistungseinheiten (z. B. Arbeitsstunden)
n = Anzahl der Abrechnungsperioden (z. B. Monat)
m = Anzahl der Kostenstellen

Analog werden Durchschnittswerte der gesamten Istkosten Ø K (Einzel- und Gemeinkosten) des entsprechenden vergangenen Abrechnungszeitraumes t je Kostenstelle j berechnet:

$$\text{Ø } K_j = \frac{\sum_{t=1}^{n} K_{tj}}{n} \qquad \text{mit } j = 1, \ldots, m$$

K = Gesamtkosten

Den gesuchten festen Verrechnungssatz erhält man dann durch Division der beiden durchschnittlichen Größen Ø K und Ø LE entsprechend dem folgenden Quotienten:

$$\text{fester Verrechnungssatz} = \frac{\text{Ø } K_j}{\text{Ø } LE_j} \qquad \text{mit } j = 1, \ldots, m$$

Dieser **feste Verrechnungssatz** entspricht den Normalkosten pro Leistungseinheit einer Kostenstelle, mit dem die erbrachten innerbetrieblichen Leistungen bewertet werden können. Müssen in der Istkostenrechnung am Ende der Abrechnungsperiode aufwendige Gleichungssysteme zur Ermittlung der Verrechnungssätze herangezogen werden (s. Teil B, Abschn. 3.2.4.1, S. 839 ff.), so sind in der Normalkostenrechnung sukzessiv sofort bei jeder innerbetrieblichen Lieferung oder Leistung die angefallenen Kosten mit Hilfe obiger Verrechnungssätze festzustellen. Verbraucht eine Kostenstelle z. B. 10.000 kWh Strom, so kann diese Leistung der Hilfskostenstelle Stromerzeugung sofort mit Hilfe des festen Normalkostensatzes bewertet und abgerechnet werden (vgl. Teil B, Abschn. 3.2.4.4, S. 859 f.).

Auch in der Kostenträgerstückrechnung (s. Teil B, Abschn. 3.3.1, S. 870 ff.) können feste Verrechnungssätze nach obigem Schema ermittelt und zur Vereinfachung des Abrechnungsprozesses eingesetzt werden. Da erst nach Abschluss einer Rechnungsperiode die insgesamt angefallenen Istkosten sowie die hergestellten Gütermengen bekannt sind, ist eine Durchführung der Kalkulation im System der Istkostenrechnung erst am jeweiligen Periodenende möglich. Die Einführung normalisierter Verrechnungssätze erlaubt dagegen schon während des Abrechnungszeitraumes eine Kostenträgerstückrechnung. Dazu werden normalisierte Zuschlagssätze aus den in der Vergangenheit durchschnittlich realisierten Gemein- und Einzelkosten der Hauptkostenstellen abgeleitet und unter Verwendung der Zuschlagskalkulation (s. Teil B, Abschn. 3.3.1.2, S. 877 ff.) zur Ermittlung der Selbstkosten verschiedener Kostenträger herangezogen.

5.2 Starre und flexible Normalkostenrechnung

Die Normalkostenrechnung wird, wie oben gezeigt, dadurch vollzogen, dass im Mengengerüst mit Normalmengen, im Preisgerüst mit festen Verrechnungspreisen bei den Einzelkosten und mit Normalkostenzuschlägen für die Gemeinkosten gearbeitet wird.

Im Regelfall werden zwischen den verrechneten Normalkosten und den dann in der betreffenden Periode tatsächlich entstandenen Istkosten Abweichungen auftreten. Sind die Istkosten höher als die verrechneten Normalkosten, so tritt eine **Kostenunterdeckung** auf; umgekehrt liegt eine **Kostenüberdeckung** vor, wenn die Normalkosten die effektiv entstandenen (Ist-)Kosten übersteigen. Eine Übereinstimmung der Beträge der Normalkostenrechnung mit denen der Istkostenrechnung kommt nur dann zustande, wenn die normalisierten Werte den Istgrößen entsprechen bzw. wenn Über- und Unterdeckungen sich gerade ausgleichen. Kostenunter- und -überdeckungen werden rechentechnisch direkt auf das Betriebsergebniskonto übernommen, bedürfen aber einer besonderen **Ursachenanalyse**. Diese kann sich grundsätzlich auf zwei Bereiche erstrecken:

- auf die **Preisabweichung** als Differenz zwischen den verrechneten Preisen (Normalpreisen) und den Istpreisen der Kostengüter:

  Preisabweichung: (Istmenge × Verrechnungspreis)
  ./. (Istmenge × Istpreis)
  = Istmenge × (Verrechnungspreis ./. Istpreis)

- auf die **Mengenabweichung** als Unterschied zwischen den durchschnittlichen Mengen der abgelaufenen Perioden (Normalmengen) und den tatsächlich verbrauchten Mengen. Wertmäßig ausgedrückt:

Mengenabweichung: (Normalmenge × Verrechnungspreis)
./. (Istmenge × Verrechnungspreis)
= Verrechnungspreis × (Normalmenge ./. Istmenge)

Beispiel:

Die Monatsproduktion von 10.000 Plastikeimern hat in einem kleineren Betrieb bisher durchschnittlich verursacht:

- Fertigungsmaterialeinsatz: 800 kg Rohware zu je 5 €/kg
- Fertigungslohneinsatz: 500 Stunden zu je 18 €/Std.
- Fertigungsgemeinkosten 1.000; es wurde ein Normalgemeinkostenzuschlagssatz von 2 €/Std. gebildet.

In der folgenden Abrechnungsperiode wurden für die Monatsproduktion tatsächlich verbraucht:

- 820 kg Rohware zum gestiegenen Preis von je 5,20 €/kg
- 490 Arbeitsstunden bei einer Tariferhöhung auf 18,50 €/Std.
- Fertigungsgemeinkosten insgesamt 931.

Die Kostenabweichung ist

a) pauschal

b) differenziert nach Preis- und Mengenabweichung

zu ermitteln und graphisch darzustellen.

Lösung:

a) Normalkosten:

Fertigungsmaterial 800 kg · 5 €/kg	4.000
+ Fertigungslöhne 500 Std. · 18 €/Std.	9.000
+ Fertigungsgemeinkosten	1.000
= Normalkosten	14.000

Istkosten:

Fertigungsmaterial 820 kg · 5,20 €/kg	4.264
+ Fertigungslöhne 490 Std. · 18,50 €/Std.	9.065
+ Fertigungsgemeinkosten	931
= Istkosten	14.260

Kostenabweichung (Kostenunterdeckung): 14.000 ./. 14.260 = – 260

b) Preisabweichung:

Material 820 kg · (5 €/kg ./. 5,20 €/kg)	– 164
+ Löhne 490 Std. · (18 €/Std. ./. 18,50 €/Std.)	– 245
+ Gemeinkosten 490 Std. · (2 €/Std. ./. 1,90 €/Std.)	+ 49
= Preisabweichung	– 360

Mengenabweichung:

Material 5 €/kg · (800 kg ./. 820 kg)	– 100
+ Löhne 18 €/Std. · (500 Std. ./. 490 Std.)	+ 180
+ Gemeinkosten 2 €/Std. · (500 Std. ./. 490 Std.)	+ 20
= Mengenabweichung	+ 100

Kostenabweichung (Kostenunterdeckung) = Preisabweichung + Mengenabweichung: – 360 + 100 = – 260

Graphische Lösung:

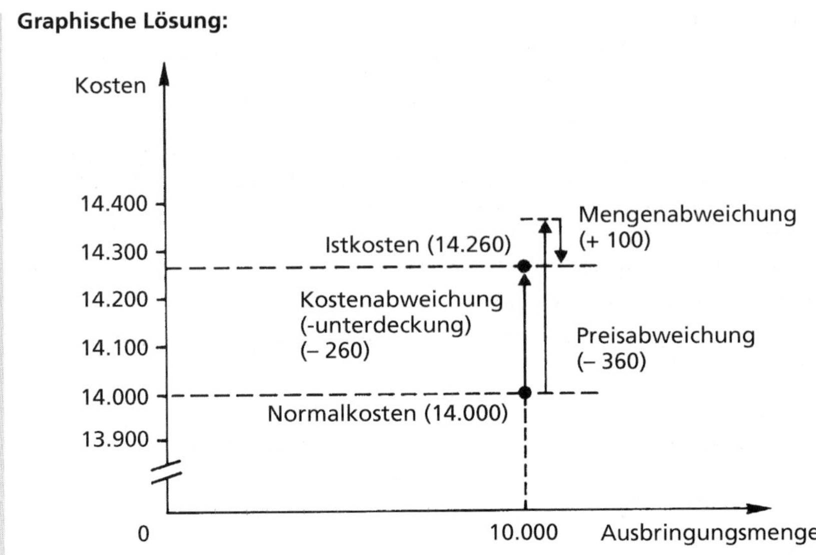

In der oben dargestellten Form der Normalkostenrechnung werden Kostenabweichungen ausschließlich auf Veränderungen der Faktorpreise und des mengenmäßigen Gütereinsatzes zurückgeführt. Von einer unterschiedlichen Ausnutzung der vorhandenen Kapazität wird dagegen abstrahiert, d. h. Beschäftigungsschwankungen werden nicht explizit erfasst, sondern gehen mit in die Komponente „Mengenabweichung" ein. Da zeitliche Variationen der Beschäftigungshöhe damit nicht in die Rechnung einbezogen werden, spricht man hier von der **starren Normalkostenrechnung**.

Der entscheidende Schritt bei der Weiterentwicklung der starren Normalkostenrechnung zur **flexiblen Normalkostenrechnung** besteht darin, dass die gesamte Kostenabweichung in einen Teil aufgespalten wird, der nur in Beschäftigungsschwankungen seine Ursache hat (Beschäftigungsabweichung) und einen anderen Teil, der alle durch die übrigen Kosteneinflussfaktoren verursachten Abweichungen (global als Mengen- und Preisabweichung bezeichnet) erfasst. Zur Durchführung dieser Rechnung ist somit eine strikte **Aufteilung der Gemeinkosten** in ihre fixen (beschäftigungsunabhängigen) und variablen (beschäftigungsabhängigen) Bestandteile vorzunehmen.

Während das Ziel der starren Normalkostenrechnung primär darin besteht, eine Vereinfachung der laufenden Abrechnung zu bewirken, wird mit der flexiblen Normalkostenrechnung vor allem eine Intensivierung der **Kostenkontrolle** angestrebt. Die laufende Abspaltung der Beschäftigungsabweichung kompliziert zwar die Rechnung, ermöglicht demgegenüber aber auch eine nach Kostenstellen differenzierte Kostenkontrolle. Durch die Aufteilung der Gemeinkosten in beschäftigungsunabhängige und beschäftigungsabhängige Kostenbestandteile wird die Eignung der Normalkostenrechnung für Kontroll- und Prognosezwecke verbessert, da nun die (gegebenenfalls aktualisierten) Durchschnittswerte der Vergangenheit an unterschiedliche, erwartete Ausbringungsmengen angepasst werden können.

Übungsbeispiel:

Der Betrieb des oben genannten Beispiels erwartet, dass sich die Monatsproduktion um 30 % gegenüber der Normalproduktion von 10.000 Stück erhöht. Die realisierte Istproduktion beläuft sich im Abrechnungszeitraum jedoch tatsächlich auf 12.800 Plastikeimer. Die fixen Fertigungsgemeinkosten betragen € 2.000. Die variablen Normalwerte aus dem vorangegangenen Beispiel werden auf Grund der erwarteten Auslastung aktualisiert und mit dem Faktor 1,3 und die variablen Istwerte mit dem Faktor 1,28 erweitert.

Die Normalkostensätze sind mit der

a) starren Normalkostenrechnung und
b) flexiblen Normalkostenrechnung zu kalkulieren.
c) Die Beschäftigungs-, Mengen- und Preisabweichungen sind zu ermitteln und graphisch darzustellen.

Lösung:

Normalkosten (bei einer Ausbringung von 13.000 Plastikeimern):

Fertigungsmaterial 800 kg · 5 €/kg · 1,3	5.200
+ Fertigungslöhne 500 Std. · 18 €/Std. · 1,3	11.700
+ variable Fertigungsgemeinkosten 500 Std. · 2 €/Std. · 1,3	1.300
+ fixe Fertigungsgemeinkosten	2.000
= gesamte Normalkosten	20.200

Istkosten (bei einer Ausbringung von 12.800 Plastikeimern):

Fertigungsmaterial 820 kg · 5,20 €/kg · 1,28	5.457,92
+ Fertigungslöhne 490 Std. · 18,50 €/Std. · 1,28	11.603,20
+ variable Fertigungsgemeinkosten 490 Std. · 1,90 €/Std. · 1,28	1.191,68
+ fixe Fertigungsgemeinkosten	2.000,—
= gesamte Istkosten	20.252,80

a) starre Normalkostenrechnung

Normalkostensatz: $\frac{20.200}{13.000} = 1{,}55385$ €/Plastikeimer

Normalkostenfunktion: $K_{st} = 1{,}55385\ x$

gesamte verrechnete Normalkosten bei einer Produktion von 12.800:

$$K_{st} = 1{,}55385 \cdot 12.800 = 19.889{,}28$$

b) flexible Normalkostenrechnung

variabler Normalkostensatz: $\frac{18.200}{13.000} = 1{,}4$ €/Plastikeimer

Normalkostenfunktion: $K_{fl} = 2.000 + 1{,}4\ x$

gesamte flexible Normalkosten bei einer Produktion von 12.800:

$$K_{fl} = 2.000 + 1{,}4 \cdot 12.800 = 19.920$$

c) Die Abweichungen ergeben sich wie folgt:
- gesamte Abweichung:
  gesamte verrechnete Normalkosten (K_{st}) ./. gesamte Istkosten
  = gesamte Über-/Unterdeckung
  19.889,28 ./. 20.252,80 = – 363,52 (Unterdeckung)

- Beschäftigungsabweichung:
  K_{st} ./. K_{fl} = Beschäftigungsabweichung
  19.889,28 ./. 19.920 = – 30,72 (Unterdeckung)
- Verbrauchsabweichung:
  gesamte flexible Normalkosten (K_{fl}) ./. gesamte Istkosten
  = sonstige Über-/Unterdeckung
  19.920 ./. 20.252,80 = – 332,80 (Unterdeckung)
- Abweichung differenziert nach Menge und Preis:

• Preisabweichung:

Fertigungsmaterial 820 kg · 1,28 · (5 €/kg ./. 5,20 €/kg)	=	– 209,92
+ Fertigungslöhne 490 Std. · 1,28 · (18 €/Std. ./. 18,50 €/Std.)	=	– 313,60
+ variable Gemeinkosten 490 Std. · 1,28 · (2 €/Std. ./. 1,90 €/Std.)	=	62,72

• Mengenabweichung:

Fertigungsmaterial 5 €/kg · 1,28 · (800 kg ./. 820 kg)	=	– 128,—
+ Fertigungslöhne 18 €/Std. · 1,28 · (500 Std. ./. 490 Std.)	=	230,40
+ variable Gemeinkosten 2 €/Std. · 1,28 · (500 Std. ./. 490 Std.)	=	25,60
Verbrauchsabweichung	=	– 332,80

Da nur variable Größen in die Rechnung Eingang finden, entspricht die Summe aus Preis- und Mengenabweichung dem Betrag der Verbrauchsabweichung (332,80).

Graphische Lösung:

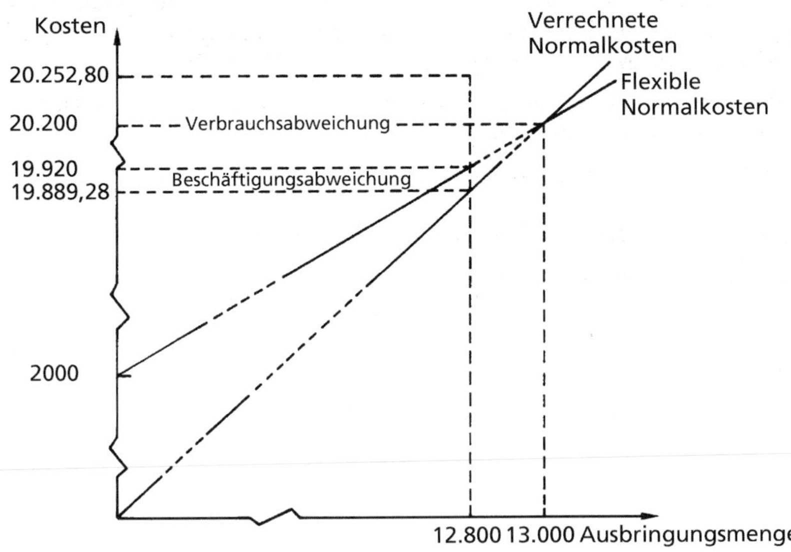

Eine **Beurteilung der Zweckmäßigkeit** der Normalkostenrechnung muss sich an den der Kosten- und Leistungsrechnung zugewiesenen Aufgaben (Planung, Kontrolle und Hilfsfunktion bei externer Rechnungslegung, s. Teil B, Kap. 1, S. 783 f.) orientieren:

Die Normalkostenrechnung vermag den Abrechnungsprozess, insbesondere die innerbetriebliche Leistungsverrechnung sowie die Kostenträgerstückrechnung erheblich zu vereinfachen und zu beschleunigen. Da die Wertansätze (Normalkosten) aber lediglich aus der Vergangenheit fortgeschrieben werden, besteht insbesondere bei der **Kostenkontrolle** die Gefahr, dass sich hinter den aus Vergangenheitswerten ermittelten Normalkosten Unwirtschaftlichkeiten verbergen und diese damit keinen geeigneten Maßstab zur Beurteilung der Kostenwirtschaftlichkeit abgeben. Bei Kenntnis von Beschäftigungsänderungen und deren Auswirkungen auf die Kostenentwicklung lässt die flexible Normalkostenrechnung allerdings einige, wenn auch vage, Rückschlüsse auf Ursachen von Unwirtschaftlichkeiten zu. Im Hinblick auf die Erfüllung unternehmerischer **Planungsaufgaben** führt die Normalkostenrechnung zu keiner Verbesserung gegenüber der Istkostenrechnung, da sie die betrieblichen Gegebenheiten der Vergangenheit lediglich fortschreibt und daher keine in der Zukunft liegenden Informationen über Kosten und Leistungen zur Verfügung stellen kann. Auf Grund der Notwendigkeit, im globalen Wettbewerb durch zukunftsorientierte, vorausschauende Planung zu bestehen (vgl. Teil B, Kap. 7, S. 937 ff.), ist die Weiterentwicklung der Normalkostenrechnung zur Plan- oder Zielkostenrechnung zwingend zu empfehlen.

Die Herstellkosten auf Basis von Normalkosten können zur Bewertung des Vorratsvermögens in der Handelsbilanz nur dann herangezogen werden (**Hilfsfunktion** der Kostenrechnung), wenn zunächst – wie in der Istkostenrechnung – Korrekturen (Zusatzkosten, angemessene Teile der Verwaltungsgemeinkosten) vorgenommen werden und wenn folgende Bedingungen zutreffen (*Adler/Düring/Schmaltz*, Rechnungslegung, Anm. 226 zu § 255 HGB):

- Der als Normalbeschäftigung festgelegte Beschäftigungsgrad entspricht vernünftigen kaufmännischen Überlegungen.
- Die Normalkosten entsprechen mindestens den tatsächlichen Kosten.

Ergänzende Literatur zu: 5 Normalkostenrechnung

Freidank, Kostenrechnung, S. 198–203

Kilger/Pampel/Vikas, Flexible Plankostenrechnung, S. 47–50

Olfert, Kostenrechnung, S. 215–226

Rasche, Kostenrechnung, S. 44–47

Schildbach/Homburg, Kosten- und Leistungsrechnung, S. 197–208

Wilkens, Kosten- und Leistungsrechnung, S. 191–197; 252–256

6 Plankostenrechnung

Weder die Istkostenrechnung (Teil B, Kap. 3 und 4, S. 799 ff.) noch die Normalkostenrechnung (Teil B, Kap. 5, S. 920 ff.) vermögen allein die an die Kosten- und Leistungsrechnung gestellten Aufgaben der Planung, Disposition und Kontrolle (Teil B, Kap. 1, S. 787 ff.) hinreichend zu erfüllen: In diesen Rechnungssystemen werden weder exakte Kosten als zur Kontrolle der Wirtschaftlichkeit erforderliche Sollgrößen vorgegeben, noch werden zukünftig erwartete Plankosten als grundlegende Information für unternehmerische Entscheidungen prognostiziert. Wird die Normalkostenrechnung jedoch derart weiterentwickelt, dass bei der Ermittlung der Normalkosten verstärkt **zukünftig** erwartete Kosteneinflüsse Berücksichtigung finden, so vollzieht sich der Übergang zur Plankostenrechnung, die die Kostenrechnung in das Gesamtsystem der betrieblichen Planung integriert und damit sinnvolle Entscheidungsgrundlagen bietet (in der angloamerikanischen Literatur treffend auch als „Managerial Cost Accounting“ bezeichnet).

In ihrer reinen Form leitet die Plankostenrechnung **(PKR)** den Güterverbrauch und die Güterbewertung nicht aus Vergangenheitswerten ab, sondern basiert direkt auf künftig erwarteten, prognostizierten Plangrößen. Die **Plankosten** werden daher durch Prognose der zukünftigen Verbrauchsmengen nach dem Grundsatz der optimalen Faktorkombination einerseits und durch Festlegung der zu erwartenden Preise der Kostengüter für die Planbeschäftigung andererseits bestimmt. Plankosten ergeben sich somit als Produkt aus Planmengen und Planverrechnungspreisen.

Die **Systeme der Plankostenrechnung** sind zunächst danach zu unterscheiden, ob Beschäftigungsschwankungen berücksichtigt werden **(flexible PKR)** oder nicht **(starre PKR)**. Darüber hinaus sind Plankostenrechnungssysteme in solche, die alle anfallenden Kosten (Vollkosten) und jene, die nur die entscheidungsrelevanten Kosten (Teilkosten) erfassen und weiterverrechnen, zu unterscheiden.

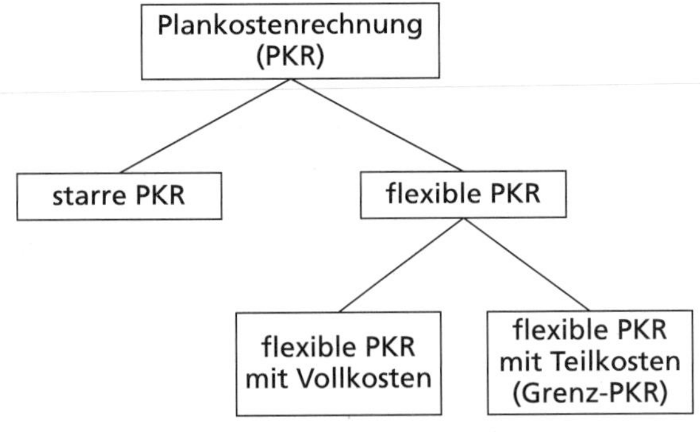

Systeme der Plankostenrechnung

Eine **Plankostenrechnung auf der Basis von Vollkosten** wird primär zu Kontrollzwecken eingerichtet; hingegen erfüllen Planrechnungen auf Teilkostenbasis (= **Grenzplankostenrechnung**) vor allem dispositive Aufgaben.

6.1 Starre Plankostenrechnung

Bei der starren Plankostenrechnung werden die Plankosten nur für einen einzigen Beschäftigungsgrad (Planbeschäftigung) prognostiziert, d. h. sämtliche Kosteneinflussgrößen werden konstant (starr) gehalten. Die starre Plankostenrechnung kann daher zweckmäßigerweise in folgenden Schritten durchgeführt werden:

1. Festlegung der Planbeschäftigung
2. Festlegung der Plankosten
3. Ermittlung der verrechneten Plankosten
4. Feststellung der Kostenabweichungen

Die **Planbeschäftigung** B_p richtet sich nach dem Beschäftigungsgrad, der bei störungsfreiem Ablauf des Produktionsprozesses erreicht werden kann. Zur Messung der Planbeschäftigung einer Kostenstelle werden Bezugsgrößen wie Fertigungsstunden, Stückzahlen, Gewichtseinheiten usw. herangezogen, die in einem proportionalen bzw. annähernd proportionalen Verhältnis zu den Kostenarten stehen. Für einige Kostenstellen, wie z. B. im Verwaltungs- und Vertriebsbereich, lassen sich keine oder nur mit wirtschaftlich nicht vertretbarem Aufwand verursachungsgerechte Bezugsgrößen finden. Bei der Kostenplanung wird diesen Kostenstellen daher eine Kostensumme pauschal vorgegeben **(Budgetkosten)**.

Die entsprechend der Planbeschäftigung B_p geplanten Mengen r_{pi} werden mit den erwarteten Planpreisen q_{pi} der einzelnen Produktionsfaktoren i multipliziert, so dass die Summe der damit gewonnenen Produkte die **Plankosten** K_p ergibt, die sich wie folgt darstellen lassen:

$$K_p = \sum_{i=1}^{n} r_{pi} - q_{pi} \qquad \text{mit } n = \text{Anzahl der Produktionsfaktoren}$$

Für die Ermittlung der **verrechneten Plankosten** K_p^{verr} ist der Plankostensatz (Plankalkulationssatz) sowie die tatsächliche Beschäftigung (Istbeschäftigung B_I) maßgebend. Werden die Plankosten K_p durch den geplanten Beschäftigungsgrad B_p dividiert, so erhält man den gesuchten Plankostensatz, wobei in der starren Plankostenrechnung eine linear-proportionale Beziehung zwischen Plankosten K_p und Bezugsgröße B_p unterstellt wird. Das Produkt aus Istbeschäftigung B_I und Plankostensatz ergibt die verrechneten Plankosten K_p^{verr}:

$$K_p^{verr} = \frac{K_p}{B_p} \cdot B_I$$

Sind die tatsächlich realisierten Istkosten K_I bekannt, so können im Rahmen des Kontrollprozesses **Kostenabweichungen** als Differenz

$$K_I - K_p^{verr}$$

festgestellt werden.

Beispiel:

Ein Betrieb hat seine Planbeschäftigung (B_p) auf 400 Fertigungsstunden für einen bestimmten Abrechnungszeitraum festgelegt. Die Plankosten (K_p) betragen dabei 9.600 €.

Während der Abrechnungsperiode belief sich die Istbeschäftigung (B_I) nur auf 300 Fertigungsstunden, wobei sich Istkosten (K_I) in Höhe von 8.200 € einstellten. Ermitteln Sie den Plankostensatz (Plankalkulationssatz), die verrechneten Plankosten und die Kostenabweichung.

Lösung:

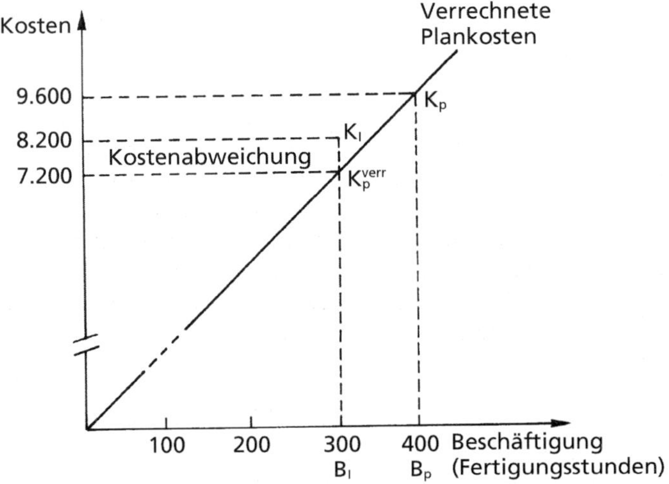

$$\text{Plankostensatz} = \frac{K_p}{B_p} = \frac{9.600\ €}{400\ \text{Fertigungsstunden}} = 24\ €/\text{Fertigungsstunde}$$

$$\text{Verrechnete Plankosten} = \frac{K_p}{B_p} \cdot B_I = 24\ €/\text{Fertigungsstunde} \cdot 300\ \text{Fertigungsstunden} = 7.200\ €$$

$$\text{Kostenabweichung} = K_I - K_p^{verr} = 8.200\ € - 7.200\ € = 1.000\ €$$

Die Vorteile der starren Plankostenrechnung liegen in der schnellen und einfachen Handhabung der Abrechnung und vor allem darin, dass der Betrieb alle Kostenarten durch die Kostenplanung erfasst und damit ein Fundament für den weiteren Ausbau der Planungsrechnung schafft. Die starre Plankostenrechnung wird daher häufig als Einstieg in die Einrichtung der Planungsrechnung überhaupt gewählt. Aus dem vorstehenden Beispiel lässt sich jedoch der Haupteinwand gegen die starre Plankostenrechnung unmittelbar ableiten:

Da der zukünftige Beschäftigungsgrad weitgehend unsicher ist, beziehen sich Ist- und Plankosten in aller Regel auf verschiedene Bezugsgrößen ($B_I = 300$; $B_p = 400$). Ferner verhalten sich die geplanten Vollkosten zu der Bezugsgröße (Fertigungsstunden) nicht proportional, da die fixen Kostenbestandteile sich nicht proportional zur Beschäftigung verändern. Somit ist weder eine exakte Kontrolle der Kostenwirtschaftlichkeit noch eine genaue Analyse der Abweichungsursachen möglich. Nur in dem unwahrscheinlichen Fall, dass sich eine Istbeschäftigung in der geplanten Höhe ergibt, sind Ist- und Plankosten vergleichbar.

6.2 Flexible Plankostenrechnung auf Vollkostenbasis

Die in der starren Plankostenrechnung ermittelte Kostenabweichung $K_I - K_p^{verr}$ ist für Kontrollzwecke wenig informativ, da nicht differenziert werden kann, in welchem Umfang Beschäftigungsschwankungen (Beschäftigungsabweichungen) und/oder Abweichungen von der optimalen Faktorkombination (Verbrauchsabweichungen) dafür ursächlich sind. Voraussetzung für derartige Kontrollmaßnahmen ist eine Kostenplanung, die nach fixen und proportionalen (variablen) Bestandteilen der Plankosten trennt **(flexible Plankostenrechnung)**. Die proportionalen Plankosten müssen dazu für jede Abrechnungsperiode an die jeweilige Istbeschäftigung angepasst, d. h. nicht nur für einen, sondern für verschiedene Beschäftigungsgrade vorgegeben werden. Damit erhält man die sog. Sollkosten bei Istbeschäftigung, die man auch als die von der Planbeschäftigung auf die Istbeschäftigung umgerechneten Plankosten bezeichnen kann. Die Sollkosten werden folgendermaßen ermittelt:

$$\text{Sollkosten} = \text{fixe Plankosten} + \text{proportionale Plankosten} \cdot \frac{\text{Istbeschäftigung}}{\text{Planbeschäftigung}}$$

oder

$$\text{Sollkosten} = \text{fixe Plankosten} + \text{variabler Plankostensatz} \cdot \text{Istbeschäftigung}$$

Die Ermittlung der Sollkosten kann auch mit Hilfe der Variatorenrechnung erfolgen: Durch einen **Variator** wird die prozentuale Veränderung der Sollkosten angegeben, wenn die Beschäftigung um 10 % variiert. Ein Variator von 5 besagt also, dass bei einer zehnprozentigen Beschäftigungsänderung die Sollkosten um 5 % fallen bzw. steigen. Damit ergibt sich die Sollkostenkurve in der graphischen Darstellung als eine Gerade, die die Ordinate auf der Höhe der Fixkosten schneidet und in Höhe der proportionalen Kosten je Leistungseinheit ansteigt. Die **Sollkostenkurve** gibt an, wie hoch für unterschiedliche Beschäftigungsgrade die Plankosten bei wirtschaftlichem Kostengütereinsatz sein sollen.

Beispiel:

Auf Grundlage der Zahlen des voranstehenden Beispiels sind die Sollkosten K_s für eine Istbeschäftigung von 300 Std./Abrechnungszeitraum zu berechnen. Die fixen Kosten betragen 2.880 €, während beschäftigungsabhängige Kosten in Höhe von 16,80 €/Std. geplant sind. Die Sollkostenkurve ist graphisch darzustellen.

Lösung:

$$\text{Sollkosten} = 2.880\,€ + 6.720\,€ \cdot \frac{300\text{ Std.}}{400\text{ Std.}}$$
$$= 2.880\,€ + 16{,}80\,€/\text{Std.} \cdot 300\text{ Std.}$$
$$= 7.920\,€$$

Graphische Lösung:

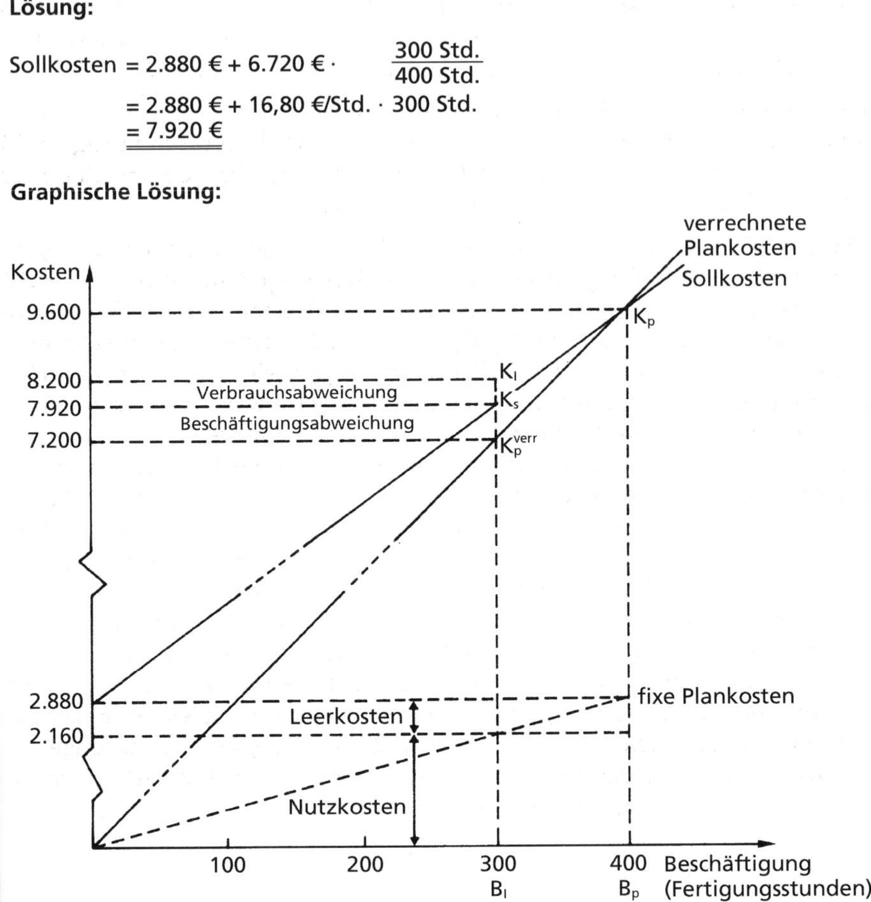

Die **Abweichungsanalyse** bei flexibler Plankostenrechnung zeigt, inwieweit die Mengenabweichung zum einen auf die Änderung der Beschäftigung (Beschäftigungsabweichung) und zum anderen auf Unwirtschaftlichkeiten beim Faktoreinsatz (Verbrauchsabweichung) zurückzuführen ist. Die **Beschäftigungsabweichung** ergibt sich als Differenz aus Sollkosten (K_s = 7.920) und verrechneten Plankosten der Istbeschäftigung (K_p^{verr} = 7.200) und zeigt, inwieweit ein nicht geplanter Beschäftigungsgrad eine andere Verrechnung der Fixkosten erforderlich macht. Nur bei Übereinstimmung von Plan- und Istbeschäftigung ist die durch die verrechneten Plankosten ursprünglich vorgenommene Verteilung der Fixkosten auf die Leistungseinheiten zutreffend; bei abnehmender Beschäftigung bleiben die verrechneten Fixkosten je Leistungseinheit hinter den tatsächlich von einer Leistungseinheit zu tragenden Fixkosten zurück: Es ergibt sich eine Kostenunterdeckung. Bei einer die Planbeschäftigung übersteigenden Istbeschäftigung ergibt sich entsprechend eine Kostenüberdeckung.

Die Fixkosten lassen sich je nach Beschäftigungsgrad in **Nutzkosten** und **Leerkosten** untergliedern. Sofern Ist- und Planbeschäftigung übereinstimmen, entsprechen die Fixkosten in voller Höhe den Nutzkosten. Mit abnehmender Beschäftigung fallen in Höhe der Beschäftigungsabweichung Leerkosten an, da sich die Fixkosten nicht proportional zur Bezugsgröße verändern.

Die **Verbrauchsabweichung** ergibt sich als Differenz von Istkosten (Istmengen · Planverrechnungspreise) und Sollkosten bei Istbeschäftigung und ist Ausdruck des mengenmäßigen Mehr- oder Minderverbrauchs an Gütern und damit ein Indikator für Kostenwirtschaftlichkeit.

Die Vorteile einer flexiblen Plankostenrechnung liegen vor allem darin, dass mit ihr eine aussagefähige Abweichungsanalyse bei jedem beliebigen Beschäftigungsgrad möglich ist; es kann stets eine nach Kostenarten und Kostenstellen differenzierte **Kostenkontrolle** durchgeführt werden. Durch die Aufstellung der Sollkostenkurve können für alle Beschäftigungsgrade die Kostenabweichungen erfasst und in Beschäftigungs- und Verbrauchsabweichungen differenziert werden. Der Nachteil der flexiblen Plankostenrechnung auf Vollkostenbasis liegt demgegenüber primär darin, dass sie relevante Informationen für Entscheidungen im **dispositiven** Bereich nicht zu liefern vermag, d. h. sie ist für die unternehmerische Planung nur beschränkt verwendbar. Die Ursache hierfür ist vor allem darin zu sehen, dass sie eine **Vollkostenrechnung** ist und daher im Prinzip sämtliche Schwächen eines Kostenrechnungssystems auf Vollkostenbasis aufweist, wobei als Hauptgrund die weitgehend willkürliche Proportionalisierung der Fixkosten hervorzuheben ist. Die flexible Plankostenrechnung berücksichtigt darüber hinaus i. d. R. in der Sollkostenkurve nur eine einzige Variable, den Beschäftigungsgrad. Werden weitere Kostenbestimmungsfaktoren, wie z. B. Einsatzabweichungen des Materials, Programmänderungen etc., als Kostenvariablen miteinbezogen, spricht man von einer teil-flexiblen bzw. voll-flexiblen Plankostenrechnung.

6.3 Flexible Plankostenrechnung auf Teilkostenbasis (Grenzplankostenrechnung)

Die kritischen Einwände gegen ein auf Vollkosten basierendes Rechnungssystem, insbesondere dessen geringe Eignung für dispositive Zwecke, führten zur Konzipierung einer flexiblen Plankostenrechnung auf Teilkostenbasis, für die sich der Begriff **Grenzplankostenrechnung** durchgesetzt hat. Diese wird in einer 2009 publizierten Studie als das am weitesten verbreitete Kostenrechnungssystem bei den 243 befragten größten deutschen Unternehmen identifiziert. Als Grund dafür werden die hier in besonderem Maße als erfüllt angesehenen, wesentlichen **Rechnungszwecke** angegeben: Effiziente Kostenkontrolle, kurzfristige Entscheidungsunterstützung sowie erwartete Prognose- bzw. Planungsprozessgenauigkeit (*Friedl/Frömberg/Hammer/Küpper/Pedell*, Stand und Perspektiven, S. 112).

Die Grenzplankostenrechnung entspricht weitgehend der Deckungsbeitragsrechnung mit Planwerten (s. Teil B, Kap. 4, S. 891 ff.); sie lässt sich jedoch nicht nur für die Kostenträgerrechnung, sondern für beliebige Entscheidungssituationen

(z. B. make-or-buy-Entscheidungen) verwenden. Ebenso wie in der Deckungsbeitragsrechnung auf der Grundlage von Istkosten wird bei der Grenzplankostenrechnung durch die strikte Trennung in fixe und variable Kostenbestandteile eine Verteilung der fixen Kosten auf die einzelnen Kostenstellen nicht mehr erforderlich, insbesondere unterbleibt die Weiterverrechnung auf die einzelnen Kostenträger. Die Verbuchung der Fixkosten einer Abrechnungsperiode erfolgt direkt auf das Betriebsergebniskonto, womit auf eine Proportionalisierung und Verrechnung verzichtet werden kann. Dem Fixkostenblock sind daher alle beschäftigungsunabhängigen Kosten zuzuordnen, wohingegen alle von Beschäftigungsschwankungen abhängige Kosten als variable Kostenbestandteile anzusehen sind. Werden sämtliche beschäftigungsabhängige Kosten korrekt erfasst, so entspricht der Kostenzuwachs aus der Produktion einer zusätzlichen Einheit eines Erzeugnisses den **Grenzkosten** dieses Produktes, für die aus Praktikabilitätsgründen regelmäßig die Annahme der Linearität geltend gemacht wird.

Entstehen bei Anwendung der Grenzplankostenrechnung **Kostenabweichungen**, können diese nicht aus unterschiedlichen Beschäftigungsgraden resultieren, da die fixen Kosten en bloc periodenweise verrechnet werden und nur für die variablen Kosten Planwerte angesetzt sind. Damit stimmen die verrechneten Plankosten und die Sollkosten der Istbeschäftigung jeweils überein, lediglich Abweichungen zwischen Istkosten und Sollkosten bei Istbeschäftigung können auftreten.

Beispiel:

Auf Grundlage der Zahlen der vorangegangenen Beispiele sind die Sollkosten zu berechnen. Die Sollkostenkurve ist graphisch darzustellen.

Lösung:

$$\text{Sollkosten} = \text{proportionale Plankosten} \cdot \frac{\text{Istbeschäftigung}}{\text{Planbeschäftigung}}$$

$$= 6.720\ € \cdot \frac{300\ \text{Std.}}{400\ \text{Std.}}$$

$$= 5.040\ €$$

oder

$$\text{Sollkosten} = \text{variabler Plankostensatz} \cdot \text{Istbeschäftigung}$$

$$= 16{,}80\ €/\text{Std.} \cdot 300\ \text{Std.}$$

$$= 5.040\ €$$

Der Fixkostenblock von 2.880 € wird nicht verrechnet.

Graphische Lösung:

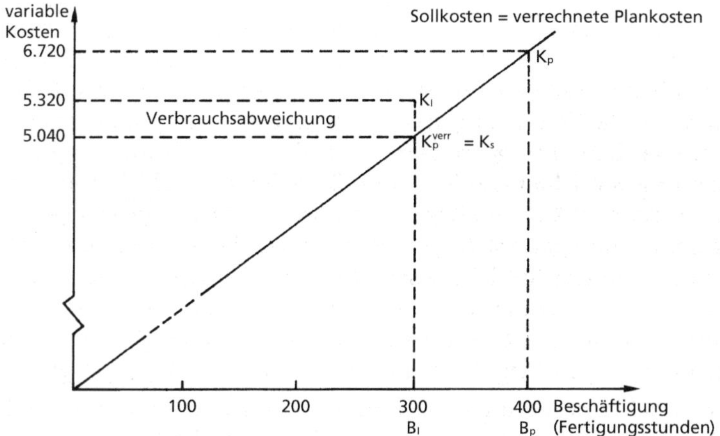

Übungsbeispiel:

Ein Unternehmen hatte für die vergangene Abrechnungsperiode eine Beschäftigung von 1.200 Stunden, Kosten von 15,12 € pro Fertigungsstunde und Fixkosten in Höhe von 3.456 € geplant.

Am Ende der Periode wird festgestellt, dass 1.000 Fertigungsstunden angefallen sind und die Istkosten 20.000 € betragen.

a) Ermitteln Sie den Plankostensatz, die verrechneten Plankosten und die Kostenabweichung für den Fall einer starren Plankostenrechnung.

b) Führen Sie eine Abweichungsanalyse mittels einer flexiblen Plankostenrechnung auf Vollkostenbasis durch. Bestimmen Sie Nutz- und Leerkosten.

c) Wie verändert sich die Abweichungsanalyse im Vergleich zu b), wenn eine Grenzplankostenrechnung durchgeführt wird?

Lösung:

a)	Plankosten:	3.456 € + (15,12 €/Std. × 1.200 Std.) = 21.600 €
	Plankostensatz:	21.600 €/1.200 Std. = 18 €/Std.
	Verrechnete Plankosten:	18 €/Std. × 1.000 Std. = 18.000 €
	Kostenabweichung:	20.000 € – 18.000 € = 2.000 €
b)	Sollkosten:	3.456 € + (15,12 €/Std. × 1.000 Std.) = 18.576 €
	Beschäftigungsabweichung:	18.576 € – 18.000 € = 576 €
	Verbrauchsabweichung:	20.000 € – 18.576 € = 1.424 €
	Nutzkosten:	3.456 €/1.200 Std. × 1.000 Std. = 2.880 €
	Leerkosten:	3.456 € – 2.880 € = 576 €

c) Im Rahmen der Grenzplankostenrechnung werden nur die variablen Plankosten berücksichtigt; Soll- und verrechnete Plankosten fallen zusammen. Die Abweichung zwischen Ist- und Sollkosten basiert damit ausschließlich auf der Verbrauchsabweichung (siehe Aufgabenteil b).

Graphische Lösung:

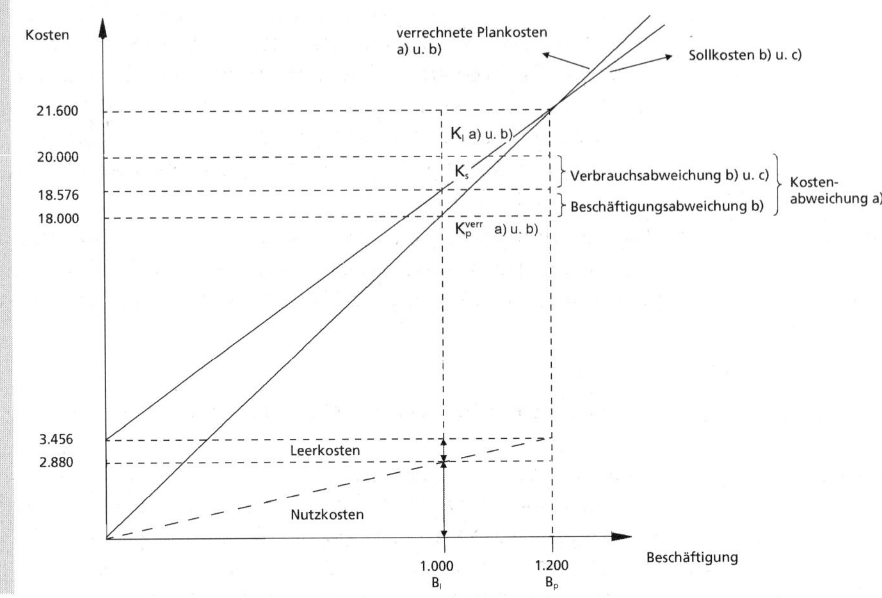

Ergänzende Literatur zu: 6 Plankostenrechnung

Bea, Plankostenrechnung, S. 525–529
Coenenberg/Fischer/Günther, Kostenrechnung, S. 233–271
Eisele, Plankostenrechnung, S. 38–41 und S. 80–81
Fandel/Fey/Heuft/Pitz, Kostenrechnung, S. 277–368
Friedl, Kostenrechnung, S. 286–307 und S. 308–390
Haberstock/Breithecker, Kostenrechnung II, S. 1–27
Hummel/Männel, Kostenrechnung 2, S. 133–141
Kilger, Flexible Plankostenrechnung, S. 51–97
Michel/Torspecken/Jandt, Kostenrechnung 2, S. 44–145
Schildbach/Homburg, Kosten- und Leistungsrechnung, S. 208–219
Schweitzer/Küpper, Kosten- und Erlösrechnung, S. 275–331; 567–593
Wöhe/Döring, Einführung, S. 992–1007

7 Strategische Erweiterung der Kostenrechnung

7.1 Rahmenbedingungen

Viele Entscheidungen, die auf Grund von Informationen aus der Kostenrechnung getroffen werden, haben **strategischen** Charakter, da sie auf die grundsätzliche Ausrichtung des Unternehmens einwirken und folglich regelmäßig **langfristige** Auswirkungen zeitigen. Dazu gehören u. a. Festlegungen des Produktionsprogramms und der Preisstrategie sowie Entscheidungen bezüglich der Durchführung von Umweltschutzmaßnahmen oder Maßnahmen vertikaler Integration. Die Kostenrechnung hat somit im Rahmen ihrer unternehmerischen Planungs- und Entscheidungsaufgabe auch Informationen bereitzustellen, die der konkreten Ausgestaltung der Unternehmensstrategie dienen. Daraus resultieren **modifizierte Anforderungen** an das Informationssystem „Kosten- und Erlösrechnung" (*Bea/Haas,* Strategisches Management, S. 346; *Wöhe/Döring,* Einführung, S. 1007–1010).

Die **strategischen Rahmenbedingungen** der Unternehmen unterliegen einem beständigen strukturellen Wandel, der insbesondere die Wettbewerbssituation und die technologische Entwicklung betrifft. So ist der **Wettbewerb** in vielen Branchen heute durch die zunehmende Globalisierung und eine sich beschleunigende Marktsättigung gekennzeichnet. Dies führt zu einer stärker werdenden Konkurrenz, die die Unternehmen dazu zwingt, sich rasch durch Produktentwicklungen bzw. -modifikationen an Änderungen des Nachfragerverhaltens anzupassen. Der Wettbewerb ist somit durch kürzere Produktlebenszyklen und einen zunehmend härter werdenden Preiskampf geprägt. Ebenso dynamisch entwickelt sich die in den Unternehmen eingesetzte **Technologie**: Neuerungen, wie Werkstoffinnovationen, Biotechnologie oder Mikroelektronik, ermöglichen zwar einerseits die Erschließung neuer Märkte, tragen andererseits aber auf Grund der äußerst schnellen Entwicklung das Risiko eines raschen Preisverfalls in sich.

Vor diesem Hintergrund erscheint ein **strategischer Ansatz** zwingend, nach dem nicht die anfallenden Kosten den Preis bestimmen, sondern der erzielbare Preis die Kosten. Zudem bringt der Einsatz **neuer Fertigungstechnologien** einen deutlich gestiegenen Anteil der Gemeinkosten an den Gesamtkosten mit sich. Dies liegt wesentlich daran, dass die Erstellung von Ausbringungsgütern (direkte Leistungen) heute eine Vielzahl von Vorleistungen (indirekte Leistungen) erforderlich macht. Diese „indirekten" Leistungsbereiche, wie vorbereitende, planende und überwachende Tätigkeiten in Forschung und Entwicklung, Logistik, Produktionsplanung und -steuerung, Qualitätssicherung, Umweltschutz etc. haben im Vergleich zur eigentlichen Produktionsaufgabe überproportional an Bedeutung gewonnen (vgl. auch *Freidank,* Kostenrechnung, S. 367 f.).

Dieser **Strukturwandel** führt zu veränderten Anforderungen des Unternehmensumfeldes, denen die traditionellen Verfahren der Kostenrechnung nicht uneingeschränkt genügen. Die zunehmende **Kritik** bezieht sich zum einen und insbesondere auf die vornehmlich periodenbezogene Orientierung der Kostenrechnung, die insoweit die Beantwortung strategischer Fragestellungen erschwert. Aus dieser Überbewertung der eher **kurzfristigen** Ergebnisgrößen durch die traditionelle Kosten- und Leistungsrechnung, zieht dann auch ein Managementkonzept, wie das der **Balanced Scorecard,** Erkenntnisse und Handlungsempfehlungen zur Effizienzverbesserung gerade auch im operativen Bereich, indem eine betont **strategische** Orientierung der internen Geschäftsprozessperspektive gefördert wird (*Kaplan/Norton,* Balanced Scorecard, 1996; „The balanced scorecard is a model of business performance evaluation that balances measures of financial performance, internal operations, innovation and learning, and customer satisfaction“: *Hilton,* Managerial Accounting, S. 9 und S. 425–431). Zum anderen ist die detaillierte Beschäftigung mit der Planung und Kontrolle der Einzelkosten angesichts gestiegener Gemeinkosten wenig realitätsgerecht: So sind mittlerweile zur Schlüsselung der Gemeinkosten vielfach Zuschlagssätze von mehreren hundert Prozent auf die Lohneinzelkosten erforderlich, was zu unzulässigen Verzerrungen der Ergebnisse führt (*Coenenberg/ Fischer/Günther,* Kostenrechnung, S. 146 f.). Da zur Steuerung des Unternehmens im globalen Wettbewerb eine effiziente Kostenrechnung unerlässlich ist, bedarf es neuer Ansätze, die diese veränderten Rahmenbedingungen berücksichtigen. Die generelle Zielrichtung ist dabei auf Konzepte des **Kostenmanagements** gerichtet.

7.2 Neuorientierung der Kostenrechnung

Die Kostenrechnung als entscheidungsvorbereitendes Instrument der Unternehmensführung hat sich nicht nur den veränderten Rahmenbedingungen des Unternehmensumfeldes zu stellen. Vielmehr muss die Implementierung einer strategisch orientierten Kostenrechnung auch im Einklang mit der grundlegenden **Wettbewerbsstrategie** erfolgen. Häufig wird in diesem Zusammenhang zwischen zwei Grundsatzstrategien unterschieden (*Porter,* Wettbewerbsvorteile, S. 37 ff.):

Kostenführerschaft und **Differenzierung.**

Die Festlegung der Strategie kann dabei nicht auf der Gesamtunternehmensebene erfolgen, sondern muss für jeden **Geschäftsbereich** einzeln erarbeitet werden. Während die Strategie der Kostenführerschaft das Ziel verfolgt, als **kostengünstigster Hersteller** ein Produkt anzubieten, das sehr ähnliche Leistungsmerkmale wie die Konkurrenzprodukte aufweist, beinhaltet die Strategie der Differenzierung das Ziel, sich durch die Schaffung eines **zusätzlichen Kundennutzens** von den Konkurrenten abzuheben, umso einen höheren Preis beim Abnehmer durchsetzen zu können. Dabei erhöhen Leistungen wie Ersatzteilhaltung, kurze Lieferfristen etc. den Umfang des Gemeinkostenbereichs und verstärken die bereits oben angesprochene Problematik der unzureichenden Gemeinkostenverrechnung. Die Differenzierung stellt damit besondere Anforderungen an das Kostenrechnungssystem. Denn die langfristig orientierte Festlegung der Preispolitik erfordert eine möglichst präzise Gegenüberstellung der prognostizierten Kosten des zusätzlichen Kundennutzens mit der erwarteten durchsetzbaren Preiserhöhung. Während die Orientierung an der Differenzierungsstrategie den Einsatz strategischer Kostenrechnungssysteme besonders notwendig erscheinen lässt, sind die traditionellen Verfahren der Kostenrechnung im Rahmen der Kostenführerschaftsstrategie grundsätzlich weiterhin relevant (*Ewert/Wagenhofer*, Interne Unternehmensrechnung, S. 251 f.).

In den letzten gut zwanzig Jahren haben sich in den Unternehmen **neue Kostenrechnungssysteme** etabliert, die den aktuellen Anforderungen des Unternehmensumfeldes ebenso gerecht werden sollen wie der Orientierung an der verfolgten Wettbewerbsstrategie des Unternehmens. Angesichts der hierfür notwendigen Gegenüberstellung von Kosten und Nutzen bietet sich der strategischen Kostenrechnung auch bezüglich des zunehmend in den Vordergrund ökonomischer Überlegungen tretenden **Umweltaspekts** eine beachtenswerte Perspektive. Denn einerseits fallen umweltbezogene Kosten häufig als Überwachungs- und Dokumentationskosten im **Gemeinkostenbereich** der Unternehmung an, dessen Bedeutung daher weiter verstärkt wird, andererseits kann die Schaffung umweltgerechter Lösungen in Logistik, Produktion und Absatz zu einem erhöhten **Kundennutzen** und somit zu einem strategischen Wettbewerbsvorteil führen. Die Grundzüge einer **umweltorientierten** Erweiterung (Teil B, Abschn. 7.6, S. 971 ff.) der Kostenrechnung werden aus diesem Grund mit Orientierung an den wohl wichtigsten Weiterentwicklungen der Kostenrechnung der letzten Jahre, der **Prozesskostenrechnung**, dem **Zielkostenmanagement** (Target Costing) und der **Lebenszyklusrechnung** im Folgenden behandelt.

Als vornehmlich in der Praxis entwickelte Konzepte sind diese in der Theorie umstritten, da es sich nicht um vollständig neue Kostenrechnungssysteme, sondern lediglich um realitätsgerechtere Modifikationen der traditionellen Verfahren handelt. Aus diesem Grund werden sie hier als **strategische Erweiterungen** der Kostenrechnung betrachtet.

Die Bedeutung der Prozesskostenrechnung liegt vor allem in der detaillierten Analyse des **Gemeinkostenbereiches**, dessen gestiegener Umfang hauptsächlich auf dem verbreiteten Einsatz der Differenzierungsstrategie beruht. Ergänzend soll das Konzept des Zielkostenmanagements den Unternehmen dazu verhelfen, auch in einem verschärften **Preiswettbewerb** bestehen zu können. Durch gezielte Gegenüberstellung des realisierbaren Kundennutzens mit den zugehörigen betrieblichen Kosten wird der Versuch unternommen, bereits frühzeitig eine **nachhaltige** Kostenstruktur zu realisieren. Die Lebenszyklusrechnung ordnet die Kosten und Erlöse einem Produkt folgerichtig **periodenübergreifend** zu. Dadurch können Fehlinterpretationen, die bei rein periodischer Betrachtung möglich sind, vermieden und darüber hinaus Kosten und Erlöse im Zeitablauf optimiert werden.

7.3 Prozesskostenrechnung

7.3.1 Zielsetzung

Die bisher behandelten traditionellen Kostenrechnungsverfahren stellen die Kosten der Produktion bzw. der produktionsnahen Bereiche in den Vordergrund der Betrachtung. Demgegenüber werden die Kosten der produktionsbegleitenden und damit indirekt wirkenden Leistungsbereiche zumeist nicht näher analysiert, sondern vielmehr als fixe Gemeinkosten betrachtet und entweder mittels wertbezogener Zuschlagssätze auf die Produkte zugerechnet (vgl. Teil B, Abschn. 3.3.1, S. 870 ff.) oder als mehr oder weniger strukturierter Block gesondert ausgewiesen (vgl. Teil B, Abschn. 4.3, S. 899 ff.). Darauf stützt sich der Vorwurf einer zu einseitigen Produktionsprozessorientierung der traditionellen Kostenrechnungssysteme, die folglich ungeeignete Bezugsgrößen und unzutreffende Kostenverrechnungssätze ermitteln. Die **Prozesskostenrechnung** will dem durch eine erweiterte Kostentransparenz, die auf einem spezifizierten System der Kostenzerlegung vor allem im Bereich indirekter Leistungsbezüge beruht, abhelfen. Konzepte der Prozesskostenrechnung werden unter den Begriffen Activity accounting, activity-based cost system, aktivitätsorientierte Kostenrechnung, cost-driver accounting, prozessorientierte Kostenrechnung, Transaction Costing und Vorgangskostenrechnung geführt.

Die Kosten der indirekten Bereiche sind zumeist weniger von Herstellkosten oder Ausbringungsmengen als vielmehr von der Vielfalt (Variantenreichtum) und Komplexität der Produkte abhängig (*Franz,* Prozeßkostenrechnung, S. 112). Daher können sie durch die traditionell in der Kostenrechnung eingesetzten Bezugsgrößen (z. B. Herstellkosten, Maschinenstunden, Ausbringungsmengen) **nicht verursachungsgerecht verrechnet** werden, denn diese Größen geben i. d. R. keinen zutreffenden Maßstab der Kostenverursachung für die indirekten Leistungsbereiche ab. Die Anwendung solcher Bezugsgrößen führt vielmehr zu falschen, weil nicht verursachungsgerechten Umlagen der Gemeinkosten, was die Gefahr von langfristigen, strategischen Fehlentscheidungen provoziert. Ein Vergleich eines einfachen Standardproduktes mit einer komplexen Variante macht dies unmittelbar deutlich (*Horváth/Mayer,* Prozeßkostenrechnung, S. 215 f.): Unbestritten ist der Planungs-, Steuerungs- und Koordinationsaufwand bei komplexen Produkten kleiner Auflagenhöhe wesentlich höher als bei einfachen Großserienprodukten. Bei entsprechender Gemeinkostenhöhe kann die Verrechnung über die traditionellen Zuschlagssätze zu erheblichen Verzerrungen führen. Das Standardprodukt wird zu teuer kalkuliert und mit zu geringem Deckungsbeitrag ausgewiesen, während der komplexeren Variante nur ein Teil der von ihr verursachten Kosten zugeteilt wird und diese daher scheinbar profitabler ist. Richtet sich die Unternehmensführung nach diesen Erkenntnissen, dann wird sie die Varianten forcieren und deren Vielfalt ausweiten. Bei nicht auskömmlichen Preisen dieser Produkte kann das fatale Folgen haben: Die Gemeinkosten steigen und die Unternehmensergebnisse gehen zurück. Die durch die nicht verursachungsgerechte Gemeinkostenumlage verzerrten Kostenstrukturen der Produkte bergen demnach die **Gefahr der Fehleinschätzung** zukunftsbezogener

Aktivitäten (Planung) sowie einer falschen Produkt- und Preispolitik in sich. Die Beibehaltung der konventionellen Methoden zur Gemeinkostenverrechnung erscheint deshalb angesichts der gewandelten Kostenstrukturen fragwürdig (*Friedl/Hofmann/Pedell*, Kostenrechnung, S. 446–451). Die von der Unternehmensleitung für die Erfüllung ihrer dispositiven Aufgaben benötigten Informationen können von den traditionellen Kostenrechnungssystemen nicht oder nur unbefriedigend zur Verfügung gestellt werden (*Franz*, Prozeßkostenrechnung, S. 112).

Diese Informationsdefizite will die Prozesskostenrechnung abbauen. Ihre **Ziele** sind:

(1) Bereitstellung von relevanten **Planungs-, Steuerungs- und Kontrollinformationen über die indirekten Leistungsbereiche**. Sie sollen es den Entscheidungsträgern ermöglichen, die Effizienz dieser Bereiche zu beurteilen (z. B. Kapazitätsauslastung) und durch einen optimierten Ressourceneinsatz (z. B. Personalausstattung) deren Wirtschaftlichkeit zu steigern.

(2) Ausweis von **längerfristigen (strategischen) Produktkosten**. In ihnen sollen alle Kosten, die ein Produkt kurz- und längerfristig verursacht, enthalten sein (*Cooper/Kaplan*, Cost Accounting, S. 20). Dadurch sollen Fehlentscheidungen in der strategischen Produktpolitik (z. B. Preisfindung, Produktkonstruktion, -herstellung, -einführung, -förderung bzw. -stopp, -vertriebswege etc.) vermieden werden.

7.3.2 Konzeptionelle Grundlagen der Prozesskostenrechnung

Die Prozesskostenrechnung ist kein völlig neues Kostenrechnungssystem. Sie bedient sich der traditionellen Kostenarten- und Kostenstellenrechnung und ist ihrem Wesen nach eine **Vollkostenrechnung**. Ausgangspunkt der Prozesskostenrechnung ist die Abbildung der in den indirekten Bereichen erbrachten Leistungen in funktionalen (Teil-)**Prozessen**. Ein Prozess ist dabei zu verstehen als geordnete Folge von Aktivitäten (Vorgängen, Tätigkeiten, Arbeitsgängen), die sich auf ein bestimmtes Arbeitsobjekt bezieht und bei erneutem Arbeitsvollzug an einem weiteren Arbeitsobjekt identisch wiederholt wird (*Schweitzer*, Prozeßorientierung, S. 90). Diesen (Teil-)Prozessen lassen sich die Kosten der jeweiligen Aktivität zuordnen. Die Weiterverrechnung dieser Prozesskosten erfolgt dann mit direkten, prozessspezifischen **Bezugsgrößen**. Dabei lassen sich drei Basisschritte der Prozesskostenrechnung unterscheiden:

(1) Prozessorientierte Analyse zur Bestimmung von Aktivitäten und Bildung der Prozesse.

(2) Festlegung der (Prozess-)Bezugsgrößen.

(3) Ermittlung der Planprozesskosten.

7.3.3 Bestimmung von Aktivitäten, Bezugsgrößen und Prozessen

Ausgangspunkt der prozessorientierten Analyse sind die Kostenstellen der indirekten Leistungsbereiche, wie beispielsweise der Einkauf. Zunächst werden die Kostenstellen in **Aktivitäten** (Tätigkeiten, Teilprozesse, Transaktionen) zerlegt. Diese repräsentieren Vorgänge innerhalb einer Kostenstelle, durch die Produktionsfaktoren beansprucht werden, wie z. B. das Einholen von Angeboten oder das Aufgeben von Bestellungen. Ermittelt werden die Aktivitäten durch theoretische Analysen des Betriebsablaufes und über Interviews mit den Kostenstellenleitern. Die Fragen beziehen sich hierbei auf den Input der Kostenstelle (Material- und Personaleinsatz), die zu verrichtenden Tätigkeiten, d. h. Aktivitäten und den Output der Kostenstelle (z. B. Anzahl der eingeholten Angebote). Demgemäß werden mit den Aktivitäten zugleich auch die sie beeinflussenden Faktoren ermittelt. Das Ergebnis lässt sich in kostenstellenbezogenen Aktivitätsübersichten zusammenfassen, wie sie für die Kostenstelle Einkauf nachfolgend exemplarisch dargestellt ist (vgl. *Franz,* Prozeßkostenrechnung, S. 121):

Kostenstelle: 512 Einkauf			
Aktivitäten	–	Mitarbeiter	Aktivitätskosten (in T€)
Nr.	Bezeichnung		
512.1	Angebote einholen – für Kaufteile – für Rohmaterial	 2,0 2,5	 90 115
512.2	Bestellungen aufgeben	1,0	40
. . .	. . .	. . .	. . .

Beispiel für eine Aktivitätsübersicht

Die aktivitätsbezogene Strukturierung der indirekten Leistungsbereiche bedeutet einen erheblichen Aufwand. Deshalb muss der Wirtschaftlichkeit des Vorgehens besondere Aufmerksamkeit gewidmet werden. Vor allem bei der Einführung der Prozesskostenrechnung sind deshalb zunächst folgende Kriterien zu berücksichtigen (*Coenenberg/Fischer,* Prozeßkostenrechnung, S. 26; *Cooper/Kaplan,* Measure Costs Right, S. 98):

(1) Konzentration auf Kostenschwerpunkte.

(2) Konzentration auf betriebliche Bereiche, die von den verschiedenen Produkten unterschiedlich beansprucht werden.

(3) Konzentration auf betriebliche Bereiche, deren Kosten im bestehenden Kostenrechnungssystem am wenigsten verursachungsgerecht verrechnet werden.

Nach der Bestimmung der Aktivitäten müssen aus den möglichen Kosteneinflussfaktoren **Bezugsgrößen** (allocation measure, cost-driver, Maßgrößen) ausgewählt werden. Dies sind quantitativ erfassbare Größen mit direktem Bezug zur jeweiligen Aktivität, die folgenden Anforderungen genügen müssen:

(1) Hohe Proportionalität sowohl zu der in einer Aktivität erbrachten Leistung als auch zu der hierzu notwendigen Beanspruchung der Ressourcen,

(2) leichte Ableitbarkeit aus den verfügbaren Informationsquellen und

(3) einfache Verständlichkeit.

Für die Aktivität „Einholen von Angeboten" könnte zum Beispiel die Anzahl der eingeholten Angebote als Bezugsgröße verwendet werden. Weitere Beispiele für Bezugsgrößen finden sich in der folgenden tabellarischen Übersicht (*Franz*, Prozeßkostenrechnung, S. 129):

Art der Kostenstelle	Art der Bezugsgröße
Laboratorien	Anzahl Proben Anzahl Analysen
Einkauf	Anzahl bearbeiteter Angebote Anzahl Bestellungen Anzahl geprüfter Rechnungen
Materiallager oder Fertigwarenlager	Anzahl Zugänge Anzahl Abgänge Mengenmäßiger durchschnittlicher Lagerbestand Wertmäßiger durchschnittlicher Lagerbestand Beanspruchte Lagerfläche in m^2 Beanspruchter Lagerraum in m^3, ltr oder hltr
Materialprüfung	Anzahl Proben Anzahl Analysen
Finanzbuchhaltung	Anzahl Buchungen
Kalkulation	Anzahl Vorkalkulationen Anzahl Plankalkulationen Anzahl Nachkalkulationen
Betriebsabrechnung	Anzahl abgerechneter Kostenstellen
Lohnabrechnung	Anzahl Bruttolohnabrechnungen Anzahl Nettolohnabrechnungen
Schreibbüro	Anzahl DIN A 4-Seiten 1½ zeilig
Registratur	Anzahl Ablagen
Poststelle	Anzahl Postausgänge
Verkauf	Anzahl bearbeiteter Kundenaufträge
Fakturierung	Anzahl Rechnungen Anzahl Rechnungszeilen
Versand	Anzahl Versandaufträge
Datenverarbeitung	Anzahl Lochkarten Rechenzeit Tabellierzeilen

Direkte Bezugsgrößen für primäre Kostenstellen der indirekten Leistungsbereiche

Mit den Aktivitäten und den jeweils möglichen Bezugsgrößen sind die Grundlagen für die Bildung der Prozesse, dem Kernstück der Prozesskostenrechnung, geschaffen. Ein **Prozess** entsteht durch das kostenstellenübergreifende Zusammenfassen logisch zusammenhängender Aktivitäten (*Franz*, Prozeßkostenrechnung, S. 117). Das nachfolgende Schaubild zeigt, wie sich zum Beispiel die Aktivitäten „Arbeitspläne ändern", „NC-Programmierung" und „Prüfpläne ändern" der Kostenstellen Fertigungsplanung, -steuerung und Qualitätssicherung zum Prozess „Durchführung von Produktänderungen" zusammenfassen lassen (vgl. *Mayer*, Prozeßkostenrechnung, S. 309 f.):

Kostenstellen			**Prozess**
521 Fertigungsplanung	522 Fertigungssteuerung	523 Qualitätssicherung	Durchführung von Produktänderungen
Aktivitäten:	Aktivitäten:	Aktivitäten:	Aktivitäten:
521.1 Arbeitspläne erstellen	522.1 Fertigungsaufträge steuern	523.1 Prüfpläne erstellen	*521.2 Arbeitspläne ändern*
521.2 Arbeitspläne ändern	522.2 Materialbereitstellung	*523.2 Prüfpläne ändern*	*522.3 NC-Programmierung*
521.3 Arbeitspläne laufend pflegen	*522.3 NC-Programmierung*	523.3 Prüfpläne laufend pflegen	*523.2 Prüfpläne ändern*
521.4 Anpassung der Produktionsprogramme	522.4 Instandhaltungen einplanen	523.4 Qualitätsüberwachung	
521.5 Kostenstelle leiten	522.5 Kostenstelle leiten	523.5 Kostenstelle leiten	

Prozessbildung durch kostenstellenübergreifende Zusammenfassung von Aktivitäten

Die Aktivitäten unterliegen damit einer zweidimensionalen Zuordnung: Einerseits zu den Kostenstellen, in denen sie durchgeführt werden und andererseits zu den kostenstellenübergreifenden, an der betrieblichen Leistungserstellung orientierten Prozessen. Häufig können schon bei dieser Zuordnung kostenstellenbezogener Aktivitäten zu kostenstellenübergreifenden Prozessen Unwirtschaftlichkeiten im betrieblichen Ablauf erkannt werden, so dass sich ablauforganisatorische Veränderungen anbieten (*Horváth/Mayer*, Prozeßkostenrechnung, S. 216).

Bei der Bildung von Prozessen ist besonders darauf zu achten, dass sich Ressourceneinsatz und erbrachte Leistungen der zu einem Prozess zusammengefassten Aktivitäten (möglichst) proportional zu einer Bezugsgröße verhalten. Diese **Prozessbezugsgrößen** sind operationale Größen, die sowohl prozess- und damit kostenstellenbezogene Soll-Ist-Vergleiche (Kostenkontrollfunktion) als auch die Berechnung von Kostensätzen für die Kalkulation (Preisfestsetzungsfunktion) ermöglichen. Die Grundlage für die Ermittlung der Prozessbezugsgrößen bilden die schon zuvor ermittelten aktivitätsbezogenen Bezugsgrößen (s. S. 942 f.). Die Festlegung geeigneter Prozessbezugsgrößen ist stark von den jeweiligen firmenspezifischen Gegebenheiten abhängig. Es ist daher problematisch, über die allgemeinen Bezugsgrößenkriterien hinausgehende, eindeutige Kriterien für die Auswahl der passenden Prozessbezugsgrößen vorzugeben (vgl. *Coe-*

nenberg/Fischer, Prozeßkostenrechnung, S. 28; *Cooper,* Activity-Based Costing, S. 34 ff.). Die Identifikation und Auswahl geeigneter Prozessbezugsgrößen, die mit den prozessbezogenen Aktivitäten korrelieren, ist deshalb bei der Implementierung der Prozesskostenrechnung die Phase, die besondere Kreativität verlangt (*Göpfert/Rummel,* Activity Accounting, S. 5). Sie ist von zentraler Bedeutung, denn in dieser Phase werden die wichtigsten Kosteneinflussgrößen der Prozesse und damit die kostenrechnerische Orientierung der Prozesskostenrechnung bestimmt und operationalisiert. Für den oben betrachteten Prozess „Durchführung von Produktänderungen" kann beispielsweise die Anzahl der Produktänderungen als Prozessbezugsgröße verwendet werden.

In Analogie zur Zusammenfassung von Aktivitäten zu Prozessen lassen sich diese zu **Hauptprozessen** und **Prozessbereichen** verdichten. In der Abbildung unten ist diese Vorgehensweise zusammenfassend schematisch dargestellt.

Als Hauptprozesse bzw. Prozessbereiche können zum Beispiel Grundlagenforschung, Neueinführung von Produkten, Variation bestehender Produkte, allgemeine Leitungs- und Verwaltungsprozesse, Materialbeschaffung und -lagerung etc. angesehen werden. Durch die Zusammenfassung sachlich zusammengehörender Prozesse wird die Identifikation der zentralen, hinter den Prozessen stehenden Kosteneinflussfaktoren erleichtert und damit auch die Prozesskostenkalkulation (s. Teil B, Abschn. 7.3.6, S. 948 ff.) vereinfacht (*Coenenberg/Fischer,* Prozesskostenrechnung, S. 26). Die Bestimmung und Abgrenzung der einzelnen Prozesse, Hauptprozesse und Prozessbereiche sowie der zugehörigen Bezugsgrößen kann wegen der Verschiedenartigkeit der unternehmerischen Leistungserstellung nicht allgemein, sondern nur unternehmensindividuell erfolgen. Ziel dieser Vorgehensweise muss sein, unter Minimierung des kostenrechnerischen Ressourceneinsatzes den unternehmerischen Leistungserstellungsprozess in den indirekten Bereichen kostenrechnerisch transparent

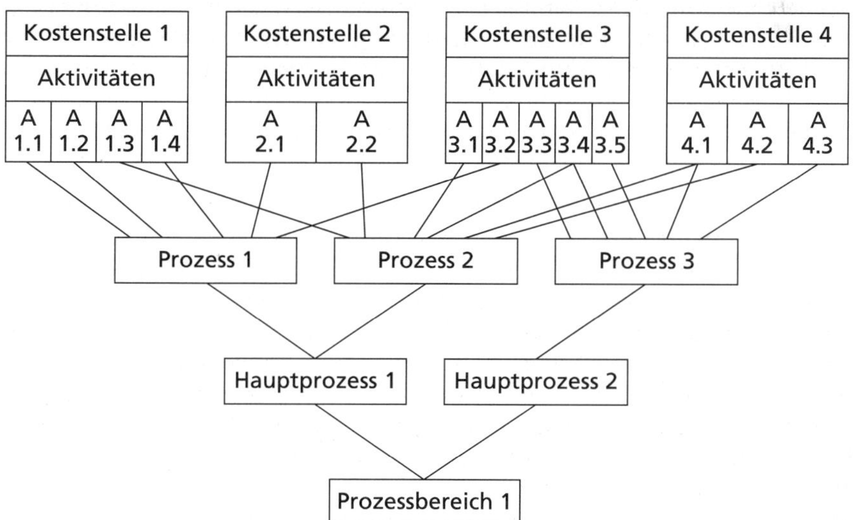

Verdichtung von Aktivitäten zu Prozessen, Hauptprozessen und Prozessbereichen

zu machen und den kalkulatorischen Bezug zu den direkt vermarktbaren Unternehmensleistungen herzustellen.

Die Strukturierung der indirekten Leistungsbereiche in Aktivitäten, Prozesse, Hauptprozesse und Prozessbereiche sowie die Ermittlung der zugehörigen Bezugsgrößen machen deutlich, dass bei der Prozesskostenrechnung formalisierbare repetitive Prozesse, deren Ergebnisse direkt quantitativ bestimmbar sind, im Mittelpunkt stehen. Hiervon sind die Prozesse abzugrenzen, deren Ergebnisse sich einer direkten Messung entziehen, wie beispielsweise Leitungs- und Stabsstellen (*Franz,* Prozeßkostenrechnung, S. 119). Aktivitäten und Prozesse, deren Ressourceneinsatz direkt mit der jeweiligen Leistungserstellung quantitativ korreliert ist und für die sich somit kardinale quantitative Bezugsgrößen ermitteln lassen, werden als **leistungsmengeninduziert** bezeichnet (z. B. Angebote einholen, Aufträge erteilen). Diesen stehen die **leistungsmengenneutralen** Aktivitäten und Prozesse gegenüber. Bei ihnen ist in der Regel die Leistungserstellung nicht kardinal quantitativ erfassbar oder es ergibt sich keine direkte mengenmäßige Korrelation zwischen Ressourceneinsatz und erstellter Leistung. Diese Differenzierung ist Grundlage des letzten Basisschritts der Prozesskostenrechnung – der Ermittlung der Planprozesskosten.

7.3.4 Planung der Prozesskosten

Nach der Identifikation geeigneter Prozessbezugsgrößen müssen für die **leistungsmengeninduzierten Prozesse** die Ausprägungen der Bezugsgrößen festgelegt werden, die als Grundlage für die Kostenplanung dienen sollen. Diese werden als **Planprozessmengen** bezeichnet. Die Vorgehensweise hierbei entspricht der Festlegung der Planbeschäftigung bei der Plankostenrechnung (vgl. Teil B, Kap. 6., S. 928 ff.). Für die Festlegung der Planprozessmengen gilt *Gutenbergs* „Ausgleichsgesetz der Planung“, d. h. die Planprozessmengen sind nicht entsprechend der Maximal-, Normal- oder Optimalkapazitäten zu bestimmen, sondern aus den Leistungsanforderungen der Engpassbereiche abzuleiten (*Horváth/Mayer,* Prozeßkostenrechnung, S. 217). Ergibt die Planung beispielsweise, dass in der folgenden Betrachtungsperiode 150 Produktänderungen zu erwarten sind, beträgt die Planprozessmenge des schon betrachteten Prozesses „Durchführung von Produktänderungen“ 150.

Auf der Basis der Planprozessmengen sind nun die **Planprozesskosten** analytisch zu ermitteln. Für jeden Prozess sind auf der Grundlage der Planprozessmenge alle Kostenarten mit Hilfe technisch-kostenwirtschaftlicher Analysen originär zu planen (*Horváth/Mayer,* Prozeßkostenrechnung, S. 217). Aus Wirtschaftlichkeitsgründen kann es angebracht sein, Kosten von untergeordneter Bedeutung (z. B. Büromaterialkosten, Beleuchtungskosten etc.) mit pauschalen Zuschlagssätzen auf die Prozesskosten zu verrechnen. Die **leistungsmengenneutralen Prozesse** sind kaum analytisch planbar und werden daher in der Regel **budgetiert,** d. h. die Plankosten werden pauschal vorgegeben (vgl. Teil B, Abschn. 6.1, S. 929 ff.).

7.3.5 Prozesskostenkontrolle

Mit der Ermittlung der Planprozesskosten sind die Voraussetzungen für die Kontrolle der Prozesskosten und damit die Kostenkontrolle in den indirekten Leistungsbereichen gegeben. Die Prozesskostenrechnung ermöglicht zwei Arten der **Kostenkontrolle:**

(1) Kostenstellenbezogene Kostenkontrolle durch Soll-Ist-Vergleich der jeweiligen Kostenarten.

(2) Prozessbezogene Kostenkontrolle durch Soll-Ist-Vergleich der Prozesskosten.

Die **kostenstellenbezogene** Kontrolle erfolgt entsprechend der Kostenkontrolle in der Plankostenrechnung. Insofern wird hier auf die dortigen Ausführungen, insbesondere zur flexiblen Plankostenrechnung (s. Teil B, Abschn. 6.2, S. 931 ff.) und zur Grenzplankostenrechnung (s. Teil B, Abschn. 6.3, S. 933 f.) verwiesen. Die Vorgehensweise bei der **prozessbezogenen Kontrolle** entspricht der auf die Kostenstellen bezogenen Kontrolle bis auf den Unterschied, dass hier die Kosten der an der unternehmerischen Leistungserstellung orientierten Prozesse Gegenstand der Soll-Ist-Vergleiche sind. Darstellung, Vergleich und anschließende Abweichungsanalyse der prozessbezogenen Kosten ermöglichen es,

- ablaufbedingte Kostenschwerpunkte zu erkennen und
- Unwirtschaftlichkeiten direkt in den Prozessen der unternehmerischen Leistungserstellung aufzuzeigen.

Da nur bereichs- bzw. kostenstellenübergreifende Maßnahmen sowie die Verantwortungsübertragung für einen gesamten Prozess dessen Gestaltung und Effizienz gezielt beeinflussen können, ergibt sich die Notwendigkeit – ähnlich dem Leiter einer Kostenstelle – die Position eines **Prozessverantwortlichen** (Process Owner) zu schaffen (*Striening*, Prozeßmanagement, S. 327), der für den Ablauf und die Effizienz eines oder mehrerer Prozesse verantwortlich ist. Die Einführung von Prozessverantwortlichen schafft die Möglichkeit, partikulare kostenstellenbezogene Interessen zu überwinden und so den gesamten Leistungserstellungsprozess und die unternehmerische Zielerreichung zu optimieren.

Ob prozessbezogener oder kostenstellenbezogener Soll-Ist-Vergleich, in jedem Fall ist der **Vollkostencharakter der Prozesskosten** zu beachten. Eine Abweichung zeigt zunächst nur eine Differenz zwischen geplantem und realisiertem monetär bewerteten Ressourceneinsatz an. Verantwortlich ist der Kostenstellenleiter bzw. Prozessverantwortliche nur, soweit er Einfluss auf die entstandenen Kosten – zum Beispiel durch veränderten Personaleinsatz oder Überstunden – nehmen konnte. Vor allem bei zurückgehenden Prozessmengen sind den Möglichkeiten zur Beeinflussung der Kosten wegen des zumeist hohen Personalkostenanteils in den indirekten Bereichen und den damit zusammenhängenden vertraglichen Bindungen enge Grenzen gesetzt. Soweit Soll-Ist-Abweichungen durch Kostenremanenzen verursacht werden, sind sie als Beschäftigungsabweichungen zu interpretieren und zeigen Leerkosten auf, die durch nicht genutzte Kapazitäten verursacht werden. Diese weisen auf die Notwendigkeit zur Überprüfung des Ressourceneinsatzes hin und zeigen an, wo Kapazitäten angepasst werden sollten und die Effizienz gesteigert werden kann (vgl. *Horváth/Mayer*, Prozeßkostenrechnung, S. 218).

Ein weiterer Schwerpunkt der Prozesskostenkontrolle ist es, den Blick auf die Prozesse zu richten, die keinen direkten betrieblichen Wertzuwachs bewirken, wie beispielsweise die Lagerhaltung. Das Ziel ist dabei, diese sog. Nonvalue-Prozesse soweit wie möglich durch Rationalisierung bzw. Produktivitätsfortschritte einzuschränken oder gar gänzlich zu vermeiden (*Franz*, Prozeßkostenrechnung, S. 123).

7.3.6 Kalkulation in der Prozesskostenrechnung

Mit der Ermittlung der Planprozesskosten wurden die Voraussetzungen nicht nur für die Kostenkontrolle, sondern auch für die **Kalkulation** in der Prozesskostenrechnung geschaffen. Die Durchführung der Kalkulation erfolgt in zwei Schritten: Zuerst werden mit Hilfe von **Prozesskostensätzen** die Kosten der leistungsmengeninduzierten Prozesse verrechnet. In einem weiteren Schritt erfolgt dann die **Umlage** der übrigen betrieblichen Kosten bzw. der Kosten der leistungsmengenneutralen Prozesse.

7.3.6.1 Kalkulation mit Prozesskostensätzen

Zunächst werden für alle **leistungsmengeninduzierten Prozesse** die zugehörigen **Prozesskostensätze** ermittelt. Dazu werden für jeden Prozess die ermittelten (Plan-)Prozesskosten durch die zugehörigen (Plan-)Prozessmengen dividiert.

$$\text{Prozesskostensatz} = \frac{\text{Prozesskosten}}{\text{Prozessmenge}} = \text{Kosten je Prozessbezugsgrößeneinheit}$$

Werden beispielsweise für den Prozess „Durchführung von Produktänderungen" für eine Prozessmenge von 150 Produktänderungen Prozesskosten von 45.000 ermittelt, so ergibt sich ein Prozesskostensatz (s_{Pr}) von:

$$s_{Pr} = \frac{45.000 \text{ GE}}{150 \text{ Produktänderungen}} = 300 \text{ GE/Produktänderung}$$

Mit Hilfe dieser Kostensätze werden die Kosten der einzelnen Prozesse auf die Kalkulationsobjekte (z. B. Produkte, Produktvarianten, Produktgruppen, Kunden, Aufträge etc.) verrechnet. Jedes Kalkulationsobjekt wird entsprechend seiner Inanspruchnahme eines Prozesses anteilig mit den dabei entstehenden Kosten belastet. Dazu wird der Prozesskostensatz mit der kalkulationsobjektbezogenen Prozessmenge multipliziert. Verursacht zum Beispiel die Hereinnahme eines Kundenauftrages drei Produktänderungen, so sind bei einem Prozesskostensatz von 300 GE diesem Auftrag 900 GE für die Durchführung von auftragsspezifischen Produktänderungen zuzurechnen.

Häufig kann kein direkter Zusammenhang zwischen den Prozessen der indirekten Leistungsbereiche, deren Kosten und den jeweiligen Kalkulationsobjekten hergestellt werden. Beispielsweise kann die Menge der eingeholten Angebote im Einkauf sowohl von der Anzahl der Produkte bzw. deren Varianten als auch von den jeweiligen Produktionsvolumen abhängen. Die Prozessbezugsgröße „Anzahl der eingeholten Angebote" ermöglicht nun keine direkte verursachungsgerechte Verrechnung der durch die Bestellungen verursachten Kosten auf die einzelnen Produkte. Für diesen Fall wird in der Literatur eine **Variantenkalkulation** vorgeschlagen (*Hieke*, Deckungsbeitragsrechnung, S. 20 f.): Auf der Basis einer vorgegebenen Produkt- und Mengenstruktur (z. B. 3 Varianten mit insgesamt 10.000 Einheiten) wird für jeden Prozess der prozentuale Anteil der Planprozessmenge geschätzt, der variantenabhängig bzw. volumenabhängig entsteht (z. B. 70 % variantenabhängig und 30 % volumenabhängig für den Prozess „Angebote einholen"). Anschließend werden produktbezogene, varianten- bzw. volumenabhängige Verrechnungssätze gebildet. Den **volumenabhängigen Verrechnungssatz** (s_{vol}) erhält man, wenn die volumenabhängigen Prozesskosten (Prozessmenge × Prozesskostensatz × volumenabhängiger Anteil) durch das gesamte Volumen aller Varianten dividiert werden:

$$s_{vol} = \frac{\text{Prozessmenge} \times \text{Prozesskostensatz} \times \text{volumenabhängiger Anteil}}{\text{Volumen aller Varianten}}$$

Für das oben begonnene Beispiel mit 3 Varianten, einem Gesamtvolumen von 10.000 Einheiten und 30 % volumenabhängiger Kosten des Prozesses „Angebote einholen" ergibt sich bei einer Prozessmenge von 1.200 und einem Prozesskostensatz von 250 ein volumenabhängiger Verrechnungssatz von:

$$s_{vol} = \frac{1.200 \times 250 \times 0{,}3}{10.000} = 9 \text{ GE/Stck.}$$

Der **variantenabhängige Verrechnungssatz** (s_{var}) wird entsprechend ermittelt, indem die variantenabhängigen Prozesskosten (Prozessmenge × Prozesskostensatz × variantenabhängiger Anteil) durch das Produkt aus Anzahl der Varianten und dem Volumen der jeweils betrachteten Variante dividiert werden:

$$s_{var_i} = \frac{\text{Prozessmenge} \times \text{Prozesskostensatz} \times \text{variantenabhängiger Anteil}}{\text{Anzahl der Varianten} \times \text{Volumen der jeweiligen Variante i}}$$

Bei Weiterführung des Beispiels ergibt sich für ein Produkt der Variante A bei einem Variantenvolumen von 8.000 Stück ein variantenbezogener Verrechnungssatz von:

$$s_{var} = \frac{1.200 \times 250 \times 0{,}7}{3 \times 8.000} = 8{,}75 \text{ GE/Stck.}$$

Anschließend werden für jede Variante die produktbezogenen varianten- und volumenabhängigen Verrechnungssätze addiert. Damit ist der Teil der Kosten eines Prozesses, der auf ein Produkt einer Variante entfällt, bestimmt. Nachfolgend wird die Variantenkalkulation in Weiterführung des Beispiels mit drei Varianten und zwei weiteren Prozessen „Bestellungen aufgeben" und „Reklamationen bearbeiten" zusammenfassend dargestellt (Horváth/Mayer, Prozeßkostenrechnung, S. 218):

Prozesse	Planprozessmengen	Prozesskostensatz	produktionsvolumenabhängige Prozessmenge	variantenzahlabhängige Prozessmenge	Variante A 8000 Einheiten	Variante B 1500 Einheiten	Variante C 500 Einheiten
Angebote einholen	1.200	250,00	30 %	70 %	9,00 + 8,75	9,00 + 46,67	9,00 + 140,00
Bestellungen aufgeben	3.500	20,00	0 %	100 %	0 + 2,92	0 + 15,56	0 + 46,67
Reklamationen bearbeiten	100	1.000,00	100 %	0 %	10,00 + 0	10,00 + 0	10,00 + 0
Summe	–	–	–	–	30,67	81,23	205,67

Variantenkalkulation: Zurechnung von Prozesskosten auf Varianten

Das Vorgehen der Variantenkalkulation mit ihrer auf **Schätzungen** basierenden Verteilung der Prozesskosten ist zumindest aus theoretischer Sicht problematisch, da nicht zwingend verursachungsgerecht. Dennoch erweist sich dieser Ansatz im Vergleich zu den traditionellen, zuschlagsorientierten Verfahren der Gemeinkostenverrechnung als geeignet, mit relativ geringem Aufwand Kosteninformationen höherer Aussagekraft zu erhalten.

7.3.6.2 Behandlung der Kosten leistungsmengenneutraler Prozesse

Bei leistungsmengenneutralen Prozessen (s. Teil B, Abschn. 7.3.4, S. 946 f.) lässt sich kein direkter quantitativer Zusammenhang zwischen den Prozesskosten und den Kalkulationsobjekten herstellen; dennoch sind sie für den unternehmerischen Leistungserstellungsprozess unverzichtbar (z. B. Leistungsfunktionen, Stabsstellen etc.). Für die Behandlung der Kosten dieser Prozesse bieten sich zwei Möglichkeiten:

(1) Die Kosten der leistungsmengenneutralen Prozesse werden wie bei der traditionellen Gemeinkostenverrechnung mit **prozentualen Zuschlagssätzen** auf die Produkte bzw. Kalkulationsobjekte verrechnet. Es wird vorgeschlagen, für diesen Fall die Kosten der leistungsmengenneutralen Prozesse proportional zum Verhältnis der Prozesskosten leistungsmengeninduzierter Prozesse umzulegen (*Horváth/Mayer*, Prozeßkostenrechnung, S. 217). Der Umlagesatz zur Abdeckung der leistungsmengenneutralen Prozesskosten ergibt sich aus dem Gesamtverhältnis der leistungsmengenneutralen (lmn) Prozesskosten zu den leistungsmengeninduzierten (lmi) Prozesskosten:

$$\text{Umlagesatz} = \frac{\text{(lmn) Prozesskosten}}{\text{(lmi) Prozesskosten}}$$

Dieses Vorgehen soll an folgendem Beispiel verdeutlicht werden (vgl. *Coenenberg/Fischer*, Prozeßkostenrechnung, S. 30). Den (lmn) Prozesskosten in Höhe von

40.000 stehen (lmi) Prozesskosten von insgesamt 500.000 gegenüber. Es ergibt sich daher ein Umlagesatz von:

$$\text{Umlagesatz} = \frac{40.000}{500.000} = 0{,}08 \triangleq 8\,\%$$

Prozesse	Prozess-kosten	Prozess-mengen	Prozess-kostensatz (lmi)	Umlagever-rechnungs-satz (lmn)	Gesamt-prozess-kostensatz
Angebote bearbeiten (lmi)	300.000	1.200	250,00	20,00	270,00
Bestellungen durchführen (lmi)	70.000	3.500	20,00	1,60	21,60
Material prüfen (lmi)	130.000	100	1.300,00	104,00	1404,00
Abteilung leiten (lmn)	40.000	–	–	–	–

Umlage der Kosten leistungsmengenneutraler Prozesse

Dem Vorteil der leichten Anwendbarkeit dieser Methode stehen als Nachteil alle Mängel der Vollkostenrechnung (s. Teil B, Abschn. 4.1, S. 891 ff.), insbesondere die Schlüsselung der Fixkosten gegenüber. Dieser Nachteil wird auch durch das Argument, dass die Prozesskostenrechnung ein Instrument zur strategischen, d. h. langfristigen Kalkulation ist und langfristig die Kapazitäten und damit fast alle Kosten als variabel zu gelten haben (*Horváth/Mayer*, Prozeßkostenrechnung, S. 216), nur sehr bedingt relativiert.

(2) Die zweite Möglichkeit zur Behandlung der Kosten leistungsmengenneutraler Prozesse besteht darin, diese Kosten in einer **Sammelposition** zusammenzufassen. Damit könnten alle im Unternehmen erhobenen prozessorientierten Kosteninformationen unverfälscht ausgewiesen werden. Bei entsprechendem Informationsbedarf könnten zusätzlich Vollkosten ausgewiesen werden. Dazu werden die gesamten Kosten der Sammelposition durch einen prozentualen Zuschlag auf die Gesamtsumme der bereits produktspezifisch vorliegenden Einzel- und Prozesskosten verteilt (*Coenenberg/Fischer*, Prozeßkostenrechnung, S. 30 f.).

Wird die Kalkulation ausschließlich mit Prozesskostensätzen durchgeführt, wird sie als **prozessspezifische Kalkulation** bezeichnet. Sie ist der theoretische Modellfall, da für Prozesse, die nicht durch repetitive Vorgänge, sondern kreative Tätigkeiten (z. B. Leitungsfunktionen) gekennzeichnet sind, eine verursachungsgerechte Kostenverteilung auf die Kalkulationsobjekte (Produkte) nicht möglich ist. Von **prozessorientierter Zuschlagskalkulation** wird gesprochen, wenn die Prozesskosten mit pauschalen aber nach Prozessen spezifizierten Zuschlagssätzen auf eine Wertbasis zugerechnet werden. Erfolgt eine Mischung beider Verfahren, wobei wichtige Prozesse mit Prozesskostensätzen und weniger bedeutende mit Zuschlagssätzen verrechnet werden, so wird diese Vorgehensweise als **kombinierte prozessorientierte Kalkulation** bezeichnet.

Insgesamt beurteilt kommt die Prozesskostenrechnung mit ihrem Kernanliegen, die Analyse der anfallenden Gemeinkosten durch eine prozessorientierte Kostenrechnung zu verbessern, zweifellos den Anforderungen der Praxis entgegen. Entsprechend der Komplexität und Differenzierung heutiger Produktionsprogramme können durch die verursachergerechtere Zurechnung der Gemeinkosten wichtige Informationen für mittel- bis langfristige Entscheidungen bereitgestellt werden.

Auch **empirisch** findet dieser Sachverhalt offenbar seine Bestätigung. Den Ergebnissen einer Unternehmensbefragung zufolge, die allerdings bereits mehr als zehn Jahre zurückliegend für die Jahre 1997–1998 durchgeführt wurde, verbesserten sich durch Einführung der Prozesskostenrechnung vor allem die Kostentransparenz sowie die Qualität der Produktkalkulation (Note 1,57 bzw. 1,22 auf einer von – 2 (starke Verschlechterung) bis + 2 (starke Verbesserung) reichenden Skala) (*Stoi*, Prozeßkostenmanagement, S. 95 f.).

Die im Einzelnen angezeigten Kostenabhängigkeiten sind jedoch oft weder empirisch noch theoretisch nachgewiesen, was bei der Anwendung zu Verstößen gegen das Verursachungsprinzip führen kann. Zudem muss in der Ausgestaltung als Vollkostenrechnung ein Rückschritt gegenüber traditionellen Kostenrechnungssystemen, wie der Grenzplankostenrechnung, gesehen werden. Nicht zuletzt ist auch die Vernachlässigung der Marktorientierung durch die Prozesskostenrechnung kritisch zu sehen, weshalb eine Verbindung mit dem Konzept des Target Costing vorgeschlagen wird.

Übungsbeispiel:

Ein Unternehmen plant die Herstellung eines Produktes, das in zwei Varianten (A und B) gefertigt werden soll. Insgesamt geplant ist 1.500 Einheiten (E) der Variante A und 8.500 E der Variante B zu fertigen.

Um aussagefähigere Informationen zu erhalten, will die Unternehmensleitung eine Kalkulation auf Basis eines prozessorientierten Ansatzes durchführen. Hierzu wurde eine Funktionsanalyse der indirekten Leistungsbereiche zur Identifikation von Prozessen durchgeführt, die Folgendes ergab:

Prozess	Planprozess-menge	Plangesamt-prozesskosten	volumen-abhängig	varianten-abhängig
Beschaffung	2.000	100.000	60 %	40 %
Fertigung	2.700	165.000	50 %	50 %
Auftragsbearbeitung	1.000	25.000	20 %	80 %
Reklamation	400	10.000	100 %	0 %
Unternehmensleitung	–	24.000	–	–

a) Berechnen Sie die leistungsmengeninduzierten Plan-Prozesskostensätze.

b) Ermitteln Sie die Gesamtprozesskostensätze. Unterstellen Sie hierzu, dass die Kosten des leistungsmengenneutralen Prozesses im Verhältnis zu den Kosten der leistungsmengeninduzierten Prozesse verteilt werden.

c) Bestimmen Sie die Stückkosten für die Varianten A und B, die in den indirekten Leistungsbereichen anfallen.

Lösung:

a) Berechnung der leistungsmengeninduzierten Plan-Prozesskostensätze:

- Prozesskostensatz = $\frac{\textit{Prozesskosten}}{\textit{Prozessmenge}}$ = *Kosten je Prozessbezugsgrößeneinheit*

– Beschaffung (100.000/2.000) = 50,00
– Fertigung (165.000/2.700) = 61,11
– Auftragsbearbeitung (25.000/1.000) = 25,00
– Reklamation (10.000/ 400) = 25,00

Der Prozess „Unternehmensleitung" ist leistungsmengenneutral.

b) Berechnung der Gesamtprozesskostensätze:

- Umlagesatz = $\frac{\textit{Kosten lmn} - \textit{Prozess}}{\sum \textit{Kosten lmi} - \textit{Prozess}} = \frac{24.000}{300.000} = 0{,}08 \Rightarrow 8\,\%$

Hiermit ergeben sich folgende Gesamtprozesskostensätze:
– Beschaffung (50,00 × 1,08) = 54,00
– Fertigung (61,11 × 1,08) = 66,00
– Auftragsbearbeitung (25,00 × 1,08) = 27,00
– Reklamationen (25,00 × 1,08) = 27,00

c) Berechnung der volumen- und variantenabhängigen Verrechnungssätze:

- volumenabhängiger Verrechnungssatz

$$S_{vol} = \frac{\textit{Prozessmenge} \times \textit{Prozesskostensatz} \times \textit{volumenabhängiger Anteil}}{\textit{Volumen aller Varianten}}$$

- variantenabhängiger Verrechnungssatz

$$S_{var_i} = \frac{\textit{Prozessmenge} \times \textit{Prozesskostensatz} \times \textit{volumenabhängiger Anteil}}{\textit{Anzahl der Varianten} \times \textit{Volumen der jeweiligen Varianten } i}$$

Prozess	volumenabhängige Verrrechnungssätze	variantenabhängige Verrechnungssätze	
		Variante A	Variante B
Beschaffung	64.800/10.000 = 6,48	43.200/3.000 = 14,40	43.200/17.000 = 2,54
Fertigung	89.100/10.000 = 8,91	89.100/3.000 = 29,70	89.100/17.000 = 5,24
Auftragsbearbeitung	5.400/10.000 = 0,54	21.600/3.000 = 7,20	21.600/17.000 = 1,27
Reklamation	10.800/10.000 = 1,08	0	0

Stückkosten:

Variante A:			Variante B:		
6,48	+	14,40 = 20,88	6,48	+	2,54 = 9,02
8,91	+	29,70 = 38,61	8,91	+	5,24 = 14,15
0,54	+	7,20 = 7,74	0,54	+	1,27 = 1,81
1,08	+	0 = 1,08	1,08	+	0 = 1,08
		Σ = **68,31**			Σ = **26,06**

Ergänzende Literatur zu: 7.3 Prozesskostenrechnung

Coenenberg/Fischer, Prozeßkostenrechnung, S. 21–38
Coenenberg/Fischer/Günther, Kostenrechnung, S. 144–170
Cooper/Kaplan, Measure Costs Right, S. 96–103
Ewert/Wagenhofer, Interne Unternehmensrechnung, S. 265–280
Fandel/Fey/Heuft/Pitz, Kostenrechnung, S. 369–408
Franz, Prozeßkostenrechnung, S. 110–136
Freidank, Kostenrechnung, S. 367–385
Friedl, Kostenrechnung, S. 391–437
Friedl/Hofmann/Pedell, Kostenrechnung, S. 443–484
Götze, Kostenrechnung, S. 217–242
Horváth, Controlling, S. 488–503
Horváth/Mayer, Prozeßkostenrechnung S. 214–219
Mayer, Prozeßkostenrechnung, S. 307–312
Michel/Torspecken/Jandt, Kostenrechnung 2, S. 248–314
Schweitzer/Küpper, Kosten- und Erlösrechnung, S. 352–388

7.4 Zielkostenmanagement (Target Costing)

7.4.1 Zielsetzung und Anwendungsbereiche

Zentrales Anliegen des auch als **Target Costing** bezeichneten Zielkostenmanagements ist es, eine frühzeitige und umfassende **Marktorientierung** der Kostenplanung, -steuerung und -kontrolle zu erreichen. Der Ansatz stammt aus der japanischen Unternehmenspraxis der Kostenschätzung (japanisch: „genka kikaku") und hat in den letzten Jahren weltweit Beachtung gefunden. Die ersten Beispiele für die Anwendung dieses Instruments des **Kostenmanagements** in westlichen Unternehmen finden sich in wettbewerbsintensiven Segmenten, die durch kürzer werdende Produktlebenszyklen gekennzeichnet sind, wie zum Beispiel die Automobil- oder die Elektronikindustrie (*Horváth*, Controlling, S. 479). Dies entspricht der Zielsetzung des Target Costing, das in erster Linie zur unternehmensinternen Umsetzung der Marktorientierung in wettbewerbsintensiven Märkten konzipiert wurde. Aus strategischer Sicht stellt das Target Costing primär ein Instrument zur Entscheidungsunterstützung im Rahmen einer Differenzierungsstrategie dar (*Ewert/Wagenhofer*, Interne Unternehmensrechnung, S. 281).

Im Folgenden sollen nicht die gleichermaßen gebräuchlichen Bezeichnungen Target Costing oder Zielkosten**rechnung** verwendet werden. Stattdessen wird von Zielkosten**management** gesprochen, um deutlich zu machen, dass es sich nicht um ein Kostenrechnungsverfahren im engeren Sinne handelt, sondern um die Ergänzung bekannter Kostenrechnungssysteme um einen **strategischen** Ansatz, der mittels einer verstärkten Wettbewerbsorientierung die Kunden bzw. die Konkurrenz von Anfang an in das Kostenmanagement einbezieht.

Anwendung findet das **Zielkostenmanagement** insbesondere in der **Konzeptions- und Entwicklungsphase** eines Produkts, da in diesem frühen Stadium der wirkungsvollste Beitrag zur Erzielung kostenoptimierter Produkte und Prozesse geleistet werden kann (*Horváth/Niemand/Wolbold*, Target Costing, S. 5). Dies liegt darin begründet, dass bei modernen Produktionssystemen bereits in der Entwicklungsphase eines Produkts bis zu 70 % der Selbstkosten und bis zu 90 % der Lebenszykluskosten festgelegt werden (*Schweitzer/Küpper*, Kosten- und Erlösrechnung, S. 726). Durch den frühzeitigen Einsatz des Zielkostenmanagements wird der Unterschied zu den klassischen Kostenrechnungssystemen deutlich, da diese eine Entwicklung nur ex-post überprüfen und so nicht zur Fehlervermeidung im Vorfeld beitragen können. Das Zielkostenmanagement kann auch zur Optimierung bestehender Prozesse und Leistungsbereiche eingesetzt werden, wobei durch die Verbindung mit der Prozesskostenrechnung die indirekten Leistungsbereiche in den Vordergrund treten.

Grundsätzlich ist das Zielkostenmanagement überall dort anzuwenden, wo nicht (mehr) die Frage „Was **wird** ein Produkt kosten?" im Mittelpunkt des Interesses steht, sondern die Frage „Was **darf** ein Produkt kosten?" (*Seidenschwarz*, Target Costing, S. 199). Als **Zielkosten** werden demgemäß die Kosten bezeichnet, die das Produkt kosten **darf**. Eine solche Orientierung des Kostenmanagements reflektiert den Wandel vom Anbietermarkt hin zum Nachfragermarkt.

7.4.2 Bestimmung der Zielkosten

Zur Herleitung der Zielkosten existieren in der Praxis verschiedene Methoden, die im Folgenden kurz dargestellt werden sollen (*Seidenschwarz*, Target Costing, S. 199):

(1) **Market into Company**

Auf der Basis von Datenerhebungen der Marktforschung wird der aus Sicht der Nachfrager höchstmögliche Verkaufspreis ermittelt, zu dem das Produkt erfolgreich abgesetzt werden kann. Die Zielkosten werden durch Subtraktion retrograd abgeleitet:

$$\text{Zielkosten} = \text{erwarteter Verkaufspreis} - \text{angestrebter Zielgewinn}$$

Die Herleitung der Zielkosten aus dem erwarteten Marktpreis stellt den „Normalfall" des Zielkostenmanagements dar. Dabei verliert der Zielgewinn im Gegensatz zur Zuschlagskalkulation seine Pufferfunktion für einen eventuell niedrigeren Verkaufspreis. So wird sichergestellt, dass ein **realistisch** geplanter Erfolg auch tatsächlich erreicht wird.

(2) **Out of Company**

Bei dieser Methode werden die Zielkosten aus konstruktions- und fertigungstechnischen Eigenschaften des Produkts sowie firmeninternen Erfahrungswerten hergeleitet. Die Marktorientierung ist also nicht unmittelbar sichergestellt.

(3) **Into and out of Company**

Bei diesem Ansatz werden die beiden ersten Methoden miteinander kombiniert. Damit erfolgt eine frühzeitige Abstimmung von externer (Marktanforderungen) und interner (Unternehmensmöglichkeiten) Perspektive mit dem Ziel einer Erhöhung der Prognosesicherheit der Zielkosten.

(4) **Out of Competitor**

Im Rahmen dieser Herleitung der Zielkosten wird die Konkurrenz beobachtet und die eigene Kostenstruktur an der der Mitbewerber gemessen. Es besteht somit ein indirekter Marktbezug. Üblicherweise besteht eine Verknüpfung dieser Methode mit dem Konzept des Benchmarking.

(5) **Out of Standard Costs**

Die Zielkosten werden durch Senkungsabschläge auf die eigenen Standardkosten bestimmt, d. h. es besteht wie bei (2) keine unmittelbare Marktorientierung.

Obwohl die Methode des „Market into Company" als die Reinform des Zielkostenmanagements bezeichnet werden kann (*Seidenschwarz*, Target Costing, S. 199), ist sie theoretisch nicht unangreifbar. So ergeben sich bereits bei der Ermittlung des Verkaufspreises Schwierigkeiten, da dieser nicht über die gesamte Lebensdauer des Produkts konstant bleibt und in hohem Maße von der Preispolitik der Konkurrenz beeinflusst wird (*Ewert/Wagenhofer*, Interne Unternehmensrechnung, S. 282 f.). Die Preispolitik der Wettbewerber wird aber vornehmlich von deren Kostenstrukturen determiniert und so erscheint auch eine Orientierung an den Kostenstrukturen der Konkurrenz (Out of Competitor) gerechtfertigt. Ebenso problematisch ist die Bestimmung des **Zielgewinns**, der allenfalls aus unternehmensinternen Normen, wie dem angestrebten Return on Investment oder dem Return on Sales, abgeleitet werden kann.

Neben dem Kriterium der Marktorientierung ist bei der Einsetzbarkeit der einzelnen Methoden auch nach der Art des geplanten Produkts zu differenzieren (*Horváth/Seidenschwarz*, Zielkostenmanagement, S. 144):

Art der Zielkosten-bestimmung	Markt-orientierung	Einsetzbarkeit für innovatives Neuprodukt	Einsetzbarkeit für Marktstandard-produkt
Market into Company	sichergestellt	empfehlenswert	möglich
Out of Company	möglich	möglich	möglich
Into and out of Company	möglich	möglich	möglich
Out of Competitor	sichergestellt (indirekt)	nicht möglich	empfehlenswert
Out of Standard Costs	möglich	möglich	möglich

Arten der Zielkostenbestimmung

Auf Basis der Entscheidung für eine der obigen Vorgehensweisen sind die konkreten Zielkosten für das ganze Produkt zu ermitteln. Liegen sie unter den prognostizierten Standardkosten („Drifting Costs"), müssen **Kosteneinsparungen** verwirklicht werden, um das Produkt konkurrenzfähig zu machen bzw. zu halten.

7.4.3 Festlegung von Zielkostenanteilen

Als konkrete Vorgabe für das weitere Kostenmanagement sind die Zielkosten für das gesamte Produkt zu pauschal. Daher werden in einem zweiten Schritt konkrete Kostenvorgaben für einzelne Komponenten definiert, was eine praktikable (Ziel-)**Kostenspaltung** notwendig macht (*Friedl/Hofmann/Pedell*, Kostenrechnung, S. 499–506). Im Folgenden soll von der Bestimmung der Zielkosten nach der Methode „Market into Company" ausgegangen werden.

Die Problematik einer solchen Zurechnung der vom Markt „erlaubten" Kosten auf einzelne Komponenten des Produkts liegt darin, dass die vom Markt wahrgenommenen Funktionen nicht unmittelbar den einzelnen Komponenten des Produkts entsprechen. So nimmt der Abnehmer häufig eine gelungene Kombination der einzelnen Komponenten als Qualitätsmerkmal wahr, ohne dadurch direkt die Bedeutung der einzelnen Komponenten zu bewerten. Als Beispiel hierfür kann ein subjektiv empfundenes Sicherheitsgefühl im Fahrzeug angeführt werden, das nicht unmittelbar auf einzelne Komponenten (ABS, Gurtstraffer, übersichtliche Armaturen etc.) zurückgeführt werden kann. Die Wertschätzung seitens des Marktes kann daher nur anhand der von den Nachfragern wahrgenommenen **Produktfunktionen** ermittelt werden. Diese werden allgemein unterschieden in harte Funktionen, die sich auf die technische Leistung beziehen, und weiche Funktionen, die die Benutzerfreundlichkeit reflektieren (*Freidank*, Kostenrechnung, S. 387).

Im Rahmen der Kostenspaltung müssen zunächst die subjektiv von den Kunden empfundenen relevanten Produktfunktionen durch die Marktforschung ermittelt werden. Ein Beispiel für eine solche Untersuchung der von den Kunden wahrgenommenen Funktionen des Produkts ist ein Projekt der AUDI AG, bei dem die wichtigsten Fahrzeugeigenschaften erhoben wurden. Als Ergebnis einer umfangreichen Befragung ergaben sich die folgenden aus Kundensicht bedeutenden Merkmale bzw. Funktionen (vgl. *Deisenhofer*, Kostenplanung, 1993, S. 103):

- Qualität/Zuverlässigkeit
- Komfort
- Styling/Prestige
- Preiswürdigkeit
- Alltagstauglichkeit
- Wiederverkaufswert
- Lebensdauer Motor
- fortschrittliche Technik
- Fahreigenschaften
- Raumangebot
- Bedienung
- Agilität
- Dauer-/Reisegeschwindigkeit
- Insassensicherheit
- umweltfreundliche Technik
- Reparatur-/Wartungskosten

In einem weiteren Schritt sind solche Funktionen nach ihrer Bedeutung beim Kunden zu gewichten, um die Wertschätzung ermitteln zu können, die der Kunde jeder einzelnen Funktion des Produkts entgegenbringt. Als Instrument hierzu wird üblicherweise die **Conjoint-Analyse** vorgeschlagen (*Horváth/Seidenschwarz*, Zielkostenmanagement, S. 145), die im Gegensatz zu den Kompositionsverfahren steht, bei denen die einzelnen Produktfunktionen isoliert bewertet und dann zu einer Gesamtbewertung aggregiert werden. Bei der Conjoint-Analyse werden alle Funktionen simultan betrachtet. Im Rahmen eines multivariaten Untersuchungsansatzes werden wesentliche Produktfunktionen ausgewählt und durch technisch und wirtschaftlich realisierbare Kombinationen zu fiktiven Produkten zusammengesetzt. Diese werden von den Nachfragern bewertet und in eine Rangfolge gebracht, die ihre Präferenzen repräsentiert. Aus dieser Rangfolge lassen sich für jeden Befragten sogenannte **Teilnutzenwerte** der einzelnen Funktionen bestimmen, deren Summe den Gesamtnutzen des fiktiven Produkts ergibt (*Fischer/Schmitz*, Zielkostenmanagement, S. 835). Auf der Basis dieser Daten kann die (durchschnittliche) Bedeutung einzelner Funktionen für das Zustandekommen der Gesamtpräferenz ermittelt werden, um eine Gewichtung der jeweiligen Kundennutzen bezüglich der verschiedenen Produktfunktionen abzuleiten. Die Conjoint-Analyse dient somit der objektivierten Messung psychologisch fundierter Präferenzen der Nachfrager (*Schubert*, Conjointanalyse, S. 132 ff.).

Durch Multiplikation des jeweiligen Funktionsgewichts mit den (Gesamt-)Zielkosten des Produkts können die **funktionsorientierten Kostenobergrenzen** ermittelt werden. Wurden für ein Produkt Zielkosten von € 10.000 festgelegt, so können diese gemäß der nachstehenden Tabelle den vier zu Grunde gelegten Funktionen zugerechnet werden:

Produktfunktion	Funktionsgewicht	Funktionsorientierte Kostenobergrenze
1	0,20	2.000
2	0,35	3.500
3	0,15	1.500
4	0,30	3.000
Summe	1,00	10.000

Funktionsorientierte Kostenobergrenzen

Da die Erfüllung der einzelnen Funktionen, wie bereits angedeutet, durch verschiedene Produktkomponenten geleistet wird, gilt es, in einem weiteren Schritt die **funktionsorientierten** Kostenobergrenzen in **komponentenorientierte** aufzuspalten. Dazu ist die Mitarbeit aller am Entwicklungsprozess beteiligten Fachbereiche erforderlich. Im Praxisfall der AUDI AG wurden als **Komponenten** beispielsweise die Baugruppen Aggregate, Elektrik, Karosserie, Fahrwerk und Ausstattung identifiziert (*Deisenhofer*, Kostenplanung, S. 104). Bei der Klärung der Frage, welche Komponente für die jeweilige Funktionserfüllung in welchem Maß verantwortlich ist, muss versucht werden, sich in den Kunden hineinzuversetzen. Dies sollte schon deswegen bewusst in Zusammenarbeit mit den Fachbereichen erfolgen, da dieses Vorgehen beispielsweise das Augenmerk der Entwicklungsingenieure verstärkt auf die Produktsicht des Kunden lenkt (*Niemand*, Target Costing, S. 329). Der Anteil, den einzelne Baugruppen zur Erfüllung des Kundenwunsches beitragen, kann nicht objektiv und präzise hergeleitet werden. Aus diesem Grund können auch Durchschnittswerte unterschiedlicher Aussagen Verwendung finden. An dieser Stelle sei deshalb nochmals daran erinnert, dass das Zielkostenmanagement **kein** präzises Kosten**rechnungs**verfahren repräsentiert, sondern vielmehr ein Instrument der

strategischen Kostenplanung, dessen Ziel es ist, Richtgrößen vorzugeben und Strukturveränderungen rechtzeitig aufzuzeigen (*Seidenschwarz*, Target Costing, S. 199).

Im Ergebnis kann für jede Komponente der jeweilige Anteil an der Erfüllung der einzelnen Produktfunktionen festgelegt werden. In obigem Zahlenbeispiel soll unterstellt werden, dass die vier Produktfunktionen durch drei technische Komponenten umgesetzt werden. Dann ergibt sich beispielsweise die folgende Matrix der Gewichte der jeweiligen Komponenten:

Komponente \ Funktion	1	2	3	4
A	0,25	0	1	0,3
B	0,25	0,6	0	0,3
C	0,5	0,4	0	0,4
Summe	1,00	1,00	1,00	1,00

Beiträge der Komponenten zur Erfüllung der Funktionen

Eine derartige Festlegung bedeutet, dass die Komponente A allein verantwortlich ist für die Erfüllung der Funktion 3 (Gewicht 1), während sie für die Funktion 2 vollkommen unerheblich ist. Diese Funktion wird ihrerseits zu 60 % von der Komponente B und zu 40 % von der Komponente C umgesetzt.

Durch Multiplikation der einzelnen Gewichte mit den jeweiligen Kostenobergrenzen und nachfolgender Addition können die funktionsorientierten in komponentenorientierte Kostenobergrenzen transformiert werden. In obigem Zahlenbeispiel ergibt sich für die Kostenobergrenze der Komponente A:

$$(0{,}25 \cdot 2.000) + (1 \cdot 1.500) + (0{,}3 \cdot 3.000) = 2.900$$

Entsprechend lassen sich die Kostenobergrenzen der anderen Komponenten errechnen. Auf Grund ihrer Anteile an den Zielkosten kann dann die relative Bedeutung der einzelnen Komponenten abgeleitet werden. Die Ergebnisse sind in der folgenden Tabelle zusammengefasst:

Komponente	Komponentenorientierte Kostenobergrenze	Relative Bedeutung der Komponente in %
A	2.900	29
B	3.500	35
C	3.600	36
Summe	10.000	100

Komponentenorientierte Kostenobergrenzen

Mit dieser Transformation der Erwartungen der Kunden in konkrete Kostenvorgaben für einzelne Komponenten des Produkts ist ein zentrales Anliegen des Zielkostenmanagements erreicht: Die frühzeitige Festlegung von **Kostenzielen**. Die Kostenobergrenzen können dem Konstrukteur als Nebenbedingung vorgegeben werden, an der er sich zu orientieren und entsprechende Kostenverantwortung zu übernehmen hat (*Schweitzer/Küpper*, Kosten- und Erlösrechnung, S. 736).

7.4.4 Zielkostenkontrolle

Da der Konstruktions- und Entwicklungsprozess in der Regel längere Zeit beansprucht, ist es sinnvoll, in regelmäßigen Abständen **Kostenkontrollen** durchzuführen. Denn nur durch rechtzeitige Kontrollen und darauf folgende Anpassungsmaßnahmen kann die Zielorientierung der Kostenplanung aufrechterhalten werden. Objekte der Kontrolle sind stets die einzelnen Komponenten des geplanten Produkts, die an den Soll-Vorgaben gemessen werden. Hierzu wird ein **Index** berechnet, der als Quotient der (Ziel-)Teilgewichte (= relative Bedeutung einer Komponente) und der im jeweiligen Planungsstadium prognostizierten Kostenanteile der einzelnen Komponenten definiert ist (*Horváth/Seidenschwarz*, Zielkostenmanagement, S. 147):

$$\text{Zielkostenindex} = \frac{\text{(Ziel-)Teilgewicht}}{\text{prognostizierter Kostenanteil}}$$

Im Optimum müsste dieser Index für jede Komponente den Wert 1 besitzen, da die prognostizierten Kostenanteile dann genau mit den Zielkostenanteilen übereinstimmen würden. Ist dies nicht der Fall, so weist ein Zielkostenindex von **kleiner als 1** unmittelbar darauf hin, dass eine Komponente „zu teuer" konstruiert wurde, was zu kostensenkenden Maßnahmen führen sollte. In obigem Beispiel wäre dies der Fall, wenn sich der prognostizierte Kostenanteil der Komponente A im Laufe des Entwicklungsprozesses auf 38 % erhöht. Der Zielkostenindex der Komponente A sinkt dann auf etwa 0,76, was eine signifikante Abweichung gegenüber der Sollvorgabe 1 bedeutet.

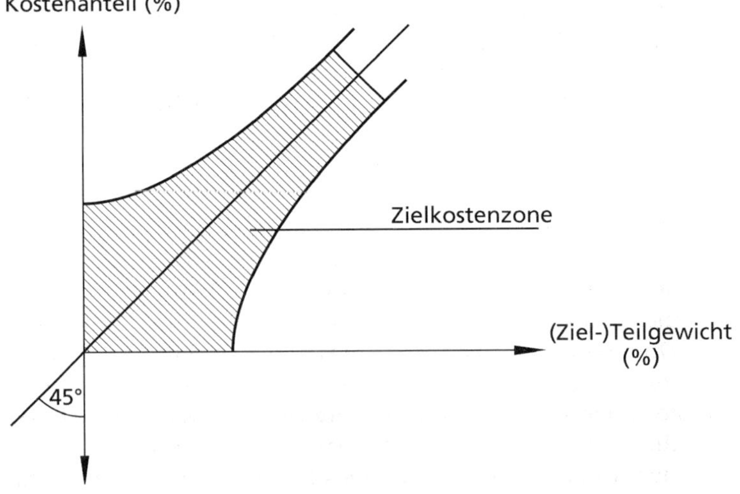

Zielkostenkontrolldiagramm

Eine solche Komponente läge im Schaubild (*Horváth/Seidenschwarz*, Zielkostenmanagement, S. 147) oberhalb der Winkelhalbierenden und außerhalb der Zielkostenzone. Ein Index, der **größer als 1** ist, weist dagegen auf einen vorhandenen Kostenspielraum hin, der gegebenenfalls dazu genutzt werden kann, die vom Kunden gewünschte Funktion noch weiter zu verbessern. Die entsprechende Komponente wäre im Schaubild unterhalb der Winkelhalbierenden und außerhalb der Zielkostenzone positioniert.

Bei der Durchführung einer solchen Kostenkontrolle sollten **Toleranzgrenzen** gesetzt werden, da, wie bereits oben erwähnt, keine exakten Kostenvorgaben ermittelt werden können, sondern lediglich Richtgrößen. Die Toleranzgrenzen werden im Schaubild durch die **Zielkostenzone** dargestellt. In ihr liegen alle Komponenten, bei denen die Abweichungen zwischen realisierbarem Kostenanteil und (Ziel-)Teilgewicht toleriert werden können. Kostensenkende oder qualitätsverbessernde Maßnahmen müssen bei diesen Komponenten nicht zwingend eingeleitet werden. Bei den weniger bedeutenden Baugruppen ist es zudem sinnvoll, angesichts geringer absoluter Kostenabweichungen größere relative Abweichungen zu akzeptieren (*Deisenhofer*, Kostenplanung, S. 105). Dies erklärt die zum Ursprung des Koordinatensystems hin zunehmende Breite der Zielkostenzone.

Liegen aber die prognostizierten Zielkostenindices einzelner Komponentenkosten außerhalb der Toleranzgrenzen, so müssen im Rahmen von **Anpassungsmaßnahmen** Funktionen überprüft, Konstruktionsänderungen vorgenommen und Wertanalysen durchgeführt werden, um das Kostenniveau an die Sollvorgaben anzupassen (*Horváth*, Controlling, S. 487 f.). Gelingt dies nicht, muss konsequenterweise auch frühzeitig über einen – meist unpopulären – Abbruch der Entwicklung entschieden werden, um Verluste abzuwenden.

7.4.5 Unterstützung des Zielkostenmanagements

Wie bereits dargelegt, handelt es sich beim Zielkostenmanagement um einen **strategischen** Management-Ansatz, der durch ein Kosten**rechnungs**system zu unterstützen ist, um optimal eingesetzt werden zu können. Dazu können grundsätzlich verschiedene Kostenrechnungssysteme – wie beispielsweise die Grenzplankostenrechnung in Verbindung mit der stufenweisen Fixkostendeckungsrechnung – angewendet werden (*Seidenschwarz*, Target Costing, S. 201). Besonders sinnvoll ist eine Verbindung mit der **Prozesskostenrechnung**, da sie auf Grund ihres prozessualen Aufbaus in der Lage ist, den Grundgedanken der Wettbewerbsorientierung ausreichend zu reflektieren. Ebenso legt die Zielsetzung des Target Costing, langfristig die Deckung der Gesamtkosten bei gleichzeitiger Erzielung eines angestrebten Gewinns zu erreichen, die Verbindung mit einem **Vollkostenrechnungssystem** nahe wie es die Prozesskostenrechnung darstellt. Im Rahmen der Zielkostenerreichung ist es von besonderer Bedeutung, präzise Informationen über den **Gemeinkostenbereich** des Produktionsprozesses zu erhalten, da dieser Bereich häufig zentraler Gegenstand von Einsparbemühungen und Rationalisierungen ist. Auch dies entspricht der Ausrichtung der Prozesskostenrechnung.

Zusammenfassend ist das **Zielkostenmanagement** als folgerichtiger Versuch zu werten, den Herausforderungen des weltweiten Wettbewerbs durch eine konsequente **Marktorientierung** des Rechnungswesens zu begegnen. Auf Grund der konkreten Quantifizierung von Zielkosten wird zudem eine Verknüpfung mit Kostenrechnungssystemen, wie der Prozesskostenrechnung, möglich und sinnvoll. Es kann daher eine notwendige Integration der Markt- und Wettbewerbssituation in die **Entscheidungsrechnung** des Unternehmens erreicht werden. Gerade die Quantifizierung gibt allerdings auch Anlass zur Kritik: So ist bereits die Ermittlung von Produktzielkosten theoretisch angreifbar, da ein Absatzpreis über den gesamten Produktlebenszyklus hinweg ebenso wenig objektiv bestimmbar ist wie ein „optimaler" anzustrebender Gewinn. Auch angesichts der eingeschränkten Präzision der Kostenspaltung wird deutlich, dass das Verdienst des Zielkostenmanagements weniger in der konkreten Entscheidungsfundierung als vielmehr in der grundsätzlichen Ausrichtung des Planungs- und Produktionsprozesses zu sehen ist.

Übungsbeispiel:

Die Pfleiderer Büromöbel GmbH & Co. KG will einen neuartigen Bürostuhl auf den Markt bringen. Um den möglichen Absatzpreis und die Produktfunktionen näher konkretisieren zu können, führte sie eine Kundenbefragung durch.

Diese ergab einen möglichen Absatzpreis (netto) von maximal 100 € sowie die folgende Gewichtung der Produktfunktionen aus Kundensicht:

Funktion	Variabilität	Orthopädie	Design	Haltbarkeit
Gewichtung	10 %	10 %	30 %	50 %

Den Anteil, den die einzelnen Komponenten des neuen Bürostuhles zur Funktionserfüllung beitragen, beziffert der zuständige Entwicklungsbereich wie folgt:

	Variabilität	Orthopädie	Design	Haltbarkeit
Gestell	75 %	60 %	35 %	50 %
Armlehne	10 %	10 %	10 %	–
Rollen	10 %	–	5 %	15 %
Polsterung	5 %	30 %	20 %	15 %
Bezugsmaterial	–	–	30 %	20 %
Σ	100 %	100 %	100 %	100 %

a) Bestimmen Sie die Höhe der Zielkosten. Gehen Sie davon aus, dass die Pfleiderer GmbH & Co. KG eine Umsatzrendite von 8 % anstrebt.

b) Ermitteln Sie den Beitrag jeder der Komponenten zur Funktionserfüllung aus Kundensicht und bestimmen Sie die Zielkosten jeder Komponente.

c) Die Pfleiderer GmbH & Co. KG schätzt folgende Kostenanteile der Komponenten:

Komponente	Prognostizierter Kostenanteil
Gestell	0,30
Armlehne	0,05
Rollen	0,05
Polsterung	0,20
Bezugsmaterial	0,40
Σ	1,00

Berechnen Sie für jede Produktkomponente den zugehörigen Zielkostenindex, interpretieren Sie diesen und veranschaulichen Sie Ihre Ergebnisse anhand einer Graphik.

Lösung:

a) Zielkostenbestimmung:

	Zielpreis:	100 €
./.	Zielgewinn:	8 € (8 % von 100)
=	Zielkosten	92 €

b) Die Bedeutung der Komponenten aus Kundensicht ergibt sich, wenn die im Rahmen der Kundenbefragung ermittelte Bedeutung der Produktfunktion mit den Beiträgen der Komponenten zur Funktionserfüllung multipliziert wird:

	Variabilität	Orthopädie	Design	Haltbarkeit	Σ
Gestell	0,075	0,06	0,105	0,25	0,49
Armlehne	0,01	0,01	0,03	–	0,05
Rollen	0,01	–	0,015	0,075	0,10
Polsterung	0,005	0,03	0,06	0,075	0,17
Bezugsmaterial	–	–	0,09	0,1	0,19
					Σ =1,00

Die komponentenbezogenen Zielkosten ergeben sich, indem die Zielkosten entsprechend der jeweiligen Bedeutung auf die Komponenten aufgeteilt werden:

	Komponentenbedeutung	Zielkosten je Komponente in €
Gestell	0,49	45,08
Armlehne	0,05	4,60
Rollen	0,10	9,20
Polsterung	0,17	15,64
Bezugsmaterial	0,19	17,48
Σ	1,00	92,00

c) Die komponentenbezogenen Zielkostenindizes ergeben sich, indem die Komponententeilgewichte zum prognostizierten Kostenanteil ins Verhältnis gesetzt werden:

Komponente	Zielkostenindex
Gestell (0,49/0,3)	1,63
Armlehne (0,05/0,05)	1,00
Rollen (0,1/0,05)	2,00
Polsterung (0,17/0,2)	0,85
Bezugsmaterial (0,19/0,40)	0,48

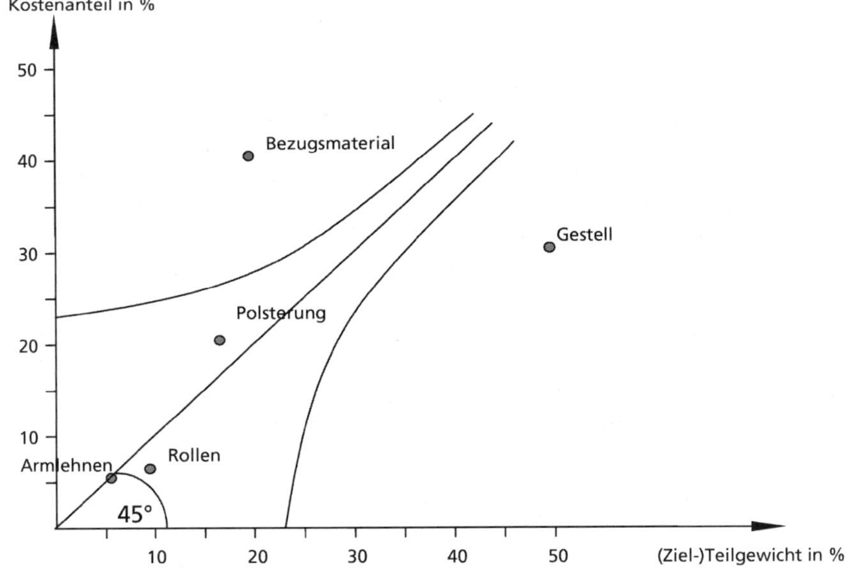

Unter der Annahme, dass der Zielkostenbereich entsprechend obiger Darstellung bestimmt wird, sollten die Kosten der Komponente Bezugsmaterial gesenkt werden. Hinsichtlich der Komponente Gestell besteht ein Kostenspielraum, der ggf. dazu genutzt werden kann, die vom Kunden gewünschte Funktion noch weiter zu verbessern.

Ergänzende Literatur zu: 7.4 Zielkostenmangement (Target Costing)

Coenenberg/Fischer/Günther, Kostenrechnung, S. 541–581
Ebert, Kosten- und Leistungsrechnung, S. 224–229
Ewert/Wagenhofer, Interne Unternehmensrechnung, S. 280–290
Freidank, Kostenrechnung, S. 385–422
Friedl/Hofmann/Pedell, Kostenrechnung, S. 485–524
Horváth/Niemand/Wolbold, Target Costing, S. 1–27
Horváth/Seidenschwarz, Taget Costing, S. 198–203
Horváth/Seidenschwarz, Zielkostenmanagement, S. 142–150
Schweitzer/Küpper, Kosten- und Erlösrechnung, S. 723–738

7.5 Lebenszyklusrechnung

7.5.1 Aufgaben und Ziele

Auch die Lebenszyklusrechnung (Life Cycle Costing, Product Life Cycle Cost Management, Lebenszykluskostenrechnung) ist als ein Instrument des **strategischen Kostenmanagements** einzuordnen; mit ihr soll der **periodenübergreifende** Anfall von Kosten und Erlösen eines Produktes erfasst und gesteuert werden. Da die Kosten- und Leistungsrechnung grundsätzlich an der einzelnen Abrechnungsperiode orientiert ist, ergeben sich Probleme, wenn die in der Periode angefallenen Kosten in keinem ursächlichen Zusammenhang zu den produzierten bzw. abgesetzten Produkten stehen. Werden z. B. die Kosten des Forschungs- und Entwicklungsbereiches, aber auch im Vorhinein gewährte Subventionen oder Zuschüsse, die lange vor der Produktions- und Vermarktungsphase eines Produkts anfallen bzw. gewährt werden, entsprechend dem Kosten- bzw. Erlösanfall verrechnet, ist der Erfolgsausweis der Produktions- und Vermarktungsphase verzerrt.

Um aber den Erfolg eines Produktes beurteilen zu können, um zu entscheiden wann ein Produkt auf den Markt zu bringen oder vom Markt zu nehmen und wie die langfristige Preispolitik zu gestalten ist, müssen **alle produktbezogenen Kosten und Erlöse periodenübergreifend** berücksichtigt werden. Dies gilt umso mehr, als die Produktlaufzeiten immer kürzer werden und die dem Absatz und der Produktion vorgelagerten Kosten steigen. Im Rahmen der Lebenszyklusrechnung werden daher alle einem Produkt oder einer Produktgruppe im Zeitablauf zuzurechnenden Kosten und Erlöse entsprechend ihres zeitlichen Anfalls erfasst. Auf dieser Datengrundlage kann dann die Wirkung von strategischen Entscheidungen antizipiert werden. Über die Erfassung hinaus dient die Lebenszyklusrechnung dem **Erfolgsmanagement**, indem durch die periodenübergreifende Betrachtungsweise mögliche Zusammenhänge zwischen den Kosten und Erlösen im Zeitablauf erkannt und erfolgssteigernd genutzt werden können. So zeigt eine Analyse aus dem Jahr 2004, dass der deutsche Maschinenbau im Service-Geschäft mit deutlich höheren Margen von 8 bis 18 %

Umsatzrendite auf EBIT-Basis gegenüber den knapp über 2 % im Neumaschinengeschäft rechnen kann, und demnach fast Dreiviertel aller Maschinenbauer 30 bis 50 % der möglichen Erträge durch Vernachlässigung des rentablen Folgegeschäfts verschenken (*Oliver Wyman,* Maschinenbau-Analyse, S. 7). Ein typischer Trade-off besteht zudem zwischen den Kosten für Forschung und Entwicklung und den späteren Produktions-, Betriebs- und Folgekosten: So soll ein Dollar Kostenerhöhung in der Produktplanung, Produktentwicklung und Konstruktion acht bis zehn Dollar an Produktions- und Vertriebskosten sparen helfen (*Shields/Young,* Product Life Cycle Costs, S. 39). Darüber hinaus kann eine qualitativ höherwertigere und oftmals auch teurere Auslegung eines Produktes helfen, spätere Gewährleistungs- und Entsorgungskosten zu vermeiden bzw. zu sparen (*Rückle/Klein,* Product-Life-Cycle-Cost-Management, S. 348; Abbildung in Anlehnung an *Günther/Kriegbaum,* Life Cycle Costing, S. 904):

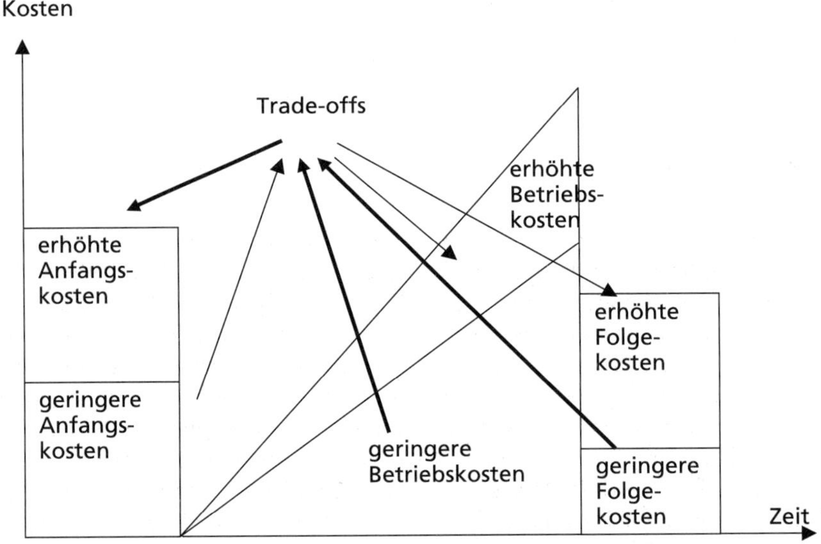

Trade-offs zwischen Anfangs-, Betriebs- und Folgekosten

Die Lebenszyklusrechnung ergänzt insofern das Konzept des Zielkostenmanagements, da es nicht nur darum geht die vom Markt her zulässigen Kosten zu ermitteln und Maßnahmen zu ihrer Erreichung einzuleiten, sondern vielmehr darum mittels einer **mehrperiodischen** Betrachtung die Kosten und Erlöse zu optimieren.

7.5.2 Kosten und Erlöse im Produktlebenszyklus

Damit die Lebenszyklusrechnung ihre Aufgaben erfüllen kann, muss der zeitliche Rahmen der Kosten- und Erlöserfassung zweckmäßig abgesteckt werden. Ziel ist es, die mit einem Produkt verbundenen Erfolgswirkungen möglichst umfassend abbilden zu können. Unter einem Lebenszyklus ist ein schematisierter Verlauf der Phasen, die ein Objekt während seiner Lebenszeit durchläuft, zu verstehen. Entsprechend kennzeichnen den **Produktlebenszyklus** die typischen Entwicklungsphasen, die ein Produkt während seiner Lebenszeit durchläuft. Diese Phasen dienen der Lebenszyklusrechnung als Anknüpfungspunkte der Kosten-/Erlöserfassung, -strukturierung und -steuerung. Wie die nachstehende Abbildung veranschaulicht, kann der Produktlebenszyklus in drei große Teilzyklen unterteilt werden (in Anlehnung an *Back/Hock*, Produktlebenszyklusorientierte Ergebnisrechnung, S. 706; vgl. auch: *Pfohl*, Lebenszyklusrechnung, S. 30):

Entstehungszyklus				Marktzyklus				Nachsorgezyklus		
Umfeldanalyse, Ideensuche	Alternativensuche	Forschung und Entwicklung	Produktion und Absatz	Markteinführung	Marktdurchdringung	Marktsättigung	Marktdegeneration	Garantie	Wartung, Reparatur	Entsorgung

Schematische Darstellung des Produktlebenszyklus

Die Marktphase beschreibt der sog. **Marktzyklus,** der in die Einführungs-, Wachstums-, Reife- und Degenerationsphase unterteilt wird und die typische Entwicklung des Absatzes eines Produktes beschreibt. In der Markt- wie auch in der Produktionsphase fällt aber nur ein Teil der Kosten und Erlöse an, die einem Produkt verursachungsgerecht zuzurechnen sind. Insbesondere für Zwecke der Lebenszyklusrechnung zu berücksichtigen sind aber die der eigentlichen Produktions- und Marktphase vorgelagerten und zunehmend wichtiger werdenden Kosten, die durch den **Entstehungszyklus** modellhaft beschrieben werden können. Die mit dem Angebot bzw. Verkauf eines Produktes verbundenen Folgewirkungen – z. B. Garantieleistungen u. a. im Maschinen- und Anlagenbau – werden im **Nachsorgezyklus** berücksichtigt (zum Einsatz der Lebenszyklusrechnung als Informationsinstrument für das Garantiemanagement vgl. ausführlich: *Baumeister,* Lebenszykluskosten, S. 39 ff.). In Abhängigkeit von der Produktart sind die als Folge des Verkaufes sich ergebenden Kosten und Erlöse unter Umständen von entscheidender Bedeutung (z. B. Verkauf von Mobiltelefonen mit anschließenden Telefongebühren).

Die Erweiterung der Betrachtung um den Entstehungs- und Nachsorgezyklus macht es erforderlich neben den Kosten bzw. Erlösen der Marktphase in

- **Vorlaufkosten** (Vorlauferlöse) und
- **Nachlaufkosten** (Nachlauferlöse)

zu unterscheiden.

Unter den **Vorlauf-** oder auch **Vorleistungskosten** sind alle Kosten zu verstehen, die vor der eigentlichen Marktphase anfallen. Dies sind Forschungs- und Entwicklungskosten, Kosten zum Aufbau bzw. der Konstruktion von Produktionsanlagen, Kosten der Marktforschung, Markterschließung und des Aufbaus von Vertriebskanälen. **Vorlauferlöse** sind bspw. bereits vor Markteinführung gewährte Subventionen. Die **Nachlaufkosten (Folgekosten)** umfassen die nach dem Absatz anfallenden Kosten wie Wartungs-, Reparatur- und Garantiekosten, Schadensersatzleistungen und eventuelle Kosten auf Grund von Entsorgungsleistungen. In Abhängigkeit der jeweiligen Absatzkonditionen ist es denkbar, dass Teile der Nachlaufkosten auf die Abnehmer überwälzt werden können und damit aus Sicht des Produzenten **Nachlauferlöse** darstellen. Wird das Modell des Produktlebenszyklusses hinsichtlich des Bezugsobjektes dergestalt konkretisiert, bietet es eine Grundlage zur **Prognose** der lebenszyklusbezogenen Kosten und Erlöse. Durch laufende Beobachtung und Sammlung von Erfahrungsdaten kann versucht werden, typische Verlaufsmuster, die als Basis zukünftiger Planungen genutzt werden können, zu identifizieren *(Back-Hock,* Produktlebenszyklusorientierte Ergebnisrechnung, S. 708).

Die Literatur zeigt eine Vielzahl differenzierter Produktlebenszyklusmodelle, die sich in Abhängigkeit des konkret gewählten Bezugsobjektes, des Detaillierungsgrades und der Interessenposition unterscheiden (vgl. hierzu *Zehbold,* Lebenszykluskostenrechnung, S. 16 ff.; *Pfohl,* Lebenszyklusrechnung, S. 117–122).

7.5.3 Ausgestaltung der Lebenszyklusrechnung

Im Rahmen der periodischen Erfolgsermittlung werden Kosten und Erlöse grundsätzlich in der Periode ihres Anfalls verrechnet. Ein möglicher Ansatz der Lebenszyklusrechnung kann nun darin bestehen durch umfassende Aktivierung von Vorlauf- bzw. Passivierung von Nachlaufkosten Verzerrungen der Erfolgsermittlung zu vermeiden. Eine derartige Verrechnung von Vor- und Nachlaufkosten wirft allerdings eine Vielzahl von Problemen auf *(Ewert/Wagenhofer,* Interne Unternehmensrechnung, S. 294–296):

- Vor- und Nachlaufkosten fallen oftmals nicht produktspezifisch sondern als **Gemeinkosten** an.
- Ein verursachungsgerechtes **Zurückverfolgen sämtlicher Kosten** auf die jeweiligen Produkte ist aus praktischen Gründen nicht möglich.
- Zur korrekten Verteilung müsste die **Zurechnungsbasis** (zukünftig produzierte Stückzahl, Umsatz etc.) bekannt sein oder zumindest geschätzt werden können.
- In vielen Fällen ist nicht einschätzbar, welche **Erfolgsquote** den Vorlaufkosten beschieden ist, so dass eine Zurechnung auf spätere Produkte schwerlich möglich ist.

Es bestehen daher eine Reihe verschiedener Ansätze zur praktischen Ausgestaltung einer Lebenszyklusrechnung. Einfache Varianten beschränken sich hierbei auf die kumulative Gegenüberstellung von tatsächlichem Kosten- und Erlösanfall (vgl. z. B. *Ewert/Wagenhofer,* Interne Unternehmensrechnung, S. 292 ff.). Um zusätzliche Erkenntnisse über die Amortisation von Vor- und Nachlaufkosten zu gewinnen, werden demgegenüber produktlebenszyklusbezogene und periodische Erfolgsrechnungen bzw. Deckungsbeitragsrechnungen kombiniert,

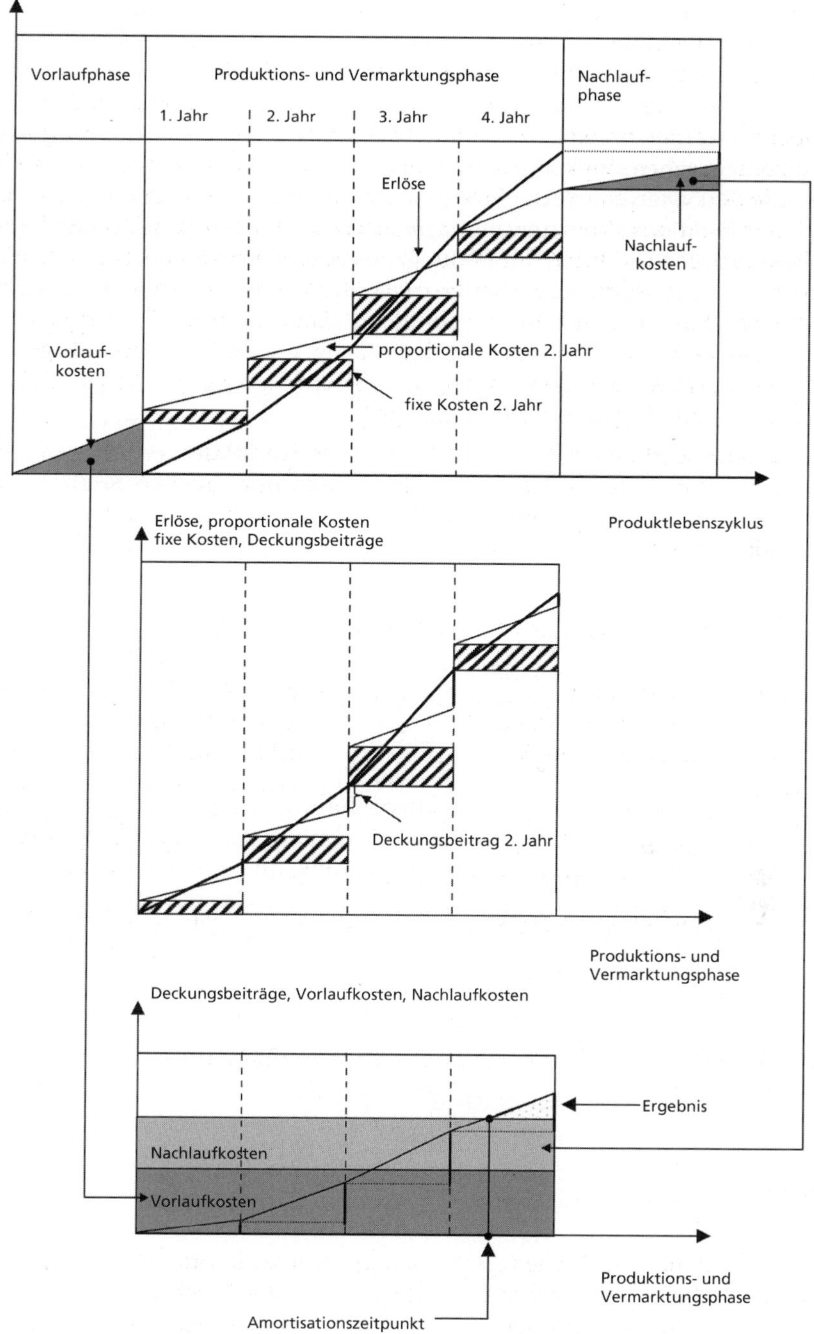

Beispiel einer Lebenszyklusrechnung

wie dies schematisch mit der Abbildung auf S. 969 gezeigt ist (*Zehbold*, Lebenszykluskostenrechnung, S. 196). Ausgehend von der kumulativen Erfassung der im Produktlebenszyklus anfallenden Kosten und Erlöse (oberer Teil der Abbildung) gliedert sich die Rechnung in zwei weitere Teile: Im mittleren Teil der Abbildung werden die sich in jeder Phase des Produktlebenszyklus ergebenden **periodenbezogenen** Deckungsbeiträge dargestellt, die anzeigen, wie die periodischen Fixkosten durch die Produkterlöse abgedeckt werden. Eingebunden wird die periodische Deckungsbeitragsrechnung in **eine totalperiodenbezogene Betrachtung** (unterer Teil der Abbildung) des gesamten Produktebenszyklusses. Hierbei kann mittels der kumulierten periodischen Deckungsbeiträge errechnet werden, ob und zu welchem Zeitpunkt während der Produktions- und Vermarktungsphase eine Amortisation der Vor- und Nachlaufkosten erfolgt.

Generell stellt sich allerdings die Frage, wie eine auf Kosten und Leistungen basierende Rechnung über einen mehrperiodischen Zeitraum zu rechtfertigen ist. Indem Kosten und Erlöse gemäß ihres zeitlichen Anfalls verrechnet werden, ist prinzipiell der Übergang zur Investitionsrechnung gegeben. So finden sich aucheine ganze Reihe von Ansätzen, die eine Lebenszyklusrechnung **investitionstheoretisch** fundieren (*Troßmann*, Investition, S. 549 ff.). Die Ergebnisse der dargestellten Lebenszyklusrechnung müssen insoweit aus entscheidungstheoretischer Sicht relativiert werden. Allerdings sind in der Praxis vielfach die für eine investitionstheoretisch anspruchsvoll ausgestaltete Rechnung notwendigen Daten nicht vorhanden. Würde die hier dargestellte Variante einer Lebenszyklusrechnung zudem als einfache modifizierte statische Amortisationsrechnung ausgestaltet, so kann zusätzlich zumindest eine Grobabschätzung des Risikos erfolgen.

Methodisch zeigt sich die Lebenszyklusrechnung somit als Symbiose aus Deckungsbeitragsrechnung und Investitionsrechnung – sie erweitert das Konzept der Deckungsbeitragsrechnung auf Produktions- und Absatzprozesse, die sich über mehrere Perioden erstrecken. Bei Vorliegen stückorientierter Entscheidungen stimmt der **Anwendungsbereich** einer Lebenszyklusrechnung folglich grundsätzlich mit dem der Deckungsbeitragsrechnung überein (*Troßmann*, Lebenszyklusrechnungen, S. 71).

Ergänzende Literatur zu: 7.5 Lebenszyklusrechnung

Baumeister, Lebenszykluskosten, S. 39–52

Coenenberg/Fischer/Günther, Kostenrechnung, S. 583–609

Ewert/Wagenhofer, Interne Unternehmensrechnung, S. 291–303

Götze, Kostenrechnung, S. 299–322

Horváth, Controlling, S. 473–478

Pfohl, Lebenszyklusrechnung, S. 18–30 und S. 81–115

Riezler, Produktlebenszykluskostenmanagement, S. 207–223

Schweitzer/Küpper, Kosten- und Erlösrechnung, S. 217–232

Troßmann, Investition, S. 542–557

Troßmann, Lebenszyklusrechnungen, S. 51–73

Zehbold, Lebenszykluskostenrechnung, S. 153–183 und S. 184–220

7.6 Umweltorientierte Kostenrechnung

7.6.1 Grundlagen und Kostenbegriff

Die im Rahmen des **betrieblichen Umweltmanagements** zu lösenden Aufgaben der Planung, Durchführung und Kontrolle umweltrelevanter Aktivitäten erfordern ein problemadäquates internes Rechnungssystem, das eine **quantitative** Bewertung von Umweltwirkungen ermöglicht. Entsprechende umweltorientierte Kostenrechnungssysteme müssen die Kosten zur Verhinderung, Reduzierung oder Beseitigung von Umweltbelastungen abbilden und damit sowohl Daten für eine zukunftsorientierte Planung und Kalkulation als auch für eine vergangenheitsorientierte Kontrolle bereitstellen.

Seit Anfang der neunziger Jahre werden integrierte Konzepte der umweltorientierten Kostenrechnung entwickelt und diskutiert, die auf eine **Erweiterung bestehender Kostenrechnungssysteme** abzielen. Für die verstärkte Auseinandersetzung mit Fragen der Berücksichtigung von **Umweltschutzkosten** lassen sich folgende Gründe nennen (*Fichter/Loew/Seidel*, Umweltkostenrechnung, S. 1):

(1) das gestiegene Umweltbewusstsein und damit verbunden der kontinuierliche Anstieg der betrieblichen Umweltschutzkosten seit den 70er Jahren,

(2) der steigende Wettbewerbs- und Kostendruck auf Grund von Internationalisierung und Globalisierung in den 90er Jahren,

(3) die in empirischen Untersuchungen belegte Erfahrung, dass die Analyse betrieblicher Prozesse aus ökologischer Sicht zugleich den Vorteil der **Kosteneinsparung** auf Grund einer effizienteren Ressourcennutzung bietet (*Höppner/Sietz/Seuring*, Effizienz, S. 39).

Grundlage einer umweltorientierten Kostenrechnung ist die Messung der Umweltbelastung durch die Unternehmung, welche durch die Nutzung natürlicher Ressourcen als **Inputfaktoren** für die Gütererstellung und durch die Inanspruchnahme der natürlichen Umwelt als **Aufnahmemedium** für Rückstände aus dem betrieblichen Transformationsprozess entsteht.

Prinzipiell ist die natürliche Umwelt als knapper Produktionsfaktor anzusehen, weshalb der sachzielorientierte Verbrauch natürlicher Ressourcen im **Mengengerüst der Kostenrechnung** abzubilden ist. Gelingt zusätzlich die Festlegung des **Wertgerüsts**, so ist eine Abbildung aller Kosten der Umweltinanspruchnahme im internen Rechnungswesen auf der Grundlage des **wertmäßigen Kostenbegriffs** unproblematisch (*Piro*, Umweltkostenrechnung, S. 13). Die Bewertung ist allerdings dann häufig nicht unmittelbar möglich, wenn der einzelwirtschaftlich verursachte Verbrauch natürlicher Ressourcen nicht vollständig von dem einzelnen Wirtschaftssubjekt getragen werden muss, stattdessen Umweltbelastungen auch auf die Gesellschaft übergewälzt werden.

Dies macht aus betrieblicher Sicht eine Unterscheidung zwischen internalisierten Kosten und externen Kosten notwendig, wie sie in der Abbildung auf S. 972 systematisch dargestellt ist (in Anlehnung an: *Kloock*, Umweltkostenrechnungen, S. 183). **Internalisierte Umweltschutzkosten** bilden die tatsächlichen Kosten-

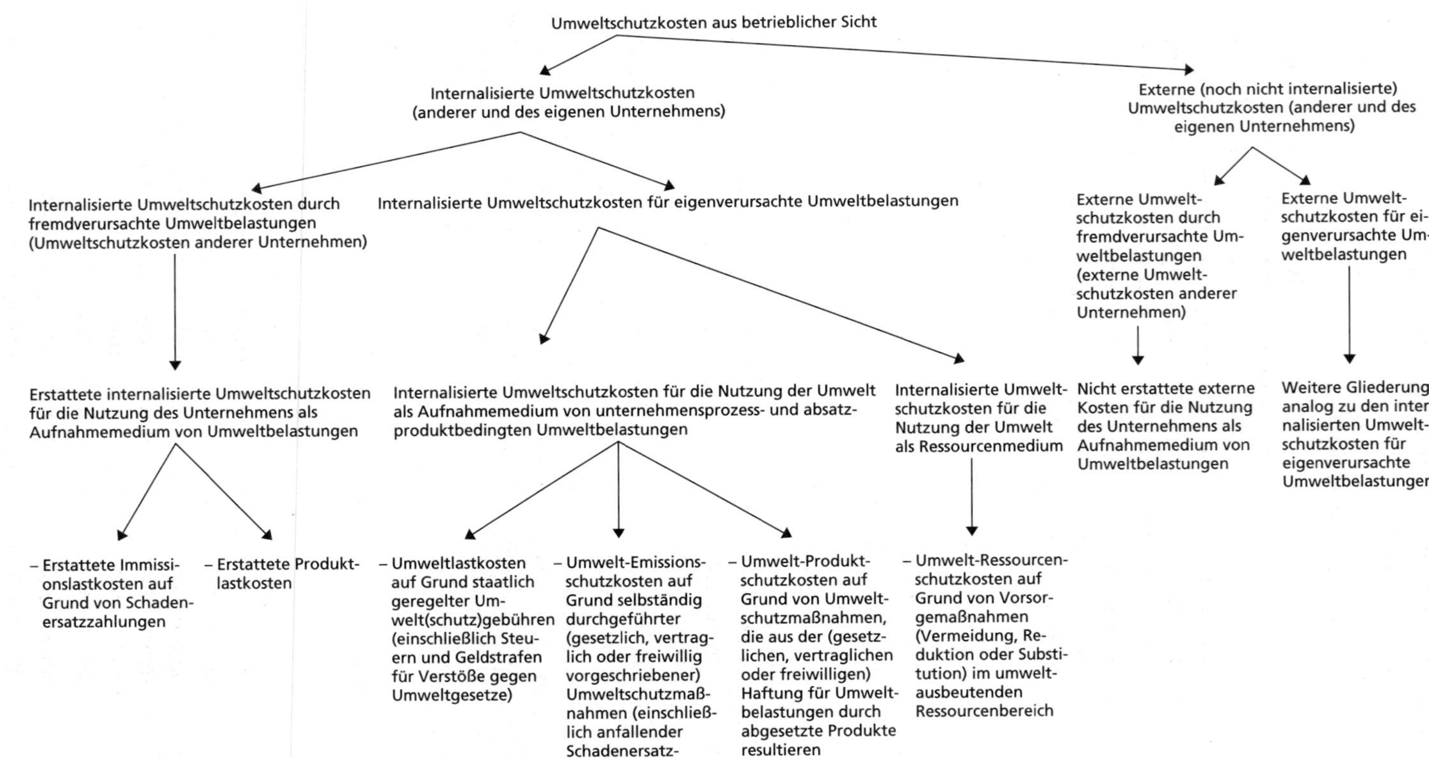

Umweltschutzkosten aus betrieblicher Sicht

wirkungen der betrieblichen Vermeidung oder Reduzierung zukünftiger Umweltbelastungen bzw. der Beseitigung bereits entstandener Umweltbelastungen ab. Im Gegensatz dazu stellen **externe Umweltschutzkosten** die kostenmäßige Wirkung von (noch) nicht internalisierten Umweltbelastungen dar. Es handelt sich hierbei um **negative externe Effekte** der Unternehmenstätigkeit, also um nicht über den Markt bewertete negative Auswirkungen, welche zwar von der Unternehmung verursacht, deren Kostenwirkungen jedoch von anderen Wirtschaftssubjekten zu tragen sind. Ihre Berücksichtigung im internen Rechnungswesen ist nur indirekt möglich. Durch die Orientierung an Vermeidungskosten oder zukünftig anfallenden Beseitigungskosten kann ein Kostenäquivalent abgeleitet werden, weshalb auch externe Kosten als prinzipiell bewertbar und damit internalisierbar gelten können (*Roth*, Umweltkostenrechnung, S. 195 ff.; *Schulz*, Externe Umweltkosten, S. 303 und S. 308–315).

7.6.2 Integration von Umweltschutzkosten

Grundlage der Abbildung von Umweltschutzkosten ist das **bestehende** Kostenrechnungssystem der Unternehmung, das grundsätzlich sowohl als Voll- oder Teilkostenrechnungssystem ausgestaltet sein kann. Den Befürwortern einer Teilkostenrechnung, die den kurzfristigen Charakter der kostenrechnerisch fundierten Entscheidungen betonen, ist entgegenzuhalten, dass ein großer Teil der Umweltschutzkosten Fixkosten darstellt, welche durch die langfristige Bindungswirkung von umweltschutzbedingten Investitionsentscheidungen ausgelöst sind (*Letmathe*, Kostenrechnung, S. 38).

Durch entsprechende Differenzierungen bzw. Abgrenzungen sind unabhängig vom zu Grunde liegenden Kostenrechnungssystem **sämtliche** Kostenwirkungen von Umweltschutzmaßnahmen zu erfassen. Dies dient dem Ziel, eine durchgängige Berücksichtigung und Separation von Umweltschutzkosten im Abrechnungsweg der Kostenrechnung von der Kostenarten- über die Kostenstellenrechnung bis hin zur Kalkulation zu erreichen. Die **Abrechnungsstufen** einer umweltorientierten Kostenrechnung verdeutlicht die Abbildung auf S. 974 (in Anlehnung an: *Schreiner*, Umweltmanagement, S. 263).

7.6.2.1 Differenzierung der Kostenarten

Der Aufbau einer umweltorientierten Kostenrechnung erfordert bezüglich der **Kostenartenrechnung** die konsequente Aufzeichnung umweltschutzbedingter Kosten. Eine Erweiterung um **Umweltschutzkostenarten** erzwingt allerdings ein eindeutiges Abgrenzungssystem zwischen umweltschutzbezogenen und umweltschutzunabhängigen Kostenarten, um Doppelerfassungen zu vermeiden. So sind sämtliche Einzel- und Gemeinkosten in durch den unternehmerischen Transformationsprozess verursachte (prozessbedingte) und umweltschutzbedingte Kosten aufzuspalten (*Kloock*, Umweltkostenrechnung, S. 296).

Dieser präzisen Kostenaufteilung bedarf es, weil im Rahmen einer Weiterverrechnung in der Kostenstellenrechnung umweltschutzbedingte Kosten erkennbar bleiben müssen, auch wenn die betroffene Kostenstelle keine Umwelt-

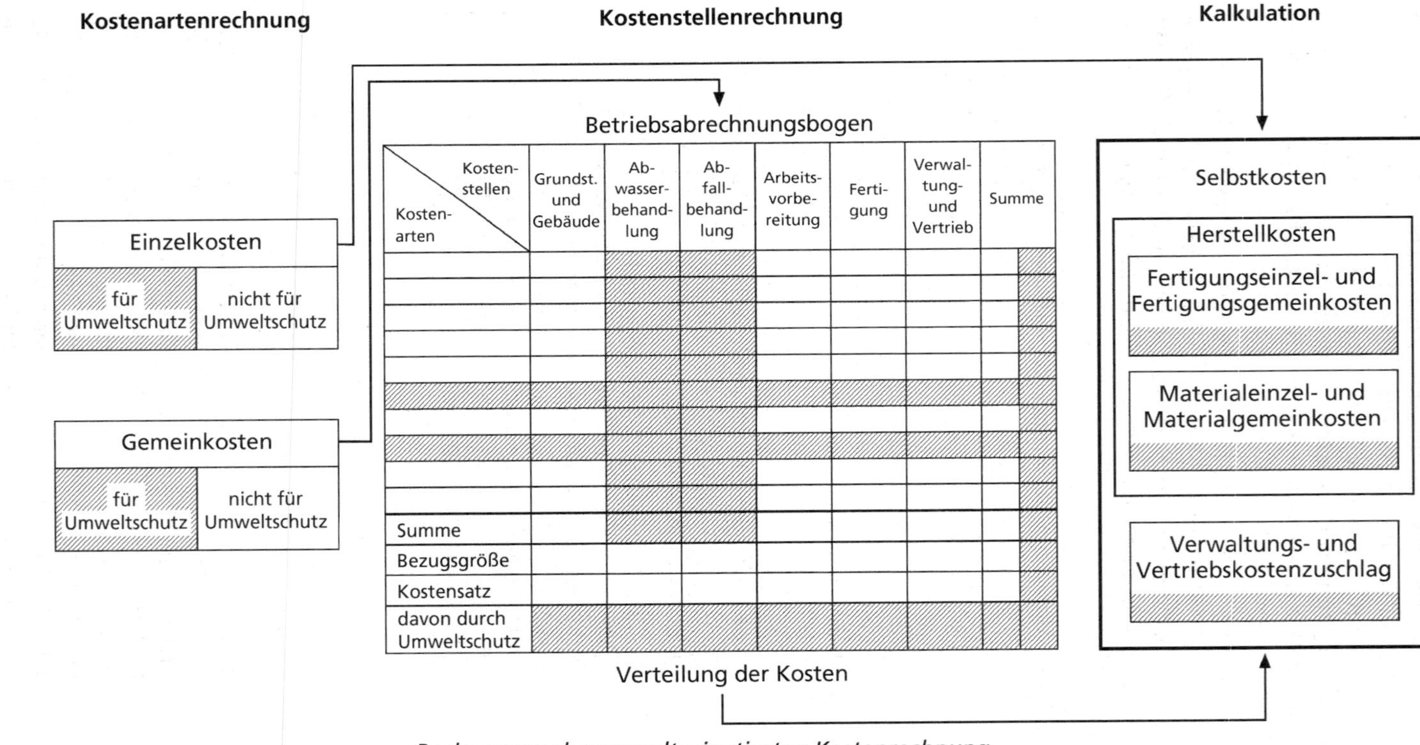

Rechengang der umweltorientierten Kostenrechnung

schutzfunktion erfüllt. Probleme der Abgrenzung ergeben sich immer dann, wenn Umweltschutzmaßnahmen und betriebliche Leistungserstellung derart gekoppelt sind, dass dieselbe Maßnahme sowohl der Minderung der Umweltbelastung als auch der Produktion dient (*Haasis*, Umweltschutzkosten, S. 120). Eine **differenzierte Kostenartenrechnung** bildet somit die Basis jeder Umweltorientierung der Kostenrechnung.

Da sich nur wenige Kostenarten von ihrem Charakter her sofort als primäre Umweltschutzkosten klassifizieren lassen, sind im Folgenden einige Beispiele für die Abgrenzung von Umweltschutzkostenarten benannt (vgl. *Roth*, Umweltkostenrechnung, S. 116; *Bundesumweltministerium/Umweltbundesamt*, Umweltkostenrechnung, S. 211 ff.):

Kostenarten	Beispiel	Abgrenzungskriterium
Roh-, Hilfs-, Betriebsstoffe	Kosten für den Einsatz von – Recyclingmaterial – Wasserlacken statt lösemittelhaltigen Lacken	Anzusetzen sind Mehrkosten, die durch den Einsatz umweltverträglicher Stoffe entstehen.
Löhne und Gehälter	– Fertigungslöhne der Mitarbeiter an Recycling-Anlagen – Löhne der Mitarbeiter an integrierten Anlagen (z. B. Anlage mit Rauchgasabsaugung und Filter)	Falls die Maschine oder Anlage nur teilweise Umweltschutzzwecken dient, ist die Abgrenzung der Fertigungslöhne notwendig.
Steuern, Gebühren, u. a.	– Grundsteuer eines Grundstücks, das von umweltschutzbezogenen Kostenstellen genutzt wird – Gebühren im Rahmen der Genehmigung von Umweltschutzanlagen	Eventuell Abgrenzung bei anteiliger Nutzung notwendig, in den meisten Fällen unmittelbare Zurechnung möglich.
Werbekosten	– Kosten für Marktforschung (z. B. zu den Absatzchancen eines umweltverträglichen Produktes)	Abgrenzung, ob es sich um produkt- oder umweltbezogene Kosten handelt.
Kalk. Kosten	– Abschreibung auf Emissionsminderungsanlage – Abschreibung auf Dokumentationseinrichtungen der Qualitätssicherung	Abschreibungen sind bei Anlagen, die nur teilweise Umweltschutzzwecken dienen, anteilig vorzunehmen.

Abgrenzung von Umweltschutzkostenarten

7.6.2.2 Bildung von Kostenstellen und Kostenstellenrechnung

Die zweite Stufe einer umweltorientierten Kostenrechnung, die **Kostenstellenrechnung** (vgl. Teil B, Abschn. 3.2, S. 826 ff.), weist den Kostenstellen als Orten der Kostenentstehung den jeweiligen Betrag der angefallenen Umweltschutzkosten zu. Zur Verteilung der nicht direkt den einzelnen Kostenträgern zuordenbaren Kostenarten (Gemeinkosten) ist die Abgrenzung der Kostenstellen notwendig, die verursachungsgemäß am Verbrauch der eingesetzten Güter und Dienstleistungen beteiligt sind. Die Bildung von Kostenstellen muss nach dem Grundsatz erfolgen, dass für alle Kostenstellen Maßgrößen der Kostenverursachung, auch als Bezugsgrößen bezeichnet, angegeben werden können. Die Wahl zielgerechter **Bezugsgrößen** erfordert eine den prozess- und umweltschutzbedingten Kostenwirkungen entsprechende Gliederung der Kostenstellen.

Infolge des Erfordernisses der Zurechnung von Umweltschutzkosten auf die einzelnen Kostenstellen ist zu unterscheiden zwischen **drei Typen von Kostenstellen** (*Piro*, Umweltkostenrechnung, S. 79):

(1) Reine Kostenstellen für den Umweltschutz **(Umweltschutzkostenstellen)**, die ausschließlich Umweltschutzfunktionen erfüllen, etwa Anlagen zur Abwasseraufbereitung oder Filteranlagen.

(2) Reine Kostenstellen zur Erfüllung betriebsbedingter Zwecke, die keine Umweltschutzfunktionen erfüllen. In diesen (**prozessbedingten**) **Kostenstellen** fallen unmittelbar keine Kosten für den Umweltschutz an, mittelbar können diese Kostenstellen aber mit sekundären Kosten des Umweltschutzes für in Anspruch genommene Umweltschutzleistungen von anderen Kostenstellen belastet werden.

(3) **Gemischte Kostenstellen**, die sowohl umweltschutzbedingte als auch prozessbedingte Aufgaben übernehmen.

Die Abgrenzung der umweltschutzinduzierten Kostenbestandteile bei gemischten Kostenstellen erfordert die Festlegung des Verhältnisses zwischen prozessbedingter und umweltschutzbedingter Kostenverursachung. Der Anteil der Umweltschutzkosten kann beispielsweise auf der Basis von Angaben des verantwortlichen Kostenstellenleiters bestimmt werden, der **getrennt nach Umweltschutzgebieten** Auskunft über den Betriebspersonaleinsatz, den Energieverbrauch, den Einsatz von zur Kostenstelle gehörenden Betriebsmitteln und ihrer zeitlichen Inanspruchnahme zu geben hat. Theoretisch zielgerechter wäre jedoch eine derart differenzierte Kostenstelleneinteilung, die keine gemischten Kostenstellen aufweist und folglich eindeutige Umweltschutzkostenstellen von rein betriebsbedingten Kostenstellen abzugrenzen erlaubt.

Die Durchführung der Kostenstellenrechnung im **Betriebsabrechnungsbogen** mit dem Ziel der Gemeinkostenverrechnung sowie der Verrechnung innerbetrieblicher Leistungsbeziehungen unter Berücksichtigung umweltbezogener Kosten wird anhand des folgenden Beispiels veranschaulicht (*Bundesumweltministerium/Umweltbundesamt*, Umweltkostenrechnung, S. 61 f.; vgl. auch Teil B, Abschn. 3.2, S. 826 ff.).

Beispiel:

Der Betriebsabrechnungsbogen enthält unter Berücksichtigung von umweltbezogenen Kosten drei Arten von Kostenstellen: (1) als reine Umweltkostenstelle ist ein Klärwerk anzusehen, (2) als gemischte Kostenstelle wird eine Fertigungshauptkostenstelle berücksichtigt, da im Beispiel eine Produktionsanlage unterstellt wird, die auf Grund einer integrierten Umweltschutztechnologie zu 20 Prozent Umweltschutzzwecken dient, (3) als rein prozessbedingte Kostenstellen werden die übrigen Kostenstellen angesehen, die allerdings auf Grund der Zurechnung umweltbedingter Sekundärkosten durchaus auch umweltbezogene Kosten verursachen.

Das Unternehmen beschäftigt einen Betriebsbeauftragten für Umweltschutz, der in mehreren Kostenstellen tätig ist. Es wird eine Filteranlage betrieben, die

die Abluft der beiden Hauptkostenstellen reinigt. Als Schlüsselgrößen zur Verteilung dienen:

Kostenart	Schlüsselgröße
Sozialkosten	Lohn- und Gehaltssumme insgesamt
Gehalt des Betriebsbeauftragten für Umweltschutz	Verhältniszahlen auf Grund der von ihm geschätzten Beanspruchung je Kostenstelle
Vermögenssteuer*, Gewerbekapitalsteuer*, Feuerversicherung	Betriebsnotwendiges Vermögen insgesamt
Kalk. Abschreibungen für Abluftfilteranlage	Zu reinigende Menge an Abluft. Hier Schätzung im Verhältnis 3:7

* Das Beispiel bezieht sich auf einen Zeitraum vor Aussetzung dieser Steuerarten

Zur innerbetrieblichen Leistungsverrechnung werden die Kosten der Vorkostenstellen Stromversorgung, Klärwerk und Reparaturen wie folgt auf die Endkostenstellen verteilt:

		Verbrauch der Kostenstellen					
Gesamtverbrauch		Klärwerk	Reparatur	'gemischt'	'rein'	Material	Verwaltung
Stromversorgung	prod. Menge: 24.375 kWh	2.000 kWh	1.200 kWh	9.000 kWh	8.000 kWh	2.000 kWh	2.175 kWh
Klärwerk	Abwasser 5.000 l	./.	1.000 l	1.200 l	2.800 l	./.	./.
Reparaturen	Arbeitsstd. 70,36 Std.	./.	./.	40 Std.	30,36 Std.	./.	./.

Als Ergebnis der Kostenstellenrechnung ergibt sich:

Kostenstellen		Allgemeine Kostenstellen		Fertigungshilfskostenstellen	Fertigungshauptkostenstellen		Materialkostenstelle	Kostenst. Verwaltung u. Vertrieb
Kostenarten	Summe	Stromvers.	Klärwerk	Reparatur	‚gemischt'	‚rein'		
Hilfs- und Betriebsstoffe	1.800	200	0	300	500	700	50	50
– umweltbezogen	300	0	200	0	100	0	0	0
Gehälter und Hilfslöhne	2.700	200	0	200	1.000	800	200	300
– umweltbezogen	500	0	300	0	200	0	0	0
Dienstleistungen Dritter	900	0	0	100	500	300	0	0
– umweltbezogen	200	0	100	0	100	0	0	0
Kalk. Abschreibungen	4.000	500	0	0	1.500	1.000	500	500
– umweltbezogen	500	0	200	0	300	0	0	0
Kalk. Zinsen	4.600	300	0	300	2.000	1.200	500	300
– umweltbezogen	600	0	200	0	400	0	0	0
Sonstige Stelleneinzelkosten	1.800	500	0	200	400	500	100	100
– umweltbezogen	280	0	200	0	80	0	0	0
Summe Primäre Stelleneinzelkosten	**15.800**	**1.700**	**0**	**1.100**	**5.900**	**4.500**	**1.350**	**1.250**
– umweltbezogen	**2.380**	**0**	**1.200**	**0**	**1.180**	**0**	**0**	**0**

Kostenstellen		Allgemeine Kostenstellen		Fertigungshilfskostenstellen	Fertigungshauptkostenstellen		Materialkostenstelle	Kostenst. Verwaltung u. Vertrieb
Kostenarten	Summe	Stromvers.	Klärwerk	Reparatur	‚gemischt'	‚rein'		
Sozialkosten	2.700	200	0	200	1.000	800	200	300
– umweltbezogen	500	0	300	0	200	0	0	0
Steuern, Gebühren, Versicherungsprämien	950	50	0	100	300	100	300	100
– umweltbezogen	100	0	50	0	50	0	0	0
Gehalt für Betriebsbeauftragten für Umweltschutz	0	0	0	0	0	0	0	0
– umweltbezogen	100	0	40	20	20	0	10	10
Kalk. Abschreibungen für Abluftfilteranlage	0	0	0	0	0	0	0	0
– umweltbezogen	1.000	0	0	0	300	700	0	0
Summe Primäre Stellengemeinkosten	**3.650**	**250**	**0**	**300**	**1.300**	**900**	**500**	**400**
– umweltbezogen	**1.700**	**0**	**390**	**20**	**570**	**700**	**10**	**10**
Summe Primäre Stellenkosten	**19.450**	**1.950**	**0**	**1.400**	**7.200**	**5.400**	**1.850**	**1.650**
– umweltbezogen	**4.080**	**0**	**1.590**	**20**	**1.750**	**700**	**10**	**10**
Verteilung Stromversorgung			0	96	576	640	160	174
– umweltbezogen			160	0	144	0	0	0
Verteilung Klärwerk				0	0	0	0	0
– umweltbezogen				350	420	980	0	0
Verteilung Reparaturen					680	645	0	0
– umweltbezogen					381	160	0	0
Summe Ist-Endstellenkosten					8.456	6.685	2.010	1.824
– umweltbezogen					2.695	1.840	10	10
Bezugsbasis für die Kalkulation der Gemeinkosten					Fertigungseinzelkosten 26.000	Fertigungseinzelkosten 25.000	Materialeinzelkosten 22.000	Herstellkosten 94.969
Ist-Zuschlagssatz insgesamt					42,9 %	34,1 %	9,1 %	1,9 %
hiervon prozessbedingt					32,5 %	26,7 %	9,1 %	1,9 %
hiervon umweltschutzbedingt					10,4 %	7,4 %	0,0 %	0,0 %

Im Rahmen der Abgrenzung des umweltbezogenen Kostenanteils werden alle Kosten auf Endkostenstellen verteilt. Dabei wird der **Anteil der umweltrelevanten Kosten** isoliert, der als umweltbedingter Zuschlagssatz im Rahmen der Produktkalkulation interpretiert werden kann.

7.6.2.3 Kostenträgerstückrechnung (Kalkulation)

Die Aufgabe der **Kostenträgerstückrechnung (Kalkulation)** als dritter Stufe der Kostenrechnung besteht auf dieser Grundlage darin, die prozess- und umweltschutzbedingten Kosten zu bestimmen, die den einzelnen Produkt- oder Auftragseinheiten zuzurechnen sind. Dabei wird zur Abgrenzung von Herstell- und Selbstkosten der Produktion entsprechend der vereinfachten Darstellung auf S. 974 vorgegangen (vgl. auch Teil B, Abschn. 3.3.1, S. 870 ff.). Der gesonderte Ausweis betrieblicher Umweltschutzkosten in den Produktkosten dient z. B. dazu, die Höhe ihres Anteils an den Herstell- oder Selbstkosten einer umweltfreundlichen Absatzproduktart festzustellen. Es kann damit zugleich ermittelt werden, wie hoch der in den Selbstkosten enthaltene Umweltschutzkostenanteil bei exakter Erfüllung gesetzlicher oder vertraglicher Umweltschutzauflagen sowie bei einer darüber hinausgehenden Umweltschutzpolitik ist (*Roth*, Umweltkostenrechnung, S. 130 f.). Sollen auf Basis der Daten des vorliegenden Beispiels kurzfristige preispolitische Entscheidungen gefällt werden, so sind unter Beibehaltung der differenzierten Betrachtung der Umweltschutzkosten jeweils fixe und variable Kosten getrennt auszuweisen. Eine solche Weiterentwicklung ändert die prinzipielle Vorgehensweise bei der Berücksichtigung und Verrechnung umweltbezogener Kosten nicht, weshalb diesbezüglich auf Kap. 4 verwiesen wird.

7.6.3 Perspektive

Da Umweltschutzkosten regelmäßig auf Grund langfristig wirksamer Entscheidungen anfallen und insbesondere den Gemeinkostenbereich des Unternehmens betreffen, wird häufig die Einbindung einer umweltorientierten Kostenrechnung in ein bestehendes **Prozesskostenrechnungssystem** vorgeschlagen (vgl. z. B. *Fichter/Loew/Seidel*, Umweltkostenrechnung, S. 30). Eine solche Integration bietet den Vorteil, dass die Untersuchung und Optimierung betrieblicher Wertschöpfungsprozesse zugleich zwei Zielsetzungen – der Effizienz der Produktion und dem Umweltschutz – gerecht wird. Die genauere Verrechnung und Kontrolle der Gemeinkosten gewährleistet einerseits eine Effizienzsteigerung der Ressourcennutzung bei komplexen Produktionsstrukturen, andererseits können Umweltbelastungen reduziert bzw. nicht zwingend erforderlicher Ressourcenverbrauch minimiert werden. Die Analyse der einzelnen Aktivitäten und Bezugsgrößen legt somit eine Verbindung zwischen erfolgsorientierter Kosten- und Leistungsrechnung und umweltbezogener Entscheidungsfundierung nahe.

Eine Erfolg versprechende Perspektive der Integration von Umweltschutzkosten in das betriebliche Kostenrechnungssystem eröffnet insbesondere die Entwicklung eines **umweltschutzorientierten Zielkostenmanagements**; denn die Phase der Kostenplanung und -kontrolle ist im Rahmen des Zielkostenmanagements naturgemäß nicht auf eine Periode beschränkt, sondern auf mehrere Perioden ausgerichtet (*Kloock*, Umweltkostenrechnungen, S. 202). Damit wird der **Planungshorizont** des Zielkostenmanagements den Anforderungen einer langfristig ausgelegten Planung von Umweltschutzmaßnahmen gerecht. Bei der zur Erreichung der Zielkosten regelmäßig notwendigen Einleitung von Kostensenkungsmaßnahmen kann bzw. muss die Möglichkeit des Abbaus von Umweltbelastungen analog zu sonstigen Selbstkostenelementen eines Produkts geprüft werden. In zukünftigen Perioden realisierbare Kosteneinsparungen durch Vorsorgemaßnahmen und Abbau von Umweltbelastungen werden so frühzeitig in den Planungsprozess einbezogen. Entsprechend sind umweltschutzinduzierte Kostensteigerungen durch Vorsorgemaßnahmen und Abbau von Umweltbelastungen den angestrebten Zielkosten gegenüberzustellen. Ein umweltschutzorientiertes Zielkostenmanagement stellt damit bereits in der Konzeptions- und Entwicklungsphase eines Produkts die notwendigen Daten für Entscheidungen zur Durchführung von Umweltschutzmaßnahmen bereit, was auf der Grundlage eines traditionellen, kurzfristig orientierten Kostenrechnungssystems nicht möglich ist.

Zudem werden mit den Zielkosten Sollkostenansätze ermittelt, die aus einer **marktorientierten Sicht** abgeleitet sind. Damit liegt es nahe, bereits in der Konzeptionsphase eines Produkts zu untersuchen, inwiefern umweltschutzbezogene Merkmale des Produkts – wie beispielsweise die Vermeidung eines bestimmten Schadstoffes in der Produktion – vom Kunden als Nutzen wahrgenommen werden. Sofern eine Mehrung des Kundennutzens festgestellt wird, ist deren quantitative Wirkung auf die realisierbaren Erlöse zu prognostizieren. Der infolge höherer zulässiger Zielkosten vorhandene Kostenspielraum ist dann für die Einleitung entsprechender Umweltschutzmaßnahmen nutzbar. Die Entwicklung eines umweltschutzorientierten Zielkostenmanagements kann somit als Basis einer **aktiven** betrieblichen Umweltpolitik eingesetzt werden.

Ergänzende Literatur zu: 7.6 Umweltorientierte Kostenrechnung

Bundesumweltministerium/Umweltbundesamt, Handbuch Umweltkostenrechnung, S. 43–91 und S. 109–117

Coenenberg/Fischer/Günther, Kostenrechnung, S. 278–287

Fichter/Loew/Seidel, Umweltkostenrechnung, S. 10–110

Günther, E., Ökologieorientiertes Management, S. 252–284

Kloock, Umweltkostenrechnung, S. 295–301

Letmathe, Kostenrechnung, S. 5–46

Piro, Umweltkostenrechnung, S. 71–147

Roth, Umweltkostenrechnung, S. 69–156

Schreiner, Umweltmanagement, S. 259–268

Schulz, Externe Umweltkosten, S. 301–321

8 Leistungsrechnung

8.1 Grundlagen

Die bisher beschriebene Kostenrechnung vermag in erster Linie Informationen über den bewerteten, sachzielbezogenen Güter**verbrauch** (Kosten) zu liefern. Daher sollte die Kostenrechnung um eine Leistungsrechnung erweitert werden, so dass der **gesamte** Unternehmensprozess einschließlich der Güter**erstellung** wertmäßig abgebildet werden kann.

Mit dem Begriff **Leistung** wird die bewertete, sachzielbezogene Gütererstellung im Rahmen der betrieblichen Tätigkeit in einer Periode umschrieben (s. Teil B, Abschn. 2.2, S. 791 ff.). In einer **Leistungsrechnung** sind somit die betrieblichen Leistungen für die Zwecke der Güterdisposition und zur Ermittlung kurzfristiger Erfolge (s. Teil B, Kap. 9, S. 987 ff.) zu erfassen sowie zeitlich und sachlich abzugrenzen. Ziel ist hierbei die Ermittlung der Höhe der tatsächlich angefallenen (Leistungsrechnung) bzw. geplanten (Planleistungsrechnung) bewerteten Gütererstellungen für Entscheidungs- und Kontrollzwecke.

Abzugrenzen ist der Leistungsbegriff von dem des **Erlöses**, der das Entgelt für die an den Markt abgegebenen, vom Betrieb erstellten Leistungen im Sinne des wertmäßigen Umsatzes der Periode darstellt (*Männel*, Bedeutung der Erlösrechnung, S. 633 f.).

Entsprechend der zeitlichen Zuordnung von Erlösen und der Verwendung der Güter für absatzbestimmte oder innerbetriebliche Zwecke kann die Leistungsrechnung, wie in der Abbildung auf S. 982 dargestellt, in eine **Erlösrechnung,** eine **Bestandsrechnung** für erstellte Güter und eine **innerbetriebliche Leistungsrechnung** gegliedert werden (*Schildbach/Homburg*, Kosten- und Leistungsrechnung, S. 170).

8.2 Innerbetriebliche Leistungsrechnung und Bestandsrechnung

Die **innerbetriebliche Leistungsrechnung** erfolgt im Rahmen der Kostenstellenrechnung, wobei die mit Kosten bewerteten innerbetrieblich erstellten Güter der Hilfskostenstellen gemäß spezifischer Schlüsselgrößen den nachgeordneten Kostenstellen zugeordnet werden. Gütererstellung und Güterverzehr entsprechen sich wertmäßig, so dass die Kostenstellenrechnung (Verrechnung der sekundären Kosten) als Leistungsrechnung für nicht absatzbestimmte Güter angesehen werden kann (vgl. Teil B, Abschn. 3.2.4, S. 836 ff.).

Halb- und Fertigfabrikate sowie zu aktivierende innerbetriebliche Güter sind wert- und mengenmäßig zu erfassen **(Bestandsrechnung)**, so dass Bestandserhöhungen durch Aktivierung bzw. Aufwandsentlastung Leistungen darstellen, Bestandsminderungen dagegen als Aufwendungen in die Kostenrechnung eingehen können. Die Gütermenge kann z. B. mit Hilfe der Methoden der Werkstoffkostenerfassung ermittelt (vgl. Teil B, Abschn. 3.1.2.1, S. 803 ff.) oder alternativ mit Anschaffungs- und Herstellungskosten, Tagespreisen sowie Verrechnungspreisen bewertet werden (vgl. Teil A, Abschn. 11.2, S. 399 ff.). Sofern die Bestandsrechnung auf Werten der Kostenrechnung basiert (z. B. Ermittlung der Herstellungskosten), erübrigt sich eine spezielle Leistungsrechnung. Wird der Wertansatz dagegen vom Absatzpreis ausgehend retrograd ermittelt (z. B. verlustfreie Bewertung, s. Teil A, Abschn. 11.2.1, S. 407), dann stellt dies eine methodische Annäherung an die Erlösrechnung und die mit ihr verbundene Problematik der kalkulatorischen Größen dar. In diesem Fall ist eine eigenständige Leistungsrechnung erforderlich. Bei der Berechnung der Leistungshöhe in der Leistungsrechnung können jedoch – wie in der Kostenrechnung – kalkulatorische Größen (unabhängig von Zahlungsvorgängen) Eingang in die Wertansätze finden.

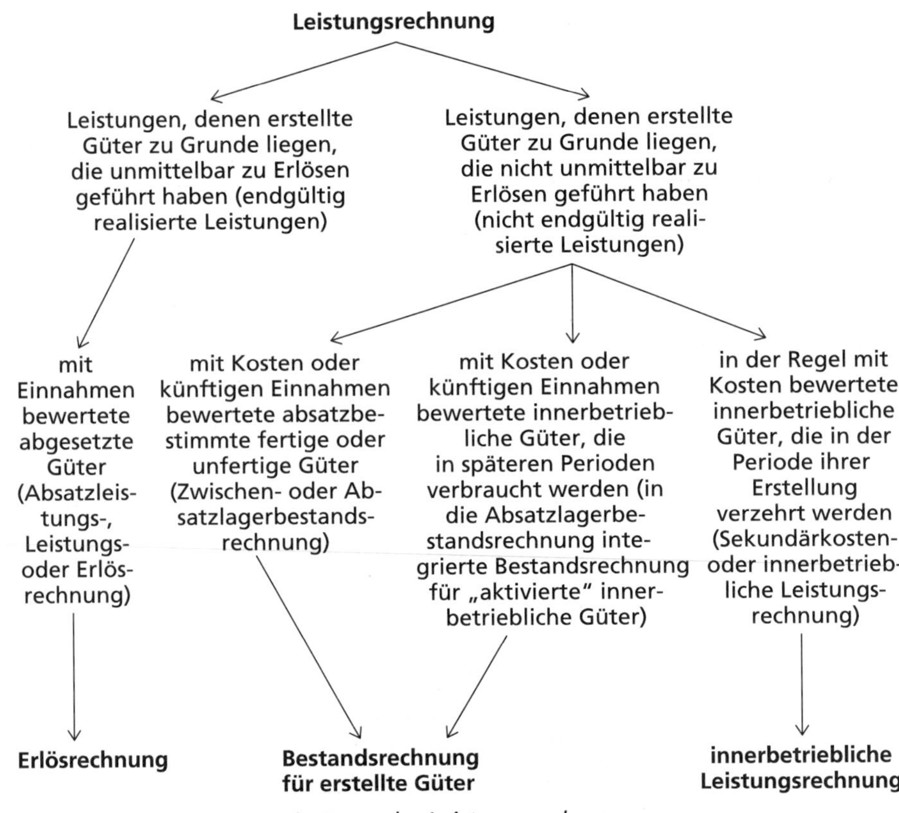

Systeme der Leistungsrechnung

8.3 Erlösrechnung

Die Erlösrechnung als wichtigster Teilbereich der Leistungsrechnung betrachtet die **monetäre Realisation** betrieblicher Leistungen am Markt. Es werden also nur diejenigen Leistungen in die Berechnung mit einbezogen, denen mit Absatzpreisen bewertete Güter zu Grunde liegen. Die erzielten Umsatzerlöse sind das Produkt aus Absatzmenge und Absatzpreis der verschiedenen Produktarten. Analog zur Kostenrechnung lässt sich die Erlösrechnung in eine Erlösarten-, Erlösstellen- und Erlösträgerrechnung gliedern, die alle das **Ziel** verfolgen, die Erlöse zu erfassen, die Erlösentstehung nach Absatzmärkten zu gliedern sowie die Erlöse ihren einzelnen Erlösträgern zuzuordnen.

Aufgabe der **Erlösartenrechnung** ist es, die Erlösarten, klassifiziert nach unterschiedlichen Absatzpreiskonditionen (z. B. Rabatte, Skonti) der abgesetzten Produkte, zu erfassen. Der schließlich realisierte Gesamterlös eines Gutes bzw. einer Leistung setzt sich dann regelmäßig aus mehreren Erlösarten zusammen.

Die Zuordnung der einzelnen Erlösarten kann, ausgehend vom Basiserlös als dem Grund- bzw. Listenpreis, nach den folgenden drei Erlöskategorien erfolgen: Erlösmehrungen, Erlösminderungen sowie Erlösberichtigungen (*Schildbach/ Homburg,* Kosten- und Leistungsrechnung, S. 174):

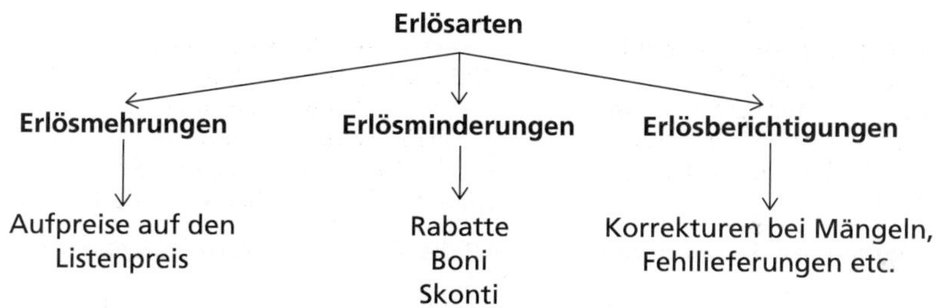

Erlösmehrungen sind beispielsweise Aufpreise auf den Listenpreis für Sonderanfertigungen oder sonstige, über die Grundleistung hinausgehende, erbrachte Leistungen. Erlösminderungen umfassen in erster Linie gewährte Preisnachlässe, Erlösberichtigungen dagegen alle risikobedingten Korrekturen auf die ursprüngliche Erlössumme.

Erst durch die Berücksichtigung aller einfließenden Erlösarten kann der Nettoerlös als aussagefähige Größe für die Erlösrechnung gewonnen werden (*Ewert/ Wagenhofer,* Interne Unternehmensrechnung, S. 674 f.):

	Basiserlös
+	Erlösmehrungen
./.	Erlösminderungen
./.	Erlösberichtigungen
=	Nettoerlös

Noch stärker als bei der Kostenrechnung macht sich in der Erlösrechnung die Problematik der **Zurechenbarkeit** derjenigen Erlösarten, die als Gemeinerlöse anfallen, auf die jeweiligen Erlösträger bemerkbar (*Ossadnik*, Kosten- und Leistungsrechnung, S. 122 ff.). So ist es beispielsweise nur unter erheblichen Zugeständnissen an eine realitätsgetreue Abbildung der betrieblichen Vorgänge möglich, anfallende Gemeinerlöse (Erlösarten) auf ihre Entstehungsorte (Erlösträger) zurückzuführen. Insbesondere bei Erlösminderungen fällt es schwer, eine verursachergerechte Aufteilung und somit korrekt gewichtete Verteilung eines anfallenden Gemeinerlöses zu finden. Je nach angewandtem Zuordnungskriterium werden differierende Ergebnisse ermittelt, wie folgendes Beispiel zeigt:

Von 2 Produkten A und B werden jeweils 50 Stück abgesetzt. Produkt A erzielt einen Marktpreis von 100 €, wohingegen Produkt B nur 50 € einbringt. Auf die gesamte Lieferung wird dem Kunden ein Rabatt von 200 € gewährt. Im folgenden Schaubild sind zwei Möglichkeiten der Zurechnung einer solchen Erlösminderung aufgezeigt.

	Kriterium: Anzahl der Erlösträger	Kriterium: Grundpreis der Produkte
Anzahl der Produkte	**100**	100
davon Grundpreis		
100 € (Produkt A)	50	**50**
50 € (Produkt B)	50	**50**
Rabattsumme in €	200	200
Erlösminderung in €		
Produkt A	2,00	2,67
Produkt B	2,00	1,33

Aufteilung einer Erlösminderung (hier Rabatt) nach unterschiedlichen Kriterien

Das Ergebnis verdeutlicht, dass die in der Erlösartenrechnung ermittelten Werte stets vor dem Hintergrund der jeweils angewandten Methode zur Aufteilung der Gemeinerlöse beurteilt werden müssen, um eine realitätsgetreue Abbildung der betrieblichen Vorgänge zu gewährleisten.

Erlösarten werden vielfach durch unterschiedliche Absatzmarktbedingungen (z. B. kundenspezifische Absatzmengen, Zahlungsbedingungen) beeinflusst, weshalb in der **Erlösstellenrechnung** die Orte der Erlösentstehung erfasst werden. Neben dieser Erlösermittlungsfunktion dient die Erlösstellenrechnung insbesondere der Kontrolle der erzielten Erlöse.

Eine Erlösstelle sollte daher Teilmärkte zusammenfassen, auf denen möglichst homogene Absatzbedingungen herrschen und für die eine eindeutige Vertriebsverantwortung gilt (*Engelhardt*, Erlösplanung, S. 665). Die Auswahl der geeigneten Untergliederung in Erlösstellen muss den spezifischen Bedingungen der Unternehmensumwelt angepasst sein und lässt sich mithin nur schwer in allgemeingültiger Form wiedergeben. Möglich sind beispielsweise Untergliederungen nach Absatzwegen, Kunden- oder Produktgruppen (*Ossadnik*, Kosten- und Leistungsrechnung, S. 171 ff.).

Die **Erlösträgerstückrechnung** versucht indes, die Erlöse den einzelnen Erlösträgern zuzuordnen. Erlösträger können entweder einzelne Produkte oder aber auch Produktarten oder Dienstleistungen sein. Somit schließt die Erlösträgerstückrechnung auch unmittelbar an die Erlösartenrechnung an, da die Erlösarten der verschiedenen abgesetzten Güter dort erfasst und den Erlösträgern dann auch direkt zugeordnet werden können.

Obwohl die Erlösrechnung ein wichtiges Werkzeug für die Erlösplanung und -kontrolle im Betrieb darstellt, wurde und wird sie gegenüber der Kostenrechnung deutlich vernachlässigt. Dies ist insbesondere auf ihre umstrittene praktische Handhabbarkeit sowie die begrenzte Aussagekraft der durch sie erzielbaren Werte zurückzuführen. So sind geschlossene Systeme der Erlösrechnung bis heute kaum erkennbar, was vor allem wohl auf die schwierige Planbarkeit der erlösbeeinflussenden Größen zurückzuführen ist: Während die Wirkungen von Kosteneinflussgrößen in der Produktion (z. B. Preissteigerung von Rohstoffen) auf Grund der regelmäßig bestehenden technischen Zusammenhänge relativ einfach zu ermitteln sind, können die Wirkungen der Erlöseinflussgrößen (z. B. verändertes Wettbewerber-/Konsumentenverhalten) auf die erzielbaren Erlöse nur schwer prognostiziert werden.

Übungsbeispiel:

Die Handel AG beliefert Großabnehmer mit dem Produkt „Feelgood" zum Listenpreis von € 59 je Stück. Bei Abnahme einer kompletten Palette (150 Stck.) wird in Preis von € 6.000 angesetzt. Der Versand der Produkte wird pauschal mit € 3 je Stück abgerechnet; bei Abnahme einer Palette werden € 200 Versandpauschale angesetzt.

Für den Kunden A liegen die folgenden Prognosen für das kommende Geschäftsjahr vor:

Voraussichtlich wird A monatlich zwei komplette Paletten ordern. Zudem ist die Abnahme von 120 Stck. pro Monat in verschiedenen Bestellmengen zu erwarten. Die Handel AG gewährt A als Mengenrabatt eine Gratispalette, wenn der kumulierte Absatz am Jahresende über € 200.000 liegt. Erfahrungsgemäß bezahlt A unter Abzug des eingeräumten Skontos von 3 % unmittelbar nach Erhalt der Rechnung.

Zu ermitteln sind die zu erwartenden Erlöse pro Monat für den Kunden A.

Lösung:

Berechnung der Bruttoerlöse:

2 Paletten (Listenpreis und Versand):
$BE_1 = 2 \cdot € 6.000 + 2 \cdot € 200 = € 12.400$
120 Stück (Listenpreis und Versand):
$BE_2 = 120 \cdot € 59 + 120 \cdot € 3 = € 7.440$

Berechnung der Erlösschmälerungen:

1 Gratispalette entspricht einem Mengenrabatt von € 500 pro Monat. (Der erwartete Jahresumsatz ist größer als die vorgegebene Zielgröße von € 200.000.)

Skonto:

$S = (€ 12.400 + € 7.440) \cdot 0{,}03 = € 595{,}20$

Es ergeben sich als monatliche Planerlöse des Kunden A:

$PE^m = € 19.840 - € 500 - € 595{,}20 = € 18.744{,}80$

Ergänzende Literatur zu: 8 Leistungsrechnung

Chmielewicz, Rechnungswesen 2, S. 64–68 und 199–220
Engelhardt, Erlösplanung, S. 656–670
Ewert/Wagenhofer, Interne Unternehmensrechnung, S. 673–680
Hoitsch/Lingnau, Kosten- und Erlösrechnung, S. 208–234
Männel, Bedeutung der Erlösrechnung, S. 631–655
Männel, Erlösrechnung, S. 119–150
Ossadnik, Kosten- und Leistungsrechnung, S. 118–130; 169–177; 218–222; 252–261
Schildbach/Homburg, Kosten- und Leistungsrechnung, S. 169–182
Schweitzer/Küpper, Kosten- und Erlösrechnung, S. 20–26

9 Kurzfristige Erfolgsrechnung

9.1 Gesamtkosten- und Umsatzkostenverfahren in der Kostenrechnung

In der Literatur wird die kurzfristige Erfolgsrechnung häufig auch als kurzfristige Betriebsergebnisrechnung, als kalkulatorische Periodenerfolgsrechnung, als **Kostenträgerzeitrechnung** oder auch einfach als Deckungsbeitragsrechnung bezeichnet. Die teilweise verwirrende Begriffsvielfalt ist primär dadurch zu erklären, dass die kurzfristige Erfolgsrechnung aus den verschiedensten Formen der Kostenrechnung abgeleitet bzw. weiterentwickelt worden ist und deren Nomenklatur übernommen hat. Im Gegensatz zu den bisher dargestellten Kostenrechnungssystemen wird in der kurzfristigen Erfolgsrechnung jedoch nicht nur die Kostenseite betrachtet, sondern vielmehr durch explizite Einbeziehung der Leistungs- bzw. Ertragsseite die Abrechnung zur eigentlichen Erfolgsrechnung ausgeweitet, so dass zwischen den oben genannten Kostenrechnungssystemen einerseits und der kurzfristigen Erfolgsrechnung andererseits differenziert werden muss (vgl. auch Teil B, Abschn. 3.3.2, S. 889 f.).

Die kurzfristige Erfolgsrechnung verbindet die Kostenrechnung mit der Leistungsrechnung (s. Teil B, Kap. 8, S. 981 ff.), indem sie Kosten und Leistungen eines Unternehmens für einen bestimmten, gegenüber der Jahresperiode kürzeren Abrechnungszeitraum (z. B. Woche, Monat, Vierteljahr) gegenüberstellt. Durch diese Gegenüberstellung kann der **kurzfristige Betriebserfolg** ermittelt und seine Zusammensetzung, gegliedert nach Produktgruppen, Erfolgsquellen etc., offen gelegt werden. Die kurzfristige Erfolgsrechnung dient damit der laufenden Kontrolle und Steuerung des Unternehmensprozesses, wobei die Schnelligkeit der Informationsgewinnung gegenüber ihrer Genauigkeit grundsätzlich im Vordergrund steht (*Schweitzer/Küpper*, Kosten- und Erlösrechnung, S. 192).

Die kurzfristige Erfolgsrechnung ist folglich strikt von der aus der Finanzbuchhaltung abgeleiteten pagatorischen **Gewinn- und Verlustrechnung** zu trennen, selbst wenn letztere in kürzeren Zeitabständen als – üblicherweise – ein Jahr aufgestellt sein sollte: Die kurzfristige Erfolgsrechnung ist zum einen nicht für die externe Dokumentation und Rechnungslegung bestimmt und braucht sich daher nicht an den im Handels- und Steuerrecht normierten, objektivierten Konventionswerten (insbesondere Nominalwert-, Anschaffungswert-, Niederstwert- und Vorsichtsprinzip) zu orientieren. Zum anderen soll mit ihrer Hilfe nicht der unternehmerische Gesamterfolg, sondern das **typische Betriebsergebnis** ohne neutrale Aufwendungen und Erträge ermittelt werden. Die Aufgabe der kurzfristigen Erfolgsrechnung liegt daher darin, den laufend erwirtschafteten, kurzfristigen betrieblichen Erfolg des Abrechnungszeitraums zu ermitteln, um damit sowohl die permanente Steuerung und Kontrolle der Wirtschaftlichkeit zu gewährleisten als auch fortlaufende Informationen für Planung und Entscheidungsfindung verfügbar zu machen.

Je nach Verwendungszweck und Anforderung kann die kurzfristige Erfolgsrechnung unterschiedlich aufgebaut und ausgestaltet werden: Zunächst können sowohl Kosten als auch Erlöse je nach Erfordernis quartalsmäßig, monatlich, wöchentlich oder täglich erfasst, beliebig tief aufgegliedert, in statistisch-tabellarischer oder kontenmäßiger Darstellungsform aufbereitet sowie vorschauend als Prognose- bzw. rückschauend als Nachrechnung aufgebaut werden. Hauptunterscheidungsmerkmal ist jedoch, ob die gesamten Kosten einer Periode (Gesamtkostenverfahren) oder nur die Kosten der abgesetzten Produkte (Umsatzkostenverfahren) verrechnet werden. Beide Verfahren sind sowohl auf Voll- als auch auf Teilkostenbasis mit Ist-, Normal- oder Planwerten durchführbar.

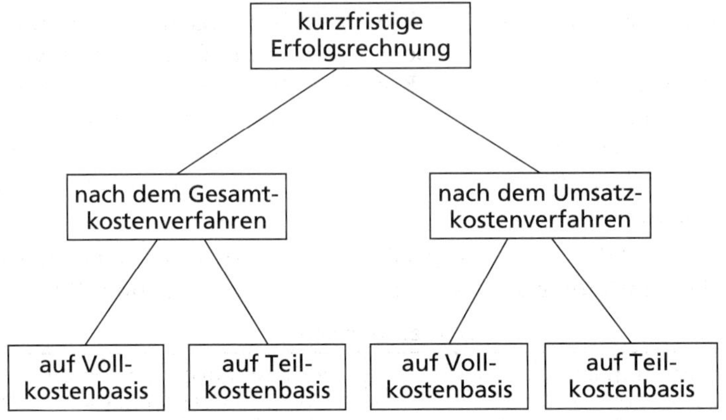

Systeme kurzfristiger Erfolgsrechnung

Da die Ausgestaltung als Voll- oder Teilkostenrechnung bzw. als Ist-, Normal- oder Plankostenrechnung keine über die bereits behandelten Probleme hinausreichenden Fragen aufwirft (vgl. dazu die jeweils einschlägigen Abschnitte), werden hier die beiden am häufigsten verwendeten Verfahren der kurzfristigen Erfolgsrechnung, das **Gesamtkostenverfahren** und das **Umsatzkostenverfahren** näher behandelt.

9.1.1 Gesamtkostenverfahren

Das Gesamtkostenverfahren, das historisch die ältere Form der kurzfristigen Erfolgsrechnung darstellt, stellt zur Ermittlung des Betriebserfolgs den gesamten Betriebserträgen die **gesamten Kosten einer Periode** gegenüber. Bei Durchführung der kurzfristigen Erfolgsrechnung nach diesem Verfahren weist das Betriebsergebniskonto daher auf der Sollseite sämtliche nach **Kostenarten** untergliederten Kosten der Abrechnungsperiode aus. Den Kosten werden auf der Habenseite die periodenbezogenen Erlöse gegenübergestellt, die aus der Kontenklasse 5 des IKR übernommen und entsprechend abgegrenzt werden (Eliminierung der neutralen Erträge, Zufügung der Zusatzleistungen).

Das **Betriebsergebniskonto** hat daher folgende Form:

Soll	Betriebsergebniskonto	Haben
Gesamtkosten der Periode (als Saldo: Betriebsgewinn)		Periodenerlöse (als Saldo: Betriebsverlust)

Diese Form der Betriebsergebnisrechnung führt allerdings nur dann zu einem zutreffenden Betriebsergebnis, wenn sämtliche in einer Periode produzierten Erzeugnisse auch in der gleichen Periode abgesetzt werden (**absatzsynchrone Fertigung,** z. B. bei Dienstleistungsbetrieben). Verlaufen dagegen Fertigung und Absatz nicht synchron, d. h. werden während einer Periode mehr Erzeugnisse verkauft als hergestellt bzw. mehr Erzeugnisse hergestellt als abgesetzt, so sind entsprechende **Korrekturen** vorzunehmen. Lagerbestandszunahmen werden zu Herstellkosten im Haben des Betriebsergebniskontos ausgewiesen und erhöhen damit als Lagerleistung den Betriebsertrag der Periode; sie neutralisieren zugleich die für sie verrechneten Kosten. Entsprechend erscheinen Lagerbestandsabnahmen zu Herstellkosten im Soll des Betriebsergebniskontos und erhöhen die während einer Abrechnungsperiode entstandenen Kosten um die Beträge, die für die aus dem Lager getätigten Umsätze in früheren Perioden als Kosten verrechnet wurden.

Schematisch zeigt das Betriebsergebniskonto nach dem Gesamtkostenverfahren unter **Berücksichtigung von Bestandsveränderungen** folgendes Bild:

Soll	Betriebsergebniskonto	Haben
Gesamtkosten, abgeleitet aus den Aufwendungen der Kontenklassen 6 und 7 des IKR, strukturiert nach **Kostenarten**		**Periodenerlöse**, abgeleitet aus den Erträgen der Kontenklasse 5 des IKR, strukturiert nach **Erzeugnisarten**
Lagerbestands**abnahmen** zu Herstellkosten		Lagerbestands**zunahmen** zu Herstellkosten
(als Saldo: Betriebsgewinn)		(als Saldo: Betriebsverlust)

Statistisch-tabellarisch ist das Gesamtkostenverfahren somit wie folgt aufgebaut:

	Umsatzerlöse der Periode
./.	Kosten der Periode
+	Bestandsmehrungen
./.	Bestandsminderungen
=	Betriebsgewinn/-verlust

Beim Gesamtkostenverfahren mit Berücksichtigung von Bestandsänderungen wirken sich durch die Korrekturen nicht mehr die gesamten in der Periode angefallenen Kosten auf den Saldo des Betriebsergebniskontos (Betriebsgewinn oder -verlust) aus, sondern sie werden jeweils nach unten (Fall der Bestandszunahme) bzw. oben (Fall der Bestandsabnahme) korrigiert, um den Bezug der Kosten zu den abgesetzten Mengen herzustellen. Daher handelt es sich beim Gesamtkostenverfahren mit Berücksichtigung von Bestandsveränderungen eigentlich um ein „Umsatzkostenverfahren besonderer Art“ (*Götzinger/Michael*, Kosten- und Leistungsrechnung, S. 166).

Zur **Beurteilung des Gesamtkostenverfahrens** sind folgende Kriterien heranzuziehen:

(1) Beim Gesamtkostenverfahren lässt sich das Betriebsergebniskonto relativ leicht durch Abschluss der Konten der Betriebsbuchführung entwickeln. Die Gliederung des Betriebsergebniskontos entspricht der handelsrechtlich fixierten Systematik der Gewinn- und Verlustrechnung nach dem Gesamtkostenverfahren (§ 275 Abs. 2 HGB). Durch Konsolidierung der Konten „Betriebsergebnis“ und „Neutrales Ergebnis“ erhält man daher – sofern die Bewertung an Handels- und Steuerrecht orientiert wird – direkt die Gewinn- und Verlustrechnung der Finanzbuchführung. Das Gesamtkostenverfahren eignet sich daher besonders zur **Durchführung des gesamten Rechnungswesens im Einkreissystem**.

(2) In den Fällen, in denen keine oder nur geringe Lagerbestandsveränderungen auftreten, ergibt sich der Betriebserfolg durch einfache Gegenüberstellung von Periodenerlösen und Gesamtkosten. Müssen aber Veränderungen im Lagerbestand berücksichtigt werden, so erfordert dies die Durchführung umfangreicher, meist in kurzen Intervallen aufeinander folgender **Inventuraufnahmen**, die arbeitsmäßig nur sehr aufwändig zu bewältigen sind und den eigentlichen Produktionsprozess empfindlich stören können. Die periodisch anfallende Bestandsaufnahme lässt sich allerdings dann vermeiden, wenn eine den Produktionsfluss begleitende Bestandserfassung vorgenommen oder in der Kostenrechnung gesondert eine Fabrikatebestandsrechnung geführt wird.

(3) Scheinbar kommt das Gesamtkostenverfahren ohne Kostenstellen- und Kostenträgerstückrechnung (Kalkulation) aus, denn die Gesamtkosten werden hier direkt aus der Kostenartenrechnung auf das Betriebsergebniskonto übernommen. Stellen sich allerdings Lagerbestandsveränderungen ein, so müssen diese bewertet werden. Eine **Bewertung der Lagerbestandszunahmen bzw. -abnahmen** ist jedoch ohne Kostenstellen- und Kostenträgerstückrechnung nicht möglich.

(4) Üblicherweise werden Lagerbestandsveränderungen beim Gesamtkostenverfahren zu Herstellkosten bewertet. Das hat zur Folge, dass der Betriebsertrag verschieden ausgewiesen wird: Hinsichtlich der Periodenerlöse enthält er Gewinnanteile, während die Lagerbestandszugänge mit einem **Kostenwert**, also ohne Gewinnausweise, angesetzt sind. Bei dieser Handhabung hängt der Betriebserfolg von der abgesetzten Menge ab und das Betriebsergebnis ist null, wenn aus der Produktion nichts verkauft worden ist. Ein derartiges Vorgehen entspricht zwar dem für den Bereich der Geschäftsbuchführung zwingend vorgeschriebenen Realisationsprinzip. Für den Bereich der Betriebsbuchführung erscheint es jedoch auch zweckmäßig, die in Lagerbestandszunahmen enthaltenen Erfolgsbestandteile auszuweisen, um eine Beurteilung des Betriebserfolgs zu ermöglichen. Dies könnte in der Praxis durch die Bewertung von Lagerbestandsänderungen mit Marktpreisen statt Herstellkosten erreicht werden. Das Betriebsergebniskonto weist dann jedoch nicht den Verkaufserfolg, sondern den **Produktionserfolg** aus.

(5) Der wesentliche Kritikpunkt am Gesamtkostenverfahren ist in der **unterschiedlichen Strukturierung** der Soll- und Habenseite des Betriebsergebniskontos zu sehen. Da die Kosten nach Kostenarten, die Erlöse dagegen global, gegliedert nach Produktgruppen oder nach einzelnen Produkten, ausgewiesen werden, erlaubt das Gesamtkostenverfahren keine Erfolgsanalyse, d.h. es ist nicht erkennbar, welche Produkte in welcher Höhe zum Erfolg beigetragen haben. *Kilger* (Erfolgsrechnung, S. 33) kommt deshalb zu dem Ergebnis, dass das Gesamtkostenverfahren in Mehrproduktunternehmen weder zur Erfolgsanalyse noch zur Absatzplanung geeignet ist und als Methode der kurzfristigen Erfolgsrechnung nur in Einproduktunternehmen oder in besonders einfach gelagerten Fällen der Sortenproduktion als genügend aussagefähig angesehen werden kann.

9.1.2 Umsatzkostenverfahren

Beim Umsatzkostenverfahren werden den Umsatzerlösen **nur die Selbstkosten der verkauften Erzeugnisse** gegenübergestellt, so dass der Erfolgsausweis lediglich vom Umsatz bestimmt wird. Da nur die für die abgesetzten Produkte angefallenen Kosten angesetzt werden, kann das Umsatzkostenverfahren auch als **Absatzerfolgsrechnung** bezeichnet werden (*Schweitzer/Küpper*, Kosten- und Erlösrechnung, S. 193). Die Durchführung von Inventuren oder sonstigen Formen der Bestandsrechnung ist damit überflüssig. Im Gegensatz zum Gesamtkostenverfahren sind Kosten und Erlöse beim Umsatzkostenverfahren direkt vergleichbar, da im Betriebsergebniskonto den im Haben nach Produkten bzw. Erzeugnisarten gegliederten Erlösen die ebenso strukturierten Kosten im Soll gegenübergestellt werden. Der Erfolgsbeitrag einzelner Produktarten lässt sich daher feststellen, eine differenzierte Erfolgsanalyse ist nunmehr möglich.

Das **Betriebsergebniskonto** nach dem **Umsatzkostenverfahren** stellt sich wie folgt dar:

Soll	Betriebsergebniskonto Haben
Kosten für die **abgesetzten** Produkte (Selbstkosten), die unter Einschaltung der Kostenstellenrechnung in der Kostenträgerstückrechnung ermittelt werden,strukturiert nach **Erzeugnisarten**	**Periodenerlöse**, abgeleitet aus den Erträgen der Kontenklasse 5 des IKR, strukturiert nach **Erzeugnisarten**
(als Saldo: Betriebsgewinn)	(als Saldo: Betriebsverlust)

In statistisch-tabellarischer Form wird der Periodenerfolg folgendermaßen ermittelt:

	Periodenerlös der Erzeugnisart A
./.	Selbstkosten der Erzeugnisart A
=	Erfolg der Erzeugnisart A
+	Erfolge der anderen Erzeugnisarten
=	Betriebsgewinn/-verlust

Bei Anwendung des Umsatzkostenverfahrens ist der gesamte mengenmäßige Absatz kostenmäßig zu bewerten. Voraussetzung dafür ist eine exakte Mengenerfassung der abgesetzten Erzeugnisse durch eine **Lagerbuchführung**. Aus dieser Lagerbuchführung können dann im Wege der Skontration (vgl. Teil A, Abschn. 11.1, S. 395 f. und Teil B, Abschn. 3.1.2.1, S. 804) die Sollbestände für die einzelnen Produktarten ermittelt und in regelmäßigen Abständen (Halbjahres- oder Jahresturnus) mit den inventurmäßig festgestellten Istbeständen verglichen werden. Auftretende Differenzen zwischen den Istbeständen und den Sollwerten (z. B. durch Schwund, Diebstahl etc.) werden als neutraler Werteverzehr bei der Ermittlung des Betriebserfolgs eliminiert. Bewertet werden die abgesetzten Erzeugnisse mit den **Selbstkosten**, die die Kostenträgerstückrechnung (Kalkulation) zur Verfügung stellt. Die so ermittelten Kostenwerte werden im Soll des Betriebsergebniskontos den im Haben dieses Kontos gebuchten, am Markt realisierten Periodenerlösen gegenübergestellt. Als Saldo ergibt sich der Betriebserfolg.

Unter der Voraussetzung, dass beim Gesamtkostenverfahren die Lagerbestandsveränderungen zu Herstellkosten bewertet werden, führen Gesamtkostenverfahren mit Berücksichtigung von Bestandsveränderungen und Umsatzkostenverfahren zum gleichen Betriebsergebnis. Dennoch wird in der **Praxis** das Umsatzkostenverfahren häufig präferiert, weil

(1) das Umsatzkostenverfahren regelmäßig als aussagefähiger zu beurteilen ist, da die nach Erzeugnisarten gegliederte Kosten- wie Erlösseite des Betriebsergebniskontos den **Erfolgsbeitrag** einzelner Erzeugnisse oder Erzeugnisgruppen zum Gesamtbetriebserfolg zu bestimmen erlaubt **(Erfolgsbeitragsrechnung)**. Damit stehen kurzfristig nützliche **Entscheidungsparameter** über das Produktionsprogramm und für eine produktbezogene Erfolgsanalyse zur Verfügung.

(2) Inventuraufnahmen beim Umsatzkostenverfahren nicht unabdingbare Voraussetzung zur Ermittlung des Betriebserfolgs sind und keine gesonderte Bestandsbewertung wie beim Gesamtkostenverfahren erforderlich ist, da für alle abgesetzten Produkte die Kosten je Erzeugniseinheit bestimmt werden müssen. Das Umsatzkostenverfahren zeichnet sich folglich durch Arbeits- und Zeitersparnis sowie eine wesentlich **schnellere Erfolgsermittlung** aus.

(3) die **Informationsrelevanz** einer auf **Teilkostenbasis** durchgeführten kurzfristigen Erfolgsrechnung grundsätzlich höher einzuschätzen ist, als bei einer auf **Vollkosten** aufbauenden Rechnung. Die sich dergestalt aus der Differenz zwischen den Stückerlösen und den lediglich variablen Stückkosten ergebenden **Stückdeckungsbeiträge** bilden zweckmäßige Kenngrößen zur differenzierten Erzeugnisbeurteilung. Vor diesem Hintergrund wird dann auch die begriffliche Kennzeichnung der kurzfristigen Erfolgsrechnung als „Deckungsbeitragsrechnung" plausibel.

Übungsbeispiel:

In einem Betrieb werden vier Produkte hergestellt: Stielpfannen, Wassertöpfe mit 18 cm ∅, Wassertöpfe mit 34 cm ∅ und Dampfkochtöpfe. Neben den im beigefügten Betriebsabrechnungsbogen (vgl. S. 994 f.) zusammengestellten Gemeinkosten sind folgende Einzelkosten (in €) entstanden:

Fertigungsmaterial	1.225.454,60
Fertigungslöhne	
a) Stanzerei	677.695,00
b) Formerei	898.961,80
c) Lackieren und Brennen	741.668,10
Sondereinzelkosten des Vertriebs (Verpackung)	
a) Stielpfannen je Stück 0,30	19.890,30
b) Wassertöpfe ∅ 18 cm je Stück 0,40	40.547,60
c) Wassertöpfe ∅ 34 cm je Stück 0,45	29.195,55
d) Dampfkochtöpfe je Stück 3,20	156.105,60
Summe der Einzelkosten	3.789.518,55

Die Erzeugnisse müssen jeweils die Produktionsstufen Stanzerei, Formerei und Lackieren/Brennen durchlaufen. Dies geschieht asynchron, d.h. hinter jeder Produktionsstufe ist ein Zwischenlager eingerichtet. Die in der Abrechnungsperiode in den einzelnen Stufen erbrachten Leistungen (in Produkteinheiten) und die Lagerbestandsveränderungen sind in der nachfolgenden Tabelle zusammengefasst:

	Stielpfannen	Wassertöpfe ∅ 18 cm	Wassertöpfe ∅ 34 cm	Dampfkochtöpfe
Stanzerei	Leist.: 60.798 Lager: + 517	Leist.: 103.468 Lager: – 681	Leist.: 59.400 Lager: – 5.497	Leist.: 48.242 Lager: + 2.176
Formerei	Leist.: 60.281 Lager: – 2.528	Leist.: 104.149 Lager: + 2.704	Leist.: 64.897 Lager: + 1.912	Leist.: 46.066 Lager: – 4.493
Lackieren/ Brennen	Leist.: 62.809 Lager: – 3.492	Leist.: 101.445 Lager: + 76	Leist.: 62.985 Lager: – 1.894	Leist.: 50.559 Lager: + 1.776

Auf Grund entsprechender Untersuchungen wurde festgestellt, dass die Erzeugnisse folgende Einzelkosten (in €) und Fertigungszeiten in den verschiedenen Produktionsstufen verursachen:

Produkt	Fert.-mat.	Stanzerei Fert.-lohn	Stanzerei Fert.-zeit	Formerei Fert.-lohn	Formerei Fert.-zeit	Lackieren/Brennen Fert.-lohn	Lackieren/Brennen Fert.-zeit
Stielpfannen	3,40	2,40	8,0 Min.	3,–	2,5 Min.	1,20	50 Min.
Wassertöpfe ∅ 18 cm	2,65	1,80	13,0 Min.	2,40	4,5 Min.	1,80	60 Min.
Wassertöpfe ∅ 34 cm	5,55	2,–	17,5 Min.	2,60	7,5 Min.	1,90	70 Min.
Dampfkochtöpfe	8,60	4,70	25,5 Min.	6,50	20,0 Min.	7,20	100 Min.

Für die abgesetzten Produkte können folgende Erlöse erzielt werden:

Produkt	Stückerlös (in €)
Stielpfannen	19,50
Wassertöpfe ∅ 18 cm	19,20
Wassertöpfe ∅ 34 cm	28,70
Dampfkochtöpfe	63,–

Verteilungsdaten und Kostenstellen / Kostenarten	Verteilungsdaten			Kostenstellen				
				Allgemeiner Bereich			Fert.hilfsstellen	
	Zeil.-Nr.	Verteilungsgrundlage	Zahlen der Kostenartenrechnung	Grundst. u. Geb.	Fuhrpark	Repar.-werkstatt	Arb.vorbereitung	Techn. Werkleitung
Hilfsstoffe	1	Entn.sch.	580.400			6.500	16.200	
Betriebsstoffe	2	Entn.sch.	67.600	2.400	18.200	8.600		4.300
Gehälter	3	Geh.liste	906.100	5.600		7.400	63.900	202.900
Hilfslöhne	4	Lohnliste	598.900		83.200	18.700	42.500	26.400
Soz.aufwand	5	Umlage: Löhne u. Gehälter	320.500	1.000	10.800	3.400	13.800	29.800
Inst.halt.material	6	Entn.sch.	44.200	2.200	4.700	28.900	600	
Strom	7	Stromz.	167.700	9.800	1.800	2.600	4.000	2.400
Wasser	8	Wasserz.	33.400	6.700	800	900	400	1.100
Büromaterial	9	Entn.bel.	22.100	300	400	200	1.600	2.800
Abschreibungen	10	Anl.kartei	612.000	34.400	80.200	1.700	400	500
Zinsen	11	Umlage: geb. Kapital	125.900	6.900	16.000	300	100	100
Steuern, Abgaben	12	Umlage: Steuerbem.-grundl.	72.300	2.500	4.700			
Versicherungen	13	Umlage: Vers.werte	18.500	1.000	2.400	100	200	200
Werbekosten	14	Einzelabrechnung	230.400					
Summe der Gemeinkosten	15		3.800.000	72.800	223.200	79.300	143.700	270.500
Umlage der Vorkostenstellen:	16							
1. Grundstücke	17	Nutzflächen			2.569	1.414	1.891	3.090
2. Fuhrpark	18	Km-Leistung				1.348	711	9.744
3. Reparaturwerkst.	19	Arb.zeitliste					2.861	200
4. Arbeitsvorber.	20	Fert.zeiten						4.176
5. Techn. Werkleit.	21							
Summe	22							
Bezugsbasis	23							
Zuschlagssätze	24							

Betriebsabrechnungsbogen

Kostenstellen						
Material-hilfsstelle	Fertigungshauptstellen			Verwal-tungs-bereich	Vertriebs-bereich	zu aktiv. Eigen-leistungen
	Stanzerei	Formerei	Lackieren u. Brennen			
	98.700	68.600	390.400			
	24.200	8.700	1.200			
23.500	78.100	49.900	36.000	393.400	45.400	
30.100	98.700	108.100	68.000		96.800	26.400
7.200	54.500	65.300	65.100	51.100	18.500	
800	1.200	100	500			5.200
1.600	29.900	38.200	54.600	14.100	8.700	
700	3.900	2.800	12.400	1.200	2.500	
1.200	500	500	1.200	10.800	2.600	
2.000	203.000	150.500	97.400	22.500	19.400	
500	40.600	30.100	23.500	4.500	3.300	
2.700	18.900	22.400	19.000	1.500	600	
900	5.400	4.500	2.800	600	400	
					230.400	
71.200	657.600	549.700	772.100	499.700	428.600	31.600
5.782	16.136	13.008	15.910	8.705	4.295	
14.875	3.714	4.052	2.125	17.695	171.505	
3.723	22.468	14.662	8.216	2.655	3.500	23.777
2.767	63.250	30.178	48.792			
36.453	57.060	97.997	87.457		2.687	6.056
134.800	820.228	709.597	934.600	528.755	610.587	61.433
Fertigungs-material	Fertigungs-zeit	Fertigungs-zeit	Fertigungs-zeit	Herstellk. d. abges. Erzeugnisse	Herstellk. d. abges. Erzeugnisse	
1.225.454,60	4.101.139 Min.	2.027.421 Min.	18.692.000 Min.	6.294.707,51	6.294.707,51	
11 %	0,20 €/Min.	0,35 €/Min.	0,05 €/Min.	8,4 %	9,7 %	

Aufgabe:

Führen Sie die kurzfristige Erfolgsrechnung nach

(a) dem Gesamtkostenverfahren

(b) dem Umsatzkostenverfahren auf Vollkostenbasis

(c) dem Umsatzkostenverfahren auf Teilkostenbasis

durch.

Lösung:

(a) **Gesamtkostenverfahren**

Vorgehensweise: Im Betriebsergebniskonto müssen im Soll die Kostenarten der hergestellten Produkte, im Haben die Erlöse der abgesetzten Produkte und zum Ausgleich der produzierten/abgesetzten Mengendifferenz im Soll die Bestandsminderungen und im Haben die Bestandserhöhungen ausgewiesen werden. Die Bestandsveränderungen müssen hierzu mit Vollkosten bewertet werden.

Kostenarten:

Die Einzelkosten Fertigungsmaterial und Fertigungslöhne können direkt aus den Angaben entnommen werden, ebenso die Sondereinzelkosten des Vertriebs; die Gemeinkosten sind im BAB aufgelistet.

Erlöse:

Die Absatzmengen werden anhand der Veränderungen des Fertiglagers (nach Lackieren/Brennen) errechnet:

Stielpfannen:	62.809	+	3.492	=	66.301	× 19,50	=	1.292.869,50
Wassertöpfe ∅ 18 cm:	101.445	./.	76	=	101.369	× 19,20	=	1.946.284,80
Wassertöpfe ∅ 34 cm:	62.985	+	1.894	=	64.879	× 28,70	=	1.862.027,30
Dampfkochtöpfe:	50.559	./.	1.776	=	48.783	× 63,00	=	3.073.329,00

Lagerbestandsveränderungen:

Für die Ermittlung des Wertes der Lagerbestandsveränderungen muss eine Kalkulation vorgenommen werden.

Kalkulation der Herstellkosten für die einzelnen Produkte: s. S. 997

Ermittlung des Werts der Lagerbestandsveränderungen: s. S. 998

Kurzfristige Erfolgsrechnung (Betriebsergebniskonto) nach dem Gesamtkostenverfahren: s. S. 999 oben

(b) **Umsatzkostenverfahren auf Vollkostenbasis**

Vorgehensweise: Die Selbstkosten der abgesetzten Produkte werden im Betriebsergebniskonto den Absatzerlösen gegenübergestellt; die Lagerbestandsveränderungen bleiben deshalb unberücksichtigt. Die Herstellkosten können aus der Kalkulation der Bestände im Gesamtkostenverfahren übernommen werden. Um die Selbstkosten zu bestimmen, müssen die Verwaltungs- und Vertriebskosten auf Grund der Verrechnungssätze des BAB, nun aber bezogen auf die Absatzmenge, und die Sondereinzelkosten des Vertriebs zugeschlagen werden.

Kalkulation der Selbstkosten für die einzelnen Produkte: s. S. 1000 unten

Kalkulation der Herstellkosten für die einzelnen Produkte (Werte in €)

	Stielpfannen		Wassertöpfe Ø 18 cm		Wassertöpfe Ø 34 cm		Dampfkochtöpfe	
Fertigungsmaterial	3,40		2,65		5,55		8,60	
+ 11% Materialgemeinkosten	–,374	3,774	–,2915	2,9415	–,6105	6,1605	–,946	9,546
Stanzerei:								
Fertigungslohn	2,40		1,80		2,—		4,70	
Fertigungsgemeinkosten –,20 · Fertigungszeit	1,60	7,774	2,60	7,3415	3,50	11,6605	5,10	19,346
Formerei:								
Fertigungslohn	3,—		2,40		2,60		6,50	
Fertigungsgemeinkosten –,35 · Fertigungszeit	–,875	11,649	1,575	11,3165	2,625	16,8855	7,—	32,846
Lackieren/Brennen:								
Fertigungslohn	1,20		1,80		1,90		7,20	
Fertigungsgemeinkosten –,05 · Fertigungszeit	2,50	15,349	3,—	16,1165	3,50	22,2855	5,—	45,046
Herstellkosten		15,349		16,1165		22,2855		45,046

Ermittlung des Werts der Lagerbestandsveränderungen

Lager nach	Zunahme	Abnahme	Herstellkosten in €	Wert der Bestandszunahme in €	Wert der Bestandsabnahme in €
a) Stanzerei					
aa) Stielpfannen	517		7,774	4.019,158	
ab) Wassertöpfe Ø 18 cm		681	7,3415		4.999,5615
ac) Wassertöpfe Ø 34 cm		5.497	11,6605		64.097,7685
ad) Dampfkochtöpfe	2.176		19,346	42.096,896	
b) Formerei					
ba) Stielpfannen		2.528	11,649		29.448,672
bb) Wassertöpfe Ø 18 cm	2.704		11,3165	30.599,816	
bc) Wassertöpfe Ø 34 cm	1.912		16,8855	32.285,076	
bd) Dampfkochtöpfe		4.493	32,846		147.577,078
c) Lackieren/Brennen					
ca) Stielpfannen		3.492	15,349		53.598,708
cb) Wassertöpfe Ø 18 cm	76		16,1165	1.224,854	
cc) Wassertöpfe Ø 34 cm		1.894	22,2855		42.208,737
cd) Dampfkochtöpfe	1.776		45,046	80.001,696	
Summe	–	–	–	190.227,496	341.930,525

Kurzfristige Erfolgsrechnung (Betriebsergebniskonto) nach dem Gesamtkostenverfahren

Soll — Betriebsergebniskonto nach dem Gesamtkostenverfahren (Werte in €) — Haben

Soll		Haben	
Einzelkosten:		Erlöse:	
Fertigungsmaterial	1.225.454,60	Stielpfannen	1.292.869,50
Fertigungslöhne		Wassertöpfe Ø 18 cm	1.946.284,80
a) Stanzerei 677.695,–		Wassertöpfe Ø 34 cm	1.862.027,30
b) Formerei 898.961,80		Dampfkochtöpfe	3.073.329,–
c) Lackieren/ Brennen 741.668,10	2.318.324,90	Zu aktivierende Eigenleistungen	61.433,–
		Herstellkosten der Bestandszunahmen	190.227,50
Sondereinzelkosten des Vertriebs	245.739,05		
Gemeinkosten:			
Hilfsstoffe	580.400,–		
Betriebsstoffe	67.600,–		
Gehälter	906.100,–		
Hilfslöhne	598.900,–		
Sozialaufwand	320.500,–		
Instandhaltungsmaterial	44.200,–		
Strom	167.700,–		
Wasser	33.400,–		
Büromaterial	22.100,–		
Abschreibungen	612.000,–		
Zinsen	125.900,–		
Steuern, Abgaben	72.300,–		
Versicherungen	18.500,–		
Werbekosten	230.400,–		
Herstellkosten der Bestandsabnahmen	341.930,53		
Betriebsgewinn	*494.722,02		
	8.426.171,10		8.426.171,10

* Die Differenz von € –,05 zwischen dem Betriebsgewinn nach dem Gesamtkostenverfahren und nach dem Umsatzkostenverfahren ist auf die in der Rechnung durchgeführten Auf- und Abrundungen zurückzuführen.

zu b):

Kalkulation der Selbstkosten für die einzelnen Produkte (Werte in €):

	Stielpfannen	Wassertöpfe ∅ 18 cm	Wassertöpfe ∅ 34 cm	Dampfkochtöpfe
Herstellkosten	15,349	16,1165	22,2855	45,046
+ 8,4 % Verwaltungsgemeinkosten	1,289316	1,353786	1,871982	3,783864
+ 9,7 % Vertriebsgemeinkosten	1,488853	1,563301	2,1616934	4,369462
+ Sondereinzelkosten des Vertriebs	–,30	–,40	–,45	3,20
Selbstkosten	18,427169	19,433587	26,769175	56,399326

Selbstkosten der abgesetzten Produkte:

Selbstkosten × Absatzmenge

Stielpfannen: 18,427169 × 66.301 = 1.221.739,73
Wassertöpfe Ø 18 cm: 19,433587 × 101.369 = 1.969.963,28
Wassertöpfe Ø 34 cm: 26,769175 × 64.879 = 1.736.757,30
Dampfkochtöpfe: 56,399326 × 48.783 = 2.751.328,32

Die Erlöse sind entsprechend dem Gesamtkostenverfahren als Produkt aus Absatzmenge und Absatzpreis zu errechnen.

Kurzfristige Erfolgsrechnung (Betriebsergebniskonto) nach dem Umsatzkostenverfahren auf Vollkostenbasis:

Soll — Betriebsergebniskonto nach dem Umsatzkostenverfahren (Werte in €) — Haben

Soll		Haben	
Selbstkosten der abgesetzten Produkte:		Erlöse:	
Stielpfannen	1.221.739,73	Stielpfannen	1.292.869,50
Wassertöpfe Ø 18 cm	1.969.963,28	Wassertöpfe Ø 18 cm	1.946.284,80
Wassertöpfe Ø 34 cm	1.736.757,30	Wassertöpfe Ø 34 cm	1.862.027,30
Dampfkochtöpfe	2.751.328,32	Dampfkochtöpfe	3.073.329,–
Betriebsgewinn	*494.721,97		
	8.174.510,60		8.174.510,60

* Die Differenz von € –,05 zwischen dem Betriebsgewinn nach dem Gesamtkostenverfahren und nach dem Umsatzkostenverfahren ist auf die in der Rechnung durchgeführten Auf- und Abrundungen zurückzuführen.

(c) **Umsatzkostenverfahren auf Teilkostenbasis**

Vorgehensweise: Von den Periodenerlösen werden die direkt zurechenbaren Kosten der abgesetzten Produkte abgezogen; die im Abrechnungszeitraum angefallenen Gemeinkosten werden blockweise von der Summe der Deckungsbeiträge abgesetzt. Aus Gründen der Übersichtlichkeit wird die statistisch-tabellarische Darstellungsform gewählt.

(Werte in €)	Stielpfannen	Wassertöpfe Ø 18 cm	Wassertöpfe Ø 34 cm	Dampfkoch-töpfe	Σ
Erlöse	1.292.869,50	1.946.284,80	1.862.027,30	3.073.329,—	8.174.510,60
./. Fertigungsmaterial	225.423,40	268.627,85	360.078,45	419.533,80	1.273.663,50
./. Fertigungslöhne					
– Stanzerei	159.122,40	182.464,20	129.758,—	229.280,10	700.624,70
– Formerei	198.903,—	243.285,60	168.685,40	317.089,50	927.963,50
– Lackieren/Brennen	79.561,20	182.464,20	123.270,10	351.237,60	736.533,10
./. Sondereinzelkosten des Vertriebs	19.890,30	40.547,60	29.195,55	156.105,60	245.739,05
= Deckungsbeitrag	609.969,20	1.028.895,35	1.051.039,80	1.600.082,40	4.289.986,75
./. Gemeinkosten Fertigungsmaterial					134.800,—
./. Gemeinkosten Fertigungslohn – Stanzerei					820.228,—
./. Gemeinkosten Fertigungslohn – Formerei					709.597,—
./. Gemeinkosten Fertigungslohn – Lackieren/Brennen					934.600,—
./. Gemeinkosten Verwaltungsbereich					528.755,—
./. Gemeinkosten Vertriebsbereich					610.587,—
= Gewinn					551.419,75

Der um € 56.697,73 höhere Gewinn beim Teilkostenverfahren ist dadurch zu erklären, dass in der Vollkostenrechnung mehr Gemeinkosten erfolgswirksam behandelt werden als tatsächlich in der Periode angefallen sind. Dies ist darauf zurückzuführen, dass die Gemeinkostenzuschlagssätze im Betriebsabrechnungsbogen auf die Herstellmengen bezogen sind, beim Umsatzkostenverfahren auf Vollkostenbasis diese Verrechnungssätze jedoch auf die Absatzmenge übertragen werden. Da im Abrechnungszeitraum insgesamt mehr Produkte abgesetzt als hergestellt werden (Lagerabbau), tritt eine **Überdeckung** der in der Periode angefallenen Gemeinkosten ein, die sich folgendermaßen aufteilt:

(Werte in €)	Stielpfannen	Wassertöpfe Ø 18 cm	Wassertöpfe Ø 34 cm	Dampfkoch-töpfe	Σ
Fertigungsmaterial					
abgesetzte Menge	66301	101369	64879	48783	
./. hergestellte Menge	60798	103468	59400	48242	–
= Differenzmenge	5503	– 2099	5479	541	
× Materialgemeinkosten pro Stück	–,374	–,2915	–,6105	–,946	
= Über-/Unterdeckung	2058,12	– 611,86	3344,93	511,79	5302,98
Fertigungslöhne – Stanzerei					
abgesetzte Menge	66301	101369	64879	48783	
./. hergestellte Menge	60798	103468	59400	48242	
= Differenzmenge	5503	– 2099	5479	541	
× Fertigungsgemeinkosten pro Stück	1,60	2,60	3,50	5,10	
= Über-/Unterdeckung	8804,80	– 5457,40	19176,50	2759,10	25283,-
Fertigungslöhne – Formerei					
abgesetzte Menge	66301	101369	64879	48783	
./. hergestellte Menge	60281	104149	64897	46066	
= Differenzmenge	6020	– 2780	– 18	2717	
× Fertigungsgemeinkosten pro Stück	–,875	1,575	2,625	7,–	
= Über-/Unterdeckung	5267,50	– 4378,50	– 47,25	19019,–	19860,75

(Werte in €)	Stielpfannen	Wassertöpfe Ø 18 cm	Wassertöpfe Ø 34 cm	Dampfkoch-töpfe	Σ
Fertigungslöhne – Lackieren/Brennen abgesetzte Menge ./. hergestellte Menge	66301 62809	101369 101445	64879 62985	48783 50559	
= Differenzmenge × Fertigungsgemeinkosten pro Stück	3492 2,50	– 76 3,–	1894 3,50	– 1776 5,–	
= Über-/Unterdeckung	8730,–	– 228,–	6629,–	– 8880,–	6251,–
Gesamte Über-/Unterdeckung	24860,42	– 10675,76	29103,18	13409,89	56697,73

9.2 Gesamtkosten- und Umsatzkostenverfahren nach Handelsrecht

Das deutsche Bilanzrecht war bis zur Umsetzung der 4. EG-Bilanzrichtlinie in nationales Handelsrecht (Bilanzrichtlinien-Gesetz vom 19. 12. 1985) ausschließlich an Erfolgsrechnungen nach dem Gesamtkostenverfahren orientiert. Dabei sprach für das Gesamtkostenverfahren besonders, dass es für die Durchführung des gesamten Rechnungswesens im Einkreissystem prädestiniert war. Mit der Einführung des nach dem Zweikreissystem aufgebauten Industrie-Kontenrahmens (vgl. Teil A, Abschn. 15.6.3.3, S. 728 f.) gewann allerdings für innerbetriebliche Lenkungs- und Kontrollfunktionen das Umsatzkostenverfahren an Bedeutung. Die Dominanz dieses Verfahrens auch bei der externen Rechnungslegung im angelsächsischen Bereich führte schließlich im Zuge der Harmonisierung des Gesellschaftsrechts zur Übernahme des Umsatzkostenverfahrens in das deutsche Handelsrecht. Dabei ist über die rechtliche Ausgestaltung des Umsatzkostenverfahrens die Gleichwertigkeit mit dem Gesamtkostenverfahren gewährleistet. Für deutsche Unternehmen eröffnete sich somit erstmals die Möglichkeit, sich international vergleichbar darzustellen.

Die von § 275 Abs. 2 und 3 HGB vorgesehenen Gliederungen der Gewinn- und Verlustrechnung (vgl. Teil A, Abschn. 3.4.1, S. 85 ff.) sind ab den Positionen 9 im Gesamtkostenverfahren bzw. 8 im Umsatzkostenverfahren identisch; die Unterschiede in den Verfahren sind demnach in den Positionen 1 bis 8 bzw. 1 bis 7 begründet, also insbesondere auf die unterschiedliche Behandlung von Mengendifferenzen bei asynchronem Verlauf von Produktion und Absatz zurückzuführen. Ausgangsgrößen des **Gesamtkostenverfahrens** sind die auf die **gesamte Produktion der Periode** bezogenen Aufwendungen, die den Umsatzerlösen und den sonstigen betrieblichen Erträgen gegenübergestellt werden. Insofern wird das Gesamtkostenverfahren häufig auch als (Brutto-)Produktionsrechnung bezeichnet. Die Mengendifferenzen werden dabei in der Erfolgsrechnung unter den Positionen 2 und 3 als Erhöhung oder Verminderung des Bestandes an fertigen und unfertigen Erzeugnissen und als andere aktivierte Eigenleistungen erfasst. Das Betriebsergebnis ergibt sich somit aus:

	Umsatzerlöse
+ ./.	Lagerbestandsveränderungen
+	andere aktivierte Eigenleistungen
+	sonstige betriebliche Erträge
./.	gesamter betrieblicher Aufwand
=	Betriebsergebnis

Das Gesamtkostenverfahren führt Mengendifferenzkorrekturen also bei den Erträgen bzw. Erlösen durch. Das **Umsatzkostenverfahren** dagegen geht von den **Umsatzerlösen der Periode** aus und korrigiert die Aufwandssumme entsprechend den Mengendifferenzen. Das Betriebsergebnis stellt sich somit wie folgt dar:

	Umsatzerlöse
./.	zurechenbarer Aufwand der abgesetzten Leistungen
=	Betriebsergebnis

Die Verbuchung der Ertragskorrekturen beim Gesamtkostenverfahren erfolgt über das entsprechende Bestandskonto der Bilanz:

fertige bzw. unfertige Erzeugnisse	**an**	Erhöhung des Bestandes an fertigen und unfertigen Erzeugnissen

Die Aufwandskorrekturen beim Umsatzkostenverfahren erfolgen ebenfalls über die Bestandskonten der Bilanz:

fertige bzw. unfertige Erzeugnisse	**an**	diverse Aufwandskonten

Damit wird deutlich, dass beide Verfahren grundsätzlich nicht ohne eine funktionsfähige Kostenrechnung auskommen. Sowohl die Bewertung von Lagerbeständen als auch die Verteilung der Aufwendungen für die abgesetzte Leistung erfordert eine Kostenträgerrechnung, die den spezifischen Bewertungsgrundsätzen des Handels- und Steuerrechts entspricht (vgl. Teil A, Abschn. 11.2.1, S. 400 ff.): Diese muss nach Einzelkosten, variablen und fixen Gemeinkosten separieren können. Die Anwendung der relativen Einzelkostenrechnung scheidet somit handels- und steuerrechtlich ebenso aus wie die Verfahren der Bezugsgrößen- oder Verrechnungssatzkalkulation.

Unbefriedigend beim Vergleich der Gliederungen des Gesamt- und Umsatzkostenverfahrens ist, dass gleich lautende Positionen nicht zwingend auch den gleichen Inhalt repräsentieren. Dies gilt zum einen für die **sonstigen betrieblichen Aufwendungen**, die beim Umsatzkostenverfahren auch die nicht auf den Umsatz verteilbaren Reste der Aufwendungen (z. B. Personalkosten der Forschungs- und Entwicklungsabteilung) aufnehmen müssen, zum anderen für die vereinfachten Gliederungen der **kleinen Kapitalgesellschaften**. Nach § 276 HGB dürfen diese Unternehmen bei Anwendung des Gesamtkostenverfahrens die Positionen 1 bis 5 und bei Anwendung des Umsatzkostenverfahrens die Positionen 1 bis 3 und 6 unter der Bezeichnung **Rohergebnis** zusammenfassen. Das Rohergebnis nach dem Umsatzkostenverfahren enthält damit anteilige Personalkosten und anteilige Abschreibungen, während die gleiche Position beim Gesamtkostenverfahren diese Aufwandsarten nicht beinhaltet (*Eisele/ Kratz,* Rechnungswesen).

Da das Umsatzkostenverfahren die umsatzbezogenen Aufwendungen nach Funktionsbereichen (Herstellung, Vertrieb, Verwaltung) des Unternehmens zuteilt, sind für externe Bilanzadressaten Erfolgsquellenanalysen nur bedingt möglich. Um diesen Nachteil wenigstens partiell auszugleichen, verlangt § 285 Nr. 8 HGB, dass die **Material- und Personalaufwendungen** im Anhang gesondert angegeben werden. Darüber hinaus können die **Abschreibungen** der Bilanz oder dem Anhang entnommen werden (§ 268 Abs. 2 Satz 3 HGB). Ob allerdings der Aussagewert der in der Bilanz ausgewiesenen Abschreibungen dem der beim Gesamtkostenverfahren in der Gewinn- und Verlustrechnung ausgewiesenen entspricht, hängt letztlich von der Interpretation des § 268 Abs. 2 Satz 3 HGB ab: Sind nur jene Abschreibungen herauszustellen, die zugleich Bestandteil der kumulierten Abschreibungen des Anlagespiegels sind, fehlen die Absetzungen der Vermögensgegenstände, die das Unternehmen am Ende der Periode verlassen haben und deshalb in der Spalte Abgänge erfasst wurden. Das Gleiche gilt für geringwertige Wirtschaftsgüter, die nach dem Zugang sofort wieder als Abgang gebucht werden. Sind dagegen alle in der Periode vorgenommenen Abschreibungen im Anlagespiegel auszuweisen, so bestehen keine Aussagewertunterschiede gegenüber dem nach dem Gesamtkostenverfahren getätigten Ansatz in der GuV-Rechnung.

9.3 Harmonisierung von interner und externer Erfolgsrechnung

Das Rechnungswesen in Deutschland ist traditionell durch unterschiedliche Rechnungssysteme mit jeweils spezifischer Zielsetzung gekennzeichnet. Deshalb findet sich in der Regel auch eine konsequente Trennung zwischen Finanz-(Geschäfts-)Buchführung – **externes Rechnungswesen** – einerseits und Kosten- und Leistungsrechnung – **internes Rechnungswesen** – andererseits (vgl. Einleitungsteil, S. 8 ff.). Die Folge dieser Trennung ist, dass entsprechend der beiden Rechnungszweige ebenso zwei unterschiedliche **Unternehmenserfolge** ermittelt werden. Die Gründe für diese Differenzierung sind zum einen historischer Natur, zum anderen aber durch die unterschiedlichen Rechnungszwecke und Rechnungsziele begründet, wie sie in den andersartigen Interpretationsinhalten der Rechengrößen Kosten und Aufwand bzw. Leistung und Ertrag zum Ausdruck kommen. Bereits seit den neunziger Jahren vollziehen sich allerdings vor allem durch von der Praxis (vgl. dazu S. 1005 f.) angestoßene Entwicklungen, die tendenziell auf eine **Annäherung,** partiell sogar auf eine **Harmonisierung** der Ergebnisrechnungen hinwirken.

Die **Gründe** für diese **Angleichungstendenzen** zwischen externem und internem Rechnungswesen beruhen vor allem auf den folgenden Tatbeständen: Zunehmende Globalisierung und weltweite Verzahnung von Produkt- und Kapitalmärkten führen zu einer verstärkten **Internationalisierung** der Unternehmen.

Die steigende Anzahl ausländischer Niederlassungen und internationaler Beteiligungen **(Komplexität)** spiegelt diesen Trend wider. Abbildung und Steuerung international diversifizierter und sich stetig verändernder Strukturen **(Dynamik)** stellen hierbei hohe Anforderungen an das betriebliche Rechnungswesen: Die von den Geschäfteinheiten bzw. Tochtergesellschaften gelieferten Daten müssen möglichst vereinheitlicht und entsprechend einheitlich verarbeitet werden. Hierfür sind geeignete Voraussetzungen zu schaffen, die vor allem einem harmonisierten Rechnungswesen primäre Bedeutung zumessen. Dabei kommt der international ausschließlich üblichen Orientierung am System der **externen** Rechnungslegung die zentrale Perspektive zu, mit der Konsequenz, dass die in Deutschland praktizierte international ungewohnte Systemzweiteilung mit der ihr eigenen begrifflichen Differenzierung auf Unverständnis stößt. Das führt dann aus Sicht deutscher Mutterunternehmen häufig zu oft schwerwiegenden und zumeist kostspieligen **Verständnis-** sowie **Akzeptanzproblemen** gegenüber den Belegschaften ausländischer Tochterunternehmen. Diesbezüglich kommunikative Abhilfe schaffen internationale Rechnungslegungs**grundsätze**, die in der Ausformung als Rechnungslegungs**standards** (IAS/IFRS) zugleich den **Konvergenzprozess** zwischen externem und internem Rechnungswesen erkennbar befördern (vgl. *Eisele/Kratz,* Rechnungswesen).

Auch für die **Kapitalbeschaffung** der Unternehmen gewinnt die externe Rechnungslegung als Folge der gestiegenen Bedeutung internationaler Kapitalmärkte zunehmend an Gewicht. Mit den Kapitalmarktanforderungen nach Vergleichbarkeit und Transparenz der Unternehmensdaten korrespondiert die Betonung der **Wertorientierung** durch die Unternehmensführung mit dem Ziel der Unternehmenswertsteigerung. Das erfordert betriebliche Steuerungskonzepte, die primär an **marktrelevanten** Ergebnisgrößen ausgerichtet und folglich für die Zwecke der konkreten betrieblichen Umsetzung ebenso **nach innen** zu kommunizieren sind. Für den Ansatz manipulationsanfälliger kalkulatorischer Kosten bleibt hier kein Raum: Diesen stehen die deutlich zuverlässigeren, weil durch pagatorische Größen unterlegten, normierten und zudem oft zusätzlich durch externe Instanzen geprüften Daten des externen Rechnungswesen gegenüber (vgl. auch: *Schweitzer/Küpper,* Kosten- und Erlösrechnung, S. 756).

Zu erwarten ist deshalb wohl eine weiter **zunehmende Angleichung der Ergebnisrechnungen**, beschleunigt im Bereich der sog. kapitalmarktorientierten Unternehmen durch die diesbezüglich drängenden internationalen Rechnungslegungsstandards, erkennbar befördert aber auch durch die deutlich reduzierten Wahlrechtsspielräume des aktuell reformierten Handelsrechts (BilMoG). Vor diesem Hintergrund liegt eine **Umfunktionierung** der externen Gewinn- und Verlustrechnung in eine auch auf kurze Fristen transponierbare interne Betriebsergebnisrechnung nahe.

Einen gänzlichen Verzicht auf jegliche eigenständige interne Unternehmensrechnung wird diese Perspektive gleichwohl **nicht** zur Folge haben: Eine entscheidungstheoretisch fundierte Kosten- und Leistungsrechnung bleibt auf Produkt- und Prozessebene **unabdingbar.**

Das erste deutsche Unternehmen, das eine Angleichung der internen an die externe Ergebnisermittlung vornahm, war der Siemens-Konzern. Bereits in den

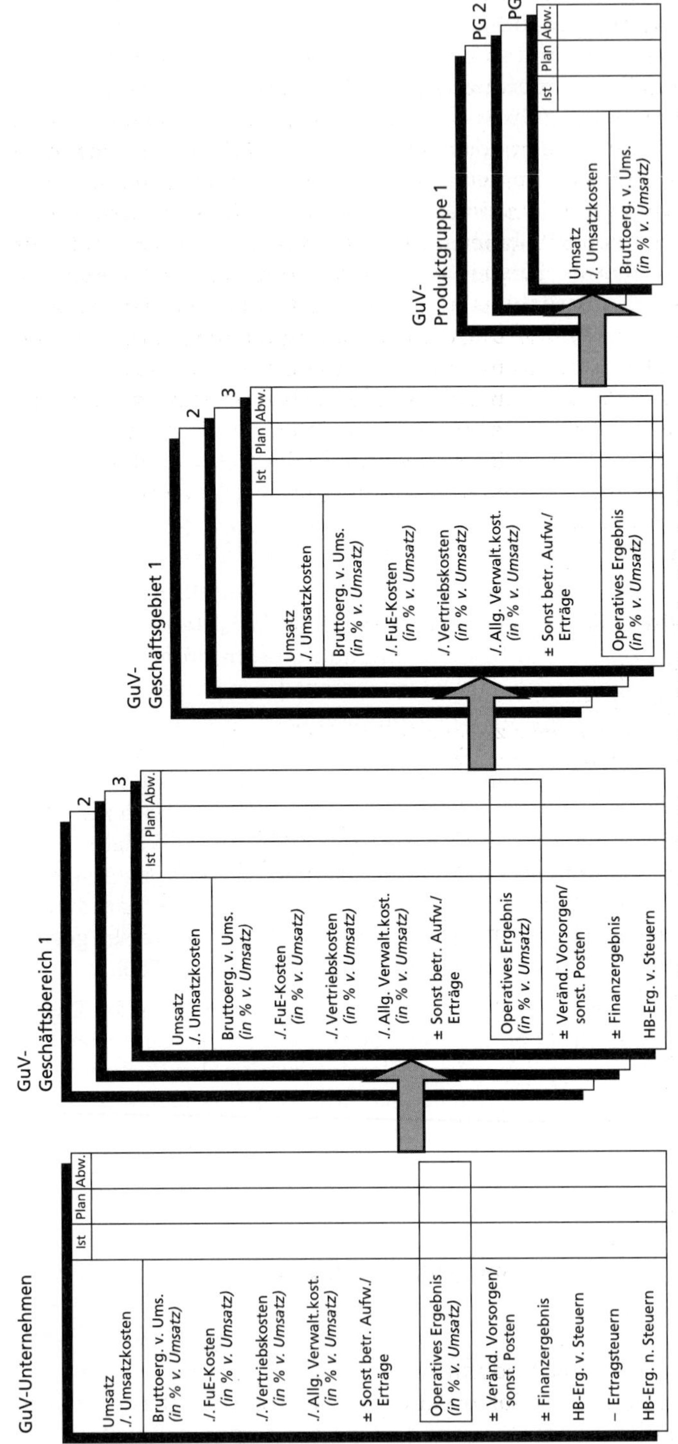

Auflösung der GuV nach Geschäftseinheiten bei Siemens

Jahren 1992/1993 verzichtete Siemens auf eine separate Ergebnisrechnung und machte die nur geringfügig modifizierte GuV nach dem handelsrechtlichen Umsatzkostenverfahren (vgl. Abbildung auf S. 1006) zum zentralen Steuerungsinstrument (vgl. hierzu *Ziegler,* Neuorientierung, S. 177 ff.). Die Tendenz zur Vereinheitlichung der Ergebnisrechnung bestätigte dann auch eine bereits in den Jahren 1996/97 durchgeführte Befragung der 200 umsatzstärksten Unternehmen Deutschlands, die zeigt, dass die klassische Trennung von internem und externem Rechnungswesen in der Unternehmenspraxis zunehmend zurückgeht: 30 % der befragten Unternehmen gaben darüber hinaus an, bereits Projekte zur Vereinheitlichung des Rechnungswesens gestartet zu haben, 22 % hatten die Vereinheitlichung bereits abgeschlossen. Die größte Chance auf dem Weg zu einer fortschreitenden Harmonisierung der Rechnungssysteme wurde zu dieser Zeit der Nutzung einheitlicher Kennzahlen für die Unternehmenssteuerung zugeschrieben *(Horváth/Arnaout,* Internationale Rechnungslegung, S. 254 ff.). Diesen **Trend zur Integration** von externem und internem Rechnungswesen bestätigt schließlich eine 2009 publizierte Befragung deutscher Großunternehmen aus dem Jahr 2005, welche die entsprechenden Integrationsanstrengungen mit einer Quote von 37,8 % als „voll zutreffend" identifiziert (vgl. dazu: *Friedl/Frömberg/Hammer/Küpper/Pedell,* Stand und Perspektiven, S. 114).

Ergänzende Literatur zu: 9 Kurzfristige Erfolgsrechnung

Eisele/Kratz, Rechnungswesen

Erichsen, Zusammenführung, S. 55–59

Hoffmann/Lüdenbach, Kommentar Bilanzierung, S. 1065–1112

Kilger, Kurzfristige Erfolgsrechnung, S. 29–92

Scherrer, Kostenrechnung, S. 539–548

Schildbach/Homburg, Kosten- und Leistungsrechnung, S. 182–188

Schweitzer/Küpper, Kosten- und Erfolgsrechnung, S. 192–204 und 739–759

Wöhe/Döring, Einführung, S. 980–991

Wörner, Handels- und Steuerbilanz, S. 197–213

Symbolverzeichnis Teil B

$ä_i$ Äquivalenzziffer Produkt i
b_i Bezugsgröße des Produktes i
b_e Bezugsgröße des Einheitsproduktes e
BE Bruttoerlös
B_I Istbeschäftigung
B_p Planbeschäftigung
D Degressionsbetrag
$d_{(i)}$ stückbezogener Deckungsbeitrag (des Produktes i)
E Erfolg, Nettoerfolg
GE Geldeinheit(en)
$k_{h(i)}$ Stückherstellkosten (des Produktes i)
k_{hH} Stückherstellkosten der Halbfabrikate
k_{hF} Stückherstellkosten der Fertigerzeugnisse

k_{he} Herstellkosten einer Bezugssorteneinheit
k_j primäre Kosten der Kostenstelle j
k_M Materialstückkosten
$k_{s(i)}$ Stückselbstkosten (des Produktes i)
$k_{v(i)}$ variable Stückkosten (des Produktes i)
K Gesamtkosten
K_e Kosten der Einheitssorte
K_f Fixkosten
K_{fl} verrechnete Normalkosten bei flexibler Normalkostenrechnung
$K_{F(j)}$ Fertigungskosten (in Kostenstelle j)
$K_{h(j)}$ Herstellkosten (in Kostenstelle j)
K_i Kosten des Produktes i
K_I Istkosten
K_p Plankosten
K_p^{verr} verrechnete Plankosten
K_s Sollkosten
K_{sf} sprungfixe Kosten
K_{st} verrechnete Normalkosten bei starrer Normalkostenrechnung
K_v variable Kosten
K_{Vt} Vertriebskosten
K_{Vw} Verwaltungskosten
lmi leistungsmengeninduziert
lmn leistungsmengenneutral
LE Leistungseinheit
m_i Materialzugangsmenge (zum Preis qi)
$p_{(i)}$ Stückerlös (des Produktes i)
P_r Prozess r
PE Planerlös
r_i Einsatzmenge des Produktionsfaktors i
q_i Preis des i-ten Materialzugangs bzw. Produktionsfaktors
q_j Verrechnungspreis für die von der Kostenstelle j abgegebenen Leistungen
$\tilde{Q}$ Durchschnittspreis
Q Summe der Abweichungsquadrate
s_{Pr} Prozesskostensatz (Prozess r)
s_{var} variantenabhängiger Verrechnungssatz
s_{vol} volumenabhängiger Verrechnungssatz
S Skonto
t Zeitindex
x Leistungsmenge
x_i Einsatzmenge des Produktionsfaktors i
$x_{a(i)}$ abgesetzte Leistungsmenge (des Produktes i)
$x_{j(k)}$ insgesamt abgegebene Leistungsmenge der Kostenstelle j (an die Kostenstelle k)
$x_{p(i)}$ produzierte Leistungsmenge (des Produktes i)
$x_{p(j)}$ produzierte Leistungsmenge (in Kostenstelle j)
y Beschäftigungsgrad
Ø Durchschnitt

Teil C

Sonderbilanzen

1 Systematik der Sonderbilanzen

Die im Rahmen der Geschäftsbuchführung aufzustellenden Bilanzen dienen in erster Linie der regelmäßigen Ermittlung des Periodenerfolges (Zahlungsbemessung) und der finanziellen Rechnungslegung (Dokumentation und Information). Neben den laufenden Geschäftsvorfällen können im Lebenszyklus erwerbswirtschaftlich geführter Unternehmen jedoch auch Ereignisse auftreten, die außerordentlichen Charakter tragen und deshalb einer rechnungsmäßigen Sonderbehandlung mit Abschluss in einer einmaligen oder unregelmäßig wiederkehrenden **Sonderbilanz** bedürfen.

Diese Ereignisse betreffen primär Anpassungsmaßnahmen des Unternehmens an geänderte Umweltsituationen durch Neuordnung des Zahlungs- und Kapitalbereichs (vgl. Einleitung, Kap. 2, S. 8 f.). Deshalb wird dieser Problembereich nicht nur als „Sonderbilanzen" (*Kosiol*, Pagatorische Bilanz, S. 996 ff.), sondern auch als „Sonderfälle der Finanzierung" (*Vormbaum*, Finanzierung, S. 471 ff.) bezeichnet. Die Sonderbilanzierung ist demgemäß als eine **finanzielle Rechnungslegung für außerordentliche (Sonder-)Anlässe** zu verstehen. Dies wird aus der diesem Buch zugrunde liegenden Rechnungswesensystematik besonders deutlich (vgl. Einleitung, Kap. 2, S. 10), denn ein Teil der materiellen Aufgabenstellungen des Finanzbuchführungsbereichs ist auch im Rahmen der Sonderbilanzierung zu erfüllen.

Inwieweit eine Sonderbilanz in die Finanzbuchführung integrierbar ist, hängt nicht zuletzt von den vorgesehenen Anpassungsmaßnahmen, also dem **Bilanzierungsanlass,** ab. Der Bilanzierungsanlass bzw. der Bilanzierungszweck bestimmt, ob das Unternehmen fortgeführt oder aufgelöst werden soll, ob die Sonderbilanz damit also primär der Erfassung eines mit bestimmten Finanzierungsvorgängen verknüpften Erfolges oder eher der (Rein-)Vermögensermittlung zu dienen hat und ob die Sonderbilanz entsprechend dem Bilanzzusammenhang bei Unternehmensfortführung als systematischer Abschluss aus der Buchführung hervorgeht oder aber gänzlich davon losgelöst als Status aus den Inventurdaten herzuleiten ist. Mit Hilfe dieser Unterscheidungskriterien lassen sich Sonderbilanzen – wenn auch nicht völlig überschneidungsfrei – gemäß der Übersicht auf S. 1013 systematisieren (in Anlehnung an *Eisele/Kühn*, Sonderbilanzen, S. 270).

Die Systematik ist am Merkmal des spezifischen Finanzierungsvorgangs ausgerichtet; sie erfasst allerdings nicht alle Arten von Sonderbilanzen (z. B. Liquiditätsbilanzen oder Kreditbilanzen). Der Vorteil des Systematisierungsansatzes liegt in seiner **Homogenität** begründet: Alle herausgestellten Sonderfälle der Finanzierung können i. W. unbelastet von der zugrunde liegenden Bilanzlehre unter dem Oberbegriff „Sonderbilanzen" zusammengefasst werden. Dabei kann hinsichtlich der Darstellung der Vermögenslage – diese schließt begrifflich die Schuldenlage mit ein – nach dem Bilanzierungskontext differenziert werden in **außerordentliche Erfolgs-** und **außerordentliche Vermögens-(Status-)Bilanzen**. Bei außerordentlichen Erfolgsbilanzen wird der Vergleichbarkeitsaspekt mit vorausgehenden Darstellungen der Vermögenslage betont. Sie leiten sich deshalb aus dem gegebenen Bilanzierungszusammenhang ab. Demgegenüber stellen außerordentliche Vermögens-(Status-)Bilanzen auf eine dem Bilanzierungszweck angepasste Darstellung der Vermögenslage ab, welche nicht zwingend an den gegebenen Bilanzierungszusammenhang anknüpft. Während sich außerordentliche Erfolgsbilanzen unter bilanzielle Ordnungskriterien subsumieren lassen, muss der Status materiell einer eigenen Kategorie von Rechnungsausweisen zugeordnet werden (vgl. *Hintner*, Bilanz, S. 524).

Die aufgeführten Sonderbilanzen sind auch insofern homogen, als sie überwiegend den buchhalterischen Ausgangspunkt für eine neue Abrechnungsperiode bilden: Bei der **Gründungsbilanz** ist dies sofort einsichtig, weil sie die Grundlage für die künftigen Jahresabschlüsse darstellt; aber auch eine **Insolvenzbilanz** leitet einen neuen Rechenabschnitt ein, da über die Abwicklung des Insolvenzverfahrens ebenfalls laufend Rechenschaft abzulegen ist. Während außerordentliche Erfolgsbilanzen die formelle Bilanzkontinuität durch Umbuchungen innerhalb des Buchführungssystems bewahren, ist das Prinzip der formellen Vergleichbarkeit bei dem lediglich auf Bestandsrechnungen basierenden Status nur ausnahmsweise zu verwirklichen. Die hier nicht berücksichtigten Bilanzen aus Anlass besonderer Finanzierungsvorgänge (s. o.) wie etwa auch der Überschuldungsstatus können weder materiell noch formell Ausgangspunkt für eine zukünftige Rechnungslegungsperiode sein.

Die Aussagefähigkeit einer (Sonder-)Bilanz hängt entscheidend von ihrer zweckkonformen formellen und materiellen Ausgestaltung ab. Dementsprechend sind die Bilanzierungskriterien (Bilanzmerkmale) **Ansatz, Bewertung** und **Gliederung** bzw. **Ausweis** den jeweils verfolgten Bilanzzielen anzupassen. Die im Folgenden vorzunehmende einzelfallbezogene Untersuchung dieser Kriterien hat zugleich zielkonforme buchungstechnische Auswirkungen zur Folge.

<table>
<tr><th colspan="8">Sonderbilanzen</th></tr>
<tr><th colspan="5">Unternehmensfortführung (going concern)</th><th colspan="3">Unternehmensauflösung</th></tr>
<tr><th rowspan="2">Gründungsbilanz</th><th colspan="2">Umwandlungsbilanz[1]</th><th rowspan="2">Sanierungsbilanz</th><th rowspan="2">Auseinandersetzungsbilanz</th><th rowspan="2">Überschuldungsstatus, Vermögensübersicht bei Insolvenz[2]</th><th colspan="2">Liquidations-/Insolvenzbilanz[2]</th></tr>
<tr><th>Übertragungsbilanz</th><th>Übernahmebilanz</th><th>Interne Liquidationsbilanz</th><th>Externe Liquidations-/Insolvenzbilanz</th></tr>
<tr><td colspan="4">Bestehender Buchführungs-(Bilanz-)Zusammenhang (in Buchführungssystematik integriert)</td><td colspan="2">Kein Buchführungs-(Bilanz-)Zusammenhang (unabhängig von der Buchführungssystematik)</td><td colspan="2">Bestehender Buchführungs-(Bilanz-) Zusammenhang (in Buchführungssystematik integriert)</td></tr>
<tr><td colspan="4">Außerordentliche Erfolgsbilanzen</td><td colspan="2">Außerordentliche Vermögens-(Status-) Bilanzen</td><td colspan="2">Außerordentliche Erfolgsbilanzen/ außerordentliche Vermögens-(Status-)Bilanzen[3]</td></tr>
<tr><td colspan="8">[1] Beim Formwechsel ändert der zugrunde liegende Rechtsträger lediglich sein Rechtskleid. Da keine Vermögensübertragung auf einen anderen Rechtsträger stattfindet, entfällt die Aufstellung sowohl einer Übertragungsbilanz als auch einer Übernahmebilanz.
[2] Gegebenenfalls (auch) Wertangabe unter Fortführungsprämisse.
[3] Bei der Liquidations- bzw. der Insolvenzeröffnungsbilanz sowie bei den folgenden Jahresbilanzen handelt es sich dem Charakter nach um außerordentliche Erfolgsbilanzen (Insolvenzbilanz mit Ansatz von Fortführungswerten), bei der Liquidations- bzw. der Insolvenzschlussbilanz überwiegt dagegen der Charakter einer außerordentlichen Vermögensbilanz.

Die Gründungsbilanz kann auch als Vermögensbilanz aufgefasst werden, weil sich die Anschaffungskosten der auszuweisenden Vermögensgegenstände und Schulden grundsätzlich aus den Verkehrs- oder Zeitwerten und grundsätzlich nicht aus den Buchwerten einer vorausgehenden Bilanz bestimmen. Sofern die Übernehmerin im Rahmen einer Verschmelzung oder Spaltung das in § 24 UmwG kodifizierte Bewertungswahlrecht dahingehend ausübt, dass sie als Anschaffungskosten der im Wege der Gesamtrechtsnachfolge übernommenen Vermögensgegenstände und Schulden die Zeitwerte und nicht die Buchwerte aus der Schlussbilanz der Überträgerin ansetzt, ist die Wertverknüpfung zwischen Übertragungsbilanz und Übernahmebilanz gelöst. In diesem Falle ließe sich die Übernahmebilanz auch als Vermögensbilanz klassifizieren. Bei Buchwertfortführung besteht hingegen ein Zusammenhang mit der Übertragungsbilanz.</td></tr>
<tr><td colspan="8">Systematik der Sonderbilanzen</td></tr>
</table>

2 Sonderbilanzen zur Unternehmensfortführung

2.1 Gründungsbilanzen

2.1.1 Arten der Gründung

Die Gründung einer Unternehmung umfasst die Gesamtheit der Entscheidungen und Handlungen, die die konstitutionellen Voraussetzungen für das Entstehen der Unternehmung schaffen (*Eisele*, Gründung, Sp. 550). Dabei gehört die **Wahl der Rechtsform** zu den herausragenden Entscheidungen der Gründungsphase, da sich die Unternehmung damit bestimmten rechtsformspezifischen Merkmalen wie Haftungsmodalitäten, Leitungsbefugnissen, Ergebnisverteilung, Publizitätszwang und Besteuerung unterwirft, die das zukünftige unternehmerische Entscheidungsfeld nachhaltig beeinflussen.

Die **Gründung** kann damit als der **juristisch-finanzielle** Aufbau einer Unternehmung bezeichnet werden, der **technisch-organisatorische** Aufbau des Betriebes wird dagegen **Errichtung** genannt (allerdings wird in einschlägigen Gesetzesvorschriften der Begriff Errichtung auch mit dem Abschluss des Gesellschaftsvertrags und ggf. der Übernahme der Anteile gleichgesetzt, vgl. Abbildung S. 1022 und § 29 AktG, §§ 5 Abs. 2 und 7 Abs. 2 GmbHG). Neben den juristischen und ökonomischen Fragestellungen sind im Rahmen der Gründung auch soziale und technologische Problemstrukturen zu lösen.

Es können folgende **Gründungsarten** (Formen der Gründung) unterschieden werden:

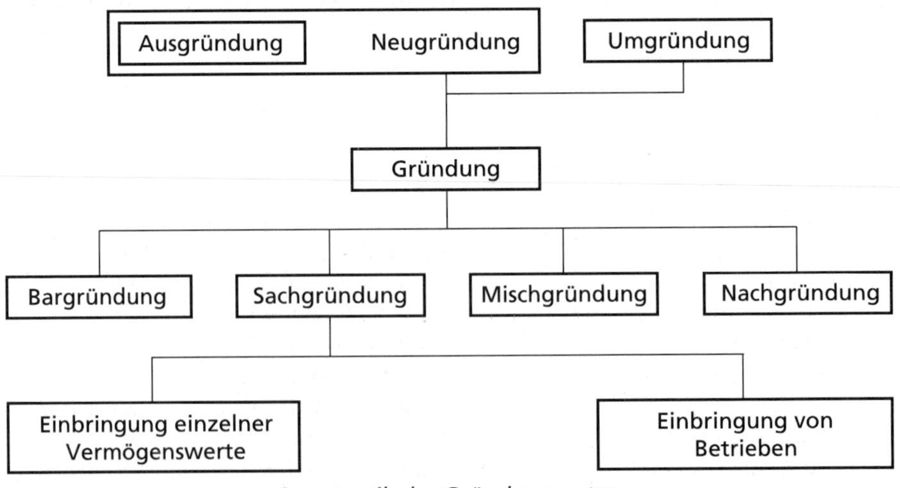

Systematik der Gründungsarten

Differenziert man die **Formen der Gründung** nach der Art der Kapitaleinlage, dann lassen sich Bar-, Sach- und Mischgründungen unterscheiden.

Bei **Bargründungen** kommen die Unternehmenseigner ihren Einlageverpflichtungen durch die unmittelbare Bereitstellung liquider Mittel (Bargeld, Bank- oder Postgiroguthaben, Schecks nach Gutschrift) nach. Die Erfüllung der Einlageverpflichtung kann bei Einlagezahlung auf ein Konto der GmbH, das in kurzen Zeitabständen zwischen erheblichen Sollsalden und Guthabenbeträgen wechselt, angenommen werden, wenn zumindest kurze Zeit darauf ein die Einlagezahlung übersteigender Habensaldo vorhanden ist (OLG Oldenburg v. 17. 7. 2008, DStR 2008, S. 2030).

Sachgründungen (qualifizierte Gründung, Illationsgründung) können durch Einbringung einzelner Vermögenswerte oder durch Einbringung von Vermögensgesamtheiten (z. B. Teilbetriebe oder Unternehmen im Ganzen) im Wege der Einzel- oder Gesamtrechtsnachfolge erfolgen. **Sacheinlagen** unterliegen dabei besonderen Formerfordernissen, die insbesondere deren Werthaltigkeit bei der Gründung von Kapitalgesellschaften betreffen (vgl. §§ 27, 32 Abs. 2, 33 Abs. 2 Nr. 4, 34 Abs. 1 und 2, 38 Abs. 2 AktG; §§ 5 Abs. 4, 8 Abs. 1 Nr. 4 und Nr. 5, 9c Abs. 1 GmbHG). Hierzu gehört wesentlich die **Satzungspublizität**, d. h. die Festsetzung der Sacheinlage in der Satzung bzw. im Gesellschaftsvertrag. Bei der Gesellschaft mit beschränkter Haftung (GmbH) löst die Einbringung von Sacheinlagen zudem die Pflicht zur Erstellung des **Sachgründungsberichts** aus (§ 5 Abs. 4 GmbHG); bei der Aktiengesellschaft (AG) ist eine ergänzende Beschreibung im ohnehin zu erstellenden **Gründungsbericht** erforderlich (§ 32 Abs. 2 AktG). Die Werthaltigkeit von Sacheinlagen ist auch bei Kapitalerhöhungen zu beachten; hierbei gehören zu den grundsätzlich einlagefähigen Vermögenswerten auch vollwertige Forderungen eines Gesellschafters gegen die Gesellschaft, welche bei Gründungsvorgängen i. d. R. keine Rolle spielen (vgl. zur Kapitalaufbringung in diesem Kontext *Priester*, Debt-Equity-Swap).

Von Sacheinlagen sind zunächst **Sachübernahmen** zu unterscheiden (§ 27 AktG). Eine Sachübernahme liegt vor, wenn eine Aktiengesellschaft in Gründung (AG i. G.) oder eine Kommanditgesellschaft auf Aktien in Gründung (KGaA i. G.) von einem Gesellschafter vorhandene oder herzustellende Anlagen oder andere Vermögensgegenstände gegen eine Vergütung übernehmen soll. Wenn die Vergütung auf die Einlagepflicht des Gesellschafters angerechnet werden soll, liegt eine Sacheinlage vor (§ 27 Abs. 1 S. 2 AktG). Die Sachübernahme muss ebenfalls in der Satzung festgesetzt werden (Satzungspublizität), und zwar unter Angabe des zu übernehmenden Gegenstandes, der Person, von der er übernommen wird, sowie der zu gewährenden Vergütung. Die Vorschriften des Aktiengesetzes zu Sachübernahmen sind analog auf die GmbH in Gründung anzuwenden (vgl. *Förschle/Kropp/Schellhorn*, Kapitalgesellschaft, D, Rn. 50). Bei einer **gemischten Sacheinlage** übersteigt der Wert des übernommenen Gegenstandes die Einlageverpflichtung des Gesellschafters, so dass sowohl eine Sacheinlage als auch eine Sachübernahme vorliegen. Beruht die Kapitalaufbringung auf einer unteilbaren Leistung, sind die Regelungen für Sacheinlagen auf das gesamte Rechtsgeschäft anzuwenden (BGH v. 20. 11. 2006, DB 2007, S. 212, BGH v. 9. 7. 2007 – II ZR 62/06).

Eine Umgehung der strengen Vorschriften über die Sachgründung, welche der Kontrolle der Kapitalaufbringung bei Kapitalgesellschaften dienen, führt zu einer **verdeckten Sacheinlage**. Eine solche liegt vor, wenn eine Geldeinlage bei wirtschaftlicher Betrachtung und aufgrund einer Abrede bezüglich ihrer Übernahme ganz oder teilweise als Sacheinlage zu bewerten ist (§ 19 Abs. 4 GmbHG). Bei **Aktiengesellschaften** sind dann die zugrunde liegenden Rechtsgeschäfte unwirksam, so dass die verdeckte Sacheinlage insbesondere keine Erfüllungswirkung hat und die Einlagepflicht fortbesteht. Für **Gesellschaften mit beschränkter Haftung** haben sich die Konsequenzen einer verdeckten Sacheinlage durch das **Gesetz zur Modernisierung des GmbH-Rechts und zur Bekämpfung von Missbräuchen (MoMiG)** vom 23. 10. 2008 (BGBl. I 2008, S. 2026 ff., vgl. zum MoMiG auch Teil A, Abschn. 14.3.2, S. 639 f.) wesentlich geändert. Anstelle der bisherigen Regelung, welche eine analoge Behandlung wie bei Aktiengesellschaften vorsah, werden verdeckte Sacheinlagen nach dem neuen § 19 Abs. 4 GmbHG auf die Einlageverpflichtung angerechnet und die Rechtsgeschäfte bleiben wirksam (vgl. auch *Rischbieter/Gröning*, Gründung, S. 43). Es kommt allenfalls eine Differenzhaftung (vgl. Abschn. 2.1.2.2, S. 1028) bei nicht hinreichender Werthaltigkeit der zugrunde liegenden Vermögensgegenstände in Betracht. Dienstleistungsverpflichtungen eines Gesellschafters, welche dieser nach Erbringung seiner Einlageverpflichtung erfüllt und hierfür aus dem Vermögen der Gesellschaft vergütet erhält, gelten nicht als verdeckte Sacheinlagen, da entsprechende Ansprüche gegen die Gesellschafter grundsätzlich nicht einlagefähig sind (§ 27 Abs. 2 AktG mit entsprechender Geltung für die GmbH nach h. M. vgl. BGH v. 16. 2. 2009, DB 2009, S. 780 ff., sowie *Schodder*, § 19 GmbHG, S. 443).

Durch das MoMiG wurde mit § 19 Abs. 5 GmbHG ebenfalls der Sachverhalt gesetzlich geregelt, dass vor der (Bar-)Einlage eine Leistung an den GmbH-Gesellschafter vereinbart worden ist, welche wirtschaftlich einer Rückzahlung der Einlage entspricht, jedoch keine verdeckte Sacheinlage i. S. d. § 19 Abs. 4 GmbHG ist. Dies ist dann der Fall, wenn die Gesellschaft (in Gründung) die erhaltene Einlage an den die Einlage erbringenden Gesellschafter (sog. **Inferent**) als „Darlehen" (vgl. BGH v. 10. 12. 2007, GmbHR 2008, S. 203 ff.) oder in anderer Weise zurückzahlt (sog. **Hin- und Herzahlen** im Rahmen der Kapitalaufbringung). Damit steht die Einlage nicht zur freien Verfügung der Geschäftsführung, wie dies nach § 8 Abs. 2 GmbHG bei der Anmeldung zur Registereintragung zu versichern ist. Nach der dem MoMiG vorausgehenden Rechtslage war das Hin- und Herzahlen unzulässig und eine entsprechende Darlehensabrede unwirksam (vgl. BGH v. 22. 3. 2004, DB 2004, S. 1199 f., BGH v. 21. 11. 2005, DB 2005, S. 2743 f., BGH v. 9. 1. 2006, DB 2006, S. 443 f.); erst die spätere Tilgung des hierbei erhaltenen Darlehens führte zur Erfüllung der Einlagepflicht (vgl. BGH v. 21. 11. 2005, DB 2005, S. 2743 f., BGH v. 10. 12. 2007, GmbHR 2008, S. 203 ff.; zur Voraussetzung der eindeutigen Zuordnung der dabei erfolgten Zahlungen vgl. BGH v. 15. 10. 2007, DB 2008, S. 1430 f.). Analoges galt für das „Her- und Hinzahlen" im Rahmen einer Kapitalerhöhung, bei dem die GmbH ihrem Gesellschafter ein Darlehen einräumt, welches der Aufbringung der Einlagezahlung dienen soll (vgl. BGH v. 12. 6. 2006, DB 2006, S. 1889 f.). Nach neuer Rechtslage ist eine Befreiung des Inferenten von seiner Einlageverpflichtung im Rahmen eines Hin- und Herzahlen grundsätzlich möglich, jedoch nur unter den engen Voraussetzungen des §19 Abs. 5 GmbHG. Konkret setzt dies voraus, dass der Rückzahlungsanspruch voll werthaltig sowie jederzeit fällig ist oder durch fristlose Kündigung fällig gestellt werden kann und der Geschäftsführer eine solche Leistung bzw. eine entsprechende Vereinbarung bei der Anmeldung zum Handelsregister nach §8 GmbHG offen legt. Unter diesen Bedingungen gilt die Einlageverpflichtung als erfüllt, und zwar wegen §3 Abs. 4 EGGmbHG grundsätzlich auch rückwirkend für Sachverhalte vor dem Inkrafttreten des MoMiG am 1. 11. 2008. Fraglich ist allerdings, ob für Altfälle das Erfordernis der Offenlegung bei der Registeranmeldung erfüllt sein wird (vgl. *Goette*, Kapitalaufbringung, S. 336); gegen die Offenlegung als Erfordernis bei Altfällen (*Heckschen*, MoMiG, S. 46 f.).

Das Hin- und Herzahlen ist besonders im Falle von **zentralen Cash-Management-Systemen** von Relevanz. Wird hierbei die als Einlage gedachte Zahlung des Gesellschafters zugunsten der Gesellschaft (in Gründung) auf ein Konto des Cash-Pools geleistet, für welches der Gesellschafter mittelbar oder unmittelbar verfügungsberechtigt ist, liegt der Fall des Hin- und Herzahlens vor. Falls demgegenüber aus dem Cash-Pool eine Auszahlung an die Gesellschaft (in Gründung) ergeht, handelt es sich bei dem Teil der als Bareinlage gedachten Zahlung des Gesellschafters, welcher die Inanspruchnahme des Cash-Pools ausgleicht, um eine verdeckte Sacheinlage. Diese besteht im Verzicht des Inferenten auf die Rückzahlung des Darlehens aus dem Cash-Pool (vgl. BGH v. 20. 7. 2009, ZIP 2009, S. 1561 ff., BGH v. 16. 1. 2006, DStR 2006, S. 764 ff., sowie *Altmeppen*, Cash-Pool).

Mischgründungen stellen eine Kombination aus einer Bar- und einer Sachgründung dar. Das Gründungskapital wird also sowohl in Form von Geld als auch in Form von Sachgütern oder/und Rechten aufgebracht.

Für Aktiengesellschaften und Kommanditgesellschaften auf Aktien ist zusätzlich eine Nachgründung zu unterscheiden. Von einer **Nachgründung** spricht das Gesetz dann, wenn die Gesellschaft in den ersten zwei Jahren nach Eintragung in das Handelsregister mit den Gründern oder mit Aktionären, die zu mehr als 10 % am Grundkapital beteiligt sind, einen Vertrag über den Erwerb von Vermögensgegenständen abschließt, deren Vergütung 10 % des Grundkapitals übersteigt (§52 AktG). Für die Nachgründung existieren eine Reihe von Schutzvorschriften (z. B. Prüfung durch Aufsichtsrat mit Nachgründungsbericht und durch Gründungsprüfer – außer unter den Voraussetzungen des §33a AktG (§52 Abs. 4 Satz 3 AktG) –, Zustimmung der Hauptversammlung zu dem Vertrag), mit denen Umgehungstatbestände im Sinne einer verdeckten Sacheinlage verhindert werden sollen (vgl. auch *Förschle/Kropp/Schellhorn*, Kapitalgesellschaft, D, Rn. 50; vgl. auch Teil C, Abschn. 2.1.2.2, S. 1030).

Zu differenzieren sind ferner Neugründungen (originäre Gründungen) und Umgründungen (derivative Gründungen). Durch **Neugründung** wird ein bisher nicht existentes Unternehmen neu errichtet. Bei der **Ausgründung** geht Vermögen im Wege der Ausgliederung (vgl. Teil C, Abschn. 2.2.3.2, S. 1063) von einem bestehenden auf ein neu gegründetes Unternehmen über. Sie stellt damit eine besondere Form der Neugründung dar.

Bei einer **Umgründung** wird ein bereits bestehendes Unternehmen durch formelle Liquidation unter weitgehender Wahrung der wirtschaftlichen Identität in eine neue Rechtsform überführt. Auf die rein rechtlichen Unterschiede zwischen Umwandlung und Umgründung wird im Rahmen der Umwandlungsbilanzen eingegangen (vgl. Teil C, Abschn. 2.2.3, S. 1060).

2.1.2 Gesellschaftsrechtliche Behandlung und Durchführung der Gründung

Zur Einleitung des ersten Geschäftsjahres einer neu gegründeten Unternehmung bedarf es einer **Gründungsbilanz** (Eröffnungsbilanz), die die Vermögens- und Kapitalverhältnisse am Gründungsbilanzstichtag offen legt und die Grundlage für die Eröffnungsbuchungen der künftigen Rechnungsperiode bildet. Darüber hinaus dient sie der Abgrenzung des Unternehmens- bzw. Gesamthandsvermögens vom Privatvermögen des Einzelunternehmers bzw. der Gesellschafter.

Rechtsgrundlage dazu ist §242 Abs. 1 HGB, wonach jeder Kaufmann bei der Gründung seiner Unternehmung (Beginn des Handelsgewerbes) eine Eröffnungsbilanz zu erstellen und in ihr seine Grundstücke, seine Forderungen und Schulden, den Betrag seines baren Geldes sowie seine sonstigen Vermögensgegenstände genau zu verzeichnen und dabei den Wert der einzelnen Vermögensgegenstände und Schulden anzugeben hat (§240 Abs. 1 HGB). Die Gründungsbilanz kann daher aus dem durch körperliche Aufnahme ermittelten Inventar der Unternehmung entwickelt werden. Größenabhängige Befreiungen von der Pflicht zur Buchführung und der Erstellung eines Inventars treten für Einzelunternehmer bei Umsatzerlösen nicht über 500.000 Euro und bei einem Jahresüberschuss nicht über 50.000 Euro, jeweils für zwei aufeinander folgende Geschäftsjahre oder am ersten Abschlussstichtag nach der Neugründung, auf (§241a HGB; damit Angleichung an die Größenkriterien für die originäre steuerliche Buchführungspflicht des §141 AO durch das Bilanzrechtsmodernisierungsgesetz, vgl. Teil A, Abschn. 1.2.1, S. 17). Aufwendungen für die Gründung des Unternehmens, für die Beschaffung des Eigenkapitals und für den Abschluss von Versicherungsverträgen dürfen in der Gründungsbilanz nicht aktiviert werden (§248 Abs. 1 HGB; zum Gründungsaufwand vgl. Teil C, Abschn. 2.1.2.2, S. 1031, 1033 und Abschn. 2.1.2.3, S. 1036). Damit kann grundsätzlich die nachfolgend abgebildete Gründungsbilanz abgeleitet werden.

A Gründungsbilanz	P
Realvermögen	Inhaber(Eigen-)kapital
– Grund und Boden	Gläubiger(Fremd-)kapital
– Geschäftsausstattung	
Nominalvermögen	
– Forderungen	
– Bank	
– Kasse	

Struktur einer Gründungsbilanz

Die Erstellung von Gründungsbilanzen stößt regelmäßig auf Schwierigkeiten, wenn die Gründer ihrer Einlageverpflichtung nicht durch Zuführung finanzieller Mittel, sondern in Form von Realgütern (Grundstücke, Maschinen, Vorräte), Rechten (Forderungen, Wertpapiere, Anteilsrechte) oder immateriellen Wirtschaftsgütern (Patente, Lizenzen, Know-how, Firmenwerte) nachkommen und somit eine Bewertung der **Sacheinlagen** notwendig wird (zur Beurteilung der Sacheinlagenbewertung aus rechnungslegungspolitischer Sicht vgl. *Eisele*, Sonderbilanzen, S. 880–884). Wegen des Buchungszusammenhangs der künftigen Jahresabschlussbilanzen und der Gründungs-(Eröffnungs-)Bilanz ist eine **Bewertung** nach den geltenden Grundsätzen für die ordentlichen Jahresbilanzen zu fordern. Das Handelsgesetz folgt dieser Forderung zwar, indem § 242 Abs. 1 HGB ausdrücklich auf die für den Jahresabschluss geltenden Vorschriften verweist. Im Ergebnis erschöpfen sich diese Vorschriften aber im grundsätzlichen Ansatz der Anschaffungs- bzw. Herstellungskosten (§§ 253, 255 HGB), so dass das Entgelt für einen eingebrachten Vermögensgegenstand zwischen den Gründern prinzipiell frei vereinbart werden kann. Determiniert werden die fiktiven Anschaffungskosten nur hinsichtlich der **Höchstgrenze (Zeitwert)**; die bewusste Legung **stiller Reserven** durch Unterbewertungen lässt sich dagegen kaum verhindern. Dabei darf es jedoch nicht zu willkürlichen, den kaufmännischen Grundsätzen widersprechenden Unter- oder Überbewertungen kommen (BGH v. 12. 2. 1973, DB 1973, S. 1739). Besonders bei Kapitalgesellschaften ist eine Wertfeststellung durch einen Sachverständigen angeraten, weil das Registergericht sonst in Zweifelsfällen die Eintragung in das Handelsregister verweigert (vgl. § 38 Abs. 2 AktG; § 9c Abs. 1 GmbHG). Allerdings ist Voraussetzung für die Ablehnung einer Eintragung durch das Registergericht, dass die Sacheinlagen **nicht unwesentlich** überbewertet worden sind. Aber auch bei Personengesellschaften kann die Erstellung eines Sachverständigengutachtens geboten sein, weil hier durch entsprechende Gestaltung der Gewinnverteilungsregeln einzelne Gesellschafter benachteiligt werden könnten. Dies gilt insbesondere für Mischgründungen, da hier eine Überbewertung der Sacheinlagen gegenüber einer Bareinlage eine Begünstigung, eine Unterbewertung dagegen eine Benachteiligung des Einbringenden darstellen würde.

Besonderes Gewicht erhält die Bewertungsfrage, wenn als Einlage ein ganzes Unternehmen eingebracht wird. Übersteigt nämlich der als Gegenleistung gewährte Betrag den Reproduktions-(Tax-)Wert des Unternehmens (Summe der Aktiva, bewertet zu fortgeschriebenen Wiederbeschaffungspreisen, abzüglich der Verbindlichkeiten), so ist der Unterschiedsbetrag als Firmenwert in die Gründungsbilanz einzustellen (§ 246 Abs. 1 HGB). Der Betrag ist planmäßig über die Nutzungsdauer durch Abschreibungen zu tilgen (§ 253 Abs. 3 HGB); bei Kapitalgesellschaften ist allerdings eine über fünf Jahre hinausgehende Nutzungsdauer im Anhang zu rechtfertigen (§ 285 Nr. 13 HGB). Sind zur Übertragung der Vermögensgegenstände auf die neu gegründete Unternehmung Neubewertungen notwendig, so haben diese beim Einbringenden zu Lasten eines **Neubewertungskontos,** das über die Eigenkapitalkonten abgeschlossen wird, zu erfolgen.

allgemein: **Vorgesellschaft**) eine Organisation, die weder eindeutig als Gesellschaft bürgerlichen Rechts noch, wie teilweise in der Literatur vertreten, als nichtrechtsfähiger Verein klassifiziert werden kann. Sie unterliegt vielmehr einem Sonderrecht, das aus den gesetzlichen oder den im Gesellschaftsvertrag niedergelegten Gründungsvorschriften und dem Recht der rechtsfähigen Kapitalgesellschaft besteht (BGH v. 12. 7. 1956, BGHZ 21, S. 242 ff.). In Rechtsprechung und Literatur wird überwiegend die Auffassung vertreten, dass die partiell rechtsfähige Vorgesellschaft (vgl. hierzu BGH v. 28. 11. 1997, WM 1998, S. 245) und die rechtsfähige Kapitalgesellschaft eine Einheit bilden, die mit der Handelsregistereintragung lediglich einem Rechtsformwechsel unterliegt (vgl. *Rittner*, Juristische Person, S. 136 ff.). Der Gründungsbilanzstichtag könnte damit auf den Tag der Errichtung gelegt werden. Wird die Einheit der Gesellschaften weniger betont, könnte als Gründungsstichtag auf die Handelsregistereintragung Bezug genommen werden; die Vorgesellschaft hätte zu diesem Tag eine **Schlussrechnung** zu erstellen, die der Gründungsbilanz der Kapitalgesellschaft entsprechen würde (zum Gründungsbilanzstichtag von Kapitalgesellschaften in Abhängigkeit vom Zeitpunkt der Aufnahme der Geschäftstätigkeit vgl. insb. auch *Joswig*, Gründungsbilanz, S. 1909–1911, sowie zu den Alternativen *Förschle/Kropp/Schellhorn*, Kapitalgesellschaft, D, Rn. 68 ff.).

Die Rechte und Verbindlichkeiten der Vorgründungsgesellschaft müssen durch **Rechtsgeschäft** auf die Vorgesellschaft bzw. auf die GmbH (AG) übertragen werden. Da eine Identität von Vorgründungsgesellschaft und Vorgesellschaft verneint wird, ist mit der Errichtung der Kapitalgesellschaft durch notarielle Beurkundung des Gesellschaftsvertrags oder des Musterprotokolls kein automatischer Übergang der Rechte und Verbindlichkeiten der Vorgründungsgesellschaft auf die Vorgesellschaft verknüpft. Deshalb erlischt die persönliche Haftung der Gesellschafter aus den Rechtsgeschäften der Vorgründungsgesellschaft nicht durch bloße Errichtung der GmbH (AG), sondern nur dann, wenn die aus diesen Geschäften resultierenden Verpflichtungen durch Rechtsgeschäft auf die Vorgesellschaft bzw. die GmbH (AG) übertragen werden (BFH v. 25. 10. 2000, NJW 2001, S. 1042).

Die Fertigstellung der Gründungsbilanz muss nicht mit dem Gründungsbilanzstichtag zusammenfallen, vielmehr räumt das Gesetz hierzu eine angemessene Frist ein, d. h. die Eröffnungsbilanz ist innerhalb der einem ordentlichen Geschäftsgang entsprechenden Zeit aufzustellen (§ 243 Abs. 3 HGB).

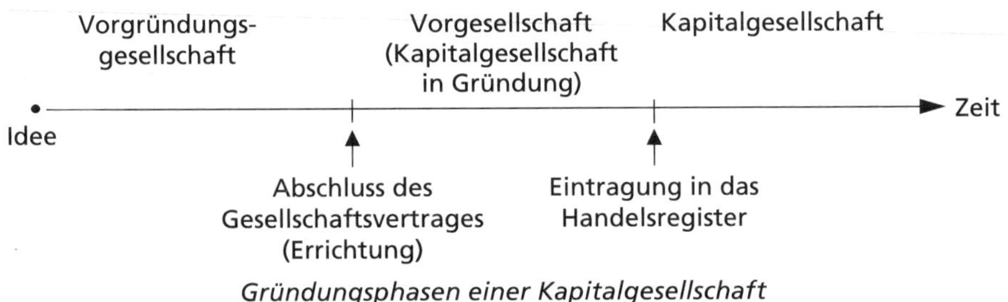

Gründungsphasen einer Kapitalgesellschaft

Die Erstellung von Gründungsbilanzen stößt regelmäßig auf Schwierigkeiten, wenn die Gründer ihrer Einlageverpflichtung nicht durch Zuführung finanzieller Mittel, sondern in Form von Realgütern (Grundstücke, Maschinen, Vorräte), Rechten (Forderungen, Wertpapiere, Anteilsrechte) oder immateriellen Wirtschaftsgütern (Patente, Lizenzen, Know-how, Firmenwerte) nachkommen und somit eine Bewertung der **Sacheinlagen** notwendig wird (zur Beurteilung der Sacheinlagenbewertung aus rechnungslegungspolitischer Sicht vgl. *Eisele*, Sonderbilanzen, S. 880–884). Wegen des Buchungszusammenhangs der künftigen Jahresabschlussbilanzen und der Gründungs-(Eröffnungs-)Bilanz ist eine **Bewertung** nach den geltenden Grundsätzen für die ordentlichen Jahresbilanzen zu fordern. Das Handelsgesetz folgt dieser Forderung zwar, indem § 242 Abs. 1 HGB ausdrücklich auf die für den Jahresabschluss geltenden Vorschriften verweist. Im Ergebnis erschöpfen sich diese Vorschriften aber im grundsätzlichen Ansatz der Anschaffungs- bzw. Herstellungskosten (§§ 253, 255 HGB), so dass das Entgelt für einen eingebrachten Vermögensgegenstand zwischen den Gründern prinzipiell frei vereinbart werden kann. Determiniert werden die fiktiven Anschaffungskosten nur hinsichtlich der **Höchstgrenze (Zeitwert)**; die bewusste Legung **stiller Reserven** durch Unterbewertungen lässt sich dagegen kaum verhindern. Dabei darf es jedoch nicht zu willkürlichen, den kaufmännischen Grundsätzen widersprechenden Unter- oder Überbewertungen kommen (BGH v. 12. 2. 1973, DB 1973, S. 1739). Besonders bei Kapitalgesellschaften ist eine Wertfeststellung durch einen Sachverständigen angeraten, weil das Registergericht sonst in Zweifelsfällen die Eintragung in das Handelsregister verweigert (vgl. § 38 Abs. 2 AktG; § 9c Abs. 1 GmbHG). Allerdings ist Voraussetzung für die Ablehnung einer Eintragung durch das Registergericht, dass die Sacheinlagen **nicht unwesentlich** überbewertet worden sind. Aber auch bei Personengesellschaften kann die Erstellung eines Sachverständigengutachtens geboten sein, weil hier durch entsprechende Gestaltung der Gewinnverteilungsregeln einzelne Gesellschafter benachteiligt werden könnten. Dies gilt insbesondere für Mischgründungen, da hier eine Überbewertung der Sacheinlagen gegenüber einer Bareinlage eine Begünstigung, eine Unterbewertung dagegen eine Benachteiligung des Einbringenden darstellen würde.

Besonderes Gewicht erhält die Bewertungsfrage, wenn als Einlage ein ganzes Unternehmen eingebracht wird. Übersteigt nämlich der als Gegenleistung gewährte Betrag den Reproduktions-(Tax-)Wert des Unternehmens (Summe der Aktiva, bewertet zu fortgeschriebenen Wiederbeschaffungspreisen, abzüglich der Verbindlichkeiten), so ist der Unterschiedsbetrag als Firmenwert in die Gründungsbilanz einzustellen (§ 246 Abs. 1 HGB). Der Betrag ist planmäßig über die Nutzungsdauer durch Abschreibungen zu tilgen (§ 253 Abs. 3 HGB); bei Kapitalgesellschaften ist allerdings eine über fünf Jahre hinausgehende Nutzungsdauer im Anhang zu rechtfertigen (§ 285 Nr. 13 HGB). Sind zur Übertragung der Vermögensgegenstände auf die neu gegründete Unternehmung Neubewertungen notwendig, so haben diese beim Einbringenden zu Lasten eines **Neubewertungskontos,** das über die Eigenkapitalkonten abgeschlossen wird, zu erfolgen.

Beispiel:

A und B gründen eine Unternehmung. A bringt ein Fahrzeug, Wert 10.000, B seine Unternehmung in die zu gründende Gesellschaft ein. A und B sind sich einig, dass die Schulden des B übernommen werden und der verbleibende Wert einer Einlage von 12.000 entspricht.

A	Bilanz des B		P
Anlagevermögen	5.000	Eigenkapital	9.000
Umlaufvermögen	5.000	Verbindlichkeiten	1.000
	10.000		10.000

Das Anlagevermögen hat einen Wiederbeschaffungswert von 7.000, das Umlaufvermögen, da es in der Gesellschaft nur eingeschränkt verwendet werden kann und nicht veräußert werden soll, einen Wert von 4.000.

Buchungssätze:

Anlagevermögen	2.000	**an**	Neubewertungskonto	2.000
Neubewertungskonto	1.000	**an**	Umlaufvermögen	1.000
Neubewertungskonto	1.000	**an**	Eigenkapital	1.000

Daraus ergibt sich folgende Übergabebilanz:

A	Übergabebilanz des B		P
Anlagevermögen	7.000	Eigenkapital	10.000
Umlaufvermögen	4.000	Verbindlichkeiten	1.000
	11.000		11.000

Zur Übertragung der Aktiva und Passiva der Übergabebilanz des B auf die neu zu gründende Unternehmung empfiehlt sich die Einrichtung eines **Übernahmekontos**, so dass zur Aufstellung der Gründungsbilanz folgende Buchungen notwendig sind:

Anlagevermögen	10.000	**an**	Eigenkapital A	10.000
Übernahmekonto B	12.000	**an**	Eigenkapital B	12.000
Umlaufvermögen	4.000			
Anlagevermögen	7.000	**an**	Übernahmekonto B	11.000
Übernahmekonto B	1.000	**an**	Verbindlichkeiten	1.000
Firmenwert	2.000	**an**	Übernahmekonto B	2.000

Mit der Verbuchung des Firmenwertes ist das Übernahmekonto des B ausgeglichen; es ergibt sich folgende Gründungsbilanz:

A	Gründungsbilanz		P
Anlagevermögen	17.000	Eigenkapital A	10.000
Umlaufvermögen	4.000	Eigenkapital B	12.000
Firmenwert	2.000	Verbindlichkeiten	1.000
	23.000		23.000

Neben den Bewertungskriterien ist auch der **Stichtag,** auf den die **Gründungsbilanz erstellt** werden muss, im Gesetz nicht eindeutig geregelt. §242 Abs.1 HGB schreibt zwar vor, dass die Gründungsbilanz zu Beginn des Handelsgewerbes aufzustellen ist; entscheidendes Kriterium ist jedoch grundsätzlich der Tag der **Entstehung** der Unternehmung. **Personengesellschaften und Einzelunterneh-**

mungen, die ein Handelsgewerbe im Sinne des § 1 Abs. 2 HGB betreiben **(Kaufleute),** gelten bereits mit der **Aufnahme des Geschäftsbetriebs,** also durch den ersten Geschäftsvorfall, welcher einem Handelsgewerbe zuzuordnen ist, als gegründet (deklaratorische Wirkung des Handelsregistereintrags). Die Gründungsbilanz ist deshalb auf diesen Tag aufzustellen.

Der Betrieb von **Kannkaufleuten** (Kleingewerbetreibende mit freiwilliger Eintragung ins Handelsregister und Erwerb der Kaufmannseigenschaft nach §§ 2 oder 105 Abs. 2 HGB und Land- und Forstwirte nach § 3 Abs. 2 HGB) gilt erst mit der **Eintragung in das Handelsregister** als gegründet (konstitutive Wirkung des Handelsregistereintrags). Die Gründungsbilanz ist daher auf den Tag der Handelsregistereintragung aufzustellen. Dies stößt jedoch auf erhebliche Probleme, da nur in Ausnahmefällen die Handelsregistereintragung und die Geschäftseröffnung zeitlich zusammenfallen. Übersteigt der Zeitraum zwischen faktischer Gründung und der Handelsregistereintragung zwölf Monate, so sind neben der Gründungsbilanz zu jedem Geschäftsjahresschluss Zwischenbilanzen zu erstellen, um den Gründungsvorgang von dem bereits begonnenen Handelsgewerbe abgrenzen zu können (*Selchert,* Prüfungen, S. 28; für eine grundsätzliche Gleichbehandlung von Land- und Forstwirten mit Muss-Kaufleuten *Förschle/Kropp,* Einzelunternehmer, B, Rn. 9).

Auch **Kapitalgesellschaften** bedürfen als Formkaufleute (§ 6 HGB i. V. m. § 3 Abs. 1 AktG bzw. § 13 Abs. 3 GmbHG) zur Entstehung des Handelsregistereintrags, so dass die Gründungsbilanz grundsätzlich auf diesen Tag zu erstellen wäre. Dem ist jedoch entgegenzuhalten, dass die Gründer bereits während der Gründungsphasen (vgl. Abbildung S. 1022) Rechte und Verbindlichkeiten übernehmen können. Um der dadurch entstehenden Rechtsunsicherheit zu begegnen, wird die Existenz einer **Vorgründungsgesellschaft** angenommen, die nach h. M. als Gesellschaft bürgerlichen Rechts (§§ 705 ff. BGB) angesehen wird, die aber, da sie als reine Innengesellschaft über keine Kaufmannseigenschaft im Sinne des § 1 HGB verfügt, nicht zur Aufstellung einer Gründungsbilanz verpflichtet ist. Geschäftsvorfälle während des Vorgründungsstadiums werden dieser Gesellschaft zugeordnet. Sofern die Geschäftstätigkeit bereits als Handelsgewerbe zu betrachten ist, handelt es sich um eine (nicht eingetragene) offene Handelsgesellschaft (vgl. *Förschle/Kropp/Siemers,* Eröffnungsbilanz, C, Rn. 51). Mit dem Abschluss des notariell beurkundeten Gesellschaftsvertrags und der Übernahme der festgelegten Gesellschaftsanteile durch die Gründer ist die Kapitalgesellschaft **errichtet** (§§ 23, 28 f. AktG, § 2 Abs. 1 GmbHG) und mithin der Zweck der Vorgründungsgesellschaft erreicht. Bei Gesellschaften mit beschränkter Haftung mit bis zu drei Gesellschaftern und einem Geschäftsführer kann im Rahmen einer vereinfachten Gründung ein in der Anlage zum GmbHG enthaltenes Musterprotokoll verwendet werden, so dass der beurkundende Notar keinen individuellen Gesellschaftsvertrag zu entwerfen hat (§ 2 Abs. 1a GmbHG). Mit der Errichtung erlischt die Vorgründungsgesellschaft; sie hat dann gemäß § 721 Abs. 1 BGB einen Rechnungsabschluss über die realisierten Geschäftsvorfälle zu erstellen.

Zwischen der Errichtung und der Entstehung durch den Handelsregistereintrag ist die werdende Kapitalgesellschaft („Vor-GmbH" bzw. „Vor-AG" oder allgemein: **Vorgesellschaft**) eine Organisation, die weder eindeutig als Gesellschaft bürgerlichen Rechts noch, wie teilweise in der Literatur vertreten, als nichtrechtsfähiger Verein klassifiziert werden kann. Sie unterliegt vielmehr einem Sonderrecht, das aus den gesetzlichen oder den im Gesellschaftsvertrag niedergelegten Gründungsvorschriften und dem Recht der rechtsfähigen Kapitalgesellschaft besteht (BGH v. 12. 7. 1956, BGHZ 21, S. 242 ff.). In Rechtsprechung und Literatur wird überwiegend die Auffassung vertreten, dass die partiell rechtsfähige Vorgesellschaft (vgl. hierzu BGH v. 28. 11. 1997, WM 1998, S. 245) und die rechtsfähige Kapitalgesellschaft eine Einheit bilden, die mit der Handelsregistereintragung lediglich einem Rechtsformwechsel unterliegt (vgl. *Rittner,* Juristische Person, S. 136 ff.). Der Gründungsbilanzstichtag könnte damit auf den Tag der Errichtung gelegt werden. Wird die Einheit der Gesellschaften weniger betont, könnte als Gründungsstichtag auf die Handelsregistereintragung Bezug genommen werden; die Vorgesellschaft hätte zu diesem Tag eine **Schlussrechnung** zu erstellen, die der Gründungsbilanz der Kapitalgesellschaft entsprechen würde (zum Gründungsbilanzstichtag von Kapitalgesellschaften in Abhängigkeit vom Zeitpunkt der Aufnahme der Geschäftstätigkeit vgl. insb. auch *Joswig,* Gründungsbilanz, S. 1909–1911, sowie zu den Alternativen *Förschle/Kropp/Schellhorn,* Kapitalgesellschaft, D, Rn. 68 ff.).

Die Rechte und Verbindlichkeiten der Vorgründungsgesellschaft müssen durch **Rechtsgeschäft** auf die Vorgesellschaft bzw. auf die GmbH (AG) übertragen werden. Da eine Identität von Vorgründungsgesellschaft und Vorgesellschaft verneint wird, ist mit der Errichtung der Kapitalgesellschaft durch notarielle Beurkundung des Gesellschaftsvertrags oder des Musterprotokolls kein automatischer Übergang der Rechte und Verbindlichkeiten der Vorgründungsgesellschaft auf die Vorgesellschaft verknüpft. Deshalb erlischt die persönliche Haftung der Gesellschafter aus den Rechtsgeschäften der Vorgründungsgesellschaft nicht durch bloße Errichtung der GmbH (AG), sondern nur dann, wenn die aus diesen Geschäften resultierenden Verpflichtungen durch Rechtsgeschäft auf die Vorgesellschaft bzw. die GmbH (AG) übertragen werden (BFH v. 25. 10. 2000, NJW 2001, S. 1042).

Die Fertigstellung der Gründungsbilanz muss nicht mit dem Gründungsbilanzstichtag zusammenfallen, vielmehr räumt das Gesetz hierzu eine angemessene Frist ein, d. h. die Eröffnungsbilanz ist innerhalb der einem ordentlichen Geschäftsgang entsprechenden Zeit aufzustellen (§ 243 Abs. 3 HGB).

Gründungsphasen einer Kapitalgesellschaft

2.1.2.1 *Die Gründung von Einzelunternehmungen und Personengesellschaften*

Bei einer **Einzelunternehmung** betreibt ein Kaufmann seinen Geschäftsbetrieb ohne Gesellschafter oder nur mit einem stillen Gesellschafter, wobei er für Verbindlichkeiten seiner Unternehmung unmittelbar und unbeschränkt haftet. Mit dem Handelsrechtsreformgesetz (HRefG) vom 22. 6. 1998 wurden bei der Wahl des Firmenkerns von Einzelunternehmungen, d. h. des Pflichtbestandteiles der Firma, sowohl Personalfirmen als auch Sach- oder Phantasiefirmen zulässig. Die Firma muss allerdings zur Kennzeichnung des Kaufmanns geeignet sein und Unterscheidungskraft besitzen (§ 18 Abs. 1 HGB). Außerdem ist bei Einzelkaufleuten der Rechtsformzusatz „eingetragener Kaufmann", „eingetragene Kauffrau" oder eine allgemein verständliche Abkürzung dieses Zusatzes in der Firma anzugeben (§ 19 Abs. 1 Nr. 1 HGB). Obwohl die Einzelunternehmung keine eigene Rechtspersönlichkeit besitzt und demgemäß der Einzelunternehmer und nicht die Unternehmung Träger von Rechten und Pflichten ist, kann der Kaufmann unter seiner Firma klagen und verklagt werden (§ 17 Abs. 2 HGB).

Die Gründung der Einzelunternehmung erfolgt weitgehend **formlos.** Das Handelsrecht verpflichtet einen Einzelunternehmer nur dann zur Aufstellung einer Handelsbilanz, wenn er die Kaufmannseigenschaft besitzt. Gleichwohl können Einzelunternehmer, auch ohne Kaufmann zu sein, durch andere Gesetzesvorschriften, insbesondere steuerrechtliche Buchführungsvorschriften (§ 141 AO), verpflichtet werden, regelmäßig Geschäftsabschlüsse aufzustellen; sie sind dann gehalten, die Geschäftstätigkeit mit einer Eröffnungsbilanz zu beginnen. Es ist wohl davon auszugehen, dass sich die Befreiungsmöglichkeit der §§ 241a, 242 Abs. 3 HGB (vgl. Teil A, Abschn. 1.2.1, S. 17 f.) nicht auf die anfängliche Buchführungs- und Inventurpflicht bezieht, sondern erst auf Basis der Verhältnisse des ersten (Rumpf-)Geschäftsjahres für das weitere Jahr gilt (vgl. *Merkt*, § 241a HGB, Rn. 3, *Winkeljohann/Lawall*, § 241a HGB, Rn. 4 f., 8; a. A. *Theile*, Jahresabschluss, S. 24, welcher sich auf die prospektive Formulierung in der Begründung zum Regierungsentwurf stützt, vgl. hierzu BR-Drs. 344/08 v. 23. 5. 2008, S. 100).

In der **Gründungsbilanz** sind alle Vermögensgegenstände und Schulden zu erfassen, die am Gründungsbilanzstichtag dem Betrieb des Einzelunternehmers dienen sollen. Die Differenz zwischen dem auf der Aktivseite erfassten Betriebsvermögen und den auf der Passivseite ausgewiesenen Betriebsschulden stellt das Reinvermögen (Eigenkapital) der Unternehmung dar, das der Kaufmann mit der Unternehmensgründung bzw. Betriebseröffnung von seinem Privatvermögen absondert. Die Streitfrage, ob der Kaufmann neben seinem Geschäftsvermögen auch sein Privatvermögen aufzuzeichnen hat, ist mit Einführung des Bilanzrichtlinien-Gesetzes geklärt: In der Begründung zu § 246 HGB wird ausdrücklich darauf hingewiesen, dass nur die Vermögensgegenstände und Schulden des „Unternehmens" auszuweisen sind, nicht aber das Privatvermögen (BT-Drucksache 10/4268 v. 18. 11. 1985, S. 97).

Bei **Personengesellschaften** schließen sich mehrere natürliche und/oder juristische Personen mit gleichgerichteten erwerbswirtschaftlichen Zielsetzungen zusammen, ohne dass dadurch ein eigenständiges Rechtssubjekt entsteht. Es existieren verschiedene Arten von Personengesellschaften:

(1) In der **Gesellschaft bürgerlichen Rechts** (GbR, §§705 ff. BGB) verpflichten sich mehrere natürliche oder juristische Personen durch einen (formlosen) Gesellschaftsvertrag zur Förderung eines gemeinsamen Zweckes (§705 BGB). Das Gesellschaftsvermögen, an dem kein Gesellschafter über ein selbstständiges Teilrecht (Bruchteilseigentum; §719 Abs. 1 BGB) verfügt, setzt sich aus den vertragsgemäß oder kraft Gesetz (§718 BGB) eingebrachten Beiträgen zusammen. Die Gesellschafter haften, sofern es sich nicht nur um eine reine Innengesellschaft handelt, bei der der Innengesellschafter nicht für die Verbindlichkeiten eines nach außen handelnden Gesellschafters haftet, über die geleistete Einlage hinaus persönlich mit ihrem Gesamtvermögen. Eine Eintragung in das Handelsregister als GbR ist nicht möglich.

(2) Eine besondere Stellung nimmt die vermögensmäßige Beteiligung am Handelsgewerbe eines anderen, die **stille Gesellschaft** (§§230 ff. HGB), ein. Als reine Innengesellschaft ist sie zwar den Personengesellschaften zuzurechnen, zählt jedoch nicht zu den Handelsgesellschaften. Sie tritt in zwei Ausprägungen, der typischen und der atypischen stillen Gesellschaft, auf. Während der **typische** stille Gesellschafter nur am Gewinn und Verlust beteiligt ist, partizipiert der **atypische** stille Gesellschafter auch an den Wertänderungen des Vermögens (stille Reserven). Damit wird er, insbesondere steuerlich, nicht als einfacher Kapitalgeber, sondern als Mitunternehmer betrachtet, so dass die atypische stille Gesellschaft, ebenso wie die Gesellschaft bürgerlichen Rechts und die noch zu besprechenden Personenhandelsgesellschaften, zu den **Mitunternehmergemeinschaften** zählt.

Buchmäßig geht die Einlage des stillen Gesellschafters im Eigenkapital des Unternehmenseigners unter und tritt somit nach außen nicht in Erscheinung. Um einen verbesserten Einblick in die Vermögenslage zu gewähren, kann die Einlage je nach Rechtsstellung des stillen Gesellschafters gesondert als „Darlehen stiller Gesellschafter" oder als „Eigenkapital stiller Gesellschafter" ausgewiesen werden (vgl. Teil A, Abschn. 14.2.4, S. 609 ff.).

Die stille Beteiligung zeigt eine enge Verwandtschaft mit dem gewinnbeteiligten Darlehen **(partiarisches Darlehen),** unterscheidet sich jedoch von diesem dadurch, dass beim partiarischen Darlehen keine gleichgerichteten erwerbswirtschaftlichen Zielsetzungen verfolgt werden, sondern lediglich eine Abstimmung gegenläufiger Interessen erfolgt (vgl. *Hopf,* §230 HGB, Rn. 4; vgl. auch Teil A, Abschn. 7.1.6, S. 223 f., sowie Abschn. 14.2.4, S. 610).

(3) Unter die **Personenhandelsgesellschaften** fallen offene Handelsgesellschaften (OHG) und Kommanditgesellschaften (KG). Beides sind Gesellschaften, deren Zweck auf den Betrieb eines Handelsgewerbes unter gemeinschaftlicher Firma gerichtet ist (§§105, 161 HGB). Die Rechtsverhältnisse der Gesellschafter zueinander (Innenverhältnis) werden durch einen (formlosen) **Gesellschaftsvertrag** geregelt, der nur bei der Einbringung von Grundstücken der notariellen Beurkundung bedarf. Die betriebliche Willensbildung und die Haftungsverhältnisse unterliegen bei OHG und KG unterschiedlichen gesetzlichen Bestimmungen. Während grundsätzlich jeder OHG-Gesellschafter, soweit nicht durch Gesell-

schaftsvertrag ausgeschlossen, uneingeschränkt Leitungsmacht ausübt (§§ 114, 125 HGB) und demgemäß auch unmittelbar und uneingeschränkt für die Gesellschaftsverbindlichkeiten haftet (§ 128 HGB), trifft dies bei den KG-Gesellschaftern nur für den bzw. die **Komplementär(e)** zu (§§ 161, 164 HGB). Die **Kommanditisten** können dagegen nur ein Kontrollrecht wahrnehmen (§ 166 HGB); ihre Haftung ist deshalb grundsätzlich auf die Höhe ihrer im Handelsregister eingetragenen Einlage begrenzt (§§ 171, 172 HGB). Eine unbeschränkte Haftung der Kommanditisten kann nach § 176 HGB allenfalls **vor** Eintragung der KG bestehen. Eine GbR wandelt sich unmittelbar in eine OHG, sofern die Unternehmenstätigkeit einen in kaufmännischer Weise eingerichteten Geschäftsbetrieb erfordert oder bei Kleingewerbetreibenden die Option zur Handelsregistereintragung ausgeübt wurde. Ein Wechsel zwischen den Rechtsformen der OHG und der KG erfolgt faktisch durch die Hinzunahme bzw. den Austritt des/r Kommanditisten (vgl. *Förschle/Kropp/Siemers*, Eröffnungsbilanz, C, Rn. 2).

Personenhandelsgesellschaften besitzen keine eigene Rechtspersönlichkeit, können jedoch im Namen der Firma Rechte erwerben, Verbindlichkeiten eingehen, klagen und verklagt werden (§§ 124, 161 Abs. 2 HGB). Auch steuerlich, zumindest hinsichtlich der gesellschaftsbezogenen Steuern wie Gewerbe-, Grund-, Grunderwerb-, Umsatz- und Verbrauchsteuern, werden diese Gesellschaften wie eigenständige Rechtssubjekte behandelt. In *Wöhe* (Steuerlehre II/1, S. 13 f.) wird ihnen daher eine „relative Rechtsfähigkeit" beigemessen.

Die **Gründungsbilanz** der Personengesellschaften ist im Aufbau mit der Gründungsbilanz einer Einzelunternehmung weitgehend identisch. Das Eigenkapital wird allerdings nicht als globale Größe in die Bilanz eingestellt, sondern für jeden Gesellschafter detailliert ausgewiesen. Dazu ist für jeden Gesellschafter ein eigenständiges Kapitalkonto einzurichten, das die Höhe der Beteiligung am Gesellschaftsvermögen wiedergibt. Da die Gesellschafter (auch die Kommanditisten) bereits mit Übernahme der Beteiligung für deren Einzahlung bzw. Aufbringung mit ihrem Privatvermögen haften, erfolgt die Verbuchung der Einlage auf den Kapitalkonten mit der Einlageverpflichtung.

Beispiel:

A und B wollen eine OHG gründen. Laut Gesellschaftsvertrag verpflichten sie sich, eine Einlage von je 20.000 zu leisten. A und B kommen ihrer Einlageverpflichtung durch Barzahlung nach.

Buchungssätze:

Einzahlungsverpflichtung:				
Einbringungskonto A	20.000	**an**	Eigenkapitalkonto A	20.000
Einbringungskonto B	20.000	**an**	Eigenkapitalkonto B	20.000
Einzahlung:				
Kasse/Bank	40.000	**an**	Einbringungskonto A	20.000
			Einbringungskonto B	20.000

Die Kapitalkonten der KG-Komplementäre, der OHG- und der GbR-Gesellschafter sind auf keine bestimmte **Einlagenhöhe** fixiert. Mit späteren Kapitalzuführungen oder -entnahmen verändert sich auch die Höhe der Einlage. Dagegen sind die Einlagen auf den Kapitalkonten der Kommanditisten durch die Handelsregistereintragung fest vorgegeben. Daraus ergibt sich die Notwendigkeit, in Ergänzung zu den Kapitalkonten für rückständige Einzahlungsbeträge ein besonderes Konto **„Ausstehende Einlagen auf das Kommanditkapital"** und zur Aufnahme zusätzlicher Kapitaleinlagen und im Unternehmen verbleibender Gewinne besondere **Darlehenskonten** einzurichten.

Werden von den Gesellschaftern vor Beginn des Geschäftsbetriebs Vorarbeiten geleistet, die zu Ausgaben führen, so werden diese Auslagen auf den Einbringungskonten verrechnet. Die Ausgabe wird dabei als aktive Rechnungsabgrenzung erfasst (transitorische RAP, da Ausgabe vor, Aufwand nach Gründung; vgl. Teil A, Abschn. 13.6.1, S. 500 ff.).

Beispiel:

Der Kommanditist C verpflichtet sich zu einer Einlage von 20.000, von denen er 10.000 bar einzahlt. Für Vorarbeiten hat er 5.000 verauslagt.

Buchungssätze:

Einzahlungsverpflichtung:				
Einbringungskonto C	20.000	**an**	Eigenkapitalkonto C	20.000
Aktive RAP	5.000	**an**	Einbringungskonto C	5.000
Einzahlung:				
Kasse/Bank	10.000	**an**	Einbringungskonto C	10.000
Ausstehende Einlagen auf das Kommanditkapital	5.000	**an**	Einbringungskonto C	5.000

2.1.2.2 Die Gründung von Kapitalgesellschaften

Wesensbestimmende Merkmale der Kapitalgesellschaften sind die Ausstattung mit eigener **Rechtspersönlichkeit** (§ 1 Abs. 1 Satz 1 AktG, § 13 Abs. 1 GmbHG) und die **Haftungsbeschränkung** auf das Gesellschaftsvermögen (§ 1 Abs. 1 Satz 2 AktG, § 13 Abs. 2 GmbHG). Um die Anteilseigner und Gläubiger vor unsoliden Gründungen zu schützen, unterliegt die Gründung von Kapitalgesellschaften strengen **Formvorschriften,** die insbesondere in das Gesetz betreffend die Gesellschaften mit beschränkter Haftung vom 20. 4. 1892 und das Aktiengesetz vom 6. 9. 1965 Eingang gefunden haben.

Die in der Wirtschaftspraxis am häufigsten vertretene Kapitalgesellschaft ist die **Gesellschaft mit beschränkter Haftung** (GmbH). Zur Gründung der GmbH ist mindestens **eine** natürliche oder juristische Person notwendig. Diese hat ein **Mindeststammkapital** (gezeichnetes Kapital, § 272 HGB) von 25.000 Euro zu übernehmen (§ 5 Abs. 1 GmbHG), wovon 12.500 Euro durch Bar- oder Sacheinlagen gedeckt sein müssen; ferner müssen auf jeden Geschäftsanteil, der in bar zu erbringen ist, 25 % des Betrages eingezahlt sein (§ 7 Abs. 2 GmbHG). Ein Gesellschafter kann mehrere Geschäftsanteile übernehmen, wobei der Nennbetrag jedes Geschäftsanteils lediglich auf volle Euro lauten muss (§ 5 Abs. 2 GmbHG) und die Nennbeträge verschieden hoch sein können (§ 5 Abs. 3 GmbHG). Das Entgelt für eingebrachte Sachwerte ist im Gesellschaftsvertrag festzusetzen (§ 5 Abs. 4 GmbHG). Die Einlage eines Gesellschafters auf das Stammkapital der GmbH wird als Stammeinlage bezeichnet (§ 3 Abs. 1 Nr. 4 GmbHG). Um unsolide Sachgründungen zu vermeiden, führen nicht unwesentliche Überbewertungen der Aktiva zwingend zur Ablehnung der Handelsregistereintragung (§ 9c GmbHG; zu verdeckten Sacheinlagen vgl. Teil C, Abschn. 2.1.1, S. 1016). Die **Gründungsprüfung** obliegt damit dem Registergericht. Dieses wird gegebenenfalls einen Sachverständigen mit der Prüfung beauftragen. Nach Ansicht des Landgerichts Freiburg (LG Freiburg v. 20. 2. 2009, DB 2009, S. 1871) ist maßgeblich, ob sich aus den eingereichten Unterlagen begründete Zweifel ergeben, welche auf eine wesentliche Überbewertung hindeuten. Dabei kann bei einer Sacheinlage in Form der Einbringung von Gesellschaftsanteilen an einer werbenden Gesellschaft neben der Bilanz für ein Geschäftsjahr und Gewinn- und Verlustrechnungen mehrerer Geschäftsjahre eine Stellungnahme des Wirtschaftsprüfers zum Wert der eingebrachten Anteile genügen, welche sich auf ein vereinfachtes Ertragswertverfahren auf Basis der über die letzten drei Jahre durchschnittlich erzielten Gewinne stützt. In der Gründungsbilanz muss das im Gesellschaftsvertrag festgesetzte Stammkapital als nominell gebundene Größe unter dem Posten „Gezeichnetes Kapital" auf der Passivseite ausgewiesen werden. Bei nicht erfüllten, also **noch ausstehenden Einlageverpflichtungen** ist danach zu unterscheiden, ob sie bereits eingefordert sind oder nicht. Nicht eingeforderte ausstehende Einlagen sind auf der Passivseite offen vom Posten „Gezeichnetes Kapital" abzusetzen. Der Saldo wird dann als „Eingefordertes Kapital" in der Hauptspalte der Passivseite gezeigt. Demgegenüber sind die eingeforderten ausstehenden Einlagen auf der Aktivseite der Bilanz gesondert unter den Forderungen auszuweisen (§ 272 Abs. 1 HGB; vgl. dazu auch Teil A, Abschn. 14.3, S. 616). Ein Ausgabeaufgeld ist in die Kapitalrücklage nach § 272 Abs. 2 Nr. 1 HGB einzustellen.

Beispiel:

Der Gesellschafter B verpflichtet sich im Gesellschaftsvertrag, eine Einlage von 100 zu übernehmen; B zahlt unmittelbar 50 in bar ein. Von den ausstehenden 50, fordert die Gesellschaft die Hälfte ein.

Buchungssätze:

Einzahlungsverpflichtung:				
Konto der Gesellschafter	100	**an**	Gezeichnetes Kapital	100
Einzahlung und Einforderung:				
Kasse/Bank	50	**an**	Einbringungskonto B	50
Einbringungskonto B	50			
Ausstehende, nicht eingeforderte Einlagen auf das gezeichnete Kapital	25			
Forderungen gegen Gesellschafter aus ausstehenden, eingeforderten Einlagen	25	**an**	Konto der Gesellschafter	100

In der Schlussbilanz sind die ausstehenden, nicht eingeforderten Einlagen vom gezeichneten Kapital offen abzusetzen, so dass in der Hauptspalte der Passivseite die Position „Eingefordertes Kapital" einen Betrag von 75 ausweist.

In Bezug auf die ausstehenden Einlagen haften die Gesellschafter subsidiär für die volle Einzahlung der vertraglich festgelegten Einlagen (§ 24 GmbHG).

Kommt ein säumiger Gesellschafter trotz mehrmaliger Nachfristsetzung seiner Einlageverpflichtung nicht nach, so kann sein Geschäftsanteil für verlustig erklärt werden (**Kaduzierung**; §21 GmbHG). Obwohl der ausgeschlossene Gesellschafter weiterhin für die ausstehende Einlage haftet, erhält er für den eingezogenen Geschäftsanteil keine Entschädigung. Anzumerken ist, dass für die Komplementär-GmbH einer GmbH & Co. KG ebenfalls die allgemeinen Kapitalaufbringungsregeln des GmbH-Rechts gelten (BGH v. 10. 12. 2007, GmbHR 2008, S. 203 ff.).

Die **Haftung** der Gesellschafter einer bereits in das Handelsregister eingetragenen GmbH ist grundsätzlich auf die Einlage **beschränkt,** kann aber durch die Satzung auf eine beschränkte oder unbeschränkte **Nachschusspflicht** ausgedehnt werden (§§ 26–28 GmbHG). Dessen ungeachtet haften die Gesellschafter der Vor-GmbH für deren Verbindlichkeiten unbeschränkt in Form einer bis zur Eintragung der Gesellschaft andauernden **Verlustdeckungshaftung** und einer an die Eintragung geknüpften **Vorbelastungs-, Differenz- oder Unterbilanzhaftung** (BGH-Urteil v. 27. 1. 1997, DB 1997, S. 867; zur Begründung einer Unterbilanzhaftung mit den Gründungskosten vgl. zudem BGH-Urteil v. 29. 9. 1997, ZIP 1997, S. 2008). In beiden Fällen handelt es sich um eine **Innenhaftung.**

Durch das MoMiG wurde die so genannte **„Unternehmergesellschaft (haftungsbeschränkt)"** eingeführt (§5a GmbHG; vgl. *Oehlrich*, GmbH-Recht, S. 562 f.). Sie stellt einen Unterfall der GmbH dar. Die Bezeichnung ist in der Firma zwingend hinzuzufügen; alternativ ist nur der Firmenzusatz „UG (haftungsbeschränkt)" möglich. Das **Mindeststammkapital** der Unternehmergesellschaft (haftungsbeschränkt) beträgt **ein Euro**. Damit wird die Gründung einer haftungsbeschränkten Gesellschaft faktisch ohne Aufbringung eines anfänglichen Haftungskapitals möglich. Bei einer derart niedrigen Einlage ist jedoch zu beachten, dass für den Fall, dass die Gesellschaft die Gründungskosten trägt, bereits von Beginn an eine insolvenzbegründende Überschuldung besteht (*Oehlrich*, GmbH-Recht, S. 562). Um trotz der niedrigen Mindesteinlage gleichwohl das für die GmbH übliche Haftungskapital zu erreichen, erfolgt eine **Zwangsthesaurierung** in Höhe von 25 % des um einen Verlustvortrag korrigierten Jahresüberschusses zugunsten der gesetzlichen Rücklage. Die Rücklage darf nur für eine Kapitalerhöhung aus Gesellschaftsmitteln sowie zum Ausgleich eines nach der Verrechnung eines Vortrages mit dem Jahresergebnis verbleibenden Jahresfehlbetrages respektive Verlustvortrages verwandt werden (§5a Abs. 3 GmbHG). Das Stammkapital ist bis zur Anmeldung der Gesellschaft zum Handelsregister voll einzuzahlen; Sacheinlagen sind nicht möglich (§5a Abs. 2 GmbHG). Vereinfacht wird die Unternehmensgründung darüber hinaus durch die Einführung eines **Musterprotokolls** für unkomplizierte GmbH-Standardgründungen in der Anlage des GmbHG (§2 Abs. 1a GmbHG). Die Gesellschafterversammlung ist bereits bei drohender Zahlungsunfähigkeit einzuberufen (§5a Abs. 4 GmbHG). Die besonderen Restriktionen der Unternehmergesellschaft (haftungsbeschränkt) greifen nicht mehr, sobald die Gesellschaft das Mindeststammkapital einer (gewöhnlichen) GmbH von 25.000 Euro erreicht (§5a Abs. 5 GmbHG), was bspw. durch eine Kapitalerhöhung aus Gesellschaftsmitteln (§57c GmbHG) erfolgen kann. Darüber hinaus kann das Stammkapital im Wege einer effektiven Kapitalerhöhung durch Einlage auf den Mindestbetrag von 25.000 Euro gebracht werden. Strittig ist die Frage, ob die strengeren Anforderungen, denen die Gründung einer UG (haftungsbeschränkt) im Vergleich zu einer „gewöhnlichen" GmbH unterliegt (Volleinzahlung des Stammkapitals in bar, mithin auch Sacheinlagenverbot), im Falle einer Kapitalerhöhung, durch welche das Mindestkapital der GmbH erreicht wird, immer noch greifen. Das OLG München hat dies im Beschluss vom 23. 9. 2010 bejaht (OLG München, BB 2010, S. 2529 ff. m. w. N. auch zu anderen Ansichten, a. A. auch *Miras*, Unternehmergesellschaft, S. 2490 ff.). Damit kann der Übergang von der eingeschränkten GmbH (UG (haftungsbeschränkt)) zur uneingeschränkten GmbH erst nach der vollständigen Aufbringung des Mindeststammkapitals in bar und Eintragung der Kapitalerhöhung in das Handelsregister erfolgen, wobei zuvor in bar aufgebrachtes Eigenkapital nicht mehr mit vollem Wert vorhanden sein muss (*Fastrich*, § 5a GmbHG, Rn. 32 f.). Eine Umfirmierung bei Erreichen des Status einer (gewöhnlichen) GmbH ist nicht erforderlich (dabei Beibehaltung des Rechtsformzusatzes nach *Fastrich*, § 5a GmbHG, Rn. 35 zwar fragwürdig, aber möglich; ablehnend *Heckschen*, MoMiG, S. 77 f., *Goette*, GmbH-Recht, S. 20 f.).

Die Gründung einer **Aktiengesellschaft** ist im Aktiengesetz ausführlich geregelt (§§ 23–53 AktG). Zur Gründung ist seit der Änderung des Aktiengesetzes durch das Gesetz für kleine Aktiengesellschaften und zur Deregulierung des Aktienrechts v. 2. 8. 1994 (BGBl. I 1994, S. 1961) nur noch **eine** natürliche oder juristische Person erforderlich (§ 2 AktG). Die **Satzung** für die Aktiengesellschaft muss durch notarielle Beurkundung festgestellt (§ 23 AktG) und das in Aktien zerlegte Grundkapital (gezeichnetes Kapital der AG) in Höhe von mindestens 50.000 Euro (§ 7 AktG) ausnahmslos durch den oder die Gründer übernommen werden (**Einheits-** oder **Simultangründung**). Das vor 1965 geltende Aktienrecht ließ daneben noch die **Stufen-** oder **Sukzessivgründung** zu, bei der auch Nichtgründer Einlagen übernehmen konnten, die dann durch Platzierung der Aktien am Kapitalmarkt das eingezahlte Kapital zurückzuerlangen versuchten. Mit dem Gesetz über die Zulassung von Stückaktien vom 25. 3. 1998 (BGBl. I 1998, S. 590) können Aktien sowohl in Gestalt von Nennbetragsaktien als auch in Gestalt von Stückaktien begründet werden (§ 8 Abs. 1 AktG). Nennbetragsaktien müssen einen Nennwert von mindestens einem Euro aufweisen; höhere Nennbeträge müssen auf volle Euro lauten (§ 8 Abs. 2 AktG). Die nennwertlosen Stückaktien sind am Grundkapital einer Aktiengesellschaft in gleichem Umfang beteiligt. Der Anteil am Grundkapital, der auf eine Stückaktie entfällt, und damit der **rechnerische Wert der Aktie** muss mindestens ein Euro betragen (§ 8 Abs. 3 AktG). Sofern Bareinlagen vereinbart wurden, sind diese von den Gründungsaktionären nach der Errichtung, aber **vor** der Handelsregistereintragung mit mindestens einem Viertel, zuzüglich eines gegebenenfalls vereinbarten Aufgeldbetrages (Agio, § 9 Abs. 2 AktG), einzuzahlen (§ 36a Abs. 1 AktG). Sacheinlagen sind grundsätzlich voll zu leisten; sie können jedoch auch innerhalb von fünf Jahren **nach** der Handelsregistereintragung vorgenommen werden (§ 36a Abs. 2 AktG). Wie bei der GmbH werden ausstehende, nicht eingeforderte Einlagen offen in der Vorspalte der Passivseite vom gezeichneten Kapital abgesetzt. Ein Agio ist zwingend der Kapitalrücklage zuzuführen (§ 272 Abs. 2 Nr. 1 HGB, vgl. im Einzelnen Teil A, Abschn. 14.3, S. 617).

Beispiel:

X übernimmt 5.000 Nennbetragsaktien (zu je 1) der zu gründenden XYZ-AG zum Kurs von 115 %; X zahlt 25 % des Nennbetrags zuzüglich des Agios ein.

Buchungssätze:

Einzahlungsverpflichtung:				
Konto der Aktionäre	5.750	**an**	Gezeichnetes Kapital	5.000
			Kapitalrücklage	750
Einzahlung:				
Kasse/Bank	2.000	**an**	Einbringungskonto X	2.000
Einbringungskonto X	2.000			
Ausstehende, nicht eingeforderte Einlagen auf das gezeichnete Kapital	3.750	**an**	Konto der Aktionäre	5.750

Da die Entgelte für Sacheinlagen in der Satzung festgelegt werden (§ 27 Abs. 1 AktG), ergeben sich immer dann Probleme, wenn diese Festsetzungen vor Ablauf von fünf Jahren nach Handelsregistereintrag geändert werden sollen. Gemäß § 27 Abs. 5 i. V. m. § 26 Abs. 4 AktG sind während dieses Zeitraumes Änderungen der Festsetzungen ausgeschlossen. Trotzdem wird eine Änderung der festgesetzten Anschaffungswerte für Sachübernahmen für zulässig erachtet, soweit damit eine Unterbewertung rückgängig gemacht wird und der erste zeitlich anschließende Jahresabschluss noch nicht festgestellt ist. Die nachträglichen Werterhöhungen sind sodann der Kapitalrücklage zuzuführen. Eine Zuschreibung nach dem ersten Regelabschluss scheidet dagegen wegen Überschreitens der Anschaffungswerte der Gründungsbilanz aus.

Solange das Grundkapital noch nicht voll eingebracht ist, dürfen die Aktien zum Nachweis der Zahlungsverpflichtung nur als **Namenspapiere** (Namensaktien oder Interims- oder Zwischenscheine) ausgestellt werden; bei voller Einlagenleistung durch den Aktionär werden in der Regel **Inhaberaktien** ausgegeben, die den Vorteil einer leichteren Veräußerbarkeit (Fungibilität) der Anteilsscheine gewähren (§ 10 AktG).

Um die Handlungsfähigkeit der Gesellschaft herzustellen, berufen die Gründer den ersten **Aufsichtsrat** (§ 30 Abs. 1 AktG), der wiederum den **Vorstand** als Geschäftsführungsorgan bestellt (§ 30 Abs. 4 AktG).

Nachdem die Gesellschaft durch Feststellung der Satzung und Übernahme der Aktien durch die Gründer **errichtet** ist (§ 29 AktG), haben die Gründer über den Gründungshergang einen Bericht zu fertigen (**Gründungsbericht** nach § 32 Abs. 1 AktG). Die **Prüfung** der Gründungsvorgänge obliegt dann den Mitgliedern des Vorstands und des Aufsichtsrats (**interne Gründungsprüfung**, § 33 Abs. 1 AktG). Bei Sachgründungen, Sachübernahmen und in den Fällen, in denen Vorstands- und Aufsichtsratsmitglieder zu den Gründern gehören oder die Gründer eine besondere Entschädigung erhalten (Gründerlohn), bestellt das Registergericht einen **externen Gründungsprüfer** (z. B. Wirtschaftsprüfer), der nach den Grundsätzen handelsrechtlicher Jahresabschlussprüfung den Gründungsvorgang zu prüfen und besonders die Bewertung der Sacheinlagen und die Angemessenheit der Gründungsvergütungen zu kontrollieren hat (§ 33

Abs. 2 und 3 AktG). Je ein Exemplar des Berichts der Gründungsprüfer ist dem Vorstand und dem Registergericht einzureichen (§ 34 Abs. 3 AktG). Der Bericht unterliegt allgemeiner Publizität. Damit bei unsoliden Sachgründungen die notwendige Gründungsprüfung nicht umgangen werden kann, sind Verträge, nach denen die Aktiengesellschaft vorhandene oder herzustellende Anlagen oder andere Vermögensgegenstände im Wert von mehr als 10 % des Grundkapitals innerhalb der ersten zwei Jahre seit dem Handelsregistereintrag von Gründern oder von mit über 10 % am Grundkapital beteiligten Aktionären erwerben soll (sog. **Nachgründung**), an die Zustimmung der Hauptversammlung und die Eintragung in das Handelsregister gebunden und unterliegen darüber hinaus auch einer Nachprüfung mit **Nachgründungsbericht** und **Nachgründungsprüfung**, um wirksam zu sein (§ 52 Abs. 1, 3 und 4 AktG). Von der externen Gründungsprüfung kann im Rahmen des § 33a AktG jedoch abgesehen werden, wenn es sich um bestimmte fungible Wertpapiere oder Geldmarktinstrumente oder um Vermögensgegenstände handelt, die von einem unabhängigen erfahrenen Sachverständigen auf einen höchstens sechs Monate von der tatsächlichen Einbringung zurückliegenden Tag bewertet worden sind. Eine entsprechende Erklärung ist bei der Registereintragung abzugeben (§ 37a AktG).

Im Außenverhältnis entsteht die Aktiengesellschaft erst mit der Erlangung der eigenen Rechtspersönlichkeit, also mit der **Eintragung** in das Handelsregister (§ 41 Abs. 1 AktG). Dazu sind der Gründungsprüfungsbericht, der Gründungsbericht, die Satzung, die Bestellungsurkunden der Organe sowie der Nachweis über die ordnungsgemäße Leistung der Mindesteinlagen dem Registergericht einzureichen (§ 37 AktG). Das Gericht überprüft die Errichtung sowie die Anmeldung (§ 38 AktG) und trägt, sofern keine Beanstandungen festgestellt werden, die Gesellschaft mit Firma, Sitz, Geschäftsgegenstand, Höhe des Grundkapitals, Tag der Satzungsfeststellung sowie die Namen und Vertretungsbefugnisse der Vorstandsmitglieder in das Handelsregister ein (§ 39 AktG). Die Eintragung bringt den Gründungsvorgang der AG zum Abschluss.

Die gerade beschriebenen Elemente des Gründungsvorgangs bei der AG gelten in etwas abgeschwächter Form auch für die GmbH (z. B. keine Pflicht zur externen Prüfung des Sachgründungsberichts). Die Abbildung S. 1032 gibt die der Phase der **Vorgesellschaft** zuzuordnenden **Prozessbestandteile** für Kapitalgesellschaften wieder.

Die **Gründungskosten** bei Kapitalgesellschaften sind auf Grund der umfangreichen Formvorschriften höher als bei Personengesellschaften oder Einzelunternehmungen. Sie setzen sich überwiegend aus Beratungsgebühren, Notariatskosten, Gerichtskosten, Prüfungskosten, Börseneinführungskosten und Druckkosten für die Anteilsscheine zusammen. Eine Aktiengesellschaft hat die genannten Aufwendungen aber nur dann zu tragen, wenn der Gründungsaufwand gesondert in der Satzung festgesetzt worden ist (§ 26 Abs. 2 AktG). Der Gründungsaufwand ist in einem Gesamtbetrag auszuweisen. Nicht erforderlich ist die Angabe der Aufteilung des Gesamtbetrags auf die einzelnen Kostenarten; auch deren namentliche Bezeichnung ist nicht mehr nötig (vgl. OFD Kiel, Rundverfügung vom 22. 9. 1999, BB 1999, S. 2340). Die Bestimmung des gesamten Gründungsaufwands wird dennoch eine Ermittlung der Höhe der anfallenden

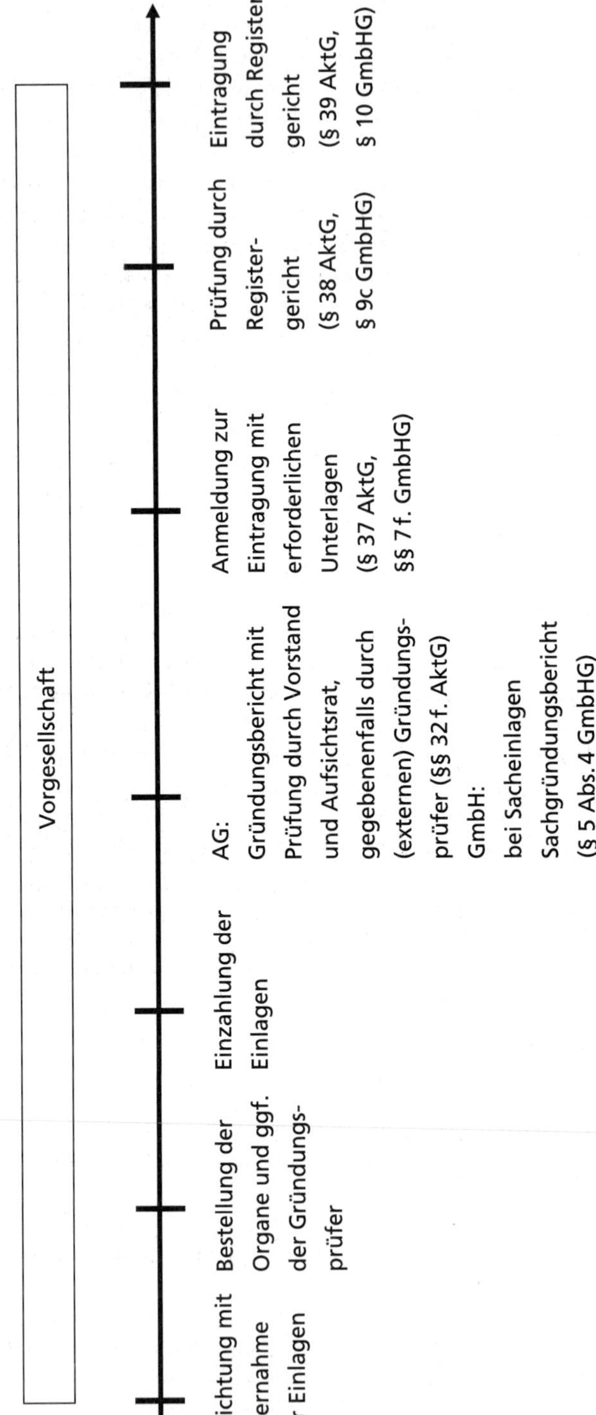

Elemente des Gründungsvorganges bei einer Kapitalgesellschaft in Gründung (Vorgesellschaft)

Aufwandsarten voraussetzen. Hierzu ist man gegebenenfalls auf Schätzungen angewiesen. Fehlt die Festsetzung des Gesamtbetrags des Gründungsaufwands in der Satzung, sind Verträge und Rechtshandlungen der Gesellschaft gegenüber unwirksam (§ 26 Abs. 3 AktG). Darüber hinaus ist mit einer Ablehnung der Eintragung der Gesellschaft durch das Registergericht gemäß § 38 Abs. 1 AktG zu rechnen (vgl. BGH vom 20. 2. 1989, DB 1989, S. 871). Auch wenn das GmbH-Gesetz keine diesbezügliche Regelung kennt, rechtfertigt der Publizitätszweck der Vorschrift eine analoge Anwendung des § 26 Abs. 2 AktG (vgl. OLG Hamm vom 27. 10. 1983, DB 1984, S. 238, sowie ebenfalls BGH vom 20. 2. 1989, S. 871).

Obwohl § 248 Abs. 1 HGB eine Aktivierung von Aufwendungen für die Gründung des Unternehmens ausdrücklich verneint, ist die **buchmäßige** Behandlung der Gründungskosten umstritten. Mit dem Ziel, die Gründungskosten als Aufwand des ersten Geschäftsjahres auszuweisen, wird z. T. die Ansicht vertreten, dass die Beträge in der Eröffnungsbilanz noch als Rechnungsabgrenzungsposten oder Posten eigener Art zu aktivieren seien (vgl. *Adler/Düring/Schmaltz,* Rechnungslegung, § 248 HGB, Rn. 6a, m. w. N.). Eine solche Aktivierung verstößt aber nicht nur gegen den Wortlaut des § 248 Abs. 1 HGB, sie steht – zumindest in ihrer zweiten Variante des Postens eigener Art – auch im Konflikt mit dem wegen § 242 Abs. 1 Satz 2 HGB bereits für die Gründungsbilanz geltenden Vollständigkeitsgebot des § 246 Abs. 1 HGB, das eine Aktivierung an das Vorhandensein eines Vermögensgegenstandes oder eines Rechnungsabgrenzungspostens knüpft (vgl. hierzu *Kußmaul,* § 246 HGB, Rn. 17). Da sich Gründungsaufwendungen eindeutig weder den Herstellungskosten bestimmter Vermögensgegenstände noch den Erträgen späterer Perioden zurechnen lassen, ist allenfalls eine Aktivierung als Teil der Anschaffungsnebenkosten denkbar (z. B. bei der Grunderwerbsteuer; vgl. Teil C, Abschn. 2.1.3, S. 1042). Soweit dies nicht zutrifft, greift das grundsätzliche Aktivierungsverbot (vgl. hierzu *Baetge/Fey/Weber/Sommerhoff,* § 248 HGB, Rn. 1 ff. m. w. N., *Förschle/Kropp,* Einzelunternehmer, B, Rn. 117, *Förschle/Usinger,* § 248 HGB, Rn. 1, 5, sowie *Förschle/Kropp/Schellhorn,* Kapitalgesellschaft, D, Rn. 147 f.); die Folge ist ein unmittelbarer Verlustausweis in der Eröffnungsbilanz (*Förschle/Kropp/Schellhorn,* Kapitalgesellschaft, D, Rn. 149, sehen entgegen der h. M. eine Verrechnungsmöglichkeit mit einem etwaigen Ausgabeaufgeld bereits in der Eröffnungsbilanz).

Im Ergebnis führen jedoch sowohl eine gesonderte Aktivierung der Gründungskosten in der Eröffnungsbilanz als auch eine sofortige Aufwandsverrechnung zu einem Verlustausweis in der ersten ordentlichen Jahresbilanz. Stehen dann nicht genügend erwirtschaftete Gewinne zur Deckung des Verlustes zur Verfügung, darf das in die Kapitalrücklage eingestellte Agio zur Verlustabdeckung herangezogen werden (§ 150 Abs. 3 Nr. 2 AktG).

Nicht eindeutig durch das Handelsgesetzbuch geregelt ist die buchmäßige Behandlung der **Kapitalbeschaffungskosten**. Lediglich für die **Eigenkapitalbeschaffungskosten** besteht nach § 248 Abs. 1 HGB ein Aktivierungsverbot. Gegenüber der Vorschrift des § 153 Abs. 4 AktG 1965, die ein generelles Bilanzierungsverbot für Kapitalbeschaffungskosten vorsah, ist nunmehr die Frage der Bilanzierung von Fremdkapitalkosten offen. Obwohl die Begründung zum Bilanzrichtlinien-Gesetz eine materielle Veränderung der aktienrechtlichen Normen verneint (BR-Drucksache 257/83 vom 3. 6. 83, S. 80), halten es *Förschle/Usinger* (Bilanzkommentar, § 248 HGB, Rn. 4) angesichts der Einengung des Wortlautes für nicht vertretbar, § 248 HGB in erweiternder Auslegung als generelles Aktivierungsverbot für sämtliche Kapitalkosten zu interpretieren (a. A. *Veit,* WPg 1984, S. 69). Bei **Fremdkapitalbeschaffungskosten** sei daher zu prüfen, ob sich eine Aktivierungsfähigkeit oder sogar -pflicht nicht aus anderen Vorschriften, z. B. als aktiver Rechnungsabgrenzungsposten beim Disagio oder Damnum nach § 250 HGB oder aber als Herstellungskosten nach § 255 Abs. 3 HGB, ergibt (vgl. auch *Förschle/Kropp,* Einzelunternehmer, B, Rn. 118; *Förschle/Kropp/Schellhorn,* Kapitalgesellschaft, D, Rn. 154 f.; differenzierend gegenüber solchen Fremdkapitalkosten *Baetge/Fey/Weber,* § 248 HGB, Rn. 11 f.).

Besondere Gründungsvorschriften gelten für die **Europäische (Aktien-)Gesellschaft** (**SE** [Societas Europaea], auch kurz Europa-AG genannt). Die Rechtsform der Europäischen Gesellschaft wurde durch die Verordnung (EG) Nr. 2157/2001 des Rates vom 8. 10. 2001 über das Statut der Europäischen Gesellschaft (SE) (ABl. EG Nr. L 294, kurz SE-VO) eingeführt. Die SE besitzt eine eigene Rechtspersönlichkeit (Art. 1 Abs. 3 SE-VO), ihr Kapital ist in Aktien zerlegt, wobei jeder Aktionär nur bis zur Höhe des von ihm gezeichneten Kapitals haftet (Art. 1 Abs. 2 SE-VO). Ferner muss das gezeichnete Kapital mindestens 120.000 Euro betragen, sofern das Recht des Domizilstaates nicht einen höheren Mindestbetrag vorsieht (Art. 4 Abs. 2, 3 SE-VO). In der Firma der Unternehmung muss der Zusatz „SE" voran- oder nachgestellt sein (Art. 11 Abs. 1 SE-VO). Die Organe der SE sind nach Art. 38 SE-VO gegeben durch die Hauptversammlung der Aktionäre sowie je nach satzungsgemäß festgelegter Alternative entweder durch ein Aufsichts- und ein Leitungsorgan (dualistisches System) oder durch ein Verwaltungsorgan (monistisches System). Die Gründung einer SE (aus anderen Rechtsformen) muss auf einem der in Art. 2 i. V. m. Art. 15–37 SE-VO vorgesehenen Wege erfolgen. Dabei wird die Existenz von Gesellschaften, vorzugsweise von Aktiengesellschaften, vorausgesetzt; darüber hinaus sind vom Gründungsgeschehen unmittelbar oder mittelbar Unternehmen bzw. Unternehmens-/Konzernteile betroffen, welche dem Recht von mindestens zwei verschiedenen Mitgliedstaaten unterliegen. Die **Gründung einer SE** kann danach erfolgen durch (vgl. auch *Buyer/Klein/Müller,* Unternehmensform, S. 79–83):

- **Verschmelzung** von Aktiengesellschaften, welche nach dem Recht eines Mitgliedstaates gegründet worden sind sowie Sitz und Hauptverwaltung in der EU haben, sofern mindestens zwei von ihnen dem Recht verschiedener Mitgliedstaaten unterliegen (Art. 2 Abs. 1 SE-VO). Eine Aktiengesellschaft in diesem Sinne ist entweder eine der in Anhang I der SE-VO aufgeführten nationalen Rechtsformen oder eine SE selbst (Art. 3 Abs. 1 SE-VO).

- Gründung einer **Holding-SE** durch Aktiengesellschaften und/oder Gesellschaften mit beschränkter Haftung (Art. 2 Abs. 2 SE-VO; vgl. Anhang II der SE-VO zur Bestimmung der nationalen Gesellschaften mit beschränkter Haftung). Die Gründergesellschaften müssen wiederum nach dem Recht eines Mitgliedstaates gegründet worden sein sowie Sitz und Hauptverwaltung in der EU haben. Ferner müssen mindestens zwei von ihnen entweder dem Recht verschiedener Mitgliedstaaten unterliegen oder seit mindestens zwei

Jahren eine dem Recht eines anderen Mitgliedstaats unterliegende Tochtergesellschaft oder eine Zweigniederlassung in einem anderen Mitgliedstaat haben.

- Gründung einer **gemeinsamen Tochter-SE** nach Art. 2 Abs. 3 SE-VO durch Gesellschaften im Sinne des Art. 54 des Vertrages über die Arbeitsweise der Europäischen Union (kurz AEU-Vertrag, konsolidierte Fassung in ABl. EU Nr. C/83 vom 30. 3. 2010; die Vorschrift entspricht dem Art. 48 des Vertrages zur Gründung der Europäischen Gemeinschaft, kurz EG-Vertrag); dies betrifft erwerbswirtschaftliche Unternehmen in der Form von Gesellschaften des bürgerlichen Rechts, von Handelsgesellschaften (inkl. Genossenschaften) sowie von sonstigen juristischen Personen des öffentlichen und privaten Rechts.
- **Umwandlung einer Aktiengesellschaft** in eine SE (Art. 2 Abs. 4 SE-VO). Die Aktiengesellschaft muss nach dem Recht eines Mitgliedstaates gegründet worden sein sowie Sitz und Hauptverwaltung in der EU haben; darüber hinaus muss sie seit mindestens zwei Jahren eine dem Recht eines anderen Mitgliedstaates unterliegende Tochtergesellschaft haben. Die Umwandlung ist identitätswahrend, d. h. der Vorgang beinhaltet weder die Auflösung der alten Gesellschaft noch die Gründung einer neuen juristischen Person (Art. 37 Abs. 2 SE-VO); der Gründungsvorgang entspricht insofern einem Formwechsel im deutschen Umwandlungsrecht (vgl. Teil C, Abschn. 2.2.3.4, S. 1065 f.).

Über diese Gründungsformen hinaus kann eine SE wiederum selbst eine SE als Tochtergesellschaft gründen (Art. 3 Abs. 2 SE-VO). Unter bestimmten Umständen können auch Gesellschaften, welche ihre Hauptverwaltung nicht in der EU haben, beteiligt werden (Art. 2 Abs. 5 SE-VO). Hinsichtlich von der SE-VO nicht geregelter Sachverhalte enthält das **SE-Ausführungsgesetz** (SEAG) vom 22. 12. 2004 (= Art. 1 des Gesetzes zur Einführung der Europäischen Gesellschaft (SEEG), BGBl. I, S. 3675) ergänzende Bestimmungen für Europäische Gesellschaften und für an der Gründung beteiligte Gesellschaften, die ihren Sitz in Deutschland haben (vgl. Art. 9 SE-VO). Neben der SE existieren auf europäischer Ebene derzeit die Rechtsformen der **Europäischen wirtschaftlichen Interessenvereinigung (EWIV)** auf Basis der Verordnung (EWG) Nr. 2137/85 des Rates vom 25. 7. 1985 über die Schaffung einer Europäischen wirtschaftlichen Interessenvereinigung (ABl. EG Nr. L 199) sowie die **Europäische Genossenschaft (SCE**, vgl. zu dieser Rechtsform unmittelbar folgend Teil C, Abschn. 2.1.2.3, S. 1038 f.). Die EWIV ist ihrem Charakter nach eine grenzüberschreitende Personenhandelsgesellschaft; das in Deutschland die zuvor genannte Verordnung ergänzende EWIV-Ausführungsgesetz (EWIV-AG) vom 14. 4. 1988 (BGBl. I 1988, S. 514) verweist entsprechend subsidiär auf das Recht der offenen Handelsgesellschaft (§ 1 EWIV-AG).

In Analogie zur Rolle, welche die Rechtsform der Gesellschaft mit beschränkter Haftung im deutschen Recht für Kleine und Mittlere Unternehmen (KMU) einnimmt, soll auf europäischer Ebene die Rechtsform der **Europäischen Privatgesellschaft (SPE** [Societas Privata Europea], kurz Europa-GmbH) geschaffen werden. Angesprochen werden damit Gesellschaften mit einem grenzüberschreitenden Bezug – vor allem, jedoch nicht ausschließlich KMU. Der grenzüberschreitende Bezug besteht bei einer grenzüberschreitenden Geschäftsabsicht respektive einem entsprechenden Gesellschaftszweck, einer beabsichtigten Geschäftstätigkeit in erheblichem Umfang in mehr als einem Mitgliedstaat oder bei Niederlassungen in verschiedenen Mitgliedstaaten sowie dann, wenn die Gesellschaft eine Muttergesellschaft in einem anderen Mitgliedstaat besitzt. Mit der SPE eröffnet sich den Gesellschaften eine Rechtsform mit europaweit gültigen Normen, was insbesondere Kostenvorteile mit sich bringt, etwa bei der Gründung von Tochtergesellschaften in verschiedenen Ländern in der vereinheitlichten Rechtsform der SPE oder bei der grenzüberschreitenden Verlegung des eingetragenen Sitzes, welche identitätswahrend möglich sein soll. Für ein entsprechendes Statut der Europäischen Privatgesellschaft liegen der Vorschlag der Europäischen Kommission für eine Verordnung des Rates über das Statut der Europäischen Privatgesellschaft vom 25. 6. 2008 (KOM(2008)396, 2008/0130(CNS)) sowie die Legislative Entschließung des Europäischen Parlaments hierzu vom 10. 3. 2009 (P6_TA(2009)0094) vor, in der das Europäische Parlament den Kommissionsentwurf in geänderter Fassung billigt. Danach soll die SPE eine eigene Rechtspersönlichkeit besitzen. Ihre Anteilseigner haften nur bis zur Höhe des gezeichneten Kapitals. Das Mindestkapital beträgt lediglich ein Euro – nach der vom Parlament geänderten Fassung jedoch nur, wenn aufgrund einer Satzungsbestimmung das Leitungsorgan bescheinigt, dass die Gesellschaft in der Lage sein wird, die in dem auf eine Ausschüttung folgenden Jahr fälligen Schulden zu bedienen **(Solvenzbescheinigung)**. Ohne eine solche Bescheinigung ist ein Mindestkapital von 8.000 Euro vorgesehen. Eine SPE kann durch eine oder mehrere natürliche und/oder juristische Personen errichtet werden. Eine Einengung der Gründungswege wie bei der SE ist nicht vorgesehen; somit ist auch die Gründung einer SPE ex nihilo möglich. Analog zur SE soll der Aufbau der SPE entweder dem dualistischen oder dem monistischen System folgen. Ob bzw. wann die ursprünglich für Mitte 2010 vorgesehene Einführung der Rechtsform der SPE tatsächlich erfolgen wird, ist derzeit nicht absehbar.

2.1.2.3 Die Gründung von Genossenschaften

Das Handelsrecht kennt neben den genannten Personen- und Kapitalgesellschaften weitere Rechtsformen, die zum Teil nur geringe zahlenmäßige Verbreitung und wirtschaftliche Bedeutung haben. Hierzu gehören die **Kommanditgesellschaft auf Aktien** (KGaA, §§ 278–290 AktG) und die Sonderform der **Reederei** (§§ 484–510 HGB); diese zählen zu den Kapitalgesellschaften. Der **Versicherungsverein auf Gegenseitigkeit** (VVaG, §§ 15–53b VAG) muss dagegen ebenso wie die **Genossenschaft** als Rechtsform eigener Art gelten, wobei die Genossenschaften im Wirtschaftsleben hinsichtlich Zahl und Bedeutung eine ähnliche Stellung wie die wichtigsten Rechtsformen bei den Kapitalgesellschaften einnehmen.

Die Genossenschaft ist eine **wirtschaftliche Personenvereinigung** mit nicht geschlossener Mitgliederzahl, die zur Förderung des Erwerbs oder der Wirtschaft ihrer Mitglieder einen gemeinschaftlichen Geschäftsbetrieb unterhält. Demgemäß ist Gegenstand des genossenschaftlichen Grundauftrags nicht die Gewinnerzielung, sondern durch **Kooperation** über einen gemeinschaftlichen Geschäftsbetrieb den Erwerb oder die Wirtschaft der Mitglieder, gegebenenfalls auch deren soziale oder kulturelle Belange zu fördern (§ 1 Abs. 1 GenG). Für die

Gesellschaftsverbindlichkeiten haftet den Gläubigern nur die Genossenschaft als solche, die Haftung der Genossen ist damit grundsätzlich auf den Wert der Geschäftsanteile beschränkt (§2 GenG). Darüber hinaus kann jedoch die **Satzung** (Statut) die Genossen im Insolvenzfall zu Nachschüssen in begrenzter oder unbegrenzter Höhe verpflichten (§§6, 22a GenG).

Zur Gründung einer Genossenschaft sind mindestens **drei** Mitglieder (Genossen, §4 GenG) erforderlich, die schriftlich die Satzung der Gesellschaft entsprechend den Vorschriften der §§6 und 7 GenG feststellen. Aus der Mitte der Gründer ist der **Vorstand** zu wählen, dem die Geschäftsführung obliegt und der die Genossenschaft gerichtlich und außergerichtlich vertritt (§§9, 24ff. GenG). Als Kontrollorgan wird ein mindestens dreiköpfiger **Aufsichtsrat** bestellt, der Geschäftsführung und Rechnungslegung zu überwachen hat (§§9, 36, 38 Abs. 1 GenG). Mit der **Eintragung** in das Genossenschaftsregister erlangt die Genossenschaft ihre selbständige Rechtspersönlichkeit; die Genossenschaft gilt damit als Kaufmann im Sinne des Handelsgesetzbuchs (§17 GenG; eingetragene Genossenschaft, eG).

Da das **Geschäftsguthaben** (Eigenkapital) entsprechend der besonderen Rechtsnatur als Personalverein eine variable Größe darstellt, die mit der Zahl der Genossen schwankt, ist keine bestimmte Höhe des Eigenkapitals vorgesehen. Die jeweilige Höhe der Geschäftsanteile und die darauf zu leistende **Mindesteinzahlung** (mindestens 10%; §7 Nr. 1 GenG) sind in der Satzung festzulegen. Für die Bilanzierung des Betrags der genossenschaftlichen Geschäftsguthaben, der an die Stelle des gezeichneten Kapitals tritt, existieren zwei Alternativen (§337 Abs. 1 HGB). Zum einen lässt §337 Abs. 1 Satz 3 HGB einen Bruttoausweis zu, bei dem der gesamte Nennbetrag der genossenschaftlichen Geschäftsguthaben passiviert wird. Auf der Aktivseite sind dann die fälligen, noch nicht eingezahlten Beträge unter der Position „Rückständige fällige Einzahlungen auf die Geschäftsanteile" gesondert auszuweisen. Zum anderen räumt §337 Abs. 1 Satz 4 HGB die Möglichkeit eines Nettoausweises ein. Hierbei wird auf der Passivseite lediglich der Betrag der eingezahlten Geschäftsguthaben angesetzt und der Betrag der rückständigen fälligen Einzahlungen bei dem Posten „Geschäftsguthaben" vermerkt. Des Weiteren ist ein satzungsgemäß bestimmtes Mindestkapital gesondert anzugeben (§337 Abs. 1 S. 6 HGB).

Beispiel:

Sieben Landwirte gründen eine eG zum gemeinsamen Vertrieb landwirtschaftlicher Erzeugnisse. Der Geschäftsanteil der einzelnen Genossen beträgt 2.000, wovon 50% eingezahlt werden.

Buchungssätze:

Einzahlungsverpflichtung:				
Einbringungskonten 1–7	14.000	**an**	Geschäftsguthaben	14.000
Einzahlung:				
Kasse/Bank	7.000			
Rückständige fällige Einzahlungen auf die Geschäftsanteile	7.000	**an**	Einbringungskonten 1–7	14.000

Später erwirtschaftete Dividenden werden den Geschäftsguthaben so lange zugeschrieben, bis der volle Geschäftsanteil erbracht ist (§ 19 GenG). Sind neben den Einzahlungen für die Geschäftsanteile auch Aufgelder zu entrichten, so müssen diese der **Kapitalrücklage** (§ 272 Abs. 2 Nr. 1 HGB), die dem Ausgleich eventueller Verluste dient, zugeführt werden. Eine Aktivierung der anfallenden **Gründungskosten** ist mit § 248 Abs. 1 HGB ausgeschlossen. Diese sind daher erfolgswirksam zu verbuchen und führen damit in der Gründungsbilanz zu einem Verlustausweis (vgl. auch Teil C, Abschn. 2.1.2.2, S. 1031 f.).

Bei grenzüberschreitender Betätigung innerhalb der EU steht die Rechtsform der **Europäischen Genossenschaft** (**SCE** [Societas Cooperativa Europea]) zur Verfügung. Die Rechtsform basiert auf der Verordnung (EG) Nr. 1435/2003 des Rates vom 22. 7. 2003 über das Statut der Europäischen Genossenschaft (SCE) (ABl. EU Nr. L 207, kurz SCE-VO) – ergänzend hierzu das SCE-Ausführungsgesetz (kurz SCEAG) vom 14. 8. 2006 (= Art. 1 des Gesetzes zur Einführung der Europäischen Genossenschaft und zur Änderung des Genossenschaftsrechts, BGBl. I 2006, S. 1911). Im Unterschied zur deutschen Genossenschaft ist eine Mindesteinzahlung auf die Geschäftsanteile in Höhe von 30.000 Euro zu leisten (Art. 3 Abs. 2 SCE-VO). Dies ist zugleich die Untergrenze für einen in der Satzung festzulegenden Mindestbetrag für das Grundkapital, der bei der Rückzahlung von Geschäftsguthaben nicht unterschritten werden darf (Art. 3 Abs. 4 SCE-VO). Aus Konsistenzerwägungen heraus sollte sich dies auch auf den mindestens einzuzahlenden Teil des Geschäftsguthabens beziehen. Die **Gründung einer SCE** kann auf einem der folgenden Wege erfolgen (Art. 2 Abs. 1 SCE-VO):

- Gründung durch **mindestens fünf natürliche Personen,** deren Wohnsitze in mindestens zwei Mitgliedstaaten liegen. Falls die SCE zusätzlich zu dieser Mindestanzahl natürlicher Personen durch nach dem Recht eines Mitgliedstaates gegründete **Gesellschaften im Sinne des Art. 54 des AEU-Vertrages** (= Art. 48 EG-Vertrag; vgl. zuvor Teil C, Abschn. 2.1.2.2, S. 1035) bzw. juristische Personen des öffentlichen oder privaten Rechts gegründet wird, müssen sich die Wohnsitze der Personen bzw. das Recht, dem die Gesellschaften jeweils unterliegen, auf mindestens zwei verschiedene Mitgliedstaaten beziehen. Eine Gründung ist auch ausschließlich über solche Gesellschaften bzw. juristische Personen des öffentlichen oder privaten Rechts möglich, sofern sie dem Recht mindestens zweier Mitgliedstaaten unterliegen.
- **Verschmelzung von Genossenschaften** mit Sitz und Hauptverwaltung in der EU, die nach dem Recht eines Mitgliedstaates gegründet worden sind. Wiederum müssen mindestens zwei der beteiligten Genossenschaften jeweils dem Recht verschiedener Mitgliedstaaten unterliegen.
- **Umwandlung einer Genossenschaft** in eine SCE. Die Genossenschaft muss nach dem Recht eines Mitgliedstaates gegründet worden sein sowie Sitz und Hauptverwaltung in der EU haben; darüber hinaus muss sie seit mindestens zwei Jahren eine dem Recht eines anderen Mitgliedstaates unterliegende Niederlassung oder Tochtergesellschaft haben. Analog zum entsprechenden Gründungsvorgang bei der SE (vgl. Teil C, Abschn. 2.1.2.2, S. 1034 f.) ist die Umwandlung identitätswahrend (Art. 35 Abs. 1 SCE-VO); dies gilt auch bei einem Wechsel des Sitzes (Art. 7 SCE-VO). Der Vorgang entspricht insofern

wiederum einem Formwechsel im deutschen Umwandlungsrecht (vgl. Teil C, Abschn. 2.2.3.4, S. 1065 f.).

Analog zur Regelung für die SE können unter bestimmten Umständen auch juristische Personen, welche ihre Hauptverwaltung nicht in der EU haben, beteiligt werden (Art. 2 Abs. 2 SCE-VO).

2.1.3 Steuerliche Behandlung der Gründung

Die Buchführungspflichten und damit das Erfordernis der Erstellung einer Gründungsbilanz werden durch das Steuerrecht ausgeweitet (steuerlich originäre Buchführungspflicht nach § 141 AO). Die Gründungsbilanz wird dabei – ohne Einhaltung eines Buchungszusammenhangs – in statistischer Weise aus der zum Gründungstag erfolgten körperlichen Bestandsaufnahme entwickelt und bildet sodann Grundlage und Beleg für die Bucheröffnung im ersten Geschäftsjahr.

Während eingebrachte **Bareinlagen** weder eine **Einkommensteuer-** noch eine **Körperschaftsteuerpflicht** begründen, kann sich die Bewertung der eingebrachten **Sacheinlagen** mittelbar durch Realisierung stiller Reserven auf die zukünftige Besteuerung auswirken. Da das Steuerrecht nicht zwischen der Einbringung einer Sacheinlage bei der Eröffnung des Betriebes und der Einbringung in einen bestehenden Betrieb unterscheidet, sind Sacheinlagen gemäß § 6 Abs. 1 Nr. 5 1. HS EStG grundsätzlich mit dem Teilwert zum Zeitpunkt der Einbringung zu bewerten. Der **Teilwert** ist dabei der Betrag, den ein Erwerber des ganzen Unternehmens im Rahmen des Gesamtkaufpreises für das einzelne Wirtschaftsgut unter der Voraussetzung ansetzen würde, dass der Betrieb fortgeführt wird (§ 6 Abs. 1 Nr. 1 EStG). Maßgebend ist also nicht der Wert, den das Wirtschaftsgut für den Einbringenden besitzt, sondern der Wert, den es für das Unternehmen aufweist (bei Wirtschaftsgütern des Anlage- und Umlaufvermögens ist bei der Eröffnungsbilanz von der Identität mit dem gemeinen Wert auszugehen, vgl. *Förschle/Kropp*, Einzelunternehmer, B, Rn. 177). Allerdings dürfen innerhalb der letzten drei Jahre vor Einbringung angeschaffte oder hergestellte Gegenstände höchstens zu den Anschaffungs- oder Herstellungskosten bewertet werden (§ 6 Abs. 1 Nr. 5 2. HS lit. a EStG).

Beispiel:

Ein Handelsvertreter stellt bei Geschäftseröffnung am 1. 4. 01 das seinem Handelsgewerbe dienende Vermögen zusammen:

- 1 Schreibtisch, gekauft am 30. 9. des Vorjahres für 1.500, geschätzter Verkehrswert 1.800,
- 1 Personenkraftwagen, angeschafft am 1. 3. 01, Anschaffungswert = Teilwert = beizulegender Wert 39.000,
- Bankguthaben 2.400,
- Bargeld 600.

Im Zusammenhang mit der Kraftfahrzeuganschaffung wurde am Anschaffungstag ein Bankdarlehen über 8.000 zu 6 % p. a. verzinslich unter Einbehalt von 3 % Disagio aufgenommen. Die Zinstermine liegen jeweils am Quartalsende. Bisher wurden noch keine Zinsen bezahlt.

a) Da der Handelsvertreter ein Handelsgewerbe nach § 1 Abs. 2 HGB betreibt, ist er sowohl handels- (§ 238 Abs. 1 HGB) als auch steuerrechtlich (derivative Buchführungspflicht, § 140 AO) grundsätzlich zur Aufstellung einer Gründungsbilanz verpflichtet. Ergänzend sei angenommen, dass eine Anwendung des § 241a HGB nicht in Betracht komme.

b) Das Gründungsinventar lautet wie folgt:

(1) Vermögen		(2) Schulden	
Büroeinrichtung	1.800	Bankdarlehen	8.000
Fahrzeuge	39.000	Rückständige Zinsen	40
Bankguthaben	2.400		
Bargeld	600		
Disagio	240		
	44.040		8.040

(3) Berechnung des Eigenkapitals	
Vermögen	44.040
./. Schulden	8.040
= Eigenkapital	36.000

c) Bei der Erstellung der Gründungsbilanz ist zu beachten, dass die Büroeinrichtung höchstens mit dem nach § 6 Abs. 1 Nr. 5a 2. HS lit. a EStG verlangten Anschaffungswert angesetzt werden darf.

A	Gründungsbilanz = Eröffnungsbilanz zum 1. 4. 01		P
Anlagevermögen		Eigenkapital	35.700
Büroeinrichtung	1.500	Verbindlichkeiten	
Fahrzeuge	39.000	Bankdarlehen	8.000
Umlaufvermögen		Rückständige Zinsen	40
Bankguthaben	2.400		
Kassenbestand	600		
Aktive Rechnungsabgrenzung			
Disagio	240		
	43.740		43.740

Werden Wirtschaftsgüter von einem Mitunternehmer nicht in die Personengesellschaft eingebracht, sondern dieser nur zur **Nutzung** überlassen, gelten sie steuerlich als **Sonderbetriebsvermögen** (I), das in den Betriebsvermögensvergleich (Gewinnermittlung) der Mitunternehmerschaft einzubeziehen ist (BMF v. 20. 12. 1977, BStBl. I 1978, S. 8). Darüber hinaus umfasst das Sonderbetriebsvermögen (II) die positiven und/oder negativen Wirtschaftsgüter eines Gesellschafters, welche der Begründung oder Stärkung seiner Beteiligung dienen (bspw. Darlehen zur Finanzierung des Anteilserwerbes). Da das Sonderbetriebsvermögen jedoch weder juristisch noch wirtschaftlich zum Eigentum der Gesamthand zählt, kann es in der handelsbilanziellen Buchführung nicht erfasst werden. Der steuerliche Gewinn lässt sich daher, insbesondere wenn zusätzlich noch dem einzelnen Gesellschafter zuzurechnende Sonderbetriebseinnahmen bzw. -ausgaben anfallen, nicht mehr aus der Handelsbilanz ableiten. Um diese Problematik zu umgehen, kann die Aufzeichnung des Sonderbetriebsvermögens und der damit zusammenhängenden, nur den einzelnen Gesellschafter betreffenden Geschäftsvorfälle in **Sonder-(betriebs-)Bilanzen** erfolgen, deren Aufstellung nach der Rechtsprechung nicht dem Gesellschafter, sondern der Personengesellschaft obliegt (BFH v. 23. 10. 1990, BStBl. II 1991, S. 401). Analoges gilt, wenn bspw. Bewertungsvergünstigungen (z. B. erhöhte Abschreibungen nach §7b EStG) nur von einzelnen Gesellschaftern in Anspruch genommen werden können oder wenn sich die Anschaffungskosten für Wirtschaftsgüter zwischen den Gesellschaftern unterscheiden. Die entsprechenden korrigierenden Sachverhalte für den einzelnen Gesellschafter werden dann in seiner **Ergänzungsbilanz** abgebildet.

Führen Einkünfte aus Mitunternehmerschaften, welche sich additiv aus dem Ergebnis der Gesellschaft zzgl. des Ergebnisses aus etwaigen Ergänzungsbilanzen und dem Ergebnis etwaiger Sonderbilanzen ergeben (vgl. *Wacker*, § 15 EStG, Rn. 401), zu Verlusten, so können diese mit Einkünften aus anderen Einkunftsarten ausgeglichen oder nach § 10d EStG abgezogen werden. Diese Regelung ist grundsätzlich auch auf Kommanditisten anzuwenden (BMF v. 8. 5. 1981, BStBl. I 1981, S. 308), wobei jedoch Verluste aus dem Gesamthandsbereich (Steuerbilanz und Ergänzungsbilanzen) und dem Sonderbetriebsvermögensbereich getrennt zu erfassen sind, weil beschränkt haftende Gesellschafter Verluste aus Gewerbebetrieb nur bis zur Höhe ihrer Hafteinlage verrechnen dürfen (§ 15a EStG; vgl. Teil A, Abschn. 14.2.3, S. 608 und 14.2.4, S. 615, sowie *Wacker*, § 15a EStG, Rn. 71, 104).

Mit der Gründung eines Unternehmens ist grundsätzlich ein Leistungsaustausch zwischen den Gesellschaftern (durch die Einbringung ihrer Einlagen) und der Gesellschaft (durch die als Entgelt gewährten Gesellschaftsanteile) verbunden. Dies wirft die Frage auf, ob ein solcher Leistungsaustausch auf Gesellschafts- und/oder Gesellschafterebene der **Umsatzsteuer** unterliegt. Die Gründung eines **Einzelunternehmens** löst keine umsatzsteuerlichen Konsequenzen aus. Da bei einer solchen Gründung kein Leistungsaustausch zwischen einem Unternehmer und einer anderen Person vollzogen wird, ist eine wesentliche Voraussetzung für einen umsatzsteuerbaren Vorgang nicht erfüllt. Dies gilt auch dann, wenn die Einlage aus einem bereits existierenden Betrieb des Unternehmers geleistet wird (vgl. *Maiterth/Müller*, Gründung, S. 27).

Bei der Gründung einer **Personen-** oder einer **Kapitalgesellschaft** ist umsatzsteuerlich zwischen der Gesellschafts- und der Gesellschafterebene zu unterscheiden, weil sowohl die Gesellschaft als auch der Gesellschafter Unternehmer i. S. d. §2 UStG sein können. Die h. M. geht davon aus, dass die Gesellschaft keine gemäß §1 Abs. 1 Nr. 1 UStG steuerbare Leistung an die Gesellschafter erbringt. Denn die Gründungsgesellschafter erhalten ihre Anteile durch den Gesellschaftsvertrag und nicht im Zuge eines Leistungsaustausches von der Gesellschaft. Dagegen betrachtet die Finanzverwaltung die Gewährung von Gesellschaftsrechten als einen auf Ebene der Gesellschaft umsatzsteuerbaren Vorgang, der auf Grund eines Befreiungstatbestandes (Einlagengeschäft; §4 Nr. 8 f. UStG) jedoch nicht umsatzsteuerpflichtig ist. Grundsätzlich umsatzsteuerbar und umsatzsteuerpflichtig ist die Einlage in eine Personen- oder Kapitalgesellschaft, wenn sie von einem Unternehmer i. S. d. §2 UStG (selbständige Ausübung einer gewerblichen oder beruflichen Tätigkeit) **im Rahmen seiner Geschäftstätigkeit** geleistet wird. Die Einbringung von Geldeinlagen oder Grundstücken ist jedoch steuerbefreit (§ 4 Nr. 8 und 9 lit. a UStG), sofern der Unternehmer hierauf nicht verzichtet (§ 9 UStG; zur grundsätzlichen Umsatzsteuerpflichtigkeit bei Sacheinlagen vgl. auch BFH v. 8. 11. 1995, BStBl. II 1996, S. 114, sowie BFH v. 15. 5. 1997, BStBl. II 1997, S. 705). Wenn bei Geld- bzw. Grundstückseinlagen eine Befreiung von der Umsatzsteuer greift und der einbringende Unternehmer somit nicht auf den Verzicht auf die Befreiung optiert, ist allerdings ein Vorsteuerabzug beim neu gegründeten Unternehmen ausgeschlossen (§ 15 Abs. 2 Nr. 1 UStG). Einlagen aus dem **Privatvermögen** des Gesellschafters fallen nicht unter die steuerbaren Umsätze gemäß § 1 UStG.

Wird ein **ganzes Unternehmen** in eine neu gegründete Gesellschaft eingebracht, so liegt eine nicht umsatzsteuerbare Geschäftsveräußerung vor (§ 1 Abs. 1a UStG, geändert durch das Gesetz zur Bekämpfung des Missbrauchs und zur Bereinigung des Steuerrechts vom 21. 12. 1993, BGBl. I 1993, S. 2310).

Die Einlage von Grundstücken und grundstücksgleichen Rechten wird vom Gesetzgeber grundsätzlich als Tatbestand betrachtet, welcher der **Grunderwerbsteuer** mit einem Regelsteuersatz von 3,5 % (§ 11 GrEStG) oder einem länderspezifischen Satz unterliegt (vgl. Teil A, Abschn. 9.1, S. 355). Allerdings ist die Einbringung eines Grundstücks eines Einzelunternehmers in sein Unternehmen nicht nach § 1 Abs. 1 GrEStG steuerbar, da ein solcher Vorgang weder mit einem Eigentumsübergang verknüpft ist noch ein im GrEStG kodifizierter Ersatztatbestand greift. Geht ein Grundstück in das Gesamthandsvermögen einer Personengesellschaft über, sind die Tatbestandsvoraussetzungen des § 1 Abs. 1 Nr. 1 GrEStG erfüllt; die Einlage des Grundstücks ist somit steuerbar. In Höhe des Anteils des Einbringenden am Vermögen der Gesellschaft ist die Einlage jedoch steuerbefreit (§ 5 Abs. 2 GrEStG). Gemäß § 1 Abs. 1 Nr. 1 GrEStG steuerbar und unbeschränkt steuerpflichtig ist die Einlage eines Grundstücks in eine Kapitalgesellschaft, weil diese über ein eigenes Gesellschaftsvermögen verfügt (zu Steuerbefreiungen im Zusammenhang mit Umwandlungsvorgängen vgl. Teil C, Abschn. 2.2.5.1, S. 1115).

Gründungskosten dürften in der Steuerbilanz nur dann aktiviert werden, wenn durch sie ein Wirtschaftsgut geschaffen würde. Da Gründungskosten wie Notariats- und Gerichtskosten, Herstellungskosten der Anteilsscheine oder Börseneinführungskosten diesem Erfordernis nicht entsprechen, kommt nur eine Verrechnung als abzugsfähige Betriebsausgabe in Betracht. Dabei ist allerdings zu beachten, dass die Höhe der von einer Kapitalgesellschaft zu tragenden Gründungsaufwendungen in der Satzung festgelegt sein muss (vgl. Teil C, Abschn. 2.1.2.2, S. 1031). Fehlt eine entsprechende Satzungsklausel und werden die Gründungskosten dennoch von der Gesellschaft entrichtet, so liegt hierin eine verdeckte Gewinnausschüttung i. S. d. § 8 Abs. 3 Satz 2 KStG. Anders ist dagegen die **Grunderwerbsteuer** als Teil der Gründungskosten zu beurteilen: Bei Kapitalgesellschaften wird regelmäßig eine Aktivierung der Grunderwerbsteuer als Anschaffungsnebenkosten erforderlich sein. Bei Personengesellschaften ist die Grunderwerbsteuer als so genannte Sachsteuer zu interpretieren, weil hier die Besteuerung nicht an einen Kauf-, sondern an einen Einbringungsvorgang anknüpft. Da das Steuerrecht aber keine Einlage-Nebenkostenaktivierung kennt, führt die Grunderwerbsteuer in diesem Fall zu einer abzugsfähigen Betriebsausgabe.

2.1.4 Chronologie der Buchungstechnik

Die notwendigen **Gründungsbuchungen** können, da sie rechtsformabhängig sind, nur für bestimmte Rechtsformen systematisiert werden:

Einzelunternehmung:

- Erfassen der Finanzierungsvorgänge auf Konten
- Abschluss aller Konten über das Schlussbilanzkonto
- Erstellen der Gründungsbilanz

Bei der **stillen Gesellschaft** ist zusätzlich zu buchen:

- Eingebrachte Werte des stillen Gesellschafters über Einbringungskonto
- Abschluss Einbringungskonto des stillen Gesellschafters über Konto „Sonstige Verbindlichkeiten" oder Konto „Stiller Gesellschafter" und Ausweis in der Bilanz

Personengesellschaften:

- Erfassen der Finanzierungsvorgänge auf Konten
- Verbuchung der eingebrachten Werte über Einbringungskonten
- Nichtverbuchung der ausstehenden Einlagen
- Abschluss der Einbringungskonten über die Kapitalkonten
- Abschluss aller Konten über das Schlussbilanzkonto
- Erstellen der Gründungsbilanz

Bei der **KG** ist zusätzlich zu buchen:

- Ausweis des (gezeichneten) Kommanditkapitals in voller Höhe
- Deshalb: Aktivierung der ausstehenden Einlagen der Kommanditisten auf dem Konto „Ausstehende Einlagen auf das Kommanditkapital"

AG und KGaA:

- Buchung des gezeichneten Kapitals in voller Höhe
- Gegenbuchung auf dem Konto der Aktionäre
- Buchung der Einlagen über Einbringungskonten
- Abschluss der Einbringungskonten über Konto der Aktionäre
- Ausgleich Konto der Aktionäre über Konto „Ausstehende Einlagen auf das gezeichnete Kapital" (ggf. nicht eingefordert)
- Buchung der Gründungskosten
- Einstellung des Aktienausgabeagios in die Kapitalrücklage
- Abschluss aller Konten über das Schlussbilanzkonto
- Erstellen der Gründungsbilanz

GmbH:

- Buchung des gezeichneten Kapitals in voller Höhe
- Gegenbuchung auf Konto der Gesellschafter
- Buchung der Einlagen über Einbringungskonten
- Abschluss der Einbringungskonten über Konto der Gesellschafter
- Ausgleich Konto der Gesellschafter über Konto „Ausstehende Einlagen auf das gezeichnete Kapital" (ggf. nicht eingefordert)
- Buchung der Gründungskosten
- Abschluss aller Konten über das Schlussbilanzkonto
- Erstellen der Gründungsbilanz

Genossenschaft:

- Buchung der Einlagen der Genossen über Einbringungskonten
- Abschluss der Einbringungskonten über Konto „Geschäftsguthaben der Genossen"
- Fakultative Aktivierung der ausstehenden Einlagen der Genossen
- Abschluss aller Konten über das Schlussbilanzkonto
- Erstellen der Gründungsbilanz
- Bei Nichtaktivierung der fälligen ausstehenden Genossenschaftseinlagen Vermerk der Nachschussverpflichtung unter der Position Geschäftsguthaben.

Übungsbeispiele:

Übungsbeispiel 1: (ohne Berücksichtigung von Steuern)

Der Dipl.-Ing. A schließt sich mit dem Kaufmann B (beide Komplementäre) und den Kapitalgebern C und D (Kommanditisten) zu einer Kommanditgesellschaft unter der Firma A KG zusammen, die am 1. 4. 01 mit 25 gewerblichen Arbeitnehmern und 5 kaufmännischen Mitarbeitern die Produktion von Bauteilen für die Computerindustrie aufnimmt.

Nach dem Gesellschaftsvertrag vom 28. 1. 01 bringen die Beteiligten in die Gesellschaft ein:

A:	– Patente über Mikrobauteile, Wert nach Sachverständigengutachten	120.000
	– Gebrauchte Messgeräte, Wert nach Angaben von A	5.400
	– Personenkraftwagen zum amtlichen Schätzwert von	8.900
	– Bargeld	1.700
B:	– einen kürzlich als Gelegenheit erworbenen Kleinlastwagen für	14.930
	– Bankguthaben bei der Handels- und Gewerbebank	22.470
	– Bargeld	7.810
C:	– Grundstück zum Verkehrswert von	25.000
	mit aufstehender Fabrikhalle, Verkehrswert	85.000
	belastet mit einer zu 7 % p. a. verzinslichen Hypothekenschuld von 30.000,	
	Zinstermine jeweils 1. 1. und 1. 7. nachschüssig.	
	Die Einlage von C ist auf einen Wert von 80.000 begrenzt und wird so auch im Handelsregister eingetragen.	

D: – leistet seine vertragsmäßig begrenzte, eingetragene Einlage von 100.000 dadurch, dass er der Gesellschaft börsennotierte Wertpapiere mit einem Nennwert von 60.000 zum geltenden Kurswert von 80.000 zur Verfügung stellt und Forderungen in Höhe von 25.000 zediert. Von diesen Forderungen müssen 3.000 als zweifelhaft (Eingangsaussichten 50 %) und 2.000 als vollkommen uneinbringlich gelten. Der 100.000 übersteigende Betrag wird als Darlehen gewährt.

Aufgaben:

a) Erstellen Sie das Gründungsinventar.

b) Geben Sie die Gründungsbuchungen unter Einfügung von Einbringungskonten für die einzelnen Gesellschafter an.

c) Entwickeln Sie die Gründungsbilanz.

Lösung:

a) Gründungsinventar:

für Komplementär A:	
– Vermögen:	
Patente	120.000
Maschinelle Anlagen	5.400
Fahrzeuge	8.900
Bargeld	1.700
Summe	136.000
– Schulden	0
– Eigenkapital	136.000
für Komplementär B:	
– Vermögen:	
Fahrzeuge	14.930
Bankguthaben	22.470
Bargeld	7.810
Summe	45.210
– Schulden	0
– Eigenkapital	45.210
für Kommanditist C:	
– Vermögen:	
Grund und Boden	25.000
Gebäude	85.000
Summe	110.000
– Schulden:	
Hypothekenverbindlichkeit	30.000
Rückständige Hypothekenzinsen vom 1. 1.–31. 3.	525
Summe	30.525
– Eigenkapital	79.475
für Kommanditist D:	
– Vermögen:	
Wertpapiere	80.000
Forderungen	20.000
Zweifelhafte Forderungen	3.000
Summe	103.000
– Schulden:	
Delkredere	1.500
– Eigenkapital	101.500

b) Gründungsbuchungen:

(1) Patente	120.000			
Maschinelle Anlagen	5.400			
Fahrzeuge	8.900			
Kasse	1.700	**an**	Einbringungskonto A	136.000
(2) Fahrzeuge	14.930			
Bank	22.470			
Kasse	7.810	**an**	Einbringungskonto B	45.210
(3) Grund und Boden	25.000			
Gebäude	85.000	**an**	Einbringungskonto C	110.000
Einbringungskonto C	30.525	**an**	Hypothekenschulden	30.000
			Sonstige Verbindlichkeiten	525
(4) Wertpapiere	80.000			
Forderungen	20.000			
Zweifelhafte Forderungen	3.000	**an**	Einbringungskonto D	103.000
Einbringungskonto D	1.500	**an**	Delkrederewertberichtigung	1.500

c) Durch Abschluss der Konten auf das Gründungsbilanzkonto erhält man nachstehende Gründungsbilanz. Die Einbringungskonten der Kommanditisten sind dabei wie folgt abzuschließen:

(5) für C:				
Einbringungskonto C	79.475			
Ausstehende Einlage C	525	**an**	Kapitalkonto C	80.000
(6) für D:				
Einbringungskonto D	101.500	**an**	Kapitalkonto D	100.000
			Darlehen Kommanditist D	1.500

A — Gründungsbilanz zum 1. 4. 01 der Fa. A KG — P

Aktiva		Passiva		
I. Ausstehende Einlagen auf das Kommanditkapital	525	I. Gesellschaftskapital		
II. Anlagevermögen		Kapital Kompl. A	136.000	
Patente	120.000	Kapital Kompl. B	45.210	
Grund und Boden	25.000	Kapital Komm. C	80.000	
Gebäude	85.000	Kapital Komm. D	100.000	361.210
Maschinen und masch. Anlagen	5.400	II. Wertberichtigungen		
Fahrzeuge	23.830	Delkredere		1.500
III. Umlaufvermögen		III. Langfristige Verbindlichkeiten		
Forderungen	20.000	Hypothekenschulden		30.000
Zweifelhafte Forderungen	3.000	Darlehen Kommanditist D		1.500
Wertpapiere	80.000	IV. Kurzfristige Verbindlichkeiten		
Kassenbestand	9.510	Sonstige Verbindlichkeiten		525
Guthaben bei Kreditinstituten	22.470			
	394.735			394.735

Übungsbeispiel 2:

A, B, C und D gründen zum 1. 6. 01 eine GmbH mit einem Stammkapital von 200.000. Nach dem Gesellschaftsvertrag übernehmen die einzelnen Gesellschafter Stammeinlagen in verschiedener Höhe, die sie wie folgt leisten:

A: Stammeinlage 40.000 durch Einbringung seines bisher als Einzelfirma geführten Unternehmens. Zum Einbringungsstichtag erstellt A folgende Bilanz:

A	Bilanz zum 1. 6. 01			P
Grundstück mit Betriebsgebäude	40.000	Eigenkapital		
		Stand 1. 1. 01	36.000	
Warenvorräte	10.000	Gewinn	2.000	38.000
Forderungen aus Lieferungen und Leistungen	7.250	Hypothekenschuld		15.000
		Warenverbindlichkeiten		5.000
Bankguthaben	1.500	Rückständige Hypothekenzinsen		750
	58.750			58.750

Im Gesellschaftsvertrag sind sich die Gesellschafter darüber einig geworden, dass A mit der Einbringung seines Einzelunternehmens die Stammeinlage voll erbracht hat. Die Einbringung ist wegen § 1 Abs. 1a UStG nicht umsatzsteuerbar.

B: Stammeinlage 50.000 durch Bareinzahlung des Mindestbetrags auf das Bankkonto der Gesellschaft. Auf die Einforderung des Restbetrages wird zunächst verzichtet.

C: Stammeinlage 30.000 durch Einbringung von

- Aktien, die einen Börsenwert von 10.000 besitzen
- festverzinslichen Wertpapieren, Nennwert 20.000, Kurs 99 %, nachschüssige Zinszahlungen zum 1. 7. und 1. 1., Zinssatz 8 % p. a.

D: Stammeinlage 80.000 durch Einbringung von

- Maschinen und maschinellen Anlagen zum Taxwert von 60.000, zu 1/6 noch nicht bezahlt und mit Bankkredit (fällig 2. 6. des Jahres) finanziert
- bisher im Privatvermögen geführtes, neben dem Betriebsgrundstück des A gelegenes Vorratsbauland zum Verkehrswert von 15.000.

Auf die Einforderung der Resteinlage wird vorerst verzichtet.

Die laut Gesellschaftsvertrag von der GmbH zu tragenden Notariats- und Gerichtskosten für die Gründung betragen 5 % des Stammkapitals; sie wurden von D vorgestreckt. Für die Übereignung des bebauten und unbebauten Grundstücks hat das zuständige Finanzamt einen Grunderwerbsteuerbescheid mit einer Steuerschuld von (40.000 + 15.000) · 0,035 = 1.925 erlassen, die bisher nicht beglichen ist und aktiviert werden soll.

Aufgaben:

a) Errechnen Sie den Wert der geleisteten Stammeinlagen und geben Sie die Buchungssätze für die Gründung an.

b) Stellen Sie die Gründungsbilanz auf.

Lösung:

a) Buchung der Stammkapitalanteile

Konto der Gesellschafter 200.000 **an** Gezeichnetes Kapital 200.000

Ermittlung der geleisteten Stammeinlagen und Verbuchung derselben:

A: Einbringung des Betriebs zu Buchwerten: Wert des Betriebs = Eigenkapital am 1. 6. 01 = 38.000; Wert der Einlage 40.000. Die Differenz in Höhe von 2.000 stellt einen Firmenwert dar.

Buchungssatz:

Grundstück mit Betriebsgebäude	40.000			
Warenvorräte	10.000			
Forderungen aus Lieferungen und Leistungen	7.250			
Bankguthaben	1.500			
Firmenwert	2.000	**an**	Einbringungskonto A	40.000
			Hypothekenschuld	15.000
			Warenverbindlichkeiten	5.000
			Sonstige Verbindlichkeiten	750

B: Mindesteinlage gemäß § 7 Abs. 2 GmbHG: 1/4 von 50.000 = 12.500

Buchungssatz:

Bank	12.500	**an**	Einbringungskonto B	12.500

C:

Aktien (Börsenwert)	10.000
Festverzinsliche Wertpapiere	19.800
Stückzinsen 1. 1.–31. 5.	667
Wert der Einlage	30.467

Buchungssatz:

Wertpapiere des Umlaufvermögens	29.800			
Sonstige Forderungen	667	**an**	Einbringungskonto C	30.467

D:

Maschinen und maschinelle Anlagen	60.000	
./. Bankkredit	10.000	50.000
Grund und Boden		15.000
Wert der Einlage		65.000

Buchungssatz:

Maschinen und maschinelle Anlagen	60.000			
Grund und Boden	15.000	**an**	Einbringungskonto D	65.000
			Bankverbindlichkeiten	10.000

Gründungskosten:

Notariats- und Gerichtskosten	10.000
+ Grunderwerbsteuer	1.925
= Summe Gründungskosten	11.925

Aufwandswirksam verbucht werden Gründungskosten in Höhe von 10.000, also ohne Grunderwerbsteuer. In der Gründungsbilanz führt dies zu einem Verlustvortrag in gleicher Höhe.

Buchungssatz:

Gründungskosten	10.000	**an**	Einbringungskonto D	10.000

Die Grunderwerbsteuer wird als Anschaffungsnebenkosten bei den Grundstücken mit und ohne Bauten aktiviert:

Buchungssatz:

Grundstücke mit Bauten	1.400			
Grundstücke ohne Bauten	525	**an**	Sonstige Verbindlichkeiten	1.925

Für die Einbringungskonten der Gesellschafter lauten die Buchungssätze:

A: Einbringungskonto A	40.000	**an**	Konto der Gesellschafter	40.000
B: Einbringungskonto B	12.500			
Ausstehende, nicht eingeforderte Einlage auf das gezeichnete Kapital	37.500	**an**	Konto der Gesellschafter	50.000
C: Einbringungskonto C	30.467	**an**	Sonstige Verbindlichkeiten Ausgleichsanspruch Gesellschafter C	467
			Konto der Gesellschafter	30.000
D: Einbringungskonto D	75.000			
Ausstehende, nicht eingeforderte Einlage auf das gezeichnete Kapitel	5.000	**an**	Konto der Gesellschafter	80.000

b) Nach Durchführung aller weiteren Abschlussbuchungen ergibt sich folgende Gründungsbilanz

A		Gründungsbilanz ABCD GmbH zum 1. 6. 01		P
A. Anlagevermögen		A. Eigenkapital		
B. Firmenwert	2.000	Gezeichnetes		
Grundstücke mit Bauten	41.400	Kapital	200.000	
Grundstücke ohne Bauten	15.525	Ausstehende,		
Maschinen und		nicht eingefor-		
maschinelle Anlagen	60.000	derte Einlagen	– 42.500	
Umlaufvermögen		Eingefordertes		
Warenvorräte	10.000	Kapital		157.500
Forderungen aus Liefe-		Verlustvortrag		– 10.000
rungen und Leistungen	7.250	B. Verbindlichkeiten		
Bankguthaben	14.000	Hypothekenverbindlich-		
Wertpapiere	29.800	keiten		15.000
Sonstige Forderungen	667	Bankverbindlichkeiten		10.000
		Warenverbindlichkeiten		5.000
		Sonstige Verbindlichkeiten		3.142
	180.642			180.642

Übungsbeispiel 3:

Am 27. 8. 01 wird die Y-AG durch 10 Gründer errichtet, welche von den zum Mindestnennbetrag von 1 € gestückelten Aktien je 5.000 Stück zum Kurs von 110 % übernehmen. Da die Gesellschaft ihren Betrieb sukzessive aufnimmt, sieht die Satzung vor, dass zunächst nur die gesetzlichen Mindesteinlagen durch Überweisung auf das Konto der Gesellschaft bei der Handelsbank AG erbracht werden müssen. Die ausstehenden Einlagen werden zunächst nicht eingefordert.

Die Gründungskosten von zusammen 10.000 werden über das Bankkonto beglichen und sind laut Satzung von der AG zu tragen.

Aufgabe:

a) Geben Sie die Gründungsbuchungen an und entwickeln Sie die Gründungsbilanz.

b) Gehen Sie nun davon aus, dass die AG anstelle von Nennbetragsaktien an jeden der 10 Gründer 5.000 Stückaktien zum Emissionspreis von 1,10 € ausgibt und der Nennbetrag des Grundkapitals 50.000 € beträgt. Geben Sie die Gründungsbuchungen an und entwickeln Sie die Gründungsbilanz.

Lösung:

a) Der Nennbetrag des Grundkapitals einer AG muss mindestens 50.000 € betragen (§ 7 AktG). Dies ist im vorliegenden Fall erfüllt:

10 × 5.000 × 1 = 50.000

Die gesetzliche Mindesteinlage beträgt gemäß § 36a Abs. 1 AktG:

25 % von 50.000	12.500
+ Agio: 10 % von 50.000	5.000
= Mindesteinlage	17.500

Gründungsbuchungen:

(1) Konto der Aktionäre	55.000	**an**	Gezeichnetes Kapital	50.000
			Agiokonto	5.000
(2) Bank	17.500	**an**	Einbringungskonto der Aktionäre	17.500
(3) Gründungskosten	10.000	**an**	Bank	10.000

Gründungsabschlussbuchungen:

(4) Einbringungskonto der Aktionäre	17.500			
Ausstehende, nicht eingeforderte Einlagen auf das gezeichnete Kapitel	37.500	**an**	Konto der Aktionäre	55.000
(5) Agiokonto	5.000	**an**	Kapitalrücklage	5.000
(6) Verlustvortrag	10.000	**an**	Gründungskosten	10.000

Gründungsbilanz:

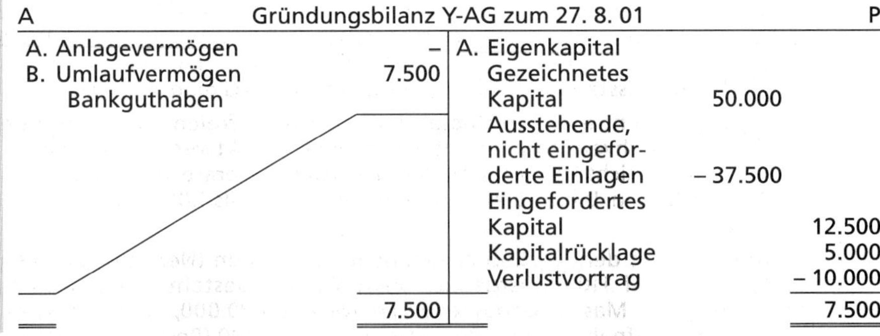

A	Gründungsbilanz Y-AG zum 27. 8. 01			P
A. Anlagevermögen	–	A. Eigenkapital		
B. Umlaufvermögen Bankguthaben	7.500	Gezeichnetes Kapital	50.000	
		Ausstehende, nicht eingeforderte Einlagen	– 37.500	
		Eingefordertes Kapital		12.500
		Kapitalrücklage		5.000
		Verlustvortrag		– 10.000
	7.500			7.500

b) Der auf eine Stückaktie entfallende Anteil am Grundkapital muss mindestens 1 € betragen (§ 8 Abs. 3 S. 3 AktG).

Dies ist im vorliegenden Fall erfüllt:

50.000 / (10*5.000) = 1 €

Gemäß § 36a Abs. 1 AktG beläuft sich die gesetzliche Mindesteinlage auf

25 % von 50.000	12.500
+ Agio: 10 % von 50.000	5.000
= Mindesteinlage	17.500

Gründungsbuchungen und Gründungsbilanz stimmen mit den in Aufgabenteil a) dargestellten überein.

Übungsbeispiel 4:

Im Rahmen der Gründung der Oberschwäbischen Maschinenfabrik AG zum 1. 1. 02 werden die Gründereinlagen wie folgt bestimmt:

– A übereignet an die AG seine bisher als Einzelfirma geführte Gießerei, für die er folgende Schlussbilanz erstellt hat:

A	Bilanz zum 31. 12. 01		P
Betriebsgrundstücke mit Bauten	80.000	Eigenkapital	150.500
Betriebsvorrichtungen	67.500	Hypothekenschulden	35.000
Halbfabrikate und Fertigprodukte	36.000	Bankschulden	23.000
Forderungen aus Lieferungen und Leistungen	22.100	Rückstellungen	3.000
Bankguthaben	5.000		
Kassenbestand	900		
	211.500		211.500

Sowohl Vermögen als auch Schulden werden von der neu gegründeten AG übernommen. Die Gründer sind sich einig, dass die vertragsmäßige Einlage des A, dem 140 Nennbetragsaktien zum Nennbetrag von jeweils 1.000 gewährt werden, mit der Einbringung voll zu pari erbracht ist (die Einbringung ist wegen § 1 Abs. 1a UStG nicht umsatzsteuerbar). Die Gründer haben bereits berücksichtigt, dass aus einem schwebenden Steuerprozess des A mit einer Nachforderung von 9.000 zu rechnen ist, für die die AG gemäß § 75 Abs. 1 AO haften muss, und dass die Betriebsvorrichtungen, da sie zukünftig nur bedingt genutzt werden können, einer Abwertung von 20 % unterzogen werden müssen.

– B und C erfüllen ihre Einlageverpflichtungen auf ihr übernommenes gezeichnetes Kapital von je 80.000 zunächst jeweils nur zur Hälfte durch Überweisung auf das neu eingerichtete Bankkonto der AG. Die an B und C ausgegebenen Aktien besitzen jeweils einen Nennwert von 1.000 und einen Ausgabebetrag von 115 %. Die ausstehenden Einlagen sind von der AG eingefordert.

– D bringt ein Patent auf dem Gebiet der zerstörungsfreien Materialprüfung ein, das nach Sachverständigengutachten einen Marktwert von 60.000 hat. Die bisher noch nicht beglichenen Patentanwaltshonorare von 8.000 soll die Gesellschaft tragen. D hat 70 Aktien (Nennbetrag jeweils 1.000) zu 105 % übernommen.

– Der Ausgabekurs der von E übernommenen 30 Aktien (Nennbetrag jeweils 1.000) wurde auf 110 % festgelegt. Seine Einlage besteht zunächst in der Einbringung von Maschinenbauteilen im Wert von 20.000, die er für seinen Betrieb unter Aufnahme eines Bankkredits über 15.000 (Rest bar bezahlt) erwerben konnte. Die Bankschulden übernimmt die AG. Bis zur vollen Höhe der

Mindesteinlage (25 % des Nennbetrages zzgl. Agio) leistet E durch Barzahlung. Die danach noch ausstehende Einlage wird von der AG eingefordert.

Die Gründungskosten, die laut Satzung von der Gesellschaft zu tragen sind, werden über die Bank bezahlt:

- Grunderwerbsteuer 3,5 % (nach § 255 Abs. 1 HGB ist eine Aktivierung als Anschaffungsnebenkosten vorgesehen)
- Vertrags-, Beurkundungs- und Prüfungskosten 19.200.

Aufgaben:

a) Stellen Sie den Wert der von A erbrachten Sacheinlagen durch eine Bilanzberichtigung fest und geben Sie die Buchungssätze an

- für die Übernahme des Grundkapitals einschließlich des Aufgeldes,
- für die Einlagen der Gesellschafter,
- für die Gründungskosten.

b) Schließen Sie alle Konten auf das Gründungsschlussbilanzkonto ab und erstellen Sie die Gründungsbilanz.

Lösung:

a) **Bilanzberichtigung bei A:**

Neubewertungskonto	9.000	**an**	Rückstellungen	9.000
Neubewertungskonto	13.500	**an**	Betriebsvorrichtungen	13.500
Eigenkapital	22.500	**an**	Neubewertungskonto	22.500

Das berichtigte Eigenkapital der Einzelunternehmung beträgt somit 128.000. Da vereinbarungsgemäß mit dem eingebrachten Unternehmen die Einlageverpflichtung des A über 140.000 voll erfüllt ist, muss die Differenz von 12.000 als Gegenleistung für den Firmenwert angesehen werden:

Firmenwert	12.000	**an**	Neubewertungskonto	12.000
Neubewertungskonto	12.000	**an**	Eigenkapital	12.000

Die Einbringungsbilanz des A zum 31. 12. 01 zeigt somit folgendes Bild:

Einbringungsbilanz A zum 31. 12. 01

A			P
Betriebsgrundstücke mit Bauten	80.000	Eigenkapital	140.000
Betriebsvorrichtungen	54.000	Hypothekenschulden	35.000
Halbfabrikate und Fertigprodukte	36.000	Bankschulden	23.000
Forderungen aus Lieferungen und Leistungen	22.100	Rückstellungen	12.000
Bankguthaben	5.000		
Kassenbestand	900		
Firmenwert	12.000		
	210.000		210.000

- **Übernahme des Grundkapitals:**

Buchungssatz:

Konto der Aktionäre	430.500	**an**	Gezeichnetes Kapital	400.000
			Kapitalrücklage	30.500

– **Einlagen der Gesellschafter:**

Buchungssätze:

A: Betriebsgrundstücke mit Bauten	80.000			
Betriebsvorrichtungen	54.000			
Firmenwert	12.000			
Halbfabrikate und Fertigprodukte	36.000			
Forderungen aus Lieferungen und Leistungen	22.100			
Bankguthaben	5.000			
Kasse	900	**an**	Einbringungskonto A	140.000
			Hypothekenschulden	35.000
			Bankschulden	23.000
			Rückstellungen	12.000
B: Bankguthaben	52.000	**an**	Einbringungskonto B	52.000
C: Bankguthaben	52.000	**an**	Einbringungskonto C	52.000
D: Patente	60.000	**an**	Einbringungskonto D	52.000
			Sonstige Verbindlichkeiten	8.000
E: Halbfabrikate	20.000	**an**	Einbringungskonto E	5.000
			Bankschulden	15.000
Kasse	5.500	**an**	Einbringungskonto E	5.500

– **Abschluss der Einbringungskonten:**

Buchungssätze:

Einbringungskonto A	140.000	**an**	Konto der Aktionäre	140.000
Einbringungskonto B	52.000			
Forderungen aus ausstehenden, eingeforderten Einlagen auf das gezeichnete Kapital	40.000	**an**	Konto der Aktionäre	92.000
Einbringungskonto C	52.000			
Forderungen aus ausstehenden, eingeforderten Einlagen auf das gezeichnete Kapital	40.000	**an**	Konto der Aktionäre	92.000
Einbringungskonto D	52.000			
Forderungen aus ausstehenden, eingeforderten Einlagen auf das gezeichnete Kapital	21.500	**an**	Konto der Aktionäre	73.500
Einbringungskonto E	10.500			
Forderungen aus ausstehenden, eingeforderten Einlagen auf das gezeichnete Kapital	22.500	**an**	Konto der Aktionäre	33.000

– **Gründungskosten:**

Grunderwerbsteuer	2.800
Vertrags-, Beurkundungs- und Prüfungskosten	19.200
	22.000

Formwechsels einer Partnerschaftsgesellschaft in eine Kapitalgesellschaft oder eine eingetragene Genossenschaft eröffnet (§§ 225a–225c UmwG); umgekehrt ist auch der Formwechsel einer Kapitalgesellschaft in eine Partnerschaftsgesellschaft zulässig, sofern die Anteilsinhaber des formwechselnden Rechtsträgers natürliche Personen sind, die einen Freien Beruf ausüben (§§ 226, 228 Abs. 2 UmwG). Da nach § 2 HGB (Kannkaufmann; vgl. Teil A, Abschn. 1.2.1, S. 16) ein Zusammenschluss von Kleingewerbetreibenden zu einer Personenhandelsgesellschaft möglich ist, steht auch diesen gewerblichen Unternehmen das Rechtsinstitut des Formwechsels offen.

Die Übersicht S. 1067 f. stellt die möglichen Umwandlungsfälle nach dem Umwandlungsgesetz in Bezug auf übertragende und übernehmende Rechtsträger dar. Die nach dem Umwandlungsgesetz zulässigen Umwandlungsarten nach dem Umfang des Vermögensübergangs und der Form der gewährten Gegenleistung gibt die Übersicht auf S. 1069 wieder.

2.2.4 Handels- und gesellschaftsrechtliche Behandlung und Durchführung der Umwandlung

2.2.4.1 *Abwicklungsphasen der Umwandlung*

Der Prozess der Abwicklung einer Umwandlung lässt sich allgemein in die Phasen der Vorbereitung, der Beschlussfassung und der Registereintragung gliedern und wird durch den Entschluss zur Durchführung einer Umwandlung, der entweder von den Vertretungsorganen der beteiligten Rechtsträger oder der Konzernleitung gefasst wird, angestoßen. Die Regelungen im UmwG legen dabei einen Rahmen für die Abfolge der Tätigkeiten fest, die im Zuge einer Umwandlung auszuführen sind (zu den **Phasen der Umwandlung** vgl. *Neye*, Reform, S. 2071, *Mayer* in *Widmann/Mayer*, Umwandlungsrecht, Einführung zum handelsrechtlichen Teil, Rn. 126 ff., sowie *Sagasser/Ködderitzsch* in *Sagasser/Bula Brünger*, Umwandlungen, J, Rn. 9 ff., *Sagasser/Sickinger* in *Sagasser/Bula/Brünger*, Umwandlungen, N, Rn. 102 ff., R, Rn. 17 ff., und *Budde/Zerwas*, Verschmelzungsschlussbilanzen, H, Rn. 25 ff., *Klingberg*, Spaltungsbilanzen, I, Rn. 25 ff., *Förschle/Hoffmann*, Formwechsel, L, Rn. 11 ff.; zu Besonderheiten bei grenzüberschreitenden Verschmelzungen in EU/EWR-Raum vgl. auch *Heckschen*, Umwandlungsrecht).

Ausgangspunkt der **Vorbereitungsphase** ist die Schaffung der rechtsgeschäftlichen Grundlage einer Umwandlung durch **Entwurf eines Vertrags, eines Plans oder einer Beschlussvorlage**. Die Vertretungsorgane der an der Umwandlung beteiligten Rechtsträger haben einen **Umwandlungsbericht** zu erstellen, in dem neben dem Umtauschverhältnis der Anteile und einem Barabfindungsangebot für umwandlungsunwillige Anteilsinhaber die rechtliche Konstruktion sowie die wirtschaftlichen Ziele und Konsequenzen der Umwandlung zu erläutern und zu begründen sind. In Abhängigkeit von der Umwandlungsart und der Rechtsform der involvierten Rechtsträger kann darüber hinaus eine Pflicht zur **Prüfung** der rechtsgeschäftlichen Grundlage der Umwandlung einschließlich eines Barabfindungsangebots bestehen, sofern nicht alle Anteilsinhaber in no-

– **Einlagen der Gesellschafter:**

Buchungssätze:

	Soll	Betrag		Haben	Betrag
A:	Betriebsgrundstücke mit Bauten	80.000			
	Betriebsvorrichtungen	54.000			
	Firmenwert	12.000			
	Halbfabrikate und Fertigprodukte	36.000			
	Forderungen aus Lieferungen und Leistungen	22.100			
	Bankguthaben	5.000			
	Kasse	900	**an**	Einbringungskonto A	140.000
				Hypothekenschulden	35.000
				Bankschulden	23.000
				Rückstellungen	12.000
B:	Bankguthaben	52.000	**an**	Einbringungskonto B	52.000
C:	Bankguthaben	52.000	**an**	Einbringungskonto C	52.000
D:	Patente	60.000	**an**	Einbringungskonto D	52.000
				Sonstige Verbindlichkeiten	8.000
E:	Halbfabrikate	20.000	**an**	Einbringungskonto E	5.000
				Bankschulden	15.000
	Kasse	5.500	**an**	Einbringungskonto E	5.500

– **Abschluss der Einbringungskonten:**

Buchungssätze:

Soll	Betrag		Haben	Betrag
Einbringungskonto A	140.000	**an**	Konto der Aktionäre	140.000
Einbringungskonto B	52.000			
Forderungen aus ausstehenden, eingeforderten Einlagen auf das gezeichnete Kapital	40.000	**an**	Konto der Aktionäre	92.000
Einbringungskonto C	52.000			
Forderungen aus ausstehenden, eingeforderten Einlagen auf das gezeichnete Kapital	40.000	**an**	Konto der Aktionäre	92.000
Einbringungskonto D	52.000			
Forderungen aus ausstehenden, eingeforderten Einlagen auf das gezeichnete Kapital	21.500	**an**	Konto der Aktionäre	73.500
Einbringungskonto E	10.500			
Forderungen aus ausstehenden, eingeforderten Einlagen auf das gezeichnete Kapital	22.500	**an**	Konto der Aktionäre	33.000

– **Gründungskosten:**

Grunderwerbsteuer	2.800
Vertrags-, Beurkundungs- und Prüfungskosten	19.200
	22.000

Buchungssätze:

Aufwandswirksam verbucht werden Gründungskosten in Höhe von 19.200, also ohne Grunderwerbsteuer. In der Gründungsbilanz führt dies zu einem Verlustvortrag in gleicher Höhe.

Gründungskosten	22.000	**an**	Bankguthaben	22.000

Ferner mit Aktivierung der Grunderwerbsteuer als Anschaffungsnebenkosten:

Grundstücke mit Bauten	2.800	**an**	Gründungskosten	2.800
Verlustvortrag	19.200	**an**	Gründungskosten	19.200

b) Abschluss der Konten auf Gründungsschlussbilanzkonto und Gründungsbilanz:

A Gründungsbilanz der Oberschwäbischen Maschinenfabrik AG zum 1. 1. 02 P

A		P	
A. Anlagevermögen		A. Eigenkapital	
B. Firmenwert	12.000	Gezeichnetes Kapital	400.000
Patente	60.000	Kapitalrücklage	30.500
Grundstücke mit Bauten	82.800	Verlustvortrag	– 19.200
Betriebsvorrichtungen	54.000	B. Rückstellungen	12.000
Umlaufvermögen		C. Verbindlichkeiten	
Halbfabrikate und Fertigprodukte	56.000	Hypothekenschulden	35.000
Forderungen aus Lieferungen und Leistungen	22.100	Bankschulden	38.000
Forderungen aus ausstehenden, eingeforderten Einlagen	124.000	Sonstige Verbindlichkeiten	8.000
Bankguthaben	87.000		
Kasse	6.400		
	504.300		504.300

Übungsbeispiel 5:

20 Weingärtner der Gemeinde Neckartal gründen am 1. 7. 01 eine Weingärtnergenossenschaft (eG) mit der Maßgabe, dass die Geschäftsanteile der einzelnen Genossen je 5.000 betragen und die Haftsumme auf den Geschäftsanteil beschränkt sein soll.

Alle Genossen haben die gemäß § 7 Nr. 1 GenG erforderliche Mindesteinlage von $1/10$ der Geschäftsanteile durch Überweisung auf das Bankkonto der Weingärtnergenossenschaft (eG) bei der Raiffeisenbank Neckartal eG erbracht. Darüber hinaus haben 5 Genossen folgende Sacheinlagen aus dem Betriebsvermögen ihrer Unternehmen getätigt:

A und B bringen in gemeinschaftlichem Eigentum stehende Maschinen und Gerätschaften für die Kelterei ein, deren Verkehrswert auf 4.000 + 10 % Umsatzsteuer geschätzt wird.

C übereignet ein Spezialtankfahrzeug zum Taxwert von 9.000 + 10 % Umsatzsteuer. Den über seinen Geschäftsanteil hinausgehenden Verkaufspreis stundet er vorläufig zinslos.

D überlässt seinen Restlagerbestand an Rotwein im Wert von 12.000 + 10 % Umsatzsteuer der Genossenschaft zur Verwertung. Der den Geschäftsanteil übersteigende Verkaufspreis wird durch die Bank reguliert.

E übereignet eine Büroausstattung für 3.500 + 10 % Umsatzsteuer.

Aufgabe:

Geben Sie die Buchungssätze für die Geschäftsvorfälle an und stellen Sie die Gründungsbilanz auf.

Lösung:

Bank	10.000	**an**	Geschäftsguthaben der Genossen	10.000
Maschinen und maschinelle Anlagen	4.000			
Sonstige Forderungen	400	**an**	Geschäftsguthaben der Genossen	4.400
Fahrzeuge	9.000			
Sonstige Forderungen	900	**an**	Geschäftsguthaben der Genossen	4.500
			Verbindlichkeiten	5.400
Warenvorräte	12.000			
Sonstige Forderungen	1.200	an	Geschäftsguthaben der Genossen	4.500
			Bank	8.700
Büro- und Geschäftsausstattung	3.500			
Sonstige Forderungen	350	**an**	Geschäftsguthaben der Genossen	3.850

Daraus ergibt sich folgende Gründungsbilanz:

A	Gründungsbilanz zum 1. 7. 01 der Weingärtner eG		P
A. Anlagevermögen		A. Geschäftsguthaben	
Maschinen und masch. Anlagen	4.000	der Genossen*	27.250
Fahrzeuge	9.000	Verbindlichkeiten	5.400
Büro- und Geschäftsausstattung	3.500	B.	
B. Umlaufvermögen			
Warenvorräte	12.000		
Sonstige Forderungen	2.850		
Bankguthaben	1.300		
	32.650		32.650

* Rückständige fällige Einzahlungen auf Geschäftsanteile 72.750

Ergänzende Literatur zu: 2.1 Gründungsbilanzen

Arians, Sonderbilanzen, S. 76–98
Eisele, Gründung, Sp. 1550–1562
Eisele, Sonderbilanzen, S. 875–886
Förschle/Kropp, Eröffnungsbilanz, Kap. B
Förschle/Kropp/Schellhorn, Kapitalgesellschaft, Kap. D
Förschle/Kropp/Siemers, Personengesellschaft, Kap. C
Freericks, Gründungsbilanz, Sp. 851–859
Hahn/Werner, Bilanzsicherheit, Teil B, S. 271–287
Joswig, Gründungsbilanzierung
Maiterth/Müller, Gründung, S. 1–29
Olfert/Körner/Langenbeck, Sonderbilanzen, S. 67–127
Sarx, Gründungsbilanz, S. 692–695, 724–726
Schedlbauer, Sonderprüfungen, S. 42–70
Schiller, Gründungsrechnungslegung, S. 21–197
Wessel/Zwernemann/Kögel, Firmengründung, S. 165–323
Wöhe/Bilstein/Ernst/Häcker, Unternehmensfinanzierung, S. 73–81

2.2 Umwandlungsbilanzen

2.2.1 Begriff und Motive der Umwandlung

Allgemein ist unter einer **Umwandlung** eines Unternehmens die Übertragung des Vermögens auf einen oder mehrere andere Rechtsträger mit gleicher oder anderer Rechtsform zu verstehen (**übertragende** Umwandlung). Daneben kann eine Umwandlung aber auch ohne Vermögensübertragung als bloßer Rechtsformwechsel unter Wahrung der Identität des Rechtsträgers erfolgen (**formwechselnde** Umwandlung).

Die **Motive** für eine Umwandlung können betriebswirtschaftlicher, gesellschaftsrechtlicher, steuerrechtlicher oder familienrechtlicher Natur sein: Die Deckung eines durch eine expansive Unternehmensentwicklung gestiegenen Kapitalbedarfs, die Vermeidung bestimmter rechtsformabhängiger Erfordernisse (Mindestkapital, Pflichtprüfung, Publizität etc.), die Veränderung der Haftungsverhältnisse mit dem Ziel der Risikominderung, die Verringerung der Steuerlast, das Ziel einer Neuordnung der Eigentumsverhältnisse in Bezug auf operative Einheiten, aber auch persönliche Beweggründe (Nachlass- und Nachfolgeprobleme) sind mögliche Anlässe für **Umstrukturierungen**. Ebenso kann die Wettbewerbssituation eine Vermögensübertragung auf einen anderen Rechtsträger zur Schaffung größerer oder gegebenenfalls auch kleinerer, am Markt selbständig auftretender Einheiten ökonomisch zweckmäßig erscheinen lassen. Eine Umwandlung kann auch als Instrument zur Änderung der börslichen Handelbarkeit eigener Anteilspapiere eingesetzt werden, z. B. durch Verschmelzung auf eine börsennotierte Gesellschaft oder gerade umgekehrt durch die Verschmelzung einer börsennotierten Gesellschaft auf eine nicht notierte Gesellschaft (sog. kaltes Delisting).

2.2.2 Umwandlungsrechtsreform und deren Zielsetzungen

Mit dem im Rahmen des Gesetzes zur Bereinigung des Umwandlungsrechts (UmwBerG) verabschiedeten und am 1. 1. 1995 in Kraft getretenen **Umwandlungsgesetz (UmwG)** hat der deutsche Gesetzgeber einem immer stärker werdenden Bedürfnis der Unternehmenspraxis nach einer umfassenden Systematisierung und Weiterentwicklung des Rechts der Umstrukturierung von Unternehmen Rechnung getragen. Die Notwendigkeit einer grundlegenden Reform wurde bereits 1980 vom Rechtsausschuss des Bundestags anlässlich der Verabschiedung der GmbH-Novelle erkannt und als solche geäußert. Ein 1988 der Öffentlichkeit vorgelegter Diskussionsentwurf eines Gesetzes zur Bereinigung des Umwandlungsrechts sowie ein Referentenentwurf aus dem Jahre 1992 bildeten schließlich die Grundlage des Anfang 1994 vorgelegten Regierungsentwurfs gleichen Titels. Diesem stimmten der Bundestag und – nach der Aufnahme mitbestimmungsrechtlicher Regelungen (§ 325 UmwG) sowie arbeitsrechtlicher Bestimmungen (§ 323 Abs. 1 UmwG – auch der Bundesrat zu.

Die Verkündung im Bundesgesetzblatt erfolgte am 28. 10. 1994 (BGBl. I 1994, S. 3267).

Die **Umwandlungsrechtsreform** diente im Wesentlichen der Umsetzung folgender **Ziele:**

1. Der **Rechtsbereinigung.** Die starke Zersplitterung und die daraus resultierende Unübersichtlichkeit des bisher geltenden Umwandlungsrechts erschwerte die Durchführung von Umstrukturierungen. Maßgebliche Vorschriften, die sich nach altem Recht noch auf fünf verschiedene Gesetze verteilten (Umwandlungsgesetz 1969, Aktiengesetz, Gesetz über die Kapitalerhöhung aus Gesellschaftsmitteln und über die Verschmelzung von Gesellschaften mit beschränkter Haftung, Genossenschaftsgesetz, Versicherungsaufsichtsgesetz), sind daher aus diesen herausgelöst und in einem Kodifikat, dem Umwandlungsgesetz von 1994, zusammengefasst worden.

2. Der **Schließung gesetzlicher Regelungslücken.** Zusätzlich zu bereits existierenden Umwandlungsfällen werden deutschen Unternehmen durch das neue Umwandlungsrecht weitere Möglichkeiten eröffnet, ihre Rechtsform flexibel an sich ändernde wirtschaftliche Rahmenbedingungen anzupassen. Zum einen wurden die bereits nach dem vorausgehenden Recht bestehenden Rechtsinstitute der Verschmelzung und des Formwechsels insbesondere auch auf Personenhandelsgesellschaften und Genossenschaften ausgedehnt, für die bis dato nur in eingeschränktem Maße Regelungen bestanden. Zum anderen erlaubt die generelle Einführung des Rechtsinstituts der Spaltung, Unternehmen in kleinere Einheiten aufzuteilen und somit aus ökonomischer Sicht erforderliche Dekonzentrationsmaßnahmen durchzuführen. Im Ergebnis stehen Handelsgesellschaften (OHG, KG, GmbH, AG, KGaA) damit grundsätzlich (i. W.) alle Arten der Umwandlung untereinander offen. Auch für andere Rechtsformen, wie Vereine und Stiftungen, wurden Umwandlungsmöglichkeiten geschaffen, soweit sich ein Bedürfnis der Praxis ergeben hatte. Ein solches wurde beispielsweise bejaht im Falle eingetragener Idealvereine, denen die Möglichkeit eingeräumt wird, bestimmte Abteilungen (z. B. Fußballabteilungen) abzuspalten oder auszugliedern und/oder zwecks verbesserter Möglichkeiten zur Eigenkapitalbeschaffung in Kapitalgesellschaften umzuwandeln. Darüber hinaus wurde im Zuge der am 1. August 1998 in Kraft getretenen Änderung des Umwandlungsgesetzes der Kreis der umwandlungsfähigen Rechtsträger um die so genannte **Partnerschaftsgesellschaft** erweitert, welche trotz der strukturellen Ähnlichkeiten zur OHG und zur BGB-Gesellschaft eine eigenständige Rechtsform darstellt. Gemäß der Legaldefinition des § 1 Abs. 1 Satz 1 PartGG ist eine Partnerschaft eine Gesellschaft, in der sich natürliche Personen, die Angehörige Freier Berufe sind, zur Ausübung ihrer Berufe zusammenschließen. Von wenigen Ausnahmen abgesehen, werden Partnerschaftsgesellschaften dieselben Umwandlungsmöglichkeiten wie den Personenhandelsgesellschaften gewährt.

3. Der **Verbesserung adressatenbezogener Schutzmechanismen.** Das Umwandlungsrecht stärkt den Schutz der Anteilsinhaber durch eine Vielzahl von Informations- und Prüfungsrechten. Für nicht stimmberechtigte Inhaber von Sonderrechten (Vorzugsaktien, Genussscheine etc.) besteht ein so genannter Verwässerungsschutz: Ihnen sind „gleichwertige Rechte in dem übernehmen-

den Rechtsträger zu gewähren" (§§ 23, 36 Abs. 1 Satz 1, 125, 133 Abs. 2, 135 Abs. 1, 176 Abs. 1 und 2, 177 Abs. 1, 204 UmwG). Bei der Spaltung wird mit der gesamtschuldnerischen Haftung (§§ 133 Abs. 1 Satz 1, 135 Abs. 1 UmwG) insbesondere dem Gläubigerschutz Rechnung getragen.

Eine bedeutsame Erweiterung erfuhr das Umwandlungsgesetz mit dem **Zweiten Gesetz zur Änderung des Umwandlungsgesetzes** vom 19. 4. 2007 (BGBl. I 2007, S. 542 ff.), durch welches (u. a.) erstmalig im deutschen Recht die **grenzüberschreitende Verschmelzung von Kapitalgesellschaften** im EU/EWR-Raum gesetzlich geregelt wurde (Einfügung der §§ 122a–122l UmwG; zu den Änderungen vgl. bspw. *Mayer/Weiler,* Umwandlungsgesetz, oder *Heckschen,* Umwandlungsrecht). Umgesetzt wurde damit die Richtlinie 2005/56/EG des Europäischen Parlaments und des Rates vom 26. 10. 2005 über die Verschmelzung von Kapitalgesellschaften aus verschiedenen Mitgliedstaaten (10. Richtlinie, so genannte **Verschmelzungsrichtlinie;** ABl. EU vom 25. 11. 2005 Nr. L 310, S. 1, ABl. EU vom 1. 2. 2008 Nr. L 28, S. 40). Allerdings wurden keine entsprechenden Regelungen zur Verschmelzung unter Einbeziehung von Personenhandelsgesellschaften oder allgemein zur Spaltung geschaffen (vgl. hierzu mit Diskussion der einschlägigen EuGH-Rechtsprechung *Lutter/Drygala,* § 1 UmwG, Rn. 8–12). Eine grenzüberschreitende Verschmelzung kann darüber hinaus zur Gründung einer europäischen Rechtsform führen (vgl. Teil C, Abschn. 2.1.2.2, S. 1034 f., Abschn. 2.1.2.3, S. 1038 f.); dies kann im Wege der Neugründung einer SE bzw. SCE oder via Aufnahme erfolgen, wobei dann die aufnehmende AG bzw. GmbH zur SE respektive eG wird (Art. 17 SE-VO, Art. 19 SCE-VO).

2.2.3 Arten der Umwandlung nach dem Umwandlungsgesetz

Das **Umwandlungsgesetz** unterscheidet vier grundlegende **Arten** der Umwandlung für Unternehmen mit Sitz im Inland (§ 1 Abs. 1 UmwG, vgl. hierzu die Systematik auf S. 1059):

- die Verschmelzung (§§ 2–122l UmwG),
- die Spaltung (als Aufspaltung, Abspaltung oder Ausgliederung; §§ 123–173 UmwG),
- die Vermögensübertragung (als Voll- und Teilübertragung; §§ 174–189 UmwG) und
- den Formwechsel (§§ 190–304 UmwG).

Gleichzeitige Umwandlungen mehrerer Rechtsträger bzw. auf mehrere Rechtsträger sind grundsätzlich zulässig (§§ 3 Abs. 4, 124 Abs. 2, 176 Abs. 1, 177 Abs. 1 UmwG). Sind an der Umwandlung Rechtsträger verschiedener Rechtsformen beteiligt (sog. **Mischumwandlungen**), so sind bei der betreffenden Umwandlungsart jeweils die für alle Rechtsformen geltenden Vorschriften des Allgemeinen Teils und die für jede Rechtsform spezifischen Bestimmungen des Besonderen Teils nach dem **„Baukasten"-Prinzip** parallel anzuwenden.

Zu beachten ist, dass eine Umwandlung i. S. d. § 1 Abs. 1 UmwG nur in den im Umwandlungsgesetz abschließend geregelten Fällen möglich ist **(Typenzwang),**

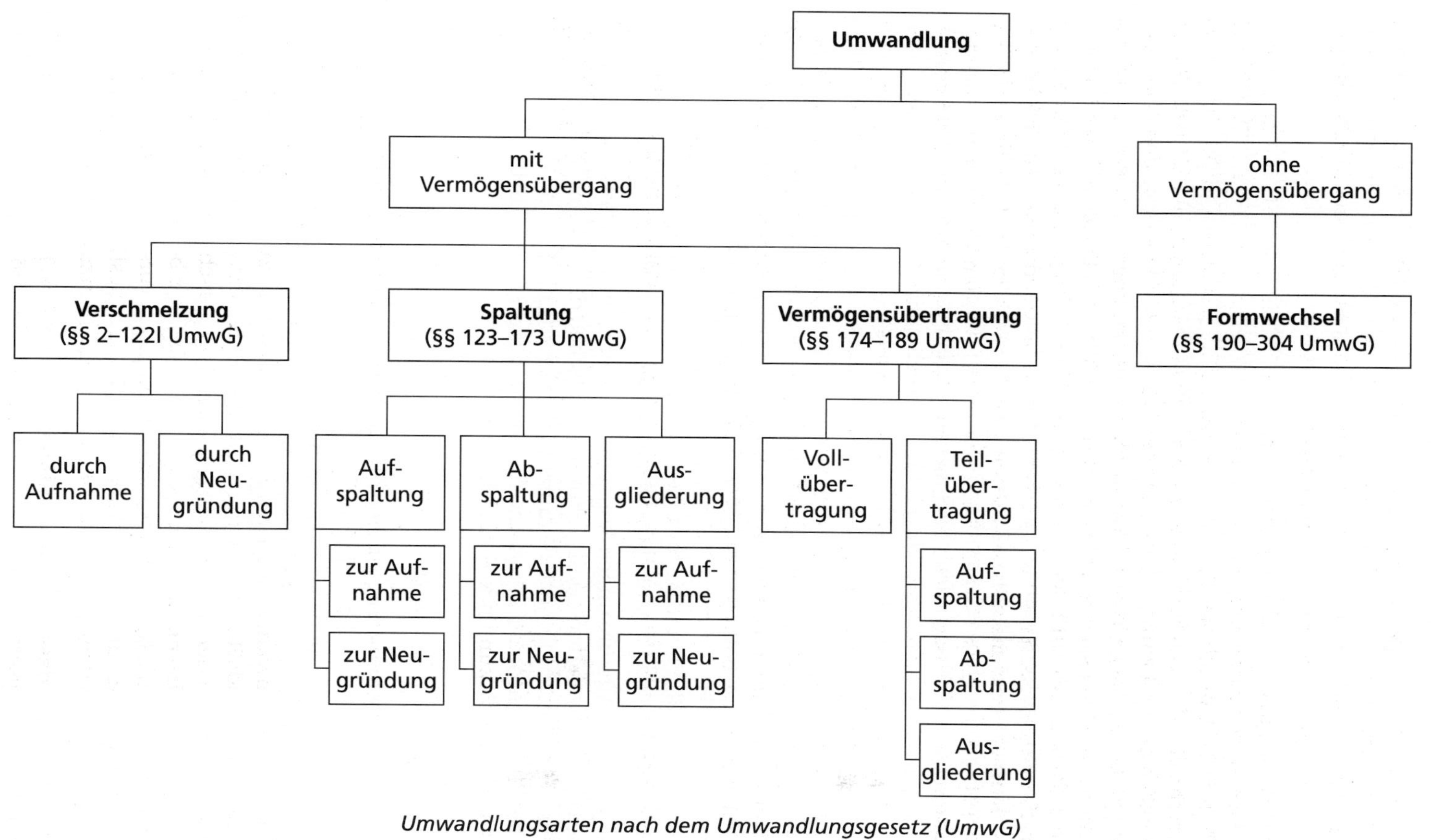

Umwandlungsarten nach dem Umwandlungsgesetz (UmwG)

eine analoge Anwendung hingegen ausgeschlossen bleibt (**Analogieverbot,** § 1 Abs. 2 UmwG). Dieser numerus clausus gilt jedoch nur für Umwandlungen im Wege der **Gesamtrechtsnachfolge** nach dem Umwandlungsgesetz. Demgemäß spricht das UmwG auch von Rechtsträgern, worunter grundsätzlich verschiedene Subjekte zu subsumieren sind, welche Träger von Rechten und Pflichten sein können. Ausgefüllt wird der Begriff durch die Vorschriften selbst, die die Subjekte in exklusiver Weise konkretisieren, für die die jeweiligen Umwandlungsarten anwendbar sind (vgl. *Lutter/Drygala,* § 1 UmwG, Rn. 3).

Ungeachtet des Typenzwangs des UmwG sind weiterhin bestimmte handels- und zivilrechtliche Umstrukturierungsmöglichkeiten zulässig, die nicht im Umwandlungsgesetz kodifiziert sind. Dazu zählt die **Umgründung** als Fall der Vermögensübertragung auf ein neu gegründetes Unternehmen durch **Einzelrechtsnachfolge** bei gleichzeitiger Formalliquidation des alten Unternehmens. Die **Anwachsung** stellt einen Sonderfall im Rahmen der Umwandlung dar, bei dem Anteile an einem Gesamthandsvermögen durch Ausscheiden eines oder mehrerer Gesellschafter den verbleibenden Eigentümern zufallen. Dies bewirkt einen Vermögensübergang durch Gesamtrechtsnachfolge ohne Liquidation. Scheidet ein Gesellschafter einer Personenhandelsgesellschaft aus, wächst somit dessen Geschäftsanteil den übrigen Gesellschaftern zu (§§ 105 Abs. 3, 161 Abs. 2 HGB i. V. m. § 738 BGB). Vereinigen sich sämtliche Geschäftsanteile der Personenhandelsgesellschaft in der Hand eines Gesellschafters, so entsteht durch Anwachsung ein Einzelunternehmen oder, falls es sich bei dem Gesellschafter um eine juristische Person handelt, eine Kapitalgesellschaft (z. B. GmbH & Co KG wird zur GmbH). Zu den nicht im Umwandlungsgesetz geregelten Umstrukturierungen zählt auch die formwechselnde und zugleich identitätswahrende Umwandlung von Personenhandelsgesellschaften.

Die weiteren Ausführungen konzentrieren sich auf die Umwandlungsarten nach dem Umwandlungsgesetz. Eine Gesamtschau der im Umwandlungsgesetz geregelten Umwandlungsfälle (unter Einbeziehung der ggf. mittelbar erfassten Fälle mit den europäischen Rechtsformen der SE und der SCE) bietet die Übersicht auf S. 1067 f. am Ende dieses Abschnittes.

2.2.3.1 Verschmelzung

Unter der **Verschmelzung** ist die vollständige Übertragung des Vermögens eines oder mehrerer Rechtsträger auf einen bereits bestehenden (Verschmelzung durch Aufnahme) oder zweier oder mehrerer Rechtsträger auf einen neu gegründeten (Verschmelzung durch Neugründung) zu verstehen. Das Vermögen des (der) übertragenden Rechtsträgers (Rechtsträger) geht im Wege der Gesamtrechtsnachfolge **(Universalsukzession)** unter Auflösung ohne Abwicklung, d. h. ohne Formalliquidation, auf den übernehmenden oder neuen Rechtsträger über. Die Anteilsinhaber tauschen ihre Beteiligung am untergehenden übertragenden Rechtsträger gegen eine solche am übernehmenden oder neuen Rechtsträger (§ 2 UmwG). Anteile, welche der übernehmende Rechtsträger am übertragenden hält, gehen allerdings gegen den entsprechenden (Netto-)Vermögenszugang unter. Auf die Generierung neuer Anteile ist verständlicherweise entsprechend zu verzichten (§ 68 UmwG).

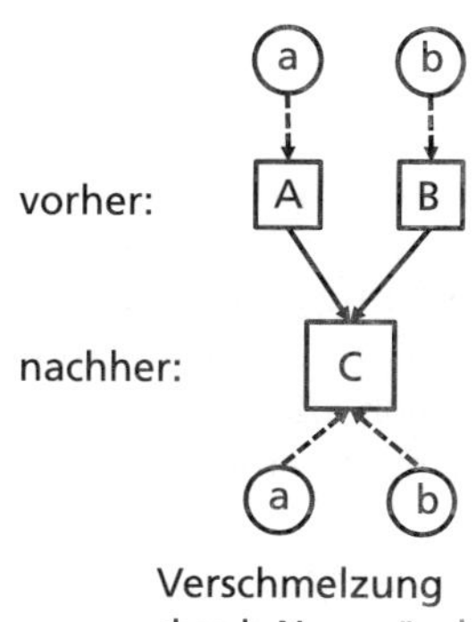

A und B werden auf die neu gegründete C verschmolzen. Die bisher an A und B beteiligten Anteilsinhaber a bzw. b halten fortan Anteile an C.

Verschmelzung durch Neugründung

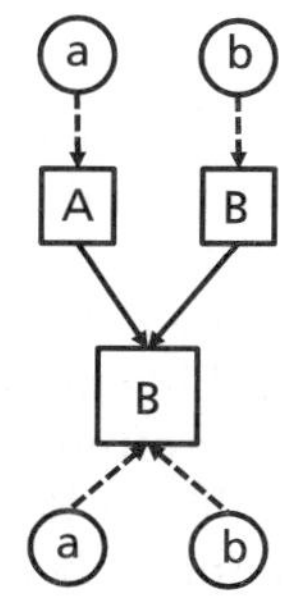

A wird auf die bereits bestehende B verschmolzen. Die bisher an A beteiligten Anteilsinhaber a halten fortan Anteile an B.

Verschmelzung durch Aufnahme

Gegenüber dem früheren Umwandlungsrecht hervorzuheben ist die Erweiterung der Menge verschmelzungsfähiger Rechtsträger (§ 3 UmwG). Die im UmwG zugelassenen Verschmelzungen von Personenhandelsgesellschaften untereinander und mit Kapitalgesellschaften räumen vor allem dem **Mittelstand** die Möglichkeit ein, „dem zunehmenden Wettbewerbsdruck durch eine Verschmelzung zu begegnen" (vgl. *Ossadnik/Maus*, Verschmelzung, S. 108). Darüber hinaus erleichtert die Aufnahme der **Partnerschaftsgesellschaft** in den Kreis verschmelzungsfähiger Rechtsträger insbesondere Wirtschaftsprüfern, Steuerberatern und Rechtsanwälten den interprofessionellen und überregionalen Ausbau ihrer Tätigkeit. Die Zulässigkeit der Verschmelzung auf eine Partnerschaftsgesellschaft ist jedoch an die Bedingung geknüpft, dass die Anteilsinhaber jedes übertragenden Rechtsträgers natürliche Personen sind, die einen Freien Beruf ausüben (§ 45a UmwG). Darüber hinaus ist die Verschmelzung einer Kapitalgesellschaft auf einen **Alleingesellschafter** in Gestalt einer natürlichen Person, mithin der Weg von der Kapitalgesellschaft in die Einzelunternehmung, nach § 120 UmwG möglich.

Hinsichtlich **grenzüberschreitender Umwandlungen** im EU/EWR-Raum werden Verschmelzungen von Kapitalgesellschaften in den §§ 122a–122l UmwG behandelt. Dabei muss mindestens eine der beteiligten Gesellschaften dem Recht eines anderen Mitglied- bzw. Vertragstaates der EU bzw. des EWR unterliegen (§ 122a UmwG). Der Kreis beteiligter Gesellschaften sowohl als übernehmende als auch als übertragende Rechtsträger ist auf Kapitalgesellschaften im Sinne des Art. 2 Nr. 1 der **Verschmelzungsrichtlinie** begrenzt. Danach sind die deutschen Rechtsformen der AG, GmbH und KGaA und die Europäische (Aktien-) Gesellschaft erfasst (vgl. *Bayer*, § 122b UmwG, Rn. 3–7). Genossenschaften und sog. Organismen für gemeinsame Anlagen in Wertpapieren, wie insbesondere Kapitalanlagegesellschaften, sind explizit von der Anwendung ausgeschlossen (§ 122b Abs. 2 UmwG; vgl. *Bayer*, § 122b UmwG, Rn. 15 f.). Voraussetzung für eine grenzüberschreitende Verschmelzung ist nach § 122b UmwG, dass die beteiligten Gesellschaften nach dem Recht eines Mitgliedstaates der Europäischen Union gegründet worden sind und ihren satzungsmäßigen Sitz, ihre Hauptverwaltung oder Hauptniederlassung im EU/EWR-Raum haben.

2.2.3.3 Vermögensübertragung

Als **Vollübertragung** (§ 174 Abs. 1 UmwG) entspricht die Vermögensübertragung in ihrer Struktur der Verschmelzung durch Aufnahme, als – über das Umwandlungsgesetz von 1994 neu hinzugekommene – **Teilübertragung** (§ 174 Abs. 2 UmwG) den verschiedenen Arten der Spaltung zur Aufnahme. Die Vermögensübertragung regelt als „Ersatzrechtsinstitut" für die Verschmelzung und die Spaltung diejenigen Umwandlungsfälle, bei denen es dem übernehmenden Rechtsträger grundsätzlich nicht möglich ist, Anteile an die Anteilsinhaber des übertragenden Rechtsträgers bzw. an diesen selbst zu gewähren. Das zentrale Charakteristikum der Vermögensübertragung liegt folglich in der Art der gewährten **Gegenleistung**, die nicht – wie bei der Verschmelzung und Spaltung – in einer Beteiligung am übernehmenden Rechtsträger, sondern in einer Gegenleistung anderer Art, etwa in Geld, besteht. Analog zur Verschmelzung und Spaltung erfolgt der Vermögensübergang im Wege der Gesamtrechts- respektive Sonderrechtsnachfolge. Bei der Vollübertragung und der aufspaltenden Teilübertragung, bei denen der übertragende Rechtsträger sein gesamtes Vermögen abgibt, erlischt der übertragende Rechtsträger ohne Abwicklung, d. h. ohne formelle Liquidation (vgl. *Schmidt*, § 174 UmwG, Rn. 2).

Der Kreis der übertragenden und übernehmenden Rechtsträger, für die eine Vermögensübertragung möglich ist, ist eng gezogen und beschränkt sich im Wesentlichen auf Fälle, an denen die öffentliche Hand und Versicherungsunternehmen als übernehmende Rechtsträger beteiligt sind (§ 175 UmwG).

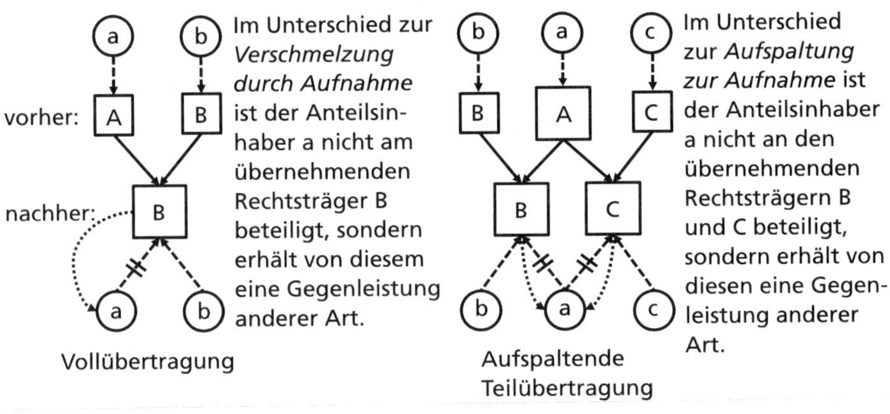

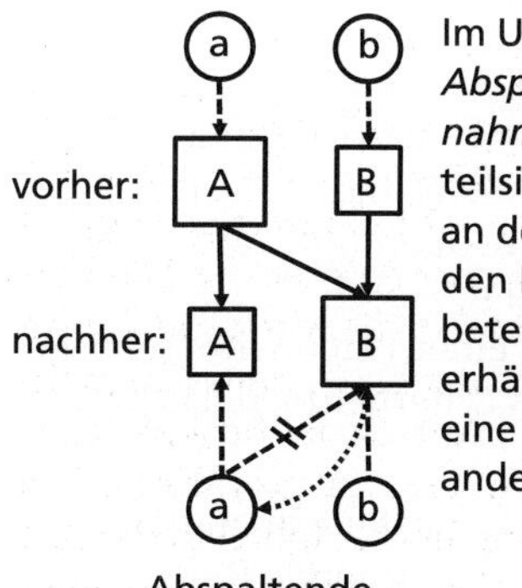

Im Unterschied zur *Abspaltung zur Aufnahme* ist der Anteilsinhaber a nicht an dem übernehmenden Rechtsträger B beteiligt, sondern erhält von diesem eine Gegenleistung anderer Art.

Abspaltende Teilübertragung

Im Unterschied zur *Ausgliederung zur Aufnahme* ist der übertragende Rechtsträger A nicht an dem übernehmenden Rechtsträger B beteiligt, sondern erhält von diesem eine Gegenleistung anderer Art.

Ausgliedernde Teilübertragung

2.2.3.4 *Formwechsel*

Beim **Formwechsel** (§§ 190–304 UmwG) ändert sich die Rechtsform und damit die Struktur des Rechtsträgers. Die wirtschaftliche und rechtliche **Identität** des Rechtsträgers bleibt jedoch – im Gegensatz zu den drei anderen Umwandlungsarten – gewahrt (vgl. § 202 Abs. 1 Nr. 1 UmwG).

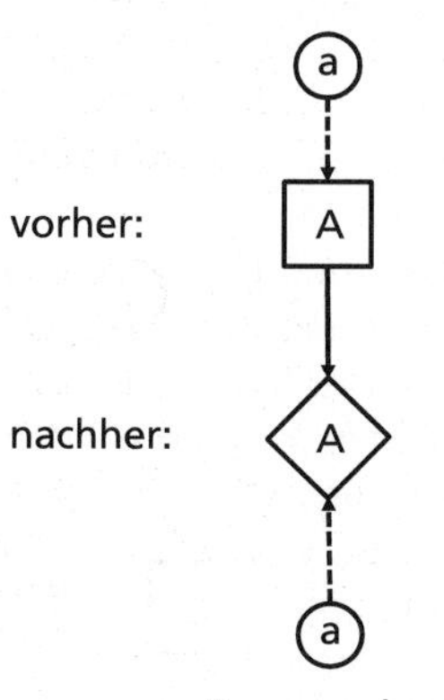

Bei A ändert sich lediglich die Rechtsform, nicht jedoch die wirtschaftliche und rechtliche Identität. Der (Rechts-)Formwechsel erfolgt ohne Vermögensübertragung.

Formwechsel

Gegenüber der formwechselnden Umwandlung des früheren Rechts ist die Anzahl der formwechselfähigen Rechtsträger (§ 191 UmwG) erheblich erweitert. Das seit dem 1. 1. 1995 geltende Umwandlungsrecht ermöglicht nun auch **„kreuzende"** Formwechsel von Kapitalgesellschaften in Personenhandelsgesellschaften und umgekehrt (§§ 214–225, 226–237 UmwG), die nach früherem Recht über das Hilfskonstrukt der sog. errichtenden Umwandlung erfolgen mussten. Zwar ist eine formwechselnde Umwandlung einer Personenhandelsgesellschaft in eine andere Personenhandelsgesellschaft nach wie vor möglich (vgl. §§ 139 Abs. 1, 162 Abs. 3, 173 HGB); sie erfolgt jedoch – im Gegensatz zum **„parallelen"** Formwechsel einer Kapitalgesellschaft in eine andere Kapitalgesellschaft (§§ 226 f., 238–250 UmwG) – wie bereits erwähnt nicht nach den Vorschriften des UmwG (§ 214 i. V. m. § 190 Abs. 2 UmwG). Darüber hinaus wurde im Zuge des Ersten Gesetzes zur Änderung des Umwandlungsgesetzes die Möglichkeit des

Formwechsels einer Partnerschaftsgesellschaft in eine Kapitalgesellschaft oder eine eingetragene Genossenschaft eröffnet (§§ 225a–225c UmwG); umgekehrt ist auch der Formwechsel einer Kapitalgesellschaft in eine Partnerschaftsgesellschaft zulässig, sofern die Anteilsinhaber des formwechselnden Rechtsträgers natürliche Personen sind, die einen Freien Beruf ausüben (§§ 226, 228 Abs. 2 UmwG). Da nach § 2 HGB (Kannkaufmann; vgl. Teil A, Abschn. 1.2.1, S. 16) ein Zusammenschluss von Kleingewerbetreibenden zu einer Personenhandelsgesellschaft möglich ist, steht auch diesen gewerblichen Unternehmen das Rechtsinstitut des Formwechsels offen.

Die Übersicht S. 1067 f. stellt die möglichen Umwandlungsfälle nach dem Umwandlungsgesetz in Bezug auf übertragende und übernehmende Rechtsträger dar. Die nach dem Umwandlungsgesetz zulässigen Umwandlungsarten nach dem Umfang des Vermögensübergangs und der Form der gewährten Gegenleistung gibt die Übersicht auf S. 1069 wieder.

2.2.4 Handels- und gesellschaftsrechtliche Behandlung und Durchführung der Umwandlung

2.2.4.1 Abwicklungsphasen der Umwandlung

Der Prozess der Abwicklung einer Umwandlung lässt sich allgemein in die Phasen der Vorbereitung, der Beschlussfassung und der Registereintragung gliedern und wird durch den Entschluss zur Durchführung einer Umwandlung, der entweder von den Vertretungsorganen der beteiligten Rechtsträger oder der Konzernleitung gefasst wird, angestoßen. Die Regelungen im UmwG legen dabei einen Rahmen für die Abfolge der Tätigkeiten fest, die im Zuge einer Umwandlung auszuführen sind (zu den **Phasen der Umwandlung** vgl. *Neye,* Reform, S. 2071, *Mayer* in *Widmann/Mayer,* Umwandlungsrecht, Einführung zum handelsrechtlichen Teil, Rn. 126 ff., sowie *Sagasser/Ködderitzsch* in *Sagasser/Bula Brünger,* Umwandlungen, J, Rn. 9 ff., *Sagasser/Sickinger* in *Sagasser/Bula/Brünger,* Umwandlungen, N, Rn. 102 ff., R, Rn. 17 ff., und *Budde/Zerwas,* Verschmelzungsschlussbilanzen, H, Rn. 25 ff., *Klingberg,* Spaltungsbilanzen, I, Rn. 25 ff., *Förschle/Hoffmann,* Formwechsel, L, Rn. 11 ff.; zu Besonderheiten bei grenzüberschreitenden Verschmelzungen in EU/EWR-Raum vgl. auch *Heckschen,* Umwandlungsrecht).

Ausgangspunkt der **Vorbereitungsphase** ist die Schaffung der rechtsgeschäftlichen Grundlage einer Umwandlung durch **Entwurf eines Vertrags, eines Plans oder einer Beschlussvorlage**. Die Vertretungsorgane der an der Umwandlung beteiligten Rechtsträger haben einen **Umwandlungsbericht** zu erstellen, in dem neben dem Umtauschverhältnis der Anteile und einem Barabfindungsangebot für umwandlungsunwillige Anteilsinhaber die rechtliche Konstruktion sowie die wirtschaftlichen Ziele und Konsequenzen der Umwandlung zu erläutern und zu begründen sind. In Abhängigkeit von der Umwandlungsart und der Rechtsform der involvierten Rechtsträger kann darüber hinaus eine Pflicht zur **Prüfung** der rechtsgeschäftlichen Grundlage der Umwandlung einschließlich eines Barabfindungsangebots bestehen, sofern nicht alle Anteilsinhaber in no-

Übertragender bzw. formwechselnder Rechtsträger	Übernehmender oder neuer Rechtsträger														
	OHG (EWIV[1])	KG	PartG[2]	GmbH[3]	AG (SE[1])	speziell Versicherungs-AG	KGaA	GbR	eG (SCE[1])	e. V. (§ 21 BGB)	genossenschaftlicher Prüfungsverband[4]	VVaG	Einzelunternehmung	Gebietskörperschaft	öffentlich-rechtliches Versicherungsunternehmen
Einzelunternehmung	S(A)[5]	S(A)[5]	–	S[5]	S[5]		S[5]		S(A)[5]						
OHG (EWIV[1])	V,S	V,S	V,S	V,S,F	V,S,F		V,S,F		V,S,F						
PartG	V,S	V,S	V,S	V,S,F	V,S,F		V,S,F		V,S,F						
KG	V,S	V,S	V,S	V,S,F	V,S,F		V,S,F		V,S,F						
GmbH	V,S,F	V,S,F	V,S,F	V,S	V,S,F		V,S,F	F	V,S,F				V[6]	Ü	
AG (SE[1])	V,S,F	V,S,F	V,S,F	V,S,F	V,S,F[7]		V,S,F	F	V,S,F				V[6]	Ü	
KGaA	V,S,F	V,S,F	V,S,F	V,S,F	V,S,F		V,S	F	V,S,F				V[6]	Ü	
eG (SCE[1])	V,S	V,S	V,S	V,S,F	V,S,F		V,S,F		V,S,F[7]						
eingetragener Verein (§ 21 BGB)	V,S	V,S	V,S	V,S,F	V,S,F		V,S,F		V,S,F	V,S	V(A),S(A)				
wirtschaftlicher Verein (§ 22 BGB)	V,S	V,S	V,S	V,S,F	V,S,F		V,S,F		V,S,F		V(A),S(A)				
genossenschaftlicher Prüfungsverband				S[5]	S[5]		S[1]				V,S				
Versicherungsverein auf Gegenseitigkeit (VVaG)				S[5,8]	S[5,8],F[9]	V(A)[10],S[11],Ü						V,S[11]			Ü
öffentlich-rechtliches Versicherungsunternehmen						Ü						Ü			
Versicherungs-AG												Ü			Ü
Stiftung (§ 80 BGB)	S(A)[5]	S(A)[5]		S[5]	S[5]		S[5]								
Gebietskörperschaft	S(A)[5]	S(A)[5]		S[5]	S[5]		S[5]		S[5]						
Körperschaften und Anstalten des öffentlichen Rechts				F	F		F								

V Verschmelzung (§§ 2 ff. UmwG, insb. §§ 3, 99, 105, 109, 120, 122b UmwG)
S Spaltung (§§ 123 ff. UmwG, insb. §§ 124f., 149-152, 161, 168 UmwG)
F Formwechsel (§§ 190 ff. UmwG, insb. §§ 225a, 226, 258, 272, 301 UmwG)
Ü Vermögensübertragung (§§ 174ff. UmwG, insb. § 175 UmwG)

(A) nur durch Aufnahme möglich

[1] Europäische Rechtsformen sind analog ihren deutschen Pendants zu behandeln (Art. 9 SE-VO, Art. 9 SCE-VO, § 1 EWIV-AG; vgl. *Lutter/Drygala*, § 1 UmwG, Rn. 3; allerdings strittig, vgl. zur SE *Buyer/Klein/Müller*, Unternehmensform, S. 83–85)
[2] nur möglich, wenn im Zeitpunkt des Wirksamwerdens alle Anteilsinhaber übertragender Rechtsträger natürliche Personen sind, die einen Freien Beruf ausüben (§§ 45a, 125, 228 Abs. 2 UmwG)
[3] Zu beachten sind bei Umwandlungen in eine Unternehmergesellschaft (haftungsbeschränkt) deren besondere Restriktionen, wie etwa das Sacheinlagenverbot (vgl. *Miras*, Unternehmergesellschaft, S. 2493)
[4] i. d. R. in der Rechtsform des e. V. (§ 63 Abs. 1 GenG); ggf. nicht aufnahmefähig, falls als wirtschaftlicher Verein organisiert (vgl. *Bayer*, § 105 UmwG, Rn. 3)
[5] nur Ausgliederung möglich
[6] übernehmende natürliche Person ist Alleingesellschafter (§ 120 UmwG)
[7] Formwechsel von nationaler in europäische Rechtsform und umgekehrt möglich (vgl. Art. 2, 66 SE-VO, Art. 2, 76 SCE-VO)
[8] Voraussetzung ist, dass ein Übergang von Versicherungsverträgen nicht stattfindet (§ 151 S. 2 UmwG). Es ist somit an die Auslagerung von Hilfsfunktionen (Gebäude etc.) im Unterschied zur Übertragung von Versicherungsverhältnissen etwa bei einer Spaltung auf eine Versicherungs-AG zu denken
[9] Es darf sich nicht um einen „kleineren Verein" i. S. d. § 53 VAG handeln
[10] gemäß § 109 UmwG Verschmelzung zur Aufnahme. Eine Verschmelzung zur Neugründung ebenfalls bejahend *Hübner*, § 109 UmwG, Rn. 1; hierfür spricht die nicht einschränkende Formulierung des § 151 UmwG zur Spaltung
[11] nur Auf- oder Abspaltung möglich

Mögliche Umwandlungsvorgänge nach dem Umwandlungsgesetz (UmwG)

Gegenleistung / Vermögensübergang erfolgt	Anteile oder Mitgliedschaften der (des) übernehmenden oder neuen Rechtsträger(s)		in anderer Form (insb. Barleistung)	
	an Anteilsinhaber der (des) übertragenden Rechtsträger(s)	an übertragende(n) Rechtsträger	an Anteilsinhaber der (des) übertragenden Rechtsträger(s)	an übertragende(n) Rechtsträger
ingesamt vollständig	Verschmelzung Spaltung (Aufspaltung)	——— *	Vermögensübertragung (Vollübertragung) Vermögensübertragung (Teilübertragung)	———
nur teilweise	Spaltung (Abspaltung)	Spaltung (Ausgliederung)	Vermögensübertragung (Teilübertragung)	
nicht	Formwechsel (ohne Rechtsträgerwechsel)	———		

* Im Rahmen einer Ausgliederung wird es jedoch für zulässig erachtet, dass das gesamte Vermögen des übertragenden Rechtsträgers auf den übernehmenden Rechtsträger übergeht (Holding-Fall).

Umfang des Vermögensübergangs und Form der Gegenleistung bei den Umwandlungsarten nach dem Umwandlungsgesetz tariell beurkundeter Form darauf verzichten. Hat ein Rechtsträger im Zuge der Umwandlung eine Kapitalerhöhung oder -herabsetzung durchzuführen, sind auch die hierzu erforderlichen Maßnahmen zu planen. Die Vorbereitungsphase findet ihren Abschluss mit der Einladung der Anteilsinhaber zur beschlussfassenden Versammlung.

Der **Phase der Beschlussfassung** sind sämtliche Tätigkeiten zuzuordnen, die im Rahmen der Durchführung der Anteilsinhaberversammlung anfallen. Grundsätzlich sind die Vertretungsorgane der an der Umwandlung beteiligten Rechtsträger entweder kraft Gesetzes oder auf Verlangen der Anteilsinhaber dazu verpflichtet, die Umwandlung sowie deren privatrechtliches Gerüst in Form eines Vertrags, eines Plans oder einer Beschlussvorlage bzw. des entsprechenden Entwurfs während der Versammlung zu erläutern. Da die rechtsgeschäftliche Grundlage einer Umwandlung nur durch Zustimmung der Anteilsinhaber der beteiligten Rechtsträger wirksam wird, haben die jeweiligen Anteilsinhaberversammlungen gesondert einen entsprechenden Beschluss zu fassen, für den die im UmwG, im Gesellschaftsvertrag oder in der Satzung festgelegte qualifizierte Mehrheit erforderlich ist. Die **Umwandlungsbeschlüsse** bedürfen der notariellen Beurkundung.

Der Prozess der Abwicklung einer Umwandlung endet mit der **Phase der Registereintragung,** welche die Rechtswirkungen einer Umwandlung auslöst. Die Vertretungsorgane der an der Umwandlung beteiligten Rechtsträger haben die Umwandlung zur Eintragung in das zuständige Handels-, Genossenschafts- oder Partnerschaftsregister, deren Inhalte in elektronisch geführten Unternehmensregistern abrufbar sind (§ 8b HGB), gegebenenfalls auch zur Eintragung in das Vereinsregister anzumelden. Die Eintragung der Umwandlung ist jedoch unzulässig, solange eine im Zuge der Umwandlung durchzuführende Kapitalerhöhung oder -herabsetzung noch nicht im Register eingetragen ist.

Im Folgenden soll die Abfolge wichtiger, im Rahmen einer Umwandlung anfallender Tätigkeiten gesondert für die Umwandlungsarten Verschmelzung, Spaltung und Formwechsel dargestellt werden. Auf den Spaltungsprozess wird dabei nur insoweit eingegangen, als er Unterschiede zum Verschmelzungsprozess aufweist. Einen Überblick über die möglichen Abläufe einer Verschmelzung bzw. eines Formwechsels geben die Abbildungen auf den S. 1071 und 1084.

Der Zeitrahmen für die Abwicklung einer **Verschmelzung** wird maßgeblich durch § 17 Abs. 2 UmwG festgelegt. Diese Regelung verlangt für jeden übertragenden Rechtsträger die Aufstellung einer den handelsrechtlichen Vorschriften zum Jahresabschluss genügenden **Schlussbilanz** auf einen Stichtag, der höchstens acht Monate vor dem Tag der Anmeldung zur Eintragung ins Register liegen darf (bei Verschmelzungen unter Beteiligung von Aktiengesellschaften besteht ggf. noch die Pflicht zur Erstellung einer Zwischenbilanz nach § 63 UmwG, falls sich der letzte Jahresabschluss auf ein Geschäftsjahr bezieht, welches mehr als sechs Monate vor dem Abschluss des Verschmelzungsvertrages oder der Aufstellung des Entwurfes abgelaufen ist). Um das Umtauschverhältnis der Anteile sowie die Höhe einer Barabfindung für verschmelzungsunwillige Anteilsinhaber ökonomisch korrekt zu bestimmen, ist der jeweilige Marktwert der Ansprüche der Anteilseigner aller an der Verschmelzung beteiligten Rechts-

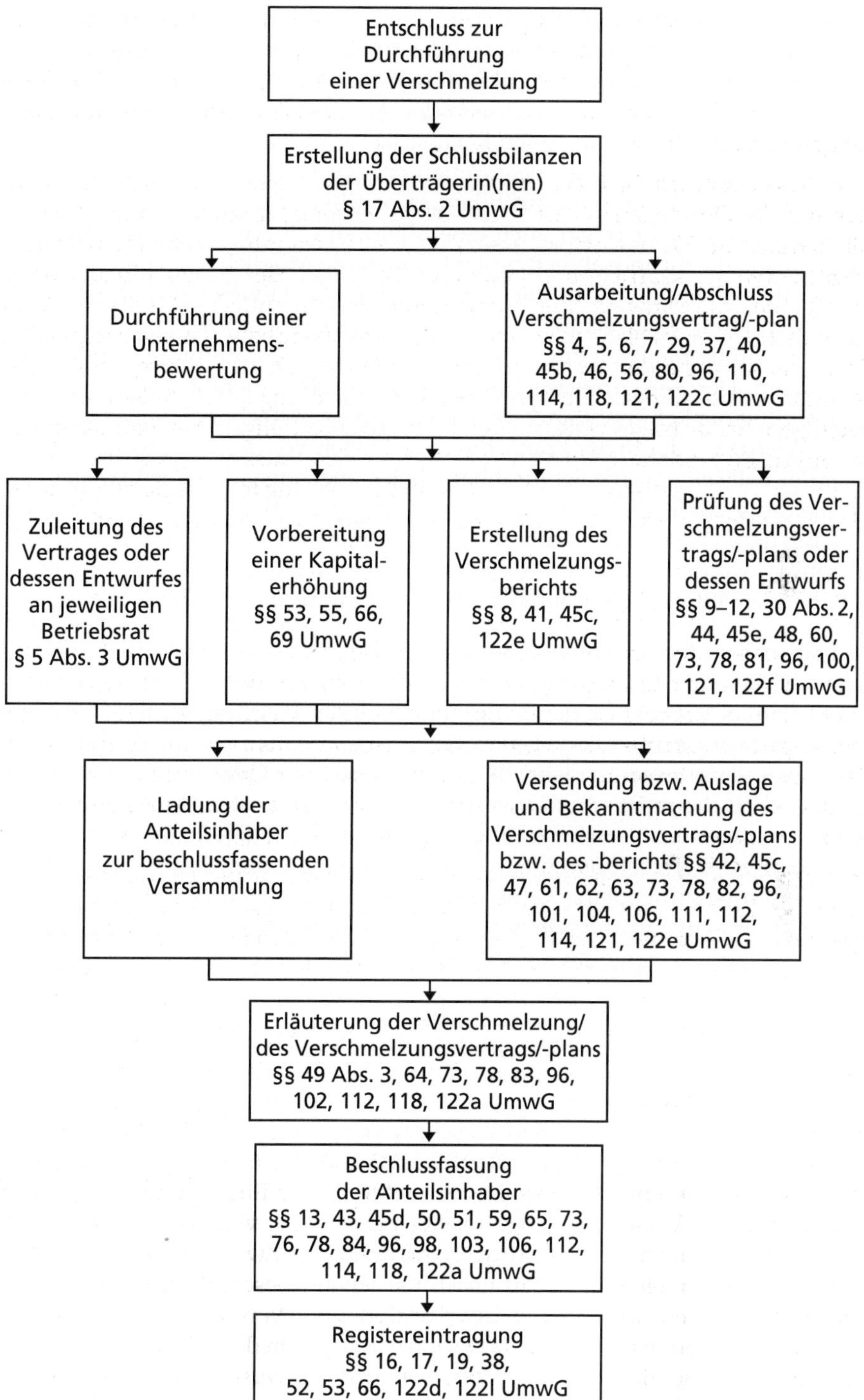

Abfolge der im Rahmen einer Verschmelzung durchzuführenden Tätigkeiten

träger auf zukünftige Zahlungen zu ermitteln. Sofern die Schlussbilanzen nach § 17 Abs. 2 UmwG als Ausgangsbasis der für die Unternehmensbewertungen erforderlichen Prognosen der zukünftigen Rückflüsse dienen, ist deren Aufstellung der erste Schritt im Rahmen der Abwicklung einer Verschmelzung. Da der Wert des übernehmenden Rechtsträgers im Falle einer Verschmelzung zur Aufnahme ebenfalls zu bestimmen ist, wird für eine Unternehmensbewertung unter Bezugnahme auf Bilanzen parallel zu den Schlussbilanzen der übertragenden Rechtsträger auch eine Bilanz des übernehmenden Rechtsträgers aufgestellt. Grundsätzlich besteht jedoch die Möglichkeit, zur Festlegung des Umtauschverhältnisses der Anteile sowie der Höhe einer Barabfindung auf Unternehmensbewertungsverfahren zurückzugreifen, welche auf die Aufstellung von Ist-Bilanzen zur Abschätzung zukünftiger Zahlungsüberschüsse verzichten. Der Verschmelzungsprozess hat folglich nicht zwingend mit der Aufstellung der Schlussbilanzen der übertragenden Rechtsträger zu beginnen; in der Mehrzahl der in der Praxis durchgeführten Verschmelzungen wird dies aber der Fall sein. Da die Schlussbilanz jedes übertragenden Rechtsträgers der Anmeldung zur Registereintragung beizufügen ist (§ 17 Abs. 2 Satz 1 UmwG) und mit deren Aufstellung frühestens acht Monate vor dem Tag der Anmeldung begonnen werden kann, sind i. d. R. sämtliche im Zuge einer Verschmelzung anfallenden Tätigkeiten innerhalb dieses Zeitraums auszuführen.

Der Abschluss des **Verschmelzungsvertrags**, der die rechtsgeschäftliche Grundlage der Verschmelzung darstellt und dessen Ausarbeitung in der Regel unmittelbar an die Aufstellung der Schlussbilanzen der Überträgerinnen anknüpft, obliegt gemäß § 4 Abs. 1 UmwG den Vertretungsorganen der an der Verschmelzung beteiligten Rechtsträger. Bei **grenzüberschreitenden Verschmelzungen** im EU/EWR-Raum ist von den Vertretungsorganen anstelle eines Verschmelzungsvertrages ein **Verschmelzungsplan** aufzustellen (§ 122 c UmwG). Im Unterschied zum Verschmelzungsvertrag beinhalten die Mindestbestandteile des Verschmelzungsplans keine Vereinbarung zur Vermögensübertragung gegen Anteilsgewährung wie in § 5 Abs. 1 Nr. 2 UmwG und damit die für den Verschmelzungsvertrag zwingende schuldrechtliche Komponente (vgl. *Bayer*, § 122 c UmwG, Rn. 3 f.). Damit ein ausreichender Informationsstand der Anteilsinhaber im Hinblick auf die Beschlussfassung über den Verschmelzungsvertrag gewährleistet ist, wird der Mindestinhalt des Verschmelzungsvertrages bzw. -planes gesetzlich vorgeschrieben.

Im Wesentlichen sind die in den Verschmelzungsvertrag/-plan aufzunehmenden **Bestandteile** in §§ 5 Abs. 1 Nr. 1–9, 122 c Abs. 2 Nr. 1–12 UmwG festgelegt. Von zentraler Bedeutung ist die **Angabe des Umtauschverhältnisses** (§§ 5 Abs. 1 Nr. 3, 122 c Abs. 2 Nr. 2 UmwG); aus diesem lassen sich die Anteile bzw. Mitgliedschaften am übernehmenden Rechtsträger ermitteln, die den Anteilsinhabern jedes übertragenden Rechtsträgers für ihre untergehenden Anteile gewährt werden. Die im Verschmelzungsvertrag/-plan festgesetzte **Höhe des Umtauschverhältnisses** ist Ergebnis der von den Vertretungsorganen der beteiligten Rechtsträger geführten Verhandlungen. Da deren Anteilsinhaber nur dann zu einer Verschmelzung bereit sein werden, wenn sie dadurch keine Vermögensverluste erleiden, darf der Wert der hingegebenen Anteile grundsätzlich den Wert der erhaltenen Anteile nicht übersteigen. Um den für die Festlegung des Umtauschverhältnisses erforderlichen **inneren Wert** eines Anteils zu ermitteln, ist eine **Unternehmensbewertung** der zu verschmelzenden Rechtsträger durchzuführen. Da der innere Wert eines Anteils ökonomisch dem Barwert der hierauf entfallenden zukünftigen Zahlungen entspricht, kommen zur Anteils- bzw. Unternehmensbewertung letztlich nur **Ertragswert- oder Discounted Cashflow-Methoden** in Betracht (eine Darstellung der Discounted Cashflow-Methoden findet sich etwa bei *Ballwieser,* Unternehmensbewertung, *Drukarczyk/Schüler,* Unternehmensbewertung, oder *Hachmeister,* Discounted Cash Flow).

Die zu gewährenden Anteile können bei Kapitalgesellschaften durch eine **Kapitalerhöhung** neu geschaffen werden. Sofern eine solche erforderlich ist, kann sie unter **vereinfachten** Bedingungen durchgeführt werden (§§ 55, 69 UmwG). Da eine Verschmelzung gemäß §§ 53, 66 UmwG erst nach einer gegebenenfalls vorzunehmenden Erhöhung des Grund- oder Stammkapitals in das zuständige Register eingetragen werden darf, muss mit den im Zuge einer Kapitalerhöhung anfallenden Tätigkeiten frühzeitig begonnen werden. Auf eine Kapitalerhöhung ist bei der übernehmenden Kapitalgesellschaft in dem Umfang zu verzichten, in dem sie Anteile des übertragenden Rechtsträgers besitzt oder der übertragende Rechtsträger eigene Anteile hält oder solche Anteile an der übernehmenden Kapitalgesellschaft innehat, auf die die Einlagen noch nicht in voller Höhe erbracht sind (§§ 54 Abs. 1 S. 1 Nr. 1–3, 68 Abs. 1 Nr. 1–3, 78 UmwG). Wahlweise kann auf eine Kapitalerhöhung verzichtet werden, soweit die übernehmende Gesellschaft eigene Anteile oder der übertragende Rechtsträger Anteile der Übernehmerin besitzt, auf die die Einlage voll erbracht ist (§§ 54 Abs. 1 S. 2 Nr. 1 und 2, 68 Abs. 1 Nr. 1 und 2, 78 UmwG); in diesen Fällen können die vorhandenen Anteile zur Erbringung der Gegenleistung verwandt werden. Darüber hinaus besteht seit dem Zweiten Gesetz zur Änderung des Umwandlungsgesetzes die Möglichkeit eines Verzichtes auf eine Gegenleistung (in Gestalt einer Anteilsgewährung; §§ 54 Abs. 1 S. 3, 68 Abs. 1 S. 3, 78 UmwG). Voraussetzung hierfür ist, dass sämtliche Anteilsinhaber des übertragenden Rechtsträgers notariell beurkundet darauf verzichten. Damit soll insbesondere die Verschmelzung zweier (oder mehrerer) 100 %-Töchter derselben Muttergesellschaft aufeinander vereinfacht werden (vgl. hierzu und zum zu beachtenden steuerlichen Aspekt *Mayer/Weiler,* Umwandlungsgesetz, S. 1238 f.). Die Berechnung des Umtauschverhältnisses sowie die Aufbringung neuer Anteile als Gegenleistung im Rahmen einer Verschmelzung sollen im Folgenden an einem Beispiel veranschaulicht werden.

Beispiel:

Der Vorstand der A-AG und die Geschäftsleitung der B-GmbH streben eine Verschmelzung der B-GmbH auf die A-AG an (Verschmelzung durch Aufnahme). Bisher sind die beiden Gesellschaften wechselseitig aneinander beteiligt, wobei die A-AG 25 % der Geschäftsanteile an der B-GmbH hält, während diese wiederum 10 % der Aktien der A-AG besitzt. Neben der A-AG sind an der B-GmbH die Gesellschafter X und Y zu 50 % (X) bzw. 25 % (Y) beteiligt. Eine Unternehmensbewertung hat ergeben, dass der Ertragswert des Eigenkapitals der A-AG und damit der Wert der Aktien 20.000.000 beträgt, wohingegen für die Gesellschafteranteile der B-GmbH ein Ertragswert in Höhe von 12.000.000 ermittelt worden ist. Die Beteiligungsstruktur lässt sich graphisch wie folgt veranschaulichen:

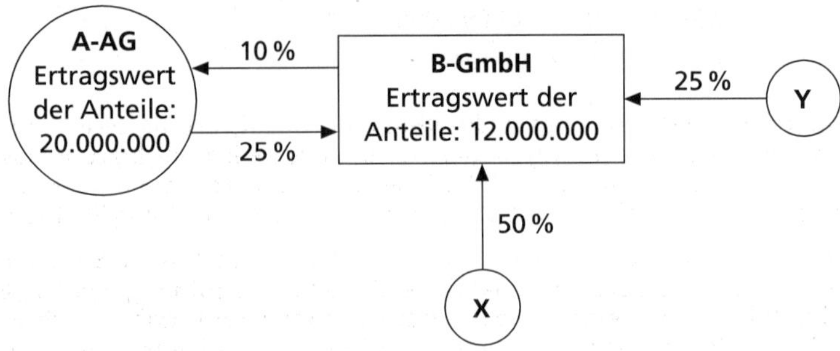

Sofern von Synergieeffekten abstrahiert wird, entspricht die Höhe des Ertragswerts der A-AG nach der Verschmelzung der Summe der Ertragswerte der B-GmbH und der A-AG vor der Verschmelzung. Zu berücksichtigen ist jedoch, dass beide Gesellschaften wechselseitig aneinander beteiligt sind; insofern würde eine bloße Addition der Ertragswerte beider Gesellschaften zu einer doppelten Erfassung derjenigen Ertragswertbestandteile führen, welche auf die Beteiligungen entfallen und durch diese zusätzlich erfasst sind. Zur korrekten Berechnung des Ertragswerts der A-AG nach Verschmelzung ist deshalb die Summe der Ertragswerte beider Gesellschaften um die Ertragswerte der Beteiligungen zu vermindern.

Es gilt:

(1) $E^{A+B} = E^{A} + E^{B} - a^{A}_{B} \cdot E^{A} - a^{B}_{A} \cdot E^{B}$
$= 20.000.000 + 12.000.000 - 0{,}1 \cdot 20.000.000 - 0{,}25 \cdot 12.000.000 = 27.000.000$

mit:
- E^{A} : Ertragswert des Eigenkapitals der A-AG vor Durchführung der Verschmelzung
- E^{B} : Ertragswert des Eigenkapitals der untergehenden B-GmbH
- E^{A+B} : Ertragswert des Eigenkapitals der A-AG nach erfolgter Verschmelzung
- a^{B}_{A} : Anteil der A-AG an der B-GmbH vor der Verschmelzung (in Prozent)
- a^{A}_{B} : Anteil der B-GmbH an der A-AG vor der Verschmelzung (in Prozent).

Um einen verschmelzungsbedingten Vermögensverlust der GmbH-Gesellschafter X und Y zu vermeiden, muss der Wert ihrer untergehenden Gesellschaftsanteile an der B-GmbH dem Wert der Anteile entsprechen, die sie an der A-AG im Zuge der Durchführung der Verschmelzung erhalten:

(2) $a^{B}_{X} \cdot E^{B} = a^{A+B}_{X} \cdot E^{A+B}$ bzw.

(3) $a^{B}_{Y} \cdot E^{B} = a^{A+B}_{Y} \cdot E^{A+B}$

mit:
- a^{B}_{X} : Anteil von X an der B-GmbH vor der Verschmelzung (in Prozent)
- a^{A+B}_{X} : Anteil von X an der A-AG nach der Verschmelzung (in Prozent)
- a^{B}_{Y} : Anteil von Y an der B-GmbH vor der Verschmelzung (in Prozent)
- a^{A+B}_{Y} : Anteil von Y an der A-AG nach der Verschmelzung (in Prozent).

Durch Auflösen der Gleichungen (2) und (3) nach den Beteiligungsquoten a^{A+B}_{X} und a^{A+B}_{Y}, die den Gesellschaftern X und Y an der A-AG zu gewähren sind, ergibt sich:

(4) $$a^{A+B}_{X} = \frac{a^{B}_{X} \cdot E^{B}}{E^{A+B}} = \frac{0{,}5 \cdot 12.000.000}{27.000.000} = \frac{2}{9}$$

(5) $a_Y^{A+B} = \frac{a_Y^B \cdot E^B}{E^{A+B}} = \frac{0{,}25 \cdot 12.000.000}{27.000.000} = \frac{1}{9}.$

Zur Berechnung des Umtauschverhältnisses wird unterstellt, dass der Nennwert der von der A-AG bisher ausgegebenen Aktien jeweils 1 beträgt und das gezeichnete Kapital in der Bilanz mit 5.000.000 ausgewiesen ist. Des Weiteren wird davon ausgegangen, dass die A-AG eigene Anteile im Nennwert von 50.000 besitzt.

Um die Gesellschafter X und Y entsprechend den berechneten Beteiligungsquoten an der A-AG zu beteiligen, hat diese eine **Kapitalerhöhung** gemäß § 69 UmwG durchzuführen. Auf eine Ausgabe neuer Anteile kann dabei nach § 68 Abs. 1 Satz 2 Nr. 1 UmwG verzichtet werden, sofern die A-AG ihre eigenen Aktien im Nennwert von 50.000 an X und Y überträgt. Unterstellt wird, dass die A-AG von dieser Möglichkeit Gebrauch macht. Ausdrücklich ausgeschlossen wird nach § 68 Abs. 1 Satz 1 Nr. 1 UmwG eine logisch ohnehin nicht nachvollziehbare Kapitalerhöhung im Umfang der Beteiligung der A-AG an der B-GmbH.

Für den Umfang der erforderlichen Erhöhung des Grundkapitals ΔGK gilt somit Folgendes:

(6) $\frac{GK_i}{GK_A^{alt} + \Delta GK} = a_i^{A+B} \qquad i = X, Y.$

Der Anteil a_i^{A+B}, den der GmbH-Gesellschafter i (i = X, Y) nach der Verschmelzung an der A-AG hält, entspricht dem Quotienten aus dem Teilbetrag GK_i des Grundkapitals nach erfolgter Kapitalerhöhung, der auf die Beteiligung des i entfällt, und dem Betrag des erhöhten Grundkapitals $GK_A^{alt} + \Delta GK$. Dabei bezeichnet GK_A^{alt} die Höhe des Grundkapitals der A-AG vor Durchführung der Verschmelzung. Da die Aktionäre, die bereits vor der Verschmelzung an der A-AG beteiligt waren, auf Grund eines Bezugsrechtsausschlusses nicht an der Kapitalerhöhung partizipieren (§ 69 Abs. 1 S. 1 UmwG i. V. m. § 186 AktG), teilt sich der Betrag der Kapitalerhöhung ebenso wie der Nennwert der eigenen Anteile $GK^{eig.\,Ant.}$ auf die Beteiligungen der Neuaktionäre i entsprechend dem Verhältnis ihrer Beteiligungsquoten auf. Der auf den Neuaktionär i entfallende Teilbetrag des Grundkapitals GK_i berechnet sich dann wie folgt:

(7) $GK_i = \frac{a_i^{A+B}}{a_i^{A+B} + a_j^{A+B}} \cdot [\Delta GK + GK^{eig.\,Ant.}] \qquad i, j = X, Y \text{ und } i \neq j.$

Durch Einsetzen einer Gleichung des Systems (7) für beliebiges $i \in \{X, Y\}$ in die korrespondierende Gleichung des Systems (6) erhält man unter Berücksichtigung der Gleichungen (4) und (5) sowie durch Auflösen nach ΔGK den Umfang der erforderlichen Kapitalerhöhung:

(8) $$\Delta GK = \frac{[a_i^{A+B} + a_j^{A+B}] \cdot GK_A^{alt} - GK^{eig.\,Ant.}}{1 - a_i^{A+B} - a_j^{A+B}}$$

$$= \frac{\left[\frac{2}{9} + \frac{1}{9}\right] \cdot 5.000.000 - 50.000}{1 - \frac{2}{9} - \frac{1}{9}} = 2.425.000.$$

Da der Nennbetrag einer jungen Aktie auf 1 lautet, sind im Rahmen der Kapitalerhöhung insgesamt $\frac{2.425.000}{1} = 2.425.000$ Aktien auszugeben. Damit berechnet sich das X und Y jeweils zustehende Grundkapital zu

$$GK_X = \frac{\frac{2}{9}}{\frac{1}{9} + \frac{2}{9}} \cdot [2.425.000 + 50.000] = 1.650.000 \text{ bzw.}$$

$$GK_Y = \frac{\frac{1}{9}}{\frac{1}{9} + \frac{2}{9}} \cdot [2.425.000 + 50.000] = 825.000.$$

Angenommen, das in der Bilanz der B-GmbH ausgewiesene Stammkapital beträgt 3.000.000. Sind die Geschäftsanteile der Gesellschafter X und Y an der GmbH auf Einheiten in Höhe von 100 (= frühere Mindeststammeinlage jedes Gesellschafters vor Änderung durch das MoMiG nach § 5 Abs. 1 GmbHG a. F.) normiert, so lässt sich die Anzahl der GmbH-Anteile bestimmen, für die der GmbH-Gesellschafter X (Y) eine Aktie der A-AG erhält. Diese als **Umtauschverhältnis** bezeichnete Relation soll im Folgenden für X und Y berechnet werden.

Mit seiner 50 %-Beteiligung an der GmbH besitzt X $\frac{0{,}5 \cdot 3.000.000}{100} = 15.000$

normierte GmbH-Anteile, für die ihm $\frac{GK_X}{\text{Nennbetrag einer Aktie}} = \frac{1.650.000}{1}$

= 1.650.000 Aktien der A-AG gewährt werden. Somit beträgt das für X festzulegende Umtauschverhältnis der Anteile U_X:

$$U_X = \frac{15.000}{1.650.000} = \frac{1}{110}.$$

Für das Umtauschverhältnis der Anteile U_Y des Gesellschafters Y, das auf die gleiche Weise zu berechnen ist, gilt dann:

$$U_Y = \frac{0{,}25 \cdot 3.000.000 / 100}{825.000 / 1} = \frac{7.500}{825.000} = \frac{1}{110}.$$

Die Umtauschverhältnisse der Anteile U_X und U_Y stimmen überein, weil X und Y gleich behandelt werden – kein Gesellschafter erfährt im Zuge der Verschmelzung eine Vermögensänderung.

Da der **Zeitpunkt der Gewinnberechtigung** der Anteile am übernehmenden Rechtsträger, die den Anteilsinhabern des übertragenden Rechtsträgers als Gegenleistung für ihre untergehenden Anteile gewährt werden, gesetzlich nicht vorgegeben ist, muss er im Rahmen des Verschmelzungsvertrags/-plans festgelegt werden (§§ 5 Abs. 1 Nr. 5, 122 c Abs. 2 Nr. 5 UmwG). Gemäß § 5 Abs. 1 Nr. 6 UmwG (§ 122 c Abs. 2 Nr. 6 UmwG) ist im Verschmelzungsvertrag(/-plan) auch der als **Verschmelzungsstichtag** bezeichnete Zeitpunkt anzugeben, von dem an die Handlungen der Überträgerin als für Rechnung der Übernehmerin vorgenommen gelten. Die Regelung in § 5 Abs. 1 Nr. 7 UmwG bzw. § 122 c Abs. 2 Nr. 7 UmwG fordert weiterhin, über Abweichungen vom gesellschaftsrechtlichen Gebot der Gleichbehandlung im Rahmen des Verschmelzungsvertrags bzw. -plans zu berichten. Erfasst werden sollen hier sämtliche Arten von bestehenden oder im Zuge der Verschmelzung gewährten **Sonderrechten und Sonderrechtspositionen**, die der übernehmende Rechtsträger einzelnen Personen einräumt. Darüber hinaus ist im Verschmelzungsvertrag/-plan die Höhe eines **Barabfindungsan-**

gebots für jeden verschmelzungsunwilligen Anteilsinhaber des übertragenden Rechtsträgers festzusetzen (§§ 29 Abs. 1, 122i Abs. 1 UmwG). Voraussetzung für die Bemessung des Barabfindungsangebots ist die Bestimmung des inneren Werts der Anteile, die vom verschmelzungsunwilligen Anteilsinhaber gehalten werden. Mit dem Zweiten Gesetz zur Änderung des Umwandlungsgesetzes vom 19. 4. 2007 (BGBl. I 2007, S. 542 ff.) wurde ein Pflichtangebot zur Abfindung an die Anteilseigner des übertragenden Rechtsträgers auch für die Verschmelzung einer börsennotierten AG auf eine nicht-börsennotierte AG vorgesehen **(kaltes Delisting).** Die Vorschrift eröffnet den Anteilsinhabern damit eine Ausstiegsoption für den Fall, dass bei unveränderter rechtlicher Konstruktion ihres Eigneranspruches eine faktische Benachteiligung gegenüber ihrer bisherigen Position aus der eingeschränkten Handelbarkeit des Anspruches droht. Bei grenzüberschreitenden Verschmelzungen im EU/EWR-Raum besteht eine **Ausstiegsmöglichkeit,** sofern die übernehmende oder neue Gesellschaft nicht dem deutschen Recht unterliegt und damit eine Beeinträchtigung gegenüber der bisherigen rechtlichen Position möglich ist (§ 122i Abs. 1 UmwG). Für die Wahrnehmung der Ausstiegsoption ist von den verschmelzungsunwilligen Anteilseignern in jedem Fall Widerspruch zur Niederschrift einzulegen (§§ 29 Abs. 1, 122i Abs. 1 UmwG).

Die Kodifizierung des Mindestinhalts des Verschmelzungsvertrags dient primär der Unterrichtung der Anteilsinhaber. Da aber auch die **Interessen der Arbeitnehmer** tangiert werden, sind im Verschmelzungsvertrag zusätzlich Angaben zu den Konsequenzen der Verschmelzung für die Arbeitnehmer und ihre Vertretungsorgane zu machen (§ 5 Abs. 1 Nr. 9 UmwG). Bei **grenzüberschreitenden** Verschmelzungen im EU/EWR-Raum sind nach § 122c Abs. 2 Nr. 4 UmwG zunächst nur Angaben zu den Folgen für die Arbeitnehmer verlangt. Die Frage der Vertretungsorgane wird separat durch § 122c Abs. 2 Nr. 10 UmwG adressiert; danach sind im Verschmelzungsplan Angaben zum Verfahren zu machen, gemäß dem die Arbeitnehmer bei der Festlegung ihrer Mitbestimmungsrechte in der hervorgehenden Gesellschaft beteiligt werden. Von besonderer Bedeutung für diesen Prozess sind die Regelungen des Gesetzes über die Mitbestimmung der Arbeitnehmer bei der grenzüberschreitenden Verschmelzung (MgVG) vom 21. 12. 2006 (BGBl. I 2006, S. 3332 ff.; vgl. hierzu auch *Heckschen,* Umwandlungsrecht, S. 459 ff.), welche der Sicherung bestehender **Mitbestimmungsrechte** ggf. durch eine Vereinbarung über die Mitbestimmung der Arbeitnehmer in der hervorgehenden Gesellschaft dienen (§ 1 MgVG).

An die Ausarbeitung bzw. den Abschluss bspw. bei nationalen Verschmelzungen des Verschmelzungsvertrags schließen sich eine Reihe von Tätigkeiten an, die parallel oder zeitlich überlappend durchgeführt werden können: Neben der Prüfung und der Zuleitung des Verschmelzungsvertrags oder seines Entwurfs an den Betriebsrat sind ein Verschmelzungsbericht zu erstellen und eine eventuell durchzuführende Kapitalerhöhung vorzubereiten.

Adressaten des nach § 8 Abs. 1 UmwG zu erstattenden **Verschmelzungsberichts** sind primär die Anteilsinhaber. Das Gesetz räumt dabei den Vertretungsorganen der beteiligten Rechtsträger das Wahlrecht ein, anstelle eines gesonderten Verschmelzungsberichts für jeden einzelnen Rechtsträger einen befreienden Verschmelzungsbericht für alle Rechtsträger zu erstellen. Die Fähigkeit der

Anteilsinhaber zur Beurteilung der rechtlichen und wirtschaftlichen Konsequenzen der Verschmelzung ist Voraussetzung für eine fundierte Entscheidung hinsichtlich der Durchführung der Verschmelzung. Die mit dem Verschmelzungsbericht verfolgte Zielsetzung liegt deshalb in der Bereitstellung derjenigen Informationen, welche die Anteilsinhaber benötigen, um die ökonomischen Vorteile und Risiken der Verschmelzung, deren rechtliche Konstruktion in Gestalt des Verschmelzungsvertrags und insbesondere die Angemessenheit des Umtauschverhältnisses sowie eines Barabfindungsangebots beurteilen zu können. Dementsprechend ist auch der **Inhalt** des Verschmelzungsberichts in §8 Abs. 1 UmwG festgelegt. Im Zentrum steht dabei die Erläuterung der Berechnungsverfahren zur Bestimmung des Umtauschverhältnisses und der anzubietenden Barabfindung. Neben einer Darstellung der Unternehmensbewertungsmethode, die zur Bestimmung des inneren Werts der Anteile verwendet wird, erfordert dies regelmäßig auch Angaben zu der Ermittlung des risikoangepassten Kalkulationszinsfußes und den zugrunde gelegten Einzahlungsüberschüssen. Nach §8 Abs. 3 UmwG **entfällt** die Pflicht zur Erstattung eines Verschmelzungsberichts, wenn der übernehmende Rechtsträger alle Anteile an der Überträgerin besitzt oder die Anteilsinhaber der an der Verschmelzung beteiligten Rechtsträger in notariell beurkundeter Form auf die Anfertigung eines solchen verzichten. Bei grenzüberschreitenden Verschmelzungen im EU/EWR-Raum ist der Verschmelzungsbericht insbesondere auch dem Betriebsrat, sofern vorhanden, sonst den Arbeitnehmern bis spätestens einem Monat vor der beschlussfassenden Versammlung der Anteilsinhaber zugänglich zu machen (§122e Satz 2 UmwG). Der Verschmelzungsbericht bildet in diesen Fällen die Informationsbasis der Arbeitnehmer(-vertretung), wohingegen bei nationalen Verschmelzungen der Verschmelzungsvertrag diese Funktion erfüllt. Entsprechend sind in den Verschmelzungsbericht bei grenzüberschreitenden Verschmelzungen auch die Auswirkungen der Verschmelzung auf die Arbeitnehmer zu erläutern (§122e Satz 1 UmwG). Allerdings genügt es, wenn der Verschmelzungsbericht in den Geschäftsräumen zur Einsicht ausliegt (§122e Satz 2 i. V. m. §63 Abs. 1 Nr. 4 UmwG); eine Zuleitung an den Betriebsrat wird insofern nicht verlangt.

Die nach §9 Abs. 1 UmwG erforderliche **Verschmelzungsprüfung** erstreckt sich auf den Verschmelzungsvertrag oder dessen Entwurf sowie auf die Angemessenheit der Höhe einer anzubietenden Barabfindung (§30 Abs. 2 UmwG). Während eine Prüfung der Barabfindung rechtsformunabhängig stets erforderlich ist, sofern die umwandlungsunwilligen Anteilsinhaber keine notariell beurkundete Verzichtserklärung abgeben (§30 Abs. 2 Satz 3 UmwG), ist die Pflicht zur Prüfung des Verschmelzungsvertrags in Abhängigkeit von der Rechtsform der an der Verschmelzung beteiligten Rechtsträger geregelt (§9 Abs. 1 UmwG i. V. m. §§44, 45e, 48, 60, 78, 81, 100 UmwG). Im Rahmen des gemäß §12 UmwG zu erstattenden schriftlichen Prüfungsberichts sind vor allem die angewandten Methoden zur Anteilsbewertung sowie die Gründe für deren Auswahl darzustellen (§12 Abs. 2 UmwG). Darüber hinaus ist in den Prüfungsbericht eine Erklärung hinsichtlich der Angemessenheit des Umtauschverhältnisses sowie der Höhe einer Barabfindung (§30 Abs. 2 i. V. m. §12 Abs. 2 UmwG) aufzunehmen. Das Umtauschverhältnis der Anteile (ein Barabfindungsangebot) ist dabei als angemessen zu betrachten, wenn der Wert der untergehenden Anteile an der Überträgerin ungefähr dem Wert der Anteile an der Übernehmerin (der Höhe der Barabfindung) entspricht. Bei grenzüberschreitenden Verschmelzungen im EU/EWR-Raum erstreckt sich die Pflichtprüfung auf den Verschmelzungsplan (§ 122f UmwG).

Damit der **Betriebsrat** die notwendigen Informationen besitzt, um die durch die Verschmelzung berührten Interessen der Arbeitnehmer zu vertreten, ist ihm der Verschmelzungsvertrag oder dessen Entwurf gemäß § 5 Abs. 3 UmwG spätestens einen Monat vor dem Tag der Anteilsinhaberversammlung jedes beteiligten Rechtsträgers zuzuleiten. Zur Sicherstellung der Einhaltung dieser Regelung ist die Zulässigkeit der Registereintragung der Verschmelzung an die Voraussetzung geknüpft, dass mit der Anmeldung zur Registereintragung ein Nachweis über die rechtzeitige Zuleitung des Verschmelzungsvertrags oder seines Entwurfs an den zuständigen Betriebsrat erbracht wird (§ 17 Abs. 1 UmwG). Demgegenüber muss bei grenzüberschreitenden Verschmelzungen im EU/EWR-Raum der Verschmelzungsplan nicht dem Betriebsrat zugeleitet oder zugänglich gemacht werden (vgl. *Bayer*, § 122d UmwG, Rn. 32, sowie s. o. zum Verschmelzungsbericht).

Eine Frist zur **Ladung der Anteilsinhaber** zur beschlussfassenden Versammlung ist im UmwG nicht bestimmt; sie bemisst sich vielmehr nach gesellschaftsvertraglichen oder anderweitigen gesetzlichen Regelungen (z. B. § 51 Abs. 1 Satz 2 GmbHG oder § 123 Abs. 1 AktG).

Während der Verschmelzungsvertrag oder sein Entwurf sowie der Verschmelzungsbericht der Ladung der Gesellschafter einer GmbH sowie der Ladung der nicht geschäftsführungsbefugten Gesellschafter (Partner) einer Personenhandelsgesellschaft (Partnerschaftsgesellschaft) beigefügt werden müssen (§ 47 UmwG bzw. §§ 42, 45c Satz 2 UmwG), sind diese bei an der Verschmelzung beteiligten Gesellschaften anderer Rechtsform in deren Geschäftsräumen **auszulegen** (§§ 63 Abs. 1 Nr. 1 und 4, 78, 82 Abs. 1, 101 Abs. 1, 106, 112 Abs. 1 UmwG). Zusätzlich besteht für Aktiengesellschaften und Kommanditgesellschaften auf Aktien die Pflicht, den Verschmelzungsvertrag bzw. dessen Entwurf durch Registereinreichung bekannt zu machen (§§ 61, 78 UmwG). Für diese Gesellschaften entfällt die Pflicht zur Auslegung der Unterlagen in den Geschäftsräumen, wenn diese im relevanten Zeitraum, d. h. von der Einberufung der Hauptversammlung an, über die Internetseite der Gesellschaft zugänglich sind (§ 63 Abs. 4 UmwG). Bei grenzüberschreitenden Verschmelzungen im EU/EWR-Raum gelten entsprechende Regelungen zur Registereinreichung des Verschmelzungsplans oder seines Entwurfs (§ 122d UmwG) bzw. zur Zugänglichmachung des Verschmelzungsberichts (§ 122e i. V. m. § 63 Abs. 1 Nr. 4 UmwG, jedoch ohne expliziten Verweis auf § 63 Abs. 4 UmwG). Darüber hinaus ist das zum Schutz der Interessen der Anteilsinhaber gesetzlich verankerte Informationsrecht für Publikumsgesellschaften insofern erweitert, als ihre Vertretungsorgane zu Beginn der beschlussfassenden Versammlung der Anteilsinhaber den Verschmelzungsvertrag oder seinen Entwurf mündlich zu **erläutern** haben (§§ 64 Abs. 1 Satz 2, 78, 83 Abs. 1 Satz 2, 102, 106, 112 Abs. 2 Satz 2 UmwG). Um einen ausreichenden Informationsstand der Anteilsinhaber bezüglich sämtlicher an der Verschmelzung beteiligter Rechtsträger zu gewährleisten, können die Vertretungsorgane eines Rechtsträgers von den Anteilsinhabern während der beschlussfassenden Versammlung veranlasst werden, Auskünfte über die anderen beteiligten Rechtsträger zu geben (§§49 Abs. 3, 64 Abs. 2, 78, 83 Abs. 1 Satz 3, 102, 106, 112 Abs. 2 Satz 2 UmwG).

Der Verschmelzungsvertrag, welcher von den **Vertretungsorganen** der beteiligten Rechtsträger abgeschlossen wird, kann nur durch qualifizierte Zustimmungsbeschlüsse der Anteilsinhaber jedes beteiligten Rechtsträgers wirksam werden. Sofern Gesellschaftsvertrag oder Satzung bzw. Statut entsprechende Bestimmungen enthalten, kann die vom UmwG für den **Verschmelzungsbeschluss** in der Regel vorgesehene **¾-Mehrheit** erhöht werden (§§50 Abs. 1, 65 Abs. 1, 73, 78, 84, 96, 103, 106, 112 Abs. 3, 114, 118 UmwG). Dies gilt entsprechend für grenzüberschreitende Verschmelzungen von Kapitalgesellschaften im EU/EWR-Raum (§ 122 a i. V. m. §§ 50, 65, 78 UmwG). Bei Personenhandelsgesellschaften (Partnerschaftsgesellschaften) ist die Wirksamkeit des Verschmelzungsvertrags jedoch gemäß § 43 Abs. 1 UmwG (§ 45d Abs. 1 UmwG) an die Zustimmung aller Gesellschafter (Partner) gebunden, sofern im Gesellschaftsvertrag (Partnerschaftsvertrag) nicht eine geringere Mehrheit festgelegt ist, die jedoch mindestens ¾ betragen muss, § 43 Abs. 2 UmwG (§ 45d Abs. 2 UmwG). Im Falle einer Verschmelzung auf eine GmbH, die durch ausstehende Einlagen auf ihre Gesellschaftsanteile gekennzeichnet ist, verlangt § 51 Abs. 1 UmwG eine generelle Zustimmungspflicht der Anteilsinhaber des (der) übertragenden Rechtsträger(s), da sich die Anteilsinhaber nach der Verschmelzung einem erhöhten Haftungsrisiko ausgesetzt sehen. Stets zustimmen müssen dem Verschmelzungsvertrag bei einer übertragenden GmbH auch Anteilseigner, deren Sonderrechte durch die Verschmelzung beeinträchtigt werden könnten (§ 50 Abs. 2 UmwG).

Der unmittelbare Eintritt der Rechtswirkungen der Verschmelzung ist an die **Registereintragung** geknüpft, welche den Abschluss des Verschmelzungsprozesses darstellt. Die Verschmelzung ist zunächst in das für jeden übertragenden Rechtsträger jeweils zuständige Register einzutragen, bevor eine Registereintragung beim übernehmenden Rechtsträger zulässig ist (§ 19 Abs. 1 Satz 1 UmwG) und eine Bekanntmachung der Verschmelzung durch die beteiligten Registergerichte in dem dafür nach § 10 HGB jeweils vorgesehenen Informations- und Kommunikationssystem erfolgen kann (§ 19 Abs. 3 UmwG). Gemäß § 17 Abs. 1 und 2 UmwG sind u. a. der Verschmelzungsvertrag, die Niederschriften der Verschmelzungsbeschlüsse, der Verschmelzungsbericht, der Prüfungsbericht sowie im Falle eines übertragenden Rechtsträgers dessen Schlussbilanz der Anmeldung zur Registereintragung als Anlagen beizufügen. Bei grenzüberschreitenden Verschmelzungen im EU/EWR-Raum hat das Vertretungsorgan des aufnehmenden Rechtsträgers – bei Neugründung die Vertretungsorgane der übertragenden Rechtsträger – die Verschmelzung zum Register des Sitzes des aufnehmenden (bzw. neu gegründeten) Rechtsträgers anzumelden (§ 122 l UmwG). Hierbei ist eine **Verschmelzungsbescheinigung** für jeden übertragenden Rechtsträger vorzulegen, welche das zuständige Registergericht bei Vorliegen der Voraussetzungen einer grenzüberschreitenden Verschmelzung ausstellt (§ 122 k UmwG).

Das in den §§ 123–173 UmwG kodifizierte Spaltungsrecht legt eine Vielzahl von Tätigkeiten fest, die im Rahmen des **Spaltungsprozesses** auszuführen sind. Die Vorschriften des Verschmelzungsrechts werden durch § 125 UmwG mit wenigen Ausnahmen auch auf Spaltungsvorgänge für anwendbar erklärt. Das Spaltungsrecht löst sich nur dann vom Verschmelzungsrecht, wenn der Inhalt einzelner Verschmelzungsvorschriften im Widerspruch zum Charakter der verschiedenen Arten der Spaltung steht. Im Mittelpunkt der folgenden Ausführungen stehen daher die **spaltungsrechtlichen Spezialregelungen** (vgl. hierzu auch *Sagasser/Sickinger* in *Sagasser/Bula/Brünger*, Umwandlungen, M, Rn. 1–13, N, Rn. 1–169). Explizite Regelungen zur grenzüberschreitenden Spaltung analog den Verschmelzungsregeln der §§ 122 a–l UmwG existieren im UmwG nicht (vgl. den Hinweis Teil C, Abschn. 2.2.2, S. 1058).

Da bei einer Spaltung zur Aufnahme – wie bei einer Verschmelzung durch Aufnahme und durch Neugründung – mindestens zwei Rechtsträger beteiligt sind, ist als rechtsgeschäftliche Grundlage dieser Umwandlungsvorgänge ein von den Vertretungsorganen der beteiligten Rechtsträger abzuschließender Vertrag erforderlich, der als **Spaltungsvertrag** bezeichnet wird (§ 126 Abs. 1 UmwG). Dagegen bedarf es bei einer Spaltung zur Neugründung gemäß § 136 UmwG nur eines **Spaltungsplans,** weil neben der sich spaltenden Gesellschaft kein weiterer Rechtsträger involviert ist. Des Weiteren ist bei der Spaltung im Unterschied zur Verschmelzung festzulegen, welche Vermögensgegenstände und Schulden des übertragenden Rechtsträgers auf den oder die übernehmenden Rechtsträger übergehen sollen. Deshalb wird in § 126 Abs. 1 Nr. 9 UmwG der Spaltungsvertrag (Spaltungsplan) im Vergleich zum ansonsten weitgehend kongruenten Verschmelzungsvertrag insofern erweitert, als Angaben über die Zuteilung der Gegenstände des Aktiv- und Passivvermögens auf den jeweiligen übernehmenden Rechtsträger in den Spaltungsvertrag (Spaltungsplan) aufzunehmen sind.

Da die Vertretungsorgane der beteiligten Rechtsträger die Aufteilung des Vermögens grundsätzlich frei aushandeln können, ist bei einer Spaltung dem Schutz der Gläubigeransprüche weit mehr Beachtung zu schenken als bei einer Verschmelzung. Ist der Zeitwert des Reinvermögens, das nach einer Abspaltung bei einer übertragenden Kapitalgesellschaft verbleiben würde, geringer als der Nennwert des gezeichneten Kapitals, hat die übertragende Kapitalgesellschaft eine **Kapitalherabsetzung** (§§ 139, 145 UmwG) durchzuführen. Zur Sicherstellung einer termingerechten Abwicklung der Abspaltung ist eine gegebenenfalls erforderliche Kapitalherabsetzung ebenso wie eine eventuell durchzuführende Kapitalerhöhung bei einem übernehmenden Rechtsträger schon frühzeitig vorzubereiten, weil die Zulässigkeit der Registereintragung einer Abspaltung an eine bereits erfolgte Kapitalerhöhung (§ 125 i. V. m. §§ 53, 66, 142 Abs. 1 UmwG) bzw. -herabsetzung geknüpft ist (§§ 139, 145 UmwG). Ein häufig als „Spaltungsbremse" wirkender Vorbehalt des allgemeinen Rechts nach § 132 UmwG a. F. wurde durch das am 25. 4. 2007 in Kraft getretene Zweite Gesetz zur Änderung des Umwandlungsgesetzes (BGBl. I 2007, S. 542 ff.) abgeschafft. Dieser etablierte einen Vorrang allgemeiner Vorschriften, welche die Übertragung eines Gegenstandes beschränkten, gegenüber der in § 131 UmwG verankerten partiellen Gesamtrechtsnachfolge.

Während die für **Auf- und Abspaltungen** geltenden Regelungen zum Spaltungsbericht (§ 127 UmwG), zur Spaltungsprüfung (§ 125 i. V. m. §§ 9 Abs. 1, 44, 45e, 48, 60, 78, 81, 100 UmwG) sowie zu den Modalitäten des Spaltungsbeschlusses (§ 125 i. V. m. §§ 13, 43, 45d, 50, 51, 59, 65, 73, 76, 78, 84, 96, 98, 103, 106, 112 Abs. 3, 114, 118 UmwG) gegenüber den entsprechenden verschmelzungsrechtlichen Regelungen keine Besonderheiten aufweisen, ergeben sich bei der **Ausgliederung** gewisse Abweichungen. Die Sonderstellung der Ausgliederung innerhalb der Spaltungsarten liegt darin begründet, dass der übertragende Rechtsträger und nicht dessen Anteilsinhaber als Gegenleistung für das hingegebene Vermögen Anteile am übernehmenden Rechtsträger erhält. Die Ausgliederung führt bei der Überträgerin lediglich zu einem Vermögenstausch, wohingegen Ab- und Aufspaltung durch einen teilweisen bzw. vollständigen Vermögensabgang beim übertragenden Rechtsträger gekennzeichnet sind. Da keinem Anteilsinhaber des übertragenden Rechtsträgers Anteile am übernehmenden Rechtsträger gewährt werden, entfallen beim **Ausgliederungsbericht** – ebenso wie beim Ausgliederungsvertrag oder -plan – Erläuterungen bezüglich des Umtauschverhältnisses der Anteile und eines Barabfindungsangebots (§ 127 UmwG); nicht erforderlich ist zudem eine **Ausgliederungsprüfung** (§ 125 Satz 2 UmwG). Grundsätzlich fällt die Entscheidung zur Vornahme eines Tauschgeschäfts in die Kompetenz des Geschäftsführungsorgans einer Gesellschaft (zu einer Ausnahme von diesem Grundsatz vgl. das „Holzmüller"-Urteil des BGH vom 25. 2. 1982, ZIP 1982, S. 568 ff., sowie das „Gelatine"-Urteil des BGH vom 26. 4. 2004, DB 2004, S. 1200 ff.), so dass für die Wirksamkeit des Rechtsgeschäfts der Ausgliederung auf Grund ihres Tauschcharakters kein Zustimmungsbeschluss der Versammlung der Anteilsinhaber erforderlich wäre. Der Gesetzgeber hat jedoch – wie bei der Verschmelzung, der Aufspaltung und der Abspaltung – eine Zustimmungspflicht der Anteilsinhaber kodifiziert (§ 125 i. V. m. § 13 Abs. 1 UmwG), wobei für den **Ausgliederungsbeschluss** in der Regel eine qualifizierte ¾-Mehrheit vorgesehen ist, sofern Gesellschaftsvertrag oder Satzung bzw. Statut keine größere Mehrheit verlangen (§ 125 i. V. m. §§ 50, 65, 73, 78, 84, 96, 103, 106, 112 Abs. 3, 114, 118 UmwG; zudem gelten die analogen Ausnahmen für Personenhandels- und Partnerschaftsgesellschaften wie bei der Verschmelzung nach § 125 i. V. m. §§ 43, 45d UmwG).

Um den Eintritt der Rechtswirkungen der Spaltung auszulösen, ist eine entsprechende **Registereintragung** erforderlich (§ 131 Abs. 1 UmwG). Grundsätzlich kann die Registereintragung der Spaltung erst erfolgen, wenn die bei den beteiligten Rechtsträgern gegebenenfalls erforderlichen Kapitalerhöhungen oder -herabsetzungen bereits im Register eingetragen sind. Im Gegensatz zur Verschmelzung ist dabei die Eintragung der Spaltung in das für jeden übernehmenden Rechtsträger jeweils zuständige Register Voraussetzung für die Zulässigkeit der Eintragung der Spaltung in das Register am Sitz des übertragenden Rechtsträgers (§ 130 Abs. 1 UmwG). Da hinsichtlich der einer Registeranmeldung beizufügenden Unterlagen auf Vorschriften des Verschmelzungsrechts verwiesen wird (§ 125 i. V. m. §§ 16, 17 UmwG), bestehen zwischen Spaltung und Verschmelzung bezüglich der zum Register einzureichenden Dokumente keine Unterschiede.

Während im Falle der Verschmelzung oder Spaltung eine Vermögensübertragung im Wege der Gesamtrechts- oder Sonderrechtsnachfolge stattfindet, ist eine solche beim **Formwechsel** ausgeschlossen. Als gesellschaftsinterner Akt der rechtlichen Umorganisation ist beim Formwechsel stets nur ein Rechtsträger involviert, der lediglich sein Rechtskleid wechselt. Im Rahmen eines Formwechsels darf sich die Struktur der Anteilsinhaber im Grundsatz nicht verändern, weil ansonsten die Identität des formwechselnden Rechtsträgers verloren ginge. Da sich der Formwechsel seinem Charakter nach grundlegend von den anderen Umwandlungsarten unterscheidet, wird er in den §§ 190–304 UmwG eigenständig geregelt. Auffällig ist, dass die Vorschriften zur Abwicklung des Formwechsels weit weniger streng gefasst sind als die der übertragenden Umwandlungsarten. Die Ursache hierfür ist im geringeren Schutzbedürfnis der Anteilsinhaber zu sehen. Denn mit dem Formwechsel ist weder eine Vermögensübertragung noch eine grundsätzliche Veränderung der Beteiligungsquoten der Anteilsinhaber verbunden. Darüber hinaus besteht beim Formwechsel kein Regelungsbedarf bezüglich möglicherweise divergierender Interessen der Anteilsinhaber unterschiedlicher Rechtsträger.

Ausgangspunkt des **Prozesses der Abwicklung eines Formwechsels** (vgl. hierzu auch das Ablaufschema auf S. 1084) ist der **Entwurf eines Umwandlungsbeschlusses**, der von den Vertretungsorganen des formwechselnden Rechtsträgers ausgearbeitet wird. Um die Anteilsinhaber in einen für die Beschlussfassung über den Formwechsel ausreichenden Informationsstand zu versetzen, ist in § 194 Abs. 1 UmwG der **Mindestinhalt** des Umwandlungsbeschlussentwurfs kodifiziert. Zur Erläuterung von Durchbrechungen des gesellschaftsrechtlichen Gleichbehandlungsgebots sind gemäß § 194 Abs. 1 Nr. 5 UmwG Sonderrechte oder Sonderrechtspositionen aufzuführen, die einzelnen Anteilsinhabern im Zuge des Formwechsels eingeräumt oder entzogen werden. Nach § 194 Abs. 1 Nr. 6 i. V. m. § 207 UmwG ist in den Entwurf des Umwandlungsbeschlusses ein **Barabfindungsangebot** für jene Anteilsinhaber aufzunehmen, die Widerspruch zur Niederschrift gegen den Umwandlungsbeschluss einlegen. Um die Höhe einer anzubietenden Barabfindung festzulegen, ist der innere Wert des Anteils zu ermitteln, den der formwechselunwillige Anteilsinhaber hält. Dabei entspricht der innere (oder ökonomische) Wert eines Anteils dessen Ertragswert, also der Summe der mit einem risikoangepassten Kalkulationszinsfuß diskontierten Erwartungswerte der auf den Anteil entfallenden Rückflüsse. Zur Bestimmung des Ertragswerts des vom formwechselunwilligen Anteilsinhaber gehaltenen Anteils ist parallel zur Anfertigung des Umwandlungsbeschlussentwurfs eine Unternehmensbewertung durchzuführen. Da neben den Anteilsinhabern auch die Arbeitnehmer bzw. deren Vertretungsorgane Adressaten des Entwurfs des Umwandlungsbeschlusses sind, hat dieser Informationen über diejenigen Konsequenzen des Formwechsels zu enthalten, welche die Interessen der Arbeitnehmer und ihrer Vertretungsorgane unmittelbar berühren (§ 194 Abs. 1 Nr. 7 UmwG). Aufgrund des sich ändernden Rechtskleids sind in Abhängigkeit von der Zielrechtsform des formwechselnden Rechtsträgers ein Gesellschaftsvertrag, ein Partnerschaftsvertrag oder eine Satzung bzw. Statut neu zu entwerfen, welche gemäß §§ 218 Abs. 1, 225c, 234, 243, 253, 263, 276, 285, 294 UmwG in den Umwandlungsbeschluss aufzunehmen sind.

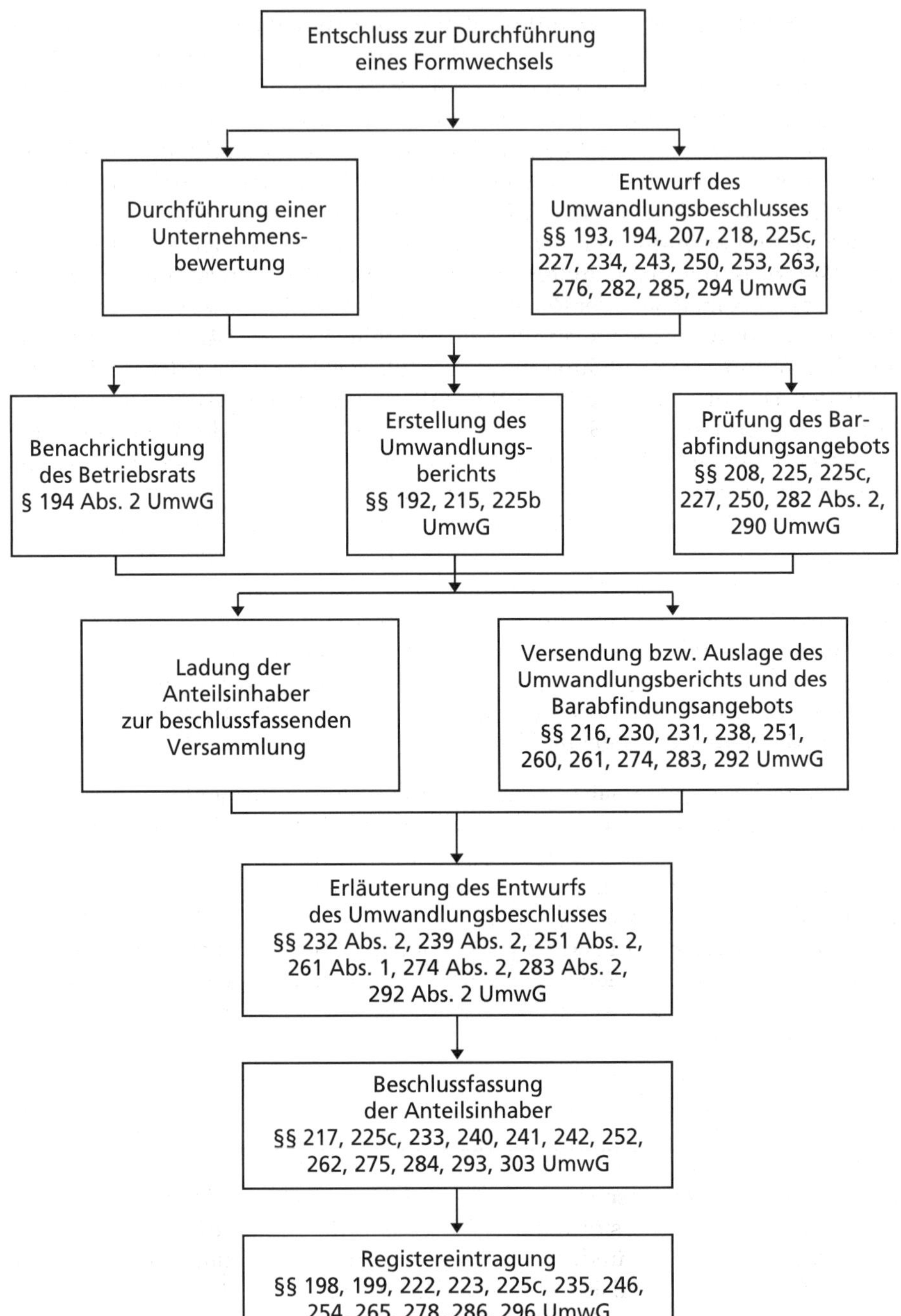

Abfolge der im Rahmen eines Formwechsels durchzuführenden Tätigkeiten

Auf die Erstellung des Umwandlungsbeschlussentwurfs folgen eine Reihe von Tätigkeiten, die zeitlich parallel oder überlappend auszuführen sind. Die Vertretungsorgane des formwechselnden Rechtsträgers haben nach § 192 Abs. 1 UmwG einen **Umwandlungsbericht** als standardisierte Informationsquelle der Anteilsinhaber anzufertigen, in dem die rechtlichen und wirtschaftlichen Motive für den Formwechsel, die künftige Beteiligung der Anteilsinhaber am formwechselnden Rechtsträger hinsichtlich Umfang und Qualität sowie die Höhe eines Barabfindungsangebots für formwechselunwillige Anteilsinhaber zu erläutern und zu begründen sind. Bestandteil des Umwandlungsberichts war bis zur Abschaffung der Regelung durch das Zweite Gesetz zur Änderung des Umwandlungsgesetzes vom 19. 4. 2007 (BGBl. I 2007, S. 542 ff.) darüber hinaus eine Vermögensaufstellung (§ 192 Abs. 2 UmwG a. F.), die jedoch bei einem Formwechsel von einer Kapitalgesellschaft in eine Kapitalgesellschaft anderer Rechtsform entfiel (§ 238 Satz 2 UmwG a. F.). Sie ist nach der Gesetzesänderung nicht mehr erforderlich. Sofern im Rahmen des Formwechsels einem dem Umwandlungsbeschluss widersprechenden Anteilsinhaber eine Barabfindung anzubieten ist, besteht grundsätzlich eine diesbezügliche **Prüfungspflicht** (§ 208 i. V. m. § 30 Abs. 2 Satz 1 UmwG). Sie ist nur dann nicht erforderlich, wenn der oder die betroffenen Anteilsinhaber in notariell beurkundeter Form darauf verzichten (§ 208 i. V. m. § 30 Abs. 2 Satz 3 UmwG). Um sicherzustellen, dass der **Betriebsrat** frühzeitig über die Folgen des Formwechsels für die Arbeitnehmer und deren Vertretungsorgane informiert wird, ist diesem der Umwandlungsbeschlussentwurf spätestens einen Monat vor dem Tag der Beschlussfassung der Anteilsinhaber zuzuleiten (§ 194 Abs. 2 UmwG).

Der **Ladung der Anteilsinhaber zur beschlussfassenden Versammlung**, deren Frist sich nach allgemeinen gesetzlichen oder gesellschaftsvertraglichen Regelungen bemisst, ist zum Zwecke der rechtzeitigen Unterrichtung der Anteilsinhaber gegebenenfalls der Umwandlungsbericht beizufügen bzw. eine anzubietende Barabfindung zu benennen (§§ 216, 225b, 230 Abs. 1, 231, 238, 251, 260, 274, 283, 292 UmwG). Lediglich bei Aktiengesellschaften, Kommanditgesellschaften auf Aktien sowie eingetragenen Genossenschaften tritt die Bekanntmachung des Umwandlungsberichts durch **Auslage** in den Geschäftsräumen der betreffenden Gesellschaft an die Stelle einer **Versendung** mit der Einladung zur Versammlung der Anteilsinhaber, wobei bei der AG und der KGaA stattdessen auch die Zugänglichmachung über die Internetseite der Gesellschaft treten kann (§ 230 Abs. 2, 238, 260 Abs. 2 UmwG). Bei formwechselnden Kapitalgesellschaften ist die Bekanntmachung des Barabfindungsangebots auch im elektronischen Bundesanzeiger und den Gesellschaftsblättern zulässig (§§ 231, 238 UmwG). In Abhängigkeit von der Rechtsform des formwechselnden Rechtsträgers können die Vertretungsorgane zur mündlichen Erläuterung des Umwandlungsbeschlussentwurfs während der Anteilsinhaberversammlung verpflichtet sein (§§ 232 Abs. 2, 239 Abs. 2, 251 Abs. 2, 261 Abs. 1, 274 Abs. 2, 283 Abs. 2, 292 Abs. 2 UmwG).

Grundsätzlich bedarf es für eine Zustimmung zum Umwandlungsbeschluss einer **¾-Mehrheit** der zur beschlussfassenden Versammlung erschienenen Anteilsinhaber bzw. des erschienenen Grund- oder Stammkapitals, sofern nicht Gesellschaftsvertrag oder Satzung bzw. Statut ein größeres Mehrheitserfordernis vorsehen (§§233 Abs. 2, 240 Abs. 1, 252, 262 Abs. 1, 275 Abs. 2, 284 Satz 2, 293 UmwG). Lediglich bei Personenhandelsgesellschaften (Partnerschaftsgesellschaften) ist die Beschlussfassung zum Formwechsel an die Zustimmung aller anwesenden Gesellschafter (Partner) geknüpft, wenn nicht der Gesellschaftsvertrag (Partnerschaftsvertrag) eine geringere Mehrheit vorsieht, die jedoch mindestens ¾ der abgegebenen Stimmen betragen muss (§217 Abs. 1 Satz 2 und 3 UmwG (§225c UmwG)). Darüber hinaus sind in der Regel immer all jene Anteilsinhaber zustimmungspflichtig, die nach vollzogenem Formwechsel eine persönliche Haftung übernehmen (§§217 Abs. 3, 225c, 233 Abs. 1, 233 Abs. 2, 240 Abs. 2, 303 Abs. 2 UmwG) oder Rechtspositionen verlieren bzw. in der Ausübung bestimmter Gesellschaftsrechte eingeschränkt werden (§§193 Abs. 2, 233 Abs. 2 und 252 Abs. 2 i. V. m. §§50 Abs. 2, 241, 242 UmwG). Sowohl der Umwandlungsbeschluss als auch die Zustimmungserklärungen einzelner Anteilsinhaber sind dabei notariell zu beurkunden (§193 Abs. 3 UmwG).

Der Prozess der Abwicklung eines Formwechsels findet seinen Abschluss in der **Registereintragung**, welche die Rechtswirkungen des Formwechsels auslöst. Während beim Formwechsel aus einer Kapitalgesellschaft in eine Kapitalgesellschaft anderer Rechtsform, eine Genossenschaft oder in eine Personen- oder eine Partnerschaftsgesellschaft die Vertretungsorgane des Rechtsträgers im ursprünglichen Rechtskleid die Anmeldung zur Registereintragung vorzunehmen haben (§§246 Abs. 1, 254 Abs. 1, 235 Abs. 2 UmwG), erfolgt die Anmeldung zur Eintragung beim Formwechsel aus einer Personenhandelsgesellschaft (Partnerschaftsgesellschaft) nach §222 UmwG (§225c UmwG) durch die zukünftigen Vertretungsorgane. Mit der Anmeldung zur Eintragung sind nach §199 UmwG u. a. der Umwandlungsbeschluss, die Zustimmungserklärungen einzelner Anteilsinhaber sowie der gegebenenfalls zu erstellende Umwandlungsbericht einzureichen.

2.2.4.2 Handelsrechtliche Umwandlungsbilanzierung

Bei der Umwandlung eines Unternehmens, die entweder durch Übertragung des Vermögens auf einen anderen Rechtsträger (übertragende Umwandlung) bzw. bloßen Rechtsformwechsel (formwechselnde Umwandlung) erfolgen kann, handelt es sich um ein – im Vergleich zu den laufenden Geschäftsvorfällen – außerordentliches Ereignis. Deshalb bedarf die Umwandlung grundsätzlich einer Abbildung über sog. **Umwandlungsbilanzen i. w. S.**, die den Charakter von **Sonderbilanzen** haben. Insgesamt lassen sich – getrennt nach Handels- und Steuerrecht – folgende vier **Arten** von Umwandlungsbilanzen i. w. S. unterscheiden:

	Handelsrecht	Steuerrecht
Übertragender Rechtsträger	Handelsrechtliche Übertragungsbilanz (= Schlussbilanz; Umwandlungsbilanz i. e. S.)	Steuerliche Übertragungsbilanz (= Schlussbilanz; Umwandlungsbilanz i. e. S.)
Übernehmender Rechtsträger	Handelsrechtliche Übernahmebilanz (= Eröffnungsbilanz bei Neugründung; folgende Jahresbilanz bei Aufnahme)	Steuerliche Übernahmebilanz (= Eröffnungsbilanz bei Neugründung; folgende Jahresbilanz bei Aufnahme)

Wird der übernehmende Rechtsträger neu gegründet, so übernimmt eine weitere Sonderbilanz, die Eröffnungs- oder Gründungsbilanz, die Funktion der Übernahmebilanz; ansonsten wird die Übernahme in der folgenden Jahresbilanz abgebildet.

Die nachfolgenden Ausführungen konzentrieren sich zunächst auf die **handelsrechtliche** Bilanzierung der im UmwG geregelten Umwandlungsvorgänge, also der Verschmelzung, der Spaltung, der Vermögensübertragung und des Formwechsels. Bezüglich der **steuerrechtlichen** Umwandlungsbilanzierung wird auf Teil C, Abschn. 2.2.5.2, S. 1118 ff. verwiesen.

Bei der **übertragenden Umwandlung** (Verschmelzung, Vermögensübertragung, Spaltung) ist der Anmeldung zum Register des Sitzes jedes der übertragenden Rechtsträger eine **handelsrechtliche Schlussbilanz** dieses Rechtsträgers beizufügen, für welche hinsichtlich Ansatz, Bewertung und Ausweis die handelsrechtlichen Vorschriften über den Jahresabschluss gelten (§§ 17 Abs. 2, 36 Abs. 1, 125, 176 Abs. 1, 177 Abs. 1 UmwG). Folglich ist die Schlussbilanz auch unter Beachtung der in § 252 Abs. 1 Nr. 1 und 6 HGB kodifizierten Grundsätze der Bilanzidentität und der Bewertungsstetigkeit aufzustellen, weshalb die **Buchwerte** der vorhergehenden Jahresbilanz regelmäßig **fortzuführen** sind – grundsätzlich gilt auch die Verpflichtung zur Ansatzstetigkeit nach § 246 Abs. 3 HGB. Eine Abweichung von diesen Grundsätzen wäre nur dann gerechtfertigt, wenn die übertragende Umwandlung als begründeter Ausnahmefall i. S. d. § 252 Abs. 2 HGB aufzufassen wäre. Hiervon ist zumindest dann auszugehen, wenn der übernehmende Rechtsträger das in § 24 UmwG eingeräumte Bewertungswahlrecht dergestalt ausübt, dass er die Buchwerte aus der Schlussbilanz des übertragenden Rechtsträgers ansetzt. In diesem Fall erscheint eine Durchbrechung des Grundsatzes der Stetigkeit der Bilanzierungsmethoden (§§ 252 Abs. 1 Nr. 6, 246 Abs. 3 HGB) gerechtfertigt, um eine Angleichung an die vom übernehmenden Rechtsträger gewählten Methoden bereits in der Schlussbilanz vorzunehmen (vgl. hierzu *HFA,* Verschmelzungen, S. 235, sowie ausführlich *Pohl,* Handelsbilanzen, S. 23 ff., *Budde/Zerwas,* Verschmelzungsschlussbilanzen, H, Rn. 103 ff.). Anzumerken ist, dass § 17 Abs. 2 UmwG auf die übertragenden Rechtsträger bei grenzüberschreitenden Verschmelzungen auf eine deutsche Übernehmerin nicht anzuwenden ist (§ 122l Abs. 1 Satz 3 UmwG, vgl. *Empt,* Verschmelzung).

Die **Zwecksetzung** der handelsrechtlichen Schlussbilanz wird im Schrifttum kontrovers diskutiert. Teilweise wird die Ansicht vertreten, dass die Schlussbilanz des übertragenden Rechtsträgers die Werthaltigkeit des übergehenden Vermögens nachweist und deshalb als Grundlage dafür dient, die zulässige Höhe des Nenn- bzw. gezeichneten Kapitals respektive dessen Erhöhung (jeweils ggf. zuzüglich eines Agios) einer neu gegründeten respektive einer bereits bestehenden Übernehmerin in der Rechtsform der Kapitalgesellschaft zu bestimmen. Sie kann jedoch nur in begrenztem Umfang Auskunft über die Einhaltung der Kapitalaufbringungsvorschriften beim übernehmenden Rechtsträger geben, weil sie an den Buchwerten der vorausgehenden Jahresbilanz anzuknüpfen hat. Die für eine Werthaltigkeitsprüfung erforderlichen Zeitwerte der übergehenden Vermögensgegenstände und Schulden dürfen in der Schlussbilanz des übertragenden Rechtsträgers nicht angesetzt werden.

Der Schlussbilanz wird überdies eine Gläubigerschutzfunktion zugewiesen. Ihre Zwecksetzung soll nach dieser Auffassung darin bestehen, den Altgläubigern einen Anhaltspunkt für die Sicherheit ihrer Ansprüche und damit Informationen bezüglich der Notwendigkeit von Sicherheitsleistungen nach §22 UmwG zu geben (vgl. *Budde/Zerwas*, Verschmelzungsschlussbilanzen, H, Rn. 82). Allerdings wird das Ausfallrisiko der Gläubigeransprüche maßgeblich vom Vermögen der Übernehmerin sowie von den gegen diese sich bereits zuvor richtenden Gläubigeransprüchen bestimmt; die Vermögenssituation der Überträgerin ist für die Sicherheit der Gläubigerforderungen nur von mittelbarer Bedeutung (vgl. *Bula/Schlösser* in *Sagasser/Bula/Brünger*, Umwandlungen, K, Rn. 10).

Vor diesem Hintergrund sind Sinn und Zweck der Schlussbilanz letztlich darin zu sehen, die für Rechnung der Überträgerin vorgenommenen Handlungen von denjenigen abzugrenzen, die der Übernehmerin zuzuordnen sind. Aus dieser Zwecksetzung folgt, dass der Stichtag, auf den die handelsrechtliche Schlussbilanz aufzustellen ist und der gemäß §17 Abs. 2 UmwG höchstens acht Monate vor dem Tag der Registeranmeldung liegen darf, dem Verschmelzungsstichtag unmittelbar, gleichsam um eine logische Sekunde vorauszugehen hat (*Budde/Zerwas*, Verschmelzungsschlussbilanzen, H, Rn. 39, 89). Denn die ab dem als Zeitpunkt zu betrachtenden **Verschmelzungsstichtag** (z. B. 1. 1. 01, 0.00 Uhr) vorgenommenen Geschäfte führt der übertragende Rechtsträger für Rechnung des übernehmenden Rechtsträgers aus (§§5 Abs. 1 Nr. 6, 36 Abs. 1, 125, 176 Abs. 1, 177 Abs. 1 UmwG). Auch wenn die Schlussbilanz den rechnungsmäßigen Abschluss des übertragenden Rechtsträgers repräsentiert, endet dessen grundsätzliche Pflicht zur Rechnungslegung erst mit der Registereintragung der Verschmelzung und der damit verbundenen Löschung des übertragenden Rechtsträgers (vgl. *HFA*, Verschmelzungen, S. 236).

Für die handelsbilanzielle Erfasssung des übergehenden Vermögens beim übernehmenden Rechtsträger ist auf den Zugangszeitpunkt des **wirtschaftlichen Eigentums** abzustellen, welcher ggf. vor dem Übergang des rechtlichen Eigentums (Zeitpunkt der Registereintragung; §20 Abs. 1 UmwG) liegt. Voraussetzung ist aber insbesondere, dass der Umwandlungsvertrag abgeschlossen ist und die Umwandlungsbeschlüsse sowie etwaige Zustimmungserklärungen von Anteilseignern nach §13 UmwG vorliegen (vgl. hierzu und zu weiteren Voraussetzungen *HFA*, Verschmelzungen, S. 236 f.). Eine über den §242 Abs. 1 HGB hinausgehende Verpflichtung zur Aufstellung einer **handelsrechtlichen Eröffnungsbilanz** beim übernehmenden oder neuen Rechtsträger besteht allerdings nicht. Folglich ist grundsätzlich nur ein neu gegründeter Rechtsträger zur Aufstellung einer solchen als seiner Gründungsbilanz verpflichtet (vgl. Teil C, Abschn. 2.1.2, S. 1018). Ansonsten ist die Umwandlung zunächst als laufender Geschäftsvorfall buchhalterisch zu erfassen und erst in der nachfolgenden **Jahresbilanz** zu berücksichtigen. Der neue oder übernehmende Rechtsträger ist in seiner Eröffnungsbilanz bzw. folgenden Jahresbilanz nicht an die Wertansätze der Schlussbilanz des übertragenden Rechtsträgers gebunden: Das in §24 UmwG verankerte **Anschaffungswertprinzip** des §253 Abs. 1 HGB räumt bei der Verschmelzung (§§24, 36 Abs. 1 UmwG), Spaltung (§125 UmwG) bzw. Vermögensübertragung (§§178 Abs. 1, 179 Abs. 1 UmwG) dem übernehmenden oder neuen Rechtsträger vielmehr ein Wahlrecht ein, die Buchwerte der Schlussbilanz fortzuführen **(Buchwertansatz)** oder das übernommene Vermögen mit dem Wert der erbrachten Gegenleistung anzusetzen und damit neu zu bewerten **(Neubewertungsansatz**, auch als **Anschaffungskostenansatz** bezeichnet; eine Auseinandersetzung mit § 24 UmwG bietet *Langecker*, Kapitalgesellschaftsverschmelzungen). Die **strikte Buchwertverknüpfung** des früheren Rechts ist damit zu einer **fakultativen** geworden. Dem Wortlaut des § 24 UmwG ist nicht zu entnehmen, ob das dort eingeräumte Bewertungswahlrecht für das gesamte übernommene Vermögen einheitlich auszuüben ist oder für jeden Vermögensgegenstand und jede Schuld gesondert in Anspruch genommen werden kann. Eine parallele Anwendung beider Bewertungskonzeptionen würde jedoch zu einer verzerrten Darstellung der Vermögenslage des übernehmenden Rechtsträgers führen und ist insofern abzulehnen. Im Ergebnis ist von der Pflicht zur einheitlichen Ausübung des Bewertungswahlrechts für sämtliche übernommenen Vermögensgegenstände und Schulden auszugehen (vgl. *Maulbetsch*, § 24 UmwG, Rn. 72).

Sofern der **Buchwertansatz** gewählt wird, ist der übernehmende Rechtsträger an die Bilanzierungsentscheidungen der Übertrægerin hinsichtlich Ansatz und Bewertung gebunden (vgl. *Förschle/Hoffmann*, Übernahmebilanzierung, K, Rn. 85; nach *HFA*, Verschmelzungen, S. 240 unterliegt er jedoch nicht einem Stetigkeitsgebot zur Fortführung der Bewertungsmethoden der Übertrægerin). Bspw. können selbst erstellte immaterielle Vermögensgegenstände, die bei der Übertrægerin gemäß § 248 Abs. 2 HGB (ggf. in Ausübung des Wahlrechts) nicht aktiviert wurden, auch in der Bilanz der Übernehmerin nicht aktiviert werden. Im Falle der Buchwertfortführung mit einem Aktivierungsverbot belegt sind die bei einer übertragenden Umwandlung anfallenden Kosten, welche bei einem üblichen Erwerbsvorgang grundsätzlich als Anschaffungsnebenkosten einzelner Vermögensgegenstände zu qualifizieren wären (Grunderwerbsteuer, Gerichts- und Notariatskosten). Eine Aktivierung dieser Kosten steht im Widerspruch zum Charakter der Buchwertfortführung, weil sie Abweichungen von den Buchwerten der Übertrægerin zur Folge hätte. Diese legen jedoch die Anschaffungskosten der Übernehmerin in eindeutiger Weise fest; mithin repräsentieren sie die Anschaffungskosten i. S. d. § 253 Abs. 1 HGB mit der Konsequenz, dass eine Zuschreibung über diesen Betrag hinaus grundsätzlich nicht möglich ist. Dies gilt auch dann, wenn die – ggf. auf planmäßigen Abschreibungen beruhenden fortgeführten – Anschaffungskosten der Übertrægerin darüber liegen, da bei ihr eine außerplanmäßige Abschreibung vorausging (vgl. *Priester*, § 24 UmwG, Rn. 66).

Weicht der Buchwert des übergehenden Reinvermögens vom Betrag der Gegenleistung ab, resultiert ein **Unterschiedsbetrag.** Dessen Entstehung und bilanzielle Behandlung hängt nun von der Art der gewährten Gegenleistung ab. Diesbezüglich sind, abgesehen von etwaigen baren Zuzahlungen, gewöhnlich die folgenden Formen zu differenzieren:

(a) Gewährung von Anteilen an der Übernehmerin, die neu geschaffen werden über eine Kapitalerhöhung bzw. im Rahmen der Neugründung,

(b) Aufgabe von Anteilen, welche die Übernehmerin an der Übertrægerin hält, oder

(c) Gewährung von zuvor erworbenen, eigenen Anteilen der Übernehmerin.

Im Folgenden wird die Vorgehensweise jeweils für die entsprechenden Reinformen beschrieben. Bei gemischten Fällen, in denen mehrere Gegenleistungsarten zum Tragen kommen, sind die Ansätze auf den jeweiligen Anteil am übertragenen Vermögen anzuwenden (vgl. *Förschle/Hoffmann*, Übernahmebilanzierung, K, Rn. 94).

Ad (a): Emittiert der übernehmende Rechtsträger neue Anteile im Wege einer **Kapitalerhöhung** oder werden die Anteile im Rahmen seiner **Neugründung** geschaffen, ergibt sich regelmäßig eine Differenz zwischen dem Buchwert des (anteilig) übergehenden Nettovermögens, auch kurz Vermögens, und dem Ausgabebetrag der Anteile. Während eine negative Differenz (Buchwert des Vermögens < Ausgabebetrag der Anteile) als Verschmelzungsverlust zu interpretieren und dementsprechend als außerordentlicher Aufwand in der GuV der Übernehmerin zu erfassen ist, stellt eine positive Differenz ein Aufgeld dar, das bei Kapitalgesellschaften in die Kapitalrücklage gemäß § 272 Abs. 2 Nr. 1 HGB einzustellen und bei Personengesellschaften den Kapitalkonten der Gesellschafter anteilig zuzuschreiben ist (vgl. *Maulbetsch*, § 24 UmwG, Rn. 68 f.). Zu beachten ist natürlich, dass die ausgegebenen Anteile den üblichen am Zeitwert des Nettovermögens ansetzenden Restriktionen für die Kapitalaufbringung unterliegen. Im Falle eines Verschmelzungsverlustes vermindert die Aufwandsverbuchung einen gegebenenfalls sonst höheren zur Ausschüttung verfügbaren Betrag. Um hier insbesondere die Ausschüttungsinteressen der Anteilseigner zu wahren, wird deshalb z. T. auch eine Aufstockung der Buchwerte für geboten erachtet (vgl. *Priester*, § 24 UmwG, Rn. 86 m. w. N.). Allerdings schränkt § 24 UmwG selbst die durch ihn etablierte Option der Buchwertfortführung nicht durch einen Konnex mit den Konsequenzen dieser Regelung ein (ablehnend auch *Moszka*, § 24 UmwG, Rn. 80, soweit nur der laufende Gewinn beeinflusst wird und keine Kapitalerhaltungsvorschriften verletzt werden).

Ad (b): Hat der übernehmende Rechtsträger bereits **Anteile am übertragenden Rechtsträger,** so entsteht handelsrechtlich ein als außerordentlicher Ertrag (Aufwand) zu behandelnder Übernahmegewinn (Übernahmeverlust), wenn der Buchwert des – gegebenenfalls anteilig – übernommenen Nettovermögens den Buchwert der Anteile bei der Übernehmerin überschreitet (unterschreitet). Eine Verschmelzung auf einen beteiligungsmäßig übergeordneten Rechtsträger wird dabei als **Upstream-merger** bezeichnet.

Ad (c): Vor der Änderung des § 272 HGB durch das Bilanzrechtsmodernisierungsgesetz (BilMoG) vom 25. 5. 2009 (BGBl. I 2009, S. 1102 ff.) entstand analog zu Fall (a) ein negatives Verschmelzungsergebnis bei der **Hingabe eigener Anteile** aus dem Vergleich des übergehenden Nettovermögens mit dem höheren Buchwert der eigenen Anteile (vgl. *Priester*, § 24 UmwG, Rn. 69, *Förschle/Hoffmann*, Übernahmebilanzierung, K, Rn. 92). Dabei ist zu berücksichtigen, dass eigene Anteile als Aktivposition geführt wurden, soweit sie nicht nach dem Aktiengesetz (als eigene Aktien) zur Einziehung erworben wurden oder zumindest eine spätere Wiederveräußerung von einem Hauptversammlungsbeschluss abhängig war (§ 272 Abs. 1 HGB a. F. i. V. m. § 71 Abs. 1 AktG a. F.; zur vormaligen und jetzigen Behandlung eigener Anteile vgl. auch Teil A, Abschn. 14.3, S. 618 f.). Der Buchwert der aktivierten Bestände unterschied sich wegen der Anwendung allgemeiner Bewertungsgrundsätze gegebenenfalls von den historischen Anschaffungskosten. Korrespondierend hierzu war eine Rücklage für eigene Anteile zu bilden und im Betrag anzupassen (vgl. bspw. *Adler/Düring/Schmaltz,* Rechnungslegung, § 272 HGB, Rn. 188 ff., *Förschle/Hoffmann,* Bilanzkommentar, 6. Aufl., § 272 HGB, Rn. 117 ff.), welche funktional einer Ausschüttungssperre gleichkam (vgl. *Klingberg,* Aktienrückkauf, S. 1575, *Günther/Muche/White,* Rückkauf, S. 577). Bei den dem Aktienrecht unterliegenden Gesellschaften waren die übrigen, also etwa die bezeichneten zur Einziehung vorgesehenen Aktienrückkäufe in Höhe ihres Nennbetrages oder rechnerischen Wertes mit dem gezeichneten Kapital, darüber hinausgehend mit den anderen Gewinnrücklagen zu verrechnen (§ 272 Abs. 1 Sätze 4-6 HGB a. F.). Diese Vorgehensweise wurde durch das BilMoG zweck- und rechtsformunabhängig für sämtliche Erwerbe eigener Anteile übernommen, indem nunmehr der Nennbetrag bzw. rechnerische Wert der eigenen Anteile vom gezeichneten Kapital in Abzug zu bringen und die verbleibende Differenz zum Erwerbspreis (ohne Nebenkosten) mit den frei verfügbaren Rücklagen zu verrechnen ist (§ 272 Abs. 1a HGB). Nach § 272 Abs. 1b HGB sind bei einer Wiederveräußerung der Anteile die Verrechnungen im gezeichneten Kapital und in den zuvor verminderten Rücklagen bis – bei Letzteren – maximal zum erlösten Betrag rückgängig zu machen, wobei Nebenkosten generell als Aufwand zu behandeln sind. Übersteigt der erlöste Betrag bei einer Wiederveräußerung die vorausgehend gebuchten Beträge, ist der übersteigende Betrag in die Kapitalrücklage nach § 272 Abs. 2 Nr. 1 HGB einzustellen.

Nach der **Neuregelung** steht folglich ein Buchwert nicht mehr unmittelbar zur Verfügung, der im Vergleich mit dem übergehenden Nettovermögen (zu Buchwerten) der Überträgerin zu einem negativen Verschmelzungserfolg führen könnte. Es besteht kein gesetzlich fundierter Anlass, diesen für den Vergleich zu rekonstruieren (vgl. zu einer solchen Rekonstruktion die Alternativ-Überlegung in *Förschle/Hoffmann,* Bilanzkommentar, 6. Aufl., § 272 HGB, Rn. 11, zur Bilanzierung ursprünglich zur Einziehung vorgesehener Aktien bei Nicht-Realisierung der Einziehung) – zudem wird in der Begründung zum Regierungsentwurf des BilMoG vom 30. 7. 2008 (BT-Drs. 16/10067, S. 65), wenngleich im Kontext nicht eingeforderter ausstehender Einlagen, eine Abwertungsmöglichkeit für einen Korrekturposten zum Eigenkapital verneint. Denkbar wäre stattdessen, den Abgangswert an den ursprünglichen Anschaffungskosten und damit am vom gezeichneten Kapital und den frei verfügbaren Rücklagen abzusetzenden Betrag zu bemessen. Der abzusetzende Betrag würde die bisherige bilanzielle Abbildung der verwendeten eigenen Anteile repräsentieren, welche im Zuge der Erbringung der Gegenleistung entfiele. Damit würde insbesondere die vorausgehende Reduzierung der frei verfügbaren Rücklagen vollständig rückgängig gemacht. Ist der Buchwert des übernommenen Nettovermögens **höher** als die ursprünglichen Anschaffungskosten, repräsentiert der Differenzbetrag weiterhin ein **Agio,** das in die Kapitalrücklage nach § 272 Abs. 2 Nr. 1 HGB einzustellen ist. Im Fall eines **niedrigeren** Buchwertes, belastet der entstehende Verschmelzungsverlust das Jahresergebnis. Bei Aktiengesellschaften etwa bedeutet dies, dass der Verschmelzungsverlust das (von Vorstand und Aufsichtsrat nicht beeinflussbare) Mindestausschüttungspotential tendenziell vermindert. Demgegenüber restituiert die korrespondierende Wiederherstellung der frei verfügbaren Rücklagen im gewöhnlich vorzufindenden Falle einer Feststellung des Jahresabschlusses durch die Verwaltung (§ 172 AktG) im entsprechenden Umfang deren Auflösungskompetenz. Das zuvor angeführte Argument einer Wahrung der **Ausschüttungsinteressen der Anteilseigner** könnte nunmehr aufgegriffen werden, um diesen aus einem Verschmelzungsverlust resultierenden Effekt zu vermeiden, dabei aber gleichwohl die Buchwerte der Schlussbilanz der Überträgerin fortzuführen. Eine in diesem Sinne sachgerechte Lösung wäre dadurch realisierbar, dass die Wiederherstellung der frei verfügbaren Rücklagen nur in Höhe der Differenz zwischen dem Buchwert des Nettovermögens und dem Nennbetrag respektive rechnerischen Wert der eigenen Anteile stattfindet (zur offenen Frage einer vollständigen oder partiellen Restitution der frei verfügbaren Rücklagen vgl. bereits zum Regierungsentwurf des BilMoG *Blumenberg/Roßner,* Eigene Anteile, S. 1081). Die Behandlung würde materiell einer Wiederveräußerung der eigenen Anteile in Höhe des Buchwertes des übernommenen Nettovermögens gleichkommen und dann der Vorgehensweise nach § 272 Abs. 1b HGB entsprechen. Anzumerken ist, dass die dargestellte Bilanzierung im Verhältnis zu einer alternativen Buchwertaufstockung wie im Fall (a) – insbesondere wegen der durch eine solche Aufstockung gegebenenfalls implizierten höheren Abschreibungsbasis – unterschiedliche Konsequenzen hinsichtlich des Mindestausschüttungspotentials in den Folgeperioden aufweist. Dementsprechend würde sich der reduzierte Betrag bei den frei verfügbaren Rücklagen wie eine effektive Ausschüttung i. d. R. nachhaltig zu Lasten der Gewinnverwendungskompetenz der Verwaltung auswirken.

Nicht als Übernahmeerfolg, sondern als laufender Erfolg des übernehmenden Rechtsträgers gilt beim Buchwertansatz ein Ergebnisbeitrag, welcher aus dem Erlöschen wechselseitiger Forderungs- und Verbindlichkeitenpositionen durch **Konfusion** entsteht. Dies ist der Fall, wenn die Buchwerte der Positionen aufgrund allgemeiner Bewertungsvorschriften eine unterschiedliche Höhe aufweisen (vgl. *Moszka,* § 24 UmwG, Rn. 63, *Priester,* § 24 UmwG, Rn. 73).

Bei Wahl des **Neubewertungsansatzes** wird die übertragende Umwandlung bilanziell als Erwerbs- bzw. Anschaffungsvorgang abgebildet (vgl. *Bula/Schlösser* in *Sagasser/Bula/Brünger,* Umwandlungen, K, Rn. 36). Entsprechend dem Vollständigkeitsgrundsatz (§ 246 Abs. 1 HGB) hat die Übernehmerin **sämtliche Vermögensgegenstände** und **Schulden** zu bilanzieren, welche im Zuge der Umwandlung auf sie übergehen. Damit sind gegebenenfalls auch Vermögensgegenstände aktivierungsfähig respektive -pflichtig, welche bei der Überträgerin aufgrund einer Wahlrechtsausübung oder eines Verbotes nicht aktiviert wurden. Dies wird insbesondere auf selbst erstelltes immaterielles Anlagevermögen der Überträgerin zutreffen, welches nun als derivativ erworben und somit als aktivierungspflichtig anzusehen ist. Analog entsteht ein aktivierungspflichtiger Geschäfts- oder Firmenwert, in welchem auch bei der Überträgerin bisher bilanzierte Geschäfts- oder Firmenwerte aufgehen (vgl. *Förschle/Hoffmann,* Übernahmebilanzierung, K, Rn. 20 f.). Zu übernehmen sind grundsätzlich auch die **Aktiven und Passiven Rechnungsabgrenzungsposten** (vgl. *HFA,* Verschmelzungen, S. 238). Als **unzulässig** ist dagegen eine Fortführung der vom übertragenden Rechtsträger gegebenenfalls nach altem Recht noch angesetzten Ingangsetzungsaufwendungen (§ 269 HGB in der Fassung vor BilMoG) sowie der bei der Überträgerin bilanzierten aktiven und passiven latenten Steuern anzusehen. Letztere bedürfen einer Beurteilung aus Sicht der Übernehmerin (vgl. *Förschle/ Hoffmann,* Übernahmebilanzierung, K, Rn. 36 f.).

Wie die **Anschaffungskosten** des übergehenden Vermögens bei Wahl des Neubewertungsansatzes zu bestimmen sind, ist im UmwG nicht geregelt. Folglich ist an den allgemeinen Bewertungsgrundsätzen anzuknüpfen und danach zu unterscheiden, auf welche Art und Weise die Gegenleistung für das übergehende Vermögen gewährt wird. Die Qualifikation des Vorganges führt wiederum zu folgender Differenzierung:

(a) Schaffung neuer Anteile am übernehmenden Rechtsträger im Wege einer Kapitalerhöhung oder im Rahmen der Neugründung,

(b) Hingabe bestehender Anteile am übertragenden Rechtsträger oder

(c) Hingabe eigener Anteile des übernehmenden Rechtsträgers.

Die daraus abzuleitenden Anschaffungskosten sind gegebenenfalls zu ergänzen um **Anschaffungsnebenkosten** (u. a. Notarkosten, Grunderwerbsteuer); sie erhöhen (vermindern) sich zudem um wahlweise den Buchwert oder den Zeitwert von Forderungen (Verbindlichkeiten) des übernehmenden Rechtsträgers, welche gegenüber dem übertragenden Rechtsträger bestehen und deshalb im Rahmen der Umwandlung durch **Konfusion** untergehen (vgl. *Förschle/Hoffmann,* Übernahmebilanzierung, K, Rn. 56, *Priester,* § 24 UmwG, Rn. 48). Bei **Mischformen** ist vorzugsweise wiederum eine differenzierte Anwendung auf das jeweils anteilig übernommene Vermögen angezeigt (vgl. *Förschle/Hoffmann,* Übernahmebilanzierung, K, Rn. 65 f., *Priester,* § 24 UmwG, Rn. 59 f.; indifferent im Verhältnis zu einem einheitlichen Anschaffungskostenansatz *Maulbetsch,* § 24 UmwG, Rn. 59).

Ad (a): Werden als Gegenleistung für das übergehende Vermögen neue Anteile am übernehmenden Rechtsträger im Zuge einer **Kapitalerhöhung** oder im Rahmen der **Neugründung** ausgegeben, bestimmt sich die Höhe der Anschaffungskosten nach den Grundsätzen zur Bewertung von **Sacheinlagen.** Welche Werte danach für die Anschaffungskosten zulässig sind, ist im Schrifttum jedoch umstritten; Konsens besteht lediglich darin, dass die Anschaffungskosten den Zeitwert des übergehenden Reinvermögens nicht überschreiten dürfen (vgl. *Priester,* § 24 UmwG, Rn. 45, *Förschle/Hoffmann,* Übernahmebilanzierung, K, Rn. 46). Nach Auffassung von *Priester* (a. a. O.) kann die Übernehmerin als Anschaffungskosten wahlweise

(1) den Ausgabebetrag der neuen Anteile oder

(2) die Differenz zwischen dem Zeitwert der übergehenden Vermögensgegenstände und dem Zeitwert der übergehenden Schulden

ansetzen. Der Ausgabebetrag setzt sich dabei aus dem Nominalwert der neu ausgegebenen Anteile zuzüglich eines Aufgelds zusammen, das bei Kapitalgesellschaften als Agio in die Kapitalrücklage gemäß § 272 Abs. 2 Nr. 1 HGB einzustellen und bei Personenhandelsgesellschaften entsprechend der im Umwandlungsvertrag getroffenen Regelung den Kapitalkonten zuzuschreiben ist. Soll das übergehende (Netto-)Vermögen mit dem Zeitwert angesetzt werden und übersteigt dieser den Ausgabebetrag der neuen Anteile, dann ist der Differenzbetrag ebenfalls der Kapitalrücklage (Nr. 1) zuzuführen (*Maulbetsch,* §24 UmwG, Rn. 44, *Priester,* §24 UmwG, Rn. 47; abzulehnen ist eine Einstellung in die frei verfügbare Kapitalrücklage nach §272 Abs. 2 Nr. 4 HGB, wie von *Bula/ Schlösser* in *Sagasser/Bula/Brünger,* Umwandlungen, K, Rn. 50, vorgeschlagen).

Ad (b): Wenn die Gegenleistung des übernehmenden Rechtsträgers für das übertragene Vermögen im **Untergang einer Beteiligung** am übertragenden Rechtsträger besteht, weist die übertragende Umwandlung – mit Ausnahme der Vermögensübertragung – Ähnlichkeiten zu Tauschgeschäften auf. Deshalb liegt es in diesen Fällen nahe, für die Bestimmung der Höhe der Anschaffungskosten im Rahmen des Neubewertungsansatzes auf die **Grundsätze zur Bilanzierung von Tauschgeschäften** zurückzugreifen (vgl. *Förschle/Hoffmann,* Übernahmebilanzierung, K, Rn. 52 ff., *HFA,* Verschmelzungen, S. 239, *Maulbetsch,* §24 UmwG, Rn. 52). Danach können als **Anschaffungskosten** des übergehenden Vermögens wahlweise

(1) der Buchwert der untergehenden Anteile,

(2) der Zeitwert (Ertragswert) der untergehenden Anteile oder

(3) ein Zwischenwert angesetzt werden, der zu einem Ausgleich der ertragsteuerlichen Belastungen auf Grund einer steuerlichen Wertaufstockung des Vermögens führt; andere Zwischenwerte sind unzulässig.

(Demgegenüber ausschließlich für einen Zeitwertansatz *Moszka,* §24 UmwG, Rn. 44 ff., der einen Tausch nicht gegeben sieht und den Zeitwert der untergehenden Beteiligung als Kaufpreis betrachtet; hingegen für eine Buchwertfortführung mit dem Argument der Erfolgsneutralität des Anschaffungsvorgangs *Bula/Schlösser* in *Sagasser/Bula/Brünger,* Umwandlungen, K, Rn. 53.)

Je nach dem Verhältnis der Anschaffungskosten zum bisherigen Buchwert des übergehenden Vermögens kommt es zu dessen **Aufstockung oder Abstockung** – im ersten Fall gegebenenfalls zur Aktivierung eines Geschäfts- oder Firmenwertes, falls die Anschaffungskosten die Summe der Zeitwerte der einzelnen anzusetzenden Vermögensgegenstände und Schulden übersteigen. Problematisch erscheint die Bewertung der übergehenden Vermögensgegenstände und Schulden entsprechend den Tauschgrundsätzen allerdings dann, wenn der übernehmende Rechtsträger eine so hohe Beteiligung an der Überträgerin besitzt, dass er die Umwandlung gegen den Willen der anderen Anteilsinhaber durchsetzen kann. Da bei dieser Konstellation das Merkmal eines unter fremden Dritten abgeschlossenen Umsatzgeschäftes nicht erfüllt ist, wird eine Bewertung des Vermögens zum Zeitwert auf Grund der fehlenden marktmäßigen Realisierung teilweise abgelehnt. Stattdessen wird gefordert, die historischen Anschaffungskosten oder den gegebenenfalls niedrigeren Buchwert der sich im Besitz der Übernehmerin befindlichen Beteiligung an der Überträgerin als Anschaffungskosten des Vermögens anzusetzen, womit der Vorgang erfolgsneutral gestaltet würde (vgl. bspw., wie erwähnt, *Bula/Schlösser* in *Sagasser/Bula/Brünger,* Umwandlungen, K, Rn. 53). Dem ist jedoch entgegenzuhalten, dass eine derartige Umwandlungskonstellation Ähnlichkeiten zu Umsatzgeschäften zwischen in einen Konzernverbund einbezogenen Rechtsträgern aufweist, welche nach herrschender Meinung Gewinne, die aus solchen Geschäften resultieren, in ihren

Einzelabschlüssen realisieren dürfen. Analog dazu wäre auch ein Ansatz des im Zuge der Umwandlung übergehenden Reinvermögens zum Zeitwert, also unter Aufdeckung der stillen Reserven bei den Vermögensgegenständen und Schulden sowie gegebenenfalls des Ansatzes eines Geschäfts- oder Firmenwertes, als zulässig zu betrachten. Da der Zeitwert der untergehenden Beteiligung i. d. R. deren Buchwert überschreiten wird, resultiert aus dem Zeitwertansatz ein als außerordentlicher Ertrag zu erfassender Übernahmegewinn (vgl. *Förschle/Hoffmann,* Übernahmebilanzierung, K, Rn. 59, *HFA,* Verschmelzungen, S. 239, *Maulbetsch,* § 24 UmwG, Rn. 54, *Priester,* § 24 UmwG, Rn. 58; demgegenüber *Bula/Schlösser* in *Sagasser/Bula/Brünger,* Umwandlungen, K, Rn. 55, zugunsten einer unmittelbaren Einstellung des Buchgewinns in die Kapitalrücklage nach § 272 Abs. 2 Nr. 4 HGB). Bei einem Upstream-merger einer **100 %-Tochter** auf ihre Muttergesellschaft empfiehlt der *Hauptfachausschuss des Instituts der Wirtschaftsprüfer in Deutschland e.V.* wegen der fehlenden Marktobjektivierung der Wertansätze allerdings eine vorsichtige Ermittlung des Zeitwertes und damit des Übernahmegewinns, zumal wenn es zur Aktivierung eines Geschäfts- oder Firmenwertes kommt (*HFA,* Verschmelzungen, S. 239). In den nachfolgenden Beispielen werden sowohl die erfolgsneutrale als auch die erfolgswirksame Behandlung des Vorganges dargestellt.

Ad (c): Bei der **Hingabe eigener Anteile** geht die herrschende Meinung – zumindest vor dem Hintergrund der Behandlung eigener Anteile nach der Rechtslage vor dem BilMoG – ebenfalls von einem **Tauschgeschäft** oder einem **tauschähnlichen Vorgang** aus (vgl. *HFA,* Verschmelzungen, S. 239, *Maulbetsch,* § 24 UmwG, Rn. 46 f., *Priester,* § 24 UmwG, Rn. 54, in diesem Fall ebenso *Bula/Schlösser* in *Sagasser/Bula/Brünger,* Umwandlungen, K, Rn. 54, *Förschle/Hoffmann,* Übernahmebilanzierung, K, Rn. 53; a. A. z. B. *Moszka,* § 24 UmwG, Rn. 39 ff.). Anstelle der Hingabe von Anteilen am übertragenden Rechtsträger wie im vorausgehenden Fall wird die Gegenleistung nun in anderer Weise nicht-monetär, nämlich in eigenen Anteilen der Übernehmerin erbracht. Damit waren die Anschaffungskosten vor BilMoG wahlweise über den Zeitwert, den Buchwert der aktivierten eigenen Anteile oder den unter Einbeziehung der Steuerwirkung ergebnisneutralen Zwischenwert zu bestimmen. Übertragen auf die durch das BilMoG geänderte Behandlung eigener Anteile könnte entsprechend den Ausführungen zum Buchwertansatz der ursprüngliche Anschaffungsbetrag der eigenen Anteile, welcher mit dem gezeichneten Kapital und den frei verfügbaren Rücklagen zu verrechnen ist, an die Stelle des bisher (fortgeführten) Buchwertes der eigenen Anteile treten (vgl. *Langecker,* Verschmelzung, Rn. 242 ff.). Da es sich hierbei allerdings um einen historischen Betrag handelt, ist nicht ohne weiteres davon auszugehen, dass der Zeitwert des übergehenden Vermögens darüber liegen wird. Dieser Zeitwert sollte gleichwohl die Bewertungsobergrenze bilden, wobei bei niedrigerem Zeitwert die Rückgängigmachung der Eigenkapitalverrechnung bezüglich der frei verfügbaren Rücklagen vorzugsweise nur entsprechend partiell erfolgen sollte (vgl. diesen Abschnitt, S. 1090 ff.).

Alternativ hierzu könnte sich die Bestimmung der Anschaffungskosten bei Umwandlungen durch Gewährung eigener Anteile methodisch an der Vorgehensweise bei Umwandlungen durch Ausgabe neuer Anteile (Kapitalerhöhung, Neugründung) orientieren; damit wäre von einer **Sacheinlage** auszugehen. Zunächst ist festzuhalten, dass der vorausgegangene Rückerwerb eigener Anteile durch den übernehmenden Rechtsträger seinem wirtschaftlichen Gehalt nach einer Auskehrung frei verfügbarer Rücklagen, hinsichtlich des Nennkapitalanteils einer Kapitalrückzahlung und somit wirtschaftlich einer Kapitalherabsetzung, ggf. auch verbunden mit einer Ausschüttung, entspricht. Die Absetzung des Erwerbsbetrages vom gezeichneten Kapital und den frei verfügbaren Rücklagen gemäß neuer Rechtslage nach BilMoG trägt dem nun handelsbilanziell Rechnung (vgl. die Begründung zum Regierungsentwurf des BilMoG vom 30. 7. 2008, BT-Drs. 16/10067, S. 65). Fraglich ist, ob sich dies nur auf den handelsbilanziellen Ausweis oder auch auf die Frage erstreckt, inwiefern den eigenen Anteilen **Vermögensgegenstandseigenschaft** zukommt. Schließlich spricht deren Wiederveräußerbarkeit für eine grundsätzlich gegebene individuelle Verkehrsfähigkeit (vgl. *Klingenberg,* Aktienrückkauf, S. 1576). Vor dem Hintergrund der alten Rechtslage wurde deshalb bei denjenigen Erwerben, deren Zweck zu einer Aktivierung der eigenen Anteile führte, nach h. M. ein Vermögensgegenstand unterstellt (steuerlich wurde von einem Anschaffungsgeschäft und nicht von einer Einlagenrückgewähr ausgegangen, vgl. *Blumenberg/Roßner,* Eigene Anteile, S. 1079 f., *Früchtl/Fischer,* Eigene Anteile, S. 114, *Thiel,* Aktienerwerb, S. 1583 f., *Weber-Grellet,* § 5 ESth, Rn. 270). Für zur Einziehung erworbene eigene Aktien respektive für solche Aktienerwerbe, bei deren Wiederveräußerung ein qualifizierter Hauptversammlungsbeschluss wie bei einer Kapitalerhöhung erforderlich ist, wurde dies hingegen negiert. Insofern wurde die Verkehrsfähigkeit daran festgemacht, ob eine Wiederveräußerung die gleichen Hürden wie eine Kapitalerhöhung nehmen muss oder nicht (vgl. *Klingenberg,* Aktienrückkauf, S. 1576; im Ergebnis vergleichbar *Günther/Muche/White,* Rückkauf, S. 581; kritisch zur Eigenschaft als Vermögensgegenstand etwa *Larisch,* Eigene Aktien). In der Begründung dieser Differenzierung wird allerdings auf die korrespondierende bilanzielle Abbildung Bezug genommen (vgl. *Günther/Muche/White,* Rückkauf, S. 576, *Klingenberg,* Aktienrückkauf, S. 1576); vgl. auch *Ludwig,* Eigene Anteile, S. 1646, *Thiel,* Wirtschaftsgüter, S. 572, *Wassermeyer,* Eigene Anteile, S. 623) und dieser explizit eine materielle Bedeutung zugemessen (vgl. *BFH* vom 6. 12. 1995, BB 1996, S. 792). Durch das **BilMoG** wurden nun zwar die Zwecke des erlaubten Erwerbs eigener Anteile im § 71 Abs. 1 AktG nicht geändert, gleichwohl deren bilanzielle Abbildung. Wird insofern der Erwerbszweck betont, sollte in den nach altem Recht zu einer Aktivierung der eigenen Anteile führenden Fällen weiterhin von Vermögensgegenständen auszugehen sein. Die neue Vorschrift käme insofern einem expliziten Saldierungsgebot nahe, bedingt vergleichbar der Verrechnung von Pensionsverpflichtungen und reserviertem Pensionsvermögen nach § 246 Abs. 2 Satz 2 HGB n. F. Unterstützt wird diese Sichtweise dadurch, dass der Gesetzgeber die Wiederveräußerung eigener Anteile nicht wirklich identisch zu einer Ausgabe neuer Anteile gestaltet, indem der den Nennbetrag respektive rechnerischen Wert übersteigende Betrag zunächst zur Rückgängigmachung der Verrechnung bei den frei verfügbaren Rücklagen verwendet und somit nicht (vollständig) in die Kapitalrücklage nach § 272 Abs. 2 Nr. 1 HGB eingestellt wird. Demgegenüber sprechen der vom Gesetzgeber gemäß der zuvor angeführten Gesetzesbegründung gesehene Charakter des Erwerbs eigener Anteile, die Unveränderlichkeit der am Eigenkapital vorzunehmenden Korrekturen im Zeitablauf (vgl. wiederum die Begründung zum BT-Drs. 16/10067, S. 65, wenngleich zu § 272 Abs. 1 HGB n. F.; hierzu dieser Abschnitt, S. 1087) und die bisherige Sichtweise in den Fällen, in denen nach altem Recht eine solche Eigenkapitalkorrektur vorzunehmen war, dafür, dass es sich nicht (mehr) um bilanzierungsfähige Vermögenswerte handelt (vgl. auch *Früchtl/Fischer*, Eigene Anteile, S. 115, *Herzig*, Steuerliche Konsequenzen, S.1342). Die eigenen Anteile dienen dann ebenso wie neu ausgegebene Anteile nur als rechtstechnische Vehikel (vgl. *Loos*, Bewertung eigener Anteile, S. 310 ff.) zur Beschaffung zusätzlichen Vermögens. Damit kommt die Gewährung eigener Anteile faktisch einer Kapitalerhöhung durch Ausgabe neuer Anteile gleich und es erscheint vertretbar, die Anschaffungskosten für das übergehende Vermögen in beiden Fällen in methodisch gleicher Weise auf Basis der Grundsätze zur Bewertung von Sacheinlagen zu bestimmen. Bei der Frage, was dann als Ausgabebetrag der Anteile zu gelten hat, liegt allerdings wieder der Rückgriff auf den mit dem Eigenkapital verrechneten Betrag, soweit unter dem Zeitwert des übergehenden Vermögens liegend, nahe. Ein Unterschied zur Qualifikation als Tauschvorgang würde sich, folgt man der unter Fall (a) dargestellten Behandlung (vgl. dieser Abschnitt, S. 1093), aus dem Ausschluss eines Zwischenwertes zum Ausgleich steuerlicher Wirkungen ergeben.

Einen Sonderfall der Umwandlungsvorgänge bildet der so genannte **Downstream-merger,** bei dem ein Mutterunternehmen auf sein Tochterunternehmen verschmolzen wird. Hierbei gehen die von der Muttergesellschaft gehaltenen Anteile an der Tochter direkt an die Gesellschafter des Mutterunternehmens über. Die Tochter übernimmt lediglich das Restvermögen, wobei eine Buchwertübernahme, die Bewertung der Aktiva mit dem Wert der Passiva sowie eine Zeitbewertung in Betracht kommen (vgl. *Priester*, § 24 UmwG, Rn. 61).

Die Bilanzierung im Falle des Buchwert- und des Neubewertungsansatzes wird anhand der folgenden drei Beispiele demonstriert.

Beispiel A:

Verschmelzung durch Aufnahme mit Untergang bestehender Beteiligung

Die A-GmbH, eine 100 %-Tochter der B-OHG, soll auf diese verschmolzen werden. Die Gegenleistung für das übergehende Nettovermögen seitens der B-OHG besteht in der Hingabe der Beteiligung. Die Beteiligungsstrukturen vor Durchführung der Verschmelzung lassen sich nachfolgender Abbildung entnehmen:

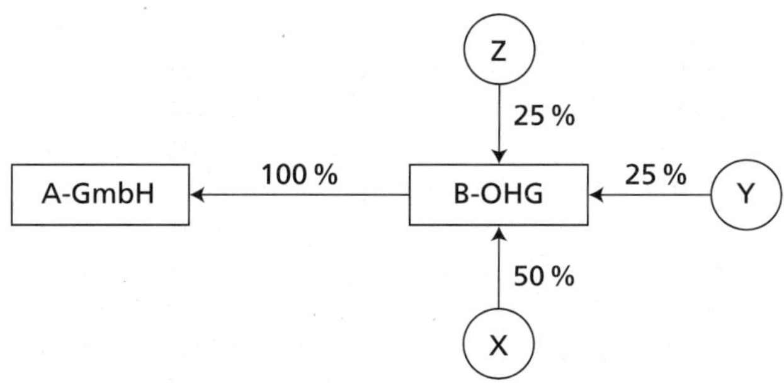

Die untergehende A-GmbH weist folgende Schlussbilanz nach § 17 Abs. 2 UmwG aus:

A	(Schluss-)Bilanz der A-GmbH		P
Anlagevermögen	2.000	Stammkapital	1.000
Umlaufvermögen	2.000	Verbindlichkeiten	3.000
	4.000		4.000

Der Ertragswert der A-GmbH beträgt 3.000. Sowohl im Anlage- als auch im Umlaufvermögen sind stille Reserven in Höhe von jeweils 500 enthalten. Die Differenz zwischen dem Ertragswert der A-GmbH und dem Zeitwert der Vermögensgegenstände und Schulden entfällt auf den Geschäftswert, der damit 1.000 (= 3.000 – 1.000 – 1.000) beträgt.

Die Bilanz der aufnehmenden B-OHG besitzt vor der Verschmelzung folgende Gestalt:

A	Bilanz der B-OHG vor der Verschmelzung			P
Beteiligung	2.000	Kapitalkonten		
Sonstiges Anlagevermögen	1.000	X	500	
		Y	250	
		Z	250	1.000
		Verbindlichkeiten		2.000
	3.000			3.000

Die Anschaffungskosten der Beteiligung der B-OHG an der A-GmbH betragen 2.000.

Die **Übernahmebilanzierung** bei der **B-OHG** führt in Abhängigkeit davon, ob der Buchwertansatz oder der Neubewertungsansatz gewählt wird, zu folgenden Ergebnissen:

1. Buchwertfortführung

a) Berechnung des Übernahmeergebnisses

	Buchwert des übergehenden Reinvermögens	1.000
./.	Buchwert der Beteiligung	./. 2.000
=	Verschmelzungsverlust	./. 1.000

Der Verschmelzungsverlust ist als außerordentlicher Aufwand in der GuV zu erfassen und vermindert insofern c. p. das Jahresergebnis.

b) Fiktive Übernahmebilanz der B-OHG bei Buchwertfortführung

A	Fiktive Übernahmebilanz der B-OHG			P
Anlagevermögen	3.000	Kapitalkonten		
Umlaufvermögen	2.000	X	500	
		Y	250	
		Z	250	1.000
		Verschmelzungsverlust		./. 1.000
		Verbindlichkeiten		5.000
	5.000			5.000

2. Anschaffungskostenmethode (Neubewertung)

a) Behauptung 1: Der Buchwert der Beteiligung – hier gleich deren historischen Anschaffungskosten (= 2.000) – stellt die Wertobergrenze für die Bewertung des übergehenden Reinvermögens dar.

aa) Berechnung des Übernahmeergebnisses

	Anschaffungskosten des übergehenden Reinvermögens	2.000
./.	Buchwert der Beteiligung	./. 2.000
=	Verschmelzungsergebnis	0

ab) Berechnung des Aufstockungsbetrags

	Anschaffungskosten des übergehenden Reinvermögens	2.000
./.	Buchwert des übergehenden Reinvermögens	./. 1.000
=	Umfang der Aufdeckung stiller Reserven	1.000

Die im Anlage- und Umlaufvermögen enthaltenen stillen Reserven sind in vollem Umfang aufzulösen. Ein Geschäftswert entsteht nicht, da der Aufstockungsbetrag durch die Aufdeckung der in den Vermögensgegenständen enthaltenen stillen Reserven vollständig verbraucht wird.

ac) Fiktive Übernahmebilanz der B-OHG bei Wahl der Neubewertungsmethode

A — Fiktive Übernahmebilanz der B-OHG — P

Anlagevermögen	3.500	Kapitalkonten		
Umlaufvermögen	2.500	X	500	
		Y	250	
		Z	250	1.000
		Verbindlichkeiten		5.000
	6.000			6.000

b) Behauptung 2: Die Tauschgrundsätze sind auch dann anwendbar, wenn die Übernehmerin alle Anteile an der Überträgerin hält. Unbeachtlich ist, dass der Tauschvorgang nicht am Markt vollzogen wird und damit nicht unter fremden Dritten stattfindet.

ba) Berechnung des Übernahmeergebnisses

Annahme: Bewertung des übergehenden Vermögens zum Zeitwert der untergehenden Anteile. Dieser entspricht dem (anteiligen) Ertragswert des übergehenden Reinvermögens.

	Anschaffungskosten des übergehenden Reinvermögens = Ertragswert (Zeitwert) des übergehenden Reinvermögens	3.000
./.	Buchwert der Beteiligung	./. 2.000
=	Verschmelzungsgewinn	1.000

Der Verschmelzungsgewinn ist in der GuV als außerordentlicher Ertrag zu erfassen und erhöht insofern c.p. das Jahresergebnis.

bb) Berechnung des Aufstockungsbetrags

Da das übergehende Vermögen mit dem Zeitwert = Ertragswert angesetzt wird, sind sämtliche stillen Reserven im Anlage- und im Umlaufvermögen sowie der Geschäftswert aufzudecken.

bc) Fiktive Übernahmebilanz der B-OHG bei Wahl der Neubewertungsmethode

A — Fiktive Übernahmebilanz der B-OHG — P

Geschäftswert	1.000	Kapitalkonten		
Anlagevermögen	3.500	X	500	
Umlaufvermögen	2.500	Y	250	
		Z	250	1.000
		Verschmelzungsgewinn		1.000
		Verbindlichkeiten		5.000
	7.000			7.000

Beispiel B:

Verschmelzung durch Aufnahme mit Ausgabe neuer Anteile

Die B-GmbH soll auf die AB-OHG verschmolzen werden. Die Beteiligungsstrukturen vor und nach Durchführung der Verschmelzung lassen sich nachfolgender Abbildung entnehmen:

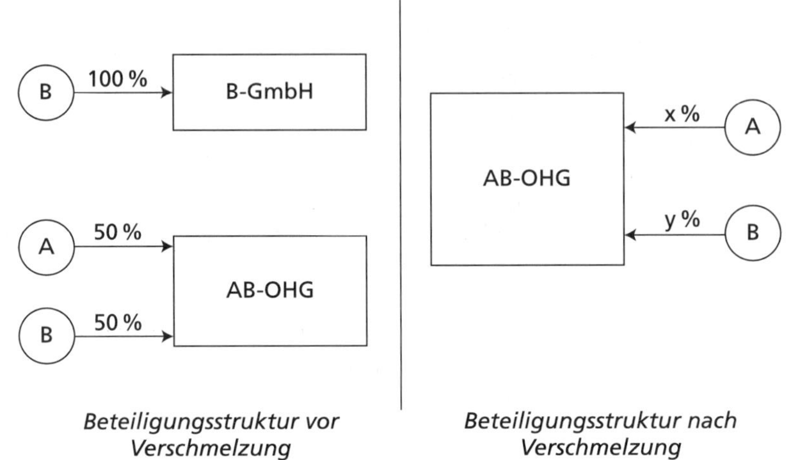

Beteiligungsstruktur vor Verschmelzung *Beteiligungsstruktur nach Verschmelzung*

Die gemäß § 17 Abs. 2 UmwG aufzustellende Schlussbilanz der untergehenden B-GmbH lautet:

A	(Schluss-)Bilanz der B-GmbH		P
Anlagevermögen	2.000	Stammkapital	1.000
Umlaufvermögen	2.000	Verbindlichkeiten	3.000
	4.000		4.000

Der Ertragswert [des Eigenkapitals (= Reinvermögens)] der B-GmbH beträgt 2.000. Die Differenz zum Buchwert des Reinvermögens entfällt vollständig auf den Geschäftswert, der somit 1.000 (= 2.000 – 1.000) beträgt.

Die Bilanz der übernehmenden AB-OHG besitzt vor Durchführung der Verschmelzung folgendes Aussehen:

A	Bilanz der AB-OHG vor der Verschmelzung			P
Anlagevermögen	4.000	Kapitalkonten		
Umlaufvermögen	2.000	A	2.000	
		B	2.000	4.000
		Verbindlichkeiten		2.000
	6.000			6.000

Der entsprechende Ertragswert der AB-OHG beträgt 4.000 und entspricht folglich dem Buchwert des Reinvermögens.

Schritt 1. Berechnung der Umtauschverhältnisse

1. Bestimmung des Ertragswerts der AB-OHG nach Verschmelzung

Annahme: Der Ertragswert der AB-OHG nach Durchführung der Verschmelzung entspricht der Summe der Ertragswerte der B-GmbH und der AB-OHG vor Durchführung der Verschmelzung und beträgt damit 2.000 + 4.000 = 6.000.

2. Berechnung der Beteiligungsquoten von A und B an der AB-OHG nach Durchführung der Verschmelzung:

Vermögen von A bzw. B vor Durchführung der Verschmelzung:

A: 0,5 * 4.000 = 2.000
B: 2.000 + 0,5 * 4.000 = 4.000

Mit der Verschmelzung darf kein Vermögensverlust verbunden sein:

Wert des Vermögens vor Verschmelzung = Wert des Vermögens nach Verschmelzung. Für die Beteiligungsquoten der Gesellschafter A und B an der AB-OHG nach Durchführung der Verschmelzung gilt deshalb:

A: $x \cdot 6.000 = 2.000 \Rightarrow x = 1/3$
B: $y \cdot 6.000 = 4.000 \Rightarrow y = 2/3$

3. Anpassung der Kapitalkonten an die neuen Beteiligungsquoten

Annahme: Das Kapitalkonto von A wird nicht verändert. Damit die Kapitalkonten die Beteiligungsverhältnisse korrekt widerspiegeln, muss die Höhe des Kapitalkontos von B (2/3)*2.000/(1/3) = 4.000 betragen.

Kapitalkonto A = 2.000; Kapitalkonto B = 4.000

Der „Ausgabebetrag" der neuen Anteile beträgt damit 2.000 und entspricht der Änderung des Kapitalkontos von B.

Schritt 2. Übernahmebilanzierung bei der AB-OHG

1. Buchwertfortführung

a) Berechnung des Übernahmeergebnisses

	Buchwert des übergehenden Reinvermögens	1.000
./.	Ausgabebetrag der neuen Anteile	./. 2.000
=	Verschmelzungsverlust	./. 1.000

Der Verschmelzungsverlust ist erfolgswirksam über die GuV abzurechnen und entsprechend den Beteiligungsquoten auf die Kapitalkonten zu verteilen.

b) Fiktive Übernahmebilanz der AB-OHG bei Buchwertfortführung (vor Verlustverteilung)

A	Fiktive Übernahmebilanz der AB-OHG			P
Anlagevermögen	6.000	Kapitalkonten		
Umlaufvermögen	4.000	A	2.000	
		B	4.000	6.000
		Verschmelzungsverlust		./. 1.000
		Verbindlichkeiten		5.000
	10.000			10.000

2. Anschaffungskostenmethode (Neubewertung)

Es werden die Grundsätze zur Bewertung von Sacheinlagen angewandt. Dabei besteht ein Wahlrecht, das übernommene Vermögen mit dem Ausgabebetrag oder dem (höheren) Zeitwert der gewährten Anteile (= Zeitwert des übergehenden Vermögens) zu bewerten. Im vorliegenden Fall stimmen Ausgabebetrag und Zeitwert der Anteile jedoch überein.

a) Berechnung des Übernahmeergebnisses

	Zeitwert der gewährten Anteile = Zeitwert des übergehenden Reinvermögens	2.000
./.	Ausgabebetrag der neuen Anteile	./. 2.000
=	Verschmelzungsergebnis	0

b) Berechnung des Aufstockungsbetrags (im Beispiel gleich Geschäftswert)

	Anschaffungskosten des übergehenden Reinvermögens	2.000
./.	Buchwert des übergehenden Reinvermögens	./. 1.000
=	Geschäftswert	1.000

c) Fiktive Übernahmebilanz der AB-OHG bei Neubewertung

A	Fiktive Übernahmebilanz der AB-OHG			P
Geschäftswert	1.000	Kapitalkonten		
Anlagevermögen	6.000	A	2.000	
Umlaufvermögen	4.000	B	4.000	6.000
		Verbindlichkeiten		5.000
	11.000			11.000

Beispiel C:

Abspaltung zur Aufnahme

Der zum Vermögen der A-GmbH gehörende Teilbetrieb 1 (TB 1) soll auf die B-GmbH im Rahmen einer nicht verhältniswahrenden Spaltung abgespalten werden. Die B-GmbH soll im Zuge der Abspaltung als Gesellschafterin der A-GmbH, welche den Teilbetrieb 2 (TB 2) behält, ausscheiden; der an der A-GmbH beteiligte C wird kein Gesellschafter der B-GmbH. Die Beteiligungsstrukturen vor und nach Durchführung der Abspaltung lassen sich nachfolgender Abbildung entnehmen:

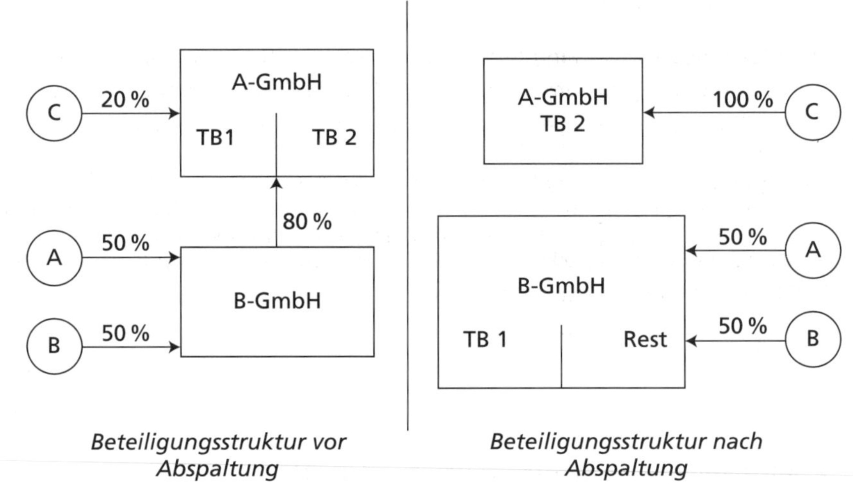

Beteiligungsstruktur vor Abspaltung *Beteiligungsstruktur nach Abspaltung*

Die folgenden Betragsangaben beziehen sich auf tsd. Euro.

Die A-GmbH weist folgende Schlussbilanz nach § 17 Abs. 2 UmwG auf:

A	(Schluss-)Bilanz der A-GmbH (tsd. Euro)			P
Teilbetrieb 1	8.000	Stammkapital		
Teilbetrieb 2	2.000	C	2.000	
		B-GmbH	8.000	10.000
	10.000			10.000

Der Ertragswert des Teilbetriebs 1 beträgt 16.000, derjenige des Teilbetriebs 2 4.000. Die Differenz zwischen Ertragswert und Buchwert des Teilbetriebs 1 bzw. des Teilbetriebs 2 ist durch stille Reserven in den Vermögensgegenständen bedingt. Der Ertragswert der A-GmbH ergibt sich aus der Summe der Ertragswerte der Teilbetriebe und beträgt 20.000.

Die Bilanz der B-GmbH zeigt vor Durchführung der Abspaltung folgendes Bild:

A Bilanz der B-GmbH vor Durchführung der Abspaltung (tsd. Euro) P

Anlagevermögen	10.000	Stammkapital		
Umlaufvermögen	5.000	A	2.500	
Beteiligung	4.000	B	2.500	5.000
		Verbindlichkeiten		14.000
	19.000			19.000

Der Buchwert der Beteiligung wird durch deren historische Anschaffungskosten bestimmt.

Der **Ertragswert** der B-GmbH berechnet sich wie folgt:

	Ertragswert der Beteiligung = 80 % von 20.000	16.000
+	Ertragswert Rest	4.000
=	Ertragswert der B-GmbH	20.000

Da der abspaltende Rechtsträger nicht untergeht, ist neben einer Folgebilanzierung beim übernehmenden Rechtsträger auch eine solche beim übertragenden Rechtsträger vorzunehmen:

Schritt 1: Folgebilanzierung der A-GmbH nach Durchführung der Abspaltung

1. Bestimmung der maximal zulässigen Höhe des Stammkapitals der A-GmbH

Zeitwert der Vermögensgegenstände und Schulden nach Abspaltung = Ertragswert Teilbetrieb 2 = 4.000.

Die **Höhe des Stammkapitals** darf **4.000 nicht übersteigen**, da das Stammkapital sonst nicht gedeckt ist. Im Folgenden sei angenommen, dass der Gesellschaftsanteil der B-GmbH im Zuge der Abspaltung eingezogen wird. Die Höhe des Stammkapitals der A-GmbH beträgt dann 2.000 und befindet sich im zulässigen Bereich.

2. Fiktive Folgebilanz der A-GmbH

A Fiktive Folgebilanz der A-GmbH (tsd. Euro) P

Teilbetrieb 2	2.000	Stammkapital C	2.000
	2.000		2.000

Schritt 2: Übernahmebilanzierung bei der B-GmbH

Gegenleistung für das übernommene Vermögen sind die untergehenden Anteile an der A-GmbH.

1. Buchwertfortführung

a) Berechnung des Übernahmeergebnisses

	Buchwert des übergehenden Reinvermögens	8.000
./.	Buchwert der untergehenden Anteile	./. 4.000
=	Spaltungsgewinn	4.000

Der Spaltungsgewinn ist als außerordentlicher Ertrag in der GuV zu erfassen und erhöht c. p. das Jahresergebnis.

b) Fiktive Übernahmebilanz der B-GmbH:

A	Fiktive Übernahmebilanz der B-GmbH (tsd. Euro)			P
Anlagevermögen	10.000	Stammkapital		
Umlaufvermögen	5.000	A	2.500	
Teilbetrieb 1	8.000	B	2.500	5.000
		Spaltungsgewinn		4.000
		Verbindlichkeiten		14.000
	23.000			23.000

2. Anschaffungskostenmethode (Neubewertung)

Es erfolgt eine Bewertung entsprechend den Tauschgrundsätzen. Annahme: Bewertung zum Zeitwert der untergehenden Anteile = Zeitwert des übergehenden Vermögens.

a) Berechnung des Übernahmeergebnisses

	Zeitwert des übergehenden Vermögens	16.000
./.	Buchwert der untergehenden Anteile	./. 4.000
=	Spaltungsgewinn	12.000

Der Spaltungsgewinn ist als außerordentlicher Ertrag in der GuV auszuweisen und erhöht c. p. das Jahresergebnis.

b) Fiktive Übernahmebilanz der B-GmbH:

A	Fiktive Übernahmebilanz der B-GmbH (tsd. Euro)			P
Anlagevermögen	10.000	Stammkapital		
Umlaufvermögen	5.000	A	2.500	
Teilbetrieb 1	16.000	B	2.500	5.000
		Spaltungsgewinn		12.000
		Verbindlichkeiten		14.000
	31.000			31.000

Im Falle eines **Formwechsels** ist die Aufstellung einer handelsrechtlichen **Eröffnungsbilanz** wegen fehlendem Rechtsträgerwechsel regelmäßig **nicht** erforderlich. Aus demselben Grund findet auch das Anschaffungswertprinzip hier keine Anwendung; vielmehr sind die Buchwerte in der nachfolgenden **Jahresbilanz** fortzuführen. Auf Grund des Rechtsformwechsels können sich jedoch Änderungen bezüglich der anwendbaren **Bilanzierungs- und Bewertungsvorschriften** ergeben: Der **Formwechsel einer Personenhandelsgesellschaft in eine Kapitalgesellschaft** bedingt die Anwendung der für Kapitalgesellschaften geltenden strengeren Vorschriften der §§ 264 ff. HGB auf die dem Formwechsel folgenden Jahresabschlüsse. So sind bspw. für Bilanz und GuV die Gliederungsvorschriften der §§ 266, 275 HGB zu beachten. Die gemäß der Rechtslage vor BilMoG möglichen niedrigeren Wertansätze bei Personengesellschaften gegenüber Kapitalgesellschaften (bspw. Zusatzabschreibungen aufgrund vernünftiger kaufmännischer Beteilung nach § 253 Abs. 4 HGB a. F.) dürfen am übernommenen Vermögen beibehalten werden (vgl. *Förschle/Hoffmann,* Formwechsel, L, Rn. 76, mit Rechtslage vor BilMoG; dies sollte für die gemäß Art. 67 EGHGB fortgeführten Wertansätze weiterhin gelten). Wird hierdurch die Darstellung

der Vermögens- oder Ertragslage wesentlich beeinträchtigt, sind Erläuterungen im Anhang gemäß § 264 Abs. 2 Satz 2 HGB zu machen (vgl. *HFA,* Formwechsel, S. 509). Zu beachten ist, dass gegebenenfalls latente Steuern auf bei der Personengesellschaft bereits existente oder durch den Vorgang entstehende (Wert-)Ansatzdifferenzen zwischen Handels- und Steuerbilanz zu bilden oder aufgrund der Körperschaftsteuerpflicht der Kapitalgesellschaft im Betrag anzupassen sind. Nach dem durch das BilMoG eingeführten Temporary-Konzept setzt der Ansatz latenter Steuern (lediglich) voraus, dass es sich nicht um bezüglich zukünftiger Erfolge permanente Differenzen handelt. Die Differenzen müssen sich in späteren Geschäftsjahren voraussichtlich abbauen und dabei zu einer entsprechenden Steuerbe- oder -entlastung führen (§ 274 Abs. 1 HGB). Nach altem Recht war keine Anpassung an die entstehende Körperschaftsteuerpflicht vorzunehmen, da es an einer vorauszugehenden Erfolgsdifferenz nach dem Timing-Konzept fehlte (vgl. hierzu *Förschle/Hoffmann,* Formwechsel, L, Rn. 85 ff., insb. Rn. 87). Beim **Formwechsel einer Kapitalgesellschaft in eine Personenhandelsgesellschaft** ist die Fortführung der Buchwerte für die angesetzten Vermögensgegenstände und Schulden problemlos möglich, da sich die Personenhandelsgesellschaft grundsätzlich den Bilanzierungs- und Bewertungsvorschriften für Kapitalgesellschaften unterwerfen darf. Hierbei darf auch eine nach altem Recht vor BilMoG aktivierte (und nach Art. 67 Abs. 5 EGHGB fortgeführte) Bilanzierungshilfe für Ingangsetzungs- und Erweiterungsaufwendungen nach § 269 HGB a. F. beibehalten werden (vgl. *Förschle/Hoffmann,* Formwechsel, L, Rn. 126, *HFA,* Formwechsel, S. 509). Im Unterschied zu Kapitalgesellschaften sind Personenhandelsgesellschaften jedoch nicht körperschaftsteuerpflichtig. Insofern ist ein sich auf die Körperschaftsteuer beziehender (Wert-)Ansatz latenter Steuern aufzulösen (vgl. *Förschle/Hoffmann,* Formwechsel, L, Rn. 131).

Die Änderung des Rechtskleids des formwechselnden Rechtsträgers spiegelt sich in der Regel in einem veränderten Ausweis des Eigenkapitals in der Handelsbilanz wider. Beim **Formwechsel einer Personenhandelsgesellschaft in eine Kapitalgesellschaft** werden die Kapitalkonten der Gesellschafter durch das gezeichnete Kapital, welches das Stammkapital der GmbH oder das Grundkapital der AG handelsbilanziell repräsentiert, sowie etwaige Kapital- und Gewinnrücklagen ersetzt. Entsprechend den im Rahmen des Formwechsels in eine Kapitalgesellschaft zu beachtenden Sachgründungsvorschriften (§ 197 Satz 1 UmwG) stellt der Zeitwert des in die Kapitalgesellschaft eingelegten Nettovermögens die Wertobergrenze für den festzulegenden Betrag des Nennkapitals (gezeichneten Kapitals) dar. Darüber hinaus begrenzt § 220 Abs. 1 UmwG die zulässige Höhe des Nennkapitals insoweit, als dieses das Reinvermögen des formwechselnden Rechtsträgers nicht übersteigen darf. Da § 220 Abs. 1 UmwG das Wertgerüst für die entsprechend einer gesetzlichen Fiktion eingelegten Vermögensgegenstände und Schulden unbestimmt lässt, bleibt zunächst offen, ob zur Ermittlung der **zulässigen Höhe des Nennkapitals** das Nettovermögen zu Buchwerten oder zu Zeitwerten anzusetzen ist. Um das Wertgerüst i. S. d. § 220 Abs. 1 UmwG zu bestimmen, ist auf die Zwecksetzung dieser Norm abzustellen. Sie dient vor allem dem Schutz der zukünftigen Gläubiger der Kapitalgesellschaft, da sie eine Deckung des Haftungskapitals durch das aufgebrachte Vermögen gewährleistet und damit Haftungsvermögen in der Gesellschaft bindet. Dagegen bedürfen die Altgläubiger der Personenhandelsgesellschaft grundsätzlich keines zusätzlichen Schutzes, weil durch den Formwechsel die Haftung der Gesellschafter der Personenhandelsgesellschaft gegenüber den bisherigen Gläubigern bezüglich ihres Umfangs keinerlei Beschränkung erfährt und lediglich an eine Frist gekoppelt wird (§ 224 UmwG). Die dem Gläubigerschutzgedanken ebenfalls verpflichteten Sachgründungsvorschriften knüpfen am Zeitwert des aufgebrachten Reinvermögens an, dessen Höhe eine obere Schranke für den zulässigen Betrag des Nennkapitals darstellt. Da der Formwechsel gemäß § 197 Satz 1 UmwG als mit einer Sachgründung vergleichbar angesehen wird und keine die Ansprüche der Gläubiger schützenden Regelungen erfordert, die strenger als die entsprechenden Vorschriften zur Sachgründung sind, besteht keine Notwendigkeit, den nach § 220 Abs. 1 UmwG zu ermittelnden Wert des Nettovermögens mit den Buchwerten anzusetzen. Insofern legt auch der Normzweck des § 220 Abs. 1 UmwG eine Bewertung des Reinvermögens zu **Zeitwerten** nahe (im Ergebnis ebenso *Joost*, § 220 UmwG, Rn. 10, *Stratz*, § 220 UmwG, Rn. 6). Einer solchen Auslegung steht auch nicht entgegen, dass die Regelung in § 220 Abs. 1 UmwG aufgrund ihrer inhaltlichen Übereinstimmung mit den im Rahmen des Formwechsels ebenfalls anzuwendenden Sachgründungsvorschriften letztlich redundant wäre (für eine nur sinngemäße Anwendbarkeit *Stratz*, § 220 UmwG, Rn. 2).

Eine durch den Formwechsel bedingte formelle **Unterbilanz** – der Buchwert des Nettovermögens ist geringer als das festgelegte Nenn- bzw. gezeichnete Kapital – ist im Hinblick auf die Zulässigkeit des Formwechsels unbeachtlich, sofern der Zeitwert des Reinvermögens den Betrag des Nennkapitals übersteigt und damit keine materielle Unterbilanz besteht. Aufgrund des beim Formwechsel bestehenden Zwangs zur Buchwertfortführung kann die Existenz einer formellen Unterbilanz nicht durch Auflösung stiller Reserven in Höhe des aktivischen Unterschiedsbetrags, der sich aus der Differenz zwischen dem Nennkapital und dem Buchwert des Nettovermögens ergibt, beseitigt werden. Der aktivische Unterschiedsbetrag ist vielmehr als formwechselbedingter Unterschiedsbetrag in der Handelsbilanz der Kapitalgesellschaft auszuweisen und mit zukünftigen Gewinnen zu verrechnen (vgl. *Stratz*, § 220 UmwG, Rn. 11, *Bula/Schlösser* in *Sagasser/Bula/Brünger*, Umwandlungen, S, Rn. 16).

Beispiel 1a:

Verschmelzung einer AG auf eine OHG (steuerbilanzielle Fortführung in **Beispiel 1b** auf S. 1128 ff.)

Die Anteile an der Vitrinus-AG, die sich auf den Vertrieb von Computern spezialisiert hat, befinden sich zu 99,5 % im Gesellschaftsvermögen der Festplatten produzierenden Felix-OHG und zu 0,5 % im Privatvermögen des G. Die beiden an der Felix-OHG beteiligten Gesellschafter E (90 %) und F (10 %) beschließen im Einvernehmen mit G, die Vitrinus-AG auf die Felix-OHG zu verschmelzen.

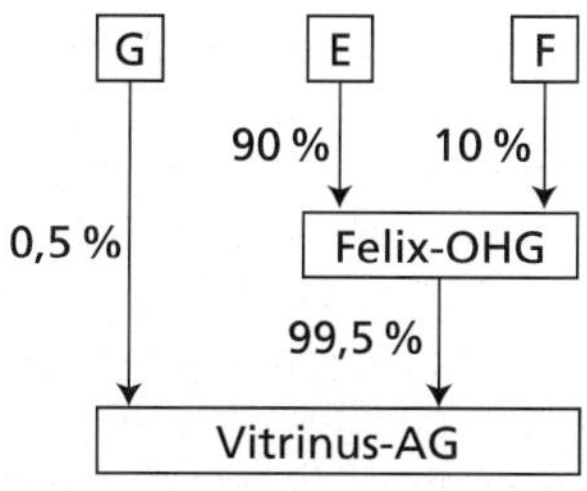

Beteiligungsstruktur vor der Verschmelzung

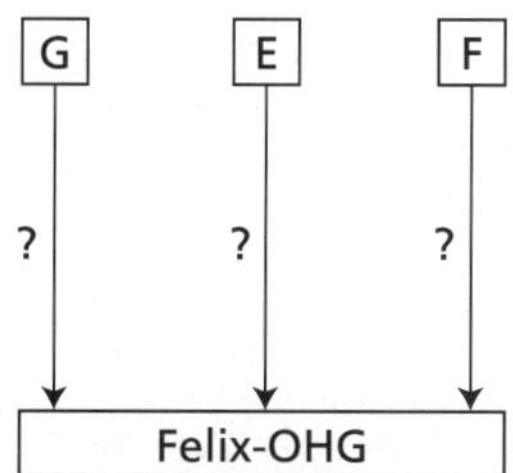

Beteiligungsstruktur nach der Verschmelzung

Die untergehende Vitrinus-AG weist folgende Schlussbilanz nach § 17 Abs. 2 UmwG aus:

A	(Schluss-)Bilanz der Vitrinus-AG		P
Anlagevermögen	2.500.000	Grundkapital	2.000.000
Umlaufvermögen	2.000.000	Kapitalrücklage	1.000.000
		Gewinnrücklagen	300.000
		Jahresüberschuss	500.000
		Verbindlichkeiten	700.000
	4.500.000		4.500.000

Im Vermögen der Vitrinus-AG sind stille Reserven von 500.000 enthalten, die sich wie folgt aufteilen: 250.000 auf das Anlagevermögen, 100.000 auf das Umlaufvermögen und 150.000 auf den originären Geschäftswert. Der Ertrags- bzw. Zeitwert (des Eigenkapitals) der Vitrinus-AG beträgt 4.300.000.

Die Bilanz der aufnehmenden Felix-OHG hat vor der Verschmelzung folgendes Aussehen:

A	Bilanz der Felix-OHG vor der Verschmelzung		P
Beteiligung an der Vitrinus-AG	4.000.000	Kapitalkonto E	3.150.000
Sonstiges Anlagevermögen	800.000	Kapitalkonto F	350.000
Umlaufvermögen	500.000	Verbindlichkeiten	1.800.000
	5.300.000		5.300.000

Die stillen Reserven der Felix-OHG betragen bei der Beteiligung 278.500 (= (99,5 % · 4.300.000) – 4.000.000), beim sonstigen Anlagevermögen 30.000 und beim originären Geschäfts- oder Firmenwert (GoF) 30.000. Der Ertrags- bzw. Zeitwert der Felix-OHG beläuft sich auf insgesamt 3.838.500 bzw. auf – 440.000 (= 3.838.500 – (99,5 % · 4.300.000)) ohne Beteiligung an der Vitrinus-AG.

E, F und G einigen sich darauf, dass der von G nach der Verschmelzung gehaltene Anteil an der Felix-OHG auf Basis der Zeit- bzw. Ertragswerte ermittelt werden soll. Synergieeffekte durch die Verschmelzung werden ausgeschlossen.

a) Berechnung der Anteile und der Kapitalkonten der Gesellschafter E, F und G an der Felix-OHG nach der Verschmelzung

Der G zustehende Anteil an der Felix-OHG nach der Verschmelzung (= a_G^{OHG}) lässt sich wie folgt ermitteln:

$$\underbrace{a_G^{AG} \cdot E^{AG}}_{\text{Anteiliger Ertragswert des G vor der Verschmelzung}} = \underbrace{a_G^{OHG} \cdot (E^{OHG} + E^{AG})}_{\text{Anteiliger Ertragswert des G nach der Verschmelzung}}$$

$$a_G^{OHG} = \frac{a_G^{AG} \cdot E^{AG}}{E^{OHG} + E^{AG}} = \frac{0{,}5\,\% \cdot 4.300.000}{-440.000 + 4.300.000} = 0{,}557\,\%$$

mit:
- a_G^{AG} : Anteil von G an der untergehenden Vitrinus-AG
- E^{AG} : Ertragswert der untergehenden Vitrinus-AG
- a_G^{OHG} : Anteil von G an der Felix-OHG nach der Verschmelzung
- E^{OHG} : Ertragswert der Felix-OHG vor der Verschmelzung (ohne Beteiligung an der Vitrinus-AG).

Damit ergeben sich die Anteile der Gesellschafter E und F zu

$$a_E^{OHG} = 90\,\% \cdot (1 - a_G^{OHG}) = 90\,\% \cdot (1 - 0{,}557\,\%) = 89{,}499\,\%$$

$$a_F^{OHG} = 10\,\% \cdot (1 - a_G^{OHG}) = 10\,\% \cdot (1 - 0{,}557\,\%) = 9{,}944\,\%$$

mit:
- a_E^{OHG} : Anteil von E an der Felix-OHG nach der Verschmelzung
- a_F^{OHG} : Anteil von F an der Felix-OHG nach der Verschmelzung.

Zusätzlich zu den Kapitalkonten von E und F, die durch den Verschmelzungsvorgang nicht tangiert werden, tritt bei der übernehmenden Felix-OHG ein G entsprechend seinem Anteil einzuräumendes Kapitalkonto hinzu in Höhe von

$$K_G^{OHG} = a_G^{OHG} \cdot (K_E^{OHG} + K_F^{OHG} + K_G^{OHG})$$

$$K_G^{OHG} = \frac{a_G^{OHG}}{(1 - a_G^{OHG})} (K_E^{OHG} + K_F^{OHG})$$

$$K_G^{OHG} = \frac{0{,}00557}{(1 - 0{,}00557)} (3.150.000 + 350.000) = 19.604$$

mit:
- K_E^{OHG} : Kapitalkonto des E an der Felix-OHG
- K_F^{OHG} : Kapitalkonto des F an der Felix-OHG
- K_G^{OHG} : Kapitalkonto des G an der Felix-OHG.

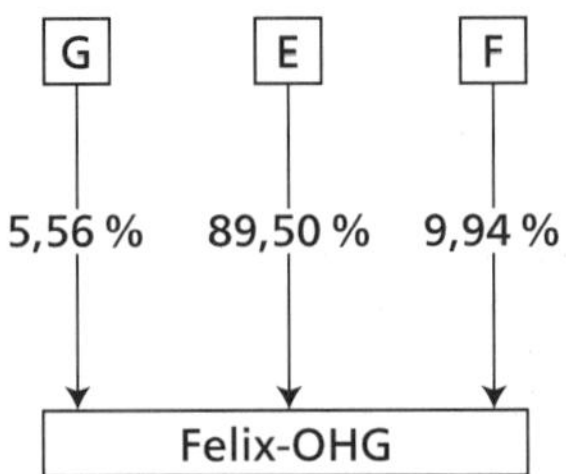

Beteiligungsstruktur nach der Verschmelzung

b) Bilanzierung bei der übernehmenden Felix-OHG

Da es sich um eine Verschmelzung durch Aufnahme handelt, ist die Umwandlung als laufender Geschäftsvorfall zu behandeln und grundsätzlich erst in der nachfolgenden Jahres(übernahme)bilanz der Felix-OHG abzubilden. Aus didaktischen Gründen wird hier jedoch unterstellt, dass die Felix-OHG sofort eine **(fiktive)** Übernahmebilanz erstellt.

ba) Variante 1 (Buchwertfortführung bei Übernehmerin): Übt die übernehmende Felix-OHG das ihr nach §24 UmwG zustehende Bewertungswahlrecht dahingehend aus, dass sie die Vermögensgegenstände und Schulden der Vitrinus-AG zu Buchwerten übernimmt und gegen ihre Beteiligung an der Vitrinus-AG aufrechnet, so ergibt sich in der Übernahmebilanz ein Verschmelzungsverlust in Höhe von –219.604. Dieser setzt sich zusammen aus dem

- Verschmelzungsverlust, der aus der Verrechnung der Beteiligung der Felix-OHG an der Vitrinus-AG mit dem der Felix-OHG anteilig zuzurechnenden und zu Buchwerten übernommenen Nettovermögen resultiert (= –219.000 = (99,5 % · 3.800.000) – 4.000.000), und dem
- Verschmelzungsverlust, der aus der Verrechnung des Kapitalkontos des G an der Felix-OHG mit dem G anteilig zuzurechnenden und zu Buchwerten übernommenen Nettovermögen resultiert (= – 604 = (0,5 % * 3.800.000) – 19.604).

Buchungssätze bei der übernehmenden Felix-OHG:

(1) Eröffnungsbuchung:

Anlagevermögen	2.500.000			
Umlaufvermögen	2.000.000			
Verschmelzungskonto	200.000	**an**	Beteiligungen	4.000.000
			Verbindlichkeiten	700.000

(2) Verbuchung der Aufnahme des G in die OHG:

Verschmelzungskonto	19.604	**an**	Kapitalkonto G	19.604

(3) Erfolgswirksamer Abschluss des Verschmelzungskontos:

Verschmelzungsverlust	219.604	**an**	Verschmelzungskonto	219.604

Der Verschmelzungsverlust ist als außerordentlicher Aufwand zu behandeln und mindert das Jahresergebnis.

(Übernahme-)Bilanz der Felix-OHG nach der Verschmelzung bei Buchwertansatz

A			P
Anlagevermögen	3.300.000	Kapitalkonto E	3.150.000
Umlaufvermögen	2.500.000	Kapitalkonto F	350.000
		Kapitalkonto G	19.604
		Verschmelzungsverlust	– 219.604
		Verbindlichkeiten	2.500.000
	5.800.000		5.800.000

bb) Variante 2 (Neubewertung bei Übernehmerin): Alternativ erlaubt das in §24 UmwG kodifizierte Anschaffungswertprinzip, dass die Felix-OHG die von der Vitrinus-AG übernommenen Vermögensgegenstände durch Auflösung der stillen Reserven, d.h. zum Zeit- bzw. Ertragswert, neu bewertet. In diesem Fall ergibt sich ein

- Verschmelzungsgewinn, der aus der Verrechnung der Beteiligung der Felix-OHG an der Vitrinus-AG mit dem der Felix-OHG anteilig zuzurechnenden und zu Zeitwerten übernommenen Nettovermögen resultiert (= 278.500 = (99,5 % · 4.300.000) – 4.000.000), und dem

- Verschmelzungs‚gewinn', der aus der Verrechnung des Kapitalkontos des G an der Felix-OHG mit dem G anteilig zuzurechnenden und zu Zeitwerten übernommenen Nettovermögen resultiert (= 1.896 = 0,5 % · 4.300.000 – 19.604) und – mangels Erfolgswirksamkeit – auf die einzelnen Kapitalkonten E, F und G im Verhältnis der Beteiligungsquoten verteilt wird.

Buchungssätze bei der übernehmenden Felix-OHG:

(1) Eröffnungsbuchung (Anmerkung: Der GoF wird im Anlagevermögen erfasst):

Anlagevermögen	2.900.000			
Umlaufvermögen	2.100.000	**an**	Beteiligungen	4.000.000
			Verbindlichkeiten	700.000
			Verschmelzungskonto	300.000

(2) Verbuchung der Aufnahme des G in die OHG:

Verschmelzungskonto	19.604	**an**	Kapitalkonto G	19.604

(3) Abschluss des Verschmelzungskontos und beteiligungsproportionale Verteilung des Verschmelzungs‚gewinns' auf die Kapitalkonten E, F und G:

Verschmelzungskonto	280.396	**an**	Kapitalkonto E	1.697
			Kapitalkonto F	188
			Kapitalkonto G	11
			Verschmelzungsgewinn	278.500

(Übernahme-)Bilanz der Felix-OHG nach der Verschmelzung bei Zeitwertansatz

A			P
Anlagevermögen (inkl. GoF)	3.700.000	Kapitalkonto E	3.151.697
Umlaufvermögen	2.600.000	Kapitalkonto F	350.188
		Kapitalkonto G	19.615
		Verschmelzungsgewinn	278.500
		Verbindlichkeiten	2.500.000
	6.300.000		6.300.000

Beispiel 2a:

Aufspaltung einer GmbH in zwei GmbHs (steuerbilanzielle Fortführung in **Beispiel 2b auf** S. 1142 ff.)

An der Tüftel-GmbH sind die beiden Gesellschafter A und B seit nunmehr elf Jahren zu 70 % bzw. 30 % beteiligt. A widmet sich überwiegend dem Kerngeschäft, der Entwicklung und dem Verkauf von Sonnenkollektoren (Teilbetrieb 1), B vor allem der Konstruktion einer neuen Anlage zur Windenergiegewinnung (Teilbetrieb 2). Hinsichtlich der Zukunftsträchtigkeit der beiden alternativen Verfahren zur Energiegewinnung bestehen zwischen A und B unüberbrückbare Meinungsverschiedenheiten. Sie beschließen daher, die Tüftel-GmbH in zwei neue Gesellschaften aufzuspalten. A soll Alleingesellschafter der neu zu gründenden Solar-GmbH, B Alleingesellschafter der neuen Wind-GmbH werden. Bereits vor der Spaltung wird durch eine entsprechende Zuordnung von liquiden Mitteln und Verbindlichkeiten eine Aufteilung der Buch- und Zeitwerte auf die Teilbetriebe 1 und 2 im Verhältnis 70 : 30 bewirkt. Eine Ausgleichszahlung wird im Spaltungsplan (deshalb) nicht vereinbart.

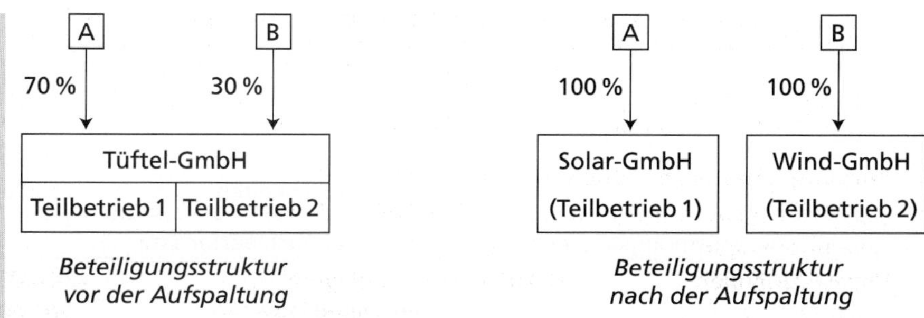

Beteiligungsstruktur vor der Aufspaltung

Beteiligungsstruktur nach der Aufspaltung

Da A und B an den neu gegründeten Gesellschaften (Solar-GmbH, Wind-GmbH) nicht wiederum zu jeweils 70 % bzw. 30 % beteiligt sind, handelt es sich um eine verhältnisändernde Spaltung, bei der es zu einer Trennung der beiden Gesellschafterstämme kommt (vgl. § 135 Abs. 1 i. V. m. § 128 UmwG).

Die untergehende Tüftel-GmbH weist folgende Schlussbilanz zu Buchwerten aus:

A	(Schluss-)Bilanz	der Tüftel-GmbH	P
Anlagevermögen	800.000	Stammkapital	180.000
Umlaufvermögen	200.000	Kapitalrücklage	20.000
		Gewinnrücklagen	200.000
		Rückstellungen	300.000
		Verbindlichkeiten	300.000
	1.000.000		1.000.000

Im Vermögen der Tüftel-GmbH sind stille Reserven von 1.000.000 enthalten, die sich wie folgt aufteilen: 600.000 auf das Anlagevermögen und 400.000 auf das Umlaufvermögen; ein originärer Geschäfts- oder Firmenwert besteht nicht. Der Ertrags- bzw. Zeitwert der Tüftel-GmbH beträgt 1.400.000.

Bilanzierung bei den übernehmenden Solar-GmbH und Wind-GmbH

Beide neu gegründeten Nachfolgegesellschaften sind nach § 242 Abs. 1 HGB zur Aufstellung einer Eröffnungsbilanz verpflichtet, in welche die Vermögensgegenstände und Schulden jeweils entsprechend der festgelegten Zuordnung auf die Gesellschaften zu übernehmen sind.

a) Variante 1 (Buchwertfortführung bei Übernehmerinnen): Wählen sowohl die Solar-GmbH als auch die Wind-GmbH den Ansatz zu Buchwerten (fakultative Buchwertverknüpfung nach § 24 UmwG), so weisen sie in der Summe das gleiche Eigenkapital auf wie die untergehende Tüftel-GmbH. Wie sich bei der Solar-GmbH und der Wind-GmbH jeweils das Eigenkapital auf Stammkapital und Rücklagen verteilt, liegt dabei allein im Ermessen der Alleingesellschafter A und B. Zu beachten sind lediglich die gesetzlichen Mindestkapitalbestimmungen nach § 5 GmbHG. Der positive Unterschiedsbetrag zwischen dem anteilig übernommenen Nettovermögen und dem jeweils festgelegten Stammkapital (= Spaltungs‚gewinn') ist wie bei der Verschmelzung als Agio bei der Ausgabe der neuen Anteile zu behandeln und gemäß § 272 Abs. 2 Nr. 1 HGB erfolgsunwirksam in die Kapitalrücklage einzustellen.

Unter der Annahme, dass A für seine Solar-GmbH ein Stammkapital von 130.000, B für die Wind-GmbH ein Stammkapital von 50.000 wählt, ergeben sich folgende Buchungssätze und Eröffnungsbilanzen (= Übernahmebilanzen) für die Solar-GmbH und die Wind-GmbH:

Buchungssatz bei der übernehmenden Solar-GmbH (Gründungsbuchung):

Anlagevermögen	560.000			
Umlaufvermögen	140.000	**an**	Stammkapital	130.000
			Kapitalrücklage	150.000
			Rückstellungen	210.000
			Verbindlichkeiten	210.000

A	Eröffnungsbilanz der Solar-GmbH bei Buchwertansatz		P
Anlagevermögen	560.000	Stammkapital	130.000
Umlaufvermögen	140.000	Kapitalrücklage	150.000
		Rückstellungen	210.000
		Verbindlichkeiten	210.000
	700.000		700.000

Buchungssatz bei der übernehmenden Wind-GmbH (Gründungsbuchung):

Anlagevermögen	240.000			
Umlaufvermögen	60.000	**an**	Stammkapital	50.000
			Kapitalrücklage	70.000
			Rückstellungen	90.000
			Verbindlichkeiten	90.000

A	Eröffnungsbilanz der Wind-GmbH bei Buchwertansatz		P
Anlagevermögen	240.000	Stammkapital	50.000
Umlaufvermögen	60.000	Kapitalrücklage	70.000
		Rückstellungen	90.000
		Verbindlichkeiten	90.000
	300.000		300.000

b) Variante 2 (Neubewertung bei Übernehmerinnen): Solar- und Wind-GmbH bewerten die von ihnen übernommenen Vermögensgegenstände und Schulden unter Ausübung des Bewertungswahlrechts nach § 24 UmwG zu Zeitwerten. Unter der gegenüber *Variante 1* unveränderten Annahme, dass A für die Solar-GmbH ein Stammkapital von 130.000, B für die Wind-GmbH ein Stammkapital von 50.000 wählt, resultieren für die Solar-GmbH und die Wind-GmbH folgende Buchungssätze und Eröffnungsbilanzen:

Buchungssatz bei der übernehmenden Solar-GmbH (Gründungsbuchung):

Anlagevermögen	980.000			
Umlaufvermögen	420.000	**an**	Stammkapital	130.000
			Kapitalrücklage	850.000
			Rückstellungen	210.000
			Verbindlichkeiten	210.000

A	Eröffnungsbilanz der Solar-GmbH bei Zeitwertansatz		P
Anlagevermögen	980.000	Stammkapital	130.000
Umlaufvermögen	420.000	Kapitalrücklage	850.000
		Rückstellungen	210.000
		Verbindlichkeiten	210.000
	1.400.000		1.400.000

Buchungssatz bei der übernehmenden Wind-GmbH (Gründungsbuchung):

Anlagevermögen	420.000			
Umlaufvermögen	180.000	**an**	Stammkapital	50.000
			Kapitalrücklage	370.000
			Rückstellungen	90.000
			Verbindlichkeiten	90.000

A	Eröffnungsbilanz der Wind-GmbH bei Zeitwertansatz		P
Anlagevermögen	420.000	Stammkapital	50.000
Umlaufvermögen	180.000	Kapitalrücklage	370.000
		Rückstellungen	90.000
		Verbindlichkeiten	90.000
	600.000		600.000

Auch bei einer Bewertung zu Zeitwerten ist der Unterschiedsbetrag zwischen dem anteilig übernommenen Nettovermögen und dem jeweils festgelegten Stammkapital als erfolgsunwirksamer Spaltungs,gewinn' in die Kapitalrücklage einzustellen.

Denkbar ist selbstverständlich auch eine Kombination aus *Variante 1* und *2*, bei der sich Solar- und Wind-GmbH für eine unterschiedliche Ausübung des Bewertungswahlrechts nach § 24 UmwG entscheiden.

Beispiel 3a:

Formwechsel einer GmbH in eine GmbH & Co KG (steuerbilanzielle Fortführung in **Beispiel 3b** auf S. 1135 ff.)

Die aus dem Beispiel 2a zur Aufspaltung hervorgegangene Solar-GmbH des A beteiligt sich mit 60 % an der Alternativ-GmbH. Die verbleibenden 40 % hält der bisherige Geschäftsführer D. Nach acht Jahren äußert D den Wunsch, sich aus dem laufenden Geschäftsbetrieb zurückzuziehen, um sich zukünftig ganz seinem Hobby, der Ozonforschung in Australien, widmen zu können. A und D verständigen sich deshalb darauf, die Alternativ-GmbH in eine Kommanditgesellschaft, die Alternativ-GmbH & Co KG, umzuwandeln. Die Solar-GmbH soll die Rolle des geschäftsführenden Komplementärs, D die des lediglich am Unternehmenserfolg beteiligten Kommanditisten einnehmen.

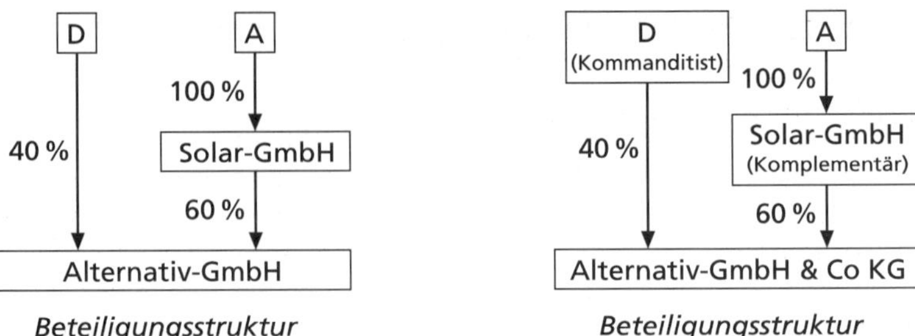

Beteiligungsstruktur vor dem Formwechsel

Beteiligungsstruktur nach dem Formwechsel

Bei dem Formwechsel der Alternativ-GmbH in die Alternativ-GmbH & Co KG handelt es sich um eine identitätswahrende Umwandlung, bei der sich lediglich die Rechtsform, nicht aber der Rechtsträger ändert. Handelsrechtlich ist daher weder die Alternativ-GmbH zur Aufstellung einer Schlussbilanz noch die Alternativ-GmbH & Co KG zur Aufstellung einer Eröffnungsbilanz verpflichtet. Zu beachten ist lediglich, dass bei Aufstellung der nachfolgenden Jahresbilanz der Alternativ-GmbH & Co KG die die Beteiligungsverhältnisse widerspiegelnden Kapitalkonten des Kommanditisten D und des Komplementärs Solar-GmbH an die Stelle des bisherigen Stammkapitals und der Rücklagen der Alternativ-GmbH treten. Veranschaulichen lässt sich die erforderlich werdende Umgliederung im Eigenkapitalbereich anhand folgender **fiktiver** Schluss- und Eröffnungsbilanzen zu Buchwerten:

A	Fiktive Schlussbilanz der Alternativ-GmbH		P
Anlagevermögen	100.000	Stammkapital	50.000
Umlaufvermögen	100.000	Kapitalrücklage	22.500
		Gewinnrücklagen	27.500
		Rückstellungen	50.000
		Verbindlichkeiten	50.000
	200.000		200.000

Buchungssätze zur Umgliederung des Eigenkapitals:

Stammkapital	50.000			
Kapitalrücklage	22.500			
Gewinnrücklagen	27.500	**an**	Umtauschkonto	100.000
Umtauschkonto	100.000	**an**	Kapitalkonto Solar-GmbH	60.000
			Kapitalkonto D	40.000

A	Fiktive Eröffnungsbilanz der Alternativ-GmbH & Co KG		P
Anlagevermögen	100.000	Kapitalkonto Solar-GmbH	60.000
Umlaufvermögen	100.000	Kapitalkonto D	40.000
		Rückstellungen	50.000
		Verbindlichkeiten	50.000
	200.000		200.000

2.2.5 Steuerliche Behandlung der Umwandlung

2.2.5.1 Grundprinzipien des Umwandlungssteuerrechts

Flankierend zur privatrechtlichen Reform des Umwandlungsrechts im Jahre 1994 wurde das **Umwandlungssteuergesetz (UmwStG)** durch Art. 1 des Gesetzes zur Änderung des Umwandlungssteuerrechts (BGBl. I 1994, S. 3267 ff.) mit Wirkung zum 1. 1. 1995 neu gestaltet. Damit sollten die Möglichkeiten einer steuerneutralen Umwandlung weiter ausgedehnt und entsprechende Hemmnisse für betriebswirtschaftlich sinnvolle Restrukturierungen abgebaut werden – insbesondere bezüglich Umwandlungen aus der Kapitalgesellschaft heraus. Das Umwandlungssteuergesetz hat in der Folge diverse Anpassungen und Nachbesserungen erfahren. Zu nennen sind hierbei insbesondere die Änderungen im Zuge des Steuersenkungsgesetzes vom 23. 10. 2000 (BGBl. I 2000, S. 1433), mit dem das körperschaftsteuerliche Anrechnungsverfahren zugunsten des Halbeinkünfteverfahrens aufgegeben wurde. Die gravierenden Regelungslücken, die das Steuersenkungsgesetz insbesondere im Hinblick auf die Umwandlung von Körperschaften untereinander hinterließ, wurden schließlich mit dem Unternehmenssteuerfortentwicklungsgesetz (BGBl. I 2001, S. 3858) geschlossen.

Die seit 1994 wohl wesentlichste Änderung des Umwandlungssteuerrechts ging mit dessen Neufassung als Art. 6 des **Gesetzes über steuerliche Begleitmaßnahmen zur Einführung der Europäischen Gesellschaft und zur Änderung weiterer steuerrechtlicher Vorschriften (SEStEG)** vom 7. 12. 2006 (BGBl. I 2006, S. 2782 ff.) einher. Mit dem SEStEG sollte das deutsche Umwandlungssteuerrecht vor allem den „gesellschaftsrechtlichen und steuerlichen Entwicklungen und Vorgaben des europäischen Rechts angepasst" (Begründung Regierungsentwurf vom 11. 8. 2006, BR-Drs. 542/06, S. 37) werden. Damit ist insbesondere die Möglichkeit der grenzüberschreitenden Gründung einer Europäischen (Aktien-)Gesellschaft (SE) im Wege der Verschmelzung durch die SE-VO angesprochen (vgl. Teil C, Abschn. 2.1.2.2, S. 1034 f.). Mit dem SEStEG wurden grenzüberschreitende Umwandlungsvorgänge im EU/EWR-Raum nun auch steuerlich geregelt, wobei der Sicherung des deutschen Besteuerungsrechts eine besondere Bedeutung beigemessen wurde. Nach den Änderungen durch das SEStEG bildet das UmwStG ein einheitliches Regelsystem zur Behandlung von inländischen und von grenzüberschreitenden Umwandlungsvorgängen. Erfasst sind im EU/EWR-Raum domizilierende und nach dem Recht eines entsprechenden (Mitglied-)Staates gegründete Gesellschaften bzw. in diesem Raum ansässige natürliche Personen (§ 1 UmwStG). Die Regelungen zu europäischen Umwandlungen beschränken sich jedoch nicht auf Verschmelzungen, wie dies hinsichtlich der privatrechtlichen Anpassungen des Umwandlungsgesetzes in Gestalt der durch das Zweite Gesetz zur Änderung des Umwandlungsgesetzes vom 19. 4. 2007 (BGBl. I 2007, S. 542 ff.) eingeführten §§ 122a–122l UmwG festzustellen ist (vgl. Teil C, Abschn. 2.2.2, S. 1058). Die Basis für die Neufassung des Umwandlungssteuerrechts durch das SEStEG bildet die Richtlinie 90/434/EWG vom 23. 7. 1990 (ABl. EG Nr. L 225, S. 1 ff.; **Fusionsrichtlinie)** mit ihrer Erweiterung insbesondere durch die Richtlinie 2005/19/EG vom 17. 2. 2005 (ABl. EG Nr. L 58, S. 19 ff.), wobei die steuerliche Rechtsanpassung in Bezug auf Umwandlungsvorgänge

– gegenüber reinen Einbringungsvorgängen – erst im Gefolge der Etablierung verschiedener zivilrechtlicher Regelungen umgesetzt werden konnte (so die Begründung des Regierungsentwurfs vom 11. 8. 2006, BR-Drs. 542/06, S. 38). Neben der Europäisierung des deutschen Umwandlungssteuerrechts wurden mit dem SEStEG weitere materielle Änderungen vollzogen, wie insbesondere eine Streichung von bis dato noch vorgesehenen Verlustübertragungsmöglichkeiten. Die Änderungen des SEStEG sind grundsätzlich auf Umwandlungen und Einbringungen anzuwenden, bei denen die Anmeldung zur Registereintragung nach dem 12. 12. 2006 erfolgt ist – soweit bei Einbringungen keine Eintragung erforderlich ist, ist auf den Übergang des wirtschaftlichen Eigentums abzustellen (§ 27 Abs. 1 UmwStG).

Primärer Anknüpfungspunkt der steuerlichen Behandlung einer Umwandlung ist – im Gegensatz zum UmwG – nicht die Rechtsform, sondern der **Steuersubjekt-Charakter** der beteiligten Rechtsträger. Maßgeblich wird damit die Unterscheidung, ob es sich auf Seiten des übertragenden und des übernehmenden Rechtsträgers jeweils um eine Körperschaft oder eine Personengesellschaft bzw. natürliche Person handelt.

Leitbild der erforderlichen Anpassung des Umwandlungssteuerrechts an die Änderungen des Umwandlungsrechts war, dass ökonomisch vorteilhafte und handelsrechtlich durch das UmwG ermöglichte Umstrukturierungen **steuerneutral** durchgeführt werden können. Das Umwandlungssteuerrecht verzichtet daher grundsätzlich auf eine zwangsweise Aufdeckung stiller Reserven und die daraus resultierende **ertragsteuerpflichtige** Gewinnrealisierung für die oben beschriebenen Umwandlungsarten, sofern die (spätere) Besteuerung der stillen Reserven im Inland sichergestellt ist. Als wichtige Änderungen gegenüber dem bis 1994 geltenden Umwandlungssteuerrecht sind anzuführen bei:

- der **Verschmelzung:** Durch den Verzicht auf eine obligatorische Aufdeckung stiller Reserven ist die ertragsteuerneutrale Verschmelzung einer körperschaftsteuerpflichtigen Kapitalgesellschaft auf eine Personengesellschaft oder natürliche Person möglich.
- der **Spaltung:** Auf der Grundlage des sog. **Spaltungserlasses** (BMF-Schreiben vom 9. 1. 1992, BStBl. I 1992, S. 47 f.) hatte die Finanzverwaltung bereits zuvor unter bestimmten Voraussetzungen auf eine Realisierung stiller Reserven bei der bis dato nur im Wege der Einzelrechtsnachfolge möglichen Spaltung von Körperschaften verzichtet. Das Umwandlungssteuergesetz 1995 erweitert das durch den Spaltungserlass vorgegebene Spektrum der steuerneutralen Spaltungen um die Möglichkeiten der Spaltung auf Personengesellschaften und auf bereits bestehende Gesellschaften. Die Steuerneutralität der Spaltung ist jedoch an zusätzliche, im Handelsrecht nicht existente Bedingungen geknüpft (u. a. Teilbetriebscharakter; vgl. § 15 Abs. 1 UmwStG).
- dem **Formwechsel:** Bei dem seit 1995 möglichen „kreuzenden" Formwechsel einer Kapitalgesellschaft in eine Personengesellschaft liegt zwar handelsrechtlich eine Rechtsträgeridentität vor; steuerrechtlich ist der Formwechsel jedoch mit einem Wechsel des Steuersubjekts verbunden, und zwar von der körperschaftsteuerpflichtigen Kapitalgesellschaft zu den körperschaft- oder einkommensteuerpflichtigen Gesellschaftern der Personengesell-

schaft. Eine handelsrechtlich nicht existente Vermögensübertragung wird damit steuerlich fingiert. Um eine dadurch ausgelöste Schlussbesteuerung auf Ebene der Gesellschafter nach §16 EStG zu vermeiden, wurde dieser Formwechsel über §9 UmwStG (§14 UmwStG vor SEStEG) i.V.m. §§3–8 UmwStG der Verschmelzung einer Kapitalgesellschaft auf eine Personengesellschaft gleichgestellt. Beim „parallelen" Formwechsel (Kapitalgesellschaft in Kapitalgesellschaft, Personengesellschaft in Personengesellschaft) ist eine umwandlungssteuerliche Regelung weiterhin nicht erforderlich. Die „doppelte" Identität von Rechtsträger und Steuersubjekt schließt nach wie vor eine Schlussbesteuerung nach §16 EStG aus und gewährleistet so eine ertragsteuerneutrale Behandlung.

Anders als bei den Ertragsteuern (vgl. hierzu auch den folgenden Abschnitt 2.2.5.2, S. 1118 ff.) wird bei den **Verkehrsteuern** dem Leitbild der Steuerneutralität von Umwandlungen nur teilweise Rechnung getragen. So unterliegen alle Formen der übertragenden Umwandlung (Verschmelzung, Spaltung, Vermögensübertragung) nach §1 Abs. 1 GrEStG grundsätzlich der **Grunderwerbsteuer**. Ausgenommen sind Umwandlungen einer Personengesellschaft in eine andere Personengesellschaft (§5 Abs. 1 GrEStG). Darüber hinaus sind seit 1. 1. 2010 Verschmelzungen, Spaltungen und Vermögensübertragungen (i. S. d. §1 Abs. 1 Nr. 1–3 UmwG), die der Umstrukturierung eines Konzerns dienen, steuerbefreit (§6a Abs. 1 GrEStG; vgl. hierzu den gleichlautenden Erlass der obersten Finanzbehörden der Länder (OFL) vom 1. 12. 2010, DStR 2010, S. 2520 ff., und *Klass/Möller*, Umwandlungsprivileg). Voraussetzung hierfür ist, dass an den Umwandlungsvorgängen ausschließlich ein „beherrschendes" und von diesem „abhängige" Gesellschaften – oder nur die von diesem abhängigen Gesellschaften – beteiligt sind. Abhängigkeit wird in diesem Kontext (anders §17 AktG) über eine ununterbrochene, mittelbare oder/und unmittelbare Beteiligung in Höhe von 95% in einem Zeitraum von fünf Jahren vor und nach dem Vorgang definiert. Bemessungsgrundlage für die Grunderwerbsteuer ist der anteilig auf die Grundstücke entfallende Wert der Gegenleistung (§8 Abs. 2 Nr. 2 GrEStG i. V. m. §138 Abs. 2–4 BewG). Lange Zeit umstritten war die Grunderwerbsteuerpflicht beim Formwechsel. Obwohl in der Literatur nahezu einhellig die Meinung vertreten wurde, dass der Formwechsel wegen der bestehenden Rechtsträgeridentität (§190 UmwG i. V. m. §202 Abs. 1 Nr. 1 UmwG) und der damit fehlenden Vermögensübertragung grundsätzlich nicht grunderwerbsteuerpflichtig sein konnte, ging die Finanzverwaltung bis September 1997 beim „kreuzenden" Formwechsel von einem steuerlich fingierten und damit grunderwerbsteuerpflichtigen Rechtsträgerwechsel aus (*FM Baden-Württemberg*, Erlass vom 12. 12. 1994 (DB 1994, S. 2592) bzw. Erlass vom 23. 1. 1997 (DStR 1997, S. 202)). Dies war umso verwunderlicher, als zwischenzeitlich selbst der BFH in einem Beschluss vom 4. 12. 1996 (DB 1997, S. 79) klar zum Ausdruck gebracht hatte, dass er die diesbezügliche Position der Finanzverwaltung nicht teilte. Allerdings hat die Finanzverwaltung bald darauf angeordnet, den „kreuzenden" Formwechsel einer Kapitalgesellschaft in eine Personengesellschaft und umgekehrt als grunderwerbsteuerfrei zu behandeln (*FM Baden-Württemberg*, Erlass vom 18. 9. 1997 (DB 1997, S. 2002) sowie Erlass vom 19. 12. 1997 (BB 1998, S. 147)).

Ein **umsatzsteuerbarer Vorgang** ist bei den Umwandlungen nach dem UmwG regelmäßig **nicht** gegeben. Beim Formwechsel scheitert die Umsatzsteuerbarkeit bereits an der wegen der Rechtsträgeridentität fehlenden Vermögensübertragung. Die übertragenden Umwandlungen (Verschmelzung, Spaltung, Vermögensübertragung) wiederum unterliegen als Geschäftsveräußerungen im Ganzen gemäß § 1 Abs. 1a UStG nicht der Umsatzsteuer.

2.2.5.2 Steuerrechtliche Umwandlungsbilanzierung

2.2.5.2.1 Umwandlung einer Kapitalgesellschaft in eine Personengesellschaft

Handelt es sich bei der Umwandlung einer Kapitalgesellschaft in eine Personengesellschaft um eine **Verschmelzung** oder eine **Auf-** bzw. **Abspaltung** – eine Vermögensübertragung von einer Kapital- auf eine Personengesellschaft ist nach § 175 UmwG ausgeschlossen –, finden die im UmwStG verankerten Vorschriften zum Vermögensübergang auf eine Personengesellschaft Anwendung (§§ 3–8, 16 UmwStG). Das Umwandlungssteuergesetz (nach dem SEStEG) sieht als Standardfall eine Bewertung des Vermögens in der steuerlichen **Schlussbilanz** (Übertragungsbilanz) der **übertragenden Körperschaft** (i. F. nicht differenzierend zu Kapitalgesellschaft) mit dem **gemeinen Wert** vor; dabei sind ggf. auch bisher nicht aktivierbare Wirtschaftsgüter anzusetzen (explizit selbst erstellte immaterielle Wirtschaftsgüter [des Anlagevermögens], § 3 Abs. 1 UmwStG). Dies schließt einen (bisher originären) Geschäfts- oder Firmenwert ein (vgl. *Schmitt*, § 3 UmwStG, Rn. 47, *Sagasser* in *Sagasser/Bula/Brünger*, Umwandlungen, L, Rn. 78; a. A. auf Basis der alten Rechtslage BMF-Schreiben vom 25. 3. 1998 (Umwandlungssteuererlass, s. u.), Rn. 03.04, 03.07 f.), wobei diesbezüglich auf den Teilwert abzustellen ist (vgl. *Dötsch/Pung*, § 3 UmwStG (SEStEG), Rn. 13 f.). Pensionsrückstellungen sind mit dem steuerlichen Teilwertverfahren nach § 6a EStG zu bewerten. Das Umwandlungssteuergesetz erlaubt darüber hinaus die **Fortführung der Buchwerte** sowie den Ansatz von **Zwischenwerten,** jedoch nur auf Antrag und soweit sie Betriebsvermögen der übernehmenden Personengesellschaft oder natürlichen Person werden und dabei eine spätere Besteuerung mit Einkommen- bzw. Körperschaftsteuer sichergestellt ist sowie soweit das Besteuerungsrecht der Bundesrepublik Deutschland hinsichtlich eines Veräußerungsgewinns aus den übertragenen Wirtschaftsgütern nicht ausgeschlossen oder beschränkt wird (§ 3 Abs. 2 Satz 1 Nr. 1 und 2 UmwStG). Darüber hinaus ist Voraussetzung, dass eine Gegenleistung nicht gewährt wird oder in Gesellschaftsrechten besteht (§ 3 Abs. 2 Satz 1 Nr. 3 UmwStG). Die steuerliche Buchwertfortführung ist folglich fakultativ, während sie in der handelsrechtlichen Schlussbilanz zwingend ist (vgl. Teil C, Abschn. 2.2.4.2, S. 1087).

Für die steuerrechtliche Umwandlungsbilanzierung ist der **steuerliche Übertragungsstichtag** maßgeblich, welcher bei Übertragungen von Körperschaften durch § 2 UmwStG bestimmt wird. Er ist mit dem Tag identisch, auf den der übertragende Rechtsträger nach § 17 Abs. 2 UmwG seine handelsrechtliche Schlussbilanz erstellt (BMF-Schreiben vom 25. 3. 1998, Rn. 02.02 f.). Dieser wiederum liegt nach h. M. unmittelbar vor dem handelsrechtlichen Umwandlungsstichtag, ab dem die Geschäfte als für Rechnung des übernehmenden Rechtsträgers ausgeführt gelten (vgl. für die Verschmelzung Teil C, Abschn. 2.2.4.2, S. 1088). Da die handelsrechtliche Schlussbilanz auf einen höchstens acht Monate vor der Anmeldung zum Registergericht liegenden Stichtag aufzustellen ist (§ 17 Abs. 2 Satz 4 UmwG), überträgt sich die Frist auf den steuerlichen Übertragungsstichtag. § 2 UmwStG fingiert dabei eine steuerliche Rückwirkung der Umwandlung auf den steuerlichen Übertragungsstichtag. Damit sind alle Handlungen nach dem steuerlichen Übertragungsstichtag steuerlich der Übernehmerin zuzuweisen; bei aufgelösten Rechtsträgern erlischt die Steuerpflicht, bei neu gegründeten beginnt sie mit diesem Zeitpunkt (BMF-Schreiben vom 25. 3. 1998, Rn. 02.06). Die steuerliche **Rückwirkungsfiktion** geht sogar so weit, dass ein tatsächlich zum steuerlichen Übertragungsstichtag nicht existenter übernehmender Rechtsträger fiktiv zu diesem Zeitpunkt bestanden hat (vgl. BMF-Schreiben vom 25. 3. 1998, Rn. 02.08). Sie bezieht sich auf die Steuern vom Einkommen (Einkommen- und Körperschaftsteuer (zzgl. Solidaritätszuschlag, ggf. Kirchensteuer) sowie Gewerbesteuer) sowie grundsätzlich auf am Vermögen ansetzende Steuern, wie die frühere Vermögensteuer; von der Regelung nicht angesprochen sind Verkehrsteuern wie bspw. die Grunderwerbsteuer (vgl. *Dötsch,* § 2 UmwStG (SEStEG), Rn. 8 ff.). Dabei bezieht sich die Rückwirkungsfiktion des § 2 UmwStG auf die Bestimmung des Vermögens und Einkommens des übertragenden und des übernehmenden Rechtsträgers, nicht jedoch bei Körperschaften auf die Einkommensermittlung von deren Gesellschaftern (vgl. BFH vom 7. 4. 2010, DB 2010, S. 1568, 1571). § 2 UmwStG ist zwar im Ersten Teil unter den allgemeinen Vorschriften des UmwStG eingeordnet, wird jedoch auf die Fälle einer übertragenden Körperschaft (ohne Formwechsel) beschränkt. Eine besondere Festsetzung des steuerlichen Übertragungsstichtages erfolgt bei Einbringungen (§ 20 Abs. 6 UmwStG; vgl. Teil C, Abschn. 2.2.5.2.3, S. 1145, und 2.2.5.2.4, S. 1150) und beim Formwechsel einer Kapitalgesellschaft in eine Personengesellschaft (§ 9 Sätze 2 und 3 UmwStG; zu weiteren Besonderheiten insbesondere bei grenzüberschreitenden Umwandlungen vgl. *Dötsch,* § 2 UmwStG (SEStEG), Rn. 22, 73).

Umstritten war nach der Rechtslage vor dem SEStEG, ob die Wertansätze der steuerlichen Schlussbilanz unabhängig von der handelsrechtlichen Schlussbilanz gewählt werden dürfen oder ob die Werte der Handelsbilanz nach dem **Maßgeblichkeitsprinzip** des § 5 Abs. 1 EStG in die Steuerbilanz zu übernehmen sind (vgl. hierzu und im Folgenden die Abbildung auf S. 1122). Zur Verunsicherung trug maßgeblich der so genannte **Umwandlungssteuererlass (I)** (BMF-Schreiben vom 25. 3. 1998, BStBl. I 1998, S. 268 ff.) bei. Die Finanzverwaltung ging hiernach von einer Geltung des Maßgeblichkeitsgrundsatzes und einer daraus resultierenden Einschränkung des steuerlichen Wahlrechts auf handelsbilanziell konforme Werte aus (vgl. BMF-Schreiben vom 25. 3. 1998, Rn. 03.01 f.), womit das steuerliche Wertansatzwahlrecht faktisch leer lief. Demgegenüber konnte nach herrschender Meinung das Bewertungswahlrecht des § 3 UmwStG (a. F.) eigenständig ausgeübt werden (vgl. *Sagasser* in *Sagasser/Bula/Brünger,* Umwandlungen, E, Rn. 15 ff., *IDW,* WP-Handbuch 08 II, S. 348). In der Begründung zum Regierungsentwurf des SEStEG (BT-Drs. 16/2710, S. 3) wird nun explizit klargestellt: „Die Wertansätze erfolgen unabhängig von den Ansätzen in der

Handelsbilanz – der Grundsatz der Maßgeblichkeit der Handelsbilanz für die Steuerbilanz gilt insoweit nicht mehr." Insbesondere mit Verweis hierauf wird zumindest für Fälle nach dem Inkrafttreten des SEStEG am 12. 12. 2006 von einer **Durchbrechung des Maßgeblichkeitsprinzips** ausgegangen (vgl. *Buyer/Klein/Müller*, Unternehmensform, S. 157, *Dötsch/Pung*, § 3 UmwStG (SEStEG), Rn. 26 f., *IDW*, WP-Handbuch 08 II, S. 352 f.; vgl. die Abbildung auf S. 1122, insb. (1)). Fraglich bleibt indes, wie Alt-Umwandlungen bis zum 12. 12. 2006 zu behandeln sind – zumal die Gesetzesbegründung von einer Abschaffung der Maßgeblichkeit spricht und somit von deren vormaligem Bestehen im Sinne der Auffassung der Finanzverwaltung auszugehen scheint (vgl. *IDW*, WP-Handbuch 08 II, S. 353). Die Finanzverwaltung arbeitet schon seit längerem an einem **neuen Umwandlungssteuererlass**; ein **Entwurf**, der im Februar 2011 an die Länder gesandt wurde, soll demnächst zwischen Bund und Ländern beraten werden.

In keinem Fall konstruieren lässt sich eine (umgekehrte) Maßgeblichkeitsbeziehung zwischen dem Wertansatzwahlrecht in der handelsrechtlichen Übernahmebilanz gemäß § 24 UmwG und dem in der steuerlichen Schlussbilanz nach § 3 UmwStG. Für eine solche **„diagonale" Maßgeblichkeit** fehlt schlicht die gesetzliche Normierung (vgl. *Bula/Schlösser* in *Sagasser/Bula/Brünger*, Umwandlungen, Rn. 24 ff., *Dötsch/Pung*, § 3 UmwStG (vor SEStEG), Rn. 28; vgl. die Abbildung auf S.1122, insbesondere (2)).

Die **unmittelbare Steuerwirksamkeit** des Umwandlungsvorgangs setzt an den folgenden Stellen an: Bei der übertragenden Körperschaft entsteht im Zusammenhang mit der Erstellung der steuerlichen Schlussbilanz (Übertragungsbilanz) gegebenenfalls ein Übertragungserfolg aus etwaigen umwandlungsbedingten Bilanzierungsmaßnahmen, wie insbesondere einer Bewertung zum gemeinen Wert. Auf Anteilseignerebene werden zunächst die offenen Rücklagen der Überträgerin wie eine Ausschüttung als Einkünfte aus Kapitalvermögen im Sinne des § 20 Abs. 1 Nr. 1 EStG erfasst (§ 7 UmwStG). Für bei der Übernehmerin direkt gehaltene oder ihr über eine Einlagefiktion (§ 5 Abs. 2, 3 UmwStG) zugerechnete Anteile wird ein Übernahmeerfolg ermittelt, welcher i. W. durch das Verhältnis von steuerlichem Wert des übernommenen Vermögens zur Gegenleistung geprägt wird und die zuvor unmittelbar auf Anteilseignerebene erfolgte Besteuerung berücksichtigt. Steuerliche Wirkungen auf Anteilseignerebene können sich auch aus der Einlagefiktion ergeben, welche der Ermittlung des Übernahmeerfolges zugrunde liegt (§ 5 UmwStG; vgl. hierzu *Pung*, § 5 UmwStG, Rn. 3, 47). Die Gestaltung vor dem SEStEG beinhaltete zum einen eine Formulierung des Übernahmeerfolges, welche sowohl die Anteilseignerebene als auch den separaten Übernahmeerfolg bei der Übernehmerin umfasste, zum anderen in § 7 UmwStG a. F. eine besondere Regelung im Sinne einer Besteuerung gemäß § 20 Abs. 1 Nr. 1 EStG für die Anteilseigner, die die Beteiligung im Privatvermögen halten und die Bedingung des § 17 EStG nicht erfüllen (vgl. zum diesbezüglichen Konzeptwechsel *Dötsch/Pung*, SEStEG, S. 2709 ff.).

Wird das Vermögen der übertragenden Kapitalgesellschaft steuerbilanziell zu Buchwerten angesetzt, erfolgt die Umwandlung auf der Ebene der Kapitalgesellschaft grundsätzlich steuerneutral. Ein der Körperschaft- und der Gewerbesteuer (§ 18 Abs. 1 UmwStG) unterliegender **Übertragungsgewinn** entsteht hingegen, wenn in der Übertragungsbilanz ein über dem Buchwert liegender Ansatz gewählt wird.

Auf **Ebene der Anteilseigner** werden diesen die offenen Rücklagen der übertragenden Kapitalgesellschaft gemäß § 7 UmwStG als Einkünfte aus Kapitalvermögen im Sinne des § 20 Abs. 1 Nr. 1 EStG zugerechnet. Dabei entsprechen die **offenen Rücklagen** der Differenz zwischen dem Bestand des in der Steuerbilanz ausgewiesenen Eigenkapitals und dem Bestand des steuerlichen Einlagekontos der Überträgerin, das sich nach Anwendung von § 29 Abs. 1 KStG ergibt. Diese Vorschrift geht von der Fiktion einer vollständigen Herabsetzung des Nennkapitals der übertragenden Körperschaft entsprechend der Regelung des § 28 Abs. 2 Satz 1 KStG aus (vgl. auch BMF-Schreiben vom 16. 12. 2003, BStBl. I 2003, Rn. 29 ff., **Umwandlungssteuererlass II**). Danach ist zunächst ein aus der Umwandlung von sonstigen (Gewinn-)Rücklagen in Nennkapital gebildeter Sonderausweis aufzulösen. Der Teilbetrag des Nennkapitals, welcher den Sonderausweis übersteigt, ist dann dem Einlagekonto gutzuschreiben. Folglich spiegelt der Bestand des Einlagekontos, der aus einer Anwendung von § 29 Abs. 1 KStG resultiert, die Kapitalzuführungen der Gesellschafter von außen wider. Unter die Regelung des § 7 UmwStG fallen jedoch nur die an der Umwandlung teilnehmenden, d. h. nicht durch Anteilsveräußerung vor Registereintragung oder durch Abfindung gemäß §§ 29, 207 UmwG ausscheidenden Anteilseigner (vgl. *Pung*, § 7 UmwStG, Rn. 5). Bei **natürlichen Personen** werden die Bezüge nach dem Teileinkünfteverfahren (§ 3 Nr. 40 Satz 1 lit. d EStG; vgl. Teil A, Abschn. 7.1.3.2, S. 213) besteuert, sofern sie als gewerbliche Einkünfte zu qualifizieren sind, sonst unterliegen sie der Abgeltungsteuer (mit Solidaritätszuschlag und gegebenenfalls Kirchensteuer, §§ 43 Abs. 5, 43a EStG, § 3 SolZG; vgl. zur Abgeltungsteuer Teil A, Abschn. 7.1.3.1, S. 210 f.). Bei Anteilseignern, für welche ein Übernahmeergebnis (siehe das Folgende) ermittelt wird, ist davon auszugehen, dass die Bezüge gewerbliche Einkünfte sind (vgl. *Buyer/Klein/Müller*, Unternehmensform, S. 206, *Pung*, § 7 UmwStG, Rn. 22 f.). Bei **Körperschaften** werden die Bezüge allerdings nur in Höhe von 5 % ihres Betrages besteuert (§ 8b Abs. 1 und 5 KStG; außer in den Fällen des § 8b Abs. 7 und 8 KStG). Zu berücksichtigen sind ferner ein Solidaritätszuschlag von 5,5 % (§ 1 ff. SolZG) und gegebenenfalls die Kirchensteuer, welche sich auch auf die Höhe der Kapitalertragsteuer auswirkt (§ 43a Abs. 1 S. 2 EStG). Die fingierte Ausschüttung nach § 7 UmwStG stellt mittels Erhebung der Kapitalertragsteuer (§ 43 EStG) eine deutsche Besteuerung auch bei einer grenzüberschreitenden Umwandlung sicher (beachte § 43b Abs. 1 Satz 4 EStG; vgl. *Buyer/Klein/Müller*, Unternehmensform, S. 192, 203 f., *Lemaitre/Schönherr*, Umwandlung, S. 176 f.). Die Kapitalertragsteuer entsteht mit der Registereintragung (vgl. *Pung*, § 7 UmwStG (SEStEG), Rn. 18, *Schmitt*, § 7 UmwStG, Rn. 15 (m. w. N.); gegen eine Kapitalertragsteuerpflicht *Klingberg*, § 7 UmwStG, Rn. 19).

Die **übernehmende Personengesellschaft** hat die auf sie übergegangenen Wirtschaftsgüter mit den Wertansätzen der steuerlichen Schlussbilanz in die steuerliche **Eröffnungsbilanz** (bei Neugründung) bzw. folgende **Jahresbilanz** (bei Aufnahme) zu übernehmen und tritt via Gesamtrechtsnachfolge in die steuerliche Rechtsstellung der übertragenden Kapitalgesellschaft ein (sog. **Fußstapfen-**

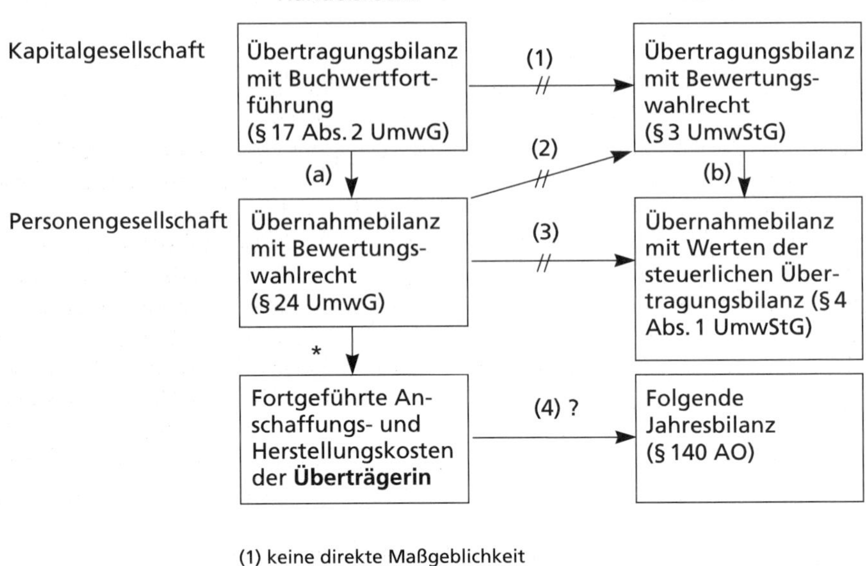

Zur Gültigkeit des Maßgeblichkeitsprinzips bei übertragender Kapitalgesellschaft und übernehmender Personengesellschaft

theorie; § 4 Abs. 1 und 2 UmwStG). Damit sind die historischen Anschaffungs-/Herstellungskosten, die bisherigen Absetzungen für Abnutzung (inkl. etwaiger Sonderabschreibungen) bis hin zu Nutzungsdauern und Abschreibungsverfahren sowie gewinnmindernde Rücklagen u. a. grundsätzlich zu übernehmen – nicht jedoch Verlust- oder Zinsvorträge (§§ 4 Abs. 2, 18 Abs. 1 UmwStG, siehe das Folgende). Da steuerlich eine **zwingende Wertverknüpfung** von Schlussbilanz und Übernahmebilanz besteht, ist eine **Maßgeblichkeit** der handelsrechtlichen Übernahmebilanz, die gemäß § 24 UmwG ein Bewertungswahlrecht vorsieht und damit nur fakultativ an die Wertansätze der (handelsrechtlichen) Schlussbilanz anknüpft, für die steuerliche Eröffnungs- bzw. Jahresbilanz in jedem Fall zu verneinen (vgl. obige Abbildung, insbesondere (3)). Dessen ist sich auch die Finanzverwaltung bewusst. Im Umwandlungssteuererlass geht sie aber von einer Art **„verschleppten" direkten Maßgeblichkeit** (phasenverschobene Maßgeblichkeit) aus. Danach ist die übernehmende Personengesellschaft zwar nicht in ihrer steuerlichen Übernahmebilanz, dafür aber in der folgenden Steuerbilanz an die um planmäßige Abschreibungen fortgeführten Wertansätze der Handelsbilanz der **übertragenden** Kapitalgesellschaft bis zur Höhe der steuerlichen fortgeführten Anschaffungs-/Herstellungskosten der Überträgerin gebunden, wenn die übernehmende Personengesellschaft handelsrechtlich das übergehende Vermögen zu Anschaffungskosten bewertet (BMF-Schreiben vom

25. 3. 1998, Rn. 03.02; vgl. obige Abbildung, insbesondere (4)). Von der phasenverschobenen Maßgeblichkeit könnten grundsätzlich Sachverhalte aus Teilwert- oder Sonderabschreibungen oder auch aus der Übertragung einer Rücklage nach § 6b EStG betroffen sein (vgl. *Schießl* in *Widmann/Mayer,* Umwandlungsrecht, § 11 UmwStG, Rn. 22; mit Einschränkung bezüglich Sonderabschreibungen *Widmann* in *Widmann/Mayer,* Umwandlungsrecht, § 4 UmwStG, Rn. 921, mit Verweis auf BFH vom 4. 6. 2008, BStBl. I 2009, S. 187 ff.; demgegenüber den Bezug zu Teilwertabschreibungen anschließend *Behrens,* Phasenverschobene Wertaufholung, S. 318). Damit wären bspw. steuerliche Teilwertabschreibungen in der nächsten steuerlichen Jahresbilanz gegebenenfalls zumindest partiell rückgängig zu machen. Die Differenz zwischen dem höheren handelsrechtlichen Ansatz und dem steuerlichen Ansatz nach Teilwertabschreibung könnte als Teilwertaufholung und in diesem Umfang nicht dauerhafte Wertminderung interpretiert werden (vgl. *Bula/Schlösser* in *Sagasser/Bula/Brünger,* Umwandlungen, E, Rn. 34, *Schießl* in *Widmann/Mayer,* Umwandlungsrecht, § 11 UmwStG, Rn. 22). Die von der Finanzverwaltung konstruierte **phasenverschobene Maßgeblichkeit** wird im Schrifttum aus verschiedenen Gründen abgelehnt. So verlangte diese, das durch die Regelungen zur Übertragungs-/Übernahmebilanzierung ermöglichte, ja angelegte Auseinanderlaufen von handels- und steuerlicher Übernahmebilanz zum Übertragungszeitpunkt in der Folge, gegebenenfalls auch nur unvollständig, wieder rückgängig zu machen: Sie würde damit dem Zweck der umwandlungssteuerrechtlichen Regelungen zuwiderlaufen; zudem wird keine rechtliche Grundlage für die phasenverschobene Maßgeblichkeit gesehen (vgl. *Behrens,* Phasenverschobene Maßgeblichkeit, S. 319 f., *Bula/Schlösser* in *Sagasser/Bula/Brünger,* Umwandlungen, E, Rn. 31 ff., *Dötsch/Pung,* § 3 (SEStEG), Rn. 27 f., *Herzig,* Maßgeblichkeitsgrundsatz, Rn. 9, *Kußmaul/Richter,* Verschmelzungsdifferenzbeträge, S. 707, *Schmitt,* § 4 UmwStG, Rn. 16 f., *Teiche,* Maßgeblichkeit, S. 1762 f.; strittig ist, ob die Rechtsgrundlage der Verwaltungsauffassung durch das SEStEG tangiert wurde; diesbezüglich verneinend *Dötsch/Pung,* a. a. O., a. A. *Schmitt,* § 12 UmwStG, Rn. 13; *Buyer/Klein/Müller* (Unternehmensform, S. 182) halten die Frage nach der Änderung des § 5 Abs. 1 EStG durch das BilMoG für geklärt – allerdings trifft dieser Bezug nicht die oben angeführte, weitreichende Interpretation).

Auf der Ebene der **übernehmenden Personengesellschaft** entsteht bei einer Verschmelzung oder Auf- bzw. Abspaltung ein **Übernahmegewinn** bzw. **-verlust (1. Stufe),** wenn der in der Übernahmebilanz angesetzte Wert der übergegangenen Wirtschaftsgüter, abzüglich der Kosten für den Vermögensübergang, den Buchwert der Anteile (der Personengesellschaft) an der übertragenden Kapitalgesellschaft übersteigt bzw. unterschreitet (§ 4 Abs. 4 UmwStG). Als Anteile der Personengesellschaft an der Kapitalgesellschaft gelten dabei nicht nur solche, welche die Personengesellschaft unmittelbar im Betriebsvermögen hält. Vielmehr werden dieser im Wege einer **Einlagefiktion** auch wesentliche Beteiligungen an der Kapitalgesellschaft i. S. d. § 17 EStG (§ 5 Abs. 2 UmwStG) und solche Anteile zugeordnet, die zum Betriebsvermögen eines Gesellschafters gehören (§ 5 Abs. 3 UmwStG). Dabei gelten wesentliche Beteiligungen nach § 17 EStG als mit den Anschaffungskosten eingelegt. Anteile eines Betriebsvermögens gelten als mit dem Buchwert zum Übertragungsstichtag, erhöht um frühere (noch nicht rückgängig gemachte) steuerlich wirksame Teilwertabschreibungen oder Abzüge nach §6b EStG oder ähnliche Abzüge, höchstens jedoch zum gemeinen Wert überführt. Eine solche Aufstockung ist ebenfalls für die bei der Übernehmerin gehaltenen Anteile an der Überträgerin vorzunehmen (§4 Abs. 1 Satz 2 UmwStG). Der dabei entstehende, so genannte **Beteiligungskorrekturgewinn** unterliegt nach §4 Abs. 1 Satz 3 UmwStG i. V. m. §8b Abs. 2 Sätze 4 und 5 KStG der vollen Besteuerung – die Vergünstigung einer Besteuerung von nur 5% des Gewinns greift nicht. Gemäß §5 Abs. 3 Satz 2 UmwStG gilt dies analog für die der Einlage- bzw. Überführungsfiktion unterliegenden Anteile; dies ist wohl dahingehend zu interpretieren, dass eine Rückabwicklung der vorangegangenen Buchwertkorrekturen beim Anteilseigner vorzunehmen ist (vgl. *Pung*, §5 UmwStG (SEStEG), Rn. 43 f.). Des Weiteren werden so genannte **einbringungsgeborene Anteile** im Sinne des §21 Abs. 1 Satz 1 UmwStG in der Fassung vor dem SEStEG erfasst (§27 Abs. 2 Nr. 1 UmwStG). Hierbei handelt es sich um nicht steuerentstrickte Anteile an einer Kapitalgesellschaft, welche der Veräußerer oder bei unentgeltlichem Erwerb der Rechtsvorgänger durch eine Sacheinlage nach §20 Abs. 1 oder §23 Abs. 1–4 UmwStG a. F. unter dem Teilwert erworben hat. Eine fortgesetzte Einbringung einbringungsgeborener Anteile ist nach §§20 Abs. 3 Satz 4 und 21 Abs. 2 Satz 6 UmwStG möglich, wobei sich die Bewertung nach §5 Abs. 2 und 3 UmwStG n. F. richtet (§27 Abs. 2 Nr. 1 UmwStG i. V. m. §5 Abs. 4 UmwStG a. F.; vgl. zu Entstehungsfällen *Buyer/Klein/Müller*, Unternehmensform, S. 204). Nicht der Einlagefiktion unterliegen im Privatvermögen gehaltene Beteiligungen, welche die Voraussetzungen des §17 EStG nicht erfüllen (vgl. *Pung*, §4 UmwStG (SEStEG), Rn. 85, mit den weiteren Ausnahmen inländischer steuerbefreiter Anteilseigner sowie juristischer Personen des öffentlichen Rechts). Der auf diese Beteiligungen entfallende Anteil am Wert der übernommenen Wirtschaftsgüter geht gemäß §4 Abs. 4 Satz 3 UmwStG nicht in die Berechnung des Übernahmeerfolgs mit ein. Darüber hinaus gelten Anteile, die der übernehmende Rechtsträger nach dem steuerlichen Übertragungsstichtag erwirbt, als fiktiv zu diesem Zeitpunkt angeschafft (§5 Abs. 1 UmwStG).

Mit der Aufgabe des körperschaftsteuerlichen Anrechnungsverfahrens zu Gunsten des Halbeinkünfteverfahrens im Zuge des Steuersenkungsgesetzes entfiel eine Hinzuzählung der nach §10 Abs. 1 UmwStG a. F. anzurechnenden Körperschaftsteuer auf den Übernahmegewinn. Dieser erhöht sich bei Altfällen gegebenenfalls noch um einen **Sperrbetrag** nach §50 c EStG a. F., soweit die Anteile an der Kapitalgesellschaft im Betriebsvermögen der übernehmenden Personengesellschaft gehalten werden; er vermindert sich um die nach §7 UmwStG als Einkünfte aus Kapitalvermögen geltenden Bezüge (§4 Abs. 5 UmwStG, der noch auf den durch das Steuersenkungsgesetz vom 23. 10. 2000 weggefallenen §50c EStG a. F. verweist). Der Sperrbetrag durfte allerdings letztmals im Veranlagungszeitraum 2001 (bei kalendergleichem Wirtschaftsjahr) gebildet werden und läuft 2011 aus. Der Übernahmegewinn/-verlust berechnet sich damit wie folgt (vgl. *Förster/Felchner*, Umwandlung, S. 1075):

Wert, mit dem die anteilig übergegangenen Wirtschaftsgüter zu übernehmen sind (§4 Abs. 4 UmwStG; ggf. zzgl. Aufstockung auf gemeinen Wert bei Wirtschaftsgütern, deren Veräußerung nicht der deutschen Besteuerung unterlag)

(Buch-)Wert der Anteile an der übertragenden Körperschaft (im Betriebsvermögen der Übernehmerin, ggf. korrigiert sowie inkl. Einlagefiktion)
– Kosten des Vermögensübergangs
= Übernahmegewinn/-verlust 1. Stufe (§4 Abs. 4 UmwStG)
+ ggf. Sperrbetrag nach §50c EStG a. F.
– Bezüge nach §7 UmwStG
= Übernahmegewinn/-verlust 2. Stufe (§4 Abs. 4 und 5 UmwStG)

Ein **Übernahmegewinn (2. Stufe)** ist gemäß §8b KStG zu behandeln – d.h. es werden nur 5% des Betrages versteuert, soweit er einer Körperschaft, Personenvereinigung oder Vermögensmasse als Mitunternehmerin der Personengesellschaft zuzurechnen ist (§4 Abs. 7 Satz 1 UmwStG). Im Einklang mit §3 Nr. 40 Satz 1 lit. d EStG wird er dagegen zu 60% angesetzt, soweit er auf eine natürliche Person entfällt, die Mitunternehmerin der übernehmenden Personengesellschaft ist (§4 Abs. 7 Satz 2 UmwStG).

Nach §4 Abs. 6 UmwStG bleibt ein sich ergebender **Übernahmeverlust (2. Stufe)** außer Ansatz, soweit er einer Körperschaft, Personenvereinigung oder Vermögensmasse als Mitunternehmerin der Personengesellschaft zuzuordnen ist. Dies gilt auch dann, wenn die Körperschaft 5% der Bezüge nach §7 UmwStG versteuert (vgl. *Buyer/Klein/Müller*, Unternehmensform, S. 194). Ausgenommen sind Anteile an der Überträgerin, die bei Kredit- und Finanzdienstleistungsinstituten im Handelsbuch (§1 Abs. 1 und 1a KWG) respektive bei Finanzunternehmen (§1 Abs. 3 KWG) zur Erzielung eines Eigenhandelserfolges gehalten werden oder die bei Lebens- und Krankenversicherungsunternehmen den Kapitalanlagen zuzurechnen sind (§4 Abs. 6 Satz 2 UmwStG i. V. m. §8b Abs. 7 und 8 Satz 1 KStG). In diesen Fällen ist der Übernahmeverlust bis zur vollen Höhe der Bezüge i. S. d. §7 UmwStG zu berücksichtigen. Ansonsten, also insbesondere soweit die Anteile natürlichen Personen als Mitunternehmer gehören, werden 60% des Verlustes, allerdings auch nur bis maximal in Höhe von 60% der nach §7 UmwStG zu berücksichtigenden Bezüge in Ansatz gebracht. §4 Abs. 6 UmwStG hat damit zur Folge, dass der Übernahmeverlust einkommen- bzw. körperschaftsteuerlich nicht beziehungsweise nur eingeschränkt geltend gemacht werden kann. Nach altem Recht führte dagegen die zwangsweise Aufdeckung von stillen Reserven (gegebenenfalls einschließlich eines Geschäftswerts) in Höhe des Übernahmeverlusts zur steuerneutralen Entstehung zusätzlichen Abschreibungsvolumens, sofern die aufgedeckten stillen Reserven auf abnutzbare Wirtschaftsgüter entfielen. Mit dem Wegfall dieses **„Step up"-Mechanismus** wird auch das so genannte Umwandlungsmodell beim Unternehmenskauf zerstört, weil die Anschaffungskosten für Anteile an einer Kapitalgesellschaft nicht mehr durch deren Umwandlung in eine Personengesellschaft in Abschreibungspotential transformiert werden können.

Die **gewerbesteuerliche Behandlung** eines Übernahmeerfolges ist in §18 Abs. 2 UmwStG geregelt. Danach bleibt sowohl ein Übernahmegewinn als auch ein Übernahmeverlust gewerbesteuerlich außer Ansatz.

Verfügt die **übertragende Kapitalgesellschaft** über einen verbleibenden **Verlustvortrag** i. S. d. §8 KStG i. V. m. §§2a, 10d, 15 Abs. 4 oder 15a EStG bzw. über einen

Zins- und/oder **EBITDA-Vortrag** nach §§ 8, 8a KStG i. V. m. § 4h Abs. 1 EStG, so sind diese wegen § 4 Abs. 2 Satz 2 UmwStG formal nicht auf die übernehmende Personengesellschaft übertragbar. Gleiches gilt nach § 18 Abs. 1 Satz 2 UmwStG für gewerbesteuerliche Verlustvorträge i. S. d. § 10a GewStG. Materiell kann ein Verlustvortrag aber durchaus an die übernehmende Personengesellschaft bzw. deren Gesellschafter, gegebenenfalls partiell, weitergereicht werden. Ob dies sinnvoll ist, ist im Einzelfall zu entscheiden. Dabei ist zu berücksichtigen, dass die übertragende Kapitalgesellschaft die Wertansätze für ihre Wirtschaftsgüter in der Übertragungsbilanz aufstocken und so über die zwingende Wertverknüpfung des § 4 Abs. 1 UmwStG zusätzliches Abschreibungspotential bei der übernehmenden Personengesellschaft schaffen kann. Der Verlustvortrag kann eine solche Aufstockung auf Ebene der Überträgerin steuerlich kompensieren, wobei eine partielle Aufstockung durch einen Zwischenwertansatz möglich ist. Ein solcher Ausgleich findet jedoch nur in voller Höhe bis zu einem Betrag von einer Million Euro nach § 10d EStG bzw. § 10a GewStG statt; ein übersteigender Verlustvortrag kann nur zum Ausgleich von höchstens 60 % des darüber hinausgehenden Einkommens bzw. Gewerbeertrags herangezogen werden, so dass eine **Mindestbesteuerung** nicht zu vermeiden ist (vgl. Teil C, Abschn. 2.3.3, S. 1218 f., mit dem dortigen Beispiel). Je nach Art der Entstehung des vorhandenen Verlustes ist ein Ausgleich gegebenenfalls zudem an das Vorhandensein bestimmter korrespondierender Einkunftsquellen geknüpft.

Abgesehen von der etwaigen Mindestbesteuerung des Übertragungsgewinns zieht die Aufstockung die **Besteuerungskonsequenzen** des § 7 UmwStG für die an der Umwandlung teilnehmenden Anteilseigner der Kapitalgesellschaft nach sich, soweit Einkünfte i. S. d. § 20 Abs. 1 Nr. 1 EStG entstehen. Darüber hinaus ist gegebenenfalls die steuerliche Wirkung eines Übernahmeergebnisses zu berücksichtigen. Für Anteilseigner, für die ein Übernahmeergebnis nicht ermittelt wird – insbesondere Beteiligung befindet sich im Privatvermögen und erfüllt nicht die Voraussetzungen des § 17 EStG –, ist bei einer Aufstockung eine etwaige sofortige höhere Belastung aufgrund der Abgeltungsbesteuerung – neben der Besteuerung des Übertragungsgewinns – zu vergleichen mit der später entlastenden Wirkung des höheren Abschreibungspotentials bei der Besteuerung ihrer Einkünfte aus Gewerbebetrieb nach § 15 EStG sowie des Gewerbeertrags nach § 7 GewStG, ein Verbleib in der Personengesellschaft unterstellt. Dabei dürften die unterschiedlichen anzuwendenden Steuersätze für den **Vorteilhaftigkeitskalkül** bedeutsam sein. Anstelle der Abgeltungsbesteuerung ist bei natürlichen Personen, für die ein Übernahmeergebnis ermittelt wird, eine etwaige erhöhte Belastung im Rahmen des Teileinkünfteverfahrens aus der Zurechnung nach § 7 UmwStG zu berücksichtigen; sofern dabei ein Übernahmeverlust eintritt, wirkt dieser kompensatorisch mit korrespondierender Begrenzung auf 60 % der Bezüge nach § 7 UmwStG. Wird der Aufstockungsbetrag vollständig durch die Zurechnung nach § 7 UmwStG erfasst, ergibt sich c. p. keine gesonderte Wirkung aus einem etwaigen Übernahmegewinn, da dieser netto dieses Zurechnungsbetrages festgelegt ist. Zu beachten ist hierbei die Versteuerung von (nur) 60 % der Einkünfte im Rahmen des Teileinkünfteverfahrens, wohingegen das zusätzliche Abschreibungspotential vollumfänglich zur Verfügung steht. Schließlich stehen bei Kapitalgesellschaften der Wirkung aus dem erhöhten Abschreibungspotential – wiederum neben der Besteuerung des Übertragungsgewinns – nur die geringfügige Zurechnung in Höhe von 5 % der Bezüge nach § 7 UmwStG gegenüber, sofern der Aufstockungsbetrag vollständig damit erfasst wird. Die zukünftigen steuerlichen Wirkungen sind bei einem Vorteilhaftigkeitsvergleich mit ihrem Steuerbarwert anzusetzen, so dass eine Aufstockung umso vorteilhafter sein wird, je eher sie bei Wirtschaftsgütern mit verhältnismäßig kurzer Verweildauer erfolgt (vgl. zur Verlustnutzung auch *Dörfler/Wittkowski,* Verlustnutzung).

Im Rahmen der übertragenden Umwandlung einer Kapitalgesellschaft in eine Personengesellschaft können **Übernahmefolgegewinne** entstehen. Diese beruhen entweder auf der Vereinigung von zwischen den beteiligten Rechtsträgern bestehenden Forderungen und Verbindlichkeiten durch Konfusion (§ 6 Abs. 1 1. Alt. UmwStG) oder aber auf dem Wegfall von Rückstellungen, denen eine Verpflichtung des einen an der Umwandlung beteiligten Rechtsträgers gegenüber dem anderen zugrunde liegt (§ 6 Abs. 1 2. Alt. UmwStG). Während die mit der Umwandlung einhergehende Vereinigung von Verbindlichkeiten und Forderungen (vgl. § 20 Abs. 1 Nr. 1 UmwG) nur dann zu einem Übernahmefolgegewinn führt, wenn die der Verbindlichkeit entsprechende Forderung wertberichtigt und deshalb nicht in gleicher Höhe bilanziert wurde, entsteht ein solcher regelmäßig bei der Auflösung der Rückstellung, weil dieser beim anderen beteiligten Rechtsträger keine korrespondierende Forderung gegenübersteht. In Höhe des Übernahmefolgegewinns darf die übernehmende Personengesellschaft eine den steuerlichen Gewinn mindernde **Rücklage** bilden, die grundsätzlich in den folgenden drei Wirtschaftsjahren gewinnerhöhend aufzulösen ist (§ 6 Abs. 1 UmwStG).

Die steuerliche Aufteilung der **Umwandlungskosten** auf übertragende Kapitalgesellschaft und übernehmende Personengesellschaft ist gesetzlich nicht fixiert. Die Finanzverwaltung verlangt jedoch – ohne allerdings konkrete Angaben zu machen – eine **verursachungsgerechte Aufteilung**, also eine entsprechende Zuordnung der auf jeden der Beteiligten entfallenden Umwandlungskosten (BMF-Schreiben vom 25. 3. 1998, Rn. 04.43). Als den Übertragungsgewinn mindernder Aufwand werden der Überträgerin typischerweise die bei ihr anfallenden Beratungskosten, die Register- und Veröffentlichungskosten, die Kosten der Löschung sowie Kosten im Zusammenhang mit der Gesellschafterversammlung zuzurechnen sein. Der Übernehmerin zugeordnet werden demgegenüber die bei ihr anfallenden Beratungskosten, die Kosten der Register- und Grundbucheintragungen, der Gesellschafterversammlung sowie nach bisheriger Auffassung die bei der Vermögensübertragung anfallende Grunderwerbsteuer. Darüber hinaus kommt eine hälftige Aufteilung von Kosten, etwa bezüglich des gemeinsamen Verschmelzungsvertrages in Betracht (vgl. zu den Umwandlungskosten *Schmitt,* § 3 UmwStG, Rn. 136 ff. m. w. N.). Auf Ebene der übernehmenden Personengesellschaft stellten die Umwandlungskosten nach altem Recht grundsätzlich Betriebsausgaben dar (BMF-Schreiben vom 25. 3. 1998, Rn. 04.43). Nach neuem Recht werden sie bei der Ermittlung des Übernahmeerfolges berücksichtigt (§ 4 Abs. 1 Satz 1 UmwStG). Wegen der weitgehend nicht vorhandenen Abzugsfähigkeit eines Übernahmeverlustes werden die Kosten häufig steuerlich unbeachtlich sein. Objektbezogene Kosten, wie etwa die Grunderwerbsteuer, sollen (deshalb) nach h. M. jedoch nicht als Umwandlungskosten i. S. d. §4 Abs. 1 Satz 1 UmwStG, sondern als zusätzliche aktivierbare Anschaffungskosten zu betrachten sein (vgl. *Pung*, §4 UmwStG (SEStEG), Rn. 46 f., *Schmitt*, §3 UmwStG, Rn. 137, jeweils m. w. N.).

Beispiel 1b:

Verschmelzung einer AG auf eine OHG (steuerbilanzielle Fortführung des **Beispiels 1a** auf S. 1106 ff.)

Während die übertragende Vitrinus-AG aus Beispiel 1a in der handelsrechtlichen Schlussbilanz gemäß § 17 Abs. 2 UmwG zur Buchwertfortführung verpflichtet ist, kann sie steuerlich die Wirtschaftsgüter wahlweise mit dem gemeinen Wert (Standardfall nach §3 Abs. 1 UmwStG) oder dem Buch- oder einem Zwischenwert (§3 Abs. 2 UmwStG) ansetzen – eine Maßgeblichkeit der Handels- für die Steuerbilanz ist nicht zu beachten. Umwandlungskosten sollen vereinfachend nicht anfallen.

Hinsichtlich der steuerlichen Eigenkapitalbestände der Vitrinus-AG werden folgende Annahmen getroffen:

Steuerliche Eigenkapitalbestände der Vitrinus-AG zum Übertragungsstichtag	GE
Nennkapital (vollständig aufgebracht)	2.000.000
Rücklagen aus Gewinn(thesaurierung)	800.000
Steuerliches Einlagekonto	1.000.000

a) Variante 1 (Buchwertfortführung bei Überträgerin): Unter den Annahmen, dass bei der Vitrinus-AG und der Felix-OHG handels- und steuerrechtliche Buchwerte nicht voneinander abweichen und sich die Vitrinus-AG für die Fortführung der steuerlichen Buchwerte entscheidet, entsprechen die steuerlichen (Schluss-) Bilanzen der Vitrinus-AG und der Felix-OHG grundsätzlich den handelsrechtlichen. Problematisch ist allerdings die Abbildbarkeit der Körperschaftsteuerschuld in der Steuerbilanz der übertragenden Kapitalgesellschaft. Hier wird davon ausgegangen, dass die Körperschaftsteuerschuld, die aus der auf den laufenden Gewinn (vor Steuern) entfallenden Körperschaftsteuer resultiert, nicht nur in der Handelsbilanz, sondern auch in der Steuerbilanz anzusetzen ist (im Ergebnis wohl ebenso: *Pung*, Steuersenkungsgesetz, S. 1836). Deshalb stimmen im Beispiel beide Bilanzen vollständig überein. Die Körperschaftsteuerschuld wird hier – ebenso wie in der Handelsbilanz – vereinfachend unter den Verbindlichkeiten ausgewiesen, wenngleich sie regelmäßig als Rückstellung zu qualifizieren ist.

A Steuerliche Schlussbilanz der Vitrinus-AG bei Buchwertansatz P

Aktiva		Passiva	
Anlagevermögen	2.500.000	Grundkapital	2.000.000
Umlaufvermögen	2.000.000	Kapitalrücklage	1.000.000
		Gewinnrücklagen	300.000
		Gewinn (nach Steuern)	500.000
		Verbindlichkeiten	700.000
	4.500.000		4.500.000

A Steuerliche Bilanz der Felix-OHG vor der Verschmelzung P

Aktiva		Passiva	
Beteiligung an der Vitrinus-AG	4.000.000	Kapitalkonto E	3.150.000
Sonstiges Anlagevermögen	800.000	Kapitalkonto F	350.000
Umlaufvermögen	500.000	Verbindlichkeiten	1.800.000
	5.300.000		5.300.000

aa) Bilanzierung bei der übernehmenden Felix-OHG

Aus didaktischen Gründen wird auch hier – wie im Beispiel 1a – unterstellt, dass die Felix-OHG die Umwandlung nicht erst in der nachfolgenden Jahres(übernahme)bilanz abbildet, sondern sofort eine **(fiktive)** Übernahmebilanz erstellt.

Nach §4 Abs. 1 UmwStG hat die Felix-OHG die auf sie übergehenden Wirtschaftsgüter in ihre steuerliche (Übernahme-)Bilanz zwingend mit den sich aus der Schlussbilanz der Vitrinus-AG ergebenden Buchwerten zu übernehmen.

Steuerliche (Übernahme-)Bilanz der Felix-OHG nach der Verschmelzung bei Buchwertansatz bei der Vitrinus-AG (vor KESt)

A			P
Anlagevermögen	3.300.000	Kapitalkonto E	3.150.000
Umlaufvermögen	2.500.000	Kapitalkonto F	350.000
		Kapitalkonto G	19.604
		Verschmelzungsverlust	– 219.604
		Verbindlichkeiten	2.500.000
	5.800.000		5.800.000

Sofern die handels- und steuerrechtlichen Buchwerte in der Schlussbilanz der Vitrinus-AG und in der Bilanz der Felix-OHG vor der Verschmelzung jeweils einander entsprechen und, wie hier, die übertragende Vitrinus-AG die Buchwerte fortführt, stimmt die steuerliche Übernahmebilanz der Felix-OHG mit der handelsrechtlichen aus Beispiel 1 a überein *(Variante 1)*. Noch nicht berücksichtigt ist darin eine Verbindlichkeit aus einer abzuführenden Kapitalertragsteuer (KESt), welche zu Lasten der Kapitalkonten der Gesellschafter zu bilden ist (vgl. das Folgende); dies gilt insofern auch für die handelsrechtliche Schlussbilanz aus Beispiel 1a.

ab) Ausschüttungsfiktion und Übernahmeerfolg

Den Anteilseignern der Vitrinus-AG, also der Felix-OHG respektive deren Gesellschaftern E und F sowie dem G, werden die offenen Rücklagen im Wege einer Ausschüttungsfiktion gemäß §20 Abs. 1 Nr. 1 EStG zugewiesen (§7 UmwStG). Hinsichtlich der Anteile, für die ein Übernahmeergebnis nach §§4, 5 UmwStG zu ermitteln ist, werden die Einkünfte nach §7 UmwStG ebenso wie das Übernahmeergebnis selbst im Rahmen der einheitlichen und gesonderten Gewinnfeststellung gesellschafterbezogen, hier für die Gesellschafter E und F der Felix-OHG, erfasst (vgl. *Dötsch/Pung,* SEStEG, S. 2710). Für G ist demgegenüber kein Übernahmeergebnis zu ermitteln, da er seine Anteile im Privatvermögen hält und nicht zu mindestens 1 % am Kapital der Vitrinus-AG nach § 17 EStG beteiligt ist. Grundsätzlich unterliegen die Einkünfte der Kapitalertragsteuer (§43 i. V. m. §20 Abs. 1 Nr. 1 EStG, zzgl. Solidaritätszuschlag, §3 SolZG, von Kirchensteuer wird hier abgesehen), die mit der Registereintragung entsteht (vgl. *Pung,* §7 UmwStG (SEStEG), Rn. 18, *Schmitt,* §7 UmwStG, Rn. 15; die Kapitalertragsteuerpflicht verneinend, wie schon angeführt, *Klingberg,* §7 UmwStG, Rn. 19). Die Kapitalertragsteuer wird grundsätzlich bei der Ermittlung des zu versteuernden Einkommens angerechnet (§36 Abs. 2 EStG). Für G entfällt allerdings eine Anrechnung, da die Einkommensteuer mit der Kapitalertragsteuer als abgegolten gilt (§43 Abs. 5 Satz 1 EStG) – er soll annahmegemäß nicht auf eine Veranlagung der Einkünfte optieren (§43 Abs. 5 i. V. m. §32d EStG). Eine Anrechnung kommt allerdings bei E und F zum Tragen, da die Bezüge bei ihnen gewerbliche Einkünfte repräsentieren (§43 Abs. 5 Satz 2 i. V. m. §20 Abs. 8 EStG). Zur Abführung der Kapitalertragsteuer ist zwar die untergehende Körperschaft verpflichtet, die Schuld geht aber auf die Übernehmerin als Gesamtrechtsnachfolgerin über (vgl. *Pung,* §7 UmwStG (SEStEG), Rn. 18, *Schmitt,* §7 UmwStG, Rn. 15; §44 EStG). Die Kapitalertragsteuer wird bilanziell erst auf Ebene der Personengesellschaft als Entnahme zu Lasten der Kapitalkonten der Anteilseigner erfasst (vgl. *Schmitt,* § 7 UmwStG, Rn. 15). Der Kapitalertragsteuersatz beträgt 25 % (§ 43a Abs. 1 EStG), der Solidaritätszuschlagsatz ist 5,5 % (§ 4 SolZG). Die Kapitalertragsteuer auf die Einkünfte nach § 7 UmwStG ist auch dann abzuführen, wenn diese Einkünfte durch einen Übernahmeverlust reduziert werden (vgl. *Lemaitre/Schönherr,* Umwandlung, S. 180).

aba) Ermittlung der offenen Rücklagen gemäß § 7 UmwStG

Zunächst wird der Endbestand des steuerlichen Einlagekontos berechnet:

Ausgangsbestand Einlagekonto (§ 27 KStG):		1.000.000
Nennkapital (§ 29 Abs. 1 KStG):	2.000.000	
– Sonderausweis i. S. d. § 28 KStG:	0	
+ (=) Zuführung Einlagekonto (§ 28 Abs. 2 KStG):		2.000.000
= Endbestand Einlagekonto:		3.000.000

Damit ergeben sich die offenen Rücklagen zu:

Eigenkapital laut Steuerbilanz:	3.800.000
– Einlagekonto:	– 3.000.000
= offene Rücklagen (gesamt):	800.000

Die offenen Rücklagen sind anteilig E, F und G gemäß der folgenden Tabelle zuzurechnen.

	Summe	E	F	G
Anteil	100 %	90 % · 99,5 % = 89,55 %	10 % · 99,5 % = 9,95 %	0,5 %
anteilige offene Rücklagen (Einkünfte gemäß § 20 Abs. 1 Nr. 1 EStG)	800.000	716.400	79.600	4.000
darauf entfallende KESt (25 %) zzgl. SolZ (5,5 % auf KESt)	211.000	188.950*	20.995	1.055

(* rechentechnische Abrundung bei E.)

Unter Berücksichtigung der abzuführenden Kapitalertragsteuer mit einem korrespondierenden zusätzlichen Verbindlichkeitenansatz zu Lasten der Kapitalkonten der Gesellschafter ergibt sich die folgende steuerliche und zugleich handelsrechtliche Übernahmebilanz der Felix-OHG.

Steuerliche (Übernahme-)Bilanz der Felix-OHG nach der Verschmelzung bei Buchwertansatz bei der Vitrinus-AG mit KESt-Verbindlichkeit

A			P
Anlagevermögen	3.300.000	Kapitalkonto E	2.961.050
Umlaufvermögen	2.500.000	Kapitalkonto F	329.005
		Kapitalkonto G	18.549
		Verschmelzungsverlust	– 219.604
		Verbindlichkeiten	2.711.000
	5.800.000		5.800.000

Der Wechsel des Besteuerungssystems, welcher mit dem Übergang von der körperschaftsteuerpflichtigen Vitrinus-AG zur selbst nicht körperschaftsteuerpflichtigen Felix-OHG einhergeht, erfordert zusätzlich die Ermittlung des steuerlichen Übernahmeerfolgs für diejenigen Anteile an der Vitrinus-AG, welche sich im Betriebsvermögen der Felix-OHG befinden oder in dieses als eingelegt gelten (§§ 4, 5 UmwStG). Von Kosten des Vermögensübergangs wird hier abgesehen.

abb) Übernahmeerfolg bei der Felix-OHG sowie deren Gesellschaftern E und F

		Summe	E	F
	Wert der anteilig übergegangenen Wirtschaftsgüter (§4 Abs. 4 Satz 1 i. V. m. Satz 3 UmwStG; eine Aufstockung bei Wirtschaftsgütern, die nicht der deutschen Besteuerung unterliegen, ist hier nicht erforderlich)	99,5 % · 3.800.000 = 3.781.000	3.402.900	378.100
–	(Buch-)Wert der Anteile an der Vitrinus-AG (§4 Abs. 4 Satz 1 UmwStG)	– 4.000.000	– 3.600.000	– 400.000
–	Kosten des Vermögensübergangs (§4 Abs. 4 Satz 1 UmwStG)	0	0	0
=	Übernahmeverlust 1. Stufe	– 219.000	– 197.100	– 21.900
+	Sperrbetrag nach §50c EStG (§4 Abs. 5 UmwStG)	0	0	0
–	Bezüge nach §7 UmwStG (§4 Abs. 5 UmwStG)	– 796.000	– 716.400	– 79.600
=	Übernahmeverlust 2. Stufe	– 1.015.000	– 913.500	– 101.500
	ansatzfähiger Übernahmeverlust (Betrag entspricht 60 % des kleineren Wertes aus dem Betrag des Übernahmeverlustes 2. Stufe und der Bezüge nach §7 UmwStG)	– 477.600	– 429.840	– 47.760

Da sich die von der Felix-OHG gehaltenen Anteile in deren Betriebsvermögen befinden, ist auf die Bezüge nach §7 UmwStG das Teileinkünfteverfahren anzuwenden (§3 Nr. 40 Satz 1 lit. d, Satz 2 i. V. m. §20 Abs. 8 EStG sowie §3c EStG). Der ansatzfähige Übernahmeverlust kompensiert dadurch gerade den bei den Gesellschaftern danach zu versteuernden Betrag, so dass ein diesbezüglicher Nettoeffekt von null entsteht.

b) Variante 2 (Neubewertung bei Überträgerin; nach BMF-Schreiben vom 25. 3. 1998 wäre dies wegen der darin unterstellten Maßgeblichkeit eine unzulässige Variante): Bewertet die Vitrinus-AG ihre Wirtschaftsgüter nicht zu Buchwerten, sondern zum gemeinen Wert, ist eine Identität zwischen handelsrechtlicher und steuerlicher Schlussbilanz bei der Überträgerin nicht mehr gegeben. Aus der Aufdeckung der stillen Reserven ergibt sich ein Übertragungsgewinn in Höhe von 500.000, der mit einem Körperschaftsteuersatz von 15 % zzgl. 5,5 % SolZ hierauf (§23 Abs. 1 KStG, §4 SolZG) zu versteuern ist. Des Weiteren entsteht eine Gewerbesteuerbelastung: Bei einem unterstellten Hebesatz von 400 % wird der Übertragungsgewinn zusätzlich mit 400 % · 3,5 % = 14 % belastet (§§ 11, 16 GewStG). Dabei wird im Beispiel grundsätzlich von gleich hohen Bemessungsgrundlagen für die Körperschaft- und für die Gewerbesteuer ausgegangen. Die resultierende Zunahme der Körperschaftsteuerschuld um 79.125 (= 500.000 · 0,15 · 1,055) hat eine betragsgleiche Erhöhung der Verbindlichkeiten (bzw. Rückstellungen) der Vitrinus-AG zur Konsequenz, was in der handelsrechtlichen und wohl auch in der steuerrechtlichen Schlussbilanz abzubilden ist. Dies gilt analog für den zusätzlichen Gewerbesteuerbetrag (70.000). Die steuerliche Neubewertung entfaltet damit eine Rückwirkung auf die handelsrechtliche Schlussbilanz, die gegenüber der auf S. 1107 dargestellten durch einen geringeren Jahresüberschuss (350.875) und entsprechend höhere Verbindlichkeiten bzw. Rückstellungen (849.125) gekennzeichnet ist. Auf die Anteile der Gesellschafter an der Felix OHG nach Verschmelzung und die daraus abgeleiteten Kapitalkonten soll die zusätzliche Steuerbelastung keinen Einfluss haben. Die steuerliche Schlussbilanz stellt sich im vorliegenden Fall wie folgt dar:

A Steuerliche (Schluss-)Bilanz der Vitrinus-AG bei Ansatz mit gemeinem Wert P

Anlagevermögen	2.750.000	Grundkapital	2.000.000
Umlaufvermögen	2.100.000	Kapitalrücklage	1.000.000
(Originärer) Geschäfts- oder Firmenwert	150.000	Gewinnrücklagen	300.000
		Gewinn (nach Steuern)	850.875
		Verbindlichkeiten	849.125
	5.000.000		5.000.000

Unter dem alten Recht war die Aufdeckung derjenigen stillen Reserven in der steuerlichen Schlussbilanz, die in den selbst erstellten immateriellen Wirtschaftsgütern einschließlich eines originären Geschäftswerts ruhen, zumindest nach der umstrittenen Ansicht der Finanzverwaltung nicht zulässig (BMF-Schreiben vom 25. 3. 1998, Rn. 03.07). Die Frage hat sich mit der Neugestaltung des §3 Abs. 1 UmwStG durch das SEStEG zugunsten der Bilanzierungsfähigkeit der Wirtschaftsgüter erledigt.

ba) Bilanzierung bei der übernehmenden Felix-OHG

Nach §4 Abs. 1 UmwStG hat die übernehmende Felix-OHG die nunmehr aufgestockten Buchwerte einschließlich des (originären) Geschäfts- oder Firmenwerts (GoF) aus der Schlussbilanz der Vitrinus-AG in ihre (fiktive) steuerliche Übernahmebilanz zu übernehmen. Der GoF wird wiederum im Anlagevermögen erfasst (vgl. S. 1111).

Steuerliche (Übernahme-)Bilanz der Felix-OHG nach der Verschmelzung
A (vor KESt-Verb.) P

Anlagevermögen (inkl. GoF)	3.700.000	Kapitalkonto E	3.150.000
Umlaufvermögen	2.600.000	Kapitalkonto F	350.000
		Kapitalkonto G	19.604
		Verschmelzungsgewinn	131.271
		Verbindlichkeiten	2.649.125
	6.300.000		6.300.000

Der Verschmelzungserfolg bei Ansatz mit gemeinen Werten übersteigt den Verschmelzungserfolg bei Buchwertfortführung um 350.875 (= 131.271 – (–219.604)). Dies entspricht dem Betrag der aufgedeckten stillen Reserven (inkl. Geschäftswert) abzüglich der darauf entfallenden zusätzlichen Körperschaftsteuer (zzgl. Solidaritätszuschlag) und Gewerbesteuer (350.875 = 500.000 – 79.125 – 70.000). Beim Vergleich mit der handelsrechtlichen Abbildung des Zeitwertansatzes (vgl. S. 1110f.) ist zu berücksichtigen, dass der durch die zusätzliche Steuerschuld angestiegene Verbindlichkeitenwert (849.125 anstelle von 700.000) zu einem Nettovermögen der Vitrinus-AG zu Zeitwerten in Höhe von 4.150.875 anstelle von 4.300.000 führt. Daraus ergibt sich der angegebene Verschmelzungsgewinn in Höhe von 131.271 (anstelle von 280.396 = 278.500 + 1.896), der in Höhe von

130.121 auf die Verrechnung mit dem Buchwert bei der Beteiligung der Felix-OHG und in Höhe von 1.150 aus der Verrechnung mit dem Kapitalkonto des G resultiert. Letzterer Betrag wäre somit anstelle des Betrages von 1.896 auf die Kapitalkonten zu verteilen. In der obigen steuerlichen Übernahmebilanz ist eine etwaige Verpflichtung aus einer abzuführenden Kapitalertragsteuer wiederum noch nicht berücksichtigt. Gegenüber Variante 1 ergeben sich die folgenden Änderungen hinsichtlich des nach § 7 UmwStG fingierten Ausschüttungsbetrages sowie des Übernahmeerfolges.

bb) Ausschüttungsfiktion und Übernahmeerfolg

bba) Ermittlung der offenen Rücklagen gemäß § 7 UmwStG

Gegenüber Variante 1 betragen die offenen Rücklagen jetzt:

	Eigenkapital laut Steuerbilanz:	4.150.875
–	Einlagekonto (unverändert gegenüber Variante 1):	– 3.000.000
=	offene Rücklagen (gesamt):	1.150.875

Für die anteilige Zurechnung der offenen Rücklagen ergibt sich das folgende Tableau:

	Summe	E	F	G
Anteil	100 %	90 % · 99,5 % = 89,55 %	10 % · 99,5 % = 9,95 %	0,5 %
anteilige offene Rücklagen (Einkünfte gemäß § 20 Abs. 1 Nr. 1 EStG)	1.150.875	1.030.809	114.512	5.754
darauf entfallende KESt (25 %) zzgl. SolZ (5,5 % auf KESt)	303.543	271.823	30.203	1.517*

* rechentechnische Abrundung bei G

Mit einem um die abzuführende Kapitalertragsteuer erhöhten Verbindlichkeitenansatz zu Lasten der Kapitalkonten der Gesellschafter ergibt sich die folgende steuerliche Übernahmebilanz der Felix-OHG.

Steuerliche (Übernahme-)Bilanz der Felix-OHG nach der Verschmelzung (mit KESt-Verb.)

A			P
Anlagevermögen (inkl. GoF)	3.700.000	Kapitalkonto E	2.878.177
Umlaufvermögen	2.600.000	Kapitalkonto F	319.797
		Kapitalkonto G	18.087
		Verschmelzungsgewinn	131.271
		Verbindlichkeiten	2.952.668
	6.300.000		6.300.000

Der Wechsel des Besteuerungssystems, welcher mit dem Übergang von der körperschaftsteuerpflichtigen Vitrinus-AG zur selbst nicht körperschaftsteuerpflichtigen Felix-OHG einhergeht, erfordert wiederum zusätzlich die Ermittlung des steuerlichen Übernahmeerfolgs für diejenigen Anteile an der Vitrinus-AG, welche sich im Betriebsvermögen der Felix-OHG befinden oder in dieses als eingelegt gelten (§§ 4, 5 UmwStG).

bbb) Übernahmeerfolg bei der Felix-OHG sowie deren Gesellschaftern E und F

	Summe	E	F
Wert der anteilig übergegangenen Wirtschaftsgüter (§ 4 Abs. 4 Satz 1 i. V. m. Satz 3 UmwStG; Aufstockung bei Wirtschaftsgütern, die nicht der deutschen Besteuerung unterliegen, nicht erforderlich)	99,5 % · 4.150.875 = 4.130.121	3.717.109	413.012
– Wert der Anteile an der Vitrinus-AG (§ 4 Abs. 4 Satz 1 UmwStG; unverändert)	– 4.000.000	– 3.600.000	– 400.000
– Kosten des Vermögensübergangs (§ 4 Abs. 4 Satz 1 UmwStG)	0	0	0
= Übernahmegewinn 1. Stufe	130.121	117.109	13.012
+ Sperrbetrag nach § 50c EStG (§ 4 Abs. 5 UmwStG)	0	0	0
– Bezüge nach § 7 UmwStG (§ 4 Abs. 5 UmwStG)	– 1.145.121	– 1.030.609	– 114.512
= Übernahmeverlust 2. Stufe	– 1.015.000	– 913.500	– 101.500
ansatzfähiger Übernahmeverlust (Betrag entspricht 60 % des kleineren Wertes aus dem Betrag des Übernahmeverlustes 2. Stufe und der Bezüge nach § 7 UmwStG)	– 609.000	– 548.100	– 60.900

Es ergibt sich derselbe Übernahmeverlust 2. Stufe wie bei Buchwertfortführung, da die Aufdeckung der stillen Reserven (abzüglich der zusätzlichen Steuer) gesamt im fingierten Ausschüttungsbetrag nach § 7 UmwStG abgebildet wird (– soweit auf E und F entfallend). Allerdings ist der ansatzfähige Übernahmeverlust nunmehr betragsmäßig größer, da er aufgrund des höheren Ausschüttungsbetrages nach § 7 UmwStG nicht mehr auf 60 % von diesem Betrag effektiv begrenzt wird; er wird nunmehr durch die Deckelung auf 60 % des (darunter liegenden) Übernahmeverlustes 2. Stufe limitiert. Allerdings reicht der ansatzfähige Übernahmeverlust dadurch gerade nicht mehr aus, um den über das Teileinkünfteverfahren zu versteuernden Ausschüttungserfolg vollständig zu kompensieren.

Die **Ausgliederung** aus einer Kapitalgesellschaft auf eine Personengesellschaft stellt steuerlich einen Einbringungsvorgang dar (§§ 24, 1 Abs. 1 Satz 2 und Abs. 3 Nr. 2 UmwStG) und ist steuerbilanziell daher wie eine Ausgliederung aus einer Personengesellschaft auf eine andere Personengesellschaft zu behandeln (vgl. hierzu Abschn. 2.2.5.2.4, S. 1150 ff.).

Der **Formwechsel** einer Kapitalgesellschaft in eine Personengesellschaft ist wie eine Verschmelzung auf eine Personengesellschaft zu behandeln (§ 1 Abs. 1 UmwStG i. V. m. §§ 9, 18 UmwStG). Dabei wird ein Vermögensübergang steuerlich fingiert (vgl. *Schmitt*, § 9 UmwStG, Rn. 8). Abweichend vom Handelsrecht ist hier somit die Aufstellung einer steuerlichen **Übertragungsbilanz** sowie einer

Eröffnungsbilanz erforderlich, wobei der steuerliche Übertragungsstichtag wiederum bis zu acht Monate vor der Anmeldung zur Registereintragung liegen kann (§9 Satz 2 und 3 UmwStG). Nach §9 UmwStG sind die §§3–8 UmwStG entsprechend anzuwenden; dies beinhaltet insbesondere die nach §3 Abs. 1 UmwStG als Standardfall vorgesehene Aufdeckung der stillen Reserven mittels einer Bewertung zum gemeinen Wert. Nach §3 Abs. 2 i. V. m. §9 UmwStG kann aber auch auf Antrag eine Buchwertfortführung respektive ein Zwischenwertansatz gewählt werden. Voraussetzung ist wiederum, dass die übernommenen Wirtschaftsgüter in das Betriebsvermögen der Übernehmerin eingehen und die deutsche Besteuerungshoheit bei Einkommen- und Körperschaftsteuer nicht ausgeschlossen oder beschränkt wird sowie eine Gegenleistung nicht gewährt wird oder in Gesellschaftsrechten besteht. Das BMF-Schreiben vom 25. 3. 1998 geht auch für den Fall des Formwechsels von der Kapitalgesellschaft in die Personengesellschaft noch von der Gültigkeit des Maßgeblichkeitsprinzips aus, so dass bei gegebenenfalls nicht vorliegender formeller Handelsbilanz eine Buchwertfortführung zwingend wäre (Rn. 14.02 f.). Nach neuer Rechtslage ist jedoch, wie bereits ausgeführt, davon auszugehen, dass das Maßgeblichkeitsprinzip nicht gilt (vgl. *Schmitt*, §9 UmwStG, Rn. 9).

Beispiel 3b:

Formwechsel einer GmbH in eine GmbH & Co KG (steuerbilanzielle Fortführung des **Beispiels 3a** auf S. 1114 f.)

Der handelsrechtlich identitätswahrende Charakter des Formwechsels der Alternativ-GmbH in die Alternativ-GmbH & Co KG aus Beispiel 3a wird im Steuerrecht auf Grund des wechselnden Steuersubjekts verneint: Während die Alternativ-GmbH als selbständiges Steuersubjekt der Körperschaftsteuer unterlag, wird das Einkommen der Alternativ-GmbH & Co KG nicht bei ihr selbst, sondern auf der Ebene der Gesellschafter der Besteuerung unterzogen (Solar-GmbH → Körperschaftsteuer, D → Einkommensteuer). Der Formwechsel in die Alternativ-GmbH & Co KG wird deshalb steuerlich wie eine übertragende Umwandlung behandelt. Die Alternativ-GmbH hat für steuerliche Zwecke eine Schlussbilanz (= Übertragungsbilanz), die Alternativ-GmbH & Co KG eine Eröffnungsbilanz aufzustellen (§9 UmwStG). Die steuerlichen Eigenkapitalbestände der Alternativ-GmbH zum Übertragungsstichtag sind der nachfolgenden Tabelle zu entnehmen:

Steuerliche Eigenkapitalbestände der Alternativ-GmbH zum Übertragungsstichtag	GE
Nennkapital (vollständig aufgebracht)	50.000
Rücklagen aus Gewinn(thesaurierung)	27.500
Steuerliches Einlagekonto	22.500

Unter den hier getroffenen Annahmen, dass bei der Alternativ-GmbH die handels- und steuerrechtlichen Buchwerte nicht voneinander abweichen und das implizite Bewertungswahlrecht nach §9 i. V. m. §3 UmwStG mit entsprechender Antragstellung in der Form ausgeübt wird, dass die **steuerlichen Buchwerte fortgeführt** werden, entsprechen die steuerliche (Schluss-)Bilanz der Alternativ-GmbH und die steuerliche Eröffnungsbilanz der Alternativ-GmbH & Co KG den korrespondierenden fiktiven Handelsbilanzen aus Beispiel 3a. Auf die Darstellung der Variante einer Aufstockung der Buchwerte wird verzichtet, da die Unterschiede zur Buchwertfortführung aus Beispiel 1b ersichtlich sind.

a) Bilanzierung bei der Alternativ-GmbH und der Alternativ-GmbH & Co KG

A	(Fiktive) Schlussbilanz der Alternativ-GmbH		P
Anlagevermögen	100.000	Stammkapital	50.000
Umlaufvermögen	100.000	Kapitalrücklage	22.500
		Gewinnrücklagen	27.500
		Rückstellungen	50.000
		Verbindlichkeiten	50.000
	200.000		200.000

A	(Fiktive) Eröffnungsbilanz der Alternativ-GmbH & Co KG (vor KESt-Verb.)		P
Anlagevermögen	100.000	Kapitalkonto Solar-GmbH	60.000
Umlaufvermögen	100.000	Kapitalkonto D	40.000
		Rückstellungen	50.000
		Verbindlichkeiten	50.000
	200.000		200.000

b) Ausschüttungsfiktion und Übernahmeerfolg

ba) Ermittlung der offenen Rücklagen gemäß § 7 UmwStG

Der Endbestand des steuerlichen Einlagekontos der Alternativ-GmbH ergibt sich zu:

Ausgangsbestand Einlagekonto (§ 27 KStG):		22.500
Nennkapital (§ 29 Abs. 1 KStG):	50.000	
– Sonderausweis i. S. d. § 28 KStG:	0	
+ (=) Zuführung Einlagekonto (§ 28 Abs. 2 KStG):		50.000
= Endbestand Einlagekonto:		72.500

Damit ergeben sich die offenen Rücklagen zu:

Eigenkapital laut Steuerbilanz:	100.000
– Einlagekonto:	– 72.500
= offene Rücklagen:	27.500

Die offenen Rücklagen sind anteilig der Solar-GmbH und D wie folgt zuzurechnen. Dabei ist Kapitalertragsteuer (zzgl. SolZ) grundsätzlich auch auf Einkünfte einzubehalten, welche unter § 8b KStG oder das Teileinkünfteverfahren fallen (§ 43 Abs. 1 Satz 3 EStG; vgl. Teil A, Abschn. 7.1.3.2, S. 213). Von der Kirchensteuer wird hier abgesehen.

	Summe	Solar-GmbH	D
Anteil	100 %	60 %	40 %
anteilige offene Rücklagen (Einkünfte gemäß § 20 Abs. 1 Nr. 1 EStG)	27.500	16.500	11.000
darauf entfallende KESt (25 %) zzgl. SolZ (5,5 % auf KESt)	7.253	4.352	2.901

Der erhöhte Verbindlichkeitenansatz aus der abzuführenden Kapitalertragsteuer (mit SolZ) mit korrespondierender Belastung der Kapitalkonten der Gesellschafter ergibt die folgende steuerliche Eröffnungsbilanz der Alternativ-GmbH & Co KG. Die fiktive handelsrechtliche Eröffnungsbilanz ist entsprechend anzupassen.

Steuerliche Eröffnungsbilanz der Alternativ-GmbH & Co KG (mit KESt-Verb.)

A			P
Anlagevermögen	100.000	Kapitalkonto Solar-GmbH	55.648
Umlaufvermögen	100.000	Kapitalkonto D	37.099
		Rückstellungen	50.000
		Verbindlichkeiten	57.253
	200.000		200.000

bb) Übernahmeerfolg

Der Wechsel des Steuerregimes durch den Übergang von der körperschaftsteuerpflichtigen Alternativ-GmbH zu der selbst nicht der Körperschaftsteuer unterliegenden Alternativ-GmbH & Co KG erfordert – wie im vorausgehenden Beispiel der Verschmelzung einer AG auf eine OHG – zusätzlich die Ermittlung des steuerlichen Übernahmeerfolgs auf Gesellschafterebene. Hierzu sollen ergänzend folgende Annahmen getroffen werden:

- Buchwert (= Anschaffungskosten) der Anteile der Solar-GmbH an der Alternativ-GmbH: 120.000.
- Anschaffungskosten der sich im Privatvermögen des D befindenden wesentlichen Beteiligung (≥ 1 % nach § 17 Abs. 1 Satz 1 EStG) an der Alternativ-GmbH: 20.000.

Damit ist für beide Gesellschafter ein Übernahmeergebnis zu ermitteln. Von Kosten der Umwandlung wird wiederum abgesehen. Damit ergibt sich:

		Summe	Solar-GmbH	D
	Wert der anteilig übergegangenen Wirtschaftsgüter (§ 4 Abs. 4 UmwStG; Wirtschaftsgüter, die nicht der deutschen Besteuerung unterliegen, sind nicht vorhanden)	100.000	60.000	40.000
–	Wert der Anteile an der Alternativ-GmbH (§ 4 Abs. 4 Satz 1 UmwStG)	– 140.000	– 120.000	– 20.000
–	Kosten des Vermögensübergangs (§ 4 Abs. 4 Satz 1 UmwStG)	0	0	0
=	Übernahmegewinn (+)/-verlust (–) 1. Stufe	– 40.000	– 60.000	20.000
+	Sperrbetrag nach § 50c EStG (§ 4 Abs. 5 UmwStG)	0	0	0
–	Bezüge nach § 7 UmwStG (§ 4 Abs. 5 UmwStG)	– 27.500	– 16.500	– 11.000
=	Übernahmegewinn (+)/-verlust (–) 2. Stufe	– 67.500	– 76.500	9.000

Gemäß § 5 Abs. 3 Satz 1 UmwStG gelten die Anteile der Solar-GmbH an der Alternativ-GmbH zum Buchwert (= Anschaffungskosten) in das Betriebsvermögen der übernehmenden Alternativ-GmbH & Co KG überführt, vorausgesetzt, der Buchwert beinhaltet keine Kürzungen um Teilwertabschreibungen oder Abzüge nach § 6b oder ähnliche Abzüge. Der Übernahmeverlust 1. Stufe in Höhe von – 60.000 ist auf beim Kauf der Anteile an der Alternativ-GmbH erworbene stille Reserven (ggf. inkl. Geschäfts- oder Firmenwert) zurückzuführen. Der neu gefasste § 4 Abs. 6 UmwStG verbietet der GmbH, den Übernahmeverlust 2. Stufe in Höhe von

– 76.500 mit dem laufenden Gewinn zu verrechnen; er bleibt somit vollständig außer Ansatz. Im Falle eines Übernahmegewinns wäre §8b KStG anzuwenden (§4 Abs.7 Satz 1 UmwStG).

Nach §5 Abs.2 Satz 1 UmwStG gilt die wesentliche Beteiligung des D an der Alternativ-GmbH für die Ermittlung des Gewinns in das Betriebsvermögen der Alternativ-GmbH & Co KG zu Anschaffungskosten eingelegt. Gemäß §4 Abs.7 Satz 2 UmwStG unterliegt der Übernahmegewinn des D dem Teileinkünfteverfahren (§§3 Nr.40, 3c EStG).

2.2.5.2.2 Umwandlung einer Kapitalgesellschaft in eine andere Kapitalgesellschaft

Die **Verschmelzung** einer Körperschaft auf eine andere – bzw. allgemein eine Vollübertragung auf eine Körperschaft – wird steuerlich in den §§11–13 UmwStG behandelt. Für eine **Auf-** bzw. **Abspaltung** auf eine Körperschaft enthält §15 UmwStG einen grundlegenden Verweis auf diese Vorschriften mit ergänzenden Regelungen. Analog zu §3 UmwStG führt §11 Abs.1 UmwStG als Standardfall die Übertragung der Wirtschaftsgüter – im Falle der Verschmelzung eine Vollübertragung – mit dem gemeinen Wert an, also hinsichtlich Ansatz und Bewertung unter Aufdeckung stiller Reserven einschließlich eines Geschäfts- oder Firmenwertes in der steuerlichen **Schlussbilanz.** Auf Antrag und unter den analogen Voraussetzungen zu §3 Abs.2 UmwStG sieht §11 Abs.2 UmwStG alternativ eine Fortführung mit dem (niedrigeren) Buchwert oder einen Zwischenwertansatz vor. Im Falle einer Auf- oder Abspaltung ist ein Buchwert- oder Zwischenwertansatz nur möglich, wenn mindestens ein Teilbetrieb übergeht und – bei der Abspaltung – ein Teilbetrieb verbleibt (**doppeltes Teilbetriebserfordernis;** §15 Abs.1 Satz 2 UmwStG; vgl. zum Begriff des Teilbetriebs *Buyer/Klein/Müller,* Unternehmensform, S.295ff., *Hörtnagl,* §15 UmwStG, Rn.52ff., vgl. auch zum Verhältnis der Verwendung in verschiedenen Normen *Wacker,* §16 EStG, Rn.140ff., sowie *Blumers,* Teilbetriebe). Hierbei ist jedoch erforderlich, dass sämtliche funktional wesentlichen Betriebsgrundlagen übergehen (vgl. hierzu Teil C, Abschn. 3.1.3, S.1248); werden derartige Betriebsgrundlagen lediglich ergänzend gemietet, genügt dies nicht und der Übergang erfolgt zum gemeinen Wert (vgl. BFH vom 7. 4. 2010, DB 2010, S.1567ff., sowie *Buyer/Klein/Müller,* Unternehmensform, S.297f.; kritisch hierzu *Blumers,* Teilbetriebe). Darüber hinaus ermöglichen **Teilbetriebsfiktionen** für Mitunternehmerteile und Beteiligungen an Kapitalgesellschaften, welche das gesamte Nennkapital umfassen, nach §15 Abs.1 Satz 3 UmwStG eine steuerneutrale Auf-, Abspaltung bzw. Teilübertragung. Ergänzende Voraussetzungen für einen Buchwert- oder Zwischenwertansatz im §15 Abs.2 UmwStG sollen missbräuchliche Gestaltungen vermeiden. Dies wäre bspw. denkbar, indem über eine Spaltung Vermögen separiert wird und anstelle der Vermögensveräußerung an Außenstehende mit voller Besteuerung des Veräußerungsgewinns eine gegebenenfalls begünstigte Beteiligungsveräußerung tritt (vgl. das Beispiel in *Buyer/Klein/Müller,* Unternehmensform, S.312f.).

Wie bereits im Falle der Umwandlung einer Kapitalgesellschaft in eine Personengesellschaft ist für die steuerliche Schlussbilanz der Überträgerin sowohl eine **direkte Maßgeblichkeit** der handelsrechtlichen Schlussbilanz als auch eine **„diagonale" Maßgeblichkeit**, sowie eine direkte Maßgeblichkeit der handelsrechtlichen Übernahmebilanz zu verneinen (vgl. die folgende Abbildung insbesondere (1), (2) und (3)). Anzumerken ist, dass die Finanzverwaltung auf Basis des alten Rechts entgegen der h. M. noch eine Durchbrechung des (direkten) Maßgeblichkeitsprinzips auf Ebene der Überträgerin nicht akzeptierte (BMF-Schreiben vom 25. 3. 1998, Rn. 11.01). Hinsichtlich einer **„verschleppten"** oder **phasenverschobenen Maßgeblichkeit** bei der Übernehmerin gelten die Ausführungen aus Teil C, Abschn. 2.2.5.2.1, S. 1123 f. analog (vgl. *Dötsch,* § 12 UmwStG, Rn. 7; vgl. (4) in der folgenden Abbildung; *Buyer/Klein/Müller,* Unternehmensform, S. 246, gehen wiederum davon aus, dass sie nicht anwendbar ist).

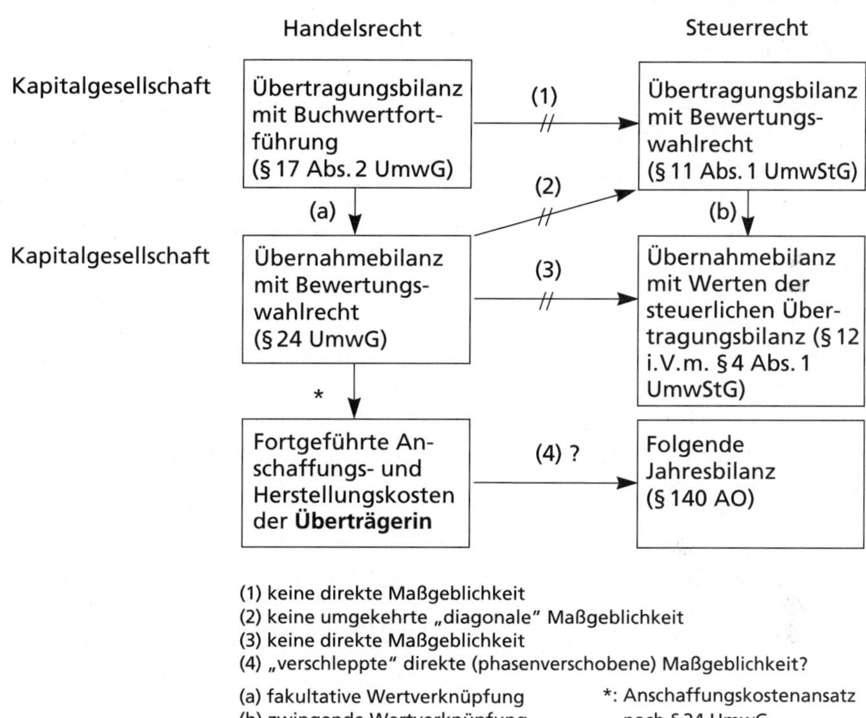

Zur Gültigkeit des Maßgeblichkeitsprinzips bei übertragender Kapitalgesellschaft und übernehmender Kapitalgesellschaft

Entsteht bei der übertragenden Kapitalgesellschaft – durch den Ansatz der Wirtschaftsgüter über dem Buchwert – ein **Übertragungsgewinn,** so unterliegt dieser auf Gesellschaftsebene ungemildert der Körperschaftsteuer (zzgl. Solidaritätszuschlag) und nach § 19 Abs. 1 UmwStG der Gewerbesteuer. Dabei ist zu berücksichtigen, dass bei Anteilen am übernehmenden Rechtsträger – also insbesondere bei einem **Downstream-merger** (Tochtergesellschaft übernimmt Muttergesellschaft) – Buchwertminderungen aufgrund früher steuerwirksam vorgenommener und noch nicht umgekehrter Teilwertabschreibungen sowie aufgrund von Abzügen nach § 6b EStG oder ähnlichen Abzügen bis höchstens zum gemeinen Wert aufzustocken sind (§ 11 Abs. 2 Satz 2 UmwStG). Damit wird auch im Falle einer Buchwertfortführung respektive eines Zwischenwertansatzes ein Beteiligungskorrekturgewinn auf die Anteile ermittelt, der Bestandteil des Übertragungsgewinns ist. **Kosten** der Umwandlung hingegen belasten den Übertragungsgewinn. Bei einem Downstream-merger wird davon ausgegangen, dass die Anteile an der Übernehmerin, welche sich im Betriebsvermögen der Überträgerin befinden, direkt an die Anteilseigner der Überträgerin als Kompensation für ihre untergehenden Anteile ausgekehrt werden **(Direkterwerb;** vgl. *Schmitt,* § 11 UmwStG, Rn. 93).

Die **übernehmende Kapitalgesellschaft** ist in ihrer **Eröffnungsbilanz** (bei Neugründung) bzw. folgenden **Jahresbilanz** (bei Aufnahme) nach dem Prinzip der **zwingenden Wertverknüpfung** an die Wertansätze der steuerlichen Schlussbilanz der Überträgerin gebunden (§ 12 Abs. 1 i. V. m. § 4 Abs. 1 UmwStG sowie § 15 Abs. 1 i. V. m. §§ 12 Abs. 1, 4 Abs. 1 UmwStG). Sie tritt in deren Rechtsstellung ein (§§ 12 Abs. 3, 15 Abs. 1 UmwStG).

Auf Seiten der übernehmenden Kapitalgesellschaft ist ein **Übernahmeerfolg** zu ermitteln. Er setzt sich nach § 12 Abs. 2 UmwStG wie folgt zusammen:

Wert, mit dem das (anteilige) (Netto-)Vermögen übergeht

– Buchwert der Anteile, welche von der Übernehmerin an der Überträgerin gehalten werden (ggf. unter Realisierung eines Beteiligungskorrekturgewinns nach § 12 Abs. 1 Satz 2 i. V. m. § 4 Abs. 1 Sätze 2 und 3 UmwStG sowie unter Berücksichtigung von nach dem steuerlichen Übertragungsstichtag erworbenen Anteilen nach § 12 Abs. 2 Satz 3 i. V. m. § 5 Abs. 1 UmwStG)

– zurechenbare Kosten des Vermögensübergangs

= Übernahmeerfolg

Im Unterschied zur Regelung des § 4 Abs. 4 Satz 1 i. V. m. § 5 Abs. 2 und 3 UmwStG beim Übergang von einer Kapital- auf eine Personengesellschaft werden die nicht von der Übernehmerin gehaltenen Anteile nicht in die Ermittlung des Übernahmeergebnisses einbezogen **(keine Einlagefiktion)**. Auch wenn nicht ausdrücklich im Gesetz formuliert, ist deshalb bei der Verschmelzung auf eine nicht zu 100 % der Übernehmerin gehörende Kapitalgesellschaft auch nur der **anteilige Wert** des übergehenden Nettovermögens anzusetzen (vgl. bspw. *Dötsch,* § 12 UmwStG, Rn. 30 ff., *Schießl* in *Widmann/Mayer,* Umwandlungsrecht, § 12 UmwStG, Rn. 267.22 ff.). Werden den übrigen Anteilseignern der Überträgerin neue Anteile an der Übernehmerin gewährt, handelt es sich insofern um eine Sacheinlage gegen Ausgabe neuer Anteile, welche den Übernahmeerfolg nicht berührt. Der Buchwert der von der Übernehmerin an der Überträgerin gehaltenen Anteile ist gegebenenfalls um steuerwirksam vorgenommene (noch nicht rückgängig gemachte) Teilwertabschreibungen und Abzüge nach § 6b EStG oder ähnliche Abzüge bis maximal zum gemeinen Wert zu korrigieren. Der entstehende **Beteiligungskorrekturgewinn** unterliegt wiederum nicht der Besteuerungsvergünstigung des § 8b Abs. 2 Satz 1 KStG (§ 12 Abs. 1 Satz 2 i. V. m. § 4 Abs. 1 Satz 3 UmwStG i. V. m. § 8b Abs. 2 Sätze 4 und 5 KStG; zu einem etwaigen Verlust vgl. *Buyer/Klein/Müller,* Unternehmensform, S. 250). Damit wird die frühere steuermindernde Wirkung des Beteiligungswertes in der Bilanz der Übernehmerin im Zeitpunkt des Untergangs der Beteiligung wieder aufgeholt. Die Differenz zwischen dem (anteiligen) Wert des übergehenden (Netto-)Vermögens und dem bereinigten Beteiligungswert entspricht stillen Reserven, welche auf der Beteiligung ohne (steuerlich relevante) Bewertungsmaßnahmen bei der Übernehmerin ruhen. Die stillen Reserven werden bereits bei der Überträgerin der Körperschaftsteuer unterzogen, so dass es folgerichtig ist, einen **Übernahmeerfolg nach §8b KStG** – wie etwa eine Anteilsveräußerung – zu behandeln (vgl. auch *Dötsch,* §12 UmwStG, Rn.32). Anstelle eines Geldbetrages geht das anteilige (Netto-)Vermögen gegen Abgang der Beteiligung über. Ein Übernahmegewinn wird deshalb i.d.R. also nur zu 5% besteuert, ein Übernahmeverlust ist körperschaft- und gewerbesteuerlich unbeachtlich (§12 Abs.2 UmwStG i.V.m. §8b KStG und §7 GewStG; vgl. auch *Kußmaul/Richter,* Verschmelzungsdifferenzbeträge, S.706). Hinsichtlich der **Kosten des Vermögensübergangs** ist analog auf den Teil des Vermögensübergangs abzustellen, welcher mit dem Beteiligungsabgang korrespondiert. Ein entsprechender Betrag ist, sofern nicht aktivierbar, als Teil des Übernahmeerfolges steuerlich (i.W.) unbeachtlich. Andere Kosten, wie etwa im Zusammenhang mit der Ausgabe von Anteilspapieren für die übrigen Anteilsinhaber, können demgegenüber als Betriebsausgaben geltend gemacht werden (vgl. *Schießl* in *Widmann/Mayer,* Umwandlungsrecht, §12 UmwStG, Rn.386).

Die Übertragung eines bei der Überträgerin vorhandenen **Verlustvortrages** i.S.d. §8 KStG i.V.m. §§2a, 10d, 15 Abs.4 oder 15a EStG bzw. eines **Zins-** und/oder **EBITDA-Vortrages** nach §§8, 8a KStG i.V.m. §4h Abs.1 EStG ist nicht möglich (§12 Abs.3 i.V.m. §4 Abs.2 Satz 2 UmwStG). Bei Auf- bzw. Abspaltungen vermindert sich ein entsprechender Verlustabzug im Verhältnis der gemeinen Werte des übergehenden zum gesamten Vermögen (§15 Abs.3 UmwStG). Da die Aufspaltung eine Vollübertragung beinhaltet, geht der Verlustvortrag bei einer solchen Umwandlungsform vollständig unter (vgl. *Buyer/Klein/Müller,* Unternehmensform, S.323). Für die Gewerbesteuer gilt analog, dass sich ein Verlustvortrag nach §10a GewStG (partiell oder zur Gänze) nicht überträgt (§19 Abs.2 UmwStG). Zu beachten ist gegebenenfalls sogar der (partielle) Untergang eines originären Verlustvortrages der Übernehmerin durch einen **schädlichen Beteiligungserwerb** an dieser nach §8c KStG (vgl. hierzu im Einzelnen Teil C, Abschn. 2.3.3, S.1210ff.).

Liegt eine nicht 100%ige Beteiligung der übernehmenden Kapitalgesellschaft an der übertragenden Kapitalgesellschaft vor, sind die Bestimmungen des §6 UmwStG zum **Übernahmefolgegewinn** aus der Vereinigung von Forderungen und Verbindlichkeiten (Konfusion; vgl. Teil C, Abschn. 2.2.4.2, S.1092) nur für den Teil anzuwenden, der auf die Beteiligungsquote der übernehmenden Kapitalgesellschaft entfällt (§12 Abs.4 i.V.m. §6 UmwStG; *Dötsch,* §12 UmwStG (SEStEG), Rn.56). In entsprechender Höhe ist dann die Bildung einer den steuerlichen Gewinn mindernden Rücklage möglich, welche in den drei Folgejahren wieder aufzulösen ist (Wegfall der Vergünstigung im Falle des §6 Abs.3 UmwStG). Bezüglich der in §6 UmwStG ebenfalls erfassten Rückstellungsansätze gilt diese Begünstigung nicht (vgl. *Schmitt,* §12 UmwStG, Rn.65).

Auf **Ebene der Gesellschafter** regelt §13 UmwStG den Sachverhalt, dass die Gesellschafter für ihre untergehenden Anteile eine Beteiligung an der übernehmenden Kapitalgesellschaft erhalten – sei es durch Ausgabe neuer Anteile im Wege einer Kapitalerhöhung oder durch Gewährung bereits existierender eigener Anteile der übernehmenden Kapitalgesellschaft. § 13 Abs. 1 UmwStG bestimmt als Standardfall, dass die untergehenden Anteile an der übertragenden Kapitalgesellschaft als zum gemeinen Wert veräußert und die erhaltenen Anteile an der Übernehmerin als mit diesem Wert angeschafft gelten. Die **Steuerneutralität** der Umwandlung auf der Ebene der Gesellschafter der übertragenden Kapitalgesellschaft wird durch die Buchwertfortführung nach § 13 Abs. 2 UmwStG ermöglicht. Sie wird auf Antrag gewährt und ist an die Voraussetzung geknüpft, dass das Besteuerungsrecht der Bundesrepublik Deutschland hinsichtlich der späteren Veräußerung der Anteile nicht ausgeschlossen oder beschränkt wird und eine Besteuerung in der gleichen Art und Weise wie bei einer Veräußerung der untergehenden Anteile möglich ist. Dies gilt gegebenenfalls auch entgegen der abweichenden Regelung eines Doppelbesteuerungsabkommens (vgl. hierzu *Dötsch,* § 13 UmwStG, Rn. 25). Es ist lediglich ein Ansatz zum Buchwert oder ein Ansatz zum gemeinen Wert der untergehenden Anteile erlaubt; ein Zwischenwertansatz ist nicht möglich (vgl. *Moszka,* Anh. UmwStG, Rn. 143a). Im Falle des Ansatzes mit dem gemeinen Wert nach § 13 Abs. 1 UmwStG treten die üblichen Folgen eines Anschaffungsgeschäftes ein, d. h. die (Buchwert-) Historie der untergehenden Anteile wird irrelevant. Wird hingegen der Buchwertansatz gewählt, dann treten die neuen Anteile an die Stelle der alten Anteile (§ 13 Abs. 2 Satz 2 UmwStG; **Fußstapfentheorie**). Dies ist bspw. für die Steuerverstricktheit von Anteilen nach § 17 EStG von Bedeutung. Grundsätzlich soll auch die Verpflichtung zu einer Wertaufholung bestehen (vgl. die Begründung zum Regierungsentwurf des SEStEG, BT-Drs. 16/2710, S. 41, sowie mit weiteren Aspekten *Buyer/Klein/Müller,* Unternehmensform, S. 281, *Dötsch,* § 13 UmwStG, Rn. 28, *Schmitt,* § 13 UmwStG, Rn. 48). Zu bedenken ist u. E. allerdings, dass sich die neuen Anteile nicht auf dasselbe Bezugsvermögen beziehen wie die untergehenden (kritisch zur Wertaufholung auch *Moszka,* Anh. UmwStG, Rn. 150 ff.).

Anzumerken ist, dass bei Verschmelzungen das **steuerliche Einlagekonto** der Überträgerin vollständig auf die Übernehmerin übergeht; dies gilt allerdings nicht im Umfang der Beteiligung der Übernehmerin an der Überträgerin (§ 29 Abs. 2 Sätze 1 und 2 KStG), um eine künstliche Aufstockung des Einlagekontos bei der Übernehmerin zu vermeiden. Ein anteiliger Übergang erfolgt im Falle einer Auf- oder Abspaltung nach § 29 Abs. 3 KStG. Korrespondierend hierzu reduziert sich das steuerliche Einlagekonto bei der Überträgerin. Darüber hinaus vermindert sich der Bestand des Einlagekontos der Übernehmerin in dem Umfang, wie die Überträgerin Anteile an der Übernehmerin hält (§ 29 Abs. 2 Satz 3 KStG).

Beispiel 2b:

Aufspaltung einer GmbH in zwei GmbHs (steuerbilanzielle Fortführung des **Beispiels 2a** auf S. 1110 ff.)

Die in Beispiel 2 a handelsbilanziell dokumentierte Aufspaltung der Tüftel-GmbH in die Solar-GmbH und die Wind-GmbH kann nach § 15 Abs. 1 Satz 1 UmwStG grundsätzlich ertragsteuerneutral erfolgen, da von der Tüftel-GmbH annahmegemäß Teilbetriebe (vgl. S. 1110) übertragen werden und keiner der in § 15 Abs. 2 UmwStG genannten Missbrauchstatbestände respektive keine der dort die Anwendbarkeit des § 11 Abs. 2 UmwStG verhindernden Bedingungen zutrifft (bei

Trennung der Gesellschafterstämme wie im vorliegenden Fall bspw. müssen die Beteiligungen mindestens fünf Jahre von dem steuerlichen Übertragungsstichtag bestanden haben). Hierzu ist jedoch auch erforderlich, dass die Tüftel-GmbH durch Fortführung ihrer Buchwerte den Ausweis eines körperschaft- und gewerbesteuerlichen Übertragungsgewinns verhindert. Die beiden Nachfolgegesellschaften sind dann verpflichtet, die auf sie übergehenden Wirtschaftsgüter mit den in der steuerlichen Schlussbilanz der Tüftel-GmbH fortgeführten Buchwerten zu übernehmen (zwingende Wertverknüpfung nach § 15 Abs. 1 i. V. m. §§ 12 Abs. 1, 4 Abs. 1 UmwStG). Unter der Annahme, dass bei der Tüftel-GmbH handels- und steuerrechtliche Buchwerte übereinstimmen, entsprechen steuerlich die Schlussbilanz der Tüftel-GmbH sowie die Eröffnungsbilanzen der Solar- und der Wind-GmbH den korrespondierenden Handelsbilanzen aus Beispiel 2 a *(Variante 1).*

a) Bilanzierung bei der Tüftel-, der Solar- und der Wind-GmbH

A	Steuerliche Schlussbilanz der Tüftel-GmbH bei Buchwertansatz		P
Anlagevermögen	800.000	Stammkapital	180.000
Umlaufvermögen	200.000	Kapitalrücklage	20.000
		Gewinnrücklagen	200.000
		Rückstellungen	300.000
		Verbindlichkeiten	300.000
	1.000.000		1.000.000

A	Steuerliche Eröffnungsbilanz der Solar-GmbH bei Buchwertansatz bei der Tüftel-GmbH		P
Anlagevermögen	560.000	Stammkapital	130.000
Umlaufvermögen	140.000	Kapitalrücklage	150.000
		Rückstellungen	210.000
		Verbindlichkeiten	210.000
	700.000		700.000

A	Steuerliche Eröffnungsbilanz der Wind-GmbH bei Buchwertansatz bei der Tüftel-GmbH		P
Anlagevermögen	240.000	Stammkapital	50.000
Umlaufvermögen	60.000	Kapitalrücklage	70.000
		Rückstellungen	90.000
		Verbindlichkeiten	90.000
	300.000		300.000

b) Eigenkapitalausweis bei der Tüftel-, der Solar- und der Wind-GmbH

Die Eigenkapitalbestände der Tüftel-GmbH unmittelbar vor Durchführung der Spaltung sind nachfolgender Tabelle zu entnehmen (vgl. § 27 Abs. 1 KStG). Ein Sonderausweis i. S. d. § 28 Abs. 1 KStG existiert nicht.

Steuerliche Eigenkapitalbestände der Tüftel-GmbH zum Übertragungsstichtag	GE
Nennkapital (vollständig aufgebracht)	180.000
Rücklagen aus Gewinn(thesaurierung)	200.000
Steuerliches Einlagekonto	20.000

Im vorliegenden Fall kann die Ermittlung der steuerlichen Eigenkapitalbestände der Solar- und der Wind-GmbH in drei Schritten vorgenommen werden. In einem *ersten Schritt* wird der Bestand des Einlagekontos der übertragenden Tüftel-GmbH berechnet, der sich nach Anwendung von § 29 Abs. 1 KStG ergibt. Diese Vorschrift bestimmt, dass das Nennkapital der übertragenden Tüftel-GmbH entsprechend der Regelung in § 28 Abs. 2 Satz 1 KStG fiktiv auf null herabzusetzen ist. Der Teil des Herabsetzungsbetrags, der nach der Auflösung eines gegebenenfalls bestehenden Sonderausweises i. S. d. § 28 Abs. 1 KStG verbleibt, wird dann dem steuerlichen Einlagekonto zugeführt, soweit die Einlage auf das Nennkapital geleistet ist (§ 28 Abs. 2 KStG). Der Endbestand des steuerlichen Einlagekontos berechnet sich damit wie folgt:

Ausgangsbestand Einlagekonto (§ 27 KStG):		20.000
Nennkapital (§ 29 Abs. 1 KStG):	180.000	
– Sonderausweis i. S. d. § 28 KStG:	0	
+ (=) Zuführung Einlagekonto (§ 28 Abs. 2 KStG):		180.000
= Endbestand Einlagekonto:		200.000

In einem *zweiten Schritt* wird der Bestand des steuerlichen Einlagekontos der übertragenden Tüftel-GmbH im Verhältnis des jeweils übergehenden Vermögens den entsprechenden Beträgen der beiden übernehmenden Rechtsträger hinzugerechnet (§ 29 Abs. 3 KStG). Die Wind-GmbH erhält somit 70 % und die Solar-GmbH 30 % des Bestands des Einlagekontos der Tüftel-GmbH. Auf die Wind-GmbH entfallen danach 140.000, auf die Solar-GmbH 60.000.

In einem *dritten Schritt* ist eine Anpassung des Nennkapitals der beiden übernehmenden Kapitalgesellschaften gemäß § 29 Abs. 4 i. V. m. § 28 Abs. 1 und 3 KStG vorzunehmen. Dies geschieht im Wege einer Umwandlung von Rücklagen in Nennkapital (fingierte Kapitalerhöhung). Dabei gilt der positive Bestand des Einlagekontos als vor den sonstigen Rücklagen verwendet. Überschreitet das tatsächlich ausgewiesene Nennkapital einer übernehmenden Kapitalgesellschaft den Bestand des Einlagekontos, so ist der Differenzbetrag durch Umwandlung von sonstigen Rücklagen zu kompensieren und ein Sonderausweis zu bilden. Der Endbestand des Einlagekontos der Solar-GmbH und ein gegebenenfalls zu bildender Sonderausweis lassen sich wie folgt ermitteln:

Anfangsbestand Einlagekonto Solar-GmbH:	140.000
– festgesetztes Nennkapital Solar-GmbH:	130.000
= Differenz DS:	10.000
Endbestand Einlagekonto Solar-GmbH (Max [0, DS]):	10.000
Sonderausweis Solar-GmbH (Max [0, -DS]):	0

Für die Wind-GmbH erhält man:

Anfangsbestand Einlagekonto Wind-GmbH:	60.000
– festgesetztes Nennkapital Wind-GmbH:	50.000
= Differenz DW:	10.000
Endbestand Einlagekonto Wind-GmbH (Max [0, DW]):	10.000
Sonderausweis Wind-GmbH (Max [0, -DW]):	0

Ergebnis des dreistufigen Rechenprozesses ist folgender Eigenkapitalausweis bei der Solar- und der Wind-GmbH:

	Solar-GmbH	Wind-GmbH
Nennkapital	130.000	50.000
Sonstige (offene) Rücklagen	140.000	60.000
Einlagekonto	10.000	10.000
Sonderausweis	0	0

Die **Ausgliederung** aus einer Kapitalgesellschaft auf eine andere Kapitalgesellschaft ist steuerlich als Einbringungsvorgang zu qualifizieren und daher steuerbilanziell wie die Ausgliederung aus einer Personengesellschaft auf eine Kapitalgesellschaft zu behandeln (§1 Abs.1 Satz 2 und Abs.3 Satz 1 Nr.2 UmwStG; vgl. den folgenden Abschnitt).

Der **Formwechsel** einer Kapitalgesellschaft in eine Kapitalgesellschaft ist wegen der „doppelten" Identität von Rechtsträger und Steuersubjekt ertragsteuerlich irrelevant und daher nicht geregelt; die Aufstellung einer **Schlussbilanz** und einer **Eröffnungsbilanz** ist – wie im Handelsrecht – regelmäßig **nicht** erforderlich.

2.2.5.2.3 Umwandlung einer Personengesellschaft in eine Kapitalgesellschaft

Die Umwandlung einer Personengesellschaft in eine Kapitalgesellschaft im Wege der Gesamtrechtsnachfolge stellt steuerrechtlich einen **Einbringungsvorgang** dar (§§20–23 UmwStG). Der Begriff der Einbringung findet sich lediglich im Umwandlungssteuerrecht wieder. Dem Charakter nach entspricht die Einbringung der handelsrechtlichen **Sacheinlage.** Sie hat durch das ab 1995 geltende Umwandlungssteuerrecht grundsätzlich keine materielle Änderung erfahren. Der Einbringende erhält im Gegenzug für das übertragene Betriebsvermögen der untergehenden Personengesellschaft neue Anteile an der übernehmenden Kapitalgesellschaft (§20 Abs.1 UmwStG).

Bei einer **Verschmelzung** oder **Spaltung** von Personengesellschaften auf Kapitalgesellschaften hat die **übertragende Personengesellschaft** auf den steuerlichen Übertragungsstichtag (§20 Abs.6 UmwStG) eine **Schlussbilanz (= Einbringungsbilanz)** aufzustellen (vgl. *Moszka,* Anh. UmwStG, Rn.206, *Menner,* §20 UmwStG, Rn.613). Der steuerliche Übertragungsstichtag (= Einbringungsstichtag) wird grundsätzlich durch den Zeitpunkt bestimmt, an dem das wirtschaftliche Eigentum übergeht. Dieser Zeitpunkt ist relevant für die Bewertung des übergehenden Vermögens, den Beginn der damit zusammenhängenden Steuerpflicht der Übernehmerin und der Ermittlung des Einbringungsgewinns (vgl. *Patt,* §20 UmwStG (SEStEG), Rn.301, 311). Vereinfachend lässt §20 Abs.6 UmwStG auf Antrag und somit optional zu, den steuerlichen Übertragungsstichtag kongruent zum Stichtag der handelsrechtlichen Schlussbilanz nach §17 Abs.2 UmwStG und damit analog zur Vorgehensweise nach §2 UmwStG bei übertragenden Körperschaften zu wählen **(Rückwirkungsfiktion;** vgl. mit Teil C, Abschn. 2.2.5.2.1, S.1119**).**

Im Gegensatz zur Verschmelzung oder Spaltung einer Kapitalgesellschaft sollte beim übertragenden Rechtsträger in seiner steuerlichen Schlussbilanz ein Ansatz zu höheren als den Buchwerten nicht erfolgen (a.A. *Bula/Schlösser* in *Sagasser/Bula/Brünger,* Umwandlungen, E, Rn.52, sowie *Herzig,* Umwandlungssteuerrecht, S.43f.). Vielmehr ist die Schlussbilanz sinnvollerweise aus dem Bilanzierungszusammenhang abzuleiten. Dies ergibt sich schon aus der Möglichkeit, den steuerlichen Übertragungsstichtag rückwirkend auf vorzugsweise den letzten „regulären" Bilanzstichtag zu beziehen (vgl. hierzu auch *Menner,* §24 UmwStG, Rn.613), und der im Folgenden dargelegten vergleichsweise geringen

Bedeutung der Schlussbilanz. Daher kann von einer **direkten Maßgeblichkeit** der handelsrechtlichen Übertragungsbilanz für die steuerliche ausgegangen werden (vgl. die folgende Abbildung, insbesondere (1)). Einschränkend hierzu ist jedoch anzumerken, dass die Frage der Maßgeblichkeit der handelsrechtlichen für die steuerliche Schlussbilanz bei der (Einbringungs-)Umwandlung einer Personengesellschaft in eine Kapitalgesellschaft – anders als im umgekehrten Fall (vgl. Teil C, Abschn. 2.2.5.2.1, S. 1119 ff.) – grundsätzlich steuerlich unbeachtlich respektive nur für den laufenden Gewinn der Personengesellschaft, mithin die Bestimmung der finalen Buchwerte der Überträgerin von Bedeutung ist. Besteuert wird hinsichtlich des Einbringungsvorgangs als solchen der auf Ebene der Gesellschafter der übertragenden Personengesellschaft entstehende Einbringungs- oder Veräußerungsgewinn. Dessen Höhe bestimmt sich aber nach den bei der Übernehmerin gewählten Wertansätzen und nicht nach denen bei der Überträgerin (s. u.).

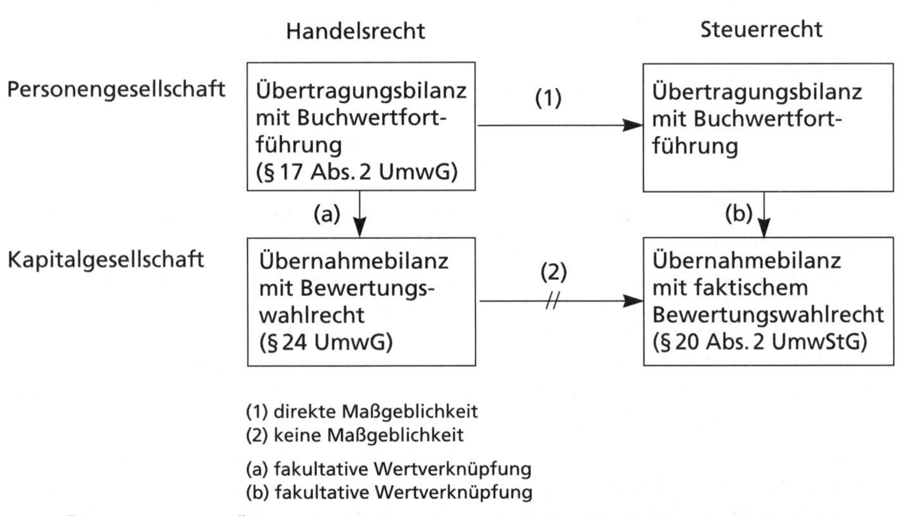

Übertragungs-, Übernahmebilanzen und Maßgeblichkeitsprinzip bei der Umwandlung einer Personengesellschaft in eine Kapitalgesellschaft

Die **übernehmende Kapitalgesellschaft** ist bezüglich der Bewertung der eingebrachten Wirtschaftsgüter nicht an die Buchwerte der steuerlichen Schlussbilanz gebunden. In ihrer **Eröffnungsbilanz** (bei Neugründung, dann sog. **Sachgründung**) bzw. folgenden **Jahresbilanz** (bei Aufnahme) kann sie einen Ansatz zum Buchwert, zum gemeinen Wert oder zu einem Zwischenwert des übergehenden (Netto-)Vermögens wählen. Aus praktischen Gründen wird eine bereits bestehende Übernehmerin allerdings auch eine Schlussbilanz bezüglich ihres bisherigen Vermögens und eine Aufnahmebilanz für das übernommene und gegebenenfalls neu bewertete Vermögen erstellen und beide zur Übernahmebilanz auf den steuerlichen Übertragungsstichtag zusammenführen (vgl. *Menner*, § 20 UmwStG, Rn. 614, 617). Dabei ist der **Ansatz zum gemeinen Wert** wiederum als Standardfall vorgesehen (§ 20 Abs. 2 Satz 1 UmwStG). Buchwert- oder Zwischenwertansatz sind hingegen auf Antrag möglich, soweit sichergestellt ist, dass das übernommene Betriebsvermögen später der Körperschaftsteuer unterliegt, die Passivposten (exkl. Eigenkapital) die übernommenen Aktiva nicht übersteigen und ein Besteuerungsrecht des deutschen Fiskus bei einer späteren Veräußerung des eingebrachten Betriebsvermögens nicht ausgeschlossen oder beschränkt wird (§ 20 Abs. 2 Satz 2 UmwStG). Bspw. geht bei der Einbringung einer ausländischen Betriebsstätte in eine ausländische Kapitalgesellschaft durch eine so genannte transparente Gesellschaft mit unbeschränkt steuerpflichtigen Anteilseignern das deutsche Besteuerungsrecht in Hinblick auf eine spätere Veräußerung des Betriebsvermögens verloren; in diesem Fall erfolgt für das betroffene Betriebsvermögen zwingend eine Bewertung zum gemeinen Wert – unter Anrechnung einer fiktiven ausländischen Steuer (§ 20 Abs. 8 UmwStG; Beispiel nach *Schmitt*, § 20 UmwStG, Rn. 415). Bei **steuerlich transparenten Gesellschaften** handelt es sich um Gesellschaften, bei denen der Unternehmer Steuersubjekt hinsichtlich der Besteuerung des Einkommens ist und das Unternehmen selbst hinsichtlich der Einkommensbesteuerung somit kein selbständiges Steuersubjekt darstellt (vgl. hierzu *Kußmaul*, Steuerlehre, S. 436, und *Schreiber*, Besteuerung, S. 189 ff). In Deutschland trifft dies auf Einzelunternehmen und Personengesellschaften zu. Darüber hinaus ist ein Ansatz des übernommenen Betriebsvermögens zum Buchwert dann nicht möglich, wenn der Einbringende neben Gesellschaftsrechten auch andere Wirtschaftsgüter als Gegenleistung erhält, deren gemeiner Wert den Buchwert des eingebrachten Betriebsvermögens übersteigt. In diesem Fall ist das übergehende (Netto-)Vermögen mindestens mit dem **gemeinen Wert** dieser Wirtschaftsgüter anzusetzen (§ 20 Abs. 2 Satz 4 UmwStG). Insofern kann ein **Zwischenwertansatz** erforderlich sein, um die Bedingungen zu erfüllen.

Beim **Buchwertwertansatz** tritt die Übernehmerin in Bezug auf das übernommene (Netto-)Vermögen uneingeschränkt, beim Zwischenwertansatz – wegen der Behandlung des Aufstockungsbetrages – eingeschränkt in die **Rechtsstellung** der Überträgerin ein (§ 23 Abs. 1 und 3 UmwStG; in jedem Falle nicht hinsichtlich eines Verlustpotentials vgl. *Buyer/Klein/Müller*, Unternehmensform, S. 401). Beim Ansatz des gemeinen Wertes differenziert § 23 Abs. 4 UmwStG danach, ob die Wirtschaftsgüter im Wege der **Einzelrechtsnachfolge** oder der **Gesamtrechtsnachfolge** eingebracht werden (vgl. hierzu *Patt*, § 23 UmwStG (SEStEG), Rn. 50 ff., 64 ff.). Im ersten Fall gilt der Vorgang als Anschaffungsgeschäft, d. h. es besteht keine Bindung an die vormalige Bilanzierung der Wirtschaftsgüter bei der Überträgerin; im zweiten Fall ist der Aufstockungsbetrag weitgehend wie beim Zwischenwertansatz zu behandeln (– nicht jedoch hinsichtlich der Anrechnung von Besitzzeiten vgl. *Schmitt*, § 23 UmwStG, Rn. 101). Eine **Maßgeblichkeit** der Handels- für die Steuerbilanz ist auf Seiten der Übernehmerin **nicht zu beachten** (vgl. Begründung zum Regierungsentwurf, BT-Drs. 16/2710, S. 43, *Buyer/Klein/Müller*, Unternehmensform, S. 398, *Moszka*, Anh. UmwStG, Rn. 299, *Patt*, § 20 UmwStG, Rn. 210, *Schmitt*, § 20 UmwStG, Rn. 6, 265; vgl. die Abbildung auf S. 1146, insbesondere (2); im Umwandlungssteuererlass wird von der Maßgeblichkeit ausgegangen (BMF-Schreiben vom 25. 3. 1998, Rn. 20.26 ff.)).

Werden bei der übernehmenden Kapitalgesellschaft stille Reserven durch einen Ansatz über dem Buchwert zumindest teilweise aufgelöst, so unterliegt der hieraus unter Abzug der Einbringungskosten resultierende **Einbringungsge-**

winn als **Veräußerungsgewinn** der Besteuerung auf **Ebene der Gesellschafter** der übertragenden Personengesellschaft. Der Einbringungsgewinn ergibt sich hierbei vereinfacht als Veräußerungspreis abzüglich Buchwert der übertragenen Wirtschaftsgüter (bei der Überträgerin dem einbringenden Gesellschafter zuzurechnen) sowie abzüglich der Einbringungskosten (vgl. genauer bspw. *Patt*, § 20 UmwStG (SEStEG), Rn. 249 ff.). Der **Veräußerungspreis** seinerseits wird durch den Wert festgelegt, mit dem die Übernehmerin die Wirtschaftsgüter übernimmt; dieser gilt zugleich als **Anschaffungskosten der erhaltenen Gesellschaftsanteile** (§ 20 Abs. 3 UmwStG). Allerdings wird der Bestimmung der Anschaffungskosten der gemeine Wert für diejenigen Wirtschaftsgüter zugrunde gelegt, bezüglich derer ein Veräußerungsgewinn im Zeitpunkt der Einbringung nicht dem deutschen Besteuerungsrecht unterliegt und ein solches auch durch die Einbringung nicht begründet wird (§ 20 Abs. 3, Satz 2 UmwStG). Ein Einbringungsgewinn kann besondere steuerliche Vergünstigungen mit sich bringen (bspw. im Zusammenhang mit den §§ 16, 34 EStG; bei Sacheinlagen sind allerdings die strengen Voraussetzungen des § 20 Abs. 4 UmwStG zu beachten). Ein **Einbringungsverlust** ist vollständig ausgleichbar (vgl. *Buyer/Klein/Müller*, Unternehmensform, S. 426). Darüber hinaus kommt es bei einem Ansatz unter dem gemeinen Wert zu einer **rückwirkenden Nachversteuerung** gemäß § 22 UmwStG, wenn der Einbringende die erhaltenen Anteile innerhalb von sieben Jahren nach dem Einbringungszeitpunkt veräußert (§§ 16 Abs. 4, 34 EStG sind dann nicht anwendbar). Bemessungsgrundlage ist der Unterschiedsbetrag zwischen der Höhe eines Einbringungsgewinns, der bei Ansatz mit dem gemeinen Wert entstanden wäre, und des Einbringungsgewinns auf Basis des tatsächlichen Wertansatzes, vermindert um ein Siebtel für jedes seit dem Einbringungszeitpunkt abgelaufene Zeitjahr. Dieser Betrag wird bei Sacheinlagen (außer darin enthaltenen Anteilen an Kapitalgesellschaften oder Genossenschaften) als **Einbringungsgewinn I** bezeichnet (vgl. *Moszka*, Anh. UmwStG, Rn. 334 ff.) – bei einem tatsächlichen Ansatz mit dem gemeinen Wert ergibt sich ein Betrag von null.

Während sich die bisher betrachteten Regelungen zur Sacheinlage gemäß § 20 Abs. 1 UmwStG auf die Übertragung eines Betriebes, Teilbetriebes oder eines Mitunternehmeranteils beziehen, wird ein (einfacher) Tausch von Anteilen an Kapitalgesellschaften (oder Genossenschaften) durch § 21 UmwStG erfasst. Es handelt sich beim sog. **Anteilstausch** um die Einbringung von Anteilen an einer Kapitalgesellschaft (oder Genossenschaft) in eine andere Kapitalgesellschaft (oder Genossenschaft) gegen Gewährung von Anteilsrechten an der Übernehmerin. Einbringende können neben den in diesem Abschnitt im Mittelpunkt stehenden Personengesellschaften insbesondere auch Körperschaften und natürliche Personen sein, die im EU/EWR-Raum gegebenenfalls gegründet und dort ansässig sind (vgl. *Patt*, § 21 UmwStG, Rn. 8). Ein Anteilstausch liegt bspw. bei Umwandlungen von vermögensverwaltenden Personengesellschaften in Kapitalgesellschaften vor; auch die Einbringung einer 100 %-Beteiligung an einer Kapitalgesellschaft in eine andere ist Anteilstausch gemäß § 21 Abs. 3 UmwStG – die 100 %-Beteiligung ist nicht als Teilbetrieb im Sinne des § 20 Abs. 1 UmwStG zu betrachten (vgl. BT-Drs. 16/2710, S. 42; für § 16 Abs. 1 EStG demgegenüber Teilbetriebsfiktion, vgl. *Wacker*, § 16 EStG, Rn. 161, auch Rn. 141, ebenso bezüglich § 15 Abs. 3 UmwStG, vgl. *Hörtnagl,* § 15 UmwStG, Rn. 98, sowie Teil C, Abschn. 2.2.5.2.2, S. 1138). Abgrenzungsfragen zum Regelungsbereich des § 20 UmwStG ergeben sich insbesondere, wenn eine Beteiligung Bestandteil eines übergehenden Teilbetriebes ist. Gehört die Beteiligung zu den wesentlichen Betriebsgrundlagen, geht sie mit dem (Teil-)Betrieb nach § 20 UmwStG über. Stellt sie keine wesentliche Betriebsgrundlage dar, kann sie isoliert übertragen werden, wodurch § 21 UmwStG zur Anwendung gelangt (vgl. *Patt,* § 20 UmwStG (SEStEG), Rn. 30 ff., *ders.,* § 21 UmwStG (SEStEG), Rn. 10 ff., *Schmitt,* § 21 UmwStG, Rn. 7 ff.). Die **Einbringung** erfolgt als Standardfall des § 21 UmwStG mit dem gemeinen Wert der Anteile. Eine **Buchwertfortführung** ist ebenso wie ein **Zwischenwertansatz** auf Antrag möglich, sofern die Übernehmerin mit der Einbringung – gegebenenfalls zusammen mit bereits vorhandenen Anteilen – unmittelbar die Mehrheit der Stimmrechte an der erworbenen Gesellschaft hat **(qualifizierter Anteilstausch;** § 21 Abs. 1 Satz 2 UmwStG). Ein verpflichtender Ansatz zum **gemeinen Wert** sowie gegebenenfalls Ausnahmen wiederum hiervon können sich auf Vorgänge beziehen, bei denen eine Beeinträchtigung des deutschen Besteuerungsrechts zu berücksichtigen ist (§ 21 Abs. 2 Sätze 2 und 3 UmwStG).

Beim Anteilstausch besteht **keine Maßgeblichkeit** des handelsrechtlichen für den steuerlichen Wertansatz (vgl. *Buyer/Klein/Müller,* Unternehmensform, S. 456, *Schmitt,* § 21 UmwStG, Rn. 41, 56). Der von der Übernehmerin gewählte Wertansatz bestimmt den Veräußerungspreis der Anteile bei der Überträgerin **(Wertverknüpfung)** sowie die Anschaffungskosten der erworbenen Anteile (§ 21 Abs. 1 Satz 1 UmwStG). Falls eine Übertragung nicht zum gemeinen Wert erfolgt, tritt eine rückwirkende Nachversteuerung im Rahmen des § 22 Abs. 2 UmwStG ein, sofern die eingebrachten Anteile innerhalb eines Zeitraumes von sieben Jahren veräußert werden – die Differenz im Verhältnis zu einer Bewertung mit dem gemeinen Wert, vermindert um ein Siebtel für jedes seit dem Anteilstausch vergangene Zeitjahr, bildet als **Einbringungsgewinn II** die Besteuerungsgrundlage hierfür (vgl. auch *Moszka,* Anh. UmwStG, Rn. 341 f.).

Hinsichtlich der auf Ebene der Personengesellschaft relevanten Steuern geht ein gewerbesteuerlicher Verlustvortrag nach § 10a GewStG nicht über, da das Unternehmen der Personengesellschaft endet. Die Übernehmerin kann die vertragsfähigen gewerbesteuerlichen Fehlbeträge des Einbringenden nicht nutzen (§ 24 Abs. 5 UmwStG). Darüber hinaus geht ein Zins- respektive ein EBITDA-Vortrag des eingebrachten Betriebs ebenfalls nicht auf die Übernehmerin über (§ 20 Abs. 9 UmwStG).

Der **Formwechsel** einer Personengesellschaft in eine Kapitalgesellschaft ist prinzipiell wie die Verschmelzung oder Spaltung zu behandeln (§ 25 Satz 1 i. V. m. §§ 20–23 UmwStG). Die übertragende Personengesellschaft hat eine steuerliche Schlussbilanz, die übernehmende Kapitalgesellschaft eine Eröffnungsbilanz aufzustellen (§ 25 Satz 2 i. V. m. § 9 Satz 2 UmwStG), in der das eingebrachte Betriebsvermögen wahlweise mit dem Buchwert, einem höheren Zwischenwert oder dem gemeinen Wert anzusetzen ist (§ 25 Satz 1 i. V. m. § 20 Abs. 2 UmwStG unter den dortigen Voraussetzungen).

2.2.5.2.4 Umwandlung einer Personengesellschaft in eine andere Personengesellschaft

Wird eine Personengesellschaft in eine andere Personengesellschaft umgewandelt, liegt steuerrechtlich ebenfalls eine **Einbringung** vor (§ 24 UmwStG).

Hinsichtlich der Umwandlungsbilanzierung ist eine **Verschmelzung** oder **Spaltung** auf Personengesellschaften grundsätzlich wie eine solche auf Kapitalgesellschaften zu behandeln. Die übertragende Personengesellschaft hat zum steuerlichen Übertragungsstichtag (§ 24 Abs. 4 i. V. m. § 20 Abs. 6 UmwStG) eine **Schlussbilanz (= Einbringungsbilanz)** zu fortgeführten Buchwerten aufzustellen. Wie bei der Einbringung in eine Kapitalgesellschaft ist deshalb auch hier von einer **direkten Maßgeblichkeit** der handelsrechtlichen Übertragungsbilanz für die steuerliche auszugehen (vgl. die folgende Abbildung, insbesondere (1); zur Bedeutung der Maßgeblichkeitsbeziehung auf Ebene der Überträgerin vgl. Teil C, Abschn. 2.2.5.2.3, S. 1145 f.).

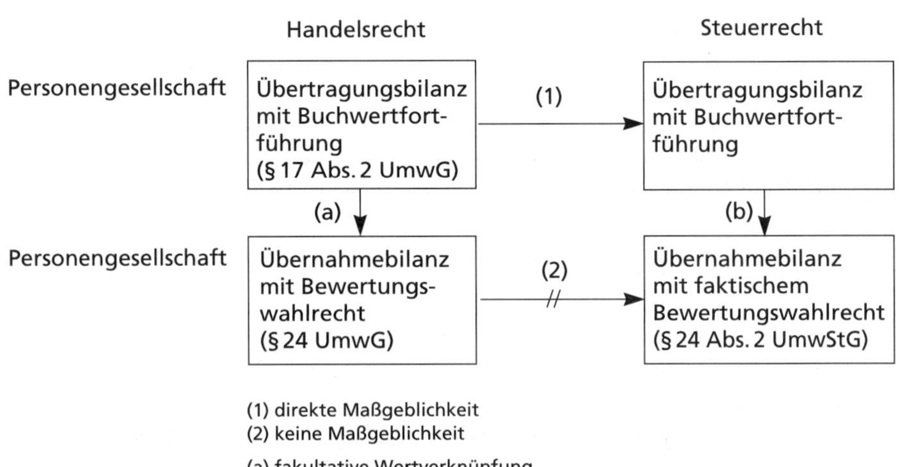

Übertragungs-, Übernahmebilanzen und Maßgeblichkeitsprinzip bei der Umwandlung einer Personengesellschaft in eine Personengesellschaft

Die übernehmende Personengesellschaft kann in ihrer **Eröffnungs-** bzw. folgenden **Jahresbilanz** einen Ansatz zu **gemeinen Werten** oder auf Antrag und, soweit das Besteuerungsrecht der Bundesrepublik Deutschland hinsichtlich des eingebrachten Betriebsvermögens nicht ausgeschlossen oder beschränkt wird, eine **Buchwertfortführung** oder einen **Zwischenwertansatz** wählen (§ 24 Abs. 2 UmwStG). Dabei tritt sie in die Rechtsstellung der Überträgerin in dem Umfang ein, wie er beim Übergang auf eine Kapitalgesellschaft nach § 23 Abs. 1, 3, 4 und 6 UmwStG anzuwenden ist (§ 24 Abs. 4 UmwStG; vgl. hierzu die Ausführungen in Teil C, Abschn. 2.2.5.2.3, S. 1147) – im Falle eines Ansatzes zu gemeinen Werten ist dies davon abhängig, ob der Vermögensübergang im Wege einer Einzel- oder einer Gesamtrechtsnachfolge stattfindet. Im Unterschied zur Vorschrift des § 20 Abs. 2 Satz 2 Nr. 2 UmwStG, welcher die Einbringung in eine

Kapitalgesellschaft betrifft, ist jedoch nicht Vorbedingung für einen Buchwert- oder Zwischenwertansatz, dass die übergehenden Passivposten (exkl. Eigenkapital) die Aktiva nicht übersteigen. Ein buchhalterisch negatives Nettovermögen mit einer entsprechenden Belastung des Kapitalkontos muss somit nicht durch zumindest partielle Aufstockung der Wertansätze ausgeglichen werden. Die Ausübung des steuerlichen Bewertungswahlrechts ist autonom gegenüber der Ausübung des handelsrechtlichen Bewertungswahlrechts; eine **Maßgeblichkeit besteht nicht** (vgl. die obige Abbildung, insbesondere (2); vgl. *Patt,* § 24 UmwStG (SEStEG), Rn. 119, *Schmitt,* § 24 UmwStG, Rn. 195).

Als **Veräußerungspreis** gilt wiederum der Wert, mit dem die Wirtschaftsgüter bei der Übernehmerin angesetzt werden – dies bezieht die Gesamthandsbilanz mit etwaigen Ergänzungsbilanzen der Gesellschafter mit ein (§ 24 Abs. 3 Satz 1 UmwStG). Stockt die Übernehmerin die Wertansätze auf, so unterliegt der sich daraus ergebende **Einbringungsgewinn** als **Veräußerungsgewinn** auch hier der Besteuerung auf **Ebene der Gesellschafter** der übertragenden Personengesellschaft (§ 24 Abs. 3 UmwStG).

Die **formwechselnde Umwandlung** einer Personengesellschaft in eine andere Personengesellschaft, die zwar handelsrechtlich möglich ist, sich jedoch nicht nach den Vorschriften des UmwG richtet, erfährt – analog dem Formwechsel einer Kapitalgesellschaft in eine Kapitalgesellschaft – regelmäßig keine steuerbilanzielle Abbildung über Schluss- und Eröffnungsbilanzen (vgl. bezüglich zu beachtender Aspekte *Moszka,* Anh. UmwStG, Rn. 639 ff.).

2.2.6 Chronologie der Buchungstechnik

Zur Abbildung einer **übertragenden Umwandlung** (Verschmelzung, Spaltung, Vermögensübertragung) sind grundsätzlich folgende Buchungen erforderlich:

Buchungen des **übertragenden** Rechtsträgers:

(1) Buchungen zur Aufstellung einer Schlussbilanz gemäß § 17 UmwG:

Da die Schlussbilanz nach den Vorschriften über die handelsrechtliche Jahresbilanz aufzustellen ist, stimmen die erforderlichen Buchungen mit den handelsrechtlichen Jahresabschlussbuchungen überein.

(2) Sofern der übertragende Rechtsträger im Zuge der Umwandlung nicht untergeht (Abspaltung, Ausgliederung, teilweise Vermögensübertragung), sind die folgenden laufenden Buchungen erforderlich:

- Buchung des Abgangs der übergehenden Vermögensgegenstände und Schulden
- Buchung einer gegebenenfalls erforderlichen Kapitalherabsetzung
- Buchung des Zugangs der als Gegenleistung für das übertragene Vermögen gewährten Anteile am übernehmenden Rechtsträger im Falle einer Ausgliederung
- In Abhängigkeit von der zugrunde liegenden Umwandlungskonstellation entweder erfolgsneutrale oder erfolgswirksame Verbuchung der durch die Umwandlung ausgelösten Reinvermögensänderung

Buchungen des **übernehmenden** Rechtsträgers:

(1) Bei einer Umwandlung durch Aufnahme hat der übernehmende Rechtsträger die folgenden laufenden Buchungen vorzunehmen:
   - Buchung des Zugangs der übergehenden Vermögensgegenstände und Schulden
   - Buchung einer gegebenenfalls erforderlichen Kapitalerhöhung bzw. Buchungen zur Anpassung der Eigenkapitalkonten an die neue Beteiligungsstruktur
   - In Abhängigkeit von der zugrunde liegenden Umwandlungskonstellation entweder erfolgswirksame oder erfolgsneutrale Verbuchung der durch die Umwandlung ausgelösten Reinvermögensänderung

(2) Bei einer Umwandlung durch Neugründung hat der übernehmende Rechtsträger eine Eröffnungsbilanz aufstellen. Die hierzu notwendigen Buchungen entsprechen den für eine Sachgründung erforderlichen Buchungen.

Zur Abbildung einer **formwechselnden Umwandlung** sind grundsätzlich folgende Buchungen notwendig:

- Buchungen zur Anpassung der Eigenkapitalkonten an die Ausweiserfordernisse der Zielrechtsform
- Buchungen, um die buchhalterischen Konsequenzen der Ausübung von Bilanzierungs- und Bewertungswahlrechten, die nach den für den Rechtsträger in der Zielrechtsform der Kapitalgesellschaft geltenden Vorschriften unzulässig sind, zu beseitigen, sofern die (Wert-)Ansätze nicht beibehalten werden.

Übungsbeispiele

Übungsbeispiel 1:

Formwechsel einer AG in eine KG

Die Hauptversammlung der F-AG, an der die fünf Aktionäre A, B, C, D und E beteiligt sind, beschließt am 28.12.10 einen Formwechsel in die F-KG. Die in § 233 Abs. 2 Satz 1 UmwG kodifizierten Zustimmungserfordernisse – Zustimmung aller zukünftigen Vollhafter sowie ¾-Mehrheit des auf der Hauptversammlung vertretenen Grundkapitals – sind erfüllt.

Der Umwandlung liegt folgende vorläufige Schlussbilanz zugrunde:

A	Vorläufige Schlussbilanz der F-AG zum 28.12.10		P
A. Anlagevermögen		A. Eigenkapital	
Sachanlagen	300.000	Gezeichnetes Kapital	600.000
Finanzanlagen		Gewinnrücklagen	
Beteiligungen	31.000	Gesetzliche Rücklage	40.000
B. Umlaufvermögen		Andere Gewinnrücklagen	20.000
Waren	360.000	Jahresüberschuss	75.000
Forderungen	50.000	B. Rückstellungen	25.000
Kasse, Bank	179.000	C. Verbindlichkeiten	160.000
	920.000		920.000

Die KG soll sich nach vollzogenem Formwechsel aus folgenden Gesellschaftern zusammensetzen:

Komplementäre:

A, der bisher Aktien an der F-AG im Nennwert von 350.000 hält,

B, der bisher Aktien an der F-AG im Nennwert von 150.000 hält,

Kommanditisten:

C, der bisher Aktien an der F-AG im Nennwert von 30.000 hält,

D, der bisher Aktien an der F-AG im Nennwert von 20.000 hält.

Nach § 194 Abs. 1 Nr. 6 UmwG ist in den Umwandlungsbeschluss ein Barabfindungsangebot (§ 207 UmwG) für den umwandlungsunwilligen Aktionär E aufzunehmen, der Aktien der F-AG im Nennwert von 50.000 hält. Die Höhe des Barabfindungsangebots soll dem auf den Anteil des E entfallenden Ertragswert der F-AG entsprechen, der mit 840.000 ermittelt wurde. Aktionär E nimmt das Barabfindungsangebot fristgerecht an, so dass die vereinbarte Zahlung am 30. 12. 10 per Banküberweisung erfolgen kann.

Die von den Buchwerten abweichenden Zeitwerte sind bei den Vermögensgegenständen wie folgt gegeben:

Sachanlagen	350.000
Beteiligungen	41.000
Waren	370.000

Ansonsten entsprechen die Zeitwerte den Buchwerten.

Aufgaben:

a) Berechnen Sie die Höhe der Barabfindung für Aktionär E.

b) Geben Sie die für die Verbuchung des Formwechsels notwendigen Buchungssätze an. Stellen Sie die handelsrechtliche Schlussbilanz der F-KG zum 31. 12. 10 unter der Annahme auf, dass keine weiteren Geschäftsvorfälle anfallen und der Jahresüberschuss auf die Kapitalkonten der Gesellschafter entsprechend ihren Beteiligungsquoten verteilt wird. Die Höhe der Kapitalkonten der in der KG verbleibenden Gesellschafter ist dabei so zu bestimmen, dass sich ihre Beteiligungsquoten im Zuge des Formwechsels relativ zueinander nicht verändern. Steuerliche Aspekte sind zu vernachlässigen.

Lösung:

a) Berechnung der Höhe der Barabfindung:

Die Höhe der Barabfindung entspricht dem auf die Beteiligungsquote des E entfallenden anteiligen Ertragswert der F-AG:

Barabfindung = 50.000/600.000 · 840.000 = 70.000.

b)

(1) Bestimmung der Beteiligungsquoten der in der KG verbleibenden Gesellschafter (gerundete Werte):

Komplementär A:	350.000/550.000 = 63,64 %
Komplementär B:	150.000/550.000 = 27,27 %
Kommanditist C:	30.000/550.000 = 5,45 %
Kommanditist D:	20.000/550.000 = 3,64 %

(2) Buchungssätze (Berechnung mit nicht gerundeten Beteiligungsquoten):

Gezeichnetes Kapital	600.000			
Gesetzliche Rücklage	40.000			
Andere Gewinnrücklagen	20.000			
GuV-Konto	75.000	**an**	Umtauschkonto	735.000
Umtauschkonto	70.000	**an**	Bank	70.000
Umtauschkonto	665.000	**an**	Kapitalkonto A	423.182
			Kapitalkonto B	181.363
			Kommanditkapitalkonto C	36.273
			Kommanditkapitalkonto D	24.182

A	Schlussbilanz der F-KG zum 31. 12. 10		P
A. Anlagevermögen		A. Eigenkapital	
Sachanlagen	300.000	Kapital A	423.182
Finanzanlagen		Kapital B	181.363
Beteiligungen	31.000	Kommanditkapital C	36.273
B. Umlaufvermögen		Kommanditkapital D	24.182
Waren	360.000	B. Rückstellungen	25.000
Forderungen	50.000	C. Verbindlichkeiten	160.000
Kassenbestand, Bank	109.000		
	850.000		850.000

Übungsbeispiel 2:

Formwechsel einer GmbH in eine Aktiengesellschaft unter Aufnahme neuer Gesellschafter

Zur Erweiterung der Kapitalbasis beschließen die Gesellschafter der Internationale Transport GmbH, diese zum 31. 12. 10 mit Hilfe eines Formwechsels (§ 190 UmwG) in eine Aktiengesellschaft umzuwandeln und sodann den Gläubiger Müller und die Gewerbebank AG als neue Gesellschafter aufzunehmen. Fuhrmann, Jäger, Hoppe und Fürst, die Geschäftsanteile in Höhe von jeweils 500.000 an der GmbH besitzen, erhalten für diese Aktien zu pari. Dabei soll der Nennwert des Grundkapitals der AG dem Nennwert des Stammkapitals der GmbH entsprechen. Die durch eine Kapitalerhöhung geschaffenen jungen Aktien im Nennwert von 1.500.000 übernehmen Müller zu ⅕ und die Gewerbebank zu ⅘. Der Ausgabekurs beträgt 115 %. Die im Rahmen des Formwechsels anfallenden Kosten belaufen sich auf 105.000. Ohne Berücksichtigung des Formwechsels weist die Internationale Transport GmbH zum 31. 12. 10 folgende Zwischenbilanz auf:

A	Zwischenbilanz der Internationale Transport GmbH zum 31. 12. 10		P
A. Anlagevermögen		A. Eigenkapital	
Sachanlagen		Gezeichnetes Kapital	2.000.000
Grundstücke	480.500	Jahresüberschuss	125.000
Fahrzeughalle	1.120.000	B. Verbindlichkeiten	
Fuhrpark	2.310.000	Bankschulden	
B. Umlaufvermögen		Gewerbebank AG	1.670.000
Vorräte	73.500	Verbindlichkeiten aus	
Forderungen	262.000	Warenlieferungen	
Kasse	2.400	Müller	394.500
C. Aktive Rechnungsabgrenzung	1.600	Sonstige Verbindlichkeiten	60.500
	4.250.000		4.250.000

Aufgaben:

a) Verbuchen Sie den Formwechsel, die anschließende Aufnahme der neuen Gesellschafter mit Hilfe einer Kapitalerhöhung sowie die Kosten des Formwechsels zum 31. 12. 10. Der verbleibende Jahresüberschuss wird der gesetzlichen Rücklage zugeführt.

b) Erstellen Sie die handelsrechtliche Schlussbilanz der Internationale Transport AG zum 31. 12. 10.

c) Wie ist die Umwandlung ertragsteuerlich zu beurteilen?

Lösung:

a) Buchungssätze:

- Formwechsel der GmbH in die AG:

Gezeichnetes Kapital (GmbH)	2.000.000	**an**	Umtauschkonto	2.000.000
Umtauschkonto	2.000.000	**an**	Gezeichnetes Kapital (AG)	2.000.000

- Kapitalerhöhung und Übernahme der jungen Aktien durch Müller und die Gewerbebank AG:

Konto der Aktionäre	1.725.000	**an**	Gezeichnetes Kapital	1.500.000
			Kapitalrücklage	225.000
Bankschulden Gewerbebank AG	1.380.000			
Verbindlichkeiten aus Warenlieferungen Müller	345.000	**an**	Einbringungskonto der Aktionäre	1.725.000
Einbringungskonto der Aktionäre	1.725.000	**an**	Konto der Aktionäre	1.725.000

- Kosten des Formwechsels:

Außerordentliche Aufwendungen	105.000	**an**	Sonstige Verbindlichkeiten	105.000
GuV-Konto	105.000	**an**	Außerordentliche Aufwendungen	105.000
Jahresüberschuss	125.000	**an**	GuV-Konto	125.000
GuV-Konto	20.000	**an**	Gesetzliche Rücklage	20.000

b) Schlussbilanz der Internationale Transport AG zum 31. 12. 10:

A	Schlussbilanz der Internationale Transport AG zum 31. 12. 10		P
A. Anlagevermögen		A. Eigenkapital	
Sachanlagen		Gezeichnetes Kapital	3.500.000
Grundstücke	480.500	Kapitalrücklage	225.000
Fahrzeughalle	1.120.000	Gesetzliche Rücklage	20.000
Fuhrpark	2.310.000	B. Verbindlichkeiten	
B. Umlaufvermögen		Bankschulden	
Vorräte	73.500	Gewerbebank AG	290.000
Forderungen	262.000	Verbindlichkeiten aus	
Kasse	2.400	Warenlieferungen	
C. Aktive Rechnungs-		Müller	49.500
abgrenzung	1.600	Sonstige Verbindlichkeiten	165.500
	4.250.000		4.250.000

c) Der Formwechsel einer Kapitalgesellschaft in eine Kapitalgesellschaft anderer Rechtsform wird durch die Regelungen im UmwStG nicht erfasst. Da durch diese Art des Formwechsels die Rechtsform der Kapitalgesellschaft erhalten bleibt und sich damit die Identität des Steuersubjekts nicht ändert, kommt es auf der Ebene der Kapitalgesellschaft grundsätzlich zu keiner Gewinnrealisierung und deshalb auch zu keiner Ertragsbesteuerung.

Übungsbeispiel 3:

Formwechsel einer Kommanditgesellschaft in eine GmbH

Haeberle und Neumann, die Gesellschafter der Im- und Export Haeberle & Co KG, beschließen die KG zum 1.7.10 mit Hilfe eines Formwechsels in eine GmbH umzuwandeln. Grund ist, dass Neumann beabsichtigt, im Verlauf des kommenden Jahres seinen Wohnsitz von Stuttgart in die Schweiz zu verlegen, und er deswegen im inländischen Geschäft nicht mehr mitarbeiten kann. Fritz Haeberle wird Geschäftsführer der entstehenden GmbH und hegt – nicht nur deshalb – keine Pläne, aus seinem bisherigen Wohnort Esslingen wegzuziehen. Unter Berücksichtigung der Geschäftsvorfälle, die sich seit dem 1.1.10 ereignet haben, ergibt sich für die Im- und Export Haeberle & Co KG zum 30.6.10 folgende Zwischenbilanz:

A	Zwischenbilanz der Im- und Export Haeberle & Co KG zum 30. 6. 10		P
A. Anlagevermögen		A. Eigenkapital	
Sachanlagen		Komplementär Haeberle	125.000
Grund und Boden	22.000	Kommanditist Neumann	80.000
Gebäude	156.000	Jahresüberschuss bis zum 30.6.10	40.000
Betriebs- und Geschäftsausstattung	18.000	B. Verbindlichkeiten	
Fuhrpark	29.000	Hypothekenschulden	110.000
B. Umlaufvermögen		Verbindlichkeiten aus Lieferungen und Leistungen	123.600
Warenvorräte	7.500		
Forderungen	159.300		
Bank	86.800		
	478.600		478.600

Die Aufstellung einer Ergänzungsbilanz für Neumann war notwendig geworden, da er erst vor einigen Jahren den Kommanditanteil des ausgeschiedenen Gesellschafters Altvater übernommen und dafür einen Kaufpreis zu entrichten hatte, der auf Grund von vorhandenen stillen Reserven über dem Buchwert des Kommanditanteils lag.

A	Ergänzungsbilanz Neumann zum 30.6.10		P
Grund und Boden	12.000	Mehrkapital Neumann	20.000
Gebäude	7.000		
Betriebs- und Geschäftsausstattung	1.000		
	20.000		20.000

Die im Gesellschaftsvertrag der GmbH vereinbarte Höhe der Stammeinlage beträgt:

- für Haeberle 150.000.
- für Neumann 100.000.

Am Gewinn und Verlust sind zukünftig Haeberle zu 3/5 und Neumann zu 2/5 beteiligt.

Die steuerlichen gemeinen Werte (Zeitwerte) wurden wie folgt ermittelt:

- Grund und Boden: 1800 m^2 zum Verkehrswert von 45 pro m^2
- Gebäude: gemeiner Wert durch einen Sachverständigen geschätzt auf 180.000
- Betriebs- und Geschäftsausstattung: 22.000
- Fuhrpark: amtlicher Schätzwert 32.800.

Zusätzlich ist Folgendes zu berücksichtigen:

Forderungen in Höhe von 87.000 sind auf Grund eines nachhaltigen Kursrückgangs um 10 % im Wert gesunken. Die Verbindlichkeiten aus Lieferungen und Leistungen enthalten eine verzinsliche Warenverbindlichkeit über 35.000, die am 30.4.10 entstand und am 31.8.10 zur Zahlung fällig ist. Zinssatz 6 % p. a. Die Zahlung erfolgt per Banküberweisung. Ansonsten entsprechen die Buchwerte den gemeinen Werten (Zeitwerten).

Neumann hat das 55. Lebensjahr vollendet und kann somit einen Freibetrag nach § 16 Abs. 4 EStG in Anspruch nehmen.

Aufgaben:

a) Welche handelsrechtlichen Auswirkungen hat der Formwechsel?

b) Prüfen Sie, ob die vereinbarte Höhe des Stammkapitals handelsrechtlich zulässig ist (§ 220 Abs. 1 UmwG).

c) Stellen Sie die handelsrechtliche Jahresbilanz (vor Gewinnverwendung und Steuern) der Im- und Export Haeberle GmbH zum 31.12.10 unter Berücksichtigung der oben aufgeführten Geschäftsvorfälle auf.

d) Erstellen sie die steuerliche Schlussbilanz der KG zum 30.6.10 und die steuerliche Eröffnungsbilanz der GmbH. Berechnen Sie die steuerpflichtigen Veräußerungsgewinne von Neumann und Haeberle. Gehen Sie bei der Eröffnungsbilanz ggf. davon aus, dass die Gesellschafter einen Ansatz des (Netto-) Vermögens zum gemeinen Wert bevorzugen. Diskutieren Sie gleichwohl die Anwendungsvoraussetzung des UmwStG.

e) Welche Konsequenz des Wohnsitzwechsels hat Neumann zu berücksichtigen, insbesondere wenn er sich mit Haeberle über den Wertansatz in Aufgabenteil d) abspricht – wobei formell der übernehmende Rechtsträger über den Wertansatz bestimmt?

Lösung:

a) Da das Vermögen des formwechselnden Rechtsträgers nicht auf einen anderen Rechtsträger übergeht (Rechtsträgeridentität), sondern der zugrunde liegende Rechtsträger lediglich sein Rechtskleid wechselt, ist handelsrechtlich weder eine Schlussbilanz noch eine Übernahme- bzw. Eröffnungsbilanz aufzustellen. Zu beachten ist, dass für die auf den Formwechsel folgenden Jahresbilanzen der GmbH mit den §§ 264ff. HGB grundsätzlich die ergänzenden Vorschriften für Kapitalgesellschaften einschlägig sind.

b) Überprüfung der Zulässigkeit der Höhe des Stammkapitals:

Bewertung des Vermögens zum Zeitwert am 30.6.10:

	Grund und Boden	81.000
+	Gebäude	180.000
+	Betriebs- und Geschäftsausstattung	22.000
+	Fuhrpark	32.800
+	Warenvorräte	7.500
+	Forderungen	150.600
+	Bank	86.800
=	Summe Aktiva	560.700
–	Verbindlichkeiten	233.950
=	Höchstbetrag für Stammkapital	326.750

Anzumerken ist, dass zu den Verbindlichkeiten des Rechtsträgers neben den in der Zwischenbilanz ausgewiesenen auch die bis zum 30.6.10 anfallenden Zinslasten zählen, die aus der Überlassung des Warenkredits resultieren.

Die Höhe des gewählten Stammkapitals von 250.000 ist damit geringer als der nach §220 Abs. 1 UmwG zulässige Höchstbetrag.

c) Handelsrechtliche Jahresbilanz zum 31.12.10:

Buchungssätze:

Abschreibung auf Forderungen	8.700	an	Forderungen	8.700
Verbindlichkeiten aus Lieferungen und Leistungen	35.000			
Zinsaufwand	700	an	Bank	35.700
GuV-Konto	9.400	an	Abschreibung auf Forderungen	8.700
			Zinsaufwand	700
Eigenkapital Haeberle	125.000			
Kommanditeinlage Neumann	80.000	an	Umtauschkonto	205.000
Umtauschkonto	205.000			
formwechselbedingter Unterschiedsbetrag	45.000	an	Gezeichnetes Kapital	250.000

A	Schlussbilanz der Im- und Export Haeberle GmbH zum 31.12.10		P
A. Formwechselbedingter Unterschiedsbetrag	45.000	A. Eigenkapital	
		Gezeichnetes Kapital	250.000
		Jahresüberschuss	30.600
B. Anlagevermögen		B. Verbindlichkeiten	
Sachanlagen		Hypothekenschulden	110.000
Grund und Boden	22.000	Verbindlichkeiten aus Lieferungen und Leistungen	88.600
Gebäude	156.000		
Betriebs- und Geschäftsausstattung	18.000		
Fuhrpark	29.000		
C. Umlaufvermögen			
Warenvorräte	7.500		
Forderungen	150.600		
Bank	51.100		
	479.200		479.200

d) Steuerliche Schlussbilanz der KG zum 30.6.10:

Die KG hat zum 30.6.10 eine Steuerbilanz nach den für die steuerliche Gewinnermittlung geltenden Vorschriften aufzustellen (§25 Satz 2 i.V.m. §9 Satz 2 UmwStG). Eine Aufdeckung etwaiger stiller Reserven durch Ansatz eines über dem Buchwert liegenden Werts ist ausgeschlossen.

Folgende Geschäftsvorfälle sind für die Steuerbilanz noch relevant:

– Antizipative Abgrenzung der Zinsen für die Verbindlichkeiten:

Zinsaufwand	350	an	Sonstige Verbindlichkeiten	350
GuV-Konto	350	an	Zinsaufwand	350

– Wertberichtigung auf Forderungen:

Abschreibung auf Forderungen	8.700	**an**	Forderungen	8.700
GuV-Konto	8.700	**an**	Abschreibung auf Forderungen	8.700

Steuerliche Schlussbilanz der Im- und Export Haeberle & Co KG zum 30.6.10

A		P	
A. Anlagevermögen		A. Eigenkapital	
Sachanlagen		Komplementär Haeberle	125.000
Grund und Boden	22.000	Kommanditist Neumann	80.000
Gebäude	156.000	Steuerbilanzgewinn bis zum 30. 6. 10	30.950
Betriebs- und Geschäftsausstattung	18.000	B. Verbindlichkeiten	
Fuhrpark	29.000	Hypothekenschulden	110.000
B. Umlaufvermögen		Verbindlichkeiten aus Lieferungen und Leistungen	123.600
Warenvorräte	7.500	Sonstige Verbindlichkeiten	350
Forderungen	150.600		
Bank	86.800		
	469.900		469.900

Steuerliche Eröffnungsbilanz der GmbH zum 1.7.10:

Für den Formwechsel einer Personengesellschaft in eine Kapitalgesellschaft (oder Genossenschaft) ist §25 UmwStG maßgebend, sofern das UmwStG anwendbar ist. Unter dieser Voraussetzung verfügt die übernehmende Kapitalgesellschaft über ein Wahlrecht, das eingebrachte Betriebsvermögen mit dem Buchwert, dem gemeinen Wert oder einem Zwischenwert anzusetzen (§25 Satz 1 i.V.m. §20 Abs.2 UmwStG mit den dortigen, hier erfüllten Bedingungen). Für die **Anwendbarkeit des §25 UmwStG** wiederum ist §1 Abs.3 und 4 UmwStG heranzuziehen. Die Bedingung des §1 Abs.4 Satz 1 Nr.1 UmwStG hinsichtlich des übernehmenden Rechtsträgers neuer Rechtsform ist hier unmittelbar erfüllt, da es sich um eine deutsche GmbH handelt, so dass sich ein etwaiger Typenvergleich mit einer Kapitalgesellschaft (oder Genossenschaft) nach dem Recht eines Mitgliedstaates des EU/EWR-Raumes erübrigt. Darüber hinaus muss nach §1 Abs.4 Satz 1 Nr.2 UmwStG mindestens eine der dort unter lit.a oder b genannten Bedingungen erfüllt sein. Die Anwendbarkeit des §25 UmwStG eröffnet zunächst §1 Abs.4 Satz 1 Nr.2 lit.a UmwStG. Hierfür muss einerseits der übertragende Rechtsträger (hier die KG) eine nach dem Recht eines Staates des EU/EWR-Raumes gegründete Gesellschaft mit Sitz und Ort der Geschäftsleitung in diesem Gebiet sein (§1 Abs.4 Satz 1 Nr.2 lit.a sublit. aa i.V.m. §1 Abs.2 Satz 1 Nr.1 UmwStG). Andererseits ist die Anwendung des §25 UmwStG nur in dem Umfang (ggf. anteilig) möglich, wie die Gesellschafter der übertragenden Personengesellschaft (ggf. am Ende einer Kette von Personengesellschaften) Körperschaften, Personenvereinigungen und Vermögensmassen oder natürliche Personen sind, die die Gründungs- respektive Ansässigkeitsvoraussetzungen des §1 Abs.2 Satz 1 Nr.1 bzw. Nr.2 UmwStG hinsichtlich des EU/EWR-Raumes erfüllen. Dies ist im Beispielfall für die beiden Gesellschafter, Haeberle und Neumann, erfüllt und somit für die Überträgerin im vollen Umfang gegeben. Nach §1 Abs.4 Satz 1 Nr.2 lit.b UmwStG ist unabhängig von den persönlichen Eigenschaften des übertragenden Rechtsträgers oder seiner Gesellschafter das UmwStG auch dann anwendbar, wenn die Veräußerung der Anteile in Deutschland (unbeschränkt) steuerverstrickt bleibt. Dies ist im Übertragungszeitpunkt für beide Gesellschafter erfüllt, da diese ihren Wohnsitz in Stuttgart bzw. Esslingen haben. Wäre Neumann – entgegen der vorgegebenen Sachlage – bereits zuvor in der Schweiz ansässig, wäre die Bedingung nicht erfüllt (zugunsten einer partiellen Anwendbarkeit des §25 UmwStG auf Haeberle bereits auf Basis des §1 Abs.4 Satz 1 Nr.2 lit.b UmwStG in diesem Fall siehe *Widmann* in *Widmann/Mayer*, Umwandlungsrecht, §1 UmwStG, Rn.131, *Patt*, §25 UmwStG (SEStEG), Rn.13; a.A. *Möhlenbrock*, §1 UmwStG (SEStEG), Rn.162). §25 UmwStG ist im Beispielfall also (redundant) anwendbar. Von der somit bestehenden Möglichkeit der Buchwertfortführung respektive eines Zwischenwertansatzes soll allerdings gemäß Vorgabe kein Gebrauch gemacht werden. Die gemeinen Werte und die damit verbundenen, aufzudeckenden stillen Reserven stellen sich laut Aufgabe wie folgt dar:

	Buchwert	gemeiner Wert	stille Reserven
Grund und Boden	22.000	81.000	59.000
Gebäude	156.000	180.000	24.000
Betriebs- und Geschäftsausstattung	18.000	22.000	4.000
Fuhrpark	29.000	32.800	3.800

Daraus leitet sich die folgende Eröffnungsbilanz der Im- und Export Haeberle GmbH zum 1.7.10 ab:

Steuerliche Eröffnungsbilanz der Im- und Export Haeberle GmbH zum 1.7.10

A		P	
A. Anlagevermögen		A. Eigenkapital	
Sachanlagen		Gezeichnetes Kapital	250.000
Grund und Boden	81.000	Rücklagen	76.750
Gebäude	180.000	B. Verbindlichkeiten	
Betriebs- und Geschäftsausstattung	22.000	Hypothekenschulden	110.000
Fuhrpark	32.800	Verbindlichkeiten aus Lieferungen und Leistungen	123.600
B. Umlaufvermögen		Sonstige Verbindlichkeiten	350
Warenvorräte	7.500		
Forderungen	150.600		
Bank	86.800		
	560.700		560.700

Als Veräußerungspreis und zugleich Anschaffungskosten des GmbH-Anteils gilt für einen Gesellschafter der auf seinen Anteil entfallende Wertansatz des eingebrachten Betriebsvermögens (§20 Abs.3 Satz 1 UmwStG). Die Anschaffungskosten des GmbH-Anteils von Haeberle betragen demnach 0,6 · (250.000 + 76.750) = 196.050, die des GmbH-Anteils von Neumann 0,4 · (250.000 + 76.750) = 130.700. Zur Berechnung des nach §16 Abs.1 EStG steuerpflichtigen Veräußerungsgewinns eines Gesellschafters ist grundsätzlich vom Veräußerungspreis, der, wie gesagt, den Anschaffungskosten des jeweiligen GmbH-Anteils entspricht, der auf den ursprünglichen Anteil entfallende Buchwert des Betriebsvermögens der KG abzuziehen. Hier nicht gegebene Einbringungskosten wären ebenfalls in Abzug zu bringen. Dabei ist gegebenenfalls das in der Ergänzungsbilanz eines Gesellschafters ausgewiesene Mehrkapital (Minderkapital) gewinnmindernd (gewinnerhöhend) zu berücksichtigen. Somit ergibt sich

(1) für den steuerpflichtigen Veräußerungsgewinn von Haeberle:

	Veräußerungspreis = Anschaffungskosten des GmbH-Anteils:	196.050
–	anteiliger Buchwert des Betriebsvermögens der KG	– 143.872
=	steuerpflichtiger Veräußerungsgewinn nach §16 Abs.1 EStG	52.178

(Der auf den Anteil des Haeberle entfallende Buchwert des Betriebsvermögens der KG berechnet sich wie folgt: 125.000 + 125.000/205.00 · 30.950 = 143.872.)

(2) für den steuerpflichtigen Veräußerungsgewinn von Neumann:

	Veräußerungspreis = Anschaffungskosten des GmbH-Anteils	130.700
–	anteiliger Buchwert des Betriebsvermögens der KG	– 92.078
–	Mehrkapital laut Ergänzungsbilanz	– 20.000
=	Veräußerungsgewinn	18.622
–	Freibetrag nach § 16 Abs. 4 EStG (max. 45.000)	– 18.622
=	steuerpflichtiger Veräußerungsgewinn nach § 16 Abs. 1 EStG	0

(Der auf den Anteil des Neumann entfallende Buchwert des Betriebsvermögens der KG berechnet sich wie folgt: 80.000 + 80.000/205.000 · 30.950 = 92.078.)

e) Zu beachtende Konsequenz des Wohnsitzwechsels:

Neumann erfüllt durch den Wegzug aus dem EU/EWR-Raum die Voraussetzungen des § 1 Abs. 4 UmwStG nicht mehr. Damit kommt grundsätzlich eine Nachversteuerung gemäß § 25 Satz 1 i. V. m. § 22 Abs. 1 Satz 6 Nr. 6 UmwStG in Betracht, sofern der Wegzug innerhalb von sieben Jahren nach dem Einbringungszeitpunkt erfolgt. Eine Nachversteuerung würde allerdings nur relevant, wenn bei der Entscheidung aus Aufgabenteil d) anstelle eines Ansatzes mit dem gemeinen Wert ein Buchwert- oder Zwischenwertansatz gewählt würde (§ 22 Abs. 1 Satz 1 UmwStG). Relevant wird demgegenüber eine Versteuerung nach § 6 AStG i. V. m. § 17 EStG (vgl. *Schmitt*, § 22 UmwStG, Rn. 105).

Übungsbeispiel 4:

Abspaltung und Ausgliederung von (Teil-)Betrieben von einer GmbH auf eine bestehende KG

Da die Bauer GmbH seit längerem mit Produktions- und Absatzproblemen zu kämpfen hat, sollen im Rahmen einer größeren Umstrukturierungsmaßnahme ein gesamter (Teil-)Betrieb und die 100 %ige Beteiligung an der Fernost GmbH zum 1. 7. 11 auf die bestehende Neumann & Co KG übertragen werden. Der Umstrukturierungsmaßnahme liegt folgende stark verkürzte Schlussbilanz zum 31. 12. 10 zugrunde:

A Schlussbilanz der Bauer GmbH zum 31. 12. 10 P

Aktiva		Passiva	
A. Anlagevermögen		A. Eigenkapital	
Sachanlagen		Gezeichnetes Kapital	125.000
Grund und Boden	139.800	Gewinnrücklagen	36.250
Gebäude	154.200	B. Verbindlichkeiten	
Betriebs- und Geschäftsausstattung	50.900	Verbindlichkeiten gegenüber der Neumann & Co KG	100.000
Fuhrpark	35.100	Verbindlichkeiten aus Lieferungen und Leistungen	338.750
Finanzanlagen			
Beteiligung an Fernost GmbH	87.500		
C. Umlaufvermögen			
Warenvorräte	51.900		
Forderungen	68.600		
Kasse	12.000		
	600.000		600.000

Die Bauer GmbH besteht steuerlich aus drei als Teilbetriebe zu behandelnden Teilen. Während die Teilbetriebe 1 und 2 jeweils mit einer gewissen Selbständigkeit ausgestattete, für sich allein lebensfähige Produktionsstätten darstellen, wird die 100 %ige Beteiligung an der Fernost GmbH lediglich auf Grund einer gesetzlichen Fiktion steuerlich zum Teilbetrieb (§ 15 Abs. 1 Satz 3 UmwStG). Die steuerlichen Teilbetriebe 1 und 2 repräsentieren Betriebe im Sinne des § 126 UmwG (zum Verhältnis des steuerlichen Teilwertbegriffs zum Begriff des Betriebs bzw. Betriebsteils i. S. d. § 126 UmwG vgl. *Priester*, § 126 UmwG, Rn. 48, 70). Der Einfachheit halber wird deshalb im Folgenden von Teilbetrieben gesprochen, wobei die Beteiligung an der Fernost GmbH (inkl. zugeordneter Verbindlichkeiten) als Teilbetrieb 3 gelten soll.

Am Stammkapital der Bauer GmbH sind E. Bauer mit 75.000 und H. Altvater mit 50.000 beteiligt. Bauer möchte im Zuge der Umstrukturierung Alleingesellschafter der Bauer GmbH werden. Aus diesem Grund einigt man sich darauf, den Teilbetrieb 2 aus der Bauer GmbH auf die Neumann & Co KG abzuspalten. Der dem E. Bauer als Gegenleistung zu gewährende Kommanditanteil an der Neumann & Co KG soll vollständig auf Altvater übertragen werden, so dass letztlich nur Altvater Kommanditist der Neumann & Co KG wird. Im Gegenzug stimmt Altvater gemäß § 34 GmbHG einer Einziehung seiner Anteile an der Bauer GmbH ohne Barentschädigung zu. Darüber hinaus soll die Beteiligung an der Fernost GmbH gegen eine Kommanditeinlage auf die Neumann & Co KG ausgegliedert werden.

Während die Verbindlichkeiten der Bauer GmbH den Teilbetrieben nur willkürlich zugeordnet werden können, lassen sich die in der Bilanz ausgewiesenen Aktiva den einzelnen Teilbetrieben direkt zurechnen:

	Teilbetrieb 1	Teilbetrieb 2	Teilbetrieb 3
Grund und Boden	75.000	64.800	
Gebäude	63.000	91.200	
BGA	24.500	26.400	
Fuhrpark	25.100	10.000	
Anteile			87.500
Vorräte	28.900	23.000	
Forderungen	31.500	37.100	
Kasse	2.000	10.000	

Teilbetrieb 1 weist einen Ertragswert in Höhe von 455.000 auf; für Teilbetrieb 2 wurde ein Ertragswert in Höhe von 367.500 ermittelt. Der Ertragswert der Anteile an der Fernost GmbH beträgt 122.500. Die Buchwerte der Verbindlichkeiten entsprechen ihren Bar- oder Zeitwerten. Im Folgenden wird unter dem Ertragswert eines Teilbetriebes der Ertragswert des Vermögens ohne Berücksichtigung von Verbindlichkeiten verstanden. Deren Einbeziehung führt zum Netto-Ertragswert.

Die Verbindlichkeit gegenüber der Neumann & Co KG soll dem Teilbetrieb 2, eine Verbindlichkeit aus Lieferungen und Leistungen in Höhe von 100.000 dem Teilbetrieb 3, also der Beteiligung an der Fernost GmbH, zugeordnet werden. Die verbleibenden Verbindlichkeiten aus Lieferungen und Leistungen sind beliebig teilbar und werden den Teilbetrieben 1 und 2 so zugeordnet, dass das Verhältnis der auf die beiden Gesellschafter Bauer und Altvater jeweils entfallenden Ertragswerte abzüglich der auf sie entfallenden Zeitwerte der Verbindlichkeiten dem Verhältnis ihrer Anteile am Stammkapital entspricht.

Die Neumann & Co KG weist zum 31. 12. 10 folgende stark verkürzte Schlussbilanz auf, wobei die Forderung gegenüber der Bauer GmbH aufgrund befürchteter Zahlungsschwierigkeiten wertberichtigt wurde.

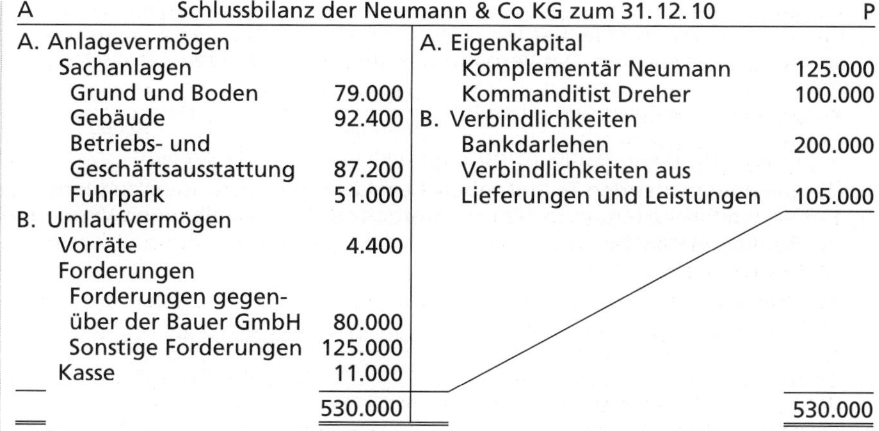

A	Schlussbilanz der Neumann & Co KG zum 31. 12. 10		P
A. Anlagevermögen		A. Eigenkapital	
Sachanlagen		Komplementär Neumann	125.000
Grund und Boden	79.000	Kommanditist Dreher	100.000
Gebäude	92.400	B. Verbindlichkeiten	
Betriebs- und Geschäftsausstattung	87.200	Bankdarlehen	200.000
Fuhrpark	51.000	Verbindlichkeiten aus Lieferungen und Leistungen	105.000
B. Umlaufvermögen			
Vorräte	4.400		
Forderungen			
Forderungen gegenüber der Bauer GmbH	80.000		
Sonstige Forderungen	125.000		
Kasse	11.000		
	530.000		530.000

Der Ertragswert der Neumann & Co KG wurde auf 735.000 geschätzt.

Aufgaben:

a) Berechnen Sie die Aufteilung der verbleibenden Verbindlichkeiten aus Lieferungen und Leistungen auf die Teilbetriebe 1 und 2.

b) Ermitteln Sie die Höhe der Kommanditeinlagen von Altvater und der Bauer GmbH an der Neumann & Co KG nach Abspaltung und Ausgliederung. Die Höhe der jeweiligen Einlage ist so festzulegen, dass der daraus resultierende prozentuale Anteil an der Neumann & Co KG dem Verhältnis des Netto-Ertragswerts des hingegebenen Teilbetriebs zum Gesamtertragswert der Neumann & Co KG nach Durchführung der Ausgliederung und Abspaltung entspricht. Der Netto-Ertragswert eines Teilbetriebs ergibt sich dabei als Differenz zwischen dem Ertragswert eines Teilbetriebs abzüglich der ihm zugeordneten Verbindlichkeiten (s. o.). Der Gesamtertragswert der Neumann & Co KG soll sich aus der Summe des Ertragswerts der Neumann & Co KG vor Durchführung der Ausgliederung und Abspaltung und den Netto-Ertragswerten der übergehenden Teilbetriebe zusammensetzen.

c) Geben Sie die für Abspaltung und Ausgliederung erforderlichen Buchungssätze bei der Bauer GmbH an. Stellen Sie die handelsrechtliche Schlussbilanz der Bauer GmbH zum 31. 12. 11 unter der Annahme auf, dass keine weiteren Geschäftsvorfälle in 11 anfallen.

d) Geben Sie die für Abspaltung und Ausgliederung erforderlichen Buchungssätze bei der Neumann & Co KG an. Stellen Sie die handelsrechtliche Schlussbilanz der Neumann & Co KG zum 31. 12. 11 unter der Annahme auf, dass keine weiteren Geschäftsvorfälle in 11 anfallen. Gehen Sie davon aus, dass die Neumann & Co KG als Übernehmerin die Buchwerte der Überträgerin fortführt (§ 125 i. V. m. § 24 UmwG). Geben Sie ergänzend die Höhe einer nach § 6 Abs. 1 UmwStG wahlweise zu bildenden Rücklage an. Kann handelsrechtlich hierfür ein Sonderposten angesetzt werden?

Lösung:

a) Zur Berechnung der Verteilung der verbleibenden Verbindlichkeiten aus Lieferungen und Leistungen in Höhe von 238.750 auf die Teilbetriebe 1 und 2 ist folgendermaßen vorzugehen:

Ertragswert, der auf Bauer entfällt = Ertragswert Teilbetrieb 1 + Ertragswert Teilbetrieb 3 = 577. 500

Ertragswert, der auf Altvater entfällt = Ertragswert Teilbetrieb 2 = 367.500.

Der Betrag der verbleibenden Verbindlichkeiten aus Lieferungen und Leistungen, der dem Teilbetrieb 1 (Teilbetrieb 2) und damit Bauer (Altvater) zugeordnet wird, sei mit X (Y) bezeichnet. Das Verhältnis der Anteile der beiden Gesellschafter am Stammkapital der Bauer GmbH beträgt $\frac{\text{Stammkapital Bauer}}{\text{Stammkapital Altvater}} = \frac{75.000}{50.000} = \frac{1,5}{1}$.

Zur Bestimmung von X und Y sind zwei Gleichungen aufzustellen:

(1) Die Summe der den Teilbetrieben 1 und 2 jeweils (zusätzlich) zugeordneten Verbindlichkeiten muss dem Gesamtbetrag der verbleibenden Verbindlichkeiten entsprechen.

(2) $\frac{\text{Stammkapital Bauer}}{\text{Stammkapital Altvater}} =$

$$= \frac{\text{Ertragswert Teilbetrieb 1 + Ertragswert Teilbetrieb 3 – bereits zugewiesene Verb. Teilbetrieb 3 – X}}{\text{Ertragswert Teilbetrieb 2 – bereits zugewiesene Verb. Teilbetrieb 2 – Y}}$$

Daraus erhält man folgendes Gleichungssystem:

(1) X + Y = 238.750

(2) $1,5 = \frac{577.500 - 100.000 - X}{367.500 - 100.000 - Y}$.

Als Lösung ergibt sich: X = 173.750, Y = 65.000.

Dem Teilbetrieb 1 werden Verbindlichkeiten aus Lieferungen und Leistungen in Höhe von 173.750, dem Teilbetrieb 2 die Verbindlichkeiten gegenüber der Neumann & Co KG im Betrag von 100.000 sowie Verbindlichkeiten aus Lieferungen und Leistungen in Höhe von 65.000, dem Teilbetrieb 3 Verbindlichkeiten aus Lieferungen und Leistungen in Höhe von 100.000 zugeordnet.

b)

	Ertragswert Neumann & Co KG	735.000
+	Ertragswert Teilbetrieb 2	+ 367.500
–	Zeitwert Verbindlichkeiten Teilbetrieb 2	– 165.000
+	Ertragswert Teilbetrieb 3	+ 122.500
–	Zeitwert Verbindlichkeiten Teilbetrieb 3	– 100.000
=	Gesamtertragswert Neumann & Co KG	960.000

Der Anteil der Bauer GmbH am Gesamtertragswert beträgt:

22.500/960.000 = 2,3438 %.

Der Anteil von Altvater am Gesamtertragswert beträgt:

202.500/960.000 = 21,0938 %.

Der Anteil der Altgesellschafter der Neumann & Co KG am Gesamtertragswert beträgt: 735.000/960.000 = 76,5624 %.

Aus dem Anteil der Altgesellschafter der Neumann & Co KG am Gesamtertragswert und dem bisherigen Eigenkapital der Neumann & Co KG (= 225.000) berechnet sich die Höhe der den Gesellschaftern Bauer GmbH und Altvater einzuräumenden Kapitalkonten wie folgt:

Höhe der Kommanditeinlage der Bauer GmbH: $225.000 \cdot \frac{2,3438}{76,5624} = 6.888$

Höhe der Einlage von Altvater: $225.000 \cdot \frac{21,0938}{76,5624} = 61.990$.

c) Verbuchung der Abspaltung und der Ausgliederung bei der Bauer GmbH:

– Verbuchung der Abspaltung:

Spaltungskonto	97.500			
Verbindlichkeiten gegenüber der Neumann & Co KG	100.000			
Verbindlichkeiten aus Lieferungen und Leistungen	65.000	**an**	Grund und Boden	64.800
			Gebäude	91.200
			Betriebs- und Geschäftsausstattung	26.400
			Fuhrpark	10.000
			Vorräte	23.000
			Forderungen	37.100
			Kasse	10.000
Gewinnrücklagen	36.250	**an**	Spaltungskonto	36.250

– Verbuchung der Kapitalherabsetzung durch Einziehung der Anteile des Altvater an der Bauer GmbH:

Gezeichnetes Kapital	50.000	**an**	Einziehungskonto (Stammeinlagen)	50.000
Einziehungskonto (Stammeinlagen)	50.000	**an**	Erträge aus Kapitalherabsetzung	50.000
Erträge aus Kapitalherabsetzung	50.000	**an**	Kapitalrücklage	50.000
Kapitalrücklage	50.000	**an**	Spaltungskonto	50.000
Spaltungsverlust	11.250	**an**	Spaltungskonto	11.250

Die durch die Abspaltung bedingte Vermögensminderung der Bauer GmbH ist auf einen ausschüttungsähnlichen Vorgang zurückzuführen, denn durch die als Gegenleistung für das hingegebene Vermögen gewährten Gesellschaftsanteile an der Neumann & Co KG ändert sich das Vermögen der Gesellschafter nicht. Deshalb stellt der Spaltungsverlust eine nicht über die GuV zu verbuchende Eigenkapitalminderung dar.

– Verbuchung der Ausgliederung:

Verbindlichkeiten aus Lieferungen und Leistungen	100.000	**an**	Ausgliederungskonto	12.500
			Beteiligung an der Fernost GmbH	87.500

Zur Bewertung des als Gegenleistung gewährten Anteils an der Neumann & Co KG sind die Tauschgrundsätze heranzuziehen. Danach kommt als Wertansatz für den Anteil der Zeitwert (Netto-Ertragswert) des hingegebenen Teilbetriebs, dessen Buchwert oder ein Zwischenwert in Betracht, der die durch die Ausgliederung gegebenenfalls ausgelösten ertragsteuerlichen Belastungen neutralisiert. Grundsätzlich soll hier eine Bewertung zum Buchwert angestrebt werden. Um den Anteil jedoch nicht mit einem negativen Buchwert von –12.500 ansetzen zu müssen, erfolgt eine Aufstockung des Anteilswerts auf einen Erinnerungswert von 1.

Anteile an der Neumann & Co KG	1			
Ausgliederungskonto	12.500	**an**	Ausgliederungserfolg	12.501
Ausgliederungserfolg	12.501	**an**	GuV-Konto	12.501

Der Ertrag aus der Ausgliederung in Höhe von 12.501 wird zur Abdeckung des Spaltungsverlustes verwendet. Der Rest wird in die anderen Gewinnrücklagen eingestellt.

GuV-Konto	12.501	**an**	Spaltungsverlust	11.250
			Andere Gewinnrücklagen	1.251

A	Schlussbilanz der Bauer GmbH 31. 12. 11		P
A. Anlagevermögen		A. Eigenkapital	
Sachanlagen		Gezeichnetes Kapital	75.000
Grund und Boden	75.000	Andere Gewinnrücklagen	1.251
Gebäude	63.000	B. Verbindlichkeiten	
Betriebs- und Geschäftsausstattung	24.500	Verbindlichkeiten aus Lieferungen und Leistungen	173.750
Fuhrpark	25.100		
Finanzanlagen			
Beteiligung an der Neumann & Co KG	1		
B. Umlaufvermögen			
Vorräte	28.900		
Forderungen	31.500		
Kasse	2.000		
	250.001		250.001

d) Verbuchung der Abspaltung und der Ausgliederung bei der Neumann & Co KG:

– Verbuchung der Abspaltung:

Grund und Boden	64.800			
Gebäude	91.200			
Betriebs- und Geschäftsausstattung	26.400			
Fuhrpark	10.000			
Vorräte	23.000			
Forderungen	37.100			
Kasse	10.000	**an**	Verbindlichkeiten gegenüber der Neumann & Co KG	100.000
			Verbindlichkeiten aus Lieferungen und Leistungen	65.000
			Spaltungskonto	97.500

– Ausbuchung der Verbindlichkeiten (Konfusion; Spaltungsfolgegewinn als laufender Erfolg)

Verbindlichkeiten gegenüber der Neumann & Co KG	100.000	**an**	Forderungen gegenüber der Bauer GmbH	80.000
			Sonstige betriebliche Erträge	20.000
Sonstige betriebliche Erträge	20.000	**an**	GuV-Konto	20.000
Spaltungskonto	61.990	**an**	Kommanditeinlage Altvater	61.990
Spaltungskonto	35.510	**an**	Spaltungserfolg	35.510

– Verbuchung der Ausgliederung:

Beteiligung an der Fernost GmbH	87.500			
Ausgliederungskonto	12.500	**an**	Verbindlichkeiten aus Lieferungen und Leistungen	100.000
Ausgliederungskonto	6.888	**an**	Kommanditeinlage Bauer GmbH	6.888
Außerordentliche Aufwendungen	19.388	**an**	Ausgliederungskonto	19.388
GuV-Konto	19.388	**an**	Außerordentliche Aufwendungen	19.388

– Beteiligungsproportionale Verteilung des Spaltungserfolgs auf die Gesellschafter der Neumann & Co KG:

Spaltungserfolg	35.510	**an**	Eigenkapitalkonto Neumann	15.104
			Kommanditeinlage Dreher	12.083
			Kommanditeinlage Bauer GmbH	832
			Kommanditeinlage Altvater	7.491

A	Schlussbilanz der Neumann & Co KG zum 31.12.11		P
A. Anlagevermögen		A. Eigenkapital	
Sachanlagen		Komplementär Neumann	140.104
Grund und Boden	143.800	Kommanditist Dreher	112.083
Gebäude	183.600	Kommanditist Altvater	69.481
Betriebs- und Geschäftsausstattung	113.600	Kommanditist Bauer GmbH	7.720
Fuhrpark	61.000	Jahresüberschuss	612
Finanzanlagen		B. Verbindlichkeiten	
Beteiligung an der Fernost GmbH	87.500	Bankdarlehen	200.000
B. Umlaufvermögen		Verbindlichkeiten aus Lieferungen und Leistungen	270.000
Vorräte	27.400		
Forderungen			
Sonstige Forderungen	162.100		
Kasse	21.000		
	800.000		800.000

Steuerlich darf nach § 6 Abs. 1 UmwStG eine den steuerlichen Gewinn mindernde Rücklage in Höhe des Konfusionsgewinns von 20.000 gebildet werden. Sie ist in den folgenden drei Wirtschaftsjahren zu mindestens je einem Drittel aufzulösen (– vom reinen Wortlaut her müsste in jedem der drei Jahre mindestens ein Drittel aufgelöst werden, was aber nur ginge, wenn jeweils genau ein Drittel aufgelöst wird; zu lesen ist dies deshalb in dem Sinne, dass in früheren Jahren höhere Auflösungsbeträge mit entsprechend geringeren Auflösungsbeträgen in nachfolgenden Jahren möglich sind). Aufgrund der im Zuge des BilMoG abgeschafften umgekehrten Maßgeblichkeit kann handelsrechtlich ein korrespondierender Sonderposten nicht gebildet werden. Die Bildung eines solchen Postens war nach alter Rechtslage über § 247 Abs. 3 HGB a. F. möglich.

Ergänzende Literatur zu: 2.2 Umwandlungsbilanzen

Bareis, Umwandlungsbilanzen, S. 903–958
Budde/Förschle/Winkeljohann, Sonderbilanzen, S. 387–585
Buyer/Klein/Müller, Unternehmensform
Dötsch/Jost/Pung/Witt, Umwandlungssteuergesetz
Eisele, Sonderbilanzen, S. 886–894
Haritz/Menner, Umwandlungssteuergesetz
Herzig, Umwandlungssteuerrecht, insb. S. 23–44
Kallmeyer, Umwandlungsgesetz
Langecker, Verschmelzung, B 776
Lutter/Winter, Umwandlungsgesetz
Neye, Reform, S. 2069–2072
Sagasser/Bula/Brünger, Umwandlungen
Schmitt/Hörtnagl/Stratz, Umwandlungsgesetz
Semler/Stengel, Umwandlungsgesetz
Widmann/Mayer, Umwandlungsrecht

2.3 Sanierungsbilanzen

2.3.1 Begriff und Ursachen der Sanierung

Die Sanierung umfasst sämtliche Maßnahmen, die geeignet erscheinen, ein notleidendes Unternehmen durch Wiederherstellung seiner Zahlungsfähigkeit und Ertragskraft vor dem drohenden Zusammenbruch zu bewahren.

Die Erhaltung der Zahlungsfähigkeit und Ertragskraft sind zwei unabdingbare Voraussetzungen für den Bestand eines Unternehmens: **Zahlungsunfähigkeit** führt bei allen Unternehmen – unabhängig von ihrer Rechtsform – zur Insolvenz (§ 17 InsO), was gegebenenfalls eine Unternehmensliquidation nach sich zieht. Fortdauernde **Ertragslosigkeit** mündet – zumindest langfristig – in Liquiditätsstörungen, die eine Zahlungseinstellung zur Konsequenz haben können. Darüber hinaus geht mit den aus der Ertragslosigkeit resultierenden Verlusten eine Minderung des Eigenkapitals einher. Wird das Eigenkapital durch die anfallenden Verluste vollständig aufgezehrt, besteht die Gefahr des Eintritts der rechtlichen Überschuldung, die bei juristischen Personen und bei OHG und KG, die keine natürliche Person als Gesellschafter besitzen, Grund zur Eröffnung des Insolvenzverfahrens darstellt (§ 19 Abs. 1 und 3 InsO). Bei der Messung der Überschuldung nach der InsO wird dabei zunächst von der Auflösungsprämisse ausgegangen: Danach liegt **rechnerische Überschuldung** dann vor, wenn der Wert der Schulden die Liquidationswerte der Vermögensgegenstände übersteigt. Eine rechnerische Überschuldung führt jedoch nur dann zur **rechtlichen Überschuldung** i. S. d. § 19 Abs. 2 InsO, wenn eine Fortführung des Unternehmens nach den gegebenen Umständen **nicht** überwiegend wahrscheinlich ist **(negative Fortführungsprognose)**.

Während Zahlungsschwierigkeiten nur bedingt aus einer Bilanz ersichtlich sind, dokumentiert sich die **Sanierungsbedürftigkeit** eines Unternehmens auf Grund anhaltender Ertragslosigkeit durch einen **Verlustausweis**, der bei Unternehmen mit variablem Eigenkapitalkonto (Einzelunternehmen, Personenhandelsgesellschaften) eine Verminderung des ausgewiesenen Eigenkapitals bewirkt und sogar zu einem negativen Kapitalkonto führen kann. Bei Unternehmen mit nominell gebundenem (konstanten) Eigenkapital (AG, GmbH) entsteht eine **formelle Unterbilanz**, wenn der Bilanzverlust (inklusive eines Verlustvortrags und netto eines Gewinnvortrags) nicht durch genügend offene Rücklagen gedeckt ist. Sofern die Vermögenswerte nicht mehr ausreichen, um die Schulden zu decken, die aufgelaufenen Verluste also die Eigenmittel übersteigen, liegt eine **Überschuldungsbilanz** vor. Sowohl Unterbilanz als auch Überschuldungsbilanz können als typische Merkmale einer dringenden Sanierungsbedürftigkeit angesehen werden. Deshalb müssen der Vorstand einer Aktiengesellschaft oder die Geschäftsführer einer GmbH, wenn ein um die offenen Rücklagen verminderter Verlust in Höhe der Hälfte des gezeichneten Kapitals besteht, unverzüglich die Haupt-(Gesellschafter-)Versammlung einberufen, um ihr die Unterbilanz anzuzeigen (§92 Abs. 1 AktG; §49 Abs. 3 GmbHG); Analoges gilt für die eingetragene Genossenschaft nach §33 Abs. 3 GenG sowie für die Europäische (Aktien-)Gesellschaft, vgl. *Förschle/Hoffmann,* Verlustanzeigebilanz, P, Rn. 1).

Obwohl sich Unternehmenskrisen in aller Regel im finanzwirtschaftlichen Bereich durch eine Beeinträchtigung der Rentabilität und Liquidität niederschlagen, sind die Gründe dafür in allen betrieblichen Teilbereichen zu suchen. Dabei können Fehldispositionen bei Finanzierung und Investition eine negative Unternehmensentwicklung ebenso verursachen wie Mängel in der Unternehmensführung, im Bereich der Leistungserstellung und im Personal- oder Absatzbereich. Aber auch Veränderungen der äußeren, von der einzelnen Unternehmung nicht steuerbaren Rahmenbedingungen, wie gesetzgeberische Maßnahmen oder gesamtwirtschaftliche Einflüsse, können die Existenz eines Betriebes gefährden (*Baur,* Sanierungen, S. 29 ff.).

Ein Unternehmen ist nur dann **sanierungswürdig,** wenn die nach eingehender Analyse festgestellten Mängel beseitigt werden können; ansonsten würde ein wirtschaftlicher Zusammenbruch nicht verhindert, sondern bestenfalls hinausgezögert, woraus zusätzliche Nachteile für die Gesellschafter, die Gläubiger und auch für die Volkswirtschaft zu erwarten wären. Ausgangspunkt zur Ermittlung der Sanierungswürdigkeit eines Unternehmens ist daher die **Erarbeitung eines Sanierungskonzepts,** welches auf der Grundlage einer systematischen Lagebeurteilung eine Beschreibung der im Hinblick auf das Leitbild des Krisenunternehmens zu ergreifenden Maßnahmen beinhaltet. Eine rechentechnische Verprobung der daraus resultierenden finanziellen Konsequenzen und die Feststellung eines positiven Einnahmenüberschusses machen dann die Sanierungswürdigkeit beurteilbar (vgl. *Arbeitskreis „Sanierung und Insolvenz" des IDW,* Sanierungskonzepte, S. 319 ff.). Wird auf der Basis des Sanierungskonzepts der Erhaltung der Unternehmensexistenz der Vorzug gegenüber der Liquidation eingeräumt, müssen die auf den speziellen **Einzelfall** zugeschnittenen organisatorischen, kaufmännischen, personellen sowie technischen Maßnahmen ergriffen werden.

Da diese sich allerdings nur mittelbar im betrieblichen Rechnungswesen niederschlagen, bleiben sie hier unberücksichtigt. Es stehen vielmehr die Maßnahmen zur Diskussion, die unter dem Oberbegriff **finanzielle Sanierung** zusammengefasst werden und eine Neuordnung der Kapitalverhältnisse zum Ziel haben. Dabei soll betont werden, dass die finanzielle Sanierung lediglich flankierenden Charakter für die Gesamtheit der organisatorischen, kaufmännischen, personellen und technischen Sanierungsmaßnahmen besitzt und für sich allein durchgeführt den Fortbestand eines Unternehmens nicht gewährleisten kann.

2.3.2 Finanzielle Sanierungsmaßnahmen und Durchführung der Sanierung

2.3.2.1 Überblick

Das Gesamtkapital eines Unternehmens setzt sich aus dem Eigenkapital und dem Fremdkapital zusammen. Demnach kann eine Neuordnung der Kapitalverhältnisse grundsätzlich sowohl zu Lasten der Eigentümer als auch zu Lasten der Gläubiger durchgeführt werden. Welche spezifischen finanziellen Sanierungsmaßnahmen eingeleitet werden müssen, ist vom jeweiligen Merkmal der Sanierungsbedürftigkeit abhängig. Während zur buchtechnischen Bilanzbereinigung lediglich formelle Schritte erforderlich sind, da die effektive Eigenkapitalausstattung unverändert bleibt, müssen zur Behebung eines Liquiditätsengpasses weitergehende Maßnahmen ergriffen werden, um Anteilseigner oder Fremdkapitalgeber zur Zuführung neuer Finanzmittel zu bewegen. Einen Überblick über die möglichen finanziellen Sanierungsmaßnahmen gibt die Übersicht auf der folgenden Seite.

Der Gesetzgeber hat keine besonderen, außerhalb des Jahresabschlusses zu erstellenden **Sanierungsbilanzen** vorgeschrieben. Die Sanierung kann deshalb im Rahmen des ordentlichen Jahresabschlusses abgebildet werden, wobei die erfolgswirksamen Sanierungsmaßnahmen von den die gewöhnliche Geschäftstätigkeit betreffenden Aufwendungen und Erträgen abzugrenzen sind, da die durch Sanierungen bedingten Erfolge in der Regel ungewöhnlich und selten sowie der Höhe nach bedeutend sind. Dementsprechend sind durch Sanierungen ausgelöste Aufwendungen und Erträge grundsätzlich im außerordentlichen Ergebnis auszuweisen. Gemäß § 240 AktG haben Aktiengesellschaften jedoch Buchgewinne, die sich aus einer Kapitalherabsetzung ergeben, im Rahmen der Gewinnverwendungsrechnung nach dem Posten „Entnahmen aus Gewinnrücklagen“ und nicht im außerordentlichen Ergebnis gesondert aufzuführen (*IDW*, WP-Handbuch 06 I, S. 502).

Aussagefähiger erscheint jedoch eine gesondert durchgeführte Bilanzierung der Sanierung, die sich buchtechnisch in mehrere Schritte zerlegen lässt. Sie wird mit einer **Sanierungseröffnungsbilanz,** welche die Kapitalverhältnisse **vor** der Sanierung und den bereits aufgelaufenen Bilanzverlust ausweist, eingeleitet. Die erfolgswirksamen Sanierungsvorgänge werden auf einem besonderen Konto, dem nachfolgend auf Seite 1172 dargestellten **Sanierungskonto,** erfasst.

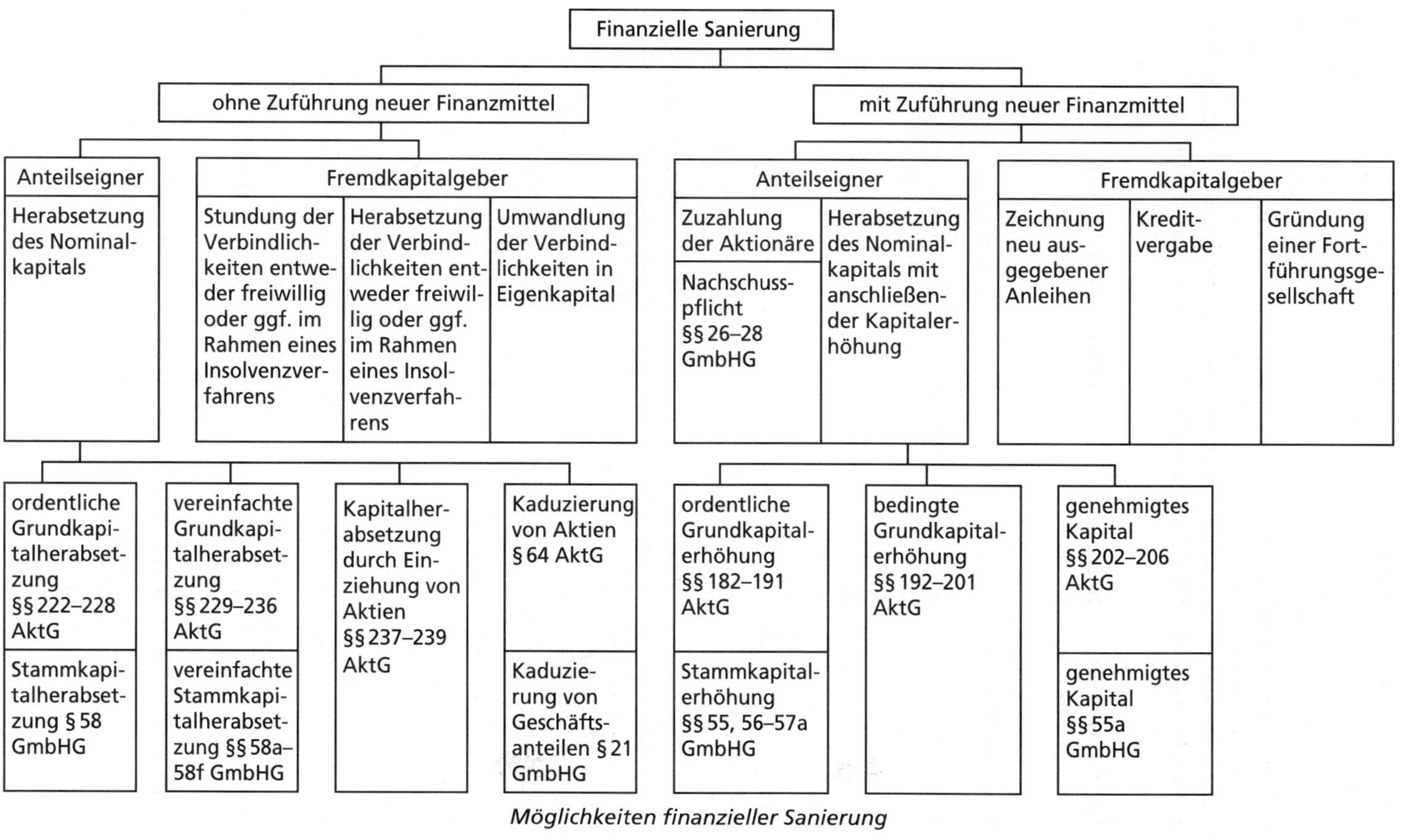

Möglichkeiten finanzieller Sanierung

S	Sanierungskonto H
Sanierungsaufwendungen	Sanierungserträge
Sanierungsgewinn (mit Verwendungsnachweis)	

Dieses Konto wird über die **Sanierungsschlussbilanz** abgeschlossen, die als Ergebnis die Neuordnung der Kapitalverhältnisse ausweist und damit den Anschluss an die ordentlichen Jahresbilanzen wiederherstellt.

2.3.2.2 Finanzielle Sanierungsmaßnahmen der Unternehmensleitung und der Anteilseigner

Die finanziellen Sanierungsbestrebungen der Unternehmensleitung und der Gesellschafter erstrecken sich zunächst auf die **formelle Beseitigung des ausgewiesenen Bilanzverlustes.** Dabei sind Maßnahmen, die in der Entscheidungsbefugnis der Geschäftsführung stehen, am schnellsten und ohne Widerstand durchzusetzen. Obwohl diese nicht zu den Sanierungsmaßnahmen im eigentlichen Sinne zählen und häufig nach außen nicht erkennbar im Rahmen des laufenden Geschäftsbetriebs erfolgen, sind sie der Geschlossenheit der Darstellung wegen aufzuzeigen.

Die Geschäftsführung ist im Rahmen der Sanierung gehalten, die bisherigen Wertansätze der Vermögensgegenstände und der Schulden zu überprüfen. Dabei ist grundsätzlich von der Fortführung des Unternehmens (Going-concern-Prinzip, §252 Abs. 1 Nr. 2 HGB) auszugehen, so dass eine **gezielte Auflösung stiller Reserven** nur im handelsrechtlich höchstzulässigen Rahmen möglich ist. Die Umbewertungen werden entweder über ein **Neubewertungskonto,** das über das Sanierungskonto abgeschlossen wird, oder direkt über das Sanierungskonto verbucht.

Der Beitrag der stillen Reserven zur Deckung des Bilanzverlustes ist im Allgemeinen als gering zu veranschlagen; weit häufiger ergibt sich die Notwendigkeit, Vermögensgegenstände zu Lasten des Sanierungskontos abzuwerten. Genügt der Buchgewinn, der aus einer zulässigen Aufdeckung stiller Reserven resultiert, zur Bilanzbereinigung, kann angenommen werden, dass das Unternehmen von vornherein nicht sanierungsbedürftig war, denn durch die Neubewertungen wird lediglich eine bilanziell dargestellte, wirtschaftlich nicht eingetretene Wertminderung rückgängig gemacht (*Pausenberger,* Sanierung, S. 667).

Kapitalgesellschaften bietet sich die Möglichkeit, den ausgewiesenen Verlust gegen noch verfügbare **Kapital- und Gewinnrücklagen** aufzurechnen. Dabei haben jedoch Aktiengesellschaften die Vorschriften über die Auflösung der Kapitalrücklage (§272 Abs. 2 Nr. 1 bis 3 HGB, nicht jedoch nach Nr. 4) und der gesetzlichen Rücklage zu beachten (§150 Abs. 3 und 4 AktG): Sofern die Summe dieser Kapital- und der gesetzlichen Rücklage den zehnten oder den in der Satzung bestimmten höheren Teil des Grundkapitals nicht übersteigt, ist eine Auflösung zum Ausgleich eines Jahresfehlbetrags (Verlustvortrags) nur zulässig, wenn dieser nicht durch einen Gewinnvortrag (Jahresüberschuss) gedeckt ist und sich auch nicht durch Auflösung anderer Gewinnrücklagen ausgleichen lässt. Übersteigen die Beträge dieser Kapital- und der gesetzlichen Rücklage den durch Gesetz oder Satzung entsprechend bestimmten Prozentsatz des Grundkapitals, so darf der übersteigende Teil auch bei bestehenden anderen Gewinnrücklagen zur Deckung eines Jahresfehlbetrags oder Verlustvortrags verwendet werden, wenn diese nicht gleichzeitig für Gewinnausschüttungen Verwendung finden.

Ähnlich wie die Auflösung der Rücklagen stellt die **Kapitalherabsetzung** einen rein formellen Vorgang dar, mit dem eine Anpassung des ausgewiesenen Nennkapitals an die effektive Kapitalausstattung vollzogen wird, ohne dass sich dadurch etwas an den wirtschaftlichen Verhältnissen der Kapitalgesellschaft ändert. Da dies als schwerwiegender Eingriff in die Satzung oder den Gesellschaftsvertrag des Unternehmens (Satzungsänderung nach §23 Abs. 3 Nr. 3 i. V. m. §179 AktG; Änderung des Gesellschaftsvertrags nach §3 Abs. 1 Nr. 3 i. V. m. §53 GmbHG) aufzufassen ist, hat die Kapitalherabsetzung eine detaillierte gesetzliche Regelung erfahren (§§58–58f GmbHG, §§222–240 AktG). Das Aktiengesetz unterscheidet drei Arten der Kapitalherabsetzung:

- Ordentliche Kapitalherabsetzung (§§222–228 AktG)
- Vereinfachte Kapitalherabsetzung (§§229–236 AktG)
- Kapitalherabsetzung durch Einziehung von Aktien (§§237–239 AktG)

Alle Arten der Kapitalherabsetzung erfordern grundsätzlich die Zustimmung von mindestens drei Vierteln des in der Hauptversammlung vertretenen Grundkapitals (§§222 Abs. 1, 229 Abs. 3, 237 Abs. 2 AktG). Lediglich im Falle einer Kapitalherabsetzung durch Einziehung von Aktien, welche eine der in §237 Abs. 3 AktG formulierten Voraussetzungen erfüllt, ist zur Zustimmung nur eine einfache Stimmenmehrheit erforderlich (§237 Abs. 4 AktG). Darüber hinaus kann die Satzung der Gesellschaft bei allen Formen der Kapitalherabsetzung eine größere Kapitalmehrheit vorsehen und den Zustimmungsbeschluss der Hauptversammlung an weitere Erfordernisse knüpfen. Wurden mehrere stimmberechtigte Aktiengattungen ausgegeben, so müssen die Aktionäre jeder Gattung mit qualifizierter Mehrheit zustimmen (§222 Abs. 2 AktG). Zur Wirksamkeit des Beschlusses bedarf es der Eintragung in das Handelsregister (§224 AktG).

Die ordentliche und die vereinfachte Kapitalherabsetzung unterscheiden sich im Wesentlichen durch die unterschiedlichen wirtschaftlichen Zwecke. Während die **vereinfachte Kapitalherabsetzung** nur zum Ausgleich von Wertminderungen und sonstigen Verlusten oder zur Erhöhung der Kapitalrücklage zulässig ist (§229 Abs. 1 AktG), dürfen die aus der **ordentlichen Kapitalherabsetzung** gewonnenen Beträge auch zur Rückzahlung des Haftungskapitals verwendet werden, so dass die Interessen der Gläubiger eines besonderen Schutzes bedürfen. Die Gesellschaft muss ihnen auf Verlangen Sicherheit leisten und darf darüber hinaus die Teilliquidation erst nach einer halbjährigen **Sperrfrist** vollziehen (§225 Abs. 2 AktG). Die ordentliche Kapitalherabsetzung wird deshalb nur in seltenen Fällen, wenn das Unternehmen, gemessen an seiner Geschäftstätigkeit, überkapitalisiert ist und über keine ausreichende Eigenkapitalrentabilität verfügt, zur Sanierung herangezogen.

Die **vereinfachte Kapitalherabsetzung** ist dagegen die typische Maßnahme zur **buchmäßigen (reinen) Sanierung** notleidender Gesellschaften. Sie darf jedoch, um die Gläubiger vor einer ungerechtfertigten Kapitalherabsetzung zu schützen, nur dann durchgeführt werden, wenn andere Möglichkeiten zur Verlustabdeckung nicht offen stehen. So sind zunächst die satzungsmäßigen und die anderen Gewinnrücklagen, der Gewinnvortrag sowie der Teil der Summe aus gesetzlicher Rücklage und Kapitalrücklage aufzulösen, der zehn Prozent des nach der Kapitalherabsetzung verbleibenden Grundkapitals (mindestens 50.000 Euro) übersteigt (§ 229 Abs. 2 AktG).

Beispiel:

Die Y-AG weist zum 5. 7. 2011 folgende verkürzte Handelsbilanz aus:

A	Handelsbilanz der Y-AG vor Sanierung		P
Anlagevermögen	1.800.000	Gezeichnetes Kapital	2.500.000
Umlaufvermögen	1.200.000	Bilanzverlust	– 300.000
		Verbindlichkeiten	800.000
	3.000.000		3.000.000

Um welchen Betrag darf das gezeichnete Kapital bei einer vereinfachten Kapitalherabsetzung maximal vermindert werden?

Maximale Kapitalherabsetzung (vgl. hierzu § 231 AktG):

Verlust + 10 % gezeichnetes Kapital neu = 300.000 + 200.000 = 500.000

Berechnung:

2.500.000 (gezeichnetes Kapital alt) ./. 300.000 (Verlust)

= 2.200.000 (gezeichnetes Kapital neu + Kapitalrücklage)

$$\text{gezeichnetes Kapital neu} = 2.200.000 \cdot \frac{100}{110} = 2.000.000$$

Buchungssätze:

Gezeichnetes Kapital	500.000	**an**	Sanierungskonto	500.000
Sanierungskonto	500.000	**an**	Bilanzverlust	300.000
			Kapitalrücklage	200.000

A	Handelsbilanz der Y-AG nach Sanierung		P
Anlagevermögen	1.800.000	Gezeichnetes Kapital	2.000.000
Umlaufvermögen	1.200.000	Kapitalrücklage	200.000
		Verbindlichkeiten	800.000
	3.000.000		3.000.000

Nach einer vereinfachten Kapitalherabsetzung dürfen Dividenden aus „ordentlichen“ Gewinnen erst wieder gezahlt werden, wenn die gesetzliche Rücklage und die Kapitalrücklage zusammen zehn Prozent des herabgesetzten Grundkapitals erreicht haben (§ 233 Abs. 1 Satz 1 AktG). Selbst dann sind innerhalb der ersten beiden Jahre nach der Beschlussfassung über die Kapitalherabsetzung Ausschüttungen, die vier Prozent des herabgesetzten Grundkapitals übersteigen, nur zulässig, wenn die sich innerhalb von sechs Monaten nach dem Herabsetzungsbeschluss meldenden Gläubiger vorher befriedigt oder besichert wurden (§ 233 Abs. 2 AktG).

Im Hinblick auf die **technische Durchführung** einer ordentlichen oder vereinfachten Kapitalherabsetzung ist danach zu unterscheiden, ob die Gesellschaft Nennbetrags- oder Stückaktien ausgegeben hat. Im Falle von **Nennbetragsaktien** ist der Nennbetrag der ausgegebenen Aktien so anzupassen, dass die Summe der Nennbeträge dem neuen Grundkapital entspricht. Dies geschieht in einem ersten Schritt durch Herabsetzung des Nennbetrags der einzelnen Aktie (**Denomination;** § 222 Abs. 4 Satz 1 AktG). Würde der auf eine Aktie entfallende Anteil am herabgesetzten Grundkapital den Mindestnennbetrag von 1 Euro (§ 8 Abs. 2 Satz 1 AktG) unterschreiten, dann werden in einem zweiten Schritt mehrere Altaktien zu einer neuen zusammengelegt (**Konversion;** § 222 Abs. 4 Satz 2 AktG). Hat die Gesellschaft **nennwertlose** Stückaktien emittiert, dann besteht überhaupt nur dann ein Anpassungsbedarf, wenn der Anteil am herabgesetzten Grundkapital, der auf eine Stückaktie entfallen würde, geringer als der Mindestbetrag von 1 Euro (§ 8 Abs. 3 Satz 3 AktG) ist. Da eine Denomination ausgeschlossen ist – die Stückaktie besitzt schließlich keinen Nennbetrag –, kommt dann grundsätzlich nur eine Konversion – eine Zusammenlegung mehrerer Aktien – in Betracht.

Darüber hinaus ist eine Herabsetzung des Grundkapitals durch eine Einziehung von Aktien **(Amortisation)** im Wege einer Kapitalherabsetzung nach den §§ 237 ff. AktG technisch realisierbar. In diesem Fall vermindert sich das Grundkapital um den Nennbetrag der eingezogenen Aktien (Nennwertaktien) bzw. um den rechnerischen Wert der Stückaktien, d. h. den auf die eingezogenen Aktien entfallenden Anteil am Grundkapital vor Kapitalherabsetzung (§ 238 Satz 1 AktG).

Beispiel:

Die Hauptversammlung der X-AG beschließt mit Dreiviertelmehrheit eine Kapitalherabsetzung im Verhältnis 50 : 1. Der Nominalwert der einzelnen Nennbetragsaktie beträgt 50.

In diesem Fall ist eine Zusammenlegung unzulässig, da die Aktien auf den Mindestnennbetrag von 1 herabgestempelt werden können.

Kann die angestrebte Kapitalherabsetzung allein durch Denomination von Nennwertaktien nicht erreicht werden, darf keinesfalls nur die Form der Zusammenlegung herangezogen werden; die Kapitalherabsetzung ist vielmehr durch eine Kombination beider Arten durchzuführen, indem erst eine Nennbetragsherabsetzung auf den Mindestnennbetrag und dann eine Zusammenlegung der Aktien erfolgt.

Ist eine Zusammenlegung unumgänglich, können Probleme dann auftreten, wenn Aktienurkunden zur Durchführung der Zusammenlegung trotz mehrmaliger Aufforderung der Gesellschaft nicht eingereicht werden oder die Zahl der eingereichten Aktien auf Grund des festgelegten Verhältnisses nicht zum vollständigen Ersatz durch neue oder berichtigte Aktien ausreicht. In diesem Fall hat die Gesellschaft die Altaktien für kraftlos zu erklären, an deren Stelle neue Aktien auszugeben und diese ohne schuldhaftes Zögern für Rechnung der Aktionäre unter Einschaltung eines Kursmaklers oder durch Versteigerung zu verwerten. Der Erlös ist den durch die Kraftloserklärung betroffenen Aktionären auszuzahlen oder für diese zu hinterlegen (§ 226 AktG).

Beispiel:

Das gezeichnete Kapital einer AG in Höhe von 5.000.000 soll im Verhältnis 5 : 2 durch Zusammenlegung herabgesetzt werden. Da 10 % der Aktionäre ihre Aktienurkunden nicht vorlegen, erklärt der Vorstand diese für kraftlos, veräußert die an deren Stelle ausgegebenen Aktien durch Versteigerung zum Kurs von 120 % und zahlt den Betrag an die Aktionäre aus.

Buchungssätze:

– Zusammenlegung und Kraftloserklärung bezüglich der nicht vorgelegten Aktien

Gezeichnetes Kapital	500.000	**an**	Sanierungskonto	300.000
			Sonstige Verbindlichkeiten	200.000

– Generierung neuer Aktien und Verkauf zum Kurs von 120 %:

Kasse	240.000	**an**	Gezeichnetes Kapital	200.000
			Sonstige Verbindlichkeiten	40.000

– Auszahlung an die von der Kraftloserklärung betroffenen Aktionäre:

Sonstige Verbindlichkeiten	240.000	**an**	Kasse	240.000

– übrige Aktien

Gezeichnetes Kapital	2.700.000	**an**	Sanierungskonto	2.700.000

Während Konversion und Denomination grundsätzlich zu einer gleichmäßigen Belastung aller Aktionäre führen, wird die Kapitalherabsetzung durch Einziehung von Aktien zu Lasten bestimmter Aktionärsgruppen durchgeführt **(Sanierung durch Einziehung von Aktien).** Mit der Einziehung gehen die in den Aktien verbrieften Rechte unter. Ein Buchgewinn zur Bilanzbereinigung entsteht allerdings nur bei einem Rückkauf der Aktien unter pari. Sofern die Aktien der Gesellschaft nicht unentgeltlich zur Verfügung gestellt werden oder der Aktienrückkauf nicht zu Lasten des Bilanzgewinns oder einer anderen, nicht für anderweitige Zwecke gebundenen Gewinnrücklage erfolgt, kann die Kapitalherabsetzung nur unter Beachtung der verschärften Gläubigerschutzbestimmungen entsprechend den Vorschriften über die ordentliche Kapitalherabsetzung (§ 237 Abs. 2 i. V. m. § 237 Abs. 3 AktG) durchgeführt werden. Da die Kapitalherabsetzung durch Einziehung von Aktien bei entgeltlichem Erwerb dieser Aktien den Einsatz liquider Mittel voraussetzt, wird diese Form der Sanierung auch als „Sanierung mit Ausschüttung von Mitteln" bezeichnet (*Wöhe/Bilstein/Ernst/Häcker*, Unternehmensfinanzierung, S. 105).

Beispiel:

Die X-AG weist einen Verlust in Höhe von 900.000 aus. Die Hauptversammlung beschließt mit **einfacher** Stimmenmehrheit (§ 237 Abs. 4 AktG) eine Kapitalherabsetzung durch Einziehung von Aktien. Ein Großaktionär stellt unentgeltlich Aktien im Nennwert von 500.000 zur Verfügung. Außerdem sollen Aktien im Nennwert von 500.000 zum Kurswert von 300.000 zu Lasten der verbleibenden anderen Gewinnrücklagen zurückerworben werden.

Die vereinfachte Kapitalherabsetzung durch Einziehung von Aktien wird durch § 237 Abs. 3 AktG insbesondere für den hier geschilderten Fall eröffnet, in dem sich das Einziehungsverfahren auf voll eingezahlte Aktien bezieht, die der Gesellschaft unentgeltlich zur Verfügung gestellt oder die zu Lasten des Bilanzgewinns oder einer anderen Gewinnrücklage – soweit sie zu diesem Zweck verwandt werden können – eingezogen werden. Dem Gläubigerschutzgedanken wird im Zuge dieser Kapitalmaßnahme nur insofern Rechnung getragen, als in die Kapitalrücklage ein Betrag eingestellt werden muss, welcher der Verminderung des gezeichneten Kapitals entspricht (§ 237 Abs. 5 AktG). Da die in die Kapitalrücklage eingestellten Beträge unter Beachtung der Restriktionen des § 150 Abs. 3 und 4 AktG zur Verlustabdeckung verwendet werden können, steht diese Gläubigerschutzvorschrift jedoch dem Ziel des Erreichens einer buchmäßigen Sanierung nicht entgegen.

Buchungssätze:

Gezeichnetes Kapital	500.000	**an**	Sanierungskonto	500.000
Sanierungskonto	500.000	**an**	Kapitalrücklage	500.000
Eigene Aktien	300.000	**an**	Bank	300.000
Andere Gewinnrücklagen	300.000	**an**	Eigene Aktien	300.000
Gezeichnetes Kapital	500.000	**an**	Sanierungskonto	500.000
Sanierungskonto	500.000	**an**	Kapitalrücklage	500.000
Kapitalrücklage	900.000	**an**	Verlustkonto	900.000

In seltenen Fällen können Aktien auch zwangsweise eingezogen werden. Diese Maßnahme ist jedoch nur zulässig, wenn sie von der Satzung **von Anfang an**, d. h. bereits vor Übernahme oder Zeichnung der betreffenden Aktien, zugelassen oder angeordnet war (§ 237 Abs. 1 AktG). Eine zwangsweise Einziehung von Aktien ist zusätzlich auch dann gestattet, wenn Aktionäre ihren noch ausstehenden Einlageverpflichtungen trotz mehrmaliger Aufforderung und Nachfristsetzung nicht nachkommen (**Kaduzierung** gemäß § 64 Abs. 1 und 3 AktG). Die Kaduzierung kann wie die Kapitalherabsetzung für Sanierungszwecke genutzt werden, weil der Gesellschaft durch die Verwertung der kaduzierten Aktien entsprechend § 65 AktG ggf. Mittel zufließen. Da die von der kaduzierten Aktie verbrieften Rechte im Zuge der Verwertung nicht untergehen, unterscheidet sich die Kaduzierung jedoch von der Kapitalherabsetzung durch Einziehung von Aktien.

Auch für Unternehmen anderer Rechtsform als die der AG ist eine Herabsetzung des Kapitals zu Sanierungszwecken möglich. Während eine **GmbH** eine ordentliche Kapitalherabsetzung nach § 58 GmbHG durchführen kann, vollzieht sich eine vereinfachte Kapitalherabsetzung entsprechend den Regelungen der §§ 58a–58f GmbHG. Die Kaduzierung von Geschäftsanteilen ist in § 21 GmbHG vorgesehen, wobei dem ausgeschlossenen Gesellschafter erhebliche Nachteile erwachsen können, da er wie auch seine Rechtsvorgänger für den ausstehenden Betrag weiterhin haftet (§ 22 GmbHG). Die Einziehung von Geschäftsanteilen gemäß § 34 GmbHG hat zwar keine unmittelbare Verbindung zur Kapitalherabsetzung, da durch sie bei unverändertem Fortbestand des Stammkapitals lediglich eine Verminderung der Mitgliedschaftsrechte angestrebt wird (vgl. *Wicke*, § 34 GmbHG, Rn. 2); gleichwohl kann sie zur Durchführung einer solchen Kapitalherabsetzung vorgenommen werden.

Durch die reine (buchmäßige) Sanierung fließen dem notleidenden Unternehmen keine neuen Mittel zu, die bei drohender Illiquidität dringend benötigt werden. Während die GmbH-Gesellschafter kraft Satzung zur Leistung von Zuzahlungen gezwungen werden und sich nur durch Preisgabe **(Abandonrecht)** ihres Geschäftsanteils von einer unbeschränkten **Nachschusspflicht** befreien können (§27 Abs. 1 GmbHG), besteht für Aktionäre keine Zuzahlungsverpflichtung (§54 Abs. 1 AktG). Der Vorstand kann deshalb die bisherigen Aktionäre nur auffordern, freiwillige Zuzahlungen (à fonds perdu) zu leisten **(Sanierung durch Zuführung neuer Mittel über Zuzahlungen).** Der Erfolg dieser Maßnahme ist damit von der Zahlungsbereitschaft der Aktionäre abhängig, die jedoch durch verschiedene Anreizmöglichkeiten, wie z. B. durch Ausgabe von Genussscheinen, Bezug höherer Dividende oder Gewährung von Vorzugsaktien, beeinflusst werden kann. Allerdings ist zu beachten, dass etwaige Mehrleistungen freiwillig, insbesondere ohne Bestehen eines wirtschaftlichen Zwangs, erfolgen müssen. Hauptversammlungsbeschlüsse, die den zuzahlenden Aktionären Vorzüge gewähren, deren Wert die Zuzahlungshöhe übersteigt, sind nichtig (vgl. *Hüffer*, §54 AktG, Rn. 9). Um eine Gleichbehandlung aller Aktionäre sicherzustellen, ist die Gewährung von Vorzugsrechten darüber hinaus an einen qualifizierten Beschluss des bei der Beschlussfassung in der Hauptversammlung vertretenen Grundkapitals gebunden (§179 i. V. m. §§23 Abs. 3 Nr. 4, 221 Abs. 1 AktG).

Inwieweit ein Aktionär bereit ist, **Zuzahlungen** zu leisten, ist von dessen individueller Risikopräferenz abhängig. Aus diesem Grund hat sich die Form der **Alternativsanierung** entwickelt, die den Anteilseignern ein Wahlrecht zwischen Denomination bzw. Konversion einerseits und Zuzahlung andererseits einräumt. Bei diesem Verfahren wird lediglich eine Denomination oder Konversion derjenigen Aktien durchgeführt, auf die keine Zuzahlungen entfallen. Die gleichmäßige Behandlung aller Aktionäre verlangt, dass die durch die Zuzahlung ausgelöste Vermögensänderung des Aktionärs mit der Vermögensänderung des Aktionärs durch Kapitalherabsetzung übereinstimmt. Es muss also gelten:

$$Z \cdot N^{alt} + N^{alt} \cdot (K^{alt} - K^{neu}) = N^{alt} \cdot K^{alt} - N^{neu} \cdot K^{neu}$$
$$\Leftrightarrow Z \cdot N^{alt} = N^{alt} \cdot K^{neu} - N^{neu} \cdot K^{neu}$$

und somit

$$(1)\quad Z \cdot N^{alt} = K^{neu} \cdot N^{alt} - \frac{N^{alt}}{V} \cdot K^{neu}$$

Es bedeuten:

Z = prozentuale Zuzahlung (Zuzahlungssatz in %)

N^{alt} (N^{neu}) = Nennwert der Aktien vor (nach) der Kapitalherabsetzung

K^{alt} (K^{neu}) = Kurswert der Aktien vor (nach) Sanierung als Vielfaches des Nennwertes

V = Kapitalherabsetzungsverhältnis (Reduktionsbruch), wobei

$$V = \frac{N^{alt}}{N^{neu}}$$

Durch Umformung von (1) folgt:

$$(2)\ Z = K^{neu} - \frac{K^{neu}}{V} \text{ und } (3)\ V = \frac{K^{neu}}{K^{neu} - Z}$$

Aus den Formeln ist unmittelbar ersichtlich, dass die Gleichwertigkeit von Zuzahlung und Kapitalherabsetzung vom Kurs nach vollzogener Sanierung abhängig ist.

Beispiel:

Bei einem angenommenen Kurs vor und nach der Sanierung von 100 % beträgt die Zuzahlung bei einem gezeichneten Kapital von 600.000 und einem Kapitalherabsetzungsverhältnis von 3 : 1

$$Z = 100 - \frac{100 \cdot 1}{3} = 66\tfrac{2}{3}\,\%$$

Es entsteht somit der gleiche geplante Sanierungsgewinn

- bei **einheitlicher** Zuzahlung:
  600.000 · 66⅔ % = 400.000
- bei einheitlicher Kapitalherabsetzung:

$$600.000 - \frac{600.000 \cdot 1}{3} = 400.000$$

Auch der Vermögensverlust eines Aktionärs bei Zuzahlung stimmt mit dem bei Denomination bzw. Konversion überein:

	3 Altaktien zum Nennwert von je 1 und Kurswert von 100 %:	3
./.	1 Neuaktie zum Nennwert von 1 und Kurswert von 100 %:	1
=	Vermögensverlust aus Kapitalherabsetzung:	2

	3 Altaktien zum Nennwert von je 1 und Kurswert von 100 %:	3
./.	3 Neuaktien zum Nennwert von je 1 und Kurswert von 100 %:	3
+	Zuzahlung 662/3 % auf Nennwert der Aktien von je 1:	2
=	Vermögensverlust bei Zuzahlung 66⅔ %:	2

Diese Rechnung ist jedoch nur dann zutreffend, wenn sich nach der Sanierung ein Kurswert von 100 % einstellt; notiert die Aktie z.B. nur mit 80 %, werden die Aktionäre, die nicht zugezahlt haben, begünstigt, denn die Kapitalherabsetzung hätte, um gegenüber der Zuzahlung gleichwertig zu sein, im Verhältnis

$$V = \frac{80}{80 - 66\tfrac{2}{3}} = \frac{6}{1}$$ stattfinden müssen.

Eine Gleichstellung der Aktionäre ist also nur möglich, wenn der Kurs nach der Sanierung bekannt ist. Da dieser jedoch vom Umfang der im Wege der Zuzahlung der Gesellschaft zufließenden Mittel, also von der Entscheidung der Aktionäre zugunsten von Umtausch oder Zuzahlung, abhängt, kann ein wirtschaftlich gleichmäßig belastender Rechenkurs nicht ermittelt werden.

Aus Praktikabilitätsgründen wurde bereits 1902 versucht, mit einer rein formellen, von wirtschaftlichen Gesichtspunkten abstrahierenden Berechnung unter

Berücksichtigung eines Paritätskurses auszukommen (RGE v. 15. 10. 1902, Bd. 52, 1903, S. 287 ff.). Der Paritätskurs P ist dabei der Kurs, der vor der Sanierung bestehen müsste, damit sich bei gleichmäßiger Belastung durch Zuzahlung oder Kapitalherabsetzung nach der Sanierung ein Kurs von 100 % einstellt. Es muss deshalb gelten:

(4) $P + Z = P \cdot V = 1$, nach Umformung:

(5) $Z = P\,(V - 1) = 1 - P$ bzw.

(6) $$P = \frac{Z}{V-1} = \frac{1}{V}$$

Für verschiedene Paritätskurse ergeben sich folgende Alternativen:

Kurs nach der Sanierung	Zusammen-legung	Zuzahlung	Paritätskurs
	10 : 9	10 %	90 %
	5 : 4	20 %	80 %
	4 : 3	25 %	75 %
	3 : 2	33⅓ %	66⅔ %
100 %	5 : 3	40 %	60 %
	2 : 1	50 %	50 %
	5 : 2	60 %	40 %
	10 : 3	70 %	30 %
	5 : 1	80 %	20 %

Die Alternativsanierung ist auch deshalb problematisch, weil der Aktionär, der zwar „Mitglied bleiben, aber nicht zuzahlen will (oder kann), diese vermögenswerte Chance ‚verstärkter' Mitgliedschaft nicht selbständig veräußern kann, also ohne Ausgleich verliert" (*Lutter*, Kölner Kommentar, § 222 AktG, Rn. 33). Bei einer Kapitalherabsetzung mit anschließender Kapitalerhöhung träte diese Einbuße nur dann auf, wenn das gewährte Bezugsrecht ohne Wert bleiben würde.

Oftmals werden die Aktionäre trotz großzügiger zusätzlicher Anreize, wie Vorzugsaktionen oder Genussscheine, zu keiner zusätzlichen Leistung bereit sein. Dies trifft insbesondere dann zu, wenn wegen der erlittenen Verluste in absehbarer Zeit keine Aussicht auf Gewinnausschüttungen besteht. In diesem Fall wird der Vorstand eine **doppelstufige Sanierung** mit vereinfachter Kapitalherabsetzung und anschließender Kapitalerhöhung anstreben **(Sanierung durch Zuführung neuer Mittel über Kapitalerhöhung).** Dabei hat die Kapitalherabsetzung den Zweck, die Unterbilanz buchmäßig zu beseitigen und den Aktienkurs, der bei notleidenden Unternehmen gewöhnlich unter dem Nennwert liegt, wieder auf oder über pari zu heben, da eine Unter-pari-Emission junger Aktien gesetzlich untersagt ist (§ 9 Abs. 1 AktG; analog bezüglich eines rechnerischen Wertes bei Stückaktien von unter 1 Euro). Mit der anschließenden Kapitalerhöhung werden dem Unternehmen die zur Sanierung notwendigen neuen Mittel zugeführt, wobei die Einlage aus Gläubigerschutzgründen und zur Sicherstellung der Wirksamkeit der Sanierung in der Regel bar geleistet werden muss.

Grundsätzlich sind bei dieser Sanierungsmaßnahme alle **Formen der Kapitalerhöhung** einsetzbar, bei denen der Gesellschaft neue Mittel von außen zufließen, also neben der ordentlichen Kapitalerhöhung (§§ 182–191 AktG) auch die bedingte Kapitalerhöhung (§§ 192–201 AktG) und das genehmigte Kapital (§§ 202–206 AktG). Dies gilt jedoch nicht, wenn durch die Kapitalherabsetzung der festgesetzte Mindestnennbetrag des gezeichneten Kapitals (50.000 Euro, § 7 AktG) unterschritten würde. In diesem Fall ist zum (teilweisen) Ausgleich der Kapitalherabsetzung zwingend eine ordentliche Kapitalerhöhung durchzuführen, die zugleich mit der Kapitalherabsetzung zu beschließen ist (§ 228 Abs. 1 AktG).

Beispiel:
Die sanierungsbedürftige Y-AG weist folgende Unterbilanz aus:

A	Handelsbilanz der Y-AG		P
Anlagevermögen	4.500.000	Gezeichnetes Kapital	6.000.000
Umlaufvermögen	5.000.000	Bilanzverlust	– 1.100.000
		Verbindlichkeiten	4.600.000
	9.500.000		9.500.000

Da die Aktie zum Nennwert von 1 an der Börse nur noch mit 0,88 gehandelt wird, beschließt die Hauptversammlung mit Dreiviertelmehrheit folgende Sanierungsmaßnahmen:

- Es wird eine vereinfachte Kapitalherabsetzung im Verhältnis 5 : 4 vorgenommen.
- Zusätzlich wird eine ordentliche Kapitalerhöhung im Verhältnis 4 : 1 durchgeführt, wobei die jungen Aktien mit Nennbetrag 1 zu pari ausgegeben werden.

Buchungssätze:

- Kapitalherabsetzung:

Gezeichnetes Kapital	1.200.000	**an**	Sanierungskonto	1.200.000

- Verlustumbuchung:

Sanierungskonto	1.100.000	**an**	Bilanzverlust	1.100.000

- Umbuchung des verbleibenden Sanierungsgewinns gemäß § 230 AktG:

Sanierungskonto	100.000	**an**	Kapitalrücklage	100.000

- Kapitalerhöhung:

Aktieneinzahlungskonto	1.200.000	**an**	Gezeichnetes Kapital	1.200.000
Liquide Mittel	1.200.000	**an**	Aktieneinzahlungskonto	1.200.000

A	Sanierungsbilanz der Y-AG		P
Anlagevermögen	4.500.000	Gezeichnetes Kapital	6.000.000
Umlaufvermögen	6.200.000	Kapitalrücklage	100.000
		Verbindlichkeiten	4.600.000
	10.700.000		10.700.000

Angenommen, der Börsenkurs der Aktie von 0,88 spiegelt bereits den Einfluss der Sanierungsmaßnahmen auf den Marktwert des Eigenkapitals wider, d. h. es handelt sich um den Börsenkurs nach Ankündigung, aber vor Durchführung der Sanierungsmaßnahmen. Da mit der Beseitigung der Unterbilanz im Wege der Kapitalherabsetzung keine Zahlungsmittelzu- oder -abflüsse verknüpft sind, ändert sich der Marktwert des Eigenkapitals nicht. Deshalb muss der Gesamtwert der Aktien vor der Kapitalherabsetzung dem Gesamtwert der Aktien nach der Kapitalherabsetzung entsprechen:

$$EK = x \cdot P_{alt} = \frac{4}{5} \cdot x \cdot P_{neu}$$

mit: *EK:* Marktwert des Eigenkapitals

x: Anzahl der Aktien vor Zusammenlegung (Konversion)

P_{alt}: Kurs einer Aktie vor Zusammenlegung

P_{neu}: Kurs einer Aktie nach Zusammenlegung

Der Aktienkurs nach Durchführung der Kapitalherabsetzung beläuft sich dann auf

$$P_{neu} = \frac{5}{4} \cdot P_{alt} = \frac{5}{4} \cdot 0{,}88 = 1{,}1.$$

Durch die Kapitalerhöhung stellt sich ein neuer Aktienkurs ein, der rechnerisch wie folgt zu ermitteln ist:

	Nennwert	Zahl der Aktien	Kurs je Aktie	Gesamtkurswert
Gezeichnetes Kapital nach Kapitalherabsetzung	4.800.000	4.800.000	1,1	5.280.000
Kapitalerhöhung zu pari	1.200.000	1.200.000	1	1.200.000

$$\text{Neuer Kurs} = \frac{\text{Kurswert der alten Aktien} + \text{Kurswert der neuen Aktien}}{\text{Zahl alter Aktien} + \text{Zahl neuer Aktien}}$$

$$= \frac{5.280.000 + 1.200.000}{4.800.000 + 1.200.000} = 1{,}08 \text{ je Aktie zu nominell } 1$$

Was für die Aktiengesellschaft gilt, trifft im Grundsatz auch für die GmbH zu, so dass auch hier eine Herabsetzung des gezeichneten Kapitals mit anschließender Kapitalerhöhung möglich ist (§§ 58, 58a–58f i. V. m. § 55 GmbHG).

2.3.2.3 Freiwillige finanzielle Sanierungsmaßnahmen der Fremdkapitalgeber

Gerät ein Unternehmen in finanzielle Schwierigkeiten, werden davon nicht nur die Eigentümer, sondern auch die Gläubiger betroffen, denn unterstützen sie die Sanierungsbestrebungen eines an sich rentablen Unternehmens nicht durch eigene Zugeständnisse, so ist eine Insolvenz, die i. d. R. zu erheblichen Forderungsausfällen führt, oftmals unvermeidbar. Tragen die Gläubiger jedoch mit eigenen Maßnahmen zu einer Gesundung des sanierungsbedürftigen Unternehmens bei, dann erfahren Sanierungsverzichte meist eine Kompensation durch die aus der weiterbestehenden Geschäftsverbindung resultierenden Gewinne.

Befindet sich das notleidende Unternehmen nur in einer vorübergehenden Liquiditätskrise, wird die Geschäftsleitung die Gläubiger um einen **Zahlungsaufschub** ersuchen, der häufig mit einer Zinsreduktion oder dem Wegfall der Verzinsung gekoppelt wird. Diese Maßnahme hat jedoch i. W. nur temporäre Wirkung, da die Verbindlichkeiten, ggf. auch Zinsen, zu einem späteren Zeitpunkt in vollem Umfang zurückgezahlt werden müssen.

Werden dagegen ihm Rahmen einer **außergerichtlichen freiwilligen** Vereinbarung Teile der Verbindlichkeiten erlassen, ist das notleidende Unternehmen endgültig von der Leistung befreit. Dabei kann der entstehende Buchgewinn zur Tilgung eines bestehenden Bilanzverlustes herangezogen werden. Gleichzeitig tritt mit dem Schuldenerlass, insbesondere wenn auf kurzfristige Verbindlichkeiten verzichtet wird, eine nachhaltige Entspannung der Liquiditätslage ein.

Sind die Gläubiger nicht zur endgültigen Aufgabe ihrer Forderungen bereit, kann das notleidende Unternehmen ihnen eine **Besserungsverpflichtung** anbieten. Dies ist ein schriftliches Schuldversprechen, das den Gläubigern, die auf ihre Forderungen gegenüber dem Schuldner ganz oder teilweise verzichten, zusagt, dass die erlassenen Schulden aus dem zukünftigen ordentlichen Gewinn oder dem Liquidationserlös zurückbezahlt werden. Zu einem Buchgewinn führt dieser Sanierungsvorgang jedoch nur dann, wenn durch das Versprechen keine passivierungspflichtige Schuld begründet wird (bspw. unter bestimmten Bedingungen bei Besserungsscheinen, vgl. *Adler/Düring/Schmaltz*, Rechnungslegung, § 246 HGB, Rn. 148 ff.).

Da das Eigenkapital keine (unbedingte) Verzinsung beansprucht, kann eine **Umwandlung von Fremdkapital in Eigenkapital** die Sanierung günstig beeinflussen. Die Zurverfügungstellung von Eigenkapital durch Gläubiger in der Krise der Gesellschaft wird durch § 39 Abs. 4 InsO begünstigt. So ist der § 39 Abs. 1 Nr. 5 InsO, nach dem Forderungen auf Rückgewähr eines Gesellschafterdarlehens im Insolvenzverfahren im Rang hinter den Forderungen anderer Insolvenzgläubiger zurückstehen, insbesondere dann nicht anzuwenden, wenn der Gläubiger seinen Eigenkapitalanteil in der Krise der Gesellschaft, bei drohender oder eingetretener Zahlungsunfähigkeit oder Überschuldung und zum Zweck ihrer Sanierung erworben hat. Etwaige Fremdkapitalgeber müssen also nicht befürchten, dass sich die rechtliche Ausstattung ihrer Fremdkapitalforderung verschlechtert, wenn sie der Gesellschaft während einer Krise Eigenkapital zuführen. Bei jeglicher Veränderung der Eigenkapitalstruktur ist der mit ihr i. d. R. einhergehende einschneidende Eingriff in die Struktur der betrieblichen Willensbildung zu beachten.

2.3.2.4 Fortführungsgesellschaften

Eine Sanierung ohne Zuführung neuer Fremdmittel ist häufig nicht durchführbar. Sind aber die Gläubiger nicht zu weiteren Zuzahlungen bereit, so kann ein Unternehmen oftmals nur noch mit Hilfe einer Fortführungsgesellschaft gerettet werden. Dabei sind unter den Begriff der **Fortführungsgesellschaft** alle jene Gesellschaften subsumierbar, die der Erhaltung zumindest des (technisch-organisatorischen) Betriebes notleidender Unternehmen dienen und im Einzelnen in den folgenden Ausprägungen auftreten können (*Groß*, Sanierung, S. 131 ff., 255 ff.):

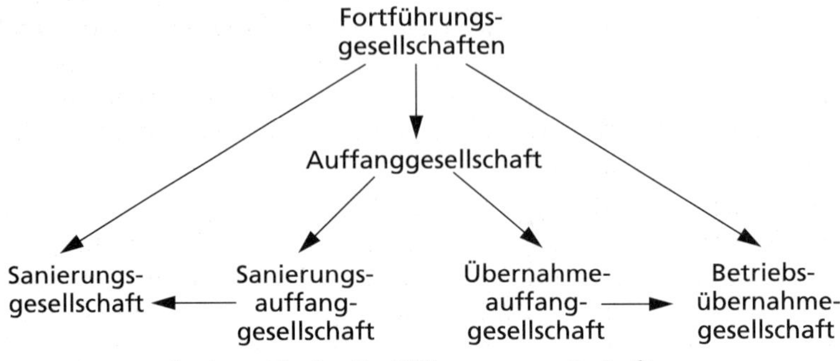

Systematik der Fortführungsgesellschaften

Eine **Sanierungsgesellschaft** ist dadurch gekennzeichnet, dass sich **neue Gesellschafter** am notleidenden Unternehmen engagieren, um dieses mit **zusätzlichem Vermögen** auszustatten. Unter Wahrung der Rechtsträgeridentität des zu sanierenden Unternehmens kann die Zuführung flüssiger Mittel dadurch erfolgen, dass neu hinzutretende Gesellschafter im Rahmen einer Kapitalerhöhung geschaffene Anteile am Krisenunternehmen erwerben. Der Gesellschafterbeitritt wird häufig von einem **Formwechsel** flankiert (zum Formwechsel vgl. §§ 190–304 UmwG und Teil C, Abschn. 2.2.3.4, S. 1065 f., und Abschn. 2.2.4.1, S. 1082 ff.), bei dem auf Grund der Rechtsträgeridentität keine Vermögensübertragung stattfindet. Darüber hinaus besteht die Möglichkeit, das Krisenunternehmen auf ein ertragskräftiges und finanziell stabiles Unternehmen zu verschmelzen. Charakteristikum dieser Form der Verschmelzung (zur Verschmelzung vgl. §§ 2–1221 UmwG und Teil C, Abschn. 2.2.3.1, S. 1060 f., und Abschn. 2.2.4.1, S. 1066 ff.) ist, dass das gesunde Unternehmen als übernehmender Rechtsträger bestehen bleibt, während der notleidende Rechtsträger, dessen Vermögensgegenstände und Schulden im Wege der Gesamtrechtsnachfolge auf den gesunden Rechtsträger übertragen werden, untergeht. Den Gesellschaftern des Krisenunternehmens wird dabei eine Gesellschafterstellung am übernehmenden Rechtsträger eingeräumt, indem ihnen eigene oder im Zuge einer Kapitalerhöhung neu ausgegebene Anteile gewährt werden. Das verschmolzene Unternehmen kann als Sanierungsgesellschaft interpretiert werden, weil dem Krisenunternehmen letztlich neue Gesellschafter beitreten, die in Form des gesunden Unternehmens weiteres Vermögen zur Verfügung stellen. Festzuhalten ist jedoch, dass die rechtlich-finanzielle Einheit des Krisenunternehmens durch dessen Verschmelzung auf das gesunde Unternehmen verloren geht, weshalb das verschmolzene Unternehmen nicht durch alle Merkmale einer idealtypischen Sanierungsgesellschaft charakterisiert ist.

Von der Verschmelzung zu unterscheiden ist die **Umgründung**, im Zuge derer das Vermögen und die Verbindlichkeiten des Krisenunternehmens nicht im Wege der Gesamtrechtsnachfolge übergehen, sondern ein Übergang durch Einzelrechtsnachfolge stattfindet. Die Haftung der Sanierungsgesellschaft wird daher auf die einzeln übernommenen Schulden beschränkt.

Die prinzipiell bestehende Gefahr, dass Gläubiger in das Vermögen vollstrecken und infolgedessen dem Unternehmen die Betriebsgrundlage entzogen wird, kann unter Umständen begrenzt werden, indem die Sanierung **innerhalb** des Insolvenzverfahrens durchgeführt wird. Dies liegt daran, dass der Gesetzgeber in der Insolvenzordnung eine Reihe von Vorschriften verankert hat, die dem Schutz vor einer unkontrollierten Unternehmenszerschlagung durch Einzelzugriffe dienen (vgl. Teil C, Abschn. 3.2, S. 1270 ff.).

Bei einer **Betriebsübernahmegesellschaft** wird dagegen nur der technisch-organisatorische Teil des Unternehmens übertragen. Ziel der Kapitalgeber einer Betriebsübernahmegesellschaft ist es, nicht in Haftungslagen für Altverbindlichkeiten hineingezogen zu werden. Die Übernahme des Betriebs erfolgt im Wege der Einzelrechtsnachfolge durch Kauf und Übereignung von Vermögensgegenständen sowie der Abtretung von Rechten oder durch Zuschlag in einer Zwangsversteigerung. Da bei dieser auf das Produktionsvermögen konzentrierten Übernahme i. d. R. lediglich die für den Betrieb des Krisenunternehmens erforderlichen Vermögensgegenstände die Gesellschaft wechseln und deshalb auch keineswegs sämtliche bestehenden Verbindlichkeiten übernommen werden, sind hier noch stärker als im Falle der Umgründung Durchsetzungswiderstände von Seiten der Gläubiger zu erwarten.

Auffanggesellschaften kommen in den Ausprägungen der Sanierungs- und der Übernahme-Auffanggesellschaft vor. Eine Auffanggesellschaft ist zeitlich begrenzt angelegt und zeichnet sich durch eine pachtweise oder treuhänderische Fortführung des Betriebs des Krisenunternehmens im eigenen Namen sowie durch die Vermeidung der Übernahme der Altverpflichtungen des notleidenden Unternehmens aus. Die mit der Auffanggesellschaft verfolgte Zielsetzung besteht zum einen darin, die Zerschlagung des Krisenunternehmens aufzuschieben und damit die Möglichkeit einer Fortführung des Betriebs des notleidenden Unternehmens zu wahren. Zum anderen wird eine Reduktion der mit der Fortführung verbundenen Risiken angestrebt, welche durch die unerwünschte Übernahme der vom notleidenden Unternehmen begründeten Schulden ausgelöst werden.

Sanierungsauffanggesellschaften führen den Betrieb regelmäßig im eigenen Namen für Rechnung des notleidenden Unternehmens fort. Das setzt jedoch nicht zwingend voraus, dass die Sanierungsauffanggesellschaft alle Geschäftsbereiche des Unternehmens übernimmt; es sind vielmehr durchaus Trennungen in reine Besitz-(Produktions-), Finanzierungs- oder Vertriebsgesellschaften denkbar. Auf diese Weise kann z. B. vermieden werden, dass Verpflichtungen aus bestehenden Arbeitsverhältnissen (§ 613 a BGB), die vor allem dem Produktionsbereich zuzuordnen sind, vom Krisenunternehmen auf die Sanierungsauffanggesellschaft übergewälzt werden.

Übernahmeauffanggesellschaften übernehmen den Betrieb eines insolventen Unternehmens grundsätzlich mittels eines Pachtvertrags, der eine Option auf den Erwerb des Betriebs enthalten kann. Damit führen sie den Betrieb sowohl in eigenem Namen als auch für eigene Rechnung fort, wobei auch in diesem Fall zur Vermeidung der Rechtsfolgen des §613a BGB die Produktionsstätte nicht zwingend in die Auffanggesellschaft eingegliedert werden muss.

2.3.2.5 Praxisbeispiele

Um eine nachhaltige Gesundung eines notleidenden Unternehmens herbeizuführen, bedarf es stets einer auf den **Einzelfall** zugeschnittenen Kombination der dargestellten Sanierungsmaßnahmen. Um zu veranschaulichen, wie vielgestaltig sich Sanierungen darstellen können, sollen im Folgenden drei prominente Fälle der Praxis, die Sanierungen des Metallgesellschaft-, des Holzmann- und des Nordex-Konzerns, in ihren wesentlichen Elementen nachvollzogen werden.

2.3.2.5.1 Sanierung Metallgesellschaft

Die Notwendigkeit zur Sanierung der Metallgesellschaft ergab sich, nachdem deren nordamerikanische Tochtergesellschaft, die Metallgesellschaft Corp., im Geschäftsjahr 1992/93 und zu Beginn des Geschäftsjahres 1993/94 erhebliche Verluste verzeichnete und damit bei der Metallgesellschaft eine existenzbedrohende Krise auslöste. Die Metallgesellschaft Corp. sicherte die mit ihren Kunden vereinbarten langfristigen Öllieferungsverträge unter anderem durch börsennotierte, kurzfristige Termingeschäfte an der New Yorker Warenterminbörse ab. Der Ende des Jahres 1993 anhaltende Preisverfall für Öl und Ölprodukte bewirkte hohe Verluste für die Metallgesellschaft Corp. und führte zu Nachschussverpflichtungen an der Warenterminbörse, deren Ergebnis eine akute Liquiditätskrise war. Die Finanzschulden des Konzerns betrugen zum Bilanzstichtag am 30. September 1993 6,6 Mrd. DM und stiegen bis zum 30. Dezember 1993 auf über 9 Mrd. DM an. Da ein Teil des Finanzbedarfs der Metallgesellschaft Corp. durch die Metallgesellschaft AG bereitgestellt wurde, erhöhte sich deren Verschuldung einschließlich konzerninterner Kreditaufnahmen von 4,4 Mrd. DM am Bilanzstichtag auf über 5 Mrd. DM am 30. Dezember 1993. Angesichts dieser Entwicklungen ergab sich bei der Metallgesellschaft AG ein beträchtlicher Abschreibungs- und Rückstellungsbedarf, welcher neben weiteren negativen Ergebnisbelastungen Anfang 1994 zur Überschuldung der Metallgesellschaft AG führte. Neben den Ölhandelsgeschäften der Metallgesellschaft Corp. und deren negativen Folgen trugen auch Strukturschwächen im Konzern sowie hohe Kosten und ein unbefriedigendes Asset Management zur Überschuldung bei.

Um ein ansonsten notwendiges Vergleichs- oder Konkursverfahren abzuwenden, stellte der seit dem 17. Dezember infolge der Krise fast völlig ausgewechselte neue Vorstand der Metallgesellschaft den kreditgebenden Banken der Metallgesellschaft AG und der Metallgesellschaft Corp. im Januar 1994 ein weitreichendes **Sanierungskonzept** vor, dem die außerordentliche Hauptversammlung am 24. Februar sowie die ordentliche Hauptversammlung am 30. März 1994 zustimmten. Das vorgeschlagene Konzept umfasste neben Kapitalmaßnahmen auch Maßnahmen zur Restrukturierung des Konzerns.

1. **Kapitalmaßnahmen**

Im Jahre 1994:

a) **Kapitalerhöhung** zur Wiederherstellung eines positiven Eigenkapitals bei der Metallgesellschaft AG um nominell 280 Mio. DM zu einem Ausgabekurs von 500 %,

b) Umwandlung von Bankkrediten in Höhe von 1.335 Mio. DM in **Wandel-Genussrechtskapital** mit einem Nominalwert von 267 Mio. DM, ebenfalls zu einem Ausgabekurs von 500 %.

Die Durchführung dieser Maßnahmen bewirkte für die Metallgesellschaft AG einen Barmittelzufluss in Höhe von 1.400 Mio. DM sowie eine Erhöhung des Eigenkapitals unter Einbeziehung des Aufgeldes aus der Schaffung der Wandel-Genussrechte in Höhe von 1.068 Mio. DM um insgesamt 2.468 Mio. DM, hinzu kam noch das Wandel-Genusskapital in Höhe von 267 Mio. DM.

Im Jahre 1995:

a) **Kapitalherabsetzung** bei der Metallgesellschaft AG im Verhältnis 2 : 1 von 721,8 Mio. DM auf 360,9 Mio. DM; zugleich erfolgte eine Neueinteilung des Grundkapitals durch die Umstellung des Nennbetrages der Aktien von 50 DM auf 5 DM; da die Inhaber von Genussscheinen auf die Hälfte der gesamten Umtausch- und Bezugsrechte verzichteten, war auch das Genussrechtskapital an der Kapitalherabsetzung beteiligt.

b) **Kapitalerhöhung** durch die Ausgabe neuer Aktien von nominal 50 Mio. DM; zudem wurde ein genehmigtes Kapital in Höhe von 180 Mio. DM von nominal 126,6 Mio. DM ausgeschöpft.

Die Durchführung dieser Kapitalmaßnahmen bewirkte bei der Metallgesellschaft AG insgesamt einen Mittelzufluss von 618 Mio. DM. Das Eigenkapital der Metallgesellschaft AG erhöhte sich zum 30. September 1995 auf 1.121 Mio. DM im Vergleich zu 401 Mio. DM im Vorjahr. Die Eigenkapitalquote der Metallgesellschaft AG stieg von 8 % am 30. September 1994 auf 27 % am 30. September 1995. Auf Gesamtkonzernebene wurde durch die Kapitalmaßnahmen eine Eigenkapitalquote von 2,2 % erzielt und der nicht durch Eigenkapital gedeckte Fehlbetrag konnte ausgeglichen werden. Das Eigenkapital des Konzerns belief sich am 30. September 1995 auf 194 Mio. DM im Vergleich zu – 281 Mio. DM im Vorjahr.

2. **Restrukturierungsmaßnahmen**

a) Umstrukturierung der Metallgesellschaft in eine Holding sowie die Konzentration des nunmehr von den Tochtergesellschaften betriebenen operativen Geschäftes auf die vier Kernbereiche Handel, Anlagenbau, Chemie und Finanzdienstleistungen mit dem Ziel der nachhaltigen Sicherung der Existenzfähigkeit.

b) Trennung von zahlreichen Beteiligungen, darunter der Verkauf der Korf GmbH und der Anteil an der Kolbenschmidt AG, sowie die Schließung von Produktionsstandorten, darunter die Hüttenwerke Tempelhof in Berlin; insbesondere kam es auch bei der Metallgesellschaft Corp. zu einer grundlegenden Neustrukturierung ihrer Aktivitäten, wesentlich war hierbei die Auflösung der vertraglichen Verpflichtungen mit Castle Energy, die für die Metallgesellschaft Corp. nachteilige Abnahmeverpflichtungen für Raffinerieprodukte beinhalteten.

Entwicklung im Rahmen des Sanierungskonzepts im Geschäftsjahr 1994/95

Infolge des beschriebenen Sanierungsprogrammes erwirtschaftete die Metallgesellschaft bereits im Geschäftsjahr 1994/95 wieder einen Jahresüberschuss in Höhe von 118 Mio. DM. Sogar die schwer angeschlagene Metallgesellschaft Corp. erzielte zum Bilanzstichtag am 30. September 1995 einen leichten Jahresüberschuss von 5 Mio. US-$ nach einem Fehlbetrag von –1.798 Mio. US-$ im Vorjahr.

Im Geschäftsjahr 1994/95 gelang es auch, die Verschuldung stark zurückzuführen. Die Metallgesellschaft AG verringerte ihre Bankschulden von 1,36 Mrd. DM am 30. September 1994 auf 16 Mio. DM am 30. September 1995. Die Bankschulden des Konzerns betrugen am 30. September 1995 mit 1,5 Mrd. DM nur noch knapp die Hälfte der Schulden von 3,2 Mrd. DM ein Jahr zuvor.

Einen Überblick über die Auswirkung der Krise und der sich anschließenden Sanierung auf die Entwicklung wichtiger Konzernkennzahlen zeigt die folgende Tabelle:

Geschäftsjahr	**1993/94**	**1994/95**	**1995/96**	**1996/97**
Ertragslage (in Mio. DM)				
Umsatz	20.493	17.643	15.825	18.167
Ergebnis vor Ertragsteuern	– 2.538	171	292	329
Jahresüberschuss/-fehlbetrag	– 2.627	118	220	236
Vermögenslage (in Mio. DM)				
Bilanzsumme zum 30. 9.	11.356	8.879	7.805	6.771
Konzerneigenkapital zum 30. 9.	– 281	194	526	727
Verbindlichkeiten gegenüber Kreditinstituten zum 30. 9.	3.175	1.493	820	319
Finanzlage (in Mio. DM)				
Cashflow DVFA/SG	– 2.661	531	552	518

Quelle: in Anlehnung an die Geschäftsberichte 1993/94 bis 1996/97 der Metallgesellschaft.

Chronologie der Sanierung der Metallgesellschaft

Herbst 1993 Die Metallgesellschaft Corp. erzielt mit ihren Ölhandelsgeschäften hohe Verluste und führt hierdurch die Metallgesellschaft in eine schwere Krise. Es kommt zu einem starken Anstieg der Finanzschulden sowohl des Konzerns als auch der Metallgesellschaft AG.

17. Dezember 1993 Fast vollständiger Austausch des Vorstandes der Metallgesellschaft.
Wenige Tage später Feststellung des Tatbestandes der Überschuldung.

5. Januar 1994	Das innerhalb kurzer Zeit erarbeitete Sanierungskonzept wird den Vertretern von ca. 100 Gläubigerbanken präsentiert.
15. Januar 1994	Zustimmung der Gläubigerbanken zu den vorgeschlagenen bilanziellen und operativen Maßnahmen.
20. Januar 1994	Der Vorstandsvorsitzende kündigt die mittelfristige Umstrukturierung der Metallgesellschaft zu einer Management-Holding sowie die Trennung von mehreren Beteiligungen an.
11. Februar 1994	Der festgestellte Jahresabschluss weist einen Konzernverlust von knapp 1,9 Mrd. DM für das Geschäftsjahr 1992/93 aus.
24. Februar 1994	Eine außerordentliche Hauptversammlung verabschiedet mit großer Mehrheit wesentliche Teile des finanziellen Sanierungskonzeptes.
25. Februar 1994	Der Verkauf der Korf GmbH stellt das erste Desinvestment im Rahmen des Sanierungskonzeptes dar.
30. März 1994	Die ordentliche Hauptversammlung verabschiedet die restlichen Maßnahmen des finanziellen Sanierungsprogrammes sowie die Umwandlung der Metallgesellschaft in eine Holding-Struktur mit der Konzentration auf die vier Geschäftsfelder Handel, Anlagenbau, Chemie und Finanzdienstleistungen.
27. Mai 1994	Veröffentlichung der ersten Reorganisationsmaßnahmen im Metallhütten-Bereich.
7. Juli 1994	Aufsichtsratsbeschluss, den Vorstand der Metallgesellschaft um zwei Mitglieder auf nunmehr fünf zu reduzieren. Vorstellung des Zwischenberichtes für den Zeitraum vom 1. Oktober 1993 bis zum 31. März 1994: Der Konzernumsatz beträgt für dieses Halbjahr 12,3 Mrd. DM, das Ergebnis vor Ertragsteuern –1,541 Mrd. DM; die Metallgesellschaft Corp. erzielte einen Verlust von 1,6 Mrd. DM.
3. August 1994	Es wird bekannt gegeben, dass der Konzern ohne die Metallgesellschaft Corp. im Juni 1994 zum ersten Mal nach Beginn der Krise wieder ein positives operatives Ergebnis erreichte.
30. August 1994	Mit dem Verkauf der Mehrheitsbeteiligung an der Metall Mining Corporation wird der Ausstieg aus dem kapitalintensiven Bergbaugeschäft realisiert.
31. August 1994	Die Auflösung der Geschäftsbeziehungen zwischen der Metallgesellschaft Corp. und der Castle Energy bewirkt, dass die für die Metallgesellschaft Corp. sehr nachteiligen Verträge über die Abnahme der Castle-Raffinerieprodukte nicht mehr fortbestehen.

5. September 1994	Ankündigung eines Betriebsergebnisses der Metallgesellschaft im dreistelligen Millionenbereich für das Geschäftsjahr 1994/95.
14. September 1994	Veräußerung des Anteils an der Kolbenschmidt AG.
16. September 1994	Veräußerung des Anteils an der Duisburger Lehnkering Montan Transport AG.
18. November 1994	Zustimmung des Aufsichtsrates zur Neuordnung des Geschäftsbereiches Chemie.
23. November 1994	Vorstellung des vorläufigen Jahresabschlusses durch den Vorstandsvorsitzenden. Seiner Ansicht nach ist der Turnaround der Metallgesellschaft geschafft und das verlustreiche US-Geschäft bewältigt.
25. November 1994	Mit der Veräußerung der Anteile am Stammkapital der B. U. S. Berzelius Umwelt-Service AG kommt das umfangreiche Desinvestitionsprogramm im Rahmen der Sanierung nahezu zum Abschluss.
23. März 1995	Die ordentliche Hauptversammlung stimmt Kapitalmaßnahmen zu, durch die der Metallgesellschaft AG Mittel in Höhe von 618 Mio. DM zufließen und das Eigenkapital auf über 1,1 Mrd. DM ansteigt. Mit diesen Kapitalmaßnahmen kommt die Sanierungsphase der Metallgesellschaft zum Abschluss.

Quelle: Geschäftsberichte der Metallgesellschaft für die Jahre 1992/93, 1993/94, 1994/95.

2.3.2.5.2 Sanierung Philipp Holzmann AG

Die Sanierung des Philipp Holzmann Konzerns wurde erforderlich, nachdem der vom damaligen Vorstand angestrebte großangelegte Umbau des Baukonzerns mit der Zielsetzung, aus dem Unternehmen einen „Full-Service-Dienstleister" im Baugeschäft zu machen, zu einer bis zum Jahre 1997 enorm angestiegenen Verschuldung der Philipp Holzmann AG in Höhe von 3,1 Mrd. DM geführt hatte und sich schließlich 1999 zu einer existenzbedrohenden Krise verschärfte. Die Verbindlichkeiten der Philipp Holzmann AG betrugen zum Bilanzstichtag am 31. 12. 1999 3,76 Mrd. DM. Der Bilanzverlust des Geschäftsjahres 1999 belief sich auf rund 2,746 Mrd. DM, wovon 1,598 Mrd. DM und somit über die Hälfte nicht durch das Eigenkapital gedeckt waren. Im November 1999 erreichte die Krise aufgrund der überraschenden Bekanntgabe einer unterjährigen Überschuldung und der daraus drohenden Insolvenz ihren Höhepunkt.

Im Lagebericht der Philipp Holzmann AG aus dem Geschäftsjahr 1999 werden folgende **Gründe der Unternehmenskrise** angeführt: Die unternehmensstrategischen Entscheidungen in den 90er Jahren waren von aggressivem Wachstumsstreben geprägt, das zu stetigem Volumenzuwachs und der Konzentration auf Großprojekte führte. Darüber hinaus wurde die Geschäftstätigkeit, die sich bis dahin auf die technologische Errichtung von Bauprojekten beschränkte, auf die Projektentwicklung und die Betreibung der errichteten Bauten ausgeweitet.

Infolgedessen wurden langfristige Verträge mit hohen betriebswirtschaftlichen Risiken eingegangen sowie Mietgarantien und die Vorfinanzierung von Projekten übernommen. Jedoch ging die Ausweitung der Geschäftsfelder nicht mit einer organisatorischen und personellen Anpassung der Konzernstruktur einher. Sowohl die betriebswirtschaftliche Unternehmensführung als auch das Risikomanagement waren mangelhaft auf die neuen Risikopotentiale zugeschnitten. Der Konzern stellte ein Konglomerat von selbständigen Konzerntöchtern und Beteiligungen dar, das durch komplexe Kosten- und Abwicklungsstrukturen, die unzureichende Festlegung von Kompetenzen und Verantwortlichkeiten und eine wirtschaftlich ineffiziente Niederlassungsstruktur gekennzeichnet war. Insgesamt wurde im Zeitraum zwischen 1993 bis 1999 ein Konzernverlust in Höhe von 6,565 Mrd. DM erwirtschaftet, wovon jedoch 2,839 Mrd. DM durch die Auflösung stiller Reserven nicht als Verluste ausgewiesen werden mussten. Erst im November 1999 zeichnete sich eine starke Verschlechterung der Ertragslage auf Grund der Berücksichtigung von Alt-Risiken im Jahresabschluss ab (Abwertungen von Immobilienprojekten und Beteiligungen, Neueinschätzung von Mietgarantien und der Einbringlichkeit von Forderungen aus Lieferungen und Leistungen, Restrukturierungsaufwendungen), die letztlich zu der Insolvenz auslösenden Überschuldung führte.

Bei den im November 1999 stattfindenden Sanierungsgesprächen mit beteiligten Banken – darunter auch der Deutschen Bank – wurde ein Finanzbedarf in Höhe von 3,55 Mrd. DM für die Sanierung des Holzmann-Konzerns festgestellt. Das daraufhin durch den Vorstand erarbeitete **Sanierungskonzept** wurde in einer außerordentlichen Aufsichtsratssitzung durch den Aufsichtsrat angenommen und beinhaltete im Wesentlichen folgende Maßnahmen:

1. **Kapitalmaßnahmen**

   Die in der außerordentlichen Hauptversammlung am 30. 12. 1999 zu beschließenden Maßnahmen sahen vor:

   a) **Kapitalherabsetzung,** um den Fehlbetrag des Geschäftsjahres 1999 von voraussichtlich 2,4 Mrd. DM, der im Wesentlichen aus Altlasten und sonstigen Sondereinflüssen resultierte, bilanziell verarbeiten zu können. Dazu sollte das in der Satzung festgeschriebene Grundkapital im Verhältnis 26 : 1 von bisher 148,4 Mio. € auf 5,7 Mio. € ohne eine Zusammenlegung von Aktien herabgesetzt werden. Der auf eine einzelne Aktie entfallende anteilige Betrag des Grundkapitals sollte somit von 26 € auf 1 € verringert werden, wobei die ordentliche Hauptversammlung am 30. 6. 1999 die Umstellung des gezeichneten Kapitals auf Euro beschlossen hatte. Da die Philipp Holzmann-Aktien zugleich von Nennbetragsaktien auf Stückaktien umgestellt worden waren, musste der Nennwert nicht herabgesetzt werden.

   b) **Kapitalerhöhung** im Verhältnis 3 : 4 von 5,7 Mio. € um 7,6 Mio. € auf 13,3 Mio. €. Ein Altaktionär sollte damit in der Lage sein, für jeweils drei Aktien zusätzlich vier neue zu erwerben. Ein Bankenkonsortium garantierte die Neuemission von 7,6 Mio. Stückaktien zum Ausgabekurs von 85 € je Aktie. Dadurch sollte der Philipp Holzmann AG ein Sanierungsbeitrag von 1.265 Mio. DM zufließen.

2. **Rationalisierungsmaßnahmen**

   Das Sanierungskonzept sah den Abbau von rund 3.000 Arbeitsplätzen und das Ausscheiden weiterer Mitarbeiter infolge der Veräußerung von Beteiligungen vor. Im Rahmen der personellen Sanierungsmaßnahmen sollte zwischen dem 1. Februar 2000 und dem 31. Juli 2001 nicht vergütete Mehrarbeit von fünf Stunden pro Woche über Arbeitszeitkonten ab 2002 ausgeglichen werden. Allen Mitarbeitern, die vom Stellenabbau betroffen waren, wurde der Übergang in die Beschäftigungs- und Qualifizierungsgesellschaft (BQG) „Mypegasus" angeboten. Denjenigen Mitarbeitern, die ihre Stelle im Zuge der Sanierung verlieren würden, stand eine Abfindung zu.

3. **Restrukturierungsmaßnahmen**

   Neben der Konzentration auf Kernkompetenzen und der Neugestaltung der Flächenorganisation bestand die Absicht, durch die Verbesserung der internen Strukturen eine operative Kostensenkung zu erreichen. Darüber hinaus sollte ein verschärftes Vertrags- und Risikomanagement künftig die effiziente Projektabwicklung gewährleisten und die Bereinigung des Beteiligungsportfolios sollte zur Entspannung der Finanzsituation des Konzerns beitragen.

Das Sanierungskonzept der Philipp Holzmann AG wurde jedoch am 21. November 1999 von den 20 wichtigsten Gläubigerbanken des Konzerns abgelehnt. Die Begründung der Banken lautete, dass sie nicht in der Lage seien, einen Fehlbetrag in Höhe von 600 Mio. DM aufzubringen. Der Vorstand der Philipp Holzmann AG war gezwungen, am 23. November 1999 die Einleitung des Insolvenzverfahrens zu beantragen.

Unmittelbar nachdem der Insolvenzantrag gestellt wurde, schaltete sich Bundeskanzler Gerhard Schröder in die gescheiterten Sanierungsverhandlungen ein und nahm mit Unterstützung des hessischen Ministerpräsidenten und der Frankfurter Oberbürgermeisterin erneut Gespräche mit den Bankenvertretern auf. Mit der Zusage einer „Finanzspritze" durch den Bundeskanzler in Höhe von 250 Mio. DM, bestehend aus einem zusätzlichen nachrangigen, d. h. eigenkapitalersetzenden Darlehen der Kreditanstalt für Wiederaufbau (KfW) in Höhe von 150 Mio. DM und einer vom Bund übernommenen Ausfallbürgschaft in Höhe von 100 Mio. DM, stimmten auch die Gläubigerbanken dem modifizierten Sanierungskonzept zu. Damit konnte der Insolvenzantrag am 24. November 1999 wieder zurückgenommen werden.

Entwicklungen im Rahmen des Sanierungskonzepts im Geschäftsjahr 2000

Insgesamt ergab sich im Jahr 2000 eine negative **Geschäftsentwicklung** für den Philipp Holzmann Konzern und die Philipp Holzmann AG. Dies ist auf den von 13,8 Mrd. DM im Jahr 1999 um 11,5 % auf 12,2 Mrd. DM gesunkenen Auftragseingang zurückzuführen. Der Auftragsbestand hatte zum 31. Dezember 2000 konzernweit ein Volumen von 13,6 Mrd. DM und lag damit um 6,4 % niedriger als im Vorjahr. Der Jahresfehlbetrag des Konzerns belief sich im Geschäftsjahr 2000 auf 156,4 Mio. DM und bei der Philipp Holzmann AG auf 92,1 Mio. DM. Die Ursachen sind in der stark rückläufigen Baukonjunktur des Inlandsmarktes und dem durchgeführten Kapazitätsabbau infolge der Desinvestitionen zu sehen. Darüber hinaus kam der ursprünglich im Sanierungskonzept mit einem Gesamtvolumen von 1,3 Mrd. DM geplante Verkauf von fremdfinanzierten Grundstücken und Immobilien an die Gläubigerbanken (sog. Asset Deal) aufgrund unterschiedlicher Preisvorstellungen nicht zustande. Folglich verzögerte sich die im Sanierungsplan vorgesehene Kreditrückführung, was wiederum zu nicht eingeplanten Zinslasten von 50 Mio. DM führte. Auch die geplanten Beteiligungsverkäufe konnten mangels Käufer nur teilweise durchgeführt werden, so dass einige der betreffenden Unternehmen entweder unter Inkaufnahme erheblicher Zusatzkosten restrukturiert, unter Buchwert veräußert oder sofort liquidiert werden mussten. Ein Teil der zur Veräußerung vorgesehenen Beteiligungen ist im Konzernvermögen verblieben und steuerte im Geschäftsjahr 2000 weitere Verluste zum Konzernergebnis bei. Die Entwicklung von 1997–2000 wird durch die folgende Tabelle beschrieben:

Geschäftsjahr	**1997**	**1998**	**1999**	**2000**
Ertragslage (in Mio. DM)				
Umsatzerlöse	13.040	9.688	8.911	11.417
Ergebnis der gewöhnlichen Geschäftstätigkeit	– 686	0	– 2.639	– 133
Jahresüberschuss/-fehlbetrag	– 768	– 36	– 2.706	– 156
Vermögenslage (in Mio. DM)				
Bilanzsumme zum 31. 12.	10.440	8.978	9.328	7.578
Konzerneigenkapital zum 31. 12.	733	1.034	0	247
Verbindlichkeiten zum 31. 12.	7.117	6.285	6.854	5.212
Finanzlage (in Mio. DM)				
Cashflow	– 169	156	– 2.348	59
Verminderung der Liquidität	– 878	– 102	– 557	– 10
Finanzmittelbestand zum 31. 12.	1.698	1.162	615	579

Quelle: in Anlehnung an die Geschäftsberichte 1997 bis 2000 der Philipp Holzmann AG.

Dagegen war die **finanzielle Sanierung** der Philipp Holzmann AG bereits im August 2000 weitgehend abgeschlossen. Mittels der Kapitalerhöhung und durch die Begebung von Wandelgenussrechten wurde der Philipp Holzmann AG neues Eigenkapital in Höhe von 2,03 Mrd. DM zugeführt. Außerdem gewährten die Gläubigerbanken einen Konsortialkredit in Höhe von 1 Mrd. DM. Da das Unternehmen die im ursprünglich vorgesehenen Asset Deal zu veräußernden Immobilien und Grundstücke seit dem vierten Quartal 2000 selbst vermarktete, die dabei erzielten Verkaufserlöse jedoch erst in 2001 zuflossen, konnte die Rückführung des Konsortialkredits nicht wie vorgesehen bis zum 30. November 2000 realisiert werden. Dies machte eine Verlängerung des Kredits um ein weiteres Jahr bis zum 30. November 2001 in Höhe von 500 Mio. DM erforderlich. Die übrigen Kreditlinien des Konzerns wurden von den Konsortialbanken ebenfalls bis zum 30. November 2001 prolongiert. Die Philipp Holzmann AG ging davon aus, dass diese Kreditlinien über den genannten Termin hinaus zur Verfügung stehen werden. Der im Sanierungskonzept vorgesehene Verkauf von

Grundstücken und Immobilien an die Special Purpose Vehicle Gesellschaften konnte im Dezember 2000 vollzogen werden. Die Finanzlage wurde darüber hinaus durch ein von der Kreditanstalt für Wiederaufbau (KfW) im Dezember 2000 gewährtes Liquiditätsdarlehen zu marktüblichen Konditionen in Höhe von 125 Mio. DM verbessert. Des Weiteren wurde die Zustimmung der EU-Behörden zur Gewährung der im November 1999 zugesagten Hilfen des Bundes für die Philipp Holzmann AG Anfang Mai 2001 erteilt.

Aufgrund des Kapazitätsabbaus verringerte sich der **Personalbestand** im Geschäftsjahr 2000 von konzernweit 28.380 auf ca. 22.900 Arbeitnehmer. Davon entfielen 1.100 Stellen auf Beteiligungsverkäufe. Im Geschäftsjahr 2001 sollte infolge der fortgesetzten Desinvestitionen der Personalbestand weiter zurückgeführt werden.

Die Maßnahmen zur **Restrukturierung** des Konzerns wurden im Geschäftsjahr 2000 weitgehend umgesetzt. Die Direktionsstruktur mit bis dahin 40 Niederlassungen im Bundesgebiet wurde durch eine kostengünstigere Flächenorganisation ersetzt, was zur Schließung von 25 Standorten geführt hat. Ebenso wurden die Grundlagen zum Aufbau eines Liquiditätscontrollingsystems gelegt und die Früherkennung von Risiken im Rahmen des bestehenden Risikomanagementsystems verbessert.

Chronologie der Sanierung des Philipp Holzmann Konzerns

(vgl. zum Folgenden insb. den Geschäftsbericht der Philipp Holzmann AG 1999, S. 14f., mit z. T. wörtlicher Wiedergabe)

Der Weg in die Krise

1988	Der Vorstandsvorsitzende der Philipp Holzmann AG, Lothar Mayer, strebt einen großangelegten Umbau des Unternehmens an, mit dem Ziel, aus der Philipp Holzmann AG einen „Full-Service-Dienstleister" im Baugeschäft zu machen.
seit 1990	Schrittweiser Abbau von Arbeitsplätzen bei der Philipp Holzmann AG.
1997	Lothar Mayer scheidet aus der Philipp Holzmann AG aus und hinterlässt seinem Nachfolger Dr. Heinrich Binder Schulden von rund 3,1 Milliarden DM.
18. Februar 1999	Das Unternehmen verkündet ein positives Jahresergebnis.
30. Juni 1999	Der ordentlichen Hauptversammlung wird vorgeschlagen, das Grundkapital in Stückaktien einzuteilen und auf Euro umzustellen.
August 1999	Der Konzern meldet eine Steigerung der Auftragseingänge um 8 % und ein erwartetes Neugeschäft in Höhe von mehr als 12 Mrd. DM.
27. Oktober 1999	Jubiläumsfeier aus Anlass des 150-jährigen Bestehens von Philipp Holzmann. In der Presse kritische Töne über die anhaltend schwierige wirtschaftliche Situation.

Die Unternehmenskrise

8. November 1999	Nach Aufdeckung des voraussichtlichen Gesamtverlusts von 2,4 Mrd. DM Antrag beim Bundesaufsichtsamt für den Wertpapierhandel auf Freistellung von der Ad-hoc-Publizitätspflicht. Dem Bauunternehmen droht unmittelbar ein Insolvenzverfahren.
14. November 1999	Die wichtigsten Kreditgeber werden über die Lage des Unternehmens in Kenntnis gesetzt und ein Sanierungskonzept vorgestellt, bei dem die Sanierungssumme mit 3,55 Mrd. DM veranschlagt wird. Die Deutsche Bank bietet einen Betrag von 1,5 Mrd. DM an, den Rest sollen andere Geldinstitute bereitstellen.
15. November 1999	Information der Öffentlichkeit über einen voraussichtlichen Jahresfehlbetrag von 2,4 Mrd. DM und die dadurch entstehende Überschuldung. Die Holzmann-Aktie wird vom Börsenhandel ausgesetzt. Intensive Gespräche mit Banken und Kreditversicherern über das weitere Vorgehen: Insolvenz oder Zustimmung zum Sanierungskonzept des Unternehmens.
16. November 1999	Der Vorstand der Philipp Holzmann AG stellt im Namen und im Auftrag der Philipp Holzmann AG Strafantrag wegen des Verdachts, dass ehemalige Verantwortliche (insbesondere Altvorstände) die Philipp Holzmann AG in großem Umfang geschädigt haben.
17. November 1999	Der Aufsichtsrat stimmt im Rahmen einer außerordentlichen Aufsichtsratssitzung dem Sanierungskonzept in vollem Umfang zu. Das Sanierungskonzept sieht neben der finanziellen Sanierung eine Weiterentwicklung des Restrukturierungskonzeptes mit einer deutlichen Straffung der Niederlassungsstruktur sowie einem Abbau von über 3.000 Stellen vor. Unterdessen gehen Gespräche mit den Gläubigerbanken wegen der Zustimmung zum Sanierungskonzept weiter.
21. November 1999	Die rund 20 wichtigsten Gläubigerbanken der Philipp Holzmann AG lehnen das finanzielle Sanierungskonzept des Vorstands ab. Die Banken geben bekannt, dass sie einen Fehlbetrag von bis zu 600 Mio. DM nicht aufbringen können.
22. November 1999	Philipp Holzmann strebt weitgehende Eigenverwaltung nach neuem Insolvenzrecht an. Vermittlungsversuche durch den hessischen Ministerpräsidenten und die Frankfurter Oberbürgermeisterin bleiben erfolglos.
23. November 1999	Der Vorstand der Philipp Holzmann AG stellt den Antrag auf Eröffnung des Insolvenzverfahrens. Vom Frankfurter Amtsgericht wird ein vorläufiger Verwalter bestellt. Bun-

deskanzler Gerhard Schröder schaltet sich ein, um eine Lösung für die Rettung des Unternehmens zu finden und die Insolvenz abzuwenden. Schröder führt Gespräche mit Klaus Wiesehügel, Chef der IG Bauen-Agrar-Umwelt (IG BAU), und Jürgen Mahneke, Vorsitzender des Gesamtbetriebsrats der Philipp Holzmann AG und des Konzernbetriebsrats.

Die Holzmann-Aktie wird wieder gehandelt, der Kurs bricht um über 80 % ein.

Die Abwendung des Insolvenzverfahrens

24. November 1999 Mit Unterstützung des Bundeskanzlers, des hessischen Ministerpräsidenten und der Frankfurter Oberbürgermeisterin stimmen die wichtigsten Gläubigerbanken des Unternehmens dem Sanierungskonzept des Vorstands zu. Schröder bietet eine „Finanzspritze" in Höhe von 250 Mio. DM, bestehend aus der Zusage eines zusätzlichen nachrangigen, d. h. eigenkapitalersetzenden Darlehens der Kreditanstalt für Wiederaufbau (KfW) in Höhe von 150 Mio. DM sowie einer vom Bund übernommenen Ausfallbürgschaft über 100 Mio. DM, an. Nach Zustimmung der Gläubigerbanken wird der Insolvenzantrag zurückgezogen.

2. Dezember 1999 Vorstand und Gesamtbetriebsrat der Philipp Holzmann AG treffen eine Rahmenvereinbarung über den Arbeitnehmerbeitrag zur Sanierung im Volumen von 245 Mio. DM.

9. Dezember 1999 Der Aufsichtsrat erteilt auf Basis einer Sonderprüfung den Auftrag, zivilrechtliche Maßnahmen gegen frühere Vorstände und ehemalige leitende Mitarbeiter zu ergreifen.

Erstes Spitzengespräch mit IG BAU über Sanierungstarifvertrag bzw. Möglichkeiten zur Sicherung des Arbeitnehmerbeitrags auf Tarifebene.

15. Dezember 1999 Der Konsortialkreditvertrag über 1,0 Mrd. DM wird abgeschlossen und eine Prolongation der bisherigen Kreditengagements vereinbart.

19. Dezember 1999 Zweites Spitzengespräch zwischen dem Vorstandsvorsitzenden der Philipp Holzmann AG und dem IG BAU-Vorsitzenden mit dem Ziel, eine rechtlich sichere Grundlage für den Arbeitnehmerbeitrag im Philipp Holzmann-Sanierungskonzept zu vereinbaren. Grundsätzliche Zusage der IG BAU zu fünf Stunden Mehrarbeit und späterem Ausgleich.

21. Dezember 1999 Beginn der Verhandlungen zwischen Philipp Holzmann und der IG BAU über Interessenausgleich und Sozialplan.

30. Dezember 1999 Die außerordentliche Hauptversammlung der Philipp Holzmann AG befürwortet mit großer Mehrheit die für die Sanierung erforderlichen Kapitalmaßnahmen. Im Einzelnen beschließt die Hauptversammlung mit 99,70 % der Stimmen eine Kapitalherabsetzung im Verhältnis 26 : 1 sowie eine Kapitalerhöhung, durch die der Philipp Holzmann AG 1,265 Mrd. DM zufließen werden. Nach den Kapitalmaßnahmen wird das Grundkapital der Gesellschaft 13,317 Mio. € betragen. Bei der Versammlung sind rund 54 % des stimmberechtigten Kapitals vertreten.

4. Januar 2000 Fortsetzung sowohl der Gespräche mit IG BAU über einen Sanierungstarifvertrag als auch der Gespräche über Interessenausgleich und Sozialplan.

7. Januar 2000 EU-Kommission kündigt vertieftes Prüfverfahren hinsichtlich der Zulässigkeit der Restrukturierungsbeihilfen für die Philipp Holzmann AG an.

10. Januar 2000 Vorstand und Betriebsräte der Philipp Holzmann AG einigen sich unter Mitwirkung der IG BAU auf einen Interessenausgleich und einen Sozialplan. Die vom Stellenabbau betroffenen Mitarbeiter können in eine Beschäftigungs- und Qualifizierungsgesellschaft (BQG) übertreten.

13. Januar 2000 Bundesweite Durchsuchungen durch die Staatsanwaltschaft und das Bundeskriminalamt. Beschlagnahmung von Akten auf Grund der von Philipp Holzmann gestellten Strafanzeigen gegen frühere Verantwortliche.

21. Januar 2000 Einigung zwischen Vorstand und IG BAU über Sanierungstarifvertrag für die Philipp Holzmann AG. Die Arbeitnehmer werden über einen Zeitraum von 18 Monaten fünf Stunden Mehrarbeit pro Woche leisten. Diese Sanierungsstunden werden auf individuellen Sanierungsarbeitszeitkonten verbucht und später an die Arbeitnehmer rückvergütet.

28. Januar 2000 Der Pensions-Sicherungs-Verein in Köln sagt die Übernahme von 50 % der Pensions- und Rentenverpflichtungen der Philipp Holzmann AG bis zum 31. Dezember 2003 zu. Dieser Sanierungsbeitrag hat ein Volumen von 55,2 Mio. DM.

31. Januar 2000 Die sozialpolitische Vertretung des Hauptverbands der Deutschen Bauindustrie lehnt den Sanierungstarifvertrag aus übergeordneten tarifpolitischen Gründen ab. Die Mitgliedschaft der Philipp Holzmann AG in den Arbeitgeberverbänden der Bauindustrie ist gefährdet.

1. Februar 2000 Beginn der Umsetzung des Sanierungstarifvertrags und der neuen Flächenorganisation mit nur noch 17 Niederlassungen. Freigabe der zweiten Tranche des Konsortial-

	kredits durch die Banken und Kreditversicherer in Höhe von 400 Mio. DM.
8. Februar 2000	Die Philipp Holzmann AG ist sanierungsfähig. Zu diesem Schluss gelangen der Vorstand und die Unternehmensberatung Roland Berger & Partner auf der Grundlage eines detaillierten und umfassenden Restrukturierungskonzepts. Die Banken und Kreditversicherer nehmen das Konzept zustimmend zur Kenntnis.
9. Februar 2000	Weiterführung der Gespräche mit der IG BAU über einen neuen Sanierungstarifvertrag.
10. Februar 2000	Die kreditgebenden Institute erklären ihre Teilnahme an der Kapitalerhöhung.
14. Februar 2000	Die Kernbanken der Philipp Holzmann AG zeichnen planmäßig die 7,6 Millionen neuen Stückaktien aus der von der außerordentlichen Hauptversammlung am 30. Dezember 1999 beschlossenen Kapitalerhöhung und zahlen den Gesamtausgabebetrag in Höhe von 1,265 Mrd. DM ein.
17. Februar 2000	Die Durchführung der Kapitalerhöhung der Philipp Holzmann AG im Verhältnis 3 : 4 auf 13,3 Mio. € wird ins Handelsregister am Amtsgericht Frankfurt am Main eingetragen. Mit der Eintragung steht der über die Kernbanken im Rahmen der Sanierung gegebene Kapitalerhöhungsbetrag von 1,265 Mrd. DM dem Unternehmen zur freien Verfügung.
15. März 2000	Außerordentliche Hauptversammlung der Philipp Holzmann AG: Die Aktionäre beschließen mit überwältigender Mehrheit die Ausgabe von Wandelgenussrechten, durch die das Unternehmen mit einem zusätzlichen Eigenkapital von ca. 770 Mio. DM ausgestattet und von Zins- und Tilgungsverpflichtungen in entsprechender Höhe entlastet wird.
5. April 2000	Philipp Holzmann und IG BAU vereinbaren einen neuen Sanierungstarifvertrag. Er enthält neben der Regelung der Rückvergütung der Sanierungsarbeitszeit in Form von Freizeit zusätzlich ein Aktienwertsteigerungsprogramm. Dadurch werden die Arbeitnehmer entsprechend dem Umfang ihrer geleisteten Sanierungsstunden am Sanierungserfolg bzw. an der Wertsteigerung des Unternehmens beteiligt. Eintragung des zur Bedienung der Wandelgenussrechte erforderlichen bedingten Kapitals in das Handelsregister.
6. April 2000	Der Vorstand beschließt mit Zustimmung des Aufsichtsrats, Wandelgenussrechte im Nominalbetrag von 4,66 Mio. € auszugeben.

10. April 2000	Annahme des neuen Sanierungstarifvertrags durch die IG BAU und die Philipp Holzmann AG.
31. August 2000	Die Kreditanstalt für Wiederaufbau (KfW) sagt dem Philipp Holzmann Konzern die Gewährung eines Darlehens in Höhe von 125 Mio. DM zu marktüblichen Bedingungen zu. Der Kredit dient zur Finanzierung des wachsenden Auftragsbestandes des Unternehmens im Ausland und wird kurzfristig zur Auszahlung gebracht.
22. November 2000	Die Konsortialbanken verlängern den Kredit für die Philipp Holzmann AG mit einem Betrag von 500 Mio. DM. Damit ist für das Jahr 2001 die finanzielle Begleitung des Restrukturierungsprogramms durch die Kernbanken gesichert.
21. März 2002	Der Vorstand der Phillip Holzmann AG stellt Insolvenzantrag.

Quelle: in Anlehnung an die Geschäftsberichte 1998 bis 2000 und Pressemitteilungen.

2.3.2.5.3 Sanierung Nordex

Die in Norddeutschland ansässige Nordex AG – heute Nordex SE – entwickelte, produzierte und vertrieb als Konzernobergesellschaft über ihre Tochterunternehmen Windkraftanlagen zur Stromerzeugung. Darüber hinaus bot der Konzern windkraftspezifische Dienstleistungen an, die von der Planung entsprechender Anlagen über die Identifizierung geeigneter Flächen bis hin zur technischen Realisierung der Anlagen reichten.

Die Nordex AG war für die Finanzierung der Nordex-Gruppe verantwortlich, übte jedoch keine operative Tätigkeit aus. Mit den wesentlichen inländischen Konzerngesellschaften bestanden Ergebnisabführungsverträge.

Geschäftsjahr 2002/2003: Weg in die Krise und operative Restrukturierung

In dem vom 1. Oktober 2002 bis zum 30. September 2003 laufenden **Geschäftsjahr 2002/2003** erlitt der Konzern einen **Umsatzeinbruch**. Die in der Gewinn- und Verlustrechnung ausgewiesenen Umsatzerlöse sanken gegenüber dem Vorjahr um ca. 55 Prozent von 439 Millionen Euro auf 196 Millionen Euro. Zum Teil war diese Entwicklung auf bilanztechnische Effekte zurückzuführen, welche die vom Konzern angewandte Percentage-of-Completion Methode betrafen.

Der Großteil des Umsatzeinbruchs resultierte jedoch aus der äußerst schwachen Geschäftsentwicklung. Im Kernmarkt Deutschland stürzte das Geschäftsvolumen im Vergleich zum Vorjahr um etwa 62 Prozent ab. Im übrigen Europa betrug der Rückgang 39 Prozent. Ein gewichtiger Grund für diese Entwicklung kann darin gesehen werden, dass die staatliche Förderung regenerativer Energien auf politischer Ebene weltweit kontrovers diskutiert wurde, was zu Planungsunsicherheiten bei Betreibern entsprechender Anlagen führte. In Deutschland beispielsweise wurde von Januar bis September 2003 branchenweit über 25 Prozent weniger Anlagenleistung als im entsprechenden Vorjahreszeitraum errichtet.

Der Nordex-Konzern war zu Beginn des Geschäftsjahres 2002/2003 auf Wachstum ausgerichtet. Noch bis Mitte Februar 2003 wurde ein gegenüber dem Vorjahr um ca. 18 Prozent gesteigerter Jahresumsatz von 520 Millionen Euro angestrebt. Die auf das Erreichen dieses Umsatzziels ausgerichteten Kostenstrukturen konnten durch die tatsächlich erzielten Umsatzerlöse nicht gedeckt werden. Im Weiteren ergaben sich unter anderem folgende Ergebnisbelastungen:

- Aufgrund von Schwachpunkten in den Prozessabläufen, von der Fertigung über die Verschiffung bis hin zur Errichtung im Windpark, kam es insbesondere im Ausland zu **ungeplanten Kosten bei der Projektrealisierung**.
- **Neubewertungen von Risikopositionen** führten zu einer Gesamtergebnisbelastung von ca. 109 Millionen Euro. Dieser bilanziell als Sonderbelastung ausgewiesene Aufwand betraf folgende Positionen: Zuführung zu den Rückstellungen, Abwertung von Roh-, Hilfs- und Betriebsstoffen, Wertberichtigungen auf Forderungen aus Lieferungen und Leistungen, außerplanmäßige Abschreibungen von Gegenständen des Anlagevermögens, Abschreibungen bei unfertigen Projekten im Rahmen der verlustfreien Bewertung, übrige Sonderbelastungen.
- Insolvenzen von Kunden und weitere Ereignisse machten **Einzelwertberichtigungen auf Forderungen aus Lieferungen und Leistungen**, über den bereits bei den Sonderbelastungen erfassten Teil hinaus, unausweichlich.

Insgesamt ergab sich ein **Konzernjahresfehlbetrag** von rund 154 Millionen Euro.

Der negativen Entwicklung versuchte der Konzern durch eine **Restrukturierung** des **operativen Unternehmensbereichs** zu begegnen. Der Aufsichtsrat und die finanzierenden Banken segneten im Juni 2003 folgende Eckpunkte eines auf 18 Monate angelegten Programms ab. Die Zustimmung der Banken war aufgrund der äußerst angespannten Bonitäts- und Liquiditätslage – die liquiden Mittel hatten sich im Verlauf des Geschäftsjahres von 48,5 auf 4,6 Millionen Euro reduziert – erforderlich.

1. **Konzentration auf attraktive Kernmärkte**

   Unter der Maßgabe, dass jeder Standort kurzfristig profitable Umsätze erzielen muss, erfolgte eine Konzentration auf die Vertriebsregionen Westeuropa und Fernost. Der Vertrieb in den USA wurde eingestellt.

2. **Stärkung der technologischen Position im oberen Leistungsbereich**

   Mit dieser „wohlklingenden" Bezeichnung wurde umschrieben, dass das bestehende Know-how gefestigt werden sollte, während die Entwicklung technologisch weiter fortgeschrittener Anlagen zunächst fast vollständig eingestellt werden sollte.

3. **Optimierung der Geschäftsprozesse**

   Die bestehenden operativen Einheiten Vertrieb, Einkauf, Projektmanagement und Produktion sollten durch eine neu zu schaffende Zentraleinheit besser koordiniert werden. Darüber hinaus sollte die Risikoüberwachung verbessert werden.

4. **Kostensenkung durch operative und strukturelle Maßnahmen**

   Entlang der gesamten Wertschöpfungskette sollten unterschiedliche Einsparungsmaßnahmen erfolgen. Hervorzuheben ist die Konzentration der europäischen Fertigung in Rostock.

5. **Verbesserung der Liquiditätslage durch die Senkung des Working Capital**

   Aufgrund der mangelnden Verknüpfung der operativen Einheiten und der auf Wachstum ausgelegten langfristigen Lieferantenvereinbarungen kam es im Geschäftsjahr 2002/2003 zu einem starken Anstieg der Vorratsbestände. Entsprechende Modifikationen der bestehenden Vereinbarungen sollten diesem Trend entgegenwirken.

Das Restrukturierungsprogramm ging in den ersten neun Monaten des Jahres 2003 mit einem Abbau des Personalbestands um knapp 10 % von 897 Mitarbeitern (31. 12. 2002) auf 812 Mitarbeiter (30. 09. 2003) einher.

Geschäftsjahr 2003/2004: Entwicklung der Krise und Fortführung der operativen Restrukturierung

Im Geschäftsjahr 2003/2004 war die Nachfrage nach Windkraftanlagen weiterhin branchenweit rückläufig. Der Nordex-Konzern konnte seine sehr niedrigen Umsatzerlöse des Vorjahres nur leicht um rund 13 Prozent auf 221,6 Millionen Euro steigern. Die gut voranschreitende Restrukturierung des operativen Bereichs führte jedoch dazu, dass der Konzernjahresfehlbetrag von 154 Millionen Euro im Vorjahr auf 33,5 Millionen Euro gesenkt werden konnte.

Der Nordex-Konzern kam trotz der Fortschritte im operativen Bereich finanziell unter zunehmenden Druck. Die Nordex AG sowie die deutschen Tochtergesellschaften waren zum Ende des Geschäftsjahres in einen Sicherheiten-Poolvertrag mit den finanzierenden Banken einbezogen, der faktisch eine Verpfändung sämtlicher bilanzierter und nicht bilanzierter Vermögenswerte zur Absicherung der bestehenden Kreditverbindlichkeiten beinhaltete. Die Eigenkapitalquote sank in den ersten beiden Jahren der Krise von rund 57 Prozent (30. 09. 2002) auf circa 5 Prozent (30. 09. 2004). Der Finanzmittelbestand sank im gleichen Zeitraum von 48,5 Millionen Euro auf 1,9 Millionen Euro. Nach eigenen Angaben konnte der Konzern im Geschäftsjahr 2003/2004 aufgrund der angespannten Finanzierungssituation ein Umsatzvolumenpotential von geschätzten 80 Millionen Euro nicht realisieren. Zum einen lag dies an einem Vertrauensverlust der Abnehmer und zum anderen an Schwierigkeiten bei der Zwischenfinanzierung von Fertigungsaufträgen. Zur Behebung dieser Finanzierungsprobleme stellte der Konzern ein Rekapitalisierungsprogramm auf, das folgende Kapitalmaßnahmen beinhaltete:

- Herabsetzung des Grundkapitals von 52,05 Millionen Euro auf 5,205 Millionen Euro durch Zusammenlegung der Aktien im Verhältnis 10:1.
- Stärkung der liquiden Mittel durch eine Barkapitalerhöhung von geplant bis zu 40 Millionen Euro; Ausgabe von neuen Aktien zum Kurs von 1 Euro.
- Reduzierung der Kreditforderungen durch Banken um rund 28 Millionen Euro. Parallel hierzu war die Gewinnung von bis zu 12 Millionen Euro neuen

gezeichneten Kapitals durch Ermächtigung des Vorstands zur Erhöhung des Grundkapitals über die Ausgabe neuer Aktien gegen Einlagen (genehmigtes Kapital) vorgesehen.

Die Hauptversammlung der Nordex AG beschloss im Mai 2004, das Geschäftsjahr auf das Kalenderjahr umzustellen und hierfür im Zeitraum 1. Oktober bis 31. Dezember 2004 ein Rumpfgeschäftsjahr einzuführen.

Rumpfgeschäftsjahr 2004/Geschäftsjahr 2005: Finanzielle Sanierung

Das Rumpfgeschäftsjahr 2004 sowie das erste Halbjahr des Geschäftsjahres 2005 waren durch die finanzielle Sanierung des Konzerns gekennzeichnet. Am 28. Dezember 2004 unterzeichnete die Nordex AG mit den beiden Finanzinvestoren CMP Capital Management-Partners und Goldman Sachs einen Zeichnungsvorvertrag, in dem sich die Finanzinvestoren verpflichteten, im Zuge der sich an die geplante Herabsetzung des Grundkapitals anschließenden geplanten Barkapitalerhöhung mindestens 30 Millionen neue Aktien zu zeichnen. Diese Zusage war unter anderem daran gebunden, dass die Investoren nach Durchführung der Barkapitalerhöhung eine Beteiligungsquote von mindestens 52 Prozent erreichen. Im Weiteren war die Wirksamkeit der Vereinbarung an eine noch einzuholende verbindliche Erklärung des zuständigen Finanzamts, dass die bestehenden steuerlichen Verlustvorträge im Zuge der Kapitalerhöhung nicht untergehen, geknüpft.

Die Hauptversammlung der Nordex AG stimmte dem Rekapitalisierungskonzept am 21. Februar 2005 mit einer Mehrheit von 99,8 Prozent zu.

Die Eintragung der Kapitalherabsetzung durch Zusammenlegung der Aktien im Verhältnis 10:1 sowie die sich anschließende Barkapitalerhöhung wurden am 30. März 2005 in das Handelsregister eingetragen. Die Kapitalherabsetzung war eine unabdingbare Voraussetzung der Kapitalerhöhung. Das Nennkapital der Nordex AG entfiel vor den Kapitalmaßnahmen auf 52,05 Millionen nennwertlose Stückaktien. Für eine einzelne Aktie ergab sich der nach §8 Abs. 3 Satz 3 AktG vorgesehene rechnerische Mindestanteil am Grundkapital von 1 Euro. Der Aktienkurs der Nordex AG lag in dem Zeitraum vor der Kapitalherabsetzung dauerhaft deutlich unter 1 Euro, d. h. eine Kapitalerhöhung, die einen Ausgabekurs der neuen Aktien von 1 Euro oder mehr vorgesehen hätte, wäre unter den gegebenen Umständen nicht am Markt zu platzieren gewesen. Ein Ausgabekurs von weniger als 1 Euro kam aufgrund der rechtlichen Vorgaben (§§8 Abs. 3, 9 Abs. 1 AktG) nicht in Frage. Der Aktienkurs musste, um den Weg zur Beschaffung neuer Barmittel im Zuge der Kapitalerhöhung frei zu machen, durch die Kapitalherabsetzung auf ein Niveau von mindestens 1 Euro gehoben werden (vgl. Teil C, Abschn. 2.3.2.2, S. 1179).

Die Kapitalerhöhung verlief recht reibungslos. In der bis zum 15. März 2005 laufenden Bezugsrechtsphase zeichneten die Altaktionäre – bzw. Neuaktionäre, die zuvor Bezugsrechte erwarben – 10.182.100 Aktien. Die Finanzinvestoren zeichneten darüber hinaus 31.457.900 Aktien. Insgesamt wurde das gezeichnete Kapital gegen Bareinlage um 41.640.000 Euro erhöht.

Im Geschäftsjahr 2005 erfolgte außerdem eine Sachkapitalerhöhung aus dem genehmigten Kapital durch Einbringung bestehender Bankverbindlichkeiten von 27.899.000 Euro gegen die Ausgabe von 11.973.818 neuen Aktien mit einem rechnerischen Anteil am Grundkapital von 1 Euro pro Aktie. Es wurde im Zuge dieser Kapitalerhöhung also ein Gesamtagio von 15.925.182 Euro verrechnet. Die Entwicklung des Nennkapitals im Jahr 2005 stellt sich somit gemäß folgender Tabelle dar:

Stand 01. 01. 2005:	**52.050.000**
Vereinfachte Kapitalherabsetzung im Verhältnis 10:1	./. 46.845.000
Barkapitalerhöhung	41.640.000
Sachkapitalerhöhung	11.973.818
Stand 31. 12. 2005:	**58.818.818**

Die Eigenkapitalquote des Konzerns konnte durch die erfolgreiche Rekapitalisierung erheblich gesteigert werden: Sie stieg im Verlauf des Geschäftsjahres 2005 von circa 1,34 Prozent (31. 12. 2004) auf rund 27,42 Prozent (31. 12. 2005).

In Folge der operativen und finanziellen Restrukturierung kehrte der Nordex-Konzern im Geschäftsjahr 2006 in die Gewinnzone zurück. Die Gesamtentwicklung wird in der folgenden Tabelle beschrieben:

Geschäftsjahr	**2001/ 2002**	**2002/ 2003**	**2003/ 2004**	**2004***	**2005**	**2006**
Ertragslage (in tsd. Euro)						
Umsatzerlöse	439.181	196.202	221.572	59.228	308.970	513.649
Jahresergebnis	20.050	– 154.095	– 33.457	– 7.712	– 8.217	12.588
Vermögenslage (in tsd. Euro)						
Bilanzsumme zum Bilanzstichtag	357.684	251.965	203.532	186.382	231.373	457.441
Konzerneigenkapital zum Bilanzstichtag	202.405	44.866	10.109	2.490	63.453	148.526
Verbindlichkeiten zum Bilanzstichtag	109.135	128.658	118.699	115.247	102.879**	236.150**
Finanzlage (in tsd. Euro)						
Veränderung der Liquidität	– 12.576	– 43.887	– 2.687	7.477	10.086	112.416
Finanzmittelbestand zum Bilanzstichtag	48.504	4.617	1.930	9.407	19.493	131.909

* Rumpfgeschäftsjahr (1. 10. 2004 – 31. 12. 2004)

** Mehrfach geänderter Bilanzausweis; zur Vergleichbarkeit mit Vorperioden Werte durch entsprechende Verknüpfung folgender Konzernabschlusspositionen bestimmt: Verbindlichkeiten aus Lieferungen und Leistungen, sonstige kurzfristige Verbindlichkeiten, langfristige Finanzverbindlichkeiten, sonstige langfristige Verbindlichkeiten, passiver Rechnungsabgrenzungsposten, abgegrenzte Schulden.

Chronologie der Sanierung des Nordex-Konzerns

13. Februar 2003	Die Nordex AG veröffentlicht erstmals in ihrer Geschichte ein negatives Quartalsergebnis. Ursachen sind Kostenüberschreitungen bei einzelnen Projekten, die Havarie einer Anlage sowie die Unterdeckung von Fixkosten.
20. Februar 2003	Nordex leitet ein Sofortprogramm zur Kostensenkung und Ergebnisverbesserung ein. Kernpunkte sind die Reduzierung der sonstigen betrieblichen Aufwendungen um rund 20 Prozent sowie die Schließung der Produktion im dänischen Give. Insgesamt sollen 150 Stellen eingespart werden. Am gleichen Tag beurlaubt der Aufsichtsrat den Vorstandsvorsitzenden der Nordex AG.
31. März 2003	Umbildung des Vorstands; zukünftig setzt sich der Vorstand aus Thomas Richterich (Sprecher des Vorstands) und Carsten Pedersen zusammen.
1. April 2003	Im ersten Quartal des Jahres 2003 wurden in Deutschland, dem weltweit größten Einzelmarkt für Windenergie, branchenweit 22 Prozent weniger Turbinenleistung errichtet als im Vorjahreszeitraum. Hauptgrund für diese Entwicklung ist die Zurückhaltung der Banken bei der Finanzierung von Windparks.
16. Juni 2003	Aufsichtsrat und kreditgebende Banken unterstützen das eingeleitete operative Restrukturierungsprogramm der Nordex AG.
22. September 2003	Bei der regelmäßigen Überprüfung der Aktienindizes scheidet Nordex aus dem TecDax aus. Grund für den Beschluss der Deutschen Börse ist die geringe Marktkapitalisierung der Nordex AG, die auf den gesunkenen Aktienkurs zurückgeht.
1. Oktober 2003	In Deutschland setzt sich die branchenweite negative Entwicklung bei den Neuerrichtungen fort: Von Januar bis September 2003 wurden etwa 25 Prozent weniger Anlagenleistung installiert als im Vorjahreszeitraum.
27. Februar 2004	Im Geschäftsbericht des Geschäftsjahres 2002/2003 weist Nordex einen Konzernjahresfehlbetrag von rund 154 Millionen Euro aus.
1. März 2004	Nordex veröffentlicht Zahlen zum ersten Quartal 2003/2004. Der Verlust hat sich gegenüber dem Vorjahreszeitraum ungefähr halbiert. Nach Konzernangaben ist das Konzept zur operativen Restrukturierung zu etwa 56 Prozent umgesetzt. Der Aufsichtsrat wählt Herrn Dr. Eberhard Freiherr von Perfall zu seinem neuen Vorsitzenden.

21. April 2004 In Deutschland setzt sich die branchenweite negative Entwicklung bei den Neuerrichtungen fort, so dass im ersten Quartal 2004 branchenweit rund 7,7 Prozent weniger Windenergieanlagen errichtet wurden als im Vorjahreszeitraum.

10. Mai 2004 Nordex veröffentlicht Zahlen zum ersten Halbjahr 2003/04. Der Verlust hat sich gegenüber dem Vorjahr um 57 Prozent reduziert. Nach Konzernangaben ist das Konzept zur operativen Restrukturierung zu etwa 70 Prozent umgesetzt.

12. Mai 2004 Die Hauptversammlung der Nordex AG unterstützt die Neuausrichtung der Gesellschaft. Die amtierenden Vorstände und Aufsichtsräte werden mit großer Mehrheit entlastet.

1. Juli 2004 Der Aufsichtsrat bestellt Dr. Hansjörg Müller zum Vorstand für das Ressort „Operations".

26. August 2004 Nordex veröffentlicht Zahlen zum dritten Quartal 2003/04. Der Verlust hat sich gegenüber dem Vorjahreszeitraum um 60 Prozent reduziert. Nach Konzernangaben ist das Konzept zur operativen Restrukturierung zu etwa 74 Prozent umgesetzt.

28. Dezember 2004 Nordex unterzeichnet mit CMP Capital Management-Partners und Goldman Sachs die Verträge zur Rekapitalisierung der Gesellschaft. Die Investoren verpflichten sich, unter bestimmten Bedingungen nach der geplanten Kapitalherabsetzung (im Verhältnis 10:1) mindestens 30 Millionen neue Aktien zu zeichnen.

31. Dezember 2004 Die Eigenkapitalquote des Nordex-Konzerns erreicht mit rund 1,3 Prozent ihren absoluten Tiefstand.

1. Februar 2005 Im Geschäftsbericht des Geschäftsjahres 2003/2004 weist Nordex einen Konzernjahresfehlbetrag von rund 33 Millionen Euro aus.

19. Februar 2005 Die Mitarbeiter des Nordex-Konzerns stimmen einem freiwilligen bedingten Lohnverzicht als Sanierungsbeitrag zu.

21. Februar 2005 Die Hauptversammlung der Nordex AG stimmt dem Rekapitalisierungskonzept mit einer Mehrheit von 99,8 Prozent zu.

30. März 2005 Die Barkapitalerhöhung um 41,64 Millionen Euro ist vollständig platziert.

23. Mai 2005 Nordex veröffentlicht eine schwache Entwicklung im ersten Quartal des Geschäftsjahres 2005. Der Auftragseingang halbiert sich wegen der Unsicherheit über die zukünftige Entwicklung der Gesellschaft. Das Umsatz-

	volumen reduziert sich um etwa 35 Prozent. Vor allem bedingt durch die geringe Auslastung beträgt der operative Verlust 7,1 Millionen Euro.
3. Juni 2005	Die Sachkapitalerhöhung (Einbringung von Bankverbindlichkeiten in Höhe von 27,9 Millionen Euro gegen 12 Millionen neue Aktien) ist durchgeführt. Damit ist die Rekapitalisierung der Nordex AG abgeschlossen. Das Grundkapital hat sich auf 58,8 Millionen Euro erhöht.
30. Juni 2005	Vor dem Hintergrund der geglückten Rekapitalisierung erhöht sich der Auftragseingang im zweiten Quartal 2005 um 175 Prozent. Der Umsatz steigt um 17 Prozent. Im Juni, dem umsatzstärksten Monat im Quartal, kann Nordex erstmals wieder ein positives operatives Ergebnis erzielen. Im ersten Halbjahr 2005 erhöht Nordex seinen Marktanteil in Deutschland von 4 auf 8 Prozent.
30. September 2005	Im dritten Quartal erhöht sich der Auftragseingang um 100 Prozent. Der Umsatz kann mit diesem Wachstum nicht Schritt halten, weil es aufgrund der weltweit hohen Nachfrage zu Lieferengpässen bei Kernkomponenten kommt und Nordex im Zuge der operativen Restrukturierung seine Bestellmengen drastisch gedrosselt hatte. Trotzdem erwirtschaftet der Konzern erstmals wieder ein positives Quartalsergebnis (0,1 Millionen Euro).
31. Dezember 2005	Der Auftragseingang des Nordex-Konzerns steigt im Jahr 2005 um 67 Prozent auf 395 Millionen Euro.
1. Halbjahr 2006	Die Nordex AG vollzieht weitere Kapitalmaßnahmen zur Finanzierung des zukünftigen Wachstums. Nordex wird wieder in den TecDax aufgenommen.
2. Halbjahr 2006	Nordex verzeichnet Auftragseingänge in bisher nicht gekannten Größenordnungen. Das Geschäftsjahr 2006 wird mit einem moderaten Konzernjahresüberschuss von rund 12,6 Millionen Euro abgeschlossen.

Quelle: Zu den Ausführungen dieses Abschnittes vgl. die Geschäftsberichte des Nordex-Konzerns der Geschäftsjahre 2002/2003, 2003/2004, 2004, 2005 und 2006.

2.3.3 Steuerliche Behandlung der Sanierung

Mit der finanziellen Sanierung wird das Ziel verfolgt, eine formell ausgewiesene Unterbilanz durch Buchgewinne, die aus einer Zuzahlung der Anteilseigner, einer Kapitalherabsetzung oder einem Schuldenerlass resultieren, zu beseitigen. Grundsätzlich unterliegt eine erfolgswirksame Vermögensmehrung gemäß der Steuersystematik der **Ertragsbesteuerung** und würde, wenn der Sanierungsgewinn steuerpflichtig wäre, zu einem Abfluss liquider Mittel führen. Damit wäre ein Großteil der Sanierungen wegen des fiskalischen Eingriffs zum Scheitern verurteilt. Die Besteuerung knüpft grundsätzlich an der wirtschaftlichen Leistungsfähigkeit des Steuersubjekts an. **Sanierungsgewinne,** die zu einer erfolgswirksamen Reinvermögensmehrung gemäß §§4 Abs. 1, 5 Abs. 1 EStG und damit zu einer Erhöhung der Steuerbemessungsgrundlage führen, sind folglich bei mangelnder Leistungsfähigkeit des Steuersubjekts einer Besteuerung zu entziehen. Dies wird regelmäßig dann erforderlich sein, wenn das Steuersubjekt weder über stille Reserven noch über Verlustvorträge verfügt und die durch den Sanierungsgewinn bedingte Vermögensmehrung dazu dient, eine Überschuldungssituation zu beseitigen. Da mit einer Besteuerung des Sanierungsgewinns ein Abfluss liquider Mittel und damit eine Vermögensminderung verbunden ist, welche die Überschuldungssituation wiederherstellen und gegebenenfalls eine Insolvenz auslösen würde, ist eine solche Besteuerung mit dem Leistungsfähigkeitsprinzip nicht vereinbar (*Institut „Finanzen und Steuern" e. V.*, Schrift Nr. 360, S. 48).

Gemäß dem diesem Gedankengerüst entsprechenden §3 Nr. 66 EStG a. F. blieben bis 1997 unter bestimmten Voraussetzungen „Erhöhungen des Betriebsvermögens, die dadurch entstehen, dass Schulden zum Zweck der Sanierung ganz oder teilweise erlassen werden", steuerfrei. Der Gesetzgeber hob den §3 Nr. 66 EStG a. F. jedoch im Zuge des Gesetzes zur Fortsetzung der Unternehmenssteuerreform auf, so dass ab dem 1.1.1998 **Sanierungsgewinne**, die aus einem Schuldenerlass resultieren, grundsätzlich **steuerpflichtig** sind. Diese Gesetzesänderung folgte der Überlegung, dass eine Unternehmenssanierung und die aus ihr resultierenden Gewinne in einem direkten Zusammenhang mit den zuvor erlittenen Verlusten zu sehen seien. Eine steuerliche Freistellung von Sanierungsgewinnen würde demgemäß zu einer als nicht gerechtfertigt betrachteten Doppelbegünstigung des betroffenen Unternehmens führen, die einerseits aus der direkten Steuerfreiheit der Sanierungsgewinne und andererseits aus dem Erhalt der angesammelten Verlustvorträge – welche in späteren Veranlagungszeiträumen erwirtschaftete Gewinne mindern und diese im Ergebnis ebenso (teilweise) steuerfrei stellen würden – bestünde (vgl. *Khan/Adam*, Besteuerung, S. 900).

Dem eine Sanierung durchführenden Unternehmen blieb nach der Gesetzesänderung zunächst nur die Möglichkeit, eine steuerliche Freistellung der aus einem **Schuldenerlass** resultierenden Gewinne im Zuge einer Einzelfallregelung auf der Grundlage allgemeiner Billigkeitsgrundsätze (§§ 163, 227 AO) zu erreichen. Nach diesen könnte beispielsweise die Besteuerung eines Gewinns aus einem Schuldenerlass, der zum Zweck der **Abwendung der Insolvenz** vereinbart wurde, eine Verletzung des Prinzips der Besteuerung nach der Leistungsfähigkeit darstellen und somit unbillig sein. Das am 27. 3. 2003 veröffentlichte BMF-Schreiben mit dem Titel „Ertragsteuerliche Behandlung von Sanierungsgewinnen; Steuerstundung und Steuererlass aus sachlichen Billigkeitsgründen (§§ 163, 222, 227 AO)" (BStBl. I 2003, S. 240 ff.) sollte dem Ziel dienen, den Ermessensspielraum der Finanzverwaltung und die damit einhergehende Rechtsunsicherheit zu begrenzen. Nach diesem als **Sanierungserlass** bekannten Schreiben soll unter näher bestimmten Voraussetzungen der nach Ausschöpfung aller ertragsteuerrechtlicher Verlustverrechnungsmöglichkeiten verbleibende Sanierungsgewinn nicht zu versteuern sein (gemäß BMF-Schreiben vom 22. 12. 2009, BStBl. I 2010, S. 18, soll dies auch für entsprechende Gewinne aus einer Restschuldbefreiung und aus einer Verbraucherinsolvenz und insoweit über die im Sanierungserlass ausschließlich ausgesprochenen unternehmensbezogenen Sanierungsfälle hinaus möglich sein). Durch die vorzunehmende Ausschöpfung aller ertragsteuerrechtlicher Verlustverrechnungsmöglichkeiten, worunter insbesondere die Verrechnung aller negativen Einkünfte des Veranlagungszeitraums der Sanierung sowie bestehender Verlustvorträge fällt, soll eine Doppelbegünstigung vermieden werden. Zu beachten ist jedoch, dass der Sanierungserlass keine unmittelbare Bedeutung für die Gewerbesteuererhebung hat, die Sache der einzelnen Gemeinden ist, und dass nach einem Urteil des FG München vom 12. 12. 2007 (FG München v. 12. 12. 2007, EFG 2008, S. 615 f.) der Sanierungserlass ein Verstoß gegen die Gesetzmäßigkeit der Verwaltung darstellt und somit rechtswidrig ist (vgl. hierzu auch *Bareis/Kaiser*, Sanierung, S. 1843; a. A. FG Münster v. 27. 5. 2004, EFG 204, S. 1572 f., und FG Köln, BB 2008, S. 2666 ff., vgl. zu Letzterem aber BFH v. 14. 7. 2010, BStBl. II 2010, S. 916 ff., wobei der BFH dort die Frage noch offen ließ, a. a. O., Rn. 30). Das Urteil ist momentan zur Revision beim BFH anhängig. Festzuhalten bleibt, dass zumindest bis zum Abschluss dieses Verfahrens eine erhebliche Rechtsunsicherheit hinsichtlich der ertragsteuerlichen Behandlung eines aus einem Schuldenerlass resultierenden Sanierungsgewinns herrscht (vgl. *Crezelius*, Steuerrechtsfragen, S. 96 f.).

Klarer stellt sich die Situation der **Umsatzbesteuerung** bei einem Schuldenerlass zum Zweck der Sanierung dar. Eine steuerliche Begünstigung ist hier nicht vorgesehen. Sofern umsatzsteuerpflichtige Verbindlichkeiten erlassen werden und die darauf berechnete Umsatzsteuer als Vorsteuer verbucht wurde, ist eine Korrektur erforderlich, da sich durch die Verbindlichkeitsreduzierung die Bemessungsgrundlage ändert (§ 17 Abs. 2 Nr. 1 i. V. m. § 17 Abs. 1 Satz 2 UStG).

Beispiel

Zum Zweck der Sanierung wird einem Unternehmen von seinen Lieferanten eine Verbindlichkeit aus Lieferungen und Leistungen i. H. v. 4.400 zur Hälfte erlassen. Die einberechnete Umsatzsteuer wurde von dem Unternehmen als Vorsteuer gebucht. Der zugrunde zu legende Steuersatz soll 10 % betragen (vgl. Teil A, Abschn. 4.4.1, S. 126).

Die in dem erlassenen Teil der Verbindlichkeit (2.200) enthaltene Umsatzsteuer i. H. v. 200 $\left(= \frac{2.200}{1,1} \cdot 0,1\right)$ ist zu berichtigen.

Buchungssatz:

Verbindlichkeiten aus Lieferungen und Leistungen	2.200	**an**	Sanierungskonto	2.000
			Vorsteuer	200

Die **Sanierung einer Kapitalgesellschaft durch Beitritt neuer Gesellschafter** wird insofern **ertragsteuerlich** begünstigt, als ein im Nichtsanierungsfall vorgesehener Untergang bestehender Verlustvorträge unter gewissen Voraussetzungen nicht erfolgt. Die hierzu relevanten unter dem Begriff **Mantelkauf** bekannten steuerrechtlichen Bestimmungen unterlagen in den letzten Jahren einer permanenten Veränderung, so dass aus heutiger Sicht, je nach zeitlicher Struktur des zu beurteilenden Sachverhalts unterschiedliche Vorschriften zu beachten sind (vgl. die Tabelle auf S. 1210 f.).

Die hinsichtlich ihres zeitlichen Entstehens älteste heute noch unmittelbar zu beachtende Vorschrift ist der **§ 8 Abs. 4 KStG** in der Fassung vom 23. Dezember 2001 (im Folgenden als § 8 Abs. 4 UStG a. F. bezeichnet), nach der Verluste einer Kapitalgesellschaft nur vorgetragen werden dürfen, wenn die Kapitalgesellschaft nicht nur rechtlich, sondern auch wirtschaftlich mit der Körperschaft, die den Verlust erlitten hat, identisch ist. Nach § 8 Abs. 4 Satz 2 KStG a. F. ist die **wirtschaftliche Identität** nicht mehr gegeben, wenn:

- mehr als 50 % der Anteile der Kapitalgesellschaft übertragen werden und
- die Kapitalgesellschaft ihren Geschäftsbetrieb mit überwiegend neuem Betriebsvermögen fortführt bzw. nach Einstellung wieder aufnimmt.

Überwiegend neues Betriebsvermögen liegt vor, wenn das mittels Einlagen bzw. Fremdkapital finanzierte Neuvermögen das im Zeitpunkt der Anteilsübertragung vorhandene Altvermögen übersteigt (BFH v. 13. 8. 1997, BStBl. II 1997, S. 829). Bei der Überprüfung der Schädlichkeit ist sowohl hinsichtlich des Alt- als auch des Neuvermögens der Teilwert heranzuziehen (vgl. im Weiteren BMF v. 16. 4. 1999, BStBl. I 1999, S. 455 ff.). Des Weiteren tritt ein Verlust der wirtschaftlichen Identität nur ein, wenn ein zeitlicher und sachlicher Zusammenhang zwischen der Übertragung der Gesellschaftsanteile und der Zuführung von neuem Betriebsvermögen vorliegt (BFH v. 14. 3. 2006, BStBl. II 2007, S. 602). Erfolgen die beiden Ereignisse in einem Zeitraum der maximal 2 Jahre beträgt, ist von der regelmäßigen Annahme eines sachlichen Zusammenhangs auszugehen (BMF v. 2. 8. 2007, BStBl. I 207, S. 624).

Von diesen Bestimmungen sind nach § 8 Abs. 4 Satz 3 KStG a. F. **(Sanierungsklausel)** Sanierungsfälle ausgenommen, für die die folgenden zwei Merkmale zutreffen:

- Die Zuführung neuen Betriebsvermögens dient ausschließlich der Sanierung des den Verlust verursachenden Geschäftsbetriebs und
- dieser Geschäftsbetrieb wird von der Kapitalgesellschaft nach der Sanierung in den folgenden fünf Jahren in vergleichbarem Umfang fortgeführt.

Die erste Anforderung ist erfüllt, wenn die Kapitalgesellschaft **sanierungsbedürftig** ist und das zugeführte Betriebsvermögen den **zur Fortführung erforderlichen Umfang** nicht wesentlich überschreitet. Der **Fünf-Jahreszeitraum** – zweite Anforderung an die steuerliche Unschädlichkeit von Sanierungsmaßnahmen –, beginnt, wenn mehr als 50 % der Anteile übertragen und überwiegend neues Betriebsvermögen zugeführt worden ist (Zeitpunkt des Verlusts der wirtschaftlichen Identität). Wird der Geschäftsbetrieb innerhalb von fünf Jahren nach der Sanierung ganz oder teilweise veräußert oder in ein anderes Vermögen eingebracht, geht der Verlustabzug nachträglich verloren.

Beispiel

Die Ertragslage der X-GmbH hat sich seit einigen Jahren stetig verschlechtert. Am 31. 12. 2000 liegt infolgedessen ein vortragsfähiger Verlust in Höhe von 600.000 € und Vermögen mit einem Teilwert von 500.000 € vor.

Zum Verlustabzug bei Körperschaften	Gültigkeit
§8 Abs. 4 KStG in der Fassung vom 23. 12. 2001 (**§8 Abs. 4 KStG a. F.**) [1]Voraussetzung für den Verlustabzug nach §10d des Einkommensteuergesetzes ist bei einer Körperschaft, dass sie nicht nur rechtlich, sondern auch wirtschaftlich mit der Körperschaft identisch ist, die den Verlust erlitten hat. [2]Wirtschaftliche Identität liegt insbesondere dann nicht vor, wenn mehr als die Hälfte der Anteile an einer Kapitalgesellschaft übertragen werden und die Kapitalgesellschaft ihren Geschäftsbetrieb mit überwiegend neuem Betriebsvermögen fortführt oder wieder aufnimmt. [3]Die Zuführung neuen Betriebsvermögens ist unschädlich, wenn sie allein der Sanierung des Geschäftsbetriebs dient, der den verbleibenden Verlustvortrag im Sinne des §10d Abs. 4 Satz 2 des Einkommensteuergesetzes verursacht hat, und die Körperschaft den Geschäftsbetrieb in einem nach dem Gesamtbild der wirtschaftlichen Verhältnisse vergleichbaren Umfang in den folgenden fünf Jahren fortführt. [4]Entsprechendes gilt für den Ausgleich des Verlustes vom Beginn des Wirtschaftsjahrs bis zum Zeitpunkt der Anteilsübertragung.	Letztmals anzuwenden, wenn mehr als die Hälfte der Anteile an einer Kapitalgesellschaft innerhalb eines Zeitraums von fünf Jahren übertragen werden, der vor dem 1. Januar 2008 beginnt, und der Verlust der wirtschaftlichen Identität vor dem 1. Januar 2013 eintritt (§34 Abs. 6 KStG).
§8c KStG in der Fassung vom 14. 8. 2007 (Unternehmensteuerreformgesetz) (**§8c KStG a. F.**) [1]Werden innerhalb von fünf Jahren mittelbar oder unmittelbar mehr als 25 Prozent des gezeichneten Kapitals, der Mitgliedschaftsrechte, Beteiligungsrechte oder der Stimmrechte an einer Körperschaft an einen Erwerber oder diesem nahe stehende Personen übertragen oder liegt ein vergleichbarer Sachverhalt vor (schädlicher Beteiligungserwerb), sind insoweit die bis zum schädlichen Beteiligungserwerb nicht ausgeglichenen oder abgezogenen negativen Einkünfte (nicht genutzte Verluste) nicht mehr abziehbar. [2]Unabhängig von Satz 1 sind bis zum schädlichen Beteiligungserwerb nicht genutzte Verluste vollständig nicht mehr abziehbar, wenn innerhalb von fünf Jahren mittelbar oder unmittelbar mehr als 50 Prozent des gezeichneten Kapitals, der Mitgliedschaftsrechte, Beteiligungsrechte oder der Stimmrechte an einer Körperschaft an einen Erwerber oder diesem nahe stehende Personen übertragen werden oder ein vergleichbarer Sachverhalt vorliegt. [3]Als ein Erwerber im Sinne der Sätze 1 und 2 gilt auch eine Gruppe von Erwerbern mit gleichgerichteten Interessen. [4]Eine Kapitalerhöhung steht der Übertragung des gezeichneten Kapitals gleich, soweit sie zu einer Veränderung der Beteiligungsquoten am Kapital der Körperschaft führt.	Erstmals für den Veranlagungszeitraum 2008 und auf Anteilsübertragungen nach dem 31. Dezember 2007 anzuwenden (§34 Abs. 7b KStG).
§8c in der Fassung vom 22. 12. 2009 (Wachstumsbeschleunigungsgesetz) (**§8c KStG n. F.**) (1) […; Anmerkung: Die Sätze 1–4 entsprechen wortgenau dem §8c KStG in der Fassung vom 14. 08. 2007.]	Wortgleich zu §8c KStG a. F., faktischer Anwendungszeitraum entsprechend §8c KStG a.F.
[5]Ein schädlicher Beteiligungserwerb liegt nicht vor, wenn an dem übertragenden und an dem übernehmenden Rechtsträger dieselbe Person zu jeweils 100 Prozent mittelbar oder unmittelbar beteiligt ist. [6]Ein nicht abziehbarer nicht genutzter Verlust kann abweichend von Satz 1 und Satz 2 abgezogen werden, soweit er bei einem schädlichen Beteiligungserwerb im Sinne des Satzes 1 die anteiligen und bei einem schädlichen Beteiligungserwerb im Sinne des Satzes 2 die gesamten, zum Zeitpunkt des schädlichen Beteiligungserwerbs vorhandenen stillen Reserven des inländischen Betriebsvermögens der Körperschaft nicht übersteigt. [7]Stille Reserven im Sinne des Satzes 6 sind der Unterschiedsbetrag zwischen dem anteiligen oder bei einem schädlichen Beteiligungserwerb im Sinne des Satzes 2 dem gesamten in der steuerlichen Gewinnermittlung ausgewiesenen Eigenkapital und dem auf dieses Eigenkapital jeweils entfallenden gemeinen Wert der Anteile an der Körperschaft, soweit diese im Inland steuerpflichtig sind. [8]Bei der Ermittlung der stillen Reserven ist nur das Betriebsvermögen zu berücksichtigen, das der Körperschaft ohne steuerrechtliche Rückwirkung, insbesondere ohne Anwendung des §2 Absatz 1 des Umwandlungssteuergesetzes, zuzurechnen ist.	Ab dem 1. 1. 2010 anzuwenden (§34 Abs. 7b KStG).

(1a) [1]Für die Anwendung des Absatzes 1 ist ein Beteiligungserwerb zum Zweck der Sanierung des Geschäftsbetriebs der Körperschaft unbeachtlich. [2]Sanierung ist eine Maßnahme, die darauf gerichtet ist, die Zahlungsunfähigkeit oder Überschuldung zu verhindern oder zu beseitigen und zugleich die wesentlichen Betriebsstrukturen zu erhalten. [3]Die Erhaltung der wesentlichen Betriebsstrukturen setzt voraus, dass 1. die Körperschaft eine geschlossene Betriebsvereinbarung mit einer Arbeitsplatzregelung befolgt oder 2. die Summe der maßgebenden jährlichen Lohnsummen der Körperschaft innerhalb von fünf Jahren nach dem Beteiligungserwerb 400 Prozent der Ausgangslohnsumme nicht unterschreitet; § 13a Absatz 1 Satz 3 und 4 und Absatz 4 des Erbschaftsteuer- und Schenkungsteuergesetzes gilt sinngemäß; oder 3. der Körperschaft durch Einlagen wesentliches Betriebsvermögen zugeführt wird. [2]Eine wesentliche Betriebsvermögenszuführung liegt vor, wenn der Körperschaft innerhalb von zwölf Monaten nach dem Beteiligungserwerb neues Betriebsvermögen zugeführt wird, das mindestens 25 Prozent des in der Steuerbilanz zum Schluss des vorangehenden Wirtschaftsjahrs enthaltenen Aktivvermögens entspricht. [3]Wird nur ein Anteil an der Körperschaft erworben, ist nur der entsprechende Anteil des Aktivvermögens zuzuführen. [4]Der Erlass von Verbindlichkeiten durch den Erwerber oder eine diesem nahestehende Person steht der Zuführung neuen Betriebsvermögens gleich, soweit die Verbindlichkeiten werthaltig sind. [5]Leistungen der Kapitalgesellschaft, die innerhalb von drei Jahren nach der Zuführung des neuen Betriebsvermögens erfolgen, mindern den Wert des zugeführten Betriebsvermögens. [6]Wird dadurch die erforderliche Zuführung nicht mehr erreicht, ist Satz 1 nicht mehr anzuwenden. [4]Keine Sanierung liegt vor, wenn die Körperschaft ihren Geschäftsbetrieb im Zeitpunkt des Beteiligungserwerbs im Wesentlichen eingestellt hat oder nach dem Beteiligungserwerb ein Branchenwechsel innerhalb eines Zeitraums von fünf Jahren erfolgt.	Rückwirkend erstmals für den Veranlagungszeitraum 2008 und auf Anteilsübertragungen nach dem 31. 12. 2007 anzuwenden (§ 34 Abs. 7c KStG). **Die Anwendung ist seit dem 30. 4. 2010 bis auf Weiteres ausgesetzt** (BMF-Schreiben vom 30. 4. 2010 (BStBl. I 2010, S. 488). Mit Beschluss vom 26. 1. 2011 hat die EU-Kommission die Unvereinbarkeit der Regelung mit den EU-Beihilferegelungen festgestellt (KEU v. 26. 1. 2011, IP/11/65).

Rechtliche Grundlage der Regelung des Mantelkaufs

Der Alleingesellschafter der X-GmbH kann keine weiteren finanziellen Mittel zur Sanierung seines Unternehmens aufbringen und veräußert deshalb zum 31. 12. 2000 seine Anteile an die Sanierungs-AG. Diese stellt mittels im Wirtschaftsjahr 2001 durchgeführter organisatorischer und finanzieller Maßnahmen die Ertragsfähigkeit der X-GmbH wieder her. Hierzu wird der X-GmbH neues Betriebsvermögen in Höhe von 150.000 € zugeführt. Laut Sanierungsplan wird die X-GmbH in den folgenden Jahren steuerpflichtige Einkünfte aus Gewerbebetrieb in Höhe von 50.000 € pro Jahr erwirtschaften. Bei einem vortragsfähigen Verlust von 600.000 € dauert es folglich 12 Jahre, diesen vollständig nach § 10d EStG geltend zu machen. Deshalb plant die Sanierungs-AG, die Ertragslage der X-GmbH weiter zu erhöhen. Hierzu legt sie am 30. 1. 2002 Wertpapiere zum Nennwert von 500.000 € (Teilwert 600.000 €) in die X-GmbH ein. Aus den Wertpapieren werden in den folgenden Jahren Einkünfte aus Gewerbebetrieb in Höhe von 50.000 € pro Jahr erwartet.

Der Eigentümerwechsel im Jahr 2000 stellt eine Übertragung von mehr als der Hälfte der Anteile der X-GmbH dar und erfüllt somit das erste in § 8 Abs. 4 Satz 2 KStG a. F. genannte Kriterium zum Verlust der wirtschaftlichen Identität. Im Jahr 2001 bleibt die wirtschaftliche Identität der X-GmbH erhalten, da das neu zugeführte Betriebsvermögen „nur" einen Teilwert von 150.000 € aufweist und somit den Teilwert des bisherigen Betriebsvermögens von 500.000 € deutlich unterschreitet. Die zweite Voraussetzung zum Verlust der wirtschaftlichen Identität im Sinne des § 8 Abs. 4 Satz 2 KStG a. F., die Fortführung des Geschäftsbetriebs mit überwiegend neuem Betriebsvermögen, liegt also nicht vor. Einem Verlustabzug nach § 10d EStG steht insoweit nichts entgegen.

Die Einlage der Wertpapiere in die X-GmbH im Jahr 2002 führt zum Verlust der wirtschaftlichen Identität, da der Gesamtteilwert des neu zugeführten Betriebsvermögens i. H. v. 750.000 € den Teilwert des Altvermögens von 500.000 € übersteigt. Es tritt also eine Versagung des Verlustabzugs **zum Zeitpunkt des Eigentümerwechsels** der X-GmbH ein. Eine Unschädlichkeit der Zuführung der Wertpapiere im Sinne des §8 Abs.4 Satz 3 KStG a.F. ist nicht gegeben, da die Zuführung nicht der geforderten (alleinigen) Sanierung des Geschäftsbetriebs, der zu diesem Zeitpunkt schon saniert ist, dient.

§8 Abs.4 KStG a.F. wurde im Zuge des Unternehmensteuerreformgesetzes 2008 vom 14.08.2007 durch den §8c KStG a.F. ersetzt (§8c KStG wurde bisher letztmalig durch das Wachstumsbeschleunigungsgesetz vom 22. 12. 2009 überarbeitet). Nach §34 Abs.6 Satz 3 KStG ist jedoch §8 Abs.4 KStG a.F. „letztmals anzuwenden, wenn mehr als die Hälfte der Anteile an einer Kapitalgesellschaft innerhalb eines Zeitraums von fünf Jahren übertragen werden, der vor dem 1. Januar 2008 beginnt, und der Verlust der wirtschaftlichen Identität vor dem 1. Januar 2013 eintritt“. Die zur Nutzung der **Sanierungsklausel** des §8 Abs.4 Satz 3 KStG a.F. erforderliche fünfjährige Fortführung des den Verlust verursachenden Betriebs ist also gegebenenfalls bis **längstens Ende 2017** zu überwachen. Zur Verdeutlichung der zeitlichen Anwendbarkeit des §8 Abs.4 KStG a.F. sei folgendes dem BMF-Schreiben mit dem Titel: „Verlustabzugsbeschränkung für Körperschaften (§8c KStG)“ (BMF v. 4. 7. 2008, BStBl. I 2008, S. 736–741) entnommene Beispiel betrachtet.

Beispiel:
Im Jahr 2007 werden 40 % und am 30.06.2011 26 % der Anteile an der Verlustgesellschaft V von A an B veräußert. Zum Veräußerungszeitpunkt in 2011 besitzt V ein Aktivvermögen von 100.000 €. Im Anschluss daran kommt es zu Betriebsvermögenszuführungen von 50.000 € im Jahr 2011 und 60.000 € im Jahr 2012, die nicht allein der Sanierung des Geschäftsbetriebs i.S.d. §8 Abs.4 Satz 3 KStG a.F. dienen.

§8 Abs.4 KStG a.F. ist anwendbar, da innerhalb eines Zeitraums von 5 Jahren (beginnend vor dem 01. 01. 2008) mehr als 50 % der Anteile übertragen wurden, nach dem schädlichen Anteilseignerwechsel in 2011 innerhalb von 2 Jahren überwiegend neues Betriebsvermögen zugeführt wurde und die wirtschaftliche Identität somit noch vor dem 01. 01. 2013 verloren ging. Der Verlust geht zum 30.06.2011 vollständig unter. Würde der Betrag von 60.000 € nach dem 31. 12. 2012 zugeführt, wäre §8 Abs.4 KStG a.F. nicht mehr anwendbar.

Der den §8 Abs.4 KStG a.F. ersetzende §8c KStG a.F. gibt das Konzept der wirtschaftlichen Identität auf und stellt nur noch auf einen für die steuerrechtliche Verlustnutzung **schädlichen Beteiligungserwerb** ab (*Hey*, Körperschaftsteuer, §11, Rn. 58):

- Werden innerhalb von fünf Jahren mittelbar oder unmittelbar mehr als 25 % der Anteile einer Körperschaft an einen Erwerber, diesem nahe stehende Personen oder eine Erwerbergruppe mit gleichgerichteten Interessen übertragen **(schädlicher Beteiligungserwerb)**, ist der Ausgleich und Abzug der bis zum Erwerb nicht genutzten Verluste anteilig ausgeschlossen (§8c Satz 1 KStG a.F.).

- Bei einer Übertragung von mehr als 50 % der Anteile innerhalb von fünf Jahren an einen Erwerber sind die zuvor nicht genutzten Verluste vollständig nicht abziehbar (§ 8c Satz 2 KStG a. F.).

Eine Sanierungen steuerlich begünstigende Klausel, wie sie § 8 Abs. 4 Satz 3 KStG a. F. darstellte, ist in der Konstruktion des Unternehmensteuerreformgesetzes 2008 nicht vorgesehen.

Zu beachten ist weiter, dass der § 8c Abs. 1 Satz 1 KStG a. F. zu steuergestaltendem Verhalten des Steuerpflichtigen einlädt. Sobald die Schwelle von 25 % überschritten ist, kommt es zum anteiligen Verlustuntergang; der mit der ersten für die Rechtsfolge nach § 8c Abs. 1 Satz 1 KStG a. F. relevanten Übertragung begonnene kritische 5-Jahreszeitraum ist dann beendet. Die bis dahin angefallenen Erwerbe bleiben mit Blick auf das quotale Verlustnutzungsverbot für die Zukunft außer Betracht. Es kann also eine **Steueroptimierungsstrategie** in dem Sinne verfolgt werden, dass das Erreichen der angestrebten Beteiligungsquote nicht durch einen Erwerbsvorgang, sondern durch mehrere zeitlich voneinander getrennte Erwerbsvorgänge betrieben wird (vgl. *Neyer*, Verlustnutzung, S. 1418).

Beispiel

Die vollständig im Besitz des Eigentümers E stehende Beispiel AG weist am 31. 12. t_1 einen vortragsfähigen Verlust von 150.000 € auf. E verkauft zu diesem Zeitpunkt 20 % seiner Aktien an den Neueigentümer N.

Zum 31. 12. t_2 weist die AG einen vortragsfähigen Verlust von 100.000 € auf. E verkauft weitere 6 % der Anteile der Beispiel AG an N.

Zum 31. 12. t_3 liegt ein vortragsfähiger Verlust von 200.000 € vor. N erwirbt weitere 20 % der Anteile der Beispiel AG.

Am 31. 12. t_4 liegt ein vortragsfähiger Verlust von 300.000 € vor. N erwirbt weitere 5 % der Anteile der Beispiel AG.

Der Anteilserwerb am 31. 12. t_1 überschreitet die 25 %-Grenze nicht und ist daher auch nicht schädlich im Sinne des § 8c Abs. 1 Satz 1 KStG a. F. Ein Verlustuntergang findet also nicht statt. Es beginnt jedoch die im Gesetz genannte 5 Jahresfrist zu laufen, innerhalb welcher spätere Anteilserwerbe und der Erwerb vom 31. 12. t_1 hinsichtlich des Überschreitens der in § 8c KStG a. F. genannten Grenzen gemeinsam zu beurteilen sind.

Dementsprechend ist der Anteilserwerb am 31. 12. t_2 schädlich i. S. d. § 8c Abs. 1 Satz 1 KStG a. F., da er zusammen mit dem Erwerb vom 31. 12. t_1 zu einem Überschreiten der 25 %-Grenze führt. Der am 31. 12. t_2 vorhandene Verlustvortrag geht daher zu 26 % unter. Es verbleibt ein Verlustvortrag von 74.000 €. Zur Beurteilung etwaiger spätere Anteilserwerbe ist zu beachten, dass die am 31. 12. t_1 begonnene 5 Jahresfrist durch den Anteilserwerb am 31. 12. t_2 hinsichtlich der Rechtsfolgen des § 8c Abs. 1 Satz 1 KStG a. F. nicht jedoch hinsichtlich des § 8c Abs. 1 Satz 2 KStG a. F. beendet wird.

Der Erwerb der Anteile am 31. 12. t_3 ist unschädlich. Eine Rechtsfolge nach § 8c Abs. 1 Satz 1 KStG a. F. tritt nicht ein, weil der Erwerb für sich allein genommen unterhalb der 25 %-Grenze liegt und die zuvor erworbenen Anteile – wie beschrieben – nicht zu berücksichtigen sind. Eine Rechtsfolge nach § 8c Abs. 1 Satz 2 KStG a. F. ist wie in den Zeitpunkten zuvor offensichtlich ausgeschlossen, da N insgesamt weniger als 50 % des gezeichneten Kapitals der Beispiel AG zuzuordnen sind.

Nach Abschluss des Anteilserwerbs am 31. 12. t_4 hat N innerhalb eines Zeitraums der weniger als 5 Jahre beträgt mehr als 50 % des gezeichneten Kapitals der

Beispiel AG erworben. Nach §8c Abs. 1 Satz 2 KStG a. F. geht der am 31. 12. t_4 bestehende Verlustvortrag i. H. v. 300.000 € also vollständig unter.

§8c KStG a. F. findet nach §34 Abs. 7b KStG „erstmals für den Veranlagungszeitraum 2008 und auf Anteilsübertragungen nach dem 31. Dezember 2007 Anwendung". Zu beachten ist, dass die durch das „Bürgerentlastungsgesetz Krankenversicherung" vom 16. 7. 2009 eingeführte und bisher letztmalig durch das Wachstumsbeschleunigungsgesetz vom 22. 12. 2009 überarbeitete sog. **Sanierungsklausel** des §8c Abs. 1a KStG n. F. nach §34 Abs. 7c KStG **rückwirkend** für den Veranlagungszeitraum 2008 und auf Anteilsübertragungen nach dem 31. 12. 2007 erstmals anzuwenden ist (inzwischen allerdings als unvereinbar mit den EU-Beihilferegeln erklärt, vgl. das Folgende, S. 1215).

Die Klausel sieht eine steuerliche Förderung von Sanierungsbemühungen insofern vor, als ein Untergang bestehender ungenutzter Verluste trotz eines schädlichen Beteiligungserwerbs unter bestimmten Voraussetzungen vermieden wird. Nach §8c Abs. 1a KStG n. F. ist ein Beteiligungserwerb, der zum Zweck der Sanierung des Geschäftsbetriebs einer Kapitalgesellschaft erfolgt, für die Anwendung des §8c Abs. 1 KStG a. F. – bzw. §8c Abs. 1 KStG n. F. – **unbeachtlich,** wobei Sanierung als Maßnahme verstanden wird, die darauf gerichtet ist, die Zahlungsunfähigkeit oder Überschuldung zu verhindern oder zu beseitigen und zugleich die wesentlichen Betriebsstrukturen zu erhalten.

Der Beteiligungserwerb muss also mit einer **Sanierungsabsicht** erfolgen, die im rechtlichen Sinne nur dann gegeben sein kann, wenn folgende Voraussetzungen **kumulativ** erfüllt sind (vgl. *Brandis*, §8c KStG, Rn. 72):

- Der Beteiligungserwerb muss zu einem Zeitpunkt erfolgen, zu dem die Zahlungsunfähigkeit oder die Überschuldung der betroffenen Körperschaft eingetreten ist oder bevorsteht **(Sanierungsbedürftigkeit)**.
- Die Körperschaft muss zum Zeitpunkt des Beteiligungserwerbs nach Einschätzung eines objektiven Dritten sanierungsfähig sein **(Sanierungsfähigkeit)**.
- Die in Angriff genommenen Maßnahmen müssen nach Einschätzung eines objektiven Dritten dazu geeignet sein, die Körperschaft aus der Krise zu führen **(Sanierungseignung)**.

Ob der Sanierungserfolg tatsächlich eintritt, ist jedoch für die Inanspruchnahme der Begünstigung unerheblich.

Die neben der Sanierungsabsicht zweite zu erfüllende Voraussetzung ist der **Erhalt der wesentlichen Betriebsstruktur** der sanierungsbedürftigen Körperschaft, der nach §8c Abs. 1a Satz 3 KStG n. F. gegeben ist, wenn mindestens eine der drei dort in den Nummern 1–3 genannten **Voraussetzungen** erfüllt ist. Dies sind vereinfacht die folgenden Bedingungen:

1. Die Körperschaft befolgt eine mit der Arbeitnehmervertretung geschlossene **Betriebsvereinbarung,** die eine Arbeitsplatzregelung beinhaltet.
2. Die Summe aus den jährlichen **Lohnsummen** der fünf auf den Beteiligungserwerb folgenden Jahre unterschreitet **nicht** das Vierfache der Ausgangslohnsumme. Wobei unter der Ausgangslohnsumme die durchschnittliche

Lohnsumme der letzten fünf vor dem Zeitpunkt des Beteiligungserwerbs endenden Wirtschaftsjahre zu verstehen ist.

3. Der Körperschaft wird durch den Erwerber **wesentliches Betriebsvermögen** zugeführt. Bei einem vollständigen Erwerb der sanierungsbedürftigen Körperschaft beispielsweise liegt eine wesentliche Betriebsvermögenszuführung vor, wenn der Körperschaft innerhalb von zwölf Monaten nach dem Beteiligungserwerb neues Betriebsvermögen zugeführt wird, das mindestens 25 Prozent des in der Steuerbilanz zum Schluss des vorangehenden Wirtschaftsjahres enthaltenen Aktivvermögens entspricht. Zu beachten ist, dass Leistungen, die innerhalb von drei Jahren nach der Zuführung von der Kapitalgesellschaft an den Erwerber erbracht werden, den Wert der Zuführung mindern.

Allerdings liegt nach § 8c Abs. 1a Satz 4 KStG n. F. unabhängig davon, ob oben erläuterte Voraussetzungen erfüllt sind, keine Sanierung vor, „wenn die Körperschaft ihren Geschäftsbetrieb im Zeitpunkt des Beteiligungserwerbs im Wesentlichen eingestellt hat oder nach dem Beteiligungserwerb ein Branchenwechsel innerhalb eines Zeitraums von fünf Jahren erfolgt".

Am 30. 4. 2010 hat das Bundesministerium der Finanzen (BMF) die Finanzverwaltung offiziell darüber in Kenntnis gesetzt, dass die Europäische Kommission mit Schreiben vom 24. Februar 2010 mitgeteilt hat, dass Zweifel an der Vereinbarkeit der Sanierungsklausel des § 8c Absatz 1a KStG n. F. mit dem Gemeinsamen Markt bestehen und sie daher das förmliche Prüfverfahren nach Artikel 108 Absatz 2 des Vertrags über die Arbeitsweise der Europäischen Union (AEU-Vertrag; konsolidierte Fassung in ABl. EU Nr. C/83 vom 30. 3. 2010) eröffnet hat. Das BMF hat die Finanzverwaltung angewiesen, den § 8c Absatz 1a KStG n. F. bis zu einem abschließenden Beschluss der Kommission nicht mehr anzuwenden (BMF v. 30. 4. 2010, BStBl. I 2010, S. 488; Unterrichtung potentiell Betroffener mit BMF-Schreiben vom 24. 2. 2010 (BStBl. I 2010, S. 482 ff.)). Dieser ist am 26. 1. 2011 ergangen. Danach erklärt die EU-Kommission die Regelung des § 8c Abs. 1a KStG für unvereinbar mit den Beihilferegeln der EU (KEU vom 26. 1. 2011, IP/11/65). Die gewährten Beihilfen sind zurückzufordern. Das Bundesministerium der Finanzen hat inzwischen bekannt gegeben, dass die Bundesregierung gegen den Beschluss der EU-Kommission Nichtigkeitsklage erheben wird (vgl. *BMF*, Pressemitteilung Nr. 4/2011 vom 9. 3. 2011).

Weitere durchaus auch für Sanierungsfälle relevante durch das Wachstumsbeschleunigungsgesetz eingefügte Änderungen stellen die sog. Konzernklausel (§ 8c Abs. 1 Satz 5 KStG n. F.) und die Sicherung nicht genutzter Verluste in Höhe der stillen Reserven (§ 8c Abs. 1 Sätze 6–8 KStG n. F.) dar. Diese Änderungen wurden zum 1. 1. 2010 rechtswirksam.

Die **Konzernklausel** sieht vor, dass in Abweichung zur grundsätzlichen Regelung ein konzerninterner Erwerb unter gewissen Umständen nicht schädlich im Sinne des § 8c KStG n. F. ist. Werden Anteilsübertragungen innerhalb einer bestehenden Konzernstruktur vorgenommen und bleibt die mittelbare Anteilsquote an dem betroffenen Unternehmen unverändert, so findet kein Verlustuntergang statt. Die Steuerbegünstigung der Konzernklausel kommt jedoch nur zum Tragen, wenn sowohl am übernehmenden als auch am übertragenden Rechtsträger dieselbe Person mittel- oder unmittelbar zu 100 Prozent beteiligt ist.

Nach Satz 6 des § 8c Abs. 1 KStG n. F. bleiben **nicht genutzte Verluste** bei einem schädlichen Beteiligungserwerb im Sinne des Satzes 1 bestehen, **soweit** sie die **anteiligen** und bei einem schädlichen Beteiligungserwerb im Sinne des Satzes 2 die **gesamten** zum Zeitpunkt des schädlichen Beteiligungserwerbs vorhandenen stillen Reserven des inländischen Betriebsvermögens der Körperschaft nicht übersteigen. Der Hintergrund dafür ist nach h. M. darin zu sehen, dass in Höhe der stillen Reserven die Nutzung der gekauften Verluste bereits vorgezeichnet ist und somit eine als missbräuchlich empfundene Verschiebung der Verluste auf den Erwerber nicht erfolgen kann (vgl. *Fey/Neyer*, Sanierungsprivileg, S. 52). Die stillen Reserven sind nach der Differenz zwischen dem (anteiligen) Eigenkapital laut Steuerbilanz und dem gemeinen Wert der Anteile, soweit diese im Inland steuerpflichtig, also steuerverstrickt sind, zu bemessen.

Beispiel

Erwerber E übernimmt 60 % aller Anteile an der V-GmbH. Die V-GmbH weist im Erwerbszeitpunkt ungenutzte Verluste in Höhe von 500 GE und berücksichtigungsfähige stille Reserven in Höhe von 400 GE auf.

Nach § 8c Abs. 1 Satz 2 KStG n. F. würden die Verluste vollständig untergehen. Es greift jedoch § 8c Abs. 1 Satz 6 KStG n. F., nach dem nur der Teil der Verluste untergeht, der die stillen Reserven übersteigt. Es tritt hier also ein Verlustnutzungsverbot in Höhe von 100 GE ein.

Alternative: E übernimmt statt 60 % nur 40 % der Anteile an der V-GmbH.

Nach § 8c Abs. 1 Satz 1 KStG n. F. würden 40 % der Verluste untergehen. Der nicht abziehbare Verlust würde also 200 GE betragen. Es greift jedoch § 8c Abs. 1 Satz 6 KStG n. F., nach dem ein nicht abziehbarer Verlust abgezogen werden kann, soweit er die anteiligen vorhandenen stillen Reserven nicht übersteigt. Hier betragen die anteiligen stillen Reserven 160 GE. Im Ergebnis gehen also Verluste in Höhe von 40 GE unter.

Eine Reihe unerwünschter Konsequenzen können aus der Gründung einer **Fortführungsgesellschaft** resultieren. Soll zur Rettung des notleidenden Unternehmens das Konstrukt einer **Sanierungsgesellschaft** herangezogen werden, bietet sich häufig die Durchführung einer Umwandlung in der Gestalt einer Verschmelzung oder eines Formwechsels an, um die gesellschaftsrechtlichen Voraussetzungen für die Ausstattung des Krisenunternehmens mit weiteren Mitteln und neuen Gesellschaftern zu schaffen (zur Umwandlung vgl. auch Teil C, Abschn. 2.2, S. 1056 ff.). Die in diesem Zusammenhang besonders praxisrelevante **Verschmelzung durch Aufnahme** i. S. d. § 2 Nr. 1 UmwG ist durch die Zusammenführung zweier oder mehrerer Rechtsträger gekennzeichnet, wobei das Vermögen des übertragenden Rechtsträgers durch Gesamtrechtsnachfolge übergeht und der übertragende Rechtsträger untergeht (vgl. Teil C, Abschn. 2.2.3.1, S. 1060 und *Crezelius*, Krise, Rn. 2.418). Die Anteilseigner des übertragenden Rechtsträgers erhalten als Gegenleistung für ihre untergehenden Beteiligungen Anteile an dem übernehmenden Rechtsträger. Grundsätzlich ist der Verschmelzungsvorgang als Veräußerungstatbestand aufzufassen, welcher insbesondere die steuerpflichtige Aufdeckung der in den Wirtschaftsgütern des zu verschmelzenden Rechtsträgers enthaltenen stillen Reserven zur Folge hätte.

Die durch eine Umwandlung ausgelösten steuerlichen Belastungen sind jedoch im Zuge der Reform des Umwandlungssteuerrechts im Jahr 1994, die eine weitgehend **steuerneutrale Umwandlung** von Rechtsträgern anstrebte, reduziert worden (Vgl. *Eisele/Renner*, Grundzüge, S. 173). Nach der aktuellen Gesetzessystematik sind zwar die im Zuge einer Verschmelzung zu übertragenden Wirtschaftsgüter grundsätzlich mit dem gemeinen Wert anzusetzen; das heißt bei der Überträgerin ist eine steuerpflichtige Aufdeckung der stillen Reserven prinzipiell vorgesehen. Durch das Umwandlungssteuerrecht zieht sich jedoch ein **Ausnahmegrundsatz**, nach dem unter bestimmten Voraussetzungen auf Antrag der Buchwert der Wirtschaftsgüter beibehalten werden kann oder ein zwischen dem Buchwert und dem gemeinen Wert liegender Zwischenwert gewählt werden kann (§§ 3 Abs. 2, 11 Abs. 2 und 20 Abs. 2 UmwStG). Im Ergebnis kann also bei Erfüllung der Voraussetzungen frei entschieden werden, in welchem Umfang eine **Aufdeckung vorhandener stiller Reserven** vorgenommen werden soll. Zu beachten ist, dass ein im Rahmen der Schlussbilanz der Überträgerin zu wählender Wertansatz von der Übernehmerin verpflichtend fortzuführen ist (vgl. hierzu und zu weiteren steuerlichen Konsequenzen die Fälle einer übertragenden Körperschaft in Teil C, Abschn. 2.2.5.2.1, S. 1119 ff. und Abschn. 2.2.5.2.2, S. 1138 ff.). Das bedeutet, eine Nichtaufdeckung stiller Reserven führt im Vergleich zur Aufdeckung zum Zeitpunkt der Verschmelzung zu einer Steuerersparnis, gleichzeitig aber auch zu einem niedrigeren Wertansatz der Wirtschaftsgüter und damit zu geringeren zukünftigen Absetzungen für Abnutzung. Da sich aus dem geringeren Absetzungspotential in der Regel höhere zukünftige Steuerbelastungen ergeben, führt ein Beibehalten der Buchwerte nominell betrachtet nicht zu einer Steuerersparnis, sondern nur zu einer Steuerstundung.

Grundsätzlich bestehen zwei Möglichkeiten, dem notleidenden Unternehmen zusätzliche Finanzmittel und neue Gesellschafter im Wege einer **Verschmelzung** mit einem ertragskräftigen und finanziell stabilen Unternehmen zuzuführen:

- Das Vermögen des notleidenden Rechtsträgers wird auf den finanziell gesunden Rechtsträger übertragen.
- Das Vermögen des gesunden Rechtsträgers wird auf den notleidenden Rechtsträger übertragen.

In Abhängigkeit von der Richtung der Verschmelzung, der Rechtsform der beteiligten Rechtsträger und der Wahl des Bewertungsansatzes (Buchwert, Zwischenwert, gemeiner Wert) können **unterschiedliche steuerliche Konsequenzen** aus der Verschmelzung resultieren. Ist das notleitende Unternehmen übertragender Rechtsträger, dann ist der gemeine Wert des übergehenden Reinvermögens in der Regel nur unwesentlich höher als der Buchwert. Als Ursache hierfür ist anzuführen, dass sich die in den Wirtschaftsgütern ursprünglich enthaltenen stillen Reserven im Verlauf der Krise bereits zum großen Teil aufgelöst haben. Deshalb werden sich die steuerlichen Konsequenzen beim Ansatz von Buchwerten und gemeinen Werten für den Fall, dass das notleitende Unternehmen übertragender Rechtsträger ist, nur wenig unterscheiden. Ist dagegen das finanziell stabile Unternehmen übertragender Rechtsträger, ergeben sich je nach gewähltem Bewertungsansatz wegen der zu berücksichtigenden stillen Reserven zumindest in zeitlicher Hinsicht starke Besteuerungsunterschiede.

Ein notleitender Rechtsträger im Rechtskleid einer Kapitalgesellschaft wird häufig über einen **Verlustvortrag** i. S. d. § 10d Abs. 2 Satz 1 EStG verfügen. Welches Schicksal ein solcher Verlustvortrag bei einer Verschmelzung des notleitenden Rechtsträgers mit einem finanziell stabilen Rechtsträger erfährt, hängt insbesondere von der Verschmelzungsrichtung ab. Es werden die folgenden vier besonders praxisrelevanten Konstellationen betrachtet:

Rechtsform des ertragskräftigen Rechtsträgers	**Notleitender Rechtsträger in der Rechtsform der Kapitalgesellschaft**	
	Überträgerin	Übernehmerin
Personengesellschaft	Verlustvortrag ist nicht direkt übertragbar (§ 4 Abs. 2 Satz 2 UmwStG)	Anwendung der Regelungen zum Mantelkauf
Kapitalgesellschaft	Verlustvortrag ist nicht direkt übertragbar (§ 12 Abs. 3 Satz 1 HS 2 i. V. m. § 4 Abs. 2 Satz 2 UmwStG)	Anwendung der Regelungen zum Mantelkauf

Der im Rahmen einer Verschmelzung stattfindende Anteilserwerb der Anteilseigner des übertragenden Rechtsträgers am übernehmenden Rechtsträger fällt unter den im Zuge der gesetzlichen Regelungen zum **Mantelkauf** weit gefassten Begriff des Beteiligungserwerbs. Ob bei einer Verschmelzung einer finanziell stabilen Personen- oder Kapitalgesellschaft auf eine notleitende Kapitalgesellschaft bestehende Verlustvorträge des übernehmenden Rechtsträgers weiterhin (anteilig) steuerlich genutzt werden können, ist also entsprechend der zum Mantelkauf gemachten Ausführungen auf Grundlage der §§ 8 Abs. 4 KStG i. d. F. vom 23. 12. 2001, § 8c KStG i. d. F. vom 14. 08. 2007 und § 8c KStG i. d. F. vom 22. 12. 2009 zu beurteilen (vgl. dieser Abschn., S. 1208 ff.).

Wird eine notleitende Kapitalgesellschaft auf eine ertragskräftige Personen- oder Kapitalgesellschaft verschmolzen, ist § 4 Abs. 2 Satz 2 UmwStG einschlägig (vgl. Teil C, Abschn. 2.2.5.2.1, S. 1126 f.) – wird die Übernehmerin in der Rechtsform der Kapitalgesellschaft geführt, folgt die Anwendbarkeit des § 4 Abs. 2 Satz 2 UmwStG aus dem in § 12 Abs. 3 Satz 1 HS 2 UmwStG enthaltenen entsprechenden Verweis (vgl. Teil C, Abschn. 2.2.5.2.2, S. 1141). Danach kann ein bei der übertragenden Gesellschaft bestehender Verlustvortrag nicht übertragen werden. Eine direkte steuerliche Weiternutzung der bestehenden Verlustvorträge bei der Übernehmerin ist also ausgeschlossen. In diesem Zusammenhang kann jedoch eine mittelbare Nutzung eines bestehenden Verlustvortrags erreicht werden, indem in der Schlussbilanz der Überträgerin stille Reserven aufgedeckt werden. Die Verrechenbarkeit des Verlustvortrags mit dem durch die Aufdeckung entstehenden Übertragungsgewinn ermöglicht prinzipiell die steuerfreie Übertragung von Abschreibungspotential von der Überträgerin auf die Übernehmerin. Diese **Steueroptimierungsmöglichkeit** setzt zum einen das Vorhandensein stiller Reserven bei der Überträgerin voraus und zum anderen müssen die Regelungen der Mindestbesteuerung beachtet werden. Durch die **Mindestbesteuerung** können Verlustvorträge nur bis zu einem Betrag von 1 Mio. € unbeschränkt geltend gemacht werden. Der 1 Mio. € übersteigende

Betrag darf nach § 10d Abs. 2 EStG nur bis zu 60 % der Einkünfte abgezogen werden. Die Mindestbesteuerungsgrundlage beträgt also 40 % der 1 Mio. € übersteigenden Einkünfte (vgl. *Brähler*, Umwandlungssteuerrecht, S. 92; vgl. auch die Ausführungen in Teil C, Abschn. 2.2.5.2.1, S. 1126).

Beispiel

Die Pleitegeier GmbH, welche die nachfolgende Bilanz aufweist, soll auf die Solvent OHG verschmolzen werden.

A	Pleitegeier GmbH		P
Aktiva	4 Mio. €	Stammkapital	4 Mio. €
		Verlustvortrag	–3,4 Mio. €
		Fremdkapital	3,4 Mio. €
	4 Mio. €		4 Mio. €

In den Aktiva sind stille Reserven i. H. v. 5,8 Mio. € enthalten.

Die Pleitegeier GmbH möchte den gesamten Verlustvortrag steuerlich nutzen. Da eine direkte Übertragung auf die Solvent OHG nach § 4 Abs. 2 Satz 2 UmwStG ausgeschlossen ist, ist im Zuge der Verschmelzung eine Aufdeckung der stillen Reserven in dem Umfang vorzunehmen, dass der durch die Aufdeckung entstehende Übertragungsgewinn trotz der bestehenden Mindestbesteuerungsvorschrift ausreicht, um eine vollständige Verrechnung des Verlustvortrags zu ermöglichen. Um den benötigten Aufdeckungsbedarf zu ermitteln, ist zunächst der 1 Mio. € übersteigende Verlustvortrag durch 60 % zu dividieren:

$$\frac{2{,}4\ Mio\ €}{60\,\%} = 4\ Mio\ €$$

Der Gesamtbetrag der aufzudeckenden stillen Reserven ergibt sich, indem zu diesen 4 Mio. € der unbeschränkt abziehbare Verlustvortrag in Höhe von 1 Mio. € hinzuaddiert wird. Bei einer Aufdeckung stiller Reserven i. H. v. 5 Mio. € kann also der gesamte Verlustvortrag steuerlich genutzt werden.

	Gewinn vor Aufdeckung der stillen Reserven		0 €
+	Gewinn durch Aufwertung der Aktiva		5 Mio. €
=	vorläufige Einkünfte		5 Mio. €
	Verlustvortrag unbeschränkt	*1 Mio. €*	
	+ Verlustvortrag beschränkt (4 Mio. € · 60 %)	*+ 2,4 Mio. €*	
./.	Verlustvortrag	3,4 Mio. €	./. 3,4 Mio. €
=	steuerpflichtige Einkünfte		1,6 Mio. €

Bei der Verfolgung dieser Strategie kann der Verlustvortrag mittelbar in Form von Abschreibungspotential auf die Solvent OHG übertragen werden. Jedoch entstehen im Zeitpunkt der Verschmelzung steuerpflichtige Einkünfte in Höhe von 1,6 Mio. €.

In den **Gesamtkalkül** ist einzubeziehen, dass mit der Aufdeckung stiller Reserven ein Anstieg des steuerrechtlichen Werts des Betriebsvermögens einhergeht, der unabhängig davon, ob der übernehmende Rechtsträger in der Rechtsform einer Personen- oder Kapitalgesellschaft geführt wird, einen Anstieg des (teilweise) steuerpflichtigen Übernahmegewinns bewirken kann. Darüber hinaus ist für den Fall, dass eine Verschmelzung einer Kapitalgesellschaft auf eine

Personengesellschaft vorgenommen wird, zu beachten, dass eine Besteuerung der bei der zu verschmelzenden Kapitalgesellschaft bestehenden respektive entstehenden Gewinnrücklagen auf der Ebene der Anteilseigner der Kapitalgesellschaft als Kapitaleinkünfte vorzunehmen ist (§7 UmwStG), wobei der danach zu versteuernde Betrag bei der Ermittlung des Übernahmeerfolgs grundsätzlich abziehbar ist (vgl. Teil C, Abschn. 2.2.5.2.1, S. 1124). Die durch die Aufdeckung stiller Reserven möglicherweise bewirkte Erhöhung der Gewinnrücklagen führt in der Regel diesbezüglich also ebenfalls zu einer höheren Steuerbelastung (vgl. zu dem gesamten Abschnitt Teil C, Abschn. 2.2.5.2, S. 1118 ff.).

Je nach vorliegendem Sachverhalt muss unter Beachtung der steuermindernden und steuerverschärfenden Wirkungen der Aufdeckung stiller Reserven und der zeitlichen Struktur des Anfalls der steuerrechtlichen Konsequenzen entschieden werden, in welchem Umfang eine Aufdeckung der Reserven vorgenommen wird (*Förster/Felchner*, Umwandlung, S. 1073).

2.3.4 Chronologie der Buchungstechnik

Die Vielfalt der Sanierungsfälle und ihre Abwicklung im Einzelnen lassen ein schematisches Vorgehen bei der Verbuchung nicht zu. Dennoch ist die buchmäßige Behandlung der Sanierung durch folgende **grundsätzliche Schrittfolge** gekennzeichnet:

- Erstellen der Sanierungseröffnungsbilanz (Nachweis der **Sanierungsbedürftigkeit**)
- Eröffnen der Konten mit Hilfe des Eröffnungsbilanzkontos
- Erfassung der Umbewertungen auf dem Neubewertungskonto
- Abschluss des Neubewertungskontos über das Sanierungs(erfolgs-)konto
- Buchung der Sanierungsgewinne aus Kapitalherabsetzung und Zuzahlung der Anteilseigner sowie aus einem Schuldenerlass der Gläubiger auf dem Sanierungskonto
- Verbuchung einer Kapitalerhöhung
- Verwendung des Sanierungsgewinns durch Abbuchung vom Sanierungskonto
- Berichtigung der Vorsteuerkonten
- Abschluss der Konten mit Hilfe des Schlussbilanzkontos
- Aufstellen der Sanierungsschlussbilanz (Ausweis des **Sanierungsergebnisses**).

Übungsbeispiele:

Übungsbeispiel 1

Die Versandhandels-AG (Versa-AG), Ulm, hat nachfolgende Sanierungseröffnungsbilanz erstellt:

A	Sanierungseröffnungsbilanz der Fa. Versa-AG zum 30. 6. 2011		P
A. Anlagevermögen		A. Eigenkapital	
Sachanlagen	3.880.000	Gezeichnetes Kapital	5.000.000
Finanzanlagen	75.000	Kapitalrücklage	45.000
B. Umlaufvermögen		Bilanzverlust	– 2.850.000
Vorratsvermögen	1.650.000	B. Verbindlichkeiten	
Forderungen	585.000	Anleihen	950.000
Flüssige Mittel	60.000	Bankschulden	1.755.000
		Kreditoren	1.350.000
	6.250.000		6.250.000

Die Nennbeträge der Aktien der Versa-AG lauten auf 1 €. Die Hauptversammlung beschließt eine vereinfachte Kapitalherabsetzung im Verhältnis 5 : 2, alternativ Zuzahlung von 60 %. 50 % der Aktionäre üben das Umtauschangebot aus, 40 % zahlen zu, 10 % haben sich nicht entschieden. Diese Aktien wurden nach § 226 Abs. 1 AktG für kraftlos erklärt, in neue Aktien getauscht und zum Börsenkurs von 120 % nach der Sanierung verkauft (§ 226 Abs. 3 AktG); dafür entstanden Spesen in Höhe von 20.000 (gemäß § 226 Abs. 2 AktG sind bei der Aufforderung zur Aktieneinreichung die Modalitäten des § 64 Abs. 2 AktG zu beachten).

Gleichzeitig wurde eine Kapitalerhöhung um 1.500.000 beschlossen. Die Ausgabe der jungen Aktien erfolgt über ein Bankenkonsortium zu 110 %. Nach Abzug der Ausgabekosten werden 1.550.000 dem Bankkonto (Flüssige Mittel) der Gesellschaft gutgeschrieben.

Der Sanierungsaufwand beträgt 35.000.

Aufgaben:

a) Geben Sie die Buchungssätze für die Sanierung an.

b) Stellen Sie das Sanierungskonto in T-Kontenform dar.

c) Erstellen Sie die Sanierungsschlussbilanz.

Lösung:

a) Buchungssätze:

– Zusammenlegung der Aktien (50 % der Aktionäre; Nennwert 2.500.000):

Gezeichnetes Kapital	1.500.000	**an**	Sanierungskonto	1.500.000

– Zuzahlung auf Nominalkapital (40 % der Aktionäre; Nennwert 2.000.000):

Flüssige Mittel	1.200.000	**an**	Sanierungskonto	1.200.000

– Kraftloserklärung von Anteilen (10 % der Aktionäre; Nennwert 500.000):

Gezeichnetes Kapital	500.000	**an**	Sanierungskonto	300.000
			Sonstige Verbindlichkeiten	200.000

– Gutschrift für den Verkauf der Neuaktien (Börsenkurs 120 %; Spesen 20.000):

Flüssige Mittel	220.000	**an**	Gezeichnetes Kapital	200.000
			Sonstige Verbindlichkeiten	20.000

– Auszahlung an die Aktionäre:

Sonstige Verbindlichkeiten	220.000	**an**	Flüssige Mittel	220.000

– Begebung junger Aktien (Nennwert gesamt 1.500.000 zu 110 %):

Konto der Aktionäre	1.650.000	**an**	Gezeichnetes Kapital	1.500.000
			Kapitalrücklage	150.000

– Übernahme der Aktien durch das Bankenkonsortium:

Flüssige Mittel	1.550.000			
Sanierungskonto	100.000	**an**	Konto der Aktionäre	1.650.000

– Sanierungskosten 35.000:

Sanierungskonto	35.000	**an**	Flüssige Mittel	35.000

– Verwendung des Sanierungsgewinns:

Sanierungskonto	2.865.000	**an**	Bilanzverlust	2.850.000
			Kapitalrücklage	15.000

b) Sanierungskonto:

S	Sanierungskonto		H
Konto der Aktionäre	100.000	Gezeichnetes Kapital	1.500.000
Flüssige Mittel	35.000	Flüssige Mittel	1.200.000
Bilanzverlust	2.850.000	Gezeichnetes Kapital	300.000
Kapitalrücklage	15.000		
	3.000.000		3.000.000

c) Bilanz nach Sanierung:

A	Sanierungsschlussbilanz der Fa. Versa-AG zum 30. 9. 2011		P
A. Anlagevermögen		A. Eigenkapital	
Sachanlagen	3.880.000	Gezeichnetes Kapital	4.700.000
Finanzanlagen	75.000	Kapitalrücklage	210.000
B. Umlaufvermögen		B. Verbindlichkeiten	
Vorratsvermögen	1.650.000	Anleihen	950.000
Forderungen	585.000	Bankschulden	1.755.000
Flüssige Mittel	2.775.000	Kreditoren	1.350.000
	8.965.000		8.965.000

Übungsbeispiel 2:

Die Familien-Aktiengesellschaft Leinenweberei Esslingen AG hat folgende Jahresbilanz (= Sanierungseröffnungsbilanz) erstellt:

A	Bilanz der Fa. Leinenweberei Esslingen AG zum 31.12.2010			P
A. Anlagevermögen		A. Eigenkapital		
Grundstücke und Bauten	1.800.000	Gezeichnetes Kapital	2.000.000	
Technische Anlagen und Maschinen	2.460.000	Ausstehende, nicht eingeforderte Einlagen	– 50.000	
Finanzanlagen	100.000	Eingefordertes Kapital		1.950.000
B. Umlaufvermögen		Kapitalrücklage		200.000
Vorräte	340.000	Andere Gewinnrücklagen		50.000
Forderungen aus Lieferungen und Leistungen	130.000	Bilanzverlust		–1.050.000
Flüssige Mittel	70.000	B. Rückstellungen		365.000
		C. Verbindlichkeiten		
		Verbindlichkeiten gegenüber Kreditinstituten		2.200.000
		Verbindlichkeiten aus Lieferungen und Leistungen		1.005.000
		Sonstige Verbindlichkeiten		180.000
	4.900.000			4.900.000

Es wurden folgende Sanierungsmaßnahmen beschlossen:

- Einforderung der ausstehenden Einlagen.
- Teilabdeckung des Bilanzverlustes durch Rücklagenauflösung.
- Gläubigerinanspruchnahme (Warenlieferanten): Die Kleingläubiger mit Forderungen von insgesamt 5.000 werden voll befriedigt. Die drei Großgläubiger verzichten auf 30 % ihrer Forderungen.
- Bei den unter Passiva B. ausgewiesenen Rückstellungen handelt es sich ausschließlich um Rückstellungen für Pensionsanwartschaften. Die Pensionszusagen sind unter dem Vorbehalt erteilt, dass bei nachhaltiger Verschlechterung der wirtschaftlichen Verhältnisse ein Widerruf der Zusagen erfolgen kann. Von dieser Möglichkeit wird Gebrauch gemacht.
- Soweit zur weiteren Verlustabdeckung erforderlich, Zuzahlung der Anteilseigner à fonds perdu.
- Emission einer 5 %igen Anleihe im Nennwert von 1.500.000, Ausgabekurs 95 %, Rückzahlung zu 103 %. 80 % des gezeichneten Betrags gehen auf dem Bankkonto zur Tilgung des Kredits ein. Die Emissionskosten trägt die Bank.

Aufgaben:

a) Wie ist zu buchen (Buchungssätze)?

b) Wie sieht die Bilanz nach durchgeführter Sanierung aus?

Lösung:

a) Buchungssätze:

- Einforderung der ausstehenden Einlagen:

Forderungen aus ausstehenden eingeforderten Einlagen	50.000	**an**	Ausstehende, nicht eingeforderte Einlagen	50.000

– Rücklagenauflösung:

Kapitalrücklage	200.000			
Andere Gewinnrücklagen	50.000	**an**	Entnahmen aus Rücklagen	250.000
Entnahmen aus Rücklagen	250.000	**an**	Sanierungskonto	250.000

– Befriedigung der Kleingläubiger und Teilerlass durch Großgläubiger:

Verbindlichkeiten aus Lieferungen und Leistungen	305.000	**an**	Flüssige Mittel	5.000
			Sanierungskonto	300.000

– Auflösung der Pensionsrückstellung:

Rückstellungen	365.000	**an**	Sanierungskonto	365.000

– Zuzahlung der Aktionäre:

Flüssige Mittel	135.000	**an**	Sanierungskonto	135.000

– Anleiheemission (Aktivierung der Differenz zwischen Erfüllungs- und Ausgabebetrag der Verbindlichkeit gemäß § 250 Abs. 3 HGB):

Anleiheeinzahlungskonto	1.425.000			
Ausgabedisagio	75.000			
Rückzahlungsagio	45.000	**an**	Anleihen	1.545.000

– Einzahlung der Anleihe:

Verbindlichkeiten gegenüber Kreditinstituten	1.140.000	**an**	Anleiheeinzahlungskonto	1.140.000

– Abschluss der Vorkonten:

Aktiver Rechnungsabgrenzungsposten	120.000	**an**	Ausgabedisagio	75.000
			Rückzahlungsagio	45.000
Sonstige Forderungen	285.000	**an**	Anleiheeinzahlungskonto	285.000

– Abschluss des Sanierungskontos:

Sanierungskonto	1.050.000	**an**	Bilanzverlust	1.050.000

b) Bilanz nach Sanierung:

A — Sanierungsbilanz der Fa. Leinenweberei Esslingen AG — P

A		P	
A. Anlagevermögen		A. Eigenkapital	
Grundstücke und Bauten	1.800.000	Gezeichnetes Kapital	2.000.000
Technische Anlagen und Maschinen	2.460.000	B. Verbindlichkeiten	
Finanzanlagen	100.000	Anleihen	1.545.000
B. Umlaufvermögen		Verbindlichkeiten gegenüber Kreditinstituten	1.060.000
Vorräte	340.000	Verbindlichkeiten aus Lieferungen und Leistungen	700.000
Forderungen aus Lieferungen und Leistungen	130.000	Sonstige Verbindlichkeiten	180.000
Forderungen aus ausstehenden, eingeforderten Einlagen	50.000		
Sonstige Forderungen	285.000		
Flüssige Mittel	200.000		
C. Aktiver RAP	120.000		
	5.485.000		5.485.000

Übungsbeispiel 3:

Die Systembau Stuttgart AG hat zu Beginn der Sanierung folgende Bilanz erstellt:

A	Bilanz der Fa. Systembau Stuttgart AG zum 31. 12. 2010		P
A. Anlagevermögen		A. Eigenkapital	
Grundstücke und Bauten	360.000	Gezeichnetes Kapital	400.000
Technische Anlagen und Maschinen	1.692.000	Kapitalrücklage	12.000
Betriebs- und Geschäftsausstattung	393.000	Bilanzverlust	– 268.000
Finanzanlagen	80.000	B. Verbindlichkeiten	
B. Umlaufvermögen		Verbindlichkeiten gegenüber Kreditinstituten	2.370.000
Fertige Bauten	250.000	Verbindlichkeiten aus Lieferungen und Leistungen	795.000
Halbfertige Bauten und Vorräte	1.230.000	Erhaltene Anzahlungen	1.065.000
Forderungen aus Lieferungen und Leistungen	75.000	Sonstige Verbindlichkeiten	47.000
Kasse, Bank, Postgiroguthaben	341.000		
	4.421.000		4.421.000

Die nach § 92 Abs. 1 AktG einberufene Hauptversammlung hat die folgenden Sanierungsbeschlüsse gefasst:

- Durchführung einer Kapitalherabsetzung. Hierzu werden eigene Aktien nach § 71 Abs. 1 Nr. 6 AktG zum Kurs von 50% erworben (Kapitalherabsetzung durch Einziehung von Aktien nach § 237 Abs. 1 und 2 AktG). Dafür wurden über Bank 25.000 aufgewendet. Darüber hinaus wird den Aktionären eine Zusammenlegung der restlichen Aktien im Verhältnis 7 : 4 oder alternativ Zuzahlung von 0,5 je Anteil (Mindestnennbetrag 1 €) gegen Umwandlung der Stammaktien in Vorzugsaktien mit 5% kumulativer Vorzugsdividende angeboten. 4/5 der Aktionäre wählt die Zusammenlegung, der Rest zahlt zu.
- Verkauf der Frischbetonwerkanlage, die in der Bilanzposition „Technische Anlagen und Maschinen" mit einem Buchwert von 752.000 enthalten ist und einen Veräußerungserlös von 1.000.000 erzielt.
- Der Sanierungsgewinn soll wie folgt verwendet werden:
  (1) Zur Abdeckung der Unterbilanz.
  (2) Zur Deckung der Sanierungskosten, die mit 25.000 sofort anfallen und mit 30.000 später bezahlt werden.
  (3) Für Nachholabschreibungen/Abwertungen/Rückstellungsbildung.
    - Geschäftsbauten (Buchwertanteil ⅔) in Höhe von 10%.
    - Technische Anlagen und Maschinen 5% auf den Buchwert (Verkauf Frischbetonwerkanlage beachten).
    - Finanzanlagen auf 60.000.
    - Bildung einer Garantierückstellung für fertige Bauten: Umsatz des Vorjahres 4.500.000, Garantieaufwand 135.000 (≙ 3 % des Vorjahresumsatzes).
  (4) Ein gegebenenfalls verbleibender Restbetrag ist der Kapitalrücklage zuzuweisen.
- Bis auf einen Bestand von 450.000 sollen die flüssigen Mittel zur Abdeckung der Verbindlichkeiten gegenüber Kreditinstituten verwendet werden.

Aufgaben:

Erstellen Sie:

a) die Buchungssätze für die Sanierungsmaßnahmen,
b) das Sanierungskonto in T-Kontenform,
c) die Sanierungsschlussbilanz für die Systembau Stuttgart AG (per 31. 3. 2011).

Lösung:

a) Buchungssätze:

– Erwerb eigener Aktien zum Zwecke der Kapitalherabsetzung:

Eigene Aktien	25.000	**an**	Kasse, Bank, Postgiroguthaben	25.000
Gezeichnetes Kapital	50.000	**an**	Eigene Aktien	25.000
			Sanierungskonto	25.000

– Zusammenlegung der Aktien (80% der Aktionäre; Nennwert 280.000):

Gezeichnetes Kapital	120.000	**an**	Sanierungskonto	120.000

– Zuzahlung und Umwandlung in Vorzugsaktien (20% der Aktionäre; Nennwert 70.000):

Kasse, Bank, Postgiroguthaben	35.000			
Stammaktien	70.000	**an**	Gezeichnetes Kapital; Vorzugsaktien	70.000
			Sanierungskonto	35.000

– Verkauf der Frischbetonwerkanlage:

Kasse, Bank, Postgiroguthaben	1.000.000	**an**	Technische Anlagen und Maschinen	752.000
			Sanierungskonto	248.000

– Abdeckung der Unterbilanz:

Sanierungskonto	268.000	**an**	Bilanzverlust	268.000

– Sanierungskosten:

Sanierungskonto	55.000	**an**	Kasse, Bank, Postgiroguthaben	25.000
			Sonstige Verbindlichkeiten	30.000

– Nachholabschreibungen und Abwertungen:

Sanierungskonto	98.500	**an**	Grundstücke und Bauten	24.000
			Technische Anlagen und Maschinen	47.000
			Finanzanlagen	20.000
			Rückstellungen	7.500

– Einstellung in die Kapitalrücklage:

Sanierungskonto	6.500	**an**	Kapitalrücklage	6.500

– Verwendung der flüssigen Mittel:

Verbindlichkeiten gegenüber Kreditinstituten	876.000	**an**	Kasse, Bank, Postgiroguthaben	876.000

b) Sanierungskonto:

S	Sanierungskonto		H
Bilanzverlust	268.000	Gezeichnetes Kapital	25.000
Kasse, Bank, Postgiroguthaben	25.000	Gezeichnetes Kapital	120.000
Sonstige Verbindlichkeiten	30.000	Kasse, Bank, Postgiroguthaben	35.000
Grundstücke und Bauten	24.000	Kasse, Bank, Postgiroguthaben	248.000
Technische Anlagen und Maschinen	47.000		
Finanzanlagen	20.000		
Rückstellungen	7.500		
Kapitalrücklage	6.500		
	428.000		428.000

c) Sanierungsschlussbilanz:

S	Sanierungsschlussbilanz der Fa. Systembau Stuttgart AG zum 31. 3. 2011		H
A. Anlagevermögen		A. Eigenkapital	
Grundstücke und Bauten	336.000	Gezeichnetes Kapital	160.000
Technische Anlagen und Maschinen	893.000	Stammaktien	70.000
Betriebs- und Geschäftsausstattung	393.000	Vorzugsaktien	18.500
Finanzanlagen	60.000	Kapitalrücklage	7.500
B. Umlaufvermögen		B. Rückstellungen	
Fertige Bauten	250.000	C. Verbindlichkeiten	
Halbfertige Bauten und Vorräte	1.230.000	Verbindlichkeiten gegenüber Kreditinstituten	1.494.000
Forderungen aus Lieferungen und Leistungen	75.000	Verbindlichkeiten aus Lieferungen und Leistungen	795.000
Kasse, Bank, Postgiroguthaben	450.000	Erhaltene Anzahlungen	1.065.000
		Sonstige Verbindlichkeiten	77.000
	3.687.000		3.687.000

Ergänzende Literatur zu: 2.3 Sanierungsbilanzen

Bieg/Kußmaul, Finanzierung, S. 29–422

Bitz, Übungen, S. 97 f.; 159 f.

Eisele, Sanierungsbilanz, Sp. 1762–1768

Förschle/Heinz, Sanierungsmaßnahmen

Groß, Sanierung, S. 22–602

Heinen, Handelsbilanzen, S. 494–495; 518–521

Hess/Fechner, Sanierungshandbuch

Wöhe/Bilstein/Ernst/Häcker, Unternehmensfinanzierung, S. 102–107

3 Sonderbilanzen zur Unternehmensauflösung

3.1 Liquidationsbilanzen

3.1.1 Formen der Liquidation

Die **Liquidation (i. w. S.)** umfasst die betriebswirtschaftliche Entscheidung zur Beendigung der Erwerbstätigkeit eines Unternehmens, die sich daran anschließende planmäßige Veräußerung der Vermögensgegenstände mit dem Zweck, einen daraus resultierenden Veräußerungserlös zur Abdeckung von Gläubiger- und nachrangig auch Anteilseigneransprüchen zu verwenden, sowie die Löschung der Firma aus dem Handelsregister und die Beendigung des Rechtsträgers. Die Maßnahmen zur Veräußerung des Vermögens und Einziehung der Verbindlichkeiten wird als **Liquidation i. e. S.** bezeichnet. Das folgende Schema zeigt die verschiedenen Formen der Liquidation (*Vormbaum,* Finanzierung, S. 556):

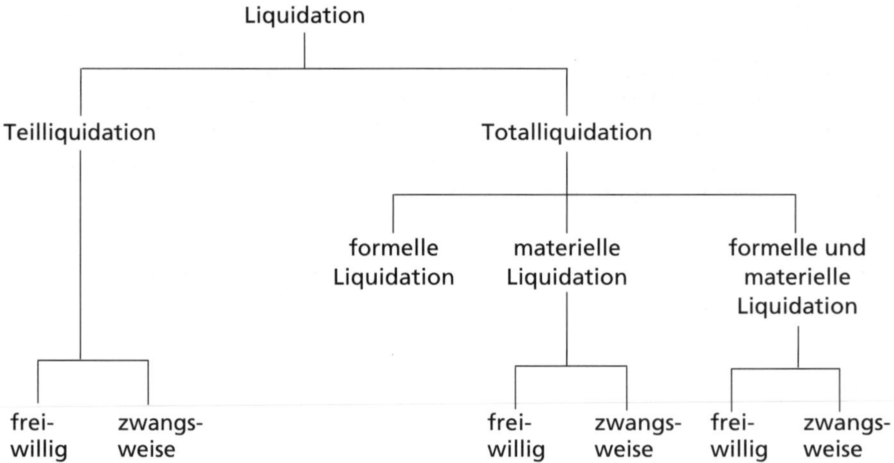

Der **Teilliquidation** liegt die Auflösung und Verflüssigung (Versilberung) von Teilbereichen eines Unternehmens, der **Totalliquidation** die Veräußerung des gesamten Unternehmens zu Grunde. Eine Teilliquidation kann **freiwillig** durch Gesellschafterbeschluss oder **zwangsweise** durch Geltendmachung von Gläubigersicherheitsrechten erfolgen. Sie führt in der Regel zu einer Einschränkung der wirtschaftlichen Tätigkeit, der rechtliche Fortbestand der Firma ist jedoch nicht gefährdet.

Der **formellen Liquidation** als einer Form der Totalliquidation liegt der formalrechtliche Vorgang des Vermögens- und Schuldenübergangs auf eine andere Rechtsform zugrunde (Einzelrechtsnachfolge; dazu auch Teil C, Abschn. 2.2.3, S.1060). Eine ausschließlich **materielle Liquidation** liegt vor, wenn nach Einstellung der wirtschaftlichen Tätigkeit eine Veräußerung des Vermögens und die Rückzahlung der Kapitaleinlagen erfolgen, ohne dass der rechtliche Rahmen des Unternehmens davon betroffen wird. Materielle Liquidationen können sowohl **freiwillig** als auch **zwangsweise** (Einzelvollstreckung durch Gläubiger) durchgeführt werden. Während bei Einzelunternehmen und Personengesellschaften materielle Liquidationen ohne formelle Liquidation möglich sind, trifft dies für Kapitalgesellschaften, OHG bzw. KG, bei denen kein persönlich haftender Gesellschafter eine natürliche Person ist, sowie Genossenschaften nur ausnahmsweise zu, da hier die Löschung im Handelsregister auf Grund von Vermögenslosigkeit von Amts wegen erfolgen kann (§ 394 FamFG). Vermögenslosigkeit ist gegeben, wenn keinerlei Werte auf der Aktivseite der Bilanz angesetzt werden können, wobei das Gericht aufgrund der schwerwiegenden Folgen einer Löschung die Sachverhalte und Umstände, die auf eine Vermögenslosigkeit schließen lassen, in einem geregelten Verfahren gründlich zu prüfen hat. Im Fall von Kapital & Co.-Gesellschaften müssen die Voraussetzungen für den Tatbestand der Vermögenslosigkeit sowohl bei der Gesellschaft selbst als auch bei den persönlich haftenden Gesellschaftern gegeben sein. Beispielsweise besteht kein Grund zur Löschung einer GmbH & Co.-KG, solange die GmbH noch Vermögen besitzt (*Haas*, Anhang nach § 77 GmbHG, Rn. 15).

Wird mit der materiellen Liquidation auch die Beendigung des Geschäftsbetriebs in das Handelsregister eingetragen, bedeutet dies eine **materielle und zugleich formelle Liquidation;** sie wird vorwiegend Gegenstand der folgenden Ausführungen sein. Die Behandlung der **freiwilligen** Durchführung, die sog. typische Liquidation, erfolgt in den unmittelbar nachstehenden Abschnitten und die Darstellung der zwangsweisen Auflösung im folgenden Abschnitt 3.2 Sonderbilanzen nach dem Insolvenzrecht (S. 1270 ff.).

3.1.2 Handels- und gesellschaftsrechtliche Behandlung und Durchführung der Liquidation

3.1.2.1 Rechtsgrundlagen

Im Gesellschaftsrecht wird die **Beendigung eines Rechtsträgers** grundsätzlich in den folgenden drei Schritten vorgenommen:

1. Auflösung (vgl. §§ 131, 133 HGB, §§ 60–62, 64–65 GmbHG, §§ 262, 263 AktG, §§ 78–82 GenG)
2. Liquidation (GmbH, eG) bzw. Abwicklung (AG, KGaA; §§ 145–156 HGB; §§ 66–74 GmbHG, §§ 264–274, 289 f. AktG, §§ 83–89 GenG)
3. Vollbeendigung durch Vermögenslosigkeit bzw. Löschung.

Mit der **Auflösung** wird lediglich der gemeinsame Zweck der Gesellschaft verändert: Die bis dahin werbende Gesellschaft wird zur Gesellschaft in Liquidation, was nach außen durch den Zusatz „i. L." (= in Liquidation) im Firmennamen dokumentiert wird. Durch die Auflösung wird die Identität der Gesellschaft i. L. nicht berührt, d. h. sie besteht in der jeweiligen Rechtsform vor Auflösung unverändert fort. Als **gesetzliche Gründe für eine Auflösung** kommen im Wesentlichen der Ablauf der im Gesellschaftsvertrag bzw. in der Satzung festgesetzten Zeit, der qualifizierte Beschluss der Gesellschafter- bzw. Hauptversammlung, die Eröffnung des Insolvenzverfahrens und die gerichtliche Verfügungsentscheidung bei Vorliegen eines wichtigen Grundes in Frage (§ 131 HGB; § 60 GmbHG, § 262 AktG, §§ 78, 79, 80, 101 GenG). Die Auflösung ist bei Personengesellschaften von sämtlichen Gesellschaftern, bei Kapitalgesellschaften und Genossenschaften von den gesetzlichen Vertretern zur **Eintragung ins Handelsregister** anzumelden (§ 143 HGB; § 65 GmbHG; § 263 AktG; § 78 Abs. 2 GenG). Im Insolvenzfall ist jedoch das Registergericht von Amts wegen zur Eintragung verpflichtet. Die Eintragungspflicht entfällt vollständig im Fall der Löschung aufgrund von Vermögenslosigkeit.

In der Regel ist nach dem formalen Akt der Auflösung die materielle **Vermögensabwicklung** der Gesellschaft in einem gesellschaftsrechtlich geregelten Liquidationsverfahren notwendig. Allerdings entfällt das gesellschaftsrechtliche Liquidationsverfahren, wenn an dessen Stelle das gerichtliche Insolvenzverfahren tritt bzw. die Löschung aufgrund von Vermögenslosigkeit vorgenommen wird (§ 145 HGB, § 66 GmbHG, § 264 AktG). **Zweck des Liquidationsverfahrens** ist die planmäßige Veräußerung des Gesellschaftsvermögens, um den daraus resultierenden Erlös zur Deckung der bestehenden Gläubigeransprüche zu verwenden. Lediglich der Restbetrag, der nach Befriedigung der Gläubigeransprüche verbleibt, ist an die Gesellschafter auszukehren (§ 155 HGB, § 72 GmbHG, § 271 AktG, § 90 GenG).

Die **Abwicklung** wird in der Regel von allen Gesellschaftern gemeinsam (Personengesellschaft), von den Geschäftsführern (GmbH) bzw. vom Vorstand (AG bzw. eG) durchgeführt. Der Gesellschaftsvertrag bzw. die Satzung oder ein Gesellschafterbeschluss kann jedoch andere als die bisherigen Gesellschafter bzw. Geschäftsführer als **Liquidatoren** (bei AG, KGaA **Abwickler**, im Folgenden ggf. nicht differenziert) bestimmen. Bei Vorliegen eines wichtigen Grundes ist die Ernennung von Liquidatoren unter bestimmten Bedingungen auf Antrag eines Beteiligten auch vom zuständigen Registergericht vorzunehmen (§ 146 HGB, § 66 GmbHG, § 265 AktG, § 83 GenG). Personen, die innerhalb der letzten fünf Jahre wegen eines Insolvenzdeliktes bestraft worden sind oder gegen die ein Berufsverbot ergangen ist, sind als Liquidatoren einer Kapitalgesellschaft ausgeschlossen (§ 66 Abs. 4 i. V. m. § 6 Abs. 2 GmbHG; § 265 Abs. 2 i. V. m. § 76 Abs. 3 AktG). Je nachdem, ob die Liquidatoren bzw. Abwickler mit der bisherigen Geschäftsführung bzw. dem bisherigen Vorstand identisch sind, können sich **Agency-Probleme** ergeben, die sich bei personenbezogenen Gesellschaften durch eine entsprechende Sachverhaltsgestaltung verringern lassen (vgl. *Eisele*, Sonderbilanzen, S. 895 ff.). Die Liquidatoren haben folgende **Aufgaben** zu erfüllen: Beendigung der laufenden Geschäfte, Versilberung des Vermögens, Einzug der Forderungen, gerichtliche und außergerichtliche Vertretung der Gesellschaft bzw. Genossenschaft, Befriedigung der Gläubigeransprüche sowie Aufteilung des verbleibenden Geldbetrags unter den Gesellschaftern bzw. Genossen. Zur Abwicklung des Vermögens sind die Liquidatoren befugt, neue Geschäfte einzugehen, was deutlich macht, dass die Liquidation einen durchaus längeren, in der Regel mehrperiodigen Zeitraum zwischen Auflösung und Vollbeendigung der Gesellschaft umfassen kann. Neben der materiellen Liquidation sind die Liquidatoren formal für die Erfüllung der internen und externen Rechnungslegungsverpflichtungen im Abwicklungszeitraum verantwortlich (§154 HGB, §71 GmbHG, §270 AktG, §89 GenG). In der Praxis werden sich die Liquidatoren sachverständiger Dritter (z. B. Steuerberater) bedienen. Nach Beendigung der Liquidation sind die Liquidatoren schließlich verpflichtet, bei Personengesellschaften das Erlöschen der Firma (§ 157 HGB) bzw. bei Kapitalgesellschaften das Ende der Liquidation und die Löschung der Gesellschaft (§273 AktG, §74 GmbHG) zur Eintragung ins Handelsregister anzumelden.

Mit dem Eintritt der **Vermögenslosigkeit** und der Löschung ist eine Kapitalgesellschaft als juristische Person **vollbeendet** und somit nicht mehr existent. Da im Fall von Personengesellschaften auch die Eintragung ins Handelsregister keine konstitutive Wirkung besitzt (vgl. Teil C, Abschn. 2.1.2, S. 1021), hat die Löschung der Firma keine existenzielle Auswirkung. Folglich ist das Vorliegen der Vermögenslosigkeit entscheidendes Kriterium zur **Vollbeendigung.** Mit dieser erlöschen sowohl für Kapital- als auch für Personengesellschaften alle Verbindlichkeiten. Jedoch haften Personengesellschafter gemäß §159 Abs. 1 HGB bezüglich der vor Vollbeendigung eingegangenen Verbindlichkeiten der Gesellschaft noch fünf Jahre nach der Auflösung, soweit der Anspruch gegen die Gesellschaft nicht einer kürzeren Verjährung unterliegt.

3.1.2.2 Aufstellungspflicht

Im Hinblick auf die Rechnungslegung wird zwischen der externen und der internen Liquidationsrechnungslegung unterschieden. Während die **externe Liquidationsrechnungslegung,** die sich an die üblichen Jahresabschlussadressaten richtet, an den Vorschriften des HGB orientiert ist und periodisch erfolgt, handelt es sich bei der **internen Liquidationsrechnungslegung** um die besondere Rechnungslegung des Liquidators gegenüber den Anteilseignern, für die es keine gesetzlichen Formvorschriften gibt (*Schmidt,* Liquidationsbilanzen, S. 16 ff.).

Der neue Rechnungsabschnitt der Abwicklung von Kapitalgesellschaften und Genossenschaften wird im Bereich der externen Liquidationsrechnungslegung mit einer **Liquidationseröffnungsbilanz** eingeleitet (§270 AktG, §71 GmbHG, §89 GenG). Die Aufstellung erfolgt wie bei der laufenden Jahresbilanz anhand einer körperlichen Aufnahme der Vermögensgegenstände und der Verbindlichkeiten (s. Teil A, Kap. 2, S. 42 ff.). Dabei sind die Grundsätze ordnungsmäßiger Inventur zu berücksichtigen. Die Abwicklungseröffnungsbilanz bedarf bei Kapitalgesellschaften zudem eines die Ansätze erläuternden Berichts (§270 Abs. 1 AktG, §71 Abs. 1 GmbHG), welcher im Wesentlichen die Funktion eines Anhangs erfüllt.

Für **Kapitalgesellschaften** sind zu jedem Geschäftsjahresabschluss während des Abwicklungszeitraums ein **Zwischen-Jahresabschluss** (Bilanz, Gewinn- und

Verlustrechnung und Anhang) und ein Lagebericht zu erstellen, um den Einblick in die gegenwärtige Vermögens-, Finanz- und Ertragslage zu ermöglichen (§270 Abs.1 AktG, §71 Abs.1 GmbHG; vgl. mit §89 GenG zu Genossenschaften). Dabei soll der Lagebericht über den Stand und Fortschritt der Abwicklung informieren. Die Jahresabschlüsse sind grundsätzlich prüfungspflichtig. Das Gericht kann jedoch von einer Prüfung absehen, sofern die Verhältnisse der Gesellschaft überschaubar und die Gesellschafter- und Gläubigerinteressen gewahrt sind (§270 Abs.3 AktG, §71 Abs.3 GmbHG).

Zum Abschluss der Liquidationsperiode muss nach den §§238, 242, 246 HGB eine interne und externe **Schlussbilanz** sowie nach §273 Abs.1 AktG und §74 GmbHG eine **Schlussrechnung** aufgestellt werden, aus der, nach vorhergegangener Befriedigung der Gläubiger aus dem Liquidationserlös, die Ansprüche der Anteilseigner an den liquiden Mitteln hervorgehen. Die Vorschriften der §§273 Abs.1 AktG, 74 GmbHG beziehen sich nach h.M. auf die interne Rechnungslegung des Liquidators. Wegen der auf dem Gebiet der internen Liquidationsrechnungslegung bestehenden Formfreiheit, können die Liquidatoren die interne Schlussbilanz auch in Anlehnung an die externe Liquidationsrechnungslegung aufstellen. Da im Zeitpunkt der Beendigung der Abwicklung auch für die externe Rechnungslegung nicht mehr von der Fortführungsprämisse auszugehen ist, kann die **Schlussbilanz der externen Liquidationsrechnungslegung** ohne Berücksichtigung der üblichen handelsrechtlichen Bewertungsvorschriften aufgestellt werden und die Form einer reinen Vermögensverteilungsbilanz oder Ausschüttungsplanungsrechnung annehmen, so dass hier eine **enge Verzahnung** der externen und der internen Liquidationsrechnungslegung möglich ist (*Scherrer/Heni,* Liquidations-Rechnungslegung, S.37f.).

Die **Schlussrechnung** stellt dagegen eine Einnahmen-Ausgaben-Rechnung dar, die die Auskehrungen der am Ende des Liquidationszeitraums vorhandenen finanziellen Mittel wiedergibt.

Für **Personenhandelsgesellschaften** (OHG, KG) in Liquidation besteht nach §154 HGB unbestritten die Pflicht zur **internen Liquidationsrechnungslegung,** d.h. zur Aufstellung einer Liquidationseröffnungsbilanz zu Beginn der Liquidation und einer Schlussbilanz am Ende des Liquidationszeitraums. Erstreckte sich der **Liquidationszeitraum** auf mehrere Geschäftsjahre, war die Personenhandelsgesellschaft i.L. nach traditioneller Auffassung nicht zur Aufstellung externer handelsrechtlicher Jahresabschlüsse verpflichtet. Begründet wurde dies mit dem durch den Eintritt in die Liquidation geänderten Gesellschaftszweck: Da nicht mehr die Gewinnerzielung, sondern lediglich die Abwicklung in der Liquidationsphase angestrebt werde, könne auf eine periodische Gewinnermittlung verzichtet werden. Dagegen sind nach neuerer Auffassung während eines mehrperiodigen Liquidationszeitraums regelmäßig handelsrechtliche Jahresabschlüsse zur Vermögens- und Gewinnermittlung zu erstellen, da anzunehmen ist, dass es auch im Rahmen der Liquidation das Ziel der Gesellschaft ist, die bestmögliche ökonomische Verwertungsalternative der Vermögensgegenstände zur Erzielung des maximalen Liquidationsgewinns zu realisieren. Außerdem berührt die Auflösung nicht die Identität der Personenhandelsgesellschaft, woraus ebenfalls die Pflicht zur **externen Liquidationsrechnungslegung** abzuleiten ist.

Den internen und externen **Rechnungslegungspflichten** unterliegen sämtliche OHG bzw. KG i. L., wobei die Größe der Gesellschaft und die Anzahl der voll- bzw. beschränkt haftenden Gesellschafter keine Rolle spielen. Folglich ist auch die sog. Publikums-KG, die AG & Co.-KG bzw. die GmbH & Co.-KG, zur Liquidationsrechnungslegung verpflichtet (vgl. *Scherrer/Heni,* Liquidations-Rechnungslegung, S. 118–122). Für Personengesellschaften i. S. d. § 1 PublG tritt nach § 3 Abs. 3 PublG eine Erleichterung ein, da sie ab dem Auflösungszeitpunkt lediglich entsprechend den Vorschriften für alle Kaufleute (§§ 238 ff. HGB) Rechnung zu legen haben. Etwaige Konzernabschlusspflichten nach den §§ 11 ff. PublG bleiben von § 3 Abs. 3 PublG jedoch unberührt (vgl. *Förschle/Deubert,* Personengesellschaft, S, Rn. 49).

Die **Pflichtbestandteile** der externen Liquidationsrechnungslegung für Personenhandelsgesellschaften ergeben sich aus den §§ 238 ff. HGB, die der internen Rechnungen aus § 154 HGB. Die **externe Liquidationsrechnungslegung** umfasst den letztmaligen Jahresabschluss der werbenden Gesellschaft, der im Zeitpunkt der Auflösung von den Liquidatoren zu erstellen ist, die periodischen Jahresabschlüsse während der Liquidation sowie den letztmaligen handelsrechtlichen Jahresabschluss der Gesellschaft i. L., der mit der internen Schlussbilanz zusammengefasst werden kann. Für Personenhandelsgesellschaften besteht – im Gegensatz zu Kapitalgesellschaften – keine explizite Pflicht zur Erstellung einer externen Liquidationseröffnungsbilanz im Auflösungszeitpunkt. Auch aus § 242 HGB kann diese aufgrund der Identität der Personenhandelsgesellschaft vor und nach der Auflösung nicht abgeleitet werden. Ebenso unterscheidet sich der Umfang der handelsrechtlichen externen Berichterstattung von Personenhandels- und Kapitalgesellschaften, da für Erstere weder Anhang noch Lagebericht zu erstellen sind. Pflichtbestandteile der **internen Liquidationsrechnungslegung** sind die Liquidationseröffnungsbilanz, die der Information der Liquidatoren und Gesellschafter über das zu verwertende Vermögen dient, sowie die Schlussbilanz. Diese zeigt die Ansprüche der Gesellschafter auf den Restliquidationserlös an (vgl. *Scherrer/Heni,* Liquidations-Rechnungslegung, S. 136–150). Hinsichtlich der internen Liquidationsrechnungen von Personenhandelsgesellschaften besteht ebenso wie für Kapitalgesellschaften Form- und Methodenfreiheit.

3.1.2.3 Externe Liquidationseröffnungsbilanz

3.1.2.3.1 Bilanzansatz

Da die externe Liquidationsrechnungslegung im Sinne des Gesetzgebers als fortgeführte Rechnungslegung der werbenden Gesellschaft angesehen wird (vgl. BR-Drucksache 257/83 v. 3. 6. 1983), sind gemäß den §§ 270 AktG bzw. 71 GmbHG die handelsrechtlichen Vorschriften zur Erstellung von Jahresabschlüssen **entsprechend** anzuwenden. Im Folgenden zeigt sich jedoch, dass zur Erstellung externer Liquidationsbilanzen trotz der grundsätzlichen Übernahme der handelsrechtlichen Vorschriften über den Jahresabschluss Abweichungen zu berücksichtigen sind.

Die **Ansatzpflicht** erstreckt sich grundsätzlich auf sämtliche Vermögensgegenstände und Schulden, Rückstellungen, Rechnungsabgrenzungsposten sowie das Eigenkapital. Für die Liquidationseröffnungsbilanz gilt sowohl das **Vollständigkeitsgebot** (§ 246 Abs. 1 Satz 1 HGB) als auch das **Verrechnungsverbot** nach § 246 Abs. 2 HGB (vgl. *Förschle/Deubert*, Kapitalgesellschaft, T, Rn. 110). Ein **derivativer Geschäfts- oder Firmenwert** beispielweise, der seit der Einführung des Bilanzrechtsmodernisierungsgesetzes per definitionem als abnutzbarer Vermögensgegenstand gilt und somit aktivierungspflichtig ist (vgl. *Förschle/Kroner*, Bilanzkommentar, § 246 HGB, Rn. 82), ist aufgrund des Vollständigkeitsgebots in der Liquidationseröffnungsbilanz fortzuführen. Im Zuge der Bewertung ist jedoch regelmäßig zu prüfen, ob eine außerplanmäßige Abschreibung im Sinne des § 253 Abs. 3 Satz 3 HGB erforderlich ist. Eine solche Abschreibung wird insbesondere dann erforderlich sein, wenn der in der Vergangenheit erworbene Teilbetrieb nicht als Gesamtheit weiterverkauft werden kann und sich somit die Bestandteile des Geschäfts- oder Firmenwerts im Rahmen der Liquidation verflüchtigen (vgl. *Förschle/Deubert*, Kapitalgesellschaft, T, Rn. 118).

Das **selbsterstellte immaterielle Vermögensgegenstände des Anlagevermögens** (§ 248 Abs. 2 HGB) und ein **Disagio** (§ 250 Abs. 3 HGB) betreffende rechtsformunabhängige Aktivierungswahlrecht sowie das für Kapitalgesellschaften bestehende Ansatzwahlrecht **aktiver latenter Steuern** (§ 274 Abs. 1 HGB) sind aufgrund der Annahme der kurz- bis mittelfristigen Fortführung des Unternehmens in der Liquidationseröffnungsbilanz prinzipiell zu beachten. Nicht unterschätzt werden dürfen jedoch die mit dem Auflösungsbeschluss in aller Regel einhergehenden gravierenden Veränderungen der Unternehmensumstände, die zur Einschränkung der praktischen Bedeutung der Bilanzierungswahlrechte führen können (vgl. *HFA*, Abkehr, S. 392); so ist ein Disagio beispielsweise außerplanmäßig abzuschreiben, wenn sich die Restlaufzeit der zugrunde liegenden Verbindlichkeit verkürzt, was im Zuge einer Liquidation häufig der Fall sein wird (vgl. *Ellrott/Krämer*, Bilanzkommentar, § 250 HGB, Rn. 49). Ähnlich stellt sich die Situation bei aktiven latenten Steuern für einen steuerlichen Verlustvortrag dar. Diese sind nur in dem Umfang ansatzfähig, in dem das bilanzierende Unternehmen in den fünf auf den Bilanzstichtag folgenden Jahren mit hinreichender Sicherheit Gewinne erwirtschaftet, deren Besteuerung durch Verrechnung mit den bestehenden Verlustvorträgen gemindert wird. Hierdurch wird die bilanzielle Ansetzbarkeit bei ertragsschwachen Unternehmen stark beschränkt. Da Ertragsschwäche häufiger Auslösungsgrund einer Liquidation ist (vgl. *Geist*, Liquidation, S. 969), kann im Allgemeinen von einer weitgehenden Nichtaktivierbarkeit latenter Steuern für einen Verlustvortrag im Zuge der Liquidationsrechnungslegung ausgegangen werden. Gegenläufig kann sich die Situation jedoch darstellen, wenn im Zuge der fortschreitenden Liquidation des Unternehmens mit dem Entstehen umfangreicher Buchgewinne, beispielsweise aus der Veräußerung von Vermögensgegenständen, zu rechnen ist (vgl. *Scherrer/Heni*, Liquidations-Rechnungslegung, S. 64).

Für die Fortführung und Bildung von **Rückstellungen** in der Liquidationseröffnungsbilanz ist § 249 HGB heranzuziehen. So besteht beispielsweise für vor dem Auflösungsbeschluss entstandene ungewisse Verbindlichkeiten, wie etwa

Steuerverpflichtungen oder Abfindungsverpflichtungen gegenüber Mitarbeitern und der Geschäftsführung, eine Passivierungspflicht gemäß §249 Abs.1 Satz 1 HGB. Darüber hinaus sind Rückstellungen für laufende Pensionen und Pensionsanwartschaften in der Liquidationsbilanz stets anzusetzen. Dies gilt **in Abweichung von der laufenden Rechnungslegung** auch für sog. Altzusagen, für die nach Art.28 Abs.1 EGHGB ein Passivierungswahlrecht besteht. Das Passivierungswahlrecht für Altzusagen wird durch die Annahme gerechtfertigt, dass die ungewissen Pensionsaufwendungen durch zukünftige Erträge gedeckt werden können, so dass die Bildung einer Pensionsrückstellung nicht erforderlich ist. Da jedoch die Pensionsverpflichtungen aufgrund der Auflösung der Gesellschaft gerade nicht durch Erträge späterer Perioden alimentiert werden, ist das Wahlrecht im Rahmen der externen Liquidationsrechnungslegung nicht zweckgemäß (vgl. *Adler/Düring/Schmaltz,* §270 AktG, Rn.43, *Förschle/Deubert,* Kapitalgesellschaft, T, Rn.130). Ebenso entfällt für Kapitalgesellschaften ab dem Zeitpunkt des Auflösungsbeschlusses die **Maßgeblichkeit** der Handels- für die Steuerbilanz nach §5 Abs.1 Satz 1 EStG, da §11 KStG als „lex specialis" die Anerkennung von Bilanzposten nicht mehr von der handelsrechtlichen Bilanzierung abhängig macht und sich die handels- und steuerrechtlichen Liquidationsabschlüsse auf unterschiedliche Zeiträume beziehen.

3.1.2.3.2 Gliederungsprinzipien

Seit dem Inkrafttreten des Bilanzrichtlinien-Gesetzes haben Aktiengesellschaften, Gesellschaften mit beschränkter Haftung und Genossenschaften die Gliederungsvorschriften des regulären Jahresabschlusses verbindlich anzuwenden (§270 Abs.2 AktG, §71 Abs.2 GmbHG, §87 Abs.1 i.V.m. §33 GenG und §§336ff. HGB). Danach muss die Gliederung den Grundsätzen ordnungsmäßiger Buchführung und Bilanzierung entsprechen und dazu beitragen, ein den tatsächlichen Verhältnissen entsprechendes Bild der Vermögens-, Finanz- und Ertragslage zu vermitteln (§264 Abs.2 HGB). Dem wird am besten dadurch Rechnung getragen, dass die allgemeinen Gliederungskriterien des §265 HGB und die speziellen Ausweisvorschriften der §§266ff. HGB Anwendung finden, weil damit die Vergleichbarkeit der Liquidationsbilanzen mit den bisherigen regulären Jahresbilanzen gewährleistet ist. Allerdings ist von diesen Regelungen immer dann abzuweichen, wenn sie für die Liquidationsbilanz keine geeignete Ausweisform darstellen (*Sarx,* Sonderbilanzen, S.1372). Bezüglich des Ausweises und der Gliederung des **Eigenkapitals** bestehen deshalb in der Literatur zwei gegensätzliche Auffassungen: Es wird zwischen der Brutto- und der Nettomethode unterschieden (vgl. *Adler/Düring/Schmaltz,* §270 AktG, Rn.65ff.). Im Rahmen der **Bruttomethode** wird das Eigenkapital weiter nach dem Gliederungsschema des §266 Abs.3 A. HGB ausgewiesen. Eine Unterscheidung des Nennkapitals und der Rücklagen ist zwar aufgrund der im Abwicklungszeitraum modifizierten Kapitalerhaltungsregelungen (§272 AktG anstelle von §§57 Abs.3, 58, 150, 174 AktG) nicht mehr notwendig, jedoch sind das gezeichnete Kapital und die Höhe der geleisteten Einlagen Grundlage der Vermögensverteilung am Ende des Liquidationszeitraums (vgl. *Scherrer/Heni,* Liquidations-Rechnungslegung, S.72–79, *Adler/Düring/Schmaltz,* §270 AktG, Rn.66, *Jurowsky,* Liquidationsrechnungslegung, S. 1787). Ebenso ist ein differenzierter Ausweis des Eigenkapitals hinsichtlich eines potentiellen Fortsetzungsbeschlusses zweckdienlich. Da während der Abwicklung aus Gläubigerschutzgründen zwar keine Ausschüttungen mehr vorgenommen werden dürfen (§ 272 AktG), jedoch eine Thesaurierung durch die Liquidatoren zulässig ist, sind Jahresüberschüsse bzw. -fehlbeträge als Gewinn- bzw. Verlustvortrag auszuweisen (vgl. *Scherrer/Heni*, Liquidations-Rechnungslegung, S. 79 f.) oder bei Thesaurierung in die Gewinnrücklagen einzustellen bzw. mit diesen auszugleichen (vgl. *Adler/Düring/Schmaltz*, § 270 AktG, Rn. 68).

Bei Anwendung der **Nettomethode** werden nach weit verbreiteter Auffassung für den Ausweis des Eigenkapitals dessen Komponenten gezeichnetes Kapital, Kapitalrücklage, Gewinnrücklagen sowie Gewinn- bzw. Verlustvortrag und Jahresüberschuss bzw. -fehlbetrag zu der Position **Abwicklungskapital** zusammengefasst (vgl. *Hüffer*, § 270 AktG, Rn. 6). Das bis zum Auflösungsbeschluss bestehende gezeichnete Kapital soll jedoch aus Informationsgründen durch einen Davon-Vermerk ausgewiesen werden (vgl. *Haas*, § 71 GmbHG, Rn. 18).

Die Bruttomethode ist der Nettomethode i. d. R. vorzuziehen, da von der grundsätzlichen Annahme der kurz- bis mittelfristigen Fortführung der Kapitalgesellschaft i. L. während des Liquidationszeitraums auszugehen ist. Sowohl für den Fall, dass die Gesellschaft i. L. durch einen Gesellschafterbeschluss fortgesetzt wird, als auch bei Beendigung der Liquidation und Verteilung des Restvermögens per Liquidationsquote sind Informationen zumindest über das gezeichnete Kapital notwendig. Eine Zusammenfassung ist deshalb lediglich im Fall einer Ein-Personen-AG bzw. -GmbH zweckmäßig, wenn das Problem der Verteilung des Restvermögens zwischen den Gesellschaftern entfällt.

Unabhängig von den gemachten Ausführungen ist das durch das Bilanzrechtsmodernisierungsgesetz (BilMoG) eingeführte **Gebot zur offenen Absetzung nicht eingeforderter Einlagen** und **eigener Anteile** vom **gezeichneten Kapital** bei der Erstellung der Liquidationseröffnungsbilanz zu beachten (§ 272 HGB). Soweit sich das Saldierungsgebot auf die nicht eingeforderten Einlagen bezieht, führt es zu keiner Beeinträchtigung der Informationsvermittlung, weil der Gesamtbetrag, der einbezahlte Teil und der nicht eingeforderte Teil des gezeichneten Kapitals als in diesem Kontext insbesondere zur Berechnung der Liquidationsquote relevante Größen weiterhin ersichtlich sind. Anders stellt sich die Situation bezüglich der eigenen Anteile dar; hier führt das Saldierungsgebot zu einem Informationsverlust. Als in gewisser Weise zweckmäßig kann die differenzierende Lösung des früheren Handelsbilanzrechts betrachtet werden. Nach dieser war auf Grundlage des Einzelfalls zu prüfen, ob den eigenen Anteilen im Zeitpunkt der Auflösung noch der Charakter von Vermögensgegenständen und ein Veräußerungswert beizumessen ist oder ob sie nur noch einen Korrekturposten zum Eigenkapital darstellen (vgl. hierzu und der neuen Situation auch Teil C, Abschn. 2.2.4.2, S. 1090 f., 1095 f.). Im ersten Fall waren die Anteile in der Liquidationseröffnungsbilanz im Umlaufvermögen auszuweisen, im zweiten Fall wurden sie mit dem gezeichneten Kapital saldiert. Nach **aktuellem Recht** ist der Informationsgehalt der Abbildung eigener Anteile in der Liquidationseröffnungsbilanz insofern geringer, als anstelle dieser Einzelfallprüfung pauschal die offene Absetzung des Nennwerts der eigenen Anteile vom gezeichneten

Kapital und die Verrechnung darüber hinausgehender Beträge mit den frei verfügbaren Rücklagen gefordert wird. Ein Rückschluss auf die Verwendungsmöglichkeit der Anteile anhand des Bilanzausweises ist hierbei nicht mehr möglich (*Scherrer/Heni,* Liquidations-Rechnungslegung, S. 76), sofern eine diesbezüglich differenzierende Betrachtung überhaupt erforderlich scheint.

Umgliederungen des **Anlagevermögens ins Umlaufvermögen** in der Liquidationseröffnungsbilanz sind nur insoweit zulässig, als der Vermögensgegenstand nach außen erkennbar zur Veräußerung angeboten wird. Solange ein Vermögensgegenstand des Anlagevermögens während des Liquidationszeitraums betrieblich genutzt, als Reservevermögen gewartet und gepflegt wird bzw. über die weitere Verwertungsart noch nicht entschieden wurde, ist er im Anlagevermögen auszuweisen (vgl. *Adler/Düring/Schmaltz,* § 247 HGB, Rn. 117–122). Bei fortschreitender Liquidation wird das Anlagevermögen nach und nach veräußert, so dass in der Liquidationsschlussbilanz i. d. R. lediglich Umlaufvermögen in Form liquider Mittel vorhanden ist.

Auch **Personenhandelsgesellschaften i. L.** haben sich im Rahmen der externen Liquidationsrechnungslegung bezüglich der **Gliederungstiefe** an die der handelsrechtlichen Jahresabschlüsse vor dem Auflösungszeitpunkt anzulehnen. Da werbende Personenhandelsgesellschaften mit Ausnahme von Großunternehmen, die nach § 1 PublG Rechnung zu legen haben, nicht den Gliederungsvorschriften der §§ 266, 275 HGB unterliegen, gilt dies auch für Personenhandelsgesellschaften i. L. Für Großunternehmen i. S. d. § 1 PublG sind ab dem Zeitpunkt der Auflösung ebenfalls lediglich die allgemeinen Vorschriften der §§ 238 ff. HGB anzuwenden (§ 3 Abs. 3 PublG).

Die Gliederung der **Eigenkapitalkonten** von Personenhandelsgesellschaften i. L. hat sich im Rahmen der externen Liquidationsrechnungslegung aufgrund der Identität der Personengesellschaft vor und nach dem Auflösungsbeschluss an derjenigen der Jahresabschlüsse vor dem Auflösungszeitpunkt zu orientieren (vgl. *Förschle/Deubert,* Personengesellschaft, S, Rn. 109). Eine diesbezügliche Umgliederung ist aus denselben Gründen wie im Fall der Kapitalgesellschaften abzulehnen. Hinsichtlich der eventuellen Umgliederungen des **Anlagevermögens ins Umlaufvermögen** kann ebenfalls auf die Ausführungen zu den Kapitalgesellschaften i. L. verwiesen werden.

3.1.2.3.3 Bewertungsgrundsätze

Sowohl das Aktiengesetz als auch das GmbH-Gesetz fordern im Rahmen der externen Liquidationsrechnungslegung von **Kapitalgesellschaften i. L.** eine entsprechende Anwendung der Bewertungsvorschriften des regulären Jahresabschlusses (§ 270 Abs. 2 AktG, § 71 Abs. 2 GmbHG). Folglich sind auch die **allgemeinen Bewertungsgrundsätze** des § 252 HGB im Rahmen der externen Liquidationsrechnungslegung entsprechend anzuwenden. Entscheidend für die Bewertung während des Liquidationszeitraums ist das **Going-Concern-Prinzip.** Nach § 252 Abs. 1 Nr. 2 HGB ist von der Fortführungsprämisse so lange auszugehen, bis dieser tatsächliche oder rechtliche Gegebenheiten entgegenstehen. Aus der Begründung zur Änderung von § 270 AktG durch das BiRiLiG geht hervor, dass die Unternehmensauflösung noch kein ausreichender Tatbestand zur Aufgabe des Going-Concern-Prinzips ist (vgl. Begr. RegE, BT-Drs. 10/317, S. 107), da für Kapitalgesellschaften i. L. unterstellt wird, dass sie ihren Geschäftsbetrieb noch eine gewisse Zeit fortführen. Somit ist erst bei Einstellung der Betriebstätigkeit (vgl. *Adler/Düring/Schmaltz,* § 270 AktG, Rn. 49, *Sarx,* Abwicklungs-Rechnungslegung, S. 552, *Kleindiek,* § 71 GmbHG, Rn. 2) oder spätestens unmittelbar vor Beginn der Vermögensverteilung am Ende des Liquidationszeitraums (vgl. *Scherrer/Heni,* Liquidations-Rechnungslegung, S. 85–90) vom Fortführungsgrundsatz abzuweichen.

Ebenso sind das **Prinzip der Einzelbewertung,** das **Vorsichts-, Imparitäts-** und **Realisationsprinzip** sowie das **Prinzip der Ansatz- und Methodenstetigkeit** weiter anzuwenden. Ist die Auflösung im Rahmen der Liquidationseröffnungsbilanz Anlass zur Abweichung von einer vor der Auflösung angewandten Ansatz- oder Bewertungsmethode, sind die Gründe der Abweichung und der Einfluss auf die Vermögenslage im Erläuterungsbericht darzustellen. Die neue Methode ist wiederum für den gesamten Abwicklungszeitraum beizubehalten.

Nach § 270 Abs. 2 Satz 3 AktG sowie § 71 Abs. 2 Satz 3 GmbHG sind Vermögensgegenstände des **Anlagevermögens** wie Umlaufvermögen zu bewerten, wenn deren Veräußerung in einem übersehbaren Zeitraum beabsichtigt ist oder die Vermögensgegenstände nicht mehr dem Geschäftsbetrieb dienen. Die **Veräußerungsabsicht** muss durch Verkaufsverhandlungen, die einen baldigen Vertragsabschluss wahrscheinlich erscheinen lassen, konkretisiert sein (vgl. *Scherrer/Heni,* Liquidations-Rechnungslegung, S. 98–100, *Förschle/Deubert,* Kapitalgesellschaft, T, Rn. 156). Unter einem **übersehbaren Zeitraum** wird nach h. M. ein Zeitraum von einem bis zwei Jahren verstanden. In der Regel findet somit keine Umbewertung statt, wenn die betroffenen Vermögensgegenstände des Anlagevermögens voraussichtlich noch am darauf folgenden Bilanzstichtag der Kapitalgesellschaft i. L. zuzurechnen sind. Unter die Umbewertung von Vermögensgegenständen, die nicht mehr dem Geschäftsbetrieb dienen, fallen dauerhaft stillgelegte Anlagen, Reservegrundstücke sowie Wertpapiere des Anlagevermögens. Grundsätzlich ist bezüglich des umzubewertenden Anlagevermögens das **strenge Niederstwertprinzip** nach § 253 Abs. 4 HGB anzuwenden, wobei aufgrund der Veräußerungsabsicht ausschließlich auf die Verhältnisse des Absatzmarktes abzustellen ist (vgl. *Adler/Düring/Schmaltz,* § 270 AktG, Rn. 57, *Scherrer/Heni,* Liquidations-Rechnungslegung, S. 100). Anlagevermögen, das nicht die Voraussetzungen des § 270 Abs. 2 Satz 3 AktG bzw. § 71 Abs. 2 Satz 3 GmbHG erfüllt, wird unverändert nach den im Zuge der regulären Rechnungslegung zu beachtenden Bewertungsvorschriften behandelt. Allerdings ist nach dem Auflösungsbeschluss die jeweilige Nutzungsdauer der betreffenden Vermögensgegenstände zu überprüfen und gegebenenfalls zu verkürzen.

Für **Personenhandelsgesellschaften i. L.** sind ebenfalls die handelsrechtlichen Vorschriften zur Erstellung von Jahresabschlüssen entsprechend anzuwenden. Allerdings fehlt eine den §§ 270 Abs. 2 Satz 3 AktG bzw. 71 Abs. 2 Satz 3 GmbHG analoge Vorschrift zur Umbewertung bestimmter Vermögensgegenstände des Anlagevermögens. Der Bilanzierungspflichtige hat sich zur Ermittlung des beizulegenden Werts nach § 253 Abs. 3 HGB immer dann an Werten des Absatzmarkts – und nicht wie üblich an Werten des Beschaffungsmarkts – zu orientieren, wenn die Veräußerung bzw. Stilllegung der Anlage ansteht. Somit hat eine Umbewertung der betreffenden Vermögensgegenstände des Anlagevermögens auch im Fall von Personenhandelsgesellschaften stattzufinden.

Beispiel:

Für die XY-AG soll zum 1. 1. 11 auf Basis der Schlussbilanz der werbenden Gesellschaft die Liquidationseröffnungsbilanz erstellt werden.

A	Verkürzte Schlussbilanz der werbenden XY-AG zum 31. 12. 10		P
Grundstücke und Bauten	200.000	Gezeichnetes Kapital	300.000
Beteiligungen	50.000	Gewinnrücklagen	50.000
Technische Anlagen	150.000	Fremdkapital	200.000
Umlaufvermögen	150.000		
	550.000		550.000

- Der voraussichtliche Veräußerungserlös der Grundstücke und Bauten beträgt bei vorsichtiger Schätzung 400.000, Anschaffungskosten 300.000.
- Die Beteiligungen im Anlagevermögen werden am 30. 1. 11 an einen Wertpapierhändler veräußert. Erste Verkaufsverhandlungen haben schon stattgefunden, ein Verkaufspreis wurde noch nicht festgelegt. Am 1. 1. 11 beläuft sich der Marktwert der Anteile auf 30.000.
- Ein Drittel der technischen Anlagen besteht aus unverkäuflichen Spezialaggregaten, deren Schrottwert gerade die Abbruchkosten deckt. Der Rest der technischen Anlagen wird am 15. 1. 11 veräußert. Dieser Teil der Anlagen wird deshalb am 1. 1. 11 stillgelegt. Der Verkaufspreis beträgt laut Kaufvertrag 150.000.
- Das Verlagsrecht an einem von der Firma selbst verfassten Werk der wissenschaftlichen Fachliteratur wird auf 30.000 taxiert.
- Die Position „Umlaufvermögen" besteht in Höhe von 100.000 aus Vorräten, die am 1. 1. 11 am Beschaffungsmarkt einen Wert von ebenfalls 100.000, am Absatzmarkt jedoch einen Wert von 200.000 aufweisen. Die Liquidatoren erwarten einen weiteren Preisanstieg und wollen mit der Veräußerung der Vorräte bis zum Jahresende warten. Die restlichen 50.000 der Position „Umlaufvermögen" stellen liquide Mittel dar.

Buchungssätze:

Grundstücke und Bauten	100.000	**an**	Neubewertungskonto	100.000
Umlaufvermögen Neubewertungskonto	30.000 20.000	**an**	Beteiligungen	50.000
Neubewertungskonto	50.000	**an**	Technische Anlagen	50.000
Umlaufvermögen	100.000	**an**	Technische Anlagen	100.000

Das Verlagsrecht darf gemäß § 248 Abs. 2 Satz 2 HGB nicht angesetzt werden. Jedoch ist eine diesbezügliche Information im Erläuterungsbericht zweckdienlich. Eine Neubewertung der Vorräte zu Zeitwerten im Umlaufvermögen kann aufgrund der noch nicht konkretisierten Veräußerung nicht vorgenommen werden. Dasselbe gilt für die Neubewertung der Grundstücke und Bauten, die sich auf eine Zuschreibung bis maximal zu den ursprünglichen Anschaffungskosten beschränkt.

Daraus ergibt sich die folgende externe Liquidationseröffnungsbilanz:

A	Externe Liquidationseröffnungsbilanz der XY-AG zum 1. 1. 11		P
Grundstücke und Bauten	300.000	Gezeichnetes Kapital	300.000
Umlaufvermögen	280.000	Gewinnrücklagen	50.000
		Neubewertungsrücklage	30.000
		Fremdkapital	200.000
	580.000		580.000

Eine Neubewertung kann grundsätzlich zu jeder folgenden Liquidationsjahresbilanz erforderlich sein, wobei jedoch die Kontinuität der einmal gewählten Bewertungsmethode gewahrt bleiben sollte. Für Kapitalgesellschaften ergibt sich mit der Umbewertung die Pflicht, die Bewertungsgrundsätze im Anhang offen zu legen.

3.1.2.4 Interne Liquidationseröffnungsbilanz

3.1.2.4.1 Bilanzansatz

Zur Erstellung **interner Liquidationsbilanzen** für Personenhandelsgesellschaften nach § 154 HGB sowie in analoger Vorgehensweise für Kapitalgesellschaften sind die handelsrechtlichen Vorschriften der §§ 238 ff. HGB nicht anzuwenden. Mangels gesetzlicher Regelungen sind dem Bilanzzweck entsprechende Bilanzansätze zu ermitteln. **Zweck** der internen Liquidationseröffnungsbilanz ist die Abbildung des verwertbaren Nettovermögens und die Prognose des Liquidationsergebnisses (vgl. *Förschle/Deubert,* Personengesellschaft, S, Rn. 135). Hierzu sind sämtliche am Bilanzstichtag vorhandenen verwertbaren Sachverhalte zu aktivieren sowie alle bestehenden Schulden zu passivieren. **Bilanzstichtag** der internen Liquidationseröffnungsbilanz ist der Tag, an dem die Auflösung beschlossen wird und der Liquidationszeitraum beginnt. Grundsätzlich sind alle materiellen und immateriellen **Vermögensgegenstände** und **Schulden,** die der Gesellschaft wirtschaftlich zuzurechnen sind, unabhängig von handelsrechtlichen Bilanzierungspflichten, -wahlrechten oder -verboten anzusetzen; dies betrifft ggf. auch individuell verwertbare Marken o. Ä. Ein **Firmen-** bzw. **Geschäftswert** ist ebenfalls zu aktivieren, wenn den Liquidatoren Indizien für seine Werthaltigkeit, z. B. im Fall einer mit dem gesamten Unternehmen verbundenen Marke oder eines Firmenzeichens, vorliegen. Gibt es am Bilanzstichtag schon konkrete Anhaltspunkte für die Veräußerung des Unternehmens im Ganzen bzw. von Unternehmensteilen, sind auch sich daraus ableitende originäre Firmen- bzw. Geschäftswerte anzusetzen. Ein **Disagio** und (andere) aktive **Rechnungsabgrenzungsposten** sind dagegen mangels Verwertbarkeit grundsätzlich nicht ansatzfähig.

Zu passivieren sind sämtliche **Verbindlichkeiten,** die vor bzw. nach dem Auflösungsbeschluss entstanden sind. Nach dem Auflösungsbeschluss können Verbindlichkeiten aus Sozialplanverpflichtungen und aufgrund von Liquidationskosten entstehen. Ebenfalls passivierungspflichtig sind **Rückstellungen** für ungewisse Verbindlichkeiten, Rückstellungen für drohende Verluste aus schwebenden Geschäften sowie Rückstellungen für Gewährleistungen ohne rechtliche Verpflichtung, soweit sich diesbezüglich am Bilanzstichtag eine voraussichtliche Zahlungspflicht innerhalb des Liquidationszeitraums ergibt (vgl. *Förschle/Deubert,* Personengesellschaft, S, Rn. 140).

Strittig ist der Ansatz und Ausweis des **Eigenkapitals.** Hierbei kann wiederum die im Rahmen der externen Liquidationsbilanzen dargestellte Brutto- bzw. Nettomethode in Betracht kommen (vgl. Teil C, Abschn. 3.1.2.3.2, S. 1235 f.). Aus Informationsgründen ist wiederum der Bruttoausweis vorzuziehen. Die Differenz, die sich aus der Summe der Eigenkapitalbeträge der externen Schlussbilanz der werbenden Gesellschaft und dem Saldo aus Aktiva und Passiva der internen Liquidationseröffnungsbilanz ergibt, ist als aktiver bzw. passiver Unterschiedsbetrag gesondert auszuweisen. Gemäß dem Zweck der internen Liquidationsbilanz stellt der Unterschiedsbetrag den am Bilanzstichtag erwarteten zukünftigen Verwertungsüberschuss bzw. Verwertungsfehlbetrag dar. Ein Ausweis als Liquidationsgewinn bzw. -verlust ist abzulehnen, da es sich um unrealisierte Beträge handelt, die von der tatsächlichen Durchführung der geplanten Verwertungsalternativen abhängen. Eine Verteilung dieses „geplanten" Liquidationserfolges auf die Kapitalkonten der Gesellschafter im Fall einer Personenhandelsgesellschaft oder der Ausweis als Ergebnisvortrag im Fall einer Kapitalgesellschaft ist aufgrund des Prognosecharakters abzulehnen. Die interne Liquidationsbilanz stellt somit kein Instrument der Erfolgsermittlung bzw. -verwendung, sondern eine Vermögensbilanz dar, wobei ggf. auf Ansätze der externen Rechnungslegung als Ausgangspunkt zunächst zurückgegriffen wird. Der **Liquidationserfolg** wird allerdings nur im Rahmen der externen Liquidationsrechnungslegung ermittelt (vgl. *Scherrer/Heni,* Liquidations-Rechnungslegung, S. 220 f.).

3.1.2.4.2 Gliederungsprinzipien

Da keine gesetzlichen Regelungen zur **Gliederung interner Liquidationsbilanzen** i. S. d. § 154 HGB existieren, ist diese wiederum am Zweck der internen Rechnungslegung, folglich an der Dokumentation des zur Verwertung vorhandenen Vermögens, auszurichten. Aus Gründen der Übersichtlichkeit und Information kann die handelsrechtliche Bilanzgliederung des § 266 HGB bzw. das für Personengesellschaften im Status der werbenden Gesellschaft verwendete Gliederungsschema ebenfalls für Gesellschaften i. L. herangezogen werden. Diese Vorgehensweise erleichtert zum einen die Gegenüberstellung der handelsrechtlich bedingten Fortführungswerte aus der externen Liquidationsbilanz mit den prognostizierten Nettovermögenswerten der internen Liquidationsbilanz (vgl. *Scherrer/Heni,* Liquidations-Rechnungslegung, S. 227 f.). Zum anderen ordnet das Gliederungsschema des § 266 HGB die Vermögensbestände und Schulden zumindest grob nach der Liquidierbarkeit bzw. Fälligkeit, was dem Bilanzzweck interner Liquidationsbilanzen entspricht.

3.1.2.4.3 Bewertungsgrundsätze

Entsprechend dem Zweck interner Liquidationsbilanzen, das versilberbare Nettovermögen auszuweisen und damit das Liquidationsergebnis zu prognostizieren, sind die verwertbaren Aktiva zu **Zeitwerten** und die Schulden mit ihren **Rückzahlungs- bzw. Erfüllungsbeträgen** am Bilanzstichtag anzusetzen. Die **Neubewertung** ist dabei unabhängig von handelsrechtlichen Bewertungsprinzipien, wie beispielsweise dem Anschaffungskostenprinzip des § 253 Abs. 1 HGB, vorzunehmen. Entscheidend für die Schätzung der Zeitwerte ist die unterstellte **Verwertungsalternative.** Sind mehrere Verwertungsalternativen in Betracht zu ziehen, können neben dem wahrscheinlichsten Wert Bandbreiten in der Bilanz angegeben werden (vgl. *Förschle/Deubert,* Personengeselschaft, S, Rn. 142).

Problematisch ist der **Zeitbezug der Schätzgrößen:** Wenn bei der Ermittlung der Zeitwerte auf den Bilanzstichtag abgestellt wird, wird das Verwertungsvermögen unter der Prämisse ermittelt, dass sämtliche Vermögensgegenstände und Vorteile am Bilanzstichtag versilbert und zugleich die Schulden beglichen werden. Die Liquidation erstreckt sich dagegen auf einen eventuell mehrjährigen Zeitraum, so dass im Fall der Einzelverwertung die Veräußerung der Vermögensgegenstände und Tilgung der Schulden zu unterschiedlichen Zeitpunkten stattfindet. Ein auf den Bilanzstichtag bezogener Zeitwert kann daher im Zeitpunkt der Verwertung irrelevant sein. Wird dagegen der voraussichtliche Veräußerungswert unter Berücksichtigung der geplanten Verwertungszeitpunkte ausgewiesen, stellt die Liquidationsbilanz ein Konglomerat unterschiedlichster Werte dar. Lediglich der Ausweis von Barwerten bzw. Vermögensendwerten führt zu einer theoretisch exakten Lösung des Problems. Jedoch ist die praktische Umsetzung des Barwertkonzepts aufgrund der Unsicherheiten bei der Ermittlung von Schätzgrößen, wie den erwarteten Veräußerungswerten, den geeigneten Kalkulationszinssätzen und den relevanten Verwertungszeitpunkten, äußerst schwierig. Deshalb erscheint die Zeitwertermittlung am Bilanzstichtag, ohne Berücksichtigung des geplanten Liquidationsverlaufs und der Einzelveräußerungs- bzw. Tilgungszeitpunkte als zulässig. Um ein Bild über die erwarteten Ein- und Auszahlungen zu verschiedenen Zeitpunkten während des Liquidationszeitraums zu erhalten, sind neben den Liquidationsbilanzen Finanz- und Liquiditätspläne zu erstellen (vgl. *Scherrer/Heni,* Liquidations-Rechnungslegung, S. 226 f.).

Die Erstellung einer internen Liquidationsbilanz soll anhand des Beispiels aus Teil C, Abschn. 3.1.2.3.3, S. 1239 f., dargestellt werden.

Beispiel:

(Fortführung des Beispielsachverhalts von Seite 1239 f.)

Buchungssätze:

Verlagsrecht (selbst erstellt)	30.000	**an**	Neubewertungskonto	30.000
Grundstücke und Bauten	200.000	**an**	Neubewertungskonto	200.000
Beteiligungen (UV)	30.000			
Neubewertungskonto	20.000	**an**	Beteiligungen (AV)	50.000
Neubewertungskonto	50.000	**an**	Technische Anlagen (AV)	50.000
Technische Anlagen (UV)	150.000	**an**	Technische Anlagen (AV)	100.000
			Neubewertungskonto	50.000
Vorräte	100.000	**an**	Neubewertungskonto	100.000

Daraus ergibt sich die folgende interne Liquidationseröffnungsbilanz:

A	Interne Liquidationseröffnungsbilanz der XY-AG zum 1. 1. 11		P
Anlagevermögen:		Eigenkapital:	
Verlagsrechte	30.000	Gezeichnetes Kapital	300.000
Grundstücke und Bauten	400.000	Gewinnrücklagen	50.000
		Neubewertungsrücklage (= prognostizierter Liquidationserfolg)	310.000
Umlaufvermögen:			
Beteiligungen	30.000		
Technische Anlagen	150.000	Fremdkapital	200.000
Vorräte	200.000		
Liquide Mittel	50.000		
	860.000		860.000

Das selbst erstellte Verlagsrecht ist aufgrund der Einzelveräußerbarkeit zu aktivieren. Die Grundstücke und Bauten, die Beteiligung, die technischen Anlagen und die Vorräte sind mit ihrem jeweiligen Zeitwert am Bilanzstichtag anzusetzen. Der am 1. 1. 11 prognostizierte Liquidationserfolg in Höhe von 310.000 stellt jedoch nicht den verteilungsfähigen Gewinn dar. Dieser ist anhand der externen Liquidationsbilanz am Ende der Liquidation zu ermitteln.

3.1.2.5 Externe und interne Liquidationsschlussbilanz

Am Ende des Liquidationszeitraums, wenn das gesamte Vermögen verwertet und sämtliche Schulden getilgt sind, haben die Abwickler sowohl eine interne als auch eine externe **Schlussbilanz** zu erstellen.

Spätestens zu diesem Zeitpunkt ist auch in der externen Liquidationsbilanz das bedingte Going-Concern-Prinzip aufzugeben. Idealtypisch stehen sich am Ende des Liquidationszeitraums nur noch monetäre Vermögensgegenstände, d. h. liquide Mittel, und das am Liquidationsgewinn berechtigte Eigenkapital gegenüber. **Materiell** stimmen in diesem Fall die interne und externe Liquidationsschlussbilanz überein. **Unterschiede** können entstehen, wenn sich im Vermögen der Gesellschaft nicht-monetäre Vermögensgegenstände befinden, die von den Gesellschaftern im Rahmen der Schlussverteilung übernommen werden.

Zweck der Liquidationsschlussbilanz ist die letztendliche Gewinnermittlung mittels eines Nettovermögensvergleichs zwischen der letzten regulären Liquidationsbilanz und der Liquidationsschlussbilanz. Hierbei wird das am Ende des Liquidationszeitraums verbliebene und zur Auskehrung an die Gesellschafter bestimmte Reinvermögen ermittelt.

Der **Stichtag** der Liquidationsschlussbilanz hat sich am tatsächlichen Abschluss der Tätigkeit der Liquidatoren zu orientieren. Da bei Kapitalgesellschaften die Verteilung des Vermögens aus Gläubigerschutzgründen erst nach Ablauf des Sperrjahres i. S. d. §§ 73 Abs. 1 GmbHG, 272 Abs. 1 AktG erfolgen kann und die Liquidatoren das Vermögen eventuell schon in liquiden Mitteln bis zu diesem Zeitpunkt weiterhin zu verwalten haben, ist es zweckmäßig, die Liquidationsschlussbilanz erst unter Berücksichtigung des **Sperrjahres** zu erstellen (vgl. *Förschle/Deubert*, Kapitalgesellschaft, T, Rn. 267).

Die **Verzahnung** der internen und externen Liquidationsbilanz am Ende des Liquidationszeitraums wird anhand eines Beispiels aufgezeigt.

Beispiel:

Die X-GmbH befindet sich seit dem 1. 1. 08 in Liquidation. Das Sperrjahr i. S. d. § 73 GmbHG läuft am 30. 6. 11 aus. Zum 31. 12. 10 wurde folgende externe Liquidationsbilanz erstellt:

A Externe Liquidationsbilanz der X-GmbH i. L. zum 31. 12. 10 P

Anlagevermögen:		Eigenkapital:	
Grundstücke und Bauten	600.000	Gezeichnetes Kapital	250.000
		Gewinnrücklagen	150.000
Umlaufvermögen:		Neubewertungsrücklage	310.000
Beteiligungen	50.000		
Technische Anlagen	200.000	Fremdkapital	390.000
Vorräte	100.000		
Liquide Mittel	150.000		
	1.100.000		1.100.000

Im Rahmen der Verwertung ergab sich durch konkrete Verkaufsverhandlungen der Liquidatoren für die Grundstücke und Bauten ein Prognosewert von 850.000 und für die Technischen Anlagen ein voraussichtlicher Veräußerungspreis von 250.000. Da die Beteiligungen am 31. 12. 10 einen Kurswert von 70.000 aufweisen, wird dieser als voraussichtlich erzielbarer Wert angesetzt. Aufgrund der gegebenen Informationslage erstellen die Liquidatoren am 31. 12. 10 folgende interne Liquidationsbilanz:

A Interne Liquidationsbilanz der X-GmbH i. L. zum 31. 12. 10 P

Anlagevermögen:		Eigenkapital:	
Grundstücke und Bauten	850.000	Gezeichnetes Kapital	250.000
		Gewinnrücklagen	150.000
Umlaufvermögen:		Neubewertungsrücklage	630.000
Beteiligungen	70.000	(= prognostizierter Liquidationserfolg)	
Technische Anlagen	250.000		
Vorräte	100.000	Fremdkapital	390.000
Liquide Mittel	150.000		
	1.420.000		1.420.000

Am 1. 2. 11 wird der letzte Auftrag abgewickelt und der bis dahin aufrechterhaltene Geschäftsbetrieb eingestellt. Zur Fertigstellung des Auftrags werden Vorräte in Höhe von 20.000 als Materialaufwand eingesetzt und ein Umsatzerlös von 50.000 erzielt. Aus dem Auftrag ergibt sich ein Nettoertrag von 25.000. Wider Erwarten können die Technischen Anlagen und die verbliebenen Vorräte am 15. 2. 11 insgesamt lediglich zu 250.000 veräußert werden. Dagegen erzielt die X-GmbH für die nicht mehr betriebsnotwendigen Grundstücke und Bauten den geplanten Veräußerungspreis von 850.000. Am selben Tag werden die Beteiligungen an der Börse zum aktuellen Kurswert von 45.000 veräußert. Am 31. 3. 11

tilgen die Liquidatoren der X-GmbH die noch bestehenden unverzinslichen Verbindlichkeiten in Höhe ihres Rückzahlungsbetrages von 390.000. Die ab dem 1. 4. 11 zur Verfügung stehenden liquiden Mittel der X-GmbH werden von den Liquidatoren bis zum Ablauf des Sperrjahrs am 30. 6. 11 für drei Monate zu einem Zinssatz von 4 % p. a. angelegt.

Da ab dem 1. 4. 11 lediglich Vermögen in Form nominal zu bewertender liquider Mittel vorliegt, können die Liquidatoren der X-GmbH am 30. 6. 11 die interne und externe Liquidationsrechnungslegung verzahnen und folgende Schlussbilanz erstellen:

A Externe und interne Liquidationsbilanz der X-GmbH i. L. zum 30. 6. 11 P

Aktiva		Passiva	
Liquide Mittel	964.550	Eigenkapital:	
		Gezeichnetes Kapital	250.000
		verteilbare Rücklagen	714.550
	964.550		964.550

Entwicklung des Postens Liquide Mittel:

Anfangsbestand	150.000
+ Einzahlungen:	
aus Umsätzen	50.000
aus Veräußerungen:	
Grundstücke und Bauten	850.000
Technische Anlagen und Vorräte	250.000
Beteiligungen	45.000
./. Auszahlungen:	
aus der Tilgung der Verbindlichkeiten	390.000
Liquide Mittel am 1. 4. 11	955.000
+ Zinseinzahlungen	9.550
(955.000 · 0,04 · 3/12 = 9.550)	
= Schlussbestand am 30. 6. 11	964.550

Entwicklung der Aufwendungen und Erträge aus der externen Liquidationsbilanz:

+ Erträge		
Umsatzerlöse		50.000
Veräußerungen:		
Grundstücke und Bauten	850.000	
	./. 600.000	250.000
Zinserträge		9.550
./. Aufwendungen		
Materialaufwand (Vorräte)		./. 20.000
Veräußerungen:		
Technische Anlagen und Vorräte	250.000	
	./. 280.000	./. 30.000
Beteiligungen	45.000	
	./. 50.000	./. 5.000
= Liquidationsgewinn am 30. 6. 11		254.550

Entwicklung der Aufwendungen und Erträge aus der internen Liquidationsbilanz:

+ Erträge		
Umsatzerlöse		50.000
Veräußerungen:		
Grundstücke und Bauten	850.000	
	./. 850.000	0
Zinserträge		9.550
./. Aufwendungen		
Materialaufwand (Vorräte)		./. 20.000
Veräußerungen:		
Technische Anlagen und Vorräte	250.000	
	./. 330.000	./. 80.000
Beteiligungen	45.000	
	./. 70.000	./. 25.000
= Liquidationsfehlbetrag am 30. 6. 11		./. 65.450

Da im Rahmen der internen Liquidationsrechnungslegung prognostizierte Veräußerungswerte angesetzt werden und die Prognosewerte teilweise über den Buchwerten liegen, ist die Neubewertungsrücklage der internen Liquidationsbilanz höher als in der externen Bilanz. Stellt sich wie in diesem Fall heraus, dass die Prognosen zu optimistisch waren, entstehen ausgehend von den prognostizierten Buchwerten der internen Bilanz Verluste aus der Veräußerung. Diese gleichen sich bei Verrechnung mit der Neubewertungsrücklage wieder in dem Maße aus, dass sich die verteilbaren Rücklagen sowohl nach interner als auch nach externer Liquidationsbilanz entsprechen.

Entwicklung der verteilbaren Rücklagen aus der externen Liquidationsbilanz:

Anfangsbestand am 31. 12. 10	
Gewinnrücklagen	150.000
Neubewertungsrücklage	310.000
+ Liquidationsgewinn	254.550
= Schlussbestand am 30. 6. 11	714.550

Entwicklung der verteilbaren Rücklagen aus der internen Liquidationsbilanz:

Anfangsbestand am 31. 12. 10	
Gewinnrücklagen	150.000
Neubewertungsrücklage	630.000
./. Liquidationsfehlbetrag	65.450
= Schlussbestand am 30. 6. 11	714.550

3.1.2.6 Schlussrechnung

Nach Aufstellung der Schlussbilanz sind die Liquidatoren einer Kapitalgesellschaft gemäß §74 Abs. 1 GmbHG bzw. §273 Abs. 1 AktG zur Aufstellung einer **Schlussrechnung** verpflichtet, da ansonsten die Liquidation nicht beendet werden kann. Mit der Schlussrechnung legen die Liquidatoren im Innenverhältnis gegenüber der Gesellschafterversammlung Rechenschaft über die Aufteilung des Reinvermögens unter den Gesellschaftern ab. Zugleich wird die Vermögenslosigkeit der Kapitalgesellschaft dokumentiert. Folglich kann die Schlussrechnung erst nach der Verteilung des Reinvermögens erstellt werden. Da keine gesetzlichen Vorgaben bezüglich des Inhalts und der Form bestehen, hat sich die Ausgestaltung an den Interessen der Gesellschafter zu orientieren. Nach h. M. stellt die Schlussrechnung Rechenschaftslegung i. S. d. § 259 BGB dar und muss somit mindestens eine geordnete Zusammenstellung der Einnahmen und Ausgaben unter Vorlage der Belege beinhalten (vgl. *Förschle/Deubert*, Kapitalgesellschaft, T, Rn. 281).

Beispiel:

Die drei Gesellschafter der X-GmbH (vgl. Beispiel in Teil C, Abschn. 3.1.2.5, S. 1244 ff.) lassen die Schlussbilanz vom 30. 6. 11 prüfen, was zu Prüfungskosten in Höhe von 15.000 führt, die am 15. 7. 11 in bar ausgezahlt werden. Am selben Tag verteilen die Liquidatoren das zur Verfügung stehende Vermögen unter den Gesellschaftern A, B und C. Gesellschafter A hält 50 % des Stammkapitals, B 30 % und C 20 %. Die Stammeinlagen sind gleichmäßig erbracht. Zwischen dem 30. 6. 11 und dem 15. 7. 11 gehen weitere Zinsseinnahmen in Höhe von 1.608 (= 964.550 · 0,04 · 1/24) ein.

Die Liquidatoren erstellen am 15. 7. 11 folgende Schlussrechnung:

Schlussrechnung am 15. 7. 11	Summe	Gesellschafter		
		A (50 %)	B (30 %)	C (20 %)
Reinvermögen	964.550			
./. nachträgliche Ausgaben	15.000			
+ nachträgliche Einnahmen	1.608			
= zur Verteilung stehendes Vermögen	951.158			
./. Auskehrungen:				
der Stammeinlagen	250.000	125.000	75.000	50.000
des restlichen Vermögens	701.158	350.579	210.347	140.232
= Summe	0	475.579	285.347	190.232

Nach der Schlussrechnung ist das Ende der Liquidation einer **Kapitalgesellschaft** von den Liquidatoren zur Eintragung ins Handelsregister anzumelden (§ 74 Abs. 1 GmbHG, § 273 Abs. 1 AktG). Das Registergericht hat nach Überprüfung der Vermögenslosigkeit die Löschung der Kapitalgesellschaft von Amts wegen durchzuführen. Erst mit der Löschung ist die Kapitalgesellschaft vollbeendet.

Im Fall einer **Personenhandelsgesellschaft** haben die Liquidatoren nach § 157 Abs. 1 HGB nicht die Beendigung der Liquidation, sondern das Erlöschen der Firma zur Eintragung in das Handelsregister anzumelden. Im Gegensatz zur Kapitalgesellschaft hat die Eintragung für eine Personenhandelsgesellschaft lediglich deklaratorische Bedeutung, da sie nach der Verteilung des Vermögens beendet wird.

3.1.3 Steuerliche Behandlung der Liquidation

3.1.3.1 Liquidation von Einzelunternehmen und Personengesellschaften

Die Liquidation einer **Einzelunternehmung** oder **Personengesellschaft** wird einkommensteuerlich als **Betriebsaufgabe** bezeichnet und der **Veräußerung** des Betriebes gleichgestellt (§16 Abs. 3 Satz 1 EStG). Eine Betriebsaufgabe ist immer dann anzunehmen, wenn der Betrieb aufgehört hat, als selbständiger wirtschaftlicher Organismus zu bestehen (R 16 Abs. 2 EStR). Eine steuerlich begünstigte Betriebsaufgabe i. S. d. §16 EStG setzt außerdem voraus, dass der Betriebsinhaber seine bisherige gewerbliche Tätigkeit einstellt, indem er die wesentlichen Betriebsgrundlagen veräußert und/oder in das Privatvermögen überführt. Die Betriebsaufgabe muss innerhalb kurzer Zeit, d. h. in einem einheitlichen Vorgang vorgenommen werden.

Zu den **wesentlichen Betriebsgrundlagen** zählen alle Wirtschaftsgüter, die aufgrund ihrer Funktion zur Erreichung des Betriebszwecks erforderlich und für die Betriebsführung von besonderem Gewicht sind. Des Weiteren umfassen die wesentlichen Betriebsgrundlagen Wirtschaftsgüter, die zwar nicht funktional für den Betrieb notwendig sind, jedoch erhebliche stille Reserven aufweisen (BFH v. 7. 4. 2010, DB 2010, S. 1567). Als wesentliche Betriebsgrundlagen sind nach Rechtsprechung des BFH Betriebsgrundstücke, Maschinen und Betriebsvorrichtungen, Fernverkehrsgenehmigungen, Warenbestände, der Geschäftswert, ein Kundenstamm sowie Wirtschaftsgüter des gewillkürten Betriebsvermögens mit erheblichen stillen Reserven anzusehen. Dagegen zählen liquide Mittel und Kundenforderungen nicht dazu (vgl. *Günther,* Besteuerung, S. 630 ff., *Brönner,* Besteuerung, S. 690 f.; vgl. hierzu insgesamt *Wacker,* §16 EStG, Rn. 101 ff.). Der steuerlich begünstigte **Aufgabezeitraum** beginnt, sobald der Einzelunternehmer bzw. die Gesellschafter mittels Handlungen objektiv die Auflösung des Betriebs als selbständigen Organismus des Wirtschaftslebens veranlassen. Mit der Veräußerung bzw. Entnahme der letzten wesentlichen Betriebsgrundlage endet der Aufgabezeitraum. Das Kriterium des **einheitlichen Vorgangs** ist noch erfüllt, wenn der Aufgabezeitraum sechs Monate nicht überschreitet (BFH v. 25. 6. 1970, BStBl. II 1970, S. 719). Grundsätzlich darf sich die Betriebsaufgabe nicht über die Dauer mehrerer Wirtschaftsjahre erstrecken (BFH v. 16. 9. 1966, BStBl. III 1967, S. 70; *Wacker,* §16 EStG, Rn. 193 und – zu Veräußerung – Rn. 121). Eine Betriebsaufgabe fällt somit nicht unter die Anwendung des §16 EStG, wenn es sich um eine allmähliche Liquidation handelt. Des Weiteren muss der Betriebsinhaber die **gewerbliche Tätigkeit,** die mit dem veräußerten bzw. in das Privatvermögen überführten Betriebsvermögen im Zusammenhang stand, beenden (BFH v. 12. 6. 1996, BStBl. II 1996, S. 527). Gewerbliche Tätigkeiten im Rahmen anderer Betriebe stehen der Anwendung des §16 EStG nicht entgegen. Die steuerliche Behandlung der Liquidation, respektive eines Liquidations-(Veräußerungs-) Gewinns, orientiert sich folglich bei Einzel- und Personenunternehmen an den Bestimmungen der §§15 und 16 EStG.

Zur Ermittlung eines Veräußerungsgewinns ist ein Vermögensvergleich erforderlich (§4 Abs. 1, §5 EStG). Dazu muss der Wert der einzelnen, dem Betrieb gewidmeten Wirtschaftsgüter bestimmt werden. Bei Einzelveräußerung werden die jeweils erzielten **Verkaufspreise,** bei Überführung der Wirtschaftsgüter in das Privatvermögen die **gemeinen Werte** zugrunde gelegt (§ 16 Abs. 3 Satz 6 und 7 EStG). Der **Veräußerungsgewinn** ergibt sich als Differenz zwischen der Summe der so bestimmten Werte abzüglich eventueller Veräußerungskosten und dem Buchwert des Betriebsvermögens im Zeitpunkt der Veräußerung. Er wird grundsätzlich in voller Höhe der Besteuerung unterworfen. Hat der Steuerpflichtige das 55. Lebensjahr vollendet oder ist er im sozialversicherungsrechtlichen Sinne dauernd berufsunfähig, so wird ihm auf Antrag gemäß § 16 Abs. 4 EStG ein Freibetrag in Höhe von 45.000 € eingeräumt. Dieser **Freibetrag** verringert sich allerdings, wenn der Gewinn 136.000 € überschreitet, um den über 136.000 € hinausgehenden Betrag, so dass der Veräußerungsgewinn ab 181.000 € der vollen Besteuerung unterliegt. Der Freibetrag wird dem Steuerpflichtigen jedoch nur einmal gewährt (§ 16 Abs. 4 Satz 2 EStG). Nicht verbrauchte Teile können nicht bei einer anderen Veräußerung bzw. Betriebsaufgabe in Anspruch genommen werden (R 16 Abs. 13 EStR). Die Höhe des Freibetrags bestimmt sich nach folgender Formel: max. [45.000 € ./. max. [Veräußerungsgewinn ./. 136.000 €; 0]; 0]. Die Inanspruchnahme ist somit von Steuerpflichtigen, die mehrere Gewerbebetriebe bzw. Teilbetriebe betreiben, sorgfältig zu planen.

Beispiel:

Die Gesellschafter A und B einer OHG beschließen am 1. 5. 2010 deren Auflösung. Sie sind mit je 50 % an der OHG beteiligt. Das Betriebsvermögen weist am 20. 5. 2010 einen Buchwert in Höhe von 650.000 € auf. Gesellschafter B überführt einen bis dahin betrieblich genutzten PKW mit einem Buch- als auch Zeitwert von 10.000 € in sein Privatvermögen. Als Ausgleich entnimmt Gesellschafter A liquide Mittel in derselben Höhe. Bei der Veräußerung der restlichen wesentlichen Betriebsgrundlagen werden Erlöse in Höhe von 980.000 € erzielt. Dabei fallen Veräußerungskosten (Anzeigen, Gebühren usw.) in Höhe von 20.000 € an. Gesellschafter A hat sein 55. Lebensjahr vollendet, wohingegen Gesellschafter B weder sein 55. Lebensjahr vollendet hat noch berufsunfähig ist. Beide sind nach der Liquidation der OHG nicht mehr gewerblich tätig.

Die Betriebsaufgabe ist einer Veräußerung des Betriebs nach § 16 Abs. 3 Satz 1 EStG gleichzusetzen. Der nach § 16 Abs. 1 EStG zu versteuernde Aufgabegewinn ermittelt sich wie folgt.

	Veräußerungserlös des wesentlichen Betriebsvermögens	980.000 €
+	gemeiner Wert des in das Privatvermögen überführten PKWs	10.000 €
+	Wert der in das Privatvermögen überführten liquiden Mittel	10.000 €
./.	Veräußerungskosten	20.000 €
./.	Buchwert des Betriebsvermögens	650.000 €
=	Aufgabegewinn	330.000 €

Gesellschafter A kann einmalig die Gewährung des Freibetrags gemäß § 16 Abs. 4 EStG beantragen, da er das 55. Lebensjahr vollendet hat. Für Gesellschafter A fällt somit ein zu versteuernder Aufgabegewinn in Höhe von 149.000 € an:

	Anteil am Aufgabegewinn (50 % von 330.000 €)	165.000 €
./.	Freibetrag gemäß § 16 Abs. 4 EStG	./. 16.000 €
=	Bemessungsgrundlage für die ESt	149.000 €

Berechnung des Freibetrags

	maximaler Freibetrag	45.000 €
./.	(165.000 € ./. 136.000 €)	./. 29.000 €
=	Freibetrag gemäß § 16 Abs. 4 EStG	16.000 €

Da Gesellschafter B die notwendigen Voraussetzungen zur Beantragung des Freibetrags gemäß § 16 Abs. 4 EStG nicht erfüllt, hat er seinen Anteil am Aufgabegewinn in Höhe von 165.000 € voll zu versteuern.

	Anteil am Aufgabegewinn (50 % von 330.000 €)	165.000 €
./.	Freibetrag gemäß § 16 Abs. 4 EStG	– €
=	Bemessungsgrundlage für die ESt	165.000 €

Der Zweck dieser Regelung besteht in der Begrenzung der durch die konzentrierte Aufdeckung stiller Reserven und durch den progressiven Einkommensteuertarif bedingten Steuermehrbelastung. Da es sich hierbei um außerordentliche Einkünfte i. S. d. § 34 Abs. 2 EStG handelt, kann die darauf entfallende Einkommensteuer nach einem **ermäßigten Steuersatz** bemessen werden:

1. **Vor** Vollendung des 55. Lebensjahrs bzw. keine Berufsunfähigkeit im sozialversicherungsrechtlichen Sinne (sog. **„Fünftelregelung"**):

   Zur Ermittlung der Einkommensteuer für außerordentliche Einkünfte ist die tarifliche Einkommensteuer gemäß § 32a i. V. m. § 52 Abs. 41 EStG auf das verbleibende zu versteuernde Einkommen zu ermitteln. Das **verbleibende zu versteuernde Einkommen** ergibt sich aus dem zu versteuernden Einkommen des Veranlagungszeitraums abzüglich der außerordentlichen Beträge. Daraufhin ist die tarifliche Einkommensteuer auf das verbleibende zu versteuernde Einkommen zuzüglich eines Fünftels der außerordentlichen Einkünfte zu berechnen. Die ermäßigte Einkommensteuer auf die außerordentlichen Einkünfte beträgt das Fünffache des Differenzbetrages zwischen den beiden Einkommensteuerbeträgen (§ 34 Abs. 1 Satz 2 EStG). Ist das verbleibende zu versteuernde Einkommen negativ und das vor Abzug der außerordentlichen Einkünfte gegebene zu versteuernde Einkommen positiv, ergibt sich die Einkommensteuer als das Fünffache der auf ein Fünftel des zu versteuernden Einkommens entfallenden Einkommensteuer (§ 34 Abs. 1 Satz 3 EStG).

2. **Nach** Vollendung des 55. Lebensjahrs bzw. bei dauernder Berufsunfähigkeit im sozialversicherungsrechtlichen Sinne (§ 34 Abs. 3 EStG):

   Auf die außerordentlichen Einkünfte ist ein ermäßigter Steuersatz anzuwenden, soweit sie nicht den Betrag von insgesamt 5 Mio. € übersteigen. Der ermäßigte Steuersatz beträgt 56 % des durchschnittlichen Steuersatzes, der sich ergäbe, wenn die tarifliche Einkommensteuer nach den §§ 32a und 32b

EStG auf das gesamte zu versteuernde Einkommen zu bemessen wäre. Der Mindeststeuersatz hierbei beträgt jedoch 15 % (§ 52 Abs. 47 Satz 6 i. V. m. § 34 Abs. 3 Satz 2 EStG). Wie der Freibetrag nach § 16 Abs. 4 EStG ist der ermäßigte Steuersatz nach § 34 Abs. 3 EStG auf Antrag lediglich einmal im Leben zu gewähren.

Der Betriebsaufgabegewinn oder -verlust geht in den Gewerbeertrag nicht ein, da der **Gewerbesteuer** nur Gewerbebetriebe unterliegen, die eine nach außen gerichtete werbende Tätigkeit ausüben (vgl. *Jacobs/Scheffler*, Unternehmensbesteuerung, S. 496).

Beispiel:

Der Einzelunternehmer A erzielt im VZ 2010 ein zu versteuerndes Einkommen in Höhe von 70.000 €. Darin ist ein steuerlich begünstigter Aufgabegewinn in Höhe von 40.000 € enthalten. Da A die Aufgabe eines weiteren Gewerbebetriebs plant, beabsichtigt er den Freibetrag nach § 16 Abs. 4 EStG im VZ 2010 in keinem Fall zu beantragen.

Hat A sein 55. Lebensjahr noch nicht vollendet und ist er im sozialversicherungsrechtlichen Sinne auch nicht dauernd berufsunfähig, ist ihm die ermäßigte Besteuerung des Aufgabegewinns nach § 34 Abs. 1 EStG zu gewähren („Fünftelregelung“):

	zu versteuerndes Einkommen	70.000 €
./.	außerordentliche Einkünfte i. S. d. § 34 Abs. 2 Nr. 1 EStG	40.000 €
=	verbleibendes zu versteuerndes Einkommen	30.000 €
	darauf entfallende tarifliche ESt nach § 52 Abs. 41 EStG	5.625 €

	zu versteuerndes Einkommen	70.000 €
./.	außerordentliche Einkünfte i. S. d. § 34 Abs. 2 Nr. 1 EStG	40.000 €
+	⅕ der außerordentlichen Einkünfte i. S. d. § 34 Abs. 2 Nr. 1 EStG	8.000 €
=	Summe	38.000 €
	darauf entfallende tarifliche ESt nach § 52 Abs. 41 EStG	8.294 €

	tarifliche ESt auf nicht begünstigtes zu versteuerndes Einkommen i. H. v. 30.000 € nach § 52 Abs. 41 EStG	5.625 €
+	ermäßigte ESt auf außerordentliche Einkünfte i. H. v. 40.000 € [5 · (8.294 € – 5.625 €)]	13.345 €
=	Einkommensteuer im VZ 2010	18.970 €

Wenn A sein 55. Lebensjahr vollendet hat bzw. dauernd berufsunfähig ist, kann ihm einmalig der ermäßigte Steuersatz nach § 34 Abs. 3 EStG gewährt werden: Im VZ 2010 würde sich gemäß § 52 Abs. 41 EStG für das gesamte zu versteuernde Einkommen eine Einkommensteuer von 21.228 € ergeben. Der durchschnittliche Steuersatz beläuft sich damit auf 21.228 € : 70.000 € = 30,3257 %. Der begünstigte Veräußerungsgewinn ist mit 56 % des durchschnittlichen Steuersatzes, d. h. mit 16,9824 % zu versteuern. Somit beträgt die Einkommensteuer auf die außerordentlichen Einkünfte 6.792 € (= 16,9824 % · 40.000 €). Insgesamt entsteht dem A im VZ 2010 eine Einkommensteuer in Höhe von:

	tarifliche ESt auf nicht begünstigtes zu versteuerndes Einkommen i. H. v. 30.000 € nach § 52 Abs. 41 EStG	5.625 €
+	ermäßigte ESt auf außerordentliche Einkünfte i. H. v. 40.000 €	6.792 €
=	Einkommensteuer im VZ 2010	12.417 €

Im Gegensatz zu steuerpflichtigen juristischen Personen (vgl. das Folgende) werden steuerpflichtige **natürliche Personen** auch während der Liquidationsphase steuerlich veranlagt. Obwohl dies auf erhebliche praktische Schwierigkeiten stößt (Bewertungsprobleme usw.), ist diese Vorgehensweise durch die Notwendigkeit der Berücksichtigung der individuellen Rahmenbedingungen der Steuerpflichtigen (Familienstand, Sonderausgaben etc.) begründet.

3.1.3.2 Liquidation von Kapitalgesellschaften

3.1.3.2.1 Gesellschaftsebene

Die Liquidation einer unbeschränkt steuerpflichtigen **Kapitalgesellschaft** (§1 Abs. 1 KStG) wird nach §11 KStG in Anlehnung an die aktienrechtliche Terminologie als Auflösung und Abwicklung bezeichnet. Während der Abwicklung wird die periodische Veranlagung für das jeweilige Kalenderjahr durch eine einmalige, für den gesamten Abwicklungszeitraum geltende Veranlagung ersetzt. Dauert die Abwicklung jedoch länger als drei Jahre, so kann die Finanzbehörde eine Zwischenveranlagung vornehmen, die vorläufigen Charakter hat (§11 Abs. 1 KStG). Dies wird regelmäßig dann der Fall sein, wenn sich der Liquidationszeitraum unbegründet lang ausdehnt, insbesondere aber dann, wenn der Verdacht einer Scheinabwicklung besteht. Der Besteuerungszeitraum beginnt mit dem Wirtschaftsjahr, in das der Auflösungsbeschluss der Gesellschafterversammlung fällt. Für den Fall, dass die Auflösung während eines Wirtschaftsjahrs erfolgt, besteht ein Wahlrecht zur Bildung eines Rumpfwirtschaftsjahrs, das den Zeitraum zwischen dem Schluss des vorangegangenen Wirtschaftsjahrs bis zum Zeitpunkt des Auflösungsbeschlusses umfasst. Der Abwicklungszeitraum ist frühestens abgeschlossen, wenn das Sperrjahr gemäß §73 Abs. 1 GmbHG bzw. §272 Abs. 1 AktG abgelaufen ist (R 51 Abs. 2 KStR).

Der der Körperschaftsteuer unterliegende Gewinn **(Abwicklungsgewinn)** wird durch einen Vergleich des Abwicklungsanfangs- und des Abwicklungsendvermögens im Zeitpunkt der tatsächlichen und rechtlichen Beendigung der Liquidation errechnet (§11 Abs. 2 KStG). Das **Abwicklungsanfangsvermögen** ist nach §11 Abs. 4 KStG das Betriebsvermögen, das am Ende des Wirtschaftsjahrs, das der Auflösung vorangegangen ist, der Veranlagung zur KSt zugrunde gelegt worden ist. Dem gegenüberzustellen ist das **Abwicklungsendvermögen,** das das zur Verteilung unter die Gesellschafter zur Verfügung stehende Vermögen nach Veräußerung sämtlicher Vermögensgegenstände und nach Befriedigung aller Gläubiger darstellt. Das Anfangsvermögen ist um den Gewinn des vorangegangenen Wirtschaftsjahres zu kürzen, der erst im Abwicklungszeitraum ausgeschüttet wird, um damit eine unzulässige Erhöhung des Liquidationsanfangsvermögens zu verhindern (§11 Abs. 4 Satz 3 KStG). Somit bleiben lediglich das Grund- bzw. Stammkapital und die bereits versteuerten Gewinnanteile steuerfrei, während die aufgedeckten stillen Reserven, dem Zweck des Gesetzes entsprechend, in vollem Umfang der **Schlussbesteuerung** unterliegen.

Der ermittelte Abwicklungsgewinn darf nach §10d EStG bis zu einer Höhe von 1 Mio. € unbeschränkt mit einem bestehenden Verlustvortrag steuermindernd verrechnet werden. Gewinne oberhalb der Grenze von 1 Mio. € dürfen jedoch nur zu 60 % mit vorgetragenen Verlusten verrechnet werden (**Mindestbesteuerung**). Dies ist insofern problematisch, als auf die Abwicklungsperiode kein Veranlagungszeitraum mehr folgt, weshalb der zum Ende der Abwicklung steuerlich nicht nutzbare Teil des Verlustvortrags endgültig ungenutzt verfällt (vgl. *Lenz*, § 11 KStG, Rn. 42). Zur letztlichen Ermittlung der Höhe der Steuerschuld ist der Körperschaftsteuersatz heranzuziehen, der in dem Kalenderjahr, in dem die Liquidation beendet wird, gilt.

Auch für Liquidationen, die nach dem 31. 12. 2006 beginnen oder begonnen haben, sind die Folgen des Systemwechsels vom Körperschaftsteueranrechnungsverfahren zum Halbeinkünfteverfahren – und später zum Teileinkünfteverfahren – durch Inkrafttreten des Steuersenkungsgesetzes (StSenkG) am 01. 01. 2001 (vgl. BGBl. I 2000, S. 1433 ff.) unter Umständen noch zu berücksichtigen.

Eine als unsachgemäß empfundene wirtschaftliche **Doppelbelastung** entsteht, wenn Gewinne einer Körperschaft zunächst der vollen Körperschaftsteuer und bei ihrer anschließenden Ausschüttung auf Ebene der Anteilseigner zusätzlich der vollen Einkommensteuer unterworfen werden. Bis zum Jahr 2000 wurde dies vermieden, indem auf Körperschaftsebene ein einheitlicher Ausschüttungssteuersatz erzeugt und zusätzlich auf Anteilseignerebene eine Vollanrechnung der Körperschaftsteuer auf den ausgeschütteten Gewinn vorgenommen wurde. Konkret wurde die körperschaftsteuerrechtliche Vorbelastung bei Ausschüttung zunächst auf eine einheitliche Ausschüttungsbelastung von 30 % herab- bzw. heraufgeschleust und sodann durch Anrechnung auf die Einkommensteuer/Körperschaftsteuer des Anteilseigners vollständig neutralisiert. Bei einer Ausschüttung von Eigenkapitalbestandteilen, die bei ihrer Entstehung mit einem Körperschaftsteuersatz über (unter) 30 % belastet wurden, kam es folglich im Veranlagungszeitraum der Ausschüttung zu einer Minderung (Erhöhung) der Körperschaftsteuer. Je nach der Höhe des bei ihrer bisherigen Besteuerung herangezogenen Körperschaftsteuersatzes waren daher bestimmte Eigenkapitalbestandteile mit einem **latenten Steuerminderungsanspruch** und andere Eigenkapitalbestandteile mit einer **latenten Steuerlast** verbunden. Diese Forderungs- und Schuldpositionen sollten bei dem oben angesprochenen Systemwechsel, im Zuge dessen die Abhängigkeit der Höhe der Körperschaftsteuer vom Thesaurierungs- respektive Ausschüttungsverhalten aufgehoben wurde, erhalten bleiben (vgl. *Hey*, Körperschaftsteuer, § 11, Rn. 8–10). Die zu diesem Zweck eingeführten steuerrechtlichen Regelungen unterlagen in der Vergangenheit einer fortwährenden Modifikation. Für Liquidationsverfahren, deren Eröffnungszeitpunkt zeitlich nach dem 31. 12. 2006 liegt, ergibt sich nach aktuellem Rechtsstand die im Folgenden beschriebene Situation.

Auf der Grundlage von § 37 Abs. 4 Satz 1 KStG wurde der Gesamtbetrag etwaiger noch bestehender **Körperschaftsteuererstattungsansprüche** letztmalig zum 31. 12. 2006 ermittelt. § 37 Abs. 5 Satz 1 KStG sieht eine Auszahlung des ermittelten Betrags an die steuerpflichtige Körperschaft in zehn gleichen Jahresbeträgen zwischen 2008 und 2017 vor. Da die jährlichen Auszahlungen prinzipiell das Bestehen der Körperschaft erfordern, könnte eine Beendigung der Abwicklung vor dem Jahr 2017 zu einem Verfall des noch nicht ausgezahlten Teils führen. Insbesondere bei Liquidationen besteht jedoch die Möglichkeit, vor Ablauf des

Auszahlungszeitraums eine Abtretung im Sinne des §46 AO, eine Aufrechnung oder eine Verpfändung des Steueranspruchs vorzunehmen, so dass die Körperschaft nicht bis zum Jahr 2017 „künstlich am Leben" gehalten werden muss (vgl. *Schneider*, Körperschaftsteuerrecht, S.107).

Für einen zu leistenden Körperschaftsteuererhöhungsbetrag legt §38 Abs.8 KStG fest, dass bei Liquidationen, die nach dem 31. 12. 2006 beginnen, anstelle der ratierlichen Zahlungen des Erhöhungsbetrags bis 2017 die noch offenen Jahresbeträge an dem 30. September gesamtfällig werden, der auf den Zeitpunkt der Erstellung der Liquidationseröffnungsbilanz folgt. Der Gesamtablösebetrag entspricht dabei dem Barwert, der sich bei Abzinsung der jährlichen Zahlungsverpflichtungen mit einem Zinssatz von 5,5% p.a. ergibt (vgl. *Lornsen-Veit*, §38 KStG, Rn.94 und 106).

Beispiel

Für die Moratorium-GmbH wurde durch Bescheid über die Festsetzung des Körperschaftsteuererhöhungsbetrags nach §38 Abs.5 und 6 KStG vom 17. 10. 2008 der Körperschaftsteuererhöhungsbetrag i.H.v. 3.000 € festgesetzt. Am 30. 11. 2010 fällt der Beschluss zur Liquidation der GmbH. Die Liquidationseröffnungsbilanz wird zum 01. 12. 2010 aufgestellt.

Bis zum Liquidationsbeginn wurden drei Raten des Körperschaftsteuererhöhungsbetrags i.H.v. jeweils 300 € gezahlt. Die restlichen Jahresbeträge des Körperschaftsteuererhöhungsbetrags sind abgezinst mit einem Zinssatz von 5,5% p.a. in einer Summe am 30. 09. 2011 zur Zahlung fällig. Es ergibt sich eine Zahlungsverpflichtung von 1.798,65 € (= $\sum_{t=0}^{6}$ 300 € · $1{,}055^{-t}$) (vgl. *Jäger/Lang*, Körperschaftsteuer, S.906).

Der für die **Gewerbesteuerermittlung** maßgebende Gewerbeertrag umfasst grundsätzlich nur den laufenden Gewinn des Gewerbebetriebs. Nach ständiger höchstrichterlicher Rechtsprechung knüpft die Gewerbesteuerpflicht bei Kapitalgesellschaften jedoch allein an die Rechtsform an (BFH v. 5. 9. 2001, BStBl. II 2002, S.155); die Tätigkeit einer solchen Gesellschaft gilt stets und in vollem Umfang als Gewerbebetrieb (§2 Abs.2 Satz 1 GewStG). Daher sind Abwicklungsgewinne, obwohl sie nicht den laufenden Gewinnen zuzurechnen sind, als Gewerbeertrag zu klassifizieren und der Gewerbesteuererhebung zu unterwerfen. Nach §7 GewStG ist zur Ermittlung der Höhe des Abwicklungsgewinns §11 Abs.2 KStG heranzuziehen. Die zur Körperschaftsteuer gemachten Ausführungen gelten insofern entsprechend.

Der ein Kalenderjahr betragende gewerbesteuerliche Erhebungszeitraum bleibt im Gegensatz zum körperschaftsteuerlichen Erhebungszeitraum von der Liquidation unberührt. Daher ist der Abwicklungsgewinn bei einer mehrjährigen Liquidation auf die einzelnen Jahre des Abwicklungszeitraums zu verteilen (§16 Abs.1 GewStDV).

Durch die Liquidation erfährt ein Unternehmen keinerlei **umsatzsteuerliche** Vergünstigungen, denn bei der Veräußerung des Vermögens handelt es sich um einen steuerpflichtigen Leistungsaustausch im Sinne des §1 UStG (Ausnahme: Befreiungsvorschriften des §4 UStG). Damit unterliegt das Unternehmen i.L. den allgemeinen Bestimmungen des Umsatzsteuergesetzes. Als Bemessungsgrundlage dienen bei Einzelveräußerung der Wirtschaftsgüter an Dritte die erzielten Nettoentgelte. Bei Überführung einzelner Gegenstände in das Privatvermögen wird der Einkaufspreis zuzüglich Nebenkosten bzw. werden die Selbstkosten dieser Güter zur Besteuerung herangezogen. Die nach der Liquidation erfolgende Geldausschüttung zählt dagegen nicht zu den umsatzsteuerpflichtigen Geschäften (vgl. *Brönner*, Besteuerung, S. 753 f., und *Schmidt-Kern*, Auflösung, S. 1496).

3.1.3.2.2 Gesellschafterebene

Kapitalgesellschaften unterliegen als eigenständige Steuersubjekte der Besteuerung. Im Verhältnis zwischen Kapitalgesellschaft und Anteilseigner gilt das Trennungsprinzip. Das **Trennungsprinzip** besagt, dass sich Kapitalgesellschaft und Anteilseigner grundsätzlich wie zwei fremde Dritte gegenüberstehen. Sie verfügen steuerlich über getrennte Vermögenssphären (vgl. *Hey*, Körperschaftsteuer, S. 423). Zur sachgerechten Darstellung der steuerlichen Konsequenzen der Liquidation einer Kapitalgesellschaft muss also neben der Gesellschaftsebene auch die Gesellschafterebene betrachtet werden. Diese Betrachtung wird im Folgenden in groben Zügen vorgenommen.

Die im Rahmen der Liquidation an die Gesellschafter fließenden Zahlungen sind entsprechend dem § 20 EStG in **Kapitalrückzahlungen** und in **Kapitalerträge** aufzuspalten (vgl. *Weber-Grellet*, § 20 EStG, Rn. 85–88).

- Zu den **Kapitalrückzahlungen** gehören grundsätzlich die Zahlungen, die aus dem Nennkapital und dem steuerlichen Einlagekonto – das den Bestand der von den Gesellschaftern nicht in das Nennkapital geleisteten Einlagen zeigt (§ 27 KStG) – finanziert werden. Die aus dem Nennkapital stammenden Zahlungen stellen in der Höhe, in der ein steuerlicher Sonderausweis i. S. d. § 28 KStG vorliegt, eine Rückzahlung von aus Gewinnrücklagen entstandenem Nennkapital dar und sind nicht als Kapitalrückzahlung aufzufassen (vgl. *Wrede/Busch*, Besteuerung, S. 141).
- Bei dem über die Kapitalrückzahlung hinausgehenden Teil des Liquidationserlöses handelt es sich um **Kapitalerträge**. Dieser Teil des Liquidationserlöses speist sich ganz überwiegend aus in der Vergangenheit thesaurierten Gewinnen und im Vermögen der Gesellschaft enthaltenen – im Zuge der Liquidation frei gesetzten – stillen Reserven.

Für die Besteuerung der Kapitalerträge und die steuerliche Erfassung der Kapitalrückzahlungen ist zu unterscheiden, ob der Anteilseigner eine natürliche oder eine juristische Person ist. Bei einer natürlichen Person ist darüber hinaus zu berücksichtigen, ob die Anteile im Privat- oder im Betriebsvermögen gehalten werden.

Befinden sich die Anteile im **Privatvermögen einer natürlichen Person**, sind die ihr zufließenden als **Kapitalertrag** zu klassifizierenden Liquidationserlöse nach § 20 Abs. 1 Nr. 2 EStG den Einkünften aus Kapitalvermögen zuzuordnen und grundsätzlich der Abgeltungsteuer – mit einem einheitlichen Steuersatz von 25 Prozent – zu unterwerfen (§§ 43 Abs. 5, 43a EStG; zur Abgeltungsteuer vgl. Teil A, Abschn. 7.1.3.1, S. 210 f.); hinzu kommt ein Solidaritätszuschlag von 5,5 % auf die Abgeltungsteuer (§§ 3, 4 SolZG) sowie ggf. eine Modifikation durch die

Kirchensteuer. Der Steuerpflichtige kann jedoch die Besteuerung nach dem Teileinkünfteverfahren beantragen (vgl. Teil A, Abschn. 7.1.3.2, S. 213), wenn er eine unternehmerische Beteiligung i. S. d. §32d Abs. 2 Nr. 3 EStG hält (§43 Abs. 5 Satz 2 i. V. m. §32d Abs. 2 EStG). Dies ist der Fall, wenn er

- mit wenigstens 25 Prozent an der Kapitalgesellschaft beteiligt ist oder
- zu mindestens mit 1 Prozent an der Kapitalgesellschaft beteiligt und für die Gesellschaft beruflich tätig ist.

Bei Vorliegen der Voraussetzungen werden auf seinen Antrag hin 60 Prozent der Kapitalerträge nach dem Normaltarif besteuert (§3 Nr. 40 Satz 1 lit. e EStG). In diesem Fall ist der Werbungskostenabzug nicht wie bei der Abgeltungsteuer auf den Sparer-Pauschbetrag des §20 Abs. 9 EStG beschränkt (§32d Abs. 2 Nr. 3 Satz 2 EStG), sondern kann nach Maßgabe des **Teileinkünfteverfahrens** erfolgen (vgl. *Treiber,* §32d EStG, Rn. 140).

Nach §17 Abs. 4 EStG gilt die Auflösung einer Kapitalgesellschaft als Veräußerung i. S. d. §17 Abs. 1 EStG. Für die Besteuerung der **Kapitalrückzahlung** ist zu prüfen, ob eine relevante Beteiligung i. S. d. §17 Abs. 1 EStG vorliegt. Dies ist der Fall, wenn der Anteilseigner zu einem Zeitpunkt innerhalb der letzten fünf Jahre vor der Auflösung mit 1 Prozent oder mehr an der Gesellschaft unmittelbar oder mittelbar beteiligt war. Ist das erfüllt, unterliegt die Differenz zwischen der Kapitalrückzahlung und den Anschaffungskosten der Anteile **(Auflösungsergebnis)** als Einkünfte aus Gewerbebetrieb dem Teileinkünfteverfahren (§3 Nr. 40 i. V. m. §3c EStG). Da mit einem am Markt gebildeten Kaufpreis offene und stille Reserven honoriert werden, sind die als Kapitalrückzahlung klassifizierten Liquidationserlöse (Nennkapital und steuerliches Einlagekonto) in aller Regel geringer als die Anschaffungskosten der Anteile. Es ergibt sich regelmäßig ein Auflösungsverlust (vgl. *Kußmaul,* Steuerlehre, S. 504). Der Gesetzgeber sieht eine Ungleichbehandlung von Auflösungsgewinnen und -verlusten vor. Ein **Auflösungsverlust** ist zu berücksichtigen, wenn der Steuerpflichtige während der letzten 5 Jahre vor der Auflösung ununterbrochen zu 1 Prozent oder mehr an der Gesellschaft beteiligt war (§17 Abs. 2 Satz 6 EStG); ist diese Bedingung nicht erfüllt, kann der Auflösungsverlust nicht geltend gemacht werden. Eine subsidiäre Anwendung von §20 Abs. 2 EStG kommt wohl nicht in Betracht, da nach dem BMF-Schreiben zu Einzelfragen zur Abgeltungsteuer vom 22. 12. 2009 (BStBl. I 2010, S. 103 (Rn. 63)) die Liquidation einer Kapitalgesellschaft nicht als Veräußerung i. S. d. §20 EStG zu betrachten sei (vgl. auch *Jacobs/Scheffler,* Unternehmensbesteuerung, S. 438; vgl. aber *Weber-Grellet,* §20 EStG, Rn. 185). Ein **Auflösungsgewinn** ist bereits zu berücksichtigen, wenn eine mindestens 1 %ige Beteiligung zu einem einzelnen Zeitpunkt innerhalb der letzten 5 Jahre vor der Auflösung vorlag (relevante Beteiligung i. S. d. §17 Abs. 1 EStG). Nach §17 Abs. 3 EStG wird ein **Freibetrag** von maximal 9.060 Euro gewährt, bis zu dessen Höhe ein Auflösungsgewinn nicht zu versteuern ist. Der Freibetrag bezieht sich auf den steuerpflichtigen Gewinn, d. h. der nach §3 Nr. 40 i. V. m. §3c EStG steuerfrei bleibende Teil ist nicht zu berücksichtigen. In welcher Höhe der Freibetrag in Anspruch genommen werden kann, bestimmt sich nach dem Verhältnis des Nennwerts der vom Steuerpflichtigen gehaltenen Anteile zum Nennkapital der Kapitalgesellschaft. Liegt eine 100 %ige Beteiligung vor, beträgt der Freibetrag

9.060 €; beläuft sich die Beteiligung nur auf einen Teil des Gesamtnennkapitals, kann lediglich der entsprechende Teil von 9.060 € beansprucht werden. Darüber hinaus ist zu beachten, dass sich der Freibetrag von 9.060 € bzw. der auf die gehaltenen Anteile entfallende Teil des Freibetrags um den Betrag verringert, um den der Auflösungsgewinn den Teil von 36.100 € (Grenzbetrag) übersteigt, der dem gehaltenen Anteil an der Kapitalgesellschaft entspricht (vgl. *Ebling*, § 17 EStG, Rn. 233–235). Liegt keine relevante Beteiligung i. S. d. § 17 Abs. 1 EStG vor, ist die Kapitalrückzahlung steuerlich unbeachtlich. Zur ertragsteuerlichen Behandlung auf Ebene eines Gesellschafters in Gestalt einer natürlichen Person, der die Anteile an der Kapitalgesellschaft in seinem Privatvermögen hält vgl. die Übersicht auf Seite 1258.

Beispiel:

Hans Meier ist zu 50 % an der sich in Liquidation befindenden X-GmbH i. L. beteiligt. Nach der Schlussbesteuerung weist die X-GmbH Gewinnrücklagen i. H. v. 500.000 € und Stammkapital i. H. v. 150.000 € auf. Sowohl das steuerliche Einlagekonto (§ 27 KStG) als auch der steuerliche Sonderausweis (§ 28 KStG) weisen jeweils einen Stand von 0 € auf. Meier hat seine Beteiligung vor 6 Jahren zu einem ungewöhnlich niedrigen Kaufpreis von 40.000 € erworben. Er erhält einen Gesamtliquidationserlös i. H. v. 325.000 €.

Da sowohl das steuerliche Einlagekonto als auch der steuerliche Sonderausweis einen Stand von 0 € aufweisen, ist zur Klassifikation der dem Meier zufließenden Gesamtzahlung lediglich festzustellen, welcher Teil der Zahlung aus den Gewinnrücklagen und welcher Teil aus dem Stammkapital stammt. 250.000 € der Zahlung sind als aus den Rücklagen finanziert zu behandeln, die restlichen 75.000 € sind als Rückzahlung des Stammkapitals einzustufen. Nach § 20 Abs. 1 Nr. 2 EStG ist der aus den Gewinnrücklagen stammende Teil des Liquidationserlöses (250.000 €) als Einkünfte aus Kapitalvermögen zu klassifizieren und der Abgeltungsteuer zu unterwerfen. Da Meier zu mehr als 25 Prozent an der Kapitalgesellschaft beteiligt ist, liegt eine unternehmerische Beteiligung i. S. d. § 32d Abs. 2 Nr. 3 EStG vor. Es bietet sich ihm die Möglichkeit, eine Besteuerung des Kapitalertrags nach dem Teileinkünfteverfahren zu beantragen (§ 43 Abs. 5 Satz 2 i. V. m. § 32d Abs. 2 EStG).

Der Teil des Liquidationserlöses der aus dem Stammkapital finanziert wird (75.000 €), ist als Kapitalrückzahlung einzustufen. Da Meier zu mehr als 1 Prozent an der X-GmbH beteiligt ist, liegt eine relevante Beteiligung i. S. d. § 17 EStG vor, d. h. das Auflösungsergebnis ist steuerlich beachtlich; wegen der langen, ununterbrochenen Haltedauer der Beteiligung gilt dies grundsätzlich auch bei einem Auflösungsverlust.

	Kapitalrückzahlung	75.000 €
./.	Anschaffungskosten	40.000 €
=	Auflösungsgewinn	35.000 €

Nach § 3 Nr. 40 i. V. m. § 3c EStG ist der Auflösungsgewinn zu 40 Prozent steuerfrei. Auf die verbleibenden zu versteuernden 21.000 € (= 35.000 € · 0,6) ist der Freibetrag nach § 17 Abs. 3 EStG anzuwenden. Der maximal in Anspruch zu nehmende Freibetrag beträgt bei einer 50 %igen Beteiligung 4.530 €. Dieser Freibetrag verringert sich um den Betrag, um den der steuerpflichtige Auflösungsgewinn 50 Prozent von 36.100 €, d. h. 18.050 €, übersteigt. Es ergibt sich folgender in Anspruch zu nehmender Freibetrag:

	zu berücksichtigender Teil des Auflösungsgewinns	21.000 €
./.	relevanter Teil des Grenzbetrags	18.050 €
=	vorzunehmende Verminderung des anteiligen Freibetrags	2.950 €

	bei einer 50-%igen Beteiligung maximal in Anspruch zu nehmender Freibetrag	4.530 €
./.	vorzunehmende Verminderung des Freibetrags	2.950 €
=	in Anspruch zu nehmender Freibetrag	1.580 €

Indem der nach dem Teileinkünfteverfahren zu besteuernde Anteil des Auflösungsgewinns i. H. v. 21.000 € um den in Anspruch zu nehmenden Freibetrag i. H. v. 1.580 € gemindert wird, ergibt sich ein der Einkommensteuer zu unterwerfender Betrag i. H. v. 19.420 € (vgl. *Weber-Grellet*, § 17 EStG, Rn. 192 f. und 227).

<table>
<tr><th rowspan="2"></th><th rowspan="2">Beteiligung < 1 %</th><th colspan="2">Beteiligung ≥ 1 %</th></tr>
<tr><th>keine unternehmerische Beteiligung</th><th>unternehmerische Beteiligung</th></tr>
<tr><td>Kapitalertrag</td><td colspan="2">Als Einkünfte aus Kapitalvermögen (§ 20 EStG) der Abgeltungsteuer zu unterwerfen (§§ 43 Abs. 5, 43a EStG).</td><td>Als Einkünfte aus Kapitalvermögen (§ 20 EStG) der Abgeltungsteuer zu unterwerfen (§§ 43 Abs. 5, 43a EStG) oder auf Antrag des Steuerpflichtigen nach dem Teileinkünfteverfahren zu besteuern (§ 43 Abs. 5 Satz 2 i. V. m. § 32d Abs. 2 EStG).</td></tr>
<tr><td>Auflösungsergebnis (Kapitalrückzahlung ./. Anschaffungskosten der Beteiligung)</td><td>steuerlich unbeachtlich[2]</td><td colspan="2">Als Einkünfte aus Gewerbebetrieb (§ 17 EStG) dem Teileinkünfteverfahren zu unterwerfen (§ 3 Nr. 40 i. V. m. § 3c EStG)[1]</td></tr>
</table>

[1] Gewinne sind steuerlich beachtlich, sofern eine mindestens 1 %ige Beteiligung zu einem einzelnen Zeitpunkt innerhalb der letzten 5 Jahre vor der Auflösung vorlag. Verluste sind steuerlich beachtlich, sofern eine mindestens 1 %ige Beteiligung während der letzten 5 Jahre vor der Auflösung vorlag.

[2] Gemäß BMF-Schreiben „Einzelfragen der Abgeltungsteuer" (BStBl. I 2010, S. 103 (Rn. 63); vgl. auch die zuvor angegebene Literatur auf S. 1256).

Ertragsteuerliche Behandlung der Liquidation einer Kapitalgesellschaft auf Ebene des Gesellschafters (Anteile im Privatvermögen einer natürlichen Person)

Werden die Anteile an einer zu liquidierenden Kapitalgesellschaft von einer **natürlichen Person im Betriebsvermögen** gehalten, so gehören die entsprechend der oben vorgenommenen Abgrenzung den **Kapitalerträgen** zuzuordnenden Liquidationserlöse als laufende Betriebseinnahmen zu den Einkünften aus Gewerbebetrieb (§ 15 i. V. m. § 20 Abs. 8 EStG). Nach § 3 Nr. 40 EStG sind diese Liquidationserlöse zu 60 Prozent einkommensteuerpflichtig. Je nach Beteiligungshöhe fällt neben der Einkommen- auch Gewerbesteuer auf die Kapitalerträge an. Beträgt die Beteiligungshöhe weniger als 15 Prozent, werden die Kapitalerträge gewerbesteuerlich im vollen Umfang erfasst (§ 8 Nr. 5 GewStG). Bei Beteiligungsquoten ab 15 Prozent fällt keine Gewerbesteuer an (§ 9 Nr. 2a GewStG).

Die als **Kapitalrückzahlung** zu klassifizierenden Liquidationserlöse verursachen laufende Gewinne und Verluste in Höhe der Differenz zwischen dem Kapitalrückzahlungsbetrag und dem steuerbilanziellen Buchwert der Anteile.

Der regelmäßig entstehende Auflösungsverlust mindert die einkommensteuerpflichtigen Einkünfte aus Gewerbebetrieb korrespondierend zum Teileinkünfteverfahren zu 60 Prozent (§3 Nr.40 i.V.m. §3c EStG). Ergibt sich ein Gewinn, unterliegt dieser zu 60 Prozent der Einkommensteuer.

Soweit die Beteiligungsquote exakt **100 Prozent** beträgt, liegt die **Teilbetriebsfiktion** des §16 Abs.1 Nr.1 Satz 2 EStG vor, d.h. es kommt der volle Freibetrag nach §16 Abs.4 EStG in Betracht (vgl. Teil C, Abschn. 3.1.3.1, S.1249). Zur Anwendung der **Freibetragsregelung** ist lediglich der nach §3 Nr.40 i.V.m. §3c EStG steuerpflichtige 60-prozentige Anteil des Auflösungsgewinns zu berücksichtigen. Der **ermäßigte Steuersatz** des §34 EStG wird trotz bestehender Teilbetriebsfiktion für die Liquidation des 100%igen Kapitalgesellschaftsanteils nicht gewährt, da §34 Abs.2 Nr.1 EStG die Anwendung des ermäßigten Steuersatzes auf die Liquidationsgewinne, die gemäß dem Teileinkünfteverfahren nicht vollständig der Besteuerung unterliegen, ausschließt (vgl. *Jäger/Lang*, Körperschaftsteuer, S.912f.). Die Kapitalrückzahlung führt zu keiner Beeinflussung der Gewerbesteuerbelastung. Die folgende Übersicht zeigt die Besteuerung auf Ebene eines natürlichen Gesellschafters, der die Anteile an der Kapitalgesellschaft im Betriebsvermögen hält.

<table>
<tr><th></th><th>Beteiligung < 15 %</th><th>15 % ≤ Beteiligung < 100 %</th><th>Beteiligung = 100 %</th></tr>
<tr><td rowspan="2">Kapitalertrag</td><td colspan="3">Einkommensteuer:
Einkünfte aus Gewerbebetrieb (§ 15 EStG);
Teileinkünfteverfahren (§ 3 Nr. 40 EStG)</td></tr>
<tr><td>Gewerbesteuer:
Vollständig der Gewerbesteuer zu unterwerfen
(§ 8 Nr. 5 GewStG)</td><td colspan="2">Gewerbesteuer:
Keine Gewerbesteuer (§ 9 Nr. 2a GewStG)</td></tr>
<tr><td rowspan="2">Auflösungsergebnis
(Kapitalrückzahlung ./. Buchwert der Beteiligung)</td><td colspan="2">Einkommensteuer:
Einkünfte aus Gewerbebetrieb (§ 15 EStG);
Teileinkünfteverfahren (§ 3 Nr. 40 i. V. m. § 3c EStG)</td><td>Einkommensteuer:
Einkünfte aus Gewerbebetrieb (§ 15 EStG);
Teileinkünfteverfahren (§ 3 Nr. 40 i. V. m. § 3c EStG);
Teilbetriebsfiktion (§ 16 Abs. 1 Nr. 1 EStG)</td></tr>
<tr><td colspan="3">Gewerbesteuer:
Keine Beeinflussung der Steuerbelastung</td></tr>
</table>

Ertragsteuerliche Behandlung der Liquidation einer Kapitalgesellschaft auf Ebene des Gesellschafters (Anteile im Betriebsvermögen einer natürlichen Person)

Sind die Anteile der zu liquidierenden Kapitalgesellschaft dem **Betriebsvermögen** einer **juristischen Person** zuzuordnen, sind die als **Kapitalerträge** zu klassifizierenden Liquidationserlöse nach §8b Abs.1 KStG steuerfrei. Gemäß §8b Abs.5 KStG sind jedoch 5 Prozent dieser steuerfreien Einnahmen als fiktiv nicht abziehbare Ausgaben bei der Einkommensermittlung hinzuzurechnen. Im Ergebnis sind 95 Prozent der Kapitalerträge nicht zu versteuern. Beläuft sich die Beteiligungsquote auf weniger als 15 Prozent, unterliegen die Kapitalerträge im vollen Umfang der Gewerbesteuer (§8 Nr. 5 GewStG). Liegt eine Beteiligung von mindestens 15 Prozent vor, sind im Ergebnis 5 Prozent der Kapitalerträge der Gewerbesteuer zu unterwerfen (§9 Nr. 2a GewStG).

Entsteht durch die **Kapitalrückzahlung** nach Abzug des steuerbilanziellen Buchwerts der Beteiligung ein Gewinn, so ist dieser nach §8b Abs. 2 KStG von der Körperschaftsteuer befreit. Dies gilt allerdings gemäß §8b Abs. 2 Satz 4 KStG nicht, soweit der Kapitalgesellschaftsanteil in früheren Jahren steuerwirksam auf den niedrigeren Teilwert abgeschrieben wurde und die Gewinnminderung nicht durch den Ansatz eines höheren Werts ausgeglichen worden ist. Dies gilt analog für die steuerwirksamen Abzüge nach §6b EStG oder ähnliche Abzüge (§8b Abs. 2 Satz 5 KStG). Nach §8b Abs. 3 Satz 1 KStG sind 5 Prozent des steuerfreien Gewinns als nicht abziehbare Betriebsausgaben zu behandeln. Im Ergebnis ist der aus der Kapitalrückzahlung entstehende Gewinn somit zu 95 Prozent steuerfrei (vgl. *Jäger/Lang*, Körperschaftsteuer, S. 913). Übersteigt der steuerbilanzielle Beteiligungsbuchwert den Wert der als Kapitalrückzahlung klassifizierten Liquidationserlöse, entsteht also ein Verlust, so findet dieser nach §8b Abs. 3 Satz 3 KStG keine Berücksichtigung. Die Gewerbesteuerbelastung wird durch die Kapitalrückzahlung nicht beeinflusst (vgl. zur Besteuerung auf Gesellschafterebene *Jacobs/Scheffler*, Unternehmensbesteuerung, S. 435–444).

3.1.4 Chronologie der Buchungstechnik

Die Erstellung von Liquidationsbilanzen erfordert eine Reihe von buchtechnischen Besonderheiten, deren Ablauf im Allgemeinen an nachstehender Schrittfolge ausgerichtet ist.

Aufstellen der **Liquidationseröffnungsbilanz:**

- Überprüfung der Aktiva und Passiva hinsichtlich liquidationsspezifischer Besonderheiten (z. B. Umgliederung vom Anlage- in das Umlaufvermögen)
- Erfassen eventueller Umbewertungen des Vermögens und der Verbindlichkeiten auf dem Neubewertungskonto
- Überprüfung der Restnutzungsdauer des Anlagevermögens und eines etwaigen Firmenwerts sowie des Auflösungszeitraums eines Disagios
- Aufstellen der Liquidationseröffnungsbilanz.

Abwicklungsvorgänge:

- Veräußerung des Vermögens mit Erfassung sämtlicher Aufwendungen und Erträge im Jahresüberschuss bzw. Jahresfehlbetrag
- Einstellung des Periodenerfolgs in die Gewinnrücklagen oder den Gewinnvortrag bzw. Ausgleich eines Fehlbetrags mit den Gewinnrücklagen oder Einstellung in den Verlustvortrag
- Tilgung der Verbindlichkeiten.

Aufstellen der **Liquidationsschlussbilanz:**

- Abschluss der Neubewertungsrücklage und des Gewinn- bzw. Verlustvortrags mit den Gewinnrücklagen bei Kapitalgesellschaften und Genossenschaften über die verteilbaren Rücklagen, bei Personengesellschaften und Einzelunternehmen anteilsmäßig über die Eigenkapitalkonten

- endgültige Verrechnung der noch vorhandenen eigenen Anteile und ausstehenden Einlagen mit dem Grundkapital, soweit noch nicht geschehen
- Aufstellen der Liquidationsschlussbilanz.

Aufstellen der **Schlussrechnung:**

- Berechnung der

$$\text{Liquidationsquote} = \frac{\text{verteilbares Vermögen}}{\text{Kapitalanteile zum Nennwert}} \cdot 100$$

bei Kapitalgesellschaften und Genossenschaften (ggf. Bereinigung um eigene Aktien und ausstehende Einlagen, soweit diese Korrekturcharakter besitzen)

Auskehrung des gesamten Vermögens an die Anteilseigner bzw. den Inhaber des Unternehmens.

Übungsbeispiele:

Übungsbeispiel 1:

Die Hauptversammlung der XY-AG beschließt mit qualifizierter Mehrheit die Auflösung des Unternehmens zum 1. 10. 20 . .
Die Handelsbilanz zum 30. 9. 20 . . stellt die Grundlage für die Liquidation dar:

Handelsbilanz der XY-AG zum 30. 09. 20 . .

A		P		
A. Anlagevermögen		A. Eigenkapital		
I. Immaterielle Vermögensgegenstände	50.000	I. Gezeichnetes Kapital	800.000	
II. Sachanlagen		Ausstehende, nicht eingeforderte Einlagen	– 15.000	
Grundstücke	200.000	Eingefordertes Kapital		785.000
Maschinen	700.000	II. Gewinnrücklagen		
III. Finanzanlagen	100.000	Gesetzliche Rücklage		80.000
B. Umlaufvermögen		Andere Gewinnrücklage		192.000
I. Vorräte		III. Jahresfehlbetrag		– 50.000
Roh-, Hilfs- und Betriebsstoffe	500.000	B. Rückstellungen		50.000
Fertige Erzeugnisse	100.000	C. Verbindlichkeiten		
II. Forderungen und sonstige Vermögensgegenstände		Verbindlichkeiten gegenüber Kreditinstituten		300.000
Forderungen aus Lieferungen und Leistungen	100.000	Verbindlichkeiten aus Lieferungen und Leistungen		539.000
Sonstige Vermögensgegenstände	100.000	Schuldwechsel		10.000
Forderungen aus ausstehenden, eingeforderten Einlagen	5.000			
III. Bank/Kasse	50.000			
C. Rechnungsabgrenzungsposten	1.000			
	1.906.000			1.906.000

Aufgaben:

a) Wer ist Abwickler?

b) Erstellen Sie die externe Abwicklungseröffnungsbilanz unter Berücksichtigung der nachstehenden Gegebenheiten; stellen Sie hierzu das Neubewertungskonto in T-Kontenform auf.

- Die Grundstücke enthalten stille Reserven, ihr voraussichtlicher Veräußerungserlös beträgt 400.000 (Anschaffungskosten 200.000).
- Die Maschinen sind veraltet und wurden infolge der Verlustsituation zu gering abgeschrieben; ihr vermutlicher Veräußerungserlös beträgt 380.000.
- Die Firma besitzt Verlagsrechte an selbst verfasster Fachliteratur, deren Wert auf 100.000 taxiert wird.
- Die Verbindlichkeiten gegenüber Kreditinstituten beinhalten ein Disagio, das gemäß § 250 Abs. 3 HGB unter den aktiven Rechnungsabgrenzungsposten in die Bilanz eingestellt wurde. Durch die Liquidation kann die Rückzahlung der Verbindlichkeiten früher erfolgen, so dass 700 des Disagios hinfällig werden und entsprechend weniger zurückgezahlt werden muss.
- Die Fertigerzeugnisse können voraussichtlich nur zum Preis von 70.000 abgesetzt werden.
- Der Jahresfehlbetrag wird mit den anderen Gewinnrücklagen verrechnet.

c) Buchen Sie die mit der Abwicklung einhergehenden, nachstehenden Geschäftsvorfälle und erstellen Sie die Gewinn- und Verlustrechnung und die Liquidationsschlussbilanz. Errechnen Sie die Liquidationsquote.

- Die Fertigerzeugnisse werden zum Preis von 45.000 veräußert. Der Ausgleich erfolgt durch Banküberweisung.
- Barverkauf der sonstigen Vermögensgegenstände; Buchwert 100.000, Erlös 90.000.
- Die Finanzanlagen werden von der Hausbank zum Kurswert von 110.000 übernommen, der Betrag gutgeschrieben.
- Es gelingt, die noch nicht bezahlten Roh-, Hilfs- und Betriebsstoffe an die Lieferanten für 75 % der Anschaffungspreise zurückzugeben.
- Die Maschinen finden keine Käufer, erzielen aber einen Schrotterlös von 250.000; Ausgleich durch Banküberweisung.
- Von den Forderungen aus Lieferungen und Leistungen in Höhe von 100.000 gehen nur 80 % bei der Bank ein, der Rest ist uneinbringlich.
- Die ausstehenden eingeforderten Einlagen werden überwiesen.
- Die Grundstücke werden zum Preis von 500.000, die immateriellen Anlagewerte zum Preis von 200.000 veräußert. Das Geld wird der Hausbank angewiesen.
- Alle Verbindlichkeiten und Schuldwechsel werden getilgt, wobei die Verbindlichkeiten gegenüber Kreditinstituten zu ihrem Rückzahlungswert (= Erfüllungsbetrag) passiviert wurden. Das (verbliebene) Disagio von 300 wurde im Rechnungsabgrenzungsposten aktiviert.
- Die gesamten Rückstellungen betreffen Steuerrückstellungen, die aber wegen der günstigen Veräußerungsmöglichkeiten nicht ausreichend sind. Es müssen 70.000 überwiesen werden.
- Personalkosten und sonstige Aufwendungen in Höhe von 10.000 werden bar beglichen.
- Der Abwickler erhält eine Vergütung von 20.000 durch Bankscheck.

(Von Umsatzsteuer-, insbesondere Vorsteuerwirkungen ist generell abzusehen).

Lösung:

a) Da über die Abwickler keine besonderen Angaben gemacht werden, gilt der bisherige gesetzliche Vertreter der AG, also der Vorstand, als Abwickler.

b) Buchungssätze:

Neubewertungsbuchungen:

(1) Eine Zuschreibung ist wegen Geltung des Anschaffungswertprinzips für die Grundstücke nicht zulässig.

(2) Neubewertungskonto	320.000	**an**	Maschinen	320.000

(3) Für die selbsterstellten immateriellen Anlagewerte besteht nach § 248 Abs. 2 HGB ein Bilanzierungsverbot, das auch für die externe Liquidationsbilanz gilt.

(4) a) Verbindlichkeiten gegenüber Kreditinstituten	700	**an**	Neubewertungskonto	700
b) Neubewertungskonto	700	**an**	Aktive Rechnungsabgrenzung	700
(5) Neubewertungskonto	30.000	**an**	Fertige Erzeugnisse	30.000

Umgliederungen:

(6) Andere Gewinnrücklagen	50.000	**an**	Jahresfehlbetrag	50.000

Abschluss des Neubewertungskontos über die Neubewertungsrücklage in der Abwicklungseröffnungsbilanz (AEB):

(7) Neubewertungsrücklage	350.000	**an**	Neubewertungskonto	350.000

Neubewertungskonto

(2)	320.000		700 (4 a)
(4 b)	700	AEB	350.000
(5)	30.000		
	350.700		350.700

A	Abwicklungseröffnungsbilanz (AEB) der XY-AG zum 1. 10. 20 . .			P
A. Anlagevermögen		A. Eigenkapital		
I. Immaterielle Vermögensgegenstände	50.000	I. Gezeichnetes Kapital	800.000	
II. Sachanlagen		Ausstehende, nicht eingeforderte Einlagen	– 15.000	
Grundstücke	200.000	Eingefordertes Kapital		785.000
Maschinen	380.000	II. Gewinnrücklagen		
III. Finanzanlagen	100.000	Gesetzliche Rücklage		80.000
B. Umlaufvermögen		Andere Gewinnrücklage		142.000
I. Vorräte		III. Neubewertungsrücklage		–350.000
Roh-, Hilfs- und Betriebsstoffe	500.000	B. Rückstellungen		50.000
Fertige Erzeugnisse	70.000	C. Verbindlichkeiten		
II. Forderungen und sonstige Vermögensgegenstände		Verbindlichkeiten gegenüber Kreditinstituten		299.300
Forderungen aus Lieferungen und Leistungen	100.000	Verbindlichkeiten aus Lieferungen und Leistungen		539.000
Sonstige Vermögensgegenstände	100.000	Schuldwechsel		10.000
Forderungen aus ausstehenden, eingeforderten Einlagen	5.000			
III. Bank/Kasse	50.000			
C. Rechnungsabgrenzungsposten	300			
	1.555.300			1.555.300

c) Buchungssätze:

Durchführung der Liquidation:

(1) Bank/Kasse	45.000			
sonstige betriebliche Aufwendungen	25.000	**an**	Fertige Erzeugnisse	70.000
(2) Bank/Kasse	90.000			
sonstige betriebliche Aufwendungen	10.000	**an**	Sonstige Vermögensgegenstände	100.000
(3) Bank/Kasse	110.000	**an**	Finanzanlagen	100.000
			sonstige betriebliche Erträge	10.000
(4) Verbindlichkeiten aus Lieferungen und Leistungen	375.000			
sonstige betriebliche Aufwendungen	125.000	**an**	Roh-, Hilfs- und Betriebsstoffe	500.000
(5) Bank/Kasse	250.000			
sonstige betriebliche Aufwendungen	130.000	**an**	Maschinen	380.000

(6) Bank/Kasse	80.000			
sonstige betriebliche Aufwendungen	20.000	**an**	Forderungen aus Lieferungen und Leistungen	100.000
(7) Bank/Kasse	5.000	**an**	Forderungen aus ausstehenden, eingeforderten Einlagen	5.000
(8) Bank/Kasse	700.000	**an**	Grundstücke	200.000
			Immaterielle Anlagewerte	50.000
			sonstige betriebliche Erträge	450.000
(9) Verbindlichkeiten gegenüber Kreditinstituten	299.300			
Verbindlichkeiten aus Lieferungen und Leistungen	164.000			
Schuldwechsel	10.000			
sonstige betriebliche Aufwendungen	300	**an**	Bank/Kasse	473.300
			Aktive Rechnungsabgrenzung	300
(10) Rückstellungen	50.000			
sonstige betriebliche Aufwendungen	20.000	**an**	Bank/Kasse	70.000
(11) sonstige betriebliche Aufwendungen	10.000	**an**	Bank/Kasse	10.000
(12) sonstige betriebliche Aufwendungen	20.000	**an**	Bank/Kasse	20.000

Abschlussbuchung der Gewinn- und Verlustrechnung:

(13) Liquidationsgewinn	99.700	**an**	SBK	99.700

A	Gewinn- und Verlustrechnung		P
(1)	25.000	10.000	(3)
(2)	10.000	450.000	(8)
(4)	125.000		
(5)	130.000		
(6)	20.000		
(9)	300		
(10)	20.000		
(11)	10.000		
(12)	20.000		
(13)	99.700		
	460.000	460.000	

Salidierung der ausstehenden Einlagen mit dem gezeichneten Kapital:

Gezeichnetes Kapital	15.000	**an**	Ausstehende, nicht eingeforderte Einlagen	15.000

Ermittlung der endgültig verteilbaren Rücklagen:

Gesetzliche Rücklage	80.000			
Andere Gewinnrücklage	142.000			
Liquidationsgewinn	99.700			
verteilbare Rücklagen	28.300	**an**	Neubewertungsrücklage	350.000

A Liquidationsschlussbilanz der XY-AG zum 31. 12. 20 . . P

Aktiva		Passiva	
Bank/Kasse	756.700	Eigenkapital:	
		Gezeichnetes Kapital	785.000
		Verteilbare Rücklagen	–28.300
	756.700		756.700

Berechnung der Liquidationsquote:

Es ist das ursprüngliche gezeichnete Kapital i. H. v. 800.000 heranzuziehen. Um die Liquidationsquote nicht durch die vorgenommene Verrechnung mit den ausstehenden Einlagen zu verzerren, sind zum Abwicklungsvermögen 15.000 hinzuzurechnen. Die Liquidationsquote beträgt somit 96,46 % $\left(= \frac{756.700 + 15.000}{800.000}\right)$.

Der den Eigentümern nicht voll eingezahlter Aktien zustehende Zahlungsanspruch liegt, je nach Höhe der noch ausstehenden Einlagen, unterhalb des der Liquidationsquote entsprechenden Anspruchs.

Übungsbeispiel 2:

Die Gesellschafter der Firma Speiser und Co. OHG beschließen die Auflösung ihres Unternehmens zum 1. 1. 2011. Die dem Gesellschafterbeschluss vorangegangene Jahresabschlussbilanz hat folgendes Aussehen:

A Jahresabschlussbilanz der Fa. Speiser und Co. OHG zum 31. 12. 2010 P

Aktiva		Passiva	
I. Anlagevermögen		I. Kapital	
Grundstücke und		A. Speiser	105.411
Gebäude	220.000	B. Kohl	70.274
Maschinen	90.000	C. Lang	35.137
Geschäftsausstattung	40.000	II. Verbindlichkeiten	
II. Umlaufvermögen		Hypothek	80.000
Waren	34.400	Warenschulden	174.600
Wertpapiere	42.000	Wechselschulden	22.578
Wechsel	13.600	Sonstige Verbindlichkeiten	11.200
Forderungen	38.000		
Bankguthaben	5.600		
Kasse	12.000		
III. Aktive Rechnungsabgrenzung			
Miete	3.600		
	499.200		499.200

Die sonstigen Verbindlichkeiten dienen der antizipativen passiven Rechnungsabgrenzung und umfassen nachschüssig zu zahlende Hypothekenzinsen in Höhe von 3.200 und Versicherungsbeiträge in Höhe von 8.000.

Aufgaben:

a) Erstellen Sie die (interne) Liquidationseröffnungsbilanz unter Berücksichtigung folgender Umbewertungsvorgänge, wobei das Neubewertungskonto und die Kapitalkonten der Gesellschafter in T-Kontenform aufzustellen sind:
   - Die Grundstücke und Gebäude sind um 60.000 unterbewertet.
   - In den Maschinen stecken stille Reserven in Höhe von 20.000.
   - Die Geschäftsausstattung ist veraltet. Sie ist auf einen Wert von 24.000 abzuschreiben.
   - Die Waren können voraussichtlich nur für 30.400 veräußert werden.
   - Wegen Kursverfall sind die Wertpapiere nur mit 32.800 anzusetzen.
   - Es wird mit einem Forderungsausfall von 17.200 gerechnet.

   Die Höher- und Minderbewertungen sind dem Verhältnis der Kapitalkonten entsprechend auf die Gesellschafter aufzuteilen.

b) Wie lauten die Buchungssätze für die nachstehenden Abwicklungsvorgänge? Weisen Sie die Gewinn- und Verlustrechnung in T-Kontenform aus und erstellen Sie die Liquidationsschlussbilanz.
   - Die Grundstücke und Gebäude wurden für 220.000 bar verkauft bei Übernahme der darauf lastenden Hypothek durch den Erwerber.
   - Es gelingt, die Maschinen insgesamt für 120.000 an ein Konkurrenzunternehmen zu veräußern. Der Ausgleich erfolgt durch Banküberweisung.
   - A. Speiser übernimmt mehrere Gegenstände der Geschäftsausstattung zum Gesamtpreis von 4.200 (Buchwert 3.780).
   - Wechsel in Höhe von 6.800, die im Liquidationszeitraum fällig werden, werden an die Lieferanten in Zahlung gegeben.
   - Der Barverkauf sämtlicher Warenvorräte erbringt einen Erlös von 21.400.
   - Das Bankkonto wird durch Barabhebung aufgelöst. Die Bank hatte der Gesellschaft Zinsen in Höhe von 320 gutgeschrieben und das Konto mit 240 für Provision und Spesen belastet.
   - Die fälligen Versicherungsbeiträge in Höhe von 18.400, die Miete in Höhe von 3.800 sowie die Hypothekenzinsen in Höhe von 3.200 werden bar beglichen.
   - Die Wertpapiere werden zum Tageskurswert für 28.400 veräußert.
   - Die Versteigerung der restlichen Einrichtungsgegenstände bringt einen Barerlös von 14.400.
   - Die ausstehenden Forderungen werden in Höhe von 17.600 in bar bezahlt. Der Rest ist uneinbringlich.
   - Die Schuldwechsel in Höhe von 22.578 werden in bar eingelöst.
   - Für fällige Wechsel werden 6.800 eingenommen.
   - Die Warenverbindlichkeiten werden voll eingelöst.
   - Die Kosten der Liquidation betragen 16.500 und werden bar beglichen.

(Umsatzsteuer-, insbesondere Vorsteuerwirkungen sollen wiederum nicht beachtet werden.)

Lösung:

a) Buchungssätze:

Neubewertungsbuchungen:

(1) Grundstücke und Gebäude	60.000	**an**	Neubewertungskonto	60.000
(2) Maschinen	20.000	**an**	Neubewertungskonto	20.000
(3) Neubewertungskonto	16.000	**an**	Geschäftsausstattung	16.000
(4) Neubewertungskonto	4.000	**an**	Waren	4.000
(5) Neubewertungskonto	9.200	**an**	Wertpapiere	9.200
(6) Neubewertungskonto	17.200	**an**	Forderungen	17.200

Abschluss des Neubewertungskontos über die Kapitalkonten, deren Saldo in der Liquidationseröffnungsbilanz respektive der Abwicklungseröffnungsbilanz (AEB) erscheint:

(7) Neubewertungskonto	33.600	**an**	Kapital A. Speiser	16.800
			Kapital B. Kohl	11.200
			Kapital C. Lang	5.600

Neubewertungskonto

(3)	16.000	60.000	(1)
(4)	4.000	20.000	(2)
(5)	9.200		
(6)	17.200		
(7)	33.600		
	80.000	80.000	

Kapital B. Kohl

AEB	81.474	AB	70.274
			11.200 (7)
	81.474		81.474

Kapital A. Speiser

AEB	122.211	AB	105.411
			16.800 (7)
	122.211		122.211

Kapital C. Lang

AEB	40.737	AB	35.137
			5.600 (7)
	40.737		40.737

Liquidationseröffnungsbilanz bzw. (AEB)
der Fa. Speiser und Co. OHG zum 1. 1. 2011

A		P	
I. Anlagevermögen		I. Kapital	
Grundstücke und Gebäude	280.000	A. Speiser	122.211
Maschinen	110.000	B. Kohl	81.474
Geschäftsausstattung	24.000	C. Lang	40.737
II. Umlaufvermögen		II. Verbindlichkeiten	
Waren	30.400	Hypothek	80.000
Wertpapiere	32.800	Warenschulden	174.600
Wechsel	13.600	Wechselschulden	22.578
Forderungen	20.800	Sonstige Verbindlichkeiten	11.200
Bankguthaben	5.600		
Kasse	12.000		
III. Aktive Rechnungsabgrenzung			
Miete	3.600		
	532.800		532.800

b) Buchungssätze:

Eröffnungsbuchungen:

Miete	3.600	**an**	Aktive Rechnungsabgrenzung	3.600

Durchführung der Liquidation:

(1) Kasse	220.000			
Hypothek	80.000	**an**	Grundstücke und Gebäude	280.000
			sonstige betriebliche Erträge	20.000
(2) Bank	120.000	**an**	Maschinen	110.000
			sonstige betriebliche Erträge	10.000
(3) Privat A. Speiser	4.200	**an**	Geschäftsausstattung	3.780
			sonstige betriebliche Erträge	420
(4) Warenschulden	6.800	**an**	Wechsel	6.800
(5) Kasse	21.400			
sonstige betriebliche Aufwendungen	9.000	**an**	Waren	30.400
(6) Kasse	125.680	**an**	Bank	125.600
			sonstige betriebliche Erträge	80
(7) a) Sonstige Verbindlichkeiten	8.000			
sonstige betriebliche Aufwendungen	10.400	**an**	Kasse	18.400
b) Miete	3.800	**an**	Kasse	3.800
sonstige betriebliche Aufwendungen	7.400	**an**	Miete	7.400
c) Sonstige Verbindlichkeiten	3.200	**an**	Kasse	3.200
(8) Kasse	28.400			
sonstige betriebliche Aufwendungen	4.400	**an**	Wertpapiere	32.800
(9) Kasse	14.400			
sonstige betriebliche Aufwendungen	5.820	**an**	Geschäftsausstattung	20.220
(10) Kasse	17.600			
sonstige betriebliche Aufwendungen	3.200	**an**	Forderungen	20.800
(11) Wechselschulden	22.578	**an**	Kasse	22.578
(12) Kasse	6.800	**an**	Wechsel	6.800
(13) Warenschulden	167.800	**an**	Kasse	167.800
(14) sonstige betriebliche Aufwendungen	16.500	**an**	Kasse	16.500

Abschluss der Gewinn- und Verlustrechnung:

Verlustverteilung im Verhältnis der Kapitalanteile (3 : 2 : 1)

(15) Privat A. Speiser	13.110			
Privat B. Kohl	8.740			
Privat C. Lang	4.370	**an**	Liquidationsergebnis	26.220

Um zu gewährleisten, dass alle Gesellschafter im Verhältnis des Gewinnverteilungsschlüssels an den im Liquidationsergebnis enthaltenen aufgelösten stillen Reserven (bzw. stillen Lasten) partizipieren, ist es vorteilhaft, einen entsprechenden Verteilungsschlüssel für das Liquidationsergebnis im Gesellschaftsvertrag festzulegen.

Abschluss der Privatkonten:

(16) Kapital A. Speiser	17.310	**an**	Privat A. Speiser	17.310
(17) Kapital B. Kohl	8.740	**an**	Privat B. Kohl	8.740
(18) Kapital C. Lang	4.370	**an**	Privat C. Lang	4.370

S	Gewinn- und Verlustrechnung		H
(5)	9.000	20.000	(1)
(7 a)	10.400	10.000	(2)
(7 b)	7.400	420	(3)
(8)	4.400	80	(6)
(9)	5.820	26.220	(15)
(10)	3.200		
(14)	16.500		
	56.720	56.720	

A	Liquidationsschlussbilanz		P
Kasse	214.002	Eigenkapital	
		A. Speiser	104.901
		B. Kohl	72.734
		C. Lang	36.367
	214.002		214.002

Ergänzende Literatur zu: 3.1 Liquidationsbilanzen

Förschle/Deubert, Personengesellschaft, S. 755–788
Förschle/Deubert, Kapitalgesellschaft, S. 789–880
Förster, Liquidationsbilanz
Hahn/Werner, Bilanzsicherheit, Teil B, S. 332–347
Heinen, Handelsbilanzen, S. 496–499
Jacobs/Scheffler, Unternehmensbesteuerung, S. 432–443 und 494–498
Jäger/Lang, Körperschaftsteuer, S. 881–923
Jurowsky, Liquidationsrechnungslegung, S. 1782–1788
Maiterth/Müller, Gründung, S. 187–220
Sarx, Abwicklungs-Rechnungslegung, S. 549–560
Schedlbauer, Sonderprüfungen, S. 188–204
Scherrer/Heni, Liquidations-Rechnungslegung, S. 13–227

3.2 Sonderbilanzen nach dem Insolvenzrecht

3.2.1 Das Insolvenzrecht

3.2.1.1 Die Insolvenzrechtsreform

Die neue **Insolvenzordnung** (InsO) und das **Einführungsgesetz zur Insolvenzordnung (EGInsO)** wurden nach über sechzehnjähriger Vorbereitungszeit am 21. April 1994 durch den Deutschen Bundestag verabschiedet (BR-Drs. 336/94 und 337/94) und am 5. Oktober 1994 ausgefertigt. Die Veröffentlichung im Bundesgesetzblatt erfolgte am 28. Oktober 1994 (BGBl. I 1994, S. 2866 ff. und 2911 ff.). Auf Vorschlag des vom Bundesrat angerufenen Vermittlungsausschusses, dem Bundestag und Bundesrat im Juni bzw. Juli 1994 zugestimmt haben, wurde das ursprünglich für den 1. Januar 1997 vorgesehene Inkrafttreten der Gesetze verschoben. Neue Insolvenzordnung und Einführungsgesetz sind demzufolge erst am 1. 1. 1999 gemäß Art. 110 Abs. 1 EGInsO in Kraft gesetzt worden.

Mit der Konkursordnung (KO) von 1877 und der Vergleichsordnung (VerglO) von 1935 wurde auch die in den neuen Bundesländern geltende Gesamtvollstreckungsordnung (GesO) in der Fassung der Bekanntmachung vom 23. 5. 1991 (BGBl. I, S. 1185) am 1. 1. 1999 abgelöst. Die genannten Vorschriften wurden nebst ihren Einführungsgesetzen ebenso aufgehoben, wie z. B. die Verordnung über die Vergütung des Konkursverwalters, des Vergleichsverwalters, der Mitglieder des Gläubigerausschusses und der Mitglieder des Gläubigerbeirats sowie das Gesetz über die Unterbrechung von Gesamtvollstreckungsverfahren (GUG) i. d. F. v. 23. 5. 1991 (BGBl. I, S. 1191). Zugleich wurde mit dem vollständigen Inkrafttreten der InsO auf dem Gebiet des Insolvenzrechts die innerdeutsche Einheit hergestellt: Als Anfang 1990 bei der Vorbereitung der Wirtschafts-, Währungs- und Sozialunion zwischen der Bundesrepublik Deutschland und der Deutschen Demokratischen Republik das Bedürfnis entstand, kurzfristig ein marktwirtschaftliches Insolvenzrecht für die damalige DDR zu schaffen, war die Reform in der Bundesrepublik bereits so weit fortgeschritten, dass es nicht mehr sinnvoll erschien, die Konkurs- und die Vergleichsordnung für das Gebiet der DDR zu übernehmen. Stattdessen wurde das rudimentäre Insolvenzrecht der DDR, die **Verordnung über die Gesamtvollstreckung** von 1975, verändert und fortentwickelt, so dass sie für eine Übergangszeit marktwirtschaftlichen Anforderungen gerecht werden konnte (vgl. *Uhlenbruck*, Insolvenzrecht, S. 25). Diese Lösung wurde im Einigungsvertrag vom August 1990 grundsätzlich beibehalten, so dass bis zum 1. 1. 1999 ein **Nebeneinander der verschiedenen Rechtsordnungen** bestand.

Der Reformbedarf auf dem Gebiet des Insolvenzrechts ergab sich vor allem aufgrund des weitgehenden **Funktionsverlustes des geltenden Insolvenzrechts**. Bereits 1975 wurde die Situation durch das Schlagwort vom **„Konkurs des Konkurses"** (*Kilger*, Konkurs, S. 142) geprägt. Die in den Jahren vor Inkrafttreten der neuen InsO stark zunehmende Zahl der Insolvenzen und vor allem deren unzureichende Bewältigung durch das geltende Recht zeigt sich deutlich anhand der nachfolgenden Tabelle auf S. 1273 (Quelle: Zahlenangaben bis 1998: Statistisches Bundesamt (Hrsg.), Statistisches Jahrbuch 2000 für die Bundesrepublik Deutschland, Wiesbaden 2000, S. 132; Zahlenangaben ab 1999: Internetseite des *Statistischen Bundesamtes* abrufbar unter: http://www.destatis.de/jetspeed/portal/cms/Sites/destatis/Internet/DE/Content/Statistiken/Zeitreihen/LangeReihen/Insolvenzen/Content100/lrins01a,templateId=renderPrint.psml; Stand: 8. 9. 2010).

Der **Funktionsverlust** des Konkurs-, des Gesamtvollstreckungs- und vor allem des Vergleichsrechts zeigte sich in dem Verhältnis der tatsächlich eröffneten Konkurs- bzw. Gesamtvollstreckungsverfahren zu den beantragten Verfahrenseröffnungen. Im Jahr 1998 wurden lediglich 26,4 % der beantragten Verfahren eröffnet. Der Anteil der eröffneten Vergleichsverfahren an den gesamt Insolvenzfällen des Jahres 1998 betrug gerade 0,09%.

Nach Inkrafttreten der InsO am 1. 1. 1999 nahm zwar die Anzahl der Insolvenzen im Jahr 2000 um 24,2% und im Jahr 2001 nochmals um 16,7% zu, jedoch stieg der Anteil der tatsächlich eröffneten Insolvenzverfahren von 26,4% im Jahr 1998 auf 46,6% im Jahr 2000. Für das Jahr 2001 beträgt die Eröffnungsquote sogar 51,1%. Da nur bei Eröffnung des Verfahrens die Voraussetzungen für eine geordnete und gleichmäßige Befriedigung der Gläubiger gegeben sind, beweist sich die neue InsO in dieser Hinsicht als funktionsfähiger als das bis 1998 geltende Recht.

Allerdings haben sich v. a. in der Praxis der **Verbraucherinsolvenz** die in das Verfahren gesetzten Erwartungen zunächst nur ansatzweise erfüllt, da zum einen die Fallzahlen der Verbraucherinsolvenzverfahren hinter den Schätzungen zurückgeblieben sind und zum anderen die Verfahren sich weit aufwendiger gestaltet haben, als dies ursprünglich angenommen wurde. Auch im Rahmen des für **Unternehmensinsolvenzen** relevanten Regelinsolvenzverfahrens ist im Einzelnen Reformbedarf aufgetreten, was am 26. 10. 2001 zur Verabschiedung des **Gesetzes zur Änderung der Insolvenzordnung und anderer Gesetze** (BGBl. I 2001, S. 2710 ff.) geführt hat. Bei den wesentlichen Änderungen der InsO handelt es sich um den erleichterten Zugang mittelloser Schuldner zum Verfahren, der Verkürzung und Vorverlegung der so genannten „Wohlverhaltensperiode" des **Restschuldbefreiungsverfahrens** und der Neubewertung der auf die Bundesanstalt für Arbeit respektive Bundesagentur für Arbeit übergegangenen Entgeltansprüche von Arbeitnehmern eines insolventen Unternehmens.

Um den Zugang mittelloser Schuldner zum Insolvenzverfahren sicherzustellen, wurde eine **Stundungsregelung** (§§ 4a bis 4d InsO) eingeführt. Inhalt dieser Regelung ist es, dass die Kosten des Insolvenzverfahrens dem Schuldner unter gewissen Umständen bis zum Ende der Restschuldbefreiung gestundet werden, sofern er sie nicht aufbringen kann. Erreicht der Schuldner die Stundung i. S. d. § 4a InsO, unterbleibt die Abweisung seines Antrags auf Eröffnung des Insolvenzverfahrens nach § 26 Abs. 1 Satz 1 InsO, die bei einer nicht gegebenen Stundung erfolgt, wenn das Vermögen des Schuldners voraussichtlich nicht ausreicht, um die Kosten des Verfahrens zu decken (§ 26 Abs. 1 Satz 2 InsO). Die Einführung der Stundungsregelung hatte insbesondere für die Praxis der **Verbraucherinsolvenzen**, die regelmäßig durch vollständige Mittellosigkeit des Schuldners geprägt sind, große Bedeutung. So hat sich die Zahl der insgesamt eröffneten Insolvenzverfahren im Jahr 2002 gegenüber dem Vorjahr mehr als verdoppelt, obwohl die Zahl der Insolvenzen, bei denen der Schuldner ein Unternehmen war, nur um verhältnismäßig geringe 16,4% gestiegen ist. Auch in der Folge stiegen die Gesamtinsolvenzen stärker als die Unternehmensinsolvenzen bis zum Jahr 2007 an. Im Jahr 2009 betrug die Zahl der eröffneten Insolvenzen schließlich mehr als das Fünffache des Jahres 2001 (vgl. ausführlich *Pape/Uhlenbruck/Voigt-Salus*, Insolvenzrecht, S. 38–45).

Seit dem Gesetz zur Änderung der Insolvenzordnung und anderer Gesetze wurde die Insolvenzordnung noch mehrmals überarbeitet. Die nächste größere Modifikation brachte das **Gesetz zur Neuregelung des Internationalen Insol-**

Jahr	beantragte Konkurs- bzw. Gesamtvollstreckungs-verfahren				eröffnete Vergleichs-verfahren	Insolvenzen			
	eröffnet	mangels Masse abgewiesen	insgesamt	darunter Anschluss-konkurse		insgesamt	darunter Unterneh-men	Veränderung gegenüber Vorjahr	
								insgesamt	darunter Unternehmen
1995	8.024	20.735	28.759	30	56	28.785	22.344	+ 15,5 %	+ 18,6 %
1996	8.610	22.846	31.456	38	53	31.471	25.530	+ 9,3 %	+ 14,3 %
1997	8.834	24.529	33.363	–	35	33.398	27.474	+ 6,1 %	+ 7,6 %
1998	8.963	24.984	33.947	–	30	33.977	27.828	+ 1,7 %	+ 1,3 %

Entwicklung der Insolvenzen in Deutschland vor Inkrafttreten der InsO

Jahr	beantragte Verfahren			Insolvenzen			
	eröffnet	mangels Masse abgewiesen	Schulden-bereinigungsplan angenommen	insgesamt	darunter Unter-nehmen	Veränderung gegenüber Vorjahr	
						insgesamt	darunter Unternehmen
1999	12.255	21.542	241	34.038	26.476	–	–
2000	19.698	21.357	1.204	42.259	28.235	+ 24,2 %	+ 6,6 %
2001	25.230	22.360	1.736	49.326	32.278	+ 16,7 %	+ 14,3 %
2002	61.691	21.551	1.186	84.428	37.579	+ 71,2 %	+ 16,4 %
2003	77.237	22.134	1.352	100.723	39.320	+ 19,3 %	+ 4,6 %
2004	95.035	21.450	1.789	118.274	39.213	+ 17,4 %	./. 0,3 %
2005	115.470	19.279	1.805	136.554	36.843	+ 15,5 %	./. 6,0 %
2006	143.781	15.607	2.042	161.430	34.137	+ 18,2 %	./. 7,3 %
2007	149.489	13.206	1.902	164.597	29.160	+ 2,0 %	./. 14,6 %
2008	140.979	12.107	2.116	155.202	29.291	./. 5,7 %	+ 0,4 %
2009	147.974	12.935	1.998	162.907	32.687	+ 5,0 %	+ 11,6 %

Entwicklung der Insolvenzen in Deutschland nach Inkrafttreten der InsO

venzrechts vom 14. 3. 2003 (BGBl. I 2003, S. 345 ff.), das zur Vermeidung von Kompetenzkonflikten bei grenzüberschreitenden Insolvenzverfahren beitragen sollte; so wurde beispielsweise der § 335 InsO neu eingeführt. Nach dieser Vorschrift unterliegen das Insolvenzverfahren und seine Wirkungen, soweit nichts anderes bestimmt ist, dem Recht des Staates, in dem das Verfahren eröffnet worden ist.

Mit dem **Gesetz zur Vereinfachung des Insolvenzverfahrens** vom 13. 4. 2007 (BGBl. I 2007, S. 509 ff.) wurde in einfachen Fällen die Möglichkeit eines rein schriftlichen Verfahrens – worunter die Abwicklung der Insolvenz ohne persönliche Zusammenkunft der Verfahrensbeteiligten verstanden wird – geschaffen. Bestimmte öffentliche Bekanntmachungen erfolgen nur noch elektronisch (§ 9 InsO). Um die Insolvenzmasse im vorläufigen Verfahren gegen Aus- und Absonderung zu schützen, wurde § 21 Abs. 2 InsO durch eine neue Nr. 5 ergänzt, nach der das Insolvenzgericht die Verwertung oder Einziehung durch den Gläubiger untersagen kann, wenn die Aus- oder Absonderungsgüter für die Fortführung des Unternehmens von erheblicher Bedeutung sind (vgl. zu den Begriffen „Insolvenzmasse", „Aus-" und „Absonderung" Teil C, Abschn. 3.2.1.3, S. 1278). Auch der Neuerwerb und die Möglichkeit der „Freigabe" einer selbständigen Tätigkeit des Schuldners wurden neu geregelt (§ 35 Abs. 2 InsO; vgl. *Beck/Depré*, Einleitung, S. 7).

Durch das **Gesetz zur Umsetzung eines Maßnahmenpakets zur Stabilisierung des Finanzmarkts (Finanzmarktstabilisierungsgesetz – FMStG)** vom 17. 10. 2008 (BGBl. I 2008, S. 1982 ff.) wurde der Überschuldungsbegriff des § 19 Abs. 2 InsO zeitlich begrenzt dahingehend entschärft, dass eine rechtliche Überschuldung insbesondere dann nicht gegeben sein soll, wenn die Fortführung des Unternehmens nach den Umständen überwiegend wahrscheinlich ist (vgl. Teil C, Abschn. 3.2.2.2.1.1, S. 1290 ff.).

Die bisher letzte größere Überarbeitung der Insolvenzordnung fand mit der Einführung des **Gesetzes zur Modernisierung des GmbH-Rechts und zur Bekämpfung von Missbräuchen (MoMiG)** zum 1. 11. 2008 (BGBl. I 2008, S. 2026, vgl. zum MoMiG auch Teil A, Abschn. 14.3.2, S. 639 f.) statt. Das so genannte Eigenkapitalersatzrecht wurde abgeschafft. Die entsprechenden Regelungen wurden in stark modifizierter Form als Gesellschafterdarlehensrecht in der Insolvenzordnung niedergelegt. Der seit dieser gesetzessystematischen Änderung zur insolvenzrechtlichen Behandlung von Gesellschafterdarlehen zentrale § 39 Abs. 1 Nr. 5 InsO sieht vor, dass bei Eintritt der Insolvenz grundsätzlich alle bestehenden Gesellschafterdarlehen als nachrangige Insolvenzforderungen eingestuft werden (vgl. zum Begriff des nachrangigen Insolvenzgläubigers Teil C, Abschn. 4.1.3, S. 1275). Eine Anfechtung der Befriedigung solcher Darlehen, d. h. eine Rückforderung der zur Befriedigung erbrachten Leistungen, kann vorgenommen werden, sofern die Befriedigung bis zu einem Jahr vor Insolvenzantragsstellung oder nach dem Antrag erfolgte (§ 135 Abs. 1 Nr. 2 InsO). Da in der Praxis immer wieder Fälle zu beobachten sind, bei denen vom Eintritt der Insolvenzreife bis zur Stellung des Insolvenzantrags mehr als ein Jahr vergeht, erscheint die Einjahresfrist des § 135 Abs. 1 Nr. 2 InsO als zu kurz bemessen (vgl. hierzu und zur Insolvenzanfechtung im Detail *Gehrlein*, Eigenkapitalersatzrecht, S. 6). Der Nachrangigkeitsgrundsatz des § 39 Abs. 1 Nr. 5 InsO wird durch die Absätze 4 und 5 des § 39 InsO durchbrochen. Der § 39 Abs. 4 InsO enthält ein **Sanierungsprivileg** in der Form, dass der Anteilserwerb zum Zweck der Sanierung der Gesellschaft durch einen Gläubiger nicht zur Nachrangigkeit der bestehenden oder neu gewährten Darlehensforderungen des Gläubigers im Insolvenzverfahren i. S. d. § 39 Abs. 1 Nr. 5 InsO führt. Das sog. **Zwerganteilsprivileg**, das ursprünglich in § 32a Abs. 3 Satz 2 GmbHG niedergelegt war, bleibt erhalten und ist nun in § 39 Abs. 5 InsO insofern kodifiziert, als die Regelung des § 39 Abs. 1 Nr. 5 InsO nicht für einen nicht geschäftsführenden Gesellschafter, der mit 10 % oder weniger am Haftkapital beteiligt ist, gilt. Der § 19 Abs. 2 InsO wurde um einen klarstellenden Satz zur Behandlung von Gesellschafterdarlehen bei der Überschuldungsprüfung ergänzt. **Gesellschafterdarlehen** sind jetzt unabhängig von dem durch § 39 Abs. 1 Nr. 5 InsO angeordneten Nachrang im Insolvenzverfahren grundsätzlich im Überschuldungsstatus zu passivieren. Dies kann der Gesellschafter nur durch Abgabe einer Rangrücktrittserklärung i. S. d. § 39 Abs. 2 InsO vermeiden (§ 19 Abs. 2 Satz 2 InsO; vgl. hierzu auch OLG Schleswig vom 5. 2. 2009, GmbHR 2009, S. 374 ff.). Darüber hinaus wurde die Insolvenzantragspflicht der Organe von juristischen Personen, die bislang verstreut in den Einzelgesetzen niedergelegt war, in § 15a InsO zusammengeführt (vgl. ausführlich *Waza/Uhländer/Schmittmann*, Insolvenzen, S. 55–78).

Zurzeit strebt die Bundesregierung eine erneute Überarbeitung des Insolvenzrechts an. Der am 23. 2. 2011 beschlossene Regierungsentwurf eines **„Gesetzes zur weiteren Erleichterung der Sanierung von Unternehmen"** beinhaltet weitreichende Änderungen der InsO. Mit der Reform wird im Wesentlichen die Erleichterung der Sanierung von Unternehmen angestrebt, die insbesondere durch eine Einbindung der Gläubiger schon während des Eröffnungsverfahrens, durch den Ausbau und die Straffung des Insolvenzplanverfahrens, durch die Vereinfachung des Zugangs des Schuldners zur Eigenverwaltung und durch eine größere Konzentration der Insolvenzgerichte (vgl. zur sich momentan zeigenden Überforderung der Insolvenzgerichte, *Schmerbach*, Vor §§ 1 ff. InsO, Rn. 85) erreicht werden soll (vgl. den Regierungsentwurf eines Gesetzes zur weiteren Erleichterung der Sanierung von Unternehmen vom 4. 3. 2011, BR-Drs. 127/11, S. 21). Der Einbezug der Gläubiger in das Eröffnungsverfahren soll durch die neu zu schaffenden §§ 21 Abs. 2 Satz 1 Nr. 1a und 22a InsO bewerkstelligt werden, die vorsehen, dass das Insolvenzgericht grundsätzlich einen vorläufigen Gläubigerausschuss einsetzen kann und sogar dazu verpflichtet ist, wenn die wirtschaftliche Betätigung des Schuldners vor der Insolvenzantragsstellung (bzw. Eröffnungsantragsstellung) gemessen an der Bilanzsumme, den Umsatzerlösen und/oder der Arbeitnehmerzahl einen gewissen Umfang hatte. Der § 56 InsO soll dahingehend geändert werden, dass der vorläufige Gläubigerausschuss Einfluss auf die Auswahlentscheidung des (vorläufigen) Insolvenzverwalters bekommen soll (vgl. hierzu Kontrovers *IDW*, Reform des Insolvenzrechts, S. 517, *Pape*, Dauerbaustelle, S. 1–2, sowie *Wallner/Gerster/Weiß*, Insolvenz, S. 19–20, und zur ursprünglichen Planung des Bundesministeriums der Justiz, dem vorläufigen Gläubigerausschuss noch weitreichendere Einflussmöglichkeiten zu eröffnen, *BMJ*, Sanierung, S. 1 ff.). Neben der bei gesetzlicher Umsetzung den praktischen Verfahrensablauf stark beeinflussenden Schaffung eines vorläufigen Gläubigerausschusses soll aufgrund der gesetzessystematischen Bedeutung aus der Fülle der vorgesehenen Änderungen auf die beabsichtigte Einbindung des gesellschaftlichen Instruments des Debt-Equity-Swaps in die InsO – durch Neufassung des §225a InsO – hingewiesen werden; eine demgemäße Umsetzung würde nicht der bisher vorherrschenden Trennung von Insolvenz- und Gesellschaftsrecht entsprechen.

3.2.1.2 Aufbau und Zielsetzung der Insolvenzordnung

Der **erste Teil** der Insolvenzordnung enthält die allgemeinen Vorschriften (§§ 1–10 InsO), wie die Zuständigkeitsregelungen (§ 3 InsO), die Verfahrensgrundsätze (§ 5 InsO) oder die zulässigen Rechtsmittel. Im **zweiten Teil** (§§ 11–79 InsO) stehen die Vorschriften über die Eröffnungsvoraussetzungen, das durch das Verfahren erfasste Schuldnervermögen und die Verfahrensbeteiligten (Insolvenzverwalter und sonstige Organe der Gläubigerschaft, wie z. B. Gläubigerausschuss und Gläubigerversammlung). Der **dritte Teil** (§§ 80–147 InsO) betrifft die Wirkungen des eröffneten Insolvenzverfahrens und die Insolvenzanfechtung. Die §§ 148–173 InsO (**vierter Teil**) regeln die Verwaltung und die Verwertung der Insolvenzmasse. Daran schließen sich Vorschriften über die Befriedigung der Insolvenzgläubiger und die Einstellung des Verfahrens (**fünfter Teil**, §§ 174–216 InsO) an. Der **sechste Teil** (§§ 217–269 InsO) widmet sich dem Insolvenzplan, der **siebte Teil** (§§ 270–285 InsO) der unter bestimmten Bedingungen zulässigen Eigenverwaltung der Insolvenzmasse durch den Schuldner und der **achte Teil** (§§ 286–303 InsO) der Restschuldbefreiung. Das auf Vorschlag des Rechtsausschusses des Deutschen Bundestags aufgenommene Verbraucherinsolvenzverfahren sowie die Vorschriften über sonstige Kleinverfahren bilden den **neunten Teil** (§§ 304–314 InsO). Der **zehnte Teil** (§§ 315–334 InsO) enthält besondere Arten des Insolvenzverfahrens, wie z. B. das Nachlassinsolvenzverfahren. Im **elften Teil** (§§ 335–358 InsO) sind die Vorschriften zum internationalen Insolvenzrecht niedergelegt. Der abschließende § 359 InsO **(zwölfter Teil)** verweist auf das im Einführungsgesetz zur Insolvenzordnung geregelte Inkrafttreten der Insolvenzordnung.

Folgende **Ziele** werden mit der Insolvenzrechtsreform (vgl. *Balz/Landfermann*, Insolvenzgesetze, S. 143 ff.) und den späteren Modifikationen der Insolvenzordnung verfolgt:

- Marktkonformität der Insolvenzabwicklung,
- erleichterte und rechtzeitige Eröffnung des Insolvenzverfahrens,
- größere Verteilungsgerechtigkeit im Insolvenzverfahren,
- Erleichterung der Restschuldbefreiung,
- bessere Bekämpfung gläubigerschädigender Manipulationen.

Das Ziel der **Marktkonformität der Insolvenzabwicklung** bedeutet die Herstellung marktwirtschaftlicher Rahmenbedingungen bei der Entscheidung, ob ein insolvent gewordenes Unternehmen saniert oder liquidiert werden soll. Insbesondere soll die **Investitionsfreiheit** des Einzelnen gewahrt bleiben und die Einflussnahme finanziell Unbeteiligter auf das Verfahren verhindert werden.

Zu den Anforderungen an ein solches Verfahren zählen unter anderem die bestmögliche Verwertung des Schuldnervermögens als Verfahrensziel, der **Gleichrang von Liquidation, übertragender Sanierung und Sanierung des Schuldnerunternehmens,** eine flexiblere Insolvenzabwicklung durch **Deregulierung** und ein Verzicht auf Zwangseingriffe in Vermögensrechte der Verfahrensbeteiligten. Das Ziel der Marktkonformität soll insbesondere durch den **Insolvenzplan**, der ein zentrales Element der Insolvenzordnung ist, erreicht werden.

Da vor Inkrafttreten der InsO häufig keine ausreichende Masse vorhanden war, erfolgte für einen großen Teil der Insolvenzfälle die Abwicklung außerhalb eines gerichtlichen Verfahrens. Eine Ursache der **Masselosigkeit** war in der verspäteten Antragstellung auf Eröffnung eines Konkurs- oder Vergleichsverfahrens zu sehen. Daher soll sich durch die **erleichterte und rechtzeitige Eröffnung des Insolvenzverfahrens** die Vermögensmasse erhöhen. Eine Vorverlegung des Insolvenzzeitpunktes soll im neuen Insolvenzrecht durch die **restriktivere Auslegung der Insolvenzgründe Zahlungsunfähigkeit und Überschuldung** sowie durch den **neuen Insolvenzgrund der drohenden Zahlungsunfähigkeit** erreicht werden. Außerdem genügt es nach der Insolvenzordnung für eine Verfahrenseröffnung, wenn die Begleichung der Verfahrenskosten sichergestellt ist. Um auch mittellosen Schuldnern den Zugang zum Insolvenzverfahren zu ermöglichen, können darüber hinaus die Verfahrenskosten bis zum Zeitpunkt der Erteilung der Restschuldbefreiung gestundet werden. Diese Möglichkeit besteht nur dann, wenn der Schuldner eine natürliche Person ist, er einen Antrag auf Restschuldbefreiung gestellt hat und wenn weder die Masse noch sein Vermögen voraussichtlich ausreichen werden, die Kosten zu decken (§§ 4a–4d InsO, eingefügt durch das Gesetz zur Änderung der Insolvenzordnung und anderer Gesetze vom 26. 10. 2001, BGBl. I 2001, S. 2710 f.).

Durch den Abbau von Gläubigervorrechten und eine Neustrukturierung der Gläubigergruppen soll die Insolvenzmasse angereichert werden. Dadurch wird **mehr Verteilungsgerechtigkeit im Insolvenzverfahren** geschaffen, da einerseits die einfachen Insolvenzgläubiger höhere Verteilungsquoten erwarten können und andererseits eine Basis für wirtschaftlich sinnvolle Sanierungen bereitet wird. Verstärkt wird die Tendenz zu mehr Verteilungsgerechtigkeit durch die Einbeziehung gesicherter Gläubiger in das Verfahren, denen Kostenbeiträge und gewisse Rücksichtnahmen auferlegt werden. In die Wertsubstanz der Sicherungsrechte wird jedoch nicht nachhaltig eingegriffen.

Bei der Anwendung der ursprünglichen InsO hat sich gezeigt, dass vom Insolvenzschuldner nicht beglichene Ansprüche auf Arbeitsentgelt, die aus den letzten drei Monaten vor Eröffnung des Insolvenzverfahrens stammten und durch Beantragung des sog. **Insolvenzgelds** auf die Bundesagentur für Arbeit übergingen (§ 187 SGB III), häufig eine so erhebliche Belastung der Insolvenzmasse darstellten, dass eine vorzeitige Verfahrenseinstellung unumgänglich wurde. Die Fortführung des Unternehmens und die Weiterbeschäftigung von Arbeitnehmern bis zur Insolvenzverfahrenseröffnung, d. h. insbesondere während des vorläufigen Verfahrens, sind jedoch für eine bestmögliche Verwertung und v. a. für eine etwaige Sanierung erforderlich. Dieser Umstand veranlasste den Gesetzgeber dazu, bei der Einführung des Gesetzes zur Änderung der

Insolvenzordnung und anderer Gesetze die der Bundesagentur für Arbeit zustehenden Lohn- und Gehaltsansprüche nicht mehr als Masse-, sondern als **Insolvenzverbindlichkeiten** zu klassifizieren. Dadurch wird die Masse angereichert und die Gefahr einer vorzeitigen Verfahrenseinstellung gemindert (vgl. zu den Begriffen „Insolvenzmasse", „Masseverbindlichkeit" und „Insolvenzforderung" Teil C, Abschn. 3.2.1.3, S. 1278 f.).

Das Reformziel einer **erleichterten Restschuldbefreiung** ist nicht vollständig mit dem Gedanken einer marktkonformen Insolvenzabwicklung in Einklang zu bringen. Im Ergebnis führt die Restschuldbefreiung zu einer beschränkten Haftung natürlicher Personen, wobei die Besonderheit darin liegt, dass nicht das gegenwärtige Vermögen Haftungsgrundlage ist, sondern das erwartete künftige Einkommen. Damit wird allerdings persönlich haftenden Schuldnern auch die Möglichkeit eines wirtschaftlichen Neubeginns eröffnet. Gesamtwirtschaftlich soll damit erreicht werden, dass vorhandene unternehmerische Fähigkeiten, die u. U. nur aufgrund unglücklicher Umstände brach liegen, dem Wirtschaftsmarkt nicht auf Dauer verloren gehen.

Durch eine **bessere Bekämpfung gläubigerschädigender Manipulationen** im Vorfeld einer drohenden Insolvenz soll die Insolvenzmasse ebenfalls erhöht werden. Dies geschieht durch eine Erweiterung des Anfechtungsrechts, mit dem Vermögensübertragungen auf Dritte rückgängig gemacht werden können. Bei Vergleichsverfahren gab es keine Anfechtungsmöglichkeiten. Durch das einheitliche Insolvenzverfahren wurde das Anwendungsgebiet von Anfechtungen auch auf die Verwertungsformen des früheren Vergleichsrechts ausgedehnt.

3.2.1.3 Insolvenzmasse und Einteilung der Gläubiger

Das **Insolvenzverfahren** dient nach § 1 Satz 1 InsO dazu, „die Gläubiger eines Schuldners gemeinschaftlich zu befriedigen, indem das Vermögen des Schuldners verwertet und der Erlös verteilt oder in einem Insolvenzplan eine abweichende Regelung insbesondere zum Erhalt des Unternehmens getroffen wird". **Ziel** des Insolvenzverfahrens ist somit die gemeinschaftliche Befriedigung der Gläubiger, die durch Verwertung des Schuldnervermögens, d. h. der **Insolvenzmasse** (§§ 35–37 InsO) erfolgt. Wie die §§ 35, 36 Abs. 1 InsO zeigen, gehören jedoch die schuldnerfremden sowie die pfändungsfreien Gegenstände des Schuldners nicht zur Insolvenzmasse. § 47 InsO nennt die Herausgabe dieser nicht zur Masse gehörenden Gegenstände an den „aussonderungsberechtigten" Gläubiger – aber auch den Schuldner – „**Aussonderung**". In der Formulierung des § 47 Satz 1 InsO wird klargestellt, dass nur Gegenstände, die rechtlich nicht zur Insolvenzmasse gehören, einem Aussonderungsanspruch unterliegen, d. h. die Vorschrift schafft keinen besonderen insolvenzrechtlichen Aussonderungsanspruch, sondern erkennt die außerhalb des Insolvenzverfahrens bestehenden Ansprüche als **außerhalb** des Insolvenzverfahrens durchsetzbar an (*Smid/ Leonhardt*, § 47 InsO, Rn. 1). Aussonderungsberechtigte Gläubiger des Insolvenzschuldners sind keine Insolvenzgläubiger. Die Berechtigung zur Aussonderung kann aus dinglichen oder persönlichen Rechten folgen. Ein Beispiel der Aussonderung ist das Eigentum: Das Eigentum an beweglichen und unbeweglichen Sachen berechtigt in der Insolvenz des Besitzers zur Aussonderung der Sache.

Da sich die Aussonderung nach außerhalb der InsO geltenden Regeln vollzieht, müssen die Voraussetzungen des jeweils geltend gemachten Anspruchs erfüllt sein. Der Herausgabeanspruch des Eigentümers nach § 985 BGB setzt beispielsweise den Besitz der Sache durch den in Anspruch genommenen Insolvenzverwalter voraus (vgl. *Lohmann*, § 47 InsO, Rn. 9).

Die Insolvenzmasse steht zur Befriedigung der Ansprüche der neben der Gruppe der Aussonderungsberechtigten verbleibenden Gläubigergruppen des Schuldners zur Verfügung. Hier sind zunächst die absonderungsberechtigten Gläubiger zu nennen. Anders als die Aussonderung ist die Abwicklung der **Absonderungsrechte** Bestandteil des Insolvenzverfahrens und in dessen Rahmen vorzunehmen. Das Absonderungsrecht verschafft dem damit ausgestatteten Gläubiger ein besonderes Vorrecht. Es berechtigt ihn, sich aus dem Erlös der Verwertung von massezugehörigen Gegenständen zu befriedigen. Der Erlös steht dem Gläubiger – abgesehen von relativ geringen Kostenbeiträgen insbesondere zur Verwertung des Gegenstands (§ 171 InsO) – in voller Höhe seiner insoweit gesicherten Forderung zu (§ 170 InsO). Erst wenn sein Anspruch befriedigt ist, ist der Überschuss der Masse auszukehren. Der Kreis der Absonderungsberechtigten ist in den §§ 49–51 InsO geregelt (vgl. *Schmidt*, Sicherungsrechte, S. 690). Absonderungsrechte können beispielsweise

- als Mobiliarpfandrecht (§ 50 InsO),
- als Pfandrecht an unbeweglichen Gegenständen (§ 49 InsO) sowie
- als Sicherungseigentum oder -zession (§ 51 Nr. 1 InsO)

bestehen.

Als weitere Gläubigergruppe sind die Gläubiger von **Masseverbindlichkeiten** zu nennen. Unter dem Begriff der Masseverbindlichkeit sind solche Verbindlichkeiten zusammengefasst, die aus der Insolvenzmasse vorab, d. h. vor den Insolvenzgläubigern, zu befriedigen sind (§ 53 InsO). Es handelt sich um einen Oberbegriff zu den beiden Fallgruppen „Massekosten“ und „sonstige Masseverbindlichkeiten“. **Massekosten** sind dabei die Kosten, die auf Seiten des Gerichts und des Insolvenzverwalters durch das Insolvenzverfahren entstehen (§ 54 InsO). **Sonstige Masseverbindlichkeiten** sind hingegen die Verbindlichkeiten, die nach der Regelung der InsO, vorwiegend nach § 55 InsO, in den Rang einer Masseverbindlichkeit erhoben werden (vgl. *Waza/Uhländer/Schmittmann*, Insolvenzen, S. 120–122). Als wichtiges Beispiel sind die Masseverbindlichkeiten zu nennen, die durch Handlungen des Insolvenzverwalters oder in anderer Weise durch die Verwaltung, Verwertung und Verteilung der Insolvenzmasse begründet werden, ohne als Massekosten zu den Kosten des Insolvenzverfahrens zu gehören (§ 55 Abs. 1 Nr. 1 InsO). Die Klassifizierungsregelung des § 55 Abs. 1 Nr. 1 InsO ermöglicht es dem Insolvenzverwalter beispielsweise, bestellte und erhaltene Ware sofort zu bezahlen. Da etwaige Lieferanten einen insolventen Abnehmer in aller Regel nur gegen Barzahlung beliefern, ist diese Vorschrift als substantieller Bestandteil des insolvenzrechtlichen Regelungssystems, das eine bestmögliche Verwertung des Schuldnervermögens ermöglichen soll, zu betrachten.

Unter wirtschaftlichen Gesichtspunkten stehen die ungesicherten **Insolvenzgläubiger** an vorletzter Rangstelle; ihnen kommt im Zuge der Verteilung gem. § 187 ff. InsO nur die Haftungsmasse zugute, die nach Bereinigung von Aus- und Absonderungsrechten und Befriedigung der **Massegläubiger** verbleibt (*Pape/Uhlenbruck/Voigt-Salus,* Insolvenzrecht, S. 345). Nach § 38 InsO sind Insolvenzgläubiger alle persönlichen Gläubiger des Schuldners, die zur Zeit der Eröffnung des Verfahrens einen begründeten Vermögensanspruch gegen diesen haben. Anhand der Voraussetzung, dass eine **Insolvenzforderung** bereits zum Zeitpunkt der Verfahrenseröffnung bestanden haben muss, erfolgt insbesondere eine Abgrenzung zu den **Masseforderungen**. Es gilt folgender – allerdings innerhalb der InsO mehrfach durchbrochener – Grundsatz: In der Zeit vor der Insolvenzeröffnung begründete Forderungen sind Insolvenzforderungen, nach Insolvenzeröffnung entstandene Ansprüche sind Masseforderungen bzw. aus Sicht des Schuldners Masseverbindlichkeiten (vgl. *Ringstmeier,* Insolvenzforderungen, S. 405–408).

Von den Insolvenzgläubigern zu unterscheiden sind die sog. **nachrangigen Insolvenzgläubiger** (§ 39 InsO). Diese Gläubigergruppe ist für die praktische Verfahrensdurchführung nahezu vollständig vernachlässigbar. Zum einen ist nach der (quotalen) Befriedigung der Insolvenzgläubiger regelmäßig keine Masse mehr vorhanden, die an die nachrangigen Insolvenzgläubiger verteilt werden könnte. Zum anderen haben sie im Verfahrensablauf quasi keine Mitbestimmungsrechte; so sind sie beispielsweise in der Gläubigerversammlung nicht stimmberechtigt (§ 77 Abs. 1 Satz 2 InsO).

3.2.1.4 Ablauf eines Insolvenzverfahrens

Für die Verwertung der Insolvenzmasse im Rahmen des Insolvenzverfahrens kommen drei Alternativen in Betracht:

- **Liquidation des Vermögens,** d. h. Veräußerung des Schuldnervermögens und Verteilung des Erlöses an die Gläubiger (vgl. Teil C, Abschn. 3.1.1, S. 1228).
- **Sanierung des Unternehmens,** d. h. Wiederherstellung der Ertragsfähigkeit des Unternehmens, so dass die Gläubiger aus zukünftigen Erträgen befriedigt werden können. I. d. R. werden dazu erhebliche Umstrukturierungen und Mittelzuflüsse zur Finanzierung der Investitionen erforderlich sein (vgl. Teil C, Abschn. 2.3.1–2.3.2.3, S. 1168 ff.).
- **Übertragende Sanierung.** Hierbei wird ein grundsätzlich überlebensfähiges Unternehmen oder ein Teil davon auf einen anderen Rechtsträger übertragen und der erzielte Veräußerungserlös zur Befriedigung der Gläubiger des bisherigen Unternehmensträgers verwendet (vgl. Teil C, Abschn. 2.3.2.4, S. 1183 ff.).

Die drei Alternativen stehen nach dem Insolvenzrecht **gleichrangig** nebeneinander. Nach dem für alle Verwertungsalternativen gleichen, einheitlichen Verfahrensbeginn muss sich die **Gläubigerversammlung** im **Berichtstermin** (§§ 29 Abs. 1, 156, 157 InsO) für eine Verwertungsform entscheiden. Die Gläubiger müssen ferner darin übereinkommen, ob die Verwertung des Schuldnervermögens **nach den gesetzlichen Vorgaben (Regelverfahren) oder privatautonom auf der**

Grundlage eines Insolvenzplans (Insolvenzplanverfahren) erfolgen soll. Diese Entscheidung kann unabhängig von der gewählten Verwertungsalternative getroffen werden, d.h. auch die Liquidation kann im Rahmen eines Insolvenzplans abgewickelt werden.

Dem eigentlichen Insolvenzverfahren geht ein **Antrag** des Schuldners oder eines Gläubigers auf **Eröffnung des Insolvenzverfahrens** voraus, der den Beginn des Eröffnungsverfahrens auslöst (§§ 13–15a InsO). Das **Insolvenzgericht** (§ 2 InsO) muss in diesem Fall prüfen, ob ein **Eröffnungsgrund** (§§ 16–19 InsO) vorliegt und ob **genügend Masse** vorhanden ist, um die Verfahrenskosten zu decken (§ 26 InsO).

Nach § 286 InsO können **natürliche Personen** nach Abschluss des Insolvenzverfahrens von ihren verbleibenden Schulden befreit werden. Die Durchführung des Verfahrens zur **Restschuldbefreiung** setzt einen **Antrag** des Schuldners voraus, der bereits mit dem Antrag auf Eröffnung des Insolvenzverfahrens verbunden werden soll, spätestens aber zwei Wochen nach dem Hinweis des Insolvenzgerichts auf die Möglichkeit der Restschuldbefreiung gemäß § 20 Abs. 2 InsO gestellt werden muss (§ 287 Abs. 1 InsO). Dem Antrag ist entsprechend § 287 Abs. 2 InsO die Erklärung beizufügen, dass der Schuldner alle pfändbaren Beträge, wie etwa entsprechende Lohn- und Gehaltszahlungen, für die Zeit von sechs Jahren **(Wohlverhaltensperiode)** nach der Eröffnung des Insolvenzverfahrens an einen vom Gericht zu bestellenden Treuhänder abtritt.

Nach § 21 InsO kann das Gericht bereits im Eröffnungsverfahren **Sicherungsmaßnahmen** anordnen, z.B. indem es einen vorläufigen Insolvenzverwalter bestellt und ein allgemeines Veräußerungsverbot erlässt. Sind die Voraussetzungen für die Verfahrenseröffnung gegeben, ernennt das Gericht im **Eröffnungsbeschluss** (§ 27 InsO) den Insolvenzverwalter und bestimmt den **Berichtstermin** (§ 29 Abs. 1 Nr. 1 InsO) sowie den **Prüfungstermin** (§ 29 Abs. 1 Nr. 2 InsO). Der Eröffnungsbeschluss markiert das Ende des Eröffnungsverfahrens und den Beginn des Insolvenzverfahrens. Im Berichtstermin entscheidet die Gläubigerversammlung über die Verwertungsalternative (Sanierung, übertragende Sanierung oder Liquidation) und ob die Verwertung nach den gesetzlichen Vorgaben oder anhand eines Insolvenzplans erfolgen soll. Im Prüfungstermin werden die angemeldeten Forderungen ihrem Betrag und ihrem Rang nach geprüft (§ 176 InsO).

Mit der **Eröffnung** des einheitlichen Insolvenzverfahrens geht das **Verwaltungs- und Verfügungsrecht** über die Insolvenzmasse vom Schuldner auf den Insolvenzverwalter über (§ 80 InsO). Der **Insolvenzverwalter** nimmt das gesamte zur Insolvenzmasse gehörende Vermögen in Besitz und kann die Herausgabe von Sachen, die sich noch im Gewahrsam des Schuldners befinden, im Wege der Zwangsvollstreckung durchsetzen (§ 148 InsO). Verfügungen des Schuldners über einen Gegenstand der Insolvenzmasse sind nach Eröffnung des Insolvenzverfahrens unwirksam (§ 81 Abs. 1 InsO). Rechtshandlungen, die vor Eröffnung des Verfahrens vorgenommen worden sind und die Insolvenzgläubiger benachteiligen, kann der Insolvenzverwalter anfechten (§ 129 Abs. 1 InsO).

Die **Insolvenzgläubiger** haben ihre Forderungen, die aus dem Verwertungserlös zu befriedigen sind, schriftlich beim Insolvenzverwalter anzumelden (§ 174

InsO), wo sie in eine **(Forderungs-)Tabelle** eingetragen werden (§ 175 InsO). Erheben im **Prüfungstermin** oder in einem schriftlichen Verfahren weder der Insolvenzverwalter noch ein Insolvenzgläubiger Widerspruch, so gilt die Forderung als festgestellt (§§ 176–178 InsO). Dabei wirkt die Eintragung in die Tabelle für die festgestellten Forderungen ihrem Betrag und ihrem Rang nach – ohne Prozess – wie ein rechtskräftiges Urteil gegenüber dem Insolvenzverwalter und allen Insolvenzgläubigern (§ 178 Abs. 3 InsO).

Im **Berichtstermin** hat der Insolvenzverwalter über die wirtschaftliche Lage des Schuldners, ihre Ursachen und die Aussichten für eine vollständige bzw. teilweise Erhaltung des Unternehmens zu berichten (§ 156 Abs. 1 InsO). Dabei sind auch die Möglichkeiten eines Insolvenzplans und die Auswirkungen der einzelnen Alternativen auf die Befriedigung der Gläubiger zu erläutern. Anschließend beschließt die **Gläubigerversammlung** über die zu verfolgende Verwertungsform und darüber, ob ein Insolvenzplan ausgearbeitet werden soll (§ 157 InsO). Nach dem Berichtstermin hat sich der Insolvenzverwalter bei der weiteren Verwaltung der Insolvenzmasse an die Beschlüsse der Gläubigerversammlung zu halten und das Unternehmen gegebenenfalls stillzulegen oder einen Sanierungs-, Schuldenregulierungs- bzw. Liquidationsplan auszuarbeiten. Spätestens ab dem Berichtstermin ist im Ablauf zu unterscheiden, ob das Regelverfahren oder das Insolvenzplanverfahren gewählt wird.

- Wird kein Insolvenzplan aufgestellt, hat der Insolvenzverwalter das **Regelverfahren** anzuwenden und die Insolvenzmasse unverzüglich zu verwerten (§ 159 InsO). Während der Verwertung beginnt bereits die Erlösverteilung (§§ 187 ff. InsO). Sobald die Verwertung der Insolvenzmasse abgeschlossen ist, kann die Schlussverteilung erfolgen (§ 196 InsO). Nach erfolgter Verteilung findet noch ein Schlusstermin statt (§ 197 InsO), dem die Aufhebung des Verfahrens folgt (§ 200 InsO). Im **Schlusstermin** wird den Gläubigern Gelegenheit gegeben, sich zu einem vom Schuldner gestellten Antrag auf Restschuldbefreiung (vgl. Teil C, Abschn. 3.2.1.3, S. 1278) zu äußern und einen Versagungsantrag zu stellen, sofern Versagungsgründe vorliegen (§§ 289, 290 InsO). Gemäß § 289 Abs. 1 Satz 2 InsO entscheidet das Insolvenzgericht über den Antrag des Schuldners auf Restschuldbefreiung unter Berücksichtigung eines etwaigen Versagungsantrags der Gläubiger. Bei diesem Beschluss handelt es sich jedoch nicht um die endgültige Entscheidung über die Restschuldbefreiung (§ 300 Abs. 1 InsO), die das Insolvenzgericht i. d. R. erst nach Ablauf der sechsjährigen Wohlverhaltensperiode, in der der Schuldner nach Eröffnung des Insolvenzverfahrens seinen Gläubigern sein pfändbares Einkommen zur Verfügung zu stellen hat, fällt. Vielmehr geht es im Schlusstermin um einen so genannten **„Ankündigungsbeschluss"**, mit dem das Restschuldbefreiungsverfahren förmlich eingeleitet wird (vgl. *Pape/Uhlenbruck/Voigt-Salus,* Insolvenzrecht, S. 580–640).
- Das **Planinitiativrecht** (§ 218 InsO) kann vom Eröffnungsbeschluss bis zum Berichtstermin jederzeit ausgeübt werden, wodurch anstelle des Regelverfahrens das **Insolvenzplanverfahren** tritt. Der endgültigen Annahme des Insolvenzplans durch die Gläubiger und der **Bestätigung** (§ 248 InsO) durch das Insolvenzgericht gehen eine **gerichtliche Prüfung** (§ 231 InsO), gegebe-

nenfalls **Stellungnahmen** der Beteiligten (§ 232 InsO) und ein **Erörterungs- und Abstimmungstermin** (§§ 235–245 InsO) voraus. Sobald die Bestätigung des Insolvenzplans rechtskräftig ist, beschließt das Gericht die **Aufhebung des Verfahrens** (§ 258 InsO). Gleichzeitig erfolgt die **Restschuldbefreiung** des Schuldners, soweit im Insolvenzverfahren nichts anderes bestimmt ist (§ 227 InsO). Die anschließende **Plandurchführung** kann vom Insolvenzverwalter so lange überwacht werden (§§ 260, 261 InsO), bis das Gericht die **Aufhebung der Überwachung** beschließt (§ 268 InsO).

Weitere Alternativen im Ablauf des Insolvenzverfahrens ergeben sich, wenn Masselosigkeit oder Masseunzulänglichkeit vorliegen. Stellt sich nach der Eröffnung des Insolvenzverfahrens heraus, dass die Insolvenzmasse nicht ausreicht, um die Kosten des Verfahrens zu decken **(Masselosigkeit)**, so wird das Verfahren eingestellt. Die Einstellung kann vermieden werden, wenn Gläubiger einen ausreichenden **Vorschuss** leisten (§ 207 InsO). Eine vorzeitige Einstellung kann auch durch die Stundung der Verfahrenskosten gemäß § 4a InsO verhindert werden (§ 207 InsO). Sind zwar die Kosten des Insolvenzverfahrens gedeckt, reicht die Insolvenzmasse jedoch nicht aus, um die fälligen sonstigen Masseverbindlichkeiten zu erfüllen **(Masseunzulänglichkeit)**, hat der Insolvenzverwalter die Pflicht zur **Verwertung und Befriedigung der Massegläubiger** (§§ 208, 209 InsO). Danach erfolgt die **Einstellung des Verfahrens** (§ 211 InsO; vgl. zum Begriff „Masseverbindlichkeit" Teil C, Abschn. 3.2.1.3, S. 1278 f.).

Die oben beschriebenen alternativen Abläufe des Insolvenzverfahrens zeigt das Schaubild auf der folgenden Seite.

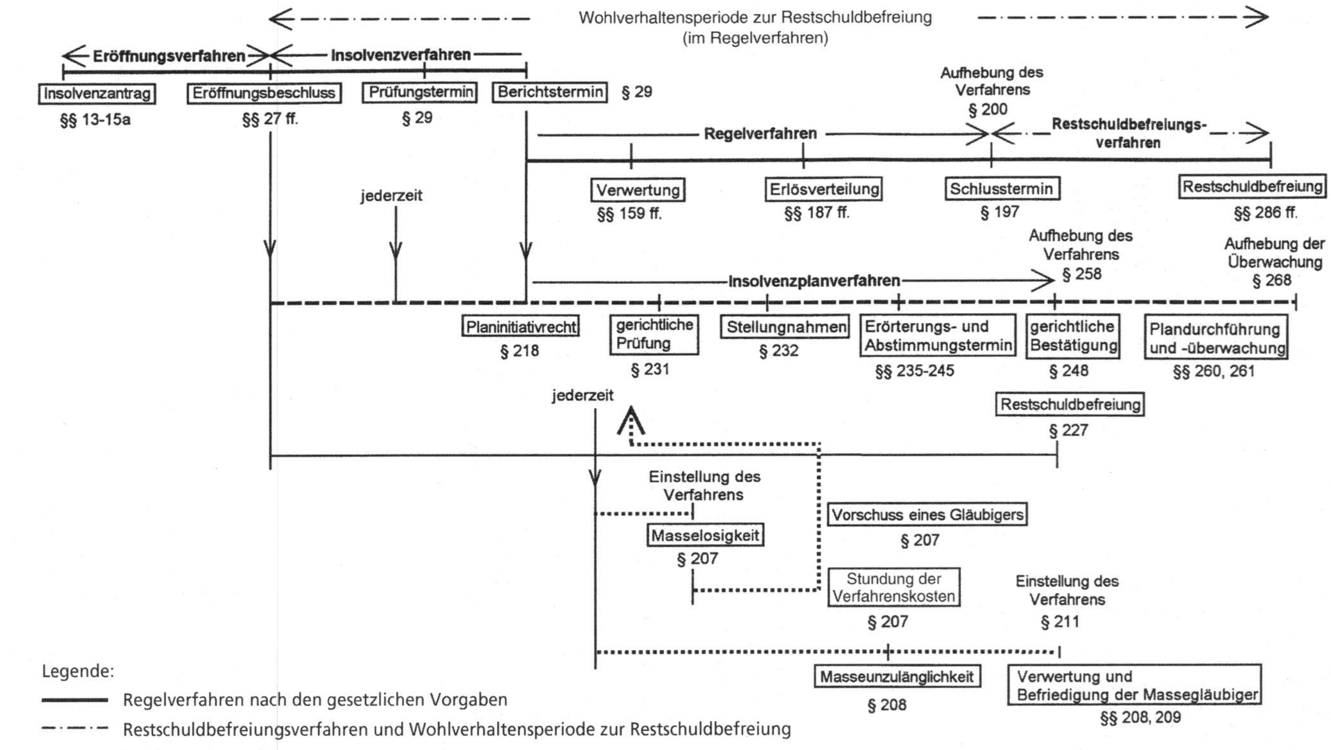

Ablauf des Insolvenzverfahrens nach der InsO für Verfahren, die ab dem 1. 12. 2001 eröffnet werden

3.2.2 Rechnungslegung nach dem Insolvenzrecht

Da die Verwaltungs- und Verfügungsbefugnis über das zur Insolvenzmasse gehörende Vermögen auf den **Insolvenzverwalter** übergeht, ist er auch für die interne und externe Rechnungslegung im Insolvenzverfahren zuständig. Nur wenn der Schuldner im Ausnahmefall unter den Voraussetzungen des § 270 InsO die Verwaltungs- und Verfügungsbefugnis über sein Vermögen behält (Eigenverwaltung), bleibt auch die Rechnungslegungspflicht beim Schuldner (§ 281 Abs. 3 InsO). Er steht dann allerdings unter der Aufsicht eines **Sachwalters**, der die Rechnungslegung zu prüfen hat und schriftlich erklären muss, ob nach dem Ergebnis seiner Prüfung Einwendungen zu erheben sind (§ 281 Abs. 1 InsO).

Die **interne Rechnungslegung im Insolvenzverfahren** beruht auf der Rechenschaftspflicht des Verwalters im Innenverhältnis; sie richtet sich an das zuständige Gericht, die Gläubiger und den Schuldner (vgl. *Pink,* Insolvenzrechnungslegung, S. 19). Dabei handelt es sich um die Rechnungslegung bei Eröffnung eines Insolvenzverfahrens, die Erstellung des Verzeichnisses der Massegegenstände, des Gläubigerverzeichnisses und der Vermögensübersicht, die Rechnungslegung zum Insolvenzplan, die Zwischenrechnungslegung und die Schlussrechnung. Die **externe Rechnungslegung im Insolvenzverfahren** beruht auf dem Fortbestehen der handels- und steuerrechtlichen Pflichten zur Buchführung und Rechnungslegung gegenüber außenstehenden Adressaten.

3.2.2.1 Externe Rechnungslegung im Insolvenzverfahren

Nach § 155 Abs. 1 InsO bestehen die **handels- und steuerrechtlichen Pflichten zur Buchführung** und zur Rechnungslegung im Insolvenzverfahren weiter. In Bezug auf die Insolvenzmasse müssen sie durch den Insolvenzverwalter erfüllt werden. Gemäß § 22 Abs. 1 Satz 2 Nr. 2 InsO hat schon der vorläufige Insolvenzverwalter zunächst von der **Fortführung** des Unternehmens auszugehen. Nur mit Zustimmung des Gläubigerausschusses nach § 158 Abs. 1 InsO und, sofern das Gericht dies auf einen Antrag des Schuldners hin nicht untersagt, kann der Insolvenzverwalter das Unternehmen des Schuldners vor der Entscheidung der Gläubigerversammlung im Berichtstermin stilllegen oder veräußern.

§ 155 Abs. 2 InsO bestimmt, dass mit der Eröffnung des Insolvenzverfahrens ein **neues Geschäftsjahr** beginnt. Da nach § 242 HGB für jedes Geschäftsjahr ein Jahresabschluss zu erstellen ist, ergibt sich aus § 155 Abs. 2 InsO indirekt die Pflicht zur Aufstellung einer **Schlussbilanz für die werbende Gesellschaft**, die für das Konkursrecht noch umstritten war (vgl. *Pink,* Insolvenzrechnungslegung, S. 134 f.). Auf den Zeitpunkt der Verfahrenseröffnung, an dem ein neues Geschäftsjahr beginnt, hat der Insolvenzverwalter eine **Insolvenzeröffnungsbilanz** aufzustellen. Zur Entlastung des Verwalters bestimmt § 155 Abs. 2 Satz 2 InsO, dass die Zeit bis zum Berichtstermin nicht in gesetzliche Fristen für die Aufstellung oder Offenlegung eines Jahresabschlusses eingerechnet werden soll. Das Gesetz räumt damit der Verwaltung der Insolvenzmasse und der internen Rechnungslegung eine Priorität gegenüber der externen Rechnungslegung ein.

Im Hinblick auf die **Bewertung** hat der Insolvenzverwalter zu prüfen, ob das vorhandene Vermögen mit Fortführungs- oder mit Liquidationswerten anzusetzen ist. Im Gegensatz zur internen Rechnungslegung handelt es sich bei den im Falle der Fortführung des Geschäftsbetriebs anzusetzenden Fortführungswerten nicht um Ertragswerte, sondern um die **fortgeführten Handelsbilanzwerte** nach den allgemeinen Bewertungsvorschriften in §§ 252 ff. HGB (vgl. *Pink*, Insolvenzrechnungslegung, S. 146 f.). Liquidationswerte sind nur bei sofortiger Einstellung des Geschäftsbetriebs zulässig.

Eine Pflicht zur **Aufstellung eines Erläuterungsberichts** ist in § 155 InsO nicht vorgesehen, wohingegen § 270 AktG und § 71 GmbHG neben der Eröffnungsbilanz einen erläuternden Bericht verlangen. Da aber in der Begründung zu § 155 InsO auf diese Liquidationsregeln verwiesen wird, dürfte damit die Anfertigung eines solchen Berichts auch nach Insolvenzrecht verlangt werden (vgl. *Balz/Landfermann*, Insolvenzgesetze, S. 399). Nach der Eröffnungsbilanz hat der Insolvenzverwalter zum Schluss jedes folgenden Geschäftsjahres einen **Jahresabschluss** aufzustellen (§ 155 InsO i. V. m. § 242 HGB). Da sich in der Insolvenzordnung keine besonderen Regelungen für die Erstellung einer externen Schlussrechnung finden, beruht die Pflicht des Insolvenzverwalters, als letzte periodische Rechnungslegung eine **Schlussbilanz** zu erstellen, ebenfalls auf den allgemeinen Regelungen des HGB (§§ 238 ff.), die über § 155 Abs. 1 InsO gelten (vgl. *HFA*, Insolvenzverfahren, RH 1.012).

3.2.2.2 Interne Rechnungslegung im Insolvenzverfahren

3.2.2.2.1 Rechnungslegung bei Eröffnung eines Insolvenzverfahrens

3.2.2.2.1.1 Eröffnungsgründe

Allgemeiner Eröffnungsgrund eines Insolvenzverfahrens ist nach § 17 Abs. 1 InsO rechtsformunabhängig die Zahlungsunfähigkeit des Schuldners, die vorliegt, wenn er nicht in der Lage ist, seinen fälligen Zahlungspflichten nachzukommen (§ 17 Abs. 2 InsO). Zur praktischen Anwendung dieser gesetzlichen Regelung ist die im Folgenden skizzierte BGH-Entscheidung vom 24. 05. 2005 zu beachten, in der der Tatbestand der **Zahlungsunfähigkeit** von der nicht zu den Insolvenzeröffnungsgründen zählenden sog. **Zahlungsstockung** abgegrenzt wird (vgl. BGH v. 24. 5. 2005, DB 2005, S. 1787–1791). Eine Zahlungsunfähigkeit ist nach Ansicht des BGH in der Praxis gegeben, wenn der Schuldner nicht in der Lage ist, seine fälligen Zahlungsverpflichtungen innerhalb eines absehbaren Zeitraums, der in der Regel maximal drei Wochen betragen darf, zu begleichen. Bei einer Liquiditätsunterdeckung, die innerhalb des vorgenannten Zeitraums zumindest bis auf einen geringfügigen Rest beseitigt werden kann, ist lediglich von einer Zahlungsstockung auszugehen. Als Richtwert zur Beurteilung, bis zu welcher Höhe eine nur geringfügige Liquiditätsunterdeckung vorliegt, dient ein Betrag i. H. v. 10 % der fälligen Gesamtverbindlichkeiten. Beträgt die Deckungslücke am Ende des dreiwöchigen Zeitraums 10 % der fälligen Gesamtverbindlichkeiten oder mehr, ist widerlegbar von einer Zahlungsunfähigkeit auszugehen. Liegt eine Unterdeckung von weniger als 10 % vor, handelt es sich, auch wenn die

Liquiditätslücke länger als drei Wochen anhält, nur um eine Zahlungsstockung. Zahlungsunfähigkeit ist in diesem Fall nur unter besonderen Umständen anzunehmen. Die auf Tatsachen gegründete Erwartung, dass sich der Niedergang des Schuldnerunternehmens fortsetzt, kann beispielsweise ein solcher Umstand sein.

Die nach § 15a InsO insolvenzantragspflichtigen Personen sind verpflichtet, die Zahlungsfähigkeit laufend zu überprüfen. Mit welcher Intensität diese Beurteilung vorgenommen werden muss, hängt von der wirtschaftlichen Lage des Unternehmens ab. Nach dem Prüfungsstandard (PS) 800 des IDW hat die Überprüfung der Zahlungsfähigkeit anhand eines Finanzstatus und eines darauf aufbauenden Finanzplans zu erfolgen (vgl. zum Folgenden *HFA,* Zahlungsunfähigkeit, PS 800).

Der **Finanzstatus** kann aus dem Rechnungswesen des Unternehmens abgeleitet werden. Er enthält eine stichtagsbezogene Gegenüberstellung der verfügbaren liquiden Finanzmittel sowie der fälligen Verbindlichkeiten. Berücksichtigung finden nur unmittelbar verfügbare Finanzmittel, wie Barmittel, Bankguthaben, Schecks in der Kasse und freie, d. h. vertraglich vereinbarte und ungekündigte Kreditlinien. Lediglich kurzfristig verfügbare Finanzmittel sind dagegen nicht in den Status aufzunehmen (vgl. *Fachausschuss Sanierung und Insolvenz des Instituts der Wirtschaftsprüfer in Deutschland e.V.,* Zahlungsunfähigkeit, S. 203). Darüber hinaus finden sämtliche fälligen Zahlungsverpflichtungen – und nicht nur die beispielsweise durch Mahnung ernstlich eingeforderten Verbindlichkeiten – Eingang in den Finanzstatus. Entspricht die Höhe der Finanzmittel mindestens der Höhe der Verbindlichkeiten, liegt Zahlungsfähigkeit vor. Die Liquiditätsprüfung ist in diesem Fall für den betrachteten Zeitpunkt abgeschlossen.

Ergibt der Finanzstatus eine Liquiditätslücke, ist er durch Darstellung der zu erwartenden Ein- und Auszahlungen in einen ausreichend detaillierten **Finanzplan** auf Basis einer nach betriebswirtschaftlichen Grundsätzen durchzuführenden und ausreichend dokumentierten integrierten Unternehmensplanung (Erfolgs-, Vermögens- und Liquiditätsplanung) fortzuentwickeln. Eingeleitete oder beabsichtigte Maßnahmen zur Sicherung des finanziellen Gleichgewichts, wie Gesellschafterdarlehen, Zuzahlungen in das Eigenkapital, Kapitalerhöhungen oder Aufnahme von Krediten können, insofern ihre Umsetzung hinreichend sicher ist, mit ihren erwarteten Auswirkungen in die Finanzplanung einbezogen werden. In wie feine Zeitabschnitte die zu beachtenden Zahlungen einzuteilen sind (Detaillierungsgrad), bestimmt sich durch die Größe der bestehenden Liquiditätslücke, die Länge des Planungszeitraums sowie die Besonderheiten des Einzelfalls. Der Finanzplan ist zunächst für einen Zeitraum von drei Wochen aufzustellen. Ergibt sich bei der Betrachtung dieses Zeitraums, dass die zu Beginn bestehende Liquiditätslücke beseitigt werden wird, liegt lediglich eine Zahlungsstockung vor. Eine Zahlungsunfähigkeit zum Zeitpunkt der Aufstellung des Finanzplans ist dann nicht gegeben und die Liquiditätsprüfung kann abgeschlossen werden. Ergibt sich dagegen, dass die Liquiditätslücke nicht vollständig geschlossen werden wird, ist eine Fortentwicklung des Plans bis zu dem Zeitpunkt vorzunehmen, bis zu dem die Daten zur **einzelfallbezogenen** Prüfung der Zahlungsfähigkeit benötigt werden. Diese Daten sind relevant, weil ein Über- oder Unterschreiten der beschriebenen 10 %-Grenze immer nur zu einer durch die Umstände des Einzelfalls **widerlegbaren** Vermutung der Zahlungsunfähigkeit bzw. der Zahlungsfähigkeit führen kann. Nach Ansicht des IDW ist der Finanzplan zur Überprüfung der eingetretenen Zahlungsunfähigkeit jedoch maximal für einen Zeitraum von sechs Monaten aufzustellen. Wird in diesem Zeitraum die Liquiditätslücke nicht geschlossen, soll immer von einer eingetretenen Zahlungsunfähigkeit ausgegangen werden, was eine weitere Planung überflüssig macht.

In Anlehnung an PS 800 des IDW kann ein Finanzplan in der nachfolgend dargestellten Form erstellt werden.

Finanzplan zur Überprüfung der drohenden bzw. eingetretenen Zahlungsunfähigkeit	**Tage**	**Wochen**	**Monate**
I. Einzahlungen 1. Einzahlungen aus laufender Geschäftstätigkeit 1.1 Barverkäufe 1.2 Leistungen auf Ziel			
2. Einzahlungen aus Investitionstätigkeit 2.1 Anlagenverkäufe 2.2 Auflösung von Finanzinvestitionen			
3. Einzahlungen aus Finanzierungstätigkeit 3.1 Zinserträge 3.2 Beteiligungserträge			
∑ Einzahlungen			
II. Auszahlungen 1. Auszahlungen aus laufender Geschäftstätigkeit 1.1 Löhne/Gehälter und Nebenleistungen 1.2 Roh-, Hilfs- und Betriebsstoffe 1.3 Steuern und Abgaben 1.4 …			
2. Auszahlungen aus Investitionstätigkeit 2.1 Sachinvestitionen 2.2 Finanzinvestitionen			
3. Auszahlungen aus der Finanzierungstätigkeit 3.1 Tilgung von Krediten 3.2 Eigenkapitalminderungen 3.4 Zinszahlungen 3.5 …			
∑ Auszahlungen			
III. Ermittlung der Über- bzw. Unterdeckung Summe aus ∑ Einzahlungen und (negativ) ∑ Auszahlungen + Zahlungsmittelbestand am Periodenbeginn			
= Über- bzw. Unterdeckung			
IV. Ausgleichs- und Anpassungsmaßnahmen 1. Bei Unterdeckung 1.1 Kreditaufnahme 1.2 Eigenkapitalerhöhung 1.3 Rückführung gewährter Darlehen 1.4 Desinvestitionen			
2. Bei Überdeckung 2.1 Kreditrückführung 2.2 (mehrperiodige) Anlage liquider Mittel			
∑ Ausgleichs- und Anpassungsmaßnahmen			
V. Zahlungsmittelbestand am Periodenende nach Ausgleichs- und Anpassungsmaßnahmen			

Finanzplan in Anlehnung an den Prüfungsstandard 800 des IDW

Des Weiteren ist nach § 17 Abs. 2 Satz 2 InsO widerlegbar von Zahlungsunfähigkeit auszugehen, wenn der Schuldner seine Zahlungen eingestellt hat. **Zahlungseinstellung** liegt vor, wenn der Schuldner wegen eines Mangels an Zahlungsmitteln aufhört, seine fälligen Verbindlichkeiten zu erfüllen, und dies für die beteiligten Personenkreise hinreichend erkennbar geworden ist. Es bedarf keiner vollständigen Einstellung sämtlicher Zahlungen, vielmehr ist bereits von einer Zahlungseinstellung auszugehen, wenn der Schuldner außerstande ist, den erheblichen Teil seiner fälligen Verbindlichkeiten zu bedienen (BGH v. 21. 6. 2007, ZIP 2007, S. 1469 f.). Ein Indiz für die Zahlungseinstellung ist beispielsweise die Erklärung des Schuldners, seine fälligen Zahlungsverpflichtungen nicht begleichen zu können, auch wenn diese mit einer Stundungsbitte verbunden ist (BGH v. 12. 10. 2006, DB 2006, S. 2312). Als Indizien für die Zahlungseinstellung kommen ferner unter anderem folgende Umstände in Betracht (vgl. *Ampferl*, Insolvenzgründe, S. 83 f.):

- Einstellung des schuldnerischen Geschäftsbetriebs ohne ordnungsgemäße Abwicklung,
- Rückgabe von Vorbehaltswaren in großem Umfang an die Lieferanten,
- Flucht des Schuldners vor seinen Gläubigern,
- Nichtzahlung von existenzbedingten Betriebskosten, die im Regelfall nicht gestundet werden (z. B. Energiekosten, Telefonkosten, Versicherungsprämien, Miet- oder Grundpfandzinsen),
- Nichtzahlung bzw. schleppende Zahlung der Sozialversicherungsbeiträge und Löhne. Insbesondere die Nichtabführung von Sozialversicherungsabgaben stellt ein starkes Indiz dar, weil diese Forderungen aufgrund ihrer Strafbewehrtheit in § 266a StGB im Regelfall vorrangig bedient werden.

Der zweite rechtsformunabhängige Insolvenzeröffnungsgrund ist die **drohende Zahlungsunfähigkeit** (§ 18 InsO). Dieser Eröffnungsgrund steht dem Schuldner fakultativ offen; er ist mithin berechtigt, aber nicht gezwungen, bei drohender Zahlungsunfähigkeit einen Insolvenzantrag zu stellen. Trotzdem kann das Beiseiteschaffen von Vermögensgegenständen in dieser Phase bereits ein Bankrottdelikt i. S. v. § 283 Abs. 1 StGB darstellen. Der Eröffnungsgrund der drohenden Zahlungsunfähigkeit soll es dem Schuldner ermöglichen, bei einer sich deutlich abzeichnenden Insolvenz frühzeitig die allgemeinen gesetzlichen oder durch einen Insolvenzplan durch Vereinbarung zu schaffenden Möglichkeiten der Schuldenbereinigung zu nutzen.

Zur Überprüfung der drohenden Zahlungsunfähigkeit ist ebenfalls der Finanzplan heranzuziehen. Nach der Gesetzesbegründung zur Insolvenzordnung soll der Plan zu diesem Zweck bis zum Fälligkeitszeitpunkt der noch am längsten laufenden, bereits juristisch begründeten Verbindlichkeit fortentwickelt werden (vgl. BT-Drs. 1/92, S. 115). Dies ist aufgrund der mit zunehmender Länge des Planungszeitraums steigenden Planungsunsicherheit allerdings nicht praktikabel. Häufig wird daher für einen Prognosezeitraum von maximal zwei bis drei Jahren plädiert (vgl. *Schmerbach*, § 18 InsO, Rn. 13–15, und *Leithaus*, § 18 InsO, Rn. 5, jeweils m. w. N.). Neben den im Zeitpunkt der Überprüfung juristisch begründeten Verbindlichkeiten sind auch ökonomisch unvermeidbare Zahlungsverpflichtungen in den Finanzplan aufzunehmen (vgl. *Wengel/Scheld*, Insolvenzordnung, S. 560).

Da die Prüfung der drohenden Zahlungsunfähigkeit auf prognostizierte Ein- und Auszahlungen abstellt, sind diese mit Unsicherheit behaftet. Dieser Unsicherheit ist durch die Erstellung mehrwertiger Prognosen Rechnung zu tragen. Den einzelnen Finanzplan-Szenarien sind dabei plausibilisierbare **Eintrittswahrscheinlichkeiten** zuzuordnen. Nach h. M. ist das in § 18 Abs. 2 InsO genannte Wahrscheinlichkeitsmerkmal „voraussichtlich" so zu interpretieren, dass der Eintritt der Zahlungsunfähigkeit wahrscheinlicher sein muss als deren Vermeidung (vgl. *Uhlenbruck*, § 18 InsO, Rn. 11). Drohende Zahlungsunfähigkeit ist daher gegeben, wenn die Eintrittswahrscheinlichkeiten der Prognosen, die zum Ergebnis einer nicht mehr ausgleichbaren Unterdeckung gelangen, kumulativ eine Eintrittswahrscheinlichkeit über 50 Prozent aufweisen (vgl. hierzu *Drukarczyk*, § 18 InsO, Rn. 25–40). In eindeutigen Fällen kann zum Nachweis der drohenden Zahlungsunfähigkeit auf einen Finanzplan verzichtet werden. Werden dem Schuldner die Kredite bei seiner Hausbank gekündigt, dürfte dies i. d. R. gegeben sein.

Bei juristischen Personen und bei OHG oder KG, bei denen kein persönlich haftender Gesellschafter eine natürliche Person ist – auch nicht vermittelt über weitere Personengesellschaften –, ist die **Überschuldung** der dritte Auslösetatbestand für eine Insolvenz (§ 19 InsO). Der Gesetzgeber hat die in § 19 Abs. 2 InsO gegebene Definition des rechtlichen Überschuldungsbegriffs im Rahmen des Finanzmarktstabilisierungsgesetzes (FMStG) vom 17. 10. 2008 (BGBl. I 2008, S. 1982 ff.) überarbeitet. Der veränderte Überschuldungsbegriff soll jedoch nur temporär anzuwenden sein. Nach neuestem Gesetzgebungsstand ist eine Anwendung bis zum 31. 12. 2013 vorgesehen (Gesetz zur Erleichterung der Sanierung von Unternehmen vom 29. 09. 2009 (BGBl. I 2009, S. 3151)). Ab dem 1. 1. 2014 soll zur ursprünglichen seit Inkrafttreten der InsO gültigen Überschuldungskonzeption zurückgekehrt werden.

Die nachfolgende Abbildung gibt die sich unterscheidenden Passagen der beiden Varianten des § 19 Abs. 2 InsO wieder; auf die sich wortgenau entsprechenden Sätze der beiden Varianten des Paragraphen wurde verzichtet.

§ 19 Abs. 2 Satz 1 InsO in der bis zum 31. 12. 2013 anzuwendenden Form (im Folgenden als „§ 19 Abs. 2 Satz 1 InsO bis 2013" bezeichnet)	**§ 19 Abs. 2 Satz 1 und 2 InsO in der ab dem 01. 01. 2014 wieder anzuwendenden Form (im Folgenden als „§ 19 Abs. 2 Satz 1 und 2 InsO ab 2014" bezeichnet)**
[1]Überschuldung liegt vor, wenn das Vermögen des Schuldners die bestehenden Verbindlichkeiten nicht mehr deckt, es sei denn, die Fortführung des Unternehmens ist nach den Umständen überwiegend wahrscheinlich.	[1]Überschuldung liegt vor, wenn das Vermögen des Schuldners die bestehenden Verbindlichkeiten nicht mehr deckt. [2]Bei der Bewertung des Vermögens des Schuldners ist jedoch die Fortführung des Unternehmens zugrunde zu legen, wenn diese nach den Umständen überwiegend wahrscheinlich ist.
Modifizierte zweistufige Überschuldungsprüfung	**Zweistufige Überschuldungsprüfung**

Rechtliche Grundlage der modifizierten zweistufigen und der zweistufigen Überschuldungsprüfung

Das ursprünglich in der Insolvenzordnung vorgesehene und ab 2014 wieder anzuwendende Konzept der **zweistufigen Überschuldungsprüfung** sieht zunächst die Überprüfung der rechnerischen Überschuldung unter Zugrundelegung von Liquidationswerten vor (§ 19 Abs. 2 Satz 1 InsO ab 2014). Zu diesem Zweck ist ein gesonderter **Überschuldungsstatus** nach betriebswirtschaftlichen Erkenntnissen zu erstellen. Die Ansatz- und Bewertungsvorschriften des HGB sind hierbei prinzipiell nicht heranzuziehen. Für die Aktivierung ist diese generelle Aussage allerdings zu modifizieren, denn es gilt ebenso wie im Handelsbilanzrecht der Grundsatz des Ansatzes von Vermögensgegenständen aufgrund ihrer singulären Verkehrsfähigkeit. Bei der Bewertung der Vermögensgegenstände ist grundsätzlich auf **Liquidationswerte** abzustellen, die insbesondere von den i. d. R. niedrigeren Zerschlagungs- oder Verschleuderungswerten zu unterscheiden sind. Mit einer Liquidation verbindet man gemeinhin einen geordneten Verkauf des Vermögens, eine Zerschlagung oder gar Verschleuderung erfolgt dagegen ungeordnet, unter hohem Zeitdruck. Als Wertmaßstab ist auf die geschätzten **Nettoveräußerungserlöse** abzustellen, d. h. Veräußerungs-, Lager- oder Beseitigungskosten sind zu berücksichtigen. Auch Kosten einer eventuellen Fertigstellung, etwa bei unfertigen Erzeugnissen, sind von den Liquidationserlösen abzuziehen (vgl. zu diesem Abschnitt *Möhlmann-Mahlau/ Schmitt*, Überschuldung, S. 23). Auf der Passivseite des Überschuldungsstatus sind die Schulden des Unternehmens aufzuführen. Nach § 19 Abs. 2 Satz 3 InsO ab 2014 sind jedoch **Gesellschafterdarlehen**, für die der Nachrang im Insolvenzverfahren i. S. d. § 39 Abs. 2 InsO vereinbart wurde, nicht zu passivieren. Das Gleiche gilt für Forderungen gegen die Unternehmung aus Rechtshandlungen, die solchen Darlehen wirtschaftlich entsprechen. Die Bewertung der Passiva folgt dem **Grundsatz der voraussichtlichen Inanspruchnahme**, d. h. es sind den Verpflichtungen die Werte beizulegen, die für künftige Auszahlungen relevant erscheinen. Ergibt sich aus dem Überschuldungsstatus, dass das Vermögen die Verbindlichkeiten deckt, ist eine Überschuldung nicht gegeben. Die Überschuldungsprüfung kann für diesen Zeitpunkt abgeschlossen werden.

Deckt das Vermögen die Verbindlichkeiten nicht, ist von einer rechnerischen Überschuldung unter Zugrundelegung von Liquidationswerten auszugehen. In diesem Fall ist zu prüfen, ob die Fortführung des Unternehmens nach den gegebenen Umständen überwiegend wahrscheinlich ist. Auf welche Sachverhalte sich die **Fortführungsprognose** zu stützen hat, ist in der InsO nicht geregelt. Der BGH vertritt die Auffassung, dass es sich bei der Fortführungsprognose um ein Werturteil handele, das sich aus der Beurteilung von Fakten und der Einschätzung künftiger Entwicklungen zusammensetze und darauf gerichtet sei, festzustellen, ob eine Gesellschaft in überschaubarer Zukunft ihre Verbindlichkeiten werde erfüllen können (BGH v. 13. 7. 1992, ZIP 1992, S. 1382). Da die Bedienung von Verbindlichkeiten in aller Regel durch einen Abfluss von Zahlungsmitteln erfolgt, scheint der BGH die Prognose weitgehend als Zahlungsfähigkeitsprognose zu interpretieren. Diese **Zahlungsfähigkeitsprognose** ist nach h. M. anhand eines Finanzplans zu erstellen, der hinsichtlich Prognosezeitraum und einzubeziehendem Inhalt einem bei der Prüfung der drohenden Zahlungsunfähigkeit zu erstellenden Finanzplan entspricht. Die oben zur Prüfung der drohenden

Zahlungsunfähigkeit gemachten Ausführungen gelten daher entsprechend. Fällt die Fortführungsprognose danach negativ aus, ist von einer bestehenden rechtlichen Überschuldung auszugehen. Fällt die Fortführungsprognose positiv aus, sind im Überschuldungsstatus anstelle der Liquidationswerte **Fortführungswerte** anzusetzen (§ 19 Abs. 2 Satz 2 InsO ab 2014). Zur Ermittlung der Fortführungswerte kann zwischen der fortführungsorientierten Einzelbewertung und der fortführungsorientierten Gesamtbewertung unterschieden werden. Bei der **Einzelbewertung** werden Reproduktionswerte ermittelt, d. h. es wird der Betrag bestimmt, der zur identischen Reproduktion eines Gegenstandes erforderlich wäre. Ein Vorteil der Einzelbewertung ist die vergleichsweise geringe Manipulationsanfälligkeit. Nachteilig ist, dass Wiederbeschaffungswerte keine ausreichende Aussage über die tatsächliche Gefährdung von Gläubigeransprüchen zulassen, da beispielsweise auch Fehlinvestitionen bei der Ermittlung des Unternehmenswertes als solche unberücksichtigt bleiben und somit die Fähigkeit zur Schuldendeckung überzeichnen. Die Einbeziehung eines Geschäftswertes gestaltet sich bei diesem Ansatz ebenfalls als schwierig. Bei der fortführungsorientierten **Gesamtbewertung** werden Vermögenswerte und Schulden mit dem Betrag angesetzt, der ihnen als Bestandteil eines Gesamtkaufpreises des Unternehmens bei konzeptgemäßer Fortführung beizulegen wäre. Ein Firmenwert darf hier angesetzt werden, falls er realisierbar ist. Der Fortführungswert kann mit Hilfe der Ertragswertmethode für das Gesamtunternehmen ermittelt werden; diesen auf die einzelnen Gegenstände des Unternehmens aufzuteilen, verursacht jedoch in der Praxis regelmäßig Probleme (vgl. *Pape/Uhlenbruck/Voigt-Salus,* Insolvenzrecht, S. 240). Deckt das Vermögen auch bei einer fortführungsorientierten Bewertung die Verbindlichkeiten nicht, ist eine **Überschuldung im rechtlichen Sinne** gegeben.

Abweichend von der dargestellten, an die sprachliche Abfolge des § 19 Abs. 2 InsO ab 2014 angelehnten Prüfungsreihenfolge, die auf der ersten Stufe einen **Überschuldungsstatus auf Basis von Liquidationswerten** (§ 19 Abs. 2 Satz 1 InsO ab 2014) und auf der zweiten Stufe – bei positiver Fortführungsprognose – einen **Überschuldungsstatus auf Basis von Fortführungswerten** (§ 19 Abs. 2 Satz 2 InsO ab 2014) vorsieht, hat sich in der Praxis unter Effizienzüberlegungen eine Prüfungsreihenfolge durchgesetzt, bei der zunächst die Fortführungsprognose gestellt und anschließend je nach Ergebnis der Prognose nur ein entweder auf Fortführungs- oder auf Liquidationswerten beruhender Überschuldungsstatus erstellt wird. Beide Prüfungsreihenfolgen führen zu dem gleichen Ergebnis bezüglich der zu überprüfenden Fragestellung, ob eine Überschuldung im rechtlichen Sinn vorliegt. Die Abbildung auf S. 1293 enthält eine schematische Darstellung der **zweistufigen Überschuldungsprüfung** nach der von der **Praxis** präferierten Prüfreihenfolge.

Nach der durch das Finanzmarktstabilisierungsgesetz eingeführten **modifizierten zweistufigen Überschuldungsprüfung**, welche bis zum 31. 12. 2013 befristet gilt, ist von rechtlicher Überschuldung nur noch dann auszugehen, wenn eine rechnerische Überschuldung unter Zugrundelegung von Liquidationswerten besteht und gleichzeitig eine negative Fortführungsprognose vorliegt (§ 19 Abs. 2 Satz 1 InsO bis 2013). Insbesondere bei einer bestehenden positiven Fort-

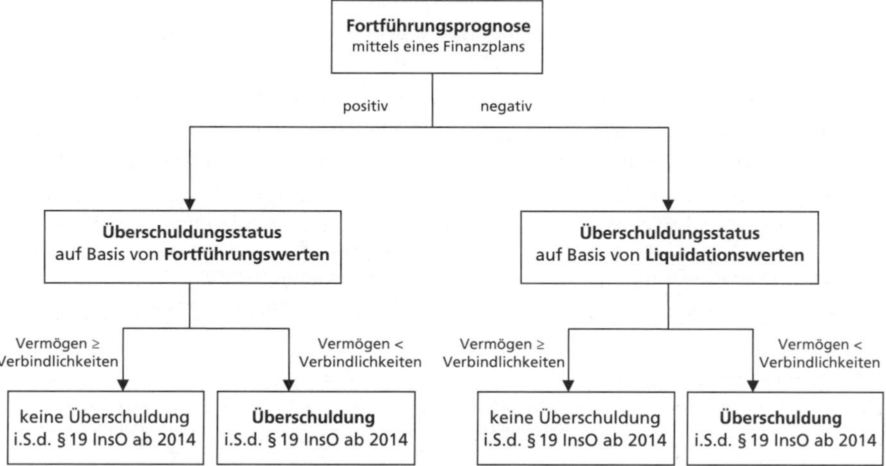

Zweistufige Überschuldungsprüfung nach § 19 InsO ab 2014

führungsprognose ist von keiner Überschuldung im rechtlichen Sinn auszugehen. Die Abbildung auf S. 1294 zeigt die Vorgehensweise bei der modifizierten zweistufigen Überschuldungsprüfung.

Das Konzept der modifizierten zweistufigen Überschuldungsprüfung wurde früher von der Rechtsprechung präferiert (vgl. BGH v. 13. 7. 1992, ZIP 1992, S. 1382). Der Gesetzgeber hat dem Konzept bei der Einführung der InsO allerdings eine klare Absage erteilt und die oben beschriebene zweistufige Überschuldungsprüfung eingeführt. Bei der modifizierten zweistufigen Überschuldungsprüfung wurde insbesondere kritisch gesehen, dass die Deckung der Schulden durch das Vermögen bei positiver Fortführungsprognose unbeachtlich bleibt und es dadurch für den Fall, dass diese sich als falsch erweist, zu einer erheblichen Schädigung der Gläubiger kommen kann (vgl. Bericht des Rechtsausschusses zu § 19 InsO, BT-Drs. 12/7302, S. 157).

Die **temporäre Einführung** des bei der Einführung der InsO noch abgelehnten Konzepts durch das Finanzmarktstabilisierungsgesetz begründet der Gesetzgeber nun folgendermaßen (BT-Drs. 16/10600, S. 12–13): „Die gegenwärtige Finanzkrise hat zu erheblichen Wertverlusten insbesondere bei Aktien und Immobilien geführt. Dies kann bei Unternehmen, die von diesen Verlusten besonders massiv betroffen sind, zu einer bilanziellen Überschuldung führen. Können diese Verluste nicht durch sonstige Aktiva ausgeglichen werden, so wären die Organe dieser Unternehmen verpflichtet, innerhalb von drei Wochen nach Eintritt dieser rechnerischen Überschuldung einen Insolvenzantrag zu stellen. Dies würde selbst dann gelten, wenn für das Unternehmen an sich eine positive Fortführungsprognose gestellt werden kann und der Turnaround sich bereits in wenigen Monaten abzeichnet. [...] Der Gesetzentwurf will das ökonomisch völlig unbefriedigende Ergebnis vermeiden, dass auch Unternehmen, bei denen die überwiegende Wahrscheinlichkeit besteht, dass sie weiter erfolgreich am Markt operieren können, zwingend ein Insolvenzverfahren zu durchlaufen

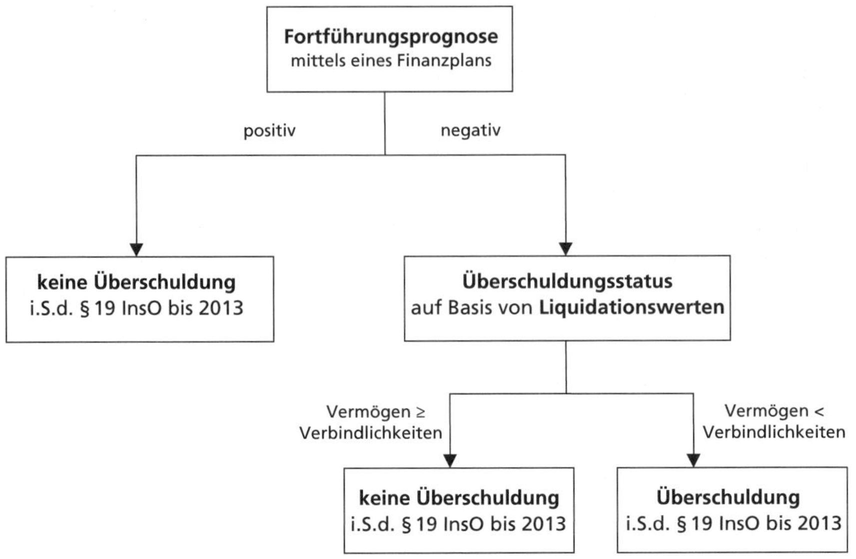

Modifizierte zweistufige Überschuldungsprüfung nach § 19 InsO bis 2013

haben. Deshalb wird mit dem neuen § 19 Abs. 2 wieder an den sog. zweistufigen modifizierten Überschuldungsbegriff angeknüpft [...]."

Nach der Begründung der Neuregelung ist die **Finanzmarktkrise** unmittelbarer Anlass für die Neufassung des § 19 Abs. 2 InsO. Eine eingeschränkte Anwendung auf Unternehmen, die aufgrund der Finanzmarktkrise in wirtschaftliche Schwierigkeiten geraten sind, gibt es jedoch nicht. Im Übrigen bleibt die Grundfrage, ob eine positive Fortführungsprognose ausreicht, um ein Unternehmen nicht vom Markt zu nehmen, oder ob als weitere Sicherheit für die Gläubiger noch eine Überprüfung der Überschuldung nach Fortführungswerten vorgenommen werden muss, nicht nur bestehen, sie wird vielmehr durch die von der Finanzmarktkrise verursachte zunehmende Unsicherheit des gesamtwirtschaftlichen Umfelds und der damit einhergehenden steigenden Fehleranfälligkeit der Fortführungsprognose noch drängender als zuvor. Dass der Gesetzgeber eine positive Fortführungsprognose gerade für den Zeitraum, in dem ihre Aufstellung mit einer besonderen Unsicherheit behaftet ist, als allein ausreichend für eine Vermeidung der Insolvenzantragspflicht gemäß § 15a i. V. m. § 19 InsO ansieht, dies aber ab dem 1. 1. 2014 wieder verneint, legt die Vermutung nahe, dass der Gläubigerschutz zugunsten des Erhalts von Unternehmen während der gesamtwirtschaftlichen Krise beschränkt werden soll (vgl. *Pape*, Überschuldungsbegriff, S. 59 f., und *Böcker/Poertzgen*, Überschuldungsbegriff, S. 1293 f.).

3.2.2.2.1.2 Masseverzeichnis, Gläubigerverzeichnis und Vermögensübersicht

Mit der Verfahrenseröffnung soll sich der Insolvenzverwalter anhand von Verzeichnissen einen Überblick über das Vermögen des Schuldners und die Ansprüche der Gläubiger verschaffen. Um zugleich den Gläubigern eine fundierte Entscheidung über den weiteren Verfahrensverlauf zu ermöglichen, sind sämtliche Verzeichnisse spätestens eine Woche vor dem Berichtstermin in der Geschäftsstelle des Insolvenzgerichts zur Einsicht zu hinterlegen (§ 154 InsO). Nach § 151 Abs. 3 InsO kann das Insolvenzgericht dem Verwalter auf Antrag gestatten, dass die Aufstellung des Masseverzeichnisses unterbleibt. Aufgrund der wichtigen Funktionen des Masseverzeichnisses sollte davon nur in Ausnahmefällen Gebrauch gemacht werden. Grundlage des **Verzeichnisses der Massegegenstände (Masseverzeichnis)** nach § 151 InsO ist eine körperliche Erfassung des Vermögens. Vor allem im Falle einer Betriebsfortführung ist eine sofortige **Inventur** erforderlich, um z. B. produktionsbedingte Veränderungen des Materialbestandes erfassen zu können. Die Inventur ist durch den Verwalter selbst oder durch eine Hilfsperson vorzunehmen. Sämtliche Gegenstände der Insolvenzmasse sind einzeln zu erfassen und unter Angabe ihres Wertes genau zu bezeichnen. Sofern eine Entscheidung über Stilllegung oder Fortführung bis zum Berichtstermin noch nicht gefallen ist, was der Normalfall sein wird, müssen bei jedem Gegenstand sowohl der **Fortführungs-** als auch der **Einzelveräußerungswert** angegeben werden. Stichtag der Bewertung ist der Tag der Verfahrenseröffnung. Bei schwierigen Bewertungen kann der Insolvenzverwalter nach § 151 Abs. 2 Satz 3 InsO Sachverständige hinzuziehen. Die Kosten für Bewertungsgutachten sind nach § 55 Abs. 1 Nr. 1 InsO den Massekosten zuzurechnen (vgl. *HFA*, Bestandsaufnahme im Insolvenzverfahren, IDW RH HFA 1.010, S. 310–315).

Als zweiter Bestandteil der internen Rechnungslegung zur Verfahrenseröffnung ist ein **Gläubigerverzeichnis** gem. § 152 InsO zu erstellen. Es handelt sich um ein Verzeichnis aller Gläubiger des Schuldners, die dem Insolvenzverwalter bekannt geworden sind. Zu unterscheiden ist das Gläubigerverzeichnis von der **Forderungstabelle,** in der nur die Forderungen eingetragen werden, welche von Gläubigern angemeldet wurden (vgl. Teil C, Abschn. 3.2.1.4, S. 1282). Das Gläubigerverzeichnis erfasst dagegen auch absonderungsberechtigte Gläubiger und solche, die ihre Forderungen (noch) nicht angemeldet haben. Im Gläubigerverzeichnis sollen die dem Vermögen gegenüberstehenden Belastungen und Verbindlichkeiten möglichst vollständig angezeigt werden. Absonderungsberechtigte Gläubiger und die verschiedenen Rangklassen der nachrangigen Insolvenzgläubiger (§§ 39, 327 InsO) sind gem. § 152 Abs. 2 InsO gesondert von den übrigen Insolvenzgläubigern darzustellen. Aussonderungsberechtigte Gläubiger können vernachlässigt werden, da auszusondernde Gegenstände im Verzeichnis der Massegegenstände ebenfalls in aller Regel nicht aufzunehmen sind. Bei jeder Forderung sind die Anschrift des Gläubigers, der Forderungsgegenstand und die Höhe des Betrags anzugeben. Weiterhin sind Angaben zu Aufrechnungsmöglichkeiten erforderlich. Masseverbindlichkeiten, deren Höhe bei Verfahrenseröffnung noch nicht feststeht, werden vom Verwalter geschätzt, wobei von einer zügigen Verwertung (Liquidation) des Vermögens auszugehen ist (§ 152 Abs. 3 Satz 2 InsO; vgl. zu den Begriffen „Absonderung", „Aussonderung" und „Masseverbindlichkeit" Teil C, Abschn. 3.2.1.3, S. 1278 f.).

Als drittes Rechenwerk hat der Insolvenzverwalter eine auf dem Masse- und Gläubigerverzeichnis aufbauende **Vermögensübersicht** zu erstellen (§ 153 InsO).

Die Vermögensübersicht ist eine geordnete Aufstellung der Vermögenswerte und Verbindlichkeiten des Schuldners, die unter anderem dem Zweck dient, die einzelnen Insolvenzgläubiger in die Lage zu versetzen, sich eigene Vorstellungen über ihre Befriedigungsaussichten bilden zu können. Für die Bewertung der Aktiva im Zuge dieser Übersicht verweist § 153 Abs. 1 Satz 2 InsO auf die Bewertung der Vermögenswerte im Masseverzeichnis. Die Bewertung der Schuldposten ist nicht explizit geregelt, zweckmäßig erscheint die Bewertung der Gläubigerforderungen zum Nennwert. Die Gliederung der Aktiva sollte sich nach h. M. weitestgehend an das handelsbilanzielle Gliederungsschema anlehnen. Die Gliederung der Passivseite hat sich gemäß § 153 Abs. 1 Satz 2 InsO i. V. m. § 152 Abs. 2 Satz 1 InsO an der Gliederung des Gläubigerverzeichnisses zu orientieren (vgl. *HFA*, Insolvenzspezifische Rechnungslegung, IDW RH HFA 1.011, S. 323 f.).

3.2.2.2.2 Rechnungslegung zum Insolvenzplan

Abweichend von den Vorschriften der Insolvenzordnung können die Befriedigung der absonderungsberechtigten Gläubiger und der Insolvenzgläubiger, die Verwertung der Insolvenzmasse und die Verteilung des Verwertungsergebnisses an die Beteiligten sowie die Haftung des Schuldners nach der Beendigung des Insolvenzverfahrens in einem **Insolvenzplan** geregelt werden (§ 217 InsO). Zur Vorlage eines Insolvenzplans an das Insolvenzgericht sind sowohl der **Insolvenzverwalter** als auch der **Schuldner** berechtigt, wobei die Vorlage durch den Schuldner mit dem Antrag auf Eröffnung eines Insolvenzverfahrens verbunden werden kann (§ 218 Abs. 1 InsO). Zudem kann die **Gläubigerversammlung** den Verwalter beauftragen, einen Insolvenzplan auszuarbeiten (§ 218 Abs. 2 InsO).

Mit dem Insolvenzplan steht nach Abhaltung des Berichtstermins eine **Alternative zur Zwangsverwertung und -verteilung** nach den insolvenzrechtlichen Vorschriften zur Verfügung. Der Insolvenzplan kann, wie schon ausgeführt, analog zum gesetzlichen Regelverfahren die Liquidation des Vermögens, die **übertragende Sanierung** oder die **Sanierung des Unternehmens** unmittelbar vorsehen. Bei einer **Liquidation** nach dem Insolvenzplan kann die Auflösungsgeschwindigkeit verringert und damit die Verwertungsquote erhöht werden, da anders als in der gesetzlich geregelten Liquidation (§ 159 InsO) keine unverzügliche Verwertung erfolgen muss. Mit einem **Übertragungsplan** können unter Umständen höhere Erlöse als durch die gesetzlich geregelte Veräußerung erzielt werden, da der Betriebsübergang geordnet auf eine Auffang- oder Übernahmegesellschaft erfolgen kann. In einem **Sanierungsplan** soll gezeigt werden, wie die Ertragskraft wiederherzustellen ist und mit welchen Erlösen die Gläubiger für eine Befriedigung ihrer Forderung rechnen können. Zudem sind diverse Mischformen des Insolvenzplans denkbar. So kann z. B. ein Teil des Unternehmens liquidiert, ein weiterer Teil im Wege der übertragenden Sanierung an einen Dritten veräußert und lediglich ein dritter Unternehmensbereich vom Insolvenzschuldner saniert und weitergeführt werden (vgl. *Waza/Uhländer/Schmittmann*, Insolvenz, S. 248 f.).

Diese vielfältigen Gestaltungsmöglichkeiten führen zu einem umfangreichen Informationsbedarf der Entscheidungsträger. § 219 InsO schreibt deshalb vor, dass ein **Insolvenzplan aus drei Teilen** zu bestehen hat: aus einem **darstellenden Teil**, aus einem **gestaltenden Teil** und aus **Anlagen.** Das IDW schlägt in seinem Standard „Anforderungen an Insolvenzpläne" (IDW S 2 vom 10. 2. 2000) die **Mustergliederung** eines Insolvenzplans vor, die sich mit der in der Literatur entwickelten Gliederung weitgehend deckt (vgl. *Braun/Uhlenbruck,* Insolvenzplan, S. 3–9, *Thies,* § 220 InsO, Rn. 3, sowie IDW, Insolvenzpläne):

Darstellender Teil:

A. Grundsätzliche Ziele und Regelungsstruktur des Planes:
- I. Art und Ziel des Planes
- II. Regelungsansatz für
  1. Absonderungsberechtigte Gläubiger mit gesicherten Finanzkreditforderungen.
  2. Absonderungsberechtigte Gläubiger mit gesicherten Forderungen aus Lieferungen und Leistungen
  3. nicht nachrangige Gläubiger, die Kleingläubiger sind
  4. übrige nicht nachrangige Gläubiger
  5. Arbeitnehmer
- III. Gesellschaftsrechtliche Regelungen

B. Gruppenbildung
Zahl, Art und Abgrenzung der im Plan vorgesehenen Gruppen

C. Beschreibung und Offenlegung für die Beurteilung des Planes notwendiger Unternehmensdaten (Informations- und Datenpool)
Erster Abschnitt: Zeitraum bis zur Stellung des Insolvenzantrages

1. Bisherige Unternehmensentwicklung
1.1 Unternehmensgeschichte
1.2 Finanzwirtschaftliche Entwicklung
1.3 Mitarbeiterentwicklung und arbeitsrechtlicher Rahmen

2. Rechtliche Verhältnisse
2.1 Gesellschaftsrechtliche Ebene
2.2 Kapitalerhaltung
2.3 Beteiligungen
2.4 Steuerrechtliche Verhältnisse
2.5 Dauerschuldverhältnisse
2.6 Relevante Rechtsstreite

3. Finanzwirtschaftliche Verhältnisse
3.1 Finanzierung
3.2 Kreditsicherheiten und Haftungsverhältnisse
3.3 Vermögens- und Schuldenlage
3.4 Erfolgslage

4. Leistungswirtschaftliche Verhältnisse
4.1 Produkt- und Leistungsprogramm
4.2 Standort
4.3 Beschaffung
4.4 Produktion
4.5 Absatz
4.6 Forschung und Entwicklung

5. Organisatorische Grundlagen
5.1 Aufbauorganisation
5.2 Informations- und Berichtswesen
5.3 Controlling
6. Umweltrelevante Sachverhalte
Zweiter Abschnitt: Zeitraum nach Stellung des Insolvenzantrages

D. Analyse des Unternehmens
I. Insolvenzursachenanalyse
II. Lagebeurteilung

E. Leitbild für das durch den Insolvenzplan umzugestaltende Unternehmen

F. Zusammenfassung der für die Realisierung des Planes nötigen Maßnahmen
Erster Abschnitt: Seit Antragstellung bereits ergriffene Maßnahmen
I. Arbeitnehmerbereich
II. Leistungswirtschaftlicher Bereich
III. Gesellschafterebene
Zweiter Abschnitt: Durch und mit dem Plan beabsichtigte Maßnahmen
I. Allgemeines
1. Gesellschafterebene
2. Raumfragen
3. Leistungswirtschaftliche Sachverhalte
II. Gruppenbildung – Behandlung der Gruppenbeteiligten
1. Gruppenbildung
2. Sachgerechte Abgrenzung der Gruppen
3. Behandlung der Gläubiger der Gruppe 1
4. Behandlung der Gläubiger der Gruppe 2
5. Behandlung der Gläubiger der Gruppe 3
6. Behandlung der Gläubiger der Gruppe 4
7. Behandlung der Gläubiger der Gruppe 5
8. Nachrangige Insolvenzforderungen
9. Absonderungsberechtigte Gläubiger ohne Rechtsbeeinträchtigung
10. Angemessene Beteiligung am wirtschaftlichen Wert, der auf der Grundlage des Plans geschaffen wird
III. Sonstige Maßnahmen
1. Überwachung der Planerfüllung
2. Kreditrahmen
3. Investitionsmaßnahmen
IV. Hinweise zum Obstruktionsverbot und Minderheitenschutz

G. Zusammenfassung der Ergebnisse für die Gläubiger bei Annahme des Plans
I. Ergebnisse für Inhaber von Absonderungsrechten
II. Ergebnisse für nicht nachrangige Gläubiger
III. Ergebnisse für Kleingläubiger
IV. Ergebnisse für Arbeitnehmer

H. Antrag für den Abstimmungstermin zur Beschlussfassung der Gläubiger über eine abweichende Regelung zum Erhalt des Unternehmens (vgl. §§1 Satz 1 2. Halbsatz, 217 ff. InsO)

I. Erläuterung und Analyse der Vermögensübersichten und sonstigen Berechnungen – Kommentierung der Plananlagen

1. Übersicht
2. Gliederung
3. Erläuterungen
4. Planzahlen der Entwicklung
5. Erleichterungshinweis für rasche Leser
6. Die Struktur und Gliederung der Vermögensübersicht
7. Die Details der Vermögensübersicht
8. Besonderheiten der Gliederung des Vorratsvermögens
9. Kostenbeitrag
10. Die Planrechnungen

Gestaltender Teil:

A. Gruppenbildung

B. Schuldrechtliche und dingliche Willenserklärungen zur Vornahme von Kapitalmaßnahmen

C. Veränderung der Rechtsstellung der Beteiligten

I. Plangestaltung für Gläubiger der Gruppe 1: Regelung für absonderungsberechtigte Gläubiger, deren Absonderungsrechte Finanzkreditforderungen sichern

II. Plangestaltung für Gläubiger der Gruppe 2: Regelung für absonderungsberechtigte Gläubiger, deren Absonderungsrechte Forderungen aus Lieferungen und Leistungen sichern

III. Plangestaltung für Gläubiger der Gruppe 3: Regelung für nicht nachrangige Gläubiger, soweit sie nicht als Kleingläubiger unter lit. IV. einzuordnen sind und keine Arbeitnehmer sind

IV. Plangestaltung für Gläubiger der Gruppe 4: Regelung für nicht nachrangige Gläubiger mit Forderungen kleiner oder ermäßigt auf … €, soweit sie nicht Arbeitnehmer sind (Kleingläubigerregelung)

V. Plangestaltung für Gläubiger der Gruppe 5: Regelung für nicht nachrangige Gläubiger, die Arbeitnehmer der Schuldnerin sind

VI. Plangestaltung für Gläubiger der Gruppe 6: Regelung für nachrangige Gläubiger

D. Begründung eines stillen Gesellschaftsverhältnisses (als Beispiel)

E. Sonstige Maßnahmen der Geschäftsführung

F. Minderheitenschutzregelung

G. Wirksamkeitszeitpunkt/Allgemeine Regelungen

H. Überwachung der Planerfüllung gem. § 260 InsO

I. Kreditrahmen

Plananlagen:

Teil 1: Allgemeine

- Jahresabschlüsse der letzen 3 (vorzugsweise 5) Jahre
- Konzernabschlüsse der letzten 3 (vorzugsweise 5) Jahre
- Satzung der Gesellschaft/Gesellschaftervertrag

- Interessenausgleich, Sozialplan
- Erklärungen, Vollmachten

Teil 2: Plananlagen gem. §§ 153, 229 InsO

1. Plananlagen mit Bezug auf den Zeitpunkt der Verfahrenseröffnung
   a) Vermögensübersicht gemäß § 153 InsO
   b) Handelsbilanz
   c) Überleitungsrechnungen für den Zeitraum zwischen der Verfahrenseröffnung und dem Inkrafttreten des Insolvenzplans
2. Plananlagen mit Bezug auf den Zeitpunkt des Inkrafttretens des Insolvenzplans
   a) Vermögensübersicht nach § 229 InsO
   b) Handelsbilanz
   c) Planbilanzen auf Basis des Handelsrechts für Zeitpunkte nach Inkrafttreten des Insolvenzplans
   d) Ergebnisplan (Plan-Gewinn- und Verlustrechnung) auf Basis des Handelsrechts für Zeiträume nach Inkrafttreten des Insolvenzplans
   e) Finanzplan (Plan-Liquiditätsrechnung) für Zeiträume nach Inkrafttreten des Insolvenzplans
   f) Arbeitspapiere des Planerstellers
3. Ergänzende Plananlagen nach §§ 226, 230 InsO
   a) Bei geplanter Ungleichbehandlung der Beteiligten einer Gruppe: Zustimmung jedes betroffenen Gläubigers
   b) Bei geplanter Unternehmensfortführung durch den Schuldner: Zustimmung des Schuldners, soweit er nicht den Plan selbst vorlegt
   c) Bei geplanter Unternehmensfortführung durch die Gläubiger mittels Übernahme von Anteils- bzw. Mitgliedschaftsrechten oder Beteiligungen: Zustimmung jedes betroffenen Gläubigers
   d) Bei geplanter Übernahme von Verpflichtungen durch Dritte: Zustimmung der Verpflichteten

Teil 3: Gläubigerverzeichnisse
(nach Gruppen unter Angabe der Adressen der Gläubiger)

Teil 4: Änderungen des Gesellschaftsvertrags

Der **darstellende Teil** (§ 220 InsO) dient der Information der Gläubiger und des Gerichts über die Ziele des Insolvenzplans und die seit Eröffnung des Insolvenzverfahrens bereits getroffenen oder noch zu treffenden Maßnahmen. Er soll alle Angaben zu den Grundlagen und den Auswirkungen des Plans enthalten, die für die Entscheidung der Gläubiger über die Zustimmung zum Plan und für dessen gerichtliche Bestätigung erheblich sind.

Im **gestaltenden Teil** des Insolvenzplans wird im Einzelnen festgelegt, wie sich die Rechtsstellung der Beteiligten durch den Plan ändern soll (§ 221 InsO). Dabei sind nach § 222 InsO Gruppen von Gläubigern zu bilden. So muss zwischen absonderungsberechtigten Gläubigern, nicht nachrangigen Insolvenzgläubigern, die ohne Plan eine quotale Befriedigung erhalten würden, und verschiedenen

Rangklassen der nachrangigen Gläubiger (§ 39 InsO), die ohne Insolvenzplan im Regelfall einen vollständigen Forderungsausfall hinnehmen müssten, differenziert werden. Wird in die Rechte der jeweiligen Gläubigergruppen durch Abweichungen von der gesetzlich vorgeschriebenen Vorgehensweise eingegriffen, so ist dies im gestaltenden Teil des Insolvenzplans anzugeben (§§ 223, 224, 225 InsO). Es gilt der **Gleichbehandlungsgrundsatz** (§ 226 InsO), wonach jeder Beteiligte mit den anderen Beteiligten seiner Gruppe gleichbehandelt werden muss. Falls im Insolvenzplan nichts anderes geregelt ist, wird der Schuldner mit der im gestaltenden Teil des Insolvenzplans vorgesehenen Befriedigung von seinen restlichen Verbindlichkeiten gegenüber diesen Gläubigern befreit (§ 227 InsO). Soll im Insolvenzplan von diesen gesetzlich festgelegten Grundsätzen abgewichen werden, ist stets die Zustimmung der Betroffenen erforderlich. Die schriftlich dokumentierten Zustimmungen sind dem Insolvenzplan als Anlage beizufügen.

Wenn eine **Fortführung des Unternehmens** durch den Schuldner (Sanierung) oder einen Dritten (übertragende Sanierung) geplant wird, bei der die Gläubiger aus laufenden Erträgen befriedigt werden sollen, so ist der Insolvenzplan durch eine **Vermögensübersicht**, einen **Ergebnisplan** und einen **Finanzplan,** die sich auf den Zeitpunkt des Inkrafttretens des Insolvenzplans beziehen, zu ergänzen (§ 229 InsO).

In der **Vermögensübersicht** sollen die Vermögensgegenstände und die Verbindlichkeiten, „die sich bei einem Wirksamwerden des Plans gegenüberstünden, mit ihren Werten aufgeführt werden" (§ 229 Satz 1 InsO). Abweichend von der Vermögensübersicht nach § 153 InsO werden keine Wertalternativen aufgeführt, sondern die Vermögensgegenstände mit ihren Fortführungswerten und die Verbindlichkeiten mit den sich auf der Grundlage der Änderungen der Rechtsverhältnisse der beteiligten Gläubiger voraussichtlich ergebenden Werten angesetzt. Damit handelt es sich bei dieser Vermögensübersicht um eine **Planbilanz.** Um den Gläubigern eine lückenlose Entscheidungsgrundlage zu liefern, ist dem Insolvenzplan außerdem eine **Überleitungsrechnung** von der auf den Zeitpunkt der Verfahrenseröffnung bezogenen Vermögensübersicht i. S. d. § 153 InsO auf die Planbilanz gemäß § 229 InsO beizufügen. Analoges gilt für die Handelsbilanzen auf den Zeitpunkt der Verfahrenseröffnung und auf den Zeitpunkt des Inkrafttretens des Insolvenzplans (vgl. *Pape/Uhlenbruck/Voigt-Salus,* Insolvenzrecht, S. 463–493).

Der **Ergebnisplan** nach § 229 Satz 2 InsO soll darstellen, welche Aufwendungen und Erträge für den geplanten Zeitraum, während dem die Gläubiger befriedigt werden sollen, zu erwarten sind. Es handelt sich somit um eine **Plan-Erfolgsrechnung.** Darüber hinaus ist in einer Anlage aufzuzeigen, durch welche Abfolge von Einnahmen und Ausgaben die Zahlungsfähigkeit des Unternehmens bis zum Zeitpunkt der vollständigen Befriedigung der Gläubiger gewährleistet werden soll. Neben der Sicherstellung der Aufrechterhaltung der Liquidität zeigt der **Finanzplan (Plan-Liquiditätsrechnung),** in welcher Höhe für die Sanierung nicht benötigte Finanzmittel zur Befriedigung der Gläubiger eingesetzt werden können. Als Verfahren zur Erstellung dieses Finanzplans wird die prospektive Kapital- oder Finanzflussrechnung vorgeschlagen. Um die Sanierungsfähigkeit anhand von Finanzdaten beurteilen zu können, wird dabei die Veränderung der liquiden Mittel aus den Komponenten Cashflow aus dem operativen Bereich, Cashflow aus dem Investitionsbereich und Cashflow aus dem Finanzierungsbereich bestimmt. Mit den Planbilanzen, den Planerfolgs- und Planliquiditätsrechnungen gemäß §§ 153, 229 InsO werden erstmals betriebswirtschaftliche Planungsrechnungen im Rahmen der Insolvenzrechnungslegung gesetzlich vorgeschrieben. Damit soll den Gläubigern die Informationsgrundlage für eine marktkonforme Investitions- bzw. Desinvestitionsentscheidung gegeben werden.

3.2.2.2.3 Zwischenrechnungslegung und Schlussrechnung

Der Gläubigerversammlung steht nach § 66 Abs. 3 InsO das Recht zu, vom Insolvenzverwalter **Zwischenrechnungen** zu bestimmten Zeitpunkten während des Verfahrens zu verlangen. Außerdem können das Insolvenzgericht (§ 58 Abs. 1 Satz 2 InsO), der Gläubigerausschuss (§ 69 InsO) und die Gläubigerversammlung (§ 79 Satz 1 InsO) einzelne Auskünfte bzw. einen Bericht über den Sachstand und die Geschäftsführung vom Verwalter einfordern. Über Zeitpunkte und Formen der Zwischenrechnungslegung gibt die Insolvenzordnung keine Hinweise. Diese zu bestimmen, obliegt der Gläubigerversammlung.

Bei Beendigung seines Amtes hat der Insolvenzverwalter gegenüber der Gläubigerversammlung im Rahmen einer **Schlussrechnung** nach § 66 Abs. 1 InsO abschließend Rechnung zu legen. Da die einzelnen Gläubiger bei der Prüfung der Schlussrechnung sachkundiger Hilfe bedürfen, schreibt § 66 Abs. 2 InsO vor, dass die Schlussrechnung zunächst vom Insolvenzgericht geprüft wird. Das Gericht kann dabei die Hilfe von Sachverständigen in Anspruch nehmen. Anschließend werden die Schlussrechnung mit den Bemerkungen des Insolvenzgerichts und eine eventuelle Stellungnahme des Gläubigerausschusses für die Beteiligten ausgelegt. Dies muss nach § 66 Abs. 2 Satz 3 InsO mindestens eine Woche vor dem Termin der Gläubigerversammlung erfolgen.

Ergänzende Literatur zu: 3.2. Sonderbilanzen nach dem Insolvenzrecht

Arbeitskreis Insolvenzwesen Köln e. V., Insolvenzordnung

Baetge, Insolvenzrecht

Balz/Landfermann, Insolvenzgesetze

Beck/Depré, Insolvenz

Boochs/Dauernheim, Insolvenz

Braun/Riggert/Kind, Neuregelungen

Buth/Hermanns, Restrukturierung

Drukarczyk/Schüler, Eröffnungsgründe

Gottwald, Insolvenzrechts-Handbuch

Pape/Uhlenbruck/Voigt-Salus, Insolvenzrecht

Anhang: Kontenrahmen

Inhaltsverzeichnis

A.1 Gemeinschaftskontenrahmen der Industrie (GKR)[1]

Kontenklasse 0	Kontenklasse 1
Anlagevermögen und langfristiges Kapital	Finanz-Umlaufvermögen und kurzfristige Verbindlichkeiten

Kontenklasse 0 – Anlagevermögen und langfristiges Kapital

Anlagevermögen

00 Grundstücke und Gebäude
- 000 Unbebaute Grundstücke
- 001/02 Bebaute Grundstücke
- 003/07 Gebäude
- 008 Im Bau befindliche Gebäude
- 009 Abschreibungen (aktiv abgesetzte Wertberichtigungen) auf Grundstücke und Gebäude[1]

01 Maschinen und Anlagen der Hauptbetriebe
- 010/19 Maschinen und Anlagen der Hauptbetriebe

02 Maschinen und Anlagen der Neben- und Hilfsbetriebe
- 020/21 Maschinen und Anlagen der Nebenbetriebe
- 022 Maschinen und Anlagen der Hilfswerkstätten
- 023/25 Maschinen und Anlagen zur Umwandlung und Weiterleitung von Energie u. dgl.
- 026/27 Maschinen und Anlagen des Transports
- 028 Im Bau befindliche Maschinen und Anlagen
- 029 Abschreibungen (aktiv abgesetzte Wertberichtigungen) auf Maschinen und Anlagen[1]

03 Fahrzeuge, Werkzeuge, Betriebs- und Geschäftsausstattung
- 030/33 Fahrzeuge und Transportgeräte
- 034/36 Werkzeuge, Werksgeräte u. dgl.
- 037/38 Betriebs- und Geschäftsausstattung
- 039 Abschreibungen (aktiv abgesetzte Wertberichtigungen) auf Fahrzeuge, Werkzeuge, Betriebs- und Geschäftsausstattung[1]

04 Sachanlagen-Sammelkonten
- 041/44 Sammelkonten für Anlagen-Zugang, fremd
- 045 Sammelkonten für Anlagen-Zugang, eigen
- 049 Sammelkonten für Anlagen-Abgang

05 Sonstiges Anlagevermögen

Bewertbare Rechte
- 050/52 Urheber- und andere bewertbare Rechte
- 053 Abschreibungen (aktiv abgesetzte Wertberichtigungen) auf bewertbare Rechte[1]

Finanzanlagevermögen und dgl.
- 054 Beteiligungen
- 055 Wertpapiere des Anlagevermögens
- 056 Grundpfandforderungen
- 057 Andere langfristige Forderungen
- 058 Aktiv-Gegenposten zu Eigen- und langfristigem Fremdkapital
- 059 Abschreibungen (aktiv abgesetzte Wertberichtigungen) auf das Finanzanlagevermögen u. dgl.[1]

[1] Anwendung bei aktiven Wertberichtigungen

Langfristiges Kapital

06 Langfristiges Fremdkapital
- 060/61 Anleihen
- 063/65 Grundpfandschulden
- 066/69 Andere langfristige Verbindlichkeiten

07 Eigenkapital

Bei Kapital-Gesellschaften
- 070/71 Grundkapital
- 072 Gesetzliche Rücklage
- 073/76 Freie Rücklagen
- 077/78 Kapitalentwertungs- und -verlustkonten
- 079 Gewinn- und Verlust-Vortrag

Bei Personengesellschaften
- 070/73 Kapitalkonten

Berichtigungen zur Bilanz und Ergebnisrechnung

08 Wertberichtigungen, Rückstellungen u. dgl.
- 080/84 Passive Wertberichtigungen[2]
- 085/87 Rückstellungen
- 088/89 Bürgschaftsverpflichtungen, Rückgriffsrechte (Avale) u. dgl.

09 Rechnungsabgrenzung
- 090 Rechnungsabgrenzung in der Zwischenbilanz (Sammelkonto, Zeitlicher Aufwandsausgleich)3[3]
- 098 Aktive Rechnungsabgrenzungsposten der Jahresbilanz
- 099 Passive Rechnungsabgrenzungsposten der Jahresbilanz

[2] Anwendung bei passiven Wertberichtigungen

[3] Als Sammelgegenkonto zu 498 oder 090/97 Untergliederung gemäß Kostenartengruppen

Kontenklasse 1 – Finanz-Umlaufvermögen und kurzfristige Verbindlichkeiten

Finanz-Umlaufvermögen

10 Kasse
- 100 Hauptkasse
- 105/09 Nebenkassen

11 Geldanstalten
- 110/11 Postscheck
- 112 Landeszentralbank
- 113/19 Banken

12 Schecks, Besitzwechsel
- 120/24 Schecks
- 125/29 Besitzwechsel

13 Wertpapiere des Umlaufvermögens
- 130/36 Allgemeine Wertpapiere des Umlaufvermögens
- 137/38 Eigene Aktien und Aktien einer herrschenden Gesellschaft
- 139 Wertberichtigungen (aktiv abgesetzte) auf Wertpapiere des Umlaufvermögens

14/15 Forderungen
- 140 Forderungen auf Grund von Warenlieferungen und Leistungen
- 141/49 Aufgliederungen nach Kundengruppen[4]
- 150 andere Forderungen
- 151 Selbst geleistete Anzahlungen[4]
- 152 Forderungen an Unternehmen, mit denen ein wirtschaftlicher oder finanzieller Zusammenhang besteht[4]
- 153 Forderungen an Vorstandsmitglieder, leitende Angestellte und Aufsichtsratsmitglieder[4]
- 154/58 Sonstige Forderungen[4]
- 159 Wertberichtigungen (aktiv abgesetzte) auf Forderungen (Delkredere)

Kurzfristige Verbindlichkeiten

16/17 Verbindlichkeiten
- 160 Verbindlichkeiten auf Grund von Warenlieferungen und Leistungen
- 161/69 Aufgliederung nach Lieferantengruppen[4]
- 170 Andere Verbindlichkeiten
- 171 Anzahlungen von Kunden[4]
- 172 Verbindlichkeiten gegenüber Unternehmen, mit denen ein wirtschaftlicher oder finanzieller Zusammenhang besteht[4]
- 173 Von Belegschaftsmitgliedern gegebene Pfandgelder[4]
- 174 Verbindlichkeiten aus Werksspareinlagen[4]
- 175/78 Sonstige Verbindlichkeiten[4]
- 179 Berichtigungen zu den Verbindlichkeiten

18 Schuldwechsel, Bankschulden
- 180/81 Schuldwechsel
- 182/89 Bankschulden

Durchgangs-, Übergangs- und Privatkonten

19 Durchgangs-, Übergangs- und Privatkonten
- 190/91 Durchgangskonten für Rechnungen
- 192/93 Durchgangskonten für Zahlungsverkehr (Kasse und Geldanstalten)
- 194 Durchgangskonten für Zwischenkontierungen
- 195/96 Übergangskonten
- 197/99 Privatkonten

[4] Vorzugsweise nur Personenkonten-Unterteilung

[1] Hrsg.: Bundesverband der Deutschen Industrie e.V. (BDI)

Kontenklasse 2

Neutrale Aufwendungen und Erträge

20 Betriebsfremde Aufwendungen und Erträge
200/05 Betriebsfremde außerordentliche Aufwendungen und Erträge
206/09 Betriebsfremde ordentliche Aufwendungen und Erträge

21 Aufwendungen und Erträge für Grundstücke und Gebäude
210/19 Aufwendungen und Erträge für Grundstücke und Gebäude

23 Bilanzmäßige Abschreibungen
230/39 Bilanzmäßige Abschreibungen

24 Zins-Aufwendungen und -Erträge
240/41 Zins-Aufwendungen
242 Diskont-Aufwendungen
243 Kreditprovisionen
244 Skonto-Aufwendungen
245/46 Zins-Erträge
247 Diskont-Erträge
248 Skonto-Erträge

25/26 Betriebliche außerordentliche Aufwendungen und Erträge

25 Betriebliche außergewöhnliche Aufwendungen und Erträge
250/51 EingetreteneWagnisse (gegebenenfalls aufgegliedert nach Wagnisarten)
252/59 Andere betriebliche außergewöhnliche Aufwendungen und Erträge

26 Betriebliche periodenfremde Aufwendungen und Erträge
Betriebliche periodenfremde Aufwendungen. Mehrere oder andere Zeitabschnitte betreffende Aufwendungen für:
260 Sachanlagen
261/65 Instandhaltung usw.
266 Entwicklungs- und Versuchsarbeiten
267 Steuern
268 Sonstige betriebliche periodenfremde Aufwendungen
269 Betriebliche periodenfremde Erträge

27/28 Gegenposten der Kosten- und Leistungsrechnung

27 Verrechnete Anteile betrieblicher periodenfremder Aufwendungen
(Aufgliederung entsprechend Kontengruppe 26)

28 Verrechnete kalkulatorische Kosten
280 Verrechnete verbrauchsbedingte Abschreibungen
281 Verrechnete betriebsbedingte Zinsen
282 Verrechnete betriebsbedingte Wagnisse
283 Verrechneter Unternehmerlohn
284 Verrechnete sonstige kalkulatorische Kosten

29 Das Gesamtergebnis betreffende Aufwendungen und Erträge
290/99 Das Gesamtergebnis betreffende Aufwendungen und Erträge z. B. Körperschaftsteuer

Kontenklasse 3

Stoffe – Bestände

30/37 Roh-, Hilfs- und Betriebsstoffe u. dgl.
300/02 Stoffe-Sammelkonten
303/79 Roh-, Hilfs- und Betriebsstoffe u. dgl.

38 Bestandteile, Fertigteile, Auswärtige Bearbeitung[5]
380/89 Bestandteile, Fertigteile, Auswärtige Bearbeitung

39 Handelswaren und auswärts bezogene Fertigerzeugnisse (Fertigwaren)[6]
390/94 Handelswaren
395 Auswärts bezogene Fertigerzeugnisse (Fertigwaren)
397 Wertberichtigungen (aktiv abgesetzte) auf Stoffe-Bestände

[5] Vgl. Fußnote 14
[6] Vgl. Fußnote 15

Kontenklasse 4

Kostenarten

40/42 Stoffkosten u. dgl.

40/41 Stoffverbrauch u. dgl.
400 Stoffverbrauch-Sammelkonto[7]
Gegebenenfalls Aufgliederung[8]:
401/19 Einsatz-, Fertigungsstoffe u. dgl.
Auswärtige Bearbeitung
Hilfs- und Betriebsstoffe u. dgl.[9]
Werkzeuge u. dgl.[9, 10]

42 Brennstoffe, Energie u. dgl.
420 Brenn- und Treibstoffe
429 Energie u. dgl.10[10]
Gegebenenfalls Aufgliederung[8]:
420/29 Brenn- und Treibstoffe: fest, flüssig, gasförmig
Energie: Dampf, Strom, Wasser usw.

43/44 Personalkosten u. dgl.

43 Löhne und Gehälter
430 Löhne-Sammelkonto
Gegebenenfalls Aufgliederung[8]:
431/38 Fertigungslöhne u. dgl.
Hilfslöhne
Andere Löhne
439 Gehälter

44 Sozialkosten und andere Personalkosten
440/47 Sozialkosten
440 Gesetzliche Sozialkosten
447 Freiwillige Sozialkosten
440/47 Gegebenenfalls Aufgliederung der gesetzlichen und freiwilligen Sozialkosten
448 Andere Personalkosten

45 Instandhaltung, verschiedene Leistungen und dgl.[10]
450 Instandhaltung[10]
Gegebenenfalls Aufgliederung[8]:
450/54 Instandhaltung an Grundstücken und Gebäuden[10]
Instandhaltung an Maschinen und Anlagen[10]
Instandhaltung an Fahrzeugen, Werkzeugen, Betriebs- und Geschäftsausstattung[10]
Instandhaltungs-Ratenverrechnung
Ratenausgleich
455 Allgemeine Dienstleistungen[10]
456 Entwicklungs-, Versuchskosten u. dgl.[10]
457 Mehr- bzw. Minderkosten[10]
Gegebenenfalls Aufgliederung[8]:
457/59 Über-, Unterschreitungen, Ausschuss, Gewährleistungen usw.[10]

[7] Die Geschäftsbuchführung kann sich auf die Führung dieses Sammelkontos für den gesamten Stoffverbrauch u. dgl. beschränken.
[8] Vorzugsweise nur in der Kosten- und Leistungsrechnung
[9] Diese Kostenarten bzw. Kostenartengruppen können auch zwischen „Personalkosten u. dgl." und „Instandhaltung, verschiedene Leistungen u. dgl." eingeordnet werden.
[10] In der Buchführung: Vorzugsweise nur direkter Fremdanfall.

Kontenkasse 4	Kontenklasse 5	Kontenklasse 6
Kostenarten	Kostenstellen	Kostenstellen
46 Steuern, Gebühren, Beiträge, Versicherungsprämien u. dgl. 460 Steuern Gegebenenfalls Aufgliederung: 460 Vermögen-, Grundsteuer u. dgl. 461 Gewerbesteuer 462 Umsatzsteuer 463 Andere Steuern 464 Abgaben, Gebühren u. dgl., Gegebenenfalls Aufgliederung: 464 Allgemeine Abgaben und Gebühren 465 Gebühren u. dgl. für den gewerblichen Rechtsschutz 466 Gebühren u. dgl. für den allgemeinen Rechtsschutz 467 Prüfungsgebühren u. dgl. 468 Beiträge und Spenden 469 Versicherungsprämien **47 Mieten, Verkehrs-, Büro-, Werbekosten u. dgl.** 470/71 Raum-, Maschinen-Mieten (-Kosten) u. dgl.10 472/75 Verkehrskosten Gegebenenfalls Aufgliederung: 472 Allgemeine Transportkosten 473 Versandkosten 474 Reisekosten 475 Postkosten 476 Bürokosten 477/78 Werbe- und Vertreterkosten[10] 479 Finanzspesen und sonstige Kosten **48 Kalkulatorische Kosten** 480 Verbrauchsbedingte Abschreibungen 481 Betriebsbedingte Zinsen 482 Betriebsbedingte Wagnisse 483 Unternehmerlohn 484 Sonstige kalkulatorische Kosten **49 Innerbetriebliche Kostenverrechnung, Sondereinzelkosten und Sammelverrechnungen** 490/97 Innerbetriebliche Kostenverrechnung Sondereinzelkosten[11] 498 Sammelkonto zeitliche Abgrenzung[12] 499 Sammelkonto Kostenarten[13]	*(Frei für Kostenstellen-Kontierungen der Betriebsabrechnung)*	*(Frei für Kostenstellen-Kontierungen der Betriebsabrechnung)*

[11] Nur wenn die Ausgliederung der Sondereinzelkosten nicht durch Eintragung in eine Spalte im Betriebsabrechnungsbogen (BAB) erfolgt

[12] Gegenkonto zu 090 für die summarische Behandlung des zeitlichen Aufwandsausgleiches

[13] Sammeldurchgangskonto für laufende Buchungen bei monatlicher Einzelaufstellung o. dgl.

Kontenklasse 7	Kontenklasse 8	Kontenklasse 9
Kostenträger Bestände an halbfertigen und fertigen Erzeugnissen	Kostenträger Erträge[16]	Abschluss
70/77 Frei für Kostenträger-Bestands-Kontierungen der Betriebsabrechnung **78 Bestände an halbfertigen Erzeugnissen**[14] **79 Bestände an fertigen Erzeugnissen**[15] 790/98 Bestände an fertigen Erzeugnissen 799 Wertberichtigungen (aktiv abgesetzte) auf Bestände an halbfertigen und fertigen Erzeugnissen	**80/82 Frei für Kostenträger-Leistungs-Kontierungen (Umsatzkosten, Erlöse, Bestandsveränderungen) der Betriebsabrechung**[17] **83/84 Erlöse für Erzeugnisse und andere Leistungen** 830/49 Erlöse für Erzeugnisse und andere Leistungen **85 Erlöse für Handelswaren** 850/59 Erlöse für Handelswaren **86 Erlöse aus Nebengeschäften** 860/69 Erlöse aus Nebengeschäften **87 Eigenleistungen** 870/79 Eigenleistungen **88 Erlösberichtigungen** 880/82 Zusatzerlöse 883/89 Erlösschmälerungen **89 Bestandsveränderungen an halbfertigen und fertigen Erzeugnissen u. dgl.** 890/99 Bestandsveränderungen (Mehr- und Minderbestände) an halbfertigen und fertigen Erzeugnissen u. dgl.	**90/96 Frei für Sonderlösungen**[18] **97 Frei für Abschluss-Kontierung der Betriebsabrechnung** **98 Gewinn- und Verlust-Konten (Ergebnis-Konten)** 980 Betriebsergebnis 985/86 (Verrechnungsergebnis: Stoffe- und Erzeugnis-Umwertung 987 Neutrales Ergebnis 988 Das Gesamtergebnis betreffende Aufwendungen und Erträge 989 Gewinn- und Verlust-Konto **99 Bilanzkonten** 998 Eröffnungsbilanz-Konto 999 Schlussbilanz-Konto

[14] Kann auch mit Kontengruppe 38 zu: „Bestände an halbfertigen Erzeugnissen" in der Geschäftsbuchführung vereinigt werden.

[15] Kann auch mit Kontengruppe 39 zu: „Bestände an fertigen Erzeugnissen" in der Geschäftsbuchführung vereinigt werden.

[16] Erträge = Erlöse (Umsatz) + Bestandsveränderungen

[17] Die Kontengruppen 83–89 (Erträge) können auch in Kontenklasse 9 mit der Nummernbezeichnung 90–96 geführt werden, wobei die Klasse 9 die Bezeichnung „Erträge und Abschluss" erhält und die Klasse 8 frei für Zwecke der Betriebsabrechnung Umsatzkosten entsprechend der Gliederung der Erlöskonten wird.

[18] Vgl. Fußnote 17

A.2 Kontenrahmen des Groß- und Außenhandels[1]

Kontenklasse 0	Kontenklasse 1
Anlage- und Kapitalkonten	Finanzkonten

Kontenklasse 0 – Anlage- und Kapitalkonten

00 Ausstehende Einlagen und Aufwendungen für die Ingangsetzung und Erweiterung des Geschäftsbetriebs
001 Ausstehende Einlagen – davon eingefordert
002 Aufwendungen für die Ingangsetzung des Geschäftsbetriebs
003 Aufwendungen für die Erweiterung des Geschäftsbetriebs

01 Immaterielle Vermögensgegenstände
011 Konzessionen, gewerbliche Schutzrechte und ähnliche Rechte und Werte sowie Lizenzen an solchen Rechten und Werten
012 Geschäfts- oder Firmenwert
013 Geleistete Anzahlungen

02 Grundstücke und Gebäude
021 Grundstücke
022 Grundstücksgleiche Rechte und Bauten
023 Bauten auf eigenen Grundstücken
024 Bauten auf fremden Grundstücken

03 Anlagen, Maschinen, Betriebs- und Geschäftsausstattung
031 Technische Anlagen und Maschinen
032 Andere Anlagen
033 Betriebs- und Geschäftsausstattung
(0331 Geringwertige Wirtschaftsgüter)
034 Fuhrpark
035 Geleistete Anzahlungen
036 Anlagen im Bau

04 Finanzanlagen
041 Anteile an verbundenen Unternehmen
042 Ausleihungen an verbundene Unternehmen
043 Beteiligungen
044 Ausleihungen an Unternehmen, mit denen ein Beteiligungsverhältnis besteht
045 Wertpapiere des Anlagevermögens
046 Sonstige Ausleihungen (Darlehen)

05 Wertberichtigungen
051 Wertberichtigungen bei Sachanlagen
(0511 Wertber. auf Betriebs- und Geschäftsausstattung)
052 Wertberichtigungen bei Forderungen
0521 Einzelwertberichtigungen
0522 Pauschalwertberichtigungen
053 Wertberichtigungen bei Vorräten

06 Eigenkapital
061 Gezeichnetes Kapital *(Kapitalgesellschaft)* oder Eigenkapital *(Einzelkaufmann und Personengesellschaft)*
062 Kapitalrücklage
063 Gewinnrücklage
0631 gesetzliche Rücklagen
0632 Rücklagen für eigene Anteile
0633 satzungsmäßige Rücklagen
0634 andere Gewinnrücklagen
064 Gewinnvortrag, Verlustvortrag
065 Jahresüberschuss, Jahresfehlbetrag

07 Sonderposten mit Rücklageanteil und Rückstellungen
071 Sonderposten mit Rücklageanteil
(0710 Rücklage für Ersatzbeschaffung)
072 Rückstellungen
0721 Rückstellungen für Pensionen und ähnliche Verpflichtungen
(07210 Rückst. f. Pensionsanwartschaften
(07211 Rückst. f. lauf. Pensionsverpflicht.)
0722 Steuerrückstellungen
(07220 Gewerbesteuerrückstellung
(07221 Körperschaftsteuerrückstellung
(07222 Solidaritätszuschlagsrückstellung)
0723 Rückstellungen für latente Steuern
0724 Sonstige Rückstellungen
(07240 Rückst. f. Personalkosten
07241 Rückst. f. Instandhaltungen
07242 Rückst. f. Gewährleistungen
07243 Rückst. f. Lizenzen
07244 Rückst. f. Rechts- und Beratungskosten
07245 Rückst. f. drohende Verluste)

08 Verbindlichkeiten
081 Anleihen
– davon konvertible Anleihen
– davon mit einer Restlaufzeit bis zu einem Jahr
082 Verbindlichkeiten gegenüber Kreditinstituten
0821 davon mit einer Restlaufzeit bis zu einem Jahr
(0822 Hypotheken)
083 Verbindlichkeiten gegenüber verbundenen Unternehmen
084 Verbindlichkeiten gegenüber Unternehmen mit denen ein Beteiligungsverhältnis besteht
085 Verbindlichkeiten gegenüber Gesellschaftern (§ 42 Abs. 3 GmbHG)
086 Verbindlichkeiten gegenüber sonstigen Gläubigern

09 Rechnungsabgrenzungsposten
091 Aktive Rechnungsabgrenzungsposten
092 Disagio
093 Passive Rechnungsabgrenzungsposten
094 Latente Steueransprüche

Kontenklasse 1 – Finanzkonten

10 Forderungen
101 Forderungen aus Lieferungen und Leistungen
(102 Zweifelhafte Forderungen aus Lieferungen und Leistungen
104 Forderungen aus Kommissionsware)
108 Forderungen gegenüber verbundenen Unternehmen
109 Forderungen gegenüber Unternehmen, mit denen ein Beteiligungsverhältnis besteht

11 Sonstige Vermögensgegenstände
111 Sonstige Steuerforderungen
112 Schadenersatzforderungen
113 Sonstige Forderungen
(1131 Forderungen an Belegschaftsmitglieder)
114 Geleistete Anzahlungen
115 Forderungen gegenüber Gesellschaftern

12 Wertpapiere
121 Anteile an verbundenen Unternehmen
122 Eigene Anteile
123 Sonstige Wertpapiere

13 Banken
131 Kreditinstitute
(1310 Bank
(1311 Sparkasse)
132 Postgiroamt (Postbank)

14 Vorsteuer
141 Vorsteuer Normalsteuersatz (19 %)
142 Vorsteuer ermäßigter Steuersatz (7 %)
143 Einfuhrumsatzsteuer
144 Vergütungen Berlinförderung

15 Zahlungsmittel
151 Kasse
152 Schecks
153 Wechselforderungen
(1530 Besitzwechsel
(1531 Protestwechsel)
159 Geldtransit

16 Privatkonten
(Für Einzelkaufmann und Gesellschafter einer Personengesellschaft)
161 Privatentnahmen
162 Privateinlagen

17 Verbindlichkeiten
171 Verbindlichkeiten aus Lieferungen und Leistungen
– davon mit einer Restlaufzeit bis zu einem Jahr
175 Erhaltene Anzahlungen auf Bestellungen
– davon mit einer Restlaufzeit bis zu einem Jahr
176 Wechselverbindlichkeiten
(177 Kommittentenkonto)
178 Verbindlichkeiten gegenüber verbundenen Unternehmen
179 Verbindlichkeiten gegenüber Unternehmen, mit denen ein Beteiligungsverhältnis besteht

18 Umsatzsteuer
181 Umsatzsteuer-Verbindlichkeiten
1811 Umsatzsteuer Normalsteuersatz (19 %)
1812 Umsatzsteuer ermäßigter Steuersatz (7 %)
182 Geleistete/empfangene Umsatzsteuerzahlungen
1821 Umsatzsteuerzahlungen laufendes Jahr
1822 Umsatzsteuerzahlungen für frühere Jahre
(183 Umsatzsteuerverrechnung)

19 Sonstige Verbindlichkeiten
191 Verbindlichkeiten aus Steuern
192 Verbindlichkeiten im Rahmen der sozialen Sicherheit
193 Verbindlichkeiten gegenüber Gesellschaftern
194 Sonstige Verbindlichkeiten
(1941 Verbindlichkeiten gegenüber Belegschaftsmitgliedern)

[1] Bundesverband des Deutschen Groß- und Außenhandels: Kontenrahmen für den Groß- und Außenhandel, Bonn 1988.

Kontenklasse 2

Abgrenzungskonten

20 Außerordentliche und sonstige Aufwendungen
201 Außerordentliche Aufwendungen i. S. § 277 HGB
202 Betriebsfremde Aufwendungen
203 Periodenfremde Aufwendungen für frühere Jahre
204 Verluste aus dem Abgang von AV
205 Verluste aus dem Abgang von UV (außer Vorräte)
207 Spenden
2071 abzugsfähige
2072 nicht abzugsfähige
208 Nicht abzugsfähige Aufwendungen
(209 Sonstige betriebliche Aufwendungen)

21 Zinsen und ähnliche Aufwendungen
211 Zinsaufwendungen für kurzfristige Verbindlichkeiten
212 Zinsaufwendungen für langfristige Verbindlichkeiten
213 Diskontaufwendungen
(2131 Zinsaufwand aus Protestwechsel)
214 Zinsähnliche Aufwendungen
215 Aufwendungen aus Kursdifferenzen

22 Steuern vom Einkommen und Vermögensteuer
221 Körperschaftsteuer
222 Anrechenbare Körperschaftsteuer
223 Kapitalertragsteuer
224 Vermögensteuer
225 Steuernachzahlungen für frühere Jahre
226 Solidaritätszuschlag

23 Forderungsverluste
231 Übliche Abschreibungen
2311 steuerfrei
2312 Umsatzsteuer Normalsteuersatz (19 %)
2313 Umsatzsteuer ermäßigter Steuersatz (7 %)
232 Über das übliche Maß hinausgehende Abschreibungen
2321 steuerfrei
2322 Umsatzsteuer Normalsteuersatz (19 %)
2323 Umsatzsteuer ermäßigter Steuersatz (7 %)
233 Zuführungen zu Einzelwertberichtigungen
234 Zuführungen zu Pauschalwertberichtigungen

24 Außerordentliche und sonstige Erträge
241 Außerordentliche Erträge i. S. § 277 HGB
242 Betriebsfremde Erträge
(2421 aus Vermietung und Verpachtung
24210 umsatzsteuerpflichtige Mieterträge
24211 umsatzsteuerfreie Mieterträge)
243 Periodenfremde Erträge aus früheren Jahren

25 Erträge aus Beteiligungen, Wertpapieren und Ausleihungen des Finanzanlagevermögens
251 Erträge aus Beteiligungen
– davon aus verbundenen Unternehmen
252 Erträge aus Wertpapieren
– davon aus verbundenen Unternehmen
253 Erträge aus Ausleihungen des Finanzanlagevermögens
– davon aus verbundenen Unternehmen

26 Sonstige Zinsen und ähnliche Erträge
261 Zinserträge aus kurzfristigen Forderungen
262 Zinserträge aus langfristigen Forderungen
263 Diskonterträge
(2631 Zinserträge aus Protestwechsel)
264 Zinsähnliche Erträge
265 Erträge aus Kursdifferenzen

27 Sonstige betriebliche Erträge
271 Erträge aus dem Abgang von AV
272 Erträge aus dem Abgang von UV (außer Vorräte)
273 Erträge aus Zuschreibungen
274 Erträge aus abgeschriebenen Forderungen
2741 steuerfrei
2742 Umsatzsteuer Normalsteuersatz (16 %)
2743 Umsatzsteuer ermäßigter Steuersatz (7 %)
275 Erträge aus der Auflösung von Wertberichtigungen zu Forderungen
2751 Auflösung von Einzelwertberichtigungen
2752 Auflösung von Pauschalwertberichtigungen
276 Erträge aus der Auflösung von Rückstellungen
277 Erträge aus der Auflösung von Sonderposten mit Rücklageanteil
278 Eigenverbrauch von Leistungen
279 Verrechnete Sachbezüge

28 Verrechnete kalkulatorische Kosten[1]
281 Kalkulatorischer Unternehmerlohn
282 Kalkulatorische Raumkosten
283 Kalkulatorische Zinsen
284 Kalkulatorische Abschreibungen
285 Kalkulatorische Wagnisse

29 Abgrenzung innerhalb des Geschäftsjahres
291 Im Laufe des Jahres abgerechnete Aufwendungen
292 Im Laufe des Jahres abgerechnete Erträge
(293 Umsatzsteueraufwand)

[1] Verrechnung erfolgt bei entsprechender Kostenart (40, 41, 49)

Kontenklasse 3

Wareneinkaufskonten
Warenbestandskonten

30 Warengruppe I (z. B. Food)
301 Wareneingang
302 Warenbezugskosten
305 Rücksendungen
306 Nachlässe
307 Boni
308 Lieferantenskonti

31 Warengruppe II (z. B. Non-Food)
311 Wareneingang
312 Warenbezugskosten
(3121 Eingangsfrachten
(3122 Verpackungsspesen)
(313 Leihemballagen)
315 Rücksendungen
316 Nachlässe
317 Boni
318 Lieferantenskonti

32 Warengruppe III

33 Warengruppe IV

34 Warengruppe V

35 Warengruppe VI (z. B. Kommissionswaren)

36 Sonstige Minderungen der Wareneinstandskosten[2]
361 Gesetzliche Fördermaßnahmen

37 Sonstige Anschaffungsnebenkosten sowie anschaffungsbezogene Leistungen Dritter

38 Warenbestandsveränderungen
381 Warengruppe I
382 Warengruppe II
383 Warengruppe III
384 Warengruppe IV
385 Warengruppe V
386 Warengruppe VI

39 Warenbestände
391 Warengruppe I
392 Warengruppe II
393 Warengruppe III
394 Warengruppe IV
395 Warengruppe V
396 Warengruppe VI

[2] Auch soweit die Minderungen (z. B. Lieferantenskonti, Boni) nicht einzelnen Warengruppen zuzuordnen sind.

Kontenklasse 4	Kontenklasse 5	Kontenklasse 6
Konten der Kostenarten	Konten der Kostenstellen	Konten für Umsatzkostenverfahren
40 Personalkosten 401 Löhne 402 Gehälter (4021 Sachbezüge) 403 Aushilfslöhne 404 Gesetzliche soziale Aufwendungen 405 Freiwillige soziale Aufwendungen 406 Aufwendungen für Altersversorgung 407 Vermögenswirksame Leistungen (408 Sonstige Personalkosten 4080 Vorstandstantiemen) **41 Mieten, Pachten, Leasing** 411 Miete 4111 Gebäude 4112 Pkw 4113 Lkw 4114 Geschäftsausstattung 412 Pacht 413 Leasing 414 Lizenzen **42 Steuern, Beiträge, Versicherungen** 421 Gewerbesteuer 422 Kfz-Steuer 423 Grundsteuer 424 Sonstige Betriebssteuern 425 Nicht anrechenbare Vorsteuer 426 Versicherungen 427 Beiträge 428 Gebühren und sonstige Abgaben **43 Energie, Betriebsstoffe** 431 Heizung 432 Gas, Strom, Wasser 433 Treib- und Schmierstoffe 434 Kraftstoffe **44 Werbe- und Reisekosten** 441 Werbung 442 Geschenke 443 Repräsentation 444 Bewirtung 445 Reisekosten Arbeitnehmer 446 Reisekosten Unternehmer **45 Provisionen** 451 Provisionen I 452 Provisionen II **46 Kosten der Warenabgabe** 461 Verpackungsmaterial 462 Ausgangsfrachten 463 Gewährleistungen **47 Betriebskosten, Instandhaltung** 471 Instandhaltung 4711 Gebäude 4712 Betriebs- und Geschäftsausstattung 4713 technische Anlagen 4714 Pkw 4715 Lkw 472 Werkzeuge, Kleingeräte 473 Sonstige Betriebskosten (4731 Kfz-Betriebskosten) **48 Allgemeine Verwaltung** 481 Bürobedarf 482 Porto, Telefon, Telefax 483 Kosten der Datenverarbeitung 484 Rechts- und Beratungskosten 485 Personalbeschaffungskosten 486 Kosten des Geldverkehrs (4861 Wechselspesen) **49 Abschreibungen** 491 Abschreibungen auf Sachanlagen (4910 Abschreibungen auf Grundstücke und Gebäude 4911 Abschreibungen auf technische Anlagen und Maschinen 4912 Abschreibungen auf Betriebs- und Geschäftsausstattung) 492 Abschreibungen auf immaterielle Vermögensgegenstände 493 Abschreibungen auf Finanzanlagen des AV 494 Abschreibungen auf Wertpapiere des UV (495 Abschreibungen auf sonstiges UV)	**Einkauf** **Lager** **Vertrieb** **Verwaltung** **Fuhrpark** **Be-/Verarbeitung**	

Kontenklasse 7	Kontenklasse 8	Kontenklasse 9
– frei –	Warenverkaufskonten (Umsatzerlöse)	Abschlusskonten
	80 Warengruppe I (z. B. Food) 801 Warenverkauf 805 Rücksendungen 806 Nachlässe 807 Boni 808 Kundenskonti **81 Warengruppe II** (z. B. Non-Food) 811 Warenverkauf 815 Rücksendungen 816 Nachlässe 817 Boni 818 Kundenskonti **82 Warengruppe III** **83 Warengruppe IV** **84 Warengruppe V** **85 Warengruppe VI** (z. B. Kommissionswaren) **86 Sonstige Erlösminderungen**[3] 861 Rücksendungen 862 Nachlässe 863 Boni 864 Kundenskonti 865 Andere Erlösminderungen **87 Sonstige Erlöse aus Warenverkäufen** 871 Eigenverbrauch von Waren 872 Provisionserträge (873 Verpackungserlöse) [3] Auch soweit die Erlösminderungen nicht einzelnen Warengruppen zuzuordnen sind.	(90 Abgrenzungssammelkonto) **91 Eröffnungsbilanz** **92 Warenabschluss** **93 Gewinn- und Verlust-Rechnung** (930 Gewinnverwendungskonto) **94 Schlussbilanz**

A.3 Einzelhandelskontenrahmen (EKR)[1]

Kontenklasse 0	Kontenklasse 1	Kontenklasse 2
Immaterielle Vermögensgegenstände und Sachanlagen	Finanzanlagen	Umlaufvermögen und aktive Rechnungsabgrenzung
00 Frei **01** Frei **02 Konzessionen, gewerbliche Schutzrechte und Lizenzen** 020 Konzessionen, gewerbliche Schutzrechte und Lizenzen **03** Frei **04** Frei **05 Grundstücke und Bauten** 050 Unbebaute Grundstücke 051 Bebaute Grundstücke (z.B. Verwaltungsgebäude) 056 Grundstückeinrichtungen (z.B. Zaun) **06** Frei **07** Frei **08 Andere Anlagen, Betriebs- und Geschäftsausstattung** 080 Andere Anlagen 081 Ladenausstattung 082 Kassensystem 083 Lagerausstattung 084 Fuhrpark 086 Büromaschinen, Organisationsmittel 087 Büromöbel 089 Geringwertige Wirtschaftsgüter **09** Frei	**10** Frei **11** Frei **12** Frei **13 Beteiligungen** 130 Beteiligungen **14** Frei **15 Wertpapiere des Anlagevermögens** 150 Wertpapiere des Anlagevermögens **16 Sonstige Finanzanlagen** 160 Ausleihungen **17** Frei **18** Frei **19** Frei	**20 Waren/Bestände** 200 Waren (Gruppe 1) 201 Waren (Gruppe 2) **21 Betriebsstoffe (Bestände)** 210 Betriebsstoffe (z.B. Heizöl) **22 Sonstiges Material** 220 Verpackungsmaterial 221 Leergut **23 Geleistete Anzahlungen auf Vorräte** 230 Geleistete Anzahlungen auf Vorräte **24 Forderungen aus Lieferungen und Leistungen** 240 Forderungen aus Lieferungen und Leistungen 245 Besitzwechsel **25** Frei **26 Sonstige Vermögensgegenstände** 260 Vorsteuer 263 Sonstige Forderungen an Finanzbehörden 265 Forderungen an Mitarbeiter 269 Übrige sonstige Forderungen (Ü. s. Ford.) **27 Wertpapiere des Umlaufvermögens** 270 Wertpapiere des Umlaufvermögens **28 Flüssige Mittel** 280 Kreditinstitute (Bank) 285 Postgiro 286 Schecks 288 Kasse 289 Nebenkassen **29 Aktive Rechnungsabgrenzung** 290 Aktive Rechnungsabgrenzung

[1] Fassung für die Ausbildung des Hauptverbands des Deutschen Einzelhandels (HDE) – Juni 1990.

Kontenklasse 3	Kontenklasse 4	Kontenklasse 5
Eigenkapital und Rückstellungen	Verbindlichkeiten und passive Rechnungsabgrenzung	Erträge
30 Eigenkapital ***Bei Einzelkaufleuten:*** 300 Eigenkapital 3001 Privatkonto ***Bei Personalgesellschaften:*** 300 Kapital Gesellschafter A 3001 Privatkonto A 301 Kapital Gesellschafter B 3011 Privatkonto B 307 Kommanditkapital Gesellschafter C 308 Kommanditkapital Gesellschafter D ***Bei Kapitalgesellschaften:*** 300 Gezeichnetes Kapital (Grundkapital/Stammkapital) **31 Kapitalrücklage** 310 Kapitalrücklage **32 Gewinnrücklage** 321 Gesetzliche Rücklagen 323 Andere Gewinnrücklagen **33 Ergebnisverwendung** 331 Gewinn-/Verlustvortrag **34 Jahresüberschuss/ Jahresfehlbetrag** 340 Jahresüberschuss/ Jahresfehlbetrag **35** Frei **36** Frei **37 Rückstellungen für Pensionen und ähnliche Verpflichtungen**[1] 370 Rückstellungen für Pensionen und ähnliche Verpflichtungen **38** Frei **39** Frei [1] Ähnliche Verpflichtungen sind z. B. Rückstellungen für Steuern, Prozesskosten, Garantieverpflichtungen, Gewährleistungen infolge Mängelrügen.	**40** Frei **41 Anleihen** 410 Anleihen **42 Verbindlichkeiten gegenüber Kreditinstituten** 420 Kurzfristige Bankverbindlichkeiten 425 Langfristige Bankverbindlichkeiten (z. B. Grund-, Hypotheken- und Darlehensschulden) **43 Erhaltene Anzahlungen auf Bestellungen** 430 Erhaltene Anzahlungen auf Bestellungen **44 Verbindlichkeiten aus Lieferungen und Leistungen** 440 Verbindlichkeiten aus Lieferungen und Leistungen **45 Wechselverbindlichkeiten** 450 Schuldwechsel **46** Frei **47** Frei **48 Sonstige Verbindlichkeiten** 480 Umsatzsteuer 483 Sonstige Verbindlichkeiten gegenüber Finanzbehörden (VerbFB) 484 Verbindlichkeiten gegenüber Sozialversicherungsträgern (VerbSV) 485 Verbindlichkeiten gegenüber Mitarbeitern (VerbMA) 486 Verbindlichkeiten aus vermögenswirksamen Leistungen (VerbVL) 489 Übrige sonstige Verbindlichkeiten (Ü. s. Verb) **49 Passive Rechnungsabgrenzung** 490 Passive Rechnungsabgrenzung	**50 Umsatzerlöse** 500 Umsatzerlöse für Waren (Gruppe 1) 5001 Erlösberichtigungen 501 Umsatzerlöse für Waren (Gruppe 2) 5011 Erlösberichtigungen **51 Sonstige Umsatzerlöse** 510 Sonstige Umsatzerlöse (aus Dienstleistungen) 5101 Erlösberichtigungen **52** Frei **53** Frei **54 Sonstige betriebliche Erträge** 540 Nebenerlöse aus Vermietung und Verpachtung (Mieterträge) 541 Sonstige Erlöse (z. B. Provisionserträge) 542 Eigenverbrauch 543 Andere sonstige betriebliche Erträge (A. s. b. Erträge) 544 Erträge aus der Auflösung von Rückstellungen **55 Erträge aus Beteiligungen** 550 Erträge aus Beteiligungen **56 Erträge aus Wertpapieren und Ausleihungen** 560 Erträge aus Wertpapieren **57 Sonstige Zinsen und ähnliche Erträge** 571 Zinserträge 573 Diskonterträge **58 Außerordentliche Erträge** 580 Außerordentliche Erträge **59** Frei

Kontenklasse 6		Kontenklasse 7
Betriebliche Aufwendungen		Weitere Aufwendungen
60 Aufwendungen für Waren 600 Aufwendungen für Waren (Gruppe 1) 6001 Bezugskosten 6002 Nachlässe 601 Aufwendungen für Waren (Gruppe 2) 6011 Bezugskosten 6012 Nachlässe **61 Aufwendungen für Material und für bezogene Leistungen** 610 Aufwendungen für Material 6101 Aufwendungen für Betriebsstoffe (z. B. Heizöl, Benzin) 6102 Aufwendungen für Verpackungsmaterial 6103 Aufwendungen für Leergut 6104 Aufwendungen für Energie (z. B. Strom) 6105 Aufwendungen für Reparaturmaterial 6106 Aufwendungen für Reinigungsmaterial 6107 Aufwendungen für sonstiges Material 611 Aufwendungen für bezogene Leistungen 6111 Frachten und Fremdlager 6112 Vertriebsprovisionen 6113 Fremdinstandhaltung (z. B. Kfz-Reparaturen) 6114 Abfallentsorgung 6115 Reinigung **62 Löhne** 620 Löhne für geleistete Arbeit 621 Sonstige Lohnaufwendungen **63 Gehälter** 630 Gehälter 631 Sonstige Gehaltsaufwendungen	**64 Soziale Abgaben und Aufwendungen für Altersversorgung und für Unterstützung** 640 Arbeitgeberanteil zur Sozialversicherung (SV-AG) 642 Beiträge zur Berufsgenossenschaft **65 Abschreibungen** 652 Abschreibungen auf Sachanlagen 654 Abschreibungen auf geringwertige Wirtschaftsgüter **66 Sonstige Personalaufwendungen** 660 Sonstige Personalaufwendungen (auch vermögenswirksame Leistungen) **67 Aufwendungen für die Inanspruchnahme von Rechten und Diensten** 670 Mieten (Mietaufwand), Pachten 671 Leasing 673 Gebühren 675 Aufwendungen des Geldverkehrs 677 Rechts- und Beratungsaufwendungen **68 Aufwendungen für Kommunikation (Dokumentation, Information, Reisen, Werbung)** 680 Büromaterial 681 Zeitungen, Fachliteratur 682 Postgebühren (auch Telekom) 685 Reisekosten 686 Bewirtung und Präsentation 687 Werbung, Dekoration 688 Spenden **69 Aufwendungen für Beiträge und Wertkorrekturen** 690 Versicherungsbeiträge 692 Beiträge zu Wirtschaftsverbänden und Berufsvertretungen 693 Andere sonstige betriebliche Aufwendungen (A. s. b. Aufw.) 694 Verluste aus Schadensfällen 695 Abschreibungen auf Forderungen	**70 Betriebliche Steuern** 700 Gewerbekapitalsteuer 701 Vermögensteuer 702 Grundsteuer 703 Kraftfahrzeugsteuer 709 Sonstige betriebliche Steuern **71** Frei **72** Frei **73** Frei **74 Abschreibungen auf Finanzanlagen und auf Wertpapiere des Umlaufvermögens** 742 Abschreibungen auf Wertpapiere des Umlaufvermögens **75 Zinsen und ähnliche Aufwendungen** 751 Zinsaufwendungen 753 Diskontaufwendungen **76 Außerordentliche Aufwendungen** 760 Außerordentliche Aufwendungen **77 Steuern vom Einkommen und Ertrag** 770 Gewerbeertragsteuer 771 Körperschaftsteuer 772 Kapitalertragsteuer **78** Frei **79** Frei

Kontenklasse 8	Kontenklasse 9
Ergebnisrechnung	Kosten- und Leistungsrechnung
80 Eröffnung/Abschluss 800 Eröffnungsbilanz 801 Schlussbilanz 802 Gewinn- und Verlustrechnung	*(In der Praxis wird die Kosten- und Leistungsrechnung gewöhnlich tabellarisch durchgeführt.)*

Erläuterungen zu den einzelnen Positionen:

- Kontengruppen – Die zweiziffrigen Kontengruppen entsprechen den ausweispflichtigen Bilanz- und GuV-Positionen gemäß §§ 266 und 275 HGB.
- Waren-Konten – Der Bezug von Waren ist sofort als Aufwand auf dem Konto 600 „Aufwendungen für Waren" zu buchen. Dementsprechend sind Anschaffungsnebenkosten (Bezugskosten) und Anschaffungspreisminderungen – Nachlässe (Boni, Skonti) auf den „Unterkonten" 6001 und 6002 zu erfassen. Das Konto 500 „Umsatzerlöse für Waren" – mit dem entsprechenden „Unterkonto" 5001 „Erlösberichtigungen" für Boni und Skonti – ist für den Verkauf von Waren vorgesehen. Das Waren-Bestandskonto (200) wird während der Abrechnungsperiode nicht angesprochen. Die Gegenbuchung von Inventurdifferenzen (Mehr- und Minderbestände an Waren) ist auf dem Konto 600 „Aufwendungen für Waren" vorzunehmen.
- Konto 541 „Sonstige Erlöse" – Vorgesehen z. B. für die Erfassung von Erlösen aus Anlagenverkäufen.
- Konto 543 „Andere sonstige betriebliche Erträge" – Vorgesehen z. B. für Kassenüberschüsse und Anlagenverkäufe über Buchwert.
- Konto 580 „Außerordentliche Erträge" - Erträge gemäß § 277 Abs. 4 HGB.
- Konto 6107 „Aufwendungen für sonstiges Material" – Vorgesehen für Materialaufwendungen, die z. B. im Zusammenhang mit der Erbringung von Dienstleistungen anfallen.
- Konto 693 „Andere sonstige betriebliche Aufwendungen" – Vorgesehen z. B. für Kassenmanko und Anlagenverkäufe unter Buchwert.
- Konto 760 „Außerordentliche Aufwendungen" – Aufwendungen gemäß § 277 Abs. 4 HGB.

A.4 Industrie-Kontenrahmen (IKR)

Kontenklasse 0

Immaterielle Vermögensgegenstände und Sachanlagen

00 Ausstehende Einlagen: *(bei Kapitalgesellschaften: auf das gezeichnete Kapital, bei Kommanditgesellschaften: ausstehende Kommanditeinlagen)*
- 001 Noch nicht eingeforderte Einlagen
- 002 Eingeforderte Einlagen (vgl. § 272 Abs. 1 HGB und Konten 268 und 305)

01 Aufwendungen für die Ingangsetzung und Erweiterung des Geschäftsbetriebs *(vgl. §§ 269, 282 Abs. 2 HGB und Kto. 650)*

Immaterielle Vermögensgegenstände (§ 248 Abs. 2 HGB)

02 Konzessionen, gewerbliche Schutzrechte und ähnliche Rechte und Werte sowie Lizenzen an solchen Rechten und Werten
- 021 Konzessionen
- 022 Gewerbliche Schutzrechte
- 023 Ähnliche Rechte und Werte
- 024 Lizenzen an Rechten und Werten

03 Geschäfts- oder Firmenwert
- 031 Geschäfts- oder Firmenwert
- 032 Verschmelzungsmehrwert

04 Geleistete Anzahlungen auf immaterielle Vermögensgegenstände

Sachanlagen

05 Grundstücke, grundstücksgleiche Rechte und Bauten einschließlich der Bauten auf fremden Grundstücken
- 050 Unbebaute Grundstücke
- 051 Bebaute Grundstücke
  - 0511 mit eigenen Bauten
  - 0519 mit fremden Bauten
- 052 Grundstücksgleiche Rechte
- 053 Betriebsgebäude
  - 0531 auf eigenen Grundstücken
  - 0539 auf fremden Grundstücken
- 054 Verwaltungsgebäude
- 055 Andere Bauten
- 056 Grundstückseinrichtungen
  - 0561 auf eigenen Grundstücken
  - 0569 auf fremden Grundstücken
- 057 Gebäudeeinrichtungen
- 058 Frei
- 059 Wohngebäude

06 Frei

07 Technische Anlagen und Maschinen *(Untergliederung nach den Bedürfnissen des Industriezweiges bzw. des Unternehmens. Nachstehende Positionen können dazu nur eine Anregung geben.)*
- 070 Anlagen und Maschinen der Energieversorgung
- 071 Anlagen der Materiallagerung und -bereitstellung
- 072 Anlagen und Maschinen der mechanischen Materialbearbeitung, -verarbeitung und -umwandlung
- 073 Anlagen für Wärme-, Kälte- und chemische Prozesse sowie ähnliche Anlagen
- 074 Anlagen für Arbeitssicherheit und Umweltschutz
- 075 Transportanlagen und ähnliche Betriebsvorrichtungen
- 076 Verpackungsanlagen und -maschinen
- 077 Sonstige Anlagen und Maschinen
- 078 Reservemaschinen und -anlageteile
- 079 Geringwertige Anlagen und Maschinen

08 Andere Anlagen, Betriebs- und Geschäftsausstattung
- 080 Andere Anlagen
- 081 Werkstätteneinrichtung
- 082 Werkzeuge, Werksgeräte, und Modelle, Prüf- und Messmittel
- 083 Lager- und Transporteinrichtungen
- 084 Fuhrpark
- 085 Sonstige Betriebsausstattung
- 086 Büromaschinen, Organisationsmittel und Kommunikationsanlagen
- 087 Büromöbel und sonstige Geschäftsausstattung
- 088 Reserveteile für Betriebs- und Geschäftsausstattung
- 089 Geringwertige Vermögensgegenstände der Betriebs- und Geschäftsausstattung
  - 0891 GWG-Sammelposten

09 Geleistete Anzahlungen und Anlagen im Bau
- 090 Geleistete Anzahlungen auf Sachanlagen
- 095 Anlagen im Bau

Kontenklasse 1

Finanzanlagen

10 Frei

11 Anteile an verbundenen Unternehmen *(vgl. § 271 Abs. 2 HGB)*
- 110 an einem herrschenden oder einem mit Mehrheit beteiligten Unternehmen
- 111 an der Konzernmutter soweit nicht zu Konto 110 gehörig
- 112/117 an Tochterunternehmen
- 118 Frei
- 119 an sonstigen verbundenen Unternehmen

12 Ausleihungen an verbundene Unternehmen
- 120 Gesichert durch Grundpfandrechte oder andere Sicherheiten
- 125 Ungesichert

13 Beteiligungen
- 130 Beteiligungen an assoziierten Unternehmen
- 135 Andere Beteiligungen

14 Ausleihungen an Unternehmen, mit denen ein Beteiligungsverhältnis besteht
- 140 Gesichert durch Grundpfandrechte oder andere Sicherheiten
- 145 Ungesichert

15 Wertpapiere des Anlagevermögens
- 150 Stammaktien
- 151 Vorzugsaktien
- 152 Genussscheine
- 153 Investmentzertifikate
- 154 Gewinnobligationen
- 155 Wandelschuldverschreibungen
- 156 Festverzinsliche Wertpapiere
- 157 Frei
- 158 Optionsscheine
- 159 Sonstige Wertpapiere

16 Sonstige Ausleihungen (Sonstige Finanzanlagen)
- 160 Genossenschaftsanteile
- 161 Gesicherte sonstige Ausleihungen
- 162 Frei
- 163 Ungesicherte sonstige Ausleihungen
- 164 Frei
- 165 Ausleihungen an Mitarbeiter, an Organmitglieder und an Gesellschafter
  - 1651/1653 Ausleihungen an Mitarbeiter
  - 1654 Ausleihungen an Geschäftsführer/Vorstandsmitglieder
  - 1655 Frei
  - 1656 Ausleihungen an Mitglieder des Beirats-/Aufsichtsrats
  - 1657 Frei
  - 1658 Ausleihungen an Gesellschafter
- 166/168 Frei
- 169 Übrige sonstige Finanzanlagen

Kontenklasse 2

Umlaufvermögen und aktive Rechnungsabgrenzung

Vorräte

20 Roh-, Hilfs- und Betriebsstoffe
200 Rohstoffe/Fertigungsmaterial
(2001 Bezugskosten Rohstoffe
(2002 Skontoerlöse Rohstoffe)
201 Vorprodukte/Fremdbauteile
202 Hilfsstoffe
203 Betriebsstoffe

21 Unfertige Erzeugnisse, unfertige Leistungen

22 Fertige Erzeugnisse und Waren
220/227 Fertige Erzeugnisse
228 Waren (Handelswaren)

23 Geleistete Anzahlungen auf Vorräte

Forderungen und sonstige Vermögensgegenstände (24-26)

24 Forderungen aus Lieferungen und Leistungen
240/241 Forderungen aus Lieferungen und Leistungen
(242 Kaufpreisforderungen
243 Mehrwertsteuer-Forderungen aus Leasinggeschäften
244 Leasingratenforderungen)
245 Wechselforderungen aus Lieferungen und Leistungen (Besitzwechsel)
246/248 Frei
249 Wertberichtigungen zu Forderungen aus Lieferungen und Leistungen

25 Forderungen gegen verbundene Unternehmen und gegen Unternehmen mit denen ein Beteiligungsverhältnis besteht
Forderungen gegen verbundene Unternehmen:
250 Forderungen aus Lieferungen
251 Forderungen aus Leistungen
252 Wechselforderungen
253 Sonstige Forderungen
254 Wertberichtigungen zu Forderungen gegen verbundene Unternehmen
Forderungen gegen Unternehmen mit denen ein Beteiligungsverhältnis besteht:
255 Forderungen aus Lieferungen
256 Forderungen aus Leistungen
257 Wechselforderungen
258 Sonstige Forderungen
259 Wertberichtigungen zu Forderungen bei Beteiligungsverhältnissen

26 Sonstige Vermögensgegenstände
260 Anrechenbare Vorsteuer
261 Aufzuteilende Vorsteuer
262 Sonstige USt-Forderungen
263 Sonstige Forderungen an Finanzbehörden
264 Forderungen an Sozialversicherungsträger
265 Forderungen an Mitarbeiter, an Organmitglieder und an Gesellschafter
2651/2653 Forderungen an Mitarbeiter
2654 Forderungen an Geschäftsführer/Vorstandsmitglieder
2655 Frei
2656 Forderungen an Mitglieder des Beirats/Aufsichtsrats
2657 Frei
2658 Forderungen an Gesellschafter
266 Andere sonstige Forderungen
2661 Ansprüche auf Versicherungs- sowie Schadenersatzleistungen
2662 Kostenvorschüsse, soweit nicht Anzahlungen
2663 Kautionen und sonstige Sicherheitsleistungen
2664 Darlehen, soweit nicht Finanzanlage
2665/2667 Frei
2668 Forderungen aus Soll-Salden der Kontengruppe 44
267 Andere sonstige Vermögensgegenstände
268 Eingefordertes, noch nicht eingezahltes Kapital und eingeforderte Nachschüsse
2681 eingefordertes, noch nicht eingezahltes Kapital
2685 Eingeforderte Nachschüsse
269 Wertberichtigungen zu sonstigen Forderungen und Vermögensgegenständen

27 Wertpapiere
270 Anteile an verbundenen Unternehmen
271 Eigene Anteile
Sonstige Wertpapiere:
272 Aktien
273 Variabel verzinsliche Wertpapiere
274 Festverzinsliche Wertpapiere
275 Finanzwechsel
276/277 Frei
278 Optionsscheine
279 Sonstige Wertpapiere

28 Flüssige Mittel
280/284 Guthaben bei Kreditinstituten
285 Postgiroguthaben
286 Schecks
287 Bundesbank
288 Kasse
289 Nebenkassen

29 Aktive Rechnungsabgrenzung
290 Disagio (vgl. § 268 Abs. 6 HGB)
291 Zölle und Verbrauchssteuern
292 Umsatzsteuer auf erhaltene Anzahlungen
293 Andere aktive Jahresabgrenzungsposten
294 Frei
295 Aktive Steuerabgrenzung
296/297 Frei
(298 Innerjährige Rechnungsabgrenzung)
299 Nicht durch Eigenkapital gedeckter Fehlbetrag

Kontenklasse 3

Eigenkapital und Rückstellungen

Eigenkapital § 272 HGB (30-34)

30 Kapitalkonto/Gezeichnetes Kapital
Bei Einzelfirmen und Personengesellschaften:
300 Kapitalkonto Gesellschafter A
3001 Eigenkapital
3002 Privatkonto
301 Kapitalkonto Gesellschafter B
3011 Eigenkapital
3012 Privatkonto
alternativ:
300 Festkapitalkonto
3001 Gesellschafter A
3002 Gesellschafter B
301 Veränderliches Kapitalkonto
3011 Gesellschafter A
3012 Gesellschafter B
302 Privatkonto
3021 Gesellschafter A
3022 Gesellschafter B
Bei Kapitalgesellschaften:
300 Gezeichnetes Kapital
305 Noch nicht eingeforderte Einlagen

31 Kapitalrücklage
311 Aufgeld aus der Ausgabe von Anteilen
312 Aufgeld aus der Ausgabe von Wandelschuldverschreibungen
313 Zahlung aus der Gewährung eines Vorzugs für Anteile
314 Andere Zuzahlungen von Gesellschaftern in das Eigenkapital
315/317 Frei
318 Eingeforderte Nachschüsse

32 Gewinnrücklagen
321 Gesetzliche Rücklagen
322 Rücklage für eigene Anteile
3221 für Anteile eines herrschenden oder eines mit Mehrheit beteiligten Unternehmens
3222 für Anteile des Unternehmens selbst
323 Satzungsmäßige Rücklagen
324 Andere Gewinnrücklagen
325 Eigenkapitalanteil bestimmter Passivposten
3251 Eigenkapitalanteil von Wertaufholungen
3252 Eigenkapitalanteil von Preissteigerungsrücklagen

33 Ergebnisverwendung
(anstelle Bilanzposition A IV, „Gewinnvortrag/Verlustvortrag" gem. § 266 Abs. 3 HGB)
331 Jahresergebnis (Jahresüberschuss/Jahresfehlbetrag) des Vorjahres
332 Ergebnisvortrag aus früheren Perioden
333 Entnahmen aus der Kapitalrücklage
334 Veränderungen der Gewinnrücklagen vor Bilanzergebnis
335 Bilanzergebnis (Bilanzgewinn/Bilanzverlust)
336 Ergebnisausschüttung
337 Zusätzlicher Aufwand oder Ertrag auf Grund Ergebnisverwendungsbeschluss
338 Einstellungen in Gewinnrücklagen nach Bilanzergebnis
339 Ergebnisvortrag auf neue Rechnung

34 Jahresüberschuss/Jahresfehlbetrag

35 Sonderposten mit Rücklageanteil
350 Sog. steuerfreie Rücklagen
355 Wertberichtigungen auf Grund steuerlicher Sonderabschreibungen

Kontenklasse 3

Eigenkapital und Rückstellungen

36 Wertberichtigungen
(Bei Kapitalgesellschaften als Passivposten der Bilanz nicht mehr zulässig)

Rückstellungen § 249 (37-39)

37 Rückstellungen für Pensionen und ähnliche Verpflichtungen
- 371 Verpflichtungen für eingetretene Pensionsfälle
- 372 Verpflichtungen für unverfallbare Anwartschaften
- 373 Verpflichtungen für verfallbare Anwartschaften
- 374 Verpflichtungen für ausgeschiedene Mitarbeiter
- 375 Pensionsähnliche Verpflichtungen (z. B. Verpflichtungen aus Vorruhestandsregelungen)

38 Steuerrückstellungen
- 380 Gewerbeertragsteuer
- 381 Körperschaftsteuer
- 382 Kapitalertragsteuer
- 383 Ausländische Quellensteuer
- 384 Andere Steuern vom Einkommen und Ertrag
- 385 Latente Steuern
- 386/388 Frei
- 389 Sonstige Steuerrückstellungen

39 Sonstige Rückstellungen
- 390 Personalaufwendungen und die Vergütung an Aufsichtsgremien
- 391 Gewährleistung
  - 3911 Vertragsgarantie
  - 3915 Kulanzgarantie
- 392 Rechts- und Beratungskosten
- 393 Andere ungewisse Verbindlichkeiten
- 394/396 Frei
- 397 Drohende Verluste aus schwebenden Geschäften
- 398 Unterlassene Instandhaltung
- 399 Aufwendungen

Kontenklasse 4

Verbindlichkeiten und passive Rechnungsabgrenzung

40 Frei

41 Anleihen
- 410 Konvertible Anleihen
- 415 Anleihen – nicht konvertibel

42 Verbindlichkeiten gegenüber Kreditinstituten

43 Erhaltene Anzahlungen auf Bestellungen

44 Verbindlichkeiten aus Lieferungen und Leistungen
- 440 Verbindlichkeiten aus Lieferungen und Leistungen/Inland
  - (4401 Verbindlichkeiten gegenüber Kunden
  - 4402 Kaufpreisverbindlichkeiten
  - 4403 Mehrwertsteuerverbindlichkeiten aus Leasinggeschäften)
- 445 Verbindlichkeiten aus Lieferungen und Leistungen/Ausland

45 Wechselverbindlichkeiten (Schuldwechsel)
- 450 Gegenüber Dritten
- 451 Gegenüber verbundenen Unternehmen
- 452 Gegenüber Unternehmen mit denen ein Beteiligungsverhältnis besteht

46 Verbindlichkeiten gegenüber verbundenen Unternehmen
- 460 aus Lieferungen und Leistungen/Inland
- 465 aus Lieferungen und Leistungen/Ausland
- 469 Sonstige Verbindlichkeiten (verbundene Unternehmen)

47 Verbindlichkeiten gegenüber Unternehmen, mit denen ein Beteiligungsverhältnis besteht
- 470 aus Lieferungen und Leistungen/Inland
- 475 aus Lieferungen und Leistungen/Ausland
- 479 Sonstige Verbindlichkeiten (Beteiligungsverhältnis)

48 Sonstige Verbindlichkeiten
- 480 Umsatzsteuer
- 481 Umsatzsteuer – nicht fällig
- 482 Umsatzsteuervorauszahlung
- 483 Sonstige Steuerverbindlichkeiten
- 484 Verbindlichkeiten gegenüber Sozialversicherungsträgern
- 485 Verbindlichkeiten gegenüber Mitarbeitern, Organmitgliedern und Gesellschaftern
- 486 Andere sonstige Verbindlichkeiten
- 487/488 Frei
- 489 Übrige sonstige Verbindlichkeiten

49 Passive Rechnungsabgrenzung
- 490 Passive Jahresabgrenzung
- (498 Innerjährige Rechnungsabgrenzung)

(Anmerkung: Hier können je nach betrieblicher Organisation weitere Konten für die innerjährige Rechnungsabgrenzung eingefügt werden.)

Kontenklasse 5

Erträge

50/51 Umsatzerlöse
(vgl. § 277 Abs. 1 HGB)
- 500/504 Frei
- 505 Steuerfreie Umsätze (§ 4 Ziff. 1–6 UStG)
- 506 Steuerfreie Umsätze (§ 4 Ziff. 8 ff. UStG)
- 508 Erlöse 1/2 Umsatzsteuer-Satz
- 509 Frei
- 510/513 Umsatzerlöse für eigene Erzeugnisse und andere eigene Leistungen, 1/1 Umsatzsteuer-Satz (5101 Erlösschmälerungen bei eigenen Erzeugnissen)
- 514 Andere Umsatzerlöse, 1/1 Umsatzsteuer-Satz
- 515 Umsatzerlöse für Waren, 1/1 Umsatzsteuer-Satz

Erlösberichtigungen (soweit nicht den Umsatzerlösarten direkt zurechenbar):
- 516 Skonti
- 517 Boni
- 518 Andere Erlösberichtigungen

52 Erhöhung oder Verminderung des Bestandes an unfertigen und fertigen Erzeugnissen
- 521 Bestandsveränderungen an unfertigen Erzeugnissen und nicht abgerechneten Leistungen
- 522 Bestandsveränderungen an fertigen Erzeugnissen
- 523/524 Frei
- 525 Zusätzliche Abschreibungen auf Erzeugnisse bis Untergrenze erwarteter Wertschwankungen
- 526 Steuerliche Sonderabschreibungen auf Erzeugnisse

53 Andere aktivierte Eigenleistungen
- 530 Selbsterstellte Anlagen
- 539 Sonstige andere aktivierte Eigenleistungen

54 Sonstige betriebliche Erträge
- 540 Nebenerlöse
  - 5401 aus Vermietung und Verpachtung (Leasingmieterträge)
- 541 Sonstige Erlöse
- 542 Eigenverbrauch
- 543 Andere sonstige betriebliche Erträge
  - 5431 Empfangene Schadenersatzleistungen
  - 5432 Schuldenerlass
  - 5433 Steuerbelastungen an Organgesellschaften
  - 5434 Investitionszulagen
- 544 Erträge aus Werterhöhungen von Gegenständen des Anlagevermögens
- 545 Erträge aus Werterhöhungen von Gegenständen des Umlaufvermögens außer Vorräten und Wertpapieren
- 546 Erträge aus dem Abgang von Vermögensgegenständen
  - 5461 Immaterielle Vermögensgegenstände
  - 5462 Sachanlagen
  - 5463 Umlaufvermögen *(soweit nicht unter anderen Erlösen)*
- 547 Erträge aus der Auflösung von Sonderposten mit Rücklageanteil
- 548 Erträge aus der Herabsetzung von Rückstellungen
- 549 Periodenfremde Erträge

Kontenklasse 5

Erträge

55 Erträge aus Beteiligungen

Erträge aus Beteiligung an verbundenen Unternehmen:

550 Erträge aus Beteiligungen an verbundenen Unternehmen, mit denen Verträge über Gewinngemeinschaft, Gewinnabführung oder Teilgewinnabführung bestehen
551 Erträge aus Beteiligungen an anderen verbundenen Unternehmen
552 Erträge aus Zuschreibungen zu Anteilen an verbundenen Unternehmen
553 Erträge aus dem Abgang von Anteilen an verbundenen Unternehmen
554 Frei

Erträge aus Beteiligungen an nicht verbundenen Unternehmen:

555 Erträge aus Beteiligungen an nicht verbundenen Unternehmen, mit denen Verträge über Gewinngemeinschaft, Gewinnabführung oder Teilgewinnabführungen bestehen.
556 Erträge aus anderen Beteiligungen
557 Erträge aus Zuschreibungen zu Anteilen an nicht verbundenen Unternehmen
558 Erträge aus dem Abgang von Anteilen an nicht verbundenen Unternehmen
559 Frei

56 Erträge aus anderen Wertpapieren und Ausleihungen des Finanzanlagevermögens

560 Erträge von verbundenen Unternehmen aus anderen Wertpapieren und Ausleihungen des Anlagevermögens
565 Erträge von nicht verbundenen Unternehmen aus anderen Wertpapieren und Ausleihungen des Anlagevermögens

57 Sonstige Zinsen und ähnliche Erträge

570 Sonstige Zinsen und ähnliche Erträge von verbundenen Unternehmen (einschließlich Erträgen aus Wertpapieren des Umlaufvermögens)
579 Übrige sonstige Zinsen und ähnliche Erträge

58 Außerordentliche Erträge

59 Erträge aus Verlustübernahme

Kontenklasse 6

Betriebliche Aufwendungen

Materialaufwand (60-61)

60 Aufwendungen für Roh-, Hilfs- und Betriebsstoffe und für bezogene Waren

600 Aufwendungen für Rohstoffe/Fertigungsmaterial
601 Vorprodukte/Fremdbauteile
602 Hilfsstoffe
603 Betriebsstoffe/Verbrauchswerkzeuge
604 Verpackungsmaterial
605 Energie
606 Reparaturmaterial und Fremdinstandhaltung *(sofern nicht unter 616, weil die Fremdinstandhaltung überwiegt)*
607 Sonstiges Material
608 Aufwendungen für Waren
609 Sonderabschreibungen auf Roh-, Hilfs- und Betriebsstoffe und auf bezogene Waren *(sofern das Konto 609 noch für bestimmte Materialien benötigt wird, können für diese Abschreibungen die Unterkonten 6198/6199 eingesetzt werden)*
- 6091 Frei
- 6092 Zusätzliche Abschreibungen auf Material und Waren bis Untergrenze erwarteter Wertschwankungen
- 6093 Steuerliche Sonderabschreibungen auf Material und Waren

61 Aufwendungen für bezogene Leistungen

610 Fremdleistungen für Erzeugnisse und andere Umsatzleistungen
611 Fremdleistungen für die Auftragsgewinnung *(bei Auftragsfertigung soweit einzelnen Aufträgen zurechenbar)*
612 Entwicklungs-, Versuchs- und Konstruktionsarbeiten durch Dritte
613 Weitere Fremdleistungen
614 Frachten und Fremdlager *(inkl. Versicherung und anderer Nebenkosten)*
615 Vertriebsprovisionen *(sofern nicht unter Konto 676)*
616 Fremdinstandhaltung und Reparaturmaterial *(alternativ zu Konto 606, sofern die Fremdinstandhaltung überwiegt)*
617 Sonstige Aufwendungen für bezogene Leistungen

Aufwandsberichtigungen (soweit nicht den Aufwandsarten direkt zurechenbar):

618 Skonti
619 Boni und andere Aufwandsberichtigungen

Personalaufwand (62-64)

62 Löhne

620 Löhne für geleistete Arbeitszeit einschließlich tariflicher, vertraglicher oder arbeitsbedingter Zulagen (Fertigungslöhne)
621 Löhne für andere Zeiten (Urlaub, Feiertag, Krankheit)
622 Sonstige tarifliche oder vertragliche Aufwendungen für Lohnempfänger
623 Freiwillige Zuwendungen
624 Frei
625 Sachbezüge
626 Vergütungen an gewerbliche Auszubildende
627/628 Frei
629 Sonstige Aufwendungen mit Lohncharakter

63 Gehälter

630 Gehälter einschließlich tariflicher, vertraglicher oder arbeitsbedingter Zulagen
631 Frei
632 Sonstige tarifliche oder vertragliche Aufwendungen
633 Freiwillige Zuwendungen
634 Frei
635 Sachbezüge
636 Vergütung an techn./kaufm. Auszubildende
637/638 Frei
639 Sonstige Aufwendungen mit Gehaltscharakter

64 Soziale Abgaben und Aufwendungen für Altersversorgung und für Unterstützung

Soziale Abgaben:

640 Arbeitgeberanteil zur Sozialversicherung (Lohnbereich)
641 Arbeitgeberanteil zur Sozialversicherung (Gehaltsbereich)
642 Beiträge zur Berufsgenossenschaft
643 Sonstige soziale Abgaben

Aufwendungen für Altersversorgung:

644 Gezahlte Betriebsrenten (einschließlich Vorruhestandsgeld)
645 Veränderungen der Pensionsrückstellungen
646 Aufwendungen für Direktversicherungen
647 Zuweisungen an Pensions- und Unterstützungskassen
648 Sonstige Aufwendungen für Altersversorgung

Aufwendungen für Unterstützung:

649 Beihilfen und Unterstützungsleistungen

65 Abschreibungen

650 Abschreibungen auf aktivierte Aufwendungen, für die Ingangsetzung und Erweiterung des Geschäftsbetriebes

Abschreibungen auf Anlagevermögen:

651 Abschreibungen auf immaterielle Vermögensgegenstände des Anlagevermögens
- 6511 Abschreibungen auf Rechte gemäß Kontengruppe 02
- 6512 Abschreibungen auf Geschäfts- oder Firmenwert
- 6513 Abschreibungen auf Anzahlungen gemäß Kontengruppe 04

652 Abschreibungen auf Grundstücke und Gebäude
653 Abschreibungen auf technische Anlagen und Maschinen
654 Abschreibung auf andere Anlagen, Betriebs- und Geschäftsausstattung
655 Außerplanmäßige Abschreibungen auf Sachanlagen
656 Steuerrechtliche Sonderabschreibungen auf Sachanlagen

Abschreibungen auf Umlaufvermögen: (soweit das in der Gesellschaft übliche Maß überschreitend, § 275 Abs. 2 Ziff. 7b HGB)

657 Unübliche Abschreibungen auf Vorräte
658 Unübliche Abschreibungen auf Forderungen und sonstige Vermögensgegenstände

Kontenklasse 6

Betriebliche Aufwendungen

Sonstige betriebliche Aufwendungen (66-70)

66 Sonstige Personalaufwendungen
660 Aufwendungen für Personaleinstellung
661 Aufwendungen für übernommene Fahrtkosten
662 Aufwendungen für Werkarzt und Arbeitssicherheit
663 Personenbezogene Versicherungen
664 Aufwendungen für Fort- und Weiterbildung
665 Aufwendungen für Dienstjubiläen
666 Aufwendungen für Belegschaftsveranstaltungen
667 Frei *(evtl. Aufwendungen für Werksküche und Sozialeinrichtungen)*
668 Ausgleichsabgabe nach dem Schwerbehindertengesetz
669 Übrige sonstige Personalaufwendungen

67 Aufwendungen für die Inanspruchnahme von Rechten und Diensten
670 Mieten, Pachten, Erbbauzinsen
671 Leasing
672 Lizenzen und Konzessionen
673 Gebühren
674 Leiharbeitskräfte *(soweit nicht unter 6132)*
675 Bankspesen/Kosten des Geldverkehrs und der Kapitalbeschaffung
676 Provisionen *(soweit nicht unter 611 oder 615)*
677 Prüfung, Beratung, Rechtsschutz
678 Aufwendungen für Aufsichtsrat bzw. Beirat oder dgl.

68 Aufwendungen für Kommunikation (Dokumentation, Information, Reisen, Werbung)
680 Büromaterial und Drucksachen
681 Zeitungen und Fachliteratur
682 Portokosten
683 Sonstige Kommunikationsmittel
684 Frei
685 Reisekosten
686 Gästebewirtung und Repräsentation
687 Werbung
688 Frei
689 Sonstige Aufwendungen für Kommunikation

69 Aufwendungen für Beiträge und Sonstiges sowie Wertkorrekturen und periodenfremde Aufwendungen
690 Versicherungsbeiträge, diverse
691 Kfz-Versicherungsbeiträge
692 Beiträge zu Wirtschaftsverbänden und Berufsvertretungen
693 Andere sonstige betriebliche Aufwendungen
- 6931 Verluste aus Schadensfällen
- 6932 Forderungsverzicht
- 6935 Eigenverbrauch

694 Frei
695 Verluste aus Wertminderungen von Gegenständen des Umlaufvermögens *(außer Vorräten und Wertpapieren)*
- 6951 Abschreibungen auf Forderungen wegen Uneinbringlichkeit
- 6952 Einzelwertberichtigungen
- 6953 Pauschalwertberichtigungen
- 6954 Kursverluste bei Forderungen (und Verbindlichkeiten) in Fremdwährung und bei Valutabeständen
- 6955 Zusätzliche Abschreibungen auf Forderungen in Fremdwährung und Valutabestände bis Untergrenze erwarteter Wertschwankungen

696 Verluste aus dem Abgang von Vermögensgegenständen
697 Einstellungen in den Sonderposten mit Rücklageanteil
- 6971/6974 Bildung unversteuerter Sonderrücklagen
- 6975 Steuerliche Sonderabschreibungen auf Anlagevermögen
- 6976 Frei
- 6977 Steuerliche Sonderabschreibungen auf Umlaufvermögen

698 Zuführungen zu Rückstellungen soweit nicht unter anderen Aufwendungen erfassbar
699 Periodenfremde Aufwendungen *(soweit nicht bei den betreffenden Aufwandsarten zu erfassen)*

Kontenklasse 7

Weitere Aufwendungen

70 Betriebliche Steuern
702 Grundsteuer
703 Kraftfahrzeugsteuer
704 Frei
706 Gesellschaftssteuer
707 Ausfuhrzölle
708 Verbrauchsteuern
709 Sonstige betriebliche Steuern

71/73 Sonstige Aufwendungen
(710 Sonstige Aufwendungen *(s. a. 693)*
711 Leasingmietaufwendungen *(s. a. 671)*
714 Frachten und Fremdlager *(s. a. 614)*
720 Fremdleistungen *(s. a. 610/611)*
733 Versicherungen *(s. a. 690/691)*

74 Abschreibungen auf Finanzanlagen und auf Wertpapiere des Umlaufvermögens und Verluste aus entsprechenden Abgängen
740 Abschreibungen auf Finanzanlagen
- 7401 Frei
- 7402 Abschreibungen auf den beizulegenden Wert
- 7403 Steuerliche Sonderabschreibungen

741 Frei
742 Abschreibungen auf Wertpapiere des Umlaufvermögens
743/744 Frei
745 Verluste aus dem Abgang von Finanzanlagen
746 Verluste aus dem Abgang von Wertpapieren des Umlaufvermögens
747/748 Frei
749 Aufwendungen aus Verlustübernahme

75 Zinsen und ähnliche Aufwendungen
750 Zinsen und ähnliche Aufwendungen an verbundene Unternehmen
751 Bankzinsen
752 Kredit- und Überziehungsprovisionen
753 Diskontaufwand
754 Abschreibung auf Disagio *(vgl. Konto 290)*
755 Bürgschaftsprovisionen
756 Zinsen für Verbindlichkeiten
757 Abzinsungsbeträge
758 Frei
759 Sonstige Zinsen und ähnliche Aufwendungen

76 Außerordentliche Aufwendungen

77 Steuern vom Einkommen und Ertrag
770 Gewerbeertragsteuer
771 Körperschaftsteuer
772 Kapitalertragsteuer
773 Ausländische Quellensteuer
774 Frei
775 Latente Steuern
776/778 Frei
779 Sonstige Steuern vom Einkommen und Ertrag

78 Sonstige Steuern
(781 Ausfuhrzölle)

79 Aufwendungen aus Gewinnabführungsvertrag

<table>
<tr><th colspan="2">Kontenklasse 8</th><th>Kontenklasse 9</th></tr>
<tr><th colspan="2">Ergebnisrechnungen</th><th>Kosten- und Leistungsrechnung</th></tr>
<tr>
<td>

80 Eröffnung/Abschluss
800 Eröffnungsbilanzkonto
801 Schlussbilanzkonto
802 GuV-Konto nach Gesamtkostenverfahren
803 Guv-Konto nach Umsatzkostenverfahren

Konten der Kostenbereiche für die GuV-Rechnung im Umsatzkostenverfahren

81 Herstellungskosten
810 Fertigungsmaterial
811 Fertigungsfremdleistungen
812 Fertigungslöhne und -gehälter
813 Sondereinzelkosten der Fertigung
814 Primärgemeinkosten des Materialbereichs
815 Primärgemeinkosten des Fertigungsbereichs
816 Sekundärgemeinkosten des Materialbereichs
817 Sekundärgemeinkosten des Fertigungsbereichs

82 Vertriebskosten

83 Allgemeine Verwaltungskosten

84 Sonstige betriebliche Aufwendungen

Konten der kurzfristigen Erfolgsrechnung (KER) für innerjährige Rechnungsperioden (Monat, Quartal oder Halbjahr)

85 Korrekturkonten zu den Erträgen der Kontenklasse 5
850 Umsatzerlöse
851 Frei
852 Bestandsveränderungen
853 Andere aktivierte Eigenleistungen
854 Sonstige betriebliche Erträge
855 Erträge aus Beteiligungen
856 Erträge aus anderen Wertpapieren und Ausleihungen des Finanzvermögens
857 Sonstige Zinsen und ähnliche Erträge
858 Außerordentliche Erträge

86 Korrekturkonten zu den Aufwendungen der Kontenklasse 6
860 Aufwendungen für Roh-, Hilfs- und Betriebsstoffe und für bezogene Waren
861 Aufwendungen für bezogene Leistungen
862 Löhne
863 Gehälter
864 Soziale Abgaben und Aufwendungen für Altersversorgung und für Unterstützung
865 Abschreibungen
866 Sonstige Personalaufwendungen
867 Aufwendungen für die Inanspruchnahme von Rechten und Diensten
868 Aufwendung für Kommunikation (Dokumentation, Information, Reisen, Werbung)
869 Aufwendungen für Beiträge und Sonstiges sowie Wertkorrekturen und periodenfremde Aufwendungen

</td>
<td>

87 Korrekturkonten zu den Aufwendungen der Kontenklasse 7
870 Betriebliche Steuern
871/873 Frei
874 Abschreibungen auf Finanzanlagen und auf Wertpapiere des Umlaufvermögens und Verluste aus entsprechenden Abgängen
875 Zinsen und ähnliche Aufwendungen
876 Außerordentliche Aufwendungen
877 Steuern vom Einkommen und Ertrag
878 Sonstige Steuern
879 Frei

88 Gewinn- und Verlustrechnung (GuV) für die kurzfristige Erfolgsrechung (KER)
880 Gesamtkostenverfahren
881 Umsatzkostenverfahren

89 Innerjährige Rechnungsabgrenzung
(alternativ zu 298 bzw. 498)
890 Aktive Rechnungsabgrenzung
895 Passive Rechnungsabgrenzung

Die Kontengruppen 85-87 erfassen die Gegenbuchungen zur KER auf Konto 880. Gleichzeitig enthalten sie die Abgrenzungsbeträge dieser periodenbereinigten Aufwendungen und Erträge zu den Salden der Kontenklasse 5-7. Die Gegenbuchung der Abgrenzungsbeträge erfolgt auf entsprechenden Konten der innerjährigen Rechnungsabgrenzung z. B. 298 bzw. 498 oder 890 bzw. 895.

</td>
<td>

90 Unternehmensbezogene Abgrenzungen
(betriebsfremde Aufwendungen und Erträge)

91 Kostenrechnerische Korrekturen

92 Kostenarten und Leistungsarten

93 Kostenstellen

94 Kostenträger

95 Fertige Erzeugnisse

96 Interne Lieferungen und Leistungen sowie deren Kosten

97 Umsatzkosten

98 Umsatzleistungen

99 Ergebnisausweise

In der Praxis wird die KLR gewöhnlich tabellarisch durchgeführt. Es wird auf die dreibändigen BDI-Empfehlungen zur Kosten- und Leistungsrechnung hingewiesen.

</td>
</tr>
</table>

A.5 DATEV-Kontenrahmen SKR 03

(Gültig ab 2010)

Kontenklasse 0		Bilanzposten[2]
Anlage- und Kapitalkonten		
0001	**Aufwendungen für die Ingangsetzung und Erweiterung des Geschäftsbetriebs**	Aufwendungen für die Ingangsetzung und Erweiterung des Geschäftsbetriebs
	Immaterielle Vermögensgegenstände	
0010	**Entgeltlich erworbene Konzessionen, gewerbliche Schutzrechte und ähnliche Rechte und Werte sowie Lizenzen an solchen Rechten und Werten**[8]	Entgeltlich erworbene Konzessionen, gewerbliche Schutzrechte und ähnliche Rechte und Werte sowie Lizenzen an solchen Rechten und Werten
0015	Konzessionen	
0020	Gewerbliche Schutzrechte	
0025	Ähnliche Rechte und Werte	
0027	EDV-Software	
0030	Lizenzen an gewerblichen Schutzrechten und ähnlichen Rechten und Werten	
0035	**Geschäfts- oder Firmenwert**	Geschäfts- oder Firmenwert
0038	**Anzahlungen auf Geschäfts- oder Firmenwert**	Geleistete Anzahlungen
0039	**Anzahlungen auf immaterielle Vermögensgegenstände**	
0040	**Verschmelzungsmehrwert**	Geschäfts- oder Firmenwert
0043	**Selbst geschaffene immaterielle Vermögensgegenstände**[1]	Selbst geschaffene gewerbliche Schutzrechte und ähnliche Rechte und Werte
0044	EDV-Software[1]	
0045	Lizenzen und Franchiseverträge[1]	
0046	Konzessionen und gewerbliche Schutzrechte[1]	
0047	Rezepte, Verfahren, Prototypen[1]	
0048	Immatrielle Vermögensgegenstände in Entwicklung[1]	
	Sachanlagen	
0050	**Grundstücke, grundstücksgleiche Rechte und Bauten einschließlich der Bauten auf fremden Grundstücken**	Grundstücke, grundstücksgleiche Rechte und Bauten einschließlich der Bauten auf fremden Grundstücken
0059	Grundstücksanteil des häuslichen Arbeitszimmers	
0060	**Grundstücke und grundstücksgleiche Rechte ohne Bauten**	
0065	Unbebaute Grundstücke	
0070	Grundstücksgleiche Rechte (Erbbaurecht, Dauerwohnrecht)	
0075	Grundstücke mit Substanzverzehr	
0079	Anzahlungen auf Grundstücke und grundstücksgleiche Rechte ohne Bauten	Geleistete Anzahlungen und Anlagen im Bau
0080	**Bauten auf eigenen Grundstücken und grundstücksgleichen Rechten**	Grundstücke, grundstücksgleiche Rechte und Bauten einschließlich der Bauten auf fremden Grundstücken
0085	Grundstückswerte eigener bebauter Grundstücke	
0090	Geschäftsbauten	
0100	Fabrikbauten	
0110	Garagen	
0111	Außenanlagen	
0112	Hof- und Wegebefestigungen	
0113	Einrichtungen für Geschäfts- und Fabrikbauten	
0115	Andere Bauten	
0120	Geschäfts-, Fabrik- und andere Bauten im Bau	Geleistete Anzahlungen und Anlagen im Bau
0129	Anzahlungen auf Geschäfts-, Fabrik- und andere Bauten auf eigenen Grundstücken und grundstücksgleichen Rechten	

Kontenklasse 0		Bilanzposten[2]
Anlage- und Kapitalkonten		
0140	Wohnbauten	Grundstücke, grundstücksgleiche Rechte und Bauten einschließlich der Bauten auf fremden Grundstücken
0145	Garagen	
0146	Außenanlagen	
0147	Hof- und Wegebefestigungen	
0148	Einrichtungen für Wohnbauten	
0149	Gebäudeteil des häuslichen Arbeitszimmers	
0150	Wohnbauten im Bau	Geleistete Anzahlungen und Anlagen im Bau
0159	Anzahlungen auf Wohnbauten auf eigenen Grundstücken und grundstücksgleichen Rechten	
0160	**Bauten auf fremden Grundstücken**	Grundstücke, grundstücksgleiche Rechte und Bauten einschließlich der Bauten auf fremden Grundstücken
0165	Geschäftsbauten	
0170	Fabrikbauten	
0175	Garagen	
0176	Außenanlagen	
0177	Hof- und Wegebefestigungen	
0178	Einrichtungen für Geschäfts- und Fabrikbauten	
0179	Andere Bauten	
0180	Geschäfts-, Fabrik- und andere Bauten im Bau	Geleistete Anzahlungen und Anlagen im Bau
0189	Anzahlungen auf Geschäfts-, Fabrik- und andere Bauten auf fremden Grundstücken	
0190	Wohnbauten	Grundstücke, grundstücksgleiche Rechte und Bauten einschließlich der Bauten auf fremden Grundstücken
0191	Garagen	
0192	Außenanlagen	
0193	Hof- und Wegebefestigungen	
0194	Einrichtungen für Wohnbauten	
0195	Wohnbauten im Bau	Geleistete Anzahlungen und Anlagen im Bau
0199	Anzahlungen auf Wohnbauten auf fremden Grundstücken	
0200	**Technische Anlagen und Maschinen**	Technische Anlagen und Maschinen
0210	Maschinen	
0220	Maschinengebundene Werkzeuge	
0240	Maschinelle Anlagen	
0260	Transportanlagen und Ähnliches	
0280	Betriebsvorrichtungen	
0290	Technische Anlagen und Maschinen im Bau	Geleistete Anzahlungen und Anlagen im Bau
0299	Anzahlungen auf technische Anlagen und Maschinen	
0300	**Andere Anlagen, Betriebs- und Geschäftsausstattung**	Andere Anlagen, Betriebs- und Geschäftsausstattung
0310	Andere Anlagen	
0320	Pkw	
0350	Lkw	
0380	Sonstige Transportmittel	
0400	Betriebsausstattung	
0410	Geschäftsausstattung	
0420	Büroeinrichtung	
0430	Ladeneinrichtung	
0440	Werkzeuge	
0450	Einbauten	
0460	Gerüst- und Schalungsmaterial	
0480	Geringwertige Wirtschaftsgüter	
0485	Wirtschaftsgüter größer 150 bis 1.000 Euro (Sammelposten)[8]	
0490	Sonstige Betriebs- und Geschäftsausstattung	
0498	Andere Anlagen, Betriebs- und Geschäftsausstattung im Bau	Geleistete Anzahlungen und Anlagen im Bau
0499	Anzahlungen auf andere Anlagen, Betriebs- und Geschäftsausstattung	

Konto	Kontenklasse 0 – Anlage- und Kapitalkonten	Bilanzposten[2]
	Finanzanlagen	
0500	**Anteile an verbundenen Unternehmen (Anlagevermögen)**	Anteile an verbundenen Unternehmen
0504	**Anteile an herrschender oder mehrheitlich beteiligter Gesellschaft**	
0505	**Ausleihungen an verbundene Unternehmen**	Ausleihungen an verbundene Unternehmen
0510	**Beteiligungen**	Beteiligungen
0513	Typisch stille Beteiligungen	
0516	Atypisch stille Beteiligungen	
0517	Andere Beteiligungen an Kapitalgesellschaften	
0518	Andere Beteiligungen an Personengesellschaften	
0519	Beteiligung einer GmbH & Co.KG an einer Komplementär GmbH	
0520	**Ausleihungen an Unternehmen, mit denen ein Beteiligungsverhältnis besteht**	Ausleihungen an Unternehmen, mit denen ein Beteiligungsverhältnis besteht
0525	**Wertpapiere des Anlagevermögens**	Wertpapiere des Anlagevermögens
0530	Wertpapiere mit Gewinnbeteiligungsansprüchen, die dem Teileinkünfteverfahren unterliegen	
0535	Festverzinsliche Wertpapiere	
0540	**Sonstige Ausleihungen**	Sonstige Ausleihungen
0550	Darlehen	
0570	**Genossenschaftsanteile zum langfristigen Verbleib**	Genossenschaftsanteile
0580	Ausleihungen an Gesellschafter	Sonstige Ausleihungen
0590	Ausleihungen an nahe stehende Personen	
0595	**Rückdeckungsansprüche aus Lebensversicherungen zum langfristigen Verbleib**	Rückdeckungsansprüche aus Lebensversicherungen
	Verbindlichkeiten	
0600	**Anleihen** nicht konvertibel	Anleihen
0601	– Restlaufzeit bis 1 Jahr	
0605	– Restlaufzeit 1 bis 5 Jahre	
0610	– Restlaufzeit größer 5 Jahre	
0615	Anleihen konvertibel	
0616	– Restlaufzeit bis 1 Jahr	
0620	– Restlaufzeit 1 bis 5 Jahre	
0625	– Restlaufzeit größer 5 Jahre	
0630	**Verbindlichkeiten gegenüber Kreditinstituten**	Verbindlichkeiten gegenüber Kreditinstituten oder *Kassenbestand, Bundesbankguthaben, Guthaben bei Kreditinstituten und Schecks*
0631	– Restlaufzeit bis 1 Jahr	
0640	– Restlaufzeit 1 bis 5 Jahre	
0650	– Restlaufzeit größer 5 Jahre	
0660	Verbindlichkeiten gegenüber Kreditinstituten aus Teilzahlungsverträgen	
0661	– Restlaufzeit bis 1 Jahr	
0670	– Restlaufzeit 1 bis 5 Jahre	
0680	– Restlaufzeit größer 5 Jahre	
0690-98	(frei, in Bilanz kein Restlaufzeitvermerk)	
0699	Gegenkonto 0630-0689 bei Aufteilung der Konten 0690-0698	Verbindlichkeiten gegenüber Kreditinstituten
0700	**Verbindlichkeiten gegenüber verbundenen Unternehmen**	Verbindlichkeiten gegenüber verbundenen Unternehmen oder *Forderungen gegen verbundene Unternehmen*
0701	– Restlaufzeit bis 1 Jahr	
0705	– Restlaufzeit 1 bis 5 Jahre	
0710	– Restlaufzeit größer 5 Jahre	
0715	**Verbindlichkeiten gegenüber Unternehmen, mit denen ein Beteiligungsverhältnis besteht**	Verbindlichkeiten gegenüber Unternehmen, mit denen ein Beteiligungsverhältnis besteht oder *Forderungen gegen Unternehmen, mit denen ein Beteiligungsverhältnis besteht*
0716	– Restlaufzeit bis 1 Jahr	
0720	– Restlaufzeit 1 bis 5 Jahre	
0725	– Restlaufzeit größer 5 Jahre	
0730	**Verbindlichkeiten gegenüber Gesellschaftern**	Sonstige Verbindlichkeiten
0731	– Restlaufzeit bis 1 Jahr	
0740	– Restlaufzeit 1 bis 5 Jahre	
0750	– Restlaufzeit größer 5 Jahre	
0755	Verbindlichkeiten gegenüber Gesellschaftern für offene Ausschüttungen	
0760	Darlehen typisch stiller Gesellschafter	
0761	– Restlaufzeit bis 1 Jahr	
0764	– Restlaufzeit 1 bis 5 Jahre	
0767	– Restlaufzeit größer 5 Jahre	
0770	Darlehen atypisch stiller Gesellschafter	
0771	– Restlaufzeit bis 1 Jahr	
0774	– Restlaufzeit 1 bis 5 Jahre	
0777	– Restlaufzeit größer 5 Jahre	
0780	Partiarische Darlehen	
0781	– Restlaufzeit bis 1 Jahr	
0784	– Restlaufzeit 1 bis 5 Jahre	
0787	– Restlaufzeit größer 5 Jahre	
0790-98	(frei, in Bilanz kein Restlaufzeitvermerk)	
0799	Gegenkonto 0730-0789 bei Aufteilung der Konten 0790-0798	
	Kapital Kapitalgesellschaft	
0800	**Gezeichnetes Kapital**[17]	Gezeichnetes Kapital
0801-08	**Ausstehende Einlagen auf das gezeichnete Kapital,** nicht eingefordert (Aktivausweis[14]	Ausstehende Einlagen auf das gezeichnete Kapital
0809	Kapitalerhöhung aus Gesellschaftsmitteln[1]	Gezeichnetes Kapital
0810-18	Ausstehende Einlagen auf das gezeichnete Kapital, eingefordert (Aktivausweis)	Ausstehende Einlagen auf das gezeichnete Kapital
0819	Erworbene eigene Anteile[1]	Eigene Anteile
0820-29	Ausstehende Einlagen auf das gezeichnete Kapital, nicht eingefordert (Passivausweis, von gezeichnetem Kapital offen abgesetzt; eingeforderte ausstehende Einlagen s. Konten 0830-0838),	Nicht eingeforderte ausstehende Einlagen
0830-38	Ausstehende Einlagen auf das gezeichnete Kapital, eingefordert (Forderungen, nicht eingeforderte ausstehende Einlagen s. Konten 0820-0829)	Eingeforderte, noch ausstehende Kapitaleinlagen
0839	Eingeforderte Nachschüsse (Forderungen, Gegenkonto 0845)	Eingeforderte Nachschüsse

Kontenklasse 0 Anlage- und Kapitalkonten		Bilanzposten[2]
	Kapitalrücklage	
0840	**Kapitalrücklage**[17]	Kapitalrücklage
0841	Kapitalrücklage durch Ausgabe von Anteilen über Nennbetrag[17]	
0842	Kapitalrücklage durch Ausgabe von Schuldverschreibungen für Wandlungsrechte und Optionsrechte zum Erwerb von Anteilen[17]	
0843	Kapitalrücklage durch Zuzahlungen gegen Gewährung eines Vorzugs für Anteile[17]	
0844	Kapitalrücklage durch andere Zuzahlungen in das Eigenkapital[17]	
0845	Eingefordertes Nachschusskapital (Gegenkonto 0839)[17]	
	Gewinnrücklagen	
0846	**Gesetzliche Rücklage**[17]	Gesetzliche Rücklage
0848	Andere Gewinnrücklagen aus dem Erwerb eigener Anteile[1]	Andere Gewinnrücklagen
0849	Rücklage für Anteile an einem herrschenden oder mehrheitlich beteiligten Unternehmen[1]	Rücklagen für Anteile an einem herrscheinden oder mehrheitlich beteiligten Unternehmen
0850	**Rücklage für eigene Anteile**[14)17]	Rücklage für eigene Anteile
0851	**Satzungsmäßige Rücklagen**[17]	Satzungsmäßige Rücklagen
0853	**Gewinnrücklagen aus den Übergangsvorschriften BilMoG**[1]	Andere Gewinnrücklagen
0854	Gewinnrücklagen aus den Übergangsvorschriften BilMoG (Zuschreibung Sachanlagevermögen)[1]	
0855	**Andere Gewinnrücklagen**[17]	
0856	Eigenkapitalanteil von Wertaufholungen[17]	
0857	Gewinnrücklagen aus den Übergangsvorschriften BilMoG (Zuschreibung Finanzanlagevermögen)[1]	
0858	Gewinnrücklagen aus den Übergangsvorschriften BilMoG (Auflösung der Sonderposten mit Rücklageanteil)[1]	
0859	Latente Steuern (Gewinnrücklage Haben) aus erfolgsneutralen Verrechnungen[1]	
0860	**Gewinnvortrag vor Verwendung**[17]	Gewinnvortrag oder *Verlustvortrag*
0868	**Verlustvortrag vor Verwendung**[17]	
0869	**Vortrag auf neue Rechnung (Bilanz)**[17]	Vortrag auf neue Rechnung
	Kapital	
	Eigenkapital Vollhafter/Einzelunternehmer	
0870-79	Festkapital	
0880-89	Variables Kapital	
	Fremdkapital Vollhafter	
0890-99	Gesellschafter-Darlehen[12]	
	Eigenkapital Teilhafter	
0900-09	Kommandit-Kapital	
0910-19	Verlustausgleichskonto	

Kontenklasse 0 Anlage- und Kapitalkonten		Bilanzposten[2]
	Fremdkapital Teilhafter	
0920-29	Gesellschafter-Darlehen[12]	
	Sonderposten mit Rücklageanteil	
0930	Sonderposten mit Rücklageanteil, steuerfreie Rücklagen[6]	Sonderposten mit Rücklageanteil
0931	Sonderposten mit Rücklageanteil nach § 6b EStG	
0932	Sonderposten mit Rücklageanteil nach EStR R 6.6	
0939	Sonderposten mit Rücklageanteil nach § 52 Abs. 16 EStG	
0940	Sonderposten mit Rücklageanteil, Sonderabschreibungen[6]	
0943	Sonderposten mit Rücklageanteil nach § 7g Abs. 2 EStG n.F.	
0947	Sonderposten mit Rücklageanteil nach § 7g Abs. 1 EStG a.F./ § 7g Abs. 5 EStG n.F.	
0948	Sonderposten mit Rücklageanteil nach § 7g Abs. 3 und 7 EStG a.F.	
0949	Sonderposten für Zuschüsse und Zulagen	Sonderposten für Zuschüsse und Zulagen
	Rückstellungen	
0950	**Rückstellungen für Pensionen und ähnliche Verpflichtungen**	Rückstellungen für Pensionen und ähnliche Verpflichtungen
0951	Rückstellungen für Pensionen und ähnliche Verpflichtungen zur Saldierung mit Vermögensgegenständen zum langfristigen Verbleib nach § 246 Abs. 2 HGB[1]	Rückstellungen für Pensionen und ähnliche Verpflichtungen oder *Aktiver Unterschiedsbetrag aus der Vermögensverrechnung*
0955	**Steuerrückstellungen**	Steuerrückstellungen
0956	Gewerbesteuerrückstellung, § 4 Abs. 5b EStG	
0957	Gewerbesteuerrückstellung	
0963	Körperschaftsteuerrückstellung	
0965	Rückstellungen für Personalkosten	Sonstige Rückstellungen
0966	Rückstellungen zur Erfüllung der Aufbewahrungspflichten	
0968	Passive latente Steuern[1]	Passive latente Steuern
0969	Rückstellung für latente Steuern	Steuerrückstellungen
0970	Sonstige Rückstellungen	Sonstige Rückstellungen
0971	Rückstellungen für unterlassene Aufwendungen für Instandhaltung, Nachholung in den ersten drei Monaten	
0972	Rückstellungen für unterlassene Aufwendungen für Instandhaltung, Nachholung innerhalb des 4. bis 12. Monats[14)20]	
0973	Rückstellungen für Abraum- und Abfallbeseitigung	
0974	Rückstellungen für Gewährleistungen (Gegenkonto 4790)	
0976	Rückstellungen für drohende Verluste aus schwebenden Geschäften	
0977	Rückstellungen für Abschluss- und Prüfungskosten	
0978	Aufwandsrückstellungen gemäß § 249 Abs. 2 HGB a.F.[8]	
0979	Rückstellungen für Umweltschutz	

Kontenklasse 0		Bilanzposten[2]
Anlage- und Kapitalkonten		
	Abgrenzungsposten	
0980	**Aktive Rechnungsabgrenzung**	Rechnungsabgrenzungsposten (Aktiva)
0983	Aktive latente Steuern[8]	Aktive latente Steuern
0984	Als Aufwand berücksichtigte Zölle und Verbrauchsteuern auf Vorräte	Rechnungsabgrenzungsposten (Aktiva)
0985	Als Aufwand berücksichtigte Umsatzsteuer auf Anzahlungen	
0986	Damnum/Disagio	
0987	Rechnungsabgrenzungsposten (Gewinnrücklage Soll) aus erfolgsneutralen Verrechnungen[1]	Andere Gewinnrücklagen
0988	Latente Steuern (Gewinnrücklage Soll) aus erfolgsneutralen Verrechnungen[1]	
0990	**Passive Rechnungsabgrenzung**	Rechnungsabgrenzungsposten (Passiva)
0992	**Abgrenzungen unterjährig pauschal gebuchter Abschreibungen für BWA**	Sonstige Aktiva oder *sonstige Passiva*
0996	Pauschalwertberichtigung auf Forderungen mit einer Restlaufzeit bis zu 1 Jahr	Forderungen aus Lieferungen und Leistungen H-Saldo
0997	Pauschalwertberichtigung auf Forderungen mit einer Restlaufzeit von mehr als 1 Jahr	
0998	Einzelwertberichtigungen auf Forderungen mit einer Restlaufzeit bis zu 1 Jahr	
0999	Einzelwertberichtigungen auf Forderungen mit einer Restlaufzeit von mehr als 1 Jahr	

Kontenklasse 1		Bilanzposten[2]
Finanz- und Privatkonten		

KU	1000-1371
V	1372
KU	1373-1509
V	1510-1520
KU	1521-1709
M	1710-1729
KU	1730-1868
V	1869[10]
KU	1870-1878
M	1879[10]
KU	1880-1999

Konto	Bezeichnung	Bilanzposten[2]
	Kassenbestand, Bundesbank- und Postbankguthaben, Guthaben bei Kreditinstituten und Schecks	
F 1000	**Kasse**	Kassenbestand, Bundesbankguthaben, Guthaben bei Kreditinstituten und Schecks
F 1010	Nebenkasse 1	
F 1020	Nebenkasse 2	
F 1100	**Postbank**	Kassenbestand, Bundesbankguthaben, Guthaben bei Kreditinstituten und Schecks oder *Verbindlichkeiten gegenüber Kreditinstituten*
F 1110	Postbank 1	
F 1120	Postbank 2	
F 1130	Postbank 3	
F 1190	LZB-Guthaben	
F 1195	Bundesbankguthaben	
F 1200	**Bank**	
F 1210	Bank 1	
F 1220	Bank 2	
F 1230	Bank 3	
F 1240	Bank 4	
F 1250	Bank 5	
1290	Finanzmittelanlagen im Rahmen der kurzfristigen Finanzdisposition	
1295	Verbindlichkeiten gegenüber Kreditinstituten (nicht im Finanzmittelfonds enthalten)	
F 1300	Wechsel aus Lieferungen und Leistungen	Forderungen aus Lieferungen und Leistungen oder *sonstige Verbindlichkeiten*
F 1301	– Restlaufzeit bis 1 Jahr	
F 1302	– Restlaufzeit größer 1 Jahr	
F 1305	Wechsel aus Lieferungen und Leistungen, bundesbankfähig	
1310	Besitzwechsel gegen verbundene Unternehmen	Forderungen gegen verbundene Unternehmen oder Verbindlichkeiten gegenüber verbundenen Unternehmen
1311	– Restlaufzeit bis 1 Jahr	
1312	– Restlaufzeit größer 1 Jahr	
1315	Besitzwechsel gegen verbundene Unternehmen, bundesbankfähig	
1320	Besitzwechsel gegen Unternehmen, mit denen ein Beteiligungsverhältnis besteht	Forderungen gegenüber Unternehmen, mit denen ein Beteiligungsverhältnis besteht oder *Verbindlichkeiten gegenüber Unternehmen, mit denen ein Beteiligungsverhältnis besteht*
1321	– Restlaufzeit bis 1 Jahr	
1322	– Restlaufzeit größer 1 Jahr	
1325	Besitzwechsel gegen Unternehmen, mit denen ein Beteiligungsverhältnis besteht, bundesbankfähig	
1327	Finanzwechsel	Sonstige Wertpapiere
1329	Andere Wertpapiere mit unwesentlichen Wertschwankungen im Sinne Textziffer 18 DRS 2	
F 1330	**Schecks**	Kassenbestand, Bundesbankguthaben, Guthaben bei Kreditinstituten und Schecks

Kontenklasse 1	Finanz- und Privatkonten	Bilanzposten[2)]
	Wertpapiere	
1340	**Anteile an verbundenen Unternehmen (Umlaufvermögen)**	Anteile an verbundenen Unternehmen
1344	**Anteile an herrschender oder mit Mehrheit beteiligter Gesellschaft**	
1345	**Eigene Anteile**[14)]	Eigene Anteile
1348	**Sonstige Wertpapiere**	Sonstige Wertpapiere
1349	Wertpapieranlagen im Rahmen der kurzfristigen Finanzdisposition	
	Forderungen und sonstige Vermögensgegenstände	
1350	GmbH-Anteile zum kurzfristigen Verbleib	Sonstige Vermögensgegenstände
1352	Genossenschaftsanteile zum kurzfristigen Verbleib	
1355	Ansprüche aus Rückdeckungsversicherungen	
1356	Vermögensgegenstände zur Erfüllung von Pensionsrückstellungen und ähnlichen Verpflichtungen zum langfristigen Verbleib[1)]	
1357	Vermögensgegenstände zur Saldierung mit Pensionsrückstellungen und ähnlichen Verpflichtungen zum langfristigen Verbleib nach § 246 Abs. 2 HGB[1)]	Aktiver Unterschiedsbetrag aus der Vermögensverrechnung oder Rückstellungen für Pensionen und ähnliche Verpflichtungen
F 1358-59		
F 1360	Geldtransit	Sonstige Vermögensgegenstände oder *sonstige Verbindlichkeiten*
F 1370	Verrechnungskonto für Gewinnermittlung § 4/3 EStG, ergebniswirksam	
F 1371	Verrechnungskonto für Gewinnermittlung § 4/3 EStG, nicht ergebniswirksam	
1372	Wirtschaftsgüter des Umlaufvermögens gemäß § 4 Abs. 3 Satz 4 EStG	
F 1380	Überleitungskonto Kostenstelle	
F 1390	Verrechnungskonto Ist-Versteuerung	
S 1400	**Forderungen aus Lieferungen und Leistungen**	Forderungen aus Lieferungen und Leistungen oder *sonstige Verbindlichkeiten*
R 1401-06	Forderungen aus Lieferungen und Leistungen	
F 1410-44	Forderungen aus Lieferungen und Leistungen ohne Kontokorrent	
F 1445	Forderungen aus Lieferungen und Leistungen zum allgemeinen Umsatzsteuersatz oder eines Kleinunternehmers (EÜR)[13)]	
F 1446	Forderungen aus Lieferungen und Leistungen zum ermäßigten Umsatzsteuersatz (EÜR)[13)]	
F 1447	Forderungen aus steuerfreien oder nicht steuerbaren Lieferungen und Leistungen (EÜR)[13)]	
F 1448	Forderungen aus Lieferungen und Leistungen nach Durchschnittssätzen gemäß § 24 UStG (EÜR)[13)]	
F 1449	Gegenkonto 1445-1448 bei Aufteilung der Forderung nach Steuersätzen (EÜR)[13)]	
F 1450	Forderungen nach § 11 Abs. 1 Satz 2 EStG für § 4/3 EStG	
F 1451	Forderungen aus Lieferungen und Leistungen ohne Kontokorrent – Restlaufzeit bis 1 Jahr	
F 1455	– Restlaufzeit größer 1 Jahr	
F 1460	Zweifelhafte Forderungen	
F 1461	– Restlaufzeit bis 1 Jahr	
F 1465	– Restlaufzeit größer 1 Jahr	

Kontenklasse 1	Finanz- und Privatkonten	Bilanzposten[2)]
F 1470	Forderungen aus Lieferungen und Leistungen gegen verbundene Unternehmen	Forderungen gegen verbundene Unternehmen oder Verbindlichkeiten gegenüber verbundenen Unternehmen
F 1471	– Restlaufzeit bis 1 Jahr	
F 1475	– Restlaufzeit größer 1 Jahr	
1478	Wertberichtigungen auf Forderungen mit einer Restlaufzeit bis zu 1 Jahr gegen verbundene Unternehmen	Forderungen gegen verbundene Unternehmen H-Saldo
1479	Wertberichtigungen auf Forderungen mit einer Restlaufzeit von mehr als 1 Jahr gegen verbundene Unternehmen	
F 1480	Forderungen aus Lieferungen und Leistungen gegen Unternehmen, mit denen ein Beteiligungsverhältnis besteht	Forderungen gegen Unternehmen, mit denen ein Beteiligungsverhältnis besteht oder *Verbindlichkeiten gegenüber Unternehmen, mit denen ein Beteiligungsverhältnis besteht*
F 1481	– Restlaufzeit bis 1 Jahr	
F 1485	– Restlaufzeit größer 1 Jahr	
1488	Wertberichtigungen auf Forderungen mit einer Restlaufzeit bis zu 1 Jahr gegen Unternehmen, mit denen ein Beteiligungsverhältnis besteht	Forderungen gegen Unternehmen, mit denen ein Beteiligungsverhältnis besteht H-Saldo
1489	Wertberichtigungen auf Forderungen mit einer Restlaufzeit von mehr als 1 Jahr gegen Unternehmen, mit denen ein Beteiligungsverhältnis besteht	
F 1490	Forderungen aus Lieferungen und Leistungen gegen Gesellschafter	Forderungen aus Lieferungen und Leistungen oder *sonstige Verbindlichkeiten*
F 1491	– Restlaufzeit bis 1 Jahr	
F 1495	– Restlaufzeit größer 1 Jahr	
1498	Gegenkonto zu sonstigen Vermögensgegenständen bei Buchungen über Debitorenkonto	Forderungen aus Lieferungen und Leistungen H-Saldo
1499	Gegenkonto 1451-1497 bei Aufteilung Debitorenkonto	Forderungen aus Lieferungen und Leistungen H-Saldo oder *sonstige Verbindlichkeiten S-Saldo*
1500	**Sonstige Vermögensgegenstände**	Sonstige Vermögensgegenstände
1501	– Restlaufzeit bis 1 Jahr	
1502	– Restlaufzeit größer 1 Jahr	
1503	Forderungen gegen Vorstandsmitglieder und Geschäftsführer – Restlaufzeit bis 1 Jahr	
1504	Forderungen gegen Vorstandsmitglieder und Geschäftsführer – Restlaufzeit größer 1 Jahr	
1505	Forderungen gegen Aufsichtsrats- und Beiratsmitglieder – Restlaufzeit bis 1 Jahr	
1506	Forderungen gegen Aufsichtsrats- und Beiratsmitglieder – Restlaufzeit größer 1 Jahr	
1507	Forderungen gegen Gesellschafter – Restlaufzeit bis 1 Jahr	
1508	Forderungen gegen Gesellschafter – Restlaufzeit größer 1 Jahr	

Kontenklasse 1	Finanz- und Privatkonten	Bilanzposten[2]
1510	**Geleistete Anzahlungen auf Vorräte**	Geleistete Anzahlungen
AV 1511	Geleistete Anzahlungen, 7 % Vorsteuer	
R 1512-15		
AV 1516	Geleistete Anzahlungen, 15 % Vorsteuer	
AV 1517	Geleistete Anzahlungen, 16 % Vorsteuer	
AV 1518	Geleistete Anzahlungen 19 % Vorsteuer	
1521	Agenturwarenabrechnung	Sonstige Vermögensgegenstände
1525	Kautionen	
1526	– Restlaufzeit bis 1 Jahr	
1527	– Restlaufzeit größer 1 Jahr	
F 1528	Nachträglich abziehbare Vorsteuer § 15a Abs. 2 UStG	Sonstige Vermögensgegenstände oder *sonstige Verbindlichkeiten*
F 1429	Zurückzuzahlende Vorsteuer, § 15a Abs. 2 UStG	
1530	Forderungen gegen Personal aus Lohn- und Gehaltsabrechnung	Sonstige Vermögensgegenstände
1531	– Restlaufzeit bis 1 Jahr	
1537	– Restlaufzeit größer 1 Jahr	
1538	Körperschaftssteuerguthaben nach § 37 KStG	
1539	– Restlaufzeit größer 1 Jahr	
1540	Steuerüberzahlungen	
1542	Steuererstattungsansprüche gegenüber anderen EU-Ländern	
F 1543	Forderungen an das Finanzamt aus abgeführtem Bauabzugsbetrag	
1544	Forderungen gegenüber Bundesagentur für Arbeit[1]	
1545	Umsatzsteuerforderungen	
1547	Forderungen aus entrichteten Verbrauchsteuern	
1548	Vorsteuer im Folgejahr abziehbar	Sonstige Vermögensgegenstände oder *sonstige Verbindlichkeiten*
1549	Körperschaftsteuerrückforderung	Sonstige Vermögensgegenstände
1550	Darlehen	
1551	– Restlaufzeit bis 1 Jahr	
1555	– Restlaufzeit größer 1 Jahr	
F 1556	Nachträglich abziehbare Vorsteuer, § 15a UStG, bewegliche Wirtschaftsgüter	Sonstige Vermögensgegenstände oder *sonstige Verbindlichkeiten*
F 1557	Zurückzuzahlende Vorsteuer, § 15a UStG, bewegliche Wirtschaftsgüter	
F 1558	Nachträglich abziehbare Vorsteuer, § 15a UStG, unbewegliche Wirtschaftsgüter	
F 1559	Zurückzuzahlende Vorsteuer, § 15a UStG, unbewegliche Wirtschaftsgüter	
S 1560	Aufzuteilende Vorsteuer	
S 1561	Aufzuteilende Vorsteuer 7 %	
S 1562	Aufzuteilende Vorsteuer aus innergemeinschaftlichem Erwerb	
S 1563	Aufzuteilende Vorsteuer aus innergemeinschaftlichem Erwerb 19 %	
R 1564-65		
S 1566	Aufzuteilende Vorsteuer 19 %	
S 1567	Aufzuteilende Vorsteuer nach §§ 13a/13b UStG	
R 1568		
S 1569	Aufzuteilende Vorsteuer nach §§ 13a/13b UStG 19 %	
S 1570	Abziehbare Vorsteuer	
S 1571	Abziehbare Vorsteuer 7 %	
S 1572	Abziehbare Vorsteuer aus innergemeinschaftlichem Erwerb	
R 1573		
S 1574	Abziehbare Vorsteuer aus innergemeinschaftlichem Erwerb 19 %	
R 1575		
S 1576	Abziehbare Vorsteuer 19 %	
S 1577	Abziehbare Vorsteuer nach § 13b UStG 19 %	
S 1578	Abziehbare Vorsteuer nach § 13b UStG	
R 1579		

Kontenklasse 1	Finanz- und Privatkonten	Bilanzposten[2]
1580	Gegenkonto Vorsteuer § 4/3 EStG	Sonstige Vermögensgegenstände oder *sonstige Verbindlichkeiten*
1581	Auflösung Vorsteuer aus Vorjahr § 4/3 EStG	
1582	Vorsteuer aus Investitionen § 4/3 EStG	
1583	Gegenkonto für Vorsteuer nach Durchschnittssätzen für § 4 Abs. 3 EStG[13]	
S 1584	Abziehbare Vorsteuer aus innergemeinschaftlichem Erwerb von Neufahrzeugen von Lieferanten ohne USt-IdNr	
S1585	Abziehbare Vorsteuer aus der Auslagerung von Gegenständen aus einem Umsatzsteuerlager	
R 1586		
F 1587	Vorsteuer nach allgemeinen Durchschnittssätzen UStVA Kz. 63	
F 1588	Bezahlte Einfuhrumsatzsteuer	
R 1589		
1590	Durchlaufende Posten	
1592	Fremdgeld	
F 1593	Verrechnungskonto erhaltene Anzahlungen bei Buchung über Debitorenkonto	Sonstige Verbindlichkeiten S-Saldo
1594	**Forderungen gegen verbundene Unternehmen**	Forderungen gegen verbundene Unternehmen oder *Verbindlichkeiten gegenüber verbundenen Unternehmen*
1595	– Restlaufzeit bis 1Jahr	
1596	– Restlaufzeit größer 1 Jahr	
1597	Forderungen gegen Unternehmen, mit denen ein Beteiligungsverhältnis besteht	Forderungen gegen Unternehmen, mit denen ein Beteiligungsverhältnis besteht oder *Verbindlichkeiten gegenüber Unternehmen, mit denen ein Beteiligungsverhältnis besteht*
1598	– Restlaufzeit bis 1 Jahr	
1599	– Restlaufzeit größer 1 Jahr	
	Verbindlichkeiten	
S 1600	**Verbindlichkeiten aus Lieferungen und Leistungen**	Verbindlichkeiten aus Lieferungen und Leistungen oder *sonstige Vermögensgegenstände*
R 1601-03	Verbindlichkeiten aus Lieferungen und Leistungen	
F 1605	Verbindlichkeiten aus Lieferungen und Leistungen zum allgemeinen Umsatzsteuersatz (EÜR)[13]	
F 1606	Verbindlichkeiten aus Lieferungen und Leistungen zum ermäßigten Umsatzsteuersatz (EÜR)[13]	
F 1607	Verbindlichkeiten aus Lieferungen und Leistungen ohne Vorsteuer (EÜR)[13]	
F 1609	Gegenkonto 1605-1607 bei Aufteilung der Verbindlichkeiten nach Steuersätzen (EÜR)[13]	
F 1610-23	Verbindlichkeiten aus Lieferungen und Leistungen ohne Kontokorrent	
F 1624	Verbindlichkeiten aus Lieferungen und Leistungen für Investitionen für § 4/3 EStG	
F 1625	Verbindlichkeiten aus Lieferungen und Leistungen ohne Kontokorrent	
	– Restlaufzeit bis 1 Jahr	
F 1626	– Restlaufzeit 1 bis 5 Jahre	
F 1628	– Restlaufzeit größer 5 Jahre	
F 1630	Verbindlichkeiten aus Lieferungen und Leistungen gegenüber verbundenen Unternehmen	Verbindlichkeiten gegenüber verbundenen Unternehmen oder *Forderungen gegen verbundene Unternehmen*
F 1631	– Restlaufzeit bis 1 Jahr	
F 1635	– Restlaufzeit 1 bis 5 Jahre	
F 1638	– Restlaufzeit größer 5 Jahre	

Konto	Kontenklasse 1 – Finanz- und Privatkonten	Bilanzposten[2)]
F 1640	Verbindlichkeiten aus Lieferungen und Leistungen gegenüber Unternehmen, mit denen ein Beteiligungsverhältnis besteht	Verbindlichkeiten gegenüber Unternehmen, mit denen ein Beteiligungsverhältnis besteht oder *Forderungen gegen Unternehmen, mit denen ein Beteiligungsverhältnis besteht*
F 1641	– Restlaufzeit bis 1 Jahr	
F 1645	– Restlaufzeit 1 bis 5 Jahre	
F 1648	– Restlaufzeit größer 5 Jahre	
F 1650	Verbindlichkeiten aus Lieferungen und Leistungen gegenüber Gesellschaftern	Verbindlichkeiten aus Lieferungen und Leistungen oder *sonstige Vermögensgegenstände*
F 1651	– Restlaufzeit bis 1 Jahr	
F 1655	– Restlaufzeit 1 bis 5 Jahre	
F 1658	– Restlaufzeit größer 5 Jahre	
1659	Gegenkonto 1625-1658 bei Aufteilung Kreditorenkonto	Verbindlichkeiten aus Lieferungen und Leistungen S-Saldo oder *sonstige Vermögensgegenstände H-Saldo*
F 1660	**Schuldwechsel**	Verbindlichkeiten aus der Annahme gezogener Wechsel und aus der Ausstellung eigener Wechsel
F 1661	– Restlaufzeit bis 1 Jahr	
F 1680	– Restlaufzeit 1 bis 5 Jahre	
F 1690	– Restlaufzeit größer 5 Jahre	
1700	**Sonstige Verbindlichkeiten**	Sonstige Verbindlichkeiten
1701	– Restlaufzeit bis 1 Jahr	
1702	– Restlaufzeit 1 bis 5 Jahre	
1703	– Restlaufzeit größer 5 Jahre	
1704	Sonstige Verbindlichkeiten z. B. nach § 11 Abs. 2 Satz 2 EStG für § 4/3 EStG	
1705	Darlehen	
1706	– Restlaufzeit bis 1 Jahr	
1707	– Restlaufzeit 1 bis 5 Jahre	
1708	– Restlaufzeit größer 5 Jahre	
1709	Gewinnverfügungskonto stiller Gesellschafter	Sonstige Verbindlichkeiten oder *sonstige Vermögensgegenstände*
1710	**Erhaltene Anzahlungen (Verbindlichkeiten)**	Erhaltene Anzahlungen auf Bestellungen (Passiva)
AM 1711	Erhaltene, versteuerte Anzahlungen 7 % USt (Verbindlichkeiten)	
R 1712-15		
AM 1716	Erhaltene, versteuerte Anzahlungen 15 % USt (Verbindlichkeiten)	
AM 1717	Erhaltene, versteuerte Anzahlungen 16 % USt (Verbindlichkeiten)	
AM 1718	Erhaltene, versteuerte Anzahlungen 19 % USt (Verbindlichkeiten)	
1719	Erhaltene Anzahlungen – Restlaufzeit bis 1 Jahr	
1720	– Restlaufzeit 1 bis 5 Jahre	
1721	– Restlaufzeit größer 5 Jahre	
1722	Erhaltene Anzahlungen (von Vorräten offen abgesetzt)	Erhaltene Anzahlungen auf Bestellungen (Aktiva)
1730	Kreditkartenabrechnung	Sonstige Verbindlichkeiten
1731	Agenturwarenabrechnung	
1732	Erhaltene Kautionen	
1733	– Restlaufzeit bis 1 Jahr	
1734	– Restlaufzeit 1 bis 5 Jahre	
1735	– Restlaufzeit größer 5 Jahre	
1736	Verbindlichkeiten aus Steuern und Abgaben	
1737	– Restlaufzeit bis 1 Jahr	
1738	– Restlaufzeit 1 bis 5 Jahre	
1739	– Restlaufzeit größer 5 Jahre	
1740	Verbindlichkeiten aus Lohn und Gehalt	
1741	Verbindlichkeiten aus Lohn- und Kirchensteuer	Sonstige Verbindlichkeiten oder *sonstige Vermögensgegenstände*
1742	Verbindlichkeiten im Rahmen der sozialen Sicherheit	
1743	– Restlaufzeit bis 1 Jahr	
1744	– Restlaufzeit 1 bis 5 Jahre	
1745	– Restlaufzeit größer 5 Jahre	
1746	Verbindlichkeiten aus Einbehaltungen (KapESt und SolZ auf KapESt)	Sonstige Verbindlichkeiten
1747	Verbindlichkeiten für Verbrauchsteuern	
1748	Verbindlichkeiten für Einbehaltungen von Arbeitnehmern	
1749	Verbindlichkeiten an das Finanzamt aus abzuführendem Bauabzugsbetrag	
1750	Verbindlichkeiten aus Vermögensbildung	
1751	– Restlaufzeit bis 1 Jahr	
1752	– Restlaufzeit 1 bis 5 Jahre	
1753	– Restlaufzeit größer 5 Jahre	
1754	Steuerzahlungen an andere EU-Länder	
1755	**Lohn- und Gehaltsverrechnung**	Sonstige Verbindlichkeiten oder *sonstige Vermögensgegenstände*
1756	Lohn- und Gehaltsverrechung § 11 Abs. 2 EStG für § 4/3 EStG	
R 1758		
1759	Voraussichtliche Beitragsschuld gegenüber den Sozialversicherungsträgern	
S 1760	Umsatzsteuer nicht fällig	Steuerrückstellungen oder sonstige Vermögensgegenstände
S 1761	Umsatzsteuer nicht fällig 7 %	
S 1762	Umsatzsteuer nicht fällig aus im Inland steuerpflichtigen EU-Lieferungen	
R 1763		
S 1764	Umsatzsteuer nicht fällig aus im Inland steuerpflichtigen EU-Lieferungen 19 %	
R 1765		
S 1766	Umsatzsteuer nicht fällig 19 %	
S 1767	Umsatzsteuer aus im anderen EU-Land steuerpflichtigen Lieferungen	Sonstige Verbindlichkeiten
S 1768	Umsatzsteuer aus im anderen EU-Land steuerpflichtigen sonstigen Leistungen/Werklieferungen	
S 1769	Umsatzsteuer aus der Auslagerung von Gegenständen aus einem Umsatzsteuerlager	Sonstige Verbindlichkeiten oder *sonstige Vermögensgegenstände*
S 1770	Umsatzsteuer	
S 1771	Umsatzsteuer 7 %	
S 1772	Umsatzsteuer aus innergemeinschaftlichem Erwerb	
R 1773		
R 1774	Umsatzsteuer aus innergemeinschaftlichem Erwerb 19 %	
R 1775		
S 1776	Umsatzsteuer 19 %	
S 1777	Umsatzsteuer aus im Inland steuerpflichtigen EU-Lieferungen	
S 1778	Umsatzsteuer aus im Inland steuer-pflichtigen EU-Lieferungen 19 %	
S 1779	Umsatzsteuer aus innergemeinschaftlichem Erwerb ohne Vorsteuerabzug	
F 1780	Umsatzsteuer-Vorauszahlungen	
F 1781	Umsatzsteuer-Vorauszahlung 1/11	

Kontenklasse 1 – Finanz- und Privatkonten		Bilanzposten[2]
F 1782	Nachsteuer, UStVA Kz. 65	Sonstige Verbindlichkeiten oder *sonstige Vermögensgegenstände*
F 1783	In Rechnung unrichtig oder unberechtigt ausgewiesene Steuerbeträge, UStVA Kz. 69	
S 1784	Umsatzsteuer aus innergemeinschaftlichem Erwerb von Neufahrzeugen von Lieferanten ohne Umsatzsteuer-Identifikationsnummer	
S 1785	Umsatzsteuer nach § 13b UStG	
R 1786		
S 1787	Umsatzsteuer nach § 13b UStG 19 %	
1788	Einfuhrumsatzsteuer aufgeschoben bis	
1789	Umsatzsteuer laufendes Jahr	
1790	Umsatzsteuer Vorjahr	
1791	Umsatzsteuer frühere Jahre	
1792	Sonstige Verrechnungskonten (Interimskonten)	Sonstige Vermögensgegenstände oder *sonstige Verbindlichkeiten*
1793	Verrechnungskonto geleistete Anzahlungen bei Buchung über Kreditorenkonto	Sonstige Vermögensgegenstände H-Saldo
1795	Verbindlichkeiten im Rahmen der sozialen Sicherheit (für § 4/3 EStG)	Sonstige Verbindlichkeiten
F 1799		
	Privat (Eigenkapital) Vollhafter/Einzelunternehmer	
1800-09	Privatentnahmen allgemein	
1810-19	Privatsteuern	
1820-29	Sonderausgaben beschränkt abzugsfähig	
1830-39	Sonderausgaben unbeschränkt abzugsfähig	
1840-49	Zuwendungen, Spenden	
1850-59	Außergewöhnliche Belastungen	
1860-68	Grundstücksaufwand	
1869	Grundstücksaufwand (Umsatzsteuerschlüssel möglich)[10]	
1870-78	Grundstücksertrag	
1879	Grundstücksaufwand (Umsatzsteuerschlüssel möglich)[10]	
1880-89	Unentgeltliche Wertabgaben	
1890-99	Privateinlagen	
	Privat (Fremdkapital) Teilhafter	
1900-09	Privatentnahmen allgemein	
1910-19	Privatsteuern	
1920-29	Sonderausgaben beschränkt abzugsfähig	
1930-39	Sonderausgaben unbeschränkt abzugsfähig	
1940-49	Zuwendungen, Spenden	
1950-59	Außergewöhnliche Belastungen	
1960-69	Grundstücksaufwand	
1970-79	Grundstücksertrag	
1980-89	Unentgeltliche Wertabgaben	
1990-99	Privateinlagen	

Kontenklasse 2 – Abgrenzungskonten		GuV-Posten[2]
	M 2400-2449	
	Außerordentliche Aufwendungen	
2000	Außerordentliche Aufwendungen	Außerordentliche Aufwendungen
2001	Außerordentliche Aufwendungen finanzwirksam	
2005	Außerordentliche Aufwendungen nicht finanzwirksam	
	Betriebsfremde und periodenfremde Aufwendungen	
2010	Betriebsfremde Aufwendungen (soweit nicht außerordentlich)	Sonstige betriebliche Aufwendungen
2020	Periodenfremde Aufwendungen (soweit nicht außerordentlich)	
	Außerordentliche Aufwendungen aus der Anwendung von Übergangsvorschriften i.S.d. BilMoG	
2090	Außerordentliche Aufwendungen aus der Anwendung von Übergangsvorschriften[1]	Außerordentliche Aufwendungen
2091	Außerordentliche Aufwendungen aus der Anwendung von Übergangsvorschriften (Pensionsrückstellungen)[1]	
2092	Außerordentliche Aufwendungen aus der Anwendung von Übergangsvorschriften (Bilanzierungshilfen)[1]	
2094	Außerordentliche Aufwendungen aus der Anwendung von Übergangsvorschriften (latente Steuern)[1]	
	Zinsen und ähnliche Aufwendungen	
2100	**Zinsen und ähnliche Aufwendungen**	Zinsen und ähnliche Aufwendungen
2103	Steuerlich abzugsfähige, andere Nebenleistungen zu Steuern	
2104	Steuerlich nicht abzugsfähige, andere Nebenleistungen zu Steuern	
2105	Zinsaufwendungen § 233a AO, § 4 Abs. 5b EStG	
2106	Zinsen aus Abzinsung des Körperschaftsteuer-Erhöhungsbetrages § 38 KStG	
2107	Zinsaufwendungen § 233a AO betriebliche Steuern	
2108	Zinsaufwendungen §§ 233a bis 237 AO Personensteuern	
2109	Zinsaufwendungen an verbundene Unternehmen	
2110	Zinsaufwendungen für kurzfristige Verbindlichkeiten	
2113	Nicht abzugsfähige Schuldzinsen gemäß § 4 Abs. 4a EStG (Hinzurechnungsbetrag)	
2115	Zinsen und ähnliche Aufwendungen §§ 3 Nr. 40, 3c EStG/§ 8b Abs. 1 KStG (inländische Kap.Ges.)[8) 9)16)]	
2116	Zinsen und ähnliche Aufwendungen an verbundene Unternehmen §§ 3 Nr. 40, 3c EStG/§ 8b Abs. 1 KStG (inländische Kap.Ges.)[8) 9)16)]	
2118	Zinsen auf Kontokorrentkonten	
2119	Zinsaufwendungen für kurzfristige Verbindlichkeiten an verbundene Unternehmen	
2120	Zinsaufwendungen für langfristige Verbindlichkeiten	
2123	Abschreibungen auf Disagio/Damnum zur Finanzierung[1]	
2124	Abschreibungen auf Disagio/Damnum zur Finanzierung des Anlagevermögens[1]	
2125	Zinsaufwendungen für Gebäude, die zum Betriebsvermögen gehören	

Kontenklasse 2 Abgrenzungskonten		GuV-Posten[2]
2126	Zinsen zur Finanzierung des Anlagevermögens	Zinsen und ähnliche Aufwendungen
2127	Renten und dauernde Lasten	
2128	Zinsaufwendungen an Mitunternehmer für die Hingabe von Kapital § 15 EStG	
2129	Zinsaufwendungen für langfristige Verbindlichkeiten an verbundene Unternehmen	
2130	Diskontaufwendungen	
2139	Diskontaufwendungen an verbundene Unternehmen	
2140	Zinsähnliche Aufwendungen	
2143	Zinsaufwendungen aus der Abzinsung von Verbindlichkeiten[1]	
2144	Zinsaufwendungen aus der Abzinsung von Rückstellungen[1]	
2145	Zinsaufwendungen aus der Abzinsung von Pensionsrückstellungen und ähnlichen Verpflichtungen[1]	
2146	Zinsaufwendungen aus der Abzinsung von Pensionsrückstellungen und ähnlichen Verpflichtungen zur Verrechnung nach § 246 Abs. 2 HGB[1]	Zinsen und ähnliche Aufwendungen oder *Sonstige Zinsen und ähnliche Erträge*
2147	Aufwendungen aus Vermögensgegenständen zur Verrechnung nach § 246 HGB[1]	
2149	Zinsähnliche Aufwendungen an verbundene Unternehmen	Zinsen und ähnliche Aufwendungen
2150	Aufwendungen aus der Währungsumrechnung[8]	Sonstige betriebliche Aufwendungen
2166	Aufwendungen aus Bewertung Finanzmittelfonds	
2170	Nicht abziehbare Vorsteuer	
2171	Nicht abziehbare Vorsteuer 7 %	
R 2174-75		
R 2176	Nicht abziehbare Vorsteuer 19 %	
	Steueraufwendungen	
2200	Körperschaftsteuer	Steuern vom Einkommen und Ertrag
2203	Körperschaftsteuer für Vorjahre	
2204	Körperschaftsteuererstattungen für Vorjahre	
2205	Körperschaftsteuererstattung für Vorjahre nach § 37 KStG	
2206	Körperschaftsteuer-Erhöhungs-betrag § 38 Abs. 5 KStG	
2208	Solidaritätszuschlag	
2209	Solidaritätszuschlag für Vorjahre	
2210	Solidaritätszuschlagserstattungen für Vorjahre	
2212	Kapitalertragsteuer 20 %	
2213	Kapitalertragsteuer 25 %	
2214	Anrechenbarer Solidaritätszuschlag auf Kapitalertragsteuer 20 %	
2215	Zinsabschlagsteuer	
2216	Anrechenbarer Solidaritätszuschlag auf Kapitalertragsteuer 25 %	
2218	Anrechenbarer Solidaritätszuschlag auf Zinsabschlagsteuer	
2219	Anzurechnende ausländische Quellensteuer	
2250	Aufwendungen aus der Zuführung und Auflösung von latenten Steuern	
2255	Erträge aus der Zuführung und Auflösung von latenten Steuern	
2280	Gewerbesteuernachzahlungen Vorjahre	
2281	Gewerbesteuernachzahlungen und Gewerbesteuererstattungen für Vorjahre, § 4 Abs. 5b EStG	
2282	Gewerbesteuererstattungen Vorjahre	
2283	Erträge aus der Auflösung von Gewerbesteuerrückstellungen, § 4 Abs. 5b EStG	
2284	Ertäge aus der Auflösung von Gewerbesteuerrückstellungen	
2285	Steuernachzahlungen Vorjahre für sonstige Steuern	Sonstige Steuern
2287	Steuererstattungen Vorjahre für sonstige Steuern	
2289	Erträge aus der Auflösung von Rückstellungen für sonstige Steuern	
	Sonstige Aufwendungen	
2300	**Sonstige Aufwendungen**	Sonstige betriebliche Aufwendungen
2307	Sonstige Aufwendungen betriebsfremd und regelmäßig	
2309	Sonstige Aufwendungen unregelmäßig	
2310	Anlagenabgänge Sachanlagen (Restbuchwert bei Buchverlust)	
2311	Anlagenabgänge immaterielle Vermögensgegenstände (Restbuchwert bei Buchverlust)	
2312	Anlagenabgänge Finanzanlagen (Restbuchwert bei Buchverlust)	
2313	Anlagenabgänge Finanzanlagen § 3 Nr. 40 EStG/§ 8b Abs. 3 KStG (inländische Kap.Ges.) (Restbuchwert bei Buchverlust)[8)9)]	
2315	Anlagenabgänge Sachanlagen (Restbuchwert bei Buchgewinn)	Sonstige betriebliche Erträge
2316	Anlagenabgänge immaterielle Vermögensgegenstände (Restbuchwert bei Buchgewinn)	
2317	Anlagenabgänge Finanzanlagen (Restbuchwert bei Buchgewinn)	
2318	Anlagenabgänge Finanzanlagen § 3 Nr. 40 EStG/§ 8b Abs. 2 KStG (inländische Kap.Ges.) (Restbuchwert bei Buchgewinn)[8)9)]	
2320	Verluste aus dem Abgang von Gegenständen des Anlagevermögens	Sonstige betriebliche Aufwendungen
2323	Verluste aus der Veräußerung von Anteilen an Kapitalgesellschaften § 3 Nr. 40 EStG/§ 8b Abs. 3 KStG (inländische Kap.Ges.)[8)9)]	
2325	Verluste aus dem Abgang von Gegenständen des Umlaufvermögens (außer Vorräte)	
2326	Verluste aus dem Abgang von Gegenständen des Umlaufvermögens (außer Vorräte) § 3 Nr. 40 EStG/§ 8b Abs. 3 KStG (inländische Kap.Ges.)[8)9)]	
2327	Abgang von Wirtschaftsgütern des Umlaufvermögens nach § 4 Abs. 3 Satz 4 EStG[13)]	
2328	Abgang von Wirtschaftsgütern des Umlaufvermögens § 3 Nr. 40 EStG/§ 8b Abs. 3 KStG (inländische Kap. Ges.) nach § 4 Abs. 3 Satz 4 EStG[8) 9)13)]	
2340	Einstellungen in Sonderposten mit Rücklageanteil (steuerfreie Rücklagen)	
2341	Einstellungen in Sonderposten mit Rücklageanteil (§ 7g Abs. 2 EStG n.F.)	
2345	Einstellungen in Sonderposten mit Rücklageanteil[8)]	
2347	Aufwendungen aus dem Erwerb eigener Anteile[1)]	
2348	Aufwendungen aus der Zuschreibung von steuerlich niedriger bewerteten Verbindlichkeiten	
2349	Aufwendungen aus der Zuschreibung von steuerlich niedriger bewerteten Rückstellungen[11) 20)]	
2350	Grundstücksaufwendungen, neutral	
2375	Grundsteuer	Sonstige Steuern

Kontenklasse 2 Abgrenzungskonten		GuV-Posten[2]
2380	Zuwendungen, Spenden, steuerlich nicht abziehbar	Sonstige betriebliche Aufwendungen
2381	Zuwendungen, Spenden für wissenschaftliche und kulturelle Zwecke	
2382	Zuwendungen, Spenden für mildtätige Zwecke	
2383	Zuwendungen, Spenden für kirchliche, religiöse und gemeinnützige Zwecke	
2384	Zuwendungen, Spenden an politische Parteien	
2385	Nicht abziehbare Hälfte der Aufsichtsratsvergütungen	
2386	Abziehbare Aufsichtsratsvergütungen	
2387	Zuwendungen, Spenden an Stiftungen für gemeinnützige Zwecke i.S.d. § 52 Abs. 2 Nr. 1-3 AO	
2388	Zuwendungen, Spenden an Stiftungen für gemeinnützige Zwecke i.S.d. § 52 Abs. 2 Nr. 4 AO	
2389	Zuwendungen, Spenden an Stiftungen für kirchliche, religiöse und gemeinnützige Zwecke	
2390	Zuwendungen, Spenden an Stiftungen für wissenschaftliche, mildtätige, kulturelle Zwecke	
2400	**Forderungsverluste (übliche Höhe)**	
AM 2401	Forderungsverluste 7 % USt (übliche Höhe)	
AM 2402	Forderungsverluste aus steuerfreien EU-Lieferungen (übliche Höhe)	
AM 2403	Forderungsverluste aus im Inland steuerpflichtigen EU-Lieferungen 7 % USt (übliche Höhe)	
AM 2404	Forderungsverluste aus im Inland steuerpflichtigen EU-Lieferungen 16 % USt (übliche Höhe)	
AM 2405	Forderungsverluste 16 % USt (übliche Höhe)	
AM 2406	Forderungsverluste 19 % USt (übliche Höhe)	
AM 2407	Forderungsverluste 15 % USt (übliche Höhe)	
AM 2408	Forderungsverluste aus im Inland steuerpflichtigen EU-Lieferungen 19 % USt (übliche Höhe)	
AM 2409	Forderungsverluste aus im Inland steuerpflichtigen EU-Lieferungen 15 % USt (übliche Höhe)	
2430	Forderungsverluste, unüblich hoch	Abschreibungen auf Vermögensgegenstände des Umlaufvermögens, soweit diese die in der Kapitalgesellschaft üblichen Abschreibungen überschreiten
2450	Einstellungen in die Pauschalwertberichtigung zu Forderungen	Sonstige betriebliche Aufwendungen
2451	Einstellung in die Einzelwertberichtigung zu Forderungen	
2480	Einstellungen in die Rücklage für Anteile an einem herrschenden oder mehrheitlich beteiligten Unternehmen[1]	Einstellungen in Gewinnrücklagen in die Rücklage für Anteile an einem herrschenden oder mehrheitlich beteiligten Unternehmen
2490	Aufwendungen aus Verlustübernahme	Aufwendungen aus Verlustübernahme

Kontenklasse 2 Abgrenzungskonten		GuV-Posten[2]
2492	Abgeführte Gewinne auf Grund einer Gewinngemeinschaft	Auf Grund einer Gewinngemeinschaft, eines Gewinn- oder Teilgewinnabführungsvertrags abgeführte Gewinne
2493	Abgeführte Gewinnanteile an stille Gesellschafter § 8 GewStG	
2494	Abgeführte Gewinne auf Grund eines Gewinn- oder Teilgewinnabführungsvertrags	
2495	Einstellungen in die Kapitalrücklage nach den Vorschriften über die vereinfachte Kapitalherabsetzung	Einstellungen in die Kapitalrücklage nach den Vorschriften über die vereinfachte Kapitalherabsetzung
2496	Einstellungen in die gesetzliche Rücklage	Einstellungen in Gewinnrücklagen in die gesetzliche Rücklage
2497	Einstellungen in satzungsmäßige Rücklagen	Einstellungen in Gewinnrücklagen in satzungsmäßige Rücklagen
2498	Einstellungen in die Rücklage für eigene Anteile[8]	Einstellungen in Gewinnrücklagen in die Rücklage für aktivierte eigene Anteile
2499	Einstellungen in andere Gewinnrücklagen	Einstellungen in Gewinnrücklagen in andere Gewinnrücklagen
	Außerordentliche Erträge	
2500	Außerordentliche Erträge	Außerordentliche Erträge
2501	Außerordentliche Erträge finanzwirksam	
2505	Außerordentliche Erträge nicht finanzwirksam	
	Betriebsfremde und periodenfremde Erträge	
2510	Betriebsfremde Erträge (soweit nicht außerordentlich)	Sonstige betriebliche Erträge
2520	Periodenfremde Erträge (soweit nicht außerordentlich)	
	Außerordentliche Erträge aus der Anwendung von Übergangsvorschriften i.S.d. BilMoG	
2590	Außerordentliche Erträge aus der Anwendung von Übergangsvorschriften[1]	Außerordentliche Erträge
2591	Außerordentliche Erträge aus der Anwendung von Übergangsvorschriften (Zuschreibung für Sachanlagevermögen)[1]	
2592	Außerordentliche Erträge aus der Anwendung von Übergangsvorschriften(Zuschreibung für Finanzanlagevermögen)[1]	
2593	Außerordentliche Erträge aus der Anwendung von Übergangsvorschriften (Wertpapiere im Umlaufvermögen)[1]	
2594	Außerordentliche Erträge aus der Anwendung von Übergangsvorschriften (latente Steuern)[1]	

Konto	Kontenklasse 2 Abgrenzungskonten	GuV-Posten[2)]
	Zinserträge	
2600	**Erträge aus Beteiligungen**	Erträge aus Beteiligungen
2615	Laufende Erträge aus Anteilen an Kapitalgesellschaften (Beteiligung) § 3 Nr. 40 EStG/§ 8b Abs. 1 KStG (inländische Kap. Ges.)[8)9)]	
2616	Laufende Erträge aus Anteilen an Kapitalgesellschaften (verbundene Unternehmen) § 3 Nr. 40 EStG/§ 8 Abs. 1 KStG (inländische Kap.Ges.)[8)9)]	
2617	Sonstige gewerbesteuerfreie Gewinne aus Anteilen an einer Kapitalgesellschaft (Kürzung gem. § 9 Nr. 2a GewStG)	
2618	Gewinnanteile aus Mitunternehmerschaften § 9 GewStG	
2619	Erträge aus Beteiligungen an verbundenen Unternehmen	
2620	**Erträge aus anderen Wertpapieren und Ausleihungen des Finanzanlagevermögens**	Erträge aus anderen Wertpapieren und Ausleihungen des Finanzanlagevermögens
2625	Laufende Erträge aus Anteilen an Kapitalgesellschaften (Finanzanlagevermögen) § 3 Nr. 40 EStG/§ 8b Abs. 1 KStG (inländische Kap.Ges.)[8)9)]	
2626	Laufende Erträge aus Anteilen an Kapitalgesellschaften (verbundene Unternehmen) § 3 Nr. 40 EStG/§ 8b Abs. 1 KStG (inländische Kap.Ges.)[8)9)]	
2649	Erträge aus anderen Wertpapieren und Ausleihungen des Finanzanlagevermögens aus verbundenen Unternehmen	
2650	**Sonstige Zinsen und ähnliche Erträge**	Sonstige Zinsen und ähnliche Erträge
2652	Steuerfreie Aufzinsung des Körperschaftsteuerguthabens nach § 37 KStG	
2653	Zinserträge § 233a AO, § 4 Abs. 5b EStG	
2654	Erträge aus anderen Wertpapieren und Ausleihungen des Umlaufvermögens	
2655	Laufende Erträge aus Anteilen an Kapitalgesellschaften (Umlaufvermögen) § 3 Nr. 40 EStG/§ 8b Abs. 1 KStG (inländische Kap.Ges.)[8)9)]	
2656	Laufende Erträge aus Anteilen an Kapitalgesellschaften (verbundene Unternehmen) § 3 Nr. 40 EStG/§ 8b Abs. 1 KStG (inländische Kap.Ges.)[8)9)]	
2657	Zinserträge § 233a AO	
2658	Zinserträge § 233a AO Sonderfall Anlage A KSt	
2659	Sonstige Zinsen und ähnliche Erträge aus verbundenen Unternehmen	
2660	Erträge aus der Währungsumrechnung[8)]	Sonstige betriebliche Erträge
2666	Erträge aus Bewertung Finanzmittelfonds	
2670	Diskonterträge	Sonstige Zinsen und ähnliche Erträge
2679	Diskonterträge aus verbundenen Unternehmen	
2680	Zinsähnliche Erträge	
2683	Zinserträge aus der Abzinsung von Verbindlichkeiten[1)]	
2684	Zinserträge aus der Abzinsung von Rückstellungen[1)]	
2685	Zinserträge aus der Abzinsung von Pensionsrückstellungen und ähnlichen Verpflichtungen[1)]	
2686	Zinserträge aus der Abzinsung von Pensionsrückstellungen und ähnlichen Verpflichtungen zur Verrechnung nach § 246 Abs. 2 HGB[1)]	Sonstige Zinsen und ähnliche Erträge oder *Zinsen und ähnliche Aufwendungen*
2687	Ertäge aus Vermögensgegenständen zur Verrechnung nach § 246 Abs. 2 HGB[1)]	

Konto	Kontenklasse 2 Abgrenzungskonten	GuV-Posten[2)]
2688	Zinsertrag aus vorzeitiger Rückzahlung des Körperschafts-Erhöhungsbetrages § 38 KStG	Sonstige Zinsen und ähnliche Erträge
2689	Zinsähnliche Erträge aus verbundenen Unternehmen	
	Sonstige Erträge	
2700	**Sonstige Erträge**	Sonstige betriebliche Erträge
2705	Sonstige Erträge betrieblich und regelmäßig	
2707	Sonstige Erträge betriebsfremd und regelmäßig	
2709	Sonstige Erträge unregelmäßig	
2710	Erträge aus Zuschreibungen des Sachanlagevermögens	
2711	Erträge aus Zuschreibungen des immateriellen Anlagevermögens	
2712	Erträge aus Zuschreibungen des Finanzanlagevermögens	
2713	Erträge aus Zuschreibungen des Finanzanlagevermögens § 3 Nr. 40 EStG/§ 8b Abs. 3 Satz 8 KStG (inländische Kap. Ges.)[8)9)]	
2714	Erträge aus Zuschreibungen des anderen Anlagevermögens § 3 Nr. 40 EStG/§ 8b Abs. 3 Satz 8 KStG (inländische Kap.Ges.)[8)9)]	
2715	Erträge aus Zuschreibungen des Umlaufvermögens	
2716	Erträge aus Zuschreibungen des Umlaufvermögens § 3 Nr. 40 EStG/§ 8b Abs. 3 Satz 8 KStG (inländische Kap.Ges.)[8)9)]	
2720	Erträge aus dem Abgang von Gegenständen des Anlagevermögens	
2723	Erträge aus der Veräußerung von Anteilen an Kapitalgesellschaften § 3 Nr. 40 EStG/§ 8b Abs. 2 KStG (inländische Kap.Ges.)[8)9)]	
2725	Erträge aus dem Abgang von Gegenständen des Umlaufvermögens (außer Vorräte)	
2726	Erträge aus dem Abgang von Gegenständen des Umlaufvermögens (außer Vorräte) § 3 Nr. 40 EStG/§ 8b Abs. 2 KStG (inländische Kap.Ges.)[8)9)]	
2730	Erträge aus Herabsetzung der Pauschalwertberichtigung zu Forderungen	
2731	Erträge aus Herabsetzung der Einzelwertberichtigung zu Forderungen	
2732	Erträge aus abgeschriebenen Forderungen	
2733	Ertäge aus der Auflösung von Sonderposten mit Rücklageanteil (Existenzgründerrücklage)	
2734	Erträge aus der steuerlich niedrigeren Bewertung von Verbindlichkeiten	
2735	Erträge aus der Auflösung von Rückstellungen	
2736	Erträge aus der steuerlich niedrigeren Bewertung von Rückstellungen[11)20)]	
2738	Erträge aus der Auflösung von Sonderposten mit Rücklageanteil nach § 52 Abs. 16 EStG	
2739	Erträge aus der Auflösung von Sonderposten mit Rücklageanteil (Ansparabschreibungen nach § 7g Abs. 3 EStG a.F./§ 7g Abs. 2 EStG n.F.)	
2740	Erträge aus der Auflösung von Sonderposten mit Rücklageanteil (steuerfreie Rücklagen)	
2741	Erträge aus der Auflösung von Sonderposten mit Rücklageanteil (Sonderabschreibungen)	
2742	Versicherungsentschädigungen	
2743	Investitionszuschüsse (steuerpflichtig)	
2744	Investitionszulagen (steuerfrei)	

Konto	Kontenklasse 2 Abgrenzungskonten	GuV-Posten[2)]
2745	Erträge aus Kapitalherabsetzung	Erträge aus Kapitalherabsetzung
2746	Steuerfreie Ertäge aus der Auflösung von Sonderposten mit Rücklageanteil	Sonstige betriebliche Erträge
2474	Sonstige steuerfreie Betriebseinnahmen	
2750	Grundstückserträge	
2790	Erträge aus Verlustübernahme	Erträge aus Verlustübernahme
2792	Erhaltene Gewinne auf Grund einer Gewinngemeinschaft	Auf Grund einer Gewinngemeinschaft, eines Gewinn- oder Teilgewinnabführungsvertrags erhaltene Gewinne
2794	Erhaltene Gewinne auf Grund eines Gewinn- oder Teilgewinnabführungsvertrags	
2795	Entnahmen aus der Kapitalrücklage	Entnahmen aus der Kapitalrücklage
2796	Entnahmen aus der gesetzlichen Rücklage	Entnahmen aus Gewinnrücklagen aus der gesetzlichen Rücklage
2797	Entnahmen aus satzungsmäßigen Rücklagen	Entnahmen aus Gewinnrücklagen aus satzungsmäßigen Rücklagen
2798	Entnahmen aus der Rücklage für aktivierte eigene Anteile[8)]	Entnahmen aus Gewinnrücklagen aus der Rücklage für aktivierte eigene Anteile
2799	Entnahmen aus anderen Gewinnrücklagen	Entnahmen aus Gewinnrücklagen aus anderen Gewinnrücklagen
2840	Entnahmen aus der Rücklage für Anteile an einem herrschenden oder mehrheitlich beteiligten Unternehmen[1)]	Entnahmen aus Gewinnrücklagen aus der Rücklage für Anteile an einem herrschenden oder mehrheitlich beteiligten Unternehmen
2860	**Gewinnvortrag nach Verwendung**	Gewinnvortrag oder *Verlustvortrag*
2868	**Verlustvortrag nach Verwendung**	
2869	**Vortrag auf neue Rechnung (GuV)**	Vortrag auf neue Rechnung
2870	Vorabausschüttung	Ausschüttung
	Verrechnete kalkulatorische Kosten	
2890	Verrechneter kalkulatorischer Unternehmerlohn	Sonstige betriebliche Aufwendungen
2891	Verrechnete kalkulatorische Miete und Pacht	
2892	Verrechnete kalkulatorische Zinsen	
2893	Verrechnete kalkulatorische Abschreibungen	
2894	Verrechnete kalkulatorische Wagnisse	
2895	Verrechneter kalkulatorischer Lohn für unentgeltliche Mitarbeiter	
R 2900		

Konto	Kontenklasse 3 Wareneingangs- und Bestandskonten	Bilanz-/GuV-Posten[2)]
	V 3000-3599 V 3700-3959 KU 3960-3999	
	Materialaufwand	
3000	Roh-, Hilfs- und Betriebsstoffe	Aufwendungen für Roh-, Hilfs- und Betriebsstoffe und für bezogene Waren
3090	Energiestoffe (Fertigung)	
3100	**Fremdleistungen**	Aufwendungen für bezogene Leistungen
	Umsätze, für die als Leistungsempfänger die Steuer nach § 13b Abs. 2 UStG geschuldet wird	
AV 3110	Bauleistungen eines im Inland ansässigen Unternehmers 7 % Vorsteuer und 7 % Umsatzsteuer	
R 3111-12		
AV 3113	Sonstige Leistungen eines im anderen EU-Land ansässigen Unternehmens 7 % Vorsteuer und 7 % Umsatzsteuer[1)]	
R 3114		
AV 3115	Leistungen eines im Ausland ansässigen Unternehmers 7 % Vorsteuer und 7 % Umsatzsteuer	
R 3116-19		
AV 3120-21	Bauleistungen eines im Inland ansässigen Unternehmers 19 % Vorsteuer und 19 % Umsatzsteuer	
R 3122		
AV 3123	Sonstige Leistungen eines im anderen EU-Land ansässigen Unternehmers 19 % Vorsteuer und 19 % Umsatzsteuer[1)]	
R 3124		
AV 3125-26	Leistungen eines im Ausland ansässigen Unternehmers 19 % Vorsteuer und 19 % Umsatzsteuer	
R 3127-29		
AV 3130	Bauleistungen eines im Inland ansässigen Unternehmers ohne Vorsteuer und 7 % Umsatzsteuer	
R 3131-32		
AV 3133	Sonstige Leistungen eines im anderen EU-Land ansässigen Unternehmens ohne Vorsteuer und 7 % Umsatzsteuer[1)]	
R 3134		
AV 3135	Leistungen eines im Ausland ansässigen Unternehmers ohne Vorsteuer und 7 % Umsatzsteuer	
R 3136-39		
AV 3140-41	Bauleistungen eines im Inland ansässigen Unternehmers ohne Vorsteuer und 19 % Umsatzsteuer	
R 3142		
AV 3143	Sonstige Leistungen eines im anderen EU-Land ansässigen Unternehmers ohne Vorsteuer und 19 % Umsatzsteuer[1)]	
R 3144		
AV 3145-46	Leistungen eines im Ausland ansässigen Unternehmers ohne Vorsteuer und 19 % Umsatzsteuer	
R 3147-49		
S 3150	Erhaltene Skonti aus Leistungen, für die als Leistungsempfänger die Steuer nach § 13b UStG geschuldet wird	
S/AV 3151	Erhaltene Skonti aus Leistungen, für die als Leistungsempfänger die Steuer nach § 13b UStG geschuldet wird 19 % Vorsteuer und 19 % Umsatzsteuer	
R 3152		
S 3153	Erhaltene Skonti aus Leistungen, für die als Leistungsempfänger die Steuer nach § 13b UStG geschuldet wird ohne Vorsteuer aber mit Umsatzsteuer	

Kontenklasse 3 Wareneingangs- und Bestandskonten		Bilanz-/GuV-Posten[2)]
S3154	Erhaltene Skonti aus Leistungen, für die als Leistungsempfänger die Steuer nach § 13b UStG geschuldet wird ohne Vorsteuer, mit 19 % Umsatzsteuer	Aufwendungen für bezogene Leistungen
R 3155-59		
3200	**Wareneingang**	Aufwendungen für Roh-, Hilfs- und Betriebsstoffe und für bezogene Waren
AV 3300-09	Wareneingang 7 % Vorsteuer	
R 3310-49		
AV 3400-09	Wareneingang 19 % Vorsteuer	
R 3410-19		
AV 3420-24	Innergemeinschaftlicher Erwerb 7 % Vorsteuer und 7 % Umsatzsteuer	
AV 3425-29	Innergemeinschaftlicher Erwerb 19 % Vorsteuer und 19 % Umsatzsteuer	
AV 3430	Innergemeinschaftlicher Erwerb ohne Vorsteuer und 7 % Umsatzsteuer	
R 3431-34		
AV 3435	Innergemeinschaftlicher Erwerb ohne Vorsteuer und 19 % Umsatzsteuer	
R 3436-39		
AV 3440	Innergemeinschaftlicher Erwerb von Neufahrzeugen von Lieferanten ohne Umsatzsteuer-Identifikationsnummer 19 % Vorsteuer und 19 % Umsatzsteuer	
R 3441-49		
AV 3500-04		
AV 3505-09	Wareneingang 5,5 % Vorsteuer	
R 3510-39		
AV 3540-49	Wareneingang 10,7 % Vorsteuer	
AV 3550	Steuerfreier innergemeinschaftlicher Erwerb	
3551	Wareneingang im Drittland steuerbar	
3552	Erwerb 1. Abnehmer innerhalb eines Dreiecksgeschäftes	
R 3553-57		
3558	Wareneingang im anderen EU-Land steuerbar	
3559	Steuerfreie Einfuhren	
AV 3560	Waren aus einem Umsatzsteuerlager, § 13a UStG 7 % Vorsteuer und 7 % Umsatzsteuer	
R 3561-64		
AV 3565	Waren aus einem Umsatzsteuerlager, § 13a UStG 19 % Vorsteuer und 19 % Umsatzsteuer	
R 3566-69		
3600-09	Nicht abziehbare Vorsteuer 7 %	
3610-19	Nicht abziehbare Vorsteuer 7 %	
R 3620-29		
R 3650-59		
R 3660-69	Nicht abziehbare Vorsteuer 19 %	
3700	Nachlässe	
AV 3710-11	Nachlässe 7 % Vorsteuer	
R 3712-19		
AV 3720-21	Nachlässe 19 % Vorsteuer	
AV 3722	Nachlässe 16 % Vorsteuer	
AV 3723	Nachlässe 15 % Vorsteuer	
AV 3724	Nachlässe aus innergemeinschaftlichem Erwerb 7 % Vorsteuer und 7 % Umsatzsteuer	
AV 3725	Nachlässe aus innergemeinschaftlichem Erwerb 19 % Vorsteuer und 19 % Umsatzsteuer	
AV 3726	Nachlässe aus innergemeinschaftlichem Erwerb 16 % Vorsteuer und 16 % Umsatzsteuer	
AV 3727	Nachlässe aus innergemeinschaftlichem Erwerb 15 % Vorsteuer und 15 % Umsatzsteuer	
R 3728-29		
S 3730	Erhaltene Skonti	
S/AV 3731	Erhaltene Skonti 7 % Vorsteuer	
R 3732-35		

Kontenklasse 3 Wareneingangs- und Bestandskonten		Bilanz-/GuV-Posten[2)]
S/AV 3736	Erhaltene Skonti 19 % Vorsteuer	Aufwendungen für Roh-, Hilfs- und Betriebsstoffe und für bezogene Waren
R 3737-38		
S 3745	Erhaltene Skonti aus steuerpflichtigem innergemeinschaftlichem Erwerb	
S/AV 3746	Erhaltene Skonti aus steuerpflichtigem innergemeinschaftlichem Erwerb 7 % Vorsteuer und 7 % Umsatzsteuer	
R 3747		
S/AV 3748	Erhaltene Skonti aus steuerpflichtigem innergemeinschaftlichem Erwerb 19 % Vorsteuer und 19 % Umsatzsteuer	
R 3749		
AV 3750-51	Erhaltene Boni 7 % Vorsteuer	
R 3752-59		
AV3760-61	Erhaltene Boni 19 % Vorsteuer	
R 3762-68		
3769	Erhaltene Boni	
3770	Erhaltene Rabatte	
AV 3780-81	Erhaltene Rabatte 7 % Vorsteuer	
R 3782-89		
AV 3790-91	Erhaltene Rabatte 19 % Vorsteuer	
R 3792-99		
3800	Bezugsnebenkosten	
3830	Leergut	
3850	Zölle und Einfuhrabgaben	
3960-69	Bestandsveränderungen Roh-, Hilfs- und Betriebsstoffe sowie bezogene Waren	
	Bestand an Vorräten	
3970-79	Bestand Roh-, Hilfs- und Betriebsstoffe	Roh-, Hilfs- und Betriebsstoffe
3980-89	Bestand Waren	Fertige Erzeugnisse und Waren
	Verrechnete Stoffkosten	
3990-99	Verrechnete Stoffkosten (Gegenkonto zu 4000-99)	Aufwendungen für Roh-, Hilfs- und Betriebsstoffe und für bezogene Waren

Kontenklasse 4	Betriebliche Aufwendungen	GuV-Posten[2]
	V 4000-4099 V 4200-4299 V 4400-4819 V 4900-4989	
	Material- und Stoffverbrauch	
4000-99	Material- und Stoffverbrauch	Aufwendungen für Roh-, Hilfs- und Betriebsstoffe und für bezogene Waren
	Personalaufwendungen	
4100	Löhne und Gehälter	Löhne und Gehälter
4110	Löhne	
4120	Gehälter	
4124	Geschäftsführergehälter der GmbH-Gesellschafter	
4125	Ehegattengehalt	
4126	Tantiemen	
4127	Geschäftsführergehälter	
4128	Vergütungen an angestellte Mitunternehmer § 15 EStG	
4130	Gesetzliche soziale Aufwendungen	Soziale Abgaben und Aufwendungen für Altersversorgung und für Unterstützung
4137	Gesetzliche soziale Aufwendungen für Mitunternehmer § 15 EStG	
4138	Beiträge zur Berufsgenossenschaft	
4139	Ausgleichsabgabe i.S.d. Schwerbehindertengesetzes	Sonstige betriebliche Aufwendungen
4140	Freiwillige soziale Aufwendungen, lohnsteuerfrei	Soziale Abgaben und Aufwendungen für Altersversorgung und für Unterstützung
4145	Freiwillige soziale Aufwendungen, lohnsteuerpflichtig	Löhne und Gehälter
4149	Pauschale Steuer auf sonstige Bezüge (z. B. Fahrtkostenzuschüsse)	
4150	Krankengeldzuschüsse	
4152	Sachzuwendungen und Dienstleistungen an Arbeitnehmer	
4155	Zuschüsse der Agenturen für Arbeit (Haben)	
4160	Versorgungskassen	Soziale Abgaben und Aufwendungen für Altersversorgung und für Unterstützung
4165	Aufwendungen für Altersversorgung	
4167	Pauschale Steuer auf sonstige Bezüge (z. B. Direktversicherungen)	
4168	Aufwendungen für Altersversorgung für Mitunternehmer § 15 EStG	
4169	Aufwendungen für Unterstützung	
4170	Vermögenswirksame Leistungen	Löhne und Gehälter
4175	Fahrtkostenerstattung - Wohnung/Arbeitsstätte	
4180	Bedienungsgelder	
4190	Aushilfslöhne	
4198	Pauschale Steuern und Abgaben für Sachzuwendungen und Dienstleistungen an Arbeitnehmer	
4199	Pauschale Steuer für Aushilfen	
	Sonstige betriebliche Aufwendungen und Abschreibungen	
4200	Raumkosten	Sonstige betriebliche Aufwendungen
4210	Miete (unbewegliche Wirtschaftsgüter)	
4211	Aufwendungen für gemietete oder gepachtete unbewegliche Wirtschaftsgüter, die gewerbesteuerlich hinzurechnen sind[1]	
4215	Leasing (unbewegliche Wirtschaftsgüter)	Sonstige betriebliche Aufwendungen
4219	Vergütungen an Mitunternehmer für die mietweise Überlassung ihrer Wirtschaftsgüter § 15 EStG	
4220	Pacht (unbewegliche Wirtschaftsgüter)	
4228	Miet- und Pachtnebenkosten (gewerbesteuerlich nicht zu berücksichtigen)	
4229	Vergütungen an Mitunternehmer für die pachtweise Überlassung ihrer Wirtschaftsgüter § 15 EStG	
4230	Heizung	
4240	Gas, Strom, Wasser	
4250	Reinigung	
4260	Instandhaltung betrieblicher Räume	
4270	Abgaben für betrieblich genutzten Grundbesitz	
4280	Sonstige Raumkosten	
4288	Aufwendungen für ein häusliches Arbeitszimmer (abziehbarer Anteil)	
4289	Aufwendungen für ein häusliches Arbeitszimmer (nicht abziehbarer Anteil)	
4290	Grundstücksaufwendungen betrieblich	
4300	Nicht abziehbare Vorsteuer	
4301	Nicht abziehbare Vorsteuer 7 %	
R 4304-05		
R 4306	Nicht abziehbare Vorsteuer 19 %	
4320	Gewerbesteuer	Steuern vom Einkommen und Ertrag
4340	Sonstige Betriebssteuern	Sonstige Steuern
4350	Verbrauchsteuer	
4355	Ökosteuer	
4360	Versicherungen	Sonstige betriebliche Aufwendungen
4366	Versicherungen für Gebäude	
4370	Netto-Prämie für Rückdeckung künftiger Versorgungsleistungen	
4380	Beiträge	
4390	Sonstige Abgaben	
4396	Steuerlich abzugsfähige Verspätungszuschläge und Zwangsgelder	
4397	Steuerlich nicht abzugsfähige Verspätungszuschläge und Zwangsgelder	
4400-99	(zur freien Verfügung)	
4500	Fahrzeugkosten	
4510	Kfz-Steuer	Sonstige Steuern
4520	Kfz-Versicherungen	Sonstige betriebliche Aufwendungen
4530	Laufende Kfz-Betriebskosten	
4540	Kfz-Reparaturen	
4550	Garagenmieten	
4560	Mautgebühren	
4570	Mietleasing Kfz	
4580	Sonstige Kfz-Kosten	
4590	Kfz-Kosten für betrieblich genutzte zum Privatvermögen gehörende Kraftfahrzeuge	
4595	Fremdfahrzeugkosten	
4600	Werbekosten	
4630	Geschenke abzugsfähig	
4631	Zuwendungen an Dritte abzugsfähig	
4632	Pauschale Steuern für Geschenke und Zuwendungen abzugsfähig[8]	
4635	Geschenke nicht abzugsfähig	
4636	Zuwendungen an Dritte nicht abzugsfähig	
4637	Pauschale Steuern für Geschenke und Zuwendungen nicht abzugsfähig[8]	
4638	Geschenke ausschließlich betrieblich genutzt	
4640	Repräsentationskosten	
4650	Bewirtungskosten	

Kontenklasse 4		GuV-Posten[2]
	Betriebliche Aufwendungen	
4651	Sonstige eingeschränkt abziehbare Betriebsausgaben (abziehbarer Anteil)	Sonstige betriebliche Aufwendungen
4652	Sonstige eingeschränkt abziehbare Betriebsausgaben (nicht abziehbarer Anteil)	
4653	Aufmerksamkeiten	
4654	Nicht abzugsfähige Bewirtungskosten	
4655	Nicht abzugsfähige Betriebsausgaben aus Werbe- und Repräsentationskosten	
4660	Reisekosten Arbeitnehmer	
4662	Reisekosten Arbeitnehmer (nicht abziehbarer Anteil)	
4663	Reisekosten Arbeitnehmer Fahrtkosten	
4664	Reisekosten Arbeitnehmer Verpflegungsmehraufwand	
4666	Reisekosten Arbeitnehmer Übernachtungsaufwand	
R 4667		
4668	Kilometergelderstattung Arbeitnehmer	
4670	Reisekosten Unternehmer	
4672	Reisekosten Unternehmer (nicht abziehbarer Anteil)	
4673	Reisekosten Unternehmer Fahrtkosten	
4674	Reisekosten Unternehmer Verpflegungsmehraufwand	
R 4675		
4676	Reisekosten Unternehmer Übernachtungsaufwand	
R 4677		
4678	Fahrten zwischen Wohnung und Betriebsstätte (abziehbarer Anteil)	
4679	Fahrten zwischen Wohnung und Betriebsstätte (nicht abziehbarer Anteil)	
4680	Fahrten zwischen Wohnung und Betriebsstätte (Haben)	
R 4685		
4700	Kosten der Warenabgabe	
4710	Verpackungsmaterial	
4730	Ausgangsfrachten	
4750	Transportversicherungen	
4760	Verkaufsprovisionen	
4780	Fremdarbeiten (Vertrieb)	
4790	Aufwand für Gewährleistungen	
4800	Reparaturen und Instandhaltungen von technischen Anlagen und Maschinen	
4805	Reparaturen und Instandhaltungen von anderen Anlagen und Betriebs- und Geschäftsausstattung	
4806	Wartungskosten für Hard- und Software	
4809	Sonstige Reparaturen und Instandhaltungen	
4810	Mietleasing (bewegliche Wirtschaftsgüter)	
4815	Kaufleasing	Abschreibungen auf immaterielle Vermögensgegenstände des Anlagevermögens und Sachanlagen
4820	**Abschreibungen** auf Aufwendungen für die Ingangsetzung und Erweiterung des Geschäftsbetriebs	
4822	Abschreibungen auf immaterielle Vermögensgegenstände	
4823	Abschreibungen auf selbst geschaffene immaterielle Vermögensgegenstände[1]	
4824	Abschreibungen auf den Geschäfts- oder Firmenwert	
4826	Außerplanmäßige Abschreibungen auf immaterielle Vermögensgegenstände	
4827	Außerplanmäßige Abschreibungen auf selbst geschaffene immaterielle Vermögensgegenstände[1]	
4830	Abschreibungen auf Sachanlagen (ohne AfA auf Kfz und Gebäude)	
4831	Abschreibungen auf Gebäude	
4832	Abschreibungen auf Kfz	
4833	Abschreibungen auf Gebäudeanteil des häuslichen Arbeitszimmers	

Kontenklasse 4		GuV-Posten[2]
	Betriebliche Aufwendungen	
4840	Außerplanmäßige Abschreibungen auf Sachanlagen	Abschreibungen auf immaterielle Vermögensgegenstände des Anlagevermögens und Sachanlagen
4841	Absetzung für außergewöhnliche technische und wirtschaftliche Abnutzung der Gebäude	
4842	Absetzung für außergewöhnliche technische und wirtschaftliche Abnutzung des Kfz	
4843	Absetzung für außergewöhnliche technische und wirtschaftliche Abnutzung sonstiger Wirtschaftsgüter	
4850	Abschreibungen auf Sachanlagen auf Grund steuerlicher Sondervorschriften	
4851	Sonderabschreibungen nach § 7g Abs. 1 und 2 EStG a.F./§ 7g Abs. 5 EStG n.F. (ohne Kfz)	
4852	Sonderabschreibungen nach § 7g Abs. 1 und 2 EStG a.F./§ 7g Abs. 5 EStG n.F. (für Kfz)	
4853	Kürzung der Anschaffungs- oder Herstellungskosten gemäß § 7g Abs. 2 EStG n.F. (ohne Kfz)	
4854	Kürzung der Anschaffungs- oder Herstellungskosten gemäß § 7g Abs. 2 EStG n.F. (für Kfz)	
4855	Sofortabschreibung geringwertiger Wirtschaftsgüter	
4860	Abschreibungen auf aktivierte, geringwertige Wirtschaftsgüter	
4862	Abschreibungen auf den Sammelposten Wirtschaftsgüter[8]	
4865	Außerplanmäßige Abschreibungen auf aktivierte, geringwertige Wirtschaftsgüter	
4870	Abschreibungen auf Finanzanlagen	Abschreibungen auf Finanzanlagen und auf Wertpapiere des Umlaufvermögens
4871	Abschreibungen auf Finanzanlagen §3 Nr. 40 EStG/§ 8b Abs. 3 KStG (inländische Kap. Ges.)[8,9]	
4872	Abschreibungen auf Grund von Verlustanteilen an Mitunternehmerschaften § 8 GewStG	
4873	Abschreibungen auf Finanzanlagen auf Grund § 6b EStG-Rücklage § 3 Nr. 40 EStG/§ 8b Abs. 3 KStG (inländische Kap. Ges.)[8,9]	
4874	Abschreibungen auf Finanzanlagen auf Grund § 6b EStG-Rücklage[8]	
4875	Abschreibungen auf Wertpapiere des Umlaufvermögens	
4876	Abschreibungen auf Wertpapiere des Umlaufvermögens §3 Nr. 40 EStG/§ 8b Abs. 3 KStG (inländische Kap.Ges.)[8,9]	
4879	Vorwegnahme künftiger Wertschwankungen bei Wertpapieren des Umlaufvermögens[11,20]	
4880	Abschreibungen auf Umlaufvermögen ohne Wertpapiere (soweit unübliche Höhe)	Abschreibungen auf Vermögensgegenstände des Umlaufvermögens, soweit diese die in der Kapitalgesellschaft üblichen Abschreibungen überschreiten
4882	Abschreibungen auf Umlaufvermögen, steuerrechtlich bedingt (soweit unübliche Höhe)	
4885	Vorwegnahme künftiger Wertschwankungen im Umlaufvermögen außer Vorräte und Wertpapiere des Umlaufvermögens[11,20]	Sonstige betriebliche Aufwendungen
4886	Abschreibungen auf Umlaufvermögen außer Vorräte und Wertpapiere des Umlaufvermögens (soweit übliche Höhe)	
4887	Abschreibungen auf Umlaufvermögen, steuerrechtlich bedingt (soweit übliche Höhe)	

Kontenklasse 4 – Betriebliche Aufwendungen		GuV-Posten[2]
4890	Vorwegnahme künftiger Wertschwankungen im Umlaufvermögen (soweit unübliche Höhe)[11][20]	Abschreibungen auf Vermögensgegenstände des Umlaufvermögens, soweit diese die in der Kapitalgesellschaft üblichen Abschreibungen überschreiten
4900	Sonstige betriebliche Aufwendungen	Sonstige betriebliche Aufwendungen
4902	Interimskonto für Aufwendungen in einem anderen EU-Land, bei denen eine Vorsteuervergütung möglich ist[1]	
4905	Sonstige Aufwendungen betrieblich und regelmäßig	
4909	Fremdleistungen/ Fremdarbeiten	
4910	Porto	
4920	Telefon	
4925	Telefax und Internetkosten	
4930	Bürobedarf	
4940	Zeitschriften, Bücher	
4945	Fortbildungskosten	
4946	Freiwillige Sozialleistungen	
4948	Vergütungen an Mitunternehmer § 15 EStG	
4949	Haftungsvergütung an Mitunternehmer § 15 EStG[1]	
4950	Rechts- und Beratungskosten	
4955	Buchführungskosten	
4957	Abschluss- und Prüfungskosten	
4960	Mieten für Einrichtungen (bewegliche Wirtschaftsgüter)	
4961	Pacht (bewegliche Wirtschaftsgüter)	
4963	Aufwendungen für gemietete oder gepachtete bewegliche Wirtschaftsgüter, die gewerbesteuerlich hinzuzurechnen sind[1]	
4964	Aufwendungen für die zeitlich befristete Überlassung von Rechten (Lizensen, Konzessionen)	
4965	Mietleasing (bewegliche Wirtschaftsgüter)	
4969	Aufwendungen für Abraum- und Abfallbeseitigung	
4970	Nebenkosten des Geldverkehrs	
4975	Aufwendungen aus Anteilen an Kapitalgesellschaften §§ 3 Nr. 40, 3c EStG/§ 8b Abs. 1 KStG (inlänische Kap. Ges)[8][9][16]	
4976	Veräußerungskosten § 3 Nr. 40/§ 8b Abs. 2 KStG (inländische Kap.Ges)[8][9]	
4980	Betriebsbedarf	
4985	Werkzeuge und Kleingeräte	
	Kalkulatorische Kosten	
4990	Kalkulatorischer Unternehmerlohn	Sonstige betriebliche Aufwendungen
4991	Kalkulatorische Miete und Pacht	
4992	Kalkulatorische Zinsen	
4993	Kalkulatorische Abschreibungen	
4994	Kalkulatorische Wagnisse	
4995	Kalkulatorischer Lohn für unentgeltliche Mitarbeiter	
	Kosten bei Anwendung des Umsatzkostenverfahrens	
4996	Herstellungskosten	Sonstige betriebliche Aufwendungen
4997	Verwaltungskosten	
4998	Vertriebskosten	
4999	Gegenkonto 4996-4998	

Kontenklasse 5	GuV-Posten[2]
5000-999	Sonstige betriebliche Aufwendungen

Kontenklasse 6	GuV-Posten[2]
6000-999	Sonstige betriebliche Aufwendungen

Kontenklasse 7 Bestände an Erzeugnissen	Bilanzposten[2)]	Kontenklasse 8 Erlöskonten	GuV-Posten[2)]
KU 7000-7999		M 8000-8612 KU 8613-8614 M 8615-8904 KU 8905-8906 M 8907-8917 KU 8918-8919 M 8920-8923 KU 8924 M 8925-8928 KU 8929 M 8930-8938 KU 8939 M 8940-8948 KU 8949-8999	
7000 Unfertige Erzeugnisse, unfertige Leistungen (Bestand) 7050 Unfertige Erzeugnisse (Bestand) 7080 Unfertige Leistungen (Bestand)	Unfertige Erzeugnisse, unfertige Leistungen		
7090 In Ausführung befindliche Bauaufträge	In Ausführung befindliche Bauaufträge		
7095 In Arbeit befindliche Aufträge	In Arbeit befindliche Aufträge	**Umsatzerlöse**	
		8000–99 (Zur freien Verfügung)	Umsatzerlöse
7100 Fertige Erzeugnisse und Waren (Bestand) 7110 Fertige Erzeugnisse (Bestand) 7140 Waren (Bestand)	Fertige Erzeugnisse und Waren	AM 8100 Steuerfreie Umsätze § 4 Nr. 8 ff. UStG AM 8105 Steuerfreie Umsätze nach § 4 Nr. 12 UStG (Vermietung und Verpachtung)	
		AM 8110 Sonstige steuerfreie Umsätze Inland AM 8120 Steuerfreie Umsätze § 4 Nr. 1a UStG AM 8125 Steuerfreie innergemeinschaftliche Lieferungen § 4 Nr. 1b UStG R 8128 AM 8130 Lieferungen des ersten Abnehmers bei innergemeinschaftlichen Dreiecksgeschäften § 25 b Abs. 2 UStG AM 8135 Steuerfreie innergemeinschaftliche Lieferungen von Neufahrzeugen an Abnehmer ohne Umsatzsteuer-Identifikationsnummer AM 8140 Steuerfreie Umsätze Offshore usw. AM 8150 Sonstige steuerfreie Umsätze (z.B. § 4 Nr. 2-7 UStG) AM 8160 Steuerfreie Umsätze ohne Vorsteuerabzug zum Gesamtumsatz gehörend 8190 Erlöse, die mit den Durchschnittssätzen des § 24 UStG versteuert werden R 8192-93 8195 Erlöse als Kleinunternehmer i.S.d. § 19 Abs. 1 UStG AM 8196 Erlöse aus Geldspielautomaten 19 % USt R 8197-98 8200 Erlöse AM 8300-09 Erlöse 7 % USt AM 8310-14 Erlöse aus im Inland steuerpflichtigen EU-Lieferungen 7 % USt AM 8315-19 Erlöse aus im Inland steuerpflichtigen EU-Lieferungen 19 % USt 8320-29 Erlöse aus im anderen EU-Land steuerpflichtigen Lieferungen[3)] R 8330 Erlöse aus im Inland steuerpflichtigen EU-Lieferungen 16 % USt R 8331-35 AM 8336 Erlöse aus im anderen EU-Land steuerpflichtigen sonstigen Leistungen, für die der Leistungsempfänger die Umsatzsteuer schuldet[1)] AM 8337 Erlöse aus Leistungen, für die der Leistungsempfänger die Umsatzsteuer nach § 13b UStG schuldet AM 8338 Erlöse aus im Drittland steuerbaren Lesitungen, im Inland nicht steuerbare Umsätze AM 8339 Erlöse aus im anderen EU-Land steuerbare Leistungen, im Inland nicht steuerbare Umsätze	
		R 8340-49 Erlöse 16 % USt AM 8400-09 Erlöse 19 % USt AM 8410 Erlöse 19 % USt R 8411-49 R 8507 R 8509	Umsatzerlöse

Kontenklasse 8	Erlöskonten	GuV-Posten[2]
R 8510	Provisionsumsätze	Umsatzerlöse
R 8511-13		
Am 8514	Provisionsumsätze, steuerfrei § 4 Nr. 8 ff. UStG	
AM 8515	Provisionsumsätze, steuerfrei § 4 Nr. 5 UStG	
AM 8516	Provisionsumsätze 7 % USt	
R 8517-18		
AM 8519	Provisionsumsätze 19 % USt	
8520	Erlöse Abfallverwertung	
8540	Erlöse Leergut	
8570	Provision, sonstige Ertäge	Sonstige betriebliche Erträge
8571-73		
AM 8573	Provision, sonstige Erträge steuerfrei § 4 Nr. 8 ff. UStG	
AM 8575	Provision, sonstige Erträge Steuerfrei § 4 Nr. 5 UStG	
AM 8576	Provision, sonstige Erträge 7 % USt	
R 8577-78		
AM 8579	Provision, sonstige Ertäge 19 % USt	
	Statistische Konten EÜR[15]	Umsatzerlöse
8580	Statistisches Konto Erlöse zum allgemeinen Umsatzsteuersatz (EÜR)[13][15]	
8581	Statistisches Konto Erlöse zum ermäßigten Umsatzsteuersatz (EÜR)[13][15]	
8582	Statistisches Konto Erlöse steuerfrei und nicht steuerbar (EÜR)[13][15]	
8589	Gegenkonto 850-8582 bei Aufteilung der Erlöse nach Steuersätzen (EÜR)[13]	
8590	Verrechnete sonstige Sachbezüge (keine Waren)	Sonstige betriebliche Erträge
AM 8591	Sachbezüge 7 % USt (Waren)	
R 8594		
AM 8595	Sachbezüge 19 % USt (Waren)	
R 8596-97		
8600	Sonstige Erlöse betrieblich und regelmäßig	
8605	Sonstige Erträge betrieblich und regelmäßig	
AM 8609	Sonstige Erlöse betrieblich und regelmäßig, steuerfrei § 4 Nr. 8 ff. UStG	
8610	Verrechnete sonstige Sachbezüge	
AM 8611	Verrechnete sonstige Sachbezüge 19 % USt (z.B. Kfz-Gestellung)	
R 8612-13		
8614	Verrechnete sonstige Sachbezüge ohne Umsatzsteuer	
AM 8625-29	Sonstige Erlöse betrieblich und regelmäßig, steuerfrei z.B. § 4 Nr. 2-7 UStG	
AM 8630-34	Sonstige Erlöse betrieblich und regelmäßig 7 % USt	
R 8635-39		
AM 8640-44	Sonstige Erlöse betrieblich und regelmäßig 19 % USt	
R 8645-48		
8649	Sonstige Erlöse betrieblich und regelmäßig 19 % USt	
8650	Erlöse Zinsen und Diskontspesen	Sonstige Zinsen und ähnliche Erträge
8660	Erlöse Zinsen und Diskontspesen aus verbundenen Unternehmen	
8700	Erlösschmälerungen	Umsatzerlöse
AM 8705	Erlösschmälerungen aus steuerfreien Umsätzen § 4 Nr. 1a UStG	
AM 8710-11	Erlösschmälerungen 7 % USt	
R 8712-19		
AM 8720-21	Erlösschmälerungen 19 % USt	
R 8722		
AM 8723	Erlösschmälerungen 19 % USt	
AM 8724	Erlösschmälerungen aus steuerfreien innergemeinschaftlichen Lieferungen	
AM 8725	Erlösschmälerungen aus im Inland steuerpflichtigen EU-Lieferungen 7 % USt	
AM 8726	Erlösschmälerungen aus im Inland steuerpflichtigen EU-Lieferungen 19 % USt	

Kontenklasse 8	Erlöskonten	GuV-Posten[2]
8727	Erlösschmälerungen aus im anderen EU-Land steuerpflichtigen Lieferungen[3]	Umsatzerlöse
R 8728		
AM 8729	Erlösschmälerungen aus im Inland steuerpflichtigen EU-Lieferungen 16 % USt	
S 8730	Gewährte Skonti	
S/AM 8731	Gewährte Skonti 7 % USt	
R 8732-35		
S/AM 8736	Gewährte Skonti 19 % USt	
R 8737-35		
S/AM 8741	Gewährte Skonti aus Leistungen, für die der Leistungsempfänger die Umsatzsteuer nach § 13b UStG schuldet	
S/AM 8742	Gewährte Skonti aus Erlösen aus im anderen EU-Land steuerpflichtigen sonstigen Leistungen, für die der Leistungsempfänger die Umsatzsteuer schuldet[1]	
S/AM 8743	Gewährte Skonti aus steuerfreien innergemeinschaftlichen Lieferungen § 4 Nr. 1b UStG	
R 8744		
S 8745	Gewährte Skonti aus im Inland steuerpflichtigen EU-Lieferungen	
S/AM 8746	Gewährte Skonti aus im Inland steuerpflichtigen EU-Lieferungen 7 % USt	
R 8747		
S/AM 8748	Gewährte Skonti aus im Inland steuerpflichtigen EU-Lieferungen 19 % USt	
R 8749		
AM 8750-51	Gewährte Boni 7 % USt	
R 8752-59		
AM 8760-61	Gewährte Boni 19 % USt	
R 8762-68		
8769	Gewährte Boni	
8770	Gewährte Rabatte	
AM 8780-81	Gewährte Rabatte 7 % USt	
R 8782-89		
AM 8790-91	Gewährte Rabatte 19 % USt	
R 8792-99		
8800	Erlöse aus Verkäufen Sachanlagevermögen (bei Buchverlust)	Sonstige betriebliche Aufwendungen
AM 8801-06	Erlöse aus Verkäufen Sachanlagevermögen 19 % USt (bei Buchverlust)	
AM 8807	Erlöse aus Verkäufen Sachanlagevermögen steuerfrei § 4 Nr. 1a UStG (bei Buchverlust)	
AM 8808	Erlöse aus Verkäufen Sachanlagevermögen steuerfrei § 4 Nr. 1b UStG (bei Buchverlust)	
R 8809-16		
8817	Erlöse aus Verkäufen immaterieller Vermögensgegenstände (bei Buchverlust)	
8818	Erlöse aus Verkäufen Finanzanlagen (bei Buchverlust)	
8819	Erlöse aus Verkäufen Finanzanlagen § 3 Nr. 40 EStG/§ 8b Abs. 3 KStG (inländische Kap. Ges.)(bei Buchverlust)[8][9]	
AM 8820-25	Erlöse aus Verkäufen Sachanlagevermögen 19 % USt (bei Buchgewinn)	Sonstige betriebliche Erträge
R 8826		
AM 8827	Erlöse aus Verkäufen Sachanlagevermögen steuerfrei § 4 Nr. 1a UStG (bei Buchgewinn)	
AM 8828	Erlöse aus Verkäufen Sachanlagevermögen steuerfrei § 4 Nr. 1b UStG (bei Buchgewinn)	
8829	Erlöse aus Verkäufen Sachanlagevermögen (bei Buchgewinn)	
R 8830-36		
8837	Erlöse aus Verkäufen immaterieller Vermögensgegenstände (bei Buchgewinn)	
8838	Erlöse aus Verkäufen Finanzanlagen (bei Buchgewinn)	
8839	Erlöse aus Verkäufen Finanzanlagen § 3 Nr. 40 EStG/§ 8b Abs. 2 KStG (inländische Kap. Ges.) (bei Buchgewinn)[8][9]	

Kontenklasse 8 Erlöskonten		GuV-Posten[2]
AM 8850	Erlöse aus Verkäufen von Wirtschaftsgütern des Umlaufvermögens 19 % USt für § 4 Abs. 3 Satz 4 EStG[13]	Sonstige betriebliche Erträge
AM 8851	Erlöse aus Verkäufen von Wirtschaftsgütern des Umlaufvermögens, umsatzsteuerfrei § 4 Nr. 8 ff. UStG i.V.m. § 4 Abs. 3 Satz 4 EStG[13]	
AM 8852	Erlöse aus Verkäufen von Wirtschaftsgütern des Umlaufvermögens, umsatzsteuerfrei § 4 Nr. 8 ff. UStG i.V.m. § 4 Abs. 3 Satz 4 EStG, § 3 Nr. 40 EStG/§ 8b Abs. 2 KStG (inländische Kap.Ges.)[8][9][13]	
8853	Erlöse aus Verkäufen von Wirtschaftsgütern des Umlaufvermögens nach § 4 Abs. 3 Satz 4 EStG[13]	
8900	Unentgeltliche Wertabgaben	Umsatzerlöse
8905	Entnahme von Gegenständen ohne USt	
8906	Verwendung von Gegenständen für Zwecke außerhalb des Unternehmens ohne USt	Sonstige betriebliche Erträge
R 8908-09		
AM 8910-13	Entnahme durch den Unternehmer für Zwecke außerhalb des Unternehmens (Waren) 19 % USt	Umsatzerlöse
R 8914		
AM 8915-17	Entnahme durch den Unternehmer für Zwecke außerhalb des Unternehmens (Waren) 7 % USt	
8918	Verwendung von Gegenständen für Zwecke außerhalb des Unternehmens ohne USt (Telefon-Nutzung)	Sonstige betriebliche Erträge
8919	Entnahme durch den Unternehmer für Zwecke außerhalb des Unternehmens (Waren) ohne USt	Umsatzerlöse
AM 8920	Verwendung von Gegenständen für Zwecke außerhalb des Unternehmens 19 % USt	Sonstige betriebliche Erträge
AM 8921	Verwendung von Gegenständen für Zwecke außerhalb des Unternehmens 19 % USt (Kfz-Nutzung)	
AM 8922	Verwendung von Gegenständen für Zwecke außerhalb des Unternehmens 19 % USt (Telefon-Nutzung)	
R 8923		
8924	Verwendung von Gegenständen für Zwecke außerhalb des Unternehmens ohne USt (Kfz-Nutzung)	
AM 8925-27	Unentgeltliche Erbringung einer sonstigen Leistung 19 % USt	
R 8928		
8929	Unentgeltliche Erbringung einer sonstigen Leistung ohne USt	
AM 8930-31	Verwendung von Gegenständen für Zwecke außerhalb des Unternehmens 7 % USt	
AM 8932-33	Unentgeltliche Erbringung einer sonstigen Leistung 7 % USt	
R 8934		
AM 8935-37	Unentgeltliche Zuwendung von Gegenständen 19 % USt	
R 8938		
8939	Unentgeltliche Zuwendung von Gegenständen ohne USt	
AM 8940-43	Unentgeltliche Zuwendung von Waren 19 % USt	Umsatzerlöse
R 8944		
AM 8945-47	Unentgeltliche Zuwendung von Waren 7 % USt	
R 8948		Sonstige betriebliche Erträge

Kontenklasse 8 Erlöskonten		GuV-Posten[2]
8949	Unentgeltliche Zuwendung von Waren ohne USt	Umsatzerlöse
8950	Nicht steuerbare Umsätze (Innenumsätze)	
8955	Umsatzsteuervergütungen	
8960	**Bestandsveränderungen – unfertige Erzeugnisse**	Erhöhung des Bestands an fertigen und unfertigen Erzeugnissen oder *Verminderung des Bestands an fertigen und unfertigen Erzeugnissen*
8970	**Bestandsveränderungen – unfertige Leistungen**	
8975	**Bestandsveränderungen – in Ausführung befindliche Bauaufträge**	Erhöhung des Bestands in Ausführung befindlicher Bauaufträge oder *Verminderung des Bestands in Ausführung befindlicher Bauaufträge*
8977	**Bestandsveränderungen – in Arbeit befindliche Aufträge**	Erhöhung des Bestands in Arbeit befindlicher Aufträge oder *Verminderung des Bestands in Arbeit befindlicher Aufträge*
8980	**Bestandsveränderungen – fertige Erzeugnisse**	Erhöhung des Bestands an fertigen und unfertigen Erzeugnissen oder *Verminderung des Bestands an fertigen und unfertigen Erzeugnissen*
8990	**Andere aktivierte Eigenleistungen**	Andere aktivierte Eigenleistungen
8995	Aktivierte Eigenleistungen zur Erstellung von selbst geschaffenen immatriellen Vermögensgegenständen[1]	

Kontenklasse 9 Vortrags-, Kapital- und statistische Konten		Bilanzposten[2)]
	KU 9000-9999	
	Vortragskonten	
S 9000	Saldenvorträge, Sachkonten	
F 9001-07	Saldenvorträge, Sachkonten	
S 9008	Saldenvorträge, Debitoren	
S 9009	Saldenvorträge, Kreditoren	
F 9060	Offene Posten aus 1990	
F 9069	Offene Posten aus 1999	
F 9070	Offene Posten aus 2000	
F 9071	Offene Posten aus 2001	
F 9072	Offene Posten aus 2002	
F 9073	Offene Posten aus 2003	
F 9074	Offene Posten aus 2004	
F 9075	Offene Posten aus 2005	
F 9076	Offene Posten aus 2006	
F 9077	Offene Posten aus 2007	
F 9078	Offene Posten aus 2008	
F 9079	Offene Posten aus 2009	
F 9080	**Offene Posten aus 2010**[1)]	
F 9090	**Summenvortragskonto**	
F 9091	Offene Posten aus 1991	
F 9092	Offene Posten aus 1992	
F 9093	Offene Posten aus 1993	
F 9094	Offene Posten aus 1994	
F 9095	Offene Posten aus 1995	
F 9096	Offene Posten aus 1996	
F 9097	Offene Posten aus 1997	
F 9098	Offene Posten aus 1998	
	Statistische Konten für Betriebswirtschaftliche Auswertungen (BWA)	
F 9101	Verkaufstage	
F 9102	Anzahl der Barkunden	
F 9103	Beschäftigte Personen	
F 9104	Unbezahlte Personen	
F 9105	Verkaufskräfte	
F 9106	Geschäftsraum m^2	
F 9107	Verkaufsraum m^2	
F 9116	Anzahl Rechnungen	
F 9117	Anzahl Kreditkunden monatlich	
F 9118	Anzahl Kreditkunden Aufgelaufen	
9120	Erweiterungsinvestitionen[7)]	
F 9130-31		
9135	Auftragseingang im Geschäftsjahr	
9140	Auftragsbestand	
F 9190	Gegenkonto für statistische Mengeneinheiten Konten 9101-9107 und Konten 9116-9118	
9199	Gegenkonto zu Konten 9120, 9135-9140	
	Statistische Konten für den Kennziffernteil der Bilanz	
F 9200	Beschäftigte Personen	
F 9201-08	[7)]	
F 9209	Gegenkonto zu 9200	
9210	Produktive Löhne	
9219	Gegenkonto zu 9210	
	Statistische Konten zur informativen Angabe des gezeichneten Kapitals in anderer Währung	
F 9220	Gezeichnetes Kapital in DM (Art. 42 Abs. 3 S. 1 EGHGB)	Gezeichnetes Kapital in DM
F 9221	Gezeichnetes Kapital in Euro (Art. 42 Abs. 3 S. 2 EGHGB)	Gezeichnetes Kapital in Euro
F 9229	Gegenkonto zu 9220-9221	
	Passive Rechnungsabgrenzung	
9230	Baukostenzuschüsse	
9232	Investitionszulagen	
9234	Investitionszuschüsse	
9239	Gegenkonto zu Konten 9230-9238	

Kontenklasse 9 Vortrags-, Kapital- und statistische Konten		Bilanzposten[2)]
9240	Investitionsverbindlichkeiten bei den Leistungsverbindlichkeiten	
9241	Investitionsverbindlichkeiten aus Sachanlagenkäufen bei Leistungsverbindlichkeiten	
9242	Investitionsverbindlichkeiten aus Käufen von immateriellen Vermögensgegenständen bei Leistungsverbindlichkeiten	
9243	Investitionsverbindlichkeiten aus Käufen von Finanzanlagen bei Leistungsverbindlichkeiten	
9244	Gegenkonto zu Konten 9240-43	
9245	Forderungen aus Sachanlagenverkäufen bei sonstigen Vermögensgegenständen	
9246	Forderungen aus Verkäufen immaterieller Vermögensgegenstände bei sonstigen Vermögensgegenständen	
9247	Forderungen aus Verkäufen von Finanzanlagen bei sonstigen Vermögensgegenständen	
9249	Gegenkonto zu Konten 9245-47	
	Eigenkapitalersetzende Gesellschafterdarlehen	
9250	Eigenkapitalersetzende Gesellschafterdarlehen	
9255	Ungesicherte Gesellschafterdarlehen mit Restlaufzeit größer 5 Jahre	
9259	Gegenkonto zu 9250 und 9255	
	Aufgliederung der Rückstellungen	
9260	Kurzfristige Rückstellungen	
9262	Mittelfristige Rückstellungen	
9264	Langfristige Rückstellungen, außer Pensionen	
9269	Gegenkonto zu Konten 9260-9268	
	Statistische Konten für in der Bilanz auszuweisende Haftungsverhältnisse	
9270	Gegenkonto zu 9271-9278 (Soll-Buchung)	
9271	Verbindlichkeiten aus der Begebung und Übertragung von Wechseln	
9272	Verbindlichkeiten aus der Begebung und Übertragung von Wechseln gegenüber verbundenen Unternehmen	
9273	Verbindlichkeiten aus Bürgschaften, Wechsel- und Scheckbürgschaften	
9274	Verbindlichkeiten aus Bürgschaften, Wechsel- und Scheckbürgschaften gegenüber verbundenen Unternehmen	
9275	Verbindlichkeiten aus Gewährleistungsverträgen	
9276	Verbindlichkeiten aus Gewährleistungsverträgen gegenüber verbundenen Unternehmen	
9277	Haftung aus der Bestellung von Sicherheiten für fremde Verbindlichkeiten	
9278	Haftung aus der Bestellung von Sicherheiten für fremde Verbindlichkeiten gegenüber verbundenen Unternehmen	
9279	Verpflichtungen aus Treuhandvermögen	

Kontenklasse 9 Vortrags-, Kapital- und statistische Konten		Bilanzposten[2]
	Statistische Konten für die im Anhang anzugebenden sonstigen finanziellen Verpflichtungen	
9280	Gegenkonto zu 9281-9284	
9281	Verpflichtungen aus Miet- und Leasingverträgen	
9282	Verpflichtungen aus Miet- und Leasingverträgen gegenüber verbundenen Unternehmen	
9283	Andere Verpflichtungen gem. § 285 Nr. 3a HGB[8]	
9284	Andere Verpflichtungen gem. § 285 Nr. 3a HGB gegenüber verbundenen Unternehmen[8]	
9285	[19]	
9286	[19]	
	Statistische Konten für § 4 Abs. 3 EStG	
9287	Zinsen bei Buchungen über Debitoren bei § 4 Abs. 3 EStG[13]	
9288	Mahngebühren bei Buchungen üder Debitoren bei § 4 Abs. 3 EStG[13]	
9289	Gegenkonto zu 9287 und 9288[13]	
9290	Statistisches Konto steuerfreie Auslagen	
9291	Gegenkonto zu 9290	
9292	Statistisches Konto Fremdgeld	
9293	Gegenkonto zu 9292	
9295	Einlagen stiller Gesellschafter	Einlagen stiller Gesellschafter
9297	Steuerrechtlicher Ausgleichsposten	Steuerrechtlicher Ausgleichsposten
F 9300-20	[7]	
F 9326-43	[7]	
F 9346-49	[7]	
F 9357-60	[7]	
F 9365-67	[7]	
F 9371-72	[7]	
F 9399	[7]	
	Privat Teilhafter (für Verrechnung Gesellschafterdarlehen mit Eigenkapitalcharakter - Konto 9840-9849)	
9400-09	Privatentnahmen allgemein	
9410-19	Privatsteuer	
9420-29	Sonderausgaben beschränkt abzugsfähig	
9430-39	Sonderausgaben unbeschränkt abzugsfähig	
9440-49	Zuwendungen, Spenden	
9450-59	Außergewöhnliche Belastungen	
9460-69	Grundstücksaufwand	
9470-79	Grundstücksertrag	
9480-89	Unentgeltliche Wertabgaben	
9490-99	Privateinlage	
	Statistische Konten für die Kapitalkontenentwicklung	
9500-09	Anteil für Konto 0900-09 Teilhafter	
9510-19	Anteil für Konto 0910-19 Teilhafter	
9520-29	Anteil für Konto 0920-29 Teilhafter[12]	
9530-39	Anteil für Konto 9950-59 Teilhafter	
9540-49	Anteil für Konto 9930-39 Vollhafter	
9550-59	Anteil für Konto 9810-19 Vollhafter	
9560-69	Anteil für Konto 9820-29 Vollhafter	
9570-79	Anteil für Konto 0870-79 Vollhafter	
9580-89	Anteil für Konto 0880-89 Vollhafter	
9590-99	Anteil für Konto 0890-99 Vollhafter[12]	
9600-09	Name des Gesellschafters Vollhafter	

Kontenklasse 9 Vortrags-, Kapital- und statistische Konten		Bilanzposten[2]
9610-19	Tätigkeitsvergütung Vollhafter	
9620-29	Tantieme Vollhafter	
9630-39	Darlehensverzinsung Vollhafter	
9640-49	Gebrauchsüberlassung Vollhafter	
9650-89	Sonstige Vergütungen Vollhafter	
9690-99	Restanteil Vollhafter	
9700-09	Name des Gesellschafters Teilhafter	
9710-19	Tätigkeitsvergütung Teilhafter	
9720-29	Tantieme Teilhafter	
9730-39	Darlehensverzinsung Teilhafter	
9740-49	Gebrauchsüberlassung Teilhafter	
9750-79	Sonstige Vergütungen Teilhafter	
9780-89	Anteil für Konto 9840-49 Teilhafter	
9790-99	Restanteil Teilhafter	
9800	**Lösch- und Korrekturschlüssel**	
9801	**Lösch- und Korrekturschlüssel**	
	Kapital Personenhandelsgesellschaft Vollhafter	
9810-19	Gesellschafter-Darlehen	
9820-29	Verlust-/Vortragskonto	
9830-39	Verrechnungskonto für Einzahlungsverpflichtungen	
	Kapital Personenhandelsgesellschaft Teilhafter	
9840-49	Gesellschafter-Darlehen	
9850-59	Verrechnungskonto für Einzahlungsverpflichtungen	
	Einzahlungsverpflichtungen im Bereich der Forderungen	
9860-69	Einzahlungsverpflichtungen persönlich haftender Gesellschafter	
9870-79	Einzahlungsverpflichtungen Kommanditisten	
	Ausgleichsposten für aktivierte eigene Anteile und Bilanzierungshilfen	
9880	Ausgleichsposten für aktivierte eigene Anteile	
9882	Ausgleichsposten für aktivierte Bilanzierungshilfen	
	Nicht durch Vermögenseinlagen gedeckte Entnahmen	
9883	Nicht durch Vermögenseinlagen gedeckte Entnahmen persönlich haftender Gesellschafter	
9884	Nicht durch Vermögenseinlagen gedeckte Entnahmen Kommanditisten	
	Verrechungskonto für nicht durch Vermögenseinlagen gedeckte Entnahmen	
9885	Verrechungskonto für nicht durch Vermögenseinlagen gedeckte Entnahmen persönlich haftender Gesellschafter	
9886	Verrechungskonto für nicht durch Vermögenseinlagen gedeckte Entnahmen Kommanditisten	
	Steueraufwand der Gesellschafter	
9887	Steueraufwand der Gesellschafter	
9889	Gegenkonto zu 9887	

Kontenklasse 9		Bilanzposten[2]
Vortrags-, Kapital- und statistische Konten		
	Statistische Konten für Gewinnzuschlag	
9890	Statistisches Konto für den Gewinnzuschlag nach §§ 6b, 6c und 7g a.F. EStG (Haben)	
9891	Statistisches Konto für den Gewinnzuschlag nach §§ 6b, 6c und 7g a.F. EStG (Soll) – Gegenkonto zu 9890	
	Vorsteuer-/Umsatzsteuerkonten zur Korrektur der Forderungen/Verbindlichkeiten (EÜR)	
9893	Umsatzsteuer in den Forderungen zum allgemeinen Umsatzsteuersatz (EÜR)[13]	
9894	Umsatzsteuer in den Forderungen zum ermäßigten Umsatzsteuersatz (EÜR)[13]	
9895	Gegenkonto 9893-9894 für die Aufteilung der Umsatzsteuer (EÜR)[13]	
9896	Vorsteuer in den Verbindlichkeiten zum allgemeinen Umsatzsteuersatz (EÜR)[13]	
9897	Vorsteuer in den Verbindlichkeiten zum ermäßigten Umsatzsteuersatz (EÜR)[13]	
9899	Gegenkonto 9896-9897 für die Aufteilung der Vorsteuer (EÜR[13])	
	Statistische Konten zu § 4 (4a) EStG	
9910	Gegenkonto zur Minderung der Entnahmen § 4 (4a) EStG	
9911	Minderung der Entnahmen § 4 (4a) EStG (Haben)	
9912	Erhöhung der Entnahmen § 4 (4a) EStG	
9913	Gegenkonto zur Erhöhung der Entnahmen § 4 (4a) EStG (Haben)	
	Statistische Konten für Kinderbetreuungskosten	
9918	Kinderbetreuungskosten (wie Betriebsausgaben steuerlich anzusetzender Betrag)	
9919	Kinderbetreuungskosten – Gegenkonto zu 9918 (Haben)	
	Ausstehende Einlagen	
9920-29	Ausstehende Einlagen auf das Komplementär-Kapital, nicht eingefordert	
9930-39	Ausstehende Einlagen auf das Komplementär-Kapital, eingefordert	
9940-49	Ausstehende Einlagen auf das Kommandit-Kapital, nicht eingefordert	
9950-59	Ausstehende Einlagen auf das Kommandit-Kapital, eingefordert	
	Statistische Konten für den außerhalb der Bilanz zu berücksichtigenden Investitionsabzugsbetrag nach § 7g EStG	
9970	Investitionsabzugsbetrag § 7g Abs. 1 EStG, außerbilanziell (Soll)	
9971	Investitionsabzugsbetrag § 7g Abs. 1 EStG, außerbilanziell (Haben) – Gegenkonto zu 9970	
9972	Hinzurechnung Investitionsabzugsbetrag § 7g Abs. 2 EStG, außerbilanziell (Haben) [8]	
9973	Hinzurechnung Investitionsabzugsbetrag § 7g Abs. 2 EStG, außerbilanziell (Soll) – Gegenkonto zu 9972[8]	
9974	Rückgängigmachung § 7g Abs. 3, 4 EStG und Erhöhung Investitionsabzugsbetrag im früheren Abzugsjahr[8]	
9975	Rückgängigmachung § 7g Abs. 3, 4 EStG und Erhöhung Investitionsabzugsbetrag im früheren Abzugsjahr – Gegenkonto zu 9974[8]	
	Statistische Konten für die Zinsschranke § 4h EStG/§ 8a KStG	
9976	Nicht abzugsfähige Zinsaufwendungen gemäß § 4h EStG (Haben)	
9977	Nicht abzugsfähige Zinsaufwendungen gemäß § 4h EStG (Soll) – Gegenkonto zu 9976	
9978	Abziehbare Zinsaufwendungen aus Vorjahren gemäß § 4h EStG (Soll)	
9979	Abziehbare Zinsaufwendungen aus Vorjahren gemäß § 4h EStG (Haben) – Gegenkonto zu 9978	
	Statistische Konten für den GuV-Ausweis in „Gutschrift bzw. Belastung auf Verbindlichkeitskonten" bei den Zuordnungstabellen für PersHG nach KapCoRiLiG	
9980	Anteil Belastung auf Verbindlichkeitskonten	
9981	Verrechnungskonto für Anteil Belastung auf Verbindlichkeitskonten	
9982	Anteil Gutschrift auf Verbindlichkeitskonten	
9983	Verrechnungskonto für Anteil Gutschrift auf Verbindlichkeitskonten	
	Statistische Konten für die Gewinnkorrektur nach § 60 Abs. 2 EStDV	
9984	Gewinnkorrektur nach § 60 Abs. 2 EStDV – Erhöhung handelsrechtliches Ergebnis durch Habenbuchung – Minderung handelsrechliches Ergebnis durch Sollbuchung[1]	
9985	Gegenkonto zu 9984[1]	
	Personenkonten	
10000 -69999	Debitoren	Sollsalden: Forderungen aus Lieferungen und Leistungen *Habensalden: Sonstige Verbindlichkeiten*
70000 -99999	Kreditoren	Habensalden: Verbindlichkeiten aus Lieferungen und Leistungen *Sollsalden: Sonstige Vermögensgegenstände*

Erläuterungen

Erläuterungen zu den Kontenfunktionen:
Zusatzfunktionen (über einer Kontenklasse):
KU Keine Errechnung der Umsatzsteuer möglich
V Zusatzfunktion „Vorsteuer"
M Zusatzfunktion „Umsatzsteuer"

Hauptfunktionen (vor einem Konto)
AV Automatische Errechnung der Vorsteuer
AM Automatische Errechnung der Umsatzsteuer
S Sammelkonten
F Konten mit allgemeiner Funktion
R Diese Konten dürfen erst dann bebucht werden, wenn ihnen eine andere Funktion zugeteilt wurde.

Hinweise zu den Konten sind durch Fußnoten gekennzeichnet:

[1] Konto für das Buchungsjahr 2010 neu eingeführt
[2] Bilanz- und GuV-Posten große Kapitalgesellschaft GuV-Gesamtkostenverfahren Tabelle S4003
[3] Diese Konten können mit BU-Schlüssel 10 bebucht werden. Das EU-Land und der ausländische Steuersatz werden über das EU-Fenster eingegeben.
[4] Kontenbezogene Kennzeichnung der Programmverbindung in Kanzlei-Rechnungswesen/Bilanz zu Umsatzsteuererklärung (U), Gewerbesteuer (G) und Körperschaftsteuer (K) Da bei Erstellung des SKR-Formulars die Steuererklärungsformulare noch nicht vorlagen, können sich Abweichungen zwischen den in der Programmverbindung berücksichtigten Konten und den Programmverbindungskennzeichen ergeben.
Abschlusszweck:
HBÜ Diese Konten sollten ausschließlich für die Handelsbilanz zur Anwendnung von BilMoG-Übergangsvorschriften gebucht werden.
HB HB Diese Konten sollten ausschließlich für die Handelsbilanz gebucht werden.
SB Diese Konten sollten ausschließlich für die Steuerbilanz gebucht werden.
EÜR Diese Konten sollten ausschließlich für die Gewinnermittlung nach § 4 Abs. 3 EStG gebucht werden.
[5] Programmseitige Reduzierung des vollen Betrags auf die gewerbesteuerlich relevante Höhe.
[6] Das Konto gilt als Hauptkonto für Sachverhalte, die in diesen Kontenbereichen nicht als spezieller Sachverhalt auf Einzelkonten dargestellt sind.
[7] Diese Konten werden für die BWA-Formen 03, 10 und 70 mit statistischen Mengeneinheiten bebucht und wurden mit der Umrechnungssperre, Funktion 18000 belegt.
[8] Kontenbeschriftung in 2010 geändert
[9] An der Schnittstelle zu GewSt ab VAZ 2009 die Erträge zu 40% als steuerfrei und die Aufwendungen zu 40% als nicht abziehbar behandelt.
An der Schnittstelle zur KSt werden die Erträge zu 100% als steuerfrei und die Aufwendnungen zu 100% als nicht abziehbar behandelt.
Siehe §§ 3 Nr. 40, 3c EStG, 8b KStG. Bei der Ermittlung des Gewerbeertrags wird das Vorliegen einer Schachtelbeteiligung unterstellt. Hinzurechnungen nach § 8 Nr. 5 GewStG bei Streubesitz sind manuell zu erfassen.
[10] Diese Konten haben ab Buchungsjahr 2005 nicht mehr die Zusatzfunktion KU. Bitte verwenden Sie diese Konten nur noch in Verbindung mit einem Gegenkonto mit Geldkontenfunktion.
[11] Das Konto wird nur noch für Auswertungen mit Vorjahresvergleich benötigt.
[12] Die Konten haben in den Zuordnungstabellen Fremdkapitalcharakter. Bei Ausweis als Eigenkapital bitte die Konten 9810-19 (Vollhafter/Einzelunternehmer) bzw. 9840-49 (Teilhafter) verwenden.
[13] Das Konto wurde für die Gewinnermittlung nach § 4 Abs. 3 EStG eingeführt. Nach § 60 Abs. 4 EStDV ist bei einer Gewinnermittlung nach § 4 Abs. 3 EStG der Steuererklärung ein amtlich vorgeschriebener Vordruck beizufügen, - Einnahmenüberschussrechnung – EÜR
[14] Buchungen auf diesem Konto sind gemäß BilMoG zum Ende des Geschäftsjahres aufzulösen.
[15] Die Konten wurden zur Aufteilung nach Steuersätzen am Jahresende eingerichtet und sollten unterjährig nicht bebucht werden. Bitte beachten Sie die Buchungsregeln im Dok.-Nr. 1012932 der Informations-Datenbank.
[16] Das Konto wird in KSt nur bei Organgesellschaften berücksichtig.
[17] Das Konto wird in Körperschaftssteuer ausschließlich in die Positionen „Eigen-/Nennkapital zum Schluss des vorangegangenen Wirtschaftsjahres" übernommen.
[18] frei
[19] Konto 9285: statistisches Konto für den oberen Grenzwert, eingerichtet für die Darstellung der ABC-Analyse in den Programmen der Abschlussprüfung.
Konto 9286: statistisches Konto für den unteren Grenzwert, eingerichtet für die Darstellung der ABC-Analyse in den Programmen der Abschlussprüfung.
[20] Das Konto wird ab dem Buchungsjahr 2011 gelöscht.

Bedeutung der Steuerschlüssel:

1	Umsatzsteuerfrei (mit Vorsteuerabzug)	5	Umsatzsteuer 16 %
		6	gesperrt
2	Umsatzsteuer 7 %	7	Vorsteuer 16 %
3	Umsatzsteuer 19 %	8	Vorsteuer 7 %
4	gesperrt	9	Vorsteuer 19 %

Erläuterungen

Bedeutung der Berichtigungsschlüssel:
1 Steuerschlüssel bei Buchungen mit einem EU-Tatbestand ab Buchungsjahr 1993
2 Generalumkehr
3 Generalumkehr bei aufzuteilender Vorsteuer
4 Aufhebung der Automatik
5 Individueller Umsatzsteuer-Schlüssel
6 Generalumkehr bei Buchungen mit einem EU-Tatbestand ab Buchungsjahr 1993
7 Generalumkehr bei individuellem Umsatzsteuer-Schlüssel
8 Generalumkehr bei Aufhebung der Automatik
9 Aufzuteilende Vorsteuer

Bedeutung der Steuerschlüssel bei Buchungen mit einem EU-Tatbestand (6. und 7. Stelle des Gegenkontos):

10	nicht steuerbarer Umsatz in Deutschland (Steuerpflicht im anderen EU-Land)	
11	Umsatzsteuerfrei (mit Vorsteuerabzug)	
12	Umsatzsteuer	7 %
13	Umsatzsteuer	19 %
15	Umsatzsteuer	16 %
17	Umsatzsteuer/ Vorsteuer	16 % 16 %
18	Umsatzsteuer/ Vorsteuer	7 % 7 %
19	Umsatzsteuer/ Vorsteuer	19 % 19 %

Bedeutung der Generalumkehrschlüssel bei Buchungen mit einem EU-Tatbestand (6. und 7. Stelle des Gegenkontos):

60	nicht steuerbarer Umsatz in Deutschland (Steuerpflicht im anderen EU-Land)	
61	Umsatzsteuerfrei (mit Vorsteuerabzug)	
62	Umsatzsteuer	7 %
63	Umsatzsteuer	19 %
65	Umsatzsteuer	16 %
67	Umsatzsteuer/ Vorsteuer	16 % 16 %
68	Umsatzsteuer/ Vorsteuer	7 % 7 %
69	Umsatzsteuer/ Vorsteuer	19 % 19 %

Bedeutung der Steuerschlüssel 91/92/94/95 und 46 (6. und 7. Stelle des Gegenkontos)
Umsatzsteuerschlüssel für die Verbuchung von Umsätzen, für die der Leistungsempfänger die Steuer nach § 13b UStG schuldet.

Beim Leistungsempfänger
91 7 % Vorsteuer und 7 % Umsatzsteuer
92 ohne Vorsteuer und 7 % Umsatzsteuer
94 19 % Vorsteuer und 19 % Umsatzsteuer
95 ohne Vorsteuer und 19 % Umsatzsteuer"

Die Unterscheidung der verschiedenen Sachverhalte nach § 13b UStG erfolgt nach Eingabe des Steuerschlüssels direkt bei der Erfassung des Buchungssatzes. Hier erfolgt auch die Eingabe, falls Sie ab Buchungsjahr 2007 noch die Steuerrechnung mit 16 % benötigen.

Beim Leistenden
46 Ausweis Kennzahl 60 der UStVA"

Bedeutung des Steuerschlüssels 47
Umsatzsteuerschlüssel für die Verbuchung von Erlösen aus im anderen EU-Land steuerpflichtigen sonstigen Leistungen, für die der Leistungsempfänger die Umsatzsteuer schuldet.
47 Ausweis ZM und Kennzahl 21 der UStVA

Erläuterungen zur Kennzeichnung von Konten für die Programmverbindung zwischen Kanzlei-Rechnungswesen/Bilanz und Steuerprogrammen:
Die Erweiterung des Standardkontenrahmens um zusätzliche Konten und besondere Kennzeichen verbessert weiter die Integration der DATEV-Programme und erleichtert die Arbeit für Anwender von Kanzlei-Rechnungswesen/Bilanz, die gleichzeitig DATEV-Steuerprogramme nutzen. Steuerliche Belange können bereits während des Kontierens stärker berücksichtigt werden.
In der Spalte Programmverbindung werden die Konten gekennzeichnet, die über die Schnittstelle in Kanzlei-Rechnungswesen/Bilanz an das entsprechende Steuerprogramm Umsatzsteuererklärung (U), Gewerbesteuer (G) und Körperschaftsteuer (K) weitergegeben und an entsprechender Stelle der Steuerberechnung zu Grunde gelegt werden.
Die Kennzeichnung „G" und „K" an Standardkonten umfasst für die Weitergabe an Gewerbesteuer und Körperschaftsteuer auch die nachfolgenden Konten bis zum nächsten standardmäßig belegten Konto. Die Kennzeichnung „U" an Standardkonten stellt die Weitergabe an Umsatzsteuererklärung dar. Kontenbereiche werden nur weitergegeben, wenn sie im Standardkontenrahmen ausgewiesen sind (z. B. AM 8400-09).
Nicht gekennzeichnet sind solche Konten, die lediglich eine rechnerische Hilfsfunktion im steuerlichen Sinne ausüben wie Löhne und Gehälter sowie Umsätze für die Berechnung des zulässigen Spendenabzugs im Rahmen von Gewerbesteuer und Körperschaftsteuer.
Abgebildet wird mit den Kennzeichen die Programmverbindung, nicht der steuerliche Ursprung. Die Gewerbesteuer-Berechnung für Körperschaften ist in das Produkt Körperschaftsteuer integriert. Daher ist an Konten mit gewerbesteuerlichem Merkmal auch ein „K" für diese Programmverbindung zu finden.

A.6 DATEV-Kontenrahmen SKR 04

(Gültig ab 2010)

Kontenklasse 0		Bilanzposten[2]
	Anlagevermögenskonten	
	Ausstehende Einlagen auf das gezeichnete Kapital	
0001	Ausstehende Einlagen auf das gezeichnete Kapital, nicht eingefordert (Aktivausweis)[14]	Ausstehende Einlagen auf das gezeichnete Kapital
0040	Ausstehende Einlagen auf das gezeichnete Kapital, eingefordert (Aktivausweis)[14]	
0050-59	Ausstehende Einlagen auf das Komplementär-Kapital, nicht eingefordert	Sonstige Aktiva oder *sonstige Passiva*
0060-69	Ausstehende Einlagen auf das Komplementär-Kapital, eingefordert	
0070-79	Ausstehende Einlagen auf das Kommandit-Kapital, nicht eingefordert	
0080-89	Ausstehende Einlagen auf das Kommandit-Kapital, eingefordert	
	Aufwendungen für die Ingangsetzung und Erweiterung des Geschäftsbetriebs	
0095	Aufwendungen für die Ingangsetzung und Erweiterung des Geschäftsbetriebs	Aufwendungen für die Ingangsetzung und Erweiterung des Geschäftsbetriebs
	Anlagevermögen	
	Immaterielle Vermögensgegenstände	
0100	**Entgeltlich erworbene Konzessionen, gewerbliche Schutzrechte und ähnliche Rechte und Werte sowie Lizenzen an solchen Rechten und Werten**[8]	Entgeltlich erworbene Konzessionen, gewerbliche Schutzrechte und ähnliche Rechte und Werte sowie Lizenzen an solchen Rechten und Werten
0110	Konzessionen	
0120	Gewerbliche Schutzrechte	
0130	Ähnliche Rechte und Werte	
0135	EDV-Software	
0140	Lizenzen an gewerblichen Schutzrechten und ähnlichen Rechten und Werten	
0143	**Selbst geschaffene immaterielle Vermögensgegenstände**[1]	Selbst geschaffene gewerbliche Schutzrechte und ähnliche Rechte und Werte
0144	EDV-Software[1]	
0145	Lizenzen und Franchiseverträge[1]	
0146	Konzessionen und gewerbliche Schutzrechte[1]	
0147	Rezepte, Verfahren, Prototypen[1]	
0148	Immaterielle Vermögensgegenstände in Entwicklung[1]	
0150	**Geschäfts- oder Firmenwert**	Geschäfts- oder Firmenwert
0160	**Verschmelzungsmehrwert**	
0170	**Geleistete Anzahlungen auf immaterielle Vermögensgegenstände**	Geleistete Anzahlungen
0179	**Anzahlungen auf Geschäfts- oder Firmenwert**	
	Sachanlagen	
0200	**Grundstücke, grundstücksgleiche Rechte und Bauten einschließlich der Bauten auf fremden Grundstücken**	Grundstücke, grundstücksgleiche Rechte und Bauten einschließlich der Bauten auf fremden Grundstücken
0210	Grundstücke und grundstücksgleiche Rechte ohne Bauten	
0215	Unbebaute Grundstücke	
0220	Grundstücksgleiche Rechte (Erbbaurecht, Dauerwohnrecht)	
0225	Grundstücke mit Substanzverzehr	
0229	Grundstücksanteil des häuslichen Arbeitszimmers	
0230	Bauten auf eigenen Grundstücken und grundstücksgleichen Rechten	Grundstücke, grundstücksgleiche Rechte und Bauten einschließlich der Bauten auf fremden Grundstücken
0235	Grundstückswerte eigener bebauter Grundstücke	
0240	Geschäftsbauten	
0250	Fabrikbauten	
0260	Andere Bauten	
0270	Garagen	
0280	Außenanlagen für Geschäfts-, Fabrik- und andere Bauten	
0285	Hof- und Wegebefestigungen	
0290	Einrichtungen für Geschäfts-, Fabrik- und andere Bauten	
0300	Wohnbauten	
0305	Garagen	
0310	Außenanlagen	
0315	Hof- und Wegebefestigungen	
0320	Einrichtungen für Wohnbauten	
0329	Gebäudeteil des häuslichen Arbeitszimmers	
0330	Bauten auf fremden Grundstücken	
0340	Geschäftsbauten	
0350	Fabrikbauten	
0360	Wohnbauten	
0370	Andere Bauten	
0380	Garagen	
0390	Außenanlagen	
0395	Hof- und Wegebefestigungen	
0398	Einrichtungen für Geschäfts-, Fabrik-, Wohn- und andere Bauten	
0400	**Technische Anlagen und Maschinen**	Technische Anlagen und Maschinen
0420	Technische Anlagen	
0440	Maschinen	
0460	Maschinengebundene Werkzeuge	
0470	Betriebsvorrichtungen	
0500	**Andere Anlagen, Betriebs- und Geschäftsausstattung**	Andere Anlagen, Betriebs- und Geschäftsausstattung
0510	Andere Anlagen	
0520	Pkw	
0540	Lkw	
0560	Sonstige Transportmittel	
0620	Werkzeuge	
0640	Ladeneinrichtung	
0650	Büroeinrichtung	
0660	Gerüst- und Schalungsmaterial	
0670	Geringwertige Wirtschaftsgüter	
0675	Wirtschaftsgüter größer 150 bis 1.000 Euro (Sammelposten)[8]	
0680	Einbauten in fremde Grundstücke	
0690	Sonstige Betriebs- und Geschäftsausstattung	
0700	**Geleistete Anzahlungen und Anlagen im Bau**	Geleistete Anzahlungen und Anlagen im Bau
0705	Anzahlungen auf Grundstücke und grundstücksgleiche Rechte ohne Bauten	
0710	Geschäfts-, Fabrik- und andere Bauten im Bau auf eigenen Grundstücken	
0720	Anzahlungen auf Geschäfts-, Fabrik- und andere Bauten auf eigenen Grundstücken und grundstücksgleichen Rechten	
0725	Wohnbauten im Bau	
0735	Anzahlungen auf Wohnbauten auf eigenen Grundstücken und grundstücksgleichen Rechten	
0740	Geschäfts-, Fabrik- und andere Bauten im Bau auf fremden Grundstücken	
0750	Anzahlungen auf Geschäfts-, Fabrik- und andere Bauten auf fremden Grundstücken	
0755	Wohnbauten im Bau	
0765	Anzahlungen auf Wohnbauten auf fremden Grundstücken	
0770	Technische Anlagen und Maschinen im Bau	

Kontenklasse 0 Anlagevermögenskonten	Bilanzposten[2)]
0780 Anzahlungen auf technische Anlagen und Maschinen 0785 Andere Anlagen, Betriebs- und Geschäftsausstattung im Bau 0795 Anzahlungen auf andere Anlagen, Betriebs- und Geschäftsausstattung	Geleistete Anzahlungen und Anlagen im Bau
Finanzanlagen	
0800 Anteile an verbundenen Unternehmen **0809 Anteile an herrschenden oder mehrheitlich beteiligter Gesellschaften**	Anteile an verbundenen Unternehmen
0810 Ausleihungen an verbundene Unternehmen	Ausleihungen an verbundene Unternehmen
0820 Beteiligungen 0829 Beteiligung einer GmbH & Co. KG an einer Komplementär GmbH 0830 Typisch stille Beteiligungen 0840 Atypisch stille Beteiligungen 0850 Andere Beteiligungen an Kapitalgesellschaften 0860 Andere Beteiligungen an Personengesellschaften	Beteiligungen
0880 Ausleihungen an Unternehmen, mit denen ein Beteiligungsverhältnis besteht	Ausleihungen an Unternehmen, mit denen ein Beteiligungsverhältnis besteht
0900 Wertpapiere des Anlagevermögens 0910 Wertpapiere mit Gewinnbeteiligungsansprüchen, die dem Teileinkünfteverfahren unterliegen 0920 Festverzinsliche Wertpapiere	Wertpapiere des Anlagevermögens
0930 Sonstige Ausleihungen 0940 Darlehen 0960 Ausleihungen an Gesellschafter 0970 Ausleihungen an nahe stehende Personen	Sonstige Ausleihungen
0980 Genossenschaftsanteile zum langfristigen Verbleib	Genossenschaftsanteile
0990 Rückdeckungsansprüche aus Lebensversicherungen zum langfristigen Verbleib	Rückdeckungsansprüche aus Lebensver-sicherungen

Kontenklasse 1 Umlaufvermögenskonten	Bilanzposten[2)]
KU 1000-1179 V 1180-1189 M 1190-1199 KU 1200-1486 V 1487 KU 1488-1899	
Vorräte	
1000-39 Roh-, Hilfs- und Betriebsstoffe (Bestand)	Roh-, Hilfs- und Betriebsstoffe
1040-49 Unfertige Erzeugnisse, unfertige Leistungen (Bestand) 1050-79 Unfertige Erzeugnisse 1080-89 Unfertige Leistungen	Unfertige Erzeugnisse, unfertige Leistungen
1090-94 In Ausführung befindliche Bauaufträge	In Ausführung befindliche Bauaufträge
1095-99 In Arbeit befindliche Aufträge	In Arbeit befindliche Aufträge
1100-09 Fertige Erzeugnisse und Waren (Bestand) **1110-39 Fertige Erzeugnisse (Bestand)** **1140-79 Waren (Bestand)**	Fertige Erzeugnisse und Waren
1180 Geleistete Anzahlungen auf Vorräte AV 1181 Geleistete Anzahlungen 7 % Vorsteuer R 1182-83 AV 1184 Geleistete Anzahlungen 16 % Vorsteuer AV 1185 Geleistete Anzahlungen 15 % Vorsteuer AV 1186 Geleistete Anzahlungen 19 % Vorsteuer	Geleistete Anzahlungen
1190 Erhaltene Anzahlungen auf Bestellungen (von Vorräten offen abgesetzt)	Erhaltene Anzahlungen auf Bestellungen
Forderungen und sonstige Vermögensgegenstände	
S 1200 Forderungen aus Lieferungen und Leistungen R 1201-06 Forderungen aus Lieferungen und Leistungen F 1210-14 Forderungen aus Lieferungen und Leistungen ohne Kontokorrent F 1215 Forderungen aus Lieferungen und Leistungen zum allgemeinen Umsatzsteuersatz oder eines Kleinunternehmers (EÜR)[13)] F 1216 Forderungen aus Lieferungen und Leistungen zum ermäßigten Umsatzsteuersatz (EÜR)[13)] F 1217 Forderungen aus steuerfreien oder nicht steuerbaren Lieferungen und Leistungen (EÜR)[13)] F 1218 Forderungen aus Lieferungen und Leistungen nach Durchschnittssätzen gemäß § 24 UStG (EÜR)[13)] F 1219 Gegenkonto 1215-1218 bei Aufteilung der Forderung nach Steuersätzen (EÜR)[13)] F 1220 Forderungen nach § 11 Abs. 1 Satz 2 EStG für § 4/3 EStG F 1221 Forderungen aus Lieferungen und Leistungen ohne Kontokorrent – Restlaufzeit bis 1 Jahr F 1225 – Restlaufzeit größer 1 Jahr F 1230 Wechsel aus Lieferungen und Leistungen F 1231 – Restlaufzeit bis 1 Jahr F 1232 – Restlaufzeit größer 1 Jahr F 1235 Wechsel aus Lieferungen und Leistungen, bundesbankfähig F 1240 Zweifelhafte Forderungen F 1241 – Restlaufzeit bis 1 Jahr F 1245 – Restlaufzeit größer 1 Jahr	Forderungen aus Lieferungen und Leistungen oder *sonstige Verbindlichkeiten*

	Kontenklasse 1 Umlaufvermögenskonten	Bilanzposten[2]
1246	Einzelwertberichtigungen auf Forderungen mit einer Restlaufzeit bis zu 1 Jahr[8]	Forderungen aus Lieferungen und Leistungen H-Saldo
1247	Einzelwertberichtigungen auf Forderungen mit einer Restlaufzeit von mehr als 1 Jahr[8]	
1248	Pauschalwertberichtigung auf Forderungen mit einer Restlaufzeit bis zu 1 Jahr[8]	
1249	Pauschalwertberichtigung auf Forderungen mit einer Restlaufzeit von mehr als 1 Jahr[8]	
F 1250	Forderungen aus Lieferungen und Leistungen gegen Gesellschafter	Forderungen aus Lieferungen und Leistungen oder *sonstige Verbindlichkeiten*
F 1251	– Restlaufzeit bis 1 Jahr	
F 1255	– Restlaufzeit größer 1 Jahr	
1258	Gegenkonto zu sonstigen Vermögensgegenständen bei Buchungen über Debitorenkonto	Forderungen aus Lieferungen und Leistungen H-Saldo
1259	Gegenkonto 1221-1229, 1240-1245, 1250-1257, 1270-1279, 1290-1297 bei Aufteilung Debitorenkonto	Forderungen aus Lieferungen und Leistungen H-Saldo oder *sonstige Verbindlichkeiten S-Saldo*
1260	**Forderungen gegen verbundene Unternehmen**	Forderungen gegen verbundene Unternehmen oder *Verbindlichkeiten gegenüber verbundenen Unternehmen*
1261	– Restlaufzeit bis 1 Jahr	
1265	– Restlaufzeit größer 1 Jahr	
1266	Besitzwechsel gegen verbundene Unternehmen	
1267	– Restlaufzeit bis 1 Jahr	
1268	– Restlaufzeit größer 1 Jahr	
1269	Besitzwechsel gegen verbundene Unternehmen, bundesbankfähig	
F 1270	Forderungen aus Lieferungen und Leistungen gegen verbundene Unternehmen	
F 1271	– Restlaufzeit bis 1 Jahr	
F 1275	– Restlaufzeit größer 1 Jahr	
1276	Wertberichtigungen zu Forderungen mit einer Restlaufzeit bis zu 1 Jahr gegen verbundene Unternehmen	Forderungen gegen verbundene Unternehmen H-Saldo
1277	Wertberichtigungen auf Forderungen mit einer Restlaufzeit von mehr als 1 Jahr gegen verbundene Unternehmen	
1280	**Forderungen gegen Unternehmen, mit denen ein Beteiligungsverhältnis besteht**	Forderungen gegen Unternehmen, mit denen ein Beteiligungsverhältnis besteht oder *Verbindlichkeiten gegenüber Unternehmen, mit denen ein Beteiligungsverhältnis besteht*
1281	– Restlaufzeit bis 1 Jahr	
1285	– Restlaufzeit größer 1 Jahr	
1286	Besitzwechsel gegen Unternehmen, mit denen ein Beteiligungsverhältnis besteht	
1287	– Restlaufzeit bis 1 Jahr	
1288	– Restlaufzeit größer 1 Jahr	
1289	Besitzwechsel gegen Unternehmen, mit denen ein Beteiligungsverhältnis besteht, bundesbankfähig	
F 1290	Forderungen aus Lieferungen und Leistungen gegen Unternehmen, mit denen ein Beteiligungsverhältnis besteht	
F 1291	– Restlaufzeit bis 1 Jahr	
F 1295	– Restlaufzeit größer 1 Jahr	
1296	Wertberichtigungen auf Forderungen mit einer Restlaufzeit bis zu 1 Jahr gegen Unternehmen, mit denen ein Beteiligungsverhältnis besteht	Forderungen gegen Unternehmen, mit denen ein Beteiligungsverhältnis besteht H-Saldo
1297	Wertberichtigungen auf Forderungen mit einer Restlaufzeit von mehr als 1 Jahr gegen Unternehmen, mit denen ein Beteiligungsverhältnis besteht	

	Kontenklasse 1 Umlaufvermögenskonten	Bilanzposten[2]
1298	**Ausstehende Einlagen auf das gezeichnete Kapital, eingefordert (Forderungen, nicht eingeforderte ausstehende Einlagen s. Konto 2910)**	Eingeforderte, noch ausstehende Kapitaleinlagen
1299	**Eingeforderte Nachschüsse (Gegenkonto 2929)**	Eingeforderte Nachschüsse
1300	**Sonstige Vermögensgegenstände**	Sonstige Vermögensgegenstände
1301	– Restlaufzeit bis 1 Jahr	
1305	– Restlaufzeit größer 1 Jahr	
1310	Forderungen gegen Vorstandsmitglieder und Geschäftsführer	
1311	– Restlaufzeit bis 1 Jahr	
1315	– Restlaufzeit größer 1 Jahr	
1320	Forderungen gegen Aufsichtsrats- und Beirats-Mitglieder	
1321	– Restlaufzeit bis 1 Jahr	
1325	– Restlaufzeit größer 1 Jahr	
1330	Forderungen gegen Gesellschafter	
1331	– Restlaufzeit bis 1 Jahr	
1335	– Restlaufzeit größer 1 Jahr	
1340	Forderungen gegen Personal aus Lohn- und Gehaltsabrechnung	
1341	– Restlaufzeit bis 1 Jahr	
1345	– Restlaufzeit größer 1 Jahr	
1350	Kautionen	
1351	– Restlaufzeit bis 1 Jahr	
1355	– Restlaufzeit größer 1 Jahr	
1360	Darlehen	
1361	– Restlaufzeit bis 1 Jahr	
1365	– Restlaufzeit größer 1 Jahr	
1370	Durchlaufende Posten	Sonstige Vermögensgegenstände oder *sonstige Verbindlichkeiten*
1374	Fremdgeld	
1375	Agenturwarenabrechnung	Sonstige Vermögensgegenstände
F 1376	Nachträglich abziehbare Vorsteuer, § 15a Abs. 2 UStG	Sonstige Vermögensgegenstände oder *sonstige Verbindlichkeiten*
F 1377	Zurückzuzahlende Vorsteuer, §15a Abs. 2 UStG	
1378	Ansprüche aus Rückdeckungsversicherungen	Sonstige Vermögensgegenstände
1380	Vermögensgegenstände zur Erfüllung von Pensionsrückstellungen und ähnlichen Verpflichtungen zum langfristigen Verbleib[1]	
1381	Vermögensgegenstände zur Saldierung mit Pensionsrückstellungen und ähnlichen Verpflichtungen zum langfristigen Verbleib nach § 246 Abs. 2 HGB[1]	Aktiver Unterschiedsbetrag aus der Vermögensverrechnung oder *Rückstellungen für Pensionen und ähnliche Verpflichtungen*
1390	GmbH-Anteile zum kurzfristigen Verbleib	Sonstige Vermögensgegenstände
1395	Genossenschaftsanteile zum kurzfristigen Verbleib	
F 1396	Nachträglich abziehbare Vorsteuer, § 15a UStG, bewegliche Wirtschaftsgüter	Sonstige Vermögensgegenstände oder *sonstige Verbindlichkeiten*
F 1397	Zurückzuzahlende Vorsteuer, § 15a UStG, bewegliche Wirtschaftsgüter	
F 1398	Nachträglich abziehbare Vorsteuer, § 15a UStG, unbewegliche Wirtschaftsgüter	
F 1399	Zurückzuzahlende Vorsteuer, § 15a UStG, unbewegliche Wirtschaftsgüter	
S 1400	Abziehbare Vorsteuer	
S 1401	Abziehbare Vorsteuer 7 %	
S 1402	Abziehbare Vorsteuer aus innergemeinschaftlichem Erwerb	
R 1403		

Kontenklasse 1 Umlaufvermögenskonten		Bilanzposten[2]
S 1404	Abziehbare Vorsteuer aus innergemeinschaftlichem Erwerb 19 %	Sonstige Vermögensgegenstände oder *sonstige Verbindlichkeiten*
R 1405		
S 1406	Abziehbare Vorsteuer 19 %	
S 1407	Abziehbare Vorsteuer nach § 13b UStG 19 %	
S 1408	Abziehbare Vorsteuer nach § 13b UStG	
R 1409		
S 1410	Aufzuteilende Vorsteuer	
S 1411	Aufzuteilende Vorsteuer 7 %	
S 1412	Aufzuteilende Vorsteuer aus innergemeinschaftlichem Erwerb	
S 1413	Aufzuteilende Vorsteuer aus innergemeinschaftlichem Erwerb 19 %	
R 1414-15		
S 1416	Aufzuteilende Vorsteuer 19 %	
S 1417	Aufzuteilende Vorsteuer nach §§ 13a/13b UStG	
R 1418		
S 1419	Aufzuteilende Vorsteuer nach §§ 13a/13b UStG 19 %	
1420	Umsatzsteuerforderungen	Sonstige Vermögensgegenstände
1421	Umsatzsteuerforderungen laufendes Jahr	Sonstige Vermögensgegenstände oder *sonstige Verbindlichkeiten*
1422	Umsatzsteuerforderungen Vorjahr	Sonstige Vermögensgegenstände
1425	Umsatzsteuerforderungen frühere Jahre	
1427	Forderungen aus entrichteten Verbrauchsteuern	
R 1430		Sonstige Vermögensgegenstände oder *sonstige Verbindlichkeiten*
S 1431	Abziehbare Vorsteuer aus der Auslagerung von Gegenständen aus einem Umsatzsteuerlager	
S 1432	Abziehbare Vorsteuer aus innergemeinschaftlichem Erwerb von Neufahrzeugen von Lieferanten ohne Umsatzsteuer-Identifikationsnummer	
F 1433	Bezahlte Einfuhrumsatzsteuer	
1434	Vorsteuer im Folgejahr abziehbar	
1435	Steuerüberzahlungen	Sonstige Vermögensgegenstände
R 1436		
1440	Steuererstattungsanspruch gegenüber anderen EG-Ländern	
1450	Körperschaftsteuerrückforderung	
1452	Körperschaftsteuerguthaben nach § 37 KStG – Restlaufzeit bis 1 Jahr	
1453	– Restlaufzeit größer 1 Jahr	
F 1456	Forderungen an das Finanzamt aus abgeführtem Bauabzugsbetrag	
F 1457	Forderung gegenüber Bundesagentur für Arbeit[1]	
F 1460	Geldtransit	Sonstige Vermögensgegenstände oder *sonstige Verbindlichkeiten*
1480	Gegenkonto Vorsteuer § 4/3 EStG	
1481	Auflösung Vorsteuer aus Vorjahr § 4/3 EStG	
1482	Vorsteuer aus Investitionen § 4/3 EStG	
1483	Gegenkonto für Vorsteuer nach Durchschnittssätzen für § 4 Abs. 3 EStG[13]	
F 1484	Vorsteuer nach allgemeinen Durchschnittssätzen UStVA Kz. 63	
F 1485	Verrechnungskonto Gewinnermittlung § 4/3 EStG, ergebniswirksam	
F 1486	Verrechnungskonto Gewinnermittlung § 4/3 EStG, nicht ergebniswirksam	

Kontenklasse 1 Umlaufvermögenskonten		Bilanzposten[2]
1487	Wirtschaftsgüter des Umlaufvermögens gemäß § 4 Abs. 3 Satz 4 EStG[13]	Sonstige Vermögensgegenstände oder *sonstige Verbindlichkeiten*
F 1490	Verrechnungskonto Ist-Versteuerung	
F 1495	Verrechnungskonto erhaltene Anzahlungen bei Buchung über Debitorenkonto	Sonstige Verbindlichkeiten S-Saldo
F 1498	Überleitungskonto Kostenstellen	Sonstige Vermögensgegenstände oder *sonstige Verbindlichkeiten*
	Wertpapiere	
1500	**Anteile an verbundenen Unternehmen (Umlaufvermögen)**	Anteile an verbundenen Unternehmen
1504	**Anteile an herrschender oder mit Mehrheit beteiligter Gesellschaft**	
1505	**Eigene Anteile**[14]	Eigene Anteile
1510	**Sonstige Wertpapiere**	Sonstige Wertpapiere
1520	Finanzwechsel	
1525	Andere Wertpapiere mit unwesentlichen Wertschwankungen im Sinne Textziffer 18 DRS 2	
1530	Wertpapieranlagen im Rahmen der kurzfristigen Finanzdisposition	
	Kassenbestand, Bundesbankguthaben, Guthaben bei Kreditinstituten und Schecks	
F 1550	**Schecks**	Kassenbestand, Bundesbankguthaben, Guthaben bei Kreditinstituten und Schecks
F 1600	**Kasse**	
F 1610	Nebenkasse 1	
F 1620	Nebenkasse 2	
F 1700	**Postbank**	Kassenbestand, Bundesbankguthaben, Guthaben bei Kreditinstituten und Schecks oder *Verbindlichkeiten gegenüber Kreditinstituten*
F 1710	Postbank 1	
F 1720	Postbank 2	
F 1730	Postbank 3	
F 1780	LZB-Guthaben	
F 1790	Bundesbankguthaben	
F 1800	**Bank**	
F 1810	Bank 1	
F 1820	Bank 2	
F 1830	Bank 3	
F 1840	Bank 4	
F 1850	Bank 5	
1890	Finanzmittelanlagen im Rahmen der kurzfristigen Finanzdisposition	
1895	Verbindlichkeiten gegenüber Kreditinstituten (nicht im Finanzmittelfonds enthalten)	
	Abgrenzungsposten	
1900	**Aktive Rechnungsabgrenzung**	Rechnungsabgrenzungsposten
1920	Als Aufwand berücksichtigte Zölle und Verbrauchsteuern auf Vorräte	
1930	Als Aufwand berücksichtigte Umsatzsteuer auf Anzahlungen	
1940	Damnum/Disagio	
1950	**Aktive latente Steuern**[8]	Aktive latente Steuern

Kontenklasse 2 Eigenkapitalkonten/Fremdkapitalkonten		Bilanzposten[2)]
KU	2000-2348	
V	2349[10)]	
KU	2350-2398	
M	2399[10)]	
KU	2400-2999	
	Kapital	
	Eigenkapital Vollhafter/Einzelunternehmer	
2000-09	Festkapital	
2010-19	Variables Kapital	
	Fremdkapital Vollhafter	
2020-29	Gesellschafter-Darlehen[12)]	
	Eigenkapital Einzelunternehmer	
2030-49	(zur freien Verfügung)	
	Eigenkapital Teilhafter	
2050-59	Kommandit-Kapital	
2060-69	Verlustausgleichskonto	
	Fremdkapital Teilhafter	
2070-79	Gesellschafter-Darlehen[12)]	
	Eigenkapital Teilhafter (keine Abfrage)	
2080-99	(zur freien Verfügung)	
	Privat (Eigenkapital) Vollhafter/Einzelunternehmer	
2100-29	Privatentnahmen allgemein	
2130-49	Unentgeltliche Wertabgaben	
2150-79	Privatsteuern	
2180-99	Privateinlagen	
2200-29	Sonderausgaben beschränkt abzugsfähig	
2230-49	Sonderausgaben unbeschränkt abzugsfähig	
2250-79	Zuwendungen, Spenden	
2280-99	Außergewöhnliche Belastungen	
2300-48	Grundstücksaufwand	
2349	Grundstücksaufwand (Umsatzsteuerschlüssel möglich)[10)]	
2350-98	Grundstücksertrag	
2399	Grundstücksertrag (Umsatzsteuerschlüssel möglich)[10)]	
	Privat (Fremdkapital) Teilhafter	
2500-29	Privatentnahmen allgemein	
2530-49	Unentgeltliche Wertabgaben	
2550-79	Privatsteuern	
2580-99	Privateinlagen	
2600-29	Sonderausgaben beschränkt abzugsfähig	
2630-49	Sonderausgaben unbeschränkt abzugsfähig	
2650-79	Zuwendungen, Spenden	
2680-99	Außergewöhnliche Belastungen	
2700-49	Grundstücksaufwand	
2750-99	Grundstücksertrag	
	Gezeichnetes Kapital	
2900	**Gezeichnetes Kapital**[17)]	Gezeichnetes Kapital
2908	Kapitalerhöhung aus Gesellschaftsmitteln[1)]	
2909	Erworbene eigene Anteile[1)]	Kapitalrückzahlung
2910	Ausstehende Einlagen auf das gezeichnete Kapital, nicht eingefordert (Passivausweis, von gezeichnetem Kapital offen abgesetzt; eingeforderte ausstehende Einlagen s. Konto 1298)	Nicht eingeforderte ausstehende Einlagen

Kontenklasse 2 Eigenkapitalkonten/Fremdkapitalkonten		Bilanzposten[2)]
	Kapitalrücklage	
2920	**Kapitalrücklage**[17)]	Kapitalrücklage
2925	Kapitalrücklage durch Ausgabe von Anteilen über Nennbetrag[17)]	
2926	Kapitalrücklage durch Ausgabe von Schuldverschreibungen für Wandlungsrechte und Optionsrechte zum Erwerb von Anteilen[17)]	
2927	Kapitalrücklage durch Zuzahlungen gegen Gewährung eines Vorzugs für Anteile[17)]	
2928	Andere Zuzahlungen in das Eigenkapital[17)]	
2929	Eingefordertes Nachschusskapital (Gegenkonto 1299)[17)]	
	Gewinnrücklagen	
2930	**Gesetzliche Rücklage**[17)]	Gesetzliche Rücklage
2935	Rücklage für Anteile an einem herrschenden oder mehrheitlich beteiligten Unternehmen[1)]	Rücklage für Anteile an einem herrschenden oder mehrheitlich beteiligten Unternehmen
2940	**Rücklage für eigene Anteile**[14)17)]	Rücklage für eigene Anteile
2950	**Satzungsmäßige Rücklagen**[17)]	Satzungsmäßige Rücklagen
2960	**Andere Gewinnrücklagen**[17)]	Andere Gewinnrücklagen
2961	Andere Gewinnrücklagen aus dem Erwerb eigener Anteile[1)]	
2962	Eigenkapitalanteil von Wertaufholungen[17)]	
2963	Gewinnrücklagen aus den Übergangsvorschriften BilMoG[1)]	
2964	Gewinnrücklagen aus den Übergangsvorschriften BilMoG (Zuschreibung Sachanlagevermögen)[1)]	
2965	Gewinnrücklagen aus den Übergangsvorschriften BilMoG (Zuschreibung Finanzanlagevermögen)[1)]	
2966	Gewinnrücklagen aus den Übergangsvorschriften BilMoG (Auflösung der Sonderposten mit Rücklageanteil)[1)]	
2967	Latente Steuern (Gewinnrücklage Haben) aus erfolgsneutralen Verrechnungen[1)]	
2968	Latente Steuern (Gewinnrücklage Soll) aus erfolgsneutralen Verrechnungen[1)]	
2969	Rechnungsabgrenzungsposten (Gewinnrücklage Soll) aus erfolgsneutralen Verrechnungen[1)]	
	Gewinnvortrag/Verlustvortrag vor Verwendung	
2970	Gewinnvortrag vor Verwendung[17)]	Gewinnvortrag oder *Verlustvortrag*
2978	Verlustvortrag vor Verwendung[17)]	
2979	Vortrag auf neue Rechnung (Bilanz)[17)]	Vortrag auf neue Rechnung
	Sonderposten mit Rücklageanteil	
2980	Sonderposten mit Rücklageanteil steuerfreie Rücklagen[6)]	Sonderposten mit Rücklageanteil
2981	Sonderposten mit Rücklageanteil nach § 6b EStG	
2982	Sonderposten mit Rücklageanteil nach EStR R6.6	

Kontenklasse 2 Eigenkapitalkonten/Fremdkapitalkonten	Bilanzposten[2]	Kontenklasse 3 Fremdkapitalkonten	Bilanzposten[2]
2989 Sonderposten mit Rücklageanteil nach § 52 Abs. 16 EStG 2990 Sonderposten mit Rücklageanteil, Sonderabschreibungen[6] 2993 Sonderposten mit Rücklageanteil nach § 7g Abs. 2 EStG n. F. 2997 Sonderposten mit Rücklageanteil nach § 7g Abs. 1 EStG a. F./§ 7g Abs. 5 EStG n. F. 2998 Sonderposten mit Rücklageanteil nach § 7g Abs. 3 und 7 EStG a. F.	Sonderposten mit Rücklageanteil	KU 3000-3069 KU 3100-3249 M 3250-3299 KU 3300-3899 **Rückstellungen**	
2999 Sonderposten für Zuschüsse und Zulagen	Sonderposten für Zuschüsse und Zulagen	**3000 Rückstellungen für Pensionen und ähnliche Verpflichtungen**	Rückstellungen für Pensionen und ähnliche Verpflichtungen
		3009 Rückstellungen für Pensionen und ähnliche Verpflichtungen zur Saldierung mit Vermögensgegenständen zum langfristigen Verbleib nach § 246 Abs. 2 HGB[1]	Rückstellungen für Pensionen und ähnliche Verpflichtungen oder *Aktiver Unterschiedsbetrag aus der Vermögensverrechnung*
		3010 Pensionsrückstellungen 3015 Rückstellungen für pensionsähnliche Verpflichtungen	Rückstellungen für Pensionen und ähnliche Verpflichtungen
		3020 Steuerrückstellungen 3030 Gewerbesteuerrückstellung 3035 Gewerbesteuerrückstellung, § 4 Abs. 5b EStG 3040 Körperschaftsteuerrückstellung 3060 Rückstellung für latente Steuern	Steuerrückstellungen
		3065 Passive latente Steuern[1]	Passive latente Steuern
		3070 Sonstige Rückstellungen 3074 Rückstellungen für Personalkosten 3075 Rückstellungen für unterlassene Aufwendungen für Instandhaltung, Nachholung in den ersten drei Monaten 3080 Rückstellungen für unterlassene Aufwendungen für Instandhaltung, Nachholung innerhalb des 4. bis 12. Monats[14][20] 3085 Rückstellungen für Abraum- und Abfallbeseitigung 3090 Rückstellungen für Gewährleistungen (Gegenkonto 6790) 3092 Rückstellungen für drohende Verluste aus schwebenden Geschäften 3095 Rückstellungen für Abschluss- und Prüfungskosten 3096 Rückstellungen zur Erfüllung der Aufbewahrungspflichten 3098 Aufwandsrückstellungen gemäß § 249 Abs. 2 HGB a. F.[8] 3099 Rückstellungen für Umweltschutz	Sonstige Rückstellungen
		Verbindlichkeiten	
		3100 Anleihen, nicht konvertibel 3101 – Restlaufzeit bis 1 Jahr 3105 – Restlaufzeit 1 bis 5 Jahre 3110 – Restlaufzeit größer 5 Jahre 3120 Anleihen, konvertibel 3121 – Restlaufzeit bis 1 Jahr 3125 – Restlaufzeit 1 bis 5 Jahre 3130 – Restlaufzeit größer 5 Jahre	Anleihen
		3150 Verbindlichkeiten gegenüber Kreditinstituten 3151 – Restlaufzeit bis 1 Jahr 3160 – Restlaufzeit 1 bis 5 Jahre 3170 – Restlaufzeit größer 5 Jahre 3180 Verbindlichkeiten gegenüber Kreditinstituten aus Teilzahlungsverträgen 3181 – Restlaufzeit bis 1 Jahr 3190 – Restlaufzeit 1 bis 5 Jahre 3200 – Restlaufzeit größer 5 Jahre 3210-48 (frei, in Bilanz kein Restlaufzeitvermerk)	Verbindlichkeiten gegenüber Kreditinstituten oder *Kassenbestand, Bundesbankguthaben, Guthaben bei Kreditinstituten und Schecks*
		3249 Gegenkonto 3150-3209 bei Aufteilung der Konten 3210-3248	Verbindlichkeiten gegenüber Kreditinstituten

Kontenklasse 3 Fremdkapitalkonten		Bilanzposten[2)]
3250	**Erhaltene Anzahlungen auf Bestellungen**	Erhaltene Anzahlungen auf Bestellungen
AM 3260	Erhaltene Anzahlungen 7 % USt	
R 3261-64		
AM 3270	Erhaltene Anzahlungen 16 % USt	
AM 3271	Erhaltene Anzahlungen 15 % USt	
AM 3272	Erhaltene, versteuerte Anzahlungen 19 % USt (Verbindlichkeiten)	
R 3273-74		
3280	Erhaltene Anzahlungen – Restlaufzeit bis 1 Jahr	
3284	– Restlaufzeit 1 bis 5 Jahre	
3285	– Restlaufzeit größer 5 Jahre	
S 3300	**Verbindlichkeiten aus Lieferungen und Leistungen**	Verbindlichkeiten aus Lieferungen und Leistungen oder *sonstige Vermögensgegenstände*
R 3301-03	Verbindlichkeiten aus Lieferungen und Leistungen	
F 3305	Verbindlichkeiten aus Lieferungen und Leistungen zum allgemeinen Umsatzsteuersatz (EÜR)[13)]	
F 3306	Verbindlichkeiten aus Lieferungen und Leistungen zum ermäßigten Umsatzsteuersatz (EÜR)[13)]	
F 3307	Verbindlichkeiten aus Lieferungen und Leistungen ohne Vorsteuer (EÜR)[13)]	
F 3309	Gegenkonto 3305-3307 bei Aufteilung der Verbindlichkeiten nach Steuersätzen (EÜR)[13)]	
F 3310-33	Verbindlichkeiten aus Lieferungen und Leistungen ohne Kontokorrent	
F 3334	Verbindlichkeiten aus Lieferungen und Leistungen für Investitionen für § 4/3 EStG	
F 3335	Verbindlichkeiten aus Lieferungen und Leistungen ohne Kontokorrent – Restlaufzeit bis 1 Jahr	
F 3337	– Restlaufzeit 1 bis 5 Jahre	
F 3338	– Restlaufzeit größer 5 Jahre	
F 3340	Verbindlichkeiten aus Lieferungen und Leistungen gegenüber Gesellschaftern	
F 3341	– Restlaufzeit bis 1 Jahr	
F 3345	– Restlaufzeit 1 bis 5 Jahre	
F 3348	– Restlaufzeit größer 5 Jahre	
3349	Gegenkonto 3335-3348, 3420-3449, 3470-3499 bei Aufteilung Kreditorenkonto	Verbindlichkeiten aus Lieferungen und Leistungen S-Saldo oder *sonstige Vermögensgegenstände H-Saldo*
F 3350	**Verbindlichkeiten aus der Annahme gezogener Wechsel und aus der Ausstellung eigener Wechsel**	Verbindlichkeiten aus der Annahme gezogener Wechsel und aus der Ausstellung eigener Wechsel
F 3351	– Restlaufzeit bis 1 Jahr	
F 3380	– Restlaufzeit 1 bis 5 Jahre	
F 3390	– Restlaufzeit größer 5 Jahre	
F 3400	**Verbindlichkeiten gegenüber verbundenen Unternehmen**	Verbindlichkeiten gegenüber verbundenen Unternehmen oder *Forderungen gegen verbundene Unternehmen*
3401	– Restlaufzeit bis 1 Jahr	
3405	– Restlaufzeit 1 bis 5 Jahre	
3410	– Restlaufzeit größer 5 Jahre	
F 3420	Verbindlichkeiten aus Lieferungen und Leistungen gegenüber verbundenen Unternehmen	
F 3421	– Restlaufzeit bis 1 Jahr	
F 3425	– Restlaufzeit 1 bis 5 Jahre	
F 3430	– Restlaufzeit größer 5 Jahre	
3450	**Verbindlichkeiten gegenüber Unternehmen, mit denen ein Beteiligungsverhältnis besteht**	Verbindlichkeiten gegenüber Unternehmen, mit denen ein Beteiligungsverhältnis besteht oder *Forderungen gegen Unternehmen, mit denen ein Beteiligungsverhältnis besteht*
3451	– Restlaufzeit bis 1 Jahr	
3455	– Restlaufzeit 1 bis 5 Jahre	
3460	– Restlaufzeit größer 5 Jahre	
F 3470	Verbindlichkeiten aus Lieferungen und Leistungen gegenüber Unternehmen, mit denen ein Beteiligungsverhältnis besteht	
F 3471	– Restlaufzeit bis 1 Jahr	
F 3475	– Restlaufzeit 1 bis 5 Jahre	
F 3480	– Restlaufzeit größer 5 Jahre	

Kontenklasse 3 Fremdkapitalkonten		Bilanzposten[2)]
3500	**Sonstige Verbindlichkeiten**	Sonstige Verbindlichkeiten
3501	– Restlaufzeit bis 1 Jahr	
3504	– Restlaufzeit 1 bis 5 Jahre	
3507	– Restlaufzeit größer 5 Jahre	
3509	Sonstige Verbindlichkeiten z. B. nach § 11 Abs. 2 Satz 2 EStG für § 4/3 EStG	
3510	Verbindlichkeiten gegenüber Gesellschaftern	
3511	– Restlaufzeit bis 1 Jahr	
3514	– Restlaufzeit 1 bis 5 Jahre	
3517	– Restlaufzeit größer 5 Jahre	
3519	Verbindlichkeiten gegenüber Gesellschaftern für offene Ausschüttungen	
3520	Darlehen typisch stiller Gesellschafter	
3521	– Restlaufzeit bis 1 Jahr	
3524	– Restlaufzeit 1 bis 5 Jahre	
3527	– Restlaufzeit größer 5 Jahre	
3530	Darlehen atypisch stiller Gesellschafter	
3531	– Restlaufzeit bis 1 Jahr	
3534	– Restlaufzeit 1 bis 5 Jahre	
3537	– Restlaufzeit größer 5 Jahre	
3540	Partiarische Darlehen	
3541	– Restlaufzeit bis 1 Jahr	
3544	– Restlaufzeit 1 bis 5 Jahre	
3547	– Restlaufzeit größer 5 Jahre	
3550	Erhaltene Kautionen	
3551	– Restlaufzeit bis 1 Jahr	
3554	– Restlaufzeit 1 bis 5 Jahre	
3557	– Restlaufzeit größer 5 Jahre	
3560	Darlehen	
3561	– Restlaufzeit bis 1 Jahr	
3564	– Restlaufzeit 1 bis 5 Jahre	
3567	– Restlaufzeit größer 5 Jahre	
3570-98	(frei, in Bilanz kein Restlaufzeitvermerk)	
3599	Gegenkonto 3500-3569 bei Aufteilung der Konten 3570-3598	
3600	Agenturwarenabrechnungen	
3610	Kreditkartenabrechnung	
3620	Gewinnverfügungskonto stille Gesellschafter	Sonstige Vermögensgegenstände oder *sonstige Verbindlichkeiten*
3630	Sonstige Verrechnungskonten (Interimskonto)	
3695	Verrechnungskonto geleistete Anzahlungen bei Buchung über Kreditorenkonto	Sonstige Vermögensgegenstände H-Saldo
3700	Verbindlichkeiten aus Steuern und Abgaben	Sonstige Verbindlichkeiten
3701	– Restlaufzeit bis 1 Jahr	
3710	– Restlaufzeit 1 bis 5 Jahre	
3715	– Restlaufzeit größer 5 Jahre	
3720	Verbindlichkeiten aus Lohn und Gehalt	
3725	Verbindlichkeiten für Einbehaltungen von Arbeitnehmern	
3726	Verbindlichkeiten an das Finanzamt aus abzuführendem Bauabzugsbetrag	
3730	Verbindlichkeiten aus Lohn- und Kirchensteuer	Sonstige Verbindlichkeiten oder *sonstige Vermögensgegenstände*
3740	Verbindlichkeiten im Rahmen der sozialen Sicherheit	
3741	– Restlaufzeit bis 1 Jahr	
3750	– Restlaufzeit 1 bis 5 Jahre	
3755	– Restlaufzeit größer 5 Jahre	
3759	Voraussichtliche Beitragsschuld gegenüber den Sozialversicherungsträgern	
3760	Verbindlichkeiten aus Einbehaltungen (KapESt und SolZ auf KapESt)	Sonstige Verbindlichkeiten
3761	Verbindlichkeiten für Verbrauchsteuern	
3770	Verbindlichkeiten aus Vermögensbildung	
3771	– Restlaufzeit bis 1 Jahr	
3780	– Restlaufzeit 1 bis 5 Jahre	
3785	– Restlaufzeit größer 5 Jahre	
3790	**Lohn- und Gehaltsverrechnungskonto**	Sonstige Verbindlichkeiten oder *sonstige Vermögensgegenstände*
3791	Lohn- und Gehaltsverrechnung § 11 Abs. 2 EStG für § 4 Abs. 3 EStG	

Kontenklasse 3	Fremdkapitalkonten	Bilanzposten[2]
3796	Verbindlichkeiten im Rahmen der sozialen Sicherheit (für 4/3 EStG)	Sonstige Verbindlichkeiten
S 3800	Umsatzsteuer	
S 3801	Umsatzsteuer 7 %	
S 3802	Umsatzsteuer aus innergemeinschaftlichem Erwerb	
R 3803		
S 3804	Umsatzsteuer aus innergemeinschaftlichem Erwerb 19 %	
R 3805		
S 3806	Umsatzsteuer 19 %	
S 3807	Umsatzsteuer aus im Inland steuerpflichtigen EG-Lieferungen	
S 3808	Umsatzsteuer aus im Inland steuerpflichtigen EG-Lieferungen 19 %	
S 3809	Umsatzsteuer aus innergemeinschaftlichem Erwerb ohne Vorsteuerabzug	
S 3810	Umsatzsteuer nicht fällig	Steuerrückstellungen oder *sonstige Vermögensgegenstände*
S 3811	Umsatzsteuer nicht fällig 7 %	
S 3812	Umsatzsteuer nicht fällig aus im Inland steuerpflichtigen EG-Lieferungen	
R 3813		
S 3814	Umsatzsteuer nicht fällig aus im Inland steuerpflichtigen EG-Lieferungen 19 %	
R 3815		
S 3816	Umsatzsteuer nicht fällig 19 %	
S 3817	Umsatzsteuer aus im anderen EG-Land steuerpflichtigen Lieferungen	Sonstige Verbindlichkeiten
S 3818	Umsatzsteuer aus im anderen EG-Land steuerpflichtigen sonstigen Leistungen/Werklieferungen	
R 3819		
F 3820	Umsatzsteuervorauszahlungen	Sonstige Verbindlichkeiten oder *sonstige Vermögensgegenstände*
F 3830	Umsatzsteuervorauszahlungen 1/11	
R 3831		
F 3832	Nachsteuer, UStVA Kz. 65	
R 3833		
S 3834	Umsatzsteuer aus innergemeinschaftlichem Erwerb von Neufahrzeugen von Lieferanten ohne Umsatzsteuer-Identifikationsnummer	
S 3835	Umsatzsteuer nach § 13b UStG	
R 3836		
S 3837	Umsatzsteuer nach § 13b UStG 19 %	
R 3838		
S 3839	Umsatzsteuer aus der Auslagerung von Gegenständen aus einem Umsatzsteuerlager	
3840	Umsatzsteuer laufendes Jahr	
3841	Umsatzsteuer Vorjahr	
3845	Umsatzsteuer frühere Jahre	
3850	Einfuhrumsatzsteuer aufgeschoben bis ...	
F 3851	In Rechnung unrichtig oder unberechtigt ausgewiesene und geschuldete Steuerbeträge, UStVA Kz. 69	
3854	Steuerzahlungen an andere EG-Länder	Sonstige Verbindlichkeiten
	Rechnungsabgrenzungsposten	
3900	**Passive Rechnungsabgrenzung**	Rechnungsabgrenzungsposten
3950	Abgrenzung unterjährig pauschal gebuchter Abschreibungen für BWA	Sonstige Passiva oder *sonstige Aktiva*

M 4000-4604	KU 4679
KU 4605	M 4680-4688
M 4606-4618	KU 4689-4699
KU 4619	M 4700-4799
M 4620-4636	KU 4800-4829
KU 4637-4639	M 4830-4839
M 4640-4658	KU 4840-4843
KU 4659	M 4844-4948
M 4660-4678	KU 4949

Kontenklasse 4	Betriebliche Erträge	GuV-Posten[2]
	Umsatzerlöse	
4000-99	Umsatzerlöse (Zur freien Verfügung)	Umsatzerlöse
AM 4100	Steuerfreie Umsätze § 4 Nr. 8 ff. UStG	
AM 4105	Steuerfreie Umsätze nach § 4 Nr. 12 UStG (Vermietung und Verpachtung)	
AM 4110	Sonstige steuerfreie Umsätze Inland	
AM 4120	Steuerfreie Umsätze § 4 Nr. 1a UStG	
AM 4125	Steuerfreie innergemeinschaftliche Lieferungen § 4 Nr. 1b UStG	
AM 4130	Lieferungen des ersten Abnehmers bei innergemeinschaftlichen Dreiecksgeschäften § 25b Abs. 2 UStG	
AM 4135	Steuerfreie innergemeinschaftliche Lieferungen von Neufahrzeugen an Abnehmer ohne Umsatzsteuer-Identifikationsnummer	
R 4138		
AM 4140	Steuerfreie Umsätze Offshore etc.	
AM 4150	Sonstige steuerfreie Umsätze (z. B. § 4 Nr. 2-7 UStG)	
AM 4160	Steuerfreie Umsätze ohne Vorsteuerabzug zum Gesamtumsatz gehörend	
4180	Erlöse, die mit den Durchschnittssätzen des § 24 UStG versteuert werden	
R 4182-83		
4185	Erlöse als Kleinunternehmer i. S. d. § 19 Abs. 1 UStG	
AM 4186	Erlöse aus Geldspielautomaten 19 % USt	
R 4187-88		
4200	Erlöse	
AM 4300-09	Erlöse 7 % USt	
AM 4310-14	Erlöse aus im Inland steuerpflichtigen EG-Lieferungen 7 % USt	
AM 4315-19	Erlöse aus im Inland steuerpflichtigen EG-Lieferungen 19 % USt	
4320-29	Erlöse aus im anderen EG-Land steuerpflichtigen Lieferungen[3]	
AM 4330	Erlöse aus im Inland steuerpflichtigen EG-Lieferungen 16 % USt	
R 4331-35		
AM 4336	Erlöse aus im anderen EG-Land steuerpflichtigen sonstigen Leistungen, für die der Leistungsempfänger die Umsatzsteuer schuldet[1]	
AM 4337	Erlöse aus Leistungen, für die der Leistungsempfänger die Umsatzsteuer nach § 13b UStG schuldet	
AM 4338	Erlöse aus im Drittland steuerbaren Leistungen, im Inland nicht steuerbare Umsätze	
AM 4339	Erlöse aus im anderen EG-Land steuerbaren Leistungen, im Inland nicht steuerbare Umsätze	
AM 4340-49	Erlöse 16 % USt	
AM 4400-09	Erlöse 19 % USt	
AM 4410	Erlöse 19 % USt	
R 4411-49		
R 4507		
R 4509		
4510	Erlöse Abfallverwertung	
4520	Erlöse Leergut	
4560	Provisionsumsätze	
R 4561-63		

Kontenklasse 4	Betriebliche Erträge	GuV-Posten[2]
AM 4564	Provisionsumsätze, steuerfrei (§ 4 Nr. 8 ff. UStG)	Umsatzerlöse
AM 4565	Provisionsumsätze, steuerfrei (§ 4 Nr. 5 UStG)	
AM 4566	Provisionsumsätze 7 % USt	
R 4567-68		
AM 4569	Provisionsumsätze 19 % USt	
4570	Provision, sonstige Erträge	Sonstige betriebliche Erträge
R 4571-73		
AM 4574	Provision, sonstige Erträge steuerfrei (§ 4 Nr. 8 ff. UStG)	
AM 4575	Provision, sonstige Erträge steuerfrei (§ 4 Nr. 5 UStG)	
AM 4576	Provision, sonstige Erträge 7 % USt	
R 4577-78		
AM 4579	Provision, sonstige Erträge 19 % USt	
	Statistische Konten EÜR[15]	
4580	Statistisches Konto Erlöse zum allgemeinen Umsatzsteuersatz (EÜR)[13][15]	Umsatzerlöse
4581	Statistisches Konto Erlöse zum ermäßigten Umsatzsteuersatz (EÜR)[13][15]	
4582	Statistisches Konto Erlöse steuerfrei und nicht steuerbar (EÜR)[13][15]	
4589	Gegenkonto 4580-4582 bei Aufteilung der Erlöse nach Steuersätzen (EÜR)[13]	
4600	Unentgeltliche Wertabgaben	
4605	Entnahme von Gegenständen ohne USt	
R4608-09		
AM 4610-16	Entnahme durch Unternehmer für Zwecke außerhalb des Unternehmens (Waren) 7 % USt	
R4617-18		
4619	Entnahme durch Unternehmer für Zwecke außerhalb des Unternehmens (Waren) ohne USt	
AM 4620-26	Entnahme durch Unternehmer für Zwecke außerhalb des Unternehmens (Waren) 19 % USt	
R4627-29		
AM 4630-36	Verwendung von Gegenständen für Zwecke außerhalb des Unternehmens 7 % USt	Sonstige betriebliche Erträge
4637	Verwendung von Gegenständen für Zwecke außerhalb des Unternehmens ohne USt	
4638	Verwendung von Gegenständen für Zwecke außerhalb des Unternehmens ohne USt (Telefon-Nutzung)	
4639	Verwendung von Gegenständen für Zwecke außerhalb des Unternehmens ohne USt (Kfz-Nutzung)	
AM 4640-44	Verwendung von Gegenständen für Zwecke außerhalb des Unternehmens 19 % USt	
AM 4645	Verwendung von Gegenständen für Zwecke außerhalb des Unternehmens 19 % USt (Kfz-Nutzung)	
AM 4646	Verwendung von Gegenständen für Zwecke außerhalb des Unternehmens 19 % USt (Telefon-Nutzung)	
R4647-49		
AM 4650-56	Unentgeltliche Erbringung einer sonstigen Leistung 7 % USt	
R4657-58		
4659	Unentgeltliche Erbringung einer sonstigen Leistung ohne USt	
AM 4660-66	Unentgeltliche Erbringung einer sonstigen Leistung 19 % USt	
R4667-69		

Kontenklasse 4	Betriebliche Erträge	GuV-Posten[2]
AM 4670-76	Unentgeltliche Zuwendung von Waren 7 % USt	Umsatzerlöse
R4677-78		
4679	Unentgeltliche Zuwendung von Waren ohne USt	
AM 4680-84	Unentgeltliche Zuwendung von Waren 19 % USt	
R 4685		
AM 4686-87	Unentgeltliche Zuwendung von Gegenständen 19 % USt	Sonstige betriebliche Erträge
R 4688		
4689	Unentgeltliche Zuwendung von Gegenständen ohne USt	
4690	Nicht steuerbare Umsätze (Innenumsätze)	Umsatzerlöse
4695	Umsatzsteuervergütung	
4700	Erlösschmälerungen	
AM 4705	Erlösschmälerungen aus steuerfreien Umsätzen § 4 Nr. 1a UStG	
AM 4710-11	Erlösschmälerungen 7 % USt	
R4712-19		
AM 4720-21	Erlösschmälerungen 19 % USt	
R 4722		
AM 4723	Erlösschmälerungen 16 % USt	
AM 4724	Erlösschmälerungen aus steuerfreien innergemeinschaftlichen Lieferungen	
AM 4725	Erlösschmälerungen aus im Inland steuerpflichtigen EG-Lieferungen 7 % USt	
AM 4726	Erlösschmälerungen aus im Inland steuerpflichtigen EG-Lieferungen 19 % USt	
4727	Erlösschmälerungen aus im anderen EG-Land steuerpflichtigen Lieferungen[3]	
R 4728		
AM 4729	Erlösschmälerungen aus im Inland steuerpflichtigen EG-Lieferungen 16 % USt	
S 4730	Gewährte Skonti	
S/AM 4731	Gewährte Skonti 7 % USt	
R 4732-35		
S/AM 4736	Gewährte Skonti 19 % USt	
R4737-38		
S/AM 4741	Gewährte Skonti aus Leistungen, für die der Leistungsempfänger die Umsatzsteuer nach § 13b UStG schuldet	
S/AM 4742	Gewährte Skonti aus Erlösen aus im anderen EG-Land steuerpflichtigen sonstigen Leistungen, für die der Leistungsempfänger die Umsatzsteuer schuldet[1]	
S/AM 4743	Gewährte Skonti aus steuerfreien innergemeinschaftlichen Lieferungen § 4 Nr. 1b UStG	
R 4744		
S 4745	Gewährte Skonti aus im Inland steuerpflichtigen EG-Lieferungen	
S/AM 4746	Gewährte Skonti aus im Inland steuerpflichtigen EG-Lieferungen 7 % USt	
R 4747		
S/AM 4748	Gewährte Skonti aus im Inland steuerpflichtigen EG-Lieferungen 19 % USt	
R 4749		
AM 4750-51	Gewährte Boni 7 % USt	
R4752-59		
AM 4760-61	Gewährte Boni 19 % USt	
R4762-68		
4769	Gewährte Boni	
4770	Gewährte Rabatte	
AM 4780-81	Gewährte Rabatte 7 % USt	
R4782-89		
AM 4790-91	Gewährte Rabatte 19 % USt	
R4792-99		

Kontenklasse 4 Betriebliche Erträge		GuV-Posten[2]
	Erhöhung oder Verminderung des Bestands an fertigen und unfertigen Erzeugnissen	
4800	Bestandsveränderungen - fertige Erzeugnisse	Erhöhung des Bestands an fertigen und unfertigen Erzeugnissen oder *Verminderung des Bestands an fertigen und unfertigen Erzeugnissen*
4810	Bestandsveränderungen - unfertige Erzeugnisse	
4815	Bestandsveränderungen - unfertige Leistungen	
4816	Bestandsveränderungen in Ausführung befindliche Bauaufträge	Erhöhung des Bestands in Ausführung befindlicher Bauaufträge oder *Verminderung des Bestands in Ausführung befindlicher Bauaufträge*
4818	Bestandsveränderungen in Arbeit befindliche Aufträge	Erhöhung des Bestands in Arbeit befindlicher Aufträge oder *Verminderung des Bestands in Arbeit befindlicher Aufträge*
	Andere aktivierte Eigenleistungen	
4820	**Andere aktivierte Eigenleistungen**	Andere aktivierte Eigenleistungen
4825	Aktivierte Eigenleistung zur Erstellung von selbst geschaffenen immateriellen Vermögensgegenständen[1]	
	Sonstige betriebliche Erträge	
4830	Sonstige betriebliche Erträge	Sonstige betriebliche Erträge
AM 4834	Sonstige Erträge betrieblich und regelmäßig 16 % USt	
4835	Sonstige Erträge betrieblich und regelmäßig	
AM 4836	Sonstige Erträge betrieblich und regelmäßig 19 % USt	
4837	Sonstige Erträge betriebsfremd und regelmäßig	
4839	Sonstige Erträge unregelmäßig	
4840	Erträge aus Währungsumrechnung[8]	
4843	Erträge aus Bewertung Finanzmittelfonds	
AM 4844	Erlöse aus Verkäufen Sachanlagevermögen steuerfrei § 4 Nr. 1a UStG (bei Buchgewinn)	
AM 4845	Erlöse aus Verkäufen Sachanlagevermögen 19 % USt (bei Buchgewinn)	
R4846-47		
AM 4848	Erlöse aus Verkäufen Sachanlagevermögen steuerfrei § 4 Nr. 1b UStG (bei Buchgewinn)	
4849	Erlöse aus Verkäufen Sachanlagevermögen (bei Buchgewinn)	
4850	Erlöse aus Verkäufen immaterieller Vermögensgegenstände (bei Buchgewinn)	
4851	Erlöse aus Verkäufen Finanzanlagen (bei Buchgewinn)	
4852	Erlöse aus Verkäufen Finanzanlagen § 3 Nr. 40 EStG/§ 8b Abs. 2 KStG (inländische Kap. Ges.) (bei Buchgewinn)[8,9]	
4855	Anlagenabgänge Sachanlagen (Restbuchwert bei Buchgewinn)	
4856	Anlagenabgänge immaterielle Vermögensgegenstände (Restbuchwert bei Buchgewinn)	
4857	Anlagenabgänge Finanzanlagen (Restbuchwert bei Buchgewinn)	

Kontenklasse 4 Betriebliche Erträge		GuV-Posten[2]
4858	Anlagenabgänge Finanzanlagen § 3 Nr. 40 EStG/§ 8b Abs. 2 KStG (inländische Kap.Ges.) (Restbuchwert bei Buchgewinn)[8,9]	Sonstige betriebliche Erträge
4860	Grundstückserträge	
AM 4865	Erlöse aus Verkäufen von Wirtschaftsgütern des Umlaufvermögens 19 % USt für § 4 Abs. 3 Satz 4 EStG[13]	
AM 4866	Erlöse aus Verkäufen von Wirtschaftsgütern des Umlaufvermögen, umsatzsteuerfrei §4 Nr. 8 ff. UStG i. V. m. § 4 Abs. 3 Satz 4 EStG[13]	
AM 4867	Erlöse aus Verkäufen von Wirtschaftsgütern des Umlaufvermögen, umsatzsteuerfrei §4 Nr. 8 ff. UStG i. V. m. § 4 Abs. 3 Satz 4 EStG, § 3 Nr. 40 EStG/§ 8b Abs. 2 KStG (inländische Kap.Ges.)[8,9,13]	
4869	Erlöse aus Verkäufen von Wirtschaftsgütern des Umlaufvermögens nach § 4 Abs. 3 Satz 4 EStG[13]	
4900	Erträge aus dem Abgang von Gegenständen des Anlagevermögens	
4901	Erträge aus der Veräußerung von Anteilen an Kapitalgesellschaften § 3 Nr. 40 EStG/§ 8b Abs. 2 KStG (inländische Kap. Ges.)[8,9]	
4905	Erträge aus dem Abgang von Gegenständen des Umlaufvermögens außer Vorräte	
4906	Erträge aus dem Abgang von Gegenständen des Umlaufvermögens (außer Vorräte) § 3 Nr. 40 EStG/§ 8b Abs. 2 KStG (inländische Kap.Ges.)[8,9]	
4910	Erträge aus Zuschreibungen des Sachanlagevermögens	
4911	Erträge aus Zuschreibungen des immateriellen Anlagevermögens	
4912	Erträge aus Zuschreibungen des Finanzanlagevermögens	
4913	Erträge aus Zuschreibungen des Finanzanlagevermögens § 3 Nr. 40 EStG/§ 8b Abs. 3 Satz 8 KStG (inländische Kap. Ges.)[8,9]	
4914	Erträge aus Zuschreibungen des anderen Anlagevermögens § 3 Nr. 40 EStG/§ 8b Abs. 3 Satz 8 KStG (inländische Kap. Ges.)[9]	
4915	Erträge aus Zuschreibungen des Umlaufvermögens außer Vorräten	
4916	Erträge aus Zuschreibungen des Umlaufvermögens § 3 Nr. 40 EStG/§ 8b Abs. 3 Satz 8 KStG (inländische Kap. Ges.)[8,9]	
4920	Erträge aus der Herabsetzung der Pauschalwertberichtigung auf Forderungen	
4923	Erträge aus der Herabsetzung der Einzelwertberichtigung auf Forderungen	
4925	Erträge aus abgeschriebenen Forderungen	
4930	Erträge aus der Auflösung von Rückstellungen	
4932	Erträge aus der steuerlich niedrigeren Bewertung von Rückstellungen[11,20]	
4933	Erträge aus der steuerlich niedrigeren Bewertung von Verbindlichkeiten	
4934	Erträge aus der Auflösung von Sonderposten mit Rücklageanteil (Existenzgründerrücklage)	
4935	Erträge aus der Auflösung von Sonderposten mit Rücklageanteil (steuerfreie Rücklagen)	
4936	Erträge aus der Auflösung von Sonderposten mit Rücklageanteil (Ansparabschreibungen nach § 7g Abs. 3 EStG a.F./§ 7g Abs. 2 EStG n.F.)	

Kontenklasse 4 Betriebliche Erträge		GuV-Posten[2)]
4937	Erträge aus der Auflösung von Sonderposten mit Rücklageanteil (Sonderabschreibungen)	Sonstige betriebliche Erträge
4939	Erträge aus der Auflösung von Sonderposten mit Rücklageanteil nach § 52 Abs. 16 EStG	
4940	Verrechnete sonstige Sachbezüge (keine Waren)	
AM 4941	Sachbezüge 7 % USt (Waren)	
R 4942-44		
AM 4945	Sachbezüge 19 % USt (Waren)	
4946	Verrechnete sonstige Sachbezüge	
AM 4947	Verrechnete sonstige Sachbezüge 19 % USt (z. B. Kfz-Gestellung)	
R 4948		
4949	Verrechnete sonstige Sachbezüge ohne Umsatzsteuer	
4960	Periodenfremde Erträge (soweit nicht außerordentlich)	
4970	Versicherungsentschädigungen	
4975	Investitionszuschüsse (steuerpflichtig)	
4980	Investitionszulagen (steuerfrei)	
4981	Steuerfreie Erträge aus der Auflösung von Sonderposten mit Rücklageanteil	
4982	Sonstige steuerfreie Betriebseinnahmen	

Kontenklasse 5 Betriebliche Aufwendungen		GuV-Posten[2)]
	V 5000-5599 V 5700-5859 KU 5860-5899 V 5900-5999	
	Material- und Stoffverbrauch	
5000-99	Aufwendungen für Roh-, Hilfs- und Betriebsstoffe und für bezogene Waren	Aufwendungen für Roh-, Hilfs- und Betriebsstoffe und für bezogene Waren
	Materialaufwand	
5100	Einkauf von Roh-, Hilfs- und Betriebsstoffen	
5190	Energiestoffe (Fertigung)	
5200	**Wareneingang**	
AV 5300-09	Wareneingang 7 % Vorsteuer	
R 5310-49		
AV 5400-09	Wareneingang 19 % Vorsteuer	
R 5410-19		
AV 5420-24	Innergemeinschaftlicher Erwerb 7 % Vorsteuer und 7 % Umsatzsteuer	
AV 5425-29	Innergemeinschaftlicher Erwerb 19 % Vorsteuer und 19 % Umsatzsteuer	
AV 5430	Innergemeinschaftlicher Erwerb ohne Vorsteuerabzug 7 % Umsatzsteuer	
R 5431-34		
AV 5435	Innergemeinschaftlicher Erwerb ohne Vorsteuerabzug und 19 % Umsatzsteuer	
R 5436-39		
AV 5440	Innergemeinschaftlicher Erwerb von Neufahrzeugen von Lieferanten ohne Umsatzsteuer-Identifikationsnummer 19 % Vorsteuer und 19 % Umsatzsteuer	
R 5441-49		
R 5500-04		
AV 5505-09	Wareneingang 5,5 % Vorsteuer	
R 5510-39		
AV 5540-49	Wareneingang 10,7 % Vorsteuer	
AV 5550	Steuerfreier innergemeinschaftlicher Erwerb	
5551	Wareneingang im Drittland steuerbar	
5552	Erwerb 1. Abnehmer innerhalb eines Dreiecksgeschäftes	
R 5553-57		
5558	Wareneingang im anderen EG-Land steuerbar	
5559	Steuerfreie Einfuhren	
AV 5560	Waren aus einem Umsatzsteuerlager, § 13a UStG 7 % Vorsteuer und 7 % Umsatzsteuer	
R 5561-64		
AV 5565	Waren aus einem Umsatzsteuerlager, § 13a UStG 19 % Vorsteuer und 19 % Umsatzsteuer	
R 5566-69		
5600-09	Nicht abziehbare Vorsteuer	
5610-19	Nicht abziehbare Vorsteuer 7 %	
R 5650-59		
5660-69	Nicht abziehbare Vorsteuer 19 %	
5700	Nachlässe	
AV 5710-11	Nachlässe 7 % Vorsteuer	
R 5712-19		
AV 5720-21	Nachlässe 19 % Vorsteuer	
AV 5722	Nachlässe 16 % Vorsteuer	
AV 5723	Nachlässe 15 % Vorsteuer	
AV 5724	Nachlässe aus innergemeinschaftlichem Erwerb 7 % Vorsteuer und 7 % Umsatzsteuer	
AV 5725	Nachlässe aus innergemeinschaftlichem Erwerb 19 % Vorsteuer und 19 % Umsatzsteuer	
AV 5726	Nachlässe aus innergemeinschaftlichem Erwerb 16 % Vorsteuer und 16 % Umsatzsteuer	
AV 5727	Nachlässe aus innergemeinschaftlichem Erwerb 15 % Vorsteuer und 15 % Umsatzsteuer	
R 5728-29		

Kontenklasse 5 Betriebliche Aufwendungen		GuV-Posten[2)]
S 5730	Erhaltene Skonti	Aufwendungen für Roh-, Hilfs- und Betriebsstoffe und für bezogene Waren
S/AV 5731	Erhaltene Skonti 7 % Vorsteuer	
R 5732-35		
S/AV 5736	Erhaltene Skonti 19 % Vorsteuer	
R 5737-38		
S 5745	Erhaltene Skonti aus steuerpflichtigem innergemeinschaftlichem Erwerb	
S/AV 5746	Erhaltene Skonti aus steuerpflichtigem innergemeinschaftlichem Erwerb 7% Vorsteuer und 7% Umsatzsteuer	
R 5747		
S/AV 5748	Erhaltene Skonti aus steuerpflichtigem innergemeinschaftlichem Erwerb 19% Vorsteuer und 19% Umsatzsteuer	
R 5749		
AV 5750-51	Erhaltene Boni 7 % Vorsteuer	
R 5752-59		
AV 5760-61	Erhaltene Boni 19 % Vorsteuer	
R 5762-68		
5769	Erhaltene Boni	
5770	Erhaltene Rabatte	Aufwendungen für Roh-, Hilfs- und Betriebsstoffe und für bezogene Waren
AV 5780-81	Erhaltene Rabatte 7 % Vorsteuer	
R 5782-89		
AV 5790-91	Erhaltene Rabatte 19 % Vorsteuer	
R 5792-99		
5800	Bezugsnebenkosten	
5820	Leergut	
5840	Zölle und Einfuhrabgaben	
5860	Verrechnete Stoffkosten (Gegenkonto 5000-99)	
5880	Bestandsveränderungen Roh-, Hilfs- und Betriebsstoffe/Waren	
	Aufwendungen für bezogene Leistungen	
5900	Fremdleistungen	Aufwendungen für bezogene Leistungen
	Umsätze für die als Leistungsempfänger die Steuer nach § 13b Abs. 2 UStG geschuldet wird	
AV 5910	Bauleistungen eines im Inland ansässigen Unternehmers 7 % Vorsteuer und 7 % Umsatzsteuer	
R 5911-12		
AV 5913	Sonstige Leistungen eines im anderen EG-Land ansässigen Unternehmers 7 % Vorsteuer und 7 % Umsatzsteuer[1)]	
R 5914		
AV 5915	Leistungen eines im Ausland ansässigen Unternehmers 7 % Vorsteuer und 7 % Umsatzsteuer	
R 5916-19		
AV 5920-21	Bauleistungen eines im Inland ansässigen Unternehmers 19 % Vorsteuer und 19 % Umsatzsteuer	
R 5922		
AV 5923	Sonstige Leistungen eines im anderen EG-Land ansässigen Unternehmers 19 % Vorsteuer und 19 % Umsatzsteuer[1)]	
R 5924		
AV 5925-26	Leistungen eines im Ausland ansässigen Unternehmers 19 % Vorsteuer und 19 % Umsatzsteuer	
R 5927-29		
AV 5930	Bauleistungen eines im Inland ansässigen Unternehmers ohne Vorsteuer und 7 % Umsatzsteuer	
R 5931-32		
AV 5933	Sonstige Leistungen eines im anderen EG-Land ansässigen Unternehmers ohne Vorsteuer und 7 % Umsatzsteuer[1)]	

Kontenklasse 5 Betriebliche Aufwendungen		GuV-Posten[2)]
R 5934		Aufwendungen für bezogene Leistungen
AV 5935	Leistungen eines im Ausland ansässigen Unternehmers ohne Vorsteuer und 7 % Umsatzsteuer	
R 5936-39		
AV 5940-41	Bauleistungen eines im Inland ansässigen Unternehmers ohne Vorsteuer und 19 % Umsatzsteuer	
R 5942		
AV 5943	Sonstige Leistungen eines im anderen EG-Land ansässigen Unternehmers ohne Vorsteuer und 19 % Umsatzsteuer[1)]	
R 5944		
AV 5945-46	Leistungen eines im Ausland ansässigen Unternehmers ohne Vorsteuer und 19 % Umsatzsteuer	
R 5947-49		
S 5950	Erhaltene Skonti aus Leistungen, für die als Leistungsempfänger die Steuer nach § 13b UStG geschuldet wird	Aufwendungen für bezogene Leistungen
S/AV 5951	Erhaltene Skonti aus Leistungen, für die als Leistungsempfänger die Steuer nach § 13b UStG geschuldet wird 19 % Vorsteuer und 19 % Umsatzsteuer	
R 5952		
S 5953	Erhaltene Skonti aus Leistungen, für die als Leistungsempfänger die Steuer nach § 13b UStG geschuldet wird ohne Vorsteuer aber mit Umsatzsteuer	
S 5954	Erhaltene Skonti aus Leistungen, für die als Leistungsempfänger die Steuer nach § 13b UStG geschuldet wird ohne Vorsteuer, mit 19 % Umsatzsteuer	
R 5955-59		

Kontenklasse 6		GuV-Posten[2]
Betriebliche Aufwendungen		
	M 6280-6289 V 6300-6389 V 6450-6859 M 6884-6899 M 6930-6939	
	Personalaufwand	
6000	**Löhne und Gehälter**	Löhne und Gehälter
6010	Löhne	
6020	Gehälter	
6024	Geschäftsführergehälter der GmbH-Gesellschafter	
6026	Tantiemen	
6027	Geschäftsführergehälter	
6028	Vergütungen an angestellte Mitunternehmer § 15 EStG	
6030	Aushilfslöhne	
6039	Pauschale Steuern und Abgaben für Sachzuwendungen und Dienstleistungen an Arbeitnehmer	
6040	Pauschale Steuer für Aushilfen	
6045	Bedienungsgelder	
6050	Ehegattengehalt	
6060	Freiwillige soziale Aufwendungen, lohnsteuerpflichtig	
6069	Pauschale Steuer auf sonstige Bezüge (z. B. Fahrtkostenzuschüsse)	
6070	Krankengeldzuschüsse	
6072	Sachzuwendungen und Dienstleistungen an Arbeitnehmer	
6075	Zuschüsse der Agenturen für Arbeit (Haben)	
6080	Vermögenswirksame Leistungen	
6090	Fahrtkostenerstattung Wohnung/Arbeitsstätte	
6100	**Soziale Abgaben und Aufwendungen für Altersversorgung und für Unterstützung**	Soziale Abgaben und Aufwendungen für Altersversorgung und für Unterstützung
6110	Gesetzliche soziale Aufwendungen	
6118	Gesetzliche soziale Aufwendungen für Mitunternehmer § 15 EStG	
6120	Beiträge zur Berufsgenossenschaft	
6130	Freiwillige soziale Aufwendungen, lohnsteuerfrei	
6140	Aufwendungen für Altersversorgung	
6147	Pauschale Steuer auf sonstige Bezüge (z. B. Direktversicherungen)	
6148	Aufwendungen für Altersversorgung für Mitunternehmer § 15 EStG	
6150	Versorgungskassen	
6160	Aufwendungen für Unterstützung	
6170	Sonstige soziale Abgaben	
	Abschreibungen auf immaterielle Vermögensgegenstände des Anlagevermögens und Sachanlagen	
6200	Abschreibungen auf immaterielle Vermögensgegenstände	Abschreibungen auf immaterielle Vermögensgegenstände des Anlagevermögens und Sachanlagen
6201	Abschreibungen auf selbst geschaffene immaterielle Vermögensgegenstände[1]	
6205	Abschreibungen auf den Geschäfts- oder Firmenwert	
6210	Außerplanmäßige Abschreibungen auf immaterielle Vermögensgegenstände	
6211	Außerplanmäßige Abschreibungen auf selbst geschaffene immaterielle Vermögensgegenstände[1]	
6220	Abschreibungen auf Sachanlagen (ohne AfA auf Kfz und Gebäude)	
6221	Abschreibungen auf Gebäude	
6222	Abschreibungen auf Kfz	
6223	Abschreibungen auf Gebäudeteil des häuslichen Arbeitszimmers	

Kontenklasse 6		GuV-Posten[2]
Betriebliche Aufwendungen		
6230	Außerplanmäßige Abschreibungen auf Sachanlagen	Abschreibungen auf immaterielle Vermögensgegenstände des Anlagevermögens und Sachanlagen
6231	Absetzung für außergewöhnliche technische und wirtschaftliche Abnutzung der Gebäude	
6232	Absetzung für außergewöhnliche technische und wirtschaftliche Abnutzung des Kfz	
6233	Absetzung für außergewöhnliche technische und wirtschaftliche Abnutzung sonstiger Wirtschaftsgüter	
6240	Abschreibungen auf Sachanlagen auf Grund steuerlicher Sondervorschriften	
6241	Sonderabschreibungen nach § 7g Abs. 1 und 2 EStG a. F./ § 7g Abs. 5 EStG n. F. (ohne Kfz)	
6242	Sonderabschreibungen nach § 7g Abs. 1 und 2 EStG a. F./ § 7g Abs. 5 EStG n. F. (für Kfz)	
6243	Kürzung der Anschaffungs- oder Herstellungskosten gemäß § 7g Abs. 2 EStG n. F. (ohne Kfz)	
6244	Kürzung der Anschaffungs- oder Herstellungskosten gemäß § 7g Abs. 2 EStG n. F. (für Kfz)	
6250	Kaufleasing	
6260	Sofortabschreibungen geringwertiger Wirtschaftsgüter	
6262	Abschreibungen auf aktivierte, geringwertige Wirtschaftsgüter	
6264	Abschreibungen auf den Sammelposten Wirtschaftsgüter[8]	
6266	Außerplanmäßige Abschreibungen auf aktivierte, geringwertige Wirtschaftsgüter	
6268	Abschreibungen auf Aufwendungen für die Ingangsetzung und Erweiterung des Geschäftsbetriebs	
	Abschreibungen auf Vermögensgegenstände des Umlaufvermögens, soweit diese die in der Kapitalgesellschaft üblichen Abschreibungen überschreiten	
6270	Abschreibungen auf Vermögensgegenstände des Umlaufvermögens (soweit unüblich hoch)	Abschreibungen auf Vermögensgegenstände des Umlaufvermögens, soweit diese die in der Kapitalgesellschaft üblichen Abschreibungen überschreiten
6272	Abschreibungen auf Umlaufvermögen, steuerrechtlich bedingt (soweit unüblich hoch)	
6275	Vorwegnahme künftiger Wertschwankungen im Umlaufvermögen (soweit unüblich hoch)[11][20]	
6280	Forderungsverluste (soweit unüblich hoch)	
AM 6281	Forderungsverluste 7 % USt (soweit unüblich hoch)	
R 6282-84		
AM 6285	Forderungsverluste 16 % USt (soweit unüblich hoch)	
AM 6286	Forderungsverluste 19 % USt (soweit unüblich hoch)	
AM 6287	Forderungsverluste 15 % USt (soweit unüblich hoch)	
R 6288		
	Sonstige betriebliche Aufwendungen	
6300	Sonstige betriebliche Aufwendungen	Sonstige betriebliche Aufwendungen
6302	Interimskonto für Aufwendungen in einem anderen EG-Land, bei denen eine Vorsteuervergütung möglich ist[1]	
6303	Fremdleistungen/Fremdarbeiten	
6304	Sonstige Aufwendungen betrieblich und regelmäßig	
6305	Raumkosten	

Kontenklasse 6 Betriebliche Aufwendungen		GuV-Posten[2]
6310	Miete (unbewegliche Wirtschaftsgüter)	Sonstige betriebliche Aufwendungen
6314	Vergütungen an Mitunternehmer für die mietweise Überlassung ihrer Wirtschaftsgüter § 15 EStG	
6315	Pacht (unbewegliche Wirtschaftsgüter)	
6316	Leasing (unbewegliche Wirtschaftsgüter)	
6317	Aufwendungen für gemietete oder gepachtete unbewegliche Wirtschaftsgüter, die gewerbesteuerlich hinzuzurechnen sind[1]	
6318	Miet- und Pachtnebenkosten (gewerbesteuerlich nicht zu berücksichtigen)	
6319	Vergütungen an Mitunternehmer für die pachtweise Überlassung ihrer Wirtschaftsgüter § 15 EStG	
6320	Heizung	
6325	Gas, Strom, Wasser	
6330	Reinigung	
6335	Instandhaltung betrieblicher Räume	
6340	Abgaben für betrieblich genutzten Grundbesitz	
6345	Sonstige Raumkosten	
6348	Aufwendungen für ein häusliches Arbeitszimmer (abziehbarer Anteil)	
6349	Aufwendungen für ein häusliches Arbeitszimmer (nicht abziehbarer Anteil)	
6350	Grundstücksaufwendungen, betrieblich	
6352	Grundstücksaufwendungen, sonstige neutrale	
6390	Zuwendungen, Spenden, steuerlich nicht abziehbar	
6391	Zuwendungen, Spenden für wissenschaftliche und kulturelle Zwecke	
6392	Zuwendungen, Spenden für mildtätige Zwecke	
6393	Zuwendungen, Spenden für kirchliche, religiöse und gemeinnützige Zwecke	
6394	Zuwendungen, Spenden an politische Parteien	
6395	Zuwendungen, Spenden an Stiftungen für gemeinnützige Zwecke i.S.d. § 52 Abs. 2 Nr. 1-3 AO	
6396	Zuwendungen, Spenden an Stiftungen für gemeinnützige Zwecke i.S.d. § 52 Abs. 2 Nr. 4 AO	
6397	Zuwendungen, Spenden an Stiftungen für kirchliche, religiöse und gemeinnützige Zwecke	
6398	Zuwendungen, Spenden an Stiftungen für wissenschaftliche, mildtätige, kulturelle Zwecke	
6400	Versicherungen	
6405	Versicherungen für Gebäude	
6410	Netto-Prämie für Rückdeckung künftiger Versorgungsleistungen	
6420	Beiträge	
6430	Sonstige Abgaben	
6436	Steuerlich abzugsfähige Verspätungszuschläge und Zwangsgelder	
6437	Steuerlich nicht abzugsfähige Verspätungszuschläge und Zwangsgelder	
6440	Ausgleichsabgabe i.S.d. Schwerbehindertengesetzes	
6450	Reparaturen und Instandhaltung von Bauten	
6460	Reparaturen und Instandhaltung von technischen Anlagen und Maschinen	
6470	Reparaturen und Instandhaltung von Betriebs- und Geschäftsausstattung	
6485	Reparaturen und Instandhaltung von anderen Anlagen	

Kontenklasse 6 Betriebliche Aufwendungen		GuV-Posten[2]
6490	Sonstige Reparaturen und Instandhaltung	Sonstige betriebliche Aufwendungen
6495	Wartungskosten für Hard- und Software	
6498	Mietleasing (bewegliche Wirtschaftsgüter)	
6500	Fahrzeugkosten	
6520	Kfz-Versicherungen	
6530	Laufende Kfz-Betriebskosten	
6540	Kfz-Reparaturen	
6550	Garagenmiete	
6560	Mietleasing Kfz	
6570	Sonstige Kfz-Kosten	
6580	Mautgebühren	
6590	Kfz-Kosten für betrieblich genutzte zum Privatvermögen gehörende Kraftfahrzeuge	
6595	Fremdfahrzeugkosten	
6600	Werbekosten	
6610	Geschenke abzugsfähig	
6611	Zuwendungen an Dritte abzugsfähig	
6612	Pauschale Steuern für Geschenke und Zuwendungen abzugsfähig[8]	
6620	Geschenke nicht abzugsfähig	
6621	Zuwendungen an Dritte nicht abzugsfähig	
6622	Pauschale Steuern für Geschenke und Zuwendungen nicht abzugsfähig[8]	
6625	Geschenke ausschließlich betrieblich genutzt	
6630	Repräsentationskosten	
6640	Bewirtungskosten	
6641	Sonstige eingeschränkt abziehbare Betriebsausgaben (abziehbarer Anteil)	
6642	Sonstige eingeschränkt abziehbare Betriebsausgaben (nicht abziehbarer Anteil)	
6643	Aufmerksamkeiten	
6644	Nicht abzugsfähige Bewirtungskosten	
6645	Nicht abzugsfähige Betriebsausgaben aus Werbe- und Repräsentationskosten	
6650	Reisekosten Arbeitnehmer	
6652	Reisekosten Arbeitnehmer (nicht abziehbarer Anteil)	
6660	Reisekosten Arbeitnehmer Übernachtungsaufwand	
6663	Reisekosten Arbeitnehmer Fahrtkosten	
6664	Reisekosten Arbeitnehmer Verpflegungsmehraufwand	
R 6665		
6668	Kilometergelderstattung Arbeitnehmer	
6670	Reisekosten Unternehmer	
6672	Reisekosten Unternehmer (nicht abziehbarer Anteil)	
6673	Reisekosten Unternehmer Fahrtkosten	
6674	Reisekosten Unternehmer Verpflegungsmehraufwand	
6680	Reisekosten Unternehmer Übernachtungsaufwand	
R 6685-86		
6688	Fahrten zwischen Wohnung und Betriebsstätte (abziehbarer Anteil)	
6689	Fahrten zwischen Wohnung und Betriebsstätte (nicht abziehbarer Anteil)	
6690	Fahrten zwischen Wohnung und Betriebsstätte (Haben)	
6700	Kosten der Warenabgabe	
6710	Verpackungsmaterial	
6740	Ausgangsfrachten	
6760	Transportversicherungen	
6770	Verkaufsprovisionen	
6780	Fremdarbeiten (Vertrieb)	
6790	Aufwand für Gewährleistung	
6800	Porto	
6805	Telefon	
6810	Telefax und Internetkosten	
6815	Bürobedarf	
6820	Zeitschriften, Bücher	
6821	Fortbildungskosten	
6822	Freiwillige Sozialleistungen	
6823	Vergütungen an Mitunternehmer § 15 EStG	
6824	Haftungsvergütung an Mitunternehmer § 15 EStG	

Kontenklasse 6	Betriebliche Aufwendungen	GuV-Posten[2]
6825	Rechts- und Beratungskosten	Sonstige betriebliche Aufwendungen
6827	Abschluss- und Prüfungskosten	
6830	Buchführungskosten	
6835	Mieten für Einrichtungen (bewegliche Wirtschaftsgüter)	
6836	Pacht (bewegliche Wirtschaftsgüter)	
6837	Aufwendungen für die zeitlich befristete Überlassung von Rechten (Lizenzen, Konzessionen)	
6838	Aufwendungen für gemietete oder gepachtete bewegliche Wirtschaftsgüter, die gewerbesteuerlich hinzuzurechnen sind[1]	
6840	Mietleasing (bewegliche Wirtschaftsgüter)	
6845	Werkzeuge und Kleingeräte	
6850	Sonstiger Betriebsbedarf	
6855	Nebenkosten des Geldverkehrs	
6856	Aufwendungen aus Anteilen an Kapitalgesellschaften §§ 3 Nr. 40, 3c EStG/§ 8b Abs. 1 KStG (inländische Kap. Ges.)[8][9][16]	
6857	Veräußerungskosten § 3 Nr. 40 EStG/§ 8b Abs. 2 KStG (inländische Kap.Ges.)[8]	
6859	Aufwendungen für Abraum- und Abfallbeseitigung	
6860	Nicht abziehbare Vorsteuer	
6865	Nicht abziehbare Vorsteuer 7 %	
6871	Nicht abziehbare Vorsteuer 19 %	
6875	Nicht abziehbare Hälfte der Aufsichtsratsvergütungen	
6876	Abziehbare Aufsichtsratsvergütungen	
6880	Aufwendungen aus der Währungsumrechnung[8]	
6883	Aufwendungen aus Bewertung Finanzmittelfonds	
AM 6884	Erlöse aus Verkäufen Sachanlagevermögen steuerfrei § 4 Nr. 1a UStG (bei Buchverlust)	
AM 6885	Erlöse aus Verkäufen Sachanlagevermögen 19 % USt (bei Buchverlust)	
R 6886-87		
AM 6888	Erlöse aus Verkäufen Sachanlagevermögen steuerfrei § 4 Nr. 1b UStG (bei Buchverlust)	
6889	Erlöse aus Verkäufen Sachanlagevermögen (bei Buchverlust)	
6890	Erlöse aus Verkäufen immaterieller Vermögensgegenstände (bei Buchverlust)	
6891	Erlöse aus Verkäufen Finanzanlagen (bei Buchverlust)	
6892	Erlöse aus Verkäufen Finanzanlagen § 3 Nr. 40 EStG/§ 8b Abs. 3 KStG (inländische Kap. Ges.) (bei Buchverlust)[8][9]	
6895	Anlagenabgänge Sachanlagen (Restbuchwert bei Buchverlust)	
6896	Anlagenabgänge immaterielle Vermögensgegenstände (Restbuchwert bei Buchverlust)	
6897	Anlagenabgänge Finanzanlagen (Restbuchwert bei Buchverlust)	
6898	Anlagenabgänge Finanzanlagen § 3 Nr. 40 EStG/§ 8b Abs. 3 KStG (inländische Kap.Ges.) (Restbuchwert bei Buchverlust)[8][9]	
6900	Verluste aus dem Abgang von Gegenständen des Anlagevermögens	
6903	Verluste aus der Veräußerung von Anteilen an Kapitalgesellschaften § 3 Nr. 40 EStG/§ 8b Abs. 3 KStG (inländische Kap.Ges.)[8][9]	

Kontenklasse 6	Betriebliche Aufwendungen	GuV-Posten[2]
6905	Verluste aus dem Abgang von Gegenständen des Umlaufvermögens außer Vorräte	Sonstige betriebliche Aufwendungen
6906	Verluste aus dem Abgang von Gegenständen des Umlaufvermögens (außer Vorräte) § 3 Nr. 40 EStG/§ 8b Abs. 3 KStG (inländische Kap.Ges.)[8][9]	
6907	Abgang von Wirtschaftsgütern des Umlaufvermögens nach § 4 Abs. 3 Satz 4 EStG[13]	
6908	Abgang von Wirtschaftsgütern des Umlaufvermögens § 3 Nr. 40 EStG/§ 8b Abs. 3 KStG (inländische Kap.Ges.) nach § 4 Abs. 3 Satz 4 EStG[8][9][13]	
6910	Abschreibungen auf Umlaufvermögen außer Vorräte und Wertpapieren des UV (übliche Höhe)	
6912	Abschreibungen auf Umlaufvermögen außer Vorräte und Wertpapieren des UV, steuerrechtlich bedingt (übliche Höhe)	
6915	Vorwegnahme künftiger Wertschwankungen im Umlaufvermögen außer Vorräte und Wertpapiere[11][20]	
6916	Aufwendungen aus der Zuschreibung von steuerlich niedriger bewerteten Verbindlichkeiten	
6917	Aufwendungen aus der Zuschreibung von steuerlich niedriger bewerteten Rückstellungen[11][20]	
6918	Aufwendungen aus dem Erwerb eigener Anteile[1]	
6920	Einstellung in die Pauschalwertberichtigung zu Forderungen	
6923	Einstellung in die Einzelwertberichtigung zu Forderungen	
6925	Einstellungen in Sonderposten mit Rücklageanteil (steuerfreie Rücklagen)	
6926	Einstellungen in Sonderposten mit Rücklageanteil (§ 7g Abs. 2 EStG n. F.)	
6927	Einstellungen in Sonderposten mit Rücklageanteil[8]	
6930	Forderungsverluste (übliche Höhe)	
AM 6931	Forderungsverluste 7 % USt (übliche Höhe)	
AM 6932	Forderungsverluste aus steuerfreien EG-Lieferungen (übliche Höhe)	
AM 6933	Forderungsverluste aus im Inland steuerpflichtigen EG-Lieferungen 7 % USt (übliche Höhe)	
AM 6934	Forderungsverluste aus im Inland steuerpflichtigen EG-Lieferungen 16 % USt (übliche Höhe)	
AM 6935	Forderungsverluste 16 % USt (übliche Höhe)	
AM 6936	Forderungsverluste 19 % USt (übliche Höhe)	
AM 6937	Forderungsverluste 15 % USt (übliche Höhe)	
AM 6938	Forderungsverluste aus im Inland steuerpflichtigen EG-Lieferungen 19 % USt (übliche Höhe)	
AM 6939	Forderungsverluste aus im Inland steuerpflichtigen EG-Lieferungen 15 % USt (übliche Höhe)	
6960	Periodenfremde Aufwendungen soweit nicht außerordentlich	
6967	Sonstige Aufwendungen betriebsfremd und regelmäßig	
6969	Sonstige Aufwendungen unregelmäßig	

Kontenklasse 6 Betriebliche Aufwendungen		GuV-Posten[2)]
	Kalkulatorische Kosten	
6970	Kalkulatorischer Unternehmerlohn	Sonstige betriebliche Aufwendungen
6972	Kalkulatorische Miete/Pacht	
6974	Kalkulatorische Zinsen	
6976	Kalkulatorische Abschreibungen	
6978	Kalkulatorische Wagnisse	
6979	Kalkulatorischer Lohn für unentgeltliche Mitarbeiter	
6980	Verrechneter kalkulatorischer Unternehmerlohn	
6982	Verrechnete kalkulatorische Miete/Pacht	
6984	Verrechnete kalkulatorische Zinsen	
6986	Verrechnete kalkulatorische Abschreibungen	
6988	Verrechnete kalkulatorische Wagnisse	
6989	Verrechneter kalkulatorischer Lohn für unentgeltliche Mitarbeiter	
	Kosten bei Anwendung des Umsatzkostenverfahrens	
6990	Herstellungskosten	
6992	Verwaltungskosten	
6994	Vertriebskosten	
6999	Gegenkonto 6990-6998	

Kontenklasse 7 Weitere Erträge und Aufwendungen		GuV-Posten[2)]
	V 7800-7899	
	Erträge aus Beteiligungen	
7000	Erträge aus Beteiligungen	Erträge aus Beteiligungen
7005	Laufende Erträge aus Anteilen an Kapitalgesellschaften (Beteiligung) § 3 Nr. 40 EStG/§ 8b Abs. 1 KStG (inländische Kap.Ges.)[8)9)]	
7006	Laufende Erträge aus Anteilen an Kapitalgesellschaften (verbundene Unternehmen) § 3 Nr. 40 EStG/§ 8b Abs. 1 KStG (inländische Kap.Ges.)[8)9)]	
7007	Sonstige gewerbesteuerfreie Gewinne aus Anteilen an einer Kapitalgesellschaft (Kürzung gem. § 9 Nr. 2a GewStG)	
7008	Gewinnanteile aus Mitunternehmerschaften § 9 GewStG	
7009	Erträge aus Beteiligungen an verbundenen Unternehmen	
	Erträge aus anderen Wertpapieren und Ausleihungen des Finanzanlagevermögens	
7010	Erträge aus anderen Wertpapieren und Ausleihungen des Finanzanlagevermögens	Erträge aus anderen Wertpapieren und Ausleihungen des Finanzanlagevermögens
7014	Laufende Erträge aus Anteilen an Kapitalgesellschaften (Finanzanlagevermögen) § 3 Nr. 40 EStG/§ 8b Abs. 1 KStG (inländische Kap.Ges.)[8)9)]	
7015	Laufende Erträge aus Anteilen an Kapitalgesellschaften (verbundene Unternehmen) § 3 Nr. 40 EStG/§ 8b Abs. 1 KStG (inländische Kap.Ges.)[8)9)]	
7019	Erträge aus anderen Wertpapieren und Ausleihungen des Finanzanlagevermögens aus verbundenen Unternehmen	
	Sonstige Zinsen und ähnliche Erträge	
7100	Sonstige Zinsen und ähnliche Erträge	Sonstige Zinsen und ähnliche Erträge
7102	Steuerfreie Aufzinsung des Körperschaftsteuerguthabens nach § 37 KStG	
7103	Laufende Erträge aus Anteilen an Kapitalgesellschaften (Umlaufvermögen) § 3 Nr. 40 EStG/§ 8b Abs. 1 KStG (inländische Kap.Ges.)[8)9)]	
7104	Laufende Erträge aus Anteilen an Kapitalgesellschaften (verbundene Unternehmen) § 3 Nr. 40 EStG/§ 8b Abs. 1 KStG (inländische Kap.Ges.)[8)9)]	
7105	Zinserträge § 233 a AO	
7106	Zinserträge § 233 a AO Sonderfall Anlage A KStG	
7107	Zinserträge § 233a AO, § 4 Abs. 5b EStG	
7109	Sonstige Zinsen und ähnliche Erträge aus verbundenen Unternehmen	
7110	Sonstige Zinserträge	
7115	Erträge aus anderen Wertpapieren und Ausleihungen des Umlaufvermögens	
7119	Sonstige Zinserträge aus verbundenen Unternehmen	
7120	Zinsähnliche Erträge	
7128	Zinsertrag aus vorzeitiger Rückzahlung des Körperschaftsteuer-Erhöhungsbetrags § 38 KStG	
7129	Zinsähnliche Erträge aus verbundenen Unternehmen	
7130	Diskonterträge	
7139	Diskonterträge aus verbundenen Unternehmen	
7141	Zinserträge aus der Abzinsung von Verbindlichkeiten[1)]	
7142	Zinserträge aus der Abzinsung von Rückstellungen[1)]	

Kontenklasse 7 Weitere Erträge und Aufwendungen		GuV-Posten[2]
7143	Zinserträge aus der Abzinsung von Pensionsrückstellungen und ähnlichen Verpflichtungen[1]	Sonstige Zinsen und ähnliche Erträge
7144	Zinserträge aus der Abzinsung von Pensionsrückstellungen und ähnlichen Verpflichtungen zur Verrechnung nach § 246 Abs. 2 HGB[1]	Sonstige Zinsen und ähnliche Erträge oder Zinsen und ähnliche Aufwendungen
7145	Erträge aus Vermögensgegenständen zur Verrechnung nach § 246 Abs. 2 HGB[1]	
	Erträge aus Verlustübernahme und auf Grund einer Gewinngemeinschaft, eines Gewinn- oder Teilgewinnabführungsvertrags erhaltene Gewinne	
7190	Erträge aus Verlustübernahme	Erträge aus Verlustübernahme
7192	Erhaltene Gewinne auf Grund einer Gewinngemeinschaft	Auf Grund einer Gewinngemeinschaft, eines Gewinn- oder Teilgewinnabführungsvertrags erhaltene Gewinne
7194	Erhaltene Gewinne auf Grund eines Gewinn- oder Teilgewinnabführungsvertrags	
	Abschreibungen auf Finanzanlagen und auf Wertpapiere des Umlaufvermögens	
7200	Abschreibungen auf Finanzanlagen	Abschreibungen auf Finanzanlagen und auf Wertpapiere des Umlaufvermögens
7204	Abschreibungen auf Finanzanlagen § 3 Nr. 40 EStG/§ 8b Abs. 3 KStG (inländische Kap. Ges.)[8,9]	
7208	Abschreibungen auf Grund von Verlustanteilen an Mitunternehmerschaften § 8 GewStG	
7210	Abschreibungen auf Wertpapiere des Umlaufvermögens	
7214	Abschreibungen auf Wertpapiere des Umlaufvermögens § 3 Nr. 40 EStG/§ 8b Abs. 3 KStG (inländische Kap.Ges.)[8,9]	
7250	Abschreibungen auf Finanzanlagen auf Grund § 6b EStG-Rücklage[8]	
7255	Abschreibungen auf Finanzanlagen auf Grund § 6b EStG-Rücklage, § 3 Nr. 40 EStG/§ 8b Abs. 3 KStG (inländische Kap. Ges.)[8,9]	
7260	Vorwegnahme künftiger Wertschwankungen bei Wertpapieren des Umlaufvermögens[11,20]	
	Zinsen und ähnliche Aufwendungen	
7300	Zinsen und ähnliche Aufwendungen	Zinsen und ähnliche Aufwendungen
7303	Steuerlich abzugsfähige, andere Nebenleistungen zu Steuern	
7304	Steuerlich nicht abzugsfähige, andere Nebenleistungen zu Steuern	
7305	Zinsaufwendungen § 233a AO betriebliche Steuern	
7306	Zinsaufwendungen §§ 233a bis 237 AO Personensteuern	
7307	Zinsen aus Abzinsung des Körperschaftsteuer-Erhöhungsbetrags § 38 KStG	
7308	Zinsaufwendungen § 233a AO, § 4 Abs. 5b EStG	
7309	Zinsen und ähnliche Aufwendungen an verbundene Unternehmen	
7310	Zinsaufwendungen für kurzfristige Verbindlichkeiten	
7313	Nicht abzugsfähige Schuldzinsen gemäß § 4 Abs. 4a EStG (Hinzurechnungsbetrag)	

Kontenklasse 7 Weitere Erträge und Aufwendungen		GuV-Posten[2]
7318	Zinsen auf Kontokorrentkonten	Zinsen und ähnliche Aufwendungen
7319	Zinsaufwendungen für kurzfristige Verbindlichkeiten an verbundene Unternehmen	
7320	Zinsaufwendungen für langfristige Verbindlichkeiten	
7323	Abschreibungen auf Disagio zur Finanzierung[1]	
7324	Abschreibungen auf Disagio zur Finanzierung des Anlagevermögens[1]	
7325	Zinsaufwendungen für Gebäude, die zum Betriebsvermögen gehören	
7326	Zinsen zur Finanzierung des Anlagevermögens	
7327	Renten und dauernde Lasten	
7328	Zinsaufwendungen an Mitunternehmer für die Hingabe von Kapital § 15 EStG	
7329	Zinsaufwendungen für langfristige Verbindlichkeiten an verbundene Unternehmen	
7330	Zinsähnliche Aufwendungen	
7339	Zinsähnliche Aufwendungen an verbundene Unternehmen	
7340	Diskontaufwendungen	
7349	Diskontaufwendungen an verbundene Unternehmen	
7350	Zinsen und ähnliche Aufwendungen §§ 3 Nr. 40, 3c EStG/§ 8b Abs. 1 KStG (inländische Kap.Ges.)[8,9,16]	
7351	Zinsen und ähnliche Aufwendungen an verbundene Unternehmen §§ 3 Nr. 40, 3c EStG/§ 8b Abs. 1 KStG (inländische Kap.Ges.)[8,9,16]	
7361	Zinsaufwendungen aus der Abzinsung von Verbindlichkeiten[1]	
7362	Zinsaufwendungen aus der Abzinsung von Rückstellungen[1]	
7363	Zinsaufwendungen aus der Abzinsung von Pensionsrückstellungen und ähnlichen Verpflichtungen[1]	
7364	Zinsaufwendungen aus der Abzinsung von Pensionsrückstellungen und ähnlichen Verpflichtungen zur Verrechnung nach § 246 Abs. 2 HGB[1]	Zinsen und ähnliche Aufwendungen oder *Sonstige Zinsen und ähnliche Erträge*
7365	Aufwendungen aus Vermögensgegenständen zur Verrechnung nach § 246 Abs. 2 HGB[1]	
	Aufwendungen aus Verlustübernahme und auf Grund einer Gewinngemeinschaft, eines Gewinn- oder Teilgewinnabführungsvertrags abgeführte Gewinne	
7390	Aufwendungen aus Verlustübernahme	Aufwendungen aus Verlustübernahme
7392	Abgeführte Gewinne auf Grund einer Gewinngemeinschaft	Auf Grund einer Gewinngemeinschaft, eines Gewinn- oder Teilgewinnabführungsvertrags abgeführte Gewinne
7394	Abgeführte Gewinne auf Grund eines Gewinn- oder Teilgewinnabführungsvertrags	
7399	Abgeführte Gewinnanteile an stille Gesellschafter § 8 GewStG	
	Außerordentliche Erträge	
7400	Außerordentliche Erträge	Außerordentliche Erträge
7401	Außerordentliche Erträge finanzwirksam	
7450	Außerordentliche Erträge nicht finanzwirksam	

Konto	Kontenklasse 7 Weitere Erträge und Aufwendungen	GuV-Posten[2]
	Außerordentliche Erträge aus der Anwendung von Übergangsvorschriften i. S. d. BilMoG	Außerordentliche Erträge
7460	Außerordentliche Erträge aus der Anwendung von Übergangsvorschriften[1]	
7461	Außerordentliche Erträge aus der Anwendung von Übergangsvorschriften (Zuschreibung für Sachanlagevermögen)[1]	
7462	Außerordentliche Erträge aus der Anwendung von Übergangsvorschriften (Zuschreibung für Finanzanlagevermögen)[1]	
7463	Außerordentliche Erträge aus der Anwendung von Übergangsvorschriften (Wertpapiere im Umlaufvermögen)[1]	
7464	Außerordentliche Erträge aus der Anwendung von Übergangsvorschriften (latente Steuern)[1]	
	Außerordentliche Aufwendungen	
7500	Außerordentliche Aufwendungen	Außerordentliche Aufwendungen
7501	Außerordentliche Aufwendungen finanzwirksam	
7550	Außerordentliche Aufwendungen nicht finanzwirksam	
	Außerordentliche Aufwendungen aus der Anwendung von Übergangsvorschriften i. S. d. BilMoG	
7560	Außerordentliche Aufwendungen aus der Anwendung von Übergangsvorschriften[1]	
7561	Außerordentliche Aufwendungen aus der Anwendung von Übergangsvorschriften (Pensionsrückstellungen)[1]	
7562	Außerordentliche Aufwendungen aus der Anwendung von Übergangsvorschriften (Bilanzierungshilfen)[1]	
7563	Außerordentliche Aufwendungen aus der Anwendung von Übergangsvorschriften (latente Steuern)[1]	
	Steuern vom Einkommen und Ertrag	
7600	Körperschaftsteuer	Steuern vom Einkommen und Ertrag
7603	Körperschaftsteuer für Vorjahre	
7604	Körperschaftsteuererstattungen für Vorjahre	
7605	Körperschaftsteuererstattung für Vorjahre nach § 37 KStG	
7606	Körperschaftsteuer-Erhöhungsbetrag § 38 Abs. 5 KStG	
7607	Solidaritätszuschlagserstattungen für Vorjahre	
7608	Solidaritätszuschlag	
7609	Solidaritätszuschlag für Vorjahre	
7610	Gewerbesteuer	
7630	Kapitalertragsteuer 25 %	
7632	Kapitalertragsteuer 20 %	
7633	Anrechenbarer Solidaritätszuschlag auf Kapitalertragsteuer 25 %	
7634	Anrechenbarer Solidaritätszuschlag auf Kapitalertragsteuer 20 %	
7635	Zinsabschlagsteuer	
7638	Anrechenbarer Solidaritätszuschlag auf Zinsabschlagsteuer	
7639	Anzurechnende ausländische Quellensteuer	
7640	Gewerbesteuernachzahlungen Vorjahre	
7641	Gewerbesteuernachzahlungen und Gewerbesteuererstattungen für Vorjahre, § 4 Abs. 5b EStG	
7642	Gewerbesteuererstattungen Vorjahre	
7643	Erträge aus der Auflösung von Gewerbesteuerrückstellungen, § 4 Abs. 5b EStG	Steuern vom Einkommen und Ertrag
7644	Erträge aus der Auflösung von Gewerbesteuerrückstellungen	
7645	Aufwendungen aus der Zuführung und Auflösung von latenten Steuern	
7649	Erträge aus der Zuführung und Auflösung von latenten Steuern	
	Sonstige Steuern	
7650	Sonstige Steuern	Sonstige Steuern
7675	Verbrauchsteuer	
7678	Ökosteuer	
7680	Grundsteuer	
7685	Kfz-Steuer	
7690	Steuernachzahlungen Vorjahre für sonstige Steuern	
7692	Steuererstattungen Vorjahre für sonstige Steuern	
7694	Erträge aus der Auflösung von Rückstellungen für sonstige Steuern	
7700	**Gewinnvortrag nach Verwendung**	Gewinnvortrag oder *Verlustvortrag*
7720	**Verlustvortrag nach Verwendung**	
7730	**Entnahmen aus der Kapitalrücklage**	Entnahmen aus der Kapitalrücklage
	Entnahmen aus Gewinnrücklagen	
7735	**Entnahmen aus der gesetzlichen Rücklage**	Entnahmen aus Gewinnrücklagen aus der gesetzlichen Rücklage
7740	**Entnahmen aus der Rücklage für aktivierte eigene Anteile**[8]	Entnahmen aus Gewinnrücklagen aus der Rücklage für eigene Anteile
7743	**Entnahmen aus der Rücklage für Anteile an einem herrschenden oder mehrheitlich beteiligten Unternehmen**[1]	Entnahmen aus Gewinnrücklagen aus der Rücklage für Anteile an einem herrschenden oder mehrheitlich beteiligten Unternehmen
7745	**Entnahmen aus satzungsmäßigen Rücklagen**	Entnahmen aus Gewinnrücklagen aus satzungsmäßigen Rücklagen
7750	**Entnahmen aus anderen Gewinnrücklagen**	Entnahmen aus Gewinnrücklagen aus anderen Gewinnrücklagen
7755	**Erträge aus Kapitalherabsetzung**	Erträge aus Kapitalherabsetzung
7760	**Einstellungen in die Kapitalrücklage nach den Vorschriften über die vereinfachte Kapitalherabsetzung**	Einstellungen in die Kapitalrücklage nach den Vorschriften über die vereinfachte Kapitalherabsetzung
	Einstellungen in Gewinnrücklagen	
7765	**Einstellungen in die gesetzliche Rücklage**	Einstellungen in Gewinnrücklagen in die gesetzliche Rücklage

Kontenklasse 7 Weitere Erträge und Aufwendungen		GuV-Posten[2]
7770	**Einstellungen in die Rücklage für aktivierte eigene Anteile**[8]	Einstellungen in Gewinnrücklagen in die Rücklage für eigene Anteile
7773	**Einstellungen in die Rücklage für Anteile an einem herrschenden oder mehrheitlich beteiligten Unternehmen**[1]	Einstellungen in Gewinnrücklagen in die Rücklage für Anteile an einem herrschenden oder mehrheitlich beteiligten Unternehmen
7775	**Einstellungen in satzungsmäßige Rücklagen**	Einstellungen in Gewinnrücklagen in satzungsmäßige Rücklagen
7780	**Einstellungen in andere Gewinnrücklagen**	Einstellungen in Gewinnrücklagen in andere Gewinnrücklagen
7790	**Vorabausschüttung**	Ausschüttung
7795	**Vortrag auf neue Rechnung (GuV)**	Vortrag auf neue Rechnung
7800-99	(zur freien Verfügung)	Sonstige betriebliche Aufwendungen
R 7900	(reserviertes Konto)	

Kontenklasse 8	GuV-Posten[2]
8000-8999	Sonstige betriebliche Aufwendungen

Kontenklasse 9 Vortrags-, Kapital- und Statistische Konten		Bilanzposten[2]
KU	9000-9999	
	Vortragskonten	
S 9000	Saldenvorträge, Sachkonten	
F 9001-07	Saldenvorträge, Sachkonten	
S 9008	Saldenvorträge Debitoren	
S 9009	Saldenvorträge Kreditoren	
F 9060	Offene Posten aus 1990	
F 9069	Offene Posten aus 1999	
F 9070	Offene Posten aus 2000	
F 9071	Offene Posten aus 2001	
F 9072	Offene Posten aus 2002	
F 9073	Offene Posten aus 2003	
F 9074	Offene Posten aus 2004	
F 9075	Offene Posten aus 2005	
F 9076	Offene Posten aus 2006	
F 9077	Offene Posten aus 2007	
F 9078	Offene Posten aus 2008	
F 9079	Offene Posten aus 2009	
F 9080	**Offene Posten aus 2010**[1]	
F 9090	**Summenvortragskonto**	
F 9091	Offene Posten aus 1991	
F 9092	Offene Posten aus 1992	
F 9093	Offene Posten aus 1993	
F 9094	Offene Posten aus 1994	
F 9095	Offene Posten aus 1995	
F 9096	Offene Posten aus 1996	
F 9097	Offene Posten aus 1997	
F 9098	Offene Posten aus 1998	
	Statistische Konten für Betriebswirtschaftliche Auswertungen (BWA)	
F 9101	Verkaufstage	
F 9102	Anzahl der Barkunden	
F 9103	Beschäftigte Personen	
F 9104	Unbezahlte Personen	
F 9105	Verkaufskräfte	
F 9106	Geschäftsraum m^2	
F 9107	Verkaufsraum m^2	
F 9116	Anzahl Rechnungen	
F 9117	Anzahl Kreditkunden monatlich	
F 9118	Anzahl Kreditkunden aufgelaufen	
9120	Erweiterungsinvestitionen	
F 9130-31	[7]	
9135	Auftragseingang im Geschäftsjahr	
9140	Auftragsbestand	
F 9190	Gegenkonto für statistische Mengeneinheiten Konten 9101-9107 und Konten 9116-9118	
9199	Gegenkonto zu Konten 9120, 9135-9140	
	Statistische Konten für den Kennziffernteil der Bilanz	
F 9200	Beschäftigte Personen	
F 9201-08	[7]	
F 9209	Gegenkonto zu 9200	
9210	Produktive Löhne	
9219	Gegenkonto zu 9210	
	Statistische Konten zur informativen Angabe des gezeichneten Kapitals in anderer Währung	
F 9220	Gezeichnetes Kapital in DM (Art. 42 Abs. 3 S. 1 EGHGB)	Gezeichnetes Kapital in DM
F 9221	Gezeichnetes Kapital in Euro (Art. 42 Abs. 3 S. 2 EGHGB)	Gezeichnetes Kapital in Euro
F 9229	Gegenkonto zu 9220-9221	
	Passive Rechnungsabgrenzung	
9230	Baukostenzuschüsse	
9232	Investitionszulagen	
9234	Investitionszuschüsse	
9239	Gegenkonto zu Konten 9230-9238	

Kontenklasse 9 Vortrags-, Kapital- und Statistische Konten		Bilanzposten[2]
9240	Investitionsverbindlichkeiten bei den Leistungsverbindlichkeiten	
9241	Investitionsverbindlichkeiten aus Sachanlagenkäufen bei Leistungsverbindlichkeiten	
9242	Investitionsverbindlichkeiten aus Käufen von immateriellen Vermögensgegenständen bei Leistungsverbindlichkeiten	
9243	Investitionsverbindlichkeiten aus Käufen von Finanzanlagen bei Leistungsverbindlichkeiten	
9244	Gegenkonto zu Konto 9240-43	
9245	Forderungen aus Sachanlagenverkäufen bei sonstigen Vermögensgegenständen	
9246	Forderungen aus Verkäufen immaterieller Vermögensgegenstände bei sonstigen Vermögensgegenständen	
9247	Forderungen aus Verkäufen von Finanzanlagen bei sonstigen Vermögensgegenständen	
9249	Gegenkonto zu Konto 9245-47	
	Eigenkapitalersetzende Gesellschafterdarlehen	
9250	Eigenkapitalersetzende Gesellschafterdarlehen	
9255	Ungesicherte Gesellschafterdarlehen mit Restlaufzeit größer 5 Jahre	
9259	Gegenkonto zu 9250 und 9255	
	Aufgliederung der Rückstellungen	
9260	Kurzfristige Rückstellungen	
9262	Mittelfristige Rückstellungen	
9264	Langfristige Rückstellungen, außer Pensionen	
9269	Gegenkonto zu Konten 9260-9268	
	Statistische Konten für in der Bilanz auszuweisende Haftungsverhältnisse	
9270	Gegenkonto zu 9271-9278 (Soll-Buchung)	
9271	Verbindlichkeiten aus der Begebung und Übertragung von Wechseln	
9272	Verbindlichkeiten aus der Begebung und Übertragung von Wechseln gegenüber verbundenen Unternehmen	
9273	Verbindlichkeiten aus Bürgschaften, Wechsel- und Scheckbürgschaften	
9274	Verbindlichkeiten aus Bürgschaften, Wechsel- und Scheckbürgschaften gegenüber verbundenen Unternehmen	
9275	Verbindlichkeiten aus Gewährleistungsverträgen	
9276	Verbindlichkeiten aus Gewährleistungsverträgen gegenüber verbundenen Unternehmen	
9277	Haftung aus der Bestellung von Sicherheiten für fremde Verbindlichkeiten	
9278	Haftung aus der Bestellung von Sicherheiten für fremde Verbindlichkeiten gegenüber verbundenen Unternehmen	
9279	Verpflichtungen aus Treuhandvermögen	
	Statistische Konten für die im Anhang anzugebenden sonstigen finanziellen Verpflichtungen	
9280	Gegenkonto zu 9281-9286	
9281	Verpflichtungen aus Miet- und Leasingverträgen	
9282	Verpflichtungen aus Miet- und Leasingverträgen gegenüber verbundenen Unternehmen	

Kontenklasse 9 Vortrags-, Kapital- und Statistische Konten		Bilanzposten[2]
9283	Andere Verpflichtungen gemäß § 285 Nr. 3 HGB[8]	
9284	Andere Verpflichtungen gemäß § 285 Nr. 3 HGB gegenüber verbundenen Unternehmen[8]	
9285	[19]	
9286	[19]	
	Statistische Konten für § 4 Abs. 3 EStG	
9287	Zinsen bei Buchungen über Debitoren bei § 4 Abs. 3 EStG[13]	
9288	Mahngebühren bei Buchungen über Debitoren bei § 4 Abs. § EStG[13]	
9289	Gegenkonto zu 9287 und 9288[13]	
9290	Statistisches Konto steuerfreie Auslagen	
9291	Gegenkonto zu 9290	
9292	Statistisches Konto Fremdgeld	
9293	Gegenkonto zu 9292	
9295	Einlagen stiller Gesellschafter	Einlagen stiller Gesellschafter
9297	Steuerrechtlicher Ausgleichsposten	Steuerrechtlicher Ausgleichsposten
F 9300-20	[7]	
F 9326-43	[7]	
F 9346-49	[7]	
F 9357-60	[7]	
F 9365-67	[7]	
F 9371-72	[7]	
F 9399	[7]	
	Privat Teilhafter (für Verrechnung Gesellschafterdarlehen mit Eigenklapitalcharakter Konto 9840-9849)	
9400-09	Privatentnahmen allgemein	
9410-19	Privatsteuern	
9420-29	Sonderausgaben beschränkt abzugsfähig	
9430-39	Sonderausgaben unbeschränkt abzugsfähig	
9440-49	Zuwendungen, Spenden	
9450-59	Außergewöhnliche Belastungen	
9460-69	Grundstücksaufwand	
9470-79	Grundstücksertrag	
9480-89	Unentgeltliche Wertabgaben	
9490-99	Privateinlagen	
	Statistische Konten für die Kapitalkontenentwicklung	
9500-09	Anteil für Konto 2000-09 Vollhafter	
9510-19	Anteil für Konto 2010-19 Vollhafter	
9520-29	Anteil für Konto 2020-29 Vollhafter[12]	
9530-39	Anteil für Konto 9810-19 Vollhafter	
9540-49	Anteil für Konto 0060-69 Vollhafter	
9550-59	Anteil für Konto 2050-59 Teilhafter	
9560-69	Anteil für Konto 2060-69 Teilhafter	
9570-79	Anteil für Konto 2070-79 Teilhafter[12]	
9580-89	Anteil für Konto 9820-29 Vollhafter	
9590-99	Anteil für Konto 0080-89 Teilhafter	
9600-09	Name des Gesellschafters Vollhafter	
9610-19	Tätigkeitsvergütung Vollhafter	
9620-29	Tantieme Vollhafter	
9630-39	Darlehensverzinsung Vollhafter	
9640-49	Gebrauchsüberlassung Vollhafter	
9650-89	Sonstige Vergütungen Vollhafter	

Kontenklasse 9		Bilanzposten[2]
Vortrags-, Kapital- und Statistische Konten		
9690-99	Restanteil Vollhafter	
9700-09	Name des Gesellschafters Teilhafter	
9710-19	Tätigkeitsvergütung Teilhafter	
9720-29	Tantieme Teilhafter	
9730-39	Darlehensverzinsung Teilhafter	
9740-49	Gebrauchsüberlassung Teilhafter	
9750-79	Sonstige Vergütungen Teilhafter	
9780-89	Anteil für Konto 9840-49 Teilhafter	
9790-99	Restanteil Teilhafter	
9800	**Lösch- und Korrekturschlüssel**	
9801	**Lösch- und Korrekturschlüssel**	
	Kapital Personenhandelsgesellschaft Vollhafter	
9810-19	Gesellschafter-Darlehen	
9820-29	Verlust-/Vortragskonto	
9830-39	Verrechnungskonto für Einzahlungsverpflichtungen	
	Kapital Personenhandelsgesellschaft Teilhafter	
9840-49	Gesellschafter-Darlehen	
9850-59	Verrechnungskonto für Einzahlungsverpflichtungen	
	Einzahlungsverpflichtungen im Bereich der Forderungen	
9860-69	Einzahlungsverpflichtungen persönlich haftender Gesellschafter	
9870-79	Einzahlungsverpflichtungen Kommanditisten	
	Ausgleichsposten für aktivierte eigene Anteile und Bilanzierungshilfen	
9880	Ausgleichsposten für aktivierte eigene Anteile	
9882	Ausgleichsposten für aktivierte Bilanzierungshilfen	
	Nicht durch Vermögenseinlagen gedeckte Entnahmen	
9883	Nicht durch Vermögenseinlagen gedeckte Entnahmen persönlich haftender Gesellschafter	
9884	Nicht durch Vermögenseinlagen gedeckte Entnahmen Kommanditisten	
	Verrechnungskonto für nicht durch Vermögenseinlagen gedeckte Entnahmen	
9885	Verrechnungskonto für nicht durch Vermögenseinlagen gedeckte Entnahmen persönlich haftender Gesellschafter	
9886	Verrechnungskonto für nicht durch Vermögenseinlagen gedeckte Entnahmen Kommanditisten	
	Steueraufwand der Gesellschafter	
9887	Steueraufwand der Gesellschafter	
9889	Gegenkonto zu 9887	
	Statistische Konten für Gewinnzuschlag	
9890	Statistisches Konto für den Gewinnzuschlag nach §§ 6b, 6c und 7g a. F. EStG (Haben)	
9891	Statistisches Konto für den Gewinnzuschlag nach §§ 6b, 6c und 7g a. F. EStG (Soll) Gegenkonto zu 9890	
	Vorsteuer-/Umsatzsteuerkonten zur Korrektur der Forderungen/Verbindlichkeiten (EÜR)	
9893	Umsatzsteuer in den Forderungen zum allgemeinen Umsatzsteuersatz (EÜR)[13]	
9894	Umsatzsteuer in den Forderungen zum ermäßigten Umsatzsteuersatz (EÜR)[13]	
9895	Gegenkonto 9893-9894 für die Aufteilung der Umsatzsteuer (EÜR)[13]	
9896	Vorsteuer in den Verbindlichkeiten zum allgemeinen Umsatzsteuersatz (EÜR)[13]	
9897	Vorsteuer in den Verbindlichkeiten zum ermäßigten Umsatzsteuersatz (EÜR)[13]	
9899	Gegenkonto 9896-9897 für die Aufteilung der Vorsteuer (EÜR)[13]	
	Statistische Konten zu § 4 (4a) EStG	
9910	Gegenkonto zur Minderung der Entnahmen § 4 (4a) EStG	
9911	Minderung der Entnahmen § 4 (4a) EStG (Haben)	
9912	Erhöhung der Entnahmen § 4 (4a) EStG	
9913	Gegenkonto zur Erhöhung der Entnahmen § 4 (4a) EStG (Haben)	
	Statistische Konten für Kinderbetreuungskosten	
9918	Kinderbetreuungskosten (wie Betriebsausgaben steuerlich anzusetzender Betrag)	
9919	Kinderbetreuungskosten Gegenkonto zu 9918 (Haben)	
	Statistische Konten für den außerhalb der Bilanz zu berücksichtigenden Investitionsabzugsbetrag nach § 7g EStG	
9970	Investitionsabzugsbetrag § 7g Abs. 1 EStG, außerbilanziell (Soll)	
9971	Investitionsabzugsbetrag § 7g Abs. 1 EStG, außerbilanziell (Haben) Gegenkonto zu 9970	
9972	Hinzurechnung Investitionsabzugsbetrag § 7g Abs. 2 EStG, außerbilanziell (Haben)[8]	
9973	Hinzurechnung Investitionsabzugsbetrag § 7g Abs. 2 EStG, außerbilanziell (Soll) Gegenkonto zu 9972[8]	
9974	Rückgängigmachung § 7g Abs. 3, 4 EStG und Erhöhung Investitionsabzugsbetrag im früheren Abzugsjahr[8]	
9975	Rückgängigmachung § 7g Abs. 3, 4 EStG und Erhöhung Investitionsabzugsbetrag im früheren Abzugsjahr - Gegenkonto zu 9974[8]	
	Statistische Konten für die Zinsschranke § 4h EStG/§ 8a KStG	
9976	Nicht abzugsfähige Zinsaufwendungen gemäß § 4h EStG (Haben)	
9977	Nicht abzugsfähige Zinsaufwendungen gemäß § 4h EStG (Soll) Gegenkonto zu 9976	
9978	Abziehbare Zinsaufwendungen aus Vorjahren gemäß § 4h EStG (Soll)	
9979	Abziehbare Zinsaufwendungen aus Vorjahren gemäß § 4h EStG (Haben) Gegenkonto zu 9978	

Kontenklasse 9		Bilanzposten[2]
Vortrags-, Kapital- und Statistische Konten		
	Vorsteuer-/Umsatzsteuerkonten zur Korrektur der Forderungen/Verbindlichkeiten (EÜR)	
9893	Umsatzsteuer in den Forderungen zum allgemeinen Umsatzsteuersatz (EÜR)[13]	
9894	Umsatzsteuer in den Forderungen zum ermäßigten Umsatzsteuersatz (EÜR)[13]	
9895	Gegenkonto 9893-9894 für die Aufteilung der Umsatzsteuer (EÜR)[13]	
9896	Vorsteuer in den Verbindlichkeiten zum allgemeinen Umsatzsteuersatz (EÜR)[13]	
9897	Vorsteuer in den Verbindlichkeiten zum ermäßigten Umsatzsteuersatz (EÜR)[13]	
9899	Gegenkonto 9896-9897 für die Aufteilung der Vorsteuer (EÜR)[13]	
	Statistische Konten zu § 4 (4a) EStG	
9910	Gegenkonto zur Minderung der Entnahmen § 4 (4a) EStG	
9911	Minderung der Entnahmen § 4 (4a) EStG (Haben)	
9912	Erhöhung der Entnahmen § 4 (4a) EStG	
9913	Gegenkonto zur Erhöhung der Entnahmen § 4 (4a) EStG (Haben)	
	Statistische Konten für Kinderbetreuungskosten	
9918	Kinderbetreuungskosten (wie Betriebsausgaben steuerlich anzusetzender Betrag)	
9919	Kinderbetreuungskosten Gegenkonto zu 9918 (Haben)	
	Statistische Konten für den außerhalb der Bilanz zu berücksichtigenden Investitionsabzugsbetrag nach § 7g EStG	
9970	Investitionsabzugsbetrag § 7g Abs. 1 EStG, außerbilanziell (Soll)	
9971	Investitionsabzugsbetrag § 7g Abs. 1 EStG, außerbilanziell (Haben) Gegenkonto zu 9970	
9972	Hinzurechnung Investitionsabzugsbetrag § 7g Abs. 2 EStG, außerbilanziell (Haben)[8]	
9973	Hinzurechnung Investitionsabzugsbetrag § 7g Abs. 2 EStG, außerbilanziell (Soll) Gegenkonto zu 9972[8]	
9974	Rückgängigmachung § 7g Abs. 3, 4 EStG und Erhöhung Investitionsabzugsbetrag im früheren Abzugsjahr[8]	
9975	Rückgängigmachung § 7g Abs. 3, 4 EStG und Erhöhung Investitionsabzugsbetrag im früheren Abzugsjahr - Gegenkonto zu 9974[8]	
	Statistische Konten für die Zinsschranke § 4h EStG/§ 8a KStG	
9976	Nicht abzugsfähige Zinsaufwendungen gemäß § 4h EStG (Haben)	
9977	Nicht abzugsfähige Zinsaufwendungen gemäß § 4h EStG (Soll) Gegenkonto zu 9976	
9978	Abziehbare Zinsaufwendungen aus Vorjahren gemäß § 4h EStG (Soll)	
9979	Abziehbare Zinsaufwendungen aus Vorjahren gemäß § 4h EStG (Haben) Gegenkonto zu 9978	

Kontenklasse 9 Vortrags-, Kapital- und Statistische Konten	Bilanz-posten[2]	Kontenklasse 9 Vortrags-, Kapital- und Statistische Konten	Bilanz-posten[2]
Statistische Konten für den GuV-Ausweis in „Gutschrift bzw. Belastung auf Verbindlichkeitskonten" bei den Zuordnungstabellen für PersHG nach KapCoRiLiG			
9980 Anteil Belastung auf Verbindlichkeitskonten			
9981 Verrechnungskonto für Anteil Belastung auf Verbindlichkeitskonten			
9982 Anteil Gutschrift auf Verbindlichkeitskonten			
9983 Verrechnungskonto für Anteil Gutschrift auf Verbindlichkeitskonten			
Statistische Konten für die Gewinnkorrektur nach § 60 Abs. 2 EStDV			
9984 Gewinnkorrektur nach § 60 Abs. 2 EStDV – Erhöhung handelsrechtliches Ergebnis durch Habenbuchung – Minderung handelsrechtliches Ergebnis durch Sollbuchung[1]			
9985 Gegenkonto zu 9984[1]			
Personenkonten			
10000 -69999 = Debitoren	Sollsalden: Forderungen aus Lieferungen und Leistungen *Habensalden: Sonstige Verbindlichkeiten*		
70000 -99999 = Kreditoren	Habensalden: Verbindlichkeiten aus Lieferungen und Leistungen *Sollsalden: Sonstige Vermögensgegenstände*		

Erläuterungen

Erläuterungen zu den Kontenfunktionen:
Zusatzfunktionen (über einer Kontenklasse):
KU Keine Errechnung der Umsatzsteuer möglich
V Zusatzfunktion „Vorsteuer"
M Zusatzfunktion „Umsatzsteuer"

Hauptfunktionen (vor einem Konto)
AV Automatische Errechnung der Vorsteuer
AM Automatische Errechnung der Umsatzsteuer
S Sammelkonten
F Konten mit allgemeiner Funktion
R Diese Konten dürfen erst dann bebucht werden, wenn ihnen eine andere Funktion zugeteilt wurde.

Hinweise zu den Konten sind durch Fußnoten gekennzeichnet:
[1] Konto für das Buchungsjahr 2010 neu eingeführt
[2] Bilanz- und GuV-Posten große Kapitalgesellschaft GuV-Gesamtkostenverfahren Tabelle S4003
[3] Diese Konten können mit BU-Schlüssel 10 bebucht werden. Das EG-Land und der ausländische Steuersatz werden über das EG-Fenster eingegeben.
[4] Kontenbezogene Kennzeichnung der Programmverbindung in Kanzlei-Rechnungswesen/Bilanz zu Umsatzsteuer-erklärung (U), Gewerbesteuer (G) und Körperschaftsteuer (K) Da bei Erstellung des SKR-Formulars die Steuererklärungs-formulare noch nicht vorlagen, können sich Abweichungen zwischen den in der Programmverbindung berücksichtigten Konten und den Programmverbindungskennzeichen ergeben.
Abschlusszweck:
HBÜ Diese Konten sollten ausschließlich für die Handelsbilanz zur Anwendung von BilMoG-Übergangsvorschriften gebucht werden.
HB HB Diese Konten sollten ausschließlich für die Handelsbilanz gebucht werden.
SB Diese Konten sollten ausschließlich für die Steuerbilanz gebucht werden.
EÜR Diese Konten sollten ausschließlich für die Gewinnermittlung nach § 4 Abs. 3 EStG gebucht werden.
[5] Programmseitige Reduzierung des vollen Betrags auf die gewerbesteuerlich relevante Höhe.
[6] Das Konto gilt als Hauptkonto für Sachverhalte, die in diesen Kontenbereichen nicht als spezieller Sachverhalt auf Einzelkonten dargestellt sind.
[7] Diese Konten werden für die BWA-Formen 03, 10 und 70 mit statistischen Mengeneinheiten bebucht und wurden mit der Umrechnungssperre, Funktion 18000 belegt.
[8] Kontenbeschriftung in 2010 geändert
An der Schnittstelle zu GewSt ab VAZ 2009 die Erträge zu 40% als steuerfrei und die Aufwendungen zu 40% als nicht abziehbar behandelt.
[9] An der Schnittstelle zur KSt werden die Erträge zu 100% als steuerfrei und die Aufwendnungen zu 100% als nicht abziehbar behandelt. An der Schnittstelle zur KSt werden die Erträge zu 100% als steuerfrei und die Aufwendungen zu 100% als nicht abziehbar behandelt.
Siehe §§ 3 Nr. 40, 3c EStG, 8b KStG. Bei der Ermittlung des Gewerbeertrags wird das Vorliegen einer Schachtelbeteiligung unterstellt. Hinzurechnungen nach § 8 Nr. 5 GewStG bei Streubesitz sind manuell zu erfassen.
[10] Diese Konten haben ab Buchungsjahr 2005 nicht mehr die Zusatzfunktion KU. Bitte verwenden Sie diese Konten nur noch in Verbindung mit einem Gegenkonto mit Geldkontenfunktion.
[11] Das Konto wird nur noch für Auswertungen mit Vorjahresvergleich benötigt.
[12] Die Konten haben in den Zuordnungstabellen Fremdkapitalcharakter. Bei Ausweis als Eigenkapital bitte die Konten 9810-19 (Vollhafter/Einzelunternehmer) bzw. 9840-49 (Teilhafter) verwenden.
[13] Das Konto wurde für die Gewinnermittlung nach § 4 Abs. 3 EStG eingeführt. Nach § 60 Abs. 4 EStDV ist bei einer Gewinnermittlung nach § 4 Abs. 3 EStG der Steuererklärung ein amtlich vorgeschriebener Vordruck beizufügen, - Einnahmenüberschussrechnung – EÜR
[14] Buchungen auf diesem Konto sind gemäß BilMoG zum Ende des Geschäftsjahres aufzulösen.
[15] Die Konten wurden zur Aufteilung nach Steuersätzen am Jahresende eingerichtet und sollten unterjährig nicht bebucht werden. Bitte beachten Sie die Buchungsregeln im Dok.-Nr. 1012932 der Informations-Datenbank.
[16] Das Konto wird in KSt nur bei Organgesellschaften berücksichtig.
[17] Das Konto wird in Körperschaftssteuer ausschließlich in die Postitionen „Eigen-/Nennkapital zum Schluss des vorangegangenen Wirtschaftsjahres" übernommen.
[18] frei
[19] Konto 9285: statistisches Konto für den oberen Grenzwert, eingerichtet für die Darstellung der ABC-Analyse in den Programmen der Abschlussprüfung.
Konto 9286: statistisches Konto für den unteren Grenzwert, eingerichtet für die Darstellung der ABC-Analyse in den Programmen der Abschlussprüfung.
[20] Das Konto wird ab dem Buchungsjahr 2011 gelöscht.

Bedeutung der Steuerschlüssel:

1	Umsatzsteuerfrei (mit Vorsteuerabzug)	5	Umsatzsteuer 16 %
		6	gesperrt
2	Umsatzsteuer 7 %	7	Vorsteuer 16 %
3	Umsatzsteuer 19 %	8	Vorsteuer 7 %
4	gesperrt	9	Vorsteuer 19 %

Erläuterungen

Bedeutung der Berichtigungsschlüssel:
1 Steuerschlüssel bei Buchungen mit einem EG-Tatbestand ab Buchungsjahr 1993
2 Generalumkehr
3 Generalumkehr bei aufzuteilender Vorsteuer
4 Aufhebung der Automatik
5 Individueller Umsatzsteuer-Schlüssel
6 Generalumkehr bei Buchungen mit einem EG-Tatbestand ab Buchungsjahr 1993
7 Generalumkehr bei individuellem Umsatzsteuer-Schlüssel
8 Generalumkehr bei Aufhebung der Automatik
9 Aufzuteilende Vorsteuer

Bedeutung der Steuerschlüssel bei Buchungen mit einem EG-Tatbestand (6. und 7. Stelle des Gegenkontos):
10 nicht steuerbarer Umsatz in Deutschland (Steuerpflicht im anderen EG-Land)
11 Umsatzsteuerfrei (mit Vorsteuerabzug)
12 Umsatzsteuer 7 %
13 Umsatzsteuer 19 %
15 Umsatzsteuer 16 %
17 Umsatzsteuer/Vorsteuer 16 % / 16 %
18 Umsatzsteuer/Vorsteuer 7 % / 7 %
19 Umsatzsteuer/Vorsteuer 19 % / 19 %

Bedeutung der Generalumkehrschlüssel bei Buchungen mit einem EG-Tatbestand (6. und 7. Stelle des Gegenkontos):
60 nicht steuerbarer Umsatz in Deutschland (Steuerpflicht im anderen EG-Land)
61 Umsatzsteuerfrei (mit Vorsteuerabzug)
62 Umsatzsteuer 7 %
63 Umsatzsteuer 19 %
65 Umsatzsteuer 16 %
67 Umsatzsteuer/Vorsteuer 16 % / 16 %
68 Umsatzsteuer/Vorsteuer 7 % / 7 %
69 Umsatzsteuer/Vorsteuer 19 % / 19 %

Bedeutung der Steuerschlüssel 91/92/94/95 und 46 (6. und 7. Stelle des Gegenkontos)
Umsatzsteuerschlüssel für die Verbuchung von Umsätzen, für die der Leistungsempfänger die Steuer nach § 13b UStG schuldet.

Beim Leistungsempfänger
91 7 % Vorsteuer und 7 % Umsatzsteuer
92 ohne Vorsteuer und 7 % Umsatzsteuer
94 19 % Vorsteuer und 19 % Umsatzsteuer
95 ohne Vorsteuer und 19 % Umsatzsteuer
Die Unterscheidung der verschiedenen Sachverhalte nach § 13b UStG erfolgt nach Eingabe des Steuerschlüssels direkt bei der Erfassung des Buchungssatzes. Hier erfolgt auch die Eingabe, falls Sie ab Buchungsjahr 2007 noch die Steuerrechnung mit 16 % benötigen.

Beim Leistenden
46 Ausweis Kennzahl 60 der UStVA

Bedeutung des Steuerschlüssels 47
Umsatzsteuerschlüssel für die Verbuchung von Erlösen aus im anderen EG-Land steuerpflichtigen sonstigen Leistungen, für die der Leistungsempfänger die Umsatzsteuer schuldet.
47 Ausweis ZM und Kennzahl 21 der UStVA

Erläuterungen zur Kennzeichnung von Konten für die Programmverbindung zwischen Kanzlei-Rechnungswesen/Bilanz und Steuerprogrammen:
Die Erweiterung des Standardkontenrahmens um zusätzliche Konten und besondere Kennzeichen verbessert weiter die Integration der DATEV-Programme und erleichtert die Arbeit für Anwender von Kanzlei-Rechnungswesen/Bilanz, die gleichzeitig DATEV-Steuerprogramme nutzen. Steuerliche Belange können bereits während des Kontierens stärker berücksichtigt werden.
In der Spalte Programmverbindung werden die Konten gekennzeichnet, die über die Schnittstelle in Kanzlei-Rechnungswesen/Bilanz an das entsprechende Steuerprogramm Umsatzsteuererklärung (U), Gewerbesteuer (G) und Körperschaftsteuer (K) weitergegeben und an entsprechender Stelle der Steuerberechnung zu Grunde gelegt werden.
Die Kennzeichnung „G" und „K" an Standardkonten umfasst für die Weitergabe an Gewerbesteuer und Körperschaftsteuer auch die nachfolgenden Konten bis zum nächsten standardmäßig belegten Konto. Die Kennzeichnung „U" an Standardkonten stellt die Weitergabe an Umsatzsteuererklärung dar. Kontenbereiche werden nur weitergegeben, wenn sie im Standardkontenrahmen ausgewiesen sind (z. B. 4300-09).
Nicht gekennzeichnet sind solche Konten, die lediglich eine rechnerische Hilfsfunktion im steuerlichen Sinne ausüben wie Löhne und Gehälter sowie Umsätze für die Berechnung des zulässigen Spendenabzugs im Rahmen von Gewerbesteuer und Körperschaftsteuer.
Abgebildet wird mit den Kennzeichen die Programmverbindung, nicht der steuerliche Ursprung. Die Gewerbesteuer-Berechnung für Körperschaften ist in das Produkt Körperschaftsteuer integriert. Daher ist an Konten mit gewerbesteuerlichem Merkmal auch ein „K" für diese Programmverbindung zu finden.

Abkürzungsverzeichnis

A	Abgang
a. A.	anderer Ansicht
AAG	Aufwendungsausgleichsgesetz
a. a. O.	am angegebenen Ort
AB	Anfangsbestand
Abb.	Abbildung
ABl. EG/EU	Amtsblatt der Europäischen Gemeinschaften/der Europäischen Union
Abs.	Absatz
Abschn.	Abschnitt(e)
AbzG	Gesetz betreffend die Abzahlungsgeschäfte (Abzahlungsgesetz)
ACI	Amortised Cost and Impairment
AEB	Abwicklungseröffnungsbilanz
AEU-Vertrag	Vertrag über die Arbeitsweise der Europäischen Union
a. F.	alte Fassung
AfA	Absetzung für Abnutzung
AfaA	Absetzung für außergewöhnliche Abnutzung
AFG	Arbeitsförderungsgesetz
Afs	Available for sale
AG	Aktiengesellschaft, Application Guidance
AIBD	Association of International Bond Dealers
AktG	Aktiengesetz
Anh.	Anhang
Anm.	Anmerkung
AO	Abgabenordnung
ArEV	Arbeitsentgeltverordnung
Art.	Artikel
ASCII	American Standard Code for Information Interchange
Aufl.	Auflage
AuslinvG	Gesetz über steuerliche Maßnahmen bei Auslandsinvestitionen der deutschen Wirtschaft (Auslandsinvestitionsgesetz)
AVG	Angestelltenversicherungsgesetz
AWV	Ausschuss für wirtschaftliche Verwaltung in Wirtschaft und öffentlicher Hand e. V.
Ba	Beschaffung aktuell (Zeitschrift)
BAB	Betriebsabrechnungsbogen
BAG	Bundesarbeitsgericht
BauGB	Baugesetzbuch
BayLfSt	Bayerisches Landesamt für Steuern
BB	Betriebs-Berater (Zeitschrift)
B&B	Bilanz & Buchhaltung (Zeitschrift)
BBergG	Bundesberggesetz
Bd.(e)	Band, Bände
BDE	Betriebsdatenerfassung
BDI	Bundesverband der deutschen Industrie
BDSG	Bundesdatenschutzgesetz
Begr.	Begründung
betr.	betrieblich

BetrAVG	Gesetz zur Verbesserung der betrieblichen Altersversorgung (Betriebsrentengesetz)
BetrVG	Betriebsverfassungsgesetz
BewG	Bewertungsgesetz
BFA (des IDW).	Bankenfachausschuss des Instituts der Wirtschaftsprüfer
BFH	Bundesfinanzhof
BFHE	Sammlung der Entscheidungen des Bundesfinanzhof
BFH/NV	Bundesfinanzhof, nicht veröffentlicht
BFuP	Betriebswirtschaftliche Forschung und Praxis (Zeitschrift)
BG	Bilanzgewinn
BGA	Betriebs- und Geschäftsausstattung oder: Bundesverband des Deutschen Groß- und Außenhandels
BGB	Bürgerliches Gesetzbuch
BGBl.	Bundesgesetzblatt
BGH	Bundesgerichtshof
BGHZ	Entscheidungen des Bundesgerichtshofes in Zivilsachen
BHO	Bundeshaushaltsordnung
BilKoG	Gesetz zur Kontrolle von Unternehmensabschlüssen (Bilanzkontrollgesetz)
BilMoG	Gesetz zur Modernisierung des Bilanzrechts (Bilanzrechtsmodernisierungsgesetz)
BilReG	Gesetz zur Einführung internationaler Rechnungslegungsstandards und zur Sicherung der Qualität der Abschlussprüfung (Bilanzrechtsreformgesetz)
BiRiLiG	Bilanzrichtlinien-Gesetz
BMF	Bundesminister(ium) der Finanzen
BMJ	Bundesminister(ium) der Justiz
BMWF	Bundesminister für Wirtschaft und Finanzen
BQG	Beschäftigungs- und Qualifizierungsgesellschaft
BR	Bundesrat
BRG	Entwurf eines Gesetzes zur Durchführung der Vierten, Siebenten und Achten Richtlinie des Rates der Europäischen Gemeinschaften zur Koordinierung des Gesellschaftsrechts (Bilanzrichtlinien-Gesetz)
BRZ	Zeitschrift für Bilanzierung und Rechnungswesen
bspw.	beispielsweise
BStBl.	Bundessteuerblatt
BT	Bundestag
BVG	Bundesverfassungsgericht
BVV	Beitragsverfahrensordnung
BWA	Betriebswirtschaftliche Auswertung
bzw.	beziehungsweise
CD	Compact Disc
CF	Conceptual Framework for Financial Reporting
CME	Chicago Mercantile Exchange
COM	Computer Output on Microfilm
Corp.	Corporation
c. p.	ceteris paribus (unter sonst gleichen Bedingungen)
Cr.	Creditor
DATEV e. G	Datenverarbeitungsorganisation des steuerberatenden Berufes in der Bundesrepublik Deutschland
DB	Der Betrieb (Zeitschrift)
DBW	Die Betriebswirtschaft (Zeitschrift)
DCGK	Deutscher Corporate Governance Kodex
DDR	Deutsche Demokratische Republik

dergl.	dergleichen
DFÜ	Datenfernübertragung
d.h.	das heißt
DIHT	Deutscher Industrie- und Handelstag
DIIR	Deutsches Institut für interne Revision
DM	Deutsche Mark
DMS	Daten-Management-Systeme
DNotZ	Deutsche Notar-Zeitschrift
Dr.	Debitor
Drs.	Drucksache
DSR	Deutscher Standardisierungsrat
DSRC	Deutsches Rechnungslegungs Standards Committee
DStR	Deutsches Steuer-Recht (Zeitschrift)
DStZ	Deutsche Steuer-Zeitung (Zeitschrift)
DTB	Deutsche Terminbörse
DV	Datenverarbeitung
DVFA/SG	Deutsche Vereinigung für Finanzanalyse und Anlageberatung/ Schmalenbach Gesellschaft
EB	Endbestand/Eröffnungsbilanz
ebd.	ebenda
EBIT	Earnings before interest and taxes (Gewinn vor Zinsen und Steuern)
EBITDA	Earnings before interest, taxes, depreciation and amortization (Gewinn vor Zinsen, Steuern und Abschreibungen)
EBK	Eröffnungsbilanzkonto
ED	Exposure Draft
ED-ACI	Exposure Draft „Financial Instruments: Amortised Cost and Impairment"
ED-HA	Exposure Draft „Hedge Accounting"
EDI	Electronic Data Interchange
ED-L	Exposure Draft „Leases"
E-DRS	Entwurf Deutscher Rechnungslegungs Standard
EDV	Elektronische Datenverarbeitung
EFG	Entscheidungen der Finanzgerichte (Zeitschrift)
EG	Europäische Gemeinschaft
e. G.	eingetragene Genossenschaft
EGAktG	Einführungsgesetz zum Aktiengesetz
EGGmbHG	Einführungsgesetz zum Gesetz betreffend die Gesellschaften mit beschränkter Haftung
EGHGB	Einführungsgesetz zum Handelsgesetzbuch
EGInsO	Einführungsgesetz zur Insolvenzordnung
EG-Vertrag	Vertrag zur Gründung der Europäischen Gemeinschaft
EHUG	Gesetz über elektronische Handelsregister und Genossenschaftsregister sowie das Unternehmensregister
EK	Eigenkapital
EKR	Einzelhandelskontenrahmen
ELO	Elektrischer Leitz-Ordner
ELSTER	Elektronische Steuererklärung
EnergieStG	Energiesteuergesetz
engl.	in englischer Sprache
EntwLStG	Gesetz über steuerliche Maßnahmen zur Förderung von privaten Kapitalanlagen in Entwicklungsländern (Entwicklungsländer-Steuergesetz)
Erg.-Lfg.	Ergänzungslieferung
ER-Nr.	Einkaufsrechnungs-Nummer
ERS	Entwurf einer Stellungnahme zur Rechnungslegung

ESt	Einkommensteuer
EStDV	Einkommensteuer-Durchführungsverordnung
EStG	Einkommensteuergesetz
EStR	Einkommensteuer-Richtlinien
ESZB	Europäisches System der Zentralbanken
etc.	et cetera
EU	Europäische Union
EuGH	Europäischer Gerichtshof
EUR	Euro
EUREX	European Exchange (deutsch-schweizerische Terminbörse)
EURIBOR	Euro Interbank Offered Rate
EuroEG	Gesetz zur Einführung des Euro (Euro-Einführungsgesetz)
ev.	evangelisch
e. V.	eingetragener Verein
evtl.	eventuell
EWG	Europäische Wirtschaftsgemeinschaft
EWIR	Entscheidungen zum Wirtschaftsrecht (Zeitschrift)
EWIV-AG	Gesetz zur Ausführung der EWG-Verordnung über die Europäische wirtschaftliche Interessenvereinigung (EWIV-Ausführungsgesetz)
EWR	Europäischer Wirtschaftsraum (entspricht den Mitgliedstaaten der EU zzgl. Island, Liechtenstein und Norwegen)
EWSA	Europäischer Wirtschafts- und Sozialausschuss
exkl.	exklusive
F	Framework
f.	folgende
FA	Finanzamt
Fa.	Firma
FAMA	Fachausschuss für moderne Abrechnungssysteme
FamFG	Gesetz über das Verfahren in Familiensachen und in den Angelegenheiten der freiwilligen Gerichtsbarkeit
FAS	Financial Accounting Standard (Rechnungslegungsstandard der US-GAAP)
FASB	Financial Accounting Standards Board
FB	Finanz-Betrieb (Zeitschrift)
FF	Französischer Francs
ff.	fortfolgende
FGG	Gesetz über die Angelegenheiten der freiwilligen Gerichtsbarkeit
FM	Finanzministerium
FMStG	Gesetz zur Umsetzung eines Maßnahmenpakets zur Stabilisierung des Finanzmarkts (Finanzmarktstabilisierungsgesetz)
FN	Fachnachrichten des Instituts der Wirtschaftsprüfer in Deutschland e.V.
FR	Finanz-Rundschau (Zeitschrift)
FRN	Floating Rate Note
G	Erfolg
GBF	Geschäftsbuchführung
GbR	Gesellschaft bürgerlichen Rechts
GDPdU	Grundsätze zum Datenzugriff und zur Prüfbarkeit digitaler Unterlagen
GDPdUZ	Grundsätze zum Datenzugriff und zur Prüfbarkeit digitaler Unterlagen für den Zuständigkeitsbereich der Zollverwaltung
gem.	gemäß
GemHVO	Gemeindehaushaltsverordnung
GemKVO	Gemeindekassenverordnung

GenG .... Gesetz betreffend die Erwerbs- und Wirtschaftsgenossenschaften (Genossenschaftsgesetz)
Ges. .... Gesetz
GesO .... Gesamtvollstreckungsordnung
GESt .... Gewerbeertragsteuer
GewStDV .... Gewerbesteuer-Durchführungsverordnung
GewStG .... Gewerbesteuergesetz
GewStR .... Gewerbesteuer-Richtlinien
GG .... Grundgesetz
ggf. .... gegebenenfalls
GKR .... Gemeinschaftskontenrahmen industrieller Verbände
GKSt .... Gewerbekapitalsteuer
GmbH .... Gesellschaft mit beschränkter Haftung
GmbHG .... Gesetz betreffend die Gesellschaften mit beschränkter Haftung
GmbHR .... GmbH-Rundschau (Zeitschrift)
GO .... Gemeindeordnung
GoB .... Grundsätze ordnungsmäßiger Buchführung und Bilanzierung
GoBIT .... Grundsätze ordnungsmäßiger Buchführung beim IT-Einsatz
GoBS .... Grundsätze ordnungsmäßiger DV-gestützter Buchführungssysteme
GoDV .... Grundsätze ordnungsmäßiger Datenverarbeitung
GoI .... Grundsätze ordnungsmäßiger Inventur
GoF .... Geschäfts- oder Firmenwert
GoS .... Grundsätze ordnungsmäßiger Speicherbuchführung
gpl. F. .... geplante Fassung
GRB .... Gemeinschafts-Richtlinien für die Buchführung
GrESt .... Grunderwerbsteuer
GrEStG .... Grunderwerbsteuergesetz
GWB .... Gesetz gegen Wettbewerbsbeschränkungen
GUG .... Gesetz über die Unterbrechung von Gesamtvollstreckungsverfahren
GuV .... Gewinn- und Verlustkonto(-rechnung)
GWR .... Gesellschafts- und Wirtschaftsrecht (Zeitschrift)

HaustürWG .... Gesetz über den Widerruf von Haustürgeschäften und ähnlichen Geschäften
HB .... Handelsbilanz
HDE .... Hauptverband des Deutschen Einzelhandels
HdWW .... Handwörterbuch der Wirtschaftswissenschaft
HFA (des IDW) .... Hauptfachausschuss (des Instituts der Wirtschaftsprüfer)
HGB .... Handelsgesetzbuch
HGrG .... Gesetz über die Grundsätze des Haushaltsrechts des Bundes und der Länder
HGrGMoG................ Gesetz zur Modernisierung des Haushaltsgrundsätzegesetzes
HK .... Herstellungskosten
h.M. .... herrschende Meinung
HRefG .... Gesetz zur Neuregelung des Kaufmanns- und Firmenrechts und zur Änderung anderer handels- und gesellschaftsrechtlicher Vorschriften (Handelsrechtsreformgesetz)
hrsg. .... herausgegeben
HS............................... Halbsatz
Htm .... Held to maturity
HV .... Hauptversammlung
HWB .... Handwörterbuch der Betriebswirtschaft
HWF .... Handwörterbuch der Finanzwirtschaft
HWP .... Handwörterbuch des Personalwesens
HWR .... Handwörterbuch des Rechnungswesens

HWRP	Handwörterbuch der Rechnungslegung und Prüfung
HWU	Handwörterbuch Unternehmensrechnung und Controlling
IAS	International Accounting Standard(s)
IASB	International Accounting Standards Board
IASC	International Accounting Standards Committee
ID	Identity
IDEA	Interactive Data Extraction and Analysis
i. d. F. v.	in der Fassung vom
i. d. R.	in der Regel
IDW	Institut der Wirtschaftsprüfer in Deutschland e. V.
i. F.	im Folgenden
IFRIC	International Financial Reporting Interpretations Committee (Komitee und von diesem herausgegebene Interpretationen)
IFRS	International Financial Reporting Standard(s)
IG	Guidance on implementing
i. G.	in Gründung
IG BAU	Industriegewerkschaft Bauen-Agrar-Umwelt
i. H. v.	in Höhe von
IKR	Industriekontenrahmen
i. L.	in Liquidation
inkl.	inklusive
insb.	insbesondere
InsO	Insolvenzordnung
InvHG	Investitionshilfegesetz
InvZulG	Investitionszulagengesetz
IP	Information á la Presse (Presseinformation der EU-Kommission)
IRZ	Zeitschrift für Internationale Rechnungslegung
i. S.	im Sinne
ISA	International Standard on Auditing
i. S. d.	im Sinne des
ISMA	International Securities Market Association
i. S. v.	im Sinne von
IT	Informationstechnologie
ital.	in italienischer Sprache
i. V. m.	in Verbindung mit
i. W.	im Wesentlichen
IWB	Internationale Wirtschafts-Briefe (Zeitschrift)
IWD	Informationsdienst des Instituts der Deutschen Wirtschaft
JZ	Juristenzeitschrift
Kap.	Kapitel
KapAEG	Gesetz zur Verbesserung der Wettbewerbsfähigkeit deutscher Konzerne an Kapitalmärkten und zur Erleichterung der Aufnahme von Gesellschafterdarlehen (Kapitalaufnahmeerleichterungsgesetz)
KapCoRiLiG	Kapitalgesellschaften- und Co-Richtliniengesetz
KapErhG	Gesetz über die Kapitalerhöhung aus Gesellschaftsmitteln und über die Verschmelzung von Gesellschaften mit beschränkter Haftung (Kapitalerhöhungsgesetz)
KESt	Kapitalertragsteuer
KEU	Kommission der Europäischen Union
KfW	Kreditanstalt für Wiederaufbau
KG	Kommanditgesellschaft
KGaA	Kommanditgesellschaft auf Aktien
KiSt	Kirchensteuer
KLR	Kosten- und Leistungsrechnung

KMU	Kleine und Mittlere Unternehmen
KO	Konkursordnung
KonTraG	Gesetz zur Kontrolle und Transparenz im Unternehmensbereich
KoR	Zeitschrift für internationale und kapitalmarktorientierte Rechnungslegung
KRP	Kostenrechnungs-Praxis (Zeitschrift)
KSt	Körperschaftsteuer
KStG	Körperschaftsteuergesetz
KTS	Konkurs-, Treuhand- und Schiedsgerichtswesen (Zeitschrift)
KVStG	Kapitalverkehrsteuergesetz
KW	Kommissionsware, Kurswert
KWG	Gesetz über das Kreditwesen
lfd.	laufend
LG	Landgericht
LHO	Landeshaushaltsordnung
LIBOR	London Interbank Offered Rate
lit.	litera (Buchstabe)
lmi	leistungsmengeninduziert
lmn	leistungsmengenneutral
L&R	Loans and receivables
LSÖ	Leitsätze für die Preisermittlung auf Grund der Selbstkosten bei Leistungen für öffentliche Auftraggeber
LSP	Leitsätze für die Preisermittlung auf Grund von Selbstkosten
LStDV	Lohnsteuer-Durchführungsverordnung
LStR	Lohnsteuer-Richtlinien
lt.	laut
LZB	Landeszentralbank
ME	Mengeneinheiten
MFI	Monetäres Finanzinstitut
MgVG	Gesetz über die Mitbestimmung der Arbeitnehmer bei der grenzüberschreitenden Verschmelzung
MinöStG	Mineralölsteuergesetz
Mio	Million(en)
MoMiG	Gesetz zur Modernisierung des GmbH-Rechts und zur Bekämpfung von Missbräuchen
m. w. N.	mit weiteren Nachweisen
MwSt	Mehrwertsteuer
Nav	Navision
n. F.	neue Fassung
N. F.	Neue Folge
NJW	Neue Juristische Wochenschrift
Nr.	Nummer(n)
NW	Nennwert
NWB	NWB Steuer- und Wirtschaftsrecht (Zeitschrift)
NZG	Neue Zeitschrift für Gesellschaftsrecht
NZI	Neue Zeitschrift für das Recht der Insolvenz und Sanierung
o. Ä.	oder Ähnliches
OCI	Other Comprehensive Income
ODBC	Open Database Connectivity
öffentl.	öffentlich
OFD	Oberfinanzdirektion
OFL	Oberste Finanzbehörden der Länder
OHG	Offene Handelsgesellschaft

o. J.	ohne Jahr
OP	Offene Posten
OTC	Over the Counter
p. a.	per annum
PAngV	Preisangabenverordnung
PartG	Partnerschaftsgesellschaft
PartGG	Gesetz über Partnerschaftsgesellschaften Angehöriger Freier Berufe (Partnerschaftsgesellschaftsgesetz)
PDF	Portable Document Format
PdR	Praxis des Rechnungswesens
PE	Privatentnahmen
PiR	Praxis der internationalen Rechnungslegung (Zeitschrift)
PKR	Plankostenrechnung
PL	Privateinlagen
Pos.	Position
PostG	Postgesetz
PPS	Produktionsplanung und -steuerung
PrHBG	Gesetz zur Beseitigung von Hemmnissen bei der Privatisierung von Unternehmen und zur Förderung von Investitionen
PrüfbV	Prüfungsberichtsverordnung
PS	Prüfungsstandard (des IDW)
PublG	Gesetz über die Rechnungslegung von bestimmten Unternehmen und Konzernen (Publizitätsgesetz)
PUDLV	Post-Universaldienstleistungsverordnung
RAP	Rechnungsabgrenzungsposten
RechKredV	Verordnung über die Rechnungslegung der Kreditinstitute und Finanzdienstleistungsinstitute
RechVersV	Verordnung über die Rechnungslegung von Versicherungsunternehmen
RegEnt/RegE	Regierungsentwurf
REU	Rat der Europäischen Union
rev.	revised
RFH	Reichsfinanzhof
RGBl.	Reichsgesetzblatt
RGE	Entscheidungen des Reichsgerichts in Zivilsachen
RHB-Stoffe	Roh-, Hilfs- und Betriebsstoffe
rk.	römisch-katholisch
RKW	Reichskuratorium für Wirtschaftlichkeit
RLV	Rechnungslegungsvorschriften
Rn.	Randnummer(n)
RS	Stellungnahme(n) zur Rechnungslegung (des IDW)
RStBl.	Reichssteuerblatt
RTF	Rich Text Format
RückAbzinsV	Rückstellungsabzinsungsverordnung
RV	Reinvermögen
RVO	Reichsversicherungsordnung
RWZ	Zeitschrift für Recht und Rechnungswesen
S	Standard (des IDW)
S.	Seite
s.	siehe
SBK	Schlussbilanzkonto
SCE	Europäische Genossenschaft (Societas Cooperativa Europea)

SCEAG .... Gesetz zur Ausführung der Verordnung (EG) Nr. 1435/2003 des Rates vom 22. Juli 2003 über das Statut der Europäische Genossenschaft (SCE) (SCE-Ausführungsgesetz)
SE .... Europäische (Aktien-)Gesellschaft (Societas Europea)
SEAG .... Gesetz zur Ausführung der Verordnung (EG) Nr. 2157/2001 des Rates vom 8. Oktober 2001 über das Statut der Europäischen Gesellschaft (SE) (SE-Ausführungsgesetz)
SEEG .... Gesetz zur Einführung der Europäischen Gesellschaft
SEPA .... Single Euro Payments Area
SGB .... Sozialgesetzbuch
SIC .... Standing Interpretations Committee (Vorgänger-Komitee des IFRIC und von diesem herausgegebene Interpretationen)
SME .... Small and Medium-sized Entities
SOFFEX .... Swiss Options and Financial Futures Exchange
sog. .... so genannt
SolZG .... Solidaritätszuschlaggesetz 1995
SozplKonkG .... Gesetz über den Sozialplan im Konkurs- und Vergleichsverfahren
Sp. .... Spalte
SPE .... Europäische Privatgesellschaft (Societas Privata Europaea)
St. .... Sankt
StÄndG .... Steueränderungsgesetz
StB .... Steuerbilanz
StBauFG .... Gesetz über städtebauliche Sanierungs- und Entwicklungsmaßnahmen in den Gemeinden (Städtebauförderungsgesetz)
StBürokratAbG .... Steuerbürokratieabbaugesetz
SteuerStud .... Steuer und Studium (Zeitschrift)
StEuglG .... Gesetz zur Umrechnung und Glättung steuerlicher Euro-Beträge (Steuer-Euroglättungsgesetz)
StGB .... Strafgesetzbuch
StromStG .... Stromsteuergesetz
StromStV .... Verordnung zur Durchführung des Stromsteuergesetzes
StSenkErgG .... Gesetz zur Ergänzung des Steuersenkungsgesetzes (Steuersenkungsergänzungsgesetz)
StSenkG .... Gesetz zur Senkung der Steuersätze und zur Reform der Unternehmensbesteuerung (Steuersenkungsgesetz)
StuB .... Unternehmensteuern und Bilanzen (Zeitschrift)
StuW .... Steuer und Wirtschaft (Zeitschrift)
s. u. .... siehe unten
sublit. .... sublitera (Unterbuchstabe)
SvEV .... Sozialversicherungsentgeltverordnung

t .... Tonne(n)
TAPI .... Telephony Application Programming Interface
tsd. .... tausend
Tz. .... Textziffer(n)

u. .... und
u. a. .... unter anderem, und andere
u. Ä. .... und Ähnliche(s)
u. E. .... unseres Erachtens
UG .... Unternehmergesellschaft
UmwG .... Umwandlungsgesetz
UmwStG .... Gesetz über steuerliche Maßnahmen bei Änderung der Unternehmensform (Umwandlungsteuergesetz)
UntStFG .... Gesetz zur Fortentwicklung des Unternehmessteuerrechts (Unternehmenssteuerfortentwicklungsgesetz)
UR .... Umsatzsteuer-Rundschau (Zeitschrift)

Urt.	Urteil
USD	Dollar der Vereinigten Staaten von Amerika
US-GAAP	United States-Generally Accepted Accounting Principles
USt	Umsatzsteuer
UStBG	Umsatzsteuer-Binnenmarktgesetz
UStDV	Umsatzsteuer-Durchführungsverordnung
UStG	Umsatzsteuergesetz
UStR	Umsatzsteuer-Richtlinien
usw.	und so weiter
u. U.	unter Umständen
UV	Umlaufvermögen
v.	vom
v. a.	vor allem
VAG	Versicherungsaufsichtsgesetz
VB	Vergleichsbilanz
VEB	Volkseigener Betrieb
Verb.	Verbindlichkeit(en)
VerbrKrG	Verbraucherkreditgesetz
VerglO	Vergleichsordnung
VermBDV 1994	Verordnung zur Durchführung des Fünften Vermögensbildungsgesetzes
VermBG	Gesetz zur Förderung der Vermögensbildung der Arbeitnehmer (Vermögensbildungsgesetz)
VFA (des IDW)	Versicherungsfachausschuss (des Instituts der Wirtschaftsprüfer)
Vfg.	Verfügung
vgl.	vergleiche
v. H.	vom Hundert
VO	Verordnung
VorstAG	Gesetz zur Angemessenheit der Vorstandsvergütung
VPöA	Verordnung über die Preise bei öffentlichen Aufträgen
VSB	Vergleichsschlussbilanz
VStR	Vermögensteuer-Richtlinien
v. T.	vom Tausend
VVaG	Versicherungsverein auf Gegenseitigkeit
WA	Warenausgang
WE	Wareneingang (-einkauf)
WG	Wechselgesetz
WiKG	Gesetz zur Bekämpfung der Wirtschaftskriminalität
WiSt	Wirtschaftswissenschaftliches Studium (Zeitschrift)
WISU	Das Wirtschaftsstudium (Zeitschrift)
WM	Wertpapier-Mitteilungen (Zeitschrift)
WoPG	Wohnungsbau-Prämiengesetz
WPg	Die Wirtschaftsprüfung (Zeitschrift)
WP-Handbuch	Wirtschaftsprüfer-Handbuch
WpHG	Wertpapierhandelsgesetz
WV	Warenverkauf
XBRL	eXtensible Business Reporting Language
XML	eXtensible Markup Language
Z	Zugang
z. B.	zum Beispiel
ZfB	Zeitschrift für Betriebswirtschaft
ZfbF	Zeitschrift für betriebswirtschaftliche Forschung
ZFCM	Zeitschrift für Controlling und Management

ZfgK	Zeitschrift für das gesamte Kreditwesen
ZfhF	Zeitschrift für handelswissenschaftliche Forschung
ZGR	Zeitschrift für Unternehmens- und Gesellschaftsrecht
ZInsO	Zeitschrift für das gesamte Insolvenzrecht
ZIP	Zeitschrift für Wirtschaftsrecht
ZonenRFG	Gesetz zur Förderung des Zonenrandgebietes (Zonenrandförderungsgesetz)
ZPO	Zivilprozessordnung
z. T.	zum Teil
zzgl.	zuzüglich

Literaturverzeichnis

Adam, D.: Entscheidungsorientierte Kostenbewertung, Wiesbaden 1970.

Adler, H.: Die Abwicklungsbilanzen der Kapitalgesellschaft, 2. Aufl., Stuttgart 1956.

Adler, H./Düring, W./Schmaltz, K. (ADS): Rechnungslegung und Prüfung der Unternehmen, Kommentar zum HGB, AktG, GmbHG, PublG nach den Vorschriften des Bilanzrichtlinien-Gesetzes, 6. Aufl. in 9 Teilbänden und Ergänzungsband, neu bearb. von K. H. Forster u. a., Stuttgart 1995–2001.

–: Rechnungslegung nach internationalen Standards. Kommentar, Band I–II, Stuttgart 2002.

Agthe, K.: Stufenweise Fixkostendeckung im System des Direct Costing, in: ZfB 1959, S. 404–418.

–: Zur stufenweisen Fixkostendeckung, in: ZfB 1959, S. 742–748.

Ahlert, P./Franz, K.-P./Göppl, H. (Hrsg.): Finanz- und Rechnungswesen als Führungsinstrument, Wiesbaden 1990.

Alt, W./Jenak, K.: Rechtliche Besonderheiten bei der Lohnabrechnung in der ehemaligen DDR, Beilage zu *W. Alt:* Was Lohnbuchhalter wissen müssen, Stuttgart 1991.

–: Was Lohnbuchhalter wissen müssen, 17. Aufl., Stuttgart 2001.

Altmeppen, H.: Cash-Pool, Kapitalaufbringungshaftung und Strafbarkeit der Geschäftsleiter wegen falscher Versicherung, in: ZIP 2009, S. 1545–1551.

Ampferl, H.: Insolvenzgründe, in: Praxis der Insolvenz – Ein Handbuch für die Beteiligten und ihre Berater, hrsg. von *S. Beck* und *P. Depré,* 2. Aufl., München 2010, S. 60–111.

Andres, D./Leithaus, R./Dahl, M. (Hrsg.): Insolvenzordnung: Kommentar, 1. Aufl., München 2006.

Andres, K./Egle, K./Köhl, H./Reuther, A.: IKR (Industriekontenrahmen): Theorie und Praxis des industriellen Rechnungswesens, Wuppertal 1973.

Anzinger, H. M./Schleiter, I.: Die Ausübung steuerlicher Wahlrechte nach dem BilMoG – eine Rückbesinnung auf den Maßgeblichkeitsgrundsatz, in: DStR 2010, S. 395–399.

Arbeitskreis Bilanzrecht der Hochschullehrer Rechtswissenschaft: Zur Maßgeblichkeit der Handelsbilanz für die steuerliche Gewinnermittlung gem. § 5 Abs. 1 EStG i. d. F. durch das BilMoG, in: DB 2009, S. 2570–2573.

Arbeitskreis Diercks der Schmalenbach Gesellschaft: Der Verrechnungspreis in der Plankostenrechnung, in: ZfbF 1964, S. 613–668.

Arbeitskreis „Externe Unternehmensrechnung" der Schmalenbach-Gesellschaft: Bilanzierung von Finanzinstrumenten im Währungs- und Zinsbereich auf der Grundlage des HGB, in: DB 1997, S. 637–642.

Arbeitskreis Insolvenzwesen Köln e. V. (Hrsg.): Kölner Schrift zur Insolvenzordnung, 3. Aufl., Münster 2009.

Arbeitskreis „Sanierung und Insolvenz" des IDW: Entwurf einer Verlautbarung: Anforderungen an Sanierungskonzepte, in: IDW-Fachnachrichten 1991, S. 319–324.

Arians, G.: Sonderbilanzen, 2. Aufl., Köln u. a. 1985.

AWV, Arbeitsgemeinschaft für wirtschaftliche Verwaltung e. V.: Rationalisierung der Inventur unter Berücksichtigung neuer Techniken und Verfahren, Wiesbaden 1978.

–: EDV-Buchführung in der Praxis, Beiträge zur Verfahrensdokumentation, Berlin 1984.

–: Grundsätze ordnungsmäßiger DV-gestützter Buchführungssysteme (GoBS), in: IDW-Fachnachrichten 1996, Nr. 1–2, S. 50–56.

Back-Hock, A.: Produktlebenszyklusorientierte Ergebnisrechnung, in: Handbuch Kostenrechnung, hrsg. von *W. Männel,* Wiesbaden 1992, S. 703–714.

Bähr, G./Fischer-Winkelmann, W. F./List, S.: Buchführung und Jahresabschluss, 9. Aufl., Wiesbaden 2006.

Bär, M.: Darstellung und Würdigung des vorgeschlagenen Wertminderungsmodells für finanzielle Vermögenswerte nach IFRS, in: KoR 2010, S. 289–296.
Baetge, J.: Grundsätze ordnungsmäßiger Buchführung und Bilanzierung, in: HWR, hrsg. von *K. Chmielewicz* und *M. Schweitzer*, 3. Aufl., Stuttgart 1993, Sp. 860–870.
Baetge, J. (Hrsg.): Beiträge zum neuen Insolvenzrecht, Düsseldorf 1998.
Baetge, J./Ballwieser, W.: Ansatz und Ausweis von Leasingobjekten in Handels- und Steuerbilanz, in: DBW 1978, S. 3–19.
Baetge, J./Fey, W./Weber, C./Sommerhoff, D.: § 248 HGB, Bilanzierungsverbote und -wahlrechte, in: Handbuch der Rechnungslegung. Kommentar zur Bilanzierung und Prüfung, hrsg. von *K. Küting, N. Pfitzer* und *C. Weber*, Band I, 5. Aufl., Loseblattsammlung, Stuttgart.
Baetge, J./Kirsch, H.-J./Thiele, S.: Bilanzen, 11. Aufl., Düsseldorf 2011.
Baetge, J./Lienau, A.: Praxis der Bilanzierung latenter Steuern im Konzernabschluss nach IFRS im DAX und MDAX, in: WPg 2007, S. 15–22.
Baetge, J./Wollmert, P./Kirsch, H.-J./Oser, P./Bischof, S. (Hrsg.): Rechnungslegung nach IFRS: Kommentar auf der Grundlage des deutschen Bilanzrechts, 2. Aufl., Stuttgart 2005.
Bäuerle, P.: Finanzbuchführung und EDV, Diskussionsbeitrag Nr. 23 der Universität Hohenheim, Stuttgart-Hohenheim 1987.
Ballwieser, W.: Unternehmensbewertung, 2. Aufl., Stuttgart 2007.
–: IFRS-Rechnungslegung, 2. Aufl., München 2009.
Ballwieser, W./Böcking, H.-J./Drukarczyk, J./Schmidt, R. H. (Hrsg.): Bilanzrecht und Kapitalmarkt: Festschrift für H. Moxter, Düsseldorf 1994.
Balz, M./Landfermann, H.-G.: Die neuen Insolvenzgesetze, 2. Aufl., Düsseldorf 1999.
Bankenfachausschuss (BFA) des Instituts der Wirtschaftsprüfer e. V.: Bilanzierung von Optionsgeschäften, Stellungnahme 2/1995, in: WPg 1995, S. 421–424.
–: Besonderheiten der handelsrechtlichen Fremdwährungsumrechnung bei Instituten, IDW ERS BFA 4, in: FN 2011, S. 94–98.
–: Handelsrechtliche Bilanzierung von Optionsgeschäften bei Instituten, IDW ERS BFA 6, in: FN 2011, S. 118–121.
–: Zur Bilanzierung strukturierter Produkte, IDW RH BFA 1.003, in: WPg 2001, S. 916–917.
Banse, K.: Abschreibung, in: HWR, hrsg. von *E. Kosiol*, Stuttgart 1970, Sp. 26–41.
Bareis, P.: Die Realisierung steuerpolitischer Zielsetzungen durch die Gestaltung von Umwandlungsbilanzen, in: Rechnungslegungspolitik: eine Bestandsaufnahme aus handels- und steuerrechtlicher Sicht, hrsg. von *C.-C. Freidank*, Berlin u. a. 1998, S. 903–958.
–: Besteuerung bei Realteilung einer Personengesellschaft als Vorbild für eine systemgerechte Umwandlungsbesteuerung?, in: Neuere Finanzprodukte, Festschrift für W. Eisele, hrsg. von *A. P. Knobloch* und *N. Kratz*, München 2003, S. 483–505.
Bareis, P./Geiger, A./Höflacher, S.: Überlegungen zur Körperschaftsteuerreform 1990, in: GmbHR 1988, S. 312–318.
Bareis, P./Kaiser, A.: Sanierung als Steuersparmodell?, in: DB 2004, S. 1841–1847.
Bartels, P./Jonas, M.: Wertminderung und Wertaufholung, § 27, in: Beck'sches IFRS-Handbuch – Kommentierung der IFRS/IAS, hrsg. von *W. Bohl, J. Riese* und *J. Schlüter*, 3. Aufl., München u. a. 2009.
Bauch, G.: Zur Gliederung und Bewertung der Abwicklungsbilanzen (§ 270 AktG), in: DB 1973, S. 977–981.
Baumann, K.-H./Spanheimer, J.: § 274 HGB, Steuerabgrenzung, in: Handbuch der Rechnungslegung. Kommentar zur Bilanzierung und Prüfung, hrsg. von *K. Küting, N. Pfitzer* und *C. Weber*, Band II, 5. Aufl., Loseblattsammlung, Stuttgart.
Baumbach, A./Hopt, K.: Handelsgesetzbuch. Kommentar, bearbeitet von *K. J. Hopt* und *H. Merkt*, 34. Aufl., München 2010.
Baumbach, A./Hueck, A. (Hrsg.): Gesetz betreffend die Gesellschaften mit beschränkter Haftung (Beck'sche Kurzkommentare, Band 20), 19. Aufl., München 2010.
Baumeister, A.: Lebenszykluskosten alternativer Verfügbarkeitsgarantien im Anlagenbau, Wiesbaden 2008.
Baumhoff, H./Dücker, R./Köhler, S. (Hrsg.): Besteuerung, Rechnungslegung und Prüfung der Unternehmen. Festschrift für N. Krawitz, Wiesbaden 2010.
Baur, W.: Sanierungen. Wege aus Unternehmenskrisen, Wiesbaden 1978.

Bayer, W.: §§105, 122b, 122c, 122d UmwG, in: Umwandlungsgesetz: Kommentar, 1. Bd., hrsg. von *M. Lutter* und *M. Winter*, 4. Aufl., Köln 2009.

BDI, Bundesverband der Deutschen Industrie e. V.: Industrie-Kontenrahmen – IKR, Neufassung 1986 in Anpassung an das Bilanzrichtlinien-Gesetz (BiRiLiG), 3. Aufl., Köln/Bergisch Gladbach 1990.

Bea, F. X.: Die Grundzüge der Plankostenrechnung, in: WiSt 1972, S. 525–529.

–: Bewertung, handels- und steuerrechtliche, in: HWB, 1. Bd., hrsg. von *E. Grochla* und *W. Wittmann*, 4. Aufl., Stuttgart 1974, Sp. 821–833.

–: Umsatzsteuern, in: HdWW, 8. Bd., hrsg. von *W. Albers* u. a., Stuttgart/New York 1988, S. 27–40.

Bea, F. X./Friedl, B./Schweitzer, M. (Hrsg.): Allgemeine Betriebswirtschaftslehre, Bd. 2: Führung, 9. Aufl., Stuttgart 2005.

Bea, F. X./Haas, J.: Strategisches Management, 5. Aufl., Stuttgart 2009.

Bea, F. X./Schweitzer, M. (Hrsg.): Allgemeine Betriebswirtschaftslehre, Bd. 2: Führung, 10. Aufl., Stuttgart 2011.

Bechtel, W./Brink, A.: Einführung in die moderne Finanzbuchführung, 10. Aufl., München 2010.

Beck, S./Depré, P.: Einleitung, in: Praxis der Insolvenz – Ein Handbuch für die Beteiligten und ihre Berater, hrsg. von *S. Beck* und *P. Depré*, 2. Aufl., München 2010, S. 1–10.

Beck, S./Depré, P. (Hrsg.): Praxis der Insolvenz – Ein Handbuch für die Beteiligten und ihre Berater, 2. Aufl., München 2010.

Beckmann, L./Pausenberger, E.: Gründungen, Umwandlungen, Fusionen, Sanierungen, Wiesbaden 1961.

Behrens, S.: Keine phasenverschobene Wertaufholung nach Umwandlungen, in: BB 2009, S. 318–320.

Bellinger, B.: Gründung, in: HWB, 2. Bd., hrsg. von *E. Grochla*, 4. Aufl., Stuttgart 1975, Sp. 1722–1728.

Berndt, J.: Sozialversicherungsrecht in der Praxis, Wiesbaden 2009.

Bertram, K./Brinkmann, R./Kessler, H./Müller, S. (Hrsg.): Haufe HGB Bilanz Kommentar, 2. Aufl., Freiburg u.a. 2010.

Bertsch, A.: Rechnungslegung und Besteuerung von Aktienanleihen, in: StuB 1999, S. 685–689.

–: Bilanzierung strukturierter Produkte, in: KoR 2003, S. 550–563.

Bertsch, A./Kärcher, R.: Handels- und steuerbilanzielle Behandlung von Derivaten und strukturierten Produkten, in: Handbuch derivativer Instrumente, hrsg. von *R. Eller* u. a., 3. Aufl., Stuttgart 2005, S. 731–771.

BGA, Bundesverband des Deutschen Groß- und Außenhandels e. V.: Kontenrahmen für den Groß- und Außenhandel, Bonn 1988.

Bieg, H.: Möglichkeiten betrieblicher Altersversorgung aus betriebswirtschaftlicher Sicht, in: StuW 1983, S. 40–54.

–: Ermessensentscheidungen beim Handelsbilanzausweis von „Finanzanlagen" und „Wertpapieren des Umlaufvermögens" – auch nach neuem Bilanzrecht? in: DB, Beilage Nr. 24/85 zu Heft Nr. 41 v. 11. 10. 1985, S. 2–16.

–: Bankbilanzierung nach HGB und IFRS, 2. Aufl., München 2010.

Bieg, H./Hossfeld, C./Kußmaul, H./Waschbusch, G.: Handbuch der Rechnungslegung nach IFRS, 2. Aufl., Düsseldorf 2009.

Bieg, H./Kußmaul, H.: Externes Rechnungswesen, 5. Aufl., München 2009.

–: Finanzierung, 2. Aufl., München 2009.

Bieg, H./Waschbusch, G.: Buchführungspflichten, in: Beck'sches Handbuch der Rechnungslegung, Bd. I, hrsg. von *H.-J. Böcking* u. a., Loseblattsammlung, München, A 100.

–: Aufbewahrungspflichten, in: Beck'sches Handbuch der Rechnungslegung, Bd. I, hrsg. von *H.-J. Böcking* u. a., Loseblattsammlung, München, A 110.

–: Bilanzierung der Kreditinstitute und Finanzdienstleistungsinstitute, in: Beck'sches Handbuch der Rechnungslegung, Bd. II, hrsg. von *H.-J. Böcking* u. a., Loseblattsammlung, München, B 900.

Biergans, E.: Einkommensteuer, 6. Aufl., München 1992.

Bitz, M./Ewert, J.: Übungen in Betriebswirtschaftslehre – Prüfungsaufgaben und -klausuren, 7. Aufl., München 2011.

Bitz, M./Schneeloch, D./Wittstock, W.: Der Jahresabschluss, 5. Aufl., München 2011.

Blaurock, U.: Handbuch der Stillen Gesellschaft, 6. Aufl., Köln 2003.

Blaschczok, A.: Kommentierung zu § 246 BGB, in: J. von Staudingers Kommentar zum Bürgerlichen Gesetzbuch, Buch 2, Recht der Schuldverhältnisse, teilw. hrsg. von *G. Beitzke*, §§ 244–248 BGB, 12. Aufl., Berlin 1997.

Blaum, U./Holzwarth, J.: IAS 8: Periodenergebnis, grundlegende Fehler und Änderungen der Bilanzierungs- u. Bewertungsmethoden (Net Profit or Loss for the Period, Fundamental Errors and Changes in Accounting Policies), in: Rechnungslegung nach IFRS: Kommentar auf der Grundlage des deutschen Bilanzrechts, hrsg. von *J. Baetge, P. Wollmert, H.-J. Kirsch, P. Oser* und *S. Bischof*, 2. Aufl., Stuttgart 2005.

Blümich, W.: Einkommensteuergesetz, Körperschaftsteuergesetz, Gewerbesteuergesetz. Kommentar, hrsg. von *B. Heuermann*, Loseblattsammlung, München.

Blumenberg, J./Roßner, S.: Steuerliche Auswirkungen der durch das BilMoG geplanten Änderungen der Bilanzierung von eigenen Anteilen, in: GmbHR 2008, S. 1079–1084.

Blumers, W.: Teilbetriebe und wesentliche Betriebsgrundlagen, in: DB 2010, S. 1670–1672.

Böcker, P./Poertzgen, C.: Finanzmarkt-Rettungspaket ändert Überschuldungsbegriff (§ 19 InsO), GmbHR 2008, S. 1289–1296.

Böcking, H.-J./Castan, E./Heymann, G./Pfitzer, N./Scheffler, E. (Hrsg.): Beck'sches Handbuch der Rechnungslegung: HGB und IFRS, Loseblattsammlung, München.

Böcking, H.-J./Gros, M.: Wertaufholung und Zuschreibung, in: Beck'sches Handbuch der Rechnungslegung, Bd. I, hrsg. von *H.-J. Böcking* u. a., Loseblattsammlung, München, B 169.

Böhm, H. H./Wille, P.: Deckungsbeitragsrechnung, Grenzpreisrechnung und Optimierung, 6. Aufl., München 1977.

Börner, D./Krawitz, N.: Steuerbilanzpolitik, 2. Aufl., Herne/Berlin 1990.

Bohl, W./Riese, J./Schlüter, J. (Hrsg.): Beck'sches IFRS-Handbuch – Kommentierung der IFRS/IAS, 3. Aufl., München u. a. 2009.

Bolk, W./Reiß, W.: Zur umsatzsteuerlichen Behandlung des Kommissionsgeschäftes und seiner Bilanzierung, in: DStZ 1980, S. 385–391.

Boochs, W./Dauernheim, J.: Steuerrecht in der Insolvenz, 3. Aufl., Neuwied 2007.

Bordewin, A.: Leasing im Steuerrecht: ein Leitfaden für die Praxis, 3. Aufl., Stuttgart 1989.

Bork, R.: Einführung in das neue Insolvenzrecht, 2. Aufl., Tübingen 1998.

Bornhofen, M./Bornhofen, M. C.: Buchführung 1. DATEV-Kontenrahmen 2010, 22. Aufl., Wiesbaden 2010.

–: Steuerlehre 1, 31. Aufl., Wiesbaden 2010.

Botta, V. (Hrsg.): Rechnungswesen und Controlling, Bausteine des Rechnungswesens und ihre Verknüpfung, 2. Aufl., Herne/Berlin 2002.

Brähler, G.: Umwandlungssteuerrecht. Grundlagen für Studium und Steuerberaterprüfung, 5. Aufl., Wiesbaden 2009.

Brandis, P.: Kommentierung zu § 8c KStG, in: *Blümich, W.*: Einkommensteuergesetz, Körperschaftsteuergesetz, Gewerbesteuergesetz. Kommentar, hrsg. von *B. Heuermann*, Loseblattsammlung, München.

Braßler, A./Corsten, H. (Hrsg.): Entwicklungen im Produktionsmanagement. Festschrift für H. Schneider, München 2004.

Braun, E./Uhlenbruck, W.: Muster eines Insolvenzplans: leistungswirtschaftlicher Reorganisationsplan gem. §§ 217 ff. InsO; Beispiel mit Erläuterungen, Anlagen zum Plan, Arbeitspapieren und Fragebogen zur Erhebung der notwendigen Daten, Düsseldorf 1998.

Braun, E./Riggert, R./Kind, T.: Die Neuregelungen der Insolvenzordnung in der Praxis, 2. Aufl., Stuttgart u. a. 2000.

Breidthardt, J.: Die Behandlung ausgewählter derivativer Finanzinstrumente und mezzaniner Finanzierungsformen nach HGB, im Steuerrecht und nach IFRS, Bremen 2008.

Breithecker, V./Schmiel, U. (Hrsg.): Steuerliche Gewinnermittlung nach dem Bilanzrechtsmodernisierungsgesetz, Schriften zur Rechnungslegung 9, Berlin 2008.

Breker, N.: Optionsrechte und Stillhalterverpflichtungen im handelsrechtlichen Jahresabschluß, Düsseldorf 1993.

Brönner, H.: Die Besteuerung der Gesellschaften, 18. Aufl., neubearbeitet von *H. Brönner, P. Bareis* und *J. Poll,* Stuttgart 2007.

Brönner, H./Bareis, P.: Die Bilanz nach Handels- und Steuerrecht, 9. Aufl., Stuttgart 1991.

Brösel, G./Olbrich, M.: § 253 HGB, Wertansätze der Vermögensgegenstände, Verbindlichkeiten und Rückstellungen, in: Handbuch der Rechnungslegung. Kommentar zur Bilanzierung und Prüfung, hrsg. von *K. Küting, N. Pfitzer* und *C. Weber,* Band II, 5. Aufl., Loseblattsammlung, Stuttgart.

Buchholz, R.: Grundzüge des Jahresabschlusses nach HGB und IFRS, 6. Aufl., München 2010.

Buchner, R.: Buchführung und Jahresabschluss, 7. Aufl., München 2005.

Buciek, K.: Aktuelle Rechtsprechung zum Bilanzsteuerrecht, in: DB 2010, S. 1029–1035.

Budde, A.: § 275 HGB, Gliederung der Gewinn- und Verlustrechnung, in: Handbuch der Rechnungslegung. Kommentar zur Bilanzierung und Prüfung, hrsg. von *K. Küting, N. Pfitzer* und *C. Weber,* Band III, 5. Aufl., Loseblattsammlung, Stuttgart.

Budde, T./Kessler, H.: Eigene Anteile, in: Handbuch Bilanzrechtsmodernisierungsgesetz, hrsg. von *H. Kessler, M. Leinen* und *M. Strickmann,* Freiburg u. a. 2009, S. 342–358.

Budde, W. D. (Hrsg.): Beck'scher Bilanzkommentar. Der Jahresabschluß nach Handels- und Steuerrecht, München 1986.

Budde, W. D./Förschle, G./Winkeljohann, N. (Hrsg.): Sonderbilanzen, 4. Aufl., München 2008.

Budde, W. D./Zerwas, P.: Verschmelzungsschlussbilanzen, in: Sonderbilanzen, hrsg. von *W. D. Budde, G. Förschle* und *N. Winkeljohann,* 4. Aufl., München 2008, S. 387–440.

Bülow, P.: Verbraucherkreditgesetz, 4. Aufl., Heidelberg 2001.

Bundesministerium der Finanzen (BMF; Hrsg.): Pressemitteilung Nr. 4/2011 vom 9. 3. 2011, abgerufen unter http://www.bundesfinanzministerium.de/nn_54192/DE/Presse/Pressemitteilungen/Finanzpolitik/2011/03/20110309__PM4.html am 14. 3. 2011.

Bundesministerium der Justiz (BMJ; Hrsg.): Gesetz zur Reform des Insolvenzrechts, Diskussionsentwurf, Köln 1988.

–: Gesetz zur Reform des Insolvenzrechts, Referentenentwurf, Bonn 1989.

–: Erster Bericht der Kommission für Insolvenzrecht, Köln 1985.

–: Zweiter Bericht der Kommission für Insolvenzrecht, Köln 1986.

–: Gesetz zur weiteren Erleichterung der Sanierung von Unternehmen, Diskussionsentwurf, in: ZIP 2010, Beilage 1 zu Heft 28, S. 1–22.

Bundesrat (BR; Hrsg.): Bundesrats-Drucksache 257/83 vom 3. 6. 1983.

–: Bundesrats-Drucksache 1/92 vom 9. 1. 1992.

–: Bundesrats-Drucksache 511/92 vom 14. 8. 1992.

–: Bundesrats-Drucksache 336/94 vom 20. 5. 1994.

–: Bundesrats-Drucksache 337/94 vom 29. 4. 1994.

–: Bundesrats-Drucksache 542/06 vom 11. 8. 2006.

–: Bundestags-Drucksache 344/08 vom 23. 5. 2008.

–: Bundestags-Drucksache 127/11 vom 4. 3. 2011.

Bundessteuerberaterkammer: Zum Ausweis des Eigenkapitals in der Handelsbilanz der Personengesellschaft, in: DStR, Beiheft zu Heft Nr. 1/2 v. 19. 1. 1990, S. 5–8.

Bundestag (BT; Hrsg.): Bundestags-Drucksache 7/3441 vom 1. 4. 1975.

–: Bundestags-Drucksache 10/317 vom 26. 8. 1983.

–: Bundestags-Drucksache 10/4268 vom 18. 11. 1985.

–: Bundestags-Drucksache 1/92 vom 3. 1. 1992.

–: Bundestags-Drucksache 14/5680 vom 28. 3. 2001.

–: Bundestags-Drucksache 14/6468 vom 27. 6. 2001.

–: Bundestags-Drucksache 16/2710 vom 25. 9. 2006.

–: Bundestags-Drucksache 16/10067 vom 30. 7. 2008.

–: Bundestags-Drucksache 16/10600 vom 14. 10. 2008.

–: Bundestags-Drucksache 16/12407 vom 24. 3. 2009.

Bundesumweltministerium und Umweltbundesamt (Hrsg.): Handbuch Umweltkostenrechung, München 1996.

Burger, K.-M. (Hrsg.): Finanzinnovationen – Risiken und ihre Bewältigung, Stuttgart 1989.

Burkhardt, D.: Die Bilanzierung von Zinsbegrenzungsverträgen, in: Bilanzrecht und Kapitalmarkt: Festschrift für H. Moxter, hrsg. von *W. Ballwieser* u. a., Düsseldorf 1994, S. 145–165.

Burkhardt, K.: Zuverlässigkeit des Fair Value nach IFRS, Baden-Baden 2010.

Burkhardt, K./Trepte, F.: Bilanzierung von Bewertungseinheiten nach § 254 HGB – Vergleich der Auswirkungen auf Bilanz und GuV, in: ZfCM Sonderheft 3 2010, S. 12–19.

Busse von Colbe, W.: Lexikon des Rechnungswesens, 4. Aufl., München u. a. 1998.

Bussmann, K. F.: Industrielles Rechnungswesen, 2. Aufl., Stuttgart 1979.

Buth, A./Hermanns, M. (Hrsg.): Restrukturierung, Sanierung, Insolvenz: Handbuch, 3. Aufl., München 2009.

Buyer, C./Klein, H./Müller, T.: Änderung der Unternehmensform: Handbuch zum Umwandlungs- und Umwandlungssteuerrecht, 8. Aufl., Herne 2010.

Cassel, J.: Bewertungseinheiten, in: Handbuch Bilanzrechtsmodernisierungsgesetz, hrsg. von *H. Kessler, M. Leinen* und *M. Strickmann*, Freiburg u. a. 2009, S. 431–453.

Castan, H.-A.: Vergleichsverfahren, in: HWB, 4. Bd., hrsg. von *H. Seischab* und *K. Schwantag*, 3. Aufl., Stuttgart 1962, Sp. 5695–5700.

Chmielewicz, K.: Betriebliches Rechnungswesen 2: Erfolgsrechnung, 2. Aufl., Reinbek 1981.

–: Betriebliches Rechnungswesen 1: Finanzrechnung und Bilanz, 3. Aufl., Reinbek 1982.

Chmielewicz, K. (Hrsg.): Entwicklungslinien der Kosten- und Erlösrechnung, Stuttgart 1983.

Christian, D.: Erweiterung von IFRS 9 um finanzielle Verbindlichkeiten, in: PiR 2010, S. 6–12.

Claussen, C.: Genuss ohne Reue, in: Die Aktiengesellschaft 1985, S. 77–79.

Coenenberg, A. G./Fischer, T. M.: Prozeßkostenrechnung – Strategische Neuorientierung in der Kostenrechnung, in: DBW 1991, S. 21–38.

Coenenberg, A. G./Fischer T. M./Günther, T.: Kostenrechnung und Kostenanalyse, 7. Aufl., Stuttgart 2009.

Coenenberg, A. G./Haller, A./Mattner, G./Schultze, W.: Einführung in das Rechnungswesen: Grundzüge der Buchführung und Bilanzierung, 3. Aufl., Stuttgart 2009.

Coenenberg, A. G./Haller, A./Schultze, W.: Jahresabschluss und Jahresabschlussanalyse, 21. Aufl., Stuttgart 2009.

Cooper, R.: The Rise of Activity-Based Costing – Part III: How Many Cost Drivers Do You Need, and How Do You Select Them?, in: Journal of Cost Management III/1989 (winter), S. 34–46.

Cooper, R./Kaplan, R. S.: How Cost Accounting Distorts Product Costs, in: Management Accounting IV/1988, S. 20–27.

–: Measure Costs Right: Make the Right Decisions, in: Harvard Business Review 1988, S. 96–103.

Copeland, T./Weston, J. F./Shastri, K.: Financial Theory and Corporate Policy, 4th edition, Boston Massachusetts u. a. 2005.

Corsten, H./Reiß, M. (Hrsg.): Betriebswirtschaftslehre, Bd. I, 4. Aufl., München/Wien 2008.

Crezelius, G.: Aktuelle Steuerrechtsfragen in Krise und Insolvenz November/Dezember 2008, in: NZI 2008, S. 94–98.

–: Steuerrechtliche Folgen der Sanierung, in: Die GmbH in Krise, Sanierung und Insolvenz, hrsg. von *K. Schmidt* und *W. Uhlenbruck*, 4. Aufl., Köln 2009, S. 305–343.

Däumler, K.-D.: Betriebliche Finanzwirtschaft: Darstellung, Fragen und Aufgaben, Antworten und Lösungen, Tabellen für die Zinsfaktoren, 9. Aufl., Herne/Berlin 2008.

Däumler, K.-D./Grabe, J.: Kostenrechnung, Bd. 1: Grundlagen, 10. Aufl., Herne 2008.

–: Kostenrechnung, Bd. 2: Deckungsbeitragsrechnung, 9. Aufl., Herne 2009.

–: Kostenrechnung, Bd. 3: Plankostenrechnung und Kostenmanagement, 8. Aufl., Herne 2009.

Dehmer, H.: Das Umwandlungssteuergesetz 1994 (Teile I und II), in: DStR 1994, S. 1713–1722/1753–1762.

Deisenhofer, T.: Marktorientierte Kostenplanung auf Basis von Erkenntnissen der Marktforschung bei der AUDI AG, in: Target Costing – marktorientierte Zielkosten in der deutschen Praxis, hrsg. von *P. Horváth,* Stuttgart 1993, S. 93–117.

Dellmann, K./Franz, K. (Hrsg.): Neuere Entwicklungen im Kostenmanagement, Bern u. a. 1994.

Demuth, M.: Fremdkapitalbeschaffung durch Finanzinnovationen, Wiesbaden 1988.

Deppe, E./Freikamp, G./Herlemann, R./Schönwald, S./Walkenhorst, R.: Steuerrecht und Buchführung, 16. Aufl., Herne/Berlin 2002.

Deutsch, P.: Grundfragen der Finanzierung im Rahmen der betrieblichen Finanzwirtschaft, 2. Aufl., Wiesbaden 1967.

Deutscher Industrie- und Handelstag (DIHT): Anforderungen an die Genauigkeit der Bezeichnung von Waren bei der Inventur, Gutachten v. 17. 1. 1933, RStBl. 1933, S. 1062 ff., abgedruckt in: *G. Weiße,* Die Inventur in Praxis, Recht und Steuer, 2. Aufl., Stuttgart 1967, S. 211–220.

Deutscher Standardisierungsrat (DSR): Entwurf Deutscher Rechnungslegungs Standard Nr. 11. Bilanzierung von Aktienoptionsplänen und ähnlichen Entgeltformen, Berlin 2001.

–: Deutscher Rechnungslegungs Standard Nr. 12 (DRS 12). Immaterielle Vermögenswerte des Anlagevermögens. Berlin 2002.

–: Stellungnahme zum Referentenentwurf eines Gesetzes zur Modernisierung des Bilanzrechts (Bilanzrechtsmodernisierungsgesetz – BilMoG) vom 8. 11. 2007, Berlin 2008.

–: Deutscher Rechnungslegungs Standard Nr. 18 (DRS 18). Latente Steuern. Berlin 2010.

Deutsches Institut für Interne Revision (DIIR), Arbeitskreis „Revision bei elektronischer Datenverarbeitung": Wirtschaftlichkeitsaspekte bei der Anwendungsprogrammierung aus der Sicht der Revision, in: Zeitschrift für Interne Revision 1985, S. 19–33.

–: Revisionsaspekte beim Einsatz von Personal-Computern (PC), in: Zeitschrift für Interne Revision 1986, S. 218–224.

Deutsches Institut für Interne Revision (DIIR), Arbeitskreise „IT-Revision der Datenverarbeitung" und „IT-Revision der Datenverarbeitung in Kreditinstituten": IT-Revision: ergänzbarer Leitfaden zur Durchführung von Prüfungen der Informationsverarbeitung, Loseblattsammlung, Berlin.

Dirrigl, H.: Die Gewinnverteilungsrechnung der Kapitalgesellschaft, in: WiSt 1981, S. 49–55.

Dißars, U.-C.: Aufbewahrungspflichten bei Überschusseinkünften nach § 147a EStG, in: BB 2010, S. 2085–2087.

Dörfler, H./Wittkowski, A.: Zwischenwertansatz als Instrument zur Verlustnutzung bei Verschmelzungen von Körperschaften, in: GmbHR 2007, S. 352–358.

Döring, U.: Kostensteuern: Der Einfluß von Steuern auf kurzfristige Produktions- und Absatzentscheidungen, Stuttgart 1984.

Döring, U./Buchholz, R.: Buchhaltung und Jahresabschluss, 11. Aufl., Berlin 2009.

Dötsch, E.: Kommentierung zu §§ 2, 12, 13 UmwStG (SEStEG), in: Die Körperschaftsteuer (KSt). Kommentar zum Körperschaftsteuergesetz, Umwandlungssteuergesetz und zu den einkommensteuerrechtlichen Vorschriften der Anteilseignerbesteuerung, hrsg. von *E. Dötsch, W. F. Jost, A. Pung* und *G. Witt,* Bände 1–7, Loseblattsammlung, Stuttgart.

Dötsch, E./Jost, W. F./Pung, A./Witt G. (Hrsg.): Die Körperschaftsteuer (KSt). Kommentar zum Körperschaftsteuergesetz, Umwandlungssteuergesetz und zu den einkommensteuerrechtlichen Vorschriften der Anteilseignerbesteuerung, Bände 1–7, Loseblattsammlung, Stuttgart.

Dötsch, E./Pung, A.: SEStEG: Die Änderungen des UmwStG, Teil I, in: DB 2006, S. 2704–2714.

–: Kommentierung zu § 3 UmwStG (SEStEG), § 3 UmwStG (vor SEStEG), in: Die Körperschaftsteuer (KSt). Kommentar zum Körperschaftsteuergesetz, Umwandlungssteuergesetz und zu den einkommensteuerrechtlichen Vorschriften der Anteilseignerbesteuerung, hrsg. von *E. Dötsch, W. F. Jost, A. Pung* und *G. Witt,* Bände 1–7, Loseblattsammlung, Stuttgart.

Doll, R.-P.: Leasingverhältnisse, § 22, in: Beck'sches IFRS-Handbuch – Kommentierung der IFRS/IAS, hrsg. von *W. Bohl, J. Riese* und *J. Schlüter,* 3. Aufl., München u. a. 2009.

Dreissig, H.: Swap-Geschäfte aus bilanzsteuerrechtlicher Sicht, in: BB 1989, S. 322–327.

–: Bilanzsteuerrechtliche Behandlung von Optionen, in: BB 1989, S. 1511–1517.

Drukarczyk, J.: Kommentierung zu § 18 InsO, in: Münchener Kommentar zur Insolvenzordnung, hrsg. von *H.-P. Kirchhof, H.-J. Lwowski* und *R. Stürner*, 2. Aufl., München 2007.

–: Finanzierung, 10. Aufl., Stuttgart 2008.

Drukarczyk, J./Schüler, A.: Die Eröffnungsgründe der InsO: Zahlungsunfähigkeit, drohende Zahlungsunfähigkeit und Überschuldung, in: Kölner Schrift zur Insolvenzordnung: das neue Insolvenzrecht in der Praxis, hrsg. von *Arbeitskreis Insolvenzwesen Köln e. V.*, 3. Aufl., Münster 2009, S. 95–139.

–: Unternehmensbewertung, 6. Aufl., München 2009.

Düsseldorfer Treuhand-Gesellschaft Altenburg & Tewes AG (Hrsg.): Steuerreform 1990 – Auswirkungen und Gestaltungshinweise, Hamburg 1988.

Dufey, G.: Finanzinnovationen, in: Neuere Finanzprodukte, Festschrift für W. Eisele, hrsg. von *A. P. Knobloch* und *N. Kratz*, München 2003, S. 3–18.

Dusemond, M./Heusinger-Lange, S./Knop, W.: § 266 HGB, Gliederung der Bilanz, in: Handbuch der Rechnungslegung. Kommentar zur Bilanzierung und Prüfung, hrsg. von *K. Küting, N. Pfitzer* und *C. Weber*, Band II, 5. Aufl., Loseblattsammlung, Stuttgart.

Eberhartinger, E.: Bilanzierung und Besteuerung von Genussrechten, stillen Gesellschaften und Gesellschafterdarlehen, Wien 1996.

Ebert, G.: Kosten- und Leistungsrechnung, 10. Aufl., Wiesbaden 2004.

Ebling, K.: Kommentierung zu § 17 EStG, in: *Blümich, W.*: Einkommensteuergesetz, Körperschaftsteuergesetz, Gewerbesteuergesetz. Kommentar, hrsg. von *B. Heuermann*, Loseblattsammlung, München.

Efferoth, M./Horváth, P.: Einführung in die doppelte Buchführung, eine programmierte Unterweisung, Teil I, Bd. 1 der Schriftenreihe Betriebliches Rechnungswesen in programmierter Form, hrsg. von *K. F. Bussmann*, 3. Aufl., Wiesbaden 1981.

Ehlers, H./Drieling, I.: Unternehmenssanierung nach der Insolvenzordnung – Ein Wegweiser anhand eines Modellfalls, 2. Aufl., München 2000.

Eilenberger, G.: Betriebliches Rechnungswesen, 7. Aufl., München/Wien 1995.

Eisele, F./Knobloch, A. P.: Zur Maßgeblichkeit der Handels- für die Steuerbilanz bei der Übertragung einer Reinvestitionsrücklage zwischen einer Personengesellschaft und der an ihr beteiligten Kapitalgesellschaft, in: DB 2005, S. 1349–1354.

Eisele, W.: Zielvorstellungen und Gestaltungsprinzipien des neuen Industriekontenrahmens, in: ZfB 1973, S. 617–642.

–: Bilanzen, Systematik der, in: HWR, hrsg. von *E. Kosiol*, 2. Aufl., Stuttgart 1981, Sp. 205–215.

–: Buchhaltungs- und Kontentheorien, in: HWR, hrsg. von *E. Kosiol*, 2. Aufl., Stuttgart 1981, Sp. 340–354.

–: Plankostenrechnung für die Beschaffung, in: Ba 1981, Nr. 10, S. 80–87, Nr. 12, S. 38–41.

–: Gründung, in: HWB, hrsg. von *W. Wittmann* u. a., 5. Aufl., Stuttgart 1993, Sp. 1550–1562.

–: Sanierungsbilanz, in: HWR, hrsg. von *K. Chmielewicz* und *M. Schweitzer*, 3. Aufl., Stuttgart 1993, Sp. 1762–1768.

–: Handelsrechtliche Sonderbilanzen als Objekte rechnungslegungspolitischer Beeinflussung, in: Rechnungslegungspolitik: eine Bestandsaufnahme aus handels- und steuerrechtlicher Sicht, hrsg. von *C.-C. Freidank*, Berlin u. a. 1998, S. 871–902.

–: Wechsel, Wechseldiskontkredit, in: HWF, hrsg. von *W. Gerke*, und *M. Steiner*, 3. Aufl., Stuttgart 2001, Sp. 2203–2210.

–: Buchhaltung, in: HWU, hrsg. von *H.-U. Küpper* und *A. Wagenhofer*, 4. Aufl., Stuttgart 2002, Sp. 219–231.

–: Aufwendungen und Erträge, außerordentliche, in: HWRP, hrsg. von *W. Ballwieser, A. Coenenberg* und *K. v. Wysocki*, 3. Aufl., Stuttgart 2002, Sp. 157–169.

Eisele, W./Knobloch, A. P.: Offene Probleme bei der Bilanzierung von Finanzinnovationen (Teile I und II), in: DStR 1993, S. 577–586/617–623.

–: Strukturierte Anleihen und Bilanzrechtsauslegung, in: ZfbF 2003, S. 749–772.

Eisele, W./Kratz, N.: Rechnungswesen, in: Allgemeine Betriebswirtschaftslehre, Bd. 2: Führung, hrsg. von *F. X. Bea* und *M. Schweitzer*, 10. Aufl., Konstanz 2011.

Eisele, W./Kühn, M.: Sonderbilanzen, in: WiSt 1984, S. 269–277.

Eisele, W./Leypoldt, H.: Konzeption einer erfolgs- und liquiditätsorientierten Kostenrechnung für den Handelsbetrieb, in: KRP 1977, S. 277–288.

–: Fallbeispiel einer erfolgs- und liquiditätsorientierten Kostenrechnung im Handelsbetrieb, in: KRP 1978, S. 25–32.

Eisele, W./Renner, W.: Grundzüge des neuen Umwandlungsrechts und Umwandlungssteuerrechts, Teil I, in: WiSt 1995, S. 170–174.

–: Grundlagen der Umwandlungsbilanzierung nach Handels- und Steuerrecht, Teil II, in: WiSt 1995, S. 222–226.

–: Ausgewählte Fälle zur Umwandlungsbilanzierung, in: WiSt 1995, S. 269–272.

Eller, R. (Hrsg.): Handbuch derivativer Instrumente, 3. Aufl., Stuttgart 2005.

Ellrott, H.: Kommentierung zu § 256 HGB, in: Beck'scher Bilanzkommentar. Handelsbilanz und Steuerbilanz, hrsg. von *H. Ellrott* u. a., 7. Aufl., München 2010.

Ellrott, H./Brendt, P.: Kommentierung zu § 255 HGB, in: Beck'scher Bilanz-Kommentar. Handelsbilanz und Steuerbilanz, hrsg. von *H. Ellrott* u. a., 7. Aufl., München 2010.

Ellrott, H./Förschle, G./Hoyos, M./Winkeljohann, N. (Hrsg.): Beck'scher Bilanzkommentar. Handelsbilanz und Steuerbilanz, 6. Aufl., München 2006.

Ellrott, H./Förschle, G./Kozikowski, M./Winkeljohann, N. (Hrsg.): Beck'scher Bilanzkommentar. Handelsbilanz und Steuerbilanz, 7. Aufl., München 2010.

Ellrott, H./Krämer, A.: Kommentierung zu § 250 HGB, in: Beck'scher Bilanzkommentar. Handelsbilanz und Steuerbilanz, hrsg. von *H. Ellrott* u. a., 7. Aufl., München 2010.

–: Kommentierung zu § 268 HGB, in: Beck'scher Bilanzkommentar. Handelsbilanz und Steuerbilanz, hrsg. von *H. Ellrott* u. a., 7. Aufl., München 2010.

Ellrott, H./Rhiel, R.: Kommentierung zu § 249 HGB, in: Beck'scher Bilanzkommentar. Handelsbilanz und Steuerbilanz, hrsg. von *H. Ellrott* u. a., 7. Aufl., München 2010.

Emmerich, G./Naumann, K.-P.: Zur Behandlung von Genussrechten im Jahresabschluss von Kapitalgesellschaften, in: WPg 1994, S. 677–689.

Empt, M.: Zur Anwendbarkeit von § 17 II UmwG bei einer SE-Gründung durch Verschmelzung auf eine deutsche AG, in: NZG 2010, S. 1013–1015.

Engelhardt, W. H.: Erlösplanung und Erlöskontrolle, in: Handbuch der Kostenrechnung, hrsg. von *W. Männel*, Wiesbaden 1992, S. 656–670.

Engelhardt, W. H./Raffée, H./Wischermann, B.: Grundzüge der doppelten Buchhaltung, 8. Aufl., Wiesbaden 2010.

Erichsen, J.: Zusammenführung von externem und internem Rechnungswesen, Verbesserung der Effizienz des Controllings, in: BB 2000, S. 55–59.

Erle, B./Sauter, T. (Hrsg.): Körperschaftsteuergesetz – Die Besteuerung der Kapitalgesellschaft und ihrer Anteilseigner, 3. Aufl., Heidelberg u. a. 2010.

Europäischer Wirtschafts- und Sozialausschuss (EWSA): Stellungnahme zu dem „Vorschlag für eine Richtlinie des Europäischen Parlaments und des Rates zur Änderung der Richtlinie 78/660/EWG des Rates über den Jahresabschluss von Gesellschaften bestimmter Rechtsformen im Hinblick auf Kleinstunternehmen", in: ABl. EG/EU 2009/C 317, S. 67–71.

Ewert, R./Wagenhofer, A.: Interne Unternehmensrechnung, 7. Aufl., Berlin u. a. 2008.

Fachausschuss für Informationstechnologie (FAIT) des Institut der Wirtschaftsprüfer in Deutschland e. V.: IDW Stellungnahme zur Rechnungslegung über die Grundsätze ordnungsmäßiger Buchführung bei Einsatz von Informationstechnologie, IDW RS FAIT 1, in: WPg 2002, S. 1157–1167.

–: IDW Stellungnahme zur Rechnungslegung über die Grundsätze ordnungsmäßiger Buchführung bei Einsatz von Electronic Commerce, IDW RS FAIT 2, in: WPg 2003, S. 1258–1276.

–: IDW Stellungnahme zur Rechnungslegung über die Grundsätze ordnungsmäßiger Buchführung beim Einsatz elektronischer Archivierungsverfahren, IDW RS FAIT 3, in: WPg 2006, S. 1465–1474.

Fachausschuss für moderne Abrechnungssysteme (FAMA) des Institut der Wirtschaftsprüfer in Deutschland e. V.: Bundesdatenschutzgesetz und Jahresabschlußprüfung, Stellungnahme 1/1979, in: WPg 1979, S. 440–441.

–: Grundsätze ordnungsmäßiger Buchführung bei computergestützten Verfahren und deren Prüfung, Entwurf einer Verlautbarung 1/1987, in: WPg 1987, S. 1–35.

–: Stellungnahme FAMA 1/1995: Aufbewahrungspflichten beim Einsatz von EDI (Electronic Data Interchange), in: WPg 1995, S. 168–175.

Fachausschuss Sanierung und Insolvenz des Instituts der Wirtschaftsprüfer in Deutschland e. V.: Der neue PS 800 und die Ermittlung der Zahlungsunfähigkeit nach § 17 InsO, in: ZIP 2009, S. 201–206.

Falterbaum, H.: Mehrwertsteuerbuchungen, 4. Aufl., Achim 1970.

Falterbaum, H./Bolk, W./Reiß, W./Kirchner, T.: Buchführung und Bilanz, 21. Aufl., Achim 2010.

Fandel, G./Fey, A./Heuft, B./Pitz, T.: Kostenrechnung, 3. Aufl., Berlin u. a. 2009.

Fastrich, L.: Kommentierung zu § 5a GmbHG, in: Gesetz betreffend die Gesellschaften mit beschränkter Haftung (Beck'sche Kurzkommentare, Band 20), hrsg. von *A. Baumbach* und *A. Hueck*, 19. Aufl., München 2010.

Federmann, R.: Bilanzierung nach Handelsrecht, Steuerrecht und IAS/IFRS: Gemeinsamkeiten, Unterschiede und Abhängigkeiten, 12. Aufl., Bielefeld 2010.

Fey, A./Neyer, W.: Erleichterung bei der Mantelkaufnorm des § 8 c KStG durch das Wachstumsbeschleunigungsgesetz – Konzernklausel, Sanierungsprivileg, Anrechnung stiller Reserven, in: StuB 2010, S. 47–55.

Feyerabend, H.-J.: Finanzinstrumente, in: Besteuerung privater Kapitalanlagen: Finanzinstrumente, Investmentanteile, Immobilieninvestitionen, Veräußerungsgeschäfte, Altersvorsorge, hrsg. von *H.-J. Feyerabend*, München 2009, S. 21–117.

Feyerabend, H.-J. (Hrsg.): Besteuerung privater Kapitalanlagen: Finanzinstrumente, Investmentanteile, Immobilieninvestitionen, Veräußerungsgeschäfte, Altersvorsorge, München 2009.

Fichter, K./Loew, T./Seidel, E.: Betriebliche Umweltkostenrechnung, Berlin u. a. 1997.

Figge, G.: Sozialversicherungs-Handbuch für die Praxis: das Beitrags- und Versicherungsrecht der Kranken- und Rentenversicherung sowie der Arbeitsförderung, 6. Aufl., Köln 1990.

Fischer, C./Kalina-Kerschbaum, C.: Maßgeblichkeit der Handelsbilanz für die steuerliche Gewinnermittlung – Kritische Anmerkungen zum Entwurf eines BMF-Schreibens, in: DStR 2010, S. 399–401.

Fischer, D. T.: Der Standardentwurf Hedge Accounting (ED/2010/13), in: PiR 2011, S. 21–23.

Fischer, J./Heß, O./Seebauer, G.: Buchführung und Kostenrechnung, Leipzig o. J. (1939).

Fischer, J./Krehl, H.: Mezzanine-Kapital … und sein Einfluss auf das Bilanzrating, in: Going Public, Heft 8/2007, S. 58–59.

Fischer, L.: Das Emissionsgeschäft, in: Geld-, Bank- und Börsenwesen: Handbuch des Finanzsystems, hrsg. von *J. v. Hagen* und *J. H. v. Stein*, 40. Aufl., Stuttgart 2000, S. 945–963.

Fischer, R./Möhring, P./Westermann, H. (Hrsg.): Wirtschaftsfragen der Gegenwart: Festschrift für C. H. Barz, Berlin/New York 1974.

Fischer, T. M./Schmitz, J.: Zielkostenmanagement (I), in: WISU 1995, S. 832–839.

Fischer, W.: Die Überschuldungsbilanz, Köln u. a. 1980.

Flasse, G./Gräve, G./Hanschmann, R. u. a.: System der doppelten Buchhaltung, Wiesbaden, 1984.

Flessner, A.: Sanierung und Reorganisation, Tübingen 1982.

Flick, P./Gehrer, J./Meier, S.: Wertberichtigungen von Finanzinstrumenten nach IFRS – Der Expected Cash Flow Approach des ED/2009/12, in: IRZ 2010, S. 221–229.

Förschle, G./Büssow, T.: Kommentierung zu § 278 HGB, in: Beck'scher Bilanzkommentar. Handelsbilanz und Steuerbilanz, hrsg. von *H. Ellrott* u. a., 7. Aufl., München 2010.

Förschle, G./Deubert, M.: Liquidationsrechnungslegung der Personengesellschaft, in: Sonderbilanzen, hrsg. von *W. D. Budde, G. Förschle* und *N. Winkeljohann*, 4. Aufl., München 2008, S. 755–788.

–: Abwicklungs-/Liquidationsrechnungslegung der Kapitalgesellschaft, in: Sonderbilanzen, hrsg. von *W. D. Budde, G. Förschle* und *N. Winkeljohann*, 4. Aufl., München 2008, S. 789–880.

Förschle, G./Heinz, S.: Sanierungsmaßnahmen und ihre Bilanzierung, in: Sonderbilanzen, hrsg. von *W. D. Budde, G. Förschle* und *N. Winkeljohann*, 4. Aufl., München 2008, S. 679–736.

Förschle, G./Hoffmann, K.: Kommentierung zu § 272 HGB, in: Beck'scher Bilanzkommentar. Handelsbilanz und Steuerbilanz, hrsg. von *H. Ellrott* u. a., 6. Aufl., München 2006.

–: Bilanzierung beim Formwechsel, in: Sonderbilanzen, hrsg. von *W. D. Budde, G. Förschle* und *N. Winkeljohann*, 4. Aufl., München 2008, S. 547–577.

–: Verlustanzeigebilanz und Überschuldungsstatus, in: Sonderbilanzen, hrsg. von *W. D. Budde, G. Förschle* und *N. Winkeljohann*, 4. Aufl., München 2008, S. 651–678.

–: Kommentierung zu §§ 247, 264c, 272 HGB, in: Beck'scher Bilanzkommentar. Handelsbilanz und Steuerbilanz, hrsg. von *H. Ellrott* u. a., 7. Aufl., München 2010.

Förschle, G./Kroner, M.: Kommentierung zu § 246 HGB, in: Beck'scher Bilanzkommentar. Handelsbilanz und Steuerbilanz, hrsg. von *H. Ellrott* u. a., 7. Aufl., München 2010.

Förschle, G./Kropp, M.: Eröffnungsbilanz des Einzelunternehmens, in: Sonderbilanzen, hrsg. von *W. D. Budde, G. Förschle* und *N. Winkeljohann*, 4. Aufl., München 2008, S. 7–70.

Förschle, G./Kropp, M./Schellhorn, M.: Gründungs- und Eröffnungsbilanz der Kapitalgesellschaft, in: Sonderbilanzen, hrsg. von *W. D. Budde, G. Förschle* und *N. Winkeljohann*, 4. Aufl., München 2008, S. 151–255.

Förschle, G./Kropp, M./Siemers, L.: Eröffnungsbilanz der Personengesellschaft, in: Sonderbilanzen, hrsg. von *W. D. Budde, G. Förschle* und *N. Winkeljohann*, 4. Aufl., München 2008, S. 71–150.

Förschle, G./Usinger, R.: Kommentierung zu §§ 243, 248 und 254 HGB, in: Beck'scher Bilanzkommentar. Handelsbilanz und Steuerbilanz, hrsg. von *H. Ellrott* u. a., 7. Aufl., München 2010.

–: Exkurs: Optionen, Termingeschäfte, Zinsswaps, Wertpapier-Leihgeschäfte, in: Beck'scher Bilanzkommentar. Handelsbilanz und Steuerbilanz, hrsg. von *H. Ellrott* u. a., 7. Aufl., München 2010.

Förster, G./Felchner, J.: Umwandlung von Kapitalgesellschaften in Personengesellschaft nach dem Referentenentwurf zum SEStEG, in: DB 2006, S. 1072–1080.

Förster, G./Schmidtmann, D.: Steuerliche Gewinnermittlung nach dem BilMoG, in BB 2009, S. 1342–1346.

Förster, W.: Die Liquidationsbilanz, 4. Aufl., Köln 2005.

Forster, K.-H.: Überlegungen zur Bewertung in Abwicklungsabschlüssen, in: Wirtschaftsfragen der Gegenwart: Festschrift für C. H. Barz, hrsg. von *R. Fischer, P. Möhring* und *H. Westermann*, Berlin/New York 1974, S. 335–346.

Franz, K.-P.: Die Prozeßkostenrechnung – Darstellung und Vergleich mit der Plankosten- und Deckungsbeitragsrechnung, in: Finanz- und Rechnungswesen als Führungsinstrument, hrsg. von *P. Ahlert, K.-P. Franz* und *H. Göppl*, Wiesbaden 1990, S. 110–136.

Franz, K.-P./Kajüter, P. (Hrsg.): Kostenmanagement – Wettbewerbsvorteile durch systematische Kostensteuerung, 2. Aufl., Stuttgart 2002.

Freericks, W.: Bilanzierungsfähigkeit und Bilanzierungspflicht in Handels- und Steuerbilanz, Köln/Berlin/Bonn/München 1976.

–: Gründungsbilanz, in: HWR, hrsg. von *K. Chiemlewicz* und *M. Schweitzer*, 3. Aufl., Stuttgart 1993, Sp. 851–859.

Freiberg, J./Lüdenbach, N.: IFRS-Kommentar, § 23, in: Haufe IFRS-Kommentar, hrsg. von *N. Lüdenbach* und *W.-D. Hoffmann*, 8. Aufl., Freiburg u. a. 2010.

Freidank, C.-C.: Kostenrechnung: Grundlagen des innerbetrieblichen Rechnungswesens und Konzepte des Kostenmanagements, 8. Aufl., München/Wien 2008.

Freidank, C. C. (Hrsg.): Rechnungslegungspolitik: eine Bestandsaufnahme aus handels- und steuerrechtlicher Sicht, Berlin u. a. 1998.

Freidank, C.-C./Eigenstetter, H.: Finanzbuchhaltung und Jahresabschluß, Bd. 1, Stuttgart 1992.

Friedl, B.: Kostenrechnung: Grundlagen, Teilrechnungen und Systeme der Kostenrechnung, 2. Aufl., München 2010.

Friedl, G./Frömberg, K./Hammer, C./Küpper, H.-U./Pedell, B.: Stand und Perspektiven der Kostenrechnung in deutschen Großunternehmen, in: ZfCM 2009, S. 111–116.

Friedl, G./Hofmann, C./Pedell, B.: Kostenrechnung. Eine entscheidungsorientierte Einführung, München 2010.

Fritsch, M. (Hrsg.): Marktdynamik und Innovation, Gedächtnisschrift für H.-J. Ewers, Berlin 2004.

Frotscher, G.: Besteuerung bei Insolvenz, 7. Aufl., Frankfurt am Main 2010.

Früchtl, B./Fischer, N.: Erwerb eigener Anteile – Änderungen durch das BilMoG?, in: DStZ 2009, S. 112–117.

Fülbier, R.U./Fehr, J.: IASB und FASB machen Ernst mit der neuen Leasingbilanzierung: Der Standardentwurf zu „Leases" liegt vor, in: WPg 2010, S. 1019–1023.

Fülbier, R.U./Kuschel, P./Selchert, F.W.: § 252 HGB, Allgemeine Bewertungsgrundsätze, in: Handbuch der Rechnungslegung. Kommentar zur Bilanzierung und Prüfung, hrsg. von *K. Küting, N. Pfitzer* und *C. Weber,* Band II, 5. Aufl., Loseblattsammlung, Stuttgart.

Gabele, E.: Buchführung, Einführung in die Buchhaltung und Jahresabschlusserstellung, 8. Aufl., München u. a. 2003.

–: Buchführung, Übungsaufgaben und Lösungen, 5. Aufl., München u. a. 2003.

Gehrlein, M.: Das Eigenkapitalersatzrecht im Wandel seiner gesetzlichen Kodifikationen, in: BB 2011, S. 3–11.

Geissler, E./Breul, K.: Mehrwertsteuer, 5. Aufl., Stuttgart 1973.

Geist, A.: Die ordentliche Liquidation einer GmbH unter dem Einfluss von Mindestbesteuerung und steuerfreiem Sanierungsgewinn, in: GmbHR 2008, S. 969–978.

Gelen, P.: Die Fair-Value-Bilanzierung von Finanzinstrumenten in der Finanzmarktkrise, in: KoR 2010, S. 194–198.

Gelhausen, H./Fey, G./Kämpfer, G.: Rechnungslegung und Prüfung nach dem Bilanzrechtsmodernisierungsgesetz, Düsseldorf 2009.

Geßler, E./Hefermehl, W./Hildenbrandt, W./Schröder, G. (Hrsg.): Handelsgesetzbuch – Kommentar, Bd. I, 5. Aufl., München 1973.

Giesbert, H.: Organisation der Inventur-Aufnahme, in: PdR 1987, Gruppe 5, S. 7–22.

Glade A./Steinfeld G.: Umwandlungssteuergesetz 1977, Gesetz über steuerliche Maßnahmen bei Änderung der Unternehmensform, Kommentar, 3. Aufl., Herne/Berlin 1980.

Glogowski, E./Münch, W.: Neue Finanzdienstleistungen: dt. Bankenmärkte im Wandel, 2. Aufl., Wiesbaden 1990.

Göpfert, R. A./Rummel, K. D.: Cost Management Systems – An Example of how to Implement Activity Accounting, Siemens AG 1988.

Götze, U.: Kostenrechnung und Kostenmanagement, 5. Aufl., Berlin 2010.

Götte, W.: „Cash Pool II" – Kapitalaufbringung in der GmbH nach MoMiG, in: GWR 2009, S. 333–336.

–: Einführung in das neue GmbH-Recht, München 2008.

Götzinger, M./Michael, H.: Kosten- und Leistungsrechnung, 6. Aufl., Heidelberg 1993.

Goldstein, E.: Schnelleinstieg in die DATEV-Buchführung, 8. Aufl., München 2009.

Gottwald, P. (Hrsg.): Insolvenzrechts-Handbuch, 4. Aufl., München 2010.

Gräfer, H./Schiller, B./Rösner, S.: Finanzierung – Grundlagen, Institutionen, Instrumente und Kapitalmarkttheorie, 6. Aufl., Berlin 2008.

Greine, J./Wilms, K.: Dialogfinanzbuchhaltung, in: WiSt 1984, S. 327–333.

Groh, M.: Zur Bilanzierung von Fremdwährungsgeschäften, in: DB 1986, S. 869–877.

–: Bilanzierung öffentlicher Zuschüsse, in: DB 1988, S. 2417–2421.

Groß, P. J.: Fortführungsgesellschaften, in: Konkurs-, Treuhand- und Schiedsgerichtswesen 1982, S. 355–376.

–: Sanierung durch Fortführungsgesellschaften, 2. Aufl., Köln 1988.

Grünberger, D.: IFRS 2011: ein systematischer Praxisleitfaden, 9. Aufl., Herne 2011.

Grünewald, A.: Finanzterminkontrakte im handelsrechtlichen Jahresabschluß, Düsseldorf 1993.

Grützemacher, T.: Bewertung und bilanzielle Erfassung der Preisrisiken ausgewählter Finanzinnovationen, München 1989.

Günther, E.: Ökologieorientiertes Management, Stuttgart 2008.

Günther, K.-H.: Die Besteuerung von gewerblichen Betriebsaufgabe- und Veräußerungsgewinnen, in: WStH 2000, S. 629–642.

Günther, T./Kriegbaum, C.: Life Cycle Costing, in: WISU 1997, S. 900–912.
Günther, T./Muche, T./White, M.: Bilanzrechtliche und steuerrechtliche Behandlung des Rückkaufs eigener Anteile in den U.S.A. und in Deutschland, in: WPg 1998, S. 574–585.
Gutenberg, E.: Grundlagen der Betriebswirtschaftslehre, 1. Bd.: Die Produktion, 24. Aufl., Berlin/Heidelberg/New York 1983.

Haaker, A.: Komponentenansatz als GoB?, in: PiR 2009, S. 240–241.
Haas, U.: Kommentierung zu § 71 GmbHG, in: Gesetz betreffend die Gesellschaften mit beschränkter Haftung (Beck'sche Kurzkommentare, Band 20), hrsg. von *A. Baumbach* und *A. Hueck*, 19. Aufl., München 2010.
–: Anhang nach § 77 GmbHG, Amtslöschung und Amtsauflösung der GmbH durch registergerichtliches Verfahren nach dem FamFG/FGG, in: Gesetz betreffend die Gesellschaften mit beschränkter Haftung (Beck'sche Kurzkommentare, Band 20), hrsg. von *A. Baumbach* und *A. Hueck*, 19. Aufl., München 2010.
Haase, K. D.: Finanzbuchhaltung, 9. Aufl., Düsseldorf 2005.
Haasis, H. D.: Umweltschutzkosten in der betrieblichen Vollkostenrechnung, in: WiSt 1992, S. 118–122.
Haberstock, L./Breithecker, V.: Kostenrechnung I, Einführung, 13. Aufl., Berlin 2008.
–: Kostenrechnung II, (Grenz-)Plankostenrechnung, 10. Aufl., Berlin 2008.
Hachmeister, D.: Der Discounted Cash Flow als Maß der Unternehmenswertsteigerung, 4. Aufl., Frankfurt am Main u. a. 2000.
–: Verbindlichkeiten nach IFRS. Bilanzierung von kurz- und langfristigen Verbindlichkeiten, Rückstellungen und Eventualschulden, München 2006.
Hachmeister, D./Zeyer, F.: Inventur und Inventar, in: Handbuch des Jahresabschlusses in Einzeldarstellungen, hrsg. von *K. v. Wysocki, J. Schulze-Osterloh, J. Hennrichs* und *C. Kuhner*, Band I, Loseblattsammlung, Köln, Abt. I/14.
Häuselmann, H.: Die Bilanzierung von Optionen aus handelsrechtlicher Sicht, in: DB 1987, S. 1745–1748.
–: Wandelanleihen in der Handels- und Steuerbilanz des Emittenten, in: BB 2000, S. 139–146.
Häuselmann, H./Wagner, S.: Steuerbilanzielle Erfassung aktienbezogener Anleihen: Options-, Wandel-, Umtausch- und Aktienanleihen, in: BB 2002, S. 2431–2436.
Hagen, J. v./Stein, J. H. v. (Hrsg.): Obst/Hinter – Geld-, Bank- und Börsenwesen, 40. Aufl., Stuttgart 2000.
Hahn, H./Werner, C.: Wegweiser zur Bilanzsicherheit, Teil B, 23. Aufl., Bad Homburg 1984.
–: Wegweiser zur Bilanzsicherheit, Teil A, 25. Aufl., Bad Homburg 1985.
Hahn, V./Kortschak, H.-P.: Lehrbuch der Umsatzsteuer, 12. Aufl., Herne 2009.
Hahn, W. /Lenz, H. /Tunnissen, W.: Die Buchführung der Industriebetriebe, 50. Aufl., Bad Homburg u. a. 1976.
Hall, G. van/Harth, H.-J./Kessler, H.: Bilanzierung der Rückstellungen, in: Handbuch Bilanzrechtsmodernisierungsgesetz, hrsg. von *H. Kessler, M. Leinen* und *M. Strickmann*, Freiburg u. a. 2009, S. 257–322.
Hall, G., van/Kessler, H.: Bilanzierung des Anlagevermögens, in: Handbuch Bilanzrechtsmodernisierungsgesetz, hrsg. von *H. Kessler, M. Leinen* und *M. Strickmann*, Freiburg u. a. 2009, S. 127–238.
Hanisch, H.: EDV-Prüfung bei Datenbanksystemen (Teile I und II), in: WPg 1986, S. 405–413/437–445.
Hansen, H. R./Neumann G.: Wirtschaftsinformatik I, 8. Aufl., Stuttgart/New York 2001.
Haritz, D./Menner, S. (Hrsg.): Umwandlungssteuergesetz: Kommentar, 3. Aufl., München 2010.
Harms, J. E./Marx, F. J.: Bilanzrecht in Fällen: Handelsbilanz nach BilMoG, Steuerbilanz, IFRS-Abschluss, 10. Aufl., Herne/Berlin 2010.
Hartmann-Wendels, T./Pfingsten, A./Weber, M.: Bankbetriebslehre, 5. Aufl., Berlin u. a. 2010.
Hauptfachausschuss (HFA) des Instituts der Wirtschaftsprüfer in Deutschland e. V.: Zur Berücksichtigung von Finanzierungs-Leasing-Verträgen im Jahresabschluß des Leasingnehmers, Stellungnahme 1/1973, in: WPg 1973, S. 101 f.
–: Zur Bilanzierung von Zero-Bonds, Stellungnahme 1/1986, in: WPg 1986, S. 248–249.

–: Zur Verschmelzungsprüfung nach § 340b Abs. 4 AktG, Stellungnahme 6/1988, in: WPg 1989, S. 42–44.

–: Zur Bilanzierung beim Leasinggeber, Stellungnahme 1/1989, in: WPg 1989, S. 625–626.

–: Zur körperlichen Bestandsaufnahme im Rahmen von Inventurverfahren, Stellungnahme 1/1990, in: WPg 1990, S. 143–149.

–: Stichprobenverfahren für die Vorratsinventur zum Jahresabschluß, Stellungnahme 1/1981 i. d. F. 1990, in: WPg 1990, S. 649–657.

–: Zur Behandlung von Genussrechten im Jahresabschluss von Kapitalgesellschaften, Stellungnahme 1/1994, in: WPg 1994, S. 419–423.

–: Zweifelsfragen beim Formwechsel, Stellungnahme 1/1996, in: WPg 1996, S. 507–511.

–: Zweifelsfragen der Rechnungslegung bei Verschmelzungen, Stellungnahme 2/1997, in: WPg 1997, S. 235–240, sowie Änderungen der Stellungnahme HFA 2/1997 in: WPg 2000, S. 439 f.

–: Zur phasengleichen Vereinnahmung von Erträgen aus Beteiligungen an Kapitalgesellschaften nach dem Urteil des BGH von 12. Januar 1998, in: WPg 1998, S. 427–428.

–: Auslegung des § 341b HGB, IDW RS VFA 2, in: WPg 2002, S. 474–476.

–: Erklärungen der gesetzlichen Vertreter gegenüber dem Abschlussprüfer, IDW PS 303, in: FN 2002, S. 323–326.

–: Abschlussprüfung bei Einsatz von Informationstechnologie, IDW PS 330, in: WPg 2002, S. 1167–1179.

–: Prüfung der Vorratsinventur, IDW PS 301, in: WPg 2003, S. 715–727.

–: Die Beurteilung der Fortführung der Unternehmenstätigkeit im Rahmen der Abschlussprüfung, IDW PS 270, in: WPg 2003, S. 775–780.

–: Abschlussprüfung bei teilweiser Auslagerung der Rechnungslegung auf Dienstleistungsunternehmen, IDW PS 331, in: WPg 2003, S. 999–1002.

–: Auswirkungen einer Abkehr von der Going Concern-Prämisse auf den handelsrechtlichen Jahresabschluss, IDW RS HFA 17, in: WPg 2006, S. 40–45.

–: Einzelfragen zur Bilanzierung von Finanzinstrumenten nach IFRS, IDW RS HFA 9, in: FN 2007, S. 326–400.

–: Berichterstattung Rechnungslegung 2007, Behandlung geringwertiger Wirtschaftsgüter nach dem Unternehmensteuerreformgesetz, in: FN 2007, S. 506.

–: Grundsätze zur Bewertung immaterieller Vermögenswerte, IDW S 5, in: FN 2007, S. 610–621.

–: Prüfung des internen Kontrollsystems beim Dienstleistungsunternehmen für auf das Dienstleistungsunternehmen ausgelagerte Funktionen, IDW PS 951, in: WPg Supplement 4/2007, S. 40–55.

–: Bilanzierung von Emissionsberechtigungen nach HGB IDW RS HFA 15, in: RWZ 2008, S. 94–96.

–: Bestandsaufnahme im Insolvenzverfahren, IDW RH HFA 1.010, in: FN 2008, S. 309–320.

–: Insolvenzspezifische Rechnungslegung im Insolvenzverfahren, IDW RH HFA 1.011, in: FN 2008, S. 321–331.

–: Externe (handelsrechtliche) Rechnungslegung im Insolvenzverfahren, IDW RH HFA 1.012, in: FN 2008, S. 331–337.

–: Zur Rechnungslegung bei Personenhandelsgesellschaften, IDW RS HFA 7, in: FN 2008, S. 370–378.

–: Projektbegleitende Prüfung bei Einsatz von Informationstechnologie, IDW PS 850, in: WPg Supplement 4/2008, S. 12–27.

–: Zur einheitlichen oder getrennten handelsrechtlichen Bilanzierung strukturierter Finanzinstrumente, IDW RS HFA 22, in: FN 2008, S. 455–459.

–: Beurteilung eingetretener oder drohender Zahlungsunfähigkeit bei Unternehmen, IDW PS 800, in: RWZ 2009, S. 251–255.

–: Umwidmung und Bewertung von Forderungen und Wertpapieren nach HGB, IDW RH HFA 1.014, in: FN 2009, S. 58–62.

–: Bilanzierung und Bewertung von Pensionsverpflichtungen gegenüber Beamten und deren Hinterbliebenen, IDW RS HFA 23, in: FN 2009, S. 316–322.

–: Einzelfragen zur Bilanzierung latenter Steuern nach den Vorschriften des HGB in der Fassung des Bilanzrechtsmodernisierungsgesetzes, Entwurf, IDW ERS HFA 27, in: FN 2009, S. 337–344.

–: Zulässigkeit degressiver Abschreibungen in der Handelsbilanz vor dem Hintergrund der jüngsten Rechtsänderungen, IDW RH HFA 1.015, in: FN 2009, S. 358–361.

–: Handelsrechtliche Zulässigkeit einer komponentenweisen planmäßigen Abschreibung von Sachanlagen, IDW RH HFA 1.016, in: FN 2009, S. 362 f.

–: Entwurf einer Fortsetzung von IDW S 5: Grundsätze zur Bewertung immaterieller Werte (IDW S 5): Besonderheiten bei der Bewertung von kundenorientierten immateriellen Werten, in: FN 2009, S. 574–577.

–: Grundsätze für die Erstellung von Jahresabschlüssen, IDW S 7, in: FN 2009, S. 623–635.

–: Die Prüfung von Softwareprodukten, IDW PS 880, in: FN 2010, S. 186–201.

–: Zweifelsfragen zum Ansatz und zur Bewertung von Drohverlustrückstellungen, IDW RS HFA 4, in: FN 2010, S. 298–304.

–: Bilanzierung entgeltlich erworbener Software beim Anwender, IDW RS HFA 11, in: FN 2010, S. 304–309.

–: Aktivierung von Herstellungskosten, IDW RS HFA 31, in: FN 2010, S. 310–313.

–: Ansatz- und Bewertungsstetigkeit im handelsrechtlichen Jahresabschluss, IDW ERS HFA 38, in: FN 2010, S. 338–341.

–: Rückstellungen für die Aufbewahrung von Geschäftsunterlagen sowie für die Aufstellung, Prüfung und Offenlegung von Abschlüssen und Lageberichten nach § 249 Abs. 1 HGB, IDW RH HFA 1.009, in: FN 2010, S. 354–355.

–: Auswirkungen einer Abkehr von der Going-Concern-Prämisse auf den handelsrechtlichen Jahresabschluss, Entwurf einer Neufassung, IDW ERS HFA 17 n. F., in: FN 2010, S. 389–395.

–: Handelsrechtliche Bilanzierung von Bewertungseinheiten, Entwurf, IDW ERS HFA 35, in: FN 2010, S. 396–410.

–: Handelsrechtliche Bilanzierung von Altersversorgungsverpflichtungen, IDW RS HFA 30, in: FN 2010, S. 437–451.

Hebestreit, G./Schrimpf-Dörges, C. E.: Rückstellungen, § 13, in: Beck'sches IFRS-Handbuch – Kommentierung der IFRS/IAS, hrsg. von *W. Bohl, J. Riese* und *J. Schlüter,* 3. Aufl., München u. a. 2009.

Hechtner, F./Siegel, T.: Grenzsteuersätze im Tarifgeflecht der §§ 32a, 32b und 34 Abs. 1 EStG – Sinkende Einkommensteuer bei steigendem Einkommen möglich, in: DStR 2010, S. 1593–1599.

Heckschen, H.: Die Reform des Umwandlungsrechts, in: DNotZ 2007, S. 444–465.

–: Das MoMiG in der notariellen Praxis, München 2009.

Heger, H.-J./Weppler, T.: Die Pensionsverpflichtungen, in: Handbuch des Jahresabschlusses in Einzeldarstellungen, hrsg. von *K. v. Wysocki, J. Schulze-Osterloh, J. Hennrichs* und *C. Kuhner,* Band III, Loseblattsammlung, Köln, Abt. III/7.

Heinen, E.: Kostenrechnung, in: HWB, 2. Bd., hrsg. von *E. Grochla* und *W. Wittmann,* 4. Aufl., Stuttgart 1975, Sp. 2313–2331.

–: Betriebswirtschaftliche Kostenlehre, 6. Aufl., Wiesbaden 1985.

–: Einführung in die Betriebswirtschaftslehre, 9. Aufl., Wiesbaden 1985.

–: Handelsbilanzen, 12. Aufl., Wiesbaden 1986.

Heinhold, M.: Der Jahresabschluss, 4. Aufl., München/Wien 1996.

–: Buchführung in Fallbeispielen, 11. Aufl., Stuttgart 2010.

Heitmüller, H.-M./Hellen, H.-H.: Kap. 6, Miet-, Pacht- und Leasingverhältnisse, in Handbuch der Rechnungslegung. Kommentar zur Bilanzierung und Prüfung, hrsg. von *K. Küting, N. Pfitzer* und *C. Weber,* Band I, 5. Aufl., Loseblattsammlung, Stuttgart.

Helm, K. F.: Konzepte der Ergebnisrechnung, in: Handbuch der Kostenrechnung, hrsg. von *W. Männel,* Wiesbaden 1992, S. 671–688.

Heni, B.: Rechnungslegung im Insolvenzverfahren: Derzeitiger Stand und Entwicklungstendenzen, in: NPg 1990, S. 93–99.

Hense, H. H.: Die stille Gesellschaft im handelsrechtlichen Jahresabschluß, Düsseldorf 1990.

Hermens, A.-S./Klein, C.: Berücksichtigung des Goodwill bei internen Restrukturierungen, in: KoR 2010, S. 6–12.
Herrmann, C./Heuer, G./Raupach, A.: Einkommensteuergesetz und Körperschaftsteuergesetz, Kommentar, 20. Aufl., Köln 1992.
Herzig, N.: Neues Umwandlungssteuerrecht – Praxisfälle und Gestaltungen im Querschnitt, Köln 1996.
–: Steuerliche und bilanzielle Probleme bei Stock Options und Stock Appreciation Rights, in: DB 1999, S. 1–12.
–: Kap. 3, Maßgeblichkeitsgrundsatz, in: Handbuch der Rechnungslegung. Kommentar zur Bilanzierung und Prüfung, hrsg. von *K. Küting, N. Pfitzer* und *C. Weber,* Band I, 5. Aufl., Loseblattsammlung, Stuttgart.
–: Steuerliche Konsequenzen des Regierungsentwurfs zum BilMoG, in: DB 2008, S. 1339–1345.
Herzig, N./Briesemeister, S.: Steuerliche Konsequenzen des BilMoG: Deregulierung und Maßgeblichkeit, in: DB 2009, S. 926–931.
–: Reichweite und Folgen des Wahlrechtsvorbehalts § 5 Abs. 1 EStG, in: DB 2010, S. 917–923.
Herzig, N./Briesemeister, S./Joisten, C./Vossel, S.: Component approach im Handels- und Steuerbilanzrecht – Anmerkungen zu IDW RH HFA 1.016, in: WPg 2010, S. 561–573.
Herzig, N./Mauritz, P.: Ökonomische Analyse von Konzepten zur Bildung von Bewertungseinheiten: Micro-Hedges, Macro-Hedges und Portfolio-Hedges – wünschenswert im deutschen Bilanzrecht?, in: ZfbF 1998, S. 99–128.
Herzig, N./Vossel, S.: Paradigmenwechsel bei latenten Steuern nach dem BilMoG, in: BB 2009, S. 1174–1178.
Hess, H./Fechner, D.: Sanierungshandbuch, 4. Aufl., Köln 2009.
Heuser, P. J./Theile, C. (Hrsg.): IFRS Handbuch: Einzel- und Konzernabschluss, 4. Aufl., Köln 2009.
Hey, J.: Körperschaftsteuer, in: Steuerrecht, hrsg. von *K. Tipke* und *J. Lang,* 20. Aufl., Köln 2010, S. 423–466.
Heyd, R./Kreher, M.: BilMoG – Das Bilanzrechtsmodernisierungsgesetz, München 2010.
Heyd, R./Rick, E.: Professionell buchen und bilanzieren, Loseblattsammlung, Stuttgart 1993.
Hieke, H.: Teilkosten- und Deckungsbeitragsrechnung, Herne/Berlin 1998.
Hilton, R.W.: Managerial Accounting. Creating Value in a Dynamic Business Environment, 8. Aufl., Boston u. a. 2009.
Hintner, O.: Bilanz und Status, in: ZfB 1960, S. 523–539.
Höfer, R.: § 249 HGB, Pensionsverpflichtungen und ähnliche Verpflichtungen als ungewisse Verbindlichkeiten, in: Handbuch der Rechnungslegung. Kommentar zur Bilanzierung und Prüfung, hrsg. von *K. Küting, N. Pfitzer* und *C. Weber,* Band I, 5. Aufl., Loseblattsammlung, Stuttgart.
–: Pensionsrückstellungen in der Steuerbilanz – Bewertungsvorbehalte, Nachholverbot, Passivierungspflicht, Fehlerkorrektur, in: DB 2011, S. 140–142.
Höppner, N./Sietz, M./Seuring, S.: Analyse der Effizienz des Öko-Audits, in: Umweltschutz, Produktqualität und Unternehmenserfolg, hrsg. von *M. Sietz,* Berlin u. a., 1998, S. 1–52.
Hörtnagl, R.: Kommentierung zu § 15 UmwStG, in: Umwandlungsgesetz – Umwandlungssteuergesetz, hrsg. von *J. Schmitt, R. Hörtnagl* und *R.-C. Stratz,* 5. Aufl., München 2009.
Hofbauer, M. A.: Die Bilanzierung von Zulagen und Zuschüssen, in: BB 1976, S. 653–661.
Hoffmann, W.-D.: Praxisorientierte Einführung in die Rechnungslegungsvorschriften des Regierungsentwurfs zum Bilanzrichtlinien-Gesetz, in: BB 1983, Beilage 1/83.
–: Zum Wechseldiskonturteil des Bundesfinanzhofs, in: BB 1996, S. 420–421.
–: IFRS-Kommentar, §§ 8, 11, 13, 14, 21, 26, in: Haufe IFRS-Kommentar, hrsg. von *N. Lüdenbach* und *W.-D. Hoffmann,* 8. Aufl., Freiburg u. a. 2010.
Hoffmann, W.-D./Lüdenbach, N.: IFRS-Kommentar, § 50, in: Haufe IFRS-Kommentar, hrsg. von *N. Lüdenbach* und *W.-D. Hoffmann,* 8. Aufl., Freiburg u. a. 2010.
–: NWB Kommentar Bilanzierung, 2. Aufl., Herne 2011.
Hoitsch, H.-J./Lingnau, V.: Kosten- und Erlösrechnung. Eine controllingorientierte Einführung, 6. Aufl., Heidelberg 2007.
Holdt, W.: Buchführung und Bilanzierung, Stuttgart u. a. 1978.

Holzer, H. P.: Direct (Variable) Costing, in: HWR, hrsg. von *E. Kosiol,* Stuttgart 1970, Sp. 412–418.
Homburg, C./Bonenkamp, U./Lorenz, M.: Übungsbuch Kosten- und Leistungsrechnung, 2. Aufl., Stuttgart 2009.
Hommel, M./Rößler, B.: Komponentenansatz des IDW RH HFA 1.016 – eine GoB-konforme Konkretisierung der planmäßigen Abschreibungen?, in: BB 2009, S. 2526–2530.
Hopt, K. J.: Kommentierung zu § 230 HGB, in: *Baumbach, A./Hopt, K. J.:* Handelsgesetzbuch. Kommentar, bearbeitet von *K. J. Hopt* und *H. Merkt,* 34. Aufl., München 2010.
Horngren, C. T./Dantar, S. M./Foster, G.: Cost Accounting. A Managerial Emphasis, 12. Aufl., Saddle River (NJ), 2006.
Horváth, P.: Controlling, 11 Aufl., München 2009.
Horváth, P. (Hrsg.): Target Costing – marktorientierte Zielkosten in der deutschen Praxis, Stuttgart 1993.
Horváth, P./Arnaout, A.: Internationale Rechnungslegung und Einheit des Rechnungswesens, State-of-the-Art und Implementierung in der deutschen Praxis, in: Controlling 1997, S. 254–269.
Horváth, P./Mayer, R.: Prozeßkostenrechnung. Der neue Weg zu mehr Kostentransparenz und wirkungsvolleren Unternehmensstrategien, in: Controlling 1989, S. 214–219.
Horváth, P./Niemand, S./Wolbold, M.: Target Costing – State of the Art, in: Target Costing – marktorientierte Zielkosten in der deutschen Praxis, hrsg. von *P. Horváth,* Stuttgart 1993, S. 1–27.
Horváth, P./Seidenschwarz, W.: Zielkostenmanagement, in: Controlling 1992, S. 142–150.
Huch, B.: Einführung in die Kostenrechnung, 8. Aufl., Berlin/Heidelberg 1986.
Hübner, H.: Wechsel, in: HWF, hrsg. von *E. Büschgen,* Stuttgart 1976, Sp. 1809–1815.
Hübner, U.: Kommentierung zu § 109 UmwG, in: Umwandlungsgesetz: Kommentar, 1. Bd., hrsg. von *M. Lutter* und *M. Winter,* 4. Aufl., Köln 2009.
Hüffer, U.: Aktiengesetz. Kommentar, 8. Aufl., München 2008.
Hülshoff, F.: Kosten- und Leistungsrechnung industrieller Betriebe, Wiesbaden 1974.
Hüttche, T.: Modernisierte Bilanzpolitik: Weichenstellungen mit Blick auf das BilMoG, in: BB 2009, S. 1346–1351.
–: Rechnungslegung. Bilanzierung und Bewertung nach HGB und IFRS im Einzel- und Konzernabschluss, 3. Aufl., München 2010.
Hütten, C./Lorson, P. C.: § 247 HGB, Exkurs: Das Eigenkapital, in: Handbuch der Rechnungslegung. Kommentar zur Bilanzierung und Prüfung, hrsg. von *K. Küting, N. Pfitzer* und *C. Weber,* Band I, 5. Aufl., Loseblattsammlung, Stuttgart.
Hummel, S./Männel, W.: Kostenrechnung 1, Grundlagen, Aufbau und Anwendung, 4. Aufl., Wiesbaden 1986, unveränderter Nachdruck 2004.
–: Kostenrechnung 2, Moderne Verfahren und Systeme, 3. Aufl., Wiesbaden 1983, unveränderter Nachdruck 2004.
Hundsdoerfer, J.: Die Vorräte, in: Handbuch des Jahresabschlusses in Einzeldarstellungen, hrsg. von *K. v. Wysocki, J. Schulze-Osterloh, J. Hennrichs* und *C. Kuhner,* Band II, Loseblattsammlung, Köln, Abt. II/4.
Husemann, W.: Abschreibung eines Vermögensgegenstands entsprechend der Nutzungsdauer wesentlicher Komponenten, in: WPg 2010, S. 507–514.

Institut der Wirtschaftsprüfer (IDW) in Deutschland e. V. (Hrsg.): Gemeinsame Stellungnahme zum Entwurf eines Bilanzrichtlinien-Gesetzes, in: WPg 1985, S. 537–553.
–: Wirtschaftsprüfer-Handbuch 1992, Bd. I (WP-Handbuch 92 I), Düsseldorf 1992.
–: Wirtschaftsprüfer-Handbuch 1996, Bd. I (WP-Handbuch 96 I), Düsseldorf 1996.
–: Die Vorbereitung auf den Euro, Düsseldorf 1997.
–: Erhöhung des allgemeinen Umsatzsteuersatzes mit Wirkung vom 1. 4. 1998, in: FN 1998, S. 104–110.
–: Anforderungen an Insolvenzpläne, IDW S 2, in: FN 2000, S. 81–90.
–: Wirtschaftsprüfer-Handbuch 2006, Bd. I (WP-Handbuch 06 I), Düsseldorf 2006.
–: Wirtschaftsprüfer-Handbuch 2008, Bd. II (WP-Handbuch 08 II), Düsseldorf 2007.
–: Anpassungsbedarf bei Pensionszusagen an sonstige Arbeitnehmer, in: Beiheft zu FN Nr. 5 2009, B 5.

–: IDW zum Diskussionsentwurf für ein Gesetz zur Reform des Insolvenzrechts, in: FN Nr. 12/2010, S. 516–524.

Institut „Finanzen und Steuern" e. V.: Zur Steuerfreiheit von Sanierungsgewinnen, Schrift Nr. 360, Bonn 1998.

International Accounting Standards Board (IASB): Discussion Paper DP/2008/8 "Preliminary Views on Financial Statement Presentation", London 2008.

–: "Reclassification of Financial Assets", London 2008.

–: "Reclassification of Financial Assets – Effective Date and Transition", London 2008.

–: Exposure Draft ED/2009/5 "Fair Value Measurement", London 2009.

–: Exposure Draft ED/2009/12 "Amortised Cost and Impairment", London 2009.

–: Exposure Draft ED/2010/5 "Presentation of Items of Other Comprehensive Income", London 2010.

–: Exposure Draft ED/2010/9 "Leases", London 2010.

–: Exposure Draft ED/2010/13 "Hedge Accounting", London 2010.

–: Supplement to Exposure Draft ED/2009/12 "Hedge Accounting", London 2011.

–: Exposure Draft ED/2011/1 "Offsetting Financial Assets and Financial Liabilities", London 2011.

Ischebeck, E./Nissen-Schmidt, A.: § 264c HGB, Besondere Bestimmungen für offene Handelsgesellschaften und Kommanditgesellschaften im Sinne des § 264 a, in: Handbuch der Rechnungslegung. Kommentar zur Bilanzierung und Prüfung, hrsg. von *K. Küting, N. Pfitzer* und *C. Weber,* Band II, 5. Aufl., Loseblattsammlung, Stuttgart.

Jacob, H. (Hrsg.): Moderne Kostenrechnung, Wiesbaden 1978.

Jacobs, O./Scheffler, W.: Unternehmensbesteuerung und Rechtsform – Handbuch zur Besteuerung deutscher Unternehmen, hrsg. von *O. Jacobs,* 4. Aufl., München 2009.

Jäger, B./Lang F.: Körperschaftsteuer, 18. Aufl., Achim 2009.

Jäger, W.: Gründung, in: HWF, hrsg. von *E. Büschgen,* Stuttgart 1976, Sp. 787–794.

Janberg, H. (Hrsg.): Finanzierungs-Handbuch, Wiesbaden 1970.

Jenak, K.: Lohn- und Gehaltsabrechnung für Praktiker, Stuttgart 2002.

Jost, H.: Kosten- und Leistungsrechnung, 7. Aufl., Nachdruck, Wiesbaden 1997.

Joswig, M.: Gründungsbilanzierung bei Kapitalgesellschaften nach Handels- und Steuerrecht, Düsseldorf 1995.

–: Der Stichtag der Gründungsbilanz von Kapitalgesellschaften, in: DStR 1996, S. 1907–1911.

Jünger, P.: Liquidation und Halbeinkünfteverfahren, in: BB 2001, S. 69–77.

Junkernheinrich, M./Klemmer, P./Wagner, G. R. (Hrsg.): Handbuch zur Umweltökonomie, Berlin 1995.

Juretzek, W.: Umsatzsteuergesetz, Mehrwertsteuerkommentar, 8. Aufl., Ludwigshafen 1967.

Jurowsky, R.: Bilanzierungszweckentsprechende Liquidationsrechnungslegung für Kapitalgesellschaften, in: DStR 1997, S. 1782–1788.

Jutz, M.: Swaps und Financial Futures und ihre Abbildung im Jahresabschluß, Stuttgart 1989.

Kämpf, L.: Auswirkungen der Euro-Umstellung auf die Bilanzanalyse mit Kennzahlen, in: StuB 2001, S. 1001–1009.

Kafitz, F./Lindner, W.: Buchführung für Fachhandel/Einzelhandel, Wiesbaden 1977.

Kahle, H./Haas, M.: Herstellungskosten selbst geschaffener immaterieller Vermögensgegenstände des Anlagevermögens, in: WPg 2010, S. 34–39.

Kahle, H./Heinstein, R./Dahlke, A.: Das Sachanlagevermögen, in: Handbuch des Jahresabschlusses in Einzeldarstellungen, hrsg. von *K. v. Wysocki, J. Schulze-Osterloh, J. Hennrichs* und *C. Kuhner,* Band II, Loseblattsammlung, Köln, Abt. II/2.

Kahn, S./Adam, S.: Die Besteuerung von Sanierungsgewinnen aus steuerrechtlicher, insolvenzrechtlicher und europarechtlicher Sicht, in: ZInsO 2008, S. 899–908.

Kallmeyer, H.: Umwandlungsgesetz: Kommentar; Verschmelzung, Spaltung und Formwechsel bei Handelsgesellschaften, 4. Aufl., Köln 2010.

Kaminski. B.: Neue Probleme mit §5 Abs. 1 EStG i. d. F. des BilMoG auf Grund des BMF-Schreibens vom 12. 3. 2010, in: DStR 2010, S. 771–773.

Kaplan, R. S./Norton, D. P.: The Balanced Scorecard: Translating Strategy into Action, Boston 1996.

Keitz, I., v./Wollmert, P./Oser, P./Wader, D.: IAS 37: Rückstellungen, Eventualschulden und Eventualforderungen (provisions, contingent liabilities and contingent assets), in: Rechnungslegung nach IFRS: Kommentar auf der Grundlage des deutschen Bilanzrechts, hrsg. von *J. Baetge, P. Wollmert, H.-J. Kirsch, P. Oser* und *S. Bischof,* 2. Aufl., Stuttgart 2005.

Kern, W.: Industriebetriebslehre, in: HWB, 2. Bd., hrsg. von *E. Grochla* und *W. Wittmann,* 4. Aufl., Stuttgart 1975, Sp. 1849–1858.

Kessal-Wulf, S.: Gesetz über Verbraucherkredite, zur Änderung der Zivilprozessordnung und anderer Gesetze, in: J. von Staudingers Kommentar zum Bürgerlichen Gesetzbuch, Buch 2, Recht der Schuldverhältnisse, hrsg. von *J. v. Staudinger* und *G. Beitzke,* 12. Aufl., Berlin 1997.

Kessler, H.: Bilanzierung des Umlaufvermögens, in: Handbuch Bilanzrechtsmodernisierungsgesetz, hrsg. von *H. Kessler, M. Leinen* und *M. Strickmann,* Freiburg u. a. 2009, S. 239–256.

Kessler, H./Leinen, M./Strickmann, M. (Hrsg.): Handbuch Bilanzrechtsmodernisierungsgesetz, Freiburg u. a. 2009.

Kilger, J.: Der Konkurs des Konkurses, in: KTS 1975, S. 142–166.

Kilger, W.: Kurzfristige Erfolgsrechnung, Wiesbaden 1962.

–: Plankostenrechnung, in: HWR, hrsg. von *E. Kosiol,* Stuttgart 1970, Sp. 1342–1358.

–: Plankostenrechnung, in: HWB, 2. Bd., hrsg. von *E. Grochla* und *W. Wittmann,* 4. Aufl., Stuttgart 1975, Sp. 2984–3001.

–: Flexible Plankostenrechnung und Deckungsbeitragsrechnung, 10. Aufl., Wiesbaden 1993.

–: Einführung in die Kostenrechnung, 3. Aufl. 1987, Nachdruck, Wiesbaden 2000.

Kilger, W./Pampel, J. R./Vikas, K.: Flexible Plankostenrechnung und Deckungsbeitragsrechnung, 12. Aufl., Wiesbaden 2007.

Kilger, W./Scheer, A.-W. (Hrsg.): Rechnungswesen und EDV, Würzburg/Wien 1983.

Kirchhoff, H.-P./Lwowski, H.-J./Stürner, R. (Hrsg.): Münchener Kommentar zur Insolvenzordnung, 2. Aufl., München 2007.

Kirsch, H.: Einführung in die internationale Rechnungslegung nach IFRS, 7. Aufl., Herne 2010.

Klass, T./Möller, C.: Umwandlungsprivileg für Konzerne bei der Grunderwerbsteuer – koordinierte Ländererlasse vom 1. 12. 2010, in: BB 2011, S. 407–416.

Kleindiek, D.: Kommentierung zu §71 GmbHG, in: GmbH-Gesetz: Kommentar, hrsg. von *M. Lutter* und *P. Hommelhoff,* 17. Aufl., Köln 2009.

Klimmer, W. A.: Repetitorium der Buchführung: Handbuch für Handel und Industrie, 2. Aufl., Wiesbaden 1970.

Klingberg, D.: Der Aktienrückkauf nach dem KonTraG aus bilanzieller und steuerlicher Sicht, in: BB 1998, S. 1575–1581.

–: Spaltungsbilanzen, in: Sonderbilanzen, hrsg. von *W. D. Budde, G. Förschle* und *N. Winkeljohann,* 4. Aufl., München 2008, S. 441–493.

–: Kommentierung zu §7 UmwStG 2006, in: *Blümich, W.*: Einkommensteuergesetz, Körperschaftsteuergesetz, Gewerbesteuergesetz. Kommentar, hrsg. von *B. Heuermann,* Loseblattsammlung, München.

Kloock, J.: Neuere Entwicklungen betrieblicher Umweltkostenrechnungen, in: Betriebswirtschaft und Umweltschutz, hrsg. von *G. R. Wagner,* Stuttgart 1993, S. 179–206.

–: Umweltkostenrechnung, in: Handbuch zur Umweltökonomie, hrsg. von *M. Junkernheinrich, P. Klemmer* und *G. R. Wagner,* Berlin 1995, S. 295–301.

–: Bilanz- und Erfolgsrechnung, 3. Aufl., Düsseldorf 1996.

Knecht, T./Drescher, F.: Bilanzielle Restrukturierung, in: Restrukturierung, Sanierung, Insolvenz: Handbuch, hrsg. von *A. Buth* und *M. Hermanns,* 3. Aufl., München 2009, S. 460–479.

Knobloch, A. P.: Eine modifizierte Verbindlichkeiten-Bilanzierung nach dem Fair-Value-Modell für den IFRS- und den HGB-Abschluss, in: ZfbF 2007, S. 87–119.

–: Finanzielle Verbindlichkeiten nach IFRS: Abgrenzung und Bilanzierung, in: WISU 2010, S. 536–542.

Knobloch, A. P./Kratz, N. (Hrsg.): Neuere Finanzprodukte – Anwendung, Bewertung, Bilanzierung, Festschrift für W. Eisele, München 2003.

Knop, W.: § 240 HGB, Inventar, in: Handbuch der Rechnungslegung. Kommentar zur Bilanzierung und Prüfung, hrsg. von *K. Küting, N. Pfitzer* und *C. Weber,* Band I, 5. Aufl., Loseblattsammlung, Stuttgart.

Knop, W./Küting, K.: Anschaffungskosten im Umwandlungsrecht, in: BB 1995, S. 1023–1030.

Knop, W./Zander, S.: § 268 HGB, Vorschriften zu einzelnen Posten der Bilanz. Bilanzvermerke, in: Handbuch der Rechnungslegung. Kommentar zur Bilanzierung und Prüfung, hrsg. von *K. Küting, N. Pfitzer* und *C. Weber,* Band II, 5. Aufl., Loseblattsammlung, Stuttgart.

Kobs, E.: Bilanzierung bei Umwandlungen, 2. Aufl., Herne/Berlin 1987.

–: Änderungen der Unternehmensformen im Bilanzsteuerrecht. Ein Handbuch zur Rechtsformwahl unter Berücksichtigung des Bilanzrichtlinien-Gesetzes, 6. Aufl., Herne/Berlin 1994.

Koch, H.: Grundprobleme der Kostenrechnung, Köln/Opladen 1966.

Körner, W./Heyden, D. von der: Bilanzsteuerrecht in der Praxis: Systematische Darstellung der steuerlichen Gewinnermittlung, 5. Aufl., Berlin 1977.

Kötzle, A. (Hrsg.): Strategisches Management, Stuttgart 1997.

Kolb, H.: Zur Bewertung gleichartiger Einzelrückstellungen gem. § 6 Abs. 1 Nr. 3 a Buchst. a EStG 1999, in: StuB 2001, S. 889–891.

Kommission für Bilanzierungsfragen des Bundesverbandes deutscher Banken: Zur Rechnungslegung von Swap-Geschäften, in: Die Bank 1988, S. 158–165.

Korth, H.-M.: Industriekontenrahmen, München 1990.

–: Kontierungs-Handbuch, 4. Aufl., München 2003.

Kosiol, E.: Pagatorische Bilanz, Berlin 1976.

–: Buchhaltung als Erfolgs-, Bestands- und Finanzrechnung. Grundlagen, Verfahren, Anwendungen, Berlin/New York 1977.

–: Kosten- und Leistungsrechnung. Grundlagen, Verfahren, Anwendungen, Berlin/New York 1979.

Kotsch-Faßhauer, L./Leuz, N.: Praxis der Umstellung von Buchführung und Abschluß auf das neue Bilanzrecht, 2. Aufl., Stuttgart 1988.

Kozikowski, M./Gutike, H. J.: Kommentierung zu § 268 HGB, in: Beck'scher Bilanzkommentar. Handelsbilanz und Steuerbilanz, hrsg. von *H. Ellrott* u. a., 7. Aufl., München 2010.

Kozikowski, M./Roscher, K./Schramm, M.: Kommentierung zu § 253 HGB, in: Beck'scher Bilanzkommentar. Handelsbilanz und Steuerbilanz, hrsg. von *H. Ellrott* u. a., 7. Aufl., München 2010.

Kozikowski, M./Schubert, W. J.: Kommentierung zu §§ 249, 268 HGB, in: Beck'scher Bilanzkommentar. Handelsbilanz und Steuerbilanz, hrsg. von *H. Ellrott* u. a., 7. Aufl., München 2010.

Kratz, N.: Financial Reporting Standards für kleine und mittlere Unternehmen?, in: Diskussionsbeiträge Duale Hochschule Villingen-Schwenningen, 01/2005, S. 37–58.

Kratzer, J./Kreuzmair, B.: Leasing in Theorie und Praxis, 2. Aufl., Wiesbaden 2002.

Kreft, G. (Hrsg.): Heidelberger Kommentar zur Insolvenzordnung, 5. Aufl., Heidelberg 2008.

Kresse, W.: Die neue Schule des Bilanzbuchhalters, Bd. II, 5. Aufl., Stuttgart 1990.

–: Die neue Schule des Bilanzbuchhalters, Bd. II, 10. Aufl., Stuttgart 2003.

Kresse, W./Döring, J.: So bucht man nach dem neuen Industriekontenrahmen. Eine Einführung für Schule und Praxis, Ausgabe B, 2. Aufl., Stuttgart 1976.

Kresse, W./Kotsch-Faßhauer, L./Leuz, N.: Neues Bilanzieren, Prüfen und Buchen nach dem Bilanzrichtlinien-Gesetz, 2. Aufl., Stuttgart 1988.

Kresse, W./Püschel, H.: Fallkommentar zur Umsatzsteuer, 2. Aufl., Stuttgart 1974.

Kroner, M./Leuchtenstern, S./Ranker, D.: Reformierung der Leasingbilanzierung (Teile 1 und 2), in: KoR 2010, S. 532–539/605–613.

Kropff, B.: Aktiengesetz (Textausgabe des Aktiengesetzes und des Einführungsgesetzes zum Aktiengesetz vom 6. 9. 1965 mit Begründung des Regierungsentwurfs, Bericht des Rechtsausschusses des Deutschen Bundestags), Düsseldorf 1965.

Krümmel, H.-J.: Grundsätze der Finanzplanung, in: ZfB 1964, S. 225–240.

Kruschwitz, L.: Finanzmathematik, 5. Aufl., München 2010.

Kube, V.: Leistungserfassung im Industriebetrieb, in: Moderne Kostenrechnung, hrsg. von *H. Jacob*, Wiesbaden 1978, S. 63–106.

Kubista, B.: Geldpolitik des ESZB: Strategie und Instrumente, in: Bank-Information und Genossenschaftsforum 1999, S. 10–14.

Kühnau, M.: Finanzierungsvorgänge, Buchungstechnik der, in: HWR, hrsg. von *E. Kosiol*, 2. Aufl., Stuttgart 1981, Sp. 516–535.

Küpper, H.-U.: Hochschulrechnung auf der Basis von doppelter Buchführung und HGB?, in: ZfbF 2000, S. 348–369.

Küpper, H.-U./Friedl, G./Hofmann, C./Pedell, B.: Übungsbuch zur Kosten- und Erlösrechnung, 6. Aufl., München 2011.

Küting, K.: Offene Fragen der Wertaufholung im neuen Bilanzrecht (Teile I und II), in: DStR 1989, S. 227–232/270–276.

–: Fusion, in: HWB, 1. Bd., hrsg. von *E. Grochla* und *W. Wittmann*, 5. Aufl., Stuttgart 1993, Sp. 1341–1353.

–: Die phasengleiche Dividendenvereinnahmung nach der EuGH-Entscheidung „Tomberger", in: DStR 1996, S. 1947–1952.

Küting, K./Cassel, J.: Bilanzierung von Bewertungseinheiten nach dem Entwurf des BilMoG, in: KoR 2008, S. 769–781.

Küting, K./Cassel, J./Metz, C.: Ansatz und Bewertung von Rückstellungen, in: Das neue deutsche Bilanzrecht: Handbuch für den Übergang auf die Rechnungslegung nach dem Bilanzrechtsmodernisierungsgesetz (BilMoG), hrsg. von *K. Küting, N. Pfitzer* und *C. Weber*, Stuttgart 2008, S. 307–339.

Küting, K./Dürr, U.: Mezzanine-Kapital – Finanzierungsentscheidung im Sog der Rechnungslegung, in: DB 2005, S. 1529–1534.

Küting, K./Von Fölkersamb, R./Hellen, H.-H./Eichenlaub, R./Tesche, T.: Paradigmenwechsel in der internationalen Leasingbilanzierung, in: PiR 2011, S. 33–38.

Küting, K./Haeger, B.: Die Auswirkungen des Steuerreformgesetzes 1990 auf die handelsbilanzielle Rechnungslegung, in: BB 1988, S. 591–601.

Küting, K./Kessler, H./Harth, H.-J.: Genussrechtskapital in der Bilanzierungspraxis, in: BB 1996, Beilage 4.

Küting, K./Kessler, H./Keßler, M.: Der Regierungsentwurf des Bilanzrechtsmodernisierungsgesetzes (BilMoG-ReGE): Zwei Schritte vor, ein Schritt zurück bei der bilanziellen Abbildung der betrieblichen Altersversorgung, in: WPg 2008, S. 748–756.

Küting, K./Koch, C./Tesche, T.: Umbruch in der internationalen Leasingbilanzierung – Fluch oder Segen?, in: DB 2011, S. 425–430.

Küting, K./Pfitzer, N./Weber, C. (Hrsg.): Handbuch der Rechnungslegung. Einzelabschluss, Kommentar zur Bilanzierung und Prüfung, Bände I–III, 5. Aufl., Loseblattsammlung, Stuttgart.

–: Das neue deutsche Bilanzrecht: Handbuch für den Übergang auf die Rechnungslegung nach dem Bilanzrechtsmodernisierungsgesetz (BilMoG), 2. Aufl., Stuttgart 2009.

Küting, K./Zwirner, C./Reuter, M.: Zur Bedeutung der Fair Value-Bewertung in der deutschen Bilanzierungspraxis – Empirische Analyse von IFRS-Konzernabschlüssen, in: DStR 2007, S. 500–506.

Küting, P./Döge, B./Pfingsten, A.: Neukonzeption der Fair Value-Option nach IAS 39, in: KoR 2006, S. 597–612.

Kuhn, S./Scharpf, P.: Finanzinstrumente: Neue (Teil-)Exposure Drafts zu IAS 39 und Vorstellung des Exposure Draft ED 7, in: KoR 2004, S. 381–389.

–: Rechnungslegung von Financial Instruments nach IFRS: IAS 32, IAS 39 und IFRS 7, 3. Aufl., Stuttgart 2006.

Kuhner, C.: Die immateriellen Vermögensgegenstände und -werte des Anlagevermögens, in: Handbuch des Jahresabschlusses in Einzeldarstellungen, hrsg. von *K. v. Wysocki*,

J. Schulze-Osterloh, J. Hennrichs und *C. Kuhner,* Band II, Loseblattsammlung, Köln, Abt. II/1.

Kunz, P./Mundt, K.: Rechnungslegungspflichten in der Insolvenz (Teile I und II), in: DStR 1997, S. 620–625/664–671.

Kupsch, P.: Bilanzierung öffentlicher Zuwendungen, in: WPg 1984, S. 369–377.

–: Das Finanzanlagevermögen, in: Handbuch des Jahresabschlusses in Einzeldarstellungen, hrsg. von *K. v. Wysocki, J. Schulze-Osterloh, J. Hennrichs* und *C. Kuhner,* Band II, Loseblattsammlung, Köln, Abt. II/3.

–: Zum Verhältnis von Einzelbewertungsprinzip und Imparitätsprinzip, in: Rechnungslegung: Entwicklungen bei der Bilanzierung und Prüfung von Kapitalgesellschaften: Festschrift für K.-H. Forster, hrsg. von *A. Moxter,* Düsseldorf 1992, S. 339–357.

Kußmaul, H.: Betriebswirtschaftliche Überlegungen bei der Ausgabe von Null-Kupon-Anleihen, in: BB 1987, S. 1562–1572.

–: Zero-Bonds, in: WiSt 1989, S. 15–19.

–: Investition eines gewerblichen Anlegers in Zero-Bonds und Stripped Bonds, in: BB 1998, S. 1925–1929.

–: Zur handels- und steuerrechtlichen Behandlung von Zerobonds, in: Neuere Finanzprodukte – Anwendung, Bewertung, Bilanzierung: Festschrift für W. Eisele, hrsg. von *A. P. Knobloch* und *N. Kratz,* München 2003, S. 447–466.

–: § 246 HGB, Vollständigkeit. Verrechnungsverbot, in: Handbuch der Rechnungslegung. Kommentar zur Bilanzierung und Prüfung, hrsg. von *K. Küting, N. Pfitzer* und *C. Weber,* Band I, 5. Aufl., Loseblattsammlung, Stuttgart.

–: Betriebswirtschaftliche Steuerlehre, 6. Aufl., München 2010.

Kußmaul, H./Gräbe, S.: Der Maßgeblichkeitsgrundsatz vor dem Hintergrund des BilMoG, in: Der Steuerberater 2010, S. 106–115.

Kußmaul, H./Richter, L.: Die Behandlung von Verschmelzungsdifferenzbeträgen nach UmwG und UmwStG, in: GmbHR 2004, S. 701–707.

Langecker, A.: Ökonomische Analyse der Bilanzierung von Kapitalgesellschaftsverschmelzungen nach § 24 UmwG, Baden-Baden 2009.

–: Rechnungslegung bei Verschmelzung und Spaltung, in: Beck'sches Handbuch der Rechnungslegung, Bd. II, hrsg. von *H.-J. Böcking* u. a., Loseblattsammlung, München, B 776.

Langen, H.: Grundlagen einer betriebswirtschaftlichen Dispositions- und Grundrechnung, in: ZfB 1983, S. 753–773.

Langenbeck, J./Wolf, J.: Buchführung und Jahresabschluß, 2. Aufl., Herne/Berlin 1996.

Larisch, S.: KonTraG und eigene Aktien, in: WiSt 1999, S. 92–96.

Laubach, W./Findeisen, K.-D./Murer, A.: Leasingbilanzierung nach IFRS im Umbruch – der neue Exposure Draft „Leases", in: DB 2010, S. 2401–2410.

Laux, H.: Das novellierte fünfte Vermögensbildungsgesetz, Heidelberg 1989.

Leffson, U.: Die Grundsätze ordnungsmäßiger Buchführung, 7. Aufl., Düsseldorf 1987.

Leffson, U./Baetge, J.: Buchführungsvorschriften, allgemeine, in: HWR, hrsg. von *E. Kosiol,* Stuttgart 1970, Sp. 314–319.

Lehleiter, R./Riedl, A.: Haushaltsgrundsätzemodernisierungsgesetz – Ein deutscher Sonderweg?, in: PiR 2010, S. 199–202.

Lehmann, H.: Konsortial- und Partizipationsgeschäfte, Rechnungswesen der, in: HWR, hrsg. von *E. Kosiol,* Stuttgart 1970, Sp. 827–833.

Leithaus, R.: Kommentierung zu § 18 InsO, in: Insolvenzordnung: Kommentar, hrsg. von *D. Andres, R. Leithaus* und *M. Dahl,* 1. Aufl., München 2006.

Lemaitre, C./Schönherr, F.: Die Umwandlung von Kapitalgesellschaften in Personengesellschaften durch Verschmelzung und Formwechsel nach der Neufassung des UmwStG durch das SEStEG, in: GmbHR 2007, S. 173–183.

Lenz, M.: Kommentierung zu § 11 KStG, in: Körperschaftsteuergesetz – Die Besteuerung der Kapitalgesellschaft und ihrer Anteilseigner, hrsg. von *B. Erle* und *T. Sauter,* 3. Aufl., Heidelberg u. a. 2010.

Leonhardt, P./Smid, S./Zeuner, M. (Hrsg.): Insolvenzordnung – Kommentar, 3. Aufl., Stuttgart 2010.

Lerbinger, P.: Zins- und Währungsswaps, Wiesbaden 1988.

Letmathe, P.: Umweltbezogene Kostenrechnung, München 1998.

Liebscher, T.: Vorstand, in: Beck'sches Handbuch der AG – Gesellschaftsrecht, Steuerrecht, Börsengang, hrsg. von *W. Müller* und *T. Rödder*, 2. Aufl., München 2009.

Lippross, O.-G.: Umsatzsteuer, 22. Aufl., Achim 2008.

Lohmann, I.: Kommentierung zu §47 InsO, in: Heidelberger Kommentar zur Insolvenzordnung, hrsg. von *G. Kreft*, 5. Aufl., Heidelberg 2008.

Lohmann, K./Enke, M./Körnert, J.: Kosten- und Leistungsrechnung, München 1995.

Lohse, G.: Probleme der Durchführung von Stichprobeninventuren, in: PdR 1987, Gruppe 5, S. 93–135.

Loos, G.: Die Bewertung eigener Anteile von Kapitalgesellschaften – Schachtelprivileg für eigene Anteile, in: DB 1964, S. 310–312.

–: Umwandlung von Kapitalgesellschaften auf Personengesellschaften oder natürliche Personen, in: BB 1977, S. 139–141.

Lornsen-Veit, B.: Kommentierung zu §38 KStG, in: Körperschaftsteuergesetz – Die Besteuerung der Kapitalgesellschaft und ihrer Anteilseigner, hrsg. von *B. Erle* und *T. Sauter*, 3. Aufl., Heidelberg u. a. 2010.

Lorson, P.: §268 HGB, Entwicklung des Anlagevermögens, in: Handbuch der Rechnungslegung. Kommentar zur Bilanzierung und Prüfung, hrsg. von *K. Küting, N. Pfitzer* und *C. Weber*, Band II, 5. Aufl., Loseblattsammlung, Stuttgart.

Lucius, F./Veit, A.: Bilanzierung von Altersversorgungsverpflichtungen in der Handelsbilanz nach IDW ERS HFA 30, in: BB 2010, S. 235–239.

Lüdenbach, N.: §20, Eigenkapital, Eigenkapitalspiegel, in: Haufe IFRS-Kommentar, hrsg. von *N. Lüdenbach* und *W.-D. Hoffmann*, 8. Aufl., Freiburg u. a. 2010.

–: §28, Finanzinstrumente, in: Haufe IFRS-Kommentar, hrsg. von *N. Lüdenbach* und *W.-D. Hoffmann*, 8. Aufl., Freiburg u. a. 2010.

Lüdenbach, N./Freiberg, J.: §15, Leasing, in: Haufe IFRS-Kommentar, hrsg. von *N. Lüdenbach* und *W.-D. Hoffmann*, 8. Aufl., Freiburg u. a. 2010.

Lüdenbach, N./Hoffmann, W.-D. (Hrsg.): Haufe IFRS-Kommentar, 8. Aufl., Freiburg u. a. 2010.

Lühn, M.: Bilanzierung und Besteuerung von Genussrechten, Wiesbaden 2006.

Ludwig, C.: Ertragsteuerliche Behandlung von eigenen Anteilen im Betriebsvermögen einer Kapitalgesellschaft, in: DStR 2003, S. 1646–1648.

Lutter, M.: Kölner Kommentar zum AktG, Bd. 2, 3. Lieferung, hrsg. von *W. Zöllner*, Köln u. a. 1971.

Lutter, M./Drygalla, T.: Kommentierung zu §1 UmwG, in: Umwandlungsgesetz: Kommentar, 1. Bd., hrsg. von *M. Lutter* und *M. Winter*, 4. Aufl., Köln 2009.

Lutter, M./Hommelhoff, P. (Hrsg.): GmbH-Gesetz: Kommentar, 17. Aufl., Köln 2009.

Lutter, M./Winter, M. (Hrsg.): Umwandlungsgesetz: Kommentar, Bd. 1 und 2, 4. Aufl., Köln 2009.

Macha, R.: Grundlagen der Kosten- und Leistungsrechnung. Eine praxisorientierte Einführung mit Fallbeispielen und Aufgaben, 5. Aufl., München 2010.

Männel, W.: Zur Gestaltung der Erlösrechnung, in: Entwicklungslinien der Kosten- und Erlösrechnung, hrsg. von *K. Chmielewicz*, Stuttgart 1983, S. 119–150.

–: Bedeutung der Erlösrechnung für die Ergebnisrechnung, in: Handbuch Kostenrechnung, hrsg. von *W. Männel*, Wiesbaden 1992, S. 631–655.

Männel, W. (Hrsg.): Handbuch Kostenrechnung, Wiesbaden 1992.

Märkl, H./Glaser, A.: IFRS 9 Financial Instruments: Neuerungen beim hedge accounting durch ED/2010/13, in: KoR 2011, S. 124–132.

Märkl, H./Schaber, M.: IFRS 9 Financial Instruments: Neue Vorschriften zur Kategorisierung und Bewertung von finanziellen Vermögenswerten, in: KoR 2010, S. 65–74.

Maiterth, R./Müller, H.: Gründung, Umwandlung und Liquidation von Unternehmen im Steuerrecht, München 2001.

Mathiak, W.: Rechtsprechung zum Bilanzsteuerrecht, in: DStR 1989, S. 232–237.

Matthes, W.: Kontenrahmen, in: HWR, hrsg. von *K. Chmielewicz* und *M. Schweitzer*, 3. Aufl., Stuttgart 1993, Sp. 1123–1133.

Maulbetsch, H.: Kommentierung zu § 24 UmwG, in: Heidelberger Kommentar zum Umwandlungsgesetz, hrsg. von *H. Maulbetsch, A. Klumpp* und *K. Rose,* Heidelberg u. a. 2009.

Maulbetsch, H./Klumpp, A./Rose, K. (Hrsg.): Heidelberger Kommentar zum Umwandlungsgesetz, Heidelberg u. a. 2009.

Mayer, D./Weiler, S.: Neuregelungen durch das Zweite Gesetz zur Änderung des Umwandlungsgesetzes (Teile I und II), in: DB 1970, S. 1235–1241/1291–1295.

Mayer, R.: Prozeßkostenrechnung, in: KRP 1990, S. 307–312.

Mellerowicz, K.: Planung und Plankostenrechnung, Bd. 2, Freiburg i. Br. 1973.

–: Kosten und Kostenrechnung I, 5. Aufl., Berlin/New York 1973.

–: Kosten und Kostenrechnung II, 1. Teil, 5. Aufl., Berlin/New York 1974.

–: Neuzeitliche Kalkulationsverfahren, 6. Aufl., Freiburg i. Br. 1977.

Mellerowicz, K./Brönner, H.: Rechnungslegung und Gewinnverwendung der Aktiengesellschaft, Berlin 1970.

Menner, S.: Kommentierung zu § 20 UmwStG, in: Umwandlungssteuergesetz: Kommentar, hrsg. von *D. Haritz* und *S. Menner,* 3. Aufl., München 2010.

Menninger, J.: Financial Futures und deren bilanzielle Behandlung, Frankfurt am Main u. a. 1993.

Menrad, S.: Kosten und Leistung, in: HWB, 2. Bd., hrsg. von *E. Grochla* und *W. Wittmann,* 4. Aufl., Stuttgart 1975, Sp. 2280–2290.

–: Rechnungswesen, Göttingen 1978.

Merkt, H.: Kommentierung zu § 241a HGB, in: *Baumbach, A./Hopt, K. J.:* Handelsgesetzbuch. Kommentar, bearbeitet von *K. J. Hopt* und *H. Merkt,* 34. Aufl., München 2010.

Meyer, C.: Bilanzierung nach Handels- und Steuerrecht unter Einschluss der Konzernrechnungslegung und der internationalen Rechnungslegung, 21. Aufl., Herne 2010.

Meyer-Scharenberg, D.: Umwandlungsrecht: Einführung, Gesetze, Materialien zum neuen Handels- und Steuerrecht, Berlin 1995.

Michel, R./Torspecken, H.-D./Jandt, J.: Kostenrechnung 2, Neuere Formen der Kostenrechnung mit Prozesskostenrechnung, 5. Aufl., München 2004.

Mielke, A.: Erläuterungen, in: Reform der Unternehmensbesteuerung – Steuersenkungsgesetz, Erläuterungen und Gestaltungshinweise für die Beratungspraxis, hrsg. von *Oppenhoff & Rädler* und *Linklaters & Alliance,* Bonn 2000, S. 89–95.

Miras, A.: Die bisherige Rechtsprechung zur Unternehmergesellschaft – Eine kritische Analyse, in: DB 2010, S. 2488–2493.

Möhlenbrock, R.: Kommentierung zu § 1 UmwStG (SEStEG), in: Die Körperschaftsteuer (KSt). Kommentar zum Körperschaftsteuergesetz, Umwandlungssteuergesetz und zu den einkommensteuerrechtlichen Vorschriften der Anteilseignerbesteuerung, hrsg. von *E. Dötsch, W. F. Jost, A. Pung* und *G. Witt,* Bände 1 – 7, Loseblattsammlung, Stuttgart.

Möhler, T.: Absicherung des Wechselkurs-, Warenpreis- und Erfüllungsrisikos im Jahresabschluß, Düsseldorf 1992.

Möhlmann-Mahlau, T./Schmitt, J.: Der „vorübergehende" Begriff der Überschuldung, in: NZI 2009, S. 19–27.

Möller, P./Hüfner, B./Ketteniß, H.: Internes Rechnungswesen, 2. Aufl., Berlin 2011.

Möllers, P.: Buchhaltung und Abschluß, 3. Aufl., Würzburg/Wien 1990.

Moszka, F.: Anhang UmwStG, § 24 UmwG, in: Umwandlungsgesetz, hrsg. von *J. Semler* und *A. Stengel,* 2. Aufl., München 2007.

Moxter, A.: Anschaffungswertprinzip für Abwicklungsbilanzen? Eine Stellungnahme zu § 270 AktG, in: WPg 1982, S. 473–476.

–: Rückstellungen für ungewisse Verbindlichkeiten und Höchstwertprinzip, in: BB 1989, S. 945–949.

–: Bilanzlehre, Bd. II: Einführung in das neue Bilanzrecht, 4. Aufl., Wiesbaden 1991.

Moxter, A. (Hrsg.): Rechnungslegung: Entwicklungen bei der Bilanzierung und Prüfung von Kapitalgesellschaften: Festschrift für K.-H. Forster, Düsseldorf 1992.

Mühlberger, M./Schwinger, R.: Betriebliche Altersversorgung und sonstige Leistungen an Arbeitnehmer nach IFRS: Bilanzierung und Bewertung von Employee Benefits, München 2006.

Müller, R.: Buchführung und EDV, Zürich 1977.

Müller, T./Reinke, R.: Behandlung von Genussrechten im Jahresabschluss – eine kritische Bestandsaufnahme, in: WPg 1995, S. 569–576.
Müller, U.: Finanzbuchhaltung, 2. Aufl., Herne/Berlin, 2004.
Müller, W./Rödder, T. (Hrsg.): Beck'sches Handbuch der AG – Gesellschaftsrecht, Steuerrecht, Börsengang, 2. Aufl., München 2009.
Münstermann, H.: Unternehmensrechnung, Wiesbaden 1969.
Münstermann, W./Hannes, R.: Verbraucherkreditgesetz, Münster 1991.
Mus, G./Hanschmann, R.: Buchführung, Wiesbaden 1992.

Naumann, T. K.: Fremdwährungsumrechnung in Bankbilanzen nach neuem Recht, Düsseldorf 1992.
–: Zur Bilanzierung von Stock Options, in: DB 1998, S. 1428–1431.
Nettesheim, W.: Skonto bei nur teilweiser Bezahlung innerhalb der Skontofrist?, in: BB 1991, S. 1724–1727.
Neye, H.-W.: Die Reform des Umwandlungsrechts, in: DB 1994, S. 2069–2072.
Neyer, W.: Verlustnutzung nach Anteilsübertragung: Die Neuregelung des Mantelkaufs durch § 8 c KStG n. F., in: BB 2007, S. 1415–1420.
Niemand, S.: Target Costing im Anlagenbau, in: KRP 1993, S. 327–332.
Niemeyer, M.: Bilanzierung und Ausweis von Optionsgeschäften nach Handelsrecht und Steuerrecht, Frankfurt 1990.
Nomina (Hrsg.): ISIS Personal Computer Report, Bd. 2.1, Juli bis Dezember, München 1991.
–: ISIS Software Report, Bd. 1.1, Januar bis Juni, München 1991.
Nowak, P.: Kostenrechnungssysteme in der Industrie, 2. Aufl., Köln/Opladen 1961.

Oehlrich, M.: Das GmbH-Recht nach dem MoMiG, in: WiSt 2009, S. 560–564.
Oestreicher, A.: Grundsätze ordnungsmäßiger Bilanzierung von Zinsterminkontrakten, Düsseldorf 1992.
Olfert, K.: Kostenrechnung, 15. Aufl., Ludwigshafen 2008.
Olfert, K./Körner, W./Langenbeck, J.: Sonderbilanzen, 4. Aufl., Ludwigshafen 1994.
Oliver Wyman (Hrsg.): Maschinenbau-Analyse: Im Service-Geschäft schlummern ungenutzte Potenziale, in: Branchennewsletter Spektrum, München 2004.
Oppenhoff & Rädler/Linklaters & Alliance (Hrsg.): Reform der Unternehmensbesteuerung – Steuersenkungsgesetz, Erläuterungen und Gestaltungshinweise für die Beratungspraxis, Bonn 2000.
Ossadnik, W.: Kosten- und Leistungsrechnung, Berlin 2008.
Ossadnik, W./Maus, S.: Die Verschmelzung im neuen Umwandlungsrecht aus betriebswirtschaftlicher Sicht, in: DB 1995, S. 105–109.
Oser, P.: Handelsrechtliche Bilanzierung von Bewertungseinheiten, in: WPg 2010, Heft 22, S. I.

Pape, G.: Zum Fortgang der Arbeiten auf der Dauerbaustelle InsO, in: ZInsO 2011, S. 1–10.
Pape, G./Uhlenbruck, W./Voigt-Salus, J. (Hrsg.): Insolvenzrecht, 2. Aufl., München 2010.
Papel, G.: Der neue insolvenzrechtliche Überschuldungsbegriff – Auswirkungen des Finanzmarktstabilisierungsgesetzes und des MoMiG, in: NWB 2009, S. 56–64.
Patek, G.: Bilanzielle Implikationen der handelsrechtlichen Normierung von Bewertungseinheiten, in: DB 2010, S. 1077–1083.
Patt, J.: Kommentierung zu §§ 20, 21, 23, 24 UmwStG (SEStEG), in: Die Körperschaftsteuer (KSt). Kommentar zum Körperschaftsteuergesetz, Umwandlungssteuergesetz und zu den einkommensteuerrechtlichen Vorschriften der Anteilseignerbesteuerung, hrsg. von *E. Dötsch, W. F. Jost, A. Pung* und *G. Witt,* Bände 1 – 7, Loseblattsammlung, Stuttgart.
Pausenberger, E.: Die finanzielle Sanierung, in: Finanzierungs-Handbuch, hrsg. von *H. Janberg,* 2. Aufl., Wiesbaden 1970, S. 655–685.
Pawelzik, K. U.: Latente Steuern, in: IFRS Handbuch: Einzel- und Konzernabschluss, hrsg. von *P. J. Heuser* und *C. Theile,* 4. Aufl., Köln 2009, S. 518–558.
Pawelzik, K. U./Theile, P. J.: Rückstellungen, in: IFRS Handbuch: Einzel- und Konzernabschluss, hrsg. von *P. J. Heuser* und *C. Theile,* 4. Aufl., Köln 2009, S. 438–461.
Peemöller, V. H./März, T.: Sonderbilanzen, Heidelberg/Wien 1986.

Peez, L.: Grundsätze ordnungsmäßiger Datenverarbeitung im Rechnungswesen, 2. Aufl., Wiesbaden 1977.

Pellens, B./Fülbier, R. U./Gassen, J./Sellhorn, T.: Internationale Rechnungslegung – IFRS 1 bis 9, IAS 1 bis 41, IFRIC-Interpretationen, Standardentwürfe, 8. Aufl., Stuttgart 2011.

Pelzel, G.: Kontenrahmen als Mittel der Betriebssteuerung, Wiesbaden 1975.

Perridon, L./Steiner, M./Rathgeber, A.: Finanzwirtschaft der Unternehmung, 15. Aufl., München 2009.

Peter, K./Bornhaupt, K. J. von/Körner, W.: Ordnungsmäßigkeit der Buchführung nach dem Bilanzrichtlinien-Gesetz, 8. Aufl., Herne/Berlin 1987.

Petermann, G.: Handelsbetriebe, Rechnungswesen der, in: HWB, 2. Bd., hrsg. von *E. Grochla* und *W. Wittmann*, 4. Aufl., Stuttgart 1975, Sp. 1744–1752.

Petersen, K./Zwirner, C./Froschhammer, M.: Funktionsweise und Problembereiche der im Rahmen des BilMoG neu eingeführten außerbilanziellen Ausschüttungssperre des §268 Abs. 8 HGB, in: KoR 2010, S. 334–341.

Petersen, K./Zwirner, C./Künkele, K. P.: BilMoG in Beispielen. Anwendung und Übergang – Praktische Empfehlungen für den Mittelstand, 2. Aufl., Herne 2011.

Pfohl, M. C.: Prototypgestützte Lebenszyklusrechnung, München 2002.

Pink, A.: Insolvenzrechnungslegung – Eine Analyse der konkurs-, handels- und steuerrechtlichen Rechnungslegungspflichten des Insolvenzverwalters, Düsseldorf 1995.

Piro, A.: Betriebswirtschaftliche Umweltkostenrechnung, Heidelberg 1994.

Plaut, H. G.: Die Plankostenrechnung in der Praxis des Betriebes, in: ZfB 1951, S. 531–543.

–: Die Grenz-Plankostenrechnung (Teile I und II), in: ZfB 1953, S. 347–363/402–413.

–: Unternehmenssteuerung mit Hilfe der Voll- oder Grenzplankostenrechnung, in: ZfB 1961, S. 460–482.

Plenker, J.: Die Erhebung des Solidaritätszuschlags im Lohnsteuer-Abzugsverfahren ab 1. 1. 1995, in: BB 1995, S. 74–76.

Plewka, H.: Die Einführung des Euro; in: Die Vorbereitung auf den Euro, hrsg. vom *Institut der Wirtschaftsprüfer (IDW) in Deutschland e. V.*, Düsseldorf 1997, S. 17–40.

Plewka, H./Krumbholz, M.: Das Wechseldiskonturteil des BFH als neuer Maßstab für die Realisierung von Diskonterträgen bei Schuldverschreibungen, in: DB 1996, S. 342–344.

Plinke, W.: Leistungs- und Erlösrechnung, in: HWB, 2. Bd., hrsg. von *W. Wittmann* u. a., 5. Aufl., Stuttgart 1993, Sp. 2563–2568.

Pohl, H.: Handelsbilanzen bei der Verschmelzung von Kapitalgesellschaften, Düsseldorf 1995.

Porter, M. E.: Wettbewerbsvorteile: Spitzenleistungen erreichen und behaupten, 7. Aufl., Frankfurt am Main 2010.

Potthoff, E.: Sanierung, in: HWF, hrsg. von *E. Büschgen*, Stuttgart 1976, Sp. 1558–1568.

Prahl, R./Naumann, T. K.: Moderne Finanzinstrumente im Spannungsfeld zu traditionellen Rechnungslegungsvorschriften: Barwertansatz, Hedge-Accounting und Portfolio-Approach, in: WPg 1992, S. 709–719.

PricewaterhouseCoopers (Hrsg.): IFRS für Banken, Band I und II, 4. Aufl., Frankfurt am Main 2008.

–: Status der BilMoG-Umsetzung, http://www.pwc.de/de_DE/de/rechnungslegung/assets/Studie_BilMoG.pdf., Download am 9.3.2011.

Priester, H. J.: Kommentierung zu §§ 24, 126 UmwG, in: Umwandlungsgesetz: Kommentar, 1. Bd., hrsg. von *M. Lutter* und *M. Winter*, 4. Aufl., Köln 2009.

–: Debt-Equity-Swap zum Nennwert?, in DB 2010, S. 1445–1450.

Prinz, U.: Materielle Maßgeblichkeit handelsrechtlicher GoB – ein Konzept für die Zukunft im Steuerbilanzrecht?, in: DB 2009, S. 2069–2076.

Pung, A.: Kommentierung zu §§ 4, 5, 7 UmwStG (SEStEG), in: Die Körperschaftsteuer (KSt). Kommentar zum Körperschaftsteuergesetz, Umwandlungssteuergesetz und zu den einkommensteuerrechtlichen Vorschriften der Anteilseignerbesteuerung, hrsg. von *E. Dötsch, W. F. Jost, A. Pung* und *G. Witt*, Bände 1–7, Loseblattsammlung, Stuttgart.

Quick, R.: Aufnahmeplan und Inventuranweisung, in: BB 1991, S. 721–729.

–: Inventurdifferenzen – Ursachen und Vermeidungsstrategien, in: DB 1991, S. 713–719.

Raiser, T./Veil, R.: Recht der Kapitalgesellschaften: ein Handbuch für Praxis und Wissenschaft, 5. Auflage, München 2010.

Rammert, S.: Die Bilanzierung von Aktienoptionen für Manager – Überlegungen zur Anwendung von US-GAAP im handelsrechtlichen Jahresabschluß, in: WPg 1998, S. 766–777.

Rasche, W.: Kostenrechnung und Kalkulation, Stuttgart u. a. 1980.

Rau, S.: Zur steuerbilanziellen Behandlung von Aktienanleihen, in: DStR 2006, S. 627–632.

Raupach, A./Uelner, A. (Hrsg.): Ertragsbesteuerung. Zurechnung, Ermittlung, Gestaltung: Festschrift für L. Schmidt, München 1993.

Reblin, E.: Von der Stapelverarbeitung zum interaktiven Dialogsystem im Rechnungswesen, in: Rechnungswesen und EDV, hrsg. von *W. Kilger* und *A.-W. Scheer,* Würzburg/Wien 1983, S. 70–88.

Rehkugler, H.: Kostenbegriffe, Kostenarten und Kostenkategorien, in: HWB, 2. Bd., hrsg. von *W. Wittmann* u. a., 5. Aufl., Stuttgart 1993, Sp. 2320–2239.

Riebel, P.: Das Rechnen mit Einzelkosten und Deckungsbeiträgen, in: ZfhF, N. F., 1959, S. 213–238.

–: Die Preiskalkulation auf Grundlage von „Selbstkosten" oder von relativen Einzelkosten und Deckungsbeiträgen, in: ZfbF 1964, S. 549–612.

–: Kuppelprodukte, Kalkulation der, in: HWR, hrsg. von *E. Kosiol,* Stuttgart 1970, Sp. 994–1006.

–: Deckungsbeitragsrechnung, in: HWR, hrsg. von *K. Chmielewicz* und *M. Schweitzer,* 3. Aufl., Stuttgart 1993, Sp. 364–379.

–: Einzelkosten- und Deckungsbeitragsrechnung. Grundfragen einer markt- und entscheidungsorientierten Unternehmensrechnung, 7. Aufl., Wiesbaden 1994.

Rieger, B./Weipert, L. (Hrsg.): Münchner Handbuch des Gesellschaftsrechts, Bd. 2, Kommanditgesellschaft. Stille Gesellschaft, München 1991.

Riese, J.: Vorräte, § 8, in: Beck'sches IFRS-Handbuch – Kommentierung der IFRS/IAS, hrsg. von *W. Bohl, J. Riese* und *J. Schlüter,* 3. Aufl., München u. a. 2009.

Riezler, S.: Produktlebenszykluskostenmanagement, in: Kostenmanagement – Wertsteigerung durch systematische Kostensteuerung, hrsg. von *K.-P. Franz* und *P. Kajüter,* 2. Aufl., Stuttgart 2002, S. 207–223.

Ringstmeier P.: Insolvenzforderungen, in: Praxis der Insolvenz – Ein Handbuch für die Beteiligten und ihre Berater, hrsg. von *S. Beck* und *P. Depré,* 2. Aufl., München 2010, S. 402–453.

Rischbieter, G./Gröning, M.: Gründung und Leben der GmbH nach dem MoMiG, München 2009.

Ritter, K. E.: Investitionshilfegesetz, in: WiSt 1984, S. 580–582.

Rittner, F.: Die werdende juristische Person, Tübingen 1973.

Rößler, N.: Auslegung von Versorgungszusagen – Risiken erkennen und vermeiden, in: DB 2009, S. 2490–2493.

Roth, U.: Umweltkostenrechnung. Grundlagen und Konzeption aus betriebswirtschaftlicher Sicht, Wiesbaden 1992.

Ruchti, H.: Die Abschreibung. Ihre grundsätzliche Bedeutung als Aufwands-, Ertrags- und Finanzierungsfaktor, Stuttgart 1953.

–: Konten, in: HWB, 2. Bd., hrsg. von *H. Seischab* und *K. Schwantag,* 3. Aufl., Stuttgart 1957/58, Sp. 3250–3255.

–: Abschreibungen, in: HWF, hrsg. von *E. Büschgen,* Stuttgart 1976, Sp. 4–11.

Rückle, D.: Transparenzdefizite in der Anlegerinformation, in: Kritisches zur Rechnungslegung und Unternehmensbesteuerung, Festschrift für T. Siegel, hrsg. von *D. Schneider, D. Rückle, H.-U. Küpper* und *F. W. Wagner,* Berlin 2005, S. 275–297.

Rückle, D./Klein, A.: Product-Life-Cycle-Cost Management, in: Neuere Entwicklungen im Kostenmanagement, hrsg. von *K. Dellmann* und *K. Franz,* Bern u. a. 1994, S. 335–367.

Rudolph, B.: Analyse hybrider Finanzinstrumente: Mezzanine-Kapital, in: ZfgK 2004, S. 14–18.

Rudolph, S.: Das DATEV-Buchführungssystem, 5. Aufl., Köln 1994.

Rümmele, P.: Bewertung von Stillhalterverpflichtungen aus Optionsgeschäften in der Steuerbilanz, in: WiSt 2009, S. 222–224.

Russ, A.: Costing, Kosten-, Leistungs- und Erfolgsrechnung mit Datenbanken, in: Rechnungswesen und EDV, hrsg. von *W. Kilger* und *A.-W. Scheer,* Würzburg/Wien 1983, S. 231–255.

Rzepka, M./Scholze, A.: Voraussichtlich dauernde Teilwerterhöhungen bei langfristigen Fremdwährungsverbindlichkeiten – Anmerkungen zum BFH-Urteil vom 23. 4. 2009, in: StuW 2011, S. 92–99.

Sagasser, B./Bula, T./Brünger, T. (Hrsg.): Umwandlungen: Verschmelzung – Spaltung – Formwechsel – Vermögensübertragung, 3. Aufl., München 2002.

Sandmann, K.: Einführung in die Stochastik der Finanzmärkte, 3. Aufl., Berlin u. a. 2010.

Sarx, M.: Ausgewählte Sonderbilanzen, Anhang 3, in: Beck'scher Bilanzkommentar. Der Jahresabschluß nach Handelsbilanz und Steuerbilanz, hrsg. von *W. D. Budde* u. a., München 1986.

–: Bilanzierungsfragen im Rahmen einer Gründungsbilanz (Teile I und II), in: DStR 1991, S. 692–695/724–726.

–: Zur Abwicklungs-Rechnungslegung einer Kapitalgesellschaft, in: Rechnungslegung: Entwicklungen bei der Bilanzierung und Prüfung von Kapitalgesellschaften: Festschrift für K.-H. Forster, hrsg. von *A. Moxter,* Düsseldorf 1992, S. 547–560.

Sauerland, H./Schmidt, A.: Umsatzsteuer, 18. Aufl., Düsseldorf 1994.

Schaber, M./Märkl, H./Kroh, T.: IFRS 9 Financial Instruments: Exposure Draft zu fortgeführten Anschaffungskosten und Wertminderungen, in: KoR 2010, S. 241–246.

Schaber, M./Rehm, K./Märkl, H./Spies, K.: Handbuch strukturierte Finanzinstrumente: HGB – IFRS, 2. Aufl., Düsseldorf 2010.

Schär, J. F.: Einführung in das Wesen der doppelten Buchhaltung auf wirtschaftlicher und mathematischer Grundlage für Ingenieure und andere gebildete Techniker, Sonderdruck aus der Elektrotechnischen Zeitschrift 1910, Hefte 15, 46 und 47, Berlin 1911.

Schanz, G. (Hrsg.): Betriebswirtschaftliche Gesetze, Effekte und Prinzipien, München 1979.

Scharnweber, H.: Buchführung und Jahresabschluß, München 1976.

Scharpf, P.: Überlegungen zur Bilanzierung strukturierter Produkte (Compound Instruments), in: FB 1999, S. 21–30.

–: Bilanzierung von Financial Instruments nach IAS 39, in: FB 2000, S. 372–381.

–: Kap. 6, Derivative Finanzinstrumente, in: Handbuch der Rechnungslegung. Kommentar zur Bilanzierung und Prüfung, hrsg. von *K. Küting, N. Pfitzer* und *C. Weber,* Band I, 5. Aufl., Loseblattsammlung, Stuttgart.

–: Finanzinstrumente, in: Das neue deutsche Bilanzrecht: Handbuch für den Übergang auf die Rechnungslegung nach dem Bilanzrechtsmodernisierungsgesetz (BilMoG), 2. Aufl., hrsg. von *K. Küting, N. Pfitzer* und *C. Weber,* Stuttgart 2009, S. 197–262.

Scharpf, P./Luz, G.: Risikomanagement, Bilanzierung und Aufsicht von Finanzderivaten, Stuttgart 2000.

Scharpf, P./Schaber, M.: Bilanzierung von Bewertungseinheiten nach § 254 HGB-E (BilMoG), in: KoR 2008, S. 532–542.

–: Handbuch Bankbilanz, 3. Aufl., Düsseldorf 2009.

Schedlbauer, H.: Sonderprüfungen, Stuttgart 1984.

Scheer, A.-W.: Einsatz von Datenbanksystemen im Rechnungswesen – Überblick und Entwicklungstendenzen, in: ZfbF 1981, S. 490–507.

Scheffler, W.: Rückstellungen in der Steuerbilanz nach dem BilMoG, in: Steuerliche Gewinnermittlung nach dem Bilanzrechtsmodernisierungsgesetz, hrsg. von *V. Breithecker* und *U. Schmiel,* Berlin 2008, S. 227–253.

–: Bilanzrechtsmodernisierungsgesetz und steuerliche Gewinnermittlung, in: StuB 2009, S. 45-52.

–: Besteuerung von Unternehmen II – Steuerbilanz, 6. Aufl., Heidelberg u. a. 2010.

Scheinpflug, P.: § 4, Immaterielle Vermögenswerte, in: Beck'sches IFRS-Handbuch – Kommentierung der IFRS/IAS, hrsg. von *W. Bohl, J. Riese* und *J. Schlüter,* 3. Aufl., München u. a. 2009.

–: § 5, Sachanlagen, in: Beck'sches IFRS-Handbuch – Kommentierung der IFRS/IAS, hrsg. von *W. Bohl, J. Riese* und *J. Schlüter,* 3. Aufl., München u. a. 2009.

Schenke, R. P./Risse, M.: Das Maßgeblichkeitsprinzip nach dem Bilanzrechtsmodernisierungsgesetz, in DB 2009, S. 1957–1959.
Scherrer, G.: Kostenrechnung, 3. Aufl., Stuttgart/New York 1999.
–: Bilanzielle Behandlung von Schuldverschreibungen mit Emittententilgungswahlrecht, in: DStR 1999, S. 1205–1208.
–: Rechnungslegung nach neuem HGB. Eine anwendungsorientierte Darstellung mit zahlreichen Beispielen, 3. Aufl., München 2011.
Scherrer, G./Heni, B.: Liquidations-Rechnungslegung, 2. Aufl., Düsseldorf 1996.
–: Liquidations-Rechnungslegung, 3. Aufl., Düsseldorf 2009.
Schiederer, D./Loidl, C.: Grundkurs der Buchführung, 11. Auf., Stuttgart 2007.
Schildbach, T.: Der handelsrechtliche Jahresabschluss, 9. Aufl., Berlin 2009.
Schildbach, T./Homburg, C.: Kosten- und Leistungsrechnung, 10. Aufl., Stuttgart 2009.
Schiller, A.: Gründungsrechnungslegung: dargestellt am Beispiel der Aktiengesellschaft, Wiesbaden 1990.
Schirmmeister, R.: Betriebsbuchhaltung, in: HWR, hrsg. von *K. Chmielewicz* und *M. Schweitzer*, 3. Aufl., Stuttgart 1993, Sp. 153–163.
Schlegelberger, F.: Handelsgesetzbuch – Kommentar, hrsg. von *E. Geßler, W. Hefermehl, W. Hildenbrandt* und *G. Schröder*, Bd. I, 5. Aufl., München 1973.
Schlotter, C.: „Voraussichtlich dauernde Wertminderung" bei börsennotierten Wertpapieren – Update zu BB 2008, 545 ff., in: BB 2010, S. 171–173.
Schmalenbach, E.: Der Kontenrahmen (Teile I und II), in: ZfhF 1927, S. 385– 402/433–475.
–: Kostenrechnung und Preispolitik, 8. Aufl., Köln/Opladen 1963.
Schmerbach, U.: Kommentierung zu § 18 InsO, in: Frankfurter Kommentar zur Insolvenzordnung, hrsg. von: *K. Wimmer*, 6. Aufl., Köln 2011.
–: Vorbemerkungen vor §§ 1 ff. InsO, in: Frankfurter Kommentar zum Insolvenzrecht, hrsg. von *K. Wimmer*, 6. Aufl., Köln 2011.
Schmick, H.: EDV-Buchführung, in: Beck'sches Handbuch der Rechnungslegung, Bd. I, hrsg. von *H.-J. Böcking* u. a., Loseblattsammlung, München, A 121.
Schmidt, A. (Hrsg.): Hamburger Kommentar zum Insolvenzrecht, 3. Aufl., Münster 2009.
Schmidt, G.: Elektronische Rechnungen im Lichte von GoBS und GDPdU: Verfahrensdokumentation, in: BRZ 2010, S. 180–184.
Schmidt, H.: Buchführung und Steuerbilanz, Wiesbaden 1974.
–: § 174 UmwG, in: Umwandlungsgesetz: Kommentar, 2. Bd., hrsg. von *M. Lutter* und *M. Winter*, 4. Aufl., Köln 2009.
Schmidt, J.: Sicherungsrechte in der Insolvenz, in: Restrukturierung, Sanierung, Insolvenz: Handbuch, hrsg. von *A. K. Buth* und *M. Hermanns*, 3. Aufl., München 2009, S. 678–717.
Schmidt, K.: Sinnwandel und Funktion des Überschuldungstatbestandes, in: JZ, 1982, S. 165–174.
–: Liquidationsbilanzen und Konkursbilanzen, Heidelberg 1989.
Schmidt, K./Uhlenbruck, W. (Hrsg.): Die GmbH in Krise, Sanierung und Insolvenz, 4. Aufl., Köln 2009.
Schmidt, L.: Einkommensteuergesetz. Kommentar, hrsg. von *W. Drenseck*, 29. Aufl., München 2010.
Schmidt, Martin: Bewertungseinheiten nach dem BilMoG, in: BB 2009, S. 882–886.
–: Wertminderungen bei Finanzinstrumenten – IASB „Exposure Draft ED/2009/12 Financial Instruments: Amortised Cost and Impairment", in: WPg 2010, S. 286–293.
Schmidt, Matthias/Pittroff, E./Klingels, B.: Finanzinstrumente nach IFRS, München 2007.
Schmidt-Hern, K.: Auflösung und Abwicklung der AG/KGaA, in: Beck'sches Handbuch der AG – Gesellschaftsrecht, Steuerrecht, Börsengang, hrsg. von *W. Müller* und *T. Rödder*, 2. Aufl., München 2009.
Schmitt, J.: Kommentierung zu §§ 3, 4, 7, 9, 11, 12, 20, 21 – 24 UmwStG, in: Umwandlungsgesetz – Umwandlungssteuergesetz, hrsg. von *J. Schmitt, R. Hörtnagl* und *R.-C. Stratz*, 5. Aufl., München 2009.
Schmitt, J./Hörtnagl, R./Stratz, R.-C. (Hrsg.): Umwandlungsgesetz – Umwandlungssteuergesetz, 5. Aufl., München 2009.
Schmolke, S./Deitermann, M.: Industrielles Rechnungswesen IKR, 38. Aufl., Braunschweig 2010.

Schmorleiz, W.: Bilanzierung von Leasing-Verträgen in der Steuerbilanz, in: WiSt 1980, S. 392–396.
Schneider, A.: Änderungen im Körperschaftsteuerrecht nach dem SEStEG – Stellungnahme des Finanzausschusses führte zu wesentlichen Änderungen des Regierungsentwurfs, in: NWB 2007, S. 97–106.
Schneider, D.: Geschichte der Buchhaltung und Bilanzierung, in: HWR, 2. Aufl., hrsg. von *E. Kosiol*, Stuttgart 1981, Sp. 616–630.
–: Allgemeine Betriebswirtschaftslehre, 3. Aufl., Nachdruck, München/Wien 1994.
–: Betriebswirtschaftslehre, Band 4: Geschichte und Methoden der Wirtschaftswissenschaft, München/Wien 2001.
Schneider, E.: Industrielles Rechnungswesen, 5. Aufl., Tübingen 1969.
Schneider, H.: Die Pflegeversicherung, in: BB 1994, S. 1925–1935.
Schodder, T.: BGH § 19 GmbHG 1/09, Kurzkommentar, in: EWiR 2009, S. 443 f.
Schönfeld, H.-M./Höller, H.-P.: Kostenrechnung I, 8. Aufl., Stuttgart 1995.
Schöttler, J./Spulak, R.: Technik des betrieblichen Rechnungswesens, 10. Aufl., München 2009.
Scholz, F. J.: Ratenkreditverträge, München 1983.
–: Das Verbraucherkreditgesetz, in: DB 1991, S. 215–219.
–: Geändertes Mahnverfahren für Verbraucherkredite, in: DB 1992, S. 127–129.
Scholze, A./Wielenberg, S.: Voraussichtlich dauernde Wertminderungen von börsennotierten Aktien – Anmerkungen zum BFH-Urteil vom 26. 9. 2007, in: StuW 2009, S. 372–375.
Schoor, W.: Steueraufschub durch Bildung von 6 b-Rücklagen, in: StuB 2001, S. 837–844.
Schreiber, U.: Besteuerung der Unternehmen, 2. Aufl., Wiesbaden 2008.
Schreiner, M.: Umweltmanagement in 22 Lektionen – Ein ökonomischer Weg in eine ökologische Zukunft, 4. Aufl., Wiesbaden 1996.
Schubert, B.: Entwicklung von Konzepten für Produktionsinnovationen mittels Conjointanalyse, Stuttgart 1991.
Schult, E./Freyer, T.: Teilwertabschreibung, in: WiSt 2000, S. 335–338.
Schultz, R.: Genossenschaften, in: HWB, 1. Bd., hrsg. von *E. Grochla* und *W. Wittmann*, 4. Aufl., Stuttgart 1974, Sp. 1623–1632.
Schultz, W. F.: Externe Umweltkosten aus Unternehmenssicht, in: Marktdynamik und Innovation, Gedächtnisschrift für H.-J. Ewers, hrsg. von *M. Fritsch*, Berlin 2004, S. 301–321.
Schulz, A.: Aktienbasierte Vergütungssysteme für Führungskräfte – Eine Analyse aus rechtlicher und betriebswirtschaftlicher Sicht, Wiesbaden 2010.
Schulz-Danso, M.: Laufende und latente Ertragsteuern, § 25, in: Beck'sches IFRS-Handbuch – Kommentierung der IFRS/IAS, hrsg. von *W. Bohl, J. Riese* und *J. Schlüter*, 3. Aufl., München u. a. 2009.
Schulze, H. H.: Kontenrahmen und Kontenplan, in: HWR, hrsg. von *E. Kosiol*, Stuttgart 1970, Sp. 839–849.
Schulze, H. W.: Lohn- und Gehaltsabrechnung, in: HWP, hrsg. von *E. Gaugler*, Stuttgart 1975, Sp. 1238–1242.
Schulze-Osterloh, J.: Kommentierung zu § 71 GmbHG, in: GmbHG (Beck'sche Kurzkommentare, Band 20), hrsg. von *A. Baumbach* und *A. Hueck*, 17. Aufl., München 2000.
Schumacher, W.: Finanzinnovationen in der Handelsbilanz eines Industrieunternehmens, in: Finanzinnovationen – Risiken und ihre Bewältigung, hrsg. von *K.-M. Burger*, Stuttgart 1989, S. 107–138.
Schuppenhauer, R.: GoDV-Handbuch: Grundsätze ordnungsmäßiger Datenverarbeitung und DV-Revision, 6. Aufl., München 2007.
Schwarze, A.: Ausweis und Bewertung neuer Finanzierungsinstrumente in der Bankbilanz, Berlin 1989.
Schween, C.: Bewertung von Rückstellungen und sonstigen nichtfinanziellen Verpflichtungen: Änderungsvorschläge in ED IAS 37amend, in: WPg 2007, S. 686–696.
Scheffler, W.: Besteuerung von Unternehmen II – Steuerbilanz, 6. Aufl., Heidelberg u. a. 2010.
Schweitzer, M.: Struktur und Funktion der Bilanz, Berlin 1972.
–: Prozeßorientierung der Kostenrechnung, in: Strategisches Management, hrsg. von *A. Kötzle*, Stuttgart 1997, S. 85–110.

Schweitzer, M. /Küpper, H.-U.: Systeme der Kosten- und Erlösrechnung, 9. Aufl., München 2008.

Schweitzer, R./Volpert, V.: Behandlung von Genussrechten im Jahresabschluss von Industrieemittenten, in: BB 1994, S. 821–826.

Seibert, U.: Handbuch zum Gesetz über Verbraucherkredite, zur Änderung der Zivilprozeßordnung und anderer Gesetze, Köln 1991.

Seidenschwarz, W.: Target Costing – Ein japanischer Ansatz für das Kostenmanagement, in: Controlling 1991, S. 198–203.

Seischab, H.: Kalkulation und Preispolitik, Leipzig 1944.

Selchert, F. W.: Prüfungen anläßlich der Gründung, Umwandlung, Fusion und Beendigung von Unternehmungen, Düsseldorf 1977.

–: Anpassung der Buchhaltung nach dem Bilanzrichtlinien-Gesetz, Stuttgart 1986.

Semler, J./Stengel, A. (Hrsg.): Umwandlungsgesetz. Kommentar, 2. Aufl., München 2007.

Shields, M./Young, S.: Managing Product Life Cycle Costs: An Organizational Model, in: Journal of Cost Management for the Manufacturing Industry 1991, S. 39–52.

Siegel, T./Bareis, P./Rückle, D./Schneider, D./Sigloch, J./Streim, H./Wagner, F. W.: Stille Reserven und aktienrechtliche Informationspflichten, in: ZIP 1999, S. 2077–2085.

Sietz, M. (Hrsg.): Umweltschutz, Produktqualität und Unternehmenserfolg, Berlin u. a. 1998.

Sigloch, J./Egner, T.: Bilanzierung von Aktienoptionen und ähnlichen Entlohnungsformen, in: BB 2000, S. 1878–1883.

Smid, S./Leonhardt, P.: Kommentierung zu § 47 InsO, in: Insolvenzordnung – Kommentar, hrsg. von *P. Leonhardt, S. Smid* und *M. Zeuner*, 3. Aufl., Stuttgart 2010.

Sölter, A./Zimmerer, C. (Hrsg.): Handbuch der Unternehmenszusammenschlüsse, München 1972.

Sommer, M.: Einlageverpflichtung oder Entnahmerecht von anrechenbarer Körperschaftsteuer und/oder Kapitalertragsteuer?, in: DStR 1996, S. 1487–1491.

Spanheimer, J./Simlacher, A.: § 274 HGB, Latente Steuern, in: Handbuch der Rechnungslegung. Kommentar zur Bilanzierung und Prüfung, hrsg. von *K. Küting, N. Pfitzer* und *C. Weber*, Band II, 5. Aufl., Loseblattsammlung, Stuttgart.

Splitter, H./Kropp, H.: Kaufmännische Buchführung, 2. Teil, 14. Aufl., Wolfenbüttel 1973.

Statistisches Bundesamt: Statistisches Jahrbuch 2000 für die Bundesrepublik Deutschland, Wiesbaden 2000.

Staudinger, J. v./Beitzke, G. (Hrsg.): J. von Staudingers Kommentar zum Bürgerlichen Gesetzbuch, Buch 2, Recht der Schuldverhältnisse, §§ 244–248 BGB, 12. Aufl., Berlin 1997.

Stehli, R. H.: Mathematische Betrachtungen über die doppelte Buchhaltung, Zürich 1968.

Steinbach, A.: Die Rechnungslegungsvorschriften des Aktiengesetzes 1965, Wiesbaden 1973.

Steiner, M./Wallmeier, M.: Die Bilanzierung von Finanzinstrumenten in Deutschland und den USA unter Berücksichtigung von Absicherungszusammenhängen – Vom Hedge Accounting zur Marktwertbilanzierung, in: Rechnungswesen als Instrument für Führungsentscheidungen: Festschrift für A. G. Coenenberg, hrsg. von *H. P. Möller* und *F. Schmidt*, Stuttgart 1998, S. 305–335.

Stoi, R.: Prozeßkostenmanagement in Deutschland und Handlungsempfehlungen auf Basis einer empirischen Untersuchung, in: KRP 1999, S. 91–98.

Stratz, R.-C.: Kommentierung zu § 220 UmwStG, in: Umwandlungsgesetz – Umwandlungssteuergesetz, hrsg. von *J. Schmitt, R. Hörtnagl* und *R.-C. Stratz*, 5. Aufl., München 2009.

Streim, H.: Grundzüge der handels- und steuerrechtlichen Bilanzierung, Stuttgart u. a. 1988.

Striening, H.-D.: Prozeßmanagement im indirekten Bereich. – Neue Herausforderungen an den Controller, in: Controlling 1989, S. 324–331.

Stüdemann, K.: Konkurs und Vergleich, in: HWB, 2. Bd., hrsg. von *E. Grochla* und *W. Wittmann*, 4. Aufl., Stuttgart 1975, Sp. 2190–2198.

Stützel, W.: Bemerkungen zur Bilanztheorie, in: ZfB 1967, S. 314–340.

Sureth, C.: Beteiligungsveräußerungen und Abgeltungssteuer, in: Besteuerung, Rechnungslegung und Prüfung der Unternehmen. Festschrift für N. Krawitz, hrsg. von *H. Baumhoff, R. Dücker* und *S. Köhler*, Wiesbaden 2010, S. 453–482.

Tanski, J.: Abwicklung und Buchungstechnik bei Kommissionsgeschäften, in: PdR 1989, Gruppe 4, S. 129–156.

Teiche, A.: Maßgeblichkeit bei Umwandlungen – trotz SEStEG?, in: DStR 2008, S. 1757–1763.

Theile, C.: Sachanlagen, in: IFRS Handbuch: Einzel- und Konzernabschluss, hrsg. von *P. J. Heuser* und *C. Theile*, 4. Aufl., Köln 2009, S. 167–200.

–: Der neue Jahresabschluss nach dem BilMoG, in: DStR 2009, S. 21–35.

–: Totenglocken für das Maßgeblichkeitsprinzip, in: DStR 2009, S. 2384–2386.

Thiel, J.: Wirtschaftsgüter ohne Wert: Die eigenen Anteile der Kapitalgesellschaft, in: Ertragsbesteuerung. Zurechnung, Ermittlung, Gestaltung: Festschrift für L. Schmidt, hrsg. von *A. Raupach* und *A. Uelner*, München 1993, S. 621–638.

–: Bilanzielle und steuerrechtliche Behandlung eigener Aktien nach der Neuregelung des Aktienerwerbs durch das KonTraG, in: DB 1998, S. 1583–1586.

Thies, T.: Kommentierung zu § 220 InsO, in: Hamburger Kommentar zum Insolvenzrecht, hrsg. von *A. Schmidt*, 3. Aufl., Münster 2009.

Thonfeld, H.: Der „instabile Überschuldungsbegriff" des Finanzmarktstabilisierungsgesetzes, in: NZI 2009, S. 16–20.

Tipke, K./Lang, J. (Hrsg.): Steuerrecht, 20. Aufl., Köln 2010.

Treiber, A.: Kommentierung zu § 32 d EStG, in: *Blümich, W.*: Einkommensteuergesetz, Körperschaftsteuergesetz, Gewerbesteuergesetz. Kommentar, hrsg. von *B. Heuermann*, Loseblattsammlung, München.

Troßmann, E.: Produktentscheidungen mit jahrgangsdifferenzierten Lebenszyklusrechnungen, in: Entwicklungen im Produktionsmanagement. Festschrift für H. Schneider, hrsg. von *A. Braßler* und *H. Corsten*, München 2004, S. 51–73.

–: Investition, Stuttgart 1998, unveränderter Nachdruck 2006.

–: Internes Rechnungswesens, in: Betriebswirtschaftslehre, Bd. 1, hrsg. von *H. Corsten* und *M. Reiß*, 4. Aufl., München/Wien 2008, S. 99–220.

Uhlenbruck, W.: Die GmbH & Co. KG in Krise, Konkurs und Vergleich, 2. Aufl., Köln 1988.

–: Das neue Insolvenzrecht: Insolvenzordnung und Einführungsgesetz mit Praxishinweisen, Berlin 1994.

–: Das Insolvenzeröffnungsverfahren, in: Insolvenzrechts-Handbuch, hrsg. von *P. Gottwald*, 2. Aufl., München 2001, S. 95–302.

–: Kommentierung zu § 18 InsO, in: Insolvenzordnung – Kommentar, hrsg. von *W. Uhlenbruck*, 13. Aufl., München 2010.

Uhlenbruck, W. (Hrsg.): Insolvenzordnung – Kommentar, 13. Aufl., München 2010.

Uhlig, B.: Inventur, in: Beck'sches Handbuch der Rechnungslegung, Bd. I, hrsg. von *H.-J. Böcking* u. a., Loseblattsammlung, München, A 210.

–: Vorratsinventur, in: Beck'sches Handbuch der Rechnungslegung, Bd. I, hrsg. von *H.-J. Böcking* u. a., Loseblattsammlung, München, A 220.

–: Inventur für andere Vermögensgegenstände und Schulden, in: Beck'sches Handbuch der Rechnungslegung, Bd. I, hrsg. von *H.-J. Böcking* u. a., Loseblattsammlung, München, A 230.

Vater, H.: Bilanzielle und körperschaftsteuerliche Behandlung von Stock Options, in: DB 2000, S. 2177–2186.

Veit, K.-R.: Die Konkursrechnungslegung, Köln u. a. 1982.

–: Zur Bilanzierung von Organisationsausgaben und Gründungsausgaben nach künftigem Recht, in: WPg 1984, S. 65–70.

Versicherungsfachausschuss (VFA) des Instituts der Wirtschaftsprüfer e.V.: Auslegung des § 341 b HGB (neu), IDW RS VFA 2, in: WPg 2002, S. 475–477.

Vollmer, L.: Der Genussschein – ein Instrument für mittelständische Unternehmen zur Eigenkapitalbeschaffung an der Börse, in: ZGR 1983, S. 445–475.

–: Die originäre und die abgeleitete Firma, in: Juristische Arbeitsblätter 1984, S. 333–340.

Vormbaum, H.: Finanzierung der Betriebe, 9. Aufl., Wiesbaden 1995 (Nachdruck 1996).
Vormbaum, J./Langguth, R.: Grundlagen des betrieblichen Rechnungswesens: Ein Handbuch, Stuttgart u. a. 1977.
Vortmann, J.: Verbraucherkreditgesetz, Stuttgart u. a. 1991.

Wacker, R.: Kommentierung zu §§ 15, 15a, 16 EStG, in: *Schmidt, L.:* Einkommensteuergesetz. Kommentar, hrsg. von *W. Drenseck,* 29. Aufl., München 2010.
Wäscher, D.: Gemeinkosten-Management im Material- und Logistik-Bereich, in: ZfB 1987, S. 297–315.
Wagenhofer, A.: Unternehmenssanierung, in: HWB, 3. Bd., hrsg. von *W. Wittmann* u. a., 5 Aufl., Stuttgart 1993, Sp. 4380–4391.
Wagner, F. W.: Bewertungsprinzipien, in: Betriebswirtschaftliche Gesetze, Effekte und Prinzipien, hrsg. von *G. Schanz,* München 1979, S. 209–211.
Wagner, F. W./Dirrigl, H.: Die Steuerplanung der Unternehmung, Stuttgart/New York 1980.
Wagner, G. R. (Hrsg.): Betriebswirtschaft und Umweltschutz, Stuttgart 1993.
Wallner, J./Gerster, E./Weiß, R.: Steuerbarkeit von Sanierungsprozessen trotz Insolvenz – Ein Alternativvorschlag zum Diskussionsentwurf des BMJ, in: ZInsO 2011, S. 16–30.
Walz, M.: Steuern, in: Beck'sches Handbuch der Rechnungslegung, Bd. I, hrsg. von *H.-J. Böcking* u. a., Loseblattsammlung, München, B 338.
Wassermeyer, F.: Der Erwerb eigener Anteile durch eine Kapitalgesellschaft – Überlegungen zur Rechtsprechung des I. Senats des BFH, in: Ertragsbesteuerung. Zurechnung, Ermittlung, Gestaltung: Festschrift für L. Schmidt, hrsg. von *A. Raupach* und *A. Uelner,* München 1993, S. 621–638.
Waza, T./Uhländer, C./Schmittmann, J.: Insolvenzen und Steuern, 8. Aufl., Herne 2010.
Weber, H. K./Rogler, S.: Betriebswirtschaftliches Rechnungswesen, Bd. 1, Bilanz sowie Gewinn- und Verlustrechnung, 5. Aufl., München 2004.
–: Betriebswirtschaftliches Rechnungswesen, Bd. 2, Kosten- und Leistungsrechnung sowie kalkulatorische Bilanz, 4. Aufl., München 2006.
Weber-Grellet, H.: Kommentierung zu §§ 17, 20 EStG, in: *Schmidt, L.:* Einkommensteuergesetz. Kommentar, hrsg. von *W. Drenseck,* 29. Aufl., München 2010.
Wedell, H./Dilling, A. A.: Grundlagen des Rechnungswesens: Buchführung und Jahresabschluss, Kosten- und Leistungsrechnung, 13. Aufl., Herne 2010.
Weiler, H.: Zum Stand der Umsatzsteuerharmonisierung und der Umsetzung in nationales Recht, in: DStR 1992, S. 672–675.
Weiss, H.-J./Heiden, M.: § 241 HGB, Inventurvereinfachungsverfahren, in: Handbuch der Rechnungslegung. Kommentar zur Bilanzierung und Prüfung, hrsg. von *K. Küting, N. Pfitzer* und *C. Weber,* Band I, 5. Aufl., Loseblattsammlung, Stuttgart.
Weiss, M.: Buchungen beim Kommissionsgeschäft, in: SteuerStud 1989, S. 184–188.
Weiße, G.: Die Inventur in Praxis, Recht und Steuer, 2. Aufl., Stuttgart 1967.
Weller, H. P./Fischer, H.: Bestandsveränderungen an Erzeugnissen als Ergebniskorrektur, in: Wirtschaft und Gesellschaft im Beruf 1989, S. 225–231.
–: Einführung in das praxisorientierte Bilanzieren, 2. Aufl., Bad Homburg 1992.
Wengel, T.: Umsatzsteuer kompakt, München u. a. 2008.
Wengel, T./Scheld, G.: Grundzüge der neuen Insolvenzordnung, in: WPg 2000, S. 556–563.
Wenk, M./Straßer, F.: Neuregelung der Bilanzierung von Finanzinstrumenten (IFRS 9), in: PiR 2010, S. 102–109.
Wessel, H./Zwernemann, D./Kögel, S.: Die Firmengründung, 7. Aufl., Heidelberg 2001.
Westermann, H.: Personengesellschaftsrecht, 4. Aufl., Köln 1979.
Westphalen, F. Graf v./Emmerich, V./Rottenburg, F. v.: Verbraucherkreditgesetz, Kommentar, 2. Aufl., Köln 1996.
Wicke, H.: Kommentierung zu § 34 GmbHG, in: Gesetz betreffend die Gesellschaften mit beschränkter Haftung (GmbHG) – Kommentar, hrsg. von *H. Wicke,* 1. Aufl., München 2008.
Wicke, H. (Hrsg.): Gesetz betreffend die Gesellschaften mit beschränkter Haftung (GmbHG) – Kommentar, München 2008.

Widmann, S./Mayer, D. (Hrsg.): Umwandlungsrecht. Umwandlungsgesetz, Umwandlungssteuergesetz. Kommentar, Bände 1 – 8, Loseblattsammlung, Bonn 2010.

Wiechens, G./Kropp, M.: Bilanzierung finanzieller Verbindlichkeiten nach ED/2010/4, in: KoR 2010, S. 540–545.

Wiese, R.: Hedge-Accounting im IFRS-Abschluss: Methoden der Effektivitätsmessung und Aspekte der Abschlussprüfung, Düsseldorf 2009.

Wilkens, K.: Kosten- und Leistungsrechnung, 9 Aufl., München/Wien 2004.

Wimmer, K. (Hrsg.): Frankfurter Kommentar zur Insolvenzordnung, 6. Aufl., Köln 2011.

Windmöller, R.: Nominalwert und Buchwert, in: Rechnungslegung: Entwicklungen bei der Bilanzierung und Prüfung von Kapitalgesellschaften: Festschrift für K.-H. Forster, hrsg. von *A. Moxter* u. a., Düsseldorf 1992, S. 689–701.

Windmöller, R./Breker, N.: Bilanzierung von Optionsgeschäften, in: WPg 1995, S. 389–401.

Winkeljohann, N./Lawall, L.: Kommentierung zu § 241a HGB, in: Beck'scher Bilanzkommentar. Handelsbilanz und Steuerbilanz, hrsg. von *H. Ellrott* u. a., 7. Aufl., München 2010.

Winkeljohann, N./Taetzner, T.: Kommentierung zu § 253 HGB, in: Beck'scher Bilanzkommentar. Handelsbilanz und Steuerbilanz, hrsg. von *H. Ellrott* u. a., 7. Aufl., München 2010.

Winnefeld, R.: Bilanz-Handbuch: Handels- und Steuerbilanz, rechtsformspezifisches Bilanzrecht, bilanzielle Sonderfragen, Sonderbilanzen, IAS/US-GAAP, 4. Aufl., München 2006.

Wöhe, G.: Betriebswirtschaftliche Steuerlehre II, 1. Halbband, 4. Aufl., München 1982.

–: Betriebswirtschaftliche Steuerlehre I, 2. Halbband, 7. Aufl., München 1992.

–: Bilanz, in: HWR, hrsg. von *K. Chmielewicz* und *M. Schweitzer,* 3. Aufl., Stuttgart 1993, Sp. 202–215.

–: Bilanzierung und Bilanzpolitik, 9. Aufl., München 1997.

Wöhe, G./Bieg, H.: Grundzüge der betriebswirtschaftlichen Steuerlehre, 4. Aufl., München 1995.

Wöhe, G./Bilstein, J./Ernst, D./Häcker, J.: Grundzüge der Unternehmensfinanzierung, 10. Aufl., München 2009.

Wöhe, G./Döring, U.: Einführung in die Allgemeine Betriebswirtschaftslehre, 24. Aufl., München 2010.

Wöhe, G./Kaiser, H./Döring, U.: Übungsbuch zur Einführung in die Allgemeine Betriebswirtschaftslehre, 13. Aufl., München 2010.

Wöhe, G./Kußmaul, H.: Grundzüge der Buchführung und Bilanztechnik, 7. Aufl., München 2010.

Wöhe, G./Mock, S.: Die Handels- und Steuerbilanz. Betriebswirtschaftliche, handels- und steuerrechtliche Grundsätze der Bilanzierung, 6. Aufl., München 2010.

Wörner, G.: Handels- und Steuerbilanz nach neuem Recht, 8. Aufl., München/Wien 2003.

Wohlgemuth, M.: Bewertung, handelsrechtliche, in: HWB, 1. Bd., hrsg. von *W. Wittmann* u. a., 5. Aufl., Stuttgart 1993, Sp. 482–500.

Wolz, M./Oldewurtel, C.: Pensionsrückstellungen nach BilMoG – Informationsnutzen durch Internationalisierung?, in: StuB 2009, S. 424–429.

Wrede, K./Busch, S.: Die Besteuerung der GmbH, 2. Aufl., München 2010.

Wysocki, K. v./Schulze-Osterloh, J./Hennrichs, J./Kuhner, C. (Hrsg.): Handbuch des Jahresabschlusses in Einzeldarstellungen, Loseblattsammlung, Köln.

Zahn, H.: Handlexikon zu Futures, Optionen und innovativen Finanzinstrumenten, Nachdruck, Frankfurt am Main 2000.

Zehbold, C.: Lebenszykluskostenrechnung, Wiesbaden 1996.

Zepf, G.: Die Prüfung des Zugriffsschutzes bei DV-Buchführungen, in: WPg 1997, S. 277–281.

Ziegler, H.: Neuorientierung des internen Rechnungswesens für das Unternehmens-Controlling im Hause Siemens, in: ZfbF 1994, S. 175–188.

Zimmermann, G.: Grundzüge der Kostenrechnung, 8. Aufl., Stuttgart u. a. 2001.

Zündorf, H.: § 253 HGB, Wertaufholungsgebot, in: Handbuch der Rechnungslegung. Kommentar zur Bilanzierung und Prüfung, hrsg. von *K. Küting, N. Pfitzer* und *C. Weber,* Band II, 5. Aufl., Loseblattsammlung, Stuttgart.

Zwirner, C.: Neues BMF-Schreiben unterstreicht die Bedeutung einer eigenständigen Steuerbilanzpolitik – BMF-Schreiben vom 12. 3. 2010 zur Maßgeblichkeit der handelsrechtlichen GoB für die steuerliche Gewinnermittlung, in: DStR 2010, S. 591–593.

Urteile und Erlasse

Urteil/Erlass	Fundstelle	Seitenzahl
BayLfSt vom 6. 8. 2010	DB 2010	1729
BFH vom 29. 11. 1955	BStBl. III 1956	53 ff.
BFH vom 15. 2. 1966	BStBl. III 1966	274
BFH vom 12. 5. 1966	BStBl. III 1966	372, 374
BFH vom 16. 9. 1966	BStBl. III 1967	70–73
BFH vom 14. 12. 1966	BStBl. III 1967	247
BFH vom 26. 3. 1968	BStBl. II 1968	527, 533
BFH vom 3. 2. 1969	BStBl. II 1969	291–294
BFH vom 26. 1. 1970	BStBl. II 1970	264–273
BFH vom 25. 6. 1970	BStBl. II 1970	719
BFH vom 1. 10. 1970	BStBl. II 1971	34
BFH vom 13. 12. 1973	BStBl. II 1974	191, 192
BFH vom 24. 9. 1974	BStBl. II 1975	78, 79
BFH vom 12. 3. 1976	BStBl. II 1976	524–527
BFH vom 13. 10. 1976	BStBl. II 1977	260, 261
BFH vom 4. 5. 1977	BStBl. II 1977	802
BFH vom 19. 1. 1978	BStBl. II 1978	262
BFH vom 10. 8. 1978	BStBl. II 1979	20–23
BFH vom 20. 3. 1980	BStBl. II 1980	297–299
BFH vom 26. 6. 1980	BStBl. II 1980	506
BFH vom 23. 7. 1980	BStBl. II 1981	62, 63
BFH vom 10. 11. 1980	BStBl. II 1981	168
BFH vom 18. 12. 1980	BStBl. II 1981	197
BFH vom 29. 4. 1982	BStBl. II 1982	568
BFH vom 12. 8. 1982	DB 1982	2383–2385
BFH vom 23. 11. 1983	FR 1984	148–150
BFH vom 24. 11. 1983	BStBl. II 1984	301–303
BFH vom 25. 11. 1986	BStBl. II 1987	278
BFH vom 11. 3. 1988	BStBl. II 1988	643–646
BFH vom 11. 3. 1988	BStBl. II 1988	651–653
BFH vom 13. 10. 1988	BStBl. II 1989	7–9
BFH vom 2. 3. 1990	BStBl. II 1990	733–736
BFH vom 22. 8. 1990	BStBl. II 1991	415
BFH vom 23. 10. 1990	BStBl. II 1991	401
BFH vom 9. 11. 1990	BB 1991	963, 964
BFH vom 27. 2. 1991	DB 1991	1201
BFH vom 23. 4. 1991	BB 1991	1751, 1752
BFH vom 14. 5. 1991	DB 1991	2164–2167
BFH vom 14. 5. 1991	DB 1991	2167–2169
BFH vom 8. 7. 1992	DB 1992	1960
BFH vom 28. 1. 1993	BStBl. II 1993	360
BFH vom 26. 4. 1995	DB 1995	1541
BFH vom 9. 5. 1995	BStBl. II 1996	628, 630, 632, 637

Urteil/Erlass	Fundstelle	Seitenzahl
BFH vom 8. 11. 1995	BStBl. II 1996	114
BFH vom 22. 11. 1995	DStR 1996	460 f.
BFH vom 6. 12. 1995	BB 1996	792 ff.
BFH vom 12. 6. 1996	BStBl. II 1996	527
BFH vom 4. 12. 1996	DB 1997	79
BFH vom 15. 5. 1997	BStBl. II 1997	705
BFH vom 13. 8. 1 997	BStBl. II 1997	829
BFH vom 13. 11. 1997	BStBl. II 1998	169
BFH vom 20. 6. 2000	BFHE Bd. 192	502–513
BFH vom 7. 8. 2000	BStBl. II 2000	632
BFH vom 24. 8. 2000	BFH/NV 2001	308
BFH vom 25. 10. 2000	NJW 2001	1042
BFH vom 24. 1. 2001	BStBl. II 2001	512
BFH vom 28. 2. 2001	DB 2001	1457 f.
BFH vom 5. 9. 2001	BStBl. II 2002	155
BFH vom 23. 7. 2002	DStR 2002	1852
BFH vom 18. 12. 2002	BStBl. II 2004	126
BFH vom 6. 3. 2003	BStBl. II 2003	656
BFH vom 20. 8. 2003	BStBl. II 2003	941
BFH vom 30. 11. 2005	BStBl. II 2007	251
BFH vom 14. 3. 2006	BStBl. II 2007	602
BFH vom 5. 6. 2007	BStBl. II 2007	818
BFH vom 26. 9. 2007	BStBl. II 2009	294
BFH vom 23. 1. 2008	BStBl. II 2008	669
BFH vom 6. 3. 2008	BStBl. II 2008	676
BFH vom 4. 6. 2008	BStBl. II 2009	187 ff.
BFH vom 17. 7. 2008	BStBl. II 2008	924
BFH vom 23. 4. 2009	BStBl. II 2009	778
BFH vom 6. 10. 2009	BStBl. II 2010	232
BFH vom 7. 4. 2010	DB 2010	1567 ff.
BFH vom 14. 7. 2010	BStBl. II 2010	916–923
BFH vom 25. 8. 2010	DB 2010	2648 ff.
BGH vom 12. 7. 1956	BGHZ Bd. 21	242–247
BGH vom 12. 2. 1973	DB 1973	1739, 1740
BGH vom 25. 2. 1982	ZIP 1982	568–575
BGH vom 21. 3. 1988	BB 1988	1084
BGH vom 20. 2. 1989	DB 1989	871, 872
BGH vom 29. 5. 1990	BGHZ Bd. 111	287–294
BGH vom 14. 6. 1991	WM 1991	1249, 1250
BGH vom 13. 7. 1992	ZIP 1992	1382
BGH vom 30. 1. 1995	DStR 1995; NJW 1995	574; 1088
BGH vom 27. 1. 1997	DB 1997	867
BGH vom 29. 9. 1997	ZIP 1997	2008
BGH vom 28. 11. 1997	WM 1998	245
BGH vom 29. 1. 2001	NJW 2001; DB 2001	1056 ff.; 423 ff.
BGH vom 22. 3. 2004	DB 2004	1199 f.
BGH vom 26. 4. 2004	DB 2004	1200–1204
BGH vom 24. 5. 2005	DB 2005	1787–1791
BGH vom 21. 11. 2005	DB 2005	2743 f.
BGH vom 9. 1. 2006	DB 2006	443 f.

Urteil/Erlass	Fundstelle	Seitenzahl
BGH vom 16. 1. 2006	DStR 2006	764 ff.
BGH vom 12. 6. 2006	DB 2006	1889 f.
BGH vom 25. 9. 2006	DStR 2006	2185–2186
BGH vom 12. 10. 2006	DB 2006	2312
BGH vom 20. 11. 2006	DB 2007	212
BGH vom 15. 1. 2007	DStR 2007	494 ff.
BGH vom 21. 6. 2007	ZIP 2007	1469–1470
BGH vom 9. 7. 2007	II ZR 62/06, DB 2007	2025
BGH vom 24. 9. 2007	DB 2007	2586
BGH vom 15. 10. 2007	DB 2008	1430 f.
BGH vom 22. 10. 2007	DStR 2008	309 ff.
BGH vom 10. 12. 2007	GmbHR 2008	203 ff.
BGH vom 28. 4. 2008	DB 2008	1423
BGH vom 5. 5. 2008	DStR 2008	1450
BGH vom 7. 7. 2008	DStR 2009	1544–1547
BGH vom 12. 1. 2009	DStR 2009	597–599
BGH vom 9. 2. 2009	DStR 2009	984–986
BGH vom 16. 2. 2009	DB 2009	780 ff.
BGH vom 20. 7. 2009	ZIP 2009	1561 ff.
BMF vom 19. 4. 1971	BStBl. I 1971	264–266
BMF vom 21. 3. 1972	BStBl. I 1972	188, 189
BMF vom 13. 12. 1973	DB 1973	2485, 2486
BMF vom 22. 12. 1975	BB 1976	72, 73
BMF vom 20. 12. 1977	BStBl. I 1978	8–16
BMF vom 5. 7. 1978	BStBl. I 1978	250 ff.
BMF vom 8. 5. 1981	BStBl. I 1981	308–310
BMF vom 29. 4. 1983	DB 1983, Beilage 12/83	
BMF vom 1. 2. 1984	BStBl. I 1984	155–157
BMF vom 5. 3. 1987	BStBl. I 1987	394
BMF vom 23. 12. 1991	DB 1992	112, 113
BMF vom 9. 1. 1992	BStBl. I 1992	47 f.
BMF vom 25. 5. 1992	BStBl. I 1992	376–378
BMF vom 10. 1. 1994	BStBl. I 1994	98
BMF vom 20. 9. 1994	BStBl. I 1994	757
BMF vom 7. 11. 1995	BStBl. I 1995	738 ff.
BMF vom 28. 5. 1996	DB 1996	1213 f.
BMF vom 25. 3. 1998	BStBl. I 1998	267 ff.
BMF vom 16. 4. 1999	BStBl. I 1999	455
BMF vom 8. 6. 1999	BStBl. I 1999	581
BMF vom 25. 2. 2000	BStBl. I 2000	372 ff.
BMF vom 16. 7. 2001	BStBl. I 2001	415 ff.
BMF vom 27. 11. 2001	BStBl. I 2001	986 ff.
BMF vom 27. 3. 2003	BStBl. I 2003	240 ff.
BMF vom 18. 7. 2003	BStBl. I 2003	386 ff.
BMF vom 16. 12. 2003	BStBl. I 2003	786 ff.
BMF vom 29. 1. 2004	BStBl. I 2004	258 ff.
BMF vom 30. 3. 2004	BStBl. I 2004	451
BMF vom 3. 8. 2004	BStBl. I 2004	739
BMF vom 27. 8. 2004	BStBl. I 2004	864
BMF vom 5. 4. 2005	BStBl. I 2005	617

Urteil/Erlass	Fundstelle	Seitenzahl
BMF vom 13. 6. 2005	BStBl. I 2005	715
BMF vom 6. 12. 2005	BStBl. I 2005	1047
BMF vom 11. 8. 2006	BStBl. I 2006	477
BMF vom 15. 3. 2007	BStBl. I 2007	290
BMF vom 2. 8. 2007	BStBl. I 2007	624
BMF vom 28. 11. 2007	III A 3 – S 1445/06/0029	
BMF vom 29. 4. 2008	BStBl. I 2008	566
BMF vom 5. 5. 2008	BStBl. I 2008	569
BMF vom 7. 5. 2008	BStBl. I 2008	588
BMF vom 22. 5. 2008	BStBl. I 2008	632
BMF vom 4. 7. 2008	BStBl. I 2008	736–741
BMF vom 11. 8. 2008	BStBl. I 2008	838 ff.
BMF vom 13. 8. 2008	BStBl. I 2008	845
BMF vom 11. 2. 2009	BStBl. I 2009	397
BMF vom 26. 3. 2009	BStBl. I 2009	514
BMF vom 8. 5. 2009	BStBl. I 2009	633
BMF vom 3. 7. 2009	BStBl. I 2009	712
BMF vom 12. 8. 2009	BStBl. I 2009	1216
BMF vom 22. 12. 2009	BStBl. I 2010	94–137
BMF vom 19. 1. 2010	BStBl. I 2010	47
BMF vom 24. 2. 2010	BStBl. I 2010	482–487
BMF vom 12. 3. 2010	BStBl. I 2010	239
BMF vom 30. 4. 2010	BStBl. I 2010	488
BMF vom 11. 5. 2010	BStBl. I 2010	495
BMF vom 22. 6. 2010	BStBl. I 2010	597
BMF vom 30. 9. 2010	DB 2010	2252–2255
EuGH vom 29. 2. 1996	UR 1996	119–121
EuGH vom 27. 6. 1996	DB 1996	1400, 1401
EuGH vom 29. 4. 2004	DStR 2004	860
FG Brandenburg vom 14. 1. 2004	DStRE 2004	994–996
FG Münster vom 27. 5. 2004	EFG 2004	1572 f.
FG München vom 12. 12. 2007	EFG 2008	615–617
FG Köln vom 24. 4. 2008	BB 2008	2666–2672
FG Münster vom 9. 7. 2010	BB 2010	2882
FG Münster vom 31. 8. 2010	BB 2011	171 ff.
FM Baden-Württemberg vom 12. 12. 1994	DB 1994	2592 f.
FM Baden-Württemberg vom 23. 1. 1997	DStR 1997	202
FM Baden-Württemberg vom 18. 9. 1997	DB 1997	2002
FM Baden-Württemberg vom 19. 12. 1997	BB 1998	146 ff.
KEU vom 15. 10. 2008	ABl. EG/EU 2008, Nr. L 275	37 ff.
KEU vom 26. 1. 2011	IP/11/65	
LG Stuttgart vom 7. 8. 1992	NJW 1993	208
LG München vom 31. 5. 2007	NZI 2007	609–614

Urteil/Erlass	Fundstelle	Seitenzahl
LG München vom 20. 12. 2007	BB 2008	384
LG Freiburg vom 20. 2. 2009	DB 2009	1871
OFD Hamburg vom 13. 9. 1991	DB 1991	2363–2365
OFD Frankfurt am Main vom 1. 8. 1996	BB 1996	1982–1985
ODF Kiel vom 22. 9. 1999	BB 1999	2340
OFD München/OFD Nürnberg vom 12. 10. 2003	DStR 2003	2225
OFD Rheinland vom 5. 5. 2009	BB 2009	1292
OFL vom 10. 9. 1990	BStBl. I 1990	773
OFL vom 1. 12. 2010	DStR 2010	2520–2522
OLG Hamm vom 27. 10. 1983	DB 1984	238
OLG Oldenburg vom 22. 6. 2006	DStR 2007	635
OLG Koblenz vom 22. 11. 2007	NZG 2008	397–400
OLG Oldenburg vom 17. 7. 2008	DStR 2008	2030
OLG Rostock vom 30. 7. 2008	NZG 2009	705 f.
OLG Schleswig vom 5. 2. 2009	GmbHR 2009	374–378
OLG Düsseldorf vom 19. 5. 2010	DB 2010	1454
OLG München vom 23. 9. 2010	BB 2010; DB 2010	2529 ff.; 2213 ff.
REU vom 28. 2. 2000	ABl. EG/EU 2000, Nr. L 59/12	

Stichwortverzeichnis

B

C

D

F

H

Q

R

T

V

W